# MÉTODOS NUMÉRICOS APLICADOS

## Os autores

**William H. Press** é Cátedra Raymer de Ciências da Computação e Biologia Integrativa na Universidade do Texas, Austin

**Saul A. Teukolsky** é Professor Hans A. Bethe de Física e Astrofísica na Universidade de Cornell

**William T. Vetterling** é Pesquisador e Diretor de Ciências da Imagem da ZINK Imaging, LLC

**Brian P. Flannery** é Diretor de Programa, Estratégia e Ciência da Exxon Mobil Corporation

| M593 | Métodos numéricos aplicados : rotinas em C++ / William H. Press... [et al.] ; tradução técnica: Sílvio Renato Dahmen, Roberto da Silva. – 3. ed. – Porto Alegre : Bookman, 2011. 1261 p. : il. ; 25 cm. |
|---|---|
| | ISBN 978-85-7780-886-1 |
| | 1. Matemática computacional – Análise numérica – Programação de computador. I. Press, William H. |
| | CDU 519.6 |

Catalogação na publicação: Ana Paula M. Magnus – CRB 10/2052

William H. Press
Saul A. Teukolsky
William T. Vetterling
Brian P. Flannery

# MÉTODOS NUMÉRICOS APLICADOS
## ROTINAS EM C++

**TERCEIRA EDIÇÃO**

**Tradução técnica:**
Sílvio Renato Dahmen
Doutor em física teórica e matemática aplicada pela Universidade de Bonn

Roberto da Silva
Doutor em ciências pela Universidade de São Paulo

**Supervisão desta edição:**
Sílvio Renato Dahmen
Doutor em física teórica e matemática aplicada pela Universidade de Bonn
Professor do Instituto de Física da Universidade Federal do Rio Grande do Sul

2011

Obra originalmente publicada sob o título *Numerical Recipes: The Art of Scientific Computing, 3rd Edition*
ISBN 97-80-0521-880688

© Numerical Recipes Software, 2007.
All Rights Reserved

Capa: *Rogério Grilho*

Leitura final: *Théo Amon*

Editora sênior: *Denise Weber Nowaczyk*

Projeto e editoração: *Techbooks*

Reservados todos os direitos de publicação, em língua portuguesa, à
ARTMED® EDITORA S.A.
(BOOKMAN® COMPANHIA EDITORA é uma divisão da ARTMED® EDITORA S. A.)
Av. Jerônimo de Ornelas, 670 – Santana
90040-340 – Porto Alegre – RS
Fone: (51) 3027-7000   Fax: (51) 3027-7070

É proibida a duplicação ou reprodução deste volume, no todo ou em parte, sob quaisquer formas ou por quaisquer meios (eletrônico, mecânico, gravação, fotocópia, distribuição na Web e outros), sem permissão expressa da Editora.

Unidade São Paulo
Av. Embaixador Macedo Soares, 10.735 – Pavilhão 5 – Cond. Espace Center
Vila Anastácio – 05095-035 – São Paulo – SP
Fone: (11) 3665-1100   Fax: (11) 3667-1333

SAC 0800 703-3444

IMPRESSO NO BRASIL
*PRINTED IN BRAZIL*

# Prefácio à Terceira Edição (2007)

"Estava prestes a falar, quando fui interrompido...". Assim Oliver Wendell Holmes inicia a segunda série de seus famosos ensaios, *O autocrata da mesa do café da manhã*. A interrupção por ele referida diz respeito a um hiato de 25 anos. No nosso caso, os autocratas do *Métodos Numéricos Aplicados*, o hiato entre a segunda e terceira edições foi de "apenas" 15 anos. A computação científica mudou muito neste meio tempo.

A primeira edição do *Numerical Recipes* coincidiu, aproximadamente, com o primeiro sucesso comercial dos computadores pessoais. A segunda edição surgiu aproximadamente na mesma época em que a Internet, como a conhecemos hoje, foi criada. Agora, quando lançamos a terceira edição, a prática da ciência e da engenharia, e portanto da computação científica, foi alterada de maneira profunda por uma Internet e Web já amadurecidas. Não é mais difícil achar um algoritmo de outra pessoa, normalmente em código livre, para quase todas as aplicações científicas imagináveis. As questões fundamentais são agora "como funciona?" e "presta para alguma coisa?". Do mesmo modo, a segunda edição do *Numerical Recipes* tornou-se cada vez mais apreciada por seus textos explicativos, deduções matemáticas concisas, julgamentos críticos e conselhos, e menos em função da implementação dos códigos *em si*.

Cientes destas mudanças, nesta nova edição expandimos e melhoramos o texto em muitos lugares e adicionamos seções inéditas. Consideramos seriamente a possibilidade de deixar os códigos totalmente de fora ou torná-los disponíveis apenas na Web. Porém, ao final, decidimos que sem os códigos o livro não mais seria um "receituário numérico". Ou seja, sem códigos, você, leitor, nunca saberia se nossos conselhos são de fato honestos, implementáveis e práticos. Muitas das discussões de algoritmos na literatura e na Web omitem detalhes cruciais que só podem ser desvendados ao se escrever um código (nossa tarefa) ou ler um código compilado (sua tarefa). Nós também precisamos de códigos de verdade para ensinar e ilustrar um grande número de lições a respeito de programação orientada a objeto que aparecem explícita ou implicitamente nesta edição.

Nosso apoio irrestrito a um estilo de computação orientada a objeto para aplicações científicas deve ser tornar evidente ao longo do texto. Dizemos "um estilo" por que, contrariamente às afirmaçoes de vários autodenominados especialistas, não pode haver um estilo único e rígido de programação que sirva para todas as necessidades, nem mesmo as científicas. Nosso estilo é ecumênico. Se uma função C, global e simples, servir aos nossos propósitos, nós a empregamos. Por outro lado, você nos verá montando estruturas relativamente complicadas para algo tão complicado quanto, digamos, integrar equações diferenciais ordinárias. Para saber mais sobre a abordagem adotada neste livro, veja §1.3 – §1.5.

Ao atualizar o texto tivemos a sorte de não ter que preencher completamente um hiato de 15 anos. Importantes modernizações foram incorporadas nas versões em Fortran 90 (1996)* e C++ (2002) da segunda edição, nas quais, é digno notar, os últimos vestígios de listas unitárias (*unit-based arrays*) foram expurgados em favor de indexação ao estilo C baseada em zero. Porém, só com esta terceira edição introduzimos uma quantidade substancial (centenas de páginas!) de material inédito. Alguns destaques:

- um novo capítulo acerca de classificação e inferência, incluindo tópicos como modelos de mistura gaussiana, modelagem de cadeias de Markov escondida, agrupamento (*clustering*) hierárquico (árvores filogenéticas) e máquinas de suporte vetorial
- um novo capítulo sobre geometria computacional, incluindo tópicos como árvores KD, árvores quaternárias (*quadtrees*) e octonárias (*octrees*), triangulação de Delaunay e aplicações, além de muitos algoritmos úteis para retas, polígonos, triângulos, esferas, etc.
- novas distribuições estatísticas com funções de distribuição cumulativa (*cumulative distribution functions*, *cdfs*), funções de distribuição de probabilidade (*probability distribution functions*, *pdfs*) e funções de distribuição inversa
- um tratamento expandido de equações diferenciais ordinárias (EDOs), enfatizando avanços recentes, com rotinas numéricas completamente novas
- seções bastante expandidas acerca de desvios randômicos uniformes e desvios de várias outras distribuições estatísticas
- uma introdução à métodos espectrais e pseudoespectrais para equações diferenciais parciais (EDPs)
- métodos de ponto interior para programação linear
- mais a respeito de matrizes esparsas
- interpolação de dados multidimensionais distribuídos
- interpolação de curvas em multidimensões
- quadratura por transformação de variáveis e quadratura adaptativa
- mais a respeito de quadratura gaussiana e polinômios ortogonais
- mais sobre aceleração da convergência de séries
- funções gama incompleta e funções beta melhores, bem como novas funções inversas
- esféricos harmônicos e transformadas rápidas e melhores de esféricos harmônicos
- integrais de Fermi-Dirac generalizadas
- desvios gaussianos multivariados
- algoritmos e implementações funções de memória hash
- estimativas incrementais quantizadas
- método do chi-quadrado com pequeno número de pontos
- programação dinâmica
- decodificação de Viterbi e correção de erros fraca e forte
- rotinas para autossistemas de matrizes reais e não simétricas
- métodos de multijanelamento (*multitaper*) para estimativas de potência espectral
- onduletas (*wavelets*) no intervalo
- propriedades de distribuições do ponto de vista de teoria de informação
- Monte Carlo para cadeias de Markov
- regressão para processos gaussianos e métodos gaussianos de regressão (*kriging*)
- simulação estocástica de redes de reações químicas
- códigos para fazer gráficos simples de dentro de programas

---

* "Ai, pobre Fortran 90! Nós o conhecíamos, Horácio: uma linguagem de programação de imensurável diversão, da mais elevada imaginação: carregou-nos em seus ombros mil vezes".

O site do *Numerical Recipes*, *www.nr.com*, é um dos sites ativos mais antigos da rede, como pode-se ver pelo nome do domínio com apenas duas letras. Continuaremos mantendo este site útil para os usuários desta edição do livro. Visite-o e veja os relatos mais recentes a respeito de bugs, caso deseje comprar código-fonte legível, ou se quiser participar do fórum de leitores. Com a terceira edição planejamos oferecer também, via assinatura, uma versão eletrônica totalmente acessível via rede, que pode ser baixada e impressa e, diferente de todas as versões em papel, sempre atualizada com as últimas correções. Uma vez que esta versão eletrônica não tem limite de páginas como a versão impressa, ela crescerá com o tempo a partir da adição de seções completamente novas e disponíveis apenas eletronicamente. Este é, acreditamos, o futuro do *Métodos Numéricos Aplicados* e provavelmente de todos os livros técnicos de referência. Se lhe parece interessante, consulte *http://www.nr.com/electronic*.

Esta edição também traz algumas mudanças estilísticas e tipográficas amigáveis. Para códigos, uma etiqueta à margem traz o nome do arquivo fonte na distribuição legível em máquina. No lugar de imprimir repetidamente comandos *#include*, fornecemos uma ferramenta Web conveniente em *http://www.nr.com/dependencies*, que gerará exatamente os comandos de que você precisa, qualquer que seja a combinação de rotinas. As subseções são agora numeradas e referenciadas por número. Referências a artigos em periódicos trazem agora, na maioria dos casos, o título do artigo, como modo de facilitar a procura na Internet. Muitas referências foram atualizadas mas mantivemos as referências aos grandes clássicos da análise numérica quando julgamos que livros e artigos merecem ser lembrados.

## Agradecimentos

Infelizmente, passados 15 anos, não fomos capazes de manter uma lista sistemática das dezenas de colegas e leitores que deram importantes sugestões, nos mostraram novos materiais, corrigiram erros ou, de alguma maneira, melhoraram o projeto *Métodos Numéricos Aplicados*. É um clichê dizer "você sabe que é você". Na verdade, na maioria das vezes, *nós* sabemos quem é você e somos gratos. Mas uma lista de nomes seria incompleta e, portanto, uma ofensa àqueles cujas contribuições são tão importantes quanto os que constam na lista. Pedimos desculpas a ambos os grupos: aos que poderiam ter seu nome na lista e aos que poderíamos ter deixado de fora.

Este livro foi preparado para publicação em plataformas Windows e Linux, normalmente com processadores Intel Pentium, com uso de LaTeX nas implementações TeTeX e MiKTeX. Os pacotes usados incluem amsmath, amsfonts, txfonts e graphicx, entre outros. Os principais ambientes de desenvolvimento utilizados foram Microsoft Visual Studio / Microsoft Visual C++ e GNU C++. Usamos o sistema de controle de fonte de plataforma cruzada SourceJammer. Muitas das tarefas foram automatizadas usando scripts Perl. A vida teria sido impossível sem GNU Emacs. A todos os desenvolvedores de cógidos: "Sabemos quem são vocês", e somos muito gratos a todos.

As pesquisas dos autores em métodos computacionais foram financiadas em parte pelo U.S. National Science Foundation e pelo U.S. Department of Energy.

# Prefácio à Segunda Edição (1992)

Nosso principal objetivo ao escrevermos a versão original do *Numerical Recipes* foi o de propiciar um livro que combinasse discussões de cunho geral, matemática analítica, algoritmos e programas que funcionassem de verdade. O sucesso da primeira edição nos coloca agora numa situação difícil, embora bastante invejável. Queríamos então, como queremos agora, escrever um livro que fosse informal, editorialmente destemido, não esotérico e, acima de tudo, útil. Há o perigo de que, se não formos cuidadosos, produziremos uma segunda edição pesada, equilibrada, acadêmica e chata.

O fato de que hoje sabemos mais do que sabíamos há seis anos é, em termos uma benção. Naquela época dávamos chutes bem calculados, baseados em literatura pré-existente e nas nossas pesquisas, sobre quais seriam as técnicas numéricas mais importantes e robustas. Agora, temos o privilégio do feedback de uma grande comunidade de leitores. As cartas enviadas a nossa empresa, a Numerical Recipes Software, estão na casa de milhares por ano (por favor, *não tente nos telefonar*). Nossa caixa postal tornou-se um ímã de cartas nos lembrando que omitimos alguma técnica específica importante, reconhecida como sendo fundamental a uma área específica das ciências ou engenharias. Apreciamos essas cartas e as digerimos cuidadosamente, em especial quando elas nos indicam trabalhos na literatura especializada.

O resultado inevitável de todo este input é que a segunda edição do *Numerical Recipes* é substancialmente maior que sua antecessora, na realidade aproximadamente 50% maior em palavras e número de programas incluídos (estes agora em número de aproximadamente 300). "Não deixem que o livro aumente em tamanho" foi o conselho que recebemos de sábios colegas. Tentamos seguir a dica, mesmo que a tenhamos violado nos atos. Não estendemos nem tornamos mais difíceis as discussões principais sobre assuntos correntes. Muitos tópicos novos são apresentados de modo acessível como antes. Alguns tópicos da edição anterior e alguns novos são escritos em letras menores para indicar que são "avançados". O leitor que ignorar estas seções avançadas não sentirá qualquer descontinuidade no que restar do volume atual.

Destacamos aqui alguns dos assuntos novos desta segunda edição:

- um capítulo novo sobre equações integrais e métodos inversos
- um tratamento detalhado de métodos multirredes para resolução de EDPs elípticas
- rotinas para sistemas lineares de banda (*band-diagonal*)
- rotinas otimizadas de álgebra linear sobre matrizes esparsas
- decomposição QR e de Cholesky
- polinômios ortogonais e quadraturas gaussianas para funções-peso arbitrárias
- métodos para calcular derivadas numéricas
- aproximantes de Padé e aproximação racional de Chebyshev

- funções de Bessel e funções modificadas de Bessel de ordem fracional, bem como novas funções especiais
- rotinas otimizadas de geração de números randômicos
- sequências quase-aleatórias
- rotinas para integração de Monte Carlo recursiva e adaptativa em espaços de muitas dimensões
- métodos de convergência global para conjuntos de equações não lineares
- minimização por recozimento simulado (*simulated annealing*) para espaços de controle contínuo
- transformada rápida de Fourier (*fast Fourier transform*, FFT) para conjunto de dados reais em duas e três dimensões
- FFT usando armazenamento externo de dados
- rotinas otimizadas para transformada rápida de cosseno
- transformada de onduleta (*wavelet*)
- integrais de Fourier com limites superior e inferior
- análise espectral de dados coletados de maneira desordenada (*unevenly*)
- filtros de suavização (*smoothing*) de Savitzky-Golay
- ajuste (*fitting*) de dados da reta com erros em ambas as coordenadas
- teste bidimensional de Kolmogorov-Smirnoff
- método estatístico de bootstrap
- métodos de Runge-Kutta-Fehlberg embutidos (*embedded*)* para equações diferenciais
- métodos de ordem mais alta para equações diferenciais stiff
- um novo capítulo acerca de algoritmos "menos numéricos", incluindo codificação aritmética e de Huffman e aritmética de precisão arbitrária, entre outros tópicos

Consulte o Prefácio da primeira edição (a seguir) ou o Índice para uma lista de assuntos mais "básicos" discutidos por nós.

## Agradecimentos

É impossível listar aqui os nomes de todos os leitores que nos enviaram sugestões úteis: somos gratos a todos. Procuramos ao longo do texto creditar ideias que nos parecem originais e não constam na literatura especializada. Desde já, pedimos desculpas por qualquer omissão.

Alguns colegas e leitores foram especialmente generosos com ideias, comentários, sugestões e programas para esta segunda edição. Gostaríamos de agradecer em especial a George Rybicki, Philip Pinto, Peter Lepage, Robert Lupton, Douglas Eardley, Ramesh Narayan, David Spergel, Alan Oppenheim, Sallie Baliunas, Scott Tremaine, Glennys Farras, Steven Block, John Peacock, Thomas Loredo, Matthew Choptuik, Gregory Cook, L. Samuel Finn, P. Deuflhard, Harold Lewis, Peter Weinberger, David Syer, Richard Ferch, Steven Ebstein, Bradley Keister e William Gould. Tivemos o auxílio de Nancy Lee Snyder e sua maestria com textos complicados em TEX. Gostaríamos de manifestar um agradecimento a nossos editores Lauren Cowles e Alan Harvey da Cambridge University Press e de nosso editor de produção Russel Hahn. Continuamos, obviamente, gratos a todos as pessoas citadas no Prefácio da primeira edição.

Devemos um agradecimento especial ao consultor de programas Seth Finkelstein, que escreveu, reescreveu e com isso influenciou muitas das rotinas deste livro, bem como de seu irmão

---

*N. de T.: Há uma controvérsia no meio científico computacional acerca da tradução mais precisa de *embedded*. Uma outra tradução corrente é "embarcado".

gêmeo em linguagem Fortran e do livro complementar de Exemplos. Nosso projeto beneficiou-se imensamente do talento de Seth em detectar e ficar de olho em qualquer anomalia (geralmente bugs de compilação, ocasionalmente erros nossos) e de seu apurado senso de programador. Se esta edição de *Numerical Recipes in C* é mais graciosa e tem um estilo de programação mais "com cara de C", isso se deve a Seth (obviamente assumimos a culpa por deslizes em "fortranês" que ainda restaram).

Prepararamos este livro para publicação em estações de trabalho Sun e DEC, em plataforma UNIX e num PC 486/33 em MS-DOS 5.0 / Windows 3.0. Somos grandes entusiastas e recomendamos os principais programas usados: GNU Emacs, TeX, Perl, Adobe Illustrator e PostScript. Usamos também uma variedade de compiladores C, em número muito grande (e muitas vezes com bugs), para que os citemos aqui individualmente. A descoberta de bugs aplicando nosso conjunto padrão de testes em muitos dos compiladores que usamos (testando todas as rotinas deste livro) é algo que nos trouxe de volta à realidade. Quando possível, trabalhamos ao lado de desenvolvedores para garantir que esses bugs fossem eliminados; encorajamos, assim, desenvolvedores de compiladores a entrar em contato conosco para que façamos os acertos necessários.

WHP e SAT agradecem o apoio contínuo da U.S. National Science Foundation para suas pesquisas em métodos computacionais. Agradecemos o apoio da DARPA para o §13.10 acerca de wavelets.

# Prefácio à Primeira Edição (1985)

Resolvemos chamar este livro de *Numerical Recipes* por uma série de razões. Em certo sentido, este livro é um livro de "receitas" (recipes) de computação numérica. Porém, há uma importante diferença entre um livro de receitas e um menu de restaurante: este propicia escolhas entre pratos completos nos quais os sabores individuais estão misturados e disfarçados. Aquele – bem como este livro – revela quais são os ingredientes originais e explica como eles devem ser preparados e combinados.

Outro objetivo do título é dar uma ideia de uma mistura de técnicas de apresentação. Este livro é *sui generis*, assim cremos, ao oferecer para cada um dos tópicos apresentados uma certa dose de discussão geral, outra de análise matemática, outra de discussão de algoritmos e (mais importante de tudo) de implementações de verdade, sob forma de rotinas computacionais que funcionam, das ideias apresentadas. Nossa tarefa foi a de encontrar o equilíbrio entre estes ingredientes para cada um dos tópicos. Você verá que em alguns deles a balança pendeu muito para o lado da discussão analítica: foi justamente aí que sentimos haver lacunas no treinamento matemático "padrão". Para outros, aqueles para os quais os pré-requisitos são universalmente conhecidos, fomos mais para o lado da discussão aprofundada da natureza dos algoritmos numéricos ou para o lado de questões práticas de implementação.

Admitimos, assim, um certo desequilíbrio no "nível" do livro. Aproximadamente metade dele é apropriado para uma disciplina avançada de graduação em métodos numéricos nas ciências e engenharias. Outra metade vai desde o nível de uma disciplina de pós-graduação até aquele de referência para profissionais. Afinal, a maioria dos livros de receitas traz desde as mais simples até as mais sofisticadas. Um lado atraente desta característica, ao nosso ver, é que o(a) leitor(a) pode usar o livro em diferentes níveis de sofisticação à medida que sua experiência vai aumentado. Mesmo aqueles leitores mais inexperientes estão em condições de utilizar as rotinas mais avançadas como se fossem caixas-pretas. Feito isso, esperamos que estes leitores retornem a elas depois e aprendam esses segredos.

Se há um tema preponderante em todo o livro é o fato de que métodos práticos de computação numérica podem ser eficientes, inteligentes e – importante – claros. Repudiamos veementemente o ponto de vista alternativo, ou seja, de que métodos computacionais eficientes são necessariamente obscuros e complexos de modo que só prestam para alguma coisa na forma de uma "caixa-preta".

O objetivo deste livro é abrir um grande número de "caixas-pretas". Queremos ensiná-lo a desmontar e remontar a caixa-preta, modificando-a de acordo com suas necessidades específicas. Partimos do pressuposto de que você seja proficiente em matemática, ou seja, que você tenha o preparo matemático normal comumente associado a um curso nas ciências físicas ou engenharias, na economia ou ciências socias quantitativas. Também partimos do pressuposto de que você saiba programar em um computador. Porém, não partimos do pressuposto de que você tenha uma formação prévia e formal de análise numérica e de seus métodos.

A abrangência do *Numerical Recipes* supostamente inclui "tudo até equações diferenciais parciais, sem incluí-las". Nós honramos esta máxima na medida em que não a respeitamos: primeiro, nós *temos sim* um capítulo introdutório sobre métodos para EDPs. Segundo, obviamente não temos como incluir *todo o resto*. Todos os outros tópicos ditos "padrões" de uma disciplina de análise numérica foram tratados neste livro: equações lineares, interpolação e extrapolação, integração, métodos não lineares de cálculo de raízes, autossistemas e equações diferenciais ordinárias. A maioria deste tópicos foi tratada até um nível avançado, para além do padrão usual de tratamento, pelo fato de os julgarmos especialmente importantes e úteis.

Outros assuntos que discutimos detalhadamente não são em geral encontrados nos livros-textos padrões de análise numérica. Entre estes incluem-se o cálculo de funções e de funções particulares especiais da matemática superior; métodos de Monte Carlo e números aleatórios; classificação (*sorting*), otimização, incluindo métodos multidimensionais; transformadas de Fourier, incluindo transformadas rápidas de Fourier e outros métodos espectrais; dois capítulos sobre descrição estatística e modelagem de dados; e problemas de contorno de dois pontos, incluindo métodos de relaxação e o shooting method.

## Agradecimento

Muitos colegas foram generosos ao beneficiar-nos com sua experiência computacional e numérica, fornecer-nos programas, tecer-nos comentários sobre os manuscritos ou encorajando-nos. Gostaríamos de agradecer, em especial, a George Rybicki, Douglas Eardley, Philip Marcus, Stuart Shapiro, Paul Horowitz, Bruce Musicus, Irwin Shapiro, Stephen Wolfram, Henry Abarbanel, Larry Smarr, Richard Muller, John Bahcall e A. G. W. Cameron.

Gostaríamos também de agradecer a duas pessoas que nunca tivemos oportunidade de conhecer: Forman Acton, cujo livro *Métodos Numéricos que Funcionam* (Ed. Harper and Row, New York, 1970) certamente deixou em nós sua marca estilística; e Donald Knuth, não só pela sua série de livros *The Art of Scientific Computing* (Addison-Wesley, Reading) mas pelo TeX, o editor de textos matemáticos que nos ajudou imensamente na confecção deste livro.

As pesquisas dos autores sobre métodos computacionais foi financiada parcialmente pela U.S. National Science Foundation.

# Termos de Uso e Isenção de Garantias

## Leia com atenção

O conteúdo disponibilizado na internet através do sítio Numerical Recipes (www.nr.com) gratuitamente ou através de qualquer tipo de pagamento está protegido por direitos autorais. Os códigos são licenciados somente para uso pessoal e são intransferíveis, a menos que tenham sido vendidos para serem usados especificamente em rede. Você não pode transferir nem distribuir o conteúdo do sítio, nem os códigos, a outrem sob qualquer forma ou meio. Exceto para uma cópia de segurança, você não pode copiar qualquer material do sítio. Você não pode reengenherizar, desmontar, descompilar, modificar, adaptar, traduzir ou criar trabalhos derivados do material ou da documentação. Você pode ser acionado judicialmente por cópia ou transferência ilegal na forma da lei de direitos autorais e códigos penal e civel.

O conteúdo disponibilizado no sítio e através dos códigos são fornecidos como estão, sem garantias. Os autores, os revendedores e a Bookman Editora não possuem qualquer representação, expressa ou implícita, referente ao conteúdo deste, os códigos, sua qualidade, precisão, adequação para um objetivo específico ou comercialmente. Os autores, os revendedores e a Bookman Editora não tem qualquer responsabilidade relativa a perdas ou danos causados ou alegadamente causados pelo material, incluindo, mas não se limitado a, danos diretos, indiretos, acidentais, incidentais ou decorrentes, perdas pessoais, lucros cessantes ou prejuízos resultantes de perda de dados, perda de serviço ou interrupção de negócio.

# Sumário

**1 Preliminares**    **21**
   1.0   Introdução . . . . . . . . . . . . . . . . . . . . . . . . . . . . . . . . . . . . . . . . . . . . . . . . . . . . . .21
   1.1   Erro, acurácia e estabilidade . . . . . . . . . . . . . . . . . . . . . . . . . . . . . . . . . . . . .28
   1.2   A sintaxe da família C . . . . . . . . . . . . . . . . . . . . . . . . . . . . . . . . . . . . . . . . . . .32
   1.3   Objetos, classes e herança . . . . . . . . . . . . . . . . . . . . . . . . . . . . . . . . . . . . . . .37
   1.4   Objetos vetor e matriz . . . . . . . . . . . . . . . . . . . . . . . . . . . . . . . . . . . . . . . . . .44
   1.5   Algumas convenções e capacidades adicionais. . . . . . . . . . . . . . . . . . . . . . . .50

**2 Solução de Equações Algébricas Lineares**    **57**
   2.0   Introdução . . . . . . . . . . . . . . . . . . . . . . . . . . . . . . . . . . . . . . . . . . . . . . . . . . .57
   2.1   Eliminação de Gauss-Jordan . . . . . . . . . . . . . . . . . . . . . . . . . . . . . . . . . . . . .61
   2.2   Eliminação Gaussiana com retrossubstituição . . . . . . . . . . . . . . . . . . . . . . . .66
   2.3   Decomposição *LU* e suas aplicações . . . . . . . . . . . . . . . . . . . . . . . . . . . . . . .68
   2.4   Sistemas tridiagonais e banda-diagonais de equações . . . . . . . . . . . . . . . . . .76
   2.5   Refinamento iterativo de uma solução para um sistema equações lineares . . . . . . . . .81
   2.6   Decomposição em valores singulares . . . . . . . . . . . . . . . . . . . . . . . . . . . . . .85
   2.7   Sistemas lineares esparsos . . . . . . . . . . . . . . . . . . . . . . . . . . . . . . . . . . . . . . .95
   2.8   Matrizes de Vandermonde e matrizes de Toeplitz . . . . . . . . . . . . . . . . . . . .114
   2.9   Decomposição de Cholesky . . . . . . . . . . . . . . . . . . . . . . . . . . . . . . . . . . . . .120
   2.10 Decomposição *QR* . . . . . . . . . . . . . . . . . . . . . . . . . . . . . . . . . . . . . . . . . . . .123
   2.11 Inversão de matriz é um processo $N^3$? . . . . . . . . . . . . . . . . . . . . . . . . . . . .127

**3 Interpolação e Extrapolação**    **130**
   3.0   Introdução . . . . . . . . . . . . . . . . . . . . . . . . . . . . . . . . . . . . . . . . . . . . . . . . .130
   3.1   Preliminares: procurando em uma tabela ordenada . . . . . . . . . . . . . . . . . .134
   3.2   Interpolação polinomial e extrapolação . . . . . . . . . . . . . . . . . . . . . . . . . . .138
   3.3   Interpolação por splines cúbicos . . . . . . . . . . . . . . . . . . . . . . . . . . . . . . . . .140
   3.4   Interpolação e extrapolação por funções racionais . . . . . . . . . . . . . . . . . . .144
   3.5   Coeficientes na interpolação polinomial . . . . . . . . . . . . . . . . . . . . . . . . . . .149
   3.6   Interpolação no grid (reticulado) em muitas dimensões . . . . . . . . . . . . . . .152
   3.7   Interpolação em dados espalhados em multidimensionais . . . . . . . . . . . . .159
   3.8   Interpolação de Laplace . . . . . . . . . . . . . . . . . . . . . . . . . . . . . . . . . . . . . . .170

## 4 Integração de Funções 175

- 4.0 Introdução ... 175
- 4.1 Fórmulas clássicas para abscissas igualmente espaçadas ... 176
- 4.2 Algoritmos elementares ... 182
- 4.3 Integração de Romberg ... 186
- 4.4 Integrais impróprias ... 187
- 4.5 Quadratura por transformação de variável ... 192
- 4.6 Quadraturas gaussianas e polinômios ortogonais ... 199
- 4.7 Quadratura adaptativa ... 214
- 4.8 Integrais multidimensionais ... 216

## 5 Estimação de Funções 221

- 5.0 Introdução ... 221
- 5.1 Polinômios e funções racionais ... 221
- 5.2 Estimação de frações continuadas ... 226
- 5.3 Séries e sua convergência ... 229
- 5.4 Relações de recorrência e fórmula de recorrência de Clenshaw ... 239
- 5.5 Aritmética complexa ... 245
- 5.6 Equações quadráticas e cúbicas ... 247
- 5.7 Derivadas numéricas ... 249
- 5.8 Aproximação de Chebyshev ... 253
- 5.9 Derivadas ou integrais de uma função Chebyshev-aproximada ... 259
- 5.10 Aproximação polinomial dos coeficientes de Chebyshev ... 261
- 5.11 Economia de séries de potências ... 263
- 5.12 Aproximantes de Padé ... 265
- 5.13 Aproximação racional de Chebyshev ... 267
- 5.14 Estimação de funções usando integração de contorno ... 271

## 6 Funções Especiais 275

- 6.0 Introdução ... 275
- 6.1 Função gamma, função beta, coeficientes binomiais ... 276
- 6.2 Função gamma incompleta e função erro ... 279
- 6.3 Integrais exponenciais ... 286
- 6.4 Função beta incompleta ... 290
- 6.5 Funções de Bessel de ordem inteira ... 294
- 6.6 Funções de Bessel de ordem fracionária, funções de Airy, funções de Bessel esféricas ... 303
- 6.7 Harmônicos esféricos ... 313
- 6.8 Integrais de Fresnel, integrais cosseno e seno ... 317
- 6.9 Integral de Dawson ... 322
- 6.10 Integrais de Fermi-Dirac generalizadas ... 324
- 6.11 Inversa da função $x \log(x)$ ... 327
- 6.12 Integrais elípticas e funções elípticas jacobianas ... 329
- 6.13 Funções hipergeométricas ... 338
- 6.14 Funções estatísticas ... 340

# 7 Números Aleatórios 360

7.0 Introdução .................................................... 360
7.1 Desvios uniformes ............................................. 361
7.2 Hash completo de um array grande ............................... 378
7.3 Desvios de outras distribuições ................................ 381
7.4 Desvios normais multivariados .................................. 398
7.5 Registradores de deslocamento (shift) de resposta linear ........ 400
7.6 Tabelas hash e memórias hash ................................... 406
7.7 Integração Monte Carlo simples ................................. 417
7.8 Sequências quase (isto é, sub) aleatórias ...................... 423
7.9 Métodos Monte Carlo adaptativos e recursivos ................... 430

# 8 Classificação e Seleção 440

8.0 Introdução .................................................... 440
8.1 Inserção direta e método de Shell .............................. 441
8.2 Quicksort ..................................................... 444
8.3 Heapsort ...................................................... 447
8.4 Indexação e ranking ........................................... 449
8.5 Selecionando o $M$-ésimo maior ................................. 452
8.6 Determinação de classes de equivalência ........................ 460

# 9 Localização de Raízes e Sistemas de Equações Não Lineares 463

9.0 Introdução .................................................... 463
9.1 Bracketing e bisseção ......................................... 466
9.2 Método da secante, método da posição falsa e método de Ridders . 470
9.3 Método de Van Wijngaarden-Dekker-Brent ......................... 475
9.4 Método de Newton-Raphson usando derivada ....................... 477
9.5 Raízes de polinômios .......................................... 484
9.6 Método de Newton-Raphson para sistemas de equações não lineares . 494
9.7 Métodos globalmente convergentes para sistemas de equações não lineares ...... 498

# 10 Minimização ou Maximização de Funções 508

10.0 Introdução ................................................... 508
10.1 Bracketing (confinar) um mínimo inicialmente ................. 511
10.2 Busca da seção dourada em uma dimensão ....................... 513
10.3 Interpolação parabólica e método de Brent em
     uma dimensão ................................................. 517
10.4 Busca unidimensional com primeiras derivadas ................. 520
10.5 Método simplex em declive em muitas dimensões ................ 523
10.6 Métodos retilíneos em multidimensões ......................... 528
10.7 Métodos de conjunto de direção (de Powell) em muitas dimensões . 530
10.8 Métodos do gradiente conjugado em muitas dimensões ........... 536
10.9 Método quasi-Newton ou método de métrica variável em muitas dimensões ...... 542
10.10 Programação linear: o método simplex ........................ 547
10.11 Programação linear: métodos de ponto interior ............... 558
10.12 Métodos simulated annealing ................................. 570
10.13 Programação dinâmica ........................................ 576

## 11 Autovalores e Autovetores — 584

- 11.0 Introdução … 584
- 11.1 Transformações de Jacobi de uma matriz simétrica … 591
- 11.2 Matrizes simétricas reais … 597
- 11.3 Redução de uma matriz simétrica para forma tridiagonal: reduções de Givens e Householder … 599
- 11.4 Autovalores e autovetores de uma matriz tridiagonal … 604
- 11.5 Matrizes Hermitianas … 611
- 11.6 Matrizes reais não simétricas … 611
- 11.7 O algoritmo QR para matrizes de Hessenberg … 617
- 11.8 Refinar autovalores e/ou encontrar autovetores por iteração inversa … 618

## 12 Transformadas de Fourier Rápidas — 621

- 12.0 Introdução … 621
- 12.1 Transformadas de Fourier de dados amostrais discretos … 626
- 12.2 Transformada de Fourier rápida (*fast Fourier transform* – FFT) … 629
- 12.3 FFT de funções reais … 638
- 12.4 Transformadas de seno e cosseno rápidas … 641
- 12.5 FFT em duas ou mais dimensões … 648
- 12.6 Transformada de Fourier de dados reais em duas e três dimensões … 652
- 12.7 Armazenamento de dados externo ou FFTs de memória local … 658

## 13 Fourier e Aplicações Espectrais — 661

- 13.0 Introdução … 661
- 13.1 Convolução e desconvolução via FFT … 662
- 13.2 Correlação e autocorrelação usando a FFT … 669
- 13.3 Filtragem ótima de Wiener com FFT … 670
- 13.4 Estimando o espectro de potência usando a FFT … 673
- 13.5 Filtragem digital no domínio temporal … 688
- 13.6 Predição linear e codificação preditiva linear … 695
- 13.7 Estimativa do espectro de potência pelo método da entropia máxima (todos os polos) … 703
- 13.8 Análise espectral de dados irregularmente espaçados … 707
- 13.9 Calculando integrais de Fourier por meio de FFT … 716
- 13.10 Transformadas de wavelets … 723
- 13.11 Uso numérico do teorema da amostragem … 740

## 14 Descrição Estatística de Dados — 744

- 14.0 Introdução … 744
- 14.1 Momentos de uma distribuição: média, variância, assimetria (*skewness*) e assim por diante … 745
- 14.2 Teriam duas distribuições as mesmas médias e variâncias? … 750
- 14.3 Seriam duas distribuições diferentes? … 754
- 14.4 Análise de tabela de contingência de duas distribuições … 765
- 14.5 Correlação linear … 769
- 14.6 Correlação de ordem (*rank*) não paramétrica … 772
- 14.7 Propriedades de teoria da informação das distribuições … 778
- 14.8 Duas distribuições bidimensionais diferem entre si? … 786
- 14.9 Filtros de suavização de Savitzky-Golay … 790

## 15 Modelagem de Dados — 797

- 15.0 Introdução ... 797
- 15.1 Os mínimos-quadrados como estimador de verossimilhança máxima ... 800
- 15.2 Ajustando dados a uma reta ... 804
- 15.3 Dados sobre retas com erros em ambas as coordenadas ... 809
- 15.4 Mínimos quadrados linear geral ... 812
- 15.5 Modelos não lineares ... 823
- 15.6 Limites de confidência sobre parâmetros estimados do modelo ... 831
- 15.7 Estimação robusta ... 842
- 15.8 Monte Carlo via cadeias de Markov ... 848
- 15.9 Regressão de processo Gaussiano ... 860

## 16 Classificação e Inferência — 864

- 16.0 Introdução ... 864
- 16.1 Modelos de mistura Gaussiana e k-means clustering ... 866
- 16.2 Decodificação de Viterbi ... 874
- 16.3 Modelos de Markov e modelagem escondida de Markov ... 880
- 16.4 Agrupamento hierárquico via árvores filogenéticas ... 892
- 16.5 Máquinas de vetor de suporte ... 907

## 17 Integração de Equações Diferenciais Ordinárias — 923

- 17.0 Introdução ... 923
- 17.1 O método de Runge-Kutta ... 931
- 17.2 Controle adaptativo de tamanho de passo para o Runge-Kutta ... 934
- 17.3 Extrapolação de Richardson e método de Bulirsch-Stoer ... 945
- 17.4 Equações conservativas de segunda ordem ... 952
- 17.5 Conjuntos de equações stiff ... 955
- 17.6 Métodos preditores-corretores multivalores e multipassos ... 966
- 17.7 Simulação estocástica de redes de reações químicas ... 971

## 18 Problemas de Contorno de Dois Pontos — 979

- 18.0 Introdução ... 979
- 18.1 O método shooting ... 983
- 18.2 Shooting em direção a um ponto de ajuste ... 985
- 18.3 Métodos de relaxação ... 988
- 18.4 Um exemplo trabalhado: harmônicos esferoidais ... 995
- 18.5 Alocação automática de pontos de malha ... 1005
- 18.6 Lidando com condições de contorno internas ou pontos singulares ... 1007

## 19 Equações Integrais e Teoria Inversa — 1011

- 19.0 Introdução ... 1011
- 19.1 Equações de Fredholm do segundo tipo ... 1014
- 19.2 Equações de Volterra ... 1017
- 19.3 Equações integrais com núcleos singulares ... 1020
- 19.4 Problemas inversos e uso de informação *a priori* ... 1026
- 19.5 Métodos de regularização linear ... 1031
- 19.6 O método de Backus-Gilbert ... 1039
- 19.7 Recuperação de imagem por entropia máxima ... 1041

## 20 Equações Diferenciais Parciais — 1049
- 20.0 Introdução . . . . . . . . . . . . . . . . . . . . . . . . . . . . . . . . . . . . . . . . . . . . . . . . . . . . . . . . . 1049
- 20.1 Problemas de valores iniciais com fluxo conservado . . . . . . . . . . . . . . . . . . . . . . 1056
- 20.2 Problemas difusivos de valores iniciais. . . . . . . . . . . . . . . . . . . . . . . . . . . . . . . . 1068
- 20.3 Problemas de valores iniciais multidimensionais . . . . . . . . . . . . . . . . . . . . . . . . 1074
- 20.4 Métodos de Fourier e de redução cíclica para problemas de contorno . . . . . . . . . . 1078
- 20.5 Métodos de relaxação para problemas de contorno. . . . . . . . . . . . . . . . . . . . . . . 1084
- 20.6 Métodos de multirredes (*multigrid*) para problemas de contorno . . . . . . . . . . . . . . 1091
- 20.7 Métodos espectrais. . . . . . . . . . . . . . . . . . . . . . . . . . . . . . . . . . . . . . . . . . . . . . 1108

## 21 Geometria Computacional — 1122
- 21.0 Introdução . . . . . . . . . . . . . . . . . . . . . . . . . . . . . . . . . . . . . . . . . . . . . . . . . . . . 1122
- 21.1 Pontos e caixas . . . . . . . . . . . . . . . . . . . . . . . . . . . . . . . . . . . . . . . . . . . . . . . . 1124
- 21.2 Árvores KD e localização do vizinho mais próximo . . . . . . . . . . . . . . . . . . . . . . . . 1126
- 21.3 Triângulos em duas e três dimensões. . . . . . . . . . . . . . . . . . . . . . . . . . . . . . . . . 1136
- 21.4 Retas, segmentos e polígonos. . . . . . . . . . . . . . . . . . . . . . . . . . . . . . . . . . . . . . 1142
- 21.5 Esferas e rotações . . . . . . . . . . . . . . . . . . . . . . . . . . . . . . . . . . . . . . . . . . . . . . 1153
- 21.6 Triangulação e triangulação de Delaunay . . . . . . . . . . . . . . . . . . . . . . . . . . . . . . 1156
- 21.7 Aplicações da triangulação de Delaunay . . . . . . . . . . . . . . . . . . . . . . . . . . . . . . 1166
- 21.8 Quadtrees e octrees: armazenando objetos geométricos . . . . . . . . . . . . . . . . . . . 1175

## 22 Algoritmos Menos Numéricos — 1185
- 22.0 Introdução . . . . . . . . . . . . . . . . . . . . . . . . . . . . . . . . . . . . . . . . . . . . . . . . . . . . 1185
- 22.1 Fazendo gráficos simples . . . . . . . . . . . . . . . . . . . . . . . . . . . . . . . . . . . . . . . . . 1185
- 22.2 Diagnosticando parâmetros de máquina . . . . . . . . . . . . . . . . . . . . . . . . . . . . . . 1188
- 22.3 Códigos de Gray . . . . . . . . . . . . . . . . . . . . . . . . . . . . . . . . . . . . . . . . . . . . . . . 1191
- 22.4 Redundância cíclica e outras somas de verificação . . . . . . . . . . . . . . . . . . . . . . . 1193
- 22.5 Codificação de Huffman e compressão de dados . . . . . . . . . . . . . . . . . . . . . . . . 1200
- 22.6 Codificação aritmética . . . . . . . . . . . . . . . . . . . . . . . . . . . . . . . . . . . . . . . . . . . 1206
- 22.7 Aritmética em precisão arbitrária. . . . . . . . . . . . . . . . . . . . . . . . . . . . . . . . . . . . 1210

## Índice — 1221

CAPÍTULO

# Preliminares

## 1.0 Introdução

Este livro foi planejado para ensinar métodos de computação numérica que são práticos, eficientes e (na medida do possível) elegantes. Presumimos por todo este livro que você, o leitor, tenha tarefas específicas a serem resolvidas. Entendemos que o nosso trabalho aqui seja educá-lo em como fazer isso. Eventualmente tentaremos reencaminhá-lo na direção de uma estrada vicinal particularmente bela; mas, na maioria das vezes, nós o guiaremos pelas rodovias principais que conduzem aos objetivos práticos.

Em grande parte deste livro, você encontrará nossa opinião, dizendo o que você deveria e o que não deveria fazer. Este tom prescritivo resulta de uma decisão consciente de nossa parte e esperamos que não considere isso irritante. Não estamos dizendo que nosso conselho é infalível! Estamos sim reagindo contra uma tendência, encontrada nos livros-texto de computação, de discutir todo possível método que tenha sido inventado, sem oferecer um julgamento prático de seu mérito. Por esta razão ofereceremos a você nossos julgamentos práticos sempre que pudermos. À medida que for adquirindo experiência, você formará sua própria opinião sobre quão confiável é nosso conselho. Esteja certo de que perfeito ele não é!

Presumimos que você seja capaz de ler programas de computador em C++. A questão "Por que C++?" é complicada. Para o momento, é suficiente dizer que queríamos uma linguagem do tipo *"in the small"*\*, que tivesse um rico conjunto de facilidades para programação orientada a objetos (porque isto é uma ênfase da terceira edição) e que fosse suficientemente "conservadora" para ser compatível com alguns truques em programação numérica anteriores, porém estabelecidos e bem testados. Estas razões nos conduziram ao C++, embora Java (e as fortemente relacionadas C#) tenha sido forte candidata.

A honestidade nos obriga a chamar a atenção para o fato de que, em 20 anos de história do *Numerical Recipes*, nunca estivemos corretos em nossas predições sobre o futuro das linguagens de programação, para programação científica, *nenhuma vez*! Várias vezes fomos convencidos de que a onda do futuro científico seria... Fortran... Pascal... C... Fortran 90 (ou 95 ou 2000)... Mathematica... Matlab... C++ ou Java.... De fato, várias delas desfrutaram de um contínuo sucesso e têm segmentos significativos (com exceção do Pascal!). Porém, atualmente nenhuma orienta a maioria, ou mesmo uma vasta pluralidade de usuários científicos.

---

\*N. de T.: Em ciência da computação, o termo *"programming in the small"* está relacionado a um comportamento programático de curta duração geralmente executado com um única operação lógica ACID – sigla para: Atomicidade, Consistência, Isolação e Durabilidade – em uma base de dados e além disso com sintaxe similar ao C (por ser a linguagem mais universalmente lida por nossa audiência).

Com esta edição, estamos longe de predizer o futuro das linguagens de programação. Mais propriamente, queremos um caminho funcional para comunicar ideias sobre computação científica. Esperamos que estas ideias transcendam a linguagem, C++, pela qual estamos nos expressando. Quando programas são incluídos no texto, eles estarão da seguinte forma:

calendar.h
```
void flmoon(const Int n, const Int nph, Int &jd, Doub &frac) {
```
Nossas rotinas começam com um comentário introdutório resumindo as propostas e explicando sua sequência de chamada (série de comandos do programa para direcionar sua execução). Esta rotina calcula as fases da lua. Dado um inteiro n e um código nph para a fase desejada (nph = 0 seria lua nova, 1 corresponderia a lua crescente, 2 a lua cheia e 3 a lua minguante), a rotina retorna o número de dias Julianos* jd, e a parte fracionária de um dia frac a ser adicionada a ele, da tal n-ésima fase desde janeiro de 1900. Tempo médio de Greenwich é assumido.
```
    const Doub RAD=3.141592653589793238/180.0;
    Int i;
    Doub am,as,c,t,t2,xtra;
    c=n+nph/4.0;                        Assim é como comentamos uma linha individual.
    t=c/1236.85;
    t2=t*t;
    as=359.2242+29.105356*c;            Não estamos realmente interessados em entender
    am=306.0253+385.816918*c+0.010730*t2;   este algoritmo, mas ele funciona!
    jd=2415020+28*n+7*nph;              Isto indica uma condição de erro.
    xtra=0.75933+1.53058868*c+((1.178e-4)-(1.55e-7)*t)*t2;
    if (nph == 0 || nph == 2)
        xtra += (0.1734-3.93e-4*t)*sin(RAD*as)-0.4068*sin(RAD*am);
    else if (nph == 1 || nph == 3)
        xtra += (0.1721-4.0e-4*t)*sin(RAD*as)-0.6280*sin(RAD*am);
    else throw("nph is unknown in flmoon");     Isto indica uma condição de erro.
    i=Int(xtra >= 0.0 ? floor(xtra) : ceil(xtra-1.0));
    jd += i;
    frac=xtra-i;
}
```

Observe nossa convenção de lidar com todos os erros e casos especiais com uma declaração lançada como `throw("alguma mensagem de erro");`. Uma vez que o C++ não tem classe de exceção embutida para o tipo `char*`, executar esta declaração resulta em uma interrupção do programa bastante abrupta. Porém, explicaremos no §1.5.1 como obter um resultado mais elegante sem ter que modificar o código fonte.

### 1.0.1 O que este livro não é

Queremos usar a plataforma desta seção introdutória para enfatizar o que o *Métodos Numéricos Aplicados* não é:

1. Este livro não é um livro-texto em programação, ou em práticas otimizadas de programação, ou em C++, ou em engenharia de software. Não nos opomos à boa programação. Tentamos transmitir boas práticas de programação sempre que podemos – mas apenas acessoriamente à nossa proposta principal, que é ensinar como métodos numéricos práticos verdadeiramente funcionam. A uniformidade do estilo e subordinação da função à padronização que é necessária em um livro-texto de boas técnicas de programação (ou engenharia de software) é algo que não temos em mente para este livro. Nenhum estilo único de programação é melhor para todas estas técnicas numéricas, e em conformidade com isso nosso estilo varia de seção para seção.

---

*N. de T.: Aos leitores com dúvida sobre o que são os dias Julianos, uma pesquisa na internet será proveitosa.

2. Este livro não é uma biblioteca de programas. Isto pode surpreendê-lo se você é um dos muitos cientistas e engenheiros que usam nossos códigos fontes regularmente. O que faz o nosso código não ser uma biblioteca de programas é que ele demanda um maior comprometimento intelectual do usuário do que uma biblioteca faria. Se você não ler a seção que acompanha a rotina e acompanhar diretamente linha por linha da rotina para entender como ela funciona, então você o fará correndo um grande risco! Consideramos isto uma característica e não uma falha, porque nossa proposta primordial é ensinar métodos, não prover pacotes de soluções. Este livro não inclui exercícios formais, em parte porque consideramos cada código da seção como sendo o exercício: se você puder entender cada linha do código, então provavelmente você terá dominado a seção.

Existem algumas bibliotecas de programas com fins comerciais [1,2] e ambientes numéricos integrados [3-5] disponíveis. Recursos livres similares estão disponíveis, ambos bibliotecas de programas [6,7] e ambientes integrados [8-10]. Quando você quiser um pacote de soluções, recomendamos que use um destes. *Métodos Numéricos Aplicados* é planejado como um livro de receita para cozinheiros, não como um cardápio para pessoas que querem jantar.

### 1.0.2 Questões frequentemente levantadas

Esta seção é para pessoas que querem começar de uma vez.

1. *Como eu uso as rotinas do livro em meus próprios programas?*

A maneira mais fácil é colocar um grupo de `#include`'s no topo do seu programa. Sempre comece com `nr3.h`, pois ela define algumas classes de utilidade e funções necessárias (veja §1.4 para muito mais sobre isso). Por exemplo, aqui está como calcular a média e a variância dos números de dias Julianos das primeiras 20 luas cheias após janeiro de 1900. (*Agora* há um útil par de quantidades!)

```
#include "nr3.h"
#include "calendar.h"
#include "moment.h"

Int main(void) {
    const Int NTOT=20;
    Int i,jd,nph=2;
    Doub frac,ave,vrnce;
    VecDoub data(NTOT);
    for (i=0;i<NTOT;i++) {
        flmoon(i,nph,jd,frac);
        data[i]=jd;
    }
    avevar(data,ave,vrnce);
    cout << "Average = " << setw(12) << ave;
    cout << " Variance = " << setw(13) << vrnce << endl;
    return 0;
}
```

Certifique-se de que os arquivos de código fonte do livro estejam em um lugar onde seu compilador possa encontrá-los para a correta adequação da operação `#include`. Compile e execute o arquivo acima (não podemos dizer como fazer essa parte). A saída deverá ser algo como:

```
Average =   2.41532e+06 Variance =        30480.7
```

2. *Sim, mas onde eu obtenho os códigos fontes do livro como arquivos de computador?*

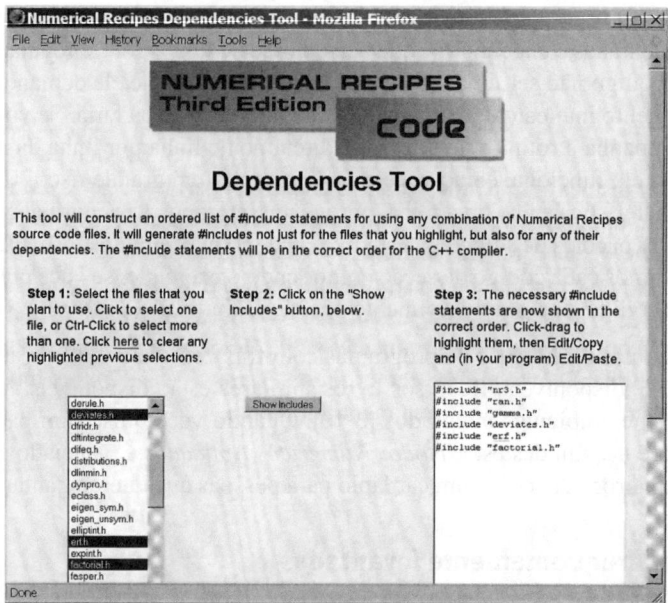

**Figura 1.0.1** A página interativa localizada em http://www.nr.com/dependencies organiza as dependências de qualquer combinação das rotinas do livro, fornecendo uma lista ordenada dos arquivos `#include` necessários.

Você pode comprar uma assinatura ou fazer o download de um código antigo no site http://www.nr.com ou pode obter uma mídia publicada pela University Press (por exemplo, da Amazon, ou da sua loja física ou virtual de livros favorita).

Os códigos vêm com uma licença pessoal para um único usuário (veja Licença e informação legal na pág. xii do prefácio). A razão do livro (ou sua versão eletrônica) e a licença dos códigos serem vendidos separadamente é ajudar a manter baixo o preço de cada um deles. Também, fazendo estes produtos separadamente temos atendido à necessidade de mais usuários.

3. *Como eu sei quais arquivos devo incluir utilizando o* `#include`*? É difícil acertar as dependências entre todas as rotinas.*

Na margem próxima a cada listagem está o nome do arquivo do código fonte onde a listagem está inserida. Faça uma lista dos arquivos dos códigos fonte que você está utilizando. Então vá para `http://www.nr.com/dependencies` e clique no nome de cada arquivo de código fonte. A página Web interativa retornará uma lista dos `#includes` necessários, na ordem correta para satisfazer todas as dependências. Figura 1.0.1 lhe dará uma ideia de como isso funciona.

4. *O que é essa coisa de* Doub, Int, VecDoub *etc.?*

Sempre usamos tipos definidos, tipos não incluídos no sistema; assim eles podem ser redefinidos se necessário. As definições estão em `nr3.h`. Geralmente, como você pode adivinhar, Doub significa `double`, Int significa `int`, e assim por diante. Nossa convenção é iniciar todos os tipos definidos com letra maiúscula. VecDoub é um vetor do tipo classe vetorial. Detalhes sobre os nossos tipos são encontrados em §1.4.

5. *O que são as Numerical Recipes Webnotes?*

São documentos, acessíveis pela internet, que incluem algumas listagens de códigos implementados ou outros tópicos altamente especializados que não estão incluídos na versão em papel deste livro. Uma lista de todas as Webnotes está localizada em `http://www.nr.com/webnotes`. Pondo algum material especializado nas Webnotes, somos capazes de reduzir o tamanho e o preço do livro em papel. As webnotes são automaticamente incluídas na versão eletrônica do livro; ver próxima questão.

| Sistemas operacionais e compiladores testados ||
|---|---|
| Sistema Operacional | Compilador |
| Microsoft Windows XP SP2 | Visual C++ versão 14.00 (Visual Studio 2005) |
| Microsoft Windows XP SP2 | Visual C++ versão 13.10 (Visual Studio 2003) |
| Microsoft Windows XP SP2 | Compilador Intel C++ versão 9.1 |
| Novell SUSE Linux 10.1 | GNU GCC (g++) versão 4.1.0 |
| Red Hat Enterprise Linux 4 (64-bit) | GNU GCC (g++) versões 3.4.6 e 4.1.0 |
| Red Hat Linux 7.3 | Compilador Intel C++ versão 9.1 |
| Apple Mac OS X 10.4 (Tiger) Intel Core | GNU GCC(g++) versão 4.0.1 |

6. *Eu sou uma pessoa da era pós-papel. Eu quero o Métodos Numéricos Aplicados no meu laptop. Onde eu obtenho a versão completa, totalmente eletrônica?*

Uma versão eletrônica completa do *Métodos Numéricos Aplicados* (neste caso, disponível apenas em inglês) está disponível em uma assinatura anual. Uma assinatura é acessível via internet, com download disponível, impressão disponível e diferente da versão em papel, sempre atualizada de acordo com as últimas correções. Uma vez que não tem as limitações da versão impressa, ela crescerá pela adição de seções completamente novas, disponíveis apenas eletronicamente. Isto, nós imaginamos, seja o futuro do *Métodos Numéricos Aplicados* e porventura dos livros referentes a técnicas no geral. Antecipamos vários formatos eletrônicos, mudando com o tempo a medida que tecnologias de vídeo e gerenciamento de direitos (isto é, para o controle de acessos de usuários autorizados) são continuamente melhoradas: damos grande ênfase a questões relacionadas a conveniência e usabilidade do usuário. Veja `http://www.nr.com/eletronic` para informações adicionais.

7. *Existem bugs no livro?*

Claro! Mas por enquanto é suficiente saber que grande parte dos códigos do livro tem o benefício de estar sendo utilizada por um longo tempo, por uma grande comunidade de usuários, mas novos bugs certamente vão germinar. Olhe em `http://www.nr.com` para informação sobre bugs conhecidos ou para denunciar novos bugs.

### 1.0.3 Ambiente computacional e validação do programa

O código que está no livro deveria executar, sem modificação, em qualquer compilador que implementa o padrão ANSI/ISO C++, como descrito, por exemplo, no livro de Stroustrup [11].

Como simulação do grande número de configurações de hardware e software, testamos todos os códigos deste livro em combinações de sistemas operacionais e compiladores mostrados na tabela.

Na validação, tomamos o código diretamente da forma legível por máquina do livro manuscrito, de modo que testamos exatamente o que está impresso. (Isto não significa, claro, que o código esteja livre de erros!)

## 1.0.4 Sobre referências

Você encontrará referências e sugestões para leitura adicional listadas no fim da maioria das seções deste livro. As referências são citadas no texto por números entre colchetes como este [12].

Não aspiramos a nenhum tipo de completude bibliográfica neste livro. Para tópicos em que exista uma literatura secundária substancial (discussões em livros-texto, revisão etc.), limitamos nossas referências a umas poucas das fontes secundárias mais utilizadas, especialmente aquelas com boas referências à literatura primária. Nos casos em que a literatura secundária existente é insuficiente, fazemos referências a fontes primárias para servir como pontos de partida para leituras adicionais, não como bibliografias completas para o campo.

Uma vez que o progresso está adiantado, é inevitável que nossas referências para muitos tópicos já estejam, ou se tornem muito em breve, ultrapassadas. Tentamos incluir referências mais antigas que são boas para buscas "avançadas" na Web. Uma busca por artigos recentes, que citem tais referências, poderá conduzir você aos trabalhos mais atuais.

Referências na Web e URLs tem o problema, de não haver um caminho que nos garanta que elas estarão lá quando você as procurar. Uma data como 2007+ significa "estava lá em 2007". Tentamos fornecer citações que são suficientemente completas para você procurar o documento por uma busca na Web, mesmo se ele tiver sido removido da localização especificada.

A ordem na qual as referências são especificadas não é necessariamente significante. Ela reflete um compromisso entre a lista das referências citadas na ordem citada e a lista de sugestões para leitura adicional em uma escala de prioridades aproximadas, com as mais úteis primeiro.

## 1.0.5 Sobre "tópicos avançados"

O material escrito em letras pequenas, como aqui, sinaliza um "tópico avançado", algo fora da linha de argumentação principal do capítulo, ou que requeira uma maior demanda em relação ao conhecimento matemático usual assumido, uma discussão mais especulativa (em poucos casos) ou um algoritmo que é menos bem-testado. Você não perderá nada importante se pular os tópicos avançados na primeira leitura deste livro.

Aqui está uma função para obter o número de dias Juliano de uma data do calendário.

calendar.h
```
Int julday(const Int mm, const Int id, const Int iyyy) {
```
Esta rotina julday retorna o valor do número de dias Juliano que começa à meia-noite da data do calendário especificado pelo mês mm, dia id e ano iyyy, todas variáveis inteiras. Anos positivos significam d.C; negativos, a.C. Lembrem-se que o ano após 1 a.C foi 1 d.C.
```
    const Int IGREG=15+31*(10+12*1582);      Calendário gregoriano adotado, 15 de outubro
    Int ja,jul,jy=iyyy,jm;                   de 1582.
    if (jy == 0) throw("julday: there is no year zero.");
    if (jy < 0)  ++jy;
    if (mm > 2) {
        jm=mm+1;
    } else {
        --jy;
        jm=mm+13;
    }
    jul = Int(floor(365.25*jy)+floor(30.6001*jm)+id+1720995);
    if (id+31*(mm+12*iyyy) >= IGREG) {       Teste condicional para mudar para calendário
        ja=Int(0.01*jy);                     gregoriano
        jul += 2-ja+Int(0.25*ja);
    }
    return jul;
}
```

E aqui está o seu inverso.

```
void caldat(const Int julian, Int &mm, Int &id, Int &iyyy) {                    calendar.h
Inverso da função julday dada acima. Aqui julian é input como um número de dias Juliano, e a rotina
retorna mm, id e iyyy como o mês, dia e ano no qual o dia Juliano especificado começou ao meio-dia.
    const Int IGREG=2299161;
    Int ja,jalpha,jb,jc,jd,je;

    if (julian >= IGREG) {        A passagem para o calendário gregoriano produz essa correção.
        jalpha=Int((Doub(julian-1867216)-0.25)/36524.25);
        ja=julian+1+jalpha-Int(0.25*jalpha);
    } else if (julian < 0) {      Torne o número de dias positivo adicionando o número inteiro
        ja=julian+36525*(1-julian/36525);     dos séculos Juliano, então os subtrai no fim.
    } else
        ja=julian;
    jb=ja+1524;
    jc=Int(6680.0+(Doub(jb-2439870)-122.1)/365.25);
    jd=Int(365*jc+(0.25*jc));
    je=Int((jb-jd)/30.6001);
    id=jb-jd-Int(30.6001*je);
    mm=je-1;
    if (mm > 12) mm -= 12;
    iyyy=jc-4715;
    if (mm > 2) --iyyy;
    if (iyyy <= 0) --iyyy;
    if (julian < 0) iyyy -= 100*(1-julian/36525);
}
```

Como exercício, você poderia tentar usar estas funções, junto com flmoon em § 1.0 para procurar por futuras ocorrências de uma lua cheia na sexta-feira 13. (Respostas, no fuso horário do meridiano de Greenwich menos 5: 13/09/2019 e 13/08/2049.) Para algoritmos adicionais sobre calendários, aplicáveis para vários calendários históricos, ver [13].

## REFERÊNCIAS CITADAS E LEITURA COMPLEMENTAR

Visual Numerics, 2007+, *IMSL Numerical Libraries*, at http://www.vni.com.[1]
Numerical Algorithms Group, 2007+, *NAG Numerical Library*, at http://www.nag.co.uk.[2]
Wolfram Research, Inc., 2007+, *Mathematica*, at http://www.wolfram.com.[3]
The MathWorks, Inc., 2007+, *MATLAB*, at http://www.mathworks.com.[4]
Maplesoft, Inc., 2007+, *Maple*, at http://www.maplesoft.com.[5]
GNU Scientific Library, 2007+, at http://www.gnu.org/software/gsl.[6]
Netlib Repository, 2007+, at http://www.netlib.org.[7]
Scilab Scientific Software Package, 2007+, at http://www. scilab.org.[8]
GNU Octave, 2007+, at http://www.gnu.org/software/octave.[9]
R Software Environment for Statistical Computing and Graphics, 2007+, at
    http://www.r-project.org.[10]
Stroustrup, B. 1997, *The C++ Programming Language,* 3rd ed. (Reading, MA: Addison-Wesley).[11]
Meeus, J. 1982, *Astronomical Formulae for Calculators,* 2nd ed., revised and enlarged (Rich mond, VA: Willmann-Bell).[12]
Hatcher, D.A. 1984, "Simple Formulae for Julian Day Numbers and Calendar Dates," *Quarterly Journal of the Royal Astronomical Society,* vol. 25, pp. 53-55; see also *op. cit.* 1985, vol. 26, pp. 151-155, and 1986, vol. 27, pp. 506-507.[13]

## 1.1 Erro, acurácia e estabilidade

Computadores armazenam números não com uma precisão infinita, mas sim em alguma aproximação que pode ser armazenada em um número fixo de bits (dígitos binários) ou bytes (grupo de 8 bits). Quase todos os computadores permitem que o programador escolha entre diferentes representações ou tipos de dados. Tipos de dados podem diferir no número de bits utilizados (o comprimento da palavra), mas também mais fundamentalmente quanto a se o número armazenado é representado no formato de ponto fixo (como `int`) ou no formato ponto flutuante (como `float` ou `double`).

Um número em representação inteira é exato. Aritmética entre números em uma representação inteira também é exata, com as ressalvas de que (i) a resposta não está fora do intervalo de inteiros (usualmente, com sinal) que podem ser representados e (ii) que a divisão seja interpretada para produzir um resultado inteiro, jogando fora qualquer resto inteiro.

### 1.1.1 Representação em ponto flutuante

Em uma representação em ponto flutuante, o número é representado internamente por um sinal $S$ (interpretado como mais ou menos), um expoente inteiro exato $E$ e uma mantissa binária $M$ exatamente representada. Tomados juntos, representam o número

$$S \times M \times b^{E-e} \tag{1.1.1}$$

onde $b$ é a base da representação ($b = 2$ quase sempre), $e$ é o viés do expoente, um inteiro fixo constante para uma dada máquina e representação

| | $S$ | $E$ | $F$ | Valor |
|---|---|---|---|---|
| `float` | qualquer | 1–254 | qualquer | $(-1)^S \times 2^{E-127} \times 1.F$ |
| | qualquer | 0 | não nulo | $(-1)^S \times 2^{-126} \times 0.F*$ |
| | 0 | 0 | 0 | $+0.0$ |
| | 1 | 0 | 0 | $-0.0$ |
| | 0 | 255 | 0 | $+\infty$ |
| | 1 | 255 | 0 | $-\infty$ |
| | qualquer | 255 | não nulo | NaN |
| `double` | qualquer | 1–2046 | qualquer | $(-1)^S \times 2^{E-1023} \times 1.F$ |
| | qualquer | 0 | não nulo | $(-1)^S \times 2^{-1022} \times 0.F*$ |
| | 0 | 0 | 0 | $+0.0$ |
| | 1 | 0 | 0 | $-0.0$ |
| | 0 | 2047 | 0 | $+\infty$ |
| | 1 | 2047 | 0 | $-\infty$ |
| | qualquer | 2047 | não nulo | NaN |
| | *valores não normalizados | | | |

Diversos padrões de bits em ponto flutuante podem em princípio representar o mesmo número. Se $b = 2$, por exemplo, uma mantissa com bits de zeros iniciais (alta ordem) pode ser deslocada para a esquerda, isto é, multiplicada por uma potência de 2, se o expoente é decrescido por uma quantidade compensatória. Padrões de bits que são "deslocados para esquerda tanto quanto eles possam estar" são denominados *normalizados*.

Praticamente todos o processadores modernos compartilham a mesma representação de dados em ponto flutuante, a saber, aquelas especificadas no padrão IEEE 754-1985 [1]. (Para algumas discussões de processadores não padronizados, ver § 22.2.) Para valores `float` em 32 bits, o expoente é representado em 8 bits (com $e = 127$), a mantissa em 23; para valores `double` em 64 bits, o expoente é 11 bits (com $e = 1023$), a mantissa, 52. Um truque adicional é usado para a mantissa para a maioria dos valores em ponto flutuantes não nulos: uma vez que o bit de alta ordem de uma mantissa propriamente normalizada é sempre um, os bits armazenados na mantissa são visualizados como sendo precedidos por um bit "fantasma" de valor 1. Em outras palavras, a mantissa $M$ tem o valor numérico $1.F$, onde $F$ (chamado de fração) consiste de bits (23 ou 52 em número) que são realmente armazenados. Este truque permite ganhar um pouquinho em precisão.

Aqui temos alguns exemplos de representações IEEE 754 de valores `double`:

0 01111111111 0000 (+ 48 zeros adicionais) $= +1 \times 2^{1023-1023} \times 1.0_2 = 1$.

1 01111111111 0000 (+ 48 zeros adicionais) $= -1 \times 2^{1023-1023} \times 1.0_2 = -1$.

0 01111111111 1000 (+ 48 zeros adicionais) $= +1 \times 2^{1023-1023} \times 1.1_2 = 1.5$.

0 10000000000 0000 (+ 48 zeros adicionais) $= +1 \times 2^{1024-1023} \times 1.0_2 = 2$.

0 10000000001 1010 (+ 48 zeros adicionais) $= +1 \times 2^{1025-1023} \times 1.1010_2 = 6.5$

(1.1.2)

Você pode examinar a representação de um dado valor por um código como este:

```
union Udoub {
    double d;
    unsigned char c[8];
};

void main() {
    Udoub u;
    u.d = 6.5;
    for (int i=7;i>=0;i--) printf("%02x",u.c[i]);
    printf("\n");
}
```

Isto é C: desaprova-se o estilo, mas ele funciona. Na maioria dos processadores, incluindo Intel Pentium e sucessores, você obterá o resultado impresso 4001a000000000000, o qual (escrevendo-se por extenso cada dígito hexadecimal como quatro dígitos binários) é a última linha na equação (1.1.2). Se você obtém os bytes (grupos de dois dígitos hexadecimais) em ordem reversa, então seu processador é big-endian ao invés de little-endian*: O padrão IEEE 754 não especifica (ou preocupa-se) em qual ordem que os bytes são armazenados em um número em ponto flutuante.

---

*N. de T.: O termo *little-endian* se refere ao ponto de vista filosófico dos habitantes da ilha de Lilliput do livro *Gulliver's travels* (*As Aventuras de Gulliver*), de Jonathan Swift, enquanto o termo *big-endian* refere-se ao nome dado aos habitantes de Blefescu da mesma história. Em computação, porém, *endianness* refere-se ao ordenamento de bytes na memória usada para representar algum tipo de dado. Assim, *little-endian* refere-se a um processador cuja a memória armazena o byte menos importante no menor endereço e o byte mais importante no maior, e no *big-endian* o byte mais importante está armazenado no menor endereço de memória e o menos importante, no maior.

O padrão IEEE 754 inclui representações do infinito positivo e negativo, do zero positivo e negativo (claro, tratados como equivalentes computacionalmente), e também `NaN` (do inglês *not a number*). A tabela na página 8 dá detalhes de como são representados.

A razão de se representar alguns números não normalizados, como mostrado na tabela, é fazer "underflow para zero" de forma mais elegante. Para uma sequência de valores cada vez menores, após você transpor o menor número normalizado (com magnitude $2^{-127}$ ou $2^{-1023}$; ver tabela), você inicia o deslocamento para a direita do bit inicial da mantissa. Embora você perca precisão gradualmente, não estoura negativamente para zero de fato até 23 ou 52 bits posteriores.

Quando uma rotina precisa saber propriedades da representação em ponto flutuante, ela pode se referir à classe `numeric_limits`, que é parte da biblioteca padrão C++. Por exemplo, `numeric_limits<double>::min()` retorna o menor número normalizado, usualmente $2^{-1022} \approx 2{,}23 \times 10^{-308}$. Para mais sobre isso, ver §22.2.

### 1.1.2 Erro de arredondamento

A aritmética entre números na representação em ponto flutuante não é exata, mesmo se os operandos são representados exatamente (isto é, têm valores exatos na forma da equação 1.1.1). Por exemplo, dois números em ponto flutuante são adicionados primeiro deslocando-se para a direita (dividir por 2) a mantissa do menor número (em valor absoluto) e simultaneamente aumentando-se seu expoente até que os dois operandos tenham o mesmo expoente. Bits de baixa ordem (menos significativos) do menor operando são perdidos por este deslocamento. Se dois operandos diferem muito profundamente em magnitude, então o menor operando é efetivamente trocado por zero, pois ele é deslocado para a direita até o esquecimento.

O menor (em valor absoluto) número em ponto flutuante que, quando adicionado ao número em ponto flutuante 1.0, produz um resultado em ponto flutuante diferente de 1.0 é denominado acurácia da máquina $\epsilon_m$. No padrão IEEE 754, `float` tem $\epsilon_m$ valendo cerca de $1.19 \times 10^{-7}$, enquanto `double` vale cerca de $2.22 \times 10^{-16}$. Valores como este são acessíveis como, p. ex., `numeric_limits <double>::epsilon()`. (Uma discussão mais detalhada das características da máquina está em §22.2.) Grosseiramente falando, a acurácia da máquina $\epsilon_m$ é a acurácia fracionária pela qual números em ponto flutuante são representados, correspondendo a uma mudança de uma unidade no bit menos significativo da mantissa. Basicamente, toda operação aritmética entre números em ponto flutuante introduz um erro fracionário adicional de no mínimo $\epsilon_m$. Este tipo de erro é chamado de erro de arredondamento.

É importante entender que $\epsilon_m$ não é o menor número em ponto flutuante que pode ser representado em uma máquina. *Este* número depende de quantos bits existem no expoente; $\epsilon_m$ depende de quantos bits há na mantissa.

Erros de arredondamento acumulam-se com o aumento das quantidades de cálculos. Se, durante o curso para se obter um valor calculado, você executa $N$ destas operações aritméticas, você *poderia* ter a sorte de encontrar um erro total de arredondamento da ordem de $\sqrt{N}\,\epsilon_m$, se os erros de arredondamento vierem aleatoriamente tanto para cima quanto para baixo. (A raiz quadrada vem de uma caminhada aleatória.) Porém, esta estimativa pode estar muito errada por duas razões:

(1) Muito frequentemente irregularidades do seu cálculo, ou peculiaridades do seu computador, fazem os erros de arredondamento se acumularem preferencialmente em uma direção. Neste caso, o total será da ordem $N\epsilon_m$.

(2) Algumas ocorrências especialmente desfavoráveis podem aumentar enormemente o erro de arredondamento de operações individuais. Geralmente estas podem ser traçadas para a subtração

de dois números quase iguais, dando um resultado cujos bits significantes são aqueles (poucos) de baixa ordem no qual os operandos diferem. Você poderia pensar que tal subtração "coincidente" é incomum de ocorrer. Nem sempre é assim. Algumas expressões matemáticas potencializam tremendamente sua probabilidade de ocorrência. Por exemplo, na fórmula familiar para a solução de uma equação quadrática,

$$x = \frac{-b + \sqrt{b^2 - 4ac}}{2a} \quad (1.1.3)$$

a adição torna-se delicada e há propensão a erro de arredondamento quando $b > 0$ e $|ac| << b^2$. (N. §5.6 aprenderemos como evitar o problema deste caso particular.)

### 1.1.3 Erro de truncamento

Erro de arredondamento é uma característica do hardware do computador. Há outro tipo de erro que é uma característica do programa ou algoritmo utilizado, independente do hardware no qual o programa é executado. Muitos algoritmos numéricos computam aproximações "discretas" para algumas quantidades "contínuas" desejadas. Por exemplo, uma integral é efetuada numericamente computando-se uma função num conjunto discreto de pontos, ao invés de fazê-lo para "cada" ponto. Ou, uma função pode ser efetuada somando-se um número finito de termos iniciais em sua série infinita, em vez de todos seus termos infinitos. Em casos como este, há um parâmetro ajustado, p.ex., o número de pontos ou dos termos, tal que a resposta "verdadeira" é obtida somente quando este parâmetro tende ao infinito. Qualquer cálculo prático é feito com uma escolha de tal parâmetro finita, mas suficientemente grande.

A discrepância entre a resposta verdadeira e a resposta obtida em um cálculo prático é denominada *erro de truncamento*. Erros de truncamento persistiriam mesmo em um computador hipotético "perfeito" que tem uma representação infinitamente acurada e nenhum erro de arredondamento. Como regra geral, não há muito que um programador possa fazer em relação ao erro de arredondamento, senão escolher algoritmos que não o amplifiquem desnecessariamente (ver discussão sobre estabilidade abaixo). Por outro lado, tal erro está inteiramente sob controle do programador. De fato, é apenas um leve exagero dizer que minimização inteligente de erro de truncamento é praticamente todo o conteúdo da área da análise numérica!

Na maior parte do tempo, erro de truncamento e arredondamento não interagem fortemente um com outro. Um cálculo pode ser imaginado como tendo, primeiro, o erro de truncamento que teria se fosse executado em um computador com precisão infinita "mais" o erro de arredondamento associado ao número de operações realizadas.

### 1.1.4 Estabilidade

Algumas vezes um método atraente pode ser, apesar disso, instável. Isto significa que qualquer erro de arredondamento que venha a ser difundido no cálculo no estágio inicial é sucessivamente potencializado até que venha a se sobrepor à resposta verdadeira. Um método instável seria útil em um hipotético computador perfeito, mas neste mundo imperfeito é necessário que exijamos que algoritmos sejam estáveis – ou, se instáveis, que os usemos com grande atenção.

Aqui está um exemplo simples, embora um pouco artificial, de um algoritmo instável: suponha que se queira calcular todas as potências inteiras da chamada "razão áurea", o número dado por

$$\phi \equiv \frac{\sqrt{5} - 1}{2} \approx 0{,}61803398 \quad (1.1.4)$$

Acontece (você pode observar facilmente) que as potências $\phi^n$ satisfazem uma simples relação de recursão,

$$\phi^{n+1} = \phi^{n-1} - \phi^n \qquad (1.1.5)$$

Então, conhecendo os primeiros dois valores $\phi^0 = 1$ e $\phi^1 = 0.61803398$, podemos sucessivamente aplicar (1.1.5) realizando somente uma simples subtração, em vez de uma multiplicação por $\phi$ mais lenta, em cada estágio.

Infelizmente, a recorrência (1.1.5) também tem *outra* solução, isto é, o valor $-\frac{1}{2}(\sqrt{S} + 1)$. Uma vez que a recorrência é linear, e visto que esta solução indesejada tem magnitude maior que a unidade, qualquer pequena mistura disso introduzida por um erro de arredondamento crescerá exponencialmente. Uma máquina típica, usando `float` com 32 bits, (1.1.5) começa a fornecer respostas completamente erradas para cerca de $n = 16$, ponto no qual $\phi^n$ cai para apenas $10^{-4}$. A recorrência (1.1.5) é instável e não pode ser usada para a proposta determinada.

Encontraremos a questão da estabilidade em disfarces muitos mais sofisticados futuramente neste livro.

**REFERÊNCIAS CITADAS E LEITURA COMPLEMENTAR**

IEEE, 1985, *ANSI/IEEE Std 754-1985: IEEE Standard for Binary Floating-Point Numbers* (New York: IEEE).[1]

Stoer, J., and Bulirsch, R. 2002, *Introduction to Numerical Analysis*, 3rd ed. (New York: Springer), Chapter 1.

Kahaner, D., Moler, C., and Nash, S. 1989, *Numerical Methods and Software* (Englewood Cliffs, NJ: Prentice-Hall), Chapter 2.

Johnson, L.W., and Riess, R.D. 1982, *Numerical Analysis*, 2nd ed. (Reading, MA: Addison-Wesley), §1.3.

Wilkinson, J.H. 1964, *Rounding Errors in Algebraic Processes* (Englewood Cliffs, NJ: Prentice-Hall).

# 1.2 A sintaxe da família C

Não apenas C++ mas também Java, C# e (em diferentes graus) outras linguagens de computador compartilham sintaxe em pequena escala com a linguagem C mais antiga [1]. Por pequena escala entendemos operações em tipos integrados (*built-in types*), expressões simples, controle de estruturas, e assim por diante. Nesta seção, recapitulamos alguns dos fundamentos, fornecemos algumas sugestões em boa programação e mencionamos algumas das nossas convenções e costumes.

### 1.2.1 Operadores

Um primeiro bom conselho poderia parecer supérfluo se ele não fosse tão frequentemente ignorado: você deveria aprender todos os operadores em C e suas precedências e regras de associatividade. Você não precisa escrever

```
n << 1 | 1
```

como um sinônimo para `2*n+1` (para um inteiro positivo `n`), mas você definitivamente precisa ser capaz de ver de imediato que

```
n << 1 + 1
```

não é, de forma alguma, a mesma coisa! Estude a próxima tabela enquanto escova os seus dentes toda noite. Eventuais parênteses desnecessários, por clareza de estilo, dificilmente são um pecado, mas um código que apresenta muitos parênteses é irritante e difícil de ler.

| Operador de precedência e regras de associatividade em C e C++ |||
|---|---|---|
| :: | escopo de resolução | esquerda para direita |
| ()<br>[]<br>.<br>-><br>++<br>-- | chamada da função<br>elemento do arranjo (subscrever)<br>seleção de um membro<br>seleção de um membro (por ponteiro)<br>incremento posterior<br>decremento posterior | esquerda para direita<br><br><br><br>**direita para esquerda** |
| !<br>~<br>-<br><br>++<br>--<br>&<br>*<br>`new`<br>`delete`<br>`(type)`<br>`size of` | operação lógica "not"<br>operação lógica de complemento<br>menos unário (operação lógica de menos sobre um único operando)<br>pré-incremento<br>pré-decremento<br>endereço de<br>conteúdos de (desreferência)<br>cria<br>destrói<br>converte para `type`<br>tamanho em bytes | direita para esquerda |
| *<br>/<br>% | multiplicação<br>divisão<br>resto da divisão | esquerda para direita |
| +<br>- | adição<br>subtração | esquerda para direita |
| <<<br>>> | desloca o bit para esquerda<br>desloca o bit para direita | esquerda para direita |
| <<br>><br><=<br>>= | operação aritmética menor do que<br>operação aritmética maior do que<br>operação aritmética menor do que ou igual a<br>operação aritmética maior do que ou igual a | esquerda para direita |
| ==<br>!= | operação aritmética de igual<br>operação aritmética de diferente (não igual) | esquerda para direita |
| & | operador "e" entre bits | esquerda para direita |
| ^ | operador "ou exclusivo" entre bits | esquerda para direita |
| \| | operador "ou" entre bits | esquerda para direita |
| && | operação lógica "e" | esquerda para direita |
| \|\| | operação lógica "ou" | esquerda para direita |
| ? : | expressão condicional | **direita para a esquerda** |
| =<br>também += -= *= /= %=<br>    <<= >>= &= ^= \|= | operador de atribuição | **direita para a esquerda** |
| , | expressão sequencial | esquerda para direita |

### 1.2.2 Estruturas de controle

Todas deveriam lhe ser familiares.

**Iteração.** Em linguagens da família C, iteração simples é realizada com um laço `for`, por exemplo

```
for (j=2;j<=1000;j++) {
   b[j]=a[j-1];
   a[j-1]=j;
}
```

É convencional recuar o bloco do código que é influenciado pela estrutura de controle, deixando a própria estrutura sem recuo. Gostamos de colocar a chave inicial na mesma linha da sentença `for`, em vez de na próxima linha. Isto economiza uma linha em branco inteira e nosso editor nos adora por causa disso.

**Condicional.** O condicional ou estrutura `if` é, de forma geral, algo assim:

```
if (...) {
   ...
}
else if (...) {
   ...
}
else {
   ...
}
```

Porém, uma vez que sentenças compostas de chaves são necessárias apenas quando há mais do que uma sentença no bloco, a construção `if` pode ser um tanto menos explícita do que o mostrado acima. Alguns cuidados devem ser tomados na construção de cláusulas `if` embutidas em uma rotina ou programa. Por exemplo, considere o seguinte:

```
if (b > 3)
   if (a > 3) b += 1;
else b -= 1;                    /*questionável!*/
```

A julgar pelo alinhamento utilizado em sucessivas linhas, a intenção do programador deste código é o seguinte: "Se b é maior do que 3 e a é maior do que 3, então incremente b. Se b não é maior que 3, então decremente b". De acordo com as regras, porém, o significado real é "Se b é maior que 3, então avalie a. Se a é maior que 3, então incremente b, e se a é menor ou igual a 3, decremente b". O ponto é que uma cláusula `else` está associada com a sentença aberta `if` mais recente, não importando como você configura isso fora da página. Tais confusões no significado são facilmente resolvidas pela inclusão de chaves que esclarecem sua intenção e melhoram o programa. O fragmento acima poderia então ser escrito como

```
if (b > 3) {
   if (a > 3) b += 1;
} else {
   b -= 1;
}
```

**Iteração while.** Alternativa para a iteração `for` é a estrutura `while`, por exemplo,

```
while (n < 1000) {
   n *= 2;
   j += 1;
}
```

A cláusula controle (neste caso n < 1000) é efetuada antes de cada iteração. Se a cláusula não é verdadeira, as sentenças inclusas serão executadas. Em particular, se este código é encontrado em um instante de tempo n maior ou igual a 1000, as sentenças não serão executadas sequer uma vez.

**Iteração do-while.** Companheira da iteração while, é uma estrutura de controle relacionada que testa sua cláusula controle no *fim* de cada iteração:

```
do {
   n *= 2;
   j += 1;
} while (n < 1000);
```

Neste caso, as sentenças englobadas serão executadas pelo menos uma vez, independente do valor inicial de n.

**Break e continue.** Você usa a sentença break quando tem um laço que é repetido indefinidamente até que alguma condição *testada em algum lugar no meio do laço* (e possivelmente testada em mais do que um lugar) torna-se verdade. Neste ponto você deseja sair do laço e proceder com o que vem depois disso. Em linguagens da família C, a simples sentença break termina a execução da construção for, while, do ou switch mais interna e passa para a próxima instrução sequencial. Um uso típico poderia ser

```
for(;;) {
   ...                    (sentenças antes do teste)
   if (...) break;
   ...                    (sentenças após o teste)
}
...                       (próxima instrução sequencial)
```

O parceiro de break é continue, que transfere o controle do programa para o fim do corpo da sentença for, while ou do de menor englobamento, mas *apenas no interior* do corpo determinado pelas chaves de terminação. Em geral, isto resulta na execução do próximo teste do laço associado com este corpo.

### 1.2.3 Quando truque é excessivo

Todo programador é tentado a escrever uma linha ou duas de código que é tão elegantemente cheia de truques que todos que a leiam se admirarão da inteligência do autor. A justiça poética é que geralmente isto mais tarde deixará esse mesmo programador perplexo ao tentar entender sua própria criação. Você poderia momentaneamente ficar orgulhoso de ter escrito a única linha

```
k=(2-j)*(1+3*j)/2;
```

se você quer permutar ciclicamente um dos valores $j = (0,1,2)$ em, respectivamente, $k = (1,2,0)$. Você se arrependerá disso mais tarde, porém. Melhor, e provavelmente mais rápido, é

```
k=j+1;
if (k == 3) k=0;
```

Por outro lado, pode também ser um erro ou, no mínimo, subótimo, ser laboriosamente literal, como em

```
switch (j) {
   case 0: k=1; break;
   case 1: k=2; break;
   case 2: k=0; break;
   default: {
      cerr << "unexpected value for j";
      exit(1);
   }
}
```

Isto (ou algo similar) poderia ser o estilo de editoração se você é um dos $10^5$ programadores trabalhando para uma megacorporação, mas se você é programador para sua própria pesquisa ou dentro de um pequeno grupo de colaboradores, este tipo de estilo causará confusão. Você precisa encontrar o equilíbrio entre artifícios obscuros e prolixidade tediosa. Uma regra boa é aquela segundo a qual você deveria sempre escrever um código que é *levemente menos cheio de truques do que o que você estaria disposto a ler, mas apenas levemente.*

Há uma linha tênue entre ser cheio de truques (ruim) e ser idiomático (bom). Idiomas são expressões curtas suficientemente comuns, ou suficientemente autoexplicativas, para que você possa usá-las desembaraçadamente. Por exemplo, testar se um inteiro n é par ou ímpar por

```
if (n & 1) ...
```

é, nós pensamos, preferível a

```
if (n % 2 == 1) ...
```

Similarmente, gostamos de duplicar um inteiro positivo escrevendo

```
n <<= 1;
```

ou construir uma máscara de n bits escrevendo

```
(1 << n) - 1
```

e assim por diante.

Alguns idiomas são merecedores de consideração mesmo quando não são tão imediatamente óbvios. S.E. Anderson [2] coletou um número de "bit-twiddiling hacks" (algo como "experimentos de manipulação de bits para explorar software e hardware"), três dos quais mostramos aqui:

O teste

```
if ((v&(v-1))==0) {}        É uma potência de 2 ou zero.
```

testa quando v é uma potência de 2. Se você dá importância ao caso v=0, você deve escrever

```
if (v&&((v&(v-1))==0)) {}   É uma potência de 2.
```

O idioma

```
for (c=0;v;c++) v &= v - 1;
```

fornece como c o número de bits do conjunto (=1) em um positivo ou inteiro sem sinal v (destruindo v no processo). O número de iterações é apenas tantas quanto o número de bits do conjunto.

O idioma
```
v--;
v |= v >> 1; v |= v >> 2; v |= v >> 4; v |= v >> 8; v |= v >> 16;
v++;
```
arredonda um inteiro positivo (ou sem sinal) de 32-bits v para a próxima potência de 2 que é ≥ v.

Quando usarmos os experimentos de manipulação de bits ("bit-twiddling hacks"), incluiremos um comentário explicativo no código.

### 1.2.4 Macros utilitários ou funções definidas por "templates"

O arquivo `nr3.h` inclui, entre outras coisas, definições para as funções

```
MAX(a,b)
MIN(a,b)
SWAP(a,b)
SIGN(a,b)
```

Elas são autoexplicativas, exceto possivelmente pela última. `SIGN(a,b)` retorna um valor com a mesma magnitude de `a` e o mesmo sinal de `b`. Estas funções são implementadas como funções definidas por templates "inline", então elas podem ser usadas para todos os tipos de argumentos que fazem sentido semanticamente. Implementação como macros também é possível.

**REFERÊNCIAS CITADAS E LEITURA COMPLEMENTAR**

Harbison, S.P., and Steele, G.L., Jr. 2002, *C: A Reference Manual*, 5th ed. (Englewood Cliffs, NJ: Prentice-Hall).
[1]
Anderson, S.E. 2006, "Bit Twiddling Hacks," em http://graphics.stanford.edu/~seander/ bithacks.html. [2]

## 1.3 Objetos, classes e herança

Um *objeto* ou classe (os termos são intercambiáveis) é uma estrutura de programa que agrupa em conjunto algumas variáveis, ou funções, ou ambas, de tal forma que todas as variáveis ou funções incluídas "enxergam" umas às outras e podem interagir intimamente, enquanto que a maioria da sua estrutura interna está escondida das outras estruturas de programas e unidades. Os objetos tornam possível a *programação orientada a objetos* (OOP), o que se tornou praticamente o único paradigma para criar sistemas de software complexos de sucesso reconhecido. A chave para uma clara compreensão do OOP é que objetos têm *estado* e *comportamento*. O estado do objeto é descrito pelos valores armazenados em suas variáveis membro, enquanto que o possível comportamento é determinado pelas funções membro. Usaremos objetos de outras maneiras também.

A terminologia relativa a OOP pode ser confusa. Objetos, classes e estruturas referem-se mais ou menos à mesma coisa. Funções membro em uma classe geralmente são referidas como *métodos* pertencentes àquela classe. Em C++, objetos são definidos com a palavra-chave `class` ou com a palavra-chave `struct`. Estes diferem, porém, nos detalhes de quão rigorosamente eles escondem os interiores dos objetos do que é visto pelo público. Especificamente,

```
struct SomeName { ...
```

é definido como sendo o mesmo que

```
class SomeName {
public: ...
```

Neste livro nós *sempre* usamos `struct`. Isto não é porque depreciamos o uso dos acessos `public` e `private` especificadores em OOP, mas somente porque tais controles de acesso contribuiriam pouco para o entendimento dos fundamentos dos métodos numéricos que é o objetivo deste livro. Para dizer a verdade, especificadores de acesso poderiam impedir seu entendimento, porque você iria constantemente mover coisas do privado para o público (e ao contrário) à medida que programa diferentes casos de teste e quer examinar diferentes variáveis internas, normalmente privadas.

Nossas classes são declaradas por `struct` e não `class`, assim, o uso da palavra "class" é potencialmente confuso, e tentaremos evitá-lo. Então, "objeto" significa `struct`, que é, na verdade, uma classe!

Se você é um iniciante em OOP, é importante entender a distinção entre definir um objeto e entendê-lo. Você define um objeto escrevendo um código como este:

```
struct Twovar {
    Doub a,b;
    Twovar(const Doub aa, const Doub bb) : a(aa), b(bb) {}
    Doub sum() {return a+b;}
    Doub diff() {return a-b;}
};
```

Este código não cria um objeto `Twovar`. Ele apenas diz ao computador como criá-lo quando, mais tarde em seu programa, você dirá a ele para fazer isso, por exemplo, por meio de uma declaração como

```
Twovar mytwovar(3.,5.);
```

o que chama o construtor `Twovar` e cria uma instância de (ou instancia) uma `Twovar`. Neste exemplo, o construtor também designa as variáveis a e b para 3 e 5, respectivamente. Você pode ter qualquer número de instâncias não interagentes simultaneamente existentes:

```
Twovar anothertwovar(4.,6.);
Twovar athirdtwovar(7.,8.);
```

Este livro não é um livro-texto de OOP ou de linguagem C++; então, não iremos além. Se você precisar mais do que isso, boas referências são [1-4].

### 1.3.1 Usos simples de objetos

Usamos objetos de várias maneiras, variando do trivial ao absolutamente complexo, dependendo das necessidades do método numérico específico que está sendo discutido. Como mencionado em §1.0, esta falta de consistência significa que este livro não é um exemplar útil de uma biblioteca de programas (ou, no contexto da OOP, uma biblioteca de classes). Isto significa que, em algum lugar deste livro, você provavelmente encontrará um exemplo de todas maneiras possíveis de pensar sobre objetos em computação numérica! (Nós esperamos que você considere isso um ganho.)

**Objeto para agrupamento de funções.** Às vezes um objeto apenas agrupa um conjunto de funções relacionadas, não muito diferentemente da maneira que você usaria um `namespace`. Por exemplo, uma simplificação do objeto `Erf` do Capítulo 6 apresenta-se como:

```
struct Erf {                    Sem necessidade de construtor
    Doub erf(Doub x);
    Doub erfc(Doub x);
    Doub inverf(Doub p);
    Doub inverfc(Doub p);
    Doub erfccheb(Doub z);
};
```

Como será explicado em §6.2, os primeiros quatro métodos são planejados para serem chamados pelo usuário, fornecendo a função erro, o complementar da função erro e as duas funções inversas correspondentes. Mas estes métodos compartilham alguns códigos e também usam códigos comuns no último método, `erfcheb`, o qual o usuário normalmente ignorará por completo. Por esta razão, faz sentido agrupar a coleção inteira como um objeto `Erf`. A única desvantagem disso é que você deve instanciar um objeto `Erf` antes de poder usar (digamos) a função `erf`:

```
Erf myerf;                        O nome myerf é arbitrário.
...
Doub y = myerf.erf(3.);
```

Instanciar o objeto não faz verdadeiramente nada aqui, porque `Erf` não contém variáveis (isto é, não tem estado armazenado). Isto apenas informa qual é o nome local do compilador que você usará em referência às suas funções membro. [Normalmente usaríamos `erf` para a instância de `Erf`, mas imaginamos que `erf.erf(3.)` seria confuso no exemplo acima.]

**Objeto para padronizar uma interface.** Em §6.14 discutiremos várias convenientes distribuições de probabilidade padrões, por exemplo, normal, Cauchy, binomial, Poisson etc. Cada uma tem sua própria definição de objeto, por exemplo,

```
struct Cauchydist {
    Doub mu, sig;
    Cauchydist(Doub mmu = 0., Doub ssig = 1.) : mu(mmu), sig(ssig) {}
    Doub p(Doub x);
    Doub cdf(Doub x);
    Doub invcdf(Doub p);
};
```

onde a função p retorna a densidade de probability, a função `cdf` retorna a função distribuição acumulada (cdf) e a função `invcdf` retorna o inverso da cdf. A interface é consistente em todas as diferentes distribuições de probabilidade; assim, você pode mudar a distribuição no programa em que está usando simplesmente alterando uma única linha do programa, por exemplo, de

```
Cauchydist mydist();
```

para

```
Normaldist mydist();
```

Todas as referências subsequentes a funções como `mydist.p`, `mydist.cdf` e assim por diante, são então alteradas automaticamente. Isto dificilmente chega a ser OOP, mas pode ser muito conveniente.

**Objeto para retornar valores múltiplos.** Frequentemente ocorre que uma função computa mais do que uma quantidade útil, mas você não sabe em qual ou quais o usuário está verdadeiramente interessado naquela chamada a função particular. Um uso conveniente dos objetos é salvar todos os resultados potencialmente úteis e então deixar o usuário capturar aqueles que são de interesse. Por exemplo, uma versão simplificada da estrutura `Fitab` no Capítulo 15, a qual ajusta uma reta $y = a + bx$ para um conjunto de pontos xx e yy, apresenta-se como:

```
struct Fitab {
    Doub a, b;
    Fitab(const VecDoub &xx, const VecDoub &yy);       Construtor
};
```

(Discutiremos `VecDoub` e assuntos relacionados em §1.4.) O usuário realiza o ajuste chamando o construtor com os pontos como argumentos,

```
Fitab myfit(xx,yy);
```

Então as duas "respostas" *a* e *b* são separadamente avaliadas como `myfit.a` e `myfit.b`. Veremos exemplos mais elaborados ao longo do livro.

**Objetos que salvam estados internos para usos múltiplos.** Isto é OOP clássica, digno do nome. Um bom exemplo é o objeto `LUdcmp` do Capítulo 2, o qual (em forma abreviada) é semelhante a isto:

```
struct LUdcmp {
    Int n;
    MatDoub lu;
    LUdcmp(const MatDoub &a);
    void solve(const VecDoub &b, VecDoub &x);
    void inverse(MatDoub &ainv);
    Doub det();
};
```

Este objeto é usado para resolver um sistema de equações lineares e/ou inverter uma matriz. Você o utiliza para criar uma instância com sua matriz `a` como o argumento no construtor. O construtor então computa e armazena, na matriz interna `lu`, uma assim chamada decomposição *LU* da sua matriz (ver §2.3). Normalmente você não utilizará a matriz `lu` diretamente (porém poderia, se quisesse). Preferivelmente, você agora tem disponível os métodos `solve()`, o qual retorna o vetor solução `x` para um dado vetor de elementos independentes `b`, `inverse()`, o qual retorna a matriz inversa, e `det()`, que retorna o determinante da sua matriz.

Você pode chamar algum ou todos de métodos `LUdcmp` em qualquer ordem; você poderia perfeitamente querer chamar `solve` múltiplas vezes, com diferentes vetores de elementos independentes. Se você tem mais do que uma matriz em seu problema, você cria uma instância separada de `LUdcmp` para cada uma, por exemplo,

```
LUdcmp alu(a), aalu(aa);
```

após a qual `alu.solve()` e `aalu.solve()` são os métodos para resolver sistema de equações lineares para cada matriz respectiva, `a` e `aa`; `alu.det()` e `aalu.det()` retornam os dois determinantes; e assim por diante.

Não terminamos de listar maneiras de utilizar objetos. Muitas outras serão discutidas nas próximas seções.

### 1.3.2 Regras de escopo e destruição de objetos

Este último exemplo, `LUdcmp`, suscita o importante tópico de como gerenciar tempo e memória utilizados por um objeto dentro de um programa.

Para uma matriz grande, o construtor `LUdcmp` faz um bocado de computação. Você escolhe exatamente onde em seu programa você quer que isto ocorra da maneira óbvia, colocando a declaração

```
LUdcmp alu(a);
```

neste exato lugar. A importante distinção entre uma linguagem não orientada a objetos (como C) e uma linguagem orientada a objetos (como C++) é que, nesta última, declarações não são instruções passivas para o compilador, mas sentenças executáveis no tempo de execução (*run-time*).

Para uma matriz grande, o construtor `LUdcmp` também utiliza muita memória para armazenar a matriz `lu`. Como você cuida disso? Isto é, como você diz que ele deveria salvar este estado, considerando que poderia precisar dele para as chamadas a métodos como `alu.solve()`, mas não indefinidamente?

A resposta encontra-se nas regras estritas e previsíveis sobre o *escopo* do C++. Você pode iniciar um escopo temporário em um ponto qualquer escrevendo uma chave aberta "{"e terminá-lo com uma chave fechada "}". Você pode embutir escopos da maneira óbvia. Qualquer objeto declarado dentro de um escopo é destruído (e seus recursos de memória, retornados) quando o fim de cada escopo é alcançado. Um exemplo poderia ser assim:

```
MatDoub a(1000,1000);           Crie uma matriz grande
VecDoub b(1000),x(1000);        e um par de vetores.
...
{                               Comece o escopo temporário.
    LUdcmp alu(a);              Crie o objeto alu.
    ...
    alu.solve(b,x);             Execute alu.
    ...
}                               Fim do escopo temporário. Recursos em alu estão liberados.
...
Doub d = alu.det();             ERRO! alu está fora do escopo.
```

Este exemplo presume que você tenha outro uso para a matriz mais tarde. Se não, então a declaração de `a` estaria dentro do escopo temporário.

Esteja atento que *todos* os blocos de programas delineados por chaves são unidades de escopo. Isto inclui o bloco principal associado com uma definição de função e também blocos associados com estruturas de controle. Em código como esse,

```
for (;;) {
    ...
    LUdcmp alu(a);
    ...
}
```

uma nova instância de `alu` é criada em cada interação e então destruída no fim desta iteração. Isso pode ser a sua intenção (se a matriz `a` muda em cada iteração, por exemplo); mas você deve cuidar para que isso não ocorra de forma não intencional.

### 1.3.3 Funções e functores

Muitas rotinas neste livro tomam funções como input. Por exemplo, as rotinas de quadratura (integração) no Capítulo 4 tomam como entrada a função $f(x)$ para ser integrada. Para um caso simples como $f(x) = x^2$, você codifica simplesmente como

```
Doub f(const Doub x) {
    return x*x;
}
```

e passa `f` como um argumento para a rotina. Porém, geralmente é útil usar um objeto mais geral para informar a função à rotina. Por exemplo, $f(x)$ pode depender de outras variáveis ou parâmetros que necessitam ser informados pela chamada do programa. Ou a computação de $f(x)$ pode estar associada a outros subcálculos ou informação proveniente de outras partes do programa. Quando a programação não é OOP, esta comunicação geralmente é realizada com variáveis globais que passam a informação "além do necessário" da rotina que recebe a função argumento `f`.

C++ fornece uma solução melhor e mais elegante: objetos função ou functores. Um functor é simplesmente um objeto no qual o operador () foi sobrecarregado para também desempenhar o papel de retornar um valor de função. (Não há relação entre este uso da palavra functor e seu significado diferente em matemática pura.) O caso $f(x) = x^2$ poderia agora ser codificado como

```
struct Square {
    Doub operator()(const Doub x) {
        return x*x;
    }
};
```

Para usar isto com uma quadratura ou outra rotina, você declara uma instância de `Square`

```
Square g;
```

e passa g para a rotina. Dentro da rotina quadratura, uma chamada de g(x) retorna o valor da função da maneira usual.

No exemplo acima, não há sentido em usar um functor em vez de uma função simples. Mas suponha que você tenha um parâmetro no problema, por exemplo, $f(x) = cx^p$, onde $c$ e $p$ serão informados de algum outro lugar em seu programa. Você pode designar os parâmetros por intermédio de um construtor:

```
struct Contimespow {
    Doub c,p;
    Contimespow(const Doub cc, const Doub pp) : c(cc), p(pp) {}
    Doub operator()(const Doub x) {
        return c*pow(x,p);
    }
};
```

Na chamada do programa, você pode declarar a instância de `Contimespow` por

```
Contimespow h(4.,0.5);        Informe c e p para o functor.
```

e mais tarde passar h para a rotina. Claramente, você pode fazer o functor ser muito mais complicado. Por exemplo, ele pode conter outras funções auxiliares para dar suporte ao cálculo do valor da função.

Então deveríamos implementar todas as rotinas para aceitar apenas functores e não funções? Por sorte, não temos que decidir. Podemos escrever as rotinas de modo que elas possam aceitar uma função *ou* um functor. Uma rotina que aceita apenas uma função para ser integrada de $a$ até $b$ poderia ser declarada como

```
Doub someQuadrature(Doub func(const Doub), const Doub a, const Doub b);
```

Para permitir que ela aceite funções ou functores, construímos um template para função:

```
template <class T>
Doub someQuadrature(T &func, const Doub a, const Doub b);
```

Agora o compilador descobre se você está chamando `someQuadrature` com uma função ou um functor e gera o código apropriado. Se você chamar a rotina em um lugar do seu programa com uma função e em outro com um functor, o compilador lidará com isso também.

Usaremos esta capacidade para passar functores como argumentos em várias ocasiões ao longo do livro quando argumentos do tipo função serão exigidos. Há um tremendo ganho de flexibilidade e facilidade de uso.

Como uma convenção, quando escrevemos `Ftor`, imaginamos um functor como `Square` ou `Contimespow`; quando escrevemos `fbare`, imaginamos uma função "simples" como `f`; quando escrevemos `ftor` (tudo em letra minúscula), imaginamos uma instanciação de um functor, isto é, algo declarado como

```
Ftor ftor(...);          Troque as reticências pelos seus parâmetros, se houver algum.
```

Claro, seus nomes para functores e suas instanciações serão diferentes.

Uma sintaxe levemente mais complicada é passar uma função para um objeto que é modelado para aceitar uma função ou um functor. Então, se o objeto for

```
template <class T>
struct SomeStruct {
   SomeStruct(T &func, ...);   construtor
   ...
```

poderíamos instanciá-lo com um functor como:

```
Ftor ftor;
SomeStruct<Ftor> s(ftor, ...
```

mas com uma função como:

```
SomeStruct<Doub (const Doub)> s(fbare, ...
```

Neste exemplo, `fbare` toma um único argumento `const Doub` e retorna um `Doub`. Você deve usar os argumentos e retornar o tipo para seu caso específico, claro.

### 1.3.4 Herança

Objetos podem ser definidos por meio da derivação de outros objetos já definidos. Nessa *herança*, a classe "pai ou mãe" é chamada de *classe base*, enquanto o "filho" é chamado de *classe derivada*. Uma classe derivada tem todos os métodos e estado armazenado da sua classe base, mais os novos que ela pode adicionar.

**Relacionamentos "é-um".** O uso mais direto da herança é descrever os assim chamados relacionamentos é-um. Textos em OOP estão repletos de exemplos cuja classe base é `ZooAnimal` e uma classe derivada é `Lion`. Em outras palavras, `Lion` "é-um" `ZooAnimal`. A classe base tem métodos comuns a todos os `ZooAnimal`(s), por exemplo, `eat()` e `sleep()`, enquanto que a classe derivada estende a classe base com métodos adicionais específicos ao `Lion`, por exemplo, `roar()` e `eat-visitor()`.

Neste livro, usamos a herança é-um com menos frequência do que se esperaria. Exceto em algumas situações altamente estilizadas, como classes otimizadas de matrizes ("matriz triangular é-uma matriz"), nós achamos que a diversidade de tarefas em computação científica não se presta a hierarquias é-um estritas. Existem exceções, contudo. Por exemplo, no Capítulo 7, definimos um objeto `Ran` com métodos para retornar desvios aleatórios uniformes de vários tipos (p. ex., `Int` ou `Doub`). Posteriormente naquele capítulo, definimos objetos para retornar outros tipos de desvios aleatórios, por exemplo, normal ou binomial. Estes são definidos como classes derivadas de `Ran`, por exemplo,

```
struct Binomialdev : Ran {};
```

de forma que eles podem compartilhar o maquinário já existente em Ran. Isto é um verdadeiro relacionamento é-um, porque "desvio binomial é-um desvio aleatório".

Outro exemplo ocorre no Capítulo 13, no qual objetos `Daub4`, `Daub4i` e `Daubs` são derivados da classe base `Wavelet`. Aqui, `Wavelet` é uma *classe base abstrata* ou *ABC*[1,4] que não tem seu próprio conteúdo. Em vez disso, ela apenas especifica interfaces para todos os métodos que toda `Wavelet` deve ter. O relacionamento é todavia é-um: "`Daub4` é-um `Wavelet`".

**Relacionamentos "pré-requisitos".** Não por alguma razão dogmática, mas simplesmente por causa da conveniência, frequentemente usamos herança para transmitir a um objeto um conjunto de métodos que ele necessita como pré-requisitos. Isto é especialmente verdade quando o mesmo conjunto de pré-requisitos é usado por mais do que um objeto. Neste uso de herança, a classe base não tem uma unidade ZooAnimal particular; ela seria uma miscelânea. Não há um relacionamento lógico é-um entre a base e classes derivadas.

Um exemplo no Capítulo 10 é Bracketmethod, uma classe base para diversas rotinas de minimização, mas que simplesmente provêm um método comum para o cercamento inicial de um mínimo. No Capítulo 7, o objeto Hashtable fornece métodos que são pré-requisitos para suas classes derivadas Hash e Mhash, mas não se pode dizer que "Mhash é-um Hashtable" de maneira significativa. Um exemplo extremo, no Capítulo 6, é a classe base Gauleg18, que nada faz além de prover um grupo de constantes para a integração de Gauss-Legendre para classes derivadas Beta e Gamma, ambas das quais necessitam delas. Similarmente, listas longas de constantes são fornecidas para as rotinas StepperDopr853 e StepperRoss no Capítulo 17 pelas classes base para evitar bagunçar o código dos algoritmos.

**Abstração parcial.** Herança pode ser usada em situações mais complicadas ou casos específicos. Por exemplo, considere o Capítulo 4, em que regras de quadratura elementares tais como Trapzd e Midpnt são usadas como blocos de construção para construir algoritmos de quadratura mais elaborados. Um aspecto-chave que estas regras simples compartilham é um mecanismo para adicionar mais pontos a uma aproximação existente para uma integral para obter o próximo estágio de refinamento. Isso sugere derivar esses objetos de uma classe base abstrata chamada de Quadrature, que especifica que todos os objetos derivados dela devem ter um método next(). Isso não é uma especificação completa de uma interface comum é-um; abstrai somente um aspecto que verificou-se ser útil.

Por exemplo, em §4.6, o objeto Stiel invoca, em diferentes situações, dois diferentes objetos quadratura, Trapzd e DErule. Eles não são intercambiáveis. Eles têm diferentes argumentos construtor e não poderiam ser feitos ZooAnimals facilmente (por assim dizer). Stiel obviamente sabe das diferenças entre eles. Porém, um dos métodos de Stiel, quad(), não sabe (e não deveria saber). Ele usa somente o método next(), o qual existe, com definições diferentes, em ambos Trapzd e DErule.

Apesar de haver diversas maneiras diferentes de imaginar situações como esta, uma fácil é disponibilizada uma vez que a Trapzd e DErule tenha sido fornecida uma classe base abstrata comum Quadrature que não contém nada além de uma interface virtual para next. Em um caso como este, a classe base é um aspecto menor do projeto no que tange à implementação de Stiel, quase uma reflexão tardia, em vez de ser o ápice de um projeto top-down. Contanto que o uso seja claro, não há nada de errado com isto.

O Capítulo 17 discute equações diferenciais ordinárias e tem alguns exemplos ainda mais complicados que combinam herança e templating. Adiaremos discussões adicionais até lá.

### REFERÊNCIAS CITADAS E LEITURA COMPLEMENTAR

Stroustrup, B. 1997, *The C++ Programming Language,* 3rd ed. (Reading, MA: Addison-Wesley).[1]
Lippman, S.B., Lajoie, J., and Moo, B.E. 2005, *C++ Primer,* 4th ed. (Boston: Addison-Wesley).[2]
Keogh, J., and Giannini, M. 2004, *OOP Demystified* (Emeryville, CA: McGraw-Hill/Osborne).[3]
Cline, M., Lomow, G., and Girou, M. 1999, *C++ FAQs,* 2nd ed. (Boston: Addison-Wesley).[4]

## 1.4 Objetos vetor e matriz

A biblioteca padrão C++ [1] inclui uma classe template vector<> perfeitamente boa. A única crítica que pode ser feita é que ela é tão rica em aspectos que alguns fornecedores de compiladores não espremem o último bit de desempenho da maioria de suas operações elementares, por exemplo, retornar um elemento pelo seu subscrito. Este desempenho é extremamente importante em aplicações científicas; sua ausência ocasional em compiladores C++ é a principal razão pela qual muitos cientistas ainda (como nós escrevemos) programam em C, ou mesmo em Fortran!

Também incluída na biblioteca padrão C++ está a classe `valarray<>`. Antigamente, esta era para ser uma classe tipo vetor que foi otimizada para computação numérica, incluindo alguns aspectos associados com matrizes e arranjos (*arrays*) multidimensionais. Porém, como relatado por um participante,

> As classes valarray não foram desenvolvidas muito bem. Na verdade, ninguém tentou determinar se a especificação final funcionava. Isto aconteceu porque ninguém se sentia "responsável" por estas classes. As pessoas que introduziram valarrays na biblioteca padrão do C++ deixaram o comitê ao longo do tempo antes que o padrão estivesse finalizado. [1]

O resultado desta história é que C++, pelo menos agora, tem uma boa (mas nem sempre confiavelmente otimizada) classe para vetores e uma classe nada confiável para matrizes ou arranjos de dimensões maiores. O que fazer? Adotaremos uma estratégia que enfatiza a flexibilidade e assume somente um conjunto mínimo de propriedades para vetores e matrizes. Faremos então nossas próprias classes básicas para vetores e matrizes. Para a maioria dos compiladores, estas são no mínimo tão eficientes quanto `vector<>` e outras classes de vetores e matrizes de uso comum. Mas se, para você, elas não são, então é fácil mudar para um conjunto diferente de classes, como explicaremos.

### 1.4.1 Typedefs

Flexibilidade é conquistada tendo-se diversas camadas de indireção (*type-inderection*) `typedef`, resolvida num tempo de compilação tal que não haja penalização do desempenho no tempo de execução. O primeiro nível da indireção, não apenas para vetores e matrizes, mas para praticamente todas variáveis, é que nós usamos nomes tipo definidos pelo usuário em vez de tipos fundamentais do C++. Estes são definidos em `nr3.h`. Se você alguma vez encontrar casualmente um complicador com tipos embutidos peculiares, estas definições são o "gancho" para confecção de qualquer mudança necessária. A lista completa de tais definições é

| Tipo NR | Definição usual | Significado |
|---|---|---|
| `Char` | `char` | inteiro de 8 bits com sinal |
| `Uchar` | `unsigned char` | inteiro de 8 bits sem sinal |
| `Int` | `int` | inteiro de 32 bits com sinal |
| `Uint` | `unsigned int` | inteiro de 32 bits sem sinal |
| `Llong` | `long long int` | inteiro de 64 bits com sinal |
| `Ullong` | `unsigned long long int` | inteiro de 64 bits sem sinal |
| `Doub` | `double` | ponto flutuante de 64 bits |
| `Ldoub` | `long double` | [reservado para uso futuro] |
| `Complex` | `complex<double>` | complexo flutuante de $2 \times 64$ bits |
| `Bool` | `bool` | `true` ou `false` |

Um exemplo de quando você poderia precisar mudar os `typedef`s em `nr3.h` é se o `int` do seu compilador não é de 32 bits ou se ele não reconhece o tipo `long long int`. Poderia ser necessário substituir os tipos especificados pelo fornecedor (no caso da Microsoft) `__int32` e `__int64`.

O segundo nível de indireção nos leva de volta à discussão de vetores e matrizes. Os tipos de vetores e matrizes que aparecem nos códigos fonte deste livro são como segue. Vetores: `VectInt`, `VecUint`, `VecChar`, `VecUchar`, `VecCharp`, `VecLlong`, `VecUllong`, `VecDoub`, `VecDoubp`, `VecComplex` e `VecBool`. Matrizes: `MatInt`, `MatUint`, `MatChar`, `MatUchar`, `MatLlong`, `MatUllong`, `MatDoub`, `MatComplex` e `MatBool`. Todos deveriam ser compreensíveis, semanticamente, como vetores e matrizes cujos elementos são os tipos correspondentes definidos pelo usuário. Aqueles que terminam em "p" têm elementos que são ponteiros, por exemplo, `VecCharp` é um vetor de ponteiros para `char`, isto é, `char*`. Se você está curioso para saber por que esta lista não está combinatorialmente completa, é porque não chegamos a usar todas as possíveis combinações de `Vec`, `Mat`, tipo fundamental e ponteiro neste livro. Você pode adicionar tipos adicionais análogos conforme precisar deles.

Espere, há mais! Para todo vetor e matriz do tipo acima, também definimos tipos com os mesmos nomes mais um dos sufixos "`_I`", "`_O`" e "`_IO`", por exemplo, VecDoub_IO. Usamos estes tipos sufixados para especificar tipos de argumento nas definições de funções. O significado, respectivamente, é que o argumento é "input", "output" ou "input e output".* Os tipos `_I` são automaticamente definidos para ser `const`. Discutiremos isto posteriormente em §1.5.2 no tópico de corretude `const`.

Isto pode parecer um capricho nosso, definir tal lista de tipos quando um número muito menor de tipos descritos por templates poderia fazê-lo. A justificativa é flexível: você tem um gancho para redefinir cada um dos tipos individualmente, de acordo com o que você necessita para eficiência do programa, códigos locais padrões, correções const ou outra coisa qualquer. Para dizer a verdade, em `nr3.h`, todos esses tipos são `typedef`ed para uma classe de vetor e para uma classe de matriz, como segue nas linhas abaixo:

```
typedef NRvector<Int> VecInt, VecInt_O, VecInt_IO;
typedef const NRvector<Int> VecInt_I;
...
typedef NRvector<Doub> VecDoub, VecDoub_O, VecDoub_IO;
typedef const NRvector<Doub> VecDoub_I;
...
typedef NRmatrix<Int> MatInt, MatInt_O, MatInt_IO;
typedef const NRmatrix<Int> MatInt_I;
...
typedef NRmatrix<Doub> MatDoub, MatDoub_O, MatDoub_IO;
typedef const NRmatrix<Doub> MatDoub_I;
...
```

Então (flexibilidade, novamente) você pode mudar a definição de um tipo particular, como `VecDoub`, ou então pode mudar a implementação de todos os vetores mudando a definição de `NRvector<>`. Ou você pode apenas deixar as coisas da maneira como estão em `nr3.h`. Isso deve funcionar bem em 99,9% das aplicações.

### 1.4.2 Métodos exigidos para classe de vetor e matriz

A coisa importante sobre as classes de vetor e matriz não é quais nomes deles são `typedef`'d, mas quais métodos são assumidos para eles (e são providos nas classes template `NRvector` e `NRmatrix`). Para vetores, os métodos são um subconjunto daqueles na classe `vector<>` da biblioteca padrão do C++. Se v é um vetor do tipo `NRvector<T>`, então assumimos os métodos:

---

*Isto é um pedacinho da História, e origina-se dos muitos atributos úteis `INTENT` do Fortran 90.

| | |
|---|---|
| `v()` | Construtor, vetor de comprimento nulo. |
| `v(Int n)` | Construtor, vetor de compimento n. |
| `v(Int n, const T &a)` | Construtor, inicialize todos os elementos com o valor a. |
| `v(Int n, const T *a)` | Construtor, inicialize elementos para valores em um arranjo ao estilo C, a[0], a[1], ... |
| `v(const NRvector &rhs)` | Construtor de cópia. |
| `v.size()` | Retorna o número de elementos em v. |
| `v.resize(Int newn)` | Redimensiona v para o tamanho newn. Não assumimos que o conteúdo seja preservado. |
| `v.assign(Int newn, const T &a)` | Redimensiona v para o tamanho newn e atribui a todos os elementos o valor a. |
| `v[Int i]` | Elemento de v através de subscrito, um valor l e um valor r. |
| `v = rhs` | Operador de atribuição. Redimensiona v se necessário e o torna uma cópia do vetor rhs. |
| `typedef T value_type;` | Torna T externamente acessível (útil em classes ou funções template). |

Como discutiremos mais tarde em mais detalhes, você pode usar qualquer classe de vetor que você goste com *Métodos Numéricos Aplicados*, contanto que ela forneça funcionalidade além do básico. Por exemplo, um caminho pela força bruta para usar a classe `vector<>` da biblioteca padrão do C++ em vez do `NRvector`, é pelo pré-processador directivo

```
#define NRvector vector
```

(De fato, há um desvio [*switch*] de compilação, `_USESTDVECTOR_`, no arquivo `nr3.h` que fará exatamente isto.)

Esses métodos para matrizes são proximamente análogos. Se vv é uma matriz do tipo `NRmatrix<T>`, então assumimos os métodos:

| | |
|---|---|
| `vv()` | Construtor, vetor de comprimento zero. |
| `vv(Int n, Int m)` | Construtor, matriz n × m. |
| `vv(Int n, Int m, const T &a)` | Construtor, inicialize todos elementos com o valor a. |
| `vv(Int n, Int m, const T *a)` | Construtor, inicializa elementos pelas linhas com valores de um arranjo ao estilo C. |
| `vv(const NRmatrix &rhs)` | Construtor de cópia. |
| `vv.nrows()` | Retorna o número de linhas n. |
| `vv.ncols()` | Retorna o número de colunas m. |
| `vv.resize(Int newn, Int newm)` | Redimensiona vv para newn × newn. Não assumimos que os conteúdos sejam preservados. |
| `vv.assign(Int newn, Int newm, const t &a)` | Redimensiona vv para newn × newn e atribui a todos os elementos o valor a. |
| `vv[Int i]` | Retorna um ponteiro para o primeiro elemento na linha i (não frequentemente usado por ele mesmo). |
| `v[Int i][Int j]` | Elemento de vv através de subscrito, um valor l e um valor r. |
| `vv = rhs` | Operador de atribuição. Redimensiona vv se necessário e o torna uma cópia da matriz rhs. |
| `typedef T value_type;` | Torna T externamente acessível. |

Para especificações mais precisas, ver § 1.4.3

Há uma propriedade adicional que assumimos das classes de vetor e matriz, a saber, que todos os elementos de um objeto são armazenados em ordem sequencial. Para um vetor, isso significa que seus elementos podem ser endereçados por um ponteiro aritmético relativo ao primeiro elemento. Por exemplo, se temos

```
VecDoub a(100);
Doub *b = &a[0];
```

então `a[i]` e `b[i]` referenciam o mesmo elemento, ambos como um valor 1 e um valor r. Esta capacidade é algumas vezes importante para eficiência do laço interno, e também é útil para fazer a interface com o código legacy* que pode controlar arranjos `Doub*`, mas não vetores `VecDoub`. Embora a biblioteca padrão C++ não garantisse esse comportamento, todas as suas implementações conhecidas faziam assim, e o comportamento é agora requerido por um aperfeiçoamento do padrão [2].

Para matrizes, assumimos que a armazenagem é por linhas dentro de um único bloco sequencial de forma que, por exemplo,

```
Int n=97, m=103;
MatDoub a(n,m);
Doub *b = &a[0][0];
```

implica que `a[i][j]` e `b[m*i+j]` são equivalentes.

Algumas de nossas rotinas necessitam da capacidade de tomar como um argumento ou um vetor, ou então uma linha de uma matriz. Por simplicidade, usualmente codificamos isto usando sobrecarregamento (*overloading*), como, por exemplo,

```
void someroutine(Doub *v, Int m) {       Versão para uma matriz linha.
    ...
}
inline void someroutine(VecDoub &v) {    Versão para um vetor.
    someroutine(&v[0],v.size());
}
```

Para um vetor v, uma chamada deve assemelhar-se a `someroutine(v)`; para a linha i de uma matriz vv, ela é `someroutine(&&vv[i][0],vv.ncols())`. Enquanto o argumento mais simples `vv[i]` iria de fato funcionar em nossa implementação de `NRmatrix`, ele poderia não funcionar em algumas outras classes de matriz que garantem armazenagem sequencial mas têm o tipo retorno para um único subscrito diferente de `T*`.

### 1.4.3 Implementações em nr3.h

Para referência, aqui está uma completa declaração do NRvector.

```
template <class T>
class NRvector {
private:
    int nn;                                         Tamanho do arranjo, índices 0..nn-1.
    T *v;                                           Ponteiro para o arranjo de dados
public:
    NRvector();                                     Construtor default.
    explicit NRvector(int n);                       Constrói vetor de tamanho n.
    NRvector(int n, const T &a);                    Inicializar com um valor constante a.
    NRvector(int n, const T *a);                    Inicializar os valores em um arranjo ao estilo C a.
    NRvector(const NRvector &rhs);                  Construtor de cópia.
    NRvector & operator=(const NRvector &rhs);      Operador de atribuição.
    typedef T value_type;                           Torna T acessível.
    inline T & operator[](const int i);             Retorna o elemento de número i
    inline const T & operator[](const int i) const; versão const.
    inline int size() const;                        Retorna o tamanho do vetor.
    void resize(int newn);                          Redimensiona perdendo conteúdos.
    void assign(int newn, const T &a);              Redimensiona e atribui a todo elemento o
    ~NRvector();                                           valor a.
};                                                  Destruidor.
```

---

*N. de T.: Do inglês *legacy code*, refere-se ao código fonte que se relaciona com o sistema operacional.

As implementações são diretas e podem ser encontradas no arquivo nr3.h. Os únicos tópicos que requerem sutileza são o tratamento consistente dos vetores de comprimento zero e o ato de evitar operações de redimensionamento desnecessárias.

Uma declaração completa de NRmatrix é

```
template <class T>
class NRmatrix {
private:
    int nn;                                     Número de linhas e colunas. Índices variam de
    int mm;                                         0...nn-1 e 0..mm-1 respectivamente.
    T **v;                                      Armazenamento de dados.
public:
    NRmatrix();                                 Construtor default.
    NRmatrix(int n, int m);                     Constrói uma matriz n x m.
    NRmatrix(int n, int m, const T &a);         Inicializa elementos com valor constante a.
    NRmatrix(int n, int m, const T *a);         Incializa elementos com valores em um arranjo ao estilo C a.
    NRmatrix(const NRmatrix &rhs);              Construtor de cópia.
    NRmatrix & operator=(const NRmatrix &rhs);  Operador de atribuição.
    typedef T value_type;                       Torna T acessível.
    inline T* operator[](const int i);             Subscrevendo: ponteiro para linha i.
    inline const T* operator[](const int i) const;        versão const.
    inline int nrows() const;                   Retorna número de linhas.
    inline int ncols() const;                   Retorna o número de colunas.
    void resize(int newn, int newm);            Redimensione, perdendo conteúdos.
    void assign(int newn, int newm, const T &a);Redimensione e atribua o valor a para todo elemento.
    ~NRmatrix();                                Destruidor.
};
```

Uma junção de detalhes de implementação em NRmatrix é importante de se comentar. A variável privada **v aponta não para os dados, mas antes para um arranjo de ponteiros para os dados das linhas. A alocação de memória deste arranjo é separada da alocação de espaço para os dados efetivos. O espaço de dados é alocado como um único bloco, não separadamente para cada linha. Para matrizes de tamanho zero, temos que levar em consideração as possibilidades separadas de que haja linhas de zeros ou que haja um número finito de linhas, mas cada um com colunas zero. Então, por exemplo, um dos construtores se assemelha a:

```
template <class T>
NRmatrix<T>::NRmatrix(int n, int m) : nn(n), mm(m), v(n>0 ? new T*[n] : NULL)
{
    int i,nel=m*n;
    if (v) v[0] = nel>0 ? new T[nel] : NULL;
    for (i=1;i<n;i++) v[i] = v[i-1] + m;
}
```

Finalmente, é *bastante* importante que seu compilador honre as diretivas em série inline em NRvector e NRmatrix acima. Se ele não faz isso, então você pode estar fazendo chamadas a função completa, salvando e restaurando o contexto dentro do processador, toda vez que você endereçar um elemento do vetor ou matriz. Este é o equivalente a tornar o C++ inútil para a maioria do que se faz em computação numérica. Com sorte, como escrevemos, a maioria dos compiladores comumente utilizados são "respeitáveis" com relação a este tópico.

### REFERÊNCIAS CITADAS E LEITURA COMPLEMENTAR

Josuttis, N.M. 1999, *The C++ Standard Library: A Tutorial and Reference* (Boston: Addison-Wesley).[1]
International Standardization Organization 2003, *Technical Corrigendum ISO 14882:2003*.[2]

## 1.5 Algumas convenções e capacidades adicionais

Reunimos nesta seção algumas explicações adicionais das capacidades da linguagem C++ e como as usamos neste livro.

### 1.5.1 Erro e tratamento da exceção

Já mencionamos que codificamos condições de erro com declarações `throw` simples, como esta

```
throw("error foo in routine bah");
```

Se você está programando em um ambiente que tem um conjunto definido de classes de erros e você quer usá-las, então você precisará mudar estas linhas nas rotinas que você usa. Alternativamente, sem qualquer processo adicional, você pode escolher dentre alguns úteis comportamentos diferentes apenas fazendo pequenas mudanças em `nr3.h`.

Por default, `nr3.h` redefine `throw()` por um processador macro,

```
#define throw(message) \
    {printf("ERROR: %s\n in file %s at line %d\n", \
    message,__FILE__,__LINE__); \
    exit(1);}
```

Este usa aspectos do C padrão ANSI, também presente em C++, para imprimir o nome do arquivo do código fonte e o número da linha na qual os erros ocorrem. Ele é deselegante, mas perfeitamente funcional.

Algo mais funcional e definitivamente mais elegante é ativar o desvio (`switch`) de compilação `_USENRERRORCLASS_` de `nr3.h`, o qual substitui o seguinte código:

```
struct NRerror {
    char *message;
    char *file;
    int line;
    NRerror(char *m, char *f, int l) : message(m), file(f), line(l) {}
};

void NRcatch(NRerror err) {
    printf("ERROR: %s\n     in file %s at line %d\n",
        err.message, err.file, err.line);
    exit(1);
}

#define throw(message) throw(NRerror(message,__FILE__,__LINE__));
```

Agora temos uma (rudimentar) classe de erro, `NRerror`, disponível. Você usa isto colocando uma estrutura de controle `try...catch` em algum ponto (ou pontos) desejado em seu código, por exemplo (§2.9),

```
...
try {
    Cholesky achol(a);
}
catch (NRerror err) {
    NRcatch(err);           Executado se Cholesky cria uma exceção.
}
```

Como mostrado, o uso da função `NRcatch` acima simplesmente imita o comportamento do macro anterior no contexto global. Mas você não tem realmente que usar `NRcatch`: você pode substituir um código que você queira para o corpo da sentença `catch`. Se você quer distinguir entre diferentes tipos de exceções que podem ser acionadas, pode usar a informação retornada em `err`. Nós deixaremos que você mesmo imagine como. É claro que você pode adicionar classes de erros mais complicadas à sua própria cópia de `nr3.h`.

### 1.5.2 Corretude const

Poucos tópicos em discussões sobre C++ são mais controversos do que questões sobre a palavra chave `const`. Somos adeptos fiéis do uso de `const` sempre que possível, para achar o que é chamado de "corretude `const`". Muitos erros em códigos são automaticamente capturados pelo compilador se você tem identificadores qualificados que não podem mudar com `const` quando eles são declarados. Também, usando `const`, seu código se torna muito mais legível: quando você vê o `const` na frente de um argumento para uma função, você sabe imediatamente que a função não modificará o objeto. Inversamente, se `const` está ausente, você será capaz de perceber o objeto sendo mudado em algum parte.

Somos desta forma tão adeptos do `const` que o inserimos mesmo onde ele é teoricamente redundante: se um argumento é passado *por valor* para uma função, então a função faz uma cópia dele. Mesmo se esta cópia é modificada pela função, o valor original é inalterado após a função sair. Apesar de este permitir você mudar, impunemente, os valores dos argumentos que foram passados pelo valor, esta prática é propensa a erros e difícil de ler. Se sua intenção ao passar alguma coisa por valor é que seja uma variável input somente, então torne isso claro. Assim, declaramos uma função *f(x)* como, por exemplo,

```
Doub f(const Doub x);
```

Se na função você quer usar uma variável local que é inicializada com x, mas então é alterada, defina uma nova quantidade – não use x. Se você coloca `const` na declaração, o compilador não deixará você cometer esse erro.

Usar `const` nos argumentos de suas funções torna sua função mais geral: chamar uma função que aguarda um argumento `const` com uma variável não `const` envolve uma conversão "trivial". Mas tentar passar uma quantidade `const` para um argumento não `const` é um erro.

Uma razão final para usar `const` é que isso permite que certas conversões definidas pelo usuário sejam feitas. Como discutido em [1], isto pode ser útil se você quer usar as rotinas deste livro com outra biblioteca de classes para matriz/vetor.

Agora precisamos explicar melhor o que `const` faz para um tipo não simples tal como uma classe que é um argumento de uma função. Basicamente, ela garante que o objeto não é modificado pela função. Em outras palavras, os membros dos dados do objeto ficam inalterados. Mas se um membro dos dados é um *ponteiro* para alguns dados e os dados propriamente não são uma variável membro, então *os dados podem ser alterados* ainda que o ponteiro não possa ser.

Vamos olhar as implicações disso para uma função `f` que toma um argumento `NRvector<Doub>` denotado por `a`. Para evitar cópias desnecessárias, nós sempre passamos matrizes e vetores por referência. Considere a diferença entre declarar o argumento de uma função com e sem `const`:

```
void f(NRvector<Doub> &a)     versus     void f(const NRvector<Doub> &a)
```

A versão `const` promete que `f` não modifica os membros dos dados de `a`. Mas uma sentença como

```
a[i] = 4.;
```

dentro da definição da função está a princípio OK – você está modificando os dados apontados, não o próprio ponteiro.

"Não há uma maneira de proteger os dados?" você poderia perguntar. Sim, há: você pode declarar o *tipo retorno* do operador subscrito, `operator []`, como `const`. Isso porque há duas versões do `operator[]` na classe `NRvector`,

```
T & operator[](const int i);
const T & operator[](const int i) const;
```

O primeiro retorna uma referência a um elemento do vetor modificável, enquanto que o segundo retorna um elemento do vetor não modificável (porque o tipo retorno tem um `const` na frente).

Mas como o compilador sabe qual versão invocar quando você apenas escreve `a[i]`? Isso está especificado pela palavra rastreadora `const` na segunda versão. Ela refere-se não ao elemento retornado, nem ao argumento `i`, mas ao objeto cujo `operator[]` está sendo invocado, em nosso exemplo o vetor `a`. Tomadas juntas, as duas versões dizem isto ao compilador: "Se o vetor `a` é `const`, então transfira esta característica `const` ao elemento retornado de `a[i]`. Se ele não é, então isto não é feito".

A questão remanescente é como então o compilador determina se `a` é `const`. Em nosso exemplo, onde `a` é uma função argumento, isto é trivial: o argumento ou é declarado como `const`, ou então ele não é. Em outros contextos, `a` poderia ser `const` porque você originalmente declarou ele como tal (e o inicializou via argumentos construtor), ou porque ele é uma referência `const` a membros de dados em algum outro objeto, ou por alguma outra razão mais enigmática.

Como podemos ver, fazer `const` proteger os dados é um pouco complicado. A julgar pelo grande número de bibliotecas de matriz/vetor que seguem este esquema, muitas pessoas sentem que o retorno é vantajoso. Incitamos você a *sempre* declarar como `const` aqueles objetos e variáveis que são planejados para não serem modificados. Você faz isso tanto quando um objeto é de fato criado quanto nos argumentos das declarações e definições da função. Você não se arrependerá de tornar o uso da corretude `const` um hábito.

Em §1.4, definimos os nomes tipo (*type name*, ou no caso mais geral, *data name*, que quer dizer algo que deve especificar sem definir um objeto em OOP) vetor e matriz rastreando rótulos `_I`, por exemplo, `VecDoub_I` e `MatInt_I`. O `_I`, que quer dizer "input para uma função", significa que o tipo é declarado como `const`. (Isto já está feito na declaração `typedef`: você não tem que repeti-lo.) Os rótulos correspondentes `_O` e `_IO` são para lembrar você quando argumentos são não apenas não `const`, mas serão modificados pela função em cuja lista de argumentos eles aparecem.

Tendo devidamente colocado toda esta ênfase na corretude `const`, o dever nos força a reconhecer a existência de uma filosofia alternativa, que é se aferrar à visão mais rudimentar "`const` protege o envoltório, não os conteúdos". Neste caso, você iria querer somente *uma* forma do `operator[]`, a saber,

```
T & operator[](const int i) const;
```

Isto seria invocado quer seu vetor fosse passado por referência `const`, quer não. Em ambos os casos, o elemento `i` é retornado como potencialmente modificável. Apesar de sermos contrários filosoficamente, isso torna possível um tipo de truque de conversão automática de tipo que permite você usar suas classes de matriz e vetor favoritos em vez de `NRvector` e `NRmatrix`, mesmo se suas classes usam uma sintaxe completamente diferente do que temos assumido. Para informação sobre esta aplicação muito especializada, veja [1].

## 1.5.3 Classes base abstratas (ABC) ou template?

Às vezes, há mais do que uma boa maneira de alcançar com êxito algum objetivo em C++. Ora, sejamos honestos: há *sempre* mais do que uma alternativa. Algumas vezes as diferenças correspondem a ninharias mas outras vezes elas incorporam visões muito diferentes sobre a linguagem. Quando executarmos uma tal escolha e você preferir outra, você ficará aborrecido conosco. Nossa defesa contra isto é evitar consistências tolas* e ilustrar como muitos pontos de vista são possíveis.

Um bom exemplo é a questão de quando usar um classe base abstrata (ABC, do inglês Abstract Base Class) *versus* um template, quando suas capacidades se sobrepõem. Suponha que tenhamos uma função `func` que possa cumprir o seu papel (útil) ou usar vários tipos de objetos, que podemos chamar de `ObjA`, `ObjB` e `ObjC`. Além disso, `func` não precisa saber muito sobre com quem o objeto interage, apenas que ele tem algum método `tellme`.

Você implementaria este projeto como uma classe base abstrata:

```
struct ObjABC {                         Classe base abstrata para objetos com tellme.
    virtual void tellme() = 0;
};

struct ObjA : ObjABC {                  Classe derivada.
    ...
    void tellme() {...}
};
struct ObjB : ObjABC {                  Classe derivada.
    ...
    void tellme() {...}
};
struct ObjC : ObjABC {                  Classe derivada.
    ...
    void tellme() {...}
};

void func(ObjABC &x) {
    ...
    x.tellme();                         Referencia o tellme apropriado.
}
```

Por outro lado, usando um template, podemos escrever o código para `func` sem jamais ver (ou mesmo conhecer seus nomes) os objetos para os quais ele é pretendido:

```
template<class T>
void func(T &x) {
    ...
    x.tellme();
}
```

Isto certamente parece mais fácil! É melhor?

Talvez. A desvantagem dos templates é que devem estar disponíveis para o compilador toda vez que ele se depara com uma chamada para `func`. Isto é porque ele na verdade compila uma versão diferente de `func` para todo diferente tipo de argumento `T` que ele encontra. A menos que seu código seja tão grande que não possa ser facilmente compilado como uma unidade única, porém, isto não é muita desvantagem. Por outro lado, um ponto a favor dos templates é que funções virtuais de fato incorrem em uma pequena penalidade no tempo de execução quando elas são chamadas. Mas isso é raramente significante.

---

* "Uma consistência tola é o fantasma das mentes pequenas." — Emerson.

Os fatores determinantes neste exemplo estão relacionados a engenharia de software, não a desempenho, e estão ocultos nas linhas com reticências (...). Não dissemos realmente quão intimamente relacionados os objetos `ObjA`, `ObjB` e `ObjC` são. Se eles são íntimos, então a abordagem ABC oferece possibilidades para colocar mais do que apenas `tellme` dentro da classe base. Colocar coisas dentro da classe base, sejam dados ou métodos virtuais puros, deixa o compilador forçar consistência através das classes derivadas. Se você mais tarde escrever outro objeto derivado `ObjD`, sua consistência será também forçada. Por exemplo, o compilador irá exigir que você implemente um método em toda classe derivada correspondente a todo método virtual puro na classe base.

Contrariamente, na abordagem por template, a única consistência forçada será que o método `tellme` existe, e este somente será forçado no ponto do código onde `func` é de fato chamado com um argumento `ObjD` (se tal ponto existir), não no ponto onde `ObjD` é definido. Checar consistência na abordagem template é, portanto, algo mais desordenado.

Programadores mais despreocupados optarão por templates. Programadores mais ansiosos optarão por ABCs. Optaremos por... ambos, em diferentes ocasiões. Poderá também haver outras razões, relacionados a aspectos sutis da derivação de classes ou de templates, para a escolha. Ressaltaremos isso em capítulos futuros. Por exemplo, no Capítulo 17 definiremos uma base abstrata chamada `StepperBase` para várias rotinas "stepper" (escalonador) para resolver EDOs. As classes derivadas implementam algoritmos de escalonamento particulares, e eles são colocados na forma de templates porque, desta forma, podem aceitar funções ou functores como argumentos (ver §1.3.3).

### 1.5.4 NaN e exceções em ponto flutuante

Mencionamos em §1.1.1 que o ponto flutuante no padrão IEEE inclui uma representação para NaN, significando "não um número". NaN é distinto de negativos e positivos infinitos, bem como de todo número representável. Isto pode ser ao mesmo tempo uma bençõo e uma maldição.

A bençõo é que pode ser útil ter um valor que pode ser usado com significados como "não me processe" ou "dados ausentes" ou "ainda não inicializado". Para usar NaN desta forma, você precisará ser capaz de *designar* variáveis a ele, e precisará ser capaz de *testar* para ver se foram designadas.

Designar é fácil. O método "aprovado" é usar `numeric_limits`. Em `nr3.h`, a linha,

```
static const Doub NaN = numeric_limits<Doub>::quiet_NaN();
```

define uma valor global `NaN`, de maneira que você possa escrever coisas como

```
x = NaN;
```

à vontade. Se você um dia encontrar um compilador que não faça isso corretamente (isto é um canto um pouco obscuro da biblioteca padrão!), então tente de modo idêntico

```
Uint proto_nan[2]=0xffffffff, 0x7fffffff;
double NaN = *( double* )proto_nan;
```

(que assume comportamento little-endian; consulte §1.1.1) ou a autoexplicativa

```
Doub NaN = sqrt(-1.);
```

que pode, porém, lançar uma exceção imediata (veja a seguir) e então não funcionar para esta proposta. Mas, de uma maneira ou outra, geralmente você pode imaginar como obter uma constante NaN em seu ambiente.

Testes também requerem um pouco de experimentação (única): de acordo com o padrão IEEE, NaN é garantidamente o único valor que não é igual a ele mesmo! Então, o método "aprovado" de testar se o valor `Doub x` foi designado como NaN é

```
if (x != x) {...}          Isto é um NaN!
```

(ou teste para igualdade para determinar que isto não é um NaN). Infelizmente, quando escrevemos este livro alguns compiladores perfeitamente bons não faziam isso corretamente, forneciam uma macro `isnan()` que retorna `true` se o argumento é NaN, caso contrário `false`. (Cheque cuidadosamente se o `#include` requerido é `math.h` ou `float.h` – isto varia.)

Qual é então a *maldição* do NaN? É que alguns compiladores, particularmente Microsoft, têm comportamentos default mal-elaborados ao distinguir NaNs *silenciosos* de NaNs de *sinalização*. Ambos são definidos no padrão IEEE em ponto-flutuante. NaNs silenciosos devem ser usados como aqueles acima mencionados: você pode designá-los, testá-los e propagá-los por atribuição, ou mesmo por meio de outras operações em ponto flutuante. Em tais usos, eles não deveriam sinalizar uma exceção que causa o término do seu programa. NaNs de sinalização, por outro lado, devem, como o próprio nome diz, sinalizar exceções. Deveriam ser gerados por operações inválidas, tais como a raiz quadrada do logaritmo de um número negativo, ou `pow(0.,0.)`.

Se todos NaNs são tratados como exceções de sinalização, então você não pode fazer uso deles como sugerimos. Isto é aborrecedor, mas OK. Por outro lado, se todos NaNs são tratados como silenciosos (o default Microsoft quando da escrita deste livro), então você executará um longo número de cálculos somente para constatar que todos os resultados são NaN – e não terá maneira de localizar a operação inválida que disparou a propagação da cascata dos NaNs (silenciosos). Isto *não* está OK. Faz do processo de depuração de erros (*debugging*) um verdadeiro pesadelo. (Você pode pegar a mesma doença se outras exceções em ponto flutuante propagarem-se, por exemplo, overflow ou divisão por zero.)

Truques para compiladores específicos não estão dentro do nosso escopo normal. Mas este é tão essencial que abriremos uma "exceção": se você está vivendo no planeta Microsoft, então as linhas de código

```
int cw = _controlfp(0,0);
cw &=~(EM_INVALID | EM_OVERFLOW | EM_ZERODIVIDE );
_controlfp(cw,MCW_EM);
```

no começo do seu programa trocará NaNs provenientes de operações inválidas, overflows e divisões por zero por NaNs sinalizados, e deixará todos os outros NaNs silenciosos. Há um switch de compilação `_TURNONFPES_` em `nr3.h` que fará isso automaticamente. (Opções adicionais são `EM_UNDERFLOW`, `EM_INEXACT` e `EM_DENORMAL`, mas pensamos que é melhor deixá-los quietos.)

### 1.5.5 Miscelânea

- *Bound checking* em vetores e matrizes, isto é, verificar que subscritos estão no intervalo de variação (*range*), é caro. Isso pode facilmente dobrar ou triplicar o tempo de acesso aos elementos subscritos. Em sua configuração default, as classes `NRvector` e `NRmatrix` nunca fazem o bound checking. Porém, `nr3.h` tem um switch de compilação, `_CHECKBOUNDS_`, que o ativa. Isso é implementado por diretivas do pré-processador por compilação condicional, então não há penalidade na performance quando estiver desativado. É feio, mas eficiente.
  A classe `vetor<>` na biblioteca padrão do C++ toma uma direção diferente. Se você acessa um elemento de um vetor pela sintaxe `v[i]`, não há bound checking. Mas se você usa o método `at()`, como `v.at(i)`, então a checagem de limites é realizada. A óbvia fragilidade desta abordagem é que você não pode facilmente mudar em um programa comprido de um método para outro, como você faz quando faz o debugging do seu programa.

- É extremamente importante para performance evitar cópias desnecessárias de grandes objetos, tais como vetores e matrizes. Como já mencionado, eles sempre poderiam ser passados por referência em argumentos do tipo função. Mas você também precisa ter cuidado com, ou evitar completamente, o uso de funções cujo tipo retorno é um objeto grande. Isto é verdade mesmo se o tipo de retorno é uma referência (que é traiçoeiro de qualquer forma). Nossa experiência diz que compiladores geralmente criam objetos temporários, usando o construtor de cópia, quando a necessidade disso é obscura ou inexistente. É por isso que nós tão frequentemente escrevemos funções void que têm um argumento do tipo (p. ex.) MatDoub_O para retornar a "resposta". (Quando fazemos uso de tipos de retorno como vetores ou matrizes, nossa desculpa é que ou o código é pedagógico ou os gastos são desprezíveis quando comparados a alguma grande quantidade de cálculos que foi há pouco executada.)

  Você pode fiscalizar seu compilador instrumentando as classes de vetor e matriz: adicione uma variável inteira estática para a definição da classe, incremente-a dentro do construtor de cópia e do operador de atribuição, e olhe para seu valor antes e depois das operações que (você imagina) não deveriam requerer cópias. Você pode se surpreender.

- Há somente duas rotinas em *Métodos Numéricos Aplicados* que usam arranjos tridimensionais, rlft3 em §12.6 e solvde em §18.3. O arquivo nr3.h inclui uma classe rudimentar para arranjos tridimensionais, principalmente para servir a estas duas rotinas. Em muitas aplicações, um melhor caminho para proceder é declarar um vetor de matrizes, por exemplo,

    ```
    vector<MatDoub> threedee(17);
    for (Int i=0;i<17;i++) threedee[i].resize(19,21);
    ```

  que cria, de fato, um arranjo tridimensional de tamanho $17 \times 19 \times 21$. Você pode endereçar componentes individuais como threedee [i][j][k].

- "Por que sem namespace?". Programadores em escala industrial notarão que, diferentemente da segunda edição, esta terceira edição do *Métodos Numéricos Aplicados* não engloba os nomes das suas classes e funções com um namespace NR::. Por esta razão, se você é corajoso a ponto de colocar #include em cada um dos arquivos deste livro, você está despejando na ordem de 500 nomes no namespace global, definitivamente é uma má ideia!

  A explicação, muito simples, é que a vasta maioria dos nossos usuários não são programadores em escala industrial, e a maioria considera o namespace NR:: aborrecedor e confuso. Como enfatizamos fortemente em §1.0.1, este livro não é uma biblioteca de programas. Se você quer criar seu namespace pessoal por favor, vá em frente.

- Num passado distante, *Métodos Numéricos Aplicados* incluiu provisões para índices de arranjos baseados na unidade ou baseados em um, ao invés dos baseados em zero. A última versão assim foi publicada em 1992. Arranjos baseados em zero se tornaram tão universalmente aceitos que nós não contemplamos outra opção.

**REFERÊNCIAS CITADAS E LEITURA COMPLEMENTAR**

Numerical Recipes Software 2007, "Using Other Vector and Matrix Libraries," *Numerical Recipes Webnote No. 1*, at http://www.nr.com/webnotes?1 [1]

# CAPÍTULO 2

# Solução de Equações Algébricas Lineares

## 2.0 Introdução

A tarefa mais básica em álgebra linear e talvez em toda computação científica é encontrar as incógnitas em um sistema de equações algébricas lineares. Em geral, um sistema de equações algébricas lineares tem o seguinte aspecto:

$$
\begin{aligned}
a_{00}x_0 + a_{01}x_1 + a_{02}x_2 + \cdots + a_{0,N-1}x_{N-1} &= b_0 \\
a_{10}x_0 + a_{11}x_1 + a_{12}x_2 + \cdots + a_{1,N-1}x_{N-1} &= b_1 \\
a_{20}x_0 + a_{21}x_1 + a_{22}x_2 + \cdots + a_{2,N-1}x_{N-1} &= b_2 \\
&\cdots \\
a_{M-1,0}x_0 + a_{M-1,1}x_1 + \cdots + a_{M-1,N-1}x_{N-1} &= b_{M-1}
\end{aligned}
\quad (2.0.1)
$$

Aqui, as $N$ incógnitas $x_j$, $j = 0,1, \ldots, N-1$ se relacionam por $M$ equações. Os coeficientes $a_{ij}$ com $i = 0, 1, \ldots, M-1$ e $j = 0,1, \ldots, N-1$ são números conhecidos, como o são os elementos independentes $b_i$, $i = 0,1, \ldots, M-1$.

Se $N = M$, então há tantas equações quanto incógnitas e há uma boa chance de se determinar um único conjunto solução de $x_j$'s. Caso contrário, se $N \neq M$, as coisas são até mais interessantes; teremos mais o que dizer sobre isso a seguir.

Se nós escrevemos os coeficientes $a_{ij}$ como uma matriz e os elementos independentes $b_i$ como um vetor coluna,

$$
\mathbf{A} = \begin{bmatrix} a_{00} & a_{01} & \cdots & a_{0,N-1} \\ a_{10} & a_{11} & \cdots & a_{1,N-1} \\ & & \cdots & \\ a_{M-1,0} & a_{M-1,1} & \cdots & a_{M-1,N-1} \end{bmatrix} \quad \mathbf{b} = \begin{bmatrix} b_0 \\ b_1 \\ \cdots \\ b_{M-1} \end{bmatrix} \quad (2.0.2)
$$

então a equação (2.0.1) pode ser escrita na forma matricial como

$$\mathbf{A} \cdot \mathbf{x} = \mathbf{b} \quad (2.0.3)$$

Aqui, como em todo o livro, usamos um ponto mais alto para denotar multiplicação de matriz, *ou* a multiplicação de uma matriz por um vetor, *ou* o produto escalar entre dois vetores.

Este uso não é padrão, mas acreditamos que ele gera clareza: o ponto mais alto é, em todos estes casos, uma *contração* de um operador que representa a soma sobre um par de índices, por exemplo,

$$\mathbf{C} = \mathbf{A} \cdot \mathbf{B} \iff c_{ik} = \sum_j a_{ij} b_{jk}$$

$$\mathbf{b} = \mathbf{A} \cdot \mathbf{x} \iff b_i = \sum_j a_{ij} x_j$$

$$\mathbf{d} = \mathbf{x} \cdot \mathbf{A} \iff d_j = \sum_i x_i a_{ij}$$

$$q = \mathbf{x} \cdot \mathbf{y} \iff q = \sum_i x_i y_i$$

(2.0.4)

Em matrizes, por convenção, o primeiro índice em um elemento $a_{ij}$ denota sua linha, e o segundo índice, a sua coluna. Para a maioria dos usos, você não precisa saber como a matriz é armazenada na memória física de um computador; você apenas referencia elementos da matriz pelos seus endereços bidimensionais, p. ex., $a_{34}$ = `a[3][4]`. Esta notação do C++ pode de fato encobrir uma variedade de sutis e versáteis esquemas de memória física, veja §1.4 e §1.5.

### 2.0.1 Sistemas de equações singular *versus* não singular

Você pode estar imaginando por que, acima, e para o caso $M = N$, atribuímos somente uma "boa" chance de determinar as incógnitas (resolver o sistema). Analiticamente, pode não haver uma solução (ou uma única solução) se uma ou mais das $M$ equações é uma combinação linear das outras, uma condição denominada degenerescência de linha, ou se todas as equações contêm certas variáveis apenas exatamente na mesma combinação linear, chamada de degenerescência de coluna. Disto extrai-se que, para matrizes quadradas, degenerescência de linhas implica degenerescência de coluna e vice-versa. Um sistema de equações que é degenerado é chamado de singular. Consideraremos matrizes singulares com alguns detalhes em § 2.6.

Numericamente, no mínimo dois fatos adicionais podem nos impedir de obter uma boa solução:

- Apesar de não serem combinações lineares exatas umas das outras, algumas das equações são tão próximas de serem linearmente dependentes que erros de arredondamento na máquina as interpretam como linearmente dependentes em algum estágio do processo de solução. Neste caso, seu procedimento falhará, e ele lhe comunicará que falhou.
- Erros de arredondamento acumulados no processo de solução podem submergir a solução verdadeira. Este problema emerge em especial se $N$ é muito grande. O procedimento numérico não falhará algoritmicamente. Porém, ele retorna um conjunto de $x$'s errados, como pode ser descoberto pela substituição direta desta solução nas equações originais. Quanto mais próximo um conjunto de equações estiver de ser singular, mais facilmente isso irá ocorrer. De fato, o item precedente pode ser visualizado como o caso especial no qual a perda de significância é infelizmente total.

Muito da sofisticação de "pacotes para solução de equações lineares" bem-escritos é devotada a detecção e/ou correção destas duas patologias. É difícil dar diretrizes sólidas para quando tal sofisticação é necessária, uma vez que não há algo como um problema linear "típico". Mas aqui está uma ideia aproximada: sistemas lineares com $N$ não maior do que 20 ou 50 são rotineiros se eles não estão perto de serem singulares; eles raramente requerem mais do que os métodos mais diretos, mesmo em precisão apenas simples (isto é `float`). Com precisão dupla (`double`), este número pode prontamente ser estendido para $N$ grande, como por exemplo 1000, ponto após o qual o fator limitante torna-se o tempo de máquina, sem acurácia.

Mesmo sistemas lineares maiores com $N$ na casa dos milhares ou milhões, podem ser resolvidos quando os coeficientes são esparsos (isto é, na sua maioria zeros), por métodos que aproveitam esta esparcidade. Discutiremos isto mais adiante em §2.7.

Infelizmente, parece que com muita frequência encontramos problemas lineares como este, que, por sua natureza encoberta, estão nas proximidades de ser singular. Neste caso, você *pode* precisar recorrer a métodos sofisticados mesmo para o caso $N = 10$ (embora raramente para $N = 5$). Decomposição em valores singulares (*singular value decomposition*) (§2.6) é uma técnica que pode algumas vezes transformar problemas singulares em não singulares, quando sofisticação adicional torna-se desnecessária.

## 2.0.2 Tarefas da álgebra linear computacional

Álgebra linear é muito mais do que simplesmente resolver um único sistema de equações com um único vetor de elementos independentes. Aqui, listamos os principais tópicos tratados neste capítulo. (O Capítulo 11 continua o tópico com a discussão de problemas de autovalores/autovetores.)

Quando $M = N$:

- Solução da equação matricial $\mathbf{A} \cdot \mathbf{x} = \mathbf{b}$ para um vetor incógnito $\mathbf{x}$ (§2.1 –§2.10).
- Solução de mais do que uma equação matricial $\mathbf{A} \cdot \mathbf{x}_j = \mathbf{b}_j$, para um conjunto de vetores $\mathbf{x}_j$, $j = 0, 1, \ldots$, cada um correspondendo a um diferente vetor de elementos independentes $\mathbf{b}_j$ conhecido. Nesta tarefa, a principal simplificação é que a matriz $\mathbf{A}$ é mantida constante, enquanto os vetores de elementos independentes, os $\mathbf{b}$'s, são alterados. (§2.1 –§2.10).
- Cálculo da matriz $\mathbf{A}^{-1}$ que é a matriz inversa da matriz quadrada $\mathbf{A}$, isto é, $\mathbf{A} \cdot \mathbf{A}^{-1} = \mathbf{A}^{-1} \cdot \mathbf{A} = \mathbf{1}$, onde $\mathbf{1}$ é a matriz identidade (todas zeros exceto para os uns na diagonal). Esta tarefa é equivalentes à tarefa anterior, para uma matriz $\mathbf{A}$ de dimensão $N \times N$, com $N$ diferentes $\mathbf{b}_j$'s ($j = 0, 1, \ldots, N-1$), a saber, os vetores unitários ($\mathbf{b}_j =$ todos elementos nulos exceto para 1 na $j$-ésima componente). Os correspondentes $\mathbf{x}$'s são então as colunas da matriz inversa de $\mathbf{A}$ (§2.1 e §2.3).
- Cálculo do determinante da matriz quadrada $\mathbf{A}$ (§2.3).

Se $M < N$, ou se $M = N$, mas as equações são degeneradas, então há efetivamente menos equações do que incógnitas. Neste caso pode ou não haver solução, ou então mais do que um vetor solução $\mathbf{x}$. No segundo caso, o espaço solução consiste de uma solução particular $\mathbf{x}_p$ adicionada a qualquer combinação linear de (tipicamente) $N-M$ vetores (os quais são ditos estar no espaço nulo* da matriz $\mathbf{A}$). A tarefa de encontrar o espaço solução de $\mathbf{A}$ envolve:

- Decomposição em valores singulares da matriz $\mathbf{A}$ (§2.6).

Se há mais equações do que incógnitas, $M > N$, não há em geral vetor solução $\mathbf{x}$ para a equação (2.0.1) e o sistema de equações é dito ser *sobredeterminado*. Acontece frequentemente, porém, que a melhor solução "conciliatória" é procurada, aquela solução mais próxima de satisfazer todas as equações simultaneamente. Se proximidade é definida no sentido de mínimos quadrados,

---

*N. de T.: Do inglês *nullspace*. No contexto de sistemas lineares, será traduzido como "espaço nulo". Em outros contextos deste livro, vamos nos referir a esse conceito como "núcleo".

isto é, que a soma dos quadrados das diferenças entre o vetor de elementos independentes **b** e o produto **A** · **x** na equação (2.0.1) seja minimizada, então o problema linear sobredeterminado reduz-se ao problema linear (usualmente) solúvel, denominado

- Problema de mínimos quadrados linear.

O sistema reduzido de equações a ser resolvido pode ser escrito como o sistema de equações $N \times N$

$$(\mathbf{A}^T \cdot \mathbf{A}) \cdot \mathbf{x} = (\mathbf{A}^T \cdot \mathbf{b}) \qquad (2.0.5)$$

onde $\mathbf{A}^T$ denota a transposta da matriz **A**. Equações (2.0.5) são chamadas de as *equações normais* do problema linear de mínimos quadrados. Há uma íntima conexão entre decomposição em valores singulares e o problema linear de mínimos quadrados, e este último será discutido em §2.6. Você deveria estar ciente de que solução direta de equações normais (2.0.5) geralmente não é a melhor alternativa para encontrar soluções por mínimos quadrados.

Alguns outros tópicos neste capítulo incluem:

- Refinamento iterativo de uma solução (§2.5)
- Várias formas especiais: simétrica positiva definida (§2.9), tridiagonal (§2.4), band-diagonal (diagonal por banda) (§2.5), Toeplitz (§2.8), Vandermonde (§2.8), esparsa (§2.7)
- Inversão "rápida de matriz" de Stranssen (§2.11)

### 2.0.3 Software para álgebra linear

Indo além do que podemos incluir neste livro, bons pacotes de software para álgebra linear estão disponíveis, nem sempre concebidos em C++. LAPACK, um sucessor do respeitável LINPACK, foi desenvolvido nos Argonne National Laboratories e merece uma menção especial, porque ele é publicado, documentado e disponível para uso livre. ScaLAPACK é uma versão disponível para arquiteturas paralelas. Pacotes disponíveis comercialmente incluem aqueles nas bibliotecas IMSL e NAG.

Pacotes sofisticados são desenvolvidos tendo-se em mente sistemas lineares muito grandes. Por isso, eles tentam muito minimizar não apenas o número de operações, mas também a memória requerida. Rotinas para as várias tarefas são usualmente providas em diversas versões, correspondentes a diversas possíveis simplificações na forma da matriz input: simétrica, triangular, de banda, positiva definida etc. Se você tem uma matriz grande em uma destas formas, você certamente deveria tirar vantagem do aumento de eficiência provida por estas diferentes rotinas e não apenas usar a forma fornecida para matrizes gerais.

Há também uma grande linha divisória dividindo rotinas *diretas* (isto é, executam um número pré-determinado de operações) das rotinas *iterativas* (isto é, tentam convergir para uma resposta desejada, em quantos passos forem necessários). Métodos iterativos tornam-se preferíveis quando a batalha contra a perda de significância está em perigo, ou devido a um número $N$ grande ou porque o problema está próximo de ser singular. Trataremos métodos iterativos somente de maneira incompleta neste livro, em §2.7 e nos Capítulos 19 e 20. Estes métodos são importantes, mas em grande parte vão além do nosso escopo. Tentaremos, porém, discutir em detalhes uma técnica que está na fronteira entre métodos diretos e iterativos, isto é, um refinamento iterativo de uma solução que tenha sido obtida por métodos diretos (§2.5).

### REFERÊNCIAS CITADAS E LEITURA COMPLEMENTAR

Golub, G.H., and Van Loan, C.F. 1996, *Matrix Computations*, 3rd ed. (Baltimore: Johns Hopkins University Press).

Gill, P.E., Murray, W., and Wright, M.H. 1991, *Numerical Linear Algebra and Optimization*, vol. 1 (Redwood City, CA: Addison-Wesley).

Stoer, J., and Bulirsch, R. 2002, *Introduction to Numerical Analysis*, 3rd ed. (New York: Springer), Chapter 4.

Ueberhuber, C.W. 1997, *Numerical Computation: Methods, Software, and Analysis*, 2 vols. (Berlin: Springer), Chapter 13.

Coleman.T.F, and Van Loan, C. 1988, *Handbook for Matrix Computations* (Philadelphia: S.I.A.M.).

Forsythe, G.E., and Moler, C.B. 1967, *Computer Solution of Linear Algebraic Systems* (Englewood Cliffs, NJ: Prentice-Hall).

Wilkinson, J.H., and Reinsch, C. 1971, *Linear Algebra*, vol. II of *Handbook for Automatic Computation* (New York: Springer).

Westlake, J.R. 1968, *A Handbook of Numerical Matrix Inversion and Solution of Linear Equations* (New York: Wiley).

Johnson, L.W., and Riess, R.D. 1982, *Numerical Analysis*, 2nd ed. (Reading, MA: AddisonWesley), Chapter 2.

Ralston, A., and Rabinowitz, P. 1978, *A First Course in Numerical Analysis*, 2nd ed.; reprinted 2001 (New York: Dover), Chapter 9.

## 2.1 Eliminação de Gauss-Jordan

*Eliminação de Gauss-Jordan* é provavelmente a maneira de resolver um sistema linear que você aprendeu na escola. (Você pode ter aprendido como "eliminação Gaussiana,", mas, estritamente falando, este termo refere-se a uma técnica levemente diferente discutida em §2.2.) A ideia básica é adicionar ou subtrair combinações lineares das equações dadas até que cada equação contenha somente uma das incógnitas, dando então uma solução imediata. Você pode também ter aprendido a usar a mesma técnica para calcular a inversa de uma matriz.

Para resolver sistemas de equações lineares, a eliminação de Gauss-Jordan produz ambas a solução das equações para um ou mais vetores de elementos independentes **b** e a matriz inversa $A^{-1}$. Contudo, suas principais deficiências são (i) que ela requer que todos os vetores de elementos independentes sejam armazenados e manipulados ao mesmo tempo e (ii) que quando a matriz inversa *não é* desejada, Gauss-Jordan é três vezes mais lenta do que a melhor técnica alternativa para resolver um único sistema linear (§2.3). O principal poder deste método é que ele é tão estável quanto qualquer outro método direto, talvez mesmo um pouquinho mais estável quando pivoteamento total é usado (ver § 2.1.2).

Para inverter uma matriz, a eliminação de Gauss-Jordan é tão eficiente quanto qualquer outro método direto. Não conhecemos razão para não usá-la nesta aplicação se você está certo de que a matriz inversa é o que você realmente quer.

Você poderia se perguntar sobre a deficiência (i): se estamos obtendo a matriz inversa de qualquer maneira, não podemos mais tarde pegar esse resultado e multiplicar por um novo vetor de elementos independentes para obter uma solução adicional? Isto funciona, mas dá uma resposta muito suscetivel a erros de arredondamento e nem de longe tão boa quanto se o novo vetor tivesse sido incluído com o conjunto de vetores de elementos independentes na primeira instância.

Então, a eliminação de Gauss Jordan não deveria ser seu método de primeira escolha para resolver sistema de equações lineares. Os métodos de decomposição em §2.3 são melhores. Por que então estamos discutindo Gauss-Jordan afinal? Porque ele vai direto ao ponto, é sólido como uma rocha e é um bom lugar para introduzir o importante conceito de *pivoteamento*, o qual também será importante para os métodos descritos mais tarde. A presente sequência de operações realizadas na eliminação de Gauss-Jordan é muito proximamente relacionada àquelas realizadas pelas rotinas nas próximas duas seções.

## 2.1.1 Eliminação em matrizes estendidas

Por clareza e para evitar escrever reticências infinitas (...) escreveremos equações por extenso apenas para o caso de quatro equações e quatro incógnitas, e com três diferentes vetores de elementos independentes conhecidos de antemão. Você pode escrever matrizes maiores e estender as equações para o caso de matrizes $N \times N$, com $M$ conjuntos de vetores de elementos independentes, de forma completamente análoga. A rotina implementada adiante em §2.1.2 é, naturalmente, geral.

Considere a equação matricial linear

$$\begin{bmatrix} a_{00} & a_{01} & a_{02} & a_{03} \\ a_{10} & a_{11} & a_{12} & a_{13} \\ a_{20} & a_{21} & a_{22} & a_{23} \\ a_{30} & a_{31} & a_{32} & a_{33} \end{bmatrix} \cdot \left[ \begin{pmatrix} x_{00} \\ x_{10} \\ x_{20} \\ x_{30} \end{pmatrix} \sqcup \begin{pmatrix} x_{01} \\ x_{11} \\ x_{21} \\ x_{31} \end{pmatrix} \sqcup \begin{pmatrix} x_{02} \\ x_{12} \\ x_{22} \\ x_{32} \end{pmatrix} \sqcup \begin{pmatrix} y_{00} & y_{01} & y_{02} & y_{03} \\ y_{10} & y_{11} & y_{12} & y_{13} \\ y_{20} & y_{21} & y_{22} & y_{23} \\ y_{30} & y_{31} & y_{32} & y_{33} \end{pmatrix} \right]$$

$$= \left[ \begin{pmatrix} b_{00} \\ b_{10} \\ b_{20} \\ b_{30} \end{pmatrix} \sqcup \begin{pmatrix} b_{01} \\ b_{11} \\ b_{21} \\ b_{31} \end{pmatrix} \sqcup \begin{pmatrix} b_{02} \\ b_{12} \\ b_{22} \\ b_{32} \end{pmatrix} \sqcup \begin{pmatrix} 1 & 0 & 0 & 0 \\ 0 & 1 & 0 & 0 \\ 0 & 0 & 1 & 0 \\ 0 & 0 & 0 & 1 \end{pmatrix} \right] \quad (2.1.1)$$

Aqui o ponto maior ($\cdot$) significa multiplicação de matriz, enquanto o operador $\sqcup$ significa apenas que estamos acrescentando colunas, isto é, removendo os parênteses adjacentes e fazendo uma matriz maior fora dos operandos do operador $\sqcup$.

Não deve demorar a escrever a equação (2.1.1) por extenso e ver que ela simplesmente exprime que $x_{ij}$ é o *i*-ésimo componente ($i = 0, 1, 2, 3$) do vetor solução correspondente ao *j*-ésimo vetor de elementos independentes ($j = 0, 1, 2$), aqueles cujos coeficientes são $b_{ij}$, $i = 0, 1, 2, 3$; e a matriz de coeficientes incógnitos $y_{ij}$ é a matriz inversa de $a_{ij}$. Em outras palavras, a matriz solução de

$$[\mathbf{A}] \cdot [\mathbf{x}_0 \sqcup \mathbf{x}_1 \sqcup \mathbf{x}_2 \sqcup \mathbf{Y}] = [\mathbf{b}_0 \sqcup \mathbf{b}_1 \sqcup \mathbf{b}_2 \sqcup \mathbf{1}] \quad (2.1.2)$$

onde $\mathbf{A}$ e $\mathbf{Y}$ são matrizes quadradas, os $\mathbf{b}_i$'s e $\mathbf{x}_i$'s são vetores coluna, e $\mathbf{1}$ é a matriz identidade, simultaneamente resolve os sistemas lineares

$$\mathbf{A} \cdot \mathbf{x}_0 = \mathbf{b}_0 \quad \mathbf{A} \cdot \mathbf{x}_1 = \mathbf{b}_1 \quad \mathbf{A} \cdot \mathbf{x}_2 = \mathbf{b}_2 \quad (2.1.3)$$

e

$$\mathbf{A} \cdot \mathbf{Y} = \mathbf{1} \quad (2.1.4)$$

Agora, é elementar verificar os seguintes fatos sobre (2.1.1):

- Intercambiar duas *linhas* de $\mathbf{A}$ e as correspondentes *linhas* de $\mathbf{b}$'s e de $\mathbf{1}$ não altera (nem embaralha de qualquer maneira) a solução $\mathbf{x}$'s e $\mathbf{Y}$. Mais propriamente, apenas corresponde a escrever o mesmo sistema de equações lineares em uma ordem diferente.
- Do mesmo modo, o conjunto solução não é alterado e de nenhuma forma embaralhado se trocarmos qualquer linha em $\mathbf{A}$ por uma combinação linear dela mesma e qualquer outra

linha, desde que façamos a mesma combinação linear de colunas de **b**'s e **1** (o que então obviamente não mais é a matriz identidade).
- Intercambiar duas *colunas* quaisquer de **A** dá o mesmo conjunto solução somente se simultaneamente intercambiarmos as *linhas* correspondentes de **x**'s e de **Y**. Em outras palavras, este intercâmbio embaralha a ordem das linhas na solução. Se fizermos isso, precisaremos desembaralhar a solução restaurando as colunas à sua ordem original.

Eliminação de Gauss-Jordan usa uma ou mais das operações mencionadas para reduzir a matriz **A** à matriz identidade. Quando isto é atingido, o vetor de elementos independentes torna-se o conjunto solução, como podemos ver instantaneamente em (2.1.2).

## 2.1.2 Pivoteamento

Na "eliminação de Gauss-Jordan sem pivoteamento", apenas a segunda operação na lista acima é usada. A zero-ésima linha é dividida pelo elemento $a_{00}$ (isto sendo uma combinação linear trivial da zero-ésima linha com qualquer outra linha − coeficiente nulo para a outra linha). Então a quantidade da direita na zero-ésima linha é subtraída de cada outra linha para fazer todos os $a_{i0}$'s remanescentes nulos. A zero-ésima coluna de **A** agora concorda com a matriz identidade. Agora nós nos movemos para a coluna 1 e dividimos a linha 1 por $a_{11}$, então subtraímos a quantidade da coluna 1 das colunas 0, 2 e 3, de modo a fazer suas entradas na coluna 1 nulas. Coluna 1 é agora reduzida à forma identidade, e assim sucessivamente para as colunas 2 e 3. À medida que fazemos estas operações para **A**, nós claramente também fazemos as correspondentes operações para os **b**'s e para **1** (que, entretanto, não mais se assemelha de forma alguma à matriz identidade!).

Obviamente, teremos um problema se encontramos um elemento nulo na (então atual) diagonal quando vamos dividir pelo elemento diagonal. (O elemento pelo qual nós dividimos, casualmente, é chamado de *elemento pivô* ou pivô.) Não tão óbvio, mas verdadeiro, é o fato de que a eliminação de Gauss-Jordan sem pivoteamento (sem o uso do primeiro e terceiro procedimentos na lista acima) é numericamente instável na presença de qualquer erro de arredondamento, mesmo quando um pivô nulo é encontrado. Você *nunca* deve fazer eliminação de Gauss-Jordan (ou eliminação Gaussiana; veja adiante) sem pivoteamento!

Então o que *é* esta mágica do pivoteamento? Nada mais do que intercambiar linhas (*pivoteamento* parcial) ou linhas e colunas (*pivoteamento total*), para então colocar um elemento particularmente desejável na posição diagonal a partir da qual o pivô está prestes a ser selecionado. Visto que não queremos bagunçar a parte da matriz identidade já construída, podemos escolher dentre os elementos que estão tanto (i) nas colunas abaixo (ou na) da coluna que está prestes a ser normalizada, quanto também (ii) nas colunas para a direita (ou na) da coluna que está prestes a ser eliminada. O pivoteamento parcial é mais fácil do que o pivoteamento total, porque não temos que manter a trilha de permutação do vetor solução. O pivoteamento parcial torna disponíveis como pivôs somente os elementos já na coluna correta. Observa-se que pivoteamento parcial é "quase" tão bom quanto pivoteamento completo, no sentido de que pode ser tornado matematicamente preciso, mas isto não precisa nos preocupar aqui (para discussão e referência, ver [1]). Para mostrar a você ambas as variantes, fazemos pivoteamento completo na rotina desta seção e pivoteamento parcial em §2.3.

Temos que dizer como reconhecer um pivô particularmente desejável quando vemos um. A resposta para isso não é completamente conhecida teoricamente. O que é conhecido, tanto teoricamente quanto na prática, é que simplesmente pinçar o maior (em magnitude) elemento disponível como pivô é uma escolha muito boa. Uma curiosidade deste procedimento, porém, é que a escolha do pivô dependerá do escalonamento das equações. Se tomarmos a terceira equação linear em nosso sistema original e multiplicarmo-la por um fator de um milhão, isto quase garante que ela contribuirá com o primeiro pivô; mas a solução que está por trás das equações não é alterada por esta multiplicação! Por esta razão, algumas vezes veem-se rotinas que escolhem como pivô este elemento que *teria* sido o maior se as equações originais tivessem sido escaladas para ter seu maior coeficiente normalizado para a unidade. Isto é chamado de *pivoteamento implícito*. Há um pouco de registro (*bookkeeping*) extra para controlar os fatores de escala pelos quais as linhas teriam sido multiplicadas. (As rotinas em §2.3 incluem pivoteamento implícito, mas a rotina nesta seção não.)

Finalmente, consideraremos as exigências de memória do método. Com um pouco de reflexão, você verá que em todo estágio do algoritmo, *ou* um elemento de **A** é previsivelmente um ou zero (se ele já está em uma parte da matriz que tenha sido reduzida à forma identidade), *ou então* o elemento exatamente correspondente da matriz que iniciou como **1** é previsivelmente um ou zero (se seu correspondente em **A** não foi reduzido à forma identidade). Por esta razão a matriz **1** não deve existir como memória separada: a matriz inversa de **A** é gradualmente construída em **A** conforme a original **A** é destruída. Do mesmo modo, os vetores solução **x** podem gradualmente substituir os vetores de elementos independentes **b** e compartilhar a mesma memória, pois, após cada coluna em **A** ser reduzida, a correspondente linha nos **b**'s nunca é novamente utilizada.

Aqui está a rotina que faz a eliminação de Gauss-Jordan com pivoteamento completo, trocando suas matrizes input pelas respostas desejadas. Imediatamente após há uma versão modificada para uso quando não há vetores de elementos independentes, isto é, quando você quer somente a matriz inversa.

gaussj.h

```
void gaussj(MatDoub_IO &a, MatDoub_IO &b)
```
Solução do sistema linear de equações pela eliminação de Gauss, equação (2.1.1) acima. A matriz input é a[0..n-1][0..n-1]. b[0..n-1][0..m-1] é input contendo os m vetores de elementos independentes. Como output, a é substituído pela sua matriz inversa e b é substituído pelo correspondente conjunto de vetores solução.
```
{
    Int i,icol,irow,j,k,l,ll,n=a.nrows(),m=b.ncols();
    Doub big,dum,pivinv;
    VecInt indxc(n),indxr(n),ipiv(n);    Estes arranjos de inteiros são usados para manter o regis-
    for (j=0;j<n;j++) ipiv[j]=0;         tro do pivoteamento.
    for (i=0;i<n;i++) {                  Este é o principal laço sobre as colunas a ser reduzido.
        big=0.0;
        for (j=0;j<n;j++)                Este é o laço externo da procura por um elemento pivô.
            if (ipiv[j] != 1)
                for (k=0;k<n;k++) {
                    if (ipiv[k] == 0) {
                        if (abs(a[j][k]) >= big) {
                            big=abs(a[j][k]);
                            irow=j;
                            icol=k;
                        }
                    }
                }
        ++(ipiv[icol]);
```
Nós agora temos o elemento pivô, então nós intercambiamos linhas, se necessário, pra colocar o elemento pivô na diagonal. As colunas não são fisicamente intercambiáveis, somente rerrotuladas: indxc[i], a coluna do $(i+1)$-ésimo elemento pivô, é a $(i+1)$-ésima coluna que é reduzida, enquanto que indxr[i] é a linha na qual este elemento pivô foi originalmente localizado. Se indxr[i] $\neq$ indxc[i], isto implica que há uma coluna trocada. Com esta forma de organização, os b's solução terminarão na ordem correta e a matriz inversa será embaralhada pelas colunas.

```
        if (irow != icol) {
            for (l=0;l<n;l++) SWAP(a[irow][l],a[icol][l]);
            for (l=0;l<m;l++) SWAP(b[irow][l],b[icol][l]);
        }
        indxr[i]=irow;                    Nós agora estamos prontos para dividir a linha pivô pelo
        indxc[i]=icol;                    elemento pivô, localizado em irow e icol.
        if (a[icol][icol] == 0.0) throw("gaussj: Singular Matrix");
        pivinv=1.0/a[icol][icol];
        a[icol][icol]=1.0;
        for (l=0;l<n;l++) a[icol][l] *= pivinv;
        for (l=0;l<m;l++) b[icol][l] *= pivinv;
        for (ll=0;ll<n;ll++)              Em seguida, reduzimos as linhas...
            if (ll != icol) {             ... exceto a linha pivô, naturalmente.
                dum=a[ll][icol];
                a[ll][icol]=0.0;
                for (l=0;l<n;l++) a[ll][l] -= a[icol][l]*dum;
                for (l=0;l<m;l++) b[ll][l] -= b[icol][l]*dum;
            }
    }
```
Este é o fim do principal laço sobre as colunas da redução. Resta apenas desembaralhar a solução em vista das trocas de colunas. Fazemos isto intercambiando pares de colunas na ordem reversa em que a permutação foi realizada.
```
    for (l=n-1;l>=0;l--) {
        if (indxr[l] != indxc[l])
            for (k=0;k<n;k++)
                SWAP(a[k][indxr[l]],a[k][indxc[l]]);
    }                                     E assim concluimos.
}

void gaussj(MatDoub_IO &a)
```
Versão modificada sem vetores de elementos independentes. Substitui a pela sua inversa.
```
{
    MatDoub b(a.nrows(),0);               Vetor mudo com colunas nulas.
    gaussj(a,b);
}
```

## 2.1.3 Linha *versus* coluna nas estratégias da eliminação

Nossa discussão pode ser ampliada por uma modesta quantidade de formalismo. Operações nas linhas da matriz **A** correspondem a uma pré-multiplicação (isto é, pela esquerda) por alguma matriz simples **R**. Por exemplo, a matriz **R** com componentes

$$R_{ij} = \begin{cases} 1 & \text{se } i = j \text{ e } i \neq 2, 4 \\ 1 & \text{se } i = 2, j = 4 \\ 1 & \text{se } i = 4, j = 2 \\ 0 & \text{de outra maneira} \end{cases} \quad (2.1.5)$$

efetua o intercâmbio das linhas 2 e 4. Eliminação de Gauss-Jordan por operações nas linhas apenas (incluindo a possibilidade de pivoteamento *parcial*) consiste em uma série de tais multiplicações pela esquerda, fornecendo sucessivamente

$$\begin{aligned} \mathbf{A} \cdot \mathbf{x} &= \mathbf{b} \\ (\cdots \mathbf{R}_2 \cdot \mathbf{R}_1 \cdot \mathbf{R}_0 \cdot \mathbf{A}) \cdot \mathbf{x} &= \cdots \mathbf{R}_2 \cdot \mathbf{R}_1 \cdot \mathbf{R}_0 \cdot \mathbf{b} \\ (\mathbf{1}) \cdot \mathbf{x} &= \cdots \mathbf{R}_2 \cdot \mathbf{R}_1 \cdot \mathbf{R}_0 \cdot \mathbf{b} \\ \mathbf{x} &= \cdots \mathbf{R}_2 \cdot \mathbf{R}_1 \cdot \mathbf{R}_0 \cdot \mathbf{b} \end{aligned} \quad (2.1.6)$$

O ponto-chave é que, visto que os **R**'s atuam da direita para esquerda, o lado direito é simplesmente transformado em cada etapa de um vetor para outro.

Operações nas colunas, por outro lado, correspondem a pós-multiplicações, ou ainda multiplicações pela direita por matrizes simples, chame-as de **C**. A matriz na equação (2.1.5), se multiplicada pela matriz **A** pela direita, intercambiará as *colunas* 2 e 4 de **A**. Eliminação por operações realizadas nas colunas envolve (conceitualmente) inserir um operador coluna, *e também sua inversa*, entre a matriz **A** e o vetor incógnito **x**:

$$\begin{aligned} \mathbf{A} \cdot \mathbf{x} &= \mathbf{b} \\ \mathbf{A} \cdot \mathbf{C}_0 \cdot \mathbf{C}_0^{-1} \cdot \mathbf{x} &= \mathbf{b} \\ \mathbf{A} \cdot \mathbf{C}_0 \cdot \mathbf{C}_1 \cdot \mathbf{C}_1^{-1} \cdot \mathbf{C}_0^{-1} \cdot \mathbf{x} &= \mathbf{b} \\ (\mathbf{A} \cdot \mathbf{C}_0 \cdot \mathbf{C}_1 \cdot \mathbf{C}_2 \cdots) \cdots \mathbf{C}_2^{-1} \cdot \mathbf{C}_1^{-1} \cdot \mathbf{C}_0^{-1} \cdot \mathbf{x} &= \mathbf{b} \\ (\mathbf{1}) \cdots \mathbf{C}_2^{-1} \cdot \mathbf{C}_1^{-1} \cdot \mathbf{C}_0^{-1} \cdot \mathbf{x} &= \mathbf{b} \end{aligned} \quad (2.1.7)$$

o que (abaixando os $\mathbf{C}^{-1}$'s um de cada vez) implica a solução

$$\mathbf{x} = \mathbf{C}_0 \cdot \mathbf{C}_1 \cdot \mathbf{C}_2 \cdots \mathbf{b} \quad (2.1.8)$$

Perceba a diferença essencial entre a equação (2.1.8) e a equação (2.1.6). No segundo caso, os **C**'s devem ser aplicados a **b** na ordem reversa daquela na qual eles tornaram-se conhecidos. Isto é, eles devem ser armazenados ao longo do caminho. Esta exigência reduz enormemente a utilidade das operações nas colunas, geralmente restringindo-as a simples permutações, por exemplo em defesa do pivoteamento total.

**REFERÊNCIAS CITADAS E LEITURA COMPLEMENTAR**

Wilkinson, J.H. 1965, *The Algebraic Eigenvalue Problem* (New York: Oxford University Press).[1]

Carnahan, B., Luther, H.A., and Wilkes, J.O. 1969, *Applied Numerical Methods* (New York: Wiley), Example 5.2, p. 282.

Bevington, P.R., and Robinson, D.K. 2002, *Data Reduction and Error Analysis for the Physical Sciences,* 3rd ed. (New York: McGraw-Hill), p. 247.

Westlake, J.R. 1968, *A Handbook of Numerical Matrix Inversion and Solution of Linear Equations* (New York: Wiley).

Ralston, A., and Rabinowitz, P. 1978, *A First Course in Numerical Analysis,* 2nd ed.; reprinted 2001 (New York: Dover), §9.3–1.

## 2.2 Eliminação Gaussiana com retrossubstituição

Qualquer discussão de *eliminação de Gauss com retrossubstituição* é primeiramente pedagógica. O método situa-se entre esquemas de eliminação completa, tais como Gauss-Jordan, e de decomposição triangular, tais como os que serão discutidos na próxima seção. Eliminação Gaussiana reduz uma matriz à matriz identidade não completamente, mas apenas pela metade, ou seja, a uma matriz cujos componentes na diagonal e acima (digamos) permanecem não triviais. Veremos agora quais desvantagens resultam disso.

Suponha que, ao fazer a eliminação de Gauss-Jordan, como descrito em §2.1, em cada etapa subtraíamos linhas somente *abaixo* do elemento pivô corrente. Quando $a_{11}$ é o elemento pivô, por exemplo, dividimos a coluna 1 por seu valor (como antes), mas agora usamos a linha pivô para zerar somente $a_{21}$ e $a_{31}$, não $a_{01}$ (ver equação 2.1.1). Suponha, também, que façamos apenas o pivoteamento parcial, nunca intercambiando colunas, de forma que a ordem das incógnitas nunca precise ser modificada.

Então, quando tivermos feito isto para todos os pivôs, ficaremos com uma equação reduzida similar a esta (no caso de um único vetor de elementos independentes):

$$\begin{bmatrix} a'_{00} & a'_{01} & a'_{02} & a'_{03} \\ 0 & a'_{11} & a'_{12} & a'_{13} \\ 0 & 0 & a'_{22} & a'_{23} \\ 0 & 0 & 0 & a'_{33} \end{bmatrix} \cdot \begin{bmatrix} x_0 \\ x_1 \\ x_2 \\ x_3 \end{bmatrix} = \begin{bmatrix} b'_0 \\ b'_1 \\ b'_2 \\ b'_3 \end{bmatrix} \qquad (2.2.1)$$

Aqui os apóstrofos significam que os $a$'s e $b$'s não têm seus valores numéricos originais, mas foram modificados por todas as operações com as linhas na eliminação até este ponto. O procedimento até este momento é denominado *eliminação Gaussiana*.

## 2.2.1 Retrossubstituição

Mas como resolver para os $x$'s? O último $x$ ($x_3$ neste exemplo) já está isolado, a saber,

$$x_3 = b'_3 / a'_{33} \qquad (2.2.2)$$

Com o último $x$ conhecido, podemos ir para o penúltimo $x$,

$$x_2 = \frac{1}{a'_{22}} [b'_2 - x_3 a'_{23}] \qquad (2.2.3)$$

e então prosseguir com o $x$ na frente deste. O passo típico é

$$x_i = \frac{1}{a'_{ii}} \left[ b'_i - \sum_{j=i+1}^{N-1} a'_{ij} x_j \right] \qquad (2.2.4)$$

O procedimento definido pela equação (2.2.4) é chamado de *retrossubstituição*. A combinação da eliminação Gaussiana e da retrossubstituição fornece uma solução para o sistema de equações.

A vantagem da eliminação gaussiana e retrossubstituição sobre a eliminação de Gauss-Jordan é simplesmente que a primeira é mais rápida em uma contagem de operações pura: os laços mais internos da eliminação de Gauss-Jordan, cada um contendo uma subtração e uma multiplicação, são executados $N^3$ e $N^2 m$ vezes (onde há $N$ equações e incógnitas, e $m$ diferentes vetores de elementos independentes). Os laços correspondentes na eliminação Gaussiana são executados somente $\frac{1}{3} N^3$ vezes (somente metade da matriz é reduzida, e o número crescente de zeros predizíveis reduz a contagem a um terço) e $\frac{1}{2} N^2 m$ vezes, respectivamente. Cada retrossubstituição de um vetor de elementos independentes proporciona $\frac{1}{2} N^2$ execuções de um laço similar (uma multiplicação mais uma subtração). Para $m \ll N$ (somente alguns poucos vetores de elementos independentes), a eliminação Gaussiana tem então cerca de um fator 3 de vantagem sobre o método de Gauss-Jordan. (Poderíamos reduzir esta vantagem a um fator 1,5 não computando a inversa da matriz como parte do esquema de Gauss-Jordan.)

Por computarem a inversa da matriz (que nós podemos ver como um caso de $m = N$ vetores de elementos independentes, isto é, $N$ vetores unitários que são colunas da matriz identidade), eliminação Gaussiana e retrossubstituição à primeira vista requerem $\frac{1}{3} N^3$ (redução da matriz) $+\frac{1}{2} N^3$ (manipulações dos vetores de elementos independentes) $+ \frac{1}{2} N^3$ ($N$ retrossubstituições) $= \frac{4}{3} N^3$ execuções de laço, o que é mais do que o $N^3$ para Gauss-Jordan. Contudo, os vetores unitários são bastante especiais por conter todos os elementos nulos exceto um. Se isto é levado em consideração, as manipulações relacionadas aos vetores de elementos independentes podem ser reduzidas a apenas $\frac{1}{6} N^3$ laços de execuções, e, para a inversão de matriz, os dois métodos são de eficiências idênticas.

Tanto a eliminação Gaussiana quanto a eliminação de Gauss-Jordan compartilham a desvantagem de que todos os vetores de elementos independentes devem ser conhecidos de antemão. O método de decomposição *LU* na próxima seção não compartilha esta deficiência e também tem uma contagem de operações igualmente pequena, tanto para solução com qualquer número de vetores de elementos independentes quanto para inversão da matriz.

**REFERÊNCIAS CITADAS E LEITURA COMPLEMENTAR**

Ralston, A., and Rabinowitz, P. 1978, *A First Course in Numerical Analysis*, 2nd ed.; reprinted 2001 (New York: Dover), §9.3-1.

Isaacson, E., and Keller, H.B. 1966, *Analysis of Numerical Methods*; reprinted 1994 (New York: Dover), §2.1.

Johnson, L.W., and Riess, R.D. 1982, *Numerical Analysis*, 2nd ed. (Reading, MA: Addison-Wesley), §2.2.1.

Westlake, J.R. 1968, *A Handbook of Numerical Matrix Inversion and Solution of Linear Equations* (New York: Wiley).

## 2.3 Decomposição *LU* e suas aplicações

Suponha que nós sejamos capazes de escrever a matriz **A** como um produto de duas matrizes:

$$\mathbf{L} \cdot \mathbf{U} = \mathbf{A} \qquad (2.3.1)$$

onde **L** é *triangular inferior* (tem elementos somente na diagonal e abaixo) e **U** é *triangular superior* (tem elementos somente na diagonal e acima). Para o caso de uma matriz **A**, $4 \times 4$, por exemplo, a equação (2.3.1) seria algo assim:

$$\begin{bmatrix} \alpha_{00} & 0 & 0 & 0 \\ \alpha_{10} & \alpha_{11} & 0 & 0 \\ \alpha_{20} & \alpha_{21} & \alpha_{22} & 0 \\ \alpha_{30} & \alpha_{31} & \alpha_{32} & \alpha_{33} \end{bmatrix} \cdot \begin{bmatrix} \beta_{00} & \beta_{01} & \beta_{02} & \beta_{03} \\ 0 & \beta_{11} & \beta_{12} & \beta_{13} \\ 0 & 0 & \beta_{22} & \beta_{23} \\ 0 & 0 & 0 & \beta_{33} \end{bmatrix} = \begin{bmatrix} a_{00} & a_{01} & a_{02} & a_{03} \\ a_{10} & a_{11} & a_{12} & a_{13} \\ a_{20} & a_{21} & a_{22} & a_{23} \\ a_{30} & a_{31} & a_{32} & a_{33} \end{bmatrix}$$

(2.3.2)

Podemos usar uma decomposição tal como (2.3.1) para resolver o sistema linear

$$\mathbf{A} \cdot \mathbf{x} = (\mathbf{L} \cdot \mathbf{U}) \cdot \mathbf{x} = \mathbf{L} \cdot (\mathbf{U} \cdot \mathbf{x}) = \mathbf{b} \qquad (2.3.3)$$

primeiro resolvendo para o vetor **y** de forma que

$$\mathbf{L} \cdot \mathbf{y} = \mathbf{b} \qquad (2.3.4)$$

e então resolvendo

$$\mathbf{U} \cdot \mathbf{x} = \mathbf{y} \qquad (2.3.5)$$

Qual é a vantagem de separar um sistema linear em dois outros sucessivos? A vantagem é que a solução de um sistema triangular de equações é um bocado trivial, como nós já tínhamos visto em §2.2 (equação 2.2.4). Então, a equação (2.3.4) pode ser resolvida por *forward substitution* (literalmente, "substituição à frente") como segue:

$$y_0 = \frac{b_0}{\alpha_{00}}$$

$$y_i = \frac{1}{\alpha_{ii}}\left[b_i - \sum_{j=0}^{i-1} \alpha_{ij} y_j\right] \quad i = 1, 2, \ldots, N-1 \tag{2.3.6}$$

enquanto que (2.3.4) pode ser resolvida por *retrossubstituição* exatamente como nas equações (2.2.2)–(2.2.4),

$$x_{N-1} = \frac{y_{N-1}}{\beta_{N-1,N-1}}$$

$$x_i = \frac{1}{\beta_{ii}}\left[y_i - \sum_{j=i+1}^{N-1} \beta_{ij} x_j\right] \quad i = N-2, N-3, \ldots, 0 \tag{2.3.7}$$

As equações (2.3.6) e (2.3.7) totalizam (para cada vetor de elementos independentes **b**) $N^2$ execuções de um laço interno contendo uma multiplicação e uma adição. Se temos $N$ vetores de elementos independentes que são vetores coluna unitários (que é o caso quando invertemos uma matriz), então levar em consideração os zeros iniciais reduz a contagem de execuções totais de (2.3.6) de $\frac{1}{2} N^3$ para $\frac{1}{6} N^3$, enquanto que para (2.3.7) permanecemos com $\frac{1}{2} N^3$.

Observe que, uma vez que temos a decomposição *LU* de **A**, podemos resolver com tantos vetores de elementos independentes quanto desejarmos, um de cada vez. Isto é uma vantagem realmente peculiar em relação aos métodos de §2.1 e §2.2.

### 2.3.1 Realizando a decomposição *LU*

Como então nós podemos resolver para **L** e **U**, dado **A**? Primeiro, escrevemos por extenso os componentes $i$ e $j$ da equação (2.3.1) ou (2.3.2). Este componente sempre é uma soma começando com

$$\alpha_{i0}\beta_{0j} + \cdots = a_{ij}$$

O número de termos na soma depende, porém, se $i$ ou $j$ é o menor número. Temos de fato três casos,

$$i < j: \quad \alpha_{i0}\beta_{0j} + \alpha_{i1}\beta_{1j} + \cdots + \alpha_{ii}\beta_{ij} = a_{ij} \tag{2.3.8}$$

$$i = j: \quad \alpha_{i0}\beta_{0j} + \alpha_{i1}\beta_{1j} + \cdots + \alpha_{ii}\beta_{jj} = a_{ij} \tag{2.3.9}$$

$$i > j: \quad \alpha_{i0}\beta_{0j} + \alpha_{i1}\beta_{1j} + \cdots + \alpha_{ij}\beta_{jj} = a_{ij} \tag{2.3.10}$$

As equações (2.3.8)–(2.3.10) totalizam $N^2$ equações para as $N^2 + N$ incógnitas $\alpha$'s e $\beta$'s (a diagonal sendo representada duas vezes). Visto que o número de incógnitas é maior do que o número de equações, estamos convidados a especificar $N$ das incógnitas arbitrariamente e então tentar resolver para as outras. Na verdade, como veremos, é sempre possível fazer

$$\alpha_{ii} \equiv 1 \quad i = 0, \ldots, N-1 \tag{2.3.11}$$

Um procedimento surpreendente é o algoritmo de Crout, que resolve de forma completamente trivial o conjunto de $N^2 + N$ equações (2.3.8)–(2.3.11) para todos os $\alpha$'s e $\beta$'s arranjando as equações na ordem correta! Esta ordem é a seguinte:

- Faça $\alpha_{ii} = 1, i = 0, ..., N - 1$ (equação 2.3.11).
- Para cada $j = 0, 1, 2, ..., N - 1$ siga estes dois procedimentos: primeiro, para $i = 0, ..., j$, use (2.3.8), (2.3.9) e (2.3.11) para determinar os $\beta_{ij}$, isto é,

$$\beta_{ij} = a_{ij} - \sum_{k=0}^{i-1} \alpha_{ik}\beta_{kj} \qquad (2.3.12)$$

(Quando $i = 0$ em 2.3.12 o termo da soma é nulo.) Segundo, para $i = j + 1, j + 2, ..., N - 1$ use (2.3.10) para resolver $\alpha_{ij}$, isto é,

$$\alpha_{ij} = \frac{1}{\beta_{jj}}\left(a_{ij} - \sum_{k=0}^{j-1} \alpha_{ik}\beta_{kj}\right) \qquad (2.3.13)$$

Siga ambos os procedimentos antes de ir para o próximo $j$.

Se você levar a cabo algumas poucas iterações do procedimento acima, você verá que os $\alpha$'s e $\beta$'s que ocorrem no lado direito das equações (2.3.12) e (2.3.13) já estão determinados quando eles são necessários. Você também verá que cada $a_{ij}$ é usado somente uma vez. Isto significa que o $\alpha_{ij}$ ou $\beta_{ij}$ correspondente pode ser armazenado na posição que o $a$ utilizado ocupar: a decomposição está "certa". [Os elementos da diagonal $\alpha_{ii}$, todos identicamente iguais a 1 (equação 2.3.11), não estão armazenados de modo algum.] Brevemente, o método de Crout preenche a matriz combinada de $\alpha$'s e $\beta$'s,

$$\begin{bmatrix} \beta_{00} & \beta_{01} & \beta_{02} & \beta_{03} \\ \alpha_{10} & \beta_{11} & \beta_{12} & \beta_{13} \\ \alpha_{20} & \alpha_{21} & \beta_{22} & \beta_{23} \\ \alpha_{30} & \alpha_{31} & \alpha_{32} & \beta_{33} \end{bmatrix} \qquad (2.3.14)$$

por colunas da esquerda para direita, e dentro de cada coluna do topo para baixo (ver Figura 2.3.1).

E quanto ao pivoteamento? O pivoteamento (isto é, seleção de um elemento pivô robusto para a divisão na equação 2.3.13) é absolutamente essencial para a estabilidade do método de Crout. Somente pivoteamento parcial (intercambiamento das linhas) pode ser implementado de forma eficiente. Porém, isto é suficiente para manter o método estável. Isto significa, incidentalmente, que nós não decompomos realmente a matriz **A** para a forma $LU$, mas sim decompomos uma forma de permutação de linhas de **A**. (Se mantivermos em mente o que é esta permutação, esta decomposição é simplesmente tão útil quanto a original teria sido.)

O pivoteamento é um pouco sutil no algoritmo de Crout. O ponto importante a se notar é que a equação (2.3.12) no caso de $i = j$ (sua aplicação final) é *exatamente igual* à equação (2.3.13), exceto pela divisão na última equação; em ambos os casos, o limite superior da soma é $k = j - 1$ ($= i - 1$). Isto significa que nós próprios não temos que designar se o elemento da diagonal $\beta_{jj}$ cai na diagonal em primeiro lugar ou se um dos $\alpha_{ij}$'s abaixo na coluna, $i=j+1, ..., N - 1$, está para ser "promovido" a se tornar a diagonal $\beta$. Isto pode ser decidido após todos os candidatos na coluna estiverem à disposição. Como você já deve poder adivinhar, escolheremos o maior como a diagonal $\beta$ (elemento pivô) e então faremos todas as divisões por esse elemento *en masse*. Este

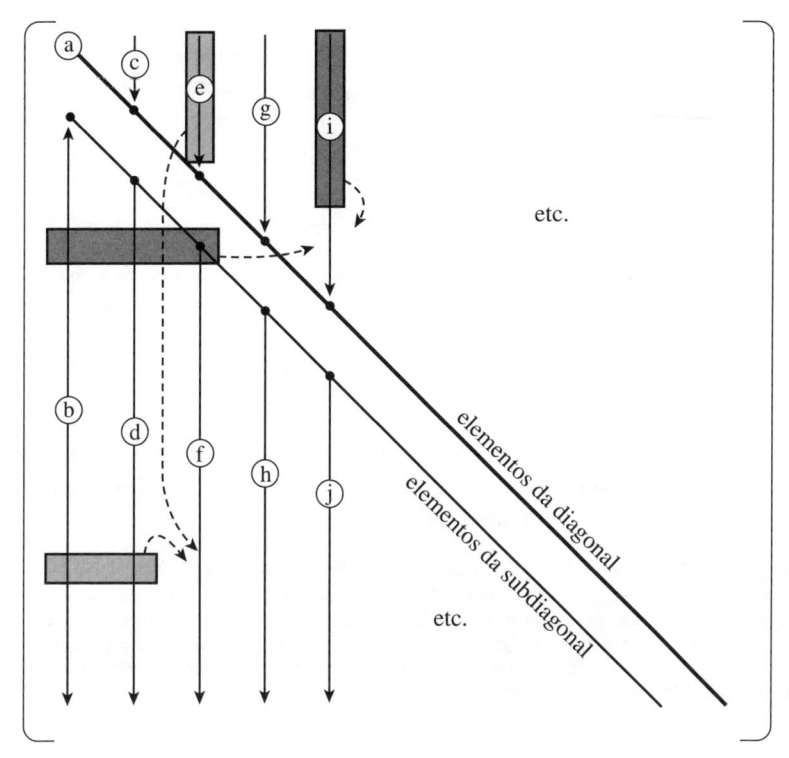

**Figura 2.3.1** Algoritmo de Crout para a decomposição *LU* de uma matriz. Elementos da matriz original são modificados na ordem indicada pelas letras minúsculas: a, b, c etc. Caixas sombreadas mostram os elementos previamente modificados que foram usados para modificar dois elementos típicos, cada um deles indicado por um "x".

é o *método de Crout com pivoteamento parcial*. Nossa implementação tem um truque adicional: ela inicialmente encontra o maior elemento em cada linha e subsequentemente (quando procura o elemento pivô máximo) escala a comparação como se tivéssemos inicialmente escalado todas as equações para fazer seu coeficiente máximo igual a 1; este é o pivoteamento implícito mencionado em §2.1.

O laço interno na decomposição *LU*, as equações (2.3.12) e (2.3.13), assemelha-se ao laço interno da multiplicação de matrizes. Há um laço triplo sobre os índices $i$, $j$ e $k$. Há seis permutações da ordem na qual estes laços podem ser realizados. A implementação direta do algoritmo de Crout corresponde à permutação $jik$, onde a ordem dos índices é a ordem dos laços do mais externo ao mais interno. Nos processadores modernos com uma hierarquia de memória cache e quando matrizes são armazenadas por linhas, a execução mais rápida é usualmente a ordem $kij$ ou $ikj$. Pivoteamento é mais fácil com ordenamento $kij$, então esta é a implementação que usamos. Isto é chamado de "eliminação Gaussiana de produto externo" por Golub e Van Loan [1].

Decomposição *LU* é apropriada para implementação como um objeto (uma `class` ou `struct`). O construtor realiza a decomposição e o próprio objeto armazena o resultado. Então, um método para substituição à frente e retrossubstituição pode ser chamado uma vez, ou muitas vezes, para resolver para um ou mais vetores de elementos independentes. Métodos com funcionalidade adicional são também fáceis de incluir. A declaração do objeto assemelha-se a isto:

ludcmp.h
```
struct LUdcmp
```
Objeto para resolver o sistema de equações lineares $\mathbf{A} \cdot \mathbf{x} = \mathbf{b}$ usando decomposição $LU$, e funções relacionadas
```
{
    Int n;
    MatDoub lu;                                     Armazena a decomposição
    VecInt indx;                                    Armazena a permutação
    Doub d;                                         Usado por det.
    LUdcmp(MatDoub_I &a);                           Construtor. Argumento é a matriz A.
    void solve(VecDoub_I &b, VecDoub_O &x);         Resolva para um único vetor de elementos independentes.
    void solve(MatDoub_I &b, MatDoub_O &x);         Resolva para múltiplos vetores de elementos independentes.
    void inverse(MatDoub_O &ainv);                  Calcula a matriz inversa $\mathbf{A}^{-1}$.
    Doub det();                                     Retorna o determinante de A.
    void mprove(VecDoub_I &b, VecDoub_IO &x);       Discutido em §2.5.
    MatDoub_I &aref;                                Usado somente por mprove.
};
```

Aqui vai a implementação do construtor, cujo argumento é a matriz input a ser $LU$ decomposta. A matriz input não é alterada; uma cópia é realizada, na qual a eliminação Gaussiana do produto externo é então feita no lugar adequado.

ludcmp.h
```
LUdcmp::LUdcmp(MatDoub_I &a) : n(a.nrows()), lu(a), aref(a), indx(n) {
```
Dada uma matriz a[0..n-1][0..n-1], esta rotina a substitui pela decomposição $LU$ de uma forma que é uma permutação de linhas dela mesma. a é input. No output, ela é arranjada como na equação (2.3.14) acima; indx[0..n-1] é um vetor output que grava a permutação de linhas afetada pelo pivoteamento parcial; d é o output como ±1 dependendo se o número de linhas trocadas foi par ou ímpar, respectivamente. Esta rotina é usada em combinação com solve para resolver um sistema de equações lineares ou inverter uma matriz.
```
    const Doub TINY=1.0e-40;                Um número pequeno.
    Int i,imax,j,k;
    Doub big,temp;
    VecDoub vv(n);                          vv armazena o escalonamento implícito de cada linha.
    d=1.0;                                  Sem trocas de linhas ainda.
    for (i=0;i<n;i++) {                     Laço sobre linhas para obter informação do escalonamento
        big=0.0;                            implícito.
        for (j=0;j<n;j++)
            if ((temp=abs(lu[i][j])) > big) big=temp;
        if (big == 0.0) throw("Singular matrix in LUdcmp");
        Sem maior elemento não nulo.
        vv[i]=1.0/big;                      Salve o escalonamento.
    }
    for (k=0;k<n;k++) {                     Este é o laço kij mais externo.
        big=0.0;                            Inicialize para a busca do maior elemento pivô.
        for (i=k;i<n;i++) {
            temp=vv[i]*abs(lu[i][k]);
            if (temp > big) {               É o candidato a pivô melhor do que o encontrado até o
                big=temp;                   momento?
                imax=i;
            }
        }
        if (k != imax) {                    Você precisa intercambiar linhas?
            for (j=0;j<n;j++) {             Sim, faça então...
                temp=lu[imax][j];
                lu[imax][j]=lu[k][j];
                lu[k][j]=temp;
            }
            d = -d;                         ... e mude a paridade de d.
            vv[imax]=vv[k];                 Também troque o fator de escala.
        }
        indx[k]=imax;
        if (lu[k][k] == 0.0) lu[k][k]=TINY;
```
Se o elemento pivô é nulo, a matriz é singular (no mínimo para a precisão do algoritmo). Para algumas aplicações em matrizes singulares, é desejável substituir TINY no lugar do zero.

```
            for (i=k+1;i<n;i++) {
                temp=lu[i][k] /= lu[k][k];    Dividir o elemento pivô.
                for (j=k+1;j<n;j++)           Laço mais interno: reduz a submatriz remanescente.
                    lu[i][j] -= temp*lu[k][j];
            }
        }
    }
```

Uma vez que o objeto LUdcmp é construído, duas funções para implementar as equações (2.3.6) e (2.3.7) estão disponíveis para resolver o sistema de equações lineares. A primeira resolve com um único vetor de elementos independentes **b** para um vetor solução **x**. A segunda simultaneamente resolve para múltiplos vetores de elementos independentes, arranjados como as colunas da matriz **B**. Em outras palavras, ela calcula a matriz $\mathbf{A}^{-1} \cdot \mathbf{B}$.

void LUdcmp::solve(VecDoub_I &b, VecDoub_O &x)                                    ludcmp.h
Resolve um sistema de equações lineares $\mathbf{A} \cdot \mathbf{x} = \mathbf{b}$ usando a decomposição $LU$ armazenada de **A**. b[0..n-1] é input como o vetor de elementos independentes **b**, enquanto que x retorna o vetor solução **x**; b e x podem referenciar o mesmo vetor, e em tal caso a solução sobrepõe o input. Esta rotina leva em consideração a possibilidade de que b começará com muitos elementos zeros, então ela é eficiente para uso na inversão de matriz.

```
{
    Int i,ii=0,ip,j;
    Doub sum;
    if (b.size() != n || x.size() != n)
        throw("LUdcmp::solve bad sizes");
    for (i=0;i<n;i++) x[i] = b[i];
    for (i=0;i<n;i++) {              Quando ii é designado para um valor positivo, ele se tornará o
        ip=indx[i];                  índice do primeiro elemento não nulo de b. Nós agora fazemos
        sum=x[ip];                   a substituição à frente, equação (2.3.6). O único trabalhinho
        x[ip]=x[i];                  extra é desembaralhar a permutação.
        if (ii != 0)
            for (j=ii-1;j<i;j++) sum -= lu[i][j]*x[j];
        else if (sum != 0.0)         Um elemento não nulo foi encontrado, então a partir de agora te-
            ii=i+1;                  remos que executar as somas no laço acima.
        x[i]=sum;
    }
    for (i=n-1;i>=0;i--) {           Agora nós fazemos a retrossubstituição, equação (2.3.7).
        sum=x[i];
        for (j=i+1;j<n;j++) sum -= lu[i][j]*x[j];
        x[i]=sum/lu[i][i];           Armazena um componente do vetor solução X.
    }                                Trabalho completo!.
}
```

void LUdcmp::solve(MatDoub_I &b, MatDoub_O &x)
Resolve m sistemas de n equações lineares $\mathbf{A} \cdot \mathbf{X} = \mathbf{B}$ usando a decomposição $LU$ armazenada de **A**. As entradas da matriz b[0..n-1][0..m-1] são os vetores de elementos independentes, enquanto que x[0..n-1][0..m-1] retorna a solução $\mathbf{A}^{-1} \cdot \mathbf{B}$. b e x podem referenciar a mesma matriz, e neste caso a solução sobrepõe o input.

```
{
    int i,j,m=b.ncols();
    if (b.nrows() != n || x.nrows() != n || b.ncols() != x.ncols())
        throw("LUdcmp::solve bad sizes");
    VecDoub xx(n);
    for (j=0;j<m;j++) {              Copie cada coluna e resolva.
        for (i=0;i<n;i++) xx[i] = b[i][j];
        solve(xx,xx);
        for (i=0;i<n;i++) x[i][j] = xx[i];
    }
}
```

A decomposição *LU* em `LUdcmp` requer cerca de $\frac{1}{3}N^3$ execuções do laço interno (cada uma com uma multiplicação e uma adição). Isto é, portanto, a contagem de operações para resolver para um (ou alguns poucos) vetores de elementos independentes, e é um fator de 3 melhor do que a rotina de Gauss-Jordan `gaussj` que foi dada em §2.1, e um fator de 1,5 melhor do que a rotina de Gauss Jordan (não dada) que requer a computação da matriz inversa. Para inverter a matriz, a contagem total (incluindo a substituição à frente e a retrossubstituição como discutido na equação 2.3.7 recém descrita) é ($\frac{1}{3} + \frac{1}{6} + \frac{1}{2}$), $N^3 = N^3$, a mesma que em `gaussj`.

Para resumir, esta é a forma preferida de se resolver um sistema de equações $\mathbf{A} \cdot \mathbf{x} = \mathbf{b}$:

```
const Int n = ...
MatDoub a(n,n);
VecDoub b(n),x(n);
...
LUdcmp alu(a);
alu.solve(b,x);
```

A resposta será dada por x. Sua matriz original a e vetor b não são alterados. Se você precisa recuperar a memória no objeto `alu`, então inicie um escopo temporário com "{" antes de `alu` ser declarado e termine o escopo com "}" quando você quer que `alu` seja destruído.

Se você subsequentemente quiser resolver um sistema de equações com a mesma **A** mas com diferente vetor de elementos independentes **b**, você repetirá *apenas*:

```
alu.solve(b,x);
```

### 2.3.2 Inversa de uma matriz

`LUdcmp` tem uma função membro que dá a inversa de uma matriz **A**. Simplesmente, ela cria uma matriz identidade que chama o método `solve` apropriado.

ludcmp.h
```
void LUdcmp::inverse(MatDoub_O &ainv)
```
Usando a decomposição *LU*, retorne em ainv a matriz inversa $\mathbf{A}^{-1}$.
```
{
    Int i,j;
    ainv.resize(n,n);
    for (i=0;i<n;i++) {
        for (j=0;j<n;j++) ainv[i][j] = 0.;
        ainv[i][i] = 1.;
    }
    solve(ainv,ainv);
}
```

A matriz `ainv` conterá agora a inversa da matriz original a. Alternativamente, não há nada errado em usar uma rotina Gauss-Jordan como `gaussj` (§2.1) para inverter uma matriz, destruindo a original. Ambos os métodos têm o mesmo número de operações.

### 2.3.3 Determinante de uma matriz

O determinante de uma matriz *LU* decomposta é simplesmente o produto dos elementos da diagonal,

$$\det = \prod_{j=0}^{N-1} \beta_{jj} \qquad (2.3.15)$$

Não computamos a decomposição da matriz original, mas sim uma decomposição de uma permutação das linhas dela. Por sorte, observamos se o número de linhas trocado era par ou ímpar, então apenas acrescentamos ao produto o seu sinal correspondente. (Você agora finalmente conhece o propósito de d na estrutura LUdcmp.)

```
Doub LUdcmp::det()                                                              ludcmp.h
Usando a decomposição LU armazenada, retorna o determinante da matriz A.
{
    Doub dd = d;
    for (Int i=0;i<n;i++) dd *= lu[i][i];
    return dd;
}
```

Para uma matriz de qualquer tamanho substancial, é completamente provável que o determinante proporcionará overflow ou underflow da extensão (*range*) dinâmica do sistema em ponto flutuante do seu computador. Em tal caso, você pode facilmente adicionar outra função membro que, por exemplo, divide por potências de dez, para controlar a escala separadamente, ou, por exemplo, acumula a soma dos logaritmos dos valores absolutos dos fatores e o sinal separadamente.

### 2.3.4 Sistemas de equações complexas

Se sua matriz **A** é real, mas o vetor de elementos independentes é complexo, digamos **b** + i**d**, então (i) decomponha **A** via decomposição *LU* da maneira usual, (ii) substitua retroativamente **b** para obter a parte real da solução e (iii) substitua retroativamente **d** para obter a parte imaginária do vetor solução.

Se a própria matriz é complexa, de forma que você deseja resolver o sistema

$$(\mathbf{A} + i\mathbf{C}) \cdot (\mathbf{x} + i\mathbf{y}) = (\mathbf{b} + i\mathbf{d}) \tag{2.3.16}$$

então há duas possíveis alternativas de como proceder. A melhor alternativa é reescrever LUdcmp com rotinas complexas. Módulo complexo substitui para valores absolutos na construção do vetor de escalonamento vv e na procura pelos maiores elementos pivôs. Tudo mais segue diretamente da maneira óbvia, usando-se aritmética complexa conforme o necessário.

Uma alternativa rápida e "suja" para resolver sistemas complexos é tomar as partes reais e imaginárias de (2.3.16), dando

$$\begin{aligned}\mathbf{A} \cdot \mathbf{x} - \mathbf{C} \cdot \mathbf{y} &= \mathbf{b} \\ \mathbf{C} \cdot \mathbf{x} + \mathbf{A} \cdot \mathbf{y} &= \mathbf{d}\end{aligned} \tag{2.3.17}$$

o que pode ser escrito como um sistema de equações *reais* $2N \times 2N$,

$$\begin{pmatrix} \mathbf{A} & -\mathbf{C} \\ \mathbf{C} & \mathbf{A} \end{pmatrix} \cdot \begin{pmatrix} \mathbf{x} \\ \mathbf{y} \end{pmatrix} = \begin{pmatrix} \mathbf{b} \\ \mathbf{d} \end{pmatrix} \tag{2.3.18}$$

e então resolvido com as rotinas LUdcmp nas formas presentes. Este esquema é duas vezes mais ineficiente em uso de memória, uma vez que **A** e **C** são armazenados duas vezes. É também duas vezes mais ineficiente em tempo de processamento, pois multiplicar complexos na versão complexificada das rotinas usaria 4 multiplicações reais, enquanto que a solução de um problema $2N \times 2N$ envolve 8 vezes mais trabalho do que um $N \times N$. Se você tolerar estas ineficiências por um fator de 2, então a equação (2.3.18) é uma alternativa fácil para se proceder.

## REFERÊNCIAS CITADAS E LEITURA COMPLEMENTAR

Golub, G.H., and Van Loan, C.F. 1996, *Matrix Computations*, 3rd ed. (Baltimore: Johns Hopkins University Press), Chapter 4.[1]

Anderson, E., et al. 1999, LAPACK User's Guide, 3rd ed. (Philadelphia: S.I.A.M.). Online with software at 2007+, http://www.netlib.org/lapack.

Forsythe, G.E., Malcolm, M.A., and Moler, C.B. 1977, *Computer Methods for Mathematical Computations* (Englewood Cliffs, NJ: Prentice-Hall), §3.3, and p. 50.

Forsythe, G.E., and Moler, C.B. 1967, *Computer Solution of Linear Algebraic Systems* (Englewood Cliffs, NJ: Prentice-Hall), Chapters 9, 16, and 18.

Westlake, J. R. 1968, *A Handbook of Numerical Matrix Inversion and Solution of Linear Equations* (New York: Wiley).

Stoer, J., and Bulirsch, R. 2002, *Introduction to Numerical Analysis*, 3rd ed. (New York: Springer), §4.1.

Ralston, A., and Rabinowitz, P. 1978, *A First Course in Numerical Analysis*, 2nd ed.; reprinted 2001 (New York: Dover), §9.11.

Horn, R.A., and Johnson, C.R. 1985, *Matrix Analysis* (Cambridge: Cambridge University Press).

## 2.4 Sistemas tridiagonais e banda-diagonais de equações

O caso especial de um sistema de equações lineares que é *tridiagonal*, isto é, tem elementos não nulos apenas na diagonal mais ou menos uma coluna, é um que ocorre frequentemente. Também comum são sistemas que são *banda-diagonais*, com elementos não nulos somente ao longo de algumas poucas linhas diagonais adjacentes à diagonal principal (acima e abaixo).

Para sistemas tridiagonais, nos procedimentos de decomposição *LU*, cada retrossubstituição e substituição para frente leva apenas $O(N)$ operações, e a solução inteira pode ser codificada muito concisamente. A rotina resultante `tridag` é uma que nós usaremos em capítulos futuros.

Naturalmente, ela não reserva memória para a matriz $N \times N$ inteira, mas somente para componentes não nulos, armazenados como 3 vetores. O sistema de equações a ser resolvido é

$$\begin{bmatrix} b_0 & c_0 & 0 & \cdots & & & \\ a_1 & b_1 & c_1 & \cdots & & & \\ & & & \cdots & & & \\ & & \cdots & a_{N-2} & b_{N-2} & c_{N-2} \\ & & \cdots & 0 & a_{N-1} & b_{N-1} \end{bmatrix} \cdot \begin{bmatrix} u_0 \\ u_1 \\ \cdots \\ u_{N-2} \\ u_{N-1} \end{bmatrix} = \begin{bmatrix} r_0 \\ r_1 \\ \cdots \\ r_{N-2} \\ r_{N-1} \end{bmatrix} \quad (2.4.1)$$

Observe que $a_0$ e $c_{N-1}$ são indefinidos e não são referenciados pela rotina que segue.

tridag.h
```
void tridag(VecDoub_I &a, VecDoub_I &b, VecDoub_I &c, VecDoub_I &r, VecDoub_O &u)
```
Resolve para um vetor u[0..n-1] o sistema linear tridiagonal dado pela equação (2.4.1). a[0..n-1], b[0..n-1], c[0..n-1] e r[0..n-1] são vetores input e não são modificados.
```
{
    Int j,n=a.size();
    Doub bet;
    VecDoub gam(n);                        Um vetor do workspace, gam, é necessário.
    if (b[0] == 0.0) throw("Error 1 in tridag");
```
Se isso acontecer, você deve então reescrever suas equações como um sistema de ordem $N-1$, com $u_1$ eliminado trivialmente
```
    u[0]=r[0]/(bet=b[0]);
    for (j=1;j<n;j++) {                    Decomposição e substituição para frente.
        gam[j]=c[j-1]/bet;
        bet=b[j]-a[j]*gam[j];
        if (bet == 0.0) throw("Error 2 in tridag");    Algoritmo falha; ver abaixo.
        u[j]=(r[j]-a[j]*u[j-1])/bet;
```

```
        }
        for (j=(n-2);j>=0;j--)
            u[j] -= gam[j+1]*u[j+1];          Retrossubstituição.
    }
```

Não há pivoteamento em `tridag`. É por esta razão que `tridag` pode falhar mesmo quando a matriz em questão é não singular: um pivô nulo pode ser encontrado mesmo para uma matriz não singular. Na prática, isto não é algo para se perder o sono. Os tipos de problemas que conduzem a sistemas lineares tridiagonais têm propriedades adicionais que garantem que o algoritmo em `tridag` terá êxito. Por exemplo, se

$$|b_j| > |a_j| + |c_j| \qquad j = 0, \ldots, N-1 \tag{2.4.2}$$

(chamado de *dominância diagonal*), então pode ser mostrado que o algoritmo não pode encontrar um pivô nulo.

É possível construir exemplos especiais nos quais a falta de pivoteamento no algoritmo causa instabilidade numérica. Na prática, porém, tal instabilidade quase nunca é encontrada — diferentemente do problema com matrizes no caso geral, onde pivoteamento é essencial.

O algoritmo tridiagonal é o caso raro de um algoritmo que, na prática, é mais robusto do que a teoria diz que ele poderia ser. Claro, se você um dia encontrar um problema para o qual `tridag` falha, você pode usar o método mais geral para sistemas banda-diagonais, descritos adiante (o objeto `Bandec`).

Algumas outras formas de matriz consistindo de tridiagonais com um número pequeno de elementos adicionais (por exemplo, cantos superior à direita e inferior à esquerda) também permitem uma solução rápida; veja §2.7.

## 2.4.1 Solução paralela para sistemas tridiagonais

É possível resolver sistemas tridiagonais fazendo muitas operações em paralelo. Ilustramos o caso especial $N = 7$:

$$\begin{bmatrix} b_0 & c_0 & & & & & \\ a_1 & b_1 & c_1 & & & & \\ & a_2 & b_2 & c_2 & & & \\ & & a_3 & b_3 & c_3 & & \\ & & & a_4 & b_4 & c_4 & \\ & & & & a_5 & b_5 & c_5 \\ & & & & & a_6 & b_6 \end{bmatrix} \cdot \begin{bmatrix} u_0 \\ u_1 \\ u_2 \\ u_3 \\ u_4 \\ u_5 \\ u_6 \end{bmatrix} = \begin{bmatrix} r_0 \\ r_1 \\ r_2 \\ r_3 \\ r_4 \\ r_5 \\ r_6 \end{bmatrix} \tag{2.4.3}$$

A ideia básica é particionar o problema em elementos pares e ímpares, fazer recursão para resolver os segundos e então resolver os primeiros em paralelo. Especificamente, reescrevemos primeiro a equação (2.4.3) permutando suas linhas e colunas.

$$\begin{bmatrix} b_0 & & & & c_0 & & \\ & b_2 & & & a_2 & c_2 & \\ & & b_4 & & & a_4 & c_4 \\ & & & b_6 & & & a_6 \\ a_1 & c_1 & & & b_1 & & \\ & a_3 & c_3 & & & b_3 & \\ & & a_5 & c_5 & & & b_5 \end{bmatrix} \cdot \begin{bmatrix} u_0 \\ u_2 \\ u_4 \\ u_6 \\ u_1 \\ u_3 \\ u_5 \end{bmatrix} = \begin{bmatrix} r_0 \\ r_2 \\ r_4 \\ r_6 \\ r_1 \\ r_3 \\ r_5 \end{bmatrix} \tag{2.4.4}$$

Agora observe que, por operações nas linhas que subtraem múltiplos das primeiras quatro linhas de cada uma das três linhas, podemos eliminar todos os elementos não nulos no quadrante esquerdo inferior. O preço que pagamos é trazer alguns elementos novos para o quadrante inferior direito, cujos elementos não nulos nós agora chamamos de $x$'s, $u$'s e $z$'s. Denominamos $q$ os elementos modificados no vetor de elementos independentes. O problema transformado é agora

$$\begin{bmatrix} b_0 & & & & c_0 & & \\ & b_2 & & & a_2 & c_2 & \\ & & b_4 & & & a_4 & c_4 \\ & & & b_6 & & & a_6 \\ & & & & y_0 & z_0 & \\ & & & & x_1 & y_1 & z_1 \\ & & & & & x_2 & y_2 \end{bmatrix} \cdot \begin{bmatrix} u_0 \\ u_2 \\ u_4 \\ u_6 \\ u_1 \\ u_3 \\ u_5 \end{bmatrix} = \begin{bmatrix} r_0 \\ r_2 \\ r_4 \\ r_6 \\ q_0 \\ q_1 \\ q_2 \end{bmatrix} \quad (2.4.5)$$

Observe que as três últimas linhas formam um problema tridiagonal novo e menor, que podemos resolver simplesmente por recursão. Uma vez que sua solução é conhecida, as primeiras quatro linhas podem ser resolvidas por uma substituição simples e paralelizável. Para discussão disso e métodos relacionados a sistemas tridiagonais paralelizáveis e referências para literatura, ver [2].

## 2.4.2 Sistemas banda-diagonais

Enquanto sistemas tridiagonais têm elementos não nulos somente na diagonal imediatamente inferior e imediatamente superior à diagonal principal, sistemas banda-diagonais são levemente mais gerais e têm (digamos) $m_1 \geq 0$ elementos não nulos imediatamente à esquerda (abaixo) da diagonal e $m_2 \geq 0$ elementos não nulos imediatamente à direita (acima) dela. Evidentemente, isto é somente uma classificação útil se $m_1$ e $m_2$ são ambos $\ll N$. Em tal caso, a solução do sistema linear por decomposição $LU$ pode ser realizada muito mais rapidamente e consumir menos memória do que para o caso geral $N \times N$.

A definição precisa da matriz banda-diagonal com elementos $a_{ij}$ é

$$a_{ij} = 0 \quad \text{quando} \quad j > i + m_2 \quad \text{ou} \quad i > j + m_1 \quad (2.4.6)$$

Matrizes banda-diagonais são armazenadas e manipuladas em uma assim chamada forma compacta, que resulta se a matriz é inclinada em 45° no sentido horário, de forma que seus elementos não nulos pertencem a uma matriz longa e estreita com $m_1 + 1 + m_2$ colunas e $N$ linhas. Isto é melhor ilustrado por um exemplo: a matriz banda-diagonal

$$\begin{pmatrix} 3 & 1 & 0 & 0 & 0 & 0 & 0 \\ 4 & 1 & 5 & 0 & 0 & 0 & 0 \\ 9 & 2 & 6 & 5 & 0 & 0 & 0 \\ 0 & 3 & 5 & 8 & 9 & 0 & 0 \\ 0 & 0 & 7 & 9 & 3 & 2 & 0 \\ 0 & 0 & 0 & 3 & 8 & 4 & 6 \\ 0 & 0 & 0 & 0 & 2 & 4 & 4 \end{pmatrix} \quad (2.4.7)$$

a qual tem $N = 7$, $m_1 = 2$ e $m_2 = 1$, é armazenada compactamente como uma matriz $7 \times 4$,

$$\begin{pmatrix} x & x & 3 & 1 \\ x & 4 & 1 & 5 \\ 9 & 2 & 6 & 5 \\ 3 & 5 & 8 & 9 \\ 7 & 9 & 3 & 2 \\ 3 & 8 & 4 & 6 \\ 2 & 4 & 4 & x \end{pmatrix} \quad (2.4.8)$$

Aqui $x$ denota elementos que estão no espaço desperdiçado no formato compacto; eles não serão referenciados pelas manipulações e podem ter valores arbitrários. Observe que a diagonal da matriz original aparece na coluna $m_1$ com elementos subdiagonais à esquerda e elementos superdiagonais à direita.

A manipulação mais simples da matriz banda-diagonal, armazenada compactamente, é multiplicá-la por um vetor à sua direita. Embora isto seja algoritmicamente trivial, você pode querer estudar a seguinte rotina como um exemplo de como retirar elementos não nulos $a_{ij}$ do formato de armazenamento compacto de uma maneira ordenada.

```
void banmul(MatDoub_I &a, const Int m1, const Int m2, VecDoub_I &x,                banded.h
    VecDoub_O &b)
```
Executa a multiplicação matricial $b = A \cdot x$, onde $A$ é banda-diagonal com m1 linhas abaixo da diagonal e m2 linhas acima. O vetor input é x[0..n-1] e o vetor output é b[0..n-1]. O arranjo a[0..n-1][0..m1+m2] armazena $A$ como segue: os elementos da diagonal estão em a[0..n-1][m1]. Elementos da subdiagonal estão em a[j..n-1][0..m1-1] com $j > 0$ apropriado para o número de elementos em cada diagonal. Elementos das diagonais superiores estão em a[0..j][m1+1..m1+m2] com $j < n-1$ apropriado ao número de elementos em cada diagonal superior.
```
{
    Int i,j,k,tmploop,n=a.nrows();
    for (i=0;i<n;i++) {
        k=i-m1;
        tmploop=MIN(m1+m2+1,Int(n-k));
        b[i]=0.0;
        for (j=MAX(0,-k);j<tmploop;j++) b[i] += a[i][j]*x[j+k];
    }
}
```

Não é possível armazenar a decomposição $LU$ de uma matriz banda-diagonal $A$ tão compactamente quanto a forma compacta da própria $A$. A decomposição (essencialmente pelo método de Crout; ver §2.3) produz "substitutos" não nulos. Um esquema de armazenagem direto é armazenar o fator triangular superior ($U$) em um espaço com a mesma forma de $A$, e armazenar o fator triangular inferior ($L$) em uma matriz compacta separada de tamanho $N \times m_1$. Os elementos da diagonal de $U$ (cujo produto, vezes $d = \pm 1$, dá o determinante) estão na primeira coluna de $U$.

Aqui está um objeto, análogo ao LUdcmp em §2.3, para resolver o sistema de equações lineares banda-diagonais:

```
struct Bandec {                                                                    banded.h
```
Objeto para resolver o sistema de equação $A \cdot x = b$ para uma matriz banda-diagonal $A$, usando decomposição $LU$.
```
    Int n,m1,m2;
    MatDoub au,al;              Matrizes triangulares superior e inferior, armazenadas compacta-
    VecInt indx;                mente.
    Doub d;
    Bandec(MatDoub_I &a, const int mm1, const int mm2);  Construtor
    void solve(VecDoub_I &b, VecDoub_O &x);   Resolva dado o vetor de elementos independentes
    Doub det();                               Retorne o determinante de A.
};
```

O construtor toma como argumento a matriz compactamente armazenada $A$, e os inteiros $m_1$ e $m_2$. (Poderia-se, é claro, definir um "objeto matriz banda-diagonal" para encapsular estas quantidades, mas neste tratamento breve queremos manter as coisas simples.)

```
Bandec::Bandec(MatDoub_I &a, const Int mm1, const Int mm2)                         banded.h
    : n(a.nrows()), au(a), m1(mm1), m2(mm2), al(n,m1), indx(n)
```
Construtor. Dada uma matriz $A$ banda diagonal $n \times n$ com m1 linhas subdiagonais e m2 linhas superdiagonais, compactamente armazenadas no arranjo a[0..n-1][0..m1+m2] como descrito no comentário para a rotina banmul, uma decomposição $LU$ de uma permutação de linhas de $A$ é construída. As matrizes triangulares inferior e superior são armazenadas em au e al, respectivamente. O vetor armazenado indx[0..n-1] grava a permutação das linhas realizada pelo pivoteamento parcial; d é $\pm 1$ dependendo se o número de linhas intercambiadas for par ou ímpar, respectivamente.
```
{
    const Doub TINY=1.0e-40;
    Int i,j,k,l,mm;
    Doub dum;
    mm=m1+m2+1;
```

```
        l=m1;
        for (i=0;i<m1;i++) {                    Rearranje um pouquinho o conteúdo armazenado.
            for (j=m1-i;j<mm;j++) au[i][j-l]=au[i][j];
            l--;
            for (j=mm-l-1;j<mm;j++) au[i][j]=0.0;
        }
        d=1.0;
        l=m1;
        for (k=0;k<n;k++) {                     Para cada linha...
            dum=au[k][0];
            i=k;
            if (l<n) l++;
            for (j=k+1;j<l;j++) {               Encontre o elemento pivô.
                if (abs(au[j][0]) > abs(dum)) {
                    dum=au[j][0];
                    i=j;
                }
            }
            indx[k]=i+1;
            if (dum == 0.0) au[k][0]=TINY;
            Matriz é algoritmicamente singular, mas prossiga de qualquer forma com o pivô TINY (desejável
            em algumas aplicações).
            if (i != k) {                       Faça o intercâmbio das linhas.
                d = -d;
                for (j=0;j<mm;j++) SWAP(au[k][j],au[i][j]);
            }
            for (i=k+1;i<l;i++) {               Faça a eliminação.
                dum=au[i][0]/au[k][0];
                al[k][i-k-1]=dum;
                for (j=1;j<mm;j++) au[i][j-1]=au[i][j]-dum*au[k][j];
                au[i][mm-1]=0.0;
            }
        }
    }
```

Algum pivoteamento é possível dentro das limitações de `bandec`, e a rotina acima não aproveita esta oportunidade. Em geral, quando TINY é retornado como um elemento da diagonal de $U$, então a matriz original (talvez modificada por erros de arredondamento) é de fato singular. Em relação a isso, `bandec` é algo mais robusto do que `tridag` acima, o qual pode falhar algoritmicamente mesmo para matrizes não singulares; `bandec` é portanto também útil (com $m_1 = m_2 = 1$) para alguns sistemas tridiagonais mal-comportados.

Uma vez que a matriz **A** tenha sido decomposta, o sistema pode ser resolvido para um número de vetores de elementos independentes por chamadas repetidas ao método `solve`, a rotina de retrossubstituição e substituição para frente análoga à sua prima de mesmo nome em §2.3.

banded.h
```
    void Bandec::solve(VecDoub_I &b, VecDoub_O &x)
    Dado um vetor de elementos independentes b[0..n-1], resolve o sistema de equações lineares banda-diagonal A · x = b. O vetor solução x é retornado como x[0..n-1].
    {
        Int i,j,k,l,mm;
        Doub dum;
        mm=m1+m2+1;
        l=m1;
        for (k=0;k<n;k++) x[k] = b[k];
        for (k=0;k<n;k++) {                     Substituição para frente, desembaralhando as linhas permuta-
            j=indx[k]-1;                        das conforme requerido.
            if (j!=k) SWAP(x[k],x[j]);
            if (l<n) l++;
            for (j=k+1;j<l;j++) x[j] -= al[k][j-k-1]*x[k];
        }
        l=1;
```

```
        for (i=n-1;i>=0;i--) {            Retrossubstituição.
            dum=x[i];
            for (k=1;k<l;k++) dum -= au[i][k]*x[k+i];
            x[i]=dum/au[i][0];
            if (l<mm) l++;
        }
    }
```

E, finalmente, um método para obter o determinante:

```
Doub Bandec::det() {                                                            banded.h
Usando a decomposição armazenada, retorne o determinante de uma matriz A.
    Doub dd = d;
    for (int i=0;i<n;i++) dd *= au[i][0];
    return dd;
}
```

As rotinas em `Bandec` são baseadas nas rotinas Handbook *bandet1* e *bansol1* em [1].

### REFERÊNCIAS CITADAS E LEITURA COMPLEMENTAR

Keller, H.B. 1968, *Numerical Methods for Two-Point Boundary-Value Problems;* reprinted 1991 (New York: Dover), p. 74.

Dahlquist, G., and Bjorck, A. 1974, *Numerical Methods* (Englewood Cliffs, NJ: Prentice-Hall); reprinted 2003 (New York: Dover), Example 5.4.3, p. 166.

Ralston, A., and Rabinowitz, P. 1978, *A First Course in Numerical Analysis,* 2nd ed.; reprinted 2001 (New York: Dover), §9.11.

Wilkinson, J.H., and Reinsch, C. 1971, *Linear Algebra,* vol. II of *Handbook for Automatic Computation* (New York: Springer), Chapter l/6.[1]

Golub, G.H., and Van Loan, C.F. 1996, *Matrix Computations,* 3rd ed. (Baltimore: Johns Hopkins University Press), §4.3.

Hockney, R.W., and Jesshope, C.R. 1988, *Parallel Computers 2: Architecture, Programming, and Algorithms* (Bristol and Philadelphia: Adam Hilger), §5.4.[2]

## 2.5 Refinamento iterativo de uma solução para um sistema equações lineares

Obviamente não é fácil obter para a solução de um sistema linear precisão maior do que a precisão da palavra em ponto flutuante do seu computador. Infelizmente, para grandes sistemas lineares de equações, nem sempre é fácil de se obter precisão igual ou mesmo comparável ao limite do computador. Em métodos diretos de solução, erros de arredondamento acumulam e eles são amplificados na medida em que sua matriz está próxima de ser singular. Você pode facilmente perder dois ou três dígitos significativos para matrizes que (você pensava) estavam *longe* de ser singulares.

Se isto acontece com você, há um belo truque para restabelecer a precisão completa da máquina, chamado de *refinamento iterativo* da solução. A teoria é direta (ver Figura 2.5.1): suponha que um vetor **x** é a solução exata do sistema linear de equações

$$\mathbf{A} \cdot \mathbf{x} = \mathbf{b} \tag{2.5.1}$$

Você, porém, não conhece **x**, conhece somente alguma solução levemente errada $\mathbf{x} + \delta\mathbf{x}$, onde $\delta\mathbf{x}$ é um vetor erro desconhecido. Quando multiplicado pela matriz **A**, sua solução levemente errada fornece um produto levemente discrepante do vetor de elementos independentes desejado **b**, a saber,

$$\mathbf{A} \cdot (\mathbf{x} + \delta\mathbf{x}) = \mathbf{b} + \delta\mathbf{b} \tag{2.5.2}$$

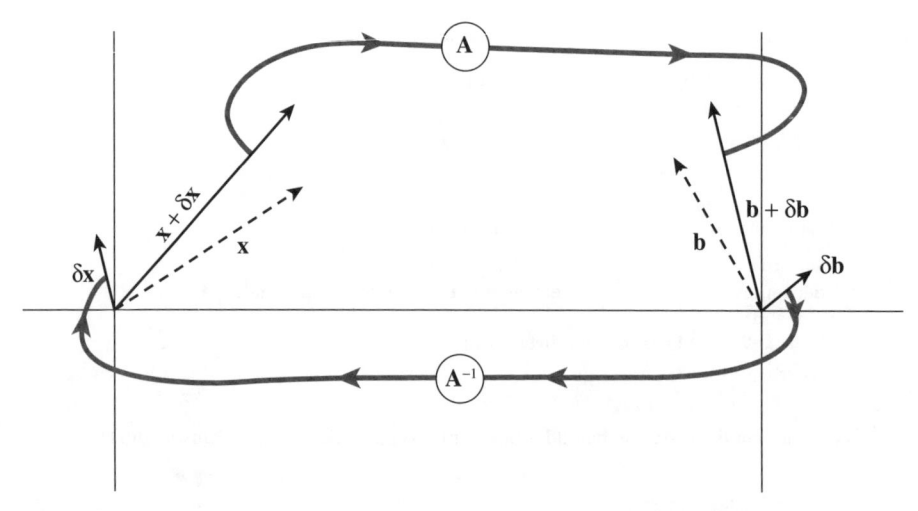

**Figura 2.5.1** Refinamento iterativo da solução $\mathbf{A} \cdot \mathbf{x} = \mathbf{b}$. O primeiro chute $\mathbf{x} + \delta\mathbf{x}$ é multiplicado por $\mathbf{A}$ para produzir $\mathbf{b} + \delta\mathbf{b}$. O vetor conhecido $\mathbf{b}$ é subtraído, dando $\delta\mathbf{b}$. Isto é subtraído do primeiro chute, dando uma solução refinada $\mathbf{x}$.

Subtraindo (2.5.1) de (2.5.2), temos

$$\mathbf{A} \cdot \delta\mathbf{x} = \delta\mathbf{b} \qquad (2.5.3)$$

Mas (2.5.2) pode ser resolvido, trivialmente, para $\delta\mathbf{b}$. Substituir isto em (2.5.3) dá

$$\mathbf{A} \cdot \delta\mathbf{x} = \mathbf{A} \cdot (\mathbf{x} + \delta\mathbf{x}) - \mathbf{b} \qquad (2.5.4)$$

Nesta equação, o lado direito é conhecido, pois $\mathbf{x} + \delta\mathbf{x}$ é a solução errada que você quer refinar. É bom calcular o lado direito em maior precisão do que a solução original, se conseguir, pois haverá um bocado de cancelamentos na subtração de $\mathbf{b}$. Então, precisamos apenas resolver (2.5.4) para o erro $\delta\mathbf{x}$, e a seguir subtrair isto da solução errada para obter uma solução refinada.

Um importante benefício extra ocorre se nós obtivemos a solução original por decomposição *LU*. Neste caso já temos a forma decomposta *LU* de $\mathbf{A}$, e tudo que precisamos fazer para resolver (2.5.4) é computar o lado direito, com substituição para frente e com retrossubstituição.

Devido à grande quantidade do maquinário necessário já estar em LUdcmp, implementamos o refinamento iterativo como uma função membro da classe. Uma vez que o refinamento iterativo requer a matriz $\mathbf{A}$ (bem como sua decomposição *LU*), por prevenção nós induzimos LUdcmp a salvar uma referência para a matriz a da qual ela foi construída. Se você planeja usar refinamento iterativo, não deve modificar a nem deixá-la fora do escopo. (Nenhum outro método em LUdcmp faz uso desta referência para a.)

ludcmp.h
```
void LUdcmp::mprove(VecDoub_I &b, VecDoub_IO &x)
    Refine um vetor solução x[0..n-1] do sistema de equações lineares A · x = b. Os vetores b[0..n-1] e
    x[0..n-1] são input. No output, x[0..n-1] é modificado para um conjunto refinado de valores.
{
    Int i,j;
    VecDoub r(n);
    for (i=0;i<n;i++) {              Calcula o lado direito, acumulando o resíduo em pre-
        Ldoub sdp = -b[i];               cisão mais alta.
        for (j=0;j<n;j++)
            sdp += (Ldoub)aref[i][j] * (Ldoub)x[j];
        r[i]=sdp;
    }
```

```
        solve(r,r);                           Resolva o sistema para o termo de erro,
        for (i=0;i<n;i++) x[i] -= r[i];       e o subtraia da solução antiga.
}
```

Refinamento iterativo é *altamente* recomendado: é um processo de ordem de apenas $N^2$ operações (multiplicação de um vetor por uma matriz, substituição para frente e retrossubstituição — ver a discussão seguinte à equação 2.3.7); "não machuca"; e pode realmente compensar se ele salva uma solução fora isso arruinada na qual você tenha gasto algo da ordem de $N^3$ operações.

Você pode chamar mprove diversas vezes em sucessão se você quiser. A menos que você parta de uma solução completamente longe da solução verdadeira, geralmente uma chamada é suficiente; mas uma segunda chamada para verificar convergência pode ser tranquilizante.

Se você não puder computar o lado direito da equação (2.5.4) em precisão maior, o refinamento iterativo geralmente ainda melhorará a qualidade de uma solução, embora não em todos os casos tanto quanto na situação na qual maior precisão estivesse disponível. Muitos livros-texto afirmam o contrário, mas você encontrará a demonstração em [1].

## 2.5.1 Mais sobre refinamento iterativo

É esclarecedor (e será útil mais tarde neste livro) dar uma fundamentação analítica mais sólida para a equação (2.5.4) e também dar alguns resultados adicionais. Estava implícita na discussão prévia a noção de que a solução $\mathbf{x} + \delta\mathbf{x}$ tem um termo de erro; mas nós desprezamos o fato de que a decomposição $LU$ de $\mathbf{A}$ é por si só não exata.

Uma abordagem analítica diferente inicia com alguma matriz $\mathbf{B}_0$ que se assume ser uma inversa *aproximada* da matriz $\mathbf{A}$, tal que $\mathbf{B}_0 \cdot \mathbf{A}$ é aproximadamente a matriz identidade $\mathbf{1}$. Definimos a matriz residual $\mathbf{R}$ de $\mathbf{B}_0$ como

$$\mathbf{R} \equiv \mathbf{1} - \mathbf{B}_0 \cdot \mathbf{A} \qquad (2.5.5)$$

a qual supõe-se ser "pequena" (seremos mais precisos abaixo.) Note que, portanto,

$$\mathbf{B}_0 \cdot \mathbf{A} = \mathbf{1} - \mathbf{R} \qquad (2.5.6)$$

A seguir consideramos a seguinte manipulação formal:

$$\begin{aligned}\mathbf{A}^{-1} &= \mathbf{A}^{-1} \cdot (\mathbf{B}_0^{-1} \cdot \mathbf{B}_0) = (\mathbf{A}^{-1} \cdot \mathbf{B}_0^{-1}) \cdot \mathbf{B}_0 = (\mathbf{B}_0 \cdot \mathbf{A})^{-1} \cdot \mathbf{B}_0 \\ &= (\mathbf{1} - \mathbf{R})^{-1} \cdot \mathbf{B}_0 = (\mathbf{1} + \mathbf{R} + \mathbf{R}^2 + \mathbf{R}^3 + \cdots) \cdot \mathbf{B}_0\end{aligned} \qquad (2.5.7)$$

Podemos definir a $n$-ésima soma parcial da última expressão por

$$\mathbf{B}_n \equiv (\mathbf{1} + \mathbf{R} + \cdots + \mathbf{R}^n) \cdot \mathbf{B}_0 \qquad (2.5.8)$$

tal que $\mathbf{B}_\infty \to \mathbf{A}^{-1}$, se o limite existe.

Agora é simples verificar que a equação (2.5.8) satisfaz algumas interessantes relações recursivas. Quanto a resolver $\mathbf{A} \cdot \mathbf{x} = \mathbf{b}$, onde $\mathbf{x}$ e $\mathbf{b}$ são vetores, defina

$$\mathbf{x}_n \equiv \mathbf{B}_n \cdot \mathbf{b} \qquad (2.5.9)$$

Então é fácil mostrar que

$$\mathbf{x}_{n+1} = \mathbf{x}_n + \mathbf{B}_0 \cdot (\mathbf{b} - \mathbf{A} \cdot \mathbf{x}_n) \qquad (2.5.10)$$

Isto é imediatamente reconhecível como a equação (2.5.4), com $-\delta\mathbf{x} = \mathbf{x}_{n+1} - \mathbf{x}_n$, e com $\mathbf{B}_0$ fazendo o papel de $\mathbf{A}^{-1}$. Nós vemos, por esta razão, que a equação (2.5.4) não requer que a decomposição $LU$ seja exata, mas somente que o resíduo implicado **R** seja pequeno. Em termos gerais, se o resíduo é menor do que a raiz quadrada do erro de arredondamento do seu computador, então após uma aplicação da equação (2.5.10) (isto é, indo de $\mathbf{x}_0 \equiv \mathbf{B}_0 \cdot \mathbf{b}$ para $\mathbf{x}_1$) o primeiro termo desprezado, da ordem de $\mathbf{R}^2$, será menor do que o erro de arredondamento. A equação (2.5.10), como a equação (2.5.4), além disso, pode ser aplicada mais do que uma vez, pois ela usa somente $\mathbf{B}_0$, e não um dos **B**'s superiores.

Algo mais surpreendente que segue da equação (2.5.8) é que a ordem é mais do que *dobrada* em cada etapa:

$$\mathbf{B}_{2n+1} = 2\mathbf{B}_n - \mathbf{B}_n \cdot \mathbf{A} \cdot \mathbf{B}_n \qquad n = 0, 1, 3, 7, \ldots \qquad (2.5.11)$$

Repetidas aplicações da equação (2.5.11) a partir de uma matriz inicial $\mathbf{B}_0$ adequada, convergem *quadraticamente* para a matriz inversa desconhecida $\mathbf{A}^{-1}$ (ver §9.4 para a definição de "quadraticamente"). A equação (2.5.11) é conhecida por vários nomes, incluindo *método de Schultz* e *método de Hotelling*; ver Pan e Reif [2] para referências. Na realidade, a equação (2.5.11) é simplesmente o método iterativo de Newton-Raphson para encontrar raízes (§9.4) aplicado a inversão de matriz.

Antes que se entusiasme com a equação (2.5.11), porém, você deveria observar que ela envolve duas multiplicações de matrizes completas em cada iteração. Cada multiplicação de matriz envolve $N^3$ adições e multiplicações. Mas nós já vimos em §2.1 – §2.3 que inversão direta de **A** requer somente $N^3$ adições e $N^3$ multiplicações no total. A equação (2.5.11) é, por esta razão prática somente quando circunstâncias especiais permitem-lhe ser efetuada muito mais rapidamente do que é o caso para matrizes gerais. Nós encontraremos tais circunstâncias mais tarde, em §13.10.

Com um espírito de satisfação posterior, deixe-nos contudo investigar os dois tópicos relacionados; quando a série na equação (2.5.7) converge; e o que é uma chute inicial aceitável $\mathbf{B}_0$ (se, por exemplo, uma decomposição inicial *LU* não é factível)?

Podemos definir a norma de uma matriz como a amplificação de maior comprimento que pode ser obtida em um vetor,

$$\|\mathbf{R}\| \equiv \max_{\mathbf{v} \neq 0} \frac{|\mathbf{R} \cdot \mathbf{v}|}{|\mathbf{v}|} \qquad (2.5.12)$$

Se deixamos a equação (2.5.7) agir em algum vetor de elementos independentes arbitrário **b**, como uma matriz inversa deveria fazer, é óbvio que uma condição suficiente para a convergência é

$$\|\mathbf{R}\| < 1 \qquad (2.5.13)$$

Pan e Reif [2] apontaram que um chute inicial adequado para $\mathbf{B}_0$ é qualquer constante $\epsilon$ suficientemente pequena vezes a matriz transposta de **A**, isto é,

$$\mathbf{B}_0 = \epsilon \mathbf{A}^T \qquad \text{ou} \qquad \mathbf{R} = 1 - \epsilon \mathbf{A}^T \cdot \mathbf{A} \qquad (2.5.14)$$

Para ver por que isto é assim, precisaríamos de conceitos do Capítulo 11; nós damos aqui apenas um esboço mais breve: $\mathbf{A}^T \cdot \mathbf{A}$ é uma matriz positiva definida simétrica, então ela tem autovalores reais e positivos. Em sua representação diagonal, **R** toma a forma

$$\mathbf{R} = \mathrm{diag}(1 - \epsilon\lambda_0, 1 - \epsilon\lambda_1, \ldots, 1 - \epsilon\lambda_{N-1}) \qquad (2.5.15)$$

onde todos os $\lambda_i$'s são positivos. Evidentemente qualquer $\epsilon$ satisfazendo $0 < \epsilon < 2/(\max_i \lambda_i)$ proporcionará $\|\mathbf{R}\| < 1$. Não é difícil mostrar que a escolha ótima para $\epsilon$, dando a mais rápida convergência para a equação (2.5.11), é

$$\epsilon = 2/(\max_i \lambda_i + \min_i \lambda_i) \qquad (2.5.16)$$

Raramente conhecemos os autovalores de $\mathbf{A}^T \cdot \mathbf{A}$ na equação (2.5.16). Pan e Reif derivam diversos limites (*bounds*) interessantes, os quais são computáveis diretamente de $\mathbf{A}$. As seguintes escolhas garantem a convergência de $\mathbf{B}_n$ quando $n \to \infty$:

$$\epsilon \leq 1 \bigg/ \sum_{j,k} a_{jk}^2 \quad \text{ou} \quad \epsilon \leq 1 \bigg/ \left( \max_i \sum_j |a_{ij}| \times \max_j \sum_i |a_{ij}| \right) \tag{2.5.17}$$

A última expressão é uma fórmula verdadeiramente digna de nota, a qual Pan e Reif derivam da observação de que a norma do vetor na equação (2.5.12) não precisa ser a norma $L_2$ usual, mas pode ser a norma $L_\infty$ (máx) ou a norma $L_1$ (valor absoluto). Consulte o trabalho deles para obter detalhes.

Outra abordagem, com a qual tivemos algum sucesso, é estimar o maior autovalor estatisticamente, calculando $s_i \equiv |\,|\cdot \mathbf{v}_i|\,\overline{}$ para diversos vetores unitários $\mathbf{v}_i$'s com direções aleatoriamente escolhidas no $N$-espaço. O maior autovalor $\lambda$ pode então ser limitado pelo máximo entre 2máx $s_i$ e $2N\text{Var}(s_i)/\mu(s_i)$, onde Var e $\mu$ denotam a variância e a média amostral, respectivamente.

**REFERÊNCIAS CITADAS E LEITURA COMPLEMENTAR**

Johnson, L.W., and Riess, R.D. 1982, *Numerical Analysis,* 2nd ed. (Reading, MA: Addison-Wesley), §2.3.4, p. 55.

Golub, G.H., and Van Loan, C.F. 1996, *Matrix Computations,* 3rd ed. (Baltimore: Johns Hopkins University Press), §3.5.3.

Dahlquist, G., and Bjorck, A. 1974, *Numerical Methods* (Englewood Cliffs, NJ: Prentice-Hall); reprinted 2003 (New York: Dover), §5.5.6, p. 183.

Forsythe, G.E., and Moler, C.B. 1967, *Computer Solution of Linear Algebraic Systems* (Englewood Cliffs, NJ: Prentice-Hall), Chapter 13.

Ralston, A., and Rabinowitz, P. 1978, *A First Course in Numerical Analysis,* 2nd ed.; reprinted 2001 (New York: Dover), §9.5, p. 437.

Higham, N.J. 1997, "Iterative Refinement for Linear Systems and LAPACK," *IMA Journal of Numerical Analysis,* vol. 17, pp. 495-509.[1]

Pan, V., and Reif, J. 1985, "Efficient Parallel Solution of Linear Systems," in *Proceedings of the Seventeenth Annual ACM Symposium on Theory of Computing* (New York: Association for Computing Machinery).[2]

## 2.6 Decomposição em valores singulares

Existe um conjunto poderoso de técnicas para tratar sistemas de equações ou matrizes que são singulares ou mesmo numericamente muito próximas de singulares. Em muitos casos onde eliminação Gaussiana e decomposição *LU* não dão resultados satisfatórios, este conjunto de técnicas, conhecido como *decomposição em valores singulares,* ou *SVD* (*singular value decomposition*), diagnosticará precisamente o que o problema é. Em *alguns* casos, SVD não apenas diagnosticará o problema, ele também o resolverá, no sentido de dar a você uma resposta numérica útil, embora, como veremos, não necessariamente "a" resposta que você imaginava obter.

SVD é também o método de escolha para resolver a maioria dos problemas lineares de mínimos quadrados. Nós delinearemos a teoria relevante nesta seção, mas adiaremos uma discussão detalhada do uso de SVD nesta aplicação para o Capítulo 15, cujo assunto é a modelagem paramétrica de dados.

Métodos SVD são baseados no seguinte teorema da álgebra linear, cuja demonstração está além do nosso escopo: qualquer matriz $\mathbf{A}$ de dimensão $M \times N$ pode ser escrita como o produto de uma matriz coluna-ortogonal $\mathbf{U}$, uma matriz diagonal $N \times N$ $\mathbf{W}$ com elementos positivos ou nulos (valores singulares), e a transposta de uma matriz **V** ortogonal $N \times N$. As várias formas destas matrizes ficam mais claras quando mostradas em quadros. Se $M > N$ (o que corresponde a uma condição *sobredeterminada* de mais equações do que incógnitas), a decomposição assemelha-se a

$$\begin{pmatrix} & & \\ & A & \\ & & \end{pmatrix} = \begin{pmatrix} & & \\ & U & \\ & & \end{pmatrix} \cdot \begin{pmatrix} w_0 & & & \\ & w_1 & & \\ & & \cdots & \\ & & & w_{N-1} \end{pmatrix} \cdot \begin{pmatrix} & V^T & \end{pmatrix}$$

(2.6.1)

Se $M < N$ (a situação *indeterminada* de menos equações do que incógnitas), ela assemelha-se a:

$$\begin{pmatrix} A \end{pmatrix} = \begin{pmatrix} U \end{pmatrix} \cdot \begin{pmatrix} w_0 & & & \\ & w_1 & & \\ & & \cdots & \\ & & & w_{N-1} \end{pmatrix} \cdot \begin{pmatrix} V^T \end{pmatrix}$$

(2.6.2)

A matriz **V** é ortognal no sentido de que suas colunas são ortonormais,

$$\sum_{j=0}^{N-1} V_{jk} V_{jn} = \delta_{kn} \quad \begin{matrix} 0 \leq k \leq N-1 \\ 0 \leq n \leq N-1 \end{matrix}$$

(2.6.3)

isto é, $\mathbf{V}^T \cdot \mathbf{V} = 1$. Uma vez que **V** é quadrada, ela é também linha-ortonormal, $\mathbf{V} \cdot \mathbf{V}^T = 1$. Quando $M \geq N$, a matriz **U** é também coluna-ortogonal,

$$\sum_{i=0}^{M-1} U_{ik} U_{in} = \delta_{kn} \quad \begin{matrix} 0 \leq k \leq N-1 \\ 0 \leq n \leq N-1 \end{matrix}$$

(2.6.4)

isto é, $\mathbf{U}^T \cdot \mathbf{U} = 1$. No caso $M < N$, porém, duas coisas ocorrem: (i) os valores singulares $w_j$ para $j = M, ..., N-1$ são todos nulos e (ii) as colunas correspondentes de **U** são nulas também. A equação (2.6.4) então vale somente para $k, n \leq M-1$.

A decomposição (2.6.1) ou (2.6.2) pode sempre ser feita, não interessa quão singular a matriz é, e ela é "quase única". Isto quer dizer que ela é única dentro dos seguintes limites: (i) fazer a mesma permutação das colunas de **U**, elementos de **W** e colunas de **V** (ou linhas de $\mathbf{V}^T$); ou (ii) realizar uma rotação ortogonal para algum conjunto de colunas de **U** e **V** cujos correspondentes elementos de **W** sejam exatamente iguais. (Um caso especial é multiplicar uma coluna de **U** e a correspondente coluna de **V** por $-1$.) Uma consequência da liberdade de permutação é que, para o caso $M < N$, um algoritmo numérico para a decomposição não precisa retornar os $w_j$'s nulos nas posições canônicas $j=M, ..., N-1$; os $N-M$ valores singulares nulos podem ser espalhados ao longo das posições $j=0, 1, ..., N-1$, e precisa-se realizar uma classificação para se obter a ordem canônica. Em qualquer caso, é convencional ordenar *todos* os valores singulares em ordem decrescente.

Uma nota na Web [1] dá detalhes da rotina que realmente executa SVD para uma matriz arbitrária **A**, fornecendo **U**, **W** e **V**. A rotina é baseada na rotina de Forsythe et al. [2], a qual está por sua vez baseada na rotina original de Golub e Reinsch, encontrada, em várias formas, em [4-6] e em outras referências. Estas referências incluem uma discussão detalhada do algoritmo usado. Embora muito nos desagrade o uso de rotinas caixa-preta, pedimos que você aceite esta, pois nos exigiria sair muito do nosso roteiro fazer a cobertura dos fundamentos necessários relativos a esse assunto aqui. O algoritmo é muito estável e é extremamente incomum para ele comportar-se mal. A maioria dos conceitos relativos ao algoritmo (redução de Householder para forma bidiagonal, diagonalização pelo procedimento QR com deslocamentos) será discutida em breve no Capítulo 11.

Como fizemos para a decomposição *LU*, nós encapsulamos a decomposição em valores singulares e também os métodos que dependem dele em um objeto, SVD. Fornecemos sua declaração aqui. O resto desta seção dará detalhes de como usar isso.

```
struct SVD {                                                                    svd.h
Objeto para decomposição em valores singulares de uma matriz A, e funções relacionadas.
    Int m,n;
    MatDoub u,v;                            As matrizes U e V.
    VecDoub w;                              A matriz diagonal W.
    Doub eps, tsh;
    SVD(MatDoub_I &a) : m(a.nrows()), n(a.ncols()), u(a), v(n,n), w(n) {
    Construtor. O único argumento é A. A computação SVD é feita pelo decompose, e os resultados são
    ordenados pelos reorder.
        eps = numeric_limits<Doub>::epsilon();
        decompose();
        reorder();
        tsh = 0.5*sqrt(m+n+1.)*w[0]*eps;    O limiar default (valor básico) para os valores
    }                                       singulares não nulos.

    void solve(VecDoub_I &b, VecDoub_O &x, Doub thresh);
    void solve(MatDoub_I &b, MatDoub_O &x, Doub thresh);
    Resolva com (aplique a pseudo-inversa em) um ou mais vetores de elementos independentes.
    Int rank(Doub thresh);                  Quantidades associadas com o range e o núcleo
    Int nullity(Doub thresh);               de A.
    MatDoub range(Doub thresh);
    MatDoub nullspace(Doub thresh);

    Doub inv_condition() {                  Retorne o recíproco do número de condiciona-
        return (w[0] <= 0. || w[n-1] <= 0.) ? 0. : w[n-1]/w[0];    mento de A.
    }

    void decompose();                       Funções utilizadas pelo construtor.
    void reorder();
    Doub pythag(const Doub a, const Doub b);
};
```

## 2.6.1 Range, espaço nulo (núcleo) e tudo mais

Considere o familiar conjunto de equações simultâneas

$$\mathbf{A} \cdot \mathbf{x} = \mathbf{b} \qquad (2.6.5)$$

onde **A** é uma matriz $M \times N$, **x** e **b** são vetores de dimensão $N$ e $M$ respectivamente. A equação (2.6.5) define **A** como um mapeamento linear de um espaço vetorial $N$-dimensional para (geralmente) um $M$-dimensional. Mas o mapa *poderia* ser capaz de alcançar apenas um subespaço de dimensão menor do que o mais elevado $M$-dimensional. Este subespaço é chamado de *range* de **A**. A dimensão do range é chamada de *rank* (ordem) de **A**. O rank de **A** é igual a seu número de linearmente independentes e também (talvez menos obviamente) a seu número de linhas linearmente independentes. Se **A** não é identicamente nula, seu rank é no mínimo 1 e no máximo $(M, N)$.

Algumas vezes há vetores não nulos **x** que são mapeados por **A** para zero, isto é, **A** · **x** = 0. O espaço de tais vetores (um subespaço do espaço $N$-dimensional a que **x** pertence) é chamado de espaço nulo (ou núcleo) de **A**, e sua dimensão é chamada de nulidade de **A**. A nulidade pode assumir qualquer valor de zero até $N$. O *teorema rank-nulity*, ou o teorema da nulidade-ordem, estabelece que, para qualquer $A$, o rank mais a nulidade é $N$, o número de colunas.

Um caso especial importante é $M = N$, quando **A** é quadrada, $N \times N$. Se o rank de **A** é $N$, seu valor máximo possível, então **A** é não singular e inversível: **A** · **x** = **b** tem uma única solução para qualquer **b**, e somente o vetor nulo é mapeado para o zero. Este é um caso onde decomposição $LU$ (§2.3) é o método preferido de solução para **x**. Porém, se **A** tem rank menor do que $N$ (isto é, tem nulidade maior que zero), então duas coisas ocorrem: (i) a maioria dos vetores de elementos independentes **b** não produzem solução alguma, mas (ii) algumas têm múltiplas soluções (de fato, um subespaço inteiro delas). Nós consideramos essa situação adicional a seguir.

O que tudo isso tem a ver com decomposição em valores singulares? SVD explicitamente constrói bases ortonormais para o espaço nulo e range da matriz! Especificamente, as colunas de **U** cujos elementos de mesma numeração $w_j$ são *não nulos* constituem um conjunto ortonormal da base de vetores que gera o range; as colunas de **V** cujos elementos de mesma numeração são *nulos* são uma base ortonormal para o espaço nulo. Nosso objeto SVD tem métodos que retornam o rank ou nulidade (inteiros), e também o range e o espaço nulo, cada um destes empacotados como uma matriz cujas colunas formam uma base ortonormal para o respectivo subespaço.

svd.h

```
Int SVD::rank(Doub thresh = -1.) {
```
Retorna o rank de **A**, após zerar todos os valores singulares menores que thresh. Se thresh é negativo, um valor default baseado na estimativa de arredondamento é utilizado.
```
    Int j,nr=0;
    tsh = (thresh >= 0. ? thresh : 0.5*sqrt(m+n+1.)*w[0]*eps);
    for (j=0;j<n;j++) if (w[j] > tsh) nr++;
    return nr;
}

Int SVD::nullity(Doub thresh = -1.) {
```
Retorna a nulidade de **A** após zerar todos os valores menores que thresh. Valor default como acima.
```
    Int j,nn=0;
    tsh = (thresh >= 0. ? thresh : 0.5*sqrt(m+n+1.)*w[0]*eps);
    for (j=0;j<n;j++) if (w[j] <= tsh) nn++;
    return nn;
}

MatDoub SVD::range(Doub thresh = -1.){
```
Fornece uma base ortonormal para o range de **A** como colunas de uma matriz retornada. thresh como acima.
```
    Int i,j,nr=0;
    MatDoub rnge(m,rank(thresh));
    for (j=0;j<n;j++) {
        if (w[j] > tsh) {
            for (i=0;i<m;i++) rnge[i][nr] = u[i][j];
            nr++;
        }
    }
    return rnge;
}
```

```
MatDoub SVD::nullspace(Doub thresh = -1.){
```
Fornece uma base ortonormal para o espaço nulo de **A** como as colunas da matriz retornada. `thresh` como acima.
```
    Int j,jj,nn=0;
    MatDoub nullsp(n,nullity(thresh));
    for (j=0;j<n;j++) {
        if (w[j] <= tsh) {
            for (jj=0;jj<n;jj++) nullsp[jj][nn] = v[jj][j];
            nn++;
        }
    }
    return nullsp;
}
```

O significado do parâmetro opcional `thresh` é discutido a seguir.

## 2.6.2 SVD de uma matriz quadrada

Retornamos para o caso da matriz quadrada $N \times N$ **A**. **U**, **V** e **W** também são matrizes quadradas de mesmo tamanho. Suas inversas são também triviais de se calcular: **U** e **V** são ortogonais, então suas inversas são iguais às suas transpostas; **W** é diagonal, então sua inversa é a matriz diagonal cujos elementos são os recíprocos dos elementos $w_j$. De (2.6.1) segue imediatamente que a inversa de **A** é

$$\mathbf{A}^{-1} = \mathbf{V} \cdot \left[\text{diag}\,(1/w_j)\right] \cdot \mathbf{U}^T \tag{2.6.6}$$

A única coisa que pode dar errado nesta construção é um dos $w_j$'s ser nulo ou (numericamente) ele ser tão pequeno que seu valor é dominado pelo erro de arredondamento e, por esta razão, irreconhecível. Se mais do que um dos $w_j$'s têm este problema, então a matriz é tanto mais singular. Então, antes de mais nada, SVD dá a você um claro diagnóstico da situação.

Formalmente, o *número de condicionamento* da matriz é definido como a razão entre o maior (em magnitude) e o menor dos $w_j$'s. A matriz é singular se seu número de condicionamento é infinito, e é *mal-condicionada* se seu número de condicionamento é muito grande, isto é, se seu recíproco aproxima-se da precisão em ponto flutuante da máquina (por exemplo, menor do que cerca de $10^{-15}$ para valores do tipo `double`). Uma função retornando o número de condicionamento (ou, preferivelmente, seu recíproco, para evitar overflow) é implementada no SVD.

Agora vamos dar outra visão de como resolver um sistema de equações lineares (2.6.5) no caso em que **A** é singular. Já vimos que o sistema de equações *homogêneo*, onde **b** = 0, é resolvido imediatamente por SVD. A solução é uma combinação linear de colunas retornada pelo método `nullspace` acima.

Quando o vetor **b** no lado direito não é nulo, a questão importante é se ele pertence ao range de **A** ou não. Se ele pertence, então o sistema singular de equações *tem* uma solução **x**; na realidade, ele tem mais do que uma solução, pois um vetor qualquer no espaço nulo (qualquer coluna de **V** com um correspondente zero $w_j$) pode ser adicionado a **x** em qualquer combinação linear.

Se queremos selecionar um membro particular deste conjunto solução de vetores como representativo, poderíamos selecionar o de menor comprimento $|\mathbf{x}|^2$. Aqui está como encontrar este vetor usando SVD: simplesmente *substitua* $1/w_j$ *por zero se* $w_j = 0$. (Não é muito frequente conseguir definir $\infty = 0$!) Então compute, trabalhando da direita para a esquerda,

$$\mathbf{x} = \mathbf{V} \cdot [\text{diag } (1/w_j)] \cdot (\mathbf{U}^T \cdot \mathbf{b}) \tag{2.6.7}$$

Esta será a solução de menor comprimento; as colunas de $\mathbf{V}$ que estão no espaço nulo completam a especificação do conjunto solução.

Demonstração: considere $|\mathbf{x}+\mathbf{x}'|$, onde $\mathbf{x}'$ pertence ao espaço nulo. Então, se $\mathbf{W}^{-1}$ denota a inversa modificada de $\mathbf{W}$ com alguns elementos anulados,

$$\begin{aligned} |\mathbf{x} + \mathbf{x}'| &= \left|\mathbf{V} \cdot \mathbf{W}^{-1} \cdot \mathbf{U}^T \cdot \mathbf{b} + \mathbf{x}'\right| \\ &= \left|\mathbf{V} \cdot (\mathbf{W}^{-1} \cdot \mathbf{U}^T \cdot \mathbf{b} + \mathbf{V}^T \cdot \mathbf{x}')\right| \\ &= \left|\mathbf{W}^{-1} \cdot \mathbf{U}^T \cdot \mathbf{b} + \mathbf{V}^T \cdot \mathbf{x}'\right| \end{aligned} \tag{2.6.8}$$

Aqui a primeira igualdade segue de (2.6.7) e a segunda e terceira, da ortonormalidade de $\mathbf{V}$. Se você agora examinar os dois termos que compõem a soma no lado direito, verá que o primeiro tem componentes $j$ não nulas somente onde $w_j \neq 0$ e que o segundo, uma vez que $\mathbf{x}'$ está no espaço nulo, tem componentes $j$ não nulas somente quando $w_j = 0$. Por esta razão, o comprimento mínimo é obtido para $\mathbf{x}' = 0$, q.e.d.

Se $\mathbf{b}$ não está no range da matriz singular $\mathbf{A}$, então o conjunto das equações (2.6.5) não tem solução. Mas aqui vai uma boa notícia: se $\mathbf{b}$ não pertence ao range de $\mathbf{A}$, então a equação (2.6.7) pode ainda ser usada para construir um vetor "solução" $\mathbf{x}$. Este vetor $\mathbf{x}$ não resolverá exatamente a equação $\mathbf{A} \cdot \mathbf{x} = \mathbf{b}$. Mas, dentre todos os possíveis vetores $\mathbf{x}$, ele fará a solução mais próxima possivel no sentido de uma aproximação por mínimos quadrados. Em outras palavras, (2.6.7) é tal que encontra

$$\mathbf{x} \text{ que minimiza } \quad r \equiv |\mathbf{A} \cdot \mathbf{x} - \mathbf{b}| \tag{2.6.9}$$

O número $r$ é chamado de resíduo da solução.

A demonstração é similar a (2.6.8): suponha que modifiquemos $\mathbf{x}$ por adicionar algum $\mathbf{x}'$ arbitrário. Então $\mathbf{A} \cdot \mathbf{x} - \mathbf{b}$ é modificada adicionando-se algum $\mathbf{b}' \equiv \mathbf{A} \cdot \mathbf{x}'$. Obviamente $\mathbf{b}'$ pertence ao range de $\mathbf{A}$. Nós então temos

$$\begin{aligned} |\mathbf{A} \cdot \mathbf{x} - \mathbf{b} + \mathbf{b}'| &= \left|(\mathbf{U} \cdot \mathbf{W} \cdot \mathbf{V}^T) \cdot (\mathbf{V} \cdot \mathbf{W}^{-1} \cdot \mathbf{U}^T \cdot \mathbf{b}) - \mathbf{b} + \mathbf{b}'\right| \\ &= \left|(\mathbf{U} \cdot \mathbf{W} \cdot \mathbf{W}^{-1} \cdot \mathbf{U}^T - 1) \cdot \mathbf{b} + \mathbf{b}'\right| \\ &= \left|\mathbf{U} \cdot [(\mathbf{W} \cdot \mathbf{W}^{-1} - 1) \cdot \mathbf{U}^T \cdot \mathbf{b} + \mathbf{U}^T \cdot \mathbf{b}']\right| \\ &= \left|(\mathbf{W} \cdot \mathbf{W}^{-1} - 1) \cdot \mathbf{U}^T \cdot \mathbf{b} + \mathbf{U}^T \cdot \mathbf{b}'\right| \end{aligned} \tag{2.6.10}$$

Agora, $(\mathbf{W} \cdot \mathbf{W}^{-1} - 1)$ é uma matriz diagonal que tem componentes $j$ não nulos somente quando $w_j = 0$, enquanto que $\mathbf{U}^T \mathbf{b}'$ tem componentes não nulos somente quando $w_j \neq 0$, uma vez que $\mathbf{b}'$ pertence ao range de $\mathbf{A}$. Assim, o mínimo é obtido para a condição $\mathbf{b}' = 0$, q.e.d.

A equação (2.6.7), que é também a equação (2.6.6) aplicada associativamente a $\mathbf{b}$, é então bastante geral. Se nenhum dos $w_j$'s é nulo, ela resolve o sistema não singular de equações lineares. Se alguns dos $w_j$'s são nulos e seus recíprocos são feitos nulos, então ela fornece uma "melhor" solução, ou uma de menor comprimento entre muitas, ou uma com resíduo mínimo, quando nenhuma solução exata existe. A equação (2.6.6), com os valores singulares $1/w_j$'s anulados, é chamada de a *inversa de Moore Penrose* ou *pseudoinversa* de $\mathbf{A}$.

A equação (2.6.7) é implementada no objeto SVD como o método `solve`. (Como em LUdcmp, nós também incluímos uma forma sobrecarregada que resolve para múltiplos vetores de elementos independentes simultaneamente.) O argumento `thresh` entra com um valor abaixo do qual $w_j$'s são considerados como sendo nulos; se você omitir este argumento, ou selecioná-lo como um valor negativo, então o programa usa um valor default baseado no erro de arredondamento esperado.

```
void SVD::solve(VecDoub_I &b, VecDoub_O &x, Doub thresh = -1.) {                svd.h
```
Resolve $\mathbf{A} \cdot \mathbf{x} = \mathbf{b}$ para um vetor **x** usando a pseudoinversa de **A** como obtida pelo SVD. Se positivo, `thresh` é o valor limiar abaixo do qual valores singulares são considerados nulos. Se `thresh` é negativo, um default baseado no erro esperado de arredondamento é utilizado.
```
    Int i,j,jj;
    Doub s;
    if (b.size() != m || x.size() != n) throw("SVD::solve bad sizes");
    VecDoub tmp(n);
    tsh = (thresh >= 0. ? thresh : 0.5*sqrt(m+n+1.)*w[0]*eps);
    for (j=0;j<n;j++) {                    Calcule U^T B.
        s=0.0;
        if (w[j] > tsh) {                  Resultado não nulo somente se w_j é não nulo.
            for (i=0;i<m;i++) s += u[i][j]*b[i];
            s /= w[j];                     Aqui está a divisão por w_j.
        }
        tmp[j]=s;
    }
    for (j=0;j<n;j++) {                    Matriz multiplicada por V para obter a resposta.
        s=0.0;
        for (jj=0;jj<n;jj++) s += v[j][jj]*tmp[jj];
        x[j]=s;
    }
}

void SVD::solve(MatDoub_I &b, MatDoub_O &x, Doub thresh = -1.)
```
Resolve m sistemas de n equações $\mathbf{A} \cdot \mathbf{X} = \mathbf{B}$ usando a pseudoinversa de **A**. Os vetores de elementos independentes são entradas como `b[0..n-1][0..m-1]`, enquanto que `x[0..n-1][0..m-1]` retornam as soluções. `thresh` é como acima.
```
{
    int i,j,m=b.ncols();
    if (b.nrows() != n || x.nrows() != n || b.ncols() != x.ncols())
        throw("SVD::solve bad sizes");
    VecDoub xx(n);
    for (j=0;j<m;j++) {                    Copie e resolva cada coluna de uma vez.
        for (i=0;i<n;i++) xx[i] = b[i][j];
        solve(xx,xx,thresh);
        for (i=0;i<n;i++) x[i][j] = xx[i];
    }
}
```

A Figura 2.6.1 resume a situação para o SVD no caso de matrizes quadradas.

Há casos nos quais você pode querer atribuir o valor de `thresh` maior do que o default. (Você pode recuperar o default como o valor membro `tsh`.) Na discussão a partir da equação (2.6.5), nós tínhamos simulado que a matriz poderia ou não ser singular. Numericamente, porém, a situação mais comum é que alguns dos $w_j$'s são muito pequenos mas não nulos, de forma que a matriz é mal-condicionada. Neste caso, os métodos de solução direta como decomposição *LU* ou eliminação Gaussiana podem de fato dar uma solução formal para o conjunto de equações (isto é, um pivô nulo pode não ser encontrado); mas o vetor solução pode ter componentes extremamente grandes cujo cancelamento algébrico, quando multiplicando pela matriz **A**, pode dar uma aproximação muito ruim para o vetor de elementos independentes **b**. Em tais casos, o vetor solução

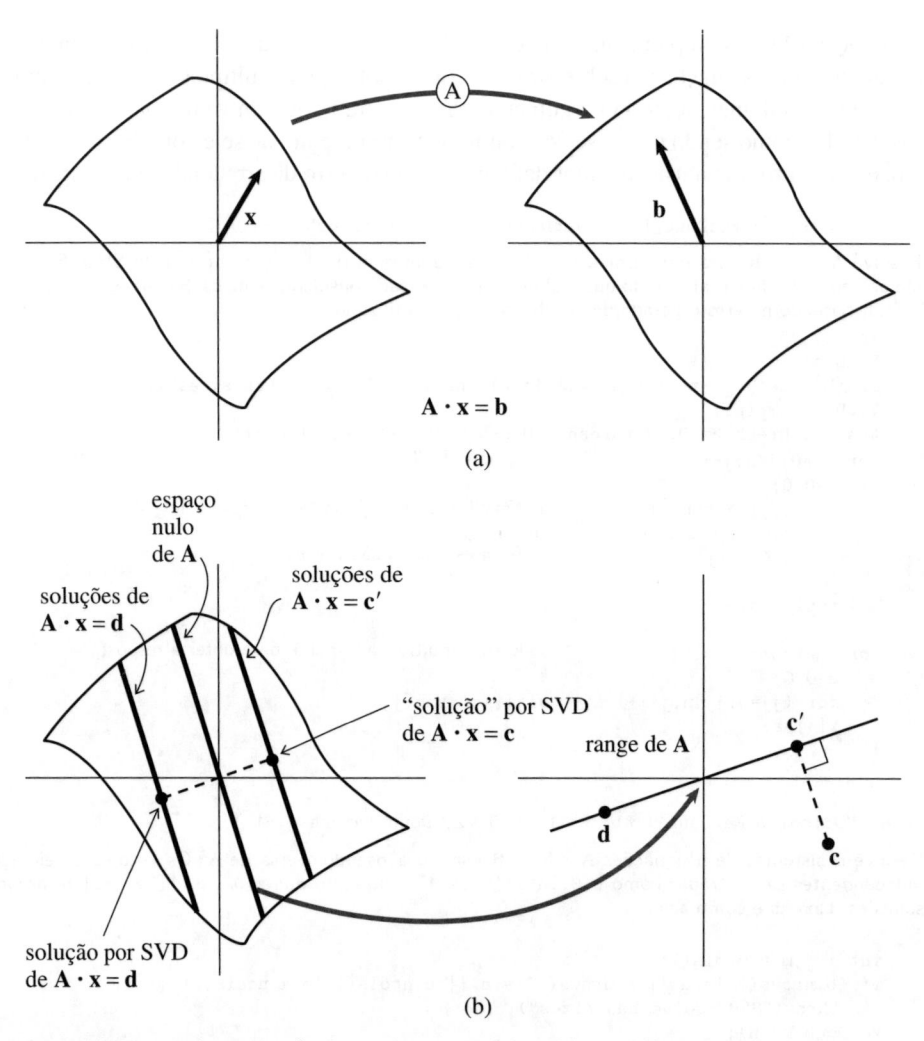

**Figura 2.6.1** (a) Uma matriz não singular **A** mapeia um espaço vetorial em um de mesma dimensão. O vetor **x** é mapeado em **b**, de forma que **x** satisfaz a equação **A** · **x** = **b**. (b) Uma matriz não singular **A** mapeia um espaço vetorial em um de menor dimensionalidade, aqui um plano em uma linha, chamado o "range" de **A**. O "espaço nulo" de **A** é mapeado no zero. As soluções de **A** · **x** = **d** consistem de qualquer solução particular mais qualquer vetor no espaço nulo, aqui formando uma linha paralela ao espaço nulo. A decomposição em valores singulares (SVD) seleciona a solução particular mais próxima de zero, como mostrado. O ponto **c** está fora do range de **A**, enão **A** · **x** = **c** não tem solução. SVD encontra a melhor solução compromisso pelo método de mínimos quadrados, a saber, uma solução de **A** · **x** = **c'**, como mostrado.

**x** obtido anulando-se os $w_j$'s pequenos e então usando-se a equação (2.6.7) é muito melhor (no sentido do resíduo $|A \cdot x - b|$ ser menor) do que *ambas* as soluções pelos métodos diretos *e* a solução SVD onde os $w_j$'s pequenos são deixados como não nulos.

Pode parecer paradoxal isto ser assim, uma vez que zerar os valores singulares corresponde a jogar fora uma combinação linear do sistema de equações que estamos tentando resolver. A resolução do paradoxo é que estamos eliminando precisamente uma combinação de equações que está tão comprometida por erros de arredondamento que se torna inútil; habitualmente é pior do que inútil, uma vez que ela "puxa" o vetor solução em direção ao infinito ao longo de alguma direção que é quase um vetor no espaço nulo. Ao fazer isso, ele engorda os erros de arredondamento e faz o resíduo $|A \cdot x - b|$ se tornar maior.

Você, portanto, tem a oportunidade de decidir qual limiar `thresh` anula os $w_j$'s pequenos, com base em alguma ideia de qual tamanho do resíduo $|A \cdot x - b|$ computado é aceitável.

Para discussão de como a decomposição em valores singulares de uma matriz está relacionada aos seus autovalores e autovetores, ver §11.0.6.

### 2.6.3 SVD para menos equações do que incógnitas

Se você tem menos equações lineares $M$ do que incógnitas $N$, então você não está esperando uma solução única. Usualmente haverá uma família de soluções $N-M$ dimensional (a qual é a nulidade, na ausência de outras degenerescências), mas o número pode ser maior. Se quiser encontrar este espaço inteiro de soluções, então SVD poderá rapidamente fazer o serviço: use `solve` para obter uma solução (de menor comprimento possível), então use `nullspace` para obter uma base de vetores para o espaço nulo. Suas soluções são aquela mais qualquer combinação linear desta.

### 2.6.4 SVD para mais equações do que incógnitas

Esta situação ocorrerá no Capítulo 15, quando desejamos encontrar a solução pelo método de mínimos quadrados para um sistema sobredeterminado de equações. No quadro, o sistema de equações a ser resolvido é:

$$\begin{pmatrix} & \\ & A & \\ & & \end{pmatrix} \cdot \begin{pmatrix} x \end{pmatrix} = \begin{pmatrix} b \\ \\ \end{pmatrix} \quad (2.6.11)$$

As demonstrações que demos para o caso quadrado aplicam-se sem modificação para o caso de mais equações do que incógnitas. O vetor solução por mínimos quadrados $x$ é dado aplicando-se a pseudoinversa (2.6.7), a qual, com matrizes não quadradas, torna-se algo assim:

$$\begin{pmatrix} x \end{pmatrix} = \begin{pmatrix} & V & \end{pmatrix} \cdot \begin{pmatrix} \text{diag}(1/w_j) \end{pmatrix} \cdot \begin{pmatrix} & U^T & \end{pmatrix} \cdot \begin{pmatrix} b \\ \\ \end{pmatrix} \quad (2.6.12)$$

Em geral, a matriz $W$ não será singular, e nenhum dos $w_j$'s precisará ser anulado. Ocasionalmente, porém, poderá haver degenerescências nas colunas de $A$. Neste caso você precisará zerar alguns valores $w_j$ pequenos apesar de tudo. A coluna correspondente em **V** proporciona a combinação linear dos **x**'s que é então mal-determinada mesmo pelo sistema supostamente sobredeterminado.

Às vezes, embora você não necessite zerar alguns $w_j$'s por razões computacionais, você pode contudo querer tomar nota daqueles que são realmente pequenos: suas colunas correspondentes em **V** são combinações lineares de **x**'s que não são sensíveis aos seus dados. De fato, você pode então desejar zerar estes $w_j$'s, aumentando o valor de `thresh` para reduzir o número de parâmetros livres no ajuste. Estes assuntos são discutidos mais detalhadamente no Capítulo 15.

### 2.6.5 Construindo uma base ortonormal

Suponha que você tenha $N$ vetores em um espaço vetorial $M$-dimensional, com $N \leq M$. Então os $N$ vetores geram algum subespaço de todo o espaço vetorial. Geralmente você quer construir um sistema ortonormal de $N$ vetores que gerem o mesmo subespaço. O jeito clássico de se fazer isto é por ortogonalização de Gram-Schmidt, começando com um vetor e então expandindo o subespaço em uma dimensão de cada vez. Numericamente, porém, por causa do armazenamento dos erros de arredondamento, uma ortogonalização de Gram-Schmidt ingênua é *terrível*.

A maneira correta de construir uma base ortonormal para um subespaço é por SVD: constitua uma matriz por **A** $M \times N$ cujas **N** colunas sejam seus vetores. Construa um objeto SVD a partir da matriz. As colunas da matriz **U** são sua base ortonormal de vetores desejada.

Você poderia também querer checar os valores $w_j$'s que se anulam. Se algum ocorre, então o subespaço gerado não era, na verdade, $N$-dimensional; as colunas de **U** correspondentes aos $w_j$'s nulos estariam descartados da base ortonormal. O método `range` faz isto.

A fatorização $QR$, discutida em §2.10, também constrói uma base ortonormal: ver [3].

### 2.6.6 Aproximação de matrizes

Observe que a equação (2.6.1) pode ser reescrita para expressar qualquer matriz $A_{ij}$ como uma soma de produtos externos de colunas de **U** e linhas de **V**$^T$, com os "fatores de peso" sendo os valores singulares $w_j$,

$$A_{ij} = \sum_{k=0}^{N-1} w_k \, U_{ik} V_{jk} \qquad (2.6.13)$$

Se você encontrar uma situação na qual a maioria dos valores $w_j$ de uma matriz **A** sejam muito pequenos, então **A** será bem-aproximada por somente alguns termos na soma (2.6.13). Isto significa que você tem que armazenar somente umas poucas colunas de **U** e **V** (as mesmas $k$) e você será capaz de recuperar, com boa acurácia, a matriz inteira.

Note também que isto é muito eficiente para multiplicar uma matriz aproximada tal por um vetor **x**: você apenas faz o produto escalar de **x** com cada uma das colunas armazenadas de **V**, multiplica o escalar resultante pelo $w_k$ correspondente e acumula este múltiplo da coluna correspondente de **U**. Se sua matriz é aproximada por um pequeno número $K$ dos valores singulares, então esta computação de **A** · **x** toma apenas cerca de $K(M+N)$ multiplicações, em vez de $MN$ para toda matriz.

## 2.6.7 Algoritmos mais novos

Análogos aos métodos mais novos para autovalores de matrizes tridiagonais simétricas mencionadas em §11.4.4, há métodos mais novos para SVD. Há um algoritmos de divisão e conquista, implementado em LAPACK como dgesdd, o qual é tipicamente mais rápido por um fator de cerca de 5 para matrizes do que o algoritmo que nós damos (o qual é similar à rotina LAPACK dgesvd). Outra rotina baseada no algoritmo MRRR (ver §11.4.4) promete ser mesmo melhor, mas não estava disponível em LAPACK pelo menos até 2006. Ela aparecerá como a rotina dbdscr.

**REFERÊNCIAS CITADAS E LEITURA COMPLEMENTAR**

Numerical Recipes Software 2007, "SVD Implementation Code," *Numerical Recipes Webnote No. 2*, at http://www.nr.com/webnotes?2 [1]

Forsythe, G.E., Malcolm, M.A., and Moler, C.B. 1977, *Computer Methods for Mathematical Computations* (Englewood Cliffs, NJ: Prentice-Hall), Chapter 9.[2]

Golub, G.H., and Van Loan, C.F. 1996, *Matrix Computations,* 3rd ed. (Baltimore: Johns Hopkins University Press), §8.6 and Chapter 12 (SVD). Decomposição QR é discutida em §5.2.6.[3]

Lawson, C.L., and Hanson, R. 1974, *Solving Least Squares Problems* (Englewood Cliffs, NJ: Prentice-Hall); reprinted 1995 (Philadelphia: S.I.A.M.), Chapter 18.

Wilkinson, J.H., and Reinsch, C. 1971, *Linear Algebra,* vol. II of *Handbook for Automatic Computation* (New York: Springer), Chapter I.10 by G.H. Golub and C. Reinsch.[4]

Anderson, E., et al. 1999, LAPACK User's Guide, 3rd ed. (Philadelphia: S.I.A.M.). Online com software em 2007+, http://www.netlib.org/lapack.[5]

Smith, B.T., et al. 1976, *Matrix Eigensystem Routines — EISPACK Guide,* 2nd ed., vol. 6 of Lecture Notes in Computer Science (New York: Springer).

Stoer, J., and Bulirsch, R. 2002, *Introduction to Numerical Analysis,* 3rd ed. (New York: Springer), §6.7.[6]

## 2.7 Sistemas lineares esparsos

Um sistema de equações lineares é chamado *esparso* se somente um número relativamente pequeno dos elementos $a_{ij}$ de sua matriz não são nulos. É desperdício usar métodos de álgebra linear em tais problemas, porque a maioria das $O(N^3)$ operações aritméticas feitas para resolver o sistema de equações ou inverter a matriz envolve operandos nulos. Além disso, você poderia desejar trabalhar em problemas tão grandes a ponto de sobrecarregar seu espaço de memória disponível, e é desperdício reservar memória para elementos nulos improdutivos. Note que há duas metas distintas (e nem sempre compatíveis) para qualquer método de matriz esparsa: economizar tempo e/ou espaço.

Consideramos uma forma esparsa típica em §2.4, a matriz banda-diagonal. No caso tridiagonal, p.ex., vimos que era possível economizar ambos, tempo (ordem $N$ ao invés de $N^3$) e espaço ($N$ ao invés de $N^2$). O método de solução não era diferente em princípio do método geral de decomposição $LU$; era apenas aplicado de forma inteligente, e com devida atenção para o bookkeeping (registro) dos elementos nulos. Muitos esquemas práticos para lidar com matrizes esparsas têm o mesmo caráter. Eles são fundamentais esquemas de decomposição, ou senão esquemas de eliminação semelhante ao Gauss Jordan, mas cuidadosamente otimizados de forma a minimizar o número dos assim chamado *fill-ins* elementos inicialmente nulos que devem tornar-se não nulos durante o processo de seleção e para os quais memória deve ser reservada.

Métodos diretos para resolver sistema de equações esparsas, então, dependem crucialmente do padrão específico de esparcidade da matriz. Padrões que ocorrem frequentemente, ou que são úteis como way stations (estações intermediárias) na redução de formas mais gerais, já têm nomes especiais e métodos específicos de solução. Não temos espaço aqui para uma revisão detalhada sobre isso. Referências listadas no fim desta seção fornecerão a você uma introdução à literatura especializada, e a seguinte lista de palavras "na moda" (e Figura 2.7.1) lhe permitirá no mínimo se defender em conversas de coquetéis:

- tridiagonal
- banda-diagonal ("com banda") com comprimento de banda $M$
- banda triangular
- bloco diagonal
- bloco tridiagonal
- bloco triangular
- com bandas cíclicas
- bloco diagonal com borda única (ou dupla)
- bloco triangular com borda única (ou dupla)
- banda diagonal com borda única (ou dupla)
- banda triangular com borda única (ou dupla)
- outra (!)

Você também deve estar atento para algumas formas esparsas especiais que ocorrem na solução de equações diferenciais parciais em duas ou mais dimensões. Ver Capítulo 20.

Se seu padrão particular de esparcidade não é um padrão simples, então você pode desejar tentar um pacote de analise/fatorize/opere, o qual automatiza o procedimento de calcular como fill-ins (substitutos) devem ser minimizados. O estágio *analise* é feito uma vez apenas para cada padrão de esparcidade. O estágio *fatorize* é feito uma vez para cada matriz particular que ajusta o padrão. O estágio *opere* é realizado uma vez para cada vetor de elementos independentes a ser usado com a matriz particular. Consulte [2,3] para referências sobre isto. A biblioteca NAG [4] tem uma função analise/fatorize/opere. Uma coleção substancial de rotinas para cálculos com matrizes esparsas está também disponível em IMSL [5] como o *pacote Yale para matriz esparsa* [6].

Você deve estar informado de que a ordem especial das trocas e eliminações, prescrita por um método de matriz esparsa de forma a minimizar fill-ins e operações aritméticas, geralmente age no sentido de diminuir a estabilidade do método numérico quando comparada a, por exemplo, decomposição $LU$ com pivoteamento. Escalonar seu problema de forma a fazer os elementos não nulos da sua matriz terem magnitudes comparáveis (se você conseguir fazer isso) algumas vezes melhorará este problema.

No restante desta seção, nós apresentamos alguns conceitos que são aplicáveis a algumas classes gerais de matrizes esparsas e os quais não necessariamente dependem dos detalhes do padrão da esparcidade.

## 2.7.1 Fórmula de Sherman-Morrison

Suponha que você já obteve, por um esforço hercúleo, a matriz inversa $\mathbf{A}^{-1}$ de uma matriz quadrada $\mathbf{A}$. Agora você quer fazer uma "pequena" mudança em $\mathbf{A}$, por exemplo, mudar um elemento $a_{ij}$, ou uns poucos elementos, ou uma linha, ou uma coluna. Há alguma maneira de

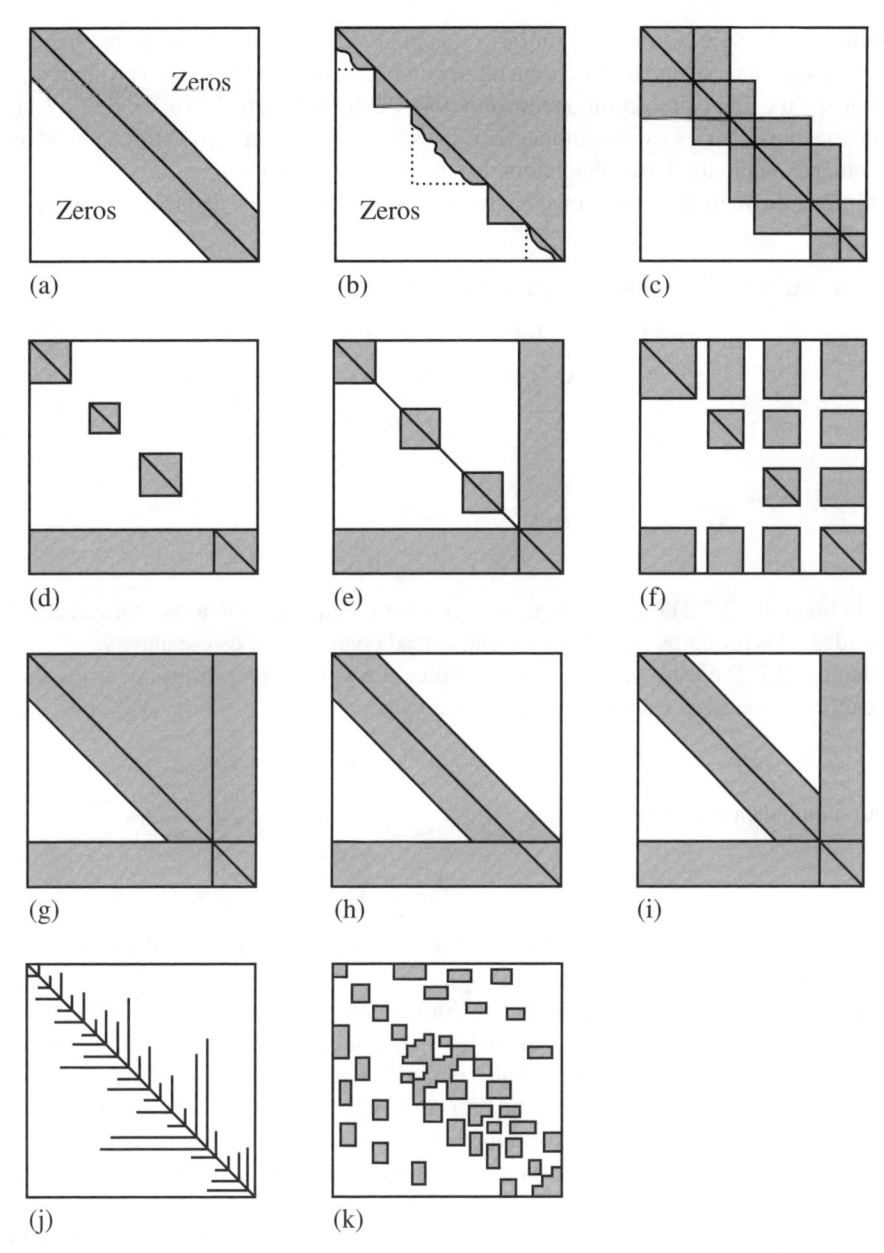

**Figura 2.7.1** Algumas formas padrão para matrizes esparsas. (a) Banda-diagonal; (b) bloco triangular; (c) bloco tridiagonal; (d) bloco diagonal com uma única borda; (e) bloco diagonal com dupla borda; (f) bloco triangular com uma única borda; (g) banda triangular com borda; (h) e (i) banda diagonal com uma única e dupla borda; (j) e (k) outra! (segundo Tewarson) [1].

calcular a mudança correspondente em $\mathbf{A}^{-1}$ sem repetir seus árduos trabalhos? Sim, se sua mudança é da forma

$$\mathbf{A} \rightarrow (\mathbf{A} + \mathbf{u} \otimes \mathbf{v}) \tag{2.7.1}$$

para vetores **u** e **v**. Se **u** é um vetor unitário $\mathbf{e}_i$, então (2.7.1) adiciona os componentes de **v** à *i*-ésima linha. (Lembre-se que $\mathbf{u} \otimes \mathbf{v}$ é uma matriz cujo $i,j$-ésimo elemento é o produto do *i*-ésimo componente de **u** e do *j*-ésimo componente de **v**.) Se **v** é um vetor unitário $\mathbf{e}_j$, então (2.7.1) adiciona os componentes de **u** à *j*-ésima coluna. Se **u** e **v** são proporcionais aos vetores unitários $\mathbf{e}_i$ e $\mathbf{e}_j$, respectivamente, então um termo é adicionado somente ao elemento $a_{ij}$.

A fórmula de Sherman-Morrison dá a inversa $(\mathbf{A} + \mathbf{u} \otimes \mathbf{v})^{-1}$ e é deduzida brevemente como segue:

$$\begin{aligned}(\mathbf{A} + \mathbf{u} \otimes \mathbf{v})^{-1} &= (\mathbf{1} + \mathbf{A}^{-1} \cdot \mathbf{u} \otimes \mathbf{v})^{-1} \cdot \mathbf{A}^{-1} \\ &= (\mathbf{1} - \mathbf{A}^{-1} \cdot \mathbf{u} \otimes \mathbf{v} + \mathbf{A}^{-1} \cdot \mathbf{u} \otimes \mathbf{v} \cdot \mathbf{A}^{-1} \cdot \mathbf{u} \otimes \mathbf{v} - \ldots) \cdot \mathbf{A}^{-1} \\ &= \mathbf{A}^{-1} - \mathbf{A}^{-1} \cdot \mathbf{u} \otimes \mathbf{v} \cdot \mathbf{A}^{-1} (1 - \lambda + \lambda^2 - \ldots) \\ &= \mathbf{A}^{-1} - \frac{(\mathbf{A}^{-1} \cdot \mathbf{u}) \otimes (\mathbf{v} \cdot \mathbf{A}^{-1})}{1 + \lambda} \end{aligned} \quad (2.7.2)$$

onde

$$\lambda \equiv \mathbf{v} \cdot \mathbf{A}^{-1} \cdot \mathbf{u} \qquad (2.7.3)$$

A segunda linha de (2.7.2) é uma expansão formal em séries de potências. Na terceira linha, a associatividade dos produtos escalar e tensorial é usada para fatorar os escalares $\lambda$.

O uso da (2.7.2) é este: dado $\mathbf{A}^{-1}$ e os vetores **u** e **v**, nós precisamos apenas realizar duas multiplicações de matrizes e um produto escalar de vetores,

$$\mathbf{z} \equiv \mathbf{A}^{-1} \cdot \mathbf{u} \qquad \mathbf{w} \equiv (\mathbf{A}^{-1})^T \cdot \mathbf{v} \qquad \lambda = \mathbf{v} \cdot \mathbf{z} \qquad (2.7.4)$$

para obter a mudança desejada na inversa

$$\mathbf{A}^{-1} \quad \rightarrow \quad \mathbf{A}^{-1} - \frac{\mathbf{z} \otimes \mathbf{w}}{1 + \lambda} \qquad (2.7.5)$$

O procedimento inteiro requer apenas $3N^2$ multiplicações e um número igual de adições (um número ainda menor se **u** ou **v** é um vetor unitário).

A fórmula Sherman-Morrison pode ser diretamente aplicada a uma classe de problemas esparsos. Se você já tem uma maneira rápida de calcular a inversa de **A** (p. ex., uma matriz tridiagonal ou alguma outra forma esparsa padrão), então (2.7.4)–(2.7.5) lhe permite desenvolver sua forma relacionada mas mais complicada, adicionando, por exemplo, uma linha ou coluna de cada vez. Observe que você pode aplicar a fórmula de Sherman-Morrison mais do que uma vez sucessivamente, usando em cada estágio a mais recente atualizacação de $\mathbf{A}^{-1}$ (equação 2.7.5). Claro, se você tem que modificar *toda linha*, então você volta para um método $N^3$. A constante na frente do $N^3$ é apenas algumas vezes pior do que os melhores métodos diretos, mas você privou a si próprio das vantagens estabilizantes do pivoteamento – assim, seja cauteloso.

Para alguns outros problemas esparsos, a fórmula de Sherman-Morrison não pode ser diretamente aplicada pela simples razão que armazenar a matriz inversa $\mathbf{A}^{-1}$ inteira não é factível. Se você quer adicionar somente uma única correção da forma $\mathbf{u} \otimes \mathbf{v}$ e resolver o sistema linear

$$(\mathbf{A} + \mathbf{u} \otimes \mathbf{v}) \cdot \mathbf{x} = \mathbf{b} \qquad (2.7.6)$$

então você deve proceder como segue. Usando o método mais rápido que se presume estar disponível para a matriz **A**, resolva os dois problemas auxiliares

$$\mathbf{A} \cdot \mathbf{y} = \mathbf{b} \qquad \mathbf{A} \cdot \mathbf{z} = \mathbf{u} \qquad (2.7.7)$$

para os vetores **y** e **z**. Em termos disso,

$$\mathbf{x} = \mathbf{y} - \left[\frac{\mathbf{v} \cdot \mathbf{y}}{1 + (\mathbf{v} \cdot \mathbf{z})}\right] \mathbf{z} \qquad (2.7.8)$$

como podemos ver ao multiplicar o lado direito de (2.7.2) na direita por **b**.

### 2.7.2 Sistemas tridiagonais cíclicos

Os assim chamados sistemas tridiagonais cíclicos ocorrem muito frequentemente e são bons exemplos de como usar a fórmula de Sherman-Morrison da maneira descrita. Estas equações têm a forma

$$\begin{bmatrix} b_0 & c_0 & 0 & \cdots & & & \beta \\ a_1 & b_1 & c_1 & \cdots & & & \\ & & \cdots & & & & \\ & & \cdots & a_{N-2} & b_{N-2} & c_{N-2} \\ \alpha & & \cdots & 0 & a_{N-1} & b_{N-1} \end{bmatrix} \cdot \begin{bmatrix} x_0 \\ x_1 \\ \cdots \\ x_{N-2} \\ x_{N-1} \end{bmatrix} = \begin{bmatrix} r_0 \\ r_1 \\ \cdots \\ r_{N-2} \\ r_{N-1} \end{bmatrix} \qquad (2.7.9)$$

Este é um sistema tridiagonal, exceto para os elementos $\alpha$ e $\beta$ nos cantos. Formas como esta são tipicamente geradas por diferenças finitas em equações diferenciais com condições de contorno periódicas (§20.4).

Usamos a fórmula de Sherman-Morrison, tratando o sistema como tridiagonal mais uma correção. Na notação da equação (2.7.6), definimos vetores **u** e **v** como

$$\mathbf{u} = \begin{bmatrix} \gamma \\ 0 \\ \vdots \\ 0 \\ \alpha \end{bmatrix} \qquad \mathbf{v} = \begin{bmatrix} 1 \\ 0 \\ \vdots \\ 0 \\ \beta/\gamma \end{bmatrix} \qquad (2.7.10)$$

Aqui $\gamma$ é arbitrário para o momento. Então a matriz **A** é a parte tridiagonal da matriz em (2.7.9), com dois termos modificados:

$$b'_0 = b_0 - \gamma, \qquad b'_{N-1} = b_{N-1} - \alpha\beta/\gamma \qquad (2.7.11)$$

Nós agora resolvemos as equações (2.7.7) com o algoritmo tridiagonal padrão e então obtemos a solução da equação (2.7.8).

A rotina `cyclic` abaixo implementa este algoritmo. Nós escolhemos o parâmetro arbitrário $\gamma = -b_0$ para evitar perda de precisão por subtração na primeira das equações (2.7.11). No improvável evento de que isso cause perda de precisão na segunda destas equações, você pode fazer uma escolha diferente.

```
void cyclic(VecDoub_I &a, VecDoub_I &b, VecDoub_I &c, const Doub alpha,              tridag.h
    const Doub beta, VecDoub_I &r, VecDoub_O &x)
Resolva para um vetor x[0..n-1] o sistema "cíclico" de equações lineares dada pela equação (2.7.9). a,
b, c e r são vetores input, todos dimensionados como [0..n-1], enquanto alpha e beta são as entradas
nos cantos da matriz. O input não é modificado.
{
    Int i,n=a.size();
    Doub fact,gamma;
    if (n <= 2) throw("n too small in cyclic");
```

```
        VecDoub bb(n),u(n),z(n);
        gamma = -b[0];                              Evitar erro de subtração ao formar bb[0].
        bb[0]=b[0]-gamma;                           Iniciar a diagonal do sistema tridiagonal modifi-
        bb[n-1]=b[n-1]-alpha*beta/gamma;               cado.
        for (i=1;i<n-1;i++) bb[i]=b[i];
        tridag(a,bb,c,r,x);                         Resolva $A \cdot x = r$.
        u[0]=gamma;                                 Inicie o vetor $u$.
        u[n-1]=alpha;
        for (i=1;i<n-1;i++) u[i]=0.0;
        tridag(a,bb,c,u,z);                         Resolva $A \cdot z = u$.
        fact=(x[0]+beta*x[n-1]/gamma)/              Forme $v \cdot x/(1+v \cdot z)$
            (1.0+z[0]+beta*z[n-1]/gamma);
        for (i=0;i<n;i++) x[i] -= fact*z[i];        Agora obtemos o vetor solução $x$.
    }
```

### 2.7.3 Fórmula Woodbury

Se você quer adicionar mais do que um único termo de correção, então não pode usar (2.7.8) repetidamente. Você não será capaz de resolver os problemas auxiliares (2.7.7) de forma eficiente após o primeiro passo sem armazenar uma nova $A^{-1}$. Você precisará da *fórmula Woodbury*, a qual é a versão bloco-matriz da fórmula de Sherman-Morrison,

$$(A + U \cdot V^T)^{-1} = A^{-1} - \left[ A^{-1} \cdot U \cdot (1 + V^T \cdot A^{-1} \cdot U)^{-1} \cdot V^T \cdot A^{-1} \right] \quad (2.7.12)$$

Aqui $A$ é uma matriz $N \times N$, enquanto $U$ e $V$ são matrizes $N \times P$ com $P < N$ e usualmente $P \ll N$. A parte interna do termo correção pode tornar-se mais clara se escrita como o quadro,

$$\begin{bmatrix} & & \\ & U & \\ & & \end{bmatrix} \cdot \left[ 1 + V^T \cdot A^{-1} \cdot U \right]^{-1} \cdot \begin{bmatrix} & & \\ & V^T & \\ & & \end{bmatrix} \quad (2.7.13)$$

onde você pode ver que a matriz cuja inversa se busca é somente $P \times P$ em vez de $N \times N$.

A relação entre a fórmula de Woodbury e sucessivas aplicações da fórmula de Sherman-Morrison é agora esclarecida observando-se que, se $U$ é a matriz formada por colunas fora dos $P$ vetores $u_0, \ldots, u_{P-1}$, e $V$ é a matriz formada por colunas fora dos $P$ vetores $v_0, \ldots, v_{P-1}$,

$$U \equiv \begin{bmatrix} u_0 \end{bmatrix} \cdots \begin{bmatrix} u_{P-1} \end{bmatrix} \qquad V \equiv \begin{bmatrix} v_0 \end{bmatrix} \cdots \begin{bmatrix} v_{P-1} \end{bmatrix} \quad (2.7.14)$$

então duas maneiras de expressar a mesma correção para $A$ são

$$\left( A + \sum_{k=0}^{P-1} u_k \otimes v_k \right) = (A + U \cdot V^T) \quad (2.7.15)$$

(Observe que os subscritos em **u** e **v** *não* denotam componentes, mas sim distinguem os diferentes vetores colunas.)

A equação (2.7.15) revela que, se você tem $\mathbf{A}^{-1}$ na memória, então você pode ou fazer as $P$ correções em uma só tacada usando (2.7.12) e invertendo uma matriz $P \times P$, ou então aplicar (2.7.5) $P$ vezes sucessivas.

Se você não tem memória para $\mathbf{A}^{-1}$, então você *deve* usar (2.7.12) da seguinte maneira: para resolver as equações lineares

$$\left(\mathbf{A} + \sum_{k=0}^{P-1} \mathbf{u}_k \otimes \mathbf{v}_k\right) \cdot \mathbf{x} = \mathbf{b} \qquad (2.7.16)$$

primeiro resolva os $P$ problemas auxiliares

$$\begin{aligned} \mathbf{A} \cdot \mathbf{z}_0 &= \mathbf{u}_0 \\ \mathbf{A} \cdot \mathbf{z}_1 &= \mathbf{u}_1 \\ &\cdots \\ \mathbf{A} \cdot \mathbf{z}_{P-1} &= \mathbf{u}_{P-1} \end{aligned} \qquad (2.7.17)$$

e construa a matriz $\mathbf{Z}$ pelas colunas dos $\mathbf{z}$'s obtidos,

$$\mathbf{Z} \equiv \begin{bmatrix} \mathbf{z}_0 \end{bmatrix} \cdots \begin{bmatrix} \mathbf{z}_{P-1} \end{bmatrix} \qquad (2.7.18)$$

A seguir, faça a inversão da matriz $P \times P$

$$\mathbf{H} \equiv (\mathbf{1} + \mathbf{V}^T \cdot \mathbf{Z})^{-1} \qquad (2.7.19)$$

Finalmente, resolva o problema auxiliar adicional

$$\mathbf{A} \cdot \mathbf{y} = \mathbf{b} \qquad (2.7.20)$$

Em termos destas quantidades, a solução é dada por

$$\mathbf{x} = \mathbf{y} - \mathbf{Z} \cdot \left[\mathbf{H} \cdot (\mathbf{V}^T \cdot \mathbf{y})\right] \qquad (2.7.21)$$

### 2.7.4 Inversão por particionamento

De vez em quando, você encontrará uma matriz (nem mesmo necessariamente esparsa) que pode ser invertida eficientemente por particionamento. Suponha que a matriz $N \times N$ **A** seja particionada em

$$\mathbf{A} = \begin{bmatrix} \mathbf{P} & \mathbf{Q} \\ \mathbf{R} & \mathbf{S} \end{bmatrix} \qquad (2.7.22)$$

onde **P** e **S** são matrizes quadradas de tamanho $p \times p$ e $s \times s$, respectivamente ($p+s = N$). As matrizes **Q** e **R** não são necessariamente quadradas e têm tamanhos $p \times s$ e $s \times p$, respectivamente.

Se a inversa de **A** é particionada da mesma maneira,

$$\mathbf{A}^{-1} = \begin{bmatrix} \tilde{\mathbf{P}} & \tilde{\mathbf{Q}} \\ \tilde{\mathbf{R}} & \tilde{\mathbf{S}} \end{bmatrix} \qquad (2.7.23)$$

então $\tilde{\mathbf{P}}, \tilde{\mathbf{Q}}, \tilde{\mathbf{R}}, \tilde{\mathbf{S}}$, as quais têm os mesmos tamanhos que $\mathbf{P}, \mathbf{Q}, \mathbf{R}, \mathbf{S}$, respectivamente, podem ser encontrados ou pelas fórmulas

$$\tilde{\mathbf{P}} = (\mathbf{P} - \mathbf{Q} \cdot \mathbf{S}^{-1} \cdot \mathbf{R})^{-1}$$
$$\tilde{\mathbf{Q}} = -(\mathbf{P} - \mathbf{Q} \cdot \mathbf{S}^{-1} \cdot \mathbf{R})^{-1} \cdot (\mathbf{Q} \cdot \mathbf{S}^{-1})$$
$$\tilde{\mathbf{R}} = -(\mathbf{S}^{-1} \cdot \mathbf{R}) \cdot (\mathbf{P} - \mathbf{Q} \cdot \mathbf{S}^{-1} \cdot \mathbf{R})^{-1} \quad (2.7.24)$$
$$\tilde{\mathbf{S}} = \mathbf{S}^{-1} + (\mathbf{S}^{-1} \cdot \mathbf{R}) \cdot (\mathbf{P} - \mathbf{Q} \cdot \mathbf{S}^{-1} \cdot \mathbf{R})^{-1} \cdot (\mathbf{Q} \cdot \mathbf{S}^{-1})$$

ou então pelas fórmulas equivalentes

$$\tilde{\mathbf{P}} = \mathbf{P}^{-1} + (\mathbf{P}^{-1} \cdot \mathbf{Q}) \cdot (\mathbf{S} - \mathbf{R} \cdot \mathbf{P}^{-1} \cdot \mathbf{Q})^{-1} \cdot (\mathbf{R} \cdot \mathbf{P}^{-1})$$
$$\tilde{\mathbf{Q}} = -(\mathbf{P}^{-1} \cdot \mathbf{Q}) \cdot (\mathbf{S} - \mathbf{R} \cdot \mathbf{P}^{-1} \cdot \mathbf{Q})^{-1}$$
$$\tilde{\mathbf{R}} = -(\mathbf{S} - \mathbf{R} \cdot \mathbf{P}^{-1} \cdot \mathbf{Q})^{-1} \cdot (\mathbf{R} \cdot \mathbf{P}^{-1}) \quad (2.7.25)$$
$$\tilde{\mathbf{S}} = (\mathbf{S} - \mathbf{R} \cdot \mathbf{P}^{-1} \cdot \mathbf{Q})^{-1}$$

Os parênteses nas equações (2.7.24) e (2.7.25) realçam os fatores repetidos que você deseja computar somente uma vez. (Naturalmente, por associatividade, você pode fazer a multiplicação de matrizes em qualquer ordem que deseje.) A escolha entre usar as equações (2.7.24) e (2.7.25) depende: se você quer que $\tilde{\mathbf{P}}$ ou $\tilde{\mathbf{S}}$ tenham a fórmula mais simples; ou se a expressão repetida $(\mathbf{S} - \mathbf{R} \cdot \mathbf{P}^{-1} \cdot \mathbf{Q})^{-1}$ é mais fácil de se calcular do que a expressão $(\mathbf{P} - \mathbf{Q} \cdot \mathbf{S}^{-1} \cdot \mathbf{R})^{-1}$; ou dos tamanhos relativos de $\mathbf{P}$ e $\mathbf{S}$; ou se $\mathbf{P}^{-1}$ ou $\mathbf{S}^{-1}$ já está conhecido.

Outra fórmula às vezes útil é para o determinante da matriz particionada,

$$\det \mathbf{A} = \det \mathbf{P} \det(\mathbf{S} - \mathbf{R} \cdot \mathbf{P}^{-1} \cdot \mathbf{Q}) = \det \mathbf{S} \det(\mathbf{P} - \mathbf{Q} \cdot \mathbf{S}^{-1} \cdot \mathbf{R}) \quad (2.7.26)$$

### 2.7.5 Armazenamento indexado de matrizes esparsas

Já vimos (§2.4) que matrizes tri ou banda-diagonais podem ser guardadas em uma forma compacta que aloca memória somente para os elementos que são não nulos, mais talvez algumas locações destruídas para tornar o bookkeeping mais fácil. E quanto a matrizes esparsas mais gerais? Quando uma matriz esparsa de dimensão $M \times N$ contém somente algumas poucas vezes $M$ ou $N$ elementos não nulos (um caso típico), é claramente ineficiente – e em geral fisicamente impossível – alocar memória para todos os $MN$ elementos. Mesmo se se conseguir alocar tal memória, seria ineficiente ou proibitivo, em termos de tempo de máquina, varrer todos os elementos dela na procura dos elementos não nulos.

Obviamente algum tipo de esquema de memória indexada é requerido, um que armazene somente elementos não nulos de matrizes, junto com informação auxiliar suficiente para determinar onde um elemento pertence de forma lógica e como os vários elementos podem ser varridos no laço com operações matriciais comuns. Infelizmente, não há um esquema padrão para o uso geral. Cada esquema tem suas próprias qualidades positivas e negativas, dependendo da aplicação.

Antes de nós olharmos para matrizes esparsas, vamos considerar o problema mais simples de um *vetor esparso*. A estrutura de dados óbvia é uma lista de valores não nulos e outra lista de locações correspondentes:

sparse.h
```
struct NRsparseCol
Estrutura de dados para vetor esparso
{
    Int nrows;                    Número de linhas.
    Int nvals;                    Máximo número de não nulos.
```

```
    VecInt row_ind;                              Índices das linhas dos não nulos.
    VecDoub val;                                 Vetor de valores não nulos.

    NRsparseCol(Int m,Int nnvals) : nrows(m), nvals(nnvals),
    row_ind(nnvals,0),val(nnvals,0.0) {}         Construtor. Inicializa vetor para zero.

    NRsparseCol() : nrows(0),nvals(0),row_ind(),val() {}    Construtor default.

    void resize(Int m, Int nnvals) {
        nrows = m;
        nvals = nnvals;
        row_ind.assign(nnvals,0);
        val.assign(nnvals,0.0);
    }
};
```

Apesar de concebermos isto como definindo um vetor coluna, você pode usar exatamente a mesma estrutura de dados para um vetor linha – apenas intercambie mentalmente o significado das linhas e colunas para as variáveis. Para matrizes, porém, temos que decidir antecipadamente se usamos armazenagem orientada por linha ou orientada por coluna.

Um esquema simples é usar um vetor de colunas esparsas:

```
NRvector<NRsparseCol *> a;
for (i=0;i<n;i++) {
    nvals=...
    a[i]=new NRsparseCol(m,nvals);
}
```

Cada coluna é preenchida com sentenças como

```
count=0;
for (j=...) {
    a[i]->row_ind[count]=...
    a[i]->val[count]=...
    count++;
}
```

Esta estrutura de dados é boa para um algoritmo que trabalha primariamente com colunas da matriz, mas não é muito eficiente quando precisa varrer todos os elementos da matriz.

Um bom esquema geral de armazenagem é o formato de *armazenagem por coluna comprimida*. Ele é algumas vezes chamado de formato Harwell-Boeing, por causa das duas grandes organizações que primeiro forneceram sistematicamente uma coleção padrão de matrizes esparsas para fins de pesquisa. Neste esquema, três vetores são utilizados: `val` para os valores não nulos à medida que eles são percorridos coluna por coluna, `row_ind` para os correspondentes índices de linha de cada valor e `col_ptr` para as locações nos outros dois arranjos que iniciam uma coluna. Em outras palavras, `val[k]=a[i][j]`, então `row_ind[k] = i`. O primeiro não nulo na coluna j está em `col_prt[j]`. O último está em `col_ptr[j+1]-1`. Observe que `col_ptr[0]` é sempre 0, e por convenção definimos `col_ptr[n]` igual ao número de não nulos. Observe também que a dimensão do arranjo `col_ptr` é $N+1$, não $N$. A vantagem deste esquema é que ele requer memória de apenas cerca de duas vezes o número de elementos não nulos da matriz. (Outros métodos podem requerer até três ou cinco vezes.)

Como um exemplo, considere a matriz

$$\begin{bmatrix} 3{,}0 & 0{,}0 & 1{,}0 & 2{,}0 & 0{,}0 \\ 0{,}0 & 4{,}0 & 0{,}0 & 0{,}0 & 0{,}0 \\ 0{,}0 & 7{,}0 & 5{,}0 & 9{,}0 & 0{,}0 \\ 0{,}0 & 0{,}0 & 0{,}0 & 0{,}0 & 0{,}0 \\ 0{,}0 & 0{,}0 & 0{,}0 & 6{,}0 & 5{,}0 \end{bmatrix} \qquad (2.7.27)$$

No modo de armazenagem por coluna comprimida, a matriz (2.7.27) é representada por dois arranjos de comprimento 9 e um arranjo de comprimento 6, como segue:

| índice k   | 0   | 1   | 2   | 3   | 4   | 5   | 6   | 7   | 8   |
|------------|-----|-----|-----|-----|-----|-----|-----|-----|-----|
| val[k]     | 3,0 | 4,0 | 7,0 | 1,0 | 5,0 | 2,0 | 9,0 | 6,0 | 5,0 |
| row_ind[k] | 0   | 1   | 2   | 0   | 2   | 0   | 2   | 4   | 4   |

| índice i    | 0 | 1 | 2 | 3 | 4 | 5 |
|-------------|---|---|---|---|---|---|
| col_ptr[i]  | 0 | 1 | 3 | 5 | 8 | 9 |

(2.7.28)

Observe que, de acordo com as regras de armazenagem, o valor de $N$ (isto é, 5) é o máximo índice válido em col_ptr. O valor de col_ptr[5] é 9, o comprimento dos outros dois arranjos. Os elementos 1,0 e 5,0 na coluna número 2, por exemplo, estão localizados nas posições col_ptr[2] $\leq k <$ col_ptr[3].

Aqui está a estrutura de dados que trata deste esquema de armazenagem:

sparse.h
```
struct NRsparseMat
```
Estrutura de dados para matriz esparsa no esquema de armazenagem por coluna comprimida.
```
{
    Int nrows;                                  Número de linhas.
    Int ncols;                                  Número de colunas.
    Int nvals;                                  Máximo número de não nulos.
    VecInt col_ptr;                             Ponteiros para início das colunas. Comprimento é ncols+1.
    VecInt row_ind;                             Índices das linhas não nulas.
    VecDoub val;                                Arranjo de valores não nulos.

    NRsparseMat();                              Construtor default.
    NRsparseMat(Int m,Int n,Int nnvals);        Construtor. Incializa vetor pra zero.
    VecDoub ax(const VecDoub &x) const;         Multiplica $\mathbf{A}$ por um vetor x[0..ncols-1].
    VecDoub atx(const VecDoub &x) const;        Multiplica $\mathbf{A}^T$ por um vetor x[0..nrows-1].
    NRsparseMat transpose() const;              Forme $\mathbf{A}^T$.
};
```

O código para os construtores é padrão:

sparse.h
```
NRsparseMat::NRsparseMat() : nrows(0),ncols(0),nvals(0),col_ptr(),
    row_ind(),val() {}
NRsparseMat::NRsparseMat(Int m,Int n,Int nnvals) : nrows(m),ncols(n),
    nvals(nnvals),col_ptr(n+1,0),row_ind(nnvals,0),val(nnvals,0.0) {}
```

Um dos usos mais importantes de uma matriz no modo de armazenagem por coluna comprimida é multiplicar um vetor à sua direita. Não implemente isso percorrendo as linhas de $\mathbf{A}$, o que é extremamente ineficiente neste modo de armazenagem. Aqui está a maneira certa para fazer isso:

sparse.h
```
VecDoub NRsparseMat::ax(const VecDoub &x) const {
    VecDoub y(nrows,0.0);
    for (Int j=0;j<ncols;j++) {
        for (Int i=col_ptr[j];i<col_ptr[j+1];i++)
            y[row_ind[i]] += val[i]*x[j];
    }
    return y;
}
```

Alguma ineficiência ocorre por causa do endereçamento indireto. Apesar de haver outros modos de armazenagem que minimizam isto, eles têm seus próprios contras.

É também simples multiplicar a *transposta* de uma matriz por um vetor à sua direita, pois nós apenas percorremos as colunas diretamente. (Endereçamento indireto é ainda requerido.) Note que a matriz transposta não é de fato construída.

## Capítulo 2  Solução de Equações Algébricas Lineares

```
VecDoub NRsparseMat::atx(const VecDoub &x) const {                              sparse.h
    VecDoub y(ncols);
    for (Int i=0;i<ncols;i++) {
        y[i]=0.0;
        for (Int j=col_ptr[i];j<col_ptr[i+1];j++)
            y[i] += val[j]*x[row_ind[j]];
    }
    return y;
}
```

Uma vez que a escolha da armazenagem por colunas comprimida lida com linhas e colunas muito diferentemente, a operação para construir a transposta de uma matriz é complicada dada que a própria matriz está no modo de armazenagem por coluna comprimida. Quando a operação não pode ser evitada, ela é:

```
NRsparseMat NRsparseMat::transpose() const {                                    sparse.h
    Int i,j,k,index,m=nrows,n=ncols;
    NRsparseMat at(n,m,nvals);            Inicializado para zero.
    Primeiro encontre os comprimentos das colunas para A^T, isto é, os comprimentos das linhas de A.
    VecInt count(m,0);                    Contadores temporários para cada linha de A.
    for (i=0;i<n;i++)
        for (j=col_ptr[i];j<col_ptr[i+1];j++) {
            k=row_ind[j];
            count[k]++;
        }
    for (j=0;j<m;j++)                     Agora acione at.col_ptr. 0-ésima entrada
        at.col_ptr[j+1]=at.col_ptr[j]+count[j];    fica como 0.
    for(j=0;j<m;j++)                      Atribua zero para os contadores.
        count[j]=0;
    for (i=0;i<n;i++)                     Laço principal.
        for (j=col_ptr[i];j<col_ptr[i+1];j++) {
            k=row_ind[j];
            index=at.col_ptr[k]+count[k]; Posição do elemento na coluna de A^T.
            at.row_ind[index]=i;
            at.val[index]=val[j];
            count[k]++;                   Incrementa o contador para o próximo ele-
        }                                 mento na coluna.
    return at;
}
```

A única rotina matriz-matriz esparsa para multiplicação que nós fornecemos é para formar o produto $ADA^T$, onde $D$ é uma matriz diagonal. Este produto particular é usado para formar as assim chamadas equações normais no método de ponto interior para programação não linear (§10.11). Nós encapsulamos o algoritmo em sua própria estrutura, ADAT:

```
struct ADAT {                                                                   sparse.h
    const NRsparseMat &a,&at;             Armazene referências para A e A^T.
    NRsparseMat *adat;                    Isto retorna ADA^T.

    ADAT(const NRsparseMat &A,const NRsparseMat &AT);
    Aloque memória de coluna comprimida para AA^T, onde A e A^T são input no formato de coluna comprimida e preenchem valores de col_ptr e row_ind. Cada coluna deve estar classificada por ordem nas matrizes input. Matriz é output com cada coluna classificada.
    void updateD(const VecDoub &D);
    Compute ADA^T, onde D é a matriz diagonal. Esta função pode ser chamada repetidamente para atualizar ADA^T para A fixo.
    NRsparseMat &ref();
    Retorna referência para adat, o que nos proporciona ADA^T.
    ~ADAT();
};
```

O algoritmo se processa em duas etapas: primeiramente, o padrão não nulo de $AA^T$ é encontrado por uma chamada ao construtor. Dado que $D$ é diagonal, $AA^T$ e $ADA^T$ têm a mesma estrutura de não nulos. Algoritmos usando ADAT tipicamente terão $A$ e $A^T$ disponíveis, então passaremos os dois para o construtor em vez de recalculá-los. O construtor aloca memória e designa valores para col_ptr e row_ind. A estrutura de ADAT é retornada com colunas em ordem de classificação porque rotinas como o algoritmo de ordenação AMD usado em §10.11 requerem isso.

sparse.h
```
ADAT::ADAT(const NRsparseMat &A,const NRsparseMat &AT) : a(A), at(AT) {
    Int h,i,j,k,l,nvals,m=AT.ncols;
    VecInt done(m);
    for (i=0;i<m;i++)                       Inicialize como não incluído.
        done[i]=-1;
    nvals=0;                                Primeiro passagem: determine o número de elementos não nulos.
    for (j=0;j<m;j++) {                     Laço externo sobre colunas de $A^T$ em $AA^T$.
        for (i=AT.col_ptr[j];i<AT.col_ptr[j+1];i++) {
            k=AT.row_ind[i];                $A^T_{kj} \neq 0$. Encontre a coluna k na primeira matriz, $A$.
            for (l=A.col_ptr[k];l<A.col_ptr[k+1];l++) {
                h=A.row_ind[l];             $A_{hl} \neq 0$.
                if (done[h] != j) {         Teste se contribuição já está incluída.
                    done[h]=j;
                    nvals++;
                }
            }
        }
    }
    adat = new NRsparseMat(m,m,nvals);      Aloque memória para ADAT.
    for (i=0;i<m;i++)                       Reinicialize.
        done[i]=-1;
    nvals=0;
```
Segundo passagem: determine colunas de adat. O código é idêntico ao primeiro passo exceto pelas atribuições adat->col_ptr e adat->row_ind nos lugares apropriados.
```
    for (j=0;j<m;j++) {
        adat->col_ptr[j]=nvals;
        for (i=AT.col_ptr[j];i<AT.col_ptr[j+1];i++) {
            k=AT.row_ind[i];
            for (l=A.col_ptr[k];l<A.col_ptr[k+1];l++) {
                h=A.row_ind[l];
                if (done[h] != j) {
                    done[h]=j;
                    adat->row_ind[nvals]=h;
                    nvals++;
                }
            }
        }
    }
    adat->col_ptr[m]=nvals;                 Atribua último valor.
    for (j=0;j<m;j++) {                     Ordene as colunas.
        i=adat->col_ptr[j];
        Int size=adat->col_ptr[j+1]-i;
        if (size > 1) {
            VecInt col(size,&adat->row_ind[i]);
            sort(col);
            for (k=0;k<size;k++)
                adat->row_ind[i+k]=col[k];
        }
    }
}
```

A próxima rotina, updateD, de fato preenche os valores no arranjo val. Ela pode ser chamada repetidamente para atualizar $ADA^T$ para um $A$ fixo.

```
void ADAT::updateD(const VecDoub &D) {                                          sparse.h
    Int h,i,j,k,l,m=a.nrows,n=a.ncols;
    VecDoub temp(n),temp2(m,0.0);
    for (i=0;i<m;i++) {                    Laço externo sobre colunas de A^T.
        for (j=at.col_ptr[i];j< at.col_ptr[i+1];j++) {
            k=at.row_ind[j];               Escale elementos de cada coluna com D e armazene
            temp[k]=at.val[j]*D[k];        em Temp.
        }
        for (j=at.col_ptr[i];j<at.col_ptr[i+1];j++) {     Varra a coluna novamente.
            k=at.row_ind[j];
            for (l=a.col_ptr[k];l<a.col_ptr[k+1];l++) {   Varra a coluna k em A.
                h=a.row_ind[l];
                temp2[h] += temp[k]*a.val[l];  Todos termos de temp[k] usados aqui.
            }
        }
        for (j=adat->col_ptr[i];j<adat->col_ptr[i+1];j++) {

            k=adat->row_ind[j];
            adat->val[j]=temp2[k];
            temp2[k]=0.0;                  Restaure temp2.
        }
    }
}
```

As duas funções finais são simples. A rotina ref retorna uma referência para a matriz $\mathbf{ADA}^T$ armazenada na estrutura para outras rotinas que podem precisar funcionar com ela. E o destruidor libera memória.

```
NRsparseMat & ADAT::ref() {                                                     sparse.h
    return *adat;
}

ADAT::~ADAT() {
    delete adat;
}
```

A propósito, se você invoca ADAT com matrizes *diferentes* $\mathbf{A}$ e $\mathbf{B}^T$, tudo funcionará bem contanto que $\mathbf{A}$ e $\mathbf{B}$ tenham os mesmo padrão de não nulos.

Na segunda edição deste livro, nós apresentamos um modo de armazenagem de matriz esparsa relacionado no qual a diagonal da matriz é armazenada primeiro, seguida pelos elementos fora da diagonal. Nós agora achamos que a complexidade adicional deste esquema não vale a pena para qualquer dos usos neste livro. Para uma discussão disto e outros esquemas de armazenagem, ver [7,8]. Para ver como trabalhar com a diagonal no modo de coluna comprimida, olhe o código asolve no fim desta seção.

## 2.7.6 Método do gradiente conjugado para um sistema esparso

Os assim chamados *métodos de gradiente conjugado* fornecem um meio amplamente geral para resolver sistemas lineares $N \times N$

$$\mathbf{A} \cdot \mathbf{x} = \mathbf{b} \qquad (2.7.29)$$

A atratividade destes métodos para sistemas esparsos grandes é que eles referenciam $\mathbf{A}$ somente através de sua multiplicação por um vetor, ou a multiplicação de sua transposta por um vetor. Como nós vimos, estas operações podem ser muito eficientes para uma matriz esparsa propriamente armazenada. Você, o "dono" da matriz $\mathbf{A}$, pode ser solicitado a fornecer funções que realizem estas multiplicações com matrizes esparsas tão eficientemente quanto possível. Nós, os "grandes estrategistas", fornecemos uma classe base abstrata, Linbcg adiante, que contém o método para resolver o sistema de equações lineares, (2.7.29), usando suas funções.

O algoritmo de gradiente conjugado "*banal*" mais simples [9-11] resolve (2.7.29) somente no caso em que **A** é simétrica e positiva-definida. Isto é baseado na ideia de minimizar a função

$$f(\mathbf{x}) = \tfrac{1}{2}\,\mathbf{x} \cdot \mathbf{A} \cdot \mathbf{x} - \mathbf{b} \cdot \mathbf{x} \qquad (2.7.30)$$

Esta função é minimizada quando seu gradiente

$$\nabla f = \mathbf{A} \cdot \mathbf{x} - \mathbf{b} \qquad (2.7.31)$$

é zero, o que é equivalente a (2.7.29). A minimização é efetuada gerando-se uma sucessão de search directions (direções de busca) $\mathbf{p}_k$ e minimizadores melhorados $\mathbf{x}_k$. Em cada estágio, uma quantidade $\alpha_k$ é encontrada que minimiza $f(\mathbf{x}_k + a_k\mathbf{p}_k)$, e $\mathbf{x}_{k+1}$ torna-se então o novo ponto $\mathbf{x}_k + \alpha_k\mathbf{p}_k$. Os $\mathbf{p}_k$ e $\mathbf{x}_k$ são construídos de maneira que $\mathbf{x}_{k+1}$ é também minimizador de $f$ sobre todo o espaço vetorial de direções já obtido, $\{\mathbf{p}_0, \mathbf{p}_1, ..., \mathbf{p}_{k-1}\}$. Após $N$ interações você chega no minimizador sobre o espaço vetorial inteiro, isto é, a solução para (2.7.29).

Posteriormente, em §10.8, generalizaremos este algoritmo de gradiente conjugado "banal" para a minimização de funções não lineares arbitrárias. Aqui, onde nosso interesse é resolver sistemas de equações lineares, não necessariamente envolvendo matrizes positiva-definidas ou simétricas, uma generalização diferente é importante, o *método do gradiente biconjugado*. Este método não tem, em geral, uma conexão simples com minimização de função. Ele constrói quatro sequências de vetores, $\mathbf{r}_k, \bar{\mathbf{r}}_k, \mathbf{p}_k, \bar{\mathbf{p}}_k, k = 0,1, ....$ Você fornecerá os vetores iniciais $\mathbf{r}_0$ e $\bar{\mathbf{r}}_0$, e atribuirá $\mathbf{p}_0 = \mathbf{r}_0, \bar{\mathbf{p}}_0 = \bar{\mathbf{r}}_0$. Então você efetuará a seguinte recorrência:

$$\begin{aligned}\alpha_k &= \frac{\bar{\mathbf{r}}_k \cdot \mathbf{r}_k}{\bar{\mathbf{p}}_k \cdot \mathbf{A} \cdot \mathbf{p}_k} \\ \mathbf{r}_{k+1} &= \mathbf{r}_k - \alpha_k \mathbf{A} \cdot \mathbf{p}_k \\ \bar{\mathbf{r}}_{k+1} &= \bar{\mathbf{r}}_k - \alpha_k \mathbf{A}^T \cdot \bar{\mathbf{p}}_k \\ \beta_k &= \frac{\bar{\mathbf{r}}_{k+1} \cdot \mathbf{r}_{k+1}}{\bar{\mathbf{r}}_k \cdot \mathbf{r}_k} \\ \mathbf{p}_{k+1} &= \mathbf{r}_{k+1} + \beta_k \mathbf{p}_k \\ \bar{\mathbf{p}}_{k+1} &= \bar{\mathbf{r}}_{k+1} + \beta_k \bar{\mathbf{p}}_k \end{aligned} \qquad (2.7.32)$$

Esta sequência de vetores satisfaz a condição de biortogonalidade:

$$\bar{\mathbf{r}}_i \cdot \mathbf{r}_j = \mathbf{r}_i \cdot \bar{\mathbf{r}}_j = 0, \qquad j < i \qquad (2.7.33)$$

e a condição de biconjugacidade

$$\bar{\mathbf{p}}_i \cdot \mathbf{A} \cdot \mathbf{p}_j = \mathbf{p}_i \cdot \mathbf{A}^T \cdot \bar{\mathbf{p}}_j = 0, \qquad j < i \qquad (2.7.34)$$

Há também uma ortogonalidade mútua,

$$\bar{\mathbf{r}}_i \cdot \mathbf{p}_j = \mathbf{r}_i \cdot \bar{\mathbf{p}}_j = 0, \qquad j < i \qquad (2.7.35)$$

A demonstração destas propriedades se dá por indução de maneira direta [12]. Contanto que a recorrência não sucumba antes porque um dos denominadores é nulo, isto deve terminar após $m \leq N$ passos com $\mathbf{r}_m = \bar{\mathbf{r}}_m = 0$. Isto se dá basicamente porque, após no máximo $N$ passos, você esgota as novas direções ortogonais para os vetores que já construiu.

Para usar o algoritmo para resolver o sistema (2.7.29), faça um "chute" inicial $\mathbf{x}_0$ para a solução. Eleja $\mathbf{r}_0$ para ser o *resíduo*

$$\mathbf{r}_0 = \mathbf{b} - \mathbf{A} \cdot \mathbf{x}_0 \qquad (2.7.36)$$

e faça $\bar{\mathbf{r}}_0 = \mathbf{r}_0$. Então forme a sequência de estimativas melhoradas

$$\mathbf{x}_{k+1} = \mathbf{x}_k + \alpha_k \mathbf{p}_k \qquad (2.3.37)$$

enquanto efetua a recorrência (2.7.32). A equação (2.7.37) garante que $\mathbf{r}_{k+1}$ proveniente da recorrência é de fato o resíduo $\mathbf{b} - \mathbf{A} \cdot \mathbf{x}_{k+1}$ correspondente a $\mathbf{x}_{k+1}$. Uma vez que $\mathbf{r}_m = 0$, $\mathbf{x}_m$ é a solução da equação (2.7.29).

Apesar de não haver garantia de que todo o procedimento não quebrará ou se tornará instável para $\mathbf{A}$ geral, na prática isto é raro. Mais importante, o término exato em no máximo $N$ iterações ocorre somente com aritmética exata. Erro de arredondamento significa que você consideraria o processo como um procedimento genuinamente iterativo, para ser interrompido quando algum critério de erro apropriado é encontrado.

O algoritmo de gradiente conjugado é o caso especial do algoritmo de gradiente biconjugado quando $\mathbf{A}$ é simétrica e nós escolhemos $\bar{\mathbf{r}}_0 = \mathbf{r}_0$. Então $\bar{\mathbf{r}}_k = \mathbf{r}_k$ e $\bar{\mathbf{p}}_k = \mathbf{p}_k$ para todo $k$; você pode omitir computá-los e dividir o trabalho do algoritmo. A versão do gradiente conjugado tem a interpretação de minimizar a equação (2.7.30). Se $\mathbf{A}$ é positiva-definida, bem como simétrica, o algoritmo não pode deixar de funcionar (em teoria!). A rotina `solve Linbcg` adiante de fato se reduz ao método do gradiente conjugado ordinário se você colocar como input uma matriz $\mathbf{A}$ simétrica, mas ela faz todas as computações redundantes.

Outra variante do algoritmo geral corresponde a considerar uma matriz $\mathbf{A}$ simétrica mas não positiva-definida $\mathbf{A}$, com a escolha $\bar{\mathbf{r}}_0 = \mathbf{A} \cdot \mathbf{r}_0$ ao invés de $\bar{\mathbf{r}}_0 = \mathbf{r}_0$. Neste caso, $\bar{\mathbf{r}}_k = \mathbf{A} \cdot \mathbf{r}_k$ e $\bar{\mathbf{p}}_k = \mathbf{A} \cdot \mathbf{p}_k$ para todo $k$. Este algoritmo é então equivalente ao algoritmo de gradiente conjugado ordinário, mas com todos os produtos escalares $\mathbf{a} \cdot \mathbf{b}$ trocados por $\mathbf{a} \cdot \mathbf{A} \cdot \mathbf{b}$. Isto é chamado de algoritmo de *mínimo residual*, porque ele corresponde a sucessivas minimizações da função

$$\Phi(\mathbf{x}) = \tfrac{1}{2} \mathbf{r} \cdot \mathbf{r} = \tfrac{1}{2} |\mathbf{A} \cdot \mathbf{x} - \mathbf{b}|^2 \qquad (2.7.38)$$

onde os sucessivos iterados $\mathbf{x}_k$ minimizam $\Phi$ sobre o mesmo conjunto de direções de busca $\mathbf{p}_k$ gerado no método de gradiente conjugado. Este algoritmo foi generalizado de várias maneiras para matrizes assimétricas. O método de mínimo resíduo generalizado (GMRES: ver [13,14]) é provavelmente o mais robusto destes métodos.

Note que a equação (2.7.38) conduz a

$$\nabla \Phi(\mathbf{x}) = \mathbf{A}^T \cdot (\mathbf{A} \cdot \mathbf{x} - \mathbf{b}) \qquad (2.7.39)$$

Para qualquer matriz não singular $\mathbf{A}$, $\mathbf{A}^T \cdot \mathbf{A}$ é simétrica e positiva-definida. Você poderia por esta razão ser impulsionado a resolver (2.7.29) aplicando o algoritmo de gradiente conjugado para o problema

$$(\mathbf{A}^T \cdot \mathbf{A}) \cdot \mathbf{x} = \mathbf{A}^T \cdot \mathbf{b} \qquad (2.7.40)$$

Não faça isso! O número de condicionamento da matriz $\mathbf{A}^T \cdot \mathbf{A}$ é o quadrado do número de condicionamento de $\mathbf{A}$ (ver §2.6 para definição de número de condicionamento). Um grande número de condicionamento não só aumenta o número de iterações requeridas como também limita a acurácia para a qual a solução é obtida. É quase sempre melhor aplicar o método do gradiente conjugado à matriz original $\mathbf{A}$.

Até agora nada dissemos sobre a *taxa* de convergência destes métodos. O método do gradiente conjugado ordinário funciona bem para matrizes que são bem condicionadas, isto é, "próximas" à matriz identidade. Isto sugere aplicar estes métodos à forma pré-condicionada da equação (2.7.29),

$$(\tilde{\mathbf{A}}^{-1} \cdot \mathbf{A}) \cdot \mathbf{x} = \tilde{\mathbf{A}}^{-1} \cdot \mathbf{b} \qquad (2.7.41)$$

A ideia é que você já poderia ser capaz de resolver seu sistema linear facilmente para alguma $\tilde{\mathbf{A}}$ próxima de $\mathbf{A}$, caso no qual $\tilde{\mathbf{A}}^{-1} \cdot \mathbf{A} \approx \mathbf{1}$, permitindo o algoritmo convergir em poucos passos. A matriz $\tilde{\mathbf{A}}$ é chamada de *pré-condicionador* [9], e o esquema geral apresentado aqui é conhecido como *método do gradiente bi-*

*conjugado pré-condicionado* ou *PBGC*. Nó código abaixo, a rotina fornecida pelo usuário (*user-supplied*) atimes faz a multiplicação de uma matriz esparsa por **A**, enquanto a rotina fornecida pelo usuário asolve executa multiplicação de matriz pela inversa do pré-condicionador $\tilde{\mathbf{A}}^{-1}$.

Para uma implementação eficiente, o algoritmo PBCG introduz um conjunto adicional de vetores $\mathbf{z}_k$ e $\bar{\mathbf{z}}_k$ definidos por

$$\tilde{\mathbf{A}} \cdot \mathbf{z}_k = \mathbf{r}_k \quad \text{e} \quad \tilde{\mathbf{A}}^T \cdot \bar{\mathbf{z}}_k = \bar{\mathbf{r}}_k \tag{2.7.42}$$

e modifica as definições de $\alpha_k$, $\beta_k$, $\mathbf{p}_k$ e $\bar{\mathbf{p}}_k$ na equação (2.7.32):

$$\alpha_k = \frac{\bar{\mathbf{r}}_k \cdot \mathbf{z}_k}{\bar{\mathbf{p}}_k \cdot \mathbf{A} \cdot \mathbf{p}_k}$$

$$\beta_k = \frac{\bar{\mathbf{r}}_{k+1} \cdot \mathbf{z}_{k+1}}{\bar{\mathbf{r}}_k \cdot \mathbf{z}_k} \tag{2.7.43}$$

$$\mathbf{p}_{k+1} = \mathbf{z}_{k+1} + \beta_k \mathbf{p}_k$$

$$\bar{\mathbf{p}}_{k+1} = \bar{\mathbf{z}}_{k+1} + \beta_k \bar{\mathbf{p}}_k$$

Para usar Linbcg, abaixo, você precisará fornecer rotinas que resolvam os sistemas auxiliares de equações lineares (2.7.42). Se você não tem ideia de o que usar para o pré-condicionador $\tilde{\mathbf{A}}$, então use a parte diagonal de **A**, ou mesmo a matriz identidade, caso no qual a obrigação de convergência será inteiramente do próprio método do gradiente conjugado.

A rotina solve de Linbcg, abaixo, é baseada em um programa originalmente escrito por Anne Greenbaum. (Ver [11] para uma implementação diferente e menos sofisticada.) Há alguns truques que você deveria conhecer.

O que constitui "boa" convergência é bastante dependente da aplicação. A rotina solve por esta razão fornece resultados considerando quatro possibilidades, selecionadas ativando-se o sinalizador itol no input. Se itol=1, iteração para quando a quantidade $||\cdot\mathbf{x}-\mathbf{b}|/|\cdot\cdot|$ é menor que a quantidade input tol. Se itol=2, o critério requerido é

$$|\tilde{\mathbf{A}}^{-1} \cdot (\mathbf{A} \cdot \mathbf{x} - \mathbf{b})|/|\tilde{\mathbf{A}}^{-1} \cdot \mathbf{b}| < \text{tol} \tag{2.7.44}$$

Se itol=3, a rotina usa suas próprias estimativas de erro em **x** e requer que sua magnitude, dividida pela magnitude de **x**, seja menor que tol. Designar itol=4 é o mesmo que itol=3, exceto que o maior componente (em valor absoluto) do erro e o maior componente de **x** são usados em vez do vetor de magnitude (isto é, a norma $L_\infty$ ao invés da norma $L_2$). Você pode precisar experimentar para descobrir quais destes critérios de convergência é melhor para seu problema.

No output, err é a tolerância de fato obtida. Se o contador retornado iter não indica que o número máximo de iterações permitidas itmax foi excedido, então err deveria ser menor que tol. Se você quer fazer iterações adicionais, deixe todas a quantidades retornadas como elas estão e chame a rotina novamente. A rotina perde sua memória do subespaço gerado entre as chamadas do gradiente conjugado, porém, então você não deve forçá-lo a retornar mais frequentemente do que cerca de a cada *N* iterações.

linbcg.h
```
struct Linbcg {
```
Classe base abstrata para resolver sistema de equações lineares esparsas pelo método do gradiente biconjugado pré-condicionado. Para usar, declare uma classe derivada na qual os métodos atimes e asolve são definidos para seu problema, juntamente com qualquer dado de que ele necessite. Então chame o método solve.
```
    virtual void asolve(VecDoub_I &b, VecDoub_O &x, const Int itrnsp) = 0;
    virtual void atimes(VecDoub_I &x, VecDoub_O &r, const Int itrnsp) = 0;
    void solve(VecDoub_I &b, VecDoub_IO &x, const Int itol, const Doub tol,
        const Int itmax, Int &iter, Doub &err);
```

```cpp
    Doub snrm(VecDoub_I &sx, const Int itol);    Utilitário usado por solve.
};

void Linbcg::solve(VecDoub_I &b, VecDoub_IO &x, const Int itol, const Doub tol,
    const Int itmax, Int &iter, Doub &err)
```
Resolva $\mathbf{A} \cdot \mathbf{x} = \mathbf{b}$ para x[0..n-1], dado b[0..n-1], pelo método do gradiente bi-conjugado iterativo. No input x[0..n-1] deve-se designar um chute inicial da solução (ou todos zeros); itol é 1, 2, 3 ou 4, especificando qual teste de convergência é aplicado (ver texto); itmax é o máximo número de iterações permitido e tol é a tolerância desejada da convergência. No output, x[0..n-1] é retornado para a solução melhorada, iter é o número de iterações de fato realizadas e err é o erro estimado. A matriz $\mathbf{A}$ é referenciada somente através das rotinas fornecidas pelo usuário atimes, a qual computa o produto de $\mathbf{A}$ ou de sua transposta por um vetor, e asolve, a qual resolve $\tilde{\mathbf{A}} \cdot \mathbf{x} = \mathbf{b}$ ou $\tilde{\mathbf{A}}^T \cdot \mathbf{x} = \mathbf{b}$ para alguma matriz pré-condicionadora de $\tilde{\mathbf{A}}$ (possivelmente a parte diagonal trivial de $\mathbf{A}$). Esta rotina pode ser chamada repetidamente, com itmax$\sim$n, para monitorar como err decresce; ou ela pode ser chamada uma única vez com um valor suficientemente grande de itmax tal que a convergência para tol é obtida.

```cpp
{
    Doub ak,akden,bk,bkden=1.0,bknum,bnrm,dxnrm,xnrm,zm1nrm,znrm;
    const Doub EPS=1.0e-14;
    Int j,n=b.size();
    VecDoub p(n),pp(n),r(n),rr(n),z(n),zz(n);
    iter=0;                        Calcule o resíduo inicial
    atimes(x,r,0);                 Input para atimes é x[0..n-1], output é r[0..n-1]; o
    for (j=0;j<n;j++) {            final 0 indica que a matriz (não sua transposta) deve
        r[j]=b[j]-r[j];            ser usada.
        rr[j]=r[j];
    }
    //atimes(r,rr,0);              Tire o comentário desta linha para ter o "mínimo resíduo"
    if (itol == 1) {               variante do algoritmo.
        bnrm=snrm(b,itol);
        asolve(r,z,0);             Input para asolve é r[0..n-1], output é z[0..n-1]; o final
    }                              0 indica que a matriz $\tilde{\mathbf{A}}$ (não sua transposta) deve ser
    else if (itol == 2) {          usada.
        asolve(b,z,0);
        bnrm=snrm(z,itol);
        asolve(r,z,0);
    }
    else if (itol == 3 || itol == 4) {
        asolve(b,z,0);
        bnrm=snrm(z,itol);
        asolve(r,z,0);
        znrm=snrm(z,itol);
    } else throw("illegal itol in linbcg");
    while (iter < itmax) {                          Principal laço.
        ++iter;                    Final 1 indica uso da matriz transposta $\tilde{\mathbf{A}}^T$.
        asolve(rr,zz,1);
        for (bknum=0.0,j=0;j<n;j++) bknum += z[j]*rr[j];
        Calcule coeficiente bk e vetores direcionais p e pp.
        if (iter == 1) {
            for (j=0;j<n;j++) {
                p[j]=z[j];
                pp[j]=zz[j];
            }
        } else {
            bk=bknum/bkden;
            for (j=0;j<n;j++) {
                p[j]=bk*p[j]+z[j];
                pp[j]=bk*pp[j]+zz[j];
            }
        }
        bkden=bknum;               Calcule coeficiente ak, novo x iterado e novos
        atimes(p,z,0);                     resíduos r e rr.
        for (akden=0.0,j=0;j<n;j++) akden += z[j]*pp[j];
        ak=bknum/akden;
```

```
            atimes(pp,zz,1);
            for (j=0;j<n;j++) {
                x[j] += ak*p[j];
                r[j] -= ak*z[j];
                rr[j] -= ak*zz[j];
            }
            asolve(r,z,0);                      Resolva $\tilde{\mathbf{A}} \cdot \mathbf{z} = \mathbf{r}$ e cheque o critério de parada.
            if (itol == 1)
                err=snrm(r,itol)/bnrm;
            else if (itol == 2)
                err=snrm(z,itol)/bnrm;
            else if (itol == 3 || itol == 4) {
                zm1nrm=znrm;
                znrm=snrm(z,itol);
                if (abs(zm1nrm-znrm) > EPS*znrm) {
                    dxnrm=abs(ak)*snrm(p,itol);
                    err=znrm/abs(zm1nrm-znrm)*dxnrm;
                } else {
                    err=znrm/bnrm;              Erro pode não estar acurado, então executar laço novamente.
                    continue;
                }
                xnrm=snrm(x,itol);
                if (err <= 0.5*xnrm) err /= xnrm;
                else {
                    err=znrm/bnrm;              Erro pode não estar acurado, então executar laço novamente.
                    continue;
                }
            }
            if (err <= tol) break;
        }
    }
```

A rotina `solve` usa esta breve utilidade para computar normas de vetores:

linbcg.h
```
    Doub Linbcg::snrm(VecDoub_I &sx, const Int itol)
    Compute uma das duas normas para um vetor sx[0..n-1], como sinalizado por itol. Usado por solve.
    {
        Int i,isamax,n=sx.size();
        Doub ans;
        if (itol <= 3) {
            ans = 0.0;
            for (i=0;i<n;i++) ans += SQR(sx[i]);        Norma magnitude do vetor.
            return sqrt(ans);
        } else {
            isamax=0;
            for (i=0;i<n;i++) {                         Norma componente maior.
                if (abs(sx[i]) > abs(sx[isamax])) isamax=i;
            }
            return abs(sx[isamax]);
        }
    }
```

Aqui está um exemplo de uma classe derivada que resolve $\mathbf{A} \cdot \mathbf{x} = \mathbf{b}$ para uma matriz $\mathbf{A}$ no formato esparso de coluna comprimida de NRsparseMat. Um simples pré-condicionador diagonal é usado.

asolve.h
```
    struct NRsparseLinbcg : Linbcg {
        NRsparseMat &mat;
        Int n;
        NRsparseLinbcg(NRsparseMat &matrix) : mat(matrix), n(mat.nrows) {}
```

O construtor apenas une uma referência a sua matriz esparsa, tornando ela disponível para asolve e atimes. Para resolver para um vetor de elementos independentes, você pode chamar o método solve do objeto, como definido na classe base.

```
    void atimes(VecDoub_I &x, VecDoub_O &r, const Int itrnsp) {
        if (itrnsp) r=mat.atx(x);
        else r=mat.ax(x);
    }
    void asolve(VecDoub_I &b, VecDoub_O &x, const Int itrnsp) {
        Int i,j;
        Doub diag;
        for (i=0;i<n;i++) {
            diag=0.0;
            for (j=mat.col_ptr[i];j<mat.col_ptr[i+1];j++)
                if (mat.row_ind[j] == i) {
                    diag=mat.val[j];
                    break;
                }
            x[i]=(diag != 0.0 ? b[i]/diag : b[i]);
```
A matriz $\tilde{A}$ é a parte diagonal de **A**. Uma vez que a matriz transposta tem a mesma diagonal, o sinalizador itrnsp não é usado neste exemplo.
```
        }
    }
};
```

Para outro exemplo de uso de uma classe derivada de Linbcg para resolver um problema de matriz esparsa, ver §3.8.

## REFERÊNCIAS CITADAS E LEITURA COMPLEMENTAR

Tewarson, R.P. 1973, *Sparse Matrices* (New York: Academic Press).[1]

Jacobs, D.A.H. (ed.) 1977, *The State of the Art in Numerical Analysis* (London: Academic Press), Chapter I.3 (by J.K. Reid).[2]

George, A., and Liu, J.W.H. 1981, *Computer Solution of Large Sparse Positive Definite Systems* (Englewood Cliffs, NJ: Prentice-Hall).[3]

*NAG Fortran Library* (Oxford, UK: Numerical Algorithms Group), veja 2007+, http://www.nag.co.uk.[4]

*IMSL Math/Library Users Manual (Houston:* IMSL Inc.), veja 2007+, http://www.vni.com/products/imsl.[5]

Eisenstat, S.C., Gursky, M.C., Schultz, M.H., and Sherman, A.H. 1977, *Yale Sparse Matrix Package,* Technical Reports 112 and 114 (Yale University Department of Computer Science).[6]

Bai, Z., Demmel, J., Dongarra, J. Ruhe, A., and van der Vorst, H. (eds.) 2000, *Templates for the Solution of Algebraic Eigenvalue Problems: A Practical Guide* Ch. 10 (Philadelphia: S.I.A.M.). Online em URL em http://www.cs.ucdavis.edu/~bai/ET/contents.html.[7]

*SPARSKIT,* 2007+, at http://www-users.cs.umn.edu/~saad/software/SPARSKIT/ sparskit.html.[8]

Golub, G.H., and Van Loan, C.F. 1996, *Matrix Computations,* 3rd ed. (Baltimore: Johns Hopkins University Press), Chapters 4 and 10, particularmente §10.2-§10.3.[9]

Stoer, J., and Bulirsch, R. 2002, *Introduction to Numerical Analysis,* 3rd ed. (New York: Springer), Chapter 8.[10]

Baker, L. 1991, *More C Tools for Scientists and Engineers* (New York: McGraw-Hill).[11]

Fletcher, R. 1976, in *Numerical Analysis Dundee 1975,* Lecture Notes in Mathematics, vol. 506, A. Dold and B Eckmann, eds. (Berlin: Springer), pp. 73-89.[12]

*PCGPAK User's Guide* (New Haven: Scientific Computing Associates, Inc.).[13]

Saad, Y., and Schulz, M. 1986, *SIAM Journal on Scientific and Statistical Computing,* vol. 7, pp. 856-869.[14]

Ueberhuber, C.W. 1997, *Numerical Computation: Methods, Software, and Analysis,* 2 vols. (Berlin: Springer), Chapter 13.

Bunch, J.R., and Rose, D.J. (eds.) 1976, *Sparse Matrix Computations* (New York: Academic Press).

Duff, I.S., and Stewart, G.W. (eds.) 1979, *Sparse Matrix Proceedings 1978* (Philadelphia: S.I.A.M.).

## 2.8 Matrizes de Vandermonde e matrizes de Toeplitz

Em §2.4 o caso da matriz tridiagonal foi tratado de forma especial, porque cada tipo particular de sistema linear admite uma solução em apenas uma ordem de $N$ operações, em vez de uma ordem de $N^3$ para problemas gerais no caso linear. Quando tais tipos particulares existem, é importante saber sobre eles. Seus ganhos computacionais associados, caso você esteja trabalhando com um problema que envolva o tipo certo desta categoria particular, pode ser enorme.

Esta seção trata sobre dois tipos especiais de matrizes que podem ser resolvidas em ordem de $N^2$ operações, não tão boa como a tridiagonal, mas um bocado melhor do que o caso geral. (Exceto pelas operações count, estes dois tipos nada têm em comum.) Matrizes do primeiro tipo, denominadas *matrizes de Vandermonde*, ocorrem em alguns problemas relacionados com ajuste de polinômios, a reconstrução das distribuições a partir de seus momentos, e também em outros contextos. Neste livro, por exemplo, um problema de Vandermonde aparecem em §3.5. Matrizes do segundo tipo, denominadas *matrizes Toeplitz*, tendem a ocorrer em problemas que envolvem deconvolução e processamento de sinal. Neste livro, um problema Toeplitz é encontrado em §13.7.

Não é apenas sobre estes tipos especiais de matrizes que vale a pena saber. As *matrizes de Hilbert*, cujos componentes são da forma $a_{ij} = 1/(i+j+1), i, j = 0, ..., N-1$, podem ser invertidas por um algoritmo inteiro exato e são muito difíceis de inverter de qualquer outra maneira, uma vez que elas são notoriamente mal-condicionadas (ver [1] para detalhes). As fórmulas de Sherman-Morrison e Woodbury, discutidas em §2.7, podem às vezes ser usadas para converter novas formas especiais em velhas. A referência [2] fornece algumas outras formas especiais. Não vimos estas formas adicionais surgirem tão frequentemente quanto as duas que agora discutimos.

### 2.8.1 Matrizes de Vandermonde

Uma matriz de Vandermonde de tamanho $N \times N$ é completamente determinada por $N$ números arbitrários $x_0, x_1, ..., x_{N-1}$, em termos dos quais seus $N^2$ componentes são potências inteiras $x_i^j, i, j = 0, ..., N-1$. Evidentemente, há duas formas possíveis, dependendo se nós visualizamos as $i$'s como linhas e $j$'s como colunas, ou vice-versa. No primeiro caso, obtemos um sistema linear de equações que assemelha-se a este,

$$\begin{bmatrix} 1 & x_0 & x_0^2 & \cdots & x_0^{N-1} \\ 1 & x_1 & x_1^2 & \cdots & x_1^{N-1} \\ \vdots & \vdots & \vdots & & \vdots \\ 1 & x_{N-1} & x_{N-1}^2 & \cdots & x_{N-1}^{N-1} \end{bmatrix} \cdot \begin{bmatrix} c_0 \\ c_1 \\ \vdots \\ c_{N-1} \end{bmatrix} = \begin{bmatrix} y_0 \\ y_1 \\ \vdots \\ y_{N-1} \end{bmatrix} \quad (2.8.1)$$

Realizando a multiplicação de matriz, você verá que esta equação determina para coeficientes desconhecidos $c_i$, o polinômio interpolador para $N$ pares de abscissas e ordenadas $(x_i, y_i)$. Precisamente este problema surgirá em §3.5, e a rotina dada solucionará (2.8.1) pelo método que estamos descrevendo.

A identificação alternativa de linhas e colunas leva ao sistema de equações

$$\begin{bmatrix} 1 & 1 & \cdots & 1 \\ x_0 & x_1 & \cdots & x_{N-1} \\ x_0^2 & x_1^2 & \cdots & x_{N-1}^2 \\ & & \cdots & \\ x_0^{N-1} & x_1^{N-1} & \cdots & x_{N-1}^{N-1} \end{bmatrix} \cdot \begin{bmatrix} w_0 \\ w_1 \\ w_2 \\ \cdots \\ w_{N-1} \end{bmatrix} = \begin{bmatrix} q_0 \\ q_1 \\ q_2 \\ \cdots \\ q_{N-1} \end{bmatrix} \quad (2.8.2)$$

Escreva isto por extenso e você verá que isso se relaciona ao *problema dos momentos*: dados os valores de $N$ pontos $x_i$, encontre os pesos desconhecidos $w_i$, designado de forma a casar com os valores dados $q_j$ dos primeiros $N$ momentos. (Para mais sobre este problema, consulte [3].) A rotina dada nesta seção resolve (2.8.2).

O método de solução para (2.8.1) e (2.8.2) é fortemente relacionado à fórmula de interpolação polinomial de Lagrange, a qual nós trataremos formalmente até §3.2. Não obstante, a seguinte dedução deveria ser compreensível:

Seja $P_j(x)$ o polinômio de grau $N - 1$ definido por

$$P_j(x) = \prod_{\substack{n=0 \\ n \neq j}}^{N-1} \frac{x - x_n}{x_j - x_n} = \sum_{k=0}^{N-1} A_{jk} x^k \qquad (2.8.3)$$

Aqui, o significado da última desigualdade é para definir os componentes da matriz $A_{ij}$ como os coeficientes que surgem quando o produto é executado e é agrupado como termos.

O polinômio $P_j(x)$ é uma função de $x$ geralmente. Mas você notará que ele é especialmente desenvolvido para assumir valor nulo para todo $x_i$ com $i \neq j$ e assume valor 1 se $x = x_j$. Em outras palavras,

$$P_j(x_i) = \delta_{ij} = \sum_{k=0}^{N-1} A_{jk} x_i^k \qquad (2.8.4)$$

Mas (2.8.4) diz que $A_{jk}$ é exatamente o inverso da matriz dos componentes $x_i^k$, a qual aparece em (2.8.2), com o subscrito como o índice da coluna. Por esta razão, a solução de (2.8.2) é apenas a matriz inversa vezes o vetor de elementos independentes,

$$w_j = \sum_{k=0}^{N-1} A_{jk} q_k \qquad (2.8.5)$$

Como para o problema (2.8.1) da transposta, nós podemos usar o fato de que a inversa da transposta é a transposta da inversa, então

$$c_j = \sum_{k=0}^{N-1} A_{kj} y_k \qquad (2.8.6)$$

A rotina em §3.5 implementa isso.

Ainda falta encontrar uma boa maneira de multiplicar os termos monômios em (2.8.3), a fim de se obter os componentes de $A_{jk}$. Isto é essencialmente um problema de bookkeping, e deixaremos você ler a rotina para ver como ele pode ser resolvido. Um truque é definir um $P(x)$ mestre por

$$P(x) \equiv \prod_{n=0}^{N-1} (x - x_n) \qquad (2.8.7)$$

desenvolver seus coeficientes e então obter os numeradores e denominadores dos $P_j$'s específicos via divisão sintética por um termo sobressalente. (Veja § 5.1 para mais sobre divisão sintética.) Uma vez que cada divisão é apenas um processo de ordem $N$, o procedimento inteiro é de ordem $N^2$.

Fique avisado que sistemas Vandermonde são notoriamente mal-condicionados, por sua própria natureza. (Como um aparte antecipando o §5.8, a razão é a mesma que torna o ajuste por polinômios de Chebyshev tão impressionantemente acurado: existem polinômios de alta ordem que são muito bons ajustes uniformes para o zero. Consequentemente, erros de arredondamento podem introduzir coeficientes bastante substanciais dos termos mais importantes destes polinômios.) É uma boa ideia sempre calcular problemas de Vandermonde em dupla precisão ou mais.

A rotina para (2.8.2) que segue é devido a G.B. Rybicki.

vander.h
```
void vander(VecDoub_I &x, VecDoub_O &w, VecDoub_I &q)
```
Resolva o sistema linear de Vandermonde $\sum_{i=0}^{N-1} x_i^k w_i = q_k$ ($k = 0, \ldots, N-1$). O input consiste dos vetores x[0..n-1] e q[0..n-1]; o vetor w[0..n-1] é o output.
```
{
    Int i,j,k,n=q.size();
    Doub b,s,t,xx;
    VecDoub c(n);
    if (n == 1) w[0]=q[0];
    else {
        for (i=0;i<n;i++) c[i]=0.0;         Inicializa o arranjo.
        c[n-1] = -x[0];                      Coeficientes do polinômio mestre são encontrados por
        for (i=1;i<n;i++) {                  recursão.
            xx = -x[i];
            for (j=(n-1-i);j<(n-1);j++) c[j] += xx*c[j+1];
            c[n-1] += xx;
        }
        for (i=0;i<n;i++) {                  Cada subfator por vez
            xx=x[i];
            t=b=1.0;
            s=q[n-1];
            for (k=n-1;k>0;k--) {            é sinteticamente dividido,
                b=c[k]+xx*b;
                s += q[k-1]*b;               matriz-mulplicado pelo vetor de elementos indepen-
                t=xx*t+b;                    dentes
            }
            w[i]=s/t;                        e fornecido com um denominador.
        }
    }
}
```

### 2.8.2 Matrizes Toeplitz

Uma matriz Toeplitz $N \times N$ é especificada dando-se $2N - 1$ números $R_k$, onde o índice $k$ varia sobre $k = -N+1, \ldots, -1, 0, 1, \ldots, N-1$. Estes números são então alocados como elementos constantes de matriz ao longo das diagonais superiores e inferiores da matriz:

$$\begin{bmatrix} R_0 & R_{-1} & R_{-2} & \cdots & R_{-(N-2)} & R_{-(N-1)} \\ R_1 & R_0 & R_{-1} & \cdots & R_{-(N-3)} & R_{-(N-2)} \\ R_2 & R_1 & R_0 & \cdots & R_{-(N-4)} & R_{-(N-3)} \\ \cdots & & & & \cdots & \\ R_{N-2} & R_{N-3} & R_{N-4} & \cdots & R_0 & R_{-1} \\ R_{N-1} & R_{N-2} & R_{N-3} & \cdots & R_1 & R_0 \end{bmatrix} \qquad (2.8.8)$$

O problema linear de Toeplitz pode então ser escrito como

$$\sum_{j=0}^{N-1} R_{i-j} x_j = y_i \qquad (i = 0, \ldots, N-1) \qquad (2.8.9)$$

onde os $x_j$'s, $j = 0, \ldots, N-1$, são as incógnitas a serem determinadas.

A matriz de Toeplitz é simétrica se $R_k = R_{-k}$ para todo $k$. Levinson [4] desenvolveu um algoritmo para uma solução rápida do problema simétrico de Toeplitz, por um *método de bordering* (método de contorno), isto é, um procedimento recursivo que resolve o problema ($M$+1)-dimensional de Toeplitz

$$\sum_{j=0}^{M} R_{i-j} x_j^{(M)} = y_i \qquad (i = 0, \ldots, M) \tag{2.8.10}$$

para cada $M = 0, 1\ldots$ até que $M = N - 1$, o resultado desejado, é finalmente obtido. O vetor $x_j^{(M)}$ é o resultado no $M$-ésimo estágio e torna-se a resposta desejada somente quanto $N - 1$ é alcançado.

O método de Levinson é bem documentado em textos padrões (p. ex., [5]). O fato útil de que o método generaliza para o caso *não simétrico* parece ser menos bem-conhecido. Correndo o risco de um detalhamento excessivo, nós por esta razão fornecemos aqui uma dedução de G.B. Rybicki.

Na seguinte recursão do passo $M$ para o passo $M+1$, vemos que nossa solução em desenvolvimento $x^{(M)}$ muda desta maneira:

$$\sum_{j=0}^{M} R_{i-j} x_j^{(M)} = y_i \qquad i = 0, \ldots, M \tag{2.8.11}$$

e se torna

$$\sum_{j=0}^{M} R_{i-j} x_j^{(M+1)} + R_{i-(M+1)} x_{M+1}^{(M+1)} = y_i \qquad i = 0, \ldots, M+1 \tag{2.8.12}$$

Eliminando $y_i$, encontramos

$$\sum_{j=0}^{M} R_{i-j} \left( \frac{x_j^{(M)} - x_j^{(M+1)}}{x_{M+1}^{(M+1)}} \right) = R_{i-(M+1)} \qquad i = 0, \ldots, M \tag{2.8.13}$$

ou fazendo a substituição $i \to M - i$ e $j \to M - j$,

$$\sum_{j=0}^{M} R_{j-i} G_j^{(M)} = R_{-(i+1)} \tag{2.8.14}$$

onde

$$G_j^{(M)} \equiv \frac{x_{M-j}^{(M)} - x_{M-j}^{(M+1)}}{x_{M+1}^{(M+1)}} \tag{2.8.15}$$

Colocando isto de outra maneira,

$$x_{M-j}^{(M+1)} = x_{M-j}^{(M)} - x_{M+1}^{(M+1)} G_j^{(M)} \qquad j = 0, \ldots, M \tag{2.8.16}$$

Então, se nós podemos usar recursão para encontrar as quantidades de ordem $M$ $x^{(M)}$ e $G^{(M)}$ e a quantidade de ordem $M+1$, $x_{M+1}^{(M+1)}$, então todos os outros $x_j^{(M+1)}$'s seguirão disso. Por sorte, a quantidade $x_{M+1}^{(M+1)}$ segue da equação (2.8.2) com $i = M+1$,

$$\sum_{j=0}^{M} R_{M+1-j} x_j^{(M+1)} + R_0 x_{M+1}^{(M+1)} = y_{M+1} \tag{2.8.17}$$

Para as quantidade incógnitas de ordem $M+1$, $x_j^{(M+1)}$, podemos substituir as quantidades de ordem anteriores em $G$ uma vez que

$$G_{M-j}^{(M)} = \frac{x_j^{(M)} - x_j^{(M+1)}}{x_{M+1}^{(M+1)}} \tag{2.8.18}$$

O resultado desta operação é

$$x_{M+1}^{(M+1)} = \frac{\sum_{j=0}^{M} R_{M+1-j} x_j^{(M)} - y_{M+1}}{\sum_{j=0}^{M} R_{M+1-j} G_{M-j}^{(M)} - R_0} \qquad (2.8.19)$$

O único problema remanescente é desenvolver uma relação de recursão para $G$. Antes de fazermos isso, porém, nós deveríamos indicar que há de fato dois conjuntos de soluções distintos para o problema linear original para uma matriz não simétrica, a saber, soluções pelo lado direito (as quais nós já discutimos) e soluções pelo lado esquerdo $z_i$. O formalismo para soluções pela esquerda difere apenas em como nós lidamos com as equações

$$\sum_{j=0}^{M} R_{j-i} z_j^{(M)} = y_i \qquad i = 0, \ldots, M \qquad (2.8.20)$$

Então, a mesma sequência de operações neste sistema conduz a

$$\sum_{j=0}^{M} R_{i-j} H_j^{(M)} = R_{i+1} \qquad (2.8.21)$$

Onde

$$H_j^{(M)} \equiv \frac{z_{M-j}^{(M)} - z_{M-j}^{(M+1)}}{z_{M+1}^{(M+1)}} \qquad (2.8.22)$$

(compare com 2.8.14−2.8.15). A razão para mencionar as soluções pela esquerda agora é que, pela equação (2.8.21), os $H_j$'s satisfazem exatamente a mesma equação que os $x_j$'s exceto para a substituição $y_i \to R_{i+1}$ pelo lado direito. Por esta razão, podemos rapidamente deduzir da equação (2.8.19) que

$$H_{M+1}^{(M+1)} = \frac{\sum_{j=0}^{M} R_{M+1-j} H_j^{(M)} - R_{M+2}}{\sum_{j=0}^{M} R_{M+1-j} G_{M-j}^{(M)} - R_0} \qquad (2.8.23)$$

Da mesma forma, $G$ satisfaz a mesma equação que $z$, exceto pela substituição $y_i \to R_{-(i+1)}$. Isto fornece

$$G_{M+1}^{(M+1)} = \frac{\sum_{j=0}^{M} R_{j-M-1} G_j^{(M)} - R_{-M-2}}{\sum_{j=0}^{M} R_{j-M-1} H_{M-j}^{(M)} - R_0} \qquad (2.8.24)$$

O mesmo "morfismo" também reverte a equação (2.8.16), e sua parceira para $z$, em direção às equações finais

$$\begin{aligned} G_j^{(M+1)} &= G_j^{(M)} - G_{M+1}^{(M+1)} H_{M-j}^{(M)} \\ H_j^{(M+1)} &= H_j^{(M)} - H_{M+1}^{(M+1)} G_{M-j}^{(M)} \end{aligned} \qquad (2.8.25)$$

Agora, começando com os valores iniciais

$$x_0^{(0)} = y_0 / R_0 \qquad G_0^{(0)} = R_{-1}/R_0 \qquad H_0^{(0)} = R_1/R_0 \qquad (2.8.26)$$

podemos fazer a recursão. Em cada estágio $M$ nós usamos as equações (2.8.23) e (2.8.24) para encontrar $H_{M+1}^{(M+1)}$, $G_{M+1}^{(M+1)}$, e então a equação (2.8.25) para encontrar os outros componentes de $H^{(M+1)}$, $G^{(M+1)}$. Disto os vetores $x^{(M+1)}$ e /ou $z^{(M+1)}$ são facilmente calculados.

Capítulo 2 Solução de Equações Algébricas Lineares 119

O programa abaixo faz isto. Ele incorpora a segunda equação em (2.8.25) na forma

$$H_{M-j}^{(M+1)} = H_{M-j}^{(M)} - H_{M+1}^{(M+1)} G_j^{(M)} \qquad (2.8.27)$$

de forma que o cálculo pode ser feito "no lugar certo".

Note que o algoritmo acima falha se $R_0 = 0$. De fato, porque o método de bordering não permite o pivoteamento, o algoritmo falhará se alguma das diagonais principais menores da matriz original de Toeplitz anular-se. (Compare com a discussão do algoritmo tridiagonal em §2.4.) Se o algoritmo falha, sua matriz não é necessariamente singular – você pode apenas ter que resolver seu problema por um algoritmo mais lento e mais geral como o de decomposição *LU* com pivoteamento.

A rotina que implementa as equações (2.8.23)–(2.8.27) é também de Rybicki. Observe que o r[n-1+j] da rotina é igual ao $R_j$ acima, de forma que os subscritos no arranjo r variam de 0 até $2N - 2$.

```
void toeplz(VecDoub_I &r, VecDoub_O &x, VecDoub_I &y)                               toeplz.h
```
Resolve o sistema de Toeplitz $\sum_{j=0}^{N-1} R_{(N-1+i-j)} x_j = y_i$ ($i = 0, \ldots, N - 1$). A matriz de Toeplitz não precisa ser simétrica. y[0..n-1] e r[0..2*n-2] são arranjos input; x[0..n-1] é o arranjo output.
```
{
    Int j,k,m,m1,m2,n1,n=y.size();
    Doub pp,pt1,pt2,qq,qt1,qt2,sd,sgd,sgn,shn,sxn;
    n1=n-1;
    if (r[n1] == 0.0) throw("toeplz-1 singular principal minor");
    x[0]=y[0]/r[n1];                    Inicialize para a recursão
    if (n1 == 0) return;
    VecDoub g(n1),h(n1);
    g[0]=r[n1-1]/r[n1];
    h[0]=r[n1+1]/r[n1];
    for (m=0;m<n;m++) {                 Laço principal sobre a recursão
        m1=m+1;
        sxn = -y[m1];                   Compute numerador e denominador para x da equação
        sd = -r[n1];                    (2.8.19),
        for (j=0;j<m+1;j++) {
            sxn += r[n1+m1-j]*x[j];
            sd += r[n1+m1-j]*g[m-j];
        }
        if (sd == 0.0) throw("toeplz-2 singular principal minor");
        x[m1]=sxn/sd;                   daí x.
        for (j=0;j<m+1;j++)             Equação (2.8.16).
            x[j] -= x[m1]*g[m-j];
        if (m1 == n1) return;
        sgn = -r[n1-m1-1];              Compute numerador e denominador para G e H, equações
        shn = -r[n1+m1+1];              (2.8.24) e (2.8.23),
        sgd = -r[n1];
        for (j=0;j<m+1;j++) {
            sgn += r[n1+j-m1]*g[j];
            shn += r[n1+m1-j]*h[j];
            sgd += r[n1+j-m1]*h[m-j];
        }
        if (sgd == 0.0) throw("toeplz-3 singular principal minor");
        g[m1]=sgn/sgd;                  daí G e H.
        h[m1]=shn/sd;
        k=m;
        m2=(m+2) >> 1;
        pp=g[m1];
        qq=h[m1];
        for (j=0;j<m2;j++) {
            pt1=g[j];
```

```
                pt2=g[k];
                qt1=h[j];
                qt2=h[k];
                g[j]=pt1-pp*qt2;
                g[k]=pt2-pp*qt1;
                h[j]=qt1-qq*pt2;
                h[k--]=qt2-qq*pt1;
            }
        }                               Volte para outra recorrência.
        throw("toeplz - should not arrive here!");
    }
```

Se você está no ramo de resolver sistemas Toeplitz *muito* grandes, você deveria investigar os assim chamados algoritmos "novos, rápidos", os quais requerem apenas uma ordem de $N(\log N)^2$ operações, comparados a $N^2$ para o método de Levinson. Estes métodos são muito complicados para incluir aqui. Artigos de Bunch [6] e de Hoog [7] levarão à literatura sobre isso.

### REFERÊNCIAS CITADAS E LEITURA COMPLEMENTAR

Golub, G.H., and Van Loan, C.F. 1996, *Matrix Computations*, 3rd ed. (Baltimore: Johns Hopkins University Press), Chapter 5 [também trata de algumas outras formas especiais].

Forsythe, G.E., and Moler, C.B. 1967, *Computer Solution of Linear Algebraic Systems* (Engle-wood Cliffs, NJ: Prentice-Hall), §19.[1]

Westlake, J.R. 1968, *A Handbook of Numerical Matrix Inversion and Solution of Linear Equations* (New York: Wiley).[2]

von Mises, R. 1964, *Mathematical Theory of Probability and Statistics* (New York: Academic Press), pp. 394ff.[3]

Levinson, N., Appendix B of N. Wiener, 1949, *Extrapolation, Interpolation and Smoothing of Stationary Time Series* (New York: Wiley).[4]

Robinson, E.A., and Treitel, S. 1980, *Geophysical Signal Analysis* (Englewood Cliffs, NJ: Prentice-Hall), pp. 163ff.[5]

Bunch, J.R. 1985, "Stability of Methods for Solving Toeplitz Systems of Equations," *SIAM Journal on Scientific and Statistical Computing*, vol. 6, pp. 349-364.[6]

de Hoog, F. 1987, "A New Algorithm for Solving Toeplitz Systems of Equations," *Linear Algebra and Its Applications*, vol. 88/89, pp. 123-138.[7]

## 2.9 Decomposição de Cholesky

Se uma matriz **A** é simétrica e positiva-definida, então ela tem uma decomposição triangular especial, e mais eficiente. Simétrica significa que $a_{ij} = a_{ji}$ para $i, j = 0, ..., N - 1$, enquanto *positiva- definida* significa que

$$\mathbf{v} \cdot \mathbf{A} \cdot \mathbf{v} > 0 \quad \text{para todos os vetores } \mathbf{v} \tag{2.9.1}$$

(No Capítulo 11 veremos que positiva-definida tem a interpretação equivalente que **A** tem autovalores positivos.) Embora matrizes simétricas e positiva-definidas sejam um tanto quanto especiais, elas ocorrem com relativa frequência em algumas aplicações; então sua fatoração especial, chamada de *decomposição de Cholesky*, é importante conhecer. Quando você pode usá-la, a decomposição de Cholesky é cerca de um fator de duas vezes mais rápida do que métodos alternativos para resolver sistemas lineares.

Em vez de procurar fatores triangular inferior e superior arbitrários **L** e **U**, a decomposição de Cholesky constrói uma matriz triangular inferior **L** cuja transposta $\mathbf{L}^T$ pode ela mesma servir como a parte triangular superior. Em outras palavras, trocamos a equação (2.3.1) por

$$\mathbf{L} \cdot \mathbf{L}^T = \mathbf{A} \tag{2.9.2}$$

Esta fatoração é algumas vezes referida como "tomar a raiz quadrada" da matriz **A**, embora, por causa da transposta, ela não seja exatamente isso. Os componentes de $\mathbf{L}^T$ são evidentemente relacionados aos de **L** por

$$L_{ij}^T = L_{ji} \tag{2.9.3}$$

Escrevendo por extenso a equação (2.9.2) em componentes, prontamente obtemos os análogos das equações (2.3.12)–(2.3.13),

$$L_{ii} = \left(a_{ii} - \sum_{k=0}^{i-1} L_{ik}^2\right)^{1/2} \tag{2.9.4}$$

e

$$L_{ji} = \frac{1}{L_{ii}}\left(a_{ij} - \sum_{k=0}^{i-1} L_{ik} L_{jk}\right) \quad j = i+1, i+2, \ldots, N-1 \tag{2.9.5}$$

Se você aplicar as equações (2.9.4) e (2.9.5) na ordem $i = 0,1, \ldots, N-1$, você verá que os $L$'s que ocorrem no lado direito já foram determinados quando eles são necessários. Também, apenas os componentes $a_{ij}$ com $j \geq i$ são referenciados. (Uma vez que **A** é simétrica, estes têm informação completa.) Se memória for valiosa, é possível fazer o fator **L** se sobrepor à subdiagonal (triangular inferior, mas não incluindo a diagonal) parte de **A**, preservando os valores input do triângulo superior de **A**; um vetor extra de comprimento $N$ é então necessário para armazenar a parte diagonal de **L**. A contagem de operações é $N^3/6$ execuções do laço interno (consistindo em uma multiplicação e uma subtração), com também $N$ raízes quadradas. Como já mencionado, isto é em torno de um fator 2 melhor do que a decomposição $LU$ de **A** (onde sua simetria seria ignorada).

Você pode estar pensando sobre pivoteamento. A agradável resposta é que decomposição de Cholesky é extremamente estável numericamente, sem qualquer pivoteamento em qualquer condição. Uma falha da decomposição simplesmente indica que a matriz **A** (ou, com erro de arredondamento, outra matriz muito próxima) não é positiva-definida. Na verdade, isto é uma alternativa eficiente para testar quando uma matriz é positiva-definida. (Nesta aplicação, você pode querer trocar o `throw` no código abaixo por algum método de sinalização menos drástico.)

Neste meio tempo, você deveria estar familiarizado, senão aborrecido, com nossas convenções para implementar objetos de métodos de decomposição; assim nós listamos o objeto `Cholesky` como um único grande pedaço. Os métodos `elmult` e `elsolve` realizam manipulações usando a matriz **L**. O primeiro multiplica $\mathbf{L} \cdot \mathbf{y} = \mathbf{c}$ para um dado **y**, retornando **c**. O segundo resolve esta mesma equação, dado **c** e retornando **y**. Estas manipulações são úteis em contextos como gaussianas multivariadas (§7.4 e §16.5) e na análise das matrizes de covariância (§15.6).

```
struct Cholesky{                                                cholesky.h
Objeto para decomposição de Cholesky da matriz A e funções relacionadas.
    Int n;
    MatDoub el;                     Armazena a decomposição.
    Cholesky(MatDoub_I &a) : n(a.nrows()), el(a) {
    Construtor. Dada uma matriz simétrica positiva-definida a[0..n-1][0..n-1], constrói e armazena
    sua decomposição de Cholesky, $\mathbf{A} = \mathbf{L} \cdot \mathbf{L}^T$.
        Int i,j,k;
        VecDoub tmp;
        Doub sum;
        if (el.ncols() != n) throw("need square matrix");
        for (i=0;i<n;i++) {
            for (j=i;j<n;j++) {
```

```
                for (sum=el[i][j],k=i-1;k>=0;k--) sum -= el[i][k]*el[j][k];
                if (i == j) {
                    if (sum <= 0.0)              A, com erros de arredondamento, não é positiva-de-
                        throw("Cholesky failed");  finida.
                    el[i][i]=sqrt(sum);
                } else el[j][i]=sum/el[i][i];
            }
        }
        for (i=0;i<n;i++) for (j=0;j<i;j++) el[j][i] = 0.;
    }
    void solve(VecDoub_I &b, VecDoub_O &x) {
```
Resolve o sistema linear de n equações $A \cdot x = b$, onde a é uma matriz simétrica positiva-definida cuja decomposição de Cholesky foi armazenada. b[0..n-1] é input como vetor de elementos independentes. O vetor solução é retornado em x[0..n-1].
```
        Int i,k;
        Doub sum;
        if (b.size() != n || x.size() != n) throw("bad lengths in Cholesky");
        for (i=0;i<n;i++) {                  Resolve L · x = b, armazenado y em x.
            for (sum=b[i],k=i-1;k>=0;k--) sum -= el[i][k]*x[k];
            x[i]=sum/el[i][i];
        }
        for (i=n-1;i>=0;i--) {               Resolve Lᵀ · x = y.
            for (sum=x[i],k=i+1;k<n;k++) sum -= el[k][i]*x[k];
            x[i]=sum/el[i][i];
        }
    }
    void elmult(VecDoub_I &y, VecDoub_O &b) {
```
Multiplique $L \cdot y = b$, onde $L$ é a matriz triangular inferior na decomposição de Cholesky armazenada. y[0..n-1] é input. O resultado é retornado em b[0..n-1].
```
        Int i,j;
        if (b.size() != n || y.size() != n) throw("bad lengths");
        for (i=0;i<n;i++) {
            b[i] = 0.;
            for (j=0;j<=i;j++) b[i] += el[i][j]*y[j];
        }
    }

    void elsolve(VecDoub_I &b, VecDoub_O &y) {
```
Resolva $L \cdot y = b$, onde $L$ é a matriz triangular inferior na decomposição de Cholesky. b[0..n-1] é input como o vetor de elementos independentes. O vetor solução é retornado em y[0..n-1].
```
        Int i,j;
        Doub sum;
        if (b.size() != n || y.size() != n) throw("bad lengths");
        for (i=0;i<n;i++) {
            for (sum=b[i],j=0; j<i; j++) sum -= el[i][j]*y[j];
            y[i] = sum/el[i][i];
        }
    }
    void inverse(MatDoub_O &ainv) {
```
Atribua ainv[0..n-1][0..n-1] como a matriz inversa de A, a matriz cuja decomposição de Cholesky foi armazenada.
```
        Int i,j,k;
        Doub sum;
        ainv.resize(n,n);
        for (i=0;i<n;i++) for (j=0;j<=i;j++){
            sum = (i==j? 1. : 0.);
            for (k=i-1;k>=j;k--) sum -= el[i][k]*ainv[j][k];
            ainv[j][i]= sum/el[i][i];
        }
        for (i=n-1;i>=0;i--) for (j=0;j<=i;j++){
            sum = (i<j? 0. : ainv[j][i]);
            for (k=i+1;k<n;k++) sum -= el[k][i]*ainv[j][k];
```

```
            ainv[i][j] = ainv[j][i] = sum/el[i][i];
        }
    }
    Doub logdet() {
    Retorne o logaritmo do determinante de A, a matriz cuja decomposição de Cholesky foi armazenada.
        Doub sum = 0.;
        for (Int i=0; i<n; i++) sum += log(el[i][i]);
        return 2.*sum;
    }
};
```

**REFERÊNCIAS CITADAS E LEITURA COMPLEMENTAR**

Wilkinson, J.H., and Reinsch, C. 1971, *Linear Algebra,* vol. II of *Handbook for Automatic Computation* (New York: Springer), Chapter I/1.

Gill, P.E., Murray, W., and Wright, M.H. 1991, *Numerical Linear Algebra and Optimization,* vol. 1 (Redwood City, CA: Addison-Wesley), §4.9.2.

Dahlquist, G., and Bjorck, A. 1974, *Numerical Methods* (Englewood Cliffs, NJ: Prentice-Hall); reprinted 2003 (New York: Dover), §5.3.5.

Golub, G.H., and Van Loan, C.F. 1996, *Matrix Computations,* 3rd ed. (Baltimore: Johns Hopkins University Press), §4.2.

## 2.10 Decomposição *QR*

Há outra fatoração de matriz que é às vezes muito útil, a assim *chamada decomposição QR,*

$$\mathbf{A} = \mathbf{Q} \cdot \mathbf{R} \tag{2.10.1}$$

Aqui **R** é triangular superior, enquanto **Q** é ortogonal, isto é,

$$\mathbf{Q}^T \cdot \mathbf{Q} = \mathbf{1} \tag{2.10.2}$$

onde $\mathbf{Q}^T$ é a matriz transposta de **Q**. Embora a decomposição exista para uma matriz geral retangular, nós deveríamos restringir nosso tratamento para o caso quando todas as matrizes são quadradas, com dimensões $N \times N$.

Como as outras fatorações de matriz que nós tratamos (*LU*, SVD, Cholesky), a decomposição *QR* pode ser usada para resolver sistemas de equações lineares. Para resolver

$$\mathbf{A} \cdot \mathbf{x} = \mathbf{b} \tag{2.10.3}$$

primeiro calculamos $\mathbf{Q}^T \cdot \mathbf{b}$ e então resolvemos

$$\mathbf{R} \cdot \mathbf{x} = \mathbf{Q}^T \cdot \mathbf{b} \tag{2.10.4}$$

por retrossubstituição. Uma vez que a decomposição *QR* envolve cerca de duas vezes mais operações do que a decomposição *LU*, ela não é usada para sistemas típicos de equações lineares. Porém, encontraremos casos especiais onde *QR* é o método de preferência.

O algoritmo padrão para a decomposição *QR* envolve sucessivas transformações de Householder (que será discutida mais adiante em §11.3). Nós escrevemos uma matriz de Householder na forma $1 - \mathbf{u} \otimes \mathbf{u}/c$, onde $c = \frac{1}{2}\mathbf{u} \cdot \mathbf{u}$. Uma matriz de Householder apropriada aplicada para uma dada matriz pode zerar todos os elementos em uma coluna da matriz situados abaixo de um elemento escolhido. Assim, fazemos a primeira matriz Householder $\mathbf{Q}_0$ zerar todos os elementos na coluna 0 de **A** abaixo do zero-ésimo elemento. Similarmente, $\mathbf{Q}_1$ anula todos os elementos na coluna 1 abaixo do elemento 1, e assim por diante até $\mathbf{Q}_{n-2}$. Então

$$\mathbf{R} = \mathbf{Q}_{n-2}\cdots\mathbf{Q}_0\cdot\mathbf{A} \qquad (2.10.5)$$

Uma vez que as matrizes de Householder são ortogonais,

$$\mathbf{Q} = (\mathbf{Q}_{n-2}\cdots\mathbf{Q}_0)^{-1} = \mathbf{Q}_0\cdots\mathbf{Q}_{n-2} \qquad (2.10.6)$$

Em muitas aplicações, **Q** não é explicitamente necessária, e é suficiente armazenar apenas a forma fatorada (2.10.6). (Nós, porém, armazenamos **Q**, ou melhor, sua transposta, no código abaixo.) Pivoteamento não é usualmente necessário a menos que a matriz **A** seja muito próxima de ser singular. Um algoritmo geral *QR* para matrizes retangulares incluindo pivoteamento é dado em [1]. Para matrizes quadradas e sem pivoteamento, uma implementação se dá como a seguir:

qrdcmp.h
```
struct QRdcmp {
```
Objeto para decomposição *QR* de uma matriz **A** e funções relacionadas.
```
    Int n;
    MatDoub qt, r;                              Armazene Qᵀ e R.
    Bool sing;                                  Indique se A é singular.
    QRdcmp(MatDoub_I &a);                       Construtor de A.
    void solve(VecDoub_I &b, VecDoub_O &x);     Resolva A · x = b para x.
    void qtmult(VecDoub_I &b, VecDoub_O &x);    Multiplique Qᵀ · b = x.
    void rsolve(VecDoub_I &b, VecDoub_O &x);    Resolva R · x = b para x.
    void update(VecDoub_I &u, VecDoub_I &v);    Veja próxima subseção.
    void rotate(const Int i, const Doub a, const Doub b);  Usado por update.
};
```

Como usual, é o construtor que realiza a decomposição:

qrdcmp.h
```
QRdcmp::QRdcmp(MatDoub_I &a)
    : n(a.nrows()), qt(n,n), r(a), sing(false) {
```
Construa a decomposição *QR* de a[0..n-1][0..n-1]. A matriz triangular superior **R** e a transposta da matriz ortogonal **Q** são armazenadas. Atribuímos true para sing se uma singularidade é encontrada durante a decomposição, mas a decomposição é ainda completada neste caso; caso contrário, atribuímos false.
```
    Int i,j,k;
    VecDoub c(n), d(n);
    Doub scale,sigma,sum,tau;
    for (k=0;k<n-1;k++) {
        scale=0.0;
        for (i=k;i<n;i++) scale=MAX(scale,abs(r[i][k]));
        if (scale == 0.0) {                     Caso singular.
            sing=true;
            c[k]=d[k]=0.0;
        } else {                                Obtenha Qₖ e Qₖ · A.
            for (i=k;i<n;i++) r[i][k] /= scale;
            for (sum=0.0,i=k;i<n;i++) sum += SQR(r[i][k]);
            sigma=SIGN(sqrt(sum),r[k][k]);
            r[k][k] += sigma;
            c[k]=sigma*r[k][k];
            d[k] = -scale*sigma;
            for (j=k+1;j<n;j++) {
                for (sum=0.0,i=k;i<n;i++) sum += r[i][k]*r[i][j];
                tau=sum/c[k];
                for (i=k;i<n;i++) r[i][j] -= tau*r[i][k];
            }
        }
    }
    d[n-1]=r[n-1][n-1];
    if (d[n-1] == 0.0) sing=true;
    for (i=0;i<n;i++) {                         Obtenha explicitamente Qᵀ.
        for (j=0;j<n;j++) qt[i][j]=0.0;
        qt[i][i]=1.0;
    }
```

```
        for (k=0;k<n-1;k++) {
            if (c[k] != 0.0) {
                for (j=0;j<n;j++) {
                    sum=0.0;
                    for (i=k;i<n;i++)
                        sum += r[i][k]*qt[i][j];
                    sum /= c[k];
                    for (i=k;i<n;i++)
                        qt[i][j] -= sum*r[i][k];
                }
            }
        }
        for (i=0;i<n;i++) {                        Obtenha R explicitamente.
            r[i][i]=d[i];
            for (j=0;j<i;j++) r[i][j]=0.0;
        }
    }
```

O próximo sistema de funções-membro é usado para resolver sistemas lineares. Em muitas aplicações, somente a parte (2.10.4) do algoritmo é necessária, então nós colocamos em rotinas separadas a multiplicação $\mathbf{Q}^T \cdot \mathbf{b}$ e a retrossubstituição em $\mathbf{R}$.

```
void QRdcmp::solve(VecDoub_I &b, VecDoub_O &x) {                                qrdcmp.h
```
Resolva o sistema de n equações lineares $\mathbf{A} \cdot \mathbf{x} = \mathbf{b}$. b[0..n-1] é input como o vetor de elementos independentes, e x[0..n-1] é retornada como o vetor solução.
```
    qtmult(b,x);                    Calcula Q^T · b.
    rsolve(x,x);                    Resolve R · x = Q^T · b.
}

void QRdcmp::qtmult(VecDoub_I &b, VecDoub_O &x) {
```
Multiplique $\mathbf{Q}^T \cdot \mathbf{b}$ e coloque o resultado em x. Uma vez que $\mathbf{Q}$ é ortogonal, isto é equivalente a resolver $\mathbf{Q} \cdot \mathbf{x} = \mathbf{b}$ para x.
```
    Int i,j;
    Doub sum;
    for (i=0;i<n;i++) {
        sum = 0.;
        for (j=0;j<n;j++) sum += qt[i][j]*b[j];
        x[i] = sum;
    }
}

void QRdcmp::rsolve(VecDoub_I &b, VecDoub_O &x) {
```
Resolve o sistema triangular de n equações lineares $\mathbf{R} \cdot \mathbf{x} = \mathbf{b}$. b[0..n-1] é input como o vetor de elementos independentes, e x[0..n-1] é retornado como o vetor solução.
```
    Int i,j;
    Doub sum;
    if (sing) throw("attempting solve in a singular QR");
    for (i=n-1;i>=0;i--) {
        sum=b[i];
        for (j=i+1;j<n;j++) sum -= r[i][j]*x[j];
        x[i]=sum/r[i][i];
    }
}
```

Veja [2] para detalhes de como usar decomposição **QR** para construir bases ortogonais e para resolver problemas de mínimos quadrados. (Preferimos usar SVD, §2.6, para estes fins, por causa da sua grande capacidade diagnóstica em casos patológicos.)

## 2.10.1 Atualizando uma decomposição QR

Alguns algoritmos numéricos envolvem resolver uma sucessão de sistemas lineares, cada um dos quais diferindo apenas levemente do seu predecessor. Ao invés de fazer $O(N^3)$ operações cada vez para resolver as equações do zero, podemos geralmente atualizar uma fatoração de matriz em $O(N^2)$ operações e usar a nova fatoração para resolver o próximo sistema de equações lineares. A decomposição **LU** é complicada para atualizar por causa do pivoteamento. Porém, **QR** acaba sendo bastante simples para um tipo muito comum de atualização,

$$\mathbf{A} \to \mathbf{A} + \mathbf{s} \otimes \mathbf{t} \qquad (2.10.7)$$

(compare com a equação 2.7.1). Na pratica é mais conveniente trabalhar com a forma equivalente

$$\mathbf{A} = \mathbf{Q} \cdot \mathbf{R} \quad \to \quad \mathbf{A}' = \mathbf{Q}' \cdot \mathbf{R}' = \mathbf{Q} \cdot (\mathbf{R} + \mathbf{u} \otimes \mathbf{v}) \qquad (2.10.8)$$

Podemos ir de um lado pra outro entre as equações (2.10.7) e (2.10.8) usando o fato de que **Q** é ortogonal, dando

$$\mathbf{t} = \mathbf{v} \qquad \text{e ou} \qquad \mathbf{s} = \mathbf{Q} \cdot \mathbf{u} \quad \text{ou} \quad \mathbf{u} = \mathbf{Q}^T \cdot \mathbf{s} \qquad (2.10.9)$$

O algoritmo [2] tem duas fases. Na primeira, nós aplicamos $N - 1$ rotações de Jacobi (§11.1) para reduzir $\mathbf{R} + \mathbf{u} \otimes \mathbf{v}$ à forma superior de Hessenberg. Outras $N - 1$ rotações de Jacobi transformam esta matriz superior de Hessenberg na nova matriz triangular superior $\mathbf{R}'$. A matriz $\mathbf{Q}'$ é simplesmente o produto de $\mathbf{Q}$ com $2(N-1)$ rotações de Jacobi. Em aplicações, nós geralmente queremos $\mathbf{Q}^T$, então o algoritmo é arranjado para trabalhar com esta matriz (que é armazenada no objeto QRdcmp) ao invés de $\mathbf{Q}$.

qrdcmp.h
```
void QRdcmp::update(VecDoub_I &u, VecDoub_I &v) {
```
Partindo da decomposição $QR$ armazenada, $\mathbf{A} = \mathbf{Q} \cdot \mathbf{R}$, atualize-a para ser a decomposição **QR** da matriz $\mathbf{Q} \cdot (\mathbf{R} + \mathbf{u} \otimes \mathbf{v})$. Quantidades input são u[0..n-1] e v[0..n-1].
```
    Int i,k;
    VecDoub w(u);
    for (k=n-1;k>=0;k--)                Encontre o maior k tal que u[k] ≠ 0.
        if (w[k] != 0.0) break;
    if (k < 0) k=0;
    for (i=k-1;i>=0;i--) {              Transforme R + u ⊗ v para Hessenberg superior.
        rotate(i,w[i],-w[i+1]);
        if (w[i] == 0.0)
            w[i]=abs(w[i+1]);
        else if (abs(w[i]) > abs(w[i+1]))
            w[i]=abs(w[i])*sqrt(1.0+SQR(w[i+1]/w[i]));
        else w[i]=abs(w[i+1])*sqrt(1.0+SQR(w[i]/w[i+1]));
    }
    for (i=0;i<n;i++) r[0][i] += w[0]*v[i];
    for (i=0;i<k;i++)                   Transforme a matriz Hessenberg superior em triangular
        rotate(i,r[i][i],-r[i+1][i]);   superior.
    for (i=0;i<n;i++)
        if (r[i][i] == 0.0) sing=true;
}

void QRdcmp::rotate(const Int i, const Doub a, const Doub b)
```
Utilitário usado por atualização. Dadas matrizes r[0..n-1][0..n-1] e qt[0..n-1][0..n-1], executa uma rotação de Jacobi nas linhas i e i + 1 de cada matriz. a e b são os parâmetros da rotação: $\cos\theta = a/\sqrt{a^2+b^2}$. $\text{sen } \theta = b/\sqrt{a^2+b^2}$.
```
{
    Int j;
    Doub c,fact,s,w,y;
    if (a == 0.0) {                     Evitar overflow e underflow desnecessários.
```

```
            c=0.0;
            s=(b >= 0.0 ? 1.0 : -1.0);
        } else if (abs(a) > abs(b)) {
            fact=b/a;
            c=SIGN(1.0/sqrt(1.0+(fact*fact)),a);
            s=fact*c;
        } else {
            fact=a/b;
            s=SIGN(1.0/sqrt(1.0+(fact*fact)),b);
            c=fact*s;
        }
        for (j=i;j<n;j++) {           Pré-multiplicar r pela rotação de Jacobi.
            y=r[i][j];
            w=r[i+1][j];
            r[i][j]=c*y-s*w;
            r[i+1][j]=s*y+c*w;
        }
        for (j=0;j<n;j++) {           Pré-multiplicar qt pela rotação de Jacobi.
            y=qt[i][j];
            w=qt[i+1][j];
            qt[i][j]=c*y-s*w;
            qt[i+1][j]=s*y+c*w;
        }
    }
```

Faremos uso da decomposição **QR**, e sua atualização, em § 9.7.

### REFERÊNCIAS CITADAS E LEITURA COMPLEMENTAR

Wilkinson, J.H., and Reinsch, C. 1971, *Linear Algebra,* vol. II of *Handbook for Automatic Computation* (New York: Springer), Chapter I/8.[1]

Golub, G.H., and Van Loan, C.F. 1996, *Matrix Computations,* 3rd ed. (Baltimore: Johns Hopkins University Press), §5.2, §5.3, §12.5.[2]

## 2.11 Inversão de matriz é um processo $N^3$?

Fechamos este capítulo com um pouco de entretenimento, um pouco de truques algorítmicos que investigam mais profundamente o assunto de inversão de matriz. Começamos com uma questão aparentemente simples:

Quantas multiplicações individuais são necessárias para realizar a multiplicação de duas matrizes $2 \times 2$,

$$\begin{pmatrix} a_{00} & a_{01} \\ a_{10} & a_{11} \end{pmatrix} \cdot \begin{pmatrix} b_{00} & b_{01} \\ b_{10} & b_{11} \end{pmatrix} = \begin{pmatrix} c_{00} & c_{01} \\ c_{10} & c_{11} \end{pmatrix} \qquad (2.11.1)$$

Oito, certo? Aqui vão elas escritas explicitamente:

$$\begin{aligned} c_{00} &= a_{00} \times b_{00} + a_{01} \times b_{10} \\ c_{01} &= a_{00} \times b_{01} + a_{01} \times b_{11} \\ c_{10} &= a_{10} \times b_{00} + a_{11} \times b_{10} \\ c_{11} &= a_{10} \times b_{01} + a_{11} \times b_{11} \end{aligned} \qquad (2.11.2)$$

Você acha que seria capaz de escrever fórmulas para os **c**'s que envolvam somente *sete* multiplicações? (Tente, antes de prosseguir lendo.)

Tal conjunto de fórmulas foi, de fato, descoberto por Strassen [1]. As fórmulas são

$$Q_0 \equiv (a_{00} + a_{11}) \times (b_{00} + b_{11})$$
$$Q_1 \equiv (a_{10} + a_{11}) \times b_{00}$$
$$Q_2 \equiv a_{00} \times (b_{01} - b_{11})$$
$$Q_3 \equiv a_{11} \times (-b_{00} + b_{10}) \quad (2.11.3)$$
$$Q_4 \equiv (a_{00} + a_{01}) \times b_{11}$$
$$Q_5 \equiv (-a_{00} + a_{10}) \times (b_{00} + b_{01})$$
$$Q_6 \equiv (a_{01} - a_{11}) \times (b_{10} + b_{11})$$

em termos dos quais

$$c_{00} = Q_0 + Q_3 - Q_4 + Q_6$$
$$c_{10} = Q_1 + Q_3$$
$$c_{01} = Q_2 + Q_4 \quad (2.11.4)$$
$$c_{11} = Q_0 + Q_2 - Q_1 + Q_5$$

Qual é a utilidade disso? Há menos multiplicações do que na equação (2.11.2), mas *muito mais* adições e subtrações. Não está claro que algo tenha sido ganho. Mas note que em (2.11.3) os $a$'s e $b$'s nunca são comutados. Por esta razão, (2.11.3) e (2.11.4) são válidas quando os $a$'s e $b$'s são eles próprios matrizes. O problemas de multiplicar duas matrizes muito grandes (de ordem $N = 2^m$ para algum inteiro $m$) pode agora ser quebrado recursivamente particionando-se as matrizes em quatro, seis etc. E observe o ponto-chave: a economia não é apenas um fator "7/8"; este é o fator em *cada* nível hierárquico de recursão. No total, ela reduz o processo da multiplicação de matriz à ordem $N^{\log_2 7}$ ao invés de $N^3$.

E quanto a todas as adições extra em (2.11.3) – (2.11.4)? Elas não excedem a vantagem de poucas multiplicações? Para $N$ grande, isto indica que há 6 vezes mais adições do que multiplicações implicadas por (2.11.3)–(2.11-4). Mas, se $N$ é muito grande, este fator constante não é suficiente para a mudança no *expoente* de $N^3$ para $N^{\log_2 7}$.

Com esta multiplicação de matriz "rápida", Strassen também obteve um resultado surpreendente para inversão de matriz [1]. Suponha que as matrizes:

$$\begin{pmatrix} a_{00} & a_{01} \\ a_{10} & a_{11} \end{pmatrix} \quad \text{and} \quad \begin{pmatrix} c_{00} & c_{01} \\ c_{10} & c_{11} \end{pmatrix} \quad (2.11.5)$$

sejam matrizes inversas uma da outra. Então os **c**'s podem ser obtidos dos **a**'s pelas seguintes operações (compare as equações 2.7.11 e 2.7.25):

$$R_0 = \text{Inverso}(a_{00})$$
$$R_1 = a_{10} \times R_0$$
$$R_2 = R_0 \times a_{01}$$
$$R_3 = a_{10} \times R_2$$
$$R_4 = R_3 - a_{11}$$
$$R_5 = \text{Inverso}(R_4) \quad (2.11.6)$$
$$c_{01} = R_2 \times R_5$$
$$c_{10} = R_5 \times R_1$$
$$R_6 = R_2 \times c_{10}$$
$$c_{00} = R_0 - R_6$$
$$c_{11} = -R_5$$

Em (2.11.6) o operador "inverso" ocorre apenas duas vezes. Isto deve ser interpretado como o recíproco se os **a**'s e **c**'s são escalares, mas como inversão de matriz se os **a**'s e **c**'s são eles mesmos submatrizes. Imagine fazer a inversão de uma matriz muito grande, de ordem $N = 2^m$, recursivamente por partições pela metade. A cada passo, dividir a ordem *duplica* o número de operações inversas. Mas isto significa que há somente $N$ divisões no total! Então as divisões não dominam no uso recursivo de (2.11.6). A equação (2.11.6) é dominada, de fato, pelas suas 6 multiplicações. Uma vez que estas podem ser feitas por um algoritmo $N^{\log_2 7}$, o mesmo vale para inversão de matriz!

Isto é divertido, mas vamos olhar para a parte prática: se você estimar quão grande $N$ tem que ser antes que a diferença entre o expoente 3 e o expoente $\log_2 7 = 2.8807$ seja substancial o suficiente para exceder os gastos gerais com o bookkeeping, oriundos da natureza complicada do algoritmo de Strassen, você descobrirá que a decomposição *LU* não está correndo um risco imediato de se tornar obsoleta. Porém, a rotina rápida para multiplicação de matrizes está começando a aparecer em bibliotecas como BLAS, onde ela é tipicamente usada para $N \gtrsim 100$.

O resultado original de Strassen para multiplicação de matrizes vem sendo constantemente melhorado. O algoritmo mais rápido conhecido hoje tem uma ordem assintótica de $N^{2,376}$, mas implementá-lo provavelmente não é prático.

Se você gosta deste tipo de diversão, tente este: (1) você é capaz de multiplicar os números complexos $(a+bi)$ e $(c+di)$ em somente *três* multiplicações reais? [Resposta: ver §5.5.] (2) Você consegue calcular um polinômio de quarto grau geral em $x$ para muitos diferentes valores de $x$ com somente *três* multiplicações para cada valor calculado? [Resposta: ver § 5.1.]

### REFERÊNCIAS CITADAS E LEITURA COMPLEMENTAR

Strassen, V. 1969, "Gaussian Elimination Is Not Optimal," *Numerische Mathematik,* vol. 13, pp. 354-356.[1]

Coppersmith, D., and Winograd, S. 1990, "Matrix Multiplications via Arithmetic Progressions," *Journal of Symbolic Computation,* vol. 9, pp. 251-280.[2]

Kronsjö, L. 1987, *Algorithms: Their Complexity and Efficiency,* 2nd ed. (New York: Wiley).

Winograd, S. 1971, "On the Multiplication of 2 by 2 Matrices," *Linear Algebra and Its Applications,* vol. 4, pp. 381-388.

Pan, V. Ya. 1980, "New Fast Algorithms for Matrix Operations," *SIAM Journal on Computing,* vol. 9, pp. 321-342.

Pan, V. 1984, *How to Multiply Matrices Faster,* Lecture Notes in Computer Science, vol. 179 (New York: Springer)

Pan, V. 1984, "How Can We Speed Up Matrix Multiplication?", *SIAM Review,* vol. 26, pp. 393-415.

# CAPÍTULO 3

# Interpolação e Extrapolação

## 3.0 Introdução

Algumas vezes conhecemos o valor de uma função $f(x)$ em um conjunto de pontos $x_0, x_1, ..., x_{N-1}$ (digamos, com $x_0 < ... < x_{N-1}$), mas não temos uma expressão analítica para $f(x)$ que nos permita calcular seu valor em um ponto arbitrário. Por exemplo, os $f(x_i)$'s poderiam resultar de alguma medida física ou ser proveniente de longas computações numéricas que não podem ser colocadas em uma forma funcional simples. Geralmente, os $x_i$'s são igualmente espaçados, mas não necessariamente.

A tarefa agora é estimar $f(x)$ para um $x$ arbitrário desenhando, em algum sentido, uma curva suave atravessando (e talvez indo além) $x_i$. Se o $x$ desejado está entre o maior e o menor dos valores dos $x_i$'s, o problema é chamado de *interpolação*; se $x$ está fora do intervalo, isto é chamado extrapolação, o que é consideravelmente mais arriscado (como muitos analistas de investimento iniciantes podem atestar).

Esquemas de interpolação e extrapolação devem modelar a função, entre ou além dos pontos conhecidos, por alguma forma plausível. A forma deveria ser suficientemente geral tanto quanto ser capaz de aproximar extensas classes de funções que podem surgir na prática. De longe, as formas funcionais mais comuns usadas são polinômios (§3.2). Funções racionais (quocientes de polinômios) também apresentam-se como extremamente úteis (§3.4). Funções trigonométricas, senos e cossenos, dão origem a interpolação trigonométrica e métodos relacionados de Fourier, os quais adiamos para os Capítulos 12 e 13.

Há uma extensa literatura matemática devotada a teoremas sobre qual classe de funções podem ser bem aproximada por quais funções interpolantes. Estes teoremas são, no fim, quase completamente inúteis no trabalho do dia a dia: se sabemos o suficiente sobre nossa função para aplicar um teorema com algum controle, geralmente não estamos no estado deplorável de ter que interpolar sob uma tabela dos seus valores!

Interpolação está relacionada a aproximação de funções, mas é distinta dela. Esta tarefa consiste em encontrar uma função aproximada (mas facilmente computável) para usar no lugar de uma mais complicada. Em tal caso de interpolação, você tem dada a função $f$ em pontos *não de sua própria escolha*. Para o caso da aproximação de função, lhe é permitido computar a função $f$ em alguns pontos desejados a fim de desenvolver sua aproximação. Nós lidaremos com aproximação de funções no Capítulo 5.

Pode-se facilmente encontrar funções patológicas que zombam de qualquer esquema de interpolação. Considere, por exemplo, a função

$$f(x) = 3x^2 + \frac{1}{\pi^4} \ln\left[(\pi - x)^2\right] + 1 \tag{3.0.1}$$

a qual é bem-comportada para qualquer valor exceto para $x = \pi$, muito suavemente singular em $x = \pi$, e que nos outros casos toma todos os valores positivos e negativos. Uma interpolação baseada nos valores $x = 3{,}13, 3{,}14, 3{,}15, 3{,}16$ asseguradamente produzirá uma resposta errada para o valor $x = 3{,}1416$, muito embora um gráfico destes cinco pontos pareça realmente muito suave! (Verifique isso.)

Pelo fato de que patologias podem nos espreitar em qualquer lugar, é altamente desejável que uma rotina de interpolação ou extrapolação forneça uma estimativa do seu próprio erro. Tal estimativa de erro nunca pode ser perfeitamente segura, naturalmente. Poderíamos ter uma função que, por razões conhecidas apenas por seu criador, salta de maneira abrupta e inesperada entre dois pontos tabulados. Interpolação sempre presume algum grau de suavidade para a função interpolada, mas, dentro desta estrutura de suposições, desvios da suavidade podem ser detectados.

Conceitualmente, o processo de interpolação tem dois estágios: (1) ajustar (uma vez) uma função interpoladora aos dados fornecidos. (2) Efetuar (tantas vezes quanto você desejar) a função intepoladora em um ponto alvo $x$.

Porém, este método de dois estágios não é geralmente o melhor caminho para se proceder na prática. Tipicamente ele é computacionalmente menos eficiente e mais suscetível a erros de arredondamento do que métodos que constroem uma estimativa funcional de $f(x)$ diretamente de $N$ valores tabulados toda vez que isso seja desejado. Muitos esquemas práticos partem de um ponto aproximado $f(x_i)$, e então adicionam uma sequência de correções (espera-se) decrescentes, conforme informação de outra aproximação de $f(x_i)$ é incorporada. O procedimento tipicamente toma $O(M^2)$ operações, onde $M \ll N$ é o número de pontos locais utilizados. Se tudo é bem-comportado, a última correção será a menor e ela pode ser usada como um limite do erro informal (mas não rigoroso). Em esquemas como este, nós poderíamos também dizer que há dois estágios, mas agora eles são: (1) encontre a posição certa inicial na tabela ($x_i$ ou $i$). (2) Execute a interpolação utilizando $M$ valores aproximados (por exemplos, centrados em $x_i$).

No caso da interpolação polinomial, algumas vezes acontece que os coeficientes de interpolação polinomial são de interesse, mesmo embora o uso deles para *avaliar* a função interpoladora possa ser olhado com maus olhos. Nós tratamos desta possibilidade em §3.5.

Interpolação local, usando $M$ pontos vizinhos mais próximos, fornece valores interpolados $f(x)$ que em geral não têm primeira e segunda derivada contínuas. Isto ocorre porque, à medida que $x$ cruza os valores tabulados $x_i$, o esquema de interpolação manobra quais pontos tabulados são os "locais". (Se tal manobra tiver permissão para ocorrer em qualquer lugar *além disso*, então haverá uma descontinuidade na própria função interpolada neste ponto. Péssima ideia!)

Em situações em que continuidade das derivadas é uma preocupação, deve-se usar a interpolação "mais dura" proporcionada pela assim chamada função *spline*. Um spline é um polinômio entre cada par da tabela de pontos, mas cujos coeficientes são determinados "levemente" de uma maneira não local. A não localidade é desenvolvida para garantir a suvidade na função interpoladora até algumas ordens da derivdada. Splines cúbicos (§3.3) são os mais populares. Eles produzem uma função interpolada que é contínua até a segunda derivada. Splines tendem a ser mais estáveis do que polinômios, com menos possibilidade de oscilações violentas entre os pontos tabulados.

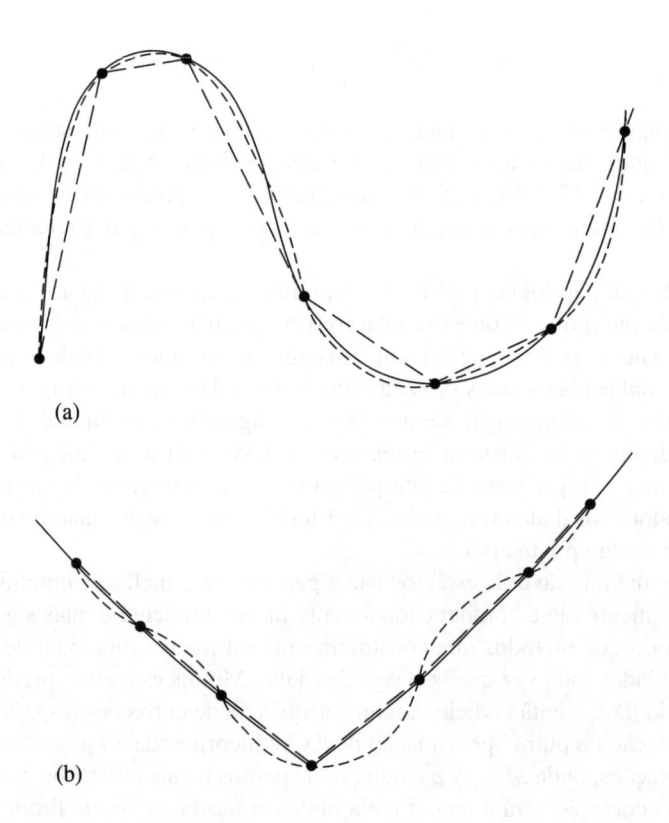

**Figura 3.0.1** (a) Uma função suave (linha sólida) é mais acuradamente interpolada por um polinômio de alta ordem (mostrado esquematicamente como linha pontilhada) do que um polinômio de baixa ordem (mostrado como pedaços lineares de linhas tracejadas). (b) Uma função com cantos pronunciados ou com derivadas superiores mudando rapidamente é *menos* acuradamente aproximada por um polinômio de alta ordem (linha pontilhada), o qual é muito "inflexível", do que por um polinômio de ordem inferior (linhas tracejadas). Mesmo algumas funções suaves, tais como exponenciais ou funções racionais, podem ser aproximadas de maneira ruim por polinômios de ordem superior.

O número $M$ de pontos usados no esquema de interpolação, menos 1, é chamado de *ordem* da interpolação. Aumentando a ordem não necessariamente aumenta-se a acurácia, especialmente na interpolação polinomial. Se os pontos adicionados são distantes do ponto $x$ de interesse, o polinômio resultante de ordem superior, com seus pontos adicionais vinculados, tendem a oscilar bruscamente entre os valores tabulados. Esta oscilação pode não ter qualquer relação com o comportamento da função "verdadeira" (ver Figura 3.0.1). Naturalmente, pontos adicionais *próximos* ao ponto desejado em geral ajudam, mas uma malha mais fina implica uma tabela maior de valores, o que nem sempre está disponível.

Para interpolação polinomial, isso mostra que o *pior* arranjo dos $x_i$'s é quando eles são igualmente espaçados. Infelizmente, esta é sem dúvida o modo mais comum em que os dados tabulados são coletados ou apresentados. Interpolação de polinômios de ordem superior em dados igualmente espaçados é *mal-condicionada*: pequenas mudanças nos dados podem gerar grandes diferenças nas oscilações entre os pontos. A enfermidade é especialmente ruim se você está interpolando sobre valores de uma função analítica que tem polos no plano complexo localizado no interior de uma certa região oval cujo eixo principal é o intervalo de $M$ pontos. Mas mesmo se você tem uma função sem polos próximos, erros de arredondamento podem, verdadeiramente, criar polos próximos e causar grandes erros de interpolação. Em §5.8 veremos que estes problemas podem desaparecer se você pode escolher um conjunto ótimo de $x_i$'s. Mas quando você está amarrado a uma tabela de valores de uma função, esta opção não está disponível.

Conforme a ordem é aumentada, é típico que o erro na interpolação diminua inicialmente, mas somente até atingir certo ponto. Ordens maiores resultam na explosão do erro.

Pelas razões mencionadas, é uma boa ideia ser cauteloso com interpolação em altas ordens. Podemos recomendar entusiasticamente interpolação polinomial com 3 ou 4 pontos; somos talvez tolerantes com 5 ou 6, mas raramente vamos além disso, com exceto se há um monitoramento bastante rigoroso das estimativas de erros. A maior parte dos métodos de interpolação neste capítulo é aplicada aos pedaços usando apenas $M$ pontos de cada vez, de forma que a ordem é um valor fixo $M - 1$, não interessando quão grande $N$ possa ser. Como mencionado, splines (§3.3) são um caso especial onde a função e várias derivadas devem ser contínuas de um intervalo para o próximo, mas a ordem é mantida fixa em um valor pequeno, (usualmente 3).

Em §3.4 discutimos *interpolação por funções racionais*. Em muitos casos, mas não em todos, interpolação por funções racionais é mais robusta, permitindo ordens superiores para dar uma maior acurácia. O algoritmo padrão, porém, permite polos no eixo real ou próximos no plano complexo. (Isto não é necessariamente ruim: você pode tentar aproximar uma função com tais polos.) Um método mais novo, *interpolação racional baricêntrica* (§3.4.1), suprime todos os polos próximos. Este é o único método neste capítulo para o qual poderíamos de fato encorajar experimentação com ordens superiores (digamos, > 6). Interpolação racional baricêntrica compete muito favoravelmente com splines: seu erro é geralmente menor e a aproximação resultante é infinitamente suave (diferente dos splines).

Os métodos de interpolação adiante são também métodos para extrapolação. Uma importante aplicação, no Capítulo 17, é o uso deles na integração de equações diferenciais ordinárias. Há considerável zelo a se tomar com o monitoramento dos erros. Caso contrário, os perigos da extrapolação são enormes: uma função interpoladora, a qual é necessariamente uma função extrapoladora, normalmente se comportará loucamente quando o argumento $x$ estiver fora do intervalo de valores tabulados por mais (e em geral com menor significância) do que o espaçamento típico dos pontos tabulados.

Interpolação pode ser feita em mais do que uma dimensão, p. ex., para uma função $f(x, y, z)$. Interpolação multidimensional em geral é realizada por uma sequência de interpolações unidimensionais, mas há também outras técnicas aplicáveis a dados espalhados. Discutiremos métodos multidimensionais em §3.6 − §3.8.

### REFERÊNCIAS CITADAS E LEITURA COMPLEMENTAR

Abramowitz, M., and Stegun, I.A. 1964, *Handbook of Mathematical Functions* (Washington: National Bureau of Standards); reprinted 1968 (New York: Dover); online em http://www.nr.com/aands, §25.2.

Ueberhuber, C.W. 1997, *Numerical Computation: Methods, Software, and Analysis*, vol. 1 (Berlin: Springer), Chapter 9.

Stoer, J., and Bulirsch, R. 2002, *Introduction to Numerical Analysis*, 3rd ed. (New York: Springer), Chapter 2.

Acton, F.S. 1970, *Numerical Methods That Work;* 1990, corrected edition (Washington, DC: Mathematical Association of America), Chapter 3.

Johnson, L.W., and Riess, R.D. 1982, *Numerical Analysis,* 2nd ed. (Reading, MA: Addison-Wesley), Chapter 5.

## 3.1 Preliminares: procurando em uma tabela ordenada

Queremos definir um objeto interpolação que conhece tudo sobre interpolação exceto uma coisa – como de fato interpolar! Então podemos conectar matematicamente diferentes métodos de interpolação ao objeto para obter diferentes objetos compartilhando uma interface comum ao usuário. A tarefa-chave comum para todos objetos neste framework (estrutura) é encontrar sua localização na tabela dos $x_i$'s, dado algum particular valor $x$ para o qual o cálculo da função é desejado. É desejável dispender algum esforço; caso contrário, você poderá aqui gastar mais tempo examinando a tabela do que fazendo a interpolação de fato.

Nosso objeto de mais alto nível para interpolação unidimensional é uma base abstrata contendo apenas uma função planejada para ser chamada pelo usuário: interp(x) retorna a função interpolada no valor $x$. A classe base "promete", declarando uma função virtual rawinterp(jlo,x), que toda classe de interpolação derivada proverá um método para interpolação local dado um ponto inicial local apropriado na tabela, um offset jlo. A inteface entre interp e rawinterp deve então ser um método para calcular jlo a partir de $x$, isto é, para procurar na tabela. Na verdade, você usará dois métodos desses.

interp_1d.h
```
struct Base_interp
```
Classe base abstrata usada por todas rotinas de interpolação neste capítulo. Apenas a rotina interp é chamada diretamente pelo usuário.
```
{
    Int n, mm, jsav, cor, dj;
    const Doub *xx, *yy;
    Base_interp(VecDoub_I &x, const Doub *y, Int m)
```
Construtor: institua-o para interpolar em uma tabela dos x's e y's de comprimento m. Normalmente chamada por uma classe derivada, não pelo usuário.
```
        : n(x.size()), mm(m), jsav(0), cor(0), xx(&x[0]), yy(y) {
        dj = MIN(1,(int)pow((Doub)n,0.25));
    }

    Doub interp(Doub x) {
```
Dado um valor x, retorne um valor interpolado, usando dados indicados por xx e yy.
```
        Int jlo = cor ? hunt(x) : locate(x);
        return rawinterp(jlo,x);
    }

    Int locate(const Doub x);           Ver definições abaixo.
    Int hunt(const Doub x);

    Doub virtual rawinterp(Int jlo, Doub x) = 0;
```
Classes derivadas fornecem isto como o método de interpolação de fato.
```
};
```

Formalmente, o problema é este: dado um arranjo de abscissas $x_j$, $j = 0, ..., N-1$, com as abscissas monotonicamente crescentes ou decrescentes, e dado um inteiro $M \leq N$ e um número $x$, encontre um inteiro $j_{lo}$ tal que $x$ esteja centrado entre as $M$ abscissas $x_{j_{lo}}, ..., x_{j_{lo}+M-1}$. Por centrado nós entendemos que $x$ deve estar entre $x_m$ e $x_{m+1}$ na medida do possível, onde

$$m = j_{lo} + \left\lfloor \frac{M-2}{2} \right\rfloor \tag{3.1.1}$$

Por "na medida do possível" queremos dizer que $j_{lo}$ nunca deve ser menor do que zero, nem $j_{lo} + M-1$ deve ser maior que $N-1$.

Na maioria dos casos, quando tudo está dito e feito, é difícil superar a *bissecção*, que encontrará o lugar correto na tabela em cerca de $\log_2 N$ tentativas.

```
Int Base_interp::locate(const Doub x)                                          interp_1d.h
```
Dado um valor x, retorna um valor j tal que x é (na medida do possível) centrado no subintervalo xx[j..j+mm-1], onde xx é o ponteiro armazenado. Os valores em xx devem ser monotônicos, ou aumentando ou decrescendo. O valor retornado não é menor do que 0 nem maior do que n-1.
```
{
    Int ju,jm,jl;
    if (n < 2 || mm < 2 || mm > n) throw("locate size error");
    Bool ascnd=(xx[n-1] >= xx[0]);       Verdade se a ordem da tabela é crescente, falso caso contrário.
    jl=0;                                 Inicializar limites inferior
    ju=n-1;                               e superior
    while (ju-jl > 1) {                   Se nós ainda não o terminamos,
        jm = (ju+jl) >> 1;                compute o ponto médio
        if (x >= xx[jm] == ascnd)
            jl=jm;                        e o substitua pelo limite inferior
        else
            ju=jm;                        ou pelo limite superior, como apropriado.
    }                                     Repita até a condição do teste ser satisfeita
    cor = abs(jl-jsav) > dj ? 0 : 1;      Decida se usará hunt ou locate da próxima vez.
    jsav = jl;
    return MAX(0,MIN(n-mm,jl-((mm-2)>>1)));
}
```

O locate acima acessa o array de valores xx[] via ponteiro armazenado pela classe base. Este método um tanto primitivo de acesso, evitando o uso de uma classe de vetores alto nível como VecDoub, é aqui preferível por duas razões: (1) é geralmente mais rápido e (2) para interpolação bidimensional, nós precisaremos mais tarde apontar diretamente para uma linha de uma matriz. O perigo desta escolha de design é que ela assume que valores consecutivos de um vetor são armazenados consecutivamente e similarmente para valores consecutivos de uma única linha de uma matriz. Veja discussão em §1.4.2.

### 3.1.1 Busca com valores correlacionados

A experiência mostra que em muitas, talvez mesmo a maioria, das aplicações, rotinas de interpolação são chamadas com abscissas proximamente idênticas em buscas consecutivas. Por exemplo, você pode estar gerando uma função que é usada no lado direito de uma equação diferencial: a maioria dos integradores de equações diferenciais, como poderemos ver no Capítulo 17, fazem chamadas para efetuar cálculos para o lado direito em pontos que saltam para trás e para frente um pouquinho, mas cuja tendência move-se vagarosamente na direção da integração.

Em tais casos, é desperdício fazer uma bisseção completa, *ab initio*, em cada chamada. Muito mais desejável é dar a nossa classe base um pouquinho mais de inteligência: se ela vê duas chamadas que são "próximas", ela antecipa que a próxima também será. Naturalmente, não deverá ser muito grande a penalidade caso ela antecipe erradamente.

O método hunt inicia-se com uma posição escolhida a esmo na tabela. Ele primeiro "caça", para cima ou para baixo, em incrementos de 1, então 2, então 4 etc., até que o valor desejado seja localizado em um intervalo. Ele então divide o intervalo em duas partes. Na pior das hipóteses, esta rotina é aproximadamente um fator de 2 menor do que locate acima (se a fase de caça ex-

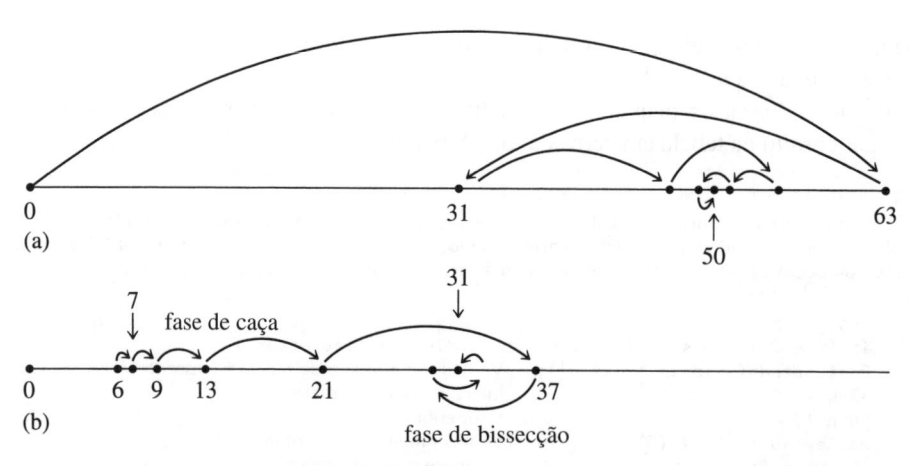

**Figura 3.1.1** Encontrar um elemento em uma tabela por bissecção. Mostrado aqui a sequência de passos que converge para o elemento 50 em uma tabela de comprimento 64. (b) A rotina **hunt** busca de uma prévia conhecida posição na tabela por aumentar os passos e então converge por bissecção. Mostra-se aqui um exemplo particularmente desfavorável, convergindo para o elemento 31 do elemento 6. Um exemplo favorável poderia ser a convergência para um elemento perto de 6, tal como 8, o qual poderia requerer apenas três "saltos."

pande para incluir a tabela inteira). Na melhor das hipóteses, pode ser um fator $\log_2 n$ mais rápido do que locate, se o ponto desejado está usualmente muito próximo ao input escolhido ao acaso. A Figura 3.1.1 compara as duas rotinas.

interp_1d.h   Int Base_interp::hunt(const Doub x)

Dado um valor x, retorne um valor j tal que x esteja (na medida do possível) centrada no subintervalo xx[j..j+mm-1], onde xx é o ponteiro armazenado. Os valores em xx devem ser monotônicos, ou aumentando ou decrescendo. O valor retornado não é menor do que 0, nem maior do que n-1.

```
{
    Int jl=jsav, jm, ju, inc=1;
    if (n < 2 || mm < 2 || mm > n) throw("hunt size error");
    Bool ascnd=(xx[n-1] >= xx[0]);     Verdade se a ordem é crescente na tabela, falso caso contrário.
    if (jl < 0 || jl > n-1) {          Input escolhido ao acaso não útil. Vá imediatamente para
        jl=0;                          bissecção.
        ju=n-1;
    } else {
        if (x >= xx[jl] == ascnd) {    Caçar ativado:
            for (;;) {
                ju = jl + inc;
                if (ju >= n-1) { ju = n-1; break;}           Quebra se fim da tabela.
                else if (x < xx[ju] == ascnd) break;         Encontrou o intervalo.
                else {                                       Nada feito, então dobre o incremento e tente novamente.
                    jl = ju;
                    inc += inc;
                }
            }
        } else {                       Caçar desativado:
            ju = jl;
            for (;;) {
                jl = jl - inc;
                if (jl <= 0) { jl = 0; break;}               Quebra se fim da tabela.
                else if (x >= xx[jl] == ascnd) break;        Encontrou o intervalo.
                else {                                       Nada feito, então dobre o incremento e tente novamente.
                    ju = jl;
                    inc += inc;
```

```
            }
          }
        }
    }
    while (ju-jl > 1) {            Caçada terminada, então comece a fase de bissecção:
        jm = (ju+jl) >> 1;
        if (x >= xx[jm] == ascnd)
            jl=jm;
        else
            ju=jm;
    }
    cor = abs(jl-jsav) > dj ? 0 : 1;   Decide se usa hunt ou locate na próxima vez.
    jsav = jl;
    return MAX(0,MIN(n-mm,jl-((mm-2)>>1)));
}
```

Os métodos locate e hunt determinam (*locate*) a posição e buscam (*hunt*) cada atualização da variável booleana cor na classe base, indicando se chamadas consecutivas parecem correlacionadas. Esta variável é então usada por interp para decidir se usar locate ou hunt na próxima chamada. Isto é totalmente invisível para o usuário, naturalmente.

### 3.1.2 Exemplo: interpolação linear

Você pode imaginar que, neste ponto, nós tenhamos nos desviado bastante do tópico métodos de interpolação. Para mostrar que estamos de fato no caminho, aqui está uma classe que implementa de maneira eficiente interpolação linear por trechos (*piecewise*).

```
struct Linear_interp : Base_interp                               interp_linear.h
Objeto para interpolação linear por trechos (piecewise). Construa com vetores x e y, então chame interp
para valores interpolados.
{
    Linear_interp(VecDoub_I &xv, VecDoub_I &yv)
        : Base_interp(xv,&yv[0],2) {}
    Doub rawinterp(Int j, Doub x) {
        if (xx[j]==xx[j+1]) return yy[j];   Tabela com defeito, mas nós podemos recuperar.
        else return yy[j] + ((x-xx[j])/(xx[j+1]-xx[j]))*(yy[j+1]-yy[j]);
    }
};
```

Você constrói um objeto interpolação linear declarando uma instância com seus vetores preenchidos das abscissas $x_i$ e os valores das funções $y_i = f(x_i)$,

```
Int n=...;
VecDoub xx(n), yy(n);
...
Linear_interp myfunc(xx,yy);
```

Nos bastidores, o construtor base é chamado com $M = 2$ porque a interpolação linear usa apenas dois pontos contendo um valor. Também, ponteiros para os dados são salvos. (Você deve assegurar-se de que os vetores xx e yy não saem do escopo enquanto myfunc está em uso.)

Quando você quer um valor interpolado, é simples:

```
Doub x,y;
...
y = myfunc.interp(x);
```

Se você tem diversas funções que você quer interpolar, você declara uma instância de Linear_interp para cada uma.

Agora usaremos a mesma interface para métodos de interpolação mais avançados.

**REFERÊNCIAS CITADAS E LEITURA COMPLEMENTAR**
Knuth, D.E. 1997, *Sorting and Searching*, 3rd ed., vol. 3 of *The Art of Computer Programming* (Reading, MA: Addison-Wesley), §6.2.1.

## 3.2 Interpolação polinomial e extrapolação

Através de quaisquer dois pontos passa uma única reta. Através de quaisquer três pontos, uma única função quadrática. *Et cetera*. O polinômio interpolador de grau $M - 1$ que passa pelos $M$ pontos $y_0 = f(x_0)$, $y_1 = f(x_1)$, ...., $y_{M-1} = f(x_{M-1})$ é dado explicitamente pela clássica fórmula de Lagrange,

$$P(x) = \frac{(x-x_1)(x-x_2)...(x-x_{M-1})}{(x_0-x_1)(x_0-x_2)...(x_0-x_{M-1})} y_0$$
$$+ \frac{(x-x_0)(x-x_2)...(x-x_{M-1})}{(x_1-x_0)(x_1-x_2)...(x_1-x_{M-1})} y_1 + \cdots \quad (3.2.1)$$
$$+ \frac{(x-x_0)(x-x_1)...(x-x_{M-2})}{(x_{M-1}-x_0)(x_{M-1}-x_1)...(x_{M-1}-x_{M-2})} y_{M-1}$$

Existem $M$ termos, cada um deles um polinômio de grau $M - 1$ e cada um construído para ser zero em todos os valores de $x_i$ exceto em um, o qual é construído para ser $y_i$.

Não é terrivelmente errado implementar a fórmula de Lagrange diretamente, mas não é terrivelmente certo tampouco. O algoritmo resultante não proporciona estimativa de erro, e é também um tanto complicado de programar. Um algoritmo muito melhor (para construir o mesmo polinômio interpolador único) é o *algoritmo de Neville*, muito relacionado mas algumas vezes confundido com o *algoritmo de Aitken*, este último agora considerado obsoleto.

Considere $P_0$ sendo o valor em $x$ do polinômio único de grau zero (isto é, uma constante) passando através do ponto $(x_0, y_0)$; então $P_0 = y_0$. Da mesma forma, defina $P_1$, $P_2$, ..., $P_{M-1}$. Agora seja $P_{01}$ o valor em $x$ do único polinômio de grau um passando através de ambos $(x_0, y_0)$ e $(x_1, y_1)$. Da mesma forma, $P_{12}$, $P_{23}$, ..., $P_{(M-2)(M-1)}$. Similarmente, para polinômios de ordem superior, até $P_{012...(M-1)}$, o qual é o valor do único polinômio interpolador passando por todos os $M$ pontos, isto é, a resposta desejada. Os vários $P$'s formam um "tableau" com "predecessores" à esquerda conduzindo a um único "descendente" na extrema direita. Por exemplo, com $M = 4$,

$$\begin{array}{cccccc}
x_0: & y_0 = P_0 & & & & \\
& & P_{01} & & & \\
x_1: & y_1 = P_1 & & P_{012} & & \\
& & P_{12} & & P_{0123} & \quad (3.2.2) \\
x_2: & y_2 = P_2 & & P_{123} & & \\
& & P_{23} & & & \\
x_3: & y_3 = P_3 & & & &
\end{array}$$

O algoritmo de Neville é um jeito recursivo de preencher os números uma coluna de cada vez no tableau, da esquerda para a direita. Isto é baseado no relacionamento entre uma "filha" e seus dois "pais",

$$P_{i(i+1)...(i+m)} = \frac{(x - x_{i+m})P_{i(i+1)...(i+m-1)} + (x_i - x)P_{(i+1)(i+2)...(i+m)}}{x_i - x_{i+m}} \quad (3.2.3)$$

Esta recorrência funciona porque os dois pais já concordam nos pontos $x_{i+1}...x_{i+m-1}$.

Uma melhora na recorrência (3.2.3) é manter a trilha das diferenças reduzidas entre pais e filhas, isto é, definir (para $m = 1, 2, ..., M - 1$),

$$\begin{aligned} C_{m,i} &\equiv P_{i...(i+m)} - P_{i...(i+m-1)} \\ D_{m,i} &\equiv P_{i...(i+m)} - P_{(i+1)...(i+m)} \end{aligned} \quad (3.2.4)$$

Então podemos facilmente deduzir de (3.2.3) as relações

$$\begin{aligned} D_{m+1,i} &= \frac{(x_{i+m+1} - x)(C_{m,i+1} - D_{m,i})}{x_i - x_{i+m+1}} \\ C_{m+1,i} &= \frac{(x_i - x)(C_{m,i+1} - D_{m,i})}{x_i - x_{i+m+1}} \end{aligned} \quad (3.2.5)$$

Em cada nível $m$, os $C$'s e $D$'s são as correções que fazem a interpolação uma ordem mais alta. A resposta final $P_{0...(M-1)}$ é igual à soma de *qualquer* $y_i$ mais um conjunto de $C$'s e $D$'s que forma um trajeto passando pela árvore genealógica até a filha mais à direita.

Aqui está a classe implementando a interpolação polinomial ou extrapolação. Toda a "infraestrutura de suporte" está na classe base `Base_interp`. Necessita-se apenas prover um método `rawinterp` que contenha o algoritmo de Neville.

```
struct Poly_interp : Base_interp                                    interp_1d.h
Objeto interpolação polinomial. Construa com vetores x e y e o número M de pontos a ser usado localmen-
te (ordem do polinômio mais um), então chame interp para valores interpolados.
{
    Doub dy;
    Poly_interp(VecDoub_I &xv, VecDoub_I &yv, Int m)
        : Base_interp(xv,&yv[0],m), dy(0.) {}
    Doub rawinterp(Int jl, Doub x);
};

Doub Poly_interp::rawinterp(Int jl, Doub x)
Dado um valor x e usando ponteiros para os dados xx e yy, esta rotina retorna um valor interpolado y e
armazena uma estimativa de erro dy. O valor retornado é obtido por uma interpolação polinomial de mm
pontos no subintervalo de variação xx[jl..jl+mm-1].
{
    Int i,m,ns=0;
    Doub y,den,dif,dift,ho,hp,w;
    const Doub *xa = &xx[jl], *ya = &yy[jl];
    VecDoub c(mm),d(mm);
    dif=abs(x-xa[0]);
    for (i=0;i<mm;i++) {                Aqui nós encontramos o índice ns da entrada da tabela,
        if ((dift=abs(x-xa[i])) < dif) {    mais próxima
            ns=i;
            dif=dift;
        }
        c[i]=ya[i];                     e inicializamos o tableau dos c's e d's.
        d[i]=ya[i];
    }
    y=ya[ns--];                         Esta é a aproximação inicial para y.
    for (m=1;m<mm;m++) {                Para cada coluna do tableau,
```

```
        for (i=0;i<mm-m;i++) {          executamos um laço sobre os atuais c's e d's e os atualiza-
            ho=xa[i]-x;                  mos.
            hp=xa[i+m]-x;
            w=c[i+1]-d[i];
            if ((den=ho-hp) == 0.0) throw("Poly_interp error");
            Este erro pode ocorrer somente se dois inputs xa's são (dentro do erro de arredondamento)
            idênticos.
            den=w/den;
            d[i]=hp*den;                 Aqui os c's e d's são atualizados.
            c[i]=ho*den;
        }
        y += (dy=(2*(ns+1) < (mm-m) ? c[ns+1] : d[ns--]));
    Após cada coluna no tableau ter sido completada, nós decidimos qual correção, c ou d, nós queremos
    adicionar ao nosso valor acumulado de y, isto é, qual trajeto tomar no tableau – tomar a direção para
    cima ou para baixo. Fazemos isto de uma forma a se tomar a rota mais "linha reta" através do tableau
    para seu ápice, atualizando ns de acordo para saber onde estamos. Esta rota mantém as aproximações
    parciais centradas (na medida do possível) no alvo x. O último dy adicionado é então a indicação do
    erro.
    }
    return y;
}
```

A interface do usuário para `Ploy_interp` é virtualmente a mesma para `Linear_interp` (fim de §3.1), exceto que um argumento adicional nos $M$ conjuntos construtores, que é o número de pontos a ser utilizado (a ordem mais um). Um interpolador cúbico assemelha-se a isto:

```
Int n=...;
VecDoub xx(n), yy(n);
...
Poly_interp myfunc(xx,yy,4);
```

`Poly_interp` armazena uma estimativa de erro `dy` para a maioria das chamadas recentes à sua função `interp`:

```
Doub x,y,err;
...
y = myfunc.interp(x);
err = myfunc.dy;
```

### REFERÊNCIAS CITADAS E LEITURA COMPLEMENTAR

Abramowitz, M., and Stegun, I.A. 1964, *Handbook of Mathematical Functions (Washington:* National Bureau of Standards); reprinted 1968 (New York: Dover); online em http://www.nr.com/aands, §25.2.

Stoer, J., and Bulirsch, R. 2002, *Introduction to Numerical Analysis*, 3rd ed. (New York: Springer), §2.1.

Gear, C.W. 1971, *Numerical Initial Value Problems in Ordinary Differential Equations* (Englewood Cliffs, NJ: Prentice-Hall), §6.1.

## 3.3 Interpolação por splines cúbicos

Dada uma função tabulada $y_i = y(x_i)$, $i = 0...N - 1$, vamos focar em um intervalo particular, entre $x_j$ e $x_{j+1}$. Interpolação linear neste intervalo proporciona a fórmula de interpolação

$$y = Ay_j + By_{j+1} \tag{3.3.1}$$

onde

$$A \equiv \frac{x_{j+1} - x}{x_{j+1} - x_j} \qquad B \equiv 1 - A = \frac{x - x_j}{x_{j+1} - x_j} \qquad (3.3.2)$$

As equações (3.3.1) e (3.3.2) são casos especiais da fórmula de interpolação geral de Lagrange (3.2.1).

Uma vez que ela é linear (por trechos), a equação (3.3.1) tem segunda derivada nula no interior de cada intervalo e uma segunda derivada indefinida, ou infinita, nas abscissas $x_j$. A finalidade da interpolação por splines é obter uma fórmula de interpolação que é suave na primeira derivada e contínua na segunda derivada, ambas dentro de um intervalo e em suas fronteiras.

Suponha, pelo contrário, que em adição aos valores tabulados de $y_i$ também tenhamos valores tabulados para as segundas derivadas da função, $y''$, isto é, um conjunto de números $y_i''$. Então, dentro de cada intervalo, nós podemos adicionar ao lado direito da equação (3.3.1) um polinômio de grau 3 cuja segunda derivada varia linearmente de um valor $y_i''$ na esquerda para um valor $y_{j+1}''$ à direita. Fazendo assim, teremos a segunda derivada contínua desejada. Se também construirmos o polinômio cúbico para ter *valores* nulos em $x_j$ e $x_{j+1}$, então adicionando isso não arruinaremos a concordância com os valores funcionais tabulados $y_j$ e $y_{j+1}$ nos pontos extremos $x_j$ e $x_{j+1}$.

Um pouco de cálculo mostra que há somente um maneira de arranjar esta construção, a saber, trocar (3.3.1) por

$$y = Ay_j + By_{j+1} + Cy_j'' + Dy_{j+1}'' \qquad (3.3.3)$$

onde $A$ e $B$ são definidos em (3.3.2) e

$$C \equiv \tfrac{1}{6}(A^3 - A)(x_{j+1} - x_j)^2 \qquad D \equiv \tfrac{1}{6}(B^3 - B)(x_{j+1} - x_j)^2 \qquad (3.3.4)$$

Note que a dependência da variável dependente $x$ nas equações (3.3.3) e (3.3.4) é inteiramente através da dependência linear em $x$ de $A$ e $B$, e (através de $A$ e $B$) a dependência cúbica em $x$ de $C$ e $D$.

Podemos prontamente checar que $y''$ é de fato a segunda derivada do novo polinômio interpolador. Nós tomamos derivadas da equação (3.3.3) com respeito a $x$, usando as definições de $A$, $B$, $C$ e $D$ para computar $dA/dx$, $dB/dx$, $dC/dx$ e $dD/dx$. O resultado é

$$\frac{dy}{dx} = \frac{y_{j+1} - y_j}{x_{j+1} - x_j} - \frac{3A^2 - 1}{6}(x_{j+1} - x_j)y_j'' + \frac{3B^2 - 1}{6}(x_{j+1} - x_j)y_{j+1}'' \qquad (3.3.5)$$

para a primeira derivada e

$$\frac{d^2y}{dx^2} = Ay_j'' + By_{j+1}'' \qquad (3.3.6)$$

para a segunda derivada. Uma vez que $A = 1$ em $x_j$ e $A = 0$ em $x_{j+1}$, enquanto que $B$ é simplesmente o contrário, (3.3.6) mostra que $y''$ é apenas a segunda derivada tabulada, e também que a segunda derivada será contínua através, p. ex., da fronteira entre os dois intervalos $(x_{j-1}, x_j)$ e $(x_j, x_{j+1})$.

O único problema agora é que nós supomos que os $y_i''$'s são conhecidos, quando, de fato, eles não são. Porém, ainda não exigimos que a primeira derivada, computada da equação (3.3.5), seja contínua através da fronteira entre dois intervalos. A ideia-chave de um spline cúbico é requerer esta continuidade e usá-la para obter equações para as segundas derivadas $y_i''$.

As equações requeridas são obtidas fazendo-se a equação (3.3.5) avaliada para $x = x_j$ no intervalo $(x_{j-1}, x_j)$ igual à mesma equação avaliada para $x = x_j$, mas no intervalo $(x_j, x_{j+1})$. Com algum rearranjo, isto dá (para $j = 1, ..., N-2$)

$$\frac{x_j - x_{j-1}}{6} y''_{j-1} + \frac{x_{j+1} - x_{j-1}}{3} y''_j + \frac{x_{j+1} - x_j}{6} y''_{j+1} = \frac{y_{j+1} - y_j}{x_{j+1} - x_j} - \frac{y_j - y_{j-1}}{x_j - x_{j-1}}$$

(3.3.7)

Estas são $N - 2$ equações lineares nas $N$ incógnitas $y''_i$, $i = 0, ..., N - 1$. Por esta razão há uma família de dois parâmetros de possíveis soluções.

Para uma única solução, nós precisamos especificar duas condições adicionais, tipicamente realizadas nas condições de fronteira em $x_0$ e $x_{N-1}$. As alternativas mais comuns para fazer isto são ou

- selecionar um ou ambos $y''_0$ e $y''_{N-1}$ iguais a zero, proporcionando o chamado *spline cúbico natural*, o qual tem a segunda derivada nula em uma ou ambas de suas fronteiras, ou
- selecionar qualquer um entre $y''_0$ e $y''_{N-1}$ para valores calculados da equação (3.3.5) de forma a fazer a primeira derivada da função interpoladora ter um valor específico em uma ou ambas fronteiras.

Embora a condição de fronteira para splines naturais seja comumente usada, outra possibilidade é estimar as primeiras derivadas nos endpoints (extremidades) dos primeiros e últimos poucos pontos tabulados. Para detalhes de como fazer isto, veja o fim de §3.7. Melhor, naturalmente, é se você pode calcular as primeiras derivadas nos extremos analiticamente.

Um motivo por que splines cúbicos são especialmente práticos é que o sistema de equações (3.3.7), junto com as duas condições de contorno adicionais, é não somente linear, mas também *tridiagonal*. Cada $y''_j$ é acoplada somente a seus vizinhos mais próximos $j \pm 1$ Por esta razão, as equações podem ser resolvidas em $O(N)$ operações pelo algoritmo tridiagonal (§2.4). Este algoritmo é conciso o suficiente para construir corretamente a função chamada pelo construtor.

O objeto para interpolação por splines cúbicos assemelha-se a isto:

interp_1d.h
```
struct Spline_interp : Base_interp
```
Objeto interpolação por splines cúbicos. Construa com vetores **x** e **y**, e (opcionalmente) valores da primeira derivada nos pontos extremos, então chame interp para valores interpolados.
```
{
    VecDoub y2;

    Spline_interp(VecDoub_I &xv, VecDoub_I &yv, Doub yp1=1.e99, Doub ypn=1.e99)
    : Base_interp(xv,&yv[0],2), y2(xv.size())
    {sety2(&xv[0],&yv[0],yp1,ypn);}

    Spline_interp(VecDoub_I &xv, const Doub *yv, Doub yp1=1.e99, Doub ypn=1.e99)
    : Base_interp(xv,yv,2), y2(xv.size())
    {sety2(&xv[0],yv,yp1,ypn);}

    void sety2(const Doub *xv, const Doub *yv, Doub yp1, Doub ypn);
    Doub rawinterp(Int jl, Doub xv);
};
```

Por agora, você pode ignorar o segundo construtor; ele será usado mais tarde para interpolação spline bidimensional.

## Capítulo 3 Interpolação e Extrapolação

A interface do usuário difere das anteriores somente na adição dos dois argumentos construtores, usados para designar os valores das primeiras derivadas nas extremidades, $y'_0$ e $y'_{N-1}$. Estes são codificados com valores default que sinalizam que você quer um spline natural, então eles podem ser omitidos na maioria das situações. Ambos os construtores invocam sety2 para fazer o trabalho de computar de verdade e armazenar as segundas derivadas.

```
void Spline_interp::sety2(const Doub *xv, const Doub *yv, Doub yp1, Doub ypn)         interp_1d.h
```
Esta rotina armazena um array y2[0..n-1] com segundas derivadas da função interpolação nos pontos tabulados apontados por xv, usando valores de função apontados por yv. Se yp1 e/ou ypn são iguais a $1 \times 10^{99}$ ou maiores, a rotina é sinalizada para atribuir a correspondente condição de contorno para um spline natural, com segunda derivada nula neste fronteira; caso contrário, eles são os valores das primeiras derivadas nas extremidades.

```
{
    Int i,k;
    Doub p,qn,sig,un;
    Int n=y2.size();
    VecDoub u(n-1);
    if (yp1 > 0.99e99)            A condição de contorno do extremo inferior ou é designada
        y2[0]=u[0]=0.0;                         para ser "natural",
    else {                        ou então para ter uma primeira derivada específica.
        y2[0] = -0.5;
        u[0]=(3.0/(xv[1]-xv[0]))*((yv[1]-yv[0])/(xv[1]-xv[0])-yp1);
    }
    for (i=1;i<n-1;i++) {         Este é o laço de decomposição do algoritmo tridiagonal. y2 e
        sig=(xv[i]-xv[i-1])/(xv[i+1]-xv[i-1]);   u são usados para memorizar temporariamente
        p=sig*y2[i-1]+2.0;                       os fatores decompostos.
        y2[i]=(sig-1.0)/p;
        u[i]=(yv[i+1]-yv[i])/(xv[i+1]-xv[i]) - (yv[i]-yv[i-1])/(xv[i]-xv[i-1]);
        u[i]=(6.0*u[i]/(xv[i+1]-xv[i-1])-sig*u[i-1])/p;
    }
    if (ypn > 0.99e99)            A condição de contorno do extremo superior ou é designada
        qn=un=0.0;                              para ser "natural",
    else {                        ou então para ter uma primeira derivada específica.
        qn=0.5;
        un=(3.0/(xv[n-1]-xv[n-2]))*(ypn-(yv[n-1]-yv[n-2])/(xv[n-1]-xv[n-2]));
    }
    y2[n-1]=(un-qn*u[n-2])/(qn*y2[n-2]+1.0);
    for (k=n-2;k>=0;k--)          Este é o laço da retrossubstituição do algoritmo tridiagonal.
        y2[k]=y2[k]*y2[k+1]+u[k];
}
```

Observe que, diferentemente do objeto anterior Poly_interp, Spline_interp armazena dados que dependem dos conteúdos do array dos $y_i$'s quando de sua criação – um vetor inteiro y2. Embora não tenhamos apontado, o objeto de interpolação anterior de fato permitiu o abuso de alterar os conteúdos dos seus arrays x e y no decorrer da execução (contanto que os comprimentos não tenham mudado). Se você fizer isso com Spline_interp, você definitivamente obterá respostas erradas!

O método rawinterp requerido, nunca chamado diretamente pelos usuários, usa o y2 armazenado e implementa a equação (3.3.3):

```
Doub Spline_interp::rawinterp(Int jl, Doub x)                                         interp_1d.h
```
Dado um valor x e usando ponteiros para os dados xx e yy e o vetor armazenado das segundas derivadas y2, esta rotina retorna o valor do spline cúbico interpolado y.
```
{
    Int klo=jl,khi=jl+1;
    Doub y,h,b,a;
    h=xx[khi]-xx[klo];
    if (h == 0.0) throw("Bad input to routine splint");    Os xa's devem ser distintos.
    a=(xx[khi]-x)/h;
```

```
    b=(x-xx[klo])/h;                    Polinômio spline cúbico será agora avaliado.
    y=a*yy[klo]+b*yy[khi]+((a*a*a-a)*y2[klo]
      +(b*b*b-b)*y2[khi])*(h*h)/6.0;
    return y;
}
```

Uso típico assemelha-se a isto:

```
Int n=...;
VecDoub xx(n), yy(n);
...
Spline_interp myfunc(xx,yy);
```

e então, sempre que você desejar,

```
Doub x,y;
...
y = myfunc.interp(x);
```

Observe que nenhum erro estimado é disponibilizado.

### REFERÊNCIAS CITADAS E LEITURA COMPLEMENTAR

De Boor, C. 1978, *A Practical Guide to Splines* (New York: Springer).

Ueberhuber, C.W. 1997, *Numerical Computation: Methods, Software, and Analysis,* vol. 1 (Berlin: Springer), Chapter 9.

Forsythe, G.E., Malcolm, M.A., and Moler, C.B. 1977, *Computer Methods for Mathematical Computations* (Englewood Cliffs, NJ: Prentice-Hall), §4.4 - §4.5.

Stoer, J., and Bulirsch, R. 2002, *Introduction to Numerical Analysis,* 3rd ed. (New York: Springer), §2.4.

Ralston, A., and Rabinowitz, P. 1978, *A First Course in Numerical Analysis,* 2nd ed.; reprinted 2001 (New York: Dover), §3.8.

## 3.4 Interpolação e extrapolação por funções racionais

Algumas funções não são bem aproximadas por polinômios mas *são* bem aproximadas por funções racionais, isto é, quocientes de polinômios. Nós denotamos por $R_{i(i+1)...(i+m)}$ uma função racional passando através dos $m+1$ pontos $(x_i,y_i), ...,(x_{i+m},y_{i+m})$. Mais explicitamente, suponha

$$R_{i(i+1)...(i+m)} = \frac{P_\mu(x)}{Q_\nu(x)} = \frac{p_0 + p_1 x + \cdots + p_\mu x^\mu}{q_0 + q_1 x + \cdots + q_\nu x^\nu} \quad (3.4.1)$$

Uma vez que há $\mu + \nu + 1$ $p$'s e $q$'s desconhecidos ($q_0$ sendo arbitrário), precisamos ter

$$m + 1 = \mu + \nu + 1 \quad (3.4.2)$$

Ao especificar uma função racional interpoladora, você deve dar a ordem desejada de ambos o numerador e o denominador.

Funções racionais são algumas vezes superiores a polinômios, falando de forma geral, por causa da sua habilidade em modelar funções com polos, isto é, zeros do denominador da equação (3.4.1). Estes polos podem ocorrer para valores reais de $x$, se a função a ser interpolada, tem ela mesma polos. Mais frequentemente, a função $f(x)$ é finita para todo $x$ *real* finito, mas tem uma continuação analítica com polos no plano complexo $x$. Tais polos podem por si próprios arruinar uma aproximação polinomial, mesmo que restrita aos valores reais de $x$, apenas pelo fato de poderem arruinar a convergência de uma série infinita de potências em $x$. Se você desenhar um círculo no plano complexo em torno dos seus $m$ pontos tabulados, não deverá esperar que a interpolação polinomial seja boa a menos que o polo mais próximo esteja um tanto quanto afastado na parte externa do círculo. Uma função aproximação racional, em contraste, ficará "boa" contanto que ela tenha potências suficientes de $x$ em seu denominador a serem levadas em conta para (cancelar) alguns polos muito próximos.

Para o problema de interpolação, uma função racional é construída de forma a ir na direção da escolha dos valores funcionais tabelados a serem designados. Porém, também poderíamos mencionar de passagem que aproximações de funções racionais podem ser usadas em trabalho analítico. Algumas vezes constrói-se uma aproximação por função racional pelo critério de que a função racional da equação (3.4.1) tem por ela mesma uma expansão em série de potências que concorda com os $m+1$ primeiros termos da série de potências da função desejada $f(x)$. Isto é chamado de *aproximação de Padé* e será discutido em §5.12.

Burlish e Stoer encontraram um algoritmo do tipo Neville que executa a extrapolação pela função racional nos dados tabulados. Um tableau como o da equação (3.2.2) é construído coluna por coluna, conduzindo a um resultado e uma estimativa de erro. O algoritmo de Burlirsch-Stoer produz a então chamada função racional *diagonal*, com o grau do numerador e denominador iguais (se $m$ é par) ou com o grau do denominador maior por um [se $m$ é ímpar; cf. equação (3.4.2) acima]. Para a derivação do algoritmo, veja [1]. O algoritmo é resumido por uma relação de recorrência exatamente análoga à equação (3.2.3) para aproximação polinomial:

$$R_{i(i+1)\ldots(i+m)} = R_{(i+1)\ldots(i+m)} + \frac{R_{(i+1)\ldots(i+m)} - R_{i\ldots(i+m-1)}}{\left(\frac{x-x_i}{x-x_{i+m}}\right)\left(1 - \frac{R_{(i+1)\ldots(i+m)}-R_{i\ldots(i+m-1)}}{R_{(i+1)\ldots(i+m)}-R_{(i+1)\ldots(i+m-1)}}\right) - 1} \quad (3.4.3)$$

Esta recorrência gera as funções racionais através dos $m+1$ pontos proveniente da que passa por $m$ pontos e [o termo $R_{(i+1)\ldots(i+m-1)}$ na equação (3.4.3)] e da que passa por $m-1$ pontos. Inicia-se com

$$R_i = y_i \quad (3.4.4)$$

e com

$$R \equiv [R_{i(i+1)\ldots(i+m)} \quad \text{com} \quad m = -1] = 0 \quad (3.4.5)$$

Agora, exatamente como nas equações (3.2.4) e (3.2.5) acima, podemos converter a recorrência (3.4.3) em uma envolvendo somente as pequenas diferenças

$$\begin{aligned} C_{m,i} &\equiv R_{i\ldots(i+m)} - R_{i\ldots(i+m-1)} \\ D_{m,i} &\equiv R_{i\ldots(i+m)} - R_{(i+1)\ldots(i+m)} \end{aligned} \quad (3.4.6)$$

Observe que estas satisfazem a relação

$$C_{m+1,i} - D_{m+1,i} = C_{m,i+1} - D_{m,i} \quad (3.4.7)$$

que é útil para provar as recorrências

$$D_{m+1,i} = \frac{C_{m,i+1}(C_{m,i+1} - D_{m,i})}{\left(\frac{x-x_i}{x-x_{i+m+1}}\right) D_{m,i} - C_{m,i+1}}$$

$$C_{m+1,i} = \frac{\left(\frac{x-x_i}{x-x_{i+m+1}}\right) D_{m,i}(C_{m,i+1} - D_{m,i})}{\left(\frac{x-x_i}{x-x_{i+m+1}}\right) D_{m,i} - C_{m,i+1}}$$

(3.4.8)

A classe para funções interpoladoras racionais é idêntica a aquela para interpolação polinomial em todos os aspectos, exceto, claro, para diferentes métodos implementados em `rawinterp`. Veja o fim de §3.2 para uso. Valores plausíveis para $M$ estão no range de 4 a 7.

interp_1d.h
```
struct Rat_interp : Base_interp
```
Objeto para função interpoladora racional diagonal. Construa com vetores x e y e o número m de pontos a ser usado localmente, então chame interp para valores interpolados.

```
{
    Doub dy;
    Rat_interp(VecDoub_I &xv, VecDoub_I &yv, Int m)
        : Base_interp(xv,&yv[0],m), dy(0.) {}
    Doub rawinterp(Int jl, Doub x);
};
```

```
Doub Rat_interp::rawinterp(Int jl, Doub x)
```
Dado um valor x e usando ponteiros para os dados xx e yy, esta rotina retorna um valor interpolado y e armazena uma estimativa de erro dy. O valor retornado é obtido pela interpolação de uma função racional diagonal de mm pontos no subintervalo xx[jl..jl+mm-1].
```
{
    const Doub TINY=1.0e-99;       Um número pequeno.
    Int m,i,ns=0;
    Doub y,w,t,hh,h,dd;
    const Doub *xa = &xx[jl], *ya = &yy[jl];
    VecDoub c(mm),d(mm);
    hh=abs(x-xa[0]);
    for (i=0;i<mm;i++) {
        h=abs(x-xa[i]);
        if (h == 0.0) {
            dy=0.0;
            return ya[i];
        } else if (h < hh) {
            ns=i;
            hh=h;
        }
        c[i]=ya[i];
        d[i]=ya[i]+TINY;           A parte TINY é necessária para evitar uma rara condição zero
    }                              sobre zero.
    y=ya[ns--];
    for (m=1;m<mm;m++) {
        for (i=0;i<mm-m;i++) {
            w=c[i+1]-d[i];
            h=xa[i+m]-x;           h nunca será zero, uma vez que isto foi testado no laço de inicia-
            t=(xa[i]-x)*d[i]/h;    lização.
            dd=t-c[i+1];
            if (dd == 0.0) throw("Error in routine ratint");
            Esta condição de erro indica que a função interpoladora tem um polo no valor requisitado de x.
            dd=w/dd;
            d[i]=c[i+1]*dd;
            c[i]=t*dd;
```

```
            }
            y += (dy=(2*(ns+1) < (mm-m) ? c[ns+1] : d[ns--]));
        }
        return y;
    }
```

### 3.4.1 Interpolação racional baricêntrica

Suponha que tente-se usar o algoritmo anterior para construir uma aproximação global na tabela inteira de valores usando todos os nodos dados $x_0, x_1, ..., x_{N-1}$. Uma potencial desvantagem é que a aproximação pode ter polos dentro do intervalo de interpolação onde o denominador em (3.4.1) se anula, mesmo se a função original não tenha polos lá. Um risco (relacionado) ainda maior é que permitimos a ordem da aproximação crescer a $N-1$, provavelmente grande demais.

Pode-se deduzir um algoritmo alternativo [2] que não tem polos em lugar algum do eixo real e que permite a verdadeira ordem da aproximação ser especificada para ser um inteiro qualquer $d < N$. O truque é fazer o grau de ambos o numerador e o denominador na equação (3.4.1) serem $N-1$. Isto requer que os $p$'s e $q$'s não sejam independentes, de forma que a equação (3.4.2) não vale mais.

O algoritmo utiliza a forma *baricêntrica* do interpolante racional

$$R(x) = \frac{\sum_{i=0}^{N-1} \frac{w_i}{x - x_i} y_i}{\sum_{i=0}^{N-1} \frac{w_i}{x - x_i}} \tag{3.4.9}$$

Pode se mostrar que, por uma escolha aceitável de pesos $w_i$, *todo* interpolante racional pode ser escrito neste forma e que, como um caso especial, da mesma forma os interpolantes polinomiais [3]. Isto faz esta forma ter muitas propriedades numéricas agradáveis. Interpolação racional baricêntrica compete muito favoravelmente com splines: seu erro é em geral menor e a aproximação resultante é infinitamente suave (diferente dos splines).

Suponha que queiramos que nosso interpolante racional tenha uma aproximação de ordem $d$, isto é, se o espaçamento dos pontos é $O(h)$, o erro é $O(h^{d+1})$ conforme $h \to 0$. Então a fórmula para os pesos é

$$w_k = \sum_{\substack{i=k-d \\ 0 \le i < N-d}}^{k} (-1)^k \prod_{\substack{j=i \\ j \ne k}}^{i+d} \frac{1}{x_k - x_j} \tag{3.4.10}$$

Por exemplo,

$$w_k = (-1)^k, \qquad d = 0$$
$$w_k = (-1)^{k-1} \left[ \frac{1}{x_k - x_{k-1}} + \frac{1}{x_{k+1} - x_k} \right], \qquad d = 1 \tag{3.4.11}$$

Na última equação, você omite os termos em $w_0$ e $w_{N-1}$ que referem-se a valores de $x_k$ fora do intervalo.

Aqui está a rotina que implementa a interpolação racional baricêntrica. Dado um conjunto de $N$ nodos e uma ordem desejada $d$, com $d < N$, ela primeiro computa os pesos $w_k$. Então as chamadas subsequentes a `interp` calculam o interpolante usando a equação (3.4.9). Observe que o parâmetro `j1` de `rawinterp` não é usado, uma vez que o algoritmo é projetado para construir uma aproximação no intervalo inteiro de uma vez.

O workload (carga de trabalho) para construir os pesos é da ordem $O(Nd)$ operações. Para $d$ pequeno, isto não é muito diferente dos splines. Note, porém, que o workload para cada valor interpolado subsequente é $O(N)$, não $O(d)$ como para splines.

interp_1d.h
```
struct BaryRat_interp : Base_interp
```
Objeto de interpolação racional baricêntrica. Após construir o objeto, chama interp para valores interpolados. Note que nenhuma estimativa de erro dy é calculada
```
{
    VecDoub w;
    Int d;
    BaryRat_interp(VecDoub_I &xv, VecDoub_I &yv, Int dd);
    Doub rawinterp(Int jl, Doub x);
    Doub interp(Doub x);
};

BaryRat_interp::BaryRat_interp(VecDoub_I &xv, VecDoub_I &yv, Int dd)
    : Base_interp(xv,&yv[0],xv.size()), w(n), d(dd)
```
Argumentos do construtor são os vetores **x** e **y** de comprimento n, e ordem $d$ da aproximação desejada.
```
{
    if (n<=d) throw("d too large for number of points in BaryRat_interp");
    for (Int k=0;k<n;k++) {                     Compute pesos da equação (3.4.10).
        Int imin=MAX(k-d,0);
        Int imax = k >= n-d ? n-d-1 : k;
        Doub temp = imin & 1 ? -1.0 : 1.0;
        Doub sum=0.0;
        for (Int i=imin;i<=imax;i++) {
            Int jmax=MIN(i+d,n-1);
            Doub term=1.0;
            for (Int j=i;j<=jmax;j++) {
                if (j==k) continue;
                term *= (xx[k]-xx[j]);
            }
            term=temp/term;
            temp=-temp;
            sum += term;
        }
        w[k]=sum;
    }
}
Doub BaryRat_interp::rawinterp(Int jl, Doub x)
```
Use equação (3.4.9) para computar o interpolante racional baricêntrico. Note que jl não é usado, uma vez que a aproximação é global; ela é incluída apenas para compatibilidade com Base_interp.
```
{
    Doub num=0,den=0;
    for (Int i=0;i<n;i++) {
        Doub h=x-xx[i];
        if (h == 0.0) {
            return yy[i];
        } else {
            Doub temp=w[i]/h;
            num += temp*yy[i];
            den += temp;
        }
    }
    return num/den;
}
Doub BaryRat_interp::interp(Doub x) {
```
Não é necessário invocar hunt ou locate, uma vez que a interpolação é global, portanto passe por cima de interp para simplesmente chamar rawinterp diretamente com um dummy value (valor fictício, só para satisfazer a sintaxe) de jl.

```
        return rawinterp(1,x);
}
```

Esta é uma maneira de se iniciar com valores pequenos de $d$ antes de tentar valores maiores.

**REFERÊNCIAS CITADAS E LEITURA COMPLEMENTAR**

Stoer, J., and Bulirsch, R. 2002, *Introduction to Numerical Analysis*, 3rd ed. (New York: Springer), §2.2.[1]

Floater, M.S., and Hermann, K. 2006+, "Barycentric Rational Interpolation with No Poles and High Rates of Approximation," em http://www.in.tu-clausthal.de/fileadmin/homes/techreports/ifi0606hormann.pdf.[2]

Berrut, J.-P., and Trefethen, L.N. 2004, "Barycentric Lagrange Interpolation," *SIAM Review*, vol. 46, pp. 501-517.[3]

Gear, C.W. 1971, *Numerical Initial Value Problems in Ordinary Differential Equations* (Englewood Cliffs, NJ: Prentice-Hall), §6.2.

Cuyt, A., and Wuytack, L. 1987, *Nonlinear Methods in Numerical Analysis* (Amsterdam: North-Holland), Chapter 3.

## 3.5 Coeficientes na interpolação polinomial

Ocasionalmente você pode desejar conhecer não o valor do polinômio interpolador que passa através de um (pequeno!) número de pontos, mas os coeficientes de tal polinômio. Um uso válido dos coeficientes poderia ser, por exemplo, computar simultaneamente valores interpolados da função e de diversas de suas derivadas (ver §5.1), ou convoluir um segmento da função tabelada com algumas outras funções, onde os momentos desta outra função (isto é, sua convolução com potências de $x$) são conhecidos analiticamente.

Por favor esteja certo, porém, de que os coeficientes são o que você precisa. Geralmente os coeficientes da interpolação polinomial podem ser determinados com muito menos acurácia do que seu valor em uma determinada abscissa. Por esta razão, não é uma boa ideia determinar os coeficientes apenas para usar no cálculo dos valores interpolados. Valores assim calculados não passarão exatamente através dos pontos tabulados, por exemplo, enquanto que valores computados por rotinas em §3.1 – §3.3 passarão exatamente através de tais pontos.

Também, você não deve confundir a interpolação polinomial (e seus coeficientes) com seu seu primo, o melhor ajuste (*best-fit*) polinomial por meio de um conjunto de dados. Ajuste (*fitting*) é um processo de suavização (*smoothing*), uma vez que o número de coeficientes ajustados é tipicamente muito menor do que o número de pontos dados. Por esta razão, coeficientes ajustados podem ser determinados de uma maneira acurada e estável mesmo na presença de erros estatísticos nos valores tabulados. (Ver §14.9.) Interpolação, onde o número de coeficientes e o número de pontos tabulados são iguais, toma os valores tabulados como perfeitos. Se eles na verdade contêm erros estatísticos, estes podem ser amplificados nas oscilações da interpolação polinomial entre os pontos tabulados.

Como anteriormente, tomamos os pontos tabulados como $y_i \equiv y(x_i)$. Se o polinômio interpolador é escrito como

$$y = c_0 + c_1 x + c_2 x^2 + \cdots + c_{N-1} x^{N-1} \tag{3.5.1}$$

então os $c_i$'s são solicitados a satisfazer a equação linear

$$\begin{bmatrix} 1 & x_0 & x_0^2 & \cdots & x_0^{N-1} \\ 1 & x_1 & x_1^2 & \cdots & x_1^{N-1} \\ \vdots & \vdots & \vdots & & \vdots \\ 1 & x_{N-1} & x_{N-1}^2 & \cdots & x_{N-1}^{N-1} \end{bmatrix} \cdot \begin{bmatrix} c_0 \\ c_1 \\ \vdots \\ c_{N-1} \end{bmatrix} = \begin{bmatrix} y_0 \\ y_1 \\ \vdots \\ y_{N-1} \end{bmatrix} \qquad (3.5.2)$$

Esta é uma matriz de *Vandermonde*, como descrita em §2.8. Pode-se em princípio resolver a equação (3.5.2) por técnicas padrões para equações lineares geralmente (§2.3); contudo, o método especial que foi deduzido em §2.8 é mais eficiente por um fator maior, de ordem $N$, sendo assim muito melhor.

Lembre-se que sistemas de Vandermonde podem ser muito mal-condicionados. Em tais casos, *nenhum* método numérico dará uma resposta muito acurada. Tais casos, por favor observe, não implicam qualquer dificuldade em encontrar *valores* interpolados pelos métodos de §3.2, mas apenas dificuldade em encontrar os *coeficientes*.

Como a rotina em §2.8, a seguinte é decorrente de G.B. Rybicki.

polcoef.h
```
void polcoe(VecDoub_I &x, VecDoub_I &y, VecDoub_O &cof)
Dados arrays x[0..n-1] e y[0..n-1] contendo uma função tabelada y_i = f(x_i), esta rotina retorna um
array de coeficientes cof[0..n-1] tal que y_i = ∑_{j=0}^{n-1} cof_j x_i^j.
{
    Int k,j,i,n=x.size();
    Doub phi,ff,b;
    VecDoub s(n);
    for (i=0;i<n;i++) s[i]=cof[i]=0.0;
    s[n-1]= -x[0];
    for (i=1;i<n;i++) {                      Coeficientes s_i do polinômio mestre P(x) são encontrados por
        for (j=n-1-i;j<n-1;j++)              recorrência.
            s[j] -= x[i]*s[j+1];
        s[n-1] -= x[i];
    }
    for (j=0;j<n;j++) {
        phi=n;
        for (k=n-1;k>0;k--)                  A quantidade phi = ∏_{j ≠ k}(x_j − x_k) é encontrada como uma
            phi=k*s[k]+x[j]*phi;             derivada de P(x_j).
        ff=y[j]/phi;
        b=1.0;
                                             Coeficientes dos polinômios em cada termo da fórmula de La-
        for (k=n-1;k>=0;k--) {               grange são encontrados pela divisão sintética de P(x) por
            cof[k] += b*ff;                  (x − x_j). A solução c_k é acumulada.
            b=s[k]+x[j]*b;
        }
    }
}
```

### 3.5.1 Outro método

Outra técnica é fazer uso da rotina de interpolação do valor da função já dada (polint; §3.2). Se nós interpolamos (ou extrapolamos) para encontrar o valor do polinômio interpolador em $x = 0$, então este valor deverá evidentemente ser $c_0$. Agora podemos subtrair $c_0$ dos $y_i$'s e dividir cada um pelo seu $x_i$ correspondente. Dispensando um ponto (aquele com menor $x_i$ é um bom candidato), podemos repetir o procedimento para encontrar $c_1$, e assim sucessivamente.

Não é instantaneamente óbvio que este procedimento é estável, mas geralmente o julgamos algo *mais* estável do que a rotina imediatamente precedente. Este método é da ordem $N^3$, enquanto o precedente era da ordem $N^2$. Você verá, porém, que nenhum deles funciona muito bem para *N* grande, por causa do mal-condicionamento intrínseco do problema de Vandermonde. Em precisão simples, *N* vai até 8 ou 10 satisfatoriamente; aproximadamente o dobro disso em precisão dupla.

```
void polcof(VecDoub_I &xa, VecDoub_I &ya, VecDoub_O &cof)
```
Dados arrays xa[0..n-1] e ya[0..n-1] contendo uma função tabelada $ya_i = f(xa_i)$, esta rotina retorna um array de coeficientes cof[0..n-1], tais que $ya_i = \sum_{j=0}^{n-1} cof_j xa_i^j$.
```
{
    Int k,j,i,n=xa.size();
    Doub xmin;
    VecDoub x(n),y(n);
    for (j=0;j<n;j++) {
        x[j]=xa[j];
        y[j]=ya[j];
    }
    for (j=0;j<n;j++) {                    Preencha um vetor temporário cujo tamanho dimi-
        VecDoub x_t(n-j),y_t(n-j);         nui a cada coeficiente encontrado.
        for (k=0;k<n-j;k++) {
            x_t[k]=x[k];
            y_t[k]=y[k];
        }
        Poly_interp interp(x,y,n-j);
        cof[j] = interp.rawinterp(0,0.);   Extrapole para $x = 0$.
        xmin=1.0e99;
        k = -1;
        for (i=0;i<n-j;i++) {              Encontre o $x_i$ remanescente de menor valor abso-
            if (abs(x[i]) < xmin) {        luto
                xmin=abs(x[i]);
                k=i;
            }
            if (x[i] != 0.0)               (neste meio tempo, reduza todos os termos)
                y[i]=(y[i]-cof[j])/x[i];
        }
        for (i=k+1;i<n-j;i++) {            e elimine-o.
            y[i-1]=y[i];
            x[i-1]=x[i];
        }
    }
}
```

Se o ponto $x = 0$ não está em (ou no mínimo perto do) intervalo que abrange os valores tabulados $x_i$'s, então os coeficientes do polinômio interpolador em geral se tornarão muito grandes. Porém, o real "conteúdo de informação" dos coeficientes está nas pequenas diferenças provenientes dos valores grandes "induzidos pela tradução". Esta é uma causa do mal-condicionamento, resultando na perda de significância e coeficientes pobremente determinados. Neste caso, você deve considerar redefinir a origem do problema, para pôr $x = 0$ em um lugar sensato.

Outra patologia é que, se um grau de interpolação muito alto é experimentado para uma função suave, o polinômio interpolador procurará usar seu alto grau de coeficientes, com combinações grandes e que se cancelam quase que precisamente, para equiparar-se aos valores tabulados descendo até o último epsilon de acurácia possível. Este efeito é o mesmo da tendência intrínseca dos valores do polinômio interpolador oscilarem (bruscamente) entre seus pontos vinculados, e estaria presente mesmo se a precisão de ponto flutuante da máquina fosse infinitamente boa. As rotinas acima `polcoe` e `polcof` têm sensibilidades levemente diferentes às patologias que podem ocorrer.

Você ainda tem certeza de que usar os *coeficientes* é uma boa ideia?

**REFERÊNCIAS CITADAS E LEITURA COMPLEMENTAR**

Isaacson, E., and Keller, H.B. 1966, *Analysis of Numerical Methods;* reprinted 1994 (New York: Dover), §5.2.

## 3.6 Interpolação no grid (reticulado) em muitas dimensões

Na interpolação multidimensional pretendemos obter uma estimativa de uma função de mais do que uma variável independente, $y(x_1, x_2, ..., x_n)$. O divisor de águas é: estamos fornecendo um conjunto de valores tabulados no grid $n$-dimensional? Ou conhecemos os valores da função somente em algum conjunto de pontos espalhados no espaço $n$-dimensional? Em uma dimensão, essa questão nunca surgirá, porque qualquer conjunto de $x_i$'s, uma vez classificado em ordem crescente, pode ser visto como um grid unidimensional válido (espaçamento regular não sendo uma necessidade).

Conforme o número de dimensões $n$ aumenta, manter um grid completo torna-se rapidamente impraticável, por causa da explosão no número de pontos do grid. Os métodos que funcionam com dados espalhados, a serem considerados em §3.7, são a melhor escolha. Não cometa o engano, porém, de pensar que tais métodos são intrinsecamente mais acurados do que os métodos de grid. Em geral, eles são menos acurados. Eles são extraordinários porque funcionam, não porque eles funcionam necessariamente bem!

Os dois métodos são práticos em duas dimensões, e alguns outros tipos também. Por exemplo, *métodos de elementos finitos,* dos quais a triangulação é o mais comum, encontram maneiras de impor algum tipo de estrutura geometricamente regular aos pontos espalhados e então usar essas estrutura para interpolação. Trataremos da interpolação bidimensional por triangulação detalhadamente em §21.6; esta seção deve ser considerada uma continuação desta discussão.

No restante desta seção, consideramos apenas o caso de interpolação no grid e implementamos no código apenas o caso (mais comum) de duas dimensões. Todos os outros métodos dados generalizam para três dimensões de uma maneira óbvia. Quando implementamos métodos para dados espalhados, em §3.7, o tratamento será para um $n$ geral.

Em duas dimensões, imaginamos que temos uma matriz de valores funcionais $y_{ij}$, com $i = 0, ..., M - 1$ e $j = 0, ..., N - 1$. Também fornecemos um array de $x_1$ valores $x_{1i}$ e um array de $x_2$ valores $x_{2j}$, com $i$ e $j$ como dito. A relação destas quantidades input com uma função básica $y(x_1, x_2)$ é apenas

$$y_{ij} = y(x_{1i}, x_{2j}) \tag{3.6.1}$$

Queremos estimar, por interpolação, a função $y$ em algum ponto não tabulado $(x_1, x_2)$.

Um importante conceito é o de *grade quadrada* no qual o ponto $(x_1, x_2)$ incide, isto é, os quatro pontos tabulados que circundam o ponto interior desejado. Por conveniência, numeraremos estes pontos de 0 a 3, partindo no sentido anti-horário do mais inferior à esquerda. Mais precisamente, se

$$x_{1i} \leq x_1 \leq x_{1(i+1)}$$
$$x_{2j} \leq x_2 \leq x_{2(j+1)} \tag{3.6.2}$$

definem valores de $i$ e $j$, então

$$\begin{aligned} y_0 &\equiv y_{ij} \\ y_1 &\equiv y_{(i+1)j} \\ y_2 &\equiv y_{(i+1)(j+1)} \\ y_3 &\equiv y_{i(j+1)} \end{aligned} \tag{3.6.3}$$

A interpolação mais simples em duas dimensões é a *interpolação bilinear* no grade quadrada. Suas fórmulas são

$$t \equiv (x_1 - x_{1i})/(x_{1(i+1)} - x_{1i})$$
$$u \equiv (x_2 - x_{2j})/(x_{2(j+1)} - x_{2j}) \qquad (3.6.4)$$

(de forma que $t$ e $u$ estão no intervalo entre 0 e 1) e

$$y(x_1, x_2) = (1-t)(1-u)y_0 + t(1-u)y_1 + tuy_2 + (1-t)uy_3 \qquad (3.6.5)$$

É dito que a interpolação bilinear "dá para o gasto". Como os pontos interpolantes vagueiam de grade quadrada para grade quadrada, o valor da função interpolada muda continuamente. Porém, o gradiente da função interpolada muda descontinuamente nas fronteiras de cada grade quadrada.

Podemos facilmente implementar um objeto para interpolação bilinear juntando pedaços do "maquinário" das nossas classes de interpolação unidimensional:

```
struct Bilin_interp {                                                    interp_2d.h
    Objeto para interpolação bilinear em uma matriz. Construa com um vetor de x₁ valores, um vetor de x₂
    valores e uma matriz de valores de função tabulados yᵢⱼ. Então chame interp para valores interpolados.
    Int m,n;
    const MatDoub &y;
    Linear_interp x1terp, x2terp;

    Bilin_interp(VecDoub_I &x1v, VecDoub_I &x2v, MatDoub_I &ym)
        : m(x1v.size()), n(x2v.size()), y(ym),      Construa interpolações fictícias em uma di-
        x1terp(x1v,x1v), x2terp(x2v,x2v) {}          mensão para suas funções locate e hunt.

    Doub interp(Doub x1p, Doub x2p) {
        Int i,j;
        Doub yy, t, u;
        i = x1terp.cor ? x1terp.hunt(x1p) : x1terp.locate(x1p);
        j = x2terp.cor ? x2terp.hunt(x2p) : x2terp.locate(x2p);
        Encontre o grade quadrada.
        t = (x1p-x1terp.xx[i])/(x1terp.xx[i+1]-x1terp.xx[i]);  Interpole.
        u = (x2p-x2terp.xx[j])/(x2terp.xx[j+1]-x2terp.xx[j]);
        yy = (1.-t)*(1.-u)*y[i][j] + t*(1.-u)*y[i+1][j]
            + (1.-t)*u*y[i][j+1] + t*u*y[i+1][j+1];
        return yy;
    }
};
```

Aqui declaramos duas instâncias de `Linear_interp`, uma para cada direção, e as utilizamos meramente para fazer a escrituração dos arrays $x_{1i}$ e $x_{2j}$ – em particular, para obter os mecanismos de busca em tabela "inteligentes" de que dependemos. (A segunda ocorrência de x1v e x2v nos construtores é apenas um sinal; não há de fato arrays "y".)

O uso de `Bilin_interp` é exatamente o que você esperaria:

```
Int m=..., n=...;
MatDoub yy(m,n);
VecDoub x1(m), x2(n);
...
Bilin_interp myfunc(x1,x2,yy);
```

seguido (qualquer número de vezes) por

```
Doub x1,x2,y;
...
y = myfunc.interp(x1,x2);
```

Interpolação bilinear é um bom lugar para começar, em duas dimensões, a menos que você positivamente saiba que precise de algo mais complexo.

Há duas direções distintamente diferentes que se pode tomar para ir além da interpolação bilinear para métodos de ordem superior: pode-se usar ordens mais altas para se obter um aumento da acurácia para a função interpolada (para funções suficientemente suaves!), sem necessariamente tentar ajustar a continuidade do gradiente e derivadas de ordem superior. Ou, pode-se fazer uso da ordem superior para forçar a suavidade de algumas destas derivadas à medida que os pontos interpolantes cruzam as fronteiras do grade quadrada. Consideraremos agora as duas direções.

### 3.6.1 Ordens superiores para acurácia

A ideia básica é fragmentar o problema em uma sucessão de interpolações unidimensionais. Se nós queremos fazer a ordem da interpolação como m-1 na direção $x_1$ e n-1 na direção $x_2$, nós primeiro locamos um sub-bloco $m \times n$ da matriz da função tabulada que contém nosso ponto desejado $(x_1, x_2)$. Fazemos então m interpolações unidimensionais na direção $x_2$, isto é, nas linhas do sub-bloco, para obter os valores da função nos pontos $(x_{1i}, x_2)$, com $m$ valores de $i$. Finalmente, fazemos uma última interpolação na direção $x_1$ para obter a resposta.

Novamente usando o maquinário unidimensional anterior, isso tudo pode ser codificado muito concisamente como:

interp_2d.h
```
struct Poly2D_interp {
```
Objeto para interpolação polinomial bidimensional em uma matriz. Construa com um vetor de $x_1$ valores, um vetor de $x_2$ valores, uma matriz de valores da função tabulada $y_{ij}$ e inteiros para especificar o número de pontos para usar localmente em cada direção. Então chame interp para valores interpolados.
```
    Int m,n,mm,nn;
    const MatDoub &y;
    VecDoub yv;
    Poly_interp x1terp, x2terp;

    Poly2D_interp(VecDoub_I &x1v, VecDoub_I &x2v, MatDoub_I &ym,
        Int mp, Int np) : m(x1v.size()), n(x2v.size()),
        mm(mp), nn(np), y(ym), yv(m),
        x1terp(x1v,yv,mm), x2terp(x2v,x2v,nn) {} Construa interpolações unidimensionais fictí-
                                                  cias para suas funções locate e hunt.
    Doub interp(Doub x1p, Doub x2p) {
        Int i,j,k;
        i = x1terp.cor ? x1terp.hunt(x1p) : x1terp.locate(x1p);
        j = x2terp.cor ? x2terp.hunt(x2p) : x2terp.locate(x2p);
```
Encontre o bloco da grade
```
        for (k=i;k<i+mm;k++) {                    mm interpolações na direção $x_2$.
            x2terp.yy = &y[k][0];
            yv[k] = x2terp.rawinterp(j,x2p);
        }
        return x1terp.rawinterp(i,x1p);           A interpolação final na direção $x_1$.
    }
};
```

A interface do usuário é a mesma de Bilin_interp, exceto que o construtor tem dois argumentos adicionais que especificam o número de pontos (ordem mais um) a ser usado localmente nas, respectivamente, interpolações $x_1$ e $x_2$. Valores típicos estarão no intervalo que vai de 3 a 7.

Os desenvolvedores de códigos não gostarão de alguns dos detalhes em `Poly2D_interp` (veja discussão em §3.1 imediatamente após `Base_interp`). Conforme o laço sobre as linhas do sub-bloco é varrido, nós penetramos no interior de `x2terp` e reapontamos seu array yy para uma linha da nossa matriz y. Adicionalmente, alteramos o conteúdo do array yv, para o qual `x1terp` armazenou um ponteiro, sem interferência na execução (*on the fly*). Nada disto é especialmente perigoso contanto que controlemos as implementações em ambas `Base_interp` e `Poly2D_interp`; e isto torna a implementação muito eficiente. Você deveria visualizar estas duas não apenas (implicitamente) como classes `friend`, mas como *amigas realmente íntimas*.

### 3.6.2 Alta ordem para suavidade: spline bicúbico

Uma técnica favorita para obter suavidade em interpolação bidimensional é o *spline bicúbico*. Para estabelecer um spline bicúbico, você constrói (uma vez) $M$ splines unidimensionais através das linhas da matriz bidimensional dos valores da função. Então, para cada valor interpolado desejado, você procede da seguinte forma: (1) realize $M$ interpolações splines para obter um vetor de valores $y(x_{1i}, x_2)$, $i = 0, ..., M - 1$. (2) Construa um spline unidimensional através destes valores. (3) Finalmente, spline-interpole o valor desejado $y(x_1, x_2)$.

Isto soa como um bocado de trabalho, e é. O trabalho para o setup anterior escalava-se com o tamanho da tabela $M \times N$, enquanto o trabalho por valor interpolado escala-se com $M \log M + N$, ambas com constantes bastante pesadas na frente. Este é o preço que você paga pelas características desejáveis dos splines que vêm da sua não localidade. Para tabelas com $M$ e $N$ modestos, menos do que poucas centenas, digamos, o custo geralmente é tolerável. Se ele não é, então voltamos para os métodos locais anteriores.

Novamente, uma implementação bastante concisa é possível:

```
struct Spline2D_interp {                                                  interp_2d.h
Objeto para interpolação por splines cúbicos bidimensional em uma matriz. Construa com um vetor de x₁
valores, um vetor de x₂ valores e uma matriz de valores de função tabulados y_ij. Então chame interp para
valores interpolados.
    Int m,n;
    const MatDoub &y;
    const VecDoub &x1;
    VecDoub yv;
    NRvector<Spline_interp*> srp;

    Spline2D_interp(VecDoub_I &x1v, VecDoub_I &x2v, MatDoub_I &ym)
        : m(x1v.size()), n(x2v.size()), y(ym), yv(m), x1(x1v), srp(m) {
        for (Int i=0;i<m;i++) srp[i] = new Spline_interp(x2v,&y[i][0]);
    }
    Armazene um array de ponteiros para linha com splines unidimensionais

    ~Spline2D_interp(){
        for (Int i=0;i<m;i++) delete srp[i];       Precisamos de um destruidor para limpá-lo.
    }

    Doub interp(Doub x1p, Doub x2p) {
        for (Int i=0;i<m;i++) yv[i] = (*srp[i]).interp(x2p);
        Interpole em cada linha.
        Spline_interp scol(x1,yv);                 Construa a coluna spline e efetue-a.
        return scol.interp(x1p);
    }
};
```

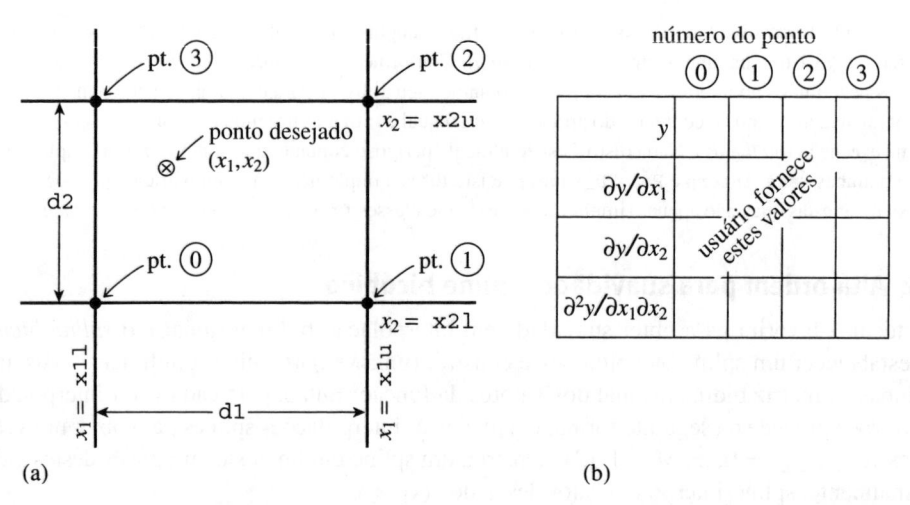

**Figura 3.6.1** (a) Rotulação dos pontos usados nas rotinas bcuint e bcucof de interpolação bidimensional. (b) Para cada um dos quatro pontos em (a), o usuário fornece um valor de função, com duas derivadas e um valor de derivada cruzada, um total de 16 números.

A razão para este vetor feio de ponteiros para objetos Spline_interp é que nós precisamos inicializar cada linha do spline separadamente, com dados da linha apropriada. A interface do usuário é a mesma de Bilin_interp, acima.

### 3.6.3 Alta ordem para suavidade: interpolação bicúbica

Interpolação bicúbica dá o mesmo grau de suavidade de uma interpolação por splines bicúbica, mas tem a vantagem de ser um método local. Então, após você estabelecê-la, uma interpolação de uma função custa somente uma constante, mais $M + \log N$, para encontrar sua posição na tabela. Infelizmente, esta vantagem vem com um bocado de complexidade na codificação. Aqui, daremos apenas alguns blocos de construção para o método, não uma interface completa.

Splines bicúbicos são de fato um caso especial de interpolação bicúbica. No caso geral, porém, deixamos os valores de todas as derivadas dos pontos do grid como livremente especificadas. Você, o usuário, pode especificá-las *da maneira que você quiser*. Em outras palavras, você especifica em cada ponto do grid não apenas a função $y(x_1, x_2)$, mas também os gradientes $\partial y/\partial x_1 \equiv y_{,1}$, $\partial y/\partial x_2 \equiv y_{,2}$ e a derivada cruzada $\partial^2 y/\partial x_1 \partial x_2 \equiv y_{,12}$ (ver Figura 3.6.1). Então uma função interpolante que é *cúbica* nas coordenadas escaladas $t$ e $u$ (equação 3.6.4) pode ser encontrada, com as seguintes propriedades: (i) os valores da função e as derivadas especificadas são reproduzidas nos pontos do grid e (ii) os valores da função nas derivadas especificadas mudam continuamente conforme o ponto interpolante atravessa de um grid quadrada para um outro.

É importante entender que nada nas equações da interpolação bicúbica exige que você especifique as derivadas extras *corretamente*! As propriedades de suavidade são tautologicamente "forçadas" e que não tem relação alguma com a "acurácia" das derivadas especificadas. É um problema separado decidir como obter os valores que são especificados. Quanto melhor você fizer isso, mais *acurada* a interpolação será. Mas ela será *suave* não interessando o que você faça.

O melhor é conhecer as derivadas analiticamente, ou ser capaz de computá-las com acurácia por maneiras numéricas, nos pontos do grid. O código relevante seria algo assim (usando diferenciação centrada):

```
y1a[j][k]=(ya[j+1][k]-ya[j-1][k])/(x1a[j+1]-x1a[j-1]);
y2a[j][k]=(ya[j][k+1]-ya[j][k-1])/(x2a[k+1]-x2a[k-1]);
y12a[j][k]=(ya[j+1][k+1]-ya[j+1][k-1]-ya[j-1][k+1]+ya[j-1][k-1])
           /((x1a[j+1]-x1a[j-1])*(x2a[k+1]-x2a[k-1]));
```

Para fazer uma interpolação bicúbica dentro de um grade quadrada, dada a função y e as derivadas y1, y2, y12 em cada um dos quatro cantos no quadrado, há dois passos: primeiro obtenha as 16 quantidades $c_{ij}$, $i,j = 0, ..., 3$ usando a rotina bcucof abaixo. (As fórmulas que obtém os $c$'s da função e valores de derivada são apenas uma transformação linear complicada, com coeficientes que, tendo sido determinados uma vez nas brumas da História numérica, podem ser tabulados e esquecidos.) A seguir, substitua os $c$'s em qualquer ou todas as fórmulas bicúbicas para função e derivadas desejadas:

$$y(x_1, x_2) = \sum_{i=0}^{3}\sum_{j=0}^{3} c_{ij} t^i u^j$$

$$y_{,1}(x_1, x_2) = \sum_{i=0}^{3}\sum_{j=0}^{3} i c_{ij} t^{i-1} u^j (dt/dx_1)$$

$$y_{,2}(x_1, x_2) = \sum_{i=0}^{3}\sum_{j=0}^{3} j c_{ij} t^i u^{j-1} (du/dx_2)$$

$$y_{,12}(x_1, x_2) = \sum_{i=0}^{3}\sum_{j=0}^{3} ij c_{ij} t^{i-1} u^{j-1} (dt/dx_1)(du/dx_2)$$

(3.6.6)

onde $t$ e $u$ são novamente dadas pela equação (3.6.4).

```
void bcucof(VecDoub_I &y, VecDoub_I &y1, VecDoub_I &y2, VecDoub_I &y12,       interp_2d.h
    const Doub d1, const Doub d2, MatDoub_O &c) {
Dados os arrays y[0..3], y1[0..3], y2[0..3] e y12[0..3], contendo a função, gradientes e derivadas
cruzadas nos quatro pontos do grid de uma célula retangular de grid (numeradas no sentido anti-horário
a partir do mais inferior à esquerda), e dados d1 e d2, o comprimentos da célula do grid nas direções 1 e
2, esta rotina retorna a tabela c[0..3][0..3] que é usada pela rotina bcuint para interpolação bi-cubica.
    static Int wt_d[16*16]=
        {1, 0, 0, 0, 0, 0, 0, 0, 0, 0, 0, 0, 0, 0, 0, 0,
         0, 0, 0, 0, 0, 0, 0, 0, 1, 0, 0, 0, 0, 0, 0, 0,
        -3, 0, 0, 3, 0, 0, 0, 0,-2, 0, 0,-1, 0, 0, 0, 0,
         2, 0, 0,-2, 0, 0, 0, 0, 1, 0, 0, 1, 0, 0, 0, 0,
         0, 0, 0, 0, 1, 0, 0, 0, 0, 0, 0, 0, 0, 0, 0, 0,
         0, 0, 0, 0, 0, 0, 0, 0, 0, 0, 0, 0, 1, 0, 0, 0,
         0, 0, 0, 0,-3, 0, 0, 3, 0, 0, 0, 0,-2, 0, 0,-1,
         0, 0, 0, 0, 2, 0, 0,-2, 0, 0, 0, 0, 1, 0, 0, 1,
        -3, 3, 0, 0,-2,-1, 0, 0, 0, 0, 0, 0, 0, 0, 0, 0,
         0, 0, 0, 0, 0, 0, 0, 0,-3, 3, 0, 0,-2,-1, 0, 0,
         9,-9, 9,-9, 6, 3,-3,-6, 6,-6,-3, 3, 4, 2, 1, 2,
        -6, 6,-6, 6,-4,-2, 2, 4,-3, 3, 3,-3,-2,-1,-1,-2,
         2,-2, 0, 0, 1, 1, 0, 0, 0, 0, 0, 0, 0, 0, 0, 0,
         0, 0, 0, 0, 0, 0, 0, 0, 2,-2, 0, 0, 1, 1, 0, 0,
        -6, 6,-6, 6,-3,-3, 3, 3,-4, 4, 2,-2,-2,-2,-1,-1,
         4,-4, 4,-4, 2, 2,-2,-2, 2,-2,-2, 2, 1, 1, 1, 1};
    Int l,k,j,i;
    Doub xx,d1d2=d1*d2;
    VecDoub cl(16),x(16);
    static MatInt wt(16,16,wt_d);
    for (i=0;i<4;i++) {              Carregue um vetor temporário x.
```

```
            x[i]=y[i];
            x[i+4]=y1[i]*d1;
            x[i+8]=y2[i]*d2;
            x[i+12]=y12[i]*d1d2;
        }
        for (i=0;i<16;i++) {              Matriz-multiplica pela tabela armazenada.
            xx=0.0;
            for (k=0;k<16;k++) xx += wt[i][k]*x[k];
            cl[i]=xx;
        }
        l=0;
        for (i=0;i<4;i++)                 Descarregue o resultado em uma tabela output.
            for (j=0;j<4;j++) c[i][j]=cl[l++];
    }
```

A implementação da equação (3.6.6), que realiza uma interpolação bicúbica, retorna o valor da função interpolada e os dois valores de gradientes e usa a rotina bcucof acima, é simplesmente:

interp_2d.h
```
void bcuint(VecDoub_I &y, VecDoub_I &y1, VecDoub_I &y2, VecDoub_I &y12,
    const Doub x1l, const Doub x1u, const Doub x2l, const Doub x2u,
    const Doub x1, const Doub x2, Doub &ansy, Doub &ansy1, Doub &ansy2) {
    Interpolação bicúbica dentro de um grade quadrada. Quantidades input são y, y1, y2, y12 (como descrito
    em bcucof); x1l e x1u, as coordenadas superior e inferior no quadrado do grid na direção 1; x2l e x2u da
    mesma forma para a direção 2; e x1, x2, as coordenadas do ponto desejado para a interpolação. O valor
    da função interpolada é retornada como ansy, e os valores do gradiente interpolado, como ansy1 e ansy2.
    Esta rotina chama bcucof.
        Int i;
        Doub t,u,d1=x1u-x1l,d2=x2u-x2l;
        MatDoub c(4,4);
        bcucof(y,y1,y2,y12,d1,d2,c);         Obtenha os c's.
        if (x1u == x1l || x2u == x2l)
            throw("Bad input in routine bcuint");
        t=(x1-x1l)/d1;                        Equação (3.6.4).
        u=(x2-x2l)/d2;
        ansy=ansy2=ansy1=0.0;
        for (i=3;i>=0;i--) {                  Equação (3.6.6).
            ansy=t*ansy+((c[i][3]*u+c[i][2])*u+c[i][1])*u+c[i][0];
            ansy2=t*ansy2+(3.0*c[i][3]*u+2.0*c[i][2])*u+c[i][1];
            ansy1=u*ansy1+(3.0*c[3][i]*t+2.0*c[2][i])*t+c[1][i];
        }
        ansy1 /= d1;
        ansy2 /= d2;
    }
```

Você pode combinar os melhores aspectos da interpolação bicúbica e splines bicúbicos usando splines para computar valores para as derivadas necessárias nos pontos do grid, armazenando estes valores e então usando interpolação bicúbica, com um método eficiente de busca em tabela, para as efetivas interpolações de uma função. Infelizmente isto vai além do nosso escopo aqui.

**REFERÊNCIAS CITADAS E LEITURA COMPLEMENTAR**

Abramowitz, M., and Stegun, I.A. 1964, *Handbook of Mathematical Functions* (Washington: National Bureau of Standards); reprinted 1968 (New York: Dover); online at http://www.nr.com/aands, §25.2.

Kinahan, B.F., and Harm, R. 1975, "Chemical Composition and the Hertzsprung Gap," *Astro-physical Journal*, vol. 200, pp. 330-335.

Johnson, L.W., and Riess, R.D. 1982, *Numerical Analysis*, 2nd ed. (Reading, MA: Addison-Wesley), §5.2.7.

Dahlquist, G., and Bjorck, A. 1974, *Numerical Methods* (Englewood Cliffs, NJ: Prentice-Hall); reprinted 2003 (New York: Dover), §7.7.

## 3.7 Interpolação em dados espalhados em multidimensionais

Deixemos para trás, ainda que com algum temor, o mundo ordeiro dos grids regulares. Coragem é necessária. Nós somos apresentados a um conjunto arbitrariamente espalhado de $N$ pontos ($\mathbf{x}_i$, $y_i$), $i = 0, ..., N-1$ no espaço $n$-dimensional. Aqui $\mathbf{x}_i$ denota um vetor $n$-dimensional de variáveis independentes, ($x_{1i}, x_{2i}, ..., x_{ni}$), e $y_i$ é o valor da função neste ponto.

Nesta seção nós discutimos dois dos mais vastamente utilizados métodos *gerais* para este problema, interpolação por *funções de base radial* (*RBF*) e *kriging*. Ambos os métodos são caros. Com isso nós queremos dizer que eles requerem $O(N^3)$ operações para inicialmente digerir um conjunto de pontos dados, seguido por $O(N)$ operações para cada valor interpolado. Kriging é também capaz de fornecer uma estimativa de erro – mas com o custo excessivamente elevado de $O(N^2)$ por valor. Interpolação Shepard, discutida abaixo, é uma variante do RBF que no mínimo evita o trabalho inicial $O(N^3)$; caso contrário, este workload efetivamente limita a utilidade destes métodos gerais para valores de $N \lesssim 10^4$. É por esta razão que vale a pena que você considere se você possui alguma outra opção. Duas destas são:

- Se $n$ não é muito grande (significando, usualmente, $n = 2$), e se os pontos são razoavelmente densos, então considere triangulação, discutida em §21.6. Triangulação é um exemplo de um método de elementos finitos. Tais métodos criam uma certa semelhança de regularidade geométrica e então a exploram em seu próprio benefício. Geração de malha é um tópico intimamente relacionado.
- Se suas metas de acurácia tolerarão isso, considere mover cada ponto para ser o ponto mais próximo em um grid cartesiano regular e então use interpolação por Laplace (§3.8) para preencher o resto dos pontos na grade. Após isso, você pode interpolar no grid pelos métodos de §3.6. Você precisará ponderar entre fazer o grid muito fino (para minimizar o erro introduzido quando você move os pontos) e o tempo de computação para o "workload" do método de Laplace.

Se nenhuma destas opções parece atrativa e você não consegue pensar em nenhuma outra que o seja, então tente um ou ambos os métodos que discutimos agora. Interpolação RBF é provavelmente o mais vastamente utilizado entre os dois, mas kriging é nosso favorito pessoal. Qual funcionará melhor dependerá dos detalhes do seu problema.

O problema da interpolação de curvas em multidimensões relacionado, mas mais fácil, é discutido no fim desta seção.

### 3.7.1 Interpolação por funções de base radial

A ideia por trás da interpolação RBF é muito simples: imagine que todo ponto $j$ conhecido "influencia" suas redondezas da mesma forma em todas as direções, de acordo com alguma forma funcional assumida $\phi(r)$ – a função de base radial – que é função somente da distância radial

$r = |\mathbf{x} - \mathbf{x}_j|$ do ponto. Tentemos aproximar a função interpolante em toda parte por uma combinação linear de $\phi$'s, centrada em todos os pontos conhecidos,

$$y(\mathbf{x}) = \sum_{i=0}^{N-1} w_i \phi(|\mathbf{x} - \mathbf{x}_i|) \tag{3.7.1}$$

onde os $w_i$'s são algum conjunto conhecido de pesos. Como nós encontramos estes pesos? Bem, não usamos os valores da função $y_i$ ainda. Os pesos são determinados requerendo-se que a interpolação seja exata em todos os pontos conhecidos. Isto é equivalente a resolver um sistema de $N$ equações lineares com $N$ incógnitas para os $w_i$'s:

$$y_j = \sum_{i=0}^{N-1} w_i \phi(|\mathbf{x}_j - \mathbf{x}_i|) \tag{3.7.2}$$

Para muitas formas funcionais $\phi$, pode ser provado, sob várias hipóteses gerais, que este sistema de equações é não degenerado e pode ser prontamente resolvido por, p. ex., decomposição $LU$ (§2.3). Referências [1,2] oferecem uma introdução à literatura.

Uma variante na interpolação RBF é a interpolação por funções de base radial normalizada (*NRBF*), na qual requeremos que a soma das funções da base seja unitária ou, equivalentemente, substituímos as equações (3.7.1) e (3.7.2) por

$$y(\mathbf{x}) = \frac{\sum_{i=0}^{N-1} w_i \phi(|\mathbf{x} - \mathbf{x}_i|)}{\sum_{i=0}^{N-1} \phi(|\mathbf{x} - \mathbf{x}_i|)} \tag{3.7.3}$$

e

$$y_j \sum_{i=0}^{N-1} \phi(|\mathbf{x}_j - \mathbf{x}_i|) = \sum_{i=0}^{N-1} w_i \phi(|\mathbf{x}_j - \mathbf{x}_i|) \tag{3.7.4}$$

As equações (3.7.3) e (3.7.4) surgem mais naturalmente de uma perspectiva de estatística bayesiana [3]. Porém, não há evidência de que o método NRBF é consistentemente superior ao RBF, ou vice-versa. É fácil implementar ambos os métodos no mesmo código, deixando a escolha ao usuário.

Como já mencionamos, para conjunto de dados de $N$ pontos, o único trabalho de resolver os pesos por decomposição $LU$ é $O(N^3)$. Após isso, o custo é $O(N)$ para cada interpolação. Então $N \sim 10^3$ é uma grosseira linha divisória (conforme a velocidade dos desktops em 2007) entre "fácil" e "difícil". Se seu $N$ é maior, porém, não se desespere: há *métodos de multipolos rápidos*, além do nosso escopo aqui, com um scaling muito mais favorável [1,4,5]. Outra opção, mais lower-tech, é usar a *interpolação de Shepard* discutida mais adiante nesta seção.

Aqui está uma coleção de objetos que implementam tudo que foi discutido até agora. RBF_fn é uma classe base virtual cujas classes derivadas reunirão diferentes formas funcionais para rbf(r) $\equiv \phi(r)$. RBF_interp, via seu construtor, digere seus dados e resolve a equação para os pesos. Os pontos dados $\mathbf{x}_i$ são input como uma matriz $N \times n$, e o código funciona para qualquer dimensão $n$. Um argumento booleano nrbf entra como input para ele se NRBF é usado ao invés de RBF. Você chama interp para obter um valor de função interpolado em um novo ponto x.

```
struct RBF_fn {
```
                                                                                interp_rbf.h
Template da classe base abstrata para qualquer particular função de base radial. Veja específicos exemplos abaixo.
```
    virtual Doub rbf(Doub r) = 0;
};

struct RBF_interp {
```
Objeto para intepolação por funções de base radial usando n pontos em dim dimensões. Chame o construtor uma vez, então interp quantas vezes quanto desejado.
```
    Int dim, n;
    const MatDoub &pts;
    const VecDoub &vals;
    VecDoub w;
    RBF_fn &fn;
    Bool norm;

    RBF_interp(MatDoub_I &ptss, VecDoub_I &valss, RBF_fn &func, Bool nrbf=false)
    : dim(ptss.ncols()), n(ptss.nrows()) , pts(ptss), vals(valss),
    w(n), fn(func), norm(nrbf) {
```
Construtor. A matriz ptss de dimensão n × dim recebe os pontos dados como input, o vetor valss os valores da função. func contém as funções de base radial escolhidas, derivada da classe RBF_fn. O valor default de nrbf fornecerá a interpolação RBF; designe 1 se quiser NRBF.
```
        Int i,j;
        Doub sum;
        MatDoub rbf(n,n);
        VecDoub rhs(n);
        for (i=0;i<n;i++) {           Carregue a matriz ϕ(|rᵢ−rⱼ|) e o vetor r.h.s.
            sum = 0.;
            for (j=0;j<n;j++) {
                sum += (rbf[i][j] = fn.rbf(rad(&pts[i][0],&pts[j][0])));
            }
            if (norm) rhs[i] = sum*vals[i];
            else rhs[i] = vals[i];
        }
        LUdcmp lu(rbf);               Resolva o sistema de equações lineares.
        lu.solve(rhs,w);
    }

    Doub interp(VecDoub_I &pt) {
```
Retorne o valor da função interpolada no ponto pt dim-dimensional.
```
        Doub fval, sum=0., sumw=0.;
        if (pt.size() != dim) throw("RBF_interp bad pt size");
        for (Int i=0;i<n;i++) {       Soma sobre todos os pontos tabulados.
            fval = fn.rbf(rad(&pt[0],&pts[i][0]));
            sumw += w[i]*fval;
            sum += fval;
        }
        return norm ? sumw/sum : sumw;
    }

    Doub rad(const Doub *p1, const Doub *p2) {
```
Distância euclidiana.
```
        Doub sum = 0.;
        for (Int i=0;i<dim;i++) sum += SQR(p1[i]-p2[i]);
        return sqrt(sum);
    }
};
```

## 3.7.2 Funções de base radial no uso geral

A função de base radial mais frequentemente usada é a primeira multiquádrica usada por Hardy, aproximadamente em 1970. A forma funcional é

$$\phi(r) = (r^2 + r_0^2)^{1/2} \tag{3.7.5}$$

onde $r_0$ é um fator de escala que você quer escolher. Multiquádricas são ditas serem menos sensíveis à escolha de $r_0$ do que algumas outras formas funcionais.

Em geral, tanto para multiquádricas quanto para outras funções, abaixo, $r_0$ deve ser maior do que a separação típica de pontos, mas menor do que a "escala externa" ou tamanho característico da função que você está interpolando. Poderá haver diferença de diversas ordens de magnitude entre a acurácia da interpolação com uma boa escolha para $r_0$ *versus* uma escolha precária, então alguma experimentação definitivamente vale a pena. Uma alternativa para experimentar é construir um interpolador RBF omitindo um ponto do conjunto de dados a cada vez e medir o erro na interpolação no ponto omitido.

A multiquádrica inversa

$$\phi(r) = (r^2 + r_0^2)^{-1/2} \tag{3.7.6}$$

dá resultados que são comparáveis à mutiquádrica, algumas vezes melhores.

Pode parecer curioso que uma função e sua inversa (na realidade, recíproca) funcionem igualmente bem. A explicação é que o que realmente interessa é a suavidade, e certas propriedades da transformada de Fourier da função que não são muito diferentes entre a multiquádrica e sua recíproca. O fato de que uma cresce monotonicamente e a outra decresce acaba sendo quase irrelevante. Porém, se você quer que a função extrapolada vá a zero longe dos dados (onde um valor acurado é impossível, de qualquer maneira), então a multiquádrica inversa é uma boa escolha.

A função de base radial *thin-plate spline*(ranhura de placa fina) é

$$\phi(r) = r^2 \log(r/r_0) \tag{3.7.7}$$

com a restrição $\phi(0) = 0$ assumida. Esta função tem alguma justificativa física no problema de minimização de energia associado com a deformação de uma placa elástica fina. Contudo, não há indicação de que seja melhor do que as outras formas acima.

A função de base radial Gaussiana é exatamente o que esperaríamos,

$$\phi(r) = \exp\left(-\tfrac{1}{2}r^2/r_0^2\right) \tag{3.7.8}$$

A acurácia da interpolação usando funções de base Gaussiana pode ser muito sensível a $r_0$, e elas são geralmente evitadas por esta razão. Porém, para funções suaves e com um $r_0$ ótimo, muita acurácia pode ser alcançada. A Gaussiana também extrapolará qualquer função para zero longe dos dados, e ela torna-se zero rapidamente.

Outras funções estão também em uso, por exemplo, aquelas de Wendland [6]. Há uma extensa literatura na qual as escolhas acima para funções de base são testadas contra formas funcionais específicas ou conjuntos de dados experimentais [1,2,7]. Poucas, talvez nenhuma, recomendações gerais existem. Sugerimos que você tente as alternativas na ordem listada acima, começando com multiquádricas, e que você não omita experimentar com diferentes escolhas dos parâmetros de escala $r_0$.

As funções discutidas são implementadas em código como:

```
struct RBF_multiquadric : RBF_fn {                                      interp_rbf.h
```
Instancie isto e envie para RBF_interp para obter a interpolação multiquádrica.
```
    Doub r02;
    RBF_multiquadric(Doub scale=1.) : r02(SQR(scale)) {}
```
Argumento do construtor é o fator de escala. Ver texto.
```
    Doub rbf(Doub r) { return sqrt(SQR(r)+r02); }
};

struct RBF_thinplate : RBF_fn {
```
Mesmo que acima, mas para thin-plate spline.
```
    Doub r0;
    RBF_thinplate(Doub scale=1.) : r0(scale) {}
    Doub rbf(Doub r) { return r <= 0. ? 0. : SQR(r)*log(r/r0); }
};

struct RBF_gauss : RBF_fn {
```
Mesmo que acima, mas para gaussiana.
```
    Doub r0;
    RBF_gauss(Doub scale=1.) : r0(scale) {}
    Doub rbf(Doub r) { return exp(-0.5*SQR(r/r0)); }
};

struct RBF_inversemultiquadric : RBF_fn {
```
Mesmo que acima, mas para inversa multiquadrica.
```
    Doub r02;
    RBF_inversemultiquadric(Doub scale=1.) : r02(SQR(scale)) {}
    Doub rbf(Doub r) { return 1./sqrt(SQR(r)+r02); }
};
```

O uso típico dos objetos nesta seção deveria ser algo como:
```
Int npts=...,ndim=...;
Doub r0=...;
MatDoub pts(npts,ndim);
VecDoub y(npts);
...
RBF_multiquadric multiquadric(r0);
RBF_interp myfunc(pts,y,multiquadric,0);
```
seguido por algum número de chamadas de interpolação,
```
VecDoub pt(ndim);
Doub val;
...
val = myfunc.interp(pt);
```

### 3.7.3 Interpolação Shepard

Um caso especial interessante de interpolação por funções de base radial normalizadas (equações 3.7.3 e 3.7.4) ocorre se a função $\phi(r)$ vai ao infinito quando $r \to 0$, e é finita (p. ex., decrescente) para $r > 0$. Em tal caso, é fácil ver que os pesos $w_i$ são apenas iguais aos respectivos valores da função $y_i$, e a fórmula de interpolação é simplesmente

$$y(\mathbf{x}) = \frac{\sum_{i=0}^{N-1} y_i \phi(|\mathbf{x} - \mathbf{x}_i|)}{\sum_{i=0}^{N-1} \phi(|\mathbf{x} - \mathbf{x}_i|)} \qquad (3.7.9)$$

(com provisão apropriada para o caso restritivo onde $\mathbf{x}$ é igual a um dos $\mathbf{x}_i$'s). Observe que nenhuma solução das equações lineares é requerida. O trabalho único é desprezível, enquanto o trabalho para cada interpolação é $O(N)$, tolerável mesmo para $N$ grande.

Shepard propôs a simples função lei de potência

$$\phi(r) = r^{-p} \tag{3.7.10}$$

com (tipicamente) $1 < p \lesssim 3$, bem como algumas funções mais complicadas com diferentes expoentes em uma região interna e externa (ver [8]). Você pode ver que o que está acontecendo é basicamente interpolação por uma média da proximidade como peso, com os pontos próximos contribuindo mais fortemente do que os distantes.

A interpolação de Shepard é raramente tão acurada quanto a aplicação bem-ajustada de uma das outras funções de base radial. Por outro lado, é simples, rápida e muitas vezes a coisa certa para aplicações rápidas e sujas. Ela, e variantes, são então vastamente usadas.

Uma implementação de um objeto é

interp_rbf.h
```
struct Shep_interp {
```
Objeto para interpolação de Shepard usando n pontos em dim dimensões. Chame o construtor uma vez, então interp quantas vezes quanto desejar.
```
    Int dim, n;
    const MatDoub &pts;
    const VecDoub &vals;
    Doub pneg;

    Shep_interp(MatDoub_I &ptss, VecDoub_I &valss, Doub p=2.)
    : dim(ptss.ncols()), n(ptss.nrows()) , pts(ptss),
    vals(valss), pneg(-p) {}
```
Construtor. A matriz ptss de dimensão n × dim recebe os pontos dados como input, o vetor valss recebe os valores da função. Designe p para o valor desejado de expoente. O valor default é típico.

```
    Doub interp(VecDoub_I &pt) {
```
Retorne o valor da função interpolada no ponto dim-dimensional pt.
```
        Doub r, w, sum=0., sumw=0.;
        if (pt.size() != dim) throw("RBF_interp bad pt size");
        for (Int i=0;i<n;i++) {
            if ((r=rad(&pt[0],&pts[i][0])) == 0.) return vals[i];
            sum += (w = pow(r,pneg));
            sumw += w*vals[i];
        }
        return sumw/sum;
    }

    Doub rad(const Doub *p1, const Doub *p2) {
```
Distância euclidiana.
```
        Doub sum = 0.;
        for (Int i=0;i<dim;i++) sum += SQR(p1[i]-p2[i]);
        return sqrt(sum);
    }
};
```

### 3.7.4 Interpolação por kriging

Kriging é uma técnica que tem o nome do engenheiro de minas sul-africano D.G. Krige. É basicamente uma forma de predição linear (§13.6), também conhecida em diferentes comunidades como *estimação de Gauss-Markov* ou *processo de regressão gaussiana*.

Kriging pode ser um método de interpolação ou um método de ajuste. A distinção entre os dois é se a função ajustada/interpolada passa exatamente através de todos os pontos input (interpolação) ou se ela permite medidas de erro serem especificadas e então "alisa" para obter um preditor estatisticamente melhor que geralmente não passa através dos pontos (não "honra os dados"). Nesta seção, consideramos apenas o primeiro caso, isto é, interpolação. Retornaremos para o caso posterior em §15.9.

Neste ponto do livro, está além do nosso escopo derivar as equações para kriging. Você pode se remeter a §13.6 para ter um gostinho e consultar as referências [9,10,11] para detalhes. Para usar kriging você deve ser capaz de estimar a variação média quadrática da sua função $y(\mathbf{x})$ da distância offset (de deslocamento) $\mathbf{r}$, um assim chamado *variograma*,

$$v(\mathbf{r}) \sim \tfrac{1}{2}\left\langle [y(\mathbf{x}+\mathbf{r}) - y(\mathbf{x})]^2 \right\rangle \qquad (3.7.11)$$

onde a média é sobre todos os $\mathbf{x}$ com $\mathbf{r}$ fixo. Se isto parece amedrontador, não se preocupe. Para interpolação, mesmo estimativas muito grosseiras do variograma funcionam bem, e forneceremos abaixo uma rotina para estimar $v(\mathbf{r})$ dos seus pontos input dados $\mathbf{x}_i$ e $y_i = y(\mathbf{x}_i)$, $i = 0, ..., N-1$, automaticamente. Geralmente toma-se $v(\mathbf{r})$ como uma função somente na magnitude $r = |\mathbf{r}|$ e a escrevemos como $v(r)$.

Considere $v_{ij}$ para denotar $v(|\mathbf{x}_i - \mathbf{x}_j|)$, onde $i$ e $j$ são pontos input, e que $v_{*j}$ denote $v(|\mathbf{x}_* - \mathbf{x}_j|)$, $\mathbf{x}_*$ sendo um ponto no qual queremos um valor interpolado $y(\mathbf{x}_*)$. Agora, defina dois vetores de comprimento $N+1$,

$$\begin{aligned} \mathbf{Y} &= (y_0, y_1, \ldots, y_{N-1}, 0) \\ \mathbf{V}_* &= (v_{*1}, v_{*2}, \ldots, v_{*,N-1}, 1) \end{aligned} \qquad (3.7.12)$$

e uma matriz simétrica $(N+1) \times (N+1)$,

$$\mathbf{V} = \begin{pmatrix} v_{00} & v_{01} & \cdots & v_{0,N-1} & 1 \\ v_{10} & v_{11} & \cdots & v_{1,N-1} & 1 \\ & & \cdots & & \cdots \\ v_{N-1,0} & v_{N-1,1} & \cdots & v_{N-1,N-1} & 1 \\ 1 & 1 & \cdots & 1 & 0 \end{pmatrix} \qquad (3.7.13)$$

Então a estima pela interpolação kriging $\hat{y}_* \approx y(\mathbf{x}_*)$ é dada por

$$\hat{y}_* = \mathbf{V}_* \cdot \mathbf{V}^{-1} \cdot \mathbf{Y} \qquad (3.7.14)$$

e sua variância é dada por

$$\mathrm{Var}(\hat{y}_*) = \mathbf{V}_* \cdot \mathbf{V}^{-1} \cdot \mathbf{V}_* \qquad (3.7.15)$$

Observe que se computamos, uma vez, a decomposição $LU$ de $\mathbf{V}$, e então retrossubstituímos, uma vez, para obter o vetor $\mathbf{V}^{-1} \cdot \mathbf{Y}$, então as interpolações individuais custam somente $O(N)$: compute o vetor $\mathbf{V}_*$ e tome um produto escalar. Por outro lado, toda computação de uma variância (3.7.15) requer uma $O(N^2)$ retrossubsituição.

Como um aparte (se você se adiantou até §13.6), o propósito da linha e coluna extra em $\mathbf{V}$ e os últimos componentes extra em $\mathbf{V}_*$ e $\mathbf{Y}$ é automaticamente calcular e corrigir uma média apropriadamente ponderada dos dados, e, portanto, tornar a equação (3.7.14) um estimador não viciado.

Aqui está uma implementação das equações (3.7.12) – (3.7.15). O construtor faz o trabalho único, enquanto os dois métodos `interp` sobrecarregados calculam um valor interpolado ou então um valor e o desvio padrão (raiz quadrada da variância). Você deve deixar o argumento `err` opcional designado com o valor default de NULL até você ler §15.9.

krig.h

```
template<class T>
struct Krig {
```
Objeto para interpolação por kriging, usando npt pontos em ndim dimensões. Chame construtor uma vez, então interp quantas vezes forem desejadas.
```
    const MatDoub &x;
    const T &vgram;
    Int ndim, npt;
    Doub lastval, lasterr;              Valor computado mais recente e (se computado) erro.
    VecDoub y,dstar,vstar,yvi;
    MatDoub v;
    LUdcmp *vi;

    Krig(MatDoub_I &xx, VecDoub_I &yy, T &vargram, const Doub *err=NULL)
    : x(xx),vgram(vargram),npt(xx.nrows()),ndim(xx.ncols()),dstar(npt+1),
      vstar(npt+1),v(npt+1,npt+1),y(npt+1),yvi(npt+1) {
```
Construtor. A matriz xx de dimensão npt × ndim recebe o input, o vetor yy os valores da função. vargram é a função variograma ou functor. O argumento err não é usado para interpolação; ver §15.9.
```
        Int i,j;
        for (i=0;i<npt;i++) {                Preencha Y e V.
            y[i] = yy[i];
            for (j=i;j<npt;j++) {
                v[i][j] = v[j][i] = vgram(rdist(&x[i][0],&x[j][0]));
            }
            v[i][npt] = v[npt][i] = 1.;
        }
        v[npt][npt] = y[npt] = 0.;
        if (err) for (i=0;i<npt;i++) v[i][i] -= SQR(err[i]);        §15.9
        vi = new LUdcmp(v);
        vi->solve(y,yvi);
    }
    ~Krig() { delete vi; }

    Doub interp(VecDoub_I &xstar) {
```
Retorne um valor interpolado no ponto xstar.
```
        Int i;
        for (i=0;i<npt;i++) vstar[i] = vgram(rdist(&xstar[0],&x[i][0]));
        vstar[npt] = 1.;
        lastval = 0.;
        for (i=0;i<=npt;i++) lastval += yvi[i]*vstar[i];
        return lastval;
    }

    Doub interp(VecDoub_I &xstar, Doub &esterr) {
```
Retorne um valor interpolado no ponto xstar e retorne seu erro estimado como esterr.
```
        lastval = interp(xstar);
        vi->solve(vstar,dstar);
        lasterr = 0;
        for (Int i=0;i<=npt;i++) lasterr += dstar[i]*vstar[i];
        esterr = lasterr = sqrt(MAX(0.,lasterr));
        return lastval;
    }

    Doub rdist(const Doub *x1, const Doub *x2) {
```
Utilitário usado internamente. Distância cartesiana entre dois pontos.
```
        Doub d=0.;
        for (Int i=0;i<ndim;i++) d += SQR(x1[i]-x2[i]);
        return sqrt(d);
    }
};
```

O argumento construtor vgram, a função variograma, pode ser uma função ou um functor (§1.3.3). Para interpolação, você pode usar um objeto Powvargram que ajusta um modelo simples

$$v(r) = \alpha r^\beta \qquad (3.7.16)$$

onde $\beta$ é considerado fixo e $\alpha$ é ajustado por mínimos quadrados sem peso sobre todos os pares de pontos $i$ e $j$. Nós teremos mais sofisticação sobre variogramas em §15.9; mas para interpolação, excelentes resultados podem ser obtidos com esta escolha simples. O valor de $\beta$ poderia estar no range $1 \leq \beta < 2$. Uma escolha geral boa é 1,5, mas para funções com uma forte tendência linear você pode querer experimentar valores maiores, até 1,99. (O valor 2 dá uma matriz degenerada e resultados sem sentido.) O argumento opcional nug será explicado em §15.9.

krig.h

```
struct Powvargram {
Functor para variograma v(r) = αr^β, onde β é especificado, α é ajustado pelos dados.
    Doub alph, bet, nugsq;

    Powvargram(MatDoub_I &x, VecDoub_I &y, const Doub beta=1.5, const Doub nug=0.)
    : bet(beta), nugsq(nug*nug) {
    Construtor. A matriz x de dimensões npt × ndim recebe os pontos dados como input, o vetor y os
    valores da função, beta os valores de β. Para interpolação, o valor default de beta é usualmente ade-
    quado. Para o (raro) uso de nug, ver §15.9.
        Int i,j,k,npt=x.nrows(),ndim=x.ncols();
        Doub rb,num=0.,denom=0.;
        for (i=0;i<npt;i++) for (j=i+1;j<npt;j++) {
            rb = 0.;
            for (k=0;k<ndim;k++) rb += SQR(x[i][k]-x[j][k]);
            rb = pow(rb,0.5*beta);
            num += rb*(0.5*SQR(y[i]-y[j]) - nugsq);
            denom += SQR(rb);
        }
        alph = num/denom;
    }

    Doub operator() (const Doub r) const {return nugsq+alph*pow(r,bet);}
};
```

Um código exemplo para interpolar um conjunto de pontos dados é

```
MatDoub x(npts,ndim);
VecDoub y(npts), xstar(ndim);
...
Powvargram vgram(x,y);
Krig<Powvargram> krig(x,y,vgram);
```

seguido por qualquer número de interpolações da forma

```
ystar = krig.interp(xstar);
```

Esteja atento de que enquanto os valores interpolados são bastante insensíveis ao modelo de variograma, os erros estimados são bastante sensíveis a isso. Você deveria então considerar apenas a ordem da magnitude das estimativas de erro. Visto que eles são relativamente caros de se calcular, seu valor nesta aplicação não é grande. Eles serão muito mais úteis em §15.9, quando nosso modelo incluir medidas de erros.

### 3.7.5 Interpolação de curvas em muitas dimensões

Um diferente tipo de interpolação, digno de uma breve menção aqui, é quando você tem um conjunto ordenado de $N$ pontos tabulados em $n$ dimensões dispostos em uma curva unidimensional, $\mathbf{x}_0, ... \mathbf{x}_{N-1}$, e você quer interpolar outros valores ao longo da curva. Dois casos que merecem distinção são: (i) a curva é uma curva aberta, tal que $x_0$ e $x_{N-1}$ representam as extremidades. (ii) A curva é uma curva fechada, tal que há um segmento de curva subentendido conectando $x_{N-1}$ de volta para $x_0$.

Uma solução direta, usando métodos já disponíveis, é primeiro aproximar distância ao longo da curva pela soma dos comprimentos das cordas entre os pontos tabulados, e então construir interpolações spline para cada uma das cordenadas, 0, ..., $n-1$, como uma função de tal parâmetro. Uma vez que a derivada de uma única coordenada com respeito ao comprimento de arco não pode ser maior que 1, é garantido que as interpolações spline serão bem-comportadas.

Provavelmente 90% das aplicações requerem nada mais complicado do que o recém-descrito. Se você está entre os 10% infelizes, então precisará aprender sobre *curvas de Bézier*, *B-splines* e *splines interpolantes* mais aprofundadamente [12,13,14]. Para a feliz maioria, uma implementação é:

interp_curve.h
```
struct Curve_interp {
    Objeto para interpolar uma curva especificada por n pontos em dim dimensões.
    Int dim, n, in;
    Bool cls;                       Considerar isso se a curva for curva fechada.
    MatDoub pts;
    VecDoub s;
    VecDoub ans;
    NRvector<Spline_interp*> srp;

    Curve_interp(MatDoub &ptsin, Bool close=0)
    : n(ptsin.nrows()), dim(ptsin.ncols()), in(close ? 2*n : n),
    cls(close), pts(dim,in), s(in), ans(dim), srp(dim) {
    Construtor. A matriz ptsin de dimensão n × dim recebe como input os pontos dados. Input encontra-se
    como 0 para uma curva aberta, 1 para uma curva fechada. (Para uma curva fechada, os últimos pontos
    dados não deveriam duplicar o primeiro – o algoritmo os conectará.)
        Int i,ii,im,j,ofs;
        Doub ss,soff,db,de;
        ofs = close ? n/2 : 0;      O truque para curvas fechadas é duplicar metade de um
        s[0] = 0.;                  período no começo e no fim e então usar a metade do
        for (i=0;i<in;i++) {        meio do spline resultante.
            ii = (i-ofs+n) % n;
            im = (ii-1+n) % n;
            for (j=0;j<dim;j++) pts[j][i] = ptsin[ii][j];    Armazene transposta
            if (i>0) {                      Acumule o comprimento do arco.
                s[i] = s[i-1] + rad(&ptsin[ii][0],&ptsin[im][0]);
                if (s[i] == s[i-1]) throw("error in Curve_interp");
                Pontos consecutivos podem não ser idênticos. Para uma curva fechada, o último
                ponto não deveria duplicar o primeiro.
            }
        }
        ss = close ? s[ofs+n]-s[ofs] : s[n-1]-s[0];  Reescale parâmetro de forma que o in-
        soff = s[ofs];                       tervalo [0,1] seja a curva inteira (ou um período).
        for (i=0;i<in;i++) s[i] = (s[i]-soff)/ss;
        for (j=0;j<dim;j++) {           Construa os splines usando derivadas das extremidades.
            db = in < 4 ? 1.e99 : fprime(&s[0],&pts[j][0],1);
            de = in < 4 ? 1.e99 : fprime(&s[in-1],&pts[j][in-1],-1);
            srp[j] = new Spline_interp(s,&pts[j][0],db,de);
        }
    }
    ~Curve_interp() {for (Int j=0;j<dim;j++) delete srp[j];}

    VecDoub &interp(Doub t) {
    Interpole um ponto na curva armazenada. O ponto é parametrizado por t, no range [0,1]. Para curvas abertas, valores de t exteriores a este range retornarão extrapolações (perigosas!). Para curvas fechadas, t é periódico com período 1.
```

```
            if (cls) t = t - floor(t);
            for (Int j=0;j<dim;j++) ans[j] = (*srp[j]).interp(t);
            return ans;
        }

        Doub fprime(Doub *x, Doub *y, Int pm) {
```
Utilitário para estimar as derivadas nas extremidades. x e y apontam para a abscissa e ordenada da extremidade. Se pm é +1, pontos à direita serão usados (extremidade esquerda); se ele é −1, pontos à esquerda serão usados (extremidade direita). Ver texto, abaixo.
```
            Doub s1 = x[0]-x[pm*1], s2 = x[0]-x[pm*2], s3 = x[0]-x[pm*3],
                 s12 = s1-s2, s13 = s1-s3, s23 = s2-s3;
            return -(s1*s2/(s13*s23*s3))*y[pm*3]+(s1*s3/(s12*s2*s23))*y[pm*2]
                -(s2*s3/(s1*s12*s13))*y[pm*1]+(1./s1+1./s2+1./s3)*y[0];
        }

        Doub rad(const Doub *p1, const Doub *p2) {
```
Distância euclidiana.
```
            Doub sum = 0.;
            for (Int i=0;i<dim;i++) sum += SQR(p1[i]-p2[i]);
            return sqrt(sum);
        }
    };
```

A rotina utilitária `fprime` estima a derivação de uma função na abscissa tabulada $x_0$ usando quatro pares abscissa-ordenada consecutivos e tabulados, $(x_0, y_0), ..., (x_3, y_3)$. A fórmula para isto, prontamente deduzido da expansão em séries de potências, é

$$y_0' = -C_0 y_0 + C_1 y_1 - C_2 y_2 + C_3 y_3 \qquad (3.7.17)$$

onde

$$\begin{aligned} C_0 &= \frac{1}{s_1} + \frac{1}{s_2} + \frac{1}{s_3} \\ C_1 &= \frac{s_2 s_3}{s_1(s_2 - s_1)(s_3 - s_1)} \\ C_2 &= \frac{s_1 s_3}{(s_2 - s_1)s_2(s_3 - s_2)} \\ C_3 &= \frac{s_1 s_2}{(s_3 - s_1)(s_3 - s_2)s_3} \end{aligned} \qquad (3.7.18)$$

com

$$\begin{aligned} s_1 &\equiv x_1 - x_0 \\ s_2 &\equiv x_2 - x_0 \\ s_3 &\equiv x_3 - x_0 \end{aligned} \qquad (3.7.19)$$

### REFERÊNCIAS CITADAS E LEITURA COMPLEMENTAR

Buhmann, M.D. 2003, *Radial Basis Functions: Theory and Implementations* (Cambridge, UK: Cambridge University Press).[1]

Powell, M.J.D. 1992, "The Theory of Radial Basis Function Approximation" in *Advances in Numerical Analysis II: Wavelets, Subdivision Algorithms and Radial Functions*, ed. W. A. Light (Oxford: Oxford University Press), pp. 105-210.[2]

Wikipedia. 2007+, "Radial Basis Functions," at http : //en. wikipedia. org/.[3]

Beatson, R.K. and Greengard, L. 1997, "A Short Course on Fast Multipole Methods", in *Wavelets, Multilevel Methods and Elliptic PDEs,* eds. M. Ainsworth, J. Levesley, W. Light, and M. Marletta (Oxford: Oxford University Press), pp. 1-37.[4]

Beatson, R.K. and Newsam, G.N. 1998, "Fast Evaluation of Radial Basis Functions: Moment-Based Methods" in *SIAM Journal on Scientific Computing,* vol. 19, pp. 1428-1449.[5]

Wendland, H. 2005, *Scattered Data Approximation* (Cambridge, UK: Cambridge University Press).[6]

Franke, R. 1982, "Scattered Data Interpolation: Tests of Some Methods," *Mathematics of Computation,* vol. 38, pp. 181-200.[7]

Shepard, D. 1968, "A Two-dimensional Interpolation Function for Irregularly-spaced Data," in *Proceedings of the 1968 23rd ACM National Conference* (New York: ACM Press), pp. 517-524. [8]

Cressie, N. 1991, *Statistics for Spatial Data* (New York: Wiley).[9] Wackernagel, H. 1998, *Multivariate Geostatistics,* 2nd ed. (Berlin: Springer).[10]

Rybicki, G.B., and Press, W.H. 1992, "Interpolation, Realization, and Reconstruction of Noisy, Irregularly Sampled Data," *Astrophysical Journal,* vol. 398, pp. 169-176.[11]

Isaaks, E.H., and Srivastava, R.M. 1989, *Applied Geostatistics* (New York: Oxford University Press).

Deutsch, C.V., and Journel, A.G. 1992, *GSLIB: Geostatistical Software Library and User's Guide* (New York: Oxford University Press).

Knott, G.D. 1999, *Interpolating Cubic Splines* (Boston: Birkhäuser).[12] De Boor, C. 2001, *A Practical Guide to Splines* (Berlin: Springer).[13]

Prautzsch, H., Boehm, W., and Paluszny, M. 2002, *Bézier and B-Spline Techniques* (Berlin: Springer).[14]

## 3.8 Interpolação de Laplace

Nesta seção abordaremos um *problema de dados ausentes* ou problema *gridding*, isto é, como recuperar valores ausentes ou não medidos em um grid regular. Evidentemente algum tipo de interpolação proveniente dos valores que não estão faltando é requerido, mas como nós faremos em princípio?

Um bom método, já em uso deste os primórdios da era computacional [1,2], é a *interpolação de Laplace,* algumas vezes chamada interpolação de *Laplace/Poisson*. A ideia geral é encontrar uma função interpolante $y$ que satisfaz a equação de Laplace em $n$ dimensões,

$$\nabla^2 y = 0 \qquad (3.8.1)$$

quer que não haja dados, e que satisfaz

$$y(\mathbf{x}_i) = y_i \qquad (3.8.2)$$

em todos os pontos medidos. Genericamente, tal função não existe. A razão para escolher a equação de Laplace (entre todas as possíveis equações diferenciais parciais, por assim dizer) é que a solução para a equação de Laplace seleciona, em algum sentido, o interpolante mais suave possível. Em particular, sua solução minimiza o quadrado integrado do gradiente,

$$\int_\Omega |\nabla y|^2 \, d\Omega \qquad (3.8.3)$$

onde $\Omega$ denota o domínio $n$-dimensional de interesse. Esta é uma grande ideia e pode ser aplicada a malhas irregulares, assim como a grids regulares. Aqui, porém, consideramos somente o último caso.

Para fins de ilustração (e porque é o exemplo mais útil) adicionalmente nos especializamos para o caso de duas dimensões e para o caso do grid cartesiano cujos valores $x_1$ e $x_2$ são igualmente espaçados – como um tabuleiro de damas.

Nesta geometria, a aproximação de diferença finita para a equação de Laplace tem uma forma particularmente simples, que ecoa o *teorema do valor médio* para soluções contínuas da equação de Laplace: o valor da solução em algum ponto livre do grid (isto é, um ponto sem um valor medido) é igual à média dos seus quatro vizinhos. (Ver § 20.0.) De fato, isto já soa um bocado como interpolação.

Se $y_0$ denota o valor em um ponto livre, enquanto $y_u$, $y_d$, $y_l$ e $y_r$ denotam os valores dos seus vizinhos superior, inferior, à esquerda e à direita, respectivamente, então a solução satisfeita é

$$y_0 - \tfrac{1}{4}y_u - \tfrac{1}{4}y_d - \tfrac{1}{4}y_l - \tfrac{1}{4}y_r = 0 \tag{3.8.4}$$

Para pontos no grid com valores medidos, por outro lado, uma equação diferente (simples) é satisfeita,

$$y_0 = y_{0(\text{medido})} \tag{3.8.5}$$

Observe que estes lados direitos não nulos de equações são o que faz um sistema de equações lineares não homogêneo, e por esta razão geralmente solúvel.

Não terminamos completamente, pois precisamos prover formas especiais para as fronteiras superior, inferior, esquerda e direita e para os quatro cantos. Escolhas homogêneas que personificam condições de contorno "naturais" (sem valores preferenciais de função) são

$$\begin{aligned}
y_0 - \tfrac{1}{2}y_u - \tfrac{1}{2}y_d &= 0 & &\text{(fronteiras esquerda e direita)} \\
y_0 - \tfrac{1}{2}y_l - \tfrac{1}{2}y_r &= 0 & &\text{(fronteiras superior e inferior)} \\
y_0 - \tfrac{1}{2}y_r - \tfrac{1}{2}y_d &= 0 & &\text{(canto superior esquerdo)} \\
y_0 - \tfrac{1}{2}y_l - \tfrac{1}{2}y_d &= 0 & &\text{(canto superior direito)} \\
y_0 - \tfrac{1}{2}y_r - \tfrac{1}{2}y_u &= 0 & &\text{(canto inferior esquerdo)} \\
y_0 - \tfrac{1}{2}y_l - \tfrac{1}{2}y_u &= 0 & &\text{(canto inferior direito)}
\end{aligned} \tag{3.8.6}$$

Uma vez que todo ponto do grid corresponde a exatamente uma das equações em (3.8.4), (3.8.5) ou (3.8.4), nós temos exatamente tantas equações quanto incógnitas. Se o grid é $M$ por $N$, então existem $MN$ de cada. Isto pode ser um número muito grande; mas as equações são evidentemente muito esparsas. Nós as resolvemos definindo uma classe derivada da classe base `Linbcg` de §2.7. Você pode prontamente identificar todos os casos das equações (3.8.4)–(3.8.6) no código para `atimes`, abaixo.

```
struct Laplace_interp : Linbcg {
```
interp_laplace.h

Objeto para interpolar dados ausentes em uma matriz resolvendo a equação de Laplace. Chame o construtor uma vez, então resolva uma ou mais vezes (veja texto).

```
    MatDoub &mat;
    Int ii,jj;
    Int nn,iter;
    VecDoub b,y,mask;

    Laplace_interp(MatDoub_IO &matrix) : mat(matrix), ii(mat.nrows()),
    jj(mat.ncols()), nn(ii*jj), iter(0), b(nn), y(nn), mask(nn) {
```
Construtor. Valores maiores do que `1.e99` na matriz input `mat` são considerados dados ausentes. A matriz não é alterada até que `solve` seja chamado.

```
        Int i,j,k;
        Doub vl = 0.;
```

```
        for (k=0;k<nn;k++) {                    Preencha o vetor r.h.s, o chute inicial e uma más-
            i = k/jj;                           cara dos dados ausentes.
            j = k - i*jj;
            if (mat[i][j] < 1.e99) {
                b[k] =  y[k] = vl = mat[i][j];
                mask[k] = 1;
            } else {
                b[k] = 0.;
                y[k] = vl;
                mask[k] = 0;
            }
        }
    }

    void asolve(VecDoub_I &b, VecDoub_O &x, const Int itrnsp);
    void atimes(VecDoub_I &x, VecDoub_O &r, const Int itrnsp);
    Veja definições abaixo. Estes são os reais conteúdos algorítmicos.

    Doub solve(Doub tol=1.e-6, Int itmax=-1) {
```
Invoque Linbcg::solve com argumentos apropriados. Os valores default dos argumentos usualmente funcionarão, caso em que esta rotina necessita ser chamada uma única vez. A matriz original mat é re-preenchida com a solução interpolada.
```
        Int i,j,k;
        Doub err;
        if (itmax <= 0) itmax = 2*MAX(ii,jj);
        Linbcg::solve(b,y,1,tol,itmax,iter,err);
        for (k=0,i=0;i<ii;i++) for (j=0;j<jj;j++) mat[i][j] = y[k++];
        return err;
    }
};

void Laplace_interp::asolve(VecDoub_I &b, VecDoub_O &x, const Int itrnsp) {
```
Pré-condicionador da diagonal. (Elementos da diagonal feitos todos igual à unidade.)
```
    Int i,n=b.size();
    for (i=0;i<n;i++) x[i] = b[i];
}

void Laplace_interp::atimes(VecDoub_I &x, VecDoub_O &r, const Int itrnsp) {
```
Matriz esparsa e matriz transposta, multiplique. Esta rotina abrange as equações (3.8.4), (3.8.5) e (3.8.6).
```
    Int i,j,k,n=r.size(),jjt,it;
    Doub del;
    for (k=0;k<n;k++) r[k] = 0.;
    for (k=0;k<n;k++) {
        i = k/jj;
        j = k - i*jj;
        if (mask[k]) {                                    Ponto medido, equação (3.8.5).
            r[k] += x[k];
        } else if (i>0 && i<ii-1 && j>0 && j<jj-1) {      Ponto interior, equação (3.8.4)
            if (itrnsp) {
                r[k] += x[k];
                del = -0.25*x[k];
                r[k-1] += del;
                r[k+1] += del;
                r[k-jj] += del;
                r[k+jj] += del;
            } else {
                r[k] = x[k] - 0.25*(x[k-1]+x[k+1]+x[k+jj]+x[k-jj]);
            }
        } else if (i>0 && i<ii-1) {                       Contorno esquerdo ou direito, equa-
            if (itrnsp) {                                 ção (3.8.6).
                r[k] += x[k];
                del = -0.5*x[k];
                r[k-jj] += del;
```

```
                    r[k+jj] += del;
                } else {
                    r[k] = x[k] - 0.5*(x[k+jj]+x[k-jj]);
                }
            } else if (j>0 && j<jj-1) {          Contorno superior ou inferior, equação
                if (itrnsp) {                    (3.8.6).
                    r[k] += x[k];
                    del = -0.5*x[k];
                    r[k-1] += del;
                    r[k+1] += del;
                } else {                         Cantos, equação (3.8.6).
                    r[k] = x[k] - 0.5*(x[k+1]+x[k-1]);
                }
            } else {
                jjt = i==0 ? jj : -jj;
                it = j==0 ? 1 : -1;
                if (itrnsp) {
                    r[k] += x[k];
                    del = -0.5*x[k];
                    r[k+jjt] += del;
                    r[k+it] += del;
                } else {
                    r[k] = x[k] - 0.5*(x[k+jjt]+x[k+it]);
                }
            }
        }
    }
}
```

O método é muito simples. Apenas preencha uma matriz com valores de função onde eles são conhecidos, e com `1.e99` onde eles não são; envie a matriz para o construtor; e chame a rotina `solve`. Os valores ausentes serão interpolados. Os argumentos default servirão para a maioria dos casos.

```
Int m=...,n=...;
MatDoub mat(m,n);
...
Laplace_interp mylaplace(mat);
mylaplace.solve();
```

Resultados bastante decentes são obtidos para funções suaves em matrizes $300 \times 300$ nas quais uma quantidade aleatória de 10% de pontos do grid tem valores de função conhecidos, com 90% interpolados. Contudo, uma vez que o tempo de computação se escala como $MN \max(M, N)$ (isto é, como o cubo), este não é um método para se usar para matrizes maiores, a menos que você as quebre em ladrilhos que se interseccionam. Se você tiver dificuldades de convergência, então deverá chamar `solve`, com argumentos não default apropriados, diversas vezes em sucessão, e olhar para a estimativa de erro estimado após cada chamada retornada.

### 3.8.1 Métodos de curvatura mínima

Interpolação de Laplace tem uma tendência a produzir cúspides, como picos de cone, ao redor de pequenas ilhas de pontos de dados conhecidos que são circundados por um mar de incógnitas. A razão é que, em duas dimensões, a solução da equação de Laplace perto de um ponto origem (fonte) é logaritmicamente singular. Quando os dados conhecidos são uniformemente espalhados (se aleatoriamente) ao longo do grid, isto não é geralmente um problema. Métodos de curvatura mínima lidam com o problema em um nível mais fundamental por serem baseados na equação bi-harmônica

$$\nabla(\nabla y) = 0 \tag{3.8.7}$$

em vez da equação de Laplace. Soluções da equação bi-harmônica minimizam o quadrado integrado da curvatura,

$$\int_\Omega |\nabla^2 y|^2 \, d\Omega \qquad (3.8.8)$$

Métodos de curvatura mínima são vastamente usados na comunidade de geociências [3,4].

As referências dão uma variedade de outros métodos que podem ser usados para interpolação de dados ausentes e gridding.

**REFERÊNCIAS CITADAS E LEITURA COMPLEMENTAR**

Noma, A.A. and Misulia, M.G. 1959, "Programming Topographic Maps for Automatic Terrain Model Construction," *Surveying and Mapping,* vol. 19, pp. 355-366.[1]

Crain, I.K. 1970, "Computer Interpolation and Contouring of Two-dimensional Data: a Review," *Geoexploration,* vol. 8, pp. 71-86.[2]

Burrough, P.A. 1998, *Principles of Geographical Information Systems,* 2nd ed. (Oxford, UK: Clarendon Press)

Watson, D.F. 1982, *Contouring: A Guide to the Analysis and Display of Spatial Data* (Oxford, UK: Pergamon).

Briggs, I.C. 1974, "Machine Contouring Using Minimum Curvature," *Geophysics,* vol. 39, pp. 39-48.[3]

Smith, W.H.F. and Wessel, P. 1990, "Gridding With Continuous Curvature Splines in Tension," *Geophysics,* vol. 55, pp. 293-305.[4]

# CAPÍTULO 4

# Integração de Funções

## 4.0 Introdução

Integração numérica, também chamada de quadratura, tem uma história que se estende além dos primórdios da invenção do cálculo. O fato de que integrais de funções elementares não podiam, em geral, ser calculadas analiticamente, enquanto derivadas *podiam*, deram ao campo certo charme e atribuir a ele uma superioridade em relação à labuta da análise numérica durante os séculos XVIII e XIX.

Com a invenção da computação automática, a quadratura se tornou apenas uma tarefa numérica entre muitas, e uma não tão interessante assim. Computação automática, mesmo a espécie mais primitiva envolvendo calculadoras de mesa e ambientes repletos de "computadores" (que eram, até os idos de 1950, pessoas em vez de máquinas), abriram à exequibilidade o campo mais rico da integração numérica de equações diferenciais. Quadratura é meramente o caso especial mais simples: o cálculo da integral

$$I = \int_a^b f(x)dx \tag{4.0.1}$$

é precisamente equivalente a resolver para o valor $I \equiv y(b)$ a equação diferencial

$$\frac{dy}{dx} = f(x) \tag{4.0.2}$$

com a condição de contorno

$$y(a) = 0 \tag{4.0.3}$$

O Capítulo 17 deste livro lida com a integração numérica de equações diferenciais. Em tal capítulo, grande ênfase é dada ao conceito das escolhas do stepsize (tamanho do passo) "variável" ou "adaptativo". Não desenvolveremos, por esta razão, este material aqui. Se a função que você se propõe a integrar é nitidamente concentrada em um ou mais picos, ou se sua forma não está prontamente caracterizada por um único comprimento de escala, então ela é provavelmente um problema que você deveria modelar na forma de (4.0.2)–(4.0.3) e com o qual deveria usar os métodos do Capítulo 17. (Mas dê uma olhada em §4.7 primeiro.)

Os métodos de quadratura neste capítulo são baseados nos dispositivos óbvios de agregar o valor do integrando em sequência de abscissas dentro do domínio de integração. O jogo é obter a integral tão acuradamente quanto possível com o menor número de cálculos do valor da função do integrando. Assim como no caso da interpolação (Capítulo 3), tem-se a liberdade de escolher métodos de várias *ordens*, com ordens superiores algumas vezes, mas nem sempre, dando maior acurácia. A integração de *Romberg*, que é discutida em §4.3, é um formalismo geral para fazer uso de métodos de integração de uma variedade de ordens diferentes, e nós a recomendamos fortemente.

Além dos métodos deste capítulo e os do Capítulo 17, existem ainda outros métodos para se obter integrais. Uma classe importante é baseada na aproximação de funções. Nós discutimos explicitamente a integração das funções por aproximação de Chebyshev (quadratura de *Clenshaw-Curtis*) em §5.9. Embora não explicitamente discutido aqui, você deve ser capaz de imaginar como fazer a *quadratura por splines cúbicos* usando o output da rotina spline em §3.3. (Sugestão: integre a equação 3.3.3 sobre $x$ analiticamente. Ver [1].)

Algumas integrais relacionadas às transformadas de Fourier podem ser efetuadas usando-se o algoritmo para transformada rápida de Fourier (FFT). Isto é discutido em §13.9. Um problema relacionado é o cálculo de integrais com caudas oscilatórias longas. Isto é discutido no fim de §5.3.

Integrais multidimensionais são outro balaio de gatos multidimensional. A Seção 4.8 é uma discussão introdutória neste capítulo; a importante técnica de *integração Monte Carlo* é tratada no Capítulo 7.

### REFERÊNCIAS CITADAS E LEITURA COMPLEMENTAR

Carnahan, B., Luther, H.A., and Wilkes, J.O. 1969, *Applied Numerical Methods* (New York: Wiley), Chapter 2.

Isaacson, E., and Keller, H.B. 1966, *Analysis of Numerical Methods;* reprinted 1994 (New York: Dover), Chapter 7.

Acton, F.S. 1970, *Numerical Methods That Work;* 1990, corrected edition (Washington, DC: Mathematical Association of America), Chapter 4.

Stoer, J., and Bulirsch, R. 2002, *Introduction to Numerical Analysis,* 3rd ed. (New York: Springer), Chapter 3.

Ralston, A., and Rabinowitz, P. 1978, *A First Course in Numerical Analysis,* 2nd ed.; reprinted 2001 (New York: Dover), Chapter 4.

Dahlquist, G., and Bjorck, A. 1974, *Numerical Methods* (Englewood Cliffs, NJ: Prentice-Hall); reprinted 2003 (New York: Dover), §7.4.

Kahaner, D., Moler, C., and Nash, S. 1989, *Numerical Methods and Software* (Englewood Cliffs, NJ: Prentice-Hall), Chapters.

Forsythe, G.E., Malcolm, M.A., and Moler, C.B. 1977, *Computer Methods for Mathematical Computations* (Englewood Cliffs, NJ: Prentice-Hall), §5.2, p. 89.[1]

Davis, P., and Rabinowitz, P. 1984, *Methods of Numerical Integration,* 2nd ed. (Orlando, FL: Academic Press).

## 4.1 Fórmulas clássicas para abscissas igualmente espaçadas

O que seria de um livro de análise numérica sem o sr. Simpson e sua "regra"? As fórmulas clássicas para integrar uma função cujo valor é conhecido em passos igualmente espaçados tem certa

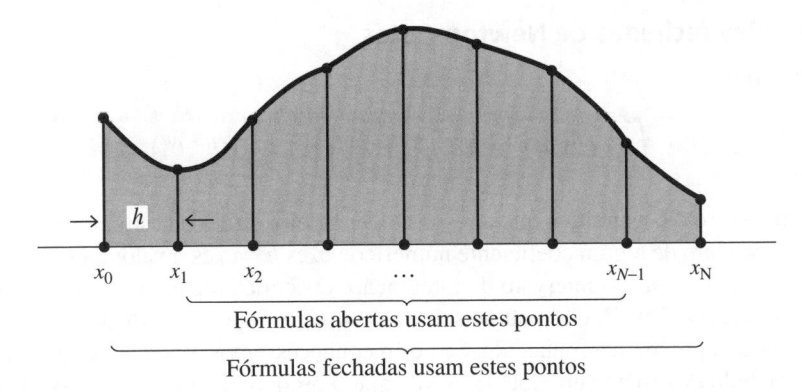

**Figura 4.1.1** Fórmulas de quadratura com abscissas igualmente espaçadas computam a integral de uma função entre $x_0$ e $x_N$. Fórmulas fechadas efetuam a função dos pontos da fronteira, enquanto fórmulas abertas abstêm-se de fazer isso (útil se os cálculos do algoritmo falham nos pontos da fronteira).

elegância e rescendem a associações históricas. Através delas, o analista numérico moderno entra em comunhão com os espíritos dos seus ou das suas antecessoras através dos séculos, até o tempo de Newton, se não mais longe ainda. Mas os tempos mudam; com exceção de duas das mais modestas fórmulas ("regra trapezoidal estendida", equação 4.1.11, e a "regra do ponto médio estendida", equação 4.1.19; ver §4.2), as fórmulas clássicas são quase inteiramente inúteis. Elas são peças de museu, mas peças belas; nós agora entramos no museu. (Você pode pular para §4.2 caso não esteja interessado nessa visita turística.)

Um pouco de notação: temos uma sequência de abscissas, denotadas por $x_0, x_1, \ldots, x_{N-1}, x_N$, que são espaçadas por um passo constante $h$,

$$x_i = x_0 + ih \qquad i = 0, 1, \ldots, N \qquad (4.1.1)$$

Uma função $f(x)$ tem valores conhecidos nos $x_i$'s,

$$f(x_i) \equiv f_i \qquad (4.1.2)$$

Queremos integrar a função $f(x)$ entre um limite inferior $a$ e um limite superior $b$, onde $a$ e $b$ são cada iguais a um ou a outro dos $x_i$'s. Uma fórmula de integração que usa o valor da função nas extremidades, $f(a)$ ou $f(b)$, é chamada de uma fórmula fechada. Ocasionalmente, queremos integrar uma função cujo valor em uma ou em ambas as extremidades é difícil de computar (p.ex., a computação de $f$ vai para um limite de zero sobre zero aí ou, pior ainda, tem uma singularidade integrável aí). Neste caso queremos uma fórmula *aberta*, que estime a integral usando apenas $x_i$'s estritamente *entre* $a$ e $b$ (ver Figura 4.1.1).

Os blocos básicos de construção das fórmulas clássicas são regras para integrar uma função sobre um número pequeno de intervalos. Conforme este número aumenta, podemos encontrar regras que são exatas para polinômios de ordens crescentemente altas. (Mantenha em mente que ordens mais altas nem sempre implicam acurácia maior nos casos reais.) Uma sequência de tais fórmulas fechadas é dada agora.

### 4.1.1 Fórmulas fechadas de Newton-Cotes

*Regra trapezoidal*:

$$\int_{x_0}^{x_1} f(x)dx = h\left[\frac{1}{2}f_0 + \frac{1}{2}f_1\right] + O(h^3 f'') \tag{4.1.3}$$

Aqui o termo de erro $O(\ )$ significa que a resposta verdadeira difere da estimativa por uma quantidade que é o produto de algum coeficiente numérico vezes $h^3$ vezes o valor da segunda derivada da função em algum lugar no intervalo de integração. O coeficiente é conhecido, e ele pode ser encontrado em todas as referências padrão sobre esse tópico. O ponto no qual a segunda derivada deve ser efetuada é, porém, desconhecido. Se nós o conhecêssemos, poderíamos estimar a função ali e ter um método de ordem superior! Uma vez que o produto de um conhecido por um desconhecido é desconhecido, nós organizaremos nossas fórmulas e escreveremos apenas $O(\ )$, em vez do coeficiente.

A equação (4.1.3) é uma fórmula de dois pontos ($x_0$ e $x_1$). Ela é exata para polinômios até e incluindo o grau 1, isto é, $f(x) = x$. Antecipamos que há uma fórmula de três pontos exata até polinômios de grau 2. Isto é verdade: além disso, por cancelamento de coeficientes devido a simetria esquerda-direita da fórmula, a fórmula de três pontos é exata para polinômios até e incluindo o grau 3, isto é, $f(x) = x^3$.

*Regra de Simpson*:

$$\int_{x_0}^{x_2} f(x)dx = h\left[\frac{1}{3}f_0 + \frac{4}{3}f_1 + \frac{1}{3}f_2\right] + O(h^5 f^{(4)}) \tag{4.1.4}$$

Aqui $f^{(4)}$ significa a derivada de ordem 4 da função $f$ efetuada em um lugar desconhecido no intervalo. Observe também que a fórmula fornece a integral sobre um intervalo de tamanho $2h$, assim os coeficientes são adicionados até 2.

Não há cancelamento de sorte na fórmula para quatro pontos, assim ela também é exata para polinômios até e inclusive o grau 3.

*Regra 3/8 de Simpson*:

$$\int_{x_0}^{x_3} f(x)dx = h\left[\frac{3}{8}f_0 + \frac{9}{8}f_1 + \frac{9}{8}f_2 + \frac{3}{8}f_3\right] + O(h^5 f^{(4)}) \tag{4.1.5}$$

A fórmula de 5 pontos novamente se beneficia de um cancelamento:

*Regra de Bode*:

$$\int_{x_0}^{x_4} f(x)dx = h\left[\frac{14}{45}f_0 + \frac{64}{45}f_1 + \frac{24}{45}f_2 + \frac{64}{45}f_3 + \frac{14}{45}f_4\right] + O(h^7 f^{(6)}) \tag{4.1.6}$$

Esta é exata para polinômios até e inclusive grau 5.

Neste ponto, as fórmulas param de ser nomeadas segundo personagens famosos, então não iremos adiante. Consulte [1] para fórmulas adicionais na sequência.

### 4.1.2 Fórmulas extrapolativas para um único intervalo

Abandonaremos uma prática histórica por um momento. Muitos textos dariam, neste ponto, uma sequência de "Fórmulas de Newton Cotes do tipo aberto". Aqui está um exemplo:

$$\int_{x_0}^{x_5} f(x)dx = h\left[\frac{55}{24}f_1 + \frac{5}{24}f_2 + \frac{5}{24}f_3 + \frac{55}{24}f_4\right] + O(h^5 f^{(4)})$$

Observe que a integral de $a = x_0$ para $b = x_5$ é estimada, usando apenas os pontos interiores $x_1, x_2, x_3, x_4$. Em nossa opinião, fórmulas deste tipo não são úteis porque (i) elas não podem ser proveitosamente enfileiradas para se obter regras "estendidas", como fazemos com as fórmulas fechadas e (ii) para todos os outros usos possíveis eles são dominadas pelas fórmulas de integração gaussianas, as quais nós introduziremos em §4.6.

Em vez das fórmulas abertas de Newton-Cotes, vamos inserir as fórmulas para estimar a integral no único intervalo de $x_0$ para $x_1$, usando valores da função $f$ em $x_1, x_2, \ldots$. Estes serão blocos de construção úteis mais tarde para as fórmulas abertas "estendidas".

$$\int_{x_0}^{x_1} f(x)dx = h[f_1] + O(h^2 f') \tag{4.1.7}$$

$$\int_{x_0}^{x_1} f(x)dx = h\left[\frac{3}{2}f_1 - \frac{1}{2}f_2\right] + O(h^3 f'') \tag{4.1.8}$$

$$\int_{x_0}^{x_1} f(x)dx = h\left[\frac{23}{12}f_1 - \frac{16}{12}f_2 + \frac{5}{12}f_3\right] + O(h^4 f^{(3)}) \tag{4.1.9}$$

$$\int_{x_0}^{x_1} f(x)dx = h\left[\frac{55}{24}f_1 - \frac{59}{24}f_2 + \frac{37}{24}f_3 - \frac{9}{24}f_4\right] + O(h^5 f^{(4)}) \tag{4.1.10}$$

Talvez alguma coisa aqui deva ser dito sobre como fórmulas como as acima podem ser derivadas. Há maneiras elegantes, mas a mais direta é escrever a forma básica da fórmula, substituindo os coeficientes numéricos por incógnitas, digamos, $p, q, r, s$. Sem perda de generalidade, tomemos $x_0 = 0$ e $x_1 = 1$, então $h = 1$. Substitua por sua vez para $f(x)$ (e para $f_1, f_2, f_3, f_4$) as funções $f(x) = 1$, $f(x) = x$, $f(x) = x^2$ e $f(x) = x^3$. Fazendo a integral em cada caso, reduzimos o lado esquerdo da equação a um número e o lado direito a uma equação linear para as incógnitas $p, q, r, s$. Resolvendo as quatro equações produzidas desta maneira, os coeficientes são fornecidos.

### 4.1.3 Fórmulas estendidas (fechadas)

Se usamos a equação (4.1.3) $N - 1$ vezes para fazer a integração nos intervalos $(x_0, x_1)$, $(x_1, x_2)$, $\ldots$, $(x_{N-2}, x_{N-1})$ e então adicionamos os resultados, obtemos uma fórmula "estendida" ou "composta" para a integral de $x_0$ até $x_{N-1}$.

*Regra trapezoidal estendida*:

$$\int_{x_0}^{x_{N-1}} f(x)dx = h\left[\frac{1}{2}f_0 + f_1 + f_2 + \right.$$
$$\left. \cdots + f_{N-2} + \frac{1}{2}f_{N-1}\right] + O\left(\frac{(b-a)^3 f''}{N^2}\right) \tag{4.1.11}$$

Aqui escrevemos a estimativa de erro em termos do intervalo $b - a$ e o número de pontos $N$ em vez de escrever em termos de $h$. Isto é mais claro, uma vez que é usual manter $a$ e $b$ fixo e desejar saber, p.ex., em quanto o erro será diminuído ao se duplicar a quantidade de passos (neste caso, é por um fator de 4). Nas equações subsequentes, mostraremos *apenas* o scaling do termo de erro com o número de passos.

Por razões que não tornaremos claras até §4.2, a equação (4.1.11) é de fato a equação mais importante nesta seção; ela é a base para esquemas de quadratura mais práticos.

A *fórmula estendida da ordem* $1/N^3$ é

$$\int_{x_0}^{x_{N-1}} f(x)dx = h\left[\frac{5}{12}f_0 + \frac{13}{12}f_1 + f_2 + f_3 + \right.$$
$$\left. \cdots + f_{N-3} + \frac{13}{12}f_{N-2} + \frac{5}{12}f_{N-1}\right] + O\left(\frac{1}{N^3}\right) \quad (4.1.12)$$

(Veremos em breve de onde isto vem.)

Se aplicarmos a equação (4.1.4) a pares de intervalos sucessivos sem overlapping (que não se interpenetram), obteremos a *regra estendida de Simpson*:

$$\int_{x_0}^{x_{N-1}} f(x)dx = h\left[\frac{1}{3}f_0 + \frac{4}{3}f_1 + \frac{2}{3}f_2 + \frac{4}{3}f_3 + \right.$$
$$\left. \cdots + \frac{2}{3}f_{N-3} + \frac{4}{3}f_{N-2} + \frac{1}{3}f_{N-1}\right] + O\left(\frac{1}{N^4}\right) \quad (4.1.13)$$

Observe que a alternância 2/3, 4/3 continua em todo o interior da estimação. Muitas pessoas acreditam que a alternância oscilante de algum modo contém profunda informação sobre a integral da sua função que não é aparente para os olhos mortais. De fato, a alternância é um artefato de se usar o bloco básico de formação (4.1.4). Outra fórmula estendida com a mesma ordem da regra de Simpson é

$$\int_{x_0}^{x_{N-1}} f(x)dx = h\left[\frac{3}{8}f_0 + \frac{7}{6}f_1 + \frac{23}{24}f_2 + f_3 + f_4 + \right.$$
$$\left. \cdots + f_{N-5} + f_{N-4} + \frac{23}{24}f_{N-3} + \frac{7}{6}f_{N-2} + \frac{3}{8}f_{N-1}\right]$$
$$+ O\left(\frac{1}{N^4}\right) \quad (4.1.14)$$

Esta equação é construída ajustando-se polinômios cúbicos por meio de sucessivos grupos de quatro pontos; seus detalhes serão abordados em §19.3, em que uma técnica similar é usada na solução de equações integrais. Podemos, porém, dizer a você de onde a equação (4.1.12) provém. Ela é a regra estendida de Simpson, mediada com uma versão modificada dela mesma na qual o primeiro e o último passo são feitos com a regra trepezoidal (4.1.3). O passo trapezoidal é duas ordens menor que a regra de Simpson; contudo, sua contribuição para a integral decai com uma potência adicional de $N$ (pois ele é usado apenas duas vezes, não $N$ vezes). Isto torna a fórmula resultante *um* grau menor do que Simpson.

### 4.1.4 Fórmulas estendidas (abertas e semiabertas)

Podemos construir fórmulas estendidas abertas e semiabertas adicionando as fórmulas fechadas (4.1.11) – (4.1.14), efetuada para o segundo e subsequentes passos, às fórmulas abertas extrapolativas para o primeiro passo, (4.1.7) – (4.1.10). Como recém-discutido, é consistente usar um passo final que é uma ordem menor do que o (repetido) passo interior. As fórmulas resultantes para um intervalo aberto em ambas as extremidade são como segue.

Equações (4.1.7) e (4.1.11) dão

$$\int_{x_0}^{x_{N-1}} f(x)dx = h\left[\frac{3}{2}f_1 + f_2 + f_3 + \cdots + f_{N-3} + \frac{3}{2}f_{N-2}\right] + O\left(\frac{1}{N^2}\right)$$
(4.1.15)

Equações (4.1.8) e (4.1.12) dão

$$\int_{x_0}^{x_{N-1}} f(x)dx = h\left[\frac{23}{12}f_1 + \frac{7}{12}f_2 + f_3 + f_4 + \right.$$
$$\left. \cdots + f_{N-4} + \frac{7}{12}f_{N-3} + \frac{23}{12}f_{N-2}\right] + O\left(\frac{1}{N^3}\right)$$
(4.1.16)

Equações (4.1.9) e (4.1.13) dão

$$\int_{x_0}^{x_{N-1}} f(x)dx = h\left[\frac{27}{12}f_1 + 0 + \frac{13}{12}f_3 + \frac{4}{3}f_4 + \right.$$
$$\left. \cdots + \frac{4}{3}f_{N-5} + \frac{13}{12}f_{N-4} + 0 + \frac{27}{12}f_{N-2}\right] + O\left(\frac{1}{N^4}\right)$$
(4.1.17)

Os pontos interiores alternam 4/3 e 2/3. Se queremos evitar esta alternância, podemos combinar as equações (4.1.9) e (4.1.14), fornecendo

$$\int_{x_0}^{x_{N-1}} f(x)dx = h\left[\frac{55}{24}f_1 - \frac{1}{6}f_2 + \frac{11}{8}f_3 + f_4 + f_5 + f_6 + \right.$$
$$\left. \cdots + f_{N-6} + f_{N-5} + \frac{11}{8}f_{N-4} - \frac{1}{6}f_{N-3} + \frac{55}{24}f_{N-2}\right]$$
$$+ O\left(\frac{1}{N^4}\right)$$
(4.1.18)

Nós poderíamos mencionar de passagem outra fórmula estendida aberta, para uso onde os limites de integração são localizados no meio do caminho entre as abscissas tabuladas. Esta fórmula de integração é conhecida como a *regra estendida do ponto médio* e é acurada para a mesma ordem que (4.1.15):

$$\int_{x_0}^{x_{N-1}} f(x)dx = h[f_{1/2} + f_{3/2} + f_{5/2} + \cdots + f_{N-5/2} + f_{N-3/2}] + O\left(\frac{1}{N^2}\right)$$
(4.1.19)

Há também fórmulas de ordem superior para esta situação, mas vamos nos abster de mostrá-las.

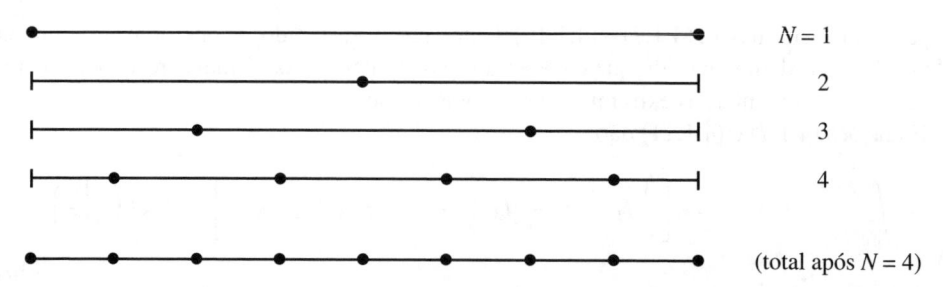

**Figura 4.2.1** Chamadas sequenciais da rotina `Trapzd` incorporam a informação das chamadas anteriores e efetuam o integrando apenas naqueles novos pontos necessários para refinar o grid. A linha mais baixa mostra a totalidade das efetuações da função após a quarta chamada. A rotina `qsimp`, ao pesar os resultados intermediários, transforma a regra trapezoidal na regra de Simpson sem overhead adicional.

As *fórmulas semiabertas* são apenas as combinações óbvias das equações (4.1.11) – (4.1.14) com (4.1.15) – (4.1.18), respectivamente. Na extremidade fechada da integração, use os pesos das primeiras equações; na extremidade aberta, use os pesos das últimas equações. Um exemplo poderia dar a ideia, a fórmula com termo de erro decrescendo como $1/N^3$, a qual é fechada na direita e aberta na esquerda:

$$\int_{x_0}^{x_{N-1}} f(x)dx = h\left[\frac{23}{12}f_1 + \frac{7}{12}f_2 + f_3 + f_4 + \right.$$
$$\left. \cdots + f_{N-3} + \frac{13}{12}f_{N-2} + \frac{5}{12}f_{N-1}\right] + O\left(\frac{1}{N^3}\right) \quad (4.1.20)$$

**REFERÊNCIAS CITADAS E LEITURA COMPLEMENTAR**

Abramowitz, M., and Stegun, I.A. 1964, *Handbook of Mathematical Functions* (Washington: National Bureau of Standards); reprinted 1968 (New York: Dover); online em `http://www.nr.com/aands`, §25.4.[1]

Isaacson, E., and Keller, H.B. 1966, *Analysis of Numerical Methods;* reprinted 1994 (New York: Dover), §7.1.

## 4.2 Algoritmos elementares

Nosso ponto de partida é a equação (4.1.11), a regra trapezoidal estendida. Há dois fatos sobre a regra trapezoidal que fazem dela o ponto de partida para uma variedade de algoritmos. Um fato é um tanto óbvio, enquanto o segundo é um tanto "profundo."

O fato óbvio é que, para uma função fixa *f*(*x*) ser integrada entre limites fixos *a* e *b*, podemos duplicar o número de intervalos na regra trapezoidal estendida sem perder o benefício dos trabalhos prévios. A implementação mais grosseira da regra trapezoidal é mediar a função nos seus extremos *a* e *b*. O primeiro estágio de refinamento é adicionar a esta média o valor da função no ponto médio. O segundo estágio de refinamento é adicionar os valores nos pontos 1/4 e 3/4. E assim sucessivamente (ver Figura 4.2.1).

Como veremos, vários algoritmos elementares de quadratura envolvem adicionar estágios sucessivos de refinamento. É conveniente encapsular este aspecto na estrutura `Quadrature`:

```
struct Quadrature{                                                          quadrature.h
Classe base abstrata para algoritmos elementares de quadratura.
    Int n;                              Nível atual de refinamento.
    virtual Doub next() = 0;
Retorna o valor da integral no n-ésimo estágio de refinamento. A função next() deve ser refinada na
classe derivada.
};
```

Então a estrutura `Trapzd` é derivada disto como segue:

```
template<class T>                                                           quadrature.h
struct Trapzd : Quadrature {
Rotina implementando a regra trapezoidal estendida.
    Doub a,b,s;                         Limites de integração e valor corrente da integral.
    T &func;
    Trapzd() {};
    Trapzd(T &funcc, const Doub aa, const Doub bb) :
        func(funcc), a(aa), b(bb) {n=0;}
        O construtor toma como input func, a função ou functor a ser integrado entre os limites a e b,
        também input.
    Doub next() {
Retorna o n-ésimo estágio do refinamento da regra trapezoidal estendida. Na primeira chamada (n=1),
a rotina retorna a estimativa menos refinada de $\int_a^b f(x)\,dx$. Subsequentes chamadas atribuem n=2,3,.... e
melhoram a acurácia ao adicionar $2^{n-2}$ pontos interiores adicionais.
        Doub x,tnm,sum,del;
        Int it,j;
        n++;
        if (n == 1) {
            return (s=0.5*(b-a)*(func(a)+func(b)));
        } else {
            for (it=1,j=1;j<n-1;j++) it <<= 1;
            tnm=it;
            del=(b-a)/tnm;              Este é o espaçamento dos pontos a serem adicionados.
            x=a+0.5*del;
            for (sum=0.0,j=0;j<it;j++,x+=del) sum += func(x);
            s=0.5*(s+(b-a)*sum/tnm);    Isto substitui s por seu valor refinado.
            return s;
        }
    }
};
```

Note que `Trapzd` é um template sobre a estrutura inteira e não apenas contém uma função template. Isto é necessário porque ele retém uma referência para a função ou functor fornecidos como uma variável membro.

A estrutura `Trapzd` é um burro de carga que pode ser aproveitado de várias maneiras. O mais simples e grosseiro é integrar uma função por meio da regra trapezoidal estendida onde você saiba de antemão (nós não podemos imaginar como!) o número de passos que você deseja. Se você quer $2^M + 1$, você pode realizar isto pelo fragmento

```
Ftor func;                          Functor func aqui não tem parâmetros.
Trapzd<Ftor> s(func,a,b);
for(j=1;j<=m+1;j++) val=s.next();
```

com a resposta retornada como `val`. Aqui `Ftor` é um functor contendo a função a ser integrada.

Muito melhor, claro, é refinar a regra trapezoidal até algum grau especificado de acurácia ter sido obtido. Uma função para isto é

**184** Métodos Numéricos Aplicados

quadrature.h
```
template<class T>
Doub qtrap(T &func, const Doub a, const Doub b, const Doub eps=1.0e-10) {
```
Retorna a integral da função ou functor func de a até b. As constantes EPS podem ser atribuídas para a acurácia fracionária desejada e JMAX tal que 2 para a potência JMAX-1 é o máximo número de passos permitido. Integração é realizada pela regra trapezoidal.
```
    const Int JMAX=20;
    Doub s,olds=0.0;              Valor inicial de olds é arbitrário.
    Trapzd<T> t(func,a,b);
    for (Int j=0;j<JMAX;j++) {
        s=t.next();
        if (j > 5)                Evita convergência prematura espúria.
            if (abs(s-olds) < eps*abs(olds) ||
                (s == 0.0 && olds == 0.0)) return s;
        olds=s;
    }
    throw("Too many steps in routine qtrap");
}
```

O argumento opcional eps atribui a acurácia fracionária desejada. Por menos sofisticada que seja, a rotina qtrap é de fato um jeito razoavelmente robusto de se fazer integrais de funções que não são muito suaves. Um aumento na sofisticação habitualmente se traduzirá em um método de ordem superior cuja acurácia será maior somente para integrandos suficientemente suaves. qtrap é o método de escolha, p. ex., para um integrando que é uma função de uma variável que é linearmente interpolada entre os pontos medidos. Cuide para não requerer um eps muito estrito, porém: se qtrap toma muitos passos tentando determinar sua acurácia requerida, erros acumulados de arredondamento podem começar a aumentar e a rotina pode nunca convergir. O valor de $10^{-10}$ ou mesmo menor não é usualmente problema em dupla precisão quando a convergência é moderadamente rápida, mas não caso contrário. (Claro, poucos problemas realmente requerem tal precisão.)

Chegamos agora ao fato "profundo" sobre a regra trapezoidal estendida, equação (4.1.11). É o seguinte: o erro de aproximação, que começa com um termo de ordem $1/N^2$, é na verdade *inteiramente par* quando expresso em potências de $1/N$. Isto segue diretamente da *fórmula de soma de Euler-Maclaurin*,

$$\int_{x_0}^{x_{N-1}} f(x)dx = h\left[\frac{1}{2}f_0 + f_1 + f_2 + \cdots + f_{N-2} + \frac{1}{2}f_{N-1}\right]$$
$$- \frac{B_2 h^2}{2!}(f'_{N-1} - f'_0) - \cdots - \frac{B_{2k} h^{2k}}{(2k)!}(f_{N-1}^{(2k-1)} - f_0^{(2k-1)}) - \cdots$$

(4.2.1)

Aqui $B_{2k}$ é um número de Bernoulli, definido pela função geratriz

$$\frac{t}{e^t - 1} = \sum_{n=0}^{\infty} B_n \frac{t^n}{n!}$$

(4.2.2)

com os primeiros poucos valores pares (valores ímpares anulam-se exceto para $B_1 = -1/2$)

$$B_0 = 1 \quad B_2 = \frac{1}{6} \quad B_4 = -\frac{1}{30} \quad B_6 = \frac{1}{42}$$
$$B_8 = -\frac{1}{30} \quad B_{10} = \frac{5}{66} \quad B_{12} = -\frac{691}{2730}$$

(4.2.3)

A equação (4.2.1) não é uma expansão convergente, mas sim apenas uma expansão assintótica cujo erro quando truncada em um ponto é sempre menor do que duas vezes a magnitude do primeiro termo desprezado. A razão dela não ser convergente é que os números de Bernoulli tornam-se muito grandes, p.ex.,

$$B_{50} = \frac{495057205241079648212477525}{66}$$

O ponto fundamental é que apenas potências pares de $h$ ocorrem na série de erros de (4.2.1). Este fato não é, em geral, compartilhado por regras de quadratura de ordem superiores em §4.1. Por exemplo, a equação (4.1.12) tem uma série de erros começando com $O(1/N^3)$, mas continuando com todas as subsequentes potências de $N$: $1/N^4$, $1/N^5$ etc.

Suponha que nós efetuemos (4.1.11) com $N$ passos, obtendo um resultado $S_N$, e então novamente com $2N$ passos, obtendo um resultado $S_{2N}$. (Isto é feito por quaisquer duas chamadas consecutivas de Trapzd.) O termo de erro dominante na segunda avaliação será ¼ do tamanho do erro na primeira avaliação. Por esta razão, a combinação

$$S = \tfrac{4}{3}S_{2N} - \tfrac{1}{3}S_N \qquad (4.2.4)$$

cancelará o termo de erro de ordem dominante. Mas não *há* termo de erro de ordem $1/N^3$, por (4.2.1). O erro sobrevivente é de ordem $1/N^4$, o mesmo da regra de Simpson. De fato, não deveria demorar muito para você ver que (4.2.4) é *exatamente* a regra de Simpson (4.1.13), alternando 2/3's, 4/3's e tudo mais. Este é o método preferido para efetuar esta regra, e podemos escrever isso como uma rotina exatamente análoga a qtrap acima:

```
template<class T>                                                           quadrature.h
Doub qsimp(T &func, const Doub a, const Doub b, const Doub eps=1.0e-10) {
    Retorna a integral de uma função ou functor func de a até b. As constantes EPS podem ser atribuídas para
    a acurácia fracionária desejada e JMAX tal que 2 para a potência JMAX-1 é o máximo número de passos
    permitido. Integração é realizada pela regra de Simpson.
    const Int JMAX=20;
    Doub s,st,ost=0.0,os=0.0;
    Trapzd<T> t(func,a,b);
    for (Int j=0;j<JMAX;j++) {
        st=t.next();
        s=(4.0*st-ost)/3.0;             Compare equação (4.2.4), acima.
        if (j > 5)                      Evita convergência prematura espúria.
            if (abs(s-os) < eps*abs(os) ||
                (s == 0.0 && os == 0.0)) return s;
        os=s;
        ost=st;
    }
    throw("Too many steps in routine qsimp");
}
```

A rotina qsimp será em geral mais eficiente do que qtrap (isto é, requer poucas efetuações da função) quando a função a ser integrada tem a quarta derivada finita (isto é, uma terceira derivada contínua). A combinação de qsimp e seu necessário "burro de carga" Trapzd é um boa para serviços leves.

### REFERÊNCIAS CITADAS E LEITURA COMPLEMENTAR

Stoer, J., and Bulirsch, R. 2002, *Introduction to Numerical Analysis,* 3rd ed. (New York: Springer), §3.1.

Dahlquist, G., and Bjorck, A. 1974, *Numerical Methods* (Englewood Cliffs, NJ: Prentice-Hall); reprinted 2003 (New York: Dover), §7.4.1 – §7.4.2.

Forsythe, G.E., Malcolm, M.A., and Moler, C.B. 1977, *Computer Methods for Mathematical Computations* (Englewood Cliffs, NJ: Prentice-Hall), §5.3.

## 4.3 Integração de Romberg

Podemos visualizar o método de Romberg como a generalização natural da rotina qsimp na última seção para esquemas de integração que são de ordem superior à regra de Simpson. A ideia básica é usar os resultados de $k$ sucessivos refinamentos da regra trapezoidal estendida (implementada em trapzd) para remover todos os termos na série de erro até, mas não incluindo, $O(1/N^{2k})$. A rotina qsimp é o caso de $k=2$. Este é um exemplo de uma ideia bastante geral conhecida pelo nome de *abordagem retardada de Richardson ao limite*: execute algum algoritmo numérico para vários valores de $h$ e então extrapole o resultado para o limite do contínuo $h=0$.

A equação (4.2.4), que cancela o termo de erro dominante, é um caso especial de extrapolação polinomial. No caso mais geral de Romberg, podemos usar o algoritmo de Neville (ver §3.2) para extrapolar os refinamentos sucessivos até o tamanho de passo nulo. O algoritmo de Neville pode de fato ser codificado muito concisamente dentro de uma rotina de integração de Romberg. Para clareza do programa, porém, parece melhor fazer a extrapolação por uma chamada à função Poly_interp::rawinterp, como dado em §3.2.

romberg.h
```
template <class T>
Doub qromb(T &func, Doub a, Doub b, const Doub eps=1.0e-10) {
```
Retorna a integral da função ou functor func de a até b. Integração é realizada pelo método de Romberg de ordem 2K, onde, p. ex., K=2 é a regra de Simpson.
```
    const Int JMAX=20, JMAXP=JMAX+1, K=5;
```
Aqui EPS é a acurácia fracionária desejada, conforme determinado pela estimativa do erro de extrapolação; JMAX limita o número total de passos; K é o número de pontos usado na extrapolação.
```
    VecDoub s(JMAX),h(JMAXP);           Estes armazenam as sucessivas aproximações trapezoidais
    Poly_interp polint(h,s,K);          e seus tamanhos de passo relativos (stepsizes).
    h[0]=1.0;
    Trapzd<T> t(func,a,b);
    for (Int j=1;j<=JMAX;j++) {
        s[j-1]=t.next();
        if (j >= K) {
            Doub ss=polint.rawinterp(j-K,0.0);
            if (abs(polint.dy) <= eps*abs(ss)) return ss;
        }
        h[j]=0.25*h[j-1];
```
Este é um passo-chave: o fator é 0,25 apesar do tamanho do passo ser decrementado por somente 0,5. Isto torna a extrapolação um polinômio em $h^2$ como permitido pela equação (4.2.1), não apenas um polinômio em $h$.
```
    }
    throw("Too many steps in routine qromb");
}
```

A rotina qromb é muito poderosa para integrandos suficientemente suaves (por exemplo, analíticos), integrados sobre intervalos que não contêm singularidades e onde as extremidadess são também não singulares. qromb, em tais circunstâncias, toma muito, *muito* menos estimativas da função do que nas rotinas em §4.2. Por exemplo, a integral

$$\int_0^2 x^4 \log(x + \sqrt{x^2+1})dx$$

converge (com parâmetros como mostrado acima) na segunda extrapolação, após apenas 6 chamadas para trapzd, enquanto qsimp requer 11 chamadas (32 vezes mais efetuações do integrando) e qtrap requer 19 chamadas (8192 vezes mais estimativas do integrando).

### REFERÊNCIAS CITADAS E LEITURA COMPLEMENTAR

Stoer, J., and Bulirsch, R. 2002, *Introduction to Numerical Analysis*, 3rd ed. (New York: Springer), §3.4 – §3.5.

Dahlquist, G., and Bjorck, A. 1974, *Numerical Methods* (Englewood Cliffs, NJ: Prentice-Hall); reprinted 2003 (New York: Dover), §7.4.1 – §7.4.2.

Ralston, A., and Rabinowitz, P. 1978, *A First Course in Numerical Analysis*, 2nd ed.; reprinted 2001 (New York: Dover), §4.10–2.

## 4.4 Integrais impróprias

Para nossos presentes propósitos, uma integral será "imprópria" se ela tiver algum dos seguintes problemas:

- seu integrando vai para um valor limite finito nos limites finitos superior e inferior, mas não pode ser efetuado corretamente em um destes limites (p. ex., sen $x/x$ em $x = 0$)
- seu limite superior é $\infty$ ou seu limite superior é $-\infty$
- ela tem uma singularidade integrável em um ou outro de seus limites (p. ex., $x^{-1/2}$ em $x = 0$)
- ela tem uma singularidade integrável em um lugar desconhecido entre seus limites superior e inferior

Se uma integral é infinita (p.ex., $\int_1^\infty x^{-1} dx$), ou não existe no sentido de limite (p.ex., $\int_{-\infty}^\infty \cos x dx$), não a chamamos de imprópria; chamamo-la de impossível. Nenhum algoritmo retornará uma resposta significativa para um problema mal-posto.

Nesta seção generalizaremos as técnicas das duas seções anteriores para cobrir os quatro primeiros problemas da lista acima. Uma discussão mais avançada da quadratura com singularidades integráveis ocorre no Capítulo 19, particularmente §19.3. O quinto problema, singularidade em uma localização desconhecida, só pode realmente ser controlado pelo uso de uma rotina de integração de equações diferenciais com tamanho de passo variável, como será dada no Capítulo 17, ou uma rotina de quadratura adaptativa tal como em §4.7.

Precisamos de um burro de carga como a regra trapezoidal estendida (equação 4.1.11), mas um que seja uma fórmula *aberta* no sentido de §4.1, isto é, que não requeira que o integrando seja efetuado nas extremidades. A Equação (4.1.19), a regra do ponto médio estendida, é a melhor escolha. A razão é que (4.1.19) compartilha com (4.1.11) a propriedade "profunda" de ter uma série de erros que é inteiramente par em $h$. De fato há uma fórmula, não tão bem conhecida como deveria ser, chamada de a segunda fórmula de Euler-Maclaurin para a soma,

$$\int_{x_0}^{x_{N-1}} f(x)dx = h[f_{1/2} + f_{3/2} + f_{5/2} + \cdots + f_{N-5/2} + f_{N-3/2}]$$
$$+ \frac{B_2 h^2}{4}(f'_{N-1} - f'_0) + \cdots \qquad (4.4.1)$$
$$+ \frac{B_{2k} h^{2k}}{(2k)!}(1 - 2^{-2k+1})(f^{(2k-1)}_{N-1} - f^{(2k-1)}_0) + \cdots$$

Esta equação pode ser deduzida escrevendo-se por extenso (4.2.1) com tamanho de passo $h$, então escrevendo-a novamente com tamanho de passo $h/2$ e então subtraindo a primeira de duas vezes a segunda.

Não é possível duplicar o número de passos na regra do ponto médio estendida e ainda ter o benefício de efetuações prévias de funções (tente isso!). Contudo, é possível *triplicar* o número de passos e tê-lo. Devemos fazer isso, ou duplicar e aceitar a perda? Na média, triplicar faz um fator $\sqrt{3}$ de trabalho desnecessário, uma vez que o número de passos "correto" para um critério de acurácia desejado pode de fato cair em algum lugar no intervalo logarítmico implicado pela triplicação. Ao duplicar, o fator é apenas $\sqrt{2}$, mas nós perdemos um fator extra de 2 por não podermos usar todas as efetuações prévias. Uma vez que $1{,}732 < 2 \times 1{,}414$, é melhor triplicar.

Aqui está a estrutura resultante, que é diretamente comparável a `Trapzd`.

quadrature.h
```
template <class T>
    struct Midpnt : Quadrature {
    Rotina implementando a regra do ponto médio estendida.
        Doub a,b,s;                           Limite de integração e valor atual da integral.
        T &funk;
        Midpnt(T &funcc, const Doub aa, const Doub bb) :
            funk(funcc), a(aa), b(bb) {n=0;}
            O construtor toma como input func, que é a função ou functor a ser integrada entre os limites
            a e b, também input.
        Doub next(){
        Retorna o n-ésimo estágio de refinamento da regra estendida do ponto médio. Na primeira chamada
        (n=1), a rotina retorna a estimativa mais grosseira de ∫ᵇₐ f(x)dx. Chamadas subsequentes designam n = 2,
        3, ... e melhoram a acurácia por adicionar (2/3) × 3ⁿ⁻¹ pontos interiores adicionais.
            Int it,j;
            Doub x,tnm,sum,del,ddel;
            n++;
            if (n == 1) {
                return (s=(b-a)*func(0.5*(a+b)));
            } else {
                for(it=1,j=1;j<n-1;j++) it *= 3;
                tnm=it;
                del=(b-a)/(3.0*tnm);
                ddel=del+del;                 Os pontos adicionados alternam-se no espaçamento
                x=a+0.5*del;                  entre del e ddel.
                sum=0.0;
                for (j=0;j<it;j++) {
                    sum += func(x);
                    x += ddel;
                    sum += func(x);
                    x += del;
                }
                s=(s+(b-a)*sum/tnm)/3.0;      A nova soma é combinada com a integral antiga para
                return s;                     proporcionar uma integral refinada.
            }
        }
        virtual Doub func(const Doub x) {return funk(x);}      Mapeamento identidade.
    };
```

Você pode ter notado um nível extra de indireção aparentemente desnecessário em `Midpnt`, isto é, o fato dele chamar a função fornecida pelo usuário `funk` através de uma função identidade `func`. A razão para isto é que nós iremos usar outros mapeamentos que não o mapeamento identidade entre `funk` e `func` para resolver os problemas de integrais impróprias listados acima. As novas quadraturas serão simplesmente derivadas de `Midpnt` com `func` ignorada.

A estrutura `Midpnt` poderia ser usada para exatamente substituir `Trapzd` em uma rotina driver como qtrap (§4.2); poderia-se simplesmente mudar `Trapzd<T> t(func,a,b)` para `Midpnt<T> t(func,a,b)`, e talvez também diminuir o parâmetro JMAX uma vez que $3^{JMAX-1}$ (da triplicação do número de passos) é um número muito maior do que $2^{JMAX-1}$ (duplicação do número de passos). A implementação da fórmula aberta análoga à regra de Simpson (qsimp em §4.2) pode também substituir `Midpnt` no lugar de `Trapzd`, diminuindo `JMAX` como acima, mas agora também mudando o passo de extrapolação para

```
s=(9.0*st-ost)/8.0;
```

uma vez que, quando o número de passos é triplicado, o erro decresce para 1/9-ésimo do seu tamanho, não para 1/4-ésimo como na duplicação do número de passos.

Ou o assim modificado `qtrap`, ou `qsimp` resolverão o primeiro problema na lista do começo desta seção. Algo mais sofisticado, e que nos permite resolver mais problemas, é generalizar a integração de Romberg desta maneira:

```
template<class T>                                                            romberg.h
Doub qromo(Midpnt<T> &q, const Doub eps=3.0e-9) {
Integração de Romberg em um intervalo aberto. Retorna a integral de uma função usando qualquer algoritmo
elementar de quadratura específico q e o método de Romberg. Normalmente q será uma fórmula aberta, não
efetuando a função nas extremidades. É assumido que q triplica o número de passos em cada chamada e que
sua série de erros contém apenas potências pares do número de passos. A rotina midpnt, midinf, midsql,
midsqu, midexp são escolhas possíveis para q. As constantes abaixo têm os mesmos significados que em qromb.
    const Int JMAX=14, JMAXP=JMAX+1, K=5;
    VecDoub h(JMAXP),s(JMAX);
    Poly_interp polint(h,s,K);
    h[0]=1.0;
    for (Int j=1;j<=JMAX;j++) {
        s[j-1]=q.next();
        if (j >= K) {
            Doub ss=polint.rawinterp(j-K,0.0);
            if (abs(polint.dy) <= eps*abs(ss)) return ss;
        }
        h[j]=h[j-1]/9.0;            É aqui que a hipótese de triplicação do número de passos e uma
    }                               série par de erros é usada.
    throw("Too many steps in routine qromo");
}
```

Observe que agora passamos um objeto `Midpnt` em vez da função e limites de integração fornecidos pelo usuário. Há uma boa razão para isso, como veremos a seguir. Isto, porém, significa que você tem que ligar as coisas antes de chamar `qromo`, alguma assim, onde nós integramos de a até b:

```
Midpnt<Ftor> q(ftor,a,b);
Doub integral=qromo(q);
```

ou, para uma função descoberta,

```
Midpnt<Doub(Doub)> q(fbare,a,b);
Doub integral=qromo(q);
```

Compiladores C++ (Laid back) deixarão você condensar estes como

```
Doub integral = qromo(Midpnt<Ftor>(Ftor(),a,b));
```

ou

```
Doub integral = qromo(Midpnt<Doub(Doub)>(fbare,a,b));
```

mas compiladores ansiosos podem contestar a maneira em que um temporário é passado por referência; em tal caso, use as formas de duas linhas acima.

Como nós podemos agora ver, a função `qromo`, com sua interface particular, é uma excelente rotina driver para resolver todos os outros problemas de integrais impróprias em nossa primeira lista (exceto o intratável quinto).

O truque básico para integrais impróprias é fazer uma mudança de variáveis para eliminar a singularidade ou mapear um range infinito de integração para um finito. Por exemplo, a identidade

$$\int_a^b f(x)dx = \int_{1/b}^{1/a} \frac{1}{t^2} f\left(\frac{1}{t}\right) dt \qquad ab > 0 \qquad (4.4.2)$$

pode ser usada com $b \to \infty$ e $a$ positivo, *ou* com $a \to -\infty$ e $b$ negativo, e funciona para qualquer função que decresce em direção ao infinito mais rápido do que $1/x^2$.

Você pode fazer a mudança de variáveis implicada por (4.4.2) analiticamente e então usar, p.ex., qromo e Midpnt para fazer o cálculo numérico, ou você pode deixar o algoritmo numérico fazer a mudança de variáveis para você. Preferimos o segundo método por ser mais transparente para o usuário. Para implementar a equação (4.4.2), simplesmente escrevemos uma versão modificada de Midpnt, chamada Midinf, a qual permite $b$ ser infinito (ou, mais precisamente, um número muito grande em sua máquina particular, tal como $1 \times 10^{99}$) ou $a$ ser negativo e infinito. Uma vez que toda a maquinaria já está pronta em Midpnt, nós escrevemos Midinf como uma classe derivada e simplesmente sobrepomos o mapeamento da função.

quadrature.h
```
template <class T>
struct Midinf : Midpnt<T>{
```
Esta rotina é uma substituição exata para midpnt, isto é, retorna no n-ésimo estágio de refinamento da integral da funcc de aa até bb, exceto que a função é efetuada em pontos igualmente espaçados em $1/x$ ao invés de $x$. Isto permite o limite superior bb ser tão grande e positivo quanto o computador permitir, ou o limite inferior aa ser tão grande e negativo quanto, mas não ambos. aa e bb devem ter o mesmo sinal.
```
    Doub func(const Doub x) {
        return Midpnt<T>::funk(1.0/x)/(x*x);    Efetua a mudança de variável.
    }
    Midinf(T &funcc, const Doub aa, const Doub bb) :
        Midpnt<T>(funcc, aa, bb) {              Designa os limites de integração.
        Midpnt<T>::a=1.0/bb;
        Midpnt<T>::b=1.0/aa;
    }
};
```

Uma integral de 2 a $\infty$, por exemplo, poderia ser calculada por

```
Midinf<Ftor> q(ftor,2.,1.e99);
Doub integral=qromo(q);
```

Se você precisa integrar de um limite inferior negativo até o infinito positivo, você faz isto quebrando a integral em duas partes em algum valor positivo, por exemplo,

```
Midpnt<Ftor> q1(ftor,-5.,2.);
Midinf<Ftor> q2(ftor,2.,1.e99);
integral=qromo(q1)+qromo(q2);
```

Onde você poderia escolher o breakpoint (parada intencional)? Em um valor positivo suficientemente grande de modo que a função funk esteja no mínimo começando a aproximar seu decrescimento assintótico para valor zero no infinito. A extrapolação polinomial implícita na segunda chamada para qromo trata de um polinômio em $1/x$, não em $x$.

Para tratar de uma integral que tem uma singularidade lei de potência integrável no seu limite inferior, faz-se uma mudança de variáveis. Se o integrando diverge como $(x - a)^{-\gamma}$, $0 \le \gamma < 1$, perto de $x = a$, use a identidade

$$\int_a^b f(x)dx = \frac{1}{1-\gamma} \int_0^{(b-a)^{1-\gamma}} t^{\frac{\gamma}{1-\gamma}} f(t^{\frac{1}{1-\gamma}} + a) dt \qquad (b > a) \qquad (4.4.3)$$

Se a singularidade é no limite superior, use a identidade

$$\int_a^b f(x)dx = \frac{1}{1-\gamma} \int_0^{(b-a)^{1-\gamma}} t^{\frac{\gamma}{1-\gamma}} f(b - t^{\frac{1}{1-\gamma}})dt \quad (b > a) \quad (4.4.4)$$

Se há uma singularidade em ambos os limites, divida a integral em um breakpoint como no exemplo acima.

Equações (4.4.3) e (4.4.4) são particularmente simples no caso das singularidades de inversa da raiz quadrada, um caso que ocorre frequentemente na prática:

$$\int_a^b f(x)dx = \int_0^{\sqrt{b-a}} 2t f(a + t^2)dt \quad (b > a) \quad (4.4.5)$$

para uma singularidade em $a$, e

$$\int_a^b f(x)dx = \int_0^{\sqrt{b-a}} 2t f(b - t^2)dt \quad (b > a) \quad (4.4.6)$$

para uma singularidade em $b$. Mais uma vez, podemos implementar estas mudanças de variável transparentemente para o usuário ao definir rotinas substitutas para Midpnt que fazem a mudança de variáveis automaticamente:

```
template <class T>                                              quadrature.h
struct Midsql : Midpnt<T>{
Esta rotina é um substituto exato para midpnt, exceto que ela permite uma singularidade de inversa da
raiz quadrada no integrando no limite inferior aa.
    Doub aorig;
    Doub func(const Doub x) {
        return 2.0*x*Midpnt<T>::funk(aorig+x*x);    Efetue a mudança de variável.
    }
    Midsql(T &funcc, const Doub aa, const Doub bb) :
        Midpnt<T>(funcc, aa, bb), aorig(aa) {
        Midpnt<T>::a=0;
        Midpnt<T>::b=sqrt(bb-aa);
    }
};
```

Similarmente,

```
template <class T>                                              quadrature.h
struct Midsqu : Midpnt<T>{
Esta rotina é um substituto exato para midpnt, exceto que ela permite uma singularidade de inversa da
raiz quadrada no integrando no limite superior bb.
    Doub borig;
    Doub func(const Doub x) {
        return 2.0*x*Midpnt<T>::funk(borig-x*x);    Efetue a mudança de variável.
    }
    Midsqu(T &funcc, const Doub aa, const Doub bb) :
        Midpnt<T>(funcc, aa, bb), borig(bb) {
        Midpnt<T>::a=0;
        Midpnt<T>::b=sqrt(bb-aa);
    }
};
```

O último exemplo seria suficiente para mostrar como estas fórmulas são deduzidas em geral. Suponha que o limite superior da integração é infinito e o integrando cai exponencialmente.

Então queremos uma mudança de variável que mapeia $e^{-x}dx$ em $(\pm)\,dt$ (com o sinal escolhido para manter o limite superior da nova variável maior do que o limite inferior). Fazer a integração dá por inspeção

$$t = e^{-x} \quad \text{ou} \quad x = -\log t \qquad (4.4.7)$$

tal que

$$\int_{x=a}^{x=\infty} f(x)dx = \int_{t=0}^{t=e^{-a}} f(-\log t)\frac{dt}{t} \qquad (4.4.8)$$

A implementação transparente ao usuário seria:

```
quadrature.h  template <class T>
    struct Midexp : Midpnt<T>{
    Esta rotina é um substituto exato para midpnt, exceto que bb é assumido ser infinito (valor passado não
    chega a ser usado). É assumido que a função funk decresce exponencialmente rápido no infinito.
        Doub func(const Doub x) {
            return Midpnt<T>::funk(-log(x))/x;       Efetue a mudança de variável.
        }
        Midexp(T &funcc, const Doub aa, const Doub bb) :
            Midpnt<T>(funcc, aa, bb) {
            Midpnt<T>::a=0.0;
            Midpnt<T>::b=exp(-aa);
        }
    };
```

### REFERÊNCIAS CITADAS E LEITURA COMPLEMENTAR

Acton, RS. 1970, *Numerical Methods That Work;* 1990, corrected edition (Washington, DC: Mathematical Association of America), Chapter 4.

Dahlquist, G., and Bjorck, A. 1974, *Numerical Methods* (Englewood Cliffs, NJ: Prentice-Hall); reprinted 2003 (New York: Dover), §7.4.3, p. 294.

Stoer, J., and Bulirsch, R. 2002, *Introduction to Numerical Analysis,* 3rd ed. (New York: Springer), §3.7.

## 4.5 Quadratura por transformação de variável

Imagine um algoritmo simples geral de quadratura que é muito rapidamente convergente e lhe permite ignorar as singularidades nas extremidades completamente. Parece bom demais para ser verdade? Nesta seção nós descreveremos um algoritmo que de fato controla classes grandes de integrais exatamente desta maneira.

Considere efetuar a integral

$$I = \int_a^b f(x)dx \qquad (4.5.1)$$

Como vimos na construção das equações (4.1.11) – (4.1.20), fórmulas de quadratura de ordem arbitrariamente grande podem ser construídas com pesos interiores unitários, apenas sintonizando-se os pesos perto das extremidades. Mas se uma função atenua-se rápido o suficiente perto das extremidades, então aqueles pesos realmente não importam. Em tal caso, uma quadratura de

$N$ pontos com pesos uniformes converge exponencialmente com $N$. (Para uma motivação mais rigorosa desta ideia, veja §4.5.1. Para a conexão com quadratura gaussiana, ver a discussão no fim de §20.7.4.)

E quanto a uma função que não se anula nas extremidades? Considere uma mudança de variáveis $x = x(t)$, tal que $x \in [a, b] \to t \in [c, d]$:

$$I = \int_c^d f[x(t)] \frac{dx}{dt} dt \qquad (4.5.2)$$

Escolha a transformação de forma que o fator $dx/dt$ vá rapidamente a zero nas extremidades do intervalo. Então a simples regra trapezoidal aplicada a (4.5.2) dará resultados extremamente acurados. (Nesta seção, nós chamaremos quadratura com quadratura trapezoidal de pesos uniformes, com o entendimento de que é questão de gosto se você pesa as extremidades com peso ½ ou 1, uma vez que elas não contam de qualquer maneira.)

Mesmo quando $f(x)$ tem singularidades integráveis nas extremidades do intervalo, seus efeitos podem ser completamente dominados por uma transformação $x = x(t)$ adequada. Não há necessidade de se moldar a transformação à natureza específica da singularidade: discutiremos diversas transformações que são efetivas em eliminar praticamente qualquer tipo de singularidade na extremidade.

A primeira transformação deste tipo foi introduzida por Schwartz [1] e se tornou conhecida como a regra TANH:

$$x = \frac{1}{2}(b + a) + \frac{1}{2}(b - a)\tanh t, \qquad x \in [a, b] \to t \in [-\infty, \infty]$$
$$\frac{dx}{dt} = \frac{1}{2}(b - a)\operatorname{sech}^2 t = \frac{2}{b - a}(b - x)(x - a) \qquad (4.5.3)$$

O pronunciado decrescimento de $\operatorname{sech}^2 t$ quando $t \to \pm\infty$ explica a eficiência do algoritmo e sua habilidade em trabalhar com singularidades. Outro algoritmo similar é a regra IMT [2]. Porém, $x(t)$ para a regra IMT não é dada por uma expressão analítica simples e seu desempenho não é tão diferente da regra da TANH.

Há dois tipos de erros a se considerar quando se usa algo como a regra TANH. O *erro de discretização* é apenas o erro de truncamento porque você está usando a regra trapezoidal para aproximar $I$. O *erro de poda* (*trimming error*) é o resultado de truncar uma soma infinita na regra trapezoidal em um valor finito de $N$. (Lembre-se de que os limites são agora $\pm \infty$.) Você poderia pensar que quanto mais acentuado o decrescimento de $dx/dt$ quando $t \to \pm \infty$, mais eficiente é o algoritmo. Mas se o decrescimento é muito pronunciado, então a densidade dos pontos na quadratura perto do centro do intervalo original $[a, b]$ é baixa e o erro de discretização é grande. A estratégia ótima é tentar fazer a discretização e os erros de poda serem aproximadamente iguais.

Para a regra TANH, Schwartz [1] mostrou que o erro de discretização é da ordem

$$\epsilon_d \sim e^{-2\pi w/h} \qquad (4.5.4)$$

onde $w$ é a distância do eixo real para a singularidade mais próxima do integrando. Há um polo quando $\operatorname{sech}^2 t \to \infty$, isto é, quando $t = \pm i\pi/2$. Se não há polos mais próximos do eixo real em $f(x)$, então $w = \pi/2$. O erro de poda, por outro lado, é

$$\epsilon_t \sim \operatorname{sech}^2 t_N \sim e^{-2Nh} \qquad (4.5.5)$$

Designando $\epsilon_d \sim \epsilon_t$, nós encontramos

$$h \sim \frac{\pi}{(2N)^{1/2}}, \qquad \epsilon \sim e^{-\pi(2N)^{1/2}} \qquad (4.5.6)$$

como o $h$ ótimo e o erro correspondente. Note que $\epsilon$ decresce com $N$ mais rápido do que qualquer potência de $N$. Se $f$ é singular nas extremidades, isto pode modificar a equação (4.5.5) para $\epsilon_t$. Isto usualmente resulta na constante $\pi$ em (4.5.6) sendo reduzida. Em vez de desenvolver um algoritmo onde nós tentamos estimar o $h$ ótimo para cada integrando *a priori*, nós recomendamos a duplicação do passo simples e teste para convergência. Esperamos que a convergência comece para $h$ em torno do valor dado pela equação (4.5.6).

A regra TANH essencialmente usa um mapeamento exponencial para conquistar o rápido decaimento para o infinito desejado. Segundo a teoria em que mais é melhor, podemos tentar repetir o procedimento. Isto conduz à regra DE (exponencial dupla):

$$\begin{aligned} x &= \frac{1}{2}(b+a) + \frac{1}{2}(b-a)\tanh(c\,\text{senh}\,t), \qquad x \in [a,b] \to t \in [-\infty, \infty] \\ \frac{dx}{dt} &= \frac{1}{2}(b-a)\,\text{sech}^2(c\,\text{senh}\,t)\,c\cosh t \sim \exp(-c\exp|t|) \text{ quando } |t| \to \infty \end{aligned} \qquad (4.5.7)$$

Aqui a constante $c$ é usualmente feita para ser 1 ou $\pi/2$. (Valores maiores que $\pi/2$ não são úteis, uma vez que $w = \pi/2$ para $0 < c \leq \pi/2$, mas $w$ decresce rapidamente para valores maiores de $c$.) Por uma análise similar para as equações (4.5.4)–(4.5.6), podemos mostrar que o $h$ ótimo e o erro correspondente para a regra DE são de ordem

$$h \sim \frac{\log(2\pi Nw/c)}{N}, \qquad \epsilon \sim e^{-kN/\log N} \qquad (4.5.8)$$

onde $k$ é uma constante. O desempenho melhorado da regra DE em relação à regra TANH indicado pela comparação das equações (4.5.6) e (4.5.8) é verificado na prática.

### 4.5.1 Convergência exponencial da regra trapezoidal

O erro em efetuar a integral (4.5.1) pela regra trapezoidal é dado pela fórmula do somatório de Euler-Maclaurin,

$$I \approx \frac{h}{2}[f(a)+f(b)] + h\sum_{j=1}^{N-1} f(a+jh) - \sum_{k=1}^{\infty} \frac{B_{2k}h^{2k}}{(2k)!}[f^{(2k-1)}(b) - f^{(2k-1)}(a)] \qquad (4.5.9)$$

Note que isto é em geral uma expansão assintótica, não uma série convergente. Se todas as derivadas da função $f$ anulam-se nas extremidades, então todos os "termos de correção" na equação (4.5.9) são nulos. O erro neste caso é muito pequeno – ele vai pra zero com $h$ mais rápido do que qualquer potência de $h$. Nós dizemos que o método converge exponencialmente. A regra trapezoidal direta é então um método excelente para integrar funções como $(-x^2)$ em $(-\infty, \infty)$, cujas derivadas anulam-se todas nas extremidades.

A classe de transformações que produzirão convergência exponencial para uma função cujas derivadas não se anulam todas nas extremidades é aquela para a qual $dx/dt$ e todas suas derivadas vão a zero nas extremidades do intervalo. Para funções com singularidades nas extremidades, exigimos que $f(x)\,dx/dt$ e todas suas derivadas anulam-se nas extremidades. Esta é uma enunciação mais precisa de "$dx/dt$ vai rapidamente a zero" dado acima.

## 4.5.2 Implementação

Implementar a regra DE demanda um pequeno truque. Não é uma boa ideia simplesmente usar Trapzd na função $f(x)\, dx/dt$. Primeiro, o fator $\text{sech}^2(c\,\text{senh}\,t)$ na equação (4.5.7) pode gerar um overflow se sech é computada como 1/cosh. Nós seguimos [3] e evitamos isto usando a variável $q$ definida por

$$q = e^{-2\,\text{senh}\,t} \tag{4.5.10}$$

(nós fazemos $c = 1$ por simplicidade) tal que

$$\frac{dx}{dt} = 2(b-a)\frac{q}{(1+q)^2}\cosh t \tag{4.5.11}$$

Para um $t$ grande positivo, $q$ provoca underflow apenas inofensivamente para zero. $t$ negativo é controlado usando-se a simetria da regra trapezoidal sobre o ponto médio do intervalo. Escrevemos

$$\begin{aligned} I \simeq h \sum_{j=-N}^{N} f(x_j) \left.\frac{dx}{dt}\right|_j \\ = h\left\{ f[(a+b)/2]\left.\frac{dx}{dt}\right|_0 + \sum_{j=1}^{N}[f(a+\delta_j)+f(b-\delta_j)]\left.\frac{dx}{dt}\right|_j \right\} \end{aligned} \tag{4.5.12}$$

onde

$$\delta = b - x = (b-a)\frac{q}{1+q} \tag{4.5.13}$$

Um segundo problema possível é que erros de cancelamento ao se computar $a + \delta$ ou $b - \delta$ podem fazer com o que o valor computado de $f(x)$ venha a explodir perto das singularidades das extremidades. Para controlar isto, você deveria codificar a função $f(x)$ como uma função de dois argumentos, $f(x,\delta)$. Então compute a parte singular usando $\delta$ diretamente. Por exemplo, codifique a função $x^{-\alpha}(1-x)^{-\beta}$ como $\delta^{-\alpha}(1-x)^{-\beta}$ perto de $x = 0$ e $x^{-\alpha}\delta^{-\beta}$ perto de $x = 1$. (Veja §6.10 para outro exemplo de uma $f(x,\delta)$.) Por isso, a rotina DErule a seguir conta com o fato da função $f$ ter dois argumentos. Se sua função não tem singularidades, ou as singularidades são "suaves" (p.ex., não mais rápido que logarítmicas), você pode ignorar $\delta$ quando codificar $f(x,\delta)$ e codificá-la como se ela fosse apenas $f(x)$.

A rotina DErule implementa a equação (4.5.12). Ela contém um argumento $h_{\max}$ que corresponde ao limite superior para $t$. A primeira aproximação para $I$ é dada pelo primeiro termo no lado direito de (4.5.12) com $h = h_{\max}$. Refinamentos subsequentes correspondem à divisão de $h$ pela metade como usual. Nós tipicamente fazemos $h_{\max} = 3,7$ em dupla precisão, correspondente a $q = 3 \times 10^{-18}$. Isto é geralmente adequado para singularidades "suaves", como logaritmos. Se você quer alta acurácia para singularidades mais fortes, você pode ter que aumentar $h_{\max}$. Por exemplo, para $1/\sqrt{x}$ você precisa de $h_{\max} = 4,3$ para obter uma dupla precisão completa. Isto corresponde a $q = 10^{-32} = (10^{-16})^2$, como é de se esperar.

derule.h

```
template<class T>
struct DErule : Quadrature {
Estrutura para implementar a regra DE.
    Doub a,b,hmax,s;
    T &func;
```

```
DErule(T &funcc, const Doub aa, const Doub bb, const Doub hmaxx=3.7)
    : func(funcc), a(aa), b(bb), hmax(hmaxx) {n=0;}
```
Construtor. funcc é a função ou functor que fornece a função a ser integrada entre os limites aa e bb, que também são input. O operador função em funcc toma dois argumentos, $x$ e $\delta$, como descrito no texto. O range de integração na variável transformada $t$ é (-hmaxx,hmaxx). Valores típicos do hmaxx são 3,7 para singularidades logarítmicas ou ainda mais suaves, e 4,3 para singularidades raiz quadrada, como discutido no texto.

```
Doub next() {
```
Na primeira chamada para a próxima função ($n = 1$), a rotina retorna a estimativa mais grosseira de $\int_a^b f(x)ds$. Chamadas subsequentes para os próximos ($n = 2, 3, ...$) melhorarão a acurácia por adicionar $2^{n-1}$ pontos interiores adicionais.

```
    Doub del,fact,q,sum,t,twoh;
    Int it,j;
    n++;
    if (n == 1) {
        fact=0.25;
        return s=hmax*2.0*(b-a)*fact*func(0.5*(b+a),0.5*(b-a));
    } else {
        for (it=1,j=1;j<n-1;j++) it <<= 1;
        twoh=hmax/it;                       Dobra o espaçamento dos pontos a serem adicionados.
        t=0.5*twoh;
        for (sum=0.0,j=0;j<it;j++) {
            q=exp(-2.0*sinh(t));
            del=(b-a)*q/(1.0+q);
            fact=q/SQR(1.0+q)*cosh(t);
            sum += fact*(func(a+del,del)+func(b-del,del));
            t += twoh;
        }
        return s=0.5*s+(b-a)*twoh*sum;  Substitua s por seu valor refinado e retorne.
    }
}
};
```

Se a regra do duplo exponencial (regra DE) é geralmente melhor do que a regra da exponencial única (regra TANH), por que não levamos essa ideia adiante e usamos uma regra da exponencial tripla, regra da exponencial quádrupla, ...? Como mencionado anteriormente, o erro de discretização é dominado pelo polo mais próximo ao eixo real. Ocorre que além da exponencial dupla os polos vêm mais e mais para perto do eixo real, então os métodos tendem a se tornar piores, não melhores.

Se a própria função a ser integrada tem um polo perto do eixo real (muito mais próximo do que o $\pi/2$ que vem das regras DE ou TANH), a convergência do método cai. Em casos analiticamente tratáveis, nós podemos encontrar um "termo de correção do polo" para adicionar à regra trapezoidal para recuperar a convergência rápida [4].

### 4.5.3 Ranges infinitos

Simples variações das regras TANH ou DE podem ser usadas se um ou ambos os limites de integração são infinitos:

| Regra | Regra TANH | Regra DE | Regra mista |
|---|---|---|---|
| $(0, \infty)$ | $x = e^t$ | $x = e^{2c \, \text{senh} \, t}$ | $x = e^{t - e^{-t}}$ |
| $(-\infty, \infty)$ | $x = \text{senh} \, t$ | $x = \text{senh}(c \, \text{senh} \, t)$ | — |

(4.5.14)

A última coluna dá uma regra mista para funções que decaem rapidamente ($e^{-x}$ ou $e^{-x^2}$) no infinito. Ela é uma regra DE em $x = 0$, mas apenas uma exponencial simples no infinito. O decaimento da exponencial do integrando faz ele se comportar como uma regra DE lá também. A regra mista para $(-\infty, \infty)$ é construída dividindo-se o range em $(-\infty, 0)$ e $(0, \infty)$ e fazendo-se a substituição $x \to -x$ no primeiro range. Isto dá duas integrais em $(0, \infty)$.

Para implementar a regra DE para ranges infinitos, não precisamos das precauções tomadas para codificar a regra DE em ranges finitos. Basta simplesmente usar a rotina Trapzd como uma função de $t$, com a função func que ela chama retornando $f(x)dx/dt$. Assim, se funk é sua função retornada $f(x)$, então você define a função func como uma função de t pelo código da seguinte forma (para a regra mista)

```
x=exp(t-exp(-t));
dxdt=x*(1.0+exp(-t));
return funk(x)*dxdt;
```

e passa func para Trapzd. O único cuidado requerido é decidir o range de integração. Você quer que a contribuição à integral dos extremos de integração seja desprezível. Por exemplo, $(-4, 4)$ é tipicamente adequado para $x = \exp(\pi \operatorname{senh} t)$.

### 4.5.4 Exemplos

Como exemplos do poder destes métodos, consideremos as seguintes integrais:

$$\int_0^1 \log x \log(1-x)\, dx = 2 - \frac{\pi^2}{6} \tag{4.5.15}$$

$$\int_0^\infty \frac{1}{x^{1/2}(1+x)}\, dx = \pi \tag{4.5.16}$$

$$\int_0^\infty x^{-3/2} \operatorname{sen} \frac{x}{2} e^{-x}\, dx = [\pi(\sqrt{5}-2)]^{1/2} \tag{4.5.17}$$

$$\int_0^\infty x^{-2/7} e^{-x^2}\, dx = \tfrac{1}{2}\Gamma(\tfrac{5}{14}) \tag{4.5.18}$$

A integral (4.5.15) é facilmente controlada por DErule. A rotina converge para precisão da máquina ($10^{-16}$) com aproximadamente 30 efetuações da função, completamente não perturbada pelas singularidades nas extremidades. A integral (4.5.16) é um exemplo de um integrando que é singular na origem e decai para o infinito. A rotina Midinf fracassa por causa do lento decaimento. Já a transformação $x = \exp(\pi \operatorname{senh} t)$ de novo dá a precisão da máquina em cerca de 30 efetuações, integrando $t$ sobre o range $(-4, 4)$. Por comparação, a transformação $x - e^t$ para $t$ no range $(-90, 90)$ requer cerca de 500 efetuações da função para a mesma acurácia.

A integral (4.5.17) combina singularidade na origem com decaimento exponencial no infinito. Aqui a transformação "mista" $x = \exp(t - e^{-t})$ é melhor, requerendo cerca de 60 efetuações da função para $t$ no range $(-4,5, 4)$. Observe que o decaimento exponencial é crucial aqui; estas transformações fracassam por completo para funções oscilatórias com decaimento lento, como $x^{-3/2} \operatorname{sen} x$. Felizmente, algoritmos de aceleração de séries de §5.3 funcionam bem nestes casos.

A integral final (4.5.18) é similar a (4.5.17), e usar a mesma transformação requer aproximadamente o mesmo número de efetuações da função para chegar à precisão da máquina. O range de $t$ pode ser menor, digamos, $(-4, 3)$, por causa do decaimento mais rápido do integrando. Observe que para todas estas integrais o número de efetuações de funções poderia ser o dobro do número que citamos se estamos usando o passo duplicado para decidir quando as integrais convergiram, uma vez que precisamos de um conjunto extra de efetuações trapezoidais para confirmar a convergência. Em muitos casos, porém, você não precisa deste conjunto extra de efetuações de funções: uma vez que o método começa a convergir, o número de dígitos significantes aproximadamente dobra com cada interação. Consequentemente, você pode configurar o critério de convergência para parar o procedimento quando duas interações sucessivas concordam na raiz quadrada da precisão desejada. Mesmo sem este truque, o método é bastante notável por causa do range de integrais difíceis que ele consegue dominar eficientemente.

Um exemplo estendido do uso da regra DE para ranges finitos e infinitos é dado em §6.10. Lá, fornecemos uma rotina para computar as integrais generalizadas de Fermi-Dirac

$$F_k(\eta, \theta) = \int_0^\infty \frac{x^k(1 + \frac{1}{2}\theta x)^{1/2}}{e^{x-\eta} + 1} dx \qquad (4.5.19)$$

Outro exemplo é dado na rotina Stiel em §4.6.

### 4.5.5 Relação com o teorema da amostragem

A *expansão senc* de uma função é

$$f(x) \simeq \sum_{k=-\infty}^{\infty} f(kh) \operatorname{senc}\left[\frac{\pi}{h}(x - kh)\right] \qquad (4.5.20)$$

onde senc $(x) \equiv \operatorname{sen} x/x$. A expansão é exata para uma classe limitada de funções analíticas. Porém, ela pode ser uma boa aproximação para outras funções também, e o teorema da amostragem caracteriza estas funções, como será discutido em §13.11. Lá, usaremos a expansão senc de $e^{-x^2}$ para obter uma aproximação para a função erro complexa. Funções bem-aproximadas pela expansão senc tipicamente decaem rápido quando $x \to \pm\infty$, assim, truncar a expansão em $k = \pm N$ ainda dá uma boa aproximação para $f(x)$.

Se integramos ambos os lados da equação (4.5.20), encontramos

$$\int_{-\infty}^{\infty} f(x)\,dx \simeq h \sum_{k=-\infty}^{\infty} f(kh) \qquad (4.5.21)$$

o que é simplesmente a fórmula trapezoidal! Desta maneira, a convergência rápida da fórmula trapezoidal para a integral de $f$ corresponde a $f$ sendo bem-aproximada por sua expansão senc. As várias transformações descritas anteriormente podem ser usadas para mapear $x \to x(t)$ e produzem boas aproximações senc com amostras uniformes em $t$. Estas aproximações podem ser usadas não apenas para quadratura trapezoidal de $f$, mas também para boas aproximações para derivadas, transformações integrais, integrais de valor principal de Cauchy e na solução de equações diferenciais e integrais [5].

**REFERÊNCIAS CITADAS E LEITURA COMPLEMENTAR**

Schwartz, C. 1969, "Numerical Integration of Analytic Functions," *Journal of Computational Physics,* vol. 4, pp. 19–29.[1]

Iri, M., Moriguti, S., and Takasawa, Y. 1987, "On a Certain Quadrature Formula," *Journal of Computational and Applied Mathematics,* vol. 17, pp. 3–20. (Versão em inglês de artigo japonês publicado originalmente em 1970.)[2]

Evans, G.A., Forbes, R.C., and Hyslop, J. 1984, "The Tanh Transformation for Singular Integrals," *International Journal of Computer Mathematics,* vol. 15, pp. 339–358.[3]

Bialecki, B. 1989, *BIT,* "A Modified Sine Quadrature Rule for Functions with Poles near the Arc of Integration," vol. 29, pp. 464–476.[4]

Stenger, F. 1981, "Numerical Methods Based on Whittaker Cardinal or Sine Functions," *SIAM Review,* vol. 23, pp. 165–224.[5]

Takahasi, H., and Mori, H. 1973, "Quadrature Formulas Obtained by Variable Transformation," *Numerische Mathematik,* vol. 21, pp. 206–219.

Mori, M. 1985, "Quadrature Formulas Obtained by Variable Transformation and DE Rule," *Journal of Computational and Applied Mathematics,* vol. 12&13, pp. 119–130.

Sikorski, K., and Stenger, F. 1984, "Optimal Quadratures in $H_p$ Spaces," *ACM Transactions on Mathematical Software,* vol. 10, pp. 140–151; *op. cit.,* pp. 152–160.

## 4.6 Quadraturas gaussianas e polinômios ortogonais

Nas fórmulas de §4.1, a integral de uma função foi aproximada pela soma de seus valores funcionais em um conjunto de pontos igualmente espaçados, multiplicada por certos pesos para os coeficientes adequadamente escolhidos. Vimos que, conforme nos permitimos mais liberdade em escolher os coeficientes, conseguíamos obter fórmulas de integração de ordens mais e mais altas. A ideia das quadraturas gaussianas é dar a nós próprios a liberdade para escolher não apenas os pesos dos coeficientes, mas também a localização das abscissas nas quais a função é efetuada. Elas não serão mais igualmente espaçadas. Então, teremos *duas vezes* o número de graus de liberdade em nossa disposição; isso faz com que nós possamos determinar fórmulas de quadratura gaussiana cuja ordem é, essencialmente, duas vezes a da fórmula de Newton Cotes com o mesmo número de efetuações da função.

Isto parece ser bom demais para ser verdade? Bem, em um sentido é. A armadilha é nossa conhecida, e nunca é demais repetir: alta ordem não é o mesmo que alta acurácia. Alta ordem traduz-se como alta acurácia apenas quando o integrando é suave, no sentido de ser "bem-aproximado por um polinômio".

Há, porém, um aspecto adicional das fórmulas de quadratura gaussiana que agrega-se à sua utilidade: podemos arranjar a escolha dos pesos e abscissas para fazer a integral exata para uma classe de integrandos "polinômios vezes alguma conhecida função $W(x)$" em vez de para a classe usual de integrandos "polinômios". A função $W(x)$ pode então ser escolhida para remover singularidades da integral desejada. Dado $W(x)$, em outras palavras, e dado um inteiro $N$, podemos encontrar um conjunto de pesos $w_j$ e abscissas $w_j$ tal que a aproximação

$$\int_a^b W(x) f(x) dx \approx \sum_{j=0}^{N-1} w_j f(x_j) \tag{4.6.1}$$

é exata se $f(x)$ é um polinômio. Por exemplo, para fazer a integral

$$\int_{-1}^{1} \frac{\exp(-\cos^2 x)}{\sqrt{1-x^2}} dx \tag{4.6.2}$$

(uma integral com aparência não muito comum, deve-se admitir), poderíamos muito bem estar interessados em uma fórmula de quadratura gaussiana baseada na escolha

$$W(x) = \frac{1}{\sqrt{1-x^2}} \qquad (4.6.3)$$

no intervalo $(-1,1)$. (Esta escolha particular é chamada integração de Gauss-Chebyshev, por razões que tornaremos claras brevemente.)

Observe que a fórmula de integração (4.6.1) podem também ser escrita com a função peso $W(x)$ não claramente visível: defina $g(x) \equiv W(x) f(x)$ e $v_j \equiv w_j/W(x_j)$. Então (4.6.1) torna-se

$$\int_a^b g(x)dx \approx \sum_{j=0}^{N-1} v_j g(x_j) \qquad (4.6.4)$$

Para onde a função $W(x)$ foi? Ela está espreitando, pronta para dar uma acurácia de alta ordem para os integrandos da forma polinômios vezes $W(x)$, e pronta para *negar* acurácia de alta ordem para integrandos que são fora isso perfeitamente suaves e bem-comportados. Quando você encontrar tabulações de pesos e abscissas para um dado $W(x)$, você tem de determinar cuidadosamente se elas devem ser usadas com uma fórmula na forma de (4.6.1) ou como (4.6.4).

Por enquanto nossa introdução para quadratura gaussiana é bastante padrão. Porém, há um aspecto do método que não é tão apreciado quanto deveria ser: para integrandos suaves (após decompor os pesos da função apropriados), a quadratura gaussiana converge exponencialmente rápido conforme $N$ aumenta, porque a ordem do método, não apenas a densidade de pontos, aumenta com $N$. Este comportamento poderia ser contrastado com o comportamento lei de potência (p.ex., $1/N^2$ ou $1/N^4$) de métodos baseados em Newton-Cotes nos quais a ordem permanece fixa (p.ex., 2 ou 4) mesmo quando a densidade de pontos aumenta. Para uma discussão mais rigorosa, ver §20.7.4.

Aqui está um exemplo de uma rotina de quadratura que contém as abscissas tabuladas e pesos para o caso $W(x) = 1$ e $N = 10$. Uma vez que os pesos e as abscissas são, neste caso, simétricos em relação ao ponto médio do range de integração, há na verdade apenas cinco valores distintos de cada:

qgaus.h
```
template <class T>
Doub qgaus(T &func, const Doub a, const Doub b)
Retorna a integral da função ou functor func entre a e b, por integração de Gauss-Legendre com 10 pontos: a função é efetuada exatamente 10 vezes nos pontos interiores do range de integração.
{
    Aqui estão as abscissas e pesos:
    static const Doub x[]={0.1488743389816312,0.4333953941292472,
        0.6794095682990244,0.8650633666889845,0.9739065285171717};
    static const Doub w[]={0.2955242247147529,0.2692667193099963,
        0.2190863625159821,0.1494513491505806,0.0666713443086881};
    Doub xm=0.5*(b+a);
    Doub xr=0.5*(b-a);
    Doub s=0;                       Será duas vezes o valor médio da função, pois os dez pesos (cinco
    for (Int j=0;j<5;j++) {         números sobre cada usados duas vezes) somam 2.
        Doub dx=xr*x[j];
        s += w[j]*(func(xm+dx)+func(xm-dx));
    }
    return s *= xr;                 Escale a resposta para o range de integração.
}
```

Esta rotina ilustra que pode-se usar quadraturas gaussianas sem necessariamente entender a teoria por trás delas: apenas localizam-se os pesos tabulados e abscissas em um livro (p. ex., [1] ou [2]). Porém, a teoria é muito bonita, e ela será útil se você alguma vez precisar construir sua própria tabulação de pesos e abscissas para uma escolha não usual de $W(x)$. Por esta razão daremos, sem demonstração alguma, alguns resultados usuais que capacitarão você a fazê-lo. Diversos dos resultados assumem que $W(x)$ não muda o sinal no interior de $(a, b)$, o qual é usualmente o caso na prática.

A teoria por trás das quadraturas gaussianas remete a Gauss em 1814, que usou frações continuadas para desenvolver o assunto. Em 1826, Jacobi rederivou os resultados de Gauss por médias de polinômios ortogonais. O tratamento sistemático de funções de peso arbitrário $W(x)$ usando polinômios ortogonais é grandemente devido a Christoffel em 1877. Para introduzir estes polinômios ortogonais, vamos fixar o intervalo de interesse como $(a, b)$. Podemos definir o "produto escalar de duas funções $f$ e $g$ sobre uma função peso $W$" como

$$\langle f|g\rangle \equiv \int_a^b W(x)f(x)g(x)dx \qquad (4.6.5)$$

O produto escalar é um número, não uma função de $x$. Duas funções são ditas *ortogonais* se seu produto escalar é nulo. Uma função é dita *normalizada* se seu produto escalar com ela mesma é um. Um conjunto de funções que são todas mutuamente ortogonais e também todas individualmente normalizadas é chamado de conjunto *ortonormal*.

Podemos encontrar um conjunto de polinômios (i) que inclui exatamente um polinômio de ordem $j$, denotado como $p_j(x)$, para cada $j = 0, 1, 2, ...,$ e (ii) onde todos são mutuamente ortogonais sobre as funções peso especificadas $W(x)$. Um procedimento construtivo para encontrar tal conjunto é a relação de recorrência

$$p_{-1}(x) \equiv 0$$
$$p_0(x) \equiv 1$$
$$p_{j+1}(x) = (x - a_j)p_j(x) - b_j p_{j-1}(x) \qquad j = 0, 1, 2, \ldots \qquad (4.6.6)$$

onde

$$a_j = \frac{\langle xp_j|p_j\rangle}{\langle p_j|p_j\rangle} \qquad j = 0, 1, \ldots$$
$$b_j = \frac{\langle p_j|p_j\rangle}{\langle p_{j-1}|p_{j-1}\rangle} \qquad j = 1, 2, \ldots \qquad (4.6.7)$$

O coeficiente $b_0$ é arbitrário; podemos fazê-lo ser zero.

Os polinômios definido por (4.6.6) são mônicos, isto é, o coeficiente dos seus termos líderes [$x^j$ para $p_j(x)$] é um. Se dividimos cada $p_j(x)$ pela constante $[\langle p_j|p_j\rangle]^{1/2}$, podemos normalizar o conjunto de polinômios ortogonais. Também encontram-se polinômios ortogonais com outras normalizações. Você pode converter de uma dada normalização para polinômios mônicos se você sabe que o coeficiente de $x^j$ em $p_j$ é $\lambda_j$, digamos; então os polinômios mônicos são obtidos dividindo-se cada $p_j$ por $\lambda_j$. Observe que os coeficientes na relação de recorrência (4.6.6) dependem da normalização adotada.

Pode-se mostrar que o polinômio $p_j(x)$ tem exatamente $j$ raízes distintas no intervalo $(a, b)$. Além disso, pode ser mostrado que as raízes de $p_j(x)$ "intercalam" as $j - 1$ raízes de $p_{j-1}(x)$, isto é, há exatamente uma raiz do primeiro entre cada duas raízes adjacentes do segundo. Este fato torna-se conveniente se você precisar encontrar todas as raízes. Você pode começar com uma raiz de $p_1(x)$ e então, uma após a outra, agrupar as raízes de cada $j$ maior, determinando-as em cada estágio mais precisamente pela regra de Newton ou algum outro esquema de determinar raízes (veja Capítulo 9).

Por que você iria querer encontrar as raízes de um polinômio ortogonal $p_j(x)$? Porque as abscissas das fórmulas de quadratura gaussiana de $N$ pontos (4.6.1) e (4.6.4) com função peso $W(x)$ no intervalo $(a, b)$ são precisamente as raízes do polinômio ortogonal $p_N(x)$ para o mesmo intervalo e funções peso. Este é o teorema fundamental das quadraturas gaussianas e lhe permite encontrar as abscissas para um caso particular.

Uma vez que você conhece as abscissas $x_0$, ...., $x_{N-1}$, você precisa encontrar os pesos $w_j$, $j = 0$, ...., $N-1$. Uma maneira de fazer isto (não a mais eficiente) é resolver o conjunto de sistemas lineares

$$\begin{bmatrix} p_0(x_0) & \cdots & p_0(x_{N-1}) \\ p_1(x_0) & \cdots & p_1(x_{N-1}) \\ \vdots & & \vdots \\ p_{N-1}(x_0) & \cdots & p_{N-1}(x_{N-1}) \end{bmatrix} \begin{bmatrix} w_0 \\ w_1 \\ \vdots \\ w_{N-1} \end{bmatrix} = \begin{bmatrix} \int_a^b W(x) p_0(x) dx \\ 0 \\ \vdots \\ 0 \end{bmatrix} \quad (4.6.8)$$

A equação (4.6.8) simplesmente resolve para aqueles pesos tais que a quadratura (4.6.1) dá a resposta correta para a integral dos primeiros $N$ polinômios ortogonais. Note que os zeros do lado direito de (4.6.8) aparecem porque $p_1(x)$, ...., $p_{N-1}(x)$ são todos ortogonais a $p_0(x)$, o qual é constante. Pode ser demonstrado que, com aqueles pesos, a integral dos *próximos* $N-1$ polinômios é também exata, de modo que a quadratura é exata para todos os polinômios de grau $2N-1$ ou menor. Outra alternativa para estimar os pesos (ainda que a demonstração esteja além do nosso escopo) é pela fórmula

$$w_j = \frac{\langle p_{N-1} | p_{N-1} \rangle}{p_{N-1}(x_j) p'_N(x_j)} \quad (4.6.9)$$

onde $p'_N(x_j)$ é a derivada do polinômio ortogonal calculada no seu zero $x_j$.

A computação das regras de quadratura gaussiana envolve portanto duas fases distintas: (i) a geração de polinômios ortogonais $p_0, ..., p_N$, isto é, a computação dos coeficientes $a_j$, $b_j$ em (4.6.6) e (ii) a determinação dos zeros de $p_N(x)$, e a computação dos pesos associados. Para o caso dos polinômios ortogonais "clássicos", os coeficientes $a_j$ e $b_j$ são explicitamente conhecidos (equações 4.6.10 – 4.6.14 abaixo) e a fase (i) pode ser omitida. Porém, se você se depara com uma função peso "não clássica" $W(x)$ e não conhece os coeficientes $a_j$ e $b_j$, a construção do conjunto associado dos polinômios ortogonais não é trivial. Discutiremos isso no fim desta seção.

### 4.6.1 Computação das abscissas e dos pesos

Esta tarefa pode variar de fácil a difícil, dependendo de quanto você já sabe sobre sua função peso e seus polinômios associados. No caso dos polinômios ortogonais clássicos, bem-estudados, praticamente tudo é conhecido, incluindo boas aproximações para seus zeros. Estas podem ser usadas como chutes iniciais, capacitando o método de Newton (que será discutido em §9.4) a convergir muito rapidamente. O método de Newton requer a derivada $p'_N(x)$, a qual é efetuada por relações padrões em termos de $p_N$ e $p_{N-1}$. Os pesos são então convenientemente efetuados pela equação (4.6.9). Para os seguintes casos nomeados, esta maneira direta para encontrar raízes é mais rápida, por um fator de 3 a 5, do que qualquer outro método.

Aqui estão as funções peso, intervalos e relações de recorrência que geram os polinômios ortogonais mais comumente usados e suas correspondentes fórmulas de quadratura gaussianas.

*Gauss-Legendre*:

$$W(x) = 1 \quad -1 < x < 1$$
$$(j+1)P_{j+1} = (2j+1)xP_j - jP_{j-1} \quad (4.6.10)$$

*Gauss-Chebyshev*:

$$W(x) = (1-x^2)^{-1/2} \quad -1 < x < 1$$
$$T_{j+1} = 2xT_j - T_{j-1} \quad (4.6.11)$$

*Gauss-Laguerre*:

$$W(x) = x^\alpha e^{-x} \quad 0 < x < \infty$$
$$(j+1)L_{j+1}^\alpha = (-x + 2j + \alpha + 1)L_j^\alpha - (j+\alpha)L_{j-1}^\alpha \quad (4.6.12)$$

*Gauss-Hermite*:

$$W(x) = e^{-x^2} \quad -\infty < x < \infty$$
$$H_{j+1} = 2xH_j - 2jH_{j-1} \quad (4.6.13)$$

*Gauss-Jacobi*:

$$W(x) = (1-x)^\alpha (1+x)^\beta \quad -1 < x < 1$$
$$c_j P_{j+1}^{(\alpha,\beta)} = (d_j + e_j x) P_j^{(\alpha,\beta)} - f_j P_{j-1}^{(\alpha,\beta)} \quad (4.6.14)$$

onde os coeficientes $c_j$, $d_j$, $e_j$ e $f_j$ são dados por

$$\begin{aligned} c_j &= 2(j+1)(j+\alpha+\beta+1)(2j+\alpha+\beta) \\ d_j &= (2j+\alpha+\beta+1)(\alpha^2-\beta^2) \\ e_j &= (2j+\alpha+\beta)(2j+\alpha+\beta+1)(2j+\alpha+\beta+2) \\ f_j &= 2(j+\alpha)(j+\beta)(2j+\alpha+\beta+2) \end{aligned} \quad (4.6.15)$$

Agora fornecemos rotinas individuais que calculam as abscissas e os pesos para estes casos. Primeiro vêm os conjuntos de abscissas e pesos mais comuns, aqueles de Gauss-Legendre. A rotina, decorrente de G. B. Rybicky, usa equação (4.6.9) na forma especial para o caso de Gauss-Legendre,

$$w_j = \frac{2}{(1-x_j^2)[P_N'(x_j)]^2} \quad (4.6.16)$$

A rotina também escala o range de integração de $(x_1, x_2)$ para $(-1, 1)$, e provêm abscissas $x_j$ e pesos $w_j$ para a fórmula gaussiana

$$\int_{x_1}^{x_2} f(x)dx = \sum_{j=0}^{N-1} w_j f(x_j) \quad (4.6.17)$$

gauss_wgts.h
```
void gauleg(const Doub x1, const Doub x2, VecDoub_O &x, VecDoub_O &w)
```
Dado os limites superior e inferior de integração x1 e x2, esta rotina retorna arrays x[0..n-1] e w[0..n-1] de comprimento n, contendo as abscissas e pesos da fórmula de quadratura de Gauss-Legendre.
```
{
    const Doub EPS=1.0e-14;                 EPS é a precisão relativa.
    Doub z1,z,xm,xl,pp,p3,p2,p1;
    Int n=x.size();
    Int m=(n+1)/2;                          As raízes são simétricas no intervalo, então apenas
    xm=0.5*(x2+x1);                         temos que encontrar metade delas.
    xl=0.5*(x2-x1);
    for (Int i=0;i<m;i++) {                 Laço sobre as raízes desejadas.
        z=cos(3.141592654*(i+0.75)/(n+0.5));
```
Começando com esta aproximação para a i-ésima raiz, nós entramos no principal laço de refinamento pelo método de Newton.
```
        do {
            p1=1.0;
            p2=0.0;
            for (Int j=0;j<n;j++) {         Faça o laço sobre a relação de recorrência para obter
                p3=p2;                      o polinômio de Legendre desejado em z.
                p2=p1;
                p1=((2.0*j+1.0)*z*p2-j*p3)/(j+1);
            }
```
p1 é agora o polinômio de Legendre desejado. A seguir computamos pp, sua derivada, por uma relação padrão envolvendo também p2, o polinômio de uma ordem mais baixa.
```
            pp=n*(z*p1-p2)/(z*z-1.0);
            z1=z;
            z=z1-p1/pp;                     Método de Newton.
        } while (abs(z-z1) > EPS);
        x[i]=xm-xl*z;                       Escale a raiz para o intervalo desejado e coloque em
        x[n-1-i]=xm+xl*z;                   sua contraparte simétrica.
        w[i]=2.0*xl/((1.0-z*z)*pp*pp);      Compute o peso e sua contraparte simétrica.
        w[n-1-i]=w[i];
    }
}
```

A seguir fornecemos três rotinas que usam aproximações iniciais para as raízes dadas por Stroud e Secrest [2]. A primeira é para abscissas e pesos por Gauss-Laguerre, para ser usada com a fórmula de integração

$$\int_0^\infty x^\alpha e^{-x} f(x)dx = \sum_{j=0}^{N-1} w_j f(x_j) \qquad (4.6.18)$$

gauss_wgts.h
```
void gaulag(VecDoub_O &x, VecDoub_O &w, const Doub alf)
```
Dado alf, o parâmetro $\alpha$ dos polinômios de Laguerre, esta rotina retorna arrays x[0..n-1] e w[0..n-1] contendo as abscissas e pesos da fórmula de quadratura de Gauss-Laguerre para n pontos. A menor abscissa é retornada em x[0], a maior em x[n-1].
```
{
    const Int MAXIT=10;
    const Doub EPS=1.0e-14;                 EPS é a precisão relativa.
    Int i,its,j;
    Doub ai,p1,p2,p3,pp,z,z1;
    Int n=x.size();
    for (i=0;i<n;i++) {                     Laço sobre as raízes desejadas.
        if (i == 0) {                       Chute inicial para a menor raiz.
            z=(1.0+alf)*(3.0+0.92*alf)/(1.0+2.4*n+1.8*alf);
        } else if (i == 1) {                Chute inicial para segunda raiz.
            z += (15.0+6.25*alf)/(1.0+0.9*alf+2.5*n);
        } else {                            Chute inicial para outras raízes.
            ai=i-1;
```

```
            z += ((1.0+2.55*ai)/(1.9*ai)+1.26*ai*alf/
                (1.0+3.5*ai))*(z-x[i-2])/(1.0+0.3*alf);
        }
        for (its=0;its<MAXIT;its++) {        Refinamento pelo método de Newton
            p1=1.0;
            p2=0.0;
            for (j=0;j<n;j++) {              Faça o laço para a relação de recorrência para
                p3=p2;                       obter o polinômio de Laguerre efetuado em z.
                p2=p1;
                p1=((2*j+1+alf-z)*p2-(j+alf)*p3)/(j+1);
            }
            p1 é agora o polinômio de Legendre desejado. A seguir computamos pp, sua derivada, por
            uma relação padrão envolvendo também p2, o polinômio de uma ordem mais baixa.
            pp=(n*p1-(n+alf)*p2)/z;
            z1=z;
            z=z1-p1/pp;                      Fórmula de Newton.
            if (abs(z-z1) <= EPS) break;
        }
        if (its >= MAXIT) throw("too many iterations in gaulag");
        x[i]=z;                              Armazene a raiz e o peso.
        w[i] = -exp(gammln(alf+n)-gammln(Doub(n)))/(pp*n*p2);
    }
}
```

A seguir temos rotina para abscissas e pesos por Gauss-Hermite. Se usamos a normalização "padrão" destas funções, como dada na equação (4.6.13), encontramos que as computações geram overflow para $N$ grande por causa dos vários fatoriais que ocorrem. Podemos evitar isto se usarmos o conjunto ortonormal de polinômios $\tilde{H}_j$. Eles são gerados pela recorrência

$$\tilde{H}_{-1} = 0, \quad \tilde{H}_0 = \frac{1}{\pi^{1/4}}, \quad \tilde{H}_{j+1} = x\sqrt{\frac{2}{j+1}}\tilde{H}_j - \sqrt{\frac{j}{j+1}}\tilde{H}_{j-1} \quad (4.6.19)$$

A fórmula para os pesos torna-se

$$w_j = \frac{2}{[\tilde{H}'_N(x_j)]^2} \quad (4.6.20)$$

enquanto a fórmula para a derivada com esta normalização é

$$\tilde{H}'_j = \sqrt{2j}\,\tilde{H}_{j-1} \quad (4.6.21)$$

As abscissas e os pesos retornados por gauher são usados com a fórmula de integração

$$\int_{-\infty}^{\infty} e^{-x^2} f(x)dx = \sum_{j=0}^{N-1} w_j f(x_j) \quad (4.6.22)$$

```
void gauher(VecDoub_O &x, VecDoub_O &w)                              gauss_wgts.h
Esta rotina retorna arrays x[0..n-1] e w[0..n-1] contendo as abscissas e pesos da fórmula de quadratura
por Gauss-Hermite para n pontos. A maior abscissa é retornada em x[0], a mais negativa em x[n-1].
{
    const Doub EPS=1.0e-14,PIM4=0.7511255444649425;
    Precisão relativa e 1/π^(1/4).
    const Int MAXIT=10;                      Número máximo de interações.
    Int i,its,j,m;
    Doub p1,p2,p3,pp,z,z1;
    Int n=x.size();
    m=(n+1)/2;
```

As raízes são simétricas sobre a origem, então temos que encontrar apenas metade delas.
```
    for (i=0;i<m;i++) {                         Laço sobre as raízes desejadas.
        if (i == 0) {                           Chute inicial para maior raiz.
            z=sqrt(Doub(2*n+1))-1.85575*pow(Doub(2*n+1),-0.16667);
        } else if (i == 1) {                    Chute inicial para segunda maior raiz.
            z -= 1.14*pow(Doub(n),0.426)/z;
        } else if (i == 2) {                    Chute inicial para a terceira maior raiz.
            z=1.86*z-0.86*x[0];
        } else if (i == 3) {                    Chute inicial para a quarta maior raiz.
            z=1.91*z-0.91*x[1];
        } else {                                Chute inicial para as outras raízes.
            z=2.0*z-x[i-2];
        }
        for (its=0;its<MAXIT;its++) {           Refinamento pelo método de Newton.
            p1=PIM4;
            p2=0.0;
            for (j=0;j<n;j++) {                 Faz o laço sobre a relação de recorrência para
                p3=p2;                          obter o polinômio de Hermite efetuado em z.
                p2=p1;
                p1=z*sqrt(2.0/(j+1))*p2-sqrt(Doub(j)/(j+1))*p3;
            }
            p1 é agora o polinômio de Hermite desejado. A seguir computamos pp, sua derivada, pela
            relação (4.6.21) usando p2, o polinômio de uma ordem mais baixa.
            pp=sqrt(Doub(2*n))*p2;
            z1=z;
            z=z1-p1/pp;                         Fórmula de Newton
            if (abs(z-z1) <= EPS) break;
        }
        if (its >= MAXIT) throw("too many iterations in gauher");
        x[i]=z;                                 Armazena a raiz
        x[n-1-i] = -z;                          e sua contraparte simétrica.
        w[i]=2.0/(pp*pp);                       Compute o peso
        w[n-1-i]=w[i];                          e sua contraparte simétrica.
    }
}
```

Finalmente, aqui está uma rotina para pesos e abscissas de Gauss-Jacobi, a qual implementa a fórmula de integração

$$\int_{-1}^{1}(1-x)^{\alpha}(1+x)^{\beta}f(x)dx = \sum_{j=0}^{N-1} w_j f(x_j) \qquad (4.6.23)$$

gauss_wgts.h `void gaujac(VecDoub_O &x, VecDoub_O &w, const Doub alf, const Doub bet)`
Dado alf e bet, os parâmetros $\alpha$ e $\beta$ dos polinômios de Jacobi, esta rotina retorna arrays x[0..n-1] e w[0..n-1] contendo as abscissas e pesos da fórmula de quadratura de Gauss-Jacobi para n pontos. A maior abscissa é retornada em x[0], a menor em x[n-1].
```
{
    const Int MAXIT=10;
    const Doub EPS=1.0e-14;                     EPS é a precisão relativa.
    Int i,its,j;
    Doub alfbet,an,bn,r1,r2,r3;
    Doub a,b,c,p1,p2,p3,pp,temp,z,z1;
    Int n=x.size();
    for (i=0;i<n;i++) {                         Laço sobre as raízes desejadas.
        if (i == 0) {                           Chute inicial para a maior raiz.
            an=alf/n;
            bn=bet/n;
            r1=(1.0+alf)*(2.78/(4.0+n*n)+0.768*an/n);
            r2=1.0+1.48*an+0.96*bn+0.452*an*an+0.83*an*bn;
            z=1.0-r1/r2;
```

```
        } else if (i == 1) {                    Chute inicial para segunda maior raiz.
            r1=(4.1+alf)/((1.0+alf)*(1.0+0.156*alf));
            r2=1.0+0.06*(n-8.0)*(1.0+0.12*alf)/n;
            r3=1.0+0.012*bet*(1.0+0.25*abs(alf))/n;
            z -= (1.0-z)*r1*r2*r3;
        } else if (i == 2) {                    Chute inicial para a terceira maior raiz.
            r1=(1.67+0.28*alf)/(1.0+0.37*alf);
            r2=1.0+0.22*(n-8.0)/n;
            r3=1.0+8.0*bet/((6.28+bet)*n*n);
            z -= (x[0]-z)*r1*r2*r3;
        } else if (i == n-2) {                  Chute inicial para a segunda menor raiz.
            r1=(1.0+0.235*bet)/(0.766+0.119*bet);
            r2=1.0/(1.0+0.639*(n-4.0)/(1.0+0.71*(n-4.0)));
            r3=1.0/(1.0+20.0*alf/((7.5+alf)*n*n));
            z += (z-x[n-4])*r1*r2*r3;
        } else if (i == n-1) {                  Chute inicial para a menor raiz.
            r1=(1.0+0.37*bet)/(1.67+0.28*bet);
            r2=1.0/(1.0+0.22*(n-8.0)/n);
            r3=1.0/(1.0+8.0*alf/((6.28+alf)*n*n));
            z += (z-x[n-3])*r1*r2*r3;
        } else {                                Chute inicial para as outras raízes.
            z=3.0*x[i-1]-3.0*x[i-2]+x[i-3];
        }
        alfbet=alf+bet;
        for (its=1;its<=MAXIT;its++) {          Refinamento pelo método de Newton.
            temp=2.0+alfbet;                    Comece a recorrência com $P_0$ e $P_1$ para evitar uma
            p1=(alf-bet+temp*z)/2.0;            divisão por zero quando $\alpha+\beta = 0$ ou $-1$.
            p2=1.0;
            for (j=2;j<=n;j++) {                Faça o laço sobre a relação de recorrência para obter
                p3=p2;                          o polinômio de Jacobi efetuado em z.
                p2=p1;
                temp=2*j+alfbet;
                a=2*j*(j+alfbet)*(temp-2.0);
                b=(temp-1.0)*(alf*alf-bet*bet+temp*(temp-2.0)*z);
                c=2.0*(j-1+alf)*(j-1+bet)*temp;
                p1=(b*p2-c*p3)/a;
            }
            pp=(n*(alf-bet-temp*z)*p1+2.0*(n+alf)*(n+bet)*p2)/(temp*(1.0-z*z));
            p1 é agora o polinômio de Jacobi desejado. A seguir computamos pp, sua derivada, por uma
            relação padrão envolvendo também p2, o polinômio de uma ordem mais baixa.
            z1=z;
            z=z1-p1/pp;                         Fórmula de Newton.
            if (abs(z-z1) <= EPS) break;
        }
        if (its > MAXIT) throw("too many iterations in gaujac");
        x[i]=z;                                 Armazene a raiz e o peso.
        w[i]=exp(gammln(alf+n)+gammln(bet+n)-gammln(n+1.0)-
            gammln(n+alfbet+1.0))*temp*pow(2.0,alfbet)/(pp*p2);
    }
}
```

Polinômios de Legendre são casos especiais de polinômios de Jacobi com $\alpha = \beta = 0$, mas é de grande utilidade ter a rotina separada para eles, `gauleg`, dada acima. Polinômios de Chebyshev correspondem a $\alpha = \beta = -1/2$ (ver §5.8). Eles têm abscissas e pesos analíticos:

$$x_j = \cos\left(\frac{\pi(j + \frac{1}{2})}{N}\right)$$
$$w_j = \frac{\pi}{N}$$

(4.6.24)

## 4.6.2 Caso das recorrências conhecidas

Volte agora para o caso onde você não conhece bons chutes iniciais para os zeros dos seus polinômios ortogonais, mas você tem disponíveis os coeficientes $a_j$ e $b_j$ que os geram. Como vimos, os zeros de $p_N(x)$ são abscissas para a fórmula de quadratura gaussiana de $N$ pontos. A fórmula computacional mais útil para os pesos é a equação (4.6.9) acima, uma vez que a derivada $p'_N$ pode ser eficientemente computada pela derivada de (4.6.6) no caso geral ou pelas relações especiais para os polinômios clássicos. Note que (4.6.9) é válida como escrita apenas para polinômios mônicos; para outras normalizações, há um fator extra de $\lambda_N/\lambda_{N-1}$, onde $\lambda_N$ é o coeficiente de $x^N$ em $p_N$.

Exceto naqueles casos especiais já discutidos, a melhor maneira de encontrar as abscissas é *não* usar um método de localizar raízes como o método de Newton em $p_N(x)$. Preferivelmente, é geralmente mais rápido usar o algoritmo de Golub-Welsch [3], o qual é baseado no resultado de Wilf [4]. Este algoritmo observa que se você traz o termo $xp_j$ para o lado esquerdo de (4.6.6) e o termo $p_{j+1}$ para o lado direito, a relação de recorrência pode ser escrita na forma de matriz como

$$x \begin{bmatrix} p_0 \\ p_1 \\ \vdots \\ p_{N-2} \\ p_{N-1} \end{bmatrix} = \begin{bmatrix} a_0 & 1 & & & \\ b_1 & a_1 & 1 & & \\ & \vdots & \vdots & & \\ & & b_{N-2} & a_{N-2} & 1 \\ & & & b_{N-1} & a_{N-1} \end{bmatrix} \cdot \begin{bmatrix} p_0 \\ p_1 \\ \vdots \\ p_{N-2} \\ p_{N-1} \end{bmatrix} + \begin{bmatrix} 0 \\ 0 \\ \vdots \\ 0 \\ p_N \end{bmatrix} \quad (4.6.25)$$

ou

$$x\mathbf{p} = \mathbf{T} \cdot \mathbf{p} + p_N \mathbf{e}_{N-1} \quad (4.6.26)$$

Aqui $\mathbf{T}$ é uma matriz tridiagonal; $\mathbf{p}$ é um vetor coluna de $p_0, p_1, ...., p_{N-1}$; e $\mathbf{e}_{N-1}$ é um vetor unitário com 1 na $(N-1)$-ésima (última) posição e zero em todas as outras posições. A matriz $\mathbf{T}$ pode ser simetrizada por uma transformação de similaridade $\mathbf{D}$ para dar

$$\mathbf{J} = \mathbf{DTD}^{-1} = \begin{bmatrix} a_0 & \sqrt{b_1} & & & \\ \sqrt{b_1} & a_1 & \sqrt{b_2} & & \\ & \vdots & \vdots & & \\ & & \sqrt{b_{N-2}} & a_{N-2} & \sqrt{b_{N-1}} \\ & & & \sqrt{b_{N-1}} & a_{N-1} \end{bmatrix} \quad (4.6.27)$$

A matriz $\mathbf{J}$ é chamada de *matriz de Jacobi* (não confundir com outras matrizes nomeadas segundo Jacobi que aparecem em problemas completamente diferentes!). Agora vemos a partir de (4.6.26) que $p_N(x_j) = 0$ é equivalente a $x_j$ ser um autovalor de $\mathbf{T}$. Uma vez que autovalores são preservados por uma transformação de similaridade, $x_j$ é um autovalor da matriz tridiagonal simétrica $\mathbf{J}$. Além disso, Wilf [4] mostra que se $\mathbf{v}_j$ é o autovetor correspondente ao autovalor $x_j$, normalizado de forma que $\mathbf{v} \cdot \mathbf{v} = 1$, então

$$w_j = \mu_0 v_{j,0}^2 \quad (4.6.28)$$

onde

$$\mu_0 = \int_a^b W(x)\, dx \quad (4.6.29)$$

e onde $v_{j,0}$ é o zero-ésimo componente de $\mathbf{v}$. Como veremos no Capítulo 11, encontrar todos os autovalores e autovetores de uma matriz simétrica tridiagonal é um procedimento relativamente eficiente e bem-condicionado. Consequentemente damos uma rotina, gaucof, para encontrar as abscissas e os pesos, dados os coeficientes $a_j$ e $b_j$. Lembre que se você conhece a relação de recorrência para polinômios ortogonais que não são normalizados para serem mônicos, você pode facilmente convertê-la para a forma mônica por meio das quantidades $\lambda_j$.

```
void gaucof(VecDoub_IO &a, VecDoub_IO &b, const Doub amu0, VecDoub_O &x,                gauss_wgts2.h
    VecDoub_O &w)
```
Computa as abscissas e pesos para uma fórmula de quadratura gaussiana pela matriz de Jacobi. O input, a[0..n-1] e b[0..n-1] são os coeficientes da relação de recorrência para o conjunto de polinômios ortogonais mônicos. A quantidade $\mu_0 \equiv \int_a^b W(x)\,dx$ é input como amu0. As abscissas x[0..n-1] são retornadas em ordem decrescente, com os pesos correspondentes w[0..n-1]. Os arrays a e b são modificados. A execução pode ser acelerada modificando-se tqli e eigsrt para computar apenas a zero-ésima componente de cada autovetor.

```
{
    Int n=a.size();
    for (Int i=0;i<n;i++)
        if (i != 0) b[i]=sqrt(b[i]);       Designa-se a superdiagonal da matriz de Jacobi.
    Symmeig sym(a,b);
    for (Int i=0;i<n;i++) {
        x[i]=sym.d[i];
        w[i]=amu0*sym.z[0][i]*sym.z[0][i];  Equação (4.6.28).
    }
}
```

### 4.6.3 Polinômios ortogonais com pesos não clássicos

O que você faz se sua função peso não é um dos clássicos idealizados acima e você não conhece os $a_j$'s e $b_j$'s da relação de recorrência (4.6.6) para usar em gaucof? Obviamente, você precisa de um método para encontrar os $a_j$'s e $b_j$'s.

O melhor método geral é o *procedimento de Stieltjes*: primeiro compute $a_0$ de (4.6.7) e então $p_1(x)$ de (4.6.6). Conhecendo $p_0$ e $p_1$, compute $a_1$ e $b_1$ de (4.6.7), e assim sucessivamente. Mas como computamos os produtos internos em (4.6.7)?

A abordagem padrão é representar cada $p_j(x)$ explicitamente como um polinômio em $x$ e computar os produtos internos multiplicando termo por termo. Isto será factível se conhecermos os primeiros $2N$ momentos da função peso,

$$\mu_j = \int_a^b x^j W(x)\,dx \qquad j = 0, 1, \ldots, 2N-1 \tag{4.6.30}$$

Porém, a solução do sistema resultante das equações algébricas para os coeficientes $a_j$ e $b_j$ em termos dos momentos $\mu_j$ é em geral extremamente mal-condicionada. Mesmo em dupla precisão, não é incomum perder toda a acurácia quando $N = 12$. Então rejeitamos o procedimento baseado em momentos (4.6.30).

Gautschi [5] mostrou que o procedimento de Stieltjes é factível se os produtos internos (4.6.7) são computados diretamente por quadraturas numéricas. Isto é praticável apenas se você conseguir encontrar um esquema de quadratura que pode computar as integrais com alta acurácia apesar das singularidades na função peso $W(x)$. Gautschi defende o esquema de quadratura de Fejér [5] como um esquema de proposta geral para controlar as singularidades quando nenhum método melhor está disponível. Pessoalmente tivemos uma experiência muito melhor com os métodos de transformação de §4.5, particularmente a regra DE e suas variantes.

Usamos uma estrutura Stiel que implementa o procedimento de Stieltjes. Sua função membro get_weights gera os coeficientes $a_j$ e $b_j$ da relação de recorrência e então chama gaucof para encontrar as abscissas e pesos. Você pode facilmente modificá-la para retornar $a_j$'s e $b_j$'s se você os quiser também. Internamente, a rotina chama a função quad para fazer as integrais em (4.6.7). Para um range finito de integração, a rotina usa a regra DE direta. Isto é efetuado invocando-se o construtor com cinco parâmetros: o número de abscissas (e pesos) desejado para a quadratura, os limites inferior e superior de integração, o parâmetro $h_{\max}$ a ser passado para a regra DE (ver §4.5) e a função peso $W(x)$. Para um range infinito de integração, a rotina invoca a regra trapezoidal com uma das transformações de cordenadas discutidas em §4.5. Para este caso, você invoca o construtor que não tem $h_{max}$, mas que toma a função mapeamento $x = x(t)$ e sua derivada $dx/dt$ além de $W(x)$. Agora o range de integração que você colocou como input é o range finito da regra trapezoidal.

Isto tudo ficará mais claro com alguns exemplos. Considere primeiro a função peso

$$W(x) = -\log x \qquad (4.6.31)$$

no intervalo finito (0 , 1). Normalmente, para o caso do range finito (regra DE), as funções peso devem ser codificadas como uma função de duas variáveis, $W(x, \delta)$, onde $\delta$ é a distância da singularidade na extremidade. Uma vez que a singularidade logarítmica na extremidade $x = 0$ é "branda", não há necessidade de se usar o argumento $\delta$ no código da função:

```
Doub wt(const Doub x, const Doub del)
{
    return -log(x);
}
```

Um valor de $h_{max}$= 3,7 dará dupla precisão, como discutido em §4.5, então a chamada ao código se assemelha a algo como:

```
n= ...
VecDoub x(n),w(n);
Stiel s(n,0.0,1.0,3.7,wt);
s.get_weights(x,w);
```

Para o caso do range infinito, em além da função peso $W(x)$, você tem que fornecer duas funções para a transformação de coordenadas que você quer usar (ver equação 4.5.14). Denotaremos o mapeamento $x = x(t)$ por fx e $dx/dt$ por fdxdt, mas você pode usar os nomes que você preferir. Todas estas funções são codificadas como funções de uma variável.

Aqui está um exemplo de função fornecida pelo usuário para a função peso

$$W(x) = \frac{x^{1/2}}{e^x + 1} \qquad (4.6.32)$$

no interval $(0, \infty)$. Quadratura gaussiana baseada em $W(x)$ já foi proposta para efetuar integrais de Fermi-Dirac generalizadas [6] (cf. §4.5). Nós usamos a regra DE "mista" da equação (4.5.14), $x = e^{t-e^{-t}}$. Como é comum com o procedimento de Stieltjes, você obtém abscissas e pesos com cerca de um ou dois dígitos significativos da acurácia da máquina para um $N$ de algumas dúzias.

```
Doub wt(const Doub x)
{
    Doub s=exp(-x);
    return sqrt(x)*s/(1.0+s);
}

Doub fx(const Doub t)
{
    return exp(t-exp(-t));
}

Doub fdxdt(const Doub t)
{
    Doub s=exp(-t);
    return exp(t-s)*(1.0+s);
}
    ...
Stiel ss(n,-5.5,6.5,wt,fx,fdxdt);
ss.get_weights(x,w);
```

A listagem do objeto Stiel e discussões de alguns pontos complicados de C++ no seu código estão em uma Webnote [9].

Existem outros dois algoritmos [7,8] para encontrar abscissas e pesos para quadraturas gaussianas. O primeiro começa, similarmente ao procedimento de Stieltjes, por representar as integrais dos produtos internos na equação (4.6.7) como quadraturas discretas usando alguma regra de quadratura. Isto define uma matriz cujos elementos são formados de abscissas e pesos em sua regra de quadratura escolhida, junto com a função peso dada. Então um algoritmo devido a Lanczos é usado para transformar isto em uma matriz que é essencialmente a matriz de Jacobi (4.6.27).

O segundo algoritmo é baseado na ideia dos *momentos modificados*. Ao invés de usar potências de $x$ como um conjunto de funções de base para representar $p_j$'s, usam-se alguns outros conjuntos de polinômios ortogonais $\pi_j(x)$ conhecidos, digamos. Então os produtos internos na equação (4.6.7) serão expressos em termos dos momentos modificados

$$v_j = \int_a^b \pi_j(x) W(x) dx \qquad j = 0, 1, \ldots, 2N - 1 \qquad (4.6.33)$$

O *algoritmo modificado de Chebyshev* (devido a Sack e Donovan [10] e mais tarde melhorado por Wheeler [11]) é um algoritmo eficiente que gera os $a_j$'s e $b_j$'s desejados proveniente dos momentos modificados. Grosseiramente falando, estabilidade melhorada ocorre porque a base dos polinômios "faz uma amostragem" sobre o intervalo $(a, b)$ melhor que a base de potências quando as integrais de produto interno são efetuadas, especialmente se sua função peso é parecida com $W(x)$. O algoritmo requer que os momentos modificados (4.6.33) sejam acuradamente computados. Às vezes há uma forma fechada, por exemplo, para o caso importante da função peso log $x$ [12,8]. Caso contrário, você tem que usar um procedimento de discretização adequado para computar os momentos modificados [7,8], exatamente como fizemos para os produtos internos no procedimento de Stieltjes. É uma arte em escolher os polinômios auxiliares $\pi_j$, e na prática nem sempre é possível encontrar um conjunto que remova o mal-condicionamento.

Gautschi [8] proporcionou um extensivo conjunto de rotinas que guiam todos os três algoritmos que descrevemos, junto com muitos outros aspectos dos polinômios ortogonais e quadratura gaussiana. Porém, para a maioria das aplicações diretas, você deve achar `Stiel` juntamente com uma regra de quadratura DE adequada mais do que satisfatório.

### 4.6.4 Extensões da quadratura gaussiana

Há muitas diferentes maneiras nas quais as ideias da quadratura gaussiana foram estendidas. Uma extensão importante é o caso dos *nodos predeterminados*: alguns pontos precisam ser incluídos no conjunto de abscissas, e o problema é escolher os pesos e as abscissas remanescentes para maximizar o grau de exatidão da regra de quadratura. Os casos mais comuns são a quadratura de *Gauss-Radau*, onde um dos nodos é uma extremidade do intervalo, ou $a$ ou $b$, e quadratura de *Gauss-Lobatto*, onde ambos $a$ e $b$ são nodos. Golub [13, 8] obteve um algoritmo similar ao `gaucof` para estes casos.

Uma regra de Gauss-Radau de $N$ pontos tem a forma da equação (4.6.1), onde $x_1$ é definido como ou $a$, ou $b$ ($x_1$ deve ser finito). Você pode reconstruir a regra dos coeficientes para a correspondente quadratura gaussiana de $N$ pontos. Simplesmente monte a equação para a matriz de Jacobi (4.6.27), mas modifique a entrada $a_{N-1}$:

$$a'_{N-1} = x_1 - b_{N-1} \frac{p_{N-2}(x_1)}{p_{N-1}(x_1)} \qquad (4.6.34)$$

Aqui está a rotina:

```
void radau(VecDoub_IO &a, VecDoub_IO &b, const Doub amu0, const Doub x1,    gauss_wgts2.h
    VecDoub_O &x, VecDoub_O &w)
```
Compute as abscissas e pesos para uma fórmula do intervalo de quadratura de Gauss-Radau. No input, `a[0..n-1]` e `b[0..n-1]` são os coeficientes da relação de recorrência para o sistema de polinômios ortogonais correspondente à função peso. (`b[0]` não é referenciado.) A quantidade $\mu_0 \equiv \int_a^b W(x)\,dx$ é input como `amu0`. `x1` é input como qualquer uma das extremidades do intervalo. As abscissas `x[0..n-1]` são retornadas em ordem decrescente com os correspondentes pesos em `w[0..n-1]`. Os arrays a e b são modificados.

```
{
    Int n=a.size();
    if (n == 1) {
        x[0]=x1;
        w[0]=amu0;
    } else {                              Compute $p_{N-1}$ e $p_{N-2}$ pela recorrência.
        Doub p=x1-a[0];
        Doub pm1=1.0;
        Doub p1=p;
        for (Int i=1;i<n-1;i++) {
            p=(x1-a[i])*p1-b[i]*pm1;
            pm1=p1;
            p1=p;
        }
        a[n-1]=x1-b[n-1]*pm1/p;           Equação (4.6.34).
        gaucof(a,b,amu0,x,w);
    }
}
```

Uma regra de Gauss-Lobatto de $N$ pontos tem a forma da equação (4.6.1) onde $x_1 = a$, $x_N = b$ (ambos finitos). Desta vez você modificará as entradas $a_{N-1}$ e $b_{N-1}$ na equação (4.6.27) resolvendo duas equações lineares:

$$\begin{bmatrix} p_{N-1}(x_1) & p_{N-2}(x_1) \\ p_{N-1}(x_N) & p_{N-2}(x_N) \end{bmatrix} \begin{bmatrix} a'_{N-1} \\ b'_{N-1} \end{bmatrix} = \begin{bmatrix} x_1 p_{N-1}(x_1) \\ x_N p_{N-1}(x_N) \end{bmatrix} \qquad (4.6.35)$$

gauss_wgts2.h  `void lobatto(VecDoub_IO &a, VecDoub_IO &b, const Doub amu0, const Doub x1, const Doub xn, VecDoub_O &x, VecDoub_O &w)`

Compute as abscissas e pesos para uma fórmula de quadratura de Gauss-Lobatto. No input, os vetores a[0..n-1] e b[0..n-1] são coeficientes da relação de recorrência para o conjunto de polinômios mônicos ortogonais correspondente à função peso. (b[0] não é referenciado.) A quantidade $\mu_0 \equiv \int_a^b W(x)\,dx$ é um input como amu0. x1 e xn são input como os extremos do intervalo. As abscissas x[0..n-1] são retornadas em ordem decrescente, com os pesos correspondentes em w[0..n-1]. Os arrays a e b são modificados.

```
{
    Doub det,pl,pr,pll,plr,pmll,pmlr;
    Int n=a.size();
    if (n <= 1)
        throw("n must be bigger than 1 in lobatto");
    pl=x1-a[0];                           Compute $p_{N-1}$ e $p_{N-2}$ em $x_1$ e $x_N$ por recorrência.
    pr=xn-a[0];
    pmll=1.0;
    pmlr=1.0;
    pll=pl;
    plr=pr;
    for (Int i=1;i<n-1;i++) {
        pl=(x1-a[i])*pll-b[i]*pmll;
        pr=(xn-a[i])*plr-b[i]*pmlr;
        pmll=pll;
        pmlr=plr;
        pll=pl;
        plr=pr;
    }
    det=pl*pmlr-pr*pmll;                  Resolva a equação (4.6.35).
    a[n-1]=(x1*pl*pmlr-xn*pr*pmll)/det;
    b[n-1]=(xn-x1)*pl*pr/det;
    gaucof(a,b,amu0,x,w);
}
```

A segunda extensão importante de quadratura gaussiana são as fórmulas de *Gauss-Kronrod*. Para fórmulas de quadratura gaussiana ordinárias, conforme $N$ cresce, os conjuntos das abscissas não têm pontos em comum. Isto significa que se você compara resultados com $N$ aumentando como uma maneira de estimar o erro na quadratura, você não pode reutilizar as efetuações prévias da função. Kronrod [14] propôs o problema de se procurar a sequência ótima de regras, cada uma das quais reusa todas as abscissas da sua predecessora. Se começarmos com $N = m$, digamos, e então adicionarmos $n$ novos pontos, têm-se $2n + m$ parâmetros: as $n$ novas abscissas e pesos, e os $m$ novos pesos para as abscissas fixas anteriores. O grau máximo de exatidão que se esperaria obter seria, por esta razão, $2n + m - 1$. A questão é se este grau máximo de exatidão pode de fato ser determinado na prática, quando se exige que as abscissas todas pertençam ao interior de $(a, b)$. A resposta para esta questão não é conhecida em geral.

Kronrod mostrou que se você escolhe $n = m + 1$, uma extensão ótima pode ser encontrada para quadratura de Gauss-Legendre. Patterson [15] mostrou como computar extensões continuadas deste tipo. Sequências como $N = 10, 21, 43, 87, \ldots$ são populares em rotinas de quadratura automáticas [16] que tentam integrar uma função até que alguma acurácia especificada tenha sido alcançada.

## REFERÊNCIAS CITADAS E LEITURA COMPLEMENTAR

Abramowitz, M., and Stegun, I.A. 1964, *Handbook of Mathematical Functions* (Washington: National Bureau of Standards); reprinted 1968 (New York: Dover); online at http://www.nr.com/aands, §25.4.[1]

Stroud, A.H., and Secrest, D. 1966, *Gaussian Quadrature Formulas* (Englewood Cliffs, NJ: Prentice-Hall).[2]

Golub, G.H., and Welsch, J.H. 1969, "Calculation of Gauss Quadrature Rules," *Mathematics of Computation,* vol. 23, pp. 221–230 and A1–A10.[3]

Wilf, H.S. 1962, *Mathematics for the Physical Sciences* (New York: Wiley), Problem 9, p. 80.[4]

Gautschi, W. 1968, "Construction of Gauss-Christoffel Quadrature Formulas," *Mathematics of Computation,* vol. 22, pp. 251–270.[5]

Sagar, R.P. 1991, "A Gaussian Quadrature for the Calculation of Generalized Fermi-Dirac Integrals," *Computer Physics Communications,* vol. 66, pp. 271–275.[6]

Gautschi, W. 1982, "On Generating Orthogonal Polynomials," *SIAM Journal on Scientific and Statistical Computing,* vol. 3, pp. 289–317.[7]

Gautschi, W. 1994, "ORTHPOL: A Package of Routines for Generating Orthogonal Polynomials and Gauss-type Quadrature Rules," *ACM Transactions on Mathematical Software,* vol. 20, pp. 21–62 (Algorithm 726 available from netlib).[8]

Numerical Recipes Software 2007, "Implementation of Stiel," *Numerical Recipes Webnote No. 3,* at http://www.nr.com/webnotes?3 [9]

Sack, R.A., and Donovan, A.F. 1971/72, "An Algorithm for Gaussian Quadrature Given Modified Moments," *Numerische Mathematik,* vol. 18, pp. 465–478.[10]

Wheeler, J.C. 1974, "Modified Moments and Gaussian Quadratures," *Rocky Mountain Journal of Mathematics,* vol. 4, pp. 287–296.[11]

Gautschi, W. 1978, in *Recent Advances in Numerical Analysis,* C. de Boor and G.H. Golub, eds. (New York: Academic Press), pp. 45–72.[12]

Golub, G.H. 1973, "Some Modified Matrix Eigenvalue Problems," *SIAM Review,* vol. 15, pp. 318–334.[13]

Kronrod, A.S. 1964, *Doklady Akademii Nauk SSSR,* vol. 154, pp. 283–286 (in Russian); translated as *Soviet Physics "Doklady".* [14]

Patterson, T.N.L. 1968, "The Optimum Addition of Points to Quadrature Formulae," *Mathematics of Computation,* vol. 22, pp. 847–856 and C1–C11; 1969, *op. cit.,* vol. 23, p. 892.[15]

Piessens, R., de Doncker-Kapenga, E., Uberhuber, C., and Kahaner, D. 1983 *QUADPACK, A Subroutine Package for Automatic Integration* (New York: Springer). Software at http://www.netlib.org/quadpack.[16]

Gautschi, W. 1981, in *E.B. Christoffel,* P.L. Butzer and F. Feher, eds. (Basel: Birkhauser), pp. 72–147.

Gautschi, W. 1990, in *Orthogonal Polynomials,* P. Nevai, ed. (Dordrecht: Kluwer Academic Publishers), pp. 181–216.

Stoer, J., and Bulirsch, R. 2002, *Introduction to Numerical Analysis,* 3rd ed. (New York: Springer), §3.6.

## 4.7 Quadratura adaptativa

A ideia por trás da quadratura adaptativa é muito simples. Suponha que você tem duas diferentes estimativas numéricas $I_1$ e $I_2$ da integral

$$I = \int_a^b f(x)\,dx \qquad (4.7.1)$$

Suponha que $I_1$ seja mais acurada. Use a diferença relativa entre $I_1$ e $I_2$ como uma estimativa de erro. Se ela for menor do que $\epsilon$, aceite $I_1$ como a resposta. Caso contrário, divida o intervalo $[a, b]$ em dois subintervalos

$$I = \int_a^m f(x)\,dx + \int_m^b f(x)\,dx \qquad m = (a+b)/2 \qquad (4.7.2)$$

e compute as duas integrais independentemente. Para cada uma, compute $I_1$ e $I_2$, estime o erro e continue subdividindo se necessário. A divisão de um dado intervalo para quando sua contribuição para $\epsilon$ é suficientemente pequena. (Obviamente, recursão será uma boa maneira de implementar este algoritmo.)

O critério mais importante para uma rotina adaptativa de quadratura é o grau de confiança: se você necessita de uma acurácia de $10^{-6}$, você deveria se assegurar de que a resposta é no mínimo boa. Do ponto de vista teórico, porém, é impossível desenvolver uma rotina adaptativa de quadratura que funcionará para todas as funções possíveis. A razão é simples: uma quadratura é baseada no valor do integrando de $f(x)$ em um conjunto de pontos *finito*. Você pode alterar a função em todos os outros pontos de uma maneira arbitrária sem afetar a estimativa que seu algoritmo retorna, enquanto que o valor verdadeiro da integral muda imprevisivelmente. Apesar deste preceito, contudo, na prática boas rotinas são confiáveis para uma grande fração de funções que elas encontram. Nossa rotina favorita é uma proposta por Gander e Gautschi [1], a qual nós agora descrevemos. Ela é relativamente simples, mas ainda assim sai-se bem em confiabilidade e eficiência.

Um componente chave de um bom algoritmo adaptativo é o critério de parada. O critério usual

$$|I_1 - I_2| < \epsilon |I_1| \qquad (4.7.3)$$

é problemático. Na vizinhança de uma singularidade, $I_1$ e $I_2$ poderiam nunca atender à tolerância necessária, mesmo se ela não for particularmente pequena. Em vez disso, você precisa de alguma forma aproximar-se de uma estimativa de *toda* a integral $I$ da equação (4.7.1). Então você pode terminar quando o erro em $I_1$ for desprezível comparado à integral inteira:

$$|I_1 - I_2| < \epsilon |I_s| \qquad (4.7.4)$$

onde $I_s$ é a estimativa de $I$. Gander e Gautschi implementam este teste escrevendo

    if (is + (i1-i2) == is)

o que é equivalente a designar $\epsilon$ para a precisão da máquina. Porém, os modernos compiladores otimizados se tornaram tão bons em reconhecimento que isto é algebricamente equivalente a

    if (i1-i2 == 0.0)

o que poderia nunca ser satisfeito em aritmética de ponto flutuante. Consequentemente, implementamos o teste com um $\epsilon$ explícito.

Outro problema com o qual você precisa tomar cuidado é quando um intervalo torna-se, quando subdividido, tão pequeno que ele não contém ponto representável pela precisão da máquina no interior deste mesmo intervalo. Você então precisa terminar a recursão e alertar o usuário de que a acurácia desejada pode não ter sido totalmente obtida. No caso onde os pontos no intervalo deveriam ser $\{a, m = (a+b)/2, b\}$, você pode testar para $m \leq a$ ou $b \leq m$.

O método de integração de mais baixa ordem no método de Gander-Gautschi é a quadratura de quatro pontos de Gauss-Lobatto (cf §4.6)

$$\int_{-1}^{1} f(x)\,dx = \tfrac{1}{6}\Big[f(-1) + f(1)\Big] + \tfrac{5}{6}\Big[f\Big(-\tfrac{1}{\sqrt{5}}\Big) + f\Big(\tfrac{1}{\sqrt{5}}\Big)\Big] \quad (4.7.5)$$

Esta fórmula, que é exata para polinômios de grau 5, é usada para computar $I_2$. Para reutilizar estas efetuações da função na computação de $I_1$, eles encontram a extensão de Kronrod de sete pontos,

$$\int_{-1}^{1} f(x)\,dx = \tfrac{11}{210}\Big[f(-1) + f(1)\Big] + \tfrac{72}{245}\Big[f\Big(-\sqrt{\tfrac{2}{3}}\Big) + f\Big(\sqrt{\tfrac{2}{3}}\Big)\Big]$$
$$+ \tfrac{125}{294}\Big[f\Big(-\tfrac{1}{\sqrt{5}}\Big) + f\Big(\tfrac{1}{\sqrt{5}}\Big)\Big] + \tfrac{16}{35} f(0) \quad (4.7.6)$$

cujo grau de exatidão é nove. As fórmulas (4.7.5) e (4.7.6) são escaladas de $[-1,1]$ para um intervalo $[a, b]$.

Para $I_s$, Gander e Gautschi encontram uma extensão de Kronrod de 13 pontos da equação (4.7.6), que possibilita a reutilização das efetuações prévias da função. A fórmula é codificada na rotina abaixo. Você pode pensar neste cálculo inicial com 13 pontos como um tipo de amostragem por Monte Carlo para obter uma ideia da ordem da magnitude da integral. Mas se o integrando é suave, esta efetuação inicial será por si própria já muito acurada. A rotina abaixo toma proveito disso.

Observe que, para reutilizar as quatro realizações da função em (4.7.5) na fórmula de sete pontos (4.7.6), você não pode simplesmente bisseccionar o intervalos. Mas dividir em seis subintervalos funciona (há seis intervalos entre sete pontos).

Para usar a rotina, você precisa inicializar um objeto Adapt com sua tolerância requerida,

```
Adapt s(1.0e-6);
```

e então chamar a função `integrate`:

```
ans=s.integrate(func,a,b);
```

Você deve checar se a tolerância desejada pode ser encontrada:

```
if (s.out_of_tolerance)
    cout << "Required tolerance may not be met" << endl;
```

A menor tolerância permitida é 10 vezes a precisão da máquina. Se você entrar com uma tolerância menor, ele faz o "reset" internamente. (A rotina funcionará usando a precisão da própria máquina, mas ela também já habitualmente toma muitas realizações da função, com pouco benefício adicional.)

A implementação do objeto Adapt é dada na Webnote [2].

Quadratura adaptativa não é uma panaceia. A rotina acima não tem maquinário especial para trabalhar com singularidades outras que não refinar as vizinhanças dos intervalos. Usando-se esquemas adequados para $I_1$ e $I_2$, pode-se customizar uma rotina adaptativa para trabalhar-se com um tipo particular de singularidade (cf. [3] ).

**REFERÊNCIAS CITADAS E LEITURA COMPLEMENTAR**

Gander, W., and Gautschi, W. 2000, "Adaptive Quadrature – Revisited," *BIT* vol. 40, pp. 84–101.[1]

Numerical Recipes Software 2007, "Implementation of Adapt," *Numerical Recipes Webnote No. 4,* at `http://www.nr.com/webnotes? 4` [2]

Piessens, R., de Doncker-Kapenga, E., Überhuber, C., and Kahaner, D. 1983 *QUADPACK, A Subroutine Package for Automatic Integration* (New York: Springer). Software at `http://www.netlib.org/quadpack`.[3]

Davis, P.J., and Rabinowitz, P. 1984, *Methods of Numerical Integration,* 2nd ed., (Orlando, FL: Academic Press), Chapter 6.

## 4.8 Integrais multidimensionais

Integrais de funções de muitas variáveis, sobre regiões com dimensão maior que um, *não são simples*. Há duas razões para isto. Primeiro, o número de realizações da função necessárias para amostrar um espaço $N$ dimensional aumenta com a $N$-ésima potência do número necessário para se fazer uma integral unidimensional. Se você precisa de 30 realizações da função para fazer uma integral unidimensional grosseiramente, então você provavelmente precisará de cerca de 30000 realizações para alcançar o mesmo nível grosseiro para uma integral tridimensional. Segundo, a região de integração em um espaço $N$-dimensional é definida por uma fronteira $(N-1)$ – dimensional que pode por si só ser terrivelmente complicada: não precisa ser convexa ou simplesmente conexa, por exemplo. Por contraste, a fronteira de uma integral unidimensional consiste de dois números, seus limites superior e inferior.

A primeira questão a ser feita, quando lidamos com uma integral multidimensional, é: ela pode ser reduzida analiticamente a uma de baixa dimensionalidade? Por exemplo, as assim chamadas *integrais iteradas* de uma função de uma variável $f(t)$ podem ser reduzidas a integrais unidimensionais pela fórmula

$$\int_0^x dt_n \int_0^{t_n} dt_{n-1} \cdots \int_0^{t_3} dt_2 \int_0^{t_2} f(t_1)\, dt_1 = \frac{1}{(n-1)!} \int_0^x (x-t)^{n-1} f(t)\, dt$$

(4.8.1)

Alternativamente, a função pode ter alguma simetria especial na maneira como ela depende de suas variáveis independentes. Se a fronteira também tem esta simetria, então a dimensão pode ser reduzida. Em três dimensões, por exemplo, a integração de uma função esfericamente simétrica sobre uma região esférica reduz-se, em coordenadas polares, a integrais unidimensionais.

As próximas questões a serem respondidas guiarão sua escolha entre duas abordagens inteiramente diferentes para resolver o problema. As questões são: a forma da fronteira da região de integração é simples ou complicada? Dentro da região, o integrando é suave e simples, ou complicado, ou com picos localmente pronunciados? O problema requer alta acurácia, ou ele requer uma resposta acurada apenas para um por cento, ou alguns poucos por cento?

Se suas respostas são aquelas em que a fronteira é complicada, o integrando *não* tem picos fortemente pronunciados em muitas pequenas regiões, e uma acurácia relativamente baixa é tolerável, então seu problema é um bom candidato a *integração de Monte Carlo*. Este método é muito direto de se programar, em suas formas mais simples. Precisa-se apenas conhecer uma região com fronteiras simples que *abrange* a região mais complicada de integração. Integração Monte Carlo efetua a função em amostras aleatórias de pontos e estima sua integral baseada naquela amostra aleatória. Discutiremos isso com mais detalhes e com mais sofisticação no Capítulo 7.

Se a fronteira é simples e as funções são muito suaves, então as abordagens remanescentes, quebrando o problema em repetidas integrais unidimensionais, ou quadraturas gaussianas multi-dimensionais, serão efetivas e relativamente rápidas [1]. Se você requer alta acurácia, estas abordagens são em qualquer caso as *únicas* disponíveis para você, uma vez que métodos Monte Carlo são, por natureza, assintoticamente lentos para convergir.

Para baixa acurácia, usam-se repetidas integrações unidimensionais ou quadraturas gaussianas multidimensionais quando o integrando varia vagarosamente e é suave na região de integração, e Monte Carlo quando o integrando é oscilatório ou descontínuo mas não fortemente pronunciado em pequenas regiões.

Se o integrando é fortemente pronunciado em pequenas regiões e você conhece onde estas regiões estão, quebre a integral em diversas regiões de forma que o integrando seja suave em cada uma delas, e faça cada uma delas separadamente. Se você não sabe onde as regiões fortemente pronunciadas estão, você pode também (no nível de sofisticação deste livro) desistir: é inútil esperar que uma rotina de integração descubra bolsões desconhecidos que contribuem muito em um espaço $N$-dimensional enorme. (Mas veja §7.9.)

Se, com base nas diretrizes acima, você decidir seguir a abordagem das integrações unidimensionais repetidas, aqui está como ela funciona. Por definição, consideraremos o caso de uma integral tridimensional no espaço $x, y, z$. Duas dimensões, ou mais do que três, são inteiramente análogas.

O primeiro passo é especificar a região de integração por (i) seus limites inferior e superior em $x$, que denotaremos $x_1$ e $x_2$; (ii) seus limites superior e inferior em $y$ em um valor de $x$ especificado, denotados por $y_1(x)$ e $y_2(x)$; e (iii) seus limites superior e inferior em $z$ em $x$ e $y$ especificados, denotados por $z_1(x, y)$ e $z_2(x, y)$. Em outras palavras, encontramos os números $x_1$ e $x_2$ e as funções $y_1(x)$, $y_2(x)$, $z_1(x, y)$ e $z_2(x, y)$ tais que

$$I \equiv \iiint dx\, dy\, dz\, f(x, y, z)$$
$$= \int_{x_1}^{x_2} dx \int_{y_1(x)}^{y_2(x)} dy \int_{z_1(x,y)}^{z_2(x,y)} dz\, f(x, y, z) \qquad (4.8.2)$$

Por exemplo, uma integral bidimensional sobre um círculo de raio um centrado na origem torna-se

$$\int_{-1}^{1} dx \int_{-\sqrt{1-x^2}}^{\sqrt{1-x^2}} dy\, f(x, y) \qquad (4.8.3)$$

Agora podemos definir uma função $G(x, y)$ que faz a integral mais interna,

$$G(x, y) \equiv \int_{z_1(x,y)}^{z_2(x,y)} f(x, y, z)\, dz \qquad (4.8.4)$$

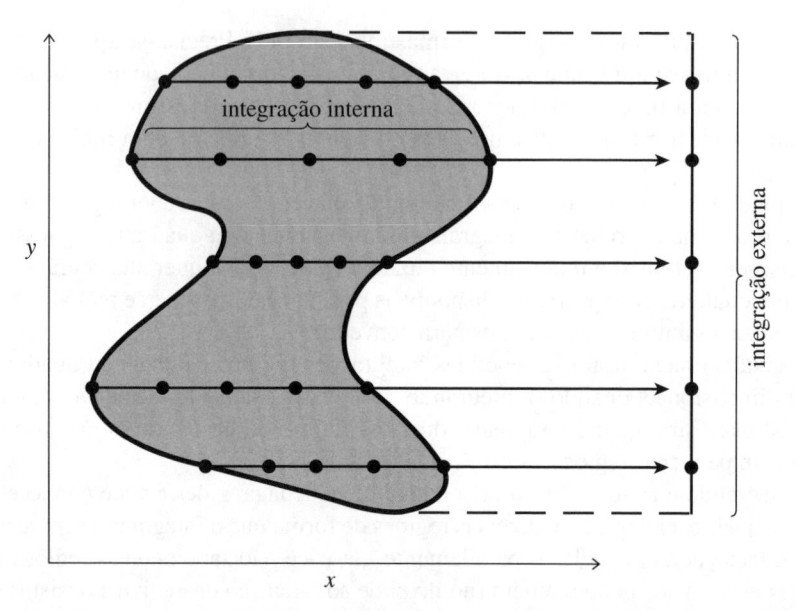

**Figure 4.8.1** Realizações da função para uma integral bidimensional sobre uma região irregular, mostrada sistematicamente. A rotina para integração externa, em y, requer valores da interna, x, das integrais nas localizações ao longo do eixo y de sua própria escolha. A rotina para integração interna então efetua a função nas localizações de x adequadas *para ela*. Isto é mais acurado em geral do que, p. ex., efetuar a função na malha cartesiana de pontos.

e uma função $H(x)$ que faz a integral de $G(x, y)$,

$$H(x) \equiv \int_{y_1(x)}^{y_2(x)} G(x, y)\, dy \tag{4.8.5}$$

e finalmente nossa resposta como uma integral sobre $H(x)$

$$I = \int_{x_1}^{x_2} H(x)\, dx \tag{4.8.6}$$

Em uma implementação de equações (4.8.4) – (4.8.6), algumas rotinas básicas de integração unidimensionais (p.ex., qgaus no programa seguinte) são chamadas recursivamente: uma vez para efetuar a integral externa $I$, então muitas vezes para efetuar a integral média $H$, então ainda mais vezes para efetuar a integral interna $G$ (ver Figura 4.8.1). Valores correntes de $x$ e $y$, e os ponteiros para as funções fornecidas pelo usuário para o integrando e fronteiras, são passados "over the head" das chamadas intermediárias através das variáveis membro nos três functores definindo os integrandos $G$, $H$ e $I$.

quad3d.h
```
struct NRf3 {
    Doub xsav,ysav;
    Doub (*func3d)(const Doub, const Doub, const Doub);
    Doub operator()(const Doub z)    O integrando f(x, y, z) efetuado nos x e y fixos.
    {
        return func3d(xsav,ysav,z);
    }
};
```

```
    struct NRf2 {
        NRf3 f3;
        Doub (*z1)(Doub, Doub);
        Doub (*z2)(Doub, Doub);
        NRf2(Doub zz1(Doub, Doub), Doub zz2(Doub, Doub)) : z1(zz1), z2(zz2) {}
        Doub operator()(const Doub y)    Este é o G da equação (4.8.4).
        {
            f3.ysav=y;
            return qgaus(f3,z1(f3.xsav,y),z2(f3.xsav,y));
        }
    };
    struct NRf1 {
        Doub (*y1)(Doub);
        Doub (*y2)(Doub);
        NRf2 f2;
        NRf1(Doub yy1(Doub), Doub yy2(Doub), Doub z1(Doub, Doub),
            Doub z2(Doub, Doub)) : y1(yy1),y2(yy2), f2(z1,z2) {}
        Doub operator()(const Doub x)    Este é o H da equação (4.8.5).
        {
            f2.f3.xsav=x;
            return qgaus(f2,y1(x),y2(x));
        }
    };

    template <class T>
    Doub quad3d(T &func, const Doub x1, const Doub x2, Doub y1(Doub), Doub y2(Doub),
        Doub z1(Doub, Doub), Doub z2(Doub, Doub))
    Retorna a integral de uma função fornecida pelo usuário func sobre uma região tridimensional especifica-
    da pelos limites x1 e x2 e pelas funções fornecidas pelo usuário y1, y2, z1, z2 como definido em (4.8.2).
    Integração é realizada pelas chamadas recursivas a qgaus.
    {
        NRf1 f1(y1,y2,z1,z2);
        f1.f2.f3.func3d=func;
        return qgaus(f1,x1,x2);
    }
```

Observe que enquanto que a função a ser integrada pode ser fornecida ou como uma simples função

```
    Doub func(const Doub x, const Doub y, const Doub z);
```

ou como o functor equivalente, as funções definindo a fronteira podem apenas ser funções:

```
    Doub y1(const Doub x);
    Doub y2(const Doub x);
    Doub z1(const Doub x, const Doub y);
    Doub z2(const Doub x, const Doub y);
```

Isto é por simplicidade; você pode facilmente modificar o código para tomar functores se você precisar.

A rotina de quadratura gaussiana usada em quad3d é simples, mas sua acurácia não é controlável. Uma alternativa é usar uma rotina de integração unidimensional como qtrap, qsimp ou qromb, as quais têm uma tolerância definida pelo usuário. Simplesmente substitua todas as ocorrências de qgaus em quad3d por qromb, digamos.

Observe que integração multidimensional é provavelmente muito lenta se você tentar fazê-la com muita acurácia. Você deve quase certamente aumentar o default eps em qromb de $10^{-10}$ até $10^{-6}$ ou maior. Você deve também diminuir JMAX para evitar um bocado de espera pela resposta. Algumas pessoas defendem usar um eps menor para a quadratura interna (sobre $z$ em nossa rotina) do que para as quadraturas externas (sobre $x$ e $y$).

## REFERÊNCIAS CITADAS E LEITURA COMPLEMENTAR

Stroud, A.H. 1971, *Approximate Calculation of Multiple Integrals* (Englewood Cliffs, NJ: Prentice-Hall).[1]

Dahlquist, G., and Bjorck, A. 1974, *Numerical Methods* (Englewood Cliffs, NJ: Prentice-Hall); reprinted 2003 (New York: Dover), §7.7, p. 318.

Johnson, L.W., and Riess, R.D. 1982, *Numerical Analysis,* 2nd ed. (Reading, MA: Addison-Wesley), §6.2.5, p. 307.

Abramowitz, M., and Stegun, I.A. 1964, *Handbook of Mathematical Functions* (Washington: National Bureau of Standards); reprinted 1968 (New York: Dover); online at http://www.nr.com/aands, equations 25.4.58ff.

CAPÍTULO

# Estimação de Funções

5

## 5.0 Introdução

O objetivo deste capítulo é informá-lo sobre uma seleção de técnicas frequentemente usadas na estimação de funções. No Capítulo 6, aplicaremos e ilustraremos estas técnicas ao fornecer rotinas para uma variedade de funções específicas. As propostas deste capítulo e dos próximos são portanto fortemente congruentes. Ocasionalmente, porém, o método de escolha para uma particular função especial no Capítulo 6 é peculiar para esta função. Comparando este capítulo com o próximo, você terá alguma ideia do equilíbrio entre os métodos "gerais" e "especiais" que ocorre na prática.

Na medida em que o equilíbrio favorece os métodos gerais, este capítulo deve dar a você ideias sobre como escrever sua própria rotina para estimar uma função que, apesar de "especial" para você, não é tão especial quanto as que são incluídas no Capítulo 6 ou as bibliotecas padrão de funções.

**REFERÊNCIAS CITADAS E LEITURA COMPLEMENTAR**

Fike, C.T. 1968, *Computer Evaluation of Mathematical Functions* (Englewood Cliffs, NJ: Prentice-Hall).
Lanczos, C. 1956, *Applied Analysis;* reprinted 1988 (New York: Dover), Chapter 7.

## 5.1 Polinômios e funções racionais

Um polinômio de grau $N$ é representado numericamente como um array armazenado de coeficientes c[j] com j = 0, ..., $N$. Sempre tomaremos c[0] como sendo um termo constante no polinômio e c[$N$] como o coeficiente de $x^N$; mas é claro que outras convenções são possíveis. Há dois tipos de manipulações que você pode fazer com um polinômio: manipulações *numéricas* (tal como uma estimação), onde lhe é dado o valor numérico de seu argumento, ou manipulações *algébricas*, onde você quer transformar o array de coeficientes de alguma maneira sem perder qualquer particular argumento. Começaremos com o numérico.

Assumimos que você saiba o suficiente para nunca efetuar um polinômio desta maneira:

```
p=c[0]+c[1]*x+c[2]*x*x+c[3]*x*x*x+c[4]*x*x*x*x;
```

ou (ainda pior!),

```
p=c[0]+c[1]*x+c[2]*pow(x,2.0)+c[3]*pow(x,3.0)+c[4]*pow(x,4.0);
```

Vinda a revolução (computacional), todas as pessoas declaradas culpadas de tal comportamento criminoso serão sumariamente executadas, e seus programas não serão! É uma questão de gosto, de qualquer modo, escrever

```
p=c[0]+x*(c[1]+x*(c[2]+x*(c[3]+x*c[4])));
```

ou

```
p=(((c[4]*x+c[3])*x+c[2])*x+c[1])*x+c[0];
```

Se o número de coeficientes c[0..n-1] for grande, escreva

```
p=c[n-1];
for(j=n-2;j>=0;j--) p=p*x+c[j];
```

ou

```
p=c[j=n-1];
while (j>0) p=p*x+c[--j];
```

Podemos formalizar isto definindo um objeto função (ou functor) que liga uma referência a um array de coeficientes e dotando-os com uma função polinomial para estimação,

poly.h
```
struct Poly {
    Objeto função polinomial que liga uma referência a um vetor de coeficientes.
    VecDoub &c;
    Poly(VecDoub &cc) : c(cc) {}
    Doub operator() (Doub x) {
    Retorna o valor do polinômio em x.
        Int j;
        Doub p = c[j=c.size()-1];
        while (j>0) p = p*x + c[--j];
        return p;
    }
};
```

que permite a você escrever coisas como

```
y = Poly(c)(x);
```

onde c é um vetor coeficiente.

Outro truque muito útil é para efetuar um polinômio $P(x)$ e sua derivada $dP(x)/dx$ simultaneamente:

```
p=c[n-1];
dp=0.;
for(j=n-2;j>=0;j--) {dp=dp*x+p; p=p*x+c[j];}
```

ou

```
p=c[n-1];
dp=0.;
for(j=n-2;j>=0;j--) {dp=dp*x+p; p=p*x+c[j];}
```

o qual produz o polinômio como p e sua derivada como dp usando os coeficientes c[0..n-1].

O truque acima, o qual é basicamente uma *divisão sintética* [1,2], generaliza para a estimação do polinômio e nd de suas derivadas *simultaneamente*:

```
void ddpoly(VecDoub_I &c, const Doub x, VecDoub_O &pd)                                    poly.h
```
Dados os coeficientes de um polinômio de grau nc como um array c[0..nc] de tamanho nc+1 (com c[0] sendo o termo constante), e dado um valor x, esta rotina preenche um array output pd de tamanho nd+1 com o valor do polinômio efetuado em x em pd[0], e as primeiras nd derivadas em x em pd[1..nd].

```
{
    Int nnd,j,i,nc=c.size()-1,nd=pd.size()-1;
    Doub cnst=1.0;
    pd[0]=c[nc];
    for (j=1;j<nd+1;j++) pd[j]=0.0;
    for (i=nc-1;i>=0;i--) {
        nnd=(nd < (nc-i) ? nd : nc-i);
        for (j=nnd;j>0;j--) pd[j]=pd[j]*x+pd[j-1];
        pd[0]=pd[0]*x+c[i];
    }
    for (i=2;i<nd+1;i++) {          Após a primeira derivada, constantes fatoriais entram.
        cnst *= i;
        pd[i] *= cnst;
    }
}
```

Como curiosidade, você poderia estar interessado em saber que polinômios de grau $n > 3$ podem ser efetuados em *menos* do que $n$ multiplicações, no mínimo se você está disposto a pré-computar alguns coeficientes auxiliares e, em alguns casos, a fazer um pouco de adição extra. Por exemplo, o polinômio

$$P(x) = a_0 + a_1 x + a_2 x^2 + a_3 x^3 + a_4 x^4 \tag{5.1.1}$$

onde $a_4 > 0$, pode ser efetuado com três multiplicações e cinco adições como segue:

$$P(x) = [(Ax + B)^2 + Ax + C][(Ax + B)^2 + D] + E \tag{5.1.2}$$

onde $A, B, C, D$ e $E$ serão pré-computados por

$$\begin{aligned} A &= (a_4)^{1/4} \\ B &= \frac{a_3 - A^3}{4A^3} \\ D &= 3B^2 + 8B^3 + \frac{a_1 A - 2a_2 B}{A^2} \\ C &= \frac{a_2}{A^2} - 2B - 6B^2 - D \\ E &= a_0 - B^4 - B^2(C + D) - CD \end{aligned} \tag{5.1.3}$$

Polinômios de grau cinco podem ser efetuados em quatro multiplicações e cinco adições; polinômios de grau 6 podem ser efetuados em quatro multiplicações e sete adições; se isto é de seu interesse, consulte as referências [3-5]. O tópico tem um pouco o mesmo sabor do problema de multiplicação rápida de matrizes, discutido em §2.11.

Volte-se agora para manipulações algébricas. Você multiplica um polinômio de grau $n - 1$ (array do range [0..n-1] ) por um fator monomial $x-a$ por um pedaço de código como o seguinte,

```
c[n]=c[n-1];
for (j=n-1;j>=1;j--) c[j]=c[j-1]-c[j]*a;
c[0] *= (-a);
```

Do mesmo modo, você divide um polinômio de grau $n$ por um fator monomial $x - a$ (divisão sintética novamente) usando

```
rem=c[n];
c[n]=0.;
for(i=n-1;i>=0;i--) {
    swap=c[i];
    c[i]=rem;
    rem=swap+rem*a;
}
```

o que deixa você com um novo polinômio (um array) e um resto numérico `rem`.

Multiplicação de dois polinômios gerais envolve uma soma direta dos produtos, cada um envolvendo um coeficiente de cada polinômio. Divisão de dois polinômios gerais, apesar de poder ser feita complicadamente na forma ensinada usando-se papel e caneta, é suscetível a uma grande quantidade de modernização. Contemple a seguinte rotina baseada no algoritmo em [3].

poly.h
```
void poldiv(VecDoub_I &u, VecDoub_I &v, VecDoub_O &q, VecDoub_O &r)
```
Divida um polinômio u por um polinômio v e retorne o quociente e o resto do polinômio q e r, respectivamente. Os quatro polinômios são representados como vetores de coeficientes, cada um começando com o termo constante. Não há restrição aos comprimentos relativos de u e v, e ambos podem ter uma trilha de zeros (representando um polinômio com grau menor do que seu comprimento permite). q e r são retornados com o tamanho de u, mas geralmente terão trilha de zeros.
```
{
    Int k,j,n=u.size()-1,nv=v.size()-1;
    while (nv >= 0 && v[nv] == 0.) nv--;
    if (nv < 0) throw("poldiv divide by zero polynomial");
    r = u;                                   Pode fazer um redimensionamento.
    q.assign(u.size(),0.);                   Pode fazer um redimensionamento.
    for (k=n-nv;k>=0;k--) {
        q[k]=r[nv+k]/v[nv];
        for (j=nv+k-1;j>=k;j--) r[j] -= q[k]*v[j-k];
    }
    for (j=nv;j<=n;j++) r[j]=0.0;
}
```

### 5.1.1 Funções racionais

Você efetua uma função racional como

$$R(x) = \frac{P_\mu(x)}{Q_\nu(x)} = \frac{p_0 + p_1 x + \cdots + p_\mu x^\mu}{q_0 + q_1 x + \cdots + q_\nu x^\nu} \qquad (5.1.4)$$

de maneira óbvia, isto é, com dois polinômios separados seguidos por uma divisão. Por razões de convenção, usualmente escolhemos $q_0 = 1$, obtido dividindo-se o numerador e o denominador por qualquer outro $q_0$. Neste caso, é geralmente conveniente ter ambos os conjuntos de coeficientes, omitindo $q_0$, armazenados em um único vetor, na ordem

$$(p_0, p_1, \ldots, p_\mu, q_1, \ldots, q_\nu) \qquad (5.1.5)$$

O seguinte objeto encapsula uma função racional. Ela fornece construtores de um numerador separado e denominador de polinômios, ou um único array como (5.1.5) com valores explícitos para n = $\mu$ + 1 e d = $\nu$ + 1. A estimação da função faz de `Ratfn` um functor, como `Poly`. Nós faremos uso deste objeto em §5.12 e §5.13.

```
    struct Ratfn {                                                              poly.h
Função objeto para uma função racional
        VecDoub cofs;
        Int nn,dd;                    Número de coeficientes do numerador e do denominador.

        Ratfn(VecDoub_I &num, VecDoub_I &den) : cofs(num.size()+den.size()-1),
        nn(num.size()), dd(den.size()) {
Construtor dos polinômios numerador e denominador (como vetores de coeficientes)
            Int j;
            for (j=0;j<nn;j++) cofs[j] = num[j]/den[0];
            for (j=1;j<dd;j++) cofs[j+nn-1] = den[j]/den[0];
        }

        Ratfn(VecDoub_I &coffs, const Int n, const Int d) : cofs(coffs), nn(n),
        dd(d) {}
        Construtor dos coeficientes já normalizados em um único array.

        Doub operator() (Doub x) const {
        Efetua a função racional em x e retorna o resultado.
            Int j;
            Doub sumn = 0., sumd = 0.;
            for (j=nn-1;j>=0;j--) sumn = sumn*x + cofs[j];
            for (j=nn+dd-2;j>=nn;j--) sumd = sumd*x + cofs[j];
            return sumn/(1.0+x*sumd);
        }

};
```

## 5.1.2 Estimação paralela de um polinômio

Um polinômio de grau $N$ pode ser efetuado em cerca de $N$ passos paralelos [6]. Isto é melhor ilustrado por um exemplo, digamos, com $N = 5$. Comece com o vetor de coeficientes, supondo os zeros anexados:

$$c_0, \quad c_1, \quad c_2, \quad c_3, \quad c_4, \quad c_5, \quad 0, \quad \ldots \tag{5.1.6}$$

Agora adicione os elementos por pares, multiplicando o segundo de cada par por $x$:

$$c_0 + c_1 x, \quad c_2 + c_3 x, \quad c_4 + c_5 x, \quad 0, \quad \ldots \tag{5.1.7}$$

Agora a mesma operação, mas com o multiplicador $x^2$:

$$(c_0 + c_1 x) + (c_2 + c_3 x)x^2, \quad (c_4 + c_5 x) + (0)x^2, \quad 0 \quad \ldots \tag{5.1.8}$$

E uma última vez com multiplicador $x^4$:

$$[(c_0 + c_1 x) + (c_2 + c_3 x)x^2] + [(c_4 + c_5 x) + (0)x^2]x^4, \quad 0 \quad \ldots \tag{5.1.9}$$

Ficamos com um vetor de comprimento (ativo) 1, cujo valor é o polinômio efetuado desejado. Você pode ver que os zeros são apenas para um método de verificação para o caso onde o subvetor ativo tem um comprimento ímpar; em uma implementação real, você pode evitar a maioria das operações nos zeros. Este método paralelo geralmente tem melhores propriedades de arredondamento do que o código sequencial padrão.

### REFERÊNCIAS CITADAS E LEITURA COMPLEMENTAR

Acton, F.S. 1970, *Numerical Methods That Work;* 1990, corrected edition (Washington, DC: Mathematical Association of America), pp. 183, 190.[1]

Mathews, J., and Walker, R.L. 1970, *Mathematical Methods of Physics,* 2nd ed. (Reading, MA: W.A. Benjamin/ Addison-Wesley), pp. 361-363.[2]

Knuth, D.E. 1997, *Seminumerical Algorithms,* 3rd ed., vol. 2 of *The Art of Computer Programming* (Reading, MA: Addison-Wesley), §4.6.[3]

Fike, C.T. 1968, *Computer Evaluation of Mathematical Functions* (Englewood Cliffs, NJ: Prentice-Hall), Chapter 4.

Winograd, S. 1970, "On the number of multiplications necessary to compute certain functions," *Communications on Pure and Applied Mathematics,* vol. 23, pp. 165-179.[4]

Kronsjö, L. 1987, *Algorithms: Their Complexity and Efficiency,* 2nd ed. (New York: Wiley).[5]

Estrin, G. 1960, quoted in Knuth, D.E. 1997, *Seminumerical Algorithms,* 3rd ed., vol. 2 of *The Art of Computer Programming* (Reading, MA: Addison-Wesley), §4.6.4.[6]

## 5.2 Estimação de frações continuadas

Frações continuadas geralmente são meios poderosos de se efetuar funções que ocorrem em aplicações científicas. Uma fração continuada assemelha-se a:

$$f(x) = b_0 + \cfrac{a_1}{b_1 + \cfrac{a_2}{b_2 + \cfrac{a_3}{b_3 + \cfrac{a_4}{b_4 + \cfrac{a_5}{b_5 + \cdots}}}}} \tag{5.2.1}$$

Impressoras preferem escrever isto como

$$f(x) = b_0 + \frac{a_1}{b_1+} \frac{a_2}{b_2+} \frac{a_3}{b_3+} \frac{a_4}{b_4+} \frac{a_5}{b_5+} \cdots \tag{5.2.2}$$

Em (5.2.1) ou (5.2.2), os $a$'s e $b$'s podem eles próprios ser funções de $x$, usualmente monômios lineares ou quadráticos na pior das hipóteses (isto é, constantes vezes $x$ ou vezes $x^2$). Por exemplo, a representação como fração continuada da função tangente é

$$\tan x = \frac{x}{1-} \frac{x^2}{3-} \frac{x^2}{5-} \frac{x^2}{7-} \cdots \tag{5.2.3}$$

Frações continuadas frequentemente convergem muito mais rapidamente do que expansões em séries de potências, e em um domínio ainda maior no plano complexo (não necessariamente incluindo o domínio de convergência das séries, porém). Às vezes a fração continuada converge melhor onde as séries se saem pior, embora isto não seja uma regra geral. Blanch [1] fornece uma boa revisão dos testes de convergência mais úteis para frações continuadas.

Há técnicas padrão, incluindo o importante *algoritmo diferença-quociente,* para ir-se de um lado para o outro entre aproximações de frações continuadas, aproximações por séries de potências e aproximações de funções racionais. Consulte Acton [2] para uma introdução a este tópico e Fike [3] para detalhes adicionais e referências.

Como saber quão longe ir quando se efetua uma fração continuada? Diferentemente de uma série, você não pode efetuar a equação (5.2.1) da esquerda para direita, parando quando a mudança é pequena. Escrita na forma (5.2.1), a única maneira de efetuar a fração continuada é da direita para a esquerda, primeiro (cegamente!) adivinhado quão distante iniciar. Esta não é a maneira correta.

O jeito certo é utilizar um resultado que relaciona frações continuadas para aproximações racionais e que possibilita um meio de efetuar (5.2.1) ou (5.2.2) da esquerda para direita. Faça $f_n$ denotar o resultado de calcular (5.2.2) com coeficientes através de $a_n$ e $b_n$. Então

$$f_n = \frac{A_n}{B_n} \qquad (5.2.4)$$

onde $A_n$ e $B_n$ são dadas pela seguinte relação de recorrência:

$$\begin{aligned} A_{-1} &\equiv 1 & B_{-1} &\equiv 0 \\ A_0 &\equiv b_0 & B_0 &\equiv 1 \\ A_j = b_j A_{j-1} + a_j A_{j-2} & & B_j = b_j B_{j-1} + a_j B_{j-2} & \quad j = 1, 2, \ldots, n \end{aligned} \qquad (5.2.5)$$

Este método foi inventado por J. Wallis em 1655(!) e é discutido em seu *Arithmetica Infinitorum* [4]. Você pode facilmente demonstrá-lo por indução.

Na prática, este algoritmo tem alguns aspectos intratáveis: a recorrência (5.2.5) frequentemente gera valores muito grandes ou muito pequenos para os numeradores e denominadores parciais $A_j$ e $B_j$. Há então o perigo de overflow e underflow da representação em ponto flutuante. Porém, a recorrência (5.2.5) é linear nos $A$'s e $B$'s. Em qualquer ponto você pode reescalar os dois níveis de recorrência correntemente salvos, p.ex., divida $A_j$, $B_j$, $A_{j-1}$ e $B_{j-1}$ todos por $B_j$. Isto incidentalmente faz $A_j = f_j$ e é conveniente para testar se você foi longe o suficiente: Veja se $f_j$ e $f_{j-1}$ da última iteração são tão próximos quanto você gostaria que eles fossem. Se $B_j$ for nulo, o que pode acontecer, apenas pule a renormalização para este ciclo. Um nível de otimização mais elaborado é renormalizar apenas quando um overflow está iminente, salvando as divisões desnecessárias. De fato, a função `ldexp` da biblioteca do C pode ser usada para evitar divisão completamente. (Veja o fim de §6.5 para um exemplo.)

Dois algoritmos mais recentes foram propostos para efetuar frações continuadas. O *método de Steed* não usa $A_j$ e $B_j$ explicitamente, mas apenas a *razão* $D_j = B_{j-1}/B_j$. Ele calcula $D_j$ e $\Delta f_j = f_j - f_{j-1}$ recursivamente usando

$$D_j = 1/(b_j + a_j D_{j-1}) \qquad (5.2.6)$$

$$\Delta f_j = (b_j D_j - 1)\Delta f_{j-1} \qquad (5.2.7)$$

O método de Steed (ver, p.ex., [5]) evita a necessidade do reescalamento de resultados intermediários. Porém, para certas frações continuadas você pode ocasionalmente cair em uma situação onde o denominador em (5.2.6) aproxima-se de zero, tal que $D_j$ e $\Delta f_j$ são muito grandes. O próximo $\Delta f_{j+1}$ tipicamente cancelará esta grande mudança, mas com perda de acurácia ao correr a soma numérica dos $f_j$'s. É complicado programar desviando disto, então o método de Steed apenas pode ser recomendado para os casos onde você sabe de antemão que nenhum denominador pode se anular. Usaremos isso para uma proposta especial na rotina `besselik` (§6.6).

O melhor método geral para efetuar frações continuadas parece ser o método de Lentz modificado [6]. A necessidade de reescalar resultados intermediários é evitada usando-se *ambas* as razões

$$C_j = A_j/A_{j-1}, \qquad D_j = B_{j-1}/B_j \qquad (5.2.8)$$

e calculando-se $f_j$ por

$$f_j = f_{j-1} C_j D_j \qquad (5.2.9)$$

Da equação (5.2.5), facilmente mostra-se que as razões satisfazem as relações de recorrência

$$D_j = 1/(b_j + a_j D_{j-1}), \qquad C_j = b_j + a_j/C_{j-1} \qquad (5.2.10)$$

Neste algoritmo há o perigo de que o denominador na expressão para $D_j$, ou a própria quantidade $C_j$, poderiam aproximar-se de zero. Qualquer uma destas condições invalida (5.2.10). Porém, Thompson e Barnett [5] mostram como modificar o algoritmo de Lentz para resolver isso: apenas substitua o termo problemático por uma pequena quantidade, p.ex., $10^{-30}$. Se você fizer um ciclo do algoritmo com esta prescrição, você verá que $f_{j+1}$ é acuradamente calculada.

Em detalhes, o algoritmo de Lentz é o seguinte:

- Faça $f_0 = b_0$; se $b_0 = 0$, designe $f_0 = \text{tiny}$.
- Atribua $C_0 = f_0$.
- Atribua $D_0 = 0$.
- Para $j = 1,2,...$

    Designe $D_j = b_j + a_j D_{j-1}$.
    Se $D_j = 0$, atribua $D_j = \text{tiny}$.
    Faça $C_j = b_j + a_j/C_{j-1}$.
    Se $C_j = 0$, faça $C_j = \text{tiny}$.
    Faça $D_j = 1/D_j$.
    Atribua $\Delta_j = C_j D_j$.
    Atribua $f_j = f_{j-1} \Delta_j$.
    Se $|\Delta_j - 1| < \text{eps}$, então saia (*exit*).

Aqui eps é sua precisão em ponto flutuante, digamos, $10^{-7}$ ou $10^{-15}$. O parâmetro tiny deveria ser menor do que valores típicos de eps $|b_j|$, digamos, $10^{-30}$.

O algoritmo acima assume que você pode terminar a estimação da fração continuada quando $|f_j - f_{j-1}|$ é suficientemente pequena. Este é usualmente o caso, mas não há garantia. Jones [7] dá uma lista de teoremas que podem ser usados para justificar este critério para vários tipos de frações continuadas.

Não há no presente uma análise rigorosa da propagação de erros no algoritmo de Lentz. Porém, testes empíricos sugerem que ele é no mínimo tão bom quanto os outros métodos.

### 5.2.1 Manipulando frações continuadas

Diversas propriedades importantes de frações continuadas podem ser usadas para reescrevê-las em formas que possam acelerar a computação numérica. Uma *transformação equivalente*

$$a_n \to \lambda a_n, \quad b_n \to \lambda b_n, \quad a_{n+1} \to \lambda a_{n+1} \qquad (5.2.11)$$

deixa o valor de uma fração continuada igual. Com uma adequada escolha do fator de escala $\lambda$ você pode geralmente simplificar a forma dos $a$'s e $b$'s. Claro, você pode levar a cabo sucessivas transformações de equivalência, possivelmente com diferentes $\lambda$'s, em sucessivos termos da fração continuada.

As partes *pares* e *ímpares* da fração continuada são funções continuadas cujos convergentes consecutivos são $f_{2n}$ e $f_{2n+1}$, respectivamente. Seu principal uso é que elas convergem duas vezes mais rápido que a fração continuada original, e, portanto, se seus termos não são muito mais complicados do que os termos da original, haverá uma grande economia em computação. A fórmula para a parte par de (5.2.2) é

$$f_{\text{par}} = d_0 + \frac{c_1}{d_1 +} \frac{c_2}{d_2 +} \cdots \qquad (5.2.12)$$

onde em termos de variáveis intermediárias

$$\alpha_1 = \frac{a_1}{b_1}$$
$$\alpha_n = \frac{a_n}{b_n b_{n-1}}, \quad n \geq 2 \tag{5.2.13}$$

nós temos

$$d_0 = b_0, \quad c_1 = \alpha_1, \quad d_1 = 1 + \alpha_2$$
$$c_n = -\alpha_{2n-1}\alpha_{2n-2}, \quad d_n = 1 + \alpha_{2n-1} + \alpha_{2n}, \quad n \geq 2 \tag{5.2.14}$$

Você pode encontrar a fórmula similar para a parte ímpar na revisão por Blanch [1]. Muitas vezes uma combinação de transformações (5.2.14) e (5.2.11) é usada para obter a melhor forma para o trabalho numérico.

Nós faremos uso frequente das frações continuadas no próximo capítulo.

**REFERÊNCIAS CITADAS E LEITURA COMPLEMENTAR**

Abramowitz, M., and Stegun, I.A. 1964, *Handbook of Mathematical Functions* (Washington: National Bureau of Standards); reprinted 1968 (New York: Dover); online at http://www.nr. com/aands, §3.10.

Blanch, G. 1964, "Numerical Evaluation of Continued Fractions," *SIAM Review*, vol. 6, pp. 383-421.[1]

Acton, F.S. 1970, *Numerical Methods That Work;* 1990, corrected edition (Washington, DC: Mathematical Association of America), Chapter 11.[2]

Cuyt, A., and Wuytack, L. 1987, *Nonlinear Methods in Numerical Analysis* (Amsterdam: North-Holland), Chapter 1.

Fike, C.T. 1968, *Computer Evaluation of Mathematical Functions* (Englewood Cliffs, NJ: Prentice-Hall), §8.2, §10.4, and §10.5.[3]

Wallis, J. 1695, in *Opera Mathematica*, vol. 1, p. 355, Oxoniae e Theatre Shedoniano. Reprinted by Georg Olms Verlag, Hildeshein, New York (1972).[4]

Thompson, I.J., and Barnett, A.R. 1986, "Coulomb and Bessel Functions of Complex Arguments and Order," *Journal of Computational Physics*, vol. 64, pp. 490-509.[5]

Lentz, W.J. 1976, "Generating Bessel Functions in Mie Scattering Calculations Using Continued Fractions," *Applied Optics*, vol. 15, pp. 668-671.[6]

Jones, W.B. 1973, in *Padé Approximants and Their Applications*, P.R. Graves-Morris, ed. (London: Academic Press), p. 125.[7]

## 5.3 Séries e sua convergência

Todo mundo sabe que uma função analítica pode ser expandida na vizinhança de um ponto $x_0$ em uma série de potências,

$$f(x) = \sum_{k=0}^{\infty} a_k (x - x_0)^k \tag{5.3.1}$$

Tal série pode ser diretamente efetuada. Você, claro, não efetua a $k$-ésima potência de $x - x_0$ ab initio para cada termo; preferivelmente, você guarda a $(k-1)$-ésima potência e atualiza-a com uma multiplicação. Similarmente, a forma dos coeficientes $a_k$ usam frequentemente trabalho anterior: termos como $k!$ ou $(2k)!$ podem ser atualizados em uma multiplicação ou duas.

Como você sabe quando você somou termos suficientes? Na prática, seria melhor os termos tornarem-se menores rapidamente, caso contrário a série não é uma boa técnica para se usar em primeiro lugar. Embora não matematicamente rigorosa em todos os casos, a prática padrão é sair quando o termo que você já adicionou é menor em magnitude do que algum $\epsilon$ pequeno vezes a magnitude da soma até então acumulada. (Mas atente para se casos de $a_k = 0$ são possíveis!)

Às vezes você vai querer computar uma função de uma representação em séries mesmo quando a computação *não* é eficiente. Por exemplo, você pode estar usando os valores obtidos para ajustar a função a uma forma aproximada que você usará subsequentemente (cf. §5.8). Se você está somando números muito grandes de termos vagarosamente convergentes, preste atenção aos erros de arredondamento! Na representação em ponto flutuante, é mais acurado somar uma lista de números na ordem que começa do menor, ao invés de começar com o maior. É ainda melhor agrupar termos aos pares, então em pares de pares etc., de forma que todas as adições envolvam operandos de magnitudes comparáveis.

Uma fraqueza de uma representação em séries é que ela garantidamente *não* converge para mais longe do que a distância de $x_0$ na qual a singularidade é encontrada *no plano complexo*. Esta catástrofe habitualmente não é inesperada: quando você encontrar uma série de potências em um livro (ou quando você mesmo criar uma), você geralmente conhecerá o raio de convergência. Um problema traiçoeiro ocorre com séries que convergem em toda parte (no sentido matemático), mas quase em nenhuma parte rápido o suficiente para ser útil em um método numérico. Dois exemplos comuns são a função seno e a função de Bessel de primeiro tipo,

$$\operatorname{sen} x = \sum_{k=0}^{\infty} \frac{(-1)^k}{(2k+1)!} x^{2k+1} \tag{5.3.2}$$

$$J_n(x) = \left(\frac{x}{2}\right)^n \sum_{k=0}^{\infty} \frac{(-\frac{1}{4}x^2)^k}{k!(k+n)!} \tag{5.3.3}$$

Ambas estas séries convergem para todo $x$. Mas ambas nem começam a convergir até $k \gg |x|$; antes disto, seus termos vão aumentando. Pior ainda, os termos alternam o sinal, conduzindo a um grande cancelamento dos erros com precisão aritmética finita. Isto torna estas séries inúteis para $x$ grande.

### 5.3.1 Séries divergentes

Séries divergentes são muitas vezes bastante proveitosas. Uma classe consiste de séries de potências fora do raio de convergência, o que pode muitas vezes ser somados pelas técnicas de aceleração que descrevemos adiante. Outra classe é a de séries assintóticas, tal como a série de Euler que vem da integral de Euler (relacionada à integral exponencial $E_1$):

$$E(x) = \int_0^{\infty} \frac{e^{-t}}{1+xt} dt \simeq \sum_{k=0}^{\infty} (-1)^k k! \, x^k \tag{5.3.4}$$

Aqui a série é derivada expandindo-se $(1 + xt)^{-1}$ em potências de $x$ e integrando termo a termo. A série diverge para todo $x \neq 0$. Para $x = 0{,}1$, a série dá apenas três dígitos significativos antes de divergir. Todavia, técnicas de aceleração de convergência permitem a fácil estimação da função $E$ $(x)$, mesmo para $x \sim 2$, quando a série é absurdamente divergente!

### 5.3.2 Acelerando a convergência das séries

Há diversos truques para acelerar a taxa de convergência de uma série ou, equivalentemente, de uma sequência de somas parciais

$$s_n = \sum_{k=0}^{n} a_k \qquad (5.3.5)$$

(Usaremos os termos sequência e série de uma forma intercambiável nesta seção.) Uma excelente revisão foi dada por Weniger [1]. Antes que possamos descrever os truques e como usá-los, precisamos classificar algumas das maneiras nas quais a sequência pode convergir. Suponha que $s_n$ convirja para $s$, e que

$$\lim_{n \to \infty} \frac{a_{n+1}}{a_n} = \rho \qquad (5.3.6)$$

Se $0 < |\rho| < 1$, dizemos que a convergência é linear; se $\rho = 1$, ela é logarítmica; e se $\rho = 0$, ela é *hiperlinear*. Claro, se $|\rho| > 1$, a sequência diverge. (Mais rigorosamente, esta classificação deveria ser dada em termos dos assim chamados resíduos $s_n - s$ [1]. Porém, nossa definição é mais prática, e é equivalente se nos restringirmos ao caso logarítmico para termos de mesmo sinal.)

O protótipo de convergência linear é uma série geométrica,

$$s_n = \sum_{k=0}^{n} x^k = \frac{1 - x^{n+1}}{1 - x} \qquad (5.3.7)$$

É fácil ver que $\rho = x$, e, portanto, temos uma convergência linear para $0 < |x| < 1$. O protótipo da convergência logarítmica é a série para função zeta de Riemann,

$$\zeta(x) = \sum_{k=1}^{\infty} \frac{1}{k^x}, \qquad x > 1 \qquad (5.3.8)$$

que notoriamente converge vagarosamente, especialmente quando $x \to 1$. A série (5.3.2) e (5.3.3), ou a série para $e^x$, exemplifica a convergência hiperlinear. Nós vemos que convergência hiperlinear não necessariamente implica que a série é fácil de ser efetuada para todos os valores de $x$. Às vezes aceleração da convergência é útil apenas depois que os termos começam a decrescer.

Provavelmente a mais famosa transformação da série para acelerar convergência é a transformação de Euler (ver, p.ex., [2,3]), que data de 1755. A transformação de Euler funciona em *séries alternadas* (onde os termos na soma alternam seu sinal). Geralmente é aconselhável fazer um pequeno número de termos diretamente, através do termo $n - 1$, digamos, e então aplicar a transformação para o resto da série começando com o termo $n$. A fórmula (para $n$ par) é

$$\sum_{s=0}^{\infty} (-1)^s a_s = a_0 - a_1 + a_2 \ldots - a_{n-1} + \sum_{s=0}^{\infty} \frac{(-1)^s}{2^{s+1}} [\Delta^s a_n] \qquad (5.3.9)$$

Aqui $\Delta$ o operador de diferença à frente (*forward*), isto é,

$$\Delta a_n \equiv a_{n+1} - a_n$$
$$\Delta^2 a_n \equiv a_{n+2} - 2a_{n+1} + a_n \qquad (5.3.10)$$
$$\Delta^3 a_n \equiv a_{n+3} - 3a_{n+2} + 3a_{n+1} - a_n \qquad \text{etc.}$$

É claro que você não faz de fato a soma infinita do lado direito de (5.3.9), mas apenas os primeiros, digamos, $p$ termos, deste modo requerendo as primeiras $p$ diferenças (5.3.10) obtidas dos termos começando em $a_n$. Há uma elegante e sutil implementação da transformação de Euler devido a van Wijngaarden [6], discutida por completo em uma Webnote [7].

Transformação de Euler é um exemplo de uma transformação linear: as somas parciais da série transformada são combinações lineares das somas parciais da série original. Trasformação de Euler e outras transformações lineares, apesar de ainda importantes teoricamente, tem geralmente sido substituída por transformações não lineares mais novas que são consideravelmente mais poderosas. Como usual em um trabalho numérico, não há moleza: enquanto as transformações não lineares são mais poderosas, elas são um tanto mais arriscadas do que transformações lineares, pois elas podem ocasionalmente falhar espetacularmente. Mas se você seguir o guia abaixo, pensamos que você nunca recorrerá novamente a míseras transformações lineares.

O exemplo mais antigo de uma transformação de sequência não linear é o processo-$\Delta^2$ de Aitken. Se $s_n, s_{n+1}, s_{n+2}$ são três somas parciais sucessivas, então uma estimativa melhorada é

$$s'_n \equiv s_n - \frac{(s_{n+1} - s_n)^2}{s_{n+2} - 2s_{n+1} + s_n} = s_n - \frac{(\Delta s_n)^2}{\Delta^2 s_n} \qquad (5.3.11)$$

A fórmula (5.3.11) é exata para séries geométrica, que é uma maneira de derivá-la. Se você forma a sequência de $s'_i$'s, você pode aplicar (5.3.11) uma segunda vez para *aquela* sequência, e assim sucessivamente. (Na prática, esta iteração apenas raramente fará muito por você após o primeiro estágio.) Observe que a equação (5.3.11) deve ser computada como escrita: existem formas algebricamente equivalentes que são muito mais suscetíveis a erro de arredondamento.

O processo-$\Delta^2$ de Aitken funciona apenas em sequências linearmente convergentes. Como na transformação de Euler, ele também foi substituído por algoritmos tal como os dois que iremos descrever. Após dar rotinas para estes algoritmos, nós forneceremos algumas regras gerais para quando utilizá-las.

A primeira transformação não linear "moderna" foi proposta por Shanks. Uma eficiente implementação recursiva foi dada por Wynn, chamado de algoritmo $\epsilon$. O processo-$\Delta^2$ de Aitken é um caso especial do algoritmo $\epsilon$, correspondente a usar apenas três termos de cada vez. Não faremos uma dedução aqui, mas é fácil explicar exatamente o que o algoritmo $\epsilon$ faz: se você tem como input a soma parcial de uma série de potências, o algoritmo $\epsilon$ retorna os aproximantes de Padé (§5.12) "diagonais" efetuados no valor $x$ usado na série de potências. (Os coeficientes no próprio aproximante não são calculados.) Isto é, se $[M/N]$ denota o aproximante de Padé com um polinômio de grau $M$ no numerador e grau $N$ no denominador, o algoritmo retorna os valores numéricos dos aproximantes

$$[0, 0], \quad [1/0], \quad [1/1], \quad [2/1], \quad [2/2], \quad [3, 2], \quad [3, 3] \quad \ldots \qquad (5.3.12)$$

(O objeto `Epsalg` a seguir é de certa forma equivalente ao `pade` em §5.12 seguido por uma estimação da função racional resultante.)

No objeto `Epsalg`, o qual é baseado em uma rotina em [1], você fornece a sequência termo por termo e monitora o output para convergência na chamada do programa. Internamente, a rotina contém um check para divisão por zero e substitui um número grande no lugar do resultado. Há três condições sob as quais este check pode ser acionado: (i) muito provavelmente, o algoritmo já convergiu e deveria ter sido parado antes; (ii) há um termo nulo "acidental", e o programa se recuperará; (iii) quase nunca na prática, o algoritmo pode de fato falhar por causa de uma combinação perversa de termos. Porque (i) e (ii) são vastamente mais comuns do que (iii), Epsalg oculta a condição de check e em vez disso retorna a última estimativa boa conhecida.

```
struct Epsalg {                                                              series.h
Aceleração da convergência de uma sequência pelo algoritmo є. Inicialize chamando o construtor com
argumentos nmax, um limite superior no número de termos a ser somado, e epss, a acurácia desejada.
Então faça sucessivas chamadas à função next, com argumento a próxima soma parcial da sequência. A
estimativa corrente do limite da sequência é retornada por next. O flag cnvgd é ativado quando a convergência é detectada.
    VecDoub e;
    Int n,ncv;                                Workspace.
    Bool cnvgd;
    Doub eps,small,big,lastval,lasteps;       Números perto dos limites de underflow e overflow.

    Epsalg(Int nmax, Doub epss) : e(nmax), n(0), ncv(0),
    cnvgd(0), eps(epss), lastval(0.) {
        small = numeric_limits<Doub>::min()*10.0;
        big = numeric_limits<Doub>::max();
    }

    Doub next(Doub sum) {
        Doub diff,temp1,temp2,val;
        e[n]=sum;
        temp2=0.0;
        for (Int j=n; j>0; j--) {
            temp1=temp2;
            temp2=e[j-1];
            diff=e[j]-temp2;
            if (abs(diff) <= small)
                e[j-1]=big;
            else
                e[j-1]=temp1+1.0/diff;
        }
        n++;
        val = (n & 1) ? e[0] : e[1];          Casos de n par ou ímpar.
        if (abs(val) > 0.01*big) val = lastval;
        lasteps = abs(val-lastval);
        if (lasteps > eps) ncv = 0;
        else ncv++;
        if (ncv >= 3) cnvgd = 1;
        return (lastval = val);
    }
};
```

As últimas poucas linhas acima implementam um critério simples para decidir se a sequência convergiu. Para problemas cuja convergência é robusta, você pode simplesmente colocar suas chamadas a next no interior de um laço while, assim:

```
Doub val, partialsum, eps=...;
Epsalg mysum(1000,eps);
while (! mysum.cnvgd) {
    partialsum = ...
    val = mysum.next(partialsum);
}
```

Para casos mais delicados, você pode ignorar o flag cnvgd e simplesmente continuar chamando next até que esteja satisfeito com a convergência.

Uma classe grande de transformações não lineares modernas pode ser derivada usando-se o conceito de uma sequência modelo. A ideia é escolher uma sequência "simples" que aproxima a forma assintótica de uma dada sequência e construir uma transformação que soma a sequência modelo exatamente. Presumivelmente, a transformação funcionará bem para outras sequências com propriedades assintóticas similares. Por exemplo, uma série geométrica constitui-se como a sequência modelo para o processo-$\Delta^2$ de Aitken.

A *transformação de Levin* provavelmente seja o melhor método simples de aceleração de sequência atualmente conhecido. É baseado em aproximar uma sequência assintoticamente por uma expressão da forma

$$s_n = s + \omega_n \sum_{j=0}^{k-1} \frac{c_j}{(n+\beta)^j} \tag{5.3.13}$$

Aqui $\omega_n$ é o termo dominante no resíduo da sequência:

$$s_n - s = \omega_n[c + O(n^{-1})], \quad n \to \infty \tag{5.3.14}$$

As constantes $c_j$ são arbitrárias, e $\beta$ é um parâmetro que é restritamente positivo. Levin mostrou que, para uma sequência modelo da forma (5.3.13), a seguinte transformação dá o valor exato da série:

$$s = \frac{\sum_{j=0}^{k}(-1)^j \binom{k}{j} \frac{(\beta+n+j)^{k-1}}{(\beta+n+k)^{k-1}} \frac{s_{n+j}}{\omega_{n+j}}}{\sum_{j=0}^{k}(-1)^j \binom{k}{j} \frac{(\beta+n+j)^{k-1}}{(\beta+n+k)^{k-1}} \frac{1}{\omega_{n+j}}} \tag{5.3.15}$$

[O fator comum $(\beta+n+k)^{k-1}$ no numerador e denominador reduz as chances de um overflow para $k$ grande.] Uma derivação da equação (5.3.15) é dado em uma Webnote [4].

O numerador e denominador em (5.3.15) não são computados como são escritos. Em vez disso, eles podem ser computados de forma eficiente por uma simples relação de recorrência com diferentes valores iniciais (ver [1] para uma derivação):

$$D_{k+1}^n(\beta) = D_k^{n+1}(\beta) - \frac{(\beta+n)(\beta+n+k)^{k-1}}{(\beta+n+k+1)^k} D_k^n(\beta) \tag{5.3.16}$$

Os valores iniciais são

$$D_0^n(\beta) = \begin{cases} s_n/\omega_n, & \text{numerador} \\ 1/\omega_n, & \text{denominador} \end{cases} \tag{5.3.17}$$

Embora $D_k^n$ seja um objeto bidimensional, a recorrência pode ser codificada em um array unidimensional procedendo-se sobre a contradiagonal $n + k =$ constante.

A escolha (5.3.14) não determina unicamente $\omega_n$, mas se você tem informação analítica sobre sua série, este é o lugar onde você pode fazer uso dela. Usualmente você não terá tanta sorte, caso em que você pode fazer uma escolha baseada em heurísticas. Por exemplo, o resíduo em uma série alternada é aproximadamente metade do primeiro termo desprezado, o que sugere designar $\omega_n$ como $a_n$ ou $a_{n+1}$. Estas são chamada de transformações $t$ e $d$ de Levin, respectivamente. Similarmente, o resíduo para uma série geométrica é a diferença entre a soma parcial (5.3.7) e seu limite $1/(1-x)$. Isto pode ser escrito como $a_n a_{n+1}/(a_n - a_{n+1})$, o que define a transformação $v$ de Levin. A escolha mais comum vem de aproximar o resíduo na função $\zeta$ (5.3.8) por uma integral:

$$\sum_{k=n+1}^{\infty} \frac{1}{k^x} \approx \int_{n+1}^{\infty} \frac{dk}{k^x} = \frac{(n+1)^{1-x}}{x-1} = \frac{(n+1)a_{n+1}}{x-1} \quad (5.3.18)$$

Isto motiva a escolha $(n + \beta) a_n$ (transformação $u$ de Levin), onde $\beta$ é usualmente escolhido para ser 1. Resumindo:

$$\omega_n = \begin{cases} (\beta + n)a_n, & u \text{ transformação} \\ a_n, & t \text{ transformação} \\ a_{n+1}, & d \text{ transformação (transformação } t \text{ modificada)} \\ \dfrac{a_n a_{n+1}}{a_n - a_{n+1}}, & v \text{ transformação} \end{cases} \quad (5.3.19)$$

Para sequências que não são somas parciais, de forma que os termos $a_n$'s não estão definidos, troque $a_n$ por $\Delta s_{n-1}$ em (5.3.19)

Aqui está a rotina para transformação de Levin, também baseada na rotina [1]:

series.h
```
struct Levin {
```
Aceleração da convergência de uma sequência pela transformação de Levin. Inicie fazendo a chamada do construtor com argumentos nmax, um limite superior no número de termos a ser somado, e epss, a acurácia desejada. Então faça sucessivas chamadas à função next, a qual retorna a estimativa corrente do limite da sequência. A flag cnvgd é designada quando a convergência é detectada.
```
    VecDoub numer,denom;         Numerador e denominador computado via (5.3.16).
    Int n,ncv;
    Bool cnvgd;
    Doub small,big;              Números perto dos limites de overflow e underflow da máquina.
    Doub eps,lastval,lasteps;

    Levin(Int nmax, Doub epss) : numer(nmax), denom(nmax), n(0), ncv(0),
    cnvgd(0), eps(epss), lastval(0.) {
        small=numeric_limits<Doub>::min()*10.0;
        big=numeric_limits<Doub>::max();
    }

    Doub next(Doub sum, Doub omega, Doub beta=1.) {
```
Argumentos: sum, a $n$-ésima soma parcial da sequência; omega, a $n$-ésima estimativa do resíduo $\omega_n$, usualmente de (5.3.19); e o parâmetro beta, ao qual usualmente é atribuido 1, mas às vezes 0,5 funciona melhor. A estimativa corrente do limite da sequência é retornada.
```
        Int j;
        Doub fact,ratio,term,val;
        term=1.0/(beta+n);
        denom[n]=term/omega;
        numer[n]=sum*denom[n];
        if (n > 0) {
            ratio=(beta+n-1)*term;
            for (j=1;j<=n;j++) {
```

```
                fact=(n-j+beta)*term;
                numer[n-j]=numer[n-j+1]-fact*numer[n-j];
                denom[n-j]=denom[n-j+1]-fact*denom[n-j];
                term=term*ratio;
            }
        }
        n++;
        val = abs(denom[0]) < small ? lastval : numer[0]/denom[0];
        lasteps = abs(val-lastval);
        if (lasteps <= eps) ncv++;
        if (ncv >= 2) cnvgd = 1;
        return (lastval = val);
    }
};
```

Você pode usar, ou não usar, a flag `cnvgd` exatamente como já discutido para `Epsalg`.

Uma alternativa ao método de sequência modelo de transformações de sequência derivadas é usar extrapolação para uma série de uma função aproximação polinomial ou racional, como no algoritmo $\rho$ de Wynn [1]. Uma vez que nenhum destes métodos geralmente bate os dois que demos, não diremos mais nada sobre eles.

### 5.3.3 Observações práticas e um exemplo

Nosso conhecimento teórico sobre as transformações de sequências não lineares é pobre. Portanto, a maior parte dos conselhos práticos é baseada em experimentos numéricos [5]. Você poderia ter pensado que somar uma série absurdamente divergente é o problema mais difícil na transformação de uma sequência. Porém, a dificuldade de um problema depende mais de se os termos são todos do mesmo sinal ou se os sinais se alternam, do que se a sequência de fato converge ou não. Em particular, séries logaritmicamente convergentes com todos os termos de mesmo sinal são geralmente mais difíceis de somar. Mesmo os melhores métodos de aceleração são corrompidos por erros de arredondamento quando aceleram convergência logarítmica. Você deveria sempre usar precisão dupla e estar preparado para alguma perda de dígitos significativos. Tipicamente observa-se convergência até algum número ótimo de termos, e então uma perda de dígitos significativos se tentarmos ir além. Além disso, não há um único algoritmo que pode acelerar toda sequência logaritmicamente convergente. Todavia, há algumas boas regras gerais.

Primeiro, observe que entre séries divergentes é útil filtrar as séries assintóticas, onde os termos primeiro decrescem antes de começar a aumentar, como uma classe separada das outras séries divergentes, p.ex., séries de potência fora do seu raio de convergência. Para séries alternadas, se convergentes, assintóticas, ou séries de potências divergentes, a transformação $u$ de Levin é quase sempre a melhor escolha. Para séries monotônicas linearmente convergentes ou divergentes, o algoritmo $\epsilon$ tipicamente é a primeira escolha, mas a transformação $u$ geralmente faz um trabalho razoável. Para convergência logarítmica, a transformação $u$ é claramente a melhor. (O algoritmo $\epsilon$ falha completamente.) Para séries com sinais irregulares ou outros aspectos não padrão, tipicamente o algoritmo $\epsilon$ é relativamente robusto, geralmente obtendo sucesso onde outros algoritmos falharam. Finalmente, para séries monotônicas assintóticas, tais como (6.3.11) para $Ei(x)$, não há nada melhor do que soma direta sem aceleração.

As transformações $v$ e $t$ são quase tão boas quanto a transformação $u$, exceto que a transformação $t$ tipicamente falha para convergência logarítmica.

Se você tem poucos termos numéricos de alguma sequência e nenhum insight teórico, pode ser perigoso aplicar cegamente um acelerador de convergência. O algoritmo pode às vezes exibir uma "convergência" que é somente aparente, não real. O remédio é tentar duas diferentes transformações como um check.

Uma vez que a aceleração de convergência é muito mais difícil para uma série de termos positivos do que para uma série alternada, ocasionalmente é útil converter uma série de termos positivos em uma série alternada. Van Wijngaarden forneceu uma transformação para realizar isso [6]:

$$\sum_{r=1}^{\infty} v_r = \sum_{r=1}^{\infty} (-1)^{r-1} w_r \qquad (5.3.20)$$

onde

$$w_r \equiv v_r + 2v_{2r} + 4v_{4r} + 8v_{8r} + \cdots \qquad (5.3.21)$$

As equações (5.3.20) e (5.3.21) substituem uma simples soma por uma soma bidimensional, cada termo em (5.3.20) sendo ele mesmo uma soma infinita (5.3.21). Isto pode parecer um caminho estranho para poupar trabalho! Uma vez que, porém, os índices em (5.3.21) aumentam tremendamente rápido, como potências de 2, geralmente exigem-se apenas alguns poucos termos para convergir (5.3.21) para uma acurácia extraordinária. Você, porém, precisa ser capaz de computar os $v_r$'s eficientemente para valores "aleatórios" $r$. Os truques padrão de "updating" para os $r$'s sucessivos, mencionados acima seguindo a equação (5.3.1), não podem ser usados.

Uma vez que você gerou uma série alternada pela transformação de Van Wijngaarden, a transformação $d$ de Levin é particularmente eficaz na soma da série [8]. Esta estratégia é mais útil para séries linearmente convergentes com $\rho$ próximo de 1. Para séries logaritmicamente convergentes, mesmo a série transformada (5.3.21) é muitas vezes muito vagarosamente convergente para ser útil numericamente.

Como um exemplo de como chamar as rotinas Epsalg ou Levin, considere o problema de efetuar a integral

$$I = \int_0^{\infty} \frac{x}{1+x^2} J_0(x)\,dx = K_0(1) = 0{,}4210244382\ldots \qquad (5.3.22)$$

Métodos padrões para quadratura tais como qromo falham porque o integrando tem uma longa cauda oscilatória, fornecendo contribuições alternadas positivas e negativas que tendem a se cancelar. Uma boa maneira de efetuar tal integral é dividi-la em uma soma de integrais entre sucessivos zeros de $J_0(x)$:

$$I = \int_0^{\infty} f(x)\,dx = \sum_{j=0}^{\infty} I_j \qquad (5.3.23)$$

onde

$$I_j = \int_{x_{j-1}}^{x_j} f(x)\,dx, \qquad f(x_j) = 0, \quad j = 0, 1, \ldots \qquad (5.3.24)$$

Fazemos $x_{-1}$ igual ao limite inferior da integral, zero neste exemplo. A ideia é efetuar as integrais relativamente simples $I_j$ por qromb ou quadratura gaussiana e então acelerar a convergência da série (5.3.23), pois nós esperamos a alternância dos sinais das contribuições. Para o exemplo (5.3.22), não precisamos nem mesmo de valores acurados dos zeros de $J_0(x)$. É bom o suficiente tomar $x_j = (j+1)\pi$, o que é assintoticamente correto. Aqui está o código:

levex.h

```
Doub func(const Doub x)
Integrando para (5.3.22).
{
    if (x == 0.0)
        return 0.0;
    else {
        Bessel bess;
        return x*bess.jnu(0.0,x)/(1.0+x*x);
    }
}

Int main_levex(void)
```
Esta amostra de programa mostra como usar a transformação de $u$ de Levin para efetuar uma integral oscilatória, equação (5.3.22).
```
{
    const Doub PI=3.141592653589793;
    Int nterm=12;
    Doub beta=1.0,a=0.0,b=0.0,sum=0.0;
    Levin series(100,0.0);
    cout << setw(5) << "N" << setw(19) << "Sum (direct)" << setw(21)
        << "Sum (Levin)" << endl;
    for (Int n=0; n<=nterm; n++) {
        b+=PI;
        Doub s=qromb(func,a,b,1.e-8);
        a=b;
        sum+=s;
        Doub omega=(beta+n)*s;        Use a transformação u.
        Doub ans=series.next(sum,omega,beta);
        cout << setw(5) << n << fixed << setprecision(14) << setw(21)
            << sum << setw(21) << ans << endl;
    }
    return 0;
}
```

Fazendo eps igual a $1 \times 10^{-8}$ em qromb, obtemos 9 dígitos significativos com cerca de 200 estimações da função para $n = 8$. Substituir qromb com uma rotina de quadratura gaussiana corta o número de estimações da função pela metade. Observe que $n = 8$ corresponde a um limite superior na integral de $9\pi$, onde a amplitude do integrando ainda é de ordem $10^{-2}$. Isto mostra o notável poder da aceleração de convergência. (Para saber mais sobre integrações oscilatórias, ver §13.9.)

### REFERÊNCIAS CITADAS E LEITURA COMPLEMENTAR

Weniger, E.J. 1989, "Nonlinear Sequence Transformations for the Acceleration of Convergence and the Summation of Divergent Series," *Computer Physics Reports,* vol. 10, pp. 189-371.[1]

Abramowitz, M., and Stegun, I.A. 1964, *Handbook of Mathematical Functions* (Washington: National Bureau of Standards); reprinted 1968 (New York: Dover); online at http://www.nr.com/aands, §3.6.[2]

Mathews, J., and Walker, R.L. 1970, *Mathematical Methods of Physics,* 2nd ed. (Reading, MA: W.A. Benjamin/Addison-Wesley), §2.3.[3]

Numerical Recipes Software 2007, "Derivation of the Levin Transformation," *Numerical Recipes Webnote No. 6,* at http://www.nr.com/webnotes?6 [4]

Smith, D.A., and Ford, W.F. 1982, "Numerical Comparisons of Nonlinear Convergence Accelerators," *Mathematics of Computation,* vol. 38, pp. 481-499.[5]

Goodwin, E.T. (ed.) 1961, *Modern Computing Methods,* 2nd ed. (New York: Philosophical Library), Chapter 13 [van Wijngaarden's transformations].[6]

Numerical Recipes Software 2007, "Implementation of the Euler Transformation," *Numerical Recipes Webnote No. 5,* at http://www.nr.com/webnotes?5 [7]

Jentschura, U.D., Mohr, P.J., Soff, G., and Weniger, E.J. 1999, "Convergence Acceleration via Combined Nonlinear-Condensation Transformations," *Computer Physics Communications,* vol. 116, pp. 28-54.[8]

Dahlquist, G., and Bjorck, A. 1974, *Numerical Methods* (Englewood Cliffs, NJ: Prentice-Hall); reprinted 2003 (New York: Dover), Chapter 3.

## 5.4 Relações de recorrência e fórmula de recorrência de Clenshaw

Muitas funções úteis satisfazem relações de recorrência, p.ex.,

$$(n+1)P_{n+1}(x) = (2n+1)xP_n(x) - nP_{n-1}(x) \tag{5.4.1}$$

$$J_{n+1}(x) = \frac{2n}{x}J_n(x) - J_{n-1}(x) \tag{5.4.2}$$

$$nE_{n+1}(x) = e^{-x} - xE_n(x) \tag{5.4.3}$$

$$\cos n\theta = 2\cos\theta \cos(n-1)\theta - \cos(n-2)\theta \tag{5.4.4}$$

$$\operatorname{sen} n\theta = 2\cos\theta \operatorname{sen}(n-1)\theta - \operatorname{sen}(n-2)\theta \tag{5.4.5}$$

onde as primeiras três funções são polinômios de Legendre, funções de Bessel de primeiro tipo e exponenciais integrais, respectivamente. (Para notação, ver [1].) Estas relações são úteis para estender métodos computacionais de dois valores sucessivos de $n$ para outros valores, maiores ou menores.

As equações (5.4.4) e (5.4.5) nos motivam a dizer algumas palavras sobre funções trigonométricas. Se seu tempo de execução do programa é dominado por estimações de funções trigonométricas, você provavelmente está fazendo alguma coisa errada. Funções trig cujos argumentos formam uma sequência linear $\theta = \theta_0 + n\delta$, $n = 0, 1, 2, ...$, são eficientemente calculadas pela relação de recorrência

$$\begin{aligned}\cos(\theta + \delta) &= \cos\theta - [\alpha \cos\theta + \beta \operatorname{sen}\theta] \\ \operatorname{sen}(\theta + \delta) &= \operatorname{sen}\theta - [\alpha \operatorname{sen}\theta - \beta \cos\theta]\end{aligned} \tag{5.4.6}$$

onde $\alpha$ e $\beta$ são coeficientes pré-computados

$$\alpha \equiv 2\operatorname{sen}^2\left(\frac{\delta}{2}\right) \qquad \beta \equiv \operatorname{sen}\delta \tag{5.4.7}$$

A razão para fazer as coisas desta maneira, ao invés de fazer com as identidades padrões (e equivalentes) para somas de ângulos, é que aqui $\alpha$ e $\beta$ não perdem significância se o incremento $\delta$ é pequeno. Da mesma forma, as adições na equação (5.4.6) devem ser feitas na ordem indicada pelos colchetes. Usaremos (5.4.6) repetidamente no Capítulo 12, quando nós tratarmos de transformadas de Fourier.

Outro truque, ocasionalmente útil, é notar que sen $\theta$ e cos $\theta$ podem ser calculados via uma única chamada para tan:

$$t \equiv \tan\left(\frac{\theta}{2}\right) \qquad \cos\theta = \frac{1-t^2}{1+t^2} \qquad \operatorname{sen}\theta = \frac{2t}{1+t^2} \tag{5.4.8}$$

O custo de se obter ambos sen e cos, se você precisar deles, é então o custo do tan mais 2 multiplicações, 2 divisões e 2 adições. Em máquinas com funções trig lentas, isto pode ser uma economia e tanto. *Porém*, observe que tratamento especial é requerido se $\theta \to \pm\pi$. E também observe que muitas máquinas modernas têm funções trig *muito* rápidas; assim, você não deveria assumir que a equação (5.4.8) é mais rápida sem testar.

### 5.4.1 Estabilidade de recorrências

Você precisa estar atento ao fato de que relações de recorrência não são necessariamente *estáveis* contra erros de arredondamento na direção em que você pretende ir (ou aumentando $n$ ou decrescendo $n$). Uma relação de recorrência com três termos

$$y_{n+1} + a_n y_n + b_n y_{n-1} = 0, \qquad n = 1, 2, \ldots \tag{5.4.9}$$

tem duas soluções linearmente independentes, $f_n$ e $g_n$, digamos. Apenas uma delas corresponde à sequência de funções $f_n$ que você está tentando gerar. A outra, $g_n$, *pode* estar crescendo exponencialmente na direção em que você quer ir, ou exponencialmente lenta, ou exponencialmente neutra (crescendo ou morrendo como alguma lei de potência, por exemplo). Se ela é exponencialmente crescente, então a relação de recorrência é de pouca ou nenhuma utilidade prática nesta direção. Este é o caso, p.ex., para (5.4.2) na direção de crescimento de $n$, quando $x < n$. Você não pode gerar funções de Bessel com $n$ maior por relações de recorrência à frente (*forward*) em (5.4.2).

Para colocar mais formalmente, se

$$f_n/g_n \to 0 \quad \text{quando} \quad n \to \infty \tag{5.4.10}$$

então $f_n$ é chamada de solução *mínima* da relação de recorrência (5.4.9). Soluções não mínimas como $g_n$ são chamadas de soluções *dominantes*. A solução mínima é única, se ela existe, mas soluções dominantes não são – você pode adicionar um múltiplo arbitrário de $f_n$ para um dado $g_n$. Você pode efetuar qualquer solução dominante pela relação de recorrência progressiva, *mas não a solução mínima*. (Infelizmente, às vezes é a que você quer.)

Abramowitz e Stegun (na Introdução deles!) [1] dão uma lista de recorrências que são estáveis na direção crescente ou decrescente. Esta lista não contém todas as possíveis fórmulas, claro. Dada uma relação de recorrência para alguma função $f_n(x)$, você próprio pode testá-la com cerca de cinco minutos de trabalho (humano): para um $x$ fixo em seu range de interesse, inicie a recorrência não com valores verdadeiros de $f_j(x)$ e $f_{j+1}(x)$, mas (primeiro) com os valores 1 e 0, respectivamente e então (segundo) com 0 e 1, respectivamente. Gere 10 ou 20 termos de sequências recursivas na direção em que você quer ir (aumentando ou decrescendo $j$), para cada uma das duas condições iniciais. Olhe as diferenças entre os membros correspondentes das duas sequências. Se as diferenças ficam da ordem de um (valores absolutos menores que 10, digamos), então a recorrência é estável. Se elas aumentam de forma lenta, então a recorrência pode ser suavemente instável, mas bastante tolerável. Se elas aumentam de forma catastrófica, então há uma solução exponencialmente crescente da recorrência. Se você sabe que a função que você quer de fato corresponde à solução crescente, então você pode manter a fórmula de recorrência de qualquer forma (p.ex., o caso da função de Bessel $Y_n(x)$ para $n$ crescente; ver §6.5). Se você não sabe a que solução sua função corresponde, você deve neste ponto rejeitar a fórmula de recorrência. Perceba que você pode fazer este teste *antes* que você vá para o problema de encontrar um método numérico para computar as duas funções iniciais $f_j(x)$ e $f_{j+1}(x)$: estabilidade é uma propriedade da recorrência, não dos valores iniciais.

Um procedimento heurístico alternativo para testar a estabilidade é trocar a relação de recorrência por uma similar que seja linear com coeficientes constantes. Por exemplo, a relação (5.4.2) torna-se

$$y_{n+1} - 2\gamma y_n + y_{n-1} = 0 \qquad (5.4.11)$$

onde $\gamma \equiv n/x$ é tratada como uma constante. Você resolve tais relações de recorrência tentando soluções da forma $y_n = a^n$. Substituir na recorrência dá

$$a^2 - 2\gamma a + 1 = 0 \quad \text{ou} \quad a = \gamma \pm \sqrt{\gamma^2 - 1} \qquad (5.4.12)$$

A recorrência é estável se $|a| < 1$ para todas soluções $a$. Isto vale (como nós podemos verificar) se $|\gamma| \leq 1$ ou $n \leq x$. A recorrência (5.4.2), portanto, não pode ser usada, começando com $J_0(x)$ e $J_1(x)$, para computar $J_n(x)$ para $n$ grande.

Possivelmente você gostaria neste ponto de ter a segurança de alguns teoremas reais sobre este assunto (embora sempre sigamos um dos procedimentos heurísticos). Aqui vão dois teoremas devidos a Perron [2]:

*Teorema A.* Se em (5.4.9) $a_n \sim an^\alpha$, $bn \sim bn^\beta$ quando $n \to \infty$ e $\beta < 2\alpha$, então

$$g_{n+1}/g_n \sim -an^\alpha, \qquad f_{n+1}/f_n \sim -(b/a)n^{\beta-\alpha} \qquad (5.4.13)$$

e $f_n$ é a solução mínima para (5.4.9).

*Teorema B.* Sob as mesmas condições do Teorema A, mas com $\beta = 2\alpha$, considere o *polinômio característico*

$$t^2 + at + b = 0 \qquad (5.4.14)$$

Se as raízes $t_1$ e $t_2$ de (5.4.14) têm módulos distintos, digamos, $|t_1| > |t_2|$, então

$$g_{n+1}/g_n \sim t_1 n^\alpha, \qquad f_{n+1}/f_n \sim t_2 n^\alpha \qquad (5.4.15)$$

e $f_n$ é novamente a solução mínima para (5.4.9). Outros casos além destes dois teoremas são inconclusivos para a existência de soluções mínimas. (Para mais sobre estabilidade de recorrências, ver [3].)

Como proceder se a solução que você deseja *é* a solução mínima? A resposta cai naquele velho ditado, que diz que depois da tempestade vem a bonança: se uma relação de recorrência é catastroficamente instável em uma direção, então esta solução (indesejada) decrescerá rapidamente na direção reversa. Isto significa que você pode começar com *quaisquer* valores de sementes para os $f_j$ e $f_{j+1}$ consecutivos e (quando você tiver tomado um número suficiente de passos na direção estável) você convergirá para a sequência de funções que você quer, vezes um fator de normalização desconhecido. Se há outra maneira para normalizar a sequência (p.ex., por uma fórmula para soma dos $f_n$'s), então esta pode ser uma maneira prática de efetuar a função. Este método é chamado de *algoritmo de Miller*. Um exemplo comum dado [1,4] usa a equação (5.4.2) exatamente desta maneira, junto com a fórmula de normalização

$$1 = J_0(x) + 2J_2(x) + 2J_4(x) + 2J_6(x) + \cdots \qquad (5.4.16)$$

Incidentalmente, há uma importante relação entre a recorrência de três termos e *frações continuadas*. Reescrevemos a relação de recorrência (5.4.9) como

$$\frac{y_n}{y_{n-1}} = -\frac{b_n}{a_n + y_{n+1}/y_n} \qquad (5.4.17)$$

Iterar esta equação, começando com $n$, dá

$$\frac{y_n}{y_{n-1}} = -\frac{b_n}{a_n -}\frac{b_{n+1}}{a_{n+1} -}\cdots \qquad (5.4.18)$$

O *teorema de Pincherle* [2] nos diz que (5.4.18) converge se e somente se (5.4.9) tem uma solução mínima $f_n$, e neste caso ela converge para $f_n/f_{n-1}$. Este resultado, usualmente para o caso $n = 1$ e combinado com alguma maneira para determinar $f_0$, está por trás de muitos métodos práticos para computar funções especiais que daremos no próximo capítulo.

### 5.4.2 Fórmula de recorrência de Clenshaw

A *fórmula de recorrência de Clenshaw* [5] é uma maneira elegante e eficiente de efetuar uma soma de coeficientes vezes funções que obedecem a uma fórmula de recorrência, p.ex.,

$$f(\theta) = \sum_{k=0}^{N} c_k \cos k\theta \quad \text{ou} \quad f(x) = \sum_{k=0}^{N} c_k P_k(x)$$

Aqui está como ela funciona: suponha que a soma desejada seja

$$f(x) = \sum_{k=0}^{N} c_k F_k(x) \tag{5.4.19}$$

e que $F_k$ obedeça à relação de recorrência

$$F_{n+1}(x) = \alpha(n, x) F_n(x) + \beta(n, x) F_{n-1}(x) \tag{5.4.20}$$

para algumas funções $\alpha(n, x)$ e $\beta(n, x)$. Agora defina as quantidades $y_k$ ($k = N, N-1, ..., 1$) pela recorrência

$$y_{N+2} = y_{N+1} = 0$$
$$y_k = \alpha(k, x) y_{k+1} + \beta(k+1, x) y_{k+2} + c_k \quad (k = N, N-1, \ldots, 1) \tag{5.4.21}$$

Se você resolver a equação (5.4.21) para $c_k$ pela esquerda e então escrever por extenso explicitamente a soma (5.4.19), ela se assemelhará (em parte) a isto:

$$\begin{aligned}
f(x) = &\cdots \\
&+ [y_8 - \alpha(8, x) y_9 - \beta(9, x) y_{10}] F_8(x) \\
&+ [y_7 - \alpha(7, x) y_8 - \beta(8, x) y_9] F_7(x) \\
&+ [y_6 - \alpha(6, x) y_7 - \beta(7, x) y_8] F_6(x) \\
&+ [y_5 - \alpha(5, x) y_6 - \beta(6, x) y_7] F_5(x) \\
&+ \cdots \\
&+ [y_2 - \alpha(2, x) y_3 - \beta(3, x) y_4] F_2(x) \\
&+ [y_1 - \alpha(1, x) y_2 - \beta(2, x) y_3] F_1(x) \\
&+ [c_0 + \beta(1, x) y_2 - \beta(1, x) y_2] F_0(x)
\end{aligned} \tag{5.4.22}$$

Observe que adicionamos e subtraímos $\beta(1, x) y_2$ na última linha. Se você examinar os termos contendo um fator de $y_8$ em (5.4.22) você verá que eles somam para zero como uma consequência da relação de recorrência (5.4.20); similarmente para todos os outros $y_k$'s até $y_2$. Os únicos termos sobreviventes em (5.4.22) são

$$f(x) = \beta(1, x) F_0(x) y_2 + F_1(x) y_1 + F_0(x) c_0 \tag{5.4.23}$$

Equações (5.4.21) e (5.4.23) são *fórmulas de recorrência de Clenshaw* para fazer a soma (5.4.19): você faz um passo atrás do outro obtendo os $y_k$'s usando (5.4.21); quando você tiver alcançado $y_2$ e $y_1$, você aplica (5.4.23) para obter a resposta desejada.

Recorrência de Clenshaw como escrita acima incorpora os coeficientes $c_k$ em uma ordem decrescente conforme $k$ diminui. Neste estágio, o efeito de todos os $c_k$'s anteriores é "relembrado" como dois coeficientes que multiplicam as funções $F_{k+1}$ e $F_k$ (por fim, $F_0$ e $F_1$). Se as funções $F_k$ são pequenas quando $k$ é grande, e se os coeficientes $c_k$ são pequenos quando $k$ é *pequeno*, então a soma pode ser dominada por pequenos $F_k$'s. Neste caso, os coeficientes relembrados envolverão um delicado cancelamento e haverá uma catastrófica perda de significância. Um exemplo seria somar a série trivial

$$J_{15}(1) = 0 \times J_0(1) + 0 \times J_1(1) + \ldots + 0 \times J_{14}(1) + 1 \times J_{15}(1) \tag{5.4.24}$$

Aqui $J_{15}$, o qual é muito pequeno, termina representado como uma combinação linear de $J_0$ e $J_1$ que se cancela, a qual é de ordem 1.

A solução em tais casos é usar uma recorrência de Clenshaw alternativa que incorpora os $c_k$'s na direção crescente. As equações relevantes são:

$$y_{-2} = y_{-1} = 0 \tag{5.4.25}$$

$$y_k = \frac{1}{\beta(k+1,x)}[y_{k-2} - \alpha(k,x)y_{k-1} - c_k], \quad k = 0, 1, \ldots, N-1 \tag{5.4.26}$$

$$f(x) = c_N F_N(x) - \beta(N,x) F_{N-1}(x) y_{N-1} - F_N(x) y_{N-2} \tag{5.4.27}$$

O caso raro em que as equações (5.4.25) – (5.4.27) poderiam ser usadas no lugar das equações (5.4.21) e (5.4.23) pode ser detectado automaticamente testando-se se os operandos na primeira soma em (5.4.23) são de sinais opostos e proximamente iguais em magnitude. A não ser por este caso especial, a recorrência de Clenshaw é sempre estável, independente de se a recorrência para as funções $F_k$ é estável na direção crescente ou decrescente.

### 5.4.3 Estimação paralela de relações de recorrência

Quando desejável, relações de recorrência linear podem ser efetuadas com bastante paralelismo. Considere a relação geral de recorrência de primeira ordem

$$u_j = a_j + b_{j-1} u_{j-1}, \quad j = 2, 3, \ldots, n \tag{5.4.28}$$

com valor inicial $u_1 = a_1$. Para paralelizar a recorrência nós podemos empregar a estratégia geral mais poderosa de *duplicação recursiva*. Escreva a equação (5.4.28) para $2j$ e para $2j - 1$:

$$\begin{aligned} u_{2j} &= a_{2j} + b_{2j-1} u_{2j-1} \\ u_{2j-1} &= a_{2j-1} + b_{2j-2} u_{2j-2} \end{aligned} \tag{5.4.29}$$

Substitua a segunda destas equações na primeira para eliminar $u_{2j-1}$ e obter

$$u_{2j} = (a_{2j} + a_{2j-1} b_{2j-1}) + (b_{2j-2} b_{2j-1}) u_{2j-2} \tag{5.4.30}$$

Esta é uma nova recorrência da mesma forma como (5.4.28), mas apenas sobre os $u_j$ pares, e por isso envolvendo apenas $n/2$ termos. Claramente podemos continuar este processo recursivamente, reduzindo pela metade o número de termos na recorrência em cada estágio, até que tenhamos uma recorrência de comprimento 1 ou 2 que podemos fazer explicitamente. Cada vez que terminamos uma subparte da recursão, nós preenchemos os termos ímpares na recorrência, usando a segunda equação em (5.4.29). Na prática, é ainda mais fácil do que parece. O número total de operações é igual ao necessário para estimação serial, mas elas são feitas em cerca de $\log_2 n$ passos paralelos.

Há uma variante da duplicação recursiva, chamada de redução cíclica, que pode ser implementada com um laço para as iterações diretamente, em vez de um procedimento recursivo [6]. Aqui começamos escrevendo explicitamente a recorrência (5.4.28) para todos os termos adjacentes $u_j$ e $u_{j-1}$ (não apenas os pares, como antes). Eliminando $u_{j-1}$, exatamente como na equação (5.4.30), temos

$$u_j = (a_j + a_{j-1}b_{j-1}) + (b_{j-2}b_{j-1})u_{j-2} \tag{5.4.31}$$

que é uma recorrência de primeira ordem com novos coeficientes $a'_j$ e $b'_j$. Repetindo este processo, temos sucessivas fórmulas para $u_j$ em termos de $u_{j-2}, u_{j-4}, u_{j-8}, \ldots$. O procedimento termina quando atingimos $u_{j-n}$ (para $n$ uma potência de 2), que é zero para todo $j$. Assim, o último passo fornece $u_j$ igual para o último conjunto de $a'_j$'s.

Na redução cíclica, o comprimento do vetor $u_j$ que é atualizado em cada estágio não diminui por um fator de 2 em cada estágio, mas sim apenas diminui de $\sim n$ para $\sim n/2$ durante todos os $\log_2 n$ estágios. Assim, o número total de operações realizadas é $O(n \log n)$, em oposição a $O(n)$ para duplicação recursiva. Se isto é importante ou não depende dos detalhes da arquitetura do computador.

Relações de recorrência de segunda ordem podem também ser paralelizadas. Considere a relação de recorrência de segunda ordem

$$y_j = a_j + b_{j-2}y_{j-1} + c_{j-2}y_{j-2}, \qquad j = 3, 4, \ldots, n \tag{5.4.32}$$

com valores iniciais

$$y_1 = a_1, \qquad y_2 = a_2 \tag{5.4.33}$$

Com este esquema de numeração, você fornece os coeficiente $a_1, \ldots, a_n, b_1, \ldots, b_{n-2}$ e $c_1, \ldots, c_{n-2}$. Reescrevemos a relação de recorrência na forma [6]

$$\begin{pmatrix} y_j \\ y_{j+1} \end{pmatrix} = \begin{pmatrix} 0 \\ a_{j+1} \end{pmatrix} + \begin{pmatrix} 0 & 1 \\ c_{j-1} & b_{j-1} \end{pmatrix} \begin{pmatrix} y_{j-1} \\ y_j \end{pmatrix}, \qquad j = 2, \ldots, n-1 \tag{5.4.34}$$

isto é,

$$\mathbf{u}_j = \mathbf{a}_j + \mathbf{b}_{j-1} \cdot \mathbf{u}_{j-1}, \qquad j = 2, \ldots, n-1 \tag{5.4.35}$$

onde

$$\mathbf{u}_j = \begin{pmatrix} y_j \\ y_{j+1} \end{pmatrix}, \qquad \mathbf{a}_j = \begin{pmatrix} 0 \\ a_{j+1} \end{pmatrix}, \qquad \mathbf{b}_{j-1} = \begin{pmatrix} 0 & 1 \\ c_{j-1} & b_{j-1} \end{pmatrix} \tag{5.4.36}$$

e

$$\mathbf{u}_1 = \mathbf{a}_1 = \begin{pmatrix} y_1 \\ y_2 \end{pmatrix} = \begin{pmatrix} a_1 \\ a_2 \end{pmatrix} \tag{5.4.37}$$

Esta é uma relação de recorrência de primeira ordem para os vetores $\mathbf{u}_j$ e pode ser resolvida por um dos algoritmos descritos acima. A única diferença é que as multiplicações são multiplicações com as matrizes $2 \times 2$ $\mathbf{b}_j$. Após a primeira chamada recursiva, os zeros em $\mathbf{a}$ e $\mathbf{b}$ são perdidos, portanto, temos que escrever a rotina para vetores e matrizes bidimensionais gerais. Observe que este algoritmo não evita os potenciais problemas de instabilidade associados com recorrências de segunda ordem que foram discutidos em §5.4.1. Também observe que o algoritmo generaliza de uma maneira óbvia recorrências de ordem superior: uma recorrência de $n$-ésima ordem pode ser escrita como uma recorrência de primeira ordem envolvendo vetores e matrizes de dimensão $n$.

## REFERÊNCIAS CITADAS E LEITURA COMPLEMENTAR

Abramowitz, M., and Stegun, I.A. 1964, *Handbook of Mathematical Functions* (Washington: National Bureau of Standards); reprinted 1968 (New York: Dover); online at http://www.nr.com/aands, pp. xiii, 697.[1]

Gautschi, W. 1967, "Computational Aspects of Three-Term Recurrence Relations," *SIAM Review*, vol. 9, pp. 24-82.[2]

Lakshmikantham, V., and Trigiante, D. 1988, *Theory of Difference Equations: Numerical Methods and Applications* (San Diego: Academic Press).[3]

Acton, F.S. 1970, *Numerical Methods That Work;* 1990, corrected edition (Washington, DC: Mathematical Association of America), pp. 20ff.[4]

Clenshaw, C.W. 1962, *Mathematical Tables*, vol. 5, National Physical Laboratory (London: H.M. Stationery Office).[5]

Dahlquist, G., and Bjorck, A. 1974, *Numerical Methods* (Englewood Cliffs, NJ: Prentice-Hall); reprinted 2003 (New York: Dover), §4.4.3, p. 111.

Goodwin, E.T. (ed.) 1961, *Modern Computing Methods*, 2nd ed. (New York: Philosophical Library), p. 76.

Hockney, R.W., and Jesshope, C.R. 1988, *Parallel Computers 2: Architecture, Programming, and Algorithms* (Bristol and Philadelphia: Adam Hilger), §5.2.4 and §5.4.2.[6]

## 5.5 Aritmética complexa

Uma vez que C++ tem uma classe `complex` embutida, você pode geralmente deixar o compilador e a biblioteca da classe tomar conta da aritmética complexa para você. Geralmente, mas nem sempre. Para um programa com apenas um número pequeno de operações complexas, você mesmo pode querer codificá-las, in-line. Ou você pode achar que seu compilador não é suficientemente capaz para tal trabalho: é desconcertantemente comum encontrar operações complexas que produzem overflows ou underflows quando ambos os operandos e o resultado complexos são perfeitamente representáveis. Isto ocorre, nós achamos, porque as companhias de software veem a implementação de aritmética complexa como uma tarefa completamente trivial, não requerendo particular sofisticação.

Na verdade, aritmétrica complexa não é *realmente* trivial. Adição e subtração são feitas de uma maneira óbvia, realizando a operação separadamente nas partes real e imaginária dos operandos. Multiplicação pode também ser feita de uma maneira óbvia, com quatro multiplicações, uma adição e uma subtração:

$$(a + ib)(c + id) = (ac - bd) + i(bc + ad) \qquad (5.5.1)$$

(o sinal de adição antes do $i$ não conta; ele apenas separa as partes real e imaginária notacionalmente). Mas às vezes é mais rápido multiplicar via

$$(a + ib)(c + id) = (ac - bd) + i[(a + b)(c + d) - ac - bd] \qquad (5.5.2)$$

que tem apenas três multiplicações ($ac$, $bd$, $(a+b)(c+d)$), mais duas adições e três subtrações. O total de operações é maior por dois, mas multiplicação é uma operação lenta em algumas máquinas.

Apesar de ser verdade que resultados intermediários nas equações (5.5.1) e (5.5.2) podem gerar overflow mesmo quando o resultado final é representável, isto acontece apenas quando a resposta final está no extremo da representatividade. O mesmo não se aplica para o módulo complexo, se você ou seu compilador forem desorientados o suficiente para computá-lo como

$$|a + ib| = \sqrt{a^2 + b^2} \qquad \text{(ruim!)} \qquad (5.5.3)$$

cujo resultado intermediário poderá gerar overflow caso ou $a$ ou $b$ sejam tão grandes quanto a raiz quadrada do maior número representado (p.ex., $10^{19}$ quando comparado a $10^{38}$). A maneira certa de fazer o cálculo é

$$|a+ib| = \begin{cases} |a|\sqrt{1+(b/a)^2} & |a| \geq |b| \\ |b|\sqrt{1+(a/b)^2} & |a| < |b| \end{cases} \quad (5.5.4)$$

Divisão complexa usaria um truque similar para prevenir um overflow ou underflow indesejado, ou perda de precisão:

$$\frac{a+ib}{c+id} = \begin{cases} \dfrac{[a+b(d/c)] + i[b-a(d/c)]}{c+d(d/c)} & |c| \geq |d| \\ \dfrac{[a(c/d)+b] + i[b(c/d)-a]}{c(c/d)+d} & |c| < |d| \end{cases} \quad (5.5.5)$$

Claro, você poderia calcular repetidas subexpressões, como $c/d$ ou $d/c$, apenas uma vez.

Raiz quadrada complexa é ainda mais complicada, uma vez que devemos tanto guardar resultados intermediários como também forçar uma escolha do corte de ramificação (aqui tomado como o eixo real negativo). Para tirar a raiz quadrada de $c+id$, primeiro compute

$$w \equiv \begin{cases} 0 & c = d = 0 \\ \sqrt{|c|}\sqrt{\dfrac{1+\sqrt{1+(d/c)^2}}{2}} & |c| \geq |d| \\ \sqrt{|d|}\sqrt{\dfrac{|c/d|+\sqrt{1+(c/d)^2}}{2}} & |c| < |d| \end{cases} \quad (5.5.6)$$

Então a resposta é

$$\sqrt{c+id} = \begin{cases} 0 & w = 0 \\ w + i\left(\dfrac{d}{2w}\right) & w \neq 0, c \geq 0 \\ \dfrac{|d|}{2w} + iw & w \neq 0, c < 0, d \geq 0 \\ \dfrac{|d|}{2w} - iw & w \neq 0, c < 0, d < 0 \end{cases} \quad (5.5.7)$$

### REFERÊNCIAS CITADAS E LEITURA COMPLEMENTAR

Midy, P., and Yakovlev, Y. 1991," Computing Some Elementary Functions of a Complex Variable," *Mathematics and Computers in Simulation,* vol. 33, pp. 33-49.

Knuth, D.E. 1997, *Seminumerical Algorithms,* 3rd ed., vol. 2 of *The Art of Computer Programming* (Reading, MA: Addison-Wesley) [veja as soluções dos exercícios 4.2.1.16 e 4.6.4.41].

## 5.6 Equações quadráticas e cúbicas

As raízes de equações algébricas simples podem ser vistas como sendo funções dos coeficientes das equações. Aprendemos estas funções em álgebra elementar. Ainda assim, surpreendentemente muitas pessoas não conhecem o jeito certo de se resolver uma equação quadrática com duas raízes reais ou obter as raízes de uma equação cúbica.

Há duas maneiras de se escrever a solução da equação quadrática

$$ax^2 + bx + c = 0 \tag{5.6.1}$$

com coeficientes reais $a, b, c$, a saber,

$$x = \frac{-b \pm \sqrt{b^2 - 4ac}}{2a} \tag{5.6.2}$$

e

$$x = \frac{2c}{-b \pm \sqrt{b^2 - 4ac}} \tag{5.6.3}$$

Se você usa *ou* (5.6.2) *ou* (5.6.3) para obter as duas raízes, você está procurando problema: se $a$ ou $c$ (ou ambos) é pequeno, então uma das raízes envolverá a subtração de $b$ de uma quantidade muito proximamente igual (o discriminante); você obterá esta raiz de maneira pouco acurada. A maneira correta para computar as raízes é

$$q \equiv -\frac{1}{2}\left[b + \text{sgn}(b)\sqrt{b^2 - 4ac}\right] \tag{5.6.4}$$

Então as duas raízes são

$$x_1 = \frac{q}{a} \quad \text{e} \quad x_2 = \frac{c}{q} \tag{5.6.5}$$

Se os coeficientes $a, b, c$, são complexos em vez de reais, então as fórmulas acima permanecem válidas, exceto que na equação (5.6.4) o sinal da raiz quadrada deveria ser escolhido de forma a satisfazer

$$\text{Re}(b^* \sqrt{b^2 - 4ac}) \geq 0 \tag{5.6.6}$$

onde Re denota a parte real e o asterisco denota o complexo conjugado.

Quanto a equações quadráticas, este parece um lugar conveniente para recordar que as funções hiperbólicas inversas senh$^{-1}$ e cosh$^{-1}$ são de fato apenas logaritmos das soluções de equações tais

$$\text{senh}^{-1}(x) = \ln\left(x + \sqrt{x^2 + 1}\right) \tag{5.6.7}$$

$$\cosh^{-1}(x) = \pm \ln\left(x + \sqrt{x^2 - 1}\right) \tag{5.6.8}$$

A equação (5.6.7) é numericamente robusta para $x \geq 0$. Para $x$ negativo, usa-se a simetria senh$^{-1}$ $(-x) = -$ senh$^{-1}(x)$. A equação (5.6.8), é claro, é válida apenas para $x \geq 1$.

Para a equação cúbica

$$x^3 + ax^2 + bx + c = 0 \tag{5.6.9}$$

com coeficientes reais ou complexos $a$, $b$, $c$, primeiro compute

$$Q \equiv \frac{a^2 - 3b}{9} \quad \text{e} \quad R \equiv \frac{2a^3 - 9ab + 27c}{54} \qquad (5.6.10)$$

Se $Q$ e $R$ são reais (sempre verdade quando $a$, $b$, $c$ são reais) e $R^2 < Q^3$, então a equação cúbica tem três raízes reais. Encontre-as computando

$$\theta = \arccos(R/\sqrt{Q^3}) \qquad (5.6.11)$$

em cujos termos as três raízes são

$$\begin{aligned} x_1 &= -2\sqrt{Q}\cos\left(\frac{\theta}{3}\right) - \frac{a}{3} \\ x_2 &= -2\sqrt{Q}\cos\left(\frac{\theta + 2\pi}{3}\right) - \frac{a}{3} \\ x_3 &= -2\sqrt{Q}\cos\left(\frac{\theta - 2\pi}{3}\right) - \frac{a}{3} \end{aligned} \qquad (5.6.12)$$

(Esta equação apareceu pela primeira vez no Capítulo VI do tratado de François Viète *De emendatione*, publicado em 1615!)

Caso contrário, compute

$$A = -\left[R + \sqrt{R^2 - Q^3}\right]^{1/3} \qquad (5.6.13)$$

onde o sinal da raiz quadrada é escolhida para satisfazer

$$\text{Re}(R^*\sqrt{R^2 - Q^3}) \geq 0 \qquad (5.6.14)$$

(o asterisco novamente denotando o complexo conjugado). Se $Q$ e $R$ são reais, as equações (5.6.13) – (5.6.14) são equivalentes a

$$A = -\text{sgn}(R)\left[|R| + \sqrt{R^2 - Q^3}\right]^{1/3} \qquad (5.6.15)$$

onde a raiz quadrada positiva é assumida. Continuando, compute

$$B = \begin{cases} Q/A & (A \neq 0) \\ 0 & (A = 0) \end{cases} \qquad (5.6.16)$$

em cujos termos as três raízes são

$$x_1 = (A + B) - \frac{a}{3} \qquad (5.6.17)$$

(a única raiz real quando $a$, $b$ e $c$ são reais) e

$$\begin{aligned} x_2 &= -\frac{1}{2}(A + B) - \frac{a}{3} + i\frac{\sqrt{3}}{2}(A - B) \\ x_3 &= -\frac{1}{2}(A + B) - \frac{a}{3} - i\frac{\sqrt{3}}{2}(A - B) \end{aligned} \qquad (5.6.18)$$

(naquele mesmo caso, um par complexo conjugado). Equações (5.6.13) – (5.6.16) são ordenadas para minimizar erros de arredondamento e também (como apontado por A. J. Glassman) para assegurar que nenhuma escolha do ramo para a raiz cúbica complexa possa resultar na perda espúria de uma raiz distinta.

Se você precisa resolver muitas equações cúbicas com coeficientes somente levemente diferentes, é mais eficiente usar o método de Newton (§9.4).

### REFERÊNCIAS CITADAS E LEITURA COMPLEMENTAR

Weast, R.C. (ed.) 1967, *Handbook of Tables for Mathematics*, 3rd ed. (Cleveland: The Chemical Rubber Co.), pp. 130-133.
Pachner, J. 1983, *Handbook of Numerical Analysis Applications* (New York: McGraw-Hill), §6.1.
McKelvey, J.P. 1984, "Simple Transcendental Expressions for the Roots of Cubic Equations," *American Journal of Physics*, vol. 52, pp. 269-270; see also vol. 53, p. 775, and vol. 55, pp. 374-375.

## 5.7 Derivadas numéricas

Imagine que você tenha um procedimento que computa uma função $f(x)$, e que agora você queria computar sua derivada $f'(x)$. Fácil, certo? A definição da derivada, o limite para $h \to 0$ de

$$f'(x) \approx \frac{f(x+h) - f(x)}{h} \tag{5.7.1}$$

praticamente sugere o programa: tome um valor pequeno de $h$; efetue $f(x+h)$; você provavelmente tem $f(x)$ já efetuado, mas se não, faça isso também; finalmente, aplique a equação (5.7.1). O que mais precisa ser dito?

Um bocado, na verdade. Aplicado sem nenhuma crítica, é quase garantido que o procedimento acima produzirá resultados não acurados. Aplicado propriamente, ele pode ser o caminho certo para computar uma derivada apenas quando a função $f$ é *extremamente* cara de se computar; quando você já investiu na computação de $f(x)$; e quando, por esta razão, você quer obter a derivada em não mais do que uma única estimação adicional da função. Em tal situação, a questão remanescente é escolher $h$ propriamente, um tópico que agora vamos discutir.

Há duas fontes de erro na equação (5.7.1), erro de truncamento e de arredondamento. O erro de truncamento vem de termos de ordem superior na expansão em série de Taylor,

$$f(x+h) = f(x) + hf'(x) + \tfrac{1}{2}h^2 f''(x) + \tfrac{1}{6}h^3 f'''(x) + \cdots \tag{5.7.2}$$

de onde

$$\frac{f(x+h) - f(x)}{h} = f' + \frac{1}{2}hf'' + \cdots \tag{5.7.3}$$

O erro de arredondamento tem várias contribuições. Primeiro há erro de arredondamento em $h$: suponha, por intermédio de um exemplo, que você esteja no ponto $x = 10,3$ e cegamente escolha $h = 0,0001$. Nem $x = 10,3$, nem $x + h = 10,30001$ é um número com uma representação exata no formato em ponto flutuante da máquina, $\epsilon_m$, cujo valor em precisão simples é $\sim 10^{-7}$. O erro no valor *efetivo* de $h$, isto é, a diferença entre $x + h$ e $x$ como representado na máquina, é por esta razão da ordem de $\epsilon_m x$, o que implica um erro fracionário em $h$ da ordem $\sim \epsilon_m x/h \sim 10^{-2}$!

Pela equação (5.7.1), isto imediatamente implica, no mínimo, o mesmo grande erro fracionário na derivada.

Chegamos assim à lição 1: sempre escolha $h$ tal que $x + h$ e $x$ difiram por um número exatamente representado. Isto pode usualmente ser realizado pelos passos do programa

$$\begin{aligned} \text{temp} &= x + h \\ h &= \text{temp} - x \end{aligned} \quad (5.7.4)$$

Alguns compiladores otimizados e alguns computadores cujos chips em ponto flutuante têm uma acurácia interna maior do que o armazenado externamente podem anular este truque; se sim, é geralmente suficiente declarar temp como volatile, ou senão chamar uma função dummy (postiça) donothing(temp) entre as duas equações (5.7.4). Isto força temp para dentro e para fora da memória endereçável.

Com $h$ um número "exato", o erro de arredondamento na equação (5.7.1) é aproximadamente $e_r \sim \epsilon_f |f(x)/h|$. Aqui, $\epsilon_f$ é a acurácia fracionária com a qual $f$ é computada: para uma função simples pode ser comparável à acurácia da máquina, $\epsilon_f \approx \epsilon_m$, mas para um cálculo complicado com fontes adicionais de acurácia, pode ser maior. O erro de truncamento na equação (5.7.3) é da ordem de $e_t \sim |hf''(x)|$. Variando $h$ para minimizar a soma $e_r + e_t$, temos uma escolha ótima de $h$,

$$h \sim \sqrt{\frac{\epsilon_f f}{f''}} \approx \sqrt{\epsilon_f} x_c \quad (5.7.5)$$

onde $x_c \equiv (f/f'')^{1/2}$ é a "escala de curvatura" da função $f$ ou a escala característica sobre a qual ela muda. Na ausência de mais informações, geralmente assume-se que $x_c = x$ (exceto perto de $x = 0$, onde alguma outra estimativa da escala típica de $x$ poderia ser usada).

Com a escolha da equação (5.7.5), a acurácia fracionária da derivada computada é

$$(e_r + e_t)/|f'| \sim \sqrt{\epsilon_f}(ff''/f'^2)^{1/2} \sim \sqrt{\epsilon_f} \quad (5.7.6)$$

Aqui, a última igualdade de ordem de magnitude assume que $f$, $f'$ e $f''$ compartilham todas o mesmo comprimento de escala, o que geralmente é o caso. Pode-se ver que a simples equação de diferença finita (5.7.1) dá *na melhor das hipóteses* somente a raiz quadrada da acurácia da máquina $\epsilon_m$.

Se você pode dispor do cálculo de duas funções para efetuar cada derivada, então é significantemente melhor usar a forma simetrizada

$$f'(x) \approx \frac{f(x+h) - f(x-h)}{2h} \quad (5.7.7)$$

Neste caso, pela equação (5.7.2), o erro de truncamento é $e_t \sim h^2 f'''$. O erro de arredondamento $e_r$ é aproximadamente o mesmo que antes. A escolha ótima de $h$, por um cálculo breve análogo ao acima, é agora

$$h \sim \left(\frac{\epsilon_f f}{f'''}\right)^{1/3} \sim (\epsilon_f)^{1/3} x_c \quad (5.7.8)$$

e o erro fracionário é

$$(e_r + e_t)/|f'| \sim (\epsilon_f)^{2/3} f^{2/3} (f''')^{1/3}/f' \sim (\epsilon_f)^{2/3} \quad (5.7.9)$$

o qual tipicamente será de uma ordem de magnitude (precisão simples) ou duas ordens de magnitude (precisão dupla) *melhor* do que a equação (5.7.6). Agora chegamos à lição 2: escolha $h$ para ser a potência *correta* de $\epsilon_f$ ou $\epsilon_m$ vezes uma escala característica $x_c$.

Você pode facilmente derivar as potências corretas para outros casos [1]. Para uma função de duas dimensões, por exemplo, e a fórmula para derivada mista

$$\frac{\partial^2 f}{\partial x \partial y} = \frac{[f(x+h, y+h) - f(x+h, y-h)] - [f(x-h, y+h) - f(x-h, y-h)]}{4h^2} \quad (5.7.10)$$

o escalamento correto tipicamente é $h \sim \epsilon_f^{1/4} x_c$.

É decepcionante, certamente, que nenhuma fórmula simples de diferença finita como as equações (5.7.1) ou (5.7.7) dá uma acurácia comparável à acurácia da máquina $\epsilon_m$, ou mesmo à acurácia inferior para qual $f$ é efetuada, $\epsilon_f$. Não há métodos melhores?

Sim, há. Todos, porém, envolvem exploração do comportamento da função sobre escalas comparáveis a $x_c$, mais alguma hipótese de suavidade ou analiticidade, de forma que os termos de ordem superior em uma expansão de Taylor como na equação (5.7.2) tenham algum significado. Tais métodos também envolvem múltiplas estimativas da função $f$, assim o aumento da sua acurácia deve ser pesado contra o aumento do custo.

A ideia geral da "aproximação retardada para o limite de Richardson" é particularmente atrativa. Para integrais numéricas, esta ideia conduz à assim chamada integração de Romberg (para uma revisão, ver §4.3). Para derivadas, procura-se extrapolar, para $h \to 0$, o resultado dos cálculos de diferenças finitas com valores finitos de $h$ cada vez menores. Pelo uso do algoritmo de Neville (§3.2), usa-se cada novo cálculo de diferença finita para produzir tanto uma extrapolação de ordem mais alta quanto também extrapolações de ordens anteriores, menores, mas com menores escalas $h$. Ridders [2] deu uma boa implementação desta ideia; o programa seguinte, dfridr, é baseado no seu algoritmo, modificado por um critério de parada melhorado. O input para a rotina é uma função $f$ (chamada func), uma posição $x$ e um tamanho *máximo* de passo $h$ (mais análogo ao que nós chamamos de $x_c$ acima do que ao que chamamos de $h$). Output é o valor retornado da derivada e uma estimativa de seu erro, err.

```
template<class T>                                                              dfridr.h
Doub dfridr(T &func, const Doub x, const Doub h, Doub &err)
Retorna a derivada de uma função func no ponto x pelo método de Ridder da extrapolação polinomial.
O valor h é input como um tamanho inicial de passo estimado; não precisa ser pequeno, mas deveria ser
um incremento em x sobre o qual func muda substancialmente. Uma estimativa de erro na derivada é
retornada como err.
{
    const Int ntab=10;                          Designa um tamanho máximo do tableau.
    const Doub con=1.4, con2=(con*con);         O tamanho do passo é diminuído de uma quanti-
    const Doub big=numeric_limits<Doub>::max(); dade CON em cada iteração.
    const Doub safe=2.0;                        Retorne quando o erro for SAFE vezes pior do que
    Int i,j;                                    o erro encontrado até o momento.
    Doub errt,fac,hh,ans;
    MatDoub a(ntab,ntab);
    if (h == 0.0) throw("h must be nonzero in dfridr.");
    hh=h;
    a[0][0]=(func(x+hh)-func(x-hh))/(2.0*hh);
    err=big;
    for (i=1;i<ntab;i++) {
    Colunas sucessivas no tableau de Neville irão para maiores tamanhos de passo e maiores ordens de
    extrapolação.
        hh /= con;
        a[0][i]=(func(x+hh)-func(x-hh))/(2.0*hh);      Tente novamente, com tamanho de
        fac=con2;                                      passo menor.
```

```
            for (j=1;j<=i;j++) {              Compute extrapolações de várias ordens, não requerendo
                a[j][i]=(a[j-1][i]*fac-a[j-1][i-1])/(fac-1.0);   nenhuma nova estimação de
                fac=con2*fac;                                     função.
                errt=MAX(abs(a[j][i]-a[j-1][i]),abs(a[j][i]-a[j-1][i-1]));
                A estratégia de erro é comparar cada nova extrapolação com uma de ordem inferior, tanto
                no presente tamanho de passo quanto no tamanho de passo anterior.
                if (errt <= err) {            Se o erro diminui, salve a resposta melhorada.
                    err=errt;
                    ans=a[j][i];
                }
            }
            if (abs(a[i][i]-a[i-1][i-1]) >= safe*err) break;
            Se a ordem superior é pior por um fator de significância SAFE, então sai prematuramente.
        }
        return ans;
    }
```

Em `dfridr` o número de estimativas de `func` é tipicamente de 6 a 12, mas pode ser tão grande quanto $2 \times \texttt{NTAB}$. Como uma função de `h`, é típico que a acurácia se torne *melhor* conforme `h` é feito maior, até que um ponto súbito é atingido onde uma extrapolação absurda produz um retorno prematuro com um erro grande. Você deveria por esta razão escolher um valor razoavelmente grande para `h`, mas monitorar o valor retornado `err`, diminuindo `h` se ele não for pequeno. Para funções cuja escala característica $x$ é de ordem um, nós tipicamente fazemos `h` ser poucos décimos.

Além do método de Ridder, há outras técnicas possíveis. Se sua função é razoavelmente suave e você sabe que vai querer efetuar suas derivadas muitas vezes em pontos arbitrários em algum intervalo, então faz sentido construir uma aproximação por polinômios de Chebyshev para a função neste intervalo e efetuar a derivada diretamente com os coeficientes de Chebyshev obtidos. Este método é descrito em §5.8 – §5.9, em seguida.

Outra técnica aplica-se quando a função consiste de dados que são tabulados em intervalos igualmente espaçados e talvez ruidosos. Poder-se-ia então, em cada ponto, realizar um *ajuste* por mínimos quadrados para um polinômio de algum grau $M$, usando-se um número adicional $n_L$ de pontos à esquerda e algum número $n_R$ de pontos à direita de cada valor $x$ desejado. A derivada estimada é então a derivada do polinômio ajustado resultante. Uma maneira muito eficiente para fazer esta construção é via filtros de suavização de Sabitsky-Golay, que serão discutidos futuramente em §14.9. Lá, daremos uma rotina para obter uma filtragem dos coeficientes que não apenas constroem o polinômio ajustado, mas, na acumulação de uma simples soma de pontos dados vezes os coeficientes filtrados, ajustam-no também. De fato, a rotina dada, `savgol`, tem um argumento `ld` que determina qual derivada do polinômio ajustado é efetuada. Para a primeira derivada, a designação apropriada é `ld =1`, e o valor da derivada é a soma acumulada dividida pelo intervalo amostrado $h$.

**REFERÊNCIAS CITADAS E LEITURA COMPLEMENTAR**

Dennis, J.E., and Schnabel, R.B. 1983, *Numerical Methods for Unconstrained Optimization and Nonlinear Equations;* reprinted 1996 (Philadelphia: S.I.A.M.), §5.4 – §5.6.[1]

Ridders, C.J.F. 1982, "Accurate computation of $F'(x)$ and $F'(x)F''(x)$" *Advances in Engineering Software,* vol. 4, no. 2, pp. 75-76.[2]

## 5.8 Aproximação de Chebyshev

O polinômio de Chebyshev de grau $n$ é denotado por $T_n(x)$ e é dado pela fórmula explícita

$$T_n(x) = \cos(n \arccos x) \tag{5.8.1}$$

Isto parece trigonométrico à primeira vista (e há de fato uma relação próxima entre polinômios de Chebyshev e a transformada de Fourier): porém, (5.8.1) pode ser combinada com identidades trigonométricas para produzir expressões explicitadas para $T_n(x)$ (ver Figura 5.8.1):

$$\begin{aligned} T_0(x) &= 1 \\ T_1(x) &= x \\ T_2(x) &= 2x^2 - 1 \\ T_3(x) &= 4x^3 - 3x \\ T_4(x) &= 8x^4 - 8x^2 + 1 \\ &\cdots \\ T_{n+1}(x) &= 2xT_n(x) - T_{n-1}(x) \quad n \geq 1. \end{aligned} \tag{5.8.2}$$

(Também existem fórmulas inversas para as potências de $x$ em termos dos $T_n$'s – ver, p.ex., [1].)

Os polinômios de Chebyshev são ortogonais no intervalo $[-1, -1]$ sobre um peso $(1 - x^2)^{-1/2}$. Em particular,

$$\int_{-1}^{1} \frac{T_i(x)T_j(x)}{\sqrt{1-x^2}} dx = \begin{cases} 0 & i \neq j \\ \pi/2 & i = j \neq 0 \\ \pi & i = j = 0 \end{cases} \tag{5.8.3}$$

O polinômio $T_n(x)$ tem $n$ zeros no intervalo $[-1,1]$, e eles estão localizados nos pontos

$$x = \cos\left(\frac{\pi(k + \frac{1}{2})}{n}\right) \quad k = 0, 1, \ldots, n-1 \tag{5.8.4}$$

Neste mesmo intervalo há $n + 1$ extremos (máximo e mínimo), localizados em

$$x = \cos\left(\frac{\pi k}{n}\right) \quad k = 0, 1, \ldots, n \tag{5.8.5}$$

Em todos os pontos de máximo $T_n(x) = 1$, enquanto em todos os de mínimo $T_n(x) = -1$: é precisamente esta propriedade que faz os polinômios de Chebyshev serem úteis na aproximação polinomial de funções.

Os polinômios de Chebyshev satisfazem uma relação discreta de ortogonalidade bem como a contínua (5.8.3): se $x_k$ ($k = 0,\ldots, m - 1$) são os $m$ zeros de $T_m(x)$ dados por (5.8.4), e se $i, j < m$, então

$$\sum_{k=0}^{m-1} T_i(x_k)T_j(x_k) = \begin{cases} 0 & i \neq j \\ m/2 & i = j \neq 0 \\ m & i = j = 0 \end{cases} \tag{5.8.6}$$

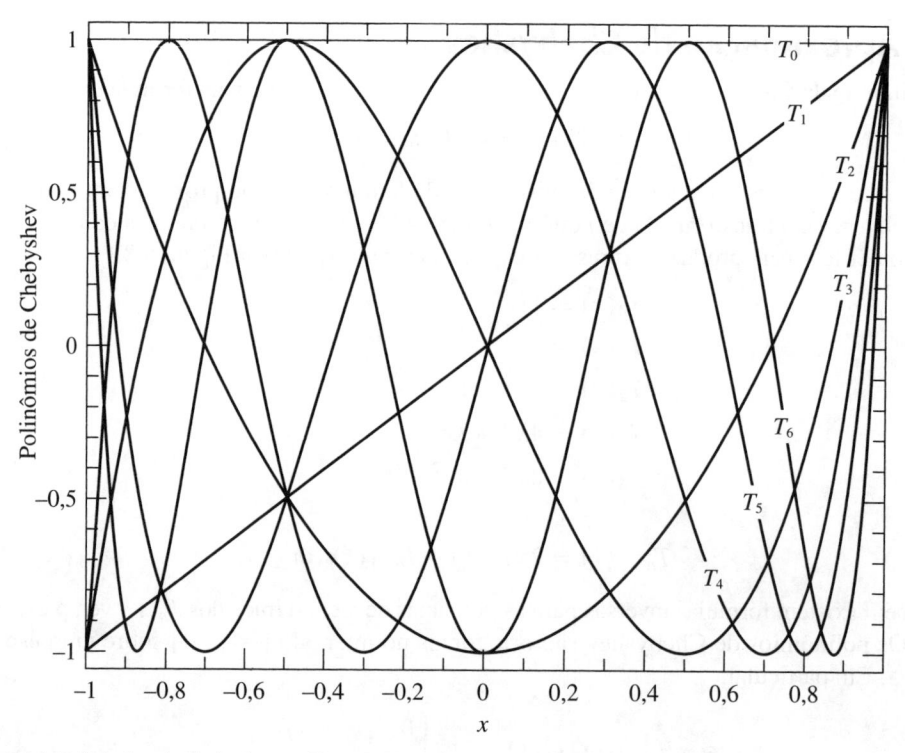

**Figura 5.8.1** Polinômios de Chebyshev $T_0(x)$ até $T_6(x)$. Observe que $T_j$ tem $j$ raízes no intervalo $(-1,1)$ e que todos os polinômios são limitados entre $\pm 1$.

Não é muito difícil combinar as equações (5.8.1), (5.8.4) e (5.8.6) para demonstrar o seguinte teorema: se $f(x)$ é uma função arbitrária no intervalo $[-1, 1]$ e se $N$ coeficientes $c_j, j = 0, ..., N - 1$ são definidos por

$$c_j = \frac{2}{N} \sum_{k=0}^{N-1} f(x_k) T_j(x_k)$$

$$= \frac{2}{N} \sum_{k=0}^{N-1} f\left[\cos\left(\frac{\pi(k + \frac{1}{2})}{N}\right)\right] \cos\left(\frac{\pi j(k + \frac{1}{2})}{N}\right) \quad (5.8.7)$$

então a fórmula aproximada

$$f(x) \approx \left[\sum_{k=0}^{N-1} c_k T_k(x)\right] - \frac{1}{2} c_0 \quad (5.8.8)$$

é *exata* para $x$ igual a todos os $N$ zeros de $T_N(x)$.

Para um $N$ fixo, a equação (5.8.8) é um polinômio em $x$ que aproxima a função $f(x)$ no intervalo $[-1,1]$ [onde todos os zeros de $T_N(x)$ são localizados]. Por que este polinômio aproximado particular é melhor do que qualquer outro, exato em algum outro conjunto de $N$ pontos? A resposta *não* é que (5.8.8) é necessariamente mais acurado do que alguma outra aproximação polinomial de mesma ordem $N$ (para alguma definição especificada de "acurado"), mas sim que (5.8.8) pode ser truncado por um polinômio de grau mais *baixo* $m \ll N$ de uma maneira muito elegante, que *rende* a aproximação "mais acurada" de grau $m$ (no sentido de que pode ser feita precisa). Suponha que $N$ seja tão grande que (5.8.8) seja quase uma aproximação perfeita de $f(x)$. Agora considere a aproximação truncada

$$f(x) \approx \left[ \sum_{k=0}^{m-1} c_k T_k(x) \right] - \frac{1}{2} c_0 \qquad (5.8.9)$$

com os mesmos $c_j$'s computados de (5.8.7). Uma vez que os $T_k(x)$'s são todos limitados entre $\pm 1$, a diferença entre (5.8.9) e (5.8.8) não pode ser maior do que a soma dos coeficientes desprezados $c_k$'s ($k = m,..., N - 1$). De fato, se os $c_k$'s decrescem rapidamente (o que é o caso típico), então o erro é dominado por $c_m T_m(x)$, uma função oscilatória com $m + 1$ extremos iguais distribuídos suavemente sobre o intervalo $[-1, 1]$. Esta suavidade espalhada do erro é uma propriedade muito importante: a aproximação de Chebyshev (5.8.9) é muito próximo daquele mesmo polinômio que é o Santo Graal das aproximações polinomiais, o *polinômio minimax*, que (entre todos polinômios de mesmo grau) tem o menor desvio máximo da função verdadeira $f(x)$. O polinômio minimax é muito difícil de se encontrar; a aproximação polinomial de Chebyshev é quase idêntica e é muito fácil de computar!

Assim, dadas algumas (talvez difíceis) maneiras de computar a função $f(x)$, precisamos agora de algoritmos para implementar (5.8.7) e (após inspeção dos $c_k$'s resultantes e escolha de uma valor de truncamento $m$) efetuar (5.8.9). A última equação então torna-se uma maneira fácil de computar $f(x)$ para todos os tempos subsequentes.

A primeira destas tarefas é direta. Uma generalização da equação (5.8.7) que é implementada aqui é permitir o range de aproximação estar entre dois limites arbitrários $a$ e $b$, no lugar de apenas $-1$ e $1$. Isto é efetuado por uma mudança de variáveis

$$y \equiv \frac{x - \frac{1}{2}(b + a)}{\frac{1}{2}(b - a)} \qquad (5.8.10)$$

e pela aproximação de $f(x)$ por um polinômio de Chebyshev em $y$.

Será conveniente para nós agrupar um número de funções relacionadas aos polinômios de Chebyshev em um único objeto, ainda que a discussão dos seus casos específicos esteja espalhada por §5.8 – §5.11:

```
struct Chebyshev {                                          chebyshev.h
    Objeto para aproximação de Chebyshev e métodos relacionados.
    Int n,m;                    Número total de coeficientes e número de coeficientes
    VecDoub c;                  truncados.
    Doub a,b;                   Intervalo de aproximação.

    Chebyshev(Doub func(Doub), Doub aa, Doub bb, Int nn);
    Construtor. Aproxime a função func no intervalo [aa,bb] com nn termos.
    Chebyshev(VecDoub &cc, Doub aa, Doub bb)
        : n(cc.size()), m(n), c(cc), a(aa), b(bb) {}
    Construtor de coeficientes previamente computados.
    Int setm(Doub thresh) {while (m>1 && abs(c[m-1])<thresh) m--; return m;}
    Designe m, o número de coeficientes após o truncamento para um nível de erro thresh, e retorne o
    valor designado.
```

```
Doub eval(Doub x, Int m);
inline Doub operator() (Doub x) {return eval(x,m);}
```
Retorne um valor para o ajuste por Chebyshev, usando o valor armazenado m ou então ignore-o.

```
Chebyshev derivative();         Veja §5.9.
Chebyshev integral();

VecDoub polycofs(Int m);        Veja §5.10.
inline VecDoub polycofs() {return polycofs(m);}
Chebyshev(VecDoub &pc);         Veja §5.11.
```

};

O primeiro construtor, que utiliza uma função arbitrária `func` como seu primeiro argumento, calcula e salva `nn` coeficientes de Chebyshev que aproximam `func` no range `aa` até `bb`. (Você pode ignorar por enquanto o segundo construtor, o qual simplesmente torna-se um objeto `Chebyshev` de dados já calculados.) Observe também que o método `setm`, que fornece uma maneira rápida de truncar a série de Chebyshev ao (verdadeiramente) deletar, da direita, todos coeficientes menores em magnitude que algum threshold `thresh`.

chebyshev.h
```
Chebyshev::Chebyshev(Doub func(Doub), Doub aa, Doub bb, Int nn=50)
    : n(nn), m(nn), c(n), a(aa), b(bb)
```
Ajuste por Chebyshev: dada uma função `func`, limites superior e inferior do intervalo [a,b], compute e salve nn coeficientes da aproximação de Chebyshev tal que func $(x) \approx [\sum_{k=0}^{nn-1} c_k T_k(y)] - c_0/2$, onde $y$ e $x$ são relacionados por (5.8.10). Esta rotina é planejada para ser chamada com n moderadamente grande (p.ex., 30 or 50), o array dos c's subsequentemente são truncados no menor valor $m$ tal que $c_m$ e os elementos subsequentes sejam descartados.
```
{
    const Doub pi=3.141592653589793;
    Int k,j;
    Doub fac,bpa,bma,y,sum;
    VecDoub f(n);
    bma=0.5*(b-a);
    bpa=0.5*(b+a);
    for (k=0;k<n;k++) {                 Efetuamos a função nos n pontos requeridos por (5.8.7).
        y=cos(pi*(k+0.5)/n);
        f[k]=func(y*bma+bpa);
    }
    fac=2.0/n;                          Agora efetue (5.8.7).
    for (j=0;j<n;j++) {
        sum=0.0;
        for (k=0;k<n;k++)
            sum += f[k]*cos(pi*j*(k+0.5)/n);
        c[j]=fac*sum;
    }
}
```

Se você ver que o tempo de execução do construtor é dominado pelo cálculo de $N^2$ cossenos, em vez de $N$ estimativas da sua função, então você deveria olhar §12.3, especialmente a equação (12.4.16), que mostra quão rápido os métodos de transformadas cosseno podem ser usados para resolver a equação (5.8.7).

Agora que temos os coeficientes de Chebyshev, como efetuamos a aproximação? Pode-se usar a relação de recorrência (5.8.2) para gerar valores para $T_k(x)$ com $T_0 = 1$, $T_1 = x$, e ao mesmo tempo acumular a soma de (5.8.9). É melhor usar a fórmula de recorrência de Clenshaw (§5.4), executando os dois processos simultaneamente. Aplicada a série de Chebyshev (5.8.9), a recorrência é

$$d_{m+1} \equiv d_m \equiv 0$$
$$d_j = 2xd_{j+1} - d_{j+2} + c_j \qquad j = m-1, m-2, \ldots, 1 \qquad (5.8.11)$$
$$f(x) \equiv d_0 = xd_1 - d_2 + \tfrac{1}{2}c_0$$

```
Doub Chebyshev::eval(Doub x, Int m)                                        chebyshev.h
Estimação por Chebyshev: o polinômio de Chebyshev ∑_{k=0}^{m-1} c_k T_k(y) - c_0/2 é efetuado no ponto
y = [x - (b + a)/2]/[(b - a)/2], e o resultado é retornado como o valor da função.
{
    Doub d=0.0,dd=0.0,sv,y,y2;
    Int j;
    if ((x-a)*(x-b) > 0.0) throw("x not in range in Chebyshev::eval");
    y2=2.0*(y=(2.0*x-a-b)/(b-a));       Mudança de variável.
    for (j=m-1;j>0;j--) {               Recorrência de Clenshaw.
        sv=d;
        d=y2*d-dd+c[j];
        dd=sv;
    }
    return y*d-dd+0.5*c[0];             Último passo é diferente.
}
```

O método `eval` tem um argumento para especificar quantos coeficientes iniciais `m` deveriam ser utilizados na estimação. Se você simplesmente quer usar um valor armazenado de `m` que foi atribuído por uma chamada anterior para `setm` (ou, manualmente, por você), então você pode usar o objeto `Chebyshev` como um functor. Por exemplo,

```
Chebyshev approxfunc(func,0.,1.,50);
approxfunc.setm(1.e-8);
...
y = approxfunc(x);
```

Se estamos aproximando uma função *par* no intervalo $[-1,1]$, sua expansão envolverá somente polinômios pares de Chebyshev. É desperdício construir um objeto `Chebyshev` com todos os coeficientes ímpares nulos [2]; usando a identidade do arco metade para o cosseno na equação (5.8.1), obtemos a relação

$$T_{2n}(x) = T_n(2x^2 - 1) \qquad (5.8.12)$$

Assim, construímos um objeto `Chebyshev` mais eficiente para funções pares simplesmente substituindo o argumento da função $x$ por $2x^2 - 1$, e do mesmo modo quando efetuamos a aproximação de Chebyshev.

Uma função ímpar terá uma expansão envolvendo apenas polinômios ímpares de Chebyshev. É melhor reescrevê-la como uma expansão para a função $f(x)/x$, que envolve apenas polinômios pares de Chebyshev. Isto tem como benefício adicional proporcionar valores acurados para $f(x)/x$ perto de $x = 0$. Não tente construir a série efetuando $f(x)/x$ numericamente, contudo. Em vez disso, os coeficientes $c'_n$ para $f(x)/x$ podem ser encontrados a partir daqueles para $f(x)$ por recorrência:

$$\begin{aligned} c'_{N+1} &= 0 \\ c'_{n-1} &= 2c_n - c'_{n+1}, \qquad n = N-1, N-3, \ldots \end{aligned} \qquad (5.8.13)$$

A equação (5.8.3) segue da relação de recorrência na equação (5.8.2).

Se você insiste em efetuar uma série ímpar de Chebyshev, a maneira eficiente é mais uma vez trocar $x$ por $y = 2x^2 - 1$ como o argumento da sua função. Agora, porém, você deve também mudar a última fórmula na equação (5.8.11) para

$$f(x) = x[(2y-1)d_1 - d_2 + c_0] \tag{5.8.14}$$

e mudar a linha correspondente em `eval`.

### 5.8.1 Chebyshev e convergência exponencial

Desde a primeira menção ao erro de truncamento em §1.1, vimos muitos exemplos de algoritmos com uma ordem ajustável, digamos, $M$, tal que o erro de truncamento diminui conforme a $M$-ésima potência de alguma coisa. Exemplos incluem a maioria dos métodos de interpolação no Capítulo 3 e a maioria dos métodos de quadratura no Capítulo 4. Nestes exemplos há também outro parâmetro, $N$, o qual é o número de pontos nos quais a função será efetuada.

Advertimos, muitas vezes, que "ordens mais altas não necessariamente dão maior acurácia". Esta é uma boa advertência também quando $N$ é mantido fixo enquanto $M$ é aumentado. Contudo, um tema recentemente emergente em áreas da computação científica é o uso dos métodos que permitem, em muitos casos especiais, que $M$ e $N$ sejam aumentados juntos, com o resultado de que erros não apenas decrescem com ordens mais altas, mas decrescem exponencialmente!

O fio comum de quase todos estes métodos relativamente novos é o fato notável de que funções *infinitamente suaves* tornam-se *exponencialmente* melhor determinadas por $N$ pontos amostrais conforme $N$ aumenta. Por isso, uma mera convergência de lei de potência pode ser apenas uma consequência de (i) funções que não são suaves o suficiente, ou (ii) efeitos de extremidade.

Já vimos diversos exemplos disto no Capítulo 4. Em §4.1, apontamos que regras de quadratura de ordens superiores podem ter pesos interiores iguais a um, exatamente como a regra trapezoidal. Em §4.5, além disso, vimos que transformações de variáveis que retiram as fronteiras do infinito produzem rápida convergência nos algoritmos de quadratura. Em §4.5.1, chegamos à convergência exponencial, como uma consequência da fórmula de Euler-Maclaurin. Então, em §4.6, observamos o fato de que a convergência das quadraturas gaussianas poderia ser exponencialmente rápida (um exemplo, na linguagem acima, de aumentar $M$ e $N$ simultaneamente).

Aproximação de Chebyshev pode ser exponencialmente convergente por uma razão diferente (ainda que relacionada): funções *periódicas* suaves evitam efeitos de extremidade por não terem pontos extremos! Aproximação de Chebyshev pode ser vista como um mapeamento de $x$ no intervalo $[-1,1]$ em um intervalo $[0, \pi]$ (cf. equações 5.8.4 e 5.8.5) de uma maneira tal que uma função infinitamente suave no intervalo $[-1,1]$ torna-se uma função periódica infinitamente suave, par, no intervalo $[0, 2\pi]$. A Figura 5.8.2 mostra a ideia geometricamente. Projetando-se as abscissas em um semicírculo, uma metade de um período é produzida. A outra metade é obtida por reflexão, ou poderia ser pensada como o resultado da projeção da função em um semicírculo idêntico menor. Os zeros do polinômio de Chebyshev, ou nodos de uma aproximação de Chebyshev, são igualmente espaçados no círculo, onde o próprio polinômio de Chebyshev é uma função cosseno (cf. equação 5.8.1). Isto ilustra a conexão íntima entre aproximação de Chebyshev e funções periódicas no círculo; no Capítulo 12, aplicaremos a transformada de Fourier discreta para tais funções de um jeito quase equivalente (§12.4.2).

A razão de Chebyshev funcionar tão bem (e também por que quadraturas gaussianas funcionam tão bem) é então visto como intimamente relacionada à maneira especial em que os pontos amostrais estão agrupados perto das extremidades do intervalo. Qualquer função que é limitada no intervalo terá uma aproximação por Chebyshev convergente quando $N \to \infty$, mesmo se houver polos na vizinhança no plano complexo. Para funções que não são infi-

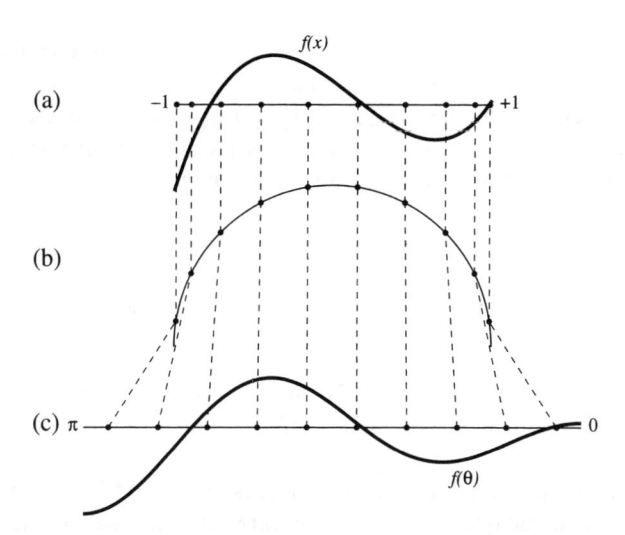

**Figura 5.8.2** Construção geométrica mostrando como aproximação de Chebyshev está relacionada a funções periódicas. Uma função suave no intervalo é esboçada em (a). Em (b), as abscissas são mapeadas a um semicírculo. Em (c), o semicírculo é desenrolado. Por causa das tangentes verticais do semicírculo, a função é agora proximamente constante nas extremidades. De fato, se refletido no intervalo $[\pi, 2\pi]$, ela é uma função suave, par, periódica em $[0, 2\pi]$.

nitamente suaves, a taxa real de convergência depende da suavidade da função: quanto maior o número de derivadas que são limitadas, maior a taxa de convergência. Para o caso especial de uma função $C^\infty$, a convergência é exponencial. Em §3.0, em conexão com interpolação polinomial, mencionamos o outro lado da moeda: amostras igualmente espaçadas sobre o intervalo são possivelmente a *pior* geometria possível, e em geral levam a problemas de mal-condicionamento.

O uso do teorema da amostragem (§4.5, §6.9, §12.1, §13.11) é com frequência intimamente associado a métodos de convergência exponencial. Retornaremos a muitos destes conceitos sobre métodos exponencialmente convergentes quando discutirmos métodos espectrais para equações diferenciais parciais em §20.7.

### REFERÊNCIAS CITADAS E LEITURA COMPLEMENTAR

Arfken, G. 1970, *Mathematical Methods for Physicists,* 2nd ed. (New York: Academic Press), p. 631.[1]

Clenshaw, C.W. 1962, *Mathematical Tables,* vol. 5, National Physical Laboratory (London: H.M. Stationery Office).[2]

Goodwin, E.T. (ed.) 1961, *Modern Computing Methods,* 2nd ed. (New York: Philosophical Library), Chapter 8.

Dahlquist, G., and Bjorck, A. 1974, *Numerical Methods* (Englewood Cliffs, NJ: Prentice-Hall); reprinted 2003 (New York: Dover), §4.4.1, p. 104.

Johnson, L.W., and Riess, R.D. 1982, *Numerical Analysis,* 2nd ed. (Reading, MA: Addison Wesley), §6.5.2, p. 334.

Carnahan, B., Luther, H.A., and Wilkes, J.O. 1969, *Applied Numerical Methods* (New York: Wiley), §1.10, p. 39.

## 5.9 Derivadas ou integrais de uma função Chebyshev-aproximada

Se você obteve coeficientes de Chebyshev que aproximam uma função em um certo range (p.ex., de `chebft` em §5.8), então é simples transformá-los nos coeficientes de Chebyshev da derivada ou da integral desta função. Tendo feito isto, você pode efetuar a derivada ou integral exatamente como se ela fosse uma função que você tivesse ajustado por Chebyshev *ab initio*.

As fórmulas relevantes são estas: se $c_i$, $i = 0,..., m - 1$ são os coeficientes que aproximam uma função $f$ na equação (5.8.9), $C_i$ são os coeficientes que aproximam a integral indefinida de $f$, e $c'_i$ são os coeficientes que aproximam a derivada de $f$, então

$$C_i = \frac{c_{i-1} - c_{i+1}}{2i} \qquad (i > 0) \qquad (5.9.1)$$

$$c'_{i-1} = c'_{i+1} + 2ic_i \qquad (i = m-1, m-2, \ldots, 1) \qquad (5.9.2)$$

A equação (5.9.1) é acrescida de uma escolha particular de $C_0$, correspondendo a uma constante de integração arbitrária. A equação (5.9.2), que é uma recorrência, é iniciada com os valores $c'_m = c'_{m-1} = 0$, não correspondendo a nenhuma informação sobre o $m + 1$-ésimo coeficiente de Chebyshev da função original $f$.

Aqui estão as rotinas para implementar as equações (5.9.1) e (5.9.2). Cada uma delas retorna um novo objeto Chebyshev no qual você pode usar setm, chamar eval ou usar diretamente como um functor.

chebyshev.h  Chebyshev Chebyshev::derivative()
Retorna um novo objeto Chebyshev que aproxima a derivada de uma função existente sobre o mesmo range [a,b].

```
{
    Int j;
    Doub con;
    VecDoub cder(n);
    cder[n-1]=0.0;                              n-1 e n-2 são casos especiais
    cder[n-2]=2*(n-1)*c[n-1];
    for (j=n-2;j>0;j--)
        cder[j-1]=cder[j+1]+2*j*c[j];           Equação (5.9.2)
    con=2.0/(b-a);
    for (j=0;j<n;j++) cder[j] *= con;           Normalize para o intervalo b-a.
    return Chebyshev(cder,a,b);
}
```

chebyshev.h  Chebyshev Chebyshev::integral()
Retorna um novo objeto Chebyshev que aproxima a integral indefinida da função existente sobre o mesmo range [a,b]. A constante de integração é atribuída de forma que a integral anule-se em a.

```
{
    Int j;
    Doub sum=0.0,fac=1.0,con;
    VecDoub cint(n);
    con=0.25*(b-a);                             Fator que normaliza para o intervalo b-a.
    for (j=1;j<n-1;j++) {
        cint[j]=con*(c[j-1]-c[j+1])/j;          Equação (5.9.1).
        sum += fac*cint[j];                     Acumula a constante de integração.
        fac = -fac;                             Será igual a ±1.
    }
    cint[n-1]=con*c[n-2]/(n-1);                 Caso especial de (5.9.1) para n-1.
    sum += fac*cint[n-1];
    cint[0]=2.0*sum;                            Designa a constante de integração.
    return Chebyshev(cint,a,b);
}
```

## 5.9.1 Quadratura de Clenshaw-Curtis

Uma vez que coeficientes de Chebyshev $c_i$ de funções suaves decrescem rapidamente, em geral exponencialmente, a equação (5.9.1) costuma ser muito eficiente como a base para um esquema de quadratura. Como descrito acima, o objeto Chebyshev pode ser usado para computar a integral $\int_a^x f(x)dx$ quando muitos valores diferentes de $x$ no range $a \leq x \leq b$ são necessários. Se somente uma única integral definida $\int_a^x f(x)\,dx$ é necessária, então use a fórmula mais simples, derivada da equação (5.9.1),

$$\int_a^b f(x)dx = (b-a)\left[\frac{1}{2}c_0 - \frac{1}{3}c_2 - \frac{1}{15}c_4 - \cdots - \frac{1}{(2k+1)(2k-1)}c_{2k} - \cdots\right] \quad (5.9.3)$$

onde os $c_i$'s são como os retornados por chebft. A série pode ser truncada quando $c_{2k}$ torna-se desprezível e o primeiro termo desprezado fornece uma estimativa de erro.

Este esquema é conhecido como *quadratura de Clenshaw-Curtis* [1]. É geralmente combinado com uma escolha adaptativa de $N$, o número de coeficientes de Chebyshev calculados via equação (5.8.7), que é também o número de estimativas da função $f(x)$. Se uma escolha mais modesta de $N$ não fornece um $c_{2k}$ suficientemente pequeno na equação (5.9.3), então um valor maior é tentado. Neste caso adaptativo, é ainda melhor trocar a equação (5.8.7) pela assim chamada variante "trapezoidal" ou variante de Gauss-Lobatto (§4.6),

$$c_j = \frac{2}{N}\sum_{k=0}^{N}{}'' f\left[\cos\left(\frac{\pi k}{N}\right)\right]\cos\left(\frac{\pi j k}{N}\right) \quad j = 0, \ldots, N-1 \quad (5.9.4)$$

onde (cuidado!) os dois apóstrofos significam que o primeiro e último termos na soma são multiplicados por 1/2. Se $N$ é duplicado na equação (5.9.4), então metade das estimativas da função nos novos pontos é idêntica aos antigos, permitindo que as estimativas anteriores da função sejam reutilizadas. Este aspecto, mais os pesos analíticos e abscissas (funções cossenos em 5.9.4), geralmente dão à quadratura de Clenshaw-Curtis uma vantagem sobre quadraturas gaussianas adaptativas de ordens mais altas (cf. 4.6.4), método que, fora isso, é semelhante a ele.

Se seu problema lhe força a ter grandes valores de $N$, você deveria saber que a equação (5.9.4) pode ser efetuada rápida e simultaneamente para todos os valores de $j$, por uma transformada rápida cosseno. [Ver §12.3, especialmente equação 12.4.11. Já observamos que a forma não trapezoidal (5.8.7) pode também ser feita pelos métodos cosseno rápidos, cf. equação 12.4.16.]

**REFERÊNCIAS CITADAS E LEITURA COMPLEMENTAR**

Goodwin, E.T. (ed.) 1961, *Modern Computing Methods,* 2nd ed. (New York: Philosophical Library), pp. 78-79.
Clenshaw, C.W., and Curtis, A.R. 1960, "A Method for Numerical Integration on an Automatic Computer," *Numerische Mathematik,* vol. 2, pp. 197-205.[1]

## 5.10 Aproximação polinomial dos coeficientes de Chebyshev

Você pode perguntar após ler as duas seções anteriores: devo armazenar e efetuar minha aproximação de Chebyshev como um array de coeficientes de Chebyshev para uma variável transformada $y$? Não posso converter os $c_k$'s em coeficientes polinomiais de fato na variável original $x$ e ter uma aproximação da seguinte forma?

$$f(x) \approx \sum_{k=0}^{m-1} g_k x^k, \quad a \leq x \leq b \tag{5.10.1}$$

Sim, você pode fazer isso (e lhe daremos o algoritmo para fazer isso), mas advertimos: efetuar a equação (5.10.1), onde o coeficiente $g$ reflete uma aproximação de Chebyshev básica, usualmente requer mais figuras significantes do que a estimação da soma de Chebyshev diretamente (como por eval). Isto porque os polinômios de Chebyshev em si exibem um cancelamento bastante delicado: o coeficiente dominante de $T_n(x)$, por exemplo, é $2^{n-1}$: outros coeficientes de $T_n(x)$ são ainda maiores; ainda assim todos eles combinam-se em um polinômio que fica entre $\pm 1$. *Apenas* quando $m$ não é maior do que 7 ou 8 você deveria contemplar escrever um ajuste de Chebyshev como polinômio direto, e mesmo nestes casos você deveria estar disposto a tolerar dois ou mais dígitos significantes de acurácia a menos do que o limite de arredondamento da sua máquina.

Você obtém os $g$'s na equação (5.10.1) em dois passos. Primeiro, use a função membro polycofs em Chebyshev para obter como output um conjunto de coeficientes polinomiais equivalentes aos $c_k$'s armazenados (isto é, com o range $[a, b]$ escalado para $[-1, 1]$). Segundo, use a rotina pcshft para transformar os coeficientes a fim de mapear o range de volta para $[a, b]$. As duas rotinas necessárias são listadas aqui:

chebyshev.h

VecDoub Chebyshev::polycofs(Int m)

Coeficientes polinomiais de um ajuste de Chebyshev. Dado uma array c[0..n-1], esta rotina retorna um array de coeficientes d[0..n-1] tal que $\sum_{k=0}^{n-1} d_k y^k = \sum_{k=0}^{n-1} c_k T_k(y) - c_0/2$. O método é recorrência de Clenshaw (5.8.11), mas agora aplicado algebricamente.

```
{
    Int k,j;
    Doub sv;
    VecDoub d(m),dd(m);
    for (j=0;j<m;j++) d[j]=dd[j]=0.0;
    d[0]=c[m-1];
    for (j=m-2;j>0;j--) {
        for (k=m-j;k>0;k--) {
            sv=d[k];
            d[k]=2.0*d[k-1]-dd[k];
            dd[k]=sv;
        }
        sv=d[0];
        d[0] = -dd[0]+c[j];
        dd[0]=sv;
    }
    for (j=m-1;j>0;j--) d[j]=d[j-1]-dd[j];
    d[0] = -dd[0]+0.5*c[0];
    return d;
}
```

pcshft.h

void pcshft(Doub a, Doub b, VecDoub_IO &d)

Mudança de coeficiente polinomial. Dado um array de coeficientes d[0..n-1], esta rotina gera um array de coeficientes g[0..n-1] tal que $\sum_{k=0}^{n-1} d_k y^k = \sum_{k=0}^{n-1} g_k x^k$, onde $x$ e $y$ são relacionados por (5.8.10), isto é, o intervalo $-1 < y < 1$ é mapeado para o intervalo $a < x < b$. O array $g$ é retornado em d.

```
{
    Int k,j,n=d.size();
    Doub cnst=2.0/(b-a), fac=cnst;
    for (j=1;j<n;j++) {                    Primeiro, reescalamos por um fator const...
        d[j] *= fac;
        fac *= cnst;
    }
    cnst=0.5*(a+b);                        ... o qual é então redefinido conforme a mudança desejada.
    for (j=0;j<=n-2;j++)                   Realizamos então a mudança fazendo uma divisão sintética, um
        for (k=n-2;k>=j;k--)               milagre de álgebra do colégio.
            d[k] -= cnst*d[k+1];
}
```

Capítulo 5 Estimação de Funções **263**

**REFERÊNCIAS CITADAS E LEITURA COMPLEMENTAR**

Acton, F.S. 1970, *Numerical Methods That Work;* 1990, corrected edition (Washington, DC: Mathematical Association of America), pp. 59, 182-183 [divisão sintética].

## 5.11 Economia de séries de potências

Uma aplicação particular dos métodos de Chebyshev, *a economia de séries de potência*, é uma técnica ocasionalmente útil, com o gosto de se ganhar alguma coisa em troco de nada.

Suponha que você sabe como computar uma função utilizando uma série de potências convergente, por exemplo,

$$f(x) \equiv \frac{1}{2} - \frac{x}{4} + \frac{x^2}{8} - \frac{x^3}{16} + \cdots \tag{5.11.1}$$

[Esta função é na realidade apenas $1/(x+2)$, mas finja que você não sabia.] Você poderia estar resolvendo um problema que requer efetuar a série muitas vezes em algum intervalo particular, digamos [0, 1]. Tudo está bem, exceto que a série requer um grande número de termos antes que seu erro (aproximado pelo primeiro termo desprezado, digamos) seja tolerável. Em nosso exemplo, com $x = 1$, toma-se cerca de 30 termos antes que o primeiro termo desprezado seja $< 10^{-9}$.

Observe que, por causa do grande expoente em $x^{30}$, o erro é *muito menor* do que $10^{-9}$ em todo o intervalo exceto para valores muito grandes de $x$. Este é um aspecto que permite "economia": se estamos dispostos a deixar o erro em outra parte no intervalo crescer para aproximadamente o mesmo valor que o primeiro termo desprezado tem na extremidade do intervalo, então podemos trocar os 30 termos da série por um número que é significativamente menor.

Aqui estão os passos para fazer isso:

1. Compute coeficientes em número suficiente da série de potência para obter acurácia nos valores da função em todo lugar no range de interesse.
2. Mude variáveis de $x$ para $y$, conforme equação (5.8.10), para mapear o intervalo em $x$ para $-1 \leq y \leq 1$.
3. Encontre a série de Chebyshev (como na equação 5.8.8) que iguala-se exatamente à sua de potências truncada.
4. Trunque a série de Chebyshev para um número menor de termos, usando o coeficiente do primeiro polinômio de Chebyshev desprezado como uma estimativa do erro.
5. Converta de volta para um polinômio em $y$.
6. Mude as variáveis de volta para $x$.

Já temos os recursos para todos os passos, exceto para os passos 2 e 3. O passo 2 é exatamente o inverso da rotina pcshft (§5.10), que mapeou um polinômio de $y$ (no intervalo $[-1, 1]$) para $x$ (no intervalo $[a, b]$). Mas, uma vez que a equação (5.8.10) é uma relação linear entre $x$ e $y$, podemos também usar pcshft para a inversa. A inversa de

Pcshft($a$,$b$,d,n)

é na verdade (você pode checar isso)

```
void ipcshft(Doub a, Doub b, VecDoub_IO &d) {           pcshft.h
    pcshft(-(2.+b+a)/(b-a),(2.-b-a)/(b-a),d);
}
```

O passo 3 requer um novo construtor Chebyshev, que computa os coeficientes de Chebyshev a partir de um vetor com coeficientes polinomiais. O código seguinte realiza isto. O algoritmo é baseado na construção do polinômio pela técnica de §5.3 partindo do coeficiente mais alto d[n-1] e usando a recorrência da equação (5.8.2) escrita na forma

$$xT_0 = T_1$$
$$xT_n = \tfrac{1}{2}(T_{n+1} + T_{n-1}), \quad n \geq 1. \tag{5.11.2}$$

A única sutileza é multiplicar o coeficiente de $T_0$ por 2, uma vez que ele é usado com um fator 1/2 na equação (5.8.8).

chebyshev.h
```
Chebyshev::Chebyshev(VecDoub &d)
    : n(d.size()), m(n), c(n), a(-1.), b(1.)
```
Inversa da rotina polycofs em Chebyshev: dado um array de coeficientes polinomiais d[0..n-1], constrói um objeto Chebyshev equivalente.
```
{
    c[n-1]=d[n-1];
    c[n-2]=2.0*d[n-2];
    for (Int j=n-3;j>=0;j--) {
        c[j]=2.0*d[j]+c[j+2];
        for (Int i=j+1;i<n-2;i++) {
            c[i] = (c[i]+c[i+2])/2;
        }
        c[n-2] /= 2;
        c[n-1] /= 2;
    }
}
```

Colocando todos juntos, os passos de 2 até 6 ficarão algo assim (começando com um vetor powser dos coeficientes da série de potência):

```
ipcshft(a,b,powser);
Chebyshev cpowser(powser);
cpowser.setm(1.e-9);
VecDoub d=cpowser.polycofs();
pcshft(a,b,d);
```

Em nosso exemplo, a propósito, o número de termos necessários para uma acurácia de $10^{-9}$ é reduzido de 30 para 9. Trocar um polinômio com 30 termos para um polinômio com 9 termos sem perda de acurácia – isto parece conseguir alguma coisa em troca de nada. Há alguma mágica nesta técnica? Na verdade, não. O polinômio de 30 termos definiu uma função $f(x)$. Da mesma forma que economizando as séries, poderíamos ter calculado $f(x)$ em pontos suficientes para construir sua aproximação de Chebyshev no intervalo de interesse, pelos métodos de §5.8. Teríamos obtido apenas o mesmo polinômio de ordem mais baixa. A principal lição é que a taxa de convergência dos coeficientes de Chebyshev não tem nada a ver com a taxa de convergência dos coeficientes das séries de potências; e é o *primeiro* que dita o número de termos necessários em uma aproximação polinomial. Uma função pode ter uma série de potências *divergente* em alguma região de interesse, mas se a própria função é bem-comportada, ela terá aproximações polinomiais perfeitamente boas. Estas podem ser encontradas nos métodos de §5.8, mas *não* pela economia de séries. Há levemente menos para economia de séries do que nossos olhos conseguem enxergar.

## REFERÊNCIAS CITADAS E LEITURA COMPLEMENTAR

Acton, F.S. 1970, *Numerical Methods That Work;* 1990, corrected edition (Washington, DC: Mathematical Association of America), Chapter 12.

## 5.12 Aproximantes de Padé

O assim chamado aproximante de Padé é aquela função racional (de ordem específica) cuja expansão em série de potências concorda com uma dada série de potências para a ordem mais alta possível. Se a função racional é

$$R(x) \equiv \frac{\sum_{k=0}^{M} a_k x^k}{1 + \sum_{k=1}^{N} b_k x^k} \tag{5.12.1}$$

então $R(x)$ é dito ser um aproximante de Padé para a série

$$f(x) \equiv \sum_{k=0}^{\infty} c_k x^k \tag{5.12.2}$$

se

$$R(0) = f(0) \tag{5.12.3}$$

e também

$$\left.\frac{d^k}{dx^k} R(x)\right|_{x=0} = \left.\frac{d^k}{dx^k} f(x)\right|_{x=0}, \qquad k = 1, 2, \ldots, M+N \tag{5.12.4}$$

Equações (5.12.3) e (5.12.4) fornecem $M + N$ 1 equações para as incógnitas $a_0, \ldots, a_M$ e $b_1, \ldots, b_N$. A maneira mais fácil de ver o que estas equações são é igualar (5.12.1) e (5.12.2), multiplicar ambas pelo denominador da equação (5.12.1) e igualar todas as potências de $x$ que têm ou os $a$'s, ou os $b$'s em seus coeficientes. Se nós considerarmos apenas o caso especial de uma aproximação racional da diagonal, $M = N$ (cf. §3.4), então nós temos $a_0 = c_0$, com os $a$'s e $b$'s restantes satisfazendo

$$\sum_{m=1}^{N} b_m c_{N-m+k} = -c_{N+k}, \qquad k = 1, \ldots, N \tag{5.12.5}$$

$$\sum_{m=0}^{k} b_m c_{k-m} = a_k, \qquad k = 1, \ldots, N \tag{5.12.6}$$

(observe, na equação 5.12.1, que $b_0 = 1$). Para resolvê-las, comece com as equações (5.12.5), as quais são um conjunto de equações lineares para todas as incógnitas $b$'s. Embora o conjunto esteja na forma de uma matriz de Toeplitz (compare com a equação 2.8.8), a experiência mostra que as equações são frequentemente próximas de serem singulares, de forma que não poderiam ser resolvidas por métodos de §2.8, mas sim por decomposição $LU$ completa. Adicionalmente, é uma boa ideia refinar a solução pelo melhoramento iterativo (método mprove em §2.5) [1].

Uma vez que os $b$'s são conhecidos, então a equação (5.12.6) dá uma fórmula explícita para as incógnitas $a$'s, completando a solução.

Aproximantes de Padé são tipicamente usados quando há alguma função $f(x)$ desconhecida subjacente. Nós supomos que você seja capaz, de alguma forma, de computar, talvez por laboriosas expansões analíticas, os valores de $f(x)$ e algumas de suas derivadas com $x = 0$: $f(0)$, $f'(0)$, $f''(0)$ e assim sucessivamente. Estes são naturalmente os primeiros poucos coeficientes na expansão em série de potências de $f(x)$; mas eles não estão necessariamente ficando menores, e você não tem ideia de onde (ou se) a série de potências é convergente.

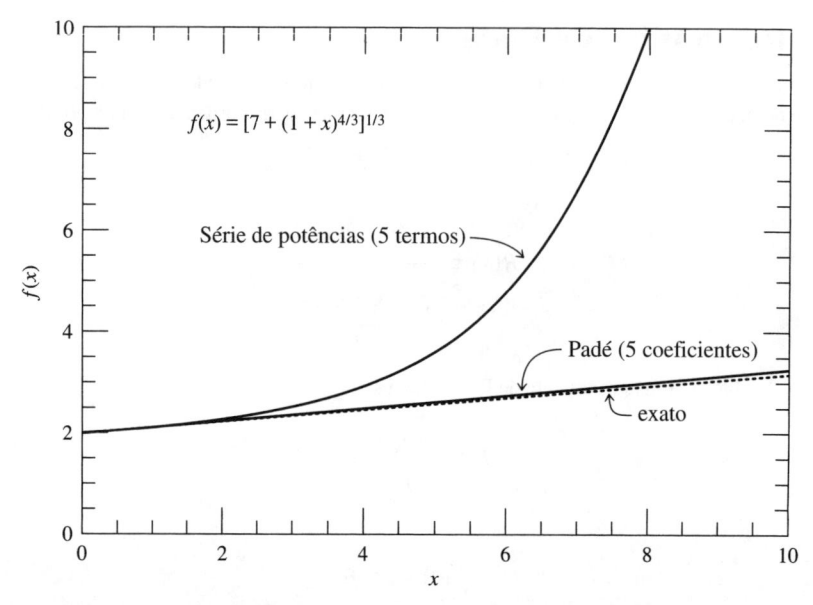

**Figura 5.12.1** A expansão em série de potências com 5 termos e o aproximante de Padé deduzido com 5 coeficientes para uma função exemplo $f(x)$. A série de potências completa converge somente para $x < 1$. Observe que o aproximante de Padé mantém a acurácia a grande distância no exterior do raio de convergência da série.

Em contraste com técnicas como aproximação de Chebyshev (§5.8) ou economia de séries de potências (§5.11) que apenas condensam a informação que você já sabe sobre uma função, aproximantes de Padé podem dar a você informação genuinamente nova sobre os valores da sua função. É às vezes muito misterioso quão bem isto pode funcionar. (Como outros mistérios em matemática, isto se relaciona à sua *analiticidade*.) Um exemplo ilustrará isso.

Imagine que, por um trabalho extraordinário, você tenha determinado os cinco primeiro termos na expansão por série de potências de uma função desconhecida $f(x)$,

$$f(x) \approx 2 + \frac{1}{9}x + \frac{1}{81}x^2 - \frac{49}{8748}x^3 + \frac{175}{78732}x^4 + \cdots \quad (5.12.7)$$

(Não é realmente necessário que você conheça os coeficientes na forma racional exata – valores numéricos são tão bons quanto. Aqui os escrevemos como racionais para dar a você a impressão de que eles derivam de algum cálculo de cunho analítico.) A equação (5.12.7) é esboçada como a curva rotulada "séries de potências" na Figura 5.12.1. Observa-se que para $x \gtrsim 4$ ela é dominada pelo seu maior termo, o de quarta potência.

Nós agora tomamos os cinco coeficientes na equação (5.12.7) e os executamos através da rotina pade listada abaixo. Ela retorna cinco coeficientes racionais, três $a$'s e dois $b$'s, para uso na equação (5.12.1) com $M = N = 2$. A curva na figura rotulada "Padé" esboça o resultado da função racional. Note que ambas as curvas sólidas derivam dos *mesmos* cinco valores de coeficientes originais.

Para efetuar os resultados, precisamos de um *Deus ex-machina* (um camarada útil, quando disponível) para nos dizer que a equação (5.12.7) é de fato a série de potência da expansão da função

$$f(x) = [7 + (1+x)^{4/3}]^{1/3} \quad (5.12.8)$$

a qual é esboçada como curva tracejada na figura. Esta função tem um ponto de ramificação em $x = -1$, assim sua série de potências é convergente somente no range $-1 < x < 1$. Na maioria do range mostrado na figura, a série é divergente e o valor do seu truncamento para 5 termos é certamente inexpressivo. Contudo, estes cinco termos, convertidos para um aproximante de Padé, fornece uma representação notavelmente boa da função até no mínimo $x \sim 10$.

Por que isto funciona? Não existem outras funções com os mesmos cinco primeiros termos nas suas séries de potência, mas com comportamento completamente diferente no range (digamos) $2 < x < 10$? De fato existem. Aproximação de Padé tem a estranha habilidade de pinçar a função *que você tinha em mente* dentre todas as possibilidades. *Exceto quando ela não pode*! Isto é o lado adverso da aproximação de Padé: ela é incontrolável. Não há, em geral, maneira de dizer quão acurada ela é, ou quão distante em $x$ ela pode ser geralmente estendida. É uma técnica poderosa, mas no fim ainda misteriosa.

Aqui está a rotina que retorna um objeto função racional `Ratfn` que é o aproximante de Padé para um conjunto de coeficientes para série de potências que você prove. Note que a rotina é especializada para o caso $M = N$. Você pode então usar o objeto `Ratfn` diretamente como um functor, ou então entrar com seus coeficientes manualmente (§5.1).

```
Ratfn pade(VecDoub_I &cof)                                                        pade.h
Dado cof[0..2*n], os termos dominantes na expansão em série de potências de uma função, resolve o sis-
tema de equações lineares de Padé para retornar um objeto Ratfn que incorpora uma função aproximação
diagonal racional para a mesma função.
{
    const Doub BIG=1.0e99;
    Int j,k,n=(cof.size()-1)/2;
    Doub sum;
    MatDoub q(n,n),qlu(n,n);
    VecInt indx(n);
    VecDoub x(n),y(n),num(n+1),denom(n+1);
    for (j=0;j<n;j++) {              Designe a matriz para resolver.
        y[j]=cof[n+j+1];
        for (k=0;k<n;k++) q[j][k]=cof[j-k+n];
    }
    LUdcmp lu(q);                    Resolva por decomposição LU e retrossubstituição, com
    lu.solve(y,x);                   melhoramento iterativo.
    for (j=0;j<4;j++) lu.mprove(y,x);
    for (k=0;k<n;k++) {              Calcule os coeficientes remanescentes.
        for (sum=cof[k+1],j=0;j<=k;j++) sum -= x[j]*cof[k-j];
        y[k]=sum;
    }
    num[0] = cof[0];
    denom[0] = 1.;
    for (j=0;j<n;j++) {              Copie as respostas para o output.
        num[j+1]=y[j];
        denom[j+1] = -x[j];
    }
    return Ratfn(num,denom);
}
```

### REFERÊNCIAS CITADAS E LEITURA COMPLEMENTAR

Ralston, A. and Wilf, H.S. 1960, *Mathematical Methods for Digital Computers* (New York: Wiley), p. 14.

Cuyt, A., and Wuytack, L. 1987, *Nonlinear Methods in Numerical Analysis* (Amsterdam: North-Holland), Chapter 2.

Graves-Morris, P.R. 1979, in *Padé Approximation and Its Applications,* Lecture Notes in Mathematics, vol. 765, L. Wuytack, ed. (Berlin: Springer).[1]

## 5.13 Aproximação racional de Chebyshev

Em §5.8 e §5.10 aprendemos como encontrar boas aproximações para uma dada função $f(x)$ em um dado intervalo $a \leq x \leq b$. Aqui, queremos generalizar a tarefa para encontrar boas aproximações que são funções racionais (ver §5.1). A razão para isso é que, para algumas funções e alguns intervalos, a função aproximação racional ótima é capaz de alcançar uma acurácia substancialmente maior do que a aproximação polinomial ótima com o mesmo número de coeficientes. Isto deve ser pesado contra o fato de que encontrar uma função aproximação racional não é tão direto quanto encontrar uma aproximação polinomial, a qual, como vimos, pode ser feita elegantemente via polinômios de Chebyshev.

Considere que a função racional desejada $R(x)$ tenha um numerador de grau $m$ e denominador de grau $k$. Então temos

$$R(x) \equiv \frac{p_0 + p_1 x + \cdots + p_m x^m}{1 + q_1 x + \cdots + q_k x^k} \approx f(x) \quad \text{para } a \leq x \leq b \tag{5.13.1}$$

As quantidades desconhecidas que precisamos encontrar são $p_0, \ldots, p_m$ e $q_1, \ldots, q_k$, isto é, $m + k + 1$ quantidades ao todo. Considere $r(x)$ denotando os desvio de $R(x)$ de $f(x)$ e considere $r$ denotando seu valor máximo absoluto,

$$r(x) \equiv R(x) - f(x) \qquad r \equiv \max_{a \leq x \leq b} |r(x)| \tag{5.13.2}$$

A solução ideal *minimax* seria aquela escolha de $p$'s e $q$'s que minimiza $r$. Obviamente há *alguma* solução minimax, pois $r$ é limitado inferiormente por zero. Como nós podemos encontrá-la, ou uma razoável aproximação para ela?

Uma primeira sugestão é fornecida pelo seguinte teorema fundamental: se $R(x)$ é não degenerado (não tem fatores polinomiais comuns no numerador e denominador), então há uma única escolha de $p$'s e $q$'s que minimiza $r$; para esta escolha, $r(x)$ tem $m + k + 2$ extremos em $a \leq x \leq b$, todos de magnitude $r$ e com sinais alternados. (Omitimos algumas hipóteses técnicas deste teorema. Ver Ralston [1] para um relatório preciso.) Assim, aprendemos que a situação com funções racionais é muito análoga àquela para polinômios minimax: em §5.8, vimos que o termo de erro de uma aproximação de ordem $n$, com $n+1$ coeficientes de Chebyshev, era geralmente dominado pelo primeiro termo de Chebyshev desprezado, isto é, $T_{n+1}$, o qual ele mesmo tem $n+2$ extremos de igual magnitude e sinais alternados. Então, aqui, o número de coeficientes racionais, $m + k + 1$, desempenha o mesmo papel do número de coeficientes polinomiais, $n+1$.

Uma maneira diferente de ver por que $r(x)$ deveria ter $m + k + 2$ extremos é observar que $R(x)$ pode ser feito exatamente igual a $f(x)$ em quaisquer $m + k + 1$ pontos $x_i$. Multiplicando a equação (5.13.1) pelo seu denominador, temos as equações

$$p_0 + p_1 x_i + \cdots + p_m x_i^m = f(x_i)(1 + q_1 x_i + \cdots + q_k x_i^k) \qquad i = 0, 1, \ldots, m+k \tag{5.13.3}$$

Este é um sistema de $m + k + 1$ equações lineares para as incógnitas $p$'s e $q$'s, que podem ser resolvidas por métodos padrões (p.ex., decomposição $LU$). Se fizermos os $x_i$'s todos pertencer ao intervalo $(a, b)$, então haverá genericamente um extremo entre cada $x_i$ e $x_{i+1}$ escolhido, mais também extremos onde a função sai do intervalo em $a$ e $b$, dando um total de $m + k + 2$ extremos. Para $x_i$'s arbitrários, os extremos não terão a mesma magnitude. O teorema diz que, para uma escolha particular de $x_i$'s, as magnitudes podem ser abaixadas para o valor de $r$ idêntico, mínimo.

Em vez de fazer $f(x_i)$ e $R(x_i)$ iguais naqueles pontos $x_i$, podemos forçar o resíduo $r(x_i)$ para qualquer valor desejado $y_i$ resolvendo as equações lineares

$$p_0 + p_1 x_i + \cdots + p_m x_i^m = [f(x_i) - y_i](1 + q_1 x_i + \cdots + q_k x_i^k) \qquad i = 0, 1, \ldots, m+k \tag{5.13.4}$$

De fato, se os $x_i$'s são feitos os extremos (não os zeros) da solução minimax, então as equações satisfeitas serão

$$p_0 + p_1 x_i + \cdots + p_m x_i^m = [f(x_i) \pm r](1 + q_1 x_i + \cdots + q_k x_i^k) \qquad i = 0, 1, \ldots, m+k+1 \tag{5.13.5}$$

onde os $\pm$ alternam-se para os extremos alternantes. Observe que a equação (5.13.5) é satisfeita nos $m + k + 2$ extremos, enquanto que a equação (5.13.4) foi satisfeita apenas em $m + k + 1$ pontos arbitrários. Como pode? A resposta é que $r$ na equação (5.13.5) é uma incógnita adicional, tal que o número de ambas equações e incógnitas seja $m + k + 2$. Verdade, o sistema é suavemente não linear (em $r$), mas em geral continua perfeitamente solúvel pelos métodos que nós desenvolveremos no Capítulo 9.

Por esta razão, vemos que, dadas somente as *localizações* dos extremos da função racional minimax, podemos resolver para seus coeficientes e máximos desvios. Teoremas adicionais, levando aos chamados *algoritmos de Remes* [1], dizem como convergir para estas localizações por um processo iterativo. Por exemplo, aqui está uma descrição (levemente simplificada) do *segundo algoritmo de Remes*: (1) encontre uma função racional inicial com $m + k + 2$ extremos $x_i$ (não possuindo desvios iguais). (2) Resolva a equação (5.13.5) para novos coeficientes racionais e $r$. (3) Efetue o resultado $R(x)$ para encontrar seu extremo atual (os quais não serão os mesmos conforme os valores chutados). (4) Troque cada valor chutado com o mais novo extremo atual de mesmo sinal. (5) Vá para o passo 2 e itere para a convergência. Sob um vasto conjunto de hipóteses, este método convergirá. Ralston [1] preenche os detalhes necessários, incluindo como encontrar o conjunto inicial de $x_i$'s.

Até este ponto, nossa discussão tem sido a de um livro-texto padrão. Agora nos revelaremos como heréticos. Não gostamos muito do elegante algoritmo de Remes. Suas duas iterações aninhadas (em $r$ no sistema não linear 5.13.5, e nos novos conjuntos de $x_i$'s) são enjoadas e requerem um bocado de lógica especial para casos degenerados. Ainda mais heréticos, duvidamos que uma busca compulsiva pela aproximação de desvios iguais *exatamente melhor* vale o esforço – exceto talvez para aquelas poucas pessoas no mundo cujo negócio é encontrar aproximações ótimas embutidas em compiladores e microcódigos.

Quando usamos uma aproximação por função racional, geralmente o objetivo é muito mais pragmático: dentro de algum laço interno, estamos efetuando alguma função um zilhão de vezes e queremos aumentar a velocidade desta estimação. Quase nunca precisamos desta função até o último bit de acurácia da máquina. Suponha (heresia!) que usamos uma aproximação cujo erro tem $m + k + 2$ extremos cujos desvios diferem por um fator de 2. Os teoremas nos quais os algoritmos de Remes são baseados garantem que a solução minimax perfeita terá extremos em algum lugar dentro deste fator de 2 de limite de variação – forçar os extremos maiores a diminuir causará o aumento dos menores, até que todos sejam iguais. Então, nossa aproximação "suja" está de fato dentro de uma fração de um mínimo bit significante da aproximação minimax.

Isto é bom o suficiente para nós, especialmente quando temos disponível um método muito robusto para encontrar a assim chamada aproximação "suja". Tal método é a solução de mínimos quadrados de um sistema de equações lineares sobredeterminado por decomposição de valores singulares (§2.6 e §15.4). Procedemos da seguinte forma: primeiro, resolva (no sentido de mínimos quadrados) a equação (5.13.3), não apenas para $m + k + 1$ valores de $x_i$, mas para um número significantemente maior de $x_i$'s espaçados aproximadamente como os zeros de um polinômio de Chebyshev de alta ordem. Isto dá um chute inicial para $R(x)$. Segundo, tabule os desvios resultantes, encontre o valor absoluto médio, chame ele de $r$ e então resolva (novamente no sentido de mínimos quadrados) a equação (5.13.5) com $r$ fixo e os $\pm$ escolhidos para serem o sinal do desvio observado em cada ponto $x_i$. Terceiro, repita o segundo passo algumas vezes.

Você pode reconhecer um pouco de ortodoxia do método do algoritmo de Remes espreitando no nosso algoritmo: as equações que resolvemos estão tentando trazer os desvios não para zero, mas sim para algum valor mais ou menos consistente. Contudo, nós prescindimos de controlar os extremos atuais e resolvemos apenas as equações lineares em cada estágio. Um truque adicional é resolver um problema de mínimos quadrados com pesos, onde os pesos são escolhidos para abaixar os maiores desvios mais rapidamente.

Aqui está uma função implementando estas ideias. Note que as únicas chamadas à função `fn` ocorrem no preenchimento inicial da tabela `fs`. Você pode facilmente modificar este código para fazer este preenchimento fora da rotina. Não é necessário que suas abscissas `xs` sejam exatamente aquelas que nós usamos, ainda que a qualidade do ajuste vá se deteriorar se você não tiver diversas abscissas entre cada extremo da solução minimax (que está por trás). A função retorna um objeto `Ratfn` que você pode subsequentemente usar como um functor ou do qual você pode extrair os coeficientes armazenados.

```
Ratfn ratlsq(Doub fn(const Doub), const Doub a, const Doub b, const Int mm,
    const Int kk, Doub &dev)
```
ratlsq.h

Retorna uma aproximação de função racional para a função fn no intervalo (a,b). Quantidades input mm e kk especificam a ordem do numerador e do denominador, respectivamente. O máximo desvio absoluto da aproximação (na medida em que é conhecido) é retornado como dev.

```
{
    const Int NPFAC=8,MAXIT=5;
    const Doub BIG=1.0e99,PIO2=1.570796326794896619;
    Int i,it,j,ncof=mm+kk+1,npt=NPFAC*ncof;
```
Número de pontos para os quais a função é efetuada, isto é, espessura da malha.
```
    Doub devmax,e,hth,power,sum;
    VecDoub bb(npt),coff(ncof),ee(npt),fs(npt),wt(npt),xs(npt);
    MatDoub u(npt,ncof);
    Ratfn ratbest(coff,mm+1,kk+1);
    dev=BIG;
    for (i=0;i<npt;i++) {                    Preencha arrays com as abscissas da malha e valores da
        if (i < (npt/2)-1) {                 função.
            hth=PIO2*i/(npt-1.0);            Em cada termo, use a fórmula que minimiza a sensibilida-
            xs[i]=a+(b-a)*SQR(sin(hth));     de no arredondamento.
        } else {
            hth=PIO2*(npt-i)/(npt-1.0);
            xs[i]=b-(b-a)*SQR(sin(hth));
        }
        fs[i]=fn(xs[i]);
        wt[i]=1.0;                           Nas últimas iterações ajustaremos estes pesos para
        ee[i]=1.0;                           combater os maiores desvios.
    }
    e=0.0;
    for (it=0;it<MAXIT;it++) {               Loop sobre iterações.
        for (i=0;i<npt;i++) {                Monta a "matriz design" para o ajuste de mínimos
            power=wt[i];                     quadrados.
            bb[i]=power*(fs[i]+SIGN(e,ee[i]));
```
A ideia chave aqui: ajuste por fn($x$) + $e$ onde o desvio é positivo, por fn($x$) − $e$ onde ele é negativo. Então $e$ deveria tornar-se uma aproximação para os desvios de mesma flutuação.
```
            for (j=0;j<mm+1;j++) {
                u[i][j]=power;
                power *= xs[i];
            }
            power = -bb[i];
            for (j=mm+1;j<ncof;j++) {
                power *= xs[i];
                u[i][j]=power;
            }
        }
        SVD svd(u);                          Decomposição em valores singulares.
        svd.solve(bb,coff);
```
Nos casos especialmente singulares ou difíceis, poder-se-ia aqui editar os valores singulares, substituindo os valores pequenos por zero em w[0..ncof-1].
```
        devmax=sum=0.0;
        Ratfn rat(coff,mm+1,kk+1);
        for (j=0;j<npt;j++) {                Tabule os desvios e revise os pesos.
            ee[j]=rat(xs[j])-fs[j];
            wt[j]=abs(ee[j]);                Use os pesos para dar mais ênfase aos pontos de maior
            sum += wt[j];                    desvio.
            if (wt[j] > devmax) devmax=wt[j];
        }
        e=sum/npt;                           Atualize e para ser o desvio absoluto padrão.
        if (devmax <= dev) {                 Salve apenas o melhor conjunto de coeficientes encontrado.
            ratbest = rat;
            dev=devmax;
        }
        cout << " ratlsq iteration= " << it;
        cout << "  max error= " << setw(10) << devmax << endl;
    }
    return ratbest;
}
```

A Figura 5.13.1 mostra as discrepâncias para as primeiras cinco iterações de ratlsq quando ela é aplicada para encontrar o ajuste racional correspondente a $m = k = 4$ para a função $f(x) = \cos x /(1 + e^x)$ no intervalo $(0, \pi)$. Observa-se que após a primeira iteração, os resultados são praticamente tão bons quanto a solução minimax. As iterações não convergem na ordem que a figura sugere. Na verdade, é a segunda iteração que é melhor (tem o menor desvio máximo). A rotina `ratlsq` consequentemente retorna a melhor de suas iterações, não necessariamente a última: não há vantagem em fazer mais do que cinco iterações.

**REFERÊNCIAS CITADAS E LEITURA COMPLEMENTAR**

Ralston, A. and Wilf, H.S. 1960, *Mathematical Methods for Digital Computers* (New York: Wiley), Chapter 13.[1]

## 5.14 Estimação de funções usando integração de contorno

Em programação de computadores, a técnica de escolha não é necessariamente a mais eficiente, ou elegante, ou mais rápida de executar. Ao invés disso, ela pode ser aquela que é rápida de se implementar, geral e mais fácil de checar.

Algumas vezes precisa-se somente de poucos, ou de alguns poucos milhares, de estimações de uma função especial, talvez uma função a valores complexos de uma variável complexa, que tem muitos parâmetros diferentes, ou regimes assintóticos, ou ambos. O uso de truques usuais (série, frações continuadas, aproximação por funções racionais, relações de recorrência e assim sucessivamente) pode resultar em um programa que é uma colcha de retalhos com testes e ramificações para diferentes fórmulas. Apesar de tal programa poder ser altamente eficiente na execução, geralmente não é a alternativa mais curta para a resposta a partir de um começo estável.

Uma técnica diferente de considerável generalidade é a integração direta de uma função definida por uma equação diferencial – uma integração *ab initio* para cada valor desejado de função – ao longo de um contorno no plano complexo se necessário. Apesar de isto poder em primeira instância parecer como esmagar uma mosca com um tijolo de ouro, acontece que quando você já tem o tijolo e a mosca está adormecida exatamente embaixo dele, tudo que você tem que fazer é deixá-lo cair!

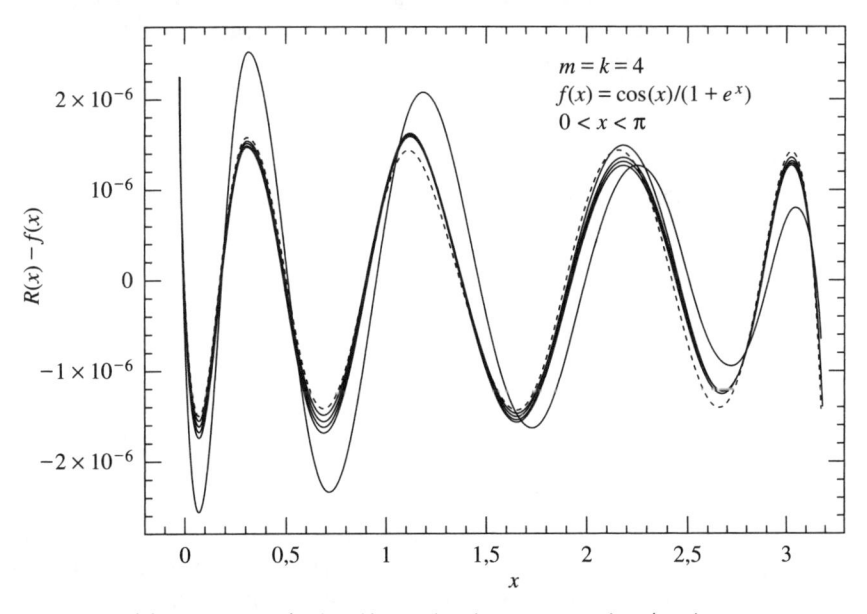

**Figura 5.13.1** Curvas sólidas mostram os desvios *r(x)* para cinco iterações sucessivas da rotina `ratlsq` para um problema teste arbitrário. O algoritmo não converge para exatamente a solução minimax (mostrada como a curva tracejada). Mas, após uma iteração, a discrepância é uma pequena fração do último bit significativo de acurácia.

Como um exemplo específico, consideremos a função hipergeométrica $_2F_1(a,b,c;z)$, a qual é definida como uma continuação analítica da assim chamada série hipergeométrica,

$$_2F_1(a,b,c;z) = 1 + \frac{ab}{c}\frac{z}{1!} + \frac{a(a+1)b(b+1)}{c(c+1)}\frac{z^2}{2!} + \cdots$$
$$+ \frac{a(a+1)\ldots(a+j-1)b(b+1)\ldots(b+j-1)}{c(c+1)\ldots(c+j-1)}\frac{z^j}{j!} + \cdots \quad (5.14.1)$$

A série converge apenas dentro do círculo unitário $|z| < 1$ (ver [1]), mas o interesse dessa função geralmente não está confinado a esta região.

A função hipergeométrica $_2F_1$ é uma solução (de fato *a* solução que é regular na origem) da equação diferencial hipergeométrica, que pode ser escrita como

$$z(1-z)F'' = abF - [c - (a+b+1)z]F' \quad (5.14.2)$$

Aqui o apóstrofo denota $d/dz$. Observa-se que a equação tem pontos singulares em $z = 0, 1$, e $\infty$. Uma vez que a solução desejada é regular em $z = 0$, os valores 1 e $\infty$ serão em geral os pontos de ramificação. Se nós queremos que $_2F_1$ seja uma função univocamente avaliada, nós devemos ter um corte de ramificação conectando estes dois pontos. Uma posição convencional para este corte é ao longo do eixo real positivo de 1 a $\infty$, ainda que nós possamos desejar manter aberta a possibilidade de alterar esta escolha para algumas aplicações.

Nossa peça fundamental consiste em uma coleção de rotinas para integração de sistemas de equações diferenciais ordinárias, que desenvolveremos em detalhes mais tarde, no Capítulo 17. Por enquanto, precisamos apenas de uma rotina de alto nível, "caixa preta", que integra um tal sistema partindo de condições iniciais em um valor da variável independente (real) para condições finais em algum outro valor da variável independente. Esta rotina é chamada Odeint e, em uma invocação particular, calcula seus passos individuais com uma sofisticada técnica de Burlisch-Stoer.

Suponha que conheçamos valores para $F$ e sua derivada $F'$ em algum valor $z_0$ e que queiramos encontrar $F$ em algum outro ponto $z_1$ no plano complexo. O contorno em linha reta conectando estes dois pontos é parametrizado por

$$z(s) = z_0 + s(z_1 - z_0) \quad (5.14.3)$$

com $s$ um parâmetro real. A equação diferencial (5.14.2) pode agora ser escrita como um sistema de duas equações de primeira ordem,

$$\frac{dF}{ds} = (z_1 - z_0)F'$$
$$\frac{dF'}{ds} = (z_1 - z_0)\left(\frac{abF - [c - (a+b+1)z]F'}{z(1-z)}\right) \quad (5.14.4)$$

a ser integrado de $s = 0$ até $s = 1$. Aqui $F$ e $F'$ são visualizadas como duas variáveis complexas independentes. O fato de que linha significa $d/dz$ pode ser ignorado; emergirá como uma consequência da primeira equação em (5.14.4). Além disso, as partes real e imaginária da equação (5.14.4) definem um sistema de quatro equações diferenciais *reais*, com variável independente $s$. A aritmética complexa no lado direito pode ser visualizada como uma mera abreviatura de como os quatro componentes são acoplados. É precisamente este ponto de vista que é passado para a rotina Odeint, uma vez que ela não sabe nada sobre as funções complexas ou as variáveis independentes complexas.

Resta apenas decidir onde começar e qual contorno tomar no plano complexo, para obter um ponto arbitrário $z$. É aí que entram em consideração as singularidades da função e o corte de ramificação. A Figura 5.14.1 mostra a estratégia que nós adotamos. Para $|z| \leq 1/2$, a série na equação (5.14.1) no geral convergirá rapidamente, e faz sentido usá-la diretamente. De outra forma, integramos ao longo do contorno em linha reta de um dois pontos iniciais ($\pm 1/2, 0$) ou (0, $\pm 1/2$). As primeiras escolhas são naturais para $0 < \text{Re}(z) < 1$ e $\text{Re}(z) < 0$, respectivamente. As últimas escolhas são usadas para $\text{Re}(z) > 1$, acima e abaixo do corte de ramificação; o propósito de iniciar afastado do eixo real nestes casos é evitar passar muito próximo da singularidade em $z = 1$ (ver Figura 5.14.1). A localização do corte de ramificação é definida pelo fato de que nossa estratégia adotada nunca integra através do eixo real para $\text{Re}(z) > 1$.

Uma implementação deste algoritmo é dada em §6.13 como a rotina hypgeo.

Muitas variantes do procedimento descrito até aqui são possíveis e fáceis de programar. Se valores de $z$ chamados sucessivamente são próximos (com valores idênticos de $a$, $b$ e $c$), então você pode salvar o estado do vetor $(F, F')$ e o valor correspondente de $z$ em cada chamada e usar estes como valores iniciais para a próxima chamada. A integração incremental pode então tomar apenas um ou dois passos. Evite integrar através do corte de ramificação não intencionalmente: o valor da função será "correto", mas não aquele que você quer.

Alternativamente, você pode desejar integrar para alguma posição $z$ por um contorno "dog-leg" (em um formato que descreva um ângulo agudo) que *cruza* o eixo real $\text{Re}(z) > 1$ como uma maneira de *mover* o corte de ramificação. Por exemplo, em alguns casos você pode querer integrar de (0, 1/2) até (3/2, 1/2), e ir de lá para algum ponto com $\text{Re}(z) > 1$ – com um ou outro sinal da $\text{Im} z$. (Se você está, por exemplo, encontrando raízes de uma função por um método iterativo, você não quer que a integração para valores próximos tome diferentes contornos em

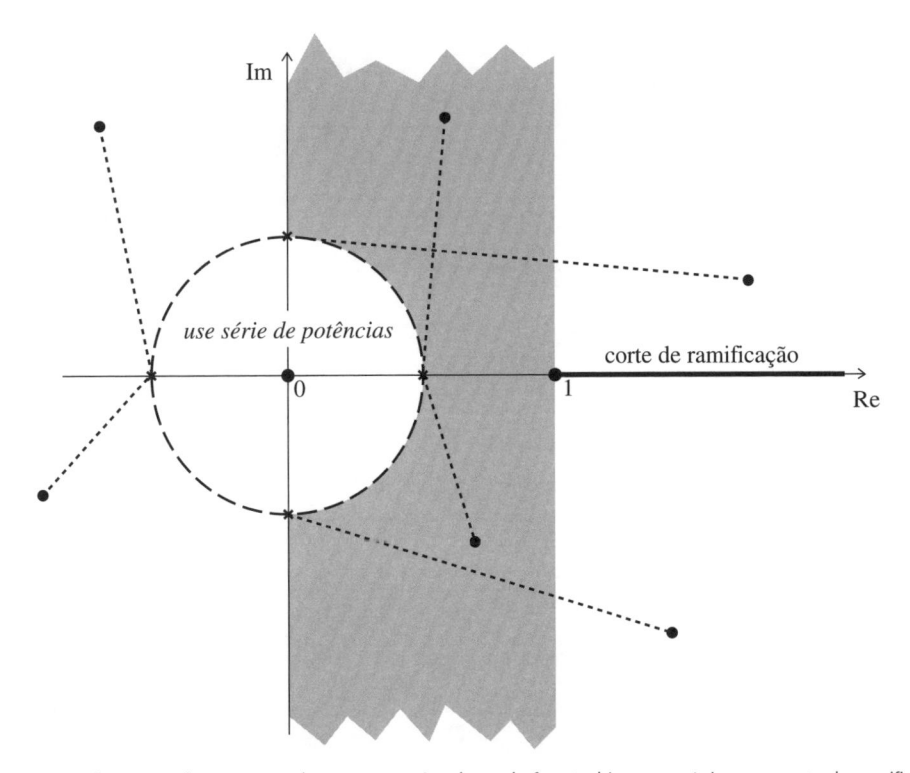

**Figura 5.14.1** Plano complexo mostrando os pontos singulares da função hipergeométrica, seu corte de ramificação e alguns contornos de integração do círculo $|z| = 1/2$ (onde a série de potência converge rapidamente) para outros pontos no plano.

torno de um ponto de ramificação. Se tomar, seu localizador de raízes verá valores de uma função descontínua e provavelmente não convergirá corretamente.)

Em qualquer caso, esteja atento que uma perda de acurácia numérica pode resultar se você integrar através de uma região de grande valor de função em seu caminho para uma resposta final onde o valor da função é pequeno. (Para a função hipergeométrica, um caso particular disto é quando $a$ e $b$ são ambos grandes e positivos, com $c$ e $x \gtrsim 1$.) Em tais casos, você precisará encontrar um contorno dog-leg melhor.

A técnica geral de efetuar uma função integrando sua equação diferencial no plano complexo pode também ser aplicada para outras funções especiais. Por exemplo, a função Bessel complexa, função de Airy, função de onda de Coulomb e a função de Webber são todos casos especiais da *função hipergeométrica confluente*, com uma equação diferencial similar à utilizada acima (ver, p.ex., [1] §13.6, para uma tabela de casos especiais). A função hipergeométrica confluente não tem singularidades no $z$ finito: isto a torna fácil de integrar. Porém, sua singularidade essencial no infinito significa que ela tem, ao longo de alguns contornos e para alguns parâmetros, comportamento altamente oscilatório ou exponencialmente decrescente: isto a torna difícil de integrar. Um pouco de julgamento caso a caso (ou experimentação) é portanto necessário.

### REFERÊNCIAS CITADAS E LEITURA COMPLEMENTAR

Abramowitz, M., and Stegun, I.A. 1964, *Handbook of Mathematical Functions* (Washington: National Bureau of Standards); reprinted 1968 (New York: Dover); online at http://www.nr.com/aands.[1]

# CAPÍTULO 6

# Funções Especiais

## 6.0 Introdução

Não há nada particularmente especial em uma função especial, exceto que alguma pessoa com autoridade ou um escritor de livro-texto (não é a mesma coisa!) decidiu dar esse apelido. Funções especiais são algumas vezes chamadas de *funções transcendentais superiores* (superiores no quê?) ou *funções da física matemática* (mas elas ocorrem em outros campos também) ou *funções que satisfazem certas equações diferenciais de segunda ordem que ocorrem frequentemente* (mas nem todas as funções especiais fazem isso). Podiam simplesmente chamá-las de "funções úteis" e deixar por isso mesmo. A escolha de quais funções incluir neste capítulo é altamente arbitrária.

Bibliotecas de programas comercialmente disponíveis contêm muitas rotinas de funções especiais que são planejadas para usuários que não terão ideia do que vai dentro delas. Estas caixas-pretas em estado de arte são geralmente muito bagunçadas, cheias de ramificação para métodos completamente diferentes dependendo do valor dos argumentos de chamada. Caixas-pretas tem, ou deveriam ter, um cuidadoso controle de acurácia, para alguma precisão uniforme determinada em todos regimes.

Não seremos tão meticulosos em nossos exemplos, em parte porque queremos ilustrar técnicas do Capítulo 5 e em parte porque *queremos* que você entenda o que ocorre nas rotinas apresentadas. Algumas de nossas rotinas têm um parâmetro de acurácia que pode ser feito tão pequeno quanto desejado, enquanto que outras (especialmente aquelas envolvendo ajustes polinomiais) dão somente uma certa acurácia preestabelecida que acreditamos ser aproveitável (usualmente, mas nem sempre, próximo da dupla precisão). Esperamos que, se você alguma vez encontrar problemas em uma rotina, seja capaz de diagnosticar e corrigir o problema com base da informação que nós demos.

Em suma, as rotinas de funções especiais neste capítulo são planejadas para ser usadas – as usamos o tempo todo – mas também queremos que você aprenda como elas são por dentro.

### REFERÊNCIAS CITADAS E LEITURA COMPLEMENTAR

Abramowitz, M., and Stegun, I.A. 1964, *Handbook of Mathematical Functions* (Washington: National Bureau of Standards); reprinted 1968 (New York: Dover); online at http://www.nr.com/aands.

Andrews, G.E., Askey, R., and Roy, R. 1999, *Special Functions* (Cambridge, UK: Cambridge University Press).

Thompson, W.J. 1997, *Atlas for Computing Mathematical Functions* (New York: Wiley-Interscience).

Spanier, J., and Oldham, K.B. 1987, *An Atlas of Functions* (Washington: Hemisphere Pub. Corp.).
Wolfram, S. 2003, *The Mathematica Book*, 5th ed. (Champaign, IL: Wolfram Media).
Hart, J.F., et al. 1968, *Computer Approximations* (New York: Wiley).
Hastings, C. 1955, *Approximations for Digital Computers* (Princeton: Princeton University Press).
Luke, Y.L. 1975, *Mathematical Functions and Their Approximations (New York:* Academic Press).

## 6.1 Função gamma, função beta, coeficientes binomiais

A função gamma é definida pela integral

$$\Gamma(z) = \int_0^\infty t^{z-1} e^{-t} dt \quad (6.1.1)$$

Quando o argumento $z$ é um inteiro, a função gamma é apenas a familiar função fatorial, mas compensada de uma unidade:

$$n! = \Gamma(n+1) \quad (6.1.2)$$

A função gamma satisfaz a relação de recorrência

$$\Gamma(z+1) = z\,\Gamma(z) \quad (6.1.3)$$

Se a função é conhecida para argumentos $z > 1$ ou, mais geralmente, na metade do plano complexo $\mathrm{Re}(z) > 1$, ela pode ser obtida para $z < 1$ ou $\mathrm{Re}(z) < 1$ pela fórmula de reflexão

$$\Gamma(1-z) = \frac{\pi}{\Gamma(z)\,\mathrm{sen}(\pi z)} = \frac{\pi z}{\Gamma(1+z)\,\mathrm{sen}(\pi z)} \quad (6.1.4)$$

Observe que $\Gamma(z)$ tem um polo em $z = 0$ e em todos os valores inteiros negativos de $z$.

Existe uma variedade de métodos em uso para calcular a função $\Gamma(z)$ numericamente, mas nenhum é de longe tão claro quanto a aproximação derivada por Lanczos [1]. Este esquema é inteiramente específico para a função gamma, aparentemente tirada do nada. Não tentaremos derivar a aproximação, mas somente enunciamos a fórmula resultante: para certas escolhas de $\gamma$ racional e $N$ inteiro, e para certos coeficientes $c_1, c_2, ..., c_N$, a função gamma é dada por

$$\Gamma(z+1) = (z+\gamma+\tfrac{1}{2})^{z+\frac{1}{2}} e^{-(z+\gamma+\frac{1}{2})}$$
$$\times \sqrt{2\pi} \left[ c_0 + \frac{c_1}{z+1} + \frac{c_2}{z+2} + \cdots + \frac{c_N}{z+N} + \epsilon \right] \quad (z > 0) \quad (6.1.5)$$

Você pode ver que isto é um tipo de aproximação de Stirling, mas com uma série de correções que levam em consideração os primeiros poucos polos na parte esquerda do plano complexo. A constante $c_0$ é muito proximamente igual a 1. O termo de erro é parametrizado por $\epsilon$. Para $N = 14$ e um certo conjunto de $c$'s e $\gamma$ (calculado por P. Godgrey), o erro é menor do que $|\epsilon| < 10^{-15}$. Ainda mais impressionante é o fato de que, com estas mesmas constantes, a fórmula (6.1.5) aplica-se para a função gamma *complexa, em qualquer lugar no plano complexo* $\mathrm{Re}\,z > 0$ , conseguindo quase a mesma acurácia que na reta real.

É melhor implementar $\ln\Gamma(x)$ do que $\Gamma(x)$, uma vez que esta última proporcionará overflow para valores mais modestos de $x$. Geralmente a função gamma é usada em cálculos onde os valores maiores de $\Gamma(x)$ são divididos por outros números maiores, com o resultado sendo um valor perfeitamente ordinário. Tais operações poderiam normalmente ser codificadas como subtração de logaritmos. Com (6.1.5) em mãos, podemos computar o logaritmo da função gamma com duas chamadas para um logaritmo e algumas dezenas de operações aritméticas. Isto torna o problema não muito mais difícil do que outras funções embutidas que tomamos como subentendidas, tais como sen $x$ ou $e^x$:

```
Doub gammln(const Doub xx) {                                           gamma.h
Retorna o valor de [Γ(xx)] para xx > 0.
    Int j;
    Doub x,tmp,y,ser;
    static const Doub cof[14]={57.1562356658629235,-59.5979603554754912,
    14.1360979747417471,-0.491913816097620199,.339946499848118887e-4,
    .465236289270485756e-4,-.983744753048795646e-4,.158088703224912494e-3,
    -.210264441724104883e-3,.217439618115212643e-3,-.164318106536763890e-3,
    .844182239838527433e-4,-.261908384015814087e-4,.368991826595316234e-5};
    if (xx <= 0) throw("bad arg in gammln");
    y=x=xx;
    tmp = x+5.24218750000000000;           Racional 671/128.
    tmp = (x+0.5)*log(tmp)-tmp;
    ser = 0.999999999999997092;
    for (j=0;j<14;j++) ser += cof[j]/++y;
    return tmp+log(2.5066282746310005*ser/x);
}
```

Como deveríamos escrever uma rotina para a função fatorial $n!$? Geralmente a função fatorial será chamada para valores inteiros pequenos, e em muitas aplicações o mesmo valor interior será chamado muitas vezes. É obviamente ineficiente chamar `exp(gammln(n+1.))` para cada fatorial necessário. Melhor é inicializar uma tabela estática na primeira chamada e fazer uma rápida consulta nas chamadas subsequentes. O tamanho fixo 171 para a tabela é por causa do 170! ser representado como um valor IEEE em dupla precisão, mas 171! gera um overflow. É também algumas vezes útil saber que fatoriais até 22! têm representações exatas em dupla precisão (52 bits na mantissa, não contando potências de dois que são absorvidas no expoente), enquanto 23! e acima são representados apenas aproximadamente.

```
Doub factrl(const Int n) {                                             gamma.h
Retorna o valor n! como um número em ponto flutuante.
    static VecDoub a(171);
    static Bool init=true;
    if (init) {
        init = false;
        a[0] = 1.;
        for (Int i=1;i<171;i++) a[i] = i*a[i-1];
    }
    if (n < 0 || n > 170) throw("factrl out of range");
    return a[n];
}
```

Mais útil na prática é uma função retornando o log de um fatorial, que não tem remessas de overflow. O tamanho da tabela de logaritmos é qualquer um de que você disponha em espaço e tempo de inicialização. O valor `NTOP` = 2000 deve ser aumentado se seus argumentos inteiros são em geral maiores.

gamma.h
```
Doub factln(const Int n) {
Retorna ln(n!).
    static const Int NTOP=2000;
    static VecDoub a(NTOP);
    static Bool init=true;
    if (init) {
        init = false;
        for (Int i=0;i<NTOP;i++) a[i] = gammln(i+1.);
    }
    if (n < 0) throw("negative arg in factln");
    if (n < NTOP) return a[n];
    return gammln(n+1.);              Fora do range da tabela.
}
```

O coeficiente binomial é definido por

$$\binom{n}{k} = \frac{n!}{k!(n-k)!} \qquad 0 \le k \le n \tag{6.1.6}$$

Uma rotina que toma vantagem das tabelas armazenadas em `factrl` e `factln` é

gamma.h
```
Doub bico(const Int n, const Int k) {
Retorna o coeficiente binomial como um número em ponto flutuante.
    if (n<0 || k<0 || k>n) throw("bad args in bico");
    if (n<171) return floor(0.5+factrl(n)/(factrl(k)*factrl(n-k)));
    return floor(0.5+exp(factln(n)-factln(k)-factln(n-k)));
    A função floor dá um jeito nos erros de arredondamento para valores menores de n e k.
}
```

Se seu problema requer uma série de coeficientes binomiais relacionados, uma boa ideia é usar as relações de recorrência, por exemplo,

$$\binom{n+1}{k} = \frac{n+1}{n-k+1}\binom{n}{k} = \binom{n}{k} + \binom{n}{k-1}$$

$$\binom{n}{k+1} = \frac{n-k}{k+1}\binom{n}{k} \tag{6.1.7}$$

Finalmente, despedindo-se das funções combinatoriais com argumentos de valor inteiro, consideramos a função beta,

$$B(z,w) = B(w,z) = \int_0^1 t^{z-1}(1-t)^{w-1}dt \tag{6.1.8}$$

a qual é relacionada à função gamma por

$$B(z,w) = \frac{\Gamma(z)\Gamma(w)}{\Gamma(z+w)} \tag{6.1.9}$$

portanto

```
Doub beta(const Doub z, const Doub w) {                                    gamma.h
Retorna o valor da função beta B(z,w).
    return exp(gammln(z)+gammln(w)-gammln(z+w));
}
```

**REFERÊNCIAS CITADAS E LEITURA COMPLEMENTAR**

Abramowitz, M., and Stegun, I.A. 1964, *Handbook of Mathematical Functions* (Washington: National Bureau of Standards); reprinted 1968 (New York: Dover); online at http://www.nr.com/aands, Chapter 6.

Lanczos, C. 1964, "A Precision Approximation of the Gamma Function," *SIAM Journal on Numerical Analysis*, ser. B, vol. 1, pp. 86-96.[1]

## 6.2 Função gamma incompleta e função erro

A função gamma incompleta é definida por

$$P(a,x) \equiv \frac{\gamma(a,x)}{\Gamma(a)} \equiv \frac{1}{\Gamma(a)} \int_0^x e^{-t} t^{a-1} dt \qquad (a > 0) \qquad (6.2.1)$$

possuindo os valores limites

$$P(a,0) = 0 \qquad \text{e} \qquad P(a,\infty) = 1 \qquad (6.2.2)$$

A função gamma incompleta $P(a,x)$ é monotônica e (para $a$ maior ou igual a um) cresce de "próximo do zero" para "próximo de um" no range de $x$ centrado em aproximadamente $a - 1$, e com uma largura de cerca de $\sqrt{a}$ (ver Figura 6.2.1).

O complemento de $P(a,x)$ é também, de maneira confusa, chamado de função gamma incompleta,

$$Q(a,x) \equiv 1 - P(a,x) \equiv \frac{\Gamma(a,x)}{\Gamma(a)} \equiv \frac{1}{\Gamma(a)} \int_x^\infty e^{-t} t^{a-1} dt \qquad (a > 0) \qquad (6.2.3)$$

Tem valores limites

$$Q(a,0) = 1 \qquad \text{e} \qquad Q(a,\infty) = 0 \qquad (6.2.4)$$

As notações $P(a,x)$, $\gamma(a,x)$ e $\Gamma(a,x)$ são padrão; a notação $Q(a,x)$ é específica para este livro.

Há um desenvolvimento em série para $\gamma(a,x)$ como segue:

$$\gamma(a,x) = e^{-x} x^a \sum_{n=0}^{\infty} \frac{\Gamma(a)}{\Gamma(a+1+n)} x^n \qquad (6.2.5)$$

Não é necessário computar uma nova $\Gamma(a + 1\ n)$ para cada $n$: em vez disso, usa-se a equação (6.1.3) e o coeficiente anterior.

Um desenvolvimento em fração continuada para $\Gamma(a,x)$ é

$$\Gamma(a,x) = e^{-x} x^a \left( \frac{1}{x+1-a-} \frac{1 \cdot (1-a)}{x+3-a-} \frac{2 \cdot (2-a)}{x+5-a-} \cdots \right) \qquad (x > 0)$$

$$(6.2.6)$$

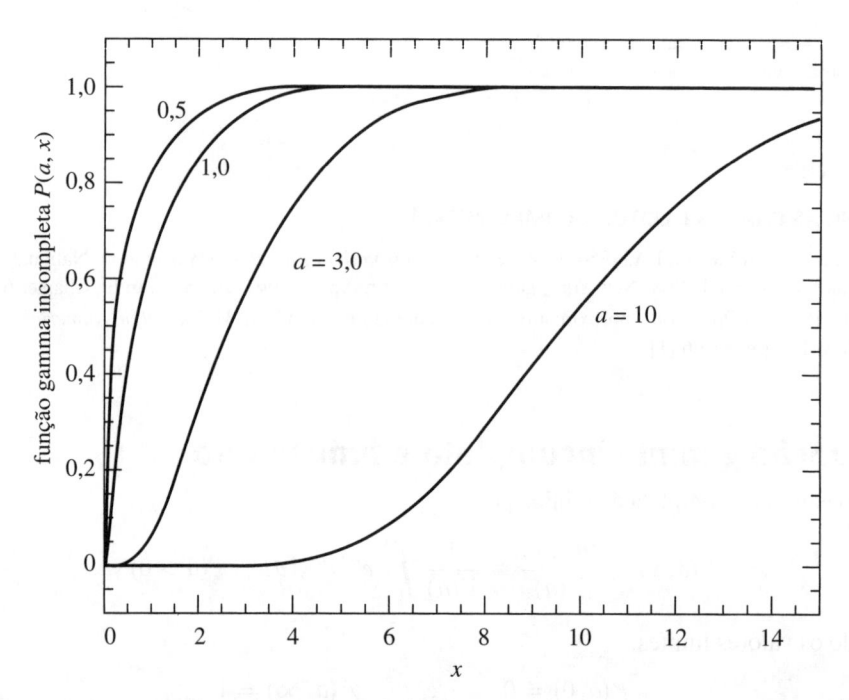

**Figura 6.2.1** A função gamma incompleta $P(a, x)$ para quatro valores de $a$.

É computacionalmente melhor usar a parte par de (6.2.6), que converge duas vezes mais rápido (ver §5.2):

$$\Gamma(a, x) = e^{-x} x^a \left( \frac{1}{x+1-a-} \frac{1 \cdot (1-a)}{x+3-a-} \frac{2 \cdot (2-a)}{x+5-a-} \cdots \right) \quad (x > 0)$$

(6.2.7)

Acontece que (6.2.5) converge rapidamente para $x$ menor que $a + 1$, enquanto (6.2.6) ou (6.2.7) converge rapidamente para $x$ maior do que $a + 1$. Nestes respectivos regimes, cada um requer no máximo algumas poucas vezes $\sqrt{a}$ termos para convergir, e destes muitos somente próximos de $x = a$, onde as funções gamma incompletas estão variando mais rapidamente. Para valores moderados de $a$, menores do que 100, digamos, (6.2.5) e (6.2.7) juntos permitem estimar a função para todo $x$. Um dividendo extra é que nunca precisamos computar o valor da função próximo de zero subtraindo dois números proximamente iguais.

Algumas aplicações requerem $P(a, x)$ e $Q(a, x)$ para valores muito maiores que $a$, onde as séries e a fração continuada são ineficientes. Neste regime, porém, o integrando na equação (6.2.1) decai rapidamente em ambas as direções do seu pico, dentro de poucas vezes $\sqrt{a}$. Um procedimento eficiente é efetuar a integral diretamente, com um único passo da quadratura de Gauss-Legendre de alta ordem (§ 4.6) estendendo-se de $x$ em direção à cauda mais próxima apenas o suficiente para alcançar valores desprezíveis do integrando. Na verdade, é "metade de um passo", porque precisamos das abscissas densas apenas próximo de $x$, não lá longe na cauda onde o integrando é efetivamente zero.

Nós empacotamos as várias partes da função gamma em um objeto `Gamma`. O único estado persistente é o valor `gln`, o qual é designado para $\Gamma(a)$ para a chamada mais recente a $P(a, x)$ ou

$Q(a, x)$. Isto é útil quando você precisa de uma convenção de normalização diferente, por exemplo, $\gamma(a, x)$ ou $\Gamma(a, x)$ nas equações (6.2.1) ou (6.2.3).

```
struct Gamma : Gauleg18 {                                               incgammabeta.h
```
Objeto para função gamma incompleta. `Gauleg18` fornece coeficientes para a quadratura de Gauss-Legendre.
```
    static const Int ASWITCH=100;        Quando trocar para o método de quadratura.
    static const Doub EPS;               Veja fim de struct para inicializações.
    static const Doub FPMIN;
    Doub gln;

    Doub gammp(const Doub a, const Doub x) {
```
Retorna a função gamma incompleta $P(a, x)$.
```
        if (x < 0.0 || a <= 0.0) throw("bad args in gammp");
        if (x == 0.0) return 0.0;
        else if ((Int)a >= ASWITCH) return gammpapprox(a,x,1);   Quadratura.
        else if (x < a+1.0) return gser(a,x);        Use a representação em séries.
        else return 1.0-gcf(a,x);                    Use a representação por fração continuada.
    }

    Doub gammq(const Doub a, const Doub x) {
```
Retorna a função gamma incompleta $Q(a, x) \equiv 1 - P(a, x)$.
```
        if (x < 0.0 || a <= 0.0) throw("bad args in gammq");
        if (x == 0.0) return 1.0;
        else if ((Int)a >= ASWITCH) return gammpapprox(a,x,0);   Quadratura.
        else if (x < a+1.0) return 1.0-gser(a,x);    Use a representação em séries.
        else return gcf(a,x);                        Use a representação por fração continuada.
    }

    Doub gser(const Doub a, const Doub x) {
```
Retorna a função gamma incompleta $P(a, x)$ efetuada por sua representação por séries. Também atribui ln $\Gamma(a)$ como `gln`. Usuário não deveria chamar diretamente.
```
        Doub sum,del,ap;
        gln=gammln(a);
        ap=a;
        del=sum=1.0/a;
        for (;;) {
            ++ap;
            del *= x/ap;
            sum += del;
            if (fabs(del) < fabs(sum)*EPS) {
                return sum*exp(-x+a*log(x)-gln);
            }
        }
    }

    Doub gcf(const Doub a, const Doub x) {
```
Retorna a função gamma incompleta $Q(a, x)$ efetuada pela sua representação por fração continuada. Também designa ln $\Gamma(a)$ como `gln`. Usuário não deveria chamar diretamente.
```
        Int i;
        Doub an,b,c,d,del,h;
        gln=gammln(a);
        b=x+1.0-a;                           Montagem para efetuar a fração continuada pelo
        c=1.0/FPMIN;                         método de Lentz (§5.2) com $b_0 = 0$.
        d=1.0/b;
        h=d;
        for (i=1;;i++) {                     Iterar para convergência.
            an = -i*(i-a);
            b += 2.0;
            d=an*d+b;
```

```
            if (fabs(d) < FPMIN) d=FPMIN;
            c=b+an/c;
            if (fabs(c) < FPMIN) c=FPMIN;
            d=1.0/d;
            del=d*c;
            h *= del;
            if (fabs(del-1.0) <= EPS) break;
        }
        return exp(-x+a*log(x)-gln)*h;           Colocar fatores na frente.
    }

    Doub gammpapprox(Doub a, Doub x, Int psig) {
```
Gamma incompleta por quadratura. Retorna $P(a,x)$ ou $Q(a,x)$ quando psig é 1 ou 0, respectivamente. Usuário não deveria chamar diretamente.
```
        Int j;
        Doub xu,t,sum,ans;
        Doub a1 = a-1.0, lna1 = log(a1), sqrta1 = sqrt(a1);
        gln = gammln(a);
```
Designe quão distante deve-se integrar em direção à cauda.
```
        if (x > a1) xu = MAX(a1 + 11.5*sqrta1, x + 6.0*sqrta1);
        else xu = MAX(0.,MIN(a1 - 7.5*sqrta1, x - 5.0*sqrta1));
        sum = 0;
        for (j=0;j<ngau;j++) {                    Gauss-Legendre.
            t = x + (xu-x)*y[j];
            sum += w[j]*exp(-(t-a1)+a1*(log(t)-lna1));
        }
        ans = sum*(xu-x)*exp(a1*(lna1-1.)-gln);
        return (psig?(ans>0.0? 1.0-ans:-ans):(ans>=0.0? ans:1.0+ans));
    }

    Doub invgammp(Doub p, Doub a);
```
Função inversa em $x$ de $P(a,x)$. Ver §6.2.1.
```
};
const Doub Gamma::EPS = numeric_limits<Doub>::epsilon();
const Doub Gamma::FPMIN = numeric_limits<Doub>::min()/EPS;
```

Lembre que uma vez que Gamma é um objeto, você tem que declarar uma instância dela antes de você poder usar suas funções membro. Nós habitualmente escrevemos

```
        Gamma gam;
```

como uma declaração global e então chamamos gam.gammp ou gam.gammq conforme necessário. A estrutura Gauleg18 apenas contém as abscissas e os pesos para a quadratura de Gauss-Legendre.

incgammabeta.h
```
struct Gauleg18 {
```
Abscissas e pesos para quadratura de Gauss-Legendre
```
    static const Int ngau = 18;
    static const Doub y[18];
    static const Doub w[18];
};
const Doub Gauleg18::y[18] = {0.0021695375159141994,
0.011413521097787704,0.027972308950302116,0.051727015600492421,
0.082502225484340941, 0.12007019910960293,0.16415283300752470,
0.21442376986779355, 0.27051082840644336, 0.33199876341447887,
0.39843234186401943, 0.46931971407375483, 0.54413605556657973,
0.62232745288031077, 0.70331500465597174, 0.78649910768313447,
0.87126389619061517, 0.95698180152629142};
const Doub Gauleg18::w[18] = {0.0055657196642445571,
0.012915947284065419,0.020181515297735382,0.027298621498568734,
0.034213810770299537,0.040875750923643261,0.047235083490265582,
0.053244713977759692,0.058860144245324798,0.064039797355015485,
```

0.068745323835736408,0.072941885005653087,0.076598410645870640,
0.079687828912071670,0.082187266704339706,0.084078218979661945,
0.085346685739338721,0.085983275670394821};

### 6.2.1 Função gamma incompleta inversa

Em muitas aplicações estatísticas, faz-se necessária a inversa da função gamma incompleta, isto é, o valor $x$ tal que $P(a,x) = p$, para um dado valor $0 \leq p \leq 1$. O método de Newton funciona bem se nós planejamos um chute inicial bom o suficiente. De fato, este é um bom lugar para usar o método de Halley (ver §9.4), uma vez que a segunda derivada (isto é, a primeira derivada do integrando) é fácil de computar.

Para $a > 1$, usamos um chute inicial que deriva de §26.2.22 e §26.4.17 na referência [1]. Para $a \leq 1$, primeiro aproximamos grosseiramente $P_a \equiv P(a, 1)$:

$$P_a \equiv P(a,1) \approx 0.253a + 0.12a^2, \qquad 0 \leq a \leq 1 \qquad (6.2.8)$$

e então resolvemos para $x$ em uma ou outra das aproximações (grosseiras):

$$P(a,x) \approx \begin{cases} P_a x^a, & x < 1 \\ P_a + (1-P_a)(1-e^{1-x}), & x \geq 1 \end{cases} \qquad (6.2.9)$$

Uma implementação é:

```
Doub Gamma::invgammp(Doub p, Doub a) {                          incgammabeta.h
Retorna x tal que P (a, x) = p para um argumento p entre 0 e 1.
    Int j;
    Doub x,err,t,u,pp,lna1,afac,a1=a-1;
    const Doub EPS=1.e-8;                    Acurácia é o quadrado de EPS.
    gln=gammln(a);
    if (a <= 0.) throw("a must be pos in invgammap");
    if (p >= 1.) return MAX(100.,a + 100.*sqrt(a));
    if (p <= 0.) return 0.0;
    if (a > 1.) {                            Chute inicial baseado na referência [1].
        lna1=log(a1);
        afac = exp(a1*(lna1-1.)-gln);
        pp = (p < 0.5)? p : 1. - p;
        t = sqrt(-2.*log(pp));
        x = (2.30753+t*0.27061)/(1.+t*(0.99229+t*0.04481)) - t;
        if (p < 0.5) x = -x;
        x = MAX(1.e-3,a*pow(1.-1./(9.*a)-x/(3.*sqrt(a)),3));
    } else {                                 Chute inicial baseado nas equações (6.2.8)
        t = 1.0 - a*(0.253+a*0.12);                              e (6.2.9).
        if (p < t) x = pow(p/t,1./a);
        else x = 1.-log(1.-(p-t)/(1.-t));
    }
    for (j=0;j<12;j++) {
        if (x <= 0.0) return 0.0;            x muito pequeno para computar acuradamente.
        err = gammp(a,x) - p;
        if (a > 1.) t = afac*exp(-(x-a1)+a1*(log(x)-lna1));
        else t = exp(-x+a1*log(x)-gln);
        u = err/t;
        x -= (t = u/(1.-0.5*MIN(1.,u*((a-1.)/x - 1))));          Método de Halley.
        if (x <= 0.) x = 0.5*(x + t);        Divida pela metade o valor antigo se x se tornar ne-
        if (fabs(t) < EPS*x ) break;                             gativo.
    }
    return x;
}
```

## 6.2.2 Função erro

A função erro e a função erro complementar são casos especiais da função gamma incompleta e são obtidas de forma moderadamente eficiente pelos procedimentos acima. Suas definições são:

$$\text{erf}(x) = \frac{2}{\sqrt{\pi}} \int_0^x e^{-t^2} dt \qquad (6.2.10)$$

e

$$\text{erfc}(x) \equiv 1 - \text{erf}(x) = \frac{2}{\sqrt{\pi}} \int_x^\infty e^{-t^2} dt \qquad (6.2.11)$$

As funções têm os seguintes valores limites e simetrias:

$$\text{erf}(0) = 0 \qquad \text{erf}(\infty) = 1 \qquad \text{erf}(-x) = -\text{erf}(x) \qquad (6.2.12)$$
$$\text{erfc}(0) = 1 \qquad \text{erfc}(\infty) = 0 \qquad \text{erfc}(-x) = 2 - \text{erfc}(x) \qquad (6.2.13)$$

Elas são relacionadas à função gamma incompleta por

$$\text{erf}(x) = P\left(\frac{1}{2}, x^2\right) \qquad (x \geq 0) \qquad (6.2.14)$$

e

$$\text{erfc}(x) = Q\left(\frac{1}{2}, x^2\right) \qquad (x \geq 0) \qquad (6.2.15)$$

Um cálculo rápido toma vantagem de uma aproximação da forma

$$\text{erfc}(z) \approx t \, \exp[-z^2 + \mathcal{P}(t)], \qquad z > 0 \qquad (6.2.16)$$

onde

$$t \equiv \frac{2}{2+z} \qquad (6.2.17)$$

e $\mathcal{P}(t)$ é um polinômio para $0 \leq t \leq 1$ que pode ser encontrado por métodos de Chebyshev (§5.8). Como com Gamma, a implementação é através de um objeto que inclui a função inversa, aqui uma inversa para erf e erfc. O método de Halley é novamente usado para as inversas (como sugerido por P. J. Acklam).

erf.h
```
struct Erf {
Objeto para a função erro e funções relacionadas.
    static const Int ncof=28;                    Inicialização no fim da estrutura.
    static const Doub cof[28];

    inline Doub erf(Doub x) {
    Retorna erf(x) para qualquer x.
        if (x >=0.) return 1.0 - erfccheb(x);
        else return erfccheb(-x) - 1.0;
    }

    inline Doub erfc(Doub x) {
    Retorna erfc(x) para qualquer x.
        if (x >= 0.) return erfccheb(x);
        else return 2.0 - erfccheb(-x);
    }
```

```
Doub erfccheb(Doub z){
```
Efetua a equação (6.2.16) usando os coeficientes de Chebyshev armazenados. Usuário não deveria chamar diretamente.
```
    Int j;
    Doub t,ty,tmp,d=0.,dd=0.;
    if (z < 0.) throw("erfccheb requires nonnegative argument");
    t = 2./(2.+z);
    ty = 4.*t - 2.;
    for (j=ncof-1;j>0;j--) {
        tmp = d;
        d = ty*d - dd + cof[j];
        dd = tmp;
    }
    return t*exp(-z*z + 0.5*(cof[0] + ty*d) - dd);
}

Doub inverfc(Doub p) {
```
Inversa da função erro complementar. Retorna $x$ tal que erfc($x$) = $p$ para o argumento $p$ entre 0 e 2.
```
    Doub x,err,t,pp;
    if (p >= 2.0) return -100.;          Retorna um valor grande arbitrário pos ou neg.
    if (p <= 0.0) return 100.;
    pp = (p < 1.0)? p : 2. - p;
    t = sqrt(-2.*log(pp/2.));            Chute inicial:
    x = -0.70711*((2.30753+t*0.27061)/(1.+t*(0.99229+t*0.04481)) - t);
    for (Int j=0;j<2;j++) {
        err = erfc(x) - pp;
        x += err/(1.12837916709551257*exp(-SQR(x))-x*err);   Halley.
    }
    return (p < 1.0? x : -x);
}

inline Doub inverf(Doub p) {return inverfc(1.-p);}
```
Inversa da função erro. Retorna $x$ tal que erf($x$) = $p$ para o argumento $p$ entre $-1$ e 1.
```
};

const Doub Erf::cof[28] = {-1.3026537197817094, 6.4196979235649026e-1,
    1.9476473204185836e-2,-9.561514786808631e-3,-9.46595344482036e-4,
    3.66839497852761e-4,4.2523324806907e-5,-2.0278578112534e-5,
    -1.624290004647e-6,1.303655835580e-6,1.5626441722e-8,-8.5238095915e-8,
    6.529054439e-9,5.059343495e-9,-9.91364156e-10,-2.27365122e-10,
    9.6467911e-11, 2.394038e-12,-6.886027e-12,8.94487e-13, 3.13092e-13,
    -1.12708e-13,3.81e-16,7.106e-15,-1.523e-15,-9.4e-17,1.21e-16,-2.8e-17};
```

Uma aproximação de Chebyshev de mais baixa ordem produz uma rotina muito concisa, embora com apenas uma acurácia em precisão simples:

```
Doub erfcc(const Doub x)                                                erf.h
```
Retorna a função erro complementar erfc(x) como erro fracionário para todos os valores menores do que $1,2 \times 10^{-7}$.
```
{
    Doub t,z=fabs(x),ans;
    t=2./(2.+z);
    ans=t*exp(-z*z-1.26551223+t*(1.00002368+t*(0.37409196+t*(0.09678418+
        t*(-0.18628806+t*(0.27886807+t*(-1.13520398+t*(1.48851587+
        t*(-0.82215223+t*0.17087277))))))));
    return (x >= 0.0 ? ans : 2.0-ans);
}
```

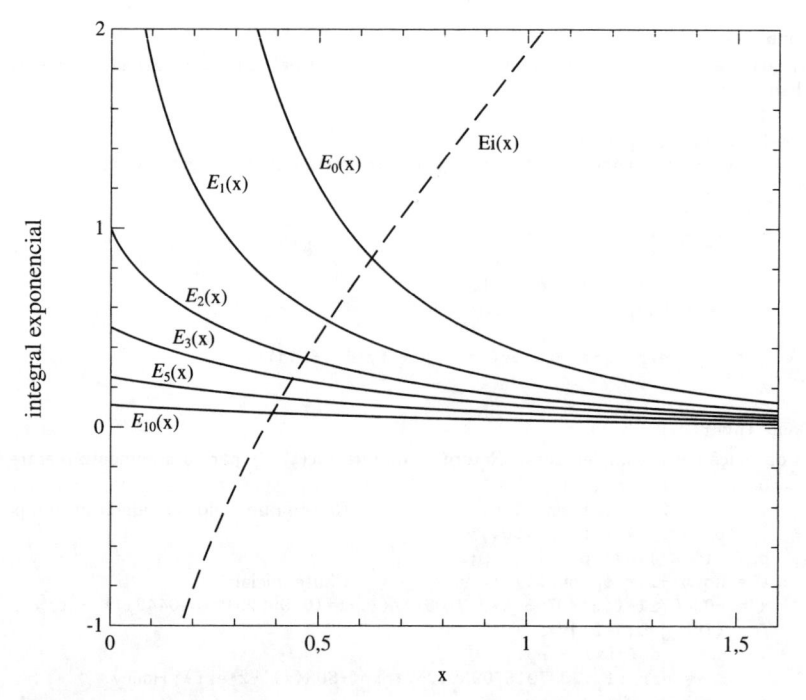

**Figura 6.3.1** Integrais exponenciais $E_n(x)$ para $n = 0, 1, 2, 3, 5$ e $10$ e a integral exponencial $\text{Ei}(x)$.

**REFERÊNCIAS CITADAS E LEITURA COMPLEMENTAR**

Abramowitz, M., and Stegun, I.A. 1964, *Handbook of Mathematical Functions* (Washington: National Bureau of Standards); reprinted 1968 (New York: Dover); online at http://www.nr.com/aands, Chapters 6, 7, and 26.[1]

Pearson, K. (ed.) 1951, *Tables of the Incomplete Gamma Function* (Cambridge, UK: Cambridge University Press).

## 6.3 Integrais exponenciais

A definição padrão de exponencial integral é

$$E_n(x) = \int_1^\infty \frac{e^{-xt}}{t^n} dt, \qquad x > 0, \quad n = 0, 1, \ldots \qquad (6.3.1)$$

A função definida pelo valor principal da integral

$$\text{Ei}(x) = -\int_{-x}^\infty \frac{e^{-t}}{t} dt = \int_{-\infty}^x \frac{e^t}{t} dt, \qquad x > 0 \qquad (6.3.2)$$

é também chamada de uma integral exponencial. Observe que $\text{Ei}(-x)$ é relacionada a $-E_1(x)$ por continuação analítica. A Figura 6.3.1 esboça estas funções para valores representativos dos seus parâmetros.

A função $E_n(x)$ é um caso especial da função gamma incompleta

$$E_n(x) = x^{n-1}\Gamma(1-n, x) \tag{6.3.3}$$

Por esta razão, podemos usar uma estratégia similar para efetuar isso. A fração continuada – simplesmente a equação (6.2.6) reescrita – converge para todo $x > 0$:

$$E_n(x) = e^{-x}\left(\frac{1}{x+}\,\frac{n}{1+}\,\frac{1}{x+}\,\frac{n+1}{1+}\,\frac{2}{x+}\cdots\right) \tag{6.3.4}$$

Usamos isso em sua forma par que converge mais rapidamente,

$$E_n(x) = e^{-x}\left(\frac{1}{x+n-}\,\frac{1\cdot n}{x+n+2-}\,\frac{2(n+1)}{x+n+4-}\cdots\right) \tag{6.3.5}$$

A fração continuada somente converge rápido o suficiente de fato para ser útil para o caso $x \gtrsim 1$. Para $0 < x \lesssim 1$, podemos usar a representação por séries

$$E_n(x) = \frac{(-x)^{n-1}}{(n-1)!}[-\ln x + \psi(n)] - \sum_{\substack{m=0 \\ m\neq n-1}}^{\infty} \frac{(-x)^m}{(m-n+1)m!} \tag{6.3.6}$$

A quantidade $\psi(n)$ aqui é a função digamma, dada para argumentos inteiros por

$$\psi(1) = -\gamma, \qquad \psi(n) = -\gamma + \sum_{m=1}^{n-1}\frac{1}{m} \tag{6.3.7}$$

onde $\gamma = 0{,}5772156649\ldots$ é a constante de Euler. Nós efetuamos a expressão (6.3.6) em ordem crescente de potências de $x$:

$$\begin{aligned}E_n(x) = &-\left[\frac{1}{(1-n)} - \frac{x}{(2-n)\cdot 1} + \frac{x^2}{(3-n)(1\cdot 2)} - \cdots + \frac{(-x)^{n-2}}{(-1)(n-2)!}\right] \\ &+ \frac{(-x)^{n-1}}{(n-1)!}[-\ln x + \psi(n)] - \left[\frac{(-x)^n}{1\cdot n!} + \frac{(-x)^{n+1}}{2\cdot (n+1)!} + \cdots\right]\end{aligned} \tag{6.3.8}$$

Os primeiros colchetes são omitidos quando $n = 1$. Este método de estimação tem a vantagem de que, para $n$ grande, a série converge antes de atingir o termo contendo $\psi(n)$. Consequentemente, precisamos de um algoritmo para efetuar $\psi(n)$ apenas para $n$ pequeno, $n \lesssim 20 - 40$. Usamos a equação (6.3.7), embora uma tabela para consulta melhoraria levemente a eficiência.

Amos [1] apresenta uma cuidadosa discussão do erro de truncamento ao se efetuar a equação (6.3.8) e dá um critério de parada razoavelmente elaborado. Verificamos que simplesmente parar quando o último termo adicionado é menor do que a tolerância necessária funciona praticamente tão bem quanto o critério.

Dois casos especiais devem ser manipulados separadamente:

$$\begin{aligned}E_0(x) &= \frac{e^{-x}}{x} \\ E_n(0) &= \frac{1}{n-1}, \qquad n > 1\end{aligned} \tag{6.3.9}$$

A rotina `expint` permite uma rápida estimação de $E_n(x)$ para uma dada acurácia EPS dentro do alcance de precisão da sua máquina para números em ponto flutuante. A única modificação necessária para acurácia aumentada é fornecer a constante de Euler com dígitos significativos suficientes. Wrench [2] pode muni-lo com os primeiros 328 dígitos se necessário!

expint.h
```
Doub expint(const Int n, const Doub x)
Efetue a integral exponencial E_n(x)
{
    static const Int MAXIT=100;
    static const Doub EULER=0.577215664901533,
        EPS=numeric_limits<Doub>::epsilon(),
        BIG=numeric_limits<Doub>::max()*EPS;
        Aqui MAXIT é o número máximo permitido de iterações, EULER é a constante de Euler γ; EPS é
        erro relativo desejado, não menor que a precisão da máquina; BIG é o número próximo do maior
        número representável em ponto flutuante.
    Int i,ii,nm1=n-1;
    Doub a,b,c,d,del,fact,h,psi,ans;
    if (n < 0 || x < 0.0 || (x==0.0 && (n==0 || n==1)))
        throw("bad arguments in expint");
    if (n == 0) ans=exp(-x)/x;                          Caso especial.
    else {
        if (x == 0.0) ans=1.0/nm1;                      Outro caso especial.
        else {
            if (x > 1.0) {                              Algoritmo de Lentz (§5.2).
                b=x+n;
                c=BIG;
                d=1.0/b;
                h=d;
                for (i=1;i<=MAXIT;i++) {
                    a = -i*(nm1+i);
                    b += 2.0;
                    d=1.0/(a*d+b);                      Denominadores não podem ser zero.
                    c=b+a/c;
                    del=c*d;
                    h *= del;
                    if (abs(del-1.0) <= EPS) {
                        ans=h*exp(-x);
                        return ans;
                    }
                }
                throw("continued fraction failed in expint");
            } else {                                    Efetue a série.
                ans = (nm1!=0 ? 1.0/nm1 : -log(x)-EULER); Atribua o primeiro termo.
                fact=1.0;
                for (i=1;i<=MAXIT;i++) {
                    fact *= -x/i;
                    if (i != nm1) del = -fact/(i-nm1);
                    else {
                        psi = -EULER;                   Compute ψ(n).
                        for (ii=1;ii<=nm1;ii++) psi += 1.0/ii;
                        del=fact*(-log(x)+psi);
                    }
                    ans += del;
                    if (abs(del) < abs(ans)*EPS) return ans;
                }
                throw("series failed in expint");
            }
        }
    }
    return ans;
}
```

Um algoritmo bom para estimar Ei é usar a série de potências para $x$ pequeno e a série assintótica para $x$ grande. A série de potências é

$$\text{Ei}(x) = \gamma + \ln x + \frac{x}{1 \cdot 1!} + \frac{x^2}{2 \cdot 2!} + \cdots \qquad (6.3.10)$$

onde $\gamma$ é a constante de Euler. A expansão assintótica é

$$\text{Ei}(x) \sim \frac{e^x}{x}\left(1 + \frac{1!}{x} + \frac{2!}{x^2} + \cdots\right) \qquad (6.3.11)$$

O limite inferior para o uso da expansão assintótica é aproximadamente $|\ln \text{EPS}|$, onde EPS é o erro relativo requerido.

```
Doub ei(const Doub x) {                                            expint.h
Compute a integral exponencial Ei para x > 0.
    static const Int MAXIT=100;
    static const Doub EULER=0.577215664901533,
        EPS=numeric_limits<Doub>::epsilon(),
        FPMIN=numeric_limits<Doub>::min()/EPS;
    Aqui MAXIT é o número máximo de iterações permitido, EULER é a constante de Euler γ; EPS é o erro
    relativo, ou erro absoluto perto do zero do Ei em x = 0,3725; FPMIN é um número próximo ao menor
    número representável em ponto flutuante.
    Int k;
    Doub fact,prev,sum,term;
    if (x <= 0.0) throw("Bad argument in ei");
    if (x < FPMIN) return log(x)+EULER;       Caso especial: evite falha do teste de convergên-
    if (x <= -log(EPS)) {                     cia por causa do underflow.
        sum=0.0;                              Use séries de potência.
        fact=1.0;
        for (k=1;k<=MAXIT;k++) {
            fact *= x/k;
            term=fact/k;
            sum += term;
            if (term < EPS*sum) break;
        }
        if (k > MAXIT) throw("Series failed in ei");
        return sum+log(x)+EULER;
    } else {                                  Use série assintótica.
        sum=0.0;                              Comece com o segundo termo.
        term=1.0;
        for (k=1;k<=MAXIT;k++) {
            prev=term;
            term *= k/x;
            if (term < EPS) break;
            Como a soma final é maior que um, o termo em si aproxima o erro relativo.
            if (term < prev) sum += term;     Ainda convergindo: adicione novo termo.
            else {
                sum -= prev;                  Divergindo: subtraia termo anterior e saia.
                break;
            }
        }
        return exp(x)*(1.0+sum)/x;
    }
}
```

### REFERÊNCIAS CITADAS E LEITURA COMPLEMENTAR

Stegun, I.A., and Zucker, R. 1974, "Automatic Computing Methods for Special Functions. II. The Exponential Integral $E_n(x)$" *Journal of Research of the National Bureau of Standards,* vol. 78B, pp. 199-216; 1976, "Automatic Computing Methods for Special Functions. III. The Sine, Cosine, Exponential Integrals, and Related Functions," *op. cit.,* vol. 8OB, pp. 291-311.

Amos D.E. 1980, "Computation of Exponential Integrals," *ACM Transactions on Mathematical Software,* vol. 6, pp. 365-377[1]; also vol. 6, pp. 420-428.

Abramowitz, M., and Stegun, I.A. 1964, *Handbook of Mathematical Functions* (Washington: National Bureau of Standards); reprinted 1968 (New York: Dover); online at http://www.nr.com/aands, Chapter 5.

Wrench J.W. 1952, "A New Calculation of Euler's Constant," *Mathematical Tables and Other Aids to Computation,* vol. 6, p. 255.[2]

## 6.4 Função beta incompleta

A função beta incompleta é definida por

$$I_x(a,b) \equiv \frac{B_x(a,b)}{B(a,b)} \equiv \frac{1}{B(a,b)} \int_0^x t^{a-1}(1-t)^{b-1} dt \qquad (a,b>0) \qquad (6.4.1)$$

Ela tem valores limites

$$I_0(a,b) = 0 \qquad I_1(a,b) = 1 \qquad (6.4.2)$$

e a relação de simetria

$$I_x(a,b) = 1 - I_{1-x}(b,a) \qquad (6.4.3)$$

Se $a$ e $b$ são ambos bastante maiores do que um, então $I_x(a,b)$ eleva-se de "próximo de zero" para "próximo de um" bastante abruptamente em aproximadamente $x = a/(a+b)$. A Figura 6.4.1 esboça a função para diversos pares $(a,b)$.

A função beta incompleta tem uma expansão em séries

$$I_x(a,b) = \frac{x^a(1-x)^b}{aB(a,b)} \left[ 1 + \sum_{n=0}^{\infty} \frac{B(a+1,n+1)}{B(a+b,n+1)} x^{n+1} \right] \qquad (6.4.4)$$

mas isto não se mostra muito útil em sua estimação numérica. (Observe, porém, que as funções beta nos coeficientes podem ser efetuadas para cada valor de $n$ com apenas os valores anteriores e uns poucos múltiplos, usando equações 6.1.9 e 6.1.3.)

A representação por fração continuada mostra ser muito mais útil:

$$I_x(a,b) = \frac{x^a(1-x)^b}{aB(a,b)} \left[ \frac{1}{1+} \frac{d_1}{1+} \frac{d_2}{1+} \cdots \right] \qquad (6.4.5)$$

onde

$$d_{2m+1} = -\frac{(a+m)(a+b+m)x}{(a+2m)(a+2m+1)}$$
$$d_{2m} = \frac{m(b-m)x}{(a+2m-1)(a+2m)} \qquad (6.4.6)$$

Esta fração continuada converge rapidamente para $x < (a+1)/(a+b+2)$, exceto quando $a$ e $b$ são grandes, quando tomam-se $O(\sqrt{\min(a,b)})$ iterações. Para $x > (a+1)/(a+b+2)$

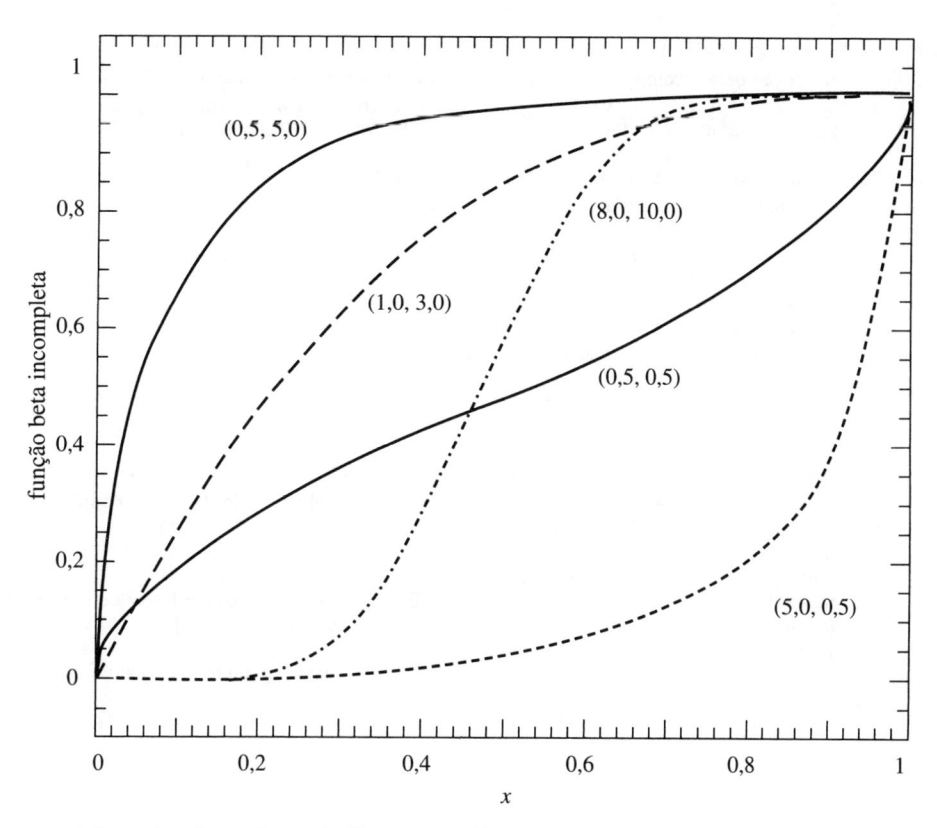

**Figura 6.4.1** A função beta incompleta $I_x$ $(a, b)$ para cinco diferentes pares de $(a, b)$. Observe que os pares (0,5, 5,0) e (5,0, 0,5) são simetricamente relacionados como indicado na equação (6.4.3).

podemos simplesmente usar a relação de simetria (6.4.3) para obter uma computação equivalente na qual a convergência é novamente rápida. Nossa estratégia computacional é por esta razão muito parecida com aquela usada na Gamma: usamos a fração continuada exceto quando $a$ e $b$ são grandes, caso no qual fazemos um único passo da quadratura de Gauss-Legendre de alta ordem.

Também como em Gamma, nós codificamos uma função inversa usando o método de Halley. Quando $a$ e $b$ são $\geq 1$, o chute inicial vem de §26.5.22 na referência [1]. Quando um ou outro é menor que 1, o chute vem primeiro da aproximação grosseira

$$\int_0^1 t^{a-1}(1-t)^{b-1} dt \approx \frac{1}{a}\left(\frac{a}{a+b}\right)^a + \frac{1}{b}\left(\frac{b}{a+b}\right)^b \equiv S \qquad (6.4.7)$$

que vem da quebra da integral em $t = a/(a+b)$ e ignorando-se um fator no integrando-se de cada lado da quebra. Nós então escrevemos

$$I_x(a,b) \approx \begin{cases} x^a/(Sa) & x \leq a/(a+b) \\ (1-x)^b/(Sb) & x > a/(a+b) \end{cases} \qquad (6.4.8)$$

e resolvemos para $x$ nos regimes respectivos. Embora grosseiro, isto é suficientemente bom para funcionar bem dentro da bacia de convergência em todos os casos.

incgammabeta.h
```
struct Beta : Gauleg18 {
```
Objeto para função beta incompleta. Gauleg18 provêm coeficientes para a quadratura de Gauss-Legendre.
```
    static const Int SWITCH=3000;           Quando trocar para o método de quadratura.
    static const Doub EPS, FPMIN;           Veja fim da estrutura para inicializações.

    Doub betai(const Doub a, const Doub b, const Doub x) {
```
Retorna a função beta incompleta $I_x(a, b)$ para $a$ e $b$ positivos, e $x$ entre 0 e 1.
```
        Doub bt;
        if (a <= 0.0 || b <= 0.0) throw("Bad a or b in routine betai");
        if (x < 0.0 || x > 1.0) throw("Bad x in routine betai");
        if (x == 0.0 || x == 1.0) return x;
        if (a > SWITCH && b > SWITCH) return betaiapprox(a,b,x);
        bt=exp(gammln(a+b)-gammln(a)-gammln(b)+a*log(x)+b*log(1.0-x));
        if (x < (a+1.0)/(a+b+2.0)) return bt*betacf(a,b,x)/a;
        else return 1.0-bt*betacf(b,a,1.0-x)/b;
    }

    Doub betacf(const Doub a, const Doub b, const Doub x) {
```
Efetue a fração continuada para a função beta incompleta pelo método de Lentz modificado (§5.2). Usuário não deve chamar diretamente.
```
        Int m,m2;
        Doub aa,c,d,del,h,qab,qam,qap;
        qab=a+b;                            Estes q's serão usados em fatores que ocorrem
        qap=a+1.0;                              nos coeficientes (6.4.6).
        qam=a-1.0;
        c=1.0;                              Primeiro passo do método de Lentz.
        d=1.0-qab*x/qap;
        if (fabs(d) < FPMIN) d=FPMIN;
        d=1.0/d;
        h=d;
        for (m=1;m<10000;m++) {
            m2=2*m;
            aa=m*(b-m)*x/((qam+m2)*(a+m2));
            d=1.0+aa*d;                     Um passo (o par) da relação de recorrência.
            if (fabs(d) < FPMIN) d=FPMIN;
            c=1.0+aa/c;
            if (fabs(c) < FPMIN) c=FPMIN;
            d=1.0/d;
            h *= d*c;
            aa = -(a+m)*(qab+m)*x/((a+m2)*(qap+m2));
            d=1.0+aa*d;                     Próximo passo da recorrência (o ímpar).
            if (fabs(d) < FPMIN) d=FPMIN;
            c=1.0+aa/c;
            if (fabs(c) < FPMIN) c=FPMIN;
            d=1.0/d;
            del=d*c;
            h *= del;
            if (fabs(del-1.0) <= EPS) break;  Terminamos?
        }
        return h;
    }

    Doub betaiapprox(Doub a, Doub b, Doub x) {
```
Beta incompleta por quadratura. Retorna $I_x(a, b)$. Usuário não deve chamar diretamente.
```
        Int j;
        Doub xu,t,sum,ans;
        Doub a1 = a-1.0, b1 = b-1.0, mu = a/(a+b);
        Doub lnmu=log(mu),lnmuc=log(1.-mu);
        t = sqrt(a*b/(SQR(a+b)*(a+b+1.0)));
        if (x > a/(a+b)) {                  Designe quão distante deve integrar na direção da
            if (x >= 1.0) return 1.0;           cauda:
            xu = MIN(1.,MAX(mu + 10.*t, x + 5.0*t));
        } else {
```

```
            if (x <= 0.0) return 0.0;
            xu = MAX(0.,MIN(mu - 10.*t, x - 5.0*t));
        }
        sum = 0;
        for (j=0;j<18;j++) {                        Gauss-Legendre.
            t = x + (xu-x)*y[j];
            sum += w[j]*exp(a1*(log(t)-lnmu)+b1*(log(1-t)-lnmuc));
        }
        ans = sum*(xu-x)*exp(a1*lnmu-gammln(a)+b1*lnmuc-gammln(b)+gammln(a+b));
        return ans>0.0? 1.0-ans : -ans;
    }

    Doub invbetai(Doub p, Doub a, Doub b) {
    Inversa da função beta incompleta. Retorna x tal que $I_x(a, b) = p$ para um argumento p entre 0 e 1.
        const Doub EPS = 1.e-8;
        Doub pp,t,u,err,x,al,h,w,afac,a1=a-1.,b1=b-1.;
        Int j;
        if (p <= 0.) return 0.;
        else if (p >= 1.) return 1.;
        else if (a >= 1. && b >= 1.) {              Atribua chute inicial. Veja texto.
            pp = (p < 0.5)? p : 1. - p;
            t = sqrt(-2.*log(pp));
            x = (2.30753+t*0.27061)/(1.+t*(0.99229+t*0.04481)) - t;
            if (p < 0.5) x = -x;
            al = (SQR(x)-3.)/6.;
            h = 2./(1./(2.*a-1.)+1./(2.*b-1.));
            w = (x*sqrt(al+h)/h)-(1./(2.*b-1)-1./(2.*a-1.))*(al+5./6.-2./(3.*h));
            x = a/(a+b*exp(2.*w));
        } else {
            Doub lna = log(a/(a+b)), lnb = log(b/(a+b));
            t = exp(a*lna)/a;
            u = exp(b*lnb)/b;
            w = t + u;
            if (p < t/w) x = pow(a*w*p,1./a);
            else x = 1. - pow(b*w*(1.-p),1./b);
        }
        afac = -gammln(a)-gammln(b)+gammln(a+b);
        for (j=0;j<10;j++) {
            if (x == 0. || x == 1.) return x;    a ou b muito pequeno para cálculo acurado.
            err = betai(a,b,x) - p;
            t = exp(a1*log(x)+b1*log(1.-x) + afac);
            u = err/t;                                  Halley:
            x -= (t = u/(1.-0.5*MIN(1.,u*(a1/x - b1/(1.-x)))));
            if (x <= 0.) x = 0.5*(x + t);        Bissecione se x ocorre ser neg ou > 1.
            if (x >= 1.) x = 0.5*(x + t + 1.);
            if (fabs(t) < EPS*x && j > 0) break;
        }
        return x;
    }
};
const Doub Beta::EPS = numeric_limits<Doub>::epsilon();
const Doub Beta::FPMIN = numeric_limits<Doub>::min()/EPS;
```

## REFERÊNCIAS CITADAS E LEITURA COMPLEMENTAR

Abramowitz, M., and Stegun, I.A. 1964, *Handbook of Mathematical Functions* (Washington: National Bureau of Standards); reprinted 1968 (New York: Dover); online at http://www.nr.com/aands, Chapters 6 and 26.[1]

Pearson, E., and Johnson, N. 1968, *Tables of the Incomplete Beta Function* (Cambridge, UK: Cambridge University Press).

## 6.5 Funções de Bessel de ordem inteira

Esta seção apresenta algoritmos práticos para computar vários tipos de funções de Bessel de ordem inteira. Em §6.6 lidamos com ordem fracionária. Na verdade, as rotinas mais complicadas para ordem fracionária funcionam bem para ordem inteira também. Para ordem inteira, porém, as rotinas nesta seção são mais simples e mais rápidas.

Para qualquer $\nu$ real, a função de Bessel $J_\nu(x)$ pode ser definida pela representação em série:

$$J_\nu(x) = \left(\frac{1}{2}x\right)^\nu \sum_{k=0}^\infty \frac{(-\frac{1}{4}x^2)^k}{k!\Gamma(\nu+k+1)} \tag{6.5.1}$$

A série converge para todo $x$, mas não é computacionalmente muito aproveitável para $x \gg 1$.

Para $\nu$ *não* inteiro, a função de Bessel $Y_\nu(x)$ é dada por

$$Y_\nu(x) = \frac{J_\nu(x)\cos(\nu\pi) - J_{-\nu}(x)}{\operatorname{sen}(\nu\pi)} \tag{6.5.2}$$

O lado direito vai para o valor de limite correto $Y_n(x)$ quando $\nu$ vai para algum inteiro $n$, mas isto também não é computacionalmente útil.

Para argumentos $x < \nu$, ambas as funções de Bessel parecem qualitativamente simples leis de potência, com as formas assintóticas para $0 < x \ll \nu$

$$\begin{aligned}
J_\nu(x) &\sim \frac{1}{\Gamma(\nu+1)}\left(\frac{1}{2}x\right)^\nu & \nu \geq 0 \\
Y_0(x) &\sim \frac{2}{\pi}\ln(x) \\
Y_\nu(x) &\sim -\frac{\Gamma(\nu)}{\pi}\left(\frac{1}{2}x\right)^{-\nu} & \nu > 0
\end{aligned} \tag{6.5.3}$$

Para $x > \nu$, ambas as funções de Bessel parecem qualitativamente como ondas seno ou cosseno cujas amplitudes decaem com $x^{-1/2}$. As formas assintóticas para $x \gg \nu$ são

$$\begin{aligned}
J_\nu(x) &\sim \sqrt{\frac{2}{\pi x}}\cos\left(x - \frac{1}{2}\nu\pi - \frac{1}{4}\pi\right) \\
Y_\nu(x) &\sim \sqrt{\frac{2}{\pi x}}\operatorname{sen}\left(x - \frac{1}{2}\nu\pi - \frac{1}{4}\pi\right)
\end{aligned} \tag{6.5.4}$$

Na região de transição onde $x \sim \nu$, as amplitudes típicas das funções de Bessel são na ordem

$$\begin{aligned}
J_\nu(\nu) &\sim \frac{2^{1/3}}{3^{2/3}\Gamma(\frac{2}{3})}\frac{1}{\nu^{1/3}} \sim \frac{0{,}4473}{\nu^{1/3}} \\
Y_\nu(\nu) &\sim -\frac{2^{1/3}}{3^{1/6}\Gamma(\frac{2}{3})}\frac{1}{\nu^{1/3}} \sim -\frac{0{,}7748}{\nu^{1/3}}
\end{aligned} \tag{6.5.5}$$

o que vale assintoticamente para $\nu$ grande. A Figura 6.5.1 esboça as primeiras poucas funções de Bessel de cada tipo.

As funções de Bessel satisfazem as relações de recorrência

$$J_{n+1}(x) = \frac{2n}{x}J_n(x) - J_{n-1}(x) \tag{6.5.6}$$

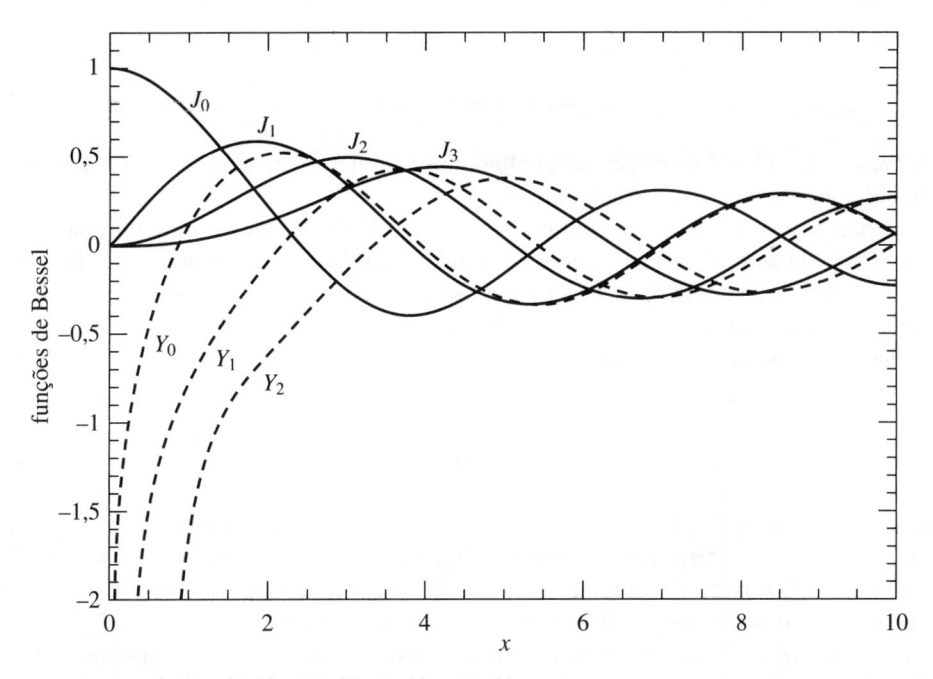

**Figura 6.5.1** Funções de Bessel $J_0(x)$ até $J_3(x)$ e $Y_0(x)$ até $Y_2(x)$.

e

$$Y_{n+1}(x) = \frac{2n}{x} Y_n(x) - Y_{n-1}(x) \tag{6.5.7}$$

Como já mencionado em §5.4, apenas o segundo destes, (6.5.7), é estável na direção em que $n$ aumenta para $x < n$. A razão por que (6.5.6) é instável na direção em que $n$ aumenta é simplesmente que ela está na *mesma recorrência* que (6.5.7): uma pequena quantidade "poluente" $Y_n$ introduzida pelo erro de arredondamento rapidamente submergirá o $J_n$ desejado, de acordo com a equação (6.5.3).

Uma estratégia prática para computar as funções de Bessel de ordem inteira divide-se em duas tarefas: primeiro, como computar $J_0$, $J_1$, $Y_0$ e $Y_1$; e segundo, como usar as relações de recorrência de maneira estável para encontrar outros $J$'s e $Y$'s. Tratamos a primeira tarefa primeiro.

Para $x$ entre zero e algum valor arbitrário (usaremos o valor 8), aproxima-se $J_0(x)$ e $J_1(x)$ por funções racionais em $x$. De maneira similar, aproxima-se por funções racionais a "parte regular" de $Y_0(x)$ e $Y_1(x)$, definidas como

$$Y_0(x) - \frac{2}{\pi} J_0(x) \ln(x) \quad \text{e} \quad Y_1(x) - \frac{2}{\pi} \left[ J_1(x) \ln(x) - \frac{1}{x} \right] \tag{6.5.8}$$

Para $8 < x < \infty$, use as formas aproximadas ($n = 0, 1$)

$$J_n(x) = \sqrt{\frac{2}{\pi x}} \left[ P_n\left(\frac{8}{x}\right) \cos(X_n) - Q_n\left(\frac{8}{x}\right) \text{sen}(X_n) \right] \tag{6.5.9}$$

$$Y_n(x) = \sqrt{\frac{2}{\pi x}} \left[ P_n\left(\frac{8}{x}\right) \text{sen}(X_n) + Q_n\left(\frac{8}{x}\right) \cos(X_n) \right] \tag{6.5.10}$$

onde

$$X_n \equiv x - \frac{2n+1}{4}\pi \qquad (6.5.11)$$

e onde $P_0$, $P_1$, $Q_0$ e $Q_1$ são os respectivos polinômios em seus argumentos, para $0 < 8/x < 1$. Os $P$'s são polinômios pares e os $Q$'s são ímpares.

Nas rotinas abaixo, os vários coeficientes foram calculados em múltipla precisão a fim de alcançar completamente dupla precisão no erro relativo. (Na vizinhança dos zeros das funções, é o erro absoluto que é dupla precisão.) Porém, por causa do erro de arredondamento, efetuar as aproximações pode levar a uma perda de até dois dígitos significativos.

Uma mudança adicional: a aproximação racional para $0 < x < 8$ é na verdade computada na forma [1]

$$J_0(x) = (x^2 - x_0^2)(x^2 - x_1^2)\frac{r(x^2)}{s(x^2)} \qquad (6.5.12)$$

e similarmente para $J_1$, $Y_0$ e $Y_1$. Aqui $x_0$ e $x_1$ são dois zeros de $J_0$ no intervalo, e $r$ e $s$ são polinômios. O polinômio $r(x^2)$ tem sinais alternados. Escrever ele em termos de $64 - x^2$ torna todos os sinais iguais e reduz o erro de arredondamento. Para as aproximações (6.5.9) e (6.5.10), nossos coeficientes são similares mas não idênticos àqueles dados por Hart [2].

As funções $J_0$, $J_1$, $Y_0$ e $Y_1$ compartilham muito código, assim os condensamos como um único objeto Bessjy. As rotinas para $J_n$ e $Y_n$ de ordem superior são também funções membros, com implementações discutidas adiante. Todos os coeficientes numéricos são declarados em Bessjy, mas definidos (como uma longa lista de constantes) separadamente; a listagem esta em uma Webnote [3].

bessel.h
```
struct Bessjy {
    static const Doub xj00,xj10,xj01,xj11,twoopi,pio4;
    static const Doub j0r[7],j0s[7],j0pn[5],j0pd[5],j0qn[5],j0qd[5];
    static const Doub j1r[7],j1s[7],j1pn[5],j1pd[5],j1qn[5],j1qd[5];
    static const Doub y0r[9],y0s[9],y0pn[5],y0pd[5],y0qn[5],y0qd[5];
    static const Doub y1r[8],y1s[8],y1pn[5],y1pd[5],y1qn[5],y1qd[5];
    Doub nump,denp,numq,denq,y,z,ax,xx;

    Doub j0(const Doub x) {
    Retorna a função de Bessel $J_0$ (x) para um dado x real.
        if ((ax=abs(x)) < 8.0) {            Ajuste direto por função racional.
            rat(x,j0r,j0s,6);
            return nump*(y-xj00)*(y-xj10)/denp;
        } else {                            Ajustar função (6.5.9).
            asp(j0pn,j0pd,j0qn,j0qd,1.);
            return sqrt(twoopi/ax)*(cos(xx)*nump/denp-z*sin(xx)*numq/denq);
        }
    }

    Doub j1(const Doub x) {
    Retorna a função de Bessel $J_1$ (x) para um dado x real.
        if ((ax=abs(x)) < 8.0) {            Aproximação racional direta.
            rat(x,j1r,j1s,6);
            return x*nump*(y-xj01)*(y-xj11)/denp;
        } else {                            Ajustar função (6.5.9).
            asp(j1pn,j1pd,j1qn,j1qd,3.);
            Doub ans=sqrt(twoopi/ax)*(cos(xx)*nump/denp-z*sin(xx)*numq/denq);
            return x > 0.0 ? ans : -ans;
        }
    }
```

Capítulo 6    Funções Especiais    **297**

```
Doub y0(const Doub x) {
```
Retorna a função de Bessel $Y_0(x)$ para x positivo.
```
    if (x < 8.0) {                    Aproximação por função racional de (6.5.8).
        Doub j0x = j0(x);
        rat(x,y0r,y0s,8);
        return nump/denp+twoopi*j0x*log(x);
    } else {                          Ajustar função (6.5.10).
        ax=x;
        asp(y0pn,y0pd,y0qn,y0qd,1.);
        return sqrt(twoopi/x)*(sin(xx)*nump/denp+z*cos(xx)*numq/denq);
    }
}

Doub y1(const Doub x) {
```
Retorna a função de Bessel $Y_1(x)$ para x positivo.
```
    if (x < 8.0) {                    Aproximação por função racional de (6.5.8).
        Doub j1x = j1(x);
        rat(x,y1r,y1s,7);
        return x*nump/denp+twoopi*(j1x*log(x)-1.0/x);
    } else {                          Ajustar função (6.5.10).
        ax=x;
        asp(y1pn,y1pd,y1qn,y1qd,3.);
        return sqrt(twoopi/x)*(sin(xx)*nump/denp+z*cos(xx)*numq/denq);
    }
}

Doub jn(const Int n, const Doub x);
```
Retorna a função de Bessel $J_n(x)$ para um dado x real e $n \geq 0$ inteiro.

```
Doub yn(const Int n, const Doub x);
```
Retorna a função de Bessel $Y_n(x)$ para um dado x positivo e $n \geq 0$ inteiro.

```
void rat(const Doub x, const Doub *r, const Doub *s, const Int n) {
```
Código comum: efetua aproximação racional.
```
    y = x*x;
    z=64.0-y;
    nump=r[n];
    denp=s[n];
    for (Int i=n-1;i>=0;i--) {
        nump=nump*z+r[i];
        denp=denp*y+s[i];
    }
}

void asp(const Doub *pn, const Doub *pd, const Doub *qn, const Doub *qd,
```
Código comum: efetua a aproximação assintótica.
```
    const Doub fac) {
    z=8.0/ax;
    y=z*z;
    xx=ax-fac*pio4;
    nump=pn[4];
    denp=pd[4];
    numq=qn[4];
    denq=qd[4];
    for (Int i=3;i>=0;i--) {
        nump=nump*y+pn[i];
        denp=denp*y+pd[i];
        numq=numq*y+qn[i];
        denq=denq*y+qd[i];
    }
  }
};
```

Agora voltamos para a segunda tarefa, isto é, como usar as fórmulas de recorrência (6.5.6) e (6.5.7) para obter as funções de Bessel $J_n(x)$ e $Y_n(x)$ para $n \geq 2$. A última destas é direta, uma vez que sua recorrência ascendente é sempre estável:

bessel.h
```
Doub Bessjy::yn(const Int n, const Doub x)
Retorna a função Bessel Y_n(x) para um x positivo e um n ≥ 0 inteiro.
{
    Int j;
    Doub by,bym,byp,tox;
    if (n==0) return y0(x);
    if (n==1) return y1(x);
    tox=2.0/x;
    by=y1(x);                        Iniciando valores para a recorrência.
    bym=y0(x);
    for (j=1;j<n;j++) {              Recorrência (6.5.7).
        byp=j*tox*by-bym;
        bym=by;
        by=byp;
    }
    return by;
}
```

O custo deste algoritmo são as chamadas para y1 e y0 (o que gera uma chamada para cada um dos j1 e j0), mais $O(n)$ operações na recorrência.

Para $J_n(x)$, as coisas são um pouquinho mais complicadas. Podemos começar a recorrência ascendente em $n$ a partir de $J_0$ e $J_1$, mas ela permanecerá estável apenas enquanto $n$ não exceder $x$. Isto é, porém, bom o suficiente para chamadas com $x$ grande e $n$ pequeno, um caso que ocorre frequentemente na prática.

O caso mais difícil é aquele com $x < n$. A melhor coisa para se fazer aqui é usar o algoritmo de Muller (ver discussão precedendo a equação 5.4.16), aplicando a recorrência *declinante* a partir de algum valor inicial arbitrário e fazendo uso da natureza ascendente-instável da recorrência para nos colocar *sobre* a solução correta. Quando finalmente chegamos em $J_0$ ou $J_1$, somos capazes de normalizar a solução com a soma (5.4.16) acumulada ao longo do caminho.

A única sutileza está em decidir em qual tamanho de $n$ precisamos começar a recorrência declinante de forma a obter uma acurácia desejada assim que nós alcancemos o $n$ que nós de fato queremos. Se você trabalha com as formas assintóticas (6.5.3) e (6.5.5), você deveria ser capaz de convencer a si próprio de que a resposta é começar maior do que o $n$ desejado por uma quantidade aditiva de ordem $[\text{constante} \times n]^{1/2}$, onde a raiz quadrada da constante é, muito grosseiramente, o número de dígitos de acurácia.

As considerações acima levam à seguinte função:

bessel.h
```
Doub Bessjy::jn(const Int n, const Doub x)
Retorna a função de Bessel J_n(x) para um x real e n ≥ 0 inteiro.
{
    const Doub ACC=160.0;                        ACC determina a acurácia.
    const Int IEXP=numeric_limits<Doub>::max_exponent/2;
    Bool jsum;
    Int j,k,m;
    Doub ax,bj,bjm,bjp,dum,sum,tox,ans;
    if (n==0) return j0(x);
    if (n==1) return j1(x);
    ax=abs(x);
    if (ax*ax <= 8.0*numeric_limits<Doub>::min()) return 0.0;
    else if (ax > Doub(n)) {                     Recorrência ascendente de J_0 e J_1.
        tox=2.0/ax;
```

```
            bjm=j0(ax);
            bj=j1(ax);
            for (j=1;j<n;j++) {
                bjp=j*tox*bj-bjm;
                bjm=bj;
                bj=bjp;
            }
            ans=bj;
        } else {                              Recorrência declinante de um m par aqui computado.
            tox=2.0/ax;
            m=2*((n+Int(sqrt(ACC*n)))/2);
            jsum=false;                       jsum alternará entre false e true; quando ele é
            bjp=ans=sum=0.0;                  true, acumulamos em sum os termos pares em
            bj=1.0;                           (5.4.16).
            for (j=m;j>0;j--) {               A recorrência declinante.
                bjm=j*tox*bj-bjp;
                bjp=bj;
                bj=bjm;
                dum=frexp(bj,&k);
                if (k > IEXP) {               Renormalize para previnir overflow.
                    bj=ldexp(bj,-IEXP);
                    bjp=ldexp(bjp,-IEXP);
                    ans=ldexp(ans,-IEXP);
                    sum=ldexp(sum,-IEXP);
                }
                if (jsum) sum += bj;          Acumule a soma.
                jsum=!jsum;                   Mude de false para true ou vice-versa.
                if (j == n) ans=bjp;          Salve a resposta não normalizada.
            }
            sum=2.0*sum-bj;                   Compute (5.4.16)
            ans /= sum;                       e use-a para normalizar a resposta.
        }
        return x < 0.0 && (n & 1) ? -ans : ans;
    }
```

## 6.5.1 Funções de Bessel modificadas de ordem inteira

As funções de Bessel modificadas $I_n(x)$ e $K_n(x)$ são equivalentes às funções de Bessel $J_n$ e $Y_n$ usuais efetuadas por argumentos puramente imaginários. Em detalhes, a relação é

$$I_n(x) = (-i)^n J_n(ix)$$
$$K_n(x) = \frac{\pi}{2} i^{n+1} [J_n(ix) + i Y_n(ix)]$$
(6.5.13)

A escolha particular do prefator e da combinação linear de $J_n$ e $Y_n$ para formar $K_n$ são simplesmente escolhas que fazem as funções a valores reais para argumentos reais $x$.

Para argumentos pequenos $x \ll n$, ambos $I_n(x)$ e $K_n(x)$ tornam-se, assintoticamente, simples potências de seus argumentos

$$I_n(x) \approx \frac{1}{n!} \left(\frac{x}{2}\right)^n \qquad n \geq 0$$

$$K_0(x) \approx -\ln(x) \qquad (6.5.14)$$

$$K_n(x) \approx \frac{(n-1)!}{2} \left(\frac{x}{2}\right)^{-n} \qquad n > 0$$

Estas expressões são quase idênticas àquelas para $J_n(x)$ e $Y_n(x)$ nesta região, exceto pelo fator de $-2/\pi$ diferença entre $Y_n(x)$ e $K_n(x)$. Na região $x \gg n$, porém, as funções de Bessel modificadas têm comportamento muito diferente do que as funções de Bessel,

$$I_n(x) \approx \frac{1}{\sqrt{2\pi x}} \exp(x)$$
$$K_n(x) \approx \frac{\pi}{\sqrt{2\pi x}} \exp(-x)$$
(6.5.15)

As funções modificadas evidentemente têm comportamento exponencial ao invés de sinusoidal para argumentos grandes (ver Figura 6.5.2). Aproximações racionais análogas àquelas para as funções de Bessel $J$ e $Y$ são eficientes para computar $I_0$, $I_1$, $K_0$ e $K_1$. As rotinas correspondentes são armazenadas como um objeto Bessik. As rotinas são similares àquelas em [1], embora diferentes em detalhes. (Todas as constantes são novamente listadas em uma Webnote [3].)

bessel.h
```
struct Bessik {
    static const Doub i0p[14],i0q[5],i0pp[5],i0qq[6];
    static const Doub i1p[14],i1q[5],i1pp[5],i1qq[6];
    static const Doub k0pi[5],k0qi[3],k0p[5],k0q[3],k0pp[8],k0qq[8];
    static const Doub k1pi[5],k1qi[3],k1p[5],k1q[3],k1pp[8],k1qq[8];
    Doub y,z,ax,term;

    Doub i0(const Doub x) {
    Retorna a função de Bessel modificada I₀ (x) para um x real.
        if ((ax=abs(x)) < 15.0) {           Aproximação racional.
            y = x*x;
            return poly(i0p,13,y)/poly(i0q,4,225.-y);
        } else {                             Aproximação racional com eˣ/√x decomposta.
            z=1.0-15.0/ax;
            return exp(ax)*poly(i0pp,4,z)/(poly(i0qq,5,z)*sqrt(ax));
        }
    }

    Doub i1(const Doub x) {
    Retorna a função de Bessel modificada I₁ (x) para um x real.
        if ((ax=abs(x)) < 15.0) {           Aproximação racional.
            y=x*x;
            return x*poly(i1p,13,y)/poly(i1q,4,225.-y);
        } else {                             Aproximação racional com eˣ/√x decomposta.
            z=1.0-15.0/ax;
            Doub ans=exp(ax)*poly(i1pp,4,z)/(poly(i1qq,5,z)*sqrt(ax));
            return x > 0.0 ? ans : -ans;
        }
    }

    Doub k0(const Doub x) {
    Retorna a função de Bessel modificada K₀ (x) para um x real positivo.
        if (x <= 1.0) {                      Use duas aproximações racionais.
            z=x*x;
            term = poly(k0pi,4,z)*log(x)/poly(k0qi,2,1.-z);
            return poly(k0p,4,z)/poly(k0q,2,1.-z)-term;
        } else {                             Aproximação racional com e⁻ˣ/√x decomposta.
            z=1.0/x;
            return exp(-x)*poly(k0pp,7,z)/(poly(k0qq,7,z)*sqrt(x));
        }
    }
```

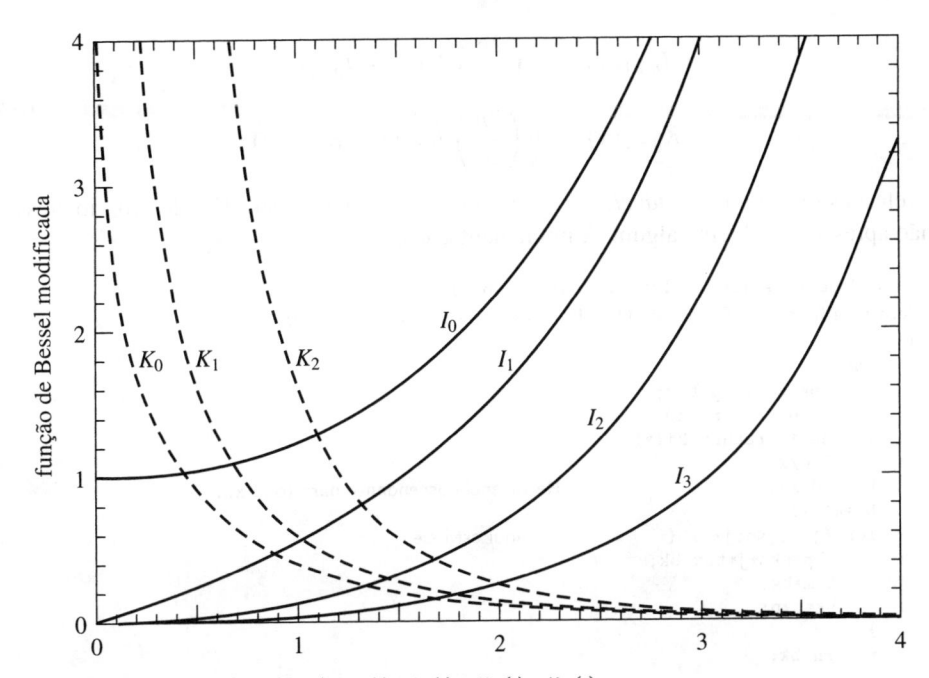

**Figura 6.5.2** Funções de Bessel modificadas $I_0(x)$ a $I_3(x)$ e $K_0(x)$ a $K_2(x)$.

```
Doub k1(const Doub x) {
Retorna a função de Bessel modificada K₁(x) para um x real positivo.
    if (x <= 1.0) {                    Use duas aproximações racionais.
        z=x*x;
        term = poly(k1pi,4,z)*log(x)/poly(k1qi,2,1.-z);
        return x*(poly(k1p,4,z)/poly(k1q,2,1.-z)+term)+1./x;
    } else {                Aproximação racional com $e^{-x}/\sqrt{x}$ decomposta.
        z=1.0/x;
        return exp(-x)*poly(k1pp,7,z)/(poly(k1qq,7,z)*sqrt(x));
    }
}

Doub in(const Int n, const Doub x);
Retorna a função de Bessel modificada $I_n(x)$ para um x real e n ≥ 0.

Doub kn(const Int n, const Doub x);
Retorna a função de Bessel modificada $K_n(x)$ para um x positivo e n ≥ 0.

inline Doub poly(const Doub *cof, const Int n, const Doub x) {
Código comum: efetue um polinômio.
    Doub ans = cof[n];
    for (Int i=n-1;i>=0;i--) ans = ans*x+cof[i];
    return ans;
}
};
```

A relação de recorrência para $I_n(x)$ e $K_n(x)$ é a mesma que para $J_n(x)$ e $Y_n(x)$ dado que $ix$ é substituído no lugar de $x$. Isto tem o efeito de mudar um sinal na relação,

$$I_{n+1}(x) = -\left(\frac{2n}{x}\right) I_n(x) + I_{n-1}(x)$$

$$K_{n+1}(x) = +\left(\frac{2n}{x}\right) K_n(x) + K_{n-1}(x)$$

(6.5.16)

Estas relações são sempre *instáveis* para recorrência ascendente. Para $K_n$, ele próprio crescendo, isto não apresenta problema algum. A implementação é:

bessel.h
```
Doub Bessik::kn(const Int n, const Doub x)
Retorna a função de Bessel modificada Kₙ (x) para x positivo e n ≥ 0.
{
    Int j;
    Doub bk,bkm,bkp,tox;
    if (n==0) return k0(x);
    if (n==1) return k1(x);
    tox=2.0/x;
    bkm=k0(x);                        Recorrência ascendente para todo x...
    bk=k1(x);
    for (j=1;j<n;j++) {               ...e aqui está ele.
        bkp=bkm+j*tox*bk;
        bkm=bk;
        bk=bkp;
    }
    return bk;
}
```

Para $I_n$, a estratégia de recursão declinante é requerida mais uma vez, e o ponto de partida para a recursão pode ser escolhido na mesma maneira como para a rotina Bessjy::jn. A única diferença fundamental é que a fórmula de normalização para $I_n(x)$ tem um sinal de menos se alternando em termos sucessivos, o que novamente surge da substituição de $i\,x$ em lugar de $x$ na fórmula usada anteriormente para $J_n$:

$$1 = I_0(x) - 2I_2(x) + 2I_4(x) - 2I_6(x) + \cdots$$

(6.5.17)

Na verdade, preferimos simplesmente normalizar com uma chamada para i0.

bessel.h
```
Doub Bessik::in(const Int n, const Doub x)
Retorna a função de Bessel modificada Iₙ (x) para um dado x real e n ≥ 0.
{
    const Doub ACC=200.0;                    ACC determina a acurácia.
    const Int IEXP=numeric_limits<Doub>::max_exponent/2;
    Int j,k;
    Doub bi,bim,bip,dum,tox,ans;
    if (n==0) return i0(x);
    if (n==1) return i1(x);
    if (x*x <= 8.0*numeric_limits<Doub>::min()) return 0.0;
    else {
        tox=2.0/abs(x);
        bip=ans=0.0;
        bi=1.0;
        for (j=2*(n+Int(sqrt(ACC*n)));j>0;j--) {   Recorrência declinante.
            bim=bip+j*tox*bi;
            bip=bi;
            bi=bim;
            dum=frexp(bi,&k);
            if (k > IEXP) {                        Renormalize para evitar o overflow.
                ans=ldexp(ans,-IEXP);
                bi=ldexp(bi,-IEXP);
                bip=ldexp(bip,-IEXP);
```

```
            }
            if (j == n) ans=bip;
        }
        ans *= i0(x)/bi;                    Normalize com bessi0.
        return x < 0.0 && (n & 1) ? -ans : ans;
    }
}
```

A função `ldexp`, usada acima, é uma função padrão da biblioteca do C ou C++ para escalar o expoente binário de um número.

#### REFERÊNCIAS CITADAS E LEITURA COMPLEMENTAR

Abramowitz, M., and Stegun, I.A. 1964, *Handbook of Mathematical Functions* (Washington: National Bureau of Standards); reprinted 1968 (New York: Dover); online at http://www.nr.com/aands, Chapter 9.

Carrier, G.F., Krook, M. and Pearson, C.E. 1966, *Functions of a Complex Variable* (New York: McGraw-Hill), pp. 220ff.

*SPECFUN*, 2007+, at http://www.netlib.org/specfun.[1]

Hart, J.F., et al. 1968, *Computer Approximations* (New York: Wiley), §6.8, p. 141.[2]

Numerical Recipes Software 2007, "Coefficients Used in the Bessjy and Bessik Objects," *Numerical Recipes Webnote No. 7*, at http://www.nr.com/webnotes?7 [3]

## 6.6 Funções de Bessel de ordem fracionária, funções de Airy, funções de Bessel esféricas

Muitos algoritmos foram propostos para computar funções de Bessel de ordem fracionária numericamente. A maioria deles, na verdade, é muito boa na prática. As rotinas dadas aqui são um bocado complicadas, mas elas podem ser recomendadas sem reservas.

### 6.6.1 Funções de Bessel ordinárias

A ideia básica é o *método de Steed*, originalmente desenvolvido [1] para funções de onda de Coulomb. O método calcula $J_\nu$, $J'_\nu$, $Y_\nu$ e $Y'_\nu$ simultaneamente, e assim envolve quatro relações entre estas funções. Três das relações vêm de duas frações continuadas, uma das quais é complexa. A quarta é fornecida por meio da relação do Wronskiano

$$W \equiv J_\nu Y'_\nu - Y_\nu J'_\nu = \frac{2}{\pi x} \tag{6.6.1}$$

A primeira fração continuada, CF1, é definida por

$$f_\nu \equiv \frac{J'_\nu}{J_\nu} = \frac{\nu}{x} - \frac{J_{\nu+1}}{J_\nu}$$
$$= \frac{\nu}{x} - \frac{1}{2(\nu+1)/x-} \frac{1}{2(\nu+2)/x-} \cdots \tag{6.6.2}$$

Você pode facilmente derivá-la da relação de recorrência de três termos para funções de Bessel: comece com a equação (6.5.6) e use a equação (5.4.18). A estimação para frente da fração continuada por um dos métodos de §5.2 é essencialmente equivalente à recorrência para trás da relação de recorrência. A taxa de convergência de CF1 é determinada pela posição do *ponto crítico* $x_{tp} = \sqrt{\nu(\nu+1)} \approx \nu$, além do qual as funções de Bessel tornam-se oscilatórias. Se $x \lesssim x_{tp}$, a convergência é muito rápida. Se $x \gtrsim x_{tp}$, então cada iteração da fração continuada efetivamente aumenta $\nu$ por um até $x \lesssim x_{tp}$; depois disso, a convergência rápida inicia-se. Então o número de iterações de CF1 é da ordem $x$ para $x$ grande. Na rotina `besseljy` designamos o máximo permitido para o número de iterações em 10.000. Para $x$ maior, você pode usar a expressão assintótica usual para funções de Bessel.

Pode-se mostrar que o sinal de $J_\nu$ é o mesmo sinal do denominador CF1 uma vez que ele tenha convergido.

A fração continuada complexa CF2 é definida por

$$p + iq \equiv \frac{J'_\nu + iY'_\nu}{J_\nu + iY_\nu} = -\frac{1}{2x} + i + \frac{i}{x} \frac{(1/2)^2 - \nu^2}{2(x+i)+} \frac{(3/2)^2 - \nu^2}{2(x+2i)+} \cdots \quad (6.6.3)$$

(Esboçamos a dedução de CF2 no caso análogo das funções de Bessel modificadas na próxima subseção.) Esta fração continuada converge rapidamente para $x \gtrsim x_{tp}$, enquanto a convergência falha quando $x \to 0$. Temos que adotar um método especial para $x$ pequeno, o qual descrevemos abaixo. Para $x$ não muito pequeno, podemos assegurar que $x \gtrsim x_{tp}$ por uma recorrência estável de $J_\nu$ e $J'_\nu$ declinante para um valor $\nu = \mu \lesssim x$, assim produzindo a razão $f_\mu$ no menor valor de $\nu$. Esta é a direção estável para a relação de recorrência. Os valores iniciais para a recorrência são

$$J_\nu = \text{arbitrário}, \qquad J'_\nu = f_\nu J_\nu, \quad (6.6.4)$$

com o sinal do valor inicial arbitrário de $J_\nu$ escolhido para ser o sinal do denominador de CF1. Escolher o valor inicial de $J_\nu$ muito pequeno minimiza a possibilidade de overflow durante a recorrência. As relações de recorrência são

$$J_{\nu-1} = \frac{\nu}{x} J_\nu + J'_\nu$$

$$J'_{\nu-1} = \frac{\nu-1}{x} J_{\nu-1} - J_\nu \quad (6.6.5)$$

Uma vez que CF2 tenha sido efetuado em $\nu = \mu$, então com o Wronskiano (6.6.1) temos relações suficientes para resolver para todas as quatro quantidades. As fórmulas são simplificadas introduzindo-se a quantidade

$$\gamma \equiv \frac{p - f_\mu}{q} \quad (6.6.6)$$

Então

$$J_\mu = \pm \left( \frac{W}{q + \gamma(p - f_\mu)} \right)^{1/2} \quad (6.6.7)$$

$$J'_\mu = f_\mu J_\mu \quad (6.6.8)$$

$$Y_\mu = \gamma J_\mu \quad (6.6.9)$$

$$Y'_\mu = Y_\mu \left( p + \frac{q}{\gamma} \right) \quad (6.6.10)$$

O sinal de $J_\mu$ em (6.6.7) é escolhido para ser o mesmo que o sinal do $J_\nu$ inicial em (6.6.4).

Uma vez que todas as quatro funções foram determinadas no valor $\nu = \mu$, podemos encontrá-las no valor original de $\nu$. Para $J_\nu$ e $J'_\nu$ simplesmente escale os valores em (6.6.4) pela razão de (6.6.7) para o valor encontrado após aplicar a recorrência (6.6.5). As quantidades $Y_\nu$ e $Y'_\nu$ podem ser encontradas iniciando-se com os valores em (6.6.9) e (6.6.10) e usando-se a relação de recorrência ascendente estável

$$Y_{\nu+1} = \frac{2\nu}{x} Y_\nu - Y_{\nu-1} \quad (6.6.11)$$

junto com a relação

$$Y'_\nu = \frac{\nu}{x} Y_\nu - Y_{\nu+1} \tag{6.6.12}$$

Agora voltamos para o caso de $x$ pequeno, quando CF2 não é adequada. Temme [2] deu um bom método de se efetuar $Y_\nu$ e $Y_{\nu+1}$, e consequentemente $Y'_\nu$ de (6.6.12), por expansões em séries que acuradamente controlam a singularidade quando $x \to 0$. As expansões funcionam apenas para $|\nu| \le 1/2$, e assim a recorrência (6.6.5) agora é usada para efetuar $f_\nu$ em um valor $\nu = \mu$ neste intervalo. Então calcula-se $J_\mu$ a partir de

$$J_\mu = \frac{W}{Y'_\mu - Y_\mu f_\mu} \tag{6.6.13}$$

e $J'_\mu$ a partir de (6.6.8). Os valores no valor original de $\nu$ são determinados por escalamento como antes, e os $Y$'s são obtidos por recorrência como antes.

A séries de Temme são

$$Y_\nu = -\sum_{k=0}^\infty c_k g_k \qquad Y_{\nu+1} = -\frac{2}{x} \sum_{k=0}^\infty c_k h_k \tag{6.6.14}$$

Aqui

$$c_k = \frac{(-x^2/4)^k}{k!} \tag{6.6.15}$$

enquanto os coeficientes $g_K$ e $h_K$ são definidos em termos das quantidades $p_K$, $q_K$ e $f_K$ que podem ser encontradas por recursão:

$$\begin{aligned} g_k &= f_k + \frac{2}{\nu} \operatorname{sen}^2\left(\frac{\nu\pi}{2}\right) q_k \\ h_k &= -k g_k + p_k \\ p_k &= \frac{p_{k-1}}{k - \nu} \\ q_k &= \frac{q_{k-1}}{k + \nu} \\ f_k &= \frac{k f_{k-1} + p_{k-1} + q_{k-1}}{k^2 - \nu^2} \end{aligned} \tag{6.6.16}$$

Os valores iniciais para a recorrência são

$$\begin{aligned} p_0 &= \frac{1}{\pi} \left(\frac{x}{2}\right)^{-\nu} \Gamma(1+\nu) \\ q_0 &= \frac{1}{\pi} \left(\frac{x}{2}\right)^\nu \Gamma(1-\nu) \\ f_0 &= \frac{2}{\pi} \frac{\nu\pi}{\operatorname{sen}\nu\pi} \left[\cosh\sigma \, \Gamma_1(\nu) + \frac{\operatorname{senh}\sigma}{\sigma} \ln\left(\frac{2}{x}\right) \Gamma_2(\nu)\right] \end{aligned} \tag{6.6.17}$$

com

$$\begin{aligned} \sigma &= \nu \ln\left(\frac{2}{x}\right) \\ \Gamma_1(\nu) &= \frac{1}{2\nu} \left[\frac{1}{\Gamma(1-\nu)} - \frac{1}{\Gamma(1+\nu)}\right] \\ \Gamma_2(\nu) &= \frac{1}{2} \left[\frac{1}{\Gamma(1-\nu)} + \frac{1}{\Gamma(1+\nu)}\right] \end{aligned} \tag{6.6.18}$$

O sentido de escrever as fórmulas dessa maneira é que os problemas potenciais quando $\nu \to 0$ podem ser controlados efetuando-se $\nu\pi/\text{sen }\nu\pi$, senh $\sigma/\sigma$ e $\Gamma_1$ cuidadosamente. Em especial, Temme forneceu expansões para $\Gamma_1(\nu)$ e $\Gamma_2(\nu)$. Rearranjamos sua expansão para $\Gamma_1$ para ser uma série par em $\nu$ para uma estimação mais eficiente, como explicado em §5.8.

Porque $J_\nu$, $Y_\nu$, $J'_\nu$ e $Y'_\nu$ são todos calculados simultaneamente, uma única função void designa todos eles. Você então apanha aqueles que você precisa diretamente do objeto. De forma alternativa, as funções jnu e ynu podem ser usadas. (Omitimos funções auxiliares similares para as derivadas, mas você pode facilmente adicioná-las.) O objeto Bessel contém vários outros métodos que serão discutidos abaixo.

As rotinas assumem $\nu \geq 0$. Para $\nu$ negativo você pode usar as fórmulas de reflexão

$$J_{-\nu} = \cos\nu\pi\, J_\nu - \text{sen}\,\nu\pi\, Y_\nu$$
$$Y_{-\nu} = \text{sen}\,\nu\pi\, J_\nu + \cos\nu\pi\, Y_\nu$$
(6.6.19)

A rotina também assume $x > 0$. Para $x < 0$, as funções são em geral complexas mas expressáveis em termos de funções com $x > 0$. Para $x = 0$, $Y_\nu$ é singular. A aritmética complexa é executada explicitamente com variáveis reais.

besselfrac.h
```
struct Bessel {
Objeto para funções de Bessel de ordem arbitrária ν e funções relacionadas.
    static const Int NUSE1=7, NUSE2=8;
    static const Doub c1[NUSE1],c2[NUSE2];
    Doub xo,nuo;                          x e ν salvos da última chamada.
    Doub jo,yo,jpo,ypo;                   Atribuído por besseljy.
    Doub io,ko,ipo,kpo;                   Atribuído por besselik.
    Doub aio,bio,aipo,bipo;               Atribuído por airy.
    Doub sphjo,sphyo,sphjpo,sphypo;       Atribuído por sphbes.
    Int sphno;

    Bessel() : xo(9.99e99), nuo(9.99e99), sphno(-9999) {}
    Construtor default. Sem argumentos.

    void besseljy(const Doub nu, const Doub x);
    Calcula funções de Bessel Jν (x) e Yν (x) e suas derivadas.
    void besselik(const Doub nu, const Doub x);
    Calcula funções de Bessel Iν (x) e Kν (x) e suas derivadas.

    Doub jnu(const Doub nu, const Doub x) {
    Simples interface retornando Jν (x).
        if (nu != nuo || x != xo) besseljy(nu,x);
        return jo;
    }
    Doub ynu(const Doub nu, const Doub x) {
    Simples interface retornando Yν (x).
        if (nu != nuo || x != xo) besseljy(nu,x);
        return yo;
    }
    Doub inu(const Doub nu, const Doub x) {
    Simples interface retornando Iν (x).
        if (nu != nuo || x != xo) besselik(nu,x);
        return io;
    }
    Doub knu(const Doub nu, const Doub x) {
    Simples interface retornando Kν (x).
        if (nu != nuo || x != xo) besselik(nu,x);
        return ko;
    }

    void airy(const Doub x);
    Calcula funções Airy Ai (x) e Bi (x) e suas derivadas.
```

```
Doub airy_ai(const Doub x);
```
Simples interface retornando Ai (x).
```
Doub airy_bi(const Doub x);
```
Simples interface retornando Bi (x).

```
void sphbes(const Int n, const Doub x);
```
Calcula funções de Bessel esféricas $j_n(x)$ e $y_n(x)$ e suas derivadas.
```
Doub sphbesj(const Int n, const Doub x);
```
Simples interface retornando $j_n(x)$.
```
Doub sphbesy(const Int n, const Doub x);
```
Simples interface retornando $y_n(x)$.
```
    inline Doub chebev(const Doub *c, const Int m, const Doub x) {
    Utilitário usado por besseljy e besselik, efetua a série de Chebyshev.
        Doub d=0.0,dd=0.0,sv;
        Int j;
        for (j=m-1;j>0;j--) {
            sv=d;
            d=2.*x*d-dd+c[j];
            dd=sv;
        }
        return x*d-dd+0.5*c[0];
    }
};

const Doub Bessel::c1[7] = {-1.142022680371168e0,6.5165112670737e-3,
    3.087090173086e-4,-3.4706269649e-6,6.9437664e-9,3.67795e-11,
    -1.356e-13};
const Doub Bessel::c2[8] = {1.843740587300905e0,-7.68528408447867e-2,
    1.2719271366546e-3,-4.9717367042e-6,-3.31261198e-8,2.423096e-10,
    -1.702e-13,-1.49e-15};
```

A listagem do código para `Bessel::besseljy` está em uma Webnote [4].

## 6.6.2 Funções de Bessel modificadas

O método de Steed não funciona para funções de Bessel modificadas porque neste caso CF2 é puramente imaginário e nós temos apenas três relações entre quatro funções. Temme [3] apresentou uma condição de normalização que fornece a quarta relação.

A relação do Wronskiano é

$$W \equiv I_\nu K'_\nu - K_\nu I'_\nu = -\frac{1}{x} \tag{6.6.20}$$

A fração continuada CF1 torna-se

$$f_\nu \equiv \frac{I'_\nu}{I_\nu} = \frac{\nu}{x} + \frac{1}{2(\nu+1)/x+} \frac{1}{2(\nu+2)/x+} \cdots \tag{6.6.21}$$

Para obter CF2 e a condição de normalização em uma forma conveniente, considere a sequência de funções hipergeométricas confluentes

$$z_n(x) = U(\nu + 1/2 + n, 2\nu + 1, 2x) \tag{6.6.22}$$

para um $\nu$ fixo. Então

$$K_\nu(x) = \pi^{1/2}(2x)^\nu e^{-x} z_0(x) \tag{6.6.23}$$

$$\frac{K_{\nu+1}(x)}{K_\nu(x)} = \frac{1}{x}\left[\nu + \frac{1}{2} + x + \left(\nu^2 - \frac{1}{4}\right)\frac{z_1}{z_0}\right] \tag{6.6.24}$$

A equação (6.6.23) é a expressão padrão para $K_\nu$ em termos de uma função hipergeométrica confluente, enquanto a equação (6.6.24) segue das relações entre funções hipergeométricas confluentes contíguas (equações 13.4.16 e 13.4.18 em [5]). Agora as funções $z_n$ satisfazem a relação de recorrência com 3 termos (equação 13.4.15 em [5])

$$z_{n-1}(x) = b_n z_n(x) + a_{n+1} z_{n+1} \qquad (6.6.25)$$

com

$$\begin{aligned} b_n &= 2(n+x) \\ a_{n+1} &= -[(n+1/2)^2 - \nu^2] \end{aligned} \qquad (6.6.26)$$

Seguindo os passos em direção à equação (5.4.18), obtemos a fração continuada CF2

$$\frac{z_1}{z_0} = \frac{1}{b_1 +} \frac{a_2}{b_2 +} \cdots \qquad (6.6.27)$$

da qual (6.6.24) proporciona $K_{\nu+1}/K_\nu$ e assim $K'_\nu/K_\nu$.

A condição de normalização de Temme é que

$$\sum_{n=0}^{\infty} C_n z_n = \left(\frac{1}{2x}\right)^{\nu+1/2} \qquad (6.6.28)$$

onde

$$C_n = \frac{(-1)^n}{n!} \frac{\Gamma(\nu+1/2+n)}{\Gamma(\nu+1/2-n)} \qquad (6.6.29)$$

Observe que os $C_n$'s podem ser determinados pela recursão

$$C_0 = 1, \qquad C_{n+1} = -\frac{a_{n+1}}{n+1} C_n \qquad (6.6.30)$$

Usamos a condição (6.6.28) encontrando

$$S = \sum_{n=1}^{\infty} C_n \frac{z_n}{z_0} \qquad (6.6.31)$$

Então

$$z_0 = \left(\frac{1}{2x}\right)^{\nu+1/2} \frac{1}{1+S} \qquad (6.6.32)$$

e (6.6.23) proporciona $K_\nu$.

Thompson e Barnett [6] proporcionaram um método inteligente de fazer a soma (6.6.31) simultaneamente com a estimação para frente da fração continuada CF2. Suponha que a fração continuada está sendo estimada como

$$\frac{z_1}{z_0} = \sum_{n=0}^{\infty} \Delta h_n \qquad (6.6.33)$$

onde os incrementos $\Delta h_n$ são encontrados, p. ex. pelo algoritmo de Steed ou pelo algoritmo modificado de Lentz de §5.2. Então a aproximação para $S$ mantendo os $N$ primeiros termos pode ser encontrada como

$$S_N = \sum_{n=1}^{N} Q_n \Delta h_n \qquad (6.6.34)$$

Aqui

$$Q_n = \sum_{k=1}^{n} C_k q_k \qquad (6.6.35)$$

e $q_k$ é encontrada por recursão de

$$q_{k+1} = (q_{k-1} - b_k q_k)/a_{k+1} \qquad (6.6.36)$$

iniciando-se com $q_0 = 0$, $q_1 = 1$. Para o caso em questão, aproximadamente três vezes mais termos são necessários para $S$ convergir em relação ao que é necessário simplesmente para CF2 convergir.

Para encontrar $K_\nu$ e $K_{\nu+1}$ para $x$ pequeno usamos séries análogas a (6.6.14)

$$K_\nu = \sum_{k=0}^{\infty} c_k f_k \qquad K_{\nu+1} = \frac{2}{x} \sum_{k=0}^{\infty} c_k h_k \qquad (6.6.37)$$

Aqui

$$\begin{aligned} c_k &= \frac{(x^2/4)^k}{k!} \\ h_k &= -k f_k + p_k \\ p_k &= \frac{p_{k-1}}{k - \nu} \\ q_k &= \frac{q_{k-1}}{k + \nu} \\ f_k &= \frac{k f_{k-1} + p_{k-1} + q_{k-1}}{k^2 - \nu^2} \end{aligned} \qquad (6.6.38)$$

Os valores iniciais para as recorrências são

$$\begin{aligned} p_0 &= \frac{1}{2} \left(\frac{x}{2}\right)^{-\nu} \Gamma(1 + \nu) \\ q_0 &= \frac{1}{2} \left(\frac{x}{2}\right)^{\nu} \Gamma(1 - \nu) \\ f_0 &= \frac{\nu \pi}{\operatorname{sen} \nu \pi} \left[\cosh \sigma \Gamma_1(\nu) + \frac{\operatorname{senh} \sigma}{\sigma} \ln\left(\frac{2}{x}\right) \Gamma_2(\nu)\right] \end{aligned} \qquad (6.6.39)$$

Ambas as séries para $x$ pequeno e CF2 e a relação de normalização (6.6.28) requerem $|\nu| \leq 1/2$. Em ambos os casos, por esta razão, fazeremos a recursão de $I_\nu$ até um valor $\nu = \mu$ neste intervalo, encontrando $K_\mu$ lá, e fazemos a recursão de $K_\nu$ retornando até o valor original de $\nu$.

As rotinas assumem $\nu \geq 0$. Para $\nu$ negativo, use as fórmulas de reflexão

$$\begin{aligned} I_{-\nu} &= I_\nu + \frac{2}{\pi} \operatorname{sen}(\nu \pi) K_\nu \\ K_{-\nu} &= K_\nu \end{aligned} \qquad (6.6.40)$$

Observe que, para $x$ grande, $I_\nu \sim e^{-x}$ e $K_\nu \sim e^{-x}$, e assim estas funções irão gerar overflow ou underflow. Geralmente é desejável poder computar as quantidades escaladas $e^{-x} I_\nu$ e $e^x K_\nu$. Simplesmente omitir o fator $e^{-x}$ na equação (6.6.23) assegurará que as quatro quantidades terão um escalamento apropriado. Se você também quer escalar as quatro quantidades para $x$ pequeno quando as séries na equação (6.6.37) são usadas, você deve multiplicar cada série por $e^x$.

Como com `besseljy`, você pode ou chamar a função `void besselik` e então recuperar os valores da função e/ou derivada, ou então apenas chamar `inu` ou `knu`.

A listagem do código para `Bessel::besselik` está em uma Webnote [4].

## 6.6.3 Funções de Airy

Para $x$ positivo, as funções de Airy são definidas por

$$\text{Ai}(x) = \frac{1}{\pi}\sqrt{\frac{x}{3}} K_{1/3}(z) \tag{6.6.41}$$

$$\text{Bi}(x) = \sqrt{\frac{x}{3}}[I_{1/3}(z) + I_{-1/3}(z)] \tag{6.6.42}$$

onde

$$z = \frac{2}{3}x^{3/2} \tag{6.6.43}$$

Usando a fórmula de reflexão (6.6.40), podemos converter (6.6.42) na forma computacionalmente mais útil

$$\text{Bi}(x) = \sqrt{x}\left[\frac{2}{\sqrt{3}}I_{1/3}(z) + \frac{1}{\pi}K_{1/3}(z)\right] \tag{6.6.44}$$

de forma que Ai e Bi podem ser efetuados com uma única chamada a `besselik`.

As derivadas não devem ser efetuadas simplesmente diferenciando-se as expressões acima por causa da possível subtração de erros perto de $x = 0$. No lugar disso, use as expressões equivalentes

$$\begin{aligned}\text{Ai}'(x) &= -\frac{x}{\pi\sqrt{3}}K_{2/3}(z) \\ \text{Bi}'(x) &= x\left[\frac{2}{\sqrt{3}}I_{2/3}(z) + \frac{1}{\pi}K_{2/3}(z)\right]\end{aligned} \tag{6.6.45}$$

As fórmulas correspondentes para argumentos negativos são

$$\begin{aligned}\text{Ai}(-x) &= \frac{\sqrt{x}}{2}\left[J_{1/3}(z) - \frac{1}{\sqrt{3}}Y_{1/3}(z)\right] \\ \text{Bi}(-x) &= -\frac{\sqrt{x}}{2}\left[\frac{1}{\sqrt{3}}J_{1/3}(z) + Y_{1/3}(z)\right] \\ \text{Ai}'(-x) &= \frac{x}{2}\left[J_{2/3}(z) + \frac{1}{\sqrt{3}}Y_{2/3}(z)\right] \\ \text{Bi}'(-x) &= \frac{x}{2}\left[\frac{1}{\sqrt{3}}J_{2/3}(z) - Y_{2/3}(z)\right]\end{aligned} \tag{6.6.46}$$

besselfrac.h
```
void Bessel::airy(const Doub x) {
    Designe aio, bio, aipo e bipo, respectivamente, para as funções de Airy Ai(x), Bi(x) e suas derivadas
    Ai'(x), Bi'(x).
    static const Doub PI=3.141592653589793238,
        ONOVRT=0.577350269189626,THR=1./3.,TWOTHR=2.*THR;
    Doub absx,rootx,z;
    absx=abs(x);
    rootx=sqrt(absx);
    z=TWOTHR*absx*rootx;
    if (x > 0.0) {
        besselik(THR,z);
        aio = rootx*ONOVRT*ko/PI;
        bio = rootx*(ko/PI+2.0*ONOVRT*io);
        besselik(TWOTHR,z);
        aipo = -x*ONOVRT*ko/PI;
        bipo = x*(ko/PI+2.0*ONOVRT*io);
    } else if (x < 0.0) {
        besseljy(THR,z);
        aio = 0.5*rootx*(jo-ONOVRT*yo);
```

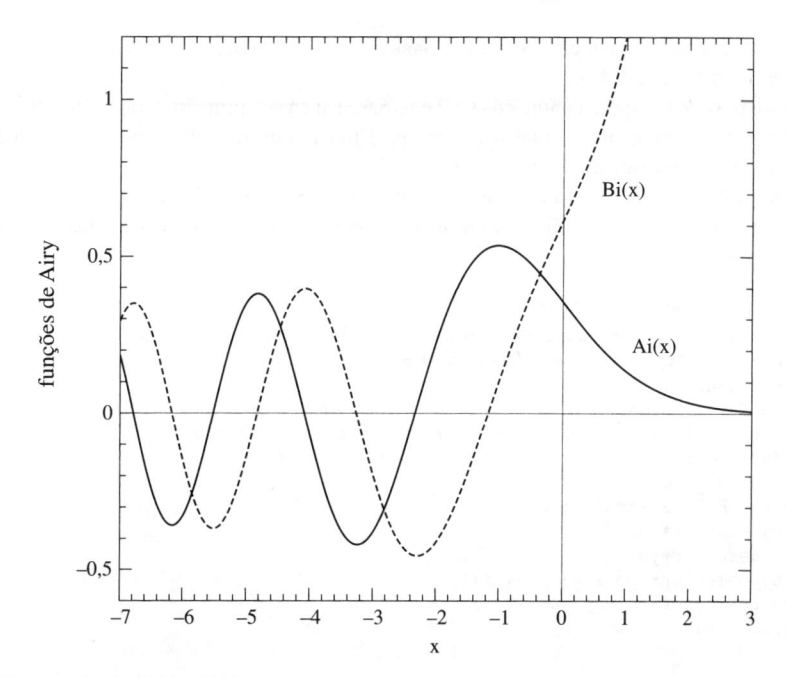

**Figura 6.6.1** Funções de Airy Ai(x) e Bi(x).

```
            bio = -0.5*rootx*(yo+ONOVRT*jo);
            besseljy(TWOTHR,z);
            aipo = 0.5*absx*(ONOVRT*yo+jo);
            bipo = 0.5*absx*(ONOVRT*jo-yo);
    } else {                    Caso x = 0.
            aio=0.355028053887817;
            bio=aio/ONOVRT;
            aipo = -0.258819403792807;
            bipo = -aipo/ONOVRT;
    }
}

Doub Bessel::airy_ai(const Doub x) {
Simples interface retornando Ai(x).
    if (x != xo) airy(x);
    return aio;
}
Doub Bessel::airy_bi(const Doub x) {
Simples interface retornando Bi(x).
    if (x != xo) airy(x);
    return bio;
}
```

## 6.6.4 Funções esféricas de Bessel

Para $n$ inteiro, as funções de Bessel esféricas são definidas por

$$j_n(x) = \sqrt{\frac{\pi}{2x}} J_{n+\frac{1}{2}}(x)$$
$$y_n(x) = \sqrt{\frac{\pi}{2x}} Y_{n+\frac{1}{2}}(x)$$

(6.6.47)

Elas podem ser efetuadas por uma chamada a besseljy, e as derivadas podem seguramente ser obtidas das derivadas da equação (6.6.47).

Observe que na fração continuada CF2 em (6.6.3) apenas o primeiro termo sobrevive para $v = 1/2$. Então pode-se construir um simples algoritmo para funções de Bessel esféricas ao longo das linhas de besseljy por continuamente fazer a recursão de $j_n$ para baixo até $n = 0$, designando $p$ e $q$ do primeiro termo em CF2 e então fazendo a recursão de $y_n$ para cima. Nenhuma série especial é necessária perto de $x = 0$. Porém, besseljy já é tão eficiente que não achamos necessário providenciar uma rotina independente para Bessels esféricas.

besselfrac.h
```
void Bessel::sphbes(const Int n, const Doub x) {
```
Atribui sphjo, sphyo, sphjpo e sphypo, respectivamente, às funções de Bessel esféricas $j_n(x)$, $y_n(x)$ e suas derivadas $j'_n(x)$, $y'_n(x)$ para $n$ inteiro (o que é salvo como sphno).
```
    const Doub RTPIO2=1.253314137315500251;
    Doub factor,order;
    if (n < 0 || x <= 0.0) throw("bad arguments in sphbes");
    order=n+0.5;
    besseljy(order,x);
    factor=RTPIO2/sqrt(x);
    sphjo=factor*jo;
    sphyo=factor*yo;
    sphjpo=factor*jpo-sphjo/(2.*x);
    sphypo=factor*ypo-sphyo/(2.*x);
    sphno = n;
}

Doub Bessel::sphbesj(const Int n, const Doub x) {
```
Simples interface retornando $j_n(x)$.
```
    if (n != sphno || x != xo) sphbes(n,x);
    return sphjo;
}
Doub Bessel::sphbesy(const Int n, const Doub x) {
```
Simples interface retornando $y_n(x)$.
```
    if (n != sphno || x != xo) sphbes(n,x);
    return sphyo;
}
```

## REFERÊNCIAS CITADAS E LEITURA COMPLEMENTAR

Barnett, A.R., Feng, D.H., Steed, J.W., and Goldfarb, L.J.B. 1974, "Coulomb Wave Functions for All Real η and ρ," *Computer Physics Communications*, vol. 8, pp. 377-395.[1]

Temme, N.M. 1976, "On the Numerical Evaluation of the Ordinary Bessel Function of the Second Kind," *Journal of Computational Physics*, vol. 21, pp. 343-350[2]; 1975, *op. cit.*, vol. 19, pp. 324-337.[3]

Numerical Recipes Software 2007, "Bessel Function Implementations," *Numerical Recipes Webnote No. 8*, at http://www.nr.com/webnotes?8 [4]

Abramowitz, M., and Stegun, I.A. 1964, *Handbook of Mathematical Functions* (Washington: National Bureau of Standards); reprinted 1968 (New York: Dover); online at http://www.nr.com/aands, Chapter 10.[5]

Thompson, I.J., and Barnett, A.R. 1987, "Modified Bessel Functions $I_v(z)$ and $K_v(z)$ of Real Order and Complex Argument, to Selected Accuracy," *Computer Physics Communications*, vol. 47, pp. 245-257.[6]

Barnett, A.R. 1981, "An Algorithm for Regular and Irregular Coulomb and Bessel functions of Real Order to Machine Accuracy," *Computer Physics Communications*, vol. 21, pp. 297-314.

Thompson, I.J., and Barnett, A.R. 1986, "Coulomb and Bessel Functions of Complex Arguments and Order," *Journal of Computational Physics*, vol. 64, pp. 490-509.

## 6.7 Harmônicos esféricos

Harmônicos esféricos ocorrem em uma grande variedade de problemas físicos, por exemplo, quando uma equação de onda, ou equação de Laplace, é resolvida por separação de variáveis em coordenadas esféricas. O harmônico esférico $Y_{lm}$, $(\theta, \phi)$, $-l \leq m \leq l$, é uma função de duas coordenadas $\theta$, $\phi$ na superfície de uma esfera.

Os harmônicos esféricos são ortogonais para diferentes $l$ e $m$ e são normalizados de forma que seu quadrado integrado sobre a esfera é um:

$$\int_0^{2\pi} d\phi \int_{-1}^{1} d(\cos\theta) Y^*_{l'm'}(\theta, \phi) Y_{lm}(\theta, \phi) = \delta_{l'l}\delta_{m'm} \qquad (6.7.1)$$

Aqui o asterisco denota o conjugado complexo.

Matematicamente, os harmônicos esféricos são relacionados aos *polinômios de Legendre associados* pela equação

$$Y_{lm}(\theta, \phi) = \sqrt{\frac{2l+1}{4\pi}\frac{(l-m)!}{(l+m)!}} P_l^m(\cos\theta) e^{im\phi} \qquad (6.7.2)$$

Usando a relação

$$Y_{l,-m}(\theta, \phi) = (-1)^m Y^*_{lm}(\theta, \phi) \qquad (6.7.3)$$

podemos sempre relacionar um harmônico esférico a um polinômio de Legendre associado com $m \geq 0$. Com $x \equiv \cos\theta$, estes são definidos em termos dos polinômios de Legendre ordinários (cf. §4.6 e §5.4) por

$$P_l^m(x) = (-1)^m (1-x^2)^{m/2} \frac{d^m}{dx^m} P_l(x) \qquad (6.7.4)$$

Tome cuidado: existem normalizações alternativas para os polinômios associados de Legendre e convenções de sinal alternativas.

Os primeiros poucos polinômios de Legendre associados, e seus correspondentes harmônicos esféricos normalizados, são

$$
\begin{array}{ll}
P_0^0(x) = 1 & Y_{00} = \sqrt{\frac{1}{4\pi}} \\
P_1^1(x) = -(1-x^2)^{1/2} & Y_{11} = -\sqrt{\frac{3}{8\pi}}\,\text{sen}\,\theta\, e^{i\phi} \\
P_1^0(x) = x & Y_{10} = \sqrt{\frac{3}{4\pi}}\cos\theta \\
P_2^2(x) = 3(1-x^2) & Y_{22} = \frac{1}{4}\sqrt{\frac{15}{2\pi}}\,\text{sen}^2\,\theta\, e^{2i\phi} \\
P_2^1(x) = -3(1-x^2)^{1/2} x & Y_{21} = -\sqrt{\frac{15}{8\pi}}\,\text{sen}\,\theta\cos\theta\, e^{i\phi} \\
P_2^0(x) = \frac{1}{2}(3x^2-1) & Y_{20} = \sqrt{\frac{5}{4\pi}}(\frac{3}{2}\cos^2\theta - \frac{1}{2})
\end{array}
\qquad (6.7.5)
$$

Há muitas maneiras ruins de estimar polinômios de Legendre associados numericamente. Por exemplo, existem expressões explícitas, tais como

$$P_l^m(x) = \frac{(-1)^m (l+m)!}{2^m m!(l-m)!}(1-x^2)^{m/2}\left[1 - \frac{(l-m)(m+l+1)}{1!(m+1)}\left(\frac{1-x}{2}\right)\right.$$
$$\left. + \frac{(l-m)(l-m-1)(m+l+1)(m+l+2)}{2!(m+1)(m+2)}\left(\frac{1-x}{2}\right)^2 - \cdots\right] \qquad (6.7.6)$$

onde o polinômio continua até o termo em $(1-x)^{l-m}$. (Ver [1] para isto e fórmulas relacionadas.) Este não é um método satisfatório porque a estimação do polinômio envolve delicados cancelamentos entre sucessivos termos, os quais alternam-se em sinal. Para $l$ grande, os termos individuais no polinômio tornam-se muito maiores do que sua soma, e toda acurácia é perdida.

Na prática, (6.7.6) pode ser usada apenas em simples precisão (32-bits) para $l$ até 6 ou 8, e em dupla precisão (64-bits) para $l$ até 15 ou 18, dependendo da precisão requerida para a resposta. Um procedimento computacional mais robusto é por esta razão desejável, como segue.

As funções de Legendre associadas satisfazem numerosas relações de recorrência, tabuladas em [1, 2]. Estas são recorrências sobre $l$ sozinho, sobre $m$ sozinho, e sobre $l$ e $m$ simultaneamente. A maioria das recorrências envolvendo $m$ são instáveis e, portanto, são perigosas de trabalhar. A seguinte recorrência em $l$ é, contudo, estável (compare com 5.4.1):

$$(l-m)P_l^m = x(2l-1)P_{l-1}^m - (l+m-1)P_{l-2}^m \tag{6.7.7}$$

Mesmo esta recorrência é útil apenas para $l$ e $m$ moderados, uma vez que os próprios $P_l^m$'s crescem rapidamente com $l$ e rapidamente têm overflow. Os harmônicos esféricos, diferentemente, permanecem limitados – afinal, eles são normalizados para um (equação 6.7.1). É exatamente o fator da raiz quadrada na equação (6.7.2) que equilibra a divergência. Então, a função correta para usar na relação de recorrência é a função associada de Legendre renormalizada,

$$\tilde{P}_l^m = \sqrt{\frac{2l+1}{4\pi}\frac{(l-m)!}{(l+m)!}}\, P_l^m \tag{6.7.8}$$

Então a relação de recorrência (6.7.7) torna-se

$$\tilde{P}_l^m = \sqrt{\frac{4l^2-1}{l^2-m^2}}\left[x\tilde{P}_{l-1}^m - \sqrt{\frac{(l-1)^2-m^2}{4(l-1)^2-1}}\,\tilde{P}_{l-2}^m\right] \tag{6.7.9}$$

Começamos a recorrência com a expressão na forma fechada para a função $l=m$,

$$\tilde{P}_m^m = (-1)^m\sqrt{\frac{2m+1}{4\pi(2m)!}}\,(2m-1)!!\,(1-x^2)^{m/2} \tag{6.7.10}$$

(A notação $n!!$ denota o produto de todos os inteiros *ímpares* menores ou iguais do que $n$.) Usando (6.7.9) com $l=m+1$ e fazendo $\tilde{P}_{m-1}^m = 0$, nós encontramos

$$\tilde{P}_{m+1}^m = x\sqrt{2m+3}\,\tilde{P}_m^m \tag{6.7.11}$$

Equações (6.7.10) e (6.7.11) fornecem os dois valores iniciais necessários para (6.7.9) para $l$ geral.

A função que implementa isto é

plegendre.h
```
Doub plegendre(const Int l, const Int m, const Doub x) {
```
Computa o polinômio de Legendre associado renormalizado $\tilde{P}_l^m(x)$, equação (6.7.8). Aqui $m$ e $l$ são inteiros satisfazendo $0 \le m \le l$, enquanto $x$ pertence ao range $-1 \le x \le 1$.
```
    static const Doub PI=3.141592653589793;
    Int i,ll;
    Doub fact,oldfact,pll,pmm,pmmp1,omx2;
    if (m < 0 || m > l || abs(x) > 1.0)
        throw("Bad arguments in routine plgndr");
    pmm=1.0;                           Compute P̃ₘᵐ.
    if (m > 0) {
        omx2=(1.0-x)*(1.0+x);
        fact=1.0;
        for (i=1;i<=m;i++) {
```

```
                pmm *= omx2*fact/(fact+1.0);
                fact += 2.0;
            }
        }
        pmm=sqrt((2*m+1)*pmm/(4.0*PI));
        if (m & 1)
            pmm=-pmm;
        if (l == m)
            return pmm;
        else {                              Compute P̃ᵐₘ₊₁.
            pmmp1=x*sqrt(2.0*m+3.0)*pmm;
            if (l == (m+1))
                return pmmp1;
            else {                          Compute P̃ₗᵐ, l > m + 1.
                oldfact=sqrt(2.0*m+3.0);
                for (ll=m+2;ll<=l;ll++) {
                    fact=sqrt((4.0*ll*ll-1.0)/(ll*ll-m*m));
                    pll=(x*pmmp1-pmm/oldfact)*fact;
                    oldfact=fact;
                    pmm=pmmp1;
                    pmmp1=pll;
                }
                return pll;
            }
        }
    }
}
```

Às vezes é conveniente ter as funções com a normalização padrão, como definida pela equação (6.7.4). Aqui temos uma rotina que faz isto. Observe que o overflow ocorre para $m \gtrsim 80$, ou ainda antes se $l \gg m$.

```
Doub plgndr(const Int l, const Int m, const Doub x)                          plegendre.h
```
Compute o polinômio associado de Legendre $P_l^m(x)$, equação (6.7.4). Aqui $m$ e $l$ são inteiros satisfazendo $0 \leq m \leq l$, enquanto $x$ pertence ao range $-1 \leq x \leq 1$. Estas funções produzirão overflow para $m \gtrsim 80$.
```
{
    const Doub PI=3.141592653589793238;
    if (m < 0 || m > l || abs(x) > 1.0)
        throw("Bad arguments in routine plgndr");
    Doub prod=1.0;
    for (Int j=l-m+1;j<=l+m;j++)
        prod *= j;
    return sqrt(4.0*PI*prod/(2*l+1))*plegendre(l,m,x);
}
```

### 6.7.1 Transformadas rápidas de harmônicos esféricos

Qualquer função suave na superfície de uma esfera pode ser escrita como uma expansão em harmônicos esféricos. Suponha que a função possa ser bem-aproximada truncando-se a expansão em $l = l_{max}$:

$$f(\theta_i, \phi_j) = \sum_{l=0}^{l_{max}} \sum_{m=-l}^{m=l} a_{lm} Y_{lm}(\theta_i, \phi_j)$$
$$= \sum_{l=0}^{l_{max}} \sum_{m=-l}^{m=l} a_{lm} \widetilde{P}_l^m(\cos\theta_i) e^{im\phi_j}$$

(6.7.12)

Aqui escrevemos a função efetuada em uma quantidade $N_\theta$ de pontos amostrais $\theta_i$ e em uma quantidade $N_\phi$ de pontos amostrais $\phi_j$. O número total de pontos amostrais é $N = N_\theta N_\phi$. Em aplicações, tipicamente $N_\theta \sim N_\phi \sim \sqrt{N}$. Uma vez que o número total de harmônicos esféricos na soma (6.7.2) é $l_{max}^2$, também temos $l_{max} \sim \sqrt{N}$.

Quantas operações efetuam-se na soma (6.7.2)? A estimação direta de $l_{max}^2$ termos em $N$ pontos amostrais é um processo $O(N^2)$. Você pode tentar acelerar isto escolhendo os pontos amostrais $\phi_j$ igualmente espaçados em ângulo e fazendo a soma sobre $m$ por uma FFT. Cada FFT é $O(N_\phi \ln N_\phi)$ e você tem que fazer $O(N_\theta l_{max})$ deles, para um total de $O(N^{3/2} \ln N)$ operações, o que é alguma melhora. Um simples rearranjo [3-5] proporciona uma maneira ainda melhor: troque a ordem da soma

$$\sum_{l=0}^{l_{max}} \sum_{m=-l}^{l} \longleftrightarrow \sum_{m=-l_{max}}^{l_{max}} \sum_{l=|m|}^{l_{max}} \qquad (6.7.13)$$

de tal forma que

$$f(\theta_i, \phi_j) = \sum_{m=-l_{max}}^{l_{max}} q_m(\theta_i) e^{im\phi_j} \qquad (6.7.14)$$

onde

$$q_m(\theta_i) = \sum_{l=|m|}^{l_{max}} a_{lm} \widetilde{P}_l^m(\cos\theta_i) \qquad (6.7.15)$$

Efetuar a soma em (6.7.15) é $O(l_{max})$ e deve-se fazer isto para $O(l_{max} N_\theta)$ $qm$'s, de forma que o trabalho total seja $O(N^{3/2})$. Efetuar a equação (6.7.14) por uma FFT em um $\theta_i$ fixo é $O(N_\phi \ln N_\phi)$. Existem $N_\theta$ FFTs a serem feitas, para uma contagem total de operações de $O(N \ln N)$, o que é desprezível em comparação. Assim, o total no algoritmo é $O(N^{3/2})$. Observe que você pode efetuar a equação (6.7.14) ou pré-computando e armazenando os $\widetilde{P}_l^m$'s usando a relação de recorrência (6.7.9), ou pelo método de Clenshaw (§5.4).

E quanto a inverter a transformada (6.7.12)? A inversa formal para a expansão de uma função contínua $f(\theta, \phi)$ segue da ortonormalidade dos $Y_{lm}$'s pela equação (6.7.1),

$$a_{lm} = \int \operatorname{sen} \theta \, d\theta \, d\phi \, f(\theta, \phi) e^{-im\phi} \widetilde{P}_l^m(\cos\theta) \qquad (6.7.16)$$

Para o caso discreto, onde temos uma função amostrada, a integral torna-se uma quadratura:

$$a_{lm} = \sum_{i,j} w(\theta_i) f(\theta_i, \phi_j) e^{-im\phi_j} \widetilde{P}_l^m(\cos\theta_i) \qquad (6.7.17)$$

Aqui $w(\theta_i)$ são os pesos da quadratura. Em princípio, poderíamos considerar pesos que dependem de $\phi_j$ também, mas na prática fazemos a quadratura em $\phi$ por uma FFT, assim os pesos são feitos unitários. Uma boa escolha para os pesos para uma grade equiangular em $\theta$ é dada em [3], Teorema 3. Outra possibilidade é usar quadratura gaussiana para a integral em $\theta$. Neste caso, você escolhe os pontos amostrais de forma que os $\cos\theta_i$'s são as abscissas retornadas por `gauleg` e os $w(\theta_i)$'s são os pesos correspondentes. A melhor maneira de organizar o cálculo é primeiramente fazer as FFTs, computando

$$g_m(\theta_i) = \sum_j f(\theta_i, \phi_j) e^{-im\phi_j} \qquad (6.7.18)$$

Então

$$a_{lm} = \sum_i w(\theta_i) g_m(\theta_i) \widetilde{P}_l^m(\cos\theta_i) \qquad (6.7.19)$$

Você pode verificar que a contagem de operações é dominada pela equação (6.7.9) e escala-se como $O(N^{3/2})$ mais uma vez. Em um cálculo real, você deve explorar todas as simetrias que permitem-lhe reduzir a carga de trabalho, tais como $g_{-m} = g_m^*$ e $\tilde{P}_l^m[\cos(\pi - \theta)] = (-1)^{l+m} \tilde{P}_l^m(\cos\theta)$.

Muito recentemente, algoritmos para transformadas rápidas de Legendre foram desenvolvidos, similares em espírito à FFT [3,6,7]. Teoricamente, elas reduzem as transformadas de harmônicos esféricas avançadas e inversas a problemas $O(N\log^2 N)$. Contudo, implementações correntes [8] não são muito mais rápidas do que os métodos $O(N^{3/2})$ acima para $N \sim 500$, e existem problemas de estabilidade e acurácia que requerem muita atenção [9]. Fique atento!

### REFERÊNCIAS CITADAS E LEITURA COMPLEMENTAR

Magnus, W., and Oberhettinger, F. 1949, *Formulas and Theorems for the Functions of Mathematical Physics* (New York: Chelsea), pp. 54ff.[1]

Abramowitz, M., and Stegun, I.A. 1964, *Handbook of Mathematical Functions* (Washington: National Bureau of Standards); reprinted 1968 (New York: Dover); online at http://www.nr.com/aands, Chapter 8.[2]

Driscoll, J.R., and Healy, D.M. 1994, "Computing Fourier Transforms and Convolutions on the 2-sphere," *Advances in Applied Mathematics,* vol. 15, pp. 202-250.[3]

Muciaccia, P.F., Natoli, P., and Vittorio, N. 1997, "Fast Spherical Harmonic Analysis: A Quick Algorithm for Generating and/or Inverting Full-Sky, High-Resolution Cosmic Microwave Background Anisotropy Maps," *Astrophysical Journal,* vol. 488, pp. L63-66.[4]

Oh, S.P., Spergel, D.N., and Hinshaw, G. 1999, "An Efficient Technique to Determine the Power Spectrum from Cosmic Microwave Background Sky Maps," *Astrophysical Journal,* vol. 510, pp. 551-563, Appendix A.[5]

Healy, D.M., Rockmore, D., Kostelec, P.J., and Moore, S. 2003, "FFTs for the 2-Sphere: Improvements and Variations," *Journal of Fourier Analysis and Applications,* vol. 9, pp. 341-385.[6]

Potts, D., Steidl, G., and Tasche, M. 1998, "Fast and Stable Algorithms for Discrete Spherical Fourier Transforms," *Linear Algebra and Its Applications,* vol. 275-276, pp. 433-450.[7]

Moore, S., Healy, D.M., Rockmore, D., and Kostelec, P.J. 2007+, *SpharmonicKit.* Software at http://www.cs.dartmouth.edu/~geelong/sphere.[8]

Healy, D.M., Kostelec, P.J., and Rockmore, D. 2004, "Towards Safe and Effective High-Order Legendre Transforms with Applications to FFTs for the 2-Sphere," *Advances in Computational Mathematics,* vol. 21, pp. 59-105.[9]

## 6.8 Integrais de Fresnel, integrais cosseno e seno

### 6.8.1 Integrais de Fresnel

As duas integrais de Fresnel são definidas por

$$C(x) = \int_0^x \cos\left(\frac{\pi}{2}t^2\right) dt, \quad S(x) = \int_0^x \mathrm{sen}\left(\frac{\pi}{2}t^2\right) dt \quad (6.8.1)$$

e são esboçadas na Figura 6.8.1.

O jeito mais conveniente de efetuar estas funções para precisão arbitrária é usar séries para $x$ pequeno e uma fração continuada para $x$ grande. As séries são

$$C(x) = x - \left(\frac{\pi}{2}\right)^2 \frac{x^5}{5 \cdot 2!} + \left(\frac{\pi}{2}\right)^4 \frac{x^9}{9 \cdot 4!} - \cdots$$
$$S(x) = \left(\frac{\pi}{2}\right) \frac{x^3}{3 \cdot 1!} - \left(\frac{\pi}{2}\right)^3 \frac{x^7}{7 \cdot 3!} + \left(\frac{\pi}{2}\right)^5 \frac{x^{11}}{11 \cdot 5!} - \cdots \quad (6.8.2)$$

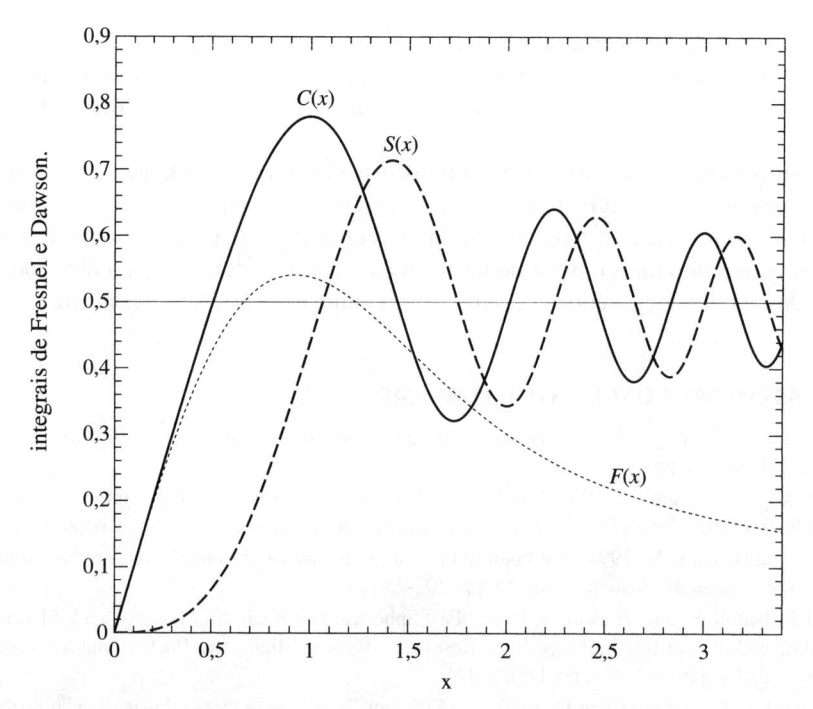

**Figura 6.8.1** Integrais de Fresnel $C(x)$ e $S(x)$ (§6.8) e integral de Dawson $F(x)$ (§6.9).

Há uma fração continuada complexa que fornece ambos $S(x)$ e $C(x)$ simultaneamente:

$$C(x) + iS(x) = \frac{1+i}{2}\operatorname{erf} z, \qquad z = \frac{\sqrt{\pi}}{2}(1-i)x \qquad (6.8.3)$$

onde

$$\begin{aligned} e^{z^2}\operatorname{erfc} z &= \frac{1}{\sqrt{\pi}}\left(\frac{1}{z+}\frac{1/2}{z+}\frac{1}{z+}\frac{3/2}{z+}\frac{2}{z+}\cdots\right) \\ &= \frac{2z}{\sqrt{\pi}}\left(\frac{1}{2z^2+1-}\frac{1\cdot 2}{2z^2+5-}\frac{3\cdot 4}{2z^2+9-}\cdots\right) \end{aligned} \qquad (6.8.4)$$

Na última linha, convertemos a forma "padrão" da fração continuada para sua forma "par" (ver §5.2), que converge duas vezes mais rápido. Devemos ter cuidado para não efetuar a série alternada (6.8.2) em um valor de $x$ muito grande; inspeção dos termos mostra que $x = 1,5$ é um bom ponto para mudar para fração continuada.

Observe que, para $x$ grande,

$$C(x) \sim \frac{1}{2} + \frac{1}{\pi x}\operatorname{sen}\left(\frac{\pi}{2}x^2\right), \qquad S(x) \sim \frac{1}{2} - \frac{1}{\pi x}\cos\left(\frac{\pi}{2}x^2\right) \qquad (6.8.5)$$

Assim, a precisão da rotina `frenel` pode ser limitada pela precisão das rotinas da biblioteca para seno e cosseno para $x$ grande.

Complex frenel(const Doub x) {  frenel.h
Compute as integrais de Fresnel $S(x)$ e $C(x)$ para todo $x$ real. $C(x)$ é retornada como a parte real de cs e $S(x)$ como a parte imaginária.
```
    static const Int MAXIT=100;
    static const Doub PI=3.141592653589793238, PIBY2=(PI/2.0), XMIN=1.5,
        EPS=numeric_limits<Doub>::epsilon(),
        FPMIN=numeric_limits<Doub>::min(),
        BIG=numeric_limits<Doub>::max()*EPS;
```
Aqui MAXIT é o número máximo de iterações permitido; EPS é o erro relativo; FPMIN é um número próximo do menor número representável em ponto flutuante; BIG é um número próximo do limite de overflow da máquina; e XMIN é a linha divisória entre usar as séries e fração continuada.
```
    Bool odd;
    Int k,n;
    Doub a,ax,fact,pix2,sign,sum,sumc,sums,term,test;
    Complex b,cc,d,h,del,cs;
    if ((ax=abs(x)) < sqrt(FPMIN)) {         Caso especial: evite falha do teste de convergên-
        cs=ax;                               cia por causa do underflow.
    } else if (ax <= XMIN) {                 Efetue ambas as séries simultaneamente.
        sum=sums=0.0;
        sumc=ax;
        sign=1.0;
        fact=PIBY2*ax*ax;
        odd=true;
        term=ax;
        n=3;
        for (k=1;k<=MAXIT;k++) {
            term *= fact/k;
            sum += sign*term/n;
            test=abs(sum)*EPS;
            if (odd) {
                sign = -sign;
                sums=sum;
                sum=sumc;
            } else {
                sumc=sum;
                sum=sums;
            }
            if (term < test) break;
            odd=!odd;
            n += 2;
        }
        if (k > MAXIT) throw("series failed in frenel");
        cs=Complex(sumc,sums);
    } else {                                 Efetue a fração continuada pelo método modifica-
        pix2=PI*ax*ax;                       do de Lentz (§5.2).
        b=Complex(1.0,-pix2);
        cc=BIG;
        d=h=1.0/b;
        n = -1;
        for (k=2;k<=MAXIT;k++) {
            n += 2;
            a = -n*(n+1);
            b += 4.0;
            d=1.0/(a*d+b);                   Denominadores não podem ser zero.
            cc=b+a/cc;
            del=cc*d;
            h *= del;
            if (abs(real(del)-1.0)+abs(imag(del)) <= EPS) break;
        }
```

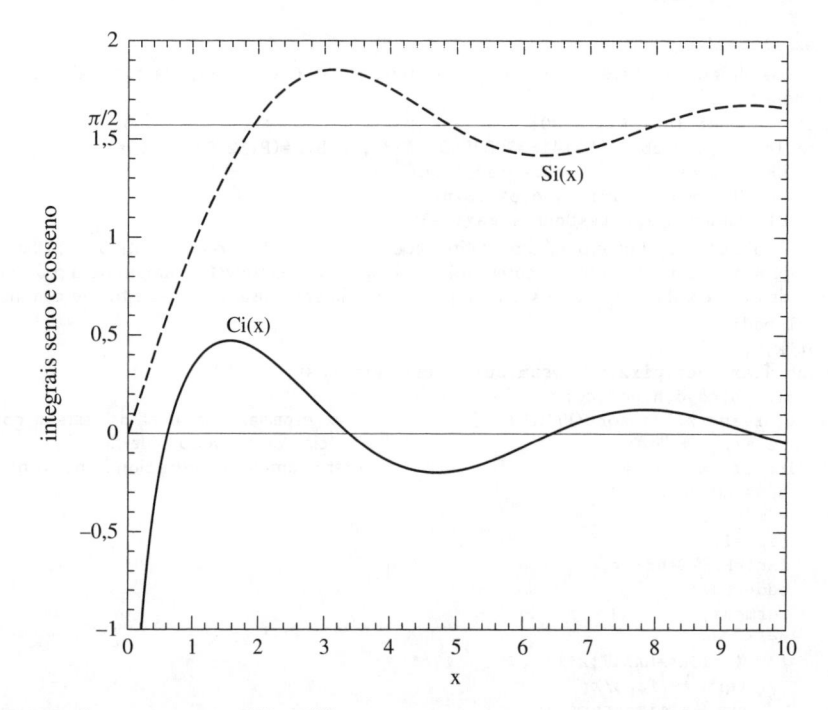

**Figura 6.8.2** Integrais seno e cosseno Si(x) e Ci(x).

```
        if (k > MAXIT) throw("cf failed in frenel");
        h *= Complex(ax,-ax);
        cs=Complex(0.5,0.5)
            *(1.0-Complex(cos(0.5*pix2),sin(0.5*pix2))*h);
    }
    if (x < 0.0) cs = -cs;                    Use antissimetria.
    return cs;
}
```

### 6.8.2 Integrais seno e cosseno

As integrais seno e cosseno são definidas por

$$\text{Ci}(x) = \gamma + \ln x + \int_0^x \frac{\cos t - 1}{t} dt$$

$$\text{Si}(x) = \int_0^x \frac{\operatorname{sen} t}{t} dt$$

(6.8.6)

e são mostradas na Figura 6.8.2. Aqui $\gamma \approx 0{,}5772, \ldots$ é a constante de Euler. Apenas precisamos de uma maneira de calcular as funções para $x > 0$, porque

$$\text{Si}(-x) = -\text{Si}(x), \qquad \text{Ci}(-x) = \text{Ci}(x) - i\pi \tag{6.8.7}$$

Mais uma vez podemos efetuar estas funções por uma combinação criteriosa de série de potências e fração continuada complexa. As séries são

$$\mathrm{Si}(x) = x - \frac{x^3}{3 \cdot 3!} + \frac{x^5}{5 \cdot 5!} - \cdots$$

$$\mathrm{Ci}(x) = \gamma + \ln x + \left(-\frac{x^2}{2 \cdot 2!} + \frac{x^4}{4 \cdot 4!} - \cdots\right) \tag{6.8.8}$$

A fração continuada para a integral exponencial $E_1(ix)$ é

$$E_1(ix) = -\mathrm{Ci}(x) + i\,[\mathrm{Si}(x) - \pi/2]$$

$$= e^{-ix}\left(\frac{1}{ix+}\,\frac{1}{1+}\,\frac{1}{ix+}\,\frac{2}{1+}\,\frac{2}{ix+}\cdots\right) \tag{6.8.9}$$

$$= e^{-ix}\left(\frac{1}{1+ix-}\,\frac{1^2}{3+ix-}\,\frac{2^2}{5+ix-}\cdots\right)$$

A forma "par" da fração continuada é dada na última linha e converge duas vezes mais rápido para aproximadamente a mesma quantidade de computação. Um bom ponto de crossover de uma série alternada para a fração continuada é $x = 2$ neste caso. Como para as integrais de Fresnel, para $x$ grande a precisão pode ser limitada pela precisão das rotinas de seno e cosseno.

```
Complex cisi(const Doub x) {                                              cisi.h
   Compute as integrais seno e cosseno Ci(x) e Si(x). A função Ci(x) é retornada como a parte real de cs e
   Si(x), como a parte imaginária. Ci(0) é retornada como um número negativo grande, e nenhuma mensagem
   de erro é gerada. Para x < 0 a rotina retorna Ci(-x) e você mesmo deve fornecer o - iπ.
   static const Int MAXIT=100;                Máximo número de iterações permitido.
   static const Doub EULER=0.577215664901533, PIBY2=1.570796326794897,
      TMIN=2.0, EPS=numeric_limits<Doub>::epsilon(),
      FPMIN=numeric_limits<Doub>::min()*4.0,
      BIG=numeric_limits<Doub>::max()*EPS;
      Aqui EULER é a constante de Euler γ; PIBY2 é π/2; TMIN é a linha divisória entre usar a série e a
      fração continuada; EPS é o erro relativo, ou erro absoluto perto de um zero de Ci(x); FPMIN é um
      número próximo do menor número representável em ponto flutuante; e BIG é um número perto
      do limite de overflow da máquina.
   Int i,k;
   Bool odd;
   Doub a,err,fact,sign,sum,sumc,sums,t,term;
   Complex h,b,c,d,del,cs;
   if ((t=abs(x)) == 0.0) return -BIG;        Caso especial.
   if (t > TMIN) {                            Efetue a fração continuada pelo método de Lentz
      b=Complex(1.0,t);                       (§5.2).
      c=Complex(BIG,0.0);
      d=h=1.0/b;
      for (i=1;i<MAXIT;i++) {
         a= -i*i;
         b += 2.0;
         d=1.0/(a*d+b);                       Denominadores não podem ser zero.
         c=b+a/c;
         del=c*d;
         h *= del;
         if (abs(real(del)-1.0)+abs(imag(del)) <= EPS) break;
      }
      if (i >= MAXIT) throw("cf failed in cisi");
      h=Complex(cos(t),-sin(t))*h;
      cs= -conj(h)+Complex(0.0,PIBY2);
   } else {                                   Efetue ambas as séries simultaneamente.
```

```
            if (t < sqrt(FPMIN)) {             Caso especial: evite falha do teste de convergên-
                sumc=0.0;                      cia por causa do underflow.
                sums=t;
            } else {
                sum=sums=sumc=0.0;
                sign=fact=1.0;
                odd=true;
                for (k=1;k<=MAXIT;k++) {
                    fact *= t/k;
                    term=fact/k;
                    sum += sign*term;
                    err=term/abs(sum);
                    if (odd) {
                        sign = -sign;
                        sums=sum;
                        sum=sumc;
                    } else {
                        sumc=sum;
                        sum=sums;
                    }
                    if (err < EPS) break;
                    odd=!odd;
                }
                if (k > MAXIT) throw("maxits exceeded in cisi");
            }
            cs=Complex(sumc+log(t)+EULER,sums);
        }
        if (x < 0.0) cs = conj(cs);
        return cs;
    }
```

### REFERÊNCIAS CITADAS E LEITURA COMPLEMENTAR

Stegun, I.A., and Zucker, R. 1976, "Automatic Computing Methods for Special Functions. III. The Sine, Cosine, Exponential integrals, and Related Functions," *Journal of Research of the National Bureau of Standards*, vol. 80B, pp. 291-311; 1981, "Automatic Computing Methods for Special Functions. IV. Complex Error Function, Fresnel Integrals, and Other Related Functions," *op. cit.*, vol. 86, pp. 661-686.

Abramowitz, M., and Stegun, I.A. 1964, *Handbook of Mathematical Functions* (Washington: National Bureau of Standards); reprinted 1968 (New York: Dover); online at http://www.nr.com/aands, Chapters 5 and 7.

## 6.9 Integral de Dawson

A *integral de Dawson* $F(x)$ é definida por

$$F(x) = e^{-x^2} \int_0^x e^{t^2} \, dt \tag{6.9.1}$$

Veja Figura 6.8.1 para um gráfico da função. A função pode também ser relacionada à função erro complexa por

$$F(z) = \frac{i\sqrt{\pi}}{2} e^{-z^2} \left[1 - \mathrm{erfc}(-iz)\right]. \tag{6.9.2}$$

Uma notável aproximação para $F(z)$, devido a Rybicki [1], é

$$F(z) = \lim_{h \to 0} \frac{1}{\sqrt{\pi}} \sum_{n \text{ ímpar}} \frac{e^{-(z-nh)^2}}{n} \qquad (6.9.3)$$

O que faz a equação (6.9.3) incomum é que sua acurácia aumenta *exponencialmente* conforme $h$ fica menor, de forma que valores muito moderados de $h$ (e, correspondentemente, uma convergência da série muito rápida) fornecem aproximações muito acuradas.

Discutiremos a teoria que leva à equação (6.9.3) mais tarde, em §13.11, como uma aplicação interessante dos métodos de Fourier. Aqui, simplesmente implementamos uma rotina para valores reais de $x$ baseado na fórmula.

É primeiramente conveniente deslocar o índice da soma para centrá-lo aproximadamente no máximo do termo exponencial. Defina $n_0$ para ser o inteiro par próximo de $x/h$, e $x_0 \equiv n_0 h$, $x' \equiv x - x_0$ e $n' \equiv n - n_0$, de forma que

$$F(x) \approx \frac{1}{\sqrt{\pi}} \sum_{\substack{n'=-N \\ n' \text{ ímpar}}}^{N} \frac{e^{-(x'-n'h)^2}}{n' + n_0} \qquad (6.9.4)$$

onde a igualdade aproximada é acurada quando $h$ é suficientemente pequeno e $N$ é suficientemente grande. A computação desta fórmula pode ser fortemente acelerada se nós observarmos que

$$e^{-(x'-n'h)^2} = e^{-x'^2} e^{-(n'h)^2} \left(e^{2x'h}\right)^{n'} \qquad (6.9.5)$$

O primeiro fator é computado uma vez, o segundo é um array de constantes a ser armazenado e o terceiro pode ser computado recursivamente, de forma que apenas duas exponenciais precisam ser efetuadas. Toma-se vantagem também da simetria dos coeficientes $e^{-(n'h)^2}$ ao se quebrar a soma em valores positivos e negativos de $n'$ separadamente.

Na seguinte rotina, as escolhas $h = 0,4$ e $N = 11$ são realizadas. Por causa da simetria das somas e a restrição a valores ímpares de $n$, os limites nos laços for são de 0 a 5. A acurácia do resultado nesta versão é cerca de $2 \times 10^{-7}$. A fim de manter a acurácia relativa perto de $x = 0$, onde $F(x)$ anula-se, o programa estende-se para efetuar a série de potências [2] para $F(x)$, para $|x| < 0,2$.

```
Doub dawson(const Doub x) {                                        dawson.h
Retorna a integral de Dawson F(x) = exp(-x²) ∫₀ˣ exp (t²)dt para um x real.
    static const Int NMAX=6;
    static VecDoub c(NMAX);
    static Bool init = true;
    static const Doub H=0.4, A1=2.0/3.0, A2=0.4, A3=2.0/7.0;
    Int i,n0;                       Sinalizador é true se precisamos inicializar, senão false.
    Doub d1,d2,e1,e2,sum,x2,xp,xx,ans;
    if (init) {
        init=false;
        for (i=0;i<NMAX;i++) c[i]=exp(-SQR((2.0*i+1.0)*H));
    }
    if (abs(x) < 0.2) {             Use a expansão em séries.
        x2=x*x;
        ans=x*(1.0-A1*x2*(1.0-A2*x2*(1.0-A3*x2)));
    } else {                        Use representação do teorema da amostragem.
        xx=abs(x);
        n0=2*Int(0.5*xx/H+0.5);
        xp=xx-n0*H;
        e1=exp(2.0*xp*H);
```

```
            e2=e1*e1;
            d1=n0+1;
            d2=d1-2.0;
            sum=0.0;
            for (i=0;i<NMAX;i++,d1+=2.0,d2-=2.0,e1*=e2)
                sum += c[i]*(e1/d1+1.0/(d2*e1));
            ans=0.5641895835*SIGN(exp(-xp*xp),x)*sum;            Constante é $1/\sqrt{\pi}$.
        }
        return ans;
    }
```

Outros métodos para computar a integral de Dawson também são conhecidos [2,3].

### REFERÊNCIAS CITADAS E LEITURA COMPLEMENTAR

Rybicki, G.B. 1989, "Dawson's Integral and The Sampling Theorem," *Computers in Physics,* vol. 3, no. 2, pp. 85-87.[1]

Cody, W.J., Pociorek, K.A., and Thatcher, H.C. 1970, "Chebyshev Approximations for Dawson's Integral," *Mathematics of Computation,* vol. 24, pp. 171-178.[2]

McCabe, J.H. 1974, "A Continued Fraction Expansion, with a Truncation Error Estimate, for Dawson's Integral," *Mathematics of Computation,* vol. 28, pp. 811-816.[3]

## 6.10 Integrais de Fermi-Dirac generalizadas

A integral de Fermi-Dirac generalizada é definida como

$$F_k(\eta, \theta) = \int_0^\infty \frac{x^k (1 + \frac{1}{2}\theta x)^{1/2}}{e^{x-\eta} + 1} dx \qquad (6.10.1)$$

Ela ocorre, por exemplo, em aplicações astrofísicas com $\theta$ não negativo e $\eta$ arbitrário. Em física da matéria condensada geralmente tem-se o caso mais simples de $\theta = 0$ e omite-se o "generalizado" do nome da função. Os valores importantes de $k$ são $-1/2$, $1/2$, $3/2$ e $5/2$, mas nós consideraremos valores arbitrários maiores que $-1$. Fique alerta para uma definição alternativa que multiplica a integral por $1/\Gamma(k+1)$.

Para $\eta \ll -1$ e $\eta \gg 1$ existem expansões em série úteis para estas funções (ver, p. ex., [1]). Estas dão, por exemplo,

$$\begin{aligned} F_{1/2}(\eta, \theta) &\to \frac{1}{\sqrt{2\theta}} e^\eta e^{1/\theta} K_1\left(\frac{1}{\theta}\right), & \eta \to -\infty \\ F_{1/2}(\eta, \theta) &\to \frac{1}{2\sqrt{2}} \eta^{3/2} \frac{y\sqrt{1+y^2} - \mathrm{senh}^{-1} y}{(\sqrt{1+y^2} - 1)^{3/2}}, & \eta \to \infty \end{aligned} \qquad (6.10.2)$$

Aqui $y$ é definido por

$$1 + y^2 = (1 + \eta\theta)^2 \qquad (6.10.3)$$

É o meio do range dos valores de $\eta$ que é difícil de controlar.

Para $\theta = 0$, Macleod [2] forneceu expansões de Chebyshev acuradas para $10^{-16}$ para os quatro valores importantes de $k$, cobrindo todos os $\eta$ valores. Neste caso, não precisamos procurar algoritmos adicionais. Goano [3] lida com $k$ arbitrário para $\theta = 0$. Para $\theta$ não nulo, é razoável computar as funções por integração direta, usando transformações de variável para obter quadraturas rapidamente convergentes [4]. (Naturalmente, isto funciona também para $\theta = 0$, mas não é tão eficiente.) A transformação usual $x = \exp(t - e^{-t})$ manobra a singularidade em $x = 0$ e o decaimento exponencial para $x$ grande (cf. equação 4.5.14). Para $\eta \gtrsim 15$, é melhor quebrar a integral em duas regiões, $[0, \eta]$ e $[\eta, \eta + 60]$. (A contribuição além de $\eta + 60$ é desprezível.) Cada uma destas integrais pode então ser feita com as regras DE. Entre 60 e 500 estimações de função, obtemos dupla precisão completa, $\eta$ maior requer mais estimações da função. Uma estratégia mais eficiente seria trocar a quadratura por uma expansão em séries para $\eta$ grande.

Na implementação abaixo, observe como `operador()` é sobrecarregado para definir tanto uma função de uma variável (para `Trapzd`) como uma função de duas variáveis (para `DErule`). Observe também a sintaxe:

```
Trapzd<Fermi> s(*this,a,b);
```

para declarar um objeto `Trapzd` dentro do próprio objeto `Fermi`.

```
struct Fermi {                                                          fermi.h
    Doub kk,etaa,thetaa;
    Doub operator() (const Doub t);
    Doub operator() (const Doub x, const Doub del);
    Doub val(const Doub k, const Doub eta, const Doub theta);
};

Doub Fermi::operator() (const Doub t) {
```
Integrando para quadratura trapezoidal da integral generalizada de Fermi-Dirac com transformação $x = \exp(t - e^{-t})$.
```
    Doub x;
    x=exp(t-exp(-t));
    return x*(1.0+exp(-t))*pow(x,kk)*sqrt(1.0+thetaa*0.5*x)/
        (exp(x-etaa)+1.0);
}

Doub Fermi::operator() (const Doub x, const Doub del) {
```
Integrando para regra DE de quadratura da integral de Fermi-Dirac generalizada.
```
    if (x < 1.0)
        return pow(del,kk)*sqrt(1.0+thetaa*0.5*x)/(exp(x-etaa)+1.0);
    else
        return pow(x,kk)*sqrt(1.0+thetaa*0.5*x)/(exp(x-etaa)+1.0);
}

Doub Fermi::val(const Doub k, const Doub eta, const Doub theta)
```
Computa a integral de Fermi-Dirac generalizada $F_k(\eta, \theta)$, onde $k > -1$ e $\theta \geq 0$. A acurácia é aproximadamente o quadrado do parâmetro EPS. NMAX limita o número total de passos da quadratura.
```
{
    const Doub EPS=3.0e-9;
    const Int NMAX=11;
    Doub a,aa,b,bb,hmax,olds,sum;
    kk=k;                           Armazene os argumentos nas variáveis membro para uso
    etaa=eta;                       nas avaliações das funções.
    thetaa=theta;
    if (eta <= 15.0) {
        a=-4.5;                     Atribua limites para o mapeamento x=exp(t−e⁻ᵗ).
        b=5.0;
        Trapzd<Fermi> s(*this,a,b);
        for (Int i=1;i<=NMAX;i++) {
            sum=s.next();
            if (i > 3)              Teste para convergência.
                if (abs(sum-olds) <= EPS*abs(olds))
```

```
                    return sum;
        olds=sum;                       Valor salvo para próximo teste de convergência.
    }
}
else {
    a=0.0;                              Designe limites para a regra DE.
    b=eta;
    aa=eta;
    bb=eta+60.0;
    hmax=4.3;                           Grande o suficiente para controlar k negativo ou η grande.
    DErule<Fermi> s(*this,a,b,hmax);
    DErule<Fermi> ss(*this,aa,bb,hmax);
    for (Int i=1;i<=NMAX;i++) {
        sum=s.next()+ss.next();
        if (i > 3)
            if (abs(sum-olds) <= EPS*abs(olds))
                return sum;
        olds=sum;
    }
}
throw("no convergence in fermi");
return 0.0;
}
```

Você obtém valores das funções de Fermi-Dirac declarando um objeto `Fermi`:

```
Fermi ferm;
```

e então fazendo chamadas repetidas para a função `val`:

```
ans=ferm.val(k,eta,theta);
```

Outros métodos de quadratura existem para estas funções [5-7]. Um método razoavelmente eficiente [8] envolve quadratura trapezoidal com "correção de polo", mas é restrito para $\theta \lesssim 0{,}2$. Integrais generalizadas de Bose-Einstein podem também ser computadas pela regra DE ou pelos métodos nestas referências.

### REFERÊNCIAS CITADAS E LEITURA COMPLEMENTAR

Cox, J.P, and Giuli, R.T. 1968, *Principles of Stellar Structure* (New York: Gordon and Breach), vol. II, §24.7.[1]

Macleod, A.J. 1998, "Fermi-Dirac Functions of Order -1/2, 1/2, 3/2, 5/2," *ACM Transactions on Mathematical Software*, vol. 24, pp. 1-12. (Algoritmo 779, disponível de netlib.)[2]

Goano, M. 1995, "Computation of the Complete and Incomplete Fermi-Dirac Integral," *ACM Transactions on Mathematical Software*, vol. 21, pp. 221-232. (Algoritmo 745, disponível de netlib.)[3]

Natarajan, A., and Kumar, N.M. 1993, "On the Numerical Evaluation of the Generalised Fermi-Dirac Integrals," *Computer Physics Communications*, vol. 76, pp. 48-50.[4]

Pichon, B. 1989, "Numerical Calculation of the Generalized Fermi-Dirac Integrals," *Computer Physics Communications*, vol. 55, pp. 127-136.[5]

Sagar, R.P. 1991, "A Gaussian Quadrature for the Calculation of Generalized Fermi-Dirac Integrals," *Computer Physics Communications*, vol. 66, pp. 271-275.[6]

Gautschi, W. 1992, "On the Computation of Generalized Fermi-Dirac and Bose-Einstein Integrals," *Computer Physics Communications*, vol. 74, pp. 233-238.[7]

Mohankumar, N., and Natarajan, A. 1996, "A Note on the Evaluation of the Generalized Fermi-Dirac Integral," *Astrophysical Journal*, vol. 458, pp. 233-235.[8]

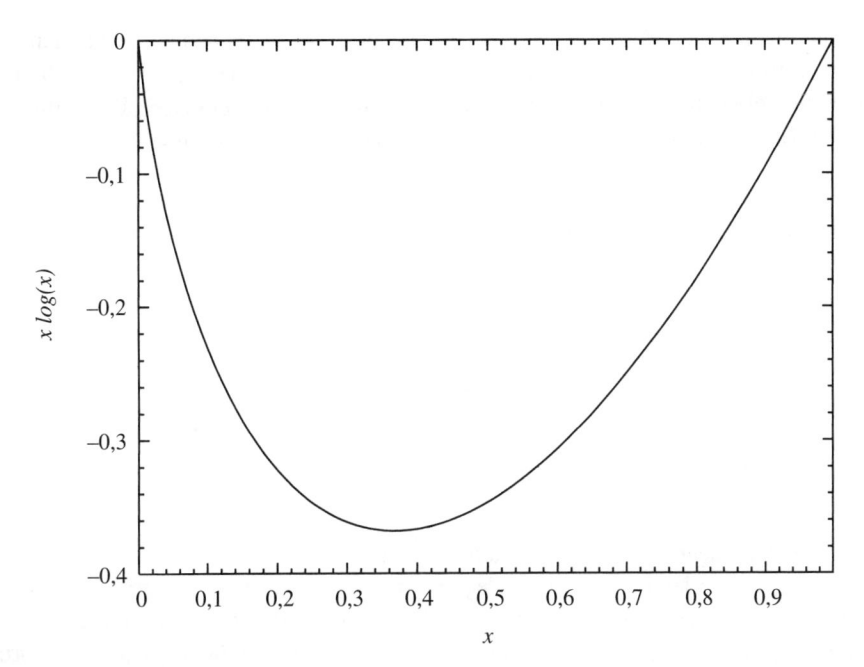

**Figura 6.11.1** A função $x \log(x)$ é mostrada para $0 < x < 1$. Embora quase invisível, uma singularidade essencial em $x = 0$ torna esta função difícil de inverter.

## 6.11 Inversa da função $x \log(x)$

A função

$$y(x) = x \log(x) \qquad (6.11.1)$$

e sua função inversa $x(y)$ ocorrem em vários contextos em estatística e de teoria de informação. Obviamente $y(x)$ é não singular para todo $x$ positivo, e fácil de efetuar. Para $x$ entre 0 e 1, ela é negativa, com um único mínimo em $(x, y) = (e^{-1}, -e^{-1})$. A função tem o valor 0 em $x = 1$, e ela tem o valor 0 como seu limite em $x = 0$, uma vez que o fator linear $x$ facilmente domina a singularidade do logaritmo.

Computar a função inversa $x(y)$, contudo, não é tão fácil. (Precisaremos desta inversa em §6.14.12.) Pela aparência da Figura 6.11.1, poderia parecer fácil inverter a função no seu ramo esquerdo, isto é, retornar um valor $x$ entre 0 e $e^{-1}$ para todo valor $y$ entre 0 e $-e^{-1}$. Porém, a singularidade logarítmica à espreita em $x = 0$ causa dificuldades para muitos métodos que você poderia tentar.

Ajustes polinomiais funcionam bem sobre qualquer range de $y$ que é menor ou igual do que uma década (p. ex., de 0,01 a 0,1), mas fracassam se você demanda uma alta precisão fracionária estendendo-se até $y = 0$.

E quanto ao método de Newton? Escrevemos

$$\begin{aligned} f(x) &\equiv x \log(x) - y \\ f'(x) &= 1 + \log(x) \end{aligned} \qquad (6.11.2)$$

fornecendo a iteração

$$x_{i+1} = x_i - \frac{x_i \log(x_i) - y}{1 + \log(x_i)} \qquad (6.11.3)$$

Isto não funciona. O problema não é com a taxa de convergência, que é obviamente quadrática para um $y$ finito *se* partimos próximo o suficiente da solução (ver §9.4). O problema é que a região na qual ele converge é muito pequena, especialmente quando $y \to 0$. Assim, se já não temos uma boa aproximação conforme nos aproximamos da singularidade, estamos em maus lençóis.

Se mudamos as variáveis, podemos obter versões diferentes (não computacionalmente equivalentes) do método de Newton. Por exemplo, seja

$$u \equiv \log(x), \qquad x = e^u \qquad (6.11.4)$$

O método de Newton em $u$ assemelha-se com:

$$f(u) = ue^u - y$$
$$f'(u) = (1+u)e^u \qquad (6.11.5)$$
$$u_{i+1} = u_i - \frac{u_i - e^{-u_i}y}{1+u_i}$$

Mas resulta que a iteração (6.11.5) não é melhor que (6.11.3).

A observação que leva a uma boa solução é que, uma vez que seu termo log varia apenas lentamente, $y = x \log(x)$ é somente muito modestamente curvado *quando ele é esboçado em coordenadas log-log*. (Na verdade é, o negativo de $y$ que se esboça, uma vez que as coordenadas log-log requerem quantidades positivas.) Algebricamente, reescrevemos a equação (6.11.1) como

$$(-y) = (-u)e^u \qquad (6.11.6)$$

(com $u$ como definido acima) e tomamos logaritmos, obtendo

$$\log(-y) = u + \log(-u) \qquad (6.11.7)$$

Isto leva às fórmulas de Newton,

$$f(u) = u + \log(-u) - \log(-y)$$
$$f'(u) = \frac{u+1}{u} \qquad (6.11.8)$$
$$u_{i+1} = u_i + \frac{u_i}{u_i+1}\left[\log\left(\frac{y}{u_i}\right) - u_i\right]$$

Isto mostra que a iteração (6.11.8) converge quadraticamente sobre uma região bastante vasta de chutes iniciais. Para $-0{,}2 < y < 0$, você pode apenas escolher $-10$ (por exemplo) como um chute inicial fixo. Quando $-0{,}2 < y < -e^{-1}$, pode-se usar a expansão em série de Taylor em torno de $x = e^{-1}$,

$$y(x - e^{-1}) = -e^{-1} + \tfrac{1}{2}e(x - e^{-1})^2 + \cdots \qquad (6.11.9)$$

que produz

$$x \approx e^{-1} - \sqrt{2e^{-1}(y + e^{-1})} \qquad (6.11.10)$$

Com estes chutes iniciais, (6.11.8) nunca toma mais do que seis iterações para convergir com acurácia em dupla precisão, e há apenas um log e poucas operações aritméticas por iteração. A implementação assemelha-se a:

```
Doub invxlogx(Doub y) {
```
ksdist.h

Para y negativo, $0 > y > -e^{-1}$, retorna $x$ tal que $y = x\log(x)$. O valor retornado é sempre o menor das duas raízes e está no range $0 < x < e^{-1}$.
```
    const Doub ooe = 0.367879441171442322;
    Doub t,u,to=0.;
    if (y >= 0. || y <= -ooe) throw("no such inverse value");
     if (y < -0.2) u = log(ooe-sqrt(2*ooe*(y+ooe)));   Primeira aproximação pela inversa da
    else u = -10.;                                    série de Taylor.
    do {                                              Ver texto para derivação.
        u += (t=(log(y/u)-u)*(u/(1.+u)));
        if (t < 1.e-8 && abs(t+to)<0.01*abs(t)) break;
        to = t;
    } while (abs(t/u) > 1.e-15);
    return exp(u);
}
```

## 6.12 Integrais elípticas e funções elípticas jacobianas

Integrais elípticas ocorrem em muitas aplicações, porque qualquer integral da forma

$$\int R(t,s)\, dt \tag{6.12.1}$$

onde $R$ é uma função racional de $t$ e $s$, e $s$ é raiz quadrada de um polinômio cúbico ou de quarta potência em $t$, pode ser efetuada em termos de integrais elípticas. Referências padrão [1] descrevem como executar a redução, que foi originalmente feita por Legendre. Legendre mostrou que apenas três integrais elípticas básicas são necessárias. A mais simples delas é

$$I_1 = \int_y^x \frac{dt}{\sqrt{(a_1 + b_1 t)(a_2 + b_2 t)(a_3 + b_3 t)(a_4 + b_4 t)}} \tag{6.12.2}$$

onde escrevemos o quártico $s^2$ na forma fatorada. Em tabelas de integrais padrão [2], um dos limites de integração é sempre um zero do quártico, enquanto que o outro limite localiza-se mais próximo do que o próximo zero, de forma que não haja singularidade dentro do intervalo. Para efetuar $I_1$, simplesmente quebramos o intervalo $[y, x]$ em subintervalos, cada um dos quais começando ou terminando em uma singularidade. As tabelas, por esta razão, precisam apenas distinguir os oito casos nos quais cada um dos quatro zeros (ordenados de acordo com o tamanho) aparecem como o limite superior ou inferior da integração. Além disso, quando um dos $b$'s em (6.12.2) tende a zero, o quártico se reduz a um cúbico, com a maior ou menor singularidade se movendo para $\pm\infty$; isto leva a mais oito casos (na verdade, apenas casos especiais dos oito primeiros). Os 16 casos no total são então geralmente tabulados em termos das integrais elípticas padrões de Legendre de primeiro tipo, que definiremos a seguir. Por uma mudança da variável de integração $t$, os zeros do quártico são mapeados em localizações padrão no eixo real. Então, apenas dois parâmetros de dimensionalidade são necessários para tabular a integral de Legendre. Porém, a simetria da integral original (6.12.2) sob permutação das raízes é ocultada na notação de Legendre. Voltaremos à notação de Legendre adiante. Mas primeiro, aqui está uma abordagem melhor:

Carlson [3] deu uma definição de uma integral elíptica padrão de primeiro tipo,

$$R_F(x, y, z) = \frac{1}{2} \int_0^\infty \frac{dt}{\sqrt{(t+x)(t+y)(t+z)}} \tag{6.12.3}$$

onde $x$, $y$ e $z$ são não negativos e no máximo um é zero. Ao padronizar o range de integração, ele retém a simetria de permutação para os zeros. (A forma canônica de Weierstrass também tem essa propriedade.) Carlson primeiro mostra que quando $x$ ou $y$ é um zero do quártico em (6.12.2), a integral $I_1$ pode ser escrita em termos de $R_F$ em uma forma que é simétrica sob permutação dos três zeros *remanescentes*. No caso geral, quando nem $x$, nem $y$ é um zero, duas funções $R_F$ tais podem ser combinadas em uma única por um *teorema de adição*, levando à fórmula fundamental

$$I_1 = 2R_F(U_{12}^2, U_{13}^2, U_{14}^2) \tag{6.12.4}$$

onde

$$U_{ij} = (X_i X_j Y_k Y_m + Y_i Y_j X_k X_m)/(x-y) \tag{6.12.5}$$

$$X_i = (a_i + b_i x)^{1/2}, \qquad Y_i = (a_i + b_i y)^{1/2} \tag{6.12.6}$$

e $i, j, k, m$ é uma permutação de 1, 2, 3, 4. Um atalho para efetuar estas expressões é

$$\begin{aligned} U_{13}^2 &= U_{12}^2 - (a_1 b_4 - a_4 b_1)(a_2 b_3 - a_3 b_2) \\ U_{14}^2 &= U_{12}^2 - (a_1 b_3 - a_3 b_1)(a_2 b_4 - a_4 b_2) \end{aligned} \tag{6.12.7}$$

Os $U$'s correspondem às três maneiras diferentes de emparelhar os quatro zeros, e $I_1$ é por esta razão manifestamente simétrica sob a permutação dos zeros. A equação (6.12.4), portanto, reproduz todos os 16 casos quando um limite é zero, e também inclui os casos quando nenhum limite é zero.

Assim, a função de Carlson permite ranges arbitrários de integração e posições arbitrárias de pontos de ramificação do integrando relativo ao intervalo de integração. Para controlar integrais elípticas de segundo e terceiro tipos, Carlson define a integral padrão de terceiro tipo como

$$R_J(x, y, z, p) = \frac{3}{2} \int_0^\infty \frac{dt}{(t+p)\sqrt{(t+x)(t+y)(t+z)}} \tag{6.12.8}$$

a qual é simétrica em $x$, $y$ e $z$. O caso degenerado quando dois argumentos são iguais é denotado

$$R_D(x, y, z) = R_J(x, y, z, z) \tag{6.12.9}$$

e é simétrico em $x$ e $y$. A função $R_D$ substitui a integral de Legendre de segundo tipo. A forma degenerada de $R_F$ é denotada

$$R_C(x, y) = R_F(x, y, y) \tag{6.12.10}$$

Ela compreende funções logarítmica, circular inversa e hiperbólica.

Carlson [4-7] fornece tabelas de integrais em termos de expoentes dos fatores lineares do quártico em (6.12.1). Por exemplo, a integral onde os expoentes são $(\frac{1}{2}, \frac{1}{2}, -\frac{1}{2}, -\frac{3}{2})$ pode ser expressas como uma única integral em termos de $R_D$; ela responde por 144 casos separados em Gradshteyn e Ryzhik [2]!

Recorra aos papers de Carlson [3-8] para alguns dos detalhes práticos de reduzir integrais elípticas às suas formas padrões, tais como controlar zeros complexo-conjugados.

Voltamos agora para a efetuação numérica de integrais elípticas. Os métodos tradicionais [9] são as transformações de Gauss ou Landen. Transformações decrescentes decrescem o módulo $k$ das integrais de Legendre em direção a zero, e transformações crescentes aumentam ele em direção a 1. Nestes limites, as funções têm expressões analíticas simples. Embora estes métodos convirjam quadraticamente e sejam muito satisfatórios para as integrais de primeiro e segundo tipos, eles geralmente conduzem a perda de dígitos significantes em certos regimes para integrais de terceiro tipo. Algoritmos de Carlson [10,11], por constraste, fornecem um método unificado para todos os três tipos sem cancelamentos significantes.

O ingrediente-chave nestes algoritmos é o teorema da *duplicação*:

$$R_F(x,y,z) = 2R_F(x+\lambda, y+\lambda, z+\lambda)$$
$$= R_F\left(\frac{x+\lambda}{4}, \frac{y+\lambda}{4}, \frac{z+\lambda}{4}\right) \quad (6.12.11)$$

onde

$$\lambda = (xy)^{1/2} + (xz)^{1/2} + (yz)^{1/2} \quad (6.12.12)$$

Este teorema pode ser demonstrado por uma simples mudança da variável de integração [12]. A equação (6.12.11) é iterada até os argumentos de $R_F$ serem aproximadamente iguais. Para argumentos iguais, temos

$$R_F(x,x,x) = x^{-1/2} \quad (6.12.13)$$

Quando os argumentos são próximos o suficiente, a função é efetuada por uma expansão em série de Taylor fixa de (6.12.13) até os termos de quinta ordem. Embora a parte iterativa do algoritmo seja apenas linearmente convergente, o erro no final das contas decresce por um fator de $4^6 = 4096$ para cada iteração. Normalmente, apenas duas ou três iterações são necessárias, talvez seis ou sete se os valores iniciais dos argumentos têm magnitudes muito grandes. Nós listamos os algoritmos para $R_F$ aqui, e recorra ao paper de Carlson [10] para os outros casos.

Estágio 1: Para $n = 0, 1, 2,...$ compute

$$\mu_n = (x_n + y_n + z_n)/3$$
$$X_n = 1 - (x_n/\mu_n), \quad Y_n = 1 - (y_n/\mu_n), \quad Z_n = 1 - (z_n/\mu_n)$$
$$\epsilon_n = \max(|X_n|, |Y_n|, |Z_n|)$$

Se $\epsilon_n <$ tol, vá para o Estágio 2; senão, compute

$$\lambda_n = (x_n y_n)^{1/2} + (x_n z_n)^{1/2} + (y_n z_n)^{1/2}$$
$$x_{n+1} = (x_n + \lambda_n)/4, \quad y_{n+1} = (y_n + \lambda_n)/4, \quad z_{n+1} = (z_n + \lambda_n)/4$$

e repita este estágio.

Estágio 2: Compute

$$E_2 = X_n Y_n - Z_n^2, \quad E_3 = X_n Y_n Z_n$$
$$R_F = (1 - \tfrac{1}{10}E_2 + \tfrac{1}{14}E_3 + \tfrac{1}{24}E_2^2 - \tfrac{3}{44}E_2 E_3)/(\mu_n)^{1/2}$$

Em algumas aplicações, o argumento $p$ em $R_J$ ou o argumento $y$ em $R_C$ é negativo, e o valor principal de Cauchy da integral é requerido. Isto é facilmente controlado usando-se as fórmulas

$$R_J(x,y,z,p) =$$
$$[(\gamma - y)R_J(x,y,z,\gamma) - 3R_F(x,y,z) + 3R_C(xz/y, p\gamma/y)]/(y-p) \quad (6.12.14)$$

onde

$$\gamma \equiv y + \frac{(z-y)(y-x)}{y-p} \quad (6.12.15)$$

é positivo se $p$ é negativo, e

$$R_C(x,y) = \left(\frac{x}{x-y}\right)^{1/2} R_C(x-y, -y) \quad (6.12.16)$$

O valor principal de Cauchy de $R_J$ tem um zero em algum valor $p < 0$, assim (6.12.14) fornecerá alguma perda de dígitos significantes perto do zero.

elliptint.h

```
Doub rf(const Doub x, const Doub y, const Doub z) {
```
Computa a integral elíptica de Carlson de primeiro tipo, $R_F(x, y, z)$. $x$, $y$ e $z$ devem ser não negativos, e no máximo um pode ser zero.
```
    static const Doub ERRTOL=0.0025, THIRD=1.0/3.0,C1=1.0/24.0, C2=0.1,
        C3=3.0/44.0, C4=1.0/14.0;
    static const Doub TINY=5.0*numeric_limits<Doub>::min(),
        BIG=0.2*numeric_limits<Doub>::max();
    Doub alamb,ave,delx,dely,delz,e2,e3,sqrtx,sqrty,sqrtz,xt,yt,zt;
    if (MIN(MIN(x,y),z) < 0.0 || MIN(MIN(x+y,x+z),y+z) < TINY ||
        MAX(MAX(x,y),z) > BIG) throw("invalid arguments in rf");
    xt=x;
    yt=y;
    zt=z;
    do {
        sqrtx=sqrt(xt);
        sqrty=sqrt(yt);
        sqrtz=sqrt(zt);
        alamb=sqrtx*(sqrty+sqrtz)+sqrty*sqrtz;
        xt=0.25*(xt+alamb);
        yt=0.25*(yt+alamb);
        zt=0.25*(zt+alamb);
        ave=THIRD*(xt+yt+zt);
        delx=(ave-xt)/ave;
        dely=(ave-yt)/ave;
        delz=(ave-zt)/ave;
    } while (MAX(MAX(abs(delx),abs(dely)),abs(delz)) > ERRTOL);
    e2=delx*dely-delz*delz;
    e3=delx*dely*delz;
    return (1.0+(C1*e2-C2-C3*e3)*e2+C4*e3)/sqrt(ave);
}
```

Um valor de 0,0025 para o parâmetro de tolerância de erro confere dupla precisão total (16 dígitos significativos). Uma vez que o erro escala-se como $\epsilon_n^6$, nós vemos que 0,08 poderia ser adequado para simples precisão (sete dígitos significativos), mas pouparia no máximo duas ou três iterações. Uma vez que os coeficientes do erro de sexta ordem proveniente do truncamento são diferentes para outras funções elípticas, estes valores para a tolerância do erro deveriam ser estabelecidos em 0,04 (simples precisão) ou 0,0012 (dupla precisão) no algoritmo para $R_C$ e 0,05 ou 0,0015 para $R_J$ e $R_D$. Além de ser por si próprio um algoritmo para certas combinações de funções elementares, o algoritmo para $R_C$ é usado repetidamente na computação de $R_J$.

As implementações C++ testam os argumentos input contra duas constantes dependentes da máquina, TINY e BIG, para assegurar que não haverá underflow ou overflow durante a computação. Você pode sempre estender o range de valores de argumentos admissíveis ao usar as relações de homogeneidade (6.12.22), adiante.

elliptint.h

```
Doub rd(const Doub x, const Doub y, const Doub z) {
```
Compute a integral elíptica de Carlson de segundo tipo, $R_D(x, y, z)$. $x$ e $y$ devem ser não negativos, e no máximo um pode ser zero. $z$ deve ser positivo.
```
    static const Doub ERRTOL=0.0015, C1=3.0/14.0, C2=1.0/6.0, C3=9.0/22.0,
        C4=3.0/26.0, C5=0.25*C3, C6=1.5*C4;
    static const Doub TINY=2.0*pow(numeric_limits<Doub>::max(),-2./3.),
        BIG=0.1*ERRTOL*pow(numeric_limits<Doub>::min(),-2./3.);
    Doub alamb,ave,delx,dely,delz,ea,eb,ec,ed,ee,fac,sqrtx,sqrty,
        sqrtz,sum,xt,yt,zt;
    if (MIN(x,y) < 0.0 || MIN(x+y,z) < TINY || MAX(MAX(x,y),z) > BIG)
        throw("invalid arguments in rd");
    xt=x;
    yt=y;
    zt=z;
    sum=0.0;
```

```
        fac=1.0;
        do {
            sqrtx=sqrt(xt);
            sqrty=sqrt(yt);
            sqrtz=sqrt(zt);
            alamb=sqrtx*(sqrty+sqrtz)+sqrty*sqrtz;
            sum += fac/(sqrtz*(zt+alamb));
            fac=0.25*fac;
            xt=0.25*(xt+alamb);
            yt=0.25*(yt+alamb);
            zt=0.25*(zt+alamb);
            ave=0.2*(xt+yt+3.0*zt);
            delx=(ave-xt)/ave;
            dely=(ave-yt)/ave;
            delz=(ave-zt)/ave;
        } while (MAX(MAX(abs(delx),abs(dely)),abs(delz)) > ERRTOL);
        ea=delx*dely;
        eb=delz*delz;
        ec=ea-eb;
        ed=ea-6.0*eb;
        ee=ed+ec+ec;
        return 3.0*sum+fac*(1.0+ed*(-C1+C5*ed-C6*delz*ee)
            +delz*(C2*ee+delz*(-C3*ec+delz*C4*ea)))/(ave*sqrt(ave));
    }

    Doub rj(const Doub x, const Doub y, const Doub z, const Doub p) {                elliptint.h
    Compute a integral elíptica de Carlson de terceiro tipo, $R_J(x, y, z)$. $x$, $y$ e $z$ devem ser não negativos, e no
    máximo um pode ser zero. $p$ deve ser não nulo. Se $p < 0$, o valor principal de Cauchy é retornado.
        static const Doub ERRTOL=0.0015, C1=3.0/14.0, C2=1.0/3.0, C3=3.0/22.0,
            C4=3.0/26.0, C5=0.75*C3, C6=1.5*C4, C7=0.5*C2, C8=C3+C3;
        static const Doub TINY=pow(5.0*numeric_limits<Doub>::min(),1./3.),
            BIG=0.3*pow(0.2*numeric_limits<Doub>::max(),1./3.);
        Doub a,alamb,alpha,ans,ave,b,beta,delp,delx,dely,delz,ea,eb,ec,ed,ee,
            fac,pt,rcx,rho,sqrtx,sqrty,sqrtz,sum,tau,xt,yt,zt;
        if (MIN(MIN(x,y),z) < 0.0 || MIN(MIN(x+y,x+z),MIN(y+z,abs(p))) < TINY
            || MAX(MAX(x,y),MAX(z,abs(p))) > BIG) throw("invalid arguments in rj");
        sum=0.0;
        fac=1.0;
        if (p > 0.0) {
            xt=x;
            yt=y;
            zt=z;
            pt=p;
        } else {
            xt=MIN(MIN(x,y),z);
            zt=MAX(MAX(x,y),z);
            yt=x+y+z-xt-zt;
            a=1.0/(yt-p);
            b=a*(zt-yt)*(yt-xt);
            pt=yt+b;
            rho=xt*zt/yt;
            tau=p*pt/yt;
            rcx=rc(rho,tau);
        }
        do {
            sqrtx=sqrt(xt);
            sqrty=sqrt(yt);
            sqrtz=sqrt(zt);
            alamb=sqrtx*(sqrty+sqrtz)+sqrty*sqrtz;
            alpha=SQR(pt*(sqrtx+sqrty+sqrtz)+sqrtx*sqrty*sqrtz);
            beta=pt*SQR(pt+alamb);
            sum += fac*rc(alpha,beta);
            fac=0.25*fac;
```

```
            xt=0.25*(xt+alamb);
            yt=0.25*(yt+alamb);
            zt=0.25*(zt+alamb);
            pt=0.25*(pt+alamb);
            ave=0.2*(xt+yt+zt+pt+pt);
            delx=(ave-xt)/ave;
            dely=(ave-yt)/ave;
            delz=(ave-zt)/ave;
            delp=(ave-pt)/ave;
        } while (MAX(MAX(abs(delx),abs(dely)),
            MAX(abs(delz),abs(delp))) > ERRTOL);
        ea=delx*(dely+delz)+dely*delz;
        eb=delx*dely*delz;
        ec=delp*delp;
        ed=ea-3.0*ec;
        ee=eb+2.0*delp*(ea-ec);
        ans=3.0*sum+fac*(1.0+ed*(-C1+C5*ed-C6*ee)+eb*(C7+delp*(-C8+delp*C4))
            +delp*ea*(C2-delp*C3)-C2*delp*ec)/(ave*sqrt(ave));
        if (p <= 0.0) ans=a*(b*ans+3.0*(rcx-rf(xt,yt,zt)));
        return ans;
    }
```

elliptint.h
```
    Doub rc(const Doub x, const Doub y) {
```
Compute a integral elíptica de Carlson degenerada, $R_C(x, y)$. $x$ deve ser não negativo e $y$ deve ser não nulo. Se $y < 0$, o valor principal de Cauchy é retornado.
```
        static const Doub ERRTOL=0.0012, THIRD=1.0/3.0, C1=0.3, C2=1.0/7.0,
            C3=0.375, C4=9.0/22.0;
        static const Doub TINY=5.0*numeric_limits<Doub>::min(),
            BIG=0.2*numeric_limits<Doub>::max(), COMP1=2.236/sqrt(TINY),
            COMP2=SQR(TINY*BIG)/25.0;
        Doub alamb,ave,s,w,xt,yt;
        if (x < 0.0 || y == 0.0 || (x+abs(y)) < TINY || (x+abs(y)) > BIG ||
            (y<-COMP1 && x > 0.0 && x < COMP2)) throw("invalid arguments in rc");
        if (y > 0.0) {
            xt=x;
            yt=y;
            w=1.0;
        } else {
            xt=x-y;
            yt= -y;
            w=sqrt(x)/sqrt(xt);
        }
        do {
            alamb=2.0*sqrt(xt)*sqrt(yt)+yt;
            xt=0.25*(xt+alamb);
            yt=0.25*(yt+alamb);
            ave=THIRD*(xt+yt+yt);
            s=(yt-ave)/ave;
        } while (abs(s) > ERRTOL);
        return w*(1.0+s*s*(C1+s*(C2+s*(C3+s*C4))))/sqrt(ave);
    }
```

Às vezes, você pode querer expressar sua resposta em notação de Legendre. Alternativamente, você poderia receber resultados naquela notação e precisar computar seus valores com o programa dado acima. É um problema simples transformar de um para o outro. A *integral elíptica de Legendre de primeiro tipo* é definida como

$$F(\phi, k) \equiv \int_0^\phi \frac{d\theta}{\sqrt{1 - k^2 \operatorname{sen}^2 \theta}} \qquad (6.12.17)$$

A *integral elíptica completa* de primeiro tipo é dada por
$$K(k) \equiv F(\pi/2, k) \qquad (6.12.18)$$

Em termos de $R_F$
$$F(\phi, k) = \text{sen}\,\phi R_F(\cos^2\phi, 1 - k^2\text{sen}^2\phi, 1)$$
$$K(k) = R_F(0, 1 - k^2, 1) \qquad (6.12.19)$$

A *integral elíptica de Legendre de segundo tipo* e a *integral elíptica completa de segundo tipo* são dadas por

$$\begin{aligned}E(\phi, k) &\equiv \int_0^\phi \sqrt{1 - k^2\text{sen}^2\theta}\, d\theta \\ &= \text{sen}\,\phi R_F(\cos^2\phi, 1 - k^2\text{sen}^2\phi, 1) \\ &\quad - \tfrac{1}{3}k^2\text{sen}^3\phi R_D(\cos^2\phi, 1 - k^2\text{sen}^2\phi, 1) \\ E(k) &\equiv E(\pi/2, k) = R_F(0, 1-k^2, 1) - \tfrac{1}{3}k^2 R_D(0, 1-k^2, 1)\end{aligned} \qquad (6.12.20)$$

Finalmente, a *integral elíptica de Legendre do terceiro tipo* é

$$\begin{aligned}\Pi(\phi, n, k) &\equiv \int_0^\phi \frac{d\theta}{(1 + n\,\text{sen}^2\theta)\sqrt{1 - k^2\text{sen}^2\theta}} \\ &= \text{sen}\,\phi R_F(\cos^2\phi, 1 - k^2\text{sen}^2\phi, 1) \\ &\quad - \tfrac{1}{3}n\,\text{sen}^3\phi R_J(\cos^2\phi, 1 - k^2\text{sen}^2\phi, 1, 1 + n\,\text{sen}^2\phi)\end{aligned} \qquad (6.12.21)$$

(Observe que esta convenção de sinal para $n$ é oposta àquela de Abramowitz e Stegun [13], e que o sen $\alpha$ deles é o nosso $k$.)

```
Doub ellf(const Doub phi, const Doub ak) {                                    elliptint.h
```
Integral elíptica de Legendre de primeiro tipo $F(\phi,k)$, efetuada usando-se a função de Carlson $R_F$. Os ranges dos argumentos são $0 \leq \phi \leq \pi/2$, $0 \leq k\,\text{sen}\,\phi \leq 1$.
```
    Doub s=sin(phi);
    return s*rf(SQR(cos(phi)),(1.0-s*ak)*(1.0+s*ak),1.0);
}

Doub elle(const Doub phi, const Doub ak) {                                    elliptint.h
```
Integral elíptica de Legendre de segundo tipo $E(\phi, k)$, efetuada usando-se a função de Carlson $R_D$ e $R_F$. Os ranges dos argumentos são $0 \leq \phi \leq \pi/2$, $0 \leq k\,\text{sen}\,\phi \leq 1$.
```
    Doub cc,q,s;
    s=sin(phi);
    cc=SQR(cos(phi));
    q=(1.0-s*ak)*(1.0+s*ak);
    return s*(rf(cc,q,1.0)-(SQR(s*ak))*rd(cc,q,1.0)/3.0);
}

Doub ellpi(const Doub phi, const Doub en, const Doub ak) {                    elliptint.h
```
Integral elíptica de Legendre de terceiro tipo $\Pi(\phi, n, k)$, efetuada usando-se a função de Carlson $R_D$ e $R_F$. (Observe que a convenção de sinal para $n$ é oposta àquela de Abramowitz e Stegun.) Os ranges de $\phi$ e $k$ são $0 \leq \phi \leq \pi/2$, $0 \leq k\,\text{sen}\,\phi \leq 1$.
```
    Doub cc,enss,q,s;
    s=sin(phi);
    enss=en*s*s;
    cc=SQR(cos(phi));
    q=(1.0-s*ak)*(1.0+s*ak);
    return s*(rf(cc,q,1.0)-enss*rj(cc,q,1.0,1.0+enss)/3.0);
}
```

As funções de Carlson são homogêneas de grau $-\frac{1}{2}$ e $-\frac{3}{2}$, assim

$$R_F(\lambda x, \lambda y, \lambda z) = \lambda^{-1/2} R_F(x, y, z)$$
$$R_J(\lambda x, \lambda y, \lambda z, \lambda p) = \lambda^{-3/2} R_J(x, y, z, p)$$
(6.12.22)

Por esta razão, para expressar uma função de Carlson na notação de Legendre, permute os primeiros três argumentos em ordem crescente, use homogeneidade para escalar o terceiro argumento para ser 1 e então use equações (6.12.19)-(6.12.21).

### 6.12.1 Funções elípticas jacobianas

A função elíptica jacobiana sn é definida como segue: ao invés de considerar a integral elíptica

$$u(y, k) \equiv u = F(\phi, k)$$
(6.12.23)

considere a função *inversa*

$$y = \text{sen}\,\phi = \text{sn}(u, k)$$
(6.12.24)

Equivalentemente,

$$u = \int_0^{\text{sn}} \frac{dy}{\sqrt{(1-y^2)(1-k^2 y^2)}}$$
(6.12.25)

Quando $k = 0$, sn é apenas seno. As funções cn e dn são definidas pelas relações

$$\text{sn}^2 + \text{cn}^2 = 1, \qquad k^2 \text{sn}^2 + \text{dn}^2 = 1$$
(6.12.26)

A rotina fornecida acima na verdade toma $m_c = k_c^2 = 1-k^2$ como parâmetro de input. Ela também computa as funções sn, cn e dn pois computar todas não é mais difícil do que computar qualquer uma delas. Para uma descrição do método, ver [9].

elliptint.h
```
void sncndn(const Doub uu, const Doub emmc, Doub &sn, Doub &cn, Doub &dn) {
Retorna as funções elípticas jacobianas sn(u, kc), cn(u, kc) e dn(u, kc). Aqui uu = u, enquanto emmc = kc².
    static const Doub CA=1.0e-8;          A acurácia é o quadrado de CA.
    Bool bo;
    Int i,ii,l;
    Doub a,b,c,d,emc,u;
    VecDoub em(13),en(13);
    emc=emmc;
    u=uu;
    if (emc != 0.0) {
        bo=(emc < 0.0);
        if (bo) {
            d=1.0-emc;
            emc /= -1.0/d;
            u *= (d=sqrt(d));
        }
        a=1.0;
        dn=1.0;
        for (i=0;i<13;i++) {
            l=i;
            em[i]=a;
            en[i]=(emc=sqrt(emc));
```

```
                c=0.5*(a+emc);
                if (abs(a-emc) <= CA*a) break;
                emc *= a;
                a=c;
            }
            u *= c;
            sn=sin(u);
            cn=cos(u);
            if (sn != 0.0) {
                a=cn/sn;
                c *= a;
                for (ii=l;ii>=0;ii--) {
                    b=em[ii];
                    a *= c;
                    c *= dn;
                    dn=(en[ii]+a)/(b+a);
                    a=c/b;
                }
                a=1.0/sqrt(c*c+1.0);
                sn=(sn >= 0.0 ? a : -a);
                cn=c*sn;
            }
            if (bo) {
                a=dn;
                dn=cn;
                cn=a;
                sn /= d;
            }
        } else {
            cn=1.0/cosh(u);
            dn=cn;
            sn=tanh(u);
        }
    }
```

## REFERÊNCIAS CITADAS E LEITURA COMPLEMENTAR

Erdélyi, A., Magnus, W., Oberhettinger, F., and Tricomi, F.G. 1953, *Higher Transcendental Functions,* Vol. II, (New York: McGraw-Hill).[1]

Gradshteyn, I.S., and Ryzhik, I.W. 1980, *Table of Integrals, Series, and Products* (New York: Academic Press).[2]

Carlson, B.C. 1977, "Elliptic Integrals of the First Kind," *SIAM Journal on Mathematical Analysis,* vol. 8, pp. 231-242.[3]

Carlson, B.C. 1987, "A Table of Elliptic Integrals of the Second Kind," *Mathematics of Computation,* vol. 49, pp. 595-606[4]; 1988, "A Table of Elliptic Integrals of the Third Kind," *op. cit.,* vol. 51, pp. 267-280[5]; 1989, "A Table of Elliptic Integrals: Cubic Cases," *op. cit.,* vol. 53, pp. 327-333[6]; 1991, "A Table of Elliptic Integrals: One Quadratic Factor," *op. cit.,* vol. 56, pp. 267-280.[7]

Carlson, B.C., and FitzSimons, J. 2000, "Reduction Theorems for Elliptic Integrands with the Square Root of Two Quadratic Factors," *Journal of Computational and Applied Mathematics,* vol. 118, pp. 71-85.[8]

Bulirsch, R. 1965, "Numerical Calculation of Elliptic Integrals and Elliptic Functions," *Numerische Mathematik,* vol. 7, pp. 78-90; 1965, *op. cit.,* vol. 7, pp. 353-354; 1969, *op. cit.,* vol. 13, pp. 305-315.[9]

Carlson, B.C. 1979, "Computing Elliptic Integrals by Duplication," *Numerische Mathematik,* vol. 33, pp. 1-16.[10]

Carlson, B.C., and Notis, E.M. 1981, "Algorithms for Incomplete Elliptic Integrals," *ACM Transactions on Mathematical Software,* vol. 7, pp. 398-403.[11]

Carlson, B.C. 1978, "Short Proofs of Three Theorems on Elliptic Integrals," *SIAM Journal on Mathematical Analysis,* vol. 9, p. 524-528.[12]

Abramowitz, M., and Stegun, I.A. 1964, *Handbook of Mathematical Functions* (Washington: National Bureau of Standards); reprinted 1968 (New York: Dover); online at http://www.nr.com/aands, Chapter 17.[13]

Mathews, J., and Walker, R.L. 1970, *Mathematical Methods of Physics,* 2nd ed. (Reading, MA: W.A. Benjamin/Addison-Wesley), pp. 78-79.

## 6.13 Funções hipergeométricas

Como foi discutido em §5.14, uma rotina geral rápida para a função hipergeométrica complexa $_2F_1(a, b, c; z)$ é difícil ou impossível. A função é definida como a continuação analítica da série hipergeométrica

$$_2F_1(a,b,c;z) = 1 + \frac{ab}{c}\frac{z}{1!} + \frac{a(a+1)b(b+1)}{c(c+1)}\frac{z^2}{2!} + \cdots$$
$$+ \frac{a(a+1)\ldots(a+j-1)b(b+1)\ldots(b+j-1)}{c(c+1)\ldots(c+j-1)}\frac{z^j}{j!} + \cdots$$

(6.13.1)

Esta série converge apenas dentro do círculo unitário $|z| < 1$ (ver [1]), mas o interesse na função não está restrito a esta região.

A Seção 5.14 discutiu o método de efetuar esta função pela integração por contorno no plano complexo. Aqui apenas registramos as rotinas daquele resultado.

A implementação da função `hypgeo` é direta e é descrita pelos comentários no programa. O aparato associado com a rotina do Capítulo 17 para integração de equações diferenciais, `Odeint`, é apenas minimamente intrusivo e não precisa nem mesmo ser completamente entendido: o uso de `Odeint` requer uma chamada a função para o construtor, com um formato prescrito para a rotina derivada `Hypderiv`, seguida por uma chamada para o método `integrate`.

A função hypgeo falhará, claro, para valores de $z$ muito próximos da singularidade em 1. (Se você precisa aproximar esta singularidade, ou aquela em $\infty$, use as "fórmulas de transformação linear" em §15.3 de [1].) Longe de $z = 1$ e para valores moderados de $a, b, c$, é geralmente notável como poucos passos são necessários para integrar as equações. Uma meia dúzia é típico.

hypgeo.h
```
Complex hypgeo(const Complex &a, const Complex &b,const Complex &c,
    const Complex &z)
```
Função hipergeométrica complexa $_2F_1$ para $a, b, c$ e $z$ complexos, por integração direta da equação hipergeométrica no plano complexo. O corte de ramificação é feito ao longo do eixo real, Re $z > 1$.
```
{
    const Doub atol=1.0e-14,rtol=1.0e-14;       Parâmetros de acurácia.
    Complex ans,dz,z0,y[2];
    VecDoub yy(4);
    if (norm(z) <= 0.25) {                      Use série...
        hypser(a,b,c,z,ans,y[1]);
        return ans;
    }
    ...ou escolha um ponto de partida para a integração de caminho.
    else if (real(z) < 0.0) z0=Complex(-0.5,0.0);
    else if (real(z) <= 1.0) z0=Complex(0.5,0.0);
    else z0=Complex(0.0,imag(z) >= 0.0 ? 0.5 : -0.5);
    dz=z-z0;
    hypser(a,b,c,z0,y[0],y[1]);                 Monte a função e sua derivada.
```

```
        yy[0]=real(y[0]);
        yy[1]=imag(y[0]);
        yy[2]=real(y[1]);
        yy[3]=imag(y[1]);
        Hypderiv d(a,b,c,z0,dz);              Monte o functor para as derivadas.
        Output out;                           Suprima output em Odeint.
        Odeint<StepperBS<Hypderiv> > ode(yy,0.0,1.0,atol,rtol,0.1,0.0,out,d);
```

Os argumentos para Odeint são o vetor de variáveis independentes, os valores iniciais e finais da variável dependente, os parâmetros de acurácia, um chute inicial para o tamanho do passo, um tamanho de passo mínimo e os nomes do objeto output e o objeto derivada. A integração é realizada pela rotina avançada de Burlirsch-Stoer.

```
        ode.integrate();
        y[0]=Complex(yy[0],yy[1]);
        return y[0];
    }
```

void hypser(const Complex &a, const Complex &b, const Complex &c,                    hypgeo.h
    const Complex &z, Complex &series, Complex &deriv)

Retorna a série hipergeométrica $_2F_1$ e sua derivada, iterando até a acurácia da máquina. Para $|z| < 1/2$ a convergência é muito rápida.

```
    {
        deriv=0.0;
        Complex fac=1.0;
        Complex temp=fac;
        Complex aa=a;
        Complex bb=b;
        Complex cc=c;
        for (Int n=1;n<=1000;n++) {
            fac *= ((aa*bb)/cc);
            deriv += fac;
            fac *= ((1.0/n)*z);
            series=temp+fac;
            if (series == temp) return;
            temp=series;
            aa += 1.0;
            bb += 1.0;
            cc += 1.0;
        }
        throw("convergence failure in hypser");
    }
```

struct Hypderiv {                                                                    hypgeo.h
Functor para computar derivadas para a equação hipergeométrica; texto para equação (5.14.4).

```
    Complex a,b,c,z0,dz;
    Hypderiv(const Complex &aa, const Complex &bb,
        const Complex &cc, const Complex &z00,
        const Complex &dzz) : a(aa),b(bb),c(cc),z0(z00),dz(dzz) {}
    void operator() (const Doub s, VecDoub_I &yy, VecDoub_O &dyyds) {
        Complex z,y[2],dyds[2];
        y[0]=Complex(yy[0],yy[1]);
        y[1]=Complex(yy[2],yy[3]);
        z=z0+s*dz;
        dyds[0]=y[1]*dz;
        dyds[1]=(a*b*y[0]-(c-(a+b+1.0)*z)*y[1])*dz/(z*(1.0-z));
        dyyds[0]=real(dyds[0]);
        dyyds[1]=imag(dyds[0]);
        dyyds[2]=real(dyds[1]);
        dyyds[3]=imag(dyds[1]);
    }
};
```

## REFERÊNCIAS CITADAS E LEITURA COMPLEMENTAR

Abramowitz, M., and Stegun, I.A. 1964, *Handbook of Mathematical Functions* (Washington: National Bureau of Standards); reprinted 1968 (New York: Dover); online at http://www.nr.com/aands.[1]

## 6.14 Funções estatísticas

Certas funções especiais são de uso frequente por causa da sua relação com distribuições estatísticas comuns univariadas. Nesta seção, examinamos algumas dessas distribuições comuns de uma maneira unificada, fornecendo, em cada caso, rotinas para computar a função densidade de probabilidade $p(x)$; a função densidade acumulada ou *cdf*, escrita $P (< x)$; e a inversa da função densidade acumulada $x(P)$. A última função é necessária para encontrar os valores de $x$ associados a *pontos de percentil especificados ou quantis* em testes de significância, por exemplo, os pontos 0,5%, 5%, 95% ou 99,5%.

A ênfase desta seção está em definir e computar estas funções estatísticas. A Seção §7.3 é uma seção relacionada que discute como gerar desvios aleatórios das distribuições discutidas aqui. Protelamos a discussão do real uso dessas distribuições em testes estatísticos para o Capítulo 14.

### 6.14.1 Distribuição normal (gaussiana)

Se $x$ é amostrado de uma distribuição normal com média $\mu$ e desvio padrão $\sigma$, então escrevemos

$$x \sim N(\mu, \sigma), \qquad \sigma > 0$$

$$p(x) = \frac{1}{\sqrt{2\pi}\sigma} \exp\left(-\frac{1}{2}\left[\frac{x-\mu}{\sigma}\right]^2\right) \tag{6.14.1}$$

com $p(x)$ sendo a função densidade de probabilidade. Observe o uso especial da notação "~" nesta seção, o que pode ser lido como "é amostrado de uma distribuição". A variância da distribuição é, claro, $\sigma^2$.

A distribuição acumulada é a probabilidade de um valor $\leq x$. Para a distribuição normal, isto é dado em termos da função erro complementar por

$$\text{cdf} \equiv P(<x) \equiv \int_{-\infty}^{x} p(x')dx' = \frac{1}{2}\text{erfc}\left(-\frac{1}{\sqrt{2}}\left[\frac{x-\mu}{\sigma}\right]\right) \tag{6.14.2}$$

A inversa cdf pode então ser calculada em termos da inversa de erfc,

$$x(P) = \mu - \sqrt{2}\sigma\,\text{erfc}^{-1}(2P) \tag{6.14.3}$$

A seguinte estrutura implementa as relações acima.

erf.h
```
struct Normaldist : Erf {
Distribuição normal, derivada da função erro Erf.
    Doub mu, sig;
    Normaldist(Doub mmu = 0., Doub ssig = 1.) : mu(mmu), sig(ssig) {
    Construtor. Inicialize com μ e σ. O default sem argumentos é N(0,1).
```

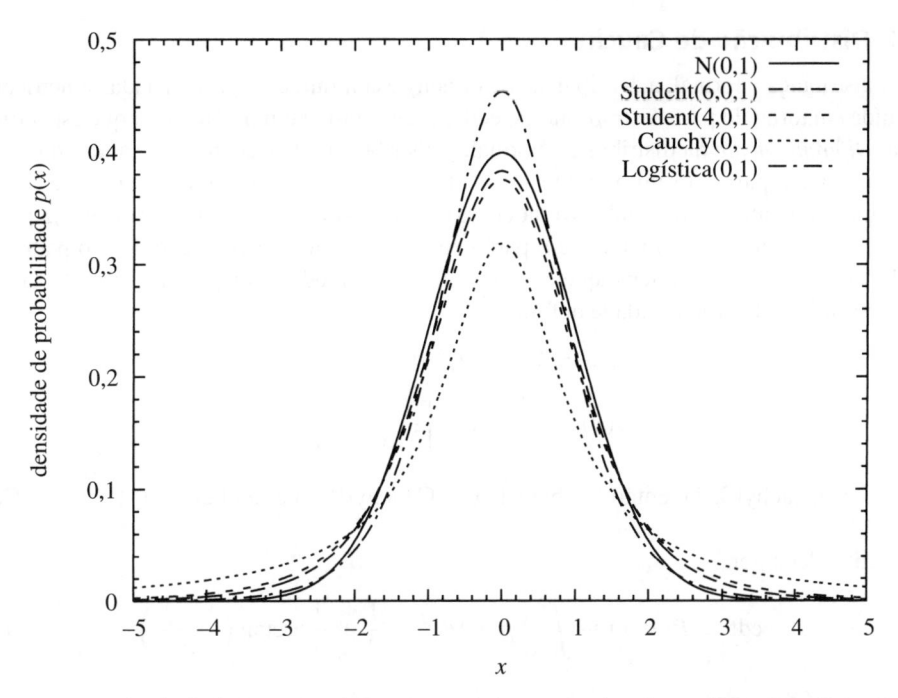

**Figura 6.14.1** Exemplos de distribuições centralmente pronunciadas que são simétricas na reta real. Qualquer uma destas pode substituir a distribuição normal ou como uma aproximação, ou em aplicações tais como estimação robusta. Elas diferem enormemente na taxa de decaimento das suas caudas.

```
        if (sig <= 0.) throw("bad sig in Normaldist");
    }
    Doub p(Doub x) {
    Retorna a função densidade de probabilidade.
        return (0.398942280401432678/sig)*exp(-0.5*SQR((x-mu)/sig));
    }
    Doub cdf(Doub x) {
    Retorna a função distribuição acumulada.
        return 0.5*erfc(-0.707106781186547524*(x-mu)/sig);
    }
    Doub invcdf(Doub p) {
    Retorna a inversa da função distribuição acumulada.
        if (p <= 0. || p >= 1.) throw("bad p in Normaldist");
        return -1.41421356237309505*sig*inverfc(2.*p)+mu;
    }
};
```

Usaremos as convenções do código acima para todas as distribuições nesta seção. Os parâmetros da distribuição (aqui, $\mu$ e $\sigma$) são designados pelo construtor e então referenciados quando necessário pelas funções membro. A função densidade é sempre p(), a cdf é cdf() e a inversa da cdf é invcdf(). Geralmente, checamos os argumentos das funções de probabilidade quanto à validade, uma vez que muitos bugs de programas podem surgir, p. ex., uma probabilidade fora do range [0,1].

## 6.14.2 Distribuição de Cauchy

Como a distribuição normal, a distribuição de Cauchy é centralmente pronunciada, simetricamente distribuída em torno do parâmetro $\mu$ que especifica seu centro e um parâmetro $\sigma$ que especifica sua largura. *Diferentemente* da distribuição normal, a distribuição da Cauchy tem caudas que decaem muito lentamente para o infinito, como $|x|^{-2}$, tão lentamente que momentos maiores do que o zero-ésimo momento (a área embaixo da curva) nem mesmo existem. O parâmetro $\mu$ portanto, estritamente falando, não é a média, e o parâmetro $\sigma$ não é, tecnicamente, o desvio padrão. Mas estes dois parâmetros substituem aqueles momentos como medidas de posição central e largura.

A densidade de probabilidade definida é

$$x \sim \text{Cauchy}(\mu, \sigma), \qquad \sigma > 0$$

$$p(x) = \frac{1}{\pi\sigma} \left(1 + \left[\frac{x-\mu}{\sigma}\right]^2\right)^{-1} \tag{6.14.4}$$

Se $x \sim \text{Cauchy}(0, 1)$, então também $1/x \sim \text{Cauchy}(0, 1)$ e também $(ax + b)^{-1} \sim \text{Cauchy}(-b/a, 1/a)$.

A cdf é dada por

$$\text{cdf} \equiv P(<x) \equiv \int_{-\infty}^{x} p(x')dx' = \frac{1}{2} + \frac{1}{\pi}\arctan\left(\frac{x-\mu}{\sigma}\right) \tag{6.14.5}$$

A cdf inversa é dada por

$$x(P) = \mu + \sigma \tan\left(\pi[P - \tfrac{1}{2}]\right) \tag{6.14.6}$$

A Figura 6.14.1 mostra Cauchy(0, 1) quando comparada à distribuição normal N(0,1), bem como com diversas outras distribuições com formatos similares discutidas abaixo.

A distribuição de Cauchy é algumas vezes chamada de distribuição *lorentziana*.

```
distributions.h  struct Cauchydist {
                 Distribuição de Cauchy.
                     Doub mu, sig;
                     Cauchydist(Doub mmu = 0., Doub ssig = 1.) : mu(mmu), sig(ssig) {
                     Construtor. Inicialize com μ e σ. O default sem argumentos é Cauchy(0, 1).
                         if (sig <= 0.) throw("bad sig in Cauchydist");
                     }
                     Doub p(Doub x) {
                     Retorna função densidade de probabilidade.
                         return 0.318309886183790671/(sig*(1.+SQR((x-mu)/sig)));
                     }
                     Doub cdf(Doub x) {
                     Retorna função distribuição acumulada.
                         return 0.5+0.318309886183790671*atan2(x-mu,sig);
                     }
                     Doub invcdf(Doub p) {
                     Retorna a inversa da função distribuição acumulada.
                         if (p <= 0. || p >= 1.) throw("bad p in Cauchydist");
                         return mu + sig*tan(3.14159265358979324*(p-0.5));
                     }
                 };
```

### 6.14.3 Distribuição t de Student

Uma generalização da distribuição de Cauchy é a distribuição t de Student, que tem o nome do estatístico William Gosset, do começo do século XX, que publicou sob o nome "Student" porque seu empregador, Guinness Breweries, pediu a ele que usasse um pseudônimo. Como a distribuição de Cauchy, a distribuição t de Student tem caudas leis de potência no infinito, mas tem um parâmetro adicional $\nu$ que especifica quão rapidamente elas decaem, isto é, $|t|^{-(\nu+1)}$. Quando $\nu$ é um inteiro, o número de momentos convergentes, incluindo o zero-ésimo, é portanto $\nu$.

A densidade de probabilidade definida (convencionalmente escrita em uma variável $t$ em vez de $x$) é

$$t \sim \text{Student}(\nu, \mu, \sigma), \qquad \nu > 0, \ \sigma > 0$$

$$p(t) = \frac{\Gamma(\frac{1}{2}[\nu + 1])}{\Gamma(\frac{1}{2}\nu)\sqrt{\nu\pi}\sigma} \left(1 + \frac{1}{\nu}\left[\frac{t-\mu}{\sigma}\right]^2\right)^{-\frac{1}{2}(\nu+1)} \qquad (6.14.7)$$

A distribuição de Cauchy é obtida no caso $\nu = 1$. No limite oposto, $\nu \to \infty$, a distribuição normal é obtida. Nos tempos pré-computador, esta foi a base de vários esquemas de aproximação para a distribuição normal, agora todos geralmente irrelevantes. A Figura 6.14.1 mostra exemplos da distribuição t de Student para $\nu = 1$ (Cauchy), $\nu = 4$ e $\nu = 6$. A abordagem para a distribuição normal é evidente.

A média de Student($\nu$, $\mu$, $\sigma$) é (por simetria) $\mu$. A variância não é $\sigma^2$, mas sim

$$\text{Var}\{\text{Student}(\nu, \mu, \sigma)\} = \frac{\nu}{\nu - 2}\sigma^2 \qquad (6.14.8)$$

Para momentos adicionais e outras propriedades, ver [1].

A cdf é dada por uma função beta incompleta. Se considerarmos

$$x \equiv \frac{\nu}{\nu + \left(\frac{t-\mu}{\sigma}\right)^2} \qquad (6.14.9)$$

então

$$\text{cdf} \equiv P(<t) \equiv \int_{-\infty}^{t} p(t')dt' = \begin{cases} \frac{1}{2}I_x(\frac{1}{2}\nu, \frac{1}{2}), & t \leq \mu \\ 1 - \frac{1}{2}I_x(\frac{1}{2}\nu, \frac{1}{2}), & t > \mu \end{cases} \qquad (6.14.10)$$

A inversa da cdf é dada pela inversa da função beta incompleta (ver código abaixo para a formulação exata).

Na prática, a cdf da t de Student como está na forma acima é raramente usada, uma vez que a maioria dos testes estatísticos que usam a t de Student é bicaudal. Convencionalmente, a função bicaudal $A(t|\nu)$ é definida (apenas) para o caso $\mu = 0$ e $\sigma = 1$ por

$$A(t|\nu) \equiv \int_{-t}^{+t} p(t')dt' = 1 - I_x(\frac{1}{2}\nu, \frac{1}{2}) \qquad (6.14.11)$$

com $x$ como acima. A estatística $A(t|\nu)$ é notavelmente usada no teste de quando duas distribuições observadas têm a mesma média. O código abaixo implementa as equações (6.14.10) e (6.14.11), bem como suas inversas.

incgammabeta.h

```
struct Studenttdist : Beta {
Distribuição t de Student, oriunda da função beta Beta.
    Doub nu, mu, sig, np, fac;
    Studenttdist(Doub nnu, Doub mmu = 0., Doub ssig = 1.)
    : nu(nnu), mu(mmu), sig(ssig) {
    Construtor. Inicialize com ν, μ e σ. O default com um argumento é Student (ν, 0, 1).
        if (sig <= 0. || nu <= 0.) throw("bad sig,nu in Studentdist");
        np = 0.5*(nu + 1.);
        fac = gammln(np)-gammln(0.5*nu);
    }
    Doub p(Doub t) {
    Retorna a função densidade de probabilidade
        return exp(-np*log(1.+SQR((t-mu)/sig)/nu)+fac)
            /(sqrt(3.14159265358979324*nu)*sig);
    }
    Doub cdf(Doub t) {
    Retorna a função distribuição acumulada.
        Doub p = 0.5*betai(0.5*nu, 0.5, nu/(nu+SQR((t-mu)/sig)));
        if (t >= mu) return 1. - p;
        else return p;
    }
    Doub invcdf(Doub p) {
    Retorna a inversa da função distribuição acumulada.
        if (p <= 0. || p >= 1.) throw("bad p in Studentdist");
        Doub x = invbetai(2.*MIN(p,1.-p), 0.5*nu, 0.5);
        x = sig*sqrt(nu*(1.-x)/x);
        return (p >= 0.5? mu+x : mu-x);
    }
    Doub aa(Doub t) {
    Retorna a cdf bicaudal $A(t|\nu)$.
        if (t < 0.) throw("bad t in Studentdist");
        return 1.-betai(0.5*nu, 0.5, nu/(nu+SQR(t)));
    }
    Doub invaa(Doub p) {
    Retorna a inversa, isto é, $t$ tal que $p = A(t|\nu)$.
        if (p < 0. || p >= 1.) throw("bad p in Studentdist");
        Doub x = invbetai(1.-p, 0.5*nu, 0.5);
        return sqrt(nu*(1.-x)/x);
    }
};
```

### 6.14.4 Distribuição logística

A distribuição logística é outra distribuição simétrica e com um pico central que pode ser usada no lugar da distribuição normal. Sua cauda decai exponencialmente, mas ainda muito mais lentamente do que a distribuição normal "exponente do quadrado".

A densidade de probabilidade definida é

$$p(y) = \frac{e^{-y}}{(1+e^{-y})^2} = \frac{e^y}{(1+e^y)^2} = \tfrac{1}{4}\text{sech}^2\left(\tfrac{1}{2}y\right) \qquad (6.14.12)$$

As três formas são algebricamente equivalentes, mas, para evitar overflows, é melhor usar as formas exponenciais negativas e positivas para valores negativos e positivos de $y$, respectivamente.

A variância da distribuição (6.14.12) mostra-se ser $\pi^2/3$. Uma vez que é conveniente ter parâmetros $\mu$ e $\sigma$ com significados convencionais de média e desvio padrão, a equação (6.14.12) é geralmente substituída pela *distribuição logística normalizada*,

$$x \sim \text{Logistic}(\mu, \sigma), \quad \sigma > 0$$

$$p(x) = \frac{\pi}{4\sqrt{3}\sigma} \text{sech}^2\left(\frac{\pi}{2\sqrt{3}}\left[\frac{x-\mu}{\sigma}\right]\right) \quad (6.14.13)$$

que implica formas equivalentes usando as exponenciais positivas e negativas (ver código abaixo).
A cdf é dada por

$$\text{cdf} \equiv P(< x) \equiv \int_{-\infty}^{x} p(x')dx' = \left[1 + \exp\left(-\frac{\pi}{\sqrt{3}}\left[\frac{x-\mu}{\sigma}\right]\right)\right]^{-1} \quad (6.14.14)$$

A inversa da cdf é dada por

$$x(P) = \mu + \frac{\sqrt{3}}{\pi}\sigma \log\left(\frac{P}{1-P}\right) \quad (6.14.15)$$

```
struct Logisticdist {                                                      distributions.h
Distribuição logística.
    Doub mu, sig;
    Logisticdist(Doub mmu = 0., Doub ssig = 1.) : mu(mmu), sig(ssig) {
    Construtor. Inicialize com μ e σ. O default sem argumentos é Logistic(0, 1).
        if (sig <= 0.) throw("bad sig in Logisticdist");
    }
    Doub p(Doub x) {
    Retorne função densidade de probabilidade.
        Doub e = exp(-abs(1.81379936423421785*(x-mu)/sig));
        return 1.81379936423421785*e/(sig*SQR(1.+e));
    }
    Doub cdf(Doub x) {
    Retorne função distribuição acumulada.
        Doub e = exp(-abs(1.81379936423421785*(x-mu)/sig));
        if (x >= mu) return 1./(1.+e);        Por termos usado abs para controlar overflow,
        else return e/(1.+e);                 temos dois casos.
    }
    Doub invcdf(Doub p) {
    Retorna a inversa da função distribuição acumulada.
        if (p <= 0. || p >= 1.) throw("bad p in Logisticdist");
        return mu + 0.551328895421792049*sig*log(p/(1.-p));
    }
};
```

A distribuição logística é prima da *transformação logística* que mapeia o intervalo unitário aberto $0 < p < 1$ na reta real $-\infty < \mu < \infty$ pela relação

$$u = \log\left(\frac{p}{1-p}\right) \quad (6.14.16)$$

Na época em que um livro de tabelas e uma régua de cálculo eram as ferramentas de trabalhos dos estatísticos, a transformação logística era usada para aproximar processos no intervalo pelos processos analíticos mais simples na reta real. Uma distribuição uniforme no intervalo é mapeada pela transformação logit para uma distribuição logística na reta real. Com a habilidade dos computadores para calcular distribuições no intervalo diretamente (funções beta, por exemplo), tal motivação extinguiu-se.

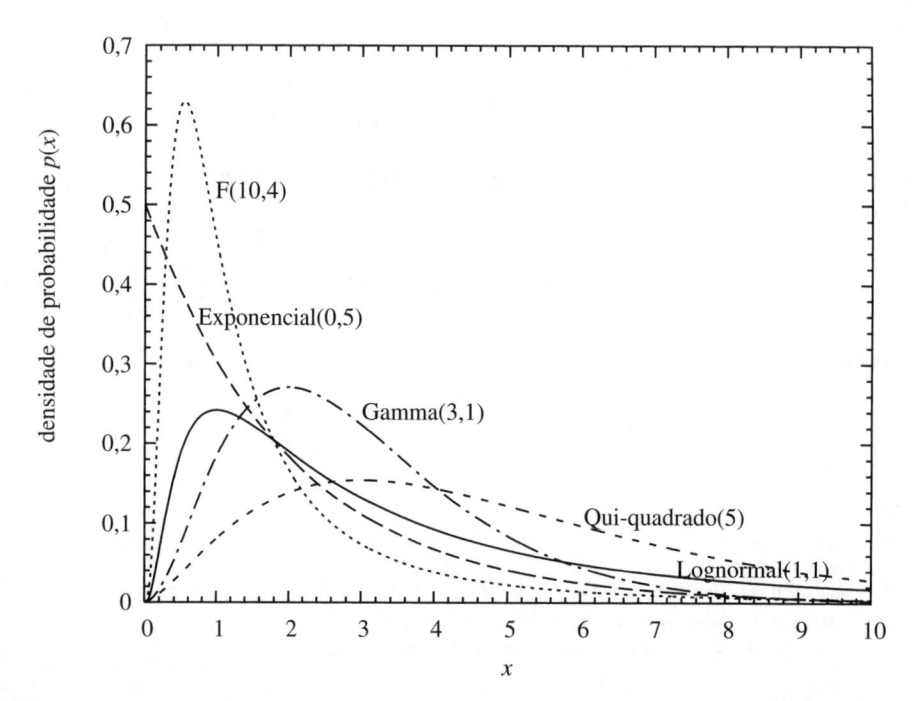

**Figura 6.14.2** Exemplos de distribuições comuns na semirreta real $x > 0$.

Outra prima é a *equação logística*,

$$\frac{dy}{dt} \propto y(y_{max} - y) \qquad (6.14.17)$$

uma equação diferencial descrevendo o crescimento de alguma quantidade $y$, comportando-se inicialmente como uma exponencial, mas atingindo, assintoticamente, um valor $y_{max}$. A solução desta equação é idêntica, até um escalamento, à cdf da distribuição logística.

### 6.14.5 Distribuição exponencial

Com a *distribuição exponencial*, agora nos voltamos às funções distribuição comuns definidas no eixo real positivo $x \geq 0$. A Figura 6.14.2 mostra exemplos de diversas das distribuições que discutiremos. A exponencial é a mais simples de todas elas. Ela tem um parâmetro $\beta$ que pode controlar sua largura (em relação inversa), mas sua moda é sempre no zero:

$$x \sim \text{Exponencial}(\beta), \quad \beta > 0$$
$$p(x) = \beta \exp(-\beta x), \quad x > 0 \qquad (6.14.18)$$

$$\text{cdf} \equiv P(<x) \equiv \int_0^x p(x')dx' = 1 - \exp(-\beta x) \qquad (6.14.19)$$

$$x(P) = -\frac{1}{\beta} \log(1 - P) \qquad (6.14.20)$$

A média e o desvio padrão da distribuição exponencial são ambas o $1/\beta$. A mediana é log$(2)/\beta$. A referência [1] tem mais a dizer sobre a distribuição exponencial do que você imaginaria ser possível.

```
        struct Expondist {                                                          distributions.h
        Distribuição exponencial.
            Doub bet;
            Expondist(Doub bbet) : bet(bbet) {
            Construtor. Inicialize com β.
                if (bet <= 0.) throw("bad bet in Expondist");
            }
            Doub p(Doub x) {
            Retorna função densidade de probabilidade.
                if (x < 0.) throw("bad x in Expondist");
                return bet*exp(-bet*x);
            }
            Doub cdf(Doub x) {
            Retorna função distribuição acumulada.
                if (x < 0.) throw("bad x in Expondist");
                return 1.-exp(-bet*x);
            }
            Doub invcdf(Doub p) {
            Retorna a inversa da função distribuição acumulada.
                if (p < 0. || p >= 1.) throw("bad p in Expondist");
                return -log(1.-p)/bet;
            }
        };
```

### 6.14.6 Distribuição de Weibull

A distribuição de Weibull generaliza a distribuição exponencial de uma maneira que é geralmente útil em estudos de risco, sobrevivência e confiança. Quando o lifetime (tempo para falha) de um item é exponencialmente distribuído, há uma probabilidade constante por unidade de tempo de que um item falhará, se já não tenha feito isso. Isto é,

$$\text{risco} \equiv \frac{p(x)}{P(>x)} \propto \text{constante} \tag{6.14.21}$$

Itens exponencialmente ativos não envelhecem; eles apenas vão rolando o mesmo dado até que, um dia, seu número aparece. Em muitas outras situações, porém, é observado que o risco de um item (como definido acima) não muda com o tempo, digamos, como uma lei de potência,

$$\frac{p(x)}{P(>x)} \propto x^{\alpha-1}, \qquad \alpha > 0 \tag{6.14.22}$$

A distribuição que resulta é a distribuição Weibull, chamada assim devido ao físico sueco Waloddi Weibull, que a usava já em 1939. Quando $\alpha > 1$, o risco aumenta com o tempo, como em componentes que se desgastam. Quando $0 < \alpha < 1$, o risco decresce com o tempo, como em componentes que sofrem "mortalidade infantil".

Dizemos que

$$\sim \text{Weibull}(\alpha, \beta) \quad \text{se, e somente se} \quad y \equiv \left(\frac{x}{\beta}\right)^{\alpha} \sim \text{exponencial}(1) \tag{6.14.23}$$

A densidade de probabilidade é

$$p(x) = \left(\frac{\alpha}{\beta}\right)\left(\frac{x}{\beta}\right)^{\alpha-1} e^{-(x/\beta)^{\alpha}}, \qquad x > 0 \tag{6.14.24}$$

A cdf é

$$\text{cdf} \equiv P(< x) \equiv \int_0^x p(x')dx' = 1 - e^{-(x/\beta)^\alpha} \qquad (6.14.25)$$

A inversa da cdf é

$$x(P) = \beta\,[-\log(1 - P)]^{1/\alpha} \qquad (6.14.26)$$

Para $0 < \alpha < 1$, a distribuição tem uma cúspide infinita (mas integrável) em $x = 0$ e é monotonicamente decrescente. A distribuição exponencial é o caso de $\alpha = 1$. Quando $\alpha > 1$, a distribuição é zero em $x = 0$ e tem um único máximo no valor $x = \beta\,[(\alpha - 1)/\alpha]^{1/\alpha}$.

A média e variância são dadas por

$$\mu = \beta\,\Gamma(1 + \alpha^{-1})$$
$$\sigma^2 = \beta^2\left\{\Gamma(1 + 2\alpha^{-1}) - [\Gamma(1 + \alpha^{-1})]^2\right\} \qquad (6.14.27)$$

Com a normalização correta, a equação (6.14.22) torna-se

$$\text{risco} \equiv \frac{p(x)}{P(>x)} = \left(\frac{\alpha}{\beta}\right)\left(\frac{x}{\beta}\right)^{\alpha-1} \qquad (6.14.28)$$

### 6.14.7 Distribuição log-normal

Muitos processos que ocorrem no eixo positivo real são naturalmente aproximados pela distribuição normal no "eixo $\log(x)$", isto é, para $-\infty < \log(x) < \infty$. Um exemplo simples, mas importante, é a caminhada aleatória multiplicativa, que começa em algum valor positivo $x_0$ e então gera novos valores por uma recorrência como

$$x_{i+1} = \begin{cases} x_i(1 + \epsilon) & \text{com probabilidade 0,5} \\ x_i/(1 + \epsilon) & \text{com probabilidade 0,5} \end{cases} \qquad (6.14.29)$$

Aqui $\epsilon$ é alguma constante fixa, pequena.

Estas considerações motivam a definição

$$x \sim \text{Lognormal}(\mu, \sigma) \quad \text{se, e somente se} \quad u \equiv \frac{\log(x) - \mu}{\sigma} \sim N(0, 1) \qquad (6.14.30)$$

ou a definição equivalente

$$x \sim \text{Lognormal}(\mu, \sigma), \qquad \sigma > 0$$
$$p(x) = \frac{1}{\sqrt{2\pi}\sigma x}\exp\left(-\frac{1}{2}\left[\frac{\log(x) - \mu}{\sigma}\right]^2\right), \qquad x > 0 \qquad (6.14.31)$$

Observe o fator necessário extra de $x^{-1}$ na frente da exponencial: a densidade que é "normal" é $p(\log x)\,d\log x$.

Enquanto $\mu$ e $\sigma$ são a média e desvio padrão no espaço $\log x$, eles *não* o são no espaço $x$. Em vez disso, temos

$$\text{Média}\{\text{Lognormal}(\mu, \sigma)\} = e^{\mu + \frac{1}{2}\sigma^2}$$
$$\text{Var}\{\text{Lognormal}(\mu, \sigma)\} = e^{2\mu}\,e^{\sigma^2}(e^{\sigma^2} - 1) \qquad (6.14.32)$$

A cdf é dada por

$$\text{cdf} \equiv P(< x) \equiv \int_0^x p(x')dx' = \frac{1}{2}\text{erfc}\left(-\frac{1}{\sqrt{2}}\left[\frac{\log(x)-\mu}{\sigma}\right]\right) \quad (6.14.33)$$

A inversa para a cdf envolve a inversa do complementar da função erro,

$$x(P) = \exp[\mu - \sqrt{2}\sigma\,\text{erfc}^{-1}(2P)] \quad (6.14.34)$$

erf.h

```
struct Lognormaldist : Erf {
Distribuição log-normal, oriunda da função erro Erf.
    Doub mu, sig;
    Lognormaldist(Doub mmu = 0., Doub ssig = 1.) : mu(mmu), sig(ssig) {
        if (sig <= 0.) throw("bad sig in Lognormaldist");
    }
    Doub p(Doub x) {
    Retorna a função densidade de probabilidade.
        if (x < 0.) throw("bad x in Lognormaldist");
        if (x == 0.) return 0.;
        return (0.398942280401432678/(sig*x))*exp(-0.5*SQR((log(x)-mu)/sig));
    }
    Doub cdf(Doub x) {
    Retorna a função distribuição acumulada.
        if (x < 0.) throw("bad x in Lognormaldist");
        if (x == 0.) return 0.;
        return 0.5*erfc(-0.707106781186547524*(log(x)-mu)/sig);
    }
    Doub invcdf(Doub p) {
    Retorna a inversa da função distribuição acumulada.
        if (p <= 0. || p >= 1.) throw("bad p in Lognormaldist");
        return exp(-1.41421356237309505*sig*inverfc(2.*p)+mu);
    }
};
```

Caminhadas aleatórias multiplicativas como (6.14.29) e distribuições log-normal são ingredientes chave na teoria econômica dos mercados eficientes, levando (entre muitos outros resultados) à celebrada fórmula de *Black-Scholes* para distribuição de probabilidade do preço de um investimento após algum tempo decorrido $\tau$. Um ponto chave da derivação de Black-Scholes está implícita na equação (6.14.32): se o retorno médio de um investimento é zero (o que pode ser verdade no limite de risco zero), então seu preço não pode simplesmente ser uma distribuição log-normal dilatada com $\mu$ fixo e $\sigma$ crescente, pois seu valor esperado então divergiria para o infinito! A fórmula correta de Black-Scholes define assim ambos: como $\sigma$ cresce com o tempo (basicamente como $\tau^{1/2}$) e como o $\mu$ correspondente decresce com o tempo, de forma que se mantenha a média total sob controle. Uma versão simplificada da fórmula de Black-Scholes pode ser escrita como

$$S(\tau) \sim S(0) \times \text{Lognormal}\left(r\tau - \tfrac{1}{2}\sigma^2\tau,\ \sigma\sqrt{\tau}\right) \quad (6.14.35)$$

onde $S(\tau)$ é o preço de uma ação no tempo $\tau$, $r$ é sua taxa esperada (por ano) do retorno, e $\sigma$ é agora redefinida para ser a volatilidade (por ano) da ação. A definição de volatilidade é que, para pequenos valores de $\tau$, a variância fracionária do preço da ação é $\sigma^2\tau$. Você pode checar que (6.14.35) tem o valor esperado desejado $E[S(\tau)] = S(0)$, para todo $\tau$, se $r = 0$. Uma boa referência é [3].

## 6.14.8 Distribuição qui-quadrado

A distribuição qui-quadrado (ou $\chi^2$) tem um único parâmetro $v > 0$ que controla a localização e a largura do seu pico. Na maioria das aplicações, $v$ é um inteiro e é conhecida como o *número de graus de liberdade* (ver §14.3).

A densidade de probabilidade definida é

$$\chi^2 \sim \text{qui-quadrado}(v), \quad v > 0$$

$$p(\chi^2)d\chi^2 = \frac{1}{2^{\frac{1}{2}v}\Gamma(\frac{1}{2}v)}(\chi^2)^{\frac{1}{2}v-1}\exp\left(-\tfrac{1}{2}\chi^2\right)d\chi^2, \quad \chi^2 > 0 \quad (6.14.36)$$

onde escrevemos os diferenciais $d\chi^2$ meramente para enfatizar que $\chi^2$, não $\chi$, deve ser visualizado como a variável independente.

A média e variância são dadas por

$$\text{Média}\{\text{qui-quadrado}(v)\} = v$$
$$\text{Var}\{\text{qui-quadrado}(v)\} = 2v \quad (6.14.37)$$

Quando $v \geq 2$, há uma única moda em $\chi^2 = v - 2$.

A distribuição qui-quadrado é na verdade apenas um caso especial da distribuição gamma, abaixo, então sua cdf é dada por uma função gamma incompleta $P(a, x)$,

$$\text{cdf} \equiv P(<\chi^2) \equiv P(\chi^2|v) \equiv \int_0^{\chi^2} p(\chi^{2\prime})d\chi^{2\prime} = P\left(\frac{v}{2}, \frac{\chi^2}{2}\right) \quad (6.14.38)$$

Frequentemente também vemos para o complemento da cdf, que pode ser calculado ou da função gamma incompleta $P(a, x)$, ou do seu complemento $Q(a, x)$ (geralmente mais acurado se $P$ está muito próxima de 1):

$$Q(\chi^2|v) \equiv 1 - P(\chi^2|n) = 1 - P\left(\frac{v}{2}, \frac{\chi^2}{2}\right) \equiv Q\left(\frac{v}{2}, \frac{\chi^2}{2}\right) \quad (6.14.39)$$

A inversa da cdf é dada em termos da função que é a inversa de $P(a, x)$ no seu segundo argumento, que aqui denotamos por $P^{-1}(a, p)$:

$$x(P) = 2P^{-1}\left(\frac{v}{2}, P\right) \quad (6.14.40)$$

incgammabeta.h
```
struct Chisqdist : Gamma {
    Distribuição χ2, derivada da função gamma Gamma.
        Doub nu,fac;
        Chisqdist(Doub nnu) : nu(nnu) {
        Construtor. Inicialize com v.
            if (nu <= 0.) throw("bad nu in Chisqdist");
            fac = 0.693147180559945309*(0.5*nu)+gammln(0.5*nu);
        }
        Doub p(Doub x2) {
        Retorna a função densidade de probabilidade.
            if (x2 <= 0.) throw("bad x2 in Chisqdist");
            return exp(-0.5*(x2-(nu-2.)*log(x2))-fac);
        }
        Doub cdf(Doub x2) {
```

```
Retorna a função distribuição acumulada
    if (x2 < 0.) throw("bad x2 in Chisqdist");
    return gammp(0.5*nu,0.5*x2);
}
Doub invcdf(Doub p) {
Retorna a inversa da função distribuição acumulada.
    if (p < 0. || p >= 1.) throw("bad p in Chisqdist");
    return 2.*invgammp(p,0.5*nu);
}
};
```

### 6.14.9 Distribuição gamma

A *distribuição gamma* é definida por

$$x \sim \text{Gamma}(\alpha, \beta), \qquad \alpha > 0, \beta > 0$$
$$p(x) = \frac{\beta^\alpha}{\Gamma(\alpha)} x^{\alpha-1} e^{-\beta x}, \qquad x > 0 \tag{6.14.41}$$

A distribuição exponencial é o caso especial com $\alpha = 1$. A distribuição qui-quadrado é o caso especial com $\alpha = \nu/2$ e $\beta = 1/2$.

A média e variância são dadas por

$$\text{Média}\{\text{Gamma}(\alpha, \beta)\} = \alpha/\beta$$
$$\text{Var}\{\text{Gamma}(\alpha, \beta)\} = \alpha/\beta^2 \tag{6.14.42}$$

Quando $\alpha \geq 1$, há uma única moda em $x = (\alpha - 1)/\beta$.

Evidentemente, a cdf é a função gamma incompleta

$$\text{cdf} \equiv P(<x) \equiv \int_0^x p(x')dx' = P(\alpha, \beta x) \tag{6.14.43}$$

enquanto a inversa da cdf é dada em termos da inversa de $P(a, x)$ no seu segundo argumento por

$$x(P) = \frac{1}{\beta} P^{-1}(\alpha, P) \tag{6.14.44}$$

```
struct Gammadist : Gamma {                                          incgammabeta.h
Distribuição gamma, oriunda da função gamma Gamma.
    Doub alph, bet, fac;
    Gammadist(Doub aalph, Doub bbet = 1.) : alph(aalph), bet(bbet) {
    Construtor. Inicialize com α e β.
        if (alph <= 0. || bet <= 0.) throw("bad alph,bet in Gammadist");
        fac = alph*log(bet)-gammln(alph);
    }
    Doub p(Doub x) {
    Retorna a função densidade de probabilidade.
        if (x <= 0.) throw("bad x in Gammadist");
        return exp(-bet*x+(alph-1.)*log(x)+fac);
    }
    Doub cdf(Doub x) {
    Retorna função distribuição acumulada.
        if (x < 0.) throw("bad x in Gammadist");
        return gammp(alph,bet*x);
    }
```

```
Doub invcdf(Doub p) {
Retorna a inversa da função distribuição acumulada.
    if (p < 0. || p >= 1.) throw("bad p in Gammadist");
    return invgammp(p,alph)/bet;
}
};
```

## 6.14.10 Distribuição F

A *distribuição F* é parametrizada por dois valores positivos $\nu_1$ e $\nu_2$, usualmente (mas nem sempre) inteiros.

A densidade de probabilidade definida é

$$F \sim F(\nu_1, \nu_2), \qquad \nu_1 > 0, \nu_2 > 0$$

$$p(F) = \frac{\nu_1^{\frac{1}{2}\nu_1} \nu_2^{\frac{1}{2}\nu_2}}{B(\frac{1}{2}\nu_1, \frac{1}{2}\nu_2)} \frac{F^{\frac{1}{2}\nu_1 - 1}}{(\nu_2 + \nu_1 F)^{(\nu_1+\nu_2)/2}}, \qquad F > 0 \qquad (6.14.45)$$

onde $B(a, b)$ denota a função beta. A média e variância são dadas por

$$\text{Média}\{F(\nu_1, \nu_2)\} = \frac{\nu_2}{\nu_2 - 2}, \qquad \nu_2 > 2$$

$$\text{Var}\{F(\nu_1, \nu_2)\} = \frac{2\nu_2^2(\nu_1 + \nu_2 - 2)}{\nu_1(\nu_2 - 2)^2(\nu_2 - 4)}, \qquad \nu_2 > 4 \qquad (6.14.46)$$

Quando $\nu_1 \geq 2$, há uma única moda em

$$F = \frac{\nu_2(\nu_1 - 2)}{\nu_1(\nu_2 + 2)} \qquad (6.14.47)$$

Para $\nu_1$ fixo, se $\nu_2 \to \infty$, a distribuição $F$ torna-se uma distribuição qui-quadrado, isto é,

$$\lim_{\nu_2 \to \infty} F(\nu_1, \nu_2) \cong \frac{1}{\nu_1} \text{Qui-quadrado}(\nu_1) \qquad (6.14.48)$$

onde "$\cong$" significa "as distribuições são idênticas".

A cdf da distribuição $F$ é dada em termos da função beta incompleta $I_x(a, b)$ por

$$\text{cdf} \equiv P(< x) \equiv \int_0^x p(x')dx' = I_{\nu_1 F/(\nu_2+\nu_1 F)}\left(\tfrac{1}{2}\nu_1, \tfrac{1}{2}\nu_2\right) \qquad (6.14.49)$$

enquanto a inversa da cdf é dada em termos da inversa de $I_x(a, b)$ no seu argumento subscrito por

$$u \equiv I_p^{-1}\left(\tfrac{1}{2}\nu_1, \tfrac{1}{2}\nu_2\right)$$

$$x(P) = \frac{\nu_2 u}{\nu_1(1 - u)} \qquad (6.14.50)$$

Um uso frequente da distribuição $F$ é para testar quando duas amostras observadas têm a mesma variância.

```
struct Fdist : Beta {                                               incgammabeta.h
Distribuição F, oriunda da função beta Beta.
    Doub nu1,nu2;
    Doub fac;
    Fdist(Doub nnu1, Doub nnu2) : nu1(nnu1), nu2(nnu2) {
    Construtor. Inicialize com ν₁ e ν₂.
        if (nu1 <= 0. || nu2 <= 0.) throw("bad nu1,nu2 in Fdist");
        fac = 0.5*(nu1*log(nu1)+nu2*log(nu2))+gammln(0.5*(nu1+nu2))
            -gammln(0.5*nu1)-gammln(0.5*nu2);
    }
    Doub p(Doub f) {
    Retorna a função densidade de probabilidade.
        if (f <= 0.) throw("bad f in Fdist");
        return exp((0.5*nu1-1.)*log(f)-0.5*(nu1+nu2)*log(nu2+nu1*f)+fac);
    }
    Doub cdf(Doub f) {
    Retorna a função distribuição acumulada.
        if (f < 0.) throw("bad f in Fdist");
        return betai(0.5*nu1,0.5*nu2,nu1*f/(nu2+nu1*f));
    }
    Doub invcdf(Doub p) {
    Retorna a inversa da função distribuição acumulada.
        if (p <= 0. || p >= 1.) throw("bad p in Fdist");
        Doub x = invbetai(p,0.5*nu1,0.5*nu2);
        return nu2*x/(nu1*(1.-x));
    }
};
```

## 6.14.11 Distribuição beta

A *distribuição beta* é definida no intervalo unitário 0 < x < 1 por

$$x \sim \text{Beta}(\alpha, \beta), \quad \alpha > 0, \beta > 0$$

$$p(x) = \frac{1}{B(\alpha, \beta)} x^{\alpha-1}(1-x)^{\beta-1}, \quad 0 < x < 1 \tag{6.14.51}$$

A média e a variância são dadas por

$$\text{Média}\{\text{Beta}(\alpha, \beta)\} = \frac{\alpha}{\alpha + \beta}$$

$$\text{Var}\{\text{Beta}(\alpha, \beta)\} = \frac{\alpha\beta}{(\alpha + \beta)^2(\alpha + \beta + 1)} \tag{6.14.52}$$

Quando $\alpha > 1$ e $\beta > 1$, há uma única moda em $(\alpha - 1)/(\alpha + \beta - 2)$. Quando $\alpha < 1$ e $\beta < 1$, a função distribuição é em "formato de U" com um mínimo neste mesmo valor. Em outros casos, não há máximo, nem mínimo.

No limite em que $\beta$ torna-se grande quando $\alpha$ é mantido fixo, toda a ação na distribuição beta desloca-se em direção a $x = 0$, e a função densidade toma a forma de uma distribuição gamma. Mais precisamente,

$$\lim_{\beta \to \infty} \beta \, \text{Beta}(\alpha, \beta) \cong \text{Gamma}(\alpha, 1) \tag{6.14.53}$$

A cdf é a função beta incompleta

$$\text{cdf} \equiv P(< x) \equiv \int_0^x p(x')dx' = I_x(\alpha, \beta) \tag{6.14.54}$$

enquanto a inversa da cdf é dada em termos da inversa de $I_x(\alpha, \beta)$ no seu argumento subscrito por

$$x(P) = I_p^{-1}(\alpha, \beta) \tag{6.14.55}$$

incgammabeta.h
```
struct Betadist : Beta {
  Distribuição beta, oriunda da função beta Beta.
    Doub alph, bet, fac;
    Betadist(Doub aalph, Doub bbet) : alph(aalph), bet(bbet) {
  Construtor. Inicialize com α e β.
        if (alph <= 0. || bet <= 0.) throw("bad alph,bet in Betadist");
        fac = gammln(alph+bet)-gammln(alph)-gammln(bet);
    }
    Doub p(Doub x) {
  Retorna a função densidade de probabilidade.
        if (x <= 0. || x >= 1.) throw("bad x in Betadist");
        return exp((alph-1.)*log(x)+(bet-1.)*log(1.-x)+fac);
    }
    Doub cdf(Doub x) {
  Retorna a função distribuição acumulada.
        if (x < 0. || x > 1.) throw("bad x in Betadist");
        return betai(alph,bet,x);
    }
    Doub invcdf(Doub p) {
  Retorna a inversa da função distribuição acumulada.
        if (p < 0. || p > 1.) throw("bad p in Betadist");
        return invbetai(p,alph,bet);
    }
};
```

### 6.14.12 Distribuição de Kolmogorov-Smirnov

A distribuição de *Kolmogorov-Smirnov* ou distribuição *KS*, definida para $z$ positivo, é chave para um importante teste estatístico que é discutido em §14.3. Sua função densidade de probabilidade não entra diretamente no teste e quase nunca é escrita por extenso. O que normalmente precisa-se computar é a cdf, denotada por $P_{KS}(z)$, ou seu complemento, $Q_{KS}(z) \equiv 1 - P_{KS}(z)$.

A cdf $P_{KS}(z)$ é definida pela série

$$P_{KS}(z) = 1 - 2 \sum_{j=1}^{\infty} (-1)^{j-1} \exp(-2j^2 z^2) \tag{6.14.56}$$

ou pela série equivalente (de maneira não óbvia!)

$$P_{KS}(z) = \frac{\sqrt{2\pi}}{z} \sum_{j=1}^{\infty} \exp\left(-\frac{(2j-1)^2 \pi^2}{8z^2}\right) \tag{6.14.57}$$

Valores limites são o que você esperaria para as cdf's denominadas "$P$" e "$Q$":

$$\begin{aligned} P_{KS}(0) &= 0 & P_{KS}(\infty) &= 1 \\ Q_{KS}(0) &= 1 & Q_{KS}(\infty) &= 0 \end{aligned} \tag{6.14.58}$$

Ambas as séries (6.14.56) e (6.14.57) são convergentes para todo $z > 0$. Além disso, para qualquer $z$, uma ou outra série converge extremamente rápido, requerendo não mais do que três termos para obter acurácia fracionária em dupla precisão no padrão IEEE. Um bom lugar para transacionar de uma série para outra é em $z \approx 1{,}18$. Isto faz as funções KS computáveis por uma única exponencial e um número pequeno de operações aritméticas (ver código abaixo).

Obter as funções inversas $P_{KS}^{-1}(P)$ e $Q_{KS}^{-1}(Q)$, que retornam um valor de $z$ de um valor $P$ ou $Q$, é um pouco intrincando. Para $Q \lesssim 0{,}3$ (isto é, $P \gtrsim 0{,}7$), uma iteração baseada em (6.14.56) funciona bem:

$$x_0 \equiv 0$$
$$x_{i+1} = \tfrac{1}{2}Q + x_i^4 - x_i^9 + x_i^{16} - x_i^{25} + \cdots \qquad (6.14.59)$$
$$z(Q) = \sqrt{-\tfrac{1}{2}\log(x_\infty)}$$

Para $x \lesssim 0{,}06$, você apenas precisará das primeiras duas potências de $x_i$.

Para valores maiores de $Q$, isto é, $P \lesssim 0{,}7$, o número de potências de $x$ requerido rapidamente torna-se excessivo. Uma abordagem útil é escrever (6.14.57) como

$$y\log(y) = -\frac{\pi P^2}{8}\left(1 + y^4 + y^{12} + \cdots + y^{2j(j-1)} + \cdots\right)^{-1}$$
$$z(P) = \frac{\pi/2}{\sqrt{-\log(y)}} \qquad (6.14.60)$$

Se conseguirmos obter um chute inicial suficiente bom para $y$, podemos resolver a primeira equação em (6.14.60) por uma variante do método de Halley: use valores de $y$ de uma iteração anterior no lado direito de (6.14.60) e use Halley apenas para o pedaço $y\log(y)$, de modo que a primeira e segunda derivadas sejam funções analiticamente simples.

Um bom chute inicial é obtido usando-se a função inversa para $y\log(y)$ (a função `invxlogx` em §6.11) com o argumento $-\pi P^2/8$. O número de iterações dentro da função `invxlogx` e do laço Halley nunca é mais do que meia dúzia em cada, geralmente menos. Segue código para as funções KS e suas inversas.

```
struct KSdist {                                                          ksdist.h
Funções distribuição acumulada de Kolmogorov-Smirnov e suas inversas.
    Doub pks(Doub z) {
    Retorne a função distribuição acumulada.
        if (z < 0.) throw("bad z in KSdist");
        if (z == 0.) return 0.;
        if (z < 1.18) {
            Doub y = exp(-1.23370055013616983/SQR(z));
            return 2.25675833419102515*sqrt(-log(y))
                *(y + pow(y,9) + pow(y,25) + pow(y,49));
        } else {
            Doub x = exp(-2.*SQR(z));
            return 1. - 2.*(x - pow(x,4) + pow(x,9));
        }
    }
    Doub qks(Doub z) {
    Retorne o complementar da função distribuição acumulada.
        if (z < 0.) throw("bad z in KSdist");
        if (z == 0.) return 1.;
        if (z < 1.18) return 1.-pks(z);
        Doub x = exp(-2.*SQR(z));
        return 2.*(x - pow(x,4) + pow(x,9));
    }
    Doub invqks(Doub q) {
```

Retorna a inversa do complementar da função distribuição acumulada.
```
Doub y,logy,yp,x,xp,f,ff,u,t;
if (q <= 0. || q > 1.) throw("bad q in KSdist");
if (q == 1.) return 0.;
if (q > 0.3) {
    f = -0.392699081698724155*SQR(1.-q);
    y = invxlogx(f);                Chute inicial.
    do {
        yp = y;
        logy = log(y);
        ff = f/SQR(1.+ pow(y,4)+ pow(y,12));
        u = (y*logy-ff)/(1.+logy);  Correção pelo método de Newton.
        y = y - (t=u/MAX(0.5,1.-0.5*u/(y*(1.+logy)))); Halley
    } while (abs(t/y)>1.e-15);
    return 1.57079632679489662/sqrt(-log(y));
} else {
    x = 0.03;
    do {                            Iteração (6.14.59).
        xp = x;
        x = 0.5*q+pow(x,4)-pow(x,9);
        if (x > 0.06) x += pow(x,16)-pow(x,25);
    } while (abs((xp-x)/x)>1.e-15);
    return sqrt(-0.5*log(x));
    }
}
Doub invpks(Doub p) {return invqks(1.-p);}
```
Retorna o inverso da função distribuição acumulada.
```
};
```

### 6.14.13 Distribuição de Poisson

A epônima distribuição de Poisson foi derivada por Poisson em 1837. Ela aplica-se a um processo onde eventos discretos, descorrelacionados, ocorrem de acordo com alguma taxa média por unidade de tempo. Se, para um dado período, $\lambda$ é a média esperada do número de eventos, então a distribuição de probabilidade de se observar exatamente $k$ eventos, $k \geq 0$, pode ser escrita como

$$k \sim \text{Poisson}(\lambda), \quad \lambda > 0$$
$$p(k) = \frac{1}{k!}\lambda^k e^{-\lambda}, \quad k = 0, 1, \ldots \qquad (6.14.61)$$

Evidentemente $\Sigma_k \, p(k) = 1$, uma vez que os $k$ fatores independentes em (6.14.61) são apenas a expansão em séries de $e^\lambda$.

A média e variância de Poisson($\lambda$) são ambas $\lambda$. Há uma única moda em $k = \lfloor \lambda \rfloor$, isto é, no menor inteiro de $\lambda$.

A cdf da distribuição de Poisson é uma função gamma incompleta $Q(a, x)$,

$$P_\lambda(< k) = Q(k, \lambda) \qquad (6.14.62)$$

Uma vez que $k$ é discreto, $P_\lambda(< k)$ é naturalmente diferente de $P_\lambda(\leq k)$, sendo a última dada por

$$P_\lambda(\leq k) = Q(k+1, \lambda) \qquad (6.14.63)$$

Alguns valores particulares são

$$P_\lambda(< 0) = 0 \qquad P_\lambda(< 1) = e^{-\lambda} \qquad P_\lambda(< \infty) = 1 \qquad (6.14.64)$$

Algumas outras relações envolvendo as funções gamma incompletas $Q(a, x)$ e $P(a, x)$ são

$$P_\lambda(\geq k) = P(k, \lambda) = 1 - Q(k, \lambda)$$
$$P_\lambda(> k) = P(k + 1, \lambda) = 1 - Q(k + 1, \lambda) \qquad (6.14.65)$$

Pelo fato de $k$ ser discreto, a inversa da cdf deve ser definida com algum cuidado: dado um valor P, definimos $k_\lambda(P)$ como o inteiro tal que

$$P_\lambda(< k) \leq P < P_\lambda(\leq k) \qquad (6.14.66)$$

Para ser conciso, o código abaixo trapaceia um pouquinho e permite o lado direito $<$ ser $\leq$. Se você pode fornecer $P$'s que são $P_\lambda$ ($<k$)'s *exatos*, então você precisará checar ambos os $k_\lambda(P)$ retornados e $k_\lambda(P) + 1$. (Isto essencialmente nunca ocorrerá para $P$'s "arredondados" como 0,95, 0,99 etc.)

```
struct Poissondist : Gamma {                                          incgammabeta.h
Distribuição de Poisson, oriunda da função gamma Gamma.
    Doub lam;
    Poissondist(Doub llam) : lam(llam) {
    Construtor. Inicialize com λ.
        if (lam <= 0.) throw("bad lam in Poissondist");
    }
    Doub p(Int n) {
    Retorna função densidade de probabilidade.
        if (n < 0) throw("bad n in Poissondist");
        return exp(-lam + n*log(lam) - gammln(n+1.));
    }
    Doub cdf(Int n) {
    Retorna função distribuição acumulada.
        if (n < 0) throw("bad n in Poissondist");
        if (n == 0) return 0.;
        return gammq((Doub)n,lam);
    }
    Int invcdf(Doub p) {
    Dado argumento P, retorna um inteiro n tal que P (< n) ≤ P ≤ P(< n +1).
        Int n,nl,nu,inc=1;
        if (p <= 0. || p >= 1.) throw("bad p in Poissondist");
        if (p < exp(-lam)) return 0;
        n = (Int)MAX(sqrt(lam),5.);          Parte de um chute perto do pico da densidade.
        if (p < cdf(n)) {                    Expanda intervalo até agruparmos.
            do {
                n = MAX(n-inc,0);
                inc *= 2;
            } while (p < cdf(n));
            nl = n; nu = n + inc/2;
        } else {
            do {
                n += inc;
                inc *= 2;
            } while (p > cdf(n));
            nu = n; nl = n - inc/2;
        }
        while (nu-nl>1) {                    Agora encolha o intervalo por bissecção.
            n = (nl+nu)/2;
            if (p < cdf(n)) nu = n;
            else nl = n;
        }
        return nl;
    }
};
```

### 6.14.14 Distribuição binomial

Como a distribuição de Poisson, a *distribuição binomial* é uma distribuição discreta sobre $k \geq 0$. Ela tem dois parâmetros: $n \geq 1$, o "tamanho da amostra" ou valor máximo de $k$, com $k$ não nulo; e $p$, "probabilidade do evento" [não confundir com $p(k)$, a probabilidade de um $k$ particular). Escrevemos

$$k \sim \text{Binomial}(n, p), \qquad n \geq 1, \ 0 < p < 1$$
$$p(k) = \binom{n}{k} p^k (1-p)^{n-k}, \qquad k = 0, 1, \ldots, n \tag{6.14.67}$$

onde $\binom{n}{k}$ é, naturalmente, o coeficiente binomial.

A média e variância são dadas por

$$\text{Média}\{\text{Binomial}(n, p)\} = np$$
$$\text{Var}\{\text{Binomial}(n, p)\} = np(1-p) \tag{6.14.68}$$

Há uma única moda no valor de $k$ que satisfaz

$$(n+1)p - 1 < k \leq (n+1)p \tag{6.14.69}$$

A distribuição é simétrica se e somente se $p = \frac{1}{2}$. De outra forma, ela tem assimetria positiva para $p < \frac{1}{2}$ e negativa para $p > \frac{1}{2}$. Muitas propriedades adicionais são descritas em [2].

A distribuição de Poisson é obtida da distribuição binomial no limite $n \to \infty$, $p \to 0$ com o $np$ remanescente finito. Mais precisamente,

$$\lim_{n \to \infty} \text{Binomial}(n, \lambda/n) \cong \text{Poisson}(\lambda) \tag{6.14.70}$$

A cdf da distribuição binomial pode ser computada da função beta incompleta $I_x(a, b)$,

$$P(< k) = 1 - I_p(k, n - k + 1) \tag{6.14.71}$$

de forma que também temos (analogamente à distribuição de Poisson)

$$P(\leq k) = 1 - I_p(k+1, n-k)$$
$$P(> k) = I_p(k+1, n-k) \tag{6.14.72}$$
$$P(\geq k) = I_p(k, n-k+1)$$

Alguns valores particulares são

$$P(< 0) = 0 \qquad P(< [n+1]) = 1 \tag{6.14.73}$$

A inversa da cdf é definida exatamente como para a distribuição de Poisson, acima, e com a mesma pequena advertência sobre o código.

incgammabeta.h
```
struct Binomialdist : Beta {
    Distribuição binomial, oriunda da função beta Beta.
    Int n;
    Doub pe, fac;
    Binomialdist(Int nn, Doub ppe) : n(nn), pe(ppe) {
    Construtor, Inicialize com n (tamanho da amostra) e p (probabilidade do evento).
        if (n <= 0 || pe <= 0. || pe >= 1.) throw("bad args in Binomialdist");
```

```
        fac = gammln(n+1.);
}
Doub p(Int k) {
```
Retorna função densidade de probabilidade
```
    if (k < 0) throw("bad k in Binomialdist");
    if (k > n) return 0.;
    return exp(k*log(pe)+(n-k)*log(1.-pe)
        +fac-gammln(k+1.)-gammln(n-k+1.));
}
Doub cdf(Int k) {
```
Retorna função distribuição acumulada.
```
    if (k < 0) throw("bad k in Binomialdist");
    if (k == 0) return 0.;
    if (k > n) return 1.;
    return 1. - betai((Doub)k,n-k+1.,pe);
}
Int invcdf(Doub p) {
```
Dado argumento $P$, retorna $n$ inteiro tal que $P\ (<n) \le P \le (<n+1)$.
```
    Int k,kl,ku,inc=1;
    if (p <= 0. || p >= 1.) throw("bad p in Binomialdist");
    k = MAX(0,MIN(n,(Int)(n*pe)));          Parta de um chute perto do pico da densidade.
    if (p < cdf(k)) {                       Expanda intervalo até agruparmos.
        do {
            k = MAX(k-inc,0);
            inc *= 2;
        } while (p < cdf(k));
        kl = k; ku = k + inc/2;
    } else {
        do {
            k = MIN(k+inc,n+1);
            inc *= 2;
        } while (p > cdf(k));
        ku = k; kl = k - inc/2;
    }
    while (ku-kl>1) {                       Agora diminua o intervalo por bissecção.
        k = (kl+ku)/2;
        if (p < cdf(k)) ku = k;
        else kl = k;
    }
    return kl;
    }
};
```

## REFERÊNCIAS CITADAS E LEITURA COMPLEMENTAR

Johnson, N.L. and Kotz, S. 1970, *Continuous Univariate Distributions,* 2 vols. (Boston: Houghton Mifflin).[1]

Johnson, N.L. and Kotz, S. 1969, *Discrete Distributions* (Boston: Houghton Mifflin). [2]

Gelman, A., Carlin, J.B., Stern, H.S., and Rubin, D.B. 2003, *Bayesian Data Analysis,* 2nd ed. (Boca Raton, FL: Chapman & Hall/CRC), Appendix A.

Lyuu, Y-D. 2002, *Financial Engineering and Computation (Cambridge,* UK: Cambridge University Press). [3]

# CAPÍTULO 7

# Números Aleatórios

## 7.0 Introdução

Pode parecer perverso usar um computador, a mais precisa e determinística de todas as máquinas concebidas pela mente humana, para produzir números "aleatórios". Mais do que perverso, parece ser uma impossibilidade conceitual. Afinal, um programa produz output que é inteiramente previsível, consequentemente não verdadeiramente "aleatório".

Todavia, "geradores de números aleatórios" práticos em computadores são de uso comum. Deixaremos para os filósofos da era do computador resolver o paradoxo de uma maneira profunda (ver, p. ex., Knuth [1] §3.5 para discussão e referências). Às vezes denominam-se sequências geradas por computador como *pseudoaleatórias*, enquanto a palavra *aleatória* é reservada para o output de um processo físico intrinsecamente aleatório, como o tempo decorrido entre dois clics de um contador Geiger colocado próximo de uma amostra de algum elemento radioativo. Não tentaremos fazer distinções assim tão finas.

Uma definição funcional de aleatoriedade no contexto de sequências computacionalmente geradas é dizer que o programa determinístico que produz uma sequência aleatória deveria ser diferente e – em todos os aspectos mensuráveis – estatisticamente descorrelacionado do programa de computador que *usa* seu output. Em outras palavras, quaisquer dois geradores de números aleatórios diferentes deveriam produzir estatisticamente os mesmos resultados quando acoplados a seu particular programa de aplicações. Se eles não fazem isso, então no mínimo um deles não é (do seu ponto de vista) um bom gerador.

A definição acima pode parecer circular, comparando, como ela faz, um gerador com outro gerador. Porém, existe um grande corpo de geradores de números aleatórios que mutuamente satisfazem a definição em uma classe muito, muito vasta de programas de aplicações. E é também verificado empiricamente que resultados estatisticamente idênticos são obtidos de números aleatórios produzidos por processos físicos. Assim, pelo fato de saber que tais geradores existem, nós podemos deixar para os filósofos o problema de definição deles.

O ponto de vista pragmático assim é que a aleatoriedade está nos olhos de quem vê (ou programador). O que é suficientemente aleatório para uma aplicação pode não ser aleatório o suficiente para outra. Ainda assim, não estamos inteiramente à deriva em um oceano de incomensuráveis programas de aplicações: há uma lista aceita de testes estatísticos, alguns sensíveis e alguns meramente sacramentados pela História, que no geral fazem um bom trabalho de desentocar qualquer não aleatoriedade que pode ser detectada por um programa de aplicações (neste caso, o seu). Bons geradores de números aleatórios devem passar por todos estes testes, ou no mínimo o usuário deveria estar atento no caso de eles falharem em algum deles, a fim de que ele ou ela seja capaz de julgar se eles são relevantes para o caso em mãos.

Para referências neste tópico, o primeiro ao qual se deve recorrer é Knuth [1]. Cuidado com qualquer fonte anterior a 1995, uma vez que o campo progrediu enormemente na década seguinte.

**REFERÊNCIAS CITADAS E LEITURA COMPLEMENTAR**

Knuth, D.E. 1997, *Seminumerical Algorithms*, 3rd ed., vol. 2 of *The Art of Computer Programming* (Reading, MA: Addison-Wesley), Chapter 3, especially §3.5.[1]

Gentle, J.E. 2003, *Random Number Generation and Monte Carlo Methods*, 2nd ed. (New York: Springer).

## 7.1 Desvios uniformes

Desvios uniformes são apenas números aleatórios que pertencem ao interior de um range específico, tipicamente 0,0 a 1,0 para números em ponto flutuante, ou 0 até $2^{32} - 1$ ou $2^{64} - 1$ para inteiros. Dentro do range, qualquer número é tão provável quanto qualquer outro. Eles são, em outras palavras, o que você provavelmente imagina que "números aleatórios" são. Porém, queremos distinguir desvios uniformes dos outros tipos de números aleatórios, por exemplo, números retirados de uma distribuição normal (Gaussiana) de uma média e desvio padrão especificados. Estes outros tipos de desvios são quase sempre gerados pela realização de operações apropriadas em um ou mais desvios uniformes, como veremos nas seções subsequentes. Assim, uma fonte confiável de desvios uniformes aleatórios, o objetivo desta seção, é um tijolo essencial para qualquer tipo de modelagem estocástica ou simulação computacional Monte Carlo.

O estado da arte para gerar desvios uniformes avançou consideravelmente na última década e agora começa a parecer um campo maduro. É agora razoável esperar obter desvios "perfeitos" em não mais do que uma dúzia de operações aritméticas ou lógicas por desvio ou perto disso, e, desvios rápidos "suficiente bons"em muito menos operações do que isso. Três fatores contribuíram para o avanço do campo: primeiro, novos algoritmos matemáticos; segundo, melhor entendimento dos perigos imprevistos nas práticas; e terceiro, padronização das linguagens de programação em geral e da aritmética inteira em particular – e especialmente a disponibilidade universal da aritmética sem sinal de 64 bits em C e C++. Pode parecer irônico que algo tão rasteiro como este último fator pode ser tão importante. Mas, como veremos, realmente é.

A armadilha mais perigosa para um usuário de hoje é que muitos métodos desatualizados e inferiores permanecem em uso geral. Aqui estão algumas ciladas para cuidar:

- Nunca use um gerador fortemente baseado em um *gerador congruencial linear* (LCG) ou um *gerador congruencial linear multiplicativo* (MLCG). Diremos mais sobre isso abaixo.
- Nunca use um gerador com um período menor do que $\sim 2^{64} \approx 2 \times 10^{19}$, ou qualquer gerador cujo período seja desconhecido.
- Nunca use os um gerador que adverte não usar seus bits de baixa ordem como sendo completamente aleatório. Isto já foi uma boa advertência, mas agora indica um algoritmo obsoleto (usualmente um LCG).
- Nunca use geradores embutidos nas linguagens C e C++, especialmente `rand` e `srand`. Estes não tem implementação padrão e são geralmente muito defeituosos.

Se todos os artigos científicos cujos resultados são duvidosos por causa de uma ou mais das armadilhas acima fossem desaparecer das prateleiras das bibliotecas, haveria uma lacuna em cada prateleira tão grande quanto seu punho fechado.

Você pode também querer procurar por indicações de que um gerador é superprojetado, e por esta razão um desperdiçador de recursos:

- Evite geradores que tomam mais do que (por exemplo) duas dúzias de operações aritméticas ou lógicas para gerar um resultado inteiro de 64 bits ou resultados em dupla precisão em ponto flutuante.
- Evite usar geradores (super)projetados para usos criptográficos sérios.
- Evite usar geradores com períodos $> 10^{100}$. Você *realmente* nunca precisará disso, e, acima de um limite mínimo, o período de um gerador tem pouco a ver com sua qualidade.

Uma vez que dissemos a você o que evitar do passado, deveríamos imediatamente seguir com a sabedoria recebida do presente:

> Um gerador aleatório aceitável deve combinar no mínimo dois métodos (idealmente, não relacionados). Os métodos combinados evoluem independentemente e não compartilham estado algum. A combinação deve ser por operações simples que não produzem resultados menos aleatórios do que os operandos.

Se você não quer ler o resto desta seção, então use o seguinte código para gerar todos os desvios uniformes que você precisará. Este é nosso gerador "cinto e suspensórios, armadura completa, nunca duvidoso"* e ele também satisfaz as diretrizes acima para evitar métodos desperdiçadores, superprojetados. (Os geradores mais rápidos que recomendamos, abaixo, são apenas $\sim 2{,}5 \times$ mais rápido, mesmo quando seu código é copiado inline em uma aplicação.)

ran.h
```
struct Ran {
Implementação do gerador de mais alta qualidade recomendado. O construtor é chamado com uma semen-
te inteira e cria uma instância do gerador. As funções membro int64, doub e int32 retornam os próximos
valores na sequência aleatória, como um tipo variável indicado pelos seus nomes. O período do gerador é
≈ 3,138 × 10⁵⁷
    Ullong u,v,w;
    Ran(Ullong j) : v(4101842887655102017LL), w(1) {
    Construtor. Chame com qualquer semente inteira (exceto o valor de v acima).
        u = j ^ v; int64();
        v = u; int64();
        w = v; int64();
    }
    inline Ullong int64() {
```

---

* "E a recompensa de US$1.000?" podem pensar alguns leitores de longa data. Isto é uma história por si só: duas décadas atrás, a primeira edição do *Métodos Numéricos Aplicados* incluiu um gerador de números aleatórios com defeito. (Perdoe-nos, éramos jovens!) Na segunda edição, em uma tentativa mal-conduzida de comprar de volta alguma credibilidade, oferecemos um prêmio de US$1.000 para o "primeiro leitor que nos convencesse" de que o melhor gerador da edição estivesse de alguma forma com defeito. Ninguém nunca ganhou aquele prêmio (ran2 é um gerador sadio, dentro dos seus limites declarados). Percebemos, porém, que muitas pessoas não entendem o que constitui uma prova estatística. Múltiplos pretendentes ao longo dos anos enviaram justificativas baseadas em uma de duas falácias: (1) encontrar, após muito procurar, alguma semente particular que faz os primeiros poucos valores aleatórios parecerem incomuns, ou (2) encontrar, após alguns milhões de tentativas, uma estatística que, apenas uma vez, é tão improvável quanto uma parte em um milhão. No interesse de nossa própria sanidade, nós não oferecemos recompensa nesta edição. E a oferta anterior é destarte anulada.

```
        Retorna um inteiro aleatório de 64 bits. Veja texto para a explanação do método.
        u = u * 2862933555777941757LL + 7046029254386353087LL;
        v ^= v >> 17; v ^= v << 31; v ^= v >> 8;
        w = 4294957665U*(w & 0xffffffff) + (w >> 32);
        Ullong x = u ^ (u << 21); x ^= x >> 35; x ^= x << 4;
        return (x + v) ^ w;
    }
    inline Doub doub() { return 5.42101086242752217E-20 * int64(); }
    Retorna valor aleatório flutuante em dupla precisão no range 0,0 até 1,0
    inline Uint int32() { return (Uint)int64(); }
    Retorna inteiro aleatório com 32 bits.
};
```

A premissa básica aqui é que um gerador aleatório, pelo fato de manter seu estado interno entre chamadas, seria um objeto, uma `struct`. Você pode declarar mais do que uma instância dele (embora seja difícil pensar na razão para se fazer isso) e diferentes instâncias não irão interagir de maneira nenhuma.

O construtor `Ran()` toma um simples argumento inteiro, que torna-se a semente para a sequência gerada. Sementes diferentes geram (para todos os interesses práticos) sequências completamente diferentes. Uma vez construída, uma instância de `Ran` oferece diversos formatos diferentes para o output aleatório. Para sermos específicos, suponha que você criou uma instância pela declaração

```
    Ran myran(17);
```

onde `myran` é agora o nome desta instância e 17 é sua semente. Então, a função `myran.int64()` retorna um inteiro aleatório de 64 bits sem sinal; a função `myran.int32()` retorna um inteiro de 32 bits sem sinal, e a função `myran.doub()` retorna um valor flutuante em dupla precisão no range 0,0 até 1,0. Você pode misturar chamadas a estas funções como você desejar. Você pode usar *quaisquer* bits aleatórios retornados para qualquer proposta. Se você precisa de um inteiro aleatório entre 1 e n (inclusive), digamos, então a expressão 1 + `myran.int64()` % (n-1) está perfeitamente OK (ainda que existam idiomas mais rápidos do que o uso de %).

No restante desta seção, brevemente revisamos um pouco de História (a ascensão e queda do LCG), e então damos detalhes de alguns dos métodos algoritmos que devem estar inclusos em um bom gerador, e como combinar aqueles métodos. Finalmente, daremos alguns geradores adicionais recomendados, além do `Ran` acima.

### 7.1.1 Um pouco de História

Em retrospecto, parece claro que todo o campo de geração de números aleatórios foi hipnotizado, por muito tempo, pela simples relação de recorrência

$$I_{j+1} = aI_j + c \quad (\mathrm{mod}\ m) \tag{7.1.1}$$

Aqui $m$ é chamado de módulo, $a$ é um inteiro positivo chamado de *multiplicador*, e $c$ (que pode ser zero) é inteiro não negativo chamado de *incremento*. Para $c \neq 0$, a equação (7.1.1) é chamada de gerador congruencial linear (LCG). Quando $c = 0$, é às vezes chamado de LCG multiplicativo ou MLCG.

A recorrência (7.1.1) deve ser eventualmente repetida, com um período que é obviamente não maior que $m$. Se $m$, $a$ e $c$ são propriamente escolhidas, então o período será de comprimento máximo, i.e., de comprimento $m$. Neste caso, todos os possíveis inteiros entre 0 e $m - 1$ ocorrem em algum ponto, portanto qualquer escolha inicial de $I_0$ "semente" é tão boa como qualquer outra: a sequência apenas parte deste ponto, e sucessivos valores de $I_j$ são valores "aleatórios" retornados.

A ideia de LCG's remonta aos primórdios da computação, e eles foram vastamente usados nos anos 1950 e depois disso. O problema no paraíso começou primeiro a ser notado em meados de 1960 (p.ex., [1]): se $k$ números aleatórios em um instante de tempo são usados para esboçar os pontos num espaço $k$-dimensional (com cada coordenada entre 0 e 1), então os pontos não tenderão a "preencher" o espaço $k$-dimensional, mas sim pertencerão a "planos" $(k-1)$-dimensionais. Haverá *no máximo* cerca de $m^{1/k}$ destes planos. Se as constantes $m$ e $a$ não são muito cuidadosamente escolhidas, haverá *muito menos do que isso*. O número $m$ era usualmente próximo do maior inteiro representável pela máquina, geralmente $\sim 2^{32}$. Assim, por exemplo, o número de planos nos quais as triplas de pontos pertencem ao espaço tridimensional não pode ser maior do que aproximadamente a raiz cúbica de $2^{32}$, aproximadamente 1600. Você poderia muito bem estar focando sua atenção em um processo físico que ocorre em uma fração pequena do volume total, de forma que a separação dos planos pode ser muito pronunciada.

Ainda pior, ocorria de muitos geradores antigos fazerem escolhas particularmente ruins para $m$ e $a$. Uma destas rotinas infames, RANDU, com $a = 65539$ e $m = 2^{31}$, foi difundida nos computadores mainframe IBM por muitos anos e muito copiada para outros sistemas. Um de nós recorda de, quando estudante de pós-graduação, estar produzindo um gráfico com apenas 11 planos e de ser informado pelo seu consultor de programação do centro de computadores de que ele tinha feito mau uso do gerador de números aleatórios: "Nós garantimos que cada número é individualmente aleatório, mas não garantimos que mais do que um deles seja aleatório". Aquilo atrasou nossa pós-graduação em no mínimo um ano!

LCGs e MLCGs têm fraquezas adicionais: quando $m$ é escolhido com uma potência de 2 (p. ex., RANDU), então os bits de baixa ordem gerados são dificilmente aleatórios. Em particular, o bit menos significativo tem um período de no máximo 2, o segundo de no máximo 4, o terceiro de no máximo 8, e assim sucessivamente. Mas, se você não escolhe $m$ como uma potência de 2 (de fato, escolher $m$ primo é geralmente uma coisa boa), então você em geral precisa acessar os registradores de comprimento duplo para fazer a multiplicação e funções módulo na equação (7.1.1). Estes geralmente não estavam disponíveis nos computadores da época (e geralmente continuam assim).

Um bocado de esforço foi subsequentemente dedicado para "corrigir" estas fraquezas. Um elegante teste da teoria de números para $m$ e $a$, o *teste espectral*, foi desenvolvido para caracterizar a densidade de planos em espaços de dimensão arbitrária. (Ver [2] para um recente trabalho de revisão que incluiu versões gráficas de alguns dos geradores aparentemente pobres que foram usados historicamente, e também [3].) O *método de Schrage* [4] foi inventado para fazer a multiplicação $a\,I_j$ com somente uma aritmética de 32 bits para $m$ tão grande quanto $[2^{32}-1]$, mas, infelizmente, apenas para certos $a$'s, nem sempre os melhores. O trabalho de revisão de Park e Miller [5] proporciona um bom panorama contemporâneo dos LGGs no seu apogeu.

Olhando para trás, parece claro que a duradoura preocupação da área com LCG's foi algo errado. Não há razão tecnológica para que os melhores geradores não LCG da última década não pudessem ter sido descobertos décadas antes, nem alguma razão para que o sonho impossível de um gerador "algoritmo único" elegante não pudesse também ter sido abandonado muito antes (em favor da mais pragmática colcha de retalhos de geradores combinados). Como explicaremos abaixo, LCGs e MLCGs podem ainda ser úteis, mas apenas em situações cuidadosamente controladas e com a devida atenção às suas manifestas fraquezas.

## 7.1.2 Métodos recomendados para uso em geradores combinados

Hoje, existe no mínimo uma dúzia de algoritmos plausíveis que merecem séria consideração para uso em geradores aleatórios. Nossa seleção de uns poucos é motivada tanto pela estética quanto pela matemática. Gostamos de algoritmos com poucas e rápidas operações, com inicialização perfeitamente segura e com estado pequeno o suficiente para manter os registradores no primeiro nível de cachê (se o compilador e hardware são capazes disso). Isto significa que tendemos a evitar outros algoritmos bons cujo estado é um array de certo comprimento, apesar da relativa simplicidade com que tal algoritmo pode alcançar períodos verdadeiramente grandes. Para overviews de conjuntos de métodos mais abrangentes, ver [6] e [7].

Para ser recomendável para uso em um gerador combinado, um método precisa ser entendido teoricamente em algum grau e passar por um conjunto razoavelmente vasto de testes empíricos (ou, se ele falha, seus pontos fracos devem ser bem caracterizados). Nosso padrão mínimo teórico é que o período, o conjunto de valores retornados e o conjunto de inicializações válidas devem ser completamente entendidos. Como um padrão mínimo, nós usamos a segunda versão (2003) irreverentemente chamada bateria Diehard de testes estatísticos de Marsaglia (do inglês *die-hard*, que quer dizer obstinado, persistente) [8].* Um conjunto de testes (suíte) alternativo, NIST-STS [9], poderia ser usada em seu lugar, ou adicionalmente.

Simplesmente exigir que um gerador cominado passe por Diehard ou NIST-STS não é um teste aceitavelmente rígido. Estes suítes fazem somente $\sim 10^7$ chamadas para o gerador, enquanto que um programa de computador poderia fazer $10^{12}$ ou mais. Muito mais significativo é exigir que cada método no gerador combinado passe separadamente o suíte escolhido. Então o gerador combinado (se corretamente construído) deveria ser vastamente melhor que qualquer outro componente. Nas tabelas a seguir, usamos o símbolo "✷" para indicar que o método passa ele mesmo pelos testes Diehard. (Para quantidade de 64 bits, a sentença é que tanto os 32 bits superiores quanto os 32 inferiores bits passem pelo teste.) Correspondentemente, as palavras "podem ser usadas como aleatórias", abaixo, não implica imperfeições na aleatoriedade, mas apenas um nível mínimo para aplicações rápidas e rasteiras onde um gerador melhor, combinado, simplesmente não é necessário.

Voltamos agora para métodos específicos, partindo com métodos que usam aritmética de 64 bits sem sinal (o que nós chamamos Ullong, isto é, unsigned long long no mundo Linux/Unix, ou unsigned__int64 no planeta Microsoft).

**(A) Método xorshift para 64 bits.** Este gerador foi descoberto e caracterizado por Marsaglia [10]. Em apenas três XORs e três shifts (geralmente operações rápidas) ele produz um período completo de $2^{64} - 1$ em 64 bits. (O valor que falta é zero, que perpetua-se e deve ser evitado.) Bits altos e baixos passam pelo teste Diehard. Um gerador pode usar ou a regra de update de 3 linhas, abaixo, que inicia com <<, ou a regra que começa com >>. (As duas regras de update produzem diferentes sequências, relacionadas por reversão de bit.)

estado:      $x$ (sem sinal 64-bit)
inicialize:     $x \neq 0$
update:      $x \leftarrow x \wedge (x \gg a_1)$,
                   $x \leftarrow x \wedge (x \ll a_2)$,
                   $x \leftarrow x \wedge (x \gg a_3);$
ou         $x \leftarrow x \wedge (x \ll a_1)$,
                   $x \leftarrow x \wedge (x \gg a_2)$,

---

*Assegure-se de estar usando uma versão do teste Diehard que inclui o assim chamado Gorilla Test.

$$x \leftarrow x \wedge (x \ll a_3);$$

pode usar como aleatório:    $x$ (todos os bits)    ✳

pode usar em um bit misto:    $x$ (todos os bits)

pode melhorar por:    tome o output do MLCG sucessor em 64 bits

período:    $2^{64} - 1$

Aqui temos um esboço bastante breve da teoria por trás destes geradores: considere os 64 bits do inteiro como componentes em um vetor de comprimento 64, em um espaço linear onde adição e multiplicação são feitos modelo 2. Observando-se que XOR ($\wedge$) é o mesmo que adição, cada uma das três linhas no updating pode ser escrita como a ação de uma matriz $64 \times 64$ em um vetor, onde a matriz tem todos os elementos nulos exceto pelos da diagonal, e exatamente em uma primeira super ou subdiagonal (correspondente a $\ll$ e $\gg$). Denote esta matriz por $\mathbf{S}_k$, onde $k$ é argumento para o deslocamento (*shift*) (positivo para deslocamento à esquerda, digamos, e negativo para deslocamente à direita). Então, um passo completo de atualização (três linhas, da regra de atualização acima) corresponde a multiplicação pela matriz $\mathbf{T} \equiv \mathbf{S}_{k_3} \mathbf{S}_{k_2} \mathbf{S}_{k_1}$.

A seguir, necessita-se encontrar triplas de inteiros ($k_1, k_2, k_3$), por exemplo, $(21, -35, 4)$, que fornecem o período completo $M \equiv 2^{64} - 1$. Condições necessárias e suficientes são que $\mathbf{T}^M = \mathbf{1}$ (a matriz identidade) e que $\mathbf{T}^N \neq \mathbf{1}$ para estes sete valores de $N$: $M/6700417$, $M/65537$, $M/641$, $M/257$, $M/17$, $M/5$ e $M/3$, isto é, $M$ dividido por cada um dos seus sete fatores primos distintos. As maiores potências necessárias de $\mathbf{T}$ são prontamente computadas por sucessivas operações de quadrado, requerendo apenas uma ordem de $64^4$ operações. Com este ferramental, pode-se encontrar triplos períodos completos ($k_1, k_2, k_3$) por busca exaustiva, com um custo razoável.

Brent [11] apontou que o método xorshift de 64 bits produz, em cada posição de bit, uma sequência de bits que é idêntica a uma produzida por um certo "linear feedback shift register" (LFSR) (registrador de deslocamento de resposta linear) em 64 bits. (Aprenderemos mais sobre LFSRs em § = 7.5.) O método xorshift tem assim potencialmente alguns dos mesmos poderes e fraquezas de um LFSR. O que abranda isso, porém, é o fato que o polinômio primitivo equivalente de um típico gerador xorshift tem muitos termos não nulos, fornecendo melhor propriedades estatísticas do que os geradores LFSR baseados em, por exemplo, primitivos trinomiais. Como consequência, o gerador xorshift é um jeito de passar simultaneamente 64 registradores LFSR não triviais de um bit, usando apenas seis rápidas operações de 64 bits. Existem outras maneiras de fazer passos mais rápidos em LFSRs e combinar o output de mais do que um tal gerador [12,13], mas nenhuma tão simples quanto o método xorshift.

Enquanto cada posição de bit em um gerador xorshift tem a mesma recorrência, e por esta razão a mesma sequência com período $2^{64} - 1$, o método garante offsets para cada sequência tais que todas palavras não nulas de 64 bits são produzidas *através* das posições do bit durante um ciclo completo (como já vimos).

Uma seleção de triplas de período completo é tabelada em [10]. Apenas uma pequena fração de triplas de período completo de fato produzem geradores que passam pelo teste Diehard. Também, uma tripla pode passar sua $\ll$-primeira versão e falhar em sua $\gg$-primeira versão, ou vice-versa. Uma vez que as duas versões produzem simplesmente sequências de bits invertidos, uma falha em um ou outro sentido deve ser considerada uma falha de ambos (e um ponto fraco no teste Diehard). O seguinte conjuntos de parâmetros recomendados passam pelo teste Diehard para ambas as regras $\ll$ e $\gg$. Os conjuntos próximos do topo do lista podem ser levemente superiores aos conjuntos próximos da parte mais baixa. A coluna rotulada ID designa um string de identificação para cada gerador recomendado que iremos mencionar adiante.

| ID | $a_1$ | $a_2$ | $a_3$ |
|----|-------|-------|-------|
| A1 | 21 | 35 | 4 |
| A2 | 20 | 41 | 5 |
| A3 | 17 | 31 | 8 |
| A4 | 11 | 29 | 14 |
| A5 | 14 | 29 | 11 |
| A6 | 30 | 35 | 13 |
| A7 | 21 | 37 | 4 |
| A8 | 21 | 43 | 4 |
| A9 | 23 | 41 | 18 |

É fácil projetar um teste em que o gerador xorshift falha se usado por ele mesmo. Cada bit no passo $i+1$ depende de no máximo 8 bits do passo $i$, assim algumas combinações lógicas simples dos dois instantes de tempo (e máscaras apropriadas) mostrarão não aleatoriedade imediata. Também, quando o estado passa por um valor com somente números pequenos de l bits, como ele deve eventualmente fazer (assim chamados bits de baixo *peso de Hamming*), ele levará mais do que o esperado para se recuperar. Todavia, usado em combinação, o gerador xorshift é um método excepcionalmente poderoso e útil. Muita desgraça poderia ter sido evitada tivesse ele, ao invés dos LCGs, sido descoberto em 1949!

**(B) Multiply with carry (MWC; multiplicar com "vai um") com base $b = 2^{32}$.** Também descoberto por Marsaglia, a *base b* de um gerador MWC é convenientemente escolhida como uma potência de 2 que é metade do comprimento da palavra disponível (isto é, $b = 32$ para palavras de 64 bits). A MWC é então definida pelo seu *mulplicador a*.

| | |
|---|---|
| estado: | $x$ (sem sinal de 64 bits) |
| inicialize: | $1 \leq x \leq 2^{32} - 1$ |
| update: | $x \leftarrow a\ (x\ \&\ [2^{32} - 1]) + (x \gg 32)$ |
| pode usar como aleatório: | $x$ (32 bits inferiores)   ✻ |
| pode usar em bit misto: | $x$ (todos os 64 bits) |
| pode melhorar por: | produza o sucessor ao número $x$ de 64 bits pela operação xorshift. |
| período: | $(2^{32}a - 2)/2$ (um primo) |

Um gerador MWC com parâmetros $b$ e $a$ está relacionado teoricamente [14], embora não seja idêntico, a um LCG com módulo $m = ab - 1$ e multiplicador $a$. É fácil encontrar valores de $a$ que tornam $m$ um primo, assim obtemos, de fato, o benefício de um módulo primo usando apenas aritmética modular de potência de 2. Não é possível escolher $a$ para dar o máximo período de $m$, mas se $a$ é escolhido para tornar ambos $m$ e $(m-1)/2$ primos, então o período do MCG é $(m-1)/2$, quase tão bom quanto. Uma fração dos candidatos $a$'s assim escolhidos passam no conjunto de testes estatísticos padrão; um teste espectral [14] é um desenvolvimento promissor, mas não fizemos uso dele aqui.

Embora apenas os baixos bits $b$ do estado $x$ podem ser considerados algoritmicamente randômicos, há considerável aleatoriedade em todos os bits de $x$ que representam o produto $ab$. Isto é muito conveniente em um gerador combinado, permitindo que o estado $x$ inteiro seja usado como um componente. De fato, os primeiros dois $a$'s recomendados abaixo fornecem $ab$ tão próximo de $2^{64}$ (dentro de aproximadamente 2 ppm) que os altos bits de $x$ na verdade passam pelo teste Diehard. (Este é um bom exemplo de como qualquer suíte de testes pode não conseguir encontrar pequenas quantidades de comportamento altamente não aleatório, neste caso quase 8.000 valores perdidos nos 32 bits superiores.)

Ao lado deste tipo de consideração, os valores abaixo são recomendados sem nenhuma ordem particular.

| ID | a |
|---|---|
| B1 | 4294957665 |
| B2 | 4294963023 |
| B3 | 4162943475 |
| B4 | 3947008974 |
| B5 | 3874257210 |
| B6 | 2936881968 |
| B7 | 2811536238 |
| B8 | 2654432763 |
| B9 | 1640531364 |

**(C) LCG módulo $2^{64}$.** Por que razão incluímos este gerador após difamá-lo tão vigorosamente acima? Para os parâmetros dados (os quais passam fortemente pelo teste espectral), seus 32 bits superiores quase, mas não completamente, passam pelo teste Diehard, e seus 32, bits inferiores são um completo desastre. Como veremos quando discutirmos sobre a construção de geradores combinados, existe ainda um nicho para ele ocupar. Os multiplicadores $a$ recomendados abaixo têm boas características espectrais [15].

estado:            $x$ (sem sinal de 64 bits)
inicialize:          qualquer valor
update:           $x \leftarrow ax + c \pmod{2^{64}}$
pode usar como aleatório:    $x$ (32 bits superiores, com prudência)
pode usar em bit misto:      $x$ (32 bits superiores)
pode melhorar por:        produza o sucessor pelo xorshift em 64 bits
período:           $2^{64}$

| ID | a | c (qualquer valor ímpar OK) |
|---|---|---|
| C1 | 3935559000370003845 | 2691343689449507681 |
| C2 | 3202034522624059733 | 4354685564936845319 |
| C3 | 2862933555777941757 | 7046029254386353087 |

**(D) MLCG módulo $2^{64}$.** Como no gerador precedente, o papel usual para este gerador é estritamente limitado. Os bits inferiores são altamente não aleatórios. Os multiplicadores recomendados têm boas características espectrais (alguns de [15]).

estado:            $x$ (sem sinal de 64 bits)
inicialize:          $x \neq 0$
update:           $x \leftarrow ax \pmod{2^{64}}$
pode usar como aleatório:    $x$ (32 bits superiores, com prudência)
pode usar em bit misto:      $x$ (32 bits superiores)
pode melhorar por:        produza o sucessor pelo xorshift em 64 bits
período:           $2^{62}$

| ID | $a$ |
|---|---|
| D1 | 2685821657736338717 |
| D2 | 7664345821815920749 |
| D3 | 4768777513237032717 |
| D4 | 1181783497276652981 |
| D5 | 702098784532940405 |

**(E) MLCG com $m \gg 2^{32}$, $m$ primo.** Quando aritmética sem sinal de 64 bits está disponível, os MLCGs com módulos primos e multiplicadores grandes de bom caráter espectral são geradores de 32 bits decentes. Sua principal responsabilidade é que as operações de multiplicar e tomar o resto em 64 bits são muito custosas para os meros 32 (ou próximo disso) bits do resultado.

| | |
|---|---|
| estado: | $x$ (sem sinal de 64 bits) |
| inicialize: | $1 \leq x \leq m - 1$ |
| update: | $x \leftarrow ax \pmod{m}$ |
| pode usar como aleatório: | $x$ ($1 \leq x \leq m - 1$) ou abaixo de 32 bits   ✻ |
| pode usar em bit misto: | (mesmo) |
| período: | $m - 1$ |

Os valores dos parâmetros abaixo foram gentilmente computados para nós por P. L'Ecuyer. Os multiplicadores são de certa forma os melhores que podem ser obtidos com os módulos primos próximos de potências de 2 mostrados. Embora o uso recomendado é para apenas os 32 bits mais baixos (os quais passam todos pelo teste de Diehard), você pode ver que (dependendo dos módulos) cerca de 43 bits razoavelmente bons podem ser obtidos pelo custo das operações de multiplicar e tomar resto em 64 bits.

| ID | $m$ | $a$ |
|---|---|---|
| E1 | $2^{39} - 7 = 549755813881$ | 10014146 |
| E2 | | 30508823 |
| E3 | | 25708129 |
| E4 | $2^{41} - 21 = 2199023255531$ | 5183781 |
| E5 | | 1070739 |
| E6 | | 6639568 |
| E7 | $2^{42} - 11 = 4398046511093$ | 1781978 |
| E8 | | 2114307 |
| E9 | | 1542852 |
| E10 | $2^{43} - 57 = 8796093022151$ | 2096259 |
| E11 | | 2052163 |
| E12 | | 2006881 |

**(F) MLCG com $m \gg 2^{32}$, $m$ primo e $a(m-1) \approx 2^{64}$.** Uma variante, para uso em geradores combinados, é escolher $m$ e $a$ para fazer $a(m - 1)$ tão próximo quanto possível de $2^{64}$, e ainda exigindo que $m$ seja primo e que $a$ passe pelo teste espectral. A proposta desta manobra é fazer $ax$ um valor de 64 bits com boa aleatoriedade nos seus bits superiores, para uso em geradores combinados. O gasto de multiplicar e tomar resto, porém, é ainda a grande responsabilidade. Os 32 bits inferiores de $x$ não são significativamente menos aleatórios do que os dos geradores MLCG anteriores E1–E12.

estado:     $x$ (sem sinal de 64 bits)
inicialize:     $1 \leq x \leq m - 1$
update:     $x \leftarrow ax \pmod{m}$
pode usar como aleatório:     $x$    ($1 \leq x \leq m - 1$) ou os 32 bits mais inferiores    ✻
pode usar em bit misto:     $ax$ (mas não use ambos $ax$ e $x$.)    ✻
pode melhorar por:     tome sucessor xorshift em 64 bits de $ax$.
período:     $m - 1$

| ID | $m$ | $a$ |
|---|---|---|
| F1 | $1148 \times 2^{32} + 11 = 4930622455819$ | 3741260 |
| F2 | $1264 \times 2^{32} + 9 = 5428838662153$ | 3397916 |
| F3 | $2039 \times 2^{32} + 3 = 8757438316547$ | 2106408 |

### 7.1.3 Como construir geradores combinados

Embora a construção de geradores combinados seja uma arte, a matemática que está por trás deveria nos dar uma ideia do método. Teoremas rigorosos sobre geradores combinados usualmente só são possíveis quando geradores que estão sendo combinados são algoritmicamente relacionados: mas isso em si seria uma coisa ruim de se fazer, tomando-se como princípio geral "não coloque todos os ovos em uma cesta". Assim, fica-se com normas e regras práticas.

Os métodos a serem combinados devem ser mutuamente independentes. Eles não devem compartilhar estado algum (embora suas inicializações possam derivar de alguma semente convenientemente comum). Eles devem ter períodos diferentes, incompatíveis. E, idealmente, devem "assemelhar-se" algoritmicamente um com o outro tanto quanto possível. Este último critério é onde alguma arte necessariamente entra.

O output da combinação de geradores não poderia de maneira alguma perturbar a evolução independente dos métodos individuais, nem a combinação efetiva de operações poderia ter qualquer efeito colateral.

Os métodos devem ser combinados pelas operações binárias cujo output não é menos aleatório do que um input se o outro input é mantido input. Para aritmética sem sinal de 32 e 64 bits, isto na prática significa que apenas os operadores $+$ e $\wedge$ podem ser usados. Como um exemplo de um operador proibido, considere a multiplicação: se um operando é uma potência de 2, então o produto terminará em uma trilha de zeros, sem interessar quão aleatório é o outro operando.

Todas as posições de bit no output combinado devem depender de bits de alta qualidade de no mínimo dois métodos, e poderiam também depender dos bits de qualidade inferior de métodos adicionais. Nas tabelas acima, os bits rotulados "pode usar como aleatório" são considerados de alta qualidade; aqueles rotulados "pode usar como bit misto" são considerados de baixa qualidade, a menos que eles também passem por um conjunto de testes estatísticos tal como Diehard.

Há um truque adicional à nossa disposição, a ideia de usar um método como uma relação de sucessor ao invés de como um gerador por si só. Cada um dos métodos descritos acima é um mapeamento de algum estado $x_i$ de 64 bits para um único estado sucessor $x_{i+1}$. Para um método passar por um bom conjunto de testes estatísticos, deve não ter correlações detectáveis entre um estado e seu sucessor. Se, além disso, o método tem período $2^{64}$ ou $2^{64} - 1$, então todos os valores (exceto possivelmente zero) ocorrem exatamente uma vez como estados sucessores.

Suponha que tomemos o output de um gerador, digamos, C1 acima, com período $2^{64}$, e o executemos através do gerador A6, cujo período é $2^{64} - 1$, como uma relação de sucessor. Isto é convenientemente denotado por "A6(C1)", que chamaremos de um gerador *composto*. Observe que o output composto é enfaticamente *não* realimentado no estado C1, o qual continua imperturbado. O gerador composto A6(C1) tem o período de C1, não, infelizmente, o produto de dois períodos. Mas seu mapeamento aleatório dos valores de output de C1 efetivamente resolve o problema de C1 com bits inferiores de curto período. (Melhor ainda se a forma de A6 com primeiro deslocamento à esquerda é usada.) E A6(C1) resolverá também os pontos fracos de A6 onde um bit depende somente de poucos bits do estado anterior. Consideraremos por esta razão um gerador composto cuidadosamente construído como sendo um gerador combinado, equivalente à combinação direta via $+$ e $\wedge$.

Composição é inferior a combinação direta, uma vez que ela custa quase tanto quanto, mas não aumenta o tamanho do estado ou o comprimento do período. É superior a combinação direta em sua habilidade de misturar vastamente diferentes posições de bits. Nos exemplos anteriores, não teríamos aceito A6+C1 como um gerador combinado, porque os bits inferiores de C1 são muito pobres para adicionar pequeno valor à combinação; mas A6(C1) não tem tal obrigação, e muito para recomendá-la. Nas tabelas resumo anteriores de cada método, indicamos combinações recomendadas para geradores compostos nos elementos das tabelas, "pode melhorar por".

Podemos agora descrever completamente o gerador em Ran, acima, pela pseudoequação,

$$\text{Ran} = [A1_l(C3) + A3_r] \wedge B1 \quad (7.1.2)$$

isto é, a combinação and/or da composição de quatro diferentes geradores. Para os métodos A1 e A3, os subscritos $l$ e $r$ denotam se uma operação de deslocamento para esquerda ou direita é feita primeiro. O período de Ran é o mínimo múltiplo comum dos períodos C3, A3 e B1.

O gerador mais simples e rápido que podemos recomendar é

$$\text{Ranq1} \equiv D1(A1_r) \quad (7.1.3)$$

implementado como

```
struct Ranq1 {                                                          ran.h
Gerador recomendado para uso cotidiano. O período é ≈ 1,8 × 10^19. Convenções de chamada as mesmas
como Ran, acima.
    Ullong v;
    Ranq1(Ullong j) : v(4101842887655102017LL) {
        v ^= j;
        v = int64();
    }
    inline Ullong int64() {
        v ^= v >> 21; v ^= v << 35; v ^= v >> 4;
        return v * 2685821657736338717LL;
    }
    inline Doub doub() { return 5.42101086242752217E-20 * int64(); }
    inline Uint int32() { return (Uint)int64(); }
};
```

Ranq1 gera um inteiro aleatório de 64 bits em 3 shifts (deslocamentos), 3 xors e uma multiplicação ou um valor em dupla precisão com uma multiplicação adicional. Seu método é conciso o suficiente para se introduzido facilmente inline em uma aplicação. Tem um período de "apenas" $1,8 \times 10^{19}$, assim ela não deveria ser usada por uma aplicação que faz mais do que $\sim 10^{12}$ chamadas. Com esta restrição, acreditamos que Ranq1 funcionará bem para 99,99% de todas as aplicações de usuários, e que Ran pode ser reservado para os 0,01% remanescentes.

Se o período "curto" de Ranq1 incomoda você (o que não deveria), você pode usar

$$\text{Ranq2} \equiv A3_r \wedge B1 \tag{7.1.4}$$

cujo período é $8{,}5 \times 10^{37}$.

ran.h
```
struct Ranq2 {
    Gerador backup se Ranq1 tem um período muito pequeno e Ran é muito lento. O período é ≈ 8,5 × 10³⁷.
    As mesmas convenções de chamada como Ran, acima.
    Ullong v,w;
    Ranq2(Ullong j) : v(4101842887655102017LL), w(1) {
        v ^= j;
        w = int64();
        v = int64();
    }
    inline Ullong int64() {
        v ^= v >> 17; v ^= v << 31; v ^= v >> 8;
        w = 4294957665U*(w & 0xffffffff) + (w >> 32);
        return v ^ w;
    }
    inline Doub doub() { return 5.42101086242752217E-20 * int64(); }
    inline Uint int32() { return (Uint)int64(); }
};
```

## 7.1.4 Hashes aleatórios e bytes aleatórios

De vez em quando, você quer uma sequência aleatória $H_i$ cujos valores você pode visitar ou revisitar em qualquer ordem dos $i$'s. Isto quer dizer que você quer um *hash aleatório* dos inteiros $i$, um que passe por testes sérios de aleatoriedade, mesmo para sequências muito ordenadas de $i$'s. Na linguagem já desenvolvida, você quer um gerador que não tenha nenhum estado afinal e seja construído inteiramente pelos relacionamentos com sucessores, começando com o valor $i$.

Um exemplo que facilmente passa no teste Diehard é

$$\text{Ranhash} \equiv A2_l(D3(A7_r(C1(i)))) \tag{7.1.5}$$

Observe a alternância entre relações de sucessor que utilizam multiplicação de 64 bits e que utilizam shifts (deslocamentos) e XORs (disjunções exclusivas).

ran.h
```
struct Ranhash {
Hash aleatório de alta qualidade de um inteiro em diversos tipos numéricos.
    inline Ullong int64(Ullong u) {
    Retorne hash de u como um inteiro de 64 bits.
        Ullong v = u * 3935559000370003845LL + 2691343689449507681LL;
        v ^= v >> 21; v ^= v << 37; v ^= v >> 4;
        v *= 4768777513237032717LL;
        v ^= v << 20; v ^= v >> 41; v ^= v << 5;
        return v;
    }
    inline Uint int32(Ullong u)
    Retorne hash de u como um inteiro de 32 bits.
        { return (Uint)(int64(u) & 0xffffffff) ; }
    inline Doub doub(Ullong u)
    Retorne hash de u como um valor em ponto flutuante de duplaprecisão entre 0,0 e 1,0.
        { return 5.42101086242752217E-20 * int64(u); }
};
```

Uma vez que Ranhash não tem estado, ela não tem construtor. Você apenas chama sua função int64($i$), ou qualquer de suas funções, com seu valor de $i$ quando você quiser.

**Bytes aleatórios.** Em um conjunto diferente de circunstâncias, você pode querer gerar um byte de inteiros aleatórios de uma vez. Você pode naturalmente retirar bytes de qualquer um dos geradores combinados recomendados acima, uma vez que eles são construídos para serem igualmente bons em todos os bits. O seguinte código, adicionado a algum dos geradores acima, os aumenta com um método int8(). (Esteja certo de inicializar bc como zero no construtor.)

```
Ullong breg;
Int bc;
inline unsigned char int8() {
    if (bc--) return (unsigned char)(breg >>= 8);
    breg = int64();
    bc = 7;
    return (unsigned char)breg;
}
```

Se você quer um algoritmo mais byte-orientado, ainda que não necessariamente mais rápido, um interessante – em parte por causa da sua história interessante – é o RC4 de Rivest, usado em muitas aplicações da internet. RC4 foi originalmente um algoritmo proprietário da RSA, Inc., mas ele foi protegido simplesmente como um segredo profissional, e não por patente ou copyright. O resultado foi que, quando o segredo foi quebrado, por uma postagem anônima na internet em 1994, RC4 tornou-se, em quase todos os aspectos, propriedade pública. O nome RC4 ainda é protegido e é uma marca registrada da RSA. Assim, para ser escrupuloso, fornecemos a seguinte implementação com outro nome, Ranbyte.

```
struct Ranbyte {                                                          ran.h
Gerador para bytes aleatórios usando o algoritmo geralmente conhecido como RC4.
    Int s[256],i,j,ss;
    Uint v;
    Ranbyte(Int u) {
    Construtor. Chame com alguma semente inteira.
        v = 2244614371U ^ u;
        for (i=0; i<256; i++) {s[i] = i;}
        for (j=0, i=0; i<256; i++) {
            ss = s[i];
            j = (j + ss + (v >> 24)) & 0xff;
            s[i] = s[j]; s[j] = ss;
            v = (v << 24) | (v >> 8);
        }
        i = j = 0;
        for (Int k=0; k<256; k++) int8();
    }
    inline unsigned char int8() {
    Retorna o próximo byte aleatório na sequência.
        i = (i+1) & 0xff;
        ss = s[i];
        j = (j+ss) & 0xff;
        s[i] = s[j]; s[j] = ss;
        return (unsigned char)(s[(s[i]+s[j]) & 0xff]);
    }
    Uint int32() {
    Retorna um inteiro aleatório de 32 bits construído de 4 bytes aleatórios. Lento!
        v = 0;
        for (int k=0; k<4; k++) {
            i = (i+1) & 0xff;
            ss = s[i];
            j = (j+ss) & 0xff;
            s[i] = s[j]; s[j] = ss;
            v = (v << 8) | s[(s[i]+s[j]) & 0xff];
        }
        return v;
    }
```

```
Doub doub() {
Retorna um valor aleatório em ponto flutuante de dupla precisão entre 0,0 e 1,0 Lento!!
    return 2.32830643653869629E-10 * ( int32() +
        2.32830643653869629E-10 * int32() );
}
};
```

Observe que há um bocado de overhead ao se iniciar uma instância de Ranbyte, assim você não deve criar instâncias dentro de laços que são executados muitas vezes. Os métodos que retornam inteiros de 32 bits, ou valores em ponto flutuante com dupla precisão, são *lentos* em comparação aos outros geradores acima, mas são fornecidos caso você queira usar Randbyte como um teste substituto para outro gerador, talvez questionável.

Se você encontrar qualquer não aleatoriedade em Ranbyte, não nos diga. Mas existem diversas agências nacionais de criptografias que gostariam, ou não, de conversar com você!

### 7.1.5 Valores em ponto flutuante mais rápidos

Os passos acima que convertem um inteiro de 64 bits para um valor em ponto flutuante de dupla precisão envolvem tanto uma conversão de tipo não trivial quanto uma multiplicação em ponto flutuante com 64 bits. Eles são gargalos de desempenho. Pode-se em vez disso mover os bits aleatórios em direção ao lugar certo na palavra double com estrutura union, uma máscara, e algumas operações lógicas em 64 bits; mas em nossa experiência isto não é significativamente mais rápido.

Para gerar valores em ponto flutuante mais rapidamente, se esta é uma necessidade absoluta, nós precisamos contornar algumas das nossas regras de projeto. Aqui está uma variante do "gerador subtrativo de Knuth", o qual é um assim chamado *gerador de Fibonacci intervalado* em uma lista circular de 55 valores, com intervalos (*lags*) 24 e 55. Seu aspecto interessante é que novos valores são gerados diretamente como ponto flutuante, pela subtração em ponto flutuante de dois valores prévios.

ran.h
```
struct Ranfib {
Implementa o gerador subtrativo de Knuth usando apenas operações em ponto flutuante. Veja texto para precauções.
    Doub dtab[55], dd;
    Int inext, inextp;
    Ranfib(Ullong j) : inext(0), inextp(31) {
    Construtor. Chama com uma semente inteira. Use Ranq1 para inicializar.
        Ranq1 init(j);
        for (int k=0; k<55; k++) dtab[k] = init.doub();
    }
    Doub doub() {
    Retorna um valor aleatório em ponto flutuante de dupla precisão entre 0,0 e 1,0
        if (++inext == 55) inext = 0;
        if (++inextp == 55) inextp = 0;
        dd = dtab[inext] - dtab[inextp];
        if (dd < 0) dd += 1.0;
        return (dtab[inext] = dd);
    }
    inline unsigned long int32()
    Retorna um inteiro aleatório de 32 bits. Recomendado apenas para fins de teste.
        { return (unsigned long)(doub() * 4294967295.0);}
};
```

O método int32 é incluído meramente para teste, ou uso incidental. Observe também que usamos Ranq1 para inicializar a tabela de Ranfib de 55 valores aleatórios. Veja edições anteriores de Knuth ou *Numerical Recipes* para uma maneira (um pouco estranha) de se fazer a inicialização puramente interna.

Ranfib falha no teste de Diehard "teste do nascimento", o qual é capaz de discernir a simples relação entre os três valores nos intervalos 0, 24 e 55. Fora isso, é um gerador bom, mas não maravilhoso, sendo a velocidade como sua principal recomendação.

## 7.1.6 Resultados de timing

Timings dependem tão intimamente de detalhes específicos do hardware e do compilador que é difícil saber quando um conjunto único de testes é de algum uso. Isto é especialmente verdade para geradores combinados, porque um bom compilador, ou uma CPU com instrução sofisticada de atenção (look-ahead), pode intercalar e encadear as operações de métodos individuais, até o final da combinação de operações. Também, enquanto escrevemos, computadores desktop estão na transição de 32 para 64 bits, o que afetará o timing das operações em 64 bits. Assim, você deveria se familiarizar com o recurso "clock_t clock(void)" do C e executar seus próprios experimentos.

Dito isto, as seguintes regras dão resultados típicos para rotinas nesta seção, normalizada para uma CPU Pentium de 3,4 GHz, vintage 2004. As unidades são $10^6$ valores retornados por segundo. Números grandes são melhores.

| Gerador | int(64) | doub() | int8() |
|---|---|---|---|
| Ran | 19 | 10 | 51 |
| Ranq1 | 39 | 13 | 59 |
| Ranq2 | 32 | 12 | 58 |
| Ranfib | | 24 | |
| Ranbyte | | | 43 |

Os timings int8() para Ran, Ranq1 e Ranq2 referem-se a versões estendidas como acima indicado.

## 7.1.7 Quando você tem apenas aritmética com 32 bits

Nosso melhor conselho é: arranje um compilador melhor! Mas se você deve seriamente viver em um mundo com somente aritmética sem sinal de 32 bits, então há algumas opções. Nenhum destes passa individualmente no teste Diehard.

**(G) RNG xorshift em 32 bits**

estado: $x$ (sem sinal)
inicialize: $x \neq 0$
update: $x \leftarrow x \wedge (x \gg b_1)$,
$x \leftarrow x \wedge (x \ll b_2)$,
$x \leftarrow x \wedge (x \gg b_3)$;
ou $x \leftarrow x \wedge (x \ll b_1)$,
$x \leftarrow x \wedge (x \gg b_2)$,
$x \leftarrow x \wedge (x \ll b_3)$;
pode usar como aleatório: $x$ (32 bits, com cautela)
pode usar em um bit misto: $x$ (32 bits)
pode melhorar por: produza o sucessor em 32 bits pelo MLCG
período: $2^{32} - 1$

| ID | $b_1$ | $b_2$ | $b_3$ |
|---|---|---|---|
| G1 | 13 | 17 | 5 |
| G2 | 7 | 13 | 3 |
| G3 | 9 | 17 | 6 |
| G4 | 6 | 13 | 5 |
| G5 | 9 | 21 | 2 |
| G6 | 17 | 15 | 5 |
| G7 | 3 | 13 | 7 |
| G8 | 5 | 13 | 6 |
| G9 | 12 | 21 | 5 |

**(H) MWC com base $b = 2^{16}$**

estado: $x$ (sem sinal 32-bit)
inicialize: $1 \leq x, y \leq 2^{16} - 1$
update: $x \leftarrow a\,(x\ \&\ [2^{16} - 1]) + (x >> 16)$
$y \leftarrow b\,(y\ \&\ [2^{16} - 1]) + (y >> 16)$
pode usar como aleatório: $(x << 16) + y$
pode usar em bit misto: mesmo, ou (com cautela) $x$ ou $y$
pode melhorar por: produza o sucessor em 32 bits pelo xorshift
período: $(2^{16}a - 2)(2^{16}b - 2)/4$ (produto de dois primos)

| ID | $a$ | $b$ |
|---|---|---|
| H1 | 62904 | 41874 |
| H2 | 64545 | 34653 |
| H3 | 34653 | 64545 |
| H4 | 57780 | 55809 |
| H5 | 48393 | 57225 |
| H6 | 63273 | 33378 |

**(I) LCG módulo $2^{32}$**

estado: $x$ (sem sinal 32-bit)
inicialize: qualquer valor
update: $x \leftarrow ax + c \pmod{2^{32}}$
pode usar como aleatório: não recomendado
pode usar em bit misto: não recomendado
pode melhorar por: produza o sucessor em 32 bits pelo xorshift.
período: $2^{32}$

| ID | $a$ | $c$ (qualquer ímpar OK) |
|---|---|---|
| I1 | 1372383749 | 1289706101 |
| I2 | 2891336453 | 1640531513 |
| I3 | 2024337845 | 797082193 |
| I4 | 32310901 | 626627237 |
| I5 | 29943829 | 1013904223 |

**(J) MLCG módulo $2^{32}$**

| | |
|---|---|
| estado: | $x$ (sem sinal 32-bit) |
| inicialize: | $x \neq 0$ |
| update: | $x \leftarrow ax \pmod{2^{32}}$ |
| pode usar como aleatório: | não recomendado |
| pode usar em bit misto: | não recomendado |
| pode melhorar por: | produza o sucessor em 32 bits pelo xorshift. |
| período: | $2^{30}$ |

| ID | $a$ |
|---|---|
| J1 | 1597334677 |
| J2 | 741103597 |
| J3 | 1914874293 |
| J4 | 990303917 |
| J5 | 747796405 |

Um gerador combinado de alta qualidade, um tanto lento, é:

$$\texttt{Ranlim32} \equiv [G3_l(I2) + G1_r] \wedge [G6_l(H6_b) + H5_b] \tag{7.1.6}$$

implementado como

```
struct Ranlim32 {                                                          ran.h
Gerador aleatório de alta qualidade usando apenas aritmética de 32 bits. Mesmas convenções de Ran. Pe-
ríodo ≈ 3,11 × 10^37. Recomendado somente quando aritmética de 64 bits não está disponível.
    Uint u,v,w1,w2;
    Ranlim32(Uint j) : v(2244614371U), w1(521288629U), w2(362436069U) {
        u = j ^ v; int32();
        v = u; int32();
    }
    inline Uint int32() {
        u = u * 2891336453U + 1640531513U;
        v ^= v >> 13; v ^= v << 17; v ^= v >> 5;
        w1 = 33378 * (w1 & 0xffff) + (w1 >> 16);
        w2 = 57225 * (w2 & 0xffff) + (w2 >> 16);
        Uint x = u ^ (u << 9); x ^= x >> 17; x ^= x << 6;
        Uint y = w1 ^ (w1 << 17); y ^= y >> 15; y ^= y << 5;
        return (x + v) ^ (y + w2);
    }
    inline Doub doub() { return 2.32830643653869629E-10 * int32(); }
    inline Doub truedoub() {
        return 2.32830643653869629E-10 * ( int32() +
            2.32830643653869629E-10 * int32() );
    }
};
```

Note que o método `doub()` retorna números em ponto flutuante com apenas 32 bits de precisão. Para precisão completa, use o método mais lento `truedoub()`.

### REFERÊNCIAS CITADAS E LEITURA COMPLEMENTAR

Gentle, J.E. 2003, *Random Number Generation and Monte Carlo Methods*, 2nd ed. (New York: Springer), Chapter 1.

Marsaglia, G 1968, "Random Numbers Fall Mainly in the Planes", *Proceedings of the National Academy of Sciences*, vol. 61, pp. 25–28.[1]

Entacher, K. 1997, "A Collection of Selected Pseudorandom Number Generators with Linear Structures", Technical Report No. 97, Austrian Center for Parallel Computation, University of Vienna. [Available on the Web at multiple sites.][2]

Knuth, D.E. 1997, *Seminumerical Algorithms*, 3rd ed., vol. 2 of *The Art of Computer Programming (Reading, MA: Addison-Wesley).*[3]

Schrage, L. 1979, "A More Portable Fortran Random Number Generator," *ACM Transactions on Mathematical Software*, vol. 5, pp. 132–138.[4]

Park, S.K., and Miller, K.W. 1988, "Random Number Generators: Good Ones Are Hard to Find," *Communications of the ACM*, vol. 31, pp. 1192–1201.[5]

L'Ecuyer, P. 1997 "Uniform Random Number Generators: A Review," *Proceedings of the 1997 Winter Simulation Conference,* Andradóttir, S. et al., eds. (Piscataway, NJ: IEEE).[6]

Marsaglia, G. 1999, "Random Numbers for C: End, at Last?", posted 1999 January 20 to sci.stat.math.[7]

Marsaglia, G. 2003, "Diehard Battery of Tests of Randomness v0.2 beta," 2007+ at http://www.cs.hku.hk/~diehard/.[8]

Rukhin, A. et al. 2001, "A Statistical Test Suite for Random and Pseudorandom Number Generators", NIST Special Publication 800–22 (revised to May 15, 2001).[9]

Marsaglia, G. 2003, "Xorshift RNGs", *Journal of Statistical Software*, vol. 8, no. 14, pp. 1–6.[10]

Brent, R.P. 2004, "Note on Marsaglia's Xorshift Random Number Generators", *Journal of Statistical Software*, vol. 11, no. 5, pp. 1–5.[11]

L'Ecuyer, P. 1996, "Maximally Equidistributed Combined Tausworthe Generators," *Mathematics of Computation*, vol. 65, pp. 203–213.[12]

L'Ecuyer, P. 1999, "Tables of Maximally Equidistributed Combined LSFR Generators," *Mathematics of Computation*, vol. 68, pp. 261–269.[13]

Couture, R. and L'Ecuyer, P. 1997, "Distribution Properties of Multiply-with-Carry Random Number Generators," *Mathematics of Computation*, vol. 66, pp. 591–607.[14]

L'Ecuyer, P. 1999, "Tables of Linear Congruential Generators of Different Sizes and Good Lattice Structure", *Mathematics of Computation*, vol. 68, pp. 249–260.[15]

## 7.2 Hash completo de um array grande

Introduzimos a ideia de hash aleatório ou *função hash* em §7.14. De vez em quando podemos querer um função hash que opera não em uma única palavra, mas em um array inteiro de comprimento $M$. Sendo perfeccionistas, queremos que cada bit especifico no array (output) onde se fez o hash venha a depender de cada bit específico no array input dado. Uma maneira de determinar isso é emprestar conceitos estruturais de algoritmos tão não relacionados quanto o DES (*Data Encryption Standard* – Padrão de Encriptação de Dados) e as transformadas rápidas de Fourier (FFT)!

DES, assim como seu sistema criptográfico progenitor LUCIFER, é um assim chamado "*block product cipher*" (codificação por produto de bloco) [1]. Funciona sobre os 64 bits do input iterativamente aplicando (16 vezes, na verdade) um tipo de função de mistura de bit (*bit-mixing*) altamente não linear. A Figura 7.2.1 mostra o fluxo de informação em DES durante esta mistura (*mixing*). A função g, que leva 32 bits em 32 bits, é chamada de função de codificação (*cipher function*). Meyer e Matyas [1] discutem a importância da função de codificação ser não linear, bem como outros critérios de design.

DES constrói sua função de codificação g a partir de um conjunto intrincado de permutações de bits e consultas a tabelas agindo sobre sequências curtas de bits consecutivos. Para nossos fins, uma função g diferente que pode ser rapidamente computada em uma linguagem de alto nível é preferível. Tal função provavelmente enfraquece o algoritmo criptograficamente. Nossos fins não são, porém, criptográficos: queremos encontrar o g mais rápido, e o menor número de iterações no procedimento de mistura na Figura 7.2.1, de forma que nossa sequência aleatória output passe nos testes que são em geral aplicados aos geradores de nú-

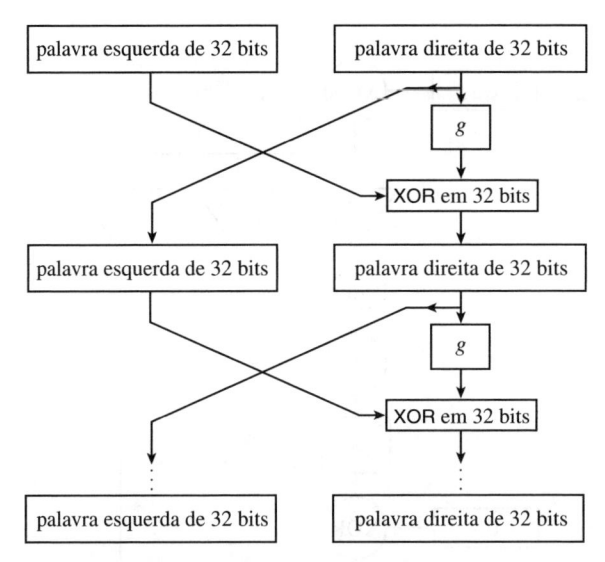

```
              ┌─────────────────────────┐    ┌─────────────────────────┐
              │ palavra esquerda de 32 bits │    │ palavra direita de 32 bits │
              └─────────────────────────┘    └─────────────────────────┘
                                                        │
                                                       [g]
                                                        │
                                                  → XOR em 32 bits
              ┌─────────────────────────┐    ┌─────────────────────────┐
              │ palavra esquerda de 32 bits │    │ palavra direita de 32 bits │
              └─────────────────────────┘    └─────────────────────────┘
                                                        │
                                                       [g]
                                                        │
                                                  → XOR em 32 bits
              ┌─────────────────────────┐    ┌─────────────────────────┐
              │ palavra esquerda de 32 bits │    │ palavra direita de 32 bits │
              └─────────────────────────┘    └─────────────────────────┘
```

**Figura 7.2.1** O Data Encryption Standard (DES) itera um função não linear $g$ em duas palavras de 32 bits, na maneira mostrada aqui (segundo Meyer e Matyas [1]).

meros aleatórios. O algoritmo resultante não é DES, mas sim um espécie de "pseudo-DES" melhor ajustado para a proposta em mãos.

Seguindo o critério mencionado acima, que $g$ deve ser não linear, devemos dar à operação de multiplicar inteiros um lugar proeminente em $g$. Nos restringindo a multiplicar operandos de 16 bits em direção a um resultado de 32 bits, a ideia geral de $g$ é calcular os três produtos distintos de 32 bits das meias palavras de 16 bits superior e inferior (input), e então combinar estas, e talvez constantes fixas adicionais, por operações rápidas (p. ex., adição ou ou-exclusivo) em um único resultado de 32 bits.

Há somente um número limitado de maneiras de executar este esquema geral, permitindo exploração sistemática das alternativas. Experimentação e testes da aleatoriedade do output levam à sequência de operações mostrada na Figura 7.2.2. Os poucos novos elementos na figura precisam de explicação: os valores de $C_1$ e $C_2$ são constantes fixas, escolhidas aleatoriamente com o vínculo de que eles tem exatamente 16 bits 0 e 16 bits 1; combinar estas constantes via ou-exclusivos assegura que o $g$ geral não tenha tendência em direção ao bit 0 ou ao bit 1. A operação de "reversão de meias palavras" na Figura 7.2.2 mostra-se essencial; caso contrário, os bits realmente mais superiores e os mais inferiores não são misturados propriamente pelas três multiplicações.

Ainda falta especificar o menor número de iterações $N_{it}$ passível de ser feito. Para os objetivos da seção, recomendamos $N_{it} = 2$. Não encontramos desvios estatísticos de aleatoriedade em sequência de até $10^9$ desvios aleatórios oriundos deste esquema. Contudo, nós incluímos as constantes $C_1$ e $C_2$ para $N_{it} \leq 4$.

```
void psdes(Uint &lword, Uint &rword) {                                    hashall.h
O (hash) pseudo-DES da palavra de 64 bits (lword, rword). Ambos os argumentos de 32 bits são retor-
nados pelo hash em todos os bits.
    const int NITER=2;
    static const Uint c1[4]={
        0xbaa96887L, 0x1e17d32cL, 0x03bcdc3cL, 0x0f33d1b2L};
    static const Uint c2[4]={
        0x4b0f3b58L, 0xe874f0c3L, 0x6955c5a6L, 0x55a7ca46L};
    Uint i,ia,ib,iswap,itmph=0,itmpl=0;
    for (i=0;i<NITER;i++) {
```

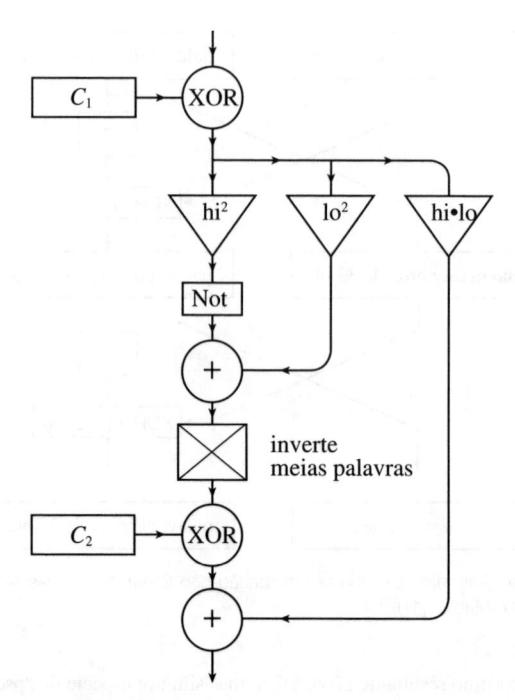

**Figura 7.2.2** A função não linear *g* usada pela rotina `psdes`.

Executar iterações `niter` da lógica DES, usando a função não linear mais simples (não criptográfica) ao invés dos DES's.

```
      ia = (iswap=rword) ^ c1[i];           As constantes ricas em bits c1 e (abaixo) c2 ga-
      itmpl = ia & 0xffff;                  rantem muitas misturas não lineares.
      itmph = ia >> 16;
      ib=itmpl*itmpl+ ~(itmph*itmph);
      rword = lword ^ (((ia = (ib >> 16) |
           ((ib & 0xffff) << 16)) ^ c2[i])+itmpl*itmph);
      lword = iswap;
   }
}
```

Até aqui, isto não parece ter muito a ver com o hash completo de um array grande. Contudo, `psdes` nos dá um bloco de estrutura, uma rotina para mutuamente fazer o hash de dois inteiros arbitrários de 32 bits. Agora nos voltamos para o conceito de FFT do *butterfly* (borboleta) para estender o hash para um array inteiro.

O butterfly é um construto algoritmo particular que refere a um array de comprimento $N$, uma potência de 2. Ele faz com que cada elemento se comunique com qualquer outro elemento em cerca de $N \log_2 N$ operações. Uma metáfora útil é imaginar que um elemento do array tem uma doença que infecta outro elemento com o qual ele está em contato. Então o butterfly tem duas propriedades de interesse: (i) após seus $N$ estágios, todo mundo tem a doença. Além disso, (ii) após $j$ estágios, $2^j$ elementos são infectados; nunca há um "buraco de alfinete" ou "estrangulamento" do trajeto de comunicação.

O butterfly é muito simples de descrever: no primeiro estágio, todo elemento na primeira metade do array se comunica mutuamente com seu elemento correspondente na segunda metade do array. Agora recursivamente, faça esta mesma coisa para cada uma das metades, e assim sucessivamente. Podemos ver por indução que todo elemento agora tem um trajeto de comunicação para todos os outros: obviamente isto funciona quando $N = 2$. E se funciona para $N$, deve funcionar para $2N$, porque o primeiro passo fornece a cada elemento um trajeto de comunicação em sua própria e na outra metade do array, após o que ela tem, por hipótese, uma trajeto em toda parte.

Precisamos modificar o butterfly levemente, de forma que nosso tamanho de array $M$ não tenha que ser uma potência de 2. Seja $N$ a próxima maior potência de 2. Fazemos o butterfly no (virtual) tamanho $N$, ignorando qualquer comunicação com elementos não existentes maiores do que $M$. Isto, por si só, não dá conta do recado, porque os últimos elementos na primeira $N/2$ não foram capazes de "infectar" o segundo $N/2$ (e similarmente nos níveis recursivos posteriores). Porém, se fizermos uma comunicação extra entre elementos do primeiro $N/2$ e do segundo $N/2$ exatamente no fim, então todos os canais de comunicação são restaurados ao se percorrer os primeiros $N/2$ elementos.

A terceira linha no código seguinte é um idioma que designa n para a próxima maior potência de 2 maior ou igual a m, uma obra-prima em miniatura devido a S.E. Anderson [2]. Se você olhar com atenção, verá que é por si só um tipo de butterfly, mas agora em bits!

```
void hashall(VecUint &arr) {                                           hashall.h
Substitua o array arr por um hash de mesmo tamanho, cujos bits dependem todos de todos os bits em
arr. Use psdes para hash mútuo de duas palavras de 32 bits.
    Int m=arr.size(), n=m-1;
    n|=n>>1; n|=n>>2; n|=n>>4; n|=n>>8; n|=n>>16; n++;
    Incrível, n é agora a próxima potência de 2 ≥ m.
    Int nb=n,nb2=n>>1,j,jb;
    if (n<2) throw("size must be > 1");
    while (nb > 1) {
        for (jb=0;jb<n-nb+1;jb+=nb)
            for (j=0;j<nb2;j++)
                if (jb+j+nb2 < m) psdes(arr[jb+j],arr[jb+j+nb2]);
        nb = nb2;
        nb2 >>= 1;
    }
    nb2 = n>>1;
    if (m != n) for (j=nb2;j<m;j++) psdes(arr[j],arr[j-nb2]);
    Mistura final necessária somente se m não é uma potência de 2.
}
```

### REFERÊNCIAS CITADAS E LEITURA COMPLEMENTAR

Meyer, C.H. and Matyas, S.M. 1982, *Cryptography: A New Dimension in Computer Data Security* (New York: Wiley).[1]

Zonst, A.E. 2000, *Understanding the FFT*, 2nd revised ed. (Titusville, FL: Citrus Press).

Anderson, S.E. 2005, "Bit Twiddling Hacks," 2007+ at http://graphics.stanford.edu/~seander/bithacks.html .[2]

*Data Encryption Standard,* 1977 January 15, Federal Information Processing Standards Publication, number 46 (Washington: U.S. Department of Commerce, National Bureau of Standards).

*Guidelines for Implementing and Using the NBS Data Encryption Standard,* 1981 April 1, Federal Information Processing Standards Publication, number 74 (Washington: U.S. Department of Commerce, National Bureau of Standards).

## 7.3 Desvios de outras distribuições

Em §7.1 aprendemos a gerar desvios aleatórios com uma probabilidade uniforme entre 0 e 1, denotada U(0,1). A probabilidade de gerar um número entre $x$ e $x + dx$ é

$$p(x)dx = \begin{cases} dx & 0 \leq x < 1 \\ 0 & \text{caso contrário} \end{cases} \quad (7.3.1)$$

e escrevemos
$$x \sim U(0, 1) \tag{7.3.2}$$
Como em §6.14, o símbolo $\sim$ pode ser lido como "é sorteada da distribuição".

Nesta seção, aprendemos como gerar desvios aleatórios sorteados de outras distribuições de probabilidade, incluindo todas aquelas discutidas em §6.14. Discussão de distribuições específicas é intercalada com a discussão dos métodos gerais usados.

### 7.3.1 Desvios exponenciais

Suponha que geramos um desvio uniforme $x$ e então tomamos alguma função prescrita dela, $y(x)$. A distribuição de probabilidade de $y$, denotada por $p(y)dy$, é determinada pela lei de transformação fundamental das probabilidades, que é simplesmente

$$|p(y)dy| = |p(x)dx| \tag{7.3.3}$$

ou

$$p(y) = p(x)\left|\frac{dx}{dy}\right| \tag{7.3.4}$$

Como um exemplo, tome

$$y(x) = -\ln(x) \tag{7.3.5}$$

com $x \sim U(0,1)$. Então

$$p(y)dy = \left|\frac{dx}{dy}\right|dy = e^{-y}dy \tag{7.3.6}$$

que é a distribuição exponencial com média 1, Exponencial (1), discutida em §6.14.5. Esta distribuição ocorre frequentemente na vida real, usualmente como a distribuição de tempos de espera entre eventos aleatórios de Poisson independentes, por exemplo, o decaimento radioativo do núcleo. Você pode facilmente ver (de 7.3.6) que a quantidade $y/\beta$ tem a distribuição de probabilidade $\beta e^{-\beta y}$, assim

$$y/\beta \sim \text{Exponencial}(\beta) \tag{7.3.7}$$

Podemos então gerar desvios exponenciais com um custo de um desvio uniforme, mais um logaritmo, por chamada.

deviates.h
```
struct Expondev : Ran {
Estrutura para desvios exponenciais.
    Doub beta;
    Expondev(Doub bbeta, Ullong i) : Ran(i), beta(bbeta) {}
    Os argumentos do construtor são β e uma semente para a sequência aleatória.
    Doub dev() {
    Retorna um desvio exponencial.
        Doub u;
        do u = doub(); while (u == 0.);
        return -log(u)/beta;
    }
};
```

Nossa convenção aqui e no resto da seção é derivar a classe para cada tipo de desvio da classe de gerador uniforme Ran. Usamos o construtor para designar os parâmetros da distribuição e atribuir a semente inicial do gerador. Então, provemos um método dev() que retorna um desvio aleatório da distribuição.

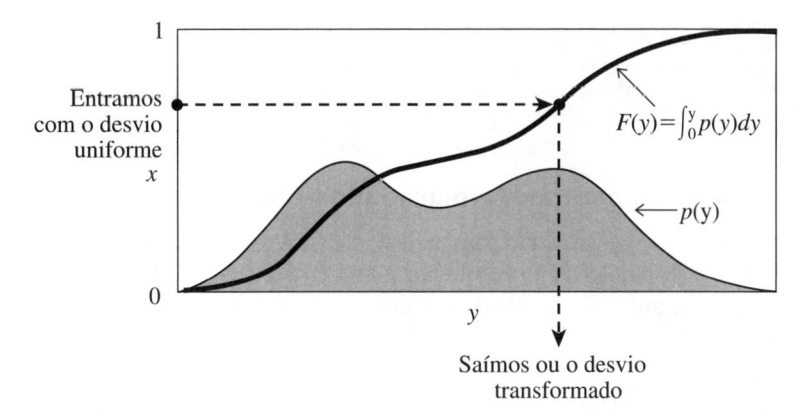

**Figura 7.3.1** Método de transformação para gerar um desvio aleatório y de uma conhecida distribuição de probabilidade p(y). A integral indefinida de p(y) deve ser conhecida e admitir inversa. Um desvio uniforme x é escolhido entre 0 e 1. Seu correspondente y na curva da integral definida é o desvio desejado.

## 7.3.2 Método de transformação em geral

Vamos ver o que está envolvido no uso do método de transformação acima para gerar alguma distribuição arbitrária desejada de y's, digamos uma com $p(y) = f(y)$ para alguma função positiva $f$ cuja integral desejada é 1. De acordo com (7.3.4), precisamos resolver a equação diferencial

$$\frac{dx}{dy} = f(y) \qquad (7.3.8)$$

Mas a solução disto é simplesmente $x = F(y)$, onde $F(y)$ é a integral indefinida de $f(y)$. A transformação desejada que leva um desvio uniforme a um distribuído como $f(y)$ é portanto

$$y(x) = F^{-1}(x) \qquad (7.3.9)$$

onde $F^{-1}$ é a função inversa de $F$. Se (7.3.9) é factível para implementar depende da função inversa da integral de $f(y)$ ser ela própria factível de ser computada, analítica ou numericamente. Algumas vezes ela é, e algumas vezes não.

Incidentalmente, (7.3.9) tem uma interpretação geométrica imediata: uma vez que $F(y)$ é área sob a curva de probabilidade à esquerda de $y$, (7.3.9) é simplesmente a prescrição: escolha um $x$ aleatório uniforme, então encontre o valor de $y$ que tem esta fração de $x$ de área de probabilidade à sua esquerda e retorne o valor $y$. (Veja Figura 7.3.1.)

## 7.3.3 Desvios logísticos

Desvios da distribuição logística, como discutido em §6.14.4, são prontamente gerados pelo método de transformação, usando a equação (6.14.15). O custo é novamente dominado por um desvio uniforme, e um logaritmo, para cada desvio logístico.

```
struct Logisticdev : Ran {                                     deviates.h
Estrutura para desvios logísticos.
    Doub mu,sig;
    Logisticdev(Doub mmu, Doub ssig, Ullong i) : Ran(i), mu(mmu), sig(ssig) {}
    Argumentos do construtor são µ, σ e uma semente para sequência aleatória.
    Doub dev() {
    Retorna um desvio logístico.
```

```
        Doub u;
        do u = doub(); while (u*(1.-u) == 0.);
        return mu + 0.551328895421792050*sig*log(u/(1.-u));
    }
};
```

### 7.3.4 Desvios normais por transformação (Box-Muller)

Métodos de transformação generalizam para mais do que uma dimensão. Se $x_1, x_2, \ldots$ são desvios aleatórios com uma distribuição de probabilidade *conjunta* $p(x_1, x_2, \ldots) dx_1 dx_2 \ldots$, e se $y_1, y_2, \ldots$ são cada um funções de todos os $x$'s (mesmo número de $y$'s e $x$'s), então a distribuição de probabilidade conjunta dos $y$'s é

$$p(y_1, y_2, \ldots) dy_1 dy_2 \ldots = p(x_1, x_2, \ldots) \left| \frac{\partial(x_1, x_2, \ldots)}{\partial(y_1, y_2, \ldots)} \right| dy_1 dy_2 \ldots \qquad (7.3.10)$$

onde $|\partial(\ )/\partial(\ )|$ é o determinante do Jacobiano dos $x$'s com respeito aos $y$'s (ou os recíprocos do determinante do Jacobiano dos $y$'s com respeito aos $x$'s).

Um exemplo histórico do uso de (7.3.10) é o método de *Box-Muller* para gerar desvios aleatórios com uma distribuição normal (gaussiana) (§6.14.1):

$$p(y) dy = \frac{1}{\sqrt{2\pi}} e^{-y^2/2} dy \qquad (7.3.11)$$

Considere a transformação entre dois desvios uniformes em (0,1), $x_1, x_2$, e duas quantidades $y_1, y_2$,

$$\begin{aligned} y_1 &= \sqrt{-2 \ln x_1} \cos 2\pi x_2 \\ y_2 &= \sqrt{-2 \ln x_1} \operatorname{sen} 2\pi x_2 \end{aligned} \qquad (7.3.12)$$

Equivalentemente nós podemos escrever

$$\begin{aligned} x_1 &= \exp\left[-\frac{1}{2}(y_1^2 + y_2^2)\right] \\ x_2 &= \frac{1}{2\pi} \arctan \frac{y_2}{y_1} \end{aligned} \qquad (7.3.13)$$

Agora o Jacobiano do determinante pode ser prontamente calculado (tente isso!):

$$\frac{\partial(x_1, x_2)}{\partial(y_1, y_2)} = \begin{vmatrix} \frac{\partial x_1}{\partial y_1} & \frac{\partial x_1}{\partial y_2} \\ \frac{\partial x_2}{\partial y_1} & \frac{\partial x_2}{\partial y_2} \end{vmatrix} = -\left[\frac{1}{\sqrt{2\pi}} e^{-y_1^2/2}\right]\left[\frac{1}{\sqrt{2\pi}} e^{-y_2^2/2}\right] \qquad (7.3.14)$$

Uma vez que isto é o produto de uma função de apenas $y_2$ e uma função de apenas $y_1$, vemos que cada $y$ é independentemente distribuído de acordo com a distribuição normal (7.3.11).

Um truque adicional é útil ao se aplicar (7.3.12). Suponha que, no lugar de sortear desvios uniformes $x_1$ e $x_2$ no quadrado unitário, sorteamos $v_1$ e $v_2$ como a ordenada e a abscissa de um ponto aleatório dentro do círculo unitário em torno da origem. Então, a soma do seus quadrados, $R^2 \equiv v_1^2 + v_2^2$, é um desvio uniforme, que pode ser usado para $x_1$, enquanto o ângulo que $(v_1, v_2)$ define com respeito ao eixo $v_1$ pode servir como o ângulo aleatório $2\pi x_2$. Qual é a vantagem? É que o cosseno e o seno em (7.3.12) podem agora ser escritos como $v_1/\sqrt{R^2}$ e $v_2/\sqrt{R^2}$, evitando chamadas a funções trigonométricas! (Na próxima seção, generalizaremos este truque consideravelmente.)

Segue código para gerar desvios normais pelo método de Box-Muller. Considere-o apenas para uso pedagógico, porque um método significantemente mais rápido para gerar desvios normais aparece, adiante, em §7.3.9.

```
struct Normaldev_BM : Ran {                                                deviates.h
Estrutura para desvios normais
    Doub mu,sig;
    Doub storedval;
    Normaldev_BM(Doub mmu, Doub ssig, Ullong i)
    : Ran(i), mu(mmu), sig(ssig), storedval(0.) {}
    Os argumentos do construtor são μ, σ e uma semente para a sequência aleatória.
    Doub dev() {
    Retorna um desvio normal.
        Doub v1,v2,rsq,fac;
        if (storedval == 0.) {            Não temos um desvio extra em mãos, portanto
            do {
                v1=2.0*doub()-1.0;        sorteie dois números uniformes no quadrado estendi-
                v2=2.0*doub()-1.0;        do de -1 a +1 em cada direção,
                rsq=v1*v1+v2*v2;          veja se eles estão no círculo unitário,
            } while (rsq >= 1.0 || rsq == 0.0);       ou tente novamente.
            fac=sqrt(-2.0*log(rsq)/rsq);  Agora faça a transformação de Box-Muller para obter
            storedval = v1*fac;           dois desvios normais. Retorne um e salve o outro
            return mu + sig*v2*fac;       para a próxima vez.
        } else {                          Temos um desvio extra em mãos,
            fac = storedval;
            storedval = 0.;
            return mu + sig*fac;          então retorne-o.
        }
    }
};
```

### 7.3.5 Desvios Rayleigh

A *distribuição de Rayleigh* é definida para $z$ positivo por

$$p(z)dz = z \exp\left(-\tfrac{1}{2}z^2\right) dz \qquad (z > 0) \tag{7.3.15}$$

Uma vez que a integral indefinida pode ser feita analiticamente e o resultado pode ser facilmente invertido, um método de transformação simples de um desvio uniforme $x$ resulta:

$$z = \sqrt{-2\ln x}, \quad x \sim U(0,1) \tag{7.3.16}$$

Um desvio Rayleigh $z$ pode também ser gerado de dois desvios normais $y_1$ e $y_2$ por

$$z = \sqrt{y_1^2 + y_2^2}, \quad y_1, y_2 \sim N(0,1) \tag{7.3.17}$$

De fato, a relação entre equações (7.3.16) e (7.3.17) é imediatamente evidente na equação para o método de Box-Muller, equação (7.3.12), se elevarmos ao quadrado e somarmos os dois desvios normais $y_1$ e $y_2$ daquele método.

### 7.3.6 Método de rejeição

O *método da rejeição* é uma técnica geral poderosa para gerar desvios aleatórios cuja função distribuição $p(x)dx$ (probabilidade de um valor ocorrer entre $x$ e $x + dx$) é conhecida e computável. O método da rejeição não requer que a distribuição acumulada [integral indefinida de $p(x)$] seja prontamente computável, muito menos a inversa desta função – o que era necessário para o método de transformação na seção anterior.

O método de rejeição é baseado em um simples argumento geométrico (Figura 7.3.2):

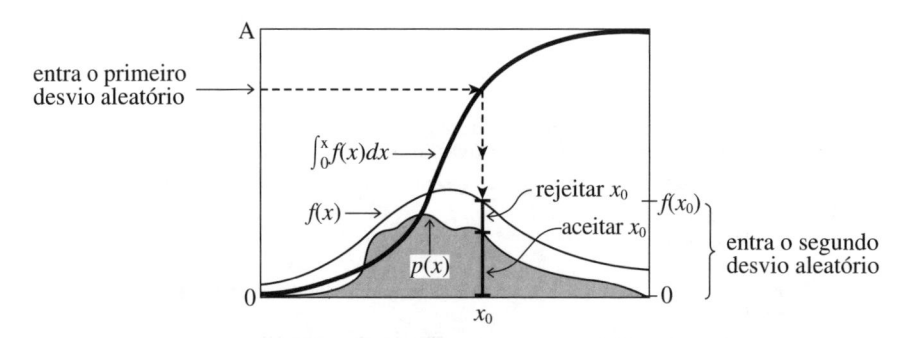

**Figura 7.3.2** Método de rejeição para gerar um desvio aleatório $x$ de uma distribuição de probabilidade $p(x)$ conhecida que é em toda parte menor do que alguma outra função $f(x)$. O método de transformação é primeiramente usado para gerar um desvio aleatório $x$ da distribuição $f$ (comparar com Figura 7.3.1). O segundo desvio uniforme é usado para decidir quando aceitar ou rejeitar aquele $x$. Se ele é rejeitado, um novo desvio de $f$ é encontrado, e assim sucessivamente. A razão dos pontos aceitados e rejeitados é razão da área sob $p$ e a área entre $p$ e $f$.

Desenhe um gráfico da distribuição de probabilidade $p(x)$ que você deseja gerar, tal que a área sobre a curva em algum range de $x$ corresponda à probabilidade desejada de gerar um $x$ naquele range. Se tivéssemos alguma maneira de escolher um ponto aleatório *em duas dimensões*, com probabilidade uniforme na área sob sua curva, então o valor $x$ deste ponto aleatório teria a distribuição desejada.

Agora, no mesmo gráfico, desenhe outra curva $f(x)$ que tem área finita (não infinita) e esteja em toda parte *acima* da sua distribuição de probabilidade original. (Isto é sempre possível, porque sua curva original envolve somente uma área unitária, por definição de probabilidade.) Nós chamaremos esta $f(x)$ de *função comparação*. Imagine agora que você tem alguma maneira de escolher um ponto aleatório em duas dimensões que é uniforme na área sob a função comparação. Quando este ponto cai fora da área sob a curva da distribuição de probabilidade original, o *rejeitaremos* e escolheremos outro ponto aleatório. Se ele cair dentro da área sob a distribuição de probabilidade original, nós o *aceitaremos*.

Deveria ser óbvio que os pontos aceitos são uniformes na área aceita, de forma que seus valores de $x$ tenham a distribuição desejada. Também deveria ser óbvio que a fração dos pontos rejeitados apenas dependem da razão entre a área da função comparação pela área da função distribuição de probabilidade, e não dos detalhes da forma de cada função. Por exemplo, uma função comparação cuja área é menor do que 2 rejeitará menos do que a metade dos pontos, mesmo se ela aproximar a função probabilidade muito mal para alguns valores de $x$, p.ex., permanece finita em alguma região onde $p(x)$ é zero.

Só resta sugerir como escolher um ponto aleatório uniforme em duas dimensões sob a função comparação $f(x)$. Uma variante do método de transformação (§7.3) faz isso bem: esteja certo de ter escolhido uma função comparação cuja integral indefinida seja conhecida analiticamente e seja também analiticamente inversível para fornecer $x$ como uma função da "área sob a função de comparação para a esquerda de $x$". Agora sorteie um desvio uniforme entre 0 e $A$, onde $A$ é a área total sobre $f(x)$, e use-o para obter um $x$ correspondente. Então, sorteie um desvio uniforme entre 0 e $f(x)$ como o valor $y$ para o ponto bidimensional. Finalmente, aceite ou rejeite de acordo se ele é respectivamente menor ou maior do que $p(x)$.

Então, para resumir, o método de rejeição para algum $p(x)$ dado exige encontrar, de uma vez por todas, alguma função de comparação $f(x)$ razoavelmente boa. Depois disso, cada desvio gerado requer dois desvios aleatórios uniformes, uma estimação de $f$ (para obter a coordenada $y$)

e uma estimação de $p$ (para decidir quando aceitar ou rejeitar o ponto $x$, $y$). A Figura 7.3.1 ilustra todo o processo. Então, claro, este processo pode precisar ser repetido, em média, $A$ vezes antes que o desvio final seja obtido.

### 7.3.7 Desvios de Cauchy

O "truque adicional" descrito após a equação (7.3.14) no contexto do método de Box-Muller é agora visto como o método de rejeição para se obter funções trigonométricas de um ângulo uniforme aleatório. Se combinarmos isto com a fórmula explícita, equação (6.14.6), para a inversa cdf da distribuição de Cauchy (ver §6.14.2), podemos gerar desvios de Cauchy de maneira muito eficiente.

```
struct Cauchydev : Ran {                                                deviates.h
Estrutura para desvios de Cauchy.
    Doub mu,sig;
    Cauchydev(Doub mmu, Doub ssig, Ullong i) : Ran(i), mu(mmu), sig(ssig) {}
    Argumentos do construtor são μ, σ e uma semente para sequência aleatória.
    Doub dev() {
    Retorne um desvio de Cauchy.
        Doub v1,v2;
        do {                            Encontre um ponto aleatório no semicírculo unitário.
            v1=2.0*doub()-1.0;
            v2=doub();
        } while (SQR(v1)+SQR(v2) >= 1. || v2 == 0.);
        return mu + sig*v1/v2;          Razão entre suas coordenadas é a tangente de um
    }                                   ângulo aleatório.
};
```

### 7.3.8 Método da razão entre uniformes

Para encontrar desvios de Cauchy, tomamos a razão entre dois desvios uniformes escolhidos dentro de um círculo unitário. Se generalizarmos para outras formas além do círculo unitário e combinarmos com o princípio do método de rejeição, uma poderosa variante emerge. Kinderman e Monahan [1] mostraram que desvios de *qualquer* distribuição de probabilidade $p(x)$ podem ser gerados pela seguinte prescrição bastante surpreendente:

- Construa a região no plano $(u, v)$ limitado por $0 \leq u \leq [p(v/u)]^{1/2}$.
- Escolha dois desvios, $u$ e $v$, que encontram-se uniformemente nesta região.
- Retorne $v/u$ como o desvio.

Demonstração: podemos representar o método de rejeição ordinário pela equação no plano $(x, p)$,

$$p(x)dx = \int_{p'=0}^{p'=p(x)} dp' dx \qquad (7.3.18)$$

Uma vez que o integrando é 1, estamos justificados para amostrar uniformemente em $(x, p')$ contanto que $p'$ esteja dentro dos limites da integral (isto é, $0 < p' < p(x)$). Agora, fazemos a mudança de variável

$$\frac{v}{u} = x$$
$$u^2 = p \qquad (7.3.19)$$

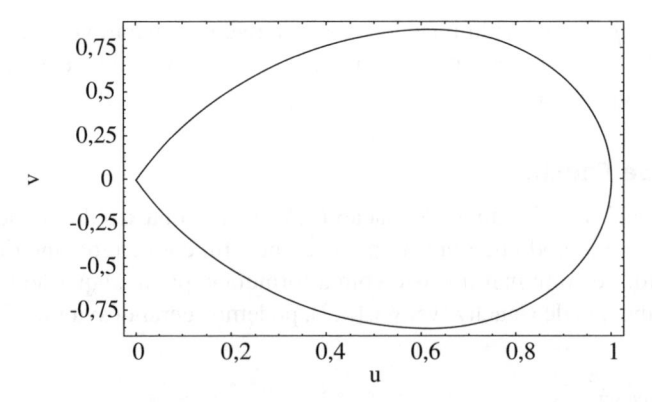

**Figura 7.3.3** Método da razão entre uniformes. O interior deste formato de gota é a região de aceitação para a distribuição normal: se um ponto aleatório é escolhido no interior desta região, então a razão $v/u$ será um desvio normal.

Então, a equação (7.3.18) torna-se

$$p(x)dx = \int_{p'=0}^{p'=p(x)} dp'dx = \int_{u=0}^{u=\sqrt{p(x)}} \frac{\partial(p,x)}{\partial(u,v)} du\, dv = 2\int_{u=0}^{u=\sqrt{p(v/u)}} du\, dv$$

(7.3.20)

porque (como você pode ver por si mesmo) o determinante do jacobiano é a constante 2. Uma vez que o novo integrando é constante, amostragem uniforme em $(u/v)$ com os limites indicados para $u$ é equivalente ao método de rejeição em $(x, p)$.

Os limites acima em $u$ com frequência definem uma região que está em formato "gota de chuva". Para ver por que, note que o locii da constante $x = v/u$ são linhas radiais. Ao longo de cada radial, a região de aceitação vai da origem a um ponto onde $u^2 = p(x)$. Uma vez que a maioria das distribuições de probabilidade vai a zero para ambos $x$ grande e pequeno, a região de aceitação em conformidade se retrai à origem ao longo de radiais, produzindo uma gota de chuva. Naturalmente, é a forma exata desta gota de chuva que interessa. A Figura 7.3.3 mostra a forma da região de aceitação para o caso da distribuição normal.

Em geral, este método de *razão entre uniformes* é usado quando a região desejada pode ser limitada aproximadamente por um retângulo, paralelogramo ou alguma outra forma que é fácil de amostrar de maneira uniforme. Então, vamos de amostrar a forma fácil até amostrar a região desejada pela rejeição dos pontos fora desta região.

Um importante adjunto ao método da razão entre uniformes é a ideia de *squeeze* (compressão). Um squeeze é uma forma fácil de computar que confina firmemente a região de aceitação do método de rejeição, do interior ou do exterior. Melhor de tudo é quando você tem squeezes em ambos os lados. Então, você pode rejeitar pontos que estão fora do squeeze exterior e aceitar pontos que estão dentro do squeeze interior. Apenas quando você tem o azar de sortear um ponto entre os dois squeezes é que terá que fazer uma computação mais prolongada de comparação com a real fronteira de rejeição. Squeezes são úteis no método de rejeição ordinária e no método da razão entre uniformes.

### 7.3.9 Desvios normais por razão de uniformes

Leva [2] fornece um algoritmo para desvios normais que usa o método da razão entre uniformes com grande sucesso. Ele usa curvas quadráticas para prover tanto o squeeze interior quanto o exterior que estreitam a região desejada no plano $(u/v)$ (Figura 7.3.3). Somente cerca de 1% do tempo é necessário para calcular uma fronteira exata (requerendo um logaritmo).

O código resultante parece tão simples e "intranscendental" que pode ser difícil acreditar que desvios normais exatos são gerados. Mas eles são!

```
struct Normaldev : Ran {                                         deviates.h
Estrutura para desvios normais.
    Doub mu,sig;
    Normaldev(Doub mmu, Doub ssig, Ullong i)
    : Ran(i), mu(mmu), sig(ssig){}
    Argumentos do construtor são μ, σ e uma semente para sequência aleatória.
    Doub dev() {
    Retorna um desvio normal.
        Doub u,v,x,y,q;
        do {
            u = doub();
            v = 1.7156*(doub()-0.5);
            x = u - 0.449871;
            y = abs(v) + 0.386595;
            q = SQR(x) + y*(0.19600*y-0.25472*x);
        } while (q > 0.27597
            && (q > 0.27846 || SQR(v) > -4.*log(u)*SQR(u)));
        return mu + sig*v/u;
    }
};
```

Observe que a sentença while faz uso da garantia do C (e do C++) de que expressões lógicas sejam efetuadas condicionalmente: se o primeiro operando é suficiente para determinar a saída, o resultado, o segundo não chega a ser efetuado. Com estas regras, o logaritmo é efetuado somente quando q está entre 0.27597 e 0.27846.

Em média, cada desvio normal usa 2.74 desvios uniformes. A propósito, mesmo embora várias constantes sejam dadas somente com seis dígitos, o método é exato (para dupla precisão). Pequenas perturbações das curvas da fronteira não têm consequência alguma. A acurácia está implícita nas (raras) efetuações da fronteira exata.

### 7.3.10 Desvios gamma

A distribuição Gamma $(\alpha, \beta)$ foi descrita em §6.14.9. O parâmetro $\beta$ entra apenas como uma escala,

$$\text{Gamma}(\alpha, \beta) \cong \frac{1}{\beta}\text{Gamma}(\alpha, 1) \qquad (7.3.21)$$

(Tradução: Para gerar um desvio gamma $(\alpha, \beta)$, gere um desvio gamma $(\alpha, 1)$ e divida-o por $\beta$.)

Se $\alpha$ é um pequeno inteiro positivo, uma maneira rápida de gerar $x \sim$ gamma $(\alpha, 1)$ é usar o fato de que ela é distribuída como o tempo de espera para o $\alpha$-ésimo evento em um processo de Poisson de média um. Uma vez que o tempo entre dois eventos consecutivos é apenas a distribuição exponencial Exponencial(1), você pode simplesmente somar $\alpha$ tempos de espera exponencialmente distribuídos, i.e., logaritmos de desvios uniformes. Ainda melhor, uma vez que a soma dos logaritmos é o logaritmo do produto, você realmente só tem que computar o produto de $a$ desvios uniformes e então tomar o log. Pelo fato disso ser um caso especial, porém, não o incluímos no código abaixo.

Quando $\alpha < 1$, a função densidade da distribuição gamma não é limitada, o que é inconveniente. Porém, constata-se [4] que se

$$y \sim \text{Gamma}(\alpha + 1, 1), \qquad u \sim \text{Uniform}(0, 1) \qquad (7.3.22)$$

então

$$y u^{1/\alpha} \sim \text{Gamma}(\alpha, 1) \qquad (7.3.23)$$

Usaremos isto no código abaixo.

Para $\alpha > 1$, Marsaglia e Tsang [5] fornecem um elegante método de rejeição baseado na simples transformação da distribuição gamma combinada com squeeze. Após transformação, a distribuição gamma pode ser limitada por uma curva gaussiana cuja área nunca é mais do que 5% maior do que a da curva gamma. O custo de um desvio gamma é então somente um pouco mais do que o custo do desvio normal que é usado para amostrar a função comparação. O seguinte código fornece a formulação precisa; veja o paper original para uma explanação completa.

deviates.h
```
struct Gammadev : Normaldev {
```
Estrutura para desvios gamma.
```
    Doub alph, oalph, bet;
    Doub a1,a2;
    Gammadev(Doub aalph, Doub bbet, Ullong i)
    : Normaldev(0.,1.,i), alph(aalph), oalph(aalph), bet(bbet) {
```
Argumentos do construtor são $\alpha$, $\beta$ e uma semente para sequência aleatória.
```
        if (alph <= 0.) throw("bad alph in Gammadev");
        if (alph < 1.) alph += 1.;
        a1 = alph-1./3.;
        a2 = 1./sqrt(9.*a1);
    }
    Doub dev() {
```
Retorna um desvio gamma pelo método de Marsaglia e Tsang.
```
        Doub u,v,x;
        do {
            do {
                x = Normaldev::dev();
                v = 1. + a2*x;
            } while (v <= 0.);
            v = v*v*v;
            u = doub();
        } while (u > 1. - 0.331*SQR(SQR(x)) &&
            log(u) > 0.5*SQR(x) + a1*(1.-v+log(v))); // Raramente efetuado.
        if (alph == oalph) return a1*v/bet;
        else {                                      // Caso onde α < 1, por Ripley.
            do u=doub(); while (u == 0.);
            return pow(u,1./oalph)*a1*v/bet;
        }
    }
};
```

Existe uma regra de soma para desvios gamma. E temos um conjunto de desvios independentes $y_i$ com $\alpha_i$'s possivelmente diferentes, mas compartilhando um valor comum $\beta$,

$$y_i \sim \text{Gamma}(\alpha_i, \beta) \qquad (7.3.24)$$

então sua soma é também um desvio gamma,

$$y \equiv \sum_i y_i \sim \text{Gamma}(\alpha_T, \beta), \qquad \alpha_T = \sum_i \alpha_i \qquad (7.3.25)$$

Se os $\alpha_i$'s são inteiros, você pode ver como isto se relaciona à discussão dos tempos de espera de Poisson acima.

## 7.3.11 Distribuições facilmente geradas por outros desvios

Dos desvios normal, gama e uniforme, obtemos um monte de outras distribuições gratuitamente. Importante: quando você estiver combinando os resultados delas, esteja certo de que todas as instâncias distintas de `Normaldist`, `Gammadist` e `Ran` tenham sementes diferentes! (Ran e suas classes derivadas são suficientemente robustas, de forma que $i, i+1, \ldots$ funcionam bem.)

**Desvios qui-quadrado** (cf. §6.14.8)

Este é fácil:

$$\text{qui-quadrado}(\nu) \cong \text{Gamma}\left(\frac{\nu}{2}, \frac{1}{2}\right) \cong 2\,\text{Gamma}\left(\frac{\nu}{2}, 1\right) \tag{7.3.26}$$

**Desvios $t$ de Student** (cf. §6.14.3)

Desvios da distribuição $t$ de Student podem ser gerados por um método muito similar ao método de Box-Muller. A equação análoga a (7.3.12) é

$$y = \sqrt{\nu(u_1^{-2/\nu} - 1)} \cos 2\pi u_2 \tag{7.3.27}$$

Se $u_1$ e $u_2$ são independentemente uniformes, U(0,1), então

$$y \sim \text{Student}(\nu, 0, 1) \tag{7.2.28}$$

ou

$$\mu + \sigma y \sim \text{Student}(\nu, \mu, \sigma) \tag{7.3.29}$$

Infelizmente, você não pode fazer o truque de obter dois desvios de uma vez como em Box-Muller, porque o determinante do jacobiano análogo à equação (7.3.14) não fatoriza. Você poderia querer usar o método polar de qualquer maneira, apenas para obter $2\pi u_2$, mas sua vantagem agora não é tão grande.

Um método alternativo usa o quociente dos desvios normal e gamma. Se temos

$$x \sim \text{N}(0, 1), \qquad y \sim \text{Gamma}\left(\frac{\nu}{2}, \frac{1}{2}\right) \tag{7.3.30}$$

então

$$x\sqrt{\nu/y} \sim \text{Student}(\nu, 0, 1) \tag{7.3.31}$$

**Desvios da beta** (cf. §6.14.11)

Se

$$x \sim \text{Gamma}(\alpha, 1), \qquad y \sim \text{Gamma}(\beta, 1) \tag{7.3.32}$$

então

$$\frac{x}{x+y} \sim \text{Beta}(\alpha, \beta) \tag{7.3.33}$$

**Desvios da distribuição F** (cf. §6.14.10)

Se

$$x \sim \text{Beta}(\tfrac{1}{2}\nu_1, \tfrac{1}{2}\nu_2) \tag{7.3.34}$$

(veja equação 7.3.33), então

$$\frac{\nu_2 x}{\nu_1(1-x)} \sim \text{F}(\nu_1, \nu_2) \tag{7.3.35}$$

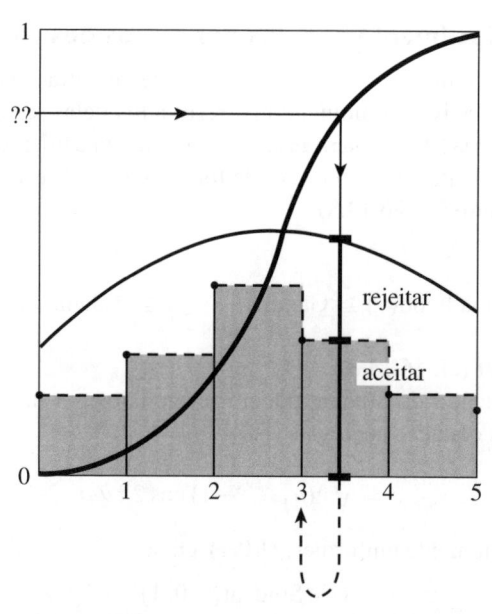

**Figura 7.3.4** Método da rejeição aplicado a uma distribuição a valores inteiros. O método é realizado no passo da função mostrado como a linha pontilhada, produzindo um desvio de valor real. Este desvio é arredondado para baixo para o próximo menor inteiro, que é output.

## 7.3.12 Desvios de Poisson

A distribuição de Poisson, Poisson ($\lambda$), já discutida em §6.14.13, é uma distribuição discreta, potanto seus desvios serão inteiros, $k$. Para usar os métodos já discutidos, é conveniente converter a distribuição de Poisson em uma distribuição contínua pelo seguinte truque: considere a probabilidade finita $p(k)$ como sendo distribuída uniformemente no intervalo de $k$ até $k + 1$. Isto define uma distribuição contínua $q_\lambda(k)dk$ dada por

$$q_\lambda(k)dk = \frac{\lambda^{\lfloor k \rfloor} e^{-\lambda}}{\lfloor k \rfloor !} dk \qquad (7.3.36)$$

onde $\lfloor k \rfloor$ representa o maior inteiro $\leq k$. Se agora usarmos um método de rejeição, ou qualquer outro método, para gerar um desvio (não inteiro) de (7.3.36) e então tomar a parte inteira deste desvio, será como se amostrasse da distribuição de Poisson discreta. (Ver Figura 7.3.4.) Este truque é geral para qualquer distribuição de probabilidades definida para valores inteiros. No lugar do operador "floor" (pavimento), pode-se usar "ceiling" (teto) ou "nearest" (mais próximo) – alguma coisa que distribuía a probabilidade sobre um intervalo unitário.

Para $\lambda$ grande o suficiente, a distribuição (7.3.36) é qualitativamente em formato de sino (ainda que com um sino feito de pequenos passos quadrados). Neste caso, o método da razão entre uniformes funciona bem. Não é difícil encontrar squeezes interiores e exteriores simples no plano $(u, v)$ da forma $v^2 = Q(u)$ onde $Q(u)$ é um simples polinômio em $u$. O único truque é permitir um gap suficientemente grande entre os squeezes para incluir as fronteiras verdadeiras recortadas para todos os valores de $\lambda$. (Olhe à frente na Figura 7.3.5 para um exemplo similar.)

Para valores intermediários de $\lambda$, o grau de recorte é tão grande a ponto de devolver squeezes não práticos, mas o método da razão de uniformes, sem nenhum enfeite, ainda funciona muito bem.

Para um $\lambda$ pequeno, podemos usar uma ideia similar àquela mencionada acima para a distribuição gamma no caso do inteiro $a$. Quando a soma dos primeiros desvios exponenciais excede $\lambda$, seu número (menos 1) é um desvio de Poisson $k$. Também, como explicado para a distribuição gamma, nós podemos multiplicar desvios uniformes U(0,1) em vez de adicionar desvios da Exponencial(1).

Estas ideias produzem a seguinte rotina:

```
struct Poissondev : Ran {                                              deviates.h
Estrutura para desvios de Poisson.
    Doub lambda, sqlam, loglam, lamexp, lambold;
    VecDoub logfact;
    Int swch;
    Poissondev(Doub llambda, Ullong i) : Ran(i), lambda(llambda),
        logfact(1024,-1.), lambold(-1.) {}
    Argumentos do construtor são λ e uma semente para sequência aleatória.
    Int dev() {
    Retorna um desvio de Poisson usando o valor de λ mais recentemente designado.
        Doub u,u2,v,v2,p,t,lfac;
        Int k;
        if (lambda < 5.) {                          Usará o método do produto de uniformes.
            if (lambda != lambold) lamexp=exp(-lambda);
            k = -1;
            t=1.;
            do {
                ++k;
                t *= doub();
            } while (t > lamexp);
        } else {                                    Usará o método da razão entre uniformes.
            if (lambda != lambold) {
                sqlam = sqrt(lambda);
                loglam = log(lambda);
            }
            for (;;) {
                u = 0.64*doub();
                v = -0.68 + 1.28*doub();
                if (lambda > 13.5) {                Squeeze exterior para rápida rejeição.
                    v2 = SQR(v);
                    if (v >= 0.) {if (v2 > 6.5*u*(0.64-u)*(u+0.2)) continue;}
                    else {if (v2 > 9.6*u*(0.66-u)*(u+0.07)) continue;}
                }
                k = Int(floor(sqlam*(v/u)+lambda+0.5));
                if (k < 0) continue;
                u2 = SQR(u);
                if (lambda > 13.5) {                Squeeze interior para rápida aceitação.
                    if (v >= 0.) {if (v2 < 15.2*u2*(0.61-u)*(0.8-u)) break;}
                    else {if (v2 < 6.76*u2*(0.62-u)*(1.4-u)) break;}
                }
                if (k < 1024) {
                    if (logfact[k] < 0.) logfact[k] = gammln(k+1.);
                    lfac = logfact[k];
                } else lfac = gammln(k+1.);
                p = sqlam*exp(-lambda + k*loglam - lfac);  Somente quando precisamos.
                if (u2 < p) break;
            }
        }
        lambold = lambda;
        return k;
    }
    Int dev(Doub llambda) {
    Reinicialize λ e então retorne um desvio de Poisson.
        lambda = llambda;
        return dev();
    }
};
```

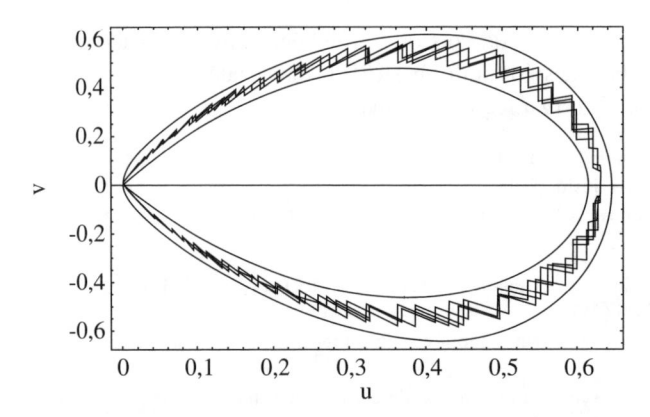

**Figura 7.3.5** Método da razão entre uniformes conforme aplicado para geração de desvios binomiais. Pontos são escolhidos aleatoriamente no plano $(u, v)$. As curvas suaves são squeezes interior e exterior. As curvas recortadas correspondem a várias distribuições binomiais com $n > 64$ e $np > 30$. Uma avaliação da probabilidade binomial é requerida somente quando o ponto aleatório cai entre curvas suaves.

No regime $\lambda > 13,5$, o código acima usa cerca de 3,3 desvios uniformes para cada desvio de Poisson gerado e faz cerca de 0,4 estimações da probabilidade exata (custando uma exponencial e, para $k$ grande, uma chamada `gammln`).

`Poissondev` é levemente mais rápida se você amostrar muitos desvios com o mesmo valor $\lambda$, usando a função `dev` sem argumento nenhum, do que se você variar $\lambda$ em cada chamada, usando a forma sobrecarregada de um argumento de `dev` (que é proporcionada exatamente para este fim). A diferença é apenas uma exponencial extra ($\lambda < 5$) ou raiz quadrada e logaritmo ($\lambda \geq 5$). Observe também a tabela do objeto dos log-fatoriais previamente computados. Se seus $\lambda$'s são tão grandes quanto $\sim 10^3$, você poderia querer fazer a tabela maior.

### 7.3.13 Desvios binomiais

A geração de desvios binomiais $k \sim \text{Binomial}(n, p)$ envolve muitas das mesmas ideias para desvios de Poisson. A distribuição é novamente a valores inteiros, assim usamos o mesmo truque para convertê-la em uma distribuição contínua espaçada. Podemos sempre restringir nossa atenção para o caso $p \geq 0,5$, uma vez que as simetrias das distribuições nos permitem recuperar trivialmente o caso $p > 0,5$.

Quando $n > 64$ e $np > 30$, usamos o método das razões entre uniformes, com squeezes mostrados na Figura 7.3.5. O custo é de cerca de 3,2 desvios uniformes, mais 0,4 avaliações da probabilidade exata, por desvio binomial.

Seria tolice perder tempo pensando no caso onde $n > 64$ e $np < 30$, porque é tão fácil simplesmente tabular a cdf, digamos, para $0 \leq k < 64$, e então fazer o laço sobre $k$'s até que o correto seja encontrado. (Uma busca binária, implementada abaixo, é ainda melhor.) Com uma tabela cdf de comprimento 64, a probabilidade desprezada no fim da tabela nunca é maior do que $\sim 10^{-20}$. (Em $10^9$ desvios por segundo, você poderia executar 3.000 anos antes de perder um desvio.)

O que falta é o caso interessante $n < 64$, que exploraremos em detalhes, porque ele demonstra o importante conceito de *comparação aleatória de bits paralelos*.

Análogo aos métodos para desvios da gamma com $a$ inteiro pequeno e para desvios Poisson com $\lambda$ pequeno, é este método direto para desvios binomiais: gere $n$ desvios uniformes em U(0,1). Conte o número deles que são $< p$. Retorne a contagem quando $k \sim \text{Binomial}(n, p)$. De fato, esta é essencialmente a definição de um processo binomial!

O problema do método direto é que ele parece requerer $n$ desvios uniformes, mesmo quando o valor médio de $k$ é muito menor. Você se surpreenderia se disséssemos a você que para $n \leq 64$ você pode alcançar o mesmo objetivo com no máximo *sete* desvios uniformes em 64 bits, em média? Aqui está como.

Expanda $p < 1$ em seus primeiros 5 bits, mais um resíduo,

$$p = b_1 2^{-1} + b_2 2^{-2} + \cdots + b_5 2^{-5} + p_r 2^{-5} \qquad (7.3.37)$$

onde cada $b_i$ é 0 ou 1, e $0 \leq p_r \leq 1$.

Agora imagine que você tenha gerado e armazenado 64 desvios uniformes U(0,1) e que a palavra de 64 bits $P$ exibe apenas o primeiro bit de cada um dos 64. Compare cada bit de $P$ a $b_1$. Se os bits são os mesmos, então não sabemos ainda se aquele desvio uniforme é menor ou maior do que $p$. Mas se os bits são *diferentes*, então sabemos que o número gerado é menor do que $p$ (no caso que $b_1 = 1$) ou maior que $p$ (no caso que $b_1 = 0$). Se mantemos uma máscara de casos "conhecidos" versus "desconhecidos", podemos fazer estas comparações de uma maneira de bits paralelos por operações lógicas "bitwise" (ver código abaixo para aprender como). Agora vá para o segundo bit, $b_2$, da mesma maneira. Em cada estágio mudamos metade dos desconhecidos remanescentes. Após cinco estágios (para $n = 64$) haverá dois desconhecidos remanescentes, em média, cada um dos quais exterminamos ao gerar um novo uniforme e compará-lo a $p_r$. (Isto requer um laço através dos 64 bits; mas uma vez que C++ não tem operação bitwise "popcount", estamos presos a tal laço de qualquer maneira. Se você pode fazer popcounts, você pode estar em melhor situação fazendo mais estágios até que a máscara de desconhecidos seja nula.)

O truque é que os bits usados nos cinco estágios não são de fato os cinco bits principais dos geradores 64, eles são apenas cinco inteiros aleatórios independentes de 64 bits. O número cinco foi escolhido porque ele minimiza $64 \times 2^{-j} + j$, o número esperado de desvios necessários.

Assim, o código para desvios binomiais acaba com três métodos separados: bits paralelos diretamente, cdf "lookup" (por bissecção-busca binária) e o método da razão de uniformes com squeeze.

```
struct Binomialdev : Ran {                                              deviates.h
Estrutura para desvios binomiais
    Doub pp,p,pb,expnp,np,glnp,plog,pclog,sq;
    Int n,swch;
    Ullong uz,uo,unfin,diff,rltp;
    Int pbits[5];
    Doub cdf[64];
    Doub logfact[1024];
    Binomialdev(Int nn, Doub ppp, Ullong i) : Ran(i), pp(ppp), n(nn) {
    Argumentos do construtor são n, p e uma semente para sequência aleatória.
        Int j;
        pb = p = (pp <= 0.5 ? pp : 1.0-pp);
        if (n <= 64) {                      Usará o método direto de bits paralelos.
            uz=0;
            uo=0xffffffffffffffffLL;
            rltp = 0;
            for (j=0;j<5;j++) pbits[j] = 1 & ((Int)(pb *= 2.));
            pb -= floor(pb);                Bits principais de p (acima) e fração restante.
            swch = 0;
        } else if (n*p < 30.) {             Usará tabela de cdf pré-computada.
            cdf[0] = exp(n*log(1-p));
            for (j=1;j<64;j++) cdf[j] =     cdf[j-1] + exp(gammln(n+1.)
                -gammln(j+1.)-gammln(n-j+1.)+j*log(p)+(n-j)*log(1.-p));
            swch = 1;
```

```
        } else {                              Usará método das razões uniformes.
            np = n*p;
            glnp=gammln(n+1.);
            plog=log(p);
            pclog=log(1.-p);
            sq=sqrt(np*(1.-p));
            if (n < 1024) for (j=0;j<=n;j++) logfact[j] = gammln(j+1.);
            swch = 2;
        }
    }
    Int dev() {
    Retorne um desvio binomial.
        Int j,k,kl,km;
        Doub y,u,v,u2,v2,b;
        if (swch == 0) {
            unfin = uo;                        Marque todos os bits como "incompletos".
            for (j=0;j<5;j++) {                Compare com os primeiros cinco bits de p.
                diff = unfin & (int64()^(pbits[j]? uo : uz));    Máscara de diff.
                if (pbits[j]) rltp |= diff;    Designe bits para 1, significando ran< p.
                else rltp = rltp & ~diff;      Designe bits para 0, significando ran > p.
                unfin = unfin & ~diff;         Atualize status incompleto.
            }
            k=0;                               Agora apenas conte os eventos.
            for (j=0;j<n;j++) {
                if (unfin & 1) {if (doub() < pb) ++k;}    Coloque em ordem os casos não
                else {if (rltp & 1) ++k;}                 resolvidos ou use bit resposta.
                unfin >>= 1;
                rltp >>= 1;
            }
        } else if (swch == 1) {                Use a cdf armazenada.
            y = doub();
            kl = -1;
            k = 64;
            while (k-kl>1) {
                km = (kl+k)/2;
                if (y < cdf[km]) k = km;
                else kl = km;
            }
        } else {                               Use método das razões entre uniformes.
            for (;;) {
                u = 0.645*doub();
                v = -0.63 + 1.25*doub();
                v2 = SQR(v);
                Tente squeeze para rejeição rápida.
                if (v >= 0.) {if (v2 > 6.5*u*(0.645-u)*(u+0.2)) continue;}
                else {if (v2 > 8.4*u*(0.645-u)*(u+0.1)) continue;}
                k = Int(floor(sq*(v/u)+np+0.5));
                if (k < 0) continue;
                u2 = SQR(u);
                Tente squeeze para aceitação rápida.
                if (v >= 0.) {if (v2 < 12.25*u2*(0.615-u)*(0.92-u)) break;}
                else {if (v2 < 7.84*u2*(0.615-u)*(1.2-u)) break;}
                b = sq*exp(glnp+k*plog+(n-k)*pclog        Somente quando precisamos.
                    - (n < 1024 ? logfact[k]+logfact[n-k]
                    : gammln(k+1.)+gammln(n-k+1.)));
                if (u2 < b) break;
            }
        }
        if (p != pp) k = n - k;
        return k;
    }
};
```

Se você está em uma situação na qual está amostrando somente um ou poucos desvios cada para muitos diferentes valores de $n$ e/ou $p$, você precisará reestruturar o código de forma que $n$ e $p$ possam ser mudados sem criar uma nova instância do objeto e sem reinicializar o gerador básico Ran.

## 7.3.14 Quando você precisa de uma velocidade maior

Em situações particulares você pode cortar alguns cantos para ganhar maior velocidade. Aqui estão algumas sugestões.

- Todos os algoritmos nesta seção podem ser acelerados significativamente usando-se Ranq em §7.1 em vez de Ran. Não conhecemos uma razão para não fazer isso. Você pode ganhar alguma velocidade adicional codificando o algoritmo Ranq1 inline, assim eliminando as chamadas a função.
- Se você está usando Poissondev ou Binomialdev com valores grandes de $\lambda$ ou $n$, então os códigos acima revertem para chamar gammln, que é lento. Você pode aumentar o comprimento das tabelas armazenadas.
- Para desvios de Poisson com $\lambda < 20$, você pode querer usar uma tabela armazenada de cdfs combinada com bisseção para encontrar o valor de $k$. O código em Binomialdev mostra como fazer isto.
- Se sua necessidade é para desvios binomiais com $n$ pequeno, você pode facilmente modificar o código em Binomialdev para obter desvios ($\sim 64/n$, de fato) de cada execução do código de bits paralelos.
- Você precisa de desvios exatos, ou poderia fazer uma aproximação? Se sua distribuição de interesse pode ser aproximada por uma distribuição normal, considere substituir por Normaldev, acima, especialmente se você também codifica a geração de uniforme aleatória de maneira inline.
- Se você soma exatamente 12 desvios uniformes $U(0,1)$ e então subtrai 6, você tem uma boa aproximação de um desvio normal $N(0,1)$. Isto é definitivamente mais lento do que Normaldev (sem falar da sua menor acurácia) em uma CPU de propósito geral. Porém, já se falou de processamento de sinal em alguns chips de propósito específico nos quais todas as operações podem ser feitas com aritmética inteira e em paralelo.

Veja Gentle [3], Ripley [4], Devroye [6], Bratley [7] e Knuth [8] para muitos algoritmos adicionais.

### REFERÊNCIAS CITADAS E LEITURA COMPLEMENTAR

Kinderman, A.J. and Monahan, J.F 1977, "Computer Generation of Random Variables Using the Ratio of Uniform Deviates," *ACM Transactions on Mathematical Software*, vol. 3, pp. 257–260.[1]

Leva, J.L. 1992. "A Fast Normal Random Number Generator," *ACM Transactions on Mathematical Software*, vol. 18, no. 4, pp. 449–453.[2]

Gentle, J.E. 2003, *Random Number Generation and Monte Carlo Methods*, 2nd ed. (New York: Springer), Chapters 4–5.[3]

Ripley, B.D. 1987, *Stochastic Simulation* (New York: Wiley).[4]

Marsaglia, G. and Tsang W-W. 2000, "A Simple Method for Generating Gamma Variables," *ACM Transactions on Mathematical Software*, vol. 26, no. 3, pp. 363–372.[5]

Devroye, L. 1986, *Non-Uniform Random Variate Generation* (New York: Springer).[6]
Bratley, P., Fox, B.L., and Schrage, E.L. 1983, *A Guide to Simulation*, 2nd ed. (New York: Springer).[7].
Knuth, D.E. 1997, *Seminumerical Algorithms*, 3rd ed., vol. 2 of *The Art of Computer Programming* (Reading, MA: Addison-Wesley), pp. 125ff.[8]

## 7.4 Desvios normais multivariados

Um desvio aleatório multivariado de dimensão $M$ é um ponto no espaço $M$-dimensional. Suas coordenadas são um vetor, do qual cada uma das $M$ componentes são aleatórias— mas não, em geral, independentes, ou identicamente distribuídas. O caso especial dos *desvios normais multivariados* é definido pela função densidade gaussiana multidimensional

$$N(\mathbf{x} \mid \boldsymbol{\mu}, \boldsymbol{\Sigma}) = \frac{1}{(2\pi)^{M/2} \det(\boldsymbol{\Sigma})^{1/2}} \exp[-\tfrac{1}{2}(\mathbf{x} - \boldsymbol{\mu}) \cdot \boldsymbol{\Sigma}^{-1} \cdot (\mathbf{x} - \boldsymbol{\mu})] \qquad (7.4.1)$$

onde o parâmetro $\boldsymbol{\mu}$ é um vetor que é a média da distribuição, e o parâmetro $\boldsymbol{\Sigma}$ é uma matriz simétrica positiva-definida que é a covariância da distribuição.

Há um meio muito geral de construir um desvio vetor $\mathbf{x}$ com uma covariância especificada $\boldsymbol{\Sigma}$ e média $\boldsymbol{\mu}$, começando com um vetor $\mathbf{y}$ de desvios aleatórios independentes de média zero e variância um: primeiro, use decomposição de Cholesky (§2.9) para fatorar $\boldsymbol{\Sigma}$ em uma matriz triangular esquerda $\mathbf{L}$ vezes sua transposta,

$$\boldsymbol{\Sigma} = \mathbf{L}\mathbf{L}^T \qquad (7.4.2)$$

Isto é sempre possível porque $\boldsymbol{\Sigma}$ é positiva-definida, e você precisa fazer isso apenas uma vez para cada $\boldsymbol{\Sigma}$ de interesse distinto. Seguindo, quando você quer um novo desvio $\mathbf{x}$, preencha $\mathbf{y}$ com desvios independentes com variância um, e então construa

$$\mathbf{x} = \mathbf{L}\mathbf{y} + \boldsymbol{\mu} \qquad (7.4.3)$$

A prova é naturalmente direta, com as chaves denotando valores esperados: uma vez que os componentes $y_i$ são independentes com variância um, temos

$$\langle \mathbf{y} \otimes \mathbf{y} \rangle = \mathbf{1} \qquad (7.4.4)$$

onde $\mathbf{1}$ é a matriz identidade. Então,

$$\begin{aligned} \langle (\mathbf{x} - \boldsymbol{\mu}) \otimes (\mathbf{x} - \boldsymbol{\mu}) \rangle &= \langle (\mathbf{L}\mathbf{y}) \otimes (\mathbf{L}\mathbf{y}) \rangle \\ &= \left\langle \mathbf{L}(\mathbf{y} \otimes \mathbf{y})\mathbf{L}^T \right\rangle = \mathbf{L} \langle \mathbf{y} \otimes \mathbf{y} \rangle \mathbf{L}^T \\ &= \mathbf{L}\mathbf{L}^T = \boldsymbol{\Sigma} \end{aligned} \qquad (7.4.5)$$

Por mais geral que este procedimento seja, ele é, porém, raramente útil para qualquer coisa exceto para desvios *normais* multivariados. A razão é que enquanto os componentes de $\mathbf{x}$ de fato tem a correta estrutura de média e covariância, sua distribuição detalhada não é algo "bom". Os $x_i$'s são combinações lineares dos $y_i$'s, e, em geral, uma combinação linear de variáveis aleatórias é distribuída como uma convolução complicada das suas distribuições individuais.

Para gaussianas, porém, conseguimos algo "bom". Todas as combinações lineares de desvios normais são elas próprias normalmente distribuídas, e completamente definidas por sua estrutura de média e covariância. Por esta razão, se sempre preenchermos os componentes de **y** com desvios normais,

$$y_i \sim N(0, 1) \tag{7.4.6}$$

então o desvio (7.4.3) será distribuído de acordo com a equação (7.4.1).

A implementação é direta, uma vez que a estrutura `Cholesky` executa a decomposição e provém um método para fazer a multiplicação de matrizes eficientemente, tomando vantagem da estrutura triangular de **L**. A geração dos desvios normais está inline por eficiência, idêntico ao `Normaldev` em§7.3.

```
struct Multinormaldev : Ran {                                      multinormaldev.h
Estrutura para desvios normais multivariados.
    Int mm;
    VecDoub mean;
    MatDoub var;
    Cholesky chol;
    VecDoub spt, pt;

    Multinormaldev(Ullong j, VecDoub &mmean, MatDoub &vvar) :
    Ran(j), mm(mmean.size()), mean(mmean), var(vvar), chol(var),
    spt(mm), pt(mm) {
    Construtor. Os argumentos são a semente do gerador aleatório, o (vetor) média e a (matriz) covariância.
    Decomposição de Cholesky da covariância é realizada aqui.
        if (var.ncols() != mm || var.nrows() != mm) throw("bad sizes");
    }

    VecDoub &dev() {
    Retorna um desvio normal multivariado.
        Int i;
        Doub u,v,x,y,q;
        for (i=0;i<mm;i++) {           Preencha um vetor de desvios normais independentes.
            do {
                u = doub();
                v = 1.7156*(doub()-0.5);
                x = u - 0.449871;
                y = abs(v) + 0.386595;
                q = SQR(x) + y*(0.19600*y-0.25472*x);
            } while (q > 0.27597
                && (q > 0.27846 || SQR(v) > -4.*log(u)*SQR(u)));
            spt[i] = v/u;
        }
        chol.elmult(spt,pt);              Aplique equação (7.4.3).
        for (i=0;i<mm;i++) {pt[i] += mean[i];}
        return pt;
    }
};
```

### 7.4.1 Descorrelacionando múltiplas variáveis aleatórias

Embora não diretamente relacionado à geração de desvios aleatórios, este é um lugar conveniente para mostrar como a decomposição de Cholesky pode ser usada na maneira inversa, isto é, para encontrar combinações lineares de variáveis aleatórias correlacionadas que não têm correlação.

Nesta aplicação, temos um vetor **x** cujos componentes têm uma covariância conhecida **Σ** e média **μ**. Decompondo **Σ** como na equação (7.4.2), afirmamos que

$$\mathbf{y} = \mathbf{L}^{-1}(\mathbf{x} - \boldsymbol{\mu}) \tag{7.4.7}$$

tem componentes descorrelacionados, cada um dos quais de variância 1. Demonstração:

$$\begin{aligned}\langle \mathbf{y} \otimes \mathbf{y} \rangle &= \langle (\mathbf{L}^{-1}[\mathbf{x} - \boldsymbol{\mu}]) \otimes (\mathbf{L}^{-1}[\mathbf{x} - \boldsymbol{\mu}]) \rangle \\ &= \mathbf{L}^{-1} \langle (\mathbf{x} - \boldsymbol{\mu}) \otimes (\mathbf{x} - \boldsymbol{\mu}) \rangle \mathbf{L}^{-1T} \\ &= \mathbf{L}^{-1} \boldsymbol{\Sigma} \mathbf{L}^{-1T} = \mathbf{L}^{-1} \mathbf{L} \mathbf{L}^T \mathbf{L}^{-1T} = 1 \end{aligned} \tag{7.4.8}$$

Tenha em mente que esta combinação linear não é única. Na verdade, depois de ter obtido um vetor **y** de componentes descorrelacionados, você pode realizar qualquer rotação nele e ainda ter componentes descorrelacionadas. Em particular, se **K** é uma matriz ortogonal tal que

$$\mathbf{K}^T \mathbf{K} = \mathbf{K} \mathbf{K}^T = 1 \tag{7.4.9}$$

então

$$\langle (\mathbf{K}\mathbf{y}) \otimes (\mathbf{K}\mathbf{y}) \rangle = \mathbf{K} \langle \mathbf{y} \otimes \mathbf{y} \rangle \mathbf{K}^T = \mathbf{K}\mathbf{K}^T = 1 \tag{7.4.10}$$

Uma alternativa usual à (embora mais lenta) decomposição de Cholesky é usar a transformação de Jacobi (§11.1) para decompor **Σ** como

$$\boldsymbol{\Sigma} = \mathbf{V} \mathrm{diag}(\sigma_i^2) \mathbf{V}^T \tag{7.4.11}$$

onde **V** é a matriz ortogonal de autovetores e os $\sigma_i$'s são os desvios padrões das (novas) variáveis descorrelacionadas. Então **V** diag($\sigma_i$) desempenha o papel de **L** nas demonstrações acima.

A Seção §16.1.1 discute algumas aplicações adicionais da decomposição de Cholesky relacionadas a variáveis aleatórias multivariadas.

## 7.5 Registradores de deslocamento (shift) de resposta linear

Um registrador de deslocamento de resposta linear – *linear feedback shift register* (LFSR) – consiste em um vetor de estado e um certo tipo de *variável de update*. O vetor de estado é geralmente o conjunto de bits em uma palavra de 32 ou 34 bits, mas pode às vezes ser um conjunto de palavras em um array. Para qualificar como um LFSR, a regra de update deve gerar uma combinação linear de *bits* (ou palavras) no estado corrente e então deslocar este resultado para um extremo do vetor de estados. O valor mais antigo, no outro extremo do vetor de estados, retira-se e é perdido. O output de um LFRS consiste em uma sequência de novos bits (ou palavras) conforme eles são deslocados.

Para bits isolados, "linear" significa aritmética módulo 2, que é o mesmo que usar a operação lógica XOR para + e a operação lógica AND para ×. É conveniente, contudo, escrever equações usando a notação aritmética. Assim, para um LFSR de comprimento $n$, as palavras no parágrafo acima se traduzem como

$$\begin{aligned} a_1' &= \left( \sum_{j=1}^{n-1} c_j a_j \right) + a_n \\ a_i' &= a_{i-1}, \quad i = 2, \ldots, n \end{aligned} \tag{7.5.1}$$

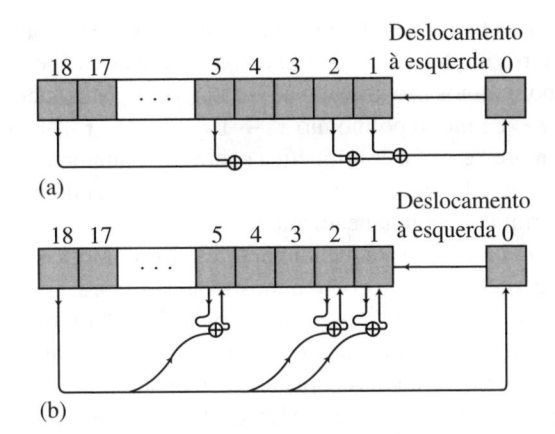

**Figura 7.5.1** Dois métodos relacionados para obter bits aleatórios de um registro de deslocamento e um polinômio primitivo módulo 2. (a) Os conteúdos dos "taps" selecionados são combinados por XOR (adição módulo 2) e o resultado é deslocado a partir da direita. Este método é mais fácil de programar em hardware. (b) Bits selecionados são modificados por XOR com o bit mais à esquerda, que é então deslocado a partir da direita. Este método é mais fácil de implementar em software.

Aqui $\mathbf{a}'$ é o novo vetor de estado, derivado do $\mathbf{a}$ pela regra de atualização conforme mostrada. A razão para escolher $a_n$ na primeira linha acima é que seu coeficiente $c_n$ deve ser $\equiv 1$. Caso contrário, LFSR não poderia ser de comprimento $n$, mas apenas de comprimento de até o último coeficiente não nulo nos $c_j$'s.

Há também uma razão para numerar os bits (daqui em diante consideramos apenas o caso de um vetor de bits, não de palavras) começando com 1 ao invés do mais confortável 0. As propriedades matemáticas da equação (7.5.1) derivam das propriedades dos polinômios sobre os inteiros módulo 2. O polinômio associado com (7.5.1) é

$$P(x) = x^n + c_{n-1}x^{n-1} + \cdots + c_2x^2 + c_1x + 1 \qquad (7.5.2)$$

onde cada um dos $c_i$'s tem o valor 0 ou 1. Assim, $c_0$, como $c_n$, existe mas é implicitamente $\equiv 1$. Existem diversas notações para descrever polinômios específicos como (7.5.2). Uma é simplesmente listar os valores $i$ para os quais $c_i$ é não nulo (por convenção incluindo $c_n$ e $c_0$). Assim, o polinômio

$$x^{18} + x^5 + x^2 + x + 1 \qquad (7.5.3)$$

é abreviado como

$$(18, 5, 2, 1, 0) \qquad (7.5.4)$$

Outro, quando um valor de $n$ (aqui 18), e $c_n = c_0 = 1$, é assumido, é para construir um "número de série" a partir de uma palavra binária $c_{n-1}c_{n-1}\ldots c_2\,c_1$ (por convenção agora excluindo $c_n$ e $c_0$). Para (7.5.3) seria 19, isto é, $2^4 + 2^1 + 2^0$. Os $c_i$'s não nulos são geralmente referidos como os "taps" de um LFSR.

A Figura 7.5.1(a) ilustra como o polinômio (7.5.3) e (7.5.4) assemelha-se a um processo de atualização sobre um registrador de 18 bits. Bit 0 é o temporário onde um bit que está para se tornar o novo bit 1 é computado.

O período máximo de um LFSR de $n$ bits, antes do seu output começar a se repetir, é $2^n - 1$. Isto é porque o número máximo de estados distintos é $2^n$, mas o vetor especial com todos os bits nulos simplesmente se repete com período 1. Se você selecionar um polinômio aleatório $P(x)$, então o gerador que você constrói usualmente não terá um período completo. Uma fração dos polinômios sobre os inteiros módulo 2 são *irredutíveis*, significando que eles não podem ser fatorados. Uma fração dos polinômios irredutíveis são *primitivos*, significando que eles geram LFSRs de período máximo. Por exemplo, o polinômio $x^2 + 1 = (x + 1)(x + 1)$ não é irredutível, assim ele não é primitivo. (Lembre-se de fazer aritmética sobre os coeficientes mod 2.) O polinômio $x^4 + x^3 + x^2 + x + 1$ é irredutível, mas ele apresenta-se como não sendo primitivo. O polinômio $x^4 + x + 1$ é irredutível e primitivo simultaneamente.

LFSRs de período máximo são frequentemente usados como fontes de bits aleatórios em dispositivos de hardware, porque lógica como a mostrada na Figura 7.5.1(a) requer apenas umas poucas portas e pode ser executada extremamente rápido. Não há muito nicho para LFSRs em aplicações de software, porque implementar a equação (7.5.1) em código requer no mínimo duas operações lógicas com palavras completas para cada $c_i$ não nulo, e todo este trabalho produz um mísero um bit de output. Chamamos isto de "Método I". Uma abordagem de software melhor, "Método II", não é obviamente um LFSR, mas se revela matematicamente equivalente a um. Ela é mostrada na Figura 7.5.1(b). Em código, isto é implementado a partir de um polinômio primitivo conforme segue:

Sejam maskp e maskn dois bits de máscara,

$$\begin{aligned} \text{maskp} &\equiv (0 \quad \cdots \quad 0 \quad c_{n-1} \quad c_{n-2} \quad \cdots \quad c_2 \quad c_1) \\ \text{maskn} &\equiv (0 \quad \cdots \quad 1 \quad 0 \quad 0 \quad \cdots \quad 0 \quad 0) \end{aligned} \qquad (7.5.5)$$

Então, uma palavra **a** é atualizada por

```
if (a & maskn) a = ((a ^ maskp) << 1) | 1;
else a <<= 1;
```
(7.5.6)

Você deveria trabalhar a prescrição acima para ver que ela é idêntica ao que é mostrado na figura. O output deste update (ainda somente um único bit) pode ser feito como (a & maskn), ou mesmo qualquer bit fixo em a.

LFSRs (Método I ou Método II) são às vezes usados para obter palavras de $m$ bits aleatórias por concatenar os bits do output dos $m$ updates consecutivos (ou, equivalentemente para o Método I, apanhando os $m$ bits de baixa ordem do estado após cada $m$ updates). Isto é geralmente uma má ideia, porque as palavras resultantes usualmente não passam em alguns testes estatísticos padrão de aleatoriedade. Isto é especialmente uma má ideia se $m$ e $2^n - 1$ não são primos entre si, em cujo caso o método nem mesmo fornece todas as palavras de $m$ bits uniformemente.

A seguir, desenvolveremos um pouquinho de teoria para ver a relação entre o Método I e Método II, e isto nos conduzirá a uma rotina para testar se um dado polinômio (expresso como uma bit string [sequência de bits] de $c_i$'s) é primitivo. Mas, por enquanto, se você apenas precisa de uma tabela de alguns polinômios primitivos para ir adiante, ela é fornecida na próxima página.

Uma vez que a regra de update (7.5.1) é linear, ela pode ser escrita como uma matriz **M** que multiplica pela esquerda um vetor coluna de bits **a** para produzir um estado atualizado **a**′. (Note que os bits de mais baixa ordem de **a** começam no topo do vetor coluna.) Pode-se prontamente ler:

$$\mathbf{M} = \begin{bmatrix} c_1 & c_2 & \cdots & c_{n-2} & c_{n-1} & 1 \\ 1 & 0 & \cdots & 0 & 0 & 0 \\ 0 & 1 & \cdots & 0 & 0 & 0 \\ \vdots & \vdots & & \vdots & \vdots & \vdots \\ 0 & 0 & \cdots & 1 & 0 & 0 \\ 0 & 0 & \cdots & 0 & 1 & 0 \end{bmatrix} \qquad (7.5.7)$$

Alguns polinômios primitivos módulo 2 (segundo Watson [1]):

| | |
|---|---|
| (1, 0) | (51, 6, 3, 1, 0) |
| (2, 1, 0) | (52, 3, 0) |
| (3, 1, 0) | (53, 6, 2, 1, 0) |
| (4, 1, 0) | (54, 6, 5, 4, 3, 2, 0) |
| (5, 2, 0) | (55, 6, 2, 1, 0) |
| (6, 1, 0) | (56, 7, 4, 2, 0) |
| (7, 1, 0) | (57, 5, 3, 2, 0) |
| (8, 4, 3, 2, 0) | (58, 6, 5, 1, 0) |
| (9, 4, 0) | (59, 6, 5, 4, 3, 1, 0) |
| (10, 3, 0) | (60, 1, 0) |
| (11, 2, 0) | (61, 5, 2, 1, 0) |
| (12, 6, 4, 1, 0) | (62, 6, 5, 3, 0) |
| (13, 4, 3, 1, 0) | (63, 1, 0) |
| (14, 5, 3, 1, 0) | (64, 4, 3, 1, 0) |
| (15, 1, 0) | (65, 4, 3, 1, 0) |
| (16, 5, 3, 2, 0) | (66, 8, 6, 5, 3, 2, 0) |
| (17, 3, 0) | (67, 5, 2, 1, 0) |
| (18, 5, 2, 1, 0) | (68, 7, 5, 1, 0) |
| (19, 5, 2, 1, 0) | (69, 6, 5, 2, 0) |
| (20, 3, 0) | (70, 5, 3, 1, 0) |
| (21, 2, 0) | (71, 5, 3, 1, 0) |
| (22, 1, 0) | (72, 6, 4, 3, 2, 1, 0) |
| (23, 5, 0) | (73, 4, 3, 2, 0) |
| (24, 4, 3, 1, 0) | (74, 7, 4, 3, 0) |
| (25, 3, 0) | (75, 6, 3, 1, 0) |
| (26, 6, 2, 1, 0) | (76, 5, 4, 2, 0) |
| (27, 5, 2, 1, 0) | (77, 6, 5, 2, 0) |
| (28, 3, 0) | (78, 7, 2, 1, 0) |
| (29, 2, 0) | (79, 4, 3, 2, 0) |
| (30, 6, 4, 1, 0) | (80, 7, 5, 3, 2, 1, 0) |
| (31, 3, 0) | (81, 4, 0) |
| (32, 7, 5, 3, 2, 1, 0) | (82, 8, 7, 6, 4, 1, 0) |
| (33, 6, 4, 1, 0) | (83, 7, 4, 2, 0) |
| (34, 7, 6, 5, 2, 1, 0) | (84, 8, 7, 5, 3, 1, 0) |
| (35, 2, 0) | (85, 8, 2, 1, 0) |
| (36, 6, 5, 4, 2, 1, 0) | (86, 6, 5, 2, 0) |
| (37, 5, 4, 3, 2, 1, 0) | (87, 7, 5, 1, 0) |
| (38, 6, 5, 1, 0) | (88, 8, 5, 4, 3, 1, 0) |
| (39, 4, 0) | (89, 6, 5, 3, 0) |
| (40, 5, 4, 3, 0) | (90, 5, 3, 2, 0) |
| (41, 3, 0) | (91, 7, 6, 5, 3, 2, 0) |
| (42, 5, 4, 3, 2, 1, 0) | (92, 6, 5, 2, 0) |
| (43, 6, 4, 3, 0) | (93, 2, 0) |
| (44, 6, 5, 2, 0) | (94, 6, 5, 1, 0) |
| (45, 4, 3, 1, 0) | (95, 6, 5, 4, 2, 1, 0) |
| (46, 8, 5, 3, 2, 1, 0) | (96, 7, 6, 4, 3, 2, 0) |
| (47, 5, 0) | (97, 6, 0) |
| (48, 7, 5, 4, 2, 1, 0) | (98, 7, 4, 3, 2, 1, 0) |
| (49, 6, 5, 4, 0) | (99, 7, 5, 4, 0) |
| (50, 4, 3, 2, 0) | (100, 8, 7, 2, 0) |

Quais são as condições para **M** fornecer um gerador de período completo e assim demonstrar que o polinômio com coeficientes é primitivo? Evidentemente nós devemos ter

$$\mathbf{M}^{(2^n-1)} = \mathbf{1} \tag{7.5.8}$$

onde **1** é a matriz identidade. Isto especifica que o período, ou algum múltiplo dele, é $2^n-1$. Mas os únicos multiplicadores possíveis são inteiros que dividem $2^n - 1$. Para excluí-los e garantir um período completo, precisamos apenas checar que

$$\mathbf{M}^{q_k} \neq \mathbf{1}, \qquad q_k \equiv (2^n - 1)/f_k \tag{7.5.9}$$

para todo fator primo $f_k$ de $2^n - 1$. (Esta é exatamente a lógica por trás dos testes da matriz **T** que nós descrevemos, mas que não justificou-se, em §7.1.2.)

Pode parecer amedrontador à primeira vista computar as potências monstruosas de **M** nas equações (7.5.8) e (7.5.9). Mas, pelo método de tomar o quadrado de **M** repetidamente, cada uma destas potências toma cerca de $n$ (um número como 32 ou 64) multiplicações de matrizes. E, uma vez que todo a aritmética é feita módulo 2, não há possibilidade de overflow! As condições (7.5.8) e (7.5.9) são de fato uma maneira eficiente de testar a primitividade de um polinômio. O seguinte código implementa o teste. Observe que você pode customizar as constantes no construtor para sua escolha de $n$ (chamado de N no código), em particular os fatores primos de $2^n - 1$. O caso $n = 32$ é mostrado. Além desta customização, o código, conforme está escrito, é válido para $n \leq 64$. O input para o teste é o "número de série", conforme definido acima pela equação (7.5.4), do polinômio a ser testado. Após declarar uma instância da estrutura Primpolytest, você pode repetidamente chamar seu método test() para testar múltiplos polinômios. Para fazer Primpolytest inteiramente autocontido, matrizes são implementadas como arrays lineares e a estrutura constrói a partir do zero as poucas operações com matriz de que ela precisa. Isto é deselegante, mas efetivo.

primpolytest.h
```
struct Primpolytest {
Teste de polinômios sobre inteiros mod 2 para primitividade.
    Int N, nfactors;
    VecUllong factors;
    VecInt t,a,p;

    Primpolytest() : N(32), nfactors(5), factors(nfactors), t(N*N),
        a(N*N), p(N*N) {
        Construtor. As constantes são específicas para os LFSRs de 32 bits.
        Ullong factordata[5] = {3,5,17,257,65537};
        for (Int i=0;i<nfactors;i++) factors[i] = factordata[i];
    }

    Int ispident() {                        Utilitário para testar se p é a matriz identidade.
        Int i,j;
        for (i=0; i<N; i++) for (j=0; j<N; j++) {
            if (i == j) { if (p[i*N+j] != 1) return 0; }
            else {if (p[i*N+j] != 0) return 0; }
        }
        return 1;
    }

    void mattimeseq(VecInt &a, VecInt &b) {  Utilitário para a *= b em matrizes a e b.
        Int i,j,k,sum;
        VecInt tmp(N*N);
        for (i=0; i<N; i++) for (j=0; j<N; j++) {
            sum = 0;
            for (k=0; k<N; k++) sum += a[i*N+k] * b[k*N+j];
            tmp[i*N+j] = sum & 1;
```

```
        }
        for (k=0; k<N*N; k++) a[k] = tmp[k];
    }
    void matpow(Ullong n) {                    Utilitário para matriz p = a^n por quadrados
        Int k;                                 sucessivos.
        for (k=0; k<N*N; k++) p[k] = 0;
        for (k=0; k<N; k++) p[k*N+k] = 1;
        while (1) {
            if (n & 1) mattimeseq(p,a);
            n >>= 1;
            if (n == 0) break;
            mattimeseq(a,a);
        }
    }

    Int test(Ullong n) {
    Rotina principal de teste. Retorna 1 se o polinômio com número de série n (ver texto) é primitivo, 0
    caso contrário.
        Int i,k,j;
        Ullong pow, tnm1, nn = n;
        tnm1 = ((Ullong)1 << N) - 1;
        if (n > (tnm1 >> 1)) throw("not a polynomial of degree N");
        for (k=0; k<N*N; k++) t[k] = 0;         Constrói a matriz update em t.
        for (i=1; i<N; i++) t[i*N+(i-1)] = 1;
        j=0;
        while (nn) {
            if (nn & 1) t[j] = 1;
            nn >>= 1;
            j++;
        }
        t[N-1] = 1;
        for (k=0; k<N*N; k++) a[k] = t[k];      Testa que t^tnm1 é a matriz identidade.
        matpow(tnm1);
        if (ispident() != 1) return 0;
        for (i=0; i<nfactors; i++) {            Testa que o t para as potências submúltiplas re-
            pow = tnm1/factors[i];              queridas não seja a matriz identidade.
            for (k=0; k<N*N; k++) a[k] = t[k];
            matpow(pow);
            if (ispident() == 1) return 0;
        }
        return 1;
    }
};
```

É direto generalizar este método para $n > 64$ ou para primo módulos $p$ que não 2. Se $p^n > 2^{64}$, você precisará de uma representação binária multipalavra dos inteiros $p^n - 1$ e seus quocientes com seus fatores primos, de forma que `matpow` pode ainda encontrar potências por sucessivas operações de quadrado. Observe que o tempo de computação se escala grosseiramente como $O(n^4)$, assim $n = 64$ é rápido, enquanto $n = 1024$ seria um tempo de cálculo longo.

Alguns polinômios primitivos aleatórios para $n = 32$ bits (dando seus números de série como valores decimais) são 2046052277, 1186898897, 221421833, 55334070, 1225518245, 216563424, 1532859853, 1735381519, 2049267032, 1363072601 e 130420448. Alguns aleatórios para $n = 64$ bits são 926773948609480634, 3195735403700392248, 4407129700254524327, 2564578227706860311, 5017679982664373343 e 1723461400905116882.

Dada uma matriz **M** que satisfaz as equações (7.5.8) e (7.5.9), existem algumas matrizes relacionadas que também satisfazem aquelas relações. Um exemplo é a inversa de **M**, que você pode facilmente verificar como

$$\mathbf{M}^{-1} = \begin{bmatrix} 0 & 1 & 0 & \cdots & 0 & 0 \\ 0 & 0 & 1 & \cdots & 0 & 0 \\ \vdots & \vdots & \vdots & & \vdots & \vdots \\ 0 & 0 & 0 & \cdots & 0 & 1 \\ 1 & c_1 & c_2 & \cdots & c_{n-2} & c_{n-1} \end{bmatrix} \qquad (7.5.10)$$

Esta é a regra de update que faz backup de um estado $\mathbf{a}'$ para seu estado predecessor $\mathbf{a}$. Você pode facilmente converter (7.5.10) em uma prescrição análoga para a equação (7.5.1) ou para a Figura 7.5.1(a).

Outra matriz satisfazendo estas relações que garantem um período completo é a transposta da inversa (ou inversa da transposta) de $\mathbf{M}$.

$$\left(\mathbf{M}^{-1}\right)^T = \begin{bmatrix} 0 & 0 & \cdots & 0 & 0 & 1 \\ 1 & 0 & \cdots & 0 & 0 & c_1 \\ 0 & 1 & \cdots & 0 & 0 & c_2 \\ \vdots & \vdots & & \vdots & \vdots & \vdots \\ 0 & 0 & \cdots & 1 & 0 & c_{n-2} \\ 0 & 0 & \cdots & 0 & 1 & c_{n-1} \end{bmatrix} \qquad (7.5.11)$$

Surpresa! Isto é exatamente o Método II, como também mostrado na Figura 7.5.1(b). (Verifique.)

Ainda mais especificamente, a sequência de bits output do Método II LFSR baseado em um polinômio primitivo $P(x)$ é idêntica à sequência de bits output do Método I LFSR que usa o *polinômio recíproco* $x^n P(1/x)$. A demonstração vai um pouquinho além do nosso escopo, mas é essencialmente porque a matriz $\mathbf{M}$ e sua transposta são ambas raízes do polinômio característico, equação (7.5.2), enquanto a inversa da matriz $\mathbf{M}^{-1}$ e sua transposta são ambas raízes do polinômio recíproco. O polinômio recíproco, conforme você pode facilmente checar da definição, apenas troca as posições dos coeficientes não nulos de um extremo a outro. Por exemplo, o polinômio recíproco da equação (7.5.3) é (18,17,16,13,1). Se um polinômio é primitivo, então é seu recíproco.

Tente este experimento: execute um gerador Método II por um tempo. Então tome $n$ bits consecutivos do seu output (a partir do seu bit mais superior, digamos) e coloque-os em um registrador de deslocamento do Método I como inicialização (o mais recente como bit inferior). Agora entre com os dois métodos juntos, usando o polinômio recíproco no Método I. Você obterá outputs idênticos dos dois geradores.

### REFERÊNCIAS CITADAS E LEITURA COMPLEMENTAR

Knuth, D.E. 1997, *Seminumerical Algorithms*, 3rd ed., vol. 2 of *The Art of Computer Programming* (Reading, MA: Addison-Wesley), pp. 30ff.

Horowitz, P., and Hill, W. 1989, *The Art of Electronics*, 2nd ed. (Cambridge, UK: Cambridge University Press), §9.32 – §9.37.

Tausworthe, R.C. 1965, "Random Numbers Generated by Linear Recurrence Modulo Two," *Mathematics of Computation*, vol. 19, pp. 201–209.

Watson, E.J. 1962, "Primitive Polynomials (Mod 2)," *Mathematics of Computation*, vol. 16, pp. 368–369.[1]

## 7.6 Tabelas hash e memórias hash

É um sonho estranho. Você está em uma espécie de sala de expedição cujas paredes estão forradas com escaninhos numerados. Um homem, Sr. Hacher, está sentado em uma mesa. Você está em pé. Há uma cesta de cartas presa na parede. Seu trabalho é pegar as cartas da cesta e distribuí-las nos escaninhos.

Mas como? As cartas são endereçadas pelo nome, enquanto os escaninhos são apenas numerados. Aí é que o Sr. Hacher entra. Você lhe mostra cada carta e ele imediatamente diz a você qual número de escaninho. Ele sempre dá o mesmo número para o mesmo nome, enquanto diferentes nomes sempre têm diferentes números (e por esta razão escaninhos únicos).

Com o tempo, conforme o número de endereços cresce, há menos e menos caixas vazias, até que, finalmente, nenhuma mais. Isto não é um problema tão grande contanto que as cartas cheguem apenas para proprietários de caixas existentes. Mas um dia você vê um nome novo em um envelope. Com medo você coloca ele na frente do Sr. Hacher ... e você acorda!

O Sr. Hacher e sua mesa são uma *tabela hash* (*hash table*). Uma tabela hash comporta-se como se ela guardasse um livro-razão de todas as *chaves* hash (os nomes dos destinatários) que ela já viu, atribui um único número para cada um e é capaz de olhar todos os nomes para cada nova consulta, ou retornando o mesmo número de antes (para uma chave repetida) ou, para uma nova chave, atribuindo uma nova. Há usualmente também uma opção para apagar uma chave.

O objetivo de se implementar uma tabela hash é fazer todas estas funções tomarem apenas umas poucas operações cada, nem mesmo $O(\log N)$. Isto é um truque e tanto, se você pensar bem. Mesmo se você de algum modo manter uma lista ordenada e alfabetizada de chaves, ainda tomará $O(\log N)$ operações para encontrar um lugar na lista, por bisseção, digamos. A grande ideia por trás das tabelas hash é o uso das técnicas de números aleatórios (§7.1) para mapear uma chave hash para um inteiro pseudoaleatório entre 0 e $N - 1$, onde $N$ é o número total de escaninhos. Aqui definitivamente queremos inteiros pseudoaleatórios, e não inteiros aleatórios, porque a mesma chave deve produzir o mesmo inteiro todas as vezes.

Em primeira aproximação, idealmente na maior parte do tempo, este inteiro pseudoaleatório inicial, chamado de output da *função hash*, ou (pra ser mais breve) chave *hash*, é o que a tabela hash produz, i.e., o número dado pelo Sr. Hacher. Porém, é impossível que, por acaso, duas chaves tenham a mesma função hash; isso na verdade se torna extremamente provável conforme o número de chaves distintas se aproxima de $N$, e uma certeza quando $N$ é excedido (o princípio dos escaninhos). A implementação de uma tabela hash, portanto, requer uma *estratégia de colisão* que assegure que inteiros únicos sejam retornados, mesmo para chaves (diferentes) que têm o mesmo hash.

Muitas implementações de fornecedores da biblioteca padrão Standard Template Library (STL) de C++ fornecem uma tabela hash como a classe `hash_map`. Infelizmente, na época da escrita deste livro, `hash_map` não é uma parte da STL padrão, e a qualidade das implementações é também muito variável. Por esta razão, implementamos aqui nossa própria; assim, podemos tanto aprender mais sobre os princípios envolvidos quanto construir alguns aspectos que nos serão úteis mais adiante neste livro (por exemplo, §21.8 e 21.6).

### 7.6.1 Objeto função hash

Por um objeto função hash, entendemos uma estrutura que combina um algoritmo que faz o hash (como em §7.1) com a "cola" necessária para fazer uma tabela hash. O objeto deve mapear uma chave arbitrária de tipo `keyT`, a qual ela mesma pode ser uma estrutura contendo múltiplos valores de dados, em (para nossa implementação) um inteiro pseudoaleatório de 64 bits. Tudo que o objeto função hash realmente precisa saber é o comprimento em bytes de `keyT`, isto é, `sizeof(keyT)`, uma vez que não importa como aqueles bytes são usados, apenas que eles são parte da chave que virá a sofrer o hash. Por esta razão, damos ao objeto função a hash um construtor que diz a ele como fazer o hash para muitos bytes; e deixamos ele acessar uma chave por um ponteiro `void` para o endereço da chave. Então, o objeto pode acessar aqueles bytes da forma que ele quiser.

Como um primeiro exemplo de objeto função hash, deixe-nos colocar uma capa em torno do algoritmo da função hash de §7.1.4. Isto é muito eficiente quando $\text{sizeof}(\text{keyT}) = 4$ ou 8.

```
struct Hashfn1 {
```
hash.h

Exemplo de um objeto encapsulando uma função hash para uso pela classe Hashmap.

```
          Ranhash hasher;                        A real função hash.
          Int n;                                 Tamanho da chave em bytes.
          Hashfn1(Int nn) : n(nn) {}             Construtor apenas salva o tamanho da chave
          Ullong fn(const void *key) {           Função que retorna o hash da chave.
             Uint *k;
             Ullong *kk;
             switch (n) {
                case 4:
                   k = (Uint *)key;
                   return hasher.int64(*k);      Retorna um hash de 64 bits de uma chave de
                case 8:                          32 bits.
                   kk = (Ullong *)key;\
                   return hasher.int64(*kk);     Retorna um hash de 64 bits de uma chave de
                default:                         64 bits.
                   throw("Hashfn1 is for 4 or 8 byte keys only.");
             }
          }
       };
```

(Uma vez que n é constante para a vida do objeto, é um pouco ineficiente testá-lo em toda chamada; você não deve editar o código desnecessário quando você conhece n com antecedência.)

De modo mais geral, um objeto função hash pode ser desenvolvido para funcionar em chaves de tamanhos arbitrários ao incorporá-las em um valor de hash final um byte de cada vez. Há um trade-off entre velocidade e grau de aleatoriedade (isto é, quando se ganha um, perde-se o outro). Historicamente, funções hash favoreceram a velocidade, com simples incorporação de regras como

$$h_0 = \text{alguma constante fixa}$$
$$h_i = (m\ h_{i-1}\ \text{op}\ k_i) \mod 2^{32} \qquad (i = 1 \ldots K) \tag{7.6.1}$$

Aqui $k_i$ é o i-ésimo byte da chave ($1 \leq i \leq K$), $m$ é um multiplicador com valores populares que incluem 33, 63689 e $2^{16} + 2^6 - 1$ (fazendo a multiplicação por deslocamento e adições nos primeiro e terceiro casos) e "op" é ou adição ou XOR bitwise. Você obtém a função mod gratuitamente quando você usa aritmética inteira sem sinal de 32 bits. Porém, uma vez que a aritmética em 64 bits é mais rápida nas máquinas modernas, pensamos que multiplicadores pequenos, ou muitas operações mudando apenas alguns poucos bits de uma vez, estão com os dias contados. Damos preferência a funções hash que possam passar por bons testes de aleatoriedade. (Quando você sabe muito sobre suas chaves, é possível desenvolver funções hash que são ainda melhores do que aleatórias, mas que isto está além do nosso escopo aqui.)

Um objeto função hash pode também fazer alguma inicialização (de tabelas etc.) quando ele é criado. Diferentemente de um gerador de números aleatórios, contudo, ele não pode armazenar um estado dependente da história entre chamadas, porque ele deve retornar o mesmo hash para a mesma chave toda vez. Aqui está um exemplo de um objeto função hash auto contido para chaves de qualquer comprimento. Este é o objeto função hash que nós usaremos abaixo.

hash.h
```
       struct Hashfn2 {
       Outro exemplo de um objeto encapsulando uma função hash, permitindo tamanhos fixos arbitrários de
       chaves ou strings com terminação nula de comprimento variável.
          static Ullong hashfn_tab[256];
          Ullong h;
          Int n;                                 Tamanho da chave em bytes, tamanho fixado.
          Hashfn2(Int nn) : n(nn) {
             if (n == 1) n = 0;                  Chave do string de terminação nula sinalizada por n =
             h = 0x544B2FBACAAF1684LL;           0 ou 1.
             for (Int j=0; j<256; j++) {         Tabela lookup (consulta) de comprimento 256 é ini-
                for (Int i=0; i<31; i++) {      cializada com valores de um gerador de 64 bits de
                   h = (h >> 7) ^ h;            Marsaglia realizado 31 vezes entre cada.
```

```
                h = (h << 11) ^ h;
                h = (h >> 10) ^ h;
            }
            hashfn_tab[j] = h;
        }
    }
    Ullong fn(const void *key) {                Função que retorna hash da chave.
        Int j;
        char *k = (char *)key;                  Lance o ponteiro chave para ponteiro char.
        h=0xBB40E64DA205B064LL;
        j=0;
        while (n ? j++ < n : *k) {              Comprimento fixo ou senão até anular-se.
            h = (h * 7664345821815920749LL) ^ hashfn_tab[(unsigned char)(*k)];
            k++;
        }
        return h;
    }
};
Ullong Hashfn2::hashfn_tab[256];               Define memória para a tabela de consulta.
```

O método usado é basicamente a equação (7.6.1), mas (i) com uma constante grande que se sabe ser um bom multiplicador para um gerador de números aleatórios congruencial linear mod $2^{64}$, e, mais importante, (ii) uma tabela lookup (para consulta) que substitui um valor de 64 bits aleatório (mas fixo) para todo valor de byte em 0... 255. Observe também o refinamento que permite Hashfn2 ser usado ou para tipos de chaves com comprimento fixo (chame o construtor com n > 1), ou com arrays de bytes com terminação nula de comprimento variável (chame construtor com n = 0 ou 1).

### 7.6.2 Tabela hash

Por tabela hash nós entendemos um objeto com a funcionalidade do Sr. Hacher (e sua mesa) no sonho, isto é, atribuir chaves arbitrárias para inteiros de forma única em um range específico. Vamos direto ao assunto. Em outline, o objeto Hashtable é:

```
template<class keyT, class hfnT> struct Hashtable {                                    hash.h
```
Instancie uma tabela hash, com métodos para manter uma correspondência um para um entre chaves arbitrárias e inteiros únicos em um range especificado.
```
    Int nhash, nmax, nn, ng;
    VecInt htable, next, garbg;
    VecUllong thehash;
    hfnT hash;                                  Uma instância do objeto função hash.
    Hashtable(Int nh, Int nv);
```
Construtor. Argumentos são tamanho da tabela hash e número máximo de elementos armazenados (chaves).
```
    Int iget(const keyT &key);                  Retorne um inteiro para uma chave previamente designada.
    Int iset(const keyT &key);                  Retorne um inteiro único para uma nova chave.
    Int ierase(const keyT &key);                Apague uma chave.
    Int ireserve();                             Reserve um inteiro (sem chave).
    Int irelinquish(Int k);                     Tire um inteiro da reserva.
};

template<class keyT, class hfnT>
Hashtable<keyT,hfnT>::Hashtable(Int nh, Int nv):
```
Construtor. Designe nhash, o tamanho da tabela hash, e nmax, o número máximo de elementos (chaves) que podem ser acomodados. Aloque arrays apropriadamente.
```
    hash(sizeof(keyT)), nhash(nh), nmax(nv), nn(0), ng(0),
    htable(nh), next(nv), garbg(nv), thehash(nv) {
    for (Int j=0; j<nh; j++) { htable[j] = -1; }      Significa vazio.
}
```

Um objeto `Hashtable` tem duas classes compondo seu template: a classe da chave (que pode ser tão simples quanto `int` ou tão complicada quanto uma classe derivada de multiplicação) e a classe do objeto função hash (p. ex., `Hashfn1` ou `Hashfn2`, acima). Observe como o objeto função hash é automaticamente criado usando-se o tamanho `keyT`, assim o usuário não é responsável por conhecer este valor. Se você vai usar arrays de bytes com terminação nula com comprimento variável como chaves, então o tipo de `keyT` é `char`, não `char*`; veja §7.6.5 para um exemplo.

O objeto tabela hash é criado a partir de dois parâmetros inteiros. O mais importante é `nm`, o número máximo de objetos que podem ser armazenados – no sonho, o número de escaninhos na sala. Por enquanto, suponha que o segundo parâmetro, `nh`, tenha o mesmo valor de `nm`.

O esquema geral é converter chaves arbitrárias em inteiros no range $0 \ldots nh-1$ que se indexam no array `htable`, tomando-se o output da função hash módulo `nh`. Este elemento indexado do array contém ou $-1$, significando "vazio", ou senão um índice no range $0 \ldots nm-1$ que aponta para os arrays `thehash` e `next`. (Para se dar um gostinho de ciência da computação, isso poderia ser feito com lista de elementos ligados por ponteiros, mas, no espírito da computação numérica, usaremos arrays; ambos os caminhos são de igual eficiência.)

Um elemento em `thehash` contém o hash de 64 bits para qualquer que seja a chave que foi previamente designada para índice. Tomaremos a identidade de dois hashes como sendo prova positiva de que suas chaves são idênticas. Claro, isto não é realmente verdade. Há uma probabilidade de $2^{-64} \sim 5 \times 10^{-20}$ de duas chaves darem hashes idênticos casualmente. Para garantir um desempenho livre de erro, uma tabela hash deve de fato armazenar a chave na verdade, não apenas o hash; mas para nossos fins, aceitaremos a chance muito pequena de que dois elementos possam ser confundidos. (Não use estas rotinas se você está normalmente armazenando mais do que um bilhão de elementos em uma única tabela hash. Mas você já sabia disso!)

Esta coincidência de $10^{-20}$ não é o que é entendido como *hash collision* (colisão de hashes). Tais colisões ocorrem quando dois hashes produzem o mesmo valor módulo `nh`, de forma que eles apontem para o mesmo elemento em `htable`. Isto não é nada incomum, e devemos prover métodos para lidar com isso. Elementos no array `next` contêm valores que indexam de volta `thehash` e `next`, i.e., formam uma lista encadeada. Assim, quando duas ou mais chaves chegaram no mesmo valor $i$, $0 \leq i < nh$, e queremos recuperar um deles em particular, ele ou estará na posição `thehash[i]`, ou senão na (espera-se que curta) lista que começa lá e é encadeada por `next[i]`, `next[next[i]]`, e assim sucessivamente.

Podemos agora dizer mais sobre o valor que poderia ser inicialmente especificado para o parâmetro `nh`. Para uma tabela completa com todos os `nm` valores atribuídos, as listas encadeadas anexadas para cada elemento de `htable` têm comprimentos que seguem uma distribuição de Poisson com média $\lambda \equiv nm/nh$. Por esta razão, $\lambda$ grande (`nh` pequeno demais) implica muita lista transversal, enquanto $\lambda$ pequeno (`nh` grande demais) implica espaço destruído em `htable`. Uma ideia convencional é escolher $\lambda \sim 0{,}75$, em cujo caso (assumindo-se uma boa função hash) 47% de `htable` será vazio, 67% dos elementos não vazios terão listas de comprimento um (i.e., você obterá a chave correta na primeira tentativa) e o número médio de indireções (passos atravessados pelos ponteiros `next`) é 0,42. Para $\lambda = 1$, isto é, `nh = nm`, os valores são 37% tabela vazia, 58% primeira tentativa acerta e 0,58 indireções médias. Assim, no geral, qualquer escolha é basicamente boa. As fórmulas gerais são

$$\text{fração vazia} = P_\lambda(0) = e^{-\lambda}$$

$$\text{acerta na primeira tentativa} = P_\lambda(1)/[1 - P_\lambda(0)] = \frac{\lambda e^{-\lambda}}{1 - e^{-\lambda}} \quad (7.6.2)$$

$$\text{indireções médias} = \sum_{j=2}^{\infty} \frac{(j-1)P_\lambda(j)}{1 - P_\lambda(0)} = \frac{e^{-\lambda} - 1 + \lambda}{1 - e^{-\lambda}}$$

onde $P\lambda(j)$ é a função probabilidade de Poisson.

Agora, as implementações dentro do Hashtable. O mais simples de se entender é a função "get", que retorna um valor de índice apenas se a chave foi previamente "atribuída", e retorna $-1$ (por convenção) se ela não foi. Nossa estrutura de dados é projetada para fazer isto tão rápido quanto possível.

hash.h
```
template<class keyT, class hfnT>
Int Hashtable<keyT,hfnT>::iget(const keyT &key) {
Retorna inteiro em 0..nmax-1 correspondente à chave, ou −1 se nenhuma chave foi previamente armazenada.
    Int j,k;
    Ullong pp = hash.fn(&key);            Obtenha hash de 64 bits
    j = (Int)(pp % nhash);                e mapeie-o na tabela hash.
    for (k = htable[j]; k != -1; k = next[k]) {   Atravesse a lista encadeada até que um
        if (thehash[k] == pp) {                   match exato seja encontrado.
            return k;
        }
    }
    return -1;                            Chave não foi previamente armazenada.
}
```

Uma sutileza de linguagem a ser notada é que iget recebe key como referência const e então passa seu endereço, isto é, &key, para o objeto função hash. C++ permite isto porque o argumento do ponteiro void do objeto função hash é declarado como const.

A rotina que "designa" uma chave é levemente mais complicada. Se a chave foi previamente atribuída, queremos retornar o mesmo valor como da primeira vez. Se ela não foi, nós inicializamos os links necessários para o futuro.

hash.h
```
template<class keyT, class hfnT>
Int Hashtable<keyT,hfnT>::iset(const keyT &key) {
Retorna inteiro em 0..nmax-1 que daqui em diante corresponderá à chave. Se a chave foi previamente designada, retorne o mesmo inteiro de antes.
    Int j,k,kprev;
    Ullong pp = hash.fn(&key);            Obtenha hash de 64 bits
    j = (Int)(pp % nhash);                e mapeie-o na tabela hash.
    if (htable[j] == -1) {                Chave não se encontra na tabela. Encontre um inteiro
        k = ng ? garbg[--ng] : nn++ ;         livre, um novo ou um previamente apagado.
        htable[j] = k;
    } else {                              Chave pode estar na tabela. Atravesse lista.
        for (k = htable[j]; k != -1; k = next[k]) {
            if (thehash[k] == pp) {
                return k;                 Sim. Retorna valor prévio.
            }
            kprev = k;
        }
        k = ng ? garbg[--ng] : nn++ ;     Não. Obtenha novo inteiro.
        next[kprev] = k;
    }
    if (k >= nmax) throw("storing too many values");
    thehash[k] = pp;                      Armazene a chave no inteiro novo ou antigo.
    next[k] = -1;
    return k;
}
```

Uma palavra sobre coleta de lixo. Quando uma chave é apagada (pela rotina imediatamente abaixo), queremos fazer seu inteiro disponível para "atribuições" futuras, de forma que nmax chaves possam sempre ser armazenadas. Isto é muito fácil de se implementar se alocamos um array lixo (garbg – *garbage*, em inglês) e o usamos como memória temporária de armazenamento tipo último que entra, primeiro que sai (uma pilha) de inteiros disponíveis. A rotina set acima sempre checa quando esta pilha precisa de um novo inteiro. (A propósito, se tivéssemos designado Hashtable com lista de elementos encadeada por ponteiros, ao invés de arrays, uma coleção de lixo eficiente teria sido mais difícil de implementar; veja Stroustrop [1].)

hash.h
```
template<class keyT, class hfnT>
Int Hashtable<keyT,hfnT>::ierase(const keyT &key) {
```
Apague uma chave, retornando o inteiro em 0..nmax-1 apagado, ou −1 se a chave não foi previamente designada.
```
    Int j,k,kprev;
    Ullong pp = hash.fn(&key);
    j = (Int)(pp % nhash);
    if (htable[j] == -1) return -1;      Chave não previamente atribuída.
    kprev = -1;
    for (k = htable[j]; k != -1; k = next[k]) {
        if (thehash[k] == pp) {          Chave encontrada. Encaixe lista encadeada em torno dela.
            if (kprev == -1) htable[j] = next[k];
            else next[kprev] = next[k];
            garbg[ng++] = k;             Adicione k para pilha lixo como um inteiro disponível.
            return k;
        }
        kprev = k;
    }
    return -1;                           Chave não previamente designada.
}
```

Finalmente, Hashtable tem rotinas que reservam e abandonam inteiros no range 0 até nmax. Quando um inteiro é reservado, é garantido que ele não será usado pela tabela hash. Abaixo, usaremos este aspecto como uma conveniência em se construir uma memória hash que pode armazenar mais do que um elemento sob uma única chave.

hash.h
```
template<class keyT, class hfnT>
Int Hashtable<keyT,hfnT>::ireserve() {
```
Reserve um inteiro em 0..nmax-1 de forma que ele não seja usado por set(), e retorna seu valor.
```
    Int k = ng ? garbg[--ng] : nn++ ;
    if (k >= nmax) throw("reserving too many values");
    next[k] = -2;
    return k;
}

template<class keyT, class hfnT>
Int Hashtable<keyT,hfnT>::irelinquish(Int k) {
```
Retorna para o pool um índice previamente reservado por reserve(), e o retorna, ou retorna −1 se ele não foi previamente reservado.
```
    if (next[k] != -2) {return -1;}
    garbg[ng++] = k;
    return k;
}
```

### 7.6.3 Memória hash

A classe Hashtable, acima, implementa a tarefa do Sr. Hacher. Construído isso, agora implementamos *seu* trabalho no sonho, isto é, fazer o armazenamento e recuperação de fato de objetos arbitrários por chaves arbitrárias. Isto é chamado de *memória hash*.

Quando você armazena em uma memória de computador comum, o valor de qualquer coisa previamente armazenada lá é sobrescrito. Se você quer que sua memória hash se comporte da mesma forma, então uma classe memória hash, Hash, derivada de Hashtable, é quase trivial de se escrever. A classe tem seu template composto por três tipos de estruturas: `keyT` para o tipo de chave; `elT` para o tipo do elemento que é armazenado na memória hash; e `hfnT`, como antes, para o objeto que encapsula a função hash de sua escolha.

```
template<class keyT, class elT, class hfnT>                                    hash.h
struct Hash : Hashtable<keyT, hfnT> {
```
Estenda a classe `Hashtable` como armazenagem para elementos do tipo `elT` e forneça métodos para armazenar, recuperar e apagar elementos. `key` é passada pelo endereço em todos os métodos.
```
    using Hashtable<keyT,hfnT>::iget;
    using Hashtable<keyT,hfnT>::iset;
    using Hashtable<keyT,hfnT>::ierase;
    vector<elT> els;

    Hash(Int nh, Int nm) : Hashtable<keyT, hfnT>(nh, nm), els(nm) {}
```
Mesma sintaxe de construtor de `Hashtable`.
```
    void set(const keyT &key, const elT &el)
```
Armazene um elemento `el`.
```
        {els[iset(key)] = el;}

    Int get(const keyT &key, elT &el) {
```
Recupere um elemento em `el`. Retorne 0 se nenhum elemento é armazenado sob `key`, ou 1 para sucesso.
```
        Int ll = iget(key);
        if (ll < 0) return 0;
        el = els[ll];
        return 1;
    }

    elT& operator[] (const keyT &key) {
```
Armazene ou recupere um elemento usando notação subscrita para sua chave. Retorne uma referência que pode ser usada como um l-valor.
```
        Int ll = iget(key);
        if (ll < 0) {
            ll = iset(key);
            els[ll] = elT();
        }
        return els[ll];
    }

    Int count(const keyT &key) {
```
Retorne o número de elementos armazenados sob `key`, isto é, 0 ou 1.
```
        Int ll = iget(key);
        return (ll < 0 ? 0 : 1);
    }

    Int erase(const keyT &key) {
```
Apague um elemento. Retorne 1 para sucesso, ou 0 se nenhum elemento é armazenado sob `key`.
```
        return (ierase(key) < 0 ? 0 : 1);
    }
};
```

O método `operator[]`, acima, é planejado para dois casos distintos. Primeiro, ele implementa uma sintaxe intuitiva para armazenar e recuperar elementos, p. ex.,

   myhash[*some-key*] = *rhs*

para armazenagem e

   *lhs* = myhash[*some-key*]

para recuperação. Observe, porém, que uma pequena ineficiência é introduzida, a saber, uma chamada supérflua para get quando um elemento é designado pela primeira vez. Segundo, o método retorna uma referência não const que não pode ser apenas usado como um l-valor, mas também ser apontada, como em

*some-pointer* = myhash[*some-key*]

Agora o elemento armazenado pode ser referenciado através do ponteiro, possivelmente múltiplas vezes, sem qualquer overhead adicional da chave consultada. Naturalmente você pode também usar os métodos set and get diretamente.

### 7.6.4 Memória hash multimapeada

Vamos nos dirigir agora ao caso em que você quer poder armazenar *mais do que um* elemento sob a mesma chave. Se a memória de computador comum se comportasse assim, você poderia designar uma variável para uma série de valores e fazê-la lembrar de todos eles! Obviamente, esta é uma extensão de Hashtable algo mais complicada do que Hash foi. Nós a chamaremos Mhash, onde o M é sigla para multivalorado ou multimapeado. Uma exigência é fornecer uma sintaxe conveniente para recuperar múltiplos valores de uma única chave, um de cada vez. Fazemos isto através das funções getinit e getnext. Também, em Mhash, abaixo, nmax agora significa o número máximo de *valores* que podem ser armazenados, não o número de chaves, que pode em geral ser menor.

O código, com comentários, deveria ser inteligível sem muita explicação adicional. Usamos os aspectos reserve e relinquish de Hashtable a fim de ter um sistema de numeração comum para todos os elementos armazenados, tanto a primeira instância de uma chave (a qual Hashtable deve conhecer) quanto as instâncias subsequentes da mesma chave (as quais são invisíveis para Hahstable mas gerenciadas por Mhash através da lista encadeada nextsis).

hash.h
```
template<class keyT, class elT, class hfnT>
struct Mhash : Hashtable<keyT,hfnT> {
```
Estende a classe Hashtable como memória para elementos do tipo elT, permitindo mais do que um elemento armazenado sob uma única chave.
```
    using Hashtable<keyT,hfnT>::iget;
    using Hashtable<keyT,hfnT>::iset;
    using Hashtable<keyT,hfnT>::ierase;
    using Hashtable<keyT,hfnT>::ireserve;
    using Hashtable<keyT,hfnT>::irelinquish;
    vector<elT> els;
    VecInt nextsis;            Links para o próximo elemento semelhante sob uma cha-
    Int nextget;               ve única.
    Mhash(Int nh, Int nm);     Mesma sintaxe de construtor que Hashtable.
    Int store(const keyT &key, const elT &el);   Armazene um elemento sob a chave.
    Int erase(const keyT &key, const elT &el);   Apague um elemento específico sob a chave.
    Int count(const keyT &key);                  Conte elementos armazenados sob a chave.
    Int getinit(const keyT &key);                Prepare para recuperar elementos da chave.
    Int getnext(elT &el);                        Recupere próximo elemento especificado por getinit.
};

template<class keyT, class elT, class hfnT>
Mhash<keyT,elT,hfnT>::Mhash(Int nh, Int nm)
    : Hashtable<keyT, hfnT>(nh, nm), nextget(-1), els(nm), nextsis(nm) {
    for (Int j=0; j<nm; j++) {nextsis[j] = -2;}   Inicialize para "vazio".
}

template<class keyT, class elT, class hfnT>
Int Mhash<keyT,elT,hfnT>::store(const keyT &key, const elT &el) {
```
Armazene um elemento el sob a chave. Retorne índice em 0..nmax-1, dando o local da memória usado.

```
        Int j,k;
        j = iset(key);                          Encontra índice raiz para esta chave.
        if (nextsis[j] == -2) {                 É o primeiro objeto com esta chave.
            els[j] = el;
            nextsis[j] = -1;                    -1 significa que ele é o elemento terminal.
            return j;
        } else {
            while (nextsis[j] != -1) {j = nextsis[j];}    Atravesse a árvore.
            k = ireserve();                     Obter um novo índice e ligá-lo à lista.
            els[k] = el;
            nextsis[j] = k;
            nextsis[k] = -1;
            return k;
        }
    }

    template<class keyT, class elT, class hfnT>
    Int Mhash<keyT,elT,hfnT>::erase(const keyT &key, const elT &el) {
```
Apague um elemento el previamente armazenado sob key. Retorne 1 para sucesso, ou 0 se nenhum elemento que se adeque (*matching*) é encontrado. Observe: a operação == deve ser definida para o tipo elT.
```
        Int j = -1,kp = -1,kpp = -1;
        Int k = iget(key);
        while (k >= 0) {
            if (j < 0 && el == els[k]) j = k;   Salve índice do matching el como j.
            kpp = kp;
            kp = k;
            k=nextsis[k];
        }
        if (j < 0) return 0;                    Nenhum matching el encontrado.
        if (kpp < 0) {                          O elemento el foi único sob key.
            ierase(key);
            nextsis[j] = -2;
        } else {                                Corrija a lista.
            if (j != kp) els[j] = els[kp];      Sobreponha j com o elemento terminal e então
            nextsis[kpp] = -1;                     encurte a lista.
            irelinquish(kp);
            nextsis[kp] = -2;
        }
        return 1;                               Sucesso.
    }

    template<class keyT, class elT, class hfnT>
    Int Mhash<keyT,elT,hfnT>::count(const keyT &key) {
```
Retorne o número de elementos armazenados sob key, 0 se nenhum.
```
        Int next, n = 1;
        if ((next = iget(key)) < 0) return 0;
        while ((next = nextsis[next]) >= 0)  {n++;}
        return n;
    }

    template<class keyT, class elT, class hfnT>
    Int Mhash<keyT,elT,hfnT>::getinit(const keyT &key) {
```
Inicialize nextget de forma que ele aponte para o primeiro elemento armazenado sob key. Retorne 1 para sucesso e 0 para o caso de nenhum elemento.
```
        nextget = iget(key);
        return ((nextget < 0)? 0 : 1);
    }

    template<class keyT, class elT, class hfnT>
    Int Mhash<keyT,elT,hfnT>::getnext(elT &el) {
```
Se nextget aponta validamente, copie seu elemento em el, atualize nextget para o próximo elemento com a mesma chave, e retorne 1. Caso contrário, modifique el e retorne 0.

```
        if (nextget < 0) {return 0;}
        el = els[nextget];
        nextget = nextsis[nextget];
        return 1;
}
```

Os métodos getinit e getnext são desenvolvidos para serem usados em um código como este, onde myhash é uma variável do tipo Mhash:

```
Recupere todos os elementos el armazenados sob um único key e faça alguma coisa com eles.
if (myhash.getinit(&key)) {
    while (myhash.getnext(el)) {
        Aqui use o elemento retornado el.
    }
}
```

### 7.6.5 Exemplos práticos

Tendo exposto em tal nível de detalhes o funcionamento interno das classes Hash e Mhash, podemos ter dado a impressão de que estas são difíceis de usar. Muito pelo contrário. Aqui está um trecho de código que declara uma memória hash para inteiros e então armazena os anos de nascimento de alguns personagens históricos:

```
Hash<string,Int,Hashfn2> year(1000,1000);

year[string("Marie Antoinette")] = 1755;
year[string("Ludwig van Beethoven")] = 1770;
year[string("Charles Babbage")] = 1791;
```

Como declarado, year pode sustentar até 1000 entradas. Usamos a classe C++ string como o tipo de chave. Se queremos saber qual era a idade de Maria Antonieta quando Charles nasceu, podemos escrever:

```
Int diff = year[string("Charles Babbage")] - year[string("Marie Antoinette")];
cout << diff << '\n';
```

o que imprime "36".

No lugar da classe string C++, você pode, se precisar, usar strings C de terminação nula como chaves, assim:

```
Hash<char,Int,Hashfn2> yearc(1000,1000);
yearc["Charles Babbage"[0]] = 1791;
```

Isto funciona porque Hashfn2 tem um refinamento especial, mencionado acima, para tipos de chave que têm aparentemente um byte de comprimento. Observe o uso necessário de [0] para mandar apenas o primeiro byte do string C; mas este byte é passado por endereço, assim Hashfn2 sabe onde encontrar o resto do string. (A sintaxe yearc[*"Charles Babbage"] é equivalente, também enviando o primeiro byte.)

Suponha que queiramos ir na outra direção, isto é, armazenar os nomes das pessoas em uma memória hash indexada pelo ano de nascimento. Uma vez que mais do que uma pessoa pode nascer em um mesmo ano, queremos usar uma memória hash multimapeada, Mhash:

```
Mhash<Int,string,Hashfn2> person(1000,1000);

person.store(1775, string("Jane Austen"));
person.store(1791, string("Charles Babbage"));
person.store(1767, string("Andrew Jackson"));
person.store(1791, string("James Buchanan"));
person.store(1767, string("John Quincy Adams"));
```

```
person.store(1770, string("Ludwig van Beethoven"));
person.store(1791, string("Samuel Morse"));
person.store(1755, string("Marie Antoinette"));
```

Não interessa, naturalmente, a ordem na qual nós colocamos os nomes no hash. Aqui está uma pedaço de código para fazer os laços sobre os anos, imprimindo as pessoas que nascem naquele ano:

```
string str;
for (Int i=1750;i<1800;i++) {
    if (person.getinit(i)) {
        cout << '\n' << "born in " << i << ":\n";
        while (person.getnext(str)) cout << str.data() << '\n';
    }
}
```

o que nos proporciona como output

```
born in 1755:
Marie Antoinette

born in 1767:
Andrew Jackson
John Quincy Adams

born in 1770:
Ludwig van Beethoven

born in 1775:
Jane Austen

born in 1791:
Charles Babbage
James Buchanan
Samuel Morse
```

Observe que *não* poderíamos ter usado strings C com terminação nula neste exemplo, porque C++ não os considera *objetos de primeira classe* que podem ser armazenados como elementos de um vetor. Quando você está usando Hash ou Mhash com strings, você usualmente se dará melhor usando as classes string C++.

Em §21.2 e §21.8 faremos uso extensivo de ambas: classes Hash e Mhash e quase todas suas funções membro; olhe lá para exemplos práticos adicionais.

A propósito, o nome do Sr. Hacher é do francês *hacher*, cujo significado é "cortar em pedaços ou picar".

**REFERÊNCIAS CITADAS E LEITURA COMPLEMENTAR**

Stroustrup, B. 1997, *The C++ Programming Language*, 3rd ed. (Reading, MA: Addison-Wesley), §17.6.2.[1]

Knuth, D.E. 1997, *Sorting and Searching*, 3rd ed., vol. 3 of *The Art of Computer Programming* (Reading, MA: Addison-Wesley), §6.4 §6.5.

Vitter, J.S., and Chen, W-C. 1987, *Design and Analysis of Coalesced Hashing* (New York: Oxford University Press).

## 7.7 Integração Monte Carlo simples

Inspirações para métodos numéricos podem saltar de fontes incomuns. "Splines" primordialmente eram tiras de madeira flexíveis usadas por desenhistas. "Simulated annealing" (veremos em §10.12) é enraizado na analogia termodinâmica. E quem não sente no mínimo um fraco eco de glamour no nome "método de Monte Carlo"?

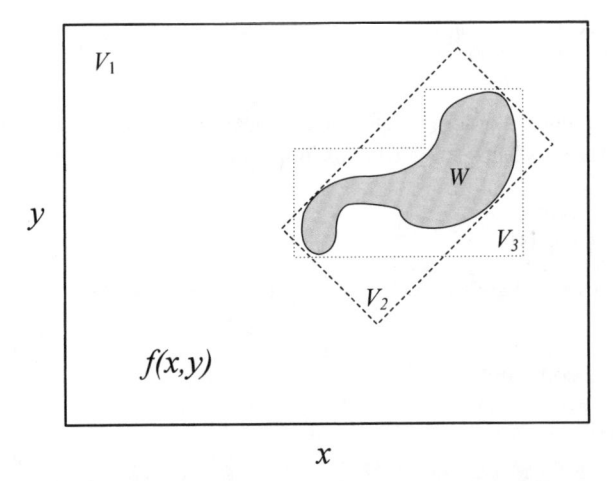

**Figura 7.7.1** Integração Monte Carlo de uma função f(x, y) em uma região W. Pontos aleatórios são escolhidos dentro de uma área V que inclui W e que pode ser amostrada uniformemente. Dos três possíveis V's mostrados, $V_1$ é uma escolha pobre porque W ocupa apenas somente uma pequena fração de sua área, enquanto $V_2$ e $V_3$ são escolhas melhores.

Suponha que nós selecionemos $N$ pontos aleatórios, uniformemente distribuídos em um volume multidimensional $V$. Faça então uma chamada a eles $x_0, \ldots, x_{N-1}$. Então, o teorema básico de integração Monte Carlo estima a integral de uma função $f$ sobre o volume multidimensional,

$$\int f \, dV \approx V \langle f \rangle \pm V \sqrt{\frac{\langle f^2 \rangle - \langle f \rangle^2}{N}} \tag{7.7.1}$$

Aqui as chaves denotam a média aritmética sobre os $N$ pontos amostrais,

$$\langle f \rangle \equiv \frac{1}{N} \sum_{i=0}^{N-1} f(x_i) \qquad \langle f^2 \rangle \equiv \frac{1}{N} \sum_{i=0}^{N-1} f^2(x_i) \tag{7.7.2}$$

O termo "mais ou menos" em (7.7.1) é a estimativa de erro (desvio padrão da média) para a integral, não um limite rigoroso; além disso, não há garantia de que o erro é distribuído como uma gaussiana, então o termo de erro seria tomado apenas como uma indicação grosseira do provável erro.

Suponha que você quer integrar uma função $g$ sobre uma região $W$ que não é fácil de amostrar aleatoriamente. Por exemplo, $W$ poderia ter uma forma complicada. Sem problema. Apenas encontre uma região $V$ que *inclui* $W$ e que pode facilmente ser amostrada, e então defina $f$ como sendo igual a $g$ para pontos em $W$ e igual a zero para pontos fora de $W$ (mas ainda dentro do $V$ amostrado). Você quer tentar fazer $V$ englobar $W$ tão aproximadamente quanto possível, porque os valores nulos de $f$ aumentarão a estimativa de erro de (7.7.1). E eles deveriam: pontos escolhidos fora de $W$ não têm informação contida, assim o valor efetivo de $N$, o número de pontos, é reduzido. A estimativa de erro em (7.7.1) leva isso em conta.

A Figura 7.7.1 mostra três possíveis regiões $V$ que poderiam ser usadas para amostrar uma região complicada $W$. A primeira $V_1$, é obviamente uma escolha pobre. Uma boa escolha, $V_2$, pode ser amostrada sorteando-se um par de desvios $(s, t)$ e então mapeando-se em $(x, y)$ por uma transformação linear. Outra boa escolha, $V_3$, pode ser amostrada, primeiro, usando-se um desvio uniforme para escolher entre sub-regiões retangulares da esquerda e da direita (em proporção às suas respectivas áreas!), e então usando-se dois ou mais desvios para escolher um ponto no interior do retângulo escolhido.

Vamos criar um objeto que incorpore o esquema geral descrito. (Discutiremos o código de implementação mais tarde). A ideia geral é criar um objeto MCintegrate suprindo (como argumentos do construtor) os seguintes items:

- um vetor xlo de limites de coordenadas inferiores para a caixa retangular a ser amostrada
- um vetor xhi de limites de coordenadas superiores para a caixa retangular a ser amostrada
- uma função funcs vetor-valorada que retorna como seus componentes uma ou mais funções que queremos integrar simultaneamente
- uma função booleana que retorna se o ponto está na região (possivelmente complicada) $W$ que queremos integrar; o ponto já estará dentro da região $V$ definida por xlo e xhi.
- uma função de mapeamento a ser discutida abaixo, ou NULL se não há uma função mapeamento ou se sua amplitude de atenção é muito curta.
- uma semente para o gerador de números aleatórios

O objeto MCintegrate tem a seguinte estrutura:

```
struct MCintegrate {                                                    mcintegrate.h
Objeto para integração Monte Carlo de uma ou mais funções em uma região ndim-dimensional.
    Int ndim,nfun,n;            Número de dimensões, funções e pontos amostrados.
    VecDoub ff,fferr;           Respostas: as integrais e seus erros padrões.
    VecDoub xlo,xhi,x,xx,fn,sf,sferr;
    Doub vol;                   Volume da caixa V.

    VecDoub (*funcsp)(const VecDoub &);   Ponteiros para as funções fornecidas pelo usuário.
    VecDoub (*xmapp)(const VecDoub &);    Gerador de números aleatórios.
    Bool (*inregionp)(const VecDoub &);
    Ran ran;

    MCintegrate(const VecDoub &xlow, const VecDoub &xhigh,
    VecDoub funcs(const VecDoub &), Bool inregion(const VecDoub &),
    VecDoub xmap(const VecDoub &), Int ranseed);
    Construtor. Os argumentos estão na ordem descrita na lista de itens acima.

    void step(Int nstep);
    Amostre nstep pontos adicionais, acumulando as várias somas.

    void calcanswers();
    Calcule respostas ff e fferr usando as somas correntes.
};
```

A função membro step adiciona pontos amostrais, o número dos quais é dado pelo seu argumento. A função membro calcanswers atualiza os vetores ff e fferr, que contêm respectivamente as integrais de Monte Carlo estimadas das funções e os erros destas estimativas. Você pode examinar estes valores e então, se você quiser chamar step e calcanswers novamente para reduzir mais os erros.

Um exemplo trabalhado mostrará a simplicidade por trás do método. Suponha que queiramos encontrar o peso e a posição do centro de massa de um objeto de forma complicada, a saber,

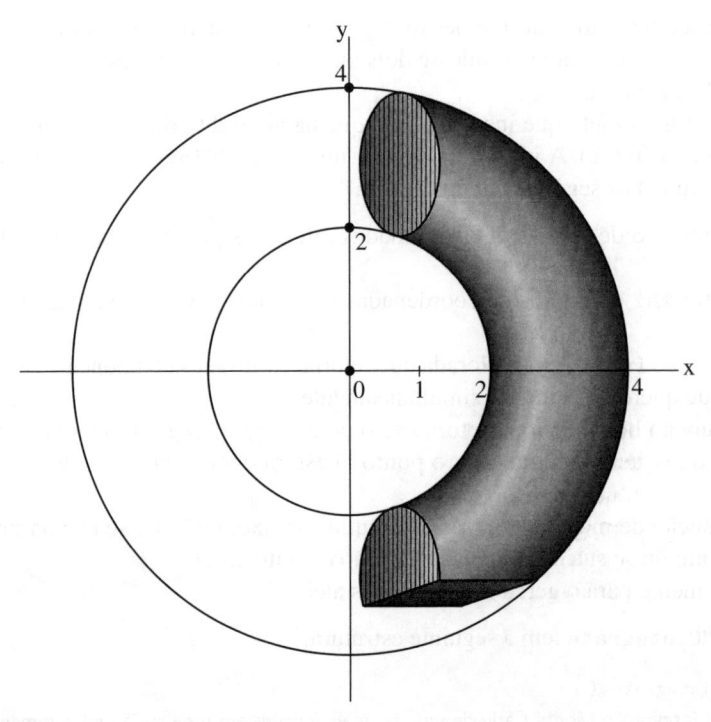

**Figura 7.7.2** Exemplo de integração Monte Carlo (ver texto). A região de interesse é um pedaço de um toro, limitado pela intersecção de dois planos. Os limites de integração não podem ser facilmente escritos de uma forma fechada analiticamente, assim Monte Carlo é uma técnica útil.

a intersecção de um toro com as faces de uma caixa grande. Em particular, seja o objeto definido pelas três condições simultâneas:

$$z^2 + \left(\sqrt{x^2 + y^2} - 3\right)^2 \leq 1 \tag{7.7.3}$$

(toro centrado na origem com raio maior = 3, raio menor = 1)

$$x \geq 1 \qquad y \geq -3 \tag{7.7.4}$$

(duas faces da caixa: veja Figura 7.7.2). Suponha, por enquanto, que o objeto tem uma densidade constante $\rho = 1$.

Nós queremos estimar as seguintes integrais sobre o interior do objeto complicado:

$$\int \rho \, dx \, dy \, dz \qquad \int x\rho \, dx \, dy \, dz \qquad \int y\rho \, dx \, dy \, dz \qquad \int z\rho \, dx \, dy \, dz \tag{7.7.5}$$

As coordenadas do centro de massa será a razão das últimas três integrais (momentos lineares) pela primeira (o peso).

Para usar o objeto `MCintegrate`, nós primeiro escrevemos funções que descrevem os integrandos e a região de integração $W$ dentro da caixa $V$.

```
VecDoub torusfuncs(const VecDoub &x) {                              mcintegrate.h
Retorne os integrandos na equação (7.7.5), com ρ = 1.
    Doub den = 1.;
    VecDoub f(4);
    f[0] = den;
    for (Int i=1;i<4;i++) f[i] = x[i-1]*den;
    return f;
}

Bool torusregion(const VecDoub &x) {
Retorne a desigualdade (7.7.3).
    return SQR(x[2])+SQR(sqrt(SQR(x[0])+SQR(x[1]))-3.) <= 1.;
}
```

O código para fazer a integração de verdade é agora muito simples,

```
VecDoub xlo(3), xhi(3);
xlo[0] = 1.;  xhi[0] = 4.;
xlo[1] = -3.; xhi[1] = 4.;
xlo[2] = -1.; xhi[2] = 1.;
MCintegrate mymc(xlo,xhi,torusfuncs,torusregion,NULL,10201);
mymc.step(1000000);
mymc.calcanswers();
```

Aqui especificamos a caixa $V$ por xlo e xhi, criamos uma instância de MCintegrate, amostrada um milhão de vezes, e atualizamos as respostas mymc.ff e mymc.fferr, que podem ser acessadas para impressão ou para outro uso.

### 7.7.1 Mudança de variáveis

Uma mudança de variáveis pode muitas vezes ser extremamente vantajosa em integração Monte Carlo. Suponha, por exemplo, que queiramos efetuar as mesmas integrais, mas para um pedaço de toro cuja densidade é uma função forte de Z, na verdade, variando de acordo com

$$\rho(x, y, z) = e^{5z} \tag{7.7.6}$$

Uma maneira de fazer isso é, em torusfuncs, simplesmente trocar a sentença

```
Doub den = 1.;
```
por
```
Doub den = exp(5.*x[2]);
```

Isto funcionará, mas não é o melhor jeito de se proceder. Uma vez que (7.7.6) decai tão rapidamente para zero conforme Z decresce (até seu limite inferior $-1$), a maioria dos pontos amostrados não contribui quase nada para a soma dos pesos ou momentos. Estes pontos são efetivamente descartados, quase de forma tão ruim quanto aqueles que caíram fora da região $W$. Uma mudança de variável, exatamente como nos métodos de transformação de §7.3, resolve o problema. Seja

$$ds = e^{5z} dz \qquad \text{tal que} \qquad s = \tfrac{1}{5} e^{5z}, \quad z = \tfrac{1}{5} \ln(5s) \tag{7.7.7}$$

Então $\rho dZ = ds$, e os limites $-1 < Z < 1$ tornam-se $0,00135 < s < 29,682$.

O objeto MCintegrate sabe que você poderia desejar fazer isto. Se ele vê um argumento xmap que não é NULL, ele assumirá que a região de amostragem definida por xlo e xhi não é um espaço físico, mas sim precisa ser mapeado em um espaço físico antes que ou as funções, ou a região de fronteira sejam caluladas. Por esta razão, para efetuar nossa mudança de variável, *não* precisamos modificar torusfuncs ou torusregion, mas precisamos modificar xlo e xhi, bem como fornecer a seguinte função para o argumento xmap:

mcintegrate.h
```
VecDoub torusmap(const VecDoub &s) {
```
Retorne o mapeamento de s para z definido pela última equação em (7.7.7), mapeando as outras coordenadas pelo mapeamento identidade.
```
    VecDoub xx(s);
    xx[2] = 0.2*log(5.*s[2]);
    return xx;
}
```

Código para a integração de fato agora é algo assim,

```
VecDoub slo(3), shi(3);
slo[0] = 1.; shi[0] = 4.;
slo[1] = -3.; shi[1] = 4.;
slo[2] = 0.2*exp(5.*(-1.)); shi[2] = 0.2*exp(5.*(1.));
MCintegrate mymc2(slo,shi,torusfuncs,torusregion,torusmap,10201);
mymc2.step(1000000);
mymc2.calcanswers();
```

Se você pensar por um minuto, você constatará que a equação (7.7.7) foi útil apenas porque a parte do integrando que queríamos eliminar ($e^{5z}$) era ao mesmo tempo analiticamente integrável e tinha uma integral que podia ser analiticamente invertida. (Compare §7.3.2.) Em geral, estas propriedades não se manterão. Questão: o que fazer então? Resposta: retire do integrando o "melhor" fator que *pode* ser integrado e invertido. O critério para "melhor" é tentar reduzir o integrando que restou a uma função que é o mais próximo possível de uma constante.

O caso limite é instrutivo: se você consegue fazer o integrando *f* exatamente constante e se a região V, de volume conhecido, envolve *exatamente* a região desejada W, então a média de *f* que você computa será exatamente seu valor constante, e a estimativa de erro na equação (7.7.1) se anulará exatamente. Você, de fato, terá feito a integral exatamente, e as estimativas numéricas de Monte Carlo são supérfluas. Assim, afastando-se do caso limitante extremo, *na medida em que* você seja capaz de fazer *f* aproximadamente constante por mudança de variável e *na medida em que* você possa amostrar uma região apenas levemente maior que W, você aumentará a acurácia da integral por Monte Carlo. Esta técnica é genericamente chamada de redução de variância na literatura.

A desvantagem fundamental da integração de Monte Carlo simples é que sua acurácia aumenta apenas como a raiz quadrada de N, o número de pontos amostrados. Se suas necessidades de acurácia são modestas, ou se seu computador é abundante em recursos, então a técnica é altamente recomendada como uma de grande generalidade. Em §7.8 e §7.9, veremos que existem técnicas disponíveis para "quebrar a barreira da raiz quadrada de N" e atingir, no mínimo em alguns casos, uma acurácia superior com menos estimativas de funções.

Não deveria haver nada surpreendente na implementação de MCintegrate. O construtor armazena ponteiros para funções do usuário, faz uma chamada supérflua para funcs, apenas para descobrir o tamanho do vetor retornado, e então dimensiona a soma e vetores resposta adequadamente. Os métodos step e calcanswer implementam exatamente as equações (7.7.1) e (7.7.2).

mcintegrate.h
```
MCintegrate::MCintegrate(const VecDoub &xlow, const VecDoub &xhigh,
    VecDoub funcs(const VecDoub &), Bool inregion(const VecDoub &),
    VecDoub xmap(const VecDoub &), Int ranseed)
    : ndim(xlow.size()), n(0), xlo(xlow), xhi(xhigh), x(ndim), xx(ndim),
    funcsp(funcs), xmapp(xmap), inregionp(inregion), vol(1.), ran(ranseed) {
    if (xmapp) nfun = funcs(xmapp(xlo)).size();
    else nfun = funcs(xlo).size();
    ff.resize(nfun);
    fferr.resize(nfun);
```

```
        fn.resize(nfun);
        sf.assign(nfun,0.);
        sferr.assign(nfun,0.);
        for (Int j=0;j<ndim;j++) vol *= abs(xhi[j]-xlo[j]);
    }

    void MCintegrate::step(Int nstep) {
        Int i,j;
        for (i=0;i<nstep;i++) {
            for (j=0;j<ndim;j++)
                x[j] = xlo[j]+(xhi[j]-xlo[j])*ran.doub();
            if (xmapp) xx = (*xmapp)(x);
            else xx = x;
            if ((*inregionp)(xx)) {
                fn = (*funcsp)(xx);
                for (j=0;j<nfun;j++) {
                    sf[j] += fn[j];
                    sferr[j] += SQR(fn[j]);
                }
            }
        }
        n += nstep;
    }

    void MCintegrate::calcanswers(){
        for (Int j=0;j<nfun;j++) {
            ff[j] = vol*sf[j]/n;
            fferr[j] = vol*sqrt((sferr[j]/n-SQR(sf[j]/n))/n);
        }
    }
```

#### REFERÊNCIAS CITADAS E LEITURA COMPLEMENTAR

Robert, C.P., and Casella, G. 2006, *Monte Carlo Statistical Methods*, 2nd ed. (New York: Springer)
Sobol', I.M. 1994, *A Primer for the Monte Carlo Method* (Boca Raton, FL: CRC Press).
Hammersley, J.M., and Handscomb, D.C. 1964, *Monte Carlo Methods* (London: Methuen).
Gentle, J.E. 2003, *Random Number Generation and Monte Carlo Methods*, 2nd ed. (New York: Springer), Chapter 7.
Shreider, Yu. A. (ed.) 1966, *The Monte Carlo Method* (Oxford: Pergamon).
Kalos, M.H., and Whitlock, P.A. 1986, *Monte Carlo Methods: Volume 1: Basics* (New York: Wiley).

## 7.8 Sequências quase (isto é, sub) aleatórias

Vimos que escolher $N$ pontos aleatórios uniformemente em um espaço $n$-dimensional leva a um termo de erro na integração de Monte Carlo que decresce como $1/\sqrt{N}$. Em essência, cada novo ponto amostrado se adiciona linearmente a uma soma acumulada que se torna a função média, e também linearmente para uma soma acumulada de quadrados que se tornará a variância (equação 7.7.2). A estimativa de erro vem da raiz quadrada desta variância, por isto a potência $N^{-1/2}$.

Apenas o fato desta convergência com raiz quadrada ser familiar não significa, porém, que ela seja inevitável. Um contraexemplo simples é escolher uma amostra de pontos dispostos na grade cartesiana e amostrar cada ponto da grade exatamente uma vez (em qualquer ordem). O método Monte Carlo então se torna um esquema determinístico de quadratura – embora simples – cujo erro fracionário decresce no mínimo tão rápido quanto $N^{-1}$ (ainda mais rápido se a função vai a zero suavemente nas fronteiras da região amostrada ou é periódica na região).

O problema com a grade é que tem-se que decidir *de antemão* quão refinada ela deve ser. Então, se está comprometido a completar todos os seus pontos amostrais. Com uma grade, não é adequado "amostrar *até que*" alguma convergência ou critério de parada seja encontrado. Poder-se-ia perguntar se não há algum esquema intermediário, algum jeito de sortear pontos da amostra "ao acaso", e ainda assim espalhados de alguma maneira autoexcludente, evitando a clusterização ao acaso que ocorre com pontos aleatórios uniformemente distribuídos.

Uma questão similar surge para outras tarefas além de integração Monte Carlo. Poderíamos querer buscar por um ponto em um espaço $n$-dimensional onde algumas condições (localmente computáveis) valem. Naturalmente, para a tarefa ser computacionalmente significativa, seria melhor ter continuidade, a fim de que a condição desejada fosse válida em alguma vizinhança $n$-dimensional finita. Porém, podemos não saber *a priori* quão grande é esta vizinhança. Queremos "amostrar *até que*" o ponto desejado seja encontrado, progredindo suavemente para escalas mais refinadas com amostras maiores. Há algum jeito de fazer isto que seja melhor do que amostras descorrelacionadas aleatórias?

A reposta para a questão acima é "sim". Sequências de $n$-uplas que preenchem $n$-espaço mais uniformemente do que pontos aleatórios descorrelacionados são chamadas de *sequências quase aleatórias*. Este termo é em certo grau uma designação incorreta, uma vez que não há nada de "aleatório" nas sequências quase aleatórias: elas são engenhosamente produzidas para serem, de fato, *sub*-aleatórias. Os pontos amostrais em uma sequência quase aleatória são, em um sentido preciso, "ao máximo excludentes" uns dos outros.

Um exemplo conceitualmente simples é a *sequência de Halton* [1]. Em uma dimensão, o $j$-ésimo número $H_j$ na sequência é obtido pelos seguintes passos: (i) escreva $j$ como um número na base $b$, onde $b$ é algum primo. (Por exemplo, $j = 17$ na base $b = 3$ é 122.) (ii) Inverta os dígitos e coloque uma virgula fracionária (i.e., um ponto decimal base $b$) na frente da sequência. (No exemplo, obtemos 0,221 base 3.) O resultado é $H_j$. Para obter uma sequência de $n$-uplas no $n$-espaço, você torna cada componente uma sequência de Halton com uma base diferente de um número primo $b$. Tipicamente os primeiros $n$ primos são usados.

Não é difícil ver como a sequência de Halton funciona: toda vez que o número de dígitos em $j$ aumenta em uma posição, uma fração dos dígitos invertidos de $j$ torna-se um fator de $b$ mais refinado no sentido de uma malha. Então o processo consiste em preencher todos os pontos em uma sequência de grades cartesianas mais e mais refinadas – e em um tipo de ordem máxima de separação em cada grade (pois, p. ex., o dígito que muda mais rápido em $j$ controla o dígito mais significativo na fração).

Outros jeitos de gerar sequências quase aleatórias foi produzido por Faure, Sobol', Niederreiter e outros. Bratley e Fox [2] fornecem um boa revisão e referências e discutem uma variante particularmente interessante da sequência de Sobol [3] sugerida por Antonov e Saleev [4]. É esta variante de Antonov-Saleev cuja implementação discutimos agora.

A sequência de Sobol' gera números entre zero e um diretamente como frações binárias de comprimento de $w$ bits, de um conjunto de $w$ frações especiais. $V_i$, $i = 1, 2, \ldots, w$, chamadas de *números direcionais*. No método original de Sobol, o $j$-ésimo número $X_j$ é gerado por XOR (bitwise exclusivo ou) juntamente com o conjunto dos $V_i$'s satisfazendo o critério sobre $i$, "o $i$-ésimo bit de $j$ é não nulo". Conforme $j$ aumenta, em outras palavras, diferentes $V_i$'s aparecem e desaparecem de $X_j$ em diferentes escalas de tempo. $V_1$ alterna-se entre presença e ausência mais rapidamente, enquanto $V_k$ vai do presente para o ausente (ou vice-versa) somente a cada $2^{k-1}$ passos.

A contribuição de Antonov e Saleev foi mostrar que, em vez de usar os bits do inteiro $j$ para selecionar números direcionais, poderiam ser usados os bits do *código de Gray* de $j$, $G(j)$. (Para uma rápida revisão sobre códigos de Gray, veja §22.3.)

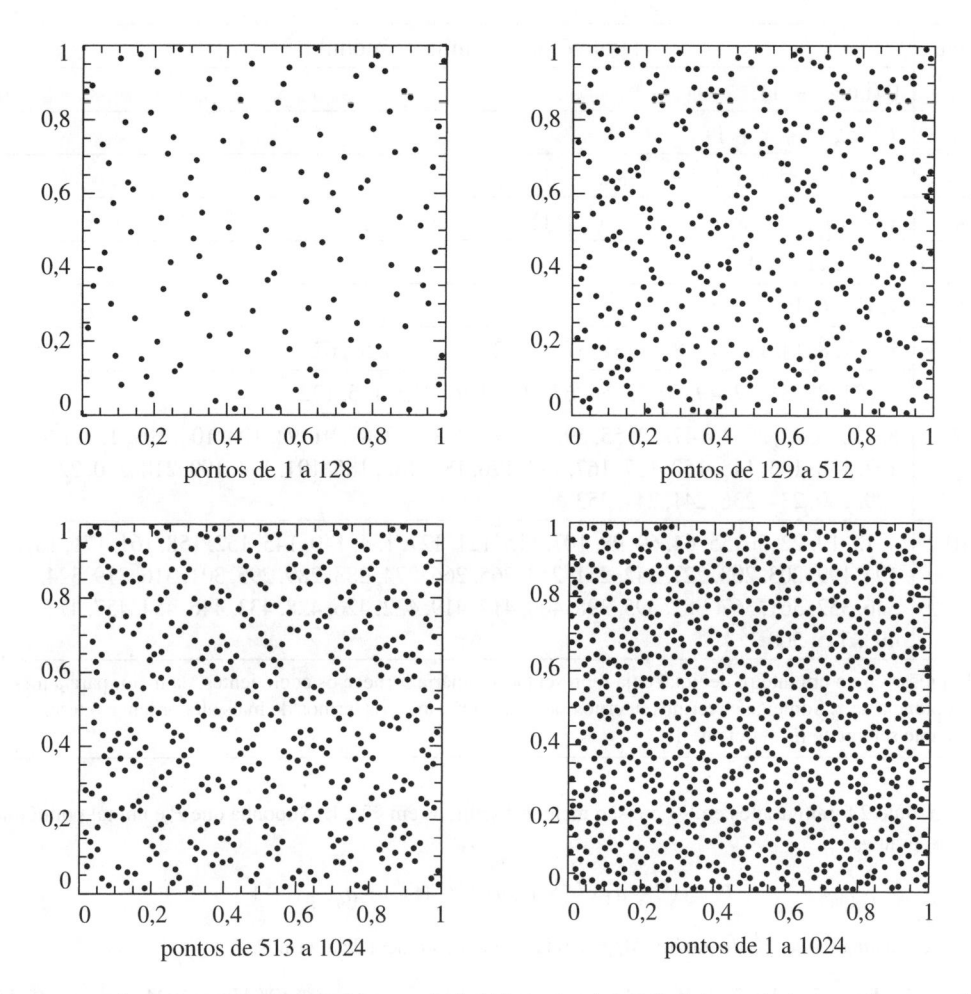

**Figura 7.8.1** Primeiros 1024 pontos de uma sequência bidimensional de Sobol'. A sequência é gerada por teoria de números, ao invés de aleatoriamente, assim sucessivos pontos em um dado estágio "sabem" como preencher os gaps na distribuição previamente gerada.

Agora $G(j)$ e $G(j+1)$ diferem exatamente em uma posição de bit, isto é, na posição do bit nulo mais à direita na representação binária de $j$ (adicionando-se um zero inicial a $j$ se necessário). Uma consequência é que o $(j+1)$-ésimo número de Sobol'-Antonov-Saleev pode ser obtido do $j$-ésimo pela operação de XOR com *um único* $V_i$, com $i$ a posição do bit nulo mais à direita em $j$. Isto torna o cálculo da sequência muito eficiente, como veremos.

A Figura 7.8.1 mostra os primeiros 1024 pontos gerados por uma sequência bidimensional de Sobol'. Observa-se que sucessivos pontos "sabem" sobre os gaps deixados previamente e os preenchem, hierarquicamente.

Postergamos até agora uma discussão de como os números direcionais $V_i$ são gerados. Alguma matemática não trivial está envolvida nisso, assim nos satisfaremos com uma receita resumida: cada sequência de Sobol' diferente (ou componente de uma sequência $n$-dimensional) é baseada em um polinômio primitivo diferente sobre inteiros módulo 2, isto é, um polinômio cujos coeficientes são 0 ou 1 e que gera uma sequência de registradores de deslocamento de comprimento máximo. (Polinômios primitivos

| Grau | Polinômios primitivos módulo Z* |
|---|---|
| 1 | 0 (i.e., $x+1$) |
| 2 | 1 (i.e., $x^2+x+1$) |
| 3 | 1, 2 (i.e., $x^3+x+1$ e $x^3+x^2+1$) |
| 4 | 1, 4 (i.e., $x^4+x+1$ e $x^4+x^3+1$) |
| 5 | 2, 4, 7, 11, 13, 14 |
| 6 | 1, 13, 16, 19, 22, 25 |
| 7 | 1, 4, 7, 8, 14, 19, 21, 28, 31, 32, 37, 41, 42, 50, 55, 56, 59, 62 |
| 8 | 14, 21, 22, 38, 47, 49, 50, 52, 56, 67, 70, 84, 97, 103, 115, 122 |
| 9 | 8, 13, 16, 22, 25, 44, 47, 52, 55, 59, 62, 67, 74, 81, 82, 87, 91, 94, 103, 104, 109, 122, 124, 137, 138, 143, 145, 152, 157, 167, 173, 176, 181, 182, 185, 191, 194, 199, 218, 220, 227, 229, 230, 234, 236, 241, 244, 253 |
| 10 | 4, 13, 19, 22, 50, 55, 64, 69, 98, 107, 115, 121, 127, 134, 140, 145, 152, 158, 161, 171, 181, 194, 199, 203, 208, 227, 242, 251, 253, 265, 266, 274, 283, 289, 295, 301, 316, 319, 324, 346, 352, 361, 367, 382, 395, 398, 400, 412, 419, 422, 426, 428, 433, 446, 454, 457, 472, 493, 505, 508 |

\* Expresso como um inteiro decimal cuja representação binária fornece os coeficientes, da maior para a menor potência de $x$. Somente os termos internos são representados – os termos de mais alta ordem e o termo constante sempre têm coeficiente 1.

módulo 2 foram usados em §7.5 e são melhor discutidos em §22.4.) Suponha que $P$ é um tal polinômio, de grau $q$,

$$P = x^q + a_1 x^{q-1} + a_2 x^{q-2} + \cdots + a_{q-1} x + 1 \quad (7.8.1)$$

Defina uma sequência de inteiros $M_i$ pela relação de recorrência de $q$ termos,

$$M_i = 2a_1 M_{i-1} \oplus 2^2 a_2 M_{i-2} \oplus \cdots \oplus 2^{q-1} M_{i-q+1} a_{q-1} \oplus (2^q M_{i-q} \oplus M_{i-q}) \quad (7.8.2)$$

Aqui bitwise XOR é denotado por $\oplus$. Os valores iniciais para esta recorrência são que $M_1, \ldots, M_q$ podem ser inteiros ímpares arbitrários menores do que $2, \ldots, 2^q$, respectivamente. Então, os números direcionais $V_i$ são dados por

$$V_i = M_i/2^i \quad i = 1, \ldots, w \quad (7.8.3)$$

A tabela acima lista todos os polinômios primitivos módulo 2 com grau $q \leq 10$. Dado que os coeficientes são ou 0, ou 1, e uma vez que os coeficiente de $X^0$ e de 1 são previsivelmente 1, é conveniente denotar um polinômio por seus coeficientes centrais tomados como os bits de um número binário (potências mais altas de $x$ sendo bits mais significantes). A tabela usa esta convenção.

Nos direcionemos agora para a implementação da sequência de Sobol'. Chamadas sucessivas para a função sobseq (após uma chamada de inicialização preliminar) retornam sucessivos pontos em uma sequência $n$-dimensional de Sobol' baseada nos $n$ primeiros polinômios primitivos na tabela. Conforme dada, a rotina é inicializada para no $n$ máximo de 6 dimensões, e para uma palavra de comprimento $w$ de 30 bits. Estes parâmetros podem ser alterados mudando-se MAXBIT ($\equiv w$) e MAXDIM e adicionando-se mais dados de inicialização para os arrays ip (os polinômios primitivos da tabela acima), mdeg (seus graus) e iv (os valores iniciais para a recorrência, equação 7.8.2). Uma segunda tabela, na próxima página, elucida os dados de inicialização na rotina.

| Valores de inicialização usados em sobseq. | | | | | | |
|---|---|---|---|---|---|---|
| Grau | Polinômio | Valores iniciais | | | | |
| 1 | 0 | 1 | (3) | (5) | (15)... | |
| 2 | 1 | 1 | 1 | (7) | (11)... | |
| 3 | 1 | 1 | 3 | 7 | (5)... | |
| 3 | 2 | 1 | 3 | 3 | (15)... | |
| 4 | 1 | 1 | 1 | 3 | 13... | |
| 4 | 4 | 1 | 1 | 5 | 9... | |

Valores entre parênteses não são livremente especificados, mas são forçados pela recorrência necessária para este grau.

```
void sobseq(const Int n, VecDoub_O &x)                                      sobseq.h
```
Quando n é negativo, internamente inicializa-se um conjunto de números direcionais MAXBIT para cada uma das MAXDIM diferentes sequências de Sobol'. Quando n é positivo (mas ≤ MAXDIM), retorna como o vetor x[0..n-1] os próximos valores de n destas sequências. (n não deve ser mudado entre inicializações.)
```
{
    const Int MAXBIT=30,MAXDIM=6;
    Int j,k,l;
    Uint i,im,ipp;
    static Int mdeg[MAXDIM]={1,2,3,3,4,4};
    static Uint in;
    static VecUint ix(MAXDIM);
    static NRvector<Uint*> iu(MAXBIT);
    static Uint ip[MAXDIM]={0,1,1,2,1,4};
    static Uint iv[MAXDIM*MAXBIT]=
        {1,1,1,1,1,1,3,1,3,3,1,1,5,7,7,3,3,5,15,11,5,15,13,9};
    static Doub fac;

    if (n < 0) {                                Inicialize, não retorna uma vetor.
        for (k=0;k<MAXDIM;k++) ix[k]=0;
        in=0;
        if (iv[0] != 1) return;
        fac=1.0/(1 << MAXBIT);
        for (j=0,k=0;j<MAXBIT;j++,k+=MAXDIM) iu[j] = &iv[k];
        Para permitir ambos endereçamentos 1D e 2D.
        for (k=0;k<MAXDIM;k++) {
            for (j=0;j<mdeg[k];j++) iu[j][k] <<= (MAXBIT-1-j);
            Valores armazenados apenas requerem normalização.
            for (j=mdeg[k];j<MAXBIT;j++) {          Use a recorrência para obter outros valores.
                ipp=ip[k];
                i=iu[j-mdeg[k]][k];
                i ^= (i >> mdeg[k]);
                for (l=mdeg[k]-1;l>=1;l--) {
                    if (ipp & 1) i ^= iu[j-l][k];
                    ipp >>= 1;
                }
                iu[j][k]=i;
            }
        }
    } else {                                    Calcule o próximo vetor na sequência.
        im=in++;
        for (j=0;j<MAXBIT;j++) {                Encontre o bit nulo mais à direita.
            if (!(im & 1)) break;
            im >>= 1;
        }
```

```
        if (j >= MAXBIT) throw("MAXBIT too small in sobseq");
        im=j*MAXDIM;
        for (k=0;k<MIN(n,MAXDIM);k++) {          XOR o número direcional apropriado em cada
            ix[k] ^= iv[im+k];                   componente do vetor e converta em um
            x[k]=ix[k]*fac;                      número em ponto flutuante.
        }
    }
}
```

Quão boa é a sequência de Sobol', afinal? Para integração de Monte Carlo de uma função suave em $n$ dimensões, a resposta é que o erro fracionário diminuirá com $N$, o número de amostras, conforme $(\ln N)^n/N$, i.e., quase tão rápido quanto $1/N$. Como um exemplo, vamos integrar uma função que é não nula dentro do toro (rosquinha) no espaço tridimensional. Se o maior raio do toro é $R_0$ e o menor raio é $r_0$, a menor coordenada radial $r$ é definida por

$$r = \left( [(x^2 + y^2)^{1/2} - R_0]^2 + z^2 \right)^{1/2} \tag{7.8.4}$$

Vamos tentar a função

$$f(x,y,z) = \begin{cases} 1 + \cos\left(\dfrac{\pi r^2}{r_0^2}\right) & r < r_0 \\ 0 & r \geq r_0 \end{cases} \tag{7.8.5}$$

a qual pode ser integrada analiticamente em coordenadas cilíndricas, dando

$$\iiint dx\, dy\, dz\, f(x,y,z) = 2\pi^2 r_0^2 R_0 \tag{7.8.6}$$

Com parâmetros $R_0 = 0,6$, $r_0 = 0,3$, fizemos 100 sucessivas integrações de Monte Carlo da equação (7.8.4), amostrando uniformemente na região $-1 < x, y, Z < 1$, para dois casos de pontos aleatórios descorrelacionados e a sequência de Sobol' gerada pela rotina de sobseq. Figura 7.8.2 mostra os resultados, fazendo um gráfico do erro médio r.m.s das 100 integrações como uma função do número de pontos amostrados. (Para qualquer integração *simples*, o erro claro varia entre positivo a negativo, ou vice-versa, assim um gráfico logarítmico do erro fracionário não é muito informativo.) A curva tracejada fina corresponde aos pontos aleatórios descorrelacionados e mostra o familiar assintocidade $N^{-1/2}$. A curva cheia, fina, mostra o resultado para a sequência de Sobol'. O termo logarítmico no esperado $(\ln N)^3/N$ é prontamente aparente como curvatura na curva, mas o comportamento assintótico é inconfundível.

Para entender a importância da Figura 7.8.2, suponha que uma integração de Monte Carlo de $f$ com 1% de acurácia seja desejada. A sequência de Sobol' alcança esta acurácia em uns poucos milhares de amostras, enquanto que amostragem de pseudoaleatórios requerem aproximadamente 100.000 amostras. A razão seria ainda maior para acurácias desejadas de ordem superior.

Um caso diferente, não muito favorável, ocorre quando a função a ser integrada tem fronteiras difíceis (descontínuas) dentro da região de amostragem, por exemplo, a função que é um dentro do toro e zero fora dele,

$$f(x,y,z) = \begin{cases} 1 & r < r_0 \\ 0 & r \geq r_0 \end{cases} \tag{7.8.7}$$

onde $r$ é definida na equação (7.8.4). Não por coincidência, esta função tem a mesma integral analítica que a função da equação (7.8.5), a saber, $2\pi^2 r_0^2 R_0$.

A cuidadosamente hierárquica sequência de Sobol' é baseada em um conjunto de grades cartesianas, mas a fronteira do toro não tem relação particular com estas grades. O resultado é que ele é essencialmente aleatória quando os pontos amostrados em uma fina camada da superfície do toro, contendo da ordem de

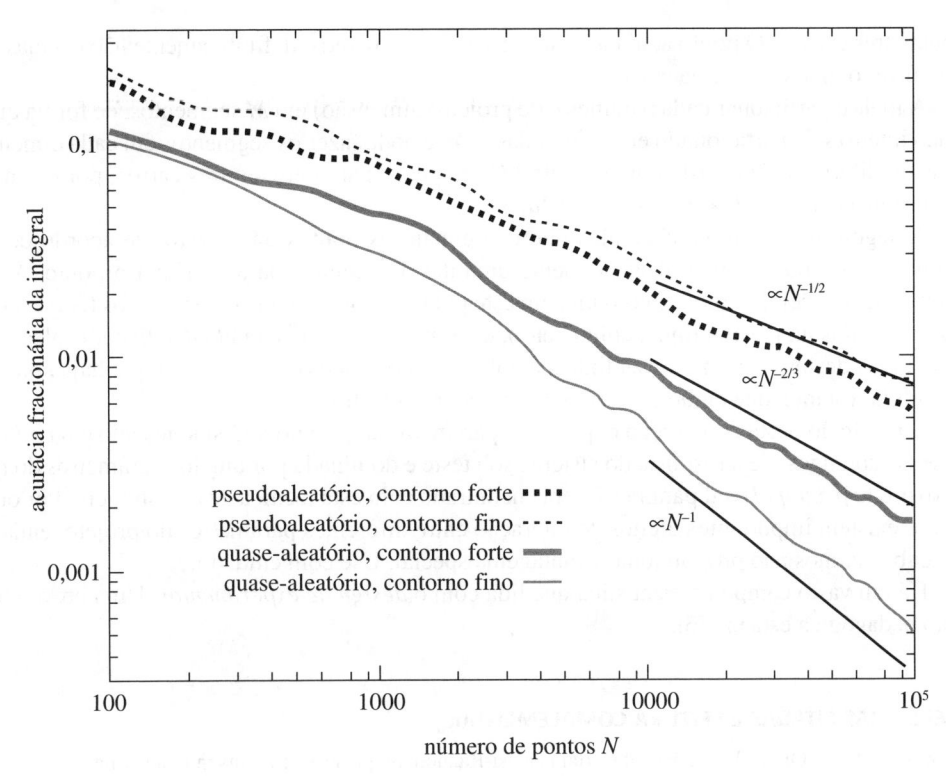

**Figura 7.8.2** Acurácia fracionária das integrações de Monte Carlo como uma função do número de pontos amostrado para dois diferentes integrandos e dois diferentes métodos de escolher pontos aleatórios. A sequência quase-aleatória de Sobol' converge muito mais rapidamente do que uma sequência pseudoaleatória convencional. Amostragem quase-aleatória funciona melhor quando o integrando é suave ("contorno fino") do que quando ele tem descontinuidades ("contorno forte"). As curvas mostradas são médias r.m.s de 100 ensaios.

$N^{2/3}$ pontos, aparecem dentro ou fora do toro. A lei da raiz quadrada, aplicada a esta camada fina, proporciona $N^{1/3}$ flutuações na soma, ou $N^{-2/3}$ erros fracionários na integral de Monte Carlo. Observa-se o comportamento verificado na Figura 7.8.2 pela curva azul mais espessa. A curva tracejada mais grossa na Figura 7.8.2 é o resultado da integração da função da equação (7.8.7) usando-se pontos aleatórios independentes. Apesar da vantagem da sequência de Sobol' não ser tão evidente quanto no caso da função suave, ela pode entretanto ser um fator significante (~ 5) mesmo em acurácias modestas como 1%, e maior em acurácias mais altas.

Observe que não munimos a rotina `sobseq` com um modo de começar a sequência em um ponto diferente do inicial, mas este aspecto seria fácil de adicionar. Uma vez que a inicialização dos números direcionais `iv` tenha sido feita, o $j$-ésimo ponto pode ser obtido diretamente pela operação XOR juntamente com aqueles números direcionais correspondentes aos bits não nulos no código de Gray de $j$, como descrito acima.

## 7.8.1 O hipercubo latino

Mencionamos aqui a técnica descorrelacionada de amostrar pelo quadrado latino ou hipercubo latino, o que é útil quando você quer amostrar um espaço $N$-dimensional excessivamente esparso em $M$ pontos. Por exemplo, você pode querer testar a segurança dos carros em um impacto como uma função simultânea de quatro diferentes parâmetros de design, mas com um orçamento de somente três carros. (O ponto aqui não é se isto é um bom plano – definitivamente não é – mas sim como fazer o melhor na situação!)

A ideia é particionar cada parâmetro de projeto (dimensão) em $M$ segmentos, de forma que o espaço inteiro seja particionado em $M^N$ células. (Você pode fazer os segmentos em cada dimensão iguais ou diferntes, de acordo com o gosto.) Com quatro parâmetros e três carros, por exemplo, você termina com $3 \times 3 \times 3 \times 3 = 81$ células.

A seguir, escolhemos $M$ células que contenham os pontos da amostra de acordo com o seguinte algoritmo: escolha aleatoriamente uma das $M^N$ células para o primeiro ponto. Agora elimine todas as células que concordam com este ponto em *qualquer* dos parâmetros (isto é, cruze todas as células na mesma linha, coluna etc.), deixando $(M-1)^N$ candidatos. Escolha aleatoriamente umas destas, elimine novas linhas e colunas e continue o processo até que haja somente uma célula restante, que então contém o último ponto amostral.

O resultado desta construção é que *cada* parâmetro do projeto terá sido testado em *cada um* dos seus subranges. Se a resposta do sistema sob teste é dominada por um dos parâmetros do projeto (o efeito *principal*), tal parâmetro será encontrado com esta técnica de amostragem. Por outro lado, se existem importantes efeitos de interação entre diferentes parâmetros do projeto, então os hipercubos latinos não proporcionam vantagem especial. Use com cuidado.

Há um vasto campo na estatística que lida com o *design de experimentos*. Uma breve introdução pedagógica está em [5].

### REFERÊNCIAS CITADAS E LEITURA COMPLEMENTAR

Halton, J.H. 1960, "On the Efficiency of Certain Quasi-Random Sequences of Points in Evaluating Multi-dimensional Integrals," *Numerische Mathematik*, vol. 2, pp. 84–90.[1]

Bratley P., and Fox, B.L. 1988, "Implementing Sobol's Quasirandom Sequence Generator," *ACM Transactions on Mathematical Software*, vol. 14, pp. 88–100.[2]

Lambert, J.P. 1988, "Quasi-Random Sequences in Numerical Practice," in *Numerical Mathematics – Singapore 1988*, ISNM vol. 86, R.P. Agarwal, Y.M. Chow, and S.J. Wilson, eds. (Basel: Birkhäuser), pp. 273–284.

Niederreiter, H. 1988, "Quasi-Monte Carlo Methods for Multidimensional Numerical Integration." in *Numerical Integration III*, ISNM vol. 85, H. Brass and G. Hämmerlin, eds. (Basel: Birkhäuser), pp. 157–171.

Sobol', I.M. 1967, "On the Distribution of Points in a Cube and the Approximate Evaluation of Integrals," *USSR Computational Mathematics and Mathematical Physics*, vol. 7, no. 4, pp. 86–112.[3]

Antonov, I.A., and Saleev, V.M 1979, "An Economic Method of Computing $lp_t$ Sequences," *USSR Computational Mathematics and Mathematical Physics*, vol. 19, no. 1, pp. 252–256.[4]

Dunn, O.J., and Clark, V.A. 1974, *Applied Statistics: Analysis of Variance and Regression* (New York, Wiley) [discusses Latin Square].

Czitrom, V. 1999, "One-Factor-at-a-Time Versus Designed Experiments," *The American Statistician*, vol. 53, pp. 126–131, online at http://www.amstat.org/publications/tas/czitrom.pdf.[5]

## 7.9 Métodos Monte Carlo adaptativos e recursivos

Esta seção discute técnicas mais avançadas de integração de Monte Carlo. Como exemplo do uso destas técnicas, incluímos dois códigos de Monte Carlo multidimensionais um tanto quanto diferentes, razoavelmente sofisticados: vegas [1,2] e miser [4]. Todas as técnicas que discutimos caem sob a rubrica geral da redução de variância (§7.7), mas fora isso são muito distintas.

## 7.9.1 Amostragem por importância

O uso da *amostragem por importância* já esteve implícito nas equações (7.7.6) e (7.7.7). Agora voltamos a ela de uma maneira levemente mais formal. Suponha que um integrando $f$ possa ser escrito como o produto de uma função $h$ que é quase constante vezes uma outra função $g$ positiva. Então sua integral sobre um volume multidimensional $V$ é

$$\int f\,dV = \int (f/g)\,g\,dV = \int h\,g\,dV \tag{7.9.1}$$

Na equação (7.7.7), interpretamos a equação (7.9.1) como sugerindo uma mudança de variável para $G$, a integral indefinida de $g$. Isso fez $g\,dV$ uma diferencial exata. Uma interpretação mais geral da equação (7.9.1) é que podemos integrar $f$ em vez de amostrar $h$ – não, contudo, com densidade de probabilidade uniforme $dV$, mas sim com densidade não uniforme $g\,dV$. Nesta segunda interpretação, a primeira interpretação segue como um caso especial, onde o meio de gerar a amostragem não uniforme de $g\,dV$ é via o método de transformação, usando a integral indefinida $G$ (ver §7.3).

Mais diretamente, podemos voltar e generalizar o teorema básico (7.7.1) para o caso de amostragem não uniforme: suponha que os pontos $x_i$ são escolhidos dentro de um volume $V$, com uma densidade de probabilidade $p$ satisfazendo

$$\int p\,dV = 1 \tag{7.9.2}$$

O teorema fundamental generalizado é que a integral de qualquer função $f$ é estimada, usando $N$ pontos amostrais $x_0, \ldots, x_{N-1}$, por

$$I \equiv \int f\,dV = \int \frac{f}{p}\,p\,dV \approx \left\langle \frac{f}{p} \right\rangle \pm \sqrt{\frac{\langle f^2/p^2 \rangle - \langle f/p \rangle^2}{N}} \tag{7.9.3}$$

onde as chaves denotam médias aritméticas sobre os $N$ pontos, exatamente como na equação (7.7.2). Como na equação (7.7.1), o termo com "mais ou menos" é estimativa de erro computada pelo desvio padrão da média. Observe que a equação (7.7.1) é, na verdade, o caso especial da equação (7.9.3), com $p = \text{constante} = 1/V$.

Qual é a melhor escolha para a densidade amostral $p$? Intuitivamente, já vimos que a ideia é fazer $h = f/p$ tão próximo quanto possível de uma constante. Podemos ser mais rigorosos focando o numerador dentro da raiz quadrada na equação (7.9.3), que é a variância de cada ponto da amostra. Ambas as chaves são elas mesmas estimadores Monte Carlo de integrais, assim podemos escrever

$$S \equiv \left\langle \frac{f^2}{p^2} \right\rangle - \left\langle \frac{f}{p} \right\rangle^2 \approx \int \frac{f^2}{p^2}\,p\,dV - \left[\int \frac{f}{p}\,p\,dV\right]^2 = \int \frac{f^2}{p}\,dV - \left[\int f\,dV\right]^2 \tag{7.9.4}$$

Agora encontramos o $p$ ótimo sujeito à restrição da equação (7.9.2) pela variação funcional

$$0 = \frac{\delta}{\delta p}\left(\int \frac{f^2}{p}\,dV - \left[\int f\,dV\right]^2 + \lambda \int p\,dV\right) \tag{7.9.5}$$

com $\lambda$ um multiplicador de Lagrange. Observe que o termo central não depende de $p$. A variação (que vem no interior das integrais) fornece $0 = -f^2/p^2 + \lambda$ ou

$$p = \frac{|f|}{\sqrt{\lambda}} = \frac{|f|}{\int |f|\,dV} \tag{7.9.6}$$

onde $\lambda$ foi escolhida para forçar a restrição (7.9.2).

Se $f$ tem um sinal na região de integração, então obtemos o resultado óbvio de que a escolha ótima de $p$ – caso de possa imaginar uma maneira prática de efetuar a amostragem – é que ele seja proporcional a $|f|$. Então, a variância é reduzida a zero. Não tão óbvio, mas uma verdade, é o fato que $p \propto |f|$ é ótima mesmo se $f$ assume ambos os sinais. Neste caso, a variância por ponto (das equações 7.9.4 e 7.9.6) é

$$S = S_{\text{ótima}} = \left(\int |f|\, dV\right)^2 - \left(\int f\, dV\right)^2 \tag{7.9.7}$$

Uma curiosidade é que se pode adicionar uma constante ao integrando para torná-lo totalmente de um único sinal, uma vez que isto muda a integral por uma quantidade conhecida, constante $\times V$. Então, a escolha ótima de $p$ sempre fornece variância nula, isto é, uma integral perfeitamente acurada! A resolução deste aparente paradoxo (já mencionado no fim de §7.7) é que o conhecimento perfeito de $p$ na equação (7.9.6) requer conhecimento perfeito de $\int |f|\, dV$, o que é equivalente a já conhecer a integral que você está tentando computar!

Se sua função $f$ toma um valor de constante conhecido na maioria do volume $V$, é certamente uma boa ideia adicionar uma constante de forma a fazer este valor nulo. Tendo feito isso, a acurácia atingível pela amostragem por importância depende na prática não de quão pequena a equação (7.9.7) é, mas sim de quão pequena é a equação (7.9.4) para um $p$ implementável, provavelmente apenas uma aproximação grosseira do ideal.

### 7.9.2 Amostragem estratificada

A ideia de *amostragem estratificada* é muito diferente da amostragem por importância. Vamos expandir nossa notação levemente e denotar $\langle\!\langle f \rangle\!\rangle$ como a média verdadeira da função $f$ sobre o volume $f$ (a saber, integral dividida pelo volume $V$), enquanto que $\langle f \rangle$ denota, como antes, o *estimador* Monte Carlo mais simples (amostrado uniformemente) da média:

$$\langle\!\langle f \rangle\!\rangle \equiv \frac{1}{V} \int f\, dV \qquad \langle f \rangle \equiv \frac{1}{N} \sum_i f(x_i) \tag{7.9.8}$$

A variância do estimador, $\text{Var}(\langle f \rangle)$, que mede o quadrado do erro da integração Monte Carlo, é assintoticamente relacionada à variância da função, $\text{Var}(f) \equiv \langle\!\langle f^2 \rangle\!\rangle - \langle\!\langle f \rangle\!\rangle^2$, pela relação

$$\text{Var}(\langle f \rangle) = \frac{\text{Var}(f)}{N} \tag{7.9.9}$$

(compare com a equação 7.7.1).

Suponha que dividimos o volume $V$ em dois subvolumes iguais, disjuntos, denotados $a$ e $b$, e uma amostra de $N/2$ pontos em cada subvolume. Então, outro estimador para $\langle\!\langle f \rangle\!\rangle$, diferente da equação (7.9.8), que denotamos $\langle f \rangle'$, é

$$\langle f \rangle' \equiv \tfrac{1}{2}(\langle f \rangle_a + \langle f \rangle_b) \tag{7.9.10}$$

em outras palavras, a média das médias amostrais em duas meias-regiões. A variância do estimador (7.9.10) é dada por

$$\begin{aligned}
\text{Var}(\langle f \rangle') &= \frac{1}{4}[\text{Var}(\langle f \rangle_a) + \text{Var}(\langle f \rangle_b)] \\
&= \frac{1}{4}\left[\frac{\text{Var}_a(f)}{N/2} + \frac{\text{Var}_b(f)}{N/2}\right] \\
&= \frac{1}{2N}[\text{Var}_a(f) + \text{Var}_b(f)]
\end{aligned} \tag{7.9.11}$$

Aqui Var$_A$ ($f$) denota a variância de $f$ na sub-região $a$, isto é, $\langle\!\langle f^2\rangle\!\rangle_a - \langle\!\langle f\rangle\!\rangle_a^2$, e correspondentemente para $b$. Das definições de variância já dadas, não é difícil demonstrar a relação

$$\text{Var}(f) = \tfrac{1}{2}\left[\text{Var}_a(f) + \text{Var}_b(f)\right] + \tfrac{1}{4}(\langle\!\langle f\rangle\!\rangle_a - \langle\!\langle f\rangle\!\rangle_b)^2 \tag{7.9.12}$$

(Em física, esta fórmula para combinar os segundos momentos é o "teorema dos eixos paralelos".) Comparando as equações (7.9.9), (7.9.11) e (7.9.12), observa-se que a amostragem estratificada (em dois subvolumes) proporciona uma variância que nunca é maior que o caso do Monte Carlo simples – e menor quando as médias das amostras estratificadas, $\langle\!\langle f\rangle\!\rangle_a$ e $\langle\!\langle f\rangle\!\rangle_b$, são diferentes.

Ainda não exploramos a possibilidade de amostrar os dois subvolumes com *diferentes números* de pontos, digamos, $N_a$ na sub-região $a$ e $N_b \equiv N - N_a$ na sub-região $b$. Vamos fazer isso agora. Então, a variância do estimador é

$$\text{Var}(\langle f\rangle') = \frac{1}{4}\left[\frac{\text{Var}_a(f)}{N_a} + \frac{\text{Var}_b(f)}{N - N_a}\right] \tag{7.9.13}$$

que é minimizada (o que pode ser facilmente verificado) quando

$$\frac{N_a}{N} = \frac{\sigma_a}{\sigma_a + \sigma_b} \tag{7.9.14}$$

Aqui, adotamos a notação abreviada $\sigma_a \equiv [\text{Var}_a(f)]^{1/2}$, e correspondentemente para $b$. Se $N_a$ satisfaz a equação (7.9.14), então, a equação (7.9.13) reduz-se a

$$\text{Var}(\langle f\rangle') = \frac{(\sigma_a + \sigma_b)^2}{4N} \tag{7.9.15}$$

A equação (7.9.15) é reduzida à equação (7.9.9) se $\text{Var}(f) = \text{Var}_a(f) = \text{Var}_b(f)$, caso em que estratificar a amostra não faz diferença alguma.

Uma maneira habitual de generalizar o resultado acima é considerar o volume $V$ dividido em mais do que duas sub-regiões iguais. Pode-se prontamente obter o resultado que a alocação ótima dos pontos amostrais entre as regiões é ter o número de pontos em cada região $j$ proporcional a $\sigma_j$ (isto é, a raiz quadrada da variância da função $f$ nesta sub-região). Em espaços de alta dimensionalidade (digamos, $d \gtrsim 4$), esta não é uma prática muito útil, contudo. Dividir um volume entre $K$ segmentos ao longo de cada dimensão implica $K^d$ subvolumes, tipicamente um número extremamente grande quando contemplamos estimar todos os $\sigma_j$'s correspondentes.

### 7.9.3 Estratégias mistas

O método de amostragem por importância e o estratificado, em primeira análise, parecem inconsistentes um com a outro. O primeiro concentra-se em pontos amostrais onde a magnitude do integrando $|f|$ é a maior, e o segundo onde a variância de $f$ é a maior. Como podem ambos estar certos?

A resposta é que (como tudo nessa vida) isto depende do quanto você sabe e quão bem você o sabe. Amostragem por importância depende de que já se saiba alguma coisa sobre a aproximação para sua integral, de forma que você seja capaz de gerar pontos aleatórios $x_i$ com a desejada densidade de probabilidade $p$. Na medida em que seu $p$ não seja o ideal, você terá um erro que decresce apenas com $N^{-1/2}$. As coisas são particularmente ruins se seu $p$ está longe do ideal na região onde o integrando $f$ está mudando rapidamente, uma vez que aí a função amostrada $h = f/p$ terá uma variância grande. Amostragem por importância funciona suavizando os valores da função amostrada $h$, e é efetiva somente na medida em que você tenha sucesso nisso.

Amostragem estratificada, ao contrário, não necessariamente exige que você conheça algo sobre $f$. Amostragem estratificada funciona suavizando as flutuações do *número* de pontos nas sub-regiões, e não suavizando os valores dos pontos. A estratégia estratificada mais simples, dividir $V$ em $N$ sub-regiões iguais e escolher um ponto aleatoriamente em cada sub-região, já proporciona um método cujo erro decresce assintoticamente conforme $N^{-1}$, muito mais rápido do que $N^{-1/2}$. (Observe que números quase aleatórios, § 7.8, são outra forma de suavizar flutuações na densidade de pontos, fornecendo aproximadamente um resultado tão bom quanto a estratégia de estratificação "cega".)

Porém, "assintoticamente" é uma advertência importante: por exemplo, se o integrando é desprezível em toda sub-região exceto uma única, então a integração de uma única amostra resultante é completa mas inútil. Informação, mesmo muito grosseira, que permita a amostragem por importância colocar muitos pontos na sub-região ativa poderia ser muito melhor do que amostragem estratificada "cega".

Amostragem estratificada realmente se justifica se você tem alguma maneira de estimar as variâncias, de forma que possa colocar números diferentes de pontos em diferentes sub-regiões, de acordo com (7.9.14) ou suas generalizações, e se você pode encontrar uma maneira de dividir a região em um número prático de sub-regiões (particularmente não $K^d$ com grande dimensão $d$), ao mesmo tempo que significativamente reduzindo a variância da função em cada sub-região comparada a sua variância no volume inteiro. Fazer isto requer um bocado de conhecimento sobre $f$, apesar de um conhecimento diferente do que é requerido para amostragem por importância.

Na prática, amostragem por importância e amostragem estratificada não são compatíveis. Em muitos dos casos de interesse, senão na maioria, o integrando $f$ é pequeno em todo o $V$ exceto para um pequeno volume fracionário de "regiões ativas". Nestas regiões, a magnitude de $|f|$ e o desvio padrão $\sigma = [\text{Var}(f)]^{1/2}$ são comparáveis em tamanho, portanto ambas as técnicas fornecerão aproximadamente a mesma concentração de pontos. Em implementações mais sofisticadas, é também possível "acoplar" as duas técnicas, de forma que, p. ex., amostragem por importância em uma grade grosseira é seguida por estratificação dentro de cada célula da grade.

### 7.9.4 Monte Carlo adaptativo: VEGAS

O algoritmo VEGAS, inventado por Peter Lepage [1,2], é vastamente usado para integrais multidimensionais que ocorrem em física de partículas elementares. VEGAS é primordialmente baseado em amostragem por importância, mas também faz alguma amostragem estratificada se a dimensão $d$ é pequena o suficiente para evitar $K^d$ explosão (especificamente, se $(K/2)^d < N/2$, com $N$ o número de pontos na amostra). A técnica básica para amostragem por importância no VEGAS é construir, adaptativamente, uma função peso multidimensional $g$ que é separável,

$$p \propto g(x, y, z, \ldots) = g_x(x) g_y(y) g_z(z) \ldots \quad (7.9.16)$$

Tal função evita a $K^d$ explosão de duas maneiras: (i) pode ser armazenada no computador em $d$ separadas funções unidimensionais, cada uma definida por $K$ valores tabulados, digamos – de forma que $K \times d$ substitui $K^d$. (ii) Pode ser amostrada como uma densidade de probabilidade por consecutivamente amostrar as $d$ funções unidimensionais para obter as componentes coordenadas do vetor $(x, y, z, \ldots)$.

O peso ótimo separável pode ser provado [1]

$$g_x(x) \propto \left[ \int dy \int dz \ldots \frac{f^2(x, y, z, \ldots)}{g_y(y) g_z(z) \ldots} \right]^{1/2} \quad (7.9.17)$$

(e correspondentemente para $y, z, \ldots$). Observe que isto reduz para $g \propto |f|$ (7.9.6) em uma dimensão. A equação (7.9.17) imediatamente sugere a estratégia adaptativa VEGAS: dado um conjunto de $g$-funções (inicialmente todas constantes, digamos), amostra-se a função $f$, acumulando-se não apenas o estimador overall (por toda parte) da integral, mas também os $Kd$ estimadores ($K$ subdivisões da variável independente em cada uma das $d$ dimensões) do lado direito da equação (7.9.17). Estes então determinam funções $g$ melhoradas para a próxima iteração.

Quando o integrando $f$ é concentrado cm uma, ou no máximo uma poucas regiões no $d$-espaço, então os $g$'s funções peso rapidamente tornam-se grandes nos valores das coordenadas que são as projeções destas regiões nos eixos coordenados. A acurácia da integração Monte Carlo é então aumentada enormemente em relação ao que daria o método de Monte Carlo simples.

O ponto fraco do VEGAS é óbvio: na medida em que a projeção da função $f$ em direções de coordenadas individuais é uniforme, VEGAS não proporciona concentração de pontos amostrais naquelas dimensões. O pior caso para VEGAS, p. ex., é um integrando que está concentrado próximo da linha corpo diagonal, p. ex., um que vai de $(0, 0, 0, \ldots)$ até $(1, 1, 1, \ldots)$. Uma vez que esta geometria é completamente não separável, VEGAS não proporciona vantagem. Mais geralmente, VEGAS pode não funcionar bem quando o integrando é concentrado em trajetórias curvas unidimensional (ou multidimensionais) (ou hipersuperfícies), a menos que estas sejam orientadas próximo das direções coordenadas.

A rotina vegas que segue é essencialmente uma versão padrão de Lepage, minimamente modificada para se conformar às nossas convenções. (Agradecemos a Lepage por nos permitir reproduzir o programa aqui.) Para consistência com outras versões do algoritmo VEGAS em circulação, preservamos os nomes originais das variáveis. O parâmetro NDMX é o que nós chamamos $K$, o número máximo de incrementos ao longo de cada eixo; MXDIM é o valor máximo de $d$; alguns outros parâmetros são explicados nos comentários.

A rotina vegas realiza $m =$ itmx avaliações da integral desejada estatisticamente independentes, cada uma com $N =$ ncall avaliações de funções. Apesar de estatisticamente independentes, estas iterações auxiliam-se mutuamente, uma vez que cada uma é usada para refinar a grade de amostragem para a próxima. Os resultados de todas as iterações são combinados em uma única resposta melhor, e seu erro estimado, pelas relações

$$I_{\text{melhor}} = \sum_{i=0}^{m-1} \frac{I_i}{\sigma_i^2} \bigg/ \sum_{i=0}^{m-1} \frac{1}{\sigma_i^2} \qquad \sigma_{\text{melhor}} = \left( \sum_{i=0}^{m-1} \frac{1}{\sigma_i^2} \right)^{-1/2} \tag{7.9.18}$$

Também, é retornada a quantidade

$$\chi^2/m \equiv \frac{1}{m-1} \sum_{i=0}^{m-1} \frac{(I_i - I_{\text{melhor}})^2}{\sigma_i^2} \tag{7.9.19}$$

Se isto é significativamente maior do que 1, então os resultados das iterações são estatisticamente inconsistentes e as respostas são suspeitas.

Aqui está a interface para vegas. (O código completo é dado em [3].)

```
void vegas(VecDoub_I &regn, Doub fxn(VecDoub_I &, const Doub), const Int init,
    const Int ncall, const Int itmx, const Int nprn, Doub &tgral, Doub &sd,
    Doub &chi2a) {
```
Realiza a integração de Monte Carlo de um função ndim-dimensional fornecida pelo usuário fxn sobre um volume retangular especifado por regn[0..2*ndim-1], um vetor consistindo em ndim coordenadas "inferior à esquerda" da região seguidas por ndim coordenadas "superior à direita". A integração consiste em itmx iterações, cada uma com aproximadamente ncall chamadas para a função. Após cada iteração a grade é refinada; mais do que 5 ou 10 iterações raramente são necessárias. O input flag init sinaliza quando esta chamada é uma nova partida ou uma chamada subsequente para iterações adicionais (ver comentários no código). O input flag nprn (normalmente 0) controla a quantidade de diagnóstico output. As respostas retornadas são tgral (a melhor estimativa da integral), sd (seu desvio padrão) e chi2a($\chi^2$ por grau de liberdade, um indicador de se resultados consistentes estão sendo obtidos). Ver texto para detalhes adicionais.

O input flag init pode ser usado com vantagem. Poderia-se ter uma chamada com init=0, ncall=1000, itmx=5 imediatamente seguida por uma chamada com init=1, ncall=100000, itmx=1. O efeito seria desenvolver uma grade amostral sobre cinco iterações de um pequeno número de amostras, então fazer uma única integração de alta acurácia na grade otimizada.

Para usar vegas para o exemplo do toro discutido em §7.7 (a densidade do integrando apenas, digamos), a função fxn seria

```
Doub torusfunc(const VecDoub &x, const Doub wgt) {
    Doub den = exp(5.*x[2]);
    if (SQR(x[2])+SQR(sqrt(SQR(x[0])+SQR(x[1]))-3.) <= 1.) return den;
    else return 0.;
}
```

e o código Main seria

```
Doub tgral, sd, chi2a;
VecDoub regn(6);
regn[0] = 1.; regn[3] = 4.;
regn[1] = -3.; regn[4] = 4.;
regn[2] = -1.; regn[5] = 1.;
vegas(regn,torusfunc,0,10000,10,0,tgral,sd,chi2a);
vegas(regn,torusfunc,1,900000,1,0,tgral,sd,chi2a);
```

Observe que a função integrando fornecida pelo usuário, fxn, tem um argumento wgt além do esperado ponto de avaliação x. Na maioria destas aplicações você ignora wgt dentro da função. Ocasionalmente, porém, você pode querer integrar alguma função adicional ou funções junto com a função principal $f$. A integral de qualquer função $g$ pode ser estimada por

$$I_g = \sum_i w_i g(\mathbf{x}) \qquad (7.9.20)$$

onde os $w_i$'s e $\mathbf{x}$'s são os argumentos wgt e x, respectivamente. É direto acumular esta soma dentro da sua função fxn e passar a resposta de volta ao seu programa principal via variáveis globais. Naturalmente, é melhor que $g(\mathbf{x})$ tenha semelhança com a função principal $f$ em algum grau, uma vez que a amostragem será otimizada para $f$.

A listagem completa de vegas é dada em uma Webnote [3].

### 7.9.5 Amostragem estratificada recursiva

O problema com amostragem estratificada, vimos, é que ele não pode evitar a explosão $K^d$ inerente no mosaico óbvio, cartesiano, do volume $d$-dimensional. Uma técnica chamada *amostragem estratificada recursiva* [4] tenta fazer isso por sucessivas bisseções do volume, não ao longo das $d$ dimensões, mas sim ao longo de somente uma dimensão no tempo. Os pontos de partida são as equações (7.9.10) e (7.9.13), aplicadas a bissecções de sub-regiões sucessivamente menores.

Suponha que tenhamos uma cota de $N$ avaliações da função $f$ e queiramos efetuar $\langle f \rangle'$ na região paralelepipédica retangular $R = (\mathbf{x}_a, \mathbf{x}_b)$. (Denotamos tal região pelos vetores de duas coordenadas dos seus cantos diagonalmente opostos.) Primeiro, alocamos uma fração $p$ de $N$ em direção a explorar a variância de $f$ em $R$: amostramos $pN$ valores da função uniformemente em $R$ e acumulamos as somas que fornecerão os $d$ diferentes pares de variâncias correspondendo às $d$ diferentes direções coordenadas ao longo das quais $R$ pode ser bisecionada. Em outras palavras, em $pN$ amostras, estimamos Var($f$) em cada uma das regiões resultantes de uma possível bisseção de $R$,

$$\begin{aligned} R_{ai} &\equiv (\mathbf{x}_a, \mathbf{x}_b - \tfrac{1}{2}\mathbf{e}_i \cdot (\mathbf{x}_b - \mathbf{x}_a)\mathbf{e}_i) \\ R_{bi} &\equiv (\mathbf{x}_a + \tfrac{1}{2}\mathbf{e}_i \cdot (\mathbf{x}_b - \mathbf{x}_a)\mathbf{e}_i, \mathbf{x}_b) \end{aligned} \qquad (7.9.21)$$

Aqui $\mathbf{e}_i$ é o vetor unitário na $i$-ésima direção coordenada, $i = 1, 2, \ldots, d$.

Segundo, inspecionamos as variâncias para encontrar a dimensão $i$ mais favorável para bissecionar. Pela equação (7.9.15), nós poderíamos, por exemplo, escolher a $i$ para a qual a soma das raízes quadradas dos estimadores da variância nas regiões $R_{ai}$ e $R_{bi}$ é minimizada. (Na verdade, como explicaremos, fazemos algo ligeiramente diferente.)

Terceiro, nós alocamos as $(1 - p)N$ avaliações de funções restantes entre as regiões $R_{ai}$ e $R_{bi}$. Se usássemos a equação (7.9.5) para escolher $i$, poderíamos fazer essa alocação de acordo com a equação (7.9.14).

Agora, temos dois paralelepípedos, cada um com sua própria alocação de avaliações de funções para estimar a média de $f$. Nosso algoritmo "RSS" agora se revela *recursivo*: para efetuar a média em cada região, voltamos para a frase começando como "Primeiro..." no parágrafo acima da equação (7.9.21). (Naturalmente, quando a alocação dos pontos para uma região cai abaixo de algum número, recorremos ao Monte Carlo simples em vez de continuar com a recursão.)

Finalmente, combinamos as médias e também estimamos as variâncias dos dois subvolumes usando a equação (7.9.10) e a primeira linha da equação (7.9.11).

Isto completa o algoritmo RSS na sua forma mais simples. Antes de descrevermos alguns truques adicionais sob a rubrica geral de "detalhes de implementação", precisamos retornar brevemente para as equações (7.9.13) — (7.9.15) e derivar as equações que de fato usamos. O lado direito da equação (7.9.13) aplica a familiar lei de escala da equação (7.9.9) duas vezes, uma vez para $a$ e novamente para $b$. Isto seria correto se cada estimativa, $\langle f \rangle_a$ e $\langle f \rangle_b$, fosse feita por Monte Carlo simples, com pontos amostrais aleatórios uniformes. Contudo, as duas estimativas da média são, na verdade, feitas recursivamente. Por isso, não há razão para esperar que a equação (7.9.9) valha. Poderíamos, assim, substituir a equação (7.9.13) pela relação

$$\text{Var}(\langle f \rangle') = \frac{1}{4} \left[ \frac{\text{Var}_a (f)}{N_a^\alpha} + \frac{\text{Var}_b (f)}{(N - N_a)^\alpha} \right] \quad (7.9.22)$$

onde $\alpha$ é uma constante desconhecida $\geq 1$ (o caso da igualdade correspondente ao Monte Carlo simples). Neste caso, um cálculo curto mostra que $\text{Var}(\langle f \rangle')$ é minimizado quando

$$\frac{N_a}{N} = \frac{\text{Var}_a (f)^{1/(1+\alpha)}}{\text{Var}_a (f)^{1/(1+\alpha)} + \text{Var}_b (f)^{1/(1+\alpha)}} \quad (7.9.23)$$

e que seu valor mínimo é

$$\text{Var}(\langle f \rangle') \propto \left[ \text{Var}_a (f)^{1/(1+\alpha)} + \text{Var}_b (f)^{1/(1+\alpha)} \right]^{1+\alpha} \quad (7.9.24)$$

Equações (7.9.22) — (7.9.24) reduzem-se às equações (7.9.13) — (7.9.15) quando $\alpha = 1$. Experimentos numéricos para encontrar um valor autoconsistente para $\alpha$ encontram que $\alpha \approx 2$. Isto é, quando a equação (7.9.23) com $\alpha = 2$ é usada recursivamente para alocar amostras oportunas, a variância observada do algoritmo RSS vai aproximadamente como $N^{-2}$, enquanto qualquer outro valor de $\alpha$ na equação (7.9.23) proporciona um declínio mais pobre. (A sensibilidade a $\alpha$ é, porém, não muito grande: não se sabe se $\alpha = 2$ é um resultado analiticamente justificável ou apenas uma heurística útil.)

A principal diferença entre a implementação de `miser` e o algoritmo como descrito até aqui se deve a como as variâncias do lado direito da equação (7.9.23) são estimadas. Encontramos empiricamente que ela é mais robusta do que usar o quadrado da diferença do máximo e do mínimo dos valores da função amostrada, em vez do segundo momento genuíno das amostras. Este estimador naturalmente tem um vício que cresce conforme o tamanho da amostra: contudo, a equação (7.9.23) usa-o apenas para compará-lo com dois subvolumes ($a$ e $b$) tendo aproximadamente números iguais de amostras. O estimador "max menos min" mostra seu valor quando a amostragem preliminar rende apenas um único ponto, ou um número pequeno de pontos, nas regiões ativas do integrando. Em muitos casos realistas, existem indicadores de regiões próximas de importância até maior, e é útil deixá-los atrair o peso de amostragem maior que "max menos min" proporciona.

Uma segunda modificação incorporada no código é a introdução de um "parâmetro de dithering"(por dithering entendemos a um processo que reduz o número de cores em uma imagem simulando os pontos que são suprimidos ao intercalar pontos de outras cores) `dith`, cujos valores não nulos ocasionam que os subvolumes que foram divididos não o sejam exatamente ao meio, mas sim em frações 0,5 ± `dith`, com o sinal de ± aleatoriamente escolhido por uma rotina de números aleatórios embutida. Normalmente, `dith` pode ser designada como zero. Contudo, há uma grande vantagem em fazer `dith` ser não nula se alguma simetria especial do integrando coloca a região ativa exatamente no ponto médio da região, ou no centro de algum submúltiplo de potência de 2 da região. Queremos evitar o caso extremo da região ativa ser exatamente dividida em $2^d$ cantos adjacentes em um espaço $d$-dimensional. Um típico valor não nulo de `dith`, naquelas ocasiões em que ela é útil, poderia ser 0,1. Naturalmente, quando o parâmetro de dithering é não nulo, devemos levar em consideração os tamanhos diferentes das sub-rotinas; o código faz isto através da variável `fracl`.

Um aspecto final no código merece menção. O algoritmo RSS usa um único conjunto de pontos amostrais para efetuar a equação (7.9.23) em todas as $d$ direções. Nos níveis mais baixos da recursão, o número de pontos amostrais pode ser muito pequeno. Embora raro, pode acontecer que em uma direção todas as amostras estão em uma metade do volume; neste caso, aquela direção é ignorada como um candidato para bifurcação. Mais rara ainda é a possibilidade de que todas as amostras estejam em uma metade do volume em *todas* as direções. Neste caso, uma direção aleatória é escolhida. Se isto ocorre muito frequentemente em sua aplicação, então você poderia aumentar `MNPT` (ver linha `if (jb == -1)...` no código).

Note que `miser`, como dado, retorna como `ave` uma estimativa do valor da função média $\langle\langle f \rangle\rangle$, não a integral de $f$ sobre a região. A rotina `vegas`, adotando a outra convenção, retorna como `tgral` a integral. As duas convenções são, é claro, trivialmente relacionadas, pela equação (7.9.8), uma vez que o volume $V$ da região é conhecido.

A interface para a rotina `miser` é esta:

```
void miser(Doub func(VecDoub_I &), VecDoub_I &regn, const Int npts,
     const Doub dith, Doub &ave, Doub &var) {
```

Monte Carlo amostra uma função ndim-dimensional fornecida pelo usuário `func` no volume retangular especificado por `regn[0..2*ndim-1]`, um vetor consistindo de ndim coordenadas "inferiores à esquerda" da região seguidas por ndim coordenadas "superior à direita". A função é amostrada como um total de npts vezes, em posições determinadas pelo método da amostragem estratificada recursiva. O valor médio da função na região é retornado como ave; uma estimativa da incerteza estatística de ave (quadrado do desvio padrão) é retornada como var. O parâmetro input dith poderia normalmente ser atribuído como zero, mas pode ser designado como (p. ex.) 0,1 se a região ativa da função cai na fronteira de uma subdivisão potência de 2 da região.

A implementação do código para o problema do toro em §7.7 é

```
Doub torusfunc(const VecDoub &x) {
    Doub den = exp(5.*x[2]);
    if (SQR(x[2])+SQR(sqrt(SQR(x[0])+SQR(x[1]))-3.) <= 1.) return den;
    else return 0.;
}
```

e o código Main é

```
Doub ave, var, tgral, sd, vol = 3.*7.*2.;
regn[0] = 1.; regn[3] = 4.;
regn[1] = -3.; regn[4] = 4.;
regn[2] = -1.; regn[5] = 1.;
miser(torusfunc,regn,1000000,0.,ave,var);
tgral = ave*vol;
sd = sqrt(var)*vol;
```

(Na verdade, `miser` não é particularmente apropriada para este problema.)

A listagem completa de `miser` é dada em uma Webnote [5]. A rotina `miser` chama a função curta `ranpt` para obter um ponto aleatório no interior de uma região $d$-dimensional especificada. A versão de `ranpt` na Webnote faz consecutivas chamadas a um gerador uniforme de números aleatórios e faz o escalamento óbvio. Pode-se facilmente modificar `ranpt` para gerar seus pontos via a rotina quase aleatória `sobseq` (§7.8). Pensamos que `miser` com `sobseq` pode ser consideravelmente mais acurado do que `miser` com desvios aleatórios uniformes. Dado que o uso do RSS e o uso dos números quase aleatórios são completamente separáveis, contudo, não tornamos o código dado aqui dependente de sobseq. Uma observação similar poderia ser feita com respeito à amostragem por importância, que poderia em princípio ser combinada com RSS. (Pode-se em princípio combinar vegas e miser, embora a programação fosse intrincada.)

## REFERÊNCIAS CITADAS E LEITURA COMPLEMENTAR

Hammersley, J.M. and Handscomb, D.C. 1964, *Monte Carlo Methods* (London: Methuen). Kalos, M.H. and Whitlock, P.A. 1986, *Monte Carlo Methods* (New York: Wiley).

Bratley, P., Fox, B.L., and Schrage, E.L. 1983, *A Guide to Simulation*, 2nd ed. (New York: Springer).

Lepage, G.P. 1978, "A New Algorithm for Adaptive Multidimensional Integration," *Journal of Computational Physics*, vol. 27, pp. 192–203.[1]

Lepage, G.P. 1980, "VEGAS: An Adaptive Multidimensional Integration Program," Publication CLNS-80/447, Cornell University.[2]

Numerical Recipes Software 2007, "Complete VEGAS Code Listing," *Numerical Recipes Webnote No. 9*, at http://www.nr.com/webnotes?9 [3]

Press, W.H., and Farrar, G.R. 1990, "Recursive Stratified Sampling for Multidimensional Monte Carlo Integration," *Computers in Physics*, vol. 4, pp. 190–195.[4]

Numerical Recipes Software 2007, "Complete Miser Code Listing," *Numerical Recipes Webnote No. 10*, at http://www.nr.com/webnotes?10 [5]

CAPÍTULO

# 8

# Classificação e Seleção

## 8.0 Introdução

Esse capítulo quase não pertence a um livro de métodos *numéricos*: classificação e seleção são tópicos feijão com arroz no currículo padrão de ciência da computação. Porém, um pouco de revisão de técnicas de classificação, da perspectiva da computação científica, se mostrará útil em capítulos subsequentes. Podemos desenvolver algumas interfaces padrões para uso futuro e também ilustrar a utilidade dos *templates* em programação orientada a objetos.

Em conjunção com trabalho numérico, classificação é frequentemente necessária quando dados (experimental ou numericamente gerados) estão sendo processados. Têm-se tabelas ou listas de números, representando uma ou mais variáveis independentes (ou controle) e uma ou mais variáveis dependentes (ou medidas). Pode-se desejar arranjar estes dados, em várias circunstâncias, em ordem por uma ou outra destas variáveis. Alternativamente, pode-se simplesmente desejar identificar o *valor mediano* ou o valor do quartil superior de uma das listas de valores. (Estes tipos de valores são geralmente chamados de *quantis*.) Esta tarefa, fortemente relacionada à classificação, é chamada de *seleção*.

Aqui, mais especificamente, estão as tarefas que este capítulo tratará:

- Classificar, i.e., rearranjar um array de números em ordem numérica.
- Rearranjar um array em ordem numérica enquanto se executa o rearranjo correspondente de um ou mais arrays adicionais, de forma que a correspondência entre elementos em todos os arrays é preservada.
- Dado um array, preparar uma *tabela de índices* para ele, i.e., uma tabela de ponteiros dizendo qual elemento do array de números vem primeiro em ordem numérica, qual em segundo, e assim sucessivamente.
- Dado um array, preparar uma *tabela rank* para ele, i.e., uma tabela dizendo qual é o rank numérico do primeiro elemento do array, o segundo elemento do array e assim sucessivamente.
- Selecionar o $M$-ésimo maior elemento do array.
- Selecionar o $M$-ésimo maior valor, ou estimativas de valores de quantis arbitrários, de um fluxo de dados em um passo (i.e., sem armazenar o fluxo para processamento posterior).
- Dada uma porção de relações equivalentes, organizá-las em classes de equivalência.

Para a tarefa básica de classificar $N$ elementos, os melhores algoritmos requerem uma ordem de diversas vezes $N \log_2 N$ operações. O inventor do algoritmo tenta reduzir a constante na frente da estimativa ao menor valor possível. Dois dos melhores algoritmos são *Quicksort* (§8.2), inventado pelo inimitável C.A.R. Hoare, e *Heapsort* (§8.3), inventado por J.W.J. Willians.

Para $N$ grande (digamos, > 1000), Quicksort é mais rápido, na maioria das máquinas, por um fator de 1,5 ou 2; ele requer um bit extra de memória, porém, e é um programa moderadamente complicado. Heapsort é um verdadeiro "sort in place"(supõe que os itens classificados ocupam a mesma memória que os itens originais) e é um pouco mais compacto de se programar, e por esta razão um pouquinho mais fácil de modificar para propostas especiais. Em última análise, recomendamos Quicksort por causa da sua velocidade, mas implementamos ambas as rotinas.

Para $N$ pequeno é melhor usar um algoritmo cuja contagem de operações vai como uma potência de $N$ mais alta, i.e., mais pobre, se a constante na frente é pequena o suficiente. Para $N$ < 20, grosseiramente, o *método de inserção direta* (§8.1) é conciso e rápido o suficiente. Nós o incluímos com um certo temor: ele é um algoritmo $N^2$, cujo potencial para mau uso (usá-lo para um $N$ muito grande) é grande. O desperdício de recurso computacional resultante pode assim ser tão impressionante que fomos tentados a não incluir uma rotina $N^2$. Nós fincaremos o pé, porém, quanto aos algoritmos ineficientes $N^2$, amados pelos textos de ciência da computação elementares, chamados de *bubble sort*. Se você sabe o que é bubble sort, apague-o da sua mente; se você não sabe, faça o favor de nunca descobrir!

Para $N$ < 50, grosseiramente, o *método de Shell* (§8.1), apenas levemente mais complicado que o método de inserção direta, é competitivo com o mais complicado Quicksort em muitas máquinas. Este método vai como $N^{3/2}$ no pior caso, mas é usualmente mais rápido.

Veja as referências [1, 2] para informação adicional sobre o tópico de classificação e para referências detalhadas à literatura.

**REFERÊNCIAS CITADAS E LEITURA COMPLEMENTAR**

Knuth, D.E. 1997, *Sorting and Searching,* 3rd ed., vol. 3 of *The Art of Computer Programming* (Reading, MA: Addison-Wesley).[1]

Sedgewick, R. 1998, *Algorithms in C,* 3rd ed. (Reading, MA: Addison-Wesley), Chapters 8–13.[2]

## 8.1 Inserção direta e método de Shell

*Inserção direta* é uma rotina $N^2$ e poderia ser usada apenas para $N$ pequeno, digamos, < 20.

A técnica é exatamente aquela usada pelos jogadores de cartas experientes para ordenar suas cartas: selecione a segunda carta e coloque-a na ordem com respeito à primeira; então selecione a terceira carta e insira-a na sequência entre as duas primeiras; e assim sucessivamente até que a última carta tenha sido selecionada e inserida.

```
template<class T>                                                      sort.h
void piksrt(NRvector<T> &arr)
```
Ordena um array arr[0..n-1] em ordem numérica crescente, por inserção direta. arr é substituído no output pelo seu rearranjo ordenado.
```
{
    Int i,j,n=arr.size();
    T a;
    for (j=1;j<n;j++) {              Selecione cada elemento de cada vez.
        a=arr[j];
        i=j;
        while (i > 0 && arr[i-1] > a) {   Procure o lugar para inseri-lo.
            arr[i]=arr[i-1];
            i--;
        }
        arr[i]=a;                    Insira-o.
    }
}
```

Observe que o uso do template a fim de tornar a rotina geral para qualquer tipo de NRvector, incluindo ambos VecInt e VecDoub. A única coisa requerida dos elementos do tipo T no vetor é que eles tenham um operador de atribuição e uma relação >. (Geralmente assumiremos que as relações <, > e == todas existem.) Se você tentar ordenar um vetor de elementos sem estas propriedades, o compilador acusará, portanto você não tem como errar.

É uma questão de gosto ter o template como no tipo de elemento acima, ou no próprio vetor, como

```
template<class T>
void piksrt(T &arr)
```

Isto pareceria mais geral, pois funcionaria para qualquer tipo T que tem um operador subscrito [], não apenas NRvectors. Porém, isto também requer que T tenha algum método para obter o tipo dos seus elementos, necessário para a declaração da variável a. Se T segue as convenções do reservatório STL, então esta declaração pode ser escrita

```
T::value_type a;
```

mas se não segue, então você pode se perder em C.

O que fazer se você também quer rearranjar um array brr ao mesmo tempo em que você ordena arr? Simplesmente mova um elemento de brr quando você move um elemento de arr:

sort.h
```
template<class T, class U>
void piksr2(NRvector<T> &arr, NRvector<U> &brr)
    Classifica um array arr[0..n-1] em ordem numérica crescente, por inserção direta, enquanto faz o cor-
    respondente rearranjo do array brr[0..n-1].
{
    Int i,j,n=arr.size();
    T a;
    U b;
    for (j=1;j<n;j++) {              Selecione cada elemento por vez.
        a=arr[j];
        b=brr[j];
        i=j;
        while (i > 0 && arr[i-1] > a) {   Procure o lugar para inseri-lo.
            arr[i]=arr[i-1];
            brr[i]=brr[i-1];
            i--;
        }
        arr[i]=a;                    Insira-o.
        brr[i]=b;
    }
}
```

Observe que os tipos de arr e brr são tratados separadamente no template; assim, eles não têm que ser os mesmos.

Não generalize esta técnica para o rearranjo de um número maior de arrays por ordenar em um deles. Em vez disso, veja §8.4.

### 8.1.1 Método de Shell

Este é na verdade uma variante de uma inserção direta, mas uma variante realmente poderosa. A ideia geral, p. ex., para o caso do ordenamento de 16 números $n_0 \ldots n_{15}$, é esta: primeiro ordene, por inserção direta, cada um dos 8 grupos de 2 $(n_0, n_8), (n_1, n_9), \ldots, (n_7, n_{15})$. A seguir, ordene cada um dos 4 grupos de 4 ($n_0$, $n_4$, $n_8$, $n_{12}$),...,($n_3$, $n_7$, $n_{11}$, $n_{15}$) . A seguir, ordene os 2 grupos de 8 registros, começando com ($n_0$, $n_2$, $n_4$, $n_6$, $n_8$, $n_{10}$, $n_{12}$, $n_{14}$). Finalmente, ordene toda a lista de 16 números.

Naturalmente, somente o *último* ordenamento é *necessário* para colocar os números em ordem. Então, qual é a finalidade dos ordenamentos parciais prévios? A resposta é que os ordenamentos prévios permitem que os números movam-se para cima e para baixo de maneira eficiente para posições próximas aos seus lugares finais de descanso. Por esta razão, no ordenamento final, a inserção direta raramente deve passar por mais do que "poucos" elementos antes de encontrar o lugar correto. (Pense no ordenamento de cartas que estão já quase na ordem.)

Os espaçamentos entre números ordenados em cada passagem pelos dados (8, 4, 2, 1 no exemplo acima) são chamados de *incrementos*, e um ordenamento Shell é algumas vezes chamado de *ordenação de incremento diminuído*. Houve um bocado de pesquisa em como escolher um bom conjunto de incrementos, mas a escolha ótima não é conhecida. O conjunto ..., 8, 4, 2, 1 não é, na verdade, uma boa escolha, especialmente para $N$ uma potência de 2. Uma escolha melhor é a sequência

$$(3^k - 1)/2, \ldots, 40, 13, 4, 1 \qquad (8.1.1)$$

que pode ser generalizada pela recorrência

$$i_0 = 1, \qquad i_{k+1} = 3i_k + 1, \qquad k = 0, 1, \ldots \qquad (8.1.2)$$

Pode ser mostrado (ver [1]) que, para esta sequência de incrementos, o número de operações requeridas no total é da ordem $N^{3/2}$ para o pior ordenamento possível dos dados originais. Para dados "aleatoriamente" ordenados, a contagem de operações vai aproximadamente como $N^{1,25}$, pelo menos para $N<60000$. Para $N>50$, contudo, Quicksort é geralmente mais rápido.

sort.h
```
template<class T>
void shell(NRvector<T> &a, Int m=-1)
Classifique um array a[0..n-1] em ordem numérica crescente pelo método de Shell (ordenamento com
incremento diminuído). a é substituído no output pelo seu rearranjo ordenado. Normalmente, o argumento
opcional m deveria ser omitido, mas se ele é designado como um valor positivo, então apenas os primeiros
m elementos de a são ordenados.
{
    Int i,j,inc,n=a.size();
    T v;
    if (m>0) n = MIN(m,n);              Use argumento opcional.
    inc=1;                              Determine o incremento inicial.
    do {
        inc *= 3;
        inc++;
    } while (inc <= n);
    do {                                Faz laço sobre ordenamentos parciais.
        inc /= 3;
        for (i=inc;i<n;i++) {           Laço externo de inserção direta.
            v=a[i];
            j=i;
            while (a[j-inc] > v) {      Laço interno da inserção direta.
                a[j]=a[j-inc];
                j -= inc;
                if (j < inc) break;
            }
            a[j]=v;
        }
    } while (inc > 1);
}
```

### REFERÊNCIAS CITADAS E LEITURA COMPLEMENTAR

Knuth, D.E. 1997, *Sorting and Searching*, 3rd ed., vol. 3 of *The Art of Computer Programming* (Reading, MA: Addison-Wesley), §5.2.1.[1]

Sedgewick, R. 1998, *Algorithms in C*, 3rd ed. (Reading, MA: Addison-Wesley), Chapter 8.

## 8.2 Quicksort

Quicksort é, na maioria das máquinas, em média, para $N$ grande, o algoritmo de ordenamento mais rápido conhecido. É um método de ordenamento "partition-exchange" (troca de partição): um "elemento particionador" a é selecionado de um array. Então, por trocas de elementos aos pares, o array original é particionado em dois subarrays. No fim de cada rodada de particionamento, o elemento a está na última posição do seu array. Todos os elementos no subarray à esquerda são $\leq$ a, enquanto todos os elemento no subarray à direita são $\geq$ a. O processo é então repetido nos subarrays à esquerda e à direita independentemente, e assim sucessivamente.

O processo de particionamento é executado pela seleção de algum elemento, digamos, o mais à esquerda, como o elemento particionador a. Varra com um ponteiro "subindo" pelo array até que você encontre um elemento > a, e então com outro ponteiro varra a partir do término do array, "descendo" até você encontrar um elemento <a. Estes dois elementos estão claramente fora de posição para o array final particionado, então troque-os de posição. Continue este processo até que os ponteiros se cruzem. Esta é a posição certa para inserir a, e esta rodada do particionamento é concluída. A questão da melhor estratégia quando um elemento é igual ao elemento paricionado é sutil; ver Sedgewick [1] para uma discussão. (Resposta: você deveria parar e fazer uma troca.)

Por motivos de velocidade de execução, não implementamos Quicksort usando recursão. Assim, o algoritmo requer um array auxiliar para armazenamento, de comprimento $2 \log_2 N$, o qual ele usa como uma pilha "push-down" ("pilha empurra para baixo", corresponde a um sistema de armazenamento temporário onde o último elemento incluído está no topo da lista) para manter o controle sobre os subarrays pendentes. Quando um subarray diminui para algum tamanho $M$, ele torna-se mais rápido de ser ordenado por inserção direta (§8.1), assim nós faremos isso. O valor ótimo de $M$ atribuído é dependente da máquina, mas $M = 7$ não está tão assim tão errado. Algumas pessoas defendem deixar os subarrays curtos não classificados/ordenados até o fim e então fazer um ordenamento por inserção gigante no fim. Uma vez que cada elemento move-se no máximo sete vezes, isto é tão eficiente quanto fazer os ordenamentos imediatamente, e poupa no overhead. Porém, em máquinas modernas, com cache hierárquico, há aumento de overhead quando lidamos com array grande de uma só vez. Não vemos vantagem em poupar os "sorts" de inserção até o fim.

Como já mencionado, o tempo *médio* de execução do Quicksort é rápido, mas seu *pior caso* de tempo de execução pode ser muito lento: para o pior caso ele é, de fato, um método $N^2$! E para a implementação mais direta de Quicksort, observa-se que o pior caso é alcançado para um array input que já está ordenado! Este ordenamento do array input poderia facilmente ocorrer na prática. Uma alternativa para evitar isto é usar um pouco de geradores de números randômicos para escolher um elemento aleatório como elemento particionador. Outra é usar em lugar disso a mediana entre o primeiro, do meio, e último elementos do atual subarray.

A grande velocidade do Quicksort vem da simplicidade e eficiência do seu laço interno. Simplesmente adicionar um teste desnecessário (por exemplo, um teste para dizer se seu ponteiro não partiu do fim do array) pode quase dobrar o tempo de execução! Evitam-se tais testes desnecessários colocando-se "sentinelas" em qualquer extremo do subarray sendo particionado.

A sentinela mais à esquerda é ≤ a, a mais à direita é ≥ a. Com a seleção "mediana entre os três" para a escolha de um elemento particionador, podemos usar os dois elementos que não foram a mediana para serem sentinelas para aquele subarray.

Nossa implementação segue rigorosamente [1]:

```
template<class T>                                              sort.h
void sort(NRvector<T> &arr, Int m=-1)
```
Classifique um array arr[0..n-1] em ordem numérica crescente usando o algoritmo de Quicksort. arr é substituída no output pelo rearranjo classificado. Normalmente, o argumento opcional m poderia ser omitido, mas se ele é atribuído como um valor positivo, então somente os primeiros m elementos de arr são ordenados.
```
{
    static const Int M=7, NSTACK=64;
```
Aqui M é o tamanho do vetor de subarrays ordenados por inserção direta, e NSTACK é a memória auxiliar exigida.
```
    Int i,ir,j,k,jstack=-1,l=0,n=arr.size();
    T a;
    VecInt istack(NSTACK);
    if (m>0) n = MIN(m,n);                 Use argumento opcional.
    ir=n-1;
    for (;;) {                             Ordenação por inserção quando subarray é pequeno o
        if (ir-l < M) {                    suficiente.
            for (j=l+1;j<=ir;j++) {
                a=arr[j];
                for (i=j-1;i>=l;i--) {
                    if (arr[i] <= a) break;
                    arr[i+1]=arr[i];
                }
                arr[i+1]=a;
            }
            if (jstack < 0) break;
            ir=istack[jstack--];           Leia e remova o último dado da pilha e comece uma
            l=istack[jstack--];            nova rodada do particionamento.
        } else {
            k=(l+ir) >> 1;                 Escolha mediana entre os elementos da esquerda, centro
            SWAP(arr[k],arr[l+1]);         e direita como elemento particionador a. Também
            if (arr[l] > arr[ir]) {        rearranje de forma que a[l] ≤ a[l+1] ≤ a[ir].
                SWAP(arr[l],arr[ir]);
            }
            if (arr[l+1] > arr[ir]) {
                SWAP(arr[l+1],arr[ir]);
            }
            if (arr[l] > arr[l+1]) {
                SWAP(arr[l],arr[l+1]);
            }
            i=l+1;                         Inicialize ponteiros para o particionamento.
            j=ir;
            a=arr[l+1];                    Elemento particionador.
            for (;;) {                     Começo do laço mais interno.
                do i++; while (arr[i] < a); Varredura "subindo" até encontrar o elemento > a.
                do j--; while (arr[j] > a); Varredura "descendo" até encontrar o elemento < a.
                if (j < i) break;          Ponteiros cruzados. Particionamento completo.
                SWAP(arr[i],arr[j]);       Troque os elementos de posição.
            }                              Fim do laço mais interno.
            arr[l+1]=arr[j];               Insira elemento particionador.
            arr[j]=a;
            jstack += 2;
```
Empurre os ponteiros para o maior subarray na pilha; processe o menor subarray imediatamente.

```
            if (jstack >= NSTACK) throw("NSTACK too small in sort.");
            if (ir-i+1 >= j-l) {
                istack[jstack]=ir;
                istack[jstack-1]=i;
                ir=j-1;
            } else {
                istack[jstack]=j-1;
                istack[jstack-1]=l;
                l=i;
            }
        }
    }
}
```

Como de costume, você pode alterar outros arrays relacionados ao mesmo tempo que você ordena `arr`. Com o risco de ser repetitivo:

sort.h
```
template<class T, class U>
void sort2(NRvector<T> &arr, NRvector<U> &brr)
```
Ordene um array arr[0..n-1] em ordem crescente usando Quicksort, enquanto faz o correspondente rearranjo do array brr[0..n-1].
```
{
    const Int M=7,NSTACK=64;
    Int i,ir,j,k,jstack=-1,l=0,n=arr.size();
    T a;
    U b;
    VecInt istack(NSTACK);
    ir=n-1;
    for (;;) {
        if (ir-l < M) {                                  Ordenamento por inserção quando subarray é peque-
            for (j=l+1;j<=ir;j++) {                      no o suficiente.
                a=arr[j];
                b=brr[j];
                for (i=j-1;i>=l;i--) {
                    if (arr[i] <= a) break;
                    arr[i+1]=arr[i];
                    brr[i+1]=brr[i];
                }
                arr[i+1]=a;
                brr[i+1]=b;
            }
            if (jstack < 0) break;
            ir=istack[jstack--];                         Leia e remova o último dado da pilha e comece uma
            l=istack[jstack--];                          nova rodada do particionamento.
        } else {
            k=(l+ir) >> 1;                               Escolha a mediana entre os elementos da esquer-
            SWAP(arr[k],arr[l+1]);                       da, direita e centro como elemento particio-
            SWAP(brr[k],brr[l+1]);                       nador a. Também rearranje de forma que
            if (arr[l] > arr[ir]) {                      a[l] $\leq$ a[l+1] $\leq$ a[ir].
                SWAP(arr[l],arr[ir]);
                SWAP(brr[l],brr[ir]);
            }
            if (arr[l+1] > arr[ir]) {
                SWAP(arr[l+1],arr[ir]);
                SWAP(brr[l+1],brr[ir]);
            }
            if (arr[l] > arr[l+1]) {
                SWAP(arr[l],arr[l+1]);
                SWAP(brr[l],brr[l+1]);
            }
            i=l+1;
            j=ir;                                        Inicialize ponteiros para o particionamento.
            a=arr[l+1];                                  Elemento particionador.
```

```
            b=brr[l+1];
            for (;;) {                          Começo do laço mais interno.
                do i++; while (arr[i] < a);     Varredura "subindo" até encontrar o elemento > a.
                do j--; while (arr[j] > a);     Varredura "descendo" até encontrar o elemento < a.
                if (j < i) break;               Ponteiros cruzados. Particionamento completo.
                SWAP(arr[i],arr[j]);            Troque os elementos em ambos os arrays.
                SWAP(brr[i],brr[j]);            Fim do laço mais interno.
            }                                   Insira elemento particionador em ambos os arrays.
            arr[l+1]=arr[j];
            arr[j]=a;
            brr[l+1]=brr[j];
            brr[j]=b;
            jstack += 2;
            Empurre os ponteiros para o maior subarray na pilha; processe o menor subarray imediatamente.
            if (jstack >= NSTACK) throw("NSTACK too small in sort2.");
            if (ir-i+1 >= j-l) {
                istack[jstack]=ir;
                istack[jstack-1]=i;
                ir=j-1;
            } else {
                istack[jstack]=j-1;
                istack[jstack-1]=l;
                l=i;
            }
        }
    }
}
```

Você poderia, em princípio, rearranjar qualquer número de arrays adicionais junto com brr, mas isto é ineficiente se o número destes arrays é maior do que um. A técnica preferida é fazer uso de uma tabela de índices, como descrito em §8.4.

**REFERÊNCIAS CITADAS E LEITURA COMPLEMENTAR**

Sedgewick, R. 1978, "Implementing Quicksort Programs," *Communications of the ACM,* vol. 21, pp. 847–857.
 [1]

## 8.3 Heapsort

Heapsort é mais lento do que Quicksort por um fator constante. É tão bonito que às vezes o usamos de qualquer forma, por puro prazer. (Contudo, não recomendamos que você faça isso se seu empregador está pagando por um código eficiente.) Heapsort é um verdadeiro ordenamento "in-place", o que significa que ele não requer memória auxiliar. Ele é um algoritmo $N \log_2 N$, não apenas em média, mas também para o pior caso dos dados do input. De fato, seu pior caso é apenas cerca de 20% pior do que seu tempo médio de execução.

Está além do nosso escopo dar uma exposição completa na teoria do Heapsort. Mencionamos os princípios gerais, e então indicamos a você as referências [1, 2]: ou você pode analisar o programa você mesmo, se você quer entender os detalhes.

Um conjunto de $N$ números $a_j, j = 0, ...., N - 1$, é dito formar um "heap" se ele satisfaz a relação

$$a_{(j-1)/2} \geq a_j \quad \text{para} \quad 0 \leq (j-1)/2 < j < N \tag{8.3.1}$$

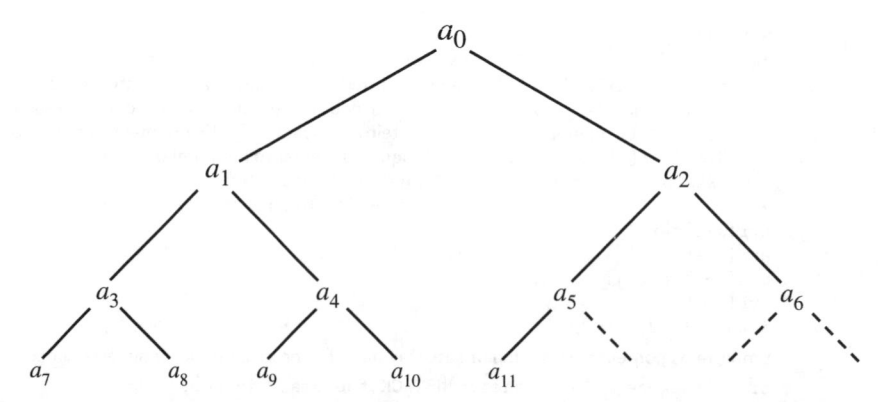

**Figura 8.3.1** Ordenamento implicado por um "heap" de 12 elementos. Elementos conectados por um trajeto ascendente são ordenados um com respeito ao outro, mas não há necessariamente um ordenamento entre elementos relacionados apenas "lateralmente".

Aqui a divisão em $j/2$ denota "divisão inteira," i.e., é um inteiro exato ou senão é arredondado para baixo para o inteiro mais próximo. A definição (8.3.1) fará sentido se você pensar nos números $a_i$ como sendo arranjados em uma árvore binária, com o nodo do topo, "chefe," sendo $a_0$; os dois nodos "subjacentes" sendo $a_1$ e $a_2$; *seus* quatro nodos subjacentes sendo $a_3$ até $a_6$; etc. (Ver Figura 8.3.1.) Nesta forma, um heap tem todo "supervisor" maior ou igual do que seus dois "supervisionados", através dos níveis de hierarquia.

Se você conseguiu rearranjar seu array em uma ordem que forma um heap, então ordenar é muito fácil: você tira do "topo do heap", o que será o maior elemento ainda não ordenado. Então você "promove" para o topo do heap seu maior subjacente. Então, você promove o *seu* maior subjacente, e assim sucessivamente. O processo é como o que acontece (ou deveria acontecer) em uma grande corporação quando o presidente do grupo se afasta. Você então repete o processo inteiro ao aposentar o novo presidente do grupo. Evidentemente a coisa toda é um processo $N \log_2 N$, uma vez que cada afastamento de presidente conduz a $\log_2 N$ promoções de subalternos.

Bem, como você arranja o array em um heap na primeira posição? A resposta é novamente um processo de "sift up" (peneiração) como a história da promoção em uma corporação. Imagine que a corporação comece com $N/2$ empregados na linha de produção, mas sem supervisores. Agora um supervisor é contratado para supervisionar dois trabalhadores. Se ele é menos capaz do que um dos seus trabalhadores, então um é promovido para o seu lugar e ele se junta à linha de produção. Após supervisores serem contratados, então supervisores de supervisores são contratados, e assim sucessivamente subindo a escada social da corporação. Cada empregado é trazido para o topo da árvore, mas então imediatamente "peneirado" para baixo, com os funcionários mais capazes promovidos até que seu nível apropriado na corporação seja alcançado.

Na implementação Heapsort, o mesmo código "sift-up" pode ser usado para a criação inicial do heap e para as subsequente fase de aposentar e promover. Uma execução da função Heapsort representa o ciclo de vida inteiro de uma corporação gigante: $N/2$ trabalhadores são contratados; $N/2$ supervisores potenciais são contratados; há um peneiramento nas fileiras, uma espécie de Super Princípio de Peter: no tempo devido, cada um dos empregados originais será promovido a presidente da empresa.*

---

* N. de T.: Ao leitor interessado em saber o que é o Peter Principle, uma busca na Internet lhe esclarecerá bem como lhe mostrará os vários corolários originados deste princípio.

```
namespace hpsort_util {                                                          sort.h
    template<class T>
    void sift_down(NRvector<T> &ra, const Int l, const Int r)
```
Efetua a "peneiração para baixo" (*sift-down*) de um elemento para manter a estrutura de heap. l e r determinam o range da "esquerda" e "direita" do sift-down.
```
    {
        Int j,jold;
        T a;
        a=ra[l];
        jold=l;
        j=2*l+1;
        while (j <= r) {
            if (j < r && ra[j] < ra[j+1]) j++;        Compare com o melhor subjacente.
            if (a >= ra[j]) break;                    Encontra nível de a. Termina o sift-down.
            ra[jold]=ra[j];                                   Caso contrário, rebaixe a de nível e con-
            jold=j;                                           tinue.
            j=2*j+1;
        }
        ra[jold]=a;                                   Coloque a em seu slot.
    }
}

template<class T>
void hpsort(NRvector<T> &ra)
```
Ordene um array ra[0..n-1] em ordem numérica crescente usando o algoritmo de Heapsort. ra é substituído no output pelo seu rearranjo ordenado.
```
{
    Int i,n=ra.size();
    for (i=n/2-1; i>=0; i--)
```
O índice i, que aqui determina range "esquerdo" do sift-down, i.e, o elemento a passar pelo sift-down, é decrementado de n/2-1 até 0 durante a fase de "contratação" (criação no heap).
```
        hpsort_util::sift_down(ra,i,n-1);
    for (i=n-1; i>0; i--) {
```
Aqui o range "direito" do sift-down é decrementado de n-2 a 0 durante a fase de "aposentadoria e promoção" (seleção no heap).
```
        SWAP(ra[0],ra[i]);                    Limpar um espaço no fim do array e retirar o elemento do
        hpsort_util::sift_down(ra,0,i-1);     topo do heap, passando para este espaço.
    }
}
```

### REFERÊNCIAS CITADAS E LEITURA COMPLEMENTAR

Knuth, D.E. 1997, *Sorting and Searching,* 3rd ed., vol. 3 of *The Art of Computer Programming* (Reading, MA: Addison-Wesley), §5.2.3.[1]

Sedgewick, R. 1998, *Algorithms in C,* 3rd ed. (Reading, MA: Addison-Wesley), Chapter 11.[2]

## 8.4 Indexação e ranking

O conceito de chaves desempenha um papel importante no gerenciamento de arquivos de dados. Um *registro* de dados em tal arquivo pode conter diversos itens, ou campos. Por exemplo, um registro em um arquivo de observações meteorológicas pode ter campos registrando tempo, temperatura e velocidade do vento. Quando ordenamos os registros, devemos decidir qual destes campos queremos que seja trazido em ordem de classificação. Os outros campos em um registro apenas vêm junto e, em geral, não acabam em uma ordem particular. O campo no qual o ordenamento é realizado é chamado de campo *chave.*

Para um arquivo de dados com muitos registros e muitos campos, o movimento real de $N$ registros na ordem selecionada de suas chaves $K_i$, $i = 0, \ldots, N-1$, pode ser uma tarefa desafiadora. Em vez disso, pode-se construir uma tabela de índices $I_j$, $j = 0, \ldots, N-1$, tal que o menor $K_i$ tem $i = I_0$, o segundo menor tem $i = I_1$, e assim sucessivamente até o maior $K_i$ com $i = I_{N-1}$. Em outras palavras, o array

$$K_{I_j} \quad j = 0, 1, \ldots, N-1 \tag{8.4.1}$$

está na ordem selecionada quando indexado por $j$. Quando uma tabela de índices está disponível, não é necessário mover registros das suas ordens originais. Além disso, diferentes tabelas de índices podem ser feitas do mesmo conjunto de registros, indexando-os para diferentes chaves.

O algoritmo para construir uma tabela de índices é direta: inicialize o array de índices com inteiros de 0 até $N-1$; então execute o algoritmo Quicksort, movendo os elementos *como se* eles fossem ordenar as chaves. O inteiro que inicialmente numerou a menor chave, portanto, termina na posição número um, e assim sucessivamente.

O conceito de uma tabela de índices mapeia particularmente bem um objeto, digamos Indexx. O construtor toma um vetor como seu argumento; ele armazena uma tabela de índices para arr, deixando arr inalterado. Subsequentemente, o método sort pode ser invocado, ou qualquer outro vetor, em uma ordem selecionada de arr. Indexx não uma classe template, pois a tabela de índices armazenados não depende do tipo de vetor que é indexado. Porém, ele precisa de um construtor com template.

sort.h
```
struct Indexx {
    Int n;
    VecInt indx;

    template<class T> Indexx(const NRvector<T> &arr) {
```
Construtor. Chama index e armazena um índice para o array arr[0..n-1].
```
        index(&arr[0],arr.size());
    }
    Indexx() {}
```
Construtor vazio. Ver texto.
```
    template<class T> void sort(NRvector<T> &brr) {
```
Classifique um array brr[0..n-1] na ordem definida pelo índice armazenado. brr é trocada no output pelo seu rearranjo classificado.
```
        if (brr.size() != n) throw("bad size in Index sort");
        NRvector<T> tmp(brr);
        for (Int j=0;j<n;j++) brr[j] = tmp[indx[j]];
    }

    template<class T> inline const T & el(NRvector<T> &brr, Int j) const {
```
Esta função e a próxima retornam o elemento de brr que estaria na posição ordenada j de acordo com os índices armazenados. O vetor brr não é alterado.
```
        return brr[indx[j]];
    }
    template<class T> inline T & el(NRvector<T> &brr, Int j) {
```
Mesmo, mas retorna um l-valor.
```
        return brr[indx[j]];
    }

    template<class T> void index(const T *arr, Int nn);
```
Isto faz o trabalho de indexação de verdade. Normalmente não chamado diretamente pelo usuário, mas veja texto para exceções.
```
    void rank(VecInt_O &irank) {
```
Retorna uma tabela de ranks, cujo j-ésimo elemento é o rank de arr[j], onde arr é o vetor originalmente indexado. O menor arr[j] tem rank 0.
```
        irank.resize(n);
```

```
            for (Int j=0;j<n;j++) irank[indx[j]] = j;
    }

};

template<class T>
void Indexx::index(const T *arr, Int nn)
```
Indexa um array arr[0..nn-1], isto é, redimensiona e designa indx[0..nn-1] de forma que arr[indx[j]] esteja em ordem crescente para $j = 0, 1, \ldots, $nn-1. Também atribui valor membro n. O input array arr não é alterado.
```
{
    const Int M=7,NSTACK=64;
    Int i,indxt,ir,j,k,jstack=-1,l=0;
    T a;
    VecInt istack(NSTACK);
    n = nn;
    indx.resize(n);
    ir=n-1;
    for (j=0;j<n;j++) indx[j]=j;
    for (;;) {
        if (ir-l < M) {
            for (j=l+1;j<=ir;j++) {
                indxt=indx[j];
                a=arr[indxt];
                for (i=j-1;i>=l;i--) {
                    if (arr[indx[i]] <= a) break;
                    indx[i+1]=indx[i];
                }
                indx[i+1]=indxt;
            }
            if (jstack < 0) break;
            ir=istack[jstack--];
            l=istack[jstack--];
        } else {
            k=(l+ir) >> 1;
            SWAP(indx[k],indx[l+1]);
            if (arr[indx[l]] > arr[indx[ir]]) {
                SWAP(indx[l],indx[ir]);
            }
            if (arr[indx[l+1]] > arr[indx[ir]]) {
                SWAP(indx[l+1],indx[ir]);
            }
            if (arr[indx[l]] > arr[indx[l+1]]) {
                SWAP(indx[l],indx[l+1]);
            }
            i=l+1;
            j=ir;
            indxt=indx[l+1];
            a=arr[indxt];
            for (;;) {
                do i++; while (arr[indx[i]] < a);
                do j--; while (arr[indx[j]] > a);
                if (j < i) break;
                SWAP(indx[i],indx[j]);
            }
            indx[l+1]=indx[j];
            indx[j]=indxt;
            jstack += 2;
            if (jstack >= NSTACK) throw("NSTACK too small in index.");
            if (ir-i+1 >= j-l) {
                istack[jstack]=ir;
                istack[jstack-1]=i;
                ir=j-1;
            } else {
```

```
                istack[jstack]=j-1;
                istack[jstack-1]=l;
                l=i;
            }
        }
    }
}
```

Um uso típico do `Indexx` poderia ser rearranjar três vetores (não necessariamente do mesmo tipo) em uma ordem de classificação definida por um deles:

```
Indexx arrindex(arr);
arrindex.sort(arr);
arrindex.sort(brr);
arrindex.sort(crr);
```

A generalização para um número qualquer de arrays é óbvia.

O objeto `Indexx` também fornece um método `el` (de "elemento") para acessar qualquer vetor em ordem `arr`-classificada sem de fato modificar este vetor (ou, por outro lado, `arr`). Em outras palavras, após indexar `arr`, digamos por

```
Indexx arrindex(arr);
```

podemos endereçar um elemento em `brr` que corresponde ao $j$-ésimo elemento de um `arr` virtualmente classificado como simplesmente `arrindex.el(brr,j)`. Nem `arr`, nem `brr` são alterados do seu estado original. `el` é provido em duas versões, de forma que ele pode ser tanto um l-valor (no lado esquerdo da atribuição) quanto um r-valor (em uma expressão).

Como um aparte, a razão por que o "burro de carga" `index` interno usa um ponteiro e não um vetor para seu argumento, é que ele pode ser usado (puristas diriam mal-usado) em outras situações, tal como uma indexação de uma linha em uma matriz. Esta é também a razão para se providenciar um construtor adicional vazio. Se você quer indexar `nn` elementos consecutivos posicionados em algum lugar, apontados por `ptr`, você escreve

```
Indexx myhack;
myhack.index(ptr,nn);
```

Uma *tabela* de *ranks* é diferente de uma tabela de índices. A $j$-ésima entrada de uma tabela de ranks proporciona o rank do $j$-ésimo elemento do array original de chaves, variando de 0 (se este elemento era o menor) a $N-1$ (se este elemento era o maior). Pode-se facilmente construir uma tabela de ranks a partir de uma tabela de índices. De fato, você pode já ter reparado no método `rank` em `Indexx` que retorna apenas uma tabela, armazenada como um vetor.

A Figura 8.4.1 resume os conceitos discutidos nesta seção.

## 8.5 Selecionando o *M*-ésimo maior

Seleção é a irmã austera do ordenamento (repita isto cinco vezes rapidamente). Onde ordenamento demanda rearranjo de um array inteiro de dados, seleção educadamente pede um único valor retornado: qual é o $k$-ésimo menor (ou, equivalentemente, o $m = N - 1 - k$-ésimo maior) elemento dos $N$ elementos? (Nesta convenção, usada em toda esta seção, $k$ assume valores $k = 0, 1, ..., N-1$, assim $k = 0$ é o menor elemento do array e $k = N - 1$ o maior.) Os métodos mais rápidos para seleção fazem, infelizmente, rearranjo do array para seus próprios fins computacionais, normalmente colocando todos os elementos menores à esquerda do

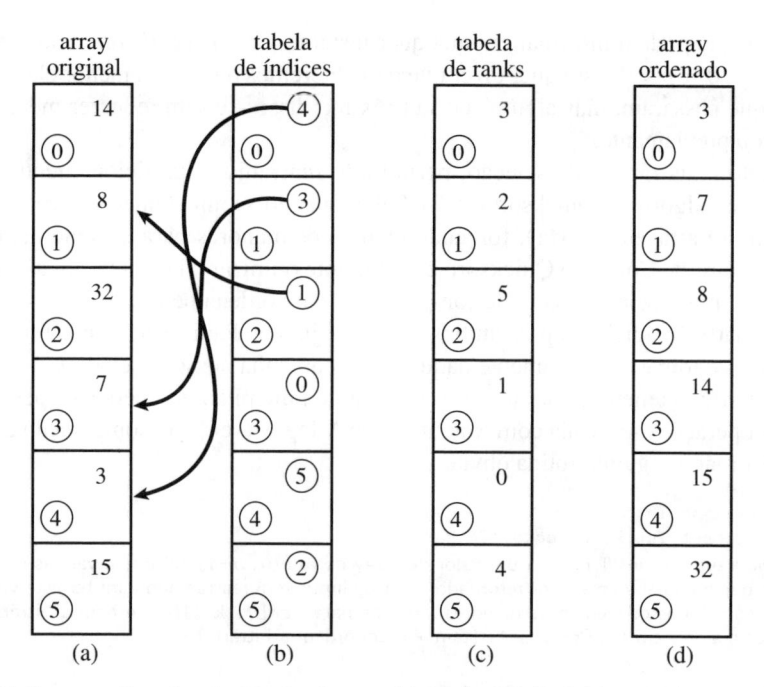

**Figura 8.4.1** (a) Um array não ordenado de seis números. (b) Tabela de índices cujas entradas são ponteiros para os elementos de (a) em ordem crescente. (c) Tabela de ranks cujas entradas são os ranks dos elementos correspondentes de (a). (d) Array classificado dos elementos em (a).

$k$-ésimo, todos os elementos maiores para a direita, e embaralhando a ordem dentro de cada subconjunto. Este efeito colateral é, na melhor das hipóteses, inócuo; na pior, uma clara inconveniência. Quando um array é muito longo, de modo que fazer uma cópia "scratch" (deletar ou mover áreas de memória para criar espaço para outros dados) causaria um sobrecarregamento na memória, entram em ação os algoritmos "in-place" sem os efeitos colaterais, que são mais lentos mas deixam o array original imperturbado.

O uso mais comum da seleção é a caracterização estatística de um conjunto de dados. Geralmente se quer saber o elemento mediana de um array (quantil $p = 1/2$) ou os elementos quantis mais para o topo ou mais para o fundo (quantil $p = 1/4, 3/4$). Quando $N$ é ímpar, a definição exata da mediana é que ela é o $k$-ésimo elemento, com $k = (N - 1)/2$. Quando $N$ é par, livros de estatística definem a mediana como a média aritmética dos elementos $k = N/2 - 1$ e $k = N/2$ (isto é, $N/2$ do fundo e $N/2$ do topo). Se você adotar tal formalidade, você deve realizar duas seleções separadas para encontrar estes elementos. (Se você fizer primeiro a seleção por um método de partição, veja abaixo, você pode fazer a segunda por um único passo através dos $N/2$ elementos na partição à direita, procurando pelo menor elemento.) Para $N > 100$, geralmente usamos $k = N/2$ como o elemento mediano, azar dos formalistas.

Uma variante na seleção para conjuntos grandes de dados é a *seleção em um único passo*, onde temos um fluxo de valores input, cada um dos quais vemos apenas uma única vez. Queremos ser capazes de identificar em algum instante, digamos, após $N$ valores, o $k$-ésimo menor (ou maior) valor observado até agora, ou, equivalentemente, o valor quantil para algum $p$. Descreveremos duas abordagens: se considerarmos somente os menores (ou maiores) $M$ valores, para um $M$ fixo, de tal maneira que $0 \leq k < M$, então existem bons algoritmos que requerem apenas uma memória $M$. Por outro lado, se nós podemos tolerar uma resposta aproximada, então há algoritmos eficientes que podem informar em qualquer instante uma boa *estimativa* do valor *p*-quantil para qualquer $p$, $0 < p < 1$. Isto quer dizer que não obteremos o $k$-ésimo menor elemento $k = pN$, dentre os $N$ que passaram, mas alguma coisa próximo disso – e sem requerer memória $N$ ou ter que conhecer $p$ previamente.

O método mais rápido de seleção, permitindo rearranjo, é particionamento, exatamente como foi feito no algoritmo Quicksort (§8.2). Selecionando-se um elemento particionador "aleatório", marcha-se através do array, forçando elementos menores para a esquerda, e elementos maiores para a direita. Como no Quicksort, é importante otimizar o laço interno, usando "sentinelas" (§8.2) para minimizar o número de comparações. Para ordenamento, poder-se-ia então proceder com uma partição adicional para ambos os subconjuntos. Para seleção, nós podemos ignorar um subconjunto e tomar conta somente daquele que contenha nosso desejado $k$-ésimo elemento. Seleção por particionamento, portanto, não precisa de uma pilha de operações pendentes, e sua contagem de operações se escala com $N$ ao invés de $N \log N$ (ver [1]). Comparação com sort em §8.2 deveria tornar a seguinte rotina óbvia.

sort.h
```
template<class T>
T select(const Int k, NRvector<T> &arr)
Dado que k em [0..n-1] retorna um valor de array do arr[0..n-1] tal que k valores de array são me-
nores do que ou igual a esse valor retornado. O array input será rearranjado para ter este valor na posição
arr[k], com todos os elementos menores movidos para arr[0..k-1](em ordem arbitrária) e todos os
elementos maiores em arr[k+1..n-1] (também em ordem arbitrária).
{
    Int i,ir,j,l,mid,n=arr.size();
    T a;
    l=0;
    ir=n-1;
    for (;;) {
        if (ir <= l+1) {                                     Partição ativa contém 1 ou 2 elementos.
            if (ir == l+1 && arr[ir] < arr[l])               Caso de 2 elementos.
                SWAP(arr[l],arr[ir]);
            return arr[k];
        } else {
            mid=(l+ir) >> 1;                                 Escolha mediana entre os elementos da esquerda,
            SWAP(arr[mid],arr[l+1]);                         centro e direita como elemento particionante
            if (arr[l] > arr[ir])                            a. Também rearranje de forma que arr[l] ≤
                SWAP(arr[l],arr[ir]);                        arr[l+1], arr[ir] ≥ arr[l+1].
            if (arr[l+1] > arr[ir])
                SWAP(arr[l+1],arr[ir]);
            if (arr[l] > arr[l+1])
                SWAP(arr[l],arr[l+1]);
            i=l+1;                                           Inicializa ponteiros para particionamento.
            j=ir;
            a=arr[l+1];                                      Elemento particionador.
            for (;;) {                                       Começando com o laço mais interno.
                do i++; while (arr[i] < a);                  Varre ("subindo") até encontrar elemento > a.
                do j--; while (arr[j] > a);                  Varre ("descendo") até encontrar elemento < a.
                if (j < i) break;                            Ponteiros cruzados. Particionamento completo.
                SWAP(arr[i],arr[j]);
            }                                                Fim do laço mais interno.
            arr[l+1]=arr[j];                                 Insira o elemento particionador.
            arr[j]=a;
            if (j >= k) ir=j-1;                              Mantenha ativa a partição que contém o k-ésimo
            if (j <= k) l=i;                                 elemento.
        }
    }
}
```

Se você não quer que seu array seja rearranjado, então você vai querer fazer uma cópia "scratch" antes de chamar `select`, p. ex.,

```
VecDoub brr(arr);
```

A razão para não fazer isto internamente em `select` é porque você pode desejar chamar `select` com uma variedade de diferentes valores k, e seria um desperdício copiar de novo a cada vez; em vez disso, apenas deixe `brr` mantendo seu rearranjo.

### 8.5.1 Rastreando o M-ésimo maior em uma única passagem

Naturalmente, `select` não deveria ser usado para casos triviais de encontrar o maior ou o menor elemento em um array. Estes casos, você codifica manualmente por simples loops `for`.

Há também jeitos eficientes de codificar o caso onde $k$ é limitado por algum $M$ fixo, modesto em comparação a $N$, tal que memória de ordem $M$ não seja muito pesada. De fato, $N$ pode nem mesmo ser conhecido: você pode ter um fluxo de valores de dados chegando e ser convocado em qualquer instante a fornecer uma lista dos $M$ maiores valores encontrados até agora.

Uma boa abordagem para este caso é usar o método do Heapsort (§8.3), mantendo o heap dos $M$ maiores valores. A vantagem da estrutura heap, em oposição a um array linear de comprimento $M$, é que no máximo $\log M$, ao invés de $M$, operações são requeridas a cada vez que um novo valor de dado é processado.

O objeto `Heapselect` tem um construtor, pelo qual você especifica $M$, um método "add" que assimila um novo valor de dado, e um método "`report`" para obter o $k$-ésimo maior observado até agora. Observe que o custo inicial de um "report" é $O(M \log M)$, porque precisamos ordenar o heap; mas você pode então obter todos os valores de $k$ sem custo extra, até que você faça a próxima adição "add". Um caso especial é que obter o $M-1$-ésimo maior é sempre barato, uma vez que ele está no topo do heap; assim, se você tem um único valor favorito de $k$, é melhor escolher $M$ com $M-1=k$.

```
struct Heapselect {                                                          sort.h
Objeto para rastrear os m-ésimos maiores valores observados até o momento no fluxo de valores.
    Int m,n,srtd;
    VecDoub heap;

    Heapselect(Int mm) : m(mm), n(0), srtd(0), heap(mm,1.e99) {}
    Construtor. O argumento é o número dos maiores valores a se rastrear.

    void add(Doub val) {
    Assimile um novo valor do fluxo.
        Int j,k;
        if (n<m) {                      Heap ainda não preenchido.
            heap[n++] = val;
            if (n==m) sort(heap);       Crie heap inicial por destruição total!
        } else {
            if (val > heap[0]) {        Coloque-o no heap?
                heap[0]=val;
                for (j=0;;) {           "Peneire" o valor para baixo (sift-down).
                    k=(j << 1) + 1;
                    if (k > m-1) break;
                    if (k != (m-1) && heap[k] > heap[k+1]) k++;
                    if (heap[j] <= heap[k]) break;
                    SWAP(heap[k],heap[j]);
                    j=k;
                }
            }
            n++;
        }
        srtd = 0;                       Assinale o heap como "não ordenado".
    }
```

```
Doub report(Int k) {
```
Retorne o k-ésimo maior valor observado até agora. k=0 retorna o maior valor observado, k=1 o segundo maior, ..., k=m-1 a última posição rastreada. Também, k deve ser menor do que o número prévio de valores assimilados.
```
    Int mm = MIN(n,m);
    if (k > mm-1) throw("Heapselect k too big");
    if (k == m-1) return heap[0];             Sempre livre, desde o topo do heap.
    if (! srtd) { sort(heap); srtd = 1; }     Caso contrário, precisa-se ordenar o heap.
    return heap[mm-1-k];
}
};
```

## 8.5.2 Estimação de único passo de quantis arbitrários

Os valores dos dados passam rapidamente num fluxo. Você olha para cada valor uma única vez, e faz um processo a tempo constante sobre ele (significando que você não pode tomá-los mais e mais demorados para processar valores de dados mais e mais tardios). Também, você tem apenas uma quantidade fixa de memória para armazenamento. De tempos em tempos você quer conhecer o valor da mediana (ou o 95-ésimo valor percentil, ou valor $p$-quantil arbitrário) dos dados que você examinou até o presente instante. Como fazer isso?

Evidentemente, com as condições estabelecidas, você terá que tolerar uma resposta aproximada, uma vez que uma resposta exata deve requerer memória ilimitada e (talvez) processamento ilimitado. Se você pensa que "armazenamento em caixinhas" é de algum modo a resposta, você está certo. Mas não é imediatamente óbvio como escolher os compartimentos ("bins"), uma vez que você tem que ver uma quantidade potencialmente ilimitada de dados antes que você possa dizer por certo como os valores estão distribuídos.

Chambers et al. [2] introduziram um algoritmo robusto e extremamente rápido que eles chamam de *IQ agente*, que adaptativamente ajusta um conjunto de "bins" de forma que eles convirjam para os valores de dados de $p$-valores de quantis especificados. A ideia geral (ver Figura 8.5.1) é acumular os dados que chegam em lotes, então atualizar uma função distribuição acumulada (cdf) armazenada, linear por partes, adicionando-se a cdf do lote e então interpolando-se de volta para o conjunto fixo de $p$-valores. Valores de quantis arbitrariamente requeridos ("quantis incrementais", ou "IQs", daí o nome do algoritmo) podem ser obtidos em qualquer instante pela interpolação linear na cdf armazenada. Esse loteamento ("batching") possibilita ao programa ser muito eficiente, com um custo (amortizado) de apenas um número pequeno de operações por novo valor de dado. O loteamento é feito transparentemente para o usuário.

Similar ao Heapselect, o objeto IQagent tem os objetos add e e report, o último agora tomando um valor para $p$ como seu argumento. Na implementação abaixo, usamos um tamanho de lote de nbuf=1000, mas fazemos uma parada inicial para atualização com um lote parcial quando um quantil é requisitado. Com estes parâmetros, você deveria, portanto, solicitar informação sobre o quantil não mais frequentemente do que após todos os poucos nbuf valores de dados, ponto em que você pode solicitar quantos valores diferentes de $p$ você quiser antes de continuar. A alternativa é remover a chamada para o update do report, caso em que você obterá respostas rápidas, mas constantes, mudando somente após cada atualização regular do lote.

IQagent usa internamente um conjunto de uso geral de 251 $p$-valores que inclui pontos percentis inteiros de 10 até 90 e um conjunto logaritmicamente espaçado de valores menores e maiores indo de $10^{-6}$ até $1-10^{-6}$. Outros $p$-valores que você solicitar são valores pequenos de $p$ até que no mínimo diversas vezes $1/p$ valores de dados tenham sido processados. Antes disso, o programa simplesmente reportará o menor valor previamente observado (ou o maior valor previamente observado, para $p \to 1$).

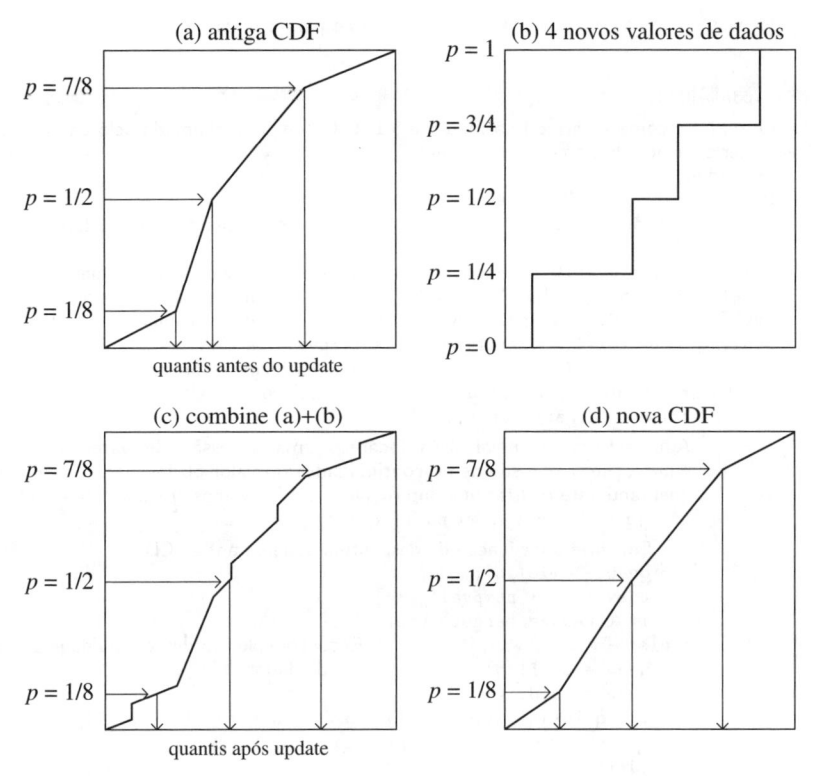

**Figura 8.5.1** Algoritmo para atualização de uma função distribuição cumulada linear por partes (cdf). (a) A cdf é representada pelos valores quantis em conjunto fixo de *p*-valores (aqui, apenas 3). (b) Um lote de novos valores de dados (aqui, apenas 4) define uma constante por passos cdf. (c) As duas cdfs são somadas. Os passos dos novos dados são pequenos em proporção ao novo tamanho de lote *versus* o número de valores de dados previamente processados. (d) A nova representação da cdf é obtida interpolando-se os *p*-valores fixos a (c).

```
struct IQagent {                                                          iqagent.h
    Objeto para estimar valores arbitrários de quantis de um fluxo contínuo de valores de dados.
    static const Int nbuf = 1000;     Tamanho do lote. Você pode ×10 se você conta com
    Int nq, nt, nd;                   >10^6 valores de dados.
    VecDoub pval,dbuf,qile;
    Doub q0, qm;

    IQagent() : nq(251), nt(0), nd(0), pval(nq), dbuf(nbuf),
    qile(nq,0.), q0(1.e99), qm(-1.e99) {
    Construtor. Sem argumentos.
        for (Int j=85;j<=165;j++) pval[j] = (j-75.)/100.;
        Atribua array geral de finalidades de p-valores variando de 10^-6 a 1 − 10^-6. Você pode mudar
        isso se você quiser:
        for (Int j=84;j>=0;j--) {
            pval[j] = 0.87191909*pval[j+1];
            pval[250-j] = 1.-pval[j];
        }
    }

    void add(Doub datum) {
    Assimile um novo valor do fluxo.
        dbuf[nd++] = datum;
        if (datum < q0) {q0 = datum;}
        if (datum > qm) {qm = datum;}
```

```
            if (nd == nbuf) update();          Tempo para o update do lote.
    }

    void update() {
    Update do lote, como mostrado na Figura 8.5.1. Esta função é chamada pelo add ou report e não
    deveria ser chamada diretamente pelo usuário.
        Int jd=0,jq=1,iq;
        Doub target, told=0., tnew=0., qold, qnew;
        VecDoub newqile(nq);                    Serão novos quantis após update.
        sort(dbuf,nd);
        qold = qnew = qile[0] = newqile[0] = q0;   Designe o menor e o maior para os valores
        qile[nq-1] = newqile[nq-1] = qm;           min e max observados até então, e desig-
        pval[0] = min(0.5/(nt+nd),0.5*pval[1]);    ne um conjunto compatível de p-valores.
        pval[nq-1] = max(1.-0.5/(nt+nd),0.5*(1.+pval[nq-2]));
        for (iq=1;iq<nq-1;iq++) {              Laço principal sobre os p-valores alvo para inter-
            target = (nt+nd)*pval[iq];         polação.
            if (tnew < target) for (;;) {
                Aqui está o essencial: Nós locamos uma sucessão de pares abscissa-ordenada
                (qnew,tnew) que são as descontinuidades do valor ou inclinação na Figura 8.5.1(c),
                quebrando até realizar uma interpolação conforme nós cruzamos cada alvo.
                if (jq < nq && (jd >= nd || qile[jq] < dbuf[jd])) {
                    Encontre a inclinação da descontinuidade da antiga CDF.
                    qnew = qile[jq];
                    tnew = jd + nt*pval[jq++];
                    if (tnew >= target) break;
                } else {                        Encontre valor da descontinuidade da CDF do lote
                    qnew = dbuf[jd];            de dados.
                    tnew = told;
                    if (qile[jq]>qile[jq-1]) tnew += nt*(pval[jq]-pval[jq-1])
                        *(qnew-qold)/(qile[jq]-qile[jq-1]);
                    jd++;
                    if (tnew >= target) break;
                    told = tnew++;
                    qold = qnew;
                    if (tnew >= target) break;
                }
                told = tnew;
                qold = qnew;
            }                                  Interrompa aqui e realize uma nova interpolação.
            if (tnew == told) newqile[iq] = 0.5*(qold+qnew);
            else newqile[iq] = qold + (qnew-qold)*(target-told)/(tnew-told);
            told = tnew;
            qold = qnew;
        }
        qile = newqile;
        nt += nd;
        nd = 0;
    }

    Doub report(Doub p) {
    Retorne p-quantil estimado para os dados observados até agora. (Por exemplo, $p = 0,5$ para mediana.)
        Doub q;
        if (nd > 0) update();                  Você pode querer remover esta linha. Veja texto.
        Int jl=0,jh=nq-1,j;
        while (jh-jl>1) {                      Localize lugar na tabela para bisseção.
            j = (jh+jl)>>1;
            if (p > pval[j]) jl=j;
            else jh=j;
        }
        j = jl;                                Interpole.
        q = qile[j] + (qile[j+1]-qile[j])*(p-pval[j])/(pval[j+1]-pval[j]);
```

```
            return MAX(qile[0],MIN(qile[nq-1],q));
    }
};
```

Quão acurado é o algoritmo IQ agente, quando comparado, digamos, com armazenar todos os $N$ valores de dados em um array $A$ e então reportar o "exato" quantil $A_{\lfloor pN \rfloor}$? Há diversas fontes de erro, todas as quais você pode controlar modificando parâmetros no IQagent. (Achamos que os parâmetros default funcionarão muito bem para quase todos os usuários.) Primeiro, há erro na interpolação: a cdf desejada é representada por uma função linear por partes entre nq=251 valores armazenados. Para distribuições típicas, isto limita a acurácia a três ou quatro dígitos significantes. Achamos difícil de acreditar que alguém precise conhecer a mediana, p.ex., mais acuradamente do que isto, mas se você precisa, então você pode aumentar a densidade de $p$-valores nas regiões de interesse.

Segundo, existem erros estatísticos. Uma maneira de caracterizá-los é perguntar qual valor $j$ tem $A_j$ mais próximo ao quantil reportado pelo IQ agente, e então quão pequeno é $|j - pN|$ como uma fração de $[Np(1-p)]^{1/2}$, a acurácia inerente em sua amostra finita de tamanho $N$. Se esta fração é $\lesssim 1$, então a estimativa é "boa o suficiente", significando que nenhum método pode se sair substancialmente melhor em estimar os quantis da população dada sua amostra.

Com os parâmetros default, e para distribuições razoavelmente comportadas, IQagent passa neste teste para $N \lesssim 10^6$. Para $N$ maior, o erro estatístico torna-se significante (embora ainda geralmente menor do que o erro de interpolação, acima). Você pode, porém, diminuir isso ao aumentar o tamanho do lote, nbuf. Maior é sempre melhor, se você tem a memória e pode tolerar o aumento logarítmico no custo por ponto do ordenamento.

Embora a acurácia de IQagent não seja garantida por um provável bound, o algoritmo é rápido, robusto e altamente recomendado. Para outras abordagens que incrementam a estimação quantil, incluindo algumas que dão prováveis "bounds" prováveis (mas tem outros problemas), ver [3,4] e referências citadas sobre isso.

### 8.5.3 Outros usos para estimação incremental do quantil

Estimação incremental do quantil fornece uma maneira útil de se fazer o histograma de dados com espaçamentos (*bins*) de tamanhos variáveis onde cada um contém o mesmo número de pontos, sem se conhecer de antemão as fronteiras dos bins: primeiro, lance $N$ valores de dados em um objeto IQagent. A seguir, escolha um número $m$ de bins e defina

$$p_i \equiv \frac{i}{m}, \qquad i = 0, \ldots, m \qquad (8.5.1)$$

Finalmente, se $q_i$ é o valor do quantil em $p_i$, esboce o $i$-ésimo bin de $q_i$ para $q_{i+1}$ com uma altura

$$h_i = N \frac{p_{i+1} - p_i}{q_{i+1} - q_i}, \qquad i = 0, \ldots, m-1 \qquad (8.5.2)$$

Uma aplicação diferente pressupõe o monitoramento dos valores quantis em relação a mudanças. Por exemplo, você poderia estar reproduzindo coisas com um parâmetro $T$ cuja tolerância é $T \pm \delta T$, e você quer um aviso prematuro caso os valores observados de $T$ no quinto e nonagésimo-quinto percentil comecem a flutuar.

O objeto IQagent é facilmente modificado por tais aplicações. Simplesmente mude a linha nt += nd para nt = my_constant, onde my_constant é o número de coisas passadas de que você deseja tomar a média. (Mais precisamente, o número correspondente ao fator de decrescimento do peso em uma média exponencialmente decrescente sobre toda a produção passada.)

Agora, a cdf armazenada junta um novo lote de dados com uma constante, e não um peso crescente, e você pode procurar por mudanças no tempo de quaisquer quantis desejados.

### 8.5.4 Seleção "in-place"

Seleção "in-place", não destrutiva, é conceitualmente simples, mas requer um bocado de "escrituração" (*bookkeeping*) e é correspondentemente lenta. A ideia geral é pinçar algum número $M$ de elementos aleatoriamente, para ordená-los, e então atravessar o array *contando* quantos elementos caem em cada um dos $M + 1$ intervalos definidos por estes elementos. O $k$-ésimo maior cairá em um destes intervalos – chame-o de intervalo "vivo". Faz-se então uma segunda rodada, primeiro pinçando-se $M$ elementos aleatórios no intervalo vivo e então determinando-se qual dos $M + 1$ intervalos novos, mais refinados, é agora o vivo. Faça isso sucessivamente, até que o $k$-ésimo elemento seja finalmente localizado dentro de um único array de tamanho $M$, ponto em que a seleção direta do ponto é possível.

Como nós selecionaremos $M$? O número de rodadas, $\log_M N = \log_2 N / \log_2 M$, será menor se $M$ é maior; mas o trabalho de localizar cada elemento entre $M + 1$ subintervalos será maior, escalando conforme $\log_2 M$ por bisseção, digamos. Cada rodada requer olhar para todos os $N$ elementos, nem que fosse para encontrar aqueles que permanecem vivos, enquanto as bisseções são dominadas pelo $N$ que ocorre na primeira rodada. Minimizar $O(N \log_M N) + O(N \log_2 M)$, portanto, fornece o resultado

$$M \sim 2^{\sqrt{\log_2 N}} \tag{8.5.3}$$

A raiz quadrada do logaritmo varia tão vagarosamente que considerações secundárias de tempo de máquina tornam-se importantes. Usamos $M = 64$ como um valor constante conveniente.

Discussão adicional e código estão em uma Webnote [5].

**REFERÊNCIAS CITADAS E LEITURA COMPLEMENTAR**

Sedgewick, R. 1998, *Algorithms in C*, 3rd ed. (Reading, MA: Addison-Wesley), pp. 126ff.[1]

Knuth, D.E. 1997, *Sorting and Searching*, 3rd ed., vol. 3 of *The Art of Computer Programming* (Reading, MA: Addison-Wesley).

Chambers, J.M., James, D.A., Lambert, D., and Vander Wiel, S. 2006, "Monitoring Networked Applications with Incremental Quantiles," *Statistical Science*, vol. 21.[2]

Tieney, L. 1983, "A Space-efficient Recursive Procedure for Estimating a Quantile of an Unknown Distribution," *SIAM Journal on Scientific and Statistical Computing*, vol. 4, pp. 706–711.[3]

Liechty, J.C., Lin, D.K.J, and McDermott, J.P. 2003, "Single-Pass Low-Storage Arbitrary Quantile Estimation for Massive Datasets," *Statistics and Computing*, vol. 13, pp. 91–100.[4]

Numerical Recipes Software 2007, "Code Listing for Selip," *Numerical Recipes Webnote No. 11*, at http://www.nr.com/webnotes?11 [5]

## 8.6 Determinação de classes de equivalência

Várias técnicas para classificação e busca se relacionam a estruturas de dados cujos detalhes estão além do escopo deste livro, por exemplo, árvores, listas encadeadas etc. Estas estruturas e suas manipulações são o feijão com arroz da ciência da computação, diferentemente da análise numérica, e não há deficiência de livros sobre o assunto.

Em trabalhos com dados experimentais, percebemos que uma manipulação particular, a saber, a determinação de classes de equivalência, surge com frequência sufuciente para justificar sua inclusão aqui.

O problema é este: há $N$ "elementos" (ou "pontos dados", ou o que seja), numerados 0, ..., $N-1$. Você tem informação aos pares sobre se os elementos estão na mesma *classe de equivalência* de "similaridade", por qualquer critério que seja de interesse. Por exemplo, você pode ter uma lista de fatos como: "elemento 3 e elemento 7 estão na mesma classe; elemento 19 e elemento 4 estão na mesma classe; elemento 7 e elemento 12 estão na mesma classe, ... ". Alternativamente, você pode ter um procedimento que, dados os números de dois elementos $j$ e $k$, para decidir se eles estão na mesma classe ou em classes diferentes. (Lembre que uma relação de equivalência pode ser qualquer coisa satisfazendo as *propriedades RTS*: reflexiva, simétrica, transitiva. Isto é compatível com qualquer definição intuitiva de "similaridade".)

O output desejado é uma designação para cada um dos $N$ elementos de uma classe de equivalência de números, de forma que dois elementos estão na mesma classe de equivalência se e somente se eles estão designados para o mesmo número de classe.

Algoritmos eficientes funcionam assim: seja $F(j)$ a classe ou "família" do elemento número $j$. Parta com cada elemento em sua própria família, de forma que $F(j) = j$. O array $F(j)$ pode ser interpretado como uma estrutura de árvore, onde $F(j)$ denota o pai de $j$. Se fazemos cada família estar na sua própria árvore, disjunta de todas as outras "árvores família", então podemos rotular cada família (classe de equivalência) pelo seu tatara-tatara...avô mais velho. A topologia detalhada da árvore não interessa nem um pouco, contanto que enxertemos cada elemento relacionado *em algum lugar*.

Por esta razão, processamos cada elemento dado "$j$ é equivalente a $k$" por (i) rastrear $j$ até o seu mais alto ancestral; (ii) rastrear $k$ até o seu mais alto ancestral; e (iii) dar $j$ a $k$ como um novo pai, ou vice-versa (não faz diferença). Após processar todas as relações, vamos através de todos os elementos $j$ e reinicializamos seus $F(j)$'s para os seus possíveis ancestrais mais altos, o que então rotula as classes de equivalência.

A seguinte rotina, baseada em Knuth [1], assume que existem m pedaços elementares de informação, armazenados em dois arrays de comprimento m, lista, listb, a intepretação sendo que lista[j] e listb[j], j=0...m-1, são os números de dois elementos que (assim nos é dito) estão relacionados.

```
void eclass(VecInt_O &nf, VecInt_I &lista, VecInt_I &listb)                    eclass.h
```
Dadas m equivalências entre pares de n elementos individuais na forma de arrays input lista[0..m-1] e listb[0..m-1], esta rotina retorna em nf[0..n-1] o número da classe de equivalência de cada um dos n elementos, inteiros entre 0 e n-1 (nem todos os inteiros utilizados).
```
{
    Int l,k,j,n=nf.size(),m=lista.size();
    for (k=0;k<n;k++) nf[k]=k;              Inicialize cada elemento em sua própria classe.
    for (l=0;l<m;l++) {                      Para cada pedaço de informação input....
        j=lista[l];
        while (nf[j] != j) j=nf[j];          Rastreie o primeiro elemento até seu ancestral.
        k=listb[l];
        while (nf[k] != k) k=nf[k];          Rastreie o segundo elemento até seu ancestral.
        if (j != k) nf[j]=k;                 Se eles já não estão relacionados, faça-o.
    }
    for (j=0;j<n;j++)                        Varredura final até os mais altos ancestrais.
        while (nf[j] != nf[nf[j]]) nf[j]=nf[nf[j]];
}
```

Alternativamente, podemos ser capazes de construir uma função booleana equiv(j,k) que retorna um valor true se elementos j e k são relacionados, ou false se eles não são. Então, queremos fazer um laço sobre todos os pares de elementos para obter o quadro completo. D. Eardley inventou uma maneira inteligente de fazer isto enquanto simultaneamente se varre para cima até os ancestrais mais altos de uma maneira que se mantém atual e evita a maior parte da fase do sweep final:

eclass.h

```
void eclazz(VecInt_O &nf, Bool equiv(const Int, const Int))
```
Dada uma função booleana fornecida pelo usuário equiv que diz se um par de elementos, cada um no range 0...n-1, é relacionado, retorna em nf[0..n-1] números da classe de equivalência para cada elemento.
```
{
    Int kk,jj,n=nf.size();
    nf[0]=0;
    for (jj=1;jj<n;jj++) {              Laço sobre o primeiro elemento de todos pares.
        nf[jj]=jj;
        for (kk=0;kk<jj;kk++) {         Laço sobre o segundo elemento de todos pares.
            nf[kk]=nf[nf[kk]];          Varrer tanto assim.
            if (equiv(jj+1,kk+1)) nf[nf[nf[kk]]]=jj;
            Bom exercício para o leitor é imaginar por que tantos ancestrais são necessários.
        }
    }
    for (jj=0;jj<n;jj++) nf[jj]=nf[nf[jj]];  Apenas isto de varredura é necessário no fim.
}
```

## REFERÊNCIAS CITADAS E LEITURA COMPLEMENTAR

Knuth, D.E. 1997, *Fundamental Algorithms,* 3rd ed., vol. 1 of *The Art of Computer Programming* (Reading, MA: Addison-Wesley), §2.3.3.[1]

Sedgewick, R. 1998, *Algorithms in C,* 3rd ed. (Reading, MA: Addison-Wesley), Chapter 30.

# Localização de Raízes e Sistemas de Equações Não Lineares

CAPÍTULO 9

## 9.0 Introdução

Vamos consideramos a mais básica das tarefas, resolver equações numericamente. A maioria das equações nasce com lado direito e lado esquerdo, e tradicionalmente movem-se todos os termos para a esquerda, ficando

$$f(x) = 0 \tag{9.0.1}$$

cuja solução ou soluções são desejadas. Quando há apenas uma variável independente, o problema é unidimensional, isto é, encontrar a raiz ou raízes de uma função.

Com mais do que uma variável independente, mais do que uma equação pode ser satisfeita simultaneamente. Você provavelmente aprendeu o *teorema da função implícita*, que (neste contexto) nos dá a esperança de satisfazer $N$ equações em $N$ incógnitas simultaneamente. Observe que temos apenas esperança, não certeza. Um sistema não linear de equações pode não ter soluções (reais). Ao contrário, ele pode ter mais do que uma solução. O teorema da função implícita nos diz que "genericamente" as soluções serão distintas, pontuais, e separadas uma das outras. Se, porém, a vida é tão cruel a ponto de presentear você com um caso não genérico, i.e., degenerado, então você pode obter uma família de soluções contínuas. Em notação vetorial, queremos encontrar um ou mais vetores solução $N$-dimensionais $\mathbf{x}$ tal que

$$\mathbf{f}(\mathbf{x}) = \mathbf{0} \tag{9.0.2}$$

onde $\mathbf{f}$ é a função valorada em vetores $N$-dimensional cujas componentes são equações individuais a serem satisfeitas simultaneamente.

Não se engane com a aparente similaridade notacional das equações (9.0.2) e (9.0.1). Solução simultânea de equações em $N$ dimensões é muito mais difícil do que encontrar raízes no caso unidimensional. A principal diferença entre uma e muitas dimensões é que, em uma dimensão, é possível "envolver" ou prender uma raiz entre valores que a englobem, e então caçá-la como um coelho. Em muitas dimensões, você nunca pode estar certo de que a raiz está lá até você encontrá-la.

Exceto em problemas lineares, localização de raízes invariavelmente dá-se através de iteração, e isto é igualmente verdade em uma ou muitas dimensões. Partindo de alguma solução tentativa aproximada, um algoritmo útil melhorará a solução até que algum critério de convergência predeterminado seja satisfeito. Para funções que variam suavemente, bons algoritmos sempre convergirão, dado que um chute inicial seja suficientemente bom. De fato pode-se mesmo determinar de antemão a taxa de convergência da maioria dos algoritmos.

Nunca é demais enfatizar, porém, o quão crucialmente o sucesso depende de se ter bons chutes iniciais para a solução, especialmente para problemas multidimensionais. Este começo crucial em geral depende de análise ao invés de números. Estimativas iniciais cuidadosamente feitas recompensam-no não apenas com economia de recursos computacionais, mas também com entendimento e autoestima aumentada. O lema de Hamming, "a finalidade da computação é insight, não números", é particularmente apropriado na área de encontrar raízes. Você deveria repetir esse lema em voz alta quando seu programa convergir, com dezesseis dígitos de acurácia, para a raiz errada de um problema, ou quando ele falhar em convergir porque, na verdade, *não* há raiz, ou porque há uma raiz mas sua estimativa inicial não era suficientemente próxima a ela.

"Este papo de insight é muito legal, mas o que eu faço, afinal?" Para localização unidimensional de raízes, é possível dar algumas respostas diretas: você deveria tentar obter alguma ideia sobre a sua função antes de tentar encontrar suas raízes. Se você precisa produzir raízes em massa para muitas funções diferentes, então você deveria, no mínimo, saber como são alguns membros típicos do ensemble. A seguir, você deveria sempre saber sobre a existência de uma raiz em um intervalo, isto é, saber que a função muda de sinal em um intervalo identificado, antes de tentar convergir para o valor de uma raiz.

Finalmente (isto é um conselho com o qual alguns intrépidos podem discordar, mas o daremos de qualquer forma) nunca deixe seu método de iteração sair do melhor bracketing (intervalo que engloba a raiz) em um estágio. Você verá abaixo que alguns algoritmos pedagogicamente importantes, tais como o *método da secante* ou *Newton-Raphson*, podem violar este último limite e são por esta razão não recomendados a menos que certos consertos sejam implementados.

Raízes múltiplas, ou raízes muito próximas, são um verdadeiro problema, especialmente se a multiplicidade é um número par. Neste caso, pode não haver uma mudança de sinal prontamente aparente na função, assim a noção de bracketing de uma raiz – e manutenção do bracketing – torna-se difícil. Somos linha dura: insistimos apesar disso no bracketing para raiz, mesmo se ele requerer técnicas de busca de mínimos do Capítulo 10 para determinar se uma "depressão tentadora" na função realmente cruza o zero. (Você pode facilmente modificar a simples rotina de seção áurea de §10.2 para retornar antecipadamente se ela detecta uma mudança de sinal na função. E, se o mínimo da função é exatamente zero, então você encontrou uma raiz *dupla*.)

Como de costume, queremos desencorajar você a usar rotinas caixa-preta sem entendê-las. Contudo, como um guia para iniciantes, aqui estão alguns pontos de partida razoáveis:

- O algoritmo de Brent em §9.3 é o método de escolha para encontrar uma raiz englobada através de dois extremos (bracketed) de uma função unidimensional geral, quando você não pode facilmente computar a derivada da função. O método de Ridder (§9.2) é conciso, e um forte competidor.
- Quando você computar a derivada da função, a rotina `rtsafe` em §9.4, que combina o método de Newton-Raphson com algum bookkeeping nos limites, é recomendada. Novamente, você deve primeiro ter extremos que englobem sua raiz. Se você pode facilmente computar *duas* derivadas, então, o método de Halley (§9.4.2) merece ser tentado.
- Raízes de polinômios é um caso especial. O método de Laguerre, em §9.5, é recomendado como um ponto de partida. Fique atento: alguns polinômios são mal-condicionados!

- Finalmente, para problemas multidimensionais, o único método elementar é o Newton-Raphson (§9.6), que funciona muito bem se você pode fornecer um bom chute inicial da solução. Experimente-o. Então leia o material mais avançado em §9.7 para alternativas algo mais complicadas, mas globalmente mais convergentes.

As rotinas neste capítulo exigem que você tenha como input a função cujas raízes você procura. Para uma máxima flexibilidade, as rotinas tipicamente aceitarão ou uma função, ou um functor (ver §1.3.3).

## 9.0.1 Busca gráfica de raízes

Não dói *olhar para sua função*, especialmente se você tem dificuldade em encontrar suas raízes cegamente. Se você está caçando raízes "no olhômetro", é útil ter uma rotina que repetidamente esboça uma função na tela, aceitando limites inferior e superior para *x* fornecidos pelo usuário, automaticamente escalando *y*, e tornando os cruzamentos nos zeros visíveis. A seguinte rotina, ou algo parecido, pode diminuir sua aflição.

```
template<class T>                                                    scrsho.h
void scrsho(T &fx) {
Faz um gráfico da função ou functor fx sobre o intervalo x1 e x2 indicado no próprio "prompt". Consulta
para outro gráfico até que o usuário sinalize a sua satisfação.
    const Int RES=500;                    Número de avaliações da função para cada gráfico.
    const Doub XLL=75., XUR=525., YLL=250., YUR=700.;   Cantos do gráfico, em pontos.
    char *plotfilename = tmpnam(NULL);
    VecDoub xx(RES), yy(RES);
    Doub x1,x2;
    Int i;
    for (;;) {
        Doub ymax = -9.99e99, ymin = 9.99e99, del;
        cout << endl << "Enter x1 x2 (x1=x2 to stop):" << endl;
        cin >> x1 >> x2;                    Consulta para outro gráfico, saia se x1=x2.
        if (x1==x2) break;
        for (i=0;i<RES;i++) {               Efetue a função em intervalos iguais. Encontre o
            xx[i] = x1 + i*(x2-x1)/(RES-1.);    maior e o menor valores.
            yy[i] = fx(xx[i]);
            if (yy[i] > ymax) ymax=yy[i];
            if (yy[i] < ymin) ymin=yy[i];
        }
        del = 0.05*((ymax-ymin)+(ymax==ymin ? abs(ymax) : 0.));
        Os seguintes comandos de "plot" estão na sintaxe PSplot (§22.1). Você pode substituir coman-
        dos para seu pacote favorito para fazer gráficos.
        PSpage pg(plotfilename);
        PSplot plot(pg,XLL,XUR,YLL,YUR);
        plot.setlimits(x1,x2,ymin-del,ymax+del);
        plot.frame();
        plot.autoscales();
        plot.linoplot(xx,yy);
        if (ymax*ymin < 0.) plot.lineseg(x1,0.,x2,0.);
        plot.display();
    }
    remove(plotfilename);
}
```

## REFERÊNCIAS CITADAS E LEITURA COMPLEMENTAR

Stoer, J., and Bulirsch, R. 2002, *Introduction to Numerical Analysis,* 3rd ed. (New York: Springer), Chapter 5.

Acton, F.S. 1970, *Numerical Methods That Work;* 1990, corrected edition (Washington, DC: Mathematical Association of America), Chapters 2, 7, and 14.

Deuflhard, P. 2004, *Newton Methods for Nonlinear Problems* (Berlin: Springer).

Ralston, A., and Rabinowitz, P. 1978, *A First Course in Numerical Analysis,* 2nd ed.; reprinted 2001 (New York: Dover), Chapter 8.

Householder, A.S. 1970, *The Numerical Treatment of a Single Nonlinear Equation* (New York: McGraw-Hill).

## 9.1 Bracketing e bisseção

Diremos que uma raiz é englobada (*bracketed*) no intervalo $(a, b)$ se $f(a)$ e $f(b)$ têm sinais opostos. Se a função é contínua, então no mínimo uma raiz deve pertencer ao intervalo (*teorema dos valores intermediários*). Se a função é descontínua, mas limitada, então, ao invés de uma raiz, poderia haver um passo de descontinuidade que cruza o zero (ver Figura 9.1.1). Para propósitos numéricos, isto poderia bem ser uma raiz, uma vez que o comportamento é indistinguível do caso de uma função contínua cujo zero que cruza ocorre entre dois números em ponto flutuante "adjacentes" na representação de precisão finita da máquina. Apenas para funções com singularidades é que há a possibilidade de que a raiz "localizada" não esteja realmente lá, como, por exemplo,

$$f(x) = \frac{1}{x - c} \qquad (9.1.1)$$

Alguns algoritmos para localização de raízes (p. ex., bisseção nesta seção) convergirão prontamente para $c$ em (9.1.1). Felizmente, não há muita possibilidade de você confundir $c$, ou qualquer número $x$ próximo dele, com a raiz, uma vez que a mera avaliação de $|f(x)|$ será um resultado muito grande, ao invés de um muito pequeno.

Se lhe é dada uma função em uma caixa-preta, não há um jeito certo de englobar suas raízes, ou mesmo de determinar que ela tem raízes. Se você gosta de exemplos patológicos, pense no problema de localizar as duas raízes reais da equação (3.0.1), que mergulha abaixo do zero somente no intervalo ridiculamente pequeno de cerca de $x = \pi \pm 10^{-667}$.

No próximo capítulo, lidaremos com o problema relacionado de englobar o mínimo de uma função. Lá é possível dar um procedimento que sempre tem sucesso: em essência, "vá declive abaixo, tomando passos de tamanho crescente, até sua função começar a subir". Não há um procedimento análogo para raízes. O procedimento "vá declive abaixo até que sua função mude de sinal", pode ser frustrado por uma função que tem um extremo simples. Todavia, se você está preparado para lidar com "falhas" nos resultados, este procedimento é geralmente um bom começo; sucesso é comum se sua função tem sinais opostos no limite $x \to \pm \infty$.

roots.h
```
template <class T>
Bool zbrac(T &func, Doub &x1, Doub &x2)
```
Dada uma função ou functor func e um range de chute inicial x1 até x2, a rotina expande o range geometricamente até que uma raiz seja englobada pelos valores retornados x1 e x2 (neste caso, zbrac retorna true) ou até que o range se torne inaceitavelmente grande (neste caso, zbrac retorna false).
```
{
    const Int NTRY=50;
    const Doub FACTOR=1.6;
```

(a)

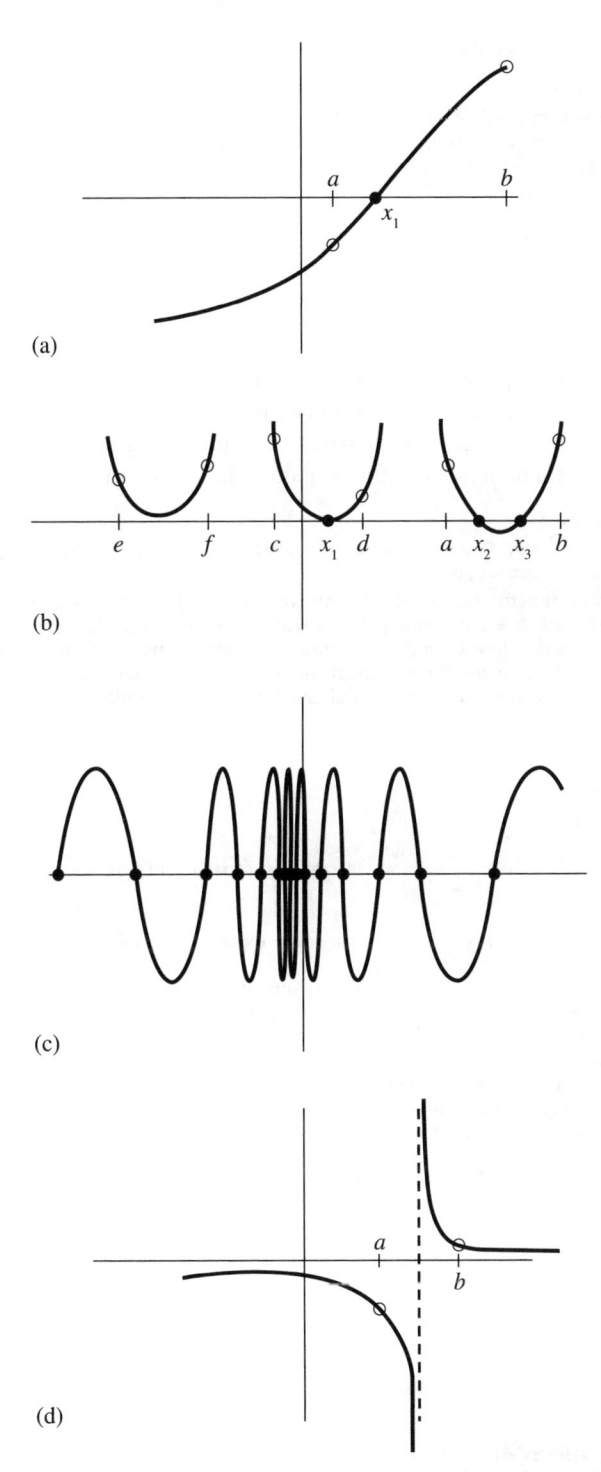

(b)

(c)

(d)

**Figura 9.1.1** Algumas situações encontradas ao se localizar raízes: (a) uma raiz isolada $x_1$ englobada por dois pontos $a$ e $b$ para os quais a função tem sinais opostos; (b) não há necessariamente uma mudança de sinal na função perto de uma raiz dupla (na verdade, não há necessariamente uma raiz!); (c) uma função patológica com muitas raízes; em (d) a função tem sinais opostos nos pontos $a$ e $b$, mas os pontos englobam uma singularidade, não uma raiz.

```
        if (x1 == x2) throw("Bad initial range in zbrac");
        Doub f1=func(x1);
        Doub f2=func(x2);
        for (Int j=0;j<NTRY;j++) {
            if (f1*f2 < 0.0) return true;
            if (abs(f1) < abs(f2))
                f1=func(x1 += FACTOR*(x1-x2));
            else
                f2=func(x2 += FACTOR*(x2-x1));
        }
        return false;
    }
```

Alternativamente, você pode querer "olhar interiormente" para um intervalo inicial, ao invés de "olhar externamente" para ele, indagando se há raízes da função $f(x)$ no intervalo de $x_1$ até $x_2$ quando uma busca é executada pela subdivisão em n intervalos iguais. A seguinte função calcula "brackets" (extremos) para intervalos distintos onde cada um contém uma ou mais raízes.

roots.h
```
    template <class T>
    void zbrak(T &fx, const Doub x1, const Doub x2, const Int n, VecDoub_O &xb1,
        VecDoub_O &xb2, Int &nroot)
```
Dado uma função ou functor fx definido no intervalo [x1,x2], subdividimos o intervalo em n segmentos igualmente espaçados, e buscamos pelos cruzamentos pelo zero da função. nroot será designado pelo número de pares de "bracketing" encontrados. Se ele for positivo, os arrays xb1[0..nroot-1] e xb2[0..nroot-1] serão sequencialmente preenchidos com alguns pares de "bracketing" que são encontrados. No input, estes vetores podem ter qualquer tamanho, incluindo zero; eles serão redimensionados para ≥ nroot.
```
    {
        Int nb=20;
        xb1.resize(nb);
        xb2.resize(nb);
        nroot=0;
        Doub dx=(x2-x1)/n;              Determine o espaçamento apropriado para a malha.
        Doub x=x1;
        Doub fp=fx(x1);
        for (Int i=0;i<n;i++) {         Laço sobre todos os intervalos.
            Doub fc=fx(x += dx);
            if (fc*fp <= 0.0) {         Se uma mudança de sinal ocorre, então registre valores para
                xb1[nroot]=x-dx;        os extremos.
                xb2[nroot++]=x;
                if(nroot == nb) {
                    VecDoub tempvec1(xb1),tempvec2(xb2);
                    xb1.resize(2*nb);
                    xb2.resize(2*nb);
                    for (Int j=0; j<nb; j++) {
                        xb1[j]=tempvec1[j];
                        xb2[j]=tempvec2[j];
                    }
                    nb *= 2;
                }
            }
            fp=fc;
        }
    }
```

### 9.1.1 Método da bisseção

Uma vez que sabemos que um intervalo contém uma raiz, diversos procedimentos clássicos estão disponíveis para refiná-lo. Estes procedem com graus variáveis de velocidade e certeza em direção à resposta. Infelizmente, os métodos que garantidamente convergem arrastam-se mais vagarosamente, enquanto aqueles que vão rapidamente em direção à solução nos melhores casos podem também se perder rapidamente no infinito sem avisar, caso medidas não sejam tomadas para evitar tal comportamento.

O método de bisseção é um que não pode falhar. Por esta razão ele não pode ser desprezado como um método para problemas fora isso mal-comportados. A ideia é simples. Para algum intervalo, sabe-se que a função passa através do zero porque ela muda de sinal. Efetua-se a função no ponto médio do intervalo e examina-se seu sinal. Use o ponto médio para trocar limites que tenham o mesmo sinal. Após cada interação, os extremos que contêm a raiz diminuem por um fator de dois. Se após $n$ iterações sabe-se que a raiz está dentro de um intervalo de tamanho $\epsilon_n$, então após a próxima iteração ela será englobada por um intervalo de tamanho

$$\epsilon_{n+1} = \epsilon_n/2 \qquad (9.1.2)$$

nem mais nem menos. Assim, conhecemos de antemão o número de iterações necessárias para alcançar uma tolerância na solução

$$n = \log_2 \frac{\epsilon_0}{\epsilon} \qquad (9.1.3)$$

onde $\epsilon_0$ é o tamanho do intervalo inicial que engloba a raiz, e $\epsilon$ é a tolerância final desejada.

Bisseção tem que ter sucesso. Se o intervalo contém mais do que uma raiz, a bisseção encontrará uma delas. Se o intervalo não contém raízes e somente engloba uma singularidade, ele convergirá para a singularidade.

Quando um método converge como um fator (menor do que 1) vezes a incerteza anterior para a primeira potência (como é o caso da bisseção), é dito convergir linearmente. Métodos que convergem como potências mais altas,

$$\epsilon_{n+1} = \text{constante} \times (\epsilon_n)^m \qquad m > 1 \qquad (9.1.4)$$

são ditos convergir de maneira superlinear. Em outros contextos, convergência "linear" seria denominada "exponencial" ou "geométrica". Isso não é tão mau: convergência linear significa que sucessivos dígitos significativos são obtidos linearmente com esforço computacional.

Falta discutir critérios práticos para convergência. É crucial manter em mente que apenas um conjunto finito de valores em ponto flutuante tem representação exata no computador. Apesar de sua função poder analiticamente atravessar o zero, é provável que seu valor computado nunca seja zero, para algum argumento em ponto flutuante. Devemos decidir qual acurácia na raiz é alcançável: convergência para dentro de $10^{-10}$ em valor absoluto é razoável quando a raiz localiza-se perto de 1, mas certamente inalcançável se a raiz é próxima de $10^{26}$. Por esta razão poderíamos pensar em especificar a convergência por um critério relativo (fracionário), mas isto torna-se impraticável para raízes próximas do zero. Para ser o mais geral possível, as rotinas abaixo irão requerer que você especifique uma tolerância absoluta, tal que iterações continuem até que o intervalo torne-se menor do que esta tolerância em unidades absolutas. Frequentemente você pode desejar tomar a tolerância como $\epsilon(|x_1|+|x_2|)/2$, onde $\epsilon$ é a precisão da máquina e $x_1$ e $x_2$ são os extremos iniciais que englobam a raiz. Quando a raiz localiza-se próximo do zero, você deve considerar cuidadosamente o que uma tolerância razoável significa para sua função. A seguinte rotina tem seu termino após 50 bisseções em um dado evento, com $2^{-50} \approx 10^{-15}$.

roots.h
```
template <class T>
Doub rtbis(T &func, const Doub x1, const Doub x2, const Doub xacc) {
Usando bisseção, retorne a raiz de um função ou functor func que se sabe estar entre x1 e x2. A raiz será
refinada até que sua acurácia seja ±xacc.
    const Int JMAX=50;               Número máximo permitido de bisseções.
    Doub dx,xmid,rtb;
    Doub f=func(x1);
    Doub fmid=func(x2);
    if (f*fmid >= 0.0) throw("Root must be bracketed for bisection in rtbis");
    rtb = f < 0.0 ? (dx=x2-x1,x1) : (dx=x1-x2,x2);    Oriente a procura de forma que f>0
    for (Int j=0;j<JMAX;j++) {                        esteja em x+dx.
        fmid=func(xmid=rtb+(dx *= 0.5));              Laço da bisseção.
        if (fmid <= 0.0) rtb=xmid;
        if (abs(dx) < xacc || fmid == 0.0) return rtb;
    }
    throw("Too many bisections in rtbis");
}
```

## 9.2 Método da secante, método da posição falsa e método de Ridders

Para funções que são suaves perto da raiz, os métodos conhecidos respectivamente como *posição falsa* (ou *regula falsi*) e o *método da secante* geralmente convergem mais rápido do que bisseção. Em ambos os métodos assume-se que a função é aproximadamente linear na região local de interesse, e a próxima melhora na raiz é tomada como o ponto onde a reta que aproxima cruza o eixo. Após cada iteração, um dos pontos da fronteira anteriores é dispensado em favor da última estimativa da raiz.

A *única* diferença entre os métodos é que a secante retém a mais recente das estimativas anteriores (Figura 9.2.1; isto requer uma escolha arbitrária na primeira iteração), enquanto a posição falsa retém esta estimativa anterior para a qual o valor da função tem o sinal oposto ao valor da função na melhor estimativa atual da raiz, de forma que os dois pontos continuem a englobar a raiz (Figura 9.2.2). Matematicamente, o método da secante converge mais rapidamente próximo de uma raiz de um função suficientemente contínua. Pode-se mostrar que sua ordem de convergência é a "razão áurea" 1,618..., tal que

$$\lim_{k\to\infty} |\epsilon_{k+1}| \approx \text{const} \times |\epsilon_k|^{1,618} \tag{9.2.1}$$

O método da secante tem, porém, a desvantagem de que a raiz não necessariamente permanece bracketed. Para funções que *não* são suficientemente contínuas, o algoritmo pode por esta razão não convergir garantidamente: comportamento local pode mandá-lo em direção ao infinito.

Posição falsa, uma vez que algumas vezes mantém uma estimativa da função mais antiga em vez de uma mais nova, tem uma ordem menor de convergência. Dado que o novo valor de função *às vezes* será mantido, o método é geralmente superlinear, mas uma estimação da sua ordem exata não é tão fácil.

Aqui estão amostras de implementações destes dois métodos relacionados. Já que estes métodos são padrões em livros-texto, *o método de Ridders*, descrito a seguir, ou o *método de Brent*, descrito na próxima seção, são quase sempre escolhas melhores. A Figura 9.2.3 mostra o comportamento dos métodos da secante e da posição falsa em uma situação difícil.

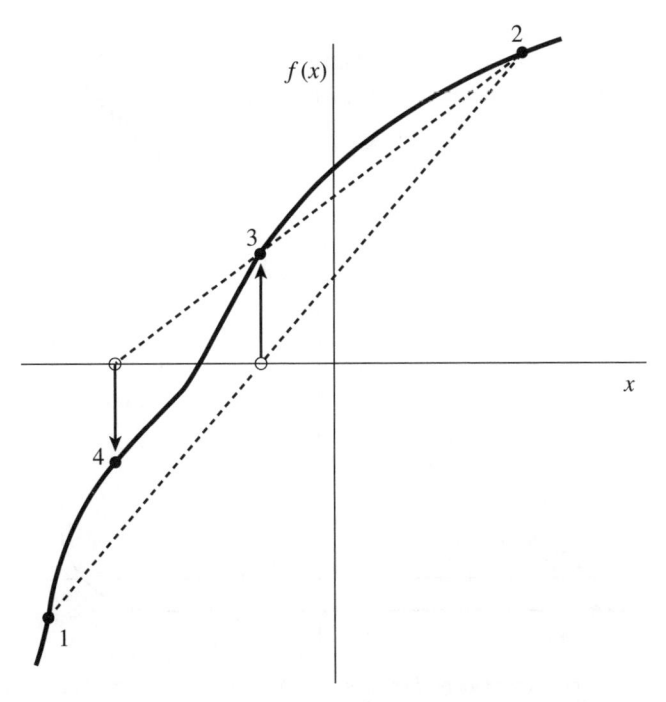

**Figura 9.2.1** Método da secante. Retas de extrapolação e interpolação (tracejadas) são realizadas através dos dois pontos mais recentemente efetuados, independentemente de eles englobarem ou não a raiz. Os pontos são numerados na ordem em que são usados.

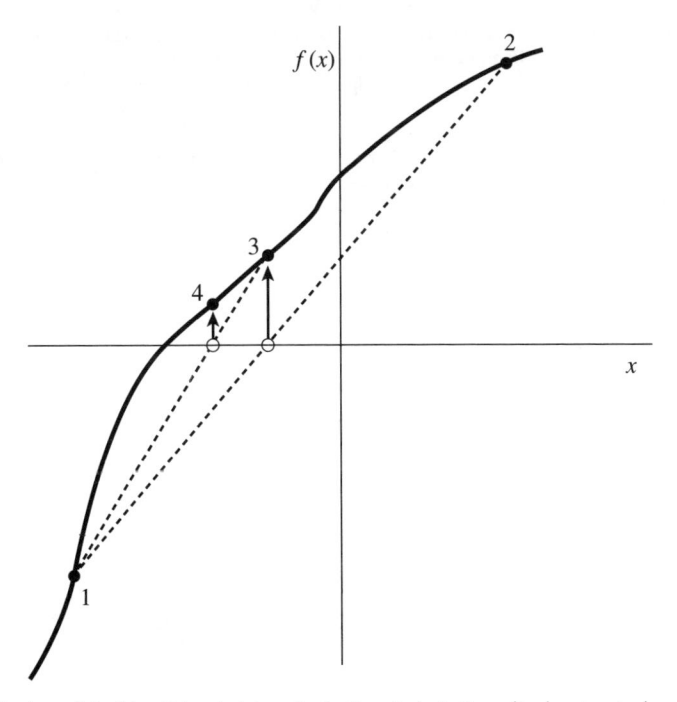

**Figura 9.2.2** Método da posição falsa. Retas de interpolação (tracejadas) são realizadas através dos pontos mais recentes *que englobam a raiz*. Neste exemplo, o ponto 1 portanto permanece "ativo" para muitos passos. Posição falsa converge menos rapidamente do que o método da secante, mas com mais certeza.

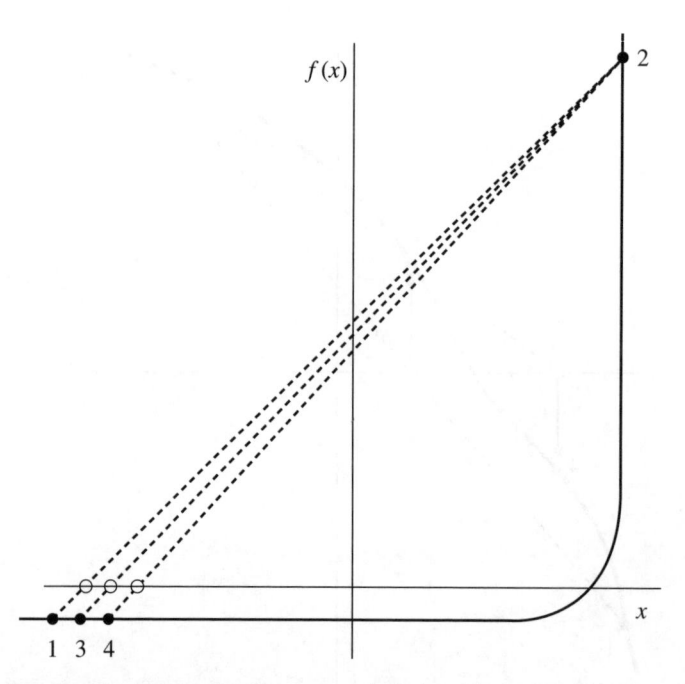

**Figura 9.2.3** Exemplo onde ambos os métodos da secante e da posição falsa levarão muitas iterações para obter a raiz verdadeira. Esta função seria difícil para muitos outros métodos de localizar raízes.

roots.h
```
template <class T>
Doub rtflsp(T &func, const Doub x1, const Doub x2, const Doub xacc) {
```
Usando o método de posição falsa, retorne a raiz de uma função ou functor func que se sabe que se localiza entre x1 e x2. A raiz é refinada até que sua acurácia seja ±xacc.
```
    const Int MAXIT=30;              Designe o número máximo permitido de iterações.
    Doub xl,xh,del;
    Doub fl=func(x1);
    Doub fh=func(x2);                Esteja certo de que o intervalo englobe uma raiz.
    if (fl*fh > 0.0) throw("Root must be bracketed in rtflsp");
    if (fl < 0.0) {                  Identifique os limites tais que x1 corresponda ao lado menor.
        xl=x1;
        xh=x2;
    } else {
        xl=x2;
        xh=x1;
        SWAP(fl,fh);
    }
    Doub dx=xh-xl;
    for (Int j=0;j<MAXIT;j++) {      Laço para posição falsa.
        Doub rtf=xl+dx*fl/(fl-fh);   Incremento com respeito ao último valor.
        Doub f=func(rtf);
        if (f < 0.0) {               Substitua o limite apropriado.
            del=xl-rtf;
            xl=rtf;
            fl=f;
        } else {
            del=xh-rtf;
            xh=rtf;
            fh=f;
        }
        dx=xh-xl;
        if (abs(del) < xacc || f == 0.0) return rtf;     Convergência.
```

```
        }
        throw("Maximum number of iterations exceeded in rtflsp");
}

template <class T>                                                          roots.h
Doub rtsec(T &func, const Doub x1, const Doub x2, const Doub xacc) {
Usando o método da secante, retorne a raiz de uma função ou functor func que se ache que esteja entre
x1 e x2. A raiz é refinada até que sua acurácia seja ±xacc.
        const Int MAXIT=30;              Número máximo de iterações permitido.
        Doub xl,rts;
        Doub fl=func(x1);
        Doub f=func(x2);
        if (abs(fl) < abs(f)) {          Selecione o extremo com menor valor de função como o chute
                rts=x1;                  mais recente.
                xl=x2;
                SWAP(fl,f);
        } else {
                xl=x1;
                rts=x2;
        }
        for (Int j=0;j<MAXIT;j++) {      Laço da secante.
                Doub dx=(xl-rts)*f/(f-fl);   Incremento com respeito ao último valor.
                xl=rts;
                fl=f;
                rts += dx;
                f=func(rts);
                if (abs(dx) < xacc || f == 0.0) return rts;    Convergência.
        }
        throw("Maximum number of iterations exceeded in rtsec");
}
```

## 9.2.1 Método de Ridders

Uma variante poderosa da posição falsa é devido a Ridders [1]. Quando uma raiz é englobada entre $x_1$ e $x_2$, o método de Ridders primeiro efetua a função no ponto médio $x_3 = (x_1 + x_2)/2$. Ele então fatora a única função exponencial que transforma a função resíduo em uma linha reta. Especificamente, ele resolve para um fator $e^Q$ que proporciona

$$f(x_1) - 2f(x_3)e^Q + f(x_2)e^{2Q} = 0 \qquad (9.2.2)$$

Esta é uma equação quadrática em $e^Q$, que pode ser resolvido para dar

$$e^Q = \frac{f(x_3) + \text{sign}[f(x_2)]\sqrt{f(x_3)^2 - f(x_1)f(x_2)}}{f(x_2)} \qquad (9.2.3)$$

Agora o método de posição falsa é aplicado, não para os valores $f(x_1)$, $f(x_3)$, $f(x_2)$, mas para os valores $f(x_1)$, $f(x_3) e^Q$, $f(x_2) e^{2Q}$, rendendo um novo chute inicial para a raiz, $x_4$. A fórmula geral para o update (incorporando a solução 9.2.3) é

$$x_4 = x_3 + (x_3 - x_1)\frac{\text{sign}[f(x_1) - f(x_2)]f(x_3)}{\sqrt{f(x_3)^2 - f(x_1)f(x_2)}} \qquad (9.2.4)$$

A equação (9.2.4) tem algumas propriedades muito agradáveis. Primeiro, é garantida que $x_4$ localiza-se no intervalo $(x_1, x_2)$, assim o método nunca salta para fora dos seus brackets. Segundo, a convergência de sucessivas aplicações da equação (9.2.4) é *quadrática*, isto é, $m = 2$ na equação 9.1.4. Uma vez que cada aplicação de (9.2.4) requer duas avaliações de funções, a ordem do método é $\sqrt{2}$, não 2; mas isto ainda é, de maneira muito respeitável, superlinear. O número de dígitos significantes na resposta aproximadamente *dobra* a cada duas funções estimadas. Terceiro, arrancar a "curvatura" da função via fatores exponenciais, (isto é, razão) em vez de via uma técnica polinomial (p. ex., ajuste parabólico), fornece uma extraordinária robustez ao algoritmo. Em ambos os critérios, confiabilidade e velocidade, o método de Ridders é geralmente competitivo com o mais altamente desenvolvido e melhor estabelecido (também mais complicado) método de van Wijngaarden, Dekker e Brent, que discutiremos a seguir.

roots.h
```
template <class T>
Doub zriddr(T &func, const Doub x1, const Doub x2, const Doub xacc) {
    Usando o método de Ridders, retorna a raiz de uma função ou functor func que se sabe estar localizada
    entre os extremos x1 e x2. A raiz será refinada até uma acurácia aproximada xacc.
    const Int MAXIT=60;
    Doub fl=func(x1);
    Doub fh=func(x2);
    if ((fl > 0.0 && fh < 0.0) || (fl < 0.0 && fh > 0.0)) {
        Doub xl=x1;
        Doub xh=x2;
        Doub ans=-9.99e99;                          Qualquer valor altamente incomum, para
        for (Int j=0;j<MAXIT;j++) {                 simplificar a lógica abaixo.
            Doub xm=0.5*(xl+xh);
            Doub fm=func(xm);                       Primeira das duas avaliações da função por
            Doub s=sqrt(fm*fm-fl*fh);               iteração.
            if (s == 0.0) return ans;
            Doub xnew=xm+(xm-xl)*((fl >= fh ? 1.0 : -1.0)*fm/s);   Fórmula para o update.
            if (abs(xnew-ans) <= xacc) return ans;
            ans=xnew;
            Doub fnew=func(ans);                    Segunda das duas avaliações da função por
            if (fnew == 0.0) return ans;            iteração.
            if (SIGN(fm,fnew) != fm) {              "Bookkeesing" para manter a raiz englobada pelo
                xl=xm;                              intervalo na próxima iteração.
                fl=fm;
                xh=ans;
                fh=fnew;
            } else if (SIGN(fl,fnew) != fl) {
                xh=ans;
                fh=fnew;
            } else if (SIGN(fh,fnew) != fh) {
                xl=ans;
                fl=fnew;
            } else throw("never get here.");
            if (abs(xh-xl) <= xacc) return ans;
        }
        throw("zriddr exceed maximum iterations");
    }
    else {
        if (fl == 0.0) return x1;
        if (fh == 0.0) return x2;
        throw("root must be bracketed in zriddr.");
    }
}
```

## REFERÊNCIAS CITADAS E LEITURA COMPLEMENTAR

Ralston, A., and Rabinowitz, P. 1978, *A First Course in Numerical Analysis,* 2nd ed.; reprinted 2001 (New York: Dover), §8.3.

Ostrowski, A.M. 1966, *Solutions of Equations and Systems of Equations,* 2nd ed. (New York: Academic Press), Chapter 12.

Ridders, C.J.F. 1979, "A New Algorithm for Computing a Single Root of a Real Continuous Function," *IEEE Transactions on Circuits and Systems,* vol. CAS-26, pp. 979-980.[1]

## 9.3 Método de Van Wijngaarden-Dekker-Brent

Enquanto secante e posição falsa formalmente convergem mais rápido do que a bisseção, encontram-se na prática funções patológicas para as quais a bisseção converge mais rapidamente. Estas podem ser funções descontínuas, recortadas, ou mesmo funções suaves se a segunda derivada varia pronunciadamente perto da raiz. Bisseção sempre reparte o intervalo em dois, enquanto secante e posição falsa às vezes gastam muitos ciclos lentamente puxando extremos distantes para mais próximos da raiz. O método de Ridders faz um trabalho muito melhor, mas ele também pode ser enganado às vezes. Há uma maneira de combinar convergência superlinear com a certeza da bisseção?

Sim. Podemos controlar se um método supostamente superlinear é de fato convergente, e, se ele não é, podemos entremear passos de bisseção de forma a garantir *no mínimo* convergência linear. Este tipo de superestratégia requer atenção a detalhes de documentação, e também cuidadosa consideração de como erros de arredondamento podem afetar a estratégia guiadora. Também devemos ser capazes de determinar a confiabilidade quando a convergência é alcançada.

Um excelente algoritmo que presta bastante atenção a estes pontos foi desenvolvido na década de 1960 por van Wijngaarden, Dekker e outros no Mathematical Center em Amsterdã, e foi mais tarde melhorado por Brent[1]. Para ser breve, nos referimos à forma final do algoritmo como *método de Brent.* É *garantido* (por Brent) que o método converge, contanto que a função possa ser efetuada dentro de um intervalo inicial que se saiba conter a raiz.

O método de Brent combina confinamento (bracketing) da raiz, bisseção e *interpolação quadrática inversa* para convergir para a vizinhança de um zero "atravessado". Enquanto os métodos da posição falsa e secante assumem comportamento aproximadamente linear entre duas estimativas de raízes previamente conhecidas, a interpolação inversa quadrática usa três pontos anteriores para ajustar uma função inversa quadrática ($x$ como uma função quadrática de $y$) cujo valor em $y = 0$ é tomado como a próxima estimativa da raiz $x$. Claro, deve-se ter planos de contingência para o que fazer se a raiz cai fora do intervalo determinado pelos extremos. O método de Brent cuida de tudo isso. Se os três pontos são $[a, f(a)], [b, f(b)], [c, f(c)]$, então, a fórmula de interpolação (cf. equação 3.2.1) é

$$x = \frac{[y - f(a)][y - f(b)]c}{[f(c) - f(a)][f(c) - f(b)]} + \frac{[y - f(b)][y - f(c)]a}{[f(a) - f(b)][f(a) - f(c)]}$$
$$+ \frac{[y - f(c)][y - f(a)]b}{[f(b) - f(c)][f(b) - f(a)]} \quad (9.3.1)$$

Atribuindo $y$ como zero, temos o resultado para a próxima estimativa, que pode ser escrito como

$$x = b + P/Q \quad (9.3.2)$$

onde, em termos de

$$R \equiv f(b)/f(c), \quad S \equiv f(b)/f(a), \quad T \equiv f(a)/f(c) \quad (9.3.3)$$

temos

$$P = S\left[T(R-T)(c-b) - (1-R)(b-a)\right]$$
$$Q = (T-1)(R-1)(S-1) \tag{9.3.4}$$

Na prática, $b$ é a melhor estimativa atual da raiz e $P/Q$ deve ser uma correção "pequena". Métodos quadráticos funcionam bem apenas quando a função comporta-se suavemente; eles correm o sério risco de dar estimativas muito ruins da próxima raiz ou causar falha na máquina com uma divisão inapropriada por um número muito pequeno ($Q \approx 0$). O método de Brent tem uma proteção contra este problema por manter a raiz entre os extremos e checar onde a interpolação poderia cair antes de executar a divisão. Quando a correção $P/Q$ não puder cair entre os extremos, ou quando os extremos não estão colapsando suficientemente rápido, o algoritmo faz um passo de bisseção. Assim, o método de Brent combina a certeza da bisseção com a velocidade de um método de ordem superior quando apropriado. Nós o recomendamos como o método escolhido para o problema geral unidimensional de localização de raiz quando os valores da função apenas (e não sua derivada ou forma funcional) estão disponíveis.

roots.h
```
template <class T>
Doub zbrent(T &func, const Doub x1, const Doub x2, const Doub tol)
```
Usando o método de Brent, retorne a raiz de uma função ou functor func que se sabe estar entre x1 e x2. A raiz será refinada até que sua acurácia seja tol.
```
{
    const Int ITMAX=100;                        Máximo número de iterações permitido.
    const Doub EPS=numeric_limits<Doub>::epsilon();
    Precisão em ponto flutuante da máquina.
    Doub a=x1,b=x2,c=x2,d,e,fa=func(a),fb=func(b),fc,p,q,r,s,tol1,xm;
    if ((fa > 0.0 && fb > 0.0) || (fa < 0.0 && fb < 0.0))
        throw("Root must be bracketed in zbrent");
    fc=fb;
    for (Int iter=0;iter<ITMAX;iter++) {
        if ((fb > 0.0 && fc > 0.0) || (fb < 0.0 && fc < 0.0)) {
            c=a;                                Renomeie a, b, c e ajuste o intervalo de confinamen-
            fc=fa;                              to d.
            e=d=b-a;
        }
        if (abs(fc) < abs(fb)) {
            a=b;
            b=c;
            c=a;
            fa=fb;
            fb=fc;
            fc=fa;
        }
        tol1=2.0*EPS*abs(b)+0.5*tol;            Cheque a convergência.
        xm=0.5*(c-b);
        if (abs(xm) <= tol1 || fb == 0.0) return b;
        if (abs(e) >= tol1 && abs(fa) > abs(fb)) {
            s=fb/fa;                            Tente a interpolação quadrática inversa.
            if (a == c) {
                p=2.0*xm*s;
                q=1.0-s;
            } else {
                q=fa/fc;
                r=fb/fc;
                p=s*(2.0*xm*q*(q-r)-(b-a)*(r-1.0));
                q=(q-1.0)*(r-1.0)*(s-1.0);
            }
            if (p > 0.0) q = -q;                Cheque se está entre os extremos.
            p=abs(p);
```

```
                Doub min1=3.0*xm*q-abs(tol1*q);
                Doub min2=abs(e*q);
                if (2.0*p < (min1 < min2 ? min1 : min2)) {
                    e=d;                        Aceite interpolação.
                    d=p/q;
                } else {
                    d=xm;                       Interpolação falhou, use bisseção.
                    e=d;
                }
            } else {                            Limites decrescendo muito rapidamente, use bisseção.
                d=xm;
                e=d;
            }
            a=b;                                Mova o último melhor chute para a.
            fa=fb;
            if (abs(d) > tol1)                  Efetue nova raiz tentativa.
                b += d;
            else
                b += SIGN(tol1,xm);
            fb=func(b);
    }
    throw("Maximum number of iterations exceeded in zbrent");
}
```

### REFERÊNCIAS CITADAS E LEITURA COMPLEMENTAR

Brent, R.P. 1973, *Algorithms for Minimization without Derivatives (Eng\ewood* Cliffs, NJ: Prentice-Hall); reprinted 2002 (New York: Dover), Chapters 3, 4.[1]

Forsythe, G.E., Malcolm, M.A., and Moler, C.B. 1977, *Computer Methods for Mathematical Computations* (Englewood Cliffs, NJ: Prentice-Hall), §7.2.

## 9.4 Método de Newton-Raphson usando derivada

Talvez a mais celebrada de todas as rotinas para localização de raízes em uma dimensão seja o *método de Newton*, também chamado de método de Newton-Raphson. Joseph Raphson (1648-1715) foi um contemporâneo de Newton que independentemente inventou o método em 1690, cerca de 20 anos após Newton tê-lo feito, mas aproximadamente 20 anos antes de Newton ter de fato publicado. Este método se distingue dos métodos anteriores pelo fato de que ele requer a avaliação de ambas a função $f(x)$ e sua derivada $f'(x)$, em pontos arbitrários $x$. A fórmula de Newton-Raphson consiste em geometricamente estender a reta tangente em um ponto atual $x_i$ até ela cruzar o zero, então designando o próximo chute $x_{i+1}$ para a abscissa do zero que é interceptado (ver Figura 9.4.1). Algebricamente, o método deriva-se da familiar expansão em série de Taylor de uma função na vizinhança de um ponto,

$$f(x + \delta) \approx f(x) + f'(x)\delta + \frac{f''(x)}{2}\delta^2 + \cdots \qquad (9.4.1)$$

Para valores suficientemente pequenos de $\delta$, e para funções bem-comportadas, os termos que vão além dos lineares não são importantes, portanto $f(x + \delta) = 0$ implica

$$\delta = -\frac{f(x)}{f'(x)} \qquad (9.4.2)$$

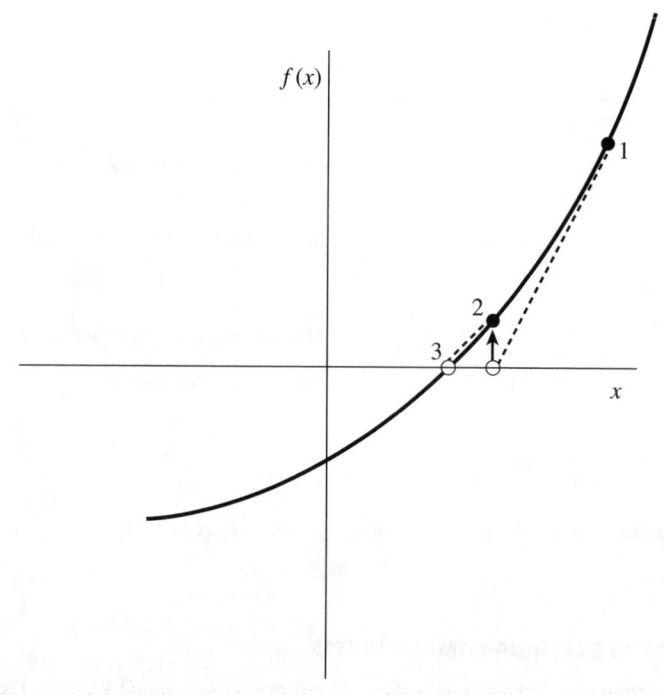

**Figura 9.4.1** Método de Newton extrapola a derivada local para encontrar a próxima estimativa da raiz. Neste exemplo, ele funciona bem e converge quadraticamente.

Newton-Raphson não é restrito a uma dimensão. O método prontamente se generaliza para múltiplas dimensões, como veremos em §9.6 e §9.7 abaixo.

Longe de uma raiz, onde os termos de ordem mais alta nas séries *são* importantes, a fórmula de Newton-Raphson pode dar correções grosseiramente não acuradas, sem sentido. Por exemplo, o chute inicial para a raiz poderia estar tão longe da raiz verdadeira que o intervalo de busca poderia incluir um máximo ou mínimo local da função. Isto pode ser a morte para o método (ver Figura 9.4.2). Se uma iteração posiciona um chute inicial perto de tal mínimo local, de forma que a primeira derivada aproximadamente se anula, então Newton-Raphson manda sua solução para o limbo, com poucas esperanças de recuperação. A Figura 9.4.3 demonstra outra possibilidade de patologia.

Por que Newton-Raphson é tão poderoso? A resposta é sua taxa de convergência: dentro de uma distância pequena $\epsilon$ de $x$, a função e sua derivada são aproximadamente

$$f(x + \epsilon) = f(x) + \epsilon f'(x) + \epsilon^2 \frac{f''(x)}{2} + \cdots,$$
$$f'(x + \epsilon) = f'(x) + \epsilon f''(x) + \cdots$$

(9.4.3)

Pela fórmula de Newton-Raphson,

$$x_{i+1} = x_i - \frac{f(x_i)}{f'(x_i)}$$

(9.4.4)

tal que

$$\epsilon_{i+1} = \epsilon_i - \frac{f(x_i)}{f'(x_i)}$$

(9.4.5)

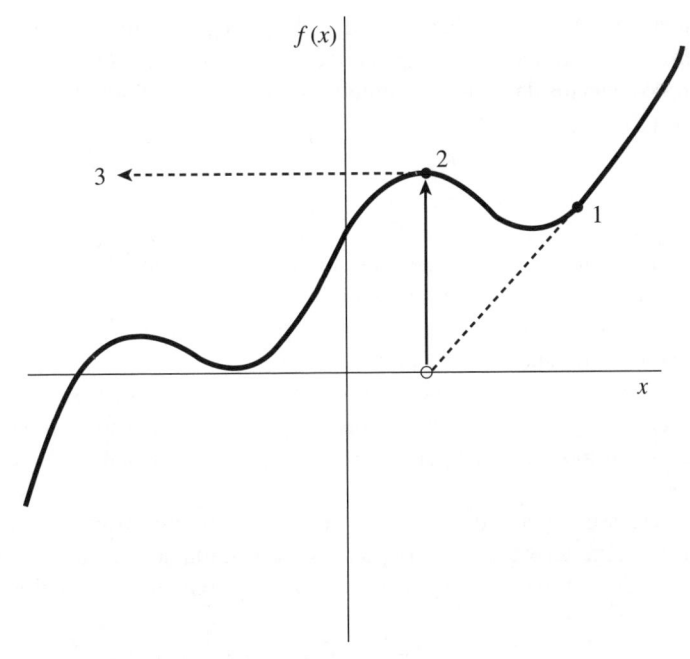

**Figura 9.4.2** Caso infeliz onde o método de Newton encontra um extremo local e atira para fora do espaço. Aqui os extremos (brackets), como em `rtsafe`, salvariam o dia.

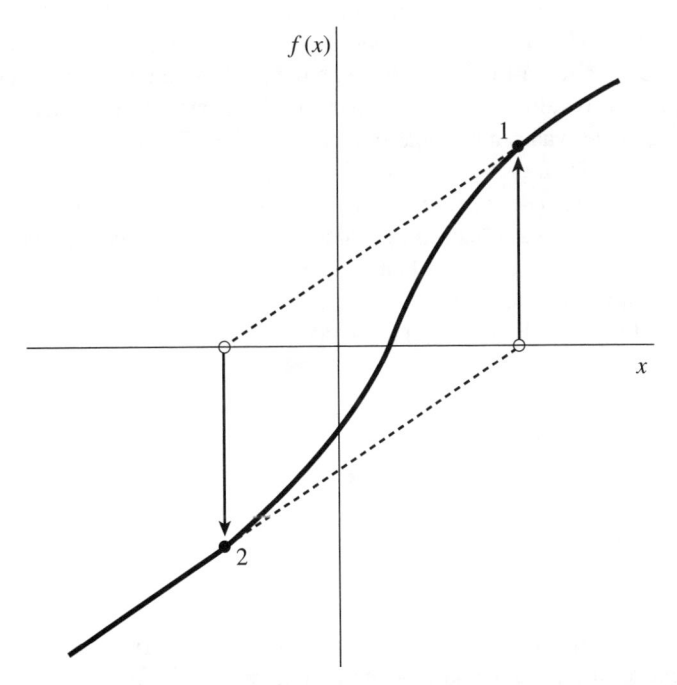

**Figura 9.4.3** Caso infeliz onde o método de Newton entra em um ciclo não convergente. Este comportamento é frequentemente encontrado quando a função é obtida, inteira ou em parte, por tabela de interpolação. Com um chute inicial melhor, o método seria bem-sucedido.

Quando uma solução tentativa difere da raiz verdadeira por $\epsilon_i$, podemos usar (9.4.3) para expressar $f(x_i)$, $f'(x_i)$ em (9.4.4) em termos de $\epsilon_i$ e derivadas na própria raiz. O resultado é uma relação de recorrência para os desvios das soluções tentativas

$$\epsilon_{i+1} = -\epsilon_i^2 \frac{f''(x)}{2f'(x)} \qquad (9.4.6)$$

A equação (9.4.6) diz que o método de Newton-Raphson converge *quadraticamente* (cf. equação 9.2.3). Perto de uma raiz, o número de dígitos significantes aproximadamente *dobra* a cada passo. Esta propriedade de convergência muito forte faz o Newton-Raphson o método de escolha para qualquer função cuja derivada pode ser efetuada eficientemente e cuja derivada é continua e não nula na vizinhança de uma raiz.

Mesmo onde Newton-Raphson é rejeitado para estágios iniciais de convergência (por causa da suas propriedades de convergência global pobres), é muito comum refinar uma raiz com um ou dois passos de Newton-Raphson, o que pode multiplicar por dois ou quatro seu número de dígitos significantes.

Para uma realização eficiente do Newton-Raphson, o usuário provê uma rotina que efetua ambos $f(x)$ e sua primeira derivada $f'(x)$ no ponto $x$. A fórmula de Newton-Raphson pode também ser aplicada usando-se uma diferença numérica para aproximar a verdadeira derivada local,

$$f'(x) \approx \frac{f(x+dx) - f(x)}{dx} \qquad (9.4.7)$$

Isto não é, porém, um procedimento recomendado pelas seguintes razões: (i) você está fazendo duas avaliações de função por passo, assim *a melhor* ordem superlinear de convergência será apenas $\sqrt{2}$. (ii) Se você tomar $dx$ muito pequeno, você será eliminado pelo erro de arredondamento, enquanto se você tomá-lo muito grande, sua ordem de convergência será apenas linear, não melhor do que usar o valor *inicial* $f'(x_0)$ para todos os passos subsequentes. Por esta razão, Newton-Raphson com derivadas numéricas é (em uma dimensão) sempre dominado pelo método de Brent (§9.3). (Em muitas dimensões, onde há escassez de métodos disponíveis, Newton-Raphson com derivadas numéricas deve ser feito mais seriamente. Ver §9.6 – §9.7.)

A seguinte rotina invoca uma estrutura fornecida pelo usuário que fornece o valor da função e a derivada. O valor da função é retornado da maneira usual como um functor por "overloading" operador(), enquanto a derivada é retornada pela função df na estrutura. Por exemplo, para encontrar uma raiz da função de Bessel $J_0(x)$ (derivada $-J_1(x)$) você teria uma estrutura como

```
struct Funcd {
    Bessjy bess;
    Doub operator() (const Doub x) {
        return bess.j0(x);
    }
    Doub df(const Doub x) {
        return -bess.j1(x);
    }
};
```

(Embora você possa usar qualquer nome para Funcd, o nome df é fixo.) Seu código poderia então criar uma instância desta estrutura e passá-la para rtnewt:

```
Funcd fx;
Doub root=rtnewt(fx,x1,x2,xacc);
```

A rotina **rtnewt** inclui os extremos (input) para a raiz x1 e x2 simplesmente para ser consistente com as rotinas anteriores para localização de raízes: Newton não ajusta extremos, e trabalha apenas com informação local no ponto x. Os extremos são usados apenas para selecionar o ponto médio como o primeiro chute, e para rejeitar a solução se ela perambula fora dos extremos.

```
template <class T>                                                          roots.h
Doub rtnewt(T &funcd, const Doub x1, const Doub x2, const Doub xacc) {
```
Usando o método de Newton-Raphson, retorna a raiz de uma função que se sabe pertencer ao intervalo [x1,x2]. A raiz será refinada até que sua acurácia seja encontrada dentro de ± xacc. funcd é uma estrutura que retorna o valor da função como um functor e a primeira derivada da função no ponto x como a função df (ver texto).

```
    const Int JMAX=20;                  Designa o número máximo de iterações.
    Doub rtn=0.5*(x1+x2);               Chute inicial.
    for (Int j=0;j<JMAX;j++) {
        Doub f=funcd(rtn);
        Doub df=funcd.df(rtn);
        Doub dx=f/df;
        rtn -= dx;
        if ((x1-rtn)*(rtn-x2) < 0.0)
            throw("Jumped out of brackets in rtnewt");
        if (abs(dx) < xacc) return rtn; Convergência.
    }
    throw("Maximum number of iterations exceeded in rtnewt");
}
```

Enquanto as propriedades de convergência global do Newton-Raphson são pobres, é razoavelmente fácil projetar uma rotina à prova de falhas que utiliza uma combinação de bisseção e Newton-Raphson. O algoritmo híbrido toma um passo de bisseção sempre que Newton-Raphson tomar a solução fora dos "bounds", ou quando Newton Raphson não estiver reduzindo o tamanho dos extremos rápido o suficiente.

```
template <class T>                                                          roots.h
Doub rtsafe(T &funcd, const Doub x1, const Doub x2, const Doub xacc) {
```
Usando uma combinação de Newton-Raphson e bisseção, retorna a raiz de uma função englobada pelos extremos x1 e x2. A raiz será refinada até que se saiba que sua acurácia está dentro de ±xacc. funcd é uma estrutura fornecida pelo usuário que retorna o valor da função como um functor e a primeira derivada da função no ponto x como a função df(ver texto).

```
    const Int MAXIT=100;                Máximo número permitido de iterações.
    Doub xh,xl;
    Doub fl=funcd(x1);
    Doub fh=funcd(x2);
    if ((fl > 0.0 && fh > 0.0) || (fl < 0.0 && fh < 0.0))
        throw("Root must be bracketed in rtsafe");
    if (fl == 0.0) return x1;
    if (fh == 0.0) return x2;
    if (fl < 0.0) {                     Oriente a estrutura de forma que $f(x1) < 0$.
        xl=x1;
        xh=x2;
    } else {
        xh=x1;
        xl=x2;
    }
    Doub rts=0.5*(x1+x2);               Incialize o chute para a raiz,
    Doub dxold=abs(x2-x1);              o "tamanho do passo antes do último,"
    Doub dx=dxold;                      e o último passo.
    Doub f=funcd(rts);
    Doub df=funcd.df(rts);
    for (Int j=0;j<MAXIT;j++) {         Laço sobre as iterações permitida.
        if ((((rts-xh)*df-f)*((rts-xl)*df-f) > 0.0)  Bissecione para Newton fora do range
            || (abs(2.0*f) > abs(dxold*df))) {        ou para o range não decrescendo rápi-
                                                      do o suficiente.
```

```
                dxold=dx;
                dx=0.5*(xh-xl);
                rts=xl+dx;
                if (xl == rts) return rts;      Mudança na raiz é desprezível.
            } else {                            Passo de Newton aceitável. Tome-o.
                dxold=dx;
                dx=f/df;
                Doub temp=rts;
                rts -= dx;
                if (temp == rts) return rts;
            }
            if (abs(dx) < xacc) return rts;     Critério de convergência.
            Doub f=funcd(rts);
            Doub df=funcd.df(rts);
A nova função calculada por iteração.
            if (f < 0.0)                        Matenha o extremo que engloba a raiz.
                xl=rts;
            else
                xh=rts;
        }
        throw("Maximum number of iterations exceeded in rtsafe");
    }
```

Para muitas funções, a derivada $f'(x)$ geralmente converge na acurácia da máquina antes que a função $f(x)$ convirja. Quando este é o caso, não é necessário atualizar $f'(x)$. Este atalho é recomendado somente quando você confidencialmente entende o comportamento genérico da sua função, mas ele acelera a computação quando o cálculo da derivada é laborioso. (Formalmente, isto torna a convergência apenas linear, mas se a derivada não está mudando de qualquer forma, você não pode fazer nada melhor.)

### 9.4.1 Newton-Raphson e fractais

Uma interessante informação acessória para nossos repetidas advertências sobre as propriedades de convergência global imprevisíveis do Newton-Raphson – apesar de sua convergência local muito rápida – é investigar, para alguma equação particular, o conjunto de valores iniciais para os quais o método converge ou não converge para uma raiz.

Considere a simples equação

$$z^3 - 1 = 0 \tag{9.4.8}$$

cuja única raiz real é $z = 1$, mas que também tem raízes complexas nas outras duas raízes cúbicas da unidade, $\exp(\pm 2\pi i/3)$. O método de Newton dá a iteração

$$z_{j+1} = z_j - \frac{z_j^3 - 1}{3z_j^2} \tag{9.4.9}$$

Até agora, aplicamos uma iteração como a equação (9.4.9) apenas para valores iniciais reais de $Z_0$, mas, na verdade, todas as equações nesta seção também se aplicam no plano complexo. Podemos, por esta razão, mapear o plano complexo em regiões das quais um valor inicial, iterado na equação (9.4.9), convergirá ou não para $z = 1$. Ingenuamente, poderíamos esperar encontrar uma "bacia de convergência" de alguma forma em torno da raiz $z = 1$. Certamente, não esperamos que a bacia de convergência preencha o plano inteiro, porque o plano deve também conter regiões que convergem para cada uma das duas raízes complexas. Na verdade, por simetria, as três regiões devem ter formas idênticas. Talvez elas terão três cunhas simétricas (120°), com uma raiz centrada em cada?

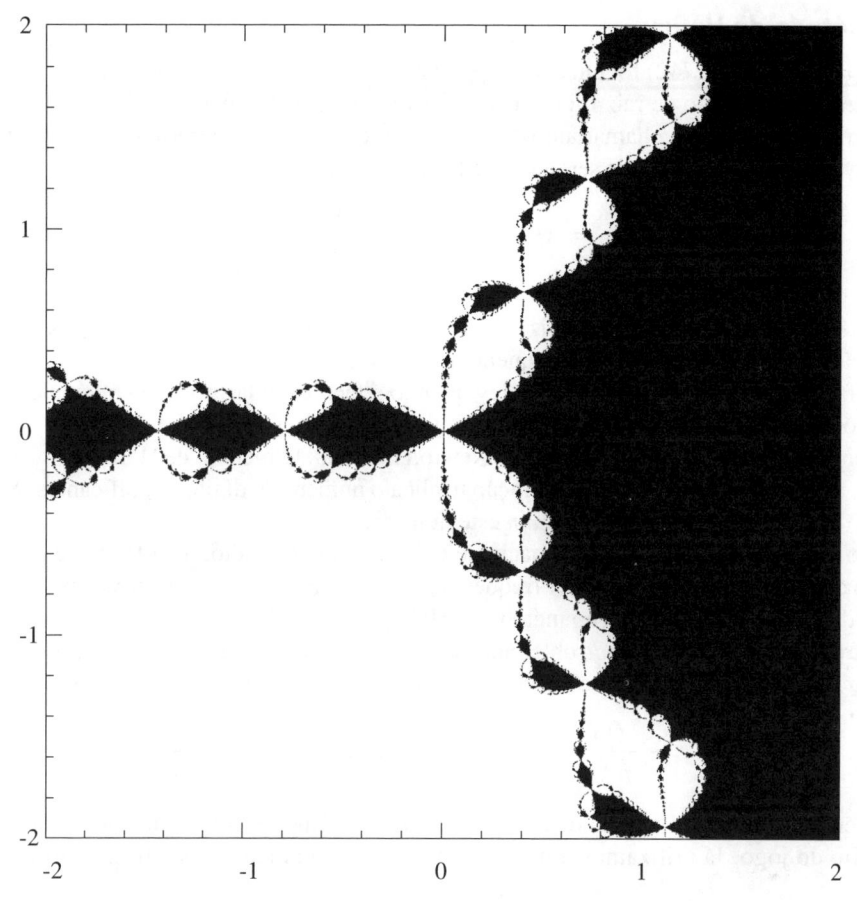

**Figura 9.4.4** O plano complexo $z$ com componentes real e imaginária no range $(-2, 2)$. A região preta é o conjunto de pontos para os quais o método de Newton converge para a raiz $z = 1$ da equação $z^3 - 1 = 0$. Sua forma é fractal.

Agora dê uma olhada na Figura 9.4.4, que mostra o resultado de uma exploração numérica. A bacia de convergência de fato cobre 1/3 da área no plano complexo, mas sua fronteira é altamente irregular – na verdade, *fractal*. (Um fractal, assim chamado, tem estrutura autossimilar que se repete em todas as escalas de ampliação.) Como este fractal emerge de algo tão simples como o método de Newton e uma equação tão simples quanto (9.4.8)? A resposta já está implícita na Figura 9.4.2, onde mostramos como, na reta real, um extremo (máximo ou mínimo) local faz com que o método de Newton seja arremessado para o infinito. Suponha que se seja *levemente* removido de um tal ponto. Então se poderia ser arremessado não para o infinito, mas – por sorte – direto na bacia de convergência da raiz desejada. Mas isto significa que na vizinhança de um extremo deve haver uma minúscula, talvez distorcida, cópia da bacia de convergência – uma espécie de cópia "one-bounce away" (a um arremesso de distância). Lógicas similares mostram que poderia haver cópias "two-bounce", cópias "three-bounce", e assim sucessivamente. Um fractal, portanto, emerge.

Observe que, para a equação (9.4.8), quase todo o eixo real está no domínio de convergência para a raiz $z = 1$. Dizemos "quase" por causa dos peculiares pontos discretos no eixo real negativo cuja convergência é indeterminada (ver figura). O que acontece se você começar o método de Newton de um destes pontos? (Experimente.)

## 9.4.3 Método de Halley

Edmund Halley (1656-1742) foi um contemporâneo e um amigo próximo de Newton. Sua contribuição para a localização de raiz foi estender o método de Newton para usar informação do próximo termo na (como hoje chamaríamos) série de Taylor, a segunda derivada $f''(x)$. Omitindo-se uma derivação bastante direta de ser obtida, a fórmula update (9.4.4) agora torna-se

$$x_{i+1} = x_i - \frac{f(x_i)}{f'(x_i)\left(1 - \frac{f(x_i)f''(x_i)}{2f'(x_i)^2}\right)} \quad (9.4.10)$$

Você pode ver que o esquema de atualização é essencialmente Newton-Raphson, mas com termo de correção um extra, de preferência pequeno no denominador.

Só faz sentido usar o método de Halley quando é fácil calcular $f''(x_i)$, geralmente de partes das funções que já estão sendo usadas no cálculo de $f(x_i)$ e $f'(x_i)$. Caso contrário, você pode muito bem fazer outro passo do método de Newton habitual. O método de Halley converge criticamente; na convergência final, cada iteração triplica o número de dígitos significativos. Mas dois passos de Newton Raphson *quadruplicam* este número.

Não há razão para pensar que a bacia de convergência do método de Halley é geralmente maior do que a de Newton; com maior frequência ela é provavelmente menor. Assim, procure por critérios de melhor convergência no método de Halley.

Entretanto, quando você *pode* obter uma segunda derivada quase que de graça, você pode em geral tirar uma ou duas iterações de Newton-Raphson por algo assim,

$$x_{i+1} = x_i - \frac{f(x_i)}{f'(x_i)} \Big/ \max\left[0{,}8, \min\left(1{,}2, 1 - \frac{f(x_i)f''(x_i)}{2f'(x_i)^2}\right)\right] \quad (9.4.11)$$

a ideia sendo limitar a influência de correção de alta ordem, de forma que ela seja usada apenas no fim do jogo. Já utilizamos o método de Halley exatamente desta forma em §6.2, §6.4 e §6.14.

### REFERÊNCIAS CITADAS E LEITURA COMPLEMENTAR

Acton, F.S. 1970, *Numerical Methods That Work;* 1990, corrected edition (Washington, DC: Mathematical Association of America), Chapter 2.

Ralston, A., and Rabinowitz, P. 1978, *A First Course in Numerical Analysis, 2nd* ed.; reprinted 2001 (New York: Dover), §8.4.

Ortega, J., and Rheinboldt, W. 1970, *Iterative Solution of Nonlinear Equations in Several Variables* (New York: Academic Press); reprinted 2000 (Philadelphia: S.I.A.M.).

Mandelbrot, B.B. 1983, *The Fractal Geometry of Nature (San* Francisco: W.H. Freeman). Peitgen, H.-O., and Saupe, D. (eds.) 1988, *The Science of Fractal Images (New York:* Springer).

## 9.5 Raízes de polinômios

Aqui, damos alguns métodos para encontrar raízes de polinômios. Estes servirão para a maioria dos problemas práticos envolvendo polinômios de grau baixo para moderado ou para polinômios bem-condicionados de alto grau. Não tão bem considerado como deveria ser é o fato de que alguns polinômios são excessivamente mal-condicionados. As menores mudanças nos coeficientes de um polinômio podem, no pior caso, esparramar suas raízes todas pelo plano complexo. (Um exemplo infame devido a Wikinson é detalhado por Acton [1].)

Lembre-se que um polinômio de grau $n$ deve ter $n$ raízes. As raízes podem ser reais ou complexas, e elas podem não ser distintas. Se os coeficientes do polinômio são reais, então raízes complexas ocorrerão em pares que são conjugados; i.e., se $x_1 = a + bi$ é uma raiz, então $x_2 = a - bi$ também será uma raiz. Quando os coeficientes são complexos, as raízes complexas não precisam ser relacionadas.

Raízes múltiplas, ou raízes muito próximas, produzem a maior dificuldade para algoritmos numéricos (ver Figura 9.5.1). Por exemplo, $P(x) = (x-a)^2$ tem uma raiz real dupla em $x = a$. Porém, não podemos confinar a raiz pela técnica usual de identificação de vizinhanças onde a função muda de sinal, e nem métodos que acompanham a inclinação da função, como é o caso do Newton-Raphson, funcionarão bem, por causa de ambas a função e sua derivada anularem-se em uma raiz múltipla. Newton-Raphson poderia funcionar, mas vagarosamente, uma vez que grandes erros de arredondamento ocorrem. Quando se sabe de antemão que uma raiz é conhecida múltipla, então métodos especiais de ataque são prontamente delineados. Problemas surgem quando (como é geralmente o caso) não sabemos de antemão qual patologia uma raiz exibirá.

## 9.5.1 Deflação de polinômios

Quando procuramos diversas ou todas as raízes de um polinômio, o esforço total pode ser significativamente reduzido pelo uso de *deflação*. Conforme cada raiz $r$ é encontrada, o polinômio é fatorado como um produto envolvendo a raiz e um polinômio reduzido de grau uma unidade a menos do que o original, i.e., $P(x) = (x-r) Q(x)$. Uma vez que as raízes de $Q$ são exatamente as raízes restantes de $P$, o esforço de se encontrar raízes adicionais diminui, porque trabalhamos com polinômios de grau mais e mais baixo conforme encontramos raízes sucessivas. Ainda mais importante, com deflação podemos evitar a trapalhada de ter nosso método iterativo convergindo duas vezes para a mesma raiz (não múltipla) ao invés de separadamente para as duas raízes diferentes.

Deflação, que corresponde a divisão sintética, é uma simples operação que atua sobre o array de coeficientes do polinômio. O código conciso para divisão sintética por um fator monomial foi dado em §5.1. Você pode deflacionar raízes complexas ou convertendo este código para tipos de dados complexos, ou então – no caso de um polinômio com coeficientes reais mas possivelmente raízes complexas – deflacionando por um fator quadrático,

$$[x - (a + ib)][x - (a - ib)] = x^2 - 2ax + (a^2 + b^2) \qquad (9.5.1)$$

A rotina `poldiv` em §5.1 pode ser usada para dividir o polinômio por este fator.

Deflação, porém, deve ser usada com cautela. Pelo fato de que cada nova raiz é conhecida apenas com acurácia finita, erros infiltram-se na determinação dos coeficientes de polinômios sucessivamente deflacionados. Consequentemente, as raízes podem se tornar mais e mais não acuradas. Faz muita diferença se a falta de acurácia arrasta-se estavelmente (mais ou menos poucos múltiplos de precisão da máquina em cada estágio) ou instavelmente (erosão de sucessivos dígitos significativos até os resultados se tornarem sem sentido). Qual comportamento ocorre depende apenas de como a raiz é decomposta. *Deflação regressiva*, onde os novos coeficientes polinomiais são computados na ordem da mais alta potência de $x$ diminuindo até o termo constante, foi ilustrada em §5.1. Isto se apresenta estável se a raiz do menor valor absoluto é decomposta em cada estágio. Alternativamente, podemos fazer *deflação progressiva*,

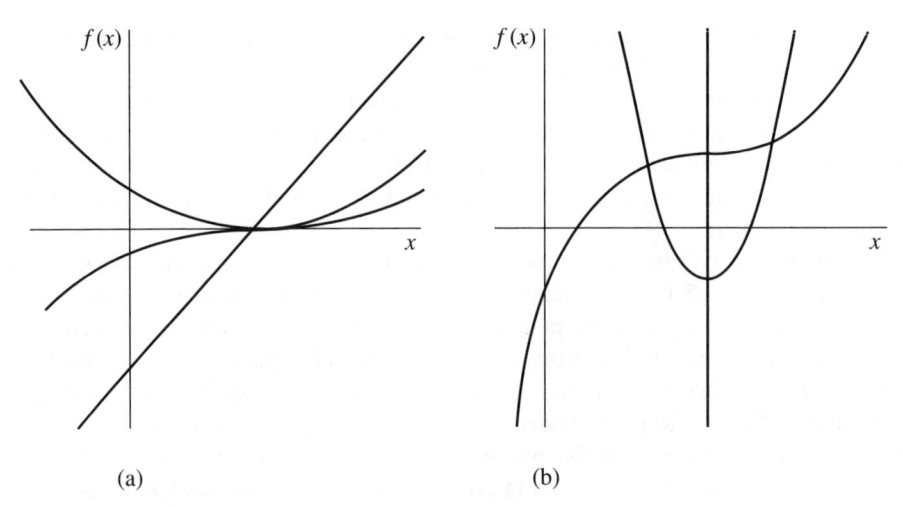

**Figura 9.5.1** (a) Comportamento linear, quadrático e cúbico das raízes dos polinômios. Somente sob alta amplificação (b) torna-se aparente que a cúbica tem uma, não três, raízes, e que a quadrática tem duas raízes ao invés de nenhuma.

onde novos coeficientes são computados na ordem do termo constante até o coeficiente de mais alta potência de $x$. Isto é estável se a raiz remanescente de *maior* valor absoluto é decomposta em cada estágio.

Um polinômio cujos coeficientes são permutados "de uma extremidade a outra", de forma que a constante torna-se o coeficiente de maior ordem etc., tem suas raízes mapeadas nos seus recíprocos. (Demonstração: divida o polinômio inteiro pela sua potência mais alta e reescreva-o como um polinômio em $1/x$.) O algoritmo para deflação progressiva é por esta razão virtualmente idêntico ao de deflação regressiva, exceto que os coeficientes originais são tomados na ordem reversa e o recíproco da raiz que sofreu deflação é utilizado. Uma vez que usaremos deflação regressiva a seguir, deixamos para você o exercício de escrever um código conciso para deflação progressiva (como em §5.1). Para mais sobre a estabilidade da deflação, consulte [2].

Para minimizar o impacto dos erros crescentes (mesmo os estáveis) quando se usa deflação, é prudente tratar as raízes dos polinômios sucessivamente deflacionados como raízes apenas tentativas do polinômio original. Faz-se então o *polimento* destas raízes tentativas tomando-as como chutes iniciais que devem ser ressolucionadas usando-se o polinômio original $P$. Novamente, você deve evitar raízes deflacionadas não acuradas o suficiente que, depois do polimento, convergem ambas para a mesma raiz deflacionada; neste caso você pode ganhar uma multiplicidade espúria de raiz e perder uma raiz distinta. Isto é detectável, uma vez que você pode comparar cada raiz polida por igualdade com as anteriores, de raízes tentativas distintas. Quando isto ocorre, aconselha-se deflacionar o polinômio apenas uma vez (e para esta raiz somente), então novamente polir a raiz tentativa, ou usar o procedimento de Maehly (ver equação 9.5.29).

A seguir, dizemos mais sobre técnicas para polir raízes reais e raízes tentativas complexas conjugadas. Primeiro, vamos voltar para estratégia como um todo.

Há duas escolas de pensamento sobre como proceder quando defrontado com um polinômio de coeficientes reais. Uma escola diz para ir segundo a extração mais fácil de raízes reais, distintas, pelos mesmos tipos de métodos que discutimos nas seções anteriores para funções gerais, i.e., confinamento por tentativa e erro seguido de um seguro Newton-Raphson como em `rtsafe`. Às vezes você está *apenas* interessado em raízes reais, neste caso a estratégia é completa. Caso contrário, você então vai atrás de fatores quadráticos da forma (9.5.1) por qualquer de uma variedade de métodos. Um deles é o método de Bairstow, que discutiremos a seguir no contexto de polimento de raízes. Outro é o método de Muller, que discutimos aqui brevemente.

### 9.5.2 Método de Muller

O método de *Muller* generaliza o método da secante mas usa interpolação quadrática entre três pontos em vez de interpolação linear entre dois. Resolver para os zeros da quadrática permite que o método encontre pares complexos das raízes. Dados *três* chutes anteriores para a raiz $x_{i-2}$, $x_{i-1}$, $x_i$, e os valores do polinômio $P(x)$ nestes pontos, a próxima aproximação $x_{i+1}$ é produzida pelas seguintes fórmulas,

$$q \equiv \frac{x_i - x_{i-1}}{x_{i-1} - x_{i-2}}$$
$$A \equiv qP(x_i) - q(1+q)P(x_{i-1}) + q^2 P(x_{i-2})$$
$$B \equiv (2q+1)P(x_i) - (1+q)^2 P(x_{i-1}) + q^2 P(x_{i-2}) \quad (9.5.2)$$
$$C \equiv (1+q)P(x_i)$$

seguida por

$$x_{i+1} = x_i - (x_i - x_{i-1}) \frac{2C}{B \pm \sqrt{B^2 - 4AC}} \quad (9.5.3)$$

onde o sinal no denominador é escolhido para tornar seu valor absoluto ou módulo tão grande quanto possível. Você pode começar as iterações com qualquer três valores de $x$ que você goste, p. ex., três valores igualmente espaçados no eixo real. Observe que você deve permitir a possibilidade de um denominador complexo, e uma subsequente aritmética complexa, na implementação do método.

O método de Muller é às vezes também usado para encontrar zeros complexos de funções analíticas (não apenas polinômios) no plano complexo, por exemplo, na rotina ZANLY[3] do IMSL.

### 9.5.3 Método de Laguerre

A segunda escola com relação a estratégias gerais é aquela à qual pertencemos. Esta escola aconselha usar um dos poucos métodos que convergirão (embora com maior ou menor eficiência) para todos os tipos de raízes: reais, complexas, únicas ou múltiplas. Use este método para obter valores tentativas para todas as $n$ raízes do polinômio de grau $n$. Então volte e faça seu polimento (refine-as) como desejado.

O método de Laguerre é de longe o que vai mais direto ao ponto destes métodos complexos gerais. Ele requer aritmética complexa, mesmo quando convergindo para raízes reais: contudo, para polinômios com raízes reais, é garantido que ele converge para uma raiz a partir de qualquer ponto inicial. Para polinômios com algumas raízes complexas, pouco é teoricamente demonstrado sobre a convergência do método. Muita experiência empírica, porém, sugere que não convergência é extremamente incomum e, adicionalmente, pode quase sempre ser corrigida por um simples esquema de quebra de ciclo limite não convergente. (Isto é implementado em nossa rotina abaixo.) Um exemplo de um polinômio que requer este esquema de quebra de ciclo é um de grau alto ($\gtrsim 20$), com todas as suas raízes exatamente fora do círculo unitário complexo, aproximadamente espaçadas igualmente em torno dele. Quando o método converge para um zero complexo simples, é conhecido que sua convergência é de terceira ordem.

Em algumas instâncias a aritmética complexa no método de Laguerre não é uma desvantagem, uma vez que o próprio polinômio pode ter coeficientes complexos.

Para motivar (embora não rigorosamente derivar) as fórmulas de Laguerre, podemos observar as seguintes relações entre os polinômios e suas raízes e derivadas:

$$P_n(x) = (x - x_0)(x - x_1) \ldots (x - x_{n-1}) \tag{9.5.4}$$

$$\ln |P_n(x)| = \ln |x - x_0| + \ln |x - x_1| + \ldots + \ln |x - x_{n-1}| \tag{9.5.5}$$

$$\frac{d \ln |P_n(x)|}{dx} = +\frac{1}{x - x_0} + \frac{1}{x - x_1} + \ldots + \frac{1}{x - x_{n-1}} = \frac{P_n'}{P_n} \equiv G$$

$$-\frac{d^2 \ln |P_n(x)|}{dx^2} = +\frac{1}{(x - x_0)^2} + \frac{1}{(x - x_1)^2} + \ldots + \frac{1}{(x - x_{n-1})^2} \tag{9.5.6}$$

$$= \left[\frac{P_n'}{P_n}\right]^2 - \frac{P_n''}{P_n} \equiv H \tag{9.5.7}$$

Partindo destas relações, as fórmulas de Laguerre determinam o que Acton [1] sutilmente chama de "um conjunto de hipóteses bastante drástico": assume-se que a raiz $x_0$ que investigamos esteja localizada a alguma distância $a$ do nosso atual chute inicial $x$, enquanto assume-se que *todas as outras raízes* estejam localizadas a uma distância $b$,

$$x - x_0 = a, \quad x - x_i = b, \quad i = 1, 2, \ldots, n - 1 \tag{9.5.8}$$

Então, podemos expressar (9.5.6) e (9.5.7) como

$$\frac{1}{a} + \frac{n - 1}{b} = G \tag{9.5.9}$$

$$\frac{1}{a^2} + \frac{n - 1}{b^2} = H \tag{9.5.10}$$

que produz como solução para $a$

$$a = \frac{n}{G \pm \sqrt{(n - 1)(nH - G^2)}} \tag{9.5.11}$$

onde o sinal poderia ser tomado para fornecer a maior magnitude para o denominador. Uma vez que o fator dentro da raiz quadrada pode ser negativo, $a$ pode ser complexo. (Uma justificativa mais rigorosa da equação 9.5.11 está em [4].)

O método opera iterativamente: para um valor tentativa $x$, calcule $a$ pela equação (9.5.11). Então use $x - a$ como o próximo valor tentativa. Continue até que $a$ seja suficientemente pequeno.

A seguinte rotina implementa o método de Laguerre para encontrar uma raiz de um dado polinômio de grau m, cujos coeficientes podem ser complexos. Como de costume, o primeiro coeficiente, a[0], é o termo constante, enquanto a[m] é o coeficiente da maior potência de x. A rotina implementa uma versão simplificada de um elegante critério devido a Adams [5], que consegue equilibrar o desejo de alcançar a completa acurácia da máquina, por um lado, com o perigo de iterar para sempre na presença de erros de arredondamento, pelo outro.

```
void laguer(VecComplex_I &a, Complex &x, Int &its) {                              roots_poly.h
```
Dados os m+1 coeficientes complexos de a[0..m] do polinômio $\sum_{i=0}^{m} a[i]x^i$, e dado um valor complexo x, esta rotina refina x pelo método de Laguerre até ele convergir, dentro de um limite de arredondamento alcançável, para uma raiz de um polinômio dado. O número de iterações realizado é retornado como its.
```
    const Int MR=8,MT=10,MAXIT=MT*MR;
    const Doub EPS=numeric_limits<Doub>::epsilon();
```
Aqui EPS é o erro de arredondamento fracionário estimado. Tentamos quebrar os (raros) ciclos limites com MR diferentes valores fracionários, uma vez a cada MT passos, para MAXIT iterações permitidas.
```
    static const Doub frac[MR+1]=
        {0.0,0.5,0.25,0.75,0.13,0.38,0.62,0.88,1.0};
```
Frações usadas para quebrar o ciclo limite.
```
    Complex dx,x1,b,d,f,g,h,sq,gp,gm,g2;
    Int m=a.size()-1;
    for (Int iter=1;iter<=MAXIT;iter++) {     Laço sobre iterações até o máximo permitido.
        its=iter;
        b=a[m];
        Doub err=abs(b);
        d=f=0.0;
        Doub abx=abs(x);
        for (Int j=m-1;j>=0;j--) {             Computação eficiente do polinômio e suas primeiras
            f=x*f+d;                           duas derivadas. f armazena P''/2.
            d=x*d+b;
            b=x*b+a[j];
            err=abs(b)+abx*err;
        }
        err *= EPS;
```
Estimativa do erro de arredondamento na avaliação do polinômio.
```
        if (abs(b) <= err) return;             Estamos em uma raiz.
        g=d/b;                                 O caso genérico: use fórmula de Laguerre.
        g2=g*g;
        h=g2-2.0*f/b;
        sq=sqrt(Doub(m-1)*(Doub(m)*h-g2));
        gp=g+sq;
        gm=g-sq;
        Doub abp=abs(gp);
        Doub abm=abs(gm);
        if (abp < abm) gp=gm;
        dx=MAX(abp,abm) > 0.0 ? Doub(m)/gp : polar(1+abx,Doub(iter));
        x1=x-dx;
        if (x == x1) return;                   Convergido.
        if (iter % MT != 0) x=x1;
        else x -= frac[iter/MT]*dx;
```
De vez em quando tomamos um passo fracionário, para quebrar qualquer ciclo limite (em si uma ocorrência rara).
```
    }
    throw("too many iterations in laguer");
```
Muito incomum; pode ocorrer apenas para raízes complexas. Tente um chute inicial diferente.
```
}
```

Aqui está uma rotina "driver" que chama laguer em sucessão a cada raiz, realiza uma deflação, opcionalmente pole as raízes pelo mesmo método de Laguerre – se você não vai polir de alguma outra maneira – e finalmente classifica as raízes pelas suas partes reais. (Usaremos esta rotina no Capítulo 13.)

```
void zroots(VecComplex_I &a, VecComplex_O &roots, const Bool &polish)            roots_poly.h
```
Dados os m+1 coeficientes complexos a[0..m] do polinômio $\sum_{i=0}^{m} a(i)x^i$, esta rotina sucessivamente chama laguer e encontra todas as m raízes complexas em roots[0..m-1]. A variável booleana polish deveria ter input como true se polimento (também pelo método de Laguerre) é desejado, false se as raízes são subsequentemente polidas por outras maneiras.
```
{
    const Doub EPS=1.0e-14;                    Um número pequeno.
```

```
Int i,its;
Complex x,b,c;
Int m=a.size()-1;
VecComplex ad(m+1);
for (Int j=0;j<=m;j++) ad[j]=a[j];        Cópia dos coeficientes para sucessiva deflação.
for (Int j=m-1;j>=0;j--) {                 Laço sobre cada raiz a ser encontrada.
    x=0.0;                                  Comece no zero para favorecer convergência para a
    VecComplex ad_v(j+2);                   menor raiz remanescente, e retorna a raiz.
    for (Int jj=0;jj<j+2;jj++) ad_v[jj]=ad[jj];
    laguer(ad_v,x,its);
    if (abs(imag(x)) <= 2.0*EPS*abs(real(x)))
        x=Complex(real(x),0.0);
    roots[j]=x;
    b=ad[j+1];                              Deflação regressiva.
    for (Int jj=j;jj>=0;jj--) {
        c=ad[jj];
        ad[jj]=b;
        b=x*b+c;
    }
}
if (polish)
    for (Int j=0;j<m;j++)                   Pole as raízes usando os coeficientes não deflacio-
        laguer(a,roots[j],its);             nados.
for (Int j=1;j<m;j++) {                     Classifica as raízes pelas suas partes reais por inserção
    x=roots[j];                             direta.
    for (i=j-1;i>=0;i--) {
        if (real(roots[i]) <= real(x)) break;
        roots[i+1]=roots[i];
    }
    roots[i+1]=x;
}
}
```

### 9.5.4 Métodos de autovalor

Os autovalores de uma matriz **A** são as raízes do "polinômio característico" $P(x) = \det[\mathbf{A} - x\mathbf{I}]$. Porém, como veremos no Capítulo 11, localização de raízes geralmente não é uma maneira eficiente de encontrar autovalores. Por outro lado, podemos usar os métodos mais eficientes de autovalores que são discutidos no Capítulo 11 para encontrar as raízes de polinômios arbitrários. Você pode facilmente verificar (ver, p. ex., [6]) que o polinômio característico da *matriz companheira* $m \times m$ especial

$$\mathbf{A} = \begin{pmatrix} -\frac{a_{m-1}}{a_m} & -\frac{a_{m-2}}{a_m} & \cdots & -\frac{a_1}{a_m} & -\frac{a_0}{a_m} \\ 1 & 0 & \cdots & 0 & 0 \\ 0 & 1 & \cdots & 0 & 0 \\ \vdots & & & & \vdots \\ 0 & 0 & \cdots & 1 & 0 \end{pmatrix} \qquad (9.5.12)$$

é equivalente ao polinômio geral

$$P(x) = \sum_{i=0}^{m} a_i x^i \qquad (9.5.13)$$

Se os coeficientes $a_i$ são reais, ao invés de complexos, então os autovalores de **A** podem ser encontrados usando-se a rotina Unsymmeig em §11.6 – §11.7 (ver discussão). Este método, implementado na rotina zrhqr seguinte, é tipicamente cerca de um fator de 2 mais lento do que zroots. Porém, para algumas classes de polinômios, é uma técnica mais robusta, principalmente por causa dos métodos de convergência razoavelmente sofisticados agregados em Unsymmeigh. Se seu polinômio tem coeficientes reais e você está tendo problemas com zroots, então zrhqr é uma alternativa recomendada.

zrhqr.h
```
void zrhqr(VecDoub_I &a, VecComplex_O &rt)
```
Encontre todas as raízes de um polinômio com coeficientes reais, $\sum_{i=0}^{m} a(i)x^i$, dados os coeficientes a[0..m]. O método é construir uma matriz de Hessenberg superior, cujos autovalores são as raízes desejadas, e então usar a rotina Unsymmeig. As raízes são retornadas no vetor complexo rt[0..m-1] ordenado em ordem decrescente pelas suas partes reais.

```
{
    Int m=a.size()-1;
    MatDoub hess(m,m);
    for (Int k=0;k<m;k++) {           Construa a matriz.
        hess[0][k] = -a[m-k-1]/a[m];
        for (Int j=1;j<m;j++) hess[j][k]=0.0;
        if (k != m-1) hess[k+1][k]=1.0;
    }
    Unsymmeig h(hess, false, true);   Encontre seus autovalores.
    for (Int j=0;j<m;j++)
        rt[j]=h.wri[j];
}
```

### 9.5.5 Outras técnicas infalíveis

O *método de Jenkins-Traub* se tornou praticamente um padrão nos localizadores "caixa-preta" de raízes de polinômio, p. ex., na biblioteca IMSL [3]. O método é muito complicado para se discutir aqui, mas é detalhado, com referências à literatura primária, em [4].

O *algoritmo de Lehmer-Schur* é uma das classes de métodos que isolam raízes no plano complexo ao generalizar a noção do confinamento (bracketing) unidimensional. É possível determinar eficientemente se há raízes de polinômios dentro de um círculo com centro e raio dado. Daí em diante é uma questão de documentação capturar todas as raízes com uma série de decisões a respeito de onde colocar novos círculos a se experimentar. Consulte [1] para uma introdução.

### 9.5.6 Técnicas para polimento de raízes

Newton-Raphson funciona muito bem para raízes reais uma vez que a vizinhança da raiz tenha sido identificada. O polinômio e a sua derivada podem ser simultaneamente avaliados de forma eficiente como em §5.1. Para um polinômio de grau n com coeficientes c[0]...c[n], o seguinte segmento de código executa um ciclo de Newton-Raphson:

```
p=c[n]*x+c[n-1];
p1=c[n];
for(i=n 2,i>=0,i--) {
    p1=p+p1*x;
    p=c[i]+p*x;
}
if (p1 == 0.0) throw("derivative should not vanish");
x -= p/p1;
```

Uma vez que todas as raízes reais de um polinômio tenham sido polidas, deve-se polir as raízes complexas, ou diretamente ou procurando-se fatores quadráticos.

Polimento direto por Newton-Raphson é realizado de uma maneira direta para raízes complexas se o código acima é convertido para tipos de dados complexos. Com polinômios de coeficientes reais, observe que seu chute inicial (raiz tentativa) *deve* estar fora do eixo real, senão você nunca escapa deste eixo – e pode ser arremessado para o infinito por um mínimo ou máximo do polinômio.

Para polinômios reais, a maneira alternativa de polir raízes complexas (ou, também, raízes reais duplas) é o *método de Bairstow*, que procura fatores quadráticos. A vantagem de se procurar fatores quadráticos é que isso evita aritmética complexa. O método de Bairstow procura um fator quadrático que incorpora as duas raízes $x = a \pm ib$, a saber,

$$x^2 - 2ax + (a^2 + b^2) \equiv x^2 + Bx + C \qquad (9.5.14)$$

Em geral, se dividirmos um polinômio por um fator quadrático, haverá um resto linear

$$P(x) = (x^2 + Bx + C)Q(x) + Rx + S. \qquad (9.5.15)$$

Dados $B$ e $C$, $R$ e $S$ podem ser prontamente encontrados, por divisão polinomial (§5.1). Podemos considerar $R$ e $S$ funções ajustáveis de $B$ e $C$, e eles serão nulos se o fator quadrático for um divisor de $P(x)$.

Na vizinhança de uma raiz, uma expansão em série de Taylor em primeira ordem aproxima a variação de $R$, $S$ com respeito a pequenas mudanças em $B$, $C$:

$$R(B + \delta B, C + \delta C) \approx R(B, C) + \frac{\partial R}{\partial B}\delta B + \frac{\partial R}{\partial C}\delta C \qquad (9.5.16)$$

$$S(B + \delta B, C + \delta C) \approx S(B, C) + \frac{\partial S}{\partial B}\delta B + \frac{\partial S}{\partial C}\delta C \qquad (9.5.17)$$

Para efetuar as derivadas parciais, considere a derivada de (9.5.15) com respeito a $C$. Uma vez que $P(x)$ é um polinômio fixo, ele é independente de $C$, portanto

$$0 = (x^2 + Bx + C)\frac{\partial Q}{\partial C} + Q(x) + \frac{\partial R}{\partial C}x + \frac{\partial S}{\partial C} \qquad (9.5.18)$$

o que pode ser reescrito como

$$-Q(x) = (x^2 + Bx + C)\frac{\partial Q}{\partial C} + \frac{\partial R}{\partial C}x + \frac{\partial S}{\partial C} \qquad (9.5.19)$$

Similarmente, $P(x)$ é independente de $B$, então diferenciar (9.5.15) com relação a $B$ dá

$$-xQ(x) = (x^2 + Bx + C)\frac{\partial Q}{\partial B} + \frac{\partial R}{\partial B}x + \frac{\partial S}{\partial B} \qquad (9.5.20)$$

Agora observe que a equação (9.5.19) se equipara com a equação (9.5.15) na sua forma. Então, se realizarmos uma segunda divisão sintética de $P(x)$, i.e., uma divisão de $Q(x)$ pelo mesmo fator quadrático, produzindo um resto $R_1 x + S_1$, então

$$\frac{\partial R}{\partial C} = -R_1 \qquad \frac{\partial S}{\partial C} = -S_1 \qquad (9.5.21)$$

Para obter as derivadas parciais restantes, efetue a equação (9.5.20) nas duas raízes da quadrática, $x_+$ e $x_-$. Uma vez que

$$Q(x_\pm) = R_1 x_\pm + S_1 \qquad (9.5.22)$$

## Capítulo 9 Localização de Raízes e Sistemas de Equações não Lineares

obtemos

$$\frac{\partial R}{\partial B}x_+ + \frac{\partial S}{\partial B} = -x_+(R_1 x_+ + S_1) \qquad (9.5.23)$$

$$\frac{\partial R}{\partial B}x_- + \frac{\partial S}{\partial B} = -x_-(R_1 x_- + S_1) \qquad (9.5.24)$$

Resolva estas duas equações para as derivadas parciais, usando

$$x_+ + x_- = -B \qquad x_+ x_- = C \qquad (9.5.25)$$

e encontre

$$\frac{\partial R}{\partial B} = BR_1 - S_1 \qquad \frac{\partial S}{\partial B} = CR_1 \qquad (9.5.26)$$

O método de Bairstow agora consiste em usar Newton-Raphson em duas dimensões (o que na verdade é o assunto da *próxima* seção) para encontrar um zero simultâneo de $R$ e $S$. Divisão sintética é usada duas vezes por ciclo para efetuar $R$, $S$ e suas derivadas parciais com relação a $B$ e $C$. Como no Newton-Raphson unidimensional, o método funciona nas adjacências do par de raízes (real ou complexa), mas pode fracassar miseravelmente quando se parte de um ponto aleatório. Por esta razão, o recomendamos somente no contexto de polimento de raízes complexas tentativas.

```
void qroot(VecDoub_I &p, Doub &b, Doub &c, const Doub eps)                              qroot.h
Dados n+1 coeficientes p[0..n] de um polinômio de grau n, e valores tentativa para os coeficientes de um
fator quadrático x*x+b*x+c, melhora (refina) a solução até os coeficientes b,c mudarem por menos do que
uma quantidade eps. A rotina poldiv em §5.1 é usada.
{
    const Int ITMAX=20;                     No máximo ITMAX iterações.
    const Doub TINY=1.0e-14;
    Doub sc,sb,s,rc,rb,r,dv,delc,delb;
    Int n=p.size()-1;
    VecDoub d(3),q(n+1),qq(n+1),rem(n+1);
    d[2]=1.0;
    for (Int iter=0;iter<ITMAX;iter++) {
        d[1]=b;
        d[0]=c;
        poldiv(p,d,q,rem);
        s=rem[0];                           Primeira divisão, r, s.
        r=rem[1];
        poldiv(q,d,qq,rem);
        sb = -c*(rc = -rem[1]);             Segunda divisão, parcial r, s com relação a c.
        rb = -b*rc+(sc = -rem[0]);
        dv=1.0/(sb*rc-sc*rb);               Resolva a equação 2 × 2.
        delb=(r*sc-s*rc)*dv;
        delc=(-r*sb+s*rb)*dv;
        b += (delb=(r*sc-s*rc)*dv);
        c += (delc=(-r*sb+s*rb)*dv);
        if ((abs(delb) <= eps*abs(b) || abs(b) < TINY)
                && (abs(delc) <= eps*abs(c) || abs(c) < TINY)) {
            return;                         Coeficientes convergidos.
        }
    }
    throw("Too many iterations in routine qroot");
}
```

Já alertamos o aborrecimento de se ter duas raízes tentativas colapsando para um valor sob polimento. Você fica sem saber se seu procedimento de polimento perdeu uma raiz, ou se de fato *há* uma raiz dupla, que foi dividida apenas por erros de arredondamento em suas deflações anteriores. Uma solução é deflacionar-e-repolir; mas deflação é o que estamos tentando evitar no estágio de polimento. Uma alternativa é o *procedimento de Maehly*. Maehly mostrou que a derivada do polinômio reduzido

$$P_j(x) \equiv \frac{P(x)}{(x - x_0) \cdots (x - x_{j-1})} \qquad (9.5.27)$$

pode ser escrita como

$$P'_j(x) = \frac{P'(x)}{(x - x_0) \cdots (x - x_{j-1})} - \frac{P(x)}{(x - x_0) \cdots (x - x_{j-1})} \sum_{i=0}^{j-1} (x - x_i)^{-1} \qquad (9.5.28)$$

Portanto, um passo de Newton-Raphson, tomando um chute $x_k$ em direção a um novo chute $x_{k+1}$, pode ser escrito como

$$x_{k+1} = x_k - \frac{P(x_k)}{P'(x_k) - P(x_k) \sum_{i=0}^{j-1} (x_k - x_i)^{-1}} \qquad (9.5.29)$$

Esta equação, se usada com *i* variando sobre as raízes já polidas, impedirá uma raiz tentativa de espuriamente saltar para outra que não seja a raiz verdadeira. Este é um exemplo da assim chamada *supressão de zero* como uma alternativa à deflação verdadeira.

O método de Muller, que foi descrito acima, também pode ser uma adjunto útil no estágio de polimento.

#### REFERÊNCIAS CITADAS E LEITURA COMPLEMENTAR

Acton, F.S. 1970, *Numerical Methods That Work;* 1990, corrected edition (Washington, DC: Mathematical Association of America), Chapter 7.[1]

Peters G., and Wilkinson, J.H. 1971, "Practical Problems Arising in the Solution of Polynomial Equations," *Journal of the Institute of Mathematics and Its Applications,* vol. 8, pp. 16-35.[2]

*IMSL Math/Library Users Manual* (Houston: IMSL Inc.), see 2007+, http://www.vni.com/ product s/imsl.[3]

Ralston, A., and Rabinowitz, P. 1978, *A First Course in Numerical Analysis,* 2nd ed.; reprinted 2001 (New York: Dover), §8.9-8.13.[4]

Adams, D.A. 1967, "A Stopping Criterion for Polynomial Root Finding," *Communications of the ACM,* vol. 10, pp. 655-658.[5]

Johnson, L.W., and Riess, R.D. 1982, *Numerical Analysis,* 2nd ed. (Reading, MA: Addison-Wesley), §4.4.3.[6]

Henrici, P. 1974, *Applied and Computational Complex Analysis,* vol. 1 (New York: Wiley).

Stoer, J., and Bulirsch, R. 2002, *Introduction to Numerical Analysis,* 3rd ed. (New York: Springer), §5.5-§5.9.

## 9.6 Método de Newton-Raphson para sistemas de equações não lineares

Fazemos uma afirmação extrema, mas inteiramente defensável: *não* existem *bons* métodos gerais para resolver sistemas de mais do que uma equação não linear. Além do mais, não é difícil ver por que (muito provavelmente) nunca *haverá* bons métodos gerais: considere o caso de duas dimensões, onde queremos resolver simultaneamente

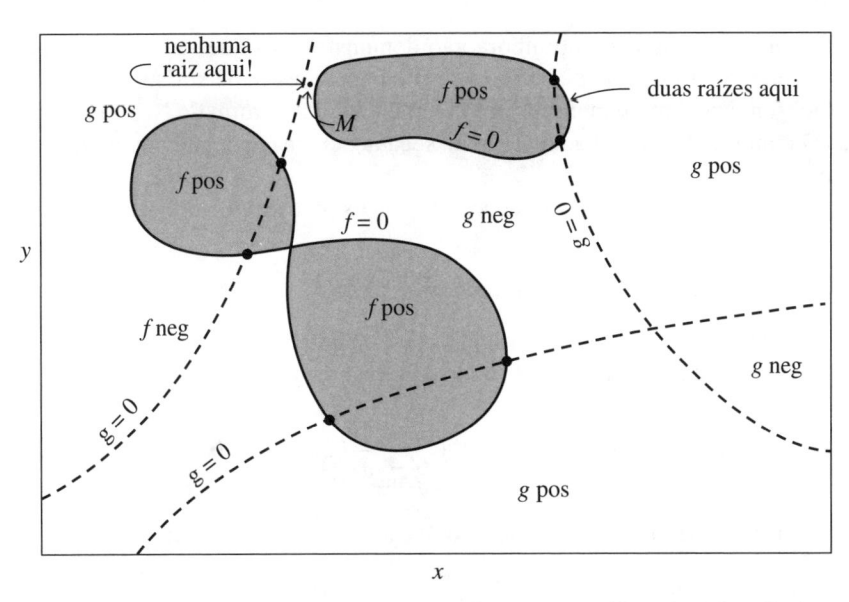

**Figura 9.6.1** Solução de duas equações não lineares a duas incógnitas. Curvas sólidas referem-se a f(x, y), curvas tracejadas a g(x, y). Cada equação divide o plano (x, y) em regiões positiva e negativa, limitadas pelas curvas nulas. As soluções desejadas são as intersecções destas curvas nulas não relacionadas. O número de soluções é uma incógnita, a princípio.

$$f(x, y) = 0$$
$$g(x, y) = 0$$
(9.6.1)

As funções $f$ e $g$ são duas funções arbitrárias, cada uma das quais tendo linhas de contorno nulas que dividem o plano (x, y) em regiões onde sua respectiva função é positiva ou negativa. Estas fronteiras de contorno nulas são de nosso interesse. As soluções que procuramos são aqueles pontos (se os houver) que são comuns aos contornos nulos de $f$ e $g$ (veja Figura 9.6.1). Infelizmente, as funções $f$ e $g$ não têm, em geral, relação alguma uma com a outra! Não há nada de especial em um ponto comum do ponto de vista de $f$, ou de $g$. A fim de encontrar todos os pontos comuns, os quais são as soluções de nossas equações não lineares, nós não teremos (em geral) que fazer nem mais nem menos do que mapear os contornos nulos inteiros de ambas as funções. Observe adicionalmente que os contornos nulos consistirão (em geral) de um número desconhecido de curvas disjuntas fechadas. Como podemos esperar saber quando encontramos todos estes pedaços disjuntos?

Para problemas em mais do que duas dimensões, nós precisamos encontrar pontos mutuamente comuns a $N$ hipersuperfícies de contorno nulo não relacionadas, cada uma de dimensão $N - 1$. Você percebe que localizar raízes torna-se quase impossível sem insight! Você quase sempre terá que usar informação adicional específica para seu problema particular, para respostas a questões básicas como "Você espera uma solução única?" e "Aproximadamente onde?". Acton [1] tem uma boa discussão de algumas das estratégias particulares que podem ser experimentadas.

Nesta seção, discutimos o método multidimensional mais simples para localização de raízes, Newton-Raphson. Este método fornece uma maneira eficiente de convergir para uma raiz, se você tem um chute inicial suficientemente bom. Ele também pode fracassar espetacularmente ao convergir, indicando (embora não demonstrando) que sua suposta raiz não existe nas proximidades. Em §9.7, discutimos implementações mais sofisticadas do método de Newton-Raphson, que tentam melhorar a convergência global ruim do Newton-Raphson. Uma generalização multidimensional do método da secante, chamada de método de Broyden, é também discutida em §9.7.

Um problema típico fornece $N$ relações funcionais para serem anuladas, envolvendo variáveis $x_i$, $i = 0, 1,..., N - 1$:

$$F_i(x_0, x_1, \ldots, x_{N-1}) = 0 \qquad i = 0, 1, \ldots, N - 1. \tag{9.6.2}$$

Fazemos $\mathbf{x}$ denotar o vetor completo de valores $x_i$ e $\mathbf{F}$ denotar o vetor completo de funções $F_i$. Na vizinhança de $\mathbf{x}$, cada uma das funções $F_i$ pode ser expandida em série de Taylor:

$$F_i(\mathbf{x} + \delta\mathbf{x}) = F_i(\mathbf{x}) + \sum_{j=0}^{N-1} \frac{\partial F_i}{\partial x_j} \delta x_j + O(\delta\mathbf{x}^2). \tag{9.6.3}$$

A matriz de derivadas parciais na equação (9.6.3) é a matriz *Jacobiana* $\mathbf{J}$:

$$J_{ij} \equiv \frac{\partial F_i}{\partial x_j}. \tag{9.6.4}$$

Na notação matricial, a equação (9.6.3) é

$$\mathbf{F}(\mathbf{x} + \delta\mathbf{x}) = \mathbf{F}(\mathbf{x}) + \mathbf{J} \cdot \delta\mathbf{x} + O(\delta\mathbf{x}^2). \tag{9.6.5}$$

Desprezando os termos de ordem $\delta\mathbf{x}^2$ e superiores e designando $\mathbf{F}(\mathbf{x}+\delta\mathbf{x}) = 0$, obtemos um sistema de equações lineares para as correções $\delta\mathbf{x}$ que movem cada função para mais próximo do zero simultaneamente, a saber,

$$\mathbf{J} \cdot \delta\mathbf{x} = -\mathbf{F}. \tag{9.6.6}$$

A equação matricial (9.6.6) pode ser resolvida por decomposição $LU$ como descrito em §2.3. As correções são então adicionadas ao vetor solução,

$$\mathbf{x}_{novo} = \mathbf{x}_{velho} + \delta\mathbf{x} \tag{9.6.7}$$

e o processo é iterado para convergência. Em geral, é uma boa ideia checar o grau em que ambas funções e variáveis convergiram. Uma vez que uma delas atingir a acurácia da máquina, a outra não mudará.

A seguinte rotina mnewt realiza ntrial iterações partindo de um chute inicial do vetor solução x[0..n-1]. A iteração para se a soma das magnitudes das funções $F_i$ é menor do que alguma tolerância tolf, ou a soma dos valores absolutos das correções para $\delta x_i$ é menor do que alguma tolerância tolx. mnewt chama uma função fornecida pelo usuário com o nome fixo usrfun, a qual deve fornecer os valores da função $\mathbf{F}$ e a matriz Jacobiana $\mathbf{J}$. (Os métodos mais sofisticados adiante neste capítulo terão uma interface mais versátil.) Se $\mathbf{J}$ for difícil de computar analiticamente, você pode tentar fazer usrfun invocar a rotina NRfdjac de §9.7 para computar as derivadas parciais pelas diferenças finitas. Você não deve fazer ntrial muito grande; em vez disso, inspecione para ver o que está acontecendo antes de continuar para algumas iterações complementares.

```
void usrfun(VecDoub_I &x, VecDoub_O &fvec, MatDoub_O &fjac);                                    mnewt.h

void mnewt(const Int ntrial, VecDoub_IO &x, const Doub tolx, const Doub tolf) {
Dado um chute inicial x[0..n-1] para uma raiz em n dimensões, tome ntrial passos de Newton-Raphson
para melhorar a raiz. Pare se a raiz convergir ou pelo fato da soma dos incrementos absolutos somados
terem superado tolx, ou se a soma dos valores absolutos da função for menor do que tolf.
    Int i,n=x.size();
    VecDoub p(n),fvec(n);
    MatDoub fjac(n,n);
    for (Int k=0;k<ntrial;k++) {
        usrfun(x,fvec,fjac);             Função do usuário fornece valores da função em x em
        Doub errf=0.0;                    fvec e matriz Jacobiana em fjac.
        for (i=0;i<n;i++) errf += abs(fvec[i]);      Cheque convergência da função.
        if (errf <= tolf) return;
        for (i=0;i<n;i++) p[i] = -fvec[i];    Lado direito das equações lineares.
        LUdcmp alu(fjac);                Resolva as equações lineares usando decomposição LU.
        alu.solve(p,p);
        Doub errx=0.0;                   Cheque convergência da raiz.
        for (i=0;i<n;i++) {              Atualização da solução.
            errx += abs(p[i]);
            x[i] += p[i];
        }
        if (errx <= tolx) return;
    }
    return;
}
```

### 9.6.1 Método de Newton versus minimização

No próximo capítulo, veremos que existem técnicas gerais eficientes para encontrar um mínimo de uma função de muitas variáveis. Por que esta tarefa é (relativamente) fácil, enquanto um problema de localização de raiz multidimensional é geralmente muito difícil? Não é minimização equivalente a encontrar um zero de um vetor gradiente $N$-dimensional, o que não é tão diferente de zerar uma função $N$-dimensional? Não! Os componentes do vetor gradiente não são funções arbitrárias independentes, eles obedecem as assim chamadas condições de integrabilidade que são altamente restritivas. Colocando grosseiramente, você pode sempre encontrar um mínimo escorregando morro abaixo em uma superfície única. O teste de "declividade" é assim unidimensional. Não há um procedimento conceitualmente análogo para encontrar a raiz multidimensional, onde o "declive" deve significar simultaneamente declive em $N$ espaços de função separados, assim permitindo uma multidão de "trade-offs" em relação a quanto de progresso em uma dimensão é importante comparado com o progresso em outra.

Pode ocorrer-lhe executar a localização de raízes multidimensionais colapsando todas as três dimensões em uma: adicione as somas de quadrados de funções individuais $F_i$ para obter uma função mestre $F$ que (i) é positiva-definida e (ii) tem um mínimo global do zero exatamente em todas as soluções do sistema original de equações não lineares. Infelizmente, como você verá no próximo capítulo, os algoritmos eficientes para localizar mínimos repousam no mínimo global e local indiscriminadamente. Você geralmente descobrirá, para sua grande insatisfação, que sua função $F$ tem um grande número de mínimos locais. Na Figura 9.6.1, por exemplo, há um provável mínimo local quando os contornos nulos $f$ e $g$ se aproximam muito um do outro. O ponto rotulado $M$ é um ponto desses, e observa-se que não existem raízes próximas.

Contudo, veremos agora que estratégias sofisticadas para localização de raízes multidimensionais podem de fato fazer uso da ideia de minimizar uma função mestre $F$, por *combiná-la* com o método de Newton aplicado ao conjunto completo de funções $F_i$. Apesar de tais métodos poderem ainda ocasionalmente falhar por residir em um mínimo local de $F$, eles geralmente têm sucesso onde um ataque direto via método de Newton sozinho falha. A próxima seção lida com estes métodos.

**REFERÊNCIAS CITADAS E LEITURA COMPLEMENTAR**

Acton, F.S. 1970, *Numerical Methods That Work;* 1990, corrected edition (Washington, DC: Mathematical Association of America), Chapter 14.[1]

Ostrowski, A.M. 1966, *Solutions of Equations and Systems of Equations,* 2nd ed. (New York: Academic Press).

Ortega, J., and Rheinboldt, W. 1970, *Iterative Solution of Nonlinear Equations in Several Variables* (New York: Academic Press); reprinted 2000 (Philadelphia: S.I.A.M.).

## 9.7 Métodos globalmente convergentes para sistemas de equações não lineares

Vimos que o método de Newton para resolver equações não lineares tem uma infeliz tendência a perder-se no infinito se o chute inicial não é suficientemente próximo à raiz. Um método *global* [1] seria um que converge para uma solução a partir de quase todo ponto inicial. Estes métodos globais existem para problemas de minimização; um exemplo é o método de quase Newton que descreveremos em §10.9. Nesta seção, desenvolveremos um algoritmo que é um análogo do método de quase Newton para localização de raízes multidimensionais. Infelizmente, apesar de ser melhor comportado do que o método de Newton, ele permanece ainda não confiável globalmente.

O que o método faz é combinar a convergência local rápida do método de Newton com uma estratégia de alta ordem que garante no mínimo algum progresso em cada passo – em direção à raiz de fato (usualmente), ou senão, de preferência raramente, em direção à situação rotulada "nenhuma raiz aqui!" na Figura 9.6.1. No último caso, o método reconhece o problema e sinaliza falha. Em contraste, o método de Newton pode saltar em torno para sempre, e você nunca terá certeza ou não de desistir.

Relembre nossa discussão de §9.6: o passo de Newton para o sistema de equações

$$\mathbf{F}(\mathbf{x}) = 0 \tag{9.7.1}$$

é

$$\mathbf{x}_{novo} = \mathbf{x}_{velho} + \delta \mathbf{x} \tag{9.7.2}$$

onde

$$\delta \mathbf{x} = -\mathbf{J}^{-1} \cdot \mathbf{F} \tag{9.7.3}$$

Aqui **J** é a matriz Jacobiana. Como decidimos se aceitamos o passo de Newton $\delta \mathbf{x}$? Uma estratégia razoável é requerer que o passo decresça $|\mathbf{F}|^2 = \mathbf{F} \cdot \mathbf{F}$. Este é a mesma exigência que imporíamos se fôssemos tentar minimizar

$$f = \tfrac{1}{2} \mathbf{F} \cdot \mathbf{F} \tag{9.7.4}$$

(O fator ½ é para conveniência posterior.) Toda solução para (9.7.1) minimiza (9.7.4), mas poderia haver mínimos locais de (9.7.4) que não são soluções para (9.7.1). Assim, como já mencionado, simplesmente aplicar um dos nossos algoritmos localizadores de mínimo do Capítulo 10 a (9.7.4) *não* é uma boa ideia.

Para desenvolver uma estratégia melhor, observe que o passo de Newton (9.7.3) é uma *direção decrescente* para *f*:

$$\nabla f \cdot \delta \mathbf{x} = (\mathbf{F} \cdot \mathbf{J}) \cdot (-\mathbf{J}^{-1} \cdot \mathbf{F}) = -\mathbf{F} \cdot \mathbf{F} < 0 \tag{9.7.5}$$

Assim, nossa estratégia é muito simples: sempre primeiro tentamos o passo de Newton completo, pois assim que estivermos próximos os suficiente da solução, teremos convergência quadrática. Contudo, checamos em cada iteração se o passo proposto reduz $f$. Senão, retrocedemos (backtracking) ao longo da direção de Newton até que tenhamos um passo aceitável. Pelo fato de que o passo de Newton está numa direção de $f$ decrescente, é garantido que encontraremos um passo aceitável ao retroceder. Discutimos o algoritmo de backtracking em mais detalhes abaixo.

Observe que este método minimiza $f$ apenas "casualmente", ou tomando os passos de Newton atribuídos para tornar **F** nulo, ou retrocedendo ao longo deste passo. O método *não* é equivalente a minimizar $f$ diretamente por tomar os passos de Newton desenvolvidos para fazer $\nabla f$ nulo. Apesar do método poder, entretanto, ainda falhar na convergência para o mínimo local de $f$ que não é uma raiz (como na Figura 9.6.1), isto é muito raro em aplicações reais. A rotina `newt` abaixo advertirá a você se isso ocorre. O único remédio é tentar um novo ponto de partida.

## 9.7.1 Buscas lineares e backtracking

Quando não estamos próximos o suficiente de um mínimo de $f$, tomar o passo completo de Newton $\mathbf{p} = \delta\mathbf{x}$ não precisa decrescer a função; podemos mover longe demais para a aproximação da função quadrática ser válida. Tudo o que nós garantimos é que inicialmente $f$ decresce conforme nós nos movemos na direção de Newton. Assim, o objetivo é mover para um novo ponto $\mathbf{x}_{novo}$ ao longo da *direção* do passo de Newton $\mathbf{p}$, mas não necessariamente até o fim:

$$\mathbf{x}_{novo} = \mathbf{x}_{velho} + \lambda \mathbf{p}, \qquad 0 < \lambda \leq 1 \tag{9.7.6}$$

O objetivo é encontrar $\lambda$ tal que $f(\mathbf{x}_{velho} + \lambda \mathbf{p})$ tenha decrescido suficientemente. Até o início dos anos 1970, uma prática padrão era escolher $\lambda$ tal que $\mathbf{x}_{novo}$ minimizasse exatamente $f$ na direção de $\mathbf{p}$. Contudo, agora sabemos que fazer isso assim é um extremo desperdício de avaliações de função. Uma estratégia melhor é como segue: uma vez que $\mathbf{p}$ é sempre a direção de Newton em nossos algoritmos, primeiro tentamos $\lambda = 1$, o passo completo de Newton. Isto conduzirá a uma convergência quadrática quando $\mathbf{x}$ é suficientemente próximo da solução. Contudo, se $f(\mathbf{x}_{novo})$ não satisfaz nosso critério de aceitação, retrocedemos (backtrack) ao longo da direção de Newton, tentando um valor menor de $\lambda$, até nós encontrarmos um ponto adequado. Uma vez que a direção de Newton é a direção de declive, é garantido que $f$ decrescerá para $\lambda$ suficientemente pequeno.

Qual poderia ser o critério para aceitar um passo? Não é suficiente requerer simplesmente que $f(\mathbf{x}_{velho}) < f(\mathbf{x}_{novo})$. Este critério poderá falhar em convergir para um mínimo de $f$ em uma de duas maneiras. Primeiro, é possível construir uma sequência de passos satisfazendo este critério com $f$ decrescendo muito vagarosamente em relação aos comprimentos de passo. Segundo, pode-se ter uma sequência onde comprimentos de passo são muito pequenos em relação à taxa inicial de decrescimento de $f$. (Para exemplos de tais sequência, ver [2], p.117.)

Uma alternativa simples para resolver o problema é requerer que a taxa *média* de decrescimento de $f$ seja no mínimo alguma fração $\alpha$ da taxa *inicial* de decrescimento $\nabla f \cdot \mathbf{p}$:

$$f(\mathbf{x}_{novo}) \leq f(\mathbf{x}_{velho}) + \alpha \nabla f \cdot (\mathbf{x}_{novo} - \mathbf{x}_{velho}) \tag{9.7.7}$$

Aqui o parâmetro $\alpha$ satisfaz $0 < \alpha < 1$. Podemos usar valores bastante pequenos de $\alpha$; $\alpha = 10^{-4}$ é uma boa escolha.

O segundo problema pode ser resolvido exigindo-se que a taxa de decrescimento de $f$ em $\mathbf{x}_{novo}$ seja maior do que alguma fração $\beta$ da taxa de decrescimento de $f$ em $\mathbf{x}_{velho}$. Na prática, não precisaremos impor este segundo vínculo porque nosso algoritmo backtracking terá um limiar ("cutoff") embutido para evitar tomar passos que sejam muito pequenos.

Aqui está a estratégia para uma rotina "backtracking" prática: defina

$$g(\lambda) \equiv f(\mathbf{x}_{\text{velho}} + \lambda \mathbf{p}) \tag{9.7.8}$$

tal que

$$g'(\lambda) = \nabla f \cdot \mathbf{p} \tag{9.7.9}$$

Se precisamos retroceder, então modelamos $g$ com a informação mais atual que temos e escolhemos $\lambda$ para minimizar o modelo. Partimos com $g(0)$ e $g'(0)$ disponíveis. O primeiro passo é sempre o passo de Newton, $\lambda = 1$. Se este passo não é aceitável, temos disponível $g(1)$ também. Podemos por esta razão modelar $g(\lambda)$ como uma quadrática:

$$g(\lambda) \approx [g(1) - g(0) - g'(0)]\lambda^2 + g'(0)\lambda + g(0) \tag{9.7.10}$$

Tomando a derivada desta quadrática, descobrimos que ela é mínima quando

$$\lambda = -\frac{g'(0)}{2[g(1) - g(0) - g'(0)]} \tag{9.7.11}$$

Uma vez que o passo de Newton falhou, pode-se mostrar que $\lambda \lesssim \frac{1}{2}$ para $\alpha$ pequeno. Precisamos nos proteger contra um valor muito pequeno de $\lambda$, porém. Designamos $\lambda_{\min} = 0{,}1$.

No segundo e subsequentes retrocessos (backtracks), modelamos $g$ como uma cúbica em $\lambda$, usando os valores prévios $g(\lambda_1)$ e o segundo valor mais recente $g(\lambda_2)$:

$$g(\lambda) = a\lambda^3 + b\lambda^2 + g'(0)\lambda + g(0) \tag{9.7.12}$$

Requerer que esta expressão dê os valores corretos de $g$ em $\lambda_1$ e $\lambda_2$ fornece duas equações que podem ser resolvidas para os coeficientes $a$ e $b$:

$$\begin{bmatrix} a \\ b \end{bmatrix} = \frac{1}{\lambda_1 - \lambda_2} \begin{bmatrix} 1/\lambda_1^2 & -1/\lambda_2^2 \\ -\lambda_2/\lambda_1^2 & \lambda_1/\lambda_2^2 \end{bmatrix} \cdot \begin{bmatrix} g(\lambda_1) - g'(0)\lambda_1 - g(0) \\ g(\lambda_2) - g'(0)\lambda_2 - g(0) \end{bmatrix} \tag{9.7.13}$$

O mínimo da cúbica (9.7.12) é que

$$\lambda = \frac{-b + \sqrt{b^2 - 3ag'(0)}}{3a} \tag{9.7.14}$$

Fazemos com que $\lambda$ esteja entre $\lambda_{\max} = 0{,}5\lambda_1$ e $\lambda_{\min} = 0{,}1\lambda_1$.

A rotina tem dois aspectos adicionais, um comprimento mínimo de passo `alamin` e um comprimento máximo de passo `stpmax`. `lnsrch` também será usado na rotina de minimização de quase Newton `dfpmin` na próxima seção.

roots_multidim.h
```
template <class T>
void lnsrch(VecDoub_I &xold, const Doub fold, VecDoub_I &g, VecDoub_IO &p,
    VecDoub_O &x, Doub &f, const Doub stpmax, Bool &check, T &func) {
```
Dado um ponto n-dimensional xold[0..n-1], o valor da função e gradiente aqui, fold e g[0..n-1], e uma direção p[0..n-1], encontra um novo ponto x[0..n-1] ao longo da direção p proveniente de xold onde a função ou functor func diminuiu "suficientemente". O novo valor de função é retornado em f. stpmax é uma quantidade input que limita o comprimento dos passos de forma que você não tente efetuar a função em regiões onde ela é indefinida ou sujeita a overflow. p é usualmente a direção de Newton. A quantidade output check é atribuída como false em uma saída normal. Ela é true quando x é muito próximo a xold. Em um algoritmo de minimização, isto usualmente sinaliza convergência e pode ser ignorado. Porém, em um algoritmo de localização de zero, a chamada ao programa deveria checar se a convergência é espúria.

```
    const Doub ALF=1.0e-4, TOLX=numeric_limits<Doub>::epsilon();
```
ALF assegura um decaimento suficiente no valor da função; TOLX é o critério de convergência em $\Delta x$.
```
    Doub a,alam,alam2=0.0,alamin,b,disc,f2=0.0;
    Doub rhs1,rhs2,slope=0.0,sum=0.0,temp,test,tmplam;
    Int i,n=xold.size();
    check=false;
```

```
        for (i=0;i<n;i++) sum += p[i]*p[i];
        sum=sqrt(sum);
        if (sum > stpmax)
            for (i=0;i<n;i++)
                p[i] *= stpmax/sum;                 Escale se o passo experimentando é muito
        for (i=0;i<n;i++)                           grande.
            slope += g[i]*p[i];
        if (slope >= 0.0) throw("Roundoff problem in lnsrch.");
        test=0.0;                                   Compute $\lambda_{min}$.
        for (i=0;i<n;i++) {
            temp=abs(p[i])/MAX(abs(xold[i]),1.0);
            if (temp > test) test=temp;
        }
        alamin=TOLX/test;                           Sempre experimente o primeiro passo com-
        alam=1.0;                                   pleto de Newton
        for (;;) {                                  Inicie o laço de iteração.
            for (i=0;i<n;i++) x[i]=xold[i]+alam*p[i];
            f=func(x);
            if (alam < alamin) {                    Convergência em $\Delta x$. Para nenhuma locali-
                for (i=0;i<n;i++) x[i]=xold[i];     zação, a chamada do programa poderia
                check=true;                         verificar a convergência.
                return;
            } else if (f <= fold+ALF*alam*slope) return;  Função decresce de forma suficiente.
            else {                                  Retroceda ("backtrack").
                if (alam == 1.0)
                    tmplam = -slope/(2.0*(f-fold-slope));    Primeira vez.
                else {                              Subsequentes retrocessos.
                    rhs1=f-fold-alam*slope;
                    rhs2=f2-fold-alam2*slope;
                    a=(rhs1/(alam*alam)-rhs2/(alam2*alam2))/(alam-alam2);
                    b=(-alam2*rhs1/(alam*alam)+alam*rhs2/(alam2*alam2))/(alam-alam2);
                    if (a == 0.0) tmplam = -slope/(2.0*b);
                    else {
                        disc=b*b-3.0*a*slope;
                        if (disc < 0.0) tmplam=0.5*alam;
                        else if (b <= 0.0) tmplam=(-b+sqrt(disc))/(3.0*a);
                        else tmplam=-slope/(b+sqrt(disc));
                    }
                    if (tmplam>0.5*alam)
                        tmplam=0.5*alam;            $\lambda \leq 0.5\ \lambda_1$.
                }
            }
            alam2=alam;
            f2 = f;
            alam=MAX(tmplam,0.1*alam);              $\lambda \geq 0.1\ \lambda_1$.
        }                                           Tente novamente.
    }
```

## 9.7.2 Método de Newton globalmente convergente

Usando os resultados acima em backtracking, aqui está a rotina globalmente convergente newt que usa lnsrch. Um aspecto de newt é que você não precisa fornecer a matriz Jacobiana analiticamente; a rotina tentará computar as derivadas parciais necessárias de **F** pelas diferenças finitas na rotina NRfdjac. A rotina usa algumas das técnicas descritas em §5.7 para computar derivadas numéricas. Claro, você pode sempre substituir NRfdjac com uma rotina que calcula o Jacobiano analiticamente se isto é fácil de você fazer.

A rotina requer uma função ou functor fornecido pelo usuário que computa o vetor de funções a serem anuladas. Sua declaração como uma função é

```
VecDoub vecfunc (VecDoub_I x)
```

(O nome vecfunc é arbitrário.) A declaração como um functor é similar.

roots_multidim.h
```
template <class T>
void newt(VecDoub_IO &x, Bool &check, T &vecfunc) {
```
Dado um chute inicial x[0..n-1] para uma raiz em n dimensões, encontre a raiz por um método de Newton globalmente convergente. O vetor de funções a ser anulado, chamado fvec[0..n-1] na rotina abaixo, é retornado por uma função ou functor fornecido pelo usuário (ver texto). A quantidade output check é atribuída como false em um retorno normal, e como true se a rotina convergiu para um mínimo local da função fmin definida abaixo. Neste caso, tente recomeçar com um chute inicial diferente.

```
    const Int MAXITS=200;
    const Doub TOLF=1.0e-8,TOLMIN=1.0e-12,STPMX=100.0;
    const Doub TOLX=numeric_limits<Doub>::epsilon();
```

Aqui MAXITS é o número máximo de iterações; TOLF designa o critério de convergência nos valores da função; TOLMIN designa o critério para decidir se uma convergência espúria para um mínimo de fmin ocorreu; STPMX é o comprimento de passo máximo escalado em buscas lineares; e TOLX é o critério convergência em $\delta \mathbf{x}$.

```
    Int i,j,its,n=x.size();
    Doub den,f,fold,stpmax,sum,temp,test;
    VecDoub g(n),p(n),xold(n);
    MatDoub fjac(n,n);
    NRfmin<T> fmin(vecfunc);              Estabeleça o objeto NRfmin.
    NRfdjac<T> fdjac(vecfunc);            Estabeleça o objeto NRfdjac.
    VecDoub &fvec=fmin.fvec;              Faça um alias para simplificar o código.
    f=fmin(x);                            fvec é também computada por esta chamada.
    test=0.0;                             Teste para chute inicial ser uma raiz. Use teste
    for (i=0;i<n;i++)                       mais estrito do que simplesmente TOLF.
        if (abs(fvec[i]) > test) test=abs(fvec[i]);
    if (test < 0.01*TOLF) {
        check=false;
        return;
    }
    sum=0.0;
    for (i=0;i<n;i++) sum += SQR(x[i]);   Calcule stpmax para buscas lineares.
    stpmax=STPMX*MAX(sqrt(sum),Doub(n));
    for (its=0;its<MAXITS;its++) {        Inicia o laço da iteração.
        fjac=fdjac(x,fvec);
```
Se o Jacobiano é disponível, você pode substituir a NRfdjac abaixo com sua própria estrutura.
```
        for (i=0;i<n;i++) {               Compute $\nabla f$ para a busca linear.
            sum=0.0;
            for (j=0;j<n;j++) sum += fjac[j][i]*fvec[j];
            g[i]=sum;
        }
        for (i=0;i<n;i++) xold[i]=x[i];   Armazene x,
        fold=f;                           e f.
        for (i=0;i<n;i++) p[i] = -fvec[i]; Lado direito para equações lineares.
        LUdcmp alu(fjac);                 Resolva equações lineares por decomposição LU.
        alu.solve(p,p);
        lnsrch(xold,fold,g,p,x,f,stpmax,check,fmin);
```
lnsrch retorna novo x e f. Ele também calcula fvec no novo x quando ele chama fmin.
```
        test=0.0;                         Teste para convergência em valores da função.
        for (i=0;i<n;i++)
            if (abs(fvec[i]) > test) test=abs(fvec[i]);
        if (test < TOLF) {
            check=false;
            return;
        }
        if (check) {                      Cheque para gradiente de f nulo, i.e., convergên-
            test=0.0;                       cia espúria.
            den=MAX(f,0.5*n);
            for (i=0;i<n;i++) {
                temp=abs(g[i])*MAX(abs(x[i]),1.0)/den;
                if (temp > test) test=temp;
            }
```

```
            check=(test < TOLMIN);
            return;
        }
        test=0.0;                           Teste para convergência em δx.
        for (i=0;i<n;i++) {
            temp=(abs(x[i]-xold[i]))/MAX(abs(x[i]),1.0);
            if (temp > test) test=temp;
        }
        if (test < TOLX)
            return;
    }
    throw("MAXITS exceeded in newt");
}
```

```
template <class T>                                                       roots_multidim.h
struct NRfdjac {
```
Compute a diferença "forward" (diferença um ponto à frente) para o Jacobiano.
```
    const Doub EPS;               Designe aproximar raiz quadrada da precisão da máquina.
    T &func;
    NRfdjac(T &funcc) : EPS(1.0e-8),func(funcc) {}
```
Inicialize com função fornecida pelo usuário ou functor que retorna o vetor de funções a serem zeradas.
```
    MatDoub operator() (VecDoub_I &x, VecDoub_I &fvec) {
```
Retorna o array Jacobiano df[0..n-1][0..n-1]. No input, x[0..n-1] é o ponto no qual o Jacobiano deve ser efetuado, e fvec[0..n-1] é o vetor dos valores da função no ponto.
```
        Int n=x.size();
        MatDoub df(n,n);
        VecDoub xh=x;
        for (Int j=0;j<n;j++) {
            Doub temp=xh[j];
            Doub h=EPS*abs(temp);
            if (h == 0.0) h=EPS;
            xh[j]=temp+h;             Truque para reduzir erro de precisão finita.
            h=xh[j]-temp;
            VecDoub f=func(xh);
            xh[j]=temp;
            for (Int i=0;i<n;i++)     Fórmula de diferença forward (um ponto à frente).
                df[i][j]=(f[i]-fvec[i])/h;
        }
        return df;
    }
};
```

```
template <class T>                                                       roots_multidim.h
struct NRfmin {
```
Retorna $f = \frac{1}{2} \mathbf{F} \cdot \mathbf{F}$. Também armazena o valor de **F** em fvec.
```
    VecDoub fvec;
    T &func;
    Int n;
    NRfmin(T &funcc) : func(funcc){}
```
Inicialize com uma função ou functor fornecido pelo usuário que retorna o vetor de funções a serem anuladas.
```
    Doub operator() (VecDoub_I &x) {
```
Retorna $f$ em x, e armazena **F(x)** em fvec.
```
        n=x.size();
        Doub sum=0;
        fvec=func(x);
        for (Int i=0;i<n;i++) sum += SQR(fvec[i]);
        return 0.5*sum;
    }
};
```

A rotina newt assume que os valores típicos de todos os componentes de **x** e de **F** são de ordem um, e pode falhar se esta hipótese for gravemente violada. Você deveria reescalar as variáveis pelos seus valores típicos antes de invocar newt se este problema ocorrer.

### 9.7.3 Métodos de secante multidimensionais: método de Broyden

O método de Newton como implementado acima é muito poderoso, mas ainda tem diversas desvantagens. Uma destas desvantagens é que a matriz Jacobiana é necessária. Em muitos problemas, derivadas analíticas não são disponíveis. Se a avaliação da função tem um custo alto, então o custo de se determinar a diferença finita do Jacobiano pode ser proibitivo.

Da mesma forma que os métodos de quase Newton que serão discutidos em §10.9 fornecem aproximações baratas para a matriz hessiana em algoritmos de minimização, existem métodos de quase Newton que proveem aproximações baratas para o Jacobiano na localização de zeros. Estes métodos são frequentemente chamados de *métodos da secante*, uma vez que eles se reduzem ao método da secante (§9.2) em uma dimensão (ver, p. ex., [2]). O melhor destes métodos ainda parece ser o primeiro introduzido, o método de Broyden [3].

Vamos denotar o Jacobiano aproximado por **B**. Então o *i*-ésimo passo do quase Newton $\delta \mathbf{x}_i$ é a solução de

$$\mathbf{B}_i \cdot \delta \mathbf{x}_i = -\mathbf{F}_i \tag{9.7.15}$$

onde $\delta \mathbf{x}_i = \mathbf{x}_{i+1} - \mathbf{x}_i$ (cf. equação 9.7.3). A condição quase Newton ou secante é que $\mathbf{B}_{i+1}$ satisfaça

$$\mathbf{B}_{i+1} \cdot \delta \mathbf{x}_i = \delta \mathbf{F}_i \tag{9.7.16}$$

onde $\delta \mathbf{F}_i = \mathbf{F}_{i+1} - \mathbf{F}_i$. Esta é a generalização da aproximação da secante unidimensional para a derivada, $\delta F / \delta x$. Contudo, a equação (9.7.16) não determina $\mathbf{B}_{i+1}$ unicamente em mais do que uma dimensão.

Muitas condições auxiliares diferentes para forçar $\mathbf{B}_{i+1}$ foram exploradas, mas o melhor desempenho do algoritmo na prática vem da fórmula de Broyden. Esta fórmula é baseada na ideia de se obter $\mathbf{B}_{i+1}$ fazendo a mínima alteração para que $\mathbf{B}_i$ seja consistente com a equação da secante (9.7.16). Broyden mostrou que a fórmula resultante é

$$\mathbf{B}_{i+1} = \mathbf{B}_i + \frac{(\delta \mathbf{F}_i - \mathbf{B}_i \cdot \delta \mathbf{x}_i) \otimes \delta \mathbf{x}_i}{\delta \mathbf{x}_i \cdot \delta \mathbf{x}_i} \tag{9.7.17}$$

Você pode facilmente checar que $\mathbf{B}_{i+1}$ satisfaz (9.7.16).

As primeiras implementações do método de Broyden usaram a fórmula de Sherman-Morrison, equação (2.7.2), para inverter a equação (9.7.17) analiticamente,

$$\mathbf{B}_{i+1}^{-1} = \mathbf{B}_i^{-1} + \frac{(\delta \mathbf{x}_i - \mathbf{B}_i^{-1} \cdot \delta \mathbf{F}_i) \otimes \delta \mathbf{x}_i \cdot \mathbf{B}_i^{-1}}{\delta \mathbf{x}_i \cdot \mathbf{B}_i^{-1} \cdot \delta \mathbf{F}_i} \tag{9.7.18}$$

Então, ao invés de resolver a equação (9.7.3) por, p. ex., decomposição *LU*, determinou-se

$$\delta \mathbf{x}_i = -\mathbf{B}_i^{-1} \cdot \mathbf{F}_i \tag{9.7.19}$$

pela multiplicação de matrizes em $O(N^2)$ operações. A desvantagem deste método é que ele não pode ser facilmente embutido em uma estratégia globalmente convergente, para a qual o gradiente da equação (9.7.4) requer **B**, e não $\mathbf{B}^{-1}$,

$$\nabla(\tfrac{1}{2}\mathbf{F} \cdot \mathbf{F}) \simeq \mathbf{B}^T \cdot \mathbf{F} \tag{9.7.20}$$

Consequentemente, implementamos a fórmula update na forma (9.7.17).

Contudo, podemos ainda preservar a solução $O(N^2)$ de (9.7.3) usando a decomposição $QR$ (§2.10) ao invés da decomposição $LU$. A razão é que por causa da forma especial da equação (9.7.17), a decomposição $QR$ de $\mathbf{B}_i$ pode ser atualizada na decomposição $QR$ de $\mathbf{B}_{i+1}$ em $O(N^2)$ operações (§2.10). Tudo que precisamos é uma aproximação inicial $\mathbf{B}_0$ para fazer a bola começar a rolar. Geralmente, é aceitável começar simplesmente com a matriz identidade e então permitir $O(N)$ atualizações para produzir uma razoável aproximação para o Jacobiano. Preferimos gastar as $N$ primeiras avaliações da função na aproximação por diferença finita para inicializar $\mathbf{B}$ via uma chamada para NRfdjac.

Uma vez que $\mathbf{B}$ não é o Jacobiano exato, não temos garantia de que $\delta\mathbf{x}$ é a direção de decrescimento para $f = \frac{1}{2}\mathbf{F}\cdot\mathbf{F}$ (cf. equação 9.7.5). Então, o algoritmo de busca linear pode falhar em retornar um passo adequado se $\mathbf{B}$ vai para longe do jacobiano verdadeiro. Neste caso, nós reinicializaremos $\mathbf{B}$ por outra chamada para NRfdjac.

Como o método da secante em uma dimensão, o método de Broyden converge de forma superlinear assim que você obtém proximidade suficiente da raiz. Embutido em uma estratégia global, é quase tão robusto quanto o método de Newton, e geralmente precisa de muito menos avaliações da função para determinar um zero. Observe que o valor final de $\mathbf{B}$ *nem* sempre está próximo do verdadeiro Jacobiano na raiz, mesmo quando o método converge.

A rotina broydn, dada abaixo, é muito similar a newt em organização. As principais diferenças são o uso da decomposição $QR$ ao invés da $LU$, e a fórmula de atualização ao invés da determinação direta do Jacobiano. As observações no fim de newt sobre escalar as variáveis aplicam-se igualmente para broydn.

```
template <class T>                                              roots_multidim.h
void broydn(VecDoub_IO &x, Bool &check, T &vecfunc) {
```
Dado um chute inicial x[0..n-1] para uma raiz em n dimensões, encontre a raiz pelo método de Broyden embutido em uma estratégia globalmente convergente. O vetor de funções a ser zerado, chamado fvec[0..n-1] na rotina abaixo, é retornado pela função ou functor fornecidos pelo usuário vecfunc. As rotinas NRfdjac e NRfmin de newt são usadas. A quantidade output check é atribuída como false em um retorno normal, e como true se a rotina convergiu para um mínimo local da função fmin ou se o método de Boyden não pode fazer nenhum progresso adicional. Neste caso, tente recomeçar com um chute inicial diferente.
```
    const Int MAXITS=200;
    const Doub EPS=numeric_limits<Doub>::epsilon();
    const Doub TOLF=1.0e-8, TOLX=EPS, STPMX=100.0, TOLMIN=1.0e-12;
```
Aqui MAXITS é o número máximo de iterações; EPS é a máxima precisão da máquina; TOLF é o critério de convergência nos valores da função; TOLX é o critério de convergência em $\delta\mathbf{x}$; STPMX é o comprimento máximo do passo escalado permitido em buscas lineares; e TOLMIN é usado para decidir se convergência espúria para um mínimo de fmin ocorreu.
```
    Bool restrt,skip;
    Int i,its,j,n=x.size();
    Doub den,f,fold,stpmax,sum,temp,test;
    VecDoub fvcold(n),g(n),p(n),s(n),t(n),w(n),xold(n);
    QRdcmp *qr;
    NRfmin<T> fmin(vecfunc);          Estabelece o objeto NRfmin.
    NRfdjac<T> fdjac(vecfunc);        Estabelece o objeto NRfdjac.
    VecDoub &fvec=fmin.fvec;          Faz uma alias para simplificar o código.
    f=fmin(x);                        O vetor fvec é também computado por esta chamada.
    test=0.0;
    for (i=0;i<n;i++)                 Teste para chute inicial ser uma raiz. Use teste mais
        if (abs(fvec[i]) > test) test=abs(fvec[i]);    estrito do que simplesmente TOLF.
    if (test < 0.01*TOLF) {
        check=false;
        return;
    }
    for (sum=0.0,i=0;i<n;i++) sum += SQR(x[i]);    Calcule stpmax para buscas lineares.
    stpmax=STPMX*MAX(sqrt(sum),Doub(n));
    restrt=true;                      Assegura que o Jacobiano inicial seja computado.
```

```
        for (its=1;its<=MAXITS;its++) {        Comece laço de iteração.
            if (restrt) {                       Inicialize ou reinicialize Jacobiano e o decomponha na
                qr=new QRdcmp(fdjac(x,fvec));       forma QR.
                if (qr->sing) throw("singular Jacobian in broydn");
            } else {                            Execute a atualização de Broyden.
                for (i=0;i<n;i++) s[i]=x[i]-xold[i];        s = δx.
                for (i=0;i<n;i++) {                         t = R · x.
                    for (sum=0.0,j=i;j<n;j++) sum += qr->r[i][j]*s[j];
                    t[i]=sum;
                }
                skip=true;
                for (i=0;i<n;i++) {                         w = δF − B · s.
                    for (sum=0.0,j=0;j<n;j++) sum += qr->qt[j][i]*t[j];
                    w[i]=fvec[i]-fvcold[i]-sum;
                    if (abs(w[i]) >= EPS*(abs(fvec[i])+abs(fvcold[i]))) skip=false;
                    Não atualize com componentes de w com ruído.
                    else w[i]=0.0;
                }
                if (!skip) {
                    qr->qtmult(w,t);                        t = Q^T · w.
                    for (den=0.0,i=0;i<n;i++) den += SQR(s[i]);
                    for (i=0;i<n;i++) s[i] /= den;          Armazena s/(s · s) em s.
                    qr->update(t,s);                        Atualize R e Q^T.
                    if (qr->sing) throw("singular update in broydn");
                }
            }
            qr->qtmult(fvec,p);
            for (i=0;i<n;i++)                   Lado direito para as equações lineares é −Q^T · F.
                p[i] = -p[i];
            for (i=n-1;i>=0;i--) {              Compute ▽f≈(Q · R)^T ·F para a busca linear.
                for (sum=0.0,j=0;j<=i;j++) sum -= qr->r[j][i]*p[j];
                g[i]=sum;
            }
            for (i=0;i<n;i++) {                 Armazene x e F.
                xold[i]=x[i];
                fvcold[i]=fvec[i];
            }
            fold=f;                             Armazene f.
            qr->rsolve(p,p);                    Resolva equações lineares.
            lnsrch(xold,fold,g,p,x,f,stpmax,check,fmin);
            lnsrch retorna novo x e f. Ele também calcula fvec no novo x quando ele chama fmin.
            test=0.0;                           Teste para convergência nos valores da função.
            for (i=0;i<n;i++)
                if (abs(fvec[i]) > test) test=abs(fvec[i]);
            if (test < TOLF) {
                check=false;
                delete qr;
                return;
            }
            if (check) {                        Verdadeiro se a busca linear falhou em encontrar um novo x.
                if (restrt) {                   Falha; já tentou reinicializar o Jacobiano.
                    delete qr;
                    return;
                } else {
                    test=0.0;                   Cheque para gradiente de f nulo, i.e., convergência espúria.
                    den=MAX(f,0.5*n);
                    for (i=0;i<n;i++) {
                        temp=abs(g[i])*MAX(abs(x[i]),1.0)/den;
                        if (temp > test) test=temp;
                    }
                    if (test < TOLMIN) {
                        delete qr;
```

```
                return;
            }
            else restrt=true;        Tente reinicializar o Jacobiano.
        }
    } else {                         Passo com sucesso, usará o update de Broyden para o próximo
        restrt=false;                passo.
        test=0.0;                    Teste para convergência em δx.
        for (i=0;i<n;i++) {
            temp=(abs(x[i]-xold[i]))/MAX(abs(x[i]),1.0);
            if (temp > test) test=temp;
        }
            if (test < TOLX) {
                delete qr;
                return;
            }
        }
    }
    throw("MAXITS exceeded in broydn");
}
```

## 9.7.4 Implementações mais avançadas

Uma das principais maneiras em que os métodos descritos até aqui podem falhar é se **J** (no método de Newton) ou **B** (no método de Broyden) torna-se singular ou aproximadamente singular, de forma que δx não pode ser determinado. Se você tiver sorte, esta situação não ocorrerá com muita frequência. Os métodos desenvolvidos até aqui para lidar com este problema envolvem monitorar o número de condição de **J** e perturbar **J** se uma singularidade ou singularidade próxima é detectada. Isto é mais facilmente implementado se a decomposição *QR* é usada ao invés de *LU* no método de Newton (ver [2] para detalhes). Nossa experiência é que, apesar de esse algoritmo poder resolver problemas onde **J** é exatamente singular e o método de Newton padrão falha, ele ocasionalmente é menos robusto em outros problemas onde a decomposição *LU* tem sucesso. Claramente, detalhes de implementação envolvendo erros de arredondamento, underflow etc. são importantes aqui, e a última palavra ainda está para ser dada.

Nossas estratégias globais tanto para minimização como para localização de zeros foram baseadas em buscas lineares. Outros algoritmos, tais como os métodos *hook step* e *dogleg step*, são baseados na abordagem *model-trust region*, que é relacionada ao algoritmo de Levenberg-Marquardt para ajustes não lineares por mínimos quadrados (§15.5). Embora mais complicado do que as buscas lineares, estes métodos tem uma reputação de robustez mesmo quando começam longe do zero ou mínimo desejado [2].

### REFERÊNCIAS CITADAS E LEITURA COMPLEMENTAR

Deuflhard, P. 2004, *Newton Methods for Nonlinear Problems* (Berlin: Springer).[1]

Dennis, J.E., and Schnabel, R.B. 1983, *Numerical Methods for Unconstrained Optimization and Nonlinear Equations;* reprinted 1996 (Philadelphia: S.I.A.M.).[2]

Broyden, C.G. 1965, "A Class of Methods for Solving Nonlinear Simultaneous Equations," *Mathematics of Computation,* vol. 19, pp. 577-593.[3]

CAPÍTULO

# 10 Minimização ou Maximização de Funções

## 10.0 Introdução

Em poucas palavras: a você é dada uma simples função $f$ que depende de uma ou mais variáveis independentes. Você quer encontrar o valor destas variáveis onde $f$ assume um valor máximo ou mínimo. Você pode então calcular qual valor de $f$ é alcançado no máximo ou mínimo. As tarefas de maximização e minimização são trivialmente relacionadas uma com a outra, pois a função $f$ de uma pessoa poderia muito bem ser a $-f$ de uma outra. O desejado em termos computacionais é o usual: fazer rapidamente, de forma barata e com pouca memória. Às vezes o esforço computacional é dominado pelo custo de efetuar $f$ (e também talvez suas derivadas parciais com respeito a todas as variáveis, se o algoritmo escolhido as requer). Em tais casos, o desejado algumas vezes é trocado pelo simples substituto: efetue $f$ o menos possível.

Um extremo (ponto de máximo ou mínimo) pode ser ou *global* (verdadeiramente o maior ou menor valor da função) ou local (o maior ou menor em uma vizinhança finita, e não na fronteira desta vizinhança). (Veja Figura 10.0.1.) Encontrar um extremo global é, em geral, um problema muito difícil. Duas heurísticas são vastamente usadas: (i) encontrar extremos locais partindo de valores iniciais que variam enormemente das variáveis independentes (talvez escolhidos quase aleatoriamente, como em §7.8), e então escolher o mais extremo destes (se eles não são todos o mesmo); ou (ii) perturbar um extremo local dando uma passo de amplitude finita longe dele, e então ver se sua rotina retorna a você um ponto melhor, ou "sempre" para o mesmo. Mais recentemente, o assim chamado *métodos do simulated annealing* (§10.12) demonstrou ter sucesso em uma variedade de problemas de extremização global.

Nosso título do capítulo poderia muito bem ser *otimização*, que é o nome usual para este grande campo da pesquisa numérica. A importância atribuída às várias tarefas neste campo depende fortemente dos interesses particulares do interlocutor. Economistas, e alguns engenheiros, estão particularmente interessados com *otimização restrita a vínculos*, onde existem limitações *a priori* aos valores permitidos das variáveis independentes. Por exemplo, a produção de trigo nos Estados Unidos deve ser um número não negativo. Uma área de otimização sujeita a vínculos particularmente bem-desenvolvida é a programação linear, onde tanto a função a ser otimizada quanto os vínculos são funções lineares de variáveis independentes. As Seções 10.10 e 10.11, que fora isso são um pouco desconexas do resto do material que escolhemos para incluir neste capítulo, discute as duas maiores abordagens para tais problemas, o assim chamado *algoritmo simplex* e os *métodos de ponto interior*.

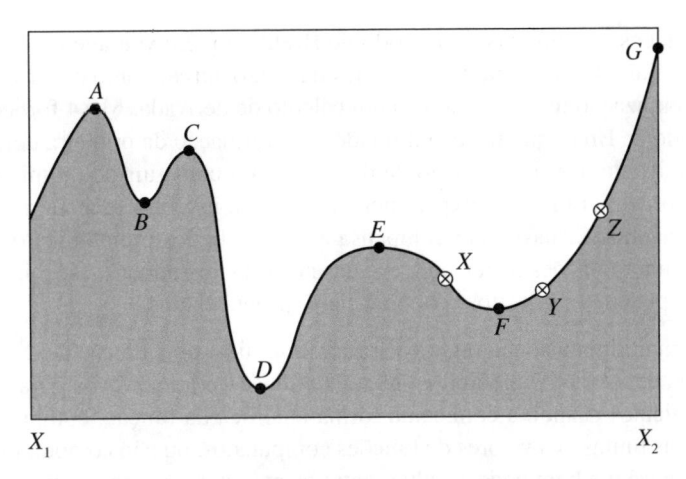

**Figura 10.0.1** Extremos de uma função em um intervalo. Pontos A, C, e E são máximos locais, mas não globais. Pontos B e F são mínimos locais, mas não globais. O máximo global ocorre em G, que está na fronteira do intervalo, de forma que a derivada da função não precisa ser nula lá. O mínimo global está em D. No ponto E, derivadas maiores do que a primeira anulam-se, uma situação que pode causar dificuldade para alguns algoritmos. Os pontos X, Y e Z são ditos *agrupar* o mínimo F, pois Y é menor do que ambos X e Z.

Duas outras seções, §10.12 e §10.13, também estão fora do nosso caminho principal, mas por razões diferentes. Como mencionado, §10.12 discute os assim chamados métodos *annealing*. Estes são estocásticos, ao invés de algoritmos determinísticos. Os métodos annealing resolveram alguns problemas que eram considerados praticamente insolúveis: eles resolvem o problema de encontrar extremos globais na presença de grandes números de extremos locais indesejados. A Seção 10.13 discute um tipo diferente de minimização, do comprimento do trajeto ao longo de um grafo direcionado pela técnica conhecida como *programação dinâmica*. Isto se mostrará importante mais tarde, no Capítulo 16.

As outras seções neste capítulo constituem uma seleção de algoritmos estabelecidos para minimização sem vínculos. (Para maior exatidão, daqui em diante nos referiremos a um problema de otimização como de minimização.) Estas seções são conexas, com as posteriores dependendo das anteriores. Se você está apenas procurando um algoritmo "perfeito" para resolver sua aplicação particular, você pode sentir que estamos dizendo mais do que você quer saber. Infelizmente, *não* há um algoritmo de otimização perfeito. Este é um caso onde fortemente incentivamos você a tentar mais do que um método de forma comparativa. Contudo, aqui estão algumas diretrizes:

Para minimização unidimensional (minimizar uma função de uma variável), você deve escolher entre métodos que requerem apenas avaliações da função, e métodos que também requerem avaliações da derivada da função. Estes últimos são tipicamente mais poderosos, mas nem sempre o suficiente para compensar os cálculos adicionais de derivadas. Podemos facilmente construir exemplos favorecendo uma abordagem ou a outra.

- Para minimização unidimensional *sem* cálculo de derivada, primeiro confine (bracket) o mínimo como descrito em §10.2, e então use o *método de Brent* como descrito em §10.3. Se sua função tem uma derivada segunda (ou inferior) descontínua, então as

interpolações parabólicas do método de Brent não têm vantagem alguma, e você poderia desejar usar a forma mais simples da razão áurea, como descrito em §10.2.
- Para minimização unidimensional com cálculo de derivada, §10.4 fornece uma variante do método de Brent que faz uso limitado da informação da primeira derivada. Evitamos a alternativa de usar informação da derivada para construir polinômios interpoladores de altas ordens. Em nossa experiência, a melhora na convergência muito perto de um mínimo analítico, suave, não compensa a tendência dos polinômios de algumas vezes fornecer interpolações fortemente erradas nos estágios iniciais, especialmente para funções que podem ter aspectos "exponenciais" pronunciados.

Para o caso multidimensional, onde você quer minimizar uma função de duas ou mais variáveis, o análogo da derivada é o gradiente, uma quantidade vetorial. Você agora tem três opções: computar os gradientes usando a conhecida forma analítica da função, computar os gradientes tomando diferenças finitas dos valores de funções computados, ou não computar os gradientes de maneira alguma. Você também pode escolher entre os métodos que requerem memória da ordem $N^2$ e aqueles que requerem apenas da ordem de $N$, onde $N$ é o número de dimensões. Para valores moderados de $N$, isto não é uma limitação grave; mas se $N$ é o número de pontos em uma grade bi ou tridimensional, então a memória para $N^2$ pode ser proibitiva.

- Para minimização sem gradientes, o "downhill simplex method" (método simplex em declive) devido a Nelder e Mead, discutido em §10.5, é lento, mas certo. (Este uso da palavra "simplex" não deve ser confundido com o método simplex da programação linear.) O método simplesmene arrasta-se em um declive de uma uma forma direta que requer quase nenhuma hipótese especial sobre sua função. Apesar de isto poder ser extremamente lento, pode também ser extremamente robusto. Um fato que não pode ser negligenciado é que o código é conciso e completamente autocontido: um programa de minimização geral $N$-dimensional em menos de 100 linhas de código! A memória necessária é da ordem $N^2$, e cálculos da derivada não são exigidos.
- Quando sua função tem alguma suavidade, mas você ainda não quer computar gradientes, dirija-se aos "*direction set methods*" (métodos de conjuntos de direções), dos quais o *método de Powell* é o protótipo (§10.7). O método de Powell requer um subalgoritmo de minimização unidimensional tal como o método de Brent (ver acima). Memória é da ordem $N^2$. "Direction set methods" são muito mais rápidos do que o "downhill simplex method". Mas continue lendo para, possivelmente, uma alternativa ainda melhor.

Agora o caso onde você está disposto a calcular gradientes da sua função que tem forma analítica conhecida:

- *Métodos de gradiente conjugado*, exemplificados pelo algoritmo de Fletcher-Reeves e pelo proximamente relacionado e provavelmente superior *algoritmo de Polak-Ribiere*, são vastamente utilizados. Métodos de gradiente conjugado requerem apenas uma memória da ordem de poucas vezes $N$, cálculos de derivada e subminimização unidimensional. Dirija-se a §10.8 para discussão detalhada e implementação.
- Os métodos *quase Newton* ou de *métrica variável* são exemplificados pelo algoritmo *Davidon-Fletcher-Powell* (*DFP*) (algum referido apenas como o método de *Fletcher-Powell*) ou o algoritmo relacionado *Broyden-Fletcher-Goldfarb-Shanno* (*BFGS*). Este métodos requerem uma memória da ordem $N^2$, cálculos de derivadas e

subminimização unidimensional. Detalhes estão em §10.9. Nossa experiência pessoal é que os métodos quase Newton dominam os métodos de gradiente conjugado (se você tem memória disponível), mas provavelmente existem aplicações onde o inverso é verdadeiro.

Finalmente, o caso no qual o método usa gradientes, mas você está disposto a deixar que eles sejam calculados por avaliações extra da função (e diferenças finitas):

- Em nossa experiência, os métodos de quase Newton (métrica variável) funcionam muito bem neste caso, tanto que eles podem ser significativamente mais eficientes do que o método de Powell em problemas adequados. Em §10.9, damos uma implementação que (quase) esconde o cálculo do gradiente completamente. Por esta razão, quase Newton é efetivamente nossa primeira escolha de método para ambas as situações: quando você está disposto a calcular gradientes e quando você não está disposto!

Você pode agora subir aos cumes (e/ou descer às profundezas) da otimização prática.

### REFERÊNCIAS CITADAS E LEITURA COMPLEMENTAR

Dennis, J.E., and Schnabel, R.B. 1983, *Numerical Methods for Unconstrained Optimization and Nonlinear Equations;* reprinted 1996 (Philadelphia: S.I.A.M.).

Polak, E. 1971, *Computational Methods in Optimization* (New York: Academic Press).

Gill, P.E., Murray, W., and Wright, M.H. 1981, *Practical Optimization* (New York: Academic Press).

Acton, F.S. 1970, *Numerical Methods That Work;* 1990, corrected edition (Washington, DC: Mathematical Association of America), Chapter 17.

Jacobs, D.A.H. (ed.) 1977, *The State of the Art in Numerical Analysis* (London: Academic Press), Chapter III.1.

Brent, R.P. 1973, *Algorithms for Minimization without Derivatives* (Englewood Cliffs, NJ: Prentice-Hall); reprinted 2002 (New York: Dover).

Dahlquist, G., and Bjorck, A. 1974, *Numerical Methods* (Englewood Cliffs, NJ: Prentice-Hall); reprinted 2003 (New York: Dover), Chapter 10.

## 10.1 Bracketing (confinar) um mínimo inicialmente

O que significa *confinar* um mínimo? Sabe-se que uma raiz de uma função é confinada por um par de pontos $a$ e $b$ quando a função tem sinal oposto àqueles dois pontos. Um mínimo, por outro lado, está confinado apenas quando há uma tripla de pontos, $a < b < c$ (ou $c < b < a$), tal que $f(b)$ é menor do que $f(a)$ e $f(c)$. Neste caso, sabemos que a função (se ela é suave) tem um mínimo no intervalo $(a, c)$.

Consideramos o confinamento inicial de um mínimo como sendo parte essencial de qualquer minimização unidimensional. Existem alguns algoritmos unidimensionais que não requererem um confinamento inicial rigoroso. Contudo, *nunca* trocaríamos o sentimento de segurança de saber que um mínimo está "lá em algum lugar" pela dúbia redução das avaliações da função que estas rotinas que não confinam poderiam prometer. Por favor, confine seu mínimo (ou, da mesma forma, seus zeros) antes de isolá-los!

Não há muita teoria sobre como fazer este confinamento. Obviamente você quer passar o declive. Mas quão longe? Gostamos de tomar passos cada vez maiores, partindo com algum chute inicial e então aumentando o tamanho do passo a cada passo ou por um valor constante, ou então pelo resultado de uma extrapolação parabólica dos pontos anteriores que é desenvolvida para guiar-nos ao ponto decisivo extrapolado. Não interessa muito se os passos tornam-se grandes. Afinal, estamos descendo, assim já temos os pontos da esquerda e do meio do nosso tripleto. Apenas precisamos tomar um passo grande o suficiente para parar de descer no declive e obter um terceiro ponto mais alto.

Aqui está nosso rotina padrão, a função `bracket`. Ela aparece na estrutura `Bracketmethod` que serve como a classe base para todos os métodos de minimização unidimensional que damos neste capítulo.

mins.h
```
struct Bracketmethod {
    Classe base para rotinas de minimização unidimensional. Fornece uma rotina para confinar um mínimo e
    diversas funções utilitárias.
    Doub ax,bx,cx,fa,fb,fc;
    template <class T>
    void bracket(const Doub a, const Doub b, T &func)
    Dada uma função ou functor func, e dados os pontos iniciais distintos ax e bx, esta rotina procura na
    direção de declive (definida pela função conforme avaliada nos pontos iniciais) e retorna novos pontos
    ax, bx, cx que confinam um mínimo da função. Também são retornados os valores da função nos três
    pontos fa, fb, e fc.
    {
        const Doub GOLD=1.618034,GLIMIT=100.0,TINY=1.0e-20;
        Aqui GOLD é a razão default pelo qual sucessivos intervalos são amplificados, e GLIMIT é a amplia-
        ção máxima permitida para um passo de ajuste parabólico.
        ax=a; bx=b;
        Doub fu;
        fa=func(ax);
        fb=func(bx);
        if (fb > fa) {                        Troque os papéis de a e b de forma que possamos
            SWAP(ax,bx);                      descer na direção de a para b.
            SWAP(fb,fa);
        }
        cx=bx+GOLD*(bx-ax);                   Primeiro chute para c.
        fc=func(cx);
        while (fb > fc) {                     Mantenha retornando aqui até nós confinarmos.
            Doub r=(bx-ax)*(fb-fc);           Compute u pela extrapolação parabólica de a, b, c.
            Doub q=(bx-cx)*(fb-fa);           TINY é usada para evitar qualquer possível
            Doub u=bx-((bx-cx)*q-(bx-ax)*r)/       divisão por zero.
                (2.0*SIGN(MAX(abs(q-r),TINY),q-r));
            Doub ulim=bx+GLIMIT*(cx-bx);
            Nós não iremos mais longe do que isso. Teste várias possibilidades:
            if ((bx-u)*(u-cx) > 0.0) {        u parabólico entre b e c: teste-o.
                fu=func(u);
                if (fu < fc) {                Obteve um mínimo entre b e c.
                    ax=bx;
                    bx=u;
                    fa=fb;
                    fb=fu;
                    return;
                } else if (fu > fb) {         Obteve um mínimo entre a e u.
                    cx=u;
                    fc=fu;
                    return;
                }
                u=cx+GOLD*(cx-bx);            Ajuste parabólico não foi usado. Use ampliação de-
                fu=func(u);                   fault.
            } else if ((cx-u)*(u-ulim) > 0.0) {    Ajuste parabólico entre c e seu limite per-
                fu=func(u);                        mitido.
```

```
                    if (fu < fc) {
                        shft3(bx,cx,u,u+GOLD*(u-cx));
                        shft3(fb,fc,fu,func(u));
                    }
                } else if ((u-ulim)*(ulim-cx) >= 0.0) {    Limite parabólico u para o máximo valor
                    u=ulim;                                 permitido.
                    fu=func(u);
                } else {                                   Rejeite u parabólico, use amplificação default.
                    u=cx+GOLD*(cx-bx);
                    fu=func(u);
                }
                shft3(ax,bx,cx,u);                         Elimine o ponto mais antigo e continue.
                shft3(fa,fb,fc,fu);
            }
        }
        inline void shft2(Doub &a, Doub &b, const Doub c)
        Função utilitária usada nesta estrutura ou outras derivadas dela.
        {
            a=b;
            b=c;
        }
        inline void shft3(Doub &a, Doub &b, Doub &c, const Doub d)
        {
            a=b;
            b=c;
            c=d;
        }
        inline void mov3(Doub &a, Doub &b, Doub &c, const Doub d, const Doub e,
            const Doub f)
        {
            a=d; b=e; c=f;
        }
    };
```

(Por causa da manutenção envolvida nos processos de mover três ou quatro pontos e seus valores de função, o programa acima acaba parecendo enganosamente formidável. Isto é verdade para diversos programas neste capítulo. As ideias básicas, porém, são muito simples.)

## 10.2 Busca da seção dourada em uma dimensão

Recordemos como o método de bisseção encontra raízes de funções em uma dimensão (§9.1): a raiz deveria ter sido confinada em um intervalo $(a, b)$. Efetua-se, então, a função em um ponto intermediário $x$ e obtém-se um intervalo confinante novo, menor, ou $(a, x)$ ou $(x, b)$. O processo continua até que o confinamento do intervalo seja aceitavelmente pequeno. É ótimo escolher $x$ para ser o ponto médio $(a, b)$ de forma que o decrescimento no comprimento do intervalo seja maximizado quando a função é tão não cooperativa quanto possível, i.e., quando o acaso da escolha força você a tomar segmentos bisseccionados maiores.

Há uma tradução precisa, embora levemente sutil, destas considerações para o problema de minimização. O análogo da bisseção é escolher um novo ponto $x$, ou entre $a$ e $b$, ou entre $b$ e $c$. Suponha, para ser específico, que fazemos a segunda escolha. Então, calculamos $f(x)$. Se $f(b) < f(x)$, então o novo tripleto para o confinamento dos pontos é $(a, b, x)$; caso contrário, se $f(b) > f(x)$, então o novo tripleto para o confinamento é $(b, x, c)$. Em todos casos, o ponto do meio do novo tripleto é a abscissa cuja ordenada é o melhor mínimo alcançado até agora; veja a Figura

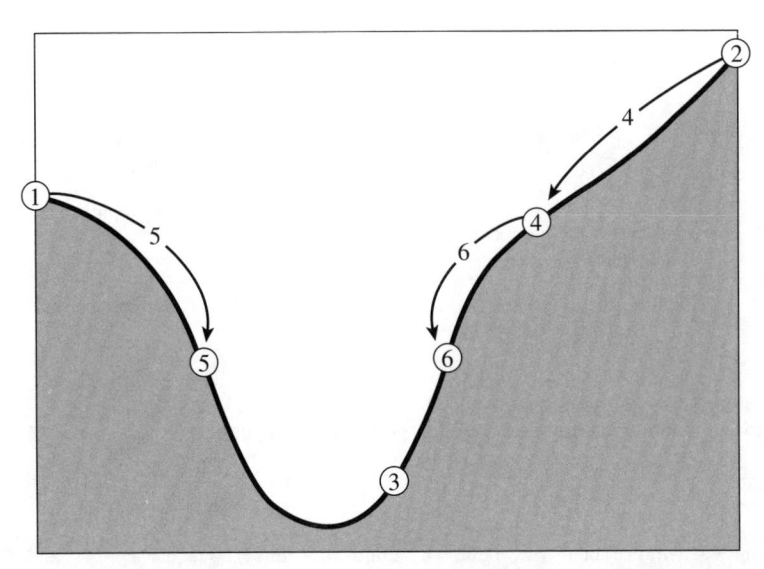

**Figura 10.2.1** Sucessivos confinamentos de um mínimo. O mínimo é originalmente confinado pelos pontos 1,3,2. A função é efetuada no 4, que substitui o 2; então no 5, que substitui o 1; então no 6, que substitui o 4. A regra em cada estágio é manter um ponto central que é mais baixo do que os dois pontos de fora. Após os passos mostrados, o mínimo é confinado pelos pontos 5,3,6.

10.2.1. Continuamos o processo de confinamento até a distância entre os dois pontos exteriores do tripleto ser toleravelmente pequena.

Quão pequeno é "toleravelmente" pequeno? Para um mínimo localizado em um valor $b$, você poderia ingenuamente pensar que você será capaz de confiná-lo em um range tão pequeno quanto $(1 - \epsilon)b < b < (1 + \epsilon)b$, onde $\epsilon$ é sua precisão em ponto flutuante do computador, um número como $10^{-7}$ (para `float`) ou $2 \times 10^{-16}$ (para `double`). Não exatamente! Em geral, a forma da sua função $f(x)$ perto de $b$ será dada pelo teorema de Taylor,

$$f(x) \approx f(b) + \tfrac{1}{2} f''(b)(x - b)^2 \qquad (10.2.1)$$

O segundo termo será desprezível quando comparado ao primeiro (isto é, será um fator $\epsilon$ menor e atuará exatamente como zero quando adicionado a ele) sempre que

$$|x - b| < \sqrt{\epsilon}|b| \sqrt{\frac{2|f(b)|}{b^2 f''(b)}} \qquad (10.2.2)$$

A razão para escrever o lado direito desta forma é que, para a maioria das funções, a raiz quadrada final é um número de ordem um. Por esta razão, como uma regra prática, é inútil procurar um intervalo de confinamento de largura menor do que $\sqrt{\epsilon}$ vezes seu valor central, uma largura fracionária de apenas cerca de $10^{-4}$ (precisão simples) ou $10^{-8}$ (dupla precisão). Conhecer este fato inescapável poupará um bocado de bissecções inúteis!

As rotinas de localização de mínimos deste capítulo frequentemente chamarão um argumento fornecido pelo usuário `tol`, e retornarão com uma abscissa cuja precisão fracionária é cerca de ±`tol` (intervalo de confinamento de tamanho fracionário cerca de 2דtol`). A menos que você tenha uma estimativa melhor para o lado direito da equação (10.2.2) você deveria designar `tol` como sendo igual (ou não muito menor do que) a raiz quadrada da precisão em ponto flutuante da máquina, pois valores menores não trarão nada melhor a você.

Resta decidir sobre a estratégia para escolher o novo ponto $x$, dado $(a, b, c)$. Suponha que $b$ é uma fração $w$ do caminho entre $a$ e $c$, i.e.,

$$\frac{b-a}{c-a} = w \qquad \frac{c-b}{c-a} = 1-w \tag{10.2.3}$$

Também suponha que nosso próximo ponto tentativa $x$ é uma fração adicional $z$ além de $b$,

$$\frac{x-b}{c-a} = z \tag{10.2.4}$$

Então o próximo seguimento confinador terá ou comprimento $w + z$ relativo ao atual, ou senão comprimento $1-w$. Se queremos minimizar a possibilidade do pior caso, então escolhemos $z$ para fazer eles iguais, a saber,

$$z = 1 - 2w \tag{10.2.5}$$

Vemos imediatamente que o novo ponto é o ponto simétrico a $b$ no intervalo original, a saber, com $|b - a|$ igual a $|x - c|$. Isto implica que o ponto $x$ localiza-se no maior dos segmentos ($z$ é positivo apenas se $w<1/2$).

Mas onde no maior segmento? De onde o próprio valor de $w$ vem? Presumivelmente, do estágio anterior da aplicação da nossa mesma estratégia. Por esta razão, se $z$ é escolhido para ser ótimo, então $w$ também o era antes disso. Esta *similaridade de escala* implica que $x$ deve ser a mesma fração do caminho de $b$ para $c$ (se este é o segmento maior) como foi $b$ de $a$ para $c$, em outras palavras,

$$\frac{z}{1-w} = w \tag{10.2.6}$$

Equações (10.2.5) e (10.2.6) fornecem a equação quadrática

$$w^2 - 3w + 1 = 0 \quad \text{o que produz} \quad w = \frac{3 - \sqrt{5}}{2} \approx 0{,}38197 \tag{10.2.7}$$

Em outras palavras, o intervalo de confinamento ótimo $(a, b, c)$ tem seu ponto médio $b$ a uma distância fracionária 0,38197 de um extremo (digamos $a$), e 0,61803 do outro extremo (digamos $b$). Estas frações são aquelas da chamada *média dourada* ou *seção áurea*, cujas propriedades supostamente estéticas remontam aos antigos pitagóricos. Este método ótimo de função de minimização, o análogo do método de bisseção para encontrar zeros, é por esta razão chamado de "busca da seção áurea", o que pode ser resumido como segue:

Dado, em cada estágio, um tripleto de pontos confinantes, o próximo ponto a ser testado é aquele que é uma fração 0,38197 no maior dos dois intervalos (medindo do ponto central do tripleto). Se você parte com um tripleto confinante cujos segmentos não estão nas razões douradas, o procedimento de escolher sucessivos pontos no ponto médio dourado do maior segmento convergirá você rapidamente para as razões autoreplicantes.

A busca da seção áurea assegura que cada nova avaliação da função confinará (após as razões autoreplicantes terem sido alcançadas) o mínimo para um intervalo apenas 0,61803 vezes o tamanho do intervalo precedente. Isto é comparável a, mas não tão bom quanto, o 0,50000 que ocorre quando encontramos raízes por bisseção. Observe que a convergência é linear (na linguagem do Capítulo 9), significando que sucessivos dígitos significantes são ganhos linearmente com avaliações adicionais da função. Na próxima seção, daremos um método superlinear, no qual a taxa com que sucessivos dígitos significantes são liberados aumenta a cada sucessiva avaliação de função.

Para usar a busca da seção áurea, você precisa de sentenças como as seguintes:

```
Golden golden;
golden.bracket(a,b,func);
xmin=golden.minimize(func);
```

O valor da função no mínimo está disponível em `golden.fmin`. Se você quer especificar uma tolerância de função diferente do valor default de `3.0e-8`, simplesmente anule o valor default no construtor:

```
tol = ...
Golden golden(tol);
```

Se você quer usar um intervalo confinante específico como condição inicial, omita a chamada ao `bracket` e selecione o intervalo explicitamente:

```
golden.ax = ...; golden.bx = ...; golden.cx = ...;
```

Aqui está a rotina:

mins.h
```
struct Golden : Bracketmethod {
    Busca de seção dourada para mínimo.
    Doub xmin,fmin;
    const Doub tol;
    Golden(const Doub toll=3.0e-8) : tol(toll) {}
    template <class T>
    Doub minimize(T &func)
    Dada uma função ou functor f, e dado um tripleto confinante de abscissas ax, bx, cx [tal que bx
    esteja entre ax e cx, e f(bx) seja menor do que ambos f(ax) e f(cx)], esta rotina realiza uma bus-
    ca de seção dourada para o mínimo, isolando-o com uma precisão fracionária de tol. A abscissa do
    mínimo é retornada como xmin, e o valor da função no mínimo é retornada como min, o valor da
    função retornada.
    {
        const Doub R=0.61803399,C=1.0-R;     As razões douradas.
        Doub x1,x2;
        Doub x0=ax;                          Em um qualquer momento dado, manteremos controle
        Doub x3=cx;                          sobre os quatro pontos x0, x1, x2, x3.
        if (abs(cx-bx) > abs(bx-ax)) {       Faça x0 para x1 o menor segmento
            x1=bx;
            x2=bx+C*(cx-bx);                 e preencha o próximo ponto a ser testado
        } else {
            x2=bx;
            x1=bx-C*(bx-ax);
        }
        Doub f1=func(x1);                    As avaliações iniciais da função. Note que nós nunca
        Doub f2=func(x2);                    precisamos efetuar a função nos extremos
        while (abs(x3-x0) > tol*(abs(x1)+abs(x2))) {  originais.
            if (f2 < f1) {                   Uma possível saída,
                shft3(x0,x1,x2,R*x2+C*x3);   sua manutenção,
                shft2(f1,f2,func(x2));       e uma nova avaliação de função.
            } else {                         A outra saída,
                shft3(x3,x2,x1,R*x1+C*x0);
                shft2(f2,f1,func(x1));       e sua nova avaliação de função.
            }
        }                                    Volte para ver se terminamos.
        if (f1 < f2) {                       Terminamos. Então o output é o melhor dos dois va-
            xmin=x1;                         lores atuais.
```

```
            fmin=f1;
        } else {
            xmin=x2;
            fmin=f2;
        }
        return xmin;
    }
};
```

## 10.3 Interpolação parabólica e método de Brent em uma dimensão

Já revelamos o que pensamos da desejabilidade interpolação parabólica na rotina `bracket` de §10.1, mas é hora de ser mais explícito. Uma busca de seção dourada é desenvolvida para tratar, na verdade, do pior caso possível de função de minimização, com o mínimo não cooperativo sendo caçado e encurralado como um coelho amedrontado. Mas por que assumir o pior? Se a função é agradavelmente parabólica perto do mínimo – certamente o caso genérico para funções suficientemente suaves – então a parábola ajustada através de três pontos deveria levar-nos em uma única transição para o mínimo, ou ao menos muito próximo dele (ver Figura 10.3.1). Uma vez que queremos encontrar uma abscissa em vez de uma ordenada, o procedimento é tecnicamente chamado de *interpolação parabólica inversa*.

A fórmula para a abscissa $x$ que é o mínimo de uma parábola através de três pontos $f(a)$, $f(b)$ e $f(c)$ é

$$x = b - \frac{1}{2} \frac{(b-a)^2[f(b)-f(c)] - (b-c)^2[f(b)-f(a)]}{(b-a)[f(b)-f(c)] - (b-c)[f(b)-f(a)]} \qquad (10.3.1)$$

como você pode facilmente derivar. Esta fórmula falha apenas se os três pontos são colineares; neste caso, o denominador é nulo (o mínimo da parábola está infinitamente longe). Observe, contudo, que (10.3.1) salta tanto para um máximo parabólico quanto para um mínimo. Nenhum esquema de minimização que depende somente de (10.3.1) tem chances de sucesso na prática.

A dificuldade da tarefa está em inventar um esquema que se baseia em uma técnica certa-mas-lenta, como a busca da razão áurea, quando a função é não cooperativa, mas que é alterada para (10.3.1) quando a função permite. A tarefa é não trivial por diversas razões, incluindo estas: (i) a atenção necessária para evitar avaliações desnecessárias de funções na troca entre os dois métodos pode ser complicada. (ii) Muita atenção deve ser dada para o "fim do jogo", onde a função está sendo efetuada muito perto do limite de arredondamento da equação (10.2.2). (iii) O esquema para detectar uma função cooperativa *versus* uma não cooperativa deve ser muito robusto.

O *método de Brent* [1] está à altura da tarefa em todas suas especificidades. Em qualquer estágio particular, controlam-se os seis pontos da função (não necessariamente todos distintos), $a$, $b$, $u$, $v$, $w$ e $x$, definidos como segue: o mínimo está confinado entre $a$ e $b$; $x$ é o ponto com o menor valor da função até agora (ou o mais recente, no caso de um nó); $w$ é o ponto com o segundo valor menor da função; $v$ é o valor anterior de $w$; e $u$ é o ponto no qual a função foi avaliada mais recentemente. Também aparece no algoritmo o ponto $x_m$, o ponto médio entre $a$ e $b$; contudo, a função não é efetuada lá.

Você pode ler o código abaixo para entender a organização lógica do método. A menção de poucos princípios gerais aqui pode, contudo, ser de grande ajuda: interpolação parabólica é

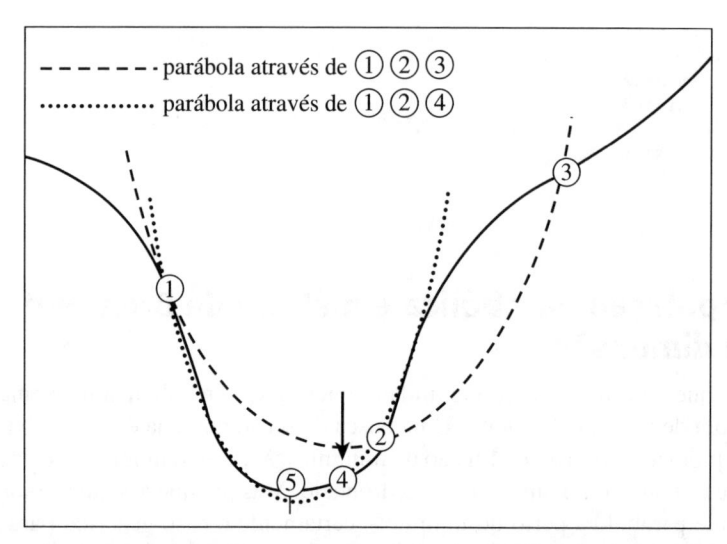

**Figura 10.3.1** Convergência para o mínimo pela interpolação parabólica inversa. Uma parábola (linha tracejada) é mostrada para os três pontos 1, 2, 3 em uma dada função (linha sólida). A função é avaliada no mínimo da parábola, 4, que substitui o ponto 3. Uma nova parábola (linha pontilhada) é mostrada através dos pontos 1, 4, 2. O mínimo desta parábola está no 5, que é próximo do mínimo da função.

experimentada, fazendo ajuste através dos pontos $x$, $v$ e $w$. Para ser aceitável, o passo parabólico deve (i) cair dentro dos limites do intervalo $(a, b)$, e (ii) implicar um movimento do melhor valor atual $x$ que seja menor do que a metade do movimento do *penúltimo passo*. O segundo critério assegura que os passos parabólicos estão de fato convergindo para alguma coisa, em vez de, digamos, pulando em torno de algum ciclo limite não convergente. No pior caso possível, onde os passos parabólicos são aceitáveis mas inúteis, o método se alternará aproximadamente entre passos parabólicos e razões áureas, convergindo no tempo devido em virtude do segundo. A razão para se comparar com o *penúltimo* passo parece ser essencialmente heurística: experiência mostra que é melhor não "punir" o algoritmo por um único passo ruim se ele pode compensar isso no próximo.

Outro princípio exemplificado no código é nunca efetuar a função menos do que uma distância tol de um ponto já efetuado (ou de um ponto conhecido do confinamento). A razão é que, como vimos na equação (10.2.2), não há simplesmente nenhum conteúdo de informação em se fazer assim: a função irá diferir do valor já efetuado apenas por uma quantidade da ordem do erro de arredondamento. Por esta razão, no código abaixo você encontrará diversos testes e modificações de um novo ponto potencial, impondo esta restrição. Esta restrição também interage sutilmente com o teste para "doneness" (condição de a solução estar "madura" no nível desejado), o que o método leva em consideração.

Uma típica configuração final para o método de Brent é que $a$ e $b$ sejam separados por uma quantidade $2 \times x \times$ tol, com $x$ (a melhor abscissa) no ponto médio entre $a$ e $b$, e por esta razão fracionariamente acurado para $\pm$ tol.

A sequência de chamada para Brent é exatamente análoga àquela do Golden na seção anterior. Permita-nos a observação final de que tol geralmente não deve ser menor do que a raiz quadrada da precisão em ponto flutuante da sua máquina.

```
struct Brent : Bracketmethod {                                                    mins.h
```
Método de Brent para encontrar um mínimo.
```
    Doub xmin,fmin;
    const Doub tol;
    Brent(const Doub toll=3.0e-8) : tol(toll) {}
    template <class T>
    Doub minimize(T &func)
```
Dado uma função ou functor f, e dado um tripleto confinante de abscissas ax, bx, cx [tal que bx está entre ax e cx, e f(bx) é menor do que ambas f(ax) e f(cx)], esta rotina isola o mínimo com uma precisão fracionária de aproximadamente tol usando o método de Brent. A abscissa do mínimo é retornada como xmin, e o valor da função no mínimo é retornada como min, o valor da função retornada.
```
    {
        const Int ITMAX=100;
        const Doub CGOLD=0.3819660;
        const Doub ZEPS=numeric_limits<Doub>::epsilon()*1.0e-3;
```
Aqui ITMAX é o máximo número de iterações; CGOLD é a razão áurea; e ZEPS é um número pequeno que protege contra tentar alcançar uma acurácia fracionária para um mínimo que ocorre de ser exatamente zero.
```
        Doub a,b,d=0.0,etemp,fu,fv,fw,fx;
        Doub p,q,r,tol1,tol2,u,v,w,x,xm;
        Doub e=0.0;                              Esta será a distância movida no penúltimo
                                                     passo.
        a=(ax < cx ? ax : cx);                   a e b devem estar em ordem crescente, mas
        b=(ax > cx ? ax : cx);                       as abscissas input não precisam estar.
        x=w=v=bx;                                Inicializações...
        fw=fv=fx=func(x);
        for (Int iter=0;iter<ITMAX;iter++) {     Laço do programa principal.
            xm=0.5*(a+b);
            tol2=2.0*(tol1=tol*abs(x)+ZEPS);
            if (abs(x-xm) <= (tol2-0.5*(b-a))) { Teste para ver se está terminado aqui.
                fmin=fx;
                return xmin=x;
            }
            if (abs(e) > tol1) {                 Construa um ajuste parabólico tentativa.
                r=(x-w)*(fx-fv);
                q=(x-v)*(fx-fw);
                p=(x-v)*q-(x-w)*r;
                q=2.0*(q-r);
                if (q > 0.0) p = -p;
                q=abs(q);
                etemp=e;
                e=d;
                if (abs(p) >= abs(0.5*q*etemp) || p <= q*(a-x)
                        || p >= q*(b-x))
                    d=CGOLD*(e=(x >= xm ? a-x : b-x));
```
As condições acima determinam a aceitabilidade do ajuste parabólico. Aqui nós tomamos o passo da seção dourada no maior dos dois segmentos.
```
                else {
                    d=p/q;                       Tome o passo parabólico.
                    u=x+d;
                    if (u-a < tol2 || b-u < tol2)
                        d=SIGN(tol1,xm-x);
                }
            } else {
                d=CGOLD*(e=(x >= xm ? a-x : b-x));
            }
            u=(abs(d) >= tol1 ? x+d : x+SIGN(tol1,d));
            fu=func(u);
```
Isto é uma avaliação de função por iteração.
```
            if (fu <= fx) {                      Agora decida o que fazer com nossa avaliação
                if (u >= x) a=x; else b=x;           da função.
                shft3(v,w,x,u);                  Manutenção segue:
                shft3(fv,fw,fx,fu);
```

```
            } else {
                if (u < x) a=u; else b=u;
                if (fu <= fw || w == x) {
                    v=w;
                    w=u;
                    fv=fw;
                    fw=fu;
                } else if (fu <= fv || v == x || v == w) {
                    v=u;
                    fv=fu;
                }
            }
        }
        throw("Too many iterations in brent");
    }
};
```
Proceda com a manutenção. Volte para uma outra iteração.

**REFERÊNCIAS CITADAS E LEITURA COMPLEMENTAR**

Brent, R.P. 1973, *Algorithms for Minimization without Derivatives* (Englewood Cliffs, NJ: Prentice-Hall); reprinted 2002 (New York: Dover), Chapter 5.[1]

Forsythe, G.E., Malcolm, M.A., and Moler, C.B. 1977, *Computer Methods for Mathematical Computations* (Englewood Cliffs, NJ: Prentice-Hall), §8.2.

## 10.4 Busca unidimensional com primeiras derivadas

Aqui, queremos alcançar precisamente o mesmo objetivo que na seção anterior, isto é, isolar um mínimo funcional que é confinado por um tripleto de abscissas $(a, b, c)$, mas utilizando uma capacidade adicional para computar a primeira derivada da função, bem com seu valor.

A princípio, poderíamos simplesmente procurar por um zero da derivada, ignorando a informação sobre o valor da função, usando um localizador de raiz como `rtflsp` ou `zbrent` (§9.2 – §9.3). Não leva muito tempo para rejeitarmos *esta* ideia: como distinguimos o máximo do mínimo? Para onde vamos a partir de condições iniciais onde as derivadas em um ou ambos dos pontos exteriores indicam que o "declive" está na direção de saída do intervalo de confinamento?

Não queremos desistir da nossa estratégia de manter um confinamento rigoroso para o mínimo em todos os instantes. A única saída para manter tal confinamento é atualizá-lo usando informação da função (não da derivada), com o ponto central no tripleto confinante sempre aquele com o menor valor da função. Por esta razão, o papel das derivadas pode apenas ser de auxiliar-nos a escolher os novos pontos experimentados como tentativas dentro do intervalo de confinamento.

Uma escola de pensamento é "usar tudo que você tem": compute um polinômio de ordem relativamente alta (cúbica ou acima) que concorda com algum número de avaliações prévias das funções e de suas derivadas. Por exemplo, há uma única cúbica que concorda com a função e derivada em dois pontos, e pode-se saltar para o mínimo interpolado desta cúbica (se há um mínimo dentro do confinamento). Sugeridas por Davidon e outros, fórmulas para esta tática são dadas em [1].

Gostamos de ser mais conservadores do que isto. Uma vez que convergência entra no jogo superlinear, dificilmente interessa se sua ordem é moderadamente menor ou maior. Nos problemas práticos que encontramos, a maioria das avaliações da função são gastas para se obter uma aproximação global suficiente para o mínimo para a convergência superlinear começar. Assim, estamos mais preocupados com todos os divertidos "meandros" que polinômios de ordem superior podem fazer (cf. Figura 3.0.1 (b)) e com suas sensibilidades aos erros de arredondamento.

Isto nos leva a usar a informação da derivada apenas como segue: o sinal da derivada no ponto central do tripleto de confinamento ($a$, $b$, $c$) indica unicamente se o próximo ponto de teste poderia ser tomado no intervalo ($a$, $b$) ou no intervalo ($b$, $c$). O valor desta derivada e da derivada no segundo melhor ponto até o momento são extrapolados para zero pelo método da secante (interpolação linear inversa), que por si próprio é superlinear de ordem 1,618. (A média dourada novamente: ver [1], p. 57.) Impomos o mesmo tipo classificação de restrições a este novo ponto tentativa como no método de Brent. Se o ponto tentativa deve ser rejeitado, *bisseccionamos* o intervalo sob minucioso escrutínio.

Sim, somos antiquados quando se trata de fazer uso extravagante de informação da derivada na minimização unidimensional. Mas já encontramos muitas funções cujas "derivadas" computadas *não* integram até o valor da função e *não* apontam acuradamente o caminho para o mínimo, usualmente por causa dos erros de arredondamento, algumas vezes por causa do erro de truncamento no método da avaliação da derivada.

Você verá que a seguinte rotina é aproximadamente baseada em `Brent` na seção anterior. Uma diferença está no input para a rotina. Enquanto que `Brent` toma ou uma função ou um functor como argumento, `Dbrent` toma somente um functor. O functor retorna não apenas o valor da função, sobrecarregando `operador()`, mas também a derivada como a função membro `df`. Por exemplo, aqui está como você codificaria a função $x^2$:

```
struct Funcd {                       Nome Funcd é arbitrário.
    Doub operator() (const Doub x) {
        return x*x;
    }
    Doub df(const Doub x) {
        return 2.0*x;
    }
};
```

Para invocar `Dbrent`, você precisa de sentenças como as seguintes:

```
Dbrent dbrent;
Funcd f;
dbrent.bracket(a,b,f);
xmin=dbrent.minimize(f);
```

O valor da função no mínimo é disponível em `dbrent.fmin`, como de costume. Aqui está a rotina:

```
struct Dbrent : Bracketmethod {                                              mins.h
Método de Brent para encontrar um mínimo, modificado para usar derivadas.
    Doub xmin,fmin;
    const Doub tol;
    Dbrent(const Doub toll=3.0e-8) : tol(toll) {}
    template <class T>
    Doub minimize(T &funcd)
```
Dado um functor `funcd` que computa uma função e também sua função derivada `df`, e dado um tripleto de abscissas `ax, bx, cx` [tal que `bx` está entre `ax` e `cx`, e `f(bx)` é menor do que ambos `f(ax)` e `f(cx)`], esta rotina isola o mínimo com uma precisão fracionária de aproximadamente `tol` usando uma modificação do método de Brent que usa derivadas. A abscissa do mínimo é retornada como `xmin`, e o mínimo valor da função é retornado como `min`, o valor da função retornada.
```
    {
        const Int ITMAX=100;
```

```
const Doub ZEPS=numeric_limits<Doub>::epsilon()*1.0e-3;
Bool ok1,ok2;                                Serão usados como flags para se os passos propostos são
Doub a,b,d=0.0,d1,d2,du,dv,dw,dx,e=0.0;      aceitáveis ou não.
Doub fu,fv,fw,fx,olde,tol1,tol2,u,u1,u2,v,w,x,xm;

Os comentários seguintes apontarão somente as diferenças da rotina em Brent. Leia esta rotina primeiro.
a=(ax < cx ? ax : cx);
b=(ax > cx ? ax : cx);
x=w=v=bx;
fw=fv=fx=funcd(x);
dw=dv=dx=funcd.df(x);
for (Int iter=0;iter<ITMAX;iter++) {
    xm=0.5*(a+b);
    tol1=tol*abs(x)+ZEPS;
    tol2=2.0*tol1;                          Todas as nossas pequenas tarefas de manutenção são
    if (abs(x-xm) <= (tol2-0.5*(b-a))) {    dobradas pela necessidade de se mover valores de
        fmin=fx;                            derivada, bem como valores da função.
        return xmin=x;
    }
    if (abs(e) > tol1) {
        d1=2.0*(b-a);                       Inicialize estes d's para um valor fora do intervalo con-
        d2=d1;                              finante.
        if (dw != dx) d1=(w-x)*dx/(dx-dw);  Método da secante com um ponto.
        if (dv != dx) d2=(v-x)*dx/(dx-dv);  E o outro.
        Quais destas duas estimativas de d nós tomaremos? Nós insistiremos que elas estejam dentro do
        intervalo de confinamento, e no lado apontado pela derivada em x:
        u1=x+d1;
        u2=x+d2;
        ok1 = (a-u1)*(u1-b) > 0.0 && dx*d1 <= 0.0;
        ok2 = (a-u2)*(u2-b) > 0.0 && dx*d2 <= 0.0;
        olde=e;                             Movimento no penúltimo passo.
        e=d;
        if (ok1 || ok2) {                   Tome apenas um d aceitável, e se ambos são
            if (ok1 && ok2)                 aceitáveis, então tome o menor.
                d=(abs(d1) < abs(d2) ? d1 : d2);
            else if (ok1)
                d=d1;
            else
                d=d2;
            if (abs(d) <= abs(0.5*olde)) {
                u=x+d;
                if (u-a < tol2 || b-u < tol2)
                    d=SIGN(tol1,xm-x);
            } else {                        Bissecione, não razão dourada.
                d=0.5*(e=(dx >= 0.0 ? a-x : b-x));
                Decida qual segmento pelo sinal da derivada.
            }
        } else {
            d=0.5*(e=(dx >= 0.0 ? a-x : b-x));
        }
    } else {
        d=0.5*(e=(dx >= 0.0 ? a-x : b-x));
    }
    if (abs(d) >= tol1) {
        u=x+d;
        fu=funcd(u);
    } else {
        u=x+SIGN(tol1,d);
        fu=funcd(u);
        if (fu > fx) {                      Se o passo mínimo na direção do declive leva-nos a um
            fmin=fx;                        aclive, então terminamos.
            return xmin=x;
        }
```

```
            }
            du=funcd.df(u);                 Agora toda a manutenção (suspiro).
            if (fu <= fx) {
                if (u >= x) a=x; else b=x;
                mov3(v,fv,dv,w,fw,dw);
                mov3(w,fw,dw,x,fx,dx);
                mov3(x,fx,dx,u,fu,du);
            } else {
                if (u < x) a=u; else b=u;
                if (fu <= fw || w == x) {
                    mov3(v,fv,dv,w,fw,dw);
                    mov3(w,fw,dw,u,fu,du);
                } else if (fu < fv || v == x || v == w) {
                    mov3(v,fv,dv,u,fu,du);
                }
            }
        }
        throw("Too many iterations in routine dbrent");
    }
};
```

### REFERÊNCIAS CITADAS E LEITURA COMPLEMENTAR

Acton, F.S. 1970, *Numerical Methods That Work,* 1990, corrected edition (Washington, DC: Mathematical Association of America), pp. 55; 454–458.[1]

Brent, R.P. 1973, *Algorithms for Minimization without Derivatives* (Englewood Cliffs, NJ: Prentice-Hall); reprinted 2002 (New York: Dover), p. 78.

## 10.5 Método simplex em declive em muitas dimensões

Com esta seção, começamos a considerar a minimização multidimensional, isto é, encontrar o mínimo de uma função de mais do que uma variável independente. Esta seção difere daquelas que seguem, porém: todos os algoritmos após esta seção farão uso explícito de um algoritmo de minimização unidimensional como uma parte da sua estratégia computacional. Esta seção implementa uma estratégia inteiramente autocontida, na qual minimização unidimensional não entra.

O *método simplex em declive* é devido a Nelder e Mead [1]. O método requer apenas avaliações da função, não derivadas. Isto não é muito eficiente em termos do número de avaliações da função que ele requer. O método de Powell (§10.7) ou o método DFP com diferenças finitas (§10.9) é quase certamente mais rápido em todas as aplicações prováveis. Contudo, o método simplex em declive pode frequentemente ser o *melhor* método para usar se a "figure of merit" (medida de efetividade do método) é "pôr algo para funcionar rápido" para um problema cuja carga computacional é pequena.

O método tem certa naturalidade geométrica que o torna maravilhoso de descrever ou executar:

Um simplex é a figura geométrica consistindo, em $N$ dimensões, de $N+1$ pontos (ou vértices) e todos seus segmentos de linhas interconectados, faces poligonais etc. Em duas dimensões, um simplex é um triângulo. Em três dimensões, ele é um tetraedro, não necessariamente o tetraedro regular. (O *método simplex* da programação linear, descrito em §10.10, também faz uso do conceito geométrico de um simplex. Fora isso, ele é completamente não relacionado ao algoritmo que estamos descrevendo nesta seção.) Em geral, estamos interessados somente nos simplex que são não degenerados, i.e., que envolvem um volume $N$-dimensional interno finito. Se algum ponto do simplex não degenerado é tomado como origem, então os $N$ outros pontos definem direções vetoriais que varrem o espaço vetorial $N$-dimensional.

Na minimização em uma dimensão, era possível confinar um mínimo, de forma que o sucesso de um isolamento subsequente era garantido. Infelizmente, não há procedimento análogo no espaço multidimensional. Para minimização multidimensional, o melhor que podemos fazer é dar ao nosso algoritmo um chute inicial, isto é, um $N$-vetor de variáveis independentes como primeiro ponto para se tentar. O algoritmo deve então descer o declive através de uma topografia $N$-dimensional com complexidade inimaginável até que ele encontre um mínimo (local, ao menos).

O método simplex em declive deve ser iniciado não apenas com um único ponto, mas com $N+1$ pontos, definindo um simplex inicial. Se você imaginar um destes pontos (não interessa qual) como sendo seu ponto de partida inicial $\mathbf{P}_0$, então você pode tomar os outros $N$ pontos como sendo

$$\mathbf{P}_i = \mathbf{P}_0 + \Delta \mathbf{e}_i \tag{10.5.1}$$

onde os $\mathbf{e}_i$'s são $N$ vetores unitários e onde $\Delta$ é uma constante que é seu chute inicial para o comprimento de escala característico do problema. (Ou você poderia ter diferentes $\Delta_i$'s para cada vetor direção.)

O método simplex em declive agora toma uma série de passos, a maioria dos passos apenas movendo o ponto do simplex onde a função é maior ("ponto mais alto") através da face oposta do simplex até um ponto menor. Estes passos são chamados reflexões, e eles são construídos para conservar o volume do simplex (e consequentemente manter sua degenerescência). Quando ele consegue fazer isso, o método expande o simplex em uma ou outra direção para tomar passos maiores. Quando ele alcança um *valley floor* ("fundo do vale"), o método se contrai na direção transversal e tenta escoar vale abaixo. Se há uma situação onde o simplex está tentando "passar através do buraco de um alfinete", ele se contrai em todas as direções, arrastando-se em torno do seu menor (melhor) ponto. A rotina de nome `amoeba` é projetada para ser uma descrição deste tipo de comportamento: os movimentos básicos são sumarizados na Figura 10.5.1.

O critério de parada pode ser delicado em qualquer rotina de minimização multidimensional. Sem confinamento, e com mais do que uma variável independente, não temos mais a opção de requerer uma certa tolerância para uma única variável independente. Normalmente, podemos identificar um "ciclo" ou "passo" do nosso algoritmo multidimensional. É então possível terminar quando a distância do vetorial movida naquele passo é fracionariamente menor em magnitude do que alguma tolerância `tol`. Alternativamente, poderíamos requerer que o decrescimento no valor da função no passo terminal fosse fracionariamente menor do que alguma tolerância `ftol`. Observe que enquanto `tol` usualmente não deveria ser menor do que a raiz quadrada da precisão da máquina, é perfeitamente apropriado deixar `ftol` ser da ordem da precisão da máquina (ou talvez levemente maior, de forma a não ser confundida pelo arredondamento).

Observe bem que qualquer um dos critérios acima poderia ser burlado por um simples passo anômalo que, por uma razão ou outra, não chegou a lugar nenhum. Por esta razão, é em geral uma boa ideia *reiniciar* uma rotina de minimização multidimensional em um ponto onde alega ter encontrado um mínimo. Para essa reinicialização, você deve reiniciar qualquer quantidade input subordinada. No método simplex em declive, por exemplo, você deve reiniciar $N$ dos $N+1$ vértices do simplex novamente pela equação (10.5.1), com $\mathbf{P}_0$ sendo um dos vértices do mínimo alegado.

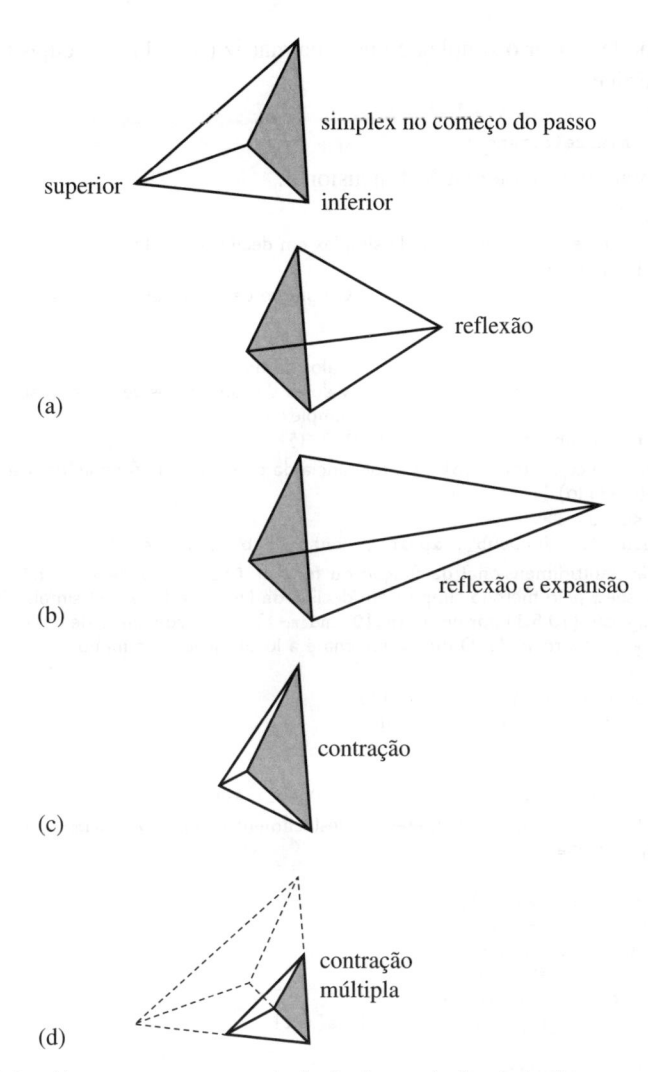

**Figura 10.5.1** Possíveis saídas para um passo no método simplex em declive. O simplex no começo do passo, aqui um tetraedro, é mostrado, no topo. O simplex no fim do passo pode ser qualquer um de (a) uma reflexão do ponto superior, (b) uma reflexão e expansão pelo ponto superior, (c) uma contração ao longo de uma dimensão do ponto superior, ou (d) uma contração ao longo de todas as dimensões em direção ao ponto inferior. Uma sequência apropriada de tais passos sempre convergirá para um mínimo de uma função.

Reinicializações nunca deveriam ser muito caras; seu algoritmo, afinal, convergiu para o ponto de reinício uma vez, e agora o algoritmo já parte deste ponto.

A rotina abaixo tem três diferentes interfaces com o usuário. A mais simples requer que você forneça o simplex inicial como na equação (10.5.1):

```
Amoeba am(ftol);
VecDoub point = ...; Doub del = ...;
pmin=am.minimize(point,del,func);
```

O valor da função no mínimo está disponível em am.fim.

Segundo, você pode usar a equação (10.5.1) com um vetor de incrementos $\Delta_i$:

```
VecDoub dels = ...;
pmin=am.minimize(point,dels,func);
```

Finalmente, você pode prover o simplex como uma matriz $(N + 1) \times N$ cujas linhas são as coordenadas de cada vértice:

```
MatDoub p = ...;
pmin=am.minimize(p,func);
```

Considere, então, nosso amoeba *N*-dimensional:

amoeba.h
```
struct Amoeba {
```
Minimização multidimensional pelo método simplex em declive de Nelder e Mead.
```
    const Doub ftol;
    Int nfunc;                          O número de avaliações da função
    Int mpts;
    Int ndim;
    Doub fmin;                          Valor da função no mínimo
    VecDoub y;                          Valores da função nos vértices do simplex.
    MatDoub p;                          Simplex atual.
    Amoeba(const Doub ftoll) : ftol(ftoll) {}
```
O argumento do construtor ftoll é a tolerância da convergência fracionária a ser alcançada no valor da função (cuidado).
```
    template <class T>
    VecDoub minimize(VecDoub_I &point, const Doub del, T &func)
```
Minimização multidimensional da função ou functor func(x), onde x[0..ndim-1] é um vetor em ndim dimensões, pelo método simplex em declive de Nelder e Mead. O simplex inicial é especificado como na equação (10.5.1) por um point[0..ndim-1] e uma constante de deslocamento del ao longo de cada direção coordenada. O que se retorna é a localização do mínimo.
```
    {
        VecDoub dels(point.size(),del);
        return minimize(point,dels,func);
    }
    template <class T>
    VecDoub minimize(VecDoub_I &point, VecDoub_I &dels, T &func)
```
Interface alternativa que toma diferentes deslocamentos dels[0..ndim-1] em diferentes direções para o simplex inicial.
```
    {
        Int ndim=point.size();
        MatDoub pp(ndim+1,ndim);
        for (Int i=0;i<ndim+1;i++) {
            for (Int j=0;j<ndim;j++)
                pp[i][j]=point[j];
            if (i !=0 ) pp[i][i-1] += dels[i-1];
        }
        return minimize(pp,func);
    }
    template <class T>
    VecDoub minimize(MatDoub_I &pp, T &func)
```
Interface mais geral: simplex inicial especificado pela matriz pp[0..ndim][0..ndim-1]. Suas ndim+1 linhas são vetores ndim-dimensionais que são os vértices do simplex inicial.
```
    {
        const Int NMAX=5000;            Número máximo permitido de avaliações de funções.
        const Doub TINY=1.0e-10;
        Int ihi,ilo,inhi;
        mpts=pp.nrows();
        ndim=pp.ncols();
        VecDoub psum(ndim),pmin(ndim),x(ndim);
        p=pp;
        y.resize(mpts);
        for (Int i=0;i<mpts;i++) {
            for (Int j=0;j<ndim;j++)
                x[j]=p[i][j];
            y[i]=func(x);
        }
        nfunc=0;
```

# Capítulo 10    Minimização ou Maximização de Funções

```
    get_psum(p,psum);
    for (;;) {
        ilo=0;
```
Primeiro nós queremos determinar qual ponto é o mais alto (pior), o segundo mais alto e o mais baixo (melhor), fazendo laços sobre os pontos no simplex.
```
        ihi = y[0]>y[1] ? (inhi=1,0) : (inhi=0,1);
        for (Int i=0;i<mpts;i++) {
            if (y[i] <= y[ilo]) ilo=i;
            if (y[i] > y[ihi]) {
                inhi=ihi;
                ihi=i;
            } else if (y[i] > y[inhi] && i != ihi) inhi=i;
        }
        Doub rtol=2.0*abs(y[ihi]-y[ilo])/(abs(y[ihi])+abs(y[ilo])+TINY);
```
Compute o range fracionário do mais alto ao mais baixo e retorne se satisfatório.
```
        if (rtol < ftol) {           Se retornado, coloque o melhor ponto e valor no slot 0.
            SWAP(y[0],y[ilo]);
            for (Int i=0;i<ndim;i++) {
                SWAP(p[0][i],p[ilo][i]);
                pmin[i]=p[0][i];
            }
            fmin=y[0];
            return pmin;
        }
        if (nfunc >= NMAX) throw("NMAX exceeded");
        nfunc += 2;
```
Comece uma nova iteração. Primeiro extrapole por um fator −1 através da face do simplex pelo ponto superior, i.e., reflita o simplex pelo ponto superior.
```
        Doub ytry=amotry(p,y,psum,ihi,-1.0,func);
        if (ytry <= y[ilo])
```
Dá um resultado melhor do que o melhor ponto, então tente uma extrapolação adicional por um fator 2.
```
            ytry=amotry(p,y,psum,ihi,2.0,func);
        else if (ytry >= y[inhi]) {
```
O ponto refletido é pior do que o segundo pior, então procure um ponto inferior intermediário, i.e., faça uma contração unidimensional.
```
            Doub ysave=y[ihi];
            ytry=amotry(p,y,psum,ihi,0.5,func);
            if (ytry >= ysave) {         Não parece poder se livrar daquele ponto superior.
                for (Int i=0;i<mpts;i++) {    Melhor contrair em torno do ponto mais inferior
                    if (i != ilo) {           (melhor).
                        for (Int j=0;j<ndim;j++)
                            p[i][j]=psum[j]=0.5*(p[i][j]+p[ilo][j]);
                        y[i]=func(psum);
                    }
                }
                nfunc += ndim;                Controla as avaliações da função.
                get_psum(p,psum);             Recompute psum.
            }
        } else    --nfunc;                    Corrija a contagem de avaliações.
    }                                         Volte para o teste de "doneness" e a próxima iteração.
}
inline void get_psum(MatDoub_I &p, VecDoub_O &psum)
```
**Função utilitária.**
```
{
    for (Int j=0;j<ndim;j++) {
        Doub sum=0.0;
        for (Int i=0;i<mpts;i++)
            sum += p[i][j];
        psum[j]=sum;
    }
}
```

```
template <class T>
Doub amotry(MatDoub_IO &p, VecDoub_O &y, VecDoub_IO &psum,
    const Int ihi, const Doub fac, T &func)
```
Função ajudante: extrapola por um fator fac através da face do simplex pelo ponto superior, tenta isso, e substitui o ponto superior se o novo ponto é melhor.
```
{
    VecDoub ptry(ndim);
    Doub fac1=(1.0-fac)/ndim;
    Doub fac2=fac1-fac;
    for (Int j=0;j<ndim;j++)
        ptry[j]=psum[j]*fac1-p[ihi][j]*fac2;
    Doub ytry=func(ptry);              Avalie a função no ponto testado.
    if (ytry < y[ihi]) {               Se ele é melhor do que o mais alto, então substitua o
        y[ihi]=ytry;                   mais alto.
        for (Int j=0;j<ndim;j++) {
            psum[j] += ptry[j]-p[ihi][j];
            p[ihi][j]=ptry[j];
        }
    }
    return ytry;
}
};
```

### REFERÊNCIAS CITADAS E LEITURA COMPLEMENTAR

Nelder, J.A., and Mead, R. 1965, "A Simplex Method for Function Minimization," *Computer Journal*, vol. 7, pp. 308–313.[1]

Yarbro, L.A., and Deming, S.N. 1974, "Selection and Preprocessing of Factors for Simplex Optimization," *Analytica Chimica Acta*, vol. 73, pp. 391–398.

Jacoby, S.L.S, Kowalik, J.S., and Pizzo, J.T. 1972, *Iterative Methods for Nonlinear Optimization Problems* (Englewood Cliffs, NJ: Prentice-Hall).

## 10.6 Métodos retilíneos em multidimensões

Sabemos (§10.2 − §10.4) como minimizar uma função de uma variável. Se iniciarmos em um ponto **P** no espaço $N$-dimensional, e procedermos de lá em alguma direção vetorial **n**, então qualquer função de $N$ variáveis $f(\mathbf{P})$ pode ser minimizada ao longo da reta determinada por **n** pelos nossos métodos unidimensionais. Pode-se inventar vários métodos de minimização multidimensionais que consistem de sequências destes métodos de minimização retilíneos. Diferentes métodos irão diferir apenas em como eles escolhem, em cada estágio, a próxima nova direção **n** a se testar. Os métodos de minimização nas próximas duas seções se encaixam neste esquema geral de sucessivas minimizações retilíneas. (O algoritmo de quase Newton em §10.9 não precisa de minimizações retilíneas muito acuradas. Consequentemente, ele usa a rotina de minimização retilínea aproximada, lnsrch de §9.7.1.)

Nesta seção, provemos a rotina de minimização retilínea linmin como parte da classe base Linemethod da qual derivaremos os métodos de minimização nas próximas duas seções. Estas rotinas de minimização consideram linmin como um subalgoritmo caixa-preta, cuja definição é

> Linmin: Dados como input os vetores **P** e **n**, e a função $f$, encontre o escalar $\lambda$ que minimia $f(\mathbf{P} + \lambda\mathbf{n})$. Troque **P** por **P** + $\lambda$**n**. Substitua **n** por $\lambda$**n**. Pronto.

Uma vez que queremos usar linmin com métodos cuja escolha de sucessivas direções não envolva computação explícita do gradiente da função, linmin em si não pode usar informação do gradiente. Posteriormente, em §10.8, consideraremos um método que não usa informação do gradiente. Consequentemente, lá fornecemos uma rotina dlinmin que faz uso desta informação para reduzir a carga computacional total.

O jeito óbvio de se implementar linmin é usar os métodos de minimização unidimensional descritos em §10.2 − §10.4, mas reescrevendo os programas daquelas seções de forma que sua documentação seja feita com pontos **P** de valores vetoriais (todos dispondo-se ao longo de uma dada direção **n**) ao invés das abscissas de valores escalares $x$. Esta tarefa simples produz rotinas longas densamente povoadas com laços "for(k=0;k<n;k++)".

Como uma alternativa, podemos simplesmente reusar as rotinas de minimização unidimensional construindo um functor F1dim, que fornece o valor da sua função, digamos func, ao longo da reta passando pelo ponto p na direção xi. A função linmin chama nossa familiar rotina unidimensional Brent (§10.4) e a instrui a minimizar F1dim. A rotina linmin comunica-se com F1dim "apesar" de Brent através do construtor, nosso idioma C++ usual.

```
template <class T>                                                      mins_ndim.h
struct Linemethod {
Classe base para algoritmos de minimização retilíneos. Fornece a rotina de minimização retilínea linmin.
    VecDoub p;
    VecDoub xi;
    T &func;
    Int n;
    Linemethod(T &funcc) : func(funcc) {}
Argumento do construtor é a função ou functor fornecido pelo usuário a ser minimizado.
    Doub linmin()
Rotina de minimização retilínea. Dado um ponto n-dimensional p[0..n-1] e uma direção n-dimensional xi[0..n-1], move e reinicializa p para onde a função ou functor func(p) toma um valor mínimo ao longo da direção xi proveniente de p, e substitui xi pelo vetor de deslocamento atual para o qual p foi movido. Também retorna o valor de func na posição retornada p. Isto tudo é totalmente executado por chamadas às rotinas bracket e minimize de Brent.
    {
        Doub ax,xx,xmin;
        n=p.size();
        F1dim<T> f1dim(p,xi,func);
        ax=0.0;                         Chute inicial para os confinantes.
        xx=1.0;
        Brent brent;
        brent.bracket(ax,xx,f1dim);
        xmin=brent.minimize(f1dim);
        for (Int j=0;j<n;j++) {         Construa os resultados do vetor a retornar.
            xi[j] *= xmin;
            p[j] += xi[j];
        }
        return brent.fmin;
    }
};
```

```
template <class T>                                                      mins_ndim.h
struct F1dim {
Deve acompanhar linmin em Linemethod.
    const VecDoub &p;
    const VecDoub &xi;
    Int n;
    T &func;
    VecDoub xt;
```

```
F1dim(VecDoub_I &pp, VecDoub_I &xii, T &funcc) : p(pp),
    xi(xii), n(pp.size()), func(funcc), xt(n) {}
```
Construtor toma como input um ponto n-dimensional p[0..n-1] e uma direção n-dimensional xi[0..n-1] de linmin, bem como a função ou functor que toma um vetor como argumento.
```
Doub operator() (const Doub x)
```
Functor retornando valor da função dada ao longo da reta unidimensional.
```
{
    for (Int j=0;j<n;j++)
        xt[j]=p[j]+x*xi[j];
    return func(xt);
}
};
```

## 10.7 Métodos de conjunto de direção (de Powell) em muitas dimensões

Com uma rotina para minimização retilínea em mãos, você poderia imaginar este método simples para minimização multidimensional geral: tome os vetores unitários $e_0, e_1,..., e_{N-1}$ como um *conjunto de direções*. Usando linmin, mova-se ao longo da primeira direção para seu mínimo, então de lá ao longo da segunda direção para *seu* mínimo, e assim sucessivamente, formando um ciclo através do conjunto inteiro de direções quantas vezes forem necessárias, até que a função pare de decrescer.

Este método simples é, na verdade, não muito ruim para muitas funções. Ainda mais interessante é por que ele *é* ruim, i.e., muito ineficiente para algumas funções. Considere uma função de duas dimensões cujo mapa contorno (curvas de nível) define um longo vale estreito em algum ângulo com os vetores da base coordenada (ver Figura 10.7.1). Então, a única maneira de "descer o comprimento do vale" indo ao longo da base vetorial em cada estágio é por uma série de muitos passos finos. Mais geralmente, em $N$ dimensões, se as segundas derivadas da função são muito maiores em magnitude em algumas direções do que em outras, então muitos ciclos através de todos os $N$ vetores da base serão necessários a fim de que se chegue em algum lugar. Esta condição não é totalmente não usual; de acordo com a Lei de Murphy, você deve contar com ela.

Obviamente, o que precisamos é de um conjunto melhor de direções do que os $e_i$'s. Todos os *métodos de conjuntos de direções* consistem em prescrições para atualizar o conjunto de direções conforme o método prossegue, tentando evoluir para um conjunto que (i) inclui algumas boas direções que nos deixarão longe dos vales estreitos, ou senão (mais sutilmente) (ii) que inclui algum número de direções "que não interferem" com a propriedade especial de que minimização ao longo de uma não é "deteriorada" pela subsequente minimização ao longo de outra, de forma que o processo cíclico interminável pelo conjunto de direções possa ser evitado.

### 10.7.1 Direções conjugadas

Este conceito de direções "não interferentes", mais convencionalmente chamadas de *direções conjugadas*, é digna de ser explicitado matematicamente.

Primeiro, observe que se minimizamos uma função ao longo de alguma direção **u**, então o gradiente da função deve ser perpendicular a **u** na reta do mínimo; se não, então poderia haver ainda uma derivada direcional não nula ao longo de **u**.

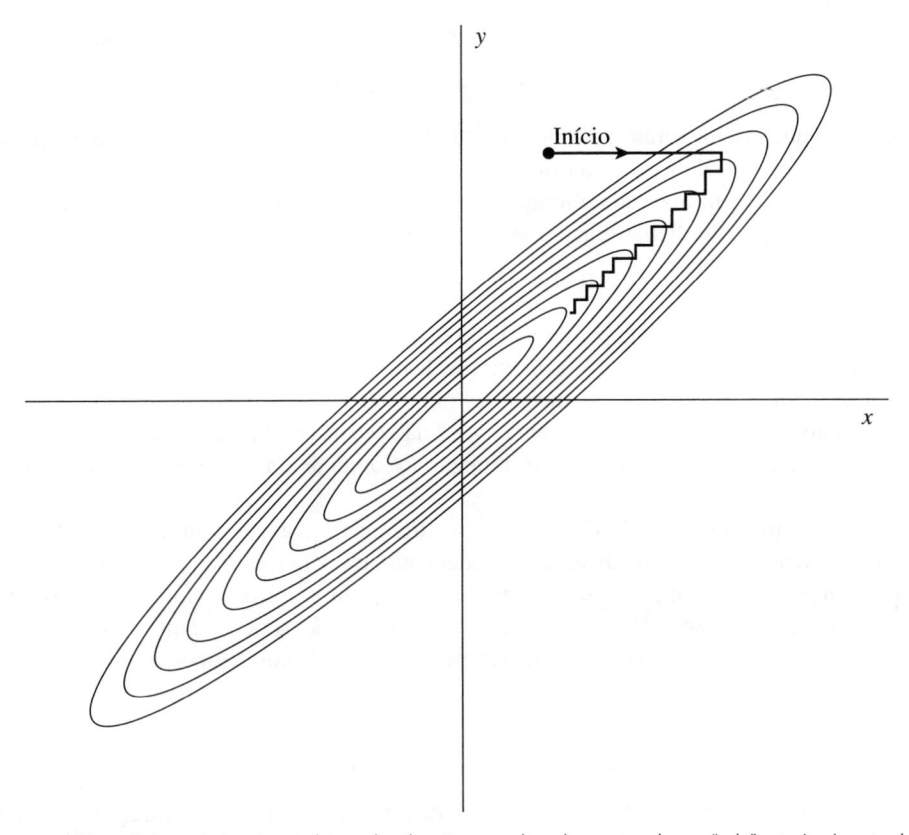

**Figura 10.7.1** Sucessivas minimizações ao longo das direções coordenadas em um longo "vale" estreito (mostrado como linhas contorno). A menos que o vale seja otimamente orientado, este método é extremamente ineficiente, tomando muitos passos finos para obter um mínimo, cruzando e recruzando os eixos principais.

A seguir, tomemos algum ponto **P** particular como a origem do sistema de coordenadas com coordenadas **x**. Então, uma função $f$ pode ser aproximada pela sua série de Taylor

$$f(\mathbf{x}) = f(\mathbf{P}) + \sum_i \frac{\partial f}{\partial x_i} x_i + \frac{1}{2} \sum_{i,j} \frac{\partial^2 f}{\partial x_i \partial x_j} x_i x_j + \cdots$$
$$\approx c - \mathbf{b} \cdot \mathbf{x} + \frac{1}{2} \mathbf{x} \cdot \mathbf{A} \cdot \mathbf{x}$$

(10.7.1)

onde

$$c \equiv f(\mathbf{P}) \qquad \mathbf{b} \equiv -\nabla f|_\mathbf{P} \qquad [\mathbf{A}]_{ij} \equiv \left.\frac{\partial^2 f}{\partial x_i \partial x_j}\right|_\mathbf{P} \qquad (10.7.2)$$

A matriz **A** cujos componentes são segundas derivadas parciais da função é chamada de *matriz Hessiana* da função no ponto **P**.

Na aproximação de (10.7.1), o gradiente de $f$ é facilmente calculado como

$$\nabla f = \mathbf{A} \cdot \mathbf{x} - \mathbf{b} \qquad (10.7.3)$$

(Isto implica que o gradiente se anulará – a função estará em um extremo – em um valor **x** obtido resolvendo-se $\mathbf{A} \cdot \mathbf{x} = \mathbf{b}$. Retornaremos a esta ideia em §10.9!)

Como o gradiente $\nabla f$ *muda* conforme nos movemos em alguma direção? Evidentemente

$$\delta(\nabla f) = \mathbf{A} \cdot (\delta \mathbf{x}) \tag{10.7.4}$$

Suponha que nos movemos ao longo de alguma direção **u** para o mínimo e agora queiramos mover-nos ao longo de alguma nova direção **v**. A condição para que o movimento ao longo de **v** não *danifique* nossa minimização ao longo de **u** é apenas que o gradiente seja perpendicular a **u**, i.e., que a mudança no gradiente seja perpendicular a **u**. Pela equação (10.7.4) isto é apenas

$$0 = \mathbf{u} \cdot \delta(\nabla f) = \mathbf{u} \cdot \mathbf{A} \cdot \mathbf{v} \tag{10.7.5}$$

Quando (10.7.5) é satisfeita para dois vetores **u** e **v**, eles são ditos serem *conjugados*. Quando a relação vale par a par para todos os membros de um conjunto de vetores, eles são ditos serem um conjunto conjugado. Se você faz sucessivas minimizações retilíneas de uma função ao longo de um conjunto conjugado de direções, então você não precisa refazer aquelas direções (a menos, é claro, que você as danifique coisas ao minimizar ao longo de uma direção para a qual eles não são conjugados).

Um triunfo para um método de conjunto de direções é avançar com um conjunto de $N$ direções mutuamente conjugadas linearmente independentes. Então, uma passagem de $N$ minimizações retilíneas colocará ela exatamente no mínimo de uma forma quadrática como (10.7.1). Para funções $f$ que não são exatamente formas quadráticas, não será exatamente no mínimo, mas repetidos ciclos de $N$ minimizações retilíneas convergirão no devido tempo *quadraticamente* para o mínimo.

## 10.7.2 Método quadraticamente convergente de Powell

Powell foi quem primeiro descobriu um conjunto de direções que produz $N$ direções mutuamente conjugadas. Aqui está como funciona: inicialize o conjunto de direções $\mathbf{u}_i$ para a base de vetores,

$$\mathbf{u}_i = \mathbf{e}_i \quad i = 0, \ldots, N-1 \tag{10.7.6}$$

Agora repita a seguinte sequência de passos ("procedimento básico") até sua função parar de decrescer:

- Salve sua posição de partida como $\mathbf{P}_0$.
- Para $i = 0, \ldots, N-1$, mova $\mathbf{P}_i$ para o mínimo ao longo da direção $\mathbf{u}_i$ e chame este ponto de $\mathbf{P}_{i+1}$.
- Para $i = 0, \ldots, N-2$, faça a atribuição $\mathbf{u}_i \leftarrow \mathbf{u}_{i+1}$.
- Atribua $\mathbf{u}_{N-1} \leftarrow \mathbf{P}_N - \mathbf{P}_0$.
- Mova $\mathbf{P}_N$ para o mínimo ao longo da direção $\mathbf{u}_{N-1}$ e chame este ponto de $\mathbf{P}_0$

Powell, em 1964, mostrou que, para uma forma quadrática como (10.7.1), $k$ iterações do procedimento básico acima produzem um conjunto de direções $\mathbf{u}_i$ cujos últimos $k$ membros são mutuamente conjugados. Por esta razão, $N$ iterações do procedimento básico, equivalendo a $N(N + 1)$ minimizações no total, minimizarão exatamente uma forma quadrática. Brent [1] fornece demonstrações destas sentenças de uma forma acessível.

Infelizmente, há um problema com o algoritmo quadraticamente convergente de Powell. O procedimento de jogar fora, em cada estágio, $\mathbf{u}_0$ em favor de $\mathbf{P}_N - \mathbf{P}_0$ tende a produzir conjuntos de direções que "fecham uma com a outra" e tornam-se linearmente dependentes. Quando isto ocorre, o procedimento encontra o mínimo da função apenas sobre um subespaço do caso completo $N$-dimensional; em outras palavras, fornece a resposta errada. Por esta razão, o algoritmo não deve ser usado na forma dada acima.

Há várias maneiras de corrigir este problema de dependência linear no algoritmo de Powell, dentre elas:

1. Você pode reinicializar o conjunto de direções $\mathbf{u}_i$ para a base de vetores $\mathbf{e}_i$ a cada $N$ ou $N + 1$ iterações do procedimento básico. Isto produz um método aproveitável, que recomendamos se a convergência quadrática é importante para sua aplicação (i.e., se suas funções são aproximadamente formas quadráticas e se você deseja alta acurácia).
2. Brent aponta que o conjunto de direções pode ser reinicializado como as colunas de uma matriz ortogonal. No lugar de jogar fora a informação nas direções conjugadas já construídas, ele reinicializa o conjunto de direções para as direções principais calculadas da matriz **A** (ele fornece um procedimento para determinar esta). O cálculo é essencialmente um algoritmo de decomposição em valor singular (ver §2.6). Brent tem vários outros truques na manga, e sua modificação do método de Powell é provavelmente a melhor presentemente conhecida. Consulte [1] para uma detalhada descrição e listagem do programa. Infelizmente, é um pouco elaborado demais para o incluirmos aqui.
3. Você pode desistir da propriedade de convergência quadrática em favor de mais um esquema heurístico (devido a Powell) que tenta encontrar algumas poucas boas direções ao longo dos vales estreitos ao invés de $N$ direções necessariamente conjugadas. Este é o método que agora implementamos. (É também uma versão do método de Powell dado em Acton [2], do qual partes da próxima discussão foram tiradas.)

## 10.7.3 Desprezando a direção de maior decrescimento

A raposa e as uvas: agora que iremos desistir da propriedade de convergência quadrática, ela era mesmo tão importante? Isto depende da função que você está minimizando. Algumas aplicações produzem funções com longos vales recortados. A convergência quadrática não traz vantagens para um programa que deve descer em zigue-zague por todo o comprimento de um fundo de vale que trança um caminho após outro (e outro, e outro,... – existem $N$ dimensões!). Ao longo da direção longitudinal, um método quadraticamente convergente está tentando extrapolar para o mínimo de uma parábola que simplesmente não está lá (ainda) enquanto a conjugação de $N-1$ direções transversais continua se danificando devido aos caminhos trançados.

Mais cedo ou mais tarde, contudo, atingimos um mínimo aproximadamente elipsoidal (cf. equação 10.7.1 quando **b**, o gradiente, é nulo). Então, dependendo de quanta acurácia precisamos, um método com convergência quadrática pode nos salvar de diversas vezes $N^2$ minimizações retilíneas extras, uma vez que convergência quadrática dobra o número de dígitos significativos em cada iteração.

A ideia básica do nosso método de Powell agora modificado é ainda tomar $\mathbf{P}_N - \mathbf{P}_0$ como uma nova direção: ela é, afinal, a direção média movida após se tentar todas as $N$ possíveis direções. Para um vale cuja direção longitudinal é vagarosamente trançada, é provável que esta direção dê uma boa volta ao longo da nova direção longitudinal. A mudança é descartar a antiga direção ao longo da qual a função $f$ teve seu maior decrescimento. Isto parece paradoxal, pois esta direção foi a *melhor* das iterações prévias. Contudo, é também provável que ela seja um componente principal da nova direção que estamos adicionando, assim descartá-la nos dá a melhor chance de evitar um incremento da dependência linear.

Há algumas exceções para esta ideia básica. Às vezes é melhor *não* adicionar uma nova direção. Defina

$$f_0 \equiv f(\mathbf{P}_0) \qquad f_N \equiv f(\mathbf{P}_N) \qquad f_E \equiv f(2\mathbf{P}_N - \mathbf{P}_0) \qquad (10.7.7)$$

Aqui $f_E$ é o valor da função em um ponto "extrapolado" um pouco mais afastado ao longo da nova direção proposta. Também defina $\Delta f$ como a magnitude do maior decrescimento ao longo de uma particular direção da presente iteração do procedimento básico. ($\Delta f$ é um número positivo.) Então:

1. Se $f_E \geq f_0$, então mantenha o conjunto antigo de direções para o novo procedimento básico, porque a direção média $\mathbf{P}_N - \mathbf{P}_0$ é inteiramente usada até o fim.
2. Se $2(f_0 - 2f_N + f_E)[(f_0 - f_N) - \Delta f]^2 \geq (f_0 - f_E)^2 \Delta f$, então mantenha o conjunto antigo de direções para o próximo procedimento básico, porque ou (i) o decrescimento ao longo da direção média não foi devido sobretudo ao decrescimento de alguma direção particular, ou (ii) há uma segunda derivada não desprezível ao longo da direção média, e parecemos estar perto da baixada do seu mínimo.

A seguinte rotina implementa o método de Powell na versão recém-descrita. Na rotina, xi é a matriz cujas colunas são o sistema de direções $\mathbf{n}_i$; fora isso, a correspondência da notação deve ser autoevidente. Se a função a ser minimizada é fornecida como um functor Func

```
struct Func {
    Doub operator()(VecDoub_I &x);
};
```

então, a sequência normal de chamada para Powell assemelha-se a algo como:

```
VecDoub p = ...;
Func func;
Powell<Func> powell(func);
p=powell.minimize(p);          OK sobrescrever o chute inicial.
```

O valor da função no mínimo está disponível como powell.fret.

Se, por outro lado, a função a ser minimizada é fornecida como uma função C++ normal,

```
Doub func(VecDoub_I &x);
```

então, a chamada do construtor é parecido com isto:

```
Powell<Doub (VecDoub_I &)> powell(func);
```

Observe que o construtor toma um argumento opcional que especifica a tolerância da função para a minimização.

```
mins_ndim.h    template <class T>
         struct Powell : Linemethod<T> {
         Minimização multidimensional pelo método de Powell.
             Int iter;
             Doub fret;                     Valor da função no mínimo.
             using Linemethod<T>::func;     Variáveis de uma classe base como template não são automa-
             using Linemethod<T>::linmin;   ticamente herdadas.
             using Linemethod<T>::p;
             using Linemethod<T>::xi;
             const Doub ftol;
             Powell(T &func, const Doub ftoll=3.0e-8) : Linemethod<T>(func),
                 ftol(ftoll) {}
             Argumentos do construtor são func, a função ou functor a ser minimizado e um argumento opcional
             ftoll, a tolerância fracionária no valor da função tal que uma falha em decrescer por mais do que esta
             quantidade em uma iteração assinala que a solução já está suficientemente maturada ("doneness").
             VecDoub minimize(VecDoub_I &pp)
             Minimização de uma função ou functor de n variáveis. O input consiste em um ponto inicial de parti-
             da pp[0..n-1]. A matriz inicial ximat[0..n-1][0..n-1], cujas colunas contêm o conjunto inicial de
             direções, é designada para os n vetores unitários. O retornado é o melhor ponto encontrado, no qual
             o ponto fret é o mínimo valor da função e iter é o número de iterações tomadas.
```

```
{
    Int n=pp.size();
    MatDoub ximat(n,n,0.0);
    for (Int i=0;i<n;i++) ximat[i][i]=1.0;
    return minimize(pp,ximat);
}
VecDoub minimize(VecDoub_I &pp, MatDoub_IO &ximat)
```
Interface alternativa: input consiste do ponto inicial de partida pp[0..n-1] e uma matriz inicial ximat[0..n-1][0..n-1], cujas colunas contêm o conjunto inicial de direções. No output, ximat é o conjunto direção então corrente.
```
{
    const Int ITMAX=200;          Máximo de iterações permitido.
    const Doub TINY=1.0e-25;      Um número pequeno.
    Doub fptt;
    Int n=pp.size();
    p=pp;
    VecDoub pt(n),ptt(n);
    xi.resize(n);
    fret=func(p);
    for (Int j=0;j<n;j++) pt[j]=p[j];   Salve o ponto inicial.
    for (iter=0;;++iter) {
        Doub fp=fret;
        Int ibig=0;
        Doub del=0.0;             Será o maior decrescimento da função.
        for (Int i=0;i<n;i++) { Em cada iteração, laço sobre todas as direções no conjunto.
            for (Int j=0;j<n;j++) xi[j]=ximat[j][i];    Copie a direção,
            fptt=fret;
            fret=linmin();                minimize ao longo dela,
            if (fptt-fret > del) {        e grave-a se ela é a de maior decrescimento até
                del=fptt-fret;            aqui.
                ibig=i+1;
            }
        }                         Aqui vem o critério para o término.
        if (2.0*(fp-fret) <= ftol*(abs(fp)+abs(fret))+TINY) {
            return p;
        }
        if (iter == ITMAX) throw("powell exceeding maximum iterations.");
        for (Int j=0;j<n;j++) {   Construa o ponto extrapolado e a direção média
            ptt[j]=2.0*p[j]-pt[j];          movida. Salve o antigo ponto de partida.
            xi[j]=p[j]-pt[j];
            pt[j]=p[j];
        }
        fptt=func(ptt);           Valor da função no ponto extrapolado.
        if (fptt < fp) {
            Doub t=2.0*(fp-2.0*fret+fptt)*SQR(fp-fret-del)-del*SQR(fp-fptt);
            if (t < 0.0) {
                fret=linmin();    Mova para o mínimo da nova direção, e salve a
                for (Int j=0;j<n;j++) {    nova direção.
                    ximat[j][ibig-1]=ximat[j][n-1];
                    ximat[j][n-1]=xi[j];
                }
            }
        }
    }
}
};
```

**REFERÊNCIAS CITADAS E LEITURA COMPLEMENTAR**

Brent, R. P. 1973, *Algorithms for Minimization without Derivatives* (Englewood Cliffs, NJ: Prentice-Hall); reprinted 2002 (New York: Dover), Chapter 7.[1]

Acton, F.S. 1970, *Numerical Methods That Work;* 1990, corrected edition (Washington, DC: Mathematical Association of America), pp. 464–467.[2]

Jacobs, D.A.H. (ed.) 1977, *The State of the Art in Numerical Analysis* (London: Academic Press), pp. 259–262.

## 10.8 Métodos do gradiente conjugado em muitas dimensões

Considere agora o caso onde você é capaz de calcular, em um dado ponto $N$-dimensional $\mathbf{P}$, não apenas o valor da função $f(\mathbf{P})$ mas também o gradiente (vetor das primeiras derivadas parciais) $\nabla f(\mathbf{P})$.

Um argumento com cálculos aproximados mostrará as vantagens de se usar a informação do gradiente: suponha que a função $f$ é grosseiramente aproximada como uma forma quadrática, como acima na equação (10.7.1),

$$f(\mathbf{x}) \approx c - \mathbf{b} \cdot \mathbf{x} + \tfrac{1}{2} \mathbf{x} \cdot \mathbf{A} \cdot \mathbf{x} \qquad (10.8.1)$$

Então o número de parâmetros desconhecidos em $f$ é igual ao número de parâmetros livres em $\mathbf{A}$ e $\mathbf{b}$, que é $\tfrac{1}{2}N(N+1)$, o que vemos ser da ordem $N^2$. Mudar um destes parâmetros pode mover a localização do mínimo. Por esta razão, não esperaríamos ser capazes de *encontrar* o mínimo até que tenhamos coletado um conteúdo de informação equivalente, de ordem $N^2$ números.

Nos métodos de conjunto de direções de §10.7, coletamos a informação necessária ao fazer da ordem de $N^2$ minimizações retilíneas separadas, cada uma requerendo "algumas" (mas às vezes algumas muitas) avaliações da função. Agora, cada estimação do gradiente nos trará $N$ novos componentes de informação. Se os usamos sabiamente, precisaríamos apenas da ordem de $N$ minimizações retilíneas separadas. Este é de fato o caso dos algoritmos nesta seção e na próxima.

Uma melhora de um fator $N$ na velocidade computacional não necessariamente está implícita. Como uma estimativa grosseira, poderíamos imaginar que o cálculo de *cada componente* do gradiente toma cerca da mesma quantidade de recursos que efetuar a própria função. Neste caso, haverá da ordem de $N^2$ equivalentes estimações da função tanto para com quanto para sem informação do gradiente. Mesmo se a vantagem não é da ordem de $N$, porém, ela é não obstante muito substancial: (i) cada componente calculado do gradiente tipicamente poupará não apenas uma avaliação da função, mas várias delas, equivalente a, digamos, uma minimização retilínea inteira. (ii) Há frequentemente um alto grau de redundância nas fórmulas para os vários componentes do gradiente de uma função. Quando isto se dá, especialmente quanto há também redundância com o cálculo da função, o cálculo do gradiente pode custar significativamente menos do que $N$ avaliações da função.

Um erro comum de iniciantes é assumir que qualquer maneira razoável de incorporar a informação do gradiente deve ser tão boa quanto qualquer outra. Esta linha de pensamento conduz ao seguinte algoritmo *não muito bom*, o *método do declive mais abrupto*:

> Declive mais abrupto: Parta de um ponto $\mathbf{P}_0$. Quantas vezes forem necessárias, mova-se do ponto $\mathbf{P}_i$ para o ponto $\mathbf{P}_{i+1}$ minimizando ao longo da reta de $\mathbf{P}_i$ na direção do local gradiente no declive $-\nabla f(\mathbf{P}_i)$.

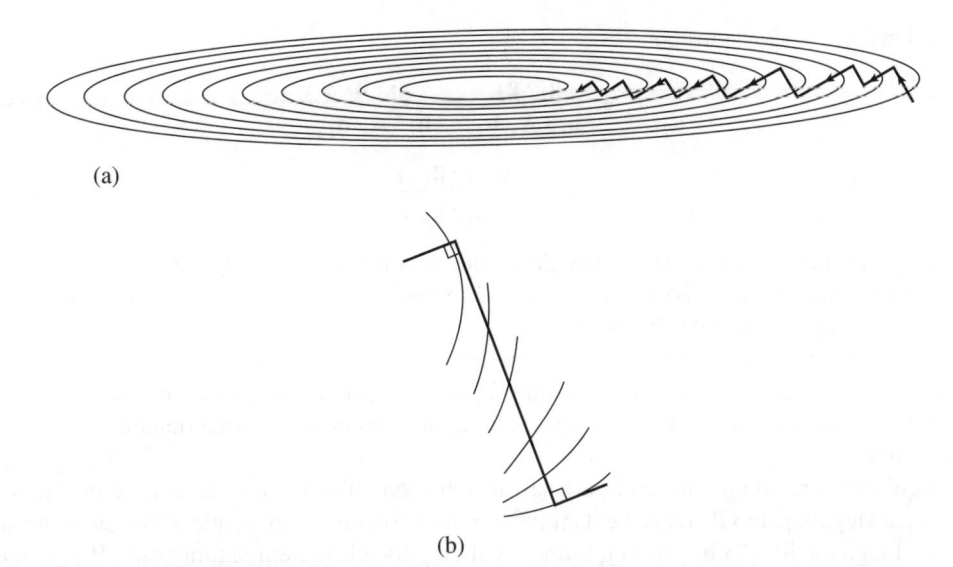

**Figura 10.8.1** (a) Método do declive mais abrupto em um longo "vale" estreito. Apesar de mais eficiente do que a estratégia da Figura 10.7.1, declive mais abrupto é entretanto uma estratégia ineficiente, tomando muitos passos para alcançar o fundo do vale. (b) Visão ampliada de um passo: um passo parte na direção do gradiente local, perpendicular às curvas de nível, e atravessa uma linha reta até que um mínimo local seja alcançado, onde a travessia é paralela às curvas de nível locais.

O problema do método do declive mais abrupto (o qual, incidentalmente, remonta a Cauchy) é similar ao problema que foi mostrado na Figura 10.7.1. O método realizará muitos passos pequenos se aprofundando em um longo vale estreito, mesmo se o vale é uma forma quadrática perfeita. Você poderia esperar que, digamos, em duas dimensões, seu primeiro passo levaria você para o fundo do vale, e o segundo desceria diretamente o eixo longitudinal; mas lembre-se que o novo gradiente no ponto mínimo de alguma minimização retilínea é perpendicular à direção recém-atravessada. Por esta razão, com o método do declive mais abrupto, você deve fazer uma curva em ângulo reto, a qual, em geral, *não* leva você ao mínimo. (Ver Figura 10.8.1.)

Exatamente como na discussão que nos levou à equação (10.7.5), realmente queremos uma maneira de proceder não no novo gradiente, mas preferivelmente em uma direção que seja de alguma forma construída para ser *conjugada* ao gradiente antigo, e, na medida do possível, a todas as direções anteriores atravessadas. Métodos que executam esta construção são chamados de método do *gradiente* conjugado.

Em §2.7, discutimos o método do gradiente conjugado como uma técnica para resolver equações algébricas lineares minimizando uma forma quadrática. Este formalismo pode também ser aplicado ao problema de minimizar uma função *aproximada* pela forma quadrática (10.8.1). Lembre-se que, partindo com um vetor inicial arbitrário $\mathbf{g}_0$ e fazendo $\mathbf{h}_0 = \mathbf{g}_0$, o método do gradiente conjugado constrói duas sequências de vetores da recorrência

$$\mathbf{g}_{i+1} = \mathbf{g}_i - \lambda_i \mathbf{A} \cdot \mathbf{h}_i \qquad \mathbf{h}_{i+1} = \mathbf{g}_{i+1} + \gamma_i \mathbf{h}_i \qquad i = 0, 1, 2, \ldots \qquad (10.8.2)$$

Os vetores satisfazem a ortogonalidade e condições de conjugação

$$\mathbf{g}_i \cdot \mathbf{g}_j = 0 \qquad \mathbf{h}_i \cdot \mathbf{A} \cdot \mathbf{h}_j = 0 \qquad \mathbf{g}_i \cdot \mathbf{h}_j = 0 \qquad j < i \qquad (10.8.3)$$

Os escalares $\lambda_i$ e $\gamma_i$ são dados por

$$\lambda_i = \frac{\mathbf{g}_i \cdot \mathbf{g}_i}{\mathbf{h}_i \cdot \mathbf{A} \cdot \mathbf{h}_i} = \frac{\mathbf{g}_i \cdot \mathbf{h}_i}{\mathbf{h}_i \cdot \mathbf{A} \cdot \mathbf{h}_i} \qquad (10.8.4)$$

$$\gamma_i = \frac{\mathbf{g}_{i+1} \cdot \mathbf{g}_{i+1}}{\mathbf{g}_i \cdot \mathbf{g}_i} \qquad (10.8.5)$$

As equações (10.8.2) – (10.8.5) são simplesmente as equações (2.7.32) – (2.7.35) para uma $\mathbf{A}$ simétrica em uma nova notação. (Uma dedução autocontida destes resultados no contexto da função de minimização é dada por Polak [1].)

Agora suponha que conheçamos a matriz hessiana $\mathbf{A}$ na equação (10.8.1). Então, poderíamos usar a construção (10.8.2) para encontrar direções conjugadas $\mathbf{h}_i$ sucessivamente ao longo das quais minimizar. Após $N$ destas, teríamos atingido o mínimo da forma quadrática. Mas não conhecemos $\mathbf{A}$.

Aqui está um teorema notável para salvar o dia: suponha que aconteça de termos $\mathbf{g}_i = -\nabla f(\mathbf{P}_i)$, para algum ponto $\mathbf{P}_i$, onde $f$ é da forma (10.8.1). Suponha, então, que prossigamos a partir de $\mathbf{P}_i$ ao longo da direção $\mathbf{h}_i$ para o mínimo local de $f$ localizado em algum ponto $\mathbf{P}_{i+1}$ e então atribuamos $\mathbf{g}_{i+1} = -\nabla f(\mathbf{P}_{i+1})$. Então, este $\mathbf{g}_{i+1}$ é o mesmo vetor que teria sido construído pela equação (10.8.2). (E o construímos sem o conhecimento de $\mathbf{A}$!)

Demonstração: pela equação (10.7.3), $\mathbf{g}_i = -\mathbf{A} \cdot \mathbf{P}_i + \mathbf{b}$ e

$$\mathbf{g}_{i+1} = -\mathbf{A} \cdot (\mathbf{P}_i + \lambda \mathbf{h}_i) + \mathbf{b} = \mathbf{g}_i - \lambda \mathbf{A} \cdot \mathbf{h}_i \qquad (10.8.6)$$

com $\lambda$ escolhido para nos levar à reta do mínimo. Mas na reta de mínimo $\mathbf{h}_i \cdot \nabla f = -\mathbf{h}_i \cdot \mathbf{g}_{i+1} = 0$. Esta segunda condição é facilmente combinada com (10.8.6) para resolver para $\lambda$. O resultado é exatamente a expressão (10.8.4). Mas, com este valor de $\lambda$, (10.8.6) é o mesmo que (10.8.2), q.e.d.

Temos, então, a base de um algoritmo que não requer nenhum conhecimento da matriz hessiana $\mathbf{A}$ nem mesmo a memória necessária para armazenar tal matriz. Uma sequência de direções $\mathbf{h}_i$ é construída, usando-se apenas minimizações retilíneas, avaliações do vetor gradiente e um vetor auxiliar para armazenar o último na sequência dos $\mathbf{g}$'s.

O algoritmo descrito até aqui é a versão original de Fletcher-Reeves do algoritmo do gradiente conjugado. Posteriormente, Polak e Ribiere introduziram uma pequenina, mas às vezes significativa, mudança. Eles propuseram usar a forma

$$\gamma_i = \frac{(\mathbf{g}_{i+1} - \mathbf{g}_i) \cdot \mathbf{g}_{i+1}}{\mathbf{g}_i \cdot \mathbf{g}_i} \qquad (10.8.7)$$

no lugar da equação (10.8.5). "Espere", você vai dizer, "elas não são iguais pelas condições de ortogonalidade (10.8.3)?" Elas são iguais para formas quadráticas exatas. No mundo real, porém, sua função não está exatamente na forma quadrática. Atingindo o suposto mínimo na forma quadrática, você poderá ainda precisar proceder para outro conjunto de iterações. Há alguma evidência [2] de que a fórmula de Polak-Ribiere executa a transição para iterações adicionais mais graciosamente: quando ela perde a força, tende a reinicializar $\mathbf{h}$ para ficar abaixo do gradiente local, o que é equivalente a começar o procedimento do gradiente conjugado novamente.

A rotina seguinte implementa a variante de Polak-Ribiere, que recomendamos; mas mudar uma linha do programa, como mostrado, dará a você o Fletcher-Reeves. A rotina presume a existência de um functor (não uma função) que retorna o valor da função pelo "overloading" operator(), e também fornece uma função para designar o vetor gradiente df[0..n-1] efetuado no ponto input p. Aqui está um exemplo para a função $x_0^2 + x_1^2$:

```
struct Funcd {                              Nome Funcd é arbitrário.
    Doub operator() (VecDoub_I &x)
    {
        return x[0]*x[0]+x[1]*x[1];
    }
    void df(VecDoub_I &x, VecDoub_O &deriv)  Nome df é fixo.
    {
        deriv[0]=2.0*x[0];
        deriv[1]=2.0*x[1];
    }
};
```

Para usar frprmn, você precisa de sentenças como as seguintes:

```
Funcd funcd;
Frprmn<Funcd> frprmn(funcd);
VecDoub p = ...;
p=frprmn.minimize(p);          OK para sobrescrever o chute inicial.
```

O valor da função no mínimo é disponível como frprmn.fret. Observe que o construtor toma um argumento opcional que especifica a tolerância da função para a minimização.

A rotina chama linmin para fazer as minimizações retilíneas. Como já discutido, você pode usar uma versão modificada de linmin que usa Dbrent ao invés de Brent, i.e., que usa o gradiente ao fazer as minimizações retilíneas. Veja nota abaixo (§10.8.1).

```
template <class T>                                                     mins_ndim.h
struct Frprmn : Linemethod<T> {
```
Minimização multidimensional pelo método de Fletcher-Reeves-Polak-Ribiere.
```
    Int iter;
    Doub fret;                              Valor da função no mínimo.
    using Linemethod<T>::func;              Variáveis de uma clase base em template não são
    using Linemethod<T>::linmin;                automaticamente herdadas.
    using Linemethod<T>::p;
    using Linemethod<T>::xi;
    const Doub ftol;
    Frprmn(T &funcd, const Doub ftoll=3.0e-8) : Linemethod<T>(funcd),
        ftol(ftoll) {}
```
Argumentos do construtor são funcd, a função ou functor a ser minimizado, e um argumento opcional ftoll, a tolerância fracionária no valor da função tal que uma falha em decrescer mais do que esta quantidade em uma iteração assinala que a solução já está suficientemente maturada ("doneness").
```
    VecDoub minimize(VecDoub_I &pp)
```
Dado um ponto de partida pp[0..n-1], realiza a minimização na função cujo valor e gradiente são fornecidos por um functor funcd (ver texto).
```
    {
        const Int ITMAX=200;
        const Doub EPS=1.0e-18;
        const Doub GTOL=1.0e-8;
```
Aqui ITMAX é o número máximo de iterações permitido; EPS é um número pequeno para retificar o caso especial de convergência para exatamente zero valores de funções; e GTOL é o critério de convergência para o teste de gradiente nulo.
```
        Doub gg,dgg;
        Int n=pp.size();                    Inicializações.
        p=pp;
        VecDoub g(n),h(n);
```

```
            xi.resize(n);
            Doub fp=func(p);
            func.df(p,xi);
            for (Int j=0;j<n;j++) {
                g[j] = -xi[j];
                xi[j]=h[j]=g[j];
            }
            for (Int its=0;its<ITMAX;its++) {      Laço sobre iterações.
                iter=its;
                fret=linmin();                      Próxima sentença é um possível retorno:
                if (2.0*abs(fret-fp) <= ftol*(abs(fret)+abs(fp)+EPS))
                    return p;
                fp=fret;
                func.df(p,xi);
                Doub test=0.0;                      teste para convergência para o gradiente nulo.
                Doub den=MAX(fp,1.0);
                for (Int j=0;j<n;j++) {
                    Doub temp=abs(xi[j])*MAX(abs(p[j]),1.0)/den;
                    if (temp > test) test=temp;
                }
                if (test < GTOL) return p;          O outro possível retorno.
                dgg=gg=0.0;
                for (Int j=0;j<n;j++) {
                    gg += g[j]*g[j];
//                  dgg += xi[j]*xi[j];             Esta sentença para Fletcher-Reeves.
                    dgg += (xi[j]+g[j])*xi[j];      Esta sentença para Polak-Ribiere.
                }
                if (gg == 0.0)                      Improvável. Se o gradiente é exatamente nulo,
                    return p;                       então já completamos o trabalho.
                Doub gam=dgg/gg;
                for (Int j=0;j<n;j++) {
                    g[j] = -xi[j];
                    xi[j]=h[j]=g[j]+gam*h[j];
                }
            }
            throw("Too many iterations in frprmn");
        }
    };
```

### 10.8.1 Nota sobre minimização retilínea usando derivadas

Releia §10.6. Aqui queremos fazer a mesma coisa, mas usando informação da derivada na realização da minimização retilínea. Simplesmente substitua todas as ocorrências de Linemethod em Frprmn com Dlinemethod. A rotina Dlinemethod é exatamente a mesma como Linemethod, exceto que Brent é substituída por Dbrent, e F1dim por Df1dim:

mins_ndim.h
```
template <class T>
struct Dlinemethod {
    Classe base para algoritmos de minimização retilínea usando informação das derivadas. Forneça a rotina
    linmin de minimização retilínea.
    VecDoub p;
    VecDoub xi;
    T &func;
    Int n;
    Dlinemethod(T &funcc) : func(funcc) {}
    Argumento do construtor é a função ou functor fornecido pelo usuário para ser minimizado.
    Doub linmin()
    Rotina de minimização retilínea. Dado um ponto n-dimensional p[0..n-1] e uma direção n-dimensional xi[0..n-1], mova e reinicialize p para onde a função ou functor func(p) toma um mínimo ao
```

longo da direção xi a partir de p, e substitua xi pelo vetor deslocamento realmente gerado pelo movimento de p. Também retorna o valor de func na posição retornada p. Tudo isto é de fato executado pela chamada às rotinas bracket e minimize de Dbrent.

```
{
    Doub ax,xx,xmin;
    n=p.size();
    Df1dim<T> df1dim(p,xi,func);
    ax=0.0;                                    Chute inicial para os confinantes.
    xx=1.0;
    Dbrent dbrent;
    dbrent.bracket(ax,xx,df1dim);
    xmin=dbrent.minimize(df1dim);
    for (Int j=0;j<n;j++) {                    Construa o vetor que resulta para retornar.
        xi[j] *= xmin;
        p[j] += xi[j];
    }
    return dbrent.fmin;
}
};
```

```
template <class T>                                                          mins_ndim.h
struct Df1dim {
```
Deve acompanhar linmin em Dlinemethod.
```
    const VecDoub &p;
    const VecDoub &xi;
    Int n;
    T &funcd;
    VecDoub xt;
    VecDoub dft;
    Df1dim(VecDoub_I &pp, VecDoub_I &xii, T &funcdd) : p(pp),
        xi(xii), n(pp.size()), funcd(funcdd), xt(n), dft(n) {}
```
Construtor toma como inputs um ponto n-dimensional p[0..n-1] e uma direção n-dimensional xi[0..n-1] de linmin, bem como o functor funcd.
```
    Doub operator()(const Doub x)
```
Functor retornando valor da função dada ao longo da reta unidimensional.
```
    {
        for (Int j=0;j<n;j++)
            xt[j]=p[j]+x*xi[j];
        return funcd(xt);
    }
    Doub df(const Doub x)
```
Retorne a derivada ao longo da reta.
```
    {
        Doub df1=0.0;
        funcd.df(xt,dft);                      Dbrent sempre efetua a derivada no mesmo valor que a
        for (Int j=0;j<n;j++)                  função, assim xt é inalterado.
            df1 += dft[j]*xi[j];
        return df1;
    }
};
```

## REFERÊNCIAS CITADAS E LEITURA COMPLEMENTAR

Polak, E. 1971, *Computational Methods in Optimization* (New York: Academic Press), §2.3.[1]

Jacobs, D.A.H. (ed.) 1977, *The State of the Art in Numerical Analysis* (London: Academic Press), Chapter III.1.7 (by K.W. Brodlie).[2]

Stoer, J., and Bulirsch, R. 2002, *Introduction to Numerical Analysis*, 3rd ed. (New York: Springer), §8.7.

## 10.9 Método quasi-Newton ou método de métrica variável em muitas dimensões

O objetivo dos métodos de quasi-Newton, que são também chamados de métodos de *métrica variável*, não é diferente do objetivo dos métodos de gradiente conjugado: acumular informação das sucessivas minimizações retilíneas de forma que $N$ destas minimizações retilíneas conduzam ao mínimo exato de uma forma quadrática em $N$ dimensões. Neste caso, o método será quadraticamente convergente para funções suaves mais gerais.

Ambos quasi-Newton e métodos de gradiente conjugado requerem que você seja capaz de computar o gradiente da sua função, ou as derivadas parciais de ordem um, em pontos arbitrários. A abordagem do quasi-Newton difere do gradiente conjugado na maneira como ela armazena e atualiza a informação que é acumulada. Em vez de requerer memória intermediária de ordem $N$, o número de dimensões, ela requer uma matriz de tamanho $N \times N$. Geralmente, para qualquer $N$ moderado, isto dificilmente importa.

Por outro lado, não há, pelo que sabemos, uma vantagem esmagadora que os métodos de quasi-Newton têm sobre as técnicas de gradiente conjugado, exceto talvez uma histórica. Desenvolvidos um pouco antes, e mais vastamente propagados, os métodos de quasi-Newton entretanto desenvolveram uma clientela crescente de usuários satisfeitos. Da mesma forma, algumas implementações mais sofisticadas dos métodos de quasi-Newton (indo além do escopo deste livro; veja abaixo) foram desenvolvida até um nível maior de sofisticação em tópicos como minimização de erros de arredondamento, controle de condições iniciais, e assim por diante.

Os métodos de quasi-Newton vêm em dois sabores. Um é o *algoritmo de Davidon-Fletcher-Powell* (*DFP*) (algumas vezes chamado simplesmente de *Fletcher-Powell*). O outro tem o nome de *Broyden-Fletcher-Goldfarb-Shanno* (*BFGS*). Os esquemas BFGS e DFP diferem apenas em detalhes dos seus erros de arredondamento, tolerâncias de convergência e outras questões "sujas" que estão fora do nosso escopo [1,2]. Contudo, tornou-se geralmente reconhecido que, empiricamente, o esquema BFGS é superior nestes detalhes. Implementaremos BFGS nesta seção.

Como antes, imaginamos que nossa função arbitrária $f(\mathbf{x})$ pode ser localmente aproximada pela forma quadrática da equação (10.8.1). Não temos, porém, informação alguma sobre os valores dos parâmetros da forma quadrática $\mathbf{A}$ e $\mathbf{b}$, exceto na medida em que podemos pescar tal informação das nossas avaliações da função e minimizações retilíneas.

A ideia básica do método de quasi-Newton é construir, iterativamente, uma boa aproximação para a matriz hessiana inversa $\mathbf{A}^{-1}$, isto é, construir uma sequência de matrizes $\mathbf{H}_i$ com a propriedade

$$\lim_{i \to \infty} \mathbf{H}_i = \mathbf{A}^{-1} \qquad (10.9.1)$$

Ainda melhor se o limite é alcançado após $N$ interações ao invés de $\infty$.

A razão pela qual estes métodos são chamados quasi-Newton pode agora ser explicada. Considere localizar um mínimo por usar o método de Newton para procurar o zero do gradiente da função. Perto do ponto corrente $\mathbf{x}_i$, temos para segunda ordem

$$f(\mathbf{x}) = f(\mathbf{x}_i) + (\mathbf{x} - \mathbf{x}_i) \cdot \nabla f(\mathbf{x}_i) + \tfrac{1}{2}(\mathbf{x} - \mathbf{x}_i) \cdot \mathbf{A} \cdot (\mathbf{x} - \mathbf{x}_i) \qquad (10.9.2)$$

assim

$$\nabla f(\mathbf{x}) = \nabla f(\mathbf{x}_i) + \mathbf{A} \cdot (\mathbf{x} - \mathbf{x}_i) \qquad (10.9.3)$$

No método de Newton, consideramos $\nabla f(\mathbf{x}) = 0$ para determinar o próximo ponto na iteração:

$$\mathbf{x} - \mathbf{x}_i = -\mathbf{A}^{-1} \cdot \nabla f(\mathbf{x}_i) \qquad (10.9.4)$$

O lado esquerdo é o passo finito que precisamos tomar para obter o mínimo exato; o lado direito é conhecido uma vez que acumulamos um $\mathbf{H} \approx \mathbf{A}^{-1}$ acurado.

O "quasi" no quasi-Newton é porque não usamos a verdadeira matriz hessiana de $f$, mas sim nossa aproximação atual dela. Isto é geralmente melhor do que usar a verdadeira hessiana. Podemos entender este resultado paradoxal considerando as direções de declive de $f$ em $\mathbf{x}_i$. Estas são as direções $\mathbf{p}$ ao longo das quais $f$ decresce: $\nabla f \cdot \mathbf{p} < 0$. Para a direção no Newton (10.9.4) ser uma direção de declive, precisamos ter

$$\nabla f(\mathbf{x}_i) \cdot (\mathbf{x} - \mathbf{x}_i) = -(\mathbf{x} - \mathbf{x}_i) \cdot \mathbf{A} \cdot (\mathbf{x} - \mathbf{x}_i) < 0 \qquad (10.9.5)$$

o que é verdade se $\mathbf{A}$ é positiva-definida. Em geral, longe de um mínimo, não temos garantia de que o hessiano é positiva-definida. Tomando o passo de Newton de fato com o real hessiano, podemos nos mover para pontos onde a função está crescendo em valor. A ideia por trás dos métodos quasi-Newton é reiniciar com uma aproxmação para $\mathbf{A}$ simétrica, positiva-definida (usualmente a matriz identidade) e construir os aproximantes $\mathbf{H}_i$'s de uma forma tal que a matriz $\mathbf{H}_i$ permaneça positiva-definida e simétrica. Longe do mínimo, isto garante que sempre nos movemos em uma direção de declive. Próximo do mínimo, a fórmula de atualização aproxima o verdadeiro hessiano e nos aproveitamos da convergência quadrática do método de Newton.

Quando não estamos próximos o suficiente do mínimo, tomar o passo completo de Newton $\mathbf{p}$ mesmo com uma $\mathbf{A}$ positiva-definida não precisa decrescer a função; podemos nos mover longe demais para a aproximação quadrática ser válida. Tudo que temos garantido é que *inicialmente* $f$ decresce conforme nos movemos na direção do Newton. Mais uma vez, podemos usar a estratégia backtracking descrita em §9.7 para escolher um passo ao longo da direção do passo de Newton $\mathbf{p}$, mas não necessariamente até o fim.

Não derivaremos rigorosamente o algoritmo DFP para levar $\mathbf{H}_i$ em $\mathbf{H}_{i+1}$; você pode consultar [3] para derivações claras. Seguindo Brodlie (em [2]), daremos a seguinte motivação heurística do procedimento.

Subtraindo a equação (10.9.4) em $\mathbf{x}_{i+1}$ daquela mesma equação em $\mathbf{x}_i$, temos

$$\mathbf{x}_{i+1} - \mathbf{x}_i = \mathbf{A}^{-1} \cdot (\nabla f_{i+1} - \nabla f_i) \qquad (10.9.6)$$

onde $\nabla f_j \equiv \nabla f(\mathbf{x}_j)$. Tendo feito o passo de $\mathbf{x}_i$ para $\mathbf{x}_{i+1}$, poderíamos razoavelmente querer exigir que a nova aproximação $\mathbf{H}_{i+1}$ satisfizesse (10.9.6) como se ela fosse de fato $\mathbf{A}^{-1}$, isto é,

$$\mathbf{x}_{i+1} - \mathbf{x}_i = \mathbf{H}_{i+1} \cdot (\nabla f_{i+1} - \nabla f_i) \qquad (10.9.7)$$

Poderíamos também imaginar que a fórmula para o updating poderia ser da forma $\mathbf{H}_{i+1} = \mathbf{H}_i +$ correção.

Quais "objetos" estão aí a partir dos quais se pode construir um termo de correção? Os mais notáveis são os dois vetores $\mathbf{x}_{i+1} - \mathbf{x}_i$ e $\nabla f_{i+1} - \nabla f_i$, e há também $\mathbf{H}_i$. Não há infinitamente muitas maneiras naturais de se fazer uma matriz fora destes objetos, especialmente se (10.9.7) deve valer! Uma destas maneiras, a fórmula de atualização DFP, é

$$\mathbf{H}_{i+1} = \mathbf{H}_i + \frac{(\mathbf{x}_{i+1} - \mathbf{x}_i) \otimes (\mathbf{x}_{i+1} - \mathbf{x}_i)}{(\mathbf{x}_{i+1} - \mathbf{x}_i) \cdot (\nabla f_{i+1} - \nabla f_i)} \\ - \frac{[\mathbf{H}_i \cdot (\nabla f_{i+1} - \nabla f_i)] \otimes [\mathbf{H}_i \cdot (\nabla f_{i+1} - \nabla f_i)]}{(\nabla f_{i+1} - \nabla f_i) \cdot \mathbf{H}_i \cdot (\nabla f_{i+1} - \nabla f_i)} \qquad (10.9.8)$$

onde $\otimes$ denota o produto "externo" ou "direto" de dois vetores, uma matriz: o componente $ij$ de $\mathbf{u} \otimes \mathbf{v}$ é $u_i v_j$. (Você pode querer verificar que 10.9.8 de fato satisfaz 10.9.7.)

A fórmula de atualização BFGS é exatamente o mesmo, mas com um termo adicional,

$$\cdots + [(\nabla f_{i+1} - \nabla f_i) \cdot \mathbf{H}_i \cdot (\nabla f_{i+1} - \nabla f_i)] \, \mathbf{u} \otimes \mathbf{u} \qquad (10.9.9)$$

onde $\mathbf{u}$ é definido como o vetor

$$\mathbf{u} \equiv \frac{(\mathbf{x}_{i+1} - \mathbf{x}_i)}{(\mathbf{x}_{i+1} - \mathbf{x}_i) \cdot (\nabla f_{i+1} - \nabla f_i)} - \frac{\mathbf{H}_i \cdot (\nabla f_{i+1} - \nabla f_i)}{(\nabla f_{i+1} - \nabla f_i) \cdot \mathbf{H}_i \cdot (\nabla f_{i+1} - \nabla f_i)} \qquad (10.9.10)$$

(Você pode também verificar que isto satisfaz 10.9.7.)

Você terá que acreditar – ou senão consulte [3] para detalhes – no resultado "profundo" de que a equação (10.9.8), com ou sem (10.9.9), de fato converge para $\mathbf{A}^{-1}$ em $N$ passos, se $f$ é uma forma quadrática.

Aqui está a rotina dfpmin que implementa o método de quasi-Newton e usa lnsrch de §9.7. Como mencionado no fim de newt em §9.7, este algoritmo pode falhar se suas variáveis são mal-escaladas. Você deve prover um functor com o mesmo formato que aquele para frprmn em §10.8 para calcular a função e seu gradiente.

quasinewton.h
```
template <class T>
void dfpmin(VecDoub_IO &p, const Doub gtol, Int &iter, Doub &fret, T &funcd)
```
Dado o ponto de partida p[0..n-1], a variante de Broyden-Fletcher-Goldfarb-Shanno da minimização de Fletcher-Powell é realizada sobre uma função cujo valor e gradiente são fornecidos por um functor funcd (ver texto em §10.8). A exigência de convergência para anular o gradiente é o input gtol. Quantidades retornadas são p[0..n-1] (a localização do mínimo), iter (o número de iterações que foram realizadas), e fret (o valor mínimo da função). A rotina lnsrch é chamada para realizar as minimizações retilíneas aproximadas.
```
{
    const Int ITMAX=200;
    const Doub EPS=numeric_limits<Doub>::epsilon();
    const Doub TOLX=4*EPS,STPMX=100.0;
```
Aqui ITMAX é número máximo permitido de iterações; EPS é a precisão da máquina; TOLX é o critério de convergência sobre os valores de $x$; e STPMX é o comprimento de passo máximo escalado permitido nas buscas retilíneas.
```
    Bool check;
    Doub den,fac,fad,fae,fp,stpmax,sum=0.0,sumdg,sumxi,temp,test;
    Int n=p.size();
    VecDoub dg(n),g(n),hdg(n),pnew(n),xi(n);
    MatDoub hessin(n,n);
    fp=funcd(p);                          Calcule os valores de partida da função e gra-
    funcd.df(p,g);                          diente,
    for (Int i=0;i<n;i++) {                e inicialize o Hessiano inverso para a matriz iden-
        for (Int j=0;j<n;j++) hessin[i][j]=0.0;   tidade.
        hessin[i][i]=1.0;
        xi[i] = -g[i];                    Reta para direção inicial.
        sum += p[i]*p[i];
    }
    stpmax=STPMX*MAX(sqrt(sum),Doub(n));
    for (Int its=0;its<ITMAX;its++) {     Laço principal sobre as iterações.
        iter=its;
        lnsrch(p,fp,g,xi,pnew,fret,stpmax,check,funcd);
```
A nova avaliação de função ocorre em lnsrch; salve o valor da função em fp para a próxima busca retilínea. É usualmente seguro ignorar o valor de check.
```
        fp=fret;
        for (Int i=0;i<n;i++) {
            xi[i]=pnew[i]-p[i];           Atualize a reta de direção,
```

```
        p[i]=pnew[i];                           e o ponto corrente.
    }
    test=0.0;                                   Teste para convergência em Δx.
    for (Int i=0;i<n;i++) {
        temp=abs(xi[i])/MAX(abs(p[i]),1.0);
        if (temp > test) test=temp;
    }
    if (test < TOLX)
        return;
    for (Int i=0;i<n;i++) dg[i]=g[i];           Salve o gradiente antigo,
    funcd.df(p,g);                              e obtenha o novo gradiente.
    test=0.0;                                   Teste para convergência de gradiente nulo.
    den=MAX(fret,1.0);
    for (Int i=0;i<n;i++) {
        temp=abs(g[i])*MAX(abs(p[i]),1.0)/den;
        if (temp > test) test=temp;
    }
    if (test < gtol)
        return;
    for (Int i=0;i<n;i++)                       Compute diferença de gradientes,
        dg[i]=g[i]-dg[i];
    for (Int i=0;i<n;i++) {                     e a diferença vezes a matriz corrente.
        hdg[i]=0.0;
        for (Int j=0;j<n;j++) hdg[i] += hessin[i][j]*dg[j];
    }
    fac=fae=sumdg=sumxi=0.0;                    Calcule os produtos escalares para os denomina-
    for (Int i=0;i<n;i++) {                        dores.
        fac += dg[i]*xi[i];
        fae += dg[i]*hdg[i];
        sumdg += SQR(dg[i]);
        sumxi += SQR(xi[i]);
    }
    if (fac > sqrt(EPS*sumdg*sumxi)) {          Pule o update se fac não é suficientemente po-
        fac=1.0/fac;                               sitivo.
        fad=1.0/fae;
        O vetor que torna BFGS diferente de DFP.
        for (Int i=0;i<n;i++) dg[i]=fac*xi[i]-fad*hdg[i];
        for (Int i=0;i<n;i++) {                 A fórmula de atualização de BFGS:
            for (Int j=i;j<n;j++) {
                hessin[i][j] += fac*xi[i]*xi[j]
                    -fad*hdg[i]*hdg[j]+fae*dg[i]*dg[j];
                hessin[j][i]=hessin[i][j];
            }
        }
    }
    for (Int i=0;i<n;i++) {                     agora calcule a próxima direção para se ir,
        xi[i]=0.0;
        for (Int j=0;j<n;j++) xi[i] -= hessin[i][j]*g[j];
    }
}                                               e volte para uma outra iteração.
throw("too many iterations in dfpmin");
}
```

Os métodos de quasi-Newton como `dfpmin` funcionam bem com a minimização retilínea feita por `lnsrch`. As rotinas `Powell` (§10.7) e `Frprmn` (§10.8), porém, precisam de uma minimização retilínea mais acurada, que é realizada pela rotina `linmin` em `Linemethod` ou `Dlinemethod`.

## 10.9.1 Métodos de quasi-Newton sem derivadas

Ao usar o método de Newton para encontrar o zero de uma função em muitas dimensões, vimos em §9.7 que podemos usar diferenças finitas para calcular as derivadas parciais no lugar de provê-las analiticamente. De forma similar, `dfpmin` muito geralmente é bem-sucedida quando o gradiente é calculado com diferenças finitas. Em nossa experiência, este método em geral envolve menos computação total do que um dos outros métodos que evitam derivadas analíticas, tais como `Powell`.

Para usar esta ideia, tudo que nós precisamos fazer é fornecer um functor adequado para `dfpmin`, que permanece inalterado. Aqui está o código, que é muito similar àquele de `Fdjac` em §9.7:

quasinewton.h
```
template <class T>
struct Funcd {
    Doub EPS;                                Designação para aproximar a raiz quadrada da precisão da
    T &func;                                 máquina.
    Doub f;
    Funcd(T &funcc) : EPS(1.0e-8), func(funcc) {}
    Doub operator() (VecDoub_I &x)
    {
        return f=func(x);
    }

    void df(VecDoub_I &x, VecDoub_O &df)
    {
        Int n=x.size();
        VecDoub xh=x;
        Doub fold=f;
        for (Int j=0;j<n;j++) {
            Doub temp=x[j];
            Doub h=EPS*abs(temp);
            if (h == 0.0) h=EPS;
            xh[j]=temp+h;                    Truque para reduzir erro de precisão finita.
            h=xh[j]-temp;
            Doub fh=operator()(xh);
            xh[j]=temp;
            df[j]=(fh-fold)/h;
        }
    }
};
```

## 10.9.2 Implementações avançadas dos métodos de variáveis métricas

Embora raro, pode ocorrer que os erros de arredondamento façam $\mathbf{H}_i$ tornar-se proximamente singular ou não positiva-definida. Isto pode ser sério, porque as direções de busca supostas poderiam então conduzir a um declive, e porque estes $\mathbf{H}_i$'s são proximamente singulares, eles tendem a dar $\mathbf{H}_i$'s subsequentes que são também proximamente singulares.

Há uma solução simples para resolver este problema raro, a mesma que foi mencionada em §10.5: em caso de qualquer dúvida, você deve *reiniciar* o algoritmo no ponto mínimo sugerido e ver se ele vai para algum lugar. Simples, mas não muito elegante. Implementações modernas dos métodos quasi-Newton lidam com o problema de uma maneira mais sofisticada.

Ao invés de construir uma aproximação a $\mathbf{A}^{-1}$, é possível construir uma aproximação do próprio $\mathbf{A}$. Então, em vez de calcular o lado esquerdo (10.9.4) diretamente, resolve-se o sistema de equações lineares

$$\mathbf{A} \cdot (\mathbf{x} - \mathbf{x}_i) = -\nabla f(\mathbf{x}_i) \tag{10.9.11}$$

À primeira vista, isto parece uma má ideia, pois resolver (10.9.11) é um processo de ordem $N^3$ – e, de qualquer forma, como isto ajuda em termos de erro de arredondamento? O truque não é armazenar $\mathbf{A}$, mas sim uma decomposição linear de $\mathbf{A}$, sua *decomposição de Cholesky* (cf. §2.9). A fórmula de atualização usada pela decomposição de Cholesky de $\mathbf{A}$ é da ordem $N^2$ e pode ser arranjada para garantir que a matriz permaneça positiva-definida e não singular, mesmo na presença de arredondamento finito. Este método é devido a Gill e Murray [1,2].

**REFERÊNCIAS CITADAS E LEITURA COMPLEMENTAR**

Dennis, J.E., and Schnabel, R.B. 1983, *Numerical Methods for Unconstrained Optimization and Nonlinear Equations;* reprinted 1996 (Philadelphia: S.I.A.M.).[1]

Jacobs, D.A.H. (ed.) 1977, *The State of the Art in Numerical Analysis* (London: Academic Press), Chapter III.1, §3 – §6 (by K. W. Brodlie).[2]

Polak, E. 1971, *Computational Methods in Optimization* (New York: Academic Press), pp. 56ff.[3]

Acton, F.S. 1970, *Numerical Methods That Work;* 1990, corrected edition (Washington, DC: Mathematical Association of America), pp. 467–468.

## 10.10 Programação linear: o método simplex

O objeto da *programação linear*, algumas vezes chamada de *otimização linear*, tem a ver com o seguinte problema: para $n$ variáveis independentes $x_1,..., x_n$, *minimize* a função

$$\zeta = c_1 x_1 + c_2 x_2 + \cdots + c_n x_n \tag{10.10.1}$$

sujeita às condições de não negatividade

$$x_1 \geq 0, \quad x_2 \geq 0, \quad \ldots \quad x_n \geq 0 \tag{10.10.2}$$

e simultaneamente sujeita a $m$ vínculos adicionais da forma

$$a_{i1} x_1 + a_{i2} x_2 + \cdots + a_{in} x_n \leq b_i \tag{10.10.3}$$

ou

$$a_{i1} x_1 + a_{i2} x_2 + \cdots + a_{in} x_n = b_i \tag{10.10.4}$$

Aqui $i = 1, ..., m$. Observe que uma desigualdade com $\geq$ pode ser convertida em $\leq$ multiplicando-se por $-1$. Algumas formulações da programação linear requerem que você escreva todas as constantes com os $b$'s não negativos e trate separadamente as restrições $\geq$ e $\leq$. Usaremos a formulação acima, com um ou outro sinal de $b_i$, em lugar disso. Porém, é ainda útil referir-se as desigualdades com $b_i \leq 0$ como "desigualdades $\geq$" (a qual elas poderiam ser $b_i \geq 0$), pois, como veremos, eles são introduzem-se no problema de forma diferente das desigualdades $\leq$.

Não há significância particular no número $m$ de restrições ser menor, igual ou maior do que o número de incógnitas $n$. Também, observe que não há especial significância em minimizar $\zeta$ na equação (10.10.1): podemos converter um problema de maximização em um problema de minimização ao mudar os sinais de todos os $c$'s. A solução $x_1, ..., x_n$ é a mesma, e é exigido que o máximo seja o negativo do mínimo $\zeta$ encontrado.

Um conjunto de valores $x_1, ..., x_n$ que satisfaz as restrições (10.10.2) – (10.10.4) é chamado de *vetor factível*. A função que estamos tentando minimizar é chamada de *função objetivo*. O vetor factível que minimiza a função objetivo é chamado de *vetor factível ótimo*. Um vetor factível ótimo pode não existir por duas razões distintas: (i) *não* há vetores factíveis, i.e., as restrições dadas são incompatíveis, ou (ii) não há mínimo, i.e., há uma direção no $n$-espaço onde uma ou mais

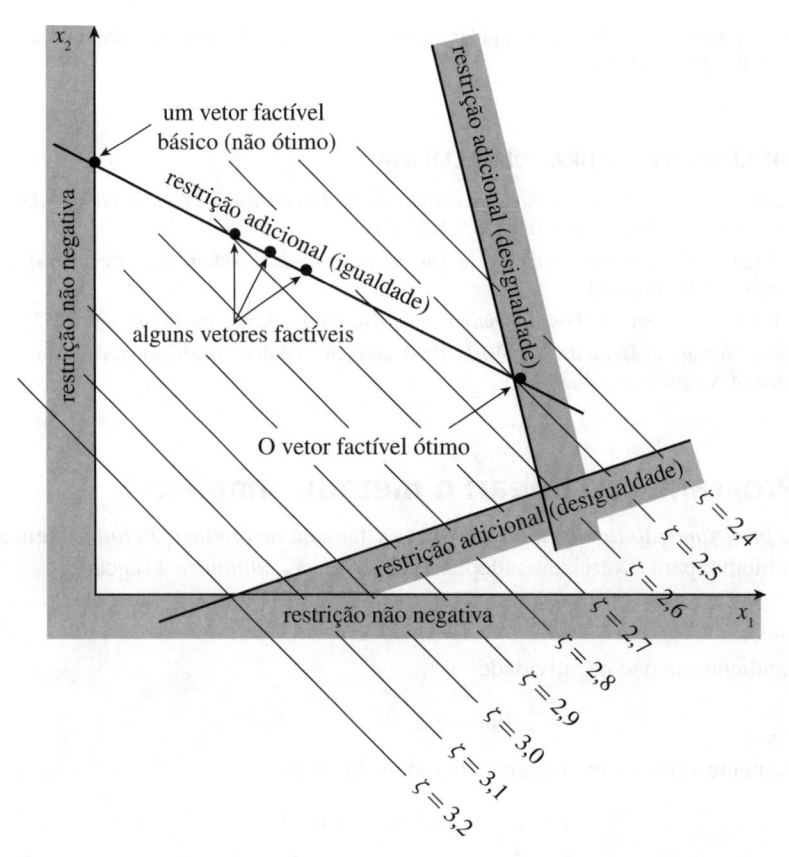

**Figura 10.10.1** Conceitos básicos de programação linear. O caso de apenas duas variáveis independentes, $x_1$, $x_2$, é mostrado. A função linear $\zeta$, a ser minimizada, é representada pelas curvas de nível. A não negatividade das restrições requer que $x_1$ e $x_2$ sejam positivas. Restrições adicionais podem restringir a solução a regiões (restrições de desigualdade) ou a superfícies de mais baixa dimensionalidade (restrições de igualdade). Vetores factíveis satisfazem todas as restrições. Vetores factíveis básicos também se localizam na fronteira da região permitida. O método simplex dá passos entre vetores factíveis até que o vetor factível ótimo seja encontrado.

das variáveis pode ser tomada para o infinito enquanto ainda satisfazendo as restrições, dando um valor não limitado para a função objetivo. A Figura 10.10.1 resume algumas das terminologias até agora.

Como você pode ver, o assunto de programação linear é cercado de terminologias e notações. Ambas estas defesas espinhosas são carinhosamente cultivadas por uma seita de acólitos inflexíveis que devotaram-se ao campo. Na verdade, as ideias básicas da programação linear são muito simples. Evitando os arbustos, vamos elucidar o básico por meio de um punhado de exemplos específicos; deveria ficar então bastante óbvio como generalizar.

Por que a programação linear é tão importante? (i) Porque "não negatividade" é o vínculo usual de uma variável $x_i$ qualquer que representa uma quantidade tangível de algum mercadoria física, como armas, manteiga, dólares, unidades de vitamina E, calorias alimentares, kilowatts-horas, massa etc. Por isso a equação (10.10.2). (ii) Pelo fato de que geralmente se está interessado em limitações aditivs (lineares) ou limites impostos pelo homem ou pela natureza: necessidade

nutricional mínima, custo máximo disponível, máximo na mão de obra ou capital disponível, nível mínimo tolerável de aprovação do eleitor etc. Por isso as equações (10.10.3) – (10.10.4).
(iii) Pelo fato da função que ser quer otimizar poder ser linear, ou senão poder no mínimo ser aproximada por uma função linear – já que este é o problema que a programação linear *pode* resolver. Por isso então a equação (10.10.1). Para um exame curto e semipopular das aplicações da programação linear, ver Bland [1].

### 10.10.1 Teorema fundamental da otimização linear

Imagine que partimos de um espaço $n$-dimensional completo de vetores candidatos. Então (em nossa cabeça, pelo menos) esculpimos as regiões que são eliminadas por cada restrição imposta. Uma vez que as restrições são lineares, toda fronteira introduzida por este processo é um plano, ou melhor, um hiperplano. Restrições de igualdade da forma (10.10.4) forçam a região factível sobre os hiperplanos de dimensão menor, enquanto desigualdades simplesmente dividem a região então factível em partes permitidas e não permitidas.

Quando todas as restrições são impostas, ou nos sobra alguma região factível, ou então não há vetores factíveis. Uma vez que a região factível é limitada por hiperplanos, ela é geometricamente um tipo de poliedro convexo ou simplex (cf. §10.5). Se há uma região factível, o vetor ótimo factível pode estar em algum no seu interior, longe das fronteiras? Não, porque a função objetivo é linear. Isto significa que ela sempre tem um vetor gradiente não nulo. Isto, por sua vez, significa que poderíamos sempre decrescer a função objetivo perseguindo o gradiente até nos chocarmos com a parede na fronteira.

A fronteira de uma região geométrica tem uma dimensão a menos do que sua anterior. Por esta razão, nós podemos agora perseguir o gradiente projetado na parede da fronteira até que alcancemos uma extremidade desta parede. Podemos então perseguir esta extremidade, e assim sucessivamente, através de qualquer número de dimensões, até que finalmente atinjamos um ponto, um vértice do simplex original. Como este ponto tem todos as $n$ coordenadas definidas, ele deve ser a solução das $n$ *igualdades* simultâneas retiradas do sistema original de igualdades e desigualdades (10.10.2) – (10.10.4).

Pontos que são vetores factíveis e que satisfazem $n$ das restrições originais como igualdades, incluindo restrições não negativas, são denominados *vetores básicos factíveis*. Se $n > m$, então um vetor básico factível tem no mínimo $n - m$ de seus componentes iguais a zero, pois ao menos isto de restrições (10.10.2) será necessário para compor o total $n$. Por outro lado, *no máximo m componentes de um vetor básico factível são não nulos*.

Junte os dois parágrafos precedentes e você tem o *Teorema Fundamental da Otimização Linear*: se um vetor factível ótimo existe, então há um vetor básico factível que é ótimo. (Não avisamos você sobre a selva terminológica?)

A importância do teorema fundamental é que ele reduz o problema da otimização a um problema "combinatorial", de determinar quais $n$ restrições (fora das $m+n$ restrições em 10.10.2 – 10.10.4) seriam satisfeitas pelo vetor factível ótimo. Temos apenas que continuar tentando diferentes combinações, e computar a função objetivo para cada tentativa, até que encontremos a melhor.

Fazer isto cegamente pode levar metade da eternidade. O *método simplex*, primeiro publicado por Dantzig em 1948 (ver [2]), é uma maneira de organizar o procedimento de forma que (i) uma série de combinações é tentada para qual a função objetivo diminui em cada passo, e (ii) o vetor factível ótimo é alcançado após um número de iterações que é quase sempre não mais do que da ordem de $m$ ou $n$, o que for maior. Um interessante resultado matemático secundário é que esta segunda propriedade, embora conhecida empiricamente mesmo antes que o método simplex fosse inventado, não foi demonstrada verdadeira até o trabalho de 1982 de Stephen Smale. (Para um relato contemporâneo, ver [3].)

## 10.10.2 Escrevendo o problema geral na forma padrão

Há uma forma padrão para problemas de programação linear, e temos que aprender como escrever um problema geral como (10.10.1) – (10.10.4) nesta forma padrão. Por definição, considere o problema

$$\text{Minimize} \quad \zeta = -40x_1 - 60x_2 \quad (10.10.5)$$

com os $x$'s não negativos e também com

$$2x_1 + x_2 \leq 70 \quad (10.10.6)$$
$$x_1 + x_2 \geq 40 \quad (10.10.7)$$
$$x_1 + 3x_2 = 90 \quad (10.10.8)$$

Primeiro, reescrevemos as desigualdades como igualdades. Fazemos isso adicionando ao problema as assim chamadas variáveis *soltas* $x_{n+1}, x_{n+2}, \ldots$. Em nosso exemplo, as equações (10.10.6) e (10.10.7) tornam-se

$$2x_1 + x_2 + x_3 = 70 \quad (10.10.9)$$
$$-x_1 - x_2 + x_4 = -40 \quad (10.10.10)$$

(Uma variável solta como $x_4$ para uma desigualdade $\geq$ é algumas vezes chamada de variável de excesso.) Requerer que as variáveis soltas sejam não negativas torna estas igualdades equivalentes às desigualdades originais. Uma vez que elas são introduzidas, você trata as variáveis soltas em pé de igualdade com as variáveis originais $x_i$; então, no final, você simplesmente as ignora. A solução simplex para cada variável solta é simplesmente a quantidade pela qual a desigualdade original é satisfeita.

A ideia-chave no método simplex é começar com um vetor básico factível e fazer uma sequência de trocas entre as variáveis básicas e não básicas. Em cada passo, o vetor torna-se factível (satisfaz as restrições) e a função objetivo decresce (ou no mínimo não cresce).

Como encontramos um vetor básico factível inicial para disparar o procedimento? Suponha que nosso exemplo tenha sido alterado de forma que as equações (10.10.7) e (10.10.8) fossem ambas desigualdades $\leq$, como (10.10.6). Então, após introduzir variáveis soltas, teríamos

$$2x_1 + x_2 + x_3 = 70 \quad (10.10.11)$$
$$x_1 + x_2 + x_4 = 40 \quad (10.10.12)$$
$$x_1 + 3x_2 + x_5 = 90 \quad (10.10.13)$$

Neste caso, é fácil pôr no papel um vetor básico factível: designe as variáveis originais $x_1$ e $x_2$ para zero e tome $(x_3, x_4, x_5) = (70, 40, 90)$. Aqui $n = 2$ das restrições, a saber, $x_1 \geq 0, x_2 \geq 0$, são satisfeitas como igualdades, enquanto $m = 3$ componentes do vetor básico factível são não nulos. As variáveis $(x_3, x_4, x_5)$ são chamadas de *variáveis básicas*, enquanto as variáveis que são nulas, $(x_1,$

$x_2$), são chamadas de *variáveis não básicas*. Observe que se escrevermos as equações (10.10.11) – (10.10.13) como uma equação matricial $3 \times 5$, então as últimas três colunas da matriz, correspondendo às variáveis soltas ($x_3, x_4, x_5$), formam uma matriz identidade $3 \times 3$.

Assim, restrições $\leq$ são fáceis. Mas como lidamos com restrições como as equações (10.10.7) e (10.10.8)? O truque novamente é inventar novas variáveis chamadas de *variáveis artificiais*. Reescrevemos a equação (10.10.8) como

$$x_1 + 3x_2 + x_5 = 90 \qquad (10.10.14)$$

Agora as equações (10.10.9), (10.10.10) e (10.10.14) estão quase na forma para nos dar um vetor básico factível inicial por atribuir $x_1 = x_2 = 0$. O obstáculo é a equação (10.10.10), que daria um valor negativo para $x_4$. Temos que preceder o procedimento simplex efetivo de um procedimento preliminar, chamado de *fase um* do método simplex, para encontrar um vetor factível inicial. (A otimização vigente é chamada de *fase dois*.)

Na fase um, substituímos nossa função objetivo (10.10.5) por uma assim chamada *função objetivo auxiliar*,

$$\zeta' \equiv -x_4 \qquad (10.10.15)$$

Agora realizamos o método simplex na função objetivo auxiliar (10.10.15) com as restrições (10.10.9), (10.10.10) e (10.10.14), começando com a base dada por $x_1 = x_2 = 0$. A variável $x_4$ parte negativa (em $-40$). Minimizar a função (10.10.15) leva $x_4$ a satisfazer $x_4 \geq 0$, a condição de factibilidade. Na verdade, nem mesmo temos que resolver inteiramente a fase um para o mínimo exato. Conforme fazemos as trocas entre variáveis durante esta fase, continuamente redefinimos a função objetivo auxiliar em cada iteração para ser menos a soma de todas as variáveis básicas negativas. Tão logo todas as variáveis básicas sejam negativas, teremos terminado a fase um.

E o que fazer se a primeira fase *não* leva a função objetivo auxiliar para um valor negativo (i.e., todas as variáveis básicas são não negativas)? Isto sinaliza que *não* há vetor básico factível inicial, i.e., que as restrições que nos são dadas são inconsistentes entre si. Registre este fato, e você terá acabado.

Uma variável artificial em uma restrição igualdade é um exemplo de uma *variável nula*, uma variável que deve se anular na solução ótima. Normalmente a maneira para uma variável nula chegar a zero é ser não básica na solução ótima. Então, podemos preceder a fase um de uma "fase zero" na qual trocamos cada variável nula fora da base.

Um último caso de jargão: variáveis artificiais e soltas são frequentemente chamadas de variáveis *lógicas*, para distingui-las das variáveis originais independentes, que são às vezes chamadas de variáveis *estruturais*.

### 10.10.3 O método simplex: um exemplo resolvido

A maneira mais fácil de descrever o procedimento simplex é com um exemplo resolvido. Escrevemos o problema de programação linear na seguinte forma: minimize a função objetivo

$$\zeta = \mathbf{c} \cdot \mathbf{x} = c_1 x_1 + c_2 x_2 + \cdots + c_n x_n \qquad (10.10.16)$$

sujeita às restrições

$$\mathbf{A} \cdot \mathbf{x} = \mathbf{b} \qquad (10.10.17)$$

e
$$x_i \geq 0, \quad i = 1, \ldots, n + m \tag{10.10.18}$$

Aqui, assumimos que partimos com uma matriz $m \times n$ de coeficientes de restrição dada pelas equações (10.10.3) e (10.10.4). Então adicionamos variáveis soltas às restrições de desigualdade e variáveis artificiais às restrições de igualdade, de forma que a matriz de restrições é agora a matriz $m \times (n + m)$ **A**. As últimas $m$ colunas formam uma matriz identidade $m \times m$. Observe que os coeficientes das variáveis soltas são tomados para serem $+1$, de forma que uma desigualdade $\geq$ original terá um lado direito negativo. Para nosso exemplo dado nas equações (10.10.5) – (10.10.8), transformado como nas equações (10.10.9), (10.10.10) e (10.10.14), a matriz **A** tem cinco colunas:

$$\mathbf{a}_1 = \begin{pmatrix} 2 \\ -1 \\ 1 \end{pmatrix} \quad \mathbf{a}_2 = \begin{pmatrix} 1 \\ -1 \\ 3 \end{pmatrix} \quad \mathbf{a}_3 = \begin{pmatrix} 1 \\ 0 \\ 0 \end{pmatrix} \quad \mathbf{a}_4 = \begin{pmatrix} 0 \\ 1 \\ 0 \end{pmatrix} \quad \mathbf{a}_5 = \begin{pmatrix} 0 \\ 0 \\ 1 \end{pmatrix} \tag{10.10.19}$$

O lado direito e os coeficientes da função objetivos são

$$\mathbf{b} = \begin{pmatrix} 70 \\ -40 \\ 90 \end{pmatrix} \quad \mathbf{c} = (-40, -60, 0, 0, 0)^T \tag{10.10.20}$$

Particionamos a matriz **A** em duas submatrizes,

$$\mathbf{A} = [\mathbf{A}_B \mid \mathbf{A}_N] \tag{10.10.21}$$

onde permutamos as colunas correspondentes às variáveis básicas para estarem em $\mathbf{A}_B$, enquanto as colunas não básicas estão em $\mathbf{A}_N$. Em nosso exemplo, as variáveis iniciais básicas são $(x_3, x_4, x_5)$ e a base inicial $\mathbf{A}_B$ é a matriz identidade composta das três últimas colunas de **A**, $\mathbf{a}_3$, $\mathbf{a}_4$ e $\mathbf{a}_5$. A solução básica de $\mathbf{A} \cdot \mathbf{x} = \mathbf{b}$ consiste de um conjunto de variáveis básicas e não básicas $[\mathbf{x}_B \mid \mathbf{x}_N]$ com $\mathbf{x}_N = 0$. Em nosso exemplo, inicialmente $\mathbf{x}_N = (x_1, x_2) = 0$. A solução básica satisfaz $\mathbf{A}_B \cdot \mathbf{x}_B = \mathbf{b}$, ou $\mathbf{x}_B = \mathbf{A}_B^{-1} \cdot \mathbf{b}$.

Para deduzir o método simplex, precisamos de uma equação simples: como um vetor básico muda conforme uma variável não básica (isto é, uma que é nula) torna-se não nula. Isto corresponde a partir de um vértice do simplex e deslizar ao longo de uma aresta em direção a outro vértice. Suponha que a variável $x_k$ seja a que cresce a partir do zero. A equação de restrição $\mathbf{A} \cdot \mathbf{x} = \mathbf{A}_B \cdot \mathbf{x}_B = \mathbf{b}$ torna-se

$$\mathbf{A}_B \mathbf{x}_B' + \mathbf{a}_k x_k = \mathbf{b} \tag{10.10.22}$$

pois apenas $x_k$ é não nula entre as variáveis não básicas. Multiplicando esta equação por $\mathbf{A}_B^{-1}$, temos

$$\mathbf{x}_B' = \mathbf{A}_B^{-1} \cdot \mathbf{b} - x_k \mathbf{A}_B^{-1} \cdot \mathbf{a}_k = \mathbf{x}_B - x_k \mathbf{A}_B^{-1} \cdot \mathbf{a}_k \tag{10.10.23}$$

A primeira aplicação da equação (10.10.23) é para a ideia de *custo reduzido*. O coeficiente $c_i$ na função objetivo (10.10.16) é às vezes chamado de a variável de custo $x_i$, porque ela representa o custo de se ter um montante $x_i$ da quantidade $i$ na função objetivo. O método simplex requer, o custo de *mudar* uma variável que é nula (não na base) para um valor não nulo. Se o valor inicial da função objetivo é $\mathbf{c} \cdot \mathbf{x}_B = \mathbf{c}_B \cdot \mathbf{x}_B$ e o valor final é $\mathbf{c} \cdot (\mathbf{x}_B' + x_k \mathbf{e}_k)$, onde $\mathbf{e}_k$ é o vetor unitário, então, usando a equação (10.10.23), você encontra que a diferença é $x_k u_k$, onde o custo reduzido de $x_k$ é dado por

$$u_k = c_k - \mathbf{a}_k \cdot \mathbf{y}, \qquad \mathbf{y} \equiv (\mathbf{A}_B^{-1})^T \cdot \mathbf{c}_B \qquad (10.10.24)$$

Observe que se $u_k < 0$, você pode fazer o valor da função objetivo menor por trazer $x_k$ para a base (tornando-o não nulo).

O procedimento simplex consiste dos seguintes passos:

1. Encontre uma base factível (fase 1).
2. Compute os custos reduzidos (10.10.24) para todos os $x_k$ fora da base.
3. Se $u_k \geq 0$ para todo $k$, a solução é ótima: nenhuma troca melhorará as coisas. Caso contrário, escolha $k$ correspondendo ao $u_k$ mais negativo como a entrada da coluna.
4. Escolha a coluna que sai $i$ pelo teste da razão mínima (justificada abaixo): Compute

$$\mathbf{x}_B = \mathbf{A}_B^{-1} \cdot \mathbf{b}, \qquad \mathbf{w} = \mathbf{A}_B^{-1} \cdot \mathbf{a}_k \qquad (10.10.25)$$

Para cada componente $w_i > 0$, compute a razão $x_B^i / w_i$. Escolha o $i$ que corresponde à menor razão tal. (Se não há nenhum $w_i > 0$, a função objetivo não é limitada. Saia e registre isto.)
5. Troque as colunas $i$ e $k$ e volte para o passo 2.

O teste da razão mínima é a segunda aplicação da equação (10.10.23), que pode ser escrita como

$$(x_B^i)' = x_B^i - x_k w_i \qquad (10.10.26)$$

onde $w_i$ é definida na equação (10.10.25). Para cada $w_i > 0$, $x_B^i$ decresce conforme $x_k$ aumenta a partir do zero. O teste da razão mínima seleciona o $i$ correspondente ao primeiro $x_B^i$ que acertar o zero, enquanto as outras variáveis de base são ainda positivas. A ideia é permitir que $x_k$ seja tão grande quanto possível de forma que a função objetivo seja reduzida tanto quanto possível por trazê-la para a base.

Vamos ver como isto se aplica a nosso exemplo. Partimos da fase zero, onde removemos a variável nula $x_5$ da base. Suponha que escolhamos $x_2$ para ser a variável que chega ($x_1$ funcionaria bem, também). Usando $x_2$, encontramos para a nova base e sua inversa

$$\mathbf{A}_B = \begin{pmatrix} 1 & 0 & 1 \\ 0 & 1 & -1 \\ 0 & 0 & 3 \end{pmatrix} \qquad \mathbf{A}_B^{-1} = \begin{pmatrix} 1 & 0 & -\frac{1}{3} \\ 0 & 1 & \frac{1}{3} \\ 0 & 0 & \frac{1}{3} \end{pmatrix} \qquad (10.10.27)$$

A nova solução básica é

$$\mathbf{x}_B = \begin{pmatrix} x_3 \\ x_4 \\ x_2 \end{pmatrix} = \mathbf{A}_B^{-1} \cdot \mathbf{b} = \begin{pmatrix} 40 \\ -10 \\ 30 \end{pmatrix} \qquad (10.10.28)$$

A solução (10.10.28) não é factível porque $x_4$ é negativa. Entramos na fase um, com $\zeta' = \overline{\mathbf{c}} \cdot \mathbf{x} = -x_4$, i.e.,

$$\overline{\mathbf{c}}_B = \begin{pmatrix} 0 \\ -1 \\ 0 \end{pmatrix} \qquad (10.10.29)$$

Aqui, a ordem dos elementos corresponde à ordem $(x_3, x_4, x_2)$ para as variáveis básicas. Computamos os custos reduzidos da equação (10.10.24). Apenas $k = 1$ é relevante, pois $x_5$ nunca pode reentrar na base (variável nula). Encontramos

$$u_1 = -\mathbf{a}_1 \cdot (\mathbf{A}_B^{-1})^T \cdot \overline{\mathbf{c}}_B = -\tfrac{2}{3} \tag{10.10.30}$$

o que é negativo, confirmando que $x_1$ deveria entrar. Para o teste da razão mínima determinar qual variável sai, precisamos da quantidade

$$\mathbf{A}_B^{-1} \cdot \mathbf{a}_1 = \begin{pmatrix} \tfrac{5}{3} \\ -\tfrac{2}{3} \\ \tfrac{1}{3} \end{pmatrix} \tag{10.10.31}$$

Assim, as razões dos elementos na equação (10.10.28) para aqueles na equação (10.10.31) são

$$\frac{40}{5/3} = 24, \qquad \frac{-10}{-2/3} = 15, \qquad \frac{30}{1/3} = 90 \tag{10.10.32}$$

A razão do meio é a mínima, de forma que $x_4$ sai. (Note que na fase um relaxamos a exigência de que $w_i > 0$, uma vez que nós ainda não fizemos todas as variáveis não negativas.)

Agora as variáveis básicas são $(x_3, x_1, x_2)$. Procedendo como antes, encontramos

$$\mathbf{A}_B = \begin{pmatrix} 1 & 2 & 1 \\ 0 & -1 & -1 \\ 0 & 1 & 3 \end{pmatrix} \qquad \mathbf{A}_B^{-1} = \begin{pmatrix} 1 & \tfrac{5}{2} & \tfrac{1}{2} \\ 0 & -\tfrac{3}{2} & -\tfrac{1}{2} \\ 0 & \tfrac{1}{2} & \tfrac{1}{2} \end{pmatrix} \tag{10.10.33}$$

e

$$\mathbf{x}_B = \begin{pmatrix} x_3 \\ x_1 \\ x_2 \end{pmatrix} = \mathbf{A}_B^{-1} \cdot \mathbf{b} = \begin{pmatrix} 15 \\ 15 \\ 25 \end{pmatrix} \tag{10.10.34}$$

Todas as variáveis são positivas, portanto a base é factível e entramos na fase dois, com $\mathbf{c}_B = (0, -40, -60)^T$. Encontramos o custo reduzido $u_4 = -30$, assim $x_4$ reentra na base. O teste da razão mínima (10.10.25) dá um mínimo para o termo envolvendo $x_3$, assim a próxima base é $(x_4, x_1, x_2)$. A solução básica apresenta-se como (6, 24, 22). Quando computamos o custo reduzido $u_3$ para esta base, ele é positivo, assim terminamos. O mínimo ocorre em $x_1 = 24$, $x_2 = 22$, e o valor mínimo, obtido por substituição na função objetivo, é $-2280$. O significado de $x_4 = 6$ é que a desigualdade (10.10.7) é satisfeita por 6. As outras duas restrições são satisfeitas como igualdades.

A interpretação gráfica do procedimento de solução é mostrada na Figura 10.10.2. O vetor básico inicial está na origem. Primeiro procedemos para o vértice $A$, que nos coloca na reta onde a igualdade (10.10.8) é satisfeita. Isto não é um ponto factível, uma vez que estamos do lado errado da reta $Y$. Assim nos movemos ao longo da linha $X$ para o vértice $B$, que agora é factível. Finalmente, nos movemos para o vértice $C$, que é o valor mínimo da função objetivo.

### 10.10.4 Degenerescência

Variáveis não básicas em uma solução factível básica são todas nulas. Se alguma variável *básica* é nula, dizemos que a base é *degenerada*. Geometricamente, esta situação corresponde em $n$ dimensões a ter mais do que $n$ hiperplanos interseccionados em um vértice. Degenerescência pode cau-

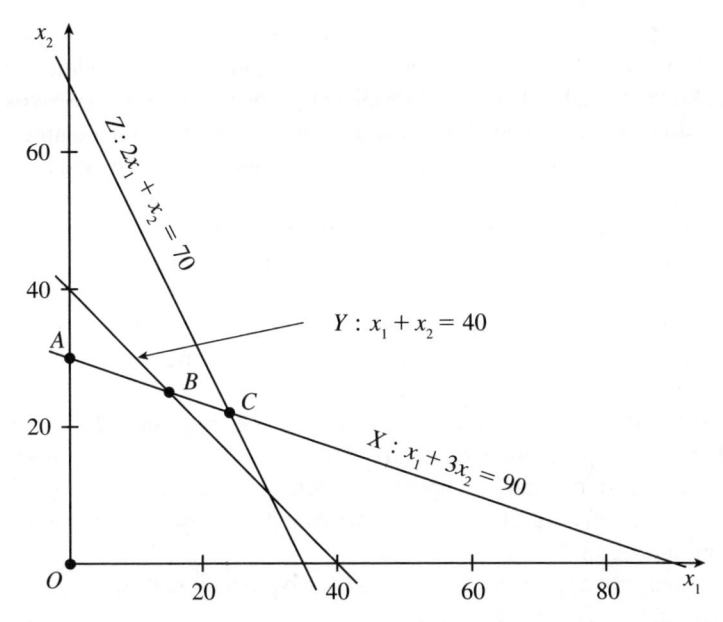

**Figura 10.10.2** Interpretação gráfica da solução simplex do problema (10.10.5) - (10.10.8). O vetor básico inicial está na origem O. Para satisfazer a desigualdade (10.10.8), o primeiro passo move-se para A, na reta X. Isto não é ainda um ponto factível, pois ele está no lado errado da linha Y. O próximo movimento é para B, que é factível. Entramos na fase dois, e descobrimos que podemos reduzir a função objetivo para C. Nenhum movimento adicional é possível, assim terminamos. Observe que a figura é realmente a projeção de um simplex cinco-dimensional sobre o plano $x_1 - x_2$.

sar problemas no método simplex. Considere o simples caso quando três retas se inter-seccionam em um ponto em duas dimensões. Apenas duas das retas são necessárias para definir o vértice. Quando a variável que sai é escolhida, ela pode corresponder à terceira direção no vértice. Fazendo esta mudança na base, a função objetivo não melhora. Você pode ver isto algebricamente da equação (10.10.26): se $x_B^i = 0$ e $w^i > 0$, então um tamanho de passo nulo é requerido para a nova variável $x_k$. Claramente, medidas especiais precisam ser tomadas.

Degenerescência permite a possibilidade de um processo cíclico (*cycling*), onde você pode continuar mudando o mesmo conjunto de vetores para dentro e para fora da base sem fazer progressos. Na prática, porém, "cycling" quase nunca é um problema. Mais comum em problemas muito degenerados é o *adiamento* (*stalling*), onde você gasta um longo tempo fazendo trocas antes de finalmente deixar o vértice.

### 10.10.5 Esparcidade e estabilidade

Se você examina as operações executadas durante cada passo simplex, você vê que um ingrediente-chave é resolver equações da forma $\mathbf{A}_B \cdot \mathbf{x} = \mathbf{b}$ e equaçõe similares com $\mathbf{A}_B^T$. Sabemos que um bom método para fazer isto, ignorando-se outras considerações, é usar a decomposição $LU$ de $\mathbf{A}_B$ (cf. §2.3), pois podemos usar pivoteamento parcial para manter a estabilidade. Decompor $\mathbf{A}_B$ novamente a cada passo é caro, mas uma vez que sucessivas bases diferem apenas pelo deslocamento de uma única coluna, pode-se usar técnicas análogas à fórmula de Sherman-Morrison (§2.7) para atualizar $\mathbf{L}$ e $\mathbf{U}$.

Contudo, problemas de programação linear que ocorrem na prática têm uma matriz de restrições $\mathbf{A}$ que é muito esparsa. É crucial tomar vantagem desta esparcidade nos procedimentos de álgebra linear que fazem cada passo simplex, uma vez que problemas da vida real envolvem milhares ou ainda milhões de restrições e variáveis. Decomposição $LU$ padrão com pivoteamento parcial para manter a estabilidade não é desejável porque conduz a excessivos *problemas de preenchimento*, isto é, a geração de elementos de matrizes não nulas onde antes haviam zeros. Então, escolhe-se o elemento pivô pelo equilíbrio entre estabilidade e esparcidade. Uma estratégia popular é baseada no *critério de Markowitz* [4]. Aqui o pivô é um não nulo com o menor produto do número de outros não nulos em sua linha e sua coluna. Empiricamente, o critério de Markowitz funciona tão bem quanto qualquer outra estratégia geral para minimizar os *problemas de preenchimento*. Nas aplicações de programação linear, também geralmente precisa-se impor algum tipo de critério de estabilidade. No *pivoteamento parcial limiar*, nenhum pivô é menor do que $\alpha$ vezes o maior elemento em sua linha, onde $\alpha$ é um parâmetro entre zero e um. Um valor típico é $\alpha \sim 0{,}1$; $\alpha = 1$ fornece o pivoteamento parcial normal.

O primeiro procedimento de atualização estável para decomposição $LU$ esparsa foi dado por Bartels e Golub [5,6]. Este procedimento atualiza **L** e **U** quando uma coluna é trocada em $\mathbf{A}_B$. Um bom algoritmo $LU$ esparso que inclui o update de Bartels-Golub é aquele de [7]. Está livremente disponível no pacote de software LUSOL como parte de [8], e o usamos em nossa implementação pedagógica descrita a seguir.

Há métodos mais novos para decomposição $LU$ e o procedimento de update. De acordo com [9], o melhor destes é provavelmente o de [10].

### 10.10.6 Códigos simplex em estado da arte

Uma implementação de alta qualidade do método simplex terá vários aspectos que não discutimos até agora.

- Ela implementará mais do que uma variante do método simplex. Além do algoritmo que descrevemos, o *algoritmo primal*, ela tipicamente implementará também o assim chamado *algoritmo dual* (dualidade é discutida em §10.11). O número de iterações pode ser significativamente reduzido pelo uso apropriado de mais do que um algoritmo.
- Ela aceitará múltiplos formatos input para as especificações do problema, com adequado sistema de checagem de erro.
- Ela pré-processará o problema, com o objetivo de reduzir seu tamanho e melhorar suas propriedades numéricas. Muitos problemas complexos são inadvertidamente especificados em forma reduzida.
- Ela terá múltiplas opções para o escalamento do problema. Como na solução de equações lineares, nenhum algoritmo universal com escalamento é conhecido para programação linear.
- Ela terá múltiplas opções para começar a iteração, incluindo diversos procedimentos para fase 1.
- Ela terá diversas estratégias de *"pricing"* (procedimentos para selecionar variáveis de chegada). Estas atendem por nomes como "multiple pricing", "Devex" e "steepest edge".
- Ela terá métodos de múltiplos pivôs (variantes do teste da razão) para a variável de saída.
- Ela controlará variáveis limitadas, isto é, variáveis que satisfazem um requerimento $l_i \leq x_i \leq u_i$ ao invés de $x_i \geq 0$. É possível controlar tais limites usando variáveis soltas, mas que aumentam o tamanho da matriz **A**. Uma leve generalização do algoritmo que nós descrevemos permite a você controlar variáveis limitadas diretamente.
- Ela terá algoritmos eficientes para matrizes esparsas.

Todos esses tópicos são discutidos de modo detalhado em [9].

Há diversas implementações simplex excelentes de domínio público que incorporam a maioria dos itens acima. Entres estas incluem-se CLP[11], GLPK [12] e lp_solve [8]. Se você está planejando fazer muita solução de problemas de programação linear, você deveria definitivamente explorar estas opções. Pode até mesmo valer a pena investir em um solucionador comercial. Para mais informação sobre todas estas opções, ver [13]. Mas primeiro olhe a próxima seção, onde *métodos de ponto interior* são discutidos. Parece agora que, para muitos problemas muito grandes (mas nem todos), métodos de ponto interior podem ser melhores que os métodos simplex [14-16]. Mesmo para problemas de tamanho moderado, um método de ponto interior poderia ser sua melhor escolha.

Os códigos simplex acima mencionados são grandes trabalhos de software, com milhares de linhas de código. Eles são bastante formidáveis se você quer estudar como o algoritmo simplex funciona e mexer com várias opções possíveis. Correspondentemente, em uma Webnote [17], damos uma implementação pedagógica do método simplex. Apesar de ele usar uma álgebra para matrizes esparsas razoavelmente boa, ela é mais lenta do que as implementações de domínio público por uma ou duas ordens de magnitude em problemas com $\sim 10^4$ variáveis. Se você não se importa com o algoritmo simplex e apenas quer um método para resolver rapidamente seu problema sem ter que obter e executar um código de domínio público, dê uma olhada no código de ponto interior pedagógico na próxima seção.

### 10.10.7 Outros tópicos brevemente mencionados

Problemas cuja a função objetivo e/ou uma ou mais restrições são substituídas por expressões não lineares nas variáveis são chamados de *problemas de programação não linear*. A literatura em tais problemas é vasta, mas fora do nosso escopo. O caso especial das expressões quadráticas é chamado de *programação quadrática*. Problemas de otimização onde as variáveis assumem somente valores inteiros são chamados de *problemas de programação inteira*, um caso especial de *otimização discreta* geralmente boa. A Seção 10.12 examina um tipo particular de problema de otimização discreta.

#### REFERÊNCIAS CITADAS E LEITURA COMPLEMENTAR

Bland, R.G. 1981, "The Allocation of Resources by Linear Programming," *Scientific American,* vol. 244 (June), pp. 126–144.[1]

Dantzig, G.B. 1963, *Linear Programming and Extensions* (Princeton, NJ: Princeton University Press).[2]

Kolata, G. 1982, "Mathematician Solves Simplex Problem," *Science,* vol. 217, p. 39.[3]

Markowitz, H.M. 1957, "The Elimination Form of the Inverse and Its Application to Linear Programming," *Management Science,* vol. 3, pp. 255–269.[4]

Bartels, R.H., and Golub, G.H. 1969, "The Simplex Method of Linear Programming Using the LU Decomposition," *Communications of the ACM,* vol. 12, pp. 266–268.[5]

Bartels, R.H. 1971, "A Stabilization of the Simplex Method," *Numerische Mathematik,* vol. 16, pp. 414–434.[6]

Gill, P.E., Murray, W., Saunders, M.A. and Wright, M.H. 1987, "Maintaining LU Factors of a General Sparse Matrix," *Linear Algebra and Its Applications,* vol. 88/89, pp. 239–270.[7]

*lp_Solve,* http://groups.yahoo.com/group/lp_solve.[8]

Maros, I. 2003, *Computational Techniques of the Simplex Method* (Boston: Kluwer).[9]

Suhl, U., and Suhl, L. 1990, "Computing Sparse LU Factorizations for Large-Scale Linear Programming Bases," *ORSA Journal on Computing,* vol. 2, pp. 325–335; 1993, "A Fast LU Update for Linear Programming," *Annals of Operations Research,* vol. 43, pp. 33–47.[10]

*CLP,* http://www.coin-or.org/Clp.[11]

*GLPK (GNU Linear Programming Kit),* http://www.gnu.org/software/glpk.[12]

*Linear Programming Frequently Asked Questions,*
http://www-unix.mcs.anl.gov/otc/Guide/faq/linear-programming-faq.html.[13]

Lustig, I.J., Marsten, R.E., and Shanno, D.F. 1994, "Interior Point Methods: Computational State of the Art," *ORSA Journal on Computing,* vol. 6, pp. 1–14. See also Commentaries and Rejoinder, pp. 15–36.[14]

Wright, S.J. 1997, *Primal-Dual Interior-Point Methods* (Philadelphia: S.I.A.M.).[15]

Bixby, R.E. 2002, "Solving Real-World Linear Programs: A Decade and More of Progress," *Operations Research,* vol. 50, pp. 3–15.[16]

Stoer, J., and Bulirsch, R. 2002, *Introduction to Numerical Analysis,* 3rd ed. (New York: Springer), §4.10.

Nemhauser, G.L., Rinnooy Kan, A.H.G., and Todd, M.J. (eds.) 1989, *Optimization* (Amsterdam: North-Holland).

Gill, P.E., Murray, W., and Wright, M.H. 1991, *Numerical Linear Algebra and Optimization,* vol. 1 (Redwood City, CA: Addison-Wesley), Chapters 7–8.

Ignizio, J.P., and Cavalier, T.M. 1994, *Linear Programming* (Englewood Cliffs, NJ: Prentice-Hall). [Undergraduate text]

Vanderbei, R.J. 2001, *Linear Programming: Foundations and Extensions,* 2nd ed. (Boston: Kluwer). [Undergraduate/graduate text]

Chvátal, V. 1983, *Linear Programming* (New York: Freeman). [Undergraduate text]

Gass, S.I. 1985, *Linear Programming: Methods and Applications,* 5th ed. (New York: McGraw-Hill), reprinted 2003 (New York: Dover). [Undergraduate text]

Murty, K.G. 1983, *Linear Programming* (New York: Wiley). [Undergraduate text]

Numerical Recipes Software 2007, "Routine Implementing the Simplex Method," *Numerical Recipes Webnote No. 12,* at http://www.nr.com/webnotes?12 [17]

## 10.11 Programação linear: métodos de ponto interior

Como mencionamos em §10.10, o pior caso para o número de iterações no método simplex é uma função exponencial de $n$. (O pior caso ocorre para $m = n$.) O número médio de iterações, contudo, é um pequeno múltiplo de $m$. Por muito tempo não se sabia se havia outro algoritmo para programação linear que fosse limitado, por exemplo, por algum polinômio em $n$. Em 1979, Khachian publicou um novo algoritmo [1], o *método elipsoide*, que é de fato polinomial em $n$. Infelizmente, porém, em implementações práticas ele era muito mais lento do que o método simplex.

Em 1984, o campo foi sacudido pelo artigo de Karmarkar [2] descrevendo o método de *ponto interior*. Não apenas ele era polinomial em $n$, mas ele dizia que ele resolvia grandes problemas LP significativamente mais rápido do que o método simplex. Esta alegação mostrou-se algo exagerada, mas no frenesi da atividade da próxima década, algoritmos de ponto interior foram desenvolvidos de forma a resolver muitos problemas muito mais rapidamente do que o método simplex, em especial problemas muito grandes. Ironicamente, a rivalidade entre os dois algoritmos levaram a melhorias por cerca de um fator de 100 no próprio método simplex no mesmo período. Fornecemos algumas recomendações quanto a qual método usar no fim desta seção.

Originalmente, métodos de ponto interior atravessavam o interior da região factível em direção ao vértice ótimo. Os assim chamados métodos de ponto interior infactíveis seguem um trajeto no interior da região não negativa, $x_i \geq 0$, $i = 1, ..., n$, mas possivelmente através da região não factível.

Para entender como os métodos de ponto interior funcionam, nós precisamos desenvolver mais teoria sobre programação linear, em particular sobre *dualidade*.

## 10.11.1 Problema dual

Como vimos em §10.10, qualquer problema LP pode ser escrito na forma padrão:

$$\begin{aligned} \text{minimize} \quad & \mathbf{c} \cdot \mathbf{x} \\ \text{sujeito a} \quad & \mathbf{A} \cdot \mathbf{x} = \mathbf{b} \\ & \mathbf{x} \geq 0 \end{aligned} \tag{10.11.1}$$

Aqui, variáveis soltas foram anexadas aos $x$'s para escrever todas as restrições como desigualdades, mas sem outras variáveis lógicas terem sido adicionadas. Isto é chamado de problema *primal*. Recorde que se as restrições em (10.11.1) são satisfeitas, dizemos que $\mathbf{x}$ é um ponto factível.

O problema *dual* correspondente a (10.11.1) troca os papéis das variáveis com os das restrições: o que corresponde a $m$ restrições é um conjunto de variáveis ($y_1$, ..., $y_m$) determinado por

$$\begin{aligned} \text{maximize} \quad & \mathbf{b} \cdot \mathbf{y} \\ \text{sujeito a} \quad & \mathbf{A}^T \cdot \mathbf{y} \leq \mathbf{c} \\ & \mathbf{y} \text{ livre} \end{aligned} \tag{10.11.2}$$

Aqui "livre" significa sem restrição. A maioria dos livros-texto mencionados no fim das seções anteriores discutem exatamente como ir do problema primal para seu dual. Para uma sugestão, veja §16.5.2, onde um problema primal-dual diferente é discutido. Após isto, uma discussão particularmente clara encontra-se em [3]. Observe agora que a matriz de restrição para o problema dual é transposta da matriz para o problema primal. Formando o dual do dual simplesmente leva você de volta para o problema primal.

O problema dual (10.11.2) pode ser reescrito adicionando-se variáveis soltas ($z_1$, ..., $z_n$):

$$\begin{aligned} \text{maximize} \quad & \mathbf{b} \cdot \mathbf{y} \\ \text{sujeito a} \quad & \mathbf{A}^T \cdot \mathbf{y} + \mathbf{z} = \mathbf{c} \\ & \mathbf{z} \geq 0, \quad \mathbf{y} \text{ livre} \end{aligned} \tag{10.11.3}$$

Se ($\mathbf{y}$, $\mathbf{z}$) satisfaz as restrições em (10.11.3), dizemos que eles são *factíveis duais*. Para uma boa introdução ao significado da relação entre problemas primais e duais, ver [4].

O *teorema da dualidade fraca* afirma que o valor da função objetivo dual provê um limite inferior para o valor da função objetivo se elas são cada uma efetuadas em pontos factíveis. Demonstração: $\mathbf{b} \cdot \mathbf{y} = \mathbf{y} \cdot \mathbf{A} \cdot \mathbf{x} = \mathbf{x} \cdot \mathbf{A}^T \cdot \mathbf{y} \leq \mathbf{x} \cdot \mathbf{c}$. A diferença

$$\mathbf{c} \cdot \mathbf{x} - \mathbf{b} \cdot \mathbf{y} \tag{10.11.4}$$

é chamada de *gap de dualidade*. Se o primal é não limitado (a função objetivo pode ser feita arbitrariamente negativa), então o dual deve ser infactível, e vice-versa. Além disso, temos o *teorema da dualidade forte*: se ou o primal ou o dual tem uma solução ótima finita, isso vale para a outra, e $\mathbf{c} \cdot \mathbf{x} = \mathbf{b} \cdot \mathbf{y}$ para a solução ótima.

Há uma importante relação adicional entre as variáveis primal e dual na otimalidade. Considere um $x_j$ particular e o correspondente $z_j = (\mathbf{c} - \mathbf{A}^T \cdot \mathbf{y})_j$. A *condição de complementaridade de Karush-Kuhn-Tucker* diz que eles não podem ser estritamente maiores que zero: no minimo um deve ser igual a zero. Em outras palavras,

$$x_j z_j = 0, \quad j = 1, \ldots, n \tag{10.11.5}$$

Adotando a convenção de que uma letra maiúscula denota uma matriz com o vetor correspondente minúsculo ao longo da diagonal, podemos escrever a equação (10.11.5) alternativamente como

$$\mathbf{X} \cdot \mathbf{Z} \cdot \mathbf{e} = 0, \quad \mathbf{X} = \text{diag}(x_1, \ldots, x_n), \quad \mathbf{Z} = \text{diag}(z_1, \ldots, z_n), \quad \mathbf{e} = (1, \ldots, 1) \tag{10.11.6}$$

Uma vez que cada $x_j$ e $z_j$ é não negativo, a equação (10.11.5) é equivalente a $\mathbf{x} \cdot \mathbf{z} = 0$. Na verdade, este resultado vale em ambas as direções: o *teorema da relaxação complementar* (*complementary slackness theorem*) diz que soluções factíveis são ótimas se e somente se $\mathbf{x} \cdot \mathbf{z} = 0$. É fácil mostrar que, para soluções factíveis, $\mathbf{x} \cdot \mathbf{z}$ é simplesmente igual ao gap de dualidade (10.11.4).

Observe que a relaxação complementar permite a possibilidade de que ambos $x_j$ e $z_j$ poderiam ser nulas na solução ótima. *Complementaridade* estrita é a propriedade de que exatamente uma destas quantidades é nula para todo $j$. O *teorema de Goldman-Tucker* diz que se o primal e dual são factíveis, existe um par estritamente complementar de soluções ótimas. Como veremos, métodos de ponto interior encontram tal solução.

### 10.11.2 As condições KKT

A programação linear é um caso especial da otimização restrita geral, onde se quer minimizar alguma função $f(\mathbf{x})$ sujeita a restrições. As condições gerais de otimalidade são chamadas de condições KKT ou Karush-Kuhn-Tucker. Especializadas para o problema LP (10.11.1), as condições KKT são

$$\begin{aligned} \mathbf{A} \cdot \mathbf{x} &= \mathbf{b} & \mathbf{x} &\geq 0 \\ \mathbf{A}^T \cdot \mathbf{y} + \mathbf{z} &= \mathbf{c} & \mathbf{z} &\geq 0 \\ \mathbf{X} \cdot \mathbf{Z} \cdot \mathbf{e} &= 0 & \mathbf{y} \text{ livre} & \end{aligned} \tag{10.11.7}$$

Observe que estas são exatamente as condições que seguem da dualidade forte e complementaridade. Mais tarde, veremos como derivar estas condições diretamente usando multiplicadores de Lagrange para controlar as constantes.

As condições KKT (10.11.7) são necessárias e suficientes para $\mathbf{x}$ ser uma solução ótima de (10.11.1). Além disso, elas são necessárias e suficientes para $(\mathbf{x}, \mathbf{y}, \mathbf{z})$ resolverem os problemas primal e dual (10.11.1) e (10.11.2). Neste caso, chamamos $(\mathbf{x}, \mathbf{y}, \mathbf{z})$ de uma *solução primal dual*. Métodos de ponto interior primal-dual resolvem as equações (10.11.7) de forma que as desigualdades são estritamente satisfeitas em toda iteração, isto é, $\mathbf{x}, \mathbf{z} > 0$.

As equações são resolvidas usando-se uma variante do método de Newton. Recorde que se definirmos o vetor de equações em (10.11.7) como

$$\mathbf{F}(\mathbf{v}) = \begin{bmatrix} \mathbf{A} \cdot \mathbf{x} - \mathbf{b} \\ \mathbf{A}^T \cdot \mathbf{y} + \mathbf{z} - \mathbf{c} \\ \mathbf{X} \cdot \mathbf{Z} \cdot \mathbf{e} \end{bmatrix} = 0 \tag{10.11.8}$$

onde **v** é uma notação abreviada para (**x**, **y**, **z**). O método de Newton determina o update $\Delta \mathbf{v}$ para o ponto corrente resolvendo

$$\mathbf{J} \cdot \Delta \mathbf{v} = -\mathbf{F} \qquad (10.11.9)$$

Aqui **J** é a matriz Jacobiana de **F** (ver §9.7). Um passo completo com este valor de $\Delta \mathbf{v}$ usualmente não é permitido porque ele violaria a condição (**x**, **z**) $\geq 0$. Assim, o novo iterado é escolhido a partir de uma busca retilínea ao longo da direção de Newton:

$$\mathbf{v}_{novo} = \mathbf{v}_{velho} + \alpha \Delta \mathbf{v}, \qquad \alpha \in (0, 1] \qquad (10.11.10)$$

Você escolhe $\alpha = 1$ se possível; de outra forma, você escolhe o máximo $\alpha$ que preserva a não negatividade.

Observe a importância de manter as variáveis não negativas estritamente positivas em todas as vezes: a equação de Newton para $x_j z_j = 0$ é $x_j \Delta z_j + z_j \Delta x_j = -x_j z_j$. Suponha que $z_j$ seja zero. Então a equação de Newton torna-se $x_j \Delta z_j = 0$, ou $\Delta z_j = 0$. Assim $z_j$ permanece nula se ela alguma vez se torna zero. O algoritmo pode nunca se recuperar. Claro, deve-se também esperar dificuldades se algumas variáveis tornam-se "muito próximas" do zero.

Este simples método de Newton amortecido não é um algoritmo prático, porque muito frequentemente o tamanho de passo permitido torna-se muito pequeno ($\alpha \ll 1$). Há duas importantes modificações que são cruciais para se produzir um algoritmo viável:

- Mudar a direção da busca de forma que aponte em direção ao "centro" da região não negativa. A ideia é permitir passos maiores antes que uma das variáveis se torne negativa.
- Não permitir que as variáveis venham "para muito próximo" da fronteira da região não negativa. Como discutido acima, pouco progresso tende a ser feito a partir destes pontos.

### 10.11.3 O trajeto central

Uma maneira de predispor a direção da busca para longe da fronteira é fazer que todos os pares de complementaridade $x_j z_j$ convirjam para zero na mesma taxa, digamos, $x_j z_j = \tau$, onde $\tau \to 0$ durante as iterações. Em outras plavras, modificar a última equação em (10.11.8) de forma que o sistema torne-se

$$\mathbf{F}(\mathbf{v}) = \begin{bmatrix} \mathbf{A} \cdot \mathbf{x} - \mathbf{b} \\ \mathbf{A}^T \cdot \mathbf{y} + \mathbf{z} - \mathbf{c} \\ \mathbf{X} \cdot \mathbf{Z} \cdot \mathbf{e} \end{bmatrix} = \begin{bmatrix} 0 \\ 0 \\ \tau \mathbf{e} \end{bmatrix} \qquad (10.11.11)$$

O conjunto de soluções $\mathbf{v}(\tau)$ para as equações (10.11.11) define o *trajeto central*. Algoritmos primal-dual tomam passos em direção a pontos no trajeto central com $\tau > 0$. Durante as iterações, $\tau \to 0$ e o trajeto central encaminha-se em direção à solução ótima.

Se você esboçar o trajeto central no hiperespaço de coordenadas (**x**, **y**), ele é uma linha contorcida que não parece central em nada. Contudo, se você desenhá-la em coordenadas ($x_1 z_1$, $x_2 z_2$, ...), você verá que ela é equidistante de todas as superfícies coordenadas, com a solução ótima na origem. Quando a iterada corrente é próxima do trajeto central, a próxima iteração pode fazer um passo maior em direção à solução ótima. Quando a iterada corrente é próxima de uma das fronteiras, um bom algoritmo faz a próxima iteração ficar próxima do trajeto central novamente.

### 10.11.4 Métodos de path-following (método do seguir o trajeto)

Métodos path-following não só fazem passos na direção do trajeto central; eles explicitamente tentam ficar perto dele. Estes métodos são atualmente os métodos de ponto interior de maior sucesso. Nos métodos primal-dual, o gap de dualidade (10.11.4), o qual é igual a $\mathbf{x} \cdot \mathbf{z}$ para pontos factíveis, provê uma "figure-of-merit" (medida de eficiência ou efetividade do método) para quão próximo se está da solução ótima. Consequentemente, obtemos

$$\mu = \mathbf{x} \cdot \mathbf{z}/n, \qquad \tau = \mu\delta, \quad \delta \in [0,1] \tag{10.11.12}$$

A quantidade $\delta$ é chamada de *parâmetro de centragem*, enquanto $\mu$ é chamado de *medida de dualidade*. Se $\delta = 1$, o passo de Newton calculado de (10.11.11) é uma *direção de centragem*, em direção a um ponto no qual cada produto $x_j z_j$ é igual ao valor médio $\mu$ definido em (10.11.12). Por outro lado, o valor $\delta = 0$ define o passo de Newton para o sistema original (10.11.8). Bons algoritmos usam valores intermediários que se equilibram entre melhorar a centralidade e reduzir $\mu$.

Métodos que mantêm $\delta$ próximo de 1, de forma que passos unitários ($\alpha = 1$) ficam próximos ao trajeto central, são chamados de métodos de passo-curto (*short-step*). Métodos que permitem passos pequenos de $\delta$ são chamados de métodos de passo-longo (*long-step*) – escolhas menos conservadoras de $\delta$. Há um interessante gap entre teoria e prática entre os métodos. Métodos de passo-curto comprovadamente convergem em $O(\sqrt{n}\log\frac{1}{\epsilon})$ iterações, onde $\epsilon$ é a tolerância desejada. Métodos de passo-longo tomam $O(n\log\frac{1}{\epsilon})$ iterações, de acordo com a teoria. Mas na prática, métodos de passo-curto tomam passos desesperadamente pequenos, enquanto métodos de passo-longo proveem algoritmos práticos.

Esta é uma discussão um tanto quanto acadêmica, de qualquer forma. Exemplos da vida real tomam muito menos do que $O(\sqrt{n})$ iterações – algumas dúzias é típico para problemas grandes.

### 10.11.5 Métodos barreira

Introduzir uma função "penalidade" é uma técnica padrão para forçar uma restrição em problemas de otimização geral. Por exemplo, para forçar a condição $\mathbf{x} \geq 0$, consideramos a função penalidade logarítmica

$$\sum_{j=1}^{n} \log x_j \tag{10.11.13}$$

Se algum $x_j \to 0$, esta função tende a $-\infty$. Assim, em vez de tentar minimizar $\mathbf{c} \cdot \mathbf{x}$ no problema padrão primal (10.11.1), considere minimizar

$$\mathbf{c} \cdot \mathbf{x} - \tau \sum_{j=1}^{n} \log x_j \tag{10.11.14}$$

Se toma-se o limite $\tau \to 0$ após a minimização, esperamos que isto seja equivalente ao problema original.

A equação (10.11.14) é chamada de *função de barreira logarítmica*. Ela define uma família de funções objetivo não lineares que dão a solução para o problema original como o parâmetro $\tau \to 0$.

O poder da ideia da função barreira é que ela nos permite controlar a restrição $\mathbf{x} \geq 0$ com cálculo. Para minimizar (10.11.14) sujeita à restrição $\mathbf{A} \cdot \mathbf{x} = \mathbf{b}$, induza um multiplicador de Lagrange $-\mathbf{y}$ e o extremize a lagrangiana

$$L = \mathbf{c} \cdot \mathbf{x} - \tau \sum_{j=1}^{n} \log x_j - \mathbf{y} \cdot (\mathbf{A} \cdot \mathbf{x} - \mathbf{b}) \tag{10.11.15}$$

As condições de otimalidade $\nabla_x L = 0$ e $\nabla_y L = 0$ fornecem

$$\mathbf{A} \cdot \mathbf{x} = \mathbf{b}$$
$$\mathbf{A}^T \cdot \mathbf{y} + \tau \mathbf{X}^{-1} \cdot \mathbf{e} = \mathbf{c} \tag{10.11.16}$$

Defina o vetor

$$\mathbf{z} = \tau \mathbf{X}^{-1} \cdot \mathbf{e}, \quad \text{i.e.,} \quad z_j = \tau/x_j \tag{10.11.17}$$

Então a equação (10.11.16) torna-se

$$\mathbf{A} \cdot \mathbf{x} = \mathbf{b}$$
$$\mathbf{A}^T \cdot \mathbf{y} + \mathbf{z} = \mathbf{c} \tag{10.11.18}$$
$$\mathbf{X} \cdot \mathbf{Z} \cdot \mathbf{e} = \tau \mathbf{e}$$

Estas são exatamente as equações (10.11.11) definindo o trajeto central, e elas se reduzem às condições KKT (10.11.7) se nós designarmos $\tau$ para zero.

Note que a equação (10.11.16) pode ser usada para definir um algoritmo, o *método de ponto interior primal*, que não depende de $\mathbf{z}$. Similarmente, começando com uma função barreira logarítmica para a função objetivo dual, pode-se derivar um método puramente dual que não envolve $\mathbf{x}$. Na prática, estes métodos não são competitivos com os métodos primal-dual.

Originalmente, a função de barreira logarítmica desempenhou um importante papel em motivar métodos de ponto interior. Mais recentemente, o ponto de vista foi alterado para enfatizar a importância de $\tau$ como definindo a propriedade de centragem do algoritmo em vez de ser simplesmente um parâmetro para forçar a restrição de não negatividade.

### 10.11.6 Um algoritmo de ponto interior infactível primal-dual

Vamos juntar todos os pedaços agora para definir o algoritmo. Escreva a equação (10.11.11) para o novo iterado:

$$\mathbf{A} \cdot (\mathbf{x} + \Delta \mathbf{x}) - \mathbf{b} = 0$$
$$\mathbf{A}^T \cdot (\mathbf{y} + \Delta \mathbf{y}) + \mathbf{z} + \Delta \mathbf{z} - \mathbf{c} = 0 \tag{10.11.19}$$
$$(\mathbf{X} + \Delta \mathbf{X}) \cdot (\mathbf{Z} + \Delta \mathbf{Z}) \cdot \mathbf{e} = \tau \mathbf{e}$$

Despreze o termo $\Delta \mathbf{X} \cdot \Delta \mathbf{Z} \cdot \mathbf{e}$ e obtenha

$$\begin{bmatrix} \mathbf{A} & 0 & 0 \\ 0 & \mathbf{A}^T & 1 \\ \mathbf{Z} & 0 & \mathbf{X} \end{bmatrix} \begin{bmatrix} \Delta \mathbf{x} \\ \Delta \mathbf{y} \\ \Delta \mathbf{z} \end{bmatrix} = \begin{bmatrix} -\mathbf{r}_p \\ -\mathbf{r}_d \\ \tau \mathbf{e} - \mathbf{X} \cdot \mathbf{Z} \cdot \mathbf{e} \end{bmatrix} \tag{10.11.20}$$

onde os resíduos primal e dual são definidos por

$$\mathbf{r}_p = \mathbf{A} \cdot \mathbf{x} - \mathbf{b}$$
$$\mathbf{r}_d = \mathbf{A}^T \cdot \mathbf{y} + \mathbf{z} - \mathbf{c} \tag{10.11.21}$$

A equação (10.11.20) é simplesmente a equação de Newton (10.11.9) para (10.11.11). Observe que a única não linearidade vem do termo quadrático aparentemente inócuo para relaxação complementar. Porém, isto é exatamente o que traz toda a dificuldade!

Uma vez que **X** é uma matriz positiva-definida diagonal, podemos trivialmente invertê-la e usar a última equação em (10.11.20) para eliminar $\Delta z$ da segunda equação. Trocando a ordem das variáveis $\Delta x$ e $\Delta y$, obtemos

$$\begin{bmatrix} 0 & \mathbf{A} \\ \mathbf{A}^T & -\mathbf{X}^{-1} \cdot \mathbf{Z} \end{bmatrix} \begin{bmatrix} \Delta \mathbf{y} \\ \Delta \mathbf{x} \end{bmatrix} = \begin{bmatrix} -\mathbf{r}_p \\ \mathbf{z} - \tau \mathbf{X}^{-1} \cdot \mathbf{e} - \mathbf{r}_d \end{bmatrix} \qquad (10.11.22)$$

Similarmente, uma vez que $-\mathbf{X}^{-1} \cdot \mathbf{Z}$ é facilmente invertível, podemos usar a segunda equação em (10.11.22) para eliminar $\Delta \mathbf{x}$ da primeira. Isto proporciona

$$\mathbf{A} \cdot (\mathbf{X} \cdot \mathbf{Z}^{-1}) \cdot \mathbf{A}^T \cdot \Delta \mathbf{y} = -\mathbf{r}_p + \mathbf{A} \cdot (\mathbf{x} - \tau \mathbf{Z}^{-1} \cdot \mathbf{e} - \mathbf{X} \cdot \mathbf{Z}^{-1} \cdot \mathbf{r}_d) \qquad (10.11.23)$$

Estas são chamadas de *equações normais*, pela analogia com as equações normais que ocorrem nos problemas de mínimos quadrados (cf. 15.4.10). As equações que precedem em (10.11.22) são chamadas de *equações ampliadas*. Observe que a matriz do lado esquerdo das equações normais é simétrica e positiva-definida, exceto por alguma sutileza quando **x** e **z** $\to 0$. Isto sugere resolvê-las com alguma versão da decomposição de Cholesky (§2.9).

Uma vez que $\Delta \mathbf{y}$ é determinada das equações normais, a segunda equação em (10.11.20) proporciona $\Delta \mathbf{z}$:

$$\Delta \mathbf{z} = -\mathbf{A}^T \cdot \Delta \mathbf{y} - \mathbf{r}_d \qquad (10.11.24)$$

Finalmente, a terceira equação em (10.11.20) nos dá $\Delta \mathbf{x}$:

$$\Delta \mathbf{x} = -\mathbf{X} \cdot \mathbf{Z}^{-1} \cdot \Delta \mathbf{z} + \tau \mathbf{Z}^{-1} \cdot \mathbf{e} - \mathbf{x} \qquad (10.11.25)$$

No método do ponto interior factível, um ponto inicial é de alguma forma encontrado na região factível, isto é, com $\mathbf{r}_p = \mathbf{r}_d = 0$ e $(\mathbf{x}, \mathbf{z}) > 0$. Então as equações (10.11.23) – (10.11.25) são resolvidos com $\mathbf{r}_p$ e $\mathbf{r}_d$ designados para zero. O consenso agora é que não é necessário fazer isso. É muito mais fácil escolher um ponto que pode ser inicialmente infactível e permitir que as iterações convirjam em direção a um ponto factível. Como explicado acima, ainda é crucial manter não negatividade, contudo.

A equação (10.11.23) contém três contribuições para o passo $\Delta \mathbf{y}$, e portanto para $\Delta \mathbf{x}$ e $\Delta \mathbf{z}$. Primeiro existem os termos que envolvem $\mathbf{r}_p$ e $\mathbf{r}_d$, que guiam a solução em direção à factibilidade. Então, há o termo independente de $\tau$. Ele guia a solução em direção à otimalidade. Na literatura, este termo é chamado de *escalamento afim* (affine scaling), porque há uma interpretação geométrica do seu efeito em termos de um escalamento linear das variáveis. Finalmente, há o termo proporcional a $\tau$, que é o termo de centragem.

Aqui está a estrutura para um simples método de ponto interior infactível primal-dual:

1. Escolha um ponto inicial não negativo.
2. Se as infactibilidades $\mathbf{r}_p$ e $\mathbf{r}_d$ e o gap de complementaridade $\mathbf{x} \cdot \mathbf{z}$ estão abaixo da tolerância desejada, saia. Caso contrário, continue.
3. Designe o valor de $\tau$ da equação (10.11.12). Um valor de $\delta \approx 0{,}02$ funciona bem.
4. Compute a direção do passo $(\Delta \mathbf{x}, \Delta \mathbf{y}, \Delta \mathbf{z})$ das equações (10.11.23) – (10.11.25). A solução das equações normais é feita em dois passos: fatorização da matriz para alguma forma facilmente invertível, seguida pela solução usando esta fatorização.
5. Determine os tamanhos de passo máximos que não permitem que as variáveis se tornem negativas. Tamanhos de passos separados podem ser determinados para as variáveis primal e dual:

$$\mathbf{x}_{\text{novo}} = \mathbf{x}_{\text{velho}} + \alpha_p \Delta \mathbf{x}$$
$$\mathbf{y}_{\text{novo}} = \mathbf{y}_{\text{velho}} + \alpha_d \Delta \mathbf{y} \qquad (10.11.26)$$
$$\mathbf{z}_{\text{novo}} = \mathbf{z}_{\text{velho}} + \alpha_d \Delta \mathbf{z}$$

onde $\alpha_p$ e $\alpha_d$ são inicialmente escolhidos para serem os maiores valores que mantêm todos os componentes de $\mathbf{x}_{\text{novo}}$ e $\mathbf{z}_{\text{novo}}$ não negativos mas não maiores do que um. Então, reduza os valores de $\alpha_p$ e $\alpha_d$ por um fator de segurança $\sigma$. Uma escolha conservadora é $\sigma = 0{,}9$, mas $\sigma = 0{,}99995$ funciona para muitos problemas.

6. Volte para o passo 2 para a próxima iteração.

Uma vez que na programação linear da vida real a matriz de restrição $\mathbf{A}$ é esparsa, o código deve tomar vantagem disto. Os vários produtos de matriz tais como $\mathbf{A} \cdot \mathbf{x}$, $\mathbf{A}^T \cdot \mathbf{y}$ e $\mathbf{A} \cdot (\mathbf{X} \cdot \mathbf{Z}^{-1}) \cdot \mathbf{A}^T$ devem ser computados eficientemente. Mais importante, a fatorização e a retrossubstituição envolvidas em resolver as equações normais devem usar uma decomposição de Cholesky para matriz esparsa adequada. O passo de fatorização, na verdade, domina o tempo de execução do algoritmo. Nossa implementação usa o pacote relativamente simples LDL [5], combinado com o pacote AMD[6] para computar um ordenamento (permutação) da matriz que minimiza o preenchimento durante a fatorização. Ambos estes pacotes são livremente disponibilizados. Note que LDL tem que ser modificado para lidar com as singularidades que ocorrem conforme os elementos da matriz diagonal $x_j/z_j \to 0$. É suficiente modificar a linha do código em LDL que testa para um elemento diagonal igual a zero para algo como

```
if (D[k] < 1.0e-40)
    D[k] = 1.0e128;
```

Isto tem o efeito de ajustar as correspondentes variáveis para zero, o que é comportamento desejado. Aqui está nossa interface `NRldl.h` destes pacotes. A implementação completa é dada em uma Webnote[13].

```
extern "C" {                                                              interior.h
    #include "ldl.h"
    #include "amd.h"
}

struct NRldl {
Interface entre a rotina do livro intpt e os pacotes externos necesários LDL e AMD.
    Doub Info [AMD_INFO];
    Int lnz,n,nz;
    VecInt PP,PPinv,PPattern,LLnz,LLp,PParent,FFlag,*LLi;
    VecDoub YY,DD,*LLx;
    Doub *Ax, *Lx, *B, *D, *X, *Y;
    Int *Ai, *Ap, *Li, *Lp, *P, *Pinv, *Flag,*Pattern, *Lnz, *Parent;
    NRldl(NRsparseMat &adat);
Construtor apenas precisa de adat para ter sido declarado com dimensões apropriadas.
    void order();
Ordenamento AMD e fatorização simbólica LDL. Apenas precisa-se de padrão não nulo, não os valores vigentes.
    void factorize();
Fatorização numérica da matriz.
    void solve(VecDoub_O &y,VecDoub &rhs);
Resolva para y dado rhs. Pode ser invocada múltiplas vezes após uma única chamada para factorize.
    ~NRldl();
};
```

Aqui está uma implementação simples do algoritmo de ponto interior. Embora seja um código pedagógico, ele é de fato muito poderoso – melhor do que o código simplex pedagógico da seção anterior. A seguir, explicaremos o que seria necessário para tornar este código uma implementação séria.

interior.h
```
Doub dotprod(VecDoub_I &x, VecDoub_I &y)
Compute o produto escalar entre dois vetores, x · y.
{
    Doub sum=0.0;
    for (Int i=0;i<x.size();i++)
        sum += x[i]*y[i];
    return sum;
}

Int intpt(const NRsparseMat &a, VecDoub_I &b, VecDoub_I &c, VecDoub_O &x)
```
Método do ponto interior para programação linear. O input a contém a matriz de coeficientes para as restrições na forma $\mathbf{A} \cdot \mathbf{x} = \mathbf{b}$. O lado direito das restrições é input em b[0..m-1]. Os coeficientes da função objetivo a serem minimizados, $\mathbf{c} \cdot \mathbf{x}$, são input em c[0..n-1]. Observe que c deve geralmente ser recheado com zeros correspondendo às variáveis soltas que estendem o número de colunas para ser n. A função retorna 0 se uma solução ótima é encontrada; 1 se o problema é infactível; 2 se o problema dual é infactível, i.e., se o problema não é limitado ou talvez infactível; e 3 se o número de iterações é excedido. A solução é retornada em x[0..n-1].
```
{
    const Int MAXITS=200;              Número máxima de iterações.
    const Doub EPS=1.0e-6;             Tolerância para otimalidade e factbilidade.
    const Doub SIGMA=0.9;              Fator de redução do tamanho do passo (escolha conservadora).
    const Doub DELTA=0.02;             Fator para ajustar parâmetro de centralidade μ.
    const Doub BIG=numeric_limits<Doub>::max();
    Int i,j,iter,status;
    Int m=a.nrows;
    Int n=a.ncols;
    VecDoub y(m),z(n),ax(m),aty(n),rp(m),rd(n),d(n),dx(n),dy(m),dz(n),
        rhs(m),tempm(m),tempn(n);
    NRsparseMat at=a.transpose();      Compute $\mathbf{A}^T$.
    ADAT adat(a,at);                   Setup para $\mathbf{A} \cdot \mathbf{D} \cdot \mathbf{A}^T$, onde $\mathbf{D} = \mathbf{X} \cdot \mathbf{Z}^{-1}$.
    NRldl solver(adat.ref());          Inicialize interface para pacotes LDL.
    solver.order();                    Ordenamento AMD e fatorização simbólica LDL.
    Doub rpfact=1.0+sqrt(dotprod(b,b));  Compute fatores para teste de convergência.
    Doub rdfact=1.0+sqrt(dotprod(c,c));
    for (j=0;j<n;j++) {                Ponto interior.
        x[j]=1000.0;
        z[j]=1000.0;
    }
    for (i=0;i<m;i++) {
        y[i]=1000.0;
    }
    Doub normrp_old=BIG;
    Doub normrd_old=BIG;
    cout << setw(4) << "iter" << setw(12) << "Primal obj." << setw(9) <<
        "||r_p||" << setw(13) << "Dual obj." << setw(11) << "||r_d||" <<
        setw(13) << "duality gap" << setw(16) << "normalized gap" << endl;
    cout << scientific << setprecision(4);
    for (iter=0;iter<MAXITS;iter++) {  Começo do laço principal
        ax=a.ax(x);                    Compute resíduos normalizados $r_p$ e $r_d$.
        for (i=0;i<m;i++)
            rp[i]=ax[i]-b[i];
        Doub normrp=sqrt(dotprod(rp,rp))/rpfact;
        aty=at.ax(y);
        for (j=0;j<n;j++)
            rd[j]=aty[j]+z[j]-c[j];
        Doub normrd=sqrt(dotprod(rd,rd))/rdfact;
        Doub gamma=dotprod(x,z);       Gap de dualidade é $\mathbf{x} \cdot \mathbf{z}$ para pontos factíveis.
        Doub mu=DELTA*gamma/n;         Escolha de μ.
        Doub primal_obj=dotprod(c,x);  Imprima iteração atual.
```

```
            Doub dual_obj=dotprod(b,y);
            Doub gamma_norm=gamma/(1.0+abs(primal_obj));
             cout << setw(3) << iter << setw(12) << primal_obj << setw(12) <<
                 normrp << setw(12) << dual_obj << setw(12) << normrd << setw(12)
                 << gamma << setw(12) << gamma_norm<<endl;
            if (normrp < EPS && normrd < EPS && gamma_norm < EPS)
                 return status=0;            Solução ótima encontrada.
            if (normrp > 1000*normrp_old && normrp > EPS)
                 return status=1;            Infactibilidade primal.
            if (normrd > 1000*normrd_old && normrd > EPS)
                 return status=2;            Infactibilidade dual.
            for (j=0;j<n;j++)                Compute direções do passo. Primeiro da matriz
                 d[j]=x[j]/z[j];             $A \cdot X \cdot Z^{-1} \cdot A^T$.
            adat.updateD(d);
            solver.factorize();              Fatorize a matriz.
            for (j=0;j<n;j++)                Construa o lado direito.
                 tempn[j]=x[j]-mu/z[j]-d[j]*rd[j];
            tempm=a.ax(tempn);
            for (i=0;i<m;i++)
                 rhs[i]=-rp[i]+tempm[i];
            solver.solve(dy,rhs);            Resolva para $dy$.
            tempn=at.ax(dy);                 Resolva para $dz$.
            for (j=0;j<n;j++)
                 dz[j]=-tempn[j]-rd[j];
            for (j=0;j<n;j++)                Resolva para $dx$.
                 dx[j]=-d[j]*dz[j]+mu/z[j]-x[j];
            Doub alpha_p=1.0;                Encontre o comprimento do passo.
            for (j=0;j<n;j++)
                 if (x[j]+alpha_p*dx[j] < 0.0)
                     alpha_p=-x[j]/dx[j];
            Doub alpha_d=1.0;
            for (j=0;j<n;j++)
                 if (z[j]+alpha_d*dz[j] < 0.0)
                     alpha_d=-z[j]/dz[j];
            alpha_p = MIN(alpha_p*SIGMA,1.0);
            alpha_d = MIN(alpha_d*SIGMA,1.0);
            for (j=0;j<n;j++) {              Passo para novo ponto.
                 x[j]+=alpha_p*dx[j];
                 z[j]+=alpha_d*dz[j];
            }
            for (i=0;i<m;i++)
                 y[i]+=alpha_d*dy[i];
            normrp_old=normrp;               Atualize normas.
            normrd_old=normrd;
        }
        return status=3;                     Máximo de iterações excedido.
    }
```

### 10.11.7 Códigos práticos de ponto interior

Há vários aspectos importantes que seriam necessários para tornar a implementação simples acima um código no mais pleno estado da arte.

- Ponto inicial. Escolher um bom ponto de partida provoca uma queda do número de iterações requerido. Um bom algoritmo é descrito em [7].
- Pré-processamento. Como para o método simplex, pré-processamento pode frequentemente reduzir o tamanho do problema.
- Escalamento. Um problema mal-escalado pode conduzir a dificuldades numéricas.
- Lidar com variáveis limitadas. Suponha que, ao invés da exigência $\mathbf{x} \geq 0$, as variáveis fossem *limitadas*:

$$\mathbf{l} \leq \mathbf{x} \leq \mathbf{u} \qquad (10.11.27)$$

Aqui, para maior simplicidade, escrevemos os limites superior e inferior dos vetores, $\mathbf{l}$ e $\mathbf{u}$, como sendo de comprimento $n$. Na prática, apenas algumas das variáveis $\mathbf{x}$ podem ter limites. Uma maneira de lidar com limites é adicioná-los ao sistema $\mathbf{A} \cdot \mathbf{x} = \mathbf{b}$ com variáveis soltas da maneira usual. Porém, isto aumenta a dimensão da matriz $\mathbf{A}$. Há uma maneira mais simples de se proceder. Primeiro, limites inferiores da forma $l_j \leq x_j$ podem ser lidados com um simples deslocamento: $x'_j = x_j - l_j \geq 0$. Fazer este deslocamento em todo lugar permite que o problema seja resolvido como antes, e então você simplesmente desfaz o deslocamento para obter a solução em termos do $x_j$ original. Assim, sem perder a generalidade, podemos assumir que todos os limites são da forma

$$0 \leq \mathbf{x} \leq \mathbf{u} \qquad (10.11.28)$$

Se introduzirmos variáveis soltas $\mathbf{s}$ e variáveis duais soltas $\mathbf{w}$, as condições de otimalidade são

$$\begin{aligned} \mathbf{A} \cdot \mathbf{x} &= \mathbf{b} \\ \mathbf{x} + \mathbf{s} &= \mathbf{u} \\ \mathbf{A}^T \cdot \mathbf{y} + \mathbf{z} - \mathbf{w} &= \mathbf{c} \\ \mathbf{X} \cdot \mathbf{Z} \cdot \mathbf{e} &= 0 \\ \mathbf{S} \cdot \mathbf{W} \cdot \mathbf{e} &= 0 \end{aligned} \qquad (10.11.29)$$

com $\mathbf{x}$, $\mathbf{s}$, $\mathbf{z}$ e $\mathbf{w}$ todos não negativos. É simples mudar os lados direito das duas últimas equações em (10.11.29) para $\tau \mathbf{e}$ e aplicar o método de Newton como para a equação (10.11.11). Você concluirá que as equações a serem resolvidas são muito similares em forma às equações (10.11.23) - (10.11.25).

- Preditor-corretor. A maioria do tempo gasto em uma interação vai para a fatorização da matriz nas equações normais. Dada a fatorização, o passo correspondente à solução é relativamente barato. O método do preditor-corretor [7] toma vantagem disto usando um passo extra de solução por iteração para melhorar a eficiência como um todo do algoritmo.

Lembre-se que, ao irmos da equação (10.11.19) para a equação (10.11.20), removemos o termo $\Delta \mathbf{X} \cdot \Delta \mathbf{Z} \cdot \mathbf{e}$. A ideia no método de Mehotra é primeiro tomar um passo preditor que resolve a equação (10.11.20), mas com o termo $\tau$ omitido. Os valores de ($\Delta \mathbf{x}$, $\Delta \mathbf{y}$, $\Delta \mathbf{z}$) obtidos são usados para estimar $\Delta \mathbf{X} \cdot \Delta \mathbf{Z} \cdot \mathbf{e}$. Então o passo corretor resolve para um sistema adicional ($\Delta \mathbf{x}$, $\Delta \mathbf{y}$, $\Delta \mathbf{z}$) da equação (10.11.20) com o lado direito substituído por

$$\begin{bmatrix} 0 \\ 0 \\ \tau \mathbf{e} - \Delta \mathbf{X} \cdot \Delta \mathbf{Z} \cdot \mathbf{e} \end{bmatrix} \qquad (10.11.30)$$

O valor de $\tau$ na equação (10.11.30) é ajustado diferentemente da equação (10.11.12). Primeiro $\hat{\mu}$ é computado usando-se o passo:

$$\hat{\mu} = (\mathbf{x} + \alpha_p \Delta \mathbf{x}) \cdot (\mathbf{z} + \alpha_d \Delta \mathbf{z})/n \qquad (10.11.31)$$

Aqui $\alpha_p$ e $\alpha_d$ são os maiores valores que mantêm não negatividade, mas não maiores que um. (Nenhum fator de segurança é usado.) Então $\tau$ é ajustado como

$$\tau = \left(\frac{\hat{\mu}}{\mu}\right)^2 \hat{\mu} \qquad (10.11.32)$$

onde $\mu$ é computado usando-se os valores iniciais de **x** e **z** como na equação (10.11.12). Esta escolha heurística faz $\tau$ pequeno quando o passo do preditor provoca um grande decrescimento na complementaridade, e grande de outra forma.

O passo total é a soma dos passos do preditor e corretor. O fator de decrescimento de $\alpha_p$ ou $\alpha_d$ igual a um é calculado do procedimento heurístico descrito em [7] ou [8].

Gondzio [9,10] desenvolveu uma extensão para o algoritmo de preditor-corretor que incorpora correções de alta ordem sempre que elas possam melhorar a eficiência.

- Melhor álgebra de matriz esparsa. Enquanto AMD é uma boa escolha de uso geral para um algoritmo de ordenamento, LDL é um boa mas básica rotina de Cholesky esparsa, escolhida principalmente por sua simplicidade e disponibilidade. Algoritmos mais poderosos são conhecidos e estão começando a se tornar publicamente disponíveis.

Um dos problemas com as equações normais é que a matriz pode ser bastante densa, mesmo quando **A** por si só seja bastante esparsa. Isto tem motivado algoritmos que resolvem as matrizes ampliadas (10.11.22) diretamente. Em alguns problemas, isto conduz a economias significantes. Uma boa implementação fornecerá ambas as alternativas.

Resolver as equações pode se tornar numericamente delicado, especialmente quando o ponto ótimo é aproximado. Boas implementações usarão alguma forma de refinamento iterativo para preservar a acurácia.

- Crossover para o método simplex. Às vezes a convergência do algoritmo de ponto interior cai perto do ponto ótimo. Alternando-se para um método simplex com uma base que é presumivelmente próxima da ótima, pode-se obter rápida convergência para a resposta. Este aspecto tem o benefício adicional de que o ponto ótimo é dado em termos de vetores da base, enquanto que a solução de ponto interior nunca chega a atingir zeros para quaisquer **x**'s. Alguns tipos de pós-análise necessitam da base real.

É interessante notar que usar a solução previamente encontrada como ponto inicial para um problema "próximo" raramente ajuda muito em métodos de ponto interior. A razão é que métodos de ponto interior não fazem bons progresso a partir de um ponto perto da fronteira. O método simplex, ao contrário, geralmente converge muito mais rapidamente com um "ponto de partida já aquecido". Uma boa estratégia para resolver uma sequência de problemas proximamente relacionados é, portanto, ponto interior com crossover para uma base ótima para o primeiro, então simplex com uma partida quente para o restante.

Há diversos códigos que são freewares para uso não comercial e que fornecem implementações completas de métodos de ponto interior. Particularmente gostamos de PCx (em C com rotinas de álgebra esparsa em Fortran) [11] e HOPDM (em Fortran)[10]. Para um discussão de mais opções, incluindo códigos comerciais, veja [12].

Assim, o que deveríamos usar: um simplex ou um código de ponto interior? Se você tem apenas nossos códigos, use o de ponto interior. Se você tem uma implementação para produção de qualquer dos algoritmos, isto será suficiente. Se você está resolvendo problemas muito grandes, porém, você então terá que usar ambos os algoritmos ótimos para cada caso. Se você está resolvendo um problema grande pela primeira vez, há um bocado para ser dito quanto ao código de ponto interior. Existem menos escolhas para se fazer para se obter desempenho quase ótimo. Em contrapartida, encontrar quais escolhas particulares dos componentes em um método simplex dão o desempenho ótimo pode envolver um bocado de experimentação. Sua primeira tentativa usualmente não será tão boa quanto o código de ponto interior default. E geralmente o código de ponto interior superará todas as variantes do simplex.

## REFERÊNCIAS CITADAS E LEITURA COMPLEMENTAR

Khachian, L. 1979, *Doklady Academiia Nauk SSSR,* vol. 244, pp. 191–194. English translation: "A Polynomial Time Algorithm in Linear Programming," *Soviet Mathematics Doklady,* vol. 20, pp. 191–194.[1]

Karmarkar, N. 1984, "A New Polynomial-time Algorithm for Linear Programming," *Combinatorica* vol. 4, pp. 373–395.[2]

Maros, I. 2003, *Computational Techniques of the Simplex Method* (Boston: Kluwer).[3]

Nazareth, J.L. 2004, *An Optimization Primer* (New York: Springer).[4]

*LDL,* http://www.cise.ufl.edu/research/sparse.[5]

*AMD,* http://www.cise.ufl.edu/research/sparse. See also Amestoy, P.R., Enseeiht-Irit, Davis, T.A., and Duff, I.S. 2004, "AMD, an Approximate Minimum Degree Ordering Algorithm." *ACM Transactions on Mathematical Software* vol. 30, pp. 381–388.[6]

Mehrotra, S. 1992, "On the Implementation of a Primal-dual Interior Point Method," *SIAM Journal on Optimization* vol. 2, pp. 575–601.[7]

Wright, S.J. 1997, *Primal-Dual Interior-Point Methods* (Philadelphia: S.I.A.M.).[8]

Gondzio, J. 1996, "Multiple Centrality Corrections in a Primal-dual Method for Linear Programming," *Computational Optimization and Applications* vol. 6, pp. 137–156.[9]

*HOPDM,* http://www.maths.ed.ac.uk/~gondzio/software/hopdm.html.[10]

*PCX,* http://www-f p.mcs.anl.gov/otc/Tools/PCx.[11]

*Linear Programming Frequently Asked Questions,* http://www-unix.mcs.anl.gov/otc/Guide/faq/linear-programming-faq.html.[12]

Vanderbei, R.J. 2001, *Linear Programming: Foundations and Extensions,* 2nd ed. (Boston: Kluwer).

Numerical Recipes Software 2007, "Interface to AMD and LDL Packages," *Numerical Recipes Webnote No. 13,* at http://www.nr.com/webnotes?13 [13]

## 10.12 Métodos simulated annealing

O método de *simulated annealing* [1,2] é uma técnica que atraiu significativa atenção como sendo adequado para problemas de otimização de grande escala, especialmente onde um extremo global desejado está escondido entre muitos extremos locais mais pobres. Para fins práticos, simulated annealing efetivamente "resolveu" o famoso *"problema do caixeiro-viajante"* de encontrar o itinerário cíclico mais curto para o caixeiro-viajante que deve visitar uma de $N$ cidades por vez. (Outros métodos práticos também foram encontrados.) O método também foi usado com sucesso para desenvolver circuitos integrados complexos: o arranjo de várias centenas de milhares de elementos de circuitos em um fino substrato de silício é otimizado de forma a minimizar a interferência entre suas redes de conexão [3,4]. Surpreendentemente, a implementação do algoritmo é relativamente simples.

Observe que as duas aplicações citadas são ambas exemplos de *minimização combinatorial*. Há uma função objetivo a ser minimizada, como usual, mas o espaço sobre o qual a função é definida não é simplesmente o espaço $N$-dimensional dos $N$ parâmetros continuamente variáveis. Em vez disso, ela é um espaço de configuração discreto, mas muito grande, como o conjunto das ordens possíveis de cidades ou o conjunto de possíveis alocações dos blocos de "imóveis" de silício para elementos do circuito. O número de elementos no espaço de configuração é fatorialmente grande, de forma que eles não podem ser explorados de forma exaustiva. Além disso, uma vez que o conjunto é discreto, nos é negada uma noção de "continuar no declive em uma direção favorável". O conceito de "direção" pode não ter um significado no espaço de configurações.

A seguir, também discutiremos como usar os métodos do simulated annealing para espaços com parâmetros de controle contínuos, como aqueles de §10.5 − §10.9. Esta aplicação é na verdade mais complicada do que a combinatória, uma vez que o problema familiar de "longos vales estreitos" novamente se impõe. Simulated annealing, como veremos, tenta passos "aleatórios"; mas em um longo vale estreito: quase todos os passos aleatórios são ascendentes! Alguma sutileza adicional é portanto requerida.

No cerne do método do simulated annealing está uma analogia com a termodinâmica, espeficamente com a maneira em que líquidos congelam e cristalizam ou metais resfriam e recozem (temperam-se). A altas temperaturas, as moléculas de um líquido movem-se livremente em relação às outras. Se o líquido é resfriado vagarosamente, a mobilidade térmica é perdida. Os átomos são geralmente capazes de se alinhar e formar um cristal puro que é completamente ordenado em uma distância de bilhões de vezes o tamanho de um átomo individual em todas as direções. Este cristal é o estado de mínima energia para este sistema. O fato surpreendente é que, para sistemas vagarosamente resfriados, a natureza é capaz de encontrar o estado de mínima energia. De fato, se um metal líquido é resfriado rapidamente ou "temperado", ele não alcança este estado, mas acaba num estado policristalino ou amorfo com uma energia um pouco maior.

Assim, a essência do processo é resfriar *lentamente*, permitindo amplo tempo para redistribuição dos átomos conforme eles perdem a mobilidade. Esta é a definição técnica do *annealing*, e é essencial para assegurar que um estado de baixa energia seja alcançado.

Embora a analogia não seja perfeita, em certo sentido todos os algoritmos de minimização até aqui neste capítulo correspondem a resfriamentos rápidos ou "temperamento". Em todos os casos, temos nos dirigidos gulosamente para a rápida: do ponto de partida, vá imediatamente em declive tão longe quando você puder. Isto, como muitas vezes foi observado, leva a um mínimo local, mas não necessariamente global. O algoritmo de minimização da natureza é baseado em um procedimento um pouco diferente. A assim chamada distribuição de Boltzmann,

$$\text{Prob}(E) \sim \exp(-E/kT) \qquad (10.12.1)$$

expressa a ideia de que um sistema em equilíbrio térmico a uma temperatura $T$ tem sua energia probabilisticamente distribuída entre todos os estados de energia diferentes $E$. Mesmo em baixa temperatura, há uma chance, embora muito pequena, de que um sistema esteja em um estado de alta energia. Por esta razão, há uma chance correspondente de que o sistema saia de mínimos de energia locais em favor de encontrar um melhor, mais global. A quantidade $k$ (constante de Boltzmann) é uma constante da natureza que relaciona temperatura com energia. Em outras palavras, o sistema às vezes vai *subir*, bem como descer: mas quanto mais baixa a temperatura, menos provável tornam-se significantes idas morro acima.

Em 1953, Metropolis e colaboradores [5] primeiro incorporaram estes tipos de princípios em seus cálculos numéricos. Com várias opções oferecidas, assumiu-se que um sistema termodinâmico simulado mudou sua configuração da energia $E_1$ para $E_2$ com probabilidade $p = \exp[-(E_2 - E_1)/kT]$. Observe que se $E_2 < E_1$, esta probabilidade é maior do que 1; em tais casos a mudança é arbitrariamente assumida com probabilidade $p = 1$, i.e., o sistema *sempre* tomou tal opção. Este esquema geral, de sempre tomar um passo morro abaixo enquanto *às vezes* toma-se um passo morro acima, ficou conhecido como o algoritmo de Metropolis.

Para fazer uso do algoritmo de Metropolis para outros sistemas que não os termodinâmicos, devemos fornecer os seguintes elementos:

1. Uma descrição das possíveis configurações do sistema.
2. Um gerador de mudanças aleatórias na configuração; estas mudanças são as "opções" apresentadas para o sistema.
3. Uma função objetivo $E$ (análoga da energia) cuja minimização é o objetivo do procedimento.
4. Um parâmetro de controle $T$ (análogo da temperatura) e um *"annealing schedule"* (cronograma de resfriamento) que diz como ela é abaixada de valores altos para valores baixos, p. ex., após quantas mudanças aleatórias na configuração cada passo decrescente em $T$ é tomado, e quão grande este passo é. O significado de "alto" e "baixo" neste contexto, e a a atribuição de um cronograma, pode requerer insight físico e/ou experimentos de tentativa e erro.

Retornaremos a estas ideias em §15.8, com uma discussão mais rigorosa do *Monte Carlo com cadeia de Markov* e o algoritmo de *Metropolis-Hastings*.

## 10.12.1 Mimização combinatorial: o problema do caixeiro-viajante

Uma ilustração concreta é fornecida pelo problema do caixeiro-viajante. O proverbial vendedor visita $N$ cidades com posições dadas $(x_i, y_i)$, retornado finalmente para sua cidade de origem. Cada cidade deve ser visitada uma única vez, e a rota deve ser feita tão curta quanto possível. Este problema pertence à classe dos problemas conhecidos como *NP-completos*, cujo tempo de computação para uma solução exata aumenta com $N$ conforme $\exp(\text{const.} \times N)$, tornando-se rapidamente proibitivo em custo conforme $N$ cresce. O problema do caixeiro-viajante também pertence à classe dos problemas de minimização para os quais a função objetivo $E$ tem muitos mínimos locais. Em casos práticos, é geralmente suficiente poder escolher destes um mínimo que, mesmo se não absoluto, não possa ser significativamente aperfeiçoado. O método annealing consegue alcançar isto, enquanto limita seus cálculos a se escalar como uma potência pequena de $N$.

Como um problema de simulated annealing, o problema do caixeiro-viajante é tratado como segue:

1. *Configuração*. As cidades são numeradas $i = 0 \ldots N - 1$ e cada uma tem coordenadas $(x_i, y_i)$. Uma configuração é uma permutação do número $0 \ldots N - 1$, interpretada como a ordem na qual as cidades são visitadas.
2. *Rearranjos*. Um conjunto eficiente de movimentos foi sugerido por Lin [6]. Os movimentos consistem de dois tipos: (i) uma seção do trajeto é removida e então substituída com as mesmas cidades na ordem oposta; ou (ii) uma seção do trajeto é removido e então substituída entre duas cidades e uma outra parte do trajeto, aleatoriamente escolhida.
3. *Função objetivo*. Na forma mais simples do problema, $E$ é tomada simplesmente como o comprimento total da jornada,

$$E = L \equiv \sum_{i=0}^{N-1} \sqrt{(x_i - x_{i+1})^2 + (y_i - y_{i+1})^2}$$

(10.11.2)

com a convenção de que o ponto $N$ é identificado com o ponto 0. Para ilustrar a flexibilidade do método, porém, podemos adicionar o seguinte truque adicional: suponha que o vendedor tenha um medo irracional de voar sobre o Rio Mississipi. Neste caso, atribuiríamos a cada cidade um parâmetro $\mu_i$, igual a $+1$ se ele está a leste do Missisippi e $-1$ se ele está a oeste, e tomar a função objetivo como

$$E = \sum_{i=0}^{N-1} \left[ \sqrt{(x_i - x_{i+1})^2 + (y_i - y_{i+1})^2} + \lambda(\mu_i - \mu_{i+1})^2 \right] \quad (10.11.3)$$

Uma penalidade $4\lambda$ é por meio disso atribuída para qualquer travessia do rio. O algoritmo agora encontra o trajeto mais curto que evita os cruzamentos. A importância relativa que ele atribui ao comprimento do trajeto versus os cruzamentos do rio é determinada pela escolha de $\lambda$. A Figura 10.12.1 mostra os resultados obtidos. Claramente, esta técnica pode ser generalizada para incluir muitos objetivos conflitantes na minimização

4. *Cronograma de resfriamento* (annealing schedule). Isto requer experimentação. Primeiro geramos alguns rearranjos aleatórios e os usamos para determinar o espectro de valores de $\Delta E$ que serão encontrados de movimento para movimento. Escolhendo uma valor de partida para o parâmetro $T$ que é consideravelmente maior do que o maior $\Delta E$ normalmente encontrado, procedemos em declive em passos multiplicativos, cada um totalizando um decrescimento de 10% sobre $T$. Mantemos cada novo valor em $T$ constante para, digamos, $100N$ reconfigurações, ou para $10N$ reconfigurações de sucesso, o que acontecer primeiro. Quando esforços adicionais para reduzir $E$ tornam-se suficientemente desencorajadores, paramos.

Em uma Webnote [7], fornece-se uma implementação completa das ideias acima para o problema do caixeiro-viajante, usando-se o algoritmo de Metropolis.

## 10.12.2 Minimização contínua pelo simulated annealing

As ideias básicas do simulated annealing são também aplicáveis para problemas de otimização com espaços de controle $N$-dimensionais contínuos, p. ex., encontrar o mínimo (idealmente global) de alguma função $f(\mathbf{x})$, na presença de muitos mínimos locais, onde $\mathbf{x}$ é um vetor $N$-dimensional. Os quatro elementos requeridos pelo procedimento de Metropolis são como seguem: o valor de $f$ é a função objetivo. O estado do sistema é o ponto $\mathbf{x}$. O parâmetro de controle $T$ é, como antes, algo como a temperatura, com um cronograma de resfriamento pelo qual ele é gradualmente reduzido. E deve haver um gerador de mudanças aleatórias na configuração, isto é, um procedimento para se tomar um passo aleatório de $\mathbf{x}$ para $\mathbf{x} + \Delta \mathbf{x}$.

O último destes elementos é o mais problemático. A literatura atualizada [8-12] descreve diferentes esquemas gerais para escolher $\Delta \mathbf{x}$, nenhum dos quais, em nossa visão, inspira completa confiança. O problema é de eficiência. Um gerador de mudanças aleatórias é ineficiente se, *quando o movimento local em declive existe*, ele contudo quase sempre propõe um movimento em aclive. Um bom gerador, pensamos, não deveria se tornar ineficiente em vales estreitos, nem deveria se tornar mais e mais ineficiente conforme um mínimo se aproxima. Exceto possivelmente por [8], todos estes esquemas que vimos são ineficientes em uma ou ambas estas situações.

Nosso próprio jeito de fazer minimização por simulated annealing em espaços de controle contínuos é usar uma modificação do método simplex em declive (§10.5). O código completo para isto é dado em uma Webnote [9]. A técnica corresponde a substituir o único ponto $\mathbf{x}$ como uma descrição do estado do sistema por um simplex de $N + 1$ pontos. Os "movimentos" são os mesmos conforme descrito em §10.5, isto é, reflexões, expansões e contrações do simplex. A implementação do procedimento de Metropolis é levemente sutil: *adicionamos* uma variável

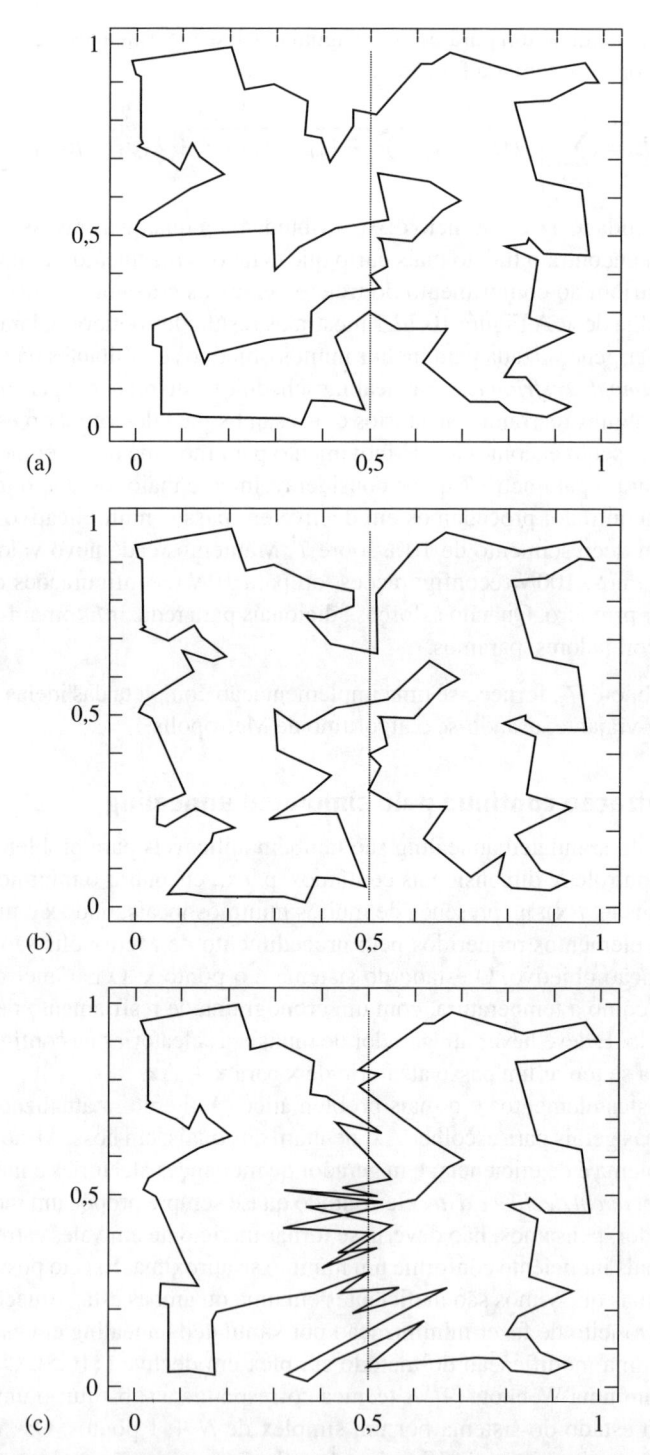

**Figura 10.12.1** Problema do caixeiro-viajante resolvido pelo simulated annealing. O caminho mais curto (aproximado) entre 100 cidades aleatoriamente posicionadas em (a). A linha pontilhada é um rio, mas não há penalidade no cruzamento. Em (b) a penalidade no cruzamento do rio é muito grande, e a solução restringe-se a um número mínimo de cruzamentos, dois. Em (c) a penalidade foi feita negativa: o caixeiro-viajante é na verdade um contrabandista que cruza o rio por qualquer motivo!

aleatória positiva, logaritmicamente distribuída, proporcional à temperatura $T$, ao valor de função armazenado associado a todo vértice do simplex, e *subtraímos* uma variável aleatória similar do valor da função de todo novo ponto que é testado como um ponto para substituição. Como o procedimento de Metropolis normal, este método sempre aceita um passo no declive, mas às vezes aceita um no aclive. No limite de $T \to 0$, este algoritmo se reduz exatamente a um método simplex em declive e converge para um mínimo local.

Num valor finito de $T$, o simplex expande-se em uma escala que aproxima o tamanho da região que pode ser alcançada nesta temperatura, e então executa um movimento browniano de saltos estocásticos dentro desta região, amostrando pontos novos, aproximadamente aleatórios, conforme ele age. A eficiência com que uma região é explorada é independente do seu estreitamento (para um vale elipsoidal, o raio do seu eixo principal) e orientação. Se a temperatura é reduzida de forma suficientemente lenta, torna-se altamente provável que o simplex reduzirá esta região em uma região que conterá o menor mínimo relativo encontrado.

Como em todas as aplicações do simulated annealing, poderá haver um bocado de sutilezas dependentes de problemas na frase "de forma suficientemente lenta"; sucesso ou fracasso é muito frequentemente determinado pela escolha do cronograma do annealing. Aqui estão algumas possibilidades dignas de se tentar:

- Reduzir $T$ para $(1 - \epsilon)T$ após cada $m$ movimentos, onde $\epsilon/m$ é determinado pelo experimento.
- Provisione $K$ movimentos e reduza $T$ após cada $m$ movimentos para um valor $T = T_0(1 - k/K)^\alpha$, onde $k$ é o número acumulado de movimentos até aqui e $\alpha$ é uma constante, digamos, 1, 2 ou 4. O valor ótimo para $\alpha$ depende da distribuição estatística do mínimo relativo de vários comprimentos. Valores maiores de $\alpha$ gastam mais iterações em temperaturas mais baixas.
- Após cada $m$ movimentos, designe $T$ para $\beta$ vezes $f_1 - f_b$, onde $\beta$ é uma constante experimentalmente determinada de ordem 1, $f_1$ é o menor valor de função correntemente representado no simplex e $f_b$ é a melhor função já encontrada. Contudo, nunca reduza $T$ por mais do que um fator $\gamma$ de cada vez.

Outra questão estratégica é fazer ou não uma *reinicialização*, onde um vértice do simplex é descartado em favor do "melhor ponto já encontrado". (Você deve estar certo de que o melhor ponto já encontrado não é um dos outros vértices do simplex quando você faz isso!) Encontramos problemas para os quais reiniciar – toda vez que a temperatura decresce por um fator de 3, digamos – é altamente benéfico; encontramos outros problemas para os quais reiniciar não tem efeito positivo, ou tem um negativo.

Não há ainda suficiente experiência prática com o método do simulated annealing para dizer definitivamente qual é seu lugar entre os métodos de otimização. O método tem diversos aspectos extremamente atrativos que são bastante únicos quando comparados com outras técnicas de otimização.

Primeiro, ele não é "guloso", no sentido de que ele não é facilmente enganado pelo rápido payoff alcançado caindo-se em mínimos locais desfavoráveis. Dado que configurações suficientemente gerais são dadas, ele vagueia livremente entre mínimos locais de profundidade menor do que cerca de $T$. Conforme $T$ é diminuído, o número destes mínimos qualificados para visitas frequentes é gradualmente reduzido.

Segundo, decisões sobre configuração tendem a proceder em ordem lógica. Mudanças que causam as maiores diferenças de energia são peneiradas quando o parâmetro de controle $T$ é grande. Estas decisões tornam-se mais permanentes conforme $T$ é diminuído, e a atenção a partir disso desloca-se para refinamentos menores na solução. Por exemplo, no problema do caixeiro-viajante com os entrelaçamentos do Rio Mississipi, se $\lambda$ é grande, uma decisão para cruzar o Mississipi em apenas duas vezes é feita em temperatura $T$ alta, enquanto as rotas específicas em cada lado do rio são determinadas somente nos estágios mais tardios.

As analogias com a termodinâmica podem ser seguidas em uma maior medida do que fizemos aqui. Quantidades análogas para calor específico e entropia podem ser definidas, e estas podem ser úteis em monitorar o progresso do algoritmo em direção à solução aceitável [1].

### REFERÊNCIAS CITADAS E LEITURA COMPLEMENTAR

Salamon, P., Sibani, P., and Frost, R. 2002, *Facts, Conjectures, and Improvements for Simulated Annealing* (New York: SIAM Press).

van Laarhoven, P.J.M., and Aarts, E.H.L. 1987, *Simulated Annealing: Theory and Applications* (Berlin: Springer).

Kirkpatrick, S., Gelatt, C.D., and Vecchi, M.P. 1983, "Optimization by Simulated Annealing," *Science,* vol. 220, pp. 671–680.[1]

Kirkpatrick, S. 1984, "Optimization by Simulated Annealing: Quantitative Studies," *Journal of Statistical Physics,* vol. 34, pp. 975–986.[2]

Vecchi, M.P. and Kirkpatrick, S. 1983, "Global Wiring by Simulated Annealing," *IEEE Transactions on Computer Aided Design,* vol. CAD-2, pp. 215–222.[3]

Otten, R.H.J.M., and van Ginneken, L.P.P.P. 1989, *The Annealing Algorithm* (Boston: Kluwer) [contém muitas referências à literatura].[4]

Metropolis, N., Rosenbluth, A., Rosenbluth, M., Teller A., and Teller, E. 1953, "Equations of State Calculations by Fast Computing Machines," *Journal of Chemical Physics,* vol. 21, pp. 1087–1092.[5]

Lin, S. 1965, "Computer Solutions of the Traveling Salesman Problem," *Bell System Technical Journal,* vol. 44, pp. 2245–2269.[6]

Numerical Recipes Software 2007, "Code Implementation for the Traveling Salesman Problem," *Numerical Recipes Webnote No. 14,* at http://www.nr.com/webnotes?14 [7]

Vanderbilt, D., and Louie, S.G. 1984, "A Monte Carlo Simulated Annealing Approach to Optimization over Continuous Variables," *Journal of Computational Physics,* vol. 56, pp. 259–271.[8]

Numerical Recipes Software 2007, "Code for Minimization with Simulated Annealing," *Numerical Recipes Webnote No. 15,* at http://www.nr.com/webnotes?15 [9]

Bohachevsky, I.O., Johnson, M.E., and Stein, M.L. 1986, "Generalized Simulated Annealing for Function Optimization," *Technometrics,* vol. 28, pp. 209–217.[10]

Corana, A., Marchesi, M., Martini, C., and Ridella, S. 1987, "Minimizing Multimodal Functions of Continuous Variables with the Simulated Annealing Algorithm," *ACM Transactions on Mathematical Software,* vol. 13, pp. 262–280.[11]

Bélisle, C.J.P., Romeijn, H.E., and Smith, R.L. 1990, "Hide and Seek: A Simulated Annealing Algorithm for Global Optimization," Technical Report 90–25, Department of Industrial and Operations Engineering, University of Michigan.[12]

Christofides, N., Mingozzi, A., Toth, P., and Sandi, C. (eds.) 1979, *Combinatorial Optimization* (London and New York: Wiley-Interscience) [não simulated annealing, mas outros tópicos e algoritmos].

## 10.13 Programação dinâmica

Programação dinâmica, ou *DP*, é uma técnica de otimização que se aplica quando uma sequência conhecida de escolhas, cada uma com um custo ou benefício, deve ser feita e se quer minimizar

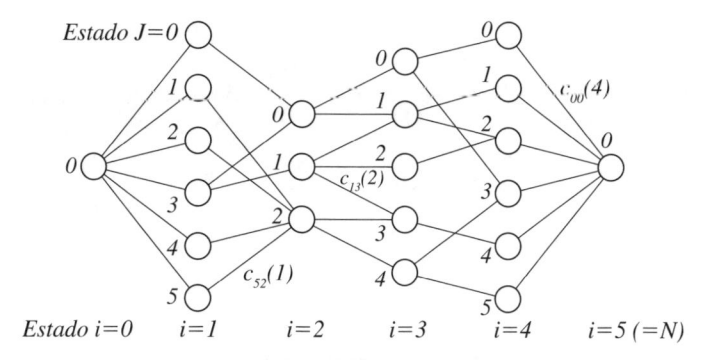

**Figura 10.13.1** Problema da programação dinâmica Canônica. É desejado encontrar a trajetória de menor custo começando de um estado inicial para um estado final através de $N-1$ *estágios* intermediários. Cada estágio por um conjunto de estados (não necessariamente o mesmo em cada estágio). Uma ligação entre o estado $j$ no estágio $i$ e o estado $k$ no estágio $i+1$ tem um custo denotado $c_{jk}(i)$ (nem todos rotulados na figura).

o custo total, ou maximizar o benefício total, após a sequência ter sido atravessada. Mais especificamente, um problema que é acessível para programação dinâmica pode ser quebrado em uma série ordenada de estágios discretos, e dentro de cada estágio em um conjunto discreto de *estados*. Estes estágios e estados formam um grafo direcionado (ver Figura 10.13.1) que queremos atravessar de um dado ponto inicial ($i = 0$) para um dado estado final ($i = N$). Decisões permitidas que tomam um do estado $j$ no estágio $i$ para o estado $k$ no estágio $i+1$ são ligações no grafo. Seu custo é denotado $c_{jk}(i)$. Sem qualquer perda de generalidade, pode-se conectar todos os estados no estágio $i$ a todos os estados no estágio $i+1$, mas com $c_{jk}(i) = \infty$ para trajetos proibidos.

A ciência da computação é rica em problemas e algoritmos em teoria de grafos, mas apenas alguns poucos destes estão dentro do escopo deste livro. Programação dinâmica (DP) é um destes porque a ideia básica é muito simples e suas aplicações são muito vastas. É importante ser capaz de reconhecer um problema acessível para DP quando você vê um. Em particular, usaremos diversos conceitos desta última seção em §16.2, quando discutimos a estimação dos estados a partir de dados probabilísticos, incluindo algoritmos probabilísticos de decodificação.

A ideia-chave da programação dinâmica é chamada de algoritmo de Bellman, Dijkstra, ou Viterbi, dependendo da área de treinamento da pessoa que fala. Como mostrado na Figura 10.13.2, a ideia é que pode-se fazer uma única varredura de um grafo no estágio ordenado da esquerda para a direita, rotulando cada vértice com o único número que é o custo do *melhor* caminho por que ele é alcançado. (Daqui em diante, tomaremos o problema DP canônico como um problema de minimização de custo; se seu problema é de maximização benéfica, apenas use o negativo dos seus benefícios como custos.)

Quando o estado final é alcançado, o custo global mínimo de obtê-lo torna-se conhecido. Agora, em um único passo para trás, podemos checar exatamente qual conjunto de decisões levou a este mínimo global, reconstruindo qual estado antecessor foi o que de fato na cadeia conduziu ao melhor resultado. Atingindo-se de volta o estado inicial, nossa solução está completa.

A arte da DP envolve, em muitos casos, a organização inteligente do problema para minimizar o número de estados de cada estágio, de forma a se evitar a "maldição da dimensionalidade" (uma frase primeiramente usada por Bellman exatamente neste contexto). Às vezes a ordem dos estágios não é nada cronológica, mas meramente reflete a decomposição de um problema em uma forma conveniente para a DP.

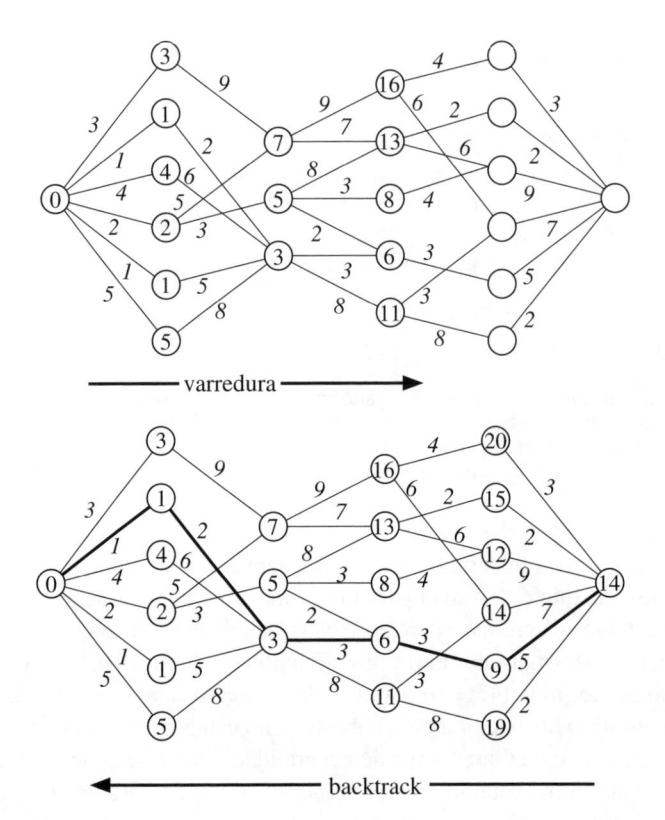

**Figura 10.13.2** Dois snapshots durante a solução de um problema DP pelo algoritmo de Bellman-Dijkstra-Viterbi. Custos das ligações são dados como mostrado. Acima: Durante a varredura para a direita (aqui ainda não completada), cada estado é rotulado pelo custo mínimo para alcançá-lo, como determinado unicamente pelos rótulos do estágio anterior e os custos das arestas conectadas. Abaixo: após a varredura para direita estar completa, o único conjunto de arestas que produzem o mínimo global é encontrado por um passo de "backtracking".

Aqui está uma função incorporando o algoritmo de Bellman-Dijkstra-Viterbi. Você deve considerar esta função mais uma explanação precisa do algoritmo do que uma produção de código DP. Por exemplo, ela simplesmente transfere para a função do usuário cost() o importante tópico de como recuperar eficientemente o conjunto (usualmente) esparso de ligações permitidas que têm custos finitos. (Você pode querer considerar uma memória hash. Ver §7.6.) Também, esta rotina explicitamente faz laços sobre todas as combinações de estados $j$ e $k$, os estados de origem e destino em se ir do estágio $i$ ao $i+1$. Se você tem um problema suficientemente grande para precisar de algum tipo de consulta esparsa, então você vai querer mudar estes laços explícitos de acordo com isso.

dynpro.h
```
VecInt dynpro(const VecInt &nstate,
    Doub cost(Int jj, Int kk, Int ii)) {
```
Dado o vetor nstate cujos valores inteiros são o número de estados em cada estágio (1 para o primeiro e último estágios), e dada uma função cost (j,k,i) que retorna o custo de se mover do estado j de estágio i para o estado k no estágio i + 1, esta rotina retorna um vetor de mesmo comprimento de nstate contendo os números dos estados do trajeto de mais baixo custo. Declara números a partir do zero, e o primeiro e o último componente do vetor retornado serão por esta razão sempre 0.

```
    const Doub BIG = 1.e99;
```

```
            static const Doub EPS=numeric_limits<Doub>::epsilon();
            Int i, j ,k, nstage = nstate.size() - 1;
            Doub a,b;
            VecInt answer(nstage+1);
            if (nstate[0] != 1 || nstate[nstage] != 1)
                throw("One state allowed in first and last stages.");
            Doub **best = new Doub*[nstage+1];      Aloque array de arrays para armazenar os scores
            best[0] = new Doub[nstate[0]];          (contagens).
            best[0][0] = 0.;
            for (i=1; i<=nstage; i++) {             Varredura para frente através dos estágios.
                best[i] = new Doub[nstate[i]];
                for (k=0; k<nstate[i]; k++) {
                    b = BIG;
                    for (j=0; j<nstate[i-1]; j++) {     Encontre antecessor que deu custo mínimo.
                        if ((a = best[i-1][j] + cost(j,k,i-1)) < b) b = a;
                    }
                    best[i][k] = b;
                }
            }
            answer[nstage] = answer[0] = 0;
            for (i=nstage-1; i>0; i--) {            Passagem do backtracking.
                k = answer[i+1];
                b = best[i+1][k];
                for (j=0; j<nstate[i]; j++) {       Encontre o antecessor de forneceu o mínimo.
                    Doub temp = best[i][j] + cost(j,k,i);
                    if (fabs(b - temp) <= EPS*fabs(temp)) break;
                }
                answer[i] = j;
            }
            for (i=nstage; i>=0; i--) delete [] best[i];    Limpe a memória.
            delete [] best;
            return answer;
        }
```

## 10.13.1 Exemplo: ordem da multiplicação da matriz

Suponha que temos cinco matrizes para multiplicar, de forma a obter um resultado **T**,

$$\mathbf{T} = \mathbf{ABCDE} \tag{10.13.1}$$

As matrizes podem todas ter diferentes formas, contanto que o número de colunas de uma matriz seja o número de linhas da matriz imediatamente à sua direita. A multiplicação de matriz é associativa, e podemos fazer as multiplicações em qualquer ordem que quisermos; mas o número total de multiplicações escalares pode ser muito diferente, dependendo de qual ordem é escolhida. Vocês deveria ser capaz de ver isto na seguinte figura:

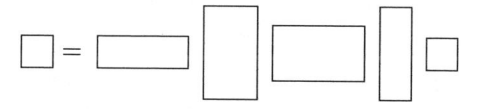

O que queremos minimizar é o número total de multiplicações escalares. Neste exemplo, uma boa escolha do "estágio" é simplesmente quantas multiplicações de matriz foram realizadas. Assim, os estágios e estados poderiam ser algo assim:

| Estágio 0 | Estágio 1 | Estágio 1 | Estágio 3 | Estágio 4 |
|---|---|---|---|---|
| ABCDE | (AB)CDE<br>A(BC)DE<br>AB(CD)E<br>ABC(DE) | (ABC)DE<br>(AB)(CD)E<br>(AB)C(DE)<br>A(BCD)E<br>A(BC)(DE)<br>AB(CDE) | (ABCD)E<br>(ABC)(DE)<br>(AB)(CDE)<br>A(BCDE) | (ABCDE) |

Aqui o grupo de matrizes entre parênteses denota os fatores que já foram completamente multiplicados (i.e., eles são, agora, uma matriz única). Deixaremos para você a tarefa de conectar os estados pelas ligações permitidas e calcular o custo de cada ligação em termos das dimensões das várias matrizes.

Assim, como poderíamos ter feito este exemplo *errado*? Poderíamos ter identificado estados com todos os jeitos possíveis de parênteses em **ABCDE**, incluindo, por exemplo, **A(B(CD)E)**. Isto é desnecessário, porque apenas os parênteses mais externos interessam: um estado de matriz não se importa com o trajeto exato feito para alcançá-lo, contanto que seus fatores tenham sido multiplicados em alguma ordem associativa. O poder da DP é constatado quando, em todo estágio, muitas histórias colapsam a um número (relativamente) pequeno de estados, que pode então ser tomado como ignorante do seu passado histórico.

### 10.13.2 Exemplo: alinhamento da sequência de DNA

Sequências de DNA de diferentes organismos, antigamente idênticos em um ancestral comum, podem divergir durante o passar do tempo pela deleção, inserção, ou substituição das bases em uma ou outra sequência do organismo. É desejado encontrar o melhor casamento (*match*) entre duas dadas sequências. Na procura do melhor match, nos é permitido inserir "gaps" em qualquer uma das sequências; mas no fim receberemos uma penalidade para posições com gap, uma penalidade para erros neste casamento (*mismatch*), e uma recompensa por casamentos bem-sucedidos.

Por exemplo [2], antes do match, temos duas sequências

G A A T T C A G T T A
G G A T C G A

Um possível match poderia ser

G A A T T C A G T T A
G *G* A    T C    G      A

para o qual ganharíamos seis recompensas, menos uma penalidade pelo mismatch (mostrado em itálico) e quatro penalidades pelos gaps. (Consideraremos todas as recompensas e penalidades como sendo valores positivos ou nulos, com o *bookkeeping* feito pela *adição* de recompensas e *subtração* de penalidades.)

Needleman e Wunsch [1] primeiro apontou que este problema é acessível por solução por DP, permitindo que *todos os* casamentos *possíveis* sejam pontuados, e que o de pontuação mais alta seja identificado. A ideia inteligente é formar um array bidimensional com as duas sequências definindo as colunas e linhas. No exemplo acima, isto assemelha-se a

|   |   | G | A | A | T | T | C | A | G | T | T | A |
|---|---|---|---|---|---|---|---|---|---|---|---|---|
|   | 0 |   |   |   |   |   |   |   |   |   |   |   |
| G |   |   |   |   |   |   |   |   |   |   |   |   |
| G |   |   |   |   |   |   |   |   |   |   |   |   |
| A |   |   |   |   |   |   |   |   |   |   |   |   |
| T |   |   |   |   |   |   |   |   |   |   |   |   |
| C |   |   |   |   |   |   |   |   |   |   |   |   |
| G |   |   |   |   |   |   |   |   |   |   |   |   |
| A |   |   |   |   |   |   |   |   |   |   |   |   |

Um casamento consiste em um trajeto através das caixas (inicialmente) vazias na tabela acima, partindo na caixa rotulada por um zero e indo, em cada passo, ou uma caixa para a direita, uma caixa para baixo, ou diagonalmente para baixo e para a direita. Um movimento para a direita ou para baixo corresponde a gastar uma letra na primeira ou segunda sequência (respectivamente) sem gastar uma na segunda ou primeira (respectiva) sequência. Por esta razão, isso corresponde a inserir um gap e incorre em uma penalidade de gap. Um movimento na diagonal corresponde a parear um novo caractere em cada sequência. Assim, ele incorre ou na recompensa pelo casamento, se ocorre o match entre as duas sequências, ou em uma penalidade pelo não casamento.

Também útil é distinguir movimentos para a direita ou para baixo entre duas caixas nas linhas ou colunas da fronteira (respectivamente) da tabela dos movimentos para a direita ou para baixo no interior da tabela. O primeiro tipo não abre gaps em qualquer sequência, mas meramente permite às sequências deslocarem-se uma em relação à outra. Assim, poderíamos atribuir uma penalidade menor, ou nula, para estes "desvios" como um todo.

Agora, o que é característico da programação dinâmica, você apenas preenche as caixas com a pontuação total do *melhor caminho* para alcançar esta caixa, ou por cima, ou pela sua esquerda, ou pela sua vizinhança diagonal esquerda superior. Uma pontuação é computada, naturalmente, tomando-se a pontuação de uma caixa antecessora e então adicionando a recompensa (ou subtraindo a penalidade) associada com o movimento. Partindo da esquerda superior, sempre existem caixas prontas para serem preenchidas conforme você constrói seu caminho, por linhas ou colunas, para a direita inferior.

Também característico da programação dinâmica, quando você tiver preenchido todas as caixas, você faz um passo de backtrack: comece na caixa direita inferior na tabela. Agora calcule o trajeto de volta através da tabela que contribuiu para aquela melhor pontuação. (Ele pode não ser único.) Finalmente, traduza este trajeto na série de letras e gaps que ele implica.

Uma implementação direta disto é a rotina seguinte. Observe que a recompensa para o casamento entre as sequências é normalizada para um por caractere "casado", enquanto as penalidades para "não casamentos", gaps e desvios como um todo são argumentos input. Você pode ajustar todos os três para zero na maioria dos casos. Se você ajustar uma penalidade de "não casamento" como não nula, porém, você provavelmente também terá que ter uma penalidade de gap, pois caso contrário o programa sempre evitará um "não casamento" para criar dois gaps, um em cada string.

O output da rotina inclui um string sumário mostrando onde os "casamentos", "não casamentos" e gaps ocorrem. Para o exemplo acima, o string sumário é

=!= == = =

(Você pode mudar os símbolos usados para sua preferência.)

Você pode modificar o programa de várias outras maneiras. Por exemplo, você pode querer ter uma penalidade maior para inicialmente abrir um gap do que para estendê-lo uma vez aberto. Isto requer uma lógica mais complicada no preenchimento inicial da tabela de custo. Contanto que você seja capaz de preencher cada caixa com o custo do *melhor caminho* para alcançá-la, então a lógica da programação dinâmica ainda se aplicará.

stringalign.h
```
void stringalign(char *ain, char *bin, Doub mispen, Doub gappen,
    Doub skwpen, char *aout, char *bout, char *summary) {
```
Dados strings input com terminação nula ain e bin, e dadas as penalidades mispen, gappen e skwpen, respectivamente, para erros de "match", "gaps" interiores e "gaps" antes/depois de qualquer string, designa strings output com terminação nula aout, bout e um summary como as versões alinhadas dos strings input, e um string sumário. Usuário deve fornecer memória para os strings output de tamanho igual à soma dos strings input.
```
    Int i,j,k;
    Doub dn,rt,dg;                              Custo dos movimentos para baixo, direita e diagonal.
    Int ia = strlen(ain), ib = strlen(bin);
    MatDoub cost(ia+1,ib+1);                    Custo da tabela, como ilustrado no texto.
```
Primeiro nós preenchemos o custo na tabela.
```
    cost[0][0] = 0.;
    for (i=1;i<=ia;i++) cost[i][0] = cost[i-1][0] + skwpen;
    for (i=1;i<=ib;i++) cost[0][i] = cost[0][i-1] + skwpen;
    for (i=1;i<=ia;i++) for (j=1;j<=ib;j++) {
        dn = cost[i-1][j] + ((j == ib)? skwpen : gappen);
        rt = cost[i][j-1] + ((i == ia)? skwpen : gappen);
        dg = cost[i-1][j-1] + ((ain[i-1] == bin[j-1])? -1. : mispen);
        cost[i][j] = MIN(MIN(dn,rt),dg);
    }
```
A seguir, nós fazemos a passagem backtrack, escrevendo o output (para trás porém).
```
    i=ia; j=ib; k=0;
    while (i > 0 || j > 0) {
        dn = rt = dg = 9.99e99;                 Qualquer valor maior funcionará.
        if (i>0) dn = cost[i-1][j] + ((j==ib)? skwpen : gappen);
        if (j>0) rt = cost[i][j-1] + ((i==ia)? skwpen : gappen);
        if (i>0 && j>0) dg = cost[i-1][j-1] +
            ((ain[i-1] == bin[j-1])? -1. : mispen);
        if (dg <= MIN(dn,rt)) {                 Movimento da diagonal produz ou "match", ou de-
            aout[k] = ain[i-1];                 sigualdade.
            bout[k] = bin[j-1];
            summary[k++] = ((ain[i-1] == bin[j-1])? '=' : '!');
            i--; j--;
        }
        else if (dn < rt) {                     Movimento para baixo produz um gap no string B.
            aout[k] = ain[i-1];
            bout[k] = ' ';
            summary[k++] = ' ';
            i--;
        }
        else {                                  Movimento para a direita produz um gap no string A.
            aout[k] = ' ';
            bout[k] = bin[j-1];
            summary[k++] = ' ';
            j--;
        }
    }
```
Finalmente, inverta os strings output.
```
    for (i=0;i<k/2;i++) {
        SWAP(aout[i],aout[k-1-i]);
        SWAP(bout[i],bout[k-1-i]);
        SWAP(summary[i],summary[k-1-i]);
    }
    aout[k] = bout[k] = summary[k] = 0;         Não esqueça as terminações nulas!
}
```

Várias modificações do método de Needleman-Wunsch estão também em uso, mais notavelmente a generalização de Smith e Waterman [3]. Existem também vários métodos heurísticos para identificar sequência de similaridade, com nomes como BLAST, FASTA, BLAT etc. O campo é altamente desenvolvido, assim você deve usar a rotina acima apenas pedagogicamente.

**REFERÊNCIAS CITADAS E LEITURA COMPLEMENTAR**

Cybenko, G. 1997, "Dynamic Programming: A Discrete Calculus of Variations," *IEEE Computational Science and Engineering,* vol. 4, no. 1, pp. 92–97.

Bertsekas, 2001, *Dynamic Programming and Optimal Control,* 2nd ed., 2 vols. (Belmont, MA: Athena Scientific).

Hillier, F.S. and Lieberman, G.J. 2002, *Introduction to Operations Research,* 7th ed. (New York: McGraw-Hill).

Needleman, S.B. and Wunsch, C.D. 1970, "A General Method Applicable to the Search for Similarities in the Amino Acid Sequence of Two Proteins," *Journal of Molecular Biology,* vol. 48, pp. 443–453.[1]

Rouchka, E.C. 2001, "Dynamic Programming," at multiple Web sites.[2]

Smith, T.F. and Waterman, M.S. 1981, "Identification of Common Molecular Subsequences," *Journal of Molecular Biology,* vol. 147, pp. 195–197.[3]

# CAPÍTULO 11

# Autovalores e Autovetores

## 11.0 Introdução

Uma matriz **A** de dimensão $N \times N$ é dita ter um autovetor **x** e correspondente autovalor $\lambda$ se

$$\mathbf{A} \cdot \mathbf{x} = \lambda \mathbf{x} \tag{11.0.1}$$

Obviamente qualquer múltiplo de um autovetor **x** será também um autovetor, mas não consideraremos tais múltiplos como sendo autovetores distintos. (O vetor nulo não é considerado como sendo um autovetor.) Evidentemente (11.0.1) pode valer somente se

$$\det |\mathbf{A} - \lambda \mathbf{1}| = 0 \tag{11.0.2}$$

o que, se expandido, é um polinômio de grau $N$ em $\lambda$ cujas raízes são os autovalores. Isto demonstra que existem sempre $N$ autovalores (não necessariamente distintos). Autovalores iguais proveniente de múltiplas raízes são chamados de degenerados. Localização de raízes na equação característica (11.0.2) é usualmente um método computacional muito pobre para encontrar autovalores. Aprenderemos melhores alternativas neste capítulo, bem como maneiras eficientes para encontrar autovetores correspondentes.

As duas equações acima também demonstram que cada um dos $N$ autovalores tem um autovetor correspondente (não necessariamente distinto): se $\lambda$ é um autovalor, então a matriz $\mathbf{A} - \lambda \mathbf{1}$ é singular, e sabemos que toda matriz singular tem no mínimo um vetor não nulo no seu núcleo (ver § 2.6.1).

Se você adicionar $\tau \mathbf{x}$ a ambos os lados de (11.0.1), você facilmente verá que os autovalores de qualquer matriz podem ser alterados ou deslocados por uma constante aditiva $\tau$ ao se adicionar à matriz esta constante vezes a matriz identidade. Os autovetores são inalterados por este deslocamento. Deslocar, como veremos, é uma parte importante de muitos algoritmos para computar autovalores. Vemos também que não há especial significância para um autovalor nulo. Qualquer autovalor pode ser deslocado para zero, ou qualquer autovalor pode ser deslocado para fora do zero.

### 11.0.1 Definições e fatos básicos

Uma matriz é dita simétrica se ela é igual à sua transposta,

$$\mathbf{A} = \mathbf{A}^T \quad \text{ou} \quad a_{ij} = a_{ji} \tag{11.0.3}$$

Ela é dita Hermitiana ou autoadjunta se ela é igual ao complexo conjugado da sua transposta (seu Hermitiano conjugado, denotado por "†")

$$\mathbf{A} = \mathbf{A}^\dagger \quad \text{ou} \quad a_{ij} = a_{ji}* \tag{11.0.4}$$

Ela é denominada ortogonal se sua transposta é igual à sua inversa,

$$\mathbf{A}^T \cdot \mathbf{A} = \mathbf{A} \cdot \mathbf{A}^T = \mathbf{1} \tag{11.0.5}$$

e unitária se sua Hermitiana conjugada é igual à sua inversa. Finalmente, uma matriz é dita normal se ela comuta com sua Hermitiana conjugada,

$$\mathbf{A} \cdot \mathbf{A}^\dagger = \mathbf{A}^\dagger \cdot \mathbf{A} \tag{11.0.6}$$

Para matrizes reais, Hermitiana significa o mesmo que simétrica, unitária significa o mesmo que ortogonal, e ambas estas classes distintas são normais.

A razão por que Hermitiano é um conceito importante tem a ver com autovalores. Os autovalores de uma matriz Hermitiana são todos reais. Em particular, os autovalores de uma matriz simétrica real são todos reais. Em contrapartida, os autovalores de uma matriz real não simétrica podem incluir valores reais, mas podem também incluir pares de valores complexos conjugados; e os autovalores de uma matriz complexa que não é Hermitiana serão em geral complexos.

A razão de normal ser um conceito importante tem a ver com os autovetores. Os autovetores de uma matriz normal com autovalores não degenerados (i.e., distintos) são completos e ortogonais, varrendo o espaço vetorial $N$-dimensional. Para uma matriz normal com autovalores degenerados, temos a liberdade adicional de substituir os autovetores correspondentes ao autovalor degenerado por combinações lineares deles mesmo. Usando esta liberdade, podemos sempre realizar ortogonalização de Gram-Shimidt (consulte qualquer livro-texto de álgebra linear) e *encontrar* um conjunto de autovetores que são completos e ortogonais, exatamente como no caso não degenerado. A matriz cujas colunas são um conjunto ortonormal de autovetores é evidentemente unitária. Um caso especial é que a matriz de autovetores de uma matriz simétrica real é ortogonal, uma vez que os autovetores da matriz são todos reais.

Quando uma matriz não é normal, como no caso de uma matriz tomada ao acaso, não simétrica, real, então em geral não podemos encontrar um conjunto ortonormal de autovetores, nem mesmo pares de autovetores que são ortogonais (exceto talvez por um acaso raro). Apesar dos $N$ autovetores ortonormais "usualmente" varrerem o espaço vetorial $N$-dimensional, eles nem sempre fazem isso; isto é, os autovetores não são sempre completos. Tal matriz é dita ser defeituosa.

## 11.0.2 Autovetores pela esquerda e pela direita

Enquanto que os autovetores de uma matriz não normal não são particularmente ortogonais entre eles mesmos, eles *têm* uma relação de ortogonalidade com um conjunto diferente de vetores, que devemos agora definir. Até agora nossos autovetores foram vetores colunas que são multiplicados pela direita de uma matriz $\mathbf{A}$, como em (11.0.1). Estes, mais explicitamente, são denominados autovetores pela direita. Poderíamos também, contudo, tentar encontrar vetores linhas, que multiplicam $\mathbf{A}$ pela esquerda e satisfazem

$$\mathbf{x} \cdot \mathbf{A} = \lambda \mathbf{x} \tag{11.0.7}$$

Estes são chamados de autovetores pela esquerda. Tomando a transposta da equação (11.0.7), vemos que todo autovetor pela esquerda é a transposta do autovetor pela direita *da transposta de* **A**. Agora, comparando com (11.0.2) e usando o fato de que o determinante de uma matriz é igual ao determinante da sua transposta, também vemos que os autovalores pela esquerda e pela direita de **A** são idênticos.

Se a matriz **A** é simétrica, então os autovetores pela esquerda e pela direita são exatamente as transpostas um do outro. Isto é, eles têm os mesmos componentes numéricos. Do mesmo modo, se a matriz é autoadjunta, os autovetores pela esquerda e pela direita são Hermitianos conjugados um do outro. Para o caso geral não normal, porém, temos o seguinte cálculo: seja $\mathbf{X}_R$ a matriz formada pelas colunas dos autovetores pela direita e $\mathbf{X}_L$ a matriz formada pelas linhas dos autovetores pela esquerda. Então (11.0.1) e (11.0.7) podem ser reescritas como

$$\mathbf{A} \cdot \mathbf{X}_R = \mathbf{X}_R \cdot \text{diag}(\lambda_0 \ldots \lambda_{N-1}) \qquad \mathbf{X}_L \cdot \mathbf{A} = \text{diag}(\lambda_0 \ldots \lambda_{N-1}) \cdot \mathbf{X}_L \qquad (11.0.8)$$

Multiplicando a primeira destas equações na esquerda por $\mathbf{X}_L$, a segunda na direita por $\mathbf{X}_R$, e subtraindo as duas, temos

$$(\mathbf{X}_L \cdot \mathbf{X}_R) \cdot \text{diag}(\lambda_0 \ldots \lambda_{N-1}) = \text{diag}(\lambda_0 \ldots \lambda_{N-1}) \cdot (\mathbf{X}_L \cdot \mathbf{X}_R) \qquad (11.0.9)$$

Isto diz que a matriz dos produtos escalares dos autovetores pela esquerda e pela direita comuta com a matriz diagonal de autovalores. Mas as únicas matrizes que comutam com uma matriz diagonal com todos os elementos distintos são as próprias diagonais. Por esta razão, se os autovalores são não degenerados, cada autovetor pela esquerda é ortogonal a todos os autovetores pela direita exceto pelo seu correspondente, e vice-versa. Pela escolha da normalização, os produtos escalares dos correspondentes autovetores pela esquerda e pela direita podem sempre ser feitos iguais a um para qualquer matriz com autovalores não degenerados.

Se alguns autovalores são degenerados, então os autovetores pela esquerda ou pela direita correspondentes a um autovalor degenerado devem ser linearmente combinados para alcançar ortogonalidade com os da direita e esquerda, respectivamente. Isto pode ser feito por um procedimento semelhante à ortogonalização de Gram-Schmidt. A normalização pode então ser ajustada para dar um para os produtos escalares não nulos entre os autovetores correspondentes pela esquerda e pela direita. Se o produto dos autovetores correspondentes pela esquerda e pela direita é nulo neste estágio, então você tem um caso onde os autovetores são incompletos! Observe que autovetores incompletos podem ocorrer apenas onde há autovalores degenerados, mas eles nem sempre ocorrem em tais casos (na verdade, eles nunca ocorrem para a classe de matrizes "normais"). Veja [1] para uma discussão clara.

Em ambos os casos degenerados e não degenerados, a normalização final para um de todos os produtos escalares não nulos produz o resultado: a matriz cujas linhas são autovetores pela esquerda é a matriz inversa da matriz cujas colunas são autovetores pela direita, *se a inversa existe*. Quando ela existe, as equações (11.0.8) e (11.0.9) implicam as úteis fatorizações

$$\mathbf{A} = \mathbf{X}_R \cdot \text{diag}(\lambda_0 \ldots \lambda_{N-1}) \cdot \mathbf{X}_L \quad \text{e} \quad \text{diag}(\lambda_0 \ldots \lambda_{N-1}) = \mathbf{X}_L \cdot \mathbf{A} \cdot \mathbf{X}_R \qquad (11.0.10)$$

### 11.0.3 Diagonalização de uma matriz

Da equação (11.0.10) e do fato de que $\mathbf{X}_L$ e $\mathbf{X}_R$ são matrizes inversas, temos

$$\mathbf{X}_R^{-1} \cdot \mathbf{A} \cdot \mathbf{X}_R = \text{diag}(\lambda_0 \ldots \lambda_{N-1}) \qquad (11.0.11)$$

Este é um caso particular de uma transformação de similaridade da matriz **A**,

$$\mathbf{A} \rightarrow \mathbf{Z}^{-1} \cdot \mathbf{A} \cdot \mathbf{Z} \tag{11.0.12}$$

para alguma matriz transformação **Z**. Transformações de similaridade desempenham um papel crucial na computação de autovalores, porque eles deixam os autovalores de uma matriz inalterados. Isto é facilmente visto em

$$\begin{aligned}\det\left|\mathbf{Z}^{-1}\cdot\mathbf{A}\cdot\mathbf{Z}-\lambda\mathbf{1}\right| &= \det\left|\mathbf{Z}^{-1}\cdot(\mathbf{A}-\lambda\mathbf{1})\cdot\mathbf{Z}\right| \\ &= \det|\mathbf{Z}|\ \det|\mathbf{A}-\lambda\mathbf{1}|\ \det\left|\mathbf{Z}^{-1}\right| \\ &= \det|\mathbf{A}-\lambda\mathbf{1}|\end{aligned} \tag{11.0.13}$$

A equação (11.0.11) mostra que qualquer matriz com autovetores completos (o que inclui todas as matrizes normais e a "maioria" das não normais tomadas ao acaso) pode ser diagonalizada por uma transformação de similaridade, que as colunas da matriz de transformação que executam a diagonalização são os autovetores pela direita, e que as linhas da sua inversa são os autovetores pela esquerda.

Para matrizes simétricas reais, os autovetores são reais e ortonormais, assim a matriz de transformação é ortogonal. A transformação de similaridade é então também uma transformação ortogonal da forma

$$\mathbf{A} \rightarrow \mathbf{Z}^T \cdot \mathbf{A} \cdot \mathbf{Z} \tag{11.0.14}$$

Enquanto matrizes reais não simétricas podem ser diagonalizadas em seu caso usual de autovetores completos, a matriz de transformação não é necessariamente real. Acontece, contudo, que uma transformação de similaridade real pode "quase" cumprir a tarefa. Ela pode reduzir a matriz a uma forma com pequenos blocos dois por dois ao longo da diagonal e todos os outros elementos nulos. Cada bloco dois por dois corresponde a um par complexo conjugado de autovalores complexos. Veremos esta ideia explorada em algumas rotinas dadas mais adiante no capítulo.

A "grande estratégia" de praticamente todas as modernas rotinas para autovalores e autovetores é empurrar a matriz **A** em direção à forma diagonal por uma sequência de transformações de similaridade,

$$\begin{aligned}\mathbf{A} &\rightarrow \mathbf{P}_1^{-1}\cdot\mathbf{A}\cdot\mathbf{P}_1 \rightarrow \mathbf{P}_2^{-1}\cdot\mathbf{P}_1^{-1}\cdot\mathbf{A}\cdot\mathbf{P}_1\cdot\mathbf{P}_2 \\ &\rightarrow \mathbf{P}_3^{-1}\cdot\mathbf{P}_2^{-1}\cdot\mathbf{P}_1^{-1}\cdot\mathbf{A}\cdot\mathbf{P}_1\cdot\mathbf{P}_2\cdot\mathbf{P}_3 \rightarrow \quad \text{etc.}\end{aligned} \tag{11.0.5}$$

Se chegamos até a forma diagonal, então os autovetores são as colunas da transformação acumulada

$$\mathbf{X}_R = \mathbf{P}_1 \cdot \mathbf{P}_2 \cdot \mathbf{P}_3 \cdot \ldots \tag{11.0.16}$$

Às vezes, não queremos ir completamente até a forma diagonal. Por exemplo, se estamos interessados somente em autovalores, não autovetores, é suficiente transformar a matriz **A** para ser triangular, com todos os elementos abaixo (ou acima) da diagonal nulos. Neste caso, os elementos da diagonal já são os autovalores, conforme você pode ver ao mentalmente efetuar (11.0.2) usando expansão por menores.

Há dois diferentes conjuntos de técnicas para implementar a "grande estratégia" (11.0.15). Acontece que eles funcionam bastante bem em combinação, assim a maioria das rotinas modernas para se obter autovalores e autovetores usa ambas. O primeiro conjunto de técnicas constrói $\mathbf{P}_i$'s individuais como transformações "atômicas" explícitas desenvolvidas para realizar tarefas especificas, por exemplo, zerar um elemento particular fora da diagonal (transformação de Jacobi, §11.1), ou uma linha ou coluna particular inteira (transformação de Householder, §11.3; método de eliminação, §11.6). Em geral, uma sequência finita destas transformações simples não pode diagonalizar uma matriz complemente. Existem então duas escolhas: ou usar a sequência finita de transformações para fazer o máximo que se pode (p. ex., para algumas formas especiais como tridiagonal ou Hessenberg; ver §11.3 e §11.6 abaixo) e seguir com o segundo conjunto de técnicas a ser mencionado; ou então iterar a sequência finita de transformações simples repetidas vezes até que o desvio da matriz da diagonal seja desprezivelmente pequeno. Esta última abordagem é conceitualmente mais simples, assim, a discutiremos na próxima seção; porém, para $N$ maior do que $\sim 10$, ela é computacionalmente ineficiente por um fator mais ou menos constante $\sim 5$.

O segundo conjunto de técnicas, chamado de *métodos de fatorização*, é mais sutil. Suponha que a matriz $\mathbf{A}$ pode ser decomposta como um fator pela esquerda $\mathbf{F}_L$ e um fator pela direita $\mathbf{F}_R$. Então

$$\mathbf{A} = \mathbf{F}_L \cdot \mathbf{F}_R \quad \text{ou equivalentemente} \quad \mathbf{F}_L^{-1} \cdot \mathbf{A} = \mathbf{F}_R \tag{11.0.17}$$

Se agora multiplicarmos de volta os fatores na ordem inversa e usarmos a segunda equação em (11.0.17), obtemos

$$\mathbf{F}_R \cdot \mathbf{F}_L = \mathbf{F}_L^{-1} \cdot \mathbf{A} \cdot \mathbf{F}_L \tag{11.0.18}$$

o que reconhecemos como tendo efetuado uma transformação de similaridade em $\mathbf{A}$ com a transformação de matriz sendo $\mathbf{F}_L$! Em §11.4 e §11.7, discutiremos o método $QR$ que explora esta ideia.

Métodos de fatorização também não convergem exatamente em um número finito de transformações. Mas os melhores deles convergem rápida e confiavelmente, e, quando seguir uma redução inicial adequada por simples transformações de singularidade, eles são geralmente os métodos de escolha.

### 11.0.4 "Autopacotes de autorotinas enlatadas"

Você provavelmente já deve ter concluído que determinar autovalores e autovetores é um negócio razoavelmente complicado. Sim, é. É um dos poucos tópicos cobertos neste livro para o qual *não* recomendamos que você evite rotinas enlatadas. Ao contrário, a proposta deste capítulo é precisamente dar a você alguma apreciação do que acontece em tais rotinas enlatadas, de forma que você possa fazer escolhas inteligentes sobre o uso delas, e diagnósticos inteligentes quando algo dá errado.

Você perceberá que quase todas as rotinas enlatadas atualmente em uso têm ancestrais remontando às rotinas publicadas no *Handbook for Automatic Computation, vol. II, Linear Algebra*, de Wilkinson e Reinsch [2]. Esta excelente referência, contendo papers de inúmeros autores, é uma bíblia na área. Uma implementação de domínio público do das rotinas em Fortran é o conjunto de programas EISPACK [3]. As rotinas neste capítulo são traduções das rotinas do *Handbook* ou do EISPACK, assim, entendendo estas você terá percorrido um bocado do caminho em direção ao entendimentos daqueles pacotes canônicos.

O sucessor do EISPACK é o LAPACK [4], que também inclui as rotinas de álgebra linear do LINPACK. Este é um pacote em Fortran no qual um bocado de atenção foi dedicado à execução eficiente em máquinas modernas. Uma tradução para o C é disponível como CLAPACK.

IMSL [5] e NAG [6] fornecem implementações proprietárias, em Fortran e C, as quais são essencialmente as rotinas do *Handbook*.

Um bom "autopacote" proverá rotinas separadas, ou opções separadas por meio de sequências de rotinas, para os seguintes cálculos desejados:

- todos os autovalores e nenhum autovetor
- todos os autovalores e alguns autovetores correspondentes
- todos os autovalores e todos os autovetores correspondentes

O propósito destas distinções é economizar tempo de computação e memória; é um desperdício calcular autovetores que você não precisa. Muitas vezes o interesse é somente os autovetores correspondentes aos poucos autovalores maiores, ou os poucos maiores em magnitude, ou os poucos que são negativos. O método usualmente usado para calcular "alguns" autovetores é tipicamente mais eficiente do que calcular todos o autovetores se você deseja menos do que um quarto dos autovetores.

Um bom autopacote também deve prover opções separadas para cada um dos cálculos acima para cada uma das seguintes formas especiais de matriz:

- real, simétrica, tridiagonal
- real, simétrica, por bandas (apenas um número pequeno de sub e superdiagonais não nulas)
- real, simétrica
- real, não simétrica
- complexa, Hermitiana
- complexa, não Hermitiana

Novamente, o propósito destas distinções é economizar tempo e memória usando a *mínima* rotina geral que servirá em qualquer aplicação particular.

Neste capítulo, como uma mera introdução, damos boas rotinas para as seguintes opções:

- todos os autovalores e autovetores de uma matriz real simétrica tridiagonal (§11.4)
- todos os autovalores e autovetores de uma matriz real simétrica (§11.1 - §11.4)
- todos os autovalores e autovetores de uma matriz Hermitiana complexa (§11.5)
- todos os autovalores e autovetores de uma matriz real não simétrica (§11.6 - §11.7)

Também discutimos, em §11.8, como obter alguns autovetores de matrizes gerais pelo método da iteração inversa.

### 11.0.5 Problemas de autovalores generalizados e não lineares

Muitos autopacotes também lidam com o assim chamado autoproblema generalizado (*generalized eigenproblem*) [7],

$$\mathbf{A} \cdot \mathbf{x} = \lambda \mathbf{B} \cdot \mathbf{x} \qquad (11.0.19)$$

onde $\mathbf{A}$ e $\mathbf{B}$ são matrizes. A maioria destes problemas, onde $\mathbf{B}$ é não singular, pode ser manobrada pela equivalente

$$(\mathbf{B}^{-1} \cdot \mathbf{A}) \cdot \mathbf{x} = \lambda \mathbf{x} \qquad (11.0.20)$$

Geralmente $\mathbf{A}$ e $\mathbf{B}$ são simétricas e $\mathbf{B}$ é positiva-definida. A matriz $\mathbf{B}^{-1} \cdot \mathbf{A}$ em (11.0.20) não é simétrica, mas podemos recuperar um problema simétrico de autovalores ao usar a decomposição de Cholesky $\mathbf{B} = \mathbf{L} \cdot \mathbf{L}^T$ de §2.9. Multiplicando a equação (11.0.19) por $\mathbf{L}^{-1}$, obtemos

$$\mathbf{C} \cdot (\mathbf{L}^T \cdot \mathbf{x}) = \lambda (\mathbf{L}^T \cdot \mathbf{x}) \qquad (11.0.21)$$

onde
$$C = L^{-1} \cdot A \cdot (L^{-1})^T \quad (11.0.22)$$

A matriz $C$ é simétrica e seus autovalores são os mesmos do problema original (11.0.19); suas autofunções são $L^T \cdot x$. Uma maneira eficiente de compor $C$ é primeiro resolver a equação

$$Y \cdot L^T = A \quad (11.0.23)$$

para o triângulo inferior da matriz $Y$. Então resolva

$$L \cdot C = Y \quad (11.0.24)$$

para o triângulo inferior da matriz simétrica $C$.

Outra generalização do problema padrão de autovalores é para problemas não lineares no autovalor $\lambda$, por exemplo,

$$(A\lambda^2 + B\lambda + C) \cdot x = 0 \quad (11.0.25)$$

Isto pode ser convertido em um problema linear introduzindo-se um autovetor incógnito $y$ adicional e resolvendo-se o autossistema $2N \times 2N$

$$\begin{pmatrix} 0 & 1 \\ -A^{-1} \cdot C & -A^{-1} \cdot B \end{pmatrix} \cdot \begin{pmatrix} x \\ y \end{pmatrix} = \lambda \begin{pmatrix} x \\ y \end{pmatrix} \quad (11.0.26)$$

Esta técnica generaliza-se para polinômios de ordem superior em $\lambda$. Um polinômio de grau $M$ produz um autossistema linear $MN \times MN$ (ver [8]).

## 11.0.6 Relação com a decomposição em valores singulares

A fatorização de uma matriz $A$ pelo uso destes autovetores e autovalores, equação (11.0.10), parece similar à decomposição em valores singulares (SVD), conforme foi discutido em §2.6. É a mesma coisa? Em geral, não. Um primeira diferença óbvia é que SVD não é restrita a matrizes quadradas, enquanto autodecomposição é. Mas e se $A$ é quadrada? As duas decomposições são idênticas?

Em geral, ainda não. A diferença tem a ver com o que é ortogonal para cada caso. Se para uma matriz quadrada $A$ escrevemos as duas decomposições (cf. equação 2.6.1 ou 2.6.4 e equação 11.0.10),

$$A = U \cdot \text{diag}(w_0 \ldots w_{N-1}) \cdot V^T = X_R \cdot \text{diag}(\lambda_0 \ldots \lambda_{N-1}) \cdot X_L \quad (11.0.27)$$

então para SVD as colunas de $U$ são mutuamente ortogonais, como são as colunas de $V$. Não há ortonormalidade particular alguma *entre* $U$ e $V$. Para a autodecomposição, a situação é a inversa: as colunas de $X_L$ são ortogonais às colunas de $X_R$ (exceto aquelas correspondentes ao mesmo autovalor), mas não há ortogonalidade particular entre as linhas ou colunas de $X_L$ ou as linhas ou colunas de $X_R$. As duas decomposições na equação (11.0.27) são apenas, em geral, diferentes!

Contudo, a diferença desaparece quando $A$ é simétrica (ou, se complexa, Hermitiana). Neste caso, a equação (11.0.27) torna-se

$$A = V \cdot \text{diag}(w_0 \ldots w_{N-1}) \cdot V^T = X_R \cdot \text{diag}(\lambda_0 \ldots \lambda_{N-1}) \cdot X_R^T \quad (11.0.28)$$

e o fato de que cada decomposição é única implica

$$\mathbf{V} = \mathbf{U} = \mathbf{X}_R = \mathbf{X}_L^T \qquad (11.0.29)$$

e

$$\lambda_i = w_i, \qquad i = 0, \ldots, N-1 \qquad (11.0.30)$$

Isto é, os autovetores (pela esquerda e pela direita) são as colunas de qualquer uma das matrizes listadas na equação (11.0.29), e os autovalores correspondentes e os valores singulares são idênticos.

De uma matriz geral $\mathbf{A}$, não necessariamente quadrada, pode-se formar as duas matrizes simétricas $\mathbf{A}^T \cdot \mathbf{A}$ e $\mathbf{A} \cdot \mathbf{A}^T$. Você pode extrair da equação (11.0.27) que os autovalores destas duas matrizes são quadrados dos valores singulares de $\mathbf{A}$. Contudo, isto não diz a você sobre os autovalores de $\mathbf{A}$: a matriz cujos autovalores são os quadrados dos autovalores de $\mathbf{A}$ é a matriz não relacionada $\mathbf{A} \cdot \mathbf{A}$, não $\mathbf{A}^T \cdot \mathbf{A}$ ou $\mathbf{A} \cdot \mathbf{A}^T$.

### REFERÊNCIAS CITADAS E LEITURA COMPLEMENTAR

Stoer, J., and Bulirsch, R. 2002, *Introduction to Numerical Analysis,* 3rd ed. (New York: Springer), Chapter 6.[1]

Wilkinson, J.H., and Reinsch, C. 1971, *Linear Algebra,* vol. II of *Handbook for Automatic Computation* (New York: Springer).[2]

Smith, B.T., et al. 1976, *Matrix Eigensystem Routines – EISPACK Guide,* 2nd ed., vol. 6 of Lecture Notes in Computer Science (New York: Springer).[3]

Anderson, E., et al. 1999, LAPACK User's Guide, 3rd ed. (Philadelphia: S.I.A.M.). Online with software at 2007+, http://www.netlib.org/lapack.[4]

*IMSL Math/Library Users Manual* (Houston: IMSL Inc.), see 2007+, http://www.vni.com/products/imsl.[5]

*NAG Fortran Library* (Oxford, UK: Numerical Algorithms Group), see 2007+, http://www.nag.co.uk, Chapter F02.[6]

Golub, G.H., and Van Loan, C.F. 1996, *Matrix Computations,* 3rd ed. (Baltimore: Johns Hopkins University Press), §7.7.[7]

Wilkinson, J.H. 1965, *The Algebraic Eigenvalue Problem* (New York: Oxford University Press).[8]

Acton, F.S. 1970, *Numerical Methods That Work,* 1990, corrected edition (Washington, DC: Mathematical Association of America), Chapter 13.

Horn, R.A., and Johnson, C.R. 1985, *Matrix Analysis* (Cambridge: Cambridge University Press).

## 11.1 Transformações de Jacobi de uma matriz simétrica

O método de Jacobi consiste de uma sequência de transformações de similaridade ortogonais na forma da equação (11.0.15). Cada transformação (*uma rotação de Jacobi*) é exatamente um plano de rotação projetado para aniquilar um dos elementos fora da diagonal na matriz. Transformações sucessivas desfazem conjuntos de zeros prévios, mas os elementos fora da diagonal ainda assim ficam cada vez menores, até que a matriz seja diagonal na precisão da máquina. Acumulando o produto das transformações conforme segue, você obterá a matriz dos autovetores, equação (11.0.16), enquanto os elementos da matriz diagonal final são os autovalores.

O método de Jacobi é absolutamente à prova de acidentes para todas as matrizes simétricas reais. Em particular, ele retorna os autovalores pequenos com melhor acurácia relativa do que métodos que primeiro reduzem a matriz à forma tridiagonal. Para matrizes de ordem maior do que cerca de 10, contudo, o algoritmo é mais lento, por uma fator constante significante, do que o método $QR$ que mostraremos em §11.4. Porém, o algoritmo de Jacobi é muito mais simples do que os métodos mais eficientes. Portanto o recomendamos para matrizes de ordem moderada, onde custo não é uma grande consideração.

A rotação de Jacobi básica $\mathbf{P}_{pq}$ é uma matriz da forma

$$\mathbf{P}_{pq} = \begin{bmatrix} 1 & & & & & \\ & \ddots & & & & \\ & & c & \cdots & s & \\ & & \vdots & 1 & \vdots & \\ & & -s & \cdots & c & \\ & & & & & \ddots \\ & & & & & & 1 \end{bmatrix} \tag{11.1.1}$$

Aqui todos os elementos da diagonal são iguais a um, exceto pelos dois elementos $c$ nas linhas (e colunas) $p$ e $q$. Todos os elementos fora da diagonal são nulos, exceto os dois elementos $s$ e $-s$. Os números $c$ e $s$ são o cosseno e o seno de um ângulo de rotação $\phi$, tal que $c^2 + s^2 = 1$.

Uma rotação no plano tal como (11.1.1) é usada para transformar a matriz $\mathbf{A}$ de acordo com

$$\mathbf{A}' = \mathbf{P}_{pq}^T \cdot \mathbf{A} \cdot \mathbf{P}_{pq} \tag{11.1.2}$$

Agora, $\mathbf{P}_{pq}^T \cdot \mathbf{A}$ muda apenas as linhas $p$ e $q$ de $\mathbf{A}$, e $\mathbf{A} \cdot \mathbf{P}_{pq}$ muda somente as colunas $p$ e $q$. Observe que os subscritos $p$ e $q$ não denotam componentes de $\mathbf{P}_{pq}$, mas rotulam que tipo de rotação a matriz é, i.e., que linhas e colunas ela afeta. Por esta razão, os elementos alterados de $\mathbf{A}$ em (11.1.2) estão apenas nas linhas $p$ e $q$, e nas colunas $p$ e $q$, como indicado abaixo:

$$\mathbf{A}' = \begin{bmatrix} & & a'_{0p} & & a'_{0q} & & \\ & & \vdots & & \vdots & & \\ a'_{p0} & \cdots & a'_{pp} & \cdots & a'_{pq} & \cdots & a'_{p,n-1} \\ & & \vdots & & \vdots & & \\ a'_{q0} & \cdots & a'_{qp} & \cdots & a'_{qq} & \cdots & a'_{q,n-1} \\ & & \vdots & & \vdots & & \\ & & a'_{n-1,p} & & a'_{n-1,q} & & \end{bmatrix} \tag{11.1.3}$$

Executando a multiplicação na equação (11.1.2) e usando a simetria de $\mathbf{A}$, obtemos as fórmulas explícitas

$$\left. \begin{array}{l} a'_{rp} = ca_{rp} - sa_{rq} \\ a'_{rq} = ca_{rq} + sa_{rp} \end{array} \right\} \quad r \neq p, \; r \neq q \tag{11.1.4}$$

$$a'_{pp} = c^2 a_{pp} + s^2 a_{qq} - 2sc\, a_{pq} \tag{11.1.5}$$

$$a'_{qq} = s^2 a_{pp} + c^2 a_{qq} + 2sc\, a_{pq} \tag{11.1.6}$$

$$a'_{pq} = (c^2 - s^2) a_{pq} + sc(a_{pp} - a_{qq}) \tag{11.1.7}$$

A ideia do método de Jacobi é tentar anular os elementos fora da diagonal por uma série de rotações no plano. Consequentemente, atribuir $a'_{pq} = 0$, faz com que a equação (11.1.7) proporcione a seguinte expressão para o ângulo de rotação $\phi$:

$$\theta \equiv \cot 2\phi \equiv \frac{c^2 - s^2}{2sc} = \frac{a_{qq} - a_{pp}}{2a_{pq}} \qquad (11.1.8)$$

Se fizermos $t = s/c$, a definidação de $\phi$ pode ser reescrita

$$t^2 + 2t\theta - 1 = 0 \qquad (11.1.9)$$

A menor raiz desta equação corresponde a um ângulo de rotação menor do que $\pi/4$ em magnitude; esta escolha em cada estágio proporciona a redução mais estável. Usando a forma da fórmula quadrática com o discriminante no denominador, nós podemos escrever a menor raiz como

$$t = \frac{\text{sgn}(\theta)}{|\theta| + \sqrt{\theta^2 + 1}} \qquad (11.1.10)$$

Se $\theta$ é tão grande que $\theta^2$ daria overflow no computador, designamos $t = 1/(2\theta)$. E agora segue que

$$c = \frac{1}{\sqrt{t^2 + 1}} \qquad (11.1.11)$$

$$s = tc \qquad (11.1.12)$$

Quando de fato usamos as equações (11.1.4) – (11.1.7) numericamente, reescrevemo-nas para miminizar erros de arredondamento. A equação (11.1.7) é substituída por

$$a'_{pq} = 0 \qquad (11.1.13)$$

A ideia nas equações restantes é atribuir as novas quantidades como sendo iguais às velhas quantidades mais uma pequena correção. Por esta razão, podemos usar (11.1.17) e (11.1.13) para eliminar $a_{qq}$ de (11.1.5), gerando

$$a'_{pp} = a_{pp} - t a_{pq} \qquad (11.1.14)$$

Similarmente,

$$a'_{qq} = a_{qq} + t a_{pq} \qquad (11.1.15)$$

$$a'_{rp} = a_{rp} - s(a_{rq} + \tau a_{rp}) \qquad (11.1.16)$$

$$a'_{rq} = a_{rq} + s(a_{rp} - \tau a_{rq}) \qquad (11.1.17)$$

onde $\tau$ ($= \tan \phi/2$) é definido por

$$\tau \equiv \frac{s}{1 + c} \qquad (11.1.18)$$

Podemos ver que a convergência do método de Jacobi considerando a soma dos quadrados dos elementos fora da diagonal

$$S = \sum_{r \neq s} |a_{rs}|^2 \qquad (11.1.19)$$

As equações (11.1.4) – (11.1.7) implicam que

$$S' = S - 2|a_{pq}|^2 \qquad (11.1.20)$$

(Uma vez que a transformação é ortogonal, a soma dos quadrados dos elementos da diagonal crescem correspondentemente por $2|a_{pq}|^2$.) A sequência de $S$'s portanto decresce monotonicamente. Uma vez que a sequência é limitada inferiormente por zero, e uma vez que podemos escolher $a_{pq}$ para ser qualquer elemento que desejarmos, a sequência pode ser feita convergir para zero.

Finalmente obtém-se uma matriz **D** que é diagonal na precisão da máquina. Os elementos da diagonal proporcionam autovalores da matriz original **A**, pois

$$\mathbf{D} = \mathbf{V}^T \cdot \mathbf{A} \cdot \mathbf{V} \qquad (11.1.21)$$

onde

$$\mathbf{V} = \mathbf{P}_1 \cdot \mathbf{P}_2 \cdot \mathbf{P}_3 \cdots \qquad (11.1.22)$$

os $\mathbf{P}_i$'s sendo as sucessivas matrizes de rotação de Jacobi. As colunas de **V** são os autovetores (pois $\mathbf{A} \cdot \mathbf{V} = \mathbf{V} \cdot \mathbf{D}$). Eles podem ser computados aplicando-se

$$\mathbf{V}' = \mathbf{V} \cdot \mathbf{P}_i \qquad (11.1.23)$$

em cada estágio do cálculo, onde inicialmente **V** é a matriz identidade. Em detalhes, a equação (11.1.23) é

$$\begin{aligned} v'_{rs} &= v_{rs} \qquad (s \neq p,\ s \neq q) \\ v'_{rp} &= c v_{rp} - s v_{rq} \\ v'_{rq} &= s v_{rp} + c v_{rq} \end{aligned} \qquad (11.1.24)$$

Reescrevemos estas equações em termos de $\tau$ como nas equações (11.1.16) e (11.1.17) para minimizar o erro de arredondamento.

A única questão remanescente é a estratégia que deveria ser adotada para a ordem na qual os elementos devem ser aniquilados. O algoritmo original de Jacobi de 1846 procurava o triângulo superior inteiro em cada estágio e designava o maior elemento fora da diagonal para zero. Esta é uma estratégia razoável para cálculo manual, mas é proibitiva em um computador, uma vez que apenas a busca torna cada rotação de Jacobi um processo de ordem $N^2$ ao invés de $N$.

Uma estratégia melhor para nossos fins é o *método cíclico de Jacobi*, onde se aniquilam os elementos na ordem estrita. Por exemplo, pode-se simplesmente proceder ao longo das linhas: $\mathbf{P}_{01}, \mathbf{P}_{02}, ..., \mathbf{P}_{0,n-1}$; então $\mathbf{P}_{12}, \mathbf{P}_{13}$ etc. Pode-se mostrar que a convergência é geralmente quadrática para o método de Jacobi original ou cíclico, para autovalores não degenerados. Tal conjunto de $n(n-1)/2$ rotações de Jacobi é chamado de uma varredura (*sweep*).

O programa a seguir, baseado nas implementações em [1,2], usa dois refinamentos adicionais:

- Nas primeiras 3 varreduras, executamos a rotação $pq$ somente se $|a_{pq}| > \epsilon$ para algum valor limiar

$$\epsilon = \frac{1}{5} \frac{S_0}{n^2} \qquad (11.1.25)$$

onde $S_0$ é a soma dos módulos fora da diagonal

$$S_0 = \sum_{r<s} |a_{rs}| \qquad (11.1.26)$$

Capítulo 11    Autovalores e Autovetores    **595**

- Após quatro varreduras, se $|a_{pq}| \ll |a_{pp}|$ e $|a_{pq}| \ll |a_{qq}|$, atribuímos $|a_{pq}| = 0$ e pulamos a rotação. O critério usado na comparação é $|a_{pq}| < 10^{-(D+2)} |a_{pp}|$, onde $D$ é o número de dígitos decimais significantes na máquina, e similarmente para $|a_{qq}|$.

Típicas matrizes requerem de seis a dez varreduras para alcançar a convergência, ou de $3n^2$ a $5n^2$ rotações de Jacobi. Cada rotação requer da ordem de $8n$ operações em ponto flutuante, assim o trabalho total é da ordem de $24n^3$ a $40n^3$ operações. Cálculo dos autovetores bem como dos autovalores muda a contagem de operações de $8n$ para $12n$ por rotação, o que é apenas um overhead de 50%.

A seguinte rotina implementa o método de Jacobi. Simplesmente crie um objeto Jacobi usando sua matriz simétrica a[0..n-1][0..n-1]:

    Jacobi jac(a);

O vetor d[0..n-1] então contém os autovalores de a. Durante a computação, ele contém a diagonal atual de a. A matriz output v[0..n-1][0..n-1] é o autovetor normalizado pertencendo a d[k] na coluna k. O parâmetro nrot é o número de rotações de Jacobi que foram necessárias para alcançar a convergência.

eigen_sym.h

```
struct Jacobi {
```
Computa todos os autovalores e autovetores de uma matriz real simétrica pelo método de Jacobi.
```
    const Int n;
    MatDoub a,v;
    VecDoub d;
    Int nrot;
    const Doub EPS;

    Jacobi(MatDoub_I &aa) : n(aa.nrows()), a(aa), v(n,n), d(n), nrot(0),
        EPS(numeric_limits<Doub>::epsilon())
```
Computa todos os autovalores e autovetores de uma matriz simétrica real a[0..n-1][0..n-1]. No output, d[0..n-1] contém os autovalores dispostos em ordem decrescente, enquanto v[0..n-1][0..n-1] é uma matriz cujas colunas contém os autovetores normalizados correspondentes. nrot contém o número de rotações de Jacobi que foram necessárias. Apenas o triângulo superior de a é acessado.
```
    {
        Int i,j,ip,iq;
        Doub tresh,theta,tau,t,sm,s,h,g,c;
        VecDoub b(n),z(n);
        for (ip=0;ip<n;ip++) {                    Inicialize a matriz identidade.
            for (iq=0;iq<n;iq++) v[ip][iq]=0.0;
            v[ip][ip]=1.0;
        }
        for (ip=0;ip<n;ip++) {                    Inicialize b e d para a diagonal de a.
            b[ip]=d[ip]=a[ip][ip];
            z[ip]=0.0;                            Este vetor acumula termos da forma $ta_{pq}$
        }                                         como na equação (11.1.14).
        for (i=1;i<=50;i++) {
            sm=0.0;
            for (ip=0;ip<n-1;ip++) {              Soma as magnitudes dos elementos fora da
                for (iq=ip+1;iq<n;iq++)           diagonal.
                    sm += abs(a[ip][iq]);
            }
            if (sm == 0.0) {                      O retorno normal, que fia-se na conver-
                eigsrt(d,&v);                     gência quadrática para underflow da
                return;                           máquina.
            }
            if (i < 4)
                tresh=0.2*sm/(n*n);               Na primeira das três varreduras...
```

```
                else
                    tresh=0.0;                                      ... depois disso.
                for (ip=0;ip<n-1;ip++) {
                    for (iq=ip+1;iq<n;iq++) {
                        g=100.0*abs(a[ip][iq]);
                        Após quatro varreduras, pule a rotação se o elemento fora da diagonal for pequeno.
                        if (i > 4 && g <= EPS*abs(d[ip]) && g <= EPS*abs(d[iq]))
                            a[ip][iq]=0.0;
                        else if (abs(a[ip][iq]) > tresh) {
                            h=d[iq]-d[ip];
                            if (g <= EPS*abs(h))
                                t=(a[ip][iq])/h;            
                            else {
                                theta=0.5*h/(a[ip][iq]);    Equação (11.1.10).
                                t=1.0/(abs(theta)+sqrt(1.0+theta*theta));
                                if (theta < 0.0) t = -t;
                            }
                            c=1.0/sqrt(1+t*t);
                            s=t*c;
                            tau=s/(1.0+c);
                            h=t*a[ip][iq];
                            z[ip] -= h;
                            z[iq] += h;
                            d[ip] -= h;
                            d[iq] += h;
                            a[ip][iq]=0.0;
                            for (j=0;j<ip;j++)              Caso das rotações 0 ≤ j < p.
                                rot(a,s,tau,j,ip,j,iq);
                            for (j=ip+1;j<iq;j++)           Caso das rotações p < j < n.
                                rot(a,s,tau,ip,j,j,iq);
                            for (j=iq+1;j<n;j++)            Caso das rotações q < j < n.
                                rot(a,s,tau,ip,j,iq,j);
                            for (j=0;j<n;j++)
                                rot(v,s,tau,j,ip,j,iq);
                            ++nrot;
                        }
                    }
                }
                for (ip=0;ip<n;ip++) {
                    b[ip] += z[ip];
                    d[ip]=b[ip];                            Atualize d com a soma de $ta_{pq}$
                    z[ip]=0.0;                              e reinicialize z.
                }
            }
            throw("Too many iterations in routine jacobi");
        }
        inline void rot(MatDoub_IO &a, const Doub s, const Doub tau, const Int i,
            const Int j, const Int k, const Int l)
        {
            Doub g=a[i][j];
            Doub h=a[k][l];
            a[i][j]=g-s*(h+g*tau);
            a[k][l]=h+s*(g-h*tau);
        }
    };
```

$t = 1/(2\theta)$

Observe que a rotina acima assume que underflows são atribuídos para zero. Em máquinas onde isto não é verdade, o programa deve ser modificado. Veja §1.5.4 e/ou procure as funções fesetenv (Linux) ou __controlfp (Microsoft).

O método de Jacobi não ordena os autovalores. Incorporamos a seguinte rotina para ordenar os autovalores em ordem decrescente. A mesma rotina é usada em Symmeig na próxima seção. (O método, de inserção direta, é $N^2$ ao invés de $N \log N$; mas já que você fez um procedimento $N^3$ para obter os autovalores, você pode se permitir isso.)

```
void eigsrt(VecDoub_IO &d, MatDoub_IO *v=NULL)                              eigen_sym.h
```
Dados os autovalores d[0..n-1] e (opcionalmente) os autovetores v[0..n-1][0..n-1] como determinado por Jacobi (§11.1) ou tqli (§11.4), esta rotina ordena os autovalores em ordem decrescente e rearranja as colunas de v correspondentemente. O método é de inserção direta.

```
{
    Int k;
    Int n=d.size();
    for (Int i=0;i<n-1;i++) {
        Doub p=d[k=i];
        for (Int j=i;j<n;j++)
            if (d[j] >= p) p=d[k=j];
        if (k != i) {
            d[k]=d[i];
            d[i]=p;
            if (v != NULL)
                for (Int j=0;j<n;j++) {
                    p=(*v)[j][i];
                    (*v)[j][i]=(*v)[j][k];
                    (*v)[j][k]=p;
                }
        }
    }
}
```

### REFERÊNCIAS CITADAS E LEITURA COMPLEMENTAR

Golub, G.H., and Van Loan, C.F. 1996, *Matrix Computations,* 3rd ed. (Baltimore: Johns Hopkins University Press), §8.4.

Smith, B.T., et al. 1976, *Matrix Eigensystem Routines – EISPACK Guide,* 2nd ed., vol. 6 of Lecture Notes in Computer Science (New York: Springer).[1]

Wilkinson, J.H., and Reinsch, C. 1971, *Linear Algebra,* vol. II of *Handbook for Automatic Computation* (New York: Springer).[2]

## 11.2 Matrizes simétricas reais

Como já mencionado a estratégia ótima na maioria dos casos para encontrar autovalores e autovetores é, primeiro, reduzir a matriz a uma forma simples, e só então começar um procedimento iterativo. Para matrizes simétricas, a forma preferida mais simples é tridiagonal.

Aqui está uma rotina baseada nesta estratégia que encontra todos os autovalores e autovetores de uma matriz simétrica real. Ela é normalmente um fator cerca de cinco vezes mais rápida do que a rotina de Jacobi das seções anteriores. As implementações das funções tred2 e tqli que reduzem a matriz à forma tridiagonal e então resolvem o autossistema são discutidas nas próximas duas seções.

Há duas interfaces para o usuário, implementadas como dois construtores. O primeiro construtor é o usual:

```
Symmeig s(a);
```

Ele retorna os autovalores em ordem decrescente em s.d[0..n-1]. O autovetor normalizado correspondente a d[k] está na matriz coluna s.z[0..n-1][k]. Designando o argumento default como false, suprimimos a computação dos autovalores:

```
Symmeig s(a,false);
```

Se você já tem uma matriz na forma tridiagonal, você usa o outro construtor, que aceita a diagonal e subdiagonal da matriz como vetores:

```
Symmeig s(d,e);
```

Novamente, você pode suprimir a computação dos autovetores atribuindo o argumento default como sendo false.

Aqui está a rotina:

eigen_sym.h
```
struct Symmeig {
    Computa todos os autovalores e autovetores de uma matriz real simétrica por redução a forma tridiagonal
    seguida pela iteração QL.
        Int n;
        MatDoub z;
        VecDoub d,e;
        Bool yesvecs;

        Symmeig(MatDoub_I &a, Bool yesvec=true) : n(a.nrows()), z(a), d(n),
            e(n), yesvecs(yesvec)
        Computa todos os autovalores e autovetores de uma matriz simétrica real a[0..n-1][0..n-1] por
        redução a forma tridiagonal seguida pela iteração QL. No output, d[0..n-1] contém os autovalo-
        res classificados em ordem decrescente, enquanto z[0..n-1][0..n-1] é uma matriz cujas colunas
        contêm os autovetores normalizados correspondentes. Se yesvecs é input como true (o default),
        então os autovetores são computados. Se yesvecs é input como false, apenas os autovalores são
        computados.
        {
            tred2();                Redução à forma tridiagonal; ver §11.3.
            tqli();                 Autossistema da matriz tridiagonal; ver §11.4.
            sort();
        }
        Symmeig(VecDoub_I &dd, VecDoub_I &ee, Bool yesvec=true) :
            n(dd.size()), d(dd), e(ee), z(n,n,0.0), yesvecs(yesvec)
        Computa todos os autovalores e (opcionalmente) autovetores de uma matriz real simétrica tridiagonal
        pela iteração QL. No input, dd[0..n-1] contém os elementos diagonais da matriz tridiagonal. O ve-
        tor ee[0..n-1] é input para os elementos subdiagonais da matriz tridiagonal, com ee[0] arbitrário.
        O output é o mesmo do construtor acima.
        {
            for (Int i=0;i<n;i++) z[i][i]=1.0;
            tqli();
            sort();
        }
        void sort() {
            if (yesvecs)
                eigsrt(d,&z);
            else
                eigsrt(d);
        }
        void tred2();
        void tqli();
        Doub pythag(const Doub a, const Doub b);
};
```

## 11.3 Redução de uma matriz simétrica para forma tridiagonal: reduções de Givens e Householder

A seção anterior esboçou a "grande estratégia" de (i) redução à forma tridiagonal, seguida por (ii) encontrar os autovalores e autovetores da matriz tridiagonal. Nesta seção, implementamos o primeiro destes passos.

### 11.3.1 Método de Givens

A *redução de Givens* é uma modificação do método de Jacobi. Ao invés de tentar reduzir a matriz totalmente à forma diagonal, nos contentamos em parar quando a matriz é tridiagonal. Isto permite que o procedimento seja executado *em um número finito de passos*, diferentemente do método de Jacobi, o qual requer iteração para convergir.

Para o método de Givens, escolhemos o ângulo de rotação na equação (11.1.1) de forma a zerar um elemento que *não* é um dos quatro "cantos", i.e., não $a_{pp}$, $a_{pq}$ ou $a_{qq}$ na equação (11.1.3). Especificamente, escolhemos $\mathbf{P}_{12}$ para aniquilar $a_{20}$ (e, por simetria, $a_{02}$). Então, escolhemos $\mathbf{P}_{13}$ para aniquilar $a_{30}$. Em geral, escolhemos a sequência

$$\mathbf{P}_{12}, \mathbf{P}_{13}, \ldots, \mathbf{P}_{1,n-1}; \mathbf{P}_{23}, \ldots, \mathbf{P}_{2,n-1}; \ldots ; \mathbf{P}_{n-2,n-1}$$

onde $\mathbf{P}_{jk}$ aniquila $a_{k,j-1}$. O método funciona porque elementos tais como $a'_{rp}$ e $a'_{rq}$ com $r \neq p$ r $\neq q$, são combinações lineares das quantidades antigas $a_{rp}$ e $a_{rq}$, pela equação (11.1.4). Por esta razão, se $a_{rp}$ e $a_{rq}$ já foram anulados, eles permanecerão nulos conforme a redução evolui. Evidentemente, rotações de uma ordem $n^2/2$ são necessárias, e o número de multiplicações em uma implementação direta é da ordem $4n^3/3$, não contando aquelas para controlar o produto das matrizes de transformação necessárias para os autovetores.

O método de Householder, a ser discutido a seguir, é tão estável como a redução de Givens, e é duas vezes mais eficiente e também evita a necessidade de tomar raízes quadradas [1]. Isto parece tornar o algoritmo competitivo com a redução de Householder. Infelizmente, esta redução de "Givens rápida" tem de ser monitorada para evitar overflows, e as variáveis têm de ser periodicamente reescaladas. Não parece haver razão alguma nos obrigando a preferir a redução de Givens em relação ao método de Householder.

### 11.3.2 Método de Householder

O algoritmo de Householder reduz uma matriz simétrica $n \times n$ à forma tridiagonal por $n - 2$ transformações ortogonais. Cada transformação aniquila a parte necessária de uma coluna inteira e a correspondente linha inteira. O ingrediente básico é uma matriz Householder $\mathbf{P}$, que tem a forma

$$\mathbf{P} = \mathbf{1} - 2\mathbf{w} \cdot \mathbf{w}^T \qquad (11.3.1)$$

onde $\mathbf{w}$ é um vetor real com $|\mathbf{w}|^2 = 1$. (Na presente notação, o produto *externo* ou matricial de dois vetores, $\mathbf{a}$ e $\mathbf{b}$, é escrito $\mathbf{a} \cdot \mathbf{b}^T$, enquanto o produto *interno* ou escalar de vetores é escrito como $\mathbf{a}^T \cdot \mathbf{b}$.) A matriz $\mathbf{P}$ é ortogonal, porque

$$\begin{aligned}\mathbf{P}^2 &= (\mathbf{1} - 2\mathbf{w} \cdot \mathbf{w}^T) \cdot (\mathbf{1} - 2\mathbf{w} \cdot \mathbf{w}^T) \\ &= \mathbf{1} - 4\mathbf{w} \cdot \mathbf{w}^T + 4\mathbf{w} \cdot (\mathbf{w}^T \cdot \mathbf{w}) \cdot \mathbf{w}^T \\ &= \mathbf{1}\end{aligned} \qquad (11.3.2)$$

Por esta razão $\mathbf{P} = \mathbf{P}^{-1}$. Mas $\mathbf{P}^T = \mathbf{P}$, e então $\mathbf{P}^T = \mathbf{P}^{-1}$, demonstrando ortogonalidade.

Reescrevamos $\mathbf{P}$ como

$$\mathbf{P} = 1 - \frac{\mathbf{u} \cdot \mathbf{u}^T}{H} \tag{11.3.3}$$

onde o escalar $H$ é

$$H \equiv \tfrac{1}{2}|\mathbf{u}|^2 \tag{11.3.4}$$

e $\mathbf{u}$ pode agora ser qualquer vetor. Suponha que $\mathbf{x}$ é o vetor composto da primeira coluna de $\mathbf{A}$. Escolha

$$\mathbf{u} = \mathbf{x} \mp |\mathbf{x}|\mathbf{e}_0 \tag{11.3.5}$$

onde $\mathbf{e}_0$ é o vetor unitário $[1, 0, ..., 0]^T$ e a escolha de sinais será feita mais tarde. Então

$$\begin{aligned}
\mathbf{P} \cdot \mathbf{x} &= \mathbf{x} - \frac{\mathbf{u}}{H} \cdot (\mathbf{x} \mp |\mathbf{x}|\mathbf{e}_0)^T \cdot \mathbf{x} \\
&= \mathbf{x} - \frac{2\mathbf{u} \cdot (|\mathbf{x}|^2 \mp |\mathbf{x}|x_0)}{2|\mathbf{x}|^2 \mp 2|\mathbf{x}|x_0} \\
&= \mathbf{x} - \mathbf{u} \\
&= \pm|\mathbf{x}|\mathbf{e}_0
\end{aligned} \tag{11.3.6}$$

Isto mostra que a matriz Householder $\mathbf{P}$ age em um dado vetor $\mathbf{x}$ para anular todos seus elementos exceto o primeiro.

Para reduzir uma matriz simétrica $\mathbf{A}$ à forma tridiagonal, nós escolhemoss o vetor $\mathbf{x}$ para a primeira matriz de Householder como sendo os $n-1$ elementos inferiores da coluna 0. Então os $n-2$ elementos inferiores serão anulados:

$$\mathbf{P}_1 \cdot \mathbf{A} = \begin{bmatrix} 1 & 0 & 0 & \cdots & 0 \\ 0 & & & & \\ 0 & & {}^{(n-1)}\mathbf{P}_1 & & \\ \vdots & & & & \\ 0 & & & & \end{bmatrix} \cdot \begin{bmatrix} a_{00} & a_{01} & a_{02} & \cdots & a_{0,n-1} \\ a_{10} & & & & \\ a_{20} & & & & \\ \vdots & & \text{irrelevante} & & \\ a_{n-1,0} & & & & \end{bmatrix}$$

$$= \begin{bmatrix} a_{00} & a_{01} & a_{02} & \cdots & a_{0,n-1} \\ k & & & & \\ 0 & & & & \\ \vdots & & \text{irrelevante} & & \\ 0 & & & & \end{bmatrix} \tag{11.3.7}$$

Aqui, escrevemos as matrizes na forma particionada, com $^{(n-1)}\mathbf{P}$ denotando a matriz Householder com dimensões $(n-1) \times (n-1)$. A quantidade $k$ é simplesmente mais ou menos a magnitude do vetor $[a_{10}, ..., a_{n-1,0}]^T$.

A transformação ortogonal completa é agora

$$\mathbf{A}' = \mathbf{P} \cdot \mathbf{A} \cdot \mathbf{P} = \begin{bmatrix} a_{00} & k & 0 & \cdots & 0 \\ \hline k & & & & \\ 0 & & & & \\ \vdots & & \text{irrelevante} & & \\ 0 & & & & \end{bmatrix} \quad (11.3.8)$$

Usamos o fato de que $\mathbf{P}^T = \mathbf{P}$.

Agora escolha o vetor **x** para a segunda matriz de Householder como sendo os $n - 2$ elementos da parte mais baixa da coluna 1, e disso construa

$$\mathbf{P}_2 \equiv \begin{bmatrix} 1 & 0 & 0 & \cdots & 0 \\ 0 & 1 & 0 & \cdots & 0 \\ \hline 0 & 0 & & & \\ \vdots & \vdots & & {}^{(n-2)}\mathbf{P}_2 & \\ 0 & 0 & & & \end{bmatrix} \quad (11.3.9)$$

O bloco identidade no canto superior esquerdo assegura que a tridiagonalização alcançada no primeiro passo não será estragada por esta, enquanto a matriz de Householder $(n - 2)$-dimensional ${}^{(n-2)}\mathbf{P}_2$ cria uma linha e coluna adicional no output tridiagonal. Claramente, uma sequência de $n - 2$ transformações reduzirá a matriz **A** à forma tridiagonal.

Ao invés de realmente executar as multiplicações de matriz em $\mathbf{P} \cdot \mathbf{A} \cdot \mathbf{P}$, computamos um vetor

$$\mathbf{p} \equiv \frac{\mathbf{A} \cdot \mathbf{u}}{H} \quad (11.3.10)$$

Então

$$\mathbf{A} \cdot \mathbf{P} = \mathbf{A} \cdot (1 - \frac{\mathbf{u} \cdot \mathbf{u}^T}{H}) = \mathbf{A} - \mathbf{p} \cdot \mathbf{u}^T$$
$$\mathbf{A}' = \mathbf{P} \cdot \mathbf{A} \cdot \mathbf{P} = \mathbf{A} - \mathbf{p} \cdot \mathbf{u}^T - \mathbf{u} \cdot \mathbf{p}^T + 2K\mathbf{u} \cdot \mathbf{u}^T$$

onde o escalar $K$ é definido por

$$K = \frac{\mathbf{u}^T \cdot \mathbf{p}}{2H} \quad (11.3.11)$$

Se nós escrevemos

$$\mathbf{q} \equiv \mathbf{p} - K\mathbf{u} \quad (11.3.12)$$

então temos

$$\mathbf{A}' = \mathbf{A} - \mathbf{q} \cdot \mathbf{u}^T - \mathbf{u} \cdot \mathbf{q}^T \quad (11.3.13)$$

Esta é a fórmula computacionalmente útil.

Seguindo [2], a rotina para redução de Householder dada abaixo de fato começa na coluna $n - 1$ de **A**, não na coluna 0 como na explanação acima. Em detalhes, as equações são como segue: no estágio $m$ ($m = 1, 2, ..., n - 2$), o vetor **u** tem a forma

$$\mathbf{u}^T = [a_{i0}, a_{i1}, \ldots, a_{i,i-2}, a_{i,i-1} \pm \sqrt{\sigma}, 0, \ldots, 0] \quad (11.3.14)$$

Aqui

$$i \equiv n - m = n - 1, n - 2, \ldots, 2 \qquad (11.3.15)$$

e a quantidade $\sigma$ ($|x|^2$ em nossa notação inicial) é

$$\sigma = (a_{i0})^2 + \cdots + (a_{i,i-1})^2 \qquad (11.3.16)$$

Escolha o sinal de $\sqrt{\sigma}$ em (11.3.14) para ser o mesmo sinal que o de $a_{i,i-1}$ para reduzir o erro de arredondamento.

Variáveis são por esta razão computadas na seguinte ordem: $\sigma$, **u**, $H$, **p**, $K$, **q**, **A**′. Em qualquer estágio $m$, A é tridiagonal nas suas últimas $m - 1$ linhas e colunas. Para os resultados intermediários, não é necessário array extra. Em qualquer estágio $m$, os vetores **p** e **q** são não nulos somente nos elementos 0, ..., $i$ (lembre-se que $i = n - m$), enquanto **u** é não nulo somente nos elementos 0, ..., $i - 1$. Os elementos do vetor **e** estão sendo determinados na ordem $n-1$, $n-2$, ..., assim, podemos armazenar **p** nos elementos de **e** ainda não determinados. O vetor **q** pode sobrepor **p** uma vez que **p** não é mais necessário. Armazenamos **u** na linha $i$ de a e **u**/$H$ na coluna $i$ de a. Uma vez que a redução é completa, computamos as matrizes $\mathbf{Q}_j$ usando as quantidades **u** e **u**/$H$ que foram armazenadas em a. Uma vez que $\mathbf{Q}_j$ é uma matriz identidade da linha e coluna $n-j$ em diante, apenas precisamos computar seus elementos até a linha e coluna $n - j - 1$. Estes podem sobrepor os **u**'s e **u**/$H$'s nas linhas e colunas correspondentes de a, que não são mais necessárias para **Q**′s subsequentes.

A rotina `tred2`, dada abaixo, inclui um refinamento adicional. Se a quantidade $\sigma$ é nula ou "pequena" em algum estágio, pode-se pular a correspondente transformação. Um critério simples, tal como

$$\sigma < \frac{\text{menor número positivo representável na máquina}}{\text{precisão da máquina}}$$

seria bom na maioria das vezes. Um critério mais cuidadoso é na verdade usado. No estágio $i$, defina a quantidade

$$\epsilon = \sum_{k=0}^{i-1} |a_{ik}| \qquad (11.3.17)$$

Se $\epsilon = 0$ para precisão da máquina, pulamos a transformação. Caso contrário, redefinimos

$$a_{ik} \quad \text{torna-se} \quad a_{ik}/\epsilon \qquad (11.3.18)$$

e usamos as variáveis escaladas para a transformação. (Uma transformação de Householder depende apenas dos raios dos elementos.)

Se os autovetores da matriz tridiagonal são encontrados (por exemplo, pela rotina na próxima seção), então os autovetores de **A** podem ser obtidos aplicando-se a transformação acumulada

$$\mathbf{Q} = \mathbf{P}_1 \cdot \mathbf{P}_2 \cdots \mathbf{P}_{n-2} \qquad (11.3.19)$$

àqueles autovetores. Por esta razão, formamos **Q** por recursão após todos os **P**'s terem sido determinados:

$$\begin{aligned} \mathbf{Q}_{n-2} &= \mathbf{P}_{n-2} \\ \mathbf{Q}_j &= \mathbf{P}_j \cdot \mathbf{Q}_{j+1}, \qquad j = n - 3, \ldots, 1 \\ \mathbf{Q} &= \mathbf{Q}_1 \end{aligned} \qquad (11.3.20)$$

Input para a rotina abaixo é a matriz real simétrica **A** armazenada na matriz `z[0..n-1][0..n-1]`. No output, z contém os elementos da matriz ortogonal **Q**. O vetor `d[0..n-1]` é designado para os elementos da diagonal da matriz tridiagonal **A**′, enquanto o vetor `e[0..n-1]` é designado para os elementos fora da diagonal em seus componentes 1 até n-1, com e[0]=0.

Observe que quando se lida com uma matriz cujos elementos variam em muitas ordens de magnitude, é desejável que a matriz seja permutada, na medida do possível, de forma que os elementos menores estejam no topo do canto esquerdo. Isto é porque a redução é realizada partindo-se da parte mais baixa do canto do lado direito e uma mistura de elementos grandes e pequenos pode levar a consideráveis erros de arredondamento.

No limite de $n$ grande, a contagem de operações da redução de Householder é $4n^3/3$ para autovalores somente, e $8n^3/3$ para ambos autovalores e autovetores. A rotina tred2 é projetada para uso com a rotina tqli da próxima seção. tqli encontra os autovalores e autovetores de uma matriz simétrica tridiagonal. Por muitos anos, a combinação de tred2 e tqli foi a técnica mais eficiente conhecida para encontrar todos os autovalores e autovetores (ou apenas todos os autovalores) de matrizes simétricas reais. Para matrizes de tamanhos moderados, é ainda competitiva com os métodos mais novos e mais complicados.

```
void Symmeig::tred2()                                          eigen_sym.h
```
Redução de Householder de uma matriz simétrica real z[0..n-1][0..n-1]. (A matriz input **A** para Symmeig é armazenada em z.) No output, z é substituído pela matriz ortogonal **Q** executando a transformação. d[0..n-1] contém os elementos da diagonal da matriz tridiagonal e e[0..n-1] os elementos fora da diagonal, com e[0]=0. Se yesvecs é false, de forma que apenas autovalores serão subsequentemente determinados, diversas sentenças são omitidas, e neste caso z não contém informação útil no output.

```
{
    Int l,k,j,i;
    Doub scale,hh,h,g,f;
    for (i=n-1;i>0;i--) {
        l=i-1;
        h=scale=0.0;
        if (l > 0) {
            for (k=0;k<i;k++)
                scale += abs(z[i][k]);
            if (scale == 0.0)                  Pule a transformação.
                e[i]=z[i][l];
            else {
                for (k=0;k<i;k++) {
                    z[i][k] /= scale;          Use a's escalados para transformação.
                    h += z[i][k]*z[i][k];      Forme σ em h.
                }
                f=z[i][l];
                g=(f >= 0.0 ? -sqrt(h) : sqrt(h));
                e[i]=scale*g;
                h -= f*g;                      Agora h está na equação (11.3.4).
                z[i][l]=f-g;                   Armazene u na linha i de z.
                f=0.0;
                for (j=0;j<i;j++) {
                    if (yesvecs)               Armazene u/H na coluna i de z.
                        z[j][i]=z[i][j]/h;
                    g=0.0;                     Forme um elemento de A · u em g.
                    for (k=0;k<j+1;k++)
                        g += z[j][k]*z[i][k];
                    for (k=j+1;k<i;k++)
                        g += z[k][j]*z[i][k];
                    e[j]=g/h;                  Forme elemento de p em um elemento tempora-
                    f += e[j]*z[i][j];         riamente não usado de e.
                }
                hh=f/(h+h);                    Forme K, equação (11.3.11).
                for (j=0;j<i;j++) {            Forme q e armazene em e sobrepondo p.
                    f=z[i][j];
                    e[j]=g=e[j]-hh*f;
                    for (k=0;k<j+1;k++)        Reduz a z, equação (11.3.13).
```

```
                    z[j][k] -= (f*e[k]+g*z[i][k]);
                }
            }
        } else
            e[i]=z[i][1];
        d[i]=h;
    }
    if (yesvecs) d[0]=0.0;
    e[0]=0.0;
    for (i=0;i<n;i++) {                         Comece acumulação das matrizes transformação.
        if (yesvecs) {
            if (d[i] != 0.0) {                  Este bloco é pulado quando i=0.
                for (j=0;j<i;j++) {
                    g=0.0;
                    for (k=0;k<i;k++)           Use u e u/H armazenado em z para formar P·Q.
                        g += z[i][k]*z[k][j];
                    for (k=0;k<i;k++)
                        z[k][j] -= g*z[k][i];
                }
            }
            d[i]=z[i][i];
            z[i][i]=1.0;                        Reinicie linha e coluna de z para a matriz
            for (j=0;j<i;j++) z[j][i]=z[i][j]=0.0;     identidade para próxima iteração.
        } else {
            d[i]=z[i][i];                       Apenas esta sentença permanece.
        }
    }
}
```

#### REFERÊNCIAS CITADAS E LEITURA COMPLEMENTAR

Golub, G.H., and Van Loan, C.F. 1996, *Matrix Computations,* 3rd ed. (Baltimore: Johns Hopkins University Press), §5.1.[1]

Smith, B.T., et al. 1976, *Matrix Eigensystem Routines – EISPACK Guide,* 2nd ed., vol. 6 of Lecture Notes in Computer Science (New York: Springer).

Wilkinson, J.H., and Reinsch, C. 1971, *Linear Algebra,* vol. II of *Handbook for Automatic Computation* (New York: Springer).[2]

## 11.4 Autovalores e autovetores de uma matriz tridiagonal

Voltamos para o segundo passo na "grande estratégia" esboçada em §11.2, isto é, computar os autovetores e autovalores de uma matriz tridiagonal.

### 11.4.1 Avaliação do polinômio característico

Uma vez que nossa matriz simétrica real original tenha sido reduzida à forma tridiagonal, uma possível alternativa para determinar seus autovalores é encontrar as raízes do polinômio característico $p_n(\lambda)$ diretamente. O polinômio característico de uma matriz tridiagonal pode ser efetuado para qualquer valor tentativo de $\lambda$ por uma relação de recorrência eficiente (ver [1], por exemplo). Os polinômios de grau menor produzidos durante a recorrência formam uma sequência Sturmiana que pode ser usada para localizar os autovalores para intervalos no eixo real. Um método para localizar raízes, como bisseção ou método de Newton, pode então ser empregado para refinar os intervalos. Os autovetores correspondentes podem então ser encontrados pela iteração inversa (ver §11.8).

Procedimentos baseados nestas ideias podem ser encontrados em [2,3]. Se, porém, mais do que uma fração pequena de todos os autovalores e autovetores é necessária, então o método de fatorização a ser considerado a seguir é muito mais eficiente.

### 11.4.2 Os algoritmos *QR* e *QL*

A ideia básica por trás do algoritmo $QR$ é que qualquer matriz real pode ser decomposta na forma

$$\mathbf{A} = \mathbf{Q} \cdot \mathbf{R} \tag{11.4.1}$$

onde $\mathbf{Q}$ é ortogonal e $\mathbf{R}$ é triangular superior. Para uma matriz geral, a decomposição é construída aplicando-se as transformações de Householder para aniquilar as sucessivas colunas de $\mathbf{A}$ abaixo da diagonal (ver §2.10).

Agora consideremos a matriz formada ao se escrever os fatores em (11.4.1) na ordem oposta:

$$\mathbf{A}' = \mathbf{R} \cdot \mathbf{Q} \tag{11.4.2}$$

Uma vez que $\mathbf{Q}$ é ortogonal, a equação (11.4.1) fornece $\mathbf{R} = \mathbf{Q}^T \cdot \mathbf{A}$. Por esta razão, a equação (11.4.2) torna-se

$$\mathbf{A}' = \mathbf{Q}^T \cdot \mathbf{A} \cdot \mathbf{Q} \tag{11.4.3}$$

Vemos que $\mathbf{A}'$ é uma transformação ortogonal de $\mathbf{A}$.

Você pode verificar que uma transformação $QR$ preserva as seguintes propriedades de uma matriz: simetria, forma tridiagonal e forma Hessenberg (a ser definida em §11.6).

Não há nada de especial em escolher um dos fatores de $\mathbf{A}$ para ser triangular superior; poderíamos igualmente fazê-lo triangular inferior. Isto é denominado algoritmo $QL$, uma vez que

$$\mathbf{A} = \mathbf{Q} \cdot \mathbf{L} \tag{11.4.4}$$

onde $\mathbf{L}$ é triangular inferior. (O nomenclatura padronizada, mas confusa, *R* e *L* representa se é a *esquerda* ou a *direita* da matriz que é não nula.)

Lembre-se que na redução de Householder à forma tridiagonal em §11.3, partimos da coluna $n-1$ da matriz original. Para minimizar erros de arredondamento, por esta razão, aconselhamos você a colocar o maior número de elementos da matriz no canto inferior do lado direito, se você puder. Se agora você deseja diagonalizar a matriz tridiagonal resultante, o algoritmo $QL$ terá menor erro de arredondamento do que o algoritmo $QR$, assim, usaremos $QL$ daqui em diante.

O algoritmo $QL$ consiste de uma *sequência* de transformações ortogonais:

$$\begin{aligned}\mathbf{A}_s &= \mathbf{Q}_s \cdot \mathbf{L}_s \\ \mathbf{A}_{s+1} &= \mathbf{L}_s \cdot \mathbf{Q}_s \qquad (= \mathbf{Q}_s^T \cdot \mathbf{A}_s \cdot \mathbf{Q}_s)\end{aligned} \tag{11.4.5}$$

O seguinte teorema (não óbvio) é a base do algoritmo para uma matriz geral $\mathbf{A}$: (i) se $\mathbf{A}$ tem autovalores de diferentes valores absolutos $|\lambda_i|$, então $\mathbf{A}_s \to$ [forma triangular inferior] conforme $s \to \infty$. Os autovalores aparecem na diagonal em ordem crescente de magnitude absoluta. (ii) Se $\mathbf{A}$ tem um autovalor $|\lambda_i|$ de multiplicidade $p$, $\mathbf{A}_s \to$ [forma triangular inferior] conforme $s \to \infty$, exceto para a matriz bloco diagonal de ordem $p$, cujos autovalores $\rightarrow \lambda_i$. A demonstração deste teorema é um tanto quanto comprida; veja, por exemplo, [4].

O workload no algoritmo $QL$ é $O(n^3)$ por iteração para uma matriz geral, o que é proibitivo. Contudo, o workload é apenas $O(n)$ por iteração para uma matriz tridiagonal e $O(n^2)$ para uma matriz de Hessenberg, o que torna-o altamente eficiente nestas formas.

Nesta seção, nos concentramos apenas no caso onde **A** é uma matriz real simétrica tridiagonal. Todos os autovalores $\lambda_i$ são, portanto, reais. De acordo com o teorema, se algum $\lambda_i$ tem multiplicidade $p$, então deve haver no mínimo $p - 1$ zeros na sub e superdiagonais. Assim, a matriz pode ser dividida em submatrizes que pode ser diagonalizadas separadamente e a complicação dos blocos diagonais que pode surgir no caso geral é irrelevante.

Na demonstração do teorema acima citado, encontramos que em geral um elemento da superdiagonal converge para zero como

$$a_{ij}^{(s)} \sim \left(\frac{\lambda_i}{\lambda_j}\right)^s \quad (11.4.6)$$

Embora $\lambda_i < \lambda_j$, a convergência pode ser lenta se $\lambda_i$ está próximo de $\lambda_j$. Convergência pode ser acelerada pela técnica de *shifting* (deslocamento): se $k$ é alguma constante, então $\mathbf{A} - k\mathbf{1}$ tem autovalores $\lambda_i - k$. Se decompomos

$$\mathbf{A}_s - k_s \mathbf{1} = \mathbf{Q}_s \cdot \mathbf{L}_s \quad (11.4.7)$$

de forma que

$$\begin{aligned}\mathbf{A}_{s+1} &= \mathbf{L}_s \cdot \mathbf{Q}_s + k_s \mathbf{1} \\ &= \mathbf{Q}_s^T \cdot \mathbf{A}_s \cdot \mathbf{Q}_s\end{aligned} \quad (11.4.8)$$

então a convergência é determinada pela razão

$$\frac{\lambda_i - k_s}{\lambda_j - k_s} \quad (11.4.9)$$

A ideia é escolher o "shift" (deslocamento) $k_s$ em cada estágio para maximizar o raio de convergência. Uma boa escolha para o shift inicialmente seria $k_s$ próximo de $\lambda_0$, o menor autovalor. Então, a primeira linha dos elementos fora da diagonal tenderia rapidamente a zero. Contudo, $\lambda_0$ usualmente não é conhecida *a priori*. Uma estratégia muito efetiva na prática (embora não há prova de que ela seja ótima) é computar os autovalores da principal submatriz diagonal $2 \times 2$ de **A**. Então, faça $k_s$ igual ao autovalor mais próximo de $a_{00}$.

De forma mais geral, suponha que você já tenha encontrado $r$ autovalores de **A**. Então você pode *diminuir* a matriz excluindo as primeiras $r$ linhas e colunas, ficando com

$$\mathbf{A} = \begin{bmatrix} 0 & \cdots & \cdots & & & & 0 \\ & \cdots & & & & & \\ & & 0 & & & & \\ \vdots & & & d_r & e_r & & \vdots \\ \vdots & & & e_r & d_{r+1} & & \\ & & & & & \cdots & 0 \\ & & & & & d_{n-2} & e_{n-2} \\ 0 & & \cdots & & 0 & e_{n-2} & d_{n-1} \end{bmatrix} \quad (11.4.10)$$

Escolha $k_s$ igual ao autovalor da submatriz $2 \times 2$ principal que seja mais próxima a $d_r$. Pode-se mostrar que a convergência do algoritmo com esta estratégia é geralmente cúbica (e, na pior das hipóteses, quadrática para autovalores degenerados.) Esta rápida convergência é o que torna o algoritmo tão atrativo.

Note que, com shifting, os autovalores não mais necessariamente aparecerão na diagonal em ordem crescente de magnitudes absolutas. A rotina `eigsrt` (§11.1) pode ser usada se necessário.

Conforme mencionado anteriormente, a decomposição $QL$ de uma matriz geral é efetuada por uma sequência de transformações Householder. Para uma matriz tridiagonal, porém, é mais eficiente utilizar planos de rotação $\mathbf{P}_{pq}$. Utiliza-se a sequência $\mathbf{P}_{01}, \mathbf{P}_{12}, ..., \mathbf{P}_{n-2, n-1}$ para aniquilar os elementos $a_{01}, a_{12}, ..., a_{n-2, n-1}$. Por simetria, os elementos da subdiagonal $a_{10}, a_{21}, ..., a_{n-1, n-2}$, serão aniquilados também. Portanto, cada $\mathbf{Q}_s$ é um produto de rotações no plano:

$$\mathbf{Q}_s^T = \mathbf{P}_1^{(s)} \cdot \mathbf{P}_2^{(s)} \cdots \mathbf{P}_{n-1}^{(s)} \tag{11.4.11}$$

Onde $\mathbf{P}_i$ aniquila $a_{i-1,i}$. Observe que é $\mathbf{Q}^T$ na equação (11.4.11), não $\mathbf{Q}$, porque definimos $\mathbf{L} = \mathbf{Q}^T \cdot \mathbf{A}$.

### 11.4.3 Algoritmo *QL* com shifts implícitos

O algoritmo como descrito até agora pode ser muito bem-sucedido. Contudo, quando os elementos de $\mathbf{A}$ diferem largamente em ordem de magnitude, subtrair um valor grande $k_s$ dos elementos da diagonal pode conduzir a perda de acurácia para os autovalores pequenos. Esta dificuldade é evitada pelo algoritmo $QL$ com *shifts implícitos*. O algoritmo $QL$ implícito é matematicamente equivalente ao algoritmo $QL$ original, mas a computação não requer que $k_s \mathbf{1}$ seja de fato subtraído de $\mathbf{A}$.

O algoritmo é baseado no seguinte lema: se $\mathbf{A}$ é uma matriz não singular simétrica e $\mathbf{B} = \mathbf{Q}^T \cdot \mathbf{A} \cdot \mathbf{Q}$, onde $\mathbf{Q}$ é ortogonal e $\mathbf{B}$ é tridiagonal com os elementos fora da diagonal positivos, então $\mathbf{Q}$ e $\mathbf{B}$ são completamente determinados quando a última linha de $\mathbf{Q}^T$ é especificada. Demonstração: que $\mathbf{q}_i^T$ denote o vetor linha $i$ da matriz $\mathbf{Q}^T$. Então $\mathbf{q}_i$ é o vetor coluna $i$ da matriz $\mathbf{Q}$. A relação $\mathbf{B} \cdot \mathbf{Q}^T = \mathbf{Q}^T \cdot \mathbf{A}$ pode ser escrita como

$$\begin{bmatrix} \beta_0 & \gamma_0 & & & & \\ \alpha_1 & \beta_1 & \gamma_1 & & & \\ & & \vdots & & & \\ & & & \alpha_{n-2} & \beta_{n-2} & \gamma_{n-2} \\ & & & & \alpha_{n-1} & \beta_{n-1} \end{bmatrix} \cdot \begin{bmatrix} \mathbf{q}_0^T \\ \mathbf{q}_1^T \\ \vdots \\ \mathbf{q}_{n-2}^T \\ \mathbf{q}_{n-1}^T \end{bmatrix} = \begin{bmatrix} \mathbf{q}_0^T \\ \mathbf{q}_1^T \\ \vdots \\ \mathbf{q}_{n-2}^T \\ \mathbf{q}_{n-1}^T \end{bmatrix} \cdot \mathbf{A} \tag{11.4.12}$$

A linha $n-1$ desta equação matricial é

$$\alpha_{n-1} \mathbf{q}_{n-2}^T + \beta_{n-1} \mathbf{q}_{n-1}^T = \mathbf{q}_{n-1}^T \cdot \mathbf{A} \tag{11.4.13}$$

Uma vez que $\mathbf{Q}$ é ortogonal,

$$\mathbf{q}_{n-1}^T \cdot \mathbf{q}_m = \delta_{n-1,m} \tag{11.4.14}$$

Por esta razão, se multiplicarmos pela direita a equação (11.4.13) por $\mathbf{q}_{n-1}$, encontraremos

$$\beta_{n-1} = \mathbf{q}_{n-1}^T \cdot \mathbf{A} \cdot \mathbf{q}_{n-1} \tag{11.4.15}$$

que é conhecida uma vez que $\mathbf{q}_{n-1}$ é conhecido. Então, a equação (11.4.13) proporciona

$$\alpha_{n-1}\mathbf{q}_{n-2}^T = \mathbf{z}_{n-2}^T \tag{11.4.16}$$

onde

$$\mathbf{z}_{n-2}^T \equiv \mathbf{q}_{n-1}^T \cdot \mathbf{A} - \beta_{n-1}\mathbf{q}_{n-1}^T \tag{11.4.17}$$

é conhecida. Por esta razão

$$\alpha_{n-1}^2 = \mathbf{z}_{n-2}^T\mathbf{z}_{n-2}, \tag{11.4.18}$$

ou

$$\alpha_{n-1} = |\mathbf{z}_{n-2}| \tag{11.4.19}$$

e

$$\mathbf{q}_{n-2}^T = \mathbf{z}_{n-2}^T/\alpha_{n-1} \tag{11.4.20}$$

(onde $\alpha_{n-1}$ é não nulo por hipótese). Similarmente, pode-se mostrar por indução que se conhecemos $\mathbf{q}_{n-1}$, $\mathbf{q}_{n-2}$, ..., $\mathbf{q}_{n-j}$ e os $\alpha$'s, $\beta$'s e $\gamma$'s até o nível $n-j$, podemos determinar as quantidades no nível $n - (j+1)$.

Para aplicar o lema na prática, suponha que possamos de alguma forma encontrar a matriz tridiagonal $\overline{\mathbf{A}}_{s+1}$ tal que

$$\overline{\mathbf{A}}_{s+1} = \overline{\mathbf{Q}}_s^T \cdot \overline{\mathbf{A}}_s \cdot \overline{\mathbf{Q}}_s \tag{11.4.21}$$

onde $\overline{\mathbf{Q}}_s^T$ é ortogonal e tem a mesma última linha que $\mathbf{Q}_s^T$ no algoritmo $QL$ original. Então $\overline{\mathbf{Q}}_s = \mathbf{Q}_s$ e $\overline{\mathbf{A}}_{s+1} = \mathbf{A}_{s+1}$.

Agora, no algoritmo original, da equação (11.4.11) vemos que a última linha de $\mathbf{Q}_s^T$ é a mesma que a última linha de $\mathbf{P}_{n-1}^{(s)}$. Mas lembre-se que $\mathbf{P}_{n-1}^{(s)}$ é um plano de rotação desenvolvido para aniquilar o elemento $(n-2, n-1)$ de $\mathbf{A}_s - k_s\mathbf{1}$. Um simples cálculo usando a expressão (11.1.1) mostra que ele tem parâmetros

$$c = \frac{d_{n-1} - k_s}{\sqrt{e_{n-1}^2 + (d_{n-1} - k_s)^2}}, \quad s = \frac{-e_{n-2}}{\sqrt{e_{n-1}^2 + (d_{n-1} - k_s)^2}} \tag{11.4.22}$$

A matriz $\mathbf{P}_{n-1}^{(s)} \cdot \mathbf{A}_s \cdot \mathbf{P}_{n-1}^{(s)T}$ é tridiagonal com dois elementos extras:

$$\begin{bmatrix} \ddots & & & & \\ & \times & \times & \times & \\ & \times & \times & \times & \mathbf{x} \\ & & \times & \times & \times \\ & & \mathbf{x} & \times & \times \end{bmatrix} \tag{11.4.23}$$

Devemos agora reduzir esta à forma tridiagonal com uma matriz ortogonal cuja última linha seja $[0, 0, ..., 0, 1]$ de forma que a última linha de $\overline{\mathbf{Q}}_s^T$ fique igual a $\mathbf{P}_{n-1}^{(s)}$. Isto pode ser feito por uma sequência de Householder ou transformações de Givens. Para a forma especial da matriz (11.4.23), Givens é melhor. Rotacionamos no plano $(n-3, n-2)$ para aniquilar o elemento $(n-3, n-1)$. [Por simetria, o elemento $(n-1, n-3)$ também será anulado.] Isto nos deixa com uma forma tridiagonal exceto pelos elementos extras $(n-4, n-2)$ e $(n-2, n-4)$. Aniquilamos estes com uma rotação no plano $(n-4, n-3)$, e assim sucessivamente. Por esta razão, uma sequência de Givens de $n-2$ rotações é necessária. O resultado é que

$$\mathbf{Q}_s^T = \overline{\mathbf{Q}}_s^T = \overline{\mathbf{P}}_1^{(s)} \cdot \overline{\mathbf{P}}_2^{(s)} \cdots \overline{\mathbf{P}}_{n-2}^{(s)} \cdot \mathbf{P}_{n-1}^{(s)} \tag{11.4.24}$$

onde os $\overline{\mathbf{P}}$'s são as rotações de Givens e $\mathbf{P}_{n-1}$ é a mesma rotação no plano do algoritmo original. Então a equação (11.4.21) nos dá a próxima iteração de **A**. Note que o shift $k_s$ entra implicitamente através dos parâmetros (11.4.22).

A seguinte rotina `tqli` ("*Tridiagonal QL Implicit*"), baseado algoritmicamente nas implementações em [2,3], funciona extremamente bem na prática. O número de iterações para os primeiros poucos autovalores poderia ser quatro ou cinco, digamos, mas nisso os elementos fora da diagonal no canto inferior direito foram também reduzidos. Os autovalores posteriores são liberados com muito pouco trabalho. O número médio de iterações por autovalores é tipicamente 1,3–1,6. A contagem de operações por iteração é $O(n)$, com um coeficiente efetivo razoavelmente grande, digamos, $\sim 20n$. A contagem de operações no total para a diagonalização é então muito aproximadamente $\sim 20n \times (1,3\text{–}1,6)n \sim 30n^2$. Se os autovetores são necessários, as sentenças indicadas pelos comentários são incluídas e há um workload adicional, muito maior, de cerca de $6n^3$ operações.

```
void Symmeig::tqli()                                                    eigen_sym.h
```
O algoritmo *QL* com shifts implícitos para determinar os autovalores e (opcionalmente) os autovetores de uma matriz real simétrica tridiagonal, ou de uma matriz simétrica real previamente reduzida por `tred2` (§11.3). No input, `d[0..n-1]` contém os elementos da diagonal da matriz tridiagonal. No output, ela retorna os autovalores. O vetor `e[0..n-1]` é input para os elementos da subdiagonal da matriz tridiagonal, com `e[0]` arbitrário. No output, e é destruído. Se os autovetores da matriz tridiagonal são desejados, a matriz `z[0..n-1][0..n-1]` é input como a matriz identidade. Se os autovetores de uma matriz que foi reduzida por `tred2` são necessários, então z é input como a matriz output por `tred2`. Em qualquer caso, a coluna k de z retorna o autovetor normalizado correspondente a `d[k]`.

```
{
    Int m,l,iter,i,k;
    Doub s,r,p,g,f,dd,c,b;
    const Doub EPS=numeric_limits<Doub>::epsilon();
    for (i=1;i<n;i++) e[i-1]=e[i];             Conveniente para renumerar os elementos
    e[n-1]=0.0;                                de e.
    for (l=0;l<n;l++) {
        iter=0;
        do {
            for (m=l;m<n-1;m++) {              Procure por um único elemento pequeno
                dd=abs(d[m])+abs(d[m+1]);      da subdiagonal para dividir a matriz.
                if (abs(e[m]) <= EPS*dd) break;
            }
            if (m != l) {
                if (iter++ == 30) throw("Too many iterations in tqli");
                g=(d[l+1]-d[l])/(2.0*e[l]);    Construa o shift.
                r=pythag(g,1.0);
                g=d[m]-d[l]+e[l]/(g+SIGN(r,g)); Este é $d_m-k_s$.
                s=c=1.0;
                p=0.0;
                for (i=m-1;i>=l;i--) {         Um plano de rotação como na *QL* origi-
                    f=s*e[i];                  nal, seguido por rotações de Givens
                    b=c*e[i];                  para restaurar a forma tridiagonal.
                    e[i+1]=(r=pythag(f,g));
                    if (r == 0.0) {            Recupere-se de um underflow.
                        d[i+1] -= p;
                        e[m]=0.0;
                        break;
                    }
                    s=f/r;
                    c=g/r;
                    g=d[i+1]-p;
                    r=(d[i]-g)*s+2.0*c*b;
                    d[i+1]=g+(p=s*r);
                    g=c*r-b;
                    if (yesvecs) {
                        for (k=0;k<n;k++) {    Construa os autovetores.
```

```
                    f=z[k][i+1];
                    z[k][i+1]=s*z[k][i]+c*f;
                    z[k][i]=c*z[k][i]-s*f;
                }
            }
        }
        if (r == 0.0 && i >= 1) continue;
        d[l] -= p;
        e[l]=g;
        e[m]=0.0;
    }
    } while (m != 1);
  }
}

Doub Symmeig::pythag(const Doub a, const Doub b) {
Compute (a² + b²)^(1/2) sem destruir o underflow ou overflow.
    Doub absa=abs(a), absb=abs(b);
    return (absa > absb ? absa*sqrt(1.0+SQR(absb/absa)) :
        (absb == 0.0 ? 0.0 : absb*sqrt(1.0+SQR(absa/absb))));
}
```

### 11.4.4 Novos métodos

Existem dois novos algoritmos para sistemas simétricos tridiagonais que são geralmente mais eficientes do que o método QL, especialmente para matrizes grandes. O primeiro é o *método dividir-para-conquistar* [5]. Este método divide a matriz tridiagonal em duas metades, resolve os autoproblemas em cada uma das metades e então costura as duas soluções para gerar a solução do problema original. O método é aplicado recursivamente, com o método QL usado apenas se as matrizes são suficientemente pequenas. O método é implementado em LAPACK como dstevd e é cerca de 2,5 vezes mais rápido do que o método QL para matrizes grandes.

O método mais rápido de todos para a vasta maioria das matrizes é o algoritmo *MRRR* (representações múltiplas relativamente robustas) [6]. Conforme veremos em §11.8, a iteração inversa pode determinar os autovetores de uma matriz tridiagonal em $O(n^2)$ operações. Contudo, autovalores clusterized (aglomerados) levam a autovetores que não são propriamente ortogonais um em relação ao outro. Usar um procedimento como Gram-Shimidt para ortogonalizar os vetores é $O(n^3)$. O algoritmo *MRRR* é uma versão sofisticada da iteração inversa que é $O(n^2)$ sem necessitar de Gram-Schmidt. Uma implementação está disponível em LAPACK como dstegr.

**REFERÊNCIAS CITADAS E LEITURA COMPLEMENTAR**

Acton, F.S. 1970, *Numerical Methods That Work,* 1990, corrected edition (Washington, DC: Mathematical Association of America), pp. 331–335.[1]

Wilkinson, J.H., and Reinsch, C. 1971, *Linear Algebra,* vol. II of *Handbook for Automatic Computation* (New York: Springer).[2]

Smith, B.T., et al. 1976, *Matrix Eigensystem Routines – EISPACK Guide,* 2nd ed., vol. 6 of Lecture Notes in Computer Science (New York: Springer).[3]

Stoer, J., and Bulirsch, R. 2002, *Introduction to Numerical Analysis,* 3rd ed. (New York: Springer), §6.6.4.[4]

Cuppen, J.J.M. 1981, "A Divide-and-Conquer Method for the Symmetric Tridiagonal Eigenproblem," *Numerische Mathematik,* vol. 36, pp. 177–195.[5]

Dhillon, I.S., and Parlett, B.N. 2004, "Multiple Representations to Compute Orthogonal Eigenvectors of Symmetric Tridiagonal Matrices," *Linear Algebra and Its Applications,* vol. 387, pp. 1–28.[6]

## 11.5 Matrizes Hermitianas

O análogo complexo de uma matriz real simétrica é uma matriz Hermitiana, satisfazendo a equação (11.0.4). Transformações de Jacobi podem ser usadas para encontrar autovalores e autovetores, assim como também pode a redução de Householder à forma tridiagonal seguida pela iteração QL. Versões complexas das rotinas anteriores `Jacobi`, `tred2` e `tqli` são muito análogas às suas correlatas reais. Para rotinas de uso, consulte [1,2].

Uma alternativa, usando as rotinas deste livro, é converter o problema Hermitiano em um problema real simétrico: se $\mathbf{C} = \mathbf{A} + i\mathbf{B}$ é uma matriz Hermitiana, então problema complexo de autovalores $n \times n$

$$(\mathbf{A} + i\mathbf{B}) \cdot (\mathbf{u} + i\mathbf{v}) = \lambda(\mathbf{u} + i\mathbf{v}) \tag{11.5.1}$$

é equivalente ao problema real $2n \times 2n$

$$\begin{bmatrix} \mathbf{A} & -\mathbf{B} \\ \mathbf{B} & \mathbf{A} \end{bmatrix} \cdot \begin{bmatrix} \mathbf{u} \\ \mathbf{v} \end{bmatrix} = \lambda \begin{bmatrix} \mathbf{u} \\ \mathbf{v} \end{bmatrix} \tag{11.5.2}$$

Observe que a matriz $2n \times 2n$ em (11.5.2) é simétrica: $\mathbf{A}^T = \mathbf{A}$ e $\mathbf{B}^T = -\mathbf{B}$ se $\mathbf{C}$ é Hermitiana.

Correspondente a um dado autovalor $\lambda$, o vetor

$$\begin{bmatrix} -\mathbf{v} \\ \mathbf{u} \end{bmatrix} \tag{11.5.3}$$

é também um autovetor, como você pode verificar explicitando as duas equações matriciais implicadas por (11.5.2). Por esta razão, se $\lambda_0, \lambda_1, ..., \lambda_{n-1}$ são os autovalores de $\mathbf{C}$, então os $2n$ autovalores do problema ampliado (11.5.2) são $\lambda_0, \lambda_0, \lambda_1, \lambda_1, ..., \lambda_{n-1}, \lambda_{n-1}$; cada um, em outras palavras, é repetido duas vezes. Os autovetores são pares da forma $\mathbf{u} + i\mathbf{v}$ e $i(\mathbf{u} + i\mathbf{v})$; isto é, eles são os mesmos até uma fase secundária. Portanto, resolvemos o problema ampliado (11.5.2) e escolhemos uma autovalor e um autovetor de cada par. Estes fornecem os autovalores e autovetores da matriz original $\mathbf{C}$.

Trabalhar com a matriz ampliada necessita de duas vezes mais memória do que a matriz complexa original. Em princípio, um algoritmo complexo é também um fator de 2 mais eficiente em tempo computacional do que a solução do problema ampliado. Na prática, implementações mais complexas não alcançam este fator a menos que eles sejam escritos inteiramente em aritmética real. (Boas bibliotecas de rotinas sempre fazem isso.)

#### REFERÊNCIAS CITADAS E LEITURA COMPLEMENTAR

Wilkinson, J.H., and Reinsch, C. 1971, *Linear Algebra,* vol. II of *Handbook for Automatic Computation* (New York: Springer).[1]

Smith, B.T., et al. 1976, *Matrix Eigensystem Routines – EISPACK Guide,* 2nd ed., vol. 6 of Lecture Notes in Computer Science (New York: Springer).[2]

## 11.6 Matrizes reais não simétricas

Os algoritmos para matrizes simétricas dados nas seções anteriores são altamente satisfatórios na prática. Em constrate, é impossível desenvolver algoritmos igualmente satisfatórios para o caso não simétrico. Existem duas razões para isso. Primeiro, os autovalores de uma matriz não simétrica podem ser muito sensíveis a pequenas variações nos elementos da matriz. Segundo, a própria matriz pode ser defeituosa, de forma que não há um conjunto completo de autovalores. Enfatizamos que estas dificuldades são propriedades intrínsecas de certas matrizes não simétricas, e nenhum procedimento numérico pode "curá-las". O melhor que podemos esperar são procedimentos que não exacerbem tais problemas.

A presença de erro de arredondamento pode apenas tornar a situação ainda pior. Com aritmética de precisão finita, nem mesmo se pode designar um algoritmo à prova de falhas para determinar se uma dada matriz é defeituosa ou não. Por esta razão, algoritmos atuais geralmente *tentam* encontrar um conjunto *completo* de autovetores e confiam que o usuário inspecione os resultados. Se alguns autovetores são quase paralelos, a matriz é provavelmente defeituosa.

A estratégia para encontrar os autossistema de matrizes gerais assemelha-se àquela do caso simétrico. Primeiro, reduzimos a matriz a uma forma mais simples e então realizamos um procedimento iterativo na matriz simplificada. A estrutura mais simples que usamos aqui é chamada forma de Hessenberg, definida mais adiante nesta seção. A interface com o usuário para a rotina é muito simples. A declaração

```
Unsymmeig h(a);
```

computa todos os autovalores e autovetores da matriz a. Os autovalores são armazenados no vetor complexo h.wri e os autovetores correspondentes nas colunas da matriz h.zz. Se h.wri[i] é real, o autovetor real está em h.zz[0..n-1][i]. Para autovalores complexos, se h.wri[i] tem uma parte imaginária positiva, então o autovalor complexo conjugado está em h.wri[i+1]. Somente o autovetor correspondente a h.wri[i] é retornado, com a parte real em h.zz[0..n-1][i] e a parte imaginária em h.zz[0..n-1][i+1]. O autovetor correspondente a h.wri[i+1] é simplesmente o complexo conjugado deste.

Argumentos opcionais permitem a você computar apenas os autovalores, ou colocar como input uma matriz já na forma de Hessenberg:

```
Unsymmeig h(a,false);          Somente autovalores computados.
Unsymmeig h(a,true,true);      Ambos autovalores e autovetores, matriz de Hessenberg.
```

Aqui está a rotina. As implementações das várias componentes são discutidas no resto desta seção e da próxima.

eigen_unsym.h
```
struct Unsymmeig {
```
Compute todos os autovalores e autovetores de uma matriz não simétrica pela redução à forma de Hessenberg seguida pela iteração QR.
```
    Int n;
    MatDoub a,zz;
    VecComplex wri;
    VecDoub scale;                 Armazene o escalamento de balance.
    VecInt perm;                   Armazene a permutação de elmhes.
    Bool yesvecs,hessen;

    Unsymmeig(MatDoub_I &aa, Bool yesvec=true, Bool hessenb=false) :
        n(aa.nrows()), a(aa), zz(n,n,0.0), wri(n), scale(n,1.0), perm(n),
        yesvecs(yesvec), hessen(hessenb)
```
Computa todos os autovalores e (opcionalmente) autovetores de uma matriz real não simétrica a[0..n-1][0..n-1] por redução à forma de Hessenberg seguida pela iteração QR. Se yesvecs é input como true (default), então os autovetores são computados. Caso contrário, apenas os autovalores são computados. Se hessen é input como false (o default), a matriz é primeiro reduzida à forma de Hessenberg. Caso contrário, é assumido que a matriz já está na forma de Hessenberg. No output, wri[0..n-1] contém os autovalores classificados em ordem decrescente, enquanto zz[0..n-1][0..n-1] é uma matriz cujas colunas contêm os autovetores correspondentes. Para um autovalor complexo, apenas o autovetor

correspondente ao autovalor com uma parte imaginária positiva é armazenado, com a parte real em zz[0..n-1][i] e a parte imaginária em h.zz[0..n-1][i+1]. Os autovetores não são normalizados.

```
    {
        balance();
        if (!hessen) elmhes();
        if (yesvecs) {
            for (Int i=0;i<n;i++)          Inicialize para matriz identidade.
                zz[i][i]=1.0;
            if (!hessen) eltran();
            hqr2();
            balbak();
            sortvecs();
        } else {
            hqr();
            sort();
        }
    }
    void balance();
    void elmhes();
    void eltran();
    void hqr();
    void hqr2();
    void balbak();
    void sort();
    void sortvecs();
};
```

## 11.6.1 Balanceamento

A sensibilidade dos autovalores aos erros de arredondamento durante a execução de alguns algoritmos pode ser reduzida pelo procedimento de *balanceamento*. Os erros no autossistema encontrados por um procedimento numérico são geralmente proporcionais à norma Euclidiana da matriz, isto é, a raiz quadrada da soma dos quadrados dos elementos. A ideia do balanceamento é usar tranformações de similaridade para tornar as linhas e colunas correspondentes da matriz de normas comparáveis. Uma matriz simétrica já é naturalmente balanceada.

Balanceamento é um procedimento de ordem $N^2$ operações. Por esta razão, o tempo tomado pelo procedimento `balance`, dado abaixo, nunca deve ser significativo comparado ao tempo total necessário para encontrar os autovalores. Portanto, é então recomendado que você *sempre* faça o balanceamento de matrizes não simétricas. Isto não tira pedaço, e pode substancialmente melhorar a acurácia dos autovalores computados de uma matriz que está pobremente balanceada.

O algoritmo de fato usado é devido a Osborne, como discutido em [1]. Ele consiste em uma sequência de transformações de similaridade por matrizes diagonais **D**. Para evitar introduzir erros de arredondamento durante o processo de balanceamento, os elementos de **D** são restritos a ser potências exatas da base empregada para aritmética em ponto flutuante (i.e., 2 para todas as máquinas modernas, mas 16 para algumas arquiteturas mainframe históricas). O output é uma matriz que é balanceada na norma dada por somar as magnitudes absolutas dos elementos da matriz. Esta norma é mais eficiente do que usar a norma Euclidiana, e é igualmente efetiva: uma grande redução na norma implica uma grande redução na outra.

Observe que se os elementos fora da diagonal de alguma linha ou coluna de uma matriz são todos nulos, então o elemento da diagonal é um autovalor. Se o autovalor ocorre de ser mal-condicionado (sensível a pequenas mudanças nos elementos da matriz), ele terá erros relativamente grandes quando determinado pela rotina `hqr` (§11.7). Se tivéssemos meramente inspecionado a matriz antecipadamente, poderíamos ter determinado o autovalor isolado exatamente e então deletado a linha e coluna correspondente da matriz. Você deve considerar se esta pré-inspeção pode ser útil em sua aplicação. (Para matrizes simétricas, as rotinas que nós fornecemos determinarão os autovalores isolados acuradamente em todos os casos.)

A rotina `balance` controla os fatores de escala usados no balanceamento. Se você está computando autovetores bem como autovalores, então a transformação de similaridade acumulada da matriz original é desfeita aplicando-se estes fatores de escala na rotina `balbak`.

eigen_unsym.h `void Unsymmeig::balance()`

Dada uma matriz a[0..n-1][0..n-1], esta rotina a substitui por uma matriz balanceada com autovalores idênticos. Uma matriz simétrica já está balanceada e não é afetada por este procedimento.

```
{
    const Doub RADIX = numeric_limits<Doub>::radix;
    Bool done=false;
    Doub sqrdx=RADIX*RADIX;
    while (!done) {
        done=true;
        for (Int i=0;i<n;i++) {                  Calcule as normas linha e coluna.
            Doub r=0.0,c=0.0;
            for (Int j=0;j<n;j++)
                if (j != i) {
                    c += abs(a[j][i]);
                    r += abs(a[i][j]);
                }
            if (c != 0.0 && r != 0.0) {          Se ambas são não nulas,
                Doub g=r/RADIX;
                Doub f=1.0;
                Doub s=c+r;
                while (c<g) {                    encontre a potência inteira da base da máquina
                    f *= RADIX;                  que chega mais perto de balancear a matriz.
                    c *= sqrdx;
                }
                g=r*RADIX;
                while (c>g) {
                    f /= RADIX;
                    c /= sqrdx;
                }
                if ((c+r)/f < 0.95*s) {
                    done=false;
                    g=1.0/f;
                    scale[i] *= f;               Aplique transformação de similari-
                    for (Int j=0;j<n;j++) a[i][j] *= g;   dade.
                    for (Int j=0;j<n;j++) a[j][i] *= f;
                }
            }
        }
    }
}
```

eigen_unsym.h `void Unsymmeig::balbak()`

Forme os autovetores de uma matriz não simétrica real ao transformar de volta aqueles da correspondente matriz balanceada determinada pelo balanço.

```
{
    for (Int i=0;i<n;i++)
        for (Int j=0;j<n;j++)
            zz[i][j] *= scale[i];
}
```

## 11.6.2 Redução a forma de Hessenberg

Uma matriz de *Hessenberg superior* tem zeros em toda parte abaixo da diagonal exceto pela primeira subdiagonal. Por exemplo, no caso $6 \times 6$, os elementos não nulos são

$$\begin{bmatrix} \times & \times & \times & \times & \times & \times \\ \times & \times & \times & \times & \times & \times \\ & \times & \times & \times & \times & \times \\ & & \times & \times & \times & \times \\ & & & \times & \times & \times \\ & & & & \times & \times \end{bmatrix}$$

Neste meio tempo, você já deve ser capaz de dizer só de olhar que tal estrutura pode ser alcançada por uma sequência de transformações Householder, cada uma anulando os elementos necessários em uma coluna da matriz. A redução Householder para forma Hessenberg é de fato uma técnica aceita. Uma alternativa, porém, é um procedimento análogo à eliminação Gaussiana com pivoteamento. Usaremos este procedimento de eliminação, pois ele ele é cerca de duas vezes mais eficiente do que o método de Householder, e também porque queremos ensinar a você o método. É possível construir matrizes para as quais a redução de Householder, sendo ortogonal, é estável e a eliminação não, mas tais matrizes são extremamente raras na prática.

Uma eliminação gaussiana direta não é uma transformação de similaridade da matriz. Consequentemente, o procedimento de eliminação usado na verdade é ligeiramente diferente. Procedemos em uma série de estágios $r = 1, 2, ..., N - 2$. Antes do $r$-ésimo estágio, a matriz original $\mathbf{A} \equiv \mathbf{A}_1$ se tornou $\mathbf{A}_r$, que é Hessenberg superior até, mas não incluindo, a linha e a coluna $r - 1$. O $r$-ésimo estágio então consiste da seguinte sequência de operações:

- Encontre o elemento de máxima magnitude na coluna $r - 1$ abaixo da diagonal. Se ele é nulo, pule para os próximos dois "bullets" e o estágio está completo. Caso contrário, suponha que o máximo elemento esteja na linha $r'$.
- Troque as linhas $r'$ e $r$. Este é o procedimento de pivoteamento. Para tornar a permutação uma transformação de similaridade, também troque as colunas $r'$ e $r$.
- Para $i = r + 1, r + 2, ..., N - 1$, compute o multiplicador

$$n_{ir} \equiv \frac{a_{i,r-1}}{a_{r,r-1}}$$

  Subtraia $n_{ir}$ vezes a linha $r$ da linha $i$. Para fazer da eliminação uma transformação de similaridade, também *adicione* $n_{ir}$ vezes a coluna $i$ para a coluna $r$.

Um total de $N - 2$ destes estágios é necessário.

Quando as magnitudes dos elementos da matriz variam em muitas ordens, você deve tentar rearranjar a matriz de forma que os maiores elementos estejam no canto superior esquerdo. Isto reduz os erros de arredondamento, uma vez que a redução procede da esquerda para a direita.

A rotina `elmhes` controla as permutações aplicadas durante a eliminação. Se você está computando autovetores, então a transformação de similaridade acumulada é aplicada aos autovetores pela rotina `eltran`, que inclui algumas permutações necessárias. A contagem de operações é cerca de $5N^3/3$ para $N$ grande.

eigen_unsym.h `void Unsymmeig::elmhes()`

Redução à forma de Hessenberg pelo método de eliminação. Substitui a matriz real não simétrica a[0..n-1][0..n-1] por uma matriz de Hessenberg superior com autovalores idênticos. Recomendado, mas não requerido, é que esta rotina seja precedida pelo balanço. No output, a matriz de Hessenberg está nos elementos a[i][j] com i ≤ j+1. Elementos com i > j+1 são pensados como zero, mas são retornados com valores aleatórios.

```
{
    for (Int m=1;m<n-1;m++) {           m é chamado r no texto.
        Doub x=0.0;
        Int i=m;
        for (Int j=m;j<n;j++) {          Encontre o pivô.
            if (abs(a[j][m-1]) > abs(x)) {
                x=a[j][m-1];
                i=j;
            }
        }
        perm[m]=i;                       Armazene a permutação.
        if (i != m) {                    Troque linhas e colunas.
            for (Int j=m-1;j<n;j++) SWAP(a[i][j],a[m][j]);
            for (Int j=0;j<n;j++) SWAP(a[j][i],a[j][m]);
        }
        if (x != 0.0) {                  Execute a eliminação.
            for (i=m+1;i<n;i++) {
                Doub y=a[i][m-1];
                if (y != 0.0) {
                    y /= x;
                    a[i][m-1]=y;
                    for (Int j=m;j<n;j++) a[i][j] -= y*a[m][j];
                    for (Int j=0;j<n;j++) a[j][m] += y*a[j][i];
                }
            }
        }
    }
}
```

eigen_unsym.h `void Unsymmeig::eltran()`

Esta rotina acumula as transformações de similaridade elementares estabilizadas usadas na redução à forma de Hessenberg por elmhes. Os multiplicadores que foram usados na redução são obtidos do triângulo inferior (abaixo da subdiagonal) de a. As transformações são permutadas de acordo com as permutações armazenadas em perm por elmhes.

```
{
    for (Int mp=n-2;mp>0;mp--) {
        for (Int k=mp+1;k<n;k++)
            zz[k][mp]=a[k][mp-1];
        Int i=perm[mp];
        if (i != mp) {
            for (Int j=mp;j<n;j++) {
                zz[mp][j]=zz[i][j];
                zz[i][j]=0.0;
            }
            zz[i][mp]=1.0;
        }
    }
}
```

### REFERÊNCIAS CITADAS E LEITURA COMPLEMENTAR

Wilkinson, J.H., and Reinsch, C. 1971, *Linear Algebra,* vol. II of *Handbook for Automatic Computation* (New York: Springer).[1]

Smith, B.T., et al. 1976, *Matrix Eigensystem Routines – EISPACK Guide,* 2nd ed., vol. 6 of Lecture Notes in Computer Science (New York: Springer).[2]

Stoer, J., and Bulirsch, R. 2002, *Introduction to Numerical Analysis,* 3rd ed. (New York: Springer), §6.5.4.[3]

## 11.7 O algoritmo *QR* para matrizes de Hessenberg

Para completar a estratégia para matrizes reais não simétricas que foi exposta em §11.6, precisamos computar os autovalores e autovetores de uma matriz real de Hessenberg. Recorde as seguintes relações para o algoritmo *QR* com shifts:

$$\mathbf{Q}_s \cdot (\mathbf{A}_s - k_s \mathbf{1}) = \mathbf{R}_s \qquad (11.7.1)$$

onde **Q** é ortogonal e **R** é triangular superior, e

$$\begin{aligned}\mathbf{A}_{s+1} &= \mathbf{R}_s \cdot \mathbf{Q}_s^T + k_s \mathbf{1} \\ &= \mathbf{Q}_s \cdot \mathbf{A}_s \cdot \mathbf{Q}_s^T\end{aligned} \qquad (11.7.2)$$

A transformação *QR* preserva a forma Hessenberg superior da matriz original $\mathbf{A} \equiv \mathbf{A}_1$, e o workload em tal matriz é $O(n^2)$ por iteração, em oposição a $O(n^3)$ em uma matriz geral. Conforme $s \to \infty$, $\mathbf{A}_s$ converge para uma forma onde os autovalores são isolados na diagonal ou são autovalores de uma submatriz $2 \times 2$ na diagonal.

Como apontamos em §11.4, o shifting (deslocamento) é essencial para rápida convergência. Uma diferença chave aqui é que uma matriz real não simétrica pode ter autovalores complexos. Isto significa que boas escolhas para os shifts $k_s$ podem ser complexos, aparentemente necessitando de aritmética complexa.

Aritmética complexa pode ser evitada, porém, por um truque inteligente. Este truque, mais uma detalhada descrição de como o algoritmo *QR* é usado, é descrito em uma Webnote [1].

A contagem de operações para o algoritmo *QR* para matrizes de Hessenberg é $\sim 10k^2$ por iteração, onde $k$ é o tamanho atual da matriz. O típico número médio de iterações por autovalor é cerca de dois, assim a contagem total de operações para todos os autovalores é $\sim 10n^3$. A contagem total de operações para ambos autovalores e autovetores é $\sim 25n^3$.

As rotinas hqr para os autovalores apenas, e hqr2, que computa ambos autovalores e autovetores, são dadas por completo em uma Webnote [2], juntamente com algumas rotinas utilitárias Unsymmeig ainda não listadas. As implementações são baseadas algoritmicamente na descrição acima, que por sua vez segue as implementações em [3,4].

#### REFERÊNCIAS CITADAS E LEITURA COMPLEMENTAR

Numerical Recipes Software 2007, "Description of the QR Algorithm for Hessenberg Matrices," *Numerical Recipes Webnote No. 16,* at http://www.nr.com/webnotes?16 [1]

Numerical Recipes Software 2007, "Implementations in Unsymmeig," *Numerical Recipes Webnote No. 17,* at http://www.nr.com/webnotes?17 [2]

Wilkinson, J.H., and Reinsch, C. 1971, *Linear Algebra,* vol. II of *Handbook for Automatic Computation* (New York: Springer).[3]

Golub, G.H., and Van Loan, C.F. 1996, *Matrix Computations,* 3rd ed. (Baltimore: Johns Hopkins University Press), §7.5.

Smith, B.T., et al. 1976, *Matrix Eigensystem – EISPACK Guide,* 2nd ed., vol. 6 of Lecture Notes in Computer Science (New York: Springer).[4]

## 11.8 Refinar autovalores e/ou encontrar autovetores por iteração inversa

A ideia básica por trás da iteração inversa é muito simples. Seja **y** a solução do sistema linear

$$(\mathbf{A} - \tau\mathbf{1}) \cdot \mathbf{y} = \mathbf{b} \tag{11.8.1}$$

onde **b** é um vetor aleatório e $\tau$ é próximo de algum autovalor $\lambda$ de **A**. Então a solução **y** será próxima ao autovetor correspondente a $\lambda$. O procedimento pode ser iterado: substitua **b** por **y** e resolva para um novo **y**, que será ainda mais próximo do autovetor verdadeiro.

Podemos ver por que isto funciona expandindo ambos **y** e **b** como combinações lineares dos autovetores $\mathbf{x}_j$ de **A**:

$$\mathbf{y} = \sum_j \alpha_j \mathbf{x}_j \qquad \mathbf{b} = \sum_j \beta_j \mathbf{x}_j \tag{11.8.2}$$

Então (11.8.1) fornece

$$\sum_j \alpha_j (\lambda_j - \tau) \mathbf{x}_j = \sum_j \beta_j \mathbf{x}_j \tag{11.8.3}$$

de forma que

$$\alpha_j = \frac{\beta_j}{\lambda_j - \tau} \tag{11.8.4}$$

e

$$\mathbf{y} = \sum_j \frac{\beta_j \mathbf{x}_j}{\lambda_j - \tau} \tag{11.8.5}$$

Se $\tau$ é próximo de $\lambda_n$, digamos, então contanto que o $\beta_n$ dado não seja acidentalmente pequeno demais, **y** será aproximadamente $\mathbf{x}_n$, até a normalização. Além disso, cada iteração deste procedimento nos dá outra potência de $\lambda_j - \tau$ no denominador de (11.8.5). Por esta razão a convergência é rápida para autovalores bem-separados.

Suponha que no $k$-ésimo estágio estejamos resolvendo a equação

$$(\mathbf{A} - \tau_k\mathbf{1}) \cdot \mathbf{y} = \mathbf{b}_k \tag{11.8.6}$$

onde $\mathbf{b}_k$ e $\tau_k$ são nossos chutes atuais para algum autovetor e autovalor de interesse (digamos, $\mathbf{x}_n$ e $\lambda_n$). Normalizamos $\mathbf{b}_k$ de forma que $\mathbf{b}_k \cdot \mathbf{b}_k = 1$. O autovetor exato e o autovalor satisfazem

$$\mathbf{A} \cdot \mathbf{x}_n = \lambda_n \mathbf{x}_n \tag{11.8.7}$$

assim

$$(\mathbf{A} - \tau_k\mathbf{1}) \cdot \mathbf{x}_n = (\lambda_n - \tau_k)\mathbf{x}_n \tag{11.8.8}$$

Uma vez que **y** de (11.8.6) é uma aproximação melhorada de $\mathbf{x}_n$, o normalizamos e designamos

$$\mathbf{b}_{k+1} = \frac{\mathbf{y}}{|\mathbf{y}|} \tag{11.8.9}$$

Obtemos uma estimativa melhorada do autovalor substituindo nosso chute melhorado **y** por $\mathbf{x}_n$ em (11.8.8). Por (11.8.6), o lado esquerdo é $\mathbf{b}_k$, assim, chamando $\lambda_n$ como nosso novo valor $\tau_{k+1}$, encontramos

$$\tau_{k+1} = \tau_k + \frac{1}{\mathbf{b}_k \cdot \mathbf{y}}$$
(11.8.10)

Enquanto as fórmulas acima parecem simples o suficiente, na prática a implementação pode ser bastante capciosa. A primeira questão a ser resolvida é *quando* usar a iteração inversa. A maioria da carga computacional ocorre ao se resolver o sistema linear (11.8.6). Assim, uma estratégia possível é primeiro reduzir a matriz **A** a uma forma especial que possibilite uma solução fácil de (11.8.6). Forma tridiagonal para matrizes simétricas ou Hessenberg para não simétricas são as escolhas óbvias. A forma tridiagonal pode ser resolvida em $O(N)$ operações; a forma de Hessenberg, em $O(N^2)$ operações. Se você então aplicar iteração inversa para gerar todos os autovetores, isto dá um método $O(N^2)$ para matrizes tridiagonais. O problema é que autovalores proximamente espaçados levam a autovetores que não são propriamente ortogonais um ao outro. Um procedimento como Gram-Schmidt para ortogonalizar os vetores, e de ordem $O(N^3)$, e não é muito satisfatório, de qualquer maneira. Consequentemente, iteração inversa é geralmente usada quando já se têm bons autovalores e queremos apenas uns poucos autovetores selecionados.

Você mesmo pode escrever uma simples rotina de iteração inversa usando decomposição *LU* para resolver (11.8.6). Você pode decidir quando usar o algoritmo *LU* geral que fornecemos no Capítulo 2 ou quando tomar vantagem da forma tridiagonal ou Hessenberg. Observe que, uma vez que o sistema linear (11.8.6) é próximo de ser singular, você deve ser cauteloso ao usar uma versão da decomposição *LU* como aquela em §2.3 que substitui um pivô nulo por um número muito pequeno.

Escolhemos não fornecer uma rotina de iteração inversa geral neste livro porque é bastante incômoda levar em conta todos os casos que podem surgir. Rotinas são fornecidas, por exemplo, em [1-3]. Se você usar estas, ou escrever sua própria rotina, pode aproveitar as seguintes sugestões.

Começamos fornecendo um valor inicial $\tau_0$ para o autovalor $\lambda_n$ de interesse. Escolha um vetor aleatório normalizado $\mathbf{b}_0$ como o chute inicial para o autovetor $\mathbf{x}_n$ e resolva (11.8.6). O novo vetor **y** é maior do que $\mathbf{b}_0$ por um "fator de crescimento" $|\mathbf{y}|$, que idealmente deveria ser grande. Da mesma forma, a mudança no autovalor, que por (11.8.10) é essencialmente $1/|\mathbf{y}|$, deveria ser pequena. Os seguintes casos podem surgir:

- Se o fator de crescimento é inicialmente muito pequeno, então assumimos que fizemos uma "má" escolha do vetor aleatório. Isto pode ocorrer não apenas por causa de um $\beta_n$ pequeno em (11.8.5), mas também no caso de uma matriz defeituosa, quando (11.8.5) nem mesmo se aplica (ver, p. ex., [1] ou [4] para detalhes). Voltamos para o começo e escolhemos um novo vetor inicial.

- A diferença $|\mathbf{b}_1 - \mathbf{b}_0|$ pode ser menor do que alguma tolerância $\epsilon$. Podemos usar isto como um critério de parada, iterando até ele ser satisfeito, com um máximo de 5–10 iterações, digamos.

- Após algumas iterações, se $|\mathbf{b}_{k+1} - \mathbf{b}_k|$ não está decrescendo rápido o suficiente, podemos tentar atualizar o autovalor de acordo com (11.8.10). Se $\tau_{k+1} = \tau_k$ na acurácia da máquina, não vamos melhorar o autovetor muito mais e podemos parar. Caso contrário, comece outro ciclo de iterações com o novo autovalor.

A razão de não atualizarmos o autovalor em cada passo é que, quando resolvemos o sistema linear (11.8.6) pela decomposição *LU*, podemos poupar a decomposição se $\tau_k$ fixo (assumindo que estejamos trabalhando com a matriz completa). Apenas precisamos fazer o passo de retrossubstituição cada vez que atualizarmos $\mathbf{b}_k$. O número de iterações que decidimos fazer com um $\tau_k$ fixo é um trade-off entre a convergência quadrática mas com um workload $O(N^3)$ para atualizar $\tau_k$ em cada passo e a convergência linear, mas com um workload $O(N^2)$ para manter $\tau_k$ fixo. Se você determinou o autovalor por uma das rotinas dadas anteriormente no capítulo, ele é provavelmente correto para a acurácia da máquina de qualquer maneira, e você pode omitir esta atualização.

Há duas diferentes patologias que podem surgir durante a iteração inversa. A primeira é a existência de raízes múltiplas ou raízes muito proximamente espaçadas. Isto surge mais frequentemente em um problema de matrizes simétricas. Iteração inversa encontrará apenas um autovetor para um dado chute inicial $\tau_0$. Uma boa estratégia é perturbar os últimos poucos dígitos significantes em $\tau_0$ e então repetir a iteração. Normalmente, isto fornece um autovetor independente. Passos especiais em geral têm que ser tomados para assegurar ortogonalidade dos autovetores linearmente independentes, considerando que os algoritmos de Jacobi e $QL$ automaticamente produzem autovetores ortogonais mesmo no caso de autovalores múltiplos.

O segundo problema, peculiar a matrizes não simétricas, é o caso defeituoso. A menos que se tenha um "bom" chute inicial, o fator de crescimento inicial é pequeno. Além disso, a iteração não proporciona melhoras significantes. Neste caso, o remédio é escolher aleatoriamente vetores iniciais, resolver (11.8.6) uma vez, e sair tão logo qualquer vetor dê um fator de crescimento aceitavelmente grande. Normalmente, apenas uns poucos experimentos são necessários.

Uma complicação adicional no caso não simétrico é que uma matriz real pode ter pares de autovalores que são complexos conjugados. Você então terá que usar aritmética complexa para resolver (11.8.6) para os autovetores complexos. Para qualquer matriz não simétrica de tamanho moderado (ou maior), nossa recomendação é evitar iteração inversa em favor de um método $QR$ como Unsymmeig.

Uma boa discussão destes e outros problemas com iteração inversa é dada em [5]. Como discutido em §11.4.4, para matrizes tridiagonais simétricas, o algoritmo MRRR é uma versão sofisticada da iteração inversa que evita todos estes problemas.

## REFERÊNCIAS CITADAS E LEITURA COMPLEMENTAR

Acton, F.S. 1970, *Numerical Methods That Work;* 1990, corrected edition (Washington, DC: Mathematical Association of America).

Wilkinson, J.H., and Reinsch, C. 1971, *Linear Algebra,* vol. II of *Handbook for Automatic Computation* (New York: Springer), p. 418.[1]

Smith, B.T., et al. 1976, *Matrix Eigensystem Routines – EISPACK Guide,* 2nd ed., vol. 6 of Lecture Notes in Computer Science (New York: Springer).[2]

Anderson, E., et al. 1999, LAPACK User's Guide, 3rd ed. (Philadelphia: S.I.A.M.). Online with software at 2007+, http://www.netlib.org/lapack.[3]

Stoer, J., and Bulirsch, R. 2002, *Introduction to Numerical Analysis,* 3rd ed. (New York: Springer), §6.6.3.[4]

Dhillon, I.S. 1998, "Current Inverse Iteration Software Can Fail," *BIT Numerical Mathematics,* vol. 38, pp. 685–704.[5]

# Transformadas de Fourier Rápidas

CAPÍTULO 12

## 12.0 Introdução

Uma grande e importante classe de problemas computacionais pode ser colocada sob a rubrica de métodos de transformada de Fourier ou métodos espectrais. Para alguns destes problemas, a transformada de Fourier nada mais é que uma ferramenta computacional simples e eficiente para fazer certas manipulações corriqueiras de dados. Em outros casos, há problemas para os quais a transformada de Fourier (ou o espectro de potência* relacionado) é objeto de interesse intrínseco *per se*. Estes dois tipos de problema compartilham uma mesma metodologia.

Historicamente, o método de Fourier e o método espectral sempre foram considerados como parte do chamado "processamento de sinais", e não da "análise numérica" propriamente dita. Não há na realidade nada que justifique esta distinção. Métodos de Fourier são lugar-comum em pesquisa, e não os trataremos aqui como algo altamente especializado ou obscuro. Contudo, sabemos que muitos dos usuários tiveram pouca experiência nesta área se comparada com, digamos, equações diferenciais parciais ou integração numérica. Portanto, nosso sumário de resultados analíticos será um pouco mais completo. Os algoritmos numéricos em si começarão no § 12.2. Aplicações várias de métodos de Fourier serão discutidas no Capítulo 13.

Um processo físico pode ser descrito ou em um domínio temporal** pelos valores de alguma grandeza $h$ com função do tempo $t$, por exemplo, $h(t)$, ou ainda em um domínio de frequência, no qual o processo é normalmente especificado dando-se a amplitude $H$ (geralmente um número complexo, indicando assim também uma fase) como função da frequência $f$, ou seja, $H(f)$, com $-\infty < f > \infty$. Em muitas aplicações é conveniente imaginar $h(t)$ e $H(f)$ com sendo duas diferentes representações da mesma função. Pode-se ir e vir entre as duas representações por meio da transformada de Fourier

$$H(f) = \int_{-\infty}^{\infty} h(t) e^{2\pi i f t} dt$$
$$h(t) = \int_{-\infty}^{\infty} H(f) e^{-2\pi i f t} df$$
(12.0.1)

Se $t$ for medido em segundos, então $f$ na equação (12.0.1) é dada em ciclos por segundo ou Hertz (a unidade de frequência). Contudo, a equação funciona com outras unidades também. Se $h$ é uma função da posição $x$ (dada em metros), $H$ será uma função do comprimento de onda inverso

---

*N. de T.: Também chamado muitas vezes de espectro de energia, uma vez que, em mecânica quântica, a uma dada energia pode-se associar uma frequência mesmo para partículas (dualidade onda-partícula).
**N. de T.: Alguns textos trazem domínio de tempo. Optamos pela variante domínio temporal.

(ciclos por metro), e assim por diante*. Caso você tenha formação em física ou matemática, você provavelmente estará mais familiarizado com a frequência angular $\omega$, medida em radianos por segundo. A relação entre $\omega$ e $f$, $H(\omega)$ e $H(f)$ é

$$\omega \equiv 2\pi f \qquad H(\omega) \equiv [H(f)]_{f=\omega/2\pi} \qquad (12.0.2)$$

A equação (12.0.1) pode ser escrita então como

$$H(\omega) = \int_{-\infty}^{\infty} h(t)e^{i\omega t} dt$$

$$h(t) = \frac{1}{2\pi} \int_{-\infty}^{\infty} H(\omega)e^{-i\omega t} d\omega \qquad (12.0.3)$$

Embora tenhamos seguido pela convenção do $\omega$, resolvemos mudar! Há menos fatores $2\pi$ para memorizar se optarmos pela convenção de $f$, especialmente quando chegarmos a dados discretos no §12.1.

Da equação (12.0.1) vemos de modo imediato que a transformada de Fourier é uma operação linear, ou seja, a transformada da soma de duas funções é igual à soma das transformadas. A transformada de uma constante vezes uma função é igual àquela constante multiplicada pela transformada da função.

No domínio temporal, a função $h(t)$ pode ter uma ou mais simetrias especiais. Ela pode ser *real pura* ou *imaginária* pura, ou até mesmo *par*, quer dizer, $h(t) = h(-t)$, ou *ímpar*, ou seja, $h(t) = -h(-t)$. No domínio de frequências, estas simetrias levam a certas relações entre $H(f)$ e $H(-f)$. A tabela a seguir mostra a correspondência entre estas simetrias nos diferentes domínios:

| Se... | então... |
|---|---|
| $h(t)$ é real | $H(-f) = [H(-f)]^*$ |
| $h(t)$ é imaginária | $H(-f) = -[H(f)]^*$ |
| $h(t)$ é par | $H(-f) = H(f)$ [isto é, $H(f)$ é par] |
| $h(t)$ é ímpar | $H(-f) = -[H(f)]$ [isto é, $H(f)$ é ímpar] |
| $h(t)$ é real e par | $H(f)$ é real e par |
| $h(t)$ é real e ímpar | $H(f)$ é imaginária e ímpar |
| $h(t)$ é imaginária e par | $H(f)$ é imaginária e par |
| $h(t)$ é imaginária e ímpar | $H(f)$ é real e ímpar |

Nas próximas seções veremos como usar estas simetrias para aumentar a eficiência computacional.

Aqui apresentamos outras propriedades elementares da transformada de Fourier (usaremos o símbolo "$\iff$" para indicar pares de transformadas). Se

$$h(t) \iff H(f) \qquad (12.0.4)$$

é um par deste tipo, então os outros pares de transformadas são

$$h(at) \iff \frac{1}{|a|} H(\frac{f}{a}) \qquad \text{escalonamento de tempo} \qquad (12.0.5)$$

---

*N. de T.: O inverso do comprimento de onda, quando multiplicado pelo fator de $2\pi$, é chamado de número de onda.

$$\frac{1}{|b|}h(\frac{t}{b}) \iff H(bf) \qquad \text{escalonamento de frequência} \qquad (12.0.6)$$

$$h(t - t_0) \iff H(f)\, e^{2\pi i f t_0} \qquad \text{deslocamento (\textit{shifting}) no tempo} \qquad (12.0.7)$$

$$h(t)\, e^{-2\pi i f_0 t} \iff H(f - f_0) \qquad \text{deslocamento (\textit{shifting}) na frequência} \qquad (12.0.8)$$

Com duas funções $h(t)$ e $g(t)$ e suas respectivas transformadas de Fourier $H(f)$ e $G(f)$ podemos formar duas combinações de particular interesse. A convolução das duas funções, representada por $g * h$, é definida pela expressão

$$g * h \equiv \int_{-\infty}^{\infty} g(\tau) h(t - \tau)\, d\tau \qquad (12.0.9)$$

Observe que $g * h$ é uma função no domínio temporal e que $g * h = h * g$. No final das contas, vê-se que a função $g * h$ é um membro de um simples par de transformadas,

$$g * h \iff G(f) H(f) \qquad \text{teorema da convolução} \qquad (12.0.10)$$

Em outras palavras: a transformada de Fourier da convolução é simplesmente o produto das transformadas de cada função individualmente.

A correlação entre duas funções, aqui denotada por Corr$(g, h)$, é definida através de

$$\text{Corr}(g, h) \equiv \int_{-\infty}^{\infty} g(\tau + t) h(\tau)\, d\tau \qquad (12.0.11)$$

A correlação é uma função de $t$, também chamado de retardamento (\textit{lag}). Ela se encontra assim no domínio temporal e é um membro de um par de transformadas:

$$\text{Corr}(g, h) \iff G(f) H^*(f) \qquad \text{teorema da correlação} \qquad (12.0.12)$$

De maneira mais geral, o segundo membro do par é $G(f) H(-f)$, mas nos restringimos aqui ao caso usual em que $g$ e $h$ são reais e portanto tomamos a liberdade de tomar $H(-f) = H^*(f)$.] Este resultado mostra que multiplicar a transformada de Fourier de uma função pelo complexo conjugado da transformada de Fourier de outra função nos dá a transformada de Fourier da correlação entre elas. A correlação de uma função consigo própria é chamada de autocorrelação. Neste caso, (12.0.12) torna-se o par de transformadas

$$\text{Corr}(g, g) \iff |G(f)|^2 \qquad \text{teorema de Wiener-Khinchin} \qquad (12.0.13)$$

A potência total de um sinal é a mesma, quer a calculemos no domínio temporal, quer no de frequência. Este resultado é conhecido como teorema de Parseval:

$$\text{potência total} \equiv \int_{-\infty}^{\infty} |h(t)|^2\, dt = \int_{-\infty}^{\infty} |H(f)|^2\, df \qquad (12.0.14)$$

Normalmente quer se saber quanta "potência" se tem no intervalo de frequências entre $f$ e $f + df$. Nestes casos, não se costuma diferenciar entre $f$ positiva e negativa, mas sim considera-se $f$ como sendo uma grandeza que varia entre 0 ("frequência zero" ou D.C.*) até $+\infty$. Nestes casos,

---

*N. de T.: D.C. (\textit{direct current}) é a abreviação para corrente contínua, que não varia no tempo, em contraposição a A.C. (\textit{alternating current}) ou corrente alternada, que varia no tempo.

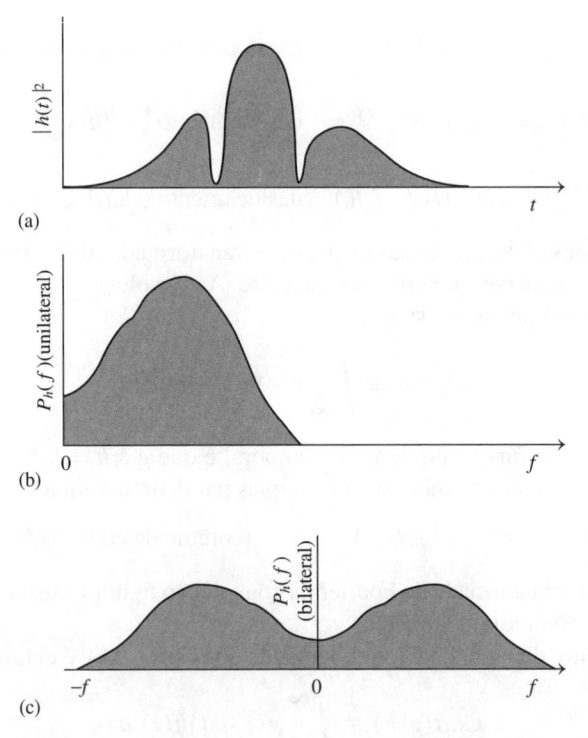

**Figura 12.0.1** Normalizações de espectro de potências unilateral (*one-sided*) e bilateral (*two-sided*). A área sob o quadrado da função, (a), é igual à área sob seu espectro de potências unilateral para frequências positivas, (b), e também é igual a área sob seu espectro bilateral em frequências positivas e negativas, (c).

define-se a densidade unilateral de espectro de potência (*one-sided power spectral density* – PSD) da função $h$ por

$$P_h(f) \equiv |H(f)|^2 + |H(-f)|^2 \qquad 0 \le f < \infty \qquad (12.0.15)$$

de tal modo que a potência total é simplesmente a integral do $P_h(f)$ de $f = 0$ até $f = \infty$. No caso em que a função $h(t)$ é real, os dois termos em (12.0.5) são iguais, de modo que então $P_h(f) = 2|H(f)|^2$. Esteja porém avisado de que ocasionalmente pode-se encontrar PSDs definidas sem este fator 2. Estas, para sermos mais precisos, são chamadas de densidades bilaterais de espectro de potência (*two-sided power spectral density*), mas alguns livros não especificam se estão tomando por base densidades uni ou bilaterais. Sempre usaremos a densidade unilateral definida pela equação (12.0.15). A Figura 12.0.1 contrasta as duas definições.

Se a função $h(t)$ varia ininterruptamente entre $-\infty < t < \infty$, então sua potência total ou densidade espectral de potência será, em geral, infinita. Neste caso, a densidade (uni ou bilateral) de espectro de potência por unidade de tempo é que se torna interessante. Ela é calculada tomando-se um intervalo de tempo longo mas finito da função $h(t)$, calculando-se a partir disto a PSD [isto é, a PSD da função que é igual a $h(t)$ no intervalo finito, mas a zero fora dele] e então dividindo-se a PSD resultante pelo tamanho do intervalo. Neste caso, o teorema de Parseval afirma que a integral sobre as frequências positivas da PSD unilateral assim normalizada é igual à amplitude quadrática média do sinal $h(t)$.

Você pode estar pensando em como esta PSD por unidade de tempo, que é uma função da frequência $f$, converge à medida que a calculamos para uma quantidade de dados cada vez maior. Esta interessante questão é o assunto da chamada "estimativa de espectro de potência", que consideraremos a seguir nos §13.4 − §13.7. No momento uma resposta não muito precisa é: a PSD por unidade de tempo converge para valores finitos em todas as frequências, exceto naquelas onde $h(t)$ possui uma componente discreta tipo seno (ou cosseno) de amplitude finita. Nestas frequências, a PSD se torna uma função delta, ou seja, um pico, cuja largura se torna cada vez mais estreita mas cuja área converge para a amplitude quadrática média da componente discreta tipo seno ou cosseno para aquela frequência.

Até o momento apresentamos todo o formalismo analítico que precisaremos até o final do capítulo, com uma só exceção: no trabalho computacional, em especial com dados experimentais, quase nunca temos uma função contínua $h(t)$ com a qual trabalhar, mas, pelo contrário, nos é dada uma lista de valores $h(t_i)$ para um conjunto discreto de $t_i$. As implicações profundas que este fato aparentemente trivial traz consigo serão o assunto do §12.1.

### 12.0.1 Estatística de ordem mais alta

O teorema de Wiener-Khinchin (12.0.13), junto com a definição (12.0.11), nos diz que o espectro de potência de uma função é inteiramente equivalente à estatística de dois pontos da função, ou seja, o valor esperado do produto dos valores da função em dois pontos separados por $t$. Pode-se então definir, de modo análogo, estatísticas de ordem mais alta tanto no domínio temporal quanto no domínio de Fourier. Por exemplo, a função de correlação de três pontos, definida por

$$\text{Corr3}(g, g, g) \equiv \int_{-\infty}^{\infty} g(\tau)g(\tau + t_1)g(\tau + t_2)\, d\tau \qquad (12.0.16)$$

é uma função de duas variáveis $t_1$ e $t_2$. A transformada de Fourier bidimensional (§12.5) da equação (12.0.16) sobre as variáveis $t_1$ e $t_2$ é chamada de biespectral, e é uma função das frequências $f_1$ e $f_2$.

Estatísticas de ordem mais alta, incluindo a biespectral, podem tornar visíveis fenômenos não gaussianos e não lineares, os quais a estatística de dois pontos (e portanto o espectro de potência) não enxerga. Contudo, elas tem a desvantagem de serem, na maioria dos casos, de difícil interpretação e, em função das altas potências dos sinais recebidos, são altamente susceptíveis a ruídos. Em função disso, sugerimos cautela ao leitor. As referências [1, 2, 3] são úteis, apesar de às vezes veementes demais.

#### REFERÊNCIAS CITADAS E LEITURA COMPLEMENTAR

Bracewell, R.N. 1999, *The Fourier Transform and Its Applications*, 3rd ed. (New York: McGraw-Hill)

Folland, G.B. 1992, *Fourier Analysis and Its Applications* (Pacific Grove, CA: Wadsworth & Brooks).

James, J.F. 2002, *A Students Guide to Fourier Transforma*, 2nd ed. (Cambridge, UK: Cambridge University Press)

Elliott, D.F., and Rao, K.R. 1982, *Fast Transforms: Algorithms, Analyses, Applications* (New York: Academic Press).

Brillinger, D., and Rosenblatt, M. 1967, "Computation and Intepretation of $k$th Order Spectra," in B. Harris, ed., *Spectral Analysis of Time Signals* (New York: Wiley).[1]

Mendel, J.M. 1991, "Tutorial on Higher-Order Statistics (Spectra) in Signal Processing and System Theory: Theoretical Results and Some Applications," *Proceedings of the IEEE*, vol. 79, pp. 278–305.[2]

Nikias, C.L., and Petropulu, A.R 1993, *Higher-Order Spectra Analysis* (New Jersey: Prentice-Hall).[3]

## 12.1 Transformadas de Fourier de dados amostrais discretos

Na maioria dos situações comuns, a função $h(t)$ é obtida (quer dizer, seu valor é registrado) em intervalos de tempo igualmente espaçados. Seja $\Delta$ este intervalo de tempo entre medições sucessivas, de modo que a sequência de valores registrados é

$$h_n = h(n\Delta) \qquad n = \ldots, -3, -2, -1, 0, 1, 2, 3, \ldots \qquad (12.1.1)$$

O recíproco do intervalo de tempo $\Delta$ é chamado de taxa de amostragem (*sampling rate*). Se $\Delta$ é medido em segundos, por exemplo, então a taxa de amostragem é o número de dados registrados em um segundo.

### 12.1.1 Teorema de amostragem (*sampling*) e aliasing

Para cada intervalo de amostragem $\Delta$, há uma frequência especial $f_c$, chamada de frequência crítica de Nyquist, dada pela fórmula

$$f_c \equiv \frac{1}{2\Delta} \qquad (12.1.2)$$

Se uma onda senoidal de frequência crítica de Nyquist é amostrada em seu pico positivo, então a próxima amostragem será no valor de pico negativo, a subsequente no pico positivo, e assim por diante. Dizendo de outro modo: *a amostragem crítica de uma onda senoidal corresponde a dois pontos de amostragem por ciclo*. Frequentemente escolhe-se medir o tempo em unidades do intervalo de amostragem $\Delta$. Neste caso, a frequência crítica de Nyquist nada mais é que a constante 1/2.

A frequência crítica de Nyquist é importante por duas razões distintas mas relacionadas entre si. Uma é uma boa notícia. A outra, uma notícia ruim. Primeiro a boa notícia: um fato surpreeendente que atende pelo nome de teorema da amostragem: se uma função contínua $h(t)$, cuja amostragem ocorreu com um intervalo $\Delta$, for limitada em sua largura de banda para frequências menores em magnitude que a $f_c$, ou seja, se $H(f) = 0$ para todo $|f| \geq f_c$, então a função $h(t)$ é completamente determinada a partir de seus valores amostrais $h_n$. Isso podemos ver, pois de fato $h(t)$ é dada explicitamente pela equação

$$h(t) = \Delta \sum_{n=-\infty}^{+\infty} h_n \frac{\operatorname{sen}[2\pi f_c(t - n\Delta)]}{\pi(t - n\Delta)} \qquad (12.1.3)$$

Este teorema é surpreendente por inúmeras razões, entre elas o fato de que ele mostra que o "conteúdo de informação" de uma função de largura de banda limitada é, de um certo modo, infinitamente menor que aquele de uma função contínua geral. Muito frequentemente temos que lidar com sinais que sabemos, por uma questão de física, terem sua largura de banda limitada (ou ao menos aproximadamente limitada). Por exemplo, um sinal pode ter passado por um componente físico com uma resposta de frequência sabidamente limitada. Neste caso, o teorema da amostragem nos diz que todo o conteúdo de informação do sinal pode ser registrado fazendo-se uma amostragem com taxa $\Delta^{-1}$ igual ao dobro da frequência máxima que passou pelo amplificador (ver equação 12.1.2).

Agora a má notícia: ela diz respeito ao efeito da amostragem feita sobre uma função contínua que *não* tem uma largura de banda limitada para uma frequência menor que a frequência crítica de Nyquist. Neste caso, o que ocorre é que toda a densidade espectral de potência que está fora do intervalo de frequência $-f_c < f < f_c$ move-se espuriamente para dentro daquele intervalo. Este fe-

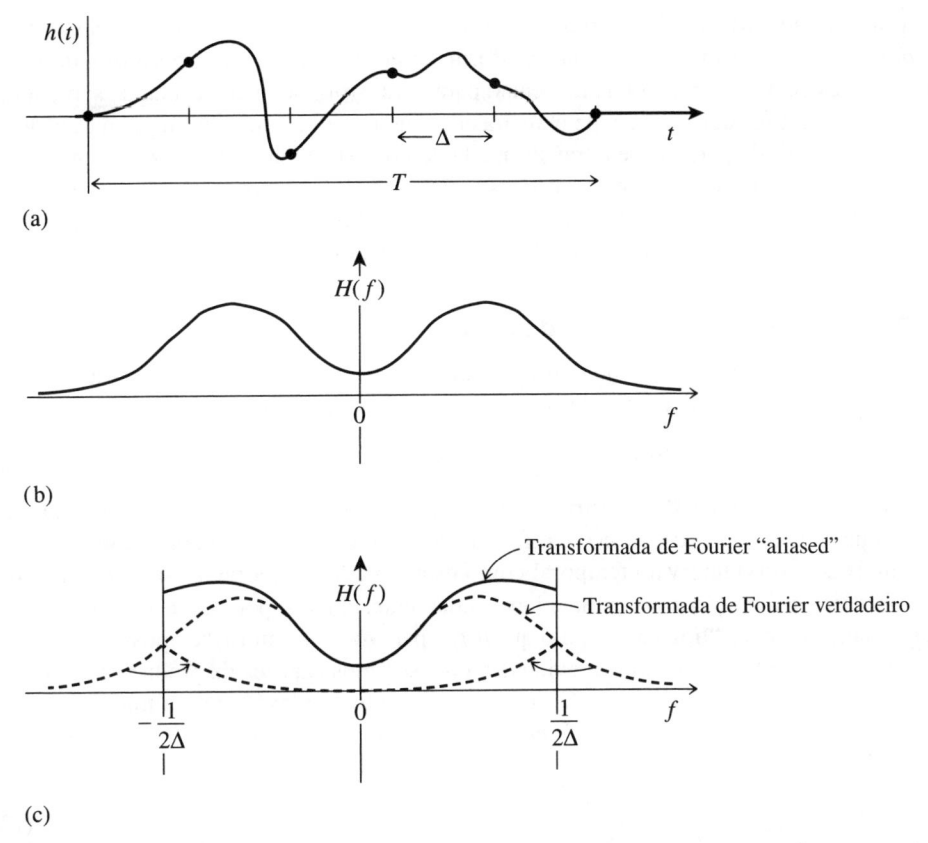

**Figura 12.1.1** A função contínua ilustrada em (a) só é diferente de zero para um intervalo finito de tempo $T$. Disto segue que sua transformada de Fourier, cujo módulo é apresentado esquematicamente em (b), não tem largura de banda limitada, mas tem uma amplitude finita para todas as frequências. Se sobre a função original for feita uma amostragem com um intervalo de amostragem de $\Delta$, como em (a), então a transformada de Fourier (c) só está definida para valores de frequência entre mais ou menos a frequência crítica de Nyquist. Uma potência que se encontre fora deste intervalo é dobrada para dentro ou "aliased" para dentro do intervalo. Este efeito só pode ser eliminado por filtros da passa-baixa aplicados na função original antes da amostragem.

nômeno é conhecido como aliasing*. Qualquer componente da frequência fora do intervalo $(-f_c, f_c)$ é aliased (erroneamente transladada) para dentro do intervalo pelo simples ato de amostragem discreta. É fácil se convencer que duas ondas $(2\pi i f_1 t)$ e $(2\pi i f_2 t)$ apresentam a mesma amostra no intervalo $\Delta$ se e somente se $f_1$ e $f_2$ diferirem por um múltiplo de $1/\Delta$, que nada mais é que a largura, em frequência, do intervalo $(-f_c, f_c)$. Uma vez concluída uma amostragem discreta de um sinal, não há quase nada que você possa fazer para remover potência erroneamente transladada. A maneira de contornar o aliasing é (i) saber qual é o limite de banda natural do sinal – ou, caso contrário, forçar um limite conhecido via uma filtragem analógica do sinal contínuo, e então (ii) proceder com a amostragem numa velocidade suficientemente rápida para obter ao menos dois pontos, por ciclo, da frequência mais alta presente no sinal. A Figura 12.1.1. ilustra estas considerações.

Para dar uma aparência melhor à questão, podemos adotar o ponto de vista alternativo: se uma função contínua passou por uma amostragem competente, então, ao chegar o momento de

---

*N. de T.: Algumas línguas latinas usam o termo impersonalização como tradução de *aliasing*. Uma vez que em português o termo aliasing é comumente usado na literatura técnica, optamos por mantê-lo.

estimarmos a transformada de Fourier dos valores amostrais discretos, *podemos* supor (ou melhor, *nos é permitido* supor) que a sua transformada de Fourier é igual a zero fora do intervalo de frequências entre $-f_c$ e $f_c$. Olhamos então para a transformada para avaliar se sobre a função contínua foi feita uma amostragem de maneira competente (efeitos de aliasing minimizados). Fazemos isto conferindo para ver se a transformada de Fourier se aproxima de zero à medida que a frequência se aproxima de $f_c$ vindo de valores maiores ou de $-f_c$ a partir de valores menores. Se, ao contrário, a transformada se aproxima de algum valor finito, então há grandes chances de que as componentes fora do intervalo foram dobradas para dentro da região crítica.

### 12.1.2 Transformada de Fourier discreta

Estimemos agora a transformada de Fourier de uma função a partir de uma amostragem finita de pontos. Suponhamos que dispomos de $N$ valores amostrais consecutivos

$$h_k \equiv h(t_k), \qquad t_k \equiv k\Delta, \qquad k = 0, 1, 2, \ldots, N-1 \tag{12.1.4}$$

de tal modo que o intervalo de amostragem é $\Delta$. Para tornar as coisas mais simples, suponhamos também que $N$ é par. Se a função $h(t)$ é diferente de zero somente num intervalo temporal finito, então supõe-se todo o intervalo temporal como estando contido na região dos $N$ pontos dados. Caso contrário, se a função $h(t)$ continua indefinidamente, então supõe-se que os pontos da amostragem sejam ao menos "típicos" daquilo que $h(t)$ é para todos os outros tempos.

Com $N$ números como entrada, evidentemente seremos capazes de produzir mais do que $N$ números independentes como saída. Assim, ao invés de tentarmos estimar a transformada $H(f)$ para todos os valores de $f$ entre $-f_c$ e $f_c$, busquemos valores estimados apenas nos pontos discretos

$$f_n \equiv \frac{n}{N\Delta}, \qquad n = -\frac{N}{2}, \ldots, \frac{N}{2} \tag{12.1.5}$$

Os valores extremos de $n$ em (12.1.5) correspondem exatamente aos limites inferior e superior da região de frequência crítica de Nyquist. Se você estiver realmente acompanhando a discussão, terá percebido que há $N+1$, e não $N$, valores de $n$ em (12.1.5); acontece que os dois valores extremos de $n$ não são independentes (são, na realidade, iguais), enquanto todos os outros são. Isso reduz a contagem a $N$ pontos.

O passo final é aproximar a integral (12.0.1) por uma soma discreta:

$$H(f_n) = \int_{-\infty}^{\infty} h(t) e^{2\pi i f_n t} dt \approx \sum_{k=0}^{N-1} h_k \, e^{2\pi i f_n t_k} \Delta = \Delta \sum_{k=0}^{N-1} h_k \, e^{2\pi i k n / N} \tag{12.1.6}$$

Foram usadas, na última igualdade, as equações (12.1.4) e (12.1.5). O último somatório na equação (12.1.6) é chamado de transformada de Fourier discreta dos $N$ pontos $h_k$ e é denotado por $H_n$,

$$H_n \equiv \sum_{k=0}^{N-1} h_k \, e^{2\pi i k n / N} \tag{12.1.7}$$

A transformada de Fourier discreta mapeia $N$ números complexos (os $h_k$) em $N$ números complexos (os $H_n$). Ela não depende de qualquer parâmetro dimensional, tal como a escala de tempo $\Delta$. A relação (12.1.6) entre a transformada de Fourier discreta de um conjunto de números e a transformada de Fourier contínua destes mesmos números, quando encarados como amostras de uma função contínua medidas em um intervalo $\Delta$, pode ser escrita na forma

$$H(f_n) \approx \Delta H_n \tag{12.1.8}$$

onde $f_n$ é dada por (12.1.5).

Até o momento, assumimos $n$ em (12.1.7) como sendo um índice que varia entre $-N/2$ e $N/2$ (conforme 12.1.5). Você pode porém facilmente constatar que (12.1.7) é periódica em $n$, com período $N$. Portanto, $H_{-n} = H_{N-n}$, $n = 1,2, \ldots$. Com esta conversão em mente, normalmente faz-se o $n$ em $H_n$ variar entre $0$ e $N-1$ (um período completo). Neste caso, $n$ e $k$ (em $h_k$) variam exatamente dentro do mesmo intervalo, de modo que o mapeamento de $N$ pontos em $N$ pontos se torna evidente. Se esta convenção for seguida, você deve se lembrar que a frequência zero corresponde a $n = 0$ e que frequências positivas $0 < f < f_c$ correspondem aos valores $1 \leq n \leq N/2 - 1$, ao passo que frequências negativas $-f_c < f < 0$ correspondem ao intervalo $N/2 + 1 \leq n \leq N - 1$. O valor $n = N/2$ corresponde tanto a $f = f_c$ quanto a $f = -f_c$.

A transformada de Fourier discreta tem quase que as mesmas propriedades de simetria da sua versão contínua. Por exemplo, todas as simetrias da tabela após a equação (12.0.3) se aplicam se no lugar de $h_k$ colocarmos $h(t)$, substituirmos $H_n$ por $H(f)$, e no lugar de $H_{N-n}$ usarmos $H(-f)$ (do mesmo modo, ser par ou ímpar no tempo refere-se ao fato dos valores de $h_k$ em $k$ e $N-k$ serem idênticos ou um ser o negativo do outro).

A fórmula para a transformada de Fourier discreta inversa, que reproduz exatamente o conjunto de $h_k$'s a partir do conjunto $H_n$'s, é dada por

$$h_k = \frac{1}{N} \sum_{n=0}^{N-1} H_n \, e^{-2\pi i k n / N} \tag{12.1.9}$$

Note que as únicas diferenças entre (12.1.9) e (12.1.7) são (i) a mudança do sinal na exponencial e (ii) a divisão do resultado por $N$. Isto significa que uma rotina para se calcular a transformada discreta pode também, com leves modificações, ser usada para se calcular a transformada inversa.

O teorema de Parseval discreto é

$$\sum_{k=0}^{N-1} |h_k|^2 = \frac{1}{N} \sum_{n=0}^{N-1} |H_n|^2 \tag{12.1.10}$$

Existe também análogos discretos dos teoremas da convolução e correlação (as equações 12.0.10 e 12.0.12), mas deixaremos para discuti-los nos §13.1 e §13.2, respectivamente.

**REFERÊNCIAS CITADAS E LEITURA COMPLEMENTAR**

Brigham, E.O. 1974, *The Fast Fourier Transform* (Englewood Cliffs, NJ: Prentice-Hall).

James, J.R 2002, *A Student's Guide to Fourier Transforms,* 2nd ed. (Cambridge, UK: Cambridge University Press)

Elliott, D.F., and Rao, K.R. 1982, *Fast Transforms: Algorithms, Analyses, Applications* (New York: Academic Press).

## 12.2 Transformada de Fourier rápida (*fast Fourier transform* – FFT)

De quanto processamento necessitamos para calcular a transformada de Fourier discreta (12.1.7) de $N$ pontos? Durante muitos anos, até a metade dos anos 60, a resposta padrão era esta: defina $W$ como sendo o número complexo

$$W \equiv e^{2\pi i / N} \tag{12.2.1}$$

Então (12.1.7) pode ser escrita como

$$H_n = \sum_{k=0}^{N-1} W^{nk} h_k \qquad (12.2.2)$$

Em outras palavras, o vetor dos $h_k$'s é multiplicado pela matriz cujo $(n, k)$-ésimo elemento é a constante $W$ elevada à potência $n \times k$. A multiplicação matricial produz um vetor cujas componentes são os $H_n$'s. A multiplicação de matrizes requer obviamente um total de $N^2$ multiplicações de complexos, além de um número menor de operações para gerar as potências necessárias de $W$. Assim, a transformada discreta parece ser um processo de ordem $O(N^2)$. Porém, as aparências enganam! A transformada de Fourier discreta pode, de fato, ser calculada em $O(N \log_2 N)$ operações com um algoritmo chamado de transformada rápida de Fourier, ou FFT. A diferença entre $N \log_2 N$ e $N^2$ é imensa. Para $N = 10^8$, esta diferença é um fator de vários milhões, comparável à razão entre um segundo e um mês. A existência de um algoritmo FFT só se tornou conhecida de um modo mais geral na metade dos anos 60, a partir do trabalho de J.W. Cooley e J. W. Tukey. Olhando retrospectivamente, hoje sabemos (vide [1]) que métodos eficientes para se calcular transformadas discretas já haviam sido descobertos independentemente, e em alguns casos implementados, por até uma dúzia de indivíduos, começando com Gauss em 1805!

Uma das "redescobertas" da FFT, aquela de Danielson e Lanczos em 1942, é a que nos proporciona uma das mais claras deduções do algoritmo. Danielson e Lanczos mostraram que a transformada discreta de comprimento $N$ pode ser reescrita como a soma de duas transformadas discretas, cada uma de comprimento $N/2$. Uma delas é formada pelos pontos de numeração par da sequência original de $N$ pontos, a outra pelos pontos de numeração ímpar*. A prova é simplesmente esta:

$$\begin{aligned}
F_k &= \sum_{j=0}^{N-1} e^{2\pi i j k/N} f_j \\
&= \sum_{j=0}^{N/2-1} e^{2\pi i k(2j)/N} f_{2j} + \sum_{j=0}^{N/2-1} e^{2\pi i k(2j+1)/N} f_{2j+1} \\
&= \sum_{j=0}^{N/2-1} e^{2\pi i k j/(N/2)} f_{2j} + W^k \sum_{j=0}^{N/2-1} e^{2\pi i k j/(N/2)} f_{2j+1} \\
&= F_k^e + W^k F_k^o
\end{aligned} \qquad (12.2.3)$$

Na última linha, $W$ é a mesma constante complexa definida em (12.2.1), $F_k^e$ denota a $k$-ésima componente da transformada de Fourier de comprimento $N/2$ formada pelas componentes de índice par dos $f_j$ originais, ao passo que $F_k^o$ é a transformada de comprimento $K$ correspondente, formada a partir das componentes de índice ímpar. Note que o $k$ na última linha de (12.2.3) varia de 0 até $N$, e não simplesmente até $N/2$. No entanto, as transformadas $F_k^e$ e $F_k^o$ são periódicas em $K$, com período $N/2$. Deste modo, cada uma é repetida por dois ciclos para se obter $F_k$.

O ponto fascinante a respeito do lema de Danielson-Lanczos é que ele pode ser usado recursivamente. Ao reduzir o problema do cálculo de $F_k$ àquele de calcular $F_k^e$ e $F_k^o$, podemos reduzir o cálculo de $F_k^e$ ao problema que consiste em calcular transformada de seus $N/4$ dados de entrada de índice par e $N/4$ de índice ímpar. Em outras palavras, podemos definir $F_k^{ee}$ e $F_k^{eo}$ como sendo as

---

*N. de T.: Os autores se referem à ordenação 2°, 4°, 6° ... e 1°, 3°, 5°, ..., respectivamente.

transformadas de Fourier discretas que são, respectivamente, par-par e par-ímpar nas subdivisões sucessivas dos dados.

Embora haja maneiras de lidar com outros casos, o mais simples é de longe aquele no qual o número $N$ original é uma potência de 2. Na verdade, recomendamos que você use a FFT somente quando $N$ for uma potência de 2. Se este não for o caso, encha-o de zeros até chegar a uma potência de 2 (daremos algumas sugestões mais sofisticadas nas próxima seções). Com esta restrição em $N$, é evidente que podemos continuar aplicando o lema de Danielson-Lanczos até que tenhamos subdividido os dados, reduzindo-os a transformadas de comprimento um. Qual é a transformada de Fourier de comprimento um? Simplesmente a operação identidade que copia sua única entrada em sua única saída! Em outras palavras, para cada padrão de $\log_2 N$ de $e$'s e $o$'s existe uma transformada de um ponto que é simplesmente um dos dados de entrada $f_n$,

$$F_k^{eoeeoeo\cdots oee} = f_n \qquad \text{para algum } n \qquad (12.2.4)$$

(É claro que esta transformada de um ponto não depende de $k$, uma vez que é periódica em $k$ com período 1.)

O próximo truque é descobrir que valor de $n$ corresponde a qual padrão de $e$'s e $o$'s na equação (12.2.4). A resposta é: inverta o padrão de $e$'s e $o$'s e então faça $e = 0$ e $o = 1$. Você obterá, em *notação binária*, o valor de $n$ procurado. Você consegue ver a razão por que isto funciona? É porque as subdivisões sucessivas dos dados em conjuntos pares e ímpares são testes de ordem inferior sucessiva (menos significativa) de bits de $n$. A ideia de reversão de bits (*bit reversal*), junto com o lema de Danielson-Lanczos, pode ser explorada de maneira inteligente a ponto de tornar a FFT algo prático: imagine que tomemos o vetor de dados original $f_j$ e o rearranjemos em ordem de bits reversos (vide Figura 12.2.1), de modo que os números individuais não estejam na ordem de $j$, mas do número obtido ao se reverter os bits de $j$. Então, a contabilidade (*bookkeeping*) da aplicação recursiva do lema de Danielson-Lanczos torna-se algo extraordinariamente simples. Os pontos, como aparecem, são as transformadas de um ponto (*one-point transforms*). Combinamos pares adjacentes para obter transformadas de dois pontos, depois combinamos pares de pares adjacentes para obter as transformadas de quatro pontos e assim sucessivamente, até que a primeira e segunda metades do conjunto completo de dados sejam combinadas na transformada final. Cada combinação requer da ordem de $N$ operações, e há, claramente, $\log_2 N$ combinações, de modo que todo o algoritmo é de ordem $N \log_2 N$ (supondo, como é o caso, que o processo de classificação em ordem de bit reverso não é de ordem superior a $N \log_2 N$).

Esta é, assim, a estrutura de um algoritmo de FFT: ele possui duas partes. A primeira classifica os dados em ordem de bit reverso. Para nossa sorte, isso não envolve espaço de armazenamento adicional, uma vez que o processo envolve apenas a troca de pares de elementos (se $k_1$ é o reverso de $k_2$, então $k_2$ é o reverso de $k_1$). A segunda parte tem um loop externo que é executado $N$ vezes e calcula, sucessivamente, transformadas de comprimento $2, 4, 8, \ldots, N$. Esta série de operações é muitas vezes chamada de borboleta*. Para cada passo do processo, dois loops internos embutidos (*nested*) correm pelas subtransformadas já calculadas e os elementos de cada transformada, implementando o lema de Danielson-Lanczos. Faz-se a operação mais eficiente restringindo-se chamadas externas de funções trigonométricas seno e cosseno para o loop externo, onde elas ocorrem apenas $\log_2 N$ vezes. O cálculo dos senos e cossenos de ângulos múltiplos é feito via relações de recorrência simples nos loops internos (veja 5.4.6).

---

*N. de T.: No original, *butterfly*. O termo "borboleta" já foi incorporado à nomenclatura em língua portuguesa.

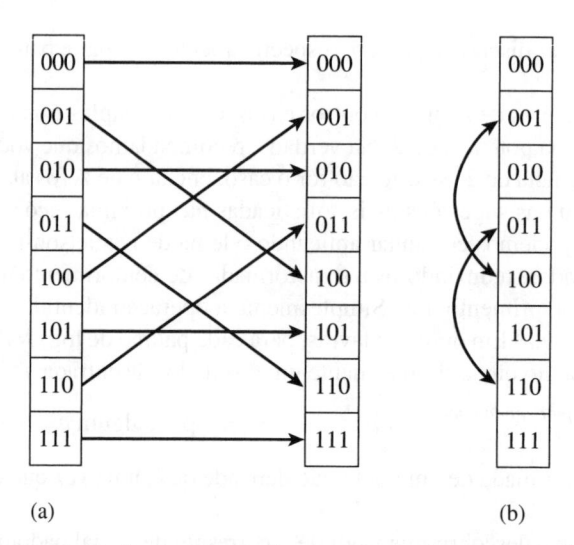

**Figura 12.2.1** Reordenamento da lista (neste exemplo, de comprimento 8) por reversão de bits, (a) entre duas listas *versus* (b) localmente. Reordenamento por reversão de bits é parte necessária do algoritmo de transformada de Fourier rápida (FFT).

## 12.2.1 Rotina FFT pura (*bare*) e interfaces de auxílio (*helper interfaces*)

A experiência nos convenceu que uma boa maneira de embalar a FFT é na forma (1) de uma rotina pura com uma interface mínima mais (ii) um pequeno conjunto de rotinas de interface que tornam fácil a aquisição de dados e sua saída pela rotina pura. A rotina FFT pura apresentada abaixo é baseada em uma rotina escrita originalmente por N. M. Brenner. O dados de entrada são o número de dados complexos n (=N), um ponteiro para um array de dados (data[0..2*n-1]), e isign, que vale ±1 e é igual ao sinal de *i* na exponencial da equação (12.1.7). Quando se coloca isign igual a −1, a rotina calcula a transformada inversa (12.1.9) – exceto pelo fato de que ela não multiplica pelo fator de normalização $1/N$ que aparece naquela equação. Você é quem deve fazer isso. Devemos testar para ter certeza que n seja uma potência de 2 através do idioma C++ n&(n-1), que vale zero apenas quando é, em binário, igual a 1 seguido de um número qualquer de zeros.

Observe que o argumento n é o número de dados *complexos*. O comprimento real do array Doub (data [0..2*n-1]) é 2n, com cada valor complexo ocupando duas posições consecutivas. Em outras palavras, data[0] é a parte real de $f_0$, data[1] é a parte imaginária de $f_0$, e assim por diante até data[2*n-2], que representa a parte real de $f_{N-1}$ e data[2*n-1], sua parte imaginária.

A rotina FFT nos devolve os $F_n$ embalados da mesma maneira, na forma de n números complexos. As partes real e imaginária de $F_0$, a componente de frequência zero, estão em data[0] e data[1]. A menor frequência positiva diferente de zero tem suas partes real e imaginária em data[2] e data[3]. A menor (em magnitude) frequência negativa diferente de zero tem suas partes real e imaginária escritas em data[2*n-2] e data[2*n-1]. Frequências positivas de magnitude crescente são armazenadas em pares real-imaginário em data[4], data[5] até data[n-2] e data[n-1]. Frequências negativas de magnitude crescente são armazenadas em data[2*n-4], data[2*n-3], descendo até data[n+2], data[n+3]. Finalmente, os pares data[n] e data[n+1] contém as partes real e imaginária daquele ponto aliased que contém a frequência positiva maior e negativa maior (em magnitude). Seria aconselhável você desenvolver

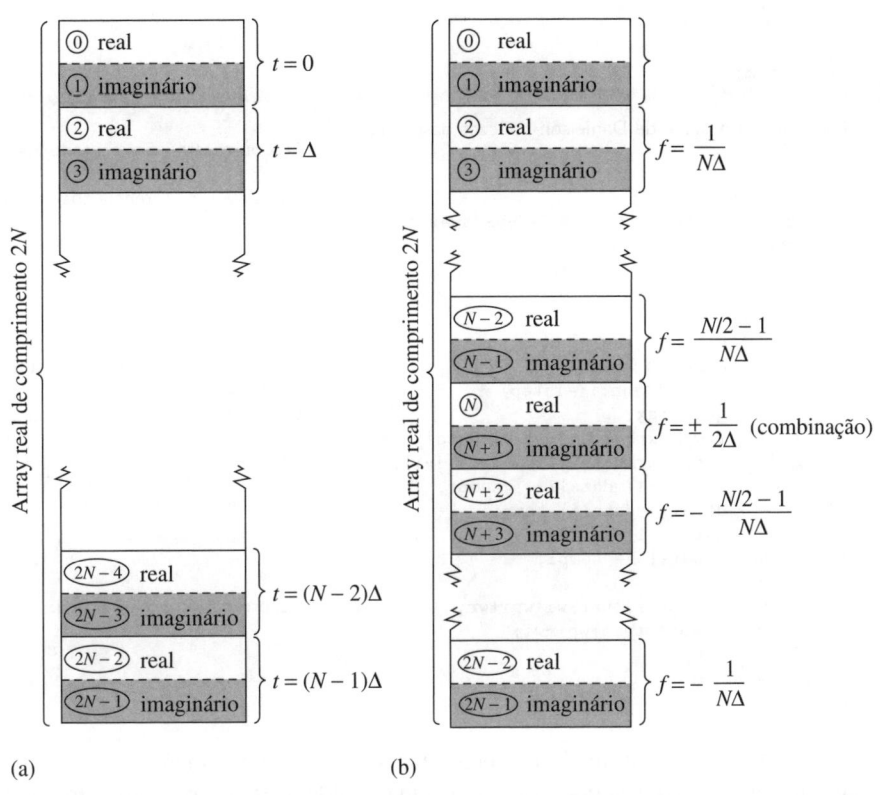

**Figura 12.2.2** Arrays de entrada e saída para a FFT. (a) O array de entrada contém N (uma potência de 2) amostras temporais complexas em um array real de comprimento 2N, com as partes real e imaginárias se alternando. (b) O array de saída contém o espectro de Fourier complexo em N valores de frequência. Mais uma vez, as partes real e imaginária se alternam. O array começa com a frequência zero e vai subindo até o valor positivo mais alto de frequência (que é aliased com a maior frequência negativa). As frequências negativas vêm na sequência, com a segunda maior (em magnitude) até aquela imediatamente abaixo de zero.

uma certa familiaridade com a ordem de armazenamento de espectros complexos, como mostrado na Figura 12.2.2, uma vez que este é o padrão praticado.

```
void four1(Doub *data, const Int n, const Int isign) {                    fourier.h
Substitui data[0..2*n-1] por sua transformada de Fourier discreta, se isign for igual a 1; ou substitui
data[0..2*n-1] por n vezes sua transformada discreta inversa se isign for -1. data é uma lista complexa
de comprimento n armazenada como lista real de comprimento. 2*n. n deve ser um inteiro potência de 2.
    Int nn,mmax,m,j,istep,i;
    Doub wtemp,wr,wpr,wpi,wi,theta,tempr,tempi;
    if (n<2 || n&(n-1)) throw("n must be power of 2 in four1");
    nn = n << 1;
    j = 1;
    for (i=1;i<nn;i+=2) {           Esta é a parte de reversão de bits da rotina.
        if (j > i) {
            SWAP(data[j-1],data[i-1]);   Faz uma permuta (swap) dos dois números
            SWAP(data[j],data[i]);                    complexos.
        }
        m=n;
        while (m >= 2 && j > m) {
            j -= m;
```

```
            m >>= 1;
        }
        j += m;
    }
    Aqui começa a parte de Danielson-Lanczos da rotina.
    mmax=2;                                                        O loop externo é executado log₂ n vezes.
    while (nn > mmax) {
        istep=mmax << 1;                                           Inicializa a recorrência trigonométrica.
        theta=isign*(6.28318530717959/mmax);
        wtemp=sin(0.5*theta);
        wpr = -2.0*wtemp*wtemp;
        wpi=sin(theta);
        wr=1.0;
        wi=0.0;
        for (m=1;m<mmax;m+=2) {                                    Aqui estão os dois loops embutidos
            for (i=m;i<=nn;i+=istep) {                             (nested) internos.
                j=i+mmax;                                          Esta é a fórmula de Danielson-Lanczos.
                tempr=wr*data[j-1]-wi*data[j];
                tempi=wr*data[j]+wi*data[j-1];
                data[j-1]=data[i-1]-tempr;
                data[j]=data[i]-tempi;
                data[i-1] += tempr;
                data[i] += tempi;
            }
            wr=(wtemp=wr)*wpr-wi*wpi+wr;                           Recorrência trigonométrica.
            wi=wi*wpr+wtemp*wpi+wi;
        }
        mmax=istep;
    }
}
```

Para uma interface de um nível levemente mais alto, podemos incrementar a rotina pura `four1` com funções equivalentes que fazem a entrada e saída de dados ou como um `VecDoub` de comprimento $2N$, ou como um `VecComplex` de comprimento $N$:

fourier.h
```
void four1(VecDoub_IO &data, const Int isign) {
```
Interface de sobrecarga para four1. Substitui o array de dados, um vetor complexo de comprimento $N$ armazenado na forma de um vetor real com o dobro daquele comprimento pela sua transformada de Fourier discreta, com as componente em ordem recorrente (wraparound), se isign for 1; ou por $N$ vezes a transformada inversa se isign for igual a $-1$.
```
    four1(&data[0],data.size()/2,isign);
}

void four1(VecComplex_IO &data, const Int isign) {
```
Interface de incremento para four1. Substitui a lista de dados, um vetor complexo de comprimento $N$ armazenado como tal, pela sua transformada de Fourier discreta, com as componente em ordem recorrente, se isign for 1; ou por [$N$-1] vezes a transformada inversa se isign for igual a $-1$.
```
    four1((Doub*)(&data[0]),data.size(),isign);
}
```

Porém, nestas versões sobrecarregadas, você ainda é responsável por decodificar por conta própria o ordenamento recorrente (*wraparound*). Para obter um interface que faça isso por você, podemos definir um objeto `WrapVecDoub` que cria um vetor real (ou conecta uma referência a um vetor já existente) e então define métodos de endereçamento do vetor como se ele fosse um vetor complexo com a metade de seu tamanho. Uma vez que o objeto `WrapVecDoub` também tem conhecimento a respeito da periodicidade, você pode acessar frequências ou com os subscritos [0..n-1] ou com [-n/2..n/2-1], ou mesmo quaisquer n componentes complexas consecutivas. O objeto tem um operador de conversão para `VecDoub`, de modo que você pode (por exemplo) enviá-lo diretamente para `four1`.

```
struct WrapVecDoub {                                                          fourier.h
```
Objeto para acessar um VecDoub como se fosse um vetor complexo de metade do comprimento, com periodicidade recorrente.

```
    VecDoub vvec;                           Usado quando dados são armazenados interna-
    VecDoub &v;                             mente.
    Int n, mask;

    WrapVecDoub(const Int nn) : vvec(nn), v(vvec), n(nn/2),
    mask(n-1) {validate();}
```
Construtor. Declara um novo vetor com nn componentes reais (metade do número de complexas).

```
    WrapVecDoub(VecDoub &vec) : v(vec), n(vec.size()/2),
    mask(n-1) {validate();}
```
Construtor. Liga os dados a um vetor vec já existente para acessar como se fosse complexo.

```
    void validate() {if (n&(n-1)) throw("vec size must be power of 2");}

    inline Complex& operator[] (Int i) {return (Complex &)v[(i&mask) << 1];}
```
Reduz qualquer inteiro i ao domínio periódico [0..n] e retorna a componente complexa. Pode ser também um l-value.

```
    inline Doub& real(Int i) {return v[(i&mask) << 1];}
```
Como acima, mas retorna apenas a parte real. Pode ser também um l-value.

```
    inline Doub& imag(Int i) {return v[((i&mask) << 1)+1];}
```
Como acima, mas retorna apenas a parte imaginária. Pode ser também um l-value.

```
    operator VecDoub&() {return v;}
```
Operador de conversão. Permite que um objeto WrapVecDoub seja enviado a qualquer função que espera um VecDoub.
```
};
```

Aqui estão algumas linhas de código (não um programa utilizável) que mostram como WrapVecDoub pode ser usado:

```
    Int j,n=256;                             256 componentes complexas por exemplo.
    VecDoub dat(2*n);                        Um vetor real para armazená-las.
    WrapVecDoub data1(dat), data2(2*n);      Exemplo de dois construtores.
    for (j=0;j<n;j++) {                      Loop sobre as componentes complexas.
        data1[j] = Complex(... , ...);       Define um valor complexo diretamente, ou define
        data2.real(j) = ... ;                    real e imag separadamente.
        data2.imag(j) = ... ;
    }
    four1(data1,1);                          Chama four1 (VecDoub&, Int) via operador de
    four1(data2,1);                              conversão.
    for (j=-n/2;j<n/2;j++) {                 Pode endereçar frequências negativas diretamente!
        ... = data1.real(j);                 Obtém parte real da componente j.
        ... = data2[j];                      Obtém componente como valor complexo.
    }
```

## 12.2.2 Decompondo a FFT para computação paralela

É possível decompor os cálculos da FFT de tamanho $N$ em um conjunto de FFTs menores que podem ser executados de maneira independente entre si. Isto pode ser útil caso queiramos obter paralelismo ou caso nosso objetivo seja permitir um manuseamento mais versátil da memória. A ideia básica é acessar o array de entrada como se ele fosse uma lista bidimensional de tamanho $m \times M$, onde $N = mM$ e tanto $N$ quanto $m$ e $M$ são potências de 2. Neste caso, as componentes de $f$ podem ser acessadas como

$$f[Jm + j], \qquad 0 \le j < m, \ 0 \le J < M \tag{12.2.5}$$

onde o índice $j$ varia mais rapidamente, o índice $J$ mais lentamente e as chaves denotam subscritos C++.

O que queremos é calcular a FFT da lista original de tamanho $N$, que pode ser escrita como

$$F[kM + K] \equiv \sum_{j,J} e^{2\pi i (kM+K)(Jm+j)/(Mm)} f(Jm + j), \tag{12.2.6}$$
$$0 \le k < m, \ 0 \le K < M$$

Você pode ver que os índices $k$ e $K$ endereçam o resultado desejado (a FFT do array original), com $K$ variando mais rapidamente.

A partir da equação (12.2.6) é fácil verificar a identidade

$$F[kM + K] = \sum_{j} \left\{ e^{2\pi i j k / m} \left[ e^{2\pi i j K/(Mm)} \left( \sum_{J} e^{2\pi i J K / M} f(Jm + j) \right) \right] \right\} \tag{12.2.7}$$

Isto, porém, fazendo a leitura da operação mais interna para a mais externa, nada mais é que o método que precisamos:

- Para cada valor de $j$ construa um vetor de dados de entrada cujas componentes variam com $J$, $0 \le J < M$. Isto basicamente é uma operação de transposição.
- FFT cada um destes vetores (Tudo bem se quiser paralelizar). Em termos de notação, o índice $J$ se torna agora o índice $K$.
- Multiplique cada componente por um fator de fase $\exp[2\pi i j K/(Mm)]$.
- Rearranje os dados de tal modo que eles sejam acessíveis como um conjunto de vetores cujas componentes variam com $j$, $0 \le j < m$, outra operação de transposição.
- FFT cada um destes vetores (Tudo bem se quiser paralelizar). O índice $j$ agora se torna o índice $k$.
- A resposta está agora disponível como $F[kM + K]$. Uma terceira transposição é necessária para se obter a ordem desejada de volta (com $k$ variando mais rapidamente).

Embora duas FFT sejam executadas em cada elemento, a contagem de operações é aproximadamente a mesma que numa FFT normal: o primeiro passo das FFTs cresce como $N \log M$, o segundo como $N \log m$, e o total é $N \log(M n) = N \log N$

Para maiores discussões consulte [2], onde o procedimento acima é chamado de estrutura de seis passos (*six-step framework*). Você pode facilmente eliminar as primeiras duas das três transposições se escrever uma nova rotina `four1` com um argumento adicional de passo (*stride*), especificando a constante de incremento entre componentes logicamente "subsequentes". O passo será $m$ para o primeiro conjunto de FFTs e 1 para o segundo conjunto. Um algoritmo muito similar a este é chamado de estrutura de quatro passos (*four-step framework*, veja [2],[3] para mais detalhes).

Composições relacionadas, denominadas transformadas de zoom (*zoom transforms*), podem ser usadas para se obter uma aproximação ao espectro de uma longa sequência de dados de alta resolução em apenas algumas bandas de frequência (veja [4-6]).

### 12.2.3 Outros algoritmos FFT

Devemos mencionar que há um número de variantes do algoritmo FFT básico apresentado acima. Como vimos, este algoritmo primeiro reordena os elementos da entrada de dados em ordem de bits reversos e então constrói a transformada de saída em $\log_2 N$ iterações. Na literatura, esta sequência é chamada de decimação-no-tempo ou algoritmo FFT de Cooley-Tukey. É possível deduzir algoritmos FFT que primeiro passam por um conjunto de $\log_2 N$ iterações nos dados de entrada e reordenam os dados de saída em ordem reversa de bits. Estes são chamados de decimação-na-frequência ou algoritmos FFT de Sande-Tukey. Para algumas aplicações, como convolução (§13.1), levamos um conjunto de dados ao domínio de Fourier e o trazemos de volta. Nestes casos é possível evitar a reversão de bits completamente. Basta você empregar um algoritmo de decimação-na-frequência (sem a reversão de seus bits) para ir a um domínio de Fourier "misturado" (*scrambled*), executar ali suas operações e então usar um algoritmo inverso (sem reversão de bits) para retornar ao domínio temporal. Embora elegante em princípio, na prática este procedimento não economiza muito tempo de computação, uma vez que as reversões de bits representam uma pequena fração da contagem de operações do algoritmo FFT, e também porque a maior parte das operações úteis no domínio de frequências requer o conhecimento de quais pontos correspondem a quais frequências.

Outra classe de FFTs não subdivide o conjunto inicial de dados de comprimento $N$ até a transformada trivial de comprimento 1, mas até uma potência de 2 menor, como, por exemplo, $N = 4$ (FFT base-quatro) ou $N = 8$ (FFT base-oito). Estas transformadas menores são então executadas por seções pequenas de códigos altamente otimizados que aproveitam propriedades especiais de simetria daquele particular valor de $N$. Por exemplo, para $N = 4$, os senos e cossenos trigonométricos que surgem são todos $\pm 1$ ou 0, de modo que muitas multiplicações são eliminadas, deixando essencialmente apenas adições e subtrações para serem feitas. Estas podem ser mais rápidas que simples FFTs mais por um fator significativo (mas não excessivo), como algo em torno de 20 ou 30%.

Há também algoritmos FFT para conjunto de dados de tamanho $N$ que não são potência de 2. Eles funcionam usando relações análogas ao lema de Danielson-Lanczos e subdividem o problema inicial em problemas sucessivamente menores, não por um fator de 2, mas por quaisquer primos pequenos que porventura sejam divisores de $N$. Quanto maior for o maior primo divisor de $N$, pior o funcionamento do método. Se $N$ é primo, então é impossível subdividir o problema, e o usuário (quer ele saiba ou não) estará usando uma transformada de Fourier *lenta*, de ordem $N^2$ ao invés de $N \log_2 N$. Nosso conselho é ficar longe de implementações deste tipo de FFT, com exceção talvez de uma classe de transformadas, o algoritmo de transformada de Fourier de Winograd. Algoritmos de Winograd são, em alguns casos, análogos às FFT de base-4 ou base-8. Winograd criou códigos altamente otimizados para fazer transformadas discretas de Fourier para $N$ pequeno, por exemplo, $N = 2, 3, 4, 5, 7, 8, 11, 13, 16$. Os algoritmos também usam um método inteligente e diferente de combinar subfatores. O método envolve um reordenamento de dados antes e depois do processamento hierárquico, permitindo no entanto uma redução significativa no número de multiplicações no algoritmo. Para alguns casos especialmente favoráveis de $N$, os algoritmos de Winograd podem ser significativamente mais rápidos (até por um fator de 2) do que algoritmos FFT simples para a potência de 2 mais próxima de 2. Esta vantagem em velocidade, porém, deve ser pesada levando-se em conta o indexamento de dados consideravelmente mais complicado que estas transformadas envolvem, e pelo fato de que a transformada de Winograd não pode ser feita "no local" (*in place*).

Finalmente, uma classe interessante de transformadas para executar rapidamente convoluções são as transformadas baseadas em teoria de números [7,8]. Estes esquemas substituem a aritmética de ponto flutuante por aritmética modular inteira de algum número primo grande $N + 1$, e a $N$-ésima raiz de 1 pelo seu equivalente aritmético modular. Para ser preciso, estas não são nem de longe transformadas de *Fourier*, mas as propriedades são muito similares e a velocidade computacional pode ser muito superior. Por outro lado, seu uso é de alguma maneira restrito a quantidades como correlações e convoluções, uma vez que a transformada em si não pode ser facilmente interpretada como um espectro de "frequência".

## REFERÊNCIAS CITADAS E LEITURA COMPLEMENTAR

Brigham, E.O. 1974, *The Fast Fourier Transform* (Englewood Cliffs, NJ: Prentice-Hall).[1]

Nussbaumer, H. J. 1982, *Fast Fourier Transform and Convolution Algorithms* (New York: Springer).

Elliott, D.F., and Rao, K.R. 1982, *Fast Transforms: Algorithms, Analyses, Applications* (New York: Academic Press).

Walker, J.S. 1996, *Fast Fourier Transforms*, 2nd ed. (Boca Raton, FL: CRC Press) Bloomfield, P. 1976, *Fourier Analysis of Time Series-An Introduction* (New York: Wiley).

Van Loan, C. 1992, *Computational Frameworks for the Fast Fourier Transform* (Philadelphia: S.I.A.M.).[2]

Press, W.H., Teukolsky, S.A., Vetterling, W.T., and Flannery, B.P. 1996, *Numerical Recipes in Fortran 90: The Art of Parallel Scientific Computing (Cambridge*, UK: Cambridge University Press), §22.4.[3]

Yip, P.C.Y. 1976, "Some Aspects of the Zoom Transform," *IEEE Transactions on Computers,* vol. C-25, pp. 287–296.[4]

Hung, E.K.L. 1981, "A Multiresolution Sampled-Data Spectrum Analyzer for a Detection System," *IEEE Transactions on Acoustics, Speech and Signal Processing,* vol. ASSP-29, pp. 163-170.[5]

de Wild, R., Nieuwkerk, L.R., and van Sinttruyen, J.S. 1987, "Method for Partial Spectrum Computation," *IEE Proceedings F (Radar and Signal Processing),* vol. 134, pp. 659–666[6]

Beauchamp, K.G. 1984, *Applications of Walsh Functions and Flelated Functions* (New York: Academic Press) [transformadas que não de Fourier].

Pollard, J.M. 1971, "The Fast Fourier Transform in a Finite Field," *Mathematics of Computation,* vol. 25, pp. 365–374.[7]

McClellan, J.H., and Rader, C.M. 1979, *Number Theory in Digital Signal Processing* (New York: Prentice-Hall).[8]

Heideman, M.T, Johnson, D.H., and Burris, C.S. 1984, "Gauss and the History of the Fast Fourier Transform," *IEEE ASSP Magazine,* pp. 14–21 (October).

## 12.3 FFT de funções reais

Frequentemente ocorre que o conjunto de dados para os quais queremos realizar uma FFT consiste em amostras de valor real $f_j, j = 0 \ldots N - 1$. Para usar four1, colocamos estes dados em arrays complexos com a parte imaginária igual a zero. A transformada que daí resulta, $F_n, n = 0 \ldots N - 1$ satisfaz $(F_{N-n})^* = F_n$. Uma vez que esta lista complexa tem valor real para $F_0$ e $F_{N/2}$ e $(N/2) - 1$ outros valores independentes $F_1 \ldots F_{N/2 -1}$, ela tem os mesmos $2(N/2-1)+2 = N$ "graus de liberdade" que o conjunto de dados real original. Contudo, o uso de um algoritmo FFT complexo completo em dados reais é ineficiente, tanto na execução quanto na armazenagem necessária. Você deve estar imaginando que haveria uma melhor maneira de fazer isso.

Na verdade, há duas.

### 12.3.1 Transformada de duas funções reais simultaneamente

A primeira melhor maneira é "produção em massa": ponha duas funções reais separadas no array de entrada de tal maneria que suas transformadas possam ser separadas no resultado. Isto talvez lembre aquelas promoções em que você é forçado a comprar dois itens quando só precisa de um. Contudo, lembre-se que para correlações e convoluções as transformadas de Fourier de duas funções estão envolvidas, e esta é uma maneira prática de fazê-las simultaneamente.

Aqui vai a maneira de explorarmos a simetria da FFT para manusear duas funções reais de uma só vez: coloque os dois arrays `data` como a parte real e imaginária, respectivamente, de um array de entrada completo em `four1` e faça as transformadas. Isto dá

$$H_n = \sum_j e^{2\pi i j n/N}(f_j + i g_j) \qquad (12.3.1)$$

Agora olhe a componente $N-n$, e calcule seu complexo conjugado,

$$(H_{N-n})^* = \left(\sum_j e^{2\pi i j(N-n)/N}(f_j + i g_j)\right)^* = \sum_j e^{2\pi i j n/N}(f_j - i g_j) \qquad (12.3.2)$$

onde usamos o fato de que $f_j^* = f_j$ e $g_j^* = g_j$. Agora, adicionando e subtraindo as equações (12.3.1) e (12.3.2), obtemos

$$H_n + H_{N-n}^* = 2F_n, \qquad H_n - H_{N-n}^* = 2iG_n \qquad (12.3.3)$$

As equações (12.3.3) com $n = 0, 1, \ldots, N/2$ facilmente reproduzem as componentes (de frequência zero e positiva) das duas transformadas procuradas $F_n$ e $G_n$. Observe que $F_0$, $G_0$, $F_{N/2}$ e $G_{N/2}$ são reais (usando $H_0 = H_N$), mas que os outros valores são, de modo geral, complexos.

E quanto ao processo reverso? Este é ainda mais simples. Usando as simetrias $F_{N-n} = F_n^*$ e $G_{N-n} = G_n^*$, construa $F_n + iG_n$ para $0 \le n < N$. Agora faça a FFT inversa. As partes real e imaginária da lista complexa que resulta são as duas funções procuradas.

O único problema potencial deste método ocorre quando $f$ e $g$ são muito diferentes em escala. Neste caso, erros de arredondamento podem tornar a menor das funções da FFT pouco precisa.

### 12.3.2 FFT de uma única função real

Para implementar o segundo método, que nos permite executar sem redundâncias a FFT de uma única função real, dividimos o conjunto de dados pela metade, formando assim dois arrays reais com a metade do tamanho original. Podemos aplicar o método acima descrito aos dois, mas obviamente o resultado não será a transformada dos dados originais, e sim uma combinação esquizofrênica das duas transformadas, cada uma das quais terá metade da informação que precisamos. Por sorte, esta esquizofrenia tem tratamento. Funciona assim: a maneira correta de dividir os dados originais é tomar $f_j$ de índice par como sendo um conjunto, e aqueles de índice ímpar com sendo outro conjunto. A beleza disto tudo é que podemos tomar o array real original e tratá-lo como sendo um array complexo $f_j$ com a metade do comprimento. O primeiro conjunto de dados é a parte real deste array, e a segunda é a parte imaginária, exatamente como descrito acima. Não é necessário uma reembalagem. Em outras palavras, $h_j = f_{2j} + if_{2j+1}, j = 0, \ldots, N/2 - 1$. Mandamos isto para `four1` e ela nos retorna um array complexo $H_n = F_n^e + iF_n^o$, $n = 0, \ldots, N/2 - 1$ com

$$F_n^e = \sum_{k=0}^{N/2-1} f_{2k} \, e^{2\pi i k n/(N/2)}$$

$$F_n^o = \sum_{k=0}^{N/2-1} f_{2k+1} \, e^{2\pi i k n/(N/2)} \qquad (12.3.4)$$

A discussão prévia nos diz como separar as duas transformadas $F_n^e$ e $F_n^o$ dos $H_n$. Como agora trabalhá-la de modo a recompor a transformada $F_n$ do conjunto de dados originais $f_j$? Simplesmente dê uma olhada na equação (12.2.3):

$$F_n = F_n^e + e^{2\pi i n/N} F_n^o \qquad n = 0, \ldots, N-1 \qquad (12.3.5)$$

Escrita diretamente em termos da transformada $H_n$ de nosso conjunto de dados reais (disfarçados como complexos), o resultado é

$$F_n = \frac{1}{2}(H_n + H^*_{N/2-n}) - \frac{i}{2}(H_n - H^*_{N/2-n})e^{2\pi i n/N} \qquad n = 0, \ldots, N-1 \quad (12.3.6)$$

Alguns lembretes:

- Uma vez que $F^*_{N-n} = F_n$ não há sentido em salvar o espectro todo. Metade da frequência positiva é o suficiente e pode ser armazenada no mesmo array do conjunto original de dados. Esta operação, na verdade, pode ser feita localmente.
- Mesmo assim, precisamos dos valores de $H_n$, $n = 0, \ldots, N/2$, ao passo que four1 nos dá somente os valores $n = 0, \ldots, N/2 - 1$. A simetria nos salva, $H_{N/2} = H_0$.
- Os valores $F_0$ e $F_{N/2}$ são reais e independentes. Para efetivamente pôr todo o $F_n$ no espaço de array original, é conveniente colocar $F_{N/2}$ dentro da parte imaginária de $F_0$.
- Não obstante sua forma complicada, o processo acima é invertível. Primeiro descasque $F_{N/2}$ para fora de $F_0$. Então construa

$$\begin{aligned} F_n^e &= \tfrac{1}{2}(F_n + F^*_{N/2-n}) \\ F_n^o &= \tfrac{1}{2}e^{-2\pi i n/N}(F_n - F^*_{N/2-n}) \end{aligned} \qquad n = 0, \ldots, N/2 - 1 \qquad (12.3.7)$$

e use four1 para achar a transformada inversa $H_n = F_n^{(1)} + iF_n^{(2)}$. Surpreendentemente, os passos algébricos reais são virtualmente idênticos àqueles da transformada direta.

Aqui está uma representação daquilo que acabamos de apresentar:

fourier.h

```
void realft(VecDoub_IO &data, const Int isign) {
```
Calcula a transformada de Fourier de um conjunto de n dados reais. Substitui estes dados (que estão armazenados em um array de dados [0..n-1]) pela metade de suas transformadas de Fourier complexas de frequência positiva. A primeira e última componentes reais da transformada complexa são retornadas como elementos data[0] e data [1], respectivamente. n tem que ser uma potência de 2. Esta rotina também calcula a transformada inversa de um array de dados complexos se ela for a transformada de dados reais (o resultado neste caso deve ser multiplicado por 2/n).

```
    Int i,i1,i2,i3,i4,n=data.size();
    Doub c1=0.5,c2,h1r,h1i,h2r,h2i,wr,wi,wpr,wpi,wtemp;
    Doub theta=3.141592653589793238/Doub(n>>1);   Inicializa a recorrência
    if (isign == 1) {
        c2 = -0.5;
        four1(data,1);                             A transformada direta (forward transform)
    } else {                                       está aqui.
        c2=0.5;                                    Caso contrário, prepara uma transformada
        theta = -theta;                            inversa
    }
    wtemp=sin(0.5*theta);
    wpr = -2.0*wtemp*wtemp;
    wpi=sin(theta);
    wr=1.0+wpr;
    wi=wpi;
```

```
        for (i=1;i<(n>>2);i++) {
            i2=1+(i1=i+i);
            i4=1+(i3=n-i1);
            h1r=c1*(data[i1]+data[i3]);
            h1i=c1*(data[i2]-data[i4]);
            h2r= -c2*(data[i2]+data[i4]);
            h2i=c2*(data[i1]-data[i3]);
            data[i1]=h1r+wr*h2r-wi*h2i;
            data[i2]=h1i+wr*h2i+wi*h2r;
            data[i3]=h1r-wr*h2r+wi*h2i;
            data[i4]= -h1i+wr*h2i+wi*h2r;
            wr=(wtemp=wr)*wpr-wi*wpi+wr;
            wi=wi*wpr+wtemp*wpi+wi;
        }
        if (isign == 1) {
            data[0] = (h1r=data[0])+data[1];
            data[1] = h1r-data[1];
        } else {
            data[0]=c1*((h1r=data[0])+data[1]);
            data[1]=c1*(h1r-data[1]);
            four1(data,-1);
        }
    }
```

Caso i=0 executado aqui separadamente

As duas transformadas separadas são separadas a partir dos dados.

Aqui elas são combinadas para formar a verdadeira transformada dos dados reais originais.

A recorrência.

Esprema o primeiro e último dado juntos para pô-los todos dentro do mesmo array original.

Esta é a transformada inversa para o caso isign=-1.

Você não pode usar `WrapVecDoub` (§12.2) para acessar a saída de `realft` como se fossem complexos; ela usa um ordenamento recorrente que não é mais válido quando se está armazenando somente a parte positiva do espectro. Um truque ainda mais simples contudo é definir uma função em linha.

```
inline Complex* Cmplx(VecDoub &d) {return (Complex *)&d[0];}
```

e então escrever as coisas como

```
Cmplx(data)[k] = Complex(... , ...);
cvalue = Cmplx(data)[k];
```

se você quiser colocar ou obter o $k$-ésimo valor complexo em `data`, quando entendido como sendo um array complexo (contudo, ainda é sua responsabilidade separar os dois valores reais armazenados na primeira componente complexa).

#### REFERÊNCIAS CITADAS E LEITURA COMPLEMENTAR

Brigham, E.O. 1974, *The Fast Fourier Transform* (Englewood Cliffs, NJ: Prentice-Hall), §10-10.

Sorensen, H.V., Jones, D.L., Heideman, M.T., and Burris, C.S. 1987, "Real-Valued Fast Fourier Transform Algorithms," *IEEE Transactions on Acoustics, Speech, and Signal Processing,* vol. ASSP-35, pp. 849–863.

Hockney, R.W. 1971, in *Methods in Computational Physics,* vol. 9 (New York: Academic Press).

Russ, J.C. 2002, *The Image Processing Handbook,* 4th ed. (Boca Raton, FL: CRC Press)

Clarke, RJ. 1985, *Transform Coding of Images,* (Reading, MA: Addison-Wesley).

Gonzalez, R.C., and Woods, R.E. 1992, *Digital Image Processing,* 2nd ed. (Reading, MA: Addison-Wesley).

## 12.4 Transformadas de seno e cosseno rápidas

Dentre seus múltiplos empregos, as transformadas de Fourier de funções podem ser usadas para resolver equações diferenciais (vide §20.4). Os tipos mais comuns de condições de contorno para as soluções são (i) elas tem valor zero nas fronteiras, ou (ii) suas derivadas são zero nas fronteiras. No primeiro caso, a transformada natural a ser usada é a transformada seno, ao passo que no segundo caso uma das muitas variantes da transformada cosseno é a escolha natural.

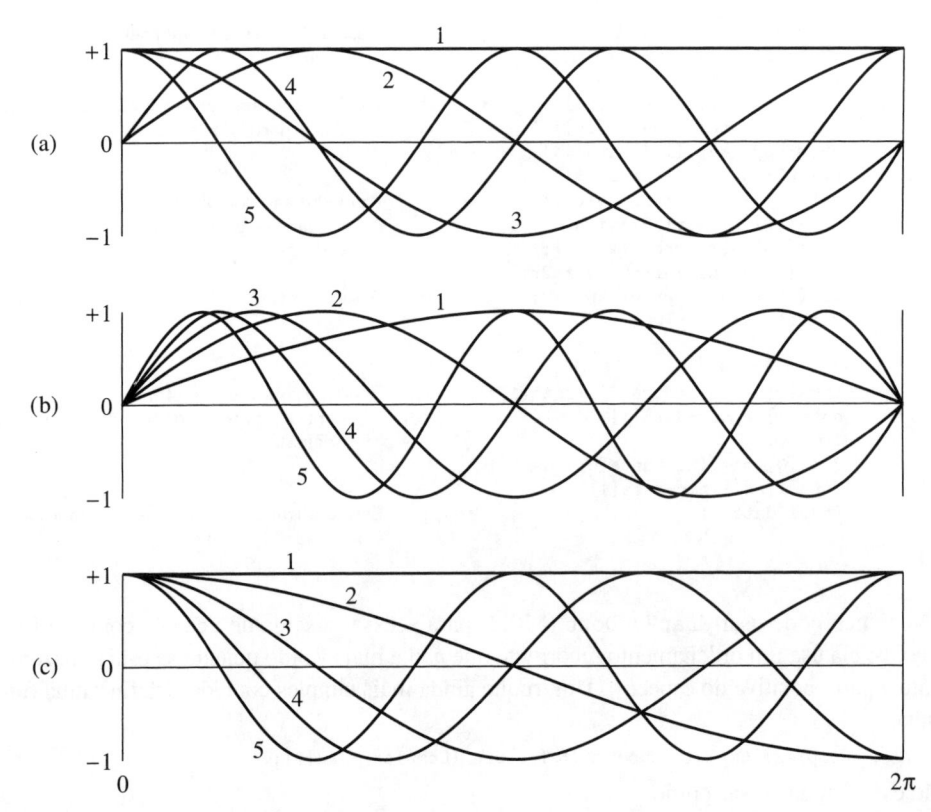

**Figura 12.4.1** Funções base usada pelas transformadas de Fourier (a), transformada seno (b) e transformada cosseno (c). As primeiras cinco funções da base são representadas em cada um dos casos (para a transformada de Fourier, ambas as partes real e imaginária das funções de base são ilustradas). Ao passo que algumas funções da base aparecem em mais que um tipo de transformada, as bases são distintas. Por exemplo, a função indexada por (1), (3) e (5) na transformada seno não estão presentes na transformada de Fourier. Qualquer um dos três conjuntos pode ser usado para expandir qualquer função no intervalo mostrado: porém, as transformadas seno e cosseno são as que melhor expandem as funções que reproduzem as condições de contorno das suas respectivas bases, ou seja, valores de função zero para o seno e valores de derivada zero para o cosseno.

## 12.4.1 Transformada seno

A transformada seno é dada pela fórmula

$$F_k = \sum_{j=1}^{N-1} f_j \operatorname{sen}(\pi j k / N) \qquad (12.4.1)$$

onde $f_j$, $j = 0, \ldots, N-1$ é o array de dados e $f_0 \equiv 0$.

À primeira vista isto parece ser simplesmente a parte imaginária da transformada de Fourier discreta. Contudo, o argumento do seno difere por um fator de dois do valor que faria isto ser verdade. As transformadas seno usam *somente o seno* como um conjunto completo de funções no intervalo de 0 a $2\pi$ e, como veremos, a transformada cosseno usa *somente o cosseno*. Contrariamente, a FFT normal usa o seno e o cosseno, mas apenas metade deles (vide Figura 12.4.1).

A expressão (12.4.1) pode ser "ajustada à força" em uma forma que permite seu cálculo via a FFT. A ideia é estender a função dada para a direita além do seu último valor tabulado. Estendemos os dados para duas vezes seu comprimento de maneira a torná-los uma função *ímpar* em torno de $j = N$ com $f_N = 0$,

$$f_{2N-j} \equiv -f_j \qquad j = 0, \ldots, N-1 \tag{12.4.2}$$

Considere a FFT desta função estendida:

$$F_k = \sum_{j=0}^{2N-1} f_j e^{2\pi i j k/(2N)} \tag{12.4.3}$$

Metade desta soma de $j = N$ a $j = 2N - 1$ pode ser reescrita com a substituição $j' = 2N - j$,

$$\sum_{j=N}^{2N-1} f_j e^{2\pi i j k/(2N)} = \sum_{j'=1}^{N} f_{2N-j'} e^{2\pi i (2N-j')k/(2N)}$$

$$= -\sum_{j'=0}^{N-1} f_{j'} e^{-2\pi i j' k/(2N)} \tag{12.4.4}$$

de modo que

$$F_k = \sum_{j=0}^{N-1} f_j \left[ e^{2\pi i j k/(2N)} - e^{-2\pi i j k/(2N)} \right]$$

$$= 2i \sum_{j=0}^{N-1} f_j \operatorname{sen}(\pi j k / N) \tag{12.4.5}$$

Então, a menos de um fator $2i$, obtemos a transformada seno a partir da FFT da função estendida.

Este método introduz um fator de ineficiência de dois na computação pela extensão dos dados. Esta ineficiência aparece na saída da FFT, que tem zeros na parte real de cada elemento da transformada. Para um problema unidimensional, o fator de dois pode ser tolerado, especialmente face à simplicidade do método. Ao trabalharmos com equações diferencias parciais em duas ou três dimensões, no entanto, o fator se torna quatro ou oito, e então esforços no sentido de eliminar a ineficiência compensam.

A partir do array de dados reais originais $f_j$ construiremos um array auxiliar $y_j$ e nele aplicaremos a rotina `realft`. A saída será então usada para construir a transformada desejada. Para a transformada seno dos dados $f_j, j = 1, \ldots, N - 1$, o array auxiliar é

$$\begin{aligned} y_0 &= 0 \\ y_j &= \operatorname{sen}(j\pi/N)(f_j + f_{N-j}) + \tfrac{1}{2}(f_j - f_{N-j}) \qquad j = 1, \ldots, N-1 \end{aligned} \tag{12.4.6}$$

Este array tem a mesma dimensão que o original. Observe que o primeiro termo é simétrico em $j = N/2$ e o segundo é antissimétrico. Consequentemente, quando `realft` é aplicada em $y_j$, o resultado tem uma parte real $R_k$ e imaginária $I_k$ dadas por:

$$R_k = \sum_{j=0}^{N-1} y_j \cos(2\pi j k/N)$$

$$= \sum_{j=1}^{N-1} (f_j + f_{N-j}) \operatorname{sen}(j\pi/N) \cos(2\pi j k/N)$$

$$= \sum_{j=0}^{N-1} 2 f_j \operatorname{sen}(j\pi/N) \cos(2\pi j k/N)$$

$$\begin{aligned}
&= \sum_{j=0}^{N-1} f_j \left[ \operatorname{sen} \frac{(2k+1)j\pi}{N} - \operatorname{sen} \frac{(2k-1)j\pi}{N} \right] \\
&= F_{2k+1} - F_{2k-1}
\end{aligned}$$
(12.4.7)

$$\begin{aligned}
k &= \sum_{j=0}^{N-1} y_j \operatorname{sen}(2\pi j k/N) \\
&= \sum_{j=1}^{N-1} (f_j - f_{N-j}) \frac{1}{2} \operatorname{sen}(2\pi j k/N) \\
&= \sum_{j=0}^{N-1} f_j \operatorname{sen}(2\pi j k/N) \\
&= F_{2k}
\end{aligned}$$
(12.4.8)

Portanto, $F_k$ pode ser determinado do seguinte modo:

$$F_{2k} = I_k \qquad F_{2k+1} = F_{2k-1} + R_k \qquad k = 0, \ldots, (N/2 - 1) \qquad (12.4.9)$$

Os termos pares de $F_k$ são assim determinados diretamente. Os termos ímpares requerem uma recursão, cujo ponto de partida segue ao colocarmos $k = 0$ na equação (12.4.9) e usarmos $F_1 = -F_{-1}$:

$$F_1 = \tfrac{1}{2} R_0 \qquad (12.4.10)$$

O programa a implementar é

fourier.h

```
void sinft(VecDoub_IO &y) {
```
Calcula a transformada seno de um conjunto de n dados reais armazenados no array y[0..n-1]. n tem que ser uma potência de 2. Na saída, y é substituído pela sua transformada. Este programa, sem mudanças, também calcula a transformada seno inversa, mas neste caso o array de saída deve ser multiplicado por 2/n.

```
    Int j,n=y.size();
    Doub sum,y1,y2,theta,wi=0.0,wr=1.0,wpi,wpr,wtemp;
    theta=3.141592653589793238/Doub(n);     Inicializa a recorrência
    wtemp=sin(0.5*theta);
    wpr= -2.0*wtemp*wtemp;
    wpi=sin(theta);
    y[0]=0.0;
    for (j=1;j<(n>>1)+1;j++) {
        wr=(wtemp=wr)*wpr-wi*wpi+wr;        Calcula o seno para o array auxiliar.
        wi=wi*wpr+wtemp*wpi+wi;             O cosseno é necessário para continuar a recorrência.
        y1=wi*(y[j]+y[n-j]);                Constrói o array auxiliar.
        y2=0.5*(y[j]-y[n-j]);
        y[j]=y1+y2;                         Os termos $j$ e $N-j$ são relacionados.
        y[n-j]=y1-y2;
    }
    realft(y,1);                            Transforma o array auxiliar
    y[0]*=0.5;                              Inicializa a soma usada para os termos ímpares abaixo.
    sum=y[1]=0.0;
    for (j=0;j<n-1;j+=2) {
        sum += y[j];
        y[j]=y[j+1];                        Termos pares determinados diretamente.
        y[j+1]=sum;                         Termos ímpares determinados por esta soma corrida.
    }
}
```

A transformada seno, curiosamente, é sua própria inversa. Se aplicá-la duas vezes, você obterá os dados originais multiplicados por um fator de $N/2$.

## 12.4.2 Transformada cosseno

A outra condição de contorno comum para equações diferenciais é aquela na qual a derivada da função vale zero nas fronteiras. Neste caso, a transformada natural é a transformada cosseno. Há várias maneiras de se definir esta transformada. Cada uma pode ser pensada como sendo resultado das diferentes maneiras de se estender um dado array para criar um array par com o dobro do comprimento e/ou como resultando do fato dos arrays estendidos conterem $2N-1$, $2N$ ou algum outro número de pontos. Na prática, somente duas das numerosas possibilidades são úteis, de modo que nos restringiremos a elas.

A primeira forma da transformada cosseno utiliza $N+1$ dados:

$$F_k = \frac{1}{2}[f_0 + (-1)^k f_N] + \sum_{j=1}^{N-1} f_j \cos(\pi j k/N) \qquad (12.4.11)$$

Esta resulta da extensão de um dado array a um array par em torno de $j = N$, com

$$f_{2N-j} = f_j, \qquad j = 0,\ldots, N-1 \qquad (12.4.12)$$

Se você substituir este array estendido na equação (12.4.3) e seguir os passos de modo análogo àquele que leva à equação (12.4.5), você descobrirá que a transformada de Fourier é simplesmente duas vezes a transformada cosseno (12.4.11). Outra maneira de entender a fórmula (12.4.11) é perceber que ela é a fórmula de quadratura de Chebyshev-Gauss-Lobatto (vide §4.6) frequentemente usada na quadratura adaptativa de Chenshaw-Curtis (§5.9, equação 5.9.4).

Mais uma vez, a transformada pode ser calculada sem a ineficiência de fator dois. Neste caso, a função auxiliar é

$$y_j = \tfrac{1}{2}(f_j + f_{N-j}) - \text{sen}(j\pi/N)(f_j - f_{N-j}) \qquad j = 0,\ldots, N-1 \qquad (12.4.13)$$

No lugar da equação (12.4.9), a rotina `realft` agora retorna

$$F_{2k} = R_k \qquad F_{2k+1} = F_{2k-1} + I_k \qquad k = 0,\ldots, (N/2 - 1) \qquad (12.4.14)$$

O valor inicial para a recursão para valores ímpares de $k$ neste caso é

$$F_1 = \frac{1}{2}(f_0 - f_N) + \sum_{j=1}^{N-1} f_j \cos(j\pi/N) \qquad (12.4.15)$$

Esta soma não aparece naturalmente entre os $R_k$ e $I_k$, e por isso devemos acumulá-la durante o processo de geração do array $y_j$.

Mais uma vez esta transformada é sua própria inversa, e assim a rotina a seguir funciona para ambas as transformadas, direta e inversa. Perceba que, embora esta forma da transformada cosseno tenha $N+1$ valores de entrada e saída, ela só fornece um array de comprimento $N$ para `realft`.

```
void cosft1(VecDoub_IO &y) {                                    fourier.h
```
Calcula a transformada cosseno de um conjunto y[0..n] de dados reais. Os dados transformados substituem os dados originais no array y. n tem que ser uma potência de 2. Este programa, sem mudanças, também calcula a transformada cosseno inversa, mas neste caso o array de saída deve ser multiplicado por 2/n.
```
    const Doub PI=3.141592653589793238;
    Int j,n=y.size()-1;
    Doub sum,y1,y2,theta,wi=0.0,wpi,wpr,wr=1.0,wtemp;
    VecDoub yy(n);              Necessita de array de comprimento n, e não n+1, para
    theta=PI/n;                 realft
    wtemp=sin(0.5*theta);       Inicializa a recorrência
```

```
            wpr = -2.0*wtemp*wtemp;
            wpi=sin(theta);
            sum=0.5*(y[0]-y[n]);
            yy[0]=0.5*(y[0]+y[n]);
            for (j=1;j<n/2;j++) {
                wr=(wtemp=wr)*wpr-wi*wpi+wr;         Executa a recorrência.
                wi=wi*wpr+wtemp*wpi+wi;
                y1=0.5*(y[j]+y[n-j]);                Calcula a função auxiliar.
                y2=(y[j]-y[n-j]);
                yy[j]=y1-wi*y2;                      Os valores de j e N − j são relacionados.
                yy[n-j]=y1+wi*y2;
                sum += wr*y2;                        Executa esta soma para uso posterior no unfolding da
            }                                             transformada.
            yy[n/2]=y[n/2];                          y[n/2] inalterado.
            realft(yy,1);                            Calcula a transformada da função auxiliar.
            for (j=0;j<n;j++) y[j]=yy[j];
            y[n]=y[1];                               sum é o valor de F₁ na equação (12.4.15).
            y[1]=sum;
            for (j=3;j<n;j+=2) {                     Equação (12.4.14).
                sum += y[j];
                y[j]=sum;
            }
        }
```

A segunda forma importante da transformação cosseno é definida por

$$F_k = \sum_{j=0}^{N-1} f_j \cos \frac{\pi k(j + \frac{1}{2})}{N} \qquad (12.4.16)$$

com inversa

$$f_j = \frac{2}{N} \sum_{k=0}^{N-1}{}' F_k \cos \frac{\pi k(j + \frac{1}{2})}{N} \qquad (12.4.17)$$

Nesta última expressão, o apóstrofo na somatória significa que o termo para $k = 0$ tem um coeficiente de $\frac{1}{2}$ em frente. Esta forma surge pela extensão do conjunto de dados, definido por $j = 0, \ldots, N-1$ até $j = N, \ldots, 2N-1$, de tal maneira que eles sejam pares em torno do ponto $N - \frac{1}{2}$ e periódicos (são portanto pares também em torno de $j = -\frac{1}{2}$). A forma (12.4.17) está relacionada à quadratura de Gauss-Chebyshev (vide equação 4.6.19), à aproximação de Chebyshev (§5.8, equação 5.8.7) e à quadratura de Clenshaw-Curtis (§5.9).

Esta forma da transformada cosseno é util no caso em que queiramos resolver equações diferenciais em redes "staggered", onde as variáveis estão centradas a meio caminho entre os pontos da malha. Ela também é padrão nas áreas de compressão de dados e processamento de imagem.

A função auxiliar usada neste caso é similar à equação (12.4.13):

$$y_j = \frac{1}{2}(f_j + f_{N-j-1}) + \text{sen}\frac{\pi(j + \frac{1}{2})}{N}(f_j - f_{N-j-1}) \qquad j = 0, \ldots, N-1 \qquad (12.4.18)$$

Seguindo passos similares àqueles que usamos para ir de (12.4.6) à (12.4.9), achamos:

$$F_{2k} = \cos\frac{\pi k}{N} R_k - \text{sen}\frac{\pi k}{N} I_k \qquad (12.4.19)$$

$$F_{2k-1} = \text{sen}\frac{\pi k}{N} R_k + \cos\frac{\pi k}{N} I_k + F_{2k+1} \qquad (12.4.20)$$

Note que a equação (12.4.20) nos dá

$$F_{N-1} = \tfrac{1}{2} R_{N/2} \qquad (12.4.21)$$

Portanto, as componentes pares são obtidas diretamente de (12.4.19), enquanto que as ímpares são obtidas via recursão descendente de (12.4.20) começando em $k = N/2 - 1$ e usando (12.4.21) para começar.

Uma vez que esta transformada não é autoinversível, temos que reverter os passos acima para achar a inversa. Aqui está a rotina:

```
void cosft2(VecDoub_IO &y, const Int isign) {                                    fourier.h
Calcula a transformada cosseno staggered de um conjunto y [0..n-1] de dados reais. Os dados transformados
substituem os dados originais no array y. n tem que ser uma potência de 2. Fixe isign em +1 para a trans-
formada, em -1 para a inversa. Para a transformada inversa, o array de saída deve ser multiplicado por 2/n.
    const Doub PI=3.141592653589793238;
    Int i,n=y.size();
    Doub sum,sum1,y1,y2,ytemp,theta,wi=0.0,wi1,wpi,wpr,wr=1.0,wr1,wtemp;
    theta=0.5*PI/n;                          Inicializa a recorrência.
    wr1=cos(theta);
    wi1=sin(theta);
    wpr = -2.0*wi1*wi1;
    wpi=sin(2.0*theta);
    if (isign == 1) {                        Transformada direta.
        for (i=0;i<n/2;i++) {
            y1=0.5*(y[i]+y[n-1-i]);          Calcula a função auxiliar.
            y2=wi1*(y[i]-y[n-1-i]);
            y[i]=y1+y2;
            y[n-1-i]=y1-y2;
            wr1=(wtemp=wr1)*wpr-wi1*wpi+wr1; Executa a recorrência.
            wi1=wi1*wpr+wtemp*wpi+wi1;
        }
        realft(y,1);                         Transforma a função auxiliar.
        for (i=2;i<n;i+=2) {                 Termos pares.
            wr=(wtemp=wr)*wpr-wi*wpi+wr;
            wi=wi*wpr+wtemp*wpi+wi;
            y1=y[i]*wr-y[i+1]*wi;
            y2=y[i+1]*wr+y[i]*wi;
            y[i]=y1;
            y[i+1]=y2;
        }
        sum=0.5*y[1];                        Inicializa a recorrência para termos ímpares
        for (i=n-1;i>0;i-=2) {                   com $\tfrac{1}{2} R_{N/2}$.
            sum1=sum;
            sum += y[i];                     Executa a recorrência para termos ímpares.
            y[i]=sum1;
        }
    } else if (isign == -1) {                Transformada inversa.
        ytemp=y[n-1];
        for (i=n-1;i>2;i-=2)                 Forma diferença de termos ímpares.
            y[i]=y[i-2]-y[i];
        y[1]=2.0*ytemp;
        for (i=2;i<n;i+=2) {                 Calcula $R_k$ e $I_k$.
            wr=(wtemp=wr)*wpr-wi*wpi+wr;
            wi=wi*wpr+wtemp*wpi+wi;
            y1=y[i]*wr+y[i+1]*wi;
            y2=y[i+1]*wr-y[i]*wi;
            y[i]=y1;
            y[i+1]=y2;
        }
        realft(y,-1);
        for (i=0;i<n/2;i++) {                Inverte array auxiliar.
            y1=y[i]+y[n-1-i];
            y2=(0.5/wi1)*(y[i]-y[n-1-i]);
```

```
            y[i]=0.5*(y1+y2);
            y[n-1-i]=0.5*(y1-y2);
            wr1=(wtemp=wr1)*wpr-wi1*wpi+wr1;
            wi1=wi1*wpr+wtemp*wpi+wi1;
        }
    }
}
```

Uma maneira alternativa de implementar este algoritmo é formar uma função auxiliar copiando os elementos pares de $f_j$ nas primeiras $N/2$ posições, e os elementos ímpares nas $N/2$ posições seguintes em ordem reversa. Contudo, não é fácil implementar o algoritmo alternativo sem um array temporário de armazenamento, e preferimos assim o algoritmo local acima apresentado.

Finalmente, mencionamos o fato de que existem transformadas cosseno rápidas para valores pequenos de $N$ que não dependem de funções auxiliares ou do uso de uma rotina FFT. Ao invés disso, elas executam a transformada diretamente, normalmente codificadas no hardware para $N$ fixo de de dimensão pequena [1].

#### REFERÊNCIAS CITADAS E LEITURA COMPLEMENTAR

Walker, J.S. 1996, *Fast Fourier Transforms*, 2nd ed. (Boca Raton, FL: CRC Press)

Rao, K.R. and Yip, P. 1990, *Discrete Cosine Transform: Algorithms, Advantages, Applications* (San Diego, CA: Academic Press)

Hou, H.S. 1987, "A Fast, Recursive Algorithm for Computing the Discrete Cosine Transform," *IEEE Transactions on Acoustics, Speech, and Signal Processing*, vol. ASSP-35, pp. 1455–1461 [consultar para referências complementares].

Chen, W., Smith, C.H., and Fralick, S.C. 1977, "A Fast Computational Algorithm for the Discrete Cosine Transform," *IEEE Transactions on Communications*, vol. COM-25, pp. 1004–1009.[1]

## 12.5 FFT em duas ou mais dimensões

Dada uma função complexa $h(k_1, k_2)$ definida sobre uma rede bidimensional $0 \leq k_1 \leq N_1 - 1$, $0 \leq k_2 \leq N_2 - 1$, podemos definir sua transformada de Fourier discreta como a função complexa $H(n_1, n_2)$ definida sobre a mesma rede,

$$H(n_1, n_2) \equiv \sum_{k_2=0}^{N_2-1} \sum_{k_1=0}^{N_1-1} \exp(2\pi i k_2 n_2/N_2) \, \exp(2\pi i k_1 n_1/N_1) \, h(k_1, k_2) \tag{12.5.1}$$

Ao puxar a somatória da exponencial de "subscrito 2" para fora da soma sobre $k_1$, ou ao reverter a ordem da somatória e puxando a "subscrito 1" para fora da soma sobre $k_2$, podemos ver imediatamente que a FFT bidimensional pode ser calculada tomando-se FFTs unidimensionais sequencialmente em cada um dos índices da função original. Simbolicamente,

$$\begin{aligned}H(n_1, n_2) &= \text{FFT- no índice-1 (FFT- no índice-2 } [h(k_1, k_2)]) \\ &= \text{FFT- no índice-2 (FFT- no índice-1 } [h(k_1, k_2)])\end{aligned} \tag{12.5.2}$$

Para que isto seja prático, obviamente, tanto $N_1$ quanto $N_2$ devem ter um comprimento eficiente para a FFT, usualmente uma potência de 2. Programar uma FFT bidimensional usando a (12.5.2) com uma rotina FFT unidimensional é um pouco mais complicado do que pode parecer inicialmente. Uma vez que uma rotina unidimensional requer que sua entrada esteja ordenada consecutivamente como um array unidimensional complexo, você se encontrará copiando indefinidamente coisas para fora do array de entrada bidimensional e então copiando coisas de volta para ele. Esta técnica não é recomendada. Em vez disso, você deveria usar uma rotina FFT multidimensional como a que apresentamos abaixo.

A generalização de (12.5.1) para mais do que duas dimensões, digamos $L$ dimensões, é evidentemente

$$H(n_1, \ldots, n_L) \equiv \sum_{k_L=0}^{N_L-1} \cdots \sum_{k_1=0}^{N_1-1} \exp(2\pi i k_L n_L / N_L) \times \cdots \qquad (12.5.3)$$
$$\times \exp(2\pi i k_1 n_1 / N_1) \, h(k_1, \ldots, k_L)$$

onde $n_1$ e $k_1$ variam entre 0 e $N_1 - 1, \ldots$, e $n_L$ e $k_L$ variam entre 0 e $N_L - 1$. Quantas chamadas de FFT unidimensional temos dentro de (12.5.3)? Bastante! Para cada valor de $k_1, k_2, \ldots, k_{L-1}$ você usa a FFT para transformar o índice $L$. Então para cada valor de $k_1, k_2, \ldots, k_{L-2}$ e $n_L$ você usa a FFT para transformar o índice $L-1$, e assim por diante. É melhor contar com alguém que já tenha feito o *bookkeeping* de uma vez por todas.

As transformadas inversas de (12.5.1) e (12.5.3) são aquilo que você esperaria que elas fossem: troque os $i$'s das exponenciais por $-i$'s e coloque um fator global de $1/(N_1 \times \cdots \times N_L)$ na frente da coisa toda. A maioria das outras características da FFT multidimensional são análogas àquelas já discutidas no caso unidimensional:

- Frequências são ordenadas em ordem recorrente na transformada, mas agora para cada dimensão separadamente.
- Os dados de entrada são tratados como se fossem recorrentes (*wrapped around*). Se forem descontínuos nesta identificação recorrente (em qualquer dimensão), então o espectro terá alguma potência em excesso em altas frequências em função da descontinuidade. O conserto, se você se importa com isso, é remover tendências lineares multidimensionais.
- Se você estiver fazendo filtragem espacial e está preocupado com efeitos de periodicidade, então você precisa preencher com zeros (*zero-pad*) todo o contorno da sua rede multidimensional. Contudo, esteja seguro de verificar o quão custoso é este preenchimento com zeros (*zero-padding*) em uma transformada multidimensional. Se você usar um muito pesado, gastará muito espaço de memória, especialmente em duas e três dimensões!
- Aliasing ocorre sempre, se não houver uma limitação suficiente de largura de banda ao longo de uma ou mais dimensões da transformada.

A rotina `fourn` que apresentamos aqui é uma descendente de uma escrita por N. M. Brenner. Ela requer como entrada (i) um vetor que diz qual é o comprimento de cada array em cada dimensão, por exemplo, (32.64) (note que estes comprimentos têm que ser sempre potências de 2, e são iguais aos números de valores complexos em cada direção); (ii) o escalar usual ±1 que indica se você quer a transformada direta ou inversa; e finalmente (iii) o array de dados. O número de dimensões é determinado a partir do comprimento do vetor em (i).

Umas poucas palavras a respeito do array de dados: `fourn` o acessa como um array unidimensional de números reais, ou seja, `data [0..(2N`$_1$`N`$_2$`...N`$_L$`)-1]` de comprimento igual a duas vezes ao produto dos comprimentos das $L$ dimensões. Ela pressupõe que o array representa um array complexo $L$-dimensional, com as componentes individuais ordenadas do seguinte modo: (i) cada número complexo ocupa duas posições sequenciais, a parte real seguida de uma imaginária; (ii) o primeiro subscrito muda o mais lentamente à medida que se varre o array; o último subscrito muda o mais rapidamente (ou seja, "*store by rows*", a norma em C++).

Da mesma maneira que `four1` anteriormente, achamos mais apropriado apresentar a rotina pura, na qual o array de dados é passado como um ponteiro, e então uma função de sobrecarga que passa pelo array de dados (por referência) como um `VecDoub`.

data [0] linha de $2N_2$ números do tipo double

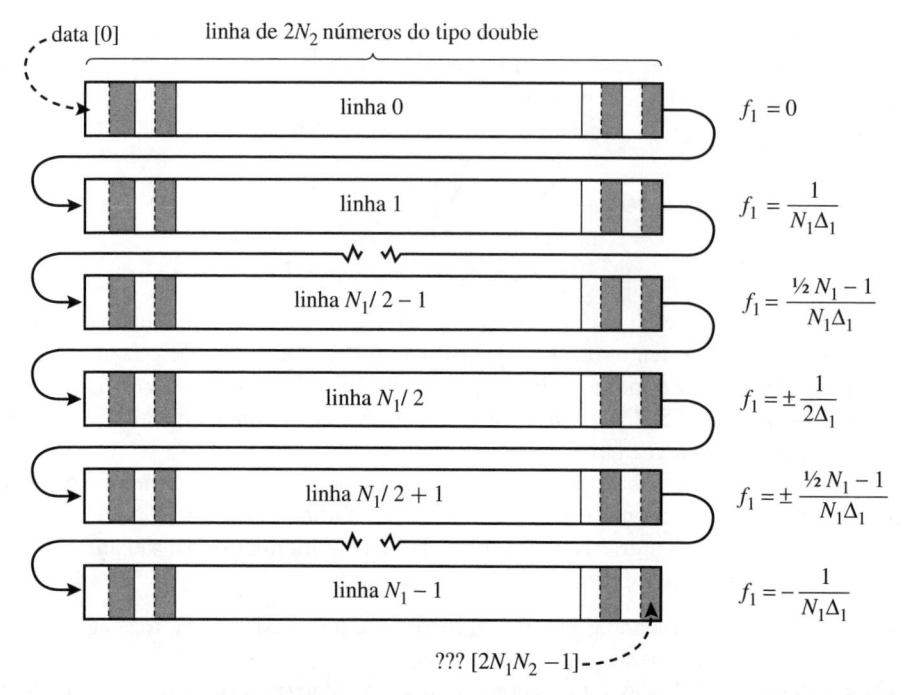

| | |
|---|---|
| linha 0 | $f_1 = 0$ |
| linha 1 | $f_1 = \dfrac{1}{N_1 \Delta_1}$ |
| linha $N_1/2 - 1$ | $f_1 = \dfrac{\frac{1}{2} N_1 - 1}{N_1 \Delta_1}$ |
| linha $N_1/2$ | $f_1 = \pm \dfrac{1}{2\Delta_1}$ |
| linha $N_1/2 + 1$ | $f_1 = \pm \dfrac{\frac{1}{2} N_1 - 1}{N_1 \Delta_1}$ |
| linha $N_1 - 1$ | $f_1 = - \dfrac{1}{N_1 \Delta_1}$ |

??? $[2N_1 N_2 - 1]$

**Figura 12.5.1** Arranjo da armazenagem de frequências na saída $H(f_1, f_2)$ de uma FFT bidimensional. Os dados de entrada são um array $N_1 \times N_2$ bidimensional $h(t_1, t_2)$ (armazenados por colunas de números complexos). A saída também é armazenada na forma de colunas de complexos. Cada coluna corresponde a um valor particular de $f_2$, como ilustrado na figura. Dentro de cada coluna, o arranjo de frequências $f_1$ é exatamente igual ao mostrado na Figura 12.2.2. $\Delta_1$ e $\Delta_2$ são os intervalos de amostragem (*sampling*) nas direções 1 e 2, respectivamente. O número total de arrays (reais) é $2N_1 N_2$. O programa fourn pode também ser empregado para mais que duas dimensões, e o arranjo na armazenagem é generalizado de maneira óbvia.

fourier_ndim.h
```
void fourn(Doub *data, VecInt_I &nn, const Int isign) {
    Substitui data por sua transformada de Fourier discreta ndim-dimensional caso isign seja 1.
    nn[0..ndim-1] é um array inteiro que contém os comprimentos para cada dimensão (número de valores
    complexos), que devem ser todos potência de 2. data é um array real de comprimento igual ao dobro do
    produto destes comprimentos, no qual os dados são armazenados como em um array complexo multidi-
    mensional: as partes real e imaginária de cada elemento são armazenados em posições consecutivas, e o
    índice mais à direita do array aumenta mais rapidamente à medida que se avança em data. Para um array
    bidimensional, isto equivale a armazenar arrays em linhas. Se isign for igual a -1, data é substituído
    por sua transformada inversa vezes o produto dos comprimentos das dimensões.
    Int idim,i1,i2,i3,i2rev,i3rev,ip1,ip2,ip3,ifp1,ifp2;
    Int ibit,k1,k2,n,nprev,nrem,ntot=1,ndim=nn.size();
    Doub tempi,tempr,theta,wi,wpi,wpr,wr,wtemp;
    for (idim=0;idim<ndim;idim++) ntot *= nn[idim];   Número total de valores complexos.
    if (ntot<2 || ntot&(ntot-1)) throw("must have powers of 2 in fourn");
    nprev=1;
    for (idim=ndim-1;idim>=0;idim--) {              Loop principal sobre as dimensões.
        n=nn[idim];
        nrem=ntot/(n*nprev);
        ip1=nprev << 1;
        ip2=ip1*n;
        ip3=ip2*nrem;
        i2rev=0;
        for (i2=0;i2<ip2;i2+=ip1) {                 Esta é a seção de reversão de bits
            if (i2 < i2rev) {                       da rotina.
```

```
                    for (i1=i2;i1<i2+ip1-1;i1+=2) {
                        for (i3=i1;i3<ip3;i3+=ip2) {
                            i3rev=i2rev+i3-i2;
                            SWAP(data[i3],data[i3rev]);
                            SWAP(data[i3+1],data[i3rev+1]);
                        }
                    }
                }
                ibit=ip2 >> 1;
                while (ibit >= ip1 && i2rev+1 > ibit) {
                    i2rev -= ibit;
                    ibit >>= 1;
                }
                i2rev += ibit;
            }
            ifp1=ip1;                                      Aqui se inicia a seção de Daniel-
            while (ifp1 < ip2) {                                son-Lanczos da rotina
                ifp2=ifp1 << 1;
                theta=isign*6.28318530717959/(ifp2/ip1);   Inicializa a recorrência trigonomé-
                wtemp=sin(0.5*theta);                              trica.
                wpr= -2.0*wtemp*wtemp;
                wpi=sin(theta);
                wr=1.0;
                wi=0.0;
                for (i3=0;i3<ifp1;i3+=ip1) {
                    for (i1=i3;i1<i3+ip1-1;i1+=2) {
                        for (i2=i1;i2<ip3;i2+=ifp2) {
                            k1=i2;                         Fórmula de Danielson-Lanczos.
                            k2=k1+ifp1;
                            tempr=wr*data[k2]-wi*data[k2+1];
                            tempi=wr*data[k2+1]+wi*data[k2];
                            data[k2]=data[k1]-tempr;
                            data[k2+1]=data[k1+1]-tempi;
                            data[k1] += tempr;
                            data[k1+1] += tempi;
                        }
                    }
                    wr=(wtemp=wr)*wpr-wi*wpi+wr;           Recorrência trigonométrica.
                    wi=wi*wpr+wtemp*wpi+wi;
                }
                ifp1=ifp2;
            }
            nprev *= n;
        }
    }
    void fourn(VecDoub_IO &data, VecInt_I &nn, const Int isign) {
    Versão sobrecarregada para o caso no qual data é do tipo VecDoub.
        fourn(&data[0],nn,isign);
    }
```

## REFERÊNCIAS CITADAS E LEITURA COMPLEMENTAR

Nussbaumer, H.J. 1982, *Fast Fourier Transform and Convolution Algorithms* (New York: Springer).

## 12.6 Transformada de Fourier de dados reais em duas e três dimensões

FFTs bidimensionais são especialmente importantes na área de processamento de imagem. Uma imagem é normalmente representada por um array bidimensional de intensidades de pixel, números reais (e normalmente positivos). Comumente quer-se filtrar componentes espaciais de alta ou baixa frequência de uma imagem, ou convoluir ou desconvoluir a imagem com alguma função de espalhamento de ponto instrumental. O uso da FFT representa, de longe, a técnica mais eficiente.

Em três dimensões, a FFT é comumente usado para resolver equações de Poisson para um potencial (por exemplo, potencial eletromagnético ou gravitacional) em uma rede tridimensional que representa uma discretização do espaço tridimensional. Nestes problemas, os termos de fonte (massa ou distribuição de carga) e os potenciais são grandezas reais. Em duas e três dimensões, com arrays grandes, a memória normalmente é um bem valioso. Portanto, é importante executar a FFT, na medida do possível, sobre os dados "no local". O que queremos é uma rotina com a funcionalidade similar à rotina FFT multidimensional fourn (§12.5) mas que opera sobre dados de entrada reais, e não complexos. O desenvolvimento é análogo àquele do §12.3, que nos levou à rotina unidimensional realft (talvez você queira neste momento revisar o conteúdo, particularmente a equação 12.3.6).

É conveniente pensarmos nas variáveis indepedentes $n_1, \ldots, n_L$ na equação (12.5.3) como representando um vetor $\vec{n}$ $L$-dimensional no espaço de número de onda*, com valores na rede de inteiros. Denotamos a transformada $H(n_1, \ldots, n_L)$ por $H(\vec{n})$.

É fácil ver que a transformada $H(\vec{n})$ é periódica em cada uma de suas $L$ dimensões. Especificamente, se $\vec{P}_1, \vec{P}_2, \vec{P}_3, \ldots$ denotam os vetores $(N_1, 0, 0, \ldots), (0, N_2, 0, \ldots), (0, 0, N_3, \ldots)$ e assim por diante, então

$$H(\vec{n} \pm \vec{P}_j) = H(\vec{n}) \qquad j = 1, \ldots, L \qquad (12.6.1)$$

A equação (12.6.1) é válida para quaisquer dados de entrada, reais ou complexos. Quando reais, temos a simetria adicional

$$H(-\vec{n}) = H(\vec{n})^* \qquad (12.6.2)$$

As equações (12.6.1) e (12.6.2) implicam que a transformada total pode ser obtida de maneira trivial a partir do subconjunto de valores de rede $\vec{n}$ que tenham

$$\begin{gathered} 0 \leq n_1 \leq N_1 - 1 \\ 0 \leq n_2 \leq N_2 - 1 \\ \ldots \\ 0 \leq n_L \leq \frac{N_L}{2} \end{gathered} \qquad (12.6.3)$$

Na realidade, este conjunto de valores é sobredeterminado, pois há relações de simetria adicionais entre os valores das transformadas que têm $n_L = 0$ e $n_L = N_L/2$. Contudo, estas simetrias são complicadas e seu uso se torna extremamente confuso. Portanto calcularemos nossa FFT no subconjunto da rede da equação (12.6.3), embora isto requeira uma pequena quantidade de arma-

---

*N. de R. T.: Na linguagem da física do estado sólido, o chamado espaço inverso.

zenagem extra para a resposta, isto é, a transformada não está *exatamente* "no local" (embora uma transformada no local seja na verdade possível, descobrimos ser virtualmente impossível explicar para qualquer usuário como desembaralhar os dados de saída, isto é, onde achar as componentes real e imaginária da transformada para uma dada frequência!).

Como no caso da rotina "pura", implementaremos a transformada de Fourier multidimensional real para o caso tridimensional $L = 3$, com os dados de entrada armazenados como arrays reais tridimensionais [0..nn1-1][0..nn2-1][0..nn3-1]. Este esquema permitirá que dados bidimensionais sejam processados sem efetivamente qualquer perda de eficiência, simplesmente tomando-se nn1 = 1. (Observe que é a *primeira* dimensão que deve ser igualada a 1.) Também fornecemos funções sobrecarregadas cujos dados de entrada são armazenados como uma Mat3DDoub (para dados tridimensionais) ou com o MatDoub (para dados bidimensionais).

O espectro de saída é retornado já embalado, pelo menos do ponto vista lógico, na forma de um array complexo tridimensional que chamamos de spec[0..nn1-1][0..nn2-1][0..nn3/2] (conforme equação 12.6.3). Nas primeiras duas das suas três dimensões, as frequências respectivas de valores $f_1$ e $f_2$ são armazenadas em ordem cíclica, ou seja, com a frequência zero no primeiro valor de índice, a menor frequência positiva no segundo índice, a menor frequência *negativa* no *último* índice, e assim por diante (confira a discussão que nos levou às rotinas four1 e fourn). A terceiras destas três dimensões retorna apenas a metade positiva do espectro de frequências. A Figura 12.6.1 ilustra o esquema de armazenamento lógico. A porção retornada do espectro complexo de saída é mostrada como a parte não sombreada da figura inferior.

A embalagem física, em oposição à lógica, do espectro de saída é necessariamente um pouco diferente da embalagem lógica, uma vez que, ao se contar as componentes, spec não cabe propriamente dentro de data. Os domínio de valores de subscritos spec[0..nn1-1][0..nn2-1][0..nn3/2-1] é devolvido no array de entrada [0..nn1-1][0..nn2-1][0..nn3-1], com a correspondência

$$\text{Re}(\text{spec}[i1][i2][i3]) = \text{data}[i1][i2][2*i3]$$
$$\text{Im}(\text{spec}[i1][i2][i3]) = \text{data}[i1][i2][2*i3+1]$$
(12.6.4)

O "plano" de valores restante speq[0..nn1-1][0..nn2-1][nn3/2] retorna como o array bidimensional MatDoub speq[0..nn1-1][0..2*nn2-1], com a correspondência

$$\text{Re}(\text{spec}[i1][i2][nn3/2]) = \text{speq}[i1][2*i2]$$
$$\text{Im}(\text{spec}[i1][i2][nn3/2]) = \text{speq}[i1][2*i2+1]$$
(12.6.5)

Observe que speq contém somente componentes de frequência cuja terceira componente $f_3$ está na frequência crítica de Nyquist $\pm f_c$. Em algumas aplicações, estes valores serão de fato ignorados ou igualados a zero, uma vez que são intrinsicamente aliased entre frequências positivas e negativas.

Com toda esta introdução, o procedimento de implantação, chamado rlft3, é algo como um anticlímax. Observe o loop mais interno do procedimento e você verá a equação (12.6.3) implementada no *último* índice da transformada. O caso i3=0 é codificado separadamente, visando levar em conta o fato de que speq deve ser preenchida ao invés de escrevermos por cima dos dados do array de entrada. Os três loops for embutidos (índices i2, i3 e i1, de dentro para fora) podem de fato ser executados em qualquer ordem – eles comutam entre si. Escolhemos a ordem apresentada pelo seguinte: (i) i3 não deveria ser o loop interno, porque se o fosse, então as relações de recorrência sobre wr e wi se tornariam complicadas. (ii) Em processadores modernos, com uma hierarquia de cache, i1 deveria ser o loop externo, pois (com a ordem de armazenamen-

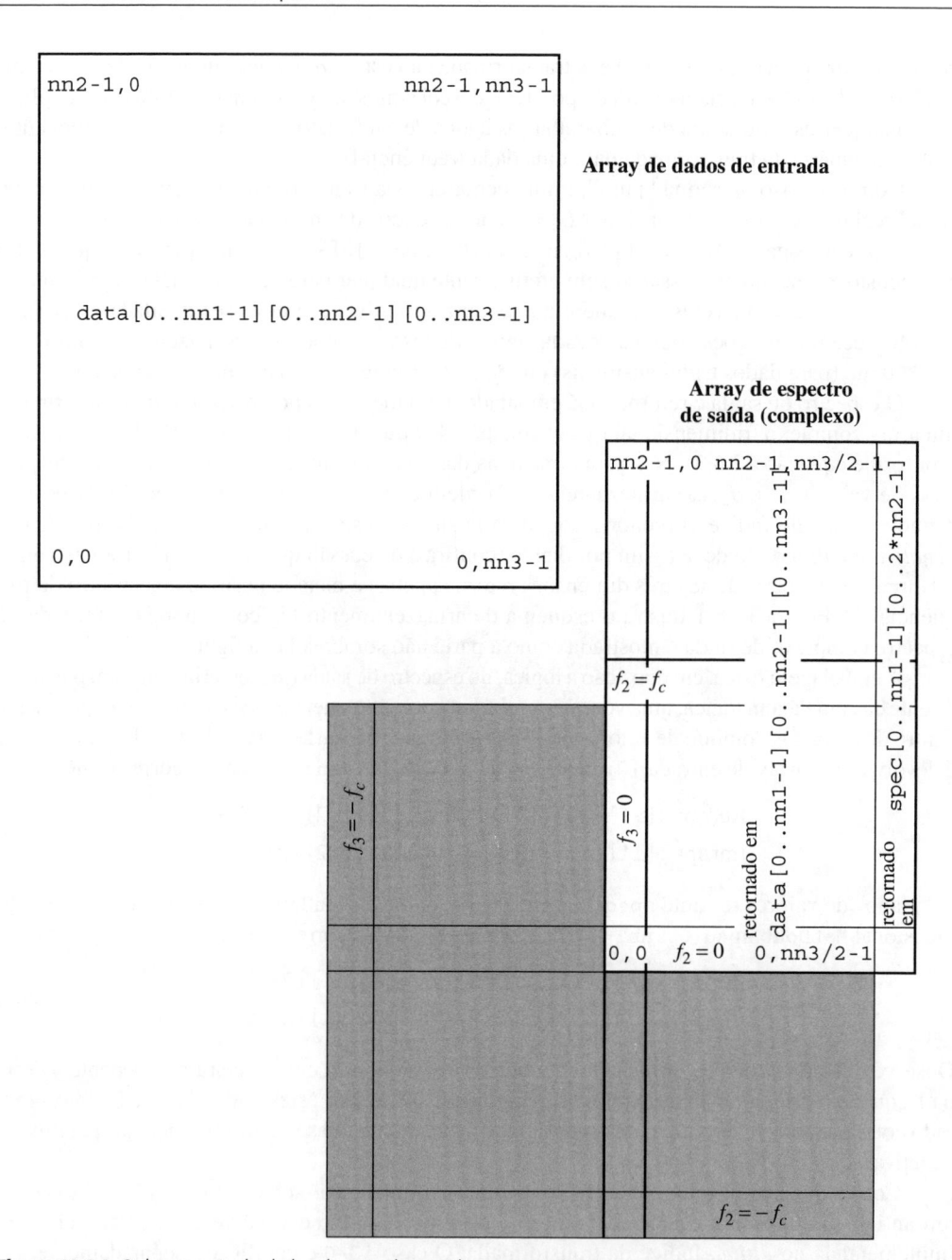

**Figura 12.6.1** Ordenamento de dados de entrada e saída para `rlft3`. Presume-se que todos os arrays apresentados tenham uma primeira (mais à esquerda) dimensão no intervalo [0..nn1-1], saindo da página. O array de entrada é um array tridimensional real `data[0..nn1-1][0..nn2-1][0..nn3-1]` (para bidimensionais, faça nn1 = 1). Os dados de saída podem ser vistos como um único array complexo de dimensão [0..nn1-1][0..nn2-1][0..nn3/2] (confira equação 12.6.3), correspondendo às componentes de frequência $f_1$ e $f_2$ armazenadas em ordem cíclica, mas apenas com os valores positivos de $f_3$ armazenados (os outros obtidos por simetria). Os dados de saída são na verdade escritos principalmente no array de saída `data`, mas parte deles são armazenados no array real `speq[0..nn1-1][0..2*nn2-1]`. Veja texto para mais detalhes.

to de arrays em C++) isto faz com que o array `data`, que pode ser muito grande, seja acessado em ordem sequencial de bloco (*block sequential order*).

Não se esqueça que toda a computação em `rlft3` é desprezível, por um fator logarítmico, quando comparada com o trabalho real de cálculo das FFT complexas associadas feito pela rotina `fourn`. Operações complexas são executadas explicitamente em termos de partes real e imaginária. A rotina `rlft3` é baseada numa rotina anterior de G. B. Rybicki. Como antes, é conveniente fornecer uma rotina pura, e depois funções sobrecarregadas mais convenientes. A sobrecarga para dados tridimensionais de entrada os torna do tipo `Mat3DDoub`, com `speq` do tipo `MatDoub`. A sobrecarga para dados dimensionais os entra como `MatDoub`, com `speq` na forma `VecDoub`.

```
void rlft3(Doub *data, Doub *speq, const Int isign,                    fourier_ndim.h
    const Int nn1, const Int nn2, const Int nn3) {
Dado um array tridimensional de dados[0..nn1-1][0..nn2-1][0..nn3-1] (onde nn1 = 1 para o caso
de um array lógico bidimensional), esta rotina retorna (para isign = 1) a FFT complexa de dois arrays
complexos: na saída, data contém os valores positivos e zero de frequência da terceira componente de
frequência, enquanto speq[0..nn1-1][0..2*nn2-1] contém os valores de frequência crítica de Nyquist da
terceira componente de frequência. A primeira (e segunda) componentes de frequência são armazenadas
para valores zero, positivo e negativo na ordem cíclica padrão. Veja o texto para uma descrição de como
valores complexos são ordenados. Para isign=-1, a transformada inversa (vezes nn1*nn2*nn3/2 como
fator multiplicativo constante) é executada, com o data de saída (tratado como array real) deduzida do
data de entrada (tratado como complexa) e speq. Para transformadas inversas sobre dados que não foram
primeiro gerados por uma transformação direta, certifique-se de que o array de entrada complexo data
satisfaz a propriedade (12.6.2). As dimensões nn1, nn2 e nn3 devem ser sempre uma potência de 2.
    Int i1,i2,i3,j1,j2,j3,k1,k2,k3,k4;
    Doub theta,wi,wpi,wpr,wr,wtemp;
    Doub c1,c2,h1r,h1i,h2r,h2i;
    VecInt nn(3);
    VecDoubp spq(nn1);
    for (i1=0;i1<nn1;i1++) spq[i1] = speq + 2*nn2*i1;
    c1 = 0.5;
    c2 = -0.5*isign;
    theta = isign*(6.28318530717959/nn3);
    wtemp = sin(0.5*theta);
    wpr = -2.0*wtemp*wtemp;
    wpi = sin(theta);
    nn[0] = nn1;
    nn[1] = nn2;
    nn[2] = nn3 >> 1;
    if (isign == 1) {                          Caso da transformada direta.
        fourn(data,nn,isign);                  Aqui é que é gasta a maior parte do tempo
        k1=0;                                      computacional
        for (i1=0;i1<nn1;i1++)                 Estenda os dados periodicamente em speq.
            for (i2=0,j2=0;i2<nn2;i2++,k1+=nn3) {
                spq[i1][j2++]=data[k1];
                spq[i1][j2++]=data[k1+1];
            }
    }
    for (i1=0;i1<nn1;i1++) {
        j1=(i1 != 0 ? nn1-i1 : 0);
        A frequência zero é sua própria reflexão; caso contrário, localiza frequências negativas correspondentes em ordem cíclica.
        wr=1.0;                                Inicializa a recorrência trigonométrica.
        wi=0.0;
        for (i3=0;i3<=(nn3>>1);i3+=2) {
            k1=i1*nn2*nn3;
            k3=j1*nn2*nn3;
```

```
            for (i2=0;i2<nn2;i2++,k1+=nn3) {
                if (i3 == 0) {                          Equação (12.3.6).
                    j2=(i2 != 0 ? ((nn2-i2)<<1) : 0);
                    h1r=c1*(data[k1]+spq[j1][j2]);
                    h1i=c1*(data[k1+1]-spq[j1][j2+1]);
                    h2i=c2*(data[k1]-spq[j1][j2]);
                    h2r= -c2*(data[k1+1]+spq[j1][j2+1]);
                    data[k1]=h1r+h2r;
                    data[k1+1]=h1i+h2i;
                    spq[j1][j2]=h1r-h2r;
                    spq[j1][j2+1]=h2i-h1i;
                } else {
                    j2=(i2 != 0 ? nn2-i2 : 0);
                    j3=nn3-i3;
                    k2=k1+i3;
                    k4=k3+j2*nn3+j3;
                    h1r=c1*(data[k2]+data[k4]);
                    h1i=c1*(data[k2+1]-data[k4+1]);
                    h2i=c2*(data[k2]-data[k4]);
                    h2r= -c2*(data[k2+1]+data[k4+1]);
                    data[k2]=h1r+wr*h2r-wi*h2i;
                    data[k2+1]=h1i+wr*h2i+wi*h2r;
                    data[k4]=h1r-wr*h2r+wi*h2i;
                    data[k4+1]= -h1i+wr*h2i+wi*h2r;
                }
            }
            wr=(wtemp=wr)*wpr-wi*wpi+wr;               Executa recorrência.
            wi=wi*wpr+wtemp*wpi+wi;
        }
    }
    if (isign == -1) fourn(data,nn,isign);             Caso da transformada reversa.
}

void rlft3(Mat3DDoub_IO &data, MatDoub_IO &speq, const Int isign) {
Versão sobrecarregada para dados tridimensionais. Se isign=1, substitui data e spec pela FFT tridimensional de data. Se isign=1, a transformada inversa (vezes −1 do produto das dimensões de data) é executada. Vide comentários na versão acima.
    if (speq.nrows() != data.dim1() || speq.ncols() != 2*data.dim2())
        throw("bad dims in rlft3");
    rlft3(&data[0][0][0],&speq[0][0],isign,data.dim1(),data.dim2(),data.dim3());
}

void rlft3(MatDoub_IO &data, VecDoub_IO &speq, const Int isign) {
Versão sobrecarregada para dados bidimensionais. Se isign=1, substitui data e spec pela FFT tridimensional de data. Se isign=−1, a transformada inversa (vezes −1 do produto das dimensões de data) é executada. Veja comentários na versão acima.
    if (speq.size() != 2*data.nrows()) throw("bad dims in rlft3");
    rlft3(&data[0][0],&speq[0],isign,1,data.nrows(),data.ncols());
}
```

Como em seções anteriores deste capítulo, podemos usar um pouco dos truques de C++ para acessar as componentes de Fourier de saída (array lógico spec) mais facilmente. Definimos duas funções auxiliares sobrecarregadas (a primeira das quais é idêntica à definição da Seção §12.3)

```
inline Complex* Cmplx(VecDoub &d) {return (Complex *)&d[0];}
inline Complex* Cmplx(Doub *d) {return (Complex *)d;}
```

Agora suponha que data é bidimensional com dimensões de entrada nx e ny. Então, na saída, uma componente de frequência complexa (i, j) com $0 \leq i \leq nx/2$ e $0 \leq j \leq ny/2 - 1$ pode ser acessada como

```
Cmplx(data[i])[j]
```

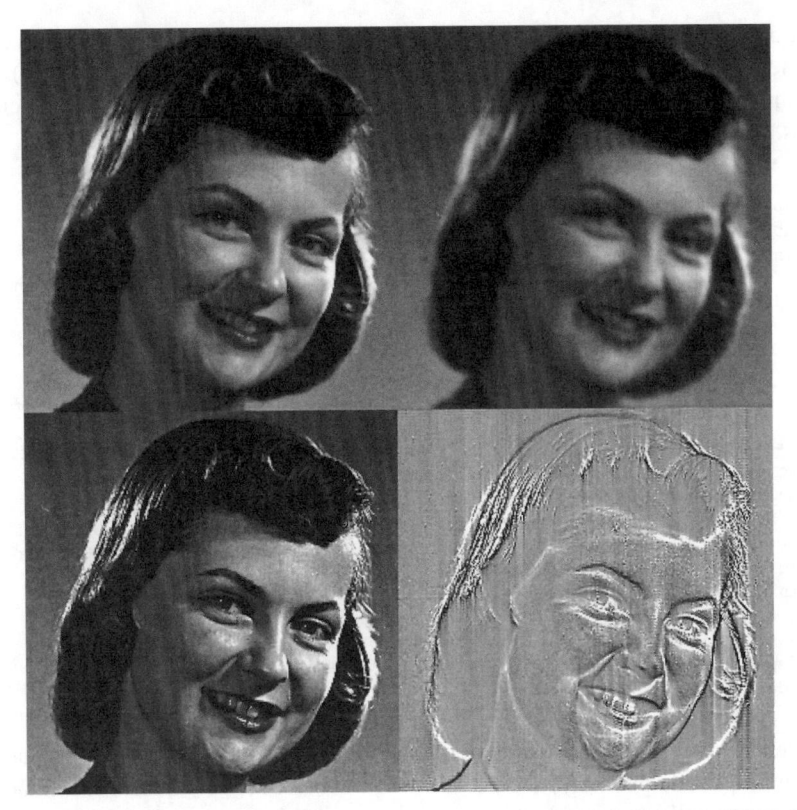

**Figura 12.6.2** Processamento de Fourier de uma imagem. Canto superior esquerdo: imagem original. Canto superior direito: imagem desfocada por filtro de passa-baixa. Canto inferior esquerdo: incremento de nitidez por aumento de componentes de alta frequência. Canto inferior direito: magnitude do operador derivada calculado no espaço de Fourier.

Sim, o parênteses à direita está realmente entre os subscritos! As frequências negativas recorrentes (*wrapped around*) estão em

    Cmplx(data[nx-i])[j]

mas agora com $1 \leq i \leq nx/2 - 1$. Os valores críticos de Nyquist $j = ny/2$ podem ser acessados em

    Cmplx(speq)[i]

para $0 \leq i \leq nx/2$ e

    Cmplx(speq)[nx-i]

para $1 \leq i \leq nx/2 - 1$. Se você não entende como isto tudo funciona, um exercício útil é tentar localizar cada uma destas expressões na Figura 12.6.1. Todas estas expressões podem ser l-values ou r-values.

A Figura 12.6.2 mostra uma imagem teste* e três exemplos de processamento com `rlft3` (usando a função de overload para dados bidimensionais). O primeiro exemplo é um simples

---

*N. de T.: Somos grandes fãs desta imagem clássica (anos 50) da IEEE, embora muitos de nossos leitores tenham implorado para que usássemos a importante e histórica figura de "Lenna", do início dos anos 70. Veja [1] para um relato histórico interessante. "Lenna", uma modelo da página central da Playboy estrategicamente recortada, também é considerada como sendo a origem do termo "transformada de Fourier discreta". [Os autores fazem aqui um trocadilho entre a palavra *discrete*=discreta, no sentido de não contínua, e *discreet*= discreta, no sentido de circunspecta. Ambas têm a mesma pronúncia.]

filtro passa-baixa. Uma imagem nítida se torna desfocada quanto suas componentes espaciais de alta frequência são eliminadas por um fator (neste exemplo) max $(1 - 6f^2/f_c^2, 0)$. O segundo exemplo é um filtro de aumento de nitidez (*sharpening filter*), obtido quanto frequências altas são aumentadas. O código para produzir esta imagem é algo da seguinte forma:

rlft3_
sharpen.h

```
Int i, j, nx=256, ny=256;                    Imagem é 256x256.
MatDoub data(nx,ny);
VecDoub speq(2*nx);
Doub fac;
...                                          Aqui carregaríamos data com a imagem.
rlft3(data,speq,1);                          Transformada direta.
for (i=0;i<nx/2;i++) for (j=0;j<ny/2;j++) {  Loop sobre todas as frequências
    fac = 1.+3.*sqrt(SQR(i*2./nx)+SQR(j*2./ny));    exceto Nyquist.
    Cmplx(data[i])[j] *= fac;
    if (i>0) Cmplx(data[nx-i])[j] *= fac;    Frequências negativas (recorrente,
}                                                     wraparound).
for (j=0;j<ny/2;j++) {                       Loop sobre frequências onde i é Nyquist.
    fac = 1.+3.*sqrt(1.+SQR(j*2./ny));
    Cmplx(data[nx/2])[j] *= fac;
}
for (i=0;i<nx/2;i++) {                       Loop sobre frequências onde j é Nyquist.
    fac = 1.+3.*sqrt(SQR(i*2./nx)+1.);
    Cmplx(speq)[i] *= fac;
    if (i>0) Cmplx(speq)[nx-i] *= fac;       Recorrência (wraparound).
}
Cmplx(speq)[nx/2] *= (1.+3.*sqrt(2.));       Ambas i e j são Nyquist.
rlft3(data,speq,-1);                         Transformada reversa.
```

O terceiro exemplo é um filtro de derivada, onde a componente de Fourier na frequência $(f_x, f_y)$ é multiplicada por $2\pi i (f_x^2, f_x^2)^{1/2}$, e as intensidades resultantes são então mapeadas linearmente no intervalo apropriado.

Para estender `rlft3` para quartro dimensões, você tem que simplesmente adicionar mais um loop embutido (externo) `for` em `i0`, de maneira análoga ao que existe em `i1`. (Modificar a rotina para executar um número arbitrário de dimensões, com em `fourn`, é um bom exercício de programação para o leitor.)

**REFERÊNCIAS CITADAS E LEITURA COMPLEMENTAR**

Brigham, E.O. 1974, *The Fast Fourier Transform* (Englewood Cliffs, NJ: Prentice-Hall).
Swartztrauber, P. N. 1986, "Symmetric FFTs," *Mathematics of Computation,* vol. 47, pp. 323–346.
Hutchinson, J. 2001, in *IEEE Professional Communication Society Newsletter,* vol. 45, no. 3. [Veja também http://www.lenna.org.[1]

## 12.7 Armazenamento de dados externo ou FFTs de memória local

Em algum momento de sua vida você provavelmente terá que calcular a transformada de Fourier de um banco de dados realmente grande, maior que a capacidade de memória física de seu computador. Neste caso, os dados serão armazenados em algum meio externo, tal como um disco óptico ou magnético. Neste caso se faz necessário um algoritmo tratável, que faça um número de passagens sequenciais pelos dados externos, processe-os durante a passagem e produza resultados intermediários, gravando-os em outro meio externo que possa ser lido em passos subsequentes.

Na verdade, um algoritmo com estas exatas características foi desenvolvido por Singleton [1] imediatamente após a descoberta da FFT. O algoritmo requer quatro meios de armazenagem sequenciais, cada um deles capaz de armazenar metade dos dados de entrada. Inicialmente, a primeira metade dos dados é colocada em um meio e a segunda metade, em outro.

O algoritmo de Singleton é baseado na observação de que é possível reverter $2^M$ valores de bits pela seguinte sequência de operações: na primeira passagem, os valores são lidos alternadamente a partir dos *dois* meios de entrada de dados e gravados em um só meio de armazenagem de saída de dados (até que ele tenha metade dos dados), e a metade restante para o outro meio de saída. Na segunda passagem, os meios de saída de dados se tornam meios de entrada de dados e vice-versa. Então, copiam-se *dois* valores do primeiro meio, seguido de dois valores do segundo, escrevendo-os (como antes) até encher primeiro um meio e depois até encher o segundo. Passagens subsequentes leem 4, 8, etc. valores de entrada por vez. Após completar $M - 1$ passagens pelos dados, estes se encontrarão em ordem de bit reversa.

A outra observação feita por Singleton foi que é possível alternar as passagens que essencialmente fazem esta reversão de bits com passagens que implementam um estágio da fórmula de combinação de Danielson-Lanczos (12.2.3). O esquema é este, *grosso modo*: inicia-se, como antes, com metade dos dados de entrada em um meio e metade em outro. Na primeira passagem, um valor complexo é lido de cada um dos meios. Formam-se duas combinações, e uma é escrita em cada um dos dois meios de armazenagem de saída de dados. Após este passo de "cálculo", os meios são rebobinados e uma "permutação" é feita, na qual grupos de valores são lidos do primeiro meio e alternadamente escritos no primeiro e segundo meios de armazenagem de saída de dados. Quando esgotamos o primeiro meio de entrada, o segundo é processado da mesma maneira. Esta sequência de passos de cálculo e permutação é repetida $M - K - 1$ vezes, onde $2^K$ é o tamanho do buffer interno disponível para o programa. A parte final do cálculo consiste em um número $K$ de passos finais de computação. O que distingue a primeira da segunda fase é que agora as permutações são locais o suficiente para serem feitas localmente durante o processamento. Não há portanto passos de permutações em separado para serem realizadas na segunda fase. No total, há $2M - K - 2$ passagens pelos dados.

Uma implementação do algoritmo de Singleton, fourfs, baseado na referência [1], é apresentada como uma Webnote [2].

Para dados unidimensionais, o algoritmo de Singleston produz dados de saída na mesma ordem que uma FFT padrão (por exemplo, four1). Para dados multidimensionais, a saída se encontra em ordem transposta em lugar da ordem C++ convencional de array de saída produzida por fourn. Isto é, ao escanear os dados, é o índice da extrema esquerda do array que varia mais rapidamente, seguido pelo segundo mais extremo e assim por diante. Esta peculiaridade, que é intrínseca ao método, normalmente não é nada mais que um pequeno inconveniente. Para convoluções, calcula-se simplesmente o produto de duas transformadas componente a componente em sua ordem não padrão e então faz-se uma transformada inversa no resultado. Observe que se os comprimentos das diferentes dimensões não são todos iguais, então você tem que reverter a ordem dos valores em nn[0..ndim-1] (dando assim as dimensões da ordem transposta dos arrays de saída) antes de fazer a transformada inversa. Observe também que, da mesma maneira que em fourn, fazer uma transformada e então a inversa resulta em multiplicar os dados originais pelo produto dos comprimentos de todas as dimensões.

Deixamos como exercício para o leitor descobrir como reordenar os dados de saída de fourfs em ordem normal, fazendo passagens adicionais pelos dados armazenados externamente. Duvidamos que tal ordenamento será algum dia realmente necessário.

Você provavelmente quererá modificar fourfs para que ela se adeque à sua aplicação particular. Por exemplo, como escrevemos, KBF $\equiv 2^K$ desempenha o duplo papel de ser ao mesmo tempo o tamanho dos buffers internos e o tamanho do registro (*record size*) dos reads e writes não formatados. Este último papel limita seu tamanho àquele permitido pelo dispositivo de entrada/saída (I/O) de sua máquina. É uma simples questão de fazer múltiplos reads para um KBF muito maior, reduzindo assim um pouco o número de passagens.

Outra modificação de fourfs seria para o caso onde a memória virtual de sua máquina tem espaço de endereçamento suficiente mas não memória física suficiente para realizar uma FFT de maneira eficiente pelo algoritmo convencional (cujas memórias de referência são extremamente não locais). Neste caso, você precisará substituir reads, writes e rewinds por mapeamentos dos arrays afa, afb e afc para o seu espaço de endereçamento. Em outras palavras, estes arrays são substituídos por referências a um único array de dados, com deslocamentos (*offsets*) que são modificados toda vez que fourfs realizar uma operação I/O. O algoritmo resultante terá suas memórias de referência locais dentro de blocos de tamanho KBF. A velocidade de execução é deste modo aumentada enormemente, embora ao custo de exigir duas vezes mais memória virtual que uma FFT no local.

## REFERÊNCIAS CITADAS E LEITURA COMPLEMENTAR

Singleton, R.C. 1967, "A Method for Computing the Fast Fourier Transform with Auxiliary Memory and Limited High-speed Storage," *IEEE Transactions on Audio and Electroacoustics,* vol. AU-15, pp. 91–97.[1]

Numerical Recipes Software 2007, "Code for External or Memory-Local Fourier Transform," *Numerical Recipes Webnote No. 18,* em http://www.nr.com/webnotes?18 [2]

Oppenheim, A.V., Schafer, R.W., and Buck, J.R. 1999, *Discrete-Time Signal Processing,* 2nd ed. (Englewood Cliffs, NJ: Prentice-Hall), Chapter 9.

# CAPÍTULO 13

# Fourier e Aplicações Espectrais

## 13.0 Introdução

Métodos de Fourier revolucionaram os campos das ciências e engenharias, da astronomia ao processamento de imagens na medicina, da sismologia à espectroscopia. Neste capítulo apresentaremos algumas das aplicações básicas de métodos de Fourier e métodos espectrais que tornaram essa revolução possível.

Diga a palavra "Fourier" a um especialista em cálculo numérico e a resposta, como num reflexo condicionado pavloviano, será provavelmente FFT. Realmente, a ampla gama de aplicações de métodos de Fourier pode ser creditada primordialmente à existência de transformadas de Fourier rápidas. Ratoeiras melhores roubam a cena: se você conseguir aumentar a velocidade de processamento de *qualquer* algoritmo não trivial por um fator de um milhão ou mais, o mundo achará um jeito de encontrar uma aplicação para ele. As aplicações mais diretas da FFT são a convolução e desconvolução de dados (§13.1), correlação e autocorrelação (§13.2), filtragem ótima (§13.3), estimativa de espectro de potência (§13.4) e cálculo de integrais de Fourier (§13.9).

Não obstante sua importância, métodos de FFT não devem ser tudo nem o final de tudo da análise espectral. A Seção 13.5 é uma breve introdução à área de filtros digitais em domínio temporal. Em domínio espectral, uma limitação das FFT é que elas sempre representam a transformada de Fourier de uma função como um polinômio em $z = \exp(2\pi i f \Delta)$ (confira equação 12.1.7). Algumas vezes, processos têm espectros cujas formas não são bem representadas nesta forma. Uma forma alternativa, que permite que os espectros tenham polos em $z$, é usada em técnicas de previsão linear (§13.6) e estimativas espectrais de entropia máxima (§13.7).

Outra limitação significativa de todos os métodos FFT é o fato que eles requerem que os dados de entrada sejam obtidos em intervalos igualmente espaçados. Para dados amostrais obtidos irregularmente ou de maneira incompleta, outros métodos existem (embora mais lentos), como discutido no §13.8.

Os chamados métodos de wavelets* habitam em uma representação do espaço de funções que não é nem temporal, nem espectral, mas um meio-termo entre os dois. Dedicamos a Seção 13.10 a este assunto. Finalmente, o §13.11 é uma digressão pelo uso numérico do teorema de amostragem de Fourier (*Fourier sampling theorem*).

---

*N. de T.: Existe no português o correspondente "onduleta". No entanto, como não é amplamente adotado, optamos por manter o termo em inglês.

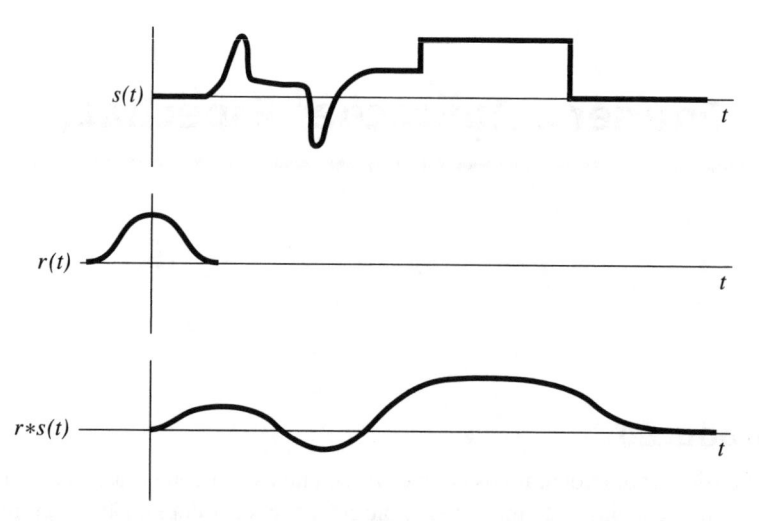

**Figura 13.1.1** Exemplo de convolução de duas funções. Um sinal $s(t)$ é convoluído com uma função resposta $r(t)$. Uma vez que, em algumas de suas características, a função resposta é mais larga que o sinal original, este é "varrido" (*washed out*) pela convolução. Na ausência de ruído adicional, o processo pode ser revertido pela desconvolução.

## 13.1 Convolução e desconvolução via FFT

Definimos a convolução de duas funções no caso contínuo através da equação (12.0.9) e apresentamos o teorema da convolução na equação (12.0.10). Este teorema diz que a transformada de Fourier da convolução de duas funções é igual ao produto das suas transformadas individuais. Queremos agora lidar com o caso discreto. Mencionaremos primeiramente o contexto no qual a convolução é um procedimento útil, para então discutir como calculá-la de maneira eficiente usando a FFT.

A convolução de duas funções $r(t)$ e $s(t)$, denotada por $r*s$, é matematicamente igual à sua convolução em ordem contrária, $s*r$. No entanto, na maioria das aplicações as duas funções têm significados e características bastante diferentes. Uma das funções, digamos $s$, é, num caso típico, um sinal ou fluxo de dados, que continua indefinidamente no tempo (ou em uma variável indepente apropriada, qualquer que seja ela). A outra função, $r$, é uma função resposta, tipicamente uma função com um pico que tende a zero à esquerda e à direita de seu máximo. O efeito da convolução é esparramar (*smear*) o sinal $s(t)$ no tempo, de acordo com a receita dada pela função resposta $r(t)$, como mostra a Figura 13.1.1. Em particular, supõe-se que um pico ou função-delta de área unitária em $s$ que ocorre para um certo tempo $t_0$ é esparramado (*smeared*) na forma da própria função resposta, porém deslocada do tempo 0 ao tempo $t_0$ na forma $r(t - t_0)$.

No caso discreto, o sinal $s(t)$ é representado pelos valores amostrais obtidos em intervalos de tempo iguais $s_j$. A função resposta também é um conjunto discreto de números $r_k$, interpretados da seguinte forma: $r_0$ nos diz qual múltiplo do sinal de entrada em um canal (um valor particular de $j$) é copiado no canal de saída idêntico (o mesmo valor $j$); $r_1$ nos diz que múltiplo do sinal de entrada no canal $j$ é copiado adicionalmente no canal de saída $j + 1$; $r_{-1}$ diz qual múltiplo é copiado no canal $j - 1$, e assim por diante, tanto para os valores positivos quanto para os valores negativos de $k$ em $r_k$. A Figura 13.1.2 ilustra esta situação.

Exemplo: uma função resposta com $r_0 = 1$ e todos os outros $r_k$'s iguais a zero nada mais é que o filtro identidade. A convolução de um sinal com uma função resposta reproduz o sinal de

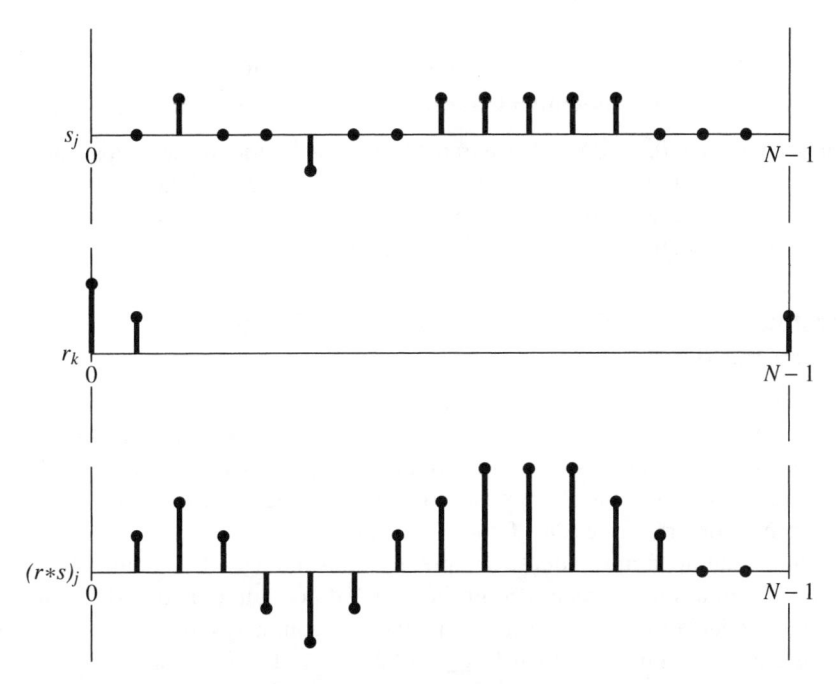

**Figura 13.1.2** Convolução de funções de valores amostrais discretos. Observe como a função resposta para tempos negativos é ordenada recorrentemente e armazenada na extremidade direita do array $r_k$.

modo idêntico. Outro exemplo é uma função resposta com $r_{14} = 1,5$ e todos os outros $r_k$'s iguais a zero. Isto produz como resultado uma convolução em que o sinal de entrada é multiplicado por 1,5 e atrasado em 14 intervalos de amostragem.

O que fizemos, evidentemente, foi apenas descrever em palavras a definição que segue abaixo da convolução discreta com uma função resposta de duração finita $M$:

$$(r * s)_j \equiv \sum_{k=-M/2+1}^{M/2} s_{j-k}\, r_k \qquad (13.1.1)$$

Se uma função resposta discreta for diferente de zero somente no intervalo $-M/2 < k \leq M/2$, onde $M$ é um número inteiro par suficientemente grande, então a função resposta é chamada de resposta de impulso finito (*finite impulse response*, FIR) e sua duração é $M$ (observe que estamos definindo $M$ como sendo o número de valores diferentes de zero de $r_k$; estes valores geram [*span*] um intervalo temporal de $M - 1$ tempos de amostragem). Na maioria das situações práticas, o caso de $M$ finito é o caso de interesse, ou porque a resposta realmente tem duração finita, ou porque optamos por truncá-la em algum ponto e aproximá-la por uma função resposta de duração finita.

O teorema da convolução discreta é este: se o sinal $s_j$ é *periódico*, com período $N$, de tal modo que ele é completamente determinado pelos $N$ valores $s_0, \ldots, s_{N-1}$, então a convolução discreta com a função resposta de duração finita $N$ é um membro do par de transformadas de Fourier discretas.

$$\sum_{k=-N/2+1}^{N/2} s_{j-k}\, r_k \quad \Longleftrightarrow \quad S_n R_n \qquad (13.1.2)$$

Nesta expressão, $s_n$ ($n = 0, \ldots, N-1$) é a transformada de Fourier discreta dos valores $s_j$ ($j = 0, \ldots, N-1$), ao passo que $R_n$ ($n = 0, \ldots, N-1$) é a transformada de Fourier discreta dos valores $r_k$ ($k = 0, \ldots, N-1$). Estes valores de $r_k$ são os mesmos que no caso do intervalo $k = -N/2 + 1, \ldots, N/2$, mas em ordem recorrente (*wraparound*), exatamente como foi descrito no §12.2.

### 13.1.1 Tratamento de efeitos de borda por completamento com zeros (*zero-padding*)

O teorema da convolução discreta presume duas situações que não são universais. Primeiro, ele assume que o sinal de entrada é periódico, ao passo que dados reais ou continuam indefinidamente sem se repetirem, ou tem uma certa extensão finita não periódica. Segundo, o teorema da convolução assume a duração da função resposta como sendo a mesma do período dos dados; ambos são $N$. Precisamos contornar estes dois fatores limitantes.

O segundo é muito simples: quase sempre, estamos interessados em uma função resposta cuja duração $M$ é muito menor que o comprimento $N$ do conjunto de dados. Neste caso, você simplesmente estende a função resposta completando-a com zeros, ou seja, define $r_k = 0$ para $M/2 \le k \le N/2$ e também para $-N/2 + 1 \le\le -M/2 + 1$. Lidar com o primeira restrição é algo mais desafiador. Uma vez que o teorema da convolução precipitadamente parte do pressuposto de que os dados são periódicos, ele "poluirá" falsamente o primeiro canal de saída $(r*s)_0$ com alguns dados recorrentes (*wrapped around*) da extremidade final do fluxo de dados $s_{N-1}, s_{N-2}$, etc (veja Figura 13.1.3). Assim, precisamos criar um buffer de valores zerados no final do vetor $s_j$ a fim de eliminar esta sujeira. Quantos valores iguais a zero precisamos colocar neste buffer? Exatamente tantas vezes quanto o índice mais negativo para o qual a função resposta é diferente de zero. Por exemplo, se $r_{-3}$ é zero ao passo que $r_{-4}, r_{-5}, \ldots$ são todos diferentes de zero, então precisaremos completar com três zeros o final dos dados: $s_{N-3} = s_{N-2} = s_{N-1} = 0$. Estes zeros protegerão o primeiro canal de saída da sujeira da recorrência. Deveria ser óbvio que o segundo canal de saída $(r*s)_1$ e os canais subsequentes também estarão protegidos por estes zeros. Seja $K$ o número de zeros completados, de tal modo que o último ponto do conjunto de dados de entrada é $s_{N-K-1}$.

E no que diz respeito à poluição do último canal de saída? Uma vez que os dados agora terminam com $s_{N-K-1}$, o último canal de interesse é $(r*s)_{N-K-1}$. Este canal pode ser conspurcado pela recorrência do canal de entrada $s_0$, a menos que $K$ também seja grande o suficiente para dar conta do índice $k$ mais positivo para o qual a função resposta $r_k$ é diferente de zero. Por exemplo, se $r_0$ até $r_6$ são diferentes de zero, enquanto $r_7, r_8 \ldots$ são todos zero, precisamos então de $K = 6$ zeros completados no final dos dados $s_{N-6} = \ldots = s_{N-1} = 0$.

Resumindo: precisamos completar os dados no extremo final com um número de zeros igual à duração positiva máxima ou duração negativa máxima da função resposta, qualquer que seja a maior delas (para funções resposta simétricas de duração $M$, você precisará apenas de um número $M/2$ de zeros para completar). Combinando esta operação com o completamento da função resposta descrita acima, isolamos os dados de maneira eficiente contra quaisquer artefatos advindos de uma periodicidade indesejada. A Figura 13.1.4 ilustra a situação.

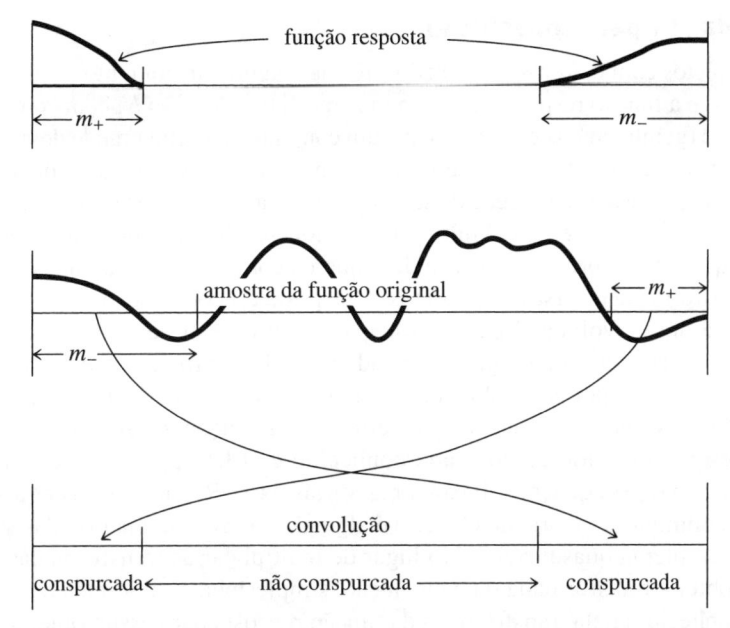

**Figura 13.1.3** O problema da recorrência durante a convolução de segmentos finitos de uma função. Não apenas a recorrência da função resposta deve ser vista como cíclica, mas também a função original medida. Portanto, uma porção em cada ponta final da função original é erroneamente misturada por recorrência com a função original durante a convolução.

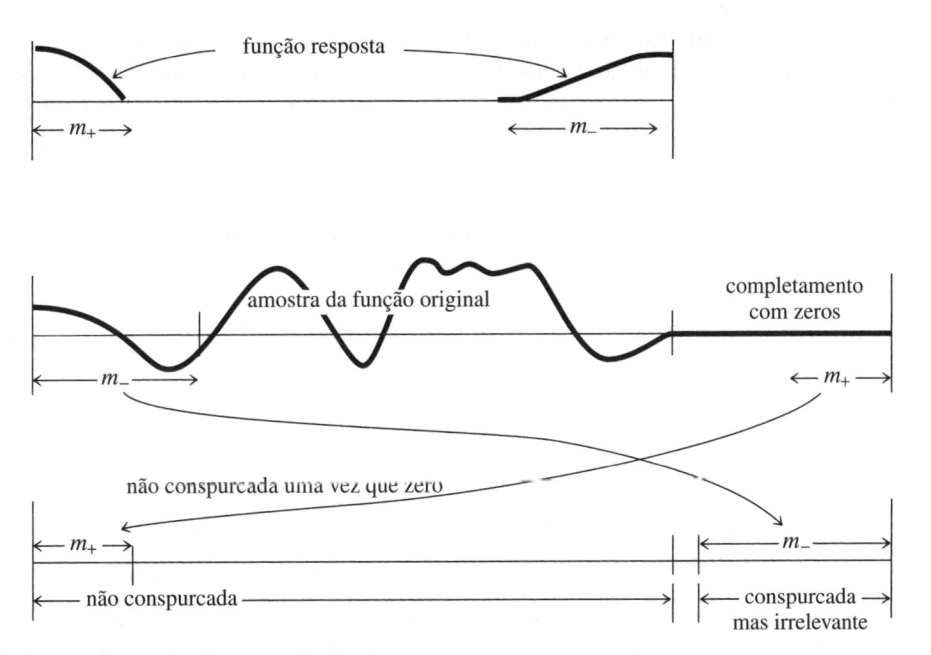

**Figura 13.1.4** Preenchimento com zeros (*zero-padding*) como solução para o problema da recorrência. A função original é estendida com zeros, o que tem uma função dupla: quando os zeros recorrem, eles não perturbam a convolução original, e quando a função original recorre sobre a região de zeros, esta região pode ser desprezada.

## 13.1.2 Uso da FFT para convolução

Os dados, completos com os zeros adicionados, formam agora um conjunto de números reais $s_j, j = 0, \ldots, N-1$, e a função resposta se encontra zerada até a duração $N$, bem como ordenada em ordem recorrente (geralmente isto significa que um conjunto contíguo grande dos $r_k$'s, no meio do array, é zero, com os valores diferentes de zero concentrados nas extremidades do array). Para calcular a convolução, você agora procede da seguinte maneira: use o algoritmo de FFT para calcular a transformada discreta de $s$ e de $r$. Multiplique os dois resultados, componente a componente, lembrando-se que a transformada consiste de números complexos. Então use o algoritmo FFT para fazer a transformada inversa dos produtos. A resposta é a convolução $r * s$.

E quanto à desconvolução? Desconvolução é o processo de desfazer o espalhamento (*smearing*) que ocorreu em um conjunto de dados devido à influência de um função resposta conhecida, por exemplo, por causa do efeito de um aparelho de medida imperfeito. A equação que define a desconvolução é a mesma que define a convolução, ou seja, (13.1.1), exceto que agora o lado esquerdo é tido como sendo conhecido e (13.1.1) deve ser considerada como sendo um conjunto de $N$ equações lineares nas variáveis $s_j$. Resolver estas equações lineares simultâneas no domínio temporal de (13.1.1) é algo não factível na maioria das situações, mas a FFT torna o problema quase trivial. No lugar de multiplicar as transformadas do sinal e da resposta para obter a transformada da convolução, simplesmente dividimos a transformada da convolução (conhecida) pela transformada da função resposta para assim obter a transformada do sinal desconvoluído.

Este procedimento pode dar errado *matematicamente* se a transformada da função resposta é exatamente igual a zero para algum valor $R_n$, de modo que não podemos realizar a divisão por ela. Isto indica que a convolução original realmente perdeu toda a informação para aquela frequência particular, de modo que a reconstrução daquela componente de frequência se torna impossível. Você deve estar ciente contudo que, à parte dos problemas matemáticos, o processo de desconvolução tem outras limitações práticas. O processo é normalmente muito sensível a ruído nos dados de entrada e à acurácia com a qual conhecemos a função resposta $r_k$. Tentativas bem intencionadas de executar uma desconvolução podem muitas vezes produzir coisas sem sentido por estes motivos. Neste caso, você talvez queira executar um processo adicional de filtragem ótima, a ser discutida no §13.3.

Abaixo apresentamos nossa rotina para convolução e desconvolução, usando a FFT implementada via `realft` (§12.3). Supõe-se que os dados estejam armazenados em um array `VecDoub data[0..n-1]`, onde n é uma potência de 2. Partimos do pressuposto de que a função resposta esteja armazenada em ordem recorrente em um array `VecDoub respns[0..m-1]`. O valor de m pode ser qualquer inteiro ímpar menor que ou igual a n, uma vez que a primeira coisa que o programa faz é recopiar, em um array de comprimento n, a função resposta na ordem recorrente apropriada. A resposta é dada em `ans`, que também é usada com espaço de trabalho.

convlv.h
```
void convlv(VecDoub_I &data, VecDoub_I &respns, const Int isign,
    VecDoub_O &ans) {
```
Convolui ou desconvolui um conjunto de dados reais data [0..n-1] (incluindo quaisquer zeros completados pelo usuário) com a função resposta respns[0..m-1], onde m é um inteiro ímpar ≤ n. A função resposta deve estar armazenada em ordem recorrente. A primeira metade do array respns contém a função resposta impulso para tempos positivos, enquanto a segunda metade contém a mesma função para tempos negativos, contando em ordem decrescente a partir do maior elemento respns[m-1]. Na entrada é isign+1 para convolução e −1 para desconvolução. A resposta é retornada em ans[0..n-1]. n deve ser uma potência inteira de 2.
```
    Int i,no2,n=data.size(),m=respns.size();
```

```
        Doub mag2,tmp;
        VecDoub temp(n);
        temp[0]=respns[0];
        for (i=1;i<(m+1)/2;i++) {              Coloca respns em array de comprimento n.
            temp[i]=respns[i];
            temp[n-i]=respns[m-i];
        }
        for (i=(m+1)/2;i<n-(m-1)/2;i++)        Completa com zeros.
            temp[i]=0.0;
        for (i=0;i<n;i++)
            ans[i]=data[i];
        realft(ans,1);                         Faz a FFT de ambos os arrays.
        realft(temp,1);
        no2=n>>1;
        if (isign == 1) {
            for (i=2;i<n;i+=2) {               Multiplica FFT para convoluir.
                tmp=ans[i];
                ans[i]=(ans[i]*temp[i]-ans[i+1]*temp[i+1])/no2;
                ans[i+1]=(ans[i+1]*temp[i]+tmp*temp[i+1])/no2;
            }
            ans[0]=ans[0]*temp[0]/no2;
            ans[1]=ans[1]*temp[1]/no2;
        } else if (isign == -1) {
            for (i=2;i<n;i+=2) {               Divide FFT para desconvoluir.
                if ((mag2=SQR(temp[i])+SQR(temp[i+1])) == 0.0)
                    throw("Deconvolving at response zero in convlv");
                tmp=ans[i];
                ans[i]=(ans[i]*temp[i]+ans[i+1]*temp[i+1])/mag2/no2;
                ans[i+1]=(ans[i+1]*temp[i]-tmp*temp[i+1])/mag2/no2;
            }
            if (temp[0] == 0.0 || temp[1] == 0.0)
                throw("Deconvolving at response zero in convlv");
            ans[0]=ans[0]/temp[0]/no2;
            ans[1]=ans[1]/temp[1]/no2;
        } else throw("No meaning for isign in convlv");
        realft(ans,-1);                        Transformada inversa de volta ao domínio temporal.
    }
```

## 13.1.2 Convolução e desconvolução para conjuntos de dados muito grandes

Se seu conjunto de dados é tão longo que você não quer colocá-lo na memória de uma só vez, então você deve dividi-lo em partes e fazer a convolução de cada parte separadamente. Porém, agora o tratamento dos efeitos de contorno é um pouco diferente. Você agora tem que se preocupar não apenas com efeitos de recorrência espúrios, mas também com o fato de que os finais de cada seção de dados deveriam ter sido influenciados por dados próximos ao final das seções de dados imediatamente anterior e posterior, mas não o foram, dado que só uma seção se encontra na máquina por vez.

Há duas soluções padrão relacionadas para este problema. Ambas são relativamente óbvias, de modo que com umas poucas palavras você deve ser capaz de implementá-las sozinho. A primeira solução é chamada de método sobrepor-salvar (*overlap-save*). Nesta técnica, você completa apenas a parte inicial dos dados com um número de zeros suficiente para evitar sujeira devido à recorrência. Feito este completamento inicial, você simplesmente esquece o assunto por completo. Carregue uma parte dos dados, convolva-os e desconvolva-os. Jogue fora então os pontos em ambos os extremos que estejam conspurcados por efeitos de recorrência. Gere uma saída que contenha apenas os bons pontos remanescentes no meio. Tome agora a próxima seção de dados, mas não todos novos. Os primeiros pontos de cada nova seção devem estar sobrepostos aos últimos da seção de dados precedente. As seções devem se sobrepor o suficiente para que dados de saída

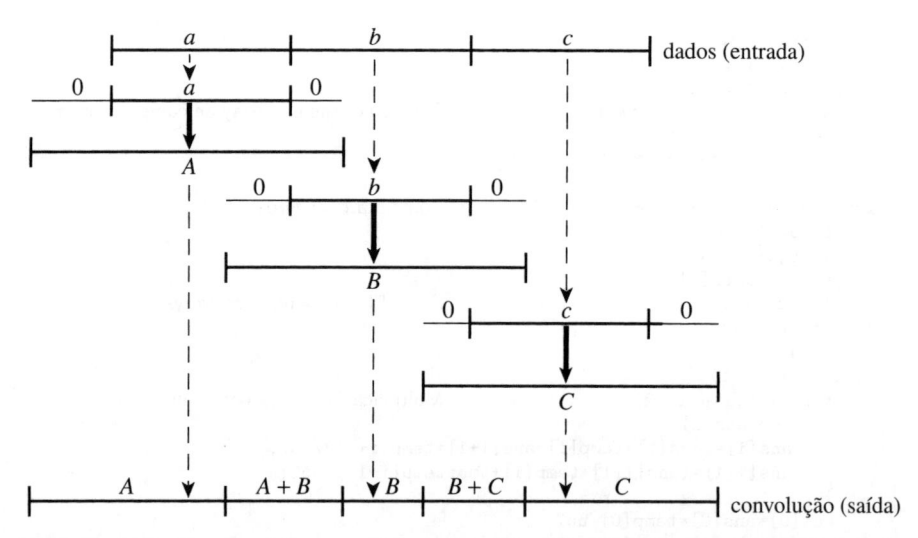

**Figura 13.1.5** O método sobrepor-salvar para convolução de uma resposta com sinal muito longo. Os dados do sinal são quebrados em partes menores. Cada um é completado com zeros em ambos os pontos extremos (representado por setas em negrito na figura). Finalmente, as partes são adicionadas de volta, incluindo as regiões de sobreposição formadas pelos zeros completados.

conspurcados ao final de cada seção sejam recalculados como sendo os primeiros dados de saída limpos da seção subsequente. Com um pouco de raciocínio, você facilmente conseguirá determinar quantos pontos sobrepor e salvar.

O segundo método de solução, chamado de método sobrepor-adicionar (*overlap-add*), está ilustrado na Figura 13.1.5. Nele você *não* faz a sobreposição de dados de entrada. Cada seção de dados é disjunta das demais e usada apenas uma vez. Contudo, você deve completar ambas as extremidades com zeros de modo a não haver ambiguidades de recorrência na convolução ou desconvolução de saída. Então você sobrepõe e adiciona estas seções de dados de saída. Um ponto de saída próximo ao final de uma seção terá nele, propriamente adicionada, a resposta oriunda dos pontos de entrada do início da próxima seção, e do mesmo modo para um ponto de saída próximo ao começo de uma seção, *mutatis mutandis*.

Mesmo que memória computacional esteja disponível, há um leve ganho em velocidade de processamento ao se segmentar um conjunto longo de dados, uma vez que a $N \log_2 N$ da FFT é um pouco mais lenta que linear em $N$. Contudo, o termo em log varia tão lentamente que você frequentemente se sentirá melhor evitando a complexidade do *bookkeeping* dos métodos sobrepor-adicionar e sobrepor-salvar: se for mais prático fazer isso, simplesmente abarrote todo o conjunto de dados na memória e saia fazendo a FFT. Sobrará assim mais tempo para fazer coisas mais interessantes na vida, algumas das quais estão descritas nas próximas seções deste capítulo.

**REFERÊNCIAS CITADAS E LEITURA COMPLEMENTAR**

Nussbaumer, HJ. 1982, *Fast Fourier Transform and Convolution Algorithms* (New York: Springer).

Elliott, D.F., and Rao, K.R. 1982, *Fast Transforms: Algorithms, Analyses, Applications* (New York: Academic Press).

Brigham, E.O. 1974, *The Fast Fourier Transform* (Englewood Cliffs, NJ: Prentice-Hall), Chapter 13.

## 13.2 Correlação e autocorrelação usando a FFT

Correlação é a prima matemática próxima da convolução. Contudo ela é, sob certos aspectos, mais simples, uma vez que as duas funções que entram na correlação não são conceitualmente distintas como eram os dados e a função resposta que entravam na convolução. Ao contrário, na correlação as funções são representadas por conjunto de dados diferentes, embora similares. Investigaremos sua "correlação" comparando ambas diretamente sobrepostas e depois com uma delas deslocada para a esquerda ou direita.

Já definimos na equação (12.0.11) a correlação entre duas funções $g(t)$ e $h(t)$, que denotamos por $\text{Corr}(g, h)$ e é uma função do atraso (*lag*) lag $t$. Ocasionalmente exibiremos esta dependência temporal explicitamente, através da notação $\text{Corr}(g, h)(t)$, um tanto quanto estranha. A correlação será grande para um dado tempo $t$ se a primeira função ($g$) for uma cópia próxima da segunda função ($h$) mas estiver defasada no tempo em $t$, isto é, se a primeira função estiver deslocada para a direita em relação à segunda. Do mesmo modo, a correlação será grande para algum valor negativo de $t$ se a primeira função *lidera* a segunda, ou seja, é deslocada para a esquerda desta. A relação válida quando as duas funções são trocadas é

$$\text{Corr}(g, h)(t) = \text{Corr}(h, g)(-t) \tag{13.2.1}$$

A correlação discreta de duas funções medidas $g_k$ e $h_k$, ambas de período $N$, é definida por

$$\text{Corr}(g, h)_j \equiv \sum_{k=0}^{N-1} g_{j+k} h_k \tag{13.2.2}$$

O teorema da correlação discreta afirma que esta correlação discreta de duas funções reais $g$ e $h$ é um membro do par de transformadas de Fourier discretas

$$\text{Corr}(g, h)_j \Longleftrightarrow G_k H_k^* \tag{13.2.3}$$

onde $G_k$ e $H_k$ são as transformadas discretas de $g_j$ e $h_j$, e o asterístico denota conjugação complexa. Este teorema parte dos mesmos pressupostos acerca das funções que aqueles encontrados no teorema da convolução discreta.

Podemos calcular correlações usanda a FFT da seguinte maneira: faça a FFT dos dois conjuntos de dados, multiplique o resultado de uma pelo complexo conjugado de outra e faça a transformada inversa do produto. O resultado (chame-o de $r_k$) será, formalmente, um vetor complexo de dimensão $N$. Contudo, ele acabará tendo todas suas componentes imaginárias iguais a zero, uma vez que os conjuntos de dados originais eram ambos reais. As componentes de $r_k$ são os valores da correlação para diferentes atrasos, com atrasos positivos e negativos armazenados na já agora familiar ordem recorrente. A correlação para atraso zero se encontra em $r_0$, a primeira componente; a correlação para atraso 1 se encontra em $r_1$, a segunda componente; a correlação para atraso $-1$ se encontra em $r_{N-1}$, a última componente, e assim por diante.

Como no caso da convolução, temos que considerar os efeitos das extremidades, uma vez que nossos dados não serão, no caso geral, periódicos, como pressupõe o teorema da convolução. Usamos também neste caso o completamento com zeros. Se você estiver interessado em correlações com atrasos tão grandes quanto $\pm K$, então você deve anexar uma região de buffer de $K$ zeros ao final dos conjuntos de dados de entrada. Se você estiver interessado em todos os atrasos de um conjunto de $N$ pontos (algo não usual), então você terá que completar os dados com um número igual de zeros; este é o caso extremo. Aqui está então o programa:

correl.h

```
void correl(VecDoub_I &data1, VecDoub_I &data2, VecDoub_O &ans) {
```
Calcula a correlação de dois conjuntos de dados reais data1[0..n-1] e data2[0..n-1](incluindo qualquer zero completado pelo usuário). n deve ser uma potência inteira de 2. A resposta é retornada em ans[0..n-1], armazenada em ordem recorrente, isto é, as correlações de atrasos negativos crescentes começam em ans[n-1] descendo até ans[n/2], ao passo que correlações com atrasos positivos crescentes estão em ans[0] subindo até ans[n/2-1]. A convenção de sinal desta rotina: se data1 está atrasada em relação a data2, isto é, está deslocada para a direita desta, então ans apresentará picos em valores de atraso positivos.

```
    Int no2,i,n=data1.size();
    Doub tmp;
    VecDoub temp(n);
    for (i=0;i<n;i++) {
        ans[i]=data1[i];
        temp[i]=data2[i];
    }
    realft(ans,1);                        Transforma ambos os vetores de dados.
    realft(temp,1);
    no2=n>>1;                             Normalização para FFT inversa.
    for (i=2;i<n;i+=2) {                  Multiplica para achar a FFT de sua correlação.
        tmp=ans[i];
        ans[i]=(ans[i]*temp[i]+ans[i+1]*temp[i+1])/no2;
        ans[i+1]=(ans[i+1]*temp[i]-tmp*temp[i+1])/no2;
    }
    ans[0]=ans[0]*temp[0]/no2;
    ans[1]=ans[1]*temp[1]/no2;
    realft(ans,-1);                       Transformada inversa dá a correlação.
}
```

A autocorrelação discreta de um função $g_j$ medida é simplesmente a correlação discreta da função consigo mesma. Obviamente ela é sempre simétrica com respeito aos atrasos positivos e negativos. Sinta-se à vontade para usar a rotina correl acima para calcular autocorrelações, simplesmente carregando-a com o mesmo vetor data em ambos os argumentos. Se a ineficiência lhe incomoda, você pode editar o programa de modo que apenas um call seja feito para realft para calcular a transformada direta.

**REFERÊNCIAS CITADAS E LEITURA COMPLEMENTAR**

Brigham, E.G. 1974, *The Fast Fourier Transform* (Englewood Cliffs, NJ: Prentice-Hall), §13-2.

## 13.3 Filtragem ótima de Wiener com FFT

Há uma quantidade de outras tarefas em processamento numérico que são rotineiramente feitas com técnicas de Fourier. Uma destas é a filtragem para remoção de ruído de um sinal "corrompido". A situação particular que consideraremos é a seguinte: há algum sinal $u(t)$ subjacente não corrompido que queremos medir. O processo de medida é imperfeito, contudo, e o que obtemos do instrumento de medida é o sinal corrompido $c(t)$. Este sinal $c(t)$ pode estar longe de ser perfeito por um ou dos motivos: primeiro, o aparato pode não ter uma resposta que seja uma função delta perfeita, de modo que o sinal verdadeiro $u(t)$ é convoluído (misturado) com alguma função resposta conhecida $r(t)$ de modo a produzir o sinal misturado $s(t)$,

$$s(t) = \int_{-\infty}^{\infty} r(t-\tau)u(\tau)\,d\tau \quad \text{ou} \quad S(f) = R(f)U(f) \qquad (13.3.1)$$

onde $S$, $R$ e $U$ são as transformadas de Fourier de $s$, $r$ e $u$, respectivamente; segundo, o sinal medido $c(t)$ pode conter uma componente adicional $n(t)$ de ruído,

$$c(t) = s(t) + n(t) \tag{13.3.2}$$

Já sabemos como fazer a desconvolução dos efeitos de uma função resposta $r$ na ausência de ruído (§13.1): nós simplesmente dividimos $C(f)$ por $R(f)$, obtendo assim um sinal desconvoluído. Queremos agora lidar com o problema análogo, mas na presença de ruído. Nossa tarefa consiste em achar o filtro ótimo, $\phi(t)$ ou $\Phi(f)$, que, quando aplicado ao sinal medido $c(t)$ ou $C(f)$ e então desconvoluído por $r(t)$ ou $R(f)$, produz um sinal $\tilde{u}(t)$ ou $\tilde{U}(f)$ que é tão próximo quanto possível do sinal não corrompido $u(t)$ ou $U(f)$. Em outras palavras, faremos uma estimativa do sinal verdadeiro $U$ por meio da relação

$$\tilde{U}(f) = \frac{C(f)\Phi(f)}{R(f)} \tag{13.3.3}$$

Em que sentido $\tilde{U}$ deve ser próximo de $U$? Exigimos que eles sejam próximos em termos de mínimos quadrados

$$\int_{-\infty}^{\infty} |\tilde{u}(t) - u(t)|^2 \, dt = \int_{-\infty}^{\infty} \left|\tilde{U}(f) - U(f)\right|^2 \, df \quad \text{é minimizado} \tag{13.3.4}$$

Substituindo as equações (13.3.3) e (13.3.2), o lado direito de (13.3.4) se torna

$$\int_{-\infty}^{\infty} \left| \frac{[S(f) + N(f)]\Phi(f)}{R(f)} - \frac{S(f)}{R(f)} \right|^2 df$$

$$= \int_{-\infty}^{\infty} |R(f)|^{-2} \left\{ |S(f)|^2 |1 - \Phi(f)|^2 + |N(f)|^2 |\Phi(f)|^2 \right\} df \tag{13.3.5}$$

O sinal $S$ e o ruído $N$ são descorrelacionados, de modo que seu produto direto, quando integrado na frequência $f$, resulta em zero (esta é praticamente a *definição* daquilo que entendemos por ruído!). Obviamente (13.3.5) será um mínimo se e somente se o integrando for minimizado com respeito a $\Phi(f)$ para cada valor de $f$. Procuremos uma solução deste tipo onde $\Phi(f)$ é uma função real. Diferenciando com relação a $\Phi$ e igualando o resultado a zero, obtemos

$$\Phi(f) = \frac{|S(f)|^2}{|S(f)|^2 + |N(f)|^2} \tag{13.3.6}$$

Esta é a fórmula para o filtro ótimo.

Observe que a equação (13.$\Phi(f)$.6) envolve $S$, o sinal misturado, e $N$, o ruído. Estes dois se somam para dar $C$, o sinal medido. A equação (13.3.6) não contém $U$, o sinal verdadeiro. Isto permite uma importante simplificação: o filtro ótimo pode ser determinado independentemente da determinação da função desconvolução que relaciona $S$ e $U$.

A fim de determinar o filtro ótimo a partir da equação (13.3.6), necessitamos de algum método para estimar $|S|^2$ e $|N|^2$. Não há como fazer isto somente a partir do sinal $C$ sem alguma outra informação, ou alguma hipótese ou chute. Por sorte, esta informação extra é fácil de conseguir. Por exemplo, podemos medir um trecho longo de dados $c(t)$ e fazer o gráfico de sua densidade espectral de potência usando as equações (12.0.15), (12.1.8) e (12.1.5). Esta quantidade é proporcional à soma $|S|^2 + |N|^2$, de modo que temos assim

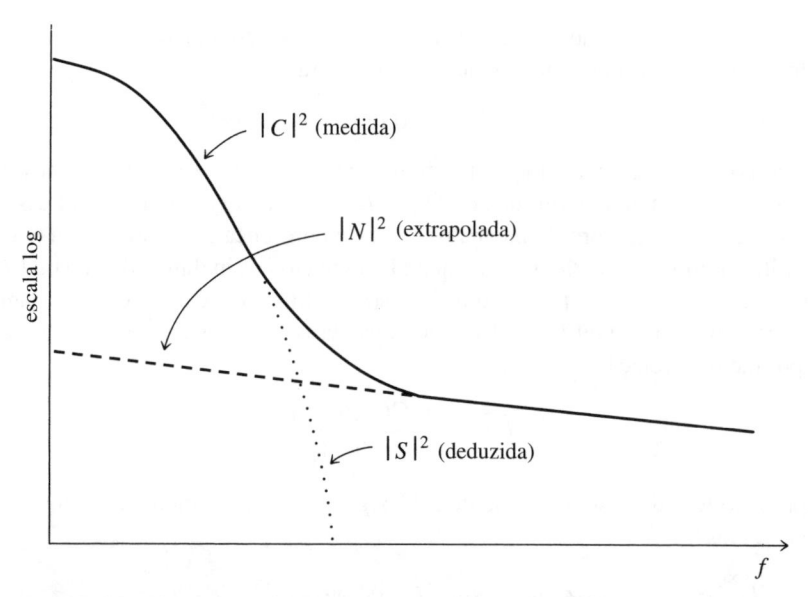

**Figura 13.3.1** Filtragem ótima (de Wiener). O espectro de potência de um sinal mais ruído apresenta um pico no sinal adicionado a um rabo (*tail*) de ruído. O *tail* é extrapolado de volta à região do sinal na forma de um "modelo de ruído". Os modelos têm que ser acurados para que o método seja útil. Uma simples combinação algébrica destes modelos produz o filtro ótimo (vide texto).

$$|S(f)|^2 + |N(f)|^2 \approx P_c(f) = |C(f)|^2 \qquad 0 \leq f < f_c \qquad (13.3.7)$$

(Métodos mais sofisticados de estimativa da densidade espectral de potência serão discutidos em §13.4 e §13.7. A estimativa acima, porém, é quase sempre boa o suficiente para problemas de filtragem ótima.) O gráfico resultante (veja Figura 13.3.1) comumente mostrará, de imediato, a assinatura espectral do sinal saindo por cima de um espectro contínuo de ruído. O espectro de ruído pode ser horizontal (*flat*), inclinado ou variar lentamente; não importa, desde que consigamos fazer uma hipótese razoável acerca do que ele realmente é. Desenhe uma curva suave pelo espectro de ruído, extrapolando-a para a região dominada também pelo sinal. Então desenhe uma curva suave através do sinal mais potência do ruído. A diferença entre estas duas curvas é seu "modelo" suave da potência do sinal. O quociente entre seu modelo de potência de sinal e seu modelo de sinal mais potência de ruído é o filtro ótimo $\Phi(f)$ [estenda-o para valores negativos de $f$ por meio da fórmula $\Phi(-f) = \Phi(f)$]. Observe que $\Phi(f)$ será próximo à unidade onde o ruído for desprezível, e próximo de zero onde o ruído for dominante. É assim que o método dá conta do recado! A dependência intermediária, como expressa pela equação (13.3.6), acaba sendo simplesmente a maneira ótima de passar por entre estes dois extremos.

Uma vez que o filtro ótimo vem de um problema de minimização, a qualidade dos resultados obtidos por filtragens ótimas difere do ótimo verdadeiro por uma quantidade em *segunda ordem* na precisão definida para o filtro ótimo. Em outras palavras, mesmo um filtro ótimo determinado com um precisão relativamente ruim (descuidado num nível de, digamos, 10%) pode dar excelentes resultados quando aplicado aos dados. É por este motivo que a separação do sinal medido $C$ em um sinal e componentes de ruído $S$ e $N$, respectivamente, pode ser feita "a olho" a partir de um gráfico grosseiro da densidade espectral de potência e ter utilidade. Tudo isto deve deixar você pensando sobre iterações do procedimento que acabamos de descrever. Por exemplo, depois de desenvolver um filtro $\Phi(f)$ e utilizá-lo para fazer uma estimativa respeitável do sinal $\tilde{U}(f) = \Phi(f)C(f)/R(f)$, você pode se voltar e encarar $\tilde{U}(f)$ como um novo sinal, fresquinho, que pode ser melhorado ainda mais com a mesma técnica de filtragem. Não perca seu tempo pensando nisto. O esquema converge para um sinal $S(f) = 0$. Métodos iterativos convergentes existem, mas este simplesmente não é um deles.

Você pode empregar a rotina `four1` (§12.2) ou `realft` (§12.3) para fazer uma FFT dos seus dados quando estiver construindo um filtro ótimo. Para aplicar o filtro a seus dados, você pode usar os métodos descritos no §13.1. A rotina específica `convlv` é necessária para a filtragem ótima, uma vez que, para começo de conversa, seu filtro é construído no domínio de frequência. Contudo, se você também estiver desconvoluindo seus dados com uma função resposta conhecida, você pode modificar `convlv` para que ela multiplique pelo filtro ótimo antes que ela faça a transformada de Fourier inversa.

### REFERÊNCIAS CITADAS E LEITURA COMPLEMENTAR

Rabiner, L.R., and Gold, B. 1975, *Theory and Application of Digital Signal Processing* (Englewood Cliffs, NJ: Prentice-Hall).

Nussbaumer, H.J. 1982, *Fast Fourier Transform and Convolution Algorithms* (New York: Springer).

Elliott, D.F., and Rao, K.R. 1982, *Fast Transforms: Algorithms, Analyses, Applications* (New York: Academic Press).

## 13.4 Estimando o espectro de potência usando a FFT

Na seção anterior fizemos uma estimativa "informal" da densidade espectral de potência de uma função $c(t)$ ao tomarmos o módulo quadrado da transformada de Fourier discreta de um pedaço finito da mesma. Nesta seção, faremos aproximadamente o mesmo, mas com maior atenção consideravelmente maior aos detalhes, o que nos reservará algumas surpresas.

O primeiro detalhe diz respeito à normalização do espectro de potência (ou densidade espectral de potência, PSD). Geralmente existe algum tipo de proporcionalidade entre uma medida da amplitude ao quadrado de uma função e uma medida da amplitude da PSD. Infelizmente, há várias convenções distintas para descrever a normalização em cada domínio, e muitas oportunidades para se obter erroneamente a relação entre os dois domínios. Imaginemos que nossa função $c(t)$ é medida em $N$ pontos, produzindo valores $c_0 \ldots c_{N-1}$, e que além disso estes pontos estão distribuídos em um intervalo de tempo $T$, ou seja, $T = (N-1)\Delta$, onde $\Delta$ é o intervalo de amostragem. Há aqui então diferentes descrições da potência total:

$$\sum_{j=0}^{N-1} |c_j|^2 \equiv \text{soma da amplitude ao quadrado} \quad (13.4.1)$$

$$\frac{1}{T} \int_0^T |c(t)|^2 \, dt \approx \frac{1}{N} \sum_{j=0}^{N-1} |c_j|^2 \equiv \text{média da amplitude ao quadrado} \quad (13.4.2)$$

$$\int_0^T |c(t)|^2 \, dt \approx \Delta \sum_{j=0}^{N-1} |c_j|^2 \equiv \text{integral no tempo da amplitude quadrada} \quad (13.4.3)$$

Como veremos, existe uma variedade ainda maior de estimadores de PSD. Nesta seção consideraremos uma classes destes que nos proporcionam estimativas em valores de frequência $f_i$, onde $i$ varia sobre o conjunto dos inteiros. Na próxima seção, iremos aprender acerca de uma classe diferente que produz estimativas que são funções contínuas da frequência $f$. Mesmo quando é acordado sempre se relacionar a normalização de uma PSD com uma descrição particular da normalização da função (por exemplo, 13.4.2), ainda assim há, no mínimo, as seguintes possibilidades: a PSD é

- definida para frequências positivas, zero e negativas, e sua soma sobre estas é a amplitude quadrática média da função
- definida para frequências positivas e zero apenas, e sua soma sobre estas é a amplitude quadrática média da função
- definida no intervalo de Nyquist entre $-f_c$ e $f_c$, onde $f_c = 1/(2\Delta)$, e sua integral sobre este intervalo é a amplitude quadrática média da função
- definida de 0 a $f_c$ e as integral sobre este intervalo é a amplitude quadrática média da função (nunca faz sentido integrar a PSD de uma função medida fora do intervalo de Nyquist $-f_c$ e $f_c$, uma vez que, de acordo com o teorema da amostragem, a potência ali terá sido aliased para dentro do intervalo de Nyquist).

É inútil definir notação suficiente para diferenciar todas as possíveis combinações de normalizações. Na sequência, usaremos a notação $P(f)$ para designar *qualquer* uma das PSDs acima, dizendo em cada caso particular como a PSD deve ser normalizada. Cuidado com a notação inconsistente na literatura.

O método para estimar o espectro de potência usado na seção precedente é uma versão simples de um estimador chamado, historicamente, de periodograma. Se tomarmos uma amostra de $N$ pontos da função $c(t)$ em intervalos iguais e usarmos a FFT para calcular sua transformada de Fourier discreta

$$C_k = \sum_{j=0}^{N-1} c_j \, e^{2\pi i j k/N} \qquad k = 0, \ldots, N-1 \qquad (13.4.4)$$

então a estimativa do espectro de potência que o periodograma nos dá é definida para $N/2+1$ frequências como sendo

$$P(0) = P(f_0) = \frac{1}{N^2} |C_0|^2$$

$$P(f_k) = \frac{1}{N^2}\left[|C_k|^2 + |C_{N-k}|^2\right] \qquad k = 1, 2, \ldots, \left(\frac{N}{2}-1\right) \qquad (13.4.5)$$

$$P(f_c) = P(f_{N/2}) = \frac{1}{N^2}|C_{N/2}|^2$$

onde $f_k$ é definida somente para valores de frequência zero e positivos

$$f_k \equiv \frac{k}{N\Delta} = 2f_c \frac{k}{N} \qquad k = 0, 1, \ldots, \frac{N}{2} \qquad (13.4.6)$$

De acordo com o teorema de Parseval (12.1.10), vemos imediatamente que a equação (13.4.5) é normalizada de tal modo que a soma dos $N/2+1$ valores de $P$ é igual à amplitude quadrática média da função $cj$.

Aqui apresentamos um objeto (de nome `Spectreg` para "registro de espectro") que implementa as equação (13.4.4)–(13.4.6). Seu construtor pega um argumento inteiro $M$ que define tanto o número de dados, $2M \equiv N$, como também $M + 1$, o número de frequências entre 0 e $f_c$, inclusive, na estimativa. $M$ tem que ser uma potência de 2. `Spectreg` tem algumas outras características que desenvolveremos abaixo, quando aprendermos sobre funções de janela e redução de variância. Por agora, a função `window` que aparece abaixo deve ser definida como retornando o valor constante 1, ou seja,

```
Doub window(Int j,Int n) {return 1.;}
```
spectrum.h

```
struct Spectreg {
```
Objeto para acumular estimativas de espectro de potência para um ou mais segmentos de dados.
```
    Int m,m2,nsum;
    VecDoub specsum, wksp;

    Spectreg(Int em) : m(em), m2(2*m), nsum(0), specsum(m+1,0.), wksp(m2) {
```
Construtor. Fixa $M$ de tal modo que segmentos de dados tenham um comprimento $2M$, e o espectro será estimado para as $M + 1$ frequências.
```
        if (m & (m-1)) throw("m must be power of 2");
    }

    template<class D>
    void adddataseg(VecDoub_I &data, D &window) {
```
Processa o segmento de dados de comprimento $2M$ usando a função `window`, que tanto pode ser uma função pura quanto um functor.
```
        Int i;
        Doub w,fac,sumw = 0.;
        if (data.size() != m2) throw("wrong size data segment");
        for (i=0;i<m2;i++) {           Carregue os dados.
            w = window(i,m2);
            wksp[i] = w*data[i];
            sumw += SQR(w);
        }
        fac = 2./(sumw*m2);
        realft(wksp,1);                Faça a transformação de Fourier.
        specsum[0] += 0.5*fac*SQR(wksp[0]);
        for (i=1;i<m;i++) specsum[i] += fac*(SQR(wksp[2*i])+SQR(wksp[2*i+1]));
        specsum[m] += 0.5*fac*SQR(wksp[1]);
        nsum++;
    }

    VecDoub spectrum() {
```
Retorna as estimativas do espectro de potência na forma de um vetor. Casa contrário, você pode acessar specsum diretamente e dividir por nsum.
```
        VecDoub spec(m+1);
        if (nsum == 0) throw("no data yet");
        for (Int i=0;i<=m;i++) spec[i] = specsum[i]/nsum;
        return spec;
    }

    VecDoub frequencies() {
```
Retorna vetor de frequências (em unidades de $1/\Delta$) para as quais as estimativas foram feitas.
```
        VecDoub freq(m+1);
        for (Int i=0;i<=m;i++) freq[i] = i*0.5/m;
        return freq;
    }
};
```

Um uso "ingênuo" de Spectreg seria o seguinte: declare um exemplo com um valor de $M$ igual a uma potência de 2. Chame adddataseg para processar um vetor de dados, de comprimento $2M$. Chame spectrum e frequencies para obter, respectivamente, as estimativas de PSD e as frequências nas quais isto foi feito (em unidades de $1/\Delta$).

Antes de nos apressarmos no uso de Spectreg, contudo, temos que antes fazer a seguinte pergunta: até que ponto a estimativa via periodograma (13.4.5) representa uma estimativa "verdadeira" do espectro de potência da função subjacente $c(t)$? Você poderá encontrar uma resposta a esta pergunta, discutida com considerável detalhe, na literatura citada (veja, por exemplo, [1] para uma introdução). Aqui vai um resumo.

Primeiro, o valor esperado da estimativa do periodograma é igual ao espectro de potência, ou seja, o estimador é, em média, correto (não tendencioso, *unbiased*)? Bem, sim e não. Não deveríamos realmente esperar que um dos $P(f_k)$'s fosse igual ao $P(f)$ contínuo no *exato* valor $f_k$, uma vez que se supõe que $f_k$ seja representativo de um "bin" de frequências inteiro, estendendo-se da metade da frequência discreta precedente à metade da frequência seguinte. Deveríamos, *sim*, esperar que $P(f_k)$ fosse algum tipo de média de $P(f)$ em uma janela estreita da função, centrada em seu $f_k$. Para a estimativa do periodograma (13.4.6), esta função janela, como função de $s$, o deslocamento (*offset*) de frequência *em bins*, vale

$$W(s) = \frac{1}{N^2}\left[\frac{\text{sen}(\pi s)}{\text{sen}(\pi s/N)}\right]^2 \quad (13.4.7)$$

Observe que $W(s)$ tem lóbulos oscilatórios mas, com exceção destes, decai apenas como $W(s) \approx (\pi s)^{-2}$. Este tipo de decaimento não é muito acentuado, causando um vazamento (*leakage*) considerável (é este o termo técnico usado) de uma frequência em outra na estimativa do periodograma. Observe também que $W(s)$ é zero quando $s$ é um inteiro diferente de zero. Isto significa que se a função $c(t)$ é uma onda senoidal pura de frequência exatamente igual a um dos $f_k$'s, então não haverá qualquer vazamento para valores adjacentes de $f_k$'s. Mas este não é um caso característico! Se a frequência estiver, digamos, a um terço do caminho entre duas frequências $f_k$'s adjacentes, então o vazamento se entenderá para muito além destes dois bins adjacentes. A solução do problema de vazamento é chamada de data windowing, que discutiremos abaixo.

Olhemos agora para uma outra questão a respeito da estimativa via periodograma. Qual é a variância desta estimativa quando $N$ tende para infinito? Em outras palavras, à medida que obtemos mais dados da função original (quer fazendo uma amostragem de pedaços maiores de dados com a mesma taxa de amostragem, quer refazendo a amostragem para o mesmo intervalo de dados mas com uma taxa de amostragem mais rápida), o quão mais precisa se tornam as estimativas $P_k$? A resposta desagradável é que as estimativas via periodograma *não se tornam mais precisas em absoluto*! Na realidade, a variância da estimativa na frequência $f_k$ é sempre igual ao quadrado de seu valor esperado para aquela frequência. Em outras palavras, o desvio padrão é sempre 100% do valor, independente de $N$!

Como pode isso? Para onde foi toda a informação à medida que adicionamos pontos? Ela foi toda para a produção de mais estimativas para um maior número de frequências discretas $f_k$. Se fizermos a amostragem de um intervalo mais longo de dados com a mesma taxa de amostragem, então a frequência crítica de Nyquist $f_c$ permanece inalterada, embora agora tenhamos uma resolução de frequência mais fina (mais $f_k$'s) dentro do intervalo de frequência de Nyquist; ou, se o fazemos para o mesmo intervalo de dados mas com uma taxa de amostragem mais fina, então a resolução de nossa frequência permanece inalterada, mas o intervalo de Nyquist se estende agora até uma frequência mais alta. Em nenhum dos dois casos os dados adicionais reduzem a variância da estimativa de PSD de qualquer frequência específica.

Você porém não é obrigado a conviver com estimativas de PSD com desvios padrão de 100%. O que você precisa é simplesmente conhecer algumas técnicas de redução de variância das estimativas. Aqui estão duas técnicas que são, matematicamente falando, quase idênticas, embora suas implementações sejam diferentes. A primeira consiste em calcular a estimativa via periodograma com um espaçamento de frequências discretas mais fino do que aquele que você realmente precisa, e então somar as estimativas para $K$ valores discretos consecutivos de frequências para obter assim uma estimativa mais "suave" na frequência média para aqueles $K$. A variância desta estimativa somada será menor que a própria estimativa por um fator exato de $1/K$, isto é, o desvio padrão será menor que 100% por um fator $1/\sqrt{K}$. Assim, para estimar o espectro de potência para $M + 1$ frequências discretas entre 0 e $f_c$, inclusive, você começa fazendo a FFT de $2MK$ pontos (que é melhor que seja uma potência de 2!). Você então pega o módulo ao quadrado dos coeficientes resultantes, adiciona pares de frequências positiva e negativa e divide por $(2MK)^2$, tudo de acordo com a equação (13.4.5), com $N = 2MK$. Finalmente, você coloca os resultados de grupos de $K$ valores somados (não a média) em bins. Este procedimento é muito fácil de ser programado, motivo pelo qual não nos preocuparemos em apresentar uma rotina para tal. O motivo de você somar, e não fazer a média, de $K$ valores consecutivos é que sua estimativa da PSD final preservará a propriedade de normalização pela qual a soma de seus $M + 1$ valores é igual ao valor quadrático médio da função.

A segunda técnica para se estimar a PSD para $M + 1$ valores discretos de frequência no intervalo entre 0 e $f_c$ consiste em particionar os dados originais em $K$ segmentos, cada um com $2M$ pontos consecutivos. A FFT de cada segmento é calculada separadamente, produzindo assim estimativas de periodograma (equação 13.4.5 com $N \equiv 2M$). Finalmente, calcula-se a média das $K$ estimativas de periodograma para cada frequência. É este cálculo final da média que reduz a variância da estimativa por um fator $K$ (e o desvio padrao por $\sqrt{K}$). Esta segunda técnica é, do ponto de vista computacional, mais eficiente que a primeira técnica por um fator modesto, uma vez que é logaritmamente mais eficiente calcular várias FFT curtas do que uma longa. A maior vantagem desta segunda técnica, contudo, é que somente $2M$ pontos são manipulados num dado instante de tempo, e não $2KM$, como é o caso da primeira técnica. Isto significa que a segunda é a escolha natural quando se vão processar grandes quantidades de dados, como, por exemplo, os obtidos por equipamento de tempo real ou armazenagem lenta.

Na verdade, como você já deve ter percebido, o objeto Spectreg implementa esta segunda técnica. Se você chamar adddataseg $K$ vezes, cada vez com um vetor diferente de dimensão $2M$, então o resultado retornado pela rotina spectrum será a média dos $K$ periodogramas. Contudo, *ainda* não devemos nos precipitar e sair usando Spectreg. Precisamos primeiro retornar para as questões de vazamento e data windowing que mencionamos anteriormente após a equação (13.4.7).

### 13.4.1 Data windowing

O objetivo do data windowing é modificar a equação (13.4.7), que expressa a relação entre a estimativa espectral $P_k$ para uma frequência discreta e o verdadeiro espectro contínuo $P(f)$ subjacente para frequências próxima àquela. Geralmente, a potência espectral em um "bin" $k$ contém vazamento de componentes de frequência que se encontram a uma distância de $s$ bins, onde $s$ é a variável independente na equação (13.4.7). Há, como já pudemos mencionar, vazamentos consideráveis até mesmo de valores moderadamente grandes de $s$. Observe que geralmente $s$ não é um número inteiro, pois as frequências verdadeiras podem ter qualquer valor real.

Quando selecionamos um conjunto de $N$ pontos amostrais para a estimativa espectral por periodograma, estamos no fundo multiplicando um conjunto infinito de dados amostrais $c_j$ por uma janela no tempo, que é uma função igual a zero exceto durante o tempo de amostragem $N\Delta$ e é igual à unidade durante este tempo. Em outras palavras, os dados são enquadrados por uma função janela quadrada (*square window function*). Segundo o teorema da convolução (12.0.10, mas invertendo os papéis de $f$ e $t$), a transformada de Fourier do produto dos dados com esta função janela quadrada é igual à convolução da transformada de Fourier dos dados com a transformada da janela. De fato, a equação (13.4.7) nada mais é que o quadrado da transformada de Fourier discreta da função janela unitária

$$W(s) = \frac{1}{N^2} \left[ \frac{\text{sen}(\pi s)}{\text{sen}(\pi s/N)} \right]^2 = \frac{1}{N^2} \left| \sum_{k=0}^{N-1} e^{2\pi i s k / N} \right|^2 \qquad (13.4.8)$$

O motivo do vazamento para valores grandes de $s$ é devido ao fato de que a função janela quadrada alterna entre 0 e 1 muito rapidamente. Sua transformada de Fourier tem componentes apreciáveis para valores altos de frequência. Para consertar esta situação, podemos multiplicar os dados de entrada $c_j, j = 0, \ldots, N-1$ por uma função janela $w_j$ que muda mais gradualmente de zero a um máximo e daí novamente a zero à medida que $j$ varia de 0 a $N$. Neste caso, as equações para o estimador periodograma (13.4.4 – 13.4.5) se tornam

$$D_k \equiv \sum_{j=0}^{N-1} c_j w_j \, e^{2\pi i j k / N} \qquad k = 0, \ldots, N-1 \qquad (13.4.9)$$

$$P(0) = P(f_0) = \frac{1}{W_{ss}} |D_0|^2$$

$$P(f_k) = \frac{1}{W_{ss}} \left[ |D_k|^2 + |D_{N-k}|^2 \right] \qquad k = 1, 2, \ldots, \left( \frac{N}{2} - 1 \right)$$

$$P(f_c) = P(f_{N/2}) = \frac{1}{W_{ss}} |D_{N/2}|^2 \qquad (13.4.10)$$

onde $W_{ss}$ significa *window squared and summed*, ou seja,

$$W_{ss} \equiv N \sum_{j=0}^{N-1} w_j^2 \qquad (13.4.11)$$

e $f_k$ é dado pela equação (13.4.6). A forma mais geral (13.4.7) pode agora ser escrita em termos da função janela $w_j$ como

$$W(s) = \frac{1}{W_{ss}} \left| \sum_{k=0}^{N-1} e^{2\pi i s k / N} w_k \right|^2 \qquad (13.4.12)$$

Talvez haja uma quantidade excessiva de histórias a respeito da escolha da função janela, e praticamente toda função que sai de zero e varia até seu pico, caindo novamente, recebeu o nome de alguém. Algumas das mais comuns (também apresentadas na Figura 13.4.1) são

$$w_j = 1 - \left| \frac{j - \frac{1}{2}N}{\frac{1}{2}N} \right| \equiv \text{janela de Bartlett} \qquad (13.4.13)$$

(a "janela de Parzen" é uma forma funcional mais suave, mas de formato similar)

$$w_j = \frac{1}{2} \left[ 1 - \cos \left( \frac{2\pi j}{N} \right) \right] \equiv \text{janela de Hann} \qquad (13.4.14)$$

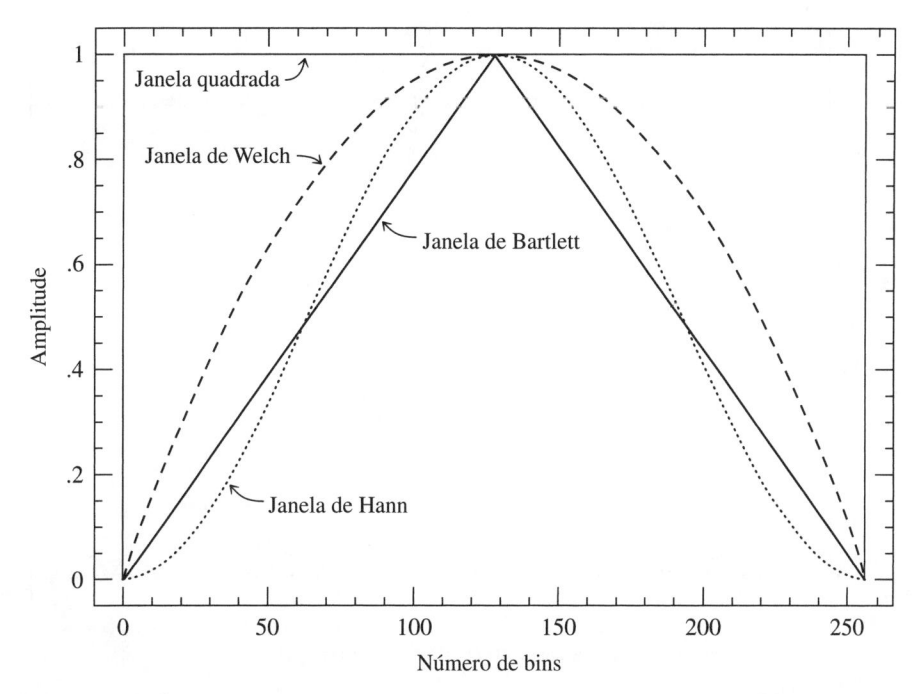

**Figura 13.4.1** Funções janela comumente usadas em estimativas de potência espectral FFT. O segmento de dados, no caso aqui representado de comprimento 256, é multiplicado (bin por bin) pela função janela antes que a FFT seja calculada. A janela quadrada, que é equivalente a não usar qualquer janela, é a menos recomendada. As janelas de Welch e Bartlett são boas escolhas.

(a "janela de Hamming" é semelhante mas não vai exatamente a zero em suas extremidades)

$$w_j = 1 - \left(\frac{j - \frac{1}{2}N}{\frac{1}{2}N}\right)^2 \equiv \text{janela de Welch} \qquad (13.4.15)$$

Sentimo-nos propensos a seguir Welch ao recomendar que você deva usar ou (13.4.13) ou (13.4.15) em aplicações práticas. Contudo, no nível da discussão feita até aqui, há pouca diferença entre qualquer uma destas funções janela (ou de funções similares). Suas diferenças aparecem em *trade-offs* sutis entre os muitos pontos meritórios que podem ser usados para descrever a estreiteza (*narrowness*) ou agudeza (*sharpness*) das funções espectrais de vazamento calculadas via (13.4.12). Estes pontos dignos de mérito recebem nomes do tipo: highest sidelobe level (dB), sidelobe fall-off (dB por oitava), equivalent noise bandwidth (bins), 3-dB bandwidth (bins), scallop loss (dB) e worst-case process loss (dB). Falando de uma maneira não muito precisa, o *trade-off* principal é entre tornar o pico central o mais estreito possível contra fazer o rabo da distribuição ir o mais rapidamente possível a zero. Para mais detalhes veja, por exemplo, [2]. A Figura 13.4.2 apresenta amplitudes de vazamento para as diversas janelas já discutidas.

Há uma certa conversa a respeito de funções janela que aumentam suavemente de zero à unidade na primeira pequena fração(digamos 10%) dos dados, e permanecem unitária até a última pequena fração (novamente 10%, digamos) dos dados, durante o qual a função janela retorna suavemente a zero. Estas janelas tirarão um pouquinho de estreiteza extra do lóbulo central da função vazamento (nunca por um fator maior que dois, contudo), mas ao preço de alargar o rabo do vazamento por um fator considerável (por exemplo, o recíproco de 10%, um fator de dez). Se fizermos uma distinção entre a largura de uma janela (número de amostras para as quais ela está no seu

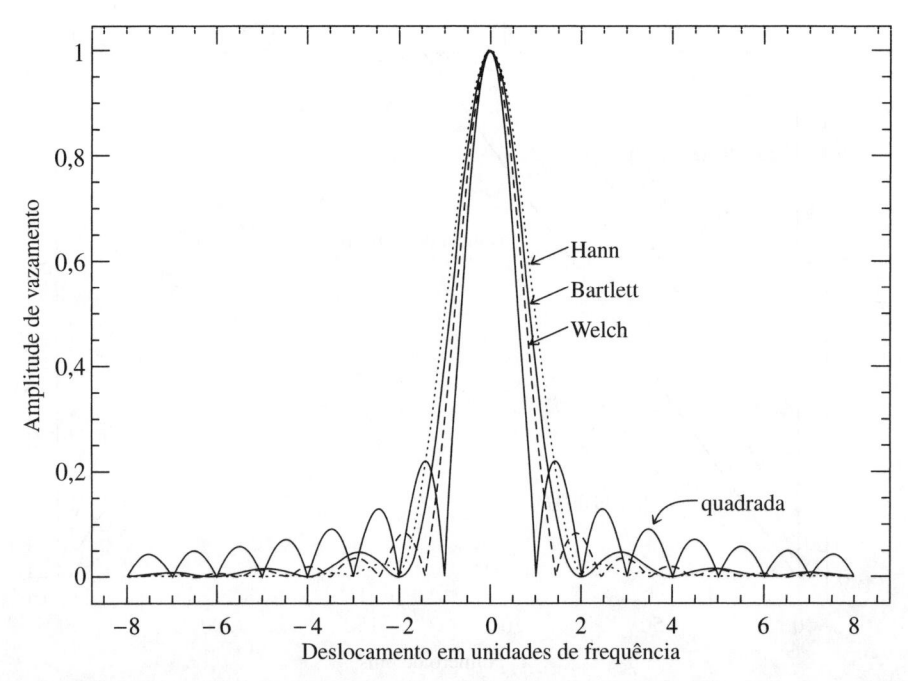

**Figura 13.4.2** Funções de vazamento para as funções janela da Figura 13.4.1. Um sinal cuja frequência está na realidade posicionada em offset zero "vaza" para bins próximos com a amplitude mostrada na figura. O objetivo do uso de janelas é reduzir o vazamento para deslocamentos (offsets) grandes, em que janelas quadradas (equivalente a não usar janela alguma) têm lóbulos laterais grandes. O offset pode ter um valor fracionário, uma vez que a frequência do sinal real pode estar localizada entre dois bins de frequência da FFT.

valor máximo) e seu tempo de subida/descida (número de amostras durante as quais ela cresce e descresce); e se fizermos uma distinção entre a FWHM (*full width to half maximum value*, largura total para metade do valor máximo) do lóbulo principal da função de vazamento e a largura de vazamento (largura total que contém metade do espectro de potência que não está contido no lobo principal), então estas quantidades estão relacionadas aproximadamente pelas equações

$$(\text{FWHM em bins}) \approx \frac{N}{(\text{largura de janela})} \quad (13.4.16)$$

$$(\text{largura de vazamento em bins}) \approx \frac{N}{(\text{tempo de subida/descida de janela})} \quad (13.4.17)$$

Para as janelas dadas acima pelas equações (13.4.13) a (13.4.15), as larguras efetivas de janela e tempos efetivos de subida/descida de janela são ambos de ordem $\frac{1}{2}N$. De modo geral, nos parece que as vantagens de janelas cujos tempos de subida e descida sejam apenas pequenas frações do comprimento dos dados são poucas ou não existentes, e por isso evitamos usá-las. Às vezes se ouve dizer que janelas achatadas em cima "desperdiçam menos dados", mas lhe mostraremos duas maneiras melhores de lidar com aquele problema, a saber, via sobreposição de segmentos de dados ou via métodos multitaper.

Agora, finalmente, estamos *realmente* prontos para utilizar o objeto `Spectreg`. Primeiro, escolha uma função janela. O templating em `Spectreg` permite que ele aceite ou uma função, ou um functor. Use a primeira caso sua função janela seja rápida de calcular, ou o segundo se você quiser pré-calcular e armazenar uma função janela mais complicada, ou uma que tenha parâmetros adicionais. Exemplos são

```
Doub square(Int j,Int n) {return 1.;}                              Não use isto!          spectrum.h

Doub bartlett(Int j,Int n) {return 1.-abs(2.*j/(n-1.)-1.);}        Use isto,

Doub welch(Int j,Int n) {return 1.-SQR(2.*j/(n-1.)-1.);}           ou isto...
struct Hann {
...ou isto. Este é um exemplo de functor.
    Int nn;
    VecDoub win;
    Hann(Int n) : nn(n), win(n) {
    Construtor. Calcula e armazena a função janela em uma tabela.
        Doub twopi = 8.*atan(1.);
        for (Int i=0;i<nn;i++) win[i] = 0.5*(1.-cos(i*twopi/(nn-1.)));
    }
    Doub operator() (Int j, Int n) {
    Faça-o um functor, capaz de retornar valores como se fosse uma função.
        if (n != nn) throw("incorrect n for this Hann");
        return win[j];
    }
};
```

Segundo, selecione um valor de $M$ e declare um objeto `Spectreg`. Terceiro, processe $K$ segmentos de dados, cada um de comprimento $2M$. Quanto maior o $K$, mais precisa sua resposta. Quarto, obtenha as estimativas de PSD nas $M + 1$ frequências por meio de um `call` do método `spectrum` (ou, para evitar ficar copiando vetores, diretamente do vetor membro do `specsum`).

## 13.4.2 Fazendo a sobreposição de segmentos de dados

Introduzimos funções janela com o intuito de mitigar o vazamento, um problema sério. Mas ao fazê-lo, criamos um problema novo, felizmente menos sério, do qual trataremos agora. Todas as boas funções janela, por se aproximarem de zero próximo a suas extremidades, desponderam e, na realidade, jogam fora dados válidos. Uma consequência disto é que para qualquer número $K$ de segmentos de dados de comprimento $2M$, a variância da estimativa da PSD é algo maior com uma boa janela do que seria com a janela quadrada (ruim).

Às vezes você não tem limitações no número de dados de entrada, mas sim nos recursos computacionais para processá-los. Por exemplo, os dados podem estar sendo despejados a uma alta taxa de um aparelho que trabalha em tempo real. Nesta situações, o desponderamento de dados não é um problema. Você deveria usar `Spectreg` como descrita anteriormente, acumulando tantos segmentos de dados quantos necessários para se obter a precisão desejada. Na verdade, isto lhe dá a menor estimativa de variância por operação computacional.

Mais frequentemente, contudo, você tem limitações no número total de dados e quer obter a menor estimativa de variância a partir destes, mas sem abrir mão do benefício de baixo vazamento que o windowing lhe proporciona. Neste caso tornam-se ótimo ou quase ótimo a sobreposição de segmentos em metade de seu comprimento. O primeiro e segundo conjuntos de $M$ pontos passam a ser o segmento número 1 (de comprimento $2M$, como sempre); o segundo e terceiro conjuntos de $M$ pontos se tornam o segmento 2, e assim por diante, até o segmento de número $K$, que é formado do $K$-ésimo e $K + 1$-ésimo conjuntos de $M$ pontos. O número total de dados amostrais é portanto igual a $(K + 1)M$, um pouco mais que a metade que se teria com segmentos não sobrepostos. A redução na variância não é um fator inteiro de $K$, uma vez que os segmentos não são estatisticamente independentes. Pode-se mostrar no entanto que a variância é reduzida por um fator de aproximadamente $9K/11$ [3]. Porém isto é significativamente melhor que a redução de aproximadamente $K/2$ que resultaria caso o mesmo número de dados fosse segmentado sem sobreposição.

Aqui está um objeto `Spectolap`, deduzido de `Spectreg` como base da classe, que implemente o método da sobreposição. No que diz respeito ao usuário, a únida diferença é que o método adddataseg agora requer um segmento de tamanho $M$, e não $2M$.

spectrum.h
```
struct Spectolap : Spectreg {
```
Objeto para estimativa de potência espectral usando segmentos de dados sobrepostos. O usuário envia segmentos de comprimento $M$ não sobrepostos, que são então processados em pares de comprimento $2M$ com sobreposição.

```
    Int first;
    VecDoub fullseg;

    Spectolap(Int em) : Spectreg(em), first(1), fullseg(2*em) {}
```
Construtor. Define $M$.
```
    template<class D>
    void adddataseg(VecDoub_I &data, D &window) {
```
Processa um segmento de dados de comprimento $M$ usando a função janela, que pode ser ou uma função pura ou um functor.
```
        Int i;
        if (data.size() != m) throw("wrong size data segment");
        if (first) {                            Primeiro segmento é apenas armazenado.
            for (i=0;i<m;i++) fullseg[i+m] = data [i];
            first = 0;
        } else {                                Segmentos subsequentes são processados.
            for (i=0;i<m;i++) {
                fullseg[i] = fullseg[i+m];
                fullseg[i+m] = data [i];
            }
            Spectreg::adddataseg(fullseg,window);   Método de base de classe, comprimento dos
        }                                           dados é 2M.
    }

    template<class D>
    void addlongdata(VecDoub_I &data, D &window) {
```
Processa um longo vetor de dados como segmentos sobrepostos, cada um de comprimento $2M$.
```
        Int i, k, noff, nt=data.size(), nk=(nt-1)/m;
        Doub del = nk > 1 ? (nt-m2)/(nk-1.) : 0.;   Separação de alvo (target).
        if (nt < m2) throw("data length too short");
        for (k=0;k<nk;k++) {                    Processa nk segmentos sobrepostos.
            noff = (Int)(k*del+0.5);            Offset é o inteiro mais próximo.
            for (i=0;i<m2;i++) fullseg[i] = data[noff+i];
            Spectreg::adddataseg(fullseg,window);
        }
    }
};
```

O método addlongdata em `Spectolap` é fornecida com o intuito de cuidar de uma outra situação comum: você deseja estimar a PSD em $M + 1$ frequências (como sempre), mas seus dados estão armazenados em um grande vetor que não necessariamente é um múltiplo de $M$ ou $2M$, ou ainda uma potência de 2. Estamos aqui partindo do pressuposto que seu vetor de dados, $N_{tot}$, é muito maior que $2M$. O problema não é o fato de que o número $K$ de segmentos seja pequeno, mas antes que $K$ não é um inteiro. Sobrepor segmentos de dados é uma maneira elegante de conserto: começamos pelo número inteiro mais próximo de segmentos e depois os espremamos um pouco juntos, como um acordeão, até que eles caibam exatamente em $N_{tot}$. Em outras palavras, os sobrepomos por pouco *mais* que metade de seu comprimento para assim obter um ajuste perfeito.

Aqui está nossa recomendação básica para estimar a PSD quando seus $N_{tot}$ dados de entrada não oneram o tamanho de sua memória: pegue $M$, uma potência de 2, de tal modo que as estimativas nas $M + 1$ frequências entre 0 e $f_c$ (inclusive) sejam suficientes. Não seja muito ganancioso com $M$, pois o desvio fracional padrão de suas estimativas será de ordem $(M/N_{tot})^{1/2}$. Então faça

```
Int ntot=..., m=...;
VecDoub data(ntot), psd(m), freq(m);
...
Spectolap myspec(m);
myspec.addlongdata(data,bartlett);
psd = myspec.spectrum()
freq = myspec.frequencies()
```

### 13.4.3 Métodos multitaper (multiafilamento) e funções de Slepian

Métodos multitaper nos propiciam uma abordagem fundamentada para o *trade-off* entre vazamento (muito) pequeno e a minimização da variância da estimativa de PSD. Se os perfis de vazamento na Figura 13.4.2 são aceitáveis para você (confira também a Figura 13.4.4 abaixo), então você não precisa ler esta seção. Em algumas aplicações, contudo, a minimização do vazamento é tudo. Por exemplo, você pode estar procurando sinais espectrais muito fracos, sejam eles linhas ou contínuos, que podem estar sendo mascarados por vazamentos de linhas espectrais próximas muito fortes. Ou você talvez esteja interessado no rabo do espectro a altas frequências, que pode ser dominado de maneira espúria por vazamentos de frequências mais baixas.

É preciso dar algo para receber algo em troca. No caso aqui em discussão, você tem que aceitar um (pequeno) alargamento do lóbulo principal da função de vazamento $W(s)$ a fim de suprimir (fortemente) o vazamento fora dele. O alargamento do lóbulo principal é equivalente a abrir mão de alguma resolução na frequência. Podemos parametrizar isto por um valor $j_{res}$. O objetivo é minimizar o vazamento para $|s| > j_{res}$, medido em bins, uma troca pela qual estamos dispostos a deixar o vazamento próximo à unidade para qualquer $|s| < j_{res}$. Valores típicos de $j_{res}$ podem variar no intervalo entre 2 e 10 (veremos que valores maiores não são necessários).

Há duas ideias-chave em métodos multitaper, um tanto quanto independentes entre si, e cuja origem se encontra no trabalho de Slepian [4]. A primeira é que, para um dado comprimento $N$ de dados e para uma escolha de $j_{res}$, é possível na realidade achar os melhores pesos $w_j$ possíveis, no sentido de que são aqueles que tornam o vazamento o menor entre todas as escolhas possíveis. A bela e nada óbvia resposta (veja [5]) é que o vetor de pesos ótimos é o autovetor correspondente ao menor autovalor da matriz simétrica tridiagonal cujos elementos diagonais são

$$\frac{1}{4}\left[N^2 - (N - 1 - 2j)^2 \cos\left(\frac{2\pi j_{res}}{N}\right)\right], \qquad j = 0, \ldots, N - 1 \qquad (13.4.18)$$

e os elementos fora da diagonal

$$-\tfrac{1}{2}j(N - j), \qquad j = 1, \ldots, N - 1 \qquad (13.4.19)$$

A segunda ideia-chave é que os poucos autovetores subsequentes desta mesma matriz também são funções janela bastante boas. E uma vez que são ortogonais ao prmeiro autovetor (e entre si), eles produzem estimativas estatisticamente independentes, cuja média pode ser posteriormente calculada a fim de se diminuir a variância da resposta final. Seja $k_T$ ($T$ de "*taper*") o número de tais estimativas cuja média foi calculada. A Figura 13.4.3 mostra as primeiras cinco janelas (autovetores de número $k = 0, \ldots, k_T - 1$) para o caso $j_{res} = 3, N = 1024$. As funções (na realidade, sequências discretas) obtidas como autovetores das equações (13.4.18) e (13.4.19) são chamadas de funções de Slepian ou sequências discretas prolatas esferoidais (dpss, *discrete prolate spheroidal sequences*). Você poderá observar que valores grandes de $k$ pegam a informação de regiões de dados que foram desponderadas no primeiro autovetor $k = 0$ (você deve ter pensado que funções janelas deveriam ser positivas, mas na verdade esta restrição não existe nas discussões acima).

A razão pela qual você não pode continuar fazendo isto indefinidamente, ou seja, usar autovetores que correspondam a valores cada vez maiores de autovalores (aumentando $k_T$), é que o vazamento da $k$-ésima função

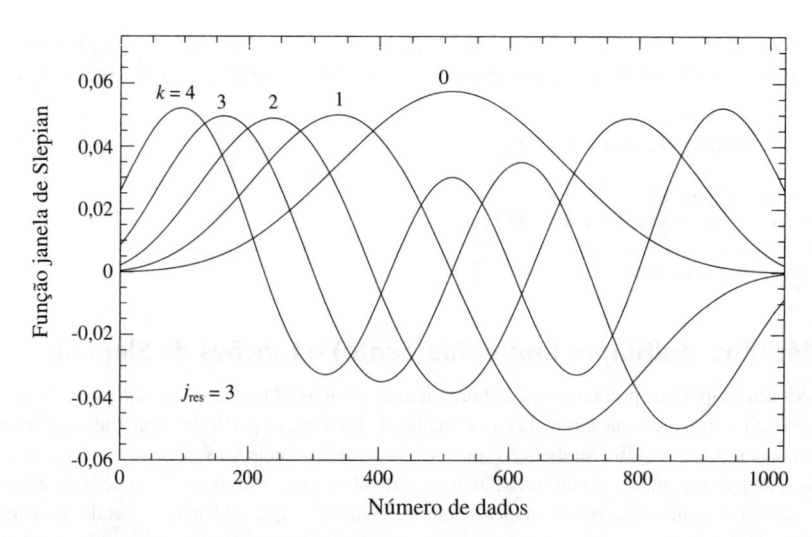

**Figura 13.4.3** Funções taper (janela) de Slepian para os casos $j_{res} = 3$, $k = 0, 1, 2, 3, 4$, $N = 1024$. Ao combinar as estimativas do espectro de potência para diferentes valores de $k$'s, usamos, efetivamente, mais do segmento de dados, diminuindo a variância.

janela aumenta bastante rapidamente como função de $k$. Somente valores de $k_T < 2\, j_{res}$ são dignos de consideração, e apenas quando $k_T \lesssim j_{res}$ o vazamento é realmente pequeno, o que era, afinal das contas, o ponto principal da discussão. Da Figura 13.4.3 você já pode imaginar que $k = 3$ e 4 terão propriedades de vazamento bastante ruins, uma vez que elas claramente não tendem a zero em suas extremidades. A Figura 13.4.4 mostra a função de vazamento $W(s)$ para diferentes funções janela, incluindo aqueles às quais fomos apresentados anteriormente, mas agora plotadas em escala logarítmica. Funções janela hachuradas tem vazamentos tão grandes a ponto de serem excluí-las quase categoricamente; nota-se neste grupo a janela quadrada. Você pode observar como o lóbulo principal das funções de Slepian se estendem quase que exatamente até $j_{res}$, e a supressão dos lóbulos laterais dos autovalores menores (por exemplo, Slepian 3,0 e 3,1) é realmente notável.

Aqui está um objeto, deduzido também a partir da `Spectreg` como classe de base, para se estimar a PSD usando métodos multitaper com funções de janela de Slepian. Como na classe de base, o método `adddataseg` aceita segmentos de comprimento $2M$, mas agora adicionando a média do resultado das primeiras $k_T$ tapers de resolução $j_{res}$. Valores de $M$, $j_{res}$ e $k_T$ são definidos no construtor.

spectrum.h
```
struct Slepian  : Spectreg {
Objeto para estimativa de potência espectral usando método multitaper com tapers de Slepian.
    Int jres, kt;
    MatDoub dpss;                       Tabelas de Slepians.
    Doub p,pp,d,dd;
    Slepian(Int em, Int jjres, Int kkt)
    : Spectreg(em), jres(jjres), kt(kkt), dpss(kkt,2*em) {
    Construtor define M (mesmo significado como anteriormente), jres e kT (vide texto).
        if (jres < 1 || kt >= 2*jres) throw("kt too big or jres too small");
        filltable();
    }
    void filltable();                   Implementação na próxima subseção.
    void renorm(Int n) {
    Utilitário usado por filltable.
        p = ldexp(p,n); pp = ldexp(pp,n); d = ldexp(d,n); dd = ldexp(dd,n);
    }
    struct Slepwindow {
```

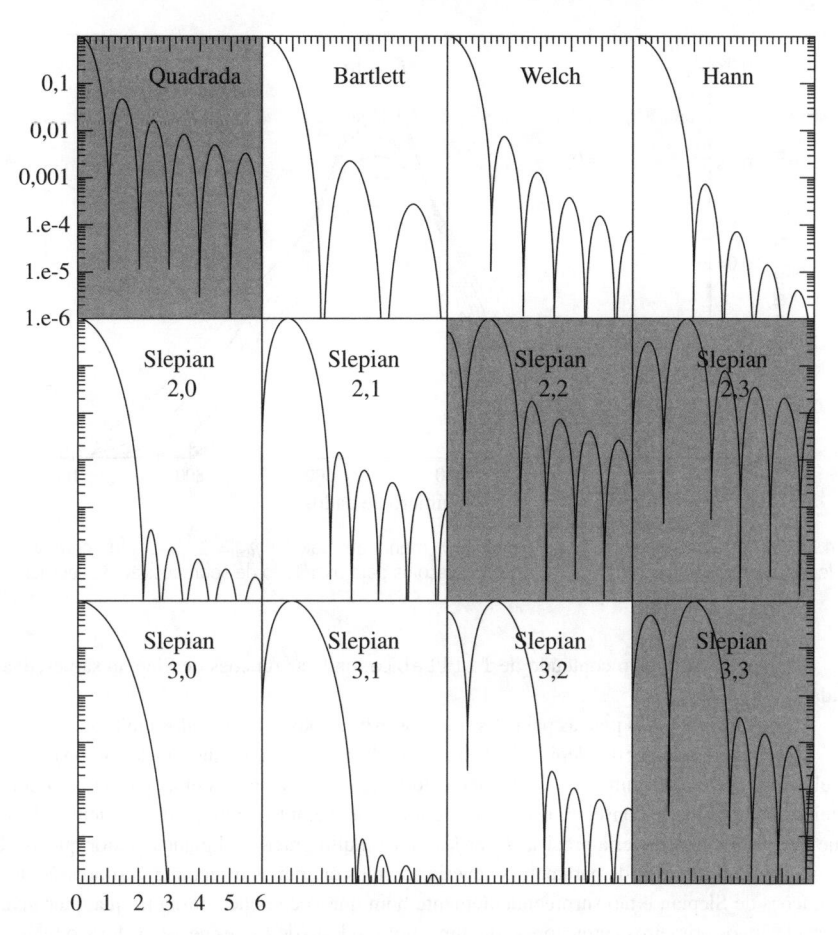

**Figura 13.4.4** Função vazamento $W(s)$ para diferentes funções janela. A linha superior é essencialmente a mesma da Figura 13.4.2, mas elevada ao quadrado (para se obter a potência) e plotada em escala logarítmica. A segunda e terceira linhas são exemplos de funções de Slepian, identificadas por valores de $j_{res}$ e $k$. Valores pequenos de $k$ têm vazamento extremamente pequeno para $|s| > j_{res}$, mas, à medida que $k$ aumenta, aumenta também o vazamento. As funções sombreadas têm vazamento inaceitavelmente alto e não são recomendadas.

```
    Functor cativo será mandado para a classe de base como uma função janela.
        Int k;
        MatDoub &dps;
        Slepwindow(Int kkt, MatDoub &dpss) : k(kkt), dps(dpss) {}
        Doub operator() (Int j, Int n) {return dps[k][j];}
    };

    void adddataseg(VecDoub_I &data) {
    Processa um segmento de comprimento 2M usando kt tapers.
        Int k;
        if (data.size() != m2) throw("wrong size data segment");
        for (k=0;k<kt;k++) {                    Loop sobre tapers, inicializando o functor separa-
            Slepwindow window(k,dpss);          damente para cada um deles.
            Spectreg::adddataseg(data,window);
        }
    }
};
```

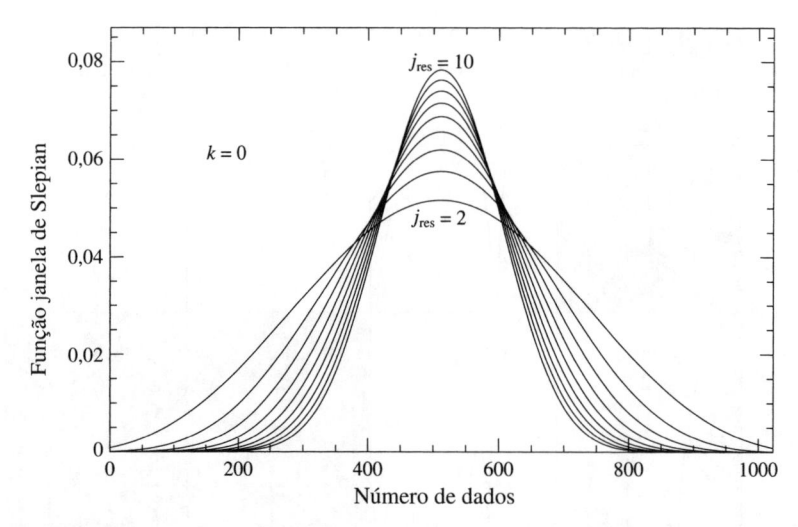

**Figura 13.4.5** Funções tapes (janela) Slepian para $k = 0$ (menor autovalor) e $j_{\text{res}} = 2, 3, \ldots, 10$, com $N = 1024$. Qualquer uma destas, usadas sozinhas, representa uma boa escolha para o método de sobreposição de segmentos de dados; vide texto.

Abaixo, discutimos o conteúdo de `filltable`, onde as funções de Slepian são efetivamente calculadas.

Primeiramente umas poucas palavras sobre os usos e abusos de métodos multitaper.

O método multitaper de Slepian diz respeito fundamentalmente à questão de baixo vazamento. O fato que ele consegue reduzir um pouco a variância ao fazer $k_T > 1$ é apenas uma questão secundária, pois há maneiras melhores de se conseguir esta última, como, por exemplo, sobrepondo segmentos de dados. Disto segue que você nunca deveria precisar fazer $j_{\text{res}}$ ou $k_T$ muito grandes, digamos, maior que 10. O caminho lógico a seguir na escolha de parâmetros deveria ser mais ou menos o seguinte: a supressão de vazamento das funções de Slepian é tão surpreendentemente bom que você pode conseguir qualquer nível plausível desejável para os primeiros autovetores com um valor modesto de $j_{\text{res}}$. Ache este valor e o maior valor de $k_T$ aceitável. A resolução da frequência agora é $j_{\text{res}}$, medida em bins. Você então escolhe $M$ para obter a resolução de frequência física que você na verdade precisa,

$$f_{\text{res}} = \frac{j_{\text{res}}}{2M\Delta} \qquad (13.4.20)$$

(compare com a equação 13.4.6). Não seja muito ganancioso; caso contrário, você irá produzir uma variância inaceitavelmente grande. Agora, se você tiver um total de $N_{\text{tot}}$ pontos, processe $N_{\text{tot}}/(2M)$ segmentos de dados separadamente, usando `adddataseg`.

Seria errado aumentar $j_{\text{res}}$ apenas para aumentar $k_T$ visando uma redução de variância. A razão para isto é que, para uma dada resolução de frequência física desejável fixa, você terá que aumentar $M$ proporcionalmente e consequentemente diminuir o número de segmentos separados de dados na mesma proporção. Portanto, você não ganha nada ao reduzir a variância, perdendo (potencialmente) muito em vazamento.

Se comprimir a variância até seu último bit é algo importante, então você deve considerar o uso apenas da primeira função de Slepian para um dado $j_{\text{res}}$, e então usar a sobreposição de segmentos de dados. Você pode codificar isto usando `Spectolab` e `Slepian` como modelos. À medida que $j_{\text{res}}$ aumenta, o espaçamento ótimo de segmentos sobrepostos diminui, como você pode intuir do estreitamento dos picos centrais na Figura 13.4.5. Um espaçamento de $0,7N/\sqrt{j_{\text{res}} + 0,3}$, ou seja, uma sobreposição de $N - 0,7N/\sqrt{j_{\text{res}} + 0,3}$, deve ser suficiente.

## 13.4.4 Cálculo das funções de Slepian

Queremos achar uns poucos primeiros autovetores e autovalores da matriz tridiagonal, equação (13.4.18) e (13.4.19). Para $N \gg 1$ (no nosso caso, sempre), os autovalores são bem separados e são aproximadamente uma função de $j_\text{res}$ apenas. Uma boa aproximação inicial para o menor autovalor é

$$\lambda_0 \approx 1{,}5692 j_\text{res} - 0{,}10859 - 0{,}068762/j_\text{res}, \qquad j_\text{res} \geq 1 \qquad (13.4.21)$$

e uma aproximação semelhante para o espaçamento entre os dois primeiros autovalores é

$$\lambda_1 - \lambda_0 \approx 3{,}1387 j_\text{res} - 0{,}47276 - 0{,}20273/j_\text{res}, \qquad j_\text{res} \geq 1 \qquad (13.4.22)$$

Com estas pistas, uma estratégia factível é achar os autovalores como raízes do polinômio característico usando o método de Newton. Como chute inicial, usamos as equações (13.4.21) e (13.4.22) e, subsequentemente, uma interpolação linear entre $\lambda_{k-1}$ e $\lambda_k$ para estimar $\lambda_{k+1}$. Há uma relação de recorrência direta que calcula o polinômio característico de um sistema tridiagonal e sua primeira derivada simultaneamente (vide [6]), sendo que mais que três ou quatro iterações raramente se fazem necessárias. Uma vez com o autovalor em mãos, o autovetor é obtido dando-se um valor arbitrário a uma componente, resolvendo o sistema tridiagonal para as outras componentes e, ao final, normalizando a solução. O código utiliza uma forma algébrica equivalente da equação (13.4.18) que é menos susceptível a erros de arredondamento.

```
void Slepian::filltable () {                                                    Spectrum.h
Calcula as funções de Slepian e as armazena numa tabela.
    const Doub EPS = 1.e-10, PI = 4.*atan(1.);
    Doub xx,xnew,xold,sw,ppp,ddd,sum,bet,ssub,ssup,*u;
    Int i,j,k,nl;
    VecDoub dg(m2),dgg(m2),gam(m2),sup(m2-1),sub(m2-1);
    sw = 2.*SQR(sin(jres*PI/m2));
    dg[0] = 0.25*(2*m2+sw*SQR(m2-1.)-1.);          Define a matriz tridiagonal.
    for (i=1;i<m2;i++) {
        dg[i] = 0.25*(sw*SQR(m2-1.-2*i)+(2*(m2-i)-1.)*(2*i+1.));
        sub[i-1] = sup[i-1] = -i*(Doub)(m2-i)/2.;
    }
    xx = -0.10859 - 0.068762/jres + 1.5692*jres;   Primeiro chute para o autovalor.
    xold = xx + 0.47276 + 0.20273/jres - 3.1387*jres;
    for (k=0; k<kt; k++) {                         Loop sobre o número de autovalores procurados.
        u = &dpss[k][0];                           Aponta vetor de output para tabela.
        for (i=0;i<20;i++) {                       Loop sobre iterações do método de Newton.
            pp = 1.;
            p = dg[0] - xx;
            dd = 0.;
            d = -1.;
            for (j=1; j<m2; j++) {                 Recorrência calcula polinômio e derivada.
                ppp = pp; pp = p;
                ddd = dd; dd = d;
                p = pp*(dg[j]-xx) - ppp*SQR(sup[j-1]);
                d = -pp + dd*(dg[j]-xx) - ddd*SQR(sup[j-1]);
                if (abs(p)>1.e30) renorm(-100);
                else if (abs(p)<1.e-30) renorm(100);
            }
            xnew = xx - p/d;                       Método de Newton.
            if (abs(xx-xnew) < EPS*abs(xnew)) break;
            xx = xnew;
        }
```

```
            xx = xnew - (xold - xnew);
            xold = xnew;
            for (i=0;i<m2;i++) dgg[i] = dg[i] - xnew;      Subtrai autovalor da diagonal da
            nl = m2/3;                                      matriz. Então define valor de uma
            dgg[nl] = 1.;                                   componente (salvando valores
            ssup = sup[nl]; ssub = sub[nl-1];               correntes).
            u[0] = sup[nl] = sub[nl-1] = 0.;
            bet = dgg[0];                          Inicia solução tridiagonal.
            for (i=1; i<m2; i++) {
                gam[i] = sup[i-1]/bet;
                bet = dgg[i] - sub[i-1]*gam[i];
                u[i] = ((i==nl? 1. : 0.) - sub[i-1]*u[i-1])/bet;
            }
            for (i=m2-2; i>=0; i--) u[i] -= gam[i+1]*u[i+1];
            sup[nl] = ssup; sub[nl-1] = ssub;      Restabelece valores salvos.
            sum = 0.;                              Renormaliza e fixa a convenção do sinal.
            for (i=0; i<m2; i++) sum += SQR(u[i]);
            sum = (u[3] > 0.)? sqrt(sum) : -sqrt(sum);
            for (i=0; i<m2; i++) u[i] /= sum;
        }
    }
```

### REFERÊNCIAS CITADAS E LEITURA COMPLEMENTAR

Oppenheim, A.V., Schafer, R.W., and Buck, J.R. 1999, *Discrete-Time Signal Processing,* 2nd ed. (Englewood Cliffs, NJ: Prentice-Hall).[1]

Harris, F.J. 1978, "On the Use of Windows for Harmonic Analysis with the Discrete Fourier Transform," *Proceedings of the IEEE,* vol. 66, pp. 51–83.[2]

Welch, RD. 1967, "The Use of Fast Fourier Transform for the Estimation of Power Spectra: A Method Based on Time Averaging Over Short, Modified Periodograms," *IEEE Transactions on Audio and Electroacoustics,* vol. AU-15, pp. 70–73.[3]

Slepian, D. 1976, "Prolate Spheroidal Wave Functions, Fourier Analysis, and Uncertainty – V: The Discrete Case," *Bell System Technical Journal,* vol. 57, pp. 1371-1430.[4]

Percival, D.B., and Walden, AT. 1993, *Spectral Analysis for Physical Applications: Multitaper and Conventional Univariate Techniques* (Cambridge, UK: Cambridge University Press).[5]

Acton, F.S. 1970, *Numerical Methods That Work,* 1990, corrected edition (Washington, DC: Mathematical Association of America), pp. 331–334.[6]

Elliott, D.F., and Rao, K.R. 1982, *Fast Transforms: Algorithms, Analyses, Applications* (New York: Academic Press).

## 13.5 Filtragem digital no domínio temporal

Suponha que você tem um sinal que queira filtrar digitalmente. Por exemplo, você talvez queira aplicar uma filtragem passa-alta ou passa-baixa para eliminar ruídos a baixas ou altas frequências, respectivamente; ou talvez a parte interessante do seu sinal está numa faixa de frequência, de modo que você necessita de um filtro de passagem de banda. Ou, se seu sinal está contaminado por interferência da rede elétrica de 60 Hz, você talvez precise de um filtro de entalhe (*notch filter*)* para assim remover apenas uma faixa estreita em

---

*N. de T.: Embora encontremos na literatura corrente os termos filtros *notch* ou frequência *notch*, já é de uso consagrado na área de telecomunicações o termo "filtro de entalhe" e "frequência de entalhe". Resolvemos assim manter o termo consagrado.

torno daquela frequência. Nesta seção, falaremos particularmente do caso no qual você optou por fazer este tipo de filtragem no domínio temporal.

Antes de ir em frente, esperamos que você reconsidere sua escolha. Lembre-se do quão conveniente é fazer a filtragem no espaço de Fourier. Você simplesmente pega todos os seus dados gravados, aplica uma FFT, multiplica o resultado da FFT por uma função filtro $\mathcal{H}(f)$ e então faz uma FFT inversa para obter os dados filtrados de volta no domínio temporal. Aqui vão algumas informações adicionais de fundo acerca da técnica de Fourier que você deverá considerar.

- Lembre-se que você tem que definir sua função filtro $\mathcal{H}(f)$ para valores positivos e negativos de frequência, e que a magnitude dos extremos de frequência é sempre a frequência de Nyquist $1/(2\Delta)$, onde $\Delta$ é o intervalo de amostragem (*sampling interval*). A magnitude da menor frequência diferente de zero na FFT é $\pm 1/(N\Delta)$, onde $N$ é o número de pontos (complexos) na FFT. As frequências positivas e negativas para as quais este filtro será aplicado estão ordenadas em ordem recorrente (*wraparound order*).
- Se os dados medidos são reais, e você quer que os dados de saída filtrados sejam também reais, então sua função filtro arbitrária deve satisfazer $\mathcal{H}(-f) = \mathcal{H}(f)^*$. Você pode fazer isso de maneira mais simples simplesmente escolhendo um $\mathcal{H}$ que seja real e uma função par em $f$.
- Se seu $\mathcal{H}(f)$ escolhido tiver bordas verticais íngremes (*sharp vertical edges*), então a resposta ao impulso do seu filtro (a saída que resulta de um curto impulso de entrada) apresentará um "sibilo" atenuado (*damped ringing*) nas frequências correspondentes àquelas bordas. Não há nada de errado com isso, mas se você não gostar, escolha um $\mathcal{H}(f)$ mais suave. Para se ter uma ideia prévia da resposta a impulsos do seu filtro, simplesmente calcule a FFT de sua $\mathcal{H}(f)$. Se você suavizar todas as bordas íngremes da sua função filtro para um número $k$ de pontos, então a função resposta a impulso de seu filtro abarcará na ordem de uma fração $1/k$ de todo o banco de dados.
- Se seu conjunto de dados é muito grande para aplicar nele uma FFT de uma só vez, subdivida-o em segmentos de qualquer tamanho que lhe seja conveniente, desde que sejam muito maiores que a função resposta ao impulso do filtro. Use completamento por zeros, se necessário.
- Você provavelmente deveria remover qualquer tendência dos dados, subtraindo deles uma linha reta passando pelos pontos inicial e final (isto é, fazer os pontos inicial e final iguais a zero). Se estiver segmentando seus dados, então você pode pegar segmentos sobrepostos e usar apenas a seção do meio de cada um deles, a uma distância confortável dos efeitos das extremidades.
- Um filtro digital é dito causal ou fisicamente realizável se sua saída para um passo temporal particular depende somente da entrada naquele instante de tempo particular ou instantes anteriores. Ele é chamado de acausal se sua saída pode depender tanto de tempos anteriores como também de posteriores. A filtragem no domínio de Fourier é normalmente acausal, uma vez que os dados são processados em um "lote" (*batch*), sem levar em conta a ordem temporal. Não deixe que isto o incomode! Filtros acausais normalmente têm uma performance superior (por exemplo, menos dispersão de fases, cantos mais afilados, menos funções resposta de sinal assimétricas). As pessoas usam filtros causais não porque são melhores, mas simplesmente porque algumas situações não permitem o acesso a dados fora da ordem temporal. Filtros no domínio temporal podem, em princípio, serem causais ou acausais, mas geralmente são usados em aplicações onde a realizabilidade física é uma condição. Por este motivo restringir-no-emos ao caso causal na discussão que segue.

Se você ainda prefere filtragem no domínio temporal depois de tudo o que dissemos, isto se deve provavelmente ao fato de que você tem uma aplicação em tempo real para a qual você tem que processar um fluxo contínuo de dados e quer valores de saída filtrados na mesma taxa de tempo na qual você está recebendo os dados crus. Caso contrário, pode ser que a quantidade de dados a serem processados é tão grande que você só pode fazer um número pequeno de operações de ponto-flutuante em cada um dos dados e não pode fazer nem uma FFT de tamanho modesto (com um número de operações de ponto-flutuante por ponto muitas vezes o logaritmo do número de pontos do conjunto de dados ou segmento.)

### 13.5.1 Filtros lineares

O filtro linear mais geral pega uma sequência $x_k$ de entradas e produz uma sequência $y_n$ de saída por meio da fórmula

$$y_n = \sum_{k=0}^{M} c_k \, x_{n-k} + \sum_{j=0}^{N-1} d_j \, y_{n-j-1} \qquad (13.5.1)$$

Nesta expressão, os $M+1$ coeficientes $c_k$ e os $N$ coeficientes $d_j$ são fixos e definem a resposta do filtro. O filtro (13.5.1) produz cada nova saída a partir do valor de entrada atual e dos $M$ valores anteriores, e a partir de seus próprios $N$ valores de saída. Se $N=0$, de modo que a segunda soma em (13.5.1) não existe, então o filtro é chamado de não recursivo ou resposta de impulso finita (FIR, *finite impulse response*). Se $N \neq 0$, então ele é chamado de recursivo ou resposta de impulso infinita (IIR, *infinite impulse response*). (O termo "IIR" tem a conotação de que tais filtros são capazes de ter impulsos de resposta infinitamente longos, não que sua resposta de impulso é necessariamente longa em uma particular aplicação. Tipicamente, a resposta de um filtro IIR decairá exponencialmente para tempos grandes, tornando-se rapidamente desprezível.)

A relação entre os $c_k$'s e os $d_j$'s e a função resposta do filtro $\mathcal{H}(f)$ é

$$\mathcal{H}(f) = \frac{\sum\limits_{k=0}^{M} c_k e^{-2\pi i k (f\Delta)}}{1 - \sum\limits_{j=0}^{N-1} d_j e^{-2\pi i (j+1)(f\Delta)}} \qquad (13.5.2)$$

onde $\Delta$ é, como sempre, o intervalo amostral. O intervalo de Nyquist corresponde a $f\Delta$ entre $-1/2$ e $1/2$. Para filtros FIR o denominador de (13.5.2) é simplesmente a unidade.

A equação (13.5.2) nos diz como determinar $\mathcal{H}(f)$ a partir dos $c$'s e $d$'s. Para projetar um filtro, no entanto, precisamos de uma maneira de fazer a inversa, ou seja, obter um conjunto de $c$'s e $d$'s apropriados – um conjunto tão pequeno quanto possível a fim de minimizar a carga computacional – a partir de uma $\mathcal{H}(f)$ desejada. Livros inteiros tratam deste assunto. Como muitos outros "problemas inversos", não existe uma solução que sirva para tudo. Claramente é necessário fazer algumas concessões, uma vez que $\mathcal{H}(f)$ é uma função contínua completa, ao passo que a lista pequena de $c$'s e $d$'s representa apenas um pequeno número de parâmetros ajustáveis. O tópico de design de filtros digitais se ocupa das várias maneiras de fazer estas concessões. Não temos esperança de apresentar aqui um tratamento completo do assunto, apenas um rascunho de algumas técnicas básicas para que você comece. Para detalhes mais aprofundados, consulte livros especializados (vide referências).

### 13.5.2 Filtros FIR (não recursivos)

Quando o denominador na equação (13.5.2) é igual a um, o lado direito nada mais é que a transformada de Fourier discreta. A transformada é facilmente inversível, dando o pequeno número de $c_k$ procurados em termos do mesmo pequeno número de valores de $\mathcal{H}(f_i)$ para as frequências discretas $\mathcal{H}(f_i)$. Este fato, porém, não é muito útil, pelo motivo de que, para valores de $M$ calculados desta maneira, $\mathcal{H}(f)$ tenderá a oscilar loucamente entre os valores das frequências discretas onde ela assume valores específicos.

Uma estratégia melhor, e que é a base de vários métodos formais apresentados na literatura, é a seguinte: comece fingindo que você quer ter um número relativamente grande de coeficientes de filtro, ou seja, um valor relativamente grande de $M$. Então $\mathcal{H}(f)$ pode ser fixado em valores desejados numa malha relativamente fina, e os $M$ coeficientes $c_k$, $k = 0, \ldots, M - 1$ podem ser encontrados por meio de uma FFT. Em seguida, faça o truncamento (iguale a zero) da maior parte dos $c_k$'s, deixando apenas os primeiros, digamos, $K$ ($c_0, c_1, \ldots, c_{K-1}$) valores e os últimos $K - 1$ ($c_{M-K+1}, \ldots, c_{M-1}$) valores diferentes de zero. Os últimos poucos $c_k$'s são coeficientes de filtro de retardamento negativo (*negative lag*), em função da propriedade recorrente da FFT. Mas não queremos coeficientes em retardamento negativo. Portanto, deslocamos ciclicamente o array dos $c_k$'s, para trazê-los todos para um retardamento positivo (isto é equivalente a introduzir um atraso temporal no filtro). Faça isto copiando os $c_k$'s em um novo array de comprimento $M$ na seguinte ordem:

$$(c_{M-K+1}, \ldots, c_{M-1}, c_0, c_1, \ldots, c_{K-1}, 0, 0, \ldots, 0) \tag{13.5.3}$$

Para verificar se este truncamento é aceitável, calcule a FFT do array (13.5.3), que dá uma aproximação para a sua $\mathcal{H}(f)$ original. Você geralmente vai querer comparar o módulo $|\mathcal{H}(f)|$ da sua função original, uma vez que o atraso temporal introduzirá fases complexas na resposta do filtro.

Se a nova função filtro for aceitável, então você terá terminado e terá um conjunto de $2K - 1$ coeficientes de filtro. Se não for aceitável, então você pode ou (i) aumentar $K$ e tentar novamente, ou (ii) fazer algo mais rebuscado para melhorar a aceitabilidade para o mesmo valor de $K$. Um exemplo de algo mais rebuscado é modificar as magnitudes (mas não as fases) dos $\mathcal{H}(f)$ inaceitáveis para trazê-las mais próximo daquilo que para você é ideal, e então fazer a FFT para obter os novos $c_k$'s. De novo, iguale a zero todos menos os primeiros $2K - 1$ valores destes (não há necessidade de fazer o deslocamento cíclico, uma vez que você manteve preservadas as fases de atraso de tempo), e então faça a transformada inversa para obter um novo $\mathcal{H}(f)$, que normalmente será mais aceitável. Você pode iterar este procedimento. Observe porém que este procedimento não convergirá se suas imposições para aceitabilidade são mais rígidas que aquelas com as quais os $2K - 1$ coeficientes conseguem lidar.

A ideia-chave é, em outras palavras, iterar entre o espaço de coeficientes e o espaço de funções $\mathcal{H}(f)$, até que um par conjugado de Fourier que satisfaça as imposições colocadas em ambos os espaços seja encontrado. Uma técnica mais formal para este tipo de iteração é o algoritmo de troca de Remes (*Remes exchange algorithm*), que produz as primeiras aproximações de Chebyshev para uma dada resposta frequência desejada com um número fixo de coeficientes de filtro (confira §5.13).

## 13.5.3 Filtros IIR (recursivos)

Filtros recursivos, cuja saída em dado instante de tempo depende não somente dos valores de dados de entrada corrente, mas também de valores anteriores, bem como dos valores de saída prévios, podem normalmente apresentar uma performance que é superior aos filtros não recursivos para o mesmo número total de coeficientes (ou o mesmo número de operações de ponto flutuante por ponto de entrada). O motivo é bastante claro se olharmos para (13.5.2): um filtro não recursivo tem uma resposta de frequência que é polinomial na variável $1/z$, onde

$$z \equiv e^{2\pi i(f\Delta)} \tag{13.5.4}$$

Contrariamente, um filtro recursivo de resposta de frequência é uma função racional em $1/z$. A classe de funções racionais é especialmente boa para ajustar funções que apresentam cantos abruptos ou propriedades afiladas, e a maioria das funções de filtro que se busca está nesta categoria.

Filtros não recursivos são sempre estáveis. Se você interromper a sequência de $x_i$'s de entrada, então, depois de não mais que $M$ passos, a sequência de $y_j$'s produzida (13.5.1) também será interrompida. Filtros recursivos, se alimentando, como fazem, de seus próprios resultados, não são necessariamente estáveis. Se os coeficientes $d_j$ forem mal escolhidos, um filtro recursivo pode apresentar modos que crescem exponencialmente, também chamados homogêneos, e que se tornam gigantescos mesmo depois que a sequência de entrada é interrompida. Isto não é bom. O problema de projetar filtros recursivos, portanto, não é simplesmente pelo fato de ser um problema inverso; é um problema inverso com uma restrição de estabilidade adicional.

Como dizer se o filtro (13.5.1) é estável para um dado conjunto de coeficientes $c_k$ e $d_j$? A estabilidade depende somente dos $d_j$'s. O filtro é estável se e somente se as $N$ raízes complexas do polinômio característico

$$z^N - \sum_{j=0}^{N-1} d_j z^{(N-1)-j} = 0 \qquad (13.5.5)$$

se encontram dentro do círculo unitário, ou seja, satisfazem

$$|z| \leq 1 \qquad (13.5.6)$$

Os vários métodos de se contruir filtros recursivos estáveis são, novamente, uma área para a qual você precisará de livros mais especializados. Uma técnica muito útil, no entanto, é o método da transformação bilinear. Para isto defina uma nova variável $w$ que reparametriza a frequência $f$,

$$w \equiv \operatorname{tg}[\pi(f\Delta)] = i\left(\frac{1 - e^{2\pi i(f\Delta)}}{1 + e^{2\pi i(f\Delta)}}\right) = i\left(\frac{1 - z}{1 + z}\right) \qquad (13.5.7)$$

Não se deixe enganar pelos $i$'s em (13.5.7). Esta equação mapeia frequências reais $f$ em valores reais $w$. Na verdade, ela mapeia o intervalo de Nyquist $-\frac{1}{2} < f\Delta < \frac{1}{2}$ no eixo-$w$ real $-\infty < w < +\infty$. A equação inversa

$$z = e^{2\pi i(f\Delta)} = \frac{1 + iw}{1 - iw} \qquad (13.5.8)$$

Ao reparametrizar $f$, $w$ também reparametriza $z$, obviamente. Portanto, a condição de estabilidade (13.5.5) – (13.5.6) pode ser reformulada em termos de $w$: se a resposta do filtro $\mathcal{H}(f)$ é expressa como função de $w$, então o filtro é estável se e somente se os polos da função filtro (os zeros de seu denominador) se encontram todos no semiplano complexo superior,

$$\operatorname{Im}(w) \geq 0 \qquad (13.5.9)$$

A ideia do método da transformação bilinear é que no lugar de especificar a $\mathcal{H}(f)$, você especifica o quadrado de seu módulo desejado, $|\mathcal{H}(f)|^2 = \mathcal{H}(f)\mathcal{H}(f)^* = \mathcal{H}(f)\mathcal{H}(-f)$. Pegue isto para ser aproximada por alguma função racional de $w^2$. Daí ache todos os polos desta função no plano $w$ complexo. Todo polo no semiplano inferior terá um polo correspondente no semiplano superior, por simetria. A ideia é formar um produto apenas dos fatores com polos bons, aqueles no semiplano superior. Este produto é o seu $\mathcal{H}(f)$ estavelmente realizável. Agora substitua (13.5.7) para escrever a função como uma função racional de $z$ e compare com a equação (13.5.2) para disto ler os valores dos $c$'s e dos $d$'s.

Este procedimento se torna mais claro se dermos um exemplo. Imagine que queremos projetar um simples filtro de passagem de banda, cujo limite inferior de frequência de corte seja $w = a$ e o superior seja $w = b$, com $a$ e $b$ ambos números positivos. Uma função racional simples que satisfaz estas condições é dada por

$$|\mathcal{H}(f)|^2 = \left(\frac{w^2}{w^2 + a^2}\right)\left(\frac{b^2}{w^2 + b^2}\right) \qquad (13.5.10)$$

Esta função não tem um cutoff muito abrupto, mas é ilustrativa do caso mais geral. Para obter cantos mais abruptos, poder-se-ia tomar a função (13.5.10) e elevá-la a alguma potência inteira positiva ou, equivalentemente, processar os dados sequencialmente por um número de cópias do filtro que obteremos da equação (13.5.10).

Os polos de (13.5.10) estão evidentemente em $w = \pm ia$ e $w = \pm ib$. Portanto a $\mathcal{H}(f)$ estavelmente realizável é

$$\mathcal{H}(f) = \left(\frac{w}{w-ia}\right)\left(\frac{ib}{w-ib}\right) = \frac{\left(\frac{1-z}{1+z}\right)b}{\left[\left(\frac{1-z}{1+z}\right)-a\right]\left[\left(\frac{1-z}{1+z}\right)-b\right]} \qquad (13.5.11)$$

Colocamos um $i$ no numerador do segundo fator a fim de obter ao final coeficientes reais. Se multiplicarmos todos os denominadores, (13.5.11) pode ser reescrita na forma

$$\mathcal{H}(f) = \frac{-\frac{b}{(1+a)(1+b)} + \frac{b}{(1+a)(1+b)}z^{-2}}{1 - \frac{(1+a)(1-b)+(1-a)(1+b)}{(1+a)(1+b)}z^{-1} + \frac{(1-a)(1-b)}{(1+a)(1+b)}z^{-2}} \qquad (13.5.12)$$

de onde pode-se ler diretamente os coeficientes de filtro para a equação (13.5.1),

$$\begin{aligned} c_0 &= -\frac{b}{(1+a)(1+b)} \\ c_1 &= 0 \\ c_2 &= \frac{b}{(1+a)(1+b)} \\ d_0 &= \frac{(1+a)(1-b)+(1-a)(1+b)}{(1+a)(1+b)} \\ d_1 &= -\frac{(1-a)(1-b)}{(1+a)(1+b)} \end{aligned} \qquad (13.5.13)$$

Com isto completamos a construção de um filtro de passagem de banda.

Às vezes você consegue descobrir como construir diretamente uma função racional em $w$ para $\mathcal{H}(f)$, ao invés de ter que partir do seu módulo ao quadrado. A função que você construir terá que ter seus polos no semiplano superior, por questão de estabilidade. Ela tem que ter a propriedade de retornar a sua própria complexa conjugada se você substituir $-w$ por $w$, de modo que os coeficientes de filtro sejam reais.

Por exemplo, aqui está uma função para um filtro de entalhe (*notch filter*), projetada para remover somente uma faixa estreita de frequência no entorno de uma frequência fiducial $w = w_0$, onde $w_0$ é um número positivo,

$$\begin{aligned} \mathcal{H}(f) &= \left(\frac{w-w_0}{w-w_0-i\epsilon w_0}\right)\left(\frac{w+w_0}{w+w_0-i\epsilon w_0}\right) \\ &= \frac{w^2 - w_0^2}{(w - i\epsilon w_0)^2 - w_0^2} \end{aligned} \qquad (13.5.14)$$

Em (13.5.14), o parâmetro $\epsilon$ é um número positivo pequeno que representa o valor desejado do entalhe (*notch*), como uma fração de $w_0$. Fazer toda a álgebra de substituir $z$ no lugar de $w$ nos dá os coeficientes de filtro

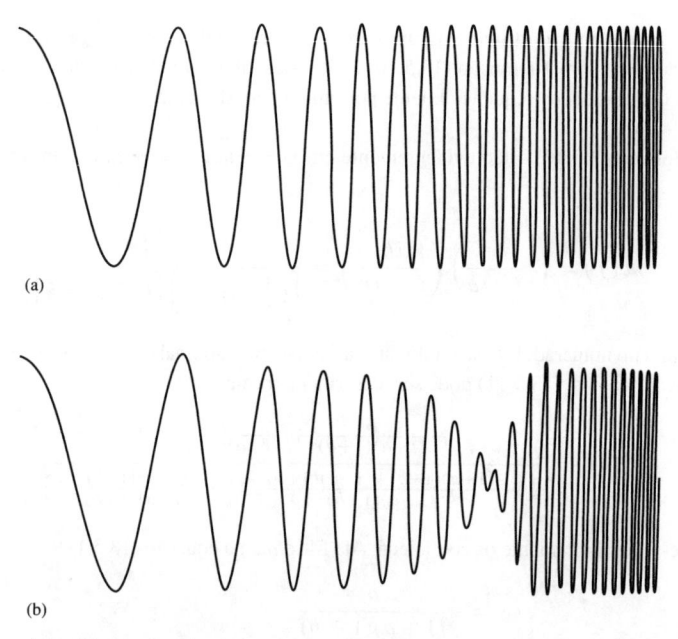

**Figura 13.5.1** (a) Um chilro (*chirp*) ou sinal cuja frequência aumenta continuamente com o tempo. (b) Mesmo sinal após ele ter passado pelo filtro de entalhe (13.5.15). O parâmetro $\epsilon$ usado aqui vale 0,2.

$$c_0 = \frac{1 + w_0^2}{(1 + \epsilon w_0)^2 + w_0^2}$$

$$c_1 = -2\frac{1 - w_0^2}{(1 + \epsilon w_0)^2 + w_0^2}$$

$$c_2 = \frac{1 + w_0^2}{(1 + \epsilon w_0)^2 + w_0^2} \qquad (13.5.15)$$

$$d_0 = 2\frac{1 - \epsilon^2 w_0^2 - w_0^2}{(1 + \epsilon w_0)^2 + w_0^2}$$

$$d_1 = -\frac{(1 - \epsilon w_0)^2 + w_0^2}{(1 + \epsilon w_0)^2 + w_0^2}$$

A Figura 13.5.1 mostra os resultados de se usar um filtro da forma (13.5.15) em um "chilro" (*chirp*)\* de sinal de entrada, subindo suavemente na frequência, atravessando a frequência de entalhe no caminho.

Ao passo que a transformada bilinear pode parecer bastante geral, suas aplicações são limitadas por algumas características dos filtros resultantes. O método é bom para se obter a forma geral do filtro desejado, e bom onde um "achatamento" (*flatness*) é um objetivo a ser alcançado. Contudo, o mapeamento não linear entre $w$ e $f$ torna difícil o design quando se quer uma forma de corte (*cutoff*) de antemão, além do que ele pode mover frequências de corte (definidas por um certo número de dB) de seus lugares desejados. Consequentemente, praticantes da arte de design de filtros digitais reservam a transformação bilinear para situações específicas, lançando mão de uma variedade de outros truques. Sugerimos que você faça o mesmo, de acordo com as exigências de seu projeto.

---

\*N. de T.: Chilro, gorjeio ou pio. O termo técnico consagrado é "chilro".

## REFERÊNCIAS CITADAS E LEITURA COMPLEMENTAR

Hamming, R.W. 1983, *Digital Filters,* 2nd ed. (Englewood Cliffs, NJ: Prentice-Hall).

Antoniou, A. 1979, *Digital Filters: Analysis and Design* (New York: McGraw-Hill).

Parks, T.W., and Burrus, C.S. 1987, *Digital Filter Design* (New York: Wiley).

Oppenheim, A.V., Schafer, R.W., and Buck, J.R. 1999, *Discrete-Time Signal Processing,* 2nd ed. (Englewood Cliffs, NJ: Prentice-Hall).

Rice, J.R. 1964, *The Approximation of Functions* (Reading, MA: Addison-Wesley); também 1969, *op. cit.,* Vol. 2.

Rabiner, L.R., and Gold, B. 1975, *Theory and Application of Digital Signal Processing* (Engle-wood Cliffs, NJ: Prentice-Hall).

## 13.6 Predição linear e codificação preditiva linear

Iniciemos por uma formulação bastante geral que nos permitirá fazer conexões com vários casos especiais. Seja $\{y'_\alpha\}$ um conjunto de valores medidos de algum conjunto de valores verdadeiros da quantidade $y$ subjacente, denotada aqui por $\{y_\alpha\}$, e relacionada a estes valores verdadeiros pela adição de um ruído aleatório,

$$y'_\alpha = y_\alpha + n_\alpha \tag{13.6.1}$$

(compare com a equação 13.3.2, com uma notação um pouco diferente). Nosso uso de um subscrito grego para indexar os membros do conjunto indicam o fato de que os dados não necessariamente estão igualmente espaçados ao longo da reta, ou até mesmo ordenados; eles podem ser pontos "aleatórios" no espaço tridimensional, por exemplo. Agora, vamos supor que queiramos fazer a "melhor" estimativa possível destes valores verdadeiros de algum ponto particular $y_\star$, na forma de uma combinação linear dos valores com ruído conhecidos. Escrevendo

$$y_\star = \sum_\alpha d_{\star\alpha} y'_\alpha + x_\star \tag{13.6.2}$$

queremos encontrar os coeficientes $d_{\star\alpha}$ que minimizam, de alguma maneira, a discrepância $x_\star$. Os coeficientes $d_{\star\alpha}$ tem um subscrito na forma de uma "estrela" para indicar que eles dependem da escolha do ponto $y_\star$. Mais tarde, talvez queiramos deixar $y_\star$ ser um dos $y_\alpha$'s existentes. Neste caso, nosso problema se tornará um problema de filtragem otimizada ou estimação, intimamente relacionado com a discussão no §13.3. Por outro lado, talvez queiramos que $y_\star$ seja um ponto completamente novo. Neste caso, então, nosso problema será de predição linear.

Uma maneira natural de minimizar a discrepância $x_\star$ é no sentido da média quadrática estatística. Se utilizarmos chaves "< >" para denotar médias estatísticas, procuramos então $d_{\star\alpha}$'s que minimizam a expressão

$$\begin{aligned}\langle x_\star^2 \rangle &= \left\langle \left[\sum_\alpha d_{\star\alpha}(y_\alpha + n_\alpha) - y_\star\right]^2 \right\rangle \\ &= \sum_{\alpha\beta}(\langle y_\alpha y_\beta\rangle + \langle n_\alpha n_\beta\rangle)d_{\star\alpha}d_{\star\beta} - 2\sum_\alpha \langle y_\star y_\alpha\rangle\, d_{\star\alpha} + \langle y_\star^2\rangle\end{aligned} \tag{13.6.3}$$

Aqui usamos do fato que o ruído é descorrelacionado do sinal, por exemplo, os $\langle n_\alpha y_\beta\rangle = 0$. As quantidades $\langle y_\alpha y_\beta\rangle$ e $\langle y_\star y_\alpha\rangle$ descrevem a estrutura de autocorrelação dos dados subjacentes. Já vimos uma expressão análoga em (13.2.2) para o caso de pontos igualmente espaçados na reta; encontraremos a correlação no sentido estatístico novamente um grande número de vezes ao longo dos Capítulos 14 e 15. As quantidades $\langle n_\alpha n_\beta\rangle$ descrevem as propriedades de autocorrelação do ruído. Frequentemente, para ruído não correlacionado ponto a ponto, temos $\langle n_\alpha n_\beta \rangle = \langle n_\alpha^2 \rangle \delta_{\alpha\beta}$. É conveniente pensarmos nas diversas correlações como formando matrizes e vetores

$$\phi_{\alpha\beta} \equiv \langle y_\alpha y_\beta \rangle \qquad \phi_{\star\alpha} \equiv \langle y_\star y_\alpha \rangle \qquad \eta_{\alpha\beta} \equiv \langle n_\alpha n_\beta \rangle \text{ ou } \langle n_\alpha^2 \rangle \delta_{\alpha\beta} \qquad (13.6.4)$$

Igualando a zero a derivada da equação (13.6.3) com respeito aos $d_{\star\alpha}$'s, obtém-se imediatamente um conjunto de equações lineares

$$\sum_\beta \left[ \phi_{\alpha\beta} + \eta_{\alpha\beta} \right] d_{\star\beta} = \phi_{\star\alpha} \qquad (13.6.5)$$

Se escrevermos a solução como a inversa de uma matriz, então a equação da estimativa (13.6.2) se torna, omitindo-se a discrepância $x_\star$ minimizada,

$$y_\star \approx \sum_{\alpha\beta} \phi_{\star\alpha} \left[ \phi_{\mu\nu} + \eta_{\mu\nu} \right]_{\alpha\beta}^{-1} y'_\beta \qquad (13.6.6)$$

Das equações (13.6.3) e (13.6.5) pode-se também calcular o valor quadrático médio esperado da discrepância no seu mínimo, aqui denotado por $\langle x_\star^2 \rangle_0$,

$$\langle x_\star^2 \rangle_0 = \langle y_\star^2 \rangle - \sum_\beta d_{\star\beta} \phi_{\star\beta} = \langle y_\star^2 \rangle - \sum_{\alpha\beta} \phi_{\star\alpha} \left[ \phi_{\mu\nu} + \eta_{\mu\nu} \right]_{\alpha\beta}^{-1} \phi_{\star\beta} \qquad (13.6.7)$$

Embora a notação seja agora diferente, as equações (13.6.6) e (13.6.7) são parentes próximas das equações (3.7.14) e (3.7.15), que apresentamos sem demonstração no contexto de extrapolações kriging (veja também §13.6.3, adiante).

Um resultado final geral nos diz o quanto a discrepância quadrática média $\langle x_\star^2 \rangle$ aumenta se, ao invés de utilizarmos os melhores valores $d_{\star\beta}$ na equação de estimativa (13.6.2), utilizarmos algum outro valor $\hat{d}_{\star\beta}$. A equação acima implica

$$\langle x_\star^2 \rangle = \langle x_\star^2 \rangle_0 + \sum_{\alpha\beta} (\hat{d}_{\star\alpha} - d_{\star\alpha}) \left[ \phi_{\alpha\beta} + \eta_{\alpha\beta} \right] (\hat{d}_{\star\beta} - d_{\star\beta}) \qquad (13.6.8)$$

Uma vez que o segundo termo é uma forma quadrática pura, vemos que o aumento na discrepância é apenas de segunda ordem em qualquer erro que possa ser feito ao se estimarem os $d_{\star\beta}$'s.

### 13.6.1 Conexão com filtragem ótima

Se mudarmos a "estrela" para um índice grego, digamos, $\gamma$, então as equações acima descrevem a filtragem ótima. É possível ver, por exemplo, que se as amplitudes $\eta_\alpha$ do ruído vão a zero, então as autocorrelações do ruído fazem o mesmo e, cancelando-se uma matriz vezes a sua inversa, a equação (13.6.6) se torna simplesmente $y_\gamma = y'_\gamma$. Outro caso particular ocorre quando as matrizes $\phi_{\alpha\beta}$ e $\eta_{\alpha\beta}$ são diagonais. Neste caso, a equação (13.6.6) se torna

$$y_\gamma = \frac{\phi_{\gamma\gamma}}{\phi_{\gamma\gamma} + \eta_{\gamma\gamma}} y'_\gamma \qquad (13.6.9)$$

que é facilmente reconhecida como sendo a equação (13.3.6) onde $S^2 \to \phi_{\gamma\gamma}$, $N^2 \to \eta_{\gamma\gamma}$. O que acontece é o seguinte: para o caso de dados igualmente espaçados, e no domínio de Fourier, as autocorrelações são simplesmente os quadrados das amplitudes de Fourier (o teorema de Wiener-Khinchin, equação 12.0.13), e o filtro ótimo pode ser construído algebricamente pela equação (13.6.9) sem a necessidade de se inverter qualquer matriz.

De um modo mais geral, no domínio temporal, ou em um domínio qualquer, um filtro ótimo (um que minimize os quadrados das discrepâncias em relação aos valores reais subjacentes na presença de ruído) pode ser construído estimando-se as matrizes de autocorrelação $\phi_{\alpha\beta}$ e $\eta_{\alpha\beta}$ e aplicando-se a equação (13.6.6) com $\star \to \gamma$ (a equação 13.6.8 é na verdade a base da afirmação feita no §13.3 de que mesmo uma filtragem ótima grosseira pode ser bastante eficiente).

## 13.6.2 Predição linear

A predição linear clássica é especializada para o caso em que os dados $y_\beta$ são igualmente espaçados ao longo de uma reta, $y_i$, $i = 0, 1, \ldots, N - 1$, e no qual queiramos usar $M$ valores consecutivos de $y_i$ para predizer o $M + 1$-ésimo valor. Estacionariedade é pressuposta. Ou seja, a autocorrelação $\langle y_i y_k \rangle$ deve depender apenas das diferença $|j - k|$, e não dos valores de $j$ e $k$ individualmente, de modo que a autocorrelação $\phi$ tem apenas um índice,

$$\phi_j \equiv \langle y_i y_{i+j} \rangle \approx \frac{1}{N-j} \sum_{i=0}^{N-j-1} y_i y_{i+j} \qquad (13.6.10)$$

Aqui, a igualdade aproximada mostra uma maneira de se utilizar os valores reais do conjunto de dados para estimar as componentes da autocorrelação (de fato, há uma melhor maneira de fazer estas estimativas; veja adiante). Na situação descrita, a equação da estimativa (13.6.2) é

$$y_n = \sum_{j=0}^{M-1} d_j y_{n-j-1} + x_n \qquad (13.6.11)$$

(compare com a equação 13.5.1) e a equação (13.6.5) se torna um conjunto de $M$ equações nas $M$ incógnitas $d_j$'s, agora chamadas de coeficientes de predição linear (LP, *linear prediction*),

$$\sum_{j=0}^{M-1} \phi_{|j-k-1|} d_j = \phi_k \qquad (k = 1, \ldots, M) \qquad (13.6.12)$$

Observe que enquanto o ruído não é incluído explicitamente nas equações, ele é apropriadamente considerado, *se* for ponto a ponto não correlacionado: $\phi_0$, como estimado pela equação (13.6.10) usando valores *medidos* de $y'_i$, na verdade estima a parte diagonal de $\phi_{\alpha\alpha} + \eta_{\alpha\alpha}$, acima. A discrepância quadrática média $\langle x_n^2 \rangle$ é estimada pela equação (13.6.7) como

$$\langle x_n^2 \rangle = \phi_0 - \phi_1 d_0 - \phi_2 d_1 - \cdots - \phi_M d_{M-1} \qquad (13.6.13)$$

Para usar a predição linear, primeiro calculamos os $\langle d_j\text{'s} \rangle$, usando as equações (13.6.10) e (13.6.12). Calculamos então a equação (13.6.13) ou, para sermos mais concretos, aplicamos (13.6.11) ao registro conhecido para termos uma ideia do quão grande são as discrepâncias $x_i$. Se as discrepâncias forem pequenas, então prosseguimos aplicando-lhes (13.6.11) pelo futuro adiante, imaginando que as discrepâncias "futuras" desconhecidas $x_i$ sejam zero. Neste tipo de aplicação, a (13.6.11) é uma espécie de fórmula de extrapolação. Em muitos casos, esta extrapolação acaba se tornando imensamente mais poderosa do que qualquer tipo de extrapolação polinomial simples (aliás, você não deveria confundir o termo "predição linear" com "extrapolação linear": a forma funcional geral usada na predição linear é muito mais complexa que uma reta, ou mesmo um polinômio de ordem baixa!).

Contudo, para que atinjamos sua máxima utilidade, a predição linear deve ser restringida em mais um aspecto adicional: deve-se fazer medidas adicionais para garantir sua estabilidade. A equação (13.6.11) é um caso especial do filtro linear geral (13.5.1). A condição que garante a estabilidade de (13.6.11) enquanto um previsor linear é precisamente aquela dada pelas equações (13.5.5) e (13.5.6), a saber, que o polinômio característico

$$z^N - \sum_{j=0}^{N-1} d_j z^{(N-1)-j} = 0 \qquad (13.6.14)$$

tenha todas as suas $N$ raízes dentro do círculo unitário

$$|z| \leq 1 \qquad (13.6.15)$$

Não há garantias de que os coeficientes produzidos pela equação (13.6.12) obedecerão todos a esta propriedade. Se os dados apresentam muitas oscilações sem qualquer tendência particular para uma amplitude crescente ou decrescente, então as raízes complexas de (13.6.14) serão todas bastante próximas do círculo unitário. O tamanho finito do conjunto de dados fará com que algumas destas raízes fiquem dentro do círculo, enquanto outras ficam fora. Em algumas aplicações, onde as estabilidades resultantes crescem lentamente e a predição linear não é levada para muito longe, é melhor utilizar coeficientes LP "não massageados" que saem diretamente da expressão (13.6.12). Por exemplo, pode-se estar extrapolando para preencher uma pequena lacuna no conjunto de dados; então pode-se extrapolar tanto para a frente da lacuna como para trás, a partir dos dados posteriores à lacuna. Se as duas extrapolações concordam bem dentro de um limite tolerável, então a instabilidade não é um problema.

Quando a instabilidade for um problema, você tem que "massagear" os coeficientes LP. Isto você faz (i) resolvendo (numericamente) a equação (13.6.14) para achar suas $N$ raízes complexas; (ii) movendo as raízes para onde você acha que elas devem estar dentro do círculo unitário; e (iii) reconstituindo os coeficientes LP agora modificados. Você pode estar pensando que o passo (ii) é algo vago. Ele é. Não existe "o melhor" procedimento. Se você acredita que o seu sinal realmente é uma soma de ondas seno e cosseno não atenuadas (talvez com períodos incomensuráveis), então você simplesmente terá que mover cada uma das raízes $z_i$ para cima do círculo unitário

$$z_i \rightarrow z_i / |z_i| \qquad (13.6.16)$$

Em outras circunstâncias, pode parecer apropriado refletir uma raiz ruim através da superfície do círculo unitário

$$z_i \rightarrow 1/z_i^* \qquad (13.6.17)$$

Esta alternativa tem a propriedade de que ela preserva a amplitude da saída de (13.6.11) quando ela é forçada por um conjunto sinusoidal de $x_i$'s. Ela parte do pressuposto de que (13.6.12) tenha identificado corretamente a largura espectral de uma ressonância, apenas cometendo um erro ao identificar o sentido do tempo, de modo que sinais que teriam que ser amortecidos à medida que o tempo passa acabam crescendo em amplitude. A escolha entre (13.6.16) e (13.6.17) às vezes pode ser feita até por meio da sorte. Nós preferimos a (13.6.17).

Mágica também é a escolha de $M$, o número de coeficientes LPS a serem usados. Você deveria escolher $M$ tão pequeno a ponto de ainda servir para você, ou seja, você deveria escolhê-lo fazendo experimentos com seus dados. Tente $M = 5, 10, 20, 40$. Se você precisar de $M$'s ainda maiores, esteja alertado que o procedimento de "massagear" todas aquelas raízes complexas é bastante sensível a erros de arredondamento. Precisão dupla é crucial nestes casos.

A predição linear é especialmente bem-sucedida ao extrapolar sinais que são suaves e oscilatórios, embora não necessariamente periódicos. Nestes casos, a predição linear comumente extrapola acuradamente para muitos ciclos do sinal. Contrariamente, a extrapolação polinomial se torna em geral seriamente imprecisa depois de no máximo um ciclo ou dois. Um exemplo prototípico de um sinal que pode ser predito linearmente com sucesso é o de marés, para o qual o período fundamental de 12 horas é modulado pela fase e amplitude ao longo do mês e do ano, e para o qual efeitos hidrodinâmicos locais podem fazer até mesmo um único ciclo da curva aparentar uma forma bastante diferente de uma senoidal.

Já notamos que a equação (13.6.10) não necessariamente é a melhor maneira de se estimar as covariâncias $\phi_k$ do conjunto de dados. Na verdade, resultados obtidos via predição linear são notavelmente sensíveis à maneira exata pela qual os $\phi_k$'s são estimados. Um método particularmente bom é aquele devido a Burg [1], e envolve um procedimento recursivo para aumentar a ordem de $M$ em uma unidade por vez, reestimando a cada estágio os coeficientes $d_j, j = 0, \ldots,$ $M - 1$ de modo a minimizar o resíduo na equação (13.6.13). Embora uma discussão mais aprofundada do método de Burg esteja além de nosso escopo, o método é implementado na seguinte rotina [1,2] para estimar os coeficientes LP $d_j$ de um conjunto de dados.

```
void memcof(VecDoub_I &data, Doub &xms, VecDoub_O &d) {                    linpredict.h
Dado um vetor real de data[0..n-1], esta rotina retorna m coeficientes de predição linear como d[0..m-1]
e retorna o valor quadrátido médio da discrepância como xms.
    Int k,j,i,n=data.size(),m=d.size();
    Doub p=0.0;
    VecDoub wk1(n),wk2(n),wkm(m);
    for (j=0;j<n;j++) p += SQR(data[j]);
    xms=p/n;
    wk1[0]=data[0];
    wk2[n-2]=data[n-1];
    for (j=1;j<n-1;j++) {
        wk1[j]=data[j];
        wk2[j-1]=data[j];
    }
    for (k=0;k<m;k++) {
        Doub num=0.0,denom=0.0;
        for (j=0;j<(n-k-1);j++) {
            num += (wk1[j]*wk2[j]);
            denom += (SQR(wk1[j])+SQR(wk2[j]));
        }
        d[k]=2.0*num/denom;
        xms *= (1.0-SQR(d[k]));
        for (i=0;i<k;i++)
            d[i]=wkm[i]-d[k]*wkm[k-1-i];
O algoritmo é recursivo, construindo a resposta a partir de valores cada vez maiores de m até
que um valor desejado seja alcançado. Neste ponto do algoritmo, pode-se produzir um vetor de
saída d e um escalar xms para um conjunto de coeficientes LP com k (no lugar de m) termos.
        if (k == m-1)
            return;
        for (i=0;i<=k;i++) wkm[i]=d[i];
        for (j=0;j<(n-k-2);j++) {
            wk1[j] -= (wkm[k]*wk2[j]);
            wk2[j]=wk2[j+1]-wkm[k]*wk1[j+1];
        }
    }
    throw("never get here in memcof");
}
```

Aqui vão procedimentos para tornar os coeficientes LP estáveis (se você tiver optado por fazer isso) e para extrapolar um conjunto de dados por predição linear, usando os coeficientes LP originais ou massageados. A rotina zroots (§9.5) é usada para achar todas as raízes complexas de um polinômio.

linpredict.h
```
void fixrts(VecDoub_IO &d) {
```
Dados os coeficientes LP d[0..m-1], esta rotina acha todas as raízes do polinômio característico (13.6.14), fazendo a reflexão das raízes que estão fora do círculo unitário para dentro do mesmo, retornando o conjunto de coeficientes modificados d[0..m-1].

```
    Bool polish=true;
    Int i,j,m=d.size();
    VecComplex a(m+1),roots(m);
    a[m]=1.0;
    for (j=0;j<m;j++)                     Arruma coeficientes complexos para achar raiz de polinô-
        a[j]= -d[m-1-j];                  mio.
    zroots(a,roots,polish);               Acha todas as raízes.
    for (j=0;j<m;j++)                     Procura uma raiz que esteja fora do círculo unitário e a
        if (abs(roots[j]) > 1.0)          reflete para dentro.
            roots[j]=1.0/conj(roots[j]);
    a[0]= -roots[0];                      Agora reconstrói os coeficientes polinomiais
    a[1]=1.0;
    for (j=1;j<m;j++) {                   fazendo um loop sobre as raízes
        a[j+1]=1.0;
        for (i=j;i>=1;i--)                e multiplicando sinteticamente.
            a[i]=a[i-1]-roots[j]*a[i];
        a[0]= -roots[j]*a[0];
    }
    for (j=0;j<m;j++)                     Os coeficientes polinomiais são garantidamente reais, de
        d[m-1-j] = -real(a[j]);           modo que só precisamos retornar a parte real dos no-
}                                         vos coeficientes LP.
```

inpredict.h
```
void predic(VecDoub_I &data, VecDoub_I &d, VecDoub_O &future) {
```
Dado data[0..ndata-1] e dados os coeficientes LP d[0..m-1] dos dados, esta rotina aplica a equação (13.6.11) para predizer o próximo conjunto de dados nfut, que ela retorna no array future[0..nfut-1]. Observe que a rotina referencia-se só aos últimos m valores de data, como valores iniciais para a predição.

```
    Int k,j,ndata=data.size(),m=d.size(),nfut=future.size();
    Doub sum,discrp;
    VecDoub reg(m);
    for (j=0;j<m;j++) reg[j]=data[ndata-1-j];
    for (j=0;j<nfut;j++) {
        discrp=0.0;
```
Este é o ponto onde você colocaria uma discrepância conhecida se você estivesse reconstruindo a função com um código preditivo linear ao invés de extrapolar a função por predição linear. Vide texto.
```
        sum=discrp;
        for (k=0;k<m;k++) sum += d[k]*reg[k];
        for (k=m-1;k>=1;k--) reg[k]=reg[k-1];    [Se você quiser implementar arrays circu-
        future[j]=reg[0]=sum;                     lares, evite o deslocamento dos coefi-
    }                                             cientes.]
}
```

## 13.6.3 Removendo o bias em predição linear

Você esperaria que a soma dos $d_j$'s na equação (13.6.11) (ou, de modo mais geral, na equação 13.6.2) fosse igual a 1, de modo que, por exemplo, ao adicionar uma constante a todos os pontos $y_i$, teríamos como resultado uma previsão aumentada pelo mesmo valor constante. Contudo, a soma dos $d_j$'s não é um, mas geralmente algo pouco menor que um. Este fato revela um ponto sutil, a saber, que o estimador da predição linear clássica não é desprovido de viés (*unbiased*), embora ele realmente minimize a discrepância quadrática média. Em qualquer local onde a autocorrelação medida não implica uma melhor estimativa, as equações da predição linear tendem a dar um valor que tende a zero.

Algumas vezes, é justamente isso que você deseja. Se o processo que gera os $y_i$'s realmente tem uma média zero, então zero é a melhor conjectura na ausência de outras informações. Para outros tempos, contudo, este comportamento não pode ser garantido. Se você tiver dados que apresentam apenas uma pequena variação em torno de um valor positivo, você não quer uma predição linear que pende em direção a zero.

Frequentemente, subtrair a média de seu conjunto de dados, fazer a predição linear e adicionar a média de volta é uma aproximação que funciona. Este procedimento contém o germe da solução correta; porém, a simples média aritmética não é exatamente a constante correta a ser subtraída. Na verdade, um estimador sem viés pode ser obtido pela subtração de cada dado de uma média ponderada pela autocorrelação definida por [3,4]

$$\bar{y} \equiv \sum_{\beta} \left[\phi_{\mu\nu} + \eta_{\mu\nu}\right]^{-1}_{\alpha\beta} y_\beta \bigg/ \sum_{\alpha\beta} \left[\phi_{\mu\nu} + \eta_{\mu\nu}\right]^{-1}_{\alpha\beta} \qquad (13.6.18)$$

Com esta subtração, a soma dos coeficientes LP deveria ser igual a um, excetuando-se de erros de arredondamento e diferenças na maneira como os $\phi k$'s são estimados.

As equações (3.7.14) e (3.7.15), apresentadas no contexto de kriging, são na realidade exatamente equivalentes às equações (13.6.6) e (13.6.7) se a média (13.6.18) for utilizada para remover o viés do estimador. Para demonstrar este resultado, comece escrevendo a inversa da matriz (3.7.13) na forma particionada óbvia (por exemplo, usando a equação 2.7.23).

### 13.6.4 Código preditor linear (*linear predictive coding*, LPC)

Um método diferente, embora relacionado, para o qual o formalismo acima pode ser aplicado é a "compressão" de um sinal medido de modo que possa ser armazenado de maneira compacta. A forma original deve ser *exatamente* recuperável a partir da versão comprimida, e a compressão, obviamente, só pode ser obtida se houver redundância no sinal. A equação (13.6.11) descreve um tipo de redundância: ela diz que o sinal, excetuando-se uma pequena discrepância, pode ser predito a partir de seus valores precedentes e de um pequeno número de coeficientes LP. A compressão de um sinal por meio do uso de (13.6.11) é portanto chamado de código preditor linear, ou LPC.

A ideia básica por trás do LPC (em sua forma mais simples) é gravar, em um arquivo comprimido, (i) o número $M$ de coeficientes LP; (ii) seus $M$ valores, por exemplo, como obtidos através da rotina `memcof`; (iii) os primeiros $M$ dados; e então (iv) para cada dado subsequente apenas sua discrepância residual $x_i$ (equação 13.6.1). Quando você estiver criando os dados comprimidos, você acha o resíduo aplicando (13.6.1) aos $M$ valores prévios e subtraindo a soma do valor verdadeiro do dado naquele momento. Quando estiver reconstruindo o arquivo original, adicione o resíduo de volta, no local indicado pela rotina `predic`.

Talvez não seja óbvio do porquê de haver uma compressão neste esquema. Afinal, estamos armazenando um valor de resíduo por dado! Por que não armazenar simplesmente os dados originais? A resposta depende do tamanho relativo dos números envolvidos. O resíduo é obtido pela subtração de dois números praticamente iguais (o dado e a predição linear). Portanto, a discrepância tem, tipicamente, apenas um número muito pequeno de bits diferentes de zero. Estes podem ser armazenados de forma comprimida. Como fazer isto em uma linguagem de alto nível? Uma abordagem rudimentar seria escalonar seus dados para ficar com números inteiros, digamos entre $+1000000$ e $-1000000$ (supondo que você necessite de seis dígitos significativos). Modifique agora a equação (13.6.11) colocando o termo em soma num operador "parte inteira de". A discrepância, por definição, será agora um inteiro. Experimente diferentes valores de $M$ para achar coeficientes LP que façam os intervalos de variação da discrepância tão pequenos quanto você queira. Se você conseguir chegar a um intervalo de $\pm 127$ (e, pela nossa experiência, isto não é nem um pouco difícil), então você pode escrevê-lo em um arquivo como um único byte. Isto representa um fator de compressão de 4, comparado com um inteiro de 4 bytes ou formatos flutuantes.

Observe que os coeficientes LP foram calculados usando-se dados quantizados, e que a discrepância também é quantizada, ou seja, a quantização é feita tanto dentro quanto fora do loop LPC. Se você for cuidadoso ao seguir esta prescrição, então, fora da quantização inicial dos dados, você não introduzirá um bit sequer de erro de arredondamento no processo de compressão-reconstrução: enquanto que o cálculo da soma em (13.6.11) pode ter erros de arredondamento, o resíduo que você armazena é o valor que, quando adicionado de volta à soma, reproduz *exatamente* o valor dos dados originais (quantizados). Observe também que você não precisa massagear os coeficientes LP pela estabilidade; ao adicionar o resíduo de volta a cada ponto, você nunca se afasta dos dados originais, e portanto instabilidades não têm como crescer. Não há portanto a necessidade de usar `fixrts`, acima.

Olhe o §22.5 para aprender acerca da codificação de Huffmann, que comprime ainda mais os resíduos aproveitando-se do fato de que valores menores de discrepância ocorrem mais frequentemente que valores maiores. Uma versão muito primitiva do código de Huffmann seria esta: se a maior parte das discrepâncias estiverem no intervalo ±127, mas um ou outro estiver ocasionalmente fora, então reserve o valor 127 para que ele signifique "fora do intervalo", e grave então no arquivo (imediatamente após o 127) um valor full-word da discrepância fora do intervalo. A Seção 22.5 explica como fazer isto de maneira muito melhor.

Há várias variantes deste procedimento que são todas ordenadas sob a rubrica LPC:

- Se a característica espectral dos dados varia no tempo, então é melhor não utilizar um único conjunto de coeficientes LP para todo o banco de dados, mas sim particionar os dados em segmentos, calculando e armazenando diferentes coeficientes LPC para cada segmento.
- Se os dados são realmente bem caracterizados por seus coeficientes LP, e você pode tolerar um pouco de erro, então não se preocupe em armazenar todos os resíduos. Simplesmente faça uma predição linear até que você se encontre fora das tolerâncias. Então reinicialize (usando *M* resíduos armazenados sequencialmente) e continue a predição.
- Em algumas aplicações, mais notavelmente em síntese de fala, a preocupação é apenas com o conteúdo espectral do sinal reconstruído, não as fases relativas. Neste caso, não é preciso armazenar quaisquer dados iniciais, somente os coeficientes LP para os segmentos de dados. A saída é reconstruída lançando-se estes coeficientes com condições iniciais que consistam só de zeros exceto por um único pico não zero. Um chip sintetizador de fala pode ter da ordem de 10 coeficientes LP, que variam talvez a uma taxa de 20 a 50 vezes por segundo.
- Algumas pessoas acreditam ser interessante analisar um sinal usando LPC, mesmo quando os resíduos $x_i$ *não* são pequenos. Os $x_i$'s são então interpretados como sendo o "sinal de entrada" subjacente que, ao ser filtrado pelo filtro de todos os polos definido pelos coeficientes LP (vide §13.7), produz o "sinal de saída" observado. O LPC revela, dizem, simultaneamente a natureza do filtro *e* a entrada particular que o está excitando. Somos céticos com relação a estas aplicações: a literatura no entanto está cheia de alegações extravagantes.

### REFERÊNCIAS CITADAS E LEITURA COMPLEMENTAR

Childers, D.G. (ed.) 1978, *Modern Spectrum Analysis* (New York: IEEE Press), especialmente o paper de J. Makhoul, "Linear Prediction: A Tutorial Review," reimpresso de *Proceedings of the IEEE,* vol. 63, p. 561, 1975.

Burg, J.P. 1968, "A New Analysis Technique for Time Series Data," reimpresso em Childers, 1978.[1]

Anderson, N. 1974, "On the Calculation of Filter Coefficients for Maximum Entropy Spectral Analysis," *Geophysics,* vol. 39, pp. 69–72, reimpresso em Childers, 1978.[2]

Cressie, N. 1991, "Geostatistical Analysis of Spatial Data," in *Spatial Statistics and Digital Image Analysis* (Washington: National Academy Press).[3]

Press, W.H., and Rybicki, G.B. 1992, "Interpolation, Realization, and Reconstruction of Noisy, Irregularly Sampled Data," *Astrophysical Journal,* vol. 398, pp. 169–176.[4]

## 13.7 Estimativa do espectro de potência pelo método da entropia máxima (todos os polos)

A FFT não representa o único método para se estimar o espectro de potência de um processo, e não necessariamente é a melhor para todas as aplicações. Para ver como é possível pensar em um método diferente, alarguemos nossa perspectiva por um momento de modo a nela incluir não apenas frequências reais no intervalo de Nyquist $-f_c < f < f_c$, mas também todo o plano de frequência complexo. Desta posição privilegiada, façamos uma transformação do plano-$f$ complexo para um novo plano, chamada plano-$z$ transformado ou plano-$z$, através da relação

$$z \equiv e^{2\pi i f \Delta} \tag{13.7.1}$$

onde $\Delta$ é, como sempre, o intervalo de amostragem no domínio temporal. Observe que o intervalo de Nyquist no eixo real do plano-$f$ é mapeado univocamente no círculo unitário no plano-$z$.

Se compararmos agora (13.7.1) às equações (13.4.4) e (13.4.6), veremos que estimativa do espectro de potência via FFT (13.4.5) para qualquer função real medida $c_k \equiv c(t_k)$ pode ser escrita, excetuando-se um fator de normalização, como

$$P(f) = \left| \sum_{k=-N/2}^{N/2-1} c_k z^k \right|^2 \tag{13.7.2}$$

É claro que (13.7.2) não é o espectro de potência *verdadeiro* da função $c(t)$, mas apenas uma estimativa. Podemos ver o porquê desta estimativa não ter grandes chances de ser exata de duas maneiras relacionadas entre si. Primeiramente, no domínio temporal, a estimativa é baseada apenas em um intervalo de tamanho finito da função $c(t)$ que poderia, até onde podemos supor, ter continuado entre $t = -\infty$ e $\infty$. Segundo, no plano-$z$ da equação (13.7.2), a série de Laurent finita nos dá, geralmente, apenas uma aproximação para um função analítica geral em $z$. De fato, a expressão formal para representar espectros de potência verdadeiros é

$$P(f) = \left| \sum_{k=-\infty}^{\infty} c_k z^k \right|^2 \tag{13.7.3}$$

Esta expressão é uma série de Laurent infinita que depende de um número infinito de valores $c_k$. A equação (13.7.2) é apenas um tipo de aproximação analítica para a função analítica em $z$ representada pela fórmula (13.7.3), o tipo, na verdade, que está implícito no uso de FFTs para estimar espectro de potência por métodos de periodograma. Ele é conhecido por diferentes nomes, incluindo método direto, modelo todo-zero (*all-zero model*) e modelo da média móvel (*moving average model,* MA). O termo "todo-zero", em particular, refere-se ao fato de que o espectro do modelo pode conter zeros no plano-$z$, mas não polos.

Se olharmos para o problema da aproximação de (13.7.3) de um modo mais geral, parece claro que poderíamos fazer algo melhor usando uma função racional, uma que tivesse uma série do tipo (13.7.2) tanto no numerador quanto no denominador. Acontece, porém, e isso é algo menos óbvio de se perceber, que há algumas vantagens em uma aproximação na qual os parâmetros livres se encontram todos no *denominador*, a saber,

$$P(f) \approx \frac{1}{\left| \sum_{k=-M/2}^{M/2} b_k z^k \right|^2} = \frac{a_0}{\left| 1 + \sum_{k=1}^{M} a_k z^k \right|^2} \tag{13.7.4}$$

Nesta expressão, a segunda igualdade introduz um conjunto de coeficientes $a_k$'s novos, que podem ser determinados a partir dos $b_k$'s usando-se o fato de que $z$ se encontra sobre o círculo unitário. Os $b_k$'s podem ser pensados como tendo sido determinados segundo a condição de que a expansão em série de potências (13.7.4) concorda com os $M + 1$ primeiros termos de (13.7.3). Na prática, como veremos, determinam-se os $b_k$'s e os $a_k$'s por outro método.

As diferenças entre as aproximações (13.7.2) e (13.7.4) não são apenas cosméticas. São aproximações de características muito diferentes. A mais notável de todas é o fato de que (13.7.4) pode ter polos, correspondente a uma densidade de potência espectral infinita, sobre o círculo unitário em $z$, isto é, em frequências reais dentro do intervalo de Nyquist. Tais polos podem nos dar uma representação precisa de espectros que tenham "linhas" discretas bem definidas ou funções delta. Contrariamente, (13.7.2) só pode ter zeros, e não polos, nas frequências no intervalo de Nyquist, e assim só podem tentar ajustar características espectrais do tipo mencionado com, essencialmente, o uso de polinômios. A aproximação (13.7.4) é conhecida sob diferentes nomes: modelo de todos-os-polos (*all-poles method*), método da entropia máxima (*maximum entropy method*, MEM), modelo autorregressivo (*autoregressive model*, AR). Só precisamos descobrir como calcular os coeficientes $a_0$ e $a_k$'s de um conjunto de dados para então podermos usar (13.7.4) e obter estimativas espectrais.

A surpresa agradável é que já sabemos fazer isto! Olhe para a equação (13.6.11) para predição linear. Compare-a com as equações lineares de filtragem (13.5.1) e (13.5.2) e você verá que, encarada como um filtro que leva as entradas $x$'s aos dados de saída $y$'s, a predição linear tem uma função filtro

$$\mathcal{H}(f) = \frac{1}{1 - \sum_{j=0}^{N-1} d_j z^{-(j+1)}} \tag{13.7.5}$$

Portanto, o espectro de potência dos $y$'s deveria ser igual ao espectro de potência dos $x$'s multiplicado por $|\mathcal{H}(f)|^2$. Pensemos agora no que seria o espectro dos dados de entrada $x$ quando estes forem discrepâncias residuais de uma predição linear. Embora não vamos demonstrar aqui formalmente, é crível, pelo menos intuitivamente, que os $x$'s são independentemente aleatórios e portanto têm um espectro plano (ruído branco) (*grosso modo*, qualquer correlação residual remanescente nos $x$'s permitiria uma predição linear mais acurada, e teria sido removida). O fator global de normalização deste espectro plano é simplesmente a amplitude quadrática média dos $x$'s. Mas esta é exatamente a expressão calculada na equação (13.6.13) e devolvida pela rotina memcof como xms. Assim, os coeficientes $a_0$ e $a_k$ na equação (13.7.4) estão relacionados de maneira simples aos coeficientes LP produzidos pela rotina memcof pela expressão

$$a_0 = \text{xms} \quad a_k = -\text{d}(k-1), \quad k = 1,\ldots, M \tag{13.7.6}$$

Há outro modo de descrever a relação entre os $a_k$'s e as componentes da autocorrelação $\phi_k$. O teorema de Wiener-Khinchin (12.0.13) diz que a transformada de Fourier da autocorrelação é igual ao espectro de potência. Na linguagem da transformação $z$, esta transformada de Fourier é simplesmente um série de Laurent em $z$. A equação que deve ser satisfeita pelos coeficientes da equação (13.7.4) é assim

$$\frac{a_0}{\left|1 + \sum_{k=1}^{M} a_k z^k\right|^2} \approx \sum_{j=-M}^{M} \phi_j z^j \qquad (13.7.7)$$

O sinal de aproximadamente igual na equação (13.7.7) tem uma interpretação um tanto especial: significa que se espera que a expansão em série do lado esquerdo da expressão coincida, termo a termo, com o lado direito desde $z^{-M}$ até $z^M$. Fora deste intervalo, o lado direito é claramente igual a zero, ao passo que o lado esquerdo ainda tem termos diferentes de zero. Observe que $M$, o número de coeficientes na aproximação do lado esquerdo, pode ser um inteiro cujo valor vai até no máximo $N$, o número total de autocorrelações disponíveis (na prática, escolhe-se $M$ frequentemente como sendo muito menor que $N$). $M$ é chamado de ordem do número de polos da aproximação.

Qualquer que seja o valor escolhido de $M$, a expansão em série do lado esquerdo de (13.7.7) define um certo tipo de extrapolação da função de autocorrelação para retardamentos (*lags*) maiores que $M$, na verdade para retardamentos maiores até que $N$, ou seja, maiores do que a lista de dados pode na realidade medir. Acontece que pode-se mostrar que esta extrapolação em particular tem, entre todas as possíveis extrapolações, a entropia máxima em um sentido bem definido na teoria de informação. Daí o nome método da entropia máxima, ou MEM. A propriedade de maximização da entropia fez com que MEM adquirisse uma certa popularidade "*cult*"; é comum ouvir que ela produz estimativas intrinsicamente "melhores" que as produzidas por outros métodos. Não acredite nisto. MEM tem a bela propriedade de ser capaz de ajustar propriedades espectrais agudas, mas não há mais nada de mágico acerca das estimativas de espectro de potência por ela produzidas.

A contagem de operações em memcof escalona como o produto de $N$ (o número de dados) e $M$ (a ordem desejada da aproximação MEM). Se $M$ fosse escolhido para ser tão grande quanto $N$, então o método seria muito mais lento que os métodos FFT $N \log N$ da seção anterior. Na prática, contudo, o que geralmente se quer é limitar a ordem (número de polos) da aproximação MEM para poucas vezes o número de características espectrais agudas que se deseja ajustar. Com este número restrito de polos, o método suavizará o espectro um pouco, mas isto geralmente é algo desejável. Embora valores exatos dependam de cada aplicação, pode-se tomar $M = 10$ ou 20 ou 50 e $N = 1000$ ou 10000. Neste caso, uma estimativa via MEM não é muito mais lenta que uma via FFT.

Temos a obrigação de alertá-lo que memcof pode ser um pouco sutil de vez em quando. Se o número de polos ou o número de dados é muito grande, erros de arredondamento podem se tornar um problema, mesmo quando se usa dupla precisão. Com dados na forma de "picos" (isto é, dados com características extremamente afiladas), o algoritmo pode sugerir que os picos são divididos (*split*) mesmo para ordens modestas de aproximação, e os picos podem mudar com a fase da onda senoidal. Além disso, com funções de entrada com ruído, se você escolher uma ordem muito alta, você achará picos espúrios aos montes! Alguns especialistas recomendam o uso deste algoritmo junto a métodos mais conservadores, como periodogramas, para ajudar encontrar a ordem correta do modelo e evitar ser enganado por estas características espectrais espúrias. MEM pode ser cheio de caprichos, mas também pode fazer coisas incríveis. Recomendamos que você experimente-o, com cautela, em seus próprios problemas. Retornaremos agora para uma avaliação das estimativas espectrais MEM a partir de seus coeficientes.

A estimativa MEM (13.7.4) é uma função de um frequência $f$ que varia continuamente. Não há qualquer significado especial em frequências específicas igualmente espaçadas, como no caso da FFT. Na verdade, uma vez que a estimativa MEM pode apresentar características espectrais agudas, gostaríamos de ser capazes de avaliá-las em uma rede muito fina próxima a estes pontos especiais, mas também de uma maneira mais grosseira longe deles. Aqui está uma função que, dados os coeficientes já calculados, calcula (13.7.4) e retorna a estimativa do espectro de potência como função de $f\Delta$ (a frequência multiplicada pelo intervalo de amostragem). Não é necessário mencionar que $f\Delta$ deve se encontrar no intervalo de Nyquist, entre $-1/2$ e $1/2$.

linpredict.h
```
Doub evlmem(const Doub fdt, VecDoub_I &d, const Doub xms)
Dado d[0..m-1] e xms, como dada em memcof, esta função retorna a estimativa do espectro de potência
P(f) como função de fdt = fΔ.
{
    Int i;
    Doub sumr=1.0,sumi=0.0,wr=1.0,wi=0.0,wpr,wpi,wtemp,theta;

    Int m=d.size();
    theta=6.28318530717959*fdt;
    wpr=cos(theta);                        Cria relações de recorrência.
    wpi=sin(theta);
    for (i=0;i<m;i++) {                    Loop sobre termos da soma.
        wr=(wtemp=wr)*wpr-wi*wpi;
        wi=wi*wpr+wtemp*wpi;
        sumr -= d[i]*wr;                   Acumula o denominador de (13.7.4).
        sumi -= d[i]*wi;
    }
    return xms/(sumr*sumr+sumi*sumi);
}
```

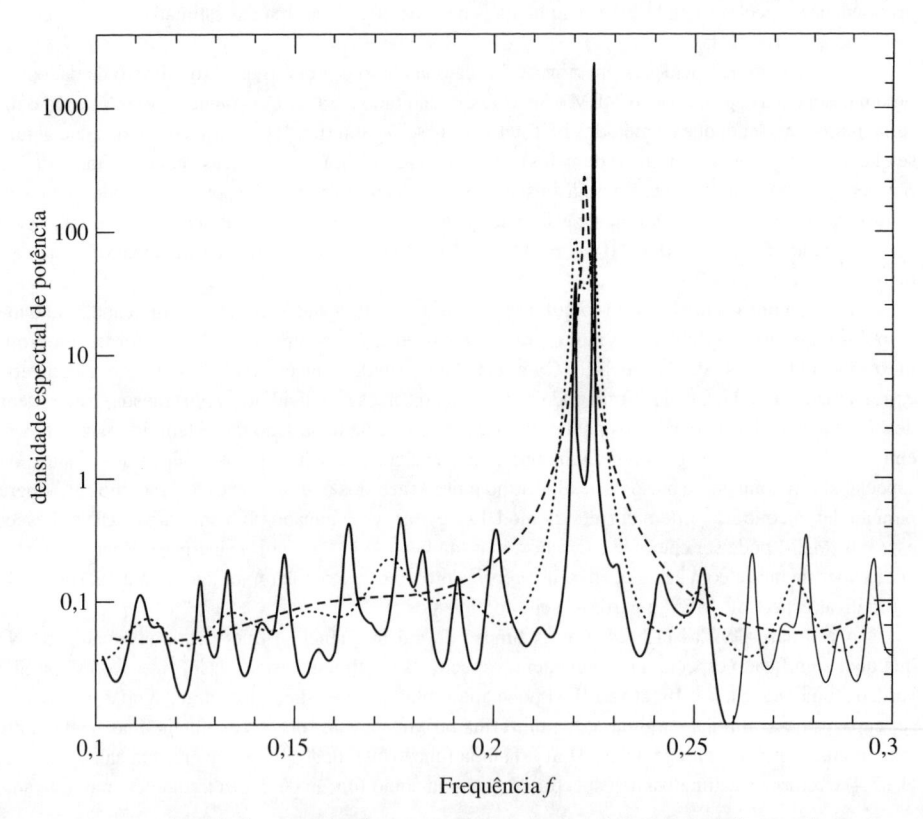

**Figura 13.7.1** Amostra de saída de um estimativa espectral de entropia máxima. O sinal de entrada consiste em 512 amostras da soma de duas senoides de frequências muito próximas, acrescidas de ruído branco com aproximadamente a mesma potência. Na figura se vê uma porção do intervalo total de frequência de Nyquist (que se estenderia na figura de zero a 0,5). A estimativa espectral tracejada foi calculada usando-se 20 pontos; a pontilhada, 40; a linha sólida, 150. Com um maior número de polos, o método consegue resolver as senoides distintas, mas o ruído plano de fundo começa a mostrar picos espúrios (observe a escala logarítmica).

Certifique-se de ter avaliado $P(f)$ em uma rede fina o suficiente para achar quaisquer propriedades de estreiteza que possam estar presentes! Tais propriedades, se presentes, podem conter praticamente toda a potência dos dados. Você também pode querer saber como a $P(f)$ produzida pelas rotinas `memcof` e `evlmem` é normalizada com relação ao valor quadrático médio do vetor de dados de entrada. A resposta é

$$\int_{-1/2}^{1/2} P(f\Delta)d(f\Delta) = 2\int_{0}^{1/2} P(f\Delta)d(f\Delta) = \text{valor quadrático médio dos dados} \qquad (13.7.8)$$

Espectros de amostra produzidos pelas rotinas `memcof` e `evlmem` podem ser vistos na Figura 13.7.1.

### REFERÊNCIAS CITADAS E LEITURA COMPLEMENTAR

Childers, D.G. (ed.) 1978, *Modem Spectrum Analysis* (New York: IEEE Press), Chapter II.
Kay, S.M., and Marple, S.L. 1981, "Spectrum Analysis: A Modern Perspective," *Proceedings of the IEEE*, vol. 69, pp. 1380–1419.

## 13.8 Análise espectral de dados irregularmente espaçados

Até agora temos lidado exclusivamente com dados amostrais medidos em intervalos regulares,

$$h_n = h(n\Delta) \qquad n = \ldots, -3, -2, -1, 0, 1, 2, 3, \ldots \qquad (13.8.1)$$

onde $\Delta$ é o intervalo de amostragem, cujo recíproco é a taxa de amostragem. Lembre-se também da importância (§12.8) da frequência crítica de Nyquist

$$f_c \equiv \frac{1}{2\Delta} \qquad (13.8.2)$$

como codificada pelo teorema da amostragem: um conjunto de dados amostrais como na equação (13.8.1) contém a informação *completa* acerca de todas as componentes espectrais para um sinal $h(t)$ que contenha somente frequências abaixo da frequência de Nyquist, bem como informação misturada ou aliased acerca de qualquer sinal que contenha frequências maiores que a frequência de Nyquist. O teorema da amostragem define assim tanto a atratividade quanto as limitações de qualquer análise de conjuntos de dados igualmente espaçados.

Há situações, porém, em que dados igualmente espaçados não podem ser obtidos. Um caso comum é quando quedas em equipamentos ocorrem, de modo que os dados são obtidos apenas em um subconjunto (inteiro não consecutivo) da equação (13.8.1), o chamado problema de falta de dados (*missing data problem*). Outro exemplo, comum em ciências observacionais, como a astronomia, é que o observador não tem controle completo sobre o tempo de observação, mas deve aceitar um certo conjunto de $t_i$'s a ele ditados.

Há algumas maneiras óbvias de ir de $t_i$'s espaçados irregularmente àqueles regularmente espaçados, como na equação (13.8.1). Uma maneira é interpolação: defina uma rede de tempos igualmente espaçados sobre seus dados e interpole os valores naquela rede; então use métodos de FFT. No problema com falta de dados, você só precisa interpolar para dados que faltam. Se uma grande quantidade de dados consecutivos está faltando, você pode muito bem fazê-los todos iguais a zero ou simplesmente "fixar" o valor como sendo igual àquele do último dado medido. Contudo, a experiência de praticantes de tais técnicas de interpolação não é animadora. Falando de um modo geral, tais técnicas têm um desempenho ruim. Lacunas grandes nos dados, por exemplo, normalmente produzem uma protuberância espúria na potência a baixas frequências (comprimentos de onda comparáveis ao tamanho da lacuna).

Um método completamente diferente de análise espectral de dados irregularmente espaçados, que mitiga estas dificuldades e tem algumas outras propriedades bastante desejáveis, foi desenvolvido por Lomb [1], que se baseou em trabalhos anteriores de Barning [2] e Vaníček [3], elaborados adicionalmente por

Scargle [4]. O método de Lomb (é assim que o chamamos) avalia os dados, senos e cossenos, somente para tempos $t_i$ efetivamente medidos. Suponha que haja $N$ dados $h_i \equiv h(t_i)$, $i = 0, \ldots, N - 1$. Então calcule primeiramente a média e a variância dos dados pelas fórmulas usuais,

$$\overline{h} \equiv \frac{1}{N} \sum_{i=0}^{N-1} h_i \qquad \sigma^2 \equiv \frac{1}{N-1} \sum_{i=0}^{N-1} (h_i - \overline{h})^2 \qquad (13.8.3)$$

Agora, o periodograma normalizado de Lomb (potência espectral como função da frequência angular $\omega \equiv 2\pi f > 0$) é definido como

$$P_N(\omega) \equiv \frac{1}{2\sigma^2} \left\{ \frac{\left[\sum_j (h_j - \overline{h}) \cos \omega(t_j - \tau)\right]^2}{\sum_j \cos^2 \omega(t_j - \tau)} + \frac{\left[\sum_j (h_j - \overline{h}) \operatorname{sen} \omega(t_j - \tau)\right]^2}{\sum_j \operatorname{sen}^2 \omega(t_j - \tau)} \right\} \qquad (13.8.4)$$

onde $\tau$ é definido através da relação

$$\operatorname{tg}(2\omega\tau) = \frac{\sum_j \operatorname{sen} 2\omega t_j}{\sum_j \cos 2\omega t_j} \qquad (13.8.5)$$

A constante $\tau$ é um espécie de deslocamento (*offset*) que faz com que os $P_N(\omega)$ sejam completamente independentes do deslocamento dos $t_i$'s por qualquer valor constante. Lomb mostra que esta escolha de deslocamento tem outro efeito, mais profundo: torna a equação (13.8.4) idêntica à equação que se obteria caso se estimasse o conteúdo harmônico do conjunto de dados, para uma dada frequência $w$, pelo ajuste linear de mínimos quadrados do modelo

$$h(t) = A \cos \omega t + B \operatorname{sen} \omega t \qquad (13.8.6)$$

Este fato nos dá uma ideia de por que o método pode dar resultados de qualidade superior aos métodos de FFT: ele pondera os dados segundo um esquema "por ponto" ao invés de um esquema "por intervalo de tempo", em que amostragem irregular pode levar a sérios erros.

Uma ocorrência bastante comum é quando os dados medidos $h_i$ são a soma de um sinal periódico e um ruído gaussiano (branco) independente. Se estivéssemos tentando determinar a presença ou ausência de tal sinal periódico, gostaríamos de ser capazes de dar uma resposta quantitativa à pergunta "Quão significativo é um pico no espectro $P_N(\omega)$?". Nesta questão, a hipótese zero é que os valores dos dados são valores gaussianos aleatórios independentes. Uma propriedade muito boa do periodograma normalizado de Lomb é que a viabilidade desta hipótese zero pode ser testada de maneira bastante rigorosa, como discutimos a seguir.

A palavra "normalizado" refere-se ao fator $\sigma^2$ no denominador da equação (13.8.4). Scargle [4] demonstra que com esta normalização, para qualquer valor de $\omega$ e *para o caso da hipótese zero*, $P_N(\omega)$ tem uma distribuição de probabilidade exponencial com média um. Em outras palavras, a probabilidade de que $P_N(\omega)$ se encontre entre algum valor positivo de $z$ e $z + dz$ é $\exp(-z)dz$. Disto segue imediatamente que, no caso de escanearmos $M$ frequências independentes, a probabilidade de que nenhuma dê um valor maior que $z$ é $(1 - e^{-z})^M$. Assim,

$$P(> z) \equiv 1 - (1 - e^{-z})^M \qquad (13.8.7)$$

é a probabilidade de alarme falso de que a hipótese zero seja falsa, isto é, o nível de significância de qualquer pico em $P_N(\omega)$ que nós conseguimos ver. Um valor pequeno desta probabilidade de alarme falso indica um sinal periódico altamente significante.

Para avaliar esta significância, precisamos conhecer $M$. Afinal, quanto mais frequências olharmos, menos significante se torna alguma saliência modesta no espectro (olhe o tempo suficiente e achará o que quiser!). Um procedimento típico será plotar $P_N(\omega)$ como função de muitas frequências proximamente espaçadas em algum intervalo grande de frequência. Quantas delas são independentes?

Antes de responder, vejamos primeiro o quão preciso deve ser nosso conhecimento de $M$. A região interessante é onde a significância é um número pequeno (significante), $\ll 1$. Ali, a equação (13.8.7) pode ser expandida em uma série, dando

$$P(>z) \approx M e^{-z} \qquad (13.8.8)$$

Vemos que a significância escalona linearmente em $M$. Níveis práticos de significância são números do tipo 0,05, 0,01, 0,001, etc.. Até mesmo um erro de 50% na significância estimada é comumente tolerável, uma vez que níveis de significância mencionados geralmente são espaçados por fatores de 5 ou 10. Assim, nossa estimativa de $M$ não precisa ser muito precisa.

Horne e Baliunas [5] apresentam resultados de vastos experimentos de Monte Carlo para determinar $M$ em vários casos. Em geral, $M$ depende do número de frequências amostradas, do número de dados $N$ e de seu espaçamento detalhado. Resulta que $M$ é muito próximo de $N$ quando os dados são, aproximadamente,

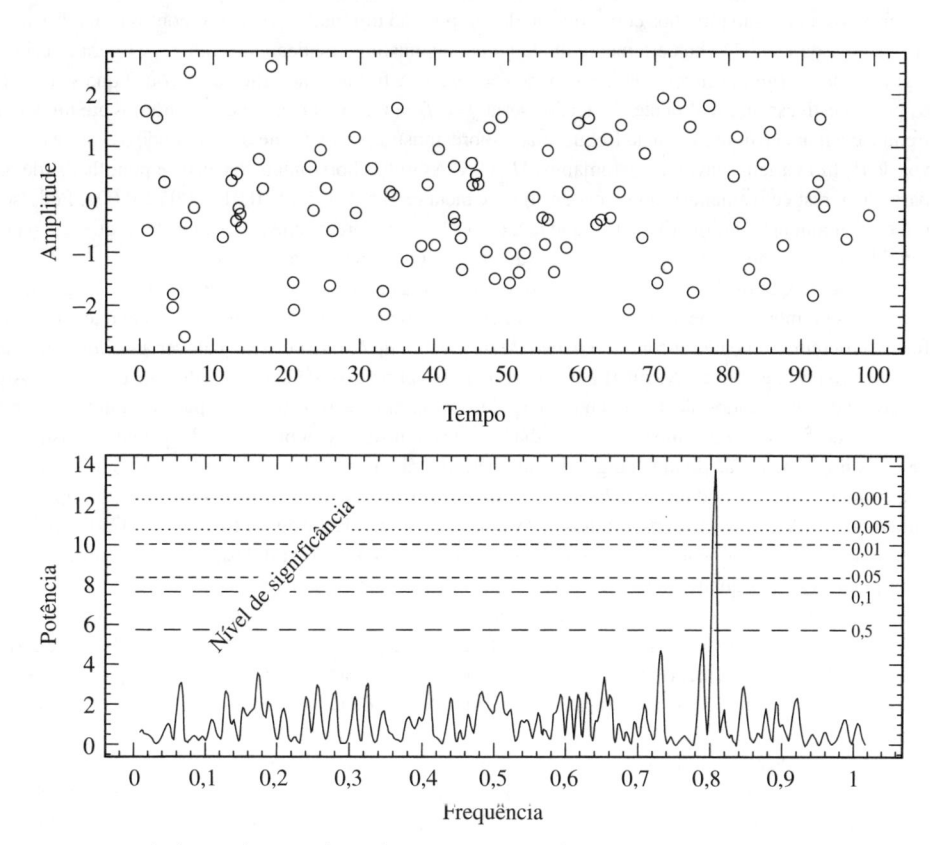

**Figura 13.8.1** Exemplo de um algoritmo de Lomb em ação. Os 100 dados de entrada (figura superior) ocorrem aleatoriamente entre os tempos 0 e 100. Sua componente sinusoidal é rapidamente desvendada pelo algoritmo (figura inferior), com um nível de significância de $p < 0.001$. Se os 100 pontos estivessem espaçados por um intervalo de uma unidade, a frequência crítica de Nyquist seria 0,5. Observe que, para estes pontos irregularmente espaçados, não há um aliasing visível para a região de Nyquist.

igualmente espaçados e quando as frequências amostradas "enchem" (*oversample*) o intervalo de frequência de 0 até a frequência de Nyquist $f_c$ (equação 13.8.2). Além disso, o valor de $M$ não é significativamente diferente para um espaçamento aleatório entre dados do que para espaçamentos iguais. Quando uma região de frequências superiores à frequência de Nyquist é amostrada, $M$ aumenta proporcionalmente. Talvez o único caso onde $M$ difere de modo significativo do caso de dados igualmente espaçados é quando os dados estão amontoados próximos um dos outros, digamos, em grupos de três. Neste caso (como é de se esperar), o número de frequências independentes é reduzido por um fator de 3.

O programa `period`, apresentado abaixo, calcula um valor efetivo de $M$ baseado nas regras práticas discutidas acima e pressupõe que não haja amontoado significativo de dados. Para a maioria dos casos, isto será adequado. Para um caso particular onde isso for realmente importante, não é difícil calcular um valor de $M$ melhor por um simples Monte Carlo: mantendo o número de dados fixo, bem como suas posições $t_i$, gere dados sintéticos de desvios gaussianos (normais), ache o maior valor de $P_N(\omega)$ para cada um destes conjuntos de dados (usando o programa que o acompanha) e ajuste a distribuição resultante para $M$ na equação (13.8.7).

A Figura 13.8.1 mostra os resultados de se aplicar o método discutido até este momento. Na figura superior, os dados são plotados como função do tempo. São um total de $N = 100$ pontos e sua distribuição em $t$ é poissoniana. Não há certamente qualquer sinal sinusoidal evidente aos olhos. A figura inferior traz o gráfico de $P_N(\omega)$ em função da frequência $f = \omega/2\pi$. A frequência crítica de Nyquist que se obteria se os pontos estivessem igualmente espaçados seria $f = f_c = 0{,}5$. Uma vez que procuramos até um valor de frequência igual ao dobro daquela frequência, e sobreamostramos os $f$'s até o ponto onde os valores sucessivos de $P_N(\omega)$ variam suavemente, tomamos $M = 2N$. As linhas horizontais tracejada e pontilhada (de baixo para cima, respectivamente) são níveis de significância de 0,5, 0,1, 0,05, 0,01, 0,005 e 0,001. Pode-se ver um pico altamente significativo na frequência de 0,81. Este é precisamente o valor da frequência da onda senoidal presente nos dados (para isto você vai ter que confiar na nossa palavra!).

Observe que os dois outros picos aproximam-se mas não excedem o nível de 50% de significância; isto é mais ou menos o que se esperaria casualmente. Também vale a pena comentar o fato que o pico significativo foi (corretamente) encontrado *acima da frequência de Nyquist* e sem qualquer aliasing significativo para dentro do intervalo de Nyquist! Isto não seria possível no caso de dados igualmente espaçados. Aqui é possível porque os dados aleatoriamente espaçados têm *alguns* de seus pontos espaçados muito mais proximamente do que a taxa de amostragem "média", e estes removem a ambiguidade de qualquer aliasing.

A implementação de um código para um periodograma normalizado é simples mas com alguns pontos, contudo, que não podem ser esquecidos. Estamos lidando aqui com um algoritmo *lento*. Tipicamente, para o caso de $N$ pontos, nós gostaríamos de examinar da ordem de $2N$ ou $4N$ frequências. Cada combinação de frequência com dados tem, nas equações (13.8.4) e (13.8.5), não simplesmente umas poucas somas e multiplicações, mas quatro chamadas para funções trigonométricas; a contagem de operações pode facilmente chegar a centenas de vezes $N^2$. É altamente desejável – de fato, o aumento de velocidade de processamento é por um fator de 4 – substituir estas chamadas trigonométricas por recorrências. Isto só é possível se a sequência de frequências analisadas for uma sequência linear. Uma vez que uma sequência deste tipo é muito provavelmente o que a maioria dos usuários gostaria de ter, nós acrescentamos isto à nossa implementação.

No final desta seção descrevemos uma maneira de avaliar as equações (13.8.4) e (13.8.5) – aproximadamente, mas com um grau de aproximação tão grande quanto se queira – usando um método rápido [6] cuja contagem de operações varia apenas com $N \log N$. Este método mais rápido deveria ser usado sempre que se tem conjuntos grandes de dados.

A mais baixa frequência independente $f$ a ser examinada é o inverso do comprimento dos dados de entrada, $\max_i(t_i) - \min_i(t_i) \equiv T$. Esta é a frequência tal que os dados incluem um ciclo completo. Ao subtrair dos dados a média, a equação (13.8.4) já tomou como pressuposto que você não está interessado na parte de frequência zero dos dados – que é justamente aquele valor médio. Em um método FFT, frequências independentes mais altas seriam múltiplos inteiros de $1/T$. Uma vez que estamos interessados na significância estatística de qualquer pico que possa ocorrer, contudo, é melhor (sobre)amostrarmos com uma malha mais fina que o intervalo $1/T$, de modo que os pontos amostrais estejam próximos ao topo de qualquer pico. Assim, o programa abaixo inclui um parâmetro de sobreamostragem, chamado ofac; um valor de $\gtrsim 4$ é usado tipicamente. Queremos também especificar quão alto devemos ir na frequência, digamos, $f_{hi}$. Uma indicação de como escolher $f_{hi}$ é compará-la com a frequência de Nyquist $f_c$ que se obteria caso os $N$ dados fossem igualmente espaçados no mesmo intervalo de comprimento $f_c = N/(2T)$. O programa inclui um parâmetro de entrada hifac, definido como $f_{hi}/f_c$. O número de diferentes frequências $N_P$ retornadas pelo programa é dado por

$$N_P = \frac{\texttt{ofac} \times \texttt{hifac}}{2} N \qquad (13.8.9)$$

(Você tem que se lembrar de dimensionar o array de saída para que ele tenha no mínimo este tamanho.)

As recorrências trigonométricas deveriam ser feitas em precisão dupla mesmo que você converta o resto da rotina para precisão simples. O código inclui alguns truques com identidades trigonométricas, visando diminuir erros de arredondamento. Se você for um apaixonado por este tipo de coisa, você pode desvendá-las sozinho. Um detalhe final é que a equação (13.8.7) falhará devido a erro de arredondamento se $z$ for muito grande; mas, para estes valores, a equação (13.8.8) funciona.

```
void period(VecDoub_I &x, VecDoub_I &y, const Doub ofac, const Doub hifac,                period.h
    VecDoub_O &px, VecDoub_O &py, Int &nout, Int &jmax, Doub &prob) {
Dados n pontos com abscissas x[0..n-1] (que não precisam ser igualmente espaçadas) e ordenadas
y[0..n-1], e dado um fator de sobreamostragem desejado ofac (um valor típico sendo 4 ou mais), esta
rotina enche o array px[0..nout-1] com uma sequência crescente de frequências (não frequências angulares)
até hifac vezes a "média" da frequência de Nyquist, e preenche o array py[0..nout-1] com os valores do
periodograma normalizado de Lomb naquelas frequências. Os arrays x e y não são alterados. Os vetores px e
py são redimensionados para nout (equação 13.8.9) se seus tamanhos originais forem menores que isto; caso
contrário, apenas as primeiras componentes de nout são preenchidas. A rotina também retorna jmax tal que
py[jmax] é o elemento máximo em py, e prob é uma estimativa da significância do máximo em relação à hi-
pótese de ruído aleatório. Um valor pequeno de prob indica que um sinal periódico significativo está presente.
    const Doub TWOPI=6.283185307179586476;
    Int i,j,n=x.size(),np=px.size();
    Doub ave,c,cc,cwtau,effm,expy,pnow,pymax,s,ss,sumc,sumcy,sums,sumsh,
        sumsy,swtau,var,wtau,xave,xdif,xmax,xmin,yy,arg,wtemp;
    VecDoub wi(n),wpi(n),wpr(n),wr(n);
    nout=Int(0.5*ofac*hifac*n);
    if (np < nout) {px.resize(nout); py.resize(nout);}
    avevar(y,ave,var);                      Obtém média e variância dos dados de entrada
    if (var == 0.0) throw("zero variance in period");
    xmax=xmin=x[0];                         Passe pelos dados para obter intervalo de abscissas.
    for (j=0;j<n;j++) {
        if (x[j] > xmax) xmax=x[j];
        if (x[j] < xmin) xmin=x[j];
    }
    xdif=xmax-xmin;
    xave=0.5*(xmax+xmin);
    pymax=0.0;
```

```
pnow=1.0/(xdif*ofac);                        Frequência inicial.
for (j=0;j<n;j++) {                          Inicializa valores para recorrência trigonométrica
    arg=TWOPI*((x[j]-xave)*pnow);            para cada ponto.
    wpr[j]= -2.0*SQR(sin(0.5*arg));
    wpi[j]=sin(arg);
    wr[j]=cos(arg);
    wi[j]=wpi[j];
}
for (i=0;i<nout;i++) {                       Loop principal sobre as frequências a serem avalia-
    px[i]=pnow;                              das.
    sumsh=sumc=0.0;                          Primeiro, loop sobre os dados para obter τ e quanti-
    for (j=0;j<n;j++) {                      dades relacionadas.
        c=wr[j];
        s=wi[j];
        sumsh += s*c;
        sumc += (c-s)*(c+s);
    }
    wtau=0.5*atan2(2.0*sumsh,sumc);
    swtau=sin(wtau);
    cwtau=cos(wtau);
    sums=sumc=sumsy=sumcy=0.0;               Então, loop sobre dados novamente para obter valor
    for (j=0;j<n;j++) {                      do periodograma.
        s=wi[j];
        c=wr[j];
        ss=s*cwtau-c*swtau;
        cc=c*cwtau+s*swtau;
        sums += ss*ss;
        sumc += cc*cc;
        yy=y[j]-ave;
        sumsy += yy*ss;
        sumcy += yy*cc;
        wr[j]=((wtemp=wr[j])*wpr[j]-wi[j]*wpi[j])+wr[j];    Update das recorrências tri-
        wi[j]=(wi[j]*wpr[j]+wtemp*wpi[j])+wi[j];            gonométricas.
    }
    py[i]=0.5*(sumcy*sumcy/sumc+sumsy*sumsy/sums)/var;
    if (py[i] >= pymax) pymax=py[jmax=i];
    pnow += 1.0/(ofac*xdif);                 A próxima frequência.
}
expy=exp(-pymax);                            Avalia significância estatística do máximo.
effm=2.0*nout/ofac;
prob=effm*expy;
if (prob > 0.01) prob=1.0-pow(1.0-expy,effm);
}
```

### 13.8.1 Cálculo rápido do periodograma de Lomb

Mostramos que as equações (13.8.4) e (13.8.5) podem ser calculadas – aproximadamente, com uma precisão arbitrária – com um número de operações de ordem $N_P \log N_P$ somente. O método usa a FFT, mas não é, de modo algum, um periodograma FFT dos dados. Trata-se de uma avaliação de fato das equações (13.8.4) e (13.8.5), denominada periodograma normalizado de Lomb, com todas as deficiências e vantagens do método. Este algoritmo rápido, devido a Press e Rybicki [6], torna viável a aplicação do método de Lomb para conjuntos de dados pelo menos a partir de tamanhos de $10^6$ pontos: ele já é mais rápido que uma avaliação direta das equações (13.8.4) e (13.8.5) para conjuntos tão pequenos quanto 60 ou 100 pontos.

Observe que as somas trigonométricas que aparecem nas equações (13.8.5) e (13.8.4) podem ser reduzidas a quatro somas mais simples. Se definirmos

$$S_h \equiv \sum_{j=0}^{N-1} (h_j - \bar{h}) \operatorname{sen}(\omega t_j) \qquad C_h \equiv \sum_{j=0}^{N-1} (h_j - \bar{h}) \cos(\omega t_j) \tag{13.8.10}$$

e

$$S_2 \equiv \sum_{j=0}^{N-1} \operatorname{sen}(2\omega t_j) \qquad C_2 \equiv \sum_{j=0}^{N-1} \cos(2\omega t_j) \tag{13.8.11}$$

então

$$\sum_{j=0}^{N-1} (h_j - \bar{h}) \cos \omega(t_j - \tau) = C_h \cos \omega\tau + S_h \operatorname{sen} \omega\tau$$

$$\sum_{j=0}^{N-1} (h_j - \bar{h}) \operatorname{sen} \omega(t_j - \tau) = S_h \cos \omega\tau - C_h \operatorname{sen} \omega\tau$$

$$\sum_{j=0}^{N-1} \cos^2 \omega(t_j - \tau) = \frac{N}{2} + \frac{1}{2} C_2 \cos(2\omega\tau) + \frac{1}{2} S_2 \operatorname{sen}(2\omega\tau) \tag{13.8.12}$$

$$\sum_{j=0}^{N-1} \operatorname{sen}^2 \omega(t_j - \tau) = \frac{N}{2} - \frac{1}{2} C_2 \cos(2\omega\tau) - \frac{1}{2} S_2 \operatorname{sen}(2\omega\tau)$$

Agora observe que se os $T_j$'s forem igualmente espaçados, então as quatro quantidades $S_h$, $C_h$, $S_2$ e $C_2$ podem ser avaliadas por meio de duas FFT complexas, e os resultados poderiam ser substituídos de volta na equação (13.8.12) para então avaliarmos as equações (13.8.5) e (13.8.4). O problema é então apenas avaliar (13.8.10) e (13.8.11) para dados irregularmente espaçados.

Interpolação, ou melhor, interpolação reversa – chamaremo-la aqui de extirpolação – é a chave. A interpolação, entendida classicamente, faz uso de vários valores de funções em uma malha regular para com isto fazer uma aproximação acurada de um ponto arbitrário. A extirpolação, exatamente o oposto, substitui o valor da função em um ponto arbitrário por vários valores da função em uma malha regular, fazendo isto de tal maneira que as somas sobre a malha sejam uma aproximação precisa das somas sobre o ponto arbitrário original.

Não é difícil ver que as funções peso para a extirpolação são idênticas àquelas para a interpolação. Suponhamos que a função $h(t)$ a ser extirpolada seja conhecida apenas para os pontos discretos $h(t) \equiv h_i$ (espaçados irregularmente) e que a função $g(t)$ (que será, por exemplo, $\cos \omega t$) pode ser calculada em qualquer lugar. Seja $\hat{t}_k$ a sequência de pontos igualmente espaçados na malha regular. Então, a interpolação de Lagrange (§3.2) nos dá uma aproximação da forma

$$g(t) \approx \sum_k w_k(t) g(\hat{t}_k) \tag{13.8.13}$$

onde $w_k(t)$ são pesos de interpolação. Calculemos agora uma soma de interesse segundo o esquema abaixo.

$$\sum_{j=0}^{N-1} h_j g(t_j) \approx \sum_{j=0}^{N-1} h_j \left[ \sum_k w_k(t_j) g(\hat{t}_k) \right] = \sum_k \left[ \sum_{j=0}^{N-1} h_j w_k(t_j) \right] g(\hat{t}_k) \equiv \sum_k \hat{h}_k\, g(\hat{t}_k)$$

$$\tag{13.8.14}$$

onde $\hat{h}_k \equiv \Sigma_j\, h_j\, w_k(t_j)$. Observe que a equação (13.8.14) substitui a soma original por uma soma numa malha regular. Observe também que a acurácia da equação (13.8.13) depende somente de quão fina é a malha com relação à função $g$ e não tem nada a ver com o espaçamento dos pontos $T_j$ ou a função $h$; portanto, a acurácia da equação (13.8.14) também tem esta propriedade.

As linhas gerais do método de avaliação rápida são, portanto, as seguintes: (i) escolha uma tamanho de malha grande o suficiente para acomodar algum fator de sobreamostragem desejado, e grande o suficiente para ter vários pontos de extirpolação por meio comprimento de onda da mais alta frequência de interesse. (ii) Extirpole os valores $h_i$ por sobre a malha e faça a FFT; isto lhe dará $S_h$ e $C_h$ da equação (13.8.10). (iii) Extirpole os valores constantes 1 sobre outra malha, e tome sua FFT: com alguma dose de manipulação, isto produz o $S_2$ e $C_2$ na equação (13.8.11). (iv) Avalie as equações (13.8.12), (13.8.5) e (13.8.4), nesta ordem.

Há muitos outros truques envolvidos na implementação eficiente do algoritmo. Você poderá descobrir a maioria deles diretamente do código, mas mencionaremos os seguintes pontos: (a) uma boa maneira de conseguir valores de transformadas para frequências $2\omega$ ao invés de $\omega$ é estender os dados do domínio temporal por um fator de 2, e então empacotá-los para que eles cubram duplamente o comprimento original (este truque tem sua origem em Tukey). No programa, isto aparece na forma de uma função módulo. (b) Identidades trigonométricas são usadas para ir do lado esquerdo da equação (13.8.5) até as várias funções trigonométricas de $\omega\tau$ necessárias. Identificadores C++ tais como, por exemplo, `cwt` e `hs2wt` representam quantidades como, por exemplo, cos $\omega\tau$ e $\frac{1}{2}$ sen($2\ \omega\tau$). (c) A função `spread` faz a extirpolação sobre os $M$ pontos da malha mais proximamente centrados em torno de um ponto arbitrário; seu túrgido código avalia coeficientes dos polinômios de interpolação de Lagrange de maneira eficiente.

fasper.h

```
void fasper(VecDoub_I &x, VecDoub_I &y, const Doub ofac, const Doub hifac,
    VecDoub_O &px, VecDoub_O &py, Int &nout, Int &jmax, Doub &prob) {
```

Dados n pontos com abscissas `x[0..n-1]` (que não precisam ser igualmente espaçadas) e ordenadas `y[0..n-1]`, e dado um fator de sobreamostragem desejado `ofac` (um valor típico sendo 4 ou mais), esta rotina enche o array `px[0..nout-1]` com uma sequência crescente de frequências (não frequências angulares) até `hifac` vezes a "média" da frequência de Nyquist, e preenche o array `py[0..nout-1]` com os valores do periodograma normalizado de Lomb naquelas frequências. Os arrays x e y não são alterados. Os vetores px e py são redimensionados para nout (equação 13.8.9) se seus tamanhos originais forem menores que isto; caso contrário, apenas as primeiras componentes de nout são preenchidas. A rotina também retorna jmax tal que `py[jmax]` é o elemento máximo em py, e prob é uma estimativa da significância do máximo em relação à hipótese de ruído aleatório. Um valor pequeno de prob indica que um sinal periódico significativo está presente.

```
    const Int MACC=4;
    Int j,k,nwk,nfreq,nfreqt,n=x.size(),np=px.size();
    Doub ave,ck,ckk,cterm,cwt,den,df,effm,expy,fac,fndim,hc2wt,hs2wt,
        hypo,pmax,sterm,swt,var,xdif,xmax,xmin;
    nout=Int(0.5*ofac*hifac*n);
    nfreqt=Int(ofac*hifac*n*MACC);           Ajusta o tamanho da FFT para a próxima potên-
    nfreq=64;                                cia de 2 acima de nfreqt.
    while (nfreq < nfreqt) nfreq <<= 1;
    nwk=nfreq << 1;
    if (np < nout) {px.resize(nout); py.resize(nout);}
    avevar(y,ave,var);                       Calcula a média, variância, e alcance dos dados.
    if (var == 0.0) throw("zero variance in fasper");
    xmin=x[0];
    xmax=xmin;
    for (j=1;j<n;j++) {
        if (x[j] < xmin) xmin=x[j];
        if (x[j] > xmax) xmax=x[j];
    }
    xdif=xmax-xmin;
    VecDoub wk1(nwk,0.);                     Zera os espaços de trabalho.
    VecDoub wk2(nwk,0.);
    fac=nwk/(xdif*ofac);
    fndim=nwk;
    for (j=0;j<n;j++) {                      Extirpola os dados no espaço de trabalho.
        ck=fmod((x[j]-xmin)*fac,fndim);
```

```
            ckk=2.0*(ck++);
            ckk=fmod(ckk,fndim);
            ++ckk;
            spread(y[j]-ave,wk1,ck,MACC);
            spread(1.0,wk2,ckk,MACC);
        }
        realft(wk1,1);                          Faz a FFT.
        realft(wk2,1);
        df=1.0/(xdif*ofac);
        pmax = -1.0;
        for (k=2,j=0;j<nout;j++,k+=2) {         Calcula o valor de Lomb para cada frequência.
            hypo=sqrt(wk2[k]*wk2[k]+wk2[k+1]*wk2[k+1]);
            hc2wt=0.5*wk2[k]/hypo;
            hs2wt=0.5*wk2[k+1]/hypo;
            cwt=sqrt(0.5+hc2wt);
            swt=SIGN(sqrt(0.5-hc2wt),hs2wt);
            den=0.5*n+hc2wt*wk2[k]+hs2wt*wk2[k+1];
            cterm=SQR(cwt*wk1[k]+swt*wk1[k+1])/den;
            sterm=SQR(cwt*wk1[k+1]-swt*wk1[k])/(n-den);
            px[j]=(j+1)*df;
            py[j]=(cterm+sterm)/(2.0*var);
            if (py[j] > pmax) pmax=py[jmax=j];
        }
        expy=exp(-pmax);                        Estima a significância do maior valor de pico.
        effm=2.0*nout/ofac;
        prob=effm*expy;
        if (prob > 0.01) prob=1.0-pow(1.0-expy,effm);
    }

    void spread(const Doub y, VecDoub_IO &yy, const Doub x, const Int m) {                     fasper.h
```

Dado um array yy[0..n-1], extirpola (espalha) um valor y em m elementos de array concretos que melhor aproximam o número "fictício" (isto é, possivelmente não inteiro) x elemento de array. Os pesos usados são os coeficientes de Lagrande do polinômino de interpolação.

```
        static Int nfac[11]={0,1,1,2,6,24,120,720,5040,40320,362880};
        Int ihi,ilo,ix,j,nden,n=yy.size();
        Doub fac;
        if (m > 10) throw("factorial table too small in spread");
        ix=Int(x);
        if (x == Doub(ix)) yy[ix-1] += y;
        else {
            ilo=MIN(MAX(Int(x-0.5*m),0),Int(n-m));
            ihi=ilo+m;
            nden=nfac[m];
            fac=x-ilo-1;
            for (j=ilo+1;j<ihi;j++) fac *= (x-j-1);
            yy[ihi-1] += y*fac/(nden*(x-ihi));
            for (j=ihi-1;j>ilo;j--) {
                nden=(nden/(j-ilo))*(j-ihi);
                yy[j-1] += y*fac/(nden*(x-j));
            }
        }
    }
```

## REFERÊNCIAS CITADAS E LEITURA COMPLEMENTAR

Lomb, N.R. 1976, "Least-Squares Frequency Analysis of Unequally Spaced Data," *Astrophysics and Space Science,* vol. 39, pp. 447–462.[1]

Barning, F.J.M. 1963, "The Numerical Analysis of the Light-Curve of 12 Lacertae," *Bulletin of the Astronomical Institutes of the Netherlands,* vol. 17, pp. 22–28.[2]

Vaníček, P. 1971, "Further Development and Properties of the Spectral Analysis by Least Squares," *Astrophysics and Space Science*, vol. 12, pp. 10–33.[3]

Scargle, J.D. 1982, "Studies in Astronomical Time Series Analysis II. Statistical Aspects of Spectral Analysis of Unevenly Sampled Data," *Astrophysical Journal*, vol. 263, pp. 835–ß853.[4]

Home, J.H., and Baliunas, S.L. 1986, "A Prescription for Period Analysis of Unevenly Sampled Time Series," *Astrophysical Journal*, vol. 302, pp. 757–763.[5]

Press, W.H. and Rybicki, G.B. 1989, "Fast Algorithm for Spectral Analysis of Unevenly Sampled Data," *Astrophysical Journal*, vol. 338, pp. 277–280.[6]

## 13.9 Calculando integrais de Fourier por meio de FFT

Não é nada incomum que muitas vezes se queira calcular os valores numéricos precisos de integrais da forma

$$I = \int_a^b e^{i\omega t} h(t) dt ,  \qquad (13.9.1)$$

ou as partes reais e imaginárias equivalentes

$$I_c = \int_a^b \cos(\omega t) h(t) dt \qquad I_s = \int_a^b \text{sen}(\omega t) h(t) dt , \qquad (13.9.2)$$

e para vários valores diferentes de $\omega$. Nos casos de interesse, $h(t)$ é normalmente uma função suave, mas não é necessariamente periódica em $[a, b]$, e muito menos ela necessariamente vai a zero em $a$ ou $b$. Ao passo que parece intuitivamente óbvio que a "força maior"* da FFT pudesse ser aplicada neste problema, fazer isto é algo surpreendentemente cheio de sutilezas, como veremos a seguir.

Primeiro abordemos o problema de maneira ingênua, para vermos onde reside a dificuldade. Divida o intervalo $[a, b]$ em $M$ subintervalos, onde $M$ é um inteiro grande, e defina

$$\Delta \equiv \frac{b-a}{M}, \quad t_j \equiv a + j\Delta, \quad h_j \equiv h(t_j), \quad j = 0, \ldots, M \qquad (13.9.3)$$

Observe que $h_0 = h(a)$ e $h_M = h(b)$, e que há $M + 1$ valores de $h_j$. Podemos aproximar a integral $I$ pela soma,

$$I \approx \Delta \sum_{j=0}^{M-1} h_j \exp(i\omega t_j) \qquad (13.9.4)$$

que é, de qualquer modo, precisa até primeira ordem (se centrássemos os $h_j$'s e os $t_j$'s nos intervalos, a precisão seria em segunda ordem). Agora, para certos valores de $\omega$ e $M$, a soma na equação (13.9.14) pode ser transformada numa transformada de Fourier discreta, ou DFT, e avaliada via um algoritmo de transformada de Fourier rápida (FFT). Em particular, podemos escolher $M$ de tal modo que seja um inteiro potência de 2 e definir um conjunto especial de $\omega$'s através de

$$\omega_m \Delta \equiv \frac{2\pi m}{M} \qquad (13.9.5)$$

onde $m$ assume os valores $m = 0, 1, \ldots, M/2 - 1$. Então a equação (13.9.4) se torna

---

*N. de T.: Os autores usam aqui no original a expressão francesa *force majeure*, que aparece em contratos legais desobrigando as partes por motivos de força maior.

$$I(\omega_m) \approx \Delta e^{i\omega_m a} \sum_{j=0}^{M-1} h_j e^{2\pi i m j/M} = \Delta e^{i\omega_m a} [\text{DFT}(h_0 \ldots h_{M-1})]_m \qquad (13.9.6)$$

A equação (13.9.6), embora simples e transparente, é enfaticamente *não recomendada* para uso: ela provavelmente produzirá respostas erradas!

O problema está na natureza oscilatória da integral (13.9.1). Se $h(t)$ é sempre suave e se $\omega$ é grande o suficientes para implicar a existência de vários ciclos no intervalo $[a, b]$ – de fato, a equação (13.9.5) resulta em exatos $m$ ciclos – então o valor de $I$ será, tipicamente, muito pequeno, tão pequeno que é facilmente coberto por um erro de truncamento de primeira ordem e até de segunda (para valores centrados). Também, o "pequeno parâmetro" característico que aparece no termo de erro não é $\Delta/(b-a) = 1/M$, como seria caso o integrando não fosse oscilatório, mas $\omega\Delta$, que pode ser tão grande quanto $\pi$ para valores de $\omega$'s dentro do intervalo de Nyquist da DFT (confira equação 13.9.5). O resultado é que a equação (13.9.6) se torna sistematicamente imprecisa à medida que $\omega$ cresce.

É um exercício esclarecedor implementar a equação (13.9.6) para uma integral que pode ser feita analiticamente e verificar o quão ruim ela é. Recomendamos que você tente fazê-lo.

Voltemo-nos então para um tratamento mais sofisticado. Dado o conjunto de dados amostrais $h_j$, podemos aproximar a função $h(t)$ em qualquer ponto do intervalo $[a, b]$ por interpolação para $h_j$'s próximos. O caso mais simples é interpolação linear, usando os $h_j$'s mais próximos, um à esquerda e um à direita. Uma interpolação de ordem mais alta, por exemplo, seria uma interpolação cúbica, usando dois pontos à esquerda e dois à direita – exceto no primeiro e último subintervalos, onde temos que interpolar com três $h_j$'s de um lado, e um do outro.

As fórmulas para tais esquemas de interpolação são polinômios (por partes) da variável independente $t$, mas com coeficientes que são obviamente lineares nos valores $h_j$ da função. Embora não se pense normalmente assim, a interpolação pode ser vista como aproximação de uma função pela soma de funções núcleo (que dependem somente do esquema de interpolação) vezes valores amostrais (que dependem somente da função). Escrevamos assim:

$$h(t) \approx \sum_{j=0}^{M} h_j \, \psi\left(\frac{t-t_j}{\Delta}\right) + \sum_{j=\text{pontos finais}} h_j \, \varphi_j\left(\frac{t-t_j}{\Delta}\right) \qquad (13.9.7)$$

Aqui $\psi(s)$ é a função núcleo de um ponto interior: vale zero para $s$ suficientemente positivo ou suficientemente negativo e se torna diferente de zero somente quando $s$ está na região onde os $h_j$ que o multiplicam são realmente usados na interpolação. Sempre temos $\psi(0) = 1$ e $\psi(m) = 0$, $m = \pm 1, \pm 2, \ldots$, uma vez que interpolação exatamente sobre um ponto amostral deveria dar o valor da função medida. Para interpolação linear, $\psi(s)$ é linear por partes, crescendo de 0 a 1 para $s$ em $(-1, 0)$ e retornando a zero para $s$ em $(1, 0)$. Para interpolações de ordem mais alta, $\psi(s)$ é feita por partes de segmentos de polinômios de interpolação de Lagrange. Ela tem derivadas descontínuas para valores inteiros de $s$, onde as partes se juntam, pois o conjunto de pontos usados na interpolação varia de maneira discreta.

Como já mencionado, os subintervalos mais próximos a $a$ e $b$ requerem fórmulas de interpolação diferentes (não centradas). Isto se reflete na equação (13.9.7) por meio da segunda soma, com os kernels de pontos finais especiais $\varphi_j(s)$. Na verdade, por razões que se tornarão mais claras abaixo, incluímos *todos* os pontos da *primeira* soma (com kernel $\psi$), de modo que os $\varphi_j$'s são de fato diferenças entre kernels de pontos finais verdadeiros e kernels interiores. É um exercício um tanto quanto tedioso, mas simples, escrever todos os $\varphi_j(s)$'s para qualquer ordem particular de interpolação, cada um deles consistindo em diferenças de polinômios de interpolação de Lagrange juntados por partes.

Aplique agora o operador integral $\int_a^b dt \exp(i\omega t)$ a ambos os lados da equação (13.9.7), troque a ordem das somas e da integral e faça a mudança de variáveis $s = (t - t_j)/\Delta$ na primeira soma e $s = (t - a)/\Delta$ na segunda soma. O resultado é

$$I \approx \Delta e^{i\omega a}\left[W(\theta)\sum_{j=0}^{M} h_j e^{ij\theta} + \sum_{j=\text{pontos finais}} h_j \alpha_j(\theta)\right] \qquad (13.9.8)$$

Aqui, $\theta \equiv \omega\Delta$, e as funções $W(\theta)$ e $\alpha_j(\theta)$ são definidas por

$$W(\theta) \equiv \int_{-\infty}^{\infty} ds\, e^{i\theta s}\psi(s) \qquad (13.9.9)$$

$$\alpha_j(\theta) \equiv \int_{-\infty}^{\infty} ds\, e^{i\theta s}\varphi_j(s-j) \qquad (13.9.10)$$

O ponto central é que as equações (13.9.9) e (13.9.10) podem ser calculadas, analiticamente, e de uma vez por todas, para qualquer esquema de interpolação dado. Então a equação (13.9.8) é um algoritmo para se aplicar "correções de pontos finais" a uma soma que (como veremos) pode ser feita usando-se uma FFT com uma precisão de ordem alta.

Consideraremos somente interpolações que tenham simetria esquerda-direita. Esta simetria implica então que

$$\varphi_{M-j}(s) = \varphi_j(-s) \qquad \alpha_{M-j}(\theta) = e^{i\theta M}\alpha_j^*(\theta) = e^{i\omega(b-a)}\alpha_j^*(\theta) \qquad (13.9.11)$$

onde * denota conjugação complexa. Também, $\psi(s) = \psi(-s)$ implica que $W(\theta)$ é real.

Voltemo-nos agora para a primeira soma na equação (13.9.8), que queremos fazer usando métodos de FFT. Para fazer isto, escolha algum $N$ que seja um inteiro potência de 2 com $N \geq M + 1$ (note que $M$ não precisa ser uma potência de 2, logo $M = N - 1$ é permitido). Se $N > M + 1$, defina $h_j \equiv 0$, $M + 1 < j \leq N - 1$, isto é, preencha com zeros o array de H$_j$'s de modo que $j$ assuma valores no intervalo $0 \leq j \leq N - 1$. Então, a soma pode ser feita como uma DFT para os valores especiais de $\omega = \omega_n$ dados por

$$\omega_n \Delta \equiv \frac{2\pi n}{N} \equiv \theta \qquad n = 0, 1, \ldots, \frac{N}{2} - 1 \qquad (13.9.12)$$

Para um valor fixo de $M$, quanto maior o valor de $N$ escolhido, mais fina será a amostragem no espaço de frequências. O valor de $M$, por outro lado, determina a *mais alta* frequência sampleada, uma vez que $\Delta$ diminui quando $M$ cresce (equação 13.9.3), e o valor mais alto de $\omega\Delta$ é sempre imediatamente abaixo de $\pi$ (equação 13.9.12). De modo geral, é vantajoso sobreamostrar por, *no mínimo*, um fator de 4, isto é, $N > 4M$ (veja abaixo). Podemos agora reescrever a equação (13.9.8) em sua forma final como

$$\begin{aligned}I(\omega_n) = \Delta e^{i\omega_n a}\Big\{&W(\theta)[\text{DFT}(h_0 \ldots h_{N-1})]_n \\ &+ \alpha_0(\theta)h_0 + \alpha_1(\theta)h_1 + \alpha_2(\theta)h_2 + \alpha_3(\theta)h_3 + \ldots \\ &+ e^{i\omega(b-a)}\left[\alpha_0^*(\theta)h_M + \alpha_1^*(\theta)h_{M-1} + \alpha_2^*(\theta)h_{M-2} + \alpha_3^*(\theta)h_{M-3} + \ldots\right]\Big\}\end{aligned}$$

(13.9.13)

Para interpolação cúbica (ou de ordem mais baixa), no máximo os termos apresentados explicitamente na equação acima são diferentes de zero; as reticências (…) podem ser portanto ignoradas, e precisamos de formas explícitas somente para as funções $W$, $\alpha_0$, $\alpha_1$, $\alpha_2$, $\alpha_3$, calculadas com as equações (13.9.9) e (13.9.10). Nós fizemos isto para você nos casos trapezoidal (segunda ordem) e cúbico (quarta ordem). Aqui estão os resultados, junto com os primeiros termos de suas expansões em séries de potências para $\theta$ pequeno:

**Ordem trapezoidal:**

$$W(\theta) = \frac{2(1-\cos\theta)}{\theta^2} \approx 1 - \frac{1}{12}\theta^2 + \frac{1}{360}\theta^4 - \frac{1}{20160}\theta^6$$

$$\alpha_0(\theta) = -\frac{(1-\cos\theta)}{\theta^2} + i\frac{(\theta-\operatorname{sen}\theta)}{\theta^2}$$

$$\approx -\frac{1}{2} + \frac{1}{24}\theta^2 - \frac{1}{720}\theta^4 + \frac{1}{40320}\theta^6 + i\theta\left(\frac{1}{6} - \frac{1}{120}\theta^2 + \frac{1}{5040}\theta^4 - \frac{1}{362880}\theta^6\right)$$

$$\alpha_1 = \alpha_2 = \alpha_3 = 0$$

**Ordem cúbica:**

$$W(\theta) = \left(\frac{6+\theta^2}{3\theta^4}\right)(3 - 4\cos\theta + \cos 2\theta) \approx 1 - \frac{11}{720}\theta^4 + \frac{23}{15120}\theta^6$$

$$\alpha_0(\theta) = \frac{(-42+5\theta^2) + (6+\theta^2)(8\cos\theta - \cos 2\theta)}{6\theta^4} + i\frac{(-12\theta + 6\theta^3) + (6+\theta^2)\operatorname{sen}2\theta}{6\theta^4}$$

$$\approx -\frac{2}{3} + \frac{1}{45}\theta^2 + \frac{103}{15120}\theta^4 - \frac{169}{226800}\theta^6 + i\theta\left(\frac{2}{45} + \frac{2}{105}\theta^2 - \frac{8}{2835}\theta^4 + \frac{86}{467775}\theta^6\right)$$

$$\alpha_1(\theta) = \frac{14(3-\theta^2) - 7(6+\theta^2)\cos\theta}{6\theta^4} + i\frac{30\theta - 5(6+\theta^2)\operatorname{sen}\theta}{6\theta^4}$$

$$\approx \frac{7}{24} - \frac{7}{180}\theta^2 + \frac{5}{3456}\theta^4 - \frac{7}{259200}\theta^6 + i\theta\left(\frac{7}{72} - \frac{1}{168}\theta^2 + \frac{11}{72576}\theta^4 - \frac{13}{5987520}\theta^6\right)$$

$$\alpha_2(\theta) = \frac{-4(3-\theta^2) + 2(6+\theta^2)\cos\theta}{3\theta^4} + i\frac{-12\theta + 2(6+\theta^2)\operatorname{sen}\theta}{3\theta^4}$$

$$\approx -\frac{1}{6} + \frac{1}{45}\theta^2 - \frac{5}{6048}\theta^4 + \frac{1}{64800}\theta^6 + i\theta\left(-\frac{7}{90} + \frac{1}{210}\theta^2 - \frac{11}{90720}\theta^4 + \frac{13}{7484400}\theta^6\right)$$

$$\alpha_3(\theta) = \frac{2(3-\theta^2) - (6+\theta^2)\cos\theta}{6\theta^4} + i\frac{6\theta - (6+\theta^2)\operatorname{sen}\theta}{6\theta^4}$$

$$\approx \frac{1}{24} - \frac{1}{180}\theta^2 + \frac{5}{24192}\theta^4 - \frac{1}{259200}\theta^6 + i\theta\left(\frac{7}{360} - \frac{1}{840}\theta^2 + \frac{11}{362880}\theta^4 - \frac{13}{29937600}\theta^6\right)$$

O programa `dftcor`, adiante, implementa correções de pontos finais para o caso cúbico. Dados os valores de entrada $\omega$, $\Delta$, $a$, $b$ e um array com os oito valores $h_0, \ldots, h_3, h_{M-3} \ldots, h_M$ ele retorna as partes real e imaginária das correções de pontos finais na equação (13.9.13), e o fator $W(\theta)$. O código é túrgido, mas só devido ao fato de que as fórmulas acima são complicadas. As fórmulas têm cancelamentos para potências altas de $\theta$. É portanto necessário calcular o lado direito das equações em dupla precisão, mesmo que se queira correções em precisão simples. Também é necessário usar as expansões em série para pequenos valores de $\theta$. O valor de equilíbrio ótimo para $\theta$ depende do tamanho da palavra de sua máquina, mas você sempre pode achá-lo experimentalmente como o maior valor onde os dois métodos dão resultados idênticos dentro da precisão da máquina.

```
void dftcor(const Doub w, const Doub delta, const Doub a, const Doub b,                dftintegrate.h
    VecDoub_I &endpts, Doub &corre, Doub &corim, Doub &corfac) {
```
Para uma integral aproximada por uma transformada de Fourier discreta, esta rotina calcula o fator de correção que multiplica a DFT e as correções de pontos finais a serem adicionadas. Dados de entrada são a frequência angular, o passo delta, limites inferior e superior da integral a e b, enquanto o array endpts contém os primeiro 4 e os últimos 4 valores da função. O fator de correção $W(\theta)$ é retornado em `corfac`, enquanto as partes real e imaginária das correções de pontos finais são retornados como `corre` e `corim`.

```
Doub a0i,a0r,a1i,a1r,a2i,a2r,a3i,a3r,arg,c,cl,cr,s,sl,sr,t,t2,t4,t6,
    cth,ctth,spth2,sth,sth4i,stth,th,th2,th4,tmth2,tth4i;
th=w*delta;
if (a >= b || th < 0.0e0 || th > 3.1416e0)
    throw("bad arguments to dftcor");
if (abs(th) < 5.0e-2) {            Usa série
    t=th;
    t2=t*t;
    t4=t2*t2;
    t6=t4*t2;
    corfac=1.0-(11.0/720.0)*t4+(23.0/15120.0)*t6;
    a0r=(-2.0/3.0)+t2/45.0+(103.0/15120.0)*t4-(169.0/226800.0)*t6;
    a1r=(7.0/24.0)-(7.0/180.0)*t2+(5.0/3456.0)*t4-(7.0/259200.0)*t6;
    a2r=(-1.0/6.0)+t2/45.0-(5.0/6048.0)*t4+t6/64800.0;
    a3r=(1.0/24.0)-t2/180.0+(5.0/24192.0)*t4-t6/259200.0;
    a0i=t*(2.0/45.0+(2.0/105.0)*t2-(8.0/2835.0)*t4+(86.0/467775.0)*t6);
    a1i=t*(7.0/72.0-t2/168.0+(11.0/72576.0)*t4-(13.0/5987520.0)*t6);
    a2i=t*(-7.0/90.0+t2/210.0-(11.0/90720.0)*t4+(13.0/7484400.0)*t6);
    a3i=t*(7.0/360.0-t2/840.0+(11.0/362880.0)*t4-(13.0/29937600.0)*t6);
} else {                    Usa fórmulas trigonométricas.
    cth=cos(th);
    sth=sin(th);
    ctth=cth*cth-sth*sth;
    stth=2.0e0*sth*cth;
    th2=th*th;
    th4=th2*th2;
    tmth2=3.0e0-th2;
    spth2=6.0e0+th2;
    sth4i=1.0/(6.0e0*th4);
    tth4i=2.0e0*sth4i;
    corfac=tth4i*spth2*(3.0e0-4.0e0*cth+ctth);
    a0r=sth4i*(-42.0e0+5.0e0*th2+spth2*(8.0e0*cth-ctth));
    a0i=sth4i*(th*(-12.0e0+6.0e0*th2)+spth2*stth);
    a1r=sth4i*(14.0e0*tmth2-7.0e0*spth2*cth);
    a1i=sth4i*(30.0e0*th-5.0e0*spth2*sth);
    a2r=tth4i*(-4.0e0*tmth2+2.0e0*spth2*cth);
    a2i=tth4i*(-12.0e0*th+2.0e0*spth2*sth);
    a3r=sth4i*(2.0e0*tmth2-spth2*cth);
    a3i=sth4i*(6.0e0*th-spth2*sth);
}
cl=a0r*endpts[0]+a1r*endpts[1]+a2r*endpts[2]+a3r*endpts[3];
sl=a0i*endpts[0]+a1i*endpts[1]+a2i*endpts[2]+a3i*endpts[3];
cr=a0r*endpts[7]+a1r*endpts[6]+a2r*endpts[5]+a3r*endpts[4];
sr= -a0i*endpts[7]-a1i*endpts[6]-a2i*endpts[5]-a3i*endpts[4];
arg=w*(b-a);
c=cos(arg);
s=sin(arg);
corre=cl+c*cr-s*sr;
corim=sl+s*cr+c*sr;
}
```

Uma vez que o uso de dftcor pode ser confuso, nós também fornecemos um programa ilustrativo dftint que usa dftcor para calcular a equação (13.9.1) para $a$, $b$, $\omega$, e $h(t)$ gerais. Vários pontos dentro deste programa são dignos de nota: as constantes M e NDFT correspondem a $M$ e $N$ da discussão anterior. Durante chamados sucessivos, recalculamos a transformada de Fourier somente se $a$ ou $b$ ou h(t) tiverem mudado.

Uma vez que dftint é projetada para trabalhar com qualquer valor de $\omega$ que satisfaça $\omega\Delta < \pi$, e não apenas os valores especiais retornados pela DFT (equação 13.9.12), fazemos uma interpolação polinomial de grau MPOL no espectro DFT. Esteja avisado que um fator de sobreamostragem grande ($N \gg M$) é necessário para que esta interpolação seja precisa. Após a interpolação, adicionamos as correções de ponto final calculadas por `dftcor`, que podem ser avaliadas para qualquer $\omega$.

Enquanto `dftcor` é boa naquilo que faz, a rotina `dftint` é apenas ilustrativa. Não é um programa de uso geral (*general-purpose program*), uma vez que não adapta seus parâmetros M, NDFT, MPOL ou seu esquema de interpolação para qualquer função particular $h(t)$. Você terá que testar com sua própria aplicação.

```
void dftint(Doub func(const Doub), const Doub a, const Doub b, const Doub w,         dftintegrate.h
    Doub &cosint, Doub &sinint) {
```
Programa exemplo que ilustra como usar a rotina `dftcor`. O usuário fornece uma função externa `func` que retorna a quantidade $h(t)$. A rotina retorna então $\int_a^b cos(\omega t)h(t)\,dt$ como `cosint` e $\int_a^b sen(\omega t)h(t)\,dt$ como `sinint`.
```
    static Int init=0;
    static Doub (*funcold)(const Doub);
    static Doub aold = -1.e30,bold = -1.e30,delta;
    const Int M=64,NDFT=1024,MPOL=6;
```
Os valores de M, NDFT e MPOL são meramente ilustrativos e deveriam ser otimizados para sua aplicação específica. M é o número de subintervalos, NDFT é o comprimento da FFT (uma potência de 2) e MPOL é o grau do polinômio de interpolação usado para se obter a frequência desejada da FFT.
```
    const Doub TWOPI=6.283185307179586476;
    Int j,nn;
    Doub c,cdft,corfac,corim,corre,en,s,sdft;
    static VecDoub data(NDFT),endpts(8);
    VecDoub cpol(MPOL),spol(MPOL),xpol(MPOL);
    if (init != 1 || a != aold || b != bold || func != funcold) {
```
Precisamos inicializar ou só $\omega$ mudou?
```
        init=1;
        aold=a;
        bold=b;
        funcold=func;
        delta=(b-a)/M;
        for (j=0;j<M+1;j++)                Carrega valores da função no array de dados.
            data[j]=func(a+j*delta);
        for (j=M+1;j<NDFT;j++)             Preenche com zeros o resto do array de dados.
            data[j]=0.0;
        for (j=0;j<4;j++) {                Carrega os pontos finais.
            endpts[j]=data[j];
            endpts[j+4]=data[M-3+j];
        }
        realft(data,1);
```
`realft` retorna o valor não usado correspondente a $\omega_{N/2}$ em `data[1]`. Na verdade, queremos que este elemento contenha a parte imaginária correspondente a $\omega_0$, que é zero.
```
        data[1]=0.0;
    }
```
Agora interpole o resultado da DFT para a frequência desejada. Se a frequência é uma $\omega_n$, isto é, a grandeza en é um inteiro, entao `cdft=data[2*en-2]`, `sdft=data[2*en-1]` e você poderia omitir a interpolação.
```
    en=w*delta*NDFT/TWOPI+1.0;
    nn=MIN(MAX(Int(en-0.5*MPOL+1.0),1),NDFT/2-MPOL+1);
    for (j=0;j<MPOL;j++,nn++) {                          Ponto mais à esquerda para a
        cpol[j]=data[2*nn-2];                            interpolação.
        spol[j]=data[2*nn-1];
        xpol[j]=nn;
    }
    cdft = Poly_interp(xpol,cpol,MPOL).interp(en);
    sdft = Poly_interp(xpol,spol,MPOL).interp(en);
    dftcor(w,delta,a,b,endpts,corre,corim,corfac);       Agora obtém a correção do
    cdft *= corfac;                                      ponto final e o fator multi-
    sdft *= corfac;                                      plicativo $W(\theta)$.
    cdft += corre;
    sdft += corim;
    c=delta*cos(w*a);                    Finalmente multiplica por $\Delta$ e $\exp(i\omega a)$.
```

```
        s=delta*sin(w*a);
        cosint=c*cdft-s*sdft;
        sinint=s*cdft+c*sdft;
}
```

Muitas vezes se está interessado apenas nas frequências discretas $\omega_m$ da equação (13.9.5), aquelas que tem números inteiros de período no intervalo $[a, b]$. Para $h(t)$ suave, o valor de $I$ tende a ser muito menor em magnitude para estes valores de $\omega$ que para valores intermediários, uma vez que semiperíodos inteiros tendem a se cancelar exatamente (esta é a razão pela qual deve-se sobreamostrar para que a interpolação seja precisa: $I(\omega)$ é oscilatório, com magnitude pequena próximo dos $\omega_m$'s). Se você quer estes $\omega_m$'s sem uma interpolação bagunçada (e possivelmente imprecisa), você tem que fazer $N$ um múltiplo de $M$ (compare as equações 13.9.5 e 13.9.12). No método implementado acima, contudo, $N$ deve ser no mínimo $M + 1$, de modo que o menor múltiplo passa a ser então $2M$, o que resulta em um fator de ~2 desnecessário. Alternativamente, pode-se deduzir uma fórmula semelhante à equação (13.9.13), mas com a última amostra da função $h_M = h(b)$ omitida da FFT, mas inteiramente incluída na correção de ponto final para $h_M$. Então pode-se fazer $M = N$ (um inteiro potência de 2) e obter as frequências especiais da equação (13.9.5) sem qualquer overhead adicional. A fórmula modificada é

$$I(\omega_m) = \Delta e^{i\omega_m a} \Big\{ W(\theta) \, [\text{DFT}(h_0 \ldots h_{M-1})]_m$$
$$+ \alpha_0(\theta)h_0 + \alpha_1(\theta)h_1 + \alpha_2(\theta)h_2 + \alpha_3(\theta)h_3 \quad (13.9.14)$$
$$+ e^{i\omega(b-a)} \left[ A(\theta)h_M + \alpha_1^*(\theta)h_{M-1} + \alpha_2^*(\theta)h_{M-2} + \alpha_3^*(\theta)h_{M-3} \right] \Big\}$$

onde $\theta \equiv \omega_m \Delta$ e $A(\theta)$ é dado por

$$A(\theta) = -\alpha_0(\theta) \quad (13.9.15)$$

para o caso trapezoidal, ou

$$A(\theta) = \frac{(-6 + 11\theta^2) + (6 + \theta^2)\cos 2\theta}{6\theta^4} - i\,\text{Im}[\alpha_0(\theta)]$$
$$\approx \frac{1}{3} + \frac{1}{45}\theta^2 - \frac{8}{945}\theta^4 + \frac{11}{14175}\theta^6 - i\,\text{Im}[\alpha_0(\theta)] \quad (13.9.16)$$

para o caso cúbico.

Fatores como $W(\theta)$ aparecem naturalmente sempre que se calculam coeficientes de Fourier de funções bem suaves, e eles são muitas vezes chamados de fatores de atenuação [1]. Contudo, as correções de pontos finais são igualmente importantes na obtenção de valores de integrais precisos. Narasimhan e Karthikeyan [2] apresentaram uma fórmula que é algebricamente equivalente à nossa fórmula trapezoidal. Contudo, a fórmula deles requer a avaliação de *duas* FFT, algo desnecessário. A ideia básica que usamos aqui remonta a pelo menos Filon [3] em 1928 (antes da FFT!). Ele usou a regra de Simpson (interpolação quadrática). Dado que esta interpolação não tem simetria esquerda-direita, duas transformadas de Fourier se fazem necessárias. Um algoritmo alternativo para (13.9.14) foi apresentado por Lyness em [4]; para referências relacionais, vide [5]. Até onde saibamos, as fórmulas de ordem cúbica aqui apresentadas não haviam aparecido previamente na literatura.

Calcular transformadas de Fourier quando o intervalo de integração é $(-\infty, \infty)$ pode ser complicado. Se a função decai razoavelmente rápido para infinito, você pode quebrar a integral para um valor grande o suficiente de $t$. Por exemplo, a integração até $+\infty$ pode ser escrita como

$$\int_a^\infty e^{i\omega t} h(t)\, dt = \int_a^b e^{i\omega t} h(t)\, dt + \int_b^\infty e^{i\omega t} h(t)\, dt$$
$$= \int_a^b e^{i\omega t} h(t)\, dt - \frac{h(b)e^{i\omega b}}{i\omega} + \frac{h'(b)e^{i\omega b}}{(i\omega)^2} - \cdots \quad (13.9.17)$$

O ponto de quebra $b$ deve ser escolhido grande o suficiente para que a integral remanescente no intervalo $b$ seja pequena. Termos sucessivos na expansão assintótica são achados por integração por partes. A integral sobre o intervalo $(a, b)$ pode ser calculada usando-se `dftint`. Você mantém tantos termos na expansão assintótica quando conseguir calcular facilmente. Veja [6] para alguns exemplos desta ideia. Métodos mais poderosos, que funcionam bem para funções com rabos longos, mas que não se utilizam do FFT, são descritos em [7-9].

### REFERÊNCIAS CITADAS E LEITURA COMPLEMENTAR

Stoer, J., and Bulirsch, R. 2002, *Introduction to Numerical Analysis*, 3rd ed. (New York: Springer), §2.3.4.[1]

Narasimhan, M.S. and Karthikeyan, M. 1984, "Evaluation of Fourier Integrals Using a FFT with Improved Accuracy and Its Applications," *IEEE Transactions on Antennas and Propagation*, vol. 32, pp. 404–408.[2]

Filon, L.N.G. 1928, "On a Quadrature Formula for Trigonometric Integrals," *Proceedings of the Royal Society of Edinburgh*, vol. 49, pp. 38–47.[3]

Giunta, G. and Murli, A. 1987, "A Package for Computing Trigonometric Fourier Coefficients Based on Lyness's Algorithm," *ACM Transactions on Mathematical Software*, vol. 13, pp. 97–107.[4]

Lyness, J.N. 1987, in *Numerical Integration*, P. Keast and G. Fairweather, eds. (Dordrecht: Rei-del).[5]

Pantis, G. 1975, "The Evaluation of Integrals with Oscillatory Integrands," *Journal of Computational Physics*, vol. 17, pp. 229–233.[6]

Blakemore, M., Evans, G.A., and Hyslop, J. 1976, "Comparison of Some Methods for Evaluating Infinite Range Oscillatory Integrals," *Journal of Computational Physics*, vol. 22, pp. 352–376.[7]

Lyness, J.N., and Kaper, T.J. 1987, "Calculating Fourier Transforms of Long Tailed Functions," *SIAM Journal on Scientific and Statistical Computing*, vol. 8, pp. 1005–1011.[8]

Thakkar, A.J., and Smith, V.H. 1975, "A Strategy for the Numerical Evaluation of Fourier Sine and Cosine Transforms to Controlled Accuracy," *Computer Physics Communications*, vol. 10, pp. 73–79.[9]

## 13.10 Transformadas de wavelets

Da mesma maneira que a transformada rápida de Fourier (FFT), a transformada discreta de wavelet (*discrete wavelet transform*, DWT) é uma operação linear, veloz e que atua em um vetor de dados cujo comprimento é uma potência inteira de 2, transformando-o em um vetor numericamente diferente mas de mesmo comprimento. Também, da mesma maneira que a FFT, a transformada de wavelet admite inversa e na verdade é ortogonal – a transformada inversa, quando vista como uma grande matriz, nada mais é que a transposta da transformada. Tanto a FFT quanto a DWT, portanto, podem ser vistas com uma rotação no espaço de funções, do domínio de espaço de entrada (ou temporal), onde as funções da base são vetores unitários $e_i$, ou funções delta de Dirac no limite contínuo, para um domínio diferente. No caso da FFT, este novo domínio tem bases que nada mais são que as familiares funções seno e cosseno. No domínio de wavelet, as funções da base são um tanto mais complicadas e têm os nomes extravagantes de "funções-mãe" ou "wavelets".

Há obviamente uma infinidade de possíveis bases para um espaço de funções, quase que todas elas sem interesse algum! O que torna a base de wavelets interessante é que, diferentemente de senos e cossenos, wavelets individuais são funções bastante localizadas espacialmente; concomitantemente, do mesmo modo que senos e cossenos, funções wavelet individuais são bem localizadas em frequência ou (mais precisamente) em escala característica. Como veremos abaixo, este tipo dual de localização próprio das wavelets torna esparsa uma grande classe de funções e operadores, ou esparsa até certo grau de acurácia, quando estes são transformados para o espaço de wavelets. De modo análogo ao espaço de Fourier, onde uma classe de cálculos, como as convoluções, por exemplo, torna-se computacionalmente rápida, há uma grande classe de cálculos –

aqueles que podem se aproveitar da vantagem da esparsidade – que se torna computacionalmente rápida no domínio de wavelets [1].

Diferentemente dos senos e cossenos, que definem uma única transformada de Fourier, não há um só conjunto único de wavelets; na verdade, há infinitos conjuntos possíveis. *Grosso modo*, os diferentes conjuntos de wavelets são compromissos (*trade-offs*) entre quão localizadas elas são no espaço, quão suaves elas são e se elas têm propriedades de contorno especiais ou não (há outros detalhes mais finos de distinção).

### 13.10.1 Coeficientes de filtro de wavelet de Daubechies

Um conjunto particular de wavelets é especificado por um conjunto particular de números, chamados coeficientes de filtro de wavelets. Aqui, restringir-no-emos principalmente àqueles filtros de wavelets de uma classe descoberta por Daubechies [2]. Esta classe inclui membros que vão desde os altamente localizados até os altamente suaves. O mais simples membro (e o mais localizado), comumente chamado de DAUB4, tem apenas 4 coeficientes $c_0, \ldots, c_3$. Por enquanto ficaremos com este caso pela simplicidade da notação.

Considere a seguinte matriz de transformação que atua num vetor coluna de dados à sua direita:

$$\begin{bmatrix} c_0 & c_1 & c_2 & c_3 \\ c_3 & -c_2 & c_1 & -c_0 \\ & & c_0 & c_1 & c_2 & c_3 \\ & & c_3 & -c_2 & c_1 & -c_0 \\ \vdots & \vdots & & & & & \ddots \\ & & & & & & c_0 & c_1 & c_2 & c_3 \\ & & & & & & c_3 & -c_2 & c_1 & -c_0 \\ c_2 & c_3 & & & & & & & c_0 & c_1 \\ c_1 & -c_0 & & & & & & & c_3 & -c_2 \end{bmatrix} \quad (13.10.1)$$

Elementos em branco significam zero. Observe a estrutura desta matriz. A primeira linha convolve os quatro dados consecutivos de entrada com os coeficientes de filtro $c_0, \ldots, c_3$; da mesma maneira, a terceira, quinta e todas as linhas ímpares. Se as linhas pares seguissem este padrão, deslocado por um, então a matriz seria um circulante, ou seja, uma convolução comum que poderia ser feita via métodos de FFT (observe como as duas últimas linhas recorrem como convoluções com condições periódicas de contorno). Ao invés de convolver com $c_0, \ldots, c_3$, contudo, as linhas pares fazem uma convolução diferente, com coeficientes $c_3, -c_2, c_1, -c_0$. A ação desta matriz, como um todo, é, portanto, a de fazer duas convoluções relacionadas e então decimar cada uma delas pela metade (jogar for a metade dos valores), entrelaçando as metades restantes.

É útil pensar no filtro $c_0, \ldots, c_3$ como sendo um filtro de suavização – vamos chamá-lo de $H$ – algo como uma média móvel de quatro pontos. Então, devido ao sinal de menos, os filtros $c_3, -c_2, c_1, -c_0$, vamos chamá-lo de $G$ – não é um filtro de suavização (no contexto de processamento de sinais, $H$ e $G$ são chamados de filtros de espelho de quadratura [3]). De fato, os $c$'s são escolhidos de modo que $G$ produza, na medida do possível, uma resposta zero para um vetor de dados suficientemente suave. Isto é feito impondo-se que a sequência $c_3, -c_2, c_1, -c_0$ tenha um certo número de momentos nulos. Quando este for o caso para $p$ momentos (começando pelo zero-ésimo), diz-se que o conjunto de wavelets satisfaz uma "condição de aproximação de ordem $p$". Isto resulta que a saída de $H$, decimado pela metade, representa acuradamente a informação sobre a "suavidade" dos dados. A saída de $G$, também decimada, é chamada de informação dos "detalhes" dos dados [4].

Para que uma caracterização como esta seja útil, tem que ser possível reconstruir o vetor de dados originais de comprimento $N$ a partir de seus $N/2$ componentes suaves ou s-components e de seus $N/2$ componentes detalhados ou d-components. Isto é obtido exigindo-se que a matriz (13.10.1) seja ortogonal, de modo que sua inversa seja então simplesmente sua transposta

$$\begin{bmatrix} c_0 & c_3 & & & \cdots & & & & c_2 & c_1 \\ c_1 & -c_2 & & & \cdots & & & & c_3 & -c_0 \\ c_2 & c_1 & c_0 & c_3 & & & & & & \\ c_3 & -c_0 & c_1 & -c_2 & & & & & & \\ & & & & \ddots & & & & & \\ & & & & & c_2 & c_1 & c_0 & c_3 & \\ & & & & & c_3 & -c_0 & c_1 & -c_2 & \\ & & & & & & & c_2 & c_1 & c_0 & c_3 \\ & & & & & & & c_3 & -c_0 & c_1 & -c_2 \end{bmatrix} \quad (13.10.2)$$

Vê-se imediatamente que a matriz (13.10.2) é a inversa da matriz (13.10.1) se e somente se as duas condições abaixo forem satisfeitas:

$$c_0^2 + c_1^2 + c_2^2 + c_3^2 = 1$$
$$c_2 c_0 + c_3 c_1 = 0 \quad (13.10.3)$$

Se impusermos, adicionalmente, a condição de aproximação de ordem $p = 2$, então duas relações adicionais devem ser satisfeitas

$$c_3 - c_2 + c_1 - c_0 = 0$$
$$0 c_3 - 1 c_2 + 2 c_1 - 3 c_0 = 0 \quad (13.10.4)$$

As equações (13.10.3) e (13.10.4) são quatro equações nas quatro incógnitas $c_0, \ldots, c_3$, reconhecidas e resolvidas pela primeira vez por Debauchies. A solução única (até uma reversão esquerda-direita) é

$$c_0 = (1 + \sqrt{3})/4\sqrt{2} \qquad c_1 = (3 + \sqrt{3})/4\sqrt{2}$$
$$c_2 = (3 - \sqrt{3})/4\sqrt{2} \qquad c_3 = (1 - \sqrt{3})/4\sqrt{2} \quad (13.10.5)$$

Na verdade, DAUB4 é somente a mais compacta de uma sequência de conjuntos de wavelets: se tivéssemos seis ao invés de quatro coeficientes, haveria três condições de ortogonalidade na equação (13.10.3) (com deslocamentos de zero, dois e quatro) e poderíamos impor o anulamento de $p = 3$ momentos na equação (13.10.4). Neste caso, DAUB6, os coeficientes da solução também podem ser escritos de forma fechada

$$c_0 = (1 + \sqrt{10} + \sqrt{5 + 2\sqrt{10}})/16\sqrt{2} \qquad c_1 = (5 + \sqrt{10} + 3\sqrt{5 + 2\sqrt{10}})/16\sqrt{2}$$
$$c_2 = (10 - 2\sqrt{10} + 2\sqrt{5 + 2\sqrt{10}})/16\sqrt{2} \qquad c_3 = (10 - 2\sqrt{10} - 2\sqrt{5 + 2\sqrt{10}})/16\sqrt{2}$$
$$c_4 = (5 + \sqrt{10} - 3\sqrt{5 + 2\sqrt{10}})/16\sqrt{2} \qquad c_5 = (1 + \sqrt{10} - \sqrt{5 + 2\sqrt{10}})/16\sqrt{2}$$
$$(13.10.6)$$

Para valores mais altos de $p$, os coeficientes só são disponíveis numericamente, por exemplo, tabulados em [5] ou [6] (usamos alguns deles a seguir). O número de coeficientes aumenta em 2 sempre que aumentamos $p$ em 1.

## 13.10.2 Transformada de wavelet discreta

Ainda não definimos a transformada de wavelet discreta (DWT), mas já estamos quase chegando lá: a DWT consiste em aplicar uma matriz de coeficientes de wavelet como a (13.10.1) hierarquicamente, primeiro ao vetor inteiro de dados de comprimento $N$, então ao vetor "suavizado" de comprimento $N/2$, então ao vetor "suavizado-suavizado" de comprimento $N/4$, e assim por diante até que somente um número trivial de componentes "suavizado $-\ldots-$ suavizado" (usualmente 2 ou 4) restem. Este procedimento é muitas vezes chamado de algoritmo piramidal [4], por razões óbvias. A saída da DWT consiste nestas componentes remanescentes e todas as componentes "detalhadas" que são acumuladas ao longo do caminho. Um diagrama deve deixar mais claro o procedimento

$$\begin{bmatrix} y_0 \\ y_1 \\ y_2 \\ y_3 \\ y_4 \\ y_5 \\ y_6 \\ y_7 \\ y_8 \\ y_9 \\ y_{10} \\ y_{11} \\ y_{12} \\ y_{13} \\ y_{14} \\ y_{15} \end{bmatrix} \xrightarrow{13.10.1} \begin{bmatrix} s_0 \\ d_0 \\ s_1 \\ d_1 \\ s_2 \\ d_2 \\ s_3 \\ d_3 \\ s_4 \\ d_4 \\ s_5 \\ d_5 \\ s_6 \\ d_6 \\ s_7 \\ d_7 \end{bmatrix} \xrightarrow{permutar} \begin{bmatrix} s_0 \\ s_1 \\ s_2 \\ s_3 \\ s_4 \\ s_5 \\ s_6 \\ s_7 \\ d_0 \\ d_1 \\ d_2 \\ d_3 \\ d_4 \\ d_5 \\ d_6 \\ d_7 \end{bmatrix} \xrightarrow{13.10.1} \begin{bmatrix} S_0 \\ D_0 \\ S_1 \\ D_1 \\ S_2 \\ D_2 \\ S_3 \\ D_3 \\ d_0 \\ d_1 \\ d_2 \\ d_3 \\ d_4 \\ d_5 \\ d_6 \\ d_7 \end{bmatrix} \xrightarrow{permutar} \begin{bmatrix} S_0 \\ S_1 \\ S_2 \\ S_3 \\ D_0 \\ D_1 \\ D_2 \\ D_3 \\ d_0 \\ d_1 \\ d_2 \\ d_3 \\ d_4 \\ d_5 \\ d_6 \\ d_7 \end{bmatrix} \xrightarrow{etc.} \begin{bmatrix} \mathcal{S}_0 \\ \mathcal{S}_1 \\ \mathcal{D}_0 \\ \mathcal{D}_1 \\ D_0 \\ D_1 \\ D_2 \\ D_3 \\ d_0 \\ d_1 \\ d_2 \\ d_3 \\ d_4 \\ d_5 \\ d_6 \\ d_7 \end{bmatrix} \quad (13.10.7)$$

Se a dimensão do vetor de dados fosse uma potência mais alta de 2, então haveria um número maior de etapas de aplicação da (13.10.1) (ou quaisquer outros componentes de wavelet) e permutação. Os pontos finais serão sempre um vetor com dois $\mathcal{S}$'s, e uma hierarquia de $\mathcal{D}$'s, $D$'s, $d$'s, etc. Observe que uma vez que os $d$'s tenham sido gerados, eles simplesmente se propagam por todas as etapas subsequentes.

Um valor $d_i$ de qualquer nível é denominado um "coeficiente de wavelet" do vetor de dados original; os valores finais $\mathcal{S}_0$ e $\mathcal{S}_1$ deveriam ser chamados, estritamente falando, de "coeficientes da função-mãe", embora o termo "coeficientes de wavelet" é normalmente usado de maneira pouco rigorosa tanto para os $d$'s quanto para os $\mathcal{S}$'s finais. Uma vez que o procedimento completo é uma composição de operações lineares ortogonais, a DWT inteira é ela própria um operador linear ortogonal.

Para inverter a DFT, reverte-se simplesmente o procedimento, começando com o menor nível de hierarquia e procedendo-se (na equação 13.10.7) da direita para a esquerda. A matriz inversa (13.10.2) é, obviamente, usada no lugar da matriz (13.10.1).

Como já pudemos notar, as matrizes (13.10.1) e (13.10.2) incorporam condições periódicas (*wraparound*) de contorno no vetor de dados. Normalmente se aceita isto como uma inconveniência sem maior importância: os últimos poucos coeficientes de wavelet em cada nível da hierarquia são afetados apenas pelos dados de ambas as extremidades do vetor de dados. Fazendo-se um deslocamento circular para a esquerda de $N/2$ colunas da matriz (13.10.1), pode-se simetrizar o wraparound; isto porém não o elimina. Na verdade é possível eliminá-lo completamente alterando-se os coeficientes na primeira e nas poucas últimas linhas de (13.10.1), criando assim uma matriz ortogonal e diagonal-em-banda pura. Esta variante pode ser útil quando, por exemplo, os dados variam por muitas ordens de magnitude de uma ponta do vetor de dados à outra. Discutiremos isto no §13.10.5, adiante.

Aqui vai uma rotina DWT, a wt1, que executa o algoritmo piramidal (ou sua inversa, caso isign seja negativo) para algum vetor de dados a[0..n-1]. Aplicações sucessivas do filtro de wavelet, e as permutações que o acompanham, são realizadas pelos objetos wlet, da classe Wavelet, a ser descrito adiante. A rotina wt1 também permite a possibilidade de se pré-condicionar ou pós-condicionar passos, o que não será necessário até uma discussão posterior.

```
void wt1(VecDoub_IO &a, const Int isign, Wavelet &wlet)                              wavelet.h
Transformada wavelet discreta unidimensional. Esta rotina implementa o algoritmo piramidal, substituindo
a[0..n-1] por sua transformada wavelet (se isign=1), ou fazendo a operação inversa (se isign=-1).
Observe que n DEVE ser uma potência de 2. O objeto wlet, de tipo Wavelet, é o filtro wavelet subjacente.
Exemplos de tipos Wavelet são Daub4, Daub8 e Daub4i.
{
    Int nn, n=a.size();
    if (n < 4) return;                                  Transformada wavelet.
    if (isign >= 0) {
        wlet.condition(a,n,1);
        for (nn=n;nn>=4;nn>>=1) wlet.filt(a,nn,isign);
        Inicia na hierarquia mais alta, indo em direção à mais baixa.
    } else {
        for (nn=4;nn<=n;nn<<=1) wlet.filt(a,nn,isign);
        Inicia pela hierarquia mais baixa, indo em direção à mais alta.
        wlet.condition(a,n,-1);
    }
}
```

A classe Wavelet é uma "classe base abstrata", o que significa que ela é realmente apenas uma promessa que wavelets específicas dela derivadas conterão um método chamado filt, o filtro wavelet de fato. Wavelet também proporciona um método default, nulo, pré e pós-condicionado. A classe Daub4 é derivada de Wavelet e é para ser usada com wt1. Seu método filt implementa as matrizes (13.10.1) e (13.10.2) junto com a permutação (13.10.7).

```
struct Wavelet {                                                                      wavelet.h
    virtual void filt(VecDoub_IO &a, const Int n, const Int isign) = 0;
    virtual void condition(VecDoub_IO &a, const Int n, const Int isign) {}
};

struct Daub4 : Wavelet {
    void filt(VecDoub_IO &a, const Int n, const Int isign) {
    Aplica o filtro de wavelet de 4 coeficientes de Debauchies ao vetor de dados a[0..n-1] (para
    isign=1) ou aplica sua transposta (para isign=-1). Usada hierarquicamente pelas rotinas wt1 e wtn.
        const Doub C0=0.4829629131445341, C1=0.8365163037378077,
                   C2=0.2241438680420134, C3=-0.1294095225512603;
        Int nh,i,j;
        if (n < 4) return;
        VecDoub wksp(n);
        nh = n >> 1;
        if (isign >= 0) {                               Aplica o filtro.
            for (i=0,j=0;j<n-3;j+=2,i++) {
                wksp[i]    = C0*a[j]+C1*a[j+1]+C2*a[j+2]+C3*a[j+3];
                wksp[i+nh] = C3*a[j]-C2*a[j+1]+C1*a[j+2]-C0*a[j+3];
            }
            wksp[i]    = C0*a[n-2]+C1*a[n-1]+C2*a[0]+C3*a[1];
            wksp[i+nh] = C3*a[n-2]-C2*a[n-1]+C1*a[0]-C0*a[1];
        } else {                                        Aplica o filtro transposto.
            wksp[0] = C2*a[nh-1]+C1*a[n-1]+C0*a[0]+C3*a[nh];
            wksp[1] = C3*a[nh-1]-C0*a[n-1]+C1*a[0]-C2*a[nh];
```

```
            for (i=0,j=2;i<nh-1;i++) {
                wksp[j++] = C2*a[i]+C1*a[i+nh]+C0*a[i+1]+C3*a[i+nh+1];
                wksp[j++] = C3*a[i]-C0*a[i+nh]+C1*a[i+1]-C2*a[i+nh+1];
            }
        }
        for (i=0;i<n;i++) a[i]=wksp[i];
    }
};
```

Para conjuntos maiores de coeficientes, o wraparound das últimas linhas ou colunas é uma inconveniência na programação. Uma implementação eficiente trataria os wraparounds como casos especiais, fora do loop principal. Por enquanto, nos daremos por satisfeitos com um esquema mais geral que envolva alguma aritmética extra durante o tempo de processamento.

A classe seguinte, Daubs, pega um argumento inteiro $n$ em seu construtor e cria um objeto wavelet com o filtro DAUB$n$. Levemente superior à "escolha de Hobson", você pode escolher $n = 4$, 12 ou 20. Para valores diferentes de $n$ você precisará incluir uma tabela adicional de coeficientes (por exemplo, a de [6]).

wavelet.h
```
struct Daubs : Wavelet {
    Estrutura para inicializar e usar o filtro wavelet DAUBn para qualquer n cujos coeficientes sejam fornecidos (aqui, n = 4, 12, 20).
    Int ncof,ioff,joff;
    VecDoub cc,cr;
    static Doub c4[4],c12[12],c20[20];
    Daubs(Int n) : ncof(n), cc(n), cr(n) {
        Int i;
        ioff = joff = -(n >> 1);
        // ioff = -2; joff = -n + 2;       Centragem alternativa. (Usada por Daub4, acima.)
        if (n == 4) for (i=0; i<n; i++) cc[i] = c4[i];
        else if (n == 12) for (i=0; i<n; i++) cc[i] = c12[i];
        else if (n == 20) for (i=0; i<n; i++) cc[i] = c20[i];
        else throw("n not yet implemented in Daubs");
        Doub sig = -1.0;
        for (i=0; i<n; i++) {
            cr[n-1-i]=sig*cc[i];
            sig = -sig;
        }
    }
    void filt(VecDoub_IO &a, const Int n, const Int isign); Veja abaixo.
};

Doub Daubs::c4[4]=
    {0.4829629131445341,0.8365163037378079,
    0.2241438680420134,-0.1294095225512604};
Doub Daubs::c12[12]=
    {0.111540743350,  0.494623890398,  0.751133908021,
    0.315250351709,-0.226264693965,-0.129766867567,
    0.097501605587,  0.027522865530,-0.031582039318,
    0.000553842201,  0.004777257511,-0.001077301085};
Doub Daubs::c20[20]=
    {0.026670057901,  0.188176800078,  0.527201188932,
    0.688459039454,  0.281172343661,-0.249846424327,
   -0.195946274377,  0.127369340336,  0.093057364604,
   -0.071394147166,-0.029457536822,  0.033212674059,
    0.003606553567,-0.010733175483,  0.001395351747,
    0.001992405295,-0.000685856695,-0.000116466855,
    0.000093588670,-0.000013264203};
```

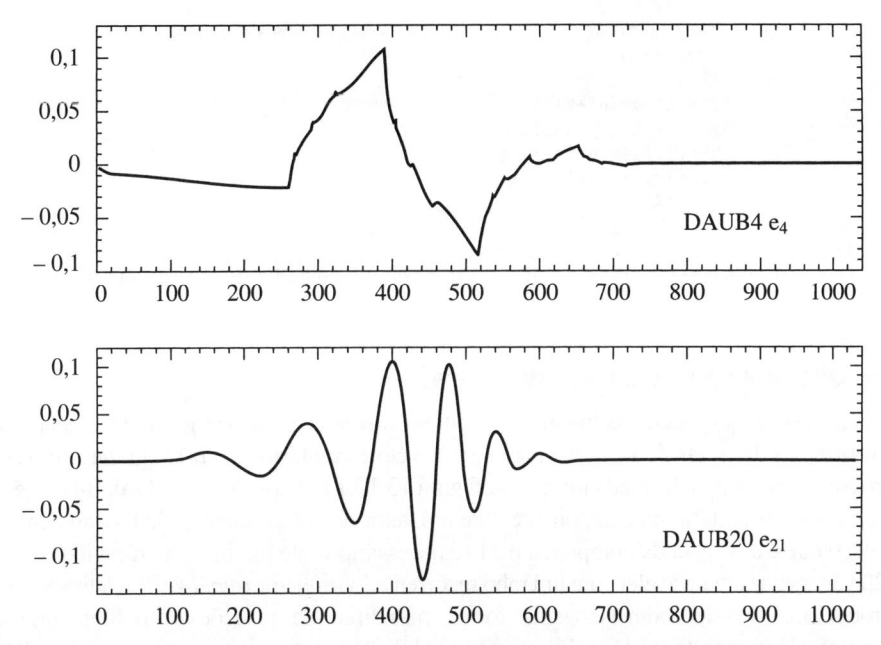

**Figura 13.10.1** Funções wavelet, isto é, funções de base únicas da família de wavelets DAUB4 e DAUB20. Um base de wavelets completa, ortogonal, consiste em scalings e translações de uma qualquer destas funções. DAUB4 tem um número infinito de cúspides; DAUB20 apresentaria um comportamento similar em derivadas mais altas.

Há uma certa arbitrariedade em como as wavelets, em cada etapa hierárquica, são centradas sobre os dados nos quais atuam. Daubs implementa uma escolha popular, com outra mostrada no código comentado. Consulte a literatura se isto for relevante para você (raramente é).

A implementação de Dabus::filt() é direta:

```
void Daubs::filt(VecDoub_IO &a, const Int n, const Int isign) {                    wavelet.h
Aplica o filtro wavelet Daubn inicializado previamente a um vetor de dados a[0..n-1] (para isign=1) ou
aplica sua transposta (para isign=-1). Usada hierarquicamente pelas rotinas wt1 e wtn.
    Doub ai,ai1;
    Int i,ii,j,jf,jr,k,n1,ni,nj,nh,nmod;
    if (n < 4) return;
    VecDoub wksp(n);
    nmod = ncof*n;                              Uma constante positiva igual a zero mod n.
    n1 = n-1;                                   Máscara de todos bits, uma vez que n é potência de 2.
    nh = n >> 1;
    for (j=0;j<n;j++) wksp[j]=0.0;              Aplica filtro.
    if (isign >= 0) {
        for (ii=0,i=0;i<n;i+=2,ii++) {
            ni = i+1+nmod+ioff;                 Ponteiro pra ser incrementado e wrapped around.
            nj = i+1+nmod+joff;
            for (k=0;k<ncof;k++) {
                jf = n1 & (ni+k+1);             Usamos "bitwise and" para fazer recorrência (wrapa-
                jr = n1 & (nj+k+1);             round) de ponteiros.
                wksp[ii]    += cc[k]*a[jf];
                wksp[ii+nh] += cr[k]*a[jr];
            }
        }
    } else {                                    Aplica filtro transposto.
        for (ii=0,i=0;i<n;i+=2,ii++) {
            ai = a[ii];
            ai1 = a[ii+nh];
```

```
            ni = i+1+nmod+ioff;          Vide comentários anteriores.
            nj = i+1+nmod+joff;
            for (k=0;k<ncof;k++) {
                jf = n1 & (ni+k+1);
                jr = n1 & (nj+k+1);
                wksp[jf] += cc[k]*ai;
                wksp[jr] += cr[k]*ai1;
            }
        }
    }
    for (j=0;j<n;j++) a[j] = wksp[j];    Copia os resultados de volta do workspace.
}
```

## 13.10.3 Qual é a aparência das wavelets?

Estamos agora em condições de realmente ver algumas wavelets. Para fazê-lo, simplesmente rodamos as transformações discretas de wavelets para alguns vetores unitários, com `isign` negativo de modo que o programa faça a transformada inversa. A Figura 13.10.1 mostra a wavelet DAUB4 que é a DWT inversa de um vetor unitário na componente 4 de um vetor de comprimento 1024, e também a wavelet DAUB20 que é a inversa da componente 21 (é necessário ir até um nível hierárquico posterior de DAUB20 para evitar uma wavelet com um rabo recorrente [*wrapped-around tail*]). Outros vetores unitários produziriam wavelets com as mesmas formas mas diferentes posições e em diferentes escalas.

É possível ver que tanto DAUB4 quanto DAUB20 possuem wavelets contínuas. Wavelets DAUB20 também têm derivadas contínuas de ordem mais alta. DAUB4 tem a propriedade peculiar de que sua derivada existe somente em *quase* todo lugar. Exemplos de onde ela deixa de existir são os pontos $p/2^n$, onde $p$ e $n$ são inteiros; para tais pontos, DAUB4 é diferenciável à esquerda

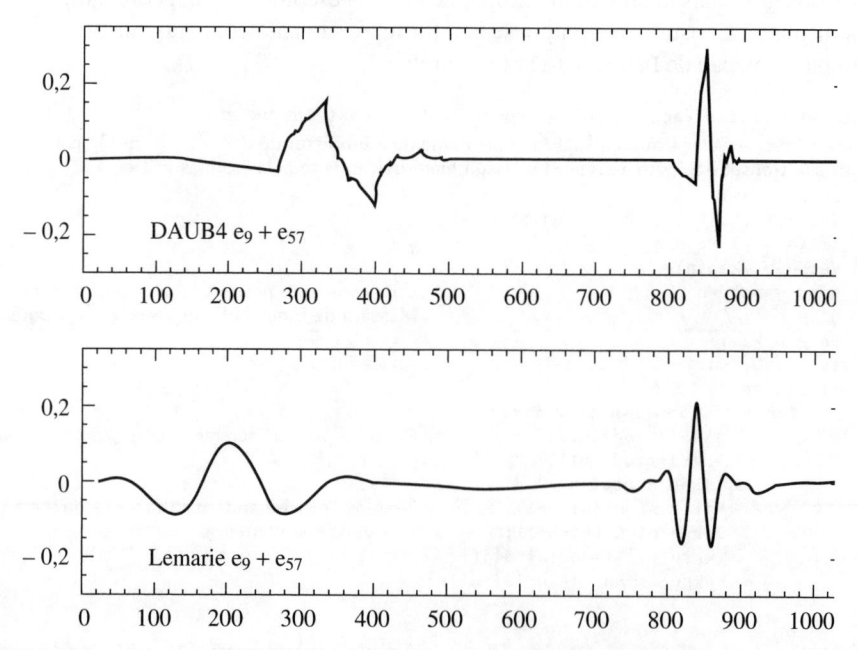

**Figura 13.10.2** Mais wavelets, geradas aqui da soma de dois vetores unitários, $e_9 + e_{57}$, que estão em diferentes níveis hierárquicos de escale e também em diferentes posições espaciais. Wavelets DAUB4 (figura superior) são definidas por um filtro no espaço de coordenadas (equação 13.10.5), ao passo que wavelets de Lemarie (figura inferior) são definidas por um filtro mais facilmente escrito no espaço de Fourier (equação 13.10.14).

mas não à direita! Este tipo de descontinuidade – pelo menos em algumas derivadas – é uma característica necessária de wavelets com suporte compacto, como a série de Daubechies. Para cada aumento de 2 no número de coeficientes, a wavelet de Daubechies ganha aproximadamente metade de uma derivada de continuidade (mas não exatamente metade; as ordens da regularidade são na verdade números irracionais!).

Observe o fato de que as wavelets não serem funções suaves não impede que elas tenham representação exata para certas funções suaves, como exigido por sua ordem $p$ de aproximação. A continuidade das wavelets não é a mesma continuidade das funções que um conjunto delas pode representar. Por exemplo, DAUB4 pode representar (por partes) funções lineares de declividade arbitrária: nas combinações lineares corretas, todas as cúspides se cancelam. Todo aumento de dois no número de coeficientes permite que uma ordem mais alta de polinômio seja representada exatamente.

A Figura 13.10.2 mostra o resultado de se fazer uma DWT inversa nos vetores de entrada $e_9 + e_{57}$, novamente para dois tipos diferentes de wavelets. Uma vez que 9 vem primeiro no intervalo hierárquico 8−15, a wavelet se encontra no lado esquerdo da figura. Como 57 está em uma hierarquia posterior (menor escala), ele é um wavelet mais estreito: no intervalo de 32-63 ele se encontra mais para o final, logo ele está no lado direito da figura. Observe que wavelets de escalas menores são mais altas, de modo a ter a mesma integral ao quadrado.

### 13.10.4 Filtros de wavelets no domínio de Fourier

A transformada de Fourier de um conjunto de coeficientes de filtro $c_j$ é dada por

$$H(\omega) = \sum_j c_j e^{ij\omega} \tag{13.10.8}$$

Nesta expressão, $H$ é uma função de período $2\pi$, e tem o mesmo significado anterior: ela é o filtro de wavelet, agora escrito no domínio de Fourier. Um fato bastante útil é que as condições de ortogonalidade dos $c$'s (por exemplo, equação 13.10.3 acima) reduzem-se a duas relações simples no domínio de Fourier,

$$\tfrac{1}{2}|H(0)|^2 = 1 \tag{13.10.9}$$

e

$$\tfrac{1}{2}\left[|H(\omega)|^2 + |H(\omega + \pi)|^2\right] = 1 \tag{13.10.10}$$

Da mesma maneira, a condição de aproximação de ordem $p$ (por exemplo, a equação 13.10.4 acima) pode ser formulada de maneira simples, exigindo que $H(\omega)$ tenha um zero de ordem $p$ em $\omega = \pi$ ou, o que é equivalente,

$$H^{(m)}(\pi) = 0 \qquad m = 0, 1, \ldots, p-1 \tag{13.10.11}$$

Portanto, é relativamente direto inventar conjuntos de wavelets no domínio de Fourier. Você simplesmente inventa uma função $H(\omega)$ que satisfaça as equações (13.10.9)-(13.10.11). Para achar os valores dos $c_j$'s de fato aplicáveis a um vetor de dados (ou $s$-component) de tamanho $N$, e com wraparound periódico como nas matrizes (13.10.1) e (13.10.2), você deve inverter a equação (13.10.8) por meio de uma transformada de Fourier discreta

$$c_j = \frac{1}{N} \sum_{k=0}^{N-1} H(2\pi \frac{k}{N}) e^{-2\pi ijk/N} \tag{13.10.12}$$

O filtro de espelho de quadratura $G$ ($c_j$'s reversos com sinais que se alternam), incidentalmente, tem a representação de Fourier dada por

$$G(\omega) = e^{-i\omega} H^*(\omega + \pi) \qquad (13.10.13)$$

onde o asterisco denota conjugação complexa.

Geralmente, o procedimento descrito acima não produzirá filtros de wavelet com suporte compacto. Em outras palavras, todos os $N$ dos $c_j$'s, $j = 0, \ldots, N - 1$, serão, em geral, diferentes de zero (embora eles possam decrescer rapidamente em amplitude). As wavelets de Daubechies, ou outras wavelets com suporte compacto, são especialmente escolhidas de modo que $H(\omega)$ $c_j$'s $= 0, \ldots, N - 1$ seja um polinômio trigonométrico com apenas um pequeno número de componentes de Fourier, garantindo que haverá apenas um pequeno número de $c_j$'s diferentes de zero.

Por outro lado, algumas vezes não há um motivo particular para exigir que o suporte seja compacto. Abrir mão dele na verdade permite a rápida construção de wavelets relativamente suaves (valores mais altos de $p$). Mesmo sem suporte compacto, as convoluções implícitas na matriz (13.10.1) podem ser calculadas eficientemente com métodos FFT.

A wavelet de Lemarie (vide [4]) tem $p = 4$, não tem suporte compacto e é definida pela escolha de $H(\omega)$,

$$H(\omega) = \left[ 2(1-u)^4 \frac{315 - 420u + 126u^2 - 4u^3}{315 - 420v + 126v^2 - 4v^3} \right]^{1/2} \qquad (13.10.14)$$

onde

$$u \equiv \text{sen}^2 \frac{\omega}{2} \qquad v \equiv \text{sen}^2 \omega \qquad (13.10.15)$$

Está além do escopo deste livro explicar de onde vem a equação (13.10.14). Uma descrição informal é que o filtro de espelho de quadratura $G(\omega)$ que vem da equação (13.10.14) tem a propriedade de gerar valores zero sempre que aplicado a qualquer função cujas amostras de índice ímpar são iguais à interpolação por splines cúbicas de suas amostras de índice par. Uma vez que esta classe de funções inclui muitas funções bastante suaves, segue que $H(\omega)$ faz um bom trabalho selecionando realmente o conteúdo de informação suave de uma função. Amostras de wavelets de Lemarie são apresentadas na Figura 13.10.2.

### 13.10.5 Wavelets de Debauchies no intervalo

As transformadas de wavelet discretas que vimos até agora são periódicas e portanto "vivem num círculo". Wavelets próximas a uma extremidade do vetor de dados têm rabos que tocam a outra extremidade. Dito de modo diferente, algumas componentes de uma transformada de wavelet discreta dependem dos valores em ambas as pontas do vetor de dados.

Na maioria das vezes, esta periodicidade é meramente algo que gravita entre a curiosidade e um incômodo menor, exatamente como a periodicidade similar da transformada discreta de Fourier. Desvios simples similares (por exemplo, preenchimento dos dados com zeros) se aplicam. Ocasionalmente, contudo, a recorrência pode produzir efeitos indesejáveis, por exemplo, quando os dados diferem em ordens de magnitude em ambas as extremidades, ou são suaves numa ponta mas não na outra.

Através da modificação dos coeficientes do filtro de wavelet próximos às extremidades do vetor de dados, é possível produzir wavelets que utilizam apenas dados locais em cada extremidade, ou seja, wavelets que "vivem no intervalo" ao invés de viverem no círculo. Para wavelets deste tipo, a matriz ortogonal análoga a (13.10.1) é diagonal-por-banda pura, e é idêntica a (13.10.1) exceto por modificações na primeira e em algumas poucas linhas finais. Várias construções deste tipo foram propostas. Nossa favorita é aquela em [7].

Um detalhe precisa ser mencionado: esperaríamos que estas linhas modificadas da nova matriz que são "filtros de detalhes" tivessem a propriedade de sempre dar exatamente zero quando aplicadas a uma sequência suave de polinômios tipo 1, 1, 1, 1, 1, ou 1, 2, 3, 4, 5. Realmente, todas as wavelets de período discutidas previamente têm esta propriedade. Mas ai de nós! Esta condição, somada à ortogonalidade, impõe muitas restrições aos coeficientes, sendo inatingível. Resulta, porém, que um pré-condicionamento linear simples de alguns poucos pontos iniciais e finais (isto é, substituir os valores por combinações lineares de si mesmos) restabelece a propriedade desejada. Este pré-condicionamento é feito apenas uma vez na transformada e *não* em cada nível piramidal. A necessidade deste pré-condicionamento (com o correspondente pós-condicionamento para a inversa) é a razão pela qual nossa classe abstrata `Wavelet` tem um método chamado `condition`. Finalmente teremos a oportunidade de usá-la de maneira não trivial!

Aqui está uma implementação de wavelets DAUB4 no intervalo como uma classe deduzida de `Wavelet` e compatível para ser usada em `wt1`. A feiura do código reflete somente o grande número de coeficientes que precisam ser fornecidos. Se você pretende implementar DAUB$n$'s de ordem mais alta no intervalo, você precisará de ainda mais coeficientes, como os encontrados em [6] ou [5].

```
struct Daub4i : Wavelet {                                                           wavelet.h
    void filt(VecDoub_IO &a, const Int n, const Int isign) {
    Aplica a wavelet de 4 coeficientes de Cohen-Daubechies-Vial no filtro de intervalo ao vetor de dados
    a[0..n-1] (para isign=1) ou aplica a transposta (para isign=-1). Usada hierarquicamente pelas rotinas
    wt1 e wtn.
        const Doub C0=0.4829629131445341, C1=0.8365163037378077,
            C2=0.2241438680420134, C3=-0.1294095225512603;
        const Doub R00=0.603332511928053,R01=0.690895531839104,
            R02=-0.398312997698228,R10=-0.796543516912183,R11=0.546392713959015,
            R12=-0.258792248333818,R20=0.0375174604524466,R21=0.457327659851769,
            R22=0.850088102549165,R23=0.223820356983114,R24=-0.129222743354319,
            R30=0.0100372245644139,R31=0.122351043116799,R32=0.227428111655837,
            R33=-0.836602921223654,R34=0.483012921773304,R43=0.443149049637559,
            R44=0.767556669298114,R45=0.374955331645687,R46=0.190151418429955,
            R47=-0.194233407427412,R53=0.231557595006790,R54=0.401069519430217,
            R55=-0.717579999353722,R56=-0.363906959570891,R57=0.371718966535296,
            R65=0.230389043796969,R66=0.434896997965703,R67=0.870508753349866,
            R75=-0.539822500731772,R76=0.801422961990337,R77=-0.257512919478482;
        Int nh,i,j;
        if (n < 8) return;
        VecDoub wksp(n);
        nh = n >> 1;
        if (isign >= 0) {
            wksp[0]    = R00*a[0]+R01*a[1]+R02*a[2];
            wksp[nh]   = R10*a[0]+R11*a[1]+R12*a[2];
            wksp[1]    = R20*a[0]+R21*a[1]+R22*a[2]+R23*a[3]+R24*a[4];
            wksp[nh+1] = R30*a[0]+R31*a[1]+R32*a[2]+R33*a[3]+R34*a[4];
            for (i=2,j=3;j<n-4;j+=2,i++) {
                wksp[i]    = C0*a[j]+C1*a[j+1]+C2*a[j+2]+C3*a[j+3];
                wksp[i+nh] = C3*a[j]-C2*a[j+1]+C1*a[j+2]-C0*a[j+3];
            }
            wksp[nh-2] = R43*a[n-5]+R44*a[n-4]+R45*a[n-3]+R46*a[n-2]+R47*a[n-1];
            wksp[n-2]  = R53*a[n-5]+R54*a[n-4]+R55*a[n-3]+R56*a[n-2]+R57*a[n-1];
            wksp[nh-1] = R65*a[n-3]+R66*a[n-2]+R67*a[n-1];
            wksp[n-1]  = R75*a[n-3]+R76*a[n-2]+R77*a[n-1];
        } else {
            wksp[0] = R00*a[0]+R10*a[nh]+R20*a[1]+R30*a[nh+1];
            wksp[1] = R01*a[0]+R11*a[nh]+R21*a[1]+R31*a[nh+1];
            wksp[2] = R02*a[0]+R12*a[nh]+R22*a[1]+R32*a[nh+1];
            if (n == 8) {
                wksp[3] = R23*a[1]+R33*a[5]+R43*a[2]+R53*a[6];
                wksp[4] = R24*a[1]+R34*a[5]+R44*a[2]+R54*a[6];
            } else {
                wksp[3] = R23*a[1]+R33*a[nh+1]+C0*a[2]+C3*a[nh+2];
```

```
            wksp[4] = R24*a[1]+R34*a[nh+1]+C1*a[2]-C2*a[nh+2];
            wksp[n-5] = C2*a[nh-3]+C1*a[n-3]+R43*a[nh-2]+R53*a[n-2];
            wksp[n-4] = C3*a[nh-3]-C0*a[n-3]+R44*a[nh-2]+R54*a[n-2];
        }
        for (i=2,j=5;i<nh-3;i++) {
            wksp[j++] = C2*a[i]+C1*a[i+nh]+C0*a[i+1]+C3*a[i+nh+1];
            wksp[j++] = C3*a[i]-C0*a[i+nh]+C1*a[i+1]-C2*a[i+nh+1];
        }
        wksp[n-3] = R45*a[nh-2]+R55*a[n-2]+R65*a[nh-1]+R75*a[n-1];
        wksp[n-2] = R46*a[nh-2]+R56*a[n-2]+R66*a[nh-1]+R76*a[n-1];
        wksp[n-1] = R47*a[nh-2]+R57*a[n-2]+R67*a[nh-1]+R77*a[n-1];
    }
    for (i=0;i<n;i++) a[i]=wksp[i];
}
void condition(VecDoub_IO &a, const Int n, const Int isign) {
    Doub t0,t1,t2,t3;
    if (n < 4) return;
    if (isign >= 0) {
        t0 = 0.324894048898962*a[0]+0.0371580151158803*a[1];
        t1 = 1.00144540498130*a[1];
        t2 = 1.08984305289504*a[n-2];
        t3 = -0.800813234246437*a[n-2]+2.09629288435324*a[n-1];
        a[0]=t0; a[1]=t1; a[n-2]=t2; a[n-1]=t3;
    } else {
        t0 = 3.07792649138669*a[0]-0.114204567242137*a[1];
        t1 = 0.998556681198888*a[1];
        t2 = 0.917563310922261*a[n-2];
        t3 = 0.350522032550918*a[n-2]+0.477032578540915*a[n-1];
        a[0]=t0; a[1]=t1; a[n-2]=t2; a[n-1]=t3;
    }
}
};
```

Você realmente precisa de wavelets no intervalo, ao invés de wavelets periódicas, comuns? Ocasionalmente, sim. Se você olhar mais adiante para a Figura 13.10.6, que é uma representação gráfica de coeficientes de wavelets bidimensionais, você poderá ver a diferença entre permitir ou suprimir recorrência (*wraparound*).

### 13.10.6 Aproximações de wavelets truncadas

A maior parte da utilidade das wavelets reside no fato de que transformadas de wavelets podem ser truncadas severamente de maneira útil, isto é, tornar-se expansões esparsas. O caso da transformada de Fourier é diferente: FFTs são normalmente usadas sem truncamentos, para calcular convoluções rápidas, por exemplo. Isto funciona porque o operador de convolução é particularmente simples na base de Fourier. Não há, porém, quaisquer operações matemáticas padrão que sejam especialmente simples na base de wavelets.

Para ver como este truncamento funciona, considere o exemplo simples mostrado na Figura 13.10.3. O painel superior mostra uma função teste escolhida arbitrariamente, suave exceto por uma cúspide tipo raiz quadrada, amostrada sobre um vetor de comprimento $2^{10}$. O painel inferior (curva sólida) mostra, numa escala logarítmica, o valor absoluto das componentes do vetor depois delas terem passado pela transformada discreta DAUB4. Nota-se, da direita para a esquerda, os diferentes níveis de hierarquia, 512-1023, 256-511, 128-255, etc. Dentro de cada nível, os coeficientes de wavelets só não são desprezíveis muito próximo da posição da cúspide, ou muito próximo das bordas esquerda e direita do intervalo hierárquico (efeitos de borda).

A curva pontilhada no painel inferior da Figura 13.10.3 plota as mesmas amplitudes na forma de curva sólida, mas ordenadas em ordem descrescente de tamanho. Pode-se ler daí, por

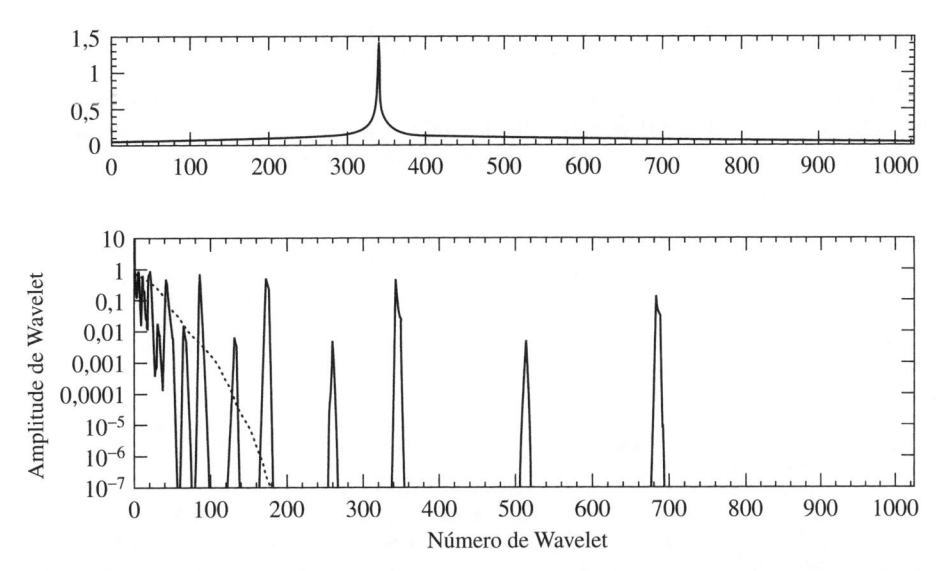

**Figura 13.10.3** Figura superior: função teste arbitrária, com cúspide, amostrada em um vetor de comprimento 1024. Figura inferior: valor absoluto dos 1024 coeficientes de wavelets produzidos pela transformada de wavelet discreta da função. Observe a escala logarítmica. A curva pontilhada representa as mesmas amplitudes quando ordenadas por tamanho decrescente. Pode-se ver que apenas 130 dos 1024 coeficientes são maiores que $10^{-4}$ (ou maiores que aproximadamente $10^{-5}$ vezes o maior coeficiente, cujo valor é ~ 10).

exemplo, que o 130° maior coeficiente de wavelet tem uma amplitude menor que $10^{-5}$ do maior coeficiente, que é ~10 (potência ou razão integral quadrada menor que $10^{-10}$). Portanto, a função do exemplo pode ser representada de forma bastante precisa por apenas 130, ao invés de 1024 coeficientes – os restantes são todos igualados a zero. Observe que este tipo de truncamento torna o vetor esparso, mas ainda de comprimento lógico 1024. É muito importante que vetores no espaço de wavelets sejam truncados segundo a *amplitude* das componentes e não segundo a posição destas no vetor. Manter as primeiras 256 componentes do vetor (todos os níveis de hierarquia com exceção dos últimos dois) dariam uma aproximação extremamente pobre e dentada da função. Quando você comprimir uma função com wavelets, você tem que gravar tanto os valores *quanto as posições* dos coeficientes diferentes de zero.

Geralmente, wavelets compactas (e portanto não suaves) são melhores para aproximações com pouca acurácia e para funções com descontinuidades (como bordas). Wavelets não compactas (e portanto suaves) são melhores para se atingir uma alta acurácia numérica. Isto torna as wavelets compactas uma boa escolha na hora de fazer compressão de imagens, por exemplo, enquanto aquelas suaves são melhores para resolução rápida de equações integrais.

Em aplicações reais de wavelets na compressão, as componentes não são fortemente "mantidas" ou "descartadas". Pelo contrário, as componentes podem ser mantidas com um número variável de bits de precisão, dependendo de sua magnitude. O padrão de compressão de imagens JPEG-2000 utiliza wavelets desta maneira.

### 13.10.7 Transformadas de wavelets multidimensionais

Uma transformada de wavelet em um array $d$-dimensional é mais facilmente obtida transformando-se o array sequencialmente no seu primeiro índice (para todos os valores de seus outros índices), então no seu segundo índice, e assim por diante. Cada transformação corresponde à multiplicação por uma matriz ortogonal **M**. Uma vez que (ilustrativo do caso $d = 2$)

$$\sum_j M_{nj}\left(\sum_i M_{mi}a_{ij}\right) = \sum_i M_{mi}\left(\sum_j M_{nj}a_{ij}\right) \tag{13.10.16}$$

o resultado é independente da ordem na qual os índices são transformados. A situação é exatamente igual àquela de FFTs multidimensionais. Uma rotina para fazer a DWT multidimensional pode ser modelada segundo uma rotina FFT multidimensional como `fourn`:

wavelet.h
```
void wtn(VecDoub_IO &a, VecInt_I &nn, const Int isign, Wavelet &wlet)
```
Substitui a por sua transformada de wavelet ndim-dimensional, se isign for igual a 1. Aqui, nn[0..ndim-1] é um array inteiro contendo os comprimentos de cada dimensão (número de valores reais), que devem ser todos potência de 2. a é um array real de comprimento igual ao produto destes comprimentos, nos quais os dados são armazenados como em um array real multidimensional. Se isign for igual a $-1$, a é substituído por sua transformada de wavelet inversa. O objeto wlet, do tipo Wavelet, é o filtro wavelet subjacente. Exemplos de tipos Wavelet são Daub4, Daubs e Daub4i.
```
{
    Int idim,i1,i2,i3,k,n,nnew,nprev=1,nt,ntot=1;
    Int ndim=nn.size();
    for (idim=0;idim<ndim;idim++) ntot *= nn[idim];
    if (ntot&(ntot-1)) throw("all lengths must be powers of 2 in wtn");
    for (idim=0;idim<ndim;idim++) {          Loop principal sobre as dimensões.
        n=nn[idim];
        VecDoub wksp(n);
        nnew=n*nprev;
        if (n > 4) {
            for (i2=0;i2<ntot;i2+=nnew) {
                for (i1=0;i1<nprev;i1++) {
                    for (i3=i1+i2,k=0;k<n;k++,i3+=nprev) wksp[k]=a[i3];
                    Copia a linha ou coluna relevante ou etc. no espaço de trabalho.
                    if (isign >= 0) {          Faz a transformada de wavelet unidimensional.
                        wlet.condition(wksp,n,1);
                        for(nt=n;nt>=4;nt >>= 1) wlet.filt(wksp,nt,isign);
                    } else {                   Ou transformada inversa.
                        for(nt=4;nt<=n;nt <<= 1) wlet.filt(wksp,nt,isign);
                        wlet.condition(wksp,n,-1);
                    }
                    for (i3=i1+i2,k=0;k<n;k++,i3+=nprev) a[i3]=wksp[k];
                    Copie de volta do workspace.
                }
            }
        }
        nprev=nnew;
    }
}
```

Aqui, como antes, `wlet` é um objeto `Wavelet` que incorpora um filtro de wavelet particular e (se necessário) um pré-condicionador.

A Figura 13.10.4 mostra um exemplo de imagem e sua transformada de wavelet, representada graficamente.

### 13.10.8 Compressão de imagens

Uma aplicação imediata da transformada multidimensional `wtn` é a compressão de imagens. O procedimento global é tomar a transformada de wavelet de uma imagem digitalizada e então "alocar bits" entre os coeficientes de wavelet de uma maneira otimizada e altamente não uniforme. Como já mencionado, coeficientes grandes de wavelet são quantizados acuradamente, ao passo que coeficientes pequenos são quantizados grosseiramente com apenas um ou dois bits – ou são

(a) (b)

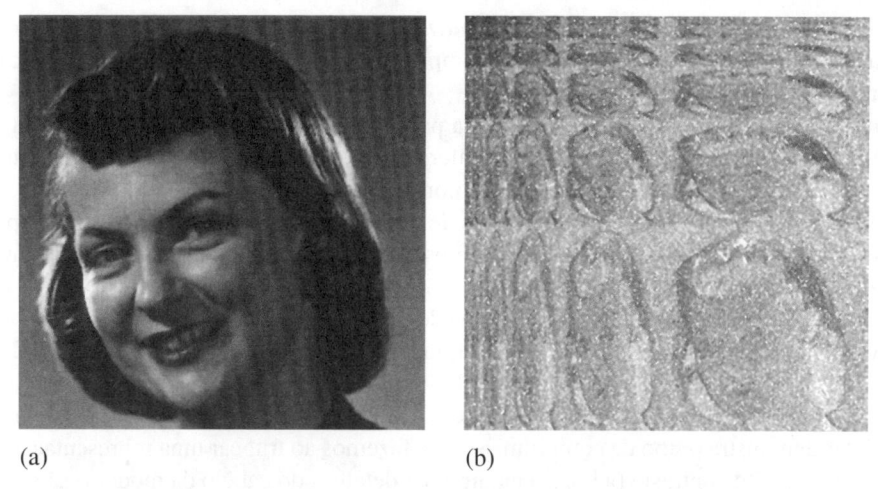

**Figura 13.10.4** (a) Array bidimensional de intensidades (ou seja, uma foto) e (b) sua transformada discreta de wavelet bidimensional. Pixels mais escuros representam componentes de wavelets de maior amplitude, em escala logarítmica. Número de wavelets a partir do canto superior esquerdo, onde o conteúdo de informação "suave" está codificado.

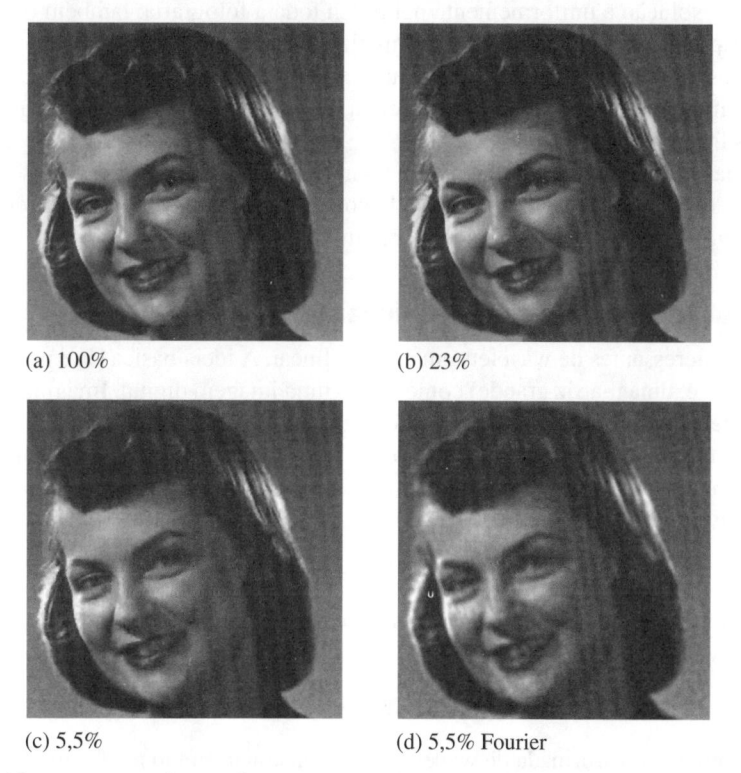

(a) 100%   (b) 23%

(c) 5,5%   (d) 5,5% Fourier

**Figura 13.10.5** (a) Imagem teste da IEEE de 256 x 256 pixels em escala de cinza de 8 bits (*8-bit grayscale*). (b) A imagem é transformada em uma base de wavelets; 77% das componentes de wavelet são zeradas (aquelas de menor magnitude); a imagem é então reconstruída a partir dos 23% restantes. (c) O mesmo que (b), mas agora 94,5% das componentes são apagadas. (d) O mesmo que (c), mas usando a transformada de Fourier no lugar de wavelets. Coeficientes de wavelet são melhores na preservação de detalhes relevantes do que os de Fourier.

completamente truncados. Se os níveis de quantização resultantes ainda são estatisticamente não uniformes, eles podem então ser ainda mais comprimidos por uma técnica como a codificação de Huffmann (§22.5).

Embora uma descrição mais detalhada da parte "back-end" do processo, a saber, a quantização e codificação da imagem, se encontra além do escopo deste livro, é relativamente direto demonstrar a parte "front-end" da codificação por wavelet com um simples truncamento: mantemos (com acurácia plena) todos os coeficientes de wavelet maiores que um certo limite, apagando (igualando a zero) coeficientes menores. Podemos ajustar este limite de modo a variar a fração de coeficientes mantidos.

A Figura 13.10.5 apresenta uma sequência de imagens que diferem no número de coeficientes de wavelet que foram mantidos. A figura original (a), que é uma imagem teste oficial da IEEE, tem $256 \times 256$ pixels em escala de cinza de 8 bits (*8-bit grayscale*). As duas reproduções após esta imagem são reconstruídas com 23% (b) e 5,5% (c) dos 65.536 coeficientes de wavelet. A última delas demonstra o tipo de compromisso que fazemos ao truncar uma representação de wavelet. Bordos de alto contraste (a bochecha direita e detalhes do cabelo da modelo) são mantidos em uma resolução relativamente alta, ao passo que áreas de baixo contraste (o olho e bochecha esquerdos, por exemplo) são esmaecidos na forma de grandes pixels constantes. A Figura 13.10.5 (d) é o resultado que se obtém ao realizar o procedimento idêntico usando transformada de Fourier no lugar de wavelet: a figura é reconstruída a partir de 5,5% dos 65.536 componentes de Fourier reais de maior magnitude. Sendo tanto o seno quanto o cosseno funções não locais, vê-se pela imagem que a resolução é uniformemente pobre em toda a fotografia; também o apagamento de quaisquer componentes produz um "chiado" matizado (*mottled ringing*) em todo a imagem (esquemas práticos de compressão por Fourier quebram portanto uma imagem em pequenos blocos de pixels, digamos, $16 \times 16$, e, ao reconstruírem a imagem, fazem uma suavização relativamente elaborada nas fronteiras entre blocos).

As pessoas normalmente escolhem a imagem (b) da Figura 13.10.5 como sendo superior à imagem (a). A razão é que "um pouquinho" de compressão de wavelet tem o efeito de limpar o ruído (*denoising*) da imagem. Consulte [8] para um tratamento rigoroso.

### 13.10.9 Solução rápida de sistemas lineares

Há aplicações interessantes de wavelets em álgebra linear. A ideia básica [1] é pensar num operador integral (isto é, uma matriz grande) como sendo uma imagem digital. Imagine que este operador possa ser bem comprimido por uma transformada de wavelet bidimensional, isto é, uma grande fração de seus coeficientes de wavelet são tão pequenos que podem ser desprezados. Então, qualquer sistema linear que envolva o operador se torna um sistema esparso na base de wavelets. Em outras palavras, para resolver

$$\mathbf{A} \cdot \mathbf{x} = \mathbf{b} \tag{13.10.17}$$

nós primeiramente fazemos uma transformada de wavelet no operador $\mathbf{A}$ e do $\mathbf{b}$ do lado direito da equação através de

$$\tilde{\mathbf{A}} \equiv \mathbf{W} \cdot \mathbf{A} \cdot \mathbf{W}^T, \quad \tilde{\mathbf{b}} \equiv \mathbf{W} \cdot \mathbf{b} \tag{13.10.18}$$

onde $\mathbf{W}$ representa a transformada de wavelet unidimensional. Então resolvemos

$$\tilde{\mathbf{A}} \cdot \tilde{\mathbf{x}} = \tilde{\mathbf{b}} \tag{13.10.19}$$

e finalmente transformamos de volta usando uma transformada de wavelet inversa para obter a resposta

$$\mathbf{x} = \mathbf{W}^T \cdot \tilde{\mathbf{x}} \qquad (13.10.20)$$

(observe que a rotina wtn faz a transformação completa de $\mathbf{A}$ para $\tilde{\mathbf{A}}$).

Um típico integrador que comprime bem em wavelets tem elementos arbitrários (ou até mesmo quase singulares) próximo à sua diagonal principal, mas se torna suave à medida que nos afastamos dela. Um exemplo seria

$$A_{ij} = \begin{cases} -1 & \text{se } i = j \\ |i - j|^{-1/2} & \text{caso contrário} \end{cases} \qquad (13.10.21)$$

A Figura 13.10.6 mostra uma representação gráfica da transformada de wavelet desta matriz, onde $i$ e $j$ variam entre 0 ... 255, usando uma wavelet DAUB4 tanto em sua forma de implementação convencional, periódica, como modificada no intervalo. Elementos de magnitude superior a $10^{-3}$ vezes o elemento máximo são representados por pixels pretos, ao passo que elementos entre $10^{-3}$ e $10^{-6}$ são representados pela cor cinza. Pixels brancos são $< 10^{-6}$. Os índices $i$ e $j$ são enumerados a partir do lado esquerdo inferior.

Na figura pode-se ver a decomposição hierárquica em blocos de tamanho igual à potência de dois. Nas bordas ou quinas dos vários blocos, veem-se efeitos de borda causados pelas condições de contorno de wavelets recorrentes (*wraparound*). Fora os efeitos de bordas, dentro de cada bloco, os elementos não desprezíveis estão concentrados ao longo das diagonais de blocos. Esta é uma afirmação de que, para este tipo de operador linear, uma wavelet está acoplada principalmente a vizinhos próximos de sua própria hierarquia (blocos quadrados ao longo da diagonal principal) e vizinhos próximos em outras hierarquias (blocos retangulares fora das diagonais).

O número de elementos não desprezíveis em uma matriz como aquela da Figura 13.10.6 escalona somente com $N$, o tamanho linear da matriz. Uma regra empírica grosseira é que ele é $10N$

(a) (b)

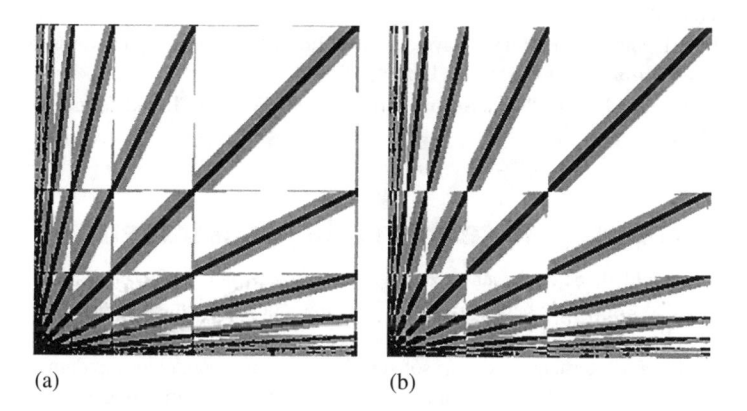

**Figura 13.10.6** Transformada de wavelet de uma matriz 256 × 256 representada graficamente. A matriz original tem uma cúspide descontínua ao longo da diagonal, decaindo suavemente em ambos os lados da diagonal ao nos afastarmos dela. Na base de wavelets, a matriz se torna esparsa: componentes maiores que $10^{-3}$ são representadas em preto, aquelas maiores que $10^{-6}$, em cinza, e as de magnitudes ainda menores, em branco. Os índices $i$ e $j$ são enumerados a partir do canto inferior esquerdo. (a) DAUB4 comum (periódica) é usada. (b) DAUB4 modificada no intervalo é usada, eliminando artefatos de recorrência e produzindo um padrão mais regular de componentes significativos.

$\log_{10}(1/\epsilon)$, onde $\epsilon$ é o nível de truncamento, por exemplo, $10^{-6}$. Assim, para uma matriz de 2000, por 2000 a matriz é esparsa por um fator da ordem de 30.

Vários esquemas numéricos podem ser usados para resolver sistemas lineares esparsos desta forma "hierarquicamente diagonal de banda". Beylkin, Coifman e Rokhlin [1] fazem as interessantes observações de que (1) o produto de duas destas matrizes é também hierarquicamente diagonal de banda (truncando-se, obviamente, elementos recém-gerados que sejam menores que um limiar predeterminado $\epsilon$); e, além disso, que (2) o produto pode ser feito em um número de operações de ordem $N$.

A multiplicação rápida de matrizes permite que se ache a matriz inversa com o método de Schultz (ou Hotelling); vide §2.5.

Outros esquemas para soluções rápidas de formas hierarquicamente diagonais de banda são possíveis. Por exemplo, pode-se usar o método gradiente conjugado, implementado no §2.7 como linbcg.

### REFERÊNCIAS CITADAS E LEITURA COMPLEMENTAR

Daubechies, I. 1992, *Wavelets* (Philadelphia: S.I.A.M.).

Strang, G. 1989, "Wavelets and Dilation Equations: A Brief Introduction," *SIAM Review*, vol. 31, pp. 614–627.

Beylkin, G., Coifman, R., and Rokhlin, V. 1991, "Fast Wavelet Transforms and Numerical Algorithms," *Communications on Pure and Applied Mathematics*, vol. 44, pp. 141–183.[1]

Daubechies, I. 1988, "Orthonormal Bases of Compactly Supported Wavelets," *Communications on Pure and Applied Mathematics*, vol. 41, pp. 909–996.[2]

Vaidyanathan, P.P. 1990, "Multirate Digital Filters, Filter Banks, Polyphase Networks, and Applications," *Proceedings of the IEEE*, vol. 78, pp. 56–93.[3]

Mallat, S.G. 1989, "A Theory for Multiresolution Signal Decomposition: The Wavelet Representation," *IEEE Transactions on Pattern Analysis and Machine Intelligence*, vol. 11, pp. 674-693.[4]

Cohen, A. 1993, "Tables for Wavelet Filters Adapted to Life on an Interval, "multiple Web sites; mirrored at http://www.nr.com/contrib.[5]

Brewster, M.E. and Beylkin, G. 1994, tables from "Double Precision Wavelet Transform Library," mirrored at http://www.nr.com/contrib.[6]

Cohen, A., Daubechies, I., and Vial, P. 1993, "Wavelets on the Interval and Fast Wavelet Transforms, " *Applied and Computational Harmonic Analysis*, vol. 1, pp. 54–81 .[7]

Donoho, D. and Johnstone, I.M. 1994, "Ideal Spatial Adaptation via Wavelet Shrinkage," *Biometrika*, vol. 81, no. 3, pp. 425–455.[8]

## 13.11 Uso numérico do teorema da amostragem

Já tivemos a oportunidade de conhecer o teorema da amostragem no §4.5 (em conexão com a questão da acurácia da regra do trapezoide para integração), no §6.9, onde implementamos uma fórmula de aproximação de Rybicki para a integral de Dawson, e no §12.1, onde pela primeira vez o vimos no contexto de Fourier. Agora que já nos tornamos pessoas sofisticadas em Fourier, podemos rapidamente apresentar uma dedução da fórmula no §6.9, ilustrando também o uso do teorema da amostragem como uma ferramenta numérica pura. Nossa discussão aqui é idêntica à de Rybicki [1].

Para nosso objetivo atual, é mais conveniente apresentar o teorema da amostragem da seguinte maneira: considere uma função arbitrária $g(t)$ e a rede de pontos amostrais $t_n = \alpha + nh$, onde $n$ varia sobre os inteiros e $\alpha$ é uma constante que permite que se faça um deslocamento (*shifting*) arbitrário da rede. Escrevemos então

$$g(t) = \sum_{n=-\infty}^{\infty} g(t_n) \operatorname{senc} \frac{\pi}{h}(t - t_n) + e(t) \qquad (13.11.1)$$

onde senc $x \equiv \sin x/x$. A soma sobre os pontos amostrais é chamada de representação amostral (*sampling representation*) de $g(t)$, sendo que $e(t)$ é seu erro. O teorema da amostragem afirma que a representação amostral é exata, isto é, $e(t) \equiv 0$ se a transformada de Fourier de $g(t)$,

$$G(\omega) = \int_{-\infty}^{\infty} g(t) e^{i\omega t} \, dt \tag{13.11.2}$$

for igualmente nula para $|\omega| \geq \pi/h$.

Quando é que a representação amostral pode ser usada vantajosamente para o cálculo numérico aproximado de funções? Para que o erro seja pequeno, a transformada de Fourier $G(\omega)$ deve ser suficientemente pequena para $|\omega| \geq \pi/h$. Por outro lado, para que a soma em (13.11.1) possa ser aproximada por um número razoavelmente pequeno de termos, a função $g(t)$ deveria ser ela própria muito pequena fora de um intervalo bastante limitado de valores de $t$. Somos assim levados a duas condições a serem satisfeitas para que (13.11.1) seja útil do ponto de vista numérico: tanto a função $g(t)$ quanto sua transformada $G(\omega)$ devem ir a zero rapidamente para valores grandes de seus respectivos argumentos.

Infelizmente, estas duas condições são antagônicas – o Princípio da Incerteza da mecânica quântica. Há limites estritos sobre o quão rapidamente a aproximação simultânea dos dois argumentos a zero pode ser. De acordo com um teorema devido a Hardy [2], se $g(t) = O(e^{-t^2})$ à medida que $|t| \to \infty$ e $G(\omega) = O(e^{-\omega^2/4})$ à medida que $|\omega| \to \infty$, então $g(t) \equiv Ce^{-t^2}$, onde $C$ é uma constante. Isso pode ser interpretado da seguinte forma: de todas as funções, a gaussiana é a que mais rapidamente decai tanto em $t$ quanto em $\omega$, e, sob este aspecto, é a "melhor" função passível de ser expressa numericamente como uma representação amostral.

Escrevamos então, para a gaussiana $g(t) = e^{-t^2}$,

$$e^{-t^2} = \sum_{n=-\infty}^{\infty} e^{-t_n^2} \operatorname{senc} \frac{\pi}{h}(t - t_n) + e(t) \tag{13.11.3}$$

O erro $e(t)$ depende dos parâmetros $h$ e $\alpha$, bem como de $t$, mas para nossos propósitos imediatos é suficiente enunciar o limite,

$$|e(t)| < e^{-(\pi/2h)^2} \tag{13.11.4}$$

que pode ser interpretada simplesmente como a ordem de magnitude da transformada de Fourier da gaussiana no ponto onde ela "vaza" para dentro da região $|\omega| > \pi/h$.

Quando a soma em (13.11.3) é aproximada por uma soma com limites finitos, digamos, de $N_0 - N$ até $N_0 + N$, onde $N_0$ é o inteiro mais próximo de $-\alpha/h$, há um erro de truncamento adicional. Contudo, se $N$ for escolhido de modo que $N > \pi/(2h^2)$, este erro na soma é menor que o limite dado por (13.11.4), e, uma vez que este limite é uma estimativa superior, continuaremos a usá-lo também para (13.11.3). A soma truncada fornce uma representação excepcionalmente precisa da gaussiana mesmo para valores moderados de $N$. Por exemplo, $|e(t)| < 5 \times 10^{-5}$ para $h = 1/2$ e $N = 7$; $|e(t)| < 2 \times 10^{-10}$ para $h = 1/3$ e $N = 15$; $|e(t)| < 7 \times 10^{-18}$ para $h = 1/4$ e $N = 25$.

Uma pessoa pode se perguntar: qual é o sentido desta representação numérica da gaussiana quando ela pode ser fácil e rapidamente calculada como exponencial? A resposta é que muitas funções transcendentais podem ser expressas como uma integral que envolve uma gaussiana, e ao se substituir (13.11.3) pode-se achar frequentemente excelentes aproximações de integrais como soma de funções elementares.

Consideremos o exemplo de uma função $w(z)$, na variável complexa $z = x + iy$, relacionada à função erro complexa por meio de

$$w(z) = e^{-z^2} \operatorname{erfc}(-iz) \tag{13.11.5}$$

cuja representação integral é

$$w(z) = \frac{1}{\pi i} \int_C \frac{e^{-t^2} \, dt}{t - z} \tag{13.11.6}$$

onde o contorno $C$ se estende de $-\infty$ a $\infty$, passando por baixo de $z$ (vide, por exemplo, [3]). Há muitos métodos para se calcular esta função (por exemplo, [4]). Substituindo a representação amostral (13.11.3) em (13.11.6) e fazendo a integral de contorno elementar que daí resulta, obtemos

$$w(z) \approx \frac{1}{\pi i} \sum_{n=-\infty}^{\infty} h e^{-t_n^2} \frac{1 - (-1)^n e^{-\pi i (\alpha - z)/h}}{t_n - z} \tag{13.11.7}$$

onde agora omitimos o termo de erro. Deve-se notar que não há singularidade quando $z \to t_m$ para alguns $n = m$, mas um tratamento especial do $m$-ésimo termo se faz necessário neste caso (por exemplo, por expansão em série de potências).

Uma forma alternativa da equação (13.11.7) pode ser achada expressando-se a exponencial complexa nesta equação em termos de funções trigonométricas e usando-se a representação amostral (13.11.3) com $z$ no lugar de $t$. Isto resulta em

$$w(z) \approx e^{-z^2} + \frac{1}{\pi i} \sum_{n=-\infty}^{\infty} h e^{-t_n^2} \frac{1 - (-1)^n \cos \pi (\alpha - z)/h}{t_n - z} \tag{13.11.8}$$

Esta forma é particularmente útil para se obter Re $w(z)$ quando $|y| \ll 1$. Note que, ao se calcular (13.11.7), a exponencial complexa dentro da somatória é uma constante e precisa ser calculada somente uma vez; o mesmo vale para o cosseno em (13.11.8).

Há uma variedade de fórmulas que podem agora ser deduzidas da equação (13.11.7) ou da (13.11.8) escolhendo-se valores particulares de $\alpha$. Oito escolhas interessantes são $\alpha = 0$, $x$, $iy$, ou $z$, mais os valores obtidos pela adição de $h/2$ a cada uma delas. Uma vez que o limite para o erro (13.11.3) tinha um valor real para $\alpha$, as escolhas anteriores envolvendo um $\alpha$ complexo só são úteis se a parte imaginária de $z$ não for muito grande. Este não é o lugar apropriado para catalogar todas as 16 fórmulas possíveis; apresentamos assim apenas dois casos particulares que mostram algumas das propriedades mais importantes.

Primeiro, tome $\alpha = 0$ na equação (13.11.8), o que resulta em

$$w(z) \approx e^{-z^2} + \frac{1}{\pi i} \sum_{n=-\infty}^{\infty} h e^{-(nh)^2} \frac{1 - (-1)^n \cos(\pi z/h)}{nh - z} \tag{13.11.9}$$

Esta aproximação é boa para todo o plano-$z$ complexo. Como dito anteriormente, é preciso tratar do caso no qual o denominador se torna pequeno por meio de expansão em série de potências. As fórmulas para o caso $\alpha = 0$ foram discutidas sucintamente em [5]. Elas são similares, mas não idênticas, às fórmulas deduzidas por Chiarella e Reichel [6], usando o método de Goodwin [7].

Como próximo exemplo, consideremos $\alpha = z$ em (13.11.7), o que resulta em

$$w(z) \approx e^{-z^2} - \frac{2}{\pi i} \sum_{n \text{ ímpar}} \frac{e^{-(z-nh)^2}}{n} \tag{13.11.10}$$

onde a soma é sobre todos os inteiros ímpares (positivos e negativos). Observe que fizemos a substituição $n \to -n$ na soma. Esta fórmula é mais simples que (13.11.9) e contém metade do número de termos, mas seu erro é pior se $y$ for grande. A equação (13.11.10) é a origem da fórmula de aproximação (6.9.3) para a integral de Dawson, utilizada no §6.9.

**REFERÊNCIAS CITADAS E LEITURA COMPLEMENTAR**

Rybicki, G.B. 1989, "Dawson's Integral and The Sampling Theorem," *Computers in Physics,* vol. 3, no. 2, pp. 85–87.[1]

Hardy, G.H. 1933, "A Theorem Concerning Fourier Transforms," *Journal of the London Mathematical Society,* vol. 8, pp. 227–231 .[2]

Abramowitz, M., and Stegun, I.A. 1964, *Handbook of Mathematical Functions* (Washington: National Bureau of Standards); reprinted 1968 (New York: Dover); online em http://www.nr.com/aands.[3]

Gautschi, W. 1970, "Efficient Computation of the Complex Error function," *SIAM Journal on Numerical Analysis,* vol. 7, pp. 187–198.[4]

Armstrong, B.H., and Nicholls, R.W. 1972, *Emission, Absorption and Transfer of Radiation in Heated Atmospheres* (New York: Pergamon).[5]

Chiarella, C., and Reichel, A. 1968, "On the Evaluation of Integrals Related to the Error Function," *Mathematics of Computation,* vol. 22, pp. 137–143.[6]

Goodwin, E.T. 1949, "The Evaluation of Integrals of the Form $\int_{-x}^{+x} f(x)e^{-x^2}dx$" *Proceedings of the Cambridge Philosophical Society,* vol. 45, pp. 241–245.[7]

CAPÍTULO

# 14 Descrição Estatística de Dados

## 14.0 Introdução

Neste capítulo e no próximo, o conceito de dado entrará na discussão de maneira mais proeminente do que até o momento.

Dados consistem em números, obviamente, mas em números fornecidos ao computador, e não produzidos por este. Estes números devem ser tratados com considerável respeito, não devendo ser alterados e muito menos sujeitos a processos computacionais cujas características você não compreende completamente. Aconselhamos que você adquira uma certa reverência por dados, uma atitute bem diferente daquela mais "esportiva" que às vezes é permissível ou até recomendável em outras aplicações numéricas.

A análise de dados envolve inevitavelmente algum tipo de intercâmbio com a área de estatística, aquela maravilhosa zona cinza que não é bem um ramo da matemática – e com certeza não exatamente um ramo da ciência. Nas próximas seções, você repetidamente se deparará com o seguinte paradigma, normalmente chamado de teste da cauda (*tail test*) ou teste do valor da probabilidade (*p-value test*):

- Aplique alguma fórmula aos dados para calcular uma "estatística".
- Calcule onde o valor desta estatística coincide com uma distribuição de probabilidade calculada com base em alguma "hipótese zero"*.
- Se isso ocorrer num local muito improvável, lá longe na cauda da distribuição, conclua que sua hipótese zero é *falsa* para o seu conjunto de dados.

Se a estatística cair numa parte *razoável* da distribuição, você não deve cometer o erro de concluir que a hipótese zero foi "verificada" ou "demonstrada". Esta é justamente a maldição da estatística: ela nunca consegue provar coisas, apenas "desprová-las"! Na melhor das situações, você pode no máximo fundamentar uma hipótese descartando, estatisticamente, uma longa lista de hipóteses competidoras, todas que já foram propostas até hoje. Passado um certo tempo, seus adversários e competidores desistirão da tentativa de pensar em hipóteses alternativas, ou eles simplesmente ficarão velhos e morrerão, quando *então sua hipótese passará a ser aceita*. Parece loucura, bem o sabemos, mas é assim que funciona a ciência**!

---

*N. de T.: Em estatística, hipótese zero é uma hipótese que se presume verdadeira até que provas estatísticas sob a forma dos chamados "testes de hipótese" indiquem o contrário.
**"A ciência avança de funeral em funeral" (frase atribuída a Max Planck).

Neste livro faremos uma distinção um tanto quanto arbitrária entre procedimentos de análise de dados que são independentes de modelos (*model-independent*) e aquelas dependentes de modelos (*model-dependent*). Na primeira categoria incluímos a chamada estatística descritiva, que caracteriza um conjunto de dados em termos gerais: sua média, variância, etc. Também incluiremos testes estatísticos que buscam estabelecer a "similitude" ou "diferenciabilidade" de dois ou mais conjuntos de dados, ou que buscam estabelecer e medir o grau de correlação entre dois deles. Estes assuntos são discutidos neste capítulo.

Sob outra categoria, a estatística dependente de modelos, colocamos todo o assunto a respeito de como ajustar dados a uma teoria, estimativa de parâmetros, ajustes de mínimos quadrados etc., assuntos estes que serão introduzidos no Capítulo 15.

A Seção 14.1 trata das chamadas medidas de tendência central, os momentos de uma distribuição, a média e o modo. No §14.2, aprenderemos como testar se diferentes conjuntos de dados são obtidos de distribuições com diferentes valores destas medidas de tendência central. Isto leva naturalmente, no §14.3, a uma questão mais geral: é possível mostrar que duas distribuições são (significativamente) diferentes?

Nos §14.4 – §14.7, tratamos das medidas de associação de duas distribuições. Queremos determinar se duas variáveis são "correlacionadas" ou "dependentes" uma da outra. Se forem, queremos caracterizar o grau de correlação por métodos simples. A distinção entre métodos paramétricos e não paramétricos (ordem, *rank*) será enfatizada. Métodos de teoria de informação serão discutidos no §14.7. A Seção 14.9 introduz o conceito de suavização de dados, discutindo o caso particular dos filtros de suavização de Savitzky-Golay.

Este capítulo faz uso matemático do material sobre funções especiais apresentado no Capítulo 6, especialmente §6.1-§6.4 e §6.14. Talvez você queira, neste ponto, revisar aquelas seções.

Métodos bayesianos aparecem pouco neste capítulo, mas terão maior destaque nos dois capítulos seguintes.

### REFERÊNCIAS CITADAS E LEITURA COMPLEMENTAR

Bevington, P.R., and Robinson, O.K. 2002, *Data Reduction and Error Analysis for the Physical Sciences,* 3rd ed. (New York: McGraw-Hill).

Taylor, J.R. 1997, *An Introduction to Error Analysis,* 2nd ed. (Sausalito, CA: University Science Books).

Devore, J.L. 2003, *Probability and Statistics for Engineering and the Sciences,* 6th ed. (Belmont, CA: Duxbury Press).

Wall, J.V., and Jenkins, C.R. 2003, *Practical Statistics for Astronomers* (Cambridge, UK: Cambridge University Press). Lupton, R. 1993, *Statistics in Theory and Practice* (Princeton, NJ: Princeton University Press).

## 14.1 Momentos de uma distribuição: média, variância, assimetria (*skewness*) e assim por diante

Quando um conjunto de valores tem uma tendência central suficientemente forte, isto é, uma tendência a agrupar-se em torno de algum valor particular, então pode ser mais conveniente caracterizar o conjunto por uns poucos números relacionados a seus momentos, as somas das potências dos valores.

O mais conhecido é a média dos valores $x_0, \ldots, x_{N-1}$,

$$\bar{x} = \frac{1}{N} \sum_{j=0}^{N-1} x_j \qquad (14.1.1)$$

que é uma estimativa do valor em torno do qual o agrupamento central ocorre. Observe o uso de uma barra superior para denotar média: chaves também são comumente usadas como notação, por exemplo, $\langle x \rangle$. Você deve estar ciente de que a média não é a única estimativa disponível desta grandeza, nem necessariamente a melhor. Para valores tomados de uma distribuição de probabilidades com "caudas" muito longas, a média pode, à medida que o número de dados amostrais aumenta, ter uma convergência ruim, ou nem convergir. Estimadores alternativos, como a mediana e o modo, serão mencionados ao final desta seção.

Uma vez caracterizado o valor central de uma distribuição, convencionalmente o próximo passo é caracterizar sua "largura" ou "variabilidade" em torno daquele valor. Aqui também, dispomos de mais que uma só medida. A mais comum é a variância

$$\text{Var}(x_0 \ldots x_{N-1}) = \frac{1}{N-1} \sum_{j=0}^{N-1} (x_j - \bar{x})^2 \qquad (14.1.2)$$

ou sua raiz quadrada, o chamado desvio padrão,

$$\sigma(x_0 \ldots x_{N-1}) = \sqrt{\text{Var}(x_0 \ldots x_{N-1})} \qquad (14.1.3)$$

A equação (14.1.2) estima o desvio quadrático médio de $x$ em relação a seu valor médio. A história de por que o denominador de (14.1.2) é $N-1$ e não $N$ é longa. Se você nunca ouviu esta história, você deveria consultar qualquer bom texto de estatística. Aqui nos contentaremos em dizer apenas que o $N-1$ *deve* ser mudado para $N$ se você um dia se encontrar na situação de ter que medir a variância de uma distribuição cujo valor médio $\bar{x}$ é conhecido *a priori* em vez de ter que ser estimado a partir dos dados (podemos também comentar que se a diferença entre $N$ e $N-1$ é importante para você, então é porque provavelmente você está mal-intencionado – por exemplo, tentanto fundamentar uma hipótese questionável com dados marginais).

Se calcularmos a equação (14.1.1) muitas vezes com diferentes conjuntos de dados amostrais (cada conjunto com $N$ dados), os valores de $\bar{x}$ terão eles mesmos um desvio padrão. Este é chamado de erro padrão da média estimada $\bar{x}$. Se a distribuição subjacente é gaussiana, ele é dado aproximadamente por $\sigma/\sqrt{N}$. Da mesma maneira, há um erro padrão da variância estimada, equação (14.1.2), que é aproximadamente $\sigma^2\sqrt{2/N}$, e um erro padrão para o $\sigma$ estimado, equação (14.1.3), que é aproximadamente igual a $\sigma\sqrt{2N}$.

Da mesma maneira que a média depende do primeiro momento dos dados, a variância e desvio padrão dependem do segundo momento. Não é de todo incomum, na vida real, ter que lidar com distribuições cujo segundo momento não existe (quer dizer, é infinito). Neste caso, a variância ou desvio padrão é inútil enquanto medida da largura da distribuição de dados em torno do valor central: os valores obtidos a partir das equações (14.1.2) e (14.1.3) não convergirão à medida que aumentarmos o número de dados, nem apresentarão consistência entre diferentes conjuntos de dados obtidos da mesma distribuição. Isto pode ocorrer mesmo que a largura do pico pareça, a olho nu, perfeitamente finita. Uma estimativa mais robusta da largura é o desvio médio ou desvio absoluto médio, definido por meio de

$$\text{ADev}(x_0 \ldots x_{N-1}) = \frac{1}{N} \sum_{j=0}^{N-1} |x_j - \bar{x}| \qquad (14.1.4)$$

Normalmente substitui-se a mediana da amostra $\bar{x}$ por $x_{\mathrm{med}}$ na equação (14.1.4). Para qualquer amostra fixa, a mediana de fato minimiza o desvio absoluto médio.

Estatísticos, historicamente, menosprezaram o uso de (14.1.4) no lugar de (14.1.2), pois os valores absolutos em (14.1.4) não são "analíticos", tornando difícil a demonstração de teoremas. Nos últimos anos, contudo, a moda mudou, e o assunto de estimativa robusta (quer dizer, estimativas para distribuições largas com um número significativo de pontos "fora") se tornou algo popular e importante. Momentos de ordem mais alta, ou estatísticas envolvendo potências mais altas dos dados de entrada, são quase sempre menos robustos que momentos de ordem mais baixa ou estatísticas que envolvem somente somas lineares ou contagem (o mais baixo de todos os momentos).

Dito isto, a assimetria (skewness), ou terceiro momento, e a curtose, ou quarto momento, devem ser usados com precaução ou, o que é melhor ainda, nunca ser usados.

A skewness caracteriza o grau de assimetria de uma distribuição em torno da média. Ao passo que a média, o desvio padrão e o desvio médio são grandezas dimensionais, isto é, tem a mesma unidade que as grandezas $x_j$ medidas, a skewness é convencionalmente definida de modo a ser adimensional. É um número puro e caracteriza somente o formato da distribuição. A definição usual é

$$\mathrm{Skew}(x_0 \ldots x_{N-1}) = \frac{1}{N} \sum_{j=0}^{N-1} \left[ \frac{x_j - \bar{x}}{\sigma} \right]^3 \qquad (14.1.5)$$

onde $\sigma = \sigma(x_0 \ldots x_{N-1})$ é o desvio padrão da distribuição (14.1.3). Um valor positivo de skewness significa que a distribuição tem uma cauda assimétrica se estendendo em direção a valores de $x$ mais positivos; um valor negativo significa que a distribuição é tal que a cauda se estende para valores de $x$ mais negativos (vide Figura 14.1.1).

É claro que qualquer conjunto de $N$ valores medidos possivelmente produzirá um valor de (14.1.5) diferente de zero, mesmo que a distribuição subjacente seja na realidade simétrica (skewness igual a zero). Para que (14.1.5) faça sentido, precisamos ter uma ideia de seu erro padrão. Infelizmente, isto depende da forma da distribuição subjacente e, de maneira bastante crítica, de suas caudas! Para o caso idealizado de uma distribuição normal (gaussiana), o erro padrão de (14.1.5) é aproximadamente $\sqrt{15/N}$ quando $\bar{x}$ for a média verdadeira e $\sqrt{6/N}$ quando ela for estimada pela média amostral, (14.1.1) (sim, usar a média da amostra tem maior probabilidade de produzir estimativas acuradas do que usar a média verdadeira!). Na vida real, é um bom hábito acreditar na presença de skewness somente quando eles forem muito maiores ou muitas vezes maiores que isto.

A curtose também é uma grandeza adimensional. Ela mede a agudeza ou achatamento (*peakness* ou *flatness*) relativos de uma distribuição. Relativos a quê? À distribuição normal! O que mais poderia ser? Uma distribuição com curtose positiva é chamada de leptocúrtica; o perfil do Matterhorn é um exemplo. Uma distribuição com curtose negativa é chamada de platicúrtica: o perfil de um pão de fôrma é um exemplo (vide Figura 14.1.1). E, como você certamente já suspeitava, uma distribuição intermediária é chamada de mesocúrtica.

A convenção usual da curtose é

$$\mathrm{Kurt}(x_0 \ldots x_{N-1}) = \left\{ \frac{1}{N} \sum_{j=0}^{N-1} \left[ \frac{x_j - \bar{x}}{\sigma} \right]^4 \right\} - 3 \qquad (14.1.6)$$

onde o termo $-3$ faz o valor zero para uma distribuição normal.

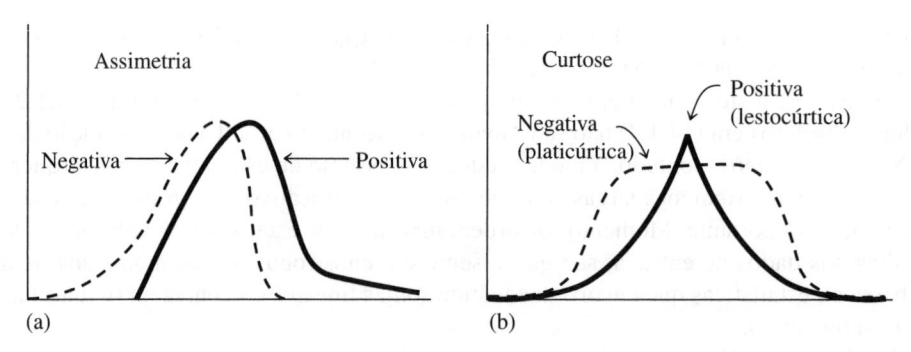

**Figura 14.1.1** Distribuições cujos terceiro e quarto momentos são significativamente diferentes de uma distribuição normal (gaussiana). (a) Skewness, ou terceiro momento. (b) Curtose, ou quarto momento.

O erro padrão de (14.1.6), enquanto estimador da curtose de uma distribuição normal subjacente, é $\sqrt{96/N}$ quando $\sqrt{\sigma}$ for o desvio padrão verdadeiro, e $\sqrt{24/N}$ quando ele for obtido via estimativa dos valores amostrais (14.1.3) (sim, você se dará melhor usando a variância da amostra). Contudo, a curtose depende de um momento de tão alta ordem que há várias distribuições na vida real para as quais o desvio padrão de (14.1.6), enquanto estimador, tem valor efetivamente infinito.

O cálculo das grandezas definidas nesta seção são diretos. Muitos livros-texto usam o teorema do binômio para fazer uma expansão das definições em termos de somas de diferentes potências dos dados, por exemplo, a familiar

$$\text{Var}(x_0 \ldots x_{N-1}) = \frac{1}{N-1}\left[\left(\sum_{j=0}^{N-1} x_j^2\right) - N\bar{x}^2\right] \approx \overline{x^2} - \bar{x}^2 \quad (14.1.7)$$

mas isto pode aumentar o erro de arredondamento por um fator grande e geralmente não se justifica em termos de velocidade computacional. Uma maneira inteligente de minimizar erros de arredondamento, especialmente para amostras grandes, é usar o algoritmo corrigido de duas passagens [1]: primeiro calcule $\bar{x}$, calculando então Var($x_0 \ldots x_{N-1}$) através de

$$\text{Var}(x_0 \ldots x_{N-1}) = \frac{1}{N-1}\left\{\sum_{j=0}^{N-1}(x_j - \bar{x})^2 - \frac{1}{N}\left[\sum_{j=0}^{N-1}(x_j - \bar{x})\right]^2\right\} \quad (14.1.8)$$

A segunda soma seria zero se $\bar{x}$ fosse exato, mas caso contrário ele funciona bem quando o assunto é corrigir os erros de arredondamento no primeiro termo.

moment.h
```
void moment(VecDoub_I &data, Doub &ave, Doub &adev, Doub &sdev, Doub &var,
    Doub &skew, Doub &curt) {
    Dado um array de dados data[0..n-1], esta rotina retorna sua média ave, desvio médio adev, desvio
    padrão sdev, variância var, skewness skew e curtose curt.
    Int j,n=data.size();
    Doub ep=0.0,s,p;
    if (n <= 1) throw("n must be at least 2 in moment");
    s=0.0;                          Primeira passagem para se obter a média.
    for (j=0;j<n;j++) s += data[j];
    ave=s/n;
    adev=var=skew=curt=0.0;         Segunda passagem para se obter o primeiro (absoluto), segundo, terceiro e quarto momentos do desvio da média.
```

```
    for (j=0;j<n;j++) {
        adev += abs(s=data[j]-ave);
        ep += s;
        var += (p=s*s);
        skew += (p *= s);
        curt += (p *= s);
    }
    adev /= n;                              Fórmula de duas passagens corrigida.
    var=(var-ep*ep/n)/(n-1);                Junta as partes conforme as definições convencionais.
    sdev=sqrt(var);
    if (var != 0.0) {
        skew /= (n*var*sdev);
        curt=curt/(n*var*var)-3.0;
    } else throw("No skew/kurtosis when variance = 0 (in moment)");
}
```

## 14.1.1 Semi-invariantes

A média e a variância de variáveis aleatórias independentes são aditivas: se $x$ e $y$ forem tomados de duas distribuições de probabilidade, possivelmente diferentes, então

$$\overline{(x+y)} = \overline{x} + \overline{y} \qquad \text{Var}(x+y) = \text{Var}(x) + \text{Var}(x) \tag{14.1.9}$$

Momentos mais altos não são, geralmente, aditivos. Contudo, algumas combinações dos mesmos, chamadas de semi-invariantes, são na realidade aditivas. Se os momentos centrados de uma distribuição forem denotados por $M_k$,

$$M_k \equiv \left\langle (x_i - \overline{x})^k \right\rangle \tag{14.1.10}$$

de modo que, por exemplo $M_2 = \text{Var}(x)$, então os primeiros semi-invariantes, denotados por $I_k$, são dados por

$$\begin{gathered} I_2 = M_2 \qquad I_3 = M_3 \qquad I_4 = M_4 - 3M_2^2 \\ I_5 = M_5 - 10M_2 M_3 \qquad I_6 = M_6 - 15M_2 M_4 - 10M_3^2 + 30M_2^3 \end{gathered} \tag{14.1.11}$$

Observe que a skewness e a curtose, equações (14.1.5) e (14.1.6), são potências simples dos semi-invariantes

$$\text{Skew}(x) = I_3/I_2^{3/2} \qquad \text{Kurt}(x) = I_4/I_2^2 \tag{14.1.12}$$

Todos os semi-invariantes maiores que $I_2$ de uma distribuição gaussiana são iguais a zero. Para uma distribuição poissoniana, todos os semi-invariantes são iguais a sua média. Para mais detalhes, consulte [2].

## 14.1.2 Mediana e modo

A mediana de uma função distribuição de probabilidade $p(x)$ é o valor $x_\text{med}$ para o qual valores maiores ou menores de $x$ são igualmente prováveis:

$$\int_{-\infty}^{x_\text{med}} p(x)\, dx = \frac{1}{2} = \int_{x_\text{med}}^{\infty} p(x)\, dx \tag{14.1.13}$$

A mediana de uma distribuição é estimada a partir de valores amostrais $x_0 \ldots x_{N-1}$ achando--se aquele valor $x_i$ que tem o mesmo número de valores acima e abaixo dele. Obviamente, isto não é possível se $N$ for par. Neste caso convenciona-se estimar a mediana como a média dos *dois* valores centrais únicos. Se os valores $x_j, j = 0, \ldots, N-1$, são arrumados em ordem ascendente (ou descendente, se for o caso), então a fórmula da mediana é

$$x_{\text{med}} = \begin{cases} x_{(N-1)/2}, & N \text{ ímpar} \\ \frac{1}{2}(x_{(N/2)-1} + x_{N/2}), & N \text{ par} \end{cases} \qquad (14.1.14)$$

Se a distribuição tem uma forte tendência central, de modo que a maior parte de sua área está sob um único pico, então a mediana é uma estimador do valor central. Ela é mais robusta enquanto estimador do que a média: a mediana falha enquanto estimador somente se a área nas extremidades da distribuição for grande; enquanto média, ela falha se o primeiro momento das extremidades for grande. É fácil construir exemplos onde o primeiro momento das extremidades é grande embora sua área seja pequena.

Para achar a mediana de um conjunto de valores, pode-se proceder ordenando o conjunto e então aplicando (14.1.14). Este processo é da ordem $N \log N$. Você pode pensar, com razão, que isto é um desperdício, uma vez que produz muito mais informação do que simplesmente a mediana (por exemplo, os pontos quartis superior e inferior, os decimais, etc.). Na verdade, vimos no §8.5 que o elemento $x_{(N-1)/2}$ pode ser localizado em um número de operações de ordem $N$. Consulte aquela seção para as rotinas, que incluem um método para se obter uma boa aproximação da mediana em uma única passagem pelo conjunto de dados.

O *modo* de uma função distribuição de probabilidade $p(x)$ é o valor de $x$ para o qual ela assume o valor máximo. O modo é útil quando há um máximo único e bem-afilado, em cujo caso ele serve de estimativa para o valor central. Ocasionalmente, uma distribuição será *bimodal*, com dos máximos relativos; neste caso, pode-se querer conhecer os dois modos individualmente. Observe que, nestes casos, a média e a mediana não são muito úteis, uma vez que darão apenas um valor de "compromisso" entre os dois picos.

### REFERÊNCIAS CITADAS E LEITURA COMPLEMENTAR

Bevington, P.R., and Robinson, D.K. 2002, *Data Reduction and Error Analysis for the Physical Sciences,* 3rd ed. (New York: McGraw-Hill), Chapter 1.

Spiegel, M.R., Schiller, J., and Srinivasan, R.A. 2000, *Schaum's Outline of Theory and Problem of Probability and Statistics,* 2nd ed. (New York: McGraw-Hill).

Stuart, A., and Ord, J.K. 1994, *Kendall's Advanced Theory of Statistics,* 6th ed. (London: Edward Arnold) [previous eds. published as Kendall, M., and Stuart, A., *The Advanced Theory of Statistics],* vol. 1, §10.15

Norusis, M.J. 2006, *SPSS 14.0 Guide to Data Analysis* (Englewood Cliffs, NJ: Prentice-Hall).

Chan, T.F., Golub, G.H., and LeVeque, R.J. 1983, "Algorithms for Computing the Sample Variance: Analysis and Recommendations," *American Statistician,* vol. 37, pp. 242–247.[1]

Cramér, H. 1946, *Mathematical Methods of Statistics (Princeton,* NJ: Princeton University Press), §15.10.[2]

## 14.2 Teriam duas distribuições as mesmas médias e variâncias?

Não é incomum querermos saber se duas distribuições têm a mesma média. Por exemplo, um primeiro conjunto de dados pode ter sido obtido antes de algum evento, e um segundo após o mesmo. Queremos saber se o evento, um "tratamento" ou uma "mudança nos parâmetros de controle", fez alguma diferença.

Nossa primeira ideia é perguntar "a quantos desvios padrões" uma média de uma amostra se encontra da outra. Este número talvez seja algo útil, pois ele esta relacionado à robustez (*strength*) ou "importância" de uma diferença de médias *se esta diferença for genuína*. Contudo, por si própria, ela não nos diz nada quanto ao fato da diferença ser genuína, isto é, estatisticamente significante. A diferença entre médias pode ser muito pequena se comparada ao desvio padrão, e ainda assim significativa, se o número de dados for grande. Contrariamente, quando os dados forem esparsos, a diferença pode ser grande mas não significativa. Encontraremos repetidamente estes conceitos distintos de robustez e significância nas seções vindouras.

Uma quantidade que mede a significância da diferença das médias não é o número de desvios padrões que as separa, mas o número dos chamados erros padrões que elas distam entre si. O erro padrão de um conjunto de valores mede a acurácia com a qual a média do conjunto estima a média populacional (ou "verdadeira"). Tipicamente, o erro padrão é igual ao desvio padrão da amostra dividido pela raiz quadrada do número de pontos da mesma.

## 14.2.1 Teste-*t* de Student para médias significativamente diferentes

Na aplicação do conceito de erro padrão, a estatística convencional para se medir a significância da diferença das médias é chamada de Estatística $t$ de Student. Quando se acredita que duas distribuições tenham a mesma variância, mas possivelmente diferentes médias, então a Estatística $t$ de Student* é calculada do seguinte modo: primeiro, estime o erro padrão da diferença das médias, $s_D$, a partir da "variância do pool de amostras" segundo a fórmula

$$s_D = \sqrt{\frac{\sum_{i \in A}(x_i - \bar{x}_A)^2 + \sum_{i \in B}(x_i - \bar{x}_B)^2}{N_A + N_B - 2} \left(\frac{1}{N_A} + \frac{1}{N_B}\right)} \qquad (14.2.1)$$

onde cada soma é feita sobre os dados de uma amostra, a primeira ou segunda; cada média refere-se a uma ou outra amostra, e $N_A$ e $N_B$ são os números de pontos da primeira e segunda amostras respectivamente. Segundo, calcule $t$ segundo a definição

$$t = \frac{\bar{x}_A - \bar{x}_B}{s_D} \qquad (14.2.2)$$

Terceiro, avalie o valor de probabilidade (*p-value*) ou a significância deste valor de $t$ para a distribuição de Student com $N_A + N_B - 2$ graus de liberdade por meio da equação (6.4.11).

Este *p*-value é um número entre zero e um. Ele é igual à probabilidade de que $|t|$ seja deste tamanho ou talvez maior, para distribuições com médias iguais. Portanto, um valor numérico de probabilidade pequeno (0,01 ou 0,001) significa que a diferença observada é "muito significativa". A função $A(t|v)$ na equação (6.4.11) é 1 menos o *p*-value.

Como rotina temos

```
void ttest(VecDoub_I &data1, VecDoub_I &data2, Doub &t, Doub &prob)         stattests.h
    Dados os arrays data[0..n1-1] e data2[0..n2-1], retorna em t o t da distribuição de Student, bem
    como em prob seu p-value. Valores pequenos de prob indicam que os arrays têm médias significantemente
    diferentes. Parte-se do pressuposto de que os arrays de dados são obtidos de populações com a mesma
    variância verdadeira.
{
    Beta beta;
```

---

*N. de T.: O nome Student vem do pseudônimo adotado por William Sealy Gosset que, em 1908, publicou um trabalho no qual esta distribuição apareceu pela primeira vez. Por questões de direitos autorais, ele não pode publicar o trabalho em seu nome.

```
        Doub var1,var2,svar,df,ave1,ave2;
        Int n1=data1.size(), n2=data2.size();
        avevar(data1,ave1,var1);
        avevar(data2,ave2,var2);
        df=n1+n2-2;                                 Graus de liberdade.
        svar=((n1-1)*var1+(n2-1)*var2)/df;          Variância do pool.
        t=(ave1-ave2)/sqrt(svar*(1.0/n1+1.0/n2));
        prob=beta.betai(0.5*df,0.5,df/(df+t*t));    Vide equação (6.4.11).
    }
```

Ela faz uso da seguinte rotina para o cálculo da média e variância de um conjunto de números:

moment.h
```
void avevar(VecDoub_I &data, Doub &ave, Doub &var) {
    Dado um array data[0..n-1], retorna a média em ave e sua variância em var.
    Doub s,ep;
    Int j,n=data.size();
    ave=0.0;
    for (j=0;j<n;j++) ave += data[j];
    ave /= n;
    var=ep=0.0;
    for (j=0;j<n;j++) {
        s=data[j]-ave;
        ep += s;
        var += s*s;
    }
    var=(var-ep*ep/n)/(n-1);         Fórmula de duas passagens conectadas.
}
```

O próximo caso a ser considerado é quando as duas distribuições têm variâncias significativamente diferentes, mas mesmo assim queremos saber se suas médias são iguais ou diferentes (um tratamento para calvície fez com que alguns pacientes *perdessem* todo seu cabelo, ao passo que transformou outros em lobisomens, mas queremos saber se ele ajuda a curar a calvície *na média*!). Fique com um pé atrás com testes-*t* de variância diferente: se duas distribuições tiverem variâncias muito diferentes, elas também podem ser substancialmente diferentes na forma; neste caso, a diferença das médias talvez não seja algo cujo conhecimento sirva para alguma coisa.

Para descobrir se dois conjuntos de dados têm variâncias que diferem significativamente, você deve usar o teste-*F*, descrito mais à frente nesta seção.

A estatística relevante do teste-*t* para diferença de variância é

$$t = \frac{\bar{x}_A - \bar{x}_B}{[\text{Var}(x_A)/N_A + \text{Var}(x_B)/N_B]^{1/2}} \qquad (14.2.3)$$

Esta estatística é distribuída *aproximadamente* com uma *t* de Student com um número de graus de liberdade igual a

$$\frac{\left[\dfrac{\text{Var}(x_A)}{N_A} + \dfrac{\text{Var}(x_B)}{N_B}\right]^2}{\dfrac{\left[\text{Var}(x_A)/N_A\right]^2}{N_A - 1} + \dfrac{\left[\text{Var}(x_B)/N_B\right]^2}{N_B - 1}} \qquad (14.2.4)$$

A expressão (14.2.4) não é um inteiro, em geral, mas para a equação (6.4.11) isto não importa.

A rotina é

```
void tutest(VecDoub_I &data1, VecDoub_I &data2, Doub &t, Doub &prob) {          stattests.h
```
Dados os arrays parelhados data[0..n1-1] e data2[0..n2-1], esta rotina retorna em t o *t* de Student para dados parelhados, e em prob seu *p*-value. Valores pequenos de prob indicam que os arrays têm médias significantemente diferentes.
```
    Beta beta;
    Doub var1,var2,df,ave1,ave2;
    Int n1=data1.size(), n2=data2.size();
    avevar(data1,ave1,var1);
    avevar(data2,ave2,var2);
    t=(ave1-ave2)/sqrt(var1/n1+var2/n2);
    df=SQR(var1/n1+var2/n2)/(SQR(var1/n1)/(n1-1)+SQR(var2/n2)/(n2-1));
    prob=beta.betai(0.5*df,0.5,df/(df+SQR(t)));
}
```

Nosso exemplo final do teste-*t* de Student é para o caso de *amostras parelhadas*. Neste caso supomos que muito da variância de *ambas* as amostras é devido a efeitos que são idênticos, ponto a ponto, nas duas amostras. Por exemplo, poderíamos ter 2 candidatos a um emprego que foram avaliados pelos mesmos 10 membros de um comitê de seleção e queremos saber se as médias das 10 avaliações diferem significativamente entre si. Tentamos primeiramente o **ttest** acima, obtendo um valor de **prob** que não é particularmente significativo (por exemplo, > 0.05). Mas talvez a significância tenha sido mascarada pela tendência de alguns membros do comitê de sempre atribuir notas altas enquanto outros atribuem sempre notas baixas, o que leva a um aumento aparente da variância e portanto a uma diminuição da significância de qualquer diferença que ela possa indicar. Assim tentamos as fórmulas de amostras parelhadas,

$$\mathrm{Cov}(x_A, x_B) \equiv \frac{1}{N-1} \sum_{i=0}^{N-1} (x_{Ai} - \overline{x}_A)(x_{Bi} - \overline{x}_B) \qquad (14.2.5)$$

$$s_D = \left[ \frac{\mathrm{Var}(x_A) + \mathrm{Var}(x_B) - 2\mathrm{Cov}(x_A, x_B)}{N} \right]^{1/2} \qquad (14.2.6)$$

$$t = \frac{\overline{x}_A - \overline{x}_B}{s_D} \qquad (14.2.7)$$

onde $N$ é o número em cada amostra (número de pares). Observe que é importante que um particular valor de $i$ indexe os pontos correspondentes em cada amostra, ou seja, os que estão parelhados. O *p*-value da estatística $t$ em (14.2.7) para $N-1$ graus de liberdade.

A rotina é

```
void tptest(VecDoub_I &data1, VecDoub_I &data2, Doub &t, Doub &prob) {          stattests.h
```
Dado o array de dados parelhados data[0..n-1] e data2[0..n-1] esta rotina devolve o t de Student em t para valores parelhados, e seu p-value em prob, onde valores pequenos de prob indicam uma diferença significativa entre as médias.
```
    Beta beta;
    Int j, n=data1.size();
    Doub var1,var2,ave1,ave2,sd,df,cov=0.0;
    avevar(data1,ave1,var1);
    avevar(data2,ave2,var2);
    for (j=0;j<n;j++) cov += (data1[j]-ave1)*(data2[j]-ave2);
    cov /= (df=n-1);
    sd=sqrt((var1+var2-2.0*cov)/n);
    t=(ave1-ave2)/sd;
    prob=beta.betai(0.5*df,0.5,df/(df+t*t));
}
```

## 14.2.2 Teste-*F* para variâncias significativamente diferentes

O teste-*F* testa a hipótese de que duas amostras têm variâncias distintas através da rejeição da hipótese zero de que suas variâncias sejam na realidade consistentes. A estatística *F* é a razão de uma variância pela outra, tal que valores $\gg 1$ ou $\ll 1$ indicarão diferenças significativas. A distribuição de *F* no caso nulo é dada pela equação (6.14.49), que é avaliada com o uso da rotina betai. No caso mais comum, estamos interessados em rejeitar a hipótese zero (de variâncias iguais) ou com valores muito grandes ou muito pequenos de *F*, de modo que o *p*-value correto tem duas caudas (*two-tailed*), sendo a soma de duas funções beta incompletas. Resulta que, pela equação (6.4.3), as duas caudas são sempre iguais: só precisamos calcular uma e dobrá-la. Ocasionalmente, quando a hipótese zero é fortemente viável, a identidade das duas caudas pode se tornar algo confuso, resultando em uma probabilidade indicada maior que um. Mudar a probabilidade para dois menos ela própria faz com que as caudas sejam trocadas corretamente. Estas considerações mais a equação (6.4.3) resultam na rotina

stattests.h
```
void ftest(VecDoub_I &data1, VecDoub_I &data2, Doub &f, Doub &prob) {
    Dados os arrays data[0..n1-1] e data2[0..n2-1], retorna o valor de f, e seu p-value em prob. Valores
    pequenos de prob indicam que os arrays têm variâncias significantemente diferentes.
    Beta beta;
    Doub var1,var2,ave1,ave2,df1,df2;
    Int n1=data1.size(), n2=data2.size();
    avevar(data1,ave1,var1);
    avevar(data2,ave2,var2);
    if (var1 > var2) {                        Faz F a razão da variância maior pela menor.
        f=var1/var2;
        df1=n1-1;
        df2=n2-1;
    } else {
        f=var2/var1;
        df1=n2-1;
        df2=n1-1;
    }
    prob = 2.0*beta.betai(0.5*df2,0.5*df1,df2/(df2+df1*f));
    if (prob > 1.0) prob=2.-prob;
}
```

### REFERÊNCIAS CITADAS E LEITURA COMPLEMENTAR

Spiegel, M.R., Schiller, J., and Srinivasan, R.A. 2000, *Schaum's Outline of Theory and Problem of Probability and Statistics,* 2nd ed. (New York: McGraw-Hill).

Lupton, R. 1993, *Statistics in Theory and Practice* (Princeton, NJ: Princeton University Press), Chapter 9.

Devore, J.L. 2003, *Probability and Statistics for Engineering and the Sciences,* 6th ed. (Belmont, CA: Duxbury Press), Chapters 7–8.

Norusis, M.J. 2006, *SPSS 14.0 Guide to Data Analysis* (Englewood Cliffs, NJ: Prentice-Hall).

## 14.3 Seriam duas distribuições diferentes?

Dados dois conjuntos de dados, podemos generalizar as perguntas levantadas na seção prévia colocando uma pergunta simples: os dois conjuntos foram obtidos da mesma função de distribuição ou de funções de distribuição diferentes? Ou então, o que é equivalente em linguagem estatística, "podemos rejeitar, dentro de um certo nível requerido de significância, a hipótese zero de que dois conjuntos de dados foram obtidos da mesma função de distribuição de populações?". Rejeitar a hipótese zero equivale a provar efetivamente que os conjuntos de dados vêm de distribuições diferentes. A falha em rejeitar a hipótese, ao contrário, apenas mostra que os conjuntos de dados podem ser *consistentes* com uma única função de distribuição. Nunca se pode *provar* que dois conjuntos de dados vêm de uma única distribuição, uma vez que, por exemplo, nenhuma quantidade prática de dados pode diferenciar entre distribuições que difiram por uma parte em $10^{10}$.

Demonstrar que duas distribuições são diferentes, ou mostrar que são consistentes, é uma tarefa que a toda hora aparece nas mais diversas áreas: as estrelas visíveis estão distribuídas uniformemente no céu? (Isto é, a distribuição de estrelas com a declinação – a posição no céu – é a mesma que a distribuição de área no céu como função da declinação?) Os padrões educacionais no Brooklyn são os mesmos que os do Bronx? (Ou seja, a distribuição de pessoas como função do último ano da escola é a mesma?) Duas marcas diferentes de lâmpada fluorescente têm a mesma distribuição de tempos de vida? A incidência de catapora é a mesma no primeiro, segundo e terceiro filhos?

Estes quatro exemplos ilustram quatro combinações que surgem de duas diferentes dicotomias: (1) os dados são contínuos ou em bins; (2) ou queremos comparar um conjunto de dados a uma distribuição conhecida ou queremos comparar dois conjuntos desconhecidos um com o outro. O conjunto de dados sobre lâmpadas fluorescentes e estrelas são contínuos, uma vez que podemos apresentar listas de tempos de vida e posições estelares. Os conjuntos de dados sobre catapora e nível educacional são na forma de bins, uma vez que nos são fornecidas tabelas com números de eventos em categorias discretas: o primogênito, o que nasceu em segundo, etc., ou 6ª série, 7ª série, etc. Estrelas e catapora, por outro lado, compartilham da propriedade de que a hipótese zero é uma distribuição conhecida (distribuição da área no céu, ou incidência de catapora na população geral). Lâmpadas fluorescentes e nível educacional envolvem a comparação de dois conjuntos de dados igualmente desconhecidos (as duas marcas, ou o Brooklyn e o Bronx).

Sempre é possível transformar dados contínuos em bins, agrupando-se os eventos dentro de uma região especificada da(s) variável(eis) contínua(s) em diferentes bins: declinações entre 0 e 10 graus, 10 e 20, 20 e 30, etc. Definir bins envolve perda de informação, contudo. Também há uma considerável arbitrariedade em como escolher bins. Como muitos outros investigadores, preferimos evitar a transformação desnecessária de dados em bins.

O teste aceito para diferenças entre distribuições de bins é o teste do qui-quadrado. Para dados contínuos função de uma única variável, o teste mais aceito é o de Kolmogorov-Smirnov. Consideraremos um por vez.

## 14.3.1 Teste do qui-quadrado

Imagine que $N_i$ é o número de eventos observados no $i$-ésimo bin, e que $i$ seja o número esperado de acordo com alguma distribuição conhecida. Observe que $N_i$'s são inteiros, ao passo que $n_i$'s não necessariamente o sejam. Então, a estatística do chi-quadrado é definida por

$$\chi^2 = \sum_i \frac{(N_i - n_i)^2}{n_i} \qquad (14.3.1)$$

onde a soma é feita sobre todos os bins. Um valor grande de $\chi^2$ indica que a hipótese zero (que os $N_i$'s são obtidos de uma população representada pelos $n_i$'s) é muito improvável.

Qualquer termo $j$ em (14.3.1) com $0 = n_j = N_j$ deve ser omitido da soma. Um termo com $n_j = 0$, $N_j \neq 0$ dá um valor infinito de $\chi^2$, como deveria ser, pois nestes caso os $N_i$'s não podem ser obtidos dos $n_i$'s!

A função de probabilidade qui-quadrado $Q(\chi^2|\nu)$ é uma função gama incompleta, como já discutimos no §6.14 (vide equação 6.14.38). Mais precisamente, $Q(\chi^2|\nu)$ é a probabilidade de que a soma de quadrados de $\nu$ variáveis aleatórias *normais* de variância unitária (e média zero) seja maior que $\chi^2$. Os termos na soma (14.3.1) não são exatamente os quadrados de uma variável normal. Contudo, se o número de eventos em um bin é grande ($\gg 1$), então a distribuição normal é obtida de modo aproximado e a função de probabilidade qui-quadrado é uma boa aproximação da distribuição de (14.3.1) no caso da hipótese zero. Seu uso para se estimar a significância do *p*-value do teste qui-quadrado é padrão (mas veja também § 14.3.2).

O valor apropriado de $\nu$, o número de graus de liberdade, comporta uma discussão complementar. Se os dados são obtidos com o valor $n_i$'s do modelo fixo – isto é, não é posteriormente normalizado para fechar com o número total de eventos observados $\Sigma N_i$ – então $\nu$ é igual ao número de bins $N_B$ (observe que este não é o número total de eventos!). Mais comumente, os $n_i$'s são normalizados depois do fato, de modo que sua soma é igual à soma dos $N_i$'s. Neste caso, o valor correto de $\nu$ é $N_B - 1$, e se diz que o modelo tem um vínculo (*constraint*) (knstrn=1 no programa abaixo). Se o modelo que dá os $n_i$'s tem parâmetros livres adicionais que foram ajustados depois do evento para concordar com os dados, então cada um destes parâmetros adicionais "ajustados" diminui $\nu$ (e aumenta knstrn) em uma unidade adicional.

Temos assim o seguinte programa:

stattests.h
```
void chsone(VecDoub_I &bins, VecDoub_I &ebins, Doub &df,
    Doub &chsq, Doub &prob, const Int knstrn=1) {
```
Dado o array bins[0..nbins-1] contendo o número de eventos observados, e o array ebins[0..nbins-1] contendo o número esperado de eventos, e dado o número de restrições knstrn (normalmente um), esta rotina devolve (trivialmente) o número de graus de liberdade df e (não trivialmente) o qui-quadrado chsq e o *p*-value prob. Um valor pequeno de prob indica uma diferença significativa entre as distribuições bins e ebins. Observe que tanto bins quanto ebins são double arrays, embora bins normalmente contenha valores inteiros.
```
    Gamma gam;
    Int j,nbins=bins.size();
    Doub temp;
    df=nbins-knstrn;
    chsq=0.0;
    for (j=0;j<nbins;j++) {
        if (ebins[j]<0.0 || (ebins[j]==0. && bins[j]>0.))
            throw("Bad expected number in chsone");
        if (ebins[j]==0.0 && bins[j]==0.0) {
            --df;                          Nenhum dado significa um grau de liberdade a
        } else {                                                menos.
            temp=bins[j]-ebins[j];
            chsq += temp*temp/ebins[j];
        }
    }
    prob=gam.gammq(0.5*df,0.5*chsq);   Função de probabilidade qui-quadrado. Veja §6.2.
}
```

A seguir consideramos o caso da comparação de dois conjuntos de bins. Seja $R_i$ o número de eventos no bin $i$ do primeito conjunto de dados e $S_i$ o número de eventos no mesmo bin $i$ do segundo conjunto. Então a estatística qui-quadrado é

$$\chi^2 = \sum_i \frac{(R_i - S_i)^2}{R_i + S_i} \qquad (14.3.2)$$

Comparando (14.3.2) a (14.3.1), você deveria notar que o denominador de (14.3.2) *não* é apenas a média de $R_i$ e $S_i$ (que seria um estimador de $n_i$ em 14.3.1), mas o dobro da média. A razão é que cada termo da soma de um qui-quadrado supostamente aproxima o quadrado de uma quantidade distribuída de forma normal com variância unitária. A variância da diferença de duas grandezas normais é a soma de suas variâncias individuais, e não sua média.

Se coletássemos os dados de maneira tal que a soma dos $R_i$'s fosse necessariamente igual à soma dos $S_i$'s, então o número de graus de liberdade seria igual a número de bins menos um, $N_B - 1$ (isto é, `knstrn = 1`), o caso usual. Se esta condição estivesse ausente, então o número de graus de liberdade seria $N_B$. Por exemplo: um ornitólogo quer saber se a distribuição de pássaros observados como função das espécies é a mesma do ano anterior. Cada bin corresponde a uma espécie. Se o ornitólogo toma, como dados, os primeiros 1000 pássaros que viu em cada ano, então o número de graus de liberdade é $N_B - 1$. Se ele tomar seus dados como sendo todos os pássaros que observou em uma amostragem aleatória de dias, os mesmos dias em cada ano, então o número de graus de liberdade é $N_B$ (`knstrn = 0`). Neste último caso, observe que ele também está testando se os pássaros foram no total mais numerosos em um ano ou no outro: este é o grau de liberdade adicional. É claro que quaisquer vínculos adicionais sobre os dados fazem com que o número de graus de liberdade se torne menor (isto é, aumentam `knstrn` para valores *mais positivos*) de acordo com seu número.

O programa é

```
void chstwo(VecDoub_I &bins1, VecDoub_I &bins2, Doub &df,                    stattests.h
    Doub &chsq, Doub &prob, const Int knstrn=1) {
Dado um array bins1[0..nbins-1] e bins2[0..nbins-1], contendo dois conjuntos de dados em bins,
e dado o número de restrições knstrn (normalmente 0 ou 1), esta rotina retorna o número de graus de
liberdade df, o qui-quadrado chsq e o p-value prob. Um valor pequeno de prob indica uma diferença
significativa entre as distribuições bins1 e bins2. Observe que bins1 e bins2 são double arrays, embora
normalmente eles contenham valores inteiros.
    Gamma gam;
    Int j,nbins=bins1.size();
    Doub temp;
    df=nbins-knstrn;
    chsq=0.0;
    for (j=0;j<nbins;j++)
        if (bins1[j] == 0.0 && bins2[j] == 0.0)
            --df;                              Nenhum dado significa um grau de liberdade a
        else {                                 menos.
            temp=bins1[j]-bins2[j];
            chsq += temp*temp/(bins1[j]+bins2[j]);
        }
    prob=gam.gammq(0.5*df,0.5*chsq);           Função de probabilidade qui-quadrado. Veja §6.2.
}
```

A equação (14.3.2) e a rotina `chstwo` aplicam-se ambas ao caso onde o número total de pontos é o mesmo nos dois conjuntos de bins, ou ao caso onde qualquer diferença nos totais é parte do que está sendo em realidade testado. Para tamanhos de amostras intencionalmente diferentes, a fórmula análoga a (14.3.2) é

$$\chi^2 = \sum_i \frac{(\sqrt{S/R}\,R_i - \sqrt{R/S}\,S_i)^2}{R_i + S_i} \qquad (14.3.3)$$

onde

$$R \equiv \sum_i R_i \qquad S \equiv \sum_i S_i \qquad (14.3.4)$$

são os números de dados respectivos. A mudança correspondente em chstwo é feita de maneira direta. O fato de que $R_i$ e $S_i$ ocorrem no denominador da equação (14.3.3) com os mesmos pesos parece ser contraintuitivo, mas a dedução heurística a seguir mostra por que isso ocorre: na hipótese zero de que $R_i$ e $S_i$ são obtidos da mesma distribuição, podemos estimar a probabilidade associada ao bin $i$ como sendo

$$\hat{p}_i = \frac{R_i + S_i}{R + S} \qquad (14.3.5)$$

O número esperado de contagens é portanto

$$\hat{R}_i = R\hat{p}_i \qquad \text{e} \qquad \hat{S}_i = S\hat{p}_i \qquad (14.3.6)$$

e a estatística qui-quadrado, somando-se sobre todas as observações, é dada por

$$\chi^2 = \sum_i \frac{(R_i - \hat{R}_i)^2}{\hat{R}_i} + \sum_i \frac{(S_i - \hat{S}_i)^2}{\hat{S}_i} \qquad (14.3.7)$$

Substituindo as equações (14.3.5) e (14.3.6) na equação (14.3.7), obtemos, depois de alguma álgebra, exatamente a equação (14.3.3) . Embora haja $2N_B$ termos na equação (14.3.7), o número de graus de liberdade é na verdade igual a $N_B - 1$ (menos quaisquer restrições adicionais), o mesmo que na equação (14.3.2), pois implicitamente estimamos $N_B + 1$ parâmetros, os $\hat{p}_i$'s e a razão entre os tamanhos das duas amostras. O número de graus de liberdade deve ser portanto subtraído do original $2N_B$.

Para três ou mais amostras, veja a equação (14.4.3) e a discussão relacionada.

### 14.3.2 Qui-quadrado com um número pequeno de contagens

Quando uma fração significativa dos bins tem uma contagem baixa (digamos, $\lesssim 10$), então a estatística $\chi^2$ (14.3.1), (14.3.2) e (14.3.3) não é bem aproximada por uma função de probabilidade qui-quadrado. Vamos quantificar este problema e sugerir alguns corretivos.

Considere primeiro a equação (14.3.1). Na hipótese zero, a contagem em um bin individual, $N_i$, é um desvio de Poisson de média $n_i$, ocorrendo então com probabilidade

$$p(N_i|n_i) = \exp(-n_i) \frac{n_i^{N_i}}{N_i!} \qquad (14.3.8)$$

(confira equação 6.14.61). Podemos calcular a média $\mu$ e a variância $\sigma^2$ do termo $(N_i - n_i)^2/n_i$ avaliandos os valores esperados apropriados. Há várias maneiras de fazer isto analiticamente. As somas e as respostas são

$$\mu = \sum_{N_i=0}^{\infty} p(N_i|n_i) \frac{(N_i - n_i)^2}{n_i} = 1$$

$$\sigma^2 = \left\{ \sum_{N_i=0}^{\infty} p(N_i|n_i) \left[ \frac{(N_i - n_i)^2}{n_i} \right]^2 \right\} - \mu^2 = 2 + \frac{1}{n_i} \qquad (14.3.9)$$

Agora podemos ver qual é o problema: a equação (14.3.9) afirma que cada termo em (14.3.1) adiciona, em média, 1 ao valor da estatística $\chi^2$, e pouco mais de 2 à sua variância. Mas a variância da função de probabilidade qui-quadrado é *exatamente* igual ao dobro de sua média (equação 6.14.37). Se uma fração significativa dos $n_i$'s for pequena, então valores bastante prováveis da estatística $\chi^2$ parecem estar bem mais longes na cauda da distribuição do que realmente estão, de modo que a hipótese zero pode acabar sendo rejeitada mesmo sendo verdadeira.

Vários remédios aproximados são possíveis. Um deles é simplesmente rescalonar a estatística $\chi^2$ observada de modo a "consertar" sua variância, uma ideia originalmente advinda de Lucy [1]. Se definirmos

$$Y^2 \equiv \nu + \sqrt{\frac{2\nu}{2\nu + \sum_i n_i^{-1}}} \left(\chi^2 - \nu\right) \qquad (14.3.10)$$

onde $\nu$ é o número de graus de liberdade (veja discussão anterior), então $Y^2$ é aproximado assintoticamente pela função de probabilidade qui-quadrado mesmo que muitos dos $n_i$'s sejam pequenos. A ideia básica em (14.3.10) é subtrair a média, rescalonar a diferença da média e depois adicioná-la de volta. Lucy [1] define também uma estatística $Z^2$ similar, obtida pelo rescalonamento não da soma $\chi^2$ de todos os termos, mas de cada termo individualmente, usando a equação (14.3.9) separadamente para cada um.

Outra possibilidade, válida quando $\nu$ é grande, é usar o teorema do limite central diretamente. A partir de sua média e desvio padrão, sabemos que a estatística $\chi^2$ deve ser aproximadamente a distribuição normal

$$\chi^2 \sim N\left(\nu, \left[2\nu + \sum_i n_i^{-1}\right]^{1/2}\right) \qquad (14.3.11)$$

Podemos obter os $p$-values da equação (6.14.2), calculando uma função erro complementar (o $p$-value é 1 menos este cdf).

As mesmas ideias funcionam no caso de dois conjuntos de dados em bins, com contagens $R_i$ e $S_i$, e número total de contagens $R$ e $S$ (equação 14.3.3, com a equação 14.3.2 como o caso especial no qual $R = S$). Agora, na hipótese zero, e passando por cima de alguns detalhes técnicos além do nosso escopo, podemos pensar em $T_i \equiv R_i + S_i$ como sendo fixo, ao passo que $R_i$ é uma variável aleatória obtida da distribuição binomial

$$R_i \sim \text{Binomial}\left(T_i, \frac{R}{R+S}\right) \qquad (14.3.12)$$

(vide equações 6.14.67). Calculando-se momentos da distribuição binomial, pode-se obter equações análogas às equações (14.3.9)

$$\mu = 1$$
$$\sigma^2 = 2 + \left[\frac{(R+S)^2}{RS} - 6\right]\frac{1}{R_i + S_i} \qquad (14.3.13)$$

Observe porém que agora, dependendo dos valores de $R$ e $S$, a variância pode ser maior ou menor que seu valor nominal 2, sendo menor quando $R = S$. As fórmulas (14.3.9) e (14.3.13) são originalmente provenientes de Haldane [2] (vide também [3]).

Somando sobre os $i$, obtêm-se os análogos das equações (14.3.10) e (14.3.11) simplesmente fazendo-se a substituição

$$\sum_i n_i^{-1} \longrightarrow \left[\frac{(R+S)^2}{RS} - 6\right]\sum_i \frac{1}{R_i + S_i} \qquad (14.3.14)$$

Na verdade, a equação (14.3.9) é um caso limite da equação (14.3.13), o mesmo limite no qual a Poisson é um limite da binominal, a saber

$$S \to \infty, \quad \frac{R}{R+S}S_i \to n_i, \quad R_i \to N_i \qquad (14.3.15)$$

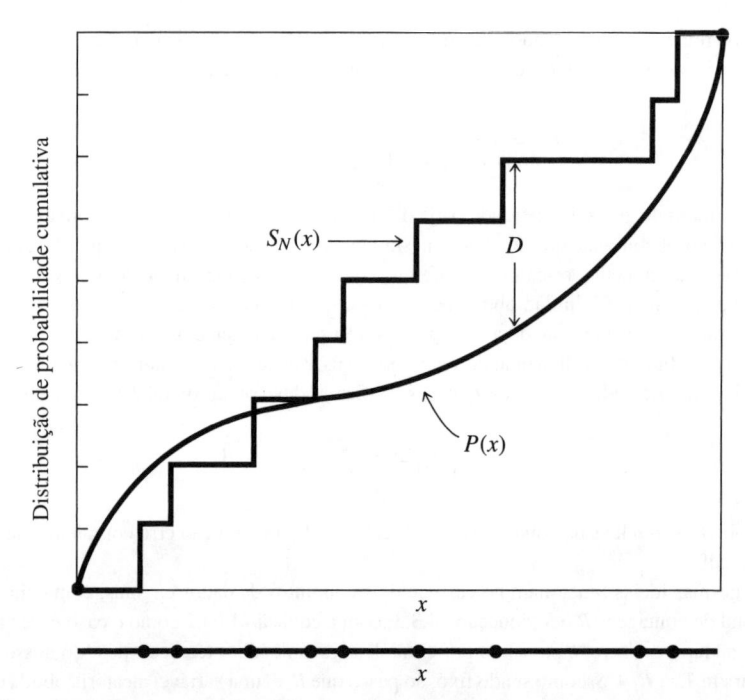

**Figura 14.3.1** Estatística $D$ de Kolmogorov-Smirnov. Uma distribuição de valores de $x$ medida (representados por $N$ pontos na abscissa inferior) deve ser comparada a uma distribuição teórica cuja distribuição de probabilidade cumulativa é plotada como $P(x)$. Uma função degrau de probabilidade cumulativa $S_N(x)$, uma que aumenta de um mesmo valor cada vez que se atinge um ponto medido, é construída. $D$ é a maior distância entre as duas distribuições cumulativas.

Há outras maneiras de tratar contagens de poucos números, incluindo o teste da razão de verossimilhança [4], o *Neyman modificado* $\chi^2$ [5] e a estatística do *gama-qui-quadrado* [5].

### 14.3.3 Teste de Kolmogorov-Smirnov

O teste de Kolmorogov-Smirnov (ou teste *K-S*) se aplica a distribuições sem bins que sejam função de uma única variável independente, isto é, a conjuntos de dados onde cada ponto pode ser associado a um único número (o tempo de vida de uma lâmpada até queimar ou a declinação de uma estrela). Nestes casos, a lista de dados pode ser facilmente convertida em um estimador não tendencioso (*unbiased*) $S_N(x)$ da função distribuição *cumulativa* para a distribuição de probabilidade da qual ela é retirada: se $N$ eventos são localizados nos valores $x_i$, $i = 0, \ldots, N-1$, então $S_N(x)$ é a função que dá a fração de pontos à esquerda de um dado valor de $x$. Esta função é obviamente constante entre $x_i$'s consecutivos (isto é, arranjados em ordem ascendente) e salta do mesmo valor $1/N$ em cada $x_i$ (vide Figura 14.3.1).

Diferentes funções de distribuição, ou conjuntos de dados, resultam, com o procedimento acima, em diferentes estimativas de função de distribuição cumulativa. Contudo, todas elas concordam quanto ao valor mais baixo permitido de $x$ (onde elas são zero) e o valor máximo permitido do mesmo (onde elas são iguais à unidade). Os menores e maiores valores podem obviamente ser $\pm\infty$. Assim, é seu comportamento entre os valor maior e menor que diferencia as distribuições.

Pode-se pensar em qualquer número de estatísticas para medir a diferença global entre duas funções de distribuição cumulativas: o valor absoluto da área entre elas, ou a integral da sua diferença quadrática média. O $D$ de Kolmogorov-Smirnov é uma medida particularmente simples: ele é definido como o valor máximo da diferença absoluta entre duas funções de distribuição cumulativas. Assim, para comparar um conjunto de dados $S_N(x)$ a uma função distribuição cumulativa $P(x)$, a estatística K-S é definida por

$$D = \max_{-\infty < x < \infty} |S_N(x) - P(x)| \qquad (14.3.16)$$

enquanto que, para se comparar duas funções distribuição cumulativas diferentes $S_{N_1}(x)$ e $S_{N_2}(x)$, a estatística K-S vale

$$D = \max_{-\infty < x < \infty} |S_{N_1}(x) - S_{N_2}(x)| \qquad (14.3.17)$$

O que torna a estatística K-S tão útil é o fato de que sua distribuição no caso da hipótese zero (conjuntos de dados retirados da mesma distribuição) pode ser calculada, pelo menos na forma de uma aproximação útil, dando assim a significância do $p$-value de qualquer valor observado de $D$ diferente de zero. Uma característica fundamental do teste K-S é sua invariância por reparametrização de $x$; em outras palavras, você pode deslocar localmente ou esticar o eixo-$x$ da Figura 14.3.1, e a distância máxima $D$ permanece inalterada. Por exemplo, a significância que você obtém é a mesma se usar $x$ ou $\log x$.

A função que entra nos cálculos do $p$-value foi discutida previamente no §6.14, definida nas equações (6.14.56) e (6.14.57) e implementada no objeto KSdist. Em termos da função $Q_{KS}$, o $p$-value de um valor de $D$ observado (ou uma prova de que a hipótese zero de distribuições iguais não é válida) é dado aproximadamente pela fórmula [6]

$$\text{Probabilidade } (D > \text{observado}) = Q_{KS}\left(\left[\sqrt{N_e} + 0{,}12 + 0{,}11/\sqrt{N_e}\right] D\right) \qquad (14.3.18)$$

onde $N_e$ é o número de pontos efetivos, $N_e = N$ para o caso (14.3.16) de uma só distribuição, e

$$N_e = \frac{N_1 N_2}{N_1 + N_2} \qquad (14.3.19)$$

para o caso (14.3.17) para o caso de duas distribuições, onde $N_1$ é o numero de dados da primeira distribuição e $N_z$ é o da segunda distribuição.

A natureza da aproximação envolvida em (14.3.18) é tal que ela se torna assintoticamente precisa à medida que $N_e$ se torna grande, mas já é bastante boa para $N_e \geq 4$, um dos menores números que alguém tenha que usar algum dia (veja [6]).

Aqui está uma rotina para uma distribuição:

```
void ksone(VecDoub_IO &data, Doub func(const Doub), Doub &d, Doub &prob)    kstests.h
Dado um array data[0..n-1] e dada uma função func de uma variável fornecida pelo usuário que seja
uma função de distribuição cumulativa indo de 0 (para os menores valores de seu argumento) até 1 (para
os maiores valores de seu argumento), esta rotina retorna d, a estatística K-S, e prob, o p-value. Valores
pequenos de prob indicam que a função de distribuição cumulativa de data é significativamente diferente
de func. O array data é modificado de modo a ser ordenado em ordem ascendente.
{
    Int j,n=data.size();
    Doub dt,en,ff,fn,fo=0.0;
    KSdist ks;
    sort(data);              Se os dados já estão ordenados em ordem ascen-
    en=n;                        dente, então este call pode ser omitido.
    d=0.0;                   Loop sobre os dados ordenados.
    for (j=0;j<n;j++) {      Função distribuição cumulativa dos dados depois
        fn=(j+1)/en;             deste passo.
```

```
            ff=func(data[j]);                          Compara à função fornecida pelo usuário.
            dt=MAX(abs(fo-ff),abs(fn-ff));             Distância máxima.
            if (dt > d) d=dt;
            fo=fn;
        }
        en=sqrt(en);
        prob=ks.qks((en+0.12+0.11/en)*d);              Calcula p-value.
    }
```

Embora o objetivo da estatística K-S seja o uso em distribuições contínuas, ela também pode ser usada em discretas. Neste caso, pode-se mostrar que o teste é conservativo, isto é, a estatística retornada não é maior que no caso contínuo. Se você permitir valores discretos no caso de duas distribuições, você deve considerar como lidar com vínculos. A maneira padrão de lidar com isto é combinar todos os dados vinculados e adicioná-los à fdc de uma vez (veja, por exemplo, [7]). Este refinamento é incluido na rotina `kstwo`.

kstests.h
```
void kstwo(VecDoub_IO &data1, VecDoub_IO &data2, Doub &d, Doub &prob)
```
Dado um array data1[0..n1-1] e um array data2[0..n2-1], esta rotina retorna d, a estatística K-S, e prob, o *p*-value, para a hipótese zero de que os conjuntos de dados foram obtidos da mesma distribuição. Valores pequenos de prob indicam que a função de distribuição cumulativa de data1 é significativamente diferente de data2. Os arrays data1 e data2 são modificados de modo a serem ordenados em ordem ascendente.
```
{
    Int j1=0,j2=0,n1=data1.size(),n2=data2.size();
    Doub d1,d2,dt,en1,en2,en,fn1=0.0,fn2=0.0;
    KSdist ks;
    sort(data1);
    sort(data2);
    en1=n1;
    en2=n2;
    d=0.0;
    while (j1 < n1 && j2 < n2) {                       Se ainda não tivermos terminado...
        if ((d1=data1[j1]) <= (d2=data2[j2]))          Próximo passo é em data1.
            do
                fn1=++j1/en1;
            while (j1 < n1 && d1 == data1[j1]);
        if (d2 <= d1)                                  Próximo passo é em data2.
            do
                fn2=++j2/en2;
            while (j2 < n2 && d2 == data2[j2]);
        if ((dt=abs(fn2-fn1)) > d) d=dt;
    }
    en=sqrt(en1*en2/(en1+en2));
    prob=ks.qks((en+0.12+0.11/en)*d);                  Calcule o p-value.
}
```

### 14.3.4 Variantes do teste K-S

A sensitividade do teste K-S para desvios de uma função de distribuição cumulativa $P(x)$ não é independente de $x$. De fato, o teste K-S tende a ser mais sensível em torno do valor mediano, onde $P(x) = 0,5$, e menos sensível nos finais das caudas da distribuição, onde $P(x)$ é próximo de 0 ou 1. A razão disto é que a diferença $|S_N(x) - P(x)|$ não tem, pela hipótese zero, uma distribuição de probabilidade independente de $x$. Ao contrário, sua variância é proporcional a $P(x)[1 - P(x)]$, que é maior em $P = 0,5$. Uma vez que a estatística K-S (14.3.16) é a diferença máxima entre duas funções de distribuição cumulativas para todo $x$, um desvio que pode ser estatisticamente significativo para seu *próprio* valor de $x$ é comparado ao desvio esperado em $P = 0,5$, sendo assim descontado. O resultado é que, embora o teste K-S seja bom para achar deslocamentos na distribuição de probabilidade, especialmente mudanças no valor mediano, ele não é bom para achar dispersões (*spreads*), que afetam mais as caudas da distribuição de probabilidade e podem deixar a mediana invariante.

Uma maneira de se aumentar o poder da estatística K-S nas caudas é substituir $D$ (equação 14.3.16) pela chamada estatística ponderada ou estabilizada [8-10], por exemplo, a estatística de Anderson-Darling,

$$D^* = \max_{-\infty < x < \infty} \frac{|S_N(x) - P(x)|}{\sqrt{P(x)[1 - P(x)]}} \qquad (14.3.20)$$

Infelizmente não existe uma forma simples, análoga à equação (14.3.18), para esta estatística, embora Noé [11] forneça um método computacional que faz uso de uma relação de recorrência, fornecendo também um gráfico de resultados numéricos. Há muitas outras estatísticas similares, por exemplo,

$$D^{**} = \int_{P=0}^{1} \frac{[S_N(x) - P(x)]^2}{P(x)[1 - P(x)]} dP(x) \qquad (14.3.21)$$

que também é discutida por Anderson e Darling (veja [9]).

Outra abordagem, que preferimos por ser mais simples e direta, é decorrente de Kuiper [12,13]. Já mencionamos que o teste padrão K-S é invariante por reparametrização da variável $x$. Uma simetria ainda mais geral, que garante a sensitividade do método para todos os valores de $x$, é fechar o eixo-$x$ circularmente (identificando os pontos $\pm\infty$) e procurar por uma estatística que seja invariante para todos os deslocamentos e reparametrizações no círculo. Isto permite, por exemplo, "cortar" a distribuição para algum valor central de $x$ e inverter as metades à esquerda e à direita de $x$, sem alterar com isto a estatística ou sua significância.

A estatística de Kuiper, definida por

$$V = D_+ + D_- = \max_{-\infty < x < \infty} [S_N(x) - P(x)] + \max_{-\infty < x < \infty} [P(x) - S_N(x)] \qquad (14.3.22)$$

é a soma da distância máxima de $S_N(x)$ *acima e abaixo* de $P(x)$. Você deveria ser capaz de convencer a si mesmo que esta estatística tem a invariância desejada no círculo: esboce a integral indefinida de duas distribuições de probabilidade definidas no círculo como função do ângulo no mesmo, à medida que este varia muitas vezes por um valor de 360°. Se você mudar o ponto inicial de integração, $D_+$ e $D_-$ mudam individualmente, mas sua soma permanece constante.

Além disso, há uma fórmula simples para a distribuição assintótica da estatística $V$, diretamente análoga às equações (14.3.18)-(14.3.19). Seja

$$Q_{KP}(\lambda) = 2 \sum_{j=1}^{\infty} (4j^2\lambda^2 - 1)e^{-2j^2\lambda^2} \qquad (14.3.23)$$

que é monotônica e satisfaz

$$Q_{KP}(0) = 1 \qquad Q_{KP}(\infty) = 0 \qquad (14.3.24)$$

Em termos desta função, o $p$-value é [6]

$$\text{Probabilidade (V > observado)} = Q_{KP}\left(\left[\sqrt{N_e} + 0{,}155 + 0{,}24/\sqrt{N_e}\right]V\right) \qquad (14.3.25)$$

Nesta expressão, $N_e$ é $N$ para o caso de uma amostra ou é dado pela equação (14.3.19) para o caso de duas amostras.

Obviamente, o teste de Kuiper é ideal para qualquer problema originalmente definido em um círculo, por exemplo, para se testar se a distribuição de longitudes de algo concorda com uma certa teoria, ou se dois "algos" têm diferentes distribuições de longitude (veja também [14]).

Deixaremos a seu cargo a codificação das rotinas análogas a `ksone`, `kstwo` e `KSdist::qks` (para $\lambda < 0,4$, não tente fazer a soma 14.3.23. Seu valor é 1, com 7 dígitos de precisão, mas a série pode requerer muitos termos para convergir e perde sua acurácia devido aos arredondamentos).

Duas notas finais de precaução: primeiro, devemos mencionar que todas as variantes do teste K-S não tem a capacidade de discriminar alguns tipos de distribuição. Um exemplo simples é uma distribuição de probabilidade com um "buraco" estreito, dentro do qual a probabilidade vai a zero. Tal distribuição é obviamente descartada pela existência de até mesmo um único ponto dentro do buraco, mas, devido a sua natureza cumulativa, um teste K-S requereria muitos pontos dentro do buraco antes de conseguir sinalizar a discrepância.

Segundo, devemos observar que, se você estimar quaisquer parâmetros a partir do conjunto de dados (por exemplo, uma média e variância), então a distribuição de $D$ da estatística K-S para uma função de distribuição cumulativa $P(x)$ que *lança mão dos parâmetros estimados* não é mais dada pela equação (14.3.18). Em geral, você terá que determinar a nova distribuição sozinho, por exemplo, por meio de métodos de Monte Carlo.

## REFERÊNCIAS CITADAS E LEITURA COMPLEMENTAR

Devore, J.L. 2003, *Probability and Statistics for Engineering and the Sciences,* 6th ed. (Belmont, CA: Duxbury Press), Chapter 14.

Lupton, R. 1993, *Statistics in Theory and Practice* (Princeton, NJ: Princeton University Press), Chapter 14.

Lucy, L.B. 2000, "Hypothesis Testing for Meagre Data Sets," *Monthly Notices of the Royal Astronomical Society,* vol. 318, pp. 92–100.[1]

Haldane, J.B.S. 1937, "The Exact Value of the Moments of the Distribution of $\chi^2$, Used as a Test of Goodness of Fit, When Expectations Are Small," *Biometrika,* vol. 29, pp. 13–143.[2]

Read, T.R.C., and Cressie, N.A.C. 1988, *Goodness-of-Fit Statistics for Discrete Multivariate Data* (New York: Springer), pp. 140–144.[3]

Baker, S., and Cousins, R.D. 1984, "Clarification of the Use of Chi-Square and Likelihood Functions in Fits to Histograms," *Nuclear Instruments and Methods in Physics Research,* vol. 221, pp. 437–442.[4]

Mighell, K.J. 1999, "Parameter Estimation in Astronomy with Poisson-Distributed Data. I. The $\chi^2_\gamma$ Statistic," *Astrophysical Journal,* vol. 518, pp. 380–393[5]

Stephens, M.A. 1970, "Use of Kolmogorov-Smirnov, Cramer-von Mises and Related Statistics without Extensive Tables," *Journal of the Royal Statistical Society,* ser. B, vol. 32, pp. 115–122.[6]

Hollander, M., and Wolfe, D.A. 1999, *Nonparametric Statistical Methods,* 2nd ed. (New York: Wiley), p. 183.[7]

Anderson, T.W., and Darling, D.A. 1952, "Asymptotic Theory of Certain Goodness of Fit Criteria Based on Stochastic Processes," *Annals of Mathematical Statistics,* vol. 23, pp. 193–212.[8]

Darling, D.A. 1957, "The Kolmogorov-Smirnov, Cramer-von Mises Tests," *Annals of Mathematical Statistics,* vol. 28, pp. 823–838.[9]

Michael, J.R. 1983, "The Stabilized Probability Plot," *Biometrika,* vol. 70, no. 1, pp. 11–17.[10]

Noe, M. 1972, "The Calculation of Distributions of Two-Sided Kolmogorov-Smirnov Type Statistics," *Annals of Mathematical Statistics,* vol. 43, pp. 58–64.[11]

Kuiper, N.H. 1962, "Tests Concerning Random Points on a Circle," *Proceedings of the Koninklijke Nederlandse Akademie van Wetenschappen,* ser. A., vol. 63, pp. 38–47.[12]

Stephens, M.A. 1965, "The Goodness-of-Fit Statistic $V_n$: Distribution and Significance Points," *Biometrika,* vol. 52, pp. 309–321.[13]

Fisher, N.I., Lewis, T, and Embleton, B.J.J. 1987, *Statistical Analysis of Spherical Data* (New York: Cambridge University Press).[14]

## 14.4 Análise de tabela de contingência de duas distribuições

Nesta e nas próximas três seções trataremos de medidas de associação de duas distribuições. A situação é a seguinte: cada ponto tem uma ou mais quantidades diferentes a ele associadas, e queremos saber se o conhecimendo de uma quantidade nos dá qualquer vantagem demonstrável na previsão do valor da outra quantidade. Em muitos casos, uma variável será "independente" ou "de controle", ao passo que a outra será "dependente" ou "medida". Então, queremos saber se esta última variável é de fato dependente ou associada à primeira. Se for, queremos ter alguma medida quantitativa da robustez desta associação. Normalmente se ouve isto formulado em termos um tanto quanto imprecisos na forma da questão de se duas variáveis são correlacionadas ou não correlacionadas, mas manteremos estes termos para uma forma particular de associação (linear, ou pelo menos monotônica), como discutido nos §14.5 e §14.6.

Observe que, da mesma maneira que nas seções anteriores, os conceitos diferentes de significância e robustez aparecem: a associação entre duas distribuições pode ser signficativa mesmo quando fraca – se a quantidade de dados for grande o suficiente.

É interessante distinguir entre diferentes tipos de variáveis, com diferentes categorias formando categorias não rigorosas.

- Uma variável é chamada de nominal se seus valores são membros de um conjunto desordenado. Por exemplo, o "estado de residência" é uma variável nominal que (nos Estados Unidos) assume um de 50 diferentes valores. Em astrofísica, "tipos de galáxias" é uma variável nominal com três valores: "espiral", "elíptica" e "irregular".
- Uma variável é chamada de ordinal se seus valores são membros de um conjunto discreto e ordenado. Exemplos são notas na escola, ordem planetária a partir do Sol (Mercúrio = 1, Vênus = 2, ...) e número de filhos. Não há necessidade de haver um conceito de "distância métrica igual" entre valores de uma variável ordinal, apenas que elas sejam intrinsecamente ordenadas.
- Chamaremos uma variável de contínua se seus valores são números reais, como tempos, distâncias, temperaturas, etc. (cientistas sociais às vezes distinguem entre variáveis contínuas de intervalo ou de razão, mas não achamos que esta distinção seja muito convincente).

Uma variável contínua pode sempre ser transformada em uma ordinal colocando-a em bins de intervalos. Se optarmos por ignorar a ordem dos bins, podemos então transformá-la numa variável nominal. Variáveis nominais representam o tipo mais baixo na hierarquia, e portanto as mais gerais. Por exemplo, um conjunto de várias variáveis contínuas ou ordinais pode ser transformado, ainda que de modo grosseiro, em um única variável nominal, colocando-se cada variável em bins grosseiros e tomando cada combinação distinta de endereçamentos de bins como sendo um único valor nominal. Quando dados multidimensionais são esparsos, esta é em geral a única maneira sensata de trabalhar.

O restante desta seção tratará de medidas de associação entre variáveis nominais. Para qualquer par destas variáveis, os dados podem ser exibidos em uma tabela de contingência, uma tabela onde as linhas são indexadas pelos valores de uma variável nominal e as colunas, pelos valores da outra variável nominal. Os elementos são inteiros não negativos que dão o número de eventos observados em cada combinação de linhas e colunas (vide Figura 14.4.1). A análise da associação entre variáveis nominais é então chamada de análise de tabela de contingência ou análise de tabulação cruzada.

|  | 0. vermelho | 1. verde | ... |  |
|---|---|---|---|---|
| 0 macho | Nº de machos vermelhos $N_{00}$ | Nº de machos verdes $N_{01}$ | ... | Nº de machos $N_{0\cdot}$ |
| 1 fêmea | Nº de fêmeas vermelhas $N_{00}$ | Nº de fêmeas verdes $N_{11}$ | ... | Nº de fêmeas $N_{1\cdot}$ |
| ⋮ | ⋮ | ⋮ | ... | ⋮ |
|  | Nº de vermelhos $N_{\cdot 0}$ | Nº de verdes $N_{\cdot 1}$ | ... | Nº total $N$ |

**Figura 14.4.1** Exemplo de uma tabela de contingência para duas variáveis nominais, neste caso sexo e cor. Os valores marginais (totais) das linhas e colunas são mostrados. As variáveis são "nominais", isto é, a ordem pela qual seus valores são listados é arbitrária e não afeta o resultado da análise da tabela de contingência. Se o ordenamento dos valores tem algum significado intrínseco, então as variáveis são "ordinais" e "contínuas", e técnicas de correlação (§ 14.5 – § 14.6) podem ser utilizadas.

O resto desta seção apresenta uma abordagem baseada na estatística de qui-quadrado, que funciona bem quando se trata de caracterizar a significância da associação; por outro lado, ela é apenas razoável como medida da robustez (principalmente pelo fato de que seus valores numéricos não têm uma interpretação direta). Retornaremos à análise de tabela de contingência no § 14.7 com uma abordagem baseada no conceito de entropia da teoria de informação. Esta grandeza nos diz pouco sobre a significância da associação (para isto, use o qui-quadrado!), mas é capaz de caracterizar de forma muito elegante a robustez de uma associação que já sabemos ser significativa.

### 14.4.1 Medidas de associação baseados no qui-quadrado

Primeiramente, um pouco de notação: seja $N_{ij}$ o número de eventos que ocorrem quando a primeira variável $x$ assume seu $i$-ésimo valor e a segunda variável $y$, seu $j$-ésimo valor. Seja $N$ o número total de eventos, a soma de todos os $N_{ij}$'s. Seja $N_{i\cdot}$ o número de eventos para os quais a primeira variável toma o $i$-ésimo valor independentemente do valor de $y$. $N_{\cdot j}$ é o número de eventos de ocorrência do $j$-ésimo valor de $y$ independentemente dos valores de $x$. Temos assim:

$$N_{i\cdot} = \sum_j N_{ij} \qquad N_{\cdot j} = \sum_i N_{ij}$$

$$N = \sum_i N_{i\cdot} = \sum_j N_{\cdot j} \qquad (14.4.1)$$

Em outras palavras, o "ponto" é um marcador que significa "some sobre o índice ausente". $N_{.j}$ e $N_{i.}$ são normalmente chamados de totais de linha e coluna ou marginais, mas usaremos estes termos com cautela, uma vez que queremos a todo instante saber exatamente quem são as linhas e quem são as colunas!

A hipótese zero é que duas variáveis $x$ e $y$ não são associadas. Neste caso, a probabilidade de ocorrência de um valor particular de $x$ dado um valor particular de $y$ deveria ser a mesma que a probabilidade daquele valor de $x$ independente do valor de $y$. Portanto, na hipótese zero, o valor esperado de qualquer $N_{ij}$, que chamaremos de $n_{ij}$, pode ser calculado simplesmente a partir dos totais da linha e coluna,

$$\frac{n_{ij}}{N_{.j}} = \frac{N_{i.}}{N} \quad \text{o que implica} \quad = \frac{N_{i.}N_{.j}}{N} \quad (14.4.2)$$

Observe que se o total de uma coluna ou linha é zero, então o valor esperado de todas as entradas daquela coluna ou linha também é zero; neste caso, o bin de $x$ ou $y$ que nunca ocorre deve ser extraído da análise.

A estatística qui-quadrado é agora dada pela equação (14.3.1), a qual, no presente caso, é somada sobre todas as entradas da tabela:

$$\chi^2 = \sum_{i,j} \frac{(N_{ij} - n_{ij})^2}{n_{ij}} \quad (14.4.3)$$

O número de graus de liberdade é igual ao número de entradas na tabela (produto do número de linhas pelo número de colunas) menos o número de vínculos que surgiram do nosso emprego dos próprios dados na hora de determinar os $n_{ij}$. O total de cada linha e coluna é um vínculo, exceto que isto conta um valor a mais, pois o total do total de colunas e o total do total de linhas é igual a $N$, o número total de dados. Portanto, se a tabela é de tamanho $I$ por $J$, o número de graus de liberdade é $IJ - I - J + 1$. A equação (14.4.3) junto com a função de probabilidade qui-quadrado (§ 6.2) dão agora a significância de uma associação entre as variáveis $x$ e $y$. Incidentalmente, o teste de qui-quadrado de duas amostras para a igualdade de distribuições, a equação (14.3.3), é um caso especial da equação (14.4.3) com $J = 2$ e com a variável $y$ assumindo o papel de um simples índice que distingue as duas amostras.

Suponha que há uma associação significativa. Como quantificamos sua robustez, de modo que (por exemplo) possamos comparar a robustez de uma associação com outra? A ideia neste caso é achar alguma reparametrização de $\chi^2$ que o mapeie em um intervalo conveniente, como entre 0 e 1, onde o resultado não seja dependente da quantidade de dados que tomamos como amostra, mas antes dependa somente da população subjacente da qual os dados são tomados. Há várias maneiras diferentes de se fazer isto. Duas das mais comuns são chamadas de $V$ de Cramer e de coeficiente de contingência $C$.

A fórmula para o $V$ de Cramer é

$$V = \sqrt{\frac{\chi^2}{N \min(I - 1, J - 1)}} \quad (14.4.4)$$

onde $I$ e $J$ são novamente o número de linhas e colunas, e $N$ é o número total de eventos. O $V$ de Cramer tem a propriedade agradável de ficar entre zero e um, inclusive. É igual a zero quando não há associação, e vale um somente quando a associação for perfeita: todos os eventos em qualquer linha se encontram num única coluna, e vice-versa (na linguagem de xadrez, dados dois peões, nenhum deles, colocados em um entrada de tabela diferente de zero, consegue capturar o outro).

No caso de $I = J = 2$, o $V$ de Cramer também é chamado de estatística phi.

O coeficiente de contingência $C$ é definido via

$$C = \sqrt{\frac{\chi^2}{\chi^2 + N}} \qquad (14.4.5)$$

Ele também se encontra entre zero e um, mas (como é claro na fórmula) ele nunca chega no limite superior. Ao passo que ele pode ser usado para medir a robustez da associação entre duas tabelas com os mesmos valores de $I$ e $J$, seu limite superior depende de $I$ e $J$. Portanto, ele nunca pode ser usado para comparar tabelas de tamanhos diferentes.

O problema com o $V$ de Cramer e o coeficiente de contingência $C$ é que, quando assumem valores entre os pontos extremos, não há uma interpretação direta sobre o que os valores significam. Por exemplo, você está em Las Vegas e um amigo lhe diz que há uma pequena mas significativa associação entre a cor dos olhos do crupiê e a ocorrência de vermelho ou preto na roleta. O $V$ de Cramer é aproximadamente 0,028, seu amigo lhe diz. Você conhece as chances usuais contra você (por causa do zero verde e do duplo zero na roleta). Esta associação é suficiente para você ter lucro? Não nos pergunte! Para uma medida de associação diretamente aplicável a apostas, consulte o § 14.7.

stattests.h
```
void cntab(MatInt_I &nn, Doub &chisq, Doub &df, Doub &prob, Doub &cramrv,
    Doub &ccc)
```
Dada uma tabela de contingência bidimensional na forma de um array nn[0..ni-1][0..nj-1] de inteiros, esta rotina retorna o qui-quadrado chisq, o número de graus de liberdade df, o *p*-value prob (pequenos valores indicam associação significativa), e duas medidas de associação, o *V* de Cramer (cramrv) e o coeficiente de contingência *C* (ccc).

```
{
    const Doub TINY=1.0e-30;                  Um número pequeno.
    Gamma gam;
    Int i,j,nnj,nni,minij,ni=nn.nrows(),nj=nn.ncols();
    Doub sum=0.0,expctd,temp;
    VecDoub sumi(ni),sumj(nj);
    nni=ni;                                   Número de linhas...
    nnj=nj;                                   ...e colunas.
    for (i=0;i<ni;i++) {                      Obtém o total de linhas.
        sumi[i]=0.0;
        for (j=0;j<nj;j++) {
            sumi[i] += nn[i][j];
            sum += nn[i][j];
        }
        if (sumi[i] == 0.0) --nni;            Elimina qualquer linha zero por redução do número.
    }
    for (j=0;j<nj;j++) {                      Obtém o total de colunas.
        sumj[j]=0.0;
        for (i=0;i<ni;i++) sumj[j] += nn[i][j];
        if (sumj[j] == 0.0) --nnj;            Elimina qualquer coluna zero.
    }
    df=nni*nnj-nni-nnj+1;                     Corrige número de graus de liberdade.
    chisq=0.0;
    for (i=0;i<ni;i++) {                      Faz a soma qui-quadrado.
        for (j=0;j<nj;j++) {
            expctd=sumj[j]*sumi[i]/sum;
            temp=nn[i][j]-expctd;
            chisq += temp*temp/(expctd+TINY); Aqui TINY garante que linhas e colunas eli-
        }                                     minadas não contribuirão para a soma.
```

```
        }
        prob=gam.gammq(0.5*df,0.5*chisq);      Função de probabilidade qui-quadrado.
        minij = nni < nnj ? nni-1 : nnj-1;
        cramrv=sqrt(chisq/(sum*minij));
        ccc=sqrt(chisq/(chisq+sum));
    }
```

**REFERÊNCIAS CITADAS E LEITURA COMPLEMENTAR**

Agresti, A. 2002, *Categorical Data Analysis*, 2nd ed. (New York: Wiley).

Mickey, R.M., Dunn, O.J., and Clark, V.A. 2004, *Applied Statistics: Analysis of Variance and Regression*, 3rd ed. (New York: Wiley).

Norusis, M.J. 2006, *SPSS 14.0 Guide to Data Analysis* (Englewood Cliffs, NJ: Prentice-Hall).

## 14.5 Correlação linear

Voltaremos agora nossa atenção para medidas de associação de variáveis que, ao invés de nominais, são ordinais e contínuas. A medida mais amplamente usada é o coeficiente de correlação linear. Para pares de grandezas $(x_i, y_i)$, $i = 0, \ldots, N-1$, o coeficiente $r$ de correlação linear (também chamado de coeficiente de correlação produto-momento, ou $r$ de Pearson) é dado pela fórmula

$$r = \frac{\sum_i (x_i - \bar{x})(y_i - \bar{y})}{\sqrt{\sum_i (x_i - \bar{x})^2} \sqrt{\sum_i (y_i - \bar{y})^2}} \tag{14.5.1}$$

onde, como sempre, $\bar{x}$ é a média dos $x_i$'s e $\bar{y}$ é a média dos $y_i$'s.

O valor de $r$ se encontra entre $-1$ e $1$, inclusive. Ele assume o valor 1 quando os dados se encontram numa linha perfeita com coeficiente angular positivo, também chamado de "correlação positiva completa". O valor 1 é independente do valor do coeficiente angular. Se os pontos se encontram sobre uma reta com coeficiente angular negativo, $y$ diminuindo à medida que $x$ aumenta, então neste caso $r = -1$ e temos uma "correlação negativa completa". Um valor de $r$ próximo de zero indica que as variáveis $x$ e $y$ são descorrelacionadas.

Quando se sabe que a correlação é significativa, $r$ é uma maneira convencional de sumarizar sua robustez. De fato, o valor de $r$ pode ser traduzido em uma afirmação a respeito de quais resíduos (raízes quadradas dos desvios quadráticos médios) são esperados se os dados forem ajustados por uma reta usando o método dos mínimos quadrados (vide § 15.2, particularmente a equação 15.2.13). Infelizmente, $r$ é uma estatística bastante pobre para se decidir se uma correlação observada é estatisticamente significante e/ou se uma correlação observada é significativamente mais robusta que outra. A razão é que $r$ não sabe a respeito das distribuições individuais de $x$ e $y$, de modo que não há uma maneira universal de se calcular sua distribuição no caso da hipótese zero.

Praticamente a única afirmação geral que pode ser feita é a seguinte: se a hipótese zero é que $x$ e $y$ são descorrelacionados, se as distribuições para $x$ e $y$ têm um número suficiente de momentos convergentes (as "caudas" vão a zero rápido o suficiente), e se $N$ for grande (tipicamente $> 500$), então $r$ é distribuído de forma aproximadamente normal, com média zero e desvio padrão igual a $1/\sqrt{N}$. Neste caso, a significância (dupla) da correlação, isto é, a probabilidade de que $|r|$ seja maior que seu valor observado na hipótese zero, é

$$\text{erfc}\left(\frac{|r|\sqrt{N}}{\sqrt{2}}\right) \tag{14.5.2}$$

onde erfc($x$) é a função erro complementar, equação (6.2.10), calculada pelas rotinas `Erf.erfc` ou `erfcc` do § 6.2. Um valor pequeno de (14.5.2) indica que as duas distribuições são significantemente correlacionadas (veja expressão 14.5.9 adiante para um teste mais preciso).

A maioria dos livros de estatística tentar ir além de (14.5.2) e providenciar testes estatísticos adicionais que podem ser feitos utilizando-se $r$. Na maioria dos casos, contudo, estes testes só são válidos para uma classe muito pequena de hipóteses, a saber, que as distribuições $x$ e $y$ juntas formam uma distribuição binormal ou gaussiana bidimensional em torno de seus valores médios, com a densidade de probabilidade conjunta (*joint probability density*)

$$p(x, y)\, dxdy = \text{const.} \times \exp\left[-\tfrac{1}{2}(a_{00}x^2 - 2a_{01}xy + a_{11}y^2)\right] dxdy \tag{14.5.3}$$

onde $a_{00}$, $a_{01}$ e $a_{11}$ são constantes arbitrárias. Para esta distribuição, $r$ tem o valor de

$$r = -\frac{a_{01}}{\sqrt{a_{00}a_{11}}} \tag{14.5.4}$$

Há ocasiões para as quais (14.5.3) é conhecidamente um bom modelo para os dados. Pode haver outras ocasiões em que estamos predispostos a tomar (14.5.3) pelo menos como uma resposta pronta, uma vez que muitas distribuições bidimensionais lembram uma distribuição binormal (isto é, uma gaussiana bidimensional) pelo menos não muito próximo das caudas. Em ambas as situações, podemos usar (14.5.3) para ir além de (14.5.2) em qualquer uma de muitas direções: primeiro, podemos permitir a possibilidade de que o número $N$ de dados não é grande. Neste caso, resulta que a estatística

$$t = r\sqrt{\frac{N-2}{1-r^2}} \tag{14.5.5}$$

é distribuída no caso nulo (ausência de correlação) como uma distribuição $t$ de Student com $v = N - 2$ graus de liberdade e cujo nível de significância bilateral é dado por $1 - A(t|v)$ (equação 6.4.11) [1]. À medida que $N$ cresce, esta significância e (14.5.2) se tornam assintoticamente iguais, de modo que nunca é possível conseguir algo pior usando (14.5.5) mesmo que a hipótese binormal não possa ser bem fundamentada.

Segundo, quando $N$ é apenas moderadamente grande ($\geq 10$), podemos comparar se a diferença de dois $r$'s significativamente diferentes de zero, por exemplo, de dois experimentos diferentes, é ela própria significativa. Em outras palavras, podemos quantificar se uma mudança em alguma variável de controle altera significativamente uma correlação existente entre duas outras variáveis. Isso é feito usando-se a transformação $z$ de Fisher, que associa a cada valor medido de $r$ um $z$ correspondente:

$$z = \frac{1}{2}\ln\left(\frac{1+r}{1-r}\right) \tag{14.5.6}$$

Então, cada $z$ é distribuído normalmente de maneira aproximada com um valor médio dado por

$$\bar{z} = \frac{1}{2}\left[\ln\left(\frac{1+r_{\text{true}}}{1-r_{\text{true}}}\right) + \frac{r_{\text{true}}}{N-1}\right] \quad (14.5.7)$$

onde $r_{\text{true}}$ é o valor da população ou verdadeiro do coeficiente de correlação, com um desvio padrão de

$$\sigma(z) \approx \frac{1}{\sqrt{N-3}} \quad (14.5.8)$$

As equações (14.5.7) e (14.5.8), quando válidas, produzem vários testes estatísticos úteis [1]. Por exemplo, o nível de significância no qual uma valor medido de $r$ difere de algum valor hipotético $r_{\text{true}}$ é dado por

$$\text{erfc}\left(\frac{|z-\bar{z}|\sqrt{N-3}}{\sqrt{2}}\right) \quad (14.5.9)$$

onde $z$ e $\bar{z}$ são dados por (14.5.6) e (14.5.7), com valores pequenos de (14.5.9) indicando uma diferença significativa (colocar $\bar{z} = 0$ torna a expressão 14.5.9 uma substituta mais precisa da expressão 14.5.2 acima). Similarmente, a significância da difere entre dois coeficientes de correlação medidos $r_1$ e $r_2$ é

$$\text{erfc}\left(\frac{|z_1 - z_2|}{\sqrt{2}\sqrt{\frac{1}{N_1-3} + \frac{1}{N_2-3}}}\right) \quad (14.5.10)$$

onde $z_1$ e $z_2$ são obtidos a partir de $r_1$ e $r_2$ usando-se (14.5.6), e onde $N_1$ e $N_2$ são, respectivamente, o número de dados nas medições de $r_1$ e $r_2$.

Todas as significâncias discutidas acima são bilaterais. Se você quer provar a não validade da hipótese zero em favor de uma hipótese unilateral, tal como a que $r_1 > r_2$ (onde o sentido da desigualdade foi decidido a *priori*), então (i) se seus $r_1$ e $r_2$ medidos têm o sentido *errado*, isto significa que você não foi bem-sucedido ao demonstrar sua hipótese unilateral. Mas (ii) se elas tem o ordenamento correto, você pode multiplicar as significâncias acima por 0,5, o que as torna mais significativas.

Mas não se esqueça: estas interpretações da estatística $r$ podem carecer de qualquer sentido se a distribuição de probabilidade conjunta de suas variáveis $x$ e $y$ for muito diferente de uma distribuição binormal.

```
void pearsn(VecDoub_I &x, VecDoub_I &y, Doub &r, Doub &prob, Doub &z)         stattests.h
Dados dois arrays x[0..n-1] e y[0..n-1], esta rotina calcula o coeficiente r de correlação (retornado
em r), o p-value com o qual a hipótese zero de não correlação é desprovada (prob, cujo valor pequeno
indica uma correlação significativa), e o z de Fisher (retornado em z), cujo valor pode ser usado em testes
estatísticos posteriores como descrito acima.
{
    const Doub TINY=1.0e-20;              Regularizará o caso não usual de correlação
    Beta beta;                            completa.
    Int j,n=x.size();
    Doub yt,xt,t,df;
    Doub syy=0.0,sxy=0.0,sxx=0.0,ay=0.0,ax=0.0;
    for (j=0;j<n;j++) {                   Acha as médias.
        ax += x[j];
        ay += y[j];
    }
```

```
        ax /= n;
        ay /= n;
        for (j=0;j<n;j++) {                        Calcula o coeficiente de correlação.
            xt=x[j]-ax;
            yt=y[j]-ay;
            sxx += xt*xt;
            syy += yt*yt;
            sxy += xt*yt;
        }
        r=sxy/(sqrt(sxx*syy)+TINY);
        z=0.5*log(((1.0+r+TINY)/(1.0-r+TINY));     Transformação z de Fisher.
        df=n-2;
        t=r*sqrt(df/(((1.0-r+TINY)*(1.0+r+TINY))); Equação (14.5.5).
        prob=beta.betai(0.5*df,0.5,df/(df+t*t));   Probabilidade t de Student.
        // prob=erfcc(abs(z*sqrt(n-1.0))/1.4142136);
```
Para valores grandes de n, este cálculo mais simples de prob, usando a rotina curta erfcc, resultaria aproximadamente no mesmo valor.
}

### REFERÊNCIAS CITADAS E LEITURA COMPLEMENTAR

Taylor, J.R. 1997, *An Introduction to Error Analysis*, 2nd ed. (Sausalito, CA: University Science Books), Chapter 9.

Mickey, R.M., Dunn, O.J., and Clark, V.A. 2004, *Applied Statistics: Analysis of Variance and Regression*, 3rd ed. (New York: Wiley).

Devore, J.L. 2003, *Probability and Statistics for Engineering and the Sciences*, 6th ed. (Belmont, CA: Duxbury Press), Chapter 12.

Hoel, P.G. 1971, *Introduction to Mathematical Statistics*, 4th ed. (New York: Wiley), Chapter 7.

Korn, G.A., and Korn, T.M. 1968, *Mathematical Handbook for Scientists and Engineers*, 2nd rev. ed., reprinted 2000 (New York: Dover), §19.7.

Norusis, M.J. 2006, *SPSS 14.0 Guide to Data Analysis* (Englewood Cliffs, NJ: Prentice-Hall).

Stuart, A., and Ord, J.K. 1994, *Kendall's Advanced Theory of Statistics*, 6th ed. (London: Edward Arnold) [previous eds. published as Kendall, M., and Stuart, A., *The Advanced Theory of Statistics*], §16.28 and §16.33.[1]

## 14.6 Correlação de ordem (*rank*) não paramétrica

É precisamente a incerteza na interpretação da significância de um coeficiente de correlação linear $r$ que nos leva ao importante conceito da correlação de ordem (*rank*) ou correlação não paramétrica. Como antes, nos são dados $N$ pares de medidas $(x_i, y_i)$. Antes, as dificuldades surgiram porque não conhecíamos necessariamente a função distribuição de probabilidade das quais os $x_i$'s e $y_i$'s foram retirados.

O conceito-chave de correlação não paramétrica é o seguinte: se substituirmos o valor de cada $x_i$ pelo valor de seu rank entre todos os outros $x_i$'s da amostra, isto é, 1, 2, 3, ... $N$, então a lista de números resultante será obtida de um função distribuição perfeitamente conhecida, a saber, uma distribuição uniforme entre 1 e $N$, inclusive. Melhor do que uniformemente, na verdade, pois se os $x_i$'s forem todos distintos, então cada inteiro ocorrerá precisamente uma única vez. Se alguns dos $x_i$'s têm valores iguais, é convencional dar a todos estes "vínculos" a média dos ranks que eles teriam se seus valores fossem levemente diferentes. Este rank médio (*midrank*) será algumas vezes um inteiro, outras um semi-inteiro. Em todos os casos, a soma de todos os ranks atribuídos será o mesmo que a soma dos inteiros de 1 a $N$, a saber, $\frac{1}{2}N(N+1)$.

Obviamente, aplicamos o mesmo procedimento para os $y_i$'s, substituindo cada valor pelo seu rank entre os outros $y_i$'s da amostra.

Estamos agora livres para inventar estatísticas que detectem correlação entre conjuntos uniformes de inteiros entre 1 e $N$, mantendo-nos atentos para a possiblidade de vínculos entre os ranks. Há, obviamente, alguma perda de informação ao se substituir números originais por ranks. Poderíamos construir alguns exemplos bastante artificiais onde a correlação pudesse ser detectada parametricamente (por exemplo, no coeficiente $r$ de correlação linear), mas não pudesse ser detectada de forma não paramétrica. No entanto, tais exemplos são muito raros na vida real, e a pequena perda de informação no estabelecimento de ranks é um preço muito pequeno que se paga para uma vantagem muito grande: quando se mostra de maneira não paramétrica a presença de correlação, é porque ela realmente está presente! (Isto é, dentro de um certo nível de confiança que depende da significância escolhida.) Correlação não paramétrica é mais robusta que correlação linear, mais resistente a defeitos não planejados nos dados, da mesma maneira que a mediana é mais robusta que a média. Para mais detalhes sobre o conceito de robustez, veja o § 15.7.

Como sempre em estatística, algumas escolhas particulares de uma estatística já foram feitas e consagradas, para não dizer beatificadas, pelo uso popular. Discutiremos duas delas, o coeficiente de correlação de ordem de rank de Spearman ($r_s$) e o tau de Kendall ($\tau$).

## 14.6.1 Coeficiente de correlação de ordem de rank de Spearman

Seja $R_i$ o rank de $x_i$ entre os outros $x$'s e $S_i$ o rank dos $y_i$ entre os outros $y$'s, com vínculos sendo associados aos midranks apropriados, como descrito acima. Então, o coeficiente de correlação de ordem de rank é definido como o coeficiente de correlação linear dos ranks, a saber,

$$r_s = \frac{\sum_i (R_i - \bar{R})(S_i - \bar{S})}{\sqrt{\sum_i (R_i - \bar{R})^2} \sqrt{\sum_i (S_i - \bar{S})^2}} \tag{14.6.1}$$

O significado de um valor não zero de $r_s$ pode ser testado calculando-se

$$t = r_s \sqrt{\frac{N - 2}{1 - r_s^2}} \tag{14.6.2}$$

que é distribuído aproximadamente segundo uma distribuição de Student com $N - 2$ graus de liberdade. Um ponto-chave é que a aproximação não depende da distribuição original de $x$'s e $y$'s; é sempre a mesma aproximação, e sempre muito boa.

Resulta que $r_s$ é intimamente relacionado a outra medida convencional de correlação não paramétrica, a chamada soma de diferenças ao quadrado dos ranks, definida como

$$D = \sum_{i=0}^{N-1} (R_i - S_i)^2 \tag{14.6.3}$$

(este $D$ é muitas vezes denotado por $D^{**}$, onde os asteriscos são usados para indicar que vínculos são tratados com midranking).

Quando não há vínculos entre dados, a relação exata entre $D$ e $r_s$ é

$$r_s = 1 - \frac{6D}{N^3 - N} \tag{14.6.4}$$

Quando vínculos estão presentes, a relação exata é um pouco mais complicada: seja $f_k$ o número de vínculos no $k$-ésimo grupo de vínculos entre os $R_i$'s, e seja $g_m$ o número de vínculos do $m$-ésimo grupo de vínculos entre os $S_i$'s. Então resulta que

$$r_s = \frac{1 - \frac{6}{N^3 - N}\left[D + \frac{1}{12}\sum_k(f_k^3 - f_k) + \frac{1}{12}\sum_m(g_m^3 - g_m)\right]}{\left[1 - \frac{\sum_k(f_k^3 - f_k)}{N^3 - N}\right]^{1/2}\left[1 - \frac{\sum_m(g_m^3 - g_m)}{N^3 - N}\right]^{1/2}} \qquad (14.6.5)$$

é válida exatamente. Observe que se todos os $f_k$'s e todos os $g_m$'s forem iguais a um, o que significa que não há vínculos, então a equação (14.6.5) reduz-se à equação (14.6.4).

Em (14.6.2) introduzimos uma estatística-$t$ que testa a significância de um valor não zero de $r_s$. Também é possível testar a significância de $D$ diretamente. O valor esperado de $D$ na hipótese zero de dados não correlacionados é

$$\bar{D} = \frac{1}{6}(N^3 - N) - \frac{1}{12}\sum_k(f_k^3 - f_k) - \frac{1}{12}\sum_m(g_m^3 - g_m) \qquad (14.6.6)$$

e sua variância é

$$\text{Var}(D) = \frac{(N-1)N^2(N+1)^2}{36}\left[1 - \frac{\sum_k(f_k^3 - f_k)}{N^3 - N}\right]\left[1 - \frac{\sum_m(g_m^3 - g_m)}{N^3 - N}\right] \qquad (14.6.7)$$

Ela é distribuída, aproximadamente, como uma distribuição normal, de modo que o nível de significância é a função erro complementar (confira equação 14.5.2). Obviamente, (14.62) e (14.6.7) não são testes independentes, mas simplesmente variações de um mesmo teste. No programa a seguir, calculamos tanto o nível de significância obtido via (14.6.2) quanto aquele obtido via (14.6.7); a discrepância entre eles nos dará uma ideia de quão boas são as aproximações. Você perceberá que quebramos a tarefa de definir ranks (incluindo midranks vinculados) em uma função separada, crank.

stattests.h
```
void spear(VecDoub_I &data1, VecDoub_I &data2, Doub &d, Doub &zd, Doub &probd,
    Doub &rs, Doub &probrs)
```
Dados dois arrays de dados data1[0..n-1] e data2[0..n-1], esta rotina retorna a soma das diferenças ao quadrado dos ranks em $D$, o número de desvios padrões pelo qual $D$ se desvia de seu valor esperado pela hipótese zero em zd o $p$-value bilateral deste desvio em probd, a correlação de rank $r_s$ de Spearman em rs, e o $p$-value bilateral de seu desvio a partir de zero em probrs. As rotinas externas crank (abaixo) e sort2 (§ 8.2) são usadas. Um valor pequeno de probd ou probrs indica uma correlação significativa (rs positivo) ou anticorrelação (rs negativo)

```
{
    Beta bet;
    Int j,n=data1.size();
    Doub vard,t,sg,sf,fac,en3n,en,df,aved;
    VecDoub wksp1(n),wksp2(n);
    for (j=0;j<n;j++) {
        wksp1[j]=data1[j];
        wksp2[j]=data2[j];
    }
    sort2(wksp1,wksp2);       Ordena cada um dos arrays e converte
    crank(wksp1,sf);          as entradas em ranks. Os valores sf
    sort2(wksp2,wksp1);       e sg retornam as somas $\sum(f_k^3 - f_k)$ e
    crank(wksp2,sg);          $\sum(g_m^3 - g_m)$, respectivamente.
    d=0.0;
    for (j=0;j<n;j++)         Soma as diferenças de ranks ao quadrado.
```

```
        d += SQR(wksp1[j]-wksp2[j]);
    en=n;
    en3n=en*en*en-en;
    aved=en3n/6.0-(sf+sg)/12.0;                     Valor esperado de D,
    fac=(1.0-sf/en3n)*(1.0-sg/en3n);
    vard=((en-1.0)*en*en*SQR(en+1.0)/36.0)*fac;     e variância de D dão número de desvios
    zd=(d-aved)/sqrt(vard);                             padrões e p-value.
    probd=erfcc(abs(zd)/1.4142136);                 Coeficiente de correlação de rank,
    rs=(1.0-(6.0/en3n)*(d+(sf+sg)/12.0))/sqrt(fac);
    fac=(rs+1.0)*(1.0-rs);
    if (fac > 0.0) {
        t=rs*sqrt((en-2.0)/fac);                    e seu t-value
        df=en-2.0;
        probrs=bet.betai(0.5*df,0.5,df/(df+t*t));   dá seu t-value.
    } else
        probrs=0.0;
}

void crank(VecDoub_IO &w, Doub &s)                                              stattests.h
Dado um array ordenado w[0..n-1], substitui os elementos pelo seus ranks, incluindo midrank de víncu-
los, e retorna em s a soma de $f^3- f$, onde $f$ é o número de elementos de cada vínculo.
{
    Int j=1,ji,jt,n=w.size();
    Doub t,rank;
    s=0.0;
    while (j < n) {
        if (w[j] != w[j-1]) {                   Não é vínculo.
            w[j-1]=j;
            ++j;
        } else {
            for (jt=j+1;jt<=n && w[jt-1]==w[j-1];jt++);   Quão longe vai?
            rank=0.5*(j+jt-1);                  Este é o rank médio de um vínculo,
            for (ji=j;ji<=(jt-1);ji++)          então entre com ele em todas as entradas vinculadas,
                w[ji-1]=rank;
            t=jt-j;
            s += (t*t*t-t);                     e update o valor de s.
            j=jt;
        }
    }
    if (j == n) w[n-1]=n;                       Se o último elemento não estava vinculado, este é o
}                                                   rank.
```

## 14.6.2 O tau de Kendall

O $\tau$ de Kendall é ainda mais não paramétrico que o $r_s$ de Spearman ou $D$. Ele usa somente o ordenamento relativo de ranks: mais alto no rank, mais baixo no rank, ou do mesmo rank. Mas neste caso não precisamos nem mesmo estabelecer o rank dos dados! Os ranks serão maiores, menores ou iguais se e somente se seus valores forem maiores, menores ou iguais, respectivamente. No final das contas, preferimos $r_s$ por ser um teste não paramétrico mais direto, mas ambas as estatísticas são geralmente usadas. Na verdade, $\tau$ e $r_s$ são fortemente correlacionados e, na maioria das aplicações, representam efetivamente o mesmo teste.

Para definir $\tau$, começamos com $N$ dados $(x_i, y_i)$. Agora considere todos os $\frac{1}{2}N(N-1)$ pares de dados, onde um dado não pode ser par de si próprio e onde os pontos em qualquer uma das ordens são contados como um só par. Chamamos um par de concordante se o ordenamento relativo de ranks dos dois $x$'s (ou, se preciso, os próprios $x$'s) é o mesmo que o ordenamento relativo dos ranks dos dois $y$'s (ou dos dois próprios $y$'s). Chamamos um par de discordante se o ordenamento relativo de ranks dos dois $x$'s é oposto ao ordenamento relativo dos ranks dos dois $y$'s. Se há empate ou nos ranks dos dois $x$'s ou nos dos dois $y$'s, então não os chamamos nem de concordante, nem de discordante. Se o empate for nos $x$'s, chamaremos o par de um "par $y$ extra". Se o empate é nos $y$'s, nós os chamamos de um "par $x$ extra". Se os empates ocorrem em $x$ e $y$, então não chamamos os pares de coisa alguma. Você ainda está nos acompanhando?

O $\tau$ de Kendall nada mais é que a seguinte combinação simples destas várias contagens:

$$\tau = \frac{\text{concordante} - \text{discordante}}{\sqrt{\text{concordante} + \text{discordante} + y \text{ extra}} \sqrt{\text{concordante} + \text{discordante} + x \text{ extra}}}$$

(14.6.8)

Você pode se convencer facilmente que isto deve ficar entre 1 e $-1$, e que assume os valores extremos somente quando os ranks concordam completamente ou há uma reversão completa de ranks, respectivamente.

Mais importante é que Kendall calculou, a partir de análise combinatória, a distribuição aproximada de $\tau$ para a hipótese zero de não associação entre $x$ e $y$. Neste caso, $\tau$ é distribuido de forma aproximadamente normal, com valor esperado zero e variância igual a

$$\text{Var}(\tau) = \frac{4N + 10}{9N(N-1)}$$

(14.6.9)

O programa seguinte procede segundo a descrição acima, e portanto faz um loop sobre todos os pares de dados. Cuidado: este é um algoritmo de ordem $O(N^2)$, diferente do algoritmo para $r_s$, cujas operações dominantes de ordenamento são de ordem $N \log N$. Se você estiver calculando o $\tau$ de Kendall rotineiramente para conjuntos de dados de mais que alguns milhares de pontos, você provavelmente estará fadado a uma computação pesada. Se, por outro lado, você estiver disposto a colocar seus dados em um número relativamente moderado de bins, então continue a leitura.

stattests.h
```
void kendl1(VecDoub_I &data1, VecDoub_I &data2, Doub &tau, Doub &z, Doub &prob)
```
Dados os arrays de dados data1[0..n-1] e data2[0..n-1], esta rotina retorna o $\tau$ de Kendall em tau, número de desvios padrões do valor zero em z, e o $p$-value bilateral deste desvio em prob. Valores pequenos de prob indicam uma correlação significativa (tau positivo) ou anticorrelação (tau negativo).
```
{
    Int is=0,j,k,n2=0,n1=0,n=data1.size();
    Doub svar,aa,a2,a1;
    for (j=0;j<n-1;j++) {                    Loop sobre o primeiro membro do par,
        for (k=j+1;k<n;k++) {                    e segundo membro.
            a1=data1[j]-data1[k];
            a2=data2[j]-data2[k];
            aa=a1*a2;
            if (aa != 0.0) {                 Nenhum array tem empate.
                ++n1;
                ++n2;
                aa > 0.0 ? ++is : --is;
            } else {                         Um ou ambos arrays têm empate.
                if (a1 != 0.0) ++n1;         Um evento "x extra".
                if (a2 != 0.0) ++n2;         Um evento "y extra".
            }
        }
    }
    tau=is/(sqrt(Doub(n1))*sqrt(Doub(n2)));  Equação (14.6.8)
    svar=(4.0*n+10.0)/(9.0*n*(n-1.0));       Equação (14.6.9)
    z=tau/sqrt(svar);
    prob=erfcc(abs(z)/1.4142136);            p-value.
}
```

Às vezes há apenas uns poucos valores para $x$ e $y$. Neste caso, os dados podem ser gravados na forma de uma tabela de contingência (§ 14.4) que dá o número de pontos para cada contingência de $x$ e $y$.

O coeficiente de correlação de ordem de rank de Spearman não é uma estatística muito natural para estes casos, uma vez que ele designa para cada bin $x$ e $y$ um valor de midrank sem muito sentido e então totaliza números grandes de diferenças idênticas de ranks. O tau de Kendall, por outro lado, com sua contagem simples, continua sendo bastante natural. Além disso, seu algoritmo de ordem $O(N^2)$ deixa de ser um problema uma vez que podemos ajeitá-lo para que faça loops sobre pares de entradas da tabela de contingência (cada um contendo um grande número de dados) ao invés de fazê-lo sobre pares de dados. Isto é implementado no programa que segue.

Observe que o tau de Kendall pode ser aplicado somente a tabelas de contingência onde ambas as variáveis são ordinais, isto é, bem-ordenadas, e que o método procura especificamente correlações monotônicas e não associações arbitrárias. Estas duas propriedades o tornam bem menos geral que os métodos do § 14.4, que pode ser aplicado a variáveis nominais, ou seja, desordenadas e para associações arbitrárias.

Comparando kendl1 acima com kendl2 abaixo, você verá que mudamos algumas variáveis de int para double. Isto ocorre porque o número de eventos de uma tabela de contingência pode ser suficientemente grande para causar overflows na aritmética inteira, enquanto o número de dados individuais em uma lista não pode ser tão grande (para uma rotina de ordem $O(N_2)$!).

```
void kendl2(MatDoub_I &tab, Doub &tau, Doub &z, Doub &prob)                    stattests.h
Dada uma tabela bidimensional tab[0..i-1][0..j-1], de modo que tab[k][1] contém o número de
eventos dentro do bin k de uma variável e do bin 1 da outra, este programa retorna o tau de Kendall em
tau, o número de desvios padrões do valor zero em z, e o p-value bilateral deste desvio em prob. Valores
pequenos de prob indicam uma correlação significativa (tau positivo) ou anticorrelação (tau negativo)
entre as duas variáveis. Embora tab seja um double array, ele normalmente conterá valores inteiros.
{
    Int k,l,nn,mm,m2,m1,lj,li,kj,ki,i=tab.nrows(),j=tab.ncols();
    Doub svar,s=0.0,points,pairs,en2=0.0,en1=0.0;
    nn=i*j;                         Número total de entradas na tabela de contingência.
    points=tab[i-1][j-1];
    for (k=0;k<=nn-2;k++) {         Loop sobre entradas na tabela,
        ki=(k/j);                   decodificando uma linha,
        kj=k-j*ki;                  e uma coluna.
        points += tab[ki][kj];      Incrementa o total de contagem de eventos.
        for (l=k+1;l<=nn-1;l++) {   Loop sobre membro de um par,
            li=l/j;                 decodificando sua linha
            lj=l-j*li;              e coluna.
            mm=(m1=li-ki)*(m2=lj-kj);
            pairs=tab[ki][kj]*tab[li][lj];
            if (mm != 0) {          Não é empate.
                en1 += pairs;
                en2 += pairs;
                s += (mm > 0 ? pairs : -pairs);     Concordante ou discordante.
            } else {
                if (m1 != 0) en1 += pairs;
                if (m2 != 0) en2 += pairs;
            }
        }
    }
    tau=s/sqrt(en1*en2);
    svar=(4.0*points+10.0)/(9.0*points*(points-1.0));
    z=tau/sqrt(svar);
    prob=erfcc(abs(z)/1.4142136);
}
```

**REFERÊNCIAS CITADAS E LEITURA COMPLEMENTAR**

Lupton, R. 1993, *Statistics in Theory and Practice* (Princeton, NJ: Princeton University Press), Chapter 13.

Lehmann, E.L. 1975, *Nonparametrics: Statistical Methods Based on Ranks* (San Francisco: Holden-Day); reprinted 2006 (New York: Springer).

Hollander, M., and Wolfe, D.A. 1999, *Nonparametric Statistical Methods*, 2nd ed. (New York: Wiley).

Downie, N.M., and Heath, R.W. 1965, *Basic Statistical Methods*, 2nd ed. (New York: Harper & Row), pp. 206–209.

Norusis, M.J. 2006, *SPSS 14.0 Guide to Data Analysis* (Englewood Cliffs, NJ: Prentice-Hall).

## 14.7 Propriedades de teoria da informação das distribuições

Nesta seção retornamos às distribuições nominais, quer dizer, àquelas com saídas discretas que não têm uma ordem que faça sentido. A teoria da informação [1-3] nos fornece uma perspectiva diferente e por vezes muito útil a respeito da natureza de uma distribuição **p** com saídas $i$, $0 \leq i \leq I - 1$, e probabilidades $p_i$ associadas, e também sobre a relação entre duas ou mais distribuições. Desenvolveremos aqui esta perspectiva, começando por uma revisão de alguns conceitos básicos.

### 14.7.1 Entropia de uma distribuição

Imagine que retiremos $M$ pontos independentes sequenciais de uma distribuição **p**, gerando assim uma mensagem que descreve um resultado, na forma de um $M$-vetor de inteiros $i_j$, cada um deles com valores no intervalo $0 \leq i_j \leq I - 1$, com $j = 0, \ldots, M - 1$. Queremos mandar a mensagem para um confederado que está na espera, mas queremos comprimi-la (isto é, codificá-la) no formato mais parcimonioso possível, digamos, no menor número possível de bits, $B$. Queremos calcular o limite inferior de $B$ equacionando $2^B$, o número de possíveis mensagens comprimidas, a uma estimativa estatística do número de mensagens de entrada prováveis. A equação, no limite em que $M$ se torna muito grande, é

$$2^B \approx \frac{M!}{\prod_i (Mp_i)!} \qquad (14.7.1)$$

O raciocínio para o lado direito da equação é que nossa mensagem conterá um número muito próximo de $Mp_i$ ocorrências do inteiro $i$ para cada $i$, de modo que a contagem de mensagens será muito proximamente o número de maneiras de arranjarmos $M$ objetos de $I$ tipos, com $Mp_i$ deles idênticos para cada tipo $i$. Tomando o logaritmo de (14.7.1), usando a aproximação de Stirling para fatoriais e mantendo somente os termos que escalonam tão rapidamente quanto $M$, obtemos imediatamente

$$B \approx -M \sum_{i=0}^{I-1} p_i \log_2 p_i \equiv M\, H_2(\mathbf{p}) \qquad (14.7.2)$$

onde $H_2(\mathbf{p})$ é chamada de entropia (em bits) da distribuição **p**, uma terminologia emprestada da física estatística. O subscrito 2 é para nos lembrar que o logaritmo é em base 2. Podemos também definir a entropia em base $e$,

$$H(\mathbf{p}) \equiv -\sum_{i=0}^{I-1} p_i \ln p_i = -(\ln 2)\sum_{i=0}^{I-1} p_i \log_2 p_i = (\ln 2) H_2(\mathbf{p}) \qquad (14.7.3)$$

Se $H_2(\mathbf{p})$ for medido em bits, então $H(\mathbf{p})$ será medido em nats, com 1 nat = 1,4427 bits. Ao calcular (14.7.3), note que

$$\lim_{p \to 0} p \ln p = 0 \qquad (14.7.4)$$

O valor de $H(\mathbf{p})$ se encontra entre 0 e ln $I$. Ele é zero somente quando um dos $p_i$'s for um e todos os outros forem zero.

Embora tenhamos deduzido $B$ com um limite inferior, um resultado central da teoria de informação é que no limite de $M$ grande pode-se achar códigos que na verdade conseguem atingir este limite inferior (codificação aritmética, descrita no § 22.6, é um exemplo de tal código). Heuristicamente, pode-se interpretar a equação (14.7.2) como a afirmação de que temos um custo, na média, de $- \log_2 p_i$ bits (um número positivo, pois $p_i < 1$) para codificar a saída $i$. Então, o tamanho da mensagem comprimida é $M$ vezes o valor esperado de $- \log_2 p_i$ sobre saídas que ocorrem com probabilidade $p_i$.

Uma interpretação ainda diferente da entropia surge se considerarmos o jogo das "vinte questões", onde por meio de perguntas repetidas do tipo sim/não você tenta eliminar todas as possibilidades, exceto a correta, a respeito de um objeto desconhecido. Melhor ainda, consideremos uma generalização do jogo, onde lhe é permitido fazer perguntas tipo múltipla escolha, bem como binárias (sim/não). Supõe-se que as categorias das suas perguntas de múltipla escolha sejam mutuamente exclusivas e exaustivas (como o são "sim" e "não").

Para você, o valor de uma resposta aumenta com o número de possibilidades que ela elimina. Mais especificamente, a uma pergunta que elimine todas as possibilidades exceto uma pequena fração $p$ das possibilidades remanescentes poderá ser dado um valor de $-\ln p$. O propósito do uso do logaritmo é fazer o valor aditivo, uma vez que, por exemplo, uma questão que elimina todas exceto 1/6 das possibilidades é considerada tão boa quanto duas questões que, feitas na sequência, reduzem os números por um fator de 1/2 e 1/3.

Então, este é o valor de uma resposta; mas qual é o valor de uma pergunta? Se há $I$ possíveis respostas a uma questão, e a fração de possibilidades consistentes com a resposta $i$ é $p_i$, então o valor da questão é o valor esperado do valor da resposta, que é simplesmente $-\Sigma_i p_i \ln p_i$ ou $H(\mathbf{p})$, como acima.

Como já mencionado anteriormente, a entropia é zero somente se um dos $p_i$'s for a unidade, com todos os outros iguais a zero. Neste caso, a questão não tem valor, uma vez que sua resposta é conhecida de antemão. $H(\mathbf{p})$ assume seu valor máximo quando todos os $p_i$'s forem iguais, em cujo caso a questão certamente eliminará todas exceto uma fração $1/I$ das possibilidades remanescentes.

Uma terceira maneira, ainda diferente, de ver a entropia pode ser obtida quando pensamos em termos de apostas (ou, falando de maneira mais educada, "investimentos"). Uma aposta justa (fair bet) sobre um resultado $i$ de probabilidade $p_i$ é um que tenha um payoff $o_i = 1/p_i$. Este payoff é o único (por unidade apostada) para o qual, a longo prazo, o apostador nem perderá, nem ganhará, uma vez que, em termos do valor esperado,

$$\langle o_i \rangle = p_i o_i = 1 \qquad (14.7.5)$$

Suponha agora que você tem a oportunidade de apostar repetidamente em um jogo que oferece apostas justas a cada rodada. Isto certamente não é muito interessante do ponto de vista de quem quer fazer dinheiro. Mas suponha que você é vidente e sabe antecipadamente o resultado de cada jogo (embora não possa afetar o resultado). Agora sim estamos falando de negócio! Você sempre aposta seu dinheiro na escolha vencedora de *i*. Quanto dinheiro você pode lucrar?

Uma vez que seu lucro (certo!) em cada aposta escalona multiplicativamente com sua riqueza acumulada, o valor de mérito apropriado é a taxa de duplicação média (*average doubling rate*) ou, equivalentemente, a taxa de e-plicação (*e-folding*) com a qual você aumenta seu capital. Uma vez que você sempre ganha, mas não consegue controlar os resultados, este valor é dado por

$$W \equiv \langle \ln o_i \rangle = \langle -\ln p_i \rangle = -\sum_i p_i \ln p_i = H(\mathbf{p}) \tag{14.7.6}$$

Em outras palavras, a entropia de uma distribuição é a taxa de e-plicação do capital em um jogo justo sobre o qual você tem informação de predição perfeita. Embora isto pareça exagerado, veremos no § 14.7.3 como generalizar isto para casos mais realistas onde você só tem informação de predição somente imperfeita, quem sabe muito pequena.

### 14.7.2 Distância de Kullback-Leibler

De volta ao contexto de compressão de mensagens, suponha que eventos ocorram segundo uma distribuição **p**, isto é, $p_i$, $0 \leq i \leq I - 1$, mas tentamos comprimir a mensagem de suas saídas com um código que é otimizado para alguma outra distribuição **q**, isto é, $q_i$, $0 \leq i \leq I - 1$. Nosso código pega portanto $-\log_2 q_i$ bits, ou $q_i$ nats, para codificar a saída $i$, e o comprimento comprimido médio por saída é

$$-\sum_i p_i \ln q_i = H(\mathbf{p}) + \sum_i p_i \ln \frac{p_i}{q_i} \equiv H(\mathbf{p}) + D(\mathbf{p}\|\mathbf{q}) \tag{14.7.7}$$

A quantidade

$$D(\mathbf{p}\|\mathbf{q}) \equiv \sum_i p_i \ln \frac{p_i}{q_i} \tag{14.7.8}$$

é chamada de *distância de Kullback-Leibler* entre **p** e **q**, também chamada de entropia relativa entre as duas distribuições. Podemos facilmente demonstrar que ela é não negativa, uma vez que

$$-D(\mathbf{p}\|\mathbf{q}) = \sum_i p_i \ln\left(\frac{q_i}{p_i}\right) \leq \sum_i p_i \left(\frac{q_i}{p_i} - 1\right) = 1 - 1 = 0 \tag{14.7.9}$$

onde a desigualdade vem do fato de que

$$\ln w \leq w - 1 \tag{14.7.10}$$

(Obviamente já sabíamos que ela era não negativa, pois sabíamos que $H(\mathbf{p})$ era o menor tamanho de mensagem comprimida possível para a distribuição **p**.) A distância de Kullback-Leibler entre duas distribuições somente é zero quando as duas forem idênticas, e a distância entre qualquer, distribuição **p** e a distribuição uniforme **U** é simplesmente a diferença entre a entropia de **p** e a entropia máxima possível $\ln I$, isto é,

$$H(\mathbf{p}) + D(\mathbf{p}\|\mathbf{U}) = \ln I \tag{14.7.11}$$

Isto é ilustrado na Figura 14.7.1. Tal como a entropia, a distância de Kullback-Leibler é medida em bits ou nats, dependendo se tomamos os logaritmos em base 2 ou base *e*, respectivamente.

```
←――――――――――― ln I ―――――――――――→
←―――― H(p) ――――→←―――― D(p‖U) ――――→
```

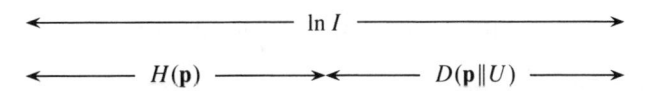

**Figura 14.7.1** Relação entre a entropia de uma distribuição **p**, sua distância de Kullback-Leibler de uma distribuição uniforme **U**, e sua entropia máxima possível ln *I*.

Observe que a distância de Kullback-Leibler não é simétrica, nem obedece à desigualdade do triângulo. Ela não é uma distância métrica de verdade, sendo contudo uma medida útil do grau com que uma distribuição "alvo" **q** difere de alguma distribuição "base" **p**. Mostraremos agora uma par de exemplos onde ela ocorre naturalmente.

**Exemplo 1.** Suponha que estamos observando eventos sacados de uma distribuição **p**, mas queremos descartar a hipótese alternativa de que eles vêm da distribuição **q**. Podemos fazer isso calculando uma taxa de verossimilhança (*likelihood ratio*),

$$\mathcal{L} = \frac{p(\text{Data}|\mathbf{p})}{p(\text{Data}|\mathbf{q})} = \prod_{\text{data}} \frac{p_i}{q_i} \qquad (14.7.12)$$

e rejeitando a hipótese alternativa **q** se esta razão for maior que algum número grande, digamos $10^6$ (na notação curta acima, o produto sobre "data" significa que substituímos *i* em cada fator pela saída particular do evento individual daquele fator). Tomando o logaritmo da equação (14.7.12), você pode verificar facilmente que, sob a hipótese **p**, o aumento médio em Ln $\mathcal{L}$ por evento é simplesmente $D(\mathbf{p}\|\mathbf{q})$. Em outras palavras, a distância de Kullback-Leibler é a log-verossimilhança esperada com a qual uma hipótese **q** deve ser rejeitada, por evento. Como era de se esperar, isto tem algo a ver com o "quão diferente" **q** é de **p**.

Um pequeno comentário bayesiano, a razão pela qual, o teste de verossimilhança acima é insatisfatoriamente assimétrico, é que, sem a noção de um antecedente (*prior*), não temos como tratar as hipóteses **p** e **q** democraticamente. Mas imagine que $p(\mathbf{p})$ é a probabilidade antecedente de **p**, de modo que $p(\mathbf{q}) = 1 - p(\mathbf{p})$ é a antecedente de **q**. Então a razão de chance de Bayes (*Bayes odds ratio*, O.R.) das duas hipóteses vale

$$\text{O.R.} = \frac{p(\mathbf{p}|\text{Data})}{p(\mathbf{q}|\text{Data})} = \frac{p(\text{Data}|\mathbf{p})\, p(\mathbf{p})}{p(\text{Data}|\mathbf{q})\, p(\mathbf{q})} = \frac{p(\mathbf{p})}{p(\mathbf{q})} \prod_{\text{data}} \frac{p_i}{q_i} \qquad (14.7.13)$$

O número a ser considerado agora é o aumento esperado em ln (O.R.) se **p** for verdadeiro, *menos* o aumento esperado (isto é, mais a diminuição esperada) se **q** for verdadeiro, cujo valor podemos ver diretamente como sendo

$$p(\mathbf{p})\, D(\mathbf{p}\|\mathbf{q}) + p(\mathbf{q})\, D(\mathbf{q}\|\mathbf{p}) \qquad (14.7.14)$$

por evento, o que tem a simetria apropriada. Podemos usar a expressão (14.7.14) para estimar quantos eventos precisamos, em média, para distinguir entre duas distribuições. Observe que no caso de um antecedente uniforme ("não informativo"), $p(\mathbf{p}) = p(\mathbf{p}) = 0,5$, obtemos simplesmente a média simetrizada das distâncias de Kullback-Leibler.

**Exemplo 2.** Neste meio tempo, de volta à pista de corridas onde nos são oferecidos payoffs de $o_i$ em eventos com probabilidade $p_i$, $\sum_i p_i = 1$, queremos agora achar a melhor maneira de dividir nosso capital entre todos os possíveis resultados de cada corrida. Imagine que apostemos uma fração $b_i$ no resultado *i*. De modo análogo à equação (14.7.6), queremos maximizar a taxa média de e-plicação,

$$W = \langle \ln(b_i o_i) \rangle = \sum_i p_i \ln(b_i o_i) \qquad (14.7.15)$$

sujeita à condição

$$\sum_i b_i = 1 \qquad (14.7.16)$$

Um cálculo simples (fazendo uso de multiplicadores de Lagrange para dar conta dos vínculos) nos dá o resultado de que o máximo ocorre quando

$$b_i = p_i \qquad (14.7.17)$$

resultado este completamente independente dos valores de $o_i$ ! Este resultado surpreendente é chamado de aposta proporcional (*proportional betting*), e algumas vezes de fórmula de Kelly [4].

Na prática, a distribuição **p** é conhecida imperfeitamente, tanto para você quanto para o bookmaker na pista. Imagine que você estime as probabilidades de resultados como sendo **q**, enquanto a estimativa do bookmaker é **r**. Se o bookmaker estiver num daqueles dias em que se sente generoso, ele oferece payoffs que são apostas justas de acordo com sua estimativa

$$o_i = 1/r_i \qquad (14.7.18)$$

ao passo que você faz apostas proporcionais com $b_i = q_i$. Sua taxa de e-plicação torna-se agora

$$W = \langle \ln(b_i o_i) \rangle = \sum_i p_i \ln \frac{q_i}{r_i} = D(\mathbf{p}\|\mathbf{r}) - D(\mathbf{p}\|\mathbf{q}) \qquad (14.7.19)$$

Isto será positivo se e somente se suas estimativas de probabilidade forem melhores que as do bookmaker, ou seja, mais próximas quando medidas com a distância de Kullback-Leibler. Apostar, em outras palavras, é uma competição entre você e o bookmaker para ver quem consegue melhor estimar as verdadeiras chances.

Uma variante mais realista é assumir que o bookmaker oferece payoffs que são apenas uma fração $f < 1$ de suas estimativas de probabilidade recíprocas. Neste caso (você pode fazer as contas), suas chances de ganhar são

$$D(\mathbf{p}\|\mathbf{r}) - D(\mathbf{p}\|\mathbf{q}) > -\ln f \qquad (14.7.20)$$

### 14.7.3 Informação mútua e entropia condicional

Queremos agora olhar para a associação de duas variáveis. Vamos retornar ao jogo de adivinhação discutido no § 14.7.1. Suponha que estamos decidindo qual é a próxima questão a perguntar e temos que escolher entre dois candidatos, ou possivelmente queiramos fazer as duas perguntas em uma ordem ou outra. Suponha que uma pergunta, $x$, tenha $I$ possibilidades de resposta, indexadas por $i$, e que a outra pergunta, $y$, tenha $J$ possibilidades de resposta, indexadas por $j$. Então, os possíveis resultados de se perguntar ambas as questões formam uma tabela de contingência cujas entradas são as probabilidades de resultado conjuntas $p_{ij}$, normalizadas por

$$\sum_{i=0}^{I-1}\sum_{j=0}^{J-1} p_{ij} \equiv \sum_{i,j} p_{ij} = 1 \qquad (14.7.21)$$

Usamos a mesma notação de "ponto" como no § 14.4 para denotar as somas de linhas e colunas, de modo que $p_{i\cdot}$ seja a probabilidade do resultado $i$ quando se pergunta $x$ somente, enquanto $p_{\cdot j}$ é a probabilidade de resultado $j$ quando se pergunta $y$ somente. Assim, as entropias das perguntas $x$ e $y$ são, respectivamente,

$$H(x) = -\sum_i p_{i\cdot} \ln p_{i\cdot} \qquad H(y) = -\sum_j p_{\cdot j} \ln p_{\cdot j} \qquad (14.7.22)$$

A entropia das duas perguntas juntas é

$$H(x, y) = -\sum_{i,j} p_{ij} \ln p_{ij} \qquad (14.7.23)$$

Agora, qual é a entropia da questão $y$ *dado* $x$ (isto é, se $x$ foi perguntado primeiro)? É o valor esperado pelas respostas de $x$ da entropia da distribuição $y$ restrita, que se encontra em uma única coluna da tabela de contingência (correspondendo à resposta $x$):

$$H(y|x) = -\sum_i p_{i\cdot} \sum_j \frac{p_{ij}}{p_{i\cdot}} \ln \frac{p_{ij}}{p_{i\cdot}} = -\sum_{i,j} p_{ij} \ln \frac{p_{ij}}{p_{i\cdot}} \qquad (14.7.24)$$

Do mesmo modo, a entropia de $x$ é dada por

$$H(x|y) = -\sum_j p_{\cdot j} \sum_i \frac{p_{ij}}{p_{\cdot j}} \ln \frac{p_{ij}}{p_{\cdot j}} = -\sum_{i,j} p_{ij} \ln \frac{p_{ij}}{p_{\cdot j}} \qquad (14.7.25)$$

Podemos rapidamente demonstrar que a entropia de $y$ dado $x$ nunca é maior que a entropia de $y$ sozinho, isto é, perguntar $x$ primeiro só pode reduzir a utilidade de se perguntar $y$ (em cujo caso as duas variáveis estão *associadas*):

$$\begin{aligned} H(y|x) - H(y) &= -\sum_{i,j} p_{ij} \ln \frac{p_{ij}/p_{i\cdot}}{p_{\cdot j}} \\ &= \sum_{i,j} p_{ij} \ln \frac{p_{\cdot j} p_{i\cdot}}{p_{ij}} \\ &\leq \sum_{i,j} p_{ij} \left( \frac{p_{\cdot j} p_{i\cdot}}{p_{ij}} - 1 \right) \\ &= \sum_{i,j} p_{i\cdot} p_{\cdot j} - \sum_{i,j} p_{ij} \\ &= 1 - 1 = 0 \end{aligned} \qquad (14.7.26)$$

Grandezas do tipo $H(x|y)$ ou $H(y|x)$ são chamadas de entropias condicionais. Você pode mostrar facilmente que

$$H(x, y) = H(x) + H(y|x) = H(y) + H(x|y) \qquad (14.7.27)$$

muitas vezes chamada de regra da cadeia para a entropia. Segue imediatamente que

$$H(x) - H(x|y) = H(y) - H(y|x) \equiv I(x, y) \qquad (14.7.28)$$

```
←————————— H(x, y) —————————→
←——— H(x) ———→
                    ←————— H(y) —————→
        ←— I(x, y) —→
←— H(x|y) —→              ←——— H(y|x) ———→
```

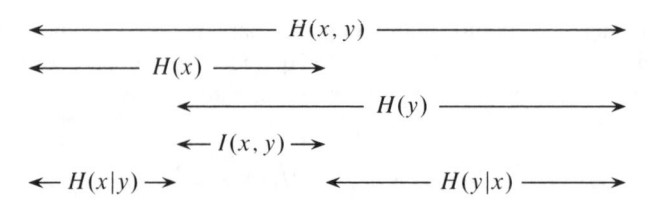

**Figura 14.7.2** Relações entre as entropias, entropias condicionais e informação mútua de duas variáveis. As quantidades mostradas como comprimentos de segmentos são sempre positivas.

uma quantidade chamada de informação mútua entre $x$ e $y$, dada explicitamente por

$$I(x, y) = \sum_{i,j} p_{ij} \ln\left(\frac{p_{ij}}{p_{i\cdot} p_{\cdot j}}\right) \qquad (14.7.29)$$

Note que a informação mútua é simétrica, ou seja, $I(x, y) = I(y, x)$.

A Figura 14.7.2 nos fornece uma maneira prática de visualizar as relações aditivas e desigualdades entre as grandezas discutidas. Como antes, todas são medidas em bits ou nats. Usando a informação mútua, pode-se fazer afirmações a respeito do grau de associação de duas variáveis do tipo: "As variáveis têm informação (entropia) igual a 6,5 e 4,2 bits, respectivamente. Contudo, sua informação mútua é 3,8 bits, de modo que juntas elas nos dão assim somente 6,9 bits de informação".

Como exemplo mais detalhado, voltemos à pista de corrida pela última vez. Imagine que você possua alguma informação privilegiada relevante para o resultado, mas não completamente preditiva. Isto é, $x$ é uma variável aleatória cujo resultado $i$ ganha, ao passo que $y$ é uma variável aleatório cujo valor $j$ você conhece. Em vez de um simples conjunto de probabilidades $p_i$, temos agora uma tabela de contingência de resultados conjuntos, $p_{ij}$. Como você deve apostar, e qual é sua taxa de e-plicação esperada?

Primeiro, temos que generalizar a equação (14.7.17). Suponha que $b_{ij}$ é a fração de capital que apostamos no resultado $i$ quando nossa informação privilegiada tem valor $j$. Há agora $J$ vínculos separados,

$$\sum_i b_{ij} = 1, \qquad 0 \leq j \leq J - 1 \qquad (14.7.30)$$

Por questão de simplicidade, tomamos o caso onde os payoffs são para apostas justas (mas sem a informação privilegiada), $o_i = 1/p_i$. Então queremos maximizar

$$W = \left\langle \ln \frac{b_{ij}}{p_{i\cdot}} \right\rangle = \sum_{i,j} p_{ij} \ln \frac{b_{ij}}{p_{i\cdot}} \qquad (14.7.31)$$

Um cálculo simples, agora com $J$ multiplicadores de Lagrange distintos, produz o resultado

$$b_{ij} = \frac{p_{ij}}{p_{\cdot j}} \qquad (14.7.32)$$

Isto é novamente uma aposta proporcional, exceto que agora ela é condicionada pelo valor $j$ por nós conhecido. Substituindo a equação (14.7.32), em (14.7.31), obtemos

$$W = \sum_{i,j} p_{ij} \ln\left(\frac{p_{ij}}{p_{i\cdot} p_{\cdot j}}\right) = I(x, y) \qquad (14.7.33)$$

Disto vemos que a taxa de e-plicação esperada é exatamente a informação mútua entre $x$ e $y$. Em outras palavras, podemos ganhar dinheiro se e somente se a informação privilegiada $y$ tiver uma informação mútua diferente de zero com o resultado $x$. Como na equação (14.7.20), você pode facilmente fazer as contas para casos mais realistas onde os ganhos não são apostas justas, ou são baseados em estimativas inexatas das verdadeiras probabilidades. Um caso especial da equação (14.7.33) é quando a informação privilegiada $y$ prediz o resultado $x$ *perfeitamente*. Então, $I(x, y) = H(x) = H(y) = H(x, y)$ e recuperamos a equação (14.7.6) de forma exata.

### 14.7.4 Coeficientes de incerteza

Por analogia com os vários coeficientes de correlação discutidos anteriormente neste capítulo, muitas vezes nos deparamos com coeficientes de incerteza definidos a partir das várias entropias definidas acima (e na Figura 14.7.2). O coeficiente de incerteza de $y$ com respeito a $x$, denotado por $U(y|x)$, é definido por

$$U(y|x) \equiv \frac{H(y) - H(y|x)}{H(y)} \qquad (14.7.34)$$

Esta medida se encontra entre $0$ e $1$, sendo que $0$ indica que $x$ e $y$ não têm qualquer associação e um valor de 1 indica que o conhecimento de $x$ prediz completamente $y$. Para valores intermediários, $U(y|x)$ dá a fração de entropia de $y$ $H(y)$ que é perdida se $x$ já for conhecido. No nosso jogo de "vinte perguntas", $U(y|x)$ é a perda fracionária de utilidade da questão $y$ se a questão $x$ tiver que ser perguntada primeiro.

Se quisermos encarar $x$ como uma variável dependente e $y$ como a independente, então, ao trocar $x$ com $y$, podemos é claro definir a dependência de $x$ em $y$,

$$U(x|y) \equiv \frac{H(x) - H(x|y)}{H(x)} \qquad (14.7.35)$$

Se quisermos tratar $x$ e $y$ simetricamente, então uma combinação útil vem a ser

$$U(x, y) \equiv 2 \left[ \frac{H(y) + H(x) - H(x, y)}{H(x) + H(y)} \right] \qquad (14.7.36)$$

Se as duas variáveis forem completamente independentes, então $H(x, y) = H(x) + H(y)$, de modo que (14.7.36) é zero. Se elas forem completamente dependentes, então $H(x) = H(y) = H(x, y)$, e (14.7.35) é igual à unidade. Você pode mostrar facilmente que

$$U(x, y) = \frac{H(x)U(x|y) + H(y)U(y|x)}{H(x) + H(y)} \qquad (14.7.37)$$

isto é, a medida simétrica é simplesmente uma média ponderada das duas medidas assimétricas (14.7.34) e (14.7.35), ponderada pela entropia de cada variável separadamente.

Geralmente achamos que as medidas de entropia por si próprias, em bits ou nats, são mais úteis que os coeficientes de incerteza delas derivados.

#### REFERÊNCIAS CITADAS E LEITURA COMPLEMENTAR

Shannon, C.E., and Weaver, W. 1949, *The Mathematical Theory of Communication,* reprinted 1998 (Urbana, IL: University of Illinois Press).[1]

Cover, T.M., and Thomas, J.A. 1991, *Elements of Information Theory* (New York: Wiley). [2]

MacKay, D.J.C. 2003, *Information Theory, Inference, and Learning Algorithms* (Cambridge, UK: Cambridge University Press). [3]

Kelly, J. 1956, "A New Interpretation of Information Rate," *Bell System Technical Journal*, vol. 35, pp. 917-926. [4]

## 14.8 Duas distribuições bidimensionais diferem entre si?

Discutiremos aqui uma generalização útil do teste K-S (§14.3) para distribuições bidimensionais. Esta generalização é proveniente de Fasano e Franceschini [1], uma variante de uma ideia anterior de Peacock [2].

Em uma distribuição bidimensional, todo ponto é caracterizado por um par $(x, y)$ de valores. Um exemplo muito querido nosso é que cada um dos 19 neutrinos detectados da supernova 1987A era caracterizado por um tempo $t_i$ e uma energia $E_i$ (vide [3]). Gostaríamos de saber se estes pares de valores medidos $(t_i, E_i)$ $i = 0 \ldots 18$ são consistentes com o modelo teórico que prevê o fluxo de neutrinos como uma função do tempo e energia – isto é, uma distribuição bidimensional no plano $(x, y)$ [no caso, $(t, E)$]. Este seria um teste de uma só amostra. Ou, dados dois conjuntos de dados de detecção de neutrinos, obtidos por dois detectores comparáveis, gostaríamos de saber se o teste tem duas amostras são compatíveis entre si.

Imbuídos do espírito do teste K-S testado e verdadeiro, queremos passar pelo plano $(x, y)$ à procura de algum tipo de diferença cumulativa máxima entre as duas distribuições bidimensionais. Infelizmente, distribuições de probabilidade cumulativas não são bem definidas em mais que uma dimensão! A sacada de Peacock foi que um bom substituto é a *probabilidade integrada em cada um dos quadro quadrantes naturais* em torno de um dado ponto $(x_i, y_i)$, a saber, a probabilidade total (ou fração de dados) em $(x > x_i, y > y_i)$, $(x < x_i, y > y_i)$, $(x < x_i, y < y_i)$ e $(x > x_i, y < y_i)$. A estatística K-S bidimensional $D$ é tomada como sendo a diferença máxima (percorrendo tanto os dados quanto os quadrantes) da probabilidade integrada correspondente. Ao comparar os dois conjuntos de dados, o valor de $D$ pode depender de qual banco de dados foi analisado. Neste caso, defina um $D$ efetivo como sendo a média dos dois valores obtidos. Se neste ponto você estiver confuso a respeito da definição exata de $D$, não se irrite: as rotinas computacionais que acompanham esta seção são definições algorítmicas precisas.

A Figura 14.8.1 dá uma ideia do que está ocorrendo. Os 65 triângulos e 35 quadrados parecem ter uma distribuição um tanto quanto diferente no plano. As linhas pontilhadas estão centradas nos triângulos que maximizam a estatística $D$; o máximo ocorre no quadrante superior esquerdo. Este quadrante possui apenas 0,12 do total de triângulos, mas contém 0,56 do total de quadrados. O valor de $D$ é 0,44. Isto é estatisticamente significativo.

Mesmo para tamanhos de amostras fixos, infelizmente não é rigorosamente verdadeiro que a distribuição $D$ na hipótese zero seja independente da forma da distribuição bidimensional. Neste sentido, o teste K-S bidimensional não é tão natural quanto seu progenitor unidimensional. Contudo, integrações de Monte Carlo bastante abrangentes mostraram que a distribuição do $D$ bidimensional é *muito proximamente* idêntica até mesmo para distribuições bastante diferentes, desde que elas possuam o mesmo coeficiente de correlação $r$, definido na maneira usual via equação (14.5.1). Em seu artigo, Fasano e Franceschini tabularam resultados de Monte Carlo para (aquilo que seria) a distribuição de $D$ como função de (é óbvio) $D$, tamanho da amostra $N$ e coeficiente de correlação $r$. Analisando seu resultado, descobre-se que o nível de

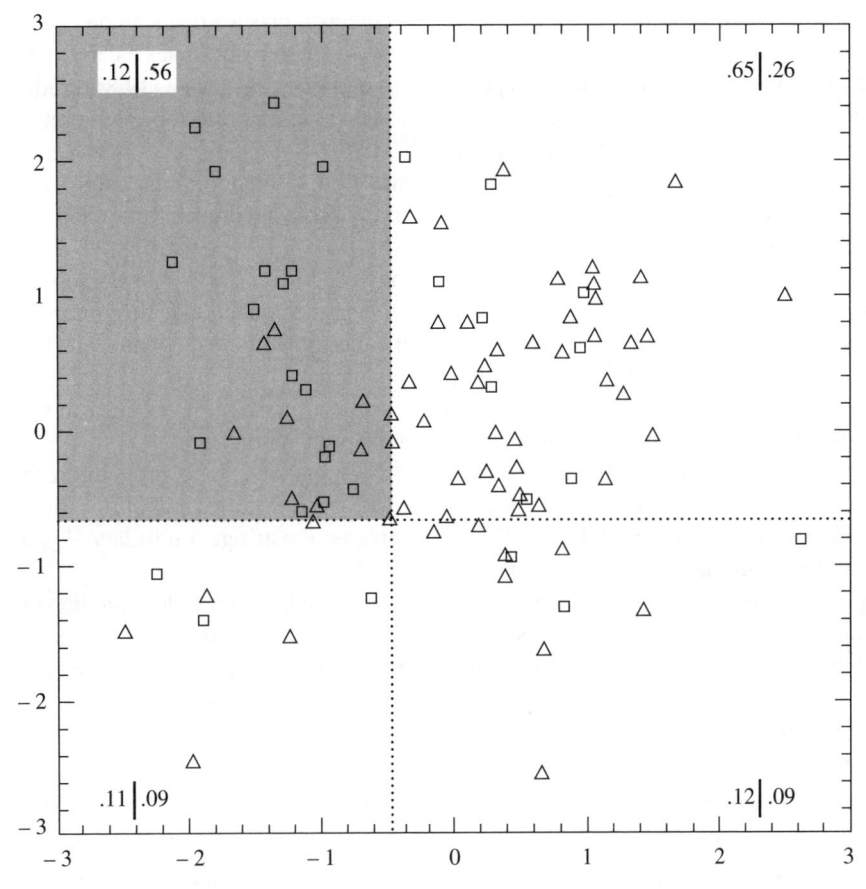

**Figura 14.8.1** Distribuição bidimensional de 65 triângulos e 35 quadrados. O teste K-S bidimensional acha o ponto para o qual um de seus quadrantes (mostrado por linhas pontilhadas) maximiza a diferença entre a fração de triângulos e a fração de quadrados. Então, a equação (14.8.1) indica se a diferença é estatisticamente significante, ou seja, se os triângulos e quadrados devem ter distribuições subjacentes diferentes.

significância para o teste K-S bidimensional pode ser resumido nas fórmula simples, embora aproximadas

$$\text{Probabilidade}(D > \text{observado}) = Q_{KS}\left(\frac{\sqrt{N}\,D}{1 + \sqrt{1-r^2}(0{,}25 - 0{,}75/\sqrt{N})}\right) \quad (14.8.1)$$

para o caso de uma amostra, o mesmo valendo para o caso de duas amostras, mas agora complementar,

$$N = \frac{N_1 N_2}{N_1 + N_2}. \quad (14.8.2)$$

As fórmulas acima são precisas o suficiente para $N \gtrsim 20$, e quando a probabilidade indicada (nível de significância) é menor que (mais significante que) 0,20 ou algo parecido. Quando a probabilidade indicada é > 0,20, seu valor pode não ser preciso, mas a a dedução de que o modelo e conjunto de dados (ou dois conjuntos) não são significativamente diferentes é certamente correta. Observe que no limite $r \to 1$ (correlação perfeita), as equações (14.8.1) e (14.8.2) reduzem-se às equações (14.3.18) e (14.3.19): os dados bidimensionais se encontram sobre uma reta perfeita, e o teste K-S bidimensional se torna unidimensional.

O nível de significância para os dados da Figura 14.8.1, falando nisso, é aproximadamente 0,001. Isto estabelece uma quase certeza de que os triângulos e quadrados foram obtidos de distribuições diferentes (como de fato foram).

É claro que se você não quiser confiar nos métodos de Monte Carlo incorporados na equação (14.8.1), você pode fazer seus próprios testes: gere uma grande quantidade de conjuntos de dados sintéticos a partir do seu modelo, cada um deles com o mesmo número de pontos que seu conjunto verdadeiro. Calcule $D$ para cada um dos conjuntos sintéticos com as rotinas que acompanham (mas ignore as probabilidades por elas calculadas) e conte a fração de vezes que estes $D$'s sintéticos excedem o $D$ dos dados verdadeiros. Esta fração é a sua significância.

Uma desvantagem dos testes bidimensionais, se comparados a seus progenitores unidimensionais, é que aqueles requerem da ordem de $N^2$ operações: dois loops embutidos tomam o lugar de um ordenamento de ordem $N \log N$. Para desktops, isto restringe a utilidade dos testes para valores de $N$ menores que alguns milhares.

Apresentamos agora as implementações computacionais. O caso de uma amostra está incorporado na rotina `ks2d1s` (isto é, duas dimensões, uma amostra: *2 dimensions, 1 sample*). Esta rotina chama uma rotina de utilidade simples `quadct` para contar pontos nos quatro quadrantes e a rotina `quadvl` fornecida pelo usuário, que deve ser capaz de retornar a probabilidade integrada de um modelo analítico em cada um dos quatro quadrantes em torno de um ponto $(x, y)$ arbitrário. Um exemplo trivial de `quadvl` é mostrado; `quadvl`s mais realistas podem ser bastante complicados, frequentemente, incorporando quadraturas numéricas sobre distribuições analíticas bidimensionais.

kstests2d.h
```
void ks2d1s(VecDoub_I &x1, VecDoub_I &y1, void quadvl(const Doub, const Doub,
    Doub &, Doub &, Doub &, Doub &), Doub &d1, Doub &prob)
```
Teste de Kolmogorov-Smirnov para amostra única comparada a um modelo. Dadas as coordenadas $x$ e $y$ de n1 pontos nos arrays x1[0..n1-1] e y1[0..n1-1], e dada uma função quadvl fornecida pelo usuário que exemplifica o modelo, esta rotina retorna a estatística K-S bidimensional em d1, e seu *p*-value em prob. Valores pequenos de prob indicam que a amostra é significativamente diferente do modelo. Observe que o teste é levemente dependente da distribuição, portanto prob é apenas uma estimativa.
```
{
    Int j,n1=x1.size();
    Doub dum,dumm,fa,fb,fc,fd,ga,gb,gc,gd,r1,rr,sqen;
    KSdist ks;
    d1=0.0;
    for (j=0;j<n1;j++) {                    Loop sobre os pontos de data.
        quadct(x1[j],y1[j],x1,y1,fa,fb,fc,fd);
        quadvl(x1[j],y1[j],ga,gb,gc,gd);
        if (fa > ga) fa += 1.0/n1;
        if (fb > gb) fb += 1.0/n1;
        if (fc > gc) fc += 1.0/n1;
        if (fd > gd) fd += 1.0/n1;
        d1=MAX(d1,abs(fa-ga));
        d1=MAX(d1,abs(fb-gb));
        d1=MAX(d1,abs(fc-gc));
        d1=MAX(d1,abs(fd-gd));
```
Tanto para amostra como para o modelo, a distribuição é integrada em cada um dos quatro quadrantes, e a diferença máxima é salva.
```
    }
    pearsn(x1,y1,r1,dum,dumm);              Obtém o coeficiente de correlação linear r1.
```

```
    sqen=sqrt(Doub(n1));
    rr=sqrt(1.0-r1*r1);
```
Estima a probabilidade usando a função de probabilidade K-S.
```
    prob=ks.qks(d1*sqen/(1.0+rr*(0.25-0.75/sqen)));
}
```

```
void quadct(const Doub x, const Doub y, VecDoub_I &xx, VecDoub_I &yy, Doub &fa,        kstests2d.h
    Doub &fb, Doub &fc, Doub &fd)
```
Dada uma origem (x, y) e um array de nn pontos com coordenadas xx[0..nn-1] e yy[0..nn-1], conta quantos deles se encontram em cada quadrante em torno da origem, e retorna as frações normalizadas. Os quadrantes são indexados alfabeticamente, no sentido anti-horário a partir do canto direito superior. Usada por ks2d1s e ks2d2s.
```
{
    Int k,na,nb,nc,nd,nn=xx.size();
    Doub ff;
    na=nb=nc=nd=0;
    for (k=0;k<nn;k++) {
        if (yy[k] == y && xx[k] == x) continue;
        if (yy[k] > y)
            xx[k] > x ? ++na : ++nb;
        else
            xx[k] > x ? ++nd : ++nc;
    }
    ff=1.0/nn;
    fa=ff*na;
    fb=ff*nb;
    fc=ff*nc;
    fd=ff*nd;
}
```

```
void quadvl(const Doub x, const Doub y, Doub &fa, Doub &fb, Doub &fc, Doub &fd)        quadvl.h
```
Este é um exemplo de uma rotina fornecida pelo usuário para ser usada com ks2d1s. Neste caso, a distribuição modelo é uniforme dentro de um quadrado $-1 < x < 1$, $-1 < y < 1$. Em geral, esta rotina deveria retornar, para cada ponto (x, y), a fração da distribuição total em cada um dos quatro quadrantes em torno daquele ponto. As frações fa, fb, fc e fd devem somar 1. Os quadrantes são alfabéticos, no sentido anti-horário a partir do canto direito superior.
```
{
    Doub qa,qb,qc,qd;
    qa=MIN(2.0,MAX(0.0,1.0-x));
    qb=MIN(2.0,MAX(0.0,1.0-y));
    qc=MIN(2.0,MAX(0.0,x+1.0));
    qd=MIN(2.0,MAX(0.0,y+1.0));
    fa=0.25*qa*qb;
    fb=0.25*qb*qc;
    fc=0.25*qc*qd;
    fd=0.25*qd*qa;
}
```

A rotina ks2d2s é para o caso de duas amostras do teste K-S bidimensional. Ela também chama quadct, pearsn e Ksdist::qks. Uma vez que ela é uma rotina de duas amostras, ela não necessida de um modelo analítico.

```
void ks2d2s(VecDoub_I &x1, VecDoub_I &y1, VecDoub_I &x2, VecDoub_I &y2, Doub &d,        kstests_2d.h
    Doub &prob)
```
Teste de Kolmogorov-Smirnov para duas amostras. Dadas as coordenadas $x$ e $y$ da primeira amostra como n1 pontos nos arrays x1[0..n1-1] e y1[0..n1-1], e do mesmo modo para a segunda amostra de n2 valores nos arrays x2 e y2, esta rotina retorna em d o teste K-S bidimensional de duas amostras, bem como seu $p$-value em prob. Valores pequenos de prob indicam que as duas amostras são significativamente diferentes. Observe que o teste é levemente dependente da distribuição, portanto prob é apenas uma estimativa.

```
{
    Int j,n1=x1.size(),n2=x2.size();
    Doub d1,d2,dum,dumm,fa,fb,fc,fd,ga,gb,gc,gd,r1,r2,rr,sqen;
    KSdist ks;
    d1=0.0;
    for (j=0;j<n1;j++) {                              Primeiramente, usa pontos da primeira amostra
        quadct(x1[j],y1[j],x1,y1,fa,fb,fc,fd);        como origens.
        quadct(x1[j],y1[j],x2,y2,ga,gb,gc,gd);
        if (fa > ga) fa += 1.0/n1;
        if (fb > gb) fb += 1.0/n1;
        if (fc > gc) fc += 1.0/n1;
        if (fd > gd) fd += 1.0/n1;
        d1=MAX(d1,abs(fa-ga));
        d1=MAX(d1,abs(fb-gb));
        d1=MAX(d1,abs(fc-gc));
        d1=MAX(d1,abs(fd-gd));
    }
    d2=0.0;
    for (j=0;j<n2;j++) {                              Então, os pontos da segunda amostra como
        quadct(x2[j],y2[j],x1,y1,fa,fb,fc,fd);        origens.
        quadct(x2[j],y2[j],x2,y2,ga,gb,gc,gd);
        if (ga > fa) ga += 1.0/n1;
        if (gb > fb) gb += 1.0/n1;
        if (gc > fc) gc += 1.0/n1;
        if (gd > fd) gd += 1.0/n1;
        d2=MAX(d2,abs(fa-ga));
        d2=MAX(d2,abs(fb-gb));
        d2=MAX(d2,abs(fc-gc));
        d2=MAX(d2,abs(fd-gd));
    }
    d=0.5*(d1+d2);                                    Faz média da estatística K-S.
    sqen=sqrt(n1*n2/Doub(n1+n2));
    pearsn(x1,y1,r1,dum,dumm);                        Obtém coeficiente de correlação linear de cada
    pearsn(x2,y2,r2,dum,dumm);                        amostra.
    rr=sqrt(1.0-0.5*(r1*r1+r2*r2));
    Estima probabilidade usando a função de probabilidade K-S.
    prob=ks.qks(d*sqen/(1.0+rr*(0.25-0.75/sqen)));
}
```

### REFERÊNCIAS CITADAS E LEITURA COMPLEMENTAR

Fasano, G. and Franceschini, A. 1987, "A Multidimensional Version of the Kolmogorov-Smirnov Test," *Monthly Notices of the Royal Astronomical Society*, vol. 225, pp. 155–170.[1]

Peacock, J.A. 1983, "Two-Dimensional Goodness-of-Fit Testing in Astronomy," *Monthly Notices of the Royal Astronomical Society*, vol. 202, pp. 615–627.[2]

Spergel, D.N., Piran, T, Loeb, A., Goodman, J., and Bahcall, J.N. 1987, "A Simple Model for Neutrino Cooling of the LMC Supernova," *Science*, vol. 237, pp. 1471–1473.[3]

## 14.9 Filtros de suavização de Savitzky-Golay

No §13.5 aprendemos algo acerca da construção e aplicação de filtros digitais, mas pouco se explicou sobre qual filtro em particular deve ser usado. Isto, obviamente, depende dos objetivos que você queira atingir usando filtros. Um uso óbvio de filtros de passa-baixa é suavizar dados com ruído.

A premissa da suavização de dados é que estão sendo medidos dados que não apenas variam lentamente como também estão corrompidos por ruído aleatório. Então muitas vezes torna-se útil substituir cada um dos pontos medidos por algum tipo de média dos pontos circundantes. Uma vez que pontos próximos medem muito proximamente o mesmo valor subjacente, fazer a média pode diminuir o nível de ruído sem introduzir (muito) bias no valor obtido.

Devemos comentar, editorialmente, que a suavização de dados se encontra numa área sombria, além do limite de algumas técnicas mais bem estabelecidas, e portanto altamente recomendadas, que são discutidas em outros partes deste livro. Se você estiver ajustando dados a um modelo paramétrico, por exemplo (vide Capítulo 15), é quase sempre melhor usar dados crus do que dados que tenham sido pré-processados por um procedimento de suavização. Outra maneira de obliterar a suavização é a chamada filtragem de Wiener ou filtragem "ótima", como foi discutido no §13.3 e, de modo mais geral, no §13.6. Provavelmente a suavização de dados pode ser melhor justificada quando ela for usada simplesmente como técnica gráfica, ou como meio de se fazer estimativas iniciais grosseiras de parâmetros simples a partir de um gráfico.

Nesta seção discutiremos um tipo particular de filtro passa-baixa, bem adaptado para suavização de dados e conhecido por vários nomes como filtro de Savitzky-Golay [1], dos mínimos quadrados [2] ou DISPO (*Digital Smoothing Polynomial*) [3]. Em vez de definir suas propriedades no domínio de Fourier e então traduzi-las para o domínio temporal, os filtros de Savitzky-Golay saem diretamente de uma formulação particular do problema de suavização de dados no domínio temporal, como veremos agora. Filtros de Savitzky-Golay eram inicialmente usados (e frequentemente ainda são) para tornar visíveis as larguras e alturas relativas de linhas espectrais em dados espectrométricos com ruído.

Lembre-se que um filtro digital é aplicado a uma série de valores de dados igualmente espaçados $f_i = f(t_i)$, onde $t_i \equiv t_0 + i\Delta$ para algum espaçamento constante $\Delta$ e $i = \ldots -2, -1, 0, 1, 2, \ldots$. Vimos (§13.5) que o mais simples tipo de filtro digital (o filtro não recursivo ou de resposta de pulso finito) substitui cada valor de dado $f_i$ por uma combinação linear $g_i$ de si mesmo com outros vizinhos próximos,

$$g_i = \sum_{n=-n_L}^{n_R} c_n f_{i+n} \qquad (14.9.1)$$

Nesta expressão, $n_L$ representa o número de pontos usados "à esquerda" do dado $i$, isto é, anteriores a ele, ao passo que $n_R$ representa os usados à direita, quer dizer, posteriores. Para o chamado filtro causal, teríamos $n_R = 0$.

Como ponto inicial para compreendermos filtros de Savitzky-Golay, considere o mais simples procedimento de cálculo de média: para algum valor fixo de $n_L = n_R$, calcule cada $g_i$ como a média dos pontos desde $f_{i-n_L}$ até $f_{i+n_R}$. Isto normalmente é denominado média de janela deslizante (MWA, *moving window average*) e corresponde à equação (14.9.1) com um valor constante de $c_n = 1/(n_L + n_R + 1)$. Se a função subjacente é constante, ou varia linearmente com o tempo (aumentando ou diminuindo), então nenhuma tendência (*bias*) é introduzido no resultado. Pontos mais altos em uma ponta final do intervalo sobre o qual se faz a média são, na média, balanceados por pontos mais baixos na outra ponta. No entanto uma tendência é introduzida quando a função subjacente tem uma derivada segunda diferente de zero. Em um máximo local, por exemplo, a MWA sempre reduz o valor da função. Em aplicações espectrométricas, uma linha espectral estreita tem sua altura reduzida e sua largura aumentada. Uma vez que os parâmetros são por si sós de interesse físico, a tendência introduzida é certamente indesejável.

Observe, porém, que a MWA preserva a área sob a linha espectral, que é seu momento de ordem zero, e também (se a janela for simétrica com $n_L = n_R$) sua posição média no tempo, que é seu primeiro momento. O que é violado é o segundo momento, que é equivalente à largura da linha.

A ideia da filtragem de Savitzky-Golay é determinar coeficientes de filtragem $c_n$ que preservam os momentos mais altos. Equivalentemente, a ideia é aproximar a função subjacente dentro da janela deslizante não por uma constante (cuja estimativa é a média), mas por um polinômio de ordem mais alta, tipicamente quadrático ou quártico. Para cada ponto $f_i$, ajustamos um polinômio por mínimos-quadrados para todos os $n_L + n_R + 1$ pontos na janela deslizante, e então fixamos $g_i$ no valor daquele polinômio na posição $i$ (se você não estiver familiarizado com o ajuste de mínimos-quadrados, você talvez queira dar uma olhada, no Capítulo 15). Não fazemos uso do valor do polinômio em qualquer outro ponto do processo. Quando formos para o próximo ponto $f_{i+1}$, faremos um ajuste de mínimos-quadrados totalmente novo, usando uma janela deslocada.

Todos estes ajustes seriam muito laboriosos se feitos como descritos acima. Para nossa sorte, uma vez que o processo de mínimos-quadrados envolve apenas a inversão de matriz linear, os coeficientes do polinômio ajustado são eles próprios lineares nos valores dos dados. Isso significa que podemos fazer todo o ajuste antes, para dados fictícios formados todos de zero com exceção de um único 1, e então fazer os ajustes dos dados reais tomando as combinações lineares. Este é portanto o ponto-chave: há conjuntos particulares de coeficientes de filtragem $c_n$ para os quais a equação (14.91) "automaticamente" faz o processo de ajuste de polinômio por mínimos-quadrados dentro de uma janela deslizante.

Para deduzir tais coeficientes, considere como $g_0$ pode ser obtido: queremos ajustar um polinômio de grau $M$ em $i$, a saber, $a_0 + a_1 i + \ldots + a_M i^M$, aos valores $f_{-n_L}, \ldots, f_{n_R}$. Então $g_0$ será o valor deste polinômio em $i = 0$, ou seja, $a_0$. A matriz design para este problema (§15.4) é

$$A_{ij} = i^j \qquad i = -n_L, \ldots, n_R, \quad j = 0, \ldots, M \tag{14.9.2}$$

e as equações normais para o vetor de $a_j$'s em termos do vetor dos $f_i$'s são, em notação matricial,

$$(\mathbf{A}^T \cdot \mathbf{A}) \cdot \mathbf{a} = \mathbf{A}^T \cdot \mathbf{f} \qquad \text{ou} \qquad \mathbf{a} = (\mathbf{A}^T \cdot \mathbf{A})^{-1} \cdot (\mathbf{A}^T \cdot \mathbf{f}) \tag{14.9.3}$$

Temos também as formas específicas

$$\left\{\mathbf{A}^T \cdot \mathbf{A}\right\}_{ij} = \sum_{k=-n_L}^{n_R} A_{ki} A_{kj} = \sum_{k=-n_L}^{n_R} k^{i+j} \tag{14.9.4}$$

e

$$\left\{\mathbf{A}^T \cdot \mathbf{f}\right\}_j = \sum_{k=-n_L}^{n_R} A_{kj} f_k = \sum_{k=-n_L}^{n_R} k^j f_k \tag{14.9.5}$$

Uma vez que o coeficiente $c_n$ é a componente $a_0$ quando $\mathbf{f}$ é substituído por vetores unitários $\mathbf{e}_n$, $-n_L \leq n < n_R$, temos

$$c_n = \left\{(\mathbf{A}^T \cdot \mathbf{A})^{-1} \cdot (\mathbf{A}^T \cdot \mathbf{e}_n)\right\}_0 = \sum_{m=0}^{M} \left\{(\mathbf{A}^T \cdot \mathbf{A})^{-1}\right\}_{0m} n^m \tag{14.9.6}$$

A equação (14.9.6) diz que precisamos somente de uma linha da matriz inversa (numericamente, podemos obter isto por meio de uma decomposição $LU$ com uma única substituição reversa).

A função `savgol`, adiante, implementa a equação (14.9.6). Como entrada, ela toma os parâmetros $\mathtt{nl} = n_L$, $\mathtt{nr} = n_R$ e $\mathtt{m} = M$ (a ordem desejada). np também é uma entrada, o comprimento

| $M$ | $n_L$ | $n_R$ | Amostra de coeficientes de Savitzky-Golay | | | | | | | | | |
|---|---|---|---|---|---|---|---|---|---|---|---|---|
| 2 | 2 | 2 | | | | −0,086 | 0,343 | 0,486 | 0,343 | −0,486 | | |
| 2 | 3 | 1 | | | −0,143 | 0,171 | 0,343 | 0,371 | 0,257 | | | |
| 2 | 4 | 0 | | 0,086 | −0,143 | −0,086 | 0,257 | 0,886 | | | | |
| 2 | 5 | 5 | −0,084 | 0,021 | 0,103 | 0,161 | 0,196 | 0,207 | 0,196 | 0,161 | 0,103 | 0,021 | −0,084 |
| 4 | 4 | 4 | | | 0,035 | −0,128 | 0,070 | 0,315 | 0,417 | 0,315 | 0,070 | −0,128 | 0,035 |
| 4 | 5 | 5 | −0,042 | −0,105 | −0,023 | 0,140 | 0,280 | 0,333 | 0,280 | 0,140 | −0,023 | −0,105 | 0,042 |

físico do array c de saída, e o parâmetro ld para o ajuste de dados deve ser zero. Na verdade, ld especifica quais coeficientes, entre os $a_i$'s, devem ser retornados, e aqui estamos interessados em $a_0$. Para outros propósitos, a saber, o cálculo de derivadas numéricas (já mencionado no §5.7), a escolha útil é ld $\geq 1$. Com ld $= 1$, por exemplo, a primeira derivada filtrada é igual à convolução (14.9.1) dividida pelo tamanho do passo $\Delta$. Para ld $= k > 1$, o array c deve ser multiplicado por $k!$ para dar os coeficientes de derivadas. Para derivadas, normalmente se quer m $= 4$ ou maior.

```
void savgol(VecDoub_O &c, const Int np, const Int nl, const Int nr,      savgol.h
    const Int ld, const Int m)
```
Retorna em c[0..np-1] em ordem recorrente (atenção!) consistente com o argumento respns na rotina convlv, um conjunto de coeficientes de filtragem de Savitzky-Golay. nl é o número de pontos à esquerda (passado), ao passo que nr o número de pontos à direita (futuro), perfazendo um total de nl + nr + 1 pontos. ld é a ordem da derivada desejada (por exemplo, ld=0 para função suavizada. Para derivadas de ordem $k$, você deve multiplicar o array c por $k!$). m é a ordem do polinômio de suavização, também igual ao mais alto momento; valores usuais são m $= 2$ e m $= 4$.
```
{
    Int j,k,imj,ipj,kk,mm;
    Doub fac,sum;
    if (np < nl+nr+1 || nl < 0 || nr < 0 || ld > m || nl+nr < m)
        throw("bad args in savgol");
    VecInt indx(m+1);
    MatDoub a(m+1,m+1);
    VecDoub b(m+1);
    for (ipj=0;ipj<=(m << 1);ipj++) {          Estabelece equações normais do ajuste desejado de
        sum=(ipj ? 0.0 : 1.0);                 mínimos-quadrados.
        for (k=1;k<=nr;k++) sum += pow(Doub(k),Doub(ipj));
        for (k=1;k<=nl;k++) sum += pow(Doub(-k),Doub(ipj));
        mm=MIN(ipj,2*m-ipj);
        for (imj = -mm;imj<=mm;imj+=2) a[(ipj+imj)/2][(ipj-imj)/2]=sum;
    }
    LUdcmp alud(a);                            Resolve-as: decomposição LU.
    for (j=0;j<m+1;j++) b[j]=0.0;
    b[ld]=1.0;
    Vetor do lado direito é unitário, dependendo de qual derivada queremos.
    alud.solve(b,b);                           Obtém uma linha da matriz inversa.
    for (kk=0;kk<np;kk++) c[kk]=0.0;           Zera o array de saída (pode ser maior que número de
    for (k = -nl;k<=nr;k++) {                     coeficientes).
        sum=b[0];                              Cada coeficiente de Savitzky-Golay é o produto
        fac=1.0;                                  interno de potências de um inteiro com linha
        for (mm=1;mm<=m;mm++) sum += b[mm]*(fac *= k);    da matriz inversa.
        kk=(np-k) % np;
        c[kk]=sum;                             Armazena em ordem recorrente.
    }
}
```

Como saída, savgol retorna os coeficientes $c_n$, para $-n_L \leq n \leq n_R$. Eles são armazenados em c em "ordem recorrente" (*wraparound*), isto é, $c_0$ em c[0], $c_{-1}$ em c[1], e assim por diante para índices negativos. O valor de $c_1$ é armazenado em c[np-1], $c_2$ em c[np-2], e assim por diante para índices positivos. Esta ordem de índices parece ser obscura, mas é a ordem natural quando filtros causais têm nos elementos mais baixos do array c coeficientes diferentes de zero. Também é a ordem exigida pela função convlv no §13.1, que pode ser usada para se aplicar um filtro digital a um conjunto de dados.

A tabela da página precedente mostra algumas saídas típicas da rotina savgol. Para ordem 2 e 4, os coeficientes dos filtros de Savitzky-Golay para diferentes escolhas de $n_L$ e $n_R$ são apresentados. A coluna central é o coeficiente aplicado ao dado $f_i$ para se obter o $g_i$ suavizado. Coeficientes à esquerda são aplicados a dados anteriores, e os da direita, a dados posteriores. Os coeficientes, quando adicionados, sempre dão um (dentro de um erro de arredondamento). Pode-se ver que, como bem cabe a um operador de suavização, os coeficientes sempre têm um lobo central positivo, mas com correções pequenas de sinal positivo e negativo nas extremidades. Na prática, os filtros de Savitzky-Golay são mais úteis quando temos um número muito maior de valores de $n_L$ e $n_R$, uma vez que estas fórmulas para poucos pontos conseguem apenas um quantidade relativamente pequena de suavização.

A Figura 14.9.1 ilustra um experimento numérico onde se usou um filtro de suavização de 33 pontos, isto é, $n_L = n_R = 16$. O painel superior mostra uma função teste, construída de modo a ter seis "protuberâncias" de larguras variadas, todas de 8 unidades de altura. A esta função foi adicionado um ruído gaussiano de variância unitária (a função teste sem ruído é representada pelas curvas pontilhadas nos painéis central e inferior). As larguras das protuberâncias (largura inteira na metade do máximo, FWHM: *full width at half of maximum*) são 140, 43, 24, 17, 13 e 10, respectivamente.

O painel do meio da Figura 14.9.1 mostra o resultado da suavização por uma média de janela deslizante (*moving window average*). Vê-se que a janela de largura 33 consegue um bom trabalho na suavização da protuberância mais larga, mas as mais estreitas sofrem uma perda considerável de altura e aumento de largura. O sinal subjacente (pontilhado) é representado muito pobremente.

O painel inferior mostra o resultado do filtro de Savitzky-Golay de largura idêntica e grau $M = 4$. Observa-se na figura que as alturas e larguras das protuberâncias são extraordinariamente preservadas. Um *trade-off* é que a protuberância mais larga é menos suavizada. Isto ocorre porque o lobo central positivo dos coeficientes de filtro preenchem apenas uma fração da largura total de 33 pontos. Como guia grosseiro, resultados melhores são obtidos quando a largura total de grau 4 do filtro de Savitzky-Golay é entre 1 e 2 vezes a FWHM das características desejadas dos dados (as referências [3] e [4] fornecem dicas práticas adicionais).

A Figura 14.9.2 mostra os resultados da suavização dos mesmos "dados" com ruídos com filtros de Savitzky-Golay de três diferentes ordens e mais largos. Temos aqui $n_L = n_R = 32$ (filtro de 65 pontos) e $M = 2, 4, 6$. Vê-se que, quando as protuberâncias são muito estreitas com relação ao tamanho do filtro, até mesmo o filtro de Savitzky-Golay tem que, em algum ponto, falhar. Filtros de ordem mais alta conseguem seguir características mais estreitas, mas ao custo de uma filtragem menor das mais largas.

Resumindo: dentro de limites, a filtragem de Savitzky-Golay consegue fornecer uma filtragem sem perda de resolução. Ela consegue isso assumindo que a distância relativa entre dados tem alguma redundância significativa que pode ser usada para reduzir o nível de ruído. A natureza específica desta suposta redundância é que a função subjacente deve ser, localmente, bem-ajustada por um polinômio. Quando isto é verdadeiro, o que é o caso para perfis suaves não muito mais estreitos que a largura do filtro, a performance dos filtros de Savitzky-Golay pode ser espetacular.

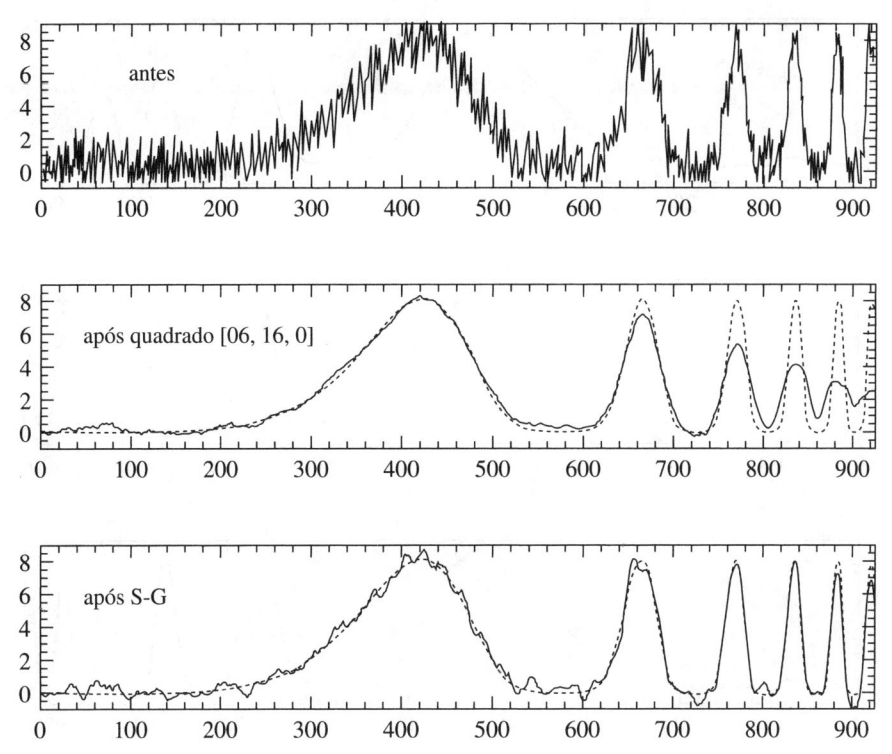

**Figura 14.9.1** Em cima: dados sintéticos com ruído, que consistem em uma sequência de protuberâncias progressivamente mais estreitas com ruído branco gaussiano aditivo. Centro: resultado da filtragem dos dados com uma simples moving window average. A janela se estende 16 pontos em direção à esquerda e à direita, para um total de 33 pontos. Observe que as características estreitas são alargadas e sofrem uma correspondente perda de amplitude. A linha pontilhada é a função subjacente usada para se gerar os dados sintéticos. Abaixo: resultado da filtragem dos dados por um filtro de suavização de Savitzky-Golay (de grau 4) usando os mesmos 33 pontos. Embora haja uma menor suavização dos aspectos mais largos, as mais estreitas têm sua largura e amplitude preservadas.

Quando isto não é verdadeiro, estes filtros não têm vantagem alguma que os destaquem frente a outras classes de coeficientes de filtragem.

Um último comentário com respeito a dados amostrados de maneira irregular, onde os valores de $f_i$ não são uniformemente espaçados no tempo. A generalização óbvia do filtro de Savitzky-Golay seria fazer um ajuste de mínimos-quadrados dentro de uma janela deslizante em torno de cada ponto, um que contivesse um número fixo de pontos à esquerda ($n_L$) e à direita ($n_R$). Devido ao espaçamento irregular, contudo, não há uma maneira de se obter coeficientes de filtragem universais aplicáveis a mais do que um ponto. Deve-se, sim, fazer o ajuste de mínimos-quadrados para cada ponto. Isto se torna computacionalmente pesado para valores grandes de $n_L$, $n_R$ e $M$.

Como alternativa barata, pode-se simplesmente fingir que os dados são igualmente espaçados. Isto no fundo é o mesmo que deslocar virtualmente, dentro de cada janela deslizante, os dados para posições igualmente espaçadas. Tal deslocamento introduz o equivalente a um termo adicional de ruído nos valores da função. Naqueles casos no qual a suavização é útil, este ruído será, frequentemente, muito menor que o ruído já presente. Mais especificamente, se a posição dos pontos é aproximadamente aleatória dentro da janela, então um critério grosseiro é o seguinte: se a mudança em $f$ através de toda a largura da janela de $N = n_L + n_R + 1$ pontos é menor que $\sqrt{N/2}$ vezes o ruído medido em um único ponto, então o método barato pode ser usado.

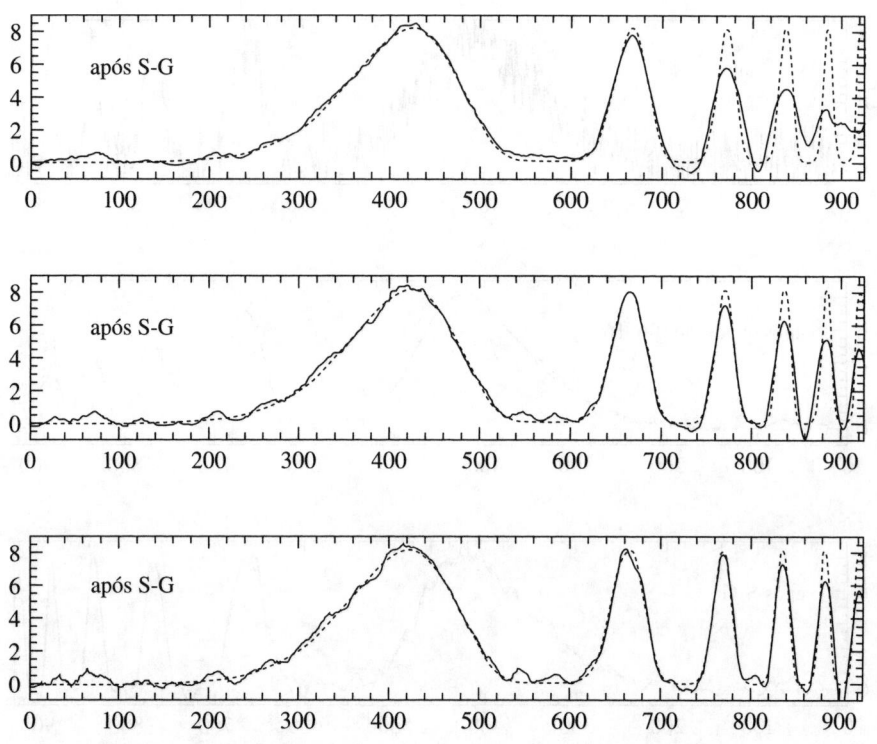

**Figura 14.9.2** Resutado da aplicação de um filtro de Savitzky-Golay mais largo (65 pontos) ao mesmo conjunto de dados da Figura 14.9.1. Em cima: grau 2. Centro: grau 4. Abaixo: grau 6. Todos estes filtros não são otimamente largos para resolver as características mais estreitas. Filtros de ordem mais alta são melhores na preservação de aspectos de altura e largura, mas suavizam menos os mais largos.

### REFERÊNCIAS CITADAS E LEITURA COMPLEMENTAR

Savitzky A., and Golay, M.J.E. 1964, "Smoothing and Differentiation of Data by Simplified Least Squares Procedures," *Analytical Chemistry,* vol. 36, pp. 1627-1639.[1]

Hamming, R.W. 1983, *Digital Filters,* 2nd ed. (Englewood Cliffs, NJ: Prentice-Hall).[2]

Ziegler, H. 1981, "Properties of Digital Smoothing Polynomial (DISPO) Filters," *Applied Spectroscopy,* vol. 35, pp. 88-92.[3]

Bromba, M.U.A., and Ziegler, H. 1981, "Application Hints for Savitzky-Golay Digital Smoothing Filters," *Analytical Chemistry,* vol. 53, pp. 1583-1586.[4]

CAPÍTULO

# Modelagem de Dados 15

## 15.0 Introdução

Dado um conjunto de dados observacionais, frequentemente se deseja condensar e resumir os dados ajustando-os a um modelo que depende de parâmetros ajustáveis. Às vezes o modelo é simplesmente uma classe conveniente de funções, tais como polinômios ou gaussianas, e o ajuste fornece os coeficientes apropriados. Outras vezes, os parâmetros do modelo vêm de alguma teoria subjacente que os dados supostamente satisfazem; alguns exemplos são os rate coefficients em networks complexos de reações químicas ou elementos orbitais de um sistema estelar binário. A modelagem pode também ser usada com um tipo de interpolação com vínculos, na qual você quer estender alguns pontos para uma função contínua, mas com algum tipo de ideia sobre como deveria ser a função.

Um abordagem bastante geral tem o seguinte paradigma: você escolhe ou projeta uma *função fator de mérito*\* (abreviando, função de mérito) que mede a concordância entre os dados e o modelo para uma particular escolha dos parâmetros. Na estatística frequentista, a função de mérito é convenientemente arranjada de modo que valores pequenos da função correspondem a um boa concordância. Bayesianos escolhem como sua função de mérito a probabilidade dos parâmetros fornecidos os dados (ou frequentemente seu logaritmo), de modo que valores grandes representam uma concordância próxima.

Em qualquer um dos casos, os parâmetros do modelo são então ajustados para se achar um extremo na função de mérito, produzindo assim *parâmetros de melhor ajuste* (*best-fit parameters*). O processo de ajuste é portanto um problema de minimização em muitas dimensões. A otimização foi assunto do Capítulo 10; contudo, existem métodos especiais, mais eficientes, que são específicos da modelagem e que serão discutidos neste capítulo.

Há questões importantes que vão além de simplesmente achar os parâmetros de melhor ajuste. Dados não são exatos; geralmente eles estão sujeitos a *erros de medida* (chamados de *ruído* no contexto de processamento de sinais). Portanto, dados típicos nunca se ajustam exatamente ao modelo sendo usado, mesmo quando este modelo é correto. Precisamos de meios de saber se o modelo é apropriado ou não, isto é, precisamos testar a *goodness-of-fit* em relação a alguma estatística padrão útil.

Normalmente precisamos também saber a acurácia com as qual os parâmetros são determinados a partir do conjunto de dados. Em termos frequentistas, precisamos saber os erros-padrão dos parâmetros de melhor ajuste. Alternativamente, na linguagem bayesiana, queremos não apenas achar o pico da distribuição de probabilidade de parâmetro conjunto (*joint parameter probability distribution*), mas toda a distribuição. Ou ao menos queremos ser capazes de tirar amostras

---
\* N. de T.: Usa-se também comumente o termo "fator de qualidade".

daquela distribuição, tipicamente via Monte Carlo de cadeia de Markov, como discutiremos detalhadamente no §15.8.

Não é de todo incomum, ao se fitar dados, descobrir que a função de mérito não é unimodal, com um único mínimo. Em alguns casos, podemos estar interessados em questões globais e não em questões locais. Não a pergunta "quão bom é este ajuste?", mas a pergunta "quão certo posso estar de que não existe um ajuste *muito melhor* em algum canto do espaço de parâmetros?". Como vimos no Capítulo 10, especialmente no §10.12, este tipo de problema geralmente é muito difícil de solucionar.

A mensagem importante é que fitar os parâmetros não é o *grand finale* da estimação de parâmetros em modelos. Para que seja genuinamente útil, um procedimento de ajuste deveria fornecer (i) parâmetros, (ii) estimativas de erros dos parâmetros ou uma maneira de obter amostras a partir de sua distribuição de probabilidade (iii) uma medida estatística da goodness-of-fit. Quando o terceiro item sugerir que o modelo pouco provavelmente concordará com os dados, então os itens (i) e (ii) são provavelmente sem qualquer valor. Infelizmente, muitos praticantes de estimação de parâmetros nunca passam do item (i). Eles julgam um ajuste aceitável se um gráfico dos dados e do modelo "tem uma aparência boa". Esta abordagem é conhecida como *qui-no-olhômetro*. Felizmente, seus praticantes obtêm o que merecem.

## 15.0.1 Bayes básico

Uma vez que a discussão deste e do próximo capítulo mover-se-á livremente entre os métodos frequentistas e bayesianos, este é um lugar apropriado para se comparar estas duas poderosas maneiras de pensar. No §14.0, quando discutimos testes de caudas (*tails*) e *p*-values, estávamos adotando o ponto de vista frequentista. A ideia frequentista central é que, dados os detalhes da hipótese zero, há uma população implícita (isto é, uma distribuição de probabilidade) de possíveis conjuntos de dados. Se a hipótese zero for correta, então os dados reais, medidos, foram obtidos daquela população (estenderemos esta discussão no §15.6). Então faz sentido perguntar o quão "frequentemente" alguns aspectos dos dados medidos ocorrem na população. Se a resposta for "muito infrequentemente", então a hipótese é rejeitada. O ponto de vista frequentista evita perguntas do tipo "qual é a probabilidade de que esta hipótese seja verdadeira?", pois seu foco é na distribuição de conjuntos de dados, não em hipóteses. Realmente, quer por dogma ou negligência benigna, ela evita o aparato necessário para lidar com o conceito de distribuição de probabilidade de hipóteses.

Este aparato é o teorema de Bayes, que vem dos axiomas padrões da probabilidade. O teorema de Bayes relaciona as probabilidades condicionais de dois eventos, digamos, $A$ e $B$:

$$P(A|B) = P(A)\frac{P(B|A)}{P(B)} \tag{15.0.1}$$

onde, na expressão, $P(A|B)$ é a probabilidade do evento $A$ *dado* que o evento $B$ ocorreu, e similarmente para $P(B|A)$, enquanto que $P(A)$ e $P(B)$ são as probabilidades incondicionais.

Bayesianos permitem um conjunto de usos mais amplo para as probabilidades do que o permitem os frequentistas. Para um Bayesiano, $P(A|B)$ é uma medida do grau de plausibilidade de $A$ (dado $B$) em uma escala que vai de zero a um. Nesta visão mais ampla, $A$ e $B$ não têm que ser eventos repetíveis; eles podem realmente ser proposições ou hipóteses. Na equação (15.0.1) $A$ pode ser uma hipótese e $B$, algum dado, de modo que $P(A|B)$ expressa a probabilidade da hipótese, conhecidos os dados. As equações da teoria de probabilidade tornam-se assim um conjunto de regras consistentes para com elas se fazer inferência [1,2]. É interessante que este ponto de vista era universal antes do século XX. Os Bernoulli (ambos), Laplace, Gauss, Legendre e Poisson, entre outros, fizeram pouca ou quase nenhuma distinção entre inferência e probabilidade. Uma visão frequentista opositora, segundo a qual estes conceitos deveriam ser mantidos separados, tornou-se explícita muito mais tardiamente com os trabalhos de Fisher, Box, Kendall, Neyman e Pearson (entre outros).

Uma vez que plausabilidade é em si sempre condicionada por algum conjunto de premissas, talvez inarticulado, todas as probabilidades bayesianas são vistas como sendo condicionais sobre alguma informação coletiva de fundo $I$. Suponha que $H$ é alguma hipótese. Mesmo antes que haja quaisquer dados explícitos, um Bayesiano pode dar a $H$ algum grau de plausabilidade $P(H|I)$, chamado de "prior bayesiano" (*Bayesian prior*). Agora, quando algum dado $D_1$ aparece, o teorema de Bayes nos diz como reestimar a plausabilidade de $H$,

$$P(H|D_1 I) = P(H|I)\frac{P(D_1|HI)}{P(D_1|I)} \tag{15.0.2}$$

O fator no numerador do lado direito da equação (15.0.2) é calculável como a probabilidade de um conjunto de dados dada a hipótese (comparável à "similitude", a ser por nós definida no §15.1). O denominador, chamado de "probabilidade preditiva prior" dos dados, é neste caso meramente uma constante de normalização que pode ser calculada a partir da exigência de que a probabilidade de todas as hipóteses some um (em outros contextos bayesianos, as probabilidades preditivas *a priori* de dois modelos qualitativamente diferentes podem ser usados para se obter sua plausibilidade relativa).

Se algum dado adicional $D_2$ aparecer amanhã, podemos refinar ainda mais nossa estimativa da probabilidade de $H$, como

$$P(H|D_2 D_1 I) = P(H|D_1 I)\frac{P(D_2|H D_1 I)}{P(D_2|D_1 I)} \tag{15.0.3}$$

Usando a regra do produto para probabilidades, $P(AB|C) = P(A|C)\,P(B|AC)$, descobrimos que as equações (15.0.2) e (15.0.3) implicam

$$P(H|D_2 D_1 I) = P(H|I)\frac{P(D_2 D_1|HI)}{P(D_2 D_1|I)} \tag{15.0.4}$$

o que mostra que deveríamos ter obtido a mesma resposta se todos os dados $D_1\,D_2$ tivessem sido tomados juntos.

Podemos ficar imaginando, antes de adotar as leis de probabilidade como nosso cálculo de inferência, tornando-os assim bayesianos, se haveria outras alternativas. A resposta, basicamente, é não. Cox [3] mostrou que fazer um número pequeno de suposições bastante razoáveis acerca do "grau de crença" leva, inevitavelmente, aos axiomas da probabilidade, e assim à aplicação do teorema de Bayes na avaliação de hipóteses, conhecidos os dados. Ou você se torna um bayesiano ou você está fadado a viver num mundo sem um cálculo geral de inferência.

**REFERÊNCIAS CITADAS E LEITURA COMPLEMENTAR**

Bevington, P.R., and Robinson, D.K. 2002, *Data Reduction and Error Analysis for the Physical Sciences,* 3rd ed. (New York: McGraw-Hill), Chapters 6-11.

Devore, J.L. 2003, *Probability and Statistics for Engineering and the Sciences,* 6th ed. (Belmont, CA: Duxbury Press), Chapters 12-13.

Brownlee, K.A. 1965, *Statistical Theory and Methodology*, 2nd ed. (New York: Wiley). Martin, B.R. 1971, *Statistics for Physicists* (New York: Academic Press).

Gelman, A., Carlin, J.B., Stern, H.S., and Rubin, D.B. 2004, *Bayesian Data Analysis*, 2nd ed. (Boca Raton, FL: Chapman & Hall/CRC).

Sivia, D.S. 1996, *Data Analysis: A Bayesian Tutorial (Oxford*, UK: Oxford University Press).

Jaynes, E.T. 1976, in *Foundations of Probability Theory, Statistical Inference, and Statistical Theories of Science*, W.L. Harper and C.A. Hooker, eds. (Dordrecht: Reidel).[1]

Jaynes, E.T. 1985, in *Maximum-Entropy and Bayesian Methods in Inverse Problems*, C.R. Smith and W.T. Grandy, Jr., eds. (Dordrecht: Reidel).[2]

Cox, R.T. 1946, "Probability, Frequency, and Reasonable Expectation," *American Journal of Physics*, vol. 14, pp. 1-13.[3]

## 15.1 Os mínimos-quadrados como estimador de verossimilhança máxima

Suponha que você esteja ajustando $N$ dados $(x_i, y_i)$, $i = 0, ..., N - 1$, a um modelo com $M$ parâmetros ajustáveis $a_j, j = 0, ..., M - 1$. O modelo prediz uma dependência funcional entre as variáveis dependentes e independentes,

$$y(x) = y(x|a_0 ... a_{M-1}) \tag{15.1.1}$$

onde a notação indica dependência nos parâmetros explicitamente, no lado direito da equação, depois da barra vertical.

O que exatamente nós queremos minimizar para obter valores ajustados para os $a_j$'s ? A primeira coisa que vem à mente é o familiar ajuste de mínimos-quadrados,

$$\text{minimiza sobre } a_0 ... a_{M-1}: \quad \sum_{i=0}^{N-1} [y_i - y(x_i|a_0 ... a_{M-1})]^2 \tag{15.1.2}$$

Mas de onde vem isto? Quais são os princípios gerais sobre os quais ela está baseada?

Para responder a estas perguntas, iniciemos perguntando "*dado um conjunto particular de parâmetros*, qual é a probabilidade de que o conjunto de dados observados deveria ter ocorrido?". Se os $y_i$'s assumem valores contínuos, a probabilidade será sempre zero a menos que adicionemos a frase "mais ou menos algum valor $\Delta y$ fixo, pequeno sobre cada dado". Então vamos sempre encarar esta pergunta como entendida. Se a probabilidade de se obter o conjunto de dados é muito pequena, então concluímos que os parâmetros sendo considerados são "provavelmente" incorretos. Ao contrário, nossa intuição nos diz que o conjunto de dados não deveria ser muito improvável para uma escolha correta de parâmetros.

Para sermos mais quantitativos, suponha que cada um dos pontos $y_i$ tem um erro de medida que é aleatório, independente e distribuído em torno do modelo "verdadeiro" $y(x)$ segundo uma distribuição normal (Gaussiana). Suponha além disso que os desvios padrões $\sigma$ destas distribuições normais são os mesmos para todos os pontos. Então, a probabilidade do conjunto de dados é o produto das probabilidades de cada ponto:

$$P(\text{dados} \mid \text{modelo}) \propto \prod_{i=0}^{N-1} \left\{ \exp\left[ -\frac{1}{2}\left( \frac{y_i - y(x_i)}{\sigma} \right)^2 \right] \Delta y \right\} \tag{15.1.3}$$

Observe que há um fator $\Delta y$ em cada termo do produto.

Se formos Bayesianos, procedemos invocando o teorema de Bayes, na forma

$$P(\text{modelo} \mid \text{dados}) \propto P(\text{dados} \mid \text{modelo}) \, P(\text{modelo}) \tag{15.1.4}$$

onde $P(\text{modelo}) = P(a_0...a_{M-1})$ é nossa distribuição de probabilidades *a priori* sobre todos os modelos. Muitas vezes, nós tomamos um prior constante, não informativo. O modelo mais provável então é um que maximize a equação (15.1.3) ou, o que é equivalente, minimize o negativo de seu logaritmo

$$\left[ \sum_{i=0}^{N-1} \frac{[y_i - y(x_i)]^2}{2\sigma^2} \right] - N \log \Delta y \tag{15.1.5}$$

Uma vez que $N$, $\sigma$ e $\Delta y$ são constantes, minimizar esta equação é equivalente a minimizar a equação (15.1.2)

Se formos frequentistas, devemos chegar ao mesmo destino por um caminho mais tortuoso (como é frequentemente o caso quando métodos frequentistas e bayesianos coincidem). Não nos é permitido pensar sobre o conceito de probabilidade aplicada a conjuntos de parâmetros, pois, para frequentistas, não há universo estatístico de modelos dos quais os parâmetros possam ser retirados. No lugar disso, substituímos por um *dictum*: identificamos a probabilidade dos dados, dados os parâmetros (que são computáveis como acima) e a verossimilhança dos parâmetros dados os dados. A identificação é baseada inteiramente na intuição. Não há base matemática formal nela ou dela. Parâmetros deduzidos segundo este método são chamados de estimadores de verossimilhança máxima.

O que nós podemos ver é que o ajuste por mínimos-quadrados nos dá uma resposta que é tanto (i) o parâmetro mais provável ajustado no sentido bayesiano, partindo do pressuposto de um prior constante, e (ii) a estimativa de verossimilhança máxima dos parâmetros fitados, em ambos os casos *se* os erros de medida forem independentes e distribuídos normalmente com um desvio padrão constante. Observe que não fizemos quaisquer pressuposições acerca da linearidade ou não do modelo $y(x \mid a_0...)$ com relação a seus parâmetros $a_0...a_{M-1}$. Logo abaixo, afrouxaremos nossa suposição de desvios padrões constantes e obteremos fórmulas muito parecidas para aquilo que chamamos de "ajuste de qui-quadrado" ou "ajuste de mínimos-quadrados ponderado". Mas primeiro discutamos um pouco mais aprofundadamente nossa hipótese muito estringente de uma distribuição normal.

A cerca de um século, os estatísticos matemáticos estão apaixonados com o fato de que a distribuição de probabilidades da soma de um número muito grande de desvios aleatórios muito pequenos quase sempre converge para uma distribuição normal (para afirmações mais precisas acerca deste teorema do limite central, consulte [1] ou qualquer outro livro clássico de estatística matemática). Esta paixão tende a desviar a atenção para longe do fato de que, para dados reais, a distribuição normal é frequentemente satisfeita de maneira muito pobre, quando muito. Sempre nos ensinam, de maneira bastante casual, que na média as medidas cairão entre $\pm \sigma$ do valor real 68% das vezes, entre $\pm 2\sigma$ 95% das vezes e entre $\pm 3\sigma$ 99,7% das vezes. Se estendêssemos isto, seria de se esperar que uma medida caísse fora entre $\pm 20\sigma$ uma em cada $2 \times 10^{88}$ vezes. Sabemos todos porém que "deslizes" são muito mais prováveis que isto!

Em alguns casos, os desvios a partir de uma distribuição normal são fáceis de entender e quantificar. Por exemplo, em medidas obtidas pela contagem de eventos, os erros de medida são normalmente distribuídos segundo uma distribuição de Poisson, cuja probabilidade cumulativa já foi discutida no §6.2. Quando o número de contagens que entra num dado é grande, a distribuição de Poisson converge para uma gaussiana. Contudo, a convergência não é uniforme quando medida com precisão fracionária. Quanto mais distantes em termos de desvios padrões estivermos na cauda da distribuição, maior o número de contagens que tem que ser feitas antes que um valor próximo da Gaussiana seja realizado. O sinal do efeito é sempre o mesmo: a Gaussiana prevê que eventos nas "caudas" da distribuição são sempre muito menos prováveis do que realmente são (segundo Poisson). Isto faz com que tais eventos, quando ocorrem, causem uma inclinação no ajuste de mínimos-quadrados muito maior do que deveriam.

Outras vezes, os desvios para longe da distribuição normal não são fáceis de serem compreendidos detalhadamente. Pontos experimentais ocasionalmente se encontram simplesmente *muito fora*. Talvez a fonte de potência do equipamento simplesmente teve uma falha repentina durante a medida de um ponto, ou alguém chutou o aparelho, ou alguém anotou o número errado. Pontos deste tipo são chamados de outliers*. Eles podem facilmente transformar um ajuste por mínimos-quadrados em algo totalmente sem sentido. A probabilidade de que ocorram, quando se assume uma distribuição Gaussiana, é tão pequena que o estimador de verossimilhança máxima sente vontade de distorcer toda a curva para trazê-los, erroneamente, para dentro da linha.

O assunto de estatística robusta lida com casos onde a distribuição Gaussiana é uma aproximação ruim, ou casos onde os outliers são importantes. Discutiremos métodos robustos rapidamente no §15.7. Todas as seções entre a presente e aquela partem do pressuposto, de uma maneira ou outra, de que há um modelo Gaussiano para erros de medida dos dados. É importante que você mantenha em mente as limitações deste modelo, mesmo quando estiver usando os métodos extremamente úteis que seguem desta hipótese.

Finalmente, observe que nossa discussão dos erros de medidas são limitadas a erros estatísticos, do tipo que se cancelam mutuamente se fizermos um número suficiente de medidas. Medidas também estão sujeitas a erros sistemáticos que não desaparecem, não importando quantas médias calculemos. Por exemplo, a calibragem de um metro na forma de uma barra metálica pode depender da sua temperatura. Se fizermos todas as nossas medidas na mesma temperatura incorreta, então não importa quanto de média calculemos ou quanto processamento numérico façamos, nada corrigirá este erro sistemático não reconhecido.

### 15.1.1 Ajuste de qui-quadrado

Já consideramos a estatística qui-quadrado uma vez, no §14.3. Aqui ela aparece em um contexto levemente diferente.

Se cada ponto $(x_i, y_i)$ tem seu próprio desvio-padrão conhecido $\sigma_i$, então a equação (15.1.3) é modificada simplesmente colocando-se um subscrito $i$ no símbolo $\sigma$. O subscrito também se propaga docilmente em (15.1.5), de modo que a estimativa de verossimilhança máxima dos parâmetros do modelo (como também o conjunto de parâmetros mais prováveis bayesianos) é obtida minimizando-se a quantidade

$$\chi^2 \equiv \sum_{i=0}^{N-1} \left( \frac{y_i - y(x_i | a_0 \ldots a_{M-1})}{\sigma_i} \right)^2 \quad (15.1.6)$$

conhecida como "qui-quadrado".

Não importa até que ponto os erros de medidas são realmente distribuídos segundo uma distribuição normal: a grandeza $\chi^2$ é a soma de $N$ quadrados de quantidades distribuídas normalmente com variância unitária. Uma vez que tenhamos ajustado os $a_0 \ldots a_{M-1}$ para minimizar o valor de $\chi^2$, os termos na soma são todos estatisticamente independentes. Para modelos lineares nos $a$'s,

---

*N. de T.: Em tradução literal, algo como "aqueles que se encontram do lado de fora", "forasteiros".

contudo, resulta que a distribuição de probabilidade para diferentes valores de $\chi^2$ no seu ponto mínimo pode, apesar de tudo, ser deduzida analiticamente, e é a distribuição qui-quadrado para $N$-$M$ graus de liberdade. Nós aprendemos no §6.2 como calcular esta função de probabilidade usando a função gama incompleta. Em particular, a equação (6.14.39) dá a probabilidade $Q$ com que o qui-quadrado deveria exceder o valor $\chi^2$ ao acaso, onde $v = N - M$ é o número de graus de liberdade. A grandeza $Q$, ou seu complemento $P \equiv 1 - Q$, é frequentemente tabulada nos apêndices de livros de estatística, ou ela pode ser calculada como $P = \text{Chisqdist}(v).\text{invcdf}(\chi^2)$ usando-se a rotina do §6.14.8. É relativamente comum, e geralmente não muito incorreto, assumir que a distribuição qui-quadrado vale até mesmo para modelos que não são estritamente lineares nos $a$'s.

Esta probabilidade calculada dá uma medida quantitativa da goodness-of-fit do modelo. Se $Q$ for uma probabilidade muito pequena para algum conjunto de dados particular, então as discrepâncias aparentes são apenas pouco provavelmente flutuações ocasionais. Muito mais provavelmente ou (i) o modelo está errado – pode ser estatisticamente rejeitado, ou (ii) alguém mentiu para você a respeito do tamanho dos erros de medidas $\sigma_i$ – eles na verdade são maiores do que o que foi dito.

Embora acima tenhamos sido bastante rápidos em nos divertir às custas dos fundamentos frequentistas para a estimativa de verossimilhança máxima (ou ausência destes), precisamos agora mirar nos estritamente bayesianos: não há quaisquer métodos bons inteiramente bayesianos para estudar a goodness-of-fit, isto é, para comparar a probabilidade do modelo de melhor ajuste àquela de um hipótese alternativa não específica, como "o modelo está errado". O problema é que a aplicação rigorosa do teorema de Bayes requer ou (i) uma comparação entre duas hipóteses bem colocadas (*well-posed*) (a taxa de odds), ou (ii) a normalização da probabilidade do modelo de melhor ajuste em contraposição a uma integral de tais probabilidades sobre todos os possíveis modelos (a constante de normalização). Na maioria das situações, ambas não estão disponíveis. Bayesianos de bom-senso normalmente voltam à estatística de valores de probabilidade de caudas (*p-value tail statistics*), como qui-quadrado, quando eles realmente querem saber se um modelo está errado.

Outro ponto importante é que a probalidade qui-quadrado $Q$ não mede diretamente a credibilidade do pressuposto de que os erros das medidas são distribuidos normalmente. Ela presume que eles sejam. Contudo, na maioria dos casos, mas não em todos, o efeito de erros não normais é criar uma abundância de pontos outliers. Estes diminuem a probabilidade $Q$, de modo que podemos adicionar uma outra possível conclusão, embora menos definitiva, à lista acima: (iii) os erros das medidas podem não ser distribuídos normalmente.

Possivelmente (iii) seja bastante comum, e relativamente benigno. É por este motivo que experimentadores razoáveis normalmente são bastante tolerantes com probabilidades baixas $Q$. Não é incomum julgar aceitável nos mesmos termos quaisquer modelos com, digamos, $Q > 0{,}001$. Isto não é tão relaxado quanto parece: modelos realmente errados são normalmente rejeitados para valores infinitamente menores de $Q$, digamos, $10^{-18}$. Porém, se com o tempo você se pegar aceitando modelos com $Q \sim 10^{-3}$, então é aconselhável que você procure a causa.

Se por acaso você conhecer a lei real de distribuição dos seus erros de medida, talvez você queira então simular via Monte Carlo alguns conjuntos de dados a partir de um modelo particular, conforme §7.3-§7.4. Você pode então sujeitar estes dados sintéticos a seu procedimento de ajuste verdadeiro, a fim de determinar tanto a distribuição de probabilidade da estatística $\chi^2$ como também a acurácia com a qual os parâmetros do seu modelo são reproduzidos pelo ajuste. Discutiremos isto mais detalhadamente no §15.6. A técnica é bastante geral, mas pode ser também lenta.

No extremo oposto, às vezes acontece que a probabilidade $Q$ é muito grande, muito próxima de 1, literalmente muito boa para ser verdade! Erros de medida não normais não conseguem, geralmente, causar esta doença, uma vez que a distribuição normal é tão "compacta" quanto uma distribuição pode ser. Quase sempre, a causa de um ajuste qui-quadrado muito bom é que o experimentador, em um "ataque" de conservadorismo, superestimou seus erros de medida. Muito raramente, um ajuste qui-quadrado muito bom é um indicativo de fraude real, na qual os dados foram "manipulados" para fitar o modelo.

Uma regra simples é que um valor "típico" de $\chi^2$ para um ajuste "moderamente" bom é $\chi^2 \approx \nu$. Mais precisa é a afirmação de que a estatística $\chi^2$ tem uma média $\nu$ e um desvio padrão $\sqrt{2\nu}$ e, assintoticamente para $\nu$ grande, se torna uma distribuição normal.

Em alguns casos, as incertezas associadas ao conjunto de medidas não podem ser conhecidas de antemão, e considerações acerca do ajuste $\chi^2$ são usadas para se deduzir um valor de $\sigma$. Se supusermos que todas as medidas têm os mesmos desvios padrão, $\sigma_i = \sigma$, e o modelo ajusta bem, então podemos prosseguir primeiro associando um valor arbitrário constante $\sigma$ para todos os pontos, ajustando em seguida os parâmetros do modelo pela minimização de $\chi^2$, e finalmente recalculando

$$\sigma^2 = \sum_{i=0}^{N-1} [y_i - y(x_i)]^2 / (N - M) \tag{15.1.7}$$

Obviamente esta abordagem não permite um estudo independente da goodness-of-fit, um fato normalmente não percebido pelos seus aderentes. Contudo, quando o erro da medida não é conhecido, esta abordagem ao menos permite que algum tipo de barra de erro seja associada aos pontos.

Se tomarmos a derivada da equação (15.1.6) com relação aos parâmetros $a_k$, obtemos as equações que devem ser satisfeitas no mínimo do qui-quadrado:

$$0 = \sum_{i=0}^{N-1} \left( \frac{y_i - y(x_i)}{\sigma_i^2} \right) \left( \frac{\partial y(x_i | \ldots a_k \ldots)}{\partial a_k} \right) \qquad k = 0, \ldots, M-1 \tag{15.1.8}$$

A equação (15.1.8) é, em geral, um conjunto de $M$ equações não lineares em $M$ incógnitas $a_k$. Muitos dos procedimentos descritos subsequentemente neste capítulo saem de (15.1.8) e seus casos especiais.

### REFERÊNCIAS CITADAS E LEITURA COMPLEMENTAR

Lupton, R. 1993, *Statistics in Theory and Practice* (Princeton, NJ: Princeton University Press), Chapters 10-11.[1]

Devore, J.L. 2003, *Probability and Statistics for Engineering and the Sciences,* 6th ed. (Belmont, CA: Duxbury Press), Chapter 6.

Gelman, A., Carlin, J.B., Stern, H.S., and Rubin, D.B. 2004, *Bayesian Data Analysis,* 2nd ed. (Boca Raton, FL: Chapman & Hall/CRC), Chapter 8.

## 15.2 Ajustando dados a uma reta

Um exemplo concreto dará um maior significado às considerações da seção prévia. Consideremos o problema de se ajustar um conjunto de $N$ dados $(x_i, y_i)$ a um modelo de reta

$$y(x) = y(x|a,b) = a + bx \tag{15.2.1}$$

Este problema é frequentemente chamado de regressão linear, uma terminologia que teve sua origem, há muito tempo, nas ciências sociais. Supomos que as incertezas $\sigma_i$ associadas a cada valor medido $y_i$ são conhecidas, que os os $x_i$'s (valores da variável dependente) são conhecidos exatamente.

Para medir o quão bem o modelo concorda com os dados, usamos a função de mérito qui-quadrado (15.1.6), que neste caso é

$$\chi^2(a, b) = \sum_{i=0}^{N-1} \left( \frac{y_i - a - bx_i}{\sigma_i} \right)^2 \tag{15.2.2}$$

Se os erros nas medidas seguem uma distribuição normal, então esta função de mérito produzirá estimativas de parâmetros de verossimilhança máxima de $a$ e $b$. Se os erros não seguem uma distribuição normal, então as estimativas não são de verossimilhança máxima, mas ainda podem ser úteis do ponto de vista prático. No §15.7 trataremos do caso onde pontos outlier são tão numerosos a ponto de fazer a função de mérito $\chi^2$ algo inútil.

A equação (15.2.2) é minimizada para se determinar os valores de $a$ e $b$. No seu mínimo, derivadas de $\chi^2(a, b)$ com relação a $a$ e $b$ são nulas:

$$\begin{aligned} 0 &= \frac{\partial \chi^2}{\partial a} = -2 \sum_{i=0}^{N-1} \frac{y_i - a - bx_i}{\sigma_i^2} \\ 0 &= \frac{\partial \chi^2}{\partial b} = -2 \sum_{i=0}^{N-1} \frac{x_i(y_i - a - bx_i)}{\sigma_i^2} \end{aligned} \tag{15.2.3}$$

Estas condições podem ser reescritas em uma forma conveniente se definirmos as seguintes somas:

$$\begin{aligned} S &\equiv \sum_{i=0}^{N-1} \frac{1}{\sigma_i^2} \quad S_x \equiv \sum_{i=0}^{N-1} \frac{x_i}{\sigma_i^2} \quad S_y \equiv \sum_{i=0}^{N-1} \frac{y_i}{\sigma_i^2} \\ S_{xx} &\equiv \sum_{i=0}^{N-1} \frac{x_i^2}{\sigma_i^2} \quad S_{xy} \equiv \sum_{i=0}^{N-1} \frac{x_i y_i}{\sigma_i^2} \end{aligned} \tag{15.2.4}$$

Com estas definições, a equação (15.2.3) se torna

$$\begin{aligned} aS + bS_x &= S_y \\ aS_x + bS_{xx} &= S_{xy} \end{aligned} \tag{15.2.5}$$

A solução desas duas equações em duas incógnitas é

$$\begin{aligned} \Delta &\equiv SS_{xx} - (S_x)^2 \\ a &= \frac{S_{xx}S_y - S_x S_{xy}}{\Delta} \\ b &= \frac{SS_{xy} - S_x S_y}{\Delta} \end{aligned} \tag{15.2.6}$$

A equação (15.2.6) é a solução para os parâmetros $a$ e $b$ do modelo de melhor ajuste.

Contudo, ainda não terminamos. Precisamos estimar a incertezas prováveis nas estimativas de $a$ e $b$, uma vez que obviamente os erros nas medidas dos dados devem introduzir alguma incerteza na determinação destes parâmetros. Se os dados forem independentes, então cada um contribui com seu próprio quinhão de incerteza nos parâmetros. Considerações de propagação de erros mostram que a variância $\sigma_f^2$ no valor de qualquer função será

$$\sigma_f^2 = \sum_{i=0}^{N-1} \sigma_i^2 \left(\frac{\partial f}{\partial y_i}\right)^2 \tag{15.2.7}$$

Para uma reta, as derivadas de $a$ e $b$ com relação a $y_i$ podem ser avaliadas diretamente da solução:

$$\frac{\partial a}{\partial y_i} = \frac{S_{xx} - S_x x_i}{\sigma_i^2 \Delta}$$
$$\frac{\partial b}{\partial y_i} = \frac{S x_i - S_x}{\sigma_i^2 \Delta} \tag{15.2.8}$$

Somando sobre os pontos como em (15.2.7), obtemos

$$\sigma_a^2 = S_{xx}/\Delta$$
$$\sigma_b^2 = S/\Delta \tag{15.2.9}$$

que são as variâncias das estimativas de $a$ e $b$, respectivamente. Veremos no §15.6 que um número adicional se faz necessário para caracterizar apropriadamente a incerteza provável da estimação do parâmetro. Este número é a covariância de $a$ e $b$, e (como veremos abaixo) é dado por

$$\text{Cov}(a, b) = -S_x/\Delta \tag{15.2.10}$$

O coeficiente de correlação entre a incerteza em $a$ e a incerteza em $b$, que é um número entre $-1$ e $1$, segue de (15.2.10) (compare com a equação 14.5.1),

$$r_{ab} = \frac{-S_x}{\sqrt{S S_{xx}}} \tag{15.2.11}$$

Um valor positivo de $r_{ab}$ indica que os erros em $a$ e $b$ têm grande chance de terem o mesmo sinal, enquanto que um valor negativo indica que os erros são anticorrelacionados, com grande chance de terem sinais opostos.

Não terminamos ainda. Precisamos estimar a qualidade-do-ajuste dos dados ao modelo. Fora esta estimativa, não temos a menor indicação se os parâmetros $a$ e $b$ no modelo têm algum significado! A probabilidade $Q$ de que um valor de qui-quadrado tão *ruim* quando o valor (15.2.2) poderia ocorrer ao acaso é

$$Q = 1 - \texttt{Chisqdist}(N-2).\texttt{invcdf}\,(\chi^2) \tag{15.2.12}$$

Aqui, `Chisqdist` é nosso objeto que incorpora a função de distribuição qui-quadrado (veja §6.14.8), e `invcdf` é a função distribuição cumulativa inversa. Se $Q$ for maior que, digamos, 0,1, então a qualidade-do-ajuste é crível. Se for maior que, digamos, 0,001, então o ajuste pode ser aceito se os erros forem não normais ou tenham sido moderadamente subestimados. Se $Q$ for menor que 0,001, então o modelo e/ou o procedimento de estimação pode ser justificadamente questionado. Neste último caso, vá ao §15.7 para ver como proceder.

Se você não conhece os erros individuais $\sigma_i$ nas medidas dos pontos, e continua em frente (perigosamente) usando a equação (15.1.7) para estimar estes erros, então aqui vai o procedimento para se estimar as incertezas prováveis dos parâmetros $a$ e $b$: fixe $\sigma_i \equiv 1$ em todas as equações até (15.2.6) e multiplique $\sigma_a$ e $\sigma_b$, como obtidos da equação (15.2.9), pelo fator adicional $\sqrt{\chi^2/(N-2)}$, onde $\chi^2$ é calculado por (15.2.2) usando-se os parâmetros ajustados $a$ e $b$. Como discutido acima, este procedimento é o equivalente a *supor* que o ajuste é bom, e você portanto não obtém uma probabilidade $Q$ de qualidade-de-ajuste independente.

No §14.5 prometemos uma relação entre o coeficiente de correlação linear $r$ (equação 14.5.1) e a medida da qualidade-do-ajuste, $\chi^2$ (equação 15.2.2). Para dados não ponderados (todos $\sigma_i = 1$), a relação é

$$\chi^2 = (1 - r^2) \sum_{i=0}^{N-1} (y_i - \bar{y})^2 \tag{15.2.13}$$

Para dados com erros $\sigma_i$ que variam, as equações acima permanecem válidas se as somas nas equações (15.2.13) e (14.5.1) forem ponderadas por $1/\sigma_i^2$.

O objeto seguinte, Fitab, faz exatamente as operações que acabamos de discutir. Você chama seu construtor ou com, ou sem erros $\sigma_i$. Se os $\sigma_i$'s são conhecidos, os cálculos correspondem exatamente às fórmulas acima. Contudo, quando os $\sigma_i$'s não estão disponíveis, a rotina *pressupõe* valores iguais de $\sigma$ para cada ponto e *pressupõe* um bom ajuste, como discutido no §15.1

As fórmulas (15.2.6) são susceptíveis a erros de arredondamento. Assim, portanto, nós as reescrevemos da seguinte maneira: defina

$$t_i = \frac{1}{\sigma_i}\left(x_i - \frac{S_x}{S}\right), \qquad i = 0, 1, \ldots, N-1 \tag{15.2.14}$$

e

$$S_{tt} = \sum_{i=0}^{N-1} t_i^2 \tag{15.2.15}$$

Então, como você poderá verificar por substituição direta,

$$b = \frac{1}{S_{tt}} \sum_{i=0}^{N-1} \frac{t_i y_i}{\sigma_i} \tag{15.2.16}$$

$$a = \frac{S_y - S_x b}{S} \tag{15.2.17}$$

$$\sigma_a^2 = \frac{1}{S}\left(1 + \frac{S_x^2}{S S_{tt}}\right) \tag{15.2.18}$$

$$\sigma_b^2 = \frac{1}{S_{tt}} \tag{15.2.19}$$

$$\text{Cov}(a, b) = -\frac{S_x}{S S_{tt}} \tag{15.2.20}$$

$$r_{ab} = \frac{\text{Cov}(a, b)}{\sigma_a \sigma_b} \tag{15.2.21}$$

fitab.h

```
struct Fitab {
```
Objeto para ajustar uma reta $y = a + bx$ a um conjunto de pontos $(x_i, y_i)$ com erros $\sigma_i$ disponíveis ou não. Chama um dos dois construtores para fazer o ajuste. As respostas são então disponibilizadas nas variáveis a, b, siga, sigb, chi2, e em q ou sigdat.

```
    Int ndata;
    Doub a, b, siga, sigb, chi2, q, sigdat;        Respostas.
    VecDoub_I &x, &y, &sig;

    Fitab(VecDoub_I &xx, VecDoub_I &yy, VecDoub_I &ssig)
    : ndata(xx.size()), x(xx), y(yy), sig(ssig), chi2(0.), q(1.), sigdat(0.) {
```
Construtor. Dado um cojunto de pontos x[0..ndata-1], y[0..ndata-1] com desvios-padrão individuais sig[0..ndata-1], fixa a, b e suas respectivas incertezas prováveis siga e sigb, o qui-quadrado chi2 e a qualidade-do-ajuste q (para a qual o ajuste teria um $\chi^2$ desta magnitude ou maior).

```
        Gamma gam;
        Int i;
        Doub ss=0.,sx=0.,sy=0.,st2=0.,t,wt,sxoss;
        b=0.0;                                         Acumula somas ...
        for (i=0;i<ndata;i++) {
            wt=1.0/SQR(sig[i]);                        ...com pesos.
            ss += wt;
            sx += x[i]*wt;
            sy += y[i]*wt;
        }
        sxoss=sx/ss;
        for (i=0;i<ndata;i++) {
            t=(x[i]-sxoss)/sig[i];
            st2 += t*t;
            b += t*y[i]/sig[i];
        }
        b /= st2;                                      Soluciona para $a$, $b$, $\sigma_a$ e $\sigma_b$.
        a=(sy-sx*b)/ss;
        siga=sqrt((1.0+sx*sx/(ss*st2))/ss);
        sigb=sqrt(1.0/st2);                            Calcula $\chi^2$.
        for (i=0;i<ndata;i++) chi2 += SQR((y[i]-a-b*x[i])/sig[i]);
        if (ndata>2) q=gam.gammq(0.5*(ndata-2),0.5*chi2);    Equação (15.2.12).
    }

    Fitab(VecDoub_I &xx, VecDoub_I &yy)
    : ndata(xx.size()), x(xx), y(yy), sig(xx), chi2(0.), q(1.), sigdat(0.) {
```
Construtor. Como no caso acima, mas sem erros conhecidos (sig não é usado). As incertezas siga e sigb são estimadas supondo-se um erro igual para todos os pontos, e que a reta é um bom ajuste. q é retornado como 1,0, a normalização de chi2 é de desvio-padrão um para todos os pontos e sigdat é ajustado no erro estimado de cada ponto.

```
        Int i;
        Doub ss,sx=0.,sy=0.,st2=0.,t,sxoss;
        b=0.0;                                         Acumula somas ...
        for (i=0;i<ndata;i++) {
            sx += x[i];                                ...sem pesos.
            sy += y[i];
        }
        ss=ndata;
        sxoss=sx/ss;
        for (i=0;i<ndata;i++) {
            t=x[i]-sxoss;
            st2 += t*t;
            b += t*y[i];
        }
        b /= st2;                                      Soluciona para $a$, $b$, $\sigma_a$ e $\sigma_b$.
        a=(sy-sx*b)/ss;
        siga=sqrt((1.0+sx*sx/(ss*st2))/ss);
        sigb=sqrt(1.0/st2);                            Calcula $\chi^2$.
        for (i=0;i<ndata;i++) chi2 += SQR(y[i]-a-b*x[i]);
```

```
        if (ndata > 2) sigdat=sqrt(chi2/(ndata-2));    Para dados não ponderados, avalia sig tí-
        siga *= sigdat;                                pico usando chi2 e ajusta os desvios
        sigb *= sigdat;                                padrões.
    }
};
```

### REFERÊNCIAS CITADAS E LEITURA COMPLEMENTAR

Bevington, P.R., and Robinson, D.K. 2002, *Data Reduction and Error Analysis for the Physical Sciences*, 3rd ed. (New York: McGraw-Hill), Chapter 6.

Devore, J.L. 2003, *Probability and Statistics for Engineering and the Sciences*, 6th ed. (Belmont, CA: Duxbury Press), Chapter 12.

## 15.3 Dados sobre retas com erros em ambas as coordenadas

Se os dados experimentais estão sujeitos a erros de medida não apenas nos $y_i$'s, mas também nos $x_i$'s, então a tarefa de ajustar um modelo de reta

$$y(x) = a + bx \tag{15.3.1}$$

é consideravelmente mais árdua. Escrever a função de mérito $\chi^2$ é algo direto neste caso,

$$\chi^2(a,b) = \sum_{i=0}^{N-1} \frac{(y_i - a - bx_i)^2}{\sigma_{yi}^2 + b^2 \sigma_{xi}^2} \tag{15.3.2}$$

onde $\sigma_{x\,i}$ e $\sigma_{y\,i}$ são, respectivamente, os desvios-padrão em $x$ e $y$ para o $i$-ésimo ponto. A soma ponderada das variâncias no denominador da equação (15.3.2) pode ser entendida tanto como sendo a variância na direção do menor $\chi^2$ entre cada ponto e a reta com coeficiente angular $b$, bem como a variância da combinação linear $y_i - a - bx_i$ de duas variáveis aleatórias $x_i$ e $y_i$,

$$\text{Var}(y_i - a - bx_i) = \text{Var}(y_i) + b^2 \text{Var}(x_i) = \sigma_{yi}^2 + b^2 \sigma_{xi}^2 \equiv 1/w_i \tag{15.3.3}$$

A soma do quadrado de $N$ variáveis aleatórias, cada uma das quais normalizada por sua variância, segue portanto uma distribuição qui-quadrado.

Queremos agora minimizar a equação (15.3.2) com relação a $a$ e $b$. Infelizmente, o surgimento de um $b$ no denominador desta equação torna a equação para a declividade daí resultante $\partial \chi^2 / \partial b = 0$ uma equação não linear. Contudo, a condição de intersecção correspondente, $\partial \chi^2 / \partial a = 0$, ainda é linear e resulta em

$$a = \left[ \sum_i w_i (y_i - bx_i) \right] \bigg/ \sum_i w_i \tag{15.3.4}$$

onde os $w_i$'s são definidos pela equação (15.3.3). Uma estratégia razoável agora é usar o aparato do Capítulo 10 (por exemplo, um objeto `Brent`) para minimizar, em relação a $b$, uma função unidimensional geral, usando ao mesmo tempo, em cada estágio do cálculo, a equação (15.3.4) a fim de garantir que o mínimo em relação a $b$ é também minimizado em relação a $a$.

Devido às barras de erro finitas nos $x_i$'s, o mínimo $\chi^2$ como função de $b$ será finito, embora normalmente grande, quando $b$ for infinito (reta de coeficiente angular infinito). O ângulo $\theta \equiv \text{arctg}$ é portanto mais apropriado como parametrização do coeficiente angular da reta do que o próprio $b$. O valor de $\chi^2$ será então periódico em $\theta$, com período de $\pi$ (e não de $2\pi$!). Se qualquer um dos pontos tiver um $\sigma_y$'s muito pequeno mas $\sigma_x$'s moderadamente grandes ou grandes, então é também possível ter um máximo de $\chi^2$ próximo do coeficiente angular zero, $\theta \approx 0$. Neste caso, pode muitas vezes haver dois mínimos $\chi^2$, um para o coeficiente angular positivo e outro para o negativo. Apenas um deles é correto como mínimo global.

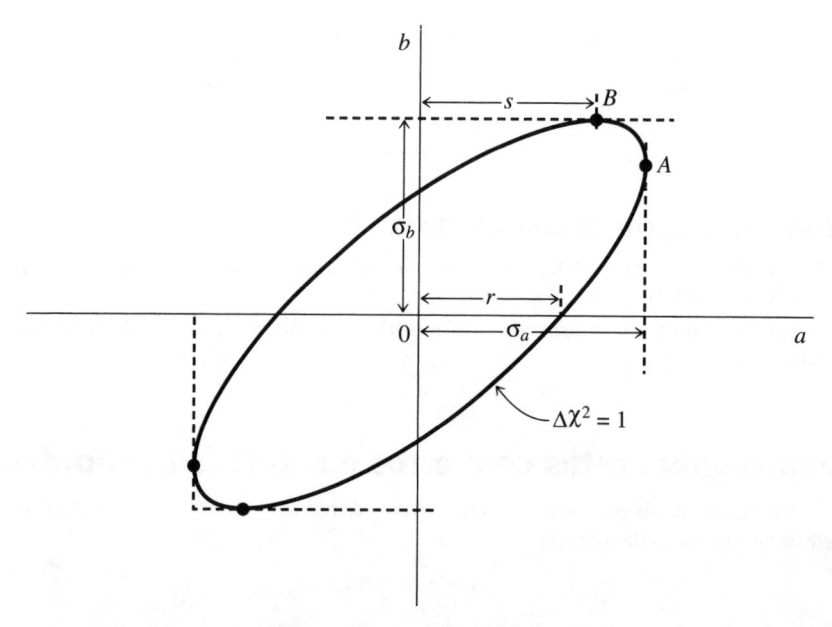

**Figura 15.3.1** Erros-padrão para os parâmetros ***a*** e ***b***. O ponto ***B*** pode ser encontrado em se variando o coeficiente angular ***b*** e concomitantemente minimizando o ponto de intersecção ***a***. Isto resulta no erro-padrão $\sigma_b$ e também no valor de s. O erro-padrão $\sigma_a$ pode ser encontrado pela relação geométrica $\sigma_a^2 = s^2 + r^2$.

Portanto é importante ter um bom chute inicial para $b$ (ou $\theta$). Nossa estratégia, implementada abaixo, é escalonar os $y_i$'s de modo a fazer com que suas variâncias sejam iguais às dos $x_i$'s, e então fazer um ajuste linear convencional (como no §15.2) com pesos obtidos da soma (escalonada) $\sigma_{y\,i}^2 + \sigma_{x\,i}^2$. Isto gera um bom chute inicial para $b$ se os dados forem até mesmo *plausivelmente* relacionados a um modelo de reta.

Achar os erros-padrão $\sigma_a$ e $\sigma_b$ nos parâmetros $a$ e $b$ é mais complicado. Veremos no §15.6 que, em circunstâncias apropriadas, estes erros são as respectivas projeções sobre o eixo-$a$ e eixo-$b$ das "fronteiras da região de confiança", onde $\chi^2$ tem um valor uma unidade maior que seu mínimo, $\Delta\chi^2 = 1$. No caso linear do §15.2, estas projeções são obtidas de uma expansão em série de Taylor

$$\Delta\chi^2 \approx \frac{1}{2}\left[\frac{\partial^2\chi^2}{\partial a^2}(\Delta a)^2 + \frac{\partial^2\chi^2}{\partial b^2}(\Delta b)^2\right] + \frac{\partial^2\chi^2}{\partial a\,\partial b}\Delta a\,\Delta b \qquad (15.3.5)$$

Porém, devido à atual não linearidade em $b$, fórmula analíticas para as segundas derivadas são bastante difíceis de manusear; mais importante que isto, o termo de ordem mais baixa frequentemente resulta em uma aproximação ruim para $\Delta\chi^2$. Nossa estratégia é portanto a de achar as raízes de $\Delta\chi^2 = 1$ numericamente por meio de um ajuste do valor da declividade $b$ longe do mínimo. No programa abaixo, o localizador de raízes geral `zbrent` é usado. Pode acontecer que não haja quaisquer raízes – por exemplo, se todas as barras de erro são tão grandes que todos os dados são compatíveis entre si. É importante, portanto, esforçar-se por enquadrar uma possível raiz antes de refiná-la (confira §9.1).

Pelo fato de que $a$ é minimizado em cada estágio da variação de $b$, a determinação numérica de raízes bem-sucedida leva a um valor de $\Delta a$ que minimiza $\chi^2$ para o valor de $\Delta b$ que dá $\Delta\chi^2 = 1$. Isto (vide Figura

15.3.1) dá diretamente a projeção tangente das região de confiança sobre o eixo-$b$, e portanto $\sigma_b$. Contudo, não dá a projeção tangente da mesma região sobre o eixo-$a$. Na figura, achamos o ponto indexado por $B$; para achar $\sigma_a$, precisamos achar o ponto $A$. Chamemos a geometria para nos resgatar: na medida em que a região de confiança é aproximada por uma elipse, você pode provar (vide figura) que $\sigma_a^2 = r^2 + s^2$. O valor de $s$ é conhecido pelo fato do ponto $B$ ter sido achado. O valor de $r$ segue das equações (15.3.2) e (15.3.3) aplicadas no $\chi^2$ mínimo (ponto $O$ na figura), dando assim

$$r^2 = 1 \Big/ \sum_i w_i \tag{15.3.6}$$

Na verdade, uma vez que $b$ pode ir até infinito, este procedimento faz mais sentido no espaço $(a, \theta)$ que no $(a, b)$. É assim que o programa seguinte trabalha de fato. Uma vez que convencionalmente se obtém como resposta os erros-padrão para $a$ e $b$, e não $a$ e $\theta$, usamos a relação

$$\sigma_b = \sigma_\theta / \cos^2 \theta \tag{15.3.7}$$

Alertamos que se $b$ e seu erro-padrão forem muito grandes, de modo que a região de confiança inclui de fato um coeficiente angular infinito, então o erro-padrão $\sigma_b$ não faz muito sentido. O functor `Chixy` é normalmente chamado somente pela rotina `Fitexy`. Contudo, se você quiser, você pode explorar por si próprio a região de confiança fazendo repetidas chamadas de `Chixy` (cujo argumento é um ângulo $\theta$, não o coeficiente angular $b$) depois de uma única chamada de inicialização de `Fitexy`.

Esteja alertado que a literatura sobre o assunto aparentemente direto desta seção é geralmente confusa e muitas vezes incorreta. O tratamento inicial de Deming é bem-fundamentado [1], mas o fato de se apoiar sobre expansões em série de Taylor resulta em estimativas de erro inacuradas. As referências [2-4] são tratamentos gerais confiáveis, mais recentes, e trazem críticas a trabalhos anteriores. York [5] e Reed [6] fazem discussões bastante proveitosas do caso simples de uma reta na maneira como foi tratada aqui, mas o último artigo tem alguns erros, corrigidos posteriormente em [7]. Toda esta comoção atraiu os bayesianos [8-10], que tem pontos de vista ainda diferentes.

Um alerta final, repetido do §15.0, é que se a qualidade-do-ajuste não for aceitável (probabilidade retornada tiver valor muito pequeno), os erros-padrão $\sigma_a$ e $\sigma_b$ certamente não são críveis. Em circunstâncias de desespero, você pode tentar escalonar todas as suas barras de erro em $x$ e $y$ por um fator constante até que a probabilidade seja aceitável (digamos, 0,5) para obter assim valores mais plausíveis de $\sigma_a$ e $\sigma_b$.

O código de implementação é dado em uma Webnote [11].

## REFERÊNCIAS CITADAS E LEITURA COMPLEMENTAR

Deming, W.E. 1943, *Statistical Adjustment of Data* (New York: Wiley), reprinted 1964 (New York: Dover).[1]

Jefferys, W.H. 1980, "On the Method of Least Squares," *Astronomical Journal*, vol. 85, pp. 177-181; veja também vol. 95, p. 1299 (1988).[2]

Jefferys, W.H. 1981, "On the Method of Least Squares – Part Two," *Astronomical Journal*, vol. 86, pp. 149-155; see also vol. 95, p. 1300 (1988).[3]

Lybanon, M. 1984, "A Better Least-Squares Method When Both Variables Have Uncertainties," *American Journal of Physics*, vol. 52, pp. 22-26.[4]

York, D. 1966, "Least-Squares Fitting of a Straight Line," *Canadian Journal of Physics*, vol. 44, pp. 1079-1086.[5]

Reed, B.C. 1989, "Linear Least-Squares Fits with Error in Both Coordinates," *American Journal of Physics*, vol. 57, pp. 642-646; veja também vol. 58, p. 189, e vol. 58, p. 1209.[6]

Reed, B.C. 1992, "Linear Least-squares Fits with Errors in Both Coordinates. II: Comments on Parameter Variances," *American Journal of Physics*, vol. 60, pp. 59-62.[7]

Zellner, A. 1971, *An Introduction to Bayesian Inference in Econometrics* (New York: Wiley); reprinted 1987 (Malabar, FL: R. E. Krieger).[8]

Gull, S.F. 1989, in *Maximum Entropy and Bayesian Methods*, J. Skilling, ed. (Boston: Kluwer).[9]

Jaynes, E.T. 1991, in *Maximum-Entropy and Bayesian Methods, Proceedings of the 10th International Workshop*, W.T. Grandy, Jr., and L.H. Schick, eds. (Boston: Kluwer).[10]

Macdonald, J.R., and Thompson, W.J. 1992, "Least-Squares Fitting When Both Variables Contain Errors: Pitfalls and Possibilities," *American Journal of Physics*, vol. 60, pp. 66-73.

Numerical Recipes Software 2007, "Code Implementation for Fitexy," *Numerical Recipes Web-note No. 19*, em http://www.nr.com/webnotes?19 [11]

## 15.4 Mínimos quadrados linear geral

Uma generalização imediata do §15.2 é ajustar um conjunto de dados $(x_i, y_i)$ a um modelo que não seja apenas uma combinação linear de 1 e $x$ (a saber, $a + bx$), mas sim uma combinação linear de *qualquer M* função de $x$ especificada. Por exemplo, as funções poderiam ser $1, x, x^2, ..., x^{M-1}$, em cujo caso uma combinação linear das mesmas seria

$$y(x) = a_0 + a_1 x + a_2 x^2 + \cdots + a_{M-1} x^{M-1} \tag{15.4.1}$$

um polinômio de grau $M-1$. Ou talvez as funções pudessem ser senos e cossenos: neste caso, uma combinação linear destas seria uma série de Fourier. A forma geral deste tipo de modelo é

$$y(x) = \sum_{k=0}^{M-1} a_k X_k(x) \tag{15.4.2}$$

onde as grandezas $X_0(x),....X_{M-1}(x)$ são funções arbitrárias fixas de $x$, chamadas de *funções de base*.

Observe que as funções $X_k(x)$ podem ser funções altamente não lineares de $x$. Na presente discussão, o termo "linear" refere-se somente à dependência do modelo em seus parâmetros $a_k$.

Para estes modelos lineares, generalizamos aquilo que foi discutido na seção prévia definindo uma função de mérito

$$\chi^2 = \sum_{i=0}^{N-1} \left[ \frac{y_i - \sum_{k=0}^{M-1} a_k X_k(x_i)}{\sigma_i} \right]^2 \tag{15.4.3}$$

Como anteriormente, $\sigma_i$ é o erro da medida (desvio-padrão) do $i$-ésimo dado, supostamente conhecido. Se os erros nas medidas não são conhecidos, eles podem todos ser fixados no valor constante $\sigma = 1$ (como discutido ao final do §15.1).

Mais uma vez, pegaremos como melhores parâmetros aqueles que minimizam $\chi^2$. Há várias técnicas disponíveis para se achar este mínimo. Duas são particularmente úteis, e discutiremos ambas nesta seção. Para introduzi-las e elucidar seu significado, precisamos introduzir alguma notação.

Seja **A** uma matriz cujas $N \times M$ componentes são construídas a partir das $M$ funções de base calculadas nas $N$ abscissas $x_i$ e dos $N$ erros de medida $\sigma_i$, segundo a prescrição

$$A_{ij} = \frac{X_j(x_i)}{\sigma_i} \tag{15.4.4}$$

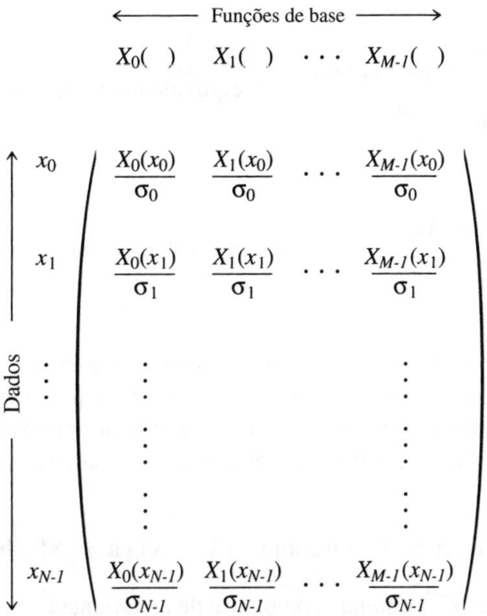

$$\begin{array}{c} \longleftarrow \text{Funções de base} \longrightarrow \\ X_0(\ ) \quad X_1(\ ) \quad \cdots \quad X_{M-1}(\ ) \end{array}$$

$$\text{Dados} \left| \begin{array}{c} x_0 \\ x_1 \\ \vdots \\ \vdots \\ \vdots \\ x_{N-1} \end{array} \right. \left( \begin{array}{cccc} \dfrac{X_0(x_0)}{\sigma_0} & \dfrac{X_1(x_0)}{\sigma_0} & \cdots & \dfrac{X_{M-1}(x_0)}{\sigma_0} \\ \dfrac{X_0(x_1)}{\sigma_1} & \dfrac{X_1(x_1)}{\sigma_1} & \cdots & \dfrac{X_{M-1}(x_1)}{\sigma_1} \\ \vdots & \vdots & & \vdots \\ \vdots & \vdots & & \vdots \\ \dfrac{X_0(x_{N-1})}{\sigma_{N-1}} & \dfrac{X_1(x_{N-1})}{\sigma_{N-1}} & \cdots & \dfrac{X_{M-1}(x_{N-1})}{\sigma_{N-1}} \end{array} \right)$$

**Figura 15.4.1** A design matrix **A** para o ajuste de $N$ pontos via mínimos-quadrados de uma combinação linear de $M$ funções de base. Os elementos de matriz envolvem as funções de base calculadas nos valores das variáveis independentes para as quais medidas foram feitas e os desvios-padrão das variáveis dependentes medidas. Os valores medidos da variável dependente não entram na matriz.

A matriz **A** é chamada de design matrix do problema de ajuste. Note que geralmente **A** tem mais linhas que colunas, $N \geq M$, uma vez que deve haver mais pontos que parâmetros do modelo a serem determinados (por dois pontos você pode passar uma reta, mas uma curva de quinto grau não tem muito sentido!). A design matrix é ilustrada esquematicamente na Figura 15.4.1.

Defina também um vetor **b** de comprimento $N$ através de

$$b_i = \frac{y_i}{\sigma_i} \qquad (15.4.5)$$

e denote o vetor $M$ cujas componentes são os parâmetros a serem fitados, $a_0, ..., a_{M-1}$, por **a**.

### 15.4.1 Solução via uso de equações normais

O mínimo da equação (15.4.3) ocorre quando a derivada de $\chi^2$ com respeito a todos os $M$ parâmetros $a_k$ desaparece. Especializando a equação (15.1.8) para o caso do modelo (15.4.2), esta condição dá as $M$ equações

$$0 = \sum_{i=0}^{N-1} \frac{1}{\sigma_i^2} \left[ y_i - \sum_{j=0}^{M-1} a_j X_j(x_i) \right] X_k(x_i) \qquad k = 0, \ldots, M-1 \qquad (15.4.6)$$

Trocando a ordem das somas, podemos escrever (15.4.6) como uma equação matricial

$$\sum_{j=0}^{M-1} \alpha_{kj} a_j = \beta_k \qquad (15.4.7)$$

onde

$$\alpha_{kj} = \sum_{i=0}^{N-1} \frac{X_j(x_i) X_k(x_i)}{\sigma_i^2} \quad \text{ou, equivalentemente,} \quad \boldsymbol{\alpha} = \mathbf{A}^T \cdot \mathbf{A} \qquad (15.4.8)$$

uma matriz $M \times M$, e

$$\beta_k = \sum_{i=0}^{N-1} \frac{y_i X_k(x_i)}{\sigma_i^2} \quad \text{ou, equivalentemente,} \quad \boldsymbol{\beta} = \mathbf{A}^T \cdot \mathbf{b} \qquad (15.4.9)$$

um vetor de tamanho $M$.

As equações (15.4.6) e (15.4.7) são chamadas de equações normais do problema dos mínimos quadrados. Elas podem ser resolvidas para o vetor **a** de parâmetros pelos métodos padrão do Capítulo 2, notadamente a decomposição $LU$ e a substituição reversa, a decomposição de Cholesky ou a eliminação de Gauss-Jordan. Em forma matricial, as equações normais podem ser escritas ou como

$$\boldsymbol{\alpha} \cdot \mathbf{a} = \boldsymbol{\beta} \quad \text{ou como} \quad (\mathbf{A}^T \cdot \mathbf{A}) \cdot \mathbf{a} = \mathbf{A}^T \cdot \mathbf{b} \qquad (15.4.10)$$

A matriz inversa $\mathbf{C} \equiv \boldsymbol{\alpha}^{-1}$, chamada de matriz de covariância, é intimamente relacionada às incertezas prováveis (ou, mais precisamente, padrão) dos parâmetros **a** estimados. Para estimar estas incertezas, considere que

$$a_j = \sum_{k=0}^{M-1} \alpha_{jk}^{-1} \beta_k = \sum_{k=0}^{M-1} C_{jk} \left[ \sum_{i=0}^{N-1} \frac{y_i X_k(x_i)}{\sigma_i^2} \right] \qquad (15.4.11)$$

e que a variância associada à estimativa $a_j$ pode ser encontrada como em (15.2.7) a partir de

$$\sigma^2(a_j) = \sum_{i=0}^{N-1} \sigma_i^2 \left( \frac{\partial a_j}{\partial y_i} \right)^2 \qquad (15.4.12)$$

Observe que $\alpha_{jk}$ é independente de $y_i$, de modo que

$$\frac{\partial a_j}{\partial y_i} = \sum_{k=0}^{M-1} C_{jk} X_k(x_i)/\sigma_i^2 \qquad (15.4.13)$$

Consequentemente, encontramos

$$\sigma^2(a_j) = \sum_{k=0}^{M-1} \sum_{l=0}^{M-1} C_{jk} C_{jl} \left[ \sum_{i=0}^{N-1} \frac{X_k(x_i) X_l(x_i)}{\sigma_i^2} \right] \qquad (15.4.14)$$

O termo final entre chaves é simplesmente a matriz $\boldsymbol{\alpha}$. Uma vez que esta é a matriz inversa de **C**, a equação (15.4.14) reduz-se imediatamente a

$$\sigma^2(a_j) = C_{jj} \qquad (15.4.15)$$

Em outras palavras, os elementos diagonais de **C** são as variâncias (incertezas ao quadrado) dos parâmetros **a** ajustados. O fato de que os elementos não diagonais $C_{jk}$ são as covariâncias entre $a_j$ e $a_k$ não deveria surpreendê-lo (confira 15.2.10). Porém, deixaremos esta discussão para o §15.6.

Apresentaremos agora uma rotina que implementa as fórmulas acima para o problema dos mínimos-quadrados linear geral via o método das equações normais. Uma vez que queremos calcular não apenas o vetor solução **a** mas também a matriz de covariância **C**, é mais conveniente utilizar a eliminação de Gauss-Jordan (rotina `gaussj` do §2.1) para fazer a parte de álgebra linear correspondente. O número de operações nesta aplicação não é maior que o da decomposição *LU*. Porém, caso você não precise da matriz de covariância, você pode economizar por um fator de 3 se na parte de álgebra linear mudar para a decomposição *LU* sem o cálculo da matriz inversa. Teoricamente, uma vez que $\mathbf{A}^T \cdot \mathbf{A}$ é positiva definida, a decomposição de Cholesky é a maneira mais eficiente de resolver equações normais. Contudo, na prática, a maior parte do tempo computacional é gasta em loops sobre os dados para montar as equações, e Gauss-Jordan é bastante adequada.

Precisamos avisá-lo que a solução do problema de mínimos-quadrados diretamente das equações normais é susceptível a erros de arredondamento, pois o condition number da matriz $\alpha$ é o quadrado do da matriz **A**. Uma técnica alternativa e normalmente preferida envolve a decomposição *QR* (§2.10, §11.4 e §11.7) da design matrix **A**. Foi essencialmente isto que fizemos ao final do §15.2 para ajustar os dados a uma reta, mas sem invocar todo o aparato da *QR* para deduzir as fórmulas necessárias. Mais para frente nesta seção, discutiremos outras dificuldades no problema dos mínimos quadrados, para os quais a cura é a decomposição do valor singular (*singular value decomposition*, SVD), para a qual fornecemos uma implementação. Resulta que a SVD também resolve o problema do arredondamento, sendo portanto a técnica por nós recomendada para todos menos os problemas de mínimos-quadrados "fáceis". É para estes problemas fáceis que a rotina seguinte, que resolve as equações normais, é indicada.

O objeto `Fitlin`, adiante, tem uma característica de "valor agregado" que pode se tornar bastante útil em trabalhos práticos: frequentemente é uma questão de arte decidir quais parâmetros $a_k$ em um modelo devem ser ajustados a partir do conjunto de dados, e quais devem ser mantidos constantes em valores fixos, por exemplo, valores previstos por uma teoria ou medidos em um experimento anterior. O que se quer, portanto, é uma maneira conveniente de "congelar" ou "descongelar" os parâmetros $a_k$. No código seguinte, o número total de parâmetros $a_k$ é denotado por `ma` (chamado de *M* acima) e é deduzido a partir do tamanho do vetor que é devolvido pela rotina de ajuste de função suprida pelo usuário. O objeto `Fitlin` mantém um array booleano `ia[0..ma-1]`. Componentes que são `false` indicam que você quer que os elementos correspondentes do vetor de parâmetros `a[0..ma-1]` sejam mantidos fixos nos seus valores de entrada. Componentes que são `true` indicam parâmetros que devem ser ajustados. Na saída, quaisquer parâmetros congelados terão suas variâncias, sendo todas suas covariâncias zeradas na matriz de covariância.

```
struct Fitlin {                                                        fitlin.h
Objeto para ajuste de mínimos-quadrados linear geral por meio da solução das equações normais, também
incluindo a capacidade de manter alguns parâmetros fixos em valores especificados. Chama construtor
para ligar vetor de dados e funções de ajuste. Então chama qualquer combinação de hold, free e fit
tantas vezes quando desejado. fit define as quantidades de saída a, covar e chisq.
    Int ndat, ma;
    VecDoub_I &x,&y,&sig;
    VecDoub (*funcs)(const Doub);
    VecBool ia;

    VecDoub a;                          Valores de saída. a é o vetor de coeficientes ajustados, covar
    MatDoub covar;                      é sua matriz de covariância e chisq é o valor de $\chi^2$ para
    Doub chisq;                         o ajuste.

    Fitlin(VecDoub_I &xx, VecDoub_I &yy, VecDoub_I &ssig, VecDoub funks(const Doub))
```

```
    : ndat(xx.size()), x(xx), y(yy), sig(ssig), funcs(funks) {
```
Construtor. Liga referências aos arrays de dados xx, yy e ssig, e a uma função funks(x) fornecida pelo usuário que retorna um VecDoub contendo ma funções de base calculadas em $x = x$. Inicializa todos os parâmetros como sendo livres (não fixos).
```
    ma = funcs(x[0]).size();
    a.resize(ma);
    covar.resize(ma,ma);
    ia.resize(ma);
    for (Int i=0;i<ma;i++) ia[i] = true;
}

void hold(const Int i, const Doub val) {ia[i]=false; a[i]=val;}
void free(const Int i) {ia[i]=true;}
```
Funções opcionais para fixar um parâmetro, identificado por um valor i no intervalo 0,..,ma-1, fixado no valor val, ou para tornar livre um parâmetro que foi previamente mantido fixo. hold e free podem ser chamadas para qualquer número de parâmetros antes de chamar fit para calcular valores de melhor ajuste para os parâmetros remanescentes (não fixos), e o processo pode ser repetido múltiplas vezes. Alternativamente, você pode fixar o vetor booleano ia diretamente, antes de chamar fit.

```
void fit() {
```
Resolve as equações normais para minimização $\chi^2$ para ajustar alguns dos coeficientes a[0..ma-1] de uma função que depende linearmente de a, $y = \Sigma_i\, a_i \times$ funks$_i\,(x)$. Estabelecer valores de resposta para a[0..ma-1], $\chi^2$ = chisq, e a matriz de covariância covar[0..ma-1][0..ma-1] (parâmetros mantidos fixos para chamadas de hold retornarão covariâncias iguais a zero).
```
    Int i,j,k,l,m,mfit=0;
    Doub ym,wt,sum,sig2i;
    VecDoub afunc(ma);
    for (j=0;j<ma;j++) if (ia[j]) mfit++;
    if (mfit == 0) throw("lfit: no parameters to be fitted");
    MatDoub temp(mfit,mfit,0.),beta(mfit,1,0.);
    for (i=0;i<ndat;i++) {              Loop sobre dados para acumular coeficientes das equações
        afunc = funcs(x[i]);            normais.
        ym=y[i];
        if (mfit < ma) {                Subtrai dependências em pedaços conhecidos da função de
            for (j=0;j<ma;j++)          ajuste.
                if (!ia[j]) ym -= a[j]*afunc[j];
        }
        sig2i=1.0/SQR(sig[i]);
        for (j=0,l=0;l<ma;l++) {        Monta matriz e lado direito para inversão matricial.
            if (ia[l]) {
                wt=afunc[l]*sig2i;
                for (k=0,m=0;m<=l;m++)
                    if (ia[m]) temp[j][k++] += wt*afunc[m];
                beta[j++][0] += ym*wt;
            }
        }
    }
    for (j=1;j<mfit;j++) for (k=0;k<j;k++) temp[k][j]=temp[j][k];
    gaussj(temp,beta);                  Solução matricial.
    for (j=0,l=0;l<ma;l++) if (ia[l]) a[l]=beta[j++][0];
```
Espalha as soluções para posições apropriadas em a, e avalia $\chi^2$ do ajuste.
```
    chisq=0.0;
    for (i=0;i<ndat;i++) {
        afunc = funcs(x[i]);
        sum=0.0;
        for (j=0;j<ma;j++) sum += a[j]*afunc[j];
        chisq += SQR((y[i]-sum)/sig[i]);
    }
    for (j=0;j<mfit;j++) for (k=0;k<mfit;k++) covar[j][k]=temp[j][k];
    for (i=mfit;i<ma;i++)               Rearranja matriz de covariância na ordem correta.
        for (j=0;j<i+1;j++) covar[i][j]=covar[j][i]=0.0;
    k=mfit-1;
    for (j=ma-1;j>=0;j--) {
```

```
            if (ia[j]) {
                for (i=0;i<ma;i++) SWAP(covar[i][k],covar[i][j]);
                for (i=0;i<ma;i++) SWAP(covar[k][i],covar[j][i]);
                k--;
            }
        }
    }
};
```

Um uso típico de `Fitlin` se parecerá com isto:

```
const Int npts=...
VecDoub xx(npts),yy(npts),ssig(npts);
...
Fitlin myfit(xx,yy,ssig,cubicfit);
myfit.fit();
```

onde, neste exemplo, `cubicfit` é uma função fornecida pelo usuário que pode ter a seguinte aparência:

```
VecDoub cubicfit(const Doub x) {
    VecDoub ans(4);
    ans[0] = 1.;
    for (Int i=1;i<4;i++) ans[i] = x*ans[i-1];
    return ans;
}
```

### 15.4.2 Solução pelo uso de decomposição de valor singular

Para algumas aplicações, as equações normais são perfeitamente adequadas para problemas de mínimos-quadrados lineares. Contudo, em muitos casos as equações normais são muito próximas da singularidade. Um elemento pivô igual a zero pode ser encontrado durante a solução das equações lineares (por exemplo, em `gaussj`), situação na qual você não obterá resposta alguma. Ou um pivô muito pequeno pode ocorrer, sendo que neste caso você obterá parâmetros ajustados $a_k$ com magnitudes muito grandes que são delicadamente (e instavelmente) balanceados para cancelarem-se uns aos outros quase que precisamente na hora em que a função ajustada for calculada.

Por que isto ocorre comumente? Uma razão matemática é que o condition number da matriz $\alpha$ é o quadrado do condition number da matriz **A**. Mas uma razão física adicional é que, mais frequentemente do que os experimentadores admitem, os dados não distinguem entre duas ou mais funções de base fornecidas. Se duas destas funções ou duas combinações diferentes de funções ajustam os dados igualmente bem – ou igualmente mal – então a matriz $\alpha$, incapaz de distingui-las, entrega os pontos e se torna singular. Há uma certa ironia matemática no fato de que os problemas de mínimos-quadrados são tanto sobredeterminados (número de dados maior que número de parâmetros) quanto subdeterminados (existem combinações ambíguas de parâmetros); mas é assim que as coisas são normalmente. As ambiguidades podem ser muito difíceis de ser detectadas *a priori* em problema complicados.

Aqui entra a decomposição de valor singular (*singular value decomposition*, SVD). Esta é uma boa oportunidade para rever o material do §2.6, que não repetiremos aqui. No caso de um sistema sobredeterminado, a SVD dá uma solução que é a melhor aproximação no sentido dos mínimos-quadrados, conforme equação (2.6.10). É exatamente isto que queremos. No caso de sistemas subdeterminados, a SVD gera uma solução cujos valores (no nosso caso, os $a_k$'s) são os menores no sentido do mínimo-quadrado, conforme equação (2.6.8). Isto também é exatamente o que queremos: quando uma certa combinação de funções de base é irrelevante para o ajuste, esta combinação será levada a um valor pequeno, inócuo, em vez de ser empurrada para infinitos que se cancelam delicadamente.

Em termos da design matrix **A** (equação 15.4.4) e do vetor **b** (equação 15.4.5), a minimização de $\chi^2$ em (15.4.3) pode ser escrita como

$$\text{ache } \mathbf{a} \text{ que minimize} \qquad \chi^2 = |\mathbf{A} \cdot \mathbf{a} - \mathbf{b}|^2 \qquad (15.4.16)$$

Comparando com a equação (2.6.9), podemos ver que este é precisamente o tipo de problema para cuja solução as rotinas do objeto SVD foram projetadas. A solução, dada na equação (2.6.12), pode ser reescrita na seguinte forma: se **U** e **V** entram na decomposição SVD de **A**, segundo a equação (2.6.1), como calculada na rotina SVD, então denotemos pelos vetores $\mathbf{U}_{(i)}$ $i = 0, ..., M - 1$ as *colunas* de **U** (cada um deles um vetor de tamanho $N$) e denotemos pelos vetores $\mathbf{V}_{(i)}$ $i = 0, ..., M - 1$ as *colunas* de **V** (cada um de tamanho $M$). Então a solução (2.6.12) do problema de mínimos-quadrados (15.4.16) pode ser escrita como

$$\mathbf{a} = \sum_{i=0}^{M-1} \left( \frac{\mathbf{U}_{(i)} \cdot \mathbf{b}}{w_i} \right) \mathbf{V}_{(i)} \qquad (15.4.17)$$

onde os $w_i$ são, como no §2.6, os valores singulares calculados por SVD.

A equação (15.4.17) nos diz que os parâmetros ajustados **a** são combinações lineares das colunas de **V**, com coeficientes obtidos pelo produto interno das colunas de **U** com o vetor de dados ponderado (15.4.5). Embora esteja além do nosso escopo demonstrar isto aqui, resulta que os erros-padrão ("prováveis", livremente falando) dos parâmetros ajustados também são combinações lineares das colunas de **V**. De fato, a equação (15.4.17) pode ser escrita de forma a mostrar estes erros explicitamente como

$$\mathbf{a} = \left[ \sum_{i=0}^{M-1} \left( \frac{\mathbf{U}_{(i)} \cdot \mathbf{b}}{w_i} \right) \mathbf{V}_{(i)} \right] \pm \frac{1}{w_0} \mathbf{V}_{(0)} \pm \cdots \pm \frac{1}{w_{M-1}} \mathbf{V}_{(M-1)} \qquad (15.4.18)$$

Nesta expressão, cada $\pm$ é seguido por um desvio-padrão. O fato surpreendente é que, se decompostos segundo esta maneira, os desvios-padrão tão todos mutuamente independentes (não correlacionados). Portanto, eles podem ser adicionados uns aos outros na forma de uma raiz quadrática média. O que está ocorrendo aqui é que os vetores $\mathbf{V}_{(i)}$ são os eixos principais do elipsoide de erro dos parâmetros ajustados **a** (vide §15.6).

Segue que a variância na estimativa dos parâmetros $a_j$ é dada por

$$\sigma^2(a_j) = \sum_{i=0}^{M-1} \frac{1}{w_i^2} [\mathbf{V}_{(i)}]_j^2 = \sum_{i=0}^{M-1} \left( \frac{V_{ji}}{w_i} \right)^2 \qquad (15.4.19)$$

cujo resultado deveria ser idêntico a (15.4.14). Como anteriormente, você não deveria se surpreender com a fórmula das covariâncias, aqui por nós apresentada sem demonstração,

$$\text{Cov}(a_j, a_k) = \sum_{i=0}^{M-1} \left( \frac{V_{ji} V_{ki}}{w_i^2} \right) \qquad (15.4.20)$$

Introduzimos esta subseção chamando a atenção para o fato de que as equações normais podem falhar ao encontrar um pivô igual a zero. Porém, ainda não mencionamos como a SVD supera este problema. A resposta é: se qualquer valor singular $w_i$ for igual a zero, seu recíproco na equação (15.4.18) não deveria ser tomado como sendo infinito, mas como sendo zero (compare com a discussão que precede a equação 2.6.7). Isto corresponde a adicionar aos parâmetros ajustados a um múltiplo de zero, no lugar de um múltiplo grande aleatório, de qualquer combinação linear de funções de base que são degeneradas no ajuste. Isto é algo bom de se fazer!

Além do mais, se um valor singular $w_i$ é diferente de zero mas muito pequeno, você deve definir seu recíproco como sendo zero, uma vez que o seu valor aparente é provavelmente um artefato do erro de arredondamento e um número sem sentido. Uma resposta plausível à questão "quão pequeno é pequeno?" é editar deste modo todos os valores singulares cujas razões pelo maior dos valores singulares é menor que $N$ vezes a precisão $\epsilon$ da máquina (esta recomendação é mais conservadora que a recomendação default do §2.6, que escalona como $N^{1/2}$.)

Há uma outra razão para editar até mesmo valores singulares adicionais, aqueles tão grandes que nem erros de arredondamento são cogitados. A decomposição de valores singulares permite que se identifiquem combinações lineares de variáveis que casualmente não contribuem muito para a redução do $\chi^2$ do seu conjunto de dados. Editá-los pode reduzir muitas vezes os erros dos erros prováveis de maneira bastante significativa, aumentando concomitantemente o mínimo $\chi^2$ de maneira negligenciável. Aprenderemos mais sobre como identificar e tratar estes casos no §15.6.

De modo geral, recomendamos que você sempre empregue técnicas SVD no lugar de equações normais. A única desvantagem digna de nota da SVD é que ela requer um espaço extra de armazenamento da ordem $N \times M$ para a design matrix e sua decomposição. Espaço de armazenamento também é necessário para a matriz $M \times M$ **V**, mas esta tem por sua vez o mesmo tamanho que a matriz de coeficientes das equações normais. A SVD pode ser significativamente mais lenta que resolver as equações normais; contudo, sua grande vantagem, o fato de que (teoricamente) ela *não tem como falhar*, em muito compensa a desvantagem da velocidade.

O objeto a seguir, `Fitsvd`, tem uma interface quase idênticas a `Fitlin`, apresentada acima. Um parâmetro adicional opcional no construtor estabelece o limite (*threshold*) para editar valores singulares.

```
struct Fitsvd {                                                             fitsvd.h
```
Objeto para ajuste de mínimos-quadrados linear geral usando a decomposição de valores singulares. Chama construtor para ligar vetores de dados a funções de ajuste. Então chama fit, que estabelece as quantidades de saída a, covar e chisq.
```
    Int ndat, ma;
    Doub tol;
    VecDoub_I *x,&y,&sig;           (Por que x é um ponteiro? Explicação no §15.4.4.)
    VecDoub (*funcs)(const Doub);
    VecDoub a;                      Valores de saída, a é o vetor de coeficientes ajustados, covar
    MatDoub covar;                  é sua matriz de covariância e chisq é o valor de χ² para o
    Doub chisq;                     ajuste.

    Fitsvd(VecDoub_I &xx, VecDoub_I &yy, VecDoub_I &ssig,
    VecDoub funks(const Doub), const Doub TOL=1.e-12)
    : ndat(yy.size()), x(&xx), xmd(NULL), y(yy), sig(ssig),
    funcs(funks), tol(TOL) {}
```
Construtor. Liga referências aos arrays de dados xx, yy, ssig, e a uma função funks(x) fornecida pelo usuário e que retorna um VecDoub contendo ma funções de base calculadas em *x*=x. Se TOL for positivo, ele é o limite (relativo ao maior valor singular) para descartar valores singulares menores. Se ele for ≤ 0, o valor default de SVD é usado.

```
    void fit() {
```
Resolve a minimização $\chi^2$ que ajusta os coeficientes a[0..ma-1] de uma função que depende linearmente de a, $y = \Sigma_i\, a_i \times$ funks$_i\,(x)$, por decomposição de valores singulares. Acha os valores da resposta para a[0..ma-1], chisq=$\chi^2$ e a matriz de covariância covar[0..ma-1][0..ma-1].

```
        Int i,j,k;
        Doub tmp,thresh,sum;
        if (x) ma = funcs((*x)[0]).size();
        else ma = funcsmd(row(*xmd,0)).size();          (Discutido no §15.4.4.)
        a.resize(ma);
        covar.resize(ma,ma);
        MatDoub aa(ndat,ma);
        VecDoub b(ndat),afunc(ma);
        for (i=0;i<ndat;i++) {                          Acumula coeficientes da design matrix.
            if (x) afunc=funcs((*x)[i]);
            else afunc=funcsmd(row(*xmd,i));            (Discutido no §15.4.4.)
            tmp=1.0/sig[i];
            for (j=0;j<ma;j++) aa[i][j]=afunc[j]*tmp;
            b[i]=y[i]*tmp;
        }
        SVD svd(aa);                                    Decomposição de valores singulares.
        thresh = (tol > 0. ? tol*svd.w[0] : -1.);
        svd.solve(b,a,thresh);                          Resolve para os coeficientes.
        chisq=0.0;                                      Avalia qui-quadrado.
        for (i=0;i<ndat;i++) {
            sum=0.;
            for (j=0;j<ma;j++) sum += aa[i][j]*a[j];
            chisq += SQR(sum-b[i]);
        }
        for (i=0;i<ma;i++) {
            for (j=0;j<i+1;j++) {                       Soma contribuições à matriz de covariân-
                sum=0.0;                                cia (15.4.20.)
                for (k=0;k<ma;k++) if (svd.w[k] > svd.tsh)
                    sum += svd.v[i][k]*svd.v[j][k]/SQR(svd.w[k]);
                covar[j][i]=covar[i][j]=sum;
            }
        }
    }
    Daqui em diante, código para ajustes multidimensionais, a ser discutido no §15.4.4.
    MatDoub_I *xmd;
    VecDoub (*funcsmd)(VecDoub_I &);
    Fitsvd(MatDoub_I &xx, VecDoub_I &yy, VecDoub_I &ssig,

    VecDoub funks(VecDoub_I &), const Doub TOL=1.e-12)
    : ndat(yy.size()), x(NULL), xmd(&xx), y(yy), sig(ssig),
    funcsmd(funks), tol(TOL) {}
    Construtor para ajustes multidimensionais. Exatamente o mesmo que o construtor anterior, exceto
    que xx é agora uma matriz cujas linhas são os dados multidimensionais e funks é uma função de um
    ponto multidimensional (como um VecDoub).

    VecDoub row(MatDoub_I &a, const Int i) {
    Utilidade. Retorna a linha de um MatDoub como um VecDoub.
        Int j,n=a.ncols();
        VecDoub ans(n);
        for (j=0;j<n;j++) ans[j] = a[i][j];
        return ans;
    }
};
```

Para problemas degenerados ou quase degenerados, se você quiser tentar diferentes limites de valores singulares, chame o construtor Fitsvd uma única vez. Então, quantas vezes desejar, "entre" para aumentar tol, chamando então fit novamente e examinando o valor resultante de chisq (e opcionalmente a matriz de covariância também). Continue enquanto chisq não aumentar muito. Para aprender o que significa "muito", consulte o §15.6; mas umas poucas × 0,1 é quase sempre OK.

## 15.4.3 Exemplos

Esteja alertado que alguns problemas aparentemente não lineares podem ser expressos de forma a se tornarem lineares. Por exemplo, um modelo exponencial com dois parâmetros $a$ e $b$,

$$y(x) = a \exp(-bx) \qquad (15.4.21)$$

pode ser reescrito como

$$\log[y(x)] = c - bx \qquad (15.4.22)$$

que é linear nos parâmetros $c$ e $b$ (obviamente, você não pode esquecer que tais transformações não exatamente levam erros gaussianos a erros gaussianos).

Também preste atenção a "não parâmetros", como em

$$y(x) = a \exp(-bx + d) \qquad (15.4.23)$$

Aqui os parâmetros $a$ e $d$ são, de fato, indistinguíveis. Este é um bom exemplo de onde as equações normais serão exatamente singulares, e onde SVD achará um valor singular igual a zero. A SVD fará então uma escolha de mínimos-quadrados para ajustar o balanço entre $a$ e $d$ (ou, em vez disso, seus equivalentes no modelo linear deduzidos ao se tomarem os logaritmos). Contudo – e isto é verdadeiro sempre que SVD devolver um valor singular nulo – é melhor você descobrir analiticamente onde está a degenerescência entre suas funções base, deletando então apropriadamente no conjunto da base.

Nós já demos um exemplo de uma rotina de função de ajuste fornecida pelo usuário, `cubicfit`, acima. Aqui vão mais dois exemplos. Primeiro, generalizamos trivialmente `cubicfit` para polinômios de um grau arbitrário, pré-definido:

```
Int fpoly_np = 10;                    Variável global para o grau mais um.          fit.examples.h

VecDoub fpoly(const Doub x) {
Rotina de ajuste para polinômio de grau fpoly_np-1
    Int j;
    VecDoub p(fpoly_np);
    p[0]=1.0;
    for (j=1;j<fpoly_np;j++) p[j]=p[j-1]*x;
    return p;
}
```

O segundo exemplo é um pouco menos trivial. Ele é usado para ajustar polinômios de Legendre até uma dada ordem `fleg_n1` para um conjunto de dados. (Note que para a maioria das aplicações, os dados devem satisfazer $-1 \leq x \leq 1$.)

```
Int fleg_nl = 10;                     Variável global para o grau mais um.          fit.examples.h

VecDoub fleg(const Doub x) {
Rotina de ajuste para uma expansão com n1 polinômios de Legendre, avaliados usando-se a relação de recorrência como no §5.4.
    Int j;
    Doub twox,f2,f1,d;
    VecDoub pl(fleg_nl);
    pl[0]=1.;
    pl[1]=x;
    if (fleg_nl > 2) {
        twox=2.*x;
        f2=x;
        d=1.;
        for (j=2;j<fleg_nl;j++) {
```

```
            f1=d++;
            f2+=twox;
            pl[j]=(f2*pl[j-1]-f1*pl[j-2])/d;
        }
    }
    return pl;
}
```

## 15.4.4 Ajustes multidimensionais

Se você estiver medindo uma única variável y como função de mais de uma variável – digamos, um *vetor* de variáveis **x** – então suas funções de base serão funções de um vetor $X_0(\mathbf{x})$, ..., $X_{M-1}(\mathbf{x})$. A função de mérito $\chi^2$ passa a ser

$$\chi^2 = \sum_{i=0}^{N-1} \left[ \frac{y_i - \sum_{k=0}^{M-1} a_k X_k(\mathbf{x}_i)}{\sigma_i} \right]^2 \quad (15.4.24)$$

Toda a discussão precedente se aplica sem alterações, com $x$ substituído por **x**. De fato, antecipamos este fato na codificação de Fitsvd, acima, que também pode fazer ajustes lineares gerais multidimensionais tão facilmente como faz unidimensionais. Aqui está como: um segundo construtor overloaded em Fitsvd substitui a matrix xx pelo que previamente havia sido um vetor. As linhas da matriz são os ndat pontos. O número de colunas é a dimensionalidade do espaço (isto é, de **x**). De modo análogo, a função funks fornecida pelo usuário toma como argumento um vetor, **x**. Um exemplo simples (ajustar uma função quadrática em duas dimensões) seria

```
VecDoub quadratic2d(VecDoub_I &xx) {
    VecDoub ans(6);
    Doub x=xx[0], y=xx[1];
    ans[0] = 1;
    ans[1] = x; ans[2] = y;
    ans[3] = x*x; ans[4] = x*y; ans[5] = y*y;
    return ans;
}
```

Assegure que o argumento da sua função de usuário tenha exatamente o tipo "VecDoub_I &" (e não os tipos "VecDoub &" ou "VecDoub_I", por exemplo), pois compiladores de C++ estritos são chatos com isto.

Os dois construtores em Fitsvd comunicam a fit se os dados são unidimensionais ou multidimensionais fazendo ou xmd ou x igual a NULL. Isto explica o fato estranho de x ter sido ligado aos dados do usuário na forma de ponteiro, enquanto y e sig o foram como referências (sim, sabemos que isto é meio enjambrado!).

### REFERÊNCIAS CITADAS E LEITURA COMPLEMENTAR

Bevington, P.R., and Robinson, D.K. 2002, *Data Reduction and Error Analysis for the Physical Sciences*, 3rd ed. (New York: McGraw-Hill), Chapter 7.

Lupton, R. 1993, *Statistics in Theory and Practice* (Princeton, NJ: Princeton University Press), Chapter 11.

Lawson, C.L., and Hanson, R. 1974, *Solving Least Squares Problems* (Englewood Cliffs, NJ: Prentice-Hall); reprinted 1995 (Philadelphia: S.I.A.M.).

Monahan, J.F. 2001, *Numerical Methods of Statistics* (Cambridge, UK: Cambridge University Press), Chapter 5.

Forsythe, G.E., Malcolm, M.A., and Moler, C.B. 1977, *Computer Methods for Mathematical Computations* (Englewood Cliffs, NJ: Prentice-Hall), Chapter 9.

Gelman, A., Carlin, J.B., Stern, H.S., and Rubin, D.B. 2004, *Bayesian Data Analysis,* 2nd ed. (Boca Raton, FL: Chapman & Hall/CRC), Chapter 14.

## 15.5 Modelos não lineares

Consideremos agora o ajuste quando o modelo depende não linearmente do conjunto de $M$ parâmetros $a_k$, $k = 0,1, \ldots M - 1$ desconhecidos. Usamos a mesma abordagem das seções anteriores, a saber, definimos uma função de mérito $\chi^2$ e determinamos os melhores parâmetros de ajuste por minimização. Com dependências não lineares, porém, a minimização deve ser feita iteradamente. Definidos valores tentativos parâmetros, desenvolvemos um procedimento que melhora a solução de teste. O procedimento é então repetido até que $\chi^2$ pare (ou efetivamente pare) de diminuir.

O quão diferente este problema é do problema de minimização de uma função não linear geral, por nós já tratado no Capítulo 10? Superficialmente, em nada. Próximo o suficiente do mínimo, esperamos que a função $\chi^2$ possa ser bem aproximada por uma forma quadrática, que pode ser escrita como

$$\chi^2(\mathbf{a}) \approx \gamma - \mathbf{d} \cdot \mathbf{a} + \tfrac{1}{2} \mathbf{a} \cdot \mathbf{D} \cdot \mathbf{a} \tag{15.5.1}$$

onde $\mathbf{d}$ é um $M$-vetor e $\mathbf{D}$ é uma matriz $M \times M$ (compare com a equação 10.8.1). Se a aproximação for boa, sabemos como ir dos parâmetros de teste atuais $\mathbf{a}_{\text{cur}}$ para aqueles que minimizam a função $\mathbf{a}_{\min}$ em um único passo, a saber,

$$\mathbf{a}_{\min} = \mathbf{a}_{\text{cur}} + \mathbf{D}^{-1} \cdot \left[ -\nabla \chi^2(\mathbf{a}_{\text{cur}}) \right] \tag{15.5.2}$$

(Compare à equação 10.9.4).

Por outro lado, (15.5.1) pode ser uma aproximação local ruim para o formato da função que queremos minimizar em $\mathbf{a}_{\text{cur}}$. Neste caso, o máximo que podemos fazer é diminuir o gradiente por um degrau, como no método do declive máximo (*steepest descent*) (§10.8). Em outras palavras,

$$\mathbf{a}_{\text{next}} = \mathbf{a}_{\text{cur}} - \text{constante} \times \nabla \chi^2(\mathbf{a}_{\text{cur}}) \tag{15.5.3}$$

onde a constante é pequena o suficiente para não exaurir a direção morro abaixo.

Para usar (15.5.2) e (15.5.3), temos que ser capazes de calcular o gradiente da função $\chi^2$ para qualquer conjunto de parâmetros $\mathbf{a}$. Para usar (15.5.2), também precisamos da matriz $\mathbf{D}$, que é a matriz derivada segunda (matriz hessiana) da função de mérito $\chi^2$, para qualquer $\mathbf{a}$.

Agora, a diferença crucial em relação ao Capítulo 10: lá, não tínhamos como avaliar diretamente a Hessiana. Só nos fora dada a habilidade de avaliar a função a ser minimizada e (em alguns casos) também o gradiente. Portanto, tínhamos que recorrer a métodos iterativos, *não simplesmente* pelo fato de nossa função ser não linear, *mas também a* fim de juntar informação acerca da Hessiana. As Seções 10.9 e 10.8 diziam respeito a duas diferentes técnicas de como se juntar esta informação.

Aqui, a vida é muito mais fácil. *Sabemos* exatamente que forma $\chi^2$ tem, uma vez que ela é baseada numa função modelo que nós próprios especificamos. Portanto, a Hessiana é conhecida. Assim, podemos usar (15.5.2) livremente sempre que tivermos vontade. A única razão para se usar (15.5.3) será no caso de (15.5.2) falhar na hora de melhorar o ajuste, sinalizando assim a falha de (15.5.1) como uma boa aproximação local.

### 15.5.1 Cálculo do gradiente e da Hessiana

O modelo a ser ajustado é

$$y = y(x|\mathbf{a}) \tag{15.5.4}$$

e a função de mérito $\chi^2$ é

$$\chi^2(\mathbf{a}) = \sum_{i=0}^{N-1} \left[ \frac{y_i - y(x_i|\mathbf{a})}{\sigma_i} \right]^2 \tag{15.5.5}$$

O gradiente de $\chi^2$ com relação aos parâmetros $\mathbf{a}$, que será zero no mínimo $\chi^2$, tem componentes

$$\frac{\partial \chi^2}{\partial a_k} = -2 \sum_{i=0}^{N-1} \frac{[y_i - y(x_i|\mathbf{a})]}{\sigma_i^2} \frac{\partial y(x_i|\mathbf{a})}{\partial a_k} \qquad k = 0, 1, \ldots, M-1 \tag{15.5.6}$$

Tomando derivadas parciais adicionais, obtemos

$$\frac{\partial^2 \chi^2}{\partial a_k \partial a_l} = 2 \sum_{i=0}^{N-1} \frac{1}{\sigma_i^2} \left[ \frac{\partial y(x_i|\mathbf{a})}{\partial a_k} \frac{\partial y(x_i|\mathbf{a})}{\partial a_l} - [y_i - y(x_i|\mathbf{a})] \frac{\partial^2 y(x_i|\mathbf{a})}{\partial a_l \partial a_k} \right] \tag{15.5.7}$$

É conveniente remover os fatores de 2 definindo

$$\beta_k \equiv -\frac{1}{2} \frac{\partial \chi^2}{\partial a_k} \qquad \alpha_{kl} \equiv \frac{1}{2} \frac{\partial^2 \chi^2}{\partial a_k \partial a_l} \tag{15.5.8}$$

tornando $\alpha = \frac{1}{2}\mathbf{D}$ na equação (15.5.2), em termos dos quais a equação pode ser reescrita como um conjunto de equações lineares:

$$\sum_{l=0}^{M-1} \alpha_{kl} \, \delta a_l = \beta_k \tag{15.5.9}$$

Este conjunto de equações é resolvido para os incrementos $\delta a_l$ que, adicionados à aproximação atual, dão a próxima aproximação. No contexto dos mínimos-quadrados, a matriz $\alpha$, igual a um meio da matriz hessiana, é usualmente chamada de matriz de curvatura.

A equação (15.5.3), a fórmula do steepest descent, traduz-se em

$$\delta a_l = \text{constante} \times \beta_l \tag{15.5.10}$$

Observe que as componentes $\alpha_{kl}$ da Hessiana (15.5.7) dependem tanto das primeiras como das segundas derivadas das funções de base com relação a seus parâmetros. Alguns tratamentos ignoram a segunda derivada sem quaisquer comentários. Nós também a ignoraremos, mas não sem antes fazer alguns comentários.

As segundas derivadas surgem porque o gradiente (15.5.6) já tem uma dependência em $\partial y / \partial a_k$, de modo que a próxima derivada tem que conter termos da forma $\partial^2 y / \partial a_l \partial a_k$. A segunda derivada pode ser desprezada quando ela for zero (como ocorre no caso linear 15.4.8) ou pequena o suficiente para ser desprezível quando comparada ao termo envolvendo a primeira derivada. Ela também tem a possibilidade adicional de ser desprezivelmente pequena na prática: o termo que multiplica a segunda derivada na equação (15.5.7) é $[y_i - y(x_i|\mathbf{a})]$. Para um modelo bem-

-sucedido, este termo deveria ser simplesmente o erro de medida aleatório para cada ponto. Este erro pode ter qualquer sinal e deveria, em geral, não ser correlacionado ao modelo. Portanto, os termos em segunda derivada tendem a se cancelar quando somados em $i$.

A inclusão da segunda derivada pode de fato ser um fator desestabilizador se o modelo ajusta muito mal ou está contaminado por pontos outlier que têm pouca chance de ser cancelados por pontos compensadores de sinal contrário. Daqui por diante, sempre usaremos como definição dos $\alpha_{kl}$ a fórmula

$$\alpha_{kl} = \sum_{i=0}^{N-1} \frac{1}{\sigma_i^2} \left[ \frac{\partial y(x_i|\mathbf{a})}{\partial a_k} \frac{\partial y(x_i|\mathbf{a})}{\partial a_l} \right] \quad (15.5.11)$$

Esta expressão é mais parecida com sua prima linear (15.4.8). Você deve entender que trapacear (mesmo que pouco) com os $\alpha$ não tem qualquer efeito sobre qual conjunto final $\mathbf{a}$ será alcançado, mas afeta apenas a rota iterativa usada para chegar até lá. A condição no mínimo de $\chi^2$, de que $\beta_k = 0$ para todo $k$, é independente de como $\alpha$ é definido.

## 15.5.2 O método de Levenberg-Marquardt

Marquardt introduziu um elegante método [1] relacionado a uma sugestão anterior de Levenberg, para variar suavemente entre os extremos do método da Hessiana inversa (15.5.9) e o método do steepest descent (15.5.10). Este último é usado longe do mínimo, mudando continuamente para o primeiro à medida que o mínimo é aproximado. O método de Levenberg-Marquardt (também chamado de método de Marquardt) funciona muito bem na prática se você puder imaginar chutes iniciais plausíveis para os seus parâmetros. Ele se tornou o método padrão para rotinas de mínimos-quadrados não lineares.

O método é baseado em duas observações elementares, mas importantes: considere a "constante" na equação (15.5.10). Quanto ela deveria ser, mesmo em ordem de magnitude? O que estabelece sua escala? Não há qualquer informação sobre a resposta no gradiente. Ele só nos diz quanto é a declividade, não até onde ela se estende. A primeira observação de Marquardt é que as componentes da matriz hessiana fornecem *alguma* informação a respeito da ordem de magnitude da escala do problema, mesmo que não sejam usadas de alguma forma precisa.

A quantidade $\chi^2$ é adimensional, isto é, é um número puro, algo evidente a partir da definição (15.5.5). Por outro lado, $\beta_k$ tem a dimensão de $1/a_k$, que pode muito bem ser dimensional, ou seja, ter unidades como $cm^{-1}$, ou kilowatt-hora, ou qualquer outra coisa (na verdade, cada componente de $\beta_k$ pode ter diferentes dimensões!). A constante de proporcionalidade entre $\beta_k$ e $\delta a_k$ deve portanto ter a dimensão de $a_k^2$. Dê uma passada pelas componentes de $\alpha$ e você verá que há apenas uma quantidade óbvia com estas dimensões, e ela é $1/\alpha_{kk}$, o recíproco do elemento diagonal. Portanto, isto deve fixar a escala da constante. Mas esta escala pode ser muito grande. Vamos então dividir a constante por uma algum fator (adimensional) de remendo $\lambda$, deixando aberta a possibilidade de $\lambda \gg 1$ para baixar o passo. Em outras palavras, substitua a equação (15.5.10) por

$$\delta a_l = \frac{1}{\lambda \alpha_{ll}} \beta_l \quad \text{ou} \quad \lambda \alpha_{ll} \delta a_l = \beta_l \quad (15.5.12)$$

É necessário que todos os $\alpha_{ll}$ sejam positivos, mas isto é garantido pela definição (15.5.11) – outra razão para adotarmos esta equação.

A segunda observação de Marquardt é que as equações (15.5.12) e (15.5.9) podem ser combinadas se definirmos uma nova matriz $\alpha'$ segundo a seguinte receita:

$$\alpha'_{jj} \equiv \alpha_{jj}(1 + \lambda)$$
$$\alpha'_{jk} \equiv \alpha_{jk} \quad (j \neq k) \tag{15.5.13}$$

e então substituirmos tanto (15.5.12) quanto (15.5.9) por

$$\sum_{l=0}^{M-1} \alpha'_{kl}\, \delta a_l = \beta_k \tag{15.5.14}$$

Quando $\lambda$ for grande, a matriz $\alpha'$ é forçada a ser diagonalmente dominante, de modo que a equação (15.5.14) se torna idêntica a (15.5.12). Por outro lado, à medida que $\lambda$ se aproxima de zero, a equação (15.5.14) se torna (15.5.9).

Uma vez em posse de um chute inicial para o conjunto de parâmetros ajustados **a**, a receita recomendada de Marquardt é a seguinte:

- Calcule $\chi^2(\mathbf{a})$.
- Pegue um valor modesto de $\lambda$, digamos, $\lambda = 0,001$.
- (†) Resolva as equações lineares (15.5.14) para $\delta\mathbf{a}$ e avalie $\chi^2(\mathbf{a} + \delta\mathbf{a})$.
- Se $\chi^2(\mathbf{a} + \delta\mathbf{a}) \geq \chi^2(\mathbf{a})$, *aumente* $\lambda$ por um fator de 10 (ou qualquer outro fator substancial) e volte a (†).
- Se $\chi^2(\mathbf{a} + \delta\mathbf{a}) < \chi^2(\mathbf{a})$, *diminua* $\lambda$ por um fator de 10, faça um update da solução tentativa $\mathbf{a} \leftarrow \mathbf{a} + \delta\mathbf{a}$ e volte a (†).

Uma condição para a parada do processo também é necessária. Iteragir até convergir (dentro da precisão de máquina ou limite de arredondamento) é geralmente um desperdício e também desnecessário, pois o mínimo é, na melhor das hipóteses, apenas uma estimativa estatística dos parâmetros **a**. Como veremos no §15.6, uma mudança nos parâmetros que cause uma mudança em $\chi^2$ por um fator $\ll 1$ *nunca* é estatisticamente significativa.

Além do mais, não é de todo incomum achar parâmetros passeando em torno do mínimo num vale plano de uma topografia complicada. A razão para tanto é que o método de Marquardt generaliza o método das equações normais (§15.4); portanto, ele tem o mesmo problema que aquele método com respeito à quase-degenerescência do mínimo. Um erro já de saída devido a um pivô igual a zero é possível, mas improvável. Mais frequentemente, um pivô pequeno causará uma correção grande que é então rejeitada, aumentando-se então o valor de $\lambda$. Para $\lambda$ grande o suficiente, a matriz $\alpha'$ é positiva definida e não pode ter pivôs pequenos. Portanto, o método tende a ficar distante de pivôs zero, mas ao custo de apresentar uma tendência de ficar passeando enquanto faz o steepest descent por vales degenerados não muito íngremes.

Estas considerações sugerem que, na prática, pode-se muito bem parar de iterar após umas poucas ocorrências de uma diminuição desprezível de $\chi^2$, digamos, menos que 0,001 absoluto ou (caso arrendondamento impeça que este valor seja alcançado) fracionário. Não pare depois de um passo onde $\chi^2$ *aumentou* mais do que o trivial: isto apenas indica que $\lambda$ ainda não se ajustou otimamente.

Uma vez encontrado o mínimo aceitável, o que se quer é fazer $\lambda = 0$ e calcular a matriz

$$\mathbf{C} \equiv \boldsymbol{\alpha}^{-1} \tag{15.5.15}$$

que, como anteriormente, é a matriz covariância estimada dos erros-padrão dos parâmetros ajustados **a** (veja a próxima seção).

O objeto seguinte, `Fitmrq`, implementa o método de Marquardt para estimativa não linear de parâmetros. A interface de usuário é intencionalmente muito próxima daquela de `Fitlin` do §15.4. Em particular, a possibilidade de se congelar ou descongelar parâmetros escolhidos também está disponível aqui.

Uma diferença de `Fitlin` é que você tem que fornecer um chute inicial para os parâmetros **a**. *Isso sim* é um assunto complicado! Quando você está ajustando parâmetros que entram de maneira altamente não linear, não há razão no mundo por que a superfície $\chi^2$ deveria ter um único mínimo. O método de Marquardt não traz intuição mágica de como se achar o mínimo global; trata-se simplesmente de uma procura morro abaixo. Frequentemente, ele deveria ser o método derradeiro para ajustar parâmetros, sendo precedido por métodos mais grosseiros e provavelmente específicos ao dado problema, que levam para dentro da bacia de convergência geral correta.

Outra diferença entre `Fitmrq` e `Fitlin` é o formato da função `funks` fornecida pelo usuário. Uma vez que `Fitmrq` requer tanto os valores da função quanto do gradiente, `funks` agora é codificada como uma função `void`, retornando resposta via argumentos passados por referência. Um exemplo é apresentado abaixo. Você chama o construtor `Fitmrq` uma vez para conectar seus vetores de dados e função. Então (após quaisquer chamadas opcionais para `hold` ou `free`), você chama `fit`, que estabelece os valores de `a`, `chisq` e `covar`. A matriz de curvatura `alpha` também está disponível. Note que o vetor original de parâmetros conjecturados que você mandou ao construtor não é modificado; pelo contrário, a resposta é devolvida em `a`.

fitmqr.h
```
struct Fitmrq {
```
Objeto para ajuste não linear de mínimos-quadrados segundo o método de Levenberg-Marquardt, também incluindo a habilidade de manter parâmetros especificados em valores fixos e especificados. Chama construtor para ligar vetores de dados e funções de ajuste e para entrada de uma conjectura inicial. Então chama qualquer combinação de hold, free e fit tantas vezes quanto se queira. fit coloca as quantidades de saída em a, covar, alpha e chisq.
```
    static const Int NDONE=4, ITMAX=1000;      Parâmetros de convergência.
    Int ndat, ma, mfit;
    VecDoub_I &x,&y,&sig;
    Doub tol;
    void (*funcs)(const Doub, VecDoub_I &, Doub &, VecDoub_O &);
    VecBool ia;
    VecDoub a;              Valores de saída. a é o vetor de coeficientes ajustados, covar
    MatDoub covar;          é a matriz de covariância, alpha é a matriz de curvatura,
    MatDoub alpha;          e chisq é o valor de χ² para o ajuste.
    Doub chisq;

    Fitmrq(VecDoub_I &xx, VecDoub_I &yy, VecDoub_I &ssig, VecDoub_I &aa,
    void funks(const Doub, VecDoub_I &, Doub &, VecDoub_O &), const Doub
    TOL=1.e-3) : ndat(xx.size()), ma(aa.size()), x(xx), y(yy), sig(ssig),
    tol(TOL), funcs(funks), ia(ma), alpha(ma,ma), a(aa), covar(ma,ma) {
```
Construtor. Liga referências aos arrays de dados xx, yy e ssig, e a função funks fornecida pelo usuário para calcular a função de ajuste não linear e suas derivadas. Também toma como entrada os parâmetros conjecturados aa (que é copiado, não modificado) e uma tolerância de convergência opcional TOL. Inicializa todos os parâmetros como livres (não fixos).
```
        for (Int i=0;i<ma;i++) ia[i] = true;
    }

    void hold(const Int i, const Doub val) {ia[i]=false; a[i]=val;}
    void free(const Int i) {ia[i]=true;}
```
Funções opcionais para manter um parâmetro, identificado pelo valor i no intervalo 0,..,ma-1, fixado no valor val, ou para liberar um parâmetro mantido previamente fixo. hold e free podem ser chamadas para qualquer número de parâmetros antes de se chamar fit para calcular os valores de melhor ajuste para os parâmetros (não fixos) remanescentes, o processo podendo ser repetido múltiplas vezes.

```
    void fit() {
```

Itera para reduzir o $\chi^2$ de um ajuste entre conjuntos de dados x[0..ndata-1], y[0..ndata-1] com desvios-padrão individuais sig[0..ndata-1] e uma função não linear que depende de ma coeficientes a[0..ma-1]. Quando $\chi^2$ não mais diminuir, fixa melhor valor de ajuste para os parâmetros a[0..ma-1], e chisq = $\chi^2$, covar[0..ma-1][0..ma-1] e alpha[0..ma-1][0..ma-1] (parâmetros mantidos fixos retornarão variância zero).

```
    Int j,k,l,iter,done=0;
    Doub alamda=.001,ochisq;
    VecDoub atry(ma),beta(ma),da(ma);
    mfit=0;
    for (j=0;j<ma;j++) if (ia[j]) mfit++;
    MatDoub oneda(mfit,1), temp(mfit,mfit);
    mrqcof(a,alpha,beta);              Inicialização.
    for (j=0;j<ma;j++) atry[j]=a[j];
    ochisq=chisq;
    for (iter=0;iter<ITMAX;iter++) {
        if (done==NDONE) alamda=0.;        Última passagem. Use zero alamda.
        for (j=0;j<mfit;j++) {             Altera matriz de ajuste linearizada, por meio do aumento de
            for (k=0;k<mfit;k++) covar[j][k]=alpha[j][k];    elementos diagonais.
            covar[j][j]=alpha[j][j]*(1.0+alamda);
            for (k=0;k<mfit;k++) temp[j][k]=covar[j][k];
            oneda[j][0]=beta[j];
        }
        gaussj(temp,oneda);              Solução matricial.
        for (j=0;j<mfit;j++) {
            for (k=0;k<mfit;k++) covar[j][k]=temp[j][k];
            da[j]=oneda[j][0];
        }
        if (done==NDONE) {               Convergiu. Limpa e retorna.
            covsrt(covar);
            covsrt(alpha);
            return;
        }
        for (j=0,l=0;l<ma;l++)           A tentativa foi bem-sucedida?
            if (ia[l]) atry[l]=a[l]+da[j++];
        mrqcof(atry,covar,da);
        if (abs(chisq-ochisq) < MAX(tol,tol*chisq)) done++;
        if (chisq < ochisq) {            Sucesso, aceita a nova solução.
            alamda *= 0.1;
            ochisq=chisq;
            for (j=0;j<mfit;j++) {
                for (k=0;k<mfit;k++) alpha[j][k]=covar[j][k];
                beta[j]=da[j];
            }
            for (l=0;l<ma;l++) a[l]=atry[l];
        } else {                         Falha, aumenta alamda.
            alamda *= 10.0;
            chisq=ochisq;
        }
    }
    throw("Fitmrq too many iterations");
}


void mrqcof(VecDoub_I &a, MatDoub_O &alpha, VecDoub_O &beta) {
```
Usada por fit para avaliar a matriz linearizada de ajuste alpha, e vetor beta como em (15.5.8), e também para calcular $\chi^2$.
```
    Int i,j,k,l,m;
    Doub ymod,wt,sig2i,dy;
    VecDoub dyda(ma);
    for (j=0;j<mfit;j++) {           Inicializa alpha, beta (simétrico).
        for (k=0;k<=j;k++) alpha[j][k]=0.0;
        beta[j]=0.;
    }
```

```
            chisq=0.;
            for (i=0;i<ndat;i++) {   Loop de somatória sobre todos os dados.
                funcs(x[i],a,ymod,dyda);
                sig2i=1.0/(sig[i]*sig[i]);
                dy=y[i]-ymod;
                for (j=0,l=0;l<ma;l++) {
                    if (ia[l]) {
                        wt=dyda[l]*sig2i;
                        for (k=0,m=0;m<l+1;m++)
                            if (ia[m]) alpha[j][k++] += wt*dyda[m];
                        beta[j++] += dy*wt;
                    }
                }
                chisq += dy*dy*sig2i;        E acha $\chi^2$.
            }
            for (j=1;j<mfit;j++)                    Preenche o lado simétrico.
                for (k=0;k<j;k++) alpha[k][j]=alpha[j][k];
        }

        void covsrt(MatDoub_IO &covar) {
    Expande em armazenamento a matriz de covariância covar, a fim de levar em consideração parâmetros
    que estão sendo mantidos fixos (para estes últimos, retorna covariância zero).
            Int i,j,k;
            for (i=mfit;i<ma;i++)
                for (j=0;j<i+1;j++) covar[i][j]=covar[j][i]=0.0;
            k=mfit-1;
            for (j=ma-1;j>=0;j--) {
                if (ia[j]) {
                    for (i=0;i<ma;i++) SWAP(covar[i][k],covar[i][j]);
                    for (i=0;i<ma;i++) SWAP(covar[k][i],covar[j][i]);
                    k--;
                }
            }
        }
    };
```

## 15.5.3 Exemplo

A função seguinte `fgauss` é um exemplo de uma função `funks` fornecida pelo usuário. Usada com `Fitmqr`, ela faz o ajuste ao modelo

$$y(x) = \sum_{k=0}^{K-1} B_k \exp\left[-\left(\frac{x-E_k}{G_k}\right)^2\right] \qquad (15.5.16)$$

que representa a soma de $K$ Gaussianas, cada uma delas com posição, amplitude e largura variáveis. Armazenamos os parâmetros na ordem $B_0, E_0, G_0, B_1, E_1, G_1, ..., B_{K-1}, G_{K-1}$.

```
        void fgauss(const Doub x, VecDoub_I &a, Doub &y, VecDoub_O &dyda) {                      fit_examples.h
        y(x; a) é a soma de na/3 Gaussianas (15.5.16). A amplitude, o centro e a largura das Gaussianas são ar-
        mazenados em posições consecutivas de a: a[3k] = $B_k$, a[3k+1] = $E_k$, a[3k+2] = $G_k$, k = 0, ...,na/3 − 1. As
        dimensões dos arrays são a[0..na-1], dyda[0..na-1].
            Int i,na=a.size();
            Doub fac,ex,arg;
            y=0.;
            for (i=0;i<na-1;i+=3) {
                arg=(x-a[i+1])/a[i+2];
                ex=exp(-SQR(arg));
```

```
        fac=a[i]*ex*2.*arg;
        y += a[i]*ex;
        dyda[i]=ex;
        dyda[i+1]=fac/a[i+2];
        dyda[i+2]=fac*arg/a[i+2];
    }
}
```

## 15.5.4 Métodos mais avançados para mínimos-quadrados não linear

Você vai precisar de uma maior capacidade que `Fitmqr` pode oferecer se (i) estiver convergindo muito lentamente ou (ii) estiver convergindo para um mínimo local que não é aquele que você deseja. Há várias opções disponíveis.

NL2SOL [3] é uma implementação de mínimos-quadrados não linear em altíssima conta e com muitas características avançadas. Por exemplo, ela mantém o termo em segunda derivada que jogamos fora no método de Levenberg-Marquardt sempre que for melhor fazê-lo, um assim chamado método tipo-Newton completo.

Uma variante diferente do algoritmo de Levenberg-Marquardt é implementá-lo como um model-trust region method para minimização (veja §9.7 e referência [2]). Um código deste tipo devido a Moré [4] pode ser encontrado em MINPACK [5].

### REFERÊNCIAS CITADAS E LEITURA COMPLEMENTAR

Bevington, P.R., and Robinson, D.K. 2002, *Data Reduction and Error Analysis for the Physical Sciences,* 3rd ed. (New York: McGraw-Hill), Chapter 8.

Monahan, J.F. 2001, *Numerical Methods of Statistics* (Cambridge, UK: Cambridge University Press), Chapters 5-9.

Seber, G.A.F., and Wild, C.J. 2003, *Nonlinear Regression* (Hoboken, NJ: Wiley).

Gelman, A., Carlin, J.B., Stern, H.S., and Rubin, D.B. 2004, *Bayesian Data Analysis,* 2nd ed. (Boca Raton, FL: Chapman & Hall/CRC).

Jacobs, D.A.H. (ed.) 1977, *The State of the Art in Numerical Analysis* (London: Academic Press), Chapter III.2 (by J.E. Dennis).

Marquardt, D.W. 1963, *Journal of the Society for Industrial and Applied Mathematics,* vol. 11, pp. 431-441.[1]

Dennis, J.E., and Schnabel, R.B. 1983, *Numerical Methods for Unconstrained Optimization and Nonlinear Equations;* reprinted 1996 (Philadelphia: S.I.A.M.).[2]

Dennis, J.E., Gay, D.M, and Welsch, R.E. 1981, "An Adaptive Nonlinear Least-Squares Algorithm," *ACM Transactions on Mathematical Software,* vol. 7, pp. 348-368; *op. cit.,* pp. 369-383.[3]

Moré, J.J. 1977, in *Numerical Analysis,* Lecture Notes in Mathematics, vol. 630, G.A. Watson, ed. (Berlin: Springer), pp. 105-116.[4]

Moré, J.J., Garbow, B.S., and Hillstrom, K.E. 1980, *User Guide for MINPACK-1,* Argonne National Laboratory Report ANL-80-74.[5]

## 15.6 Limites de confidência sobre parâmetros estimados do modelo

Já várias vezes neste capítulo fizemos afirmações a respeito de erros-padrão, ou incertezas, em um conjunto de $M$ parâmetros estimados **a**. Demos algumas fórmulas para se calcular desvios-padrão ou variâncias de parâmetros individuais (equações 15.2.9, 15.4.15 e 15.4.19), bem como algumas fórmulas para a covariância entre pares de parâmetros (equação 15.2.10; nota depois da equação 15.4.15; equação 15.4.20; equação 15.5.15).

Neste seção queremos ser mais explícitos no que diz respeito ao significado preciso destas incertezas quantitativas, e fornecer informação adicional sobre como limites de confiança quantitativos sobre parâmetros ajustados podem ser estimados. O assunto pode ser tornar um tanto quanto técnico, e até mesmo um pouco confuso, razão pela qual tentaremos fazer afirmações precisas, mesmo que tenhamos que fazê-las sem fornecer demonstrações.

A Figura 15.6.1 mostra o esquema conceitual de um experimento que "mede" um conjunto de parâmetros. Há um conjunto subjacente de parâmetros verdadeiros $\mathbf{a}_{true}$ que são conhecidos pela Mãe Natureza mas permanecem ocultos para o experimentador. Os parâmetros verdadeiros são realizados estatisticamente, junto a erros de medida aleatórios, na forma de um conjunto medido de dados, para o qual usaremos o símbolo $\mathcal{D}_{(0)}$. O conjunto de dados $\mathcal{D}_{(0)}$ é conhecido do experimentador. Ele ou ela ajusta estes dados a um modelo minimizando o $\chi^2$ ou usando alguma outra técnica, obtendo assim valores medidos, isto é, ajustados, para os parâmetros, que denotamos por $\mathbf{a}_{(0)}$.

Uma vez que os erros nas medidas têm uma componente aleatória, $\mathcal{D}_{(0)}$ não é a única realização dos parâmetros verdadeiros $\mathbf{a}_{true}$. Pelo contrário, há infinitas outras realizações dos parâmetros verdadeiros na forma de "conjuntos de dados hipotéticos", cada um dos quais poderia ter sido medido, mas não foi. Vamos denotá-los por $\mathcal{D}_{(1)}$, $\mathcal{D}_{(2)}$, .... Cada um, tivesse ele sido realizado, produziria um conjunto diferente de parâmetros ajustados $\mathbf{a}_{(1)}$, $\mathbf{a}_{(2)}$, ..., respectivamente. Estes conjuntos de parâmetros $\mathbf{a}_{(i)}$ ocorrem, portanto, segundo uma certa distribuição de probabilidade no espaço $M$-dimensional de todos os possíveis conjuntos de parâmetros **a**. O valor realmente medido $\mathbf{a}_{(0)}$ é um membro sacado desta distribuição.

Ainda mais interessante que a distribuição de probabilidade dos $\mathbf{a}_{(i)}$ seria a distribuição das diferenças $\mathbf{a}_{(i)} - \mathbf{a}_{true}$. Esta distribuição difere da anterior por uma translação que coloca o valor verdadeiro da Mãe Natureza na origem. Se nós conhecêssemos esta distribuição, saberíamos tudo que é possível saber acerca das incertezas quantitativas na nossa medida experimental $\mathbf{a}_{(0)}$.

Assim, a brincadeira consiste em achar alguma maneira de estimar ou determinar um valor aproximado da distribuição de probabilidade $\mathbf{a}_{(i)} - \mathbf{a}_{true}$ sem conhecer $\mathbf{a}_{true}$ e sem ter disponível um universo infinito de conjuntos de dados hipotéticos.

### 15.6.1 Simulação de Monte Carlo para conjuntos de dados sintéticos

Embora o conjunto de parâmetros medidos $\mathbf{a}_{(0)}$ não seja o verdadeiro, consideremos um mundo fictício onde ele *fosse* o verdadeiro. Uma vez que esperamos que nossos parâmetros medidos não estejam *muito* errados, esperamos que nosso mundo fictício não seja muito diferente do mundo real com parâmetros $\mathbf{a}_{true}$. Em particular, tenhamos a esperança – não, vamos *supor* – que a forma da distribuição de probabilidade $\mathbf{a}_{(i)} - \mathbf{a}_{(0)}$ no mundo fictício tenha a mesma forma, ou muito proximamente a mesma, que a distribuição de probabilidade $\mathbf{a}_{(i)} - \mathbf{a}_{true}$ no mundo real. Observe

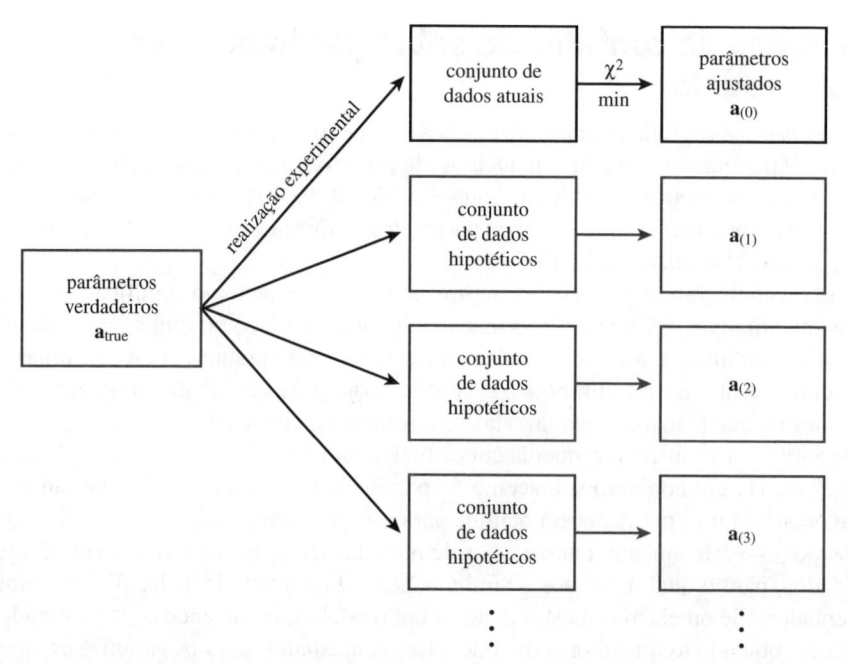

**Figura 15.6.1** Um universo estatístico de conjuntos de dados de um modelo subjacente. Parâmetros verdadeiros $\mathbf{a}_{true}$ são realizados em um conjunto de dados, a partir dos quais parâmetros ajustados (medidos) $\mathbf{a}_{(0)}$ são obtidos. Se o experimento fosse repetido muitas vezes, novos conjuntos de dados e novos valores de parâmetros ajustados seriam obtidos.

que não estamos supondo que $\mathbf{a}_{(0)}$ e $\mathbf{a}_{true}$ sejam iguais: certamente não são. Só estamos supondo que a maneira pela qual erros aleatórios entram nos experimentos e na análise de dados não varia rapidamente como função de $\mathbf{a}_{true}$, de modo que $\mathbf{a}_{(0)}$ pode servir como um substituto razoável.

Agora, frequentemente, a distribuição $\mathbf{a}_{(i)} - \mathbf{a}_{(0)}$ no mundo fictício está dentro da nossa capacidade de cálculo (veja Figura 15.6.2) Se soubermos algo a respeito do processo que gerou nossos dados, dado um presumido conjunto de parâmetros $\mathbf{a}_{(0)}$, então podemos na verdade descobrir como *simular* nossos próprios conjuntos de realizações "sintéticas" destes parâmetros na forma de "conjuntos de dados sintéticos". O procedimento consiste em sortear um número aleatório de uma distribuição apropriada (conforme §7.3-§7.4) de modo a simular nosso maior conhecimento do processo subjacente e dos erros de medida no nosso aparato. Com tais sorteios aleatórios, construímos conjuntos de dados com um número de pontos exatamente igual aos medidos, e precisamente os mesmos valores de todas as variáveis de controle (independentes), como sendo nosso conjunto de fato $\mathcal{D}_{(0)}$. Chamemos estes conjuntos simulados de $\mathcal{D}_{(1)}^s$, $\mathcal{D}_{(2)}^s$, .... Por construção, eles supostamente têm a mesma relação estatística com $\mathbf{a}_{(0)}$ que os $\mathcal{D}_{(0)}$'s têm com $\mathbf{a}_{true}$ (para o caso em que você não saiba muito sobre o que está medindo a ponto de realizar um trabalho crível de simulação, veja adiante).

Em seguida, para cada $\mathcal{D}_{(j)}^s$, siga exatamente o mesmo procedimento de estimativa de parâmetros, por exemplo, uma minimização $\chi^2$, da mesma maneira que foi feita no conjunto de dados reais para obter os parâmetros $\mathbf{a}_{(0)}$, dados os parâmetros medidos simulados $\mathbf{a}_{(1)}^s$, $\mathbf{a}_{(2)}^s$, .... Cada conjunto de parâmetros medidos simulado fornece um ponto $\mathbf{a}_{(i)}^s - \mathbf{a}_{(0)}$. Simule o número suficiente de conjuntos de dados e de parâmetros de medida simulados daí deduzidos, e você terá mapeado a distribuição de probabilidade desejada em $M$ dimensões.

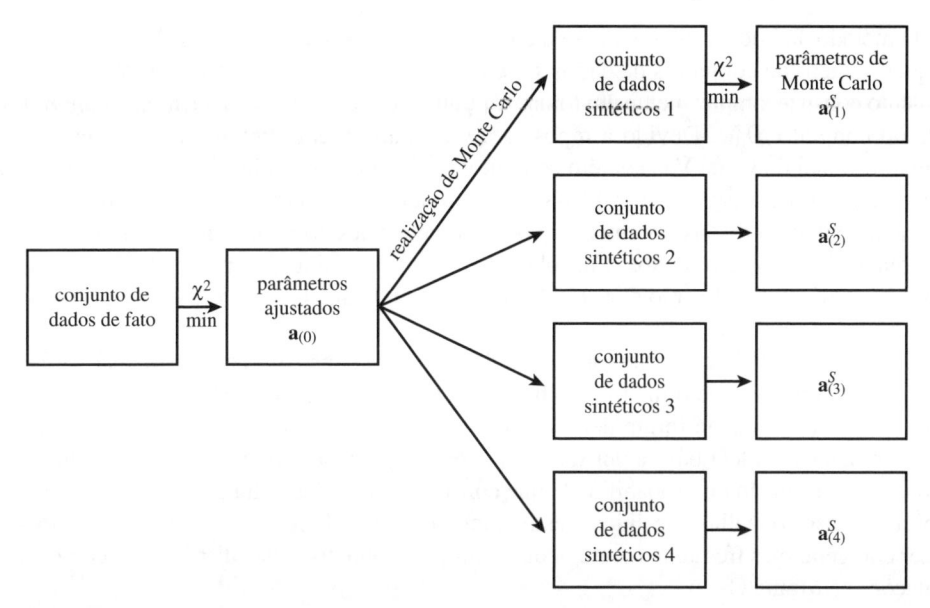

**Figura 15.6.2** Simulação de Monte Carlo de um experimento. Os parâmetros ajustados de um experimento real são usados como substitutos para parâmetros verdadeiros. Números aleatórios gerados pelo computador são usados para simular muitos conjuntos de dados sintéticos. Cada um destes é analisado para se obter seus parâmetros ajustados. A distribuição destes parâmetros ajustados em torno dos parâmetros verdadeiros substitutos (conhecidos) é então estudada.

Na realidade, a possibilidade de fazer simulações de Monte Carlo desta maneira revolucionou muitas áreas de moderna ciência experimental. A pessoa não apenas é capaz de caracterizar os erros da estimação de parâmetros de maneira muito precisa, como também pode testar, no computador, diferentes métodos de estimação de parâmetros ou diferentes técnicas de redução de dados e procurar assim minimizar a incerteza do resultado de acordo com algum critério escolhido. Se nos fosse dado escolher entre o domínio de toda uma prateleira de um metro e meio de livros de estatística analítica e a habilidade moderada de fazer simulações estatísticas de Monte Carlo, nós certamente optaríamos pela última.

### 15.6.2 Monte Carlo rápido: o método do bootstrap

Aqui está uma poderosa técnica para fazer um Monte Carlo confiável que você poderá usar com frequência sempre que não tiver informação suficiente sobre o processo subjacente ou a natureza dos erros nas medidas. Imagine que seu conjunto de dados consiste em $N$ "pontos" independentes e igualmente distribuídos (iid). Cada ponto consiste, possivelmente, em vários números, por exemplo, uma ou mais variáveis de controle (uniformemente distribuídas no intervalo que você decidiu medir) e um ou mais valores medidos associados (cada um deles distribuído da maneira que melhor aprouver à Mãe Natureza). "Iid" significa que a ordem sequencial dos dados não é consequência do processo que você está usando para obter os parâmetros ajustados $\mathbf{a}$. Por exemplo, uma soma $\chi^2$ como na (15.5.5) não se importa com a ordem segundo a qual os pontos são adicionados. Exemplos mais simples ainda são o valor médio de uma grandeza medida e a média de alguma função das grandezas medidas.

O método do bootstrap* [1] utiliza o conjunto de dados reais $\mathcal{D}_{(0)}^s$, com $N$ pontos, para gerar qualquer número de conjuntos de dados sintéticos $\mathcal{D}_{(1)}^s$, $\mathcal{D}_{(2)}^s$,..., também com $N$ pontos. O procedimento consiste simplesmente em tomar $N$ pontos num certo instante de tempo *com reposição* tirada do conjunto $\mathcal{D}_{(0)}^s$. Devido à reposição, você não obtém simplesmente, cada vez, o seu conjunto original de volta. Você obtém conjuntos com uma fração aleatória dos pontos originais; tipicamente da ordem de $\sim 1/e \approx 37\%$ são substituídos por pontos originais duplicados. Agora, exatamente como na discussão anterior, você submete estes conjuntos ao mesmo procedimento de estimação feito sobre os dados reais, obtendo assim um conjunto de parâmetros medidos simulados $\mathbf{a}_{(1)}^s$, $\mathbf{a}_{(2)}^s$, .... Estes serão distribuídos no entorno de $\mathbf{a}_{(0)}$ próximos da maneira como $\mathbf{a}_{(0)}$ é distribuído em torno de $\mathbf{a}_{\text{true}}$.

Dá a impressão de que estamos ganhando algo sem pagar o preço, certo? Na verdade, demorou um pouco para que o método do bootstrap passasse a ser aceito pelos estatísticos. Atualmente, muitos teoremas já foram demonstrados, melhorando a reputação do bootstrap (vide [2] para referências). A ideia básica por trás do método é que o conjunto verdadeiro de dados, visto como uma distribuição de probabilidade que consiste de funções delta dos valores medidos, é na maioria dos casos o melhor – e único – estimador para a distribuição de probabilidade subjacente. Requer coragem, mas frequentemente pode-se simplesmente usar esta distribuição como base das simulações de Monte Carlo.

Preste atenção aos casos onde a hipótese iid do bootstrap é violada. Por exemplo, se você dispuser de medidas feitas em intervalos igualmente espaçados de alguma variável de controle, *normalmente* você consegue fingir, sem maiores consequências, que estas são iid uniformemente distribuídas dentro do intervalo de medida. Contudo, alguns estimadores de $\mathbf{a}$ (por exemplo, aqueles que envolvem métodos de Fourier) podem ser particularmente sensíveis ao fato de todos os pontos numa malha estarem ou não presentes. Neste caso, o bootstrap gera a distribuição errada. Preste atenção também para estimadores que olham para qualquer coisa como pequenos amontoados entre os $N$ pontos, ou estimadores que ordenam dados e olham para as diferenças sequenciais. Obviamente o bootstrap falhará também nestes casos (os teoremas que justificam o método ainda continuam válidos, mas algumas de suas premissas técnicas são violadas nestes exemplos).

Para uma grande classe de problemas, contudo, o bootstrap produz estimativas Monte Carlo dos erros de um conjunto de parâmetros estimados fácil e muito rapidamente.

### 15.6.3 Limites de confiabilidade

No lugar de apresentar todos os detalhes da distribuição de probabilidade de erros na estimação de parâmetros, é uma prática comum fazer um sumário da distribuição na forma de limites de confiabilidade**. A distribuição de probabilidade completa é uma função definida no espaço $M$-dimensional de parâmetros $\mathbf{a}$. Uma região de confiabilidade (ou intervalo de confiabilidade) é simplesmente a região daquele espaço $M$-dimensional (espera-se que pequena) que contém uma certa (espera-se que grande) porcentagem da distribuição de probabilidade total. Você aponta para uma região de confiabilidade e diz, por exemplo, "há 99% de chances de que os valores verdadeiros dos parâmetros estejam dentro desta região no entorno do valor medido".

Vale a pena enfatizar que você, o experimentador, é quem define o nível de confiabilidade (99% no exemplo acima) e dá forma à região de confiabilidade. O único requerimento é que a

---

* N. de T.: O termo *bootstrap* é usado em diferentes áreas das ciências exatas e normalmente se refere a um conjunto de processos autossustentáveis, que não dependem de procedimentos externos para funcionar.
** N. de T.: Ou "confiança".

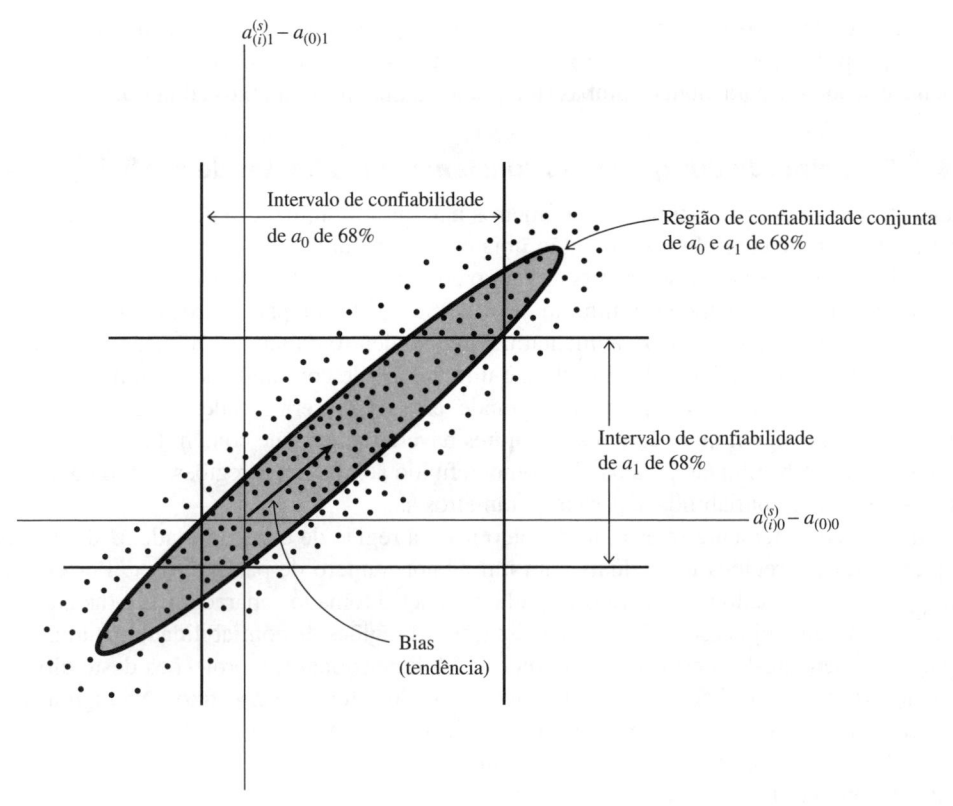

**Figura 15.6.3** Intervalos de confiabilidade em uma e duas dimensões. A mesma fração de pontos medidos (no exemplo aqui ilustrado, 68%) se encontra (i) entre as duas linhas verticais, (ii) entre as duas linhas horizontais e (iii) dentro da elipse.

sua região realmente inclua a porcentagem de probabilidade anunciada. Certas porcentagens são porém corriqueiras no meio científico: 68,3% (o mais baixo nível de confiabilidade digno de menção), 90%, 95,4%, 99% e 99,73%. Níveis ainda mais altos são convencionalmente "noventa e nove vírgula nove nove... nove". Quanto à forma, obviamente você quer ter uma região que seja compacta e razoavelmente centrada na sua medida $\mathbf{a}_{(0)}$, uma vez que todo o propósito do limite de confiabilidade é inspirar confiança no valor medido. Em uma dimensão, a convenção é usar um segmento de reta centrado no valor medido; em dimensões mais altas, elipses ou elipsoides são mais frequentemente usados.

Você deve desconfiar, corretamente, que os números 68,3%, 95,4% e 99,73%, bem como o uso de elipsoides, estão de algum modo relacionados à distribuição normal. Historicamente isto é verdadeiro, mas hoje é irrelevante. Em geral, a distribuição de probabilidade dos parâmetros não é normal, e os números acima, usados como níveis de confiabilidade, são puras questões de convenção.

A Figura 15.6.3 é um esboço de uma possível distribuição de probabilidade para o caso $M = 2$. São mostradas três diferentes regiões de confiabilidade que poderiam ser úteis, todas no mesmo nível de confiabilidade. As duas linhas verticais encerram uma banda (intervalo horizontal) que representa o intervalo de confiabilidade de 68% para a variável $a_0$ independente do valor de $a_1$. Do mesmo modo, as linhas horizontais encerram um intervalo de confiabilidade de 68% para a variável $a_1$. A elipse mostra o mesmo intervalo de 68% para a confiabilidade conjunta de $a_0$ e $a_1$. Observe que para encerrar a mesma probabilidade que as duas bandas, a elipse tem que necessariamente estender-se para além de ambas (um ponto ao qual retornaremos adiante).

### 15.6.4 Fronteiras de qui-quadrado constante como limites de confiabilidade

Quando o método para se estimar os parâmetros $\mathbf{a}_{(0)}$ for a minimização qui-quadrado, como na seção anterior deste capítulo, existe então uma escolha natural para a forma dos intervalos de confiabilidade cujo uso é quase universal. Para o conjunto de dados observados $\mathcal{D}_{(0)}$, o valor de $\chi^2$ é mínimo em $\mathbf{a}_{(0)}$. Chame este mínimo de $\chi^2_{\min}$. Se o vetor de parâmetros $\mathbf{a}$ for perturbado a partir deste valor de $\mathbf{a}_{(0)}$, então $\chi^2$ aumentará. A região dentro da qual $\chi^2$ não aumenta em mais que um valor pré-estabelecido de $\Delta\chi^2$ define uma região de confiabilidade $M$-dimensional em torno de $\mathbf{a}_{(0)}$. Se $\Delta\chi^2$ for fixado num valor grande, esta região será grande; se pequeno, a região será pequena. Em algum lugar entre estes valores haverá regiões que contêm 68%, 90%, etc. de distribuição de probabilidade para os $\mathbf{a}$'s, como definido acima. Estas regiões são tomadas como sendo as regiões de confiabilidade para os parâmetros $\mathbf{a}_{(0)}$.

Muito frequentemente se está interessado não na região de confiabilidade $M$-dimensional completa, mas em regiões individuais para um menor número de parâmetros $\nu$. Por exemplo, pode-se estar interessado no intervalo de cada parâmetro tomado separadamente (as bandas da Figura 15.6.3), em cujo caso $\nu = 1$. Nesta situação, as regiões de confiabilidade naturais no subespaço $\nu$-dimensional do espaço de parâmetros $M$-dimensional são projeções deste último no subespaço $M$-dimensional de interesse, definidas segundo valores de $\Delta\chi^2$ fixos. Na Figura 15.6.4, para o caso $M = 2$, mostramos regiões de confiabilidade correspondentes a vários valores de $\Delta\chi^2$. O intervalo de confiabilidade unidimensional em $a_1$ correspondente à região limitada por $\Delta\chi^2 = 1$ se encontra entre as retas $A$ e $A'$.

Observe que é a projeção do espaço de maior dimensão sobre o de menor que é usada, não a intersecção. A intersecção seria a banda entre $Z$ e $Z'$. Ela *nunca* é usada. Ela é mostrada na figura apenas com o objetivo de atrair a atenção para esta advertência, a saber, que ela não deve ser confundida com a projeção.

### 15.6.5 Distribuição de probabilidade de parâmetros no caso normal

Você deve estar pensando no por que de nós não termos, até agora na seção, feito qualquer conexão com as estimativas dos erros que saem do procedimento de ajuste $\chi^2$, mais notadamente a matriz de covariância $C_{ij}$. A razão é a seguinte: a minimização $\chi^2$ é um método útil para se estimar parâmetros mesmo quando os erros nas medidas não seguem uma distribuição normal. Embora uma distribuição normal de erros seja um requerimento se a estimação de parâmetros $\chi^2$ tiver que ser um estimador de verossimilhança máximo (§15.1), normalmente as pessoas estão dispostas a abrir mão desta propriedade em troca da relativa conveniência do procedimento $\chi^2$. Somente em casos extremos, ou seja, distribuições de erros de medidas com "caudas" muito grandes, é que a minimização $\chi^2$ é abandonada em favor de técnicas mais robustas, como será discutido no §15.7.

Contudo, a matriz de covariância formal que sai da minimização $\chi^2$ tem um interpretação quantitativa clara somente se (ou até o ponto onde) os erros nas medidas são de fato distribuídos normalmente. No caso de erros *não* normais, você tem "permissão" para:

- ajustar os parâmetros minimizando $\chi^2$;
- usar um contorno de $\Delta\chi^2$ constante como fronteira de sua região de confiabilidade;

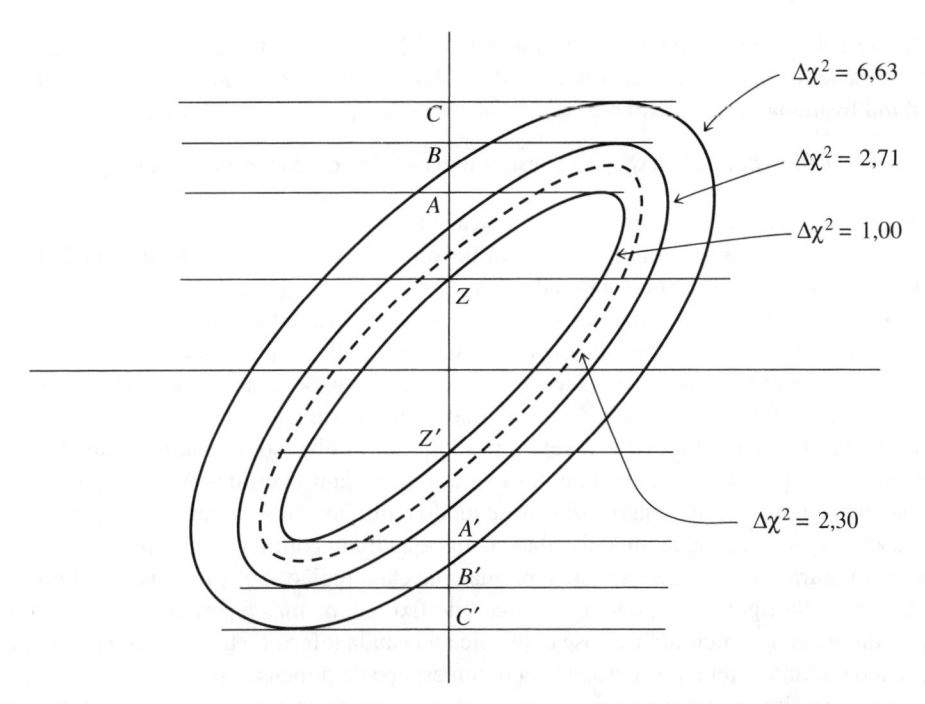

**Figura 15.6.4** Regiões elipsoidais de confiabilidade que correspondem a valores de qui-quadrado maiores que o mínimo ajustado. As curvas sólidas, com $\Delta\chi^2 = 1{,}00, 2{,}71, 6{,}63$, se projetam nos intervalos unidimensionais $AA'$, $BB'$ e $CC'$. Estes intervalos – não as elipses em si – contêm 68,3%, 90% e 99% dos dados normalmente distribuídos. A elipse que contém 68,3% destes dados é ilustrada por uma linha tracejada e tem $\Delta\chi^2 = 2{,}30$. Para valores numéricos adicionais, consulte a tabela na página 839.

- usar simulações de Monte Carlo ou um cálculo analítico detalhado para determinar *qual* contorno $\Delta\chi^2$ é o correto para o nível de confiabilidade desejado;
- dar a matriz de covariância $C_{ij}$ como sendo a "matriz de covariância formal do ajuste".

*Não* lhe é permitido:

- usar as fórmulas que apresentaremos agora para o caso de erros normalmente distribuídos, que estabelecem relações quantitativas entre $\Delta\chi^2$, $C_{ij}$ e o nível de confiabilidade.

Aqui estão os teoremas-chave que são válidos quando (i) os erros são distribuídos normalmente e ou (ii) o modelo é linear em seus parâmetros, ou (iii) o tamanho da amostra é grande o suficiente para que a incertezas nos parâmetros ajustados **a** não se estendam para fora da região onde o modelo poderia ser substituído por um modelo linearizado apropriado (note que a condição (iii) não impede o uso de rotinas não lineares como Fitmrq para *achar* os parâmetros ajustados).

*Teorema A.* $\chi^2_{min}$ segue uma distribuição qui-quadrado com $N - M$ graus de liberdade, onde $N$ é o número de dados e $M$ é o número de parâmetros ajustados. Este é o teorema básico que lhe permite avaliar a qualidade-do-ajuste do modelo, como discutido no §15.1. Nós o listamos primeiro para lembrá-lo que, a menos que a qualidade-do-ajuste seja confiável, toda a estimação de parâmetros é suspeita.

*Teorema B.* Se $\mathbf{a}^s_{(j)}$ for retirado de um universo de conjuntos de dados simulados com parâmetros verdadeiros $\mathbf{a}_{(0)}$, então a distribuição de probabilidade de $\delta\mathbf{a} \equiv \mathbf{a}^s_{(j)} - \mathbf{a}_{(0)}$ é a distribuição normal multivariada

$$P(\delta\mathbf{a})\, da_0 \ldots da_{M-1} = \text{const.} \times \exp\left(-\tfrac{1}{2}\delta\mathbf{a} \cdot \boldsymbol{\alpha} \cdot \delta\mathbf{a}\right)\, da_0 \ldots da_{M-1}$$

onde $\boldsymbol{\alpha}$ é a matriz de curvatura definida na equação (15.5.8).

*Teorema C.* Se $\mathbf{a}^s_{(j)}$ for retirado de um universo de conjuntos de dados simulados com parâmetros verdadeiros $\mathbf{a}_{(0)}$, então a grandeza $\Delta\chi^2 \equiv \chi^2(\mathbf{a}_{(j)}) - \chi^2(\mathbf{a}_{(0)})$ segue uma distribuição qui-quadrado com $M$ graus de liberdade. Aqui os $\chi^2$'s são avaliados usando-se os conjuntos de dados reais (fixos) $\mathcal{D}_{(0)}$. Este teorema faz a conexão entre valores particulares de $\Delta\chi^2$ e a fração da distribuição de probabilidade que eles englobam na forma de uma região $M$-dimensional, ou seja, o nível de confiabilidade da região de confiabilidade $M$-dimensional.

*Teorema D.* Suponha que $\mathbf{a}^s_{(j)}$ seja retirado de um universo de dados simulados (como acima); que suas primeiras $\nu$ componentes $a_0, \ldots, a_{\nu-1}$ sejam mantidas fixas; e que as $M - \nu$ componentes remanescentes sejam variadas de modo a minimizar $\chi^2$. Chame este mínimo de $\chi^2_\nu$. Então $\Delta\chi^2_\nu \equiv \chi^2_\nu - \chi^2_{\min}$ segue uma distribuição qui-quadrado com $\nu$ graus de liberdade. Se você consultar a Figura 15.6.4, verá que este teorema conecta a região $\Delta\chi^2$ *projetada* com o nível de confiabilidade. Na figura, um ponto que é mantido fixo em $a_1$ mas é permitido variar em $a_0$ de modo a minimizar $\chi^2$ procurará a elipse cujo ápice ou cauda inferior é tangente à reta de $a_1$ constante, sendo portanto a reta que a projeta sobre um espaço de dimensão menor.

Como primeiro exemplo, consideremos o caso $\nu = 1$, no qual queremos determinar o nível de confiabilidade de um único parâmetro, digamos, $a_0$. Observe que a distribuição qui-quadrado com $\nu = 1$ graus de liberdade é a mesma distribuição que aquela do quadrado de uma única grandeza distribuída normalmente. Portanto, $\Delta\chi^2_\nu < 1$ ocorre 68,3% das vezes (1-$\sigma$ para a distribuição normal), $\Delta\chi^2_\nu < 4$ ocorre 95,4% das vezes (2-$\sigma$ da distribuição normal), etc. Deste modo, você acha o $\Delta\chi^2_\nu$ que corresponde ao nível de confiabiliade desejado por você (valores adicionais são dados na tabela na próxima página).

Seja $\delta\mathbf{a}$ uma variação nos parâmetros cuja primeira componente, $\delta a_0$, é arbitrária, mas cujas componentes remanescentes sejam escolhidas de modo a minimizar $\Delta\chi^2$. Então o Teorema D se aplica. O valor de $\Delta\chi^2$ é, em geral, dado pela expressão

$$\Delta\chi^2 = \delta\mathbf{a} \cdot \boldsymbol{\alpha} \cdot \delta\mathbf{a} \tag{15.6.1}$$

que segue da equação (15.5.8) aplicada em $\chi^2_{\min}$ quando $\beta_k = 0$. Uma vez que $\delta\mathbf{a}$, por hipótese, minimiza todas as componentes de $\chi^2$ menos a zero-ésima, as componentes de 1 a $M$-1 das equações normais (15.5.9) continuam válidas. Portanto, a solução de (15.5.9) é

$$\delta\mathbf{a} = \boldsymbol{\alpha}^{-1} \cdot \begin{pmatrix} c \\ 0 \\ \vdots \\ 0 \end{pmatrix} = \mathbf{C} \cdot \begin{pmatrix} c \\ 0 \\ \vdots \\ 0 \end{pmatrix} \tag{15.6.2}$$

onde $c$ é uma constante arbitrária que temos que ajustar para fazer (15.6.1) dar o valor da esquerda desejado. Substituindo (15.6.2) em (15.6.1) e usando o fato de que $\mathbf{C}$ e $\boldsymbol{\alpha}$ são matrizes inversas uma da outra, obtemos

$$c = \delta a_0 / C_{00} \qquad \text{e} \qquad \Delta\chi^2_\nu = (\delta a_0)^2 / C_{00} \tag{15.6.3}$$

| | $\Delta\chi^2$ como função do nível de confiabilidade $p$ e número de parâmetros de interesse $v$ | | | | | |
|---|---|---|---|---|---|---|
| | | | $v$ | | | |
| $p$ | 1 | 2 | 3 | 4 | 5 | 6 |
| 68,27% | 1,00 | 2,30 | 3,53 | 4,72 | 5,89 | 7,04 |
| 90% | 2,71 | 4,61 | 6,25 | 7,78 | 9,24 | 10,6 |
| 94,45% | 4,00 | 6,18 | 8,02 | 9,72 | 11,3 | 12,8 |
| 99% | 6,63 | 9,21 | 11,3 | 13,3 | 15,1 | 16,8 |
| 99,73% | 9,00 | 11,8 | 14,2 | 16,3 | 18,2 | 20,1 |
| 99,99% | 15,1 | 18,4 | 21,1 | 23,5 | 25,7 | 27,9 |

$$\delta a_0 = \pm\sqrt{\Delta\chi_v^2}\sqrt{C_{00}} \qquad (15.6.4)$$

Finalmente! Uma relação entre o intervalo de confiabilidade $\pm\delta a_0$ e o erro-padrão formal $\sigma_0 \equiv \sqrt{C_{00}}$. Não sem motivo, descobrimos que o intervalo de 68% é $\pm\sigma_0$, o de 95% é $\pm 2\sigma_0$, e assim por diante.

Estas considerações continuam válidas não apenas para os parâmetros individuais $a_i$, mas também para qualquer combinação linear deles. Se

$$b \equiv \sum_{k=0}^{M-1} c_i a_i = \mathbf{c} \cdot \mathbf{a} \qquad (15.6.5)$$

então o intervalo de confiabilidade de 68% para $b$ é

$$\delta b = \pm\sqrt{\mathbf{c} \cdot \mathbf{C} \cdot \mathbf{c}} \qquad (15.6.6)$$

Contudo, estas relações numéricas simples, de aparência normal, *não* são válidas para o caso $v > 1$ [3]. Em particular, $\Delta\chi^2 = 1$ não é uma fronteira, nem se deixa projetar sobre a fronteira da região de 68% de confiabilidade quando $v > 1$. Se você quiser determinar não intervalos de confiabilidade em um parâmetro, mas elipses de confiabilidade em dois parâmetros conjuntamente, ou elipsoides em três, ou dimensões mais altas, então você deve seguir as instruções seguintes para implementar os Teoremas C e D:

- Seja $v$ o número de parâmetros ajustados cuja região de confiabilidade conjunta você quer exibir, $v \leq M$. Chame-os de "parâmetros de interesse".
- Seja $p$ o limite de confiabilidade desejado, por exemplo, $p=0,68$ ou $p=0,95$.
- Ache $\Delta$ (isto é, $\Delta\chi^2$) tal que a probabilidade de uma variável qui-quadrado com $v$ graus de liberdade ser menor que $\Delta$ é $p$. Para alguns valores úteis de $p$ e $v$, $\Delta$ é dado na tabela anterior. Para outros valores, você pode usar o método `invcdf` ou o objeto `Chisqdist` do §6.14.8 tendo $p$ como argumento.
- Pegue a matriz de covariância $M \times M$ $\mathbf{C} = \boldsymbol{\alpha}^{-1}$ do ajuste qui-quadrado. Copie a intersecção das $v$ linhas e colunas correspondendo aos parâmetros de interesse em uma matriz $v \times v$, denotada $\mathbf{C}_{\text{proj}}$.
- Inverta a matriz $\mathbf{C}_{\text{proj}}$ (no caso unidimensional, basta tomar o recíproco do elemento $C_0$).

- A equação para as fronteiras elípticas da sua região de confiabilidade desejada no subespaço $v$-dimensional de interesse é

$$\Delta = \delta \mathbf{a}' \cdot \mathbf{C}_{\text{proj}}^{-1} \cdot \delta \mathbf{a}' \tag{15.6.7}$$

onde $\delta \mathbf{a}'$ é o vetor $v$-dimensional dos parâmetros de interesse.

Se você estiver confuso neste ponto, talvez seja útil comparar a Figura 15.6.4 e a tabela da página anterior considerando o caso $M = 2$ com $v = 1$ e $v = 2$. Você deveria ser capaz de verificar as seguintes afirmações: (i) a banda horizontal entre $C$ e $C'$ contém 99% da distribuição de probabilidade, portanto é um limite de confiabilidade sobre $a_1$ somente neste nível de confiabilidade. (ii) O mesmo para a banda entre $B$ e $B'$ no nível de 90% de confiabilidade. (iii) A elipse tracejada, indexada por $\Delta \chi^2 = 2{,}30$, contém 68,3% da distribuição de probabilidade, portanto é uma região de confiabilidade para $a_0$ e $a_1$ conjuntamente, neste nível de confiabilidade.

Talvez valha a pena mencionar aqui outro ponto de possível confusão. No §15.1.1, quando discutimos o uso do $\chi^2$ como uma estatística da qualidade do ajuste, mencionamos que um ajuste "moderadamente bom" poderia ter um valor de $\chi^2$ que difere em até $\pm\sqrt{2v}$ do valor esperado $v$ (agora o número total de graus de liberdade é $N - M$, e não $v$ como usado acima). Realmente, a probabilidade sugerida nas caudas que incorpora esta dica é $Q = 1-$ `Chisqdist`$(v)$. `invcdf` $(\chi^2)$. Ainda assim, na discussão acima, parece que estamos dizendo que pequenas variações em $\chi^2$, tão pequenas quanto $\pm 1$ ou $\pm 2{,}71$, são significativas (veja tabela da página anterior). Estas duas afirmações podem ser ambas verdadeiras?

Sim. No §15.1.1 estávamos considerando a variação em $\chi^2$ sobre uma população de conjuntos de dados hipotéticos com os mesmos valores de parâmetros, $\mathbf{a}_{\text{true}}$ (confira Figura 15.6.1). Estes valores variam, tipicamente, por $\pm\sqrt{2v}$. Contrariamente, na discussão acima, pegamos um único conjunto de dados e o mantivemos fixo. Perguntamos então, no que é essencialmente um exercício de propagação de erro, quanto de incerteza no valor dos parâmetros ajustados $\mathbf{a}_0$ era gerado devido a incerteza nos dados. Uma maneira de ver como estes são conceitos bastante diferentes é pensar sobre como cada um deles deveria escalonar em $N$, o número de pontos. À medida que $N$ aumenta, $\chi^2$ escalona como $N$, ao passo que a variação sobre os conjuntos de dados hipotéticos escalona como $N^{1/2}$, essencialmente um caminhante aleatório. Agora imagine $\mathbf{a}$ variando em torno do seu valor ajustado $\mathbf{a}_0$ por um pequeno valor, $\mathbf{a} = \mathbf{a}_0 + \delta \mathbf{a}$. A mudança em $\chi^2$ escalona com o número de termos na soma, $N$, e quadraticamente na distância do mínimo,

$$\delta \chi^2 \propto N(\delta \mathbf{a})^2 \tag{15.6.8}$$

À medida que o número de pontos aumenta, é razoável esperar que os parâmetros passem a ser determinados com maior acurácia, escalonando como

$$\delta \mathbf{a} \propto N^{-1/2} \tag{15.6.9}$$

Combinando estas duas equações, descobrimos que $\delta \chi^2$ para a menor mudança significativa nos parâmetros $\delta \mathbf{a}$ escalona como $N^0$, uma constante. De fato, os Teoremas B e C acima nos dizem que isto não é apenas algo que deveríamos esperar; isto é de fato verdadeiro.

## 15.6.6 Limites de confiabilidade de decomposição de valores singulares

Quando você tiver obtido seu ajuste $\chi^2$ por decomposição de valores singuares (§15.4), a informação a respeito dos erros formais do ajuste vem embalada de maneira diferente, mas em geral mais conveniente. As colunas da matriz $\mathbf{V}$ são um conjunto de $M$ vetores ortogonais que são, por sua vez, os eixos principais dos elipsoides constantes $\Delta \chi^2 = $ . Denotemos estas colunas por $\mathbf{V}_{(0)}$...

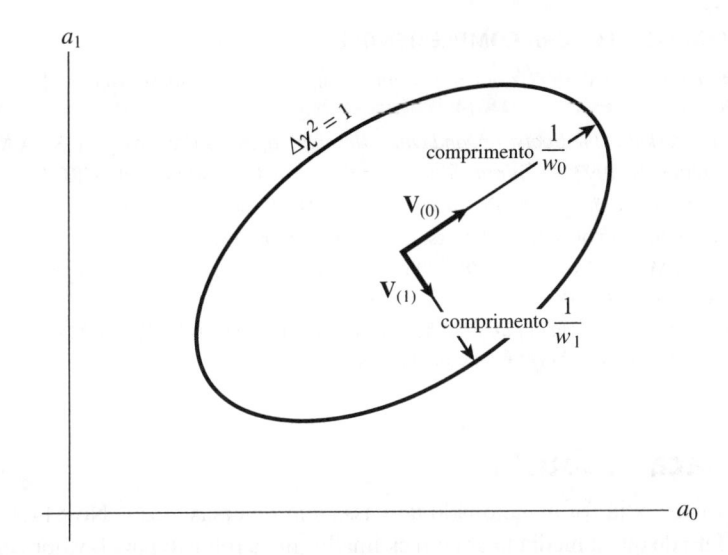

**Figura 15.6.5** Relação entre a elipse da região de confiabilidade $\Delta\chi^2 = 1$ e as quantidades calculadas por decomposição de valores singulares. Os vetores $\mathbf{V}_{(i)}$ são vetores unitários ao longo dos eixos principais da região de confidência. Os semi-eixos têm comprimento igual à recíproca do valor singular $w_i$. Se eles forem todos escalonados por um fator constante $\alpha$, $\Delta\chi^2$ é escalonado por um fator $\alpha^2$.

$\mathbf{V}_{(M-1)}$. Os comprimentos destes eixos são inversamente proporcionais aos valores singulares correspondentes $w_0 ... w_{M-1}$; veja a Figura 15.6.5. As fronteiras dos elipsoides são portanto dadas por

$$\Delta\chi^2 = w_0^2(\mathbf{V}_{(0)} \cdot \delta\mathbf{a})^2 + \cdots + w_{M-1}^2(\mathbf{V}_{(M-1)} \cdot \delta\mathbf{a})^2 \tag{15.6.10}$$

que é a justificativa para escrevermos a equação (15.4.18) acima. Não se esqueça que é *muito* mais fácil plotar um elipsoide dada uma lista de seus eixos principais do que dada sua forma quadrática matricial: faça um loop sobre pontos $\mathbf{z}$ na esfera unitária da maneira que preferir (por exemplo, por latitude ou longitude) e plote os pontos mapeados

$$\delta\mathbf{a} = \sqrt{\Delta\chi^2} \sum_i \frac{1}{w_i}(\mathbf{z} \cdot \mathbf{V}_{(i)})\mathbf{V}_{(i)} \tag{15.6.11}$$

A fórmula para a matriz de covariância $\mathbf{C}$ em termos das colunas $\mathbf{V}_{(i)}$ é

$$\mathbf{C} = \sum_{i=0}^{M-1} \frac{1}{w_i^2} \mathbf{V}_{(i)} \otimes \mathbf{V}_{(i)} \tag{15.6.12}$$

ou, em termos de componentes,

$$C_{jk} = \sum_{i=0}^{M-1} \frac{1}{w_i^2} V_{ji} V_{ki} \tag{15.6.13}$$

Um método para se plotar elipses de erro (em 2 dimensões) ou elipsoides (em 3 dimensões) diretamente a partir da matriz de covariância $\mathbf{C}$, sem usar os eixos principais, é descrito no §16.1.1.

**REFERÊNCIAS CITADAS E LEITURA COMPLEMENTAR**

Davison, A.C., and Hinkley, D.V. 1997, *Bootstrap Methods and Their Application* (New York: Cambridge University Press).

Efron, B. 1982, *The Jackknife, the Bootstrap, and Other Resampling Plans* (Philadelphia: S.I.A.M.).[1]

Efron, B., and Tibshirani, R. 1993, *An Introduction to the Bootstrap* (Boca Raton, FL: CRC Press).[2]

Lupton, R. 1993, *Statistics in Theory and Practice* (Princeton, NJ: Princeton University Press), Chapters 10-11.

Avni, Y. 1976, "Energy Spectra of X-Ray Clusters of Galaxies," *Astrophysical Journal,* vol. 210, pp. 642-646.[3]

Lampton, M., Margon, M., and Bowyer, S. 1976, "Parameter Estimation in X-ray Astronomy," *Astrophysical Journal,* vol. 208, pp. 177-190.

Brownlee, K.A. 1965, *Statistical Theory and Methodology,* 2nd ed. (New York: Wiley). Martin, B.R. 1971, *Statistics for Physicists* (New York: Academic Press).

## 15.7 Estimação robusta

O conceito de robustez já foi mencionado de passagem diversas vezes. No §14.1, chamamos a atenção para o fato de que a mediana era um estimador mais robusto para o valor central do que a média; no §14.6, mencionados que a correlação de rank é mais robusta que a correlação linear. O conceito de pontos outlier enquanto exceções ao modelo Gaussiano para erros experimentais foi discutido no §15.1.

O termo "robusto" foi introduzido na estatística por G. E. P. Box em 1953. Várias definições matemáticas com maior ou menor grau de rigor existem para o termo, mas em geral, quando nos referimos a estimadores estatísticos, ele significa "insensível a pequenos desvios das hipóteses idealizadas para as quais o estimador é otimizado"[1,2,3]. A palavra "pequeno" pode ter duas interpretações diferentes, ambas importantes: ou pequenos desvios fracionários de todos os pontos medidos ou grandes desvios fracionários para um número pequeno de pontos. É esta última, que nos leva ao conceito de outliers, que geralmente é a mais importante para problemas estatísticos.

Os estatísticos desenvolveram vários tipos de estimadores robustos. Muitos, se não todos, podem ser agrupados em três categorias.

*M*-estimates seguem de argumentos de verossimilhança máxima na forma de equações (15.1.6) e (15.1.8) que vêm de (15.1.3). Estas estimativas são usualmente a classe mais relevante quando se trata de ajuste a modelos, isto é, estimação de parâmetros. Consideraremos portanto estas estimativas com algum detalhe no que segue adiante.

*L*-estimates são "combinações lineares de estatística de ordem". Estas são mais aplicáveis à estimações de valores e tendências centrais, embora possam ser ocasionalmente aplicadas a alguns problemas de estimação de parâmetros. Duas *L*-estimates "típicas" lhe darão uma ideia geral. Elas são (i) a mediana e (ii) a trimédia de Tuckey, definida como sendo a média ponderada do primeiro, segundo e terceiro quartis de uma distribuição com pesos 1/4, 1/2 e 1/4, respectivamente.

*R*-estimates são estimativas baseadas em teste de rank. Por exemplo, a igualdade ou desigualdade de duas distribuições pode ser estimada via um teste de Wilcoxon de cálculo do rank médio de uma distribuição em uma amostra combinada de ambas as distribuições. A estatística de Kolmogorov-Smirnov (equação 14.3.17) e o coeficiente de correlação de ordem de rank de Spearman (14.6.1) são em essência *R*-estimates, mesmo que nem sempre o sejam segundo a definição formal.

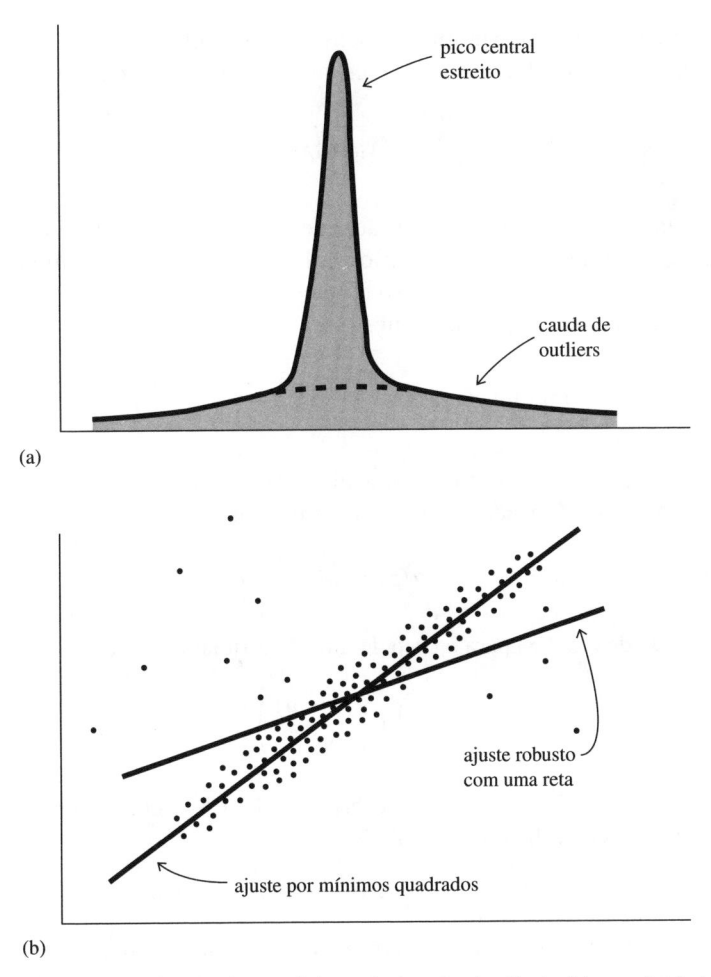

**Figura 15.7.1** Exemplos para os quais métodos estatísticos robustos são desejáveis: (a) uma distribuição unidimensional com um cauda de outliers; as flutuações estatísticas destes outliers podem impedir a determinação acurada da posição do pico central. (b) Uma distribuição bidimensional ajustada por uma reta; técnicas não robustas tais como o ajuste por mínimos-quadrados podem ter uma sensibilidade indesejável para pontos nas caudas.

Outros tipos de técnicas robustas, originárias da área de controle ótimo (*optimal control*) e filtragem e não da estatística matemática, são mencionados ao final deste capítulo. A Figura 15.7.1 ilustra alguns exemplos onde métodos estatísticos robustos são requeridos.

### 15.7.1 Estimação de parâmetros por *M*-estimates locais

Suponha que saibamos que os erros de nossas medidas não estão normalmente distribuídos. Então, ao deduzir a fórmula para verossimilhança máxima para os parâmetros ajustados **a** em um modelo $y(x\,|\,\mathbf{a})$, no lugar da equação (15.1.3) escreveríamos

$$P = \prod_{i=0}^{N-1} \{\exp\left[-\rho(y_i, y\,\{x_i\,|\,\mathbf{a}\})\right] \Delta y\} \tag{15.7.1}$$

onde a função $\rho$ é o negativo do logaritmo da densidade de probabilidade. Tomando o logaritmo de (15.7.1) de modo análogo a (15.1.5), achamos que queremos minimizar a expressão

$$\sum_{i=0}^{N-1} \rho(y_i, y\{x_i|\mathbf{a}\}) \tag{15.7.2}$$

Muito frequentemente ocorre que a função $\rho$ depende de maneira não independente de seus dois argumentos, o valor medido $y_i$ e o previsto $y(x_i)$, mas somente da sua diferença, pelo menos quando escalonados por algum fator de peso $\sigma_i$ que somos capazes de dar a cada ponto. Neste caso, a $M$-estimate é dita local, e podemos substituir (15.7.2) pela prescrição

$$\text{minimiza em } \mathbf{a} \quad \sum_{i=0}^{N-1} \rho\left(\frac{y_i - y(x_i|\mathbf{a})}{\sigma_i}\right) \tag{15.7.3}$$

onde a função $\rho(z)$ é função de uma única variável $z \equiv [y_i - y(x_i)]/\sigma_i$.

Se agora definirmos a derivada de $\rho(z)$ como sendo uma função de $\psi(z)$,

$$\psi(z) \equiv \frac{d\rho(z)}{dz} \tag{15.7.4}$$

então a generalização de (15.1.8) para o caso de uma $M$-estimate geral é

$$0 = \sum_{i=0}^{N-1} \frac{1}{\sigma_i} \psi\left(\frac{y_i - y(x_i)}{\sigma_i}\right)\left(\frac{\partial y(x_i|\mathbf{a})}{\partial a_k}\right) \quad k = 0, \ldots, M-1 \tag{15.7.5}$$

Se você comparar (15.7.3) a (15.1.3) e (15.7.5) a (15.1.8), você verá imediatamente que a especialização para erros distribuídos normalmente é

$$\rho(z) = \tfrac{1}{2}z^2 \quad \psi(z) = z \quad \text{(normal)} \tag{15.7.6}$$

Se os erros forem distribuídos como uma exponencial dupla ou bilateral, a saber,

$$\text{Prob}\{y_i - y(x_i)\} \sim \exp\left(-\left|\frac{y_i - y(x_i)}{\sigma_i}\right|\right) \tag{15.7.7}$$

então, por contraste,

$$\rho(x) = |z| \quad \psi(z) = \text{sgn}(z) \quad \text{(exponencial dupla)} \tag{15.7.8}$$

Comparando à equação (15.7.3), vemos que neste caso o estimador de verossimilhança máximo é obtido minimizando-se o desvio absoluto médio no lugar do desvio quadrático médio. Aqui, as caudas da distribuição, não obstante decaiam exponencialmente, são assintoticamente muito maiores que quaisquer Gaussianas correspondentes.

Uma distribuição com caudas muito mais longas – e portanto às vezes muito mais realistas – é a distribuição de Cauchy ou Lorentziana*

$$\text{Prob}\{y_i - y(x_i)\} \sim \frac{1}{1 + \frac{1}{2}\left(\frac{y_i - y(x_i)}{\sigma_i}\right)^2} \tag{15.7.9}$$

---

*N. de T.: De "Cauchy" é preferido dos matemáticos, ao passo que os físicos preferem "Lorentziana".

Isto implica

$$\rho(z) = \log\left(1 + \frac{1}{2}z^2\right) \qquad \psi(z) = \frac{z}{1 + \frac{1}{2}z^2} \qquad \text{(Lorentziana)} \qquad (15.7.10)$$

Observe que a função $\psi$ aparece como uma função peso nas equações normais generalizadas (15.7.5). Para erros distribuídos normalmente, a equação (15.7.6) nos diz que quanto mais um ponto se desvia, maior o peso. Ao contrário, quando caudas são algo mais proeminentes, como em (15.7.7), então (15.7.8) nos diz que todos os pontos que se desviam recebem o mesmo peso relativo, sendo que apenas a informação sobre o sinal é usada. Finalmente, quando as caudas são ainda maiores, a (15.7.10) diz que $\psi$ aumenta com os desvios, começando então a *diminuir*, de modo que os pontos que se desviam muito – os verdadeiros outliers – não são levados em conta na estimação de parâmetros.

A ideia geral de que os pesos atribuídos a pontos individuais deveriam primeiro aumentar com o desvio, e então diminuir, serve de motivação para algumas prescrições adicionais para $\psi$ que não correspondem em especial às distribuições de probabilidade padrão dos livros-texto. Dois exemplos são:

*O seno de Andrews*

$$\psi(z) = \begin{cases} \text{sen}(z/c) & |z| < c\pi \\ 0 & |z| > c\pi \end{cases} \qquad (15.7.11)$$

Se os erros medidos no final se revelam normais, com desvios-padrão $\sigma_i$, então pode-se mostrar que o valor ótimo para a constante $c$ é $c = 2{,}1$.

*O biweight de Tukey*

$$\psi(z) = \begin{cases} z(1 - z^2/c^2)^2 & |z| < c \\ 0 & |z| > c \end{cases} \qquad (15.7.12)$$

para o qual o valor ótimo de $c$, quando erros forem normais, é $c = 6{,}0$.

## 15.7.2 Cálculo numérico de *M*-estimates

Para ajustar um modelo por *M*-estimates você tem que primeiro decidir qual M-estimate quer e qual matching pair $\rho, \psi$ você quer usar. Gostamos de (15.7.8) e (15.7.10).

Você tem então que fazer a escolha não muito agradável entre dois problemas relativamente difíceis. Ou achar a solução do conjunto de *M* equações não lineares (15.7.5), ou minimizar uma única função de *M* variáveis (15.7.3).

Observe que a função (15.7.8) tem um $\psi$ descontínuo e uma derivada de $\rho$ descontínua. Estas descontinuidades geralmente causam um estrago tanto nas rotinas de solução de equações não lineares gerais quanto naquelas de minimização de funções gerais. Você deve estar agora considerando a hipótese de rejeitar (15.7.8) em favor de (15.7.10), que é mais suave. Contudo, você descobrirá que a última escolha também representa uma má notícia para muitas rotinas de solução de equações gerais ou de minimização: pequenas mudanças nos parâmetros ajustados podem empurrar $\psi(z)$ para longe do seu pico em direção a um ou mais de seus regimes assintoticamente pequenos. Portanto, diferentes termos na equação entram ou saem de ação (quase tão ruins quanto descontinuidades analíticas).

Não se desespere. Se seu computaror for rápido o suficiente, ou sua paciência grande o bastante, esta é uma aplicação excelente para o algoritmo de minimização downhill simplex exemplificado em Amoeba (§10.5) ou Amebsa (§10.12). Este algoritmos não fazem qualquer suposição acerca de continuidade: eles simplesmente deslizam morro abaixo e funcionarão para virtualmente qualquer escolha lúcida da função $\rho$.

Contudo, é muito mais vantajoso para você (e para sua paciência) achar valores iniciais bons. Geralmente isto é feito ajustando-se primeiro o modelo pela técnica padrão $\chi^2$ (não robusta), por exemplo, como descrito em §15.4 ou §15.5. Os parâmetros ajustados assim obtidos são então usados como valores iniciais em Amoeba, usando agora a escolha robusta de $\rho$ e minimizando a expressão (15.7.3).

### 15.7.3 Ajustando uma reta via minimização do desvio absoluto

Ocasionalmente surge um caso que calha ser muito mais simples que o sugerido pela estratégia geral delineada acima. É o caso das equações (15.7.7)-(15.7.8) quando o modelo é uma reta

$$y(x|a,b) = a + bx \qquad (15.7.13)$$

e os pesos $\sigma_i$ são todos iguais. Este problema é precisamente a versão robusta do problema colocado na equação (15.2.1) acima, a saber, o ajuste de uma reta por um conjunto de pontos. A função mérito a ser minimizada é

$$\sum_{i=0}^{N-1} |y_i - a - bx_i| \qquad (15.7.14)$$

ao invés do $\chi^2$ dado pela equação (15.2.2).

A simplificação mais importante é baseada no seguinte fato: a mediana $c_M$ de um conjunto de números $c_i$ é também o valor que minimiza a soma dos desvios absolutos

$$\sum_i |c_i - c_M|$$

(Demonstração: diferencie a expressão acima com relação a $c_M$ e iguale o resultado a zero.)

Disto segue, para $b$ fixo, que o valor de $a$ que minimiza (15.7.14) é

$$a = \text{mediana}\{y_i - bx_i\} \qquad (15.7.15)$$

A equação (15.7.5) para o parâmetro $b$ é

$$0 = \sum_{i=0}^{N-1} x_i \, \text{sgn}(y_i - a - bx_i) \qquad (15.7.16)$$

[onde sgn(0) deve ser interpretado como sendo zero]. Se substituirmos $a$ nesta equação pela função implícita $a(b)$ de (15.7.15), nos sobra uma equação em uma única variável que pode ser resolvida por bracketing e bissecção, como descrito no §9.1 (de fato, é perigoso usar qualquer método mais rebuscado para se achar raízes devido às descontinuidades da equação 15.7.16).

Aqui está um objeto que faz tudo isto. Ele chama select (§8.5) para achar a mediana. A bissecção e bracketing são feitos dentro da rotina, como num ajuste linear que gera as conjecturas iniciais para $a$ e $b$.

fitmed.h
```
struct Fitmed {
```
Objeto para ajustar um linha reta $y = a + bx$ a um conjunto de pontos $(x_i, y_i)$ pelo critério dos menores desvios absolutos. Chama o construto para calcular o ajuste. A resposta é então disponibilizada nas variáveis a, b e abdev (o desvio absoluto médio dos pontos em relação à reta).

```
    Int ndata;                                          Respostas.
    Doub a, b, abdev;
    VecDoub_I &x, &y;

    Fitmed(VecDoub_I &xx, VecDoub_I &yy) : ndata(xx.size()), x(xx), y(yy) {
    Construtor. Dado um conjunto de pontos xx[0..ndata-1], yy[0..ndata-1] estabelece a, b e abdev.
        Int j;
        Doub b1,b2,del,f,f1,f2,sigb,temp;
        Doub sx=0.0,sy=0.0,sxy=0.0,sxx=0.0,chisq=0.0;
        for (j=0;j<ndata;j++) {             Como primeira tentativa para valores de a e b, acharemos
            sx += x[j];                     a reta de ajuste por mínimos-quadrados.
            sy += y[j];
            sxy += x[j]*y[j];
            sxx += SQR(x[j]);
        }
        del=ndata*sxx-sx*sx;
        a=(sxx*sy-sx*sxy)/del;              Soluções por mínimos-quadrados.
        b=(ndata*sxy-sx*sy)/del;
        for (j=0;j<ndata;j++)
            chisq += (temp=y[j]-(a+b*x[j]),temp*temp);
        sigb=sqrt(chisq/del);               O desvio padrão dará uma ideia de quão grande é um
        b1=b;                               passo de interação.
        f1=rofunc(b1);
        if (sigb > 0.0) {
            b2=b+SIGN(3.0*sigb,f1);
            f2=rofunc(b2);                  Supõe bracket como estando longe 3−σ, na direção des-
            if (b2 == b1) {                 cendente conhecida de f1.
                abdev /= ndata;
                return;
            }
            while (f1*f2 > 0.0) {           Bracketing.
                b=b2+1.6*(b2-b1);
                b1=b2;
                f1=f2;
                b2=b;
                f2=rofunc(b2);
            }
            sigb=0.01*sigb;
            while (abs(b2-b1) > sigb) {
                b=b1+0.5*(b2-b1);           Bissecção.
                if (b == b1 || b == b2) break;
                f=rofunc(b);
                if (f*f1 >= 0.0) {
                    f1=f;
                    b1=b;
                } else {
                    f2=f;
                    b2=b;
                }
            }
        }
        abdev /= ndata;
    }

    Doub rofunc(const Doub b) {
    Avalia o lado direito da equação (15.7.16) para um valor dado de b.
        const Doub EPS=numeric_limits<Doub>::epsilon();
        Int j;
        Doub d,sum=0.0;
```

```
            VecDoub arr(ndata);
            for (j=0;j<ndata;j++) arr[j]=y[j]-b*x[j];
            if ((ndata & 1) == 1) {
                a=select((ndata-1)>>1,arr);
            } else {
                j=ndata >> 1;
                a=0.5*(select(j-1,arr)+select(j,arr));
            }
            abdev=0.0;
            for (j=0;j<ndata;j++) {
                d=y[j]-(b*x[j]+a);
                abdev += abs(d);
                if (y[j] != 0.0) d /= abs(y[j]);
                if (abs(d) > EPS) sum += (d >= 0.0 ? x[j] : -x[j]);
            }
            return sum;
        }
    };
```

### 15.7.4 Outras técnicas robustas

Às vezes você tem conhecimento *a priori* sobre prováveis valores e prováveis incertezas de alguns parâmetros que está tentando estimar a partir do conjunto de dados. Em tais casos você pode querer fazer um ajuste que se aproveite de modo apropriado desta informação prévia, nem congelando completamente um parâmetro em um valor pré-determinado (como em `Fitlin` no §15.4), nem deixando-o ser determinado completamente pelo conjunto de dados. O formalismo para fazer isto é chamado de "uso de covariâncias *a priori*".

Um problema relacionado ocorre em processamento de sinais e teoria de controle, onde as vezes se deseja "seguir" (isto é, manter uma estimativa de) um sinal que varia no tempo na presença de ruído. Se sabemos que o sinal é caracterizado por algum número de parâmetros que varia somente de modo lento, então o formalismo de filtragem de Kalman nos diz que as medidas dos sinais, à medida que vão entrando, deveriam ser processadas para produzir as melhores estimativas de parâmetros como função do tempo. Por exemplo, se o sinal é uma onda senoidal de frequência modulada, então os parâmetros de variação lenta podem ser as frequências instantâneas. O filtro de Kalman é chamado, neste caso, de um loop de bloqueio de fase (*phase-locked loop*) e é implementado nos circuitos dos modernos receptores de rádio [4,5].

**REFERÊNCIAS CITADAS E LEITURA COMPLEMENTAR**

Huber, P.J. 1981, *Robust Statistics* (New York: Wiley).[1]
Maronna, R., Martin, D., and Yohai, V. 2006, *Robust Statistics: Theory and Methods* (Hoboken, NJ: Wiley).[2]
Launer, R.L., and Wilkinson, G.N. (eds.) 1979, *Robustness in Statistics* (New York: Academic Press). [3]
Sayed, A.H. 2003, *Fundamentals of Adaptive Filtering* (New York: Wiley-IEEE).[4]
Harvey, A.C. 1989, *Forecasting, Structural Time Series Models and the Kalman Filter* (Cambridge, UK: Cambridge University Press).[5]

## 15.8 Monte Carlo via cadeias de Markov

Nesta e nas próximas seções, recondicionamos um pouco o desbalanço que há até o momento entre os métodos de modelagem frequentista e bayesiano. Da mesma maneira que integração de Monte

Carlo, o Monte Carlo baseado em cadeias de Markov ou MCCM* é um método de amostragem aleatório. Diferente da integração de Monte Carlo, contudo, o objetivo do MCCM não é fazer uma amostragem de uma região multidimensional de maneira uniforme. Pelo contrário, o objetivo é visitar um ponto **x** com uma probabilidade proporcional a alguma função de distribuição $\pi(\mathbf{x})$ dada. A distribuição $\pi(\mathbf{x})$ não é bem uma probabilidade, pois não é necessariamente normalizada para ter uma integral unitária na região de amostragem; porém, ela é proporcional a uma probabilidade.

Por que iríamos querer fazer a amostragem de uma distribuição desta maneira? A resposta é que métodos Bayesianos, geralmente implementados usando-se MCCM, representam uma maneira poderosa de se estimar os parâmetros de um modelo e seu grau de incerteza. Um caso típico é aquele onde um dado conjunto **D** de pontos é dado e somos capazes de calcular a probabilidade do conjunto dados os valores dos parâmetros **x** do modelo, isto é, $P(\mathbf{D} \mid \mathbf{x})$. Se supusermos uma prior $P(\mathbf{x})$, então o teorema de Bayes afirma que a probabilidade (posterior) do modelo é proporcional a $\pi(\mathbf{x}) \equiv P(\mathbf{D}|\mathbf{x}) P(\mathbf{x})$, mas com uma constante de normalização desconhecida. Devido a esta constante desconhecida, $\pi(\mathbf{x})$ não é uma densidade de probabilidade normalizada. Mas se pudermos fazer uma amostragem dela, podemos estimar qualquer grandeza de interesse, como, por exemplo, sua média ou variância. Realmente, podemos recuperar de forma rápida uma densidade de probabilidade normalizada apenas observando quão frequentemente amostramos um dado volume $d\mathbf{x}$. Podemos observar, o que frequentemente é ainda mais útil, a distribuição de qualquer componente sozinha ou conjunto de componentes do vetor **x**, o que é equivalente a marginalizar (isto é, integrar sobre) as outras componentes.

Poderíamos em princípio obter todas estas mesmas informações por uma integração de Monte Carlo comum sobre a região de interesse, calculando o valor de $\pi(\mathbf{x}_i)$ em cada ponto (uniformemente) amostrado $\mathbf{x}_i$. A enorme vantagem do MCCM é que ele "automaticamente" coloca seus pontos amostrais preferencialmente onde $\pi(\mathbf{x})$ é grande (na verdade, de maneira diretamente proporcional). Em um espaço de alta dimensão, ou nos lugares onde $\pi(\mathbf{x})$ é muito custoso de ser calculado, isto pode ser vantajoso por muitas ordens de magnitude.

Duas observações, originalmente feitas por Metropolis e colegas no início dos anos 50, levaram a métodos MCCM factíveis. A primeira ideia é que deveríamos tentar fazer uma amostragem de $\pi(\mathbf{x})$ não através de pontos independentes, não relacionados, mas sim via uma cadeia de Markov, uma sequência de pontos $\mathbf{x}_0, \mathbf{x}_1, \mathbf{x}_2, \ldots$ que, embora localmente correlacionados, eventualmente visitam cada ponto **x** na proporção $\pi(\mathbf{x})$, a propriedade ergódica, como pode ser mostrado. Aqui a palavra "Markov" significa que cada ponto $\mathbf{x}_i$ é escolhido de uma distribuição que depende somente do valor do ponto imediatamente precedente $\mathbf{x}_{i-1}$. Em outras palavras, a cadeia tem uma memória que se estende somente até o ponto prévio e é completamente definida por uma função probabilidade de transição $p(\mathbf{x}_i \mid \mathbf{x}_{i-1})$, a probabilidade com a qual $\mathbf{x}_i$ é escolhido dado que o ponto prévio tenha sido $\mathbf{x}_{i-1}$.

A segunda observação é que se $p(\mathbf{x}_i \mid \mathbf{x}_{i-1})$ for escolhido de modo a satisfazer a equação do balanço detalhado (*detailed balance*),

$$\pi(\mathbf{x}_1) p(\mathbf{x}_2|\mathbf{x}_1) = \pi(\mathbf{x}_2) p(\mathbf{x}_1|\mathbf{x}_2) \tag{15.8.1}$$

então (no limite de algumas condições de ordem técnica) a cadeia de Markov irá realmente amostrar $\pi(\mathbf{x})$ ergodicamente. Este fato incrível é digno de uma certa contemplação. A equação (15.8.1) expressa a ideia de equilíbrio físico na transição reversa

$$\mathbf{x}_1 \longleftrightarrow \mathbf{x}_2 \tag{15.8.2}$$

ou seja, se $\mathbf{x}_1$ e $\mathbf{x}_2$ ocorrerem na proporção de $\pi(\mathbf{x}_1)$ e $\pi(\mathbf{x}_2)$, respectivamente, então as taxas de transição totais em cada direção, cada uma delas igual ao produto de uma densidade de população

---

*N. de T.: A sigla usual em inglês é MCMC, para "*Markov chain Monte Carlo*".

e uma probabilidade de transição, serão as mesmas. Para ver que isto deve ter algo a ver com o fato da cadeia de Markov ser ergódica, integre ambos os lados da equação (15.8.1) com respeito a $x_1$;

$$\int p(\mathbf{x}_2|\mathbf{x}_1)\pi(\mathbf{x}_1)\,d\mathbf{x}_1 = \pi(\mathbf{x}_2)\int p(\mathbf{x}_1|\mathbf{x}_2)\,d\mathbf{x}_1 = \pi(\mathbf{x}_2) \qquad (15.8.3)$$

O lado esquerdo da equação (15.8.3) é a probabilidade de $\mathbf{x}_2$, calculada integrando-se todos os possíveis valores de $\mathbf{x}_1$ com a correspondente probabilidade de transição. Pode-se ver que o lado direito é o $\pi(\mathbf{x}_2)$ desejado. Portanto, a equação (15.8.3) diz que se $\mathbf{x}_1$ for sorteado de $\pi$, então *seu sucessor* na cadeia de Markov, $\mathbf{x}_2$, *também o será*.

Precisamos também mostrar que a distribuição de equilíbrio é rapidamente atingida de qualquer ponto inicial $\mathbf{x}_0$. Ao passo que a prova formal está além do escopo deste livro, uma prova heurística seria reconhecer que, devido à ergodicidade, até mesmo valores muito improváveis de $\mathbf{x}_0$ serão visitados pela cadeia de Markov em equilíbrio uma vez depois de um grande lapso de tempo. Uma vez que a cadeia não tem memória do passado, escolher qualquer ponto como o ponto inicial $\mathbf{x}_0$ é equivalente a simplesmente pegar a cadeia de distribuição de equilíbrio em um ponto particular no tempo. q.e.d. Na prática precisamos reconhecer que quando começamos de um ponto muito improvável, pontos sucedâneos também serão muito improváveis até que nos juntemos a uma parte mais provável da distribuição. Há portanto a necessidade de "cauterizar" a cadeia MCCM, andando por ela e eliminando um certo número de pontos $\mathbf{x}_i$. Abaixo discutimos como determinar a extensão da cauterização.

Nós podemos ter uma melhor ideia da natureza da aproximação de $\pi$ usando conceitos do §11.0 e (no próximo capítulo) do §16.3. Heuristicamente, vamos supor que os estados $x_i$ sejam discretos. Então $p(x_i \mid x_j)$ $\equiv P_{ij}$ é a matriz de transição que satisfaz a equação (16.3.1). A discussão que vem após a equação (16.3.4) mostra que a matriz $\mathbf{P}^T$ deve ter no mínimo um autovalor unitário. De fato, pela equação (15.8.3), o vetor $\pi$ (a forma discreta da distribuição $\pi(\mathbf{x})$) é um autovetor de $\mathbf{P}^T$ com autovalor igual a um.

Pode haver autovalores de magnitude maior que a unidade? Não. Suponha o contrário, ou seja, que $\lambda > 1$ é o maior autovalor, com autovetor $\mathbf{v}$. Então, por aplicação repetida de $\mathbf{P}^T$,

$$\lim_{n\to\infty} (\mathbf{P}^T)^n \cdot \mathbf{v} = \lambda^n \mathbf{v} \to \infty \times \mathbf{v} \qquad (15.8.4)$$

Qualquer distribuição inicial que contenha até mesmo um pequeno pedaço de $\mathbf{v}$ (sempre possível conseguir) será levada a ter valores ou $< 0$ ou $> 1$, o que é impossível. Portanto temos que ter $\lambda \leq 1$.

Para uma distribuição inicial arbitrária $\mathbf{u}$, passos repetidos de $\mathbf{P}^T$ devem convergir para $\pi$ geometricamente, com uma taxa que é assintoticamente a magnitude do segundo maior autovalor, que será $< 1$ se $\pi$ for a única distribuição de equilíbrio. Se o segundo autovalor for pequeno, diz-se que a distribuição $p(x_i \mid x_j)$ mistura-se rapidamente (*rapidly mixing*).

Obviamente, o que falta na discussão e está além do nosso escopo é a questão de autovalores degenerados (relacionados à questão de unicidade) e um tratamento contínuo no lugar de um discreto. Na prática, raramente se sabe o suficiente sobre $\mathbf{P}$ para calcular *a priori* limites úteis para o segundo autovalor.

### 15.8.1 Algoritmo de Metropolis-Hastings

A menos que consigamos achar uma função probabilidade de transição $p(\mathbf{x}_2 \mid \mathbf{x}_1)$ que satisfaça o balanço detalhado (15.8.1), não temos como ir para frente. Felizmente, Hastings [1], generalizando o trabalho de Metropolis, deu a seguinte prescrição geral:

Pegue uma distribuição de proposta (*proposal distribution*) $q(\mathbf{x}_2 \mid \mathbf{x}_1)$. Ela pode ser basicamente aquilo que você quiser desde que a sucessão de passos por ela gerada puder, em princípio, alcançar qualquer ponto da região de interesse. Por exemplo, $q(\mathbf{x}_2 \mid \mathbf{x}_1)$ pode ser a distribuição normal multivariada centrada em $\mathbf{x}_1$.

Agora, para gerar um passo começando em $\mathbf{x}_1$, gere primeiro um ponto candidato $\mathbf{x}_{2c}$ retirando-o da distribuição de proposta. Segundo, calcule uma probabilidade de aceitação $\alpha\,(\mathbf{x}_1 \mid \mathbf{x}_{2c})$ pela fórmula

$$\alpha(\mathbf{x}_1, \mathbf{x}_{2c}) = \min\left(1, \frac{\pi(\mathbf{x}_{2c})\,q(\mathbf{x}_1|\mathbf{x}_{2c})}{\pi(\mathbf{x}_1)\,q(\mathbf{x}_{2c}|\mathbf{x}_1)}\right) \quad (15.8.5)$$

Finalmente, com probabilidade $\alpha\,(\mathbf{x}_1, \mathbf{x}_{2c})$ aceite o ponto candidato e faça $\mathbf{x}_2 = \mathbf{x}_{2c}$; caso contrário, rejeite-o e deixe o ponto como está (isto é, $\mathbf{x}_2 = \mathbf{x}_1$). O resultado líquido deste processo é a probabilidade de transição

$$p(\mathbf{x}_2|\mathbf{x}_1) = q(\mathbf{x}_2|\mathbf{x}_1)\,\alpha(\mathbf{x}_1, \mathbf{x}_2), \quad (\mathbf{x}_2 \neq \mathbf{x}_1) \quad (15.8.6)$$

Para ver como esta probabilidade satisfaz o balanço detalhado, primeiro multiplique a equação (15.8.5) pelo denominador no segundo argumento da função min. Então escreva a equação idêntica, mas trocando $\mathbf{x}_1$ por $\mathbf{x}_2$. A partir destes pedaços podemos escrever

$$\begin{aligned}\pi(\mathbf{x}_1)\,q(\mathbf{x}_2|\mathbf{x}_1)\,\alpha(\mathbf{x}_1, \mathbf{x}_2) &= \min[\pi(\mathbf{x}_1)\,q(\mathbf{x}_2|\mathbf{x}_1),\ \pi(\mathbf{x}_2)\,q(\mathbf{x}_1|\mathbf{x}_2)]\\ &= \min[\pi(\mathbf{x}_2)\,q(\mathbf{x}_1|\mathbf{x}_2),\ \pi(\mathbf{x}_1)\,q(\mathbf{x}_2|\mathbf{x}_1)]\\ &= \pi(\mathbf{x}_2)\,q(\mathbf{x}_1|\mathbf{x}_2)\,\alpha(\mathbf{x}_2, \mathbf{x}_1)\end{aligned} \quad (15.8.7)$$

que, usando (15.8.6), é exatamente o balanço detalhado, como se pode ver.

É frequentemente possível escolher a distribuição de proposta $q(\mathbf{x}_2 \mid \mathbf{x}_1)$ de maneira a simplificar a equação (15.8.5). Por exemplo, se $q(\mathbf{x}_2 \mid \mathbf{x}_1)$ depende somente da diferença absoluta $|\mathbf{x}_1 - \mathbf{x}_2|$, como no caso da distribuição normal com covariância fixa, então a razão $q(\mathbf{x}_1 \mid \mathbf{x}_{2c})/q(\mathbf{x}_{2c} \mid \mathbf{x}_1)$ é simplesmente 1. Outro caso comum é quando, para alguma componente $x$ de $\mathbf{x}$, $q(x_{2c} \mid x_1)$ é uma distribuição log-normal com um modo em $x_1$. Neste caso, a razão para esta componente é $x_{2c}/x_1$ (conforme equação 6.14.31).

### 15.8.2 A amostragem de Gibbs

Um caso especial e importante do algoritmo de Metropolis-Hastings é a amostragem de Gibbs (historicamente, o algoritmo foi desenvolvido independentemente de Metropolis-Hastings, vide [2,5], mas o discutimos aqui em um framework unificado). O algoritmo de amostragem de Gibbs é baseado no fato de que uma distribuição multivariada é unicamente determinada pelo conjunto de todas as suas distribuições condicionais completas. Se você não sabe o que significa isto, simplesmente continue lendo.

Uma distribuição condicional completa de $\pi(\mathbf{x})$ é obtida mantendo-se fixas todas as componentes de $\mathbf{x}$ *com exceção de uma* (chame-a de $x$) e então fazendo a amostragem como se fora uma função de $x$ apenas. Em outras palavras, é a distribuição que você vê quando "vai furando" $\pi(\mathbf{x})$ ao longo da direção de uma coordenada, mantendo os valores de todas as outras coordenadas fixas. Denotaremos uma distribuição condicional completa com notação $\pi(x|\mathbf{x}^-)$, onde $\mathbf{x}^-$ significa "o valor de todas as coordenadas exceto uma" (para manter a notação legível, estamos suprimindo o índice $i$ que nos diria qual componente de $\mathbf{x}$ é $x$).

Suponha que construamos uma cadeia de Metropolis-Hastings que permita que apenas uma coordenada $x$ varie. A equação (15.8.5) seria algo assim:

$$\alpha(x_1, x_{2c}|\mathbf{x}^-) = \min\left(1, \frac{\pi(x_{2c}|\mathbf{x}^-)\,q(x_1|x_{2c}, \mathbf{x}^-)}{\pi(x_1|\mathbf{x}^-)\,q(x_{2c}|x_1, \mathbf{x}^-)}\right) \quad (15.8.8)$$

Agora, tomemos como distribuição proposta

$$q(x_2|x_1, \mathbf{x}^-) = \pi(x_2|\mathbf{x}^-) \tag{15.8.9}$$

Veja o que acontece: o segundo argumento da função min se torna 1, de modo que a probabilidade de aceitação $\alpha$ também é 1. Em outras palavras, se propusermos um valor $x_2$ da distribuição condicional completa $\pi(x_2|\mathbf{x}^-)$, podemos sempre aceitá-lo. A vantagem é obvia. A desvantagem é que a distribuição condicional completa deve ser propriamente normalizada como uma distribuição de probabilidade – caso contrário, como faríamos para usá-la como probabilidade de transição? Portanto, normalmente precisaremos calcular (ou analiticamente, ou por integração numérica) a constante de normalização

$$\int \pi(x|\mathbf{x}^-)dx \tag{15.8.10}$$

para todo $\mathbf{x}^-$ de interesse, e precisamos ter um algoritmo prático para escolher um $x_2$ da distribuição assim normalizada. Observe que estas constantes de normalização unidimensionais são muito mais fáceis de serem calculadas do que uma constante multidimensional para toda distribuição $\pi(\mathbf{x})$.

O algoritmo de amostragem de Gibbs completo opera da seguinte maneira: circule por cada componente de $\mathbf{x}$ na sua respectiva vez (uma ordem cíclica fixa é normalmente utilizada, mas escolher uma componente aleatoriamente cada vez também funciona). Para cada componente, mantenha todas as outras fixas e escolha um novo valor de $x$ da distribuição condicional completa $\pi(x|\mathbf{x}^-)$ de todos os possíveis valores daquela componente (é aqui que você talvez tenha que fazer uma integração numérica a cada passo). Ajuste a componente no novo valor e vá para a próxima componente.

Você deve perceber que a amostragem de Gibbs é "mais global" que o algoritmo usual de Metropolis-Hastings. A cada passo, uma componente de $\mathbf{x}$ é redefinida em um valor completamente independente de seu valor prévio (independente, ao menos, na distribuição condicional). Se tentássemos um comportamento deste tipo com o Metropolis-Hastings usual, propondo, por exemplo, passos normais multivariados realmente grandes, não chegaríamos a lugar algum, uma vez que os passos seriam quase sempre rejeitados.

Por outro lado, a necessidade de escolher um valor de uma distribuição condicional normalizada pode ser realmente a morte em termos de workload computacional. A amostragem de Gibbs pode ser recomendada entusiasticamente quando as componentes de $\mathbf{x}$ têm valores discretos, não contínuos, e não muitos valores possíveis para cada componente. Neste caso, a normalização é simplesmente uma soma sobre poucos termos, e o sampler de Gibbs pode ser tornar muito eficiente. Para o caso de variáveis contínuas, talvez você esteja melhor servido com o Metropolis-Hastings usual, a menos que seu problema particular permita que você consiga as normalizações de modo rápido e engenhoso.

Não confunda a amostragem de Gibbs com a tática de fazer passos de Metropolis-Hastings usuais ao longo de uma componente por vez. Para este caso, restringimos a distribuição de proposta pela proposição de mudança de uma única componente, ou escolhida aleatoriamente, ou passando por todas as componentes em uma ordem usual. Isto às vezes pode ser útil se nos permitir calcular $\pi(\mathbf{x})$ mais eficientemente (por exemplo, usando pedaços salvos de cálculos prévios de componentes que não mudaram). O que faz isto não ser Gibbs é que calculamos a probabilidade de aceitação de maneira usual, com a equação (15.8.5) e a distribuição completa $\pi(\mathbf{x})$, que não precisa estar normalizada.

### 15.8.3 MCCM: um exemplo trabalhado

Um número de detalhes práticos com respeito ao MCCM pode ser melhor discutido no contexto de um exemplo trabalhado:

> No início de um experimento, eventos ocorrem aleatoriamente segundo uma distribuição de Poisson com uma taxa média $\lambda_1$, mas apenas a cada $k_1$-ésimo evento o valor é registrado. Então, em um instante de tempo $t_c$, a taxa média muda para $\lambda_2$, sendo que agora o valor é registrado a cada $k_2$-ésimo evento. Nos são dados agora os tempos $t_0$, ..., $t_{N-1}$ de todos os $N$ eventos registrados. Ah, sim, falando nisso, todos os valores $\lambda_1$, $\lambda_2$, $k_1$, $k_2$ e também $t_c$ são desconhecidos. Queremos descobri-los.

Vamos decompor as partes separadas do cálculo em objetos separados. Primeiro, precisamos de um objeto que representa o ponto **x**. Embora venhamos discutindo **x** como se ele fora um vetor, ele pode na verdade ser uma mistura de variáveis contínuas, discretas, booleanas ou de qualquer tipo. No nosso exemplo, temos tanto variáveis contínuas quanto discretas.

```
struct State {                                                              mcmc.h
Exemplo MCCM trabalhado: estrutura contendo as componentes de x.
    Doub lam1, lam2;        λ₁ e λ₂
    Doub tc;                t_c
    Int k1, k2;             k₁ e k₂
    Doub plog;              Ajustado para log P por Plog, abaixo

    State(Doub la1, Doub la2, Doub t, Int kk1, Int kk2) :
        lam1(la1), lam2(la2), tc(t), k1(kk1), k2(kk2) {}
    State() {};
};
```

O construtor é usado para fixar os valores iniciais (a variável `plog` não é parte de **x**, mas será usada mais tarde).

Em seguida, precisamos de um objeto para calcular $\pi(\mathbf{x}) = P(\mathbf{D}|\mathbf{x})$, a probabilidade dos dados conhecidos os parâmetros. No nosso exemplo, precisamos de um par de fatos acerca de processos de Poisson: se um processo de Poisson tem uma taxa $\lambda$, então o tempo de espera até o $k$-ésimo evento é distribuido como $(k, \lambda)$, isto é,

$$p(\tau|k,\lambda) = \frac{\lambda^k}{(k-1)!}\tau^{k-1}e^{-\lambda\tau} \qquad (15.8.11)$$

onde $\tau = t_{i+k} - t_i$ (compare com a equação 6.14.41 e também com §7.3.10). A distribuição exponencial é um caso especial para $k = 1$. Além do mais, probabilidade para intervalos que não se sobrepõem, tais como $t_{i+k} - t_i$ e $t_{i+2k} - t_{i+k}$, são independentes. Disto segue que, para o nosso exemplo,

$$P(\mathbf{D}|\mathbf{x}) = \prod_{t_i \leq t_c} p(t_{i+1} - t_i \mid k_1, \lambda_1) \times \prod_{t_i > t_c} p(t_{i+1} - t_i \mid k_2, \lambda_2) \qquad (15.8.12)$$

onde $p(\tau|k, \lambda)$ é dada em (15.8.11) e onde $t_i$ é agora o $i$-ésimo tempo *registrado* (no texto que segue a equação 15.8.11, $t_i$ era o $i$-ésimo evento quer tivesse sido registrado ou não).

Na verdade, à medida que a quantidade de dados se torna grande, é provável que $P(\mathbf{D}|\mathbf{x})$ apresente um underflow ou overflow, de modo que é melhor calcular $\log P$. É importante fazer este cálculo de modo tão eficiente quanto possível, pois ele será feito a cada passo. Particularmente importante é minimizar a quantidade de loops sobre os dados. No nosso exemplo, se você fizer o logaritmo das equações (15.8.11) e (15.8.12), você observará que os $t_i$'s individuais entram no log $P$ somente como uma soma de intervalos e soma de log de intervalos menores ou maiores que $t_c$. Portanto, dado um valor de $t_c$, podemos achar nosso lugar na tabela de somas por bissecção e ler diretamente as somas à direita e à esquerda. Assim, não há qualquer loop sobre os dados! A vida raramente é tão boa assim para nós, mas quando é, *carpe diem*. O objeto resultante tem a seguinte aparência:

mcmc.h
```
struct Plog {
    Functor que calcula log P de um State.
        VecDoub &dat;                          Liga ao vetor de dados.
        Int ndat;
        VecDoub stau, slogtau;

        Plog(VecDoub &data) : dat(data), ndat(data.size()),
        stau(ndat), slogtau(ndat) {
        Construtor. Digere o vetor de dados para cálculos rápidos de log P subsequentes. Pressupõe-se que os
        dados estejam ordenados em ordem ascendente.
            Int i;
            stau[0] = slogtau[0] = 0.;
            for (i=1;i<ndat;i++) {
                stau[i] = dat[i]-dat[0];            Igual à soma de intervalos.
                slogtau[i] = slogtau[i-1] + log(dat[i]-dat[i-1]);
            }
        }

        Doub operator() (State &s) {
        Retorna log P de s, e também fixa s.plog.
            Int i,ilo,ihi,n1,n2;
            Doub st1,st2,stl1,stl2, ans;
            ilo = 0;
            ihi = ndat-1;
            while (ihi-ilo>1) {                    Bissecção para achar onde $t_c$ se encontra entre
                i = (ihi+ilo) >> 1;                os dados.
                if (s.tc > dat[i]) ilo=i;
                else ihi=i;
            }
            n1 = ihi;
            n2 = ndat-1-ihi;
            st1 = stau[ihi];
            st2 = stau[ndat-1]-st1;
            stl1 = slogtau[ihi];
            stl2 = slogtau[ndat-1]-stl1;
            Equações (15.8.11) e (15.8.12):
            ans  = n1*(s.k1*log(s.lam1)-factln(s.k1-1))+(s.k1-1)*stl1-s.lam1*st1;
            ans += n2*(s.k2*log(s.lam2)-factln(s.k2-1))+(s.k2-1)*stl2-s.lam2*st2;
            return (s.plog = ans);
        }
};
```

O objeto Plog é o único lugar onde entram os dados, e o fazem somente através do construtor. Todas as outras partes do cálculo veem os dados somente através do cálculo de log $P$.

Em seguida chegamos ao gerador de proposta, que chamaremos de Proposal. Ele não tem qualquer contato com os dados, ou com log $P$. Tudo o que ele precisa saber é o domínio de **x** (ou seja, o State). Vale a pena pensar com maior afinco acerca do gerador de proposta. Embora na teoria "praticamente qualquer" gerador funcione, um gerador ruim levará um tempo maior que a idade do universo para convergir, enquanto um bom, *que mistura rapidamente*, pode ser tão rápido como um relâmpago. É neste ponto que a MCCM começa a se tornar uma arte.

Nosso exemplo foi pensado para fornecer uma ilustração disto na interação entre os parâmetros $\lambda$ e seus $k$'s correspondentes. A taxa média de contagens registradas é $\lambda/k$. Uma vez que $\lambda$ é uma variável contínua, proporemos mudanças relativamente pequenas a cada passo. Sendo $k$ discreto, não há nada do tipo mudança pequena, principalmente quando $k$ é pequeno.

Se ingenuamente nós escrevêssemos um gerador que propusesse mudanças aleatórias independentes em $\lambda$ e $k$, então, após termos chegado num valor aproximadamente correto de $\lambda/k$, praticamente todas as propostas de mudança de $k$ seriam rejeitadas. O problema é que o passo aceitável em $\lambda$ necessário para mudar $k$, digamos, de 1 para 2, é tão grande (o dobro de $\lambda$) que nosso gerador só o escolheria, digamos, a cada um bilhão de anos! Se não formos espertos o suficiente para reconhecer este problema antes do tempo, podemos achá-lo experimentalmente pela inspeção da cadeia de Markov à medida que ela evolui e observando que as propostas para mudar $k$ nunca são aceitas.

No nosso caso, a solução é ter dois tipos de passos. O primeiro muda $\lambda$ (por um valor pequeno) e mantém $k$ fixo. O segundo muda $k$ e $\lambda$, mantendo $\lambda/k$ fixo. Escolhemos aleatoriamente entre os dois tipos de passo, escolhendo na maioria das vezes o primeiro.

A questão geral aqui é o que fazer quando $\pi(\mathbf{x})$ define algumas direções altamente correlacionadas entra as componentes de $\mathbf{x}$. Se você conseguir reconhecer estas direções, seu gerador de propostas deveria, pelo menos algumas vezes, gerar propostas ao longo destas. Caso contrário, terá que propor passos muito pequenos se quiser que sejam um dia aceitos. No nosso exemplo, esta última opção é impossível devido ao fato de $k$ ser discreto, forçando-nos a diagnosticar e confrontar este assunto diretamente. Portanto, embora `Proposal` não tenha que ter conhecimento de log $P$ diretamente, *você* talvez precise entender qualitativamente log $P$ quando for escrever `Proposal`.

Dado que só `Proposal` conhece o algoritmo que gera uma proposta, este objeto deve também calcular e retornar a razão $q(\mathbf{x}_i \mid \mathbf{x}_{2c})/q(\mathbf{x}_{2c} \mid \mathbf{x}_i)$, necessária na equação (18.8.5). Aqui está um exemplo que propõe pequenos passos log-normais para as variáveis $\lambda_1$, $\lambda_2$ e $t_c$ ou popõe aumentar $k_1$ e $k_2$ por 1,0 ou $-1$, com as mudanças correspondentes nos $\lambda$'s como descrito acima.

```
struct Proposal {                                                          mcmc.h
Functor que implementa a distribuição de proposta.
    Normaldev gau;
    Doub logstep;

    Proposal(Int ranseed, Doub lstep) : gau(0.,1.,ranseed), logstep(lstep) {}

    void operator() (const State &s1, State &s2, Doub &qratio) {
    Dado estado s1, fixa estado s2 no valor de um candidato proposto. Também fixa qratio no valor
    q(s1|s2)/q(s2|s1).
        Doub r=gau.doub();
        if (r < 0.9) {                       Passos log-normais, mantendo os k's constantes.
            s2.lam1 = s1.lam1 * exp(logstep*gau.dev());
            s2.lam2 = s1.lam2 * exp(logstep*gau.dev());
            s2.tc = s1.tc * exp(logstep*gau.dev());
            s2.k1 = s1.k1;
            s2.k2 = s1.k2;
            qratio = (s2.lam1/s1.lam1)*(s2.lam2/s1.lam2)*(s2.tc/s1.tc);
            Fatores para passos log-normais
        } else {                             Passos que mudam $k_1$ e/ou $k_2$.
            r=gau.doub();
```

```
                    if (s1.k1>1) {
                        if (r<0.5) s2.k1 = s1.k1;
                        else if (r<0.75) s2.k1 = s1.k1 + 1;
                        else s2.k1 = s1.k1 - 1;
                    } else {                         k₁ = 1 requer tratamento especial.
                        if (r<0.75) s2.k1 = s1.k1;
                        else s2.k1 = s1.k1 + 1;
                    }
                    s2.lam1 = s2.k1*s1.lam1/s1.k1;
                    r=gau.doub();                    Agora repete tudo para k₂.
                    if (s1.k2>1) {
                        if (r<0.5) s2.k2 = s1.k2;
                        else if (r<0.75) s2.k2 = s1.k2 + 1;
                        else s2.k2 = s1.k2 - 1;
                    } else {
                        if (r<0.75) s2.k2 = s1.k2;
                        else s2.k2 = s1.k2 + 1;
                    }
                    s2.lam2 = s2.k2*s1.lam2/s1.k2;
                    s2.tc = s1.tc;
                    qratio = 1.;
                }
            }
        };
```

(Usamos o fato conveniente de que, sendo `Normaldev` derivada de `Ran`, ela contém tanto geradores de números aleatórios normais como uniformes).

Como fixamos `logstep`, o tamanho do step log-normal proposto? Uma regra empírica para propostas como esta, com uma escala ajustável, é que a probabilidade de aceitação média deve ficar aproximadamente entre 0,1 e 0,4. Se for muito menor, então diminua o tamanho do passo; se for muito maior, então aumente o passo. No nosso exemplo, o valor de `logstep` = 0,01 (ou seja, mudanças propostas da ordem de ± 1%) dá bons resultados.

Finalmente, há uma função que pega um determinado número de passos e implementa a equação (15.8.5). Este pequeno pedaço de código e a única parte "universal" de MCMC; ela não possui um estado persistente e obtém toda a informação que necessita através das estruturas `State`, `Plog` e `Proposal`. Como vimos, todas elas dependem dos problemas em questão e se beneficiam bastante da esperteza e de truques especiais do usuário.

```
mcmc.h    Doub mcmcstep(Int m, State &s, Plog &plog, Proposal &propose) {
          Pega m passos MCCM, começando com (e fazendo o update de) s.
              State sprop;                           Armezana para candidato.
              Doub qratio,alph,ran;
              Int accept=0;
              plog(s);
              for (Int i=0;i<m;i++) {                Loop sobre passos.
                  propose(s,sprop,qratio);
                  alph = min(1.,qratio*exp(plog(sprop)-s.plog));   Equação (15.8.5)
                  ran = propose.gau.doub();
                  if (ran < alph) {                  Aceita candidato.
                      s = sprop;
                      plog(s);
                      accept++;
                  }
              }
              return accept/Doub(m);
          }
```

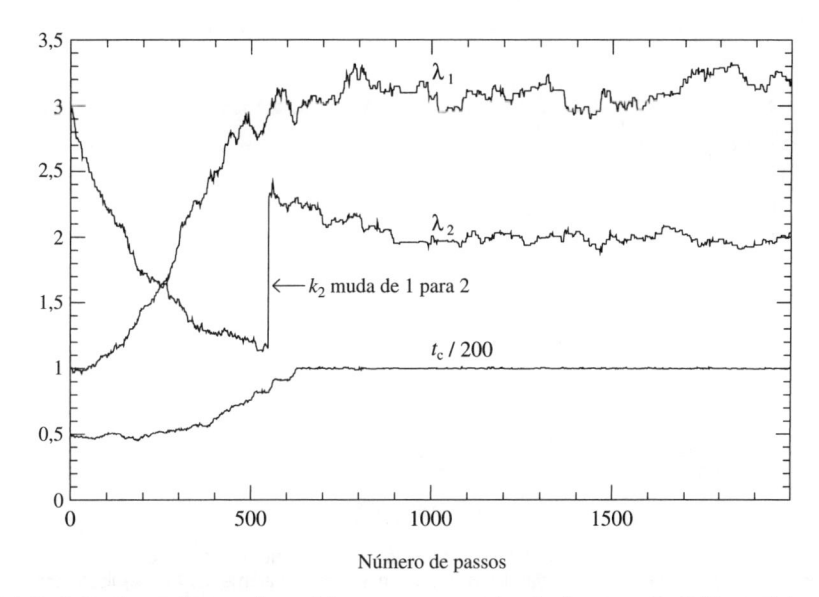

**Figura 15.8.1** Evolução dos parâmetros do modelo $\lambda_1$, $\lambda_2$ e $t_c$ como função de um passo de Monte Carlo por cadeia de Markov. Neste exemplo, pode-se ver que o tempo de burn-in é de aproximadamente 1000 passos, após os quais a cadeia de Markov explora a distribuição de equilíbrio.

Vamos tentar tudo junto. Supomos que há $N = 1000$ pontos $t_i$ e inicializamos **x** com valores $\lambda_1 = 1$, $\lambda_2 = 3$, $t_c = 100$ e $k_1 = k_2 = 1$ (secretamente, sabemos que os dados foram gerados usando-se de fato os valores 3, 2, 200, 1 e 2, respectivamente). A semente aleatória (*random seed*) é 10102 e o passo log-normal é 0,01. Tomaremos 1000 passos de burn-in, e depois disso armazenaremos valores a cada 10 passos. Para este run, o driver code em `main` é

```
VecDoub times(1000);           Preencha o vetor times aqui.
...
State s(1.,3.,100.,1,1);
Plog plog(times);
Proposal propose(10102,.01);
for (i=0;i<1000;i++) accept = mcmcstep(1,s,plog,propose);  Burn-in.
for (i=0;i<10000;i++) {                                    Produção
    accept = mcmcstep(10,s,plog,propose);
    ...                        Salva valores, incrementa médias etc., aqui.
}
```

A Figura 15.8.1 mostra a evolução dos parâmetros $\lambda_1$, $\lambda_2$ e $t_c$. Durante o burn-in, você pode ver os parâmetros indo para o equilíbrio, quase sempre monotonicamente com exceção de $\lambda_2$, que vai rapidamente para o valor de 1, com $k = 1$. Estes valores de fato replicam a taxa média dos dados registrados. Somente quando está perto da convergência (em torno do passo 560) é que o modelo descobre que $t_i$'s maiores que $t_c$ na realidade não ajustam uma distribuição exponencial ($k_2 = 1$) mas ajustam uma distribuição Gama com a mesma taxa média, mas com $k_2 = 2$ (a resposta correta). Se não tivéssemos colocado em `Proposal` um passo que testasse isto, haveria grande chance de convergirmos para uma resposta errada. Para sermos mais precisos, teríamos criado um modelo cujo tempo de burn-in seria, sem que o soubéssemos, um metafórico bilhão de anos.

A Figura 15.8.2 mostra como $\lambda_1$ e $\lambda_2$ se distribuem durante $10^5$ passos após o passo de número 1000. Este é o payoff do MCCM: aprendemos não apenas a respeito de valores de parâmetros como também detalhes sobre quão bem os parâmetros são determinados por este conjunto

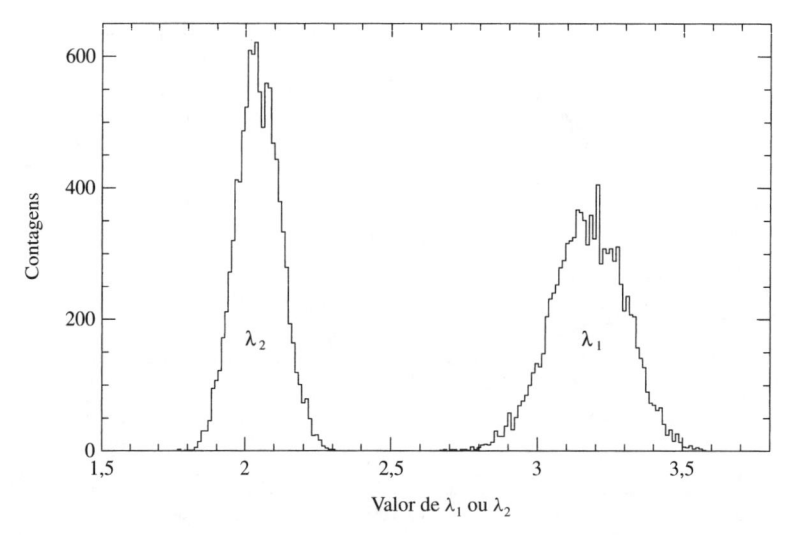

**Figura 15.8.2** Depois do burn-in, o modelo MCCM é simulado por um número adicional de passos igual a $10^5$. Valores de parâmetros são salvos a cada 10 passos, dando os histogramas para os parâmetros $\lambda_1$ e $\lambda_2$ ilustrados na figura. Estes histogramas representam os valores de parâmetros inferidos e suas incertezas. Os dados do modelo foram gerados com os parâmetros $\lambda_1 = 3$ e $\lambda_2 = 2$. Pode-se ver que os valores inferidos para esta amostra particular de 1000 pontos são tão precisos quando seria de se esperar de suas incertezas.

particular de dados. Poderíamos também ter mostrado qualquer distribuição conjunta de interesse, ou calculado qualquer quantidade média, por exemplo,

$$\langle \lambda_1 \rangle = \frac{1}{n-k} \sum_{i=k}^{n-1} (\lambda_1)_i \qquad (15.8.13)$$

Nesta equação, $k = 1000$ é o número de passos de burn-in que rejeitamos; $n = k + 10^5$ é o número de passos para os quais são feitas médias; e finalmente $(\lambda_1)_i$ denota o valor de $\lambda_1$ no $i$-ésimo passo. Somas do tipo (15.8.13) são chamadas de médias ergódicas.

Algumas observações com respeito à equação (15.8.13) deveriam ser feitas: é permitido fazer a média sobre todos os passos, mesmo que passos sucessivos não sejam amostras independentes de $\pi(\mathbf{x})$. Também seria permitido incluir na média apenas o $m$-ésimo passo, onde você escolhe $m$ de modo a ser maior que algum tempo de correlação empiricamente observado na cadeia de Markov. Esta última é algumas vezes recomendada como um meio para se estimar o erro padrão de $\langle \lambda_1 \rangle$, como na integração de Monte Carlo (compare as equações 7.7.1 e 7.7.2). Aviso: fazer isso no contexto de um conjunto finito de dados é frequentemente associado a um erro conceitual. Embora seja verdade que, à medida que $n \to \infty$, a equação (15.8.13) realmente converge para um valor preciso, *não* é verdade que este valor tenha qualquer relação com o valor real (da população) de $\lambda_1$. Ao contrário, é apenas o melhor valor aparente (amostra) de $\lambda_1$ para este particular conjunto de dados. A relação entre este valor aparente e o valor real não tem nada a ver com o erro padrão de $\langle \lambda_1 \rangle$, mas é antes indicado pela largura da distribuição de todos os $(\lambda_1)_i$'s.

A Figura 15.8.2 ilustra bem este ponto. Deixando o modelo rodar um longo tempo, poderíamos chegar a distribuições maravilhosamente precisas que têm médias extremamente bem convergentes. Mas elas não ficariam centradas nos valores verdadeiros (secretamente conhecidos por nós) de 3 e 2. Você deveria rodar um modelo MCCM somente (i) o tempo suficiente para ter certeza (ou certeza o suficiente) de que houve em burn-in suficiente e (ii) o tempo o suficiente para caracterizar a distribuição bem o bastante a ponto dos erros nas médias de grandezas de interesse serem razoavelmente pequenos quando comparados à dispersão destas grandezas, observadas na cadeia de Markov.

### 15.8.4 Outros aspectos do MCCM

Dissemos pouco sobre como se determinar o comprimento necessário do burn-in, apenas que é aconselhável você olhar para a saída de dados (o que é sempre uma boa ideia). Há na verdade uma extensa literatura sobre este assunto [2-4]. Várias chamadas ferramentas de diagnóstico de convergência foram desenvolvidas com tal propósito. O problema é que mesmo quando você as usa, você ainda assim tem que que olhar para a saída de dados; assim, seu valor adicionado não é muito alto. Sempre é uma boa dica ter como comprimento do burn-in *ao menos* 1 ou 2% do comprimento de uma rodada de programa (*run*), o que será determinado pela acurácia que você necessita na estimativa dos parâmetros do modelo. Não se esqueça que é fácil construir exemplos assustadores de distribuições $\pi(\mathbf{x})$ cheias de armadilhas de falsa convergência. Quanto mais você souber sobre a sua distribuição, melhor.

Cadeias de Markov múltiplas podem ser rodadas com o objetivo de explorar uma distribuição única $\pi(\mathbf{x})$. Num computador com um único processador, a única razão para fazer isto seria satisfazer uma necessidade pouco usual de ter variáveis independentes da distribuição. Contudo, em máquinas com multiprocessadores, esta é uma maneira natural de se conseguir uma paralelização eficiente.

Partimos do pressuposto de que o número de dimensões em **x** era fixo. No entanto, é possível ter modelos para os quais o número de parâmetros ajustados é ele próprio uma variável. Estes modelos de dimensão variável requerem cuidado especial na elaboração de distribuições de proposta que podem pular entre diferentes dimensões. Consulte o artigo de Phillips e Smith [2] para uma introdução a este assunto.

### 15.8.5 Amostragem de importância e MCCM

No §7.9, chamamos a atenção para o fato de que o erro na integração de Monte Carlo poderia ser diminuído via amostragem de importância, onde escrevemos (na notação desta seção)

$$I \equiv \int f(\mathbf{x})\,d\mathbf{x} = \int \frac{f(\mathbf{x})}{p(\mathbf{x})}\,p(\mathbf{x})\,d\mathbf{x} \qquad (15.8.14)$$

para um $p$ adequadamente escolhido. Vimos que o $p$ ideal (i) assemelhar-se-ia a $f$ em forma funcional, conforme a equação (7.9.6), e (ii) permitiria um bom método de amostragem uniforme sobre $p(\mathbf{x})$, $d\mathbf{x}$.

Você deve estar pensando que o MCCM é um grande método geral para amostrar sobre qualquer $p$, fazendo portanto o sampling de importância fácil de ser implementado para todos os casos. Infelizmente, não é assim. O problema, mais uma vez (como no sampler de Gibbs), é a constante de normalização. A grande virtude do MCCM é que ele faz amostragens sobre uma distribuição $\pi(\mathbf{x})$ sem exigir que ela seja normalizada. Se você quiser saber de fato qual a distribuição de probabilidade normalizada $p(\mathbf{x})$ está sendo na verdade usada, ela é obviamente

$$p(\mathbf{x}) = \frac{\pi(\mathbf{x})}{\int \pi(\mathbf{x})d\mathbf{x}} \qquad (15.8.15)$$

A equação (15.8.14) então se torna

$$I \equiv \int f(\mathbf{x})\,d\mathbf{x} = \int \pi(\mathbf{x})\,d\mathbf{x} \times \int \frac{f(\mathbf{x})}{\pi(\mathbf{x})}\,p(\mathbf{x})\,d\mathbf{x} \qquad (15.8.16)$$

Pode-se fazer uma amostragem via MCCM da diferencial $p(\mathbf{x})\,d\mathbf{x}$ quando se conhece apenas $\pi(\mathbf{x})$ sem maiores problemas. O $\pi(\mathbf{x})$ no denominador do integrando pode ser rapidamente calculado. Mas em geral não há maneira simples de calcular aquela incômoda constante de normalização, $\int \pi(\mathbf{x})\,d\mathbf{x}$.

Às vezes, embora não frequentemente, você pode construir uma função $\pi(\mathbf{x})$ que não só lembra $f$ mas também pode ser integrada analiticamente, de modo que a constante de normalização pode ser conhecida. Aí sim use o MCCM de qualquer modo para amostrar $\pi(\mathbf{x})$. Neste caso, a ideia de lembrar-se apenas de cada $m$-ésimo passo, depois de ter escolhido $m$ grande o suficiente de maneira que os pontos escolhidos sejam amostras independentes, não é, no final das contas, uma má ideia. Na verdade, você terá que fazer isso se espera usar a estimativa de erro como escrita na equação (7.9.3).

Finalmente, se a integral que você deseja realmente é

$$J \equiv \frac{\int f(\mathbf{x})\pi(\mathbf{x})\,d\mathbf{x}}{\int \pi(\mathbf{x})\,d\mathbf{x}} = \int f(\mathbf{x})\,p(\mathbf{x})\,d\mathbf{x} \qquad (15.8.17)$$

com $f(\mathbf{x})$ e $\pi(\mathbf{x})$ ambas conhecidas (e $p(\mathbf{x})$ apenas implícita), então o MCCM é exatamente o que você precisa. Ele fornece amostragens uniformes sobre $p(\mathbf{x})d\mathbf{x}$ e não é necessário cálculo algum da constante de normalização.

**REFERÊNCIAS CITADAS E LEITURA COMPLEMENTAR**

Hastings, W.K. 1970, "Monte Carlo Sampling Methods Using Markov Chains and Their Applications," *Biometrika*, vol. 57, pp. 97-109.[1]

Gilks, W.R., Richardson, S., and Spiegelhalter, D.J., eds. 1996, *Markov Chain Monte Carlo in Practice* (Boca Raton, FL: Chapman & Hall/CRC), especially Chapter 1.[2]

Gamerman, D. 1997, *Markov Chain Monte Carlo: Stochastic Simulation for Bayesian Inference* (London: Chapman & Hall). [3]

Neal, R.M. 1993, "Probabilistic Inference Using Markov Chain Monte Carlo Methods," *Technical Report CRG-TR-93-1,* Department of Computer Science, University of Toronto. Disponível em http://www.cs.toronto.edu/~radford/ftp/review.pdf. [4]

Casella, G., and George, E.I. 1992, "Explaining the Gibbs Sampler," *American Statistician,* vol. 46, no. 3, pp. 167-174.[5]

Tanner, M.A. 2005, *Tools for Statistical Inference: Methods for the Exploration of Posterior Distributions and Likelihood Functions,* 3rd ed. (New York: Springer).

Liu, J.S. 2002, *Monte Carlo Strategies in Scientific Computing* (New York: Springer).

Beichl, I., and Sullivan, F. (eds.) 2006, *Computing in Science and Engineering,* special issue on Monte Carlo Methods, vol. 8, no. 2 (March/April), pp. 7-47.

## 15.9 Regressão de processo Gaussiano

Alguns tipos de modelos estatísticos não dependem de sabermos (ou supormos) formas funcionais parametrizadas, estando, portanto, fora do paradigma de ajuste de parâmetros que tem, até o momento, ocupado nossa atenção. Como alternativa para a suposição de que nossos dados têm algum tipo de forma funcional, podemos supor que eles têm alguma propriedade estatística. Um exemplo comum é partir do pressuposto de que os dados, vistos como um conjunto único, são obtidos a partir de alguma distribuição multivariada normal (Gaussiana) em um espaço de alta dimensão. Permite-se que esta distribuição tenha uma complicada estrutura de correlação: não pressupomos que os pontos individuais sejam independentes. Podemos então perguntar: dado o conjunto de dados que observamos, quais são os valores mais prováveis de grandezas de interesse, como, por exemplo, os valores de variáveis em pontos que não aqueles medidos? É óbvio, como antes, que nos sentimos encorajados a perguntar não apenas os valores mais prováveis, mas também sobre toda a distribuição em torno dos valores mais prováveis. Este esquema geral é chamado de regressão de processo Gaussiano.

Já encontramos exemplos de regressão de processos Gaussianos em outras duas ocasiões neste livro, embora com nomes diferentes. No §3.7, discutimos kriging como técnica de interpolação multidimensional. Depois, no §13.6, discutimos predição linear, em grande parte dentro do contexto de dados unidimensionais, tais como séries temporais. Podemos aqui juntar de maneira útil ideias destas duas seções.

Como apresentado no §3.7, kriging era uma técnica de interpolação, não de ajuste. Isto era evidente a partir do fato de que (i) a saída para a função interpolada pelo objeto Krig passava exatamente pelos pontos medidos e (ii) nunca discutimos como incorporar erros de medidas. Contudo, o construtor do objeto Krig tinha sim um argumento err, introduzido com a misteriosa observação de que você deveria fixá-lo em NULL até que lesse o §15.9. Bem, aqui estamos!

Nós de fato incorporamos os erros nas medidas em §13.6, embora lá os chamássemos de ruído. Em particular, as equações (13.6.6) e (13.6.7) podem ser usadas (depois de algumas mudanças na notação e manipulações algébricas) para deduzir as generalizações apropriadas das equações (3.7.14) e (3.7.15) para o caso onde as medidas $y_i$, $i = 0, ..., N - 1$ têm erros caracterizados por alguma matriz de covariância $\Sigma$. Na maioria dos casos, $\Sigma$ será simplesmente uma matriz diagonal com elementos $\sigma_i^2$, os quadrados dos erros individuais. As respostas são

$$\widehat{y}_* = \mathbf{V}_* \cdot (\mathbf{V} - \mathbf{\Sigma}')^{-1} \cdot \mathbf{Y} \tag{15.9.1}$$

e

$$\text{Var}(\widehat{y}_*) = \mathbf{V}_* \cdot (\mathbf{V} - \mathbf{\Sigma}')^{-1} \cdot \mathbf{V}_* \tag{15.9.2}$$

onde

$$\mathbf{\Sigma}' \equiv \begin{pmatrix} \mathbf{\Sigma} & 0 \\ 0 & 0 \end{pmatrix} \tag{15.9.3}$$

Isto é, simplesmente subtraímos $\Sigma$ (adequadamente aumentada por zeros nas bordas) de $\mathbf{V}$ (equação 3.7.13) antes de inverter a matriz. O argumento err, que entra na rotina na forma dos $\sigma_i$'s (não elevados ao quadrado), faz isto para o caso dos erros de medidas na diagonal. Observe que err é do tipo Doub*. Se seus erros estão armazenados como um VecDoub, então você enviará &err[0] para o construtor de Krig (desculpe-nos por isto. O objetivo era fazer NULL um possível valor default).

Assim, você não precisa de qualquer código novo para esta seção. Em Krig você já tem à sua disposição uma rotina manuseável de ajuste por regressão para processos Gaussianos multidimensionais, pronta para ser usada.

Quando você estiver fazendo um ajuste no lugar de interpolação, é um boa ideia prestar um pouco mais de atenção à escolha do modelo de variograma do que foi feito no §3.7. Ao passo que para aplicações simples não há nada de errado com o modelo de lei de potências implementado no objeto `Powvargram`

$$v(r) = \alpha r^\beta \tag{15.9.4}$$

vários outros modelos são amplamente usados. Entre estes se inclui o modelo exponencial,

$$v(r) = b[1 - \exp(-r/a)] \tag{15.9.5}$$

o modelo esférico

$$v(r) = \begin{cases} b\left(\frac{3}{2}\frac{r}{a} - \frac{1}{2}\frac{r^3}{a^3}\right) & 0 \le r \le a \\ b & a \le r \end{cases} \tag{15.9.6}$$

e vários outros modelos anisotrópicos para os quais $v(\mathbf{r})$ não é função unicamente da magnitude $r$. Consulte [1,2] para deduções e exemplos.

Deveríamos também mencionar o chamado efeito pepita (*nugget effect*), embora, na nossa opinião, seu nome em muito sobrepuje sua utilidade. Se $v(r)$ não vai a zero quando $\mathbf{r} \to 0$, mas tem um valor constante $v_0$, então o variograma resultante descreve uma distribuição que é descorrelacionada, por um valor finito, em uma distância infinitesimal. Isto é, se você achar uma pepita de ouro em $\mathbf{x}$, não há certeza de que você achará outra em $\mathbf{x} + \delta\mathbf{x}$, não importa quão pequeno você fizer $\delta\mathbf{x}$. Alguns praticantes julgam desejável permitir um efeito pepita diferente de zero, permitindo assim valores diferentes de zero para $v_0$ quando ajustam $v(r)$ empiricamente a partir de um conjunto de dados. Para nós isto é algo discutível, mas em deferência a estas opiniões colocamos no construtor `Powvargram` um argumento, nug, do contrário não documentado, para alimentar o valor de $v_0$ de sua escolha (não vamos ao ponto do ajuste de fato de tal parâmetro!).

Além de discutível, e na verdade incorreto, seria confundir o efeito pepita com o efeito de erros de medida. Superficialmente eles são parecidos: erros de medida também descorrelacionam valores medidos, até mesmo a distâncias arbitrariamente pequenas (incluindo zero). Conceitualmente e matematicamente, eles são diferentes. Voltando à equação (3.7.13), um efeito pepita adiciona um valor constante positivo a todos os elementos $v_{ij}$'s não diagonais. Erros de medida, por outro lado, subtraem valores negativos (não necessariamente constantes) dos $v_{ij}$'s diagonais. Estas ações não têm efeitos equivalentes nas equações (3.7.14) e (3.7.15). Isto pode ser visto facilmente na Figura 15.9.1, que também pode ajudar a elucidar a diferença entre interpolação kriging e ajuste kriging. Somente o painel (d) da figura mostra o uso correto de kriging para dados com erros nas medidas, isto é, ajuste kriging com erros $\sigma_i$. Os painéis (b) e (c) mostram o resultado de interpolações kriging com e sem o efeito pepita. Pode-se ver que mesmo com uma pepita positiva, a curva interpolada passa exatamente pelos pontos, o que é incorreto quando erros são significativos. O uso legítimo de interpolação kriging (como no §3.7) é para funções suaves que são conhecidas "exatamente" nos pontos de espalhamento. Ajustes kriging que usam $\sigma_i$'s (esta seção) são para dados com erros.

**REFERÊNCIAS CITADAS E LEITURA COMPLEMENTAR**

Cressie, N. 1991, *Statistics for Spatial Data* (New York: Wiley).[1]
Wackernagel, H. 1998, *Multivariate Geostatistics,* 2nd ed. (Berlin: Springer).[2]
Isaaks, E.H., and Srivastava, R.M. 1989, *Applied Geostatistics* (New York: Oxford University Press).
Rasmussen, C.E., and Williams, C.K.I. 2006, *Gaussian Processes for Machine Learning (Cambridge,* MA: MIT Press).

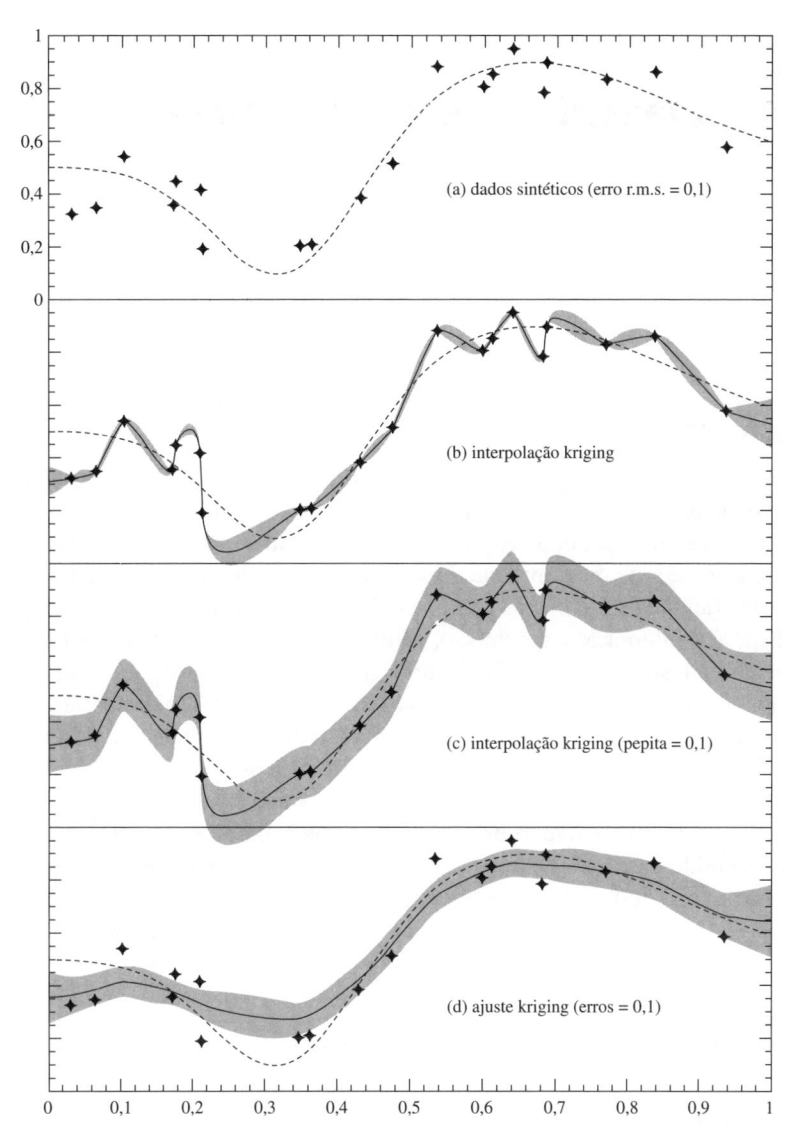

**Figura 15.9.1** Exemplos unidimensionais de interpolação e ajuste kriging. (a) Dados sintéticos gerados a partir de uma curva conhecida (linha tracejada) com erros gaussianos (magnitude r.m.s. 0,1). (b)Resultado de interpolação kriging. A equação (3.7.14) é plotada como uma linha sólida, enquanto os erros de interpolação estimados 1-$\sigma$ (3.7.15) são mostrados como uma faixa sombreada. Pode-se ver que o erro de interpolação é desprovido de sentido para dados com erros de medida. (c) O mesmo que (b), mas com um efeito pepita de 0,1. (d) Resultado do ajuste kriging (equações 15.9.1 e 15.9.2) usando erros reais de medida. Esta é a maneira correta de uso de kriging para dados com erros.

Rybicki, G.B., and Press, W.H. 1992, "Interpolation, Realization, and Reconstruction of Noisy, Irregularly Sampled Data," *Astrophys. J.*, vol. 398, pp. 169-176.

Deutsch, C.V., and Journel, A.G. 1992, *GSLIB: Geostatistical Software Library and User's Guide* (New York: Oxford University Press).

CAPÍTULO

# 16 Classificação e Inferência

## 16.0 Introdução

Neste capítulo agrupamos uma seleção de técnicas computacionais cuja característica comum é o fato de tratarem de problemas de classificação e inferência sobre modelo complexos. Tivéssemos mais espaço, este capítulo poderia ser expandido, tornando-se uma prospecção mais completa acerca de aprendizagem de máquina (*machine learning*). Porém, no seu tamanho atual, ele não tem tal pretensão (algumas referências gerais são fornecidas abaixo).

Classificação e inferência também são, de um certo modo, os objetivos de muitos dos métodos puramente estatísticos por nós já discutidos nos Capítulos 14 e 15, e a linha divisória entre aquelas técnicas e aprendizagem de máquina não é muito clara. Os tópicos deste capítulo tendem a ter ambas ou uma das duas seguintes características: o modelo subjacente (i) tem aspectos discretos ou combinatórios que o distingue de modelos estatísticos "clássicos" e/ou (ii) tem aspectos empíricos ou heurísticos que tornam um tratamento estatístico exato impossível.

Há uma lista de tópicos importantes, relacionados àqueles aqui apresentados, que gostaríamos de ter incluído caso eles pudessem ter sido reduzidos a um tamanho apropriado. Redes bayesianas está no topo desta lista. A Seção 16.0.1 traz um exemplo do tipo de problema que uma rede bayesiana é capaz de resolver. Outros tópicos importantes que temos que omitir incluem:

- algoritmos genéticos
- redes neurais*
- métodos de núcleo mais gerais que aqueles discutidos no §16.5

### 16.0.1 Redes Bayesianas

Muitas vezes também chamadas de nets de Bayes, redes de aprendizagem de Bayes ou redes de crença. Queremos aqui apenas propiciar um gostinho do método, de modo que você saiba quando se torna necessário consultar as referências abaixo.

Uma rede Bayesiana consiste em nós, cada um dos quais tem um valor. Estes valores podem ser {true, false}, ou um conjunto de possibilidades {low, medium, high} ou mesmo um inteiro. A Figura 16.0.1 ilustra um exemplo onde todos os nós têm valores true/false.

Cada nó em uma rede tem um conjunto de probabilidades *a priori*, ou priors, que dão a probabilidade de seus valores na ausência de qualquer evidência adicional. Se um nó tiver um ou mais pais, então os priors são condicionados aos valores daqueles. Por exemplo, fazendo referência à figura, podemos ter

---

*N. de T.: O termo mais correto seria "redes neuronais", mas o termo "neural" já foi incorporado ao jargão técnico, motivo pelo qual resolvemos mantê-lo.

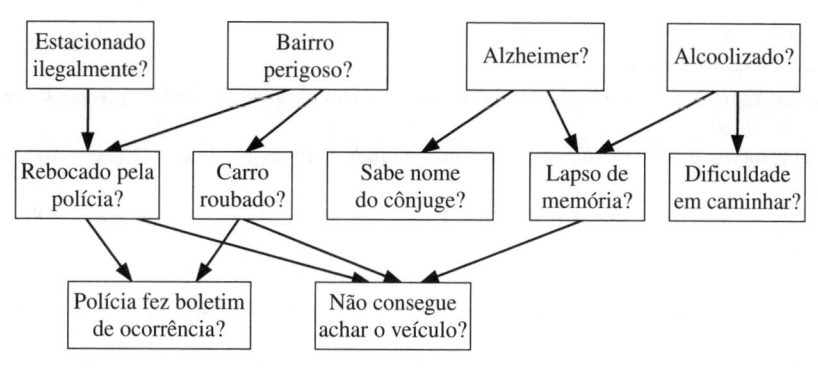

**Figura 16.0.1** Exemplo de uma rede Bayesiana. Evidência acerca de qualquer nó pode ser propagada para se tirar conclusões probabilísticas a respeito de qualquer outro nó.

| P(ilegalmente-estacionado = true) |
|---|
| 0,20 |

| Bairro perigoso | P(carro roubado = true \| Bairro perigoso) |
|---|---|
| true | 0,05 |
| false | 0,001 |

| Alzheimer | Alcoolizado | P(lapso de memória = true \| Alzheimer, alcoolizado) |
|---|---|---|
| true | true | 0,999 |
| true | false | 0,95 |
| false | true | 0,50 |
| false | false | 0,01 |

E assim por diante para todos os outros nós.

As coisas começam a ficar interessantes quando temos evidência para assimilar à rede. Por exemplo, você pode estar saindo de um bar em um bairro perigoso, caminhando com dificuldade e incapaz de achar o próprio veículo. Teria sido ele roubado? A teoria de redes Bayesianas fornece algoritmos para se propagar informação tanto para cima (a partir do "não consegue achar o veículo") quanto para baixo (a partir da "bairro perigoso") com o objetivo de se obter novas estimativas posteriores para as probabilidades de todos os nós, incluindo aqui "veículo roubado?". Você pode também calcular de antemão o valor de evidência nova. Por exemplo, o quanto ajudaria chamar a polícia para verificar se há um boletim de ocorrência sobre um carro guinchado ou um que tenha sido roubado e recuperado?

Para ir além deste breve aperitivo, consulte [1-3].

## REFERÊNCIAS CITADAS E LEITURA COMPLEMENTAR

Hastie, T., Tibshirani, R., and Friedman, J.H. 2003, *The Elements of Statistical Learning* (Berlin: Springer).
Duda, R.O., Hart, P.E., and Stork, D.G. 2000, *Pattern Classification,* 2nd ed. (New York: Wiley).

Witten, I.H., and Frank, E. 2005, *Data Mining: Practical Machine Learning Tools and Techniques,* 2nd ed. (San Francisco: Morgan Kaufmann).

Mitchell, T.M. 1997, *Machine Learning* (New York: McGraw-Hill). Vapnik, V. 1998, *Statistical Learning* Theory (New York: Wiley).

Russell, S., and Norvig, P. 2002, *Artificial Intelligence: A Modern Approach,* 2nd ed. (Upper Saddle River, NJ: Prentice-Hall).

Haykin, S. 1998, *Neural Networks: A Comprehensive Foundation,* 2nd ed. (Upper Saddle River, NJ: Prentice-Hall).

Bishop, C.M. 1996, *Neural Networks for Pattern Recognition* (New York: Oxford University Press).

Korb, K.B., and Nicholson, A.E. 2004, *Bayesian Artificial Intelligence* (Boca Raton, FL: Chapman &Hall/CRC).[1]

Neapolitan, R.E. 1990, *Probabilistic Reasoning in Expert Systems* (New York: Wiley).[2] Jensen, F.V. 2001, *Bayesian Networks and Decision Graphs* (New York: Springer).[3]

## 16.1 Modelos de mistura Gaussiana e k-means clustering

Os assim chamados modelos de mistura Gaussiana estão entre os exemplos mais simples de classificação por aprendizagem não supervisionada. Eles são também um dos mais simples exemplos onde soluções via o algoritmo *EM* (maximização da expectativa) vêm a ser extremamente bem-sucedidas.

Aqui está o problema: você recebe $N$ pontos num espaço $M$-dimensional, onde $M$ varia de um até algo maior (digamos, três ou quatro dimensões, no máximo). Você quer "ajustar" os dados no seguinte sentido especial: achar um conjunto de $K$ distribuições Gaussianas multivariadas que melhor representa a distribuição observada dos pontos dados. O número $K$ é fixo de antemão, mas as médias e covariâncias das distribuições são desconhecidas.

O que torna o exercício um do tipo "não supervisionado" é o fato de que não lhe dizem quais dos $N$ pontos saem de quais das $K$ Gaussianas. De fato, uma das saídas procuradas seria, para cada ponto $n$, uma estimativa da probabilidade de que ele tenha saído da distribuição $k$. Esta probabilidade é denotada por $P(k|n)$ ou $p_{nk}$, onde (usando um esquema de contagem baseado em zero) $0 \leq k < K$ e $0 \leq n < N$. A matriz $p_{nk}$ é muitas vezes chamada de matriz de responsabilidade, pois seus elementos indicam o quão "responsável" a componente $k$ é pelo ponto $n$.

Então, fornecidos os dados, digamos, na forma de uma matriz $N \times M$, onde a linhas são vetores de dimensão $M$, há toda uma quantidade de parâmetros que gostaríamos de estimar:

$\boldsymbol{\mu}_k$      (as $K$ médias, cada uma um vetor de dimensão $M$)

$\boldsymbol{\Sigma}_k$      (as $K$ matrizes de covariância, cada uma de dimensão $M \times M$)     (16.1.1)

$P(k|n) \equiv p_{nk}$      (as $K$ probabilidades para cada um dos $N$ pontos)

Obteremos também algumas estimativas adicionais na forma de subprodutos: $P(k)$ denota a fração de todos os dados na componente $k$, ou seja, a probabilidade de que um dado aleatoriamente escolhido esteja em $k$; $P(\mathbf{x})$ denota a probabilidade (na verdade, a densidade de probabilidade) de se achar um ponto em alguma posição $\mathbf{x}$, onde $\mathbf{x}$ é o vetor posição $M$-dimensional; e $\mathcal{L}$ denota a verossimilhança total do conjunto de parâmetros estimados.

De fato, $\mathcal{L}$ é a chave de todo o problema. Ele é definido, como sempre, como sendo proporcional à probabilidade de um conjunto de dados, *dados* todos os parâmetros de ajuste. Determinamos os melhores valores de parâmetros como aqueles que maximizam a verossimilhança $\mathcal{L}$. Você também pode pensar nisto como a maximização das probabilidades posteriores dos parâmetros, uma vez dados priors uniformes ou bastante largos.

Vamos trabalhar a partir de $\mathcal{L}$ de trás para frente. Uma vez que os dados são (supostos) independentes, $\mathcal{L}$ é o produto das probabilidades de se achar um ponto em cada posição observada $\mathbf{x}_n$,

$$\mathcal{L} = \prod_n P(\mathbf{x}_n) \qquad (16.1.2)$$

Podemos quebrar $P(\mathbf{x}_n)$ em suas contribuições de cada uma das $K$ Gaussianas e escrever

$$P(\mathbf{x}_n) = \sum_k N(\mathbf{x}_n \mid \boldsymbol{\mu}_k, \boldsymbol{\Sigma}_k) P(k) \qquad (16.1.3)$$

onde $N(\mathbf{x} \mid \boldsymbol{\mu}, \boldsymbol{\Sigma})$ é a densidade Gaussiana multivariada,

$$N(\mathbf{x} \mid \boldsymbol{\mu}, \boldsymbol{\Sigma}) = \frac{1}{(2\pi)^{M/2} \det(\boldsymbol{\Sigma})^{1/2}} \exp[-\tfrac{1}{2}(\mathbf{x}-\boldsymbol{\mu}) \cdot \boldsymbol{\Sigma}^{-1} \cdot (\mathbf{x}-\boldsymbol{\mu})] \qquad (16.1.4)$$

$P(\mathbf{x}_n)$ é às vezes chamado de peso misturado do ponto $\mathbf{x}_n$. Podemos "desmembrar" $P(\mathbf{x}_n)$ em suas $K$ contribuições individuais, o que dá as probabilidades individuais

$$p_{nk} \equiv P(k|n) = \frac{N(\mathbf{x}_n \mid \boldsymbol{\mu}_k, \boldsymbol{\Sigma}_k) P(k)}{P(\mathbf{x}_n)} \qquad (16.1.5)$$

As equações (16.1.2) a (16.1.5) representam a prescrição para se calcular $\mathcal{L}$ e os $p_{nk}$'s, conhecidos os dados, e conhecidos os valores dos $\boldsymbol{\mu}_k$'s, $\boldsymbol{\Sigma}_k$'s e $P(k)$. Na linguagem do algoritmo *EM*, isto é chamado de passo de expectativa (*expectation step*) ou *E-step*.

Mas como obter os $\boldsymbol{\mu}_k$'s, $\boldsymbol{\Sigma}_k$'s e $P(k)$?

Suponha que conheçamos os $p_{nk}$'s. Um teorema conhecido para a distribuição Gaussiana unidimensional é que a estimativa da verossimilhança máxima de sua média é simplesmente a média aritmética de um conjunto de pontos dela retirados. Este teorema pode ser generalizado diretamente para estimativas de verossimilhança máxima de médias e matrizes de covariância de Gaussianas multivariadas. Uma pequena generalização adicional é que, uma vez que conhecemos apenas probabilisticamente se um ponto em particular vem de uma Gaussiana em particular, deveríamos contar somente a função $p_{nk}$ apropriada de cada ponto. Estas considerações levam às seguintes estimativas de verossimilhança máxima:

$$\begin{aligned} \widehat{\boldsymbol{\mu}}_k &= \sum_n p_{nk} \mathbf{x}_n \Big/ \sum_n p_{nk} \\ \widehat{\boldsymbol{\Sigma}}_k &= \sum_n p_{nk} (\mathbf{x}_n - \widehat{\boldsymbol{\mu}}_k) \otimes (\mathbf{x}_n - \widehat{\boldsymbol{\mu}}_k) \Big/ \sum_n p_{nk} \end{aligned} \qquad (16.1.6)$$

e, de modo similar,

$$\widehat{P}(k) = \frac{1}{N} \sum_n p_{nk} \qquad (16.1.7)$$

Os circunflexos denotam aqui estimadores; isto, contudo, é um requinte notacional que ignoraremos daqui por diante. A equações (16.1.6) e (16.1.7) são chamadas de passo de maximização (*maximization step*) ou *M-step* do algoritmo *EM*.

O que incitamos até agora é que *bem* na solução de verossimilhança máxima, tanto as relações do E-step quando do M-step são válidas. Ou seja, os parâmetros de verossimilhança máxima são pontos estacionários tanto dos E-steps quando dos M-steps. O poder do algoritmo *EM* vem de teoremas mais poderosos (prová-los estaria além do escopo presente) que afirmam que, começando a partir de *quaisquer* valores de parâmetros, uma iteração de um E-step seguida de um M-step aumentará o valor $\mathcal{L}$ de verossimilhança, e que repetidas iterações convergirão para uma verossimilhança máxima (ao menos localmente). Na maioria das vezes, felizmente, a convergência é para o máximo global.

Resumindo, o algoritmo *EM* é, portanto:

- Chute valores iniciais para os $\mu_k$'s, $\Sigma_k$'s e $P(k)$.
- Repita: um E-step para obter novos $p_{nk}$'s e nova $\mathcal{L}$, seguido de um M-step para obter novos $\mu_k$'s, $\Sigma_k$'s e $P(k)$.
- Para quando o valor de $\mathcal{L}$ não mais mudar.

Um importante detalhe prático é que os valores da função densidade Gaussiana frequentemente serão tão pequenos que causarão um underflow para zero. É portanto essencial trabalhar com os logaritmos destas densidades ao invés de com elas próprias, por exemplo,

$$\log N(\mathbf{x} \mid \boldsymbol{\mu}, \boldsymbol{\Sigma}) = -\tfrac{1}{2}(\mathbf{x}-\boldsymbol{\mu})\cdot \boldsymbol{\Sigma}^{-1}\cdot(\mathbf{x}-\boldsymbol{\mu}) - \frac{M}{2}\log(2\pi) - \frac{1}{2}\log\det(\boldsymbol{\Sigma}) \qquad (16.1.8)$$

Um problema surge devido a (16.1.3), onde precisamos fazer a soma de quantidades, que podem ser todas tão pequenas que acabam levando a um underflow se forem reconstruídas a partir de seus logaritmos. A solução deste problema é a chamada fórmula log-sum-exp,

$$\log\left(\sum_i \exp(z_i)\right) = z_{\max} + \log\left(\sum_i \exp(z_i - z_{\max})\right) \qquad (16.1.9)$$

onde os $z_i$'s são os logaritmos que estamos usando para representar pequenas quantidades e $z_{\max}$ é o seu máximo. A equação (16.1.9) garante que pelo menos uma exponenciação não causará um underflow, e que qualquer que por ventura pudesse fazê-lo já foi de qualquer maneira rejeitada.

A Figura 16.1.1 mostra um exemplo de como o algoritmo EM converge para uma solução com 1000 pontos bidimensionais e quatro componentes. À medida que o número de pontos aumenta, a topografia do espaço de verossimilhança se torna mais suave, com menos mínimos locais, de modo que se torna mais e mais provável que o máximo local será achado (como é o caso aqui).

Você sempre deve inspecionar a solução EM para ver quão razoável ela é. Se você acaba ficando preso num máximo local inaceitável, uma estratégia é fazer fazer uma série de runs independentes, usando *K* pontos aleatoriamente escolhidos como a média inicial em cada caso (garanta que você não duplicou um ponto nos chutes iniciais). Então pegue o melhor, ou seja, aquele que converge para a maior log-verossimilhança.

Aqui está uma estrutura que implementa o algoritmo EM para modelos de mistura Gaussiana, quando são conhecidos apenas os dados e estimativas iniciais das médias $\mu_k$. O construtor monta o problema, e faz um E-step e um M-step iniciais. Depois, ele chama alternadamente as rotinas `estep()` e `mstep()` até que a convergência seja atingida, como sinalizada pelo retorno do valor de `estep()`, quando a mudança na log-verossimilhança se torna suficientemente pequena (digamos, $10^6$). Os resultados são então disponibilizados nos membros `means`, `resp`, `frac` e `sig` da estrutura.

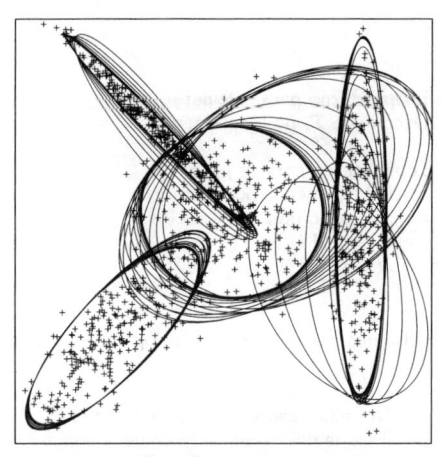

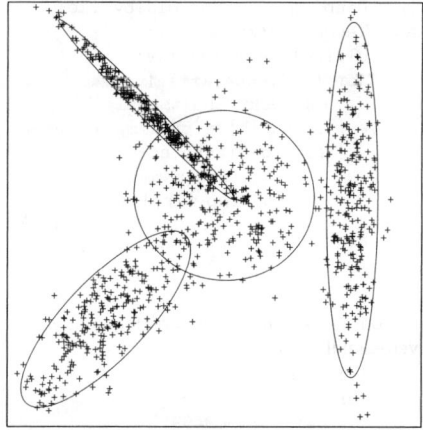

**Figura 16.1.1** Exemplo de modelo de mistura Gaussiana em $M = 2$ dimensões, com número de dados $N = 1000$ e $K = 4$ componentes. Esquerda: evolução das médias e covariâncias estimadas, ilustradas como elipses de 2-sigma. As elipses são plotadas após cada iteração de um E-step e um M-step (veja texto). Direita: o resultado convergido. As duas componentes mais à esquerda convergem rapidamente. A componente mais à direita levou aproximadamente 10 iterações para chegar próximo a convergência; somente depois disto foi que a componente central encolheu para um resultado convergido.

```
struct preGaumixmod {                                              gaumixmod.h
```
Para não gênios, isto é basicamente um typedev de `Mat_mm` como uma matriz mm x mm. Para gênios, o que está acontecendo aqui é que precisamos definir uma variável estática `mmstat` *antes* de definir `Mat_mm`, e isto deve ocorrer *antes* que o construtor Gaumixmod seja chamado.
```
    static Int mmstat;
    struct Mat_mm : MatDoub {Mat_mm() : MatDoub(mmstat,mmstat) {} };
    preGaumixmod(Int mm) {mmstat = mm;}
};
Int preGaumixmod::mmstat = -1;

struct Gaumixmod : preGaumixmod {
```
Acha a solução para um modelo de mistura Gaussiana de um conjunto de pontos e chutes iniciais de $k$ médias.
```
    Int nn, kk, mm;                  Número de pontos, componentes e dimensões.
    MatDoub data, means, resp;       Cópias locais de x_n's, μ_k's e p_nk's.
    VecDoub frac, lndets;            P(k)'s e log det Σ_k's.
    vector<Mat_mm> sig;              Σ_k's
    Doub loglike;                    log ℒ
    Gaumixmod(MatDoub &ddata, MatDoub &mmeans) : preGaumixmod(ddata.ncols()),
    nn(ddata.nrows()), kk(mmeans.nrows()), mm(mmstat), data(ddata), means(mmeans),
    resp(nn,kk), frac(kk), lndets(kk), sig(kk) {
```
Construtor. Argumentos são os dados (na forma de linhas de uma matriz) e chutes iniciais para as médias (também como linhas de uma matriz).
```
        Int i,j,k;
        for (k=0;k<kk;k++) {
            frac[k] = 1./kk;              Prior uniforme sobre P(k).
            for (i=0;i<mm;i++) {
                for (j=0;j<mm;j++) sig[k][i][j] = 0.;
                sig[k][i][i] = 1.0e-10;   Veja texto e final desta seção.
            }
        }
        estep();                    Faz um E-step e M-step iniciais. Usuário responsável
        mstep();                    por chamar passos adicionais até convergência ser
    }                               obtida.
    Doub estep() {
```
Faz um E-step do algoritmo EM.
```
        Int k,m,n;
```

```
            Doub tmp,sum,max,oldloglike;
            VecDoub u(mm),v(mm);
            oldloglike = loglike;
            for (k=0;k<kk;k++) {                Loop externo para calcular p_nk's.
                Cholesky choltmp(sig[k]);       Decompõe Σ_k no loop externo.
                lndets[k] = choltmp.logdet();
                for (n=0;n<nn;n++) {            Loop interno para os p_nk's.
                    for (m=0;m<mm;m++) u[m] = data[n][m]-means[k][m];
                    choltmp.elsolve(u,v);       Acha solução de L · v = u.
                    for (sum=0.,m=0; m<mm; m++) sum += SQR(v[m]);
                    resp[n][k] = -0.5*(sum + lndets[k]) + log(frac[k]);
                }
            }
```
Neste ponto desnormalizamos os logs dos $p_{nk}$'s. Precisamos normalizar usando log-sum-exp e calcular a log-verossimilhança.
```
            loglike = 0;
            for (n=0;n<nn;n++) {                Normalização separada para cada n.
                max = -99.9e99;                 Truque da log-sum-exp começa aqui.
                for (k=0;k<kk;k++) if (resp[n][k] > max) max = resp[n][k];
                for (sum=0.,k=0; k<kk; k++) sum += exp(resp[n][k]-max);
                tmp = max + log(sum);
                for (k=0;k<kk;k++) resp[n][k] = exp(resp[n][k] - tmp);
                loglike +=tmp;
            }
            return loglike - oldloglike;        Quando abs disto for pequeno, é porque conver-
        }                                       gimos.
        void mstep() {
```
Faz um M-step do algoritmo EM.
```
            Int j,n,k,m;
            Doub wgt,sum;
            for (k=0;k<kk;k++) {
                wgt=0.;
                for (n=0;n<nn;n++) wgt += resp[n][k];
                frac[k] = wgt/nn;               Equação (16.1.7).
                for (m=0;m<mm;m++) {
                    for (sum=0.,n=0; n<nn; n++) sum += resp[n][k]*data[n][m];
                    means[k][m] = sum/wgt;      Equação (16.1.6).
                    for (j=0;j<mm;j++) {
                        for (sum=0.,n=0; n<nn; n++) {
                            sum += resp[n][k]*
                                (data[n][m]-means[k][m])*(data[n][j]-means[k][j]);
                        }
                        sig[k][m][j] = sum/wgt; Equação (16.1.6).
                    }
                }
            }
        }
    };
```

Talvez o único lugar onde Gausmixmod pode falhar algoritmicamente (diferente de convergir para uma solução local ruim) é quando ele encontra um elemento diagonal zero ou negativo na decomposição de Cholesky. Como resultado, todos os pecados tendem a aparecer, de modo um tanto confuso, como exceções do código naquele ponto. Se você estiver obtendo tais exceções, aqui estão algumas possibilidades:

- Você duplicou vetores no seu chute inicial para os $\mu_k$'s.
- Um ou mais dos seus $\mu_k$'s é tão distante de todos os dados que ele não está "atraindo" um número suficiente deles para achar uma solução para os parâmetros de suas componentes. Tente usar dados aleatórios como chutes iniciais, ou reduza $K$.

- Você talvez tenha muito poucos pontos $N$ para dar suporte a um modelo não degenerado de $K$ componentes. Reduza $K$ ou consiga mais pontos!
- Raramente, você talvez queira mudar a constante 1.0e-10 que inicializa as componentes diagonais de $\Sigma_k$ no código (veja discussão abaixo sobre "$K$-means clustering").
- Você pode reduzir o número de parâmetros em $\Sigma$, como discutimos abaixo.

Ocasionalmente, os dados são muito esparsos, ou muito cheios de ruído, para que resultados que façam sentido surjam para todas as componentes das matrizes de covariância $\Sigma_k$. Nestes casos, você pode impor modelos de covariância mais simples mudando as $\Sigma$ de reestimativa para $\Sigma$ na equação (16.1.6). Um passo de simplificação é tomar $\Sigma$ diagonal, mas ainda permitindo variâncias diferentes para diferentes dimensões. A fórmula de reestimativa para as componentes diagonais de $\Sigma_k$ é então

$$(\widehat{\Sigma}_k)_{mm} = \sum_n p_{nk}[(\mathbf{x}_n)_m - (\widehat{\mu}_k)_m]^2 \Big/ \sum_n p_{nk} \qquad (16.1.10)$$

onde os subscritos $m$ indicam aquela componente particular do vetor. Fixe as componentes não diagonais de $\Sigma_k$ a zero.

Como medida ainda mais drástica, podemos substituir $\Sigma_k$ por uma variância escalar simples (ou seja, esférica) usando a fórmula de reestimação

$$(\widehat{\Sigma}_k) = \mathbf{1} \times \left( \sum_n p_{nk} |\mathbf{x}_n - \widehat{\mu}_k|^2 \Big/ \sum_n p_{nk} \right) \qquad (16.1.11)$$

onde $\mathbf{1}$ é a matriz identidade.

Não codificamos estas opções em Gauximod, mas elas são fáceis de adicionar.

### 16.1.1 Uma nota sobre o uso da decomposição de Cholesky

Vale a pena fazer um breve comentário sobre o uso da decomposição de Cholesky (§2.9) nesta e em manipulações similares de gaussianas multivariadas.

Na rotina Gaumixmod acima, precisamos de uma maneira de inverter matrizes de covariância – ou, para sermos mais precisos, de uma maneira eficiente de calcular expressões do tipo $\mathbf{y} \cdot \Sigma^{-1} \cdot \mathbf{y}$. Uma vez que a matriz de covariância $\Sigma$ é simétrica e positiva definida, a decomposição de Cholesky, que executa menos operações que outros métodos, pode ser usada, dando

$$\Sigma = \mathbf{L} \cdot \mathbf{L}^T \qquad (16.1.12)$$

onde $\mathbf{L}$ é uma matriz triangular inferior, o que implica

$$Q = \mathbf{y} \cdot \Sigma^{-1} \cdot \mathbf{y} = \left|\mathbf{L}^{-1} \cdot \mathbf{y}\right|^2 \qquad (16.1.13)$$

Uma vez que $\mathbf{L}$ é triangular, $\mathbf{L}^{-1} \cdot \mathbf{y}$ pode ser obtida de maneira eficiente via substituições reversas (backsubstitutions).

Outra maneira conveniente de usar a decomposição (16.1.12) é na tarefa mundana de esboçar elipses de erro, como na Figura 16.1.1 (ou, analogamente, elipsoides de erro em três dimensões). O locus de pontos $\mathbf{x}$ que distam um desvio padrão ("1-sigma") da média $\mu$ é dado por

$$1 = (\mathbf{x} - \mu) \cdot \Sigma^{-1} \cdot (\mathbf{x} - \mu) \quad \Rightarrow \quad \left|\mathbf{L}^{-1} \cdot (\mathbf{x} - \mu)\right| = 1 \qquad (16.1.14)$$

Suponha agora que $\mathbf{z}$ é um ponto no círculo unitário (bidimensional) ou esfera unitária (tridimensional). Então, por substituição na equação (16.1.14), você pode facilmente ver que

$$\mathbf{x} = \mathbf{L} \cdot \mathbf{z} + \mu \qquad (16.1.15)$$

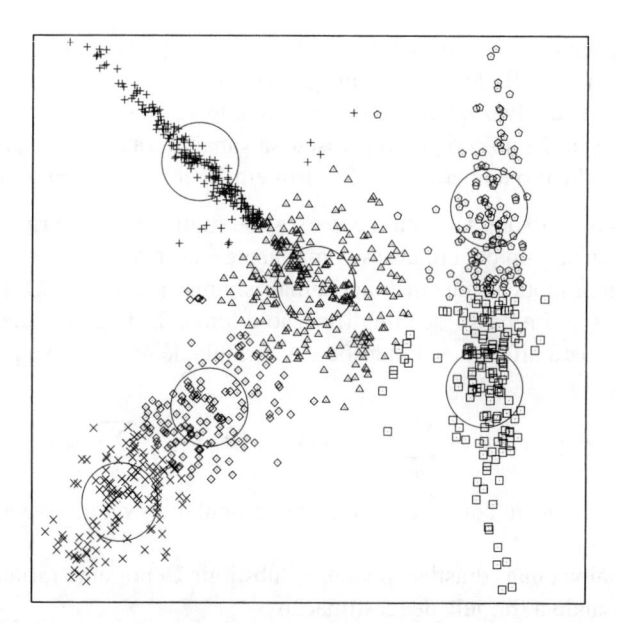

**Figura 16.1.2** Resultado do k-means clustering aplicado aos mesmos dados da Figura 16.1.1, com $K=6$ componentes. Os endereçamentos finais são mostrados por diferentes símbolos. Os centros dos círculos grandes são a posição das médias finais (o raio destes círculos é arbitrário e serve apenas para visualização). Diferente da modelagem de mistura Gaussiana, o k-means clustering não consegue dividir um ponto probabilisticamente entre duas componentes, de modo que muitos pontos da Gaussiana no canto superior esquerdo são endereçados erroneamente à componente central. Também, o k-means clustering necessita de mais que uma só componente para modelar uma Gaussiana com um alongamento grande, uma vez que ele agrupa por distância radial.

é um ponto sobre o locus 1-sigma. Percorrendo o círculo unitário em **z**, e usando o mapeamento (16.1.15), obtemos a elipse desejada. Ponha uma constante 2 na frente de **L** em (16.1.15) para obter elipses 2-sigma, e assim por diante.

Já chamamos a atenção no §7.4 no uso muito parecido da decomposição de Cholesky visando gerar desvios gausianos multivariados a partir de uma matriz de covariância dada.

### 16.1.2 K-means clustering

Uma simplificação interessante da modelagem de mistura gaussiana tem uma história independente e é conhecida como *k-means clustering*\*. Nós simplesmente esquecemos completamente a respeito de matrizes de covariância $\Sigma_k$, bem como esquecemos acerca de endereçamentos probabilísticos de dados a componentes. No lugar disto, cada dado é endereçado a uma (e somente uma) das $K$ componentes.

O E-step é simplesmente assim: endereçe cada ponto $\mathbf{x}_n$ para a componente $k$ cuja média $\boldsymbol{\mu}_k$ se encontra mais próxima dele (distância euclidiana).

O M-step é simplesmente assim: para todos os $k$, reavalie a média $\boldsymbol{\mu}_k$ como sendo a média dos pontos $\mathbf{x}_n$ endereçados à componente $k$.

O critério de convergência é: pare quando um E-step não mudar mais o endereçamento de qualquer dado (neste caso, o M-step deveria gerar $\boldsymbol{\mu}_k$'s que não mais variam).

É interessante observar que a convergência é garantida – não tem como você cair num loop infinito de, digamos, ficar jogando um ponto num vai e volta entre duas componentes. Apesar da sim-

---

\*N. de T.: Também conhecido como algoritmo de classificação de *k*-médias. Optamos por deixar o termo original em inglês porque clustering dá uma ideia melhor de classificação por agrupamento de semelhantes.

plicidade, o k-means clustering pode ser muito útil: é rápido e converge também muito rapidamente. Ele pode ser usado como método para reduzir um grande número de dados a um número menor de "centros", que podem então ser usados como pontos iniciais de métodos mais sofisticados.

Por exemplo, você pode usar o método para obter valores iniciais de um modelo de mistura gaussiana que apresenta dificuldades em convergir para um bom máximo global. Se $K$ é o número final de componentes que você deseja, você pode usar o k-means para baixar para $\sim 3 \times K$ componentes, e então (repetidamente) selecionar aleatoriamente $K$ destes chutes iniciais para o modelo gaussiano.

Esteja porém alerta para o fato de que o k-means clustering tem uma visão intrinsecamente "esférica" do mundo devido a seu endereçamento "o-mais-próximo" euclidiano. Se você tem componentes que podem ter maiores alongamentos, assegure-se de fazer $K$ grande o suficiente de modo que estes possam ser representados por centros diferentes. A Figura 16.1.2 ilustra os mesmos dados de entrada da Figura 16.1.1, mas agora classificados via k-means clustering. As gaussianas dos cantos inferiores esquerdo e direito se dividiram cada uma em dois centros. A gaussiana do canto superior direito é de apenas uma componente, pois teve muito de seus pontos erroneamente classificados na componente central (um modelo de mistura gaussiana teria endereçado estes pontos de maneira probabilística a ambas componentes).

O código para a classificação k-means é similar, mas mais curto, ao código prévio para o modelo de mistura gaussiana:

kmeans.h

```
struct Kmeans {
```
Acha solução para k-means clustering a partir de um conjunto de dados e chutes iniciais para as médias. A saída é um conjunto de médias e um endereçamento de cada ponto a uma componente.
```
    Int nn, mm, kk, nchg;
    MatDoub data, means;
    VecInt assign, count;
    Kmeans(MatDoub &ddata, MatDoub &mmeans) : nn(ddata.nrows()), mm(ddata.ncols()),
        kk(mmeans.nrows()), data(ddata), means(mmeans), assign(nn), count(kk) {
```
Construtor. Argumentos são os dados (na forma de linhas de uma matriz) e chutes iniciais para as médias (também linhas de uma matriz).
```
        estep();                        Faz um E-step e M-step iniciais. Usuário
        mstep();                        responsável por chamar passos adicio-
    }                                   nais até convergência ser obtida.
    Int estep() {
```
Faz um E-step.
```
        Int k,m,n,kmin;
        Doub dmin,d;
        nchg = 0;
        for (k=0;k<kk;k++) count[k] = 0;
        for (n=0;n<nn;n++) {
            dmin = 9.99e99;
            for (k=0;k<kk;k++) {
                for (d=0.,m=0; m<mm; m++) d += SQR(data[n][m]-means[k][m]);
                if (d < dmin) {dmin = d; kmin = k;}
            }
            if (kmin != assign[n]) nchg++;
            assign[n] = kmin;
            count[kmin]++;
        }
        return nchg;
    }
    void mstep() {
```
Faz um M-step.
```
        Int n,k,m;
        for (k=0;k<kk;k++) for (m=0;m<mm;m++) means[k][m] = 0.;
        for (n=0;n<nn;n++) for (m=0;m<mm;m++) means[assign[n]][m] += data[n][m];
        for (k=0;k<kk;k++) {
```

```
            if (count[k] > 0) for (m=0;m<mm;m++) means[k][m] /= count[k];
        }
    }
};
```

Incidentalmente, o k-means clustering não é somente uma simplificação dos modelos de mistura gaussiana: ele é na verdade um caso limite. Se as matrizes $\Sigma_k$ são mantidas fixas em

$$\Sigma_k = \epsilon\, \mathbf{1} \qquad (16.1.16)$$

com $\epsilon$ infinitesimal e $\mathbf{1}$ a matriz identidade, então à componente $k$ com a média mais próxima de $\mathbf{x}_n$ será imputada toda a responsabilidade $p_{nk}$ para aquele $n$. A reestimação dos $\mu_k$'s é então idêntica ao k-means clustering. O teorema que demonstra que o algoritmo EM converge para misturas gaussianas pode se facilmente modificado para provar a convergência do k-means clustering (basicamente, há uma função log-verossimilhança escondida que aumenta a cada passo, como pode ser demonstrado).

Agora podemos realmente explicar a obscura constante `1.0e-10` na parte de inicialização de `Gaumixmod`: é o valor de $\epsilon$ que faz a *primeira* iteração E-step e M-step daquela rotina ser uma do k-means clustering.

### REFERÊNCIAS CITADAS E LEITURA COMPLEMENTAR
McLachlan, G. and Peel, D. 2000, *Finite Mixture Models* (New York: Wiley).
Moore, A.W. 2004, "Clustering with Gaussian Mixtures," at http://www.cs.cmu.edu/~awm.
Dempster, A.P., Laird., N.M., and Rubin, D.B. 1977, "Maximum Likelihood from Incomplete Data via the EM Algorithm," *Journal of the Royal Statistical Society,* Series B, vol. 39, pp. 1-38. [O artigo original sobre métodos EM.]
Tanner, M.A. 2005, *Tools for Statistical Inference: Methods for the Exploration of Posterior Distributions and Likelihood Functions,* 3rd ed. (New York: Springer).

## 16.2 Decodificação de Viterbi

Nesta seção discutiremos modelos com estados discretos e como usar dados para estimar em qual estado o modelo se encontra, ou por qual sucessão de estados ele passa em função das transições permitidas. Por estado queremos designar uma condição discreta caracterizada como um nó ou um grafo direcionado como aquele da Figura 16.2.1. Por transição nós designamos movimento ao longo das arestas direcionadas de um grafo. Se você quiser caracterizar uma variável contínua no contexto desta seção, você precisa definir para seus possíveis valores um conjunto de bins discretos, fazendo destes os estados.

O ambiente que descrevemos é ligeiramente mais geral que o de seu primo próximo, o grafo direcionado de estágios e estados que definiu o problema de programação dinâmica (*dynamic programming*, DP) no §10.13. Para alguns tipos de aplicação, o problema de estimação de interessse vive em um grafo que possui estados e estágios, exatamente como DP. Porém, para outras aplicações, precisamos de um grafo direcionado geral. Consideraremos ambos os tipos abaixo.

Historicamente, problemas que envolvem a estimação de estados surgiram em diferentes áreas, que muitas vezes não se comunicavam entre si. Há frequentemente diferentes nomes para os mesmos conceitos (vimos isto anteriormente no algoritmo de Bellman-Dijkstra-Viterbi para DP). Esta história também dificulta a tarefa de apresentarmos nesta seção um tratamento unificado com uma única narrativa. Uma abordagem mais prática é irmos passando por um par de exemplos de diferentes áreas e então, posteriormente, fazer algumas comparações e dar alguns conselhos.

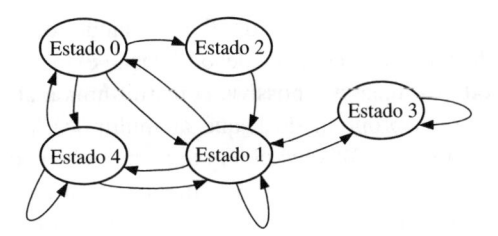

**Figura 16.2.1** Grafo de um sistema dinâmico com cinco estados. Transições permitidas são indicadas por setas.

## 16.2.1 Códigos de correção de erros e decodificação por decisão suave

Um código de bloco binário $(N,K)$ é uma lista de $2^K$ codewords binárias, cada uma de comprimento $N > K$ bits, projetadas para mandar uma mensagem de $K$-bits de maneira tal que ela possa ser recebida corretamente mesmo que um ou mais dos $N$ bits chegue deturpado (isto é, 0 ao invés de 1, ou vice-versa). Dois exemplos simples são apresentados abaixo. Nestes casos particulares, os bits da mensagem são os bits iniciais das codewords, mas isto não precisa ser verdadeiro em geral. Designar qualquer permutação das codewords à palavras da mensagem é, efetivamente, o mesmo código; do mesmo modo, uma permutação arbitrária de bits em todas as codewords (permutar colunas de bits na tabela).

| (6,3) Hamming encurtado | |
|---|---|
| mensagem | codeword |
| 000 | 000000 |
| 001 | 001110 |
| 010 | 010101 |
| 011 | 011011 |
| 100 | 100011 |
| 101 | 101101 |
| 110 | 110110 |
| 111 | 111000 |

| (7,4) Hamming | |
|---|---|
| mensagem | codeword |
| 0000 | 0000000 |
| 0001 | 0001011 |
| 0010 | 0010111 |
| 0011 | 0011100 |
| 0100 | 0100110 |
| 0101 | 0101101 |
| 0110 | 0110001 |
| 0111 | 0111010 |
| 1000 | 1000101 |
| 1001 | 1001110 |
| 1010 | 1010010 |
| 1011 | 1011001 |
| 1100 | 1100011 |
| 1101 | 1101000 |
| 1110 | 1110100 |
| 1111 | 1111111 |

Ambos os códigos mostrados acima têm a propriedade de que sua distância de Hamming é 3. Isto significa que todos os pares de codewords diferem em pelo menos três bits. Esta é a propriedade do código que o faz "corretor de erros sobre um bit". Se você recebe uma codeword com um de seus bits errados, então (i) ela não estará na tabela acima e (ii) haverá uma codeword única na tabela que difere dela em uma posição. Assim, tentando cada posição de bit por vez, você pode descobrir qual era a codeword intencionada.

Um código mais longo, com uma distância de Hamming $d$ maior, pode corrigir erros de mais que um bit deturpado, na verdade (arredondando para baixo) de $(d-1)/2$ bits. Um código $(N,K)$

pode ter um $d$ tão grande quanto $N - K$. Contudo, ficar tentando todas as possíveis correções até achar uma codeword válida é uma estratégia de decodificação extremamente pobre!

Para os chamados códigos lineares é possível construir uma matriz **P** de checagem de paridade (*parity-check matrix*) com a propriedade de que, ao multiplicá-la pelo vetor de bits recebidos (e fazendo toda a aritmética módulo 2), você obtém um vetor, chamado de síndrome, que é todo ele ou zero (o que indica que os bits recebidos estão em ordem) ou corresponde unicamente a uma máscara (chamada de coset leader) que diz quais bits devem ser corrigidos. Então, este algoritmo de correção de erros, chamado de decodificação síndrome, pode ser resumido da seguinte forma:

- multiplique os bits recebidos pela matrix de parity-check para obter a síndrome,
- faça uma procura pela tabela de síndrome para achar um coset leader, e
- XOR o coset leader com os bits recebidos para obter uma codeword válida.

Por exemplo, a matriz de parity-check do código (7,4) de Hamming acima é

$$\mathbf{P} = \begin{pmatrix} 1 & 1 & 1 & 0 & 1 & 0 & 0 \\ 0 & 1 & 1 & 1 & 0 & 1 & 0 \\ 1 & 0 & 1 & 1 & 0 & 0 & 1 \end{pmatrix} \quad (16.2.1)$$

(converta codewords em vetores-coluna lendo-os da esquerda para a direita). A tabela de procura relacionando a síndrome ao coset leader é

| síndrome | coset leader |
|----------|--------------|
| 000 | 0000000 |
| 001 | 0000001 |
| 010 | 0000010 |
| 011 | 0001000 |
| 100 | 0000100 |
| 101 | 1000000 |
| 110 | 0100000 |
| 111 | 0010000 |

Este código particular é chamado de código perfeito, pois o número de síndromes é exatamente igual ao número de coset leaders com um bit diferente de zero, mais 1 para a síndrome zero, uma coincidência numerológica. Há muitos poucos códigos perfeitos, pois há muitos poucos inteiros que satisfazem

$$1 + \binom{N}{1} + \cdots + \binom{N}{e} = 2^{N-K} \quad (16.2.2)$$

onde $e$ é o número de bits corrigidos. Provavelmente o código perfeito menos trivial é o código de Golay, com $N = 23$, $K = 12$ e $e = 3$ (confira a numerologia você mesmo).

Não é nada especial o fato de um código não ser prefeito. Simplesmente significa que há *algumas* síndromes extras que corrigem alguns erros com mais de $e$ bits, mas não em número suficiente para corrigir todos os erros deste tipo. Você inclui estas síndromes extras na tabela e roda o algoritmo exatamente como já descrito. Contudo, se um código está muito longe de ser perfeito, você está desperdiçando síndromes sem ganhar mais bits de correção certa.

Em aplicações práticas, $N$ e $K$ são maiores que nestes exemplos. Por exemplo, o mais baixo nível de correção de erro de um CD de áudio é um código (28,24) de Reed-Solomon (RS), que pode corrigir $e = 2$ bits (em um CD, bits das codewords de saída de muitos blocos consecuti-

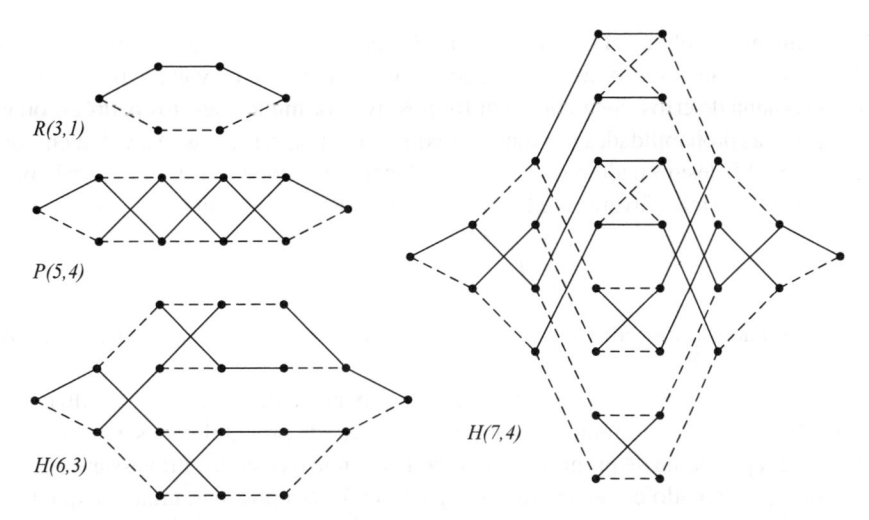

**Figura 16.2.2** Treliças associadas com quatro códigos binários. O grafo é percorrido da esquerda para a direita. Um zero é retornado quando uma aresta pontilhada é percorrida, e um quando a aresta for uma linha cheia. Cada caminho produz uma codeword válida.

vos são interfoliados e recebem uma proteção adicional por um código RS(32, 28)). Códigos de Reed-Salomon são tipicamente decodificados por um processo mais eficiente que a decodificação por síndrome, através do uso do chamado algoritmo de Berlekamp-Massey.

Agora, respire fundo. Tudo o que discutimos até agora é a chamada decodificação de decisão abrupta (*hard-decision decoding*, HDD), ou seja, decisões abruptas têm que ser feitas quanto a se cada bit entrando é 1 ou 0, com o algoritmo de correção de erro atuando na codeword resultante e possivelmente corrompida. Praticamente toda a teoria de codificação usava HDD até o início dos anos 1970. Então houve um enorme salto para a frente com o reconhecimento pelos múltiplos praticantes da área de que o algoritmo de decodificação de Viterbi, de 1967 (uma descoberta independente de Bellman-Dijkstra, como já pudemos mencionar), podia utilizar dados "suaves" sobre cada bit de modo tão fácil quando dados abruptos.

Para entender a decodificação de decisão suave (*soft-decision decoding*, SDD), notemos primeiro que qualquer código binário pode ser representado por um tipo de grafo estágio/estado por nós já encontrado na programação dinâmica (§10.3), que, no presente contexto, é chamado de uma treliça. A Figura 16.2.2 ilustra treliças para os dois códigos apresentados explicitamente anteriormente, como também para os exemplos dos livros de escolha: o código de repetição ("diga-me três vezes") e o código de paridade. Este último, com $d = 1$, é um detector de erros, mas não corretor.

Embora as setas não sejam mostradas, as treliças são percorridas da esquerda para a direita. Cada um destes possíveis percursos sobre uma treliça gera uma codeword válida. Um bit zero é emitido sempre que uma aresta pontilhada é percorrida, e um bit um, para uma aresta representada por uma linha cheia. Você codifica bits da mensagem decidindo se sobe ou desce um ramo, quando tiver escolha. Observe que há estágios onde você não tem escolha: arestas "forçadas" geram precisamente os bits extras de codewords que a redundância do código exige.

Embora cada código tenha uma treliça, não é simples achar a treliça mínima, aquela que tem o menor número possível de estados na sua expansão máxima. MacKay [1] oferece uma breve introdução ao assunto; muitas referências adicionais podem ser encontradas em [3].

A primeira grande ideia por trás da decodificação suave é que não temos que decidir se um bit que chega é 0 ou 1. Pelo contrário, apenas precisamos associar uma probabilidade a cada possibilidade (que somam 1, é óbvio). Por exemplo, o valor de um bit pode ser determinado pelo fato de uma voltagem instantânea ser positiva ou negativa – mas a medição da voltagem tem algum tipo de dispersão Gaussiana de erros. Se a voltagem for positiva por muitos desvios padrões, ou negativa, então as respectivas probabilidades são muito próximas a um ou zero; mas se a voltagem for somente (digamos) $t = 0{,}5$ desvio padrão do zero de voltagem, nós podemos dar uma probabilidade de 0,6915 a um resultado mais favorável e 0,3085 a um menos favorável, uma vez que

$$\frac{1}{\sqrt{2\pi}} \int_{-\infty}^{0,5} e^{-z^2/2} dz \approx 0{,}6915 \qquad (16.2.3)$$

(ao final desta seção seremos algo mais sofisticados com relação à noção de atribuir probabilidades a transições).

A segunda grande ideia é que o problema de se achar o caminho de verossimilhança máxima por uma treliça – ou seja, o caminho com o maior produto de probabilidades em cada estágio – é simplesmente um problema de programação dinâmica, onde o custo de atravessar uma aresta cuja probabilidade é $p$ é tomado como sendo $-\log(p)$, um número positivo, uma vez que $0 \leq p \leq 1$. Com esta métrica, o caminho de custo mínimo é o caminho de verossimilhança máxima. A cada estágio, todas as arestas 0 (linhas pontilhadas na figura) recebem uma probabilidade, e todas as arestas 1 (linhas cheias) recebem a probabilidade complementar. As probabilidades das arestas podem, e geralmente irão, variar com cada bit recebido (isto é, de estágio a estágio), uma vez que o ruído e perda de caminho podem variar com o tempo.

Junte estas duas ideias e você terá a decodificação por decisão suave usando o algoritmo de Viterbi.

A tabela abaixo decodifica uma codeword para o código Hamming (6, 3) encurtado dado acima. Neste exemplo, cinco dos seis bits são recebidos praticamente sem ambiguidade, enquanto um deles (o segundo) é bastante ambíguo. No entanto, o algoritmo trata todos "suavemente" sem distinção. Revisando o §10.3 quando necessário, você deverá ser capaz de ver de onde vêm todos os números da tabela e também como o caminho representado pela linha mais escura (que é a decisão final "abrupta" para a codeword 011011) é obtido via backtracing. Uma vez dadas as funções custo apropriadas, a rotina `dynpro` do §10.3 faz exatamente este cálculo.

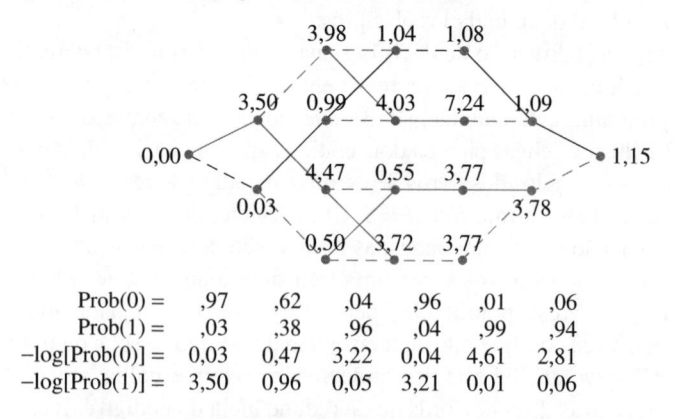

|  |  |  |  |  |  |  |
|---|---|---|---|---|---|---|
| Prob(0) = | ,97 | ,62 | ,04 | ,96 | ,01 | ,06 |
| Prob(1) = | ,03 | ,38 | ,96 | ,04 | ,99 | ,94 |
| −log[Prob(0)] = | 0,03 | 0,47 | 3,22 | 0,04 | 4,61 | 2,81 |
| −log[Prob(1)] = | 3,50 | 0,96 | 0,05 | 3,21 | 0,01 | 0,06 |

Você pode ter a "brilhante" ideia de querer converter o comprimento do caminho mínimo final, 1,15 no exemplo acima, em uma probalidade, tomando a exponencial de seu valor negativo. O resultado é 0,3166. Isto quer dizer que você obterá a codeword correta apenas 31% das vezes? Não! Vá para o canto de castigo! Você está confundindo probabilidade com verossimilhança. As verossimilhanças de todas as oito codewords (não encontradas pelo algoritmo DP, mas calculadas exaustivamente) são, para este exemplo,

| codeword | verossimilhança |
|----------|-----------------|
| 000000   | 0,000014        |
| 001110   | 0,001372        |
| 010101   | 0,000006        |
| 011011   | 0,316126        |
| 100011   | 0,000665        |
| 101101   | 0,000007        |
| 110110   | 0,000001        |
| 111000   | 0,000006        |

Você pode verificar que a soma das verossimilhanças não é igual a um, e que o caminho favorecido ganha de qualquer outro competidor por um fator bem maior (Bayesianos: sabemos que este parágrafo está deixando-o vermelho de raiva. Estamos do seu lado, e teremos mais o que falar sobre isto no §16.3.4).

No exemplo acima, o segundo bit era meramente ambíguo. E se ele estivesse realmente errado, indicando, digamos, uma probabilidade de 0,99 de ter o valor zero? Não tem problema. Dado que o código subjacente corrige um bit, o algoritmo DP automaticamente decidirá atravessar a aresta menos provável, pois a alternativa seria atravessar duas ou mais arestas improváveis em outros bits. Contudo, se tivéssemos feito o segundo bit incorreto com probabilidade 0,999999, o algoritmo ao invés disto "corrigiria" dois outros bits, algo que, nestas circunstâncias, seria a melhor decisão.

Você pode ver também que não faz sentido dizer com exatidão quantos bits $e$ um algoritmo de decodificação suave é capaz de corrigir. Ele simplesmente faz a melhor escolha possível em função das probabilidades. Como exemplo suplementar, poderíamos considerar o código simples de paridade mostrado na Figura 16.2.2. Com uma decodificação de decisão abrupta, a paridade não fornece informação suficiente para corrigir um único bit. Com um algoritmo de decisão suave, contudo, o bit de paridade pode dar o voto decisivo se algum outro bit estiver vacilando muito próximo de um nível ambíguo de 50% de probabilidade.

Hoje há disponíveis algoritmos de decisão suave para basicamente todos os códigos em uso, incluindo códigos de Reed-Salomon, além dos importantes turbo codes [2], que estão além do escopo de nossa discussão. Algumas aplicações importantes (por exemplo, modulação codificada de treliças) usam treliças curtas cujos estados finais fecham-se, identificando-se com seus estados iniciais. O algoritmo de Viterbi é aplicado a grandes sequências de símbolos de entrada que fazem um loop pela treliça muitas vezes. Na codificação modulada de treliças, os símbolos (suavemente) decodificados não são bits sozinhos, mas locais no plano de fase complexa que incluem uma constelação centrada na origem e cuidadosamente escolhida (por exemplo, uma rede hexagonal).

### REFERÊNCIAS CITADAS E LEITURA COMPLEMENTAR

Lin, S. and Costello, D.J. 2004, *Error Control Coding*, 2nd ed. (Upper Saddle River, NJ: Pearson-Prentice Hall).
Blahut, R.E. 2002, *Algebraic Codes for Data Transmission* (Cambridge, UK: Cambridge University Press).
MacKay, D.J.C. 2003, *Information Theory, Inference, and Learning Algorithms* (Cambridge, UK: Cambridge University Press).[1]
Schlegel, C. and Perez, L. 2000, *Trellis and Turbo Coding*, (Piscataway, NJ: IEEE Press).[2]
"Special Issue on Codes and Complexity", 1996, *IEEE Transactions on Information Theory*, vol. 42, no. 6, pp. 1649-2064.[3]

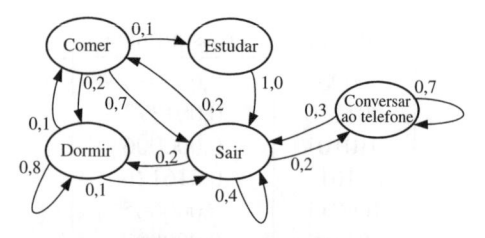

**Figura 16.3.1** Exemplo de um modelo de Markov. Transições ocorrem entre estados no sentido das arestas direcionadas mostradas na figura. Cada aresta de saída é indexada pela sua probabilidade. A soma das probabilidades de cada aresta de saída é igual a 1. O modelo acima é chamado de "Vida de Adolescente".

## 16.3 Modelos de Markov e modelagem escondida de Markov

Treliças, como aquelas apresentadas no §16.2, são grafos direcionados sem quaisquer laços, de modo que um caminho começa no nó mais à esquerda e inevitavelmente termina no mais à direita depois de um número finito de estágios. Os modelos de Markov, mais gerais, vivem sobre um grafo que pode ter laços (loops, como na Figura 16.2.1) de tal maneira que um caminho pode continuar indefinidamente. Na verdade, por convenção, pode-se adicionar um self-loop (uma aresta direcionada que conecta um estado a si mesmo) para qualquer outro estado que de outra maneira não teria uma "saída". Então, todos os caminhos podem ser percorridos indefinidamente, mesmo aqueles cujo destino é permanecerem presos a um único estado.

Para transformar um grafo assim direcionado em um modelo de Markov (também conhecido como cadeia de Markov ou processo de Markov de primeira ordem), nós simplesmente associamos a cada aresta uma probabilidade de transição de modo que a soma das probabilidades das arestas que saem (*outgoing edges*) de cada nó é igual a 1. A Figura 16.3.1 ilustra um exemplo de um modelo de Markov de cinco estados, chamado de "Vida de Adolescente" (*Teen Life*).

Uma realização única de um modelo de Markov é um caminho aleatório que se move de um estado a outro segundo as probabilidades do modelo. Estes são convenientemente organizados na forma de uma matriz de transição $\mathbf{A}$ cujo elemento $A_{ij}$ é a probabilidade associada à transição de $i \to j$, isto é, a probabilidade de se mover para o estado $j$ dado que o estado inicial era $i$. Uma matriz de transição válida deve satisfazer

$$0 \leq A_{ij} \leq 1 \qquad \text{e} \qquad \sum_j A_{ij} = 1 \qquad (16.3.1)$$

A matriz de transição para a Vida de Adolescente (Figura 16.3.1) é

$$\mathbf{A} = \begin{pmatrix} 0 & 0{,}7 & 0{,}1 & 0 & 0{,}2 \\ 0{,}2 & 0{,}4 & 0 & 0{,}2 & 0{,}2 \\ 0 & 1{,}0 & 0 & 0 & 0 \\ 0 & 0{,}3 & 0 & 0{,}7 & 0 \\ 0{,}1 & 0{,}1 & 0 & 0 & 0{,}8 \end{pmatrix} \qquad (16.3.2)$$

onde os estados são numerados na ordem (Comer, Sair, Estudar, Conversar e Dormir).

Uma rotina para criar uma realização de um modelo de Markov a partir de sua matriz de transição $M \times M$ é algo direto de se fazer usando-se a estrutura `Ran` do §7.1 para obter números aleatórios.

```
void markovgen(const MatDoub_I &atrans, VecInt_O &out, Int istart=0,         markovgen.h
    Int seed=1) {
Gera uma realização de um modelo de Markov de M-estados, dada sua matriz de transição atrans de
dimensão M × M. O vetor out é preenchido com inteiros no intervalo 0 ... M − 1. O estado inicial é o argu-
mento opcional istart (por default 0). seed é um argumento opcional que fixa a semente para o gerador
de números aleatórios.
    Int i, ilo, ihi, ii, j, m = atrans.nrows(), n = out.size();
    MatDoub cum(atrans);                Matriz temporária para guardar probabilidades cumulativas.
    Doub r;
    Ran ran(seed);                      Usa o gerador de números aleatórios Ran.
    if (m != atrans.ncols()) throw("transition matrix must be square");
    for (i=0; i<m; i++) {               Preenche cum e die se claramente não for uma matriz
        for (j=1; j<m; j++) cum[i][j] += cum[i][j-1];         de transição.
        if (abs(cum[i][m-1]-1.) > 0.01)
            throw("transition matrix rows must sum to 1");
    }
    j = istart;                         O estado atual é mantido em j.
    out[0] = j;
    for (ii=1; ii<n; ii++) {            Loop principal.
        r = ran.doub()/cum[j][m-1];     Normalização levemente fora é corrigida aqui.
        ilo = 0;
        ihi = m;
        while (ihi-ilo > 1) {           Usa bissecção para achar localização entre probabilidades
            i = (ihi+ilo) >> 1;         cumulativas.
            if (r>cum[j][i-1]) ilo = i;
            else ihi = i;
        }
        out[ii] = j = ilo;              Estabelece novo estado atual.
    }
}
```

O que faz da matriz de transição uma matriz e não simplesmente uma tabela de probabilidade é sua conexão com ensembles de realizações dos correspondentes modelos de Markov. Um ensemble pode ser caracterizado pelas componentes de um vetor população $\mathbf{s}_t$ cujas componentes dão o número de modelos em cada estado no instante $t$ (aqui e abaixo, usamos $t$ como variável temporal discreta e inteira. Em uma treliça, ela seria chamada de estágio no lugar de tempo). Para a Vida de Adolescente, podemos dar nomes às componentes de $\mathbf{s}_t$ correspondendo aos estados (E, H, S, T, Z)*.

Se todos os modelos do ensemble evoluem em um passo no tempo (uma transição), então o vetor população $\mathbf{s}_t$ transforma-se em $\mathbf{s}_{t+1}$ pela multiplicação com a matriz

$$\mathbf{s}_{t+1} = \mathbf{A}^T \mathbf{s}_t \tag{16.3.3}$$

A operação de transposição é necessária somente pelo fato de que duas convenções usuais são incompatíveis: a ordem temporal $i \to j$ para $A_{ij}$ versus a multiplicação matricial à esquerda para um vetor coluna (cujo ordenamento temporal implícito é "do" segundo índice "para" o primeiro). Dada uma matriz, você pode facilmente dizer se ela deve ser $\mathbf{A}$ ou $\mathbf{A}^T$ se suas linhas ou colunas somarem uma probabilidade 1, respectivamente.

Observe que podemos fazer a evolução por mais de um passo temporal, fazendo um cálculo prévio de potências de $\mathbf{A}^T$. Assim, $\mathbf{s}_{t+n} = (\mathbf{A}^T)^n \mathbf{s}_t$, por exemplo.

Todo modelo de Markov tem ao menos uma distribuição de equilíbrio de estados, que permanece inalterada quando multiplicada por $\mathbf{A}^T$. Para demonstrar, escrevemos

$$\mathbf{A}^T \mathbf{s}_e = \mathbf{s}_e \qquad \Longleftrightarrow \qquad (\mathbf{A}^T - \mathbf{1}) \mathbf{s}_e = \mathbf{0} \tag{16.3.4}$$

---

*N. de T.: As letras usados pelos autores correspondem às abreviações, em inglês, dos possíveis estados da cadeia de Markov: E de *Eat* (comer), H de *Hang out* (ficar fora, sair), S de *Study* (estudar), T de *Talk* (conversar) e Z para *Sleep* (dormir).

onde $s_e$ é o estado de equilíbrio procurado. A equação (16.3.4) é válida se e somente se $\mathbf{A}^T - 1$ for uma matriz singular. Uma vez que a soma de qualquer coluna de $\mathbf{A}^T$ dá 1, as colunas de $\mathbf{A}^T - 1$ terão soma zero, sendo portanto linearmente independentes, q.e.d. O que provamos é equivalente a provar que $\mathbf{A}^T$ tem ao menos um autovalor igual a 1. O autovetor correspondente representa uma distribuição de equilíbrio dos estados. Se houver apenas um autovalor igual a um, o estado de equilíbrio é único. Para o modelo Vida de Adolescente, há um autovalor 1, e o autovetor correspondente (normalizado de modo que a soma de suas componentes seja igual à unidade) é aproximadamente (0,099, 0,297, 0,001, 0,198, 0,395) (o adolescente passa aproximadamente 39,5% do seu tempo dormindo, 19,8% falando ao telefone, 0,1% estudando, e assim por diante).

Convergem quase todas as distribuições iniciais para um único equilíbrio, situação na qual dizemos que o modelo é ergódico? Não necessariamente. Duas coisas podem dar errado. Primeiro, se há mais que um autovalor 1, o modelo convergirá, para diferentes distribuições iniciais, para uma combinação linear diferente dos autovetores correspondentes. Dizemos que tais modelos não passam no teste da irredutibilidade. Segundo, o modelo pode ter um ciclo limite periódico, de modo que, para a maioria das distribuições iniciais, ele nem mesmo converge. Tais modelos falham no teste da aperiodicidade. O teorema (e teste de vocabulário) é: irredutibilidade e aperiodicidade implicam ergodicidade.

Uma maneira de diagnosticar estas condições é tomar sucessivamente o quadrado da matriz $\mathbf{A}^T$, levando-a até uma potência muito alta, digamos, $2^{32}$. Isto requer $O(32\,M^3)$ operações para um modelo de $M$ estados (embora haja métodos mais sofisticados, nenhum escalona melhor do que $M^3$). Se todas as $M$ colunas do resultado convergem para vetores idênticos, então há apenas um autovalor (unitário) e todas as distribuições iniciais convergirão para este autovetor (que é, na realidade, o vetor coluna repetido). O modelo é então ergódico.

Caso contrário, localize quaisquer linhas na matriz potência que sejam zero e as elimine junto às suas respectivas colunas (estes são estados que se tornam permanentemente despovoados à medida que o modelo evolui no tempo). Então, confira para ver se as as colunas remanescentes são todas autovetores com autovalores iguais a um. Você pode fazer o teste multiplicando cada uma destas colunas pela matriz $\mathbf{A}^T$ original. Se todas as colunas passarem no teste, então há múltiplos equilíbrios, mas todas as distribuições iniciais convergirão para alguma combinação deles. Se qualquer coluna não passar no teste, então o modelo possui um ciclo limite periódico. Ainda há equilíbrios, dados pelos autovetores de autovalor unitário, mas um estado inicial tem que ser muito especial para evoluir para um deles. Na realidade, tais estados formam um conjunto de medida zero, e podemos dizer que os equilíbrios são instáveis.

Um exemplo simples de equilíbrios múltiplos e ciclos limites periódicos é dado pela matriz de transição

$$\mathbf{A}' = \begin{pmatrix} 0 & 1{,}0 & 0 & 0 & 0 \\ 1{,}0 & 0 & 0 & 0 & 0 \\ 0 & 0{,}7 & 0 & 0{,}3 & 0 \\ 0 & 0 & 0 & 0 & 1{,}0 \\ 0 & 0 & 0 & 1{,}0 & 0 \end{pmatrix} \qquad (16.3.5)$$

que corresponde ao grafo

$\mathbf{A}'^T$ tem dois autovetores com autovalor unitário (pelo gráfico, você pode imaginar quais sejam): $(0.5, 0.5, 0, 0, 0)$ e $(0, 0, 0, 0.5, 0.5)$. Contudo, $\mathbf{A}'^T$ à potência $2^{32}$ não os tem como colunas, mas sim

$$(\mathbf{A}'^T)^{2^{32}} = \begin{pmatrix} 1{,}0 & 0 & 0{,}7 & 0 & 0 \\ 0 & 1{,}0 & 0 & 0 & 0 \\ 0 & 0 & 0 & 0 & 0 \\ 0 & 0 & 0 & 1{,}0 & 0 \\ 0 & 0 & 0{,}3 & 0 & 1{,}0 \end{pmatrix} \qquad (16.3.6)$$

mostrando assim que o modelo tem apenas equilíbrios instáveis (os pequenos blocos de matriz identidade são meros artefatos dos ciclos limites de período 2, enquanto $2^{32}$ é par. Em geral, você obterá algum outro padrão).

Tomar o quadrado sucessivamente é uma maneira bastante pobre de se obter a distribuição de equilíbrio de um modelo que tem sabidamente (ou supostamente) um único equilíbrio estável. Uma maneira melhor, já que conhecemos o autovalor, é fazer uma iteração inversa. Simplesmente resolva a equação

$$(\mathbf{A}^T - \mathbf{1})\mathbf{s}_e = \mathbf{b} \qquad (16.3.7)$$

por uma decomposição $LU$ (§2.3) com o vetor do lado direito $\mathbf{b} = (1, 1, \ldots, 1)$. Se sua rotina reclamar a respeito do pivô zero ao invés de substituí-lo por um valor pequeno (que é o que queremos nesta aplicação), então use a matriz $(\mathbf{A}^T - 0{,}999999 \times \mathbf{1})$ no lugar. Em qualquer um dos casos, você vai querer normalizar $\mathbf{s}_e$ para fazer, por exemplo, que a soma de suas componentes seja um.

Você pode testar para ver se há múltiplos equilíbrios perturbando o vetor do lado direito para ver se obtém o mesmo $\mathbf{s}_e$. Se você tiver equilíbrios múltiplos, provavelmente agora é hora de recorrer aos métodos do Capítulo 11 e calcular os autovalores e autovetores de $\mathbf{A}^T$ diretamente.

Isto é tudo (na verdade, mais do que) gostaríamos de contar a respeito de modelos de Markov em geral. Vamos nos voltar agora para o assunto real que temos em mãos, que é estimar estatisticamente o estado de um modelo "oculto" de Markov quando temos apenas informação parcial ou imperfeita.

### 16.3.1 Modelos ocultos de Markov

Em um modelo oculto de Markov (*hidden Markov model*, HMM) não nos é dado observar o estado do modelo diretamente. No lugar disto, sempre que ele está num estado $i$ (um de seus $M$ estados), ele emite um símbolo $k$, escolhido probabilisticamente de um conjunto de $K$ símbolos. A probabilidade de se emitir o símbolo de número $k$ de um estado de número $i$ é denotada por

$$b_i(k) \equiv P(\text{símbolo } k \mid \text{state } i) \qquad (0 \leq i < M, \quad 0 \leq k < K) \qquad (16.3.8)$$

com a condição de normalização

$$\sum_{k=0}^{K-1} b_i(k) = 1 \qquad (0 < i < M) \qquad (16.3.9)$$

Então, quando o modelo evolui por $N$ passos temporais, o estados ocultos formam um vetor de inteiros

$$\mathbf{s} = \{s_t\} = (s_0, s_1, \ldots s_{N-1}) \qquad (16.3.10)$$

cada qual no intervalo $0 \leq s_i < M$, enquanto que as observações ou dados formam um vetor de inteiros

$$\mathbf{y} = \{y_t\} = (y_0, y_1, \ldots y_{N-1}) \qquad (16.3.11)$$

cada qual com valores no intervalo $0 \leq y_i < K$.

No caso do exemplo Vida de Adolescente, aqui está uma tabela de símbolos e suas probabilidades de serem emitidos a partir de cada estado, em resposta ao repetido questionamento dos pais: "O que você está fazendo?".

| | | | $i=0$ | 1 | 2 | 3 | 4 |
|---|---|---|---|---|---|---|---|
| $k$ | símbolo | significado | Comer | Sair | Estudar | Conversar | Dormir |
| 0 | o | [silêncio] | 0,2 | 0,2 | 0 | 0,3 | 0,5 |
| 1 | s | "Estou estudando!" | 0 | 0 | 1,0 | 0,2 | 0 |
| 2 | b | "Estou ocupado!" | 0 | 0,6 | 0 | 0,4 | 0 |
| 3 | g | [resmungo] | 0,8 | 0,2 | 0 | 0,1 | 0 |
| 4 | z | [ronco] | 0 | 0 | 0 | 0 | 0,5 |

O ponto-chave é que os símbolos emitidos só nos dão informação incompleta ou deturpada sobre o estado (por exemplo, o fato de dizer estar estudando quando na verdade está ao telefone). Um estado pode emitir mais que um símbolo, e um símbolo pode ser emitido por mais de um possível estado. No entanto, nosso objetivo é fazer a melhor reconstrução estatística possível do vetor **s** a partir do vetor **y**.

Mais especificamente, para cada tempo $t$ queremos estimar

$$P_t(i) \equiv P(s_t = i \mid \mathbf{y}) \qquad (16.3.12)$$

que é a probabilidade de que o real estado do sistema seja $i$ no tempo $t$, conhecidos todos os dados (se a palavra "probabilidade" o incomoda, você pode pensar em termos de uma verossimilhança).

Para $t = 0 \ldots N - 1$ e $i = 0 \ldots M - 1$, defina $\alpha_t(i)$ como sendo a probabilidade dos dados observados até o instante $t$ (isto é, $y_0 \ldots y_t$), dado que nos encontramos no estado $i$ naquele instante $t$. Uma vez que não estamos especificando nenhum dos estados prévios, precisamos somar sobre todos os caminhos que levam ao estado $i$ no tempo $t$. Portanto,

$$\alpha_0(i) = b_i(y_0)$$
$$\alpha_t(i) = \sum_{i_0, i_1, \ldots, i_{t-1}} b_{i_0}(y_0) A_{i_0 i_1} b_{i_1}(y_1) \ldots A_{i_{t-1} i} b_i(y_t) \qquad (1 \leq t < N) \quad (16.3.13)$$

Em outras palavras, cada transição contribui para o produto tanto com uma probabilidade de transição quanto com uma probabilidade de símbolo, e somamos sobre todas as possíveis combinações de estados prévios, isto é, todos os possíveis valores de $i_0, i_1, \ldots, i_{t-1}$ no intervalo $0 \ldots M - 1$.

Uma vez que $\alpha_t(i)$ é a probabilidade de um estado determinado por dados, ela pode ser interpretada como a verossimilhança do estado, conhecidos os dados; ou, se formos bayesianos (e somos!), como sendo a probabilidade posterior não normalizada de estar no estado $i$, que pode ser normalizada simplesmente dividindo-se por $\sum_i \alpha_t(i)$. Contudo, a equação (16.3.13) parece inútil por uma grande e uma pequena razão. A grande: ela tem um número exponencial de termos a serem calculados. A pequena: ela usa apenas parte dos dados (os dados de tempos anteriores) para estimar o estado $i$ no instante $t$. Ela é o que se chama de uma estimativa para frente (*forward estimate*).

Surpreendentemente, ambos os problemas são fáceis de consertar. Não é difícil ver que os $\alpha_t(i)$'s satisfazem uma relação de recorrência que os avança, todos, um passo em $t$:

$$\alpha_{t+1}(j) = \sum_{i=0}^{M-1} \alpha_t(i) A_{ij} b_j(y_{t+1}) \qquad (0 \le j < M) \quad \text{para} \quad t = 0, \ldots, N-2 \tag{16.3.14}$$

Um passo desta recorrência requer somente $O(M^2)$ operações, de modo que toda a tabela dos $\alpha_t(i)$'s pode ser calculada em $O(NM^2)$ operações.

Para consertar o segundo problema, chegamos à questão do "outro fim do tempo". Definamos $\beta_t(i)$ para $t = N-1 \ldots 0$ e $i = 0 \ldots M-1$ como sendo a probabilidade de que os dados observados no *futuro* sejam $(y_{t+1}, y_{t+2}, \ldots y_{N-1})$, novamente *dado* que saibamos que estamos no estado $i$ no instante $t$. De modo análogo aos $\alpha$'s, temos

$$\beta_t(i) = \sum_{i_{t+1},\ldots,i_{N-1}} A_{i i_{t+1}} b_{i_{t+1}}(y_{t+1}) \ldots A_{i_{N-2} i_{N-1}} b_{i_{N-1}}(y_{N-1}) \tag{16.3.15}$$

com o caso especial $\beta_{N-1}(i) = 1$ (como não há dados para o futuro de $t = N-1$, a probabilidade destes dados é por definição 1). Na fórmula dos $\beta_t(i)$'s há um fator no produto para cada probabilidade de transição futura e cada probabilidade de símbolo futuro (fixando os símbolos nos $y$'s de verdade, é claro). Da mesma maneira que para os $\alpha$'s, os $\beta$'s podem ser interpretados como verossimilhanças, ou probabilidades posteriores não normalizadas. E, maravilhosamente, a equação (16.3.15) pode ser resolvida por recorrência reversa,

$$\beta_{t-1}(i) = \sum_{j=0}^{M-1} A_{ij} b_j(y_t) \beta_t(j) \qquad (0 \le i < M) \quad \text{para} \quad t = N-1, \ldots, 1 \tag{16.3.16}$$

Resolver para achar todos os $\beta$'s para $t = N-1, N-2, \ldots 0$ é o que chamamos de estimativa reversa.

Agora, aqui está o grande payoff: das definições dos $\alpha$'s e $\beta$'s, o produto $\alpha_t(i)\beta_t(i)$ é a probabilidade posterior não normalizada a partir do estado $i$ no tempo $t$ sendo conhecidos *todos* os dados. Se normalizarmos dividindo por

$$\mathcal{L}_t = \sum_{i=0}^{M-1} \alpha_t(i)\beta_t(i) \tag{16.3.17}$$

obtemos as estimativas desejadas da probabilidade de cada estado separado em cada tempo, separadamente,

$$P_t(i) = \frac{\alpha_t(i)\beta_t(i)}{\mathcal{L}_t} \tag{16.3.18}$$

Além disso, segue das definições (16.3.13) e (16.3.15) que $\mathcal{L}_t$ é na realidade independente de $t$, de modo que podemos omitir o subscrito $t$ e calculá-lo apenas uma vez (no entanto, na prática normalmente se faz uma renormalização para cada tempo $t$ para garantir uma maior estabilidade numérica). O valor de $\mathcal{L}$ pode ser interpretado como a probabilidade (ou verossimilhança) de todo o conjunto de dados, dados os parâmetros do modelo.

As equações (16.3.14) e (16.3.16), juntas, são chamadas de algoritmo forward-backward para estimativa de estado de um modelo oculto de Markov.

Traduzindo o HMM em código, começamos por uma estrutura que guardará as várias grandezas que entram no jogo, e seu construtor. Você constrói uma estrutura HMM especificando uma matriz de probabilidades de transição **A** (N.B.: não $\mathbf{A}^T$), uma matriz de probabilidades de símbolos $b_{ik} \equiv b_i(k)$ e um vetor **y** de dados observados.

hmm.h

```
struct HMM {
Estrutura para modelo oculto de Markov e seus métodos.
    MatDoub a, b;                          Matriz de transição e matriz de probabilidade de símbolos.
    VecInt obs;                            Dados observados.
    Int fbdone;
    Int mstat, nobs, ksym;                 Número de estados, observações e símbolos.
    Int lrnrm;
    MatDoub alpha, beta, pstate;           Matrizes α,β, e $P_i(t)$
    VecInt arnrm, brnrm;
    Doub BIG, BIGI, lhood;
    HMM(MatDoub_I &aa, MatDoub_I &bb, VecInt_I &obs);    Construtor; vide abaixo.
    void forwardbackward();                Estimação de estado HMM.
    void baumwelch();                      Reestimação de parâmetro HMM.
    Doub loglikelihood() {return log(lhood)+lrnrm*log(BIGI);}
Retorna a log-verossimilhança calculada por forwardbackward().
};

HMM::HMM(MatDoub_I &aa, MatDoub_I &bb, VecInt_I &obss) :
    a(aa), b(bb), obs(obss), fbdone(0),
    mstat(a.nrows()), nobs(obs.size()), ksym(b.ncols()),
    alpha(nobs,mstat), beta(nobs,mstat), pstate(nobs,mstat),
    arnrm(nobs), brnrm(nobs), BIG(1.e20), BIGI(1./BIG)  {
Construtor. Os dados de entrada são a matriz de transição aa, a matriz de probabilidades de símbolos
bb e o vetor observado de símbolos obss. Cópias locais são feitas, de modo que as grandezas de en-
trada não precisam ser guardadas pelo programa de chamada.
    Int i,j,k;
    Doub sum;
Embora as restrições de espaço nos tornem geralmente chatos quando se trata de escrever código
para verificar os dados de entrada, nós lhe pouparemos uma grande dor de cabeça fazendo isto no
presente caso. Se você obtiver erros do tipo "matrix not normalized", você provavelmente está com
sua matriz transposta. Note que erros de normalização < 1% são silenciosamente consertados.
    if (a.ncols() != mstat) throw("transition matrix not square");
    if (b.nrows() != mstat) throw("symbol prob matrix wrong size");
    for (i=0; i<nobs; i++) {
        if (obs[i] < 0 || obs[i] >= ksym) throw("bad data in obs");
    }
    for (i=0; i<mstat; i++) {
        sum = 0.;
        for (j=0; j<mstat; j++) sum += a[i][j];
        if (abs(sum - 1.) > 0.01) throw("transition matrix not normalized");
        for (j=0; j<mstat; j++) a[i][j] /= sum;
    }
    for (i=0; i<mstat; i++) {
        sum = 0.;
        for (k=0; k<ksym; k++) sum += b[i][k];
        if (abs(sum - 1.) > 0.01) throw("symbol prob matrix not normalized");
        for (k=0; k<ksym; k++) b[i][k] /= sum;
    }
}
```

Agora, para realmente fazer a estimação forward-backward, você tem que chamar a função forwardbackward. Ela preenche a matriz pstate de tal modo que pstate$_{ti} = P_t(i)$. Ela também ajusta o valor das variáveis internas lhood e lrnrm de modo que a função loglikelihood retorne o logaritmo de $\mathcal{L}$. Não se surpreenda por quão grande em magnitude este número (negativo) pode ser. A probabilidade de qualquer conjunto de dados de dados particular ter tamanho maior que o trivial é astronomicamente pequena!

No código seguinte, as grandezas BIG, BIGI, arnrm, brnrm e lrnrm estão todas relacionadas com a parte do código que lida com a manipulação de valores que em muito causariam um underflow no formato de ponto flutuante usual. A ideia básica é renormalizar à medida que for necessário, mantendo uma contagem do número de renormalizações acumuladas. No final, quando $\alpha$, $\beta$ e $\mathcal{L}$ forem combinados, obtemos como resultado valores de probabilidade de magnitude razoável.

```
void HMM::forwardbackward() {                                                    hmm.h
Algoritmo HMM forward-backward. Usando as matrizes armazenadas a, b e obs, as matrizes alpha, beta
e pstate são calculadas. Esta última é a estimação do estado do modelo, conhecidos os dados.
    Int i,j,t;
    Doub sum,asum,bsum;
    for (i=0; i<mstat; i++) alpha[0][i] = b[i][obs[0]];
    arnrm[0] = 0;
    for (t=1; t<nobs; t++) {              Passo forward.
        asum = 0;
        for (j=0; j<mstat; j++) {
            sum = 0.;
            for (i=0; i<mstat; i++) sum += alpha[t-1][i]*a[i][j]*b[j][obs[t]];
            alpha[t][j] = sum;
            asum += sum;
        }
        arnrm[t] = arnrm[t-1];            Renormaliza os α's quando necessário para evitar
        if (asum < BIGI) {                underflow, mantendo contagem de quantas
            ++arnrm[t];                   renormalizações foram feitas para cada α.
            for (j=0; j<mstat; j++) alpha[t][j] *= BIG;
        }
    }
    for (i=0; i<mstat; i++) beta[nobs-1][i] = 1.;
    brnrm[nobs-1] = 0;
    for (t=nobs-2; t>=0; t--) {           Passo backward.
        bsum = 0.;
        for (i=0; i<mstat; i++) {
            sum = 0.;
            for (j=0; j<mstat; j++) sum += a[i][j]*b[j][obs[t+1]]*beta[t+1][j];
            beta[t][i] = sum;
            bsum += sum;
        }
        brnrm[t] = brnrm[t+1];
        if (bsum < BIGI) {                Igualmente, renormaliza os β's quando necessário.
            ++brnrm[t];
            for (j=0; j<mstat; j++) beta[t][j] *= BIG;
        }
    }
    lhood = 0.;                           Verossimilhança total é lhood com lnorm renor-
    for (i=0; i<mstat; i++) lhood += alpha[0][i]*beta[0][i];     malizações.
    lrnrm = arnrm[0] + brnrm[0];
    while (lhood < BIGI) {lhood *= BIG; lrnrm++;}
    for (t=0; t<nobs; t++) {              Obtém probabilidades de estados a partir dos α's
        sum = 0.;                         e β's.
        for (i=0; i<mstat; i++) sum += (pstate[t][i] = alpha[t][i]*beta[t][i]);
    A próxima linha é um cálculo equivalente de sum. Mas preferiríamos que a normalização de P_i(t)'s
    fosse mais imune a erros de arredondamento. Por isso fazemos a soma acima para cada valor de t.
        // sum = lhood*pow(BIGI, lrnrm - arnrm[t] - brnrm[t]);
        for (i=0; i<mstat; i++) pstate[t][i] /= sum;
    }
    fbdone = 1;                           Flag previne o mau uso de baumwelch() mais
}                                         tarde.
```

Você deve estar se perguntando quão bem forwardbackward é capaz de predizer os estados ocultos de Vida de Adolescente, partindo apenas de um longo string de símbolos de saída. Se tomarmos a predição como sendo um estado com a mais alta probabilidade para cada tempo, então isto estará correto aproximadamente 78% das vezes. As outras 17% das vezes, o estado correto terá a segunda mais alta probabilidade, geralmente quando as duas mais altas probabilidades forem praticamente iguais. Uma importante propriedade dos HMMs é que a saída não é só uma predição, mas também uma estimativa quantitativa de quão "seguro" o modelo está da predição feita.

## 16.3.2 Algumas variantes do HMM

A estimação de estados via HMM com o algoritmo forward-backward é um formalismo muito flexível, e muitas variantes são possíveis. Por exemplo, em códigos de decodificação sobre treliças, como fizemos acima, os símbolos 0 e 1 não são emitidos pelos estados, mas pelas transições entre os estados. Se quisermos usar o HMM para aquele problema (falaremos mais sobre isto abaixo), devemos substituir $b_i(k)$ por $b_{ij}(k)$, a probabilidade de emitir um símbolo $k$ em uma transição do estado $i$ para o estado $j$. As recorrências direta (*forward*) e reversa (*backward*) tornam-se agora

$$\alpha_{t+1}(j) = \sum_{i=0}^{M-1} \alpha_t(i) A_{ij} b_{ij}(y_{t+1})$$
$$\beta_{t-1}(i) = \sum_{j=0}^{M-1} A_{ij} b_{ij}(y_t) \beta_t(j)$$
(16.3.19)

e inicializamos os $\alpha$'s com a regra especial $\alpha_0(i) = 1$, uma vez que (como no caso de $\beta_{N-1}(i)$ anteriormente) a probabilidade dos dados é 1 antes que haja qualquer dado.

Outra variante é no caso onde um ou mais estados intermediários são conhecidos exatamente. Neste caso, uma ou mais das somas $i_0, i_1, ..., i_{t-1}$ na equação (16.3.13) é deixada de fora, e o índice correspondente em um $A$ ou $b$ é substituído pelo número conhecido do estado. Se você seguir as mudanças para ver como isto afeta a equação de recorrência (16.3.14), você verá que o novo procedimento consiste em

- calcular os $\alpha$'s avançados em relação a, e que incluam, um estado conhecido;
- zerar todos os valores de $\alpha$ para aquele tempo exceto para aquele do estado conhecido;
- não renormalizar nada (embora você se sinta tentado a fazê-lo); e
- continuar em frente com os $\alpha$'s para o próximo passo temporal.

Proceda do mesmo modo para os $\beta$'s.

A variante oposta é quando você tem dados faltando (*missing data*), ou seja, para alguns valores de $t$ não há observação do símbolo $\mathbf{y}_t$. Neste caso, tudo o que você precisa é fazer da probabilidade do símbolo um caso especial,

$$b_i(y_t) \equiv 1, \qquad (0 \le i < M) \qquad t \in \{\text{missing}\}$$
(16.3.20)

o que é o mesmo que dizer que, independentemente do estado $i$, a probabilidade de se observar os dados (quer dizer, nenhum dado) num tempo $t$ é igual a 1. Agora faça como antes para calcular as probabilidades de estados. Se você quiser então reconstruir os dados faltantes, você pode calcular suas probabilidades posteriores,

$$P(y_t = k \mid \mathbf{y}) = \sum_{i=0}^{M-1} P_i(t) b_i(k) = \sum_{i=0}^{M-1} \frac{\alpha_i(t) \beta_i(t)}{\mathcal{L}} b_i(k) \qquad t \in \{\text{missing}\}$$
(16.3.21)

## 16.3.3 Reestimação Bayesiana dos parâmetros do modelo

Isto é mágico. A probabilidade de estarmos no estado $i$ no tempo $t$ é $\alpha_t(i) \beta_t(i)/\mathcal{L}$. Qual é a probabilidade, dados os dados $\mathbf{y}$, de que uma dada transição, digamos entre o tempo $t$ e $t+1$, tenha sido uma transição entre o estado $i$ e o estado $j$? Escrevemos, empregando várias leis de probabilidade,

$$\begin{aligned}
P(s_t &= i, s_{t+1} = j \mid \mathbf{y}) \\
&= P(s_{t+1} = j \mid \mathbf{y}, s_t = i) P(s_t = i \mid \mathbf{y}) \\
&= \frac{P(\mathbf{y} \mid s_{t+1} = j, s_t = i) P(s_{t+1} = j \mid s_t = i)}{\sum_j P(\mathbf{y} \mid s_{t+1} = j, s_t = i) P(s_{t+1} = j \mid s_t = i)} P(s_t = i \mid \mathbf{y}) \\
&= \frac{[\alpha_t(i) b_j(y_{t+1}) \beta_{t+1}(j)][A_{ij}]}{\sum_j [\alpha_t(i) b_j(y_{t+1}) \beta_{t+1}(j)][A_{ij}]} \frac{[\alpha_t(i) \beta_t(i)]}{\mathcal{L}} \\
&= \frac{\alpha_t(i) A_{ij} b_j(y_{t+1}) \beta_{t+1}(j)}{\mathcal{L}}
\end{aligned} \qquad (16.3.22)$$

Observe como a soma sobre $j$ no denominador desaparece pelo emprego da recorrência (16.3.16) para $\beta_t(i)$.

Assim, para uma longa sequência de dados, podemos calcular a fração do tempo que um estado $i$ transiciona para um estado $j$ como sendo o número estimado de transições $i \to j$ dividido pelo número estimado de estados $i$,

$$\hat{A}_{ij} = \frac{\sum_t \alpha_t(i) A_{ij} b_j(y_{t+1}) \beta_{t+1}(j)}{\sum_t \alpha_t(i) \beta_t(i)} \qquad (16.3.23)$$

observando que os $\mathcal{L}$'s se cancelam mutuamente. A razão pela qual chamamos este quociente de $\hat{A}_{ij}$ é por ele ser uma reestimativa da probabilidade de transição $A_{ij}$. A reestimação correspondente da matriz de probabilidades de símbolos $b_i(k)$ é a fração de todos os estados $i$ que emitem um símbolo $k$, a saber,

$$\hat{b}_i(k) = \frac{\sum_t \delta(y_t, k) \alpha_t(i) \beta_t(i)}{\sum_t \alpha_t(i) \beta_t(i)} \qquad (16.3.24)$$

onde $\delta(j, k)$ é 1 se $j = k$, e zero, caso contrário.

Você deve estar pensando que este processo é de algum modo circular, ou que reestimar $A_{ij}$ e $b_i(k)$ desta maneira apenas introduz ruído que degrada o modelo. Longe disto! Baum e Welch foram os primeiros a mostrar que substituir $A_{ij}$ por $\hat{A}_{ij}$ e $b_j(k)$ por $\hat{b}_j(k)$, e então recalcular as probabilidades de cada estado para cada tempo usando o algoritmo forward-backward, sempre leva a um aumento de $\mathcal{L}$, a verossimilhança total do modelo. Ele é, na verdade, um algoritmo EM (confira §16.1 e abaixo). Você pode continuar este ciclo de estimação de estados (forward-backward) e re-estimação de probabilidades do modelo (Baum-Welch), obtendo assim mais aumentos em $\mathcal{L}$ até que a convergência a um máximo é atingida. As equações (16.3.23) e (16.3.24) são conhecidas como reestimação de Baum-Welch.

A mágica então é o seguinte: começamos estimando estados de um modelo oculto de Markov conhecido. Daí vemos que, a partir somente dos dados, podemos obter não apenas uma estimativa dos estados, mas também uma do próprio modelo, isto é, probabilidades de transição e probabilidades de símbolos. Como em qualquer processo iterativo, isto funciona melhor se tivermos um bom chute inicial. Normalmente, porém, ela convergirá para um bom modelo a partir de um chute inicial praticamente aleatório (você não deve começar com probabilidades exatamente uniformes, pois isto cria uma simetria que a iteração dificilmente consegue quebrar).

O código é direto. O update de $b_i(k)$ vem praticamente de graça como um subproduto do cálculo do denominador no upgrade de $A_{ij}$. Da mesma maneira que o algoritmo forward-backward, a reestimação de Baum-Welch requer $O(NM^2)$ operações.

hmm.h

```
void HMM::baumwelch() {
```
Reestimação de Baum-Welch das matrizes armazenadas a e b, usando os dados obs e as matrizes alpha e beta calculadas por forwardbackward() (que deve ser chamada primeiro). Os valores prévios de a e b são escritos por cima.

```
    Int i,j,k,t;
    Doub num,denom,term;
    MatDoub bnew(mstat,ksym);
    Doub powtab[10];                    Preenche tabela de potências de BIGI.
    for (i=0; i<10; i++) powtab[i] = pow(BIGI,i-6);
    if (fbdone != 1) throw("must do forwardbackward first");
    for (i=0; i<mstat; i++) {           Loop sobre i, obtém denominadores e novo b.
        denom = 0.;
        for (k=0; k<ksym; k++) bnew[i][k] = 0.;
        for (t=0; t<nobs-1; t++) {
            term = (alpha[t][i]*beta[t][i]/lhood)
                * powtab[arnrm[t] + brnrm[t] - lrnrm + 6];
            denom += term;
            bnew[i][obs[t]] += term;
        }
        for (j=0; j<mstat; j++) {       Loop interno sobre j obtém elementos de a.
            num = 0.;
            for (t=0; t<nobs-1; t++) {
                num += alpha[t][i]*b[j][obs[t+1]]*beta[t+1][j]
                    * powtab[arnrm[t] + brnrm[t+1] - lrnrm + 6]/lhood;
            }
            a[i][j] *= (num/denom);
        }
        for (k=0; k<ksym; k++) bnew[i][k] /= denom;
    }
    b = bnew;
    fbdone = 0;                         Não deixe que esta rotina seja novamente chamada até que
}                                                   forwardbackward() tenha sido chamada.
```

Você sempre deve fazer uma chamada de forwardbackward antes de chamar baumwelch, uma vez que a primeira faz um update das tabelas $\alpha$ e $\beta$. Também, à medida que você alterna as chamadas para as duas funções, você monitora a convergência pelo valor da log-verossimilhança calculada por forwardbackward.

Esteja avisado de que a convergência pode ser excruciantemente lenta! As referências descrevem métodos com os quais a convergência pode ser acelerada em alguns casos. As dificuldades comuns são quando um estado raro não é corretamente capturado pelo modelo, ou quando o modelo pensa que há dois estados com probabilidades de transição praticamente iguais, quando na verdade há apenas um. Se você dispuser de alguma ideia plausível sobre a matriz de transição de probabilidades, você deve usá-la para inicializar o processo. Há muitas aplicações para as quais você não deve sob hipótese alguma usar a reestimação: se você tiver um modelo muito bom com o qual começar, simplesmente use-o (via forwardbackward) para analisar seus dados, e nem deixe que a ideia de reestimação passe por sua cabeça.

O algoritmo de reestimação de Baum-Welch, que foi criado no meio dos anos 1960, foi generalizado no meio dos anos 1970 por Dempster, Laird e Rubin com o nome de algoritmo da maximização da expectativa (EM, *expectation-maximization algorithm*), com uma variedade de aplicações a problemas com dados faltantes ou censurados (um exemplo é o modelo de mistura gaussiano do §16.1). Nesta linguagem mais geral, o algoritmo forward-backward é um E-step, enquanto Baum-Welch é um M-step. Mas aí! uma pequena nuvem no céu de resto limpo é que a única garantia que temos é que o máximo de $\mathcal{L}$ que se obtém por múltiplas iterações EM é local e não global.

O método HMM encontrou, na área de reconhecimento de voz, um vasto campo de aplicações, bem como na comparação de sequências de genes, modelos financeiros e uma variedade de outras áreas. As referências dão detalhes mais específicos a este respeito.

## 16.3.4 Comparando o algoritmo de Viterbi com o HMM

É importante entendermos as similaridades e diferenças entre o algoritmo de Viterbi e a modelagem oculta de Markov (em particular seu algoritmo forward-backward).

Quando discutimos o algoritmo de Viterbi no contexto de decodificação, partimos da assunção implícita de que um bit 1 era, *a priori*, tão provável quando um bit 0. A generalização do algoritmo de Viterbi para uma probabilidade de transição $A_{ij}$ *a priori* arbitrária é direta, como no HMM. Neste caso, o fator de probabilidade em cada aresta (cujo negativo do logaritmo representa o custo da aresta) é o produto de dois termos, de novo como no HMM, $A_{ij}b_{ij}(k)$, onde agora $b_{ij}(k)$ é a probabilidade de observar o símbolo $k$ dado que a transição $i \to j$ ocorreu.

Discutimos detalhadamente a reestimação de parâmetro de Baum-Welch para o HMM. A reestimação de parâmetros em um modelo de Viterbi, frequentemente chamado de treinamento de Viterbi, é análoga. Pegue o caminho mais provável que o algoritmo calculou como saída (ou ensemble de caminhos coletados a partir das decodificações de muitas codewords). Conte o número de transições $i \to j$ vistas ao longo destes caminhos e o número de símbolos $k$ vistos para cada par $i, j$. Reestime agora $A_{ij}$ e $b_{ij}(k)$ fazendo a óbvia normalização destas contagens.

O algoritmo de Viterbi e a estimação forward do algoritmo forward-backward são estruturalmente muito similares. Em ambos os casos, varremos no sentido de tempos maiores (ou estágios) e atribuímos uma verossimilhança (ou probabilidade posterior) a cada nó, baseados nos dados já vistos. A diferença é que Viterbi atribui a um nó a probabilidade do único melhor caminho que chega até ele, ao passo que a forward-backward atribui a soma das probabilidades sobre todos os possíveis caminhos até aquele nó. É por este motivo que Viterbi é muitas vezes chamado de algoritmo da soma mínima (*min-sum algorithm*), enquanto o forward-backward é conhecido como o algoritmo soma de produtos (*sum-product algorithm*), para deixar mais clara a distinção (dentro do contexto de teoria de codificação, o algoritmo forward-backward também é muitas vezes chamado de algoritmo *BCRJ* ou de Bahl-Cocke-Jelinek-Raviv. Em outros contextos é, às vezes, denominado propagação de crença, *belief propagation*).

As passagens backward dos dois algoritmos tem estruturas diferentes. Para Viterbi, a passagem simplesmente consolida a informação acerca do único caminho mais provável que já está implícito na indexação de nós. Para o forward-backward, como vimos, esta passagem é necessária para se obterem as probabilidades posteriores para cada nó que usa todos os dados, tanto adiante quanto antes do tempo $t$.

Se você acredita que pode escolher entre usar Viterbi ou HMM, você provavelmente deveria pensar melhor. A maioria dos problemas claramente favorece um em detrimento do outro. Se você quer como saída um caminho válido no grafo, então HMM não funciona: ele pode fornecer um conjunto de nós altamente prováveis que simplesmente não se encontram sobre qualquer um dos caminhos. Por exemplo, você pode obter metade de uma codeword e metade de outra, sem que uma aresta do grafo conecte as duas metades. É por isso que normalmente a decodificação começa no mundo de Viterbi (embora, em alguns construtos mais complicados, ela possa acabar com um pé em cada um dos mundos).

Por outro lado, se você se importa em saber quais nós são visitados, então o HMM é mais provavelmente aquilo que você deseja. De fato, Viterbi dá resultados muito ruins. O caminho mais provável em geral é altamente improvável quando comparado com a soma de todos os caminhos que levam a um nó particular, um que não esteja possivelmente no caminho mais provável. Ou, descrevendo de outra maneira, pode haver um número exponencial de caminhos com probabilidades não muito diferentes, de modo que as probabilidades de nós são determinadas pela estatística de onde todos eles desembocam, e não por aquele caminho que calhou ter a mais alta probabilidade.

É bastante fácil "minerar" HMM atrás de possibilidades alternativas, uma vez que ele fornece, aparentemente, todas as probabilidades posteriores possíveis que você talvez queira um dia saber. É muito difícil conseguir qualquer coisa do algoritmo de Viterbi além do caminho mais provável. Isto é devido ao fato de que a enumeração de todos os caminhos possíveis é imensamente mais difícil que a enumeração de todos os possíveis nós; o algoritmo de Bellman-Dijkstra-Viterbi é extremamente bom em manter apenas a informação de que ele necessita. Estruturas de dados para achar mais do que um caminho provável se tornam rapidamente muito complexas.

Enfim devemos atacar o mito, ouvido ocasionalmente, de que o algoritmo de Viterbi enquanto uma estimativa pura de verossimilhança máxima (*maximum likelihood*, ML) é de algum modo "menos Bayesiano" que HMM. Na verdade, HMM é também uma estimativa ML pura se você estiver olhando apenas para o estado $i$ com o maior $\alpha_t(i)\,\beta_t(i)$ para cada instante de tempo $t$, sem normalizar seu valor nem olhar para quaisquer outros $i$'s. Mas neste caso você está desprezando toda uma rica quantidade de informação útil acerca dos outros estados possíveis (este é, em parte, o motivo pelo qual você deveria embarcar no programa Bayesiano!). Acreditamos que tanto HMM quando Viterbi são Bayesianos até o fundo da alma. Se houvesse outra maneira de enumerar todos os outros caminhos e suas verossimilhanças, não hesitaríamos em normalizar a verossimilhança do melhor caminho e chamá-la de probabilidade posterior. É só pela dificuldade desta enumeração que se torna possível manter o caráter Bayesiano do algoritmo de Viterbi "escondido no armário"; e não há vantagem, até onde podemos ver, em fazê-lo.

#### REFERÊNCIAS CITADAS E LEITURA COMPLEMENTAR

Hsu, H.P. 1997, *Schaum's Outline of Theory and Problems of Probability, Random Variables, and Random Processes* (New York: McGraw-Hill).

Haggstrom, O. 2002, *Finite Markov Chains and Algorithmic Applications (Cambridge,* UK: Cambridge University Press).

Norris, J.R. 1998, *Markov Chains,* Cambridge Series in Statistical and Probabilistic Mathematics (Cambridge, UK: Cambridge University Press).

MacDonald, I.L. and Zucchini, W. 1997, *Hidden Markov and Other Models for Discrete-Valued Time Series* (Boca Raton, FL: Chapman & Hall/CRC).

McLachlan, G.J. and Krishnan, T. 1996, *The EM Algorithm and Extensions* (New York: Wiley).

Rabiner, L. 1989, "A Tutorial on Hidden Harkov Models and Selected Applications in Speech Recognition," *Proceedings of the IEEE*, vol. 77, no. 2, pp. 257-286. [Review article on the use of HMMs in speech recognition.]

Eddy, S.R. 1998, "Profile Hidden Markov Models," *Bioinformatics*, vol. 14, pp. 755-763. [Artigo de resenha sobre o uso de HMMs em genética.]

## 16.4 Agrupamento hierárquico via árvores filogenéticas

Agrupamento hierárquico (*hierarchical clustering*) é um tipo de aprendizagem não supervisionada: procuramos algoritmos que descubram como agrupar um conjunto desordenado de dados de entrada sem nunca terem visto quaisquer dados de treinamento que representem a "resposta correta". Como diz o nome, a saída de um algoritmo de clustering hierárquico é uma quantidade de conjuntos totalmente aninhados (*nested*). Os menores conjuntos são os elementos individuais. O maior de todos é o conjunto completo de dados. Conjuntos intermediários são aninhados, isto é, a intersecção do quaisquer dois conjuntos é ou o conjunto vazio, ou o menor dos dois conjuntos.

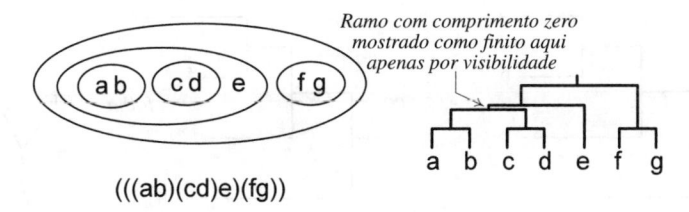

**Figura 16.4.1** Representação de classificação hierárquica. Parte superior esquerda: diagrama mostrando conjuntos totalmente aninhados (*nested*). Parte inferior esquerda: expressão equivalente em termos de parênteses. Lado direito: árvore binária (possivelmente com comprimentos de ramo [*branch length*] zero).

O que você necessita para começar um clustering hierárquico é ou um conjunto de sequências, ou uma matriz de distância (*distance matrix*). Métodos baseados em caracteres (*character-based methods*) começam com $n$ sequências com $m$ caracteres de comprimento (por exemplo, bases de DNA ou aminoácidos proteicos). Um toy model* pode ser as $n = 16$ sequências de $m = 12$ caracteres,

| | | | | |
|---|---|---|---|---|
| 0. | CGGTTGGGAGCT | | 8. | GCGCGGTGCAGC |
| 1. | AGGTCGTGAGGT | | 9. | AGGCGGTGCGGG |
| 2. | TGGTTGGGGTTT | | 10. | GGGCGGGGCGGG |
| 3. | TGGGTGCGAGTT | | 11. | GGGCGCTGCGGG |
| 4. | ACGTTTGGGTGA | | 12. | GGACGGAGGCTG |
| 5. | AAGGTTGGGGAA | | 13. | GGGTGGGAGCTG |
| 6. | GTCTTTCGGGTG | | 14. | AGGAGGCTGATG |
| 7. | CACTTGCGGGGG | | 15. | TGGCGGATGATG |

É bem possível que não seja imediatamente óbvio perceber que as sequências acima foram geradas a partir de uma árvore binária balanceada de cinco níveis, tendo GGGGGGGGGGGG como raiz e com cada nó filho sofrendo duas mutações aleatórias a partir de seu pai. Veremos abaixo até que ponto os algoritmos que discutiremos conseguem descobrir isto a partir dos dados. Um caso mais realista teria provavelmente uma sequência muito maior que esta, e menos mutações médias por caractere; o número de sequências pode ser maior ou menor do que o deste toy model.

O ponto de partida alternativo é com uma matriz $n \times n$ $d_{ij}$ de distâncias entre os pares de seus $n$ pontos, que podem agora ser sequências, pontos num espaço $N$-dimensional ou qualquer outra coisa. Você é responsável por garantir que a matriz distância satisfaça as seguintes condições:

$$\begin{aligned} d_{ij} &\geq 0 & \text{(positividade)} \\ d_{ii} &= 0 & \text{(autodistância zero)} \\ d_{ij} &= d_{ji} & \text{(simetria)} \\ d_{ik} &\leq d_{ij} + d_{jk} & \text{(desigualdade do triângulo)} \end{aligned}$$
(16.4.1)

para todos os $i, j, k$. Discutiremos a seguir como obter distâncias de sequências, se é por este caminho que você quer ir.

A Figura 16.4.1 mostra três representações do mesmo clustering hierárquico de um conjunto de dados de sete elementos. As duas representações à esquerda são autoexplicativas. Aquela à

---

*N. de T.: Termo normalmente usado em Física para se referir a um modelo simples, normalmente solúvel, que serve de base a partir do qual modelos mais complexos, realistas, são deduzidos.

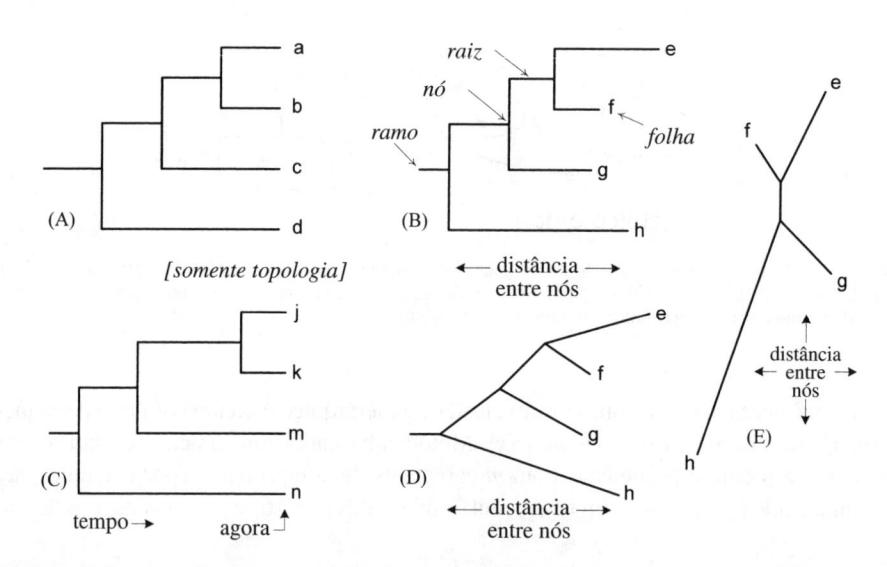

**Figura 16.4.2** Tipos de árvores. Um cladograma (A) tem ramos de comprimentos arbitrários. A intenção é representar a topologia unicamente. Um filograma ou árvore filogenética (B) é uma árvore aditiva, onde a distância entre quaisquer dois nós/folhas é a soma dos comprimentos dos ramos horizontais que os conectam. Uma árvore ultramétrica (C) é uma árvore aditiva que tem a propriedade de que qualquer nó tem a mesma distância de todas as suas folhas (como quando os comprimentos representem tempo). A árvore (D) é uma maneira alternativa de desenhar (B). Novamente, apenas distâncias horizontais são significativas. Em uma árvore sem raiz (E), os comprimentos das linhas representam distâncias independentes de orientação. A árvore (E) é a representação sem raiz de (B) ou (D).

direita, a árvore binária, necessita de explicação em um ponto: se, no diagrama de conjuntos, (*ab*), (*cd*) e (*e*) estão agrupados "democraticamente", por que então a árvore binária seleciona (*e*) arbitrariamente como descendente de um nó mais alto, em vez de ter três descendentes de um nó comum?

A resposta é uma questão de convenção. Árvores binárias são a linguagem comum adotada pelo clustering hierárquico pois (i) elas emergem naturalmente a partir do conceito de eventos de mutação em biologia, (ii) elas são de certo modo mais fáceis de se representar num computador do que árvores gerais e (iii) geralmente é mais fácil remostrar teoremas a seu respeito. Nossas árvores quase sempre terão a elas associado o conceito de comprimento de ramo (*branch length*), uma representação de alguma medida da diferença entre o nó pai e o nó filho. Quando tivermos que conectar democraticamente um certo número de nós maior que dois, nós o fazemos com ramos de comprimento zero. Uma convenção é ver todas as topologias de nós conectados deste modo como sendo equivalentes.

### 16.4.1 Conceitos básicos sobre árvores

A Figura 16.4.2 mostra diferentes maneiras de desenhar árvores binárias e introduz um pouco mais de terminologia. O dados são folhas, ou seja, normalmente são os nós terminais de uma árvore. As árvores em geral são desenhadas de lado (raiz à esquerda, folhas à direita) ou de cabeça para baixo (raiz em cima, folhas embaixo) quando comparadas a seus homônimos arbóreos cujas raízes se encontram embaixo e folhas, em cima – pelo menos na maioria das árvores que vemos por aí! Um árvore cujos comprimentos de ramos não tenham significado é usualmente chamada de cladograma. Estas têm uma rica tradição histórica em biologia pré-molecular, mas são encaradas hoje com alarme pela maioria dos biocientistas. Uma árvore com comprimentos de ramos que tenham o significado de distâncias (segundo alguma métrica) entre nós e seus filhos, ou entre folhas, é chamada de filograma ou árvore filogenética (alguns autores, contudo, usam os termos cladograma e filograma sem distinção, enquanto que alguns os usam apenas para distinguir entre estilos de desenho).

Para um matemático, uma árvore filogenética é aditiva, ou seja, os comprimentos dos caminhos pela árvore induzem uma distância métrica entre quaisquer duas folhas, a saber, a soma dos comprimentos dos caminhos para cima e para baixo que conectam duas folhas através do ancestral comum mais próximo. Em situações reais, os dados que recebemos não são comumente representados de maneira exata por uma distância métrica aditiva. Portanto, o problema de agrupamento hierárquico se resume a achar maneiras de projetar tais dados sobre um conjunto de todas as árvores aditivas de uma maneira que não seja apenas útil, mas estatisticamente justificável.

Dada uma árvore aditiva, é fácil computar sua matriz de distâncias $d_{ij}$, definida neste caso como sendo a matriz de todas as distâncias entre pares de nós foliares. Mas e quanto ao reverso? Dada uma matriz simétrica $d_{ij}$, é possível determinar se existe uma árvore aditiva que a representa? Sim. Uma resposta a tal questão é a condição de quatro pontos (*four-point condition*) para árvores aditivas: dadas quatro folhas distintas $i, j, k, l$, existe uma árvore aditiva se e somente se

$$d_{ij} + d_{kl} \leq \max(d_{ik} + d_{jl}, d_{il} + d_{jk}) \tag{16.4.2}$$

para todas os possíveis $i, j, k, l$. Em outras palavras, uma afirmação equivalente é: para todos $i, j, k, l$ distintos, há um vínculo para o valor máximo das três somas da forma $d_{ij} + d_{kl}$. Mais tarde, quando discutirmos o método neighbor-joining, teremos uma resposta algorítmica mais prática.

Como ilustrado na Figura 16.4.2, uma árvore pode ser enraizada (*rooted*) ou desenraizada (*unrooted*). Uma árvore desenraizada pode ser sempre enraizada de modo arbitrário escolhendo-se um ramo qualquer, pegando-o entre o polegar e o indicador e então chacoalhando a árvore de modo que todos os ramos caiam para baixo em seus devidos lugares (poderíamos ter dado uma descrição mais matemática do procedimento, mas isto não ajudaria a torná-lo mais claro). Alguns algoritmos de agrupamento hierárquico produzem árvores enraizadas, onde a raiz tem um significado com relação aos dados. Outras geram árvores desenraizadas, embora elas possam ser desenhadas como se tivessem raiz, simplesmente como uma convenção gráfica. É importante saber a todo instante qual tipo de algoritmo você está usando.

Você deve estar se perguntando por qual motivo os dados têm que ser sempre folhas (nós terminais). Será que alguns dados não poderiam ser bons ancestrais de outros dados? A resposta a esta pergunta é, novamente, uma mistura de história e convenção: se as folhas são taxas vivas observadas*, então por definição elas estão vivas atualmente. Se "hoje" representa nós terminais, então eles são, por definição, folhas. O que torna isto uma mera convenção é que podemos sempre conectar uma folha a um ancestral por um ramo de comprimento zero, de modo que o ancestral-*versus*-taxon-vivo se torna uma distinção sem uma diferença. Um benefício desta convenção é que sempre sabemos de antemão quanto nós internos serão gerados por $n$ dados: $n - 1$ se a árvore tiver raiz, $n - 2$ se não a tiver, independentemente da topologia da árvore (se isto não for óbvio, faça então alguns desenhos).

Se o comprimento de um caminho denotar, literalmente, tempo evolucionário, então a árvore filogenética tem a propriedade adicional de ser ultramétrica (consulte a Figura 16.4.2). Árvores ultramétricas são definidas como sendo árvores aditivas para as quais a distância de qualquer nó a qualquer uma de suas folhas descendentes é a mesma. Claramente este será o caso se todas as folhas tiverem a mesma "distância temporal" de seu ancestral comum. No início dos anos 1960, foi proposto que as taxas de mutação aceitas deveriam ser tão próximas de uma constante que, em nível molecular, os dados evolucionários deveriam ser praticamente ultramétricas, ou seja, haveria um "relógio molecular". Para

---

*N. de T.: Taxa (singular: taxon) são também chamadas na literatura especializada de phyla ou grupos taxonômicos.

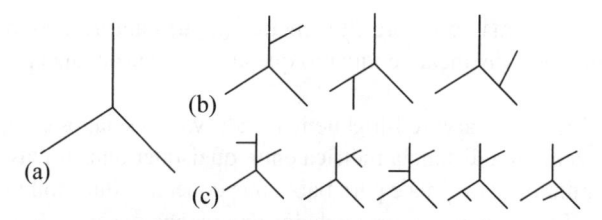

**Figura 16.4.3** Contagem em árvore. (a) Há apenas uma árvore desenraizada com três folhas. (b) Há três maneiras de se adicionar uma quarta folha. (c) Para cada uma das árvores em (b) há 5 maneiras de adicionar uma quinta folha. Se continuarmos a adicionar folhas, o número de árvores com $n$ folhas será $1 \times 3 \times 5 \times \cdots \times (2n - 5)$.

a maioria dos casos, não se acredita mais que isto seja a verdade. Por exemplo, descobriu-se que taxas de mutação da *E. Coli* variam por duas ordens de magnitude. Como veremos, árvores ultramétricas são matematicamente importantes, mas por si quase nunca representam a realidade.

O teste, análogo à equação (16.4.2), para saber se uma dada matriz de distâncias é ultramétrica é a chamada condição de três pontos (*three-point condition*):

$$d_{ij} \leq \max(d_{ik}, d_{jk}) \quad (16.4.3)$$

para todos os $i, j, k$ distintos. O equivalente em palavras: entre as três distâncias conectando três folhas distintas, há um vínculo para o valor máximo. Para isto também há uma resposta algorítmica mais prática, que mencionaremos mais tarde.

Há um *monte* de maneiras possíveis de desenhar uma árvore que conecte $n$ folhas. Como ilustrado na Figura 16.4.3, o número de possibilidades distintas, desenraizadas, é dado por

$$N_{\text{trees}}(n) = 1 \times 3 \times 5 \times \cdots \times (2n - 5) \equiv (2n - 5)!! \quad (16.4.4)$$

O fato de que esta expressão cresce superexponencialmente com o valor de $n$ cria um dilema na área de filogenética computacional: um algoritmo que requeira a enumeração explícita de, ou a procura explícita por, todas as possíveis árvores só será útil se $n$ for pequeno. Assim, $N_{\text{trees}}(10) \approx 2 \times 10^6$ é fácil, mas $N_{\text{trees}}(20) \approx 2 \times 10^{20}$ é praticamente impossível.

### 16.4.2 Estratégias para o problema do agrupamento hierárquico

Se você estiver iniciando com um conjunto de sequências, então, esquematicamente, o objetivo de um método baseado no caractere é achar a melhor de todas as árvores possíveis, conhecidos os dados, para alguma definição do que signifique "melhor":

$$(\text{sequências}) \xrightarrow{\text{procure a "melhor" árvore}} (\text{árvore}) \quad (16.4.5)$$

As duas definições mais comuns de "melhor" são a parcimônia máxima e a verossimilhança máxima, sobre as quais falaremos mais abaixo [1]. Métodos de caracteres são geralmente limitados pela explosão superexponencial no número de árvores. Embora uma busca exaustiva possa ser até certo ponto limitada, por exemplo, pela introdução de heurísticas de vários tipos, sua longa sombra nunca pode ser inteiramente evitada.

Alternativamente, se você estiver começando por uma matriz de distâncias, o problema é achar a árvore aditiva cuja matriz induzida (pelos comprimentos dos ramos acima e abaixo) é a mais próxima de $d_{ij}$, segundo algum critério de proximidade. Este também é um problema exponencialmente difícil. Na prática, contudo, métodos de distância quase sempre fazem uso de métodos heurísticos velozes que, embora só sejam demonstravelmente exatos para o caso não realista onde $d_{ij}$ já vem de uma árvore aditiva ou ultramétrica, na verdade funcionam bastante bem para matrizes distância encontradas na prática. Em outras palavras, o esquema adotado é

$$\begin{pmatrix} \text{matriz} \\ \text{distância} \end{pmatrix} \xrightarrow{\substack{\text{heurística de árvore} \\ \text{ultramétrica}}} (\text{árvore}) \tag{16.4.6}$$

ou

$$\begin{pmatrix} \text{matriz} \\ \text{distância} \end{pmatrix} \xrightarrow{\substack{\text{heurística de} \\ \text{árvore aditiva}}} (\text{árvore}) \tag{16.4.7}$$

A capacidade destes métodos heurísticos velozes de fornecer soluções "muito boas" de problemas NP-difíceis é notável, e só parcialmente compreendida [2].

As heurísticas mais usadas são todas métodos aglomerativos, o que quer dizer que eles começam conectando pontos individuais em pequenos clusters, conectando a seguir estes clusters e assim por diante. Métodos heurísticos de árvores ultramétricas comuns são o *UPGMA*, *WPGMA*, agrupamento por conexão única (*single linkage clustering*) e agrupamento por conexão completa (*complete linkage clustering*). O método heurístico de árvore aditiva mais amplamente usado – e provavelmente o mais usado entre todos os métodos de agrupamento filogenético – é o método do agrupamento de vizinhos (*NJ*) [6]. Discutiremos e implementaremos todas as heurísticas citadas abaixo.

Há uns poucos métodos baseados em distância, muito menos desenvolvidos, que evitam a heurística procurando métodos com erros limitados rigorosos que transformam uma matriz distância arbitrária em uma matriz de árvore aditiva, construindo então de maneira exata a árvore resultante [3,4],

$$\begin{pmatrix} \text{matriz} \\ \text{distância} \end{pmatrix} \xrightarrow{\substack{\text{acha aditiva} \\ \text{próxima}}} \begin{pmatrix} \text{matriz} \\ \text{aditiva} \end{pmatrix} \xrightarrow{\substack{\text{construção} \\ \text{exata}}} (\text{árvore}) \tag{16.4.8}$$

Embora mais rigorosos que métodos heurísticos, há pouco evidência de que estes métodos produzam melhores resultados [5].

Evidentemente pode-se sempre transformar um problema baseado em caractere num baseado em distância, definindo-se uma distância em sequências de caracteres,

$$(\text{sequências}) \xrightarrow{\substack{\text{define uma} \\ \text{distância}}} \begin{pmatrix} \text{matriz} \\ \text{distância} \end{pmatrix} \tag{16.4.9}$$

e então, continuando com os esquemas (16.4.6) ou (16.4.7).

A distância óbvia entre duas sequências é sua distância de *Hamming* $H(i,j)$, definida como o número de posições de caracteres para os quais a sequência $i$ difere da sequência $j$, que é um inteiro entre 0 e $m$. Contudo, se você dispõe não apenas dos dados mas também de um modelo estatístico que define como eles foram gerados (isto é, "evoluíram"), há frequentemente uma transformação de distância corrigida que fornece melhores reconstruções de árvores [2]. Por exemplo, o popular modelo de Cavender-Felsenstein (cuja discussão está além do nosso escopo) tem uma transformação de distância corrigida dada por

$$d_{ij} = -\tfrac{1}{2} \log\left(1 - 2H(i,j)/m\right) \tag{16.4.10}$$

Esta expressão pode ser usada diretamente quando sequências são longas o suficiente ou probabilidades de mutação são pequenas o suficiente para que o argumento do logaritmo nunca seja negativo. Se seus dados produzirem um argumento negativo, então uma maneira padrão de contornar isto é usar um múltiplo ($1\times$ ou $2\times$) do maior $d_{ij}$ computável para todos os $d_{ij}$'s não computáveis. Tais transformações também existem para modelos de Markov gerais.

Transformações de distância corrigida têm a propriedade fundamental (e desejável) de que, à medida que uma sequência cresce, a matriz de distâncias corrigidas observadas converge para a matriz distância de uma árvore aditiva (incidentalmente, isto não é válido para a distância de Hamming não corrigida). Neste caso, a força de um método heurístico de árvore aditiva como o neighbor-joining é bem menos misteriosa. Transformações de distância corrigida fornecem, portanto, uma justificativa estatística para o uso o uso do método do neighbor-joining.

### 16.4.3 Implementação de métodos aglomerativos

O esquema geral de um método aglomerativo é, primeiro, inicializar $n$ clusters ativos, cada um contendo um ponto e, segundo, repetir as seguintes operações exatamente $n - 2$ vezes:

- Achar os dois clusters mais próximos segundo uma medida de distância prescrita.
- Criar um novo cluster ativo combinando os dois.
- Conectar o novo cluster, como pai, aos dois cluster mais próximos, como filhos, com alguma prescrição para os comprimentos dos dois ramos.
- Deletar os dois filhos da lista ativa.
- Calcular, segundo uma prescrição, distâncias do novo cluster até os clusters ativos remanescentes.

Cada repetição destes passos reduz a lista de clusters ativos exatamente em um (uma adição, duas remoções), de modo que após $n - 2$ repetições haverá extamente dois clusters ativos. Você os conecta ou por um ramo simples (caso sem raiz), ou criando uma raiz entre eles (caso com raiz) com alguma prescrição relativa ao comprimentos dos dois ramos da raiz.

Agora, ao nos voltarmos para a implementação de rotinas para árvores filogenéticas, cabem algumas palavras de aviso. A máxima de Hamming, que o objetivo da computação é insights e não números, se aplica aqui: muito do valor do programa de árvores filogenéticas reside nas suas interfaces gráfica e de usuário, ambas fora do escopo deste livro. Se você estiver lidando com qualquer quantidade significativa de dados reais, você provavelmente preferirá usar um pacote sofisticado. No momento em que escrevemos isto, PAUP (Phylogenetic Analysis Using Parsimony) [7] é o pacote comercial mais amplamente usado, tanto para árvores de parcimônia máxima como também para os vários métodos heurísticos. PHYLIP (Phylogeny Inference Package) [8] é um pacote livre para árvores menores ($\lesssim 20$ taxa). TreeView é um programa livre amplamente usado para se desenhar árvores de vários formatos. A referência [9] é um guia de usuário para estes e outros programas. Se o insight que você procura é em teoria de algoritmos, não na produção de dados, então você pode continuar lendo.

Aqui está uma classe base abstrata que implementa o método aglomerativo geral, deixando as várias prescrições para serem posteriormente especificadas por classes derivadas particulares, que apresentaremos mais tarde.

phylo.h
```
struct Phylagglomnode {
   Nó para árvore filogenética.
      Int mo,ldau,rdau,nel;              Ponteiros para cima e para baixo; número de elementos.
      Doub modist,dep,seq;               Comprimento de ramo do pai. Vide texto acerca de dep e
   };                                    seq.

struct Phylagglom{
Classe base abstrata para construir árvore filogenética aglomerativa.
   Int n, root, fsroot;                  Número de dados, nó raiz, raiz forçada.
   Doub seqmax, depmax;                  Valor máximo de seq, dep na árvore.
```

```
vector<Phylagglomnode> t;            A árvore.
virtual void premin(MatDoub &d, VecInt &nextp) = 0;
```
Função chamada antes de procura de mínimo.
```
virtual Doub dminfn(MatDoub &d, Int i, Int j) = 0;
```
Função distância a ser minimizada.
```
virtual Doub dbranchfn(MatDoub &d, Int i, Int j) = 0;
```
Comprimento de ramo, nó i a mãe (j é irmã).
```
virtual Doub dnewfn(MatDoub &d, Int k, Int i, Int j, Int ni, Int nj) = 0;
```
Função distância para nós recentemente construídos.
```
virtual void drootbranchfn(MatDoub &d, Int i, Int j, Int ni, Int nj,
    Doub &bi, Doub &bj) = 0;
```
Fixa comprimentos de ramos para nó raiz final.
```
Int comancestor(Int leafa, Int leafb);              Vide texto para discussão de NJ.
Phylagglom(const MatDoub &dist, Int fsr = -1)
    : n(dist.nrows()), fsroot(fsr), t(2*n-1) {}
```
Construtor é sempre chamado por classe derivada.
```
void makethetree(const MatDoub &dist) {
```
Rotina que realmente constrói a árvore, chamada pelo construtor de classe derivada.
```
    Int i, j, k, imin, jmin, ncurr, node, ntask;
    Doub dd, dmin;
    MatDoub d(dist);                    Matriz d inicializada com dist.
    VecInt tp(n), nextp(n), prevp(n), tasklist(2*n+1);
    VecDoub tmp(n);
    for (i=0;i<n;i++) {                 Inicialização de elementos folha.
        nextp[i] = i+1;                 nextp e prevp são para loops sobre matriz distância mesmo
        prevp[i] = i-1;                     quando ela se torna esparsa.
        tp[i] = i;                      tp aponta de uma linha da matriz distância para elemento
        t[i].ldau = t[i].rdau = -1;         árvore.
        t[i].nel = 1;
    }
    prevp[0] = nextp[n-1] = -1;         Significa fim de loop.
    ncurr = n;
    for (node = n; node < 2*n-2; node++) { Loop principal!
        premin(d,nextp);                Quaisquer cálculos necessários antes de achar min.
        dmin = 9.99e99;
        for (i=0; i>=0; i=nextp[i]) {               Achar par i, j com menor distância.
            if (tp[i] == fsroot) continue;
            for (j=nextp[i]; j>=0; j=nextp[j]) {
                if (tp[j] == fsroot) continue;
                if ((dd = dminfn(d,i,j)) < dmin) {
                    dmin = dd;
                    imin = i; jmin = j;
                }
            }
        }
        i = imin; j = jmin;
        t[tp[i]].mo = t[tp[j]].mo = node;           Agora fixa propriedades de pai e filhos.
        t[tp[i]].modist = dbranchfn(d,i,j);
        t[tp[j]].modist = dbranchfn(d,j,i);
        t[node].ldau = tp[i];
        t[node].rdau = tp[j];
        t[node].nel = t[tp[i]].nel + t[tp[j]].nel;
        for (k=0; k>=0; k=nextp[k]) {               Obtém novas distâncias a nós.
            tmp[k] = dnewfn(d,k,i,j,t[tp[i]].nel,t[tp[j]].nel);
        }
        for (k=0; k>=0; k=nextp[k]) d[i][k] = d[k][i] = tmp[k];
        tp[i] = node;           Novo nó substitui filho i na matriz distância enquanto filho j é ar-
        if (prevp[j] >= 0) nextp[prevp[j]] = nextp[j];   rumado.
        if (nextp[j] >= 0) prevp[nextp[j]] = prevp[j];
        ncurr--;
    }                                   Fim do loop principal.
```

```
                i = 0; j = nextp[0];                    Fixa propriedades do nó raiz.
                root = node;
                t[tp[i]].mo = t[tp[j]].mo = t[root].mo = root;
                drootbranchfn(d,i,j,t[tp[i]].nel,t[tp[j]].nel,
                    t[tp[i]].modist,t[tp[j]].modist);
                t[root].ldau = tp[i];
                t[root].rdau = tp[j];
                t[root].modist = t[root].dep = 0.;
                t[root].nel = t[tp[i]].nel + t[tp[j]].nel;
```
Passamos agora pela sequência de cálculo da árvore seq e dep, dicas de onde plotar nós em uma representação bidimensional. Vide texto.
```
                ntask = 0;
                seqmax = depmax = 0.;
                tasklist[ntask++] = root;
                while (ntask > 0) {
                    i = tasklist[--ntask];
                    if (i >= 0) {                       Significa "processo descendo a árvore".
                        t[i].dep = t[t[i].mo].dep + t[i].modist;
                        if (t[i].dep > depmax) depmax = t[i].dep;
                        if (t[i].ldau < 0) {            Um nó folha.
                            t[i].seq = seqmax++;
                        } else {                        Não é um nó folha.
                            tasklist[ntask++] = -i-1;
                            tasklist[ntask++] = t[i].ldau;
                            tasklist[ntask++] = t[i].rdau;
                        }
                    } else {                            Significa "processo está subindo a árvore".
                        i = -i-1;
                        t[i].seq = 0.5*(t[t[i].ldau].seq + t[t[i].rdau].seq);
                    }
                }
            }
        };
```

A estrutura `Phylagglom` cria uma árvore de `Phalagglomnodes`. Cada nó carrega ponteiros para seu pai e dois filhos e sabe seu número de elementos (dados originais), comprimento de ramo até pai, e dois valores de ponto flutuante dep e seq, que explicamos agora: o último bloco while em `makethetree()` atravessa a árvore terminada primeiro na profundidade. Quando ele atinge um nó na direção vertical para baixo, ele faz dep igual à soma dos comprimentos de ramos até o nó raiz. A variável dep é assim uma dica de quão embaixo (na profundidade) plotar o nó. Quando atingimos uma folha, ele fixa seq num número sequencial de folhas. Quanto atinge um nó na direção vertical para cima, ele ajusta seq ao valor médio dos seq de seus dois filhos. O valor de seq se torna assim uma dica de onde plotar um nó perpendicular à direção da profundidade. Se você plotar nós segundo dep e seq, então os ramos assim desenhados não se cruzarão.

Olhando para os loops aninhados, dá para ver que `makethetree()` é $O(n^3)$ no tempo. Na verdade, é direto reduzir isto para $O(n^2)$: com algum *bookkeeping* extra você pode manter as distâncias em uma estrutura que permite que a menor seja achada sem uma procura $n^2$. Não codificamos isto apenas porque queríamos manter o código curto e simples.

### 16.4.4 Algoritmos que são exatos para árvores ultramétricas

Dada uma matriz distância que é exatamente ultramétrica, todos os algoritmos aglomerativos que agora discutiremos (salvo alguns detalhes técnicos) reconstroem sua árvore exatamente. A razão pela qual necessitamos de mais de um destes algoritmos é que seu comportamento pode ser um tanto quanto diferente quando aplicados a dados reais, não ultramétricos, segundo o esquema

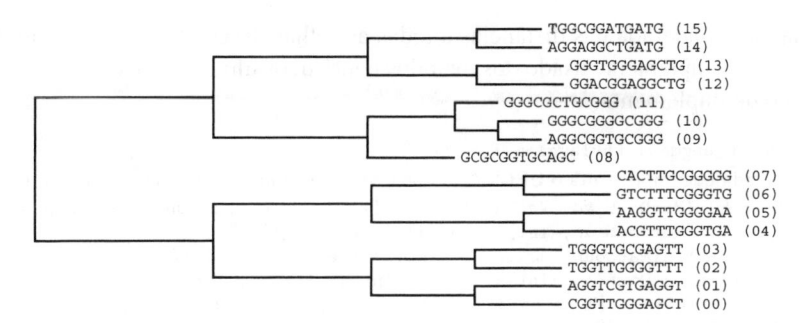

```
                    ┌─── TGGCGGATGATG (15)
                ┌───┤
                │   └─── AGGAGGCTGATG (14)
            ┌───┤
            │   │   ┌─── GGGTGGGAGCTG (13)
            │   └───┤
            │       └─── GGACGGAGGCTG (12)
        ┌───┤
        │   │       ┌─── GGGCGCTGCGGG (11)
        │   │   ┌───┤
        │   │   │   │   ┌─── GGGCGGGGCGGG (10)
    ┌───┤   └───┤   └───┤
    │   │       │       └─── AGGCGGTGCGGG (09)
    │   │       └─────── GCGCGGTGCAGC (08)
    │   │
    │   │           ┌─── CACTTGCGGGGG (07)
    │   │       ┌───┤
    │   │       │   └─── GTCTTTCGGGTG (06)
────┤   └───────┤
    │           │   ┌─── AAGGTTGGGGAA (05)
    │           └───┤
    │               └─── ACGTTTGGGTGA (04)
    │
    │           ┌─── TGGGTGCGAGTT (03)
    │       ┌───┤
    │       │   └─── TGGTTGGGGTTT (02)
    └───────┤
            │   ┌─── AGGTCGTGAGGT (01)
            └───┤
                └─── CGGTTGGGAGCT (00)
```

**Figura 16.4.4** Examplo de um agrupamento aglomerativo WPGMA em um toy model. Os strings foram mutados hierarquicamente a partir de GGGGGGGGGGGG para produzir os dados de entrada. O WPGMA e métodos relacionados (UPGMA, SLC, CLC) fornecem resultados perfeitos para dados de entrada ultramétricos perfeitos, mas podem desviar-se muito quando esta premissa é violada. Neste exemplo, contudo, ele funciona bastante bem.

geral (16.4.6). Os diferentes algoritmos diferenciam-se entre si pelas suas prescrições de como calcular distâncias aos novos nós.

O método de grupo de pares ponderados usando médias aritméticas (*weighted pair group method using arithmetic averages*, WPGMA) usa a seguinte prescrição: se um novo cluster $k$ é formado de dois cluster velhos $i$ e $j$, então a distância de $k$ a outro cluster ativo $p$ vale

$$d_{pk} = d_{kp} = \tfrac{1}{2}(d_{pi} + d_{pj}) \qquad (16.4.11)$$

ou seja, simplesmente a média das distâncias aos dois filhos.

O código de implementação, como classe derivada de `Phylagglom`, é

```
struct Phylo_wpgma : Phylagglom {                                           phylo.h
    Classe derivada que implementa o método WPGMA. Só precisa definir funções que são virtuais em
    Phylagglom.
    void premin(MatDoub &d, VecInt &nextp) {}        Nenhum cálculo de pré-min.
    Doub dminfn(MatDoub &d, Int i, Int j) {return d[i][j];}
    Doub dbranchfn(MatDoub &d, Int i, Int j) {return 0.5*d[i][j];}
    Doub dnewfn(MatDoub &d, Int k, Int i, Int j, Int ni, Int nj) {
        return 0.5*(d[i][k]+d[j][k]);}               Nova distância a nó é média.
    void drootbranchfn(MatDoub &d, Int i, Int j, Int ni, Int nj,
        Doub &bi, Doub &bj) {bi = bj = 0.5*d[i][j];}
    Phylo_wpgma(const MatDoub &dist) : Phylagglom(dist)
        {makethetree(dist);}                         Este call na realidade constrói a árvore.
};
```

A Figura 16.4.4 mostra um resultado da aplicação do métodos WPGMA aos dados do toy model no início desta seção, usando como distância de Hamming a distância métrica. Você pode ver pela figura que a árvore captura quase toda a topologia subjacente corretamente, errando somente no seu pareamento de 09 e 10 e perdendo, portanto, os pareamentos corretos 08-09 e 10-11.

O método de grupo de pares não ponderados usando médias aritméticas (*unweighted pair group method using arithmetic averages*, UPGMA) usar

$$d_{pk} = d_{kp} = \frac{n_i d_{pi} + n_j d_{pj}}{n_i + n_j} \qquad (16.4.12)$$

Embora, paradoxalmente, o UPGMA aparente ser "ponderado" enquanto o WPGMA aparenta ser "não ponderado", os nomes vêm na verdade do fato de que a fórmula do UPGMA é equivalente a uma média não ponderada das distâncias a todas as folhas descendentes de um nó. O método UPGMA é o mais amplamente usado dos métodos heurísticos ultramétricos.

O código de implementação é

phylo.h
```
struct Phylo_upgma : Phylagglom {
Classe derivada que implementa o UPGMA. Só precisa definir funções que são virtuais em Phylagglom.
    void premin(MatDoub &d, VecInt &nextp) {}        Nenhum cálculo de pré-min.
    Doub dminfn(MatDoub &d, Int i, Int j) {return d[i][j];}
    Doub dbranchfn(MatDoub &d, Int i, Int j) {return 0.5*d[i][j];}
    Doub dnewfn(MatDoub &d, Int k, Int i, Int j, Int ni, Int nj) {
        return (ni*d[i][k] + nj*d[j][k]) / (ni+nj);}    Distância é ponderada.
    void drootbranchfn(MatDoub &d, Int i, Int j, Int ni, Int nj,
        Doub &bi, Doub &bj) {bi = bj = 0.5*d[i][j];}
    Phylo_upgma(const MatDoub &dist) : Phylagglom(dist)
        {makethetree(dist);}                          Este call na realidade constrói a
};                                                    árvore.
```

O método de agrupamento por conexão única (*single linkage clustering method*) e o agrupamento por conexão completa (*complete linkage clustering method*) usam, respectivamente, as distâncias mínima e máxima aos dois filhos

$$d_{pk} = d_{kp} = \min(d_{pi}, d_{pj}) \quad \text{(conexão única)}$$
$$d_{pk} = d_{kp} = \max(d_{pi}, d_{pj}) \quad \text{(conexão completa)}$$
(16.4.13)

O código de implementação é

phylo.h
```
struct Phylo_slc : Phylagglom {
Classe derivada que implementa o método de agrupamento por conexão única.
    void premin(MatDoub &d, VecInt &nextp) {}        Nenhum cálculo de pré-min.
    Doub dminfn(MatDoub &d, Int i, Int j) {return d[i][j];}
    Doub dbranchfn(MatDoub &d, Int i, Int j) {return 0.5*d[i][j];}
    Doub dnewfn(MatDoub &d, Int k, Int i, Int j, Int ni, Int nj) {
        return MIN(d[i][k],d[j][k]);}                 Nova distância a nó é min dos filhos.
    void drootbranchfn(MatDoub &d, Int i, Int j, Int ni, Int nj,
        Doub &bi, Doub &bj) {bi = bj = 0.5*d[i][j];}
    Phylo_slc(const MatDoub &dist) : Phylagglom(dist)
        {makethetree(dist);}                          Este call na realidade constrói a árvore.
};

struct Phylo_clc : Phylagglom {
Classe derivada que implementa o método de agrupamento por conexão completa.
    void premin(MatDoub &d, VecInt &nextp) {}        Nenhum cálculo de pré-min.
    Doub dminfn(MatDoub &d, Int i, Int j) {return d[i][j];}
    Doub dbranchfn(MatDoub &d, Int i, Int j) {return 0.5*d[i][j];}
    Doub dnewfn(MatDoub &d, Int k, Int i, Int j, Int ni, Int nj) {
        return MAX(d[i][k],d[j][k]);}                 Nova distância é max dos filhos.
    void drootbranchfn(MatDoub &d, Int i, Int j, Int ni, Int nj,
        Doub &bi, Doub &bj) {bi = bj = 0.5*d[i][j];}
    Phylo_clc(const MatDoub &dist) : Phylagglom(dist)
        {makethetree(dist);}                          Este call na realidade constrói a árvore.
};
```

### 16.4.5 Agrupamento de vizinhos: exato para árvores aditivas

O método do agrupamento de vizinhos (neighbor joining, *NJ*) de Saitou e Nei é um método aglomerativo que tem a notável propriedade de reconstruir exatamente uma árvore aditiva dada a matriz distância da mesma (de novo, a menos de alguns detalhes técnicos). O NJ é provavelmente o método aglomerativo mais amplamente usado e o mais amplamente usado dentre todos os métodos também para a construção de árvores filogenéticas. As árvores biológicas reais quase nunca são próximas o suficiente da ultrametricidade para dar ao UPGMA uma vantagem significativa em relação ao NJ, de modo que este último tem grande chance de ser o método, entre os métodos heurísticos velozes, que você tentará primeiro.

As prescrições para tratar o NJ dentro da estrutura do `Phylagglom` são levemente mais complicadas que para heurísticas ultramétricas. Em cada estágio de construção de um novo cluster, nós calculamos a grandeza auxiliar

$$u_i \equiv \frac{1}{n_a - 2} \sum_{j \neq i} d_{ij} \qquad (16.4.14)$$

onde a soma é feita sobre clusters ativos, cujo número é $n_a$. Em seguida, não achamos a distância mínima *per se*, mas o mínimo da expressão

$$d_{ij} - u_i - u_j \qquad (16.4.15)$$

Ao conectarmos os clusters $i$ e $j$ para formar um novo cluster $k$, o comprimento dos ramos a partir de $i$ até $k$ e de $j$ até $k$ são

$$\begin{aligned} d_{ik} &= \tfrac{1}{2}(d_{ij} + u_i - u_j) \\ d_{jk} &= \tfrac{1}{2}(d_{ij} + u_j - u_i) \end{aligned} \qquad (16.4.16)$$

Finalmente, a distância entre o novo nó $k$ e outro nó $p$ é dada por

$$d_{pk} = d_{kp} = \tfrac{1}{2}(d_{pi} + d_{pj} - d_{ij}) \qquad (16.4.17)$$

(agora você entende o motivo pelo qual `Phylagglom` foi codificada com algumas propriedades que não eram exercitadas pela heurística ultramétrica).

```
struct Phylo_nj : Phylagglom {                                              phylo.h
Classe derivada que implementa o método do neighbor-joining (NJ)
    VecDoub u;
    void premin(MatDoub &d, VecInt &nextp) {
    Antes de achar o mínimo, (re)calculamos os u's.
        Int i,j,ncurr = 0;
        Doub sum;
        for (i=0; i>=0; i=nextp[i]) ncurr++;         Conta entradas vivas.
        for (i=0; i>=0; i=nextp[i]) {                Calcula u[i].
            sum = 0.;
            for (j=0; j>=0; j=nextp[j]) if (i != j) sum += d[i][j];
            u[i] = sum/(ncurr-2);
        }
    }
    Doub dminfn(MatDoub &d, Int i, Int j) {
        return d[i][j] - u[i] - u[j];                NJ acha o min disto.
    }
    Doub dbranchfn(MatDoub &d, Int i, Int j) {
        return 0.5*(d[i][j]+u[i]-u[j]);              Ambiente NJ para comprimentos de
    }                                                ramos.
    Doub dnewfn(MatDoub &d, Int k, Int i, Int j, Int ni, Int nj) {
        return 0.5*(d[i][k] + d[j][k] - d[i][j]);    Novas distâncias NJ.
    }
    void drootbranchfn(MatDoub &d, Int i, Int j, Int ni, Int nj,
    Doub &bi, Doub &bj) {
        Dado que NJ é desenraizado, atribuir comprimentos de ramos à raiz é uma questão de gosto.
        Esta receita faz o gráfico esteticamente.
        bi = d[i][j]*(nj - 1 + 1.e-15)/(ni + nj -2 + 2.e-15);
        bj = d[i][j]*(ni - 1 + 1.e-15)/(ni + nj -2 + 2.e-15);
```

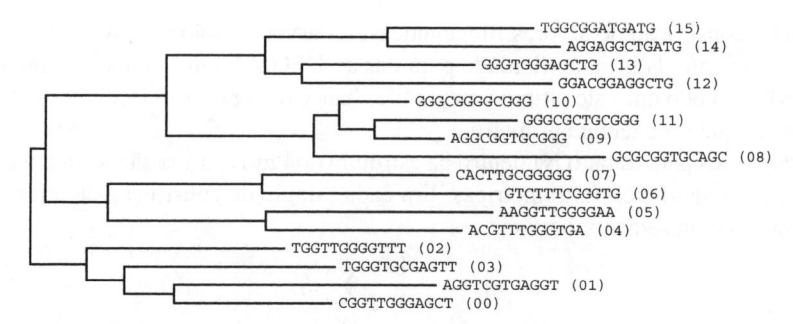

```
                          ┌─── TGGCGGATGATG (15)
                     ┌────┤
                     │    └─── AGGAGGCTGATG (14)
                ┌────┤
                │    │    ┌─── GGGTGGGAGCTG (13)
                │    └────┤
                │         └─── GGACGGAGGCTG (12)
           ┌────┤
           │    │         ┌─── GGGCGGGGCGGG (10)
           │    │    ┌────┤
           │    │    │    └─── GGGCGCTGCGGG (11)
           │    └────┤
           │         │    ┌─── AGGCGGTGCGGG (09)
           │         └────┤
      ┌────┤              └─── GCGCGGTGCAGC (08)
      │    │
      │    │              ┌─── CACTTGCGGGGG (07)
      │    │         ┌────┤
      │    │         │    └─── GTCTTTCGGGTG (06)
      │    └─────────┤
      │              │    ┌─── AAGGTTGGGGAA (05)
      │              └────┤
──────┤                   └─── ACGTTTGGGTGA (04)
      │
      │                   ┌─── TGGTTGGGGTTT (02)
      │              ┌────┤
      │              │    └─── TGGGTGCGAGTT (03)
      └──────────────┤
                     │    ┌─── AGGTCGTGAGGT (01)
                     └────┤
                          └─── CGGTTGGGAGCT (00)
```

**Figura 16.4.5** Os mesmos dados da figura anterior, agora agrupados pelo método do neighbor-joining (NJ). O método produz resultados perfeitos quando os dados de entrada forem a métrica de uma árvore aditiva (o que não é o caso deste exemplo). Embora aqui mostrada como sendo uma árvore com raiz, o método NJ produz como saída uma árvore sem raiz (vide próxima figura).

```
    }
    Phylo_nj(const MatDoub &dist, Int fsr = -1)
        : Phylagglom(dist,fsr), u(n) {makethetree(dist);}
};
```

O cálculo dos $u_i$'s está aqui codificado como um processo de ordem $O(n^2)$, mas como ele é repetido $O(n)$ vezes, a carga de trabalho total fica $O(n^3)$. Transformar isto em $O(n^2)$ é algo direto, em concordância com o melhor código para o resto da construção da árvore. Quando você calcular os $u_i$'s, a maior parte das distâncias não terá mudado; você só tem que corrigir aquelas que mudaram. Não colocamos isto no código porque queríamos mantê-lo conciso.

É importante não se esquecer que o método do agrupamento de vizinhos produz intrinsecamente uma árvore desenraizada, independentemente da maneira como a saída gráfica possa ser feita. A Figura 16.4.5 ilustra uma árvore produzida pelo código acima, rodada sobre o mesmo toy model acima. Por inspeção, é claro ver que, se quisermos mesmo colocar uma raiz, provavelmente o faremos num ponto diferente daquele ilustrado acima. É por esta razão que o construtor de `Phylo_nj` simplesmente tem um argumento inteiro opcional para especificar um nodo como sendo o filho imediato de uma raiz "forçada" (você não tem como especificar um nodo via seu node number, pois este ainda não existe). Também, uma vez que você pode não saber como `Phylagglom` numerou seus nodos internos, há um método que retorna como resultado o número de um nodo interno dadas duas folhas que têm nele seu primeiro ancestral comum

phylo.h
```
Int Phylagglom::comancestor(Int leafa, Int leafb) {
    Dado o node number de duas folhas, retorna o node number de seu primeiro ancestral comum.
    Int i, j;
    for (i = leafa; i != root; i = t[i].mo) {
        for (j = leafb; j != root; j = t[j].mo) if (i == j) break;
        if (i == j) break;
    }
    return i;
}
```

A Figura 16.4.6 mostra o resultado de se reenraizar a árvore da Figura 16.4.5 no ancestral comum das folhas 08 e 15. Como se pode ver, a topologia assim recuperada é quase idêntica àquela do método WPGMA, exceto pelo erro adicional de não dar a 02 e 03 um pai comum.

Ambas as figuras 16.4.5 e 16.4.6 foram produzidas por linhas de código do tipo

```
Mat_DP dist(n,n);
...
```

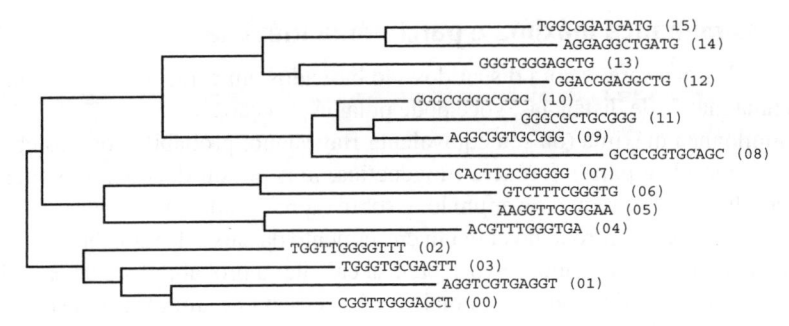

```
                                    ┌─── TGGCGGATGATG (15)
                                    └─── AGGAGGCTGATG (14)
                            ┌─── GGGTGGGAGCTG (13)
                            └─── GGACGGAGGCTG (12)
                    ┌─── GGGCGGGGCGGG (10)
                    │   ┌─── GGGCGCTGCGGG (11)
                    └───┤
                        └─── AGGCGGTGCGGG (09)
                                    └─── GCGCGGTGCAGC (08)
                    ┌─── CACTTGCGGGG (07)
                    │       ┌─── GTCTTTCGGGTG (06)
                    │       └─── AAGGTTGGGGAA (05)
                    └─── ACGTTTGGGTGA (04)
            ┌─── TGGTTGGGGTTT (02)
            ├─── TGGGTGCGAGTT (03)
            ├─── AGGTCGTGAGGT (01)
            └─── CGGTTGGGAGCT (00)
```

**Figura 16.4.6** A mesma árvore (NJ) da figura anterior, mas agora mostrada com uma raiz diferente, de modo a produzir uma árvore mais balanceada.

```
Phylo_nj mytree(dist);
Int i = mytree.comancestor(8,15);
Phylo_nj myrerootedtree(dist,i);
```

Embora uma aplicação pouco usual, você pode usar o método NJ para testar se uma dada matriz de distâncias é aditiva: construa a árvore NJ e então veja se a matriz de distâncias induzida (comprimento de ramos) é a mesma que aquela com a qual você começou. Analogamente, você pode usar qualquer um dos métodos heurísticos ultramétricos para testar se uma matriz de distâncias é ultramétrica.

Para visualizar uma árvore produzida por `Phyloagglom`, você pode usar a seguinte rotina para produzir um arquivo de saída no chamado formato "Newick" ou "New Hampshire". A maior parte dos programas de visualização de árvores (por exemplo, Treeview) consegue ler este tipo de arquivo. Alternativamente, consulte a Webnote [10] para uma rotina que converte diretamente um `Phyloagglom` em um PostScript gráfico.

```
void newick(Phylagglom &p, MatChar str, char *filename) {                    phylo.h
```
Saída de um árvore filogenética nos formatos padrão "Newick" ou "New Hampshire". Os rótulos (*text labels*) para os nodos de folhas são lidos na forma de linhas de `str`, cada um deles um string que termina em zero. O nome do arquivo de saída é especificado por `filename`.
```
    FILE *OUT = fopen(filename,"wb");
    Int i, s, ntask = 0, n = p.n, root = p.root;
    VecInt tasklist(2*n+1);
    tasklist[ntask++] = (1 << 16) + root;
    while (ntask-- > 0) {                  Percorre árvore primeiro na profundidade.
        s = tasklist[ntask] >> 16;         Código que indica contexto.
        i = tasklist[ntask] & 0xffff;      Número de nodo a ser processado.
        if (s == 1 || s == 2) {            Dau esquerdo ou direito, para baixo.
            tasklist[ntask++] = ((s+2) << 16) + p.t[i].mo;
            if (p.t[i].ldau >= 0) {
                fprintf(OUT,"(");
                tasklist[ntask++] = (2 << 16) + p.t[i].rdau;
                tasklist[ntask++] = (1 << 16) + p.t[i].ldau;
            }
            else fprintf(OUT,"%s:%f",&str[i][0],p.t[i].modist);
        }
        else if (s == 3) {if (ntask > 0) fprintf(OUT,",\n");}  Dau esquerdo para cima
        else if (s == 4) {                                     Dau direito para cima.
            if (i == root) fprintf(OUT,");\n");
            else fprintf(OUT,"):%f",p.t[i].modist);
        }
    }
    fclose(OUT);
}
```

## 16.4.6 Verossimilhança máxima e parcimônia máxima

Ambos os métodos que serão agora discutidos são baseados em caracteres. Se seu problema começa como uma matriz de distâncias, você pode pular esta seção.

Verossimilhança máxima (ou seu equivalente Bayesiano, probabilidade posterior máxima) soa como uma boa ideia para inferência filogenética, mas possui dois defeitos incapacitantes: primeiro, sua solução exata requer fazer um loop sobre (aproximadamente) todas as árvores possíveis, de modo que você é confrontado com um crescimento da carga de trabalho superexponencial em $n$, o número de dados. Segundo, se você precisa calcular a probabilidade de cada árvore, uma vez dados os dados do nodo (folha) terminal, você necessita de um modelo estatístico preciso sobre como as árvores são geradas, isto é, como funciona a evolução. Embora haja uma variedade de modelos deste tipo, com diferentes graus de suporte em dados empíricos, nenhum destes pode aspirar, de maneira convincente, a ser uma verdade universal. Sob diferentes modelos, a verossimilhança máxima produzirá diferentes árvores.

Há métodos heurísticos, como, por exemplo, o quartet puzzling [11], que valem-se de estratagemas para, até um certo grau, contornar o primeiro defeito, pagando o preço de gerar "soluções" que não necessariamente são o ótimo global absoluto. Contudo, a combinação de ambos os defeitos faz geralmente com que a verossimilhança máxima seja o último dos métodos a se recorrer.

A parcimônia máxima compartilha o primeiro defeito com a verossimilhança, mas não o segundo. Uma vez que em muitas situações ele se mostrou um método acurado e robusto [5], muito trabalho foi dedicado a heurísticas que são capazes de superar suas limitações de carga de trabalho, de novo ao custo de produzir apenas soluções aproximadas, com um sucesso significativo.

A ideia básica da parcimônia máxima é simples: considere todas as árvores que tenham os dados observados como suas folhas. Quando dizemos "todas as árvores" não estamos nos referindo apenas à topologia de árvore, mas sim a todas as árvores reais com nodos interiores que se encontram inteiramente indexados por sequências de ancestrais postuladas. Agora, para cada uma destas árvores, defina sua distância de Hamming como sendo as distâncias entre pais e filhos. Por exemplo, se a sequência de um filho difere da de seus pais na posição de dois caracteres, então sua aresta de conexão tem comprimento dois. O placar de parcimônia de uma árvore é a soma dos comprimentos de todos os seus ramos. A árvore de parcimônia máxima é aquela com o menor placar de parcimônia.

Resulta que uma subparte desta procura pode ser feita de uma maneira computacional eficiente. O problema da parcimônia pequena é: dada a topologia de uma árvore sobre as folhas observadas, determine a maneira de parcimônia máxima de alocar sequências a todos os nodos internos. O algoritmo de Fitch, que está muito além de nosso escopo para que o descrevamos aqui, resolve este problema em um tempo $O(n\,m\,k)$, onde $m$ é o comprimento das sequências e $k$ é o número de possíveis valores de cada parâmetros (por exemplo, $k = 4$ para bases de DNA) [1].

A parte difícil da parcimônia máxima é portanto a busca sobre topologias. Quando $n$ é menor que algo em torno de 17, a busca exaustiva é factível. Para valores de $n$ maiores, várias técnicas incluindo random addition order, branch swapping, hill climbing, branch and bound, simulated annealing e algoritmos genéticos são usadas ou sozinhas, ou combinadas. Em geral, elas só produzem resultados com parcimônia máxima local, embora sejam geralmente muito bons [1,5]. Infelizmente, os detalhes estão além do escopo aqui permitido. PAUP [7] e TNT [12,13] implementam ambos sofisticadas procuras de parcimônia máxima.

## REFERÊNCIAS CITADAS E LEITURA COMPLEMENTAR

Felsenstein, J. 2004, *Inferring Phylogenies* (Sunderland, MA: Sinauer).[1]
Warnow, T. 1996, "Some Combinatorial Optimization Problems in Phylogenetics," in *Proceedings of the International Colloquium on Combinatorics and Graph Theory*, eds. A. Gyarfas, L. Lovasz, L.A. Szekely, Bolyai Society Mathematical Studies, vol. 7, (Budapest: Bolyai Society).[2]
Agarwala, R. et al. 1999, "On the Approximability of Numerical Taxonomy," *SIAM Journal of Computing*, vol. 28, no. 3, pp. 1073-1085.[3]
Cohen, J. and Farach M. 1997, in *Proceedings of the 8th Annual ACM-SIAM Symposium on Discrete Algorithms SODA '97* (Philadelphia: S.I.A.M.).[4]
Rice, K. and Warnow, T. 1997, "Parsimony Is Hard to Beat," in *Computing and Combinatorics*, 3rd Annual International Conference COCOON '97, T. Jiang and D.T. Lee, eds. (New York: Springer).[5]
Saitou, N. and Nei, M. 1987, "The Neighbor-joining Method: A New Method for Reconstructing Phylogenetic Trees," *Molecular Biology and Evolution*, vol. 4, no. 4, pp. 406-425; see also *op. cit.*, vol. 5, no. 6, pp. 729-731.[6]
Swofford, D. 2004+, *PAUP: Phylogenetic Analysis Using Parsimony and Other Methods*, version 4, at http://paup.csit.fsu.edu/.[7]
Felsenstein, J. 2003+, *PHYLIP: Phylogeny Inference Package*, version 3.6, at http: //evolution, genetics, washington.edu/phylip.html. [8]
Hall, B.G. 2004, *Phylogenetic Trees Made Easy: A How-To Manual*, 2nd ed. (Sunderland, MA: Sinauer).[9]
Numerical Recipes Software 2007, "Code for Rendering a Phylagglom Tree in Simple PostScript," *Numerical Recipes Webnote No. 28*, at http: //www. nr. com/webnotes?28 [10]
Strimmer, K. and von Haeseler, A. 1996, "Quartet Puzzling: A Quartet Maximum Likelihood Method for Reconstructing Tree Topologies," *Molecular Biology and Evolution*, vol. 13, no. 7, pp. 964-969.[11]
Goloboff, P.A. 1999, "Analyzing Large Data Sets in Reasonable Times: Solutions for Composite Optima," *Cladistics*, vol. 15, pp. 415-428; also see http://www. cladistics .com.[12]
Nixon, K.C. 1999, "The Parsimony Ratchet, a New Method for Rapid Parsimony Analysis," *Cladistics*, vol. 15, pp. 407-414.[13]

## 16.5 Máquinas de vetor de suporte

A máquina de vetor de suporte (*support vector machine*, *SVM*), descrita pela primeira vez por Vapnik e colaboradores em 1992 [1], rapidamente estabeleceu-se como uma abordagem algorítmica poderosa ao problema de classificação dentro do contexto maior conhecido como aprendizagem supervisionada (*supervised learning*). SVMs são tão "máquinas" quanto o são as "máquinas" de Turing; o uso da terminologia foi herdado daquela parte da ciência da computação há muito conhecida como "aprendizagem de máquina" (*machine learning*). Descobriu-se que vários problemas de classificação cujas soluções eram previamente dominadas por redes neurais* e métodos mais complicados podiam ser resolvidos de maneira direta via SVMs [2]. Além disto, SVMs são geralmente mais fáceis de implementar que redes neurais. Também é geralmente mais fácil intuir o que as SVMs "pensam que estão fazendo" do que com as redes neurais, conhecidas por sua opacidade.

No problema da classificação de aprendizagem supervisionada, nos é dado um conjunto de dados de treinamento (*training data*) que consiste em $m$ pontos

$$(\mathbf{x}_i, y_i) \qquad i = 1, \ldots, m \qquad (16.5.1)$$

---

*N. de T.: Embora a tradução mais correta de *neural networks* seja redes neuronais, o neologismo "neurais" tornou-se corrente na literatura especializada, razão pela qual decidimos mantê-lo.

Cada **x**$_i$ é um vetor de atributos (*feature vector*) em (digamos) $n$ dimensões que descreve os dados, enquanto cada um dos $y_i$ correspondentes tem o valor $\pm 1$, indicando se o ponto está dentro $(+1)$ ou fora $(-1)$ do conjunto que queremos aprender a reconhecer. Queremos ter uma regra de decisão (*decision rule*) na forma de uma função $f(\mathbf{x})$ cujo sinal prediz o valor de $y$, não apenas para os dados no conjunto de treinamento, mas também para novos valores de **x** nunca antes vistos.

No caso de algumas aplicações, o vetor de atributos **x** realmente vive num espaço contínuo $\mathbf{R}^n$. Contudo, é permitido ser criativo na hora de mapear seu problema neste framework: em muitas aplicações, o vetor de atributos será um vetor binário que codifica a presença ou ausência de "atributos" (daí seu nome). Por exemplo, o vetor de atributos que descreve uma sequência de DNA de comprimento $p$ poderia ter $n = 4p$ dimensões, com cada posição da base usando quatro dimensões e tendo o valor de 1 em um dos quatro (dependendo se fosse A, C, G ou T) e zero nos outros.

### 16.5.1 Caso especial de dados linearmente separáveis

Pode-se entender as SVMs conceitualmente como sendo uma série de generalizações de um ponto de partida idealizado e bastante irreal. Discutiremos estas generalizações sequencialmente no resto desta seção. O ponto de partida é o caso especial de dados linearmente separáveis. Neste caso, foi-nos dito (por um oráculo?) que existe um hiperplano em $n$ dimensões, isto é, uma superfície $(n-1)$-dimensional definida pela equação

$$f(\mathbf{x}) \equiv \mathbf{w} \cdot \mathbf{x} + b = 0 \qquad (16.5.2)$$

que separa completamente os dados de treinamento. Ou seja, todos os pontos de treinamento com $y_i = 1$ se encontram de um lado do hiperplano (e têm portanto $f(\mathbf{x}_i) > 0$), ao passo que todos os com $y_i = -1$ se encontram do outro lado (e têm $f(\mathbf{x}_i) < 0$). Tudo o que temos a fazer é achar **w** (um vetor normal ao hiperplano) e $b$ (um deslocamento). Então, $f(\mathbf{x})$ na equação (16.5.2) será a regra de decisão.

Na verdade, podemos fazer algo melhor que isso. Em geral, mais que um hiperplano separa dados linearmente separáveis. Escolhamos o hiperplano que tenha a maior margem, isto é, maximiza a distância perpendicular a pontos mais próximos do hiperplano em ambos os lados. Especificamente, dado um hiperplano que separa os dados, sempre podemos escalonar **w** por uma constante e ajustar **b** de maneira apropriada, de modo a fazer

$$\begin{aligned}\mathbf{w} \cdot \mathbf{x}_i + b &\geq +1 \text{ quando } y_i = +1 \\ \mathbf{w} \cdot \mathbf{x}_i + b &\leq -1 \text{ quando } y_i = -1\end{aligned} \qquad (16.5.3)$$

Estas equações representam hiperplanos paralelos delimitantes que separam os dados (vide Figura 16.5.1), uma estrutura caprichosamente chamada de plano espesso (*fat plane*). Com um pouco de geometria analítica você pode convencer-se de que a distância perpendicular entre os planos delimitantes (duas vezes a margem) é

$$2 \times \text{margem} = 2(\mathbf{w} \cdot \mathbf{w})^{-1/2} \qquad (16.5.4)$$

Observe também que ambos os casos da equação (16.5.3) podem ser resumidos em um única equação

$$y_i(\mathbf{w} \cdot \mathbf{x}_i + b) \geq 1 \qquad (16.5.5)$$

O que vemos é que o plano espesso mais "gordo", também conhecido como SVM de margem máxima, pode ser encontrado resolvendo-se um problema particular em programação quadrática:

$$\begin{aligned}\text{minimize:} &\quad \tfrac{1}{2}\mathbf{w} \cdot \mathbf{w} \\ \text{sujeito à condição:} &\quad y_i(\mathbf{w} \cdot \mathbf{x}_i + b) \geq 1 \quad i = 1, \ldots, m\end{aligned} \qquad (16.5.6)$$

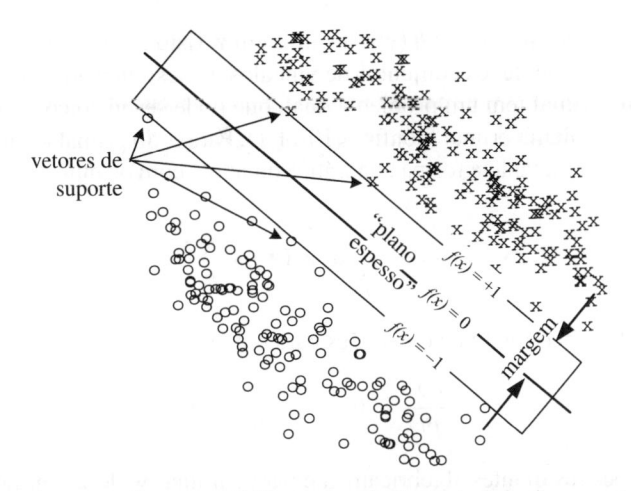

**Figura 16.5.1** Máquinas de vetores de suporte (SVM) no caso idealizado de dados linearmente separáveis. Queremos classificar regiões do espaço que contenham x's ou o's. O "plano espesso" definido por $-1 \leq f(x) \leq 1$ é escolhido de modo a maximizar as margens (mostradas na figura). Neste máximo, um pequeno número de pontos, os "vetores de suporte", se encontrarão sobre os planos delimitantes.

Observe que minimizamos $\mathbf{w} \cdot \mathbf{w}$ ao invés de fazer a equivalente maximização de seu recíproco. O fator de 1/2 apenas simplifica um pouco da álgebra que encontraremos posteriormente.

Métodos gerais para resolver problemas quadráticos de programação como o acima são discutidos em [3,4]. Mais à frente nesta seção, discutiremos um método especializado para algumas SVMs. Por enquanto, considere a solução de (16.5.6) e problemas similares como uma "caixa preta" à disposição.

Na solução de (16.5.6), alguns (geralmente um pequeno número) de pontos devem se encontrar exatamente sobre um ou outro hiperplano delimitante, pois, caso contrário, poderíamos ter feito o plano espesso ainda mais gordo. Estes dados, com $f(\mathbf{x}) = \pm 1$, são chamados de vetores de suporte da solução. Contudo, apesar do fato de máquinas de vetores de suporte terem sido assim chamadas originalmente por causa destes vetores de suporte, eles não têm um papel importante nas generalizações mais realistas que em breve discutiremos.

### 16.5.2 Problemas primal e dual em programação quadrática

A primeira das generalizações por nós prometida pode parecer, à primeira vista, uma direção um tanto quanto intrigante para ser seguida, pois consiste simplesmente em substituir um problema de programação quadrática por outro. Veremos posteriormente, no entanto, que esta substituição tem consequências profundas.

O problema geral em programação quadrática, conhecido como problema primal*, pode ser assim formulado

$$\begin{aligned} &\text{minimize:} & &f(\mathbf{w}) \\ &\text{sujeito à condição:} & &g_j(\mathbf{w}) \leq 0 \\ & & &h_k(\mathbf{w}) = 0 \end{aligned} \qquad (16.5.7)$$

---

*N. de T.: A palavra *primal* em inglês tem o significado de primário, primeiro, principal, fundamental. Porém, o termo já se incorporou ao vocabulário técnico na forma aqui apresentada, motivo pelo qual o mantivemos.

onde $f(\mathbf{w})$ é quadrático em $\mathbf{w}$; $g(\mathbf{w})$ e $h(\mathbf{w})$ são afins em $\mathbf{w}$ (isto é, lineares mais uma constante) e $j$ e $k$ indexam, respectivamente, os conjuntos de vínculos de desigualdade e igualdade.

Todo problema primal tem um problema dual, que pode ser visto como uma maneira alternativa de resolver o problema primal (confira §10.11.1). Para ir do primal ao dual, escreve-se uma Lagrangiana que incorpora tanto a forma quadrática quanto – com os multiplicadores de Lagrange – os vínculos, a saber,

$$\mathcal{L} \equiv \tfrac{1}{2} f(\mathbf{w}) + \sum_j \alpha_j g_j(\mathbf{w}) + \sum_k \beta_k h_k(\mathbf{w}) \tag{16.5.8}$$

Então se escreve este subconjunto de condições para um extremo:

$$\frac{\partial \mathcal{L}}{\partial w_i} = 0, \qquad \frac{\partial \mathcal{L}}{\partial \beta_k} = 0, \tag{16.5.9}$$

e usam-se as equações resultantes algebricamente para eliminar $\mathbf{w}$ de $\mathcal{L}$, em favor de $\boldsymbol{\alpha}$ e $\boldsymbol{\beta}$ (onde agora escrevemos os $\alpha_j$'s e $\beta_k$'s como vetores). Chame o resultado de Lagrangiana reduzida, $\mathcal{L}(\boldsymbol{\alpha}, \boldsymbol{\beta})$. Então, o resultado importante que vem dos chamados teoremas da dualidade forte e de Kuhn-Tucker (confira §10.11.1) é que a solução do seguinte problema dual é equivalente ao problema primal original:

$$\boxed{\begin{aligned} \text{maximize:} &\quad \mathcal{L}(\boldsymbol{\alpha}, \boldsymbol{\beta}) \\ \text{sujeito à condição:} &\quad \alpha_j \geq 0 \quad \text{para todo } j \end{aligned}} \tag{16.5.10}$$

De fato, este resultado é mais geral que a programação quadrática e é válido, *grosso modo*, para qualquer $f(\mathbf{w})$ convexo. Além disso, se $\widehat{\mathbf{w}}$ é a solução ótima do problema primal, e $\widehat{\boldsymbol{\alpha}}, \widehat{\boldsymbol{\beta}}$ são as soluções ótimas do problema dual, temos

$$\begin{aligned} f(\widehat{\mathbf{w}}) &= \mathcal{L}(\widehat{\boldsymbol{\alpha}}, \widehat{\boldsymbol{\beta}}) \\ \widehat{\alpha}_j \, g_j(\widehat{\mathbf{w}}) &= 0 \quad \text{para todo } j \end{aligned} \tag{16.5.11}$$

Esta última condição é chamada de condição de complementaridade de Karush-Kuhn-Tucker. Ela diz que ao menos um dos $\widehat{\alpha}_j$ e $g_j(\widehat{\mathbf{w}})$ deve ser zero para cada $j$ (nos deparamos previamente com o caso linear na equação 10.11.5). Isto significa que, a partir da solução do problema dual, você pode identificar instantaneamente vínculos de desigualdade no problema primal que estão "cravados" nos seus limites, a saber, aqueles com $\widehat{\alpha}_j$'s não zero na solução do dual.

### 16.5.3 Formulação dual do SVM de margem máxima

O procedimento acima é facilmente implementado no problema de programação quadrática (16.5.6) para o caso da SVM de margem máxima. Não há $\beta_k$'s, uma vez que não há vínculos de igualdade. A Lagrangiana (16.5.8) é

$$\mathcal{L} = \tfrac{1}{2} \mathbf{w} \cdot \mathbf{w} + \sum_i \alpha_i [1 - y_i(\mathbf{w} \cdot \mathbf{x}_i + b)] \tag{16.5.12}$$

As condições para o extremo são

$$0 = \frac{\partial \mathcal{L}}{\partial \mathbf{w}} = \mathbf{w} - \sum_i \alpha_i y_i \mathbf{x}_i \quad \Longrightarrow \quad \widehat{\mathbf{w}} = \sum_i \widehat{\alpha}_i y_i \mathbf{x}_i \tag{16.5.13}$$

e

$$0 = \frac{\partial \mathcal{L}}{\partial b} = \sum_i \alpha_i y_i \qquad (16.5.14)$$

A substituição das equações (16.5.13) e (16.5.14) em (16.5.12) dá a Lagrangiana reduzida

$$\mathcal{L}(\boldsymbol{\alpha}) = \sum_j \alpha_j - \tfrac{1}{2} \sum_{j,k} \alpha_j y_j (\mathbf{x}_j \cdot \mathbf{x}_k) y_k \alpha_k$$

$$\equiv \mathbf{e} \cdot \boldsymbol{\alpha} - \tfrac{1}{2} \boldsymbol{\alpha} \cdot \text{diag}(\mathbf{y}) \cdot \mathbf{G} \cdot \text{diag}(\mathbf{y}) \cdot \boldsymbol{\alpha} \qquad (16.5.15)$$

Na segunda forma da equação acima introduzimos alguma notação matricial conveniente: **e** é o vetor cujas componentes são todas a unidade, diag denota uma matriz diagonal formada a partir de um vetor do modo óbvio, e **G** é a matriz de Gram dos produtos escalares de todos os $\mathbf{x}_j$'s,

$$G_{ij} \equiv \mathbf{x}_i \cdot \mathbf{x}_j \qquad (16.5.16)$$

Lembre-se que subscritos em **x** não indicam componente, mas sim indexam qual dado está sendo referenciado.

O problema dual torna-se então, *in toto*,

$$\begin{array}{ll} \text{minimize:} & \tfrac{1}{2} \boldsymbol{\alpha} \cdot \text{diag}(\mathbf{y}) \cdot \mathbf{G} \cdot \text{diag}(\mathbf{y}) \cdot \boldsymbol{\alpha} - \mathbf{e} \cdot \boldsymbol{\alpha} \\ \text{sujeito a:} & \alpha_i > 0 \quad \text{para todo } i \\ & \boldsymbol{\alpha} \cdot \mathbf{y} = 0 \quad (\text{de } 16.5.14) \end{array} \qquad (16.5.17)$$

Temos também a relação de Karush-Kuhn-Tucker,

$$\hat{\alpha}_i \left[ y_i (\hat{\mathbf{w}} \cdot \mathbf{x}_i + b) - 1 \right] = 0 \qquad (16.5.18)$$

A equação (16.5.13) diz como obter a solução ótima $\hat{\mathbf{w}}$ do problema primal a partir da solução $\hat{\boldsymbol{\alpha}}$ do problema dual. A equação (16.5.18) é usada para se obter $\hat{b}$: ache *qualquer* $\alpha_i$ não zero e então, com os correspondentes $y_i$, $\mathbf{x}_i$ e $\hat{\mathbf{w}}$, resolva a relação acima para achar $\hat{b}$. Alternativamente, pode-se eliminar algum erro de arredondamento fazendo-se uma média ponderada dos $\alpha_i$'s,

$$\hat{b} = \sum_i \hat{\alpha}_i (y_i - \hat{\mathbf{w}} \cdot \mathbf{x}_i) \Big/ \sum_i \alpha_i \qquad (16.5.19)$$

Finalmente, a regra de decisão é $f(\mathbf{x}) = \hat{\mathbf{w}} \cdot \mathbf{x} + \hat{b}$.

Algumas observações que se tornarão importantes mais tarde:

- Dados com $\hat{\alpha}_i$ não zero satisfazem os vínculos como igualdades, ou seja, são vetores de suporte.
- O único lugar onde os dados $\mathbf{x}_i$'s entram em (16.5.17) é na matriz de Gram **G**.
- A única parte do cálculo que escalona com $n$ (a dimensionalidade do vetor de atributos) é o cálculo das componentes da matriz de Gram.
- Todas as outras partes do cálculo escalonam com $m$, o número de dados.

Portanto, ao ir do primal ao dual, substituímos um problema que escalona (na maior parte) com a dimensionalidade da matriz de atributos por outro que escalona (na maior parte) com o número de dados. Isto pode parecer estranho, pois torna difíceis problemas com um enorme número de dados de entrada. Contudo, torna fáceis problemas com uma quantidade moderada de dados mas com vetores de atributos *enormes*. Este é na verdade o regime onde os SVMs realmente brilham.

### 16.5.4 O SVM de 1-norm soft-margin e seu dual

A próxima generalização importante é relaxar a suposição irreal de que existe um hiperplano que separa os dados de treinamento, isto é, livrar-se do "oráculo". Fazemos isto introduzindo uma chamada variável de relaxamento $\xi_i$ (*slack variable*) para cada dado $\mathbf{x}_i$. Se o dado for tal que ele *possa* ser separado por um plano espesso, então $\xi_i = 0$. Se ele *não puder*, então $\xi_i > 0$ é a quantidade de discrepância, expressa pela desigualdade modificada

$$y_i(\mathbf{w} \cdot \mathbf{x}_i + b) \geq 1 - \xi_i \quad (16.5.20)$$

Precisamos obviamente introduzir um induzimento à otimização para fazer os $\xi_i$'s tão pequenos quanto possíveis, e zero sempre que possível. Temos assim um trade-off entre tornar os $\xi_i$'s pequenos e "engordar" o plano espesso. Em outras palavras, temos agora um problema que requer não apenas otimização mas também regularização, no mesmo sentido utilizado na discussão do §18.4. Na notação da equação (18.4.12), nossas formas quadráticas ($\mathbf{w} \cdot \mathbf{w}$ ou $\mathcal{L}$) são exemplos de $\mathcal{A}$'s. Precisamos inventar um operador de regularização $\mathcal{B}$ que expressa nossas esperanças para os $\xi_i$'s e então minimizar $\mathcal{A} + \lambda \mathcal{B}$ ao invés de apenas de $\mathcal{A}$ sozinho. À medida que variamos $\lambda$ no intervalo $0 < \lambda < \infty$, exploramos a curva de trade-off da regularização.

O SVM de 1-norm soft-margin adota, como o nome indica, uma soma linear de $\xi_i$'s (positivos) como operador de regularização. O problema primal é então

$$\boxed{\begin{aligned} \text{minimize:} \quad & \tfrac{1}{2}\mathbf{w} \cdot \mathbf{w} + \lambda \sum_i \xi_i \\ \text{sujeito a:} \quad & \xi_i \geq 0, \\ & y_i(\mathbf{w} \cdot \mathbf{x}_i + b) \geq 1 - \xi_i \quad i = 1, \ldots, m \end{aligned}} \quad (16.5.21)$$

Uma possível variante é o SVM de 2-norm soft margin, onde o termo de regularização seria $\Sigma_i \xi_i^2$. Contudo, isto produz equações algo mais complicadas, e a deixaremos assim fora do escopo deste livro.

Ao longo da curva de trade-off $0 < \lambda < \infty$, vamos de uma solução que prefere um plano *realmente espesso* (não importando quantos pontos estão dentro, ou do lado errado dele) até uma solução que é tão sovina em permitir discrepâncias que escolhe um plano espesso que praticamente não tem margem. O primeiro é menos preciso no que diz respeito aos dados de treinamento, mas possivelmente mais robusto para dados novos; o último é tão acurado quanto possível com os dados de treinamento, mas possivelmente frágil (e menos acurado) para dados novos. Como no Capítulo 19, a escolha de $\lambda$ é um trade-off no projeto que você terá que fazer (mas nós lhe daremos alguma assistência abaixo).

Importante notar que *qualquer* valor não negativo de $\lambda$ permite que haja *alguma* solução, quer sejam os dados linearmente separáveis ou não. Você mesmo pode ver isso se notar que $\mathbf{w} = 0$ é sempre uma possível (mas não ótima) solução de (16.5.21) para valores positivos suficientemente grandes de $\xi_i$, independentemente do valor de $\lambda$. Se há uma solução possível, deve haver, é claro, uma ótima.

O leitor realmente astuto perceberá que o $\lambda$ aqui parece ter um sentido qualitativo oposto ao dos $\lambda_i$'s do Capítulo 19. Mais especificamente, $\lambda \to 0$ (aqui) produz a solução mais robusta, "mais suave", ao passo que naquele capítulo é $\lambda \to \infty$ que, de maneira similar, favorece suavidade *a priori*. O motivo desta mudança é que o programa quadrático (16.5.21) se torna o programa quadrático (16.5.6) no limite $\lambda \to \infty$, e não 0. Isto porque não há $\xi_i$'s nos vínculos em (16.5.6), de modo que (16.5.21) deve então, no limite, forçá-los a zero, requerendo $\lambda$ infinito. Do mesmo modo, à medida que $\lambda$ se aproxima de zero, os $\xi_i$'s se tornam ilimitados. Assim, o termo de regularização aqui realmente atua no sentido oposto daquele do Capítulo 19, em função do modo pelo qual ele atua por meio dos vínculos, não por meio do funcional principal.

Curiosamente, o dual do SVM 1-norm soft-margin é quase idêntico ao dual do SVM (não realista) de margem máxima (16.5.17). Omitindo detalhes dos cálculos, o resultado é

$$
\begin{aligned}
&\text{minimize:} && \tfrac{1}{2}\boldsymbol{\alpha}\cdot\mathrm{diag}(\mathbf{y})\cdot\mathbf{G}\cdot\mathrm{diag}(\mathbf{y})\cdot\boldsymbol{\alpha} - \mathbf{e}\cdot\boldsymbol{\alpha} \\
&\text{sujeito a:} && 0 \le \alpha_i \le \lambda \qquad \text{para todo } i \\
&&& \boldsymbol{\alpha}\cdot\mathbf{y} = 0
\end{aligned}
\quad (16.5.22)
$$

Ou seja, a única diferença é que agora há um limite superior delimitante de $\lambda$ sobre os $\alpha_i$ além do limite inferior zero (este tipo de restrição é chamado de box constraint).

A fórmula para $\hat{\mathbf{w}}$ não muda e continua sendo (16.5.13), ao passo que as condições de Karush-Kuhn-Tucker se tornam agora

$$
\begin{aligned}
(\hat{\alpha}_i - \lambda)\hat{\xi}_i &= 0 \\
\hat{\alpha}_i \left[ y_i(\hat{\mathbf{w}}\cdot\mathbf{x}_i + \hat{b}) - 1 + \hat{\xi}_i \right] &= 0
\end{aligned}
\quad (16.5.23)
$$

Vemos que, exceto nos raros casos degenerados de duplos zeros,

$\hat{\alpha}_i < 0 \iff$ data point $i$ do lado correto do plano espesso

$0 < \hat{\alpha}_i < \lambda \iff$ data point $i$ exatamente sobre a fronteira do plano espesso (vetor de suporte)

$\hat{\alpha}_i < \lambda \iff$ data point $i$ dentro, ou do lado errado, do plano espesso.

$$(16.5.24)$$

Aqui novamente podemos ver que, à medida que vamos diminuindo $\lambda$ em direção a zero, fixando cada vez mais $\alpha_i$'s no valor $\lambda$, obtemos soluções com um número crescente de pontos "errados", mas planos cada vez mais espessos.

O estimador de $\hat{b}$, análogo da equação (16.5.19), cujo valor é calculado sobre a média ponderada de arrendondamentos, é

$$\hat{b} = \sum_i \hat{\alpha}_i (\lambda - \hat{\alpha}_i)(y_i - \hat{\mathbf{w}}\cdot\mathbf{x}_i) \Big/ \sum_i \hat{\alpha}_i (\lambda - \hat{\alpha}_i) \quad (16.5.25)$$

Embora a suposição de linearidade (isto é, usar hiperplanos para separar dados) é ainda algo restritivo, o modelo definido por (16.5.22) tem alguma utilidade prática em problemas onde há motivos para se crer que a resposta é (ao menos de alguma maneira) linear nas componentes do vetor de atributos. Mas estamos ainda muito longe do final da história.

### 16.5.4 O truque do núcleo

Finalmente chegamos à generalização que dá às SVMs seu real poder. Imagine uma função de embutimento (*embedding function*) $\varphi$ que mapeie vetores de atributo $n$-dimensionais, de algum modo, em um espaço de dimensão $N$ muito maior,

$$\mathbf{x} \quad (n\text{-dimensional}) \quad \longrightarrow \quad \varphi(\mathbf{x}) \quad (N\text{-dimensional}) \quad (16.5.26)$$

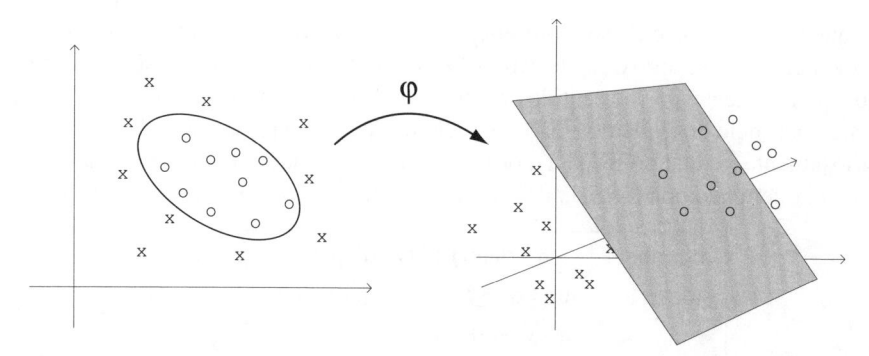

**Figura 16.5.2** Quando vetores de atributos são mapeados de um espaço de dimensão mais baixo (2 no exemplo aqui) para um espaço de embutimento de dimensão maior (aqui 3), superfícies de separação não linear podem ser bem aproximadas por superfícies lineares. Na prática, espaços de embutimento de dimensão *muito* alta são usados, mas eles entram no cálculo SVM apenas implicitamente via o "truque do núcleo".

A ideia básica, como ilustra a Figura 16.5.2, é que uma superfície de separação altamente não linear no espaço $n$-dimensional deve ser mapeada em (ou bem aproximada por) um hiperplano linear no espaço $N$-dimensional.

Para ver como isso pode funcionar, considere o seguinte mapeamenteo de duas em cinco dimensões:

$$(x_0, x_1) \xrightarrow{\varphi} (x_0^2, x_0 x_1, x_1^2, x_0, x_1) \tag{16.5.27}$$

Com este mapeamento, uma regra de decisão $f(\mathbf{x})$ que é construída como sendo linear no espaço de embutimento (*embedding space*) torna-se geral o suficiente para incluir todas as formas lineares e quadráticas (retas, elipses, hipérboles) no espaço original de atributos, a saber,

$$f(\mathbf{x}) = F[\varphi(\mathbf{x})] \equiv \mathbf{W} \cdot \varphi(\mathbf{x}) + B \tag{16.5.28}$$

onde estamos usando letras maiúsculas para grandezas no embedding space. Embora $N = 5$ neste exemplo, ele pode ter um valor de um milhão ou bilhão (veremos como isso funciona em um minuto).

Fornecidos os dados, como achamos $\mathbf{W}$ e $B$ no embedding space? Tentemos exatamente como antes, mas agora simplesmente num espaço de dimensão maior. O problema primal (compare com a equação 16.5.21) é

$$\boxed{\begin{aligned} &\text{minimize:} \quad \tfrac{1}{2}\mathbf{W}\cdot\mathbf{W} + \lambda \sum_i \Xi_i \\ &\text{sujeito a:} \quad \Xi_i \geq 0, \\ &\qquad\qquad y_i(\mathbf{W}\cdot\varphi(\mathbf{x}_i) + B) \geq 1 - \Xi_i \quad i = 1,\ldots,m \end{aligned}} \tag{16.5.29}$$

Ops! Isto é um problema de programação quadrática em um espaço de dimensão milhão ou bilhão, muito provavelmente intratável em seu desktop comum.

Mas e quanto ao dual? Ele resulta ser

$$\boxed{\begin{aligned} &\text{minimize:} \quad \tfrac{1}{2}\boldsymbol{\alpha}\cdot\text{diag}(\mathbf{y})\cdot\mathbf{K}\cdot\text{diag}(\mathbf{y})\cdot\boldsymbol{\alpha} - \mathbf{e}\cdot\boldsymbol{\alpha} \\ &\text{sujeito a:} \quad 0 \leq \alpha_i \leq \lambda \quad \text{para todo } i \\ &\qquad\qquad \alpha \cdot \mathbf{y} = 0 \end{aligned}} \tag{16.5.30}$$

Isto é exatamente o mesmo que (16.5.22), exceto que a matriz Gram $G_{ij}$ foi substituída pelo assim chamado núcleo $K_{ji}$,

$$K_{ij} \equiv K(\mathbf{x}_i, \mathbf{x}_j) \equiv \varphi(\mathbf{x}_i) \cdot \varphi(\mathbf{x}_j) \qquad (16.5.31)$$

Bem, isto se chama progresso. O problema de programação quadrática (16.5.30) não é mais difícil que o problema original (16.5.22)! Ambos vivem em um espaço de dimensão $m$, o número de dados, e ambos são alimentados com uma matriz fixa, pré-calculada a partir dos dados: $G_{ij}$ em um caso, $K_{ij}$ no outro.

Conseguimos encurralar a "praga da dimensionalidade" em um canto, ou seja, calcular apenas $m^2$ valores $K_{ij}$. Agora, a aniquilaremos completamente com o truque do núcleo.

O "truque" é que na verdade nunca precisamos sequer conhecer o mapeamento $\varphi(\mathbf{x})$. Tudo o que precisamos é de uma maneira de se calcular um núcleo $K_{ij}$ que *poderia* advir de um mapeamento $\varphi(\mathbf{x})$, isto é, uma matriz de tamanho $m \times m$ com as propriedades matemáticas de um espaço de produtos internos de dimensão alta. Já conhecemos um núcleo possível, a matriz de Gram $G_{ij}$. Aqui estão algumas das propriedades demonstráveis de funções núcleo $K(\mathbf{x}_i, \mathbf{x}_j)$ em geral:

- $K_{ij} = K(\mathbf{x}_i, \mathbf{x}_j)$ deve ser simétrico em $i$ e $j$ e tem autovalores não negativos (teorema de Mercer).
- Qualquer combinação multinomial de funções núcleo é uma função núcleo. Isto é, você pode combinar funções núcleo livremente multiplicando-as, adicionando-as e escalonando-as por uma constante.
- $K(\varphi(\mathbf{x}_i)\,\varphi(\mathbf{x}_j))$ é um núcleo se $K(,)$ o for, para qualquer $\varphi$. Isto generaliza a ideia original de embedding space.
- $K(\mathbf{x}_i, \mathbf{x}_j) = g(\mathbf{x}_i)\,g(\mathbf{x}_j)$ é sempre um núcleo, para qualquer função $g$.

Uma vez que você optou por um núcleo e solucionou o problema de programação quadrática (16.5.30), então sua regra de decisão final para qualquer novo atributo do vetor $\mathbf{x}$ é:

$$f(\mathbf{x}) = \sum_i \hat{\alpha}_i y_i K(\mathbf{x}_i, \mathbf{x}) + \hat{b} \qquad (16.5.32)$$

onde (novamente usando o truque da média)

$$\hat{b} = \sum_i \hat{\alpha}_i (\lambda - \hat{\alpha}_i)[y_i - \sum_j \hat{\alpha}_i y_j K(\mathbf{x}_j, \mathbf{x}_i)] \Big/ \sum_i \hat{\alpha}_i (\lambda - \hat{\alpha}_i) \qquad (16.5.33)$$

Ao passo que a construção de um núcleo ideal para um problema em particular pode ser uma arte, resulta que alguns núcleos muito gerais são bastante poderosos na hora de resolver problemas do mundo real. Geralmente você pode simplesmente testar alguns deles e ficar com aquele que funciona melhor. Os núcleos abaixo são boas opções de partida:

$$\begin{aligned}
\text{linear:} \quad & K(\mathbf{x}_i, \mathbf{x}_j) = \mathbf{x}_i \cdot \mathbf{x}_j \\
\text{potência:} \quad & K(\mathbf{x}_i, \mathbf{x}_j) = (\mathbf{x}_i \cdot \mathbf{x}_j)^d, \quad 2 \leq d \leq 20 \text{ (digamos)} \\
\text{polinomial:} \quad & K(\mathbf{x}_i, \mathbf{x}_j) = (a\,\mathbf{x}_i \cdot \mathbf{x}_j + b)^d \\
\text{sigmoide:} \quad & K(\mathbf{x}_i, \mathbf{x}_j) = \tanh(a\,\mathbf{x}_i \cdot \mathbf{x}_j + b) \\
\text{função de base radial Gaussiana:} \quad & K(\mathbf{x}_i, \mathbf{x}_j) = \exp(-\tfrac{1}{2}|\mathbf{x}_i - \mathbf{x}_j|^2/\sigma^2)
\end{aligned}$$

$$(16.5.34)$$

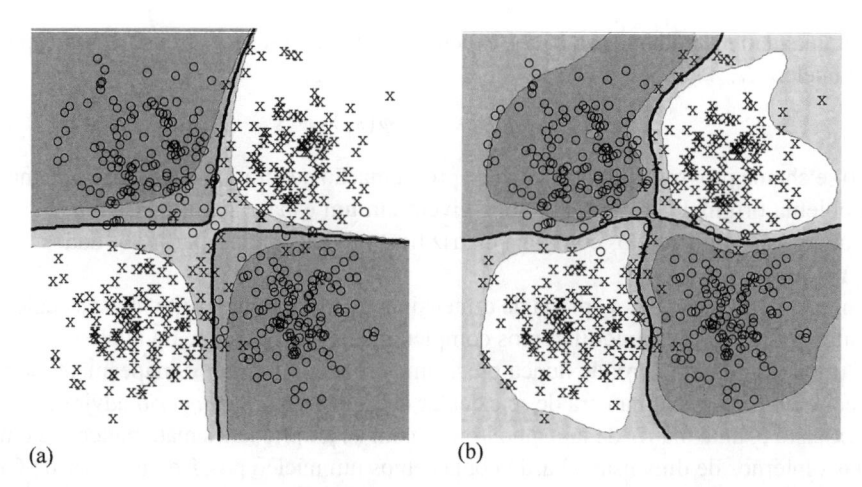

**Figura 16.5.3** SVMs que "aprendem" a particionar o plano. Os dados de entrada são extraídos de quatro gaussianas bidimensionais, que se sobrepõem levemente e igualmente indexadas quando diagonalmente opostas (x ou o). Linhas cheias sólidas são superfícies de regra de decisão $f(\mathbf{x}) = 0$ deduzidas pelas SVMs. As linhas cheias mais claras representam $f(\mathbf{x}) = \pm 1$. (a) Núcleo polinomial com $d = 8$. (b) Núcleo de função de base radial Gaussiana.

Consulte o §2.3 ou [5] para núcleos padrões adicionais. O Capítulo 13 de [5] descreve vários núcleos especializados, por exemplo, para se comparar trechos ou passagens de um texto, para reconhecimento de imagem e para um número de outras aplicações.

A Figura 16.5.3 ilustra um exemplo de teste onde foram usadas tanto um núcleo polinomial com $d = 8$ quanto um núcleo de base radial Gaussiano. É um característica do núcleo Gaussiano ser mais influenciado por efeitos de vizinhos próximos (que pode ser algo bom ou ruim, dependendo da aplicação), ao passo que núcleos polinomiais procuram soluções mais suaves e globais.

Embora esteja além do escopo desta seção, devemos aqui mencionar que o truque do núcleo é aplicável não somente a SVMs (isto é, a algoritmos baseados na separação de hiperplanos), como também a um número de outros algoritmos de reconhecimento de padrões, como, por exemplo, a análise da componente principal (*principal component analysis*, PCA) e o algoritmo discriminante de Fisher. Vide [5] [6] para um tratamento extensivo destes algoritmos de aprendizagem baseados em núcleos.

### 16.5.6 Alguns conselhos práticos sobre SVMs

O núcleo de função de base radial Gaussiano é muito popular, pois tem só um parâmetro ajustável, $\sigma$, e é fácil adivinhar um valor inicial: qualquer distância característica entre pontos próximos no espaço de atributos. Como anteriormente mencionado, o núcleo Gaussiano classifica até certo ponto por meio de um consenso de vizinhança local.

Para núcleos polinomiais, comece escolhendo um $a$ e $b$ de modo a fazer $a\,\mathbf{x}_i \cdot \mathbf{x}_j + b$ ficar entre $\pm 1$ para qualquer $i$ e $j$. A potência $d$ tem uma interpretação (bastante grosseira) como sendo o número de diferentes atributos que você quer que a comparação "misture", ou seja, $d = 1$ (linear) particiona o espaço um atributo por vez; $d = 2$ procura pares de atributos simultaneamente, e assim por diante. Também falando de uma maneira um tanto quanto imprecisa, a diferença entre núcleos na forma de potência e polinomiais é a diferença entre você querer considerar exatamente $d$ atributos por vez (potência) ou todas as combinações dos $d$ ou menos atributos (polinomial). Contudo, estas interpretações não devem ser levadas muito a sério. Especificamente, um $d$ maior não necessariamente é sempre melhor.

Não dissemos muito a respeito da maneira de como escolher λ, o parâmetro de regularização. Tente λ = 1 primeiro, e então tente aumentá-lo ou diminuí-lo por fatores de 10. Há tipicamente um platô largo, como função de $\log_{10}(\lambda)$, onde o valor preciso de λ não importa muito. Há uma certa crença de que $\langle \mathbf{x}_i \cdot \mathbf{x}_j \rangle^{-1}$ ou $\langle K(\mathbf{x}_i,\mathbf{x}_j) \rangle^{-1}$, onde as chaves denotam médias sobre todos os pares $i$ e $j$, são bons chutes iniciais, mas para núcleos escalonados de maneira apropriada estes não devem ser muito diferentes da unidade.

À medida que você varia λ e resolve o programa quadrático, verifique a fração de $\alpha_i$'s que estão fixos em zero, fixos em λ ou flutuando entre estes dois valores. Um perfil bom terá, frequentemente, a maior fração em zero, uma menor (mas não necessariamente muito menor) em λ e a menor entre os valores (veja a equação 16.5.24 para uma interpretação). Estas frações são normalmente bons indicadores para se ajustar parâmetros no seu núcleo. Naturalmente você também estará verificando a fração de seus dados de treinamento que é corretamente prevista, isto é, que tem $y_i f(\mathbf{x}_i) > 0$.

Nós fornecemos abaixo um programa curto e autossuficiente para se achar a solução de SVMs. Porém, para qualquer outra coisa que não seja problemas pequenos, você necessitará de um pacote de software mais sofisticado. Há muitos truques e atalhos que podem aumentar a velocidade da solução de um SVM com relação ao problema geral de programação quadrática – bons pacotes de SVM tiram proveito disto. Por exemplo, um bom pacote deveria tirar proveito da esparcidade dos vetores de atributos para economizar nos cálculos. Nosso pacote favorito é o SVMlight de Thorsten Joachim [7], disponível livremente na Web. Outra implementação popular e grátis é o Gist [8]. O website citado em [2] tem um página com links para um ampla variedade de software SVM.

### 16.5.7 A variante de mangasarian-musicant e sua solução via SOR

Mangasarian e Musicant [9,10] sugeriram uma leve variante da equação (16.5.21) e da generalização de seu núcleo que tem a interessante propriedade de poder ser resolvida, de modo bastante compacto, pelo método das sobrerrelaxações sucessivas (*sucessive overrelaxation*, SOR; vide §20.5.1). Em particular, um programa de solução SVC completo que utilize SOR tem menos que 100 linhas. Discutimos esta variante M-M aqui, e a implementamos em código simplesmente em função de sua brevidade. Usamos este código para problemas com até vários milhares de dados, com vetores de atributo de dimensão de algumas centenas. Tais problemas são resolvidos em segundos num desktop. Para problemas maiores, nosso conselho é que você utilize pacotes especializados mais eficientes [7,8]. O SVMlight, por exemplo, é tipicamente uma ordem de magnitude mais rápido que o código que fornecemos abaixo.

O problema primal na forma 1-norm soft-margin da variante M-M é

$$\begin{aligned} \text{minimize:} \quad & \tfrac{1}{2}\mathbf{w} \cdot \mathbf{w} + b^2 + \lambda \sum_i \xi_i \\ \text{sujeito a:} \quad & \xi_i \geq 0, \\ & y_i(\mathbf{w} \cdot \mathbf{x}_i + b) \geq 1 - \xi_i \quad i = 1,\ldots,m \end{aligned} \quad (16.5.35)$$

A única diferença quando comparado a (16.5.21) é que o termo $b^2$ foi adicionado ao funcional que será minimizado. Visto assim, isto deveria ter o efeito de favorecer levemente os hiperplanos próximos à origem, mantido todo o resto igual, ou seja, uma mudança inócua (embora arbitrária). O real propósito do termo $b^2$, contudo, é seu efeito algébrico quando calculamos o problema dual:

$$\boxed{\begin{array}{ll} \text{minimize:} & \tfrac{1}{2}\,\alpha \cdot \text{diag}(\mathbf{y}) \cdot (\mathbf{G} + \mathbf{e} \otimes \mathbf{e}) \cdot \text{diag}(\mathbf{y}) \cdot \alpha - \mathbf{e} \cdot \alpha \\ \text{sujeito a:} & 0 \le \alpha_i \le \lambda \quad \text{para todo } i \end{array}} \qquad (16.5.36)$$

Além de um termo extra $\mathbf{e} \otimes \mathbf{e}$ (uma matriz só de uns) adicionado à matriz de Gram, a mudança principal quando comparado a (16.5.21) é que o vínculo de igualdade desapareceu! Isto torna a solução *muito* mais tratável do ponto de vista numérico. No problema dual temos agora uma expressão mais simples para $\widehat{b}$,

$$\widehat{b} = \sum_i \widehat{\alpha}_i y_i \qquad (16.5.37)$$

(Como antes, $\widehat{\mathbf{w}}$ é calculado a partir de 16.5.13.)

Quando aplicamos o truque do núcleo, a única mudança em (16.5.36) é mudar $G_{ij}$ para $K_{ij}$. A equação (16.5.37) continua válida, mas $\widehat{b}$ é agora supérfluo, uma vez que a regra de decisão pode ser escrita como

$$f(\mathbf{x}) = \sum_i \widehat{\alpha}_i y_i [K(\mathbf{x}_i, \mathbf{x}) + 1] \qquad (16.5.38)$$

Mangasarian e Musicant mostraram que a solução da variante M-M do SVM é frequentemente idêntica à solução do SVM 1-norm soft-margin padrão (embora com um valor diferente de $\lambda$) e quase nunca é significativamente diferente. O que é bastante diferente, contudo, é o fato de que (16.5.36) e sua versão núcleo podem ser solucionadas pelo seguinte procedimento de relaxação, linearmente convergente:

- Defina $\mathbf{M} \equiv \text{diag}(\mathbf{y}) \cdot (\mathbf{K} + \mathbf{e} \otimes \mathbf{e}) \cdot \text{diag}(\mathbf{y})$.
- Inicialize todos os $\alpha_i$'s em zero.
- Repita, *ad libitum*, a substituição de relaxação para $i = 1, 2, \ldots, m$,

$$\alpha_i \leftarrow \mathcal{P}\left[\alpha_i - \omega \frac{1}{M_{ii}}\left(\sum_j M_{ij}\alpha_j - 1\right)\right] \qquad (16.5.39)$$

Nesta expressão, $\mathcal{P}$ é o operador de projeção que simplesmente coloca $\alpha$ de volta no intervalo permitido (observe a similaridade com o método de projeção sobre conjuntos convexos [POCS] no §19.5.2.)

$$\mathcal{P} = \begin{cases} 0, & \alpha < 0 \\ \alpha, & 0 \le \alpha \le \lambda \\ \lambda, & \alpha > \lambda \end{cases} \qquad (16.5.40)$$

A constante $\omega$ é o parâmetro de sobrerrelaxação, exatamente como no §20.5.1. Você o escolhe no intervalo $0 < \omega < 2$. Nossa experiência mostra que a convergência não depende sensivelmente de $\omega$. Caso você não tenha uma ideia melhor, faça $\omega = 1{,}3$.

Nossa implementação começa com uma classe virtual que define a interface de uma função núcleo,

svm.h
```
struct Svmgenkernel {
    Classe virtual que define qual estrutura de núcleo é necésaria providenciar.
    Int m, kcalls;              Número de dados; contador para chamadas do núcleo.
    MatDoub ker;                Matriz de núcleo localmente armazenada.
    VecDoub_I &y;               Deve fornecer referência aos y_i's.
    MatDoub_I &data;            Deve fornecer referência aos x_i's.
    Svmgenkernel(VecDoub_I &yy, MatDoub_I &ddata)
        : m(yy.size()),kcalls(0),ker(m,m),y(yy),data(ddata) {}
```

Toda estrutura de núcleo deve fornecer uma função núcleo que retorna o núcleo para vetores de atributos arbitrários.
```
virtual Doub kernel(const Doub *xi, const Doub *xj) = 0;
inline Doub kernel(Int i, Doub *xj) {return kernel(&data[i][0],xj);}
```
Todo construtor de estrutura de núcleo deve chamar fill para preeencher a matriz ker.
```
    void fill() {
        Int i,j;
        for (i=0;i<m;i++) for (j=0;j<=i;j++) {
            ker[i][j] = ker[j][i] = kernel(&data[i][0],&data[j][0]);
        }
    }
};
```

Basicamente, uma estrutura de núcleo é necessária para se fornecer referências aos dados (os $x_i$'s) e os $y_i$'s, uma matriz de valores de núcleos para todos os pares de dados, e duas formas da função núcleo: uma que tenha dois vetores de atributos arbitrários como argumento e uma que tenha um dado como argumento e o outro argumento na forma de um vetor de atributos arbitrário. Aqui estão três exemplos de núcleos, para três dos núcleos padrões na equação (16.5.34), construídos no Svmgenkernel acima.

```
struct Svmlinkernel : Svmgenkernel {                                                svm.h
    Estrutura de núcleo para o caso linear, o produto interno de dois vetores de atributo (com média total de
    cada componente subtraída).
    Int n;
    VecDoub mu;
    Svmlinkernel(MatDoub_I &ddata, VecDoub_I &yy)
    Construtor é chamado com matriz de dados m x n, e o vetor dos yi's, de dimensão m.
        : Svmgenkernel(yy,ddata), n(data.ncols()), mu(n) {
        Int i,j;
        for (j=0;j<n;j++) mu[j] = 0.;
        for (i=0;i<m;i++) for (j=0;j<n;j++) mu[j] += data[i][j];
        for (j=0;j<n;j++) mu[j] /= m;
        fill();
    }
    Doub kernel(const Doub *xi, const Doub *xj) {
        Doub dott = 0.;
        for (Int k=0; k<n; k++) dott += (xi[k]-mu[k])*(xj[k]-mu[k]);
        return dott;
    }
};

struct Svmpolykernel : Svmgenkernel {
Estrutura de núcleo para o caso polinomial.
    Int n;
    Doub a, b, d;
    Svmpolykernel(MatDoub_I &ddata, VecDoub_I &yy, Doub aa, Doub bb, Doub dd)
    Construtor é chamado com matriz de dados m x n, e o vetor dos yi's, de dimensão m, e as constantes
    u, b e d.
        : Svmgenkernel(yy,ddata), n(data.ncols()), a(aa), b(bb), d(dd) {fill();}
    Doub kernel(const Doub *xi, const Doub *xj) {
        Doub dott = 0.;
        for (Int k=0; k<n; k++) dott += xi[k]*xj[k];
        return pow(a*dott+b,d);
    }
};

struct Svmgausskernel : Svmgenkernel {
Estrutura de núcleo para o caso de função de núcleo de base radial Gaussiana.
    Int n;
```

```
        Doub sigma;
        Svmgausskernel(MatDoub_I &ddata, VecDoub_I &yy, Doub ssigma)
```
Construtor é chamado com matriz de dados $m \times n$, o vetor dos $y_i$'s, de dimensão $m$, e a constante $\sigma$.
```
        : Svmgenkernel(yy,ddata), n(data.ncols()), sigma(ssigma) {fill();}
        Doub kernel(const Doub *xi, const Doub *xj) {
            Doub dott = 0.;
            for (Int k=0; k<n; k++) dott += SQR(xi[k]-xj[k]);
            return exp(-0.5*dott/(sigma*sigma));
        }
    };
```

O apresentado acima é preliminar à estrutura de solução do SVM. Você declara um exemplo de seu Svm tendo seu núcleo como argumento. Ele então disponibiliza três funções: relax faz um "grupo" de passos de relaxação e retorna a norma de quão grande foi a mudança em $\boldsymbol{\alpha}$ (definimos "grupo" abaixo). Você chama relax repetidamente, com $\lambda$ e $\omega$ como argumentos, até que o valor retornado seja pequeno o suficiente: $10^{-3}$ ou $10^{-4}$ geralmente basta. Então (e somente então) você pode chamar repetidamente uma das duas formas de predict, que retorna a regra de decisão $f(\mathbf{x})$. Uma forma de predict retorna os valores previstos para os dados, a outra para novos vetores de atributos arbitrários. Se você quiser examinar os $\alpha_i$'s ou contar quantos estão fixos em 0 ou $\lambda$, você pode examinar o vetor alph.

svm.h
```
struct Svm {
```
Classe para solucionar problemas SVM pelo método SOR.
```
    Svmgenkernel &gker;                    Referência atrelada ao núcleo do usuário (e dados).
    Int m, fnz, fub, niter;
    VecDoub alph, alphold;                 Vetores dos α's antes e depois de um passo.
    Ran ran;                               Gerador de números aleatórios.
    Bool alphinit;
    Doub dalph;                            Mudança na norma dos α's em um passo.
    Svm(Svmgenkernel &inker) : gker(inker), m(gker.y.size()),
        alph(m), alphold(m), ran(21), alphinit(false) {}
```
Construtor fixa o núcleo do usuário e aloca armazenamento.
```
    Doub relax(Doub lambda, Doub om) {
```
Realiza um grupo de passos de relaxação: um passo simples sobre todos os α's e passos múltiplos somente sobre os α's interiores.
```
        Int iter,j,jj,k,kk;
        Doub sum;                          Índice quando os α's são ordenados por valor.
        VecDoub pinsum(m);                 Somas armazenadas sobre variáveis não interiores.
        if (alphinit == false) {           Inicializa todos os α's em 0.
            for (j=0; j<m; j++) alph[j] = 0.;
            alphinit = true;
        }
        alphold = alph;                    Salva α's antigos.
```
Aqui começa a passagem de relaxação sobre todos os α's.
```
        Indexx x(alph);                    Ordena α's para achar o primeiro diferente de zero.
        for (fnz=0; fnz<m; fnz++) if (alph[x.indx[fnz]] != 0.) break;
        for (j=fnz; j<m-2; j++) {          Permuta aleatoriamente todos os α's diferentes
            k = j + (ran.int32() % (m-j));     de zero.
            SWAP(x.indx[j],x.indx[k]);
        }
        for (jj=0; jj<m; jj++) {           Loop principal sobre os α's.
            j = x.indx[jj];
            sum = 0.;
            for (kk=fnz; kk<m; kk++) {     Soma começa com o primeiro diferente de zero.
                k = x.indx[kk];
                sum += (gker.ker[j][k] + 1.)*gker.y[k]*alph[k];
            }
            alph[j] = alph[j] - (om/(gker.ker[j][j]+1.))*(gker.y[j]*sum-1.);
```

```
            alph[j] = MAX(0.,MIN(lambda,alph[j]));      Operador de projeção.
            if (jj < fnz && alph[j]) SWAP(x.indx[--fnz],x.indx[jj]);
        }                           (Acima) Torna um α ativo se ele ficar diferente de zero.
    Aqui começa a passagem de relaxação sobre os α's internos.
        Indexx y(alph);                         Ordena. Identifica α's interiores.
        for (fnz=0; fnz<m; fnz++) if (alph[y.indx[fnz]] != 0.) break;
        for (fub=fnz; fub<m; fub++) if (alph[y.indx[fub]] == lambda) break;
        for (j=fnz; j<fub-2; j++) {             Permuta.
            k = j + (ran.int32() % (fub-j));
            SWAP(y.indx[j],y.indx[k]);
        }
        for (jj=fnz; jj<fub; jj++) {            Calcula somente uma vez soma sobre α's
            j = y.indx[jj];                     fixos.
            sum = 0.;
            for (kk=fub; kk<m; kk++) {
                k = y.indx[kk];
                sum += (gker.ker[j][k] + 1.)*gker.y[k]*alph[k];
            }
            pinsum[jj] = sum;
        }
        niter = MAX(Int(0.5*(m+1.0)*(m-fnz+1.0)/(SQR(fub-fnz+1.0))),1);
        Calcula número de iterações que levaram aproximadamente metade do tempo que uma passagem
        completa que acabou de ser completada.
        for (iter=0; iter<niter; iter++) {      Loop principal sobre os α's.
            for (jj=fnz; jj<fub; jj++) {
                j = y.indx[jj];
                sum = pinsum[jj];
                for (kk=fnz; kk<fub; kk++) {
                    k = y.indx[kk];
                    sum += (gker.ker[j][k] + 1.)*gker.y[k]*alph[k];
                }
                alph[j] = alph[j] - (om/(gker.ker[j][j]+1.))*(gker.y[j]*sum-1.);
                alph[j] = MAX(0.,MIN(lambda,alph[j]));
            }
        }
        dalph = 0.;                             Retorna mudança na norma do vetor α.
        for (j=0;j<m;j++) dalph += SQR(alph[j]-alphold[j]);
        return sqrt(dalph);
    }
    Doub predict(Int k) {
    Chama apenas após convergência via chamadas repetidas de relax. Retorna a regra de decisão f(x)
    para o dado k.
        Doub sum = 0.;
        for (Int j=0; j<m; j++) sum += alph[j]*gker.y[j]*(gker.ker[j][k]+1.0);
        return sum;
    }
    Doub predict(Doub *x) {
    Chama apenas após convergência via chamadas repetidas de relax. Retorna a regra de decisão f(x)
    para um vetor de atributos arbitrário.
        Doub sum = 0.;
        for (Int j=0; j<m; j++) sum += alph[j]*gker.y[j]*(gker.kernel(j,x)+1.0);
        return sum;
    }
};
```

Embora a brevidade forçada não permita muitos truques de otimização, Svm tem alguns que vale a pena mencionar: primeiro, cada vez que a rotina chama relax, ela realiza, como mencionado previamente, um grupo de relaxações. Especificamente, ela faz uma passagem de relaxação completa sobre todos os α's e então múltiplas passagens somente sobre os α's "interiores", ou seja, aqueles que não esteja fixados em 0 ou λ. Estas passagens são, tipicamente, muito mais rápidas que a passagem completa, uma vez que a maioria das variáveis está presa àqueles valores. Para converter o ganho, somas sobre variáveis fixas que não variam são computadas somente uma vez no início destas múltiplas passagens. O número destas é calculado dinamicamente de modo a levarem aproximadamente metade do tempo que a passagem completa necessitou.

Segundo, antes de cada passagem (tanto a interior como a completa), as variáveis são aleatoriamente reordenadas por meio de uma permutação gerada por um objeto Ran (§7.1). Esta aleatorização acelera a convergência por até uma ordem de magnitude.

### REFERÊNCIAS CITADAS E LEITURA COMPLEMENTAR

Boser, B.E., Guyon, I.M., and Vapnik, V.N. 1992, in D. Haussler, ed., *Proceedings of the 5th Annual ACM Workshop on Computational Learning Theory (New* York: ACM Press).[1]

Christianini, N. and Shawe-Taylor, J. 2000, *An Introduction to Support Vector Machines* (Cambridge, U.K.: Cambridge University Press); related Web site http: //www. support-vector. net.[2]

Bazaraa, M.S., Sherali, H.D., and Shetty, C.M. 2006, *Nonlinear Programming: Theory and Algorithms,* 3rd ed. (Hoboken, NJ: Wiley).[3]

den Hertog, D. 1994, *Interior Point Approach to Linear, Quadratic and Convex Programming: Algorithms and Complexity* (Dordrecht: Kluwer).[4]

Scholkopf, B. and Smola, A.J. 2002, *Learning with Kernels: Support Vector Machines, Regularization, Optimization,* and Beyond (Cambridge, MA: MIT Press).[5]

Shawe-Taylor, J. and Christianini, N. 2004, *Kernel Methods for Pattern Analysis* (Cambridge, UK: Cambridge University Press).[6]

Vapnik, V. 1998, *Statistical Learning Theory* (New York: Wiley).

Joachims, T. 1999-, *SVMlight, Implementing Support Vector Machines in C,* at http: //svmlight. joachims. org.[7]

Noble, W.S. and Pavlidis, P. 1999-, *Gist: Software Tools for Support Vector Machine Classification and for Kernel Principal Components Analysis,* at http://microarray. cpmc. columbia.edu/gist.[8]

Mangasarian, O.L. and Musicant, D.R. 1999, "Successive Overrelaxation for Support Vector Machines," *IEEE Transactions on Neural Networks,* vol. 10, no. 5, p. 1032.[9]

Mangasarian, O.L. and Musicant, D.R. 2001, in *Complementarity: Applications, Algorithms and Extensions,* M.C. Ferris, O.L. Mangasarian and J.-S. Pang, eds. (Dordrecht: Kluwer) pp. 233-251.[10]

# Integração de Equações Diferenciais Ordinárias

**CAPÍTULO 17**

## 17.0 Introdução

Problemas que envolvem equações diferenciais ordinárias (EDOs) podem ser sempre reduzidos ao estudo de um conjunto de equações diferenciais de primeira ordem. Por exemplo, a equação de segunda ordem

$$\frac{d^2y}{dx^2} + q(x)\frac{dy}{dx} = r(x) \tag{17.0.1}$$

pode ser reescrita como duas equações de primeira ordem,

$$\begin{aligned} \frac{dy}{dx} &= z(x) \\ \frac{dz}{dx} &= r(x) - q(x)z(x) \end{aligned} \tag{17.0.2}$$

onde $z$ é uma nova variável. Isto exemplifica o procedimento para uma EDO arbitrária. A escolha usual das novas variáveis é que elas sejam simplesmente as derivadas uma da outra (e da variável original). Ocasionalmente, é útil incorporar nestas definições alguns outros fatores da equação, ou algumas potências da variável independente, com o intuito de mitigar comportamentos singulares que podem resultar em *overflows* ou aumento do erro de arredondamento. Deixe que o bom senso lhe sirva de guia: se você descobrir que suas variáveis originais são suaves em uma solução, ao passo que as variáveis auxiliares se comportam de maneira doida, descubra o porquê disto e escolha novas variáveis auxiliares.

O problema genérico na teoria de equações diferenciais ordinárias se reduz deste modo ao estudo de um conjunto de $N$ equações de *primeira ordem* acopladas para as funções $y_i$, $i = 0, 1, ..., N-1$, com a forma geral

$$\frac{dy_i(x)}{dx} = f_i(x, y_0, \ldots, y_{N-1}), \qquad i = 0, \ldots, N-1 \tag{17.0.3}$$

onde as funções $f_i$ do lado direito são conhecidas.

Um problema que envolve EDOs não é totalmente especificado apenas por suas equações. Mais crucial na determinação do método a ser usado no problema é a questão da natureza das condições de contorno (ou fronteira) do problema. Condições de contorno são condições algébricas sobre os valores das funções $y_i$ em (17.0.3). Em geral elas são satisfeitas em pontos discretos específicos, mas não são válidas para o intervalo entre estes pontos, ou seja, não são automaticamente preservadas pelas equações diferenciais. As condições de contorno podem ser tão simples quanto a exigência que certas variáveis tenham valores numéricos específicos, ou tão complicadas, quanto um conjunto de equações algébricas não lineares para as variáveis.

Usualmente, é a natureza das condições de contorno que determina quais métodos numéricos são aplicáveis. Estas condições podem ser divididas em duas amplas categorias.

- Em *problemas de valores iniciais* todos os $y_i$'s são dados para um valor inicial $x_s$, e busca-se achar os $y_i$'s para algum ponto final $x_f$, ou para uma lista discreta de pontos (por exemplo, intervalos tabulados).
- Em *problema de valores de contorno (ou fronteira) de dois pontos,* pelo contrário, as condições de contorno são especificadas para mais de um $x$. Tipicamente, algumas das condições serão especificadas em $x_s$ e as restantes, em $x_f$.

Neste capítulo consideraremos exclusivamente o problema de valores iniciais, deixando os problemas de contorno de dois pontos, que são normalmente mais difíceis, para o Capítulo 18.

A ideia subjacente a qualquer rotina para resolver problemas de valores iniciais é sempre esta: reescreva os $dy$'s e $dx$'s em (17.0.3) como passos finitos $\Delta y$ e $\Delta x$, multiplicando em seguida as equações por $\Delta x$. Isto produz fórmulas algébricas para a mudança das funções quando a variável independente $x$ é "variada" por "uma unidade de passo" $\Delta x$. No limite de passo muito pequeno, o que se obtém é uma boa aproximação para a equação diferencial subjacente. A implementação literal deste procedimento leva ao chamado *método de Euler* (equação 17.1.1, adiante) que *não* é, no entanto, recomendado para uso prático em qualquer circunstância. O método de Euler contudo é conceitualmente importante; de um modo ou de outro, todos os métodos práticos vêm desta mesma ideia: adicione pequenos incrementos às suas funções que correspondem a derivadas (lado direito das equações) multiplicadas pelos tamanhos dos passos.

Neste capítulo consideraremos três tipos principais de métodos numéricos práticos para resolver problemas de EDOs com valores iniciais:

- métodos de Runge-Kutta
- extrapolação de Richardson e suas implementação particular na forma do método de Bulirsch-Stoer
- métodos preditores-corretores, também conhecidos como métodos de passos múltiplos.

Uma breve descrição de cada um destes métodos é dada abaixo.

1. Métodos de *Runge-Kutta* propagam uma solução por um intervalo combinando a informação de vários passos do tipo Euler (cada um deles envolvendo uma avaliação dos $f$'s do lado direito da equação), seguido do uso da informação obtida para comparar com uma expansão em série de Taylor até alguma ordem mais alta.
2. A extrapolação de *Richardson* usa a poderosa ideia de se extrapolar um resultado calculado para o valor que *teria sido* obtido se o tamanho do passo utilizado tivesse sido muito menor que aquele que realmente se utilizou. Particularmente, o objetivo desejado é a extrapolação para um passo de tamanho zero. O primeiro integrador de EDOs de uso prático foi aquele desenvolvido e implementado por Bulirsch e Stoer, de modo que métodos de extrapolação são em geral chamados de métodos de Bulirsch-Stoer.
3. Métodos *preditores-corretores* ou métodos de *passos múltiplos* armazenam soluções ao longo do processo, usando estes resultados para extrapolar a solução no próximo passo; eles então corrigem a extrapolação usando informações da derivada no novo ponto. Estes métodos são melhores para funções muito suaves.

Runge-Kutta era o que você normalmente usava quando (i) você não sabia nada além disso, ou (ii) você tinha um problema intransigente para o qual Bulirsch-Stoer falhava ou (iii) você dispunha de um problema trivial onde a eficiência computacional era irrelevante. Contudo, os avanços na técnica, em particular o desenvolvimento de métodos de ordem mais alta, fizeram do Runge-Kutta um método competitivo para muitos casos práticos Ele é bem-sucedido praticamente sempre; ele também é, normalmente, o método mais veloz quando calcular os $f_i$'s não é muito custoso e os requerimentos de acurácia não são ultraestringentes ($\lesssim 10^{-10}$) ou geralmente se quer uma acurácia moderada ($\lesssim 10^{-5}$). Métodos preditores-corretores têm um custo adicional muito alto e são utilizados somente quando o custo de se avaliar os $f_i$'s é alto. Contudo, para muitos problemas com funções suaves, eles são computacionalmente mais eficientes que Runge-Kutta. Mais recentemente, Bulirsch-Stoer tem substituído os preditores-corretores em muitas aplicações, mas ainda é cedo para dizer que estes últimos foram desbancados em todas as situações. Parece, contudo, que apenas rotinas preditoras-corretoras bastante sofisticadas são competitivas. Deste modo, optamos por *não* apresentar uma implementação do preditor-corretor neste livro. Nós o discutimos mais detalhadamente no § 17.6, de modo que você possa assim usar uma rotina pronta de modo mais competente caso você encontre um problema adequado. Nossa experiência nos mostrou que os métodos simples de Runge-Kutta e as rotinas Bulirsch-Stoer aqui apresentadas são adequadas para a maiorias dos problemas.

Cada um dos três métodos poder ser arrumado para monitorar a consistência interna dos mesmos. Isto permite que erros numéricos, que são introduzidos inevitavelmente na solução, possam ser controlados pela mudança automática (*adaptativa*) do tamanho de passo fundamental. Sempre recomendamos que o controle adaptativo de tamanho de passo seja implementado, e o faremos no que segue.

Em geral, todos os três métodos podem ser aplicados a qualquer problema de valor inicial. Cada um traz consigo vantagens e desvantagens que devem ser entendidas antes do uso.

A Seção 17.5 deste capítulo trata das equações *stiff*\*, relevantes tanto no contexto de equações diferenciais ordinárias quanto parciais (Capítulo 20).

### 17.0.1 Organização das rotinas neste capítulo

Organizamos as rotinas deste capítulo em três níveis embutidos, permitindo assim modularidade e compartilhamento de código comum sempre que possível.

O nível mais alto é o do objeto *driver*, que inicia e finaliza a integração, armazena resultados intermediários e geralmente atua como interface com o usuário. Não há nada de canônico em nosso objeto *driver*, Odeint. Você deve tomá-lo como sendo um exemplo, e customizá-lo para sua aplicação particular.

O próximo nível abaixo é o objeto *stepper*. Ele regula o incremento feito na variável independente $x$. Ele sabe como chamar o algoritmo subjacente, podendo rejeitar o resultado e fixar um valor menor de passo, chamando o algoritmo novamente, até que a compatibilidade com um critério de acurácia pré-determinado tenha sido atingida. A tarefa fundamental do *stepper* é tomar o maior tamanho de incremento consistente com uma performance especificada. Somente quando isto é atingido é que o verdadeiro poder do algoritmo vem à tona.

Todos os nossos *steppers* são derivados de um objeto-base chamado StepperBase: StepperDopr5 e StepperDopr853 (duas rotinas Runge-Kutta), StepperBS e StepperStoerm (duas rotinas Bulirsch-Stoer) e finalmente StepperRoss e StepperSIE (para equações ditas *stiff*).

---

\* N. de T.: Também chamadas de equações duras ou rígidas.

Separada mas no mesmo nível e interagindo com o *stepper* temos um objeto `Output`. Ele é basicamente um container no qual o *stepper* escreve o resultado da integração, tendo porém um certo nível de inteligência própria: ele pode salvar ou não resultados intermediários segundo várias prescrições diferentes, especificadas por seu construtor. Em particular, ele tem a opção de fornecer um chamado *output* denso, isto é, um *output* em pontos intermediários especificados pelo usuário mas sem perda de eficiência.

O nível mais baixo ou "essencial" é um pedaço por nós chamado de rotina *algoritmo*. Ele implementa as fórmulas básicas do método, começando com as variáveis dependentes $y_i$ em $x$ e calculando a seguir os novos valores daquelas em $x+h$. Esta rotina também fornece alguma informação acerca da qualidade da solução depois do passo. Esta rotina, no entanto, é burra, no sentido de que ela é incapaz de tomar qualquer decisão adaptativa sobre quão aceitável é a qualidade da solução. Cada rotina algoritmo é implementada na forma de uma função membro `dy()` no objeto *stepper* a ela correspondente.

## 17.0.2 O objeto Odeint

É realmente uma grande economia de tempo ter uma única interface de alto nível para métodos que são, sob outros aspectos, bastante diversos. Usamos o *driver* `Odeint` para uma variedade de problemas, notadamente EDOs comuns ou conjuntos de EDOs, bem como integrais definidas (estendendo os métodos do Capítulo 4). O *driver* `Odeint` é moldado (*templated on*) no stepper. Isto significa que você pode normalmente mudar de um método de solução de EDOs para outro digitando poucas letras. Por exemplo, mudar do Runge-Kutta de Dormand-Prince de quinta ordem para o Bulirsch-Stoer é tão fácil quanto mudar o parâmetro do template de `StepperDopr5` para `StepperBS`.

O construtor `Odeint` simplesmente inicializa um punhado de coisas, incluindo um *call* para o construtor do *stepper*. O recheio está na rotina `integrate`, que repetidamente invoca a rotina `step` do *stepper* para avançar a solução de $x_1$ até $x_2$. Ele também chama as funções do objeto `Output` para salvar os resultados em pontos apropriados.

odeint.h
```
template<class Stepper>
struct Odeint {
```
*Driver* para rotinas de solução de EDOs com controle de tamanho de passo adaptativo. O parâmetro de *template* deveria ser um das classes derivadas do `StepperBase` que define um particular algoritmo de integração.
```
    static const Int MAXSTP=50000;          Toma no máximo MAXSTP passos.
    Doub EPS;
    Int nok;
    Int nbad;
    Int nvar;
    Doub x1,x2,hmin;
    bool dense;                              true se um output denso é requisitado por
    VecDoub y,dydx;                          out.
    VecDoub &ystart;
    Output &out;
    typename Stepper::Dtype &derivs;         Obtém os tipos de derivs do stepper.
    Stepper s;
    Int nstp;
    Doub x,h;
    Odeint(VecDoub_IO &ystartt,const Doub xx1,const Doub xx2,
        const Doub atol,const Doub rtol,const Doub h1,
        const Doub hminn,Output &outt,typename Stepper::Dtype &derivss);
```
Construtor arruma tudo. A rotina integra os valores iniciais `ystart[0...nvar-1]` de `xx1` a `xx2` com tolerância absoluta `atol` e tolerância relativa `rtol`. A quantidade `h1` deve ser fixada em um valor presumido do primeiro tamanho de passo, `hmin` é o menor tamanho de passo permitido (pode ser zero). Um objeto `Output` deveria ser incluído para controlar o armazenamento de valores intermediários. Na saída, `nok` e

nbad representam o número de passos bons e ruins (mas consertados e tentados novamente) que foram tomados, e ystart é substituido por valores ao final do intervalo de integração. derivs é a rotina fornecida pelo usuário (função ou functor) para calcular o lado direito da derivada.

```
    void integrate();                            Calcula a integral.
};

template<class Stepper>
Odeint<Stepper>::Odeint(VecDoub_IO &ystartt, const Doub xx1, const Doub xx2,
    const Doub atol, const Doub rtol, const Doub h1, const Doub hmin,
    Output &outt,typename Stepper::Dtype &derivss) : nvar(ystartt.size()),
    y(nvar),dydx(nvar),ystart(ystartt),x(xx1),nok(0),nbad(0),
    x1(xx1),x2(xx2),hmin(hmin),dense(outt.dense),out(outt),derivs(derivss),
    s(y,dydx,x,atol,rtol,dense) {
    EPS=numeric_limits<Doub>::epsilon();
    h=SIGN(h1,x2-x1);
    for (Int i=0;i<nvar;i++) y[i]=ystart[i];
    out.init(s.neqn,x1,x2);
}

template<class Stepper>
void Odeint<Stepper>::integrate() {
    derivs(x,y,dydx);
    if (dense)                                   Armazena valores iniciais.
        out.out(-1,x,y,s,h);
    else
        out.save(x,y);
    for (nstp=0;nstp<MAXSTP;nstp++) {
        if ((x+h*1.0001-x2)*(x2-x1) > 0.0)
            h=x2-x;                              Se tamanho de passo pode estourar, diminua.
        s.step(h,derivs);                        Realiza um passo.
        if (s.hdid == h) ++nok; else ++nbad;
        if (dense)
            out.out(nstp,x,y,s,s.hdid);
        else
            out.save(x,y);
        if ((x-x2)*(x2-x1) >= 0.0) {             Terminamos?
            for (Int i=0;i<nvar;i++) ystart[i]=y[i]; Update de ystart.
            if (out.kmax > 0 && abs(out.xsave[out.count-1]-x2) > 100.0*abs(x2)*EPS)
                out.save(x,y);                   Garante que último passo foi salvo.
            return;                              Exit normal.
        }
        if (abs(s.hnext) <= hmin) throw("Step size too small in Odeint");
        h=s.hnext;
    }
    throw("Too many steps in routine Odeint");
}
```

O objeto Odeint não sabe de antemão a qual objeto *stepper* específico ele vai ser instanciado. Ele se baseia, porém, na premissa de que este objeto será deduzido de, e portanto terá seus métodos dentro do, objeto StepperBase, que serve de classe base para todos os algoritmos de EDOs neste capítulo:

```
struct StepperBase {                                                    stepper.h
Classe base para todos os algoritmos ODE.
    Doub &x;
    Doub xold;                   Usada para output denso.
    VecDoub &y,&dydx;
    Doub atol,rtol;
    bool dense;
    Doub hdid;                   Tamanho de passo verdadeiro obtido pela rotina step.
    Doub hnext;                  Tamanho de passo previsto pelo controlador para próximo passo.
```

```
        Doub EPS;                           neqn = n exceto para StepperStoerm.
        Int n,neqn;                         Novo valor de y e estimativa de erro.
        VecDoub yout,yerr;
        StepperBase(VecDoub_IO &yy, VecDoub_IO &dydxx, Doub &xx, const Doub atoll,
            const Doub rtoll, bool dens) : x(xx),y(yy),dydx(dydxx),atol(atoll),
            rtol(rtoll),dense(dens),n(y.size()),neqn(n),yout(n),yerr(n) {}
            Input para o construtor são as variáveis dependentes y[0...n-1] e suas derivadas dydx[0...n-1]
            no valor inicial da variável independente x. Também são parte do input as tolerâncias absoluta e
            relativa, atol e rtol, e a variável booleana dense, que é true se um output denso for requerido.
    };
```

## 17.0.3 O objeto Output

A saída de dados é controlada por vários construtores na estrutura Output. O construtor *default*, sem argumentos, suprime todos os dados de saída. O construtor com argumento nsave fornece uma saída densa desde que nsave > 0. Isto significa valores de saída para *x* que você escolher e não necessariamente nos lugares onde o método stepper normalmente chegaria. Os pontos de saída são nsave + 1 pontos uniformemente espaçados incluindo x1 e x2. Se nsave ≤ 0, o *output* é salvo a cada passo de integração, ou seja, somente naqueles pontos onde o *stepper* acaba caindo. Embora estas opções devam satisfazer grande parte das suas necessidades, você não encontrará dificuldade em modificar Output para sua aplicação particular.

odeint.h
```
struct Output {
    Estrutura para saída de dados para a rotina de resolução de EDOs tais como odeint.
        Int kmax;                   Capacidade atual dos arrays de armazenamento.
        Int nvar;
        Int nsave;                  Número de intervalos onde salvar no caso de saída densa.
        bool dense;                 true se saída densa for requerida.
        Int count;                  Número de valores realmente salvos.
        Doub x1,x2,xout,dxout;
        VecDoub xsave;              Resultados armazenados no vetor xsave[0..count-1] e na matriz
        MatDoub ysave;                             ysave[0..nvart-1][0..count-1].
        Output() : kmax(-1),dense(false),count(0) {}
        Construtor default não tem saída de dados.
        Output(const Int nsavee) : kmax(500),nsave(nsavee),count(0),xsave(kmax) {
        Construtor fornece saída densa em nsave intervalos igualmente espaçados. Se nsave ≤ 0, a saída é
        salva somente nos passos de integração verdadeiros.
            dense = nsave > 0 ? true : false;
        }
        void init(const Int neqn, const Doub xlo, const Doub xhi) {
        Chamada por construtor Odeint, que passa neqn, o número de equações, xlo, o ponto inicial de
        integração, e xhi, o ponto final.
            nvar=neqn;
            if (kmax == -1) return;
            ysave.resize(nvar,kmax);
            if (dense) {
                x1=xlo;
                x2=xhi;
                xout=x1;
                dxout=(x2-x1)/nsave;
            }
        }
        void resize() {
        Redimensiona arrays de armazenagem por um fator de dois, mantendo dados salvos.
            Int kold=kmax;
            kmax *= 2;
            VecDoub tempvec(xsave);
```

```
        xsave.resize(kmax);
        for (Int k=0; k<kold; k++)
            xsave[k]=tempvec[k];
        MatDoub tempmat(ysave);
        ysave.resize(nvar,kmax);
        for (Int i=0; i<nvar; i++)
            for (Int k=0; k<kold; k++)
                ysave[i][k]=tempmat[i][k];
    }
    template <class Stepper>
    void save_dense(Stepper &s, const Doub xout, const Doub h) {
```
Invoca função dense_out ou rotina *stepper* para produzir output xout. Normalmente chamada por out e não diretamente. Assume que xout se encontra entre xold e xold+h, onde o stepper não pode perder de vista xold, o local do passo prévio, e x=xold+h, o passo atual.
```
        if (count == kmax) resize();
        for (Int i=0;i<nvar;i++)
            ysave[i][count]=s.dense_out(i,xout,h);
        xsave[count++]=xout;
    }
    void save(const Doub x, VecDoub_I &y) {
```
Salva valores de x e y correntes.
```
        if (kmax <= 0) return;
        if (count == kmax) resize();
        for (Int i=0;i<nvar;i++)
            ysave[i][count]=y[i];
        xsave[count++]=x;
    }
    template <class Stepper>
    void out(const Int nstp,const Doub x,VecDoub_I &y,Stepper &s,const Doub h) {
```
Normalmente chamada por Odeint para produzir uma saída densa. Variáveis de entrada são nstp, o número de passos atual, os valores correntes de x e y, o stepper s, e o tamanho de passo h. Uma chamada com nstp=-1 salva os valores iniciais. A rotina checa para ver se x é maior que o ponto de saída desejado xout. Se for, ele chama save_dense.
```
        if (!dense)
            throw("dense output not set in Output!");
        if (nstp == -1) {
            save(x,y);
            xout += dxout;
        } else {
            while ((x-xout)*(x2-x1) > 0.0) {
                save_dense(s,xout,h);
                xout += dxout;
            }
        }
    }
};
```

## 17.0.4 Um exemplo inicial rápido

Antes de mergulharmos fundo nos prós e contras dos diferentes tipos de *stepper* (o recheio deste capítulo), vejamos como codificar a solução de um problema real. Suponha que queiramos resolver a equação de Van der Pol, que quando escrita em termos de equações de primeira ordem tem a forma

$$\begin{aligned} y_0' &= y_1 \\ y_1' &= [(1 - y_0^2)y_1 - y_0]/\epsilon \end{aligned} \tag{17.0.4}$$

Primeiro encapsule (17.0.4) em um functor (vide §1.3.3). Usar um functor em vez de uma função pura lhe dá a oportunidade de passar outras informações à função, tais como os valores de parâmetros fixos. Cada classe de *stepper* neste capítulo é moldada apropriadamente no tipo de functor que define as derivadas do lado direito. Para o nosso exemplo, o functor do lado direito tem a forma:

```
struct rhs_van {
    Doub eps;
    rhs_van(Doub epss) : eps(epss) {}
    void operator() (const Doub x, VecDoub_I &y, VecDoub_O &dydx) {
        dydx[0]= y[1];
        dydx[1]=((1.0-y[0]*y[0])*y[1]-y[0])/eps;
    }
};
```

A chave está na linha que começa com `void operator()`: ela *sempre* deve começar assim, com a definição de `dydx` em seguida. Aqui escolhemos especificar $\epsilon$ como sendo um parâmetro no construtor, de modo que o programa principal possa facilmente passar um valor específico para o lado direito. Como alternativa você poderia ter omitido o construtor, utilizando em seu lugar o construtor *default* fornecido pelo compilador, codificando $\epsilon$ diretamente na rotina. Observe, é óbvio, que não há nada de especial no nome `rhs_van`.

Integraremos de 0 a 2 com condições iniciais $y_0 = 2$, $y_1 = 0$ e com $\epsilon = 10^{-3}$. Neste caso, seu programa principal terá declarações do tipo:

```
const Int nvar=2;
const Doub atol=1.0e-3, rtol=atol, h1=0.01, hmin=0.0, x1=0.0, x2=2.0;
VecDoub ystart(nvar);
ystart[0]=2.0;
ystart[1]=0.0;
Output out(20);                        Saída densa em 20 pontos mais x1.
rhs_van d(1.0e-3);                     Declara d como um objeto rhs_van.
Odeint<StepperDopr5<rhs_van> > ode(ystart,x1,x2,atol,rtol,h1,hmin,out,d);
ode.integrate();
```

Observe como o objeto `Odeint` é moldado no *stepper*, que por sua vez o é no objeto derivada, neste caso `rhs_van`. O espaço entre as duas chaves >> é necessário, caso contrário o compilador entende >> como sendo o operador *right-shift*!

O número de passos bons está disponível em `ode.nok` e o de ruins, em `ode.nbad`. A saída, em intervalos igualmente espaçados, pode ser impressa com o comando do tipo

```
for (Int i=0;i<out.count;i++)
    cout << out.xsave[i] << " " << out.ysave[0][i] << " " <<
       out.ysave[1][i] << endl;
```

Como alternativa você pode salvar o *output* nos passos verdadeiros de integração via uma declaração

```
Output out (-1);
```

ou suprimir todo o output com

```
Output out;
```

Neste caso, os valores da solução nos pontos finais estão disponíveis em `ystart[0]` e `ystart[1]`, escritos por cima dos valores iniciais.

**REFERÊNCIAS CITADAS E LEITURA COMPLEMENTAR**

Gear, C.W. 1971, *Numerical Initial Value Problems in Ordinary Differential Equations* (Englewood Cliffs, NJ: Prentice-Hall).

Acton, F.S. 1970, *Numerical Methods That Work;* 1990, corrected edition (Washington, DC: Mathematical Association of America), Chapter 5.

Stoer, J., and Bulirsch, R. 2002, *Introduction to Numerical Analysis,* 3rd ed. (New York: Springer), Chapter 7.

Hairer, E., Nørsett, S.P., and Wanner, G. 1993, *Solving Ordinary Differential Equations I. Nonstiff Problems,* 2nd ed. (New York: Springer)

Hairer, E., Nørsett, S.P., and Wanner, G. 1996, *Solving Ordinary Differential Equations II. Stiff and Differential-Algebraic Problems,* 2nd ed. (New York: Springer)

Lambert, J. 1973, *Computational Methods in Ordinary Differential Equations* (New York: Wiley).

Lapidus, L., and Seinfeld, J. 1971, *Numerical Solution of Ordinary Differential Equations (New* York: Academic Press).

## 17.1 O método de Runge-Kutta

A fórmula do método de Euler é

$$y_{n+1} = y_n + hf(x_n, y_n) \tag{17.1.1}$$

e seu resultado é avançar uma solução de $x_n$ para $x_{n+1} \equiv x_n + h$. A fórmula não é assimétrica: ela avança a solução através de um intervalo $h$, mas usa informação sobre a derivada apenas do início do intervalo (vide Figura 17.1.1). Isto significa (e você pode verificar por expansão em série de potências) que o erro do passo é somente uma potência de $h$ menor que a correção, isto é, $O(h^2)$ adicionado a (17.1.1).

Há várias razões pelas quais o método de Euler não é recomendado para uso prático, entre elas: (i) o método não é muito preciso se comparado a outros métodos mais rebuscados quando usam o mesmo tamanho de passo e (ii) também não é muito estável (vide §17.5 abaixo).

Considere porém o uso de um passo como em (17.1.1) e tome um passo "tentativo" no meio do intervalo. Use então ambos os valores de $x$ e $y$ neste ponto médio para calcular o passo "real" através de todo o intervalo. A Figura 17.1.2 ilustra esta ideia. Em termos de equações,

$$\begin{aligned} k_1 &= hf(x_n, y_n) \\ k_2 &= hf\left(x_n + \tfrac{1}{2}h, y_n + \tfrac{1}{2}k_1\right) \\ y_{n+1} &= y_n + k_2 + O(h^3) \end{aligned} \tag{17.1.2}$$

Como indicado no termo do erro, esta simetrização cancela o termo de erro de primeira ordem, tornando o método assim de *segunda ordem* [(um método é chamado por convenção de $n$-ésima ordem se seu termo de erro for de ordem $O(h^{n+1})$]. Na verdade, (17.1.2) é chamado de método de *Runge-Kutta de segunda ordem* ou método do *ponto médio*.

Mas não precisamos parar por aqui. Há várias maneiras de avaliar o lado direito $f(x,y)$ de modo que todos coincidam em primera ordem, mas tenham coeficientes diferentes de termos de ordem mais alta. Adicionando a combinação correta destes, podemos eliminar os termos de erro de ordem em ordem. Esta é a ideia básica do método de Runge-Kutta. Abramowitz e Stegun [1] e Gear [2] fornecem várias fórmulas específicas que dela seguem. De longe a mais usada é a clássica *fórmula de Runge-Kutta de quarta ordem*, que tem uma certa assimetria na sua organização:

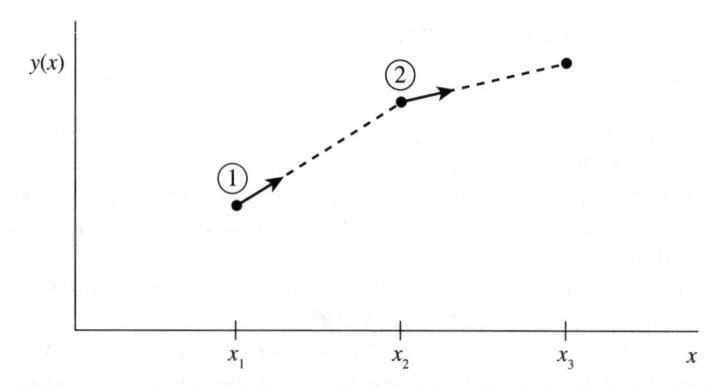

**Figura 17.1.1** Método de Euler. Neste método para se integrar uma EDO, o mais simples (e menos preciso) de todos, a derivada no ponto inicial do intervalo é extrapolado para se achar o próximo valor da função. O método tem acurácia de primeira ordem.

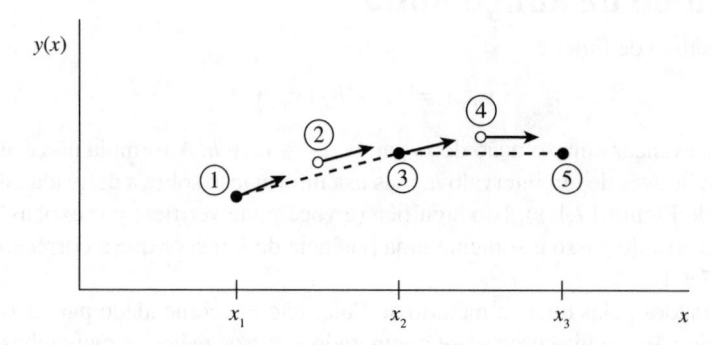

**Figura 17.1.2** O método do ponto médio. Acurácia de segunda ordem é obtida usando-se a derivada inicial a cada passo para achar um ponto no meio do intervalo, usando-se em seguida a derivada do ponto médio no intervalo todo. Na figura, pontos cheios representam valores finais da função, e pontos vazados representam valores da função que são descartados uma vez que suas derivadas tenham sido calculadas e usadas.

$$k_1 = hf(x_n, y_n)$$
$$k_2 = hf(x_n + \tfrac{1}{2}h, y_n + \tfrac{1}{2}k_1)$$
$$k_3 = hf(x_n + \tfrac{1}{2}h, y_n + \tfrac{1}{2}k_2) \qquad (17.1.3)$$
$$k_4 = hf(x_n + h, y_n + k_3)$$
$$y_{n+1} = y_n + \tfrac{1}{6}k_1 + \tfrac{1}{3}k_2 + \tfrac{1}{3}k_3 + \tfrac{1}{6}k_4 + O(h^5)$$

O método de Runge-Kutta de ordem quatro requer quatro avaliações do lado direito por passo $h$ (vide Figura 17.1.3). Isto será superior ao método do ponto médio (17.1.2) *se* for ao menos possível para (17.1.3) um passo com o dobro de tamanho para a mesma acurácia. É isso mesmo? A resposta: frequentemente, talvez até usualmente, mas com certeza não sempre! Isto nos remete a um tema central, a saber, *ordem mais alta* não implica *acurácia maior*. A afirmação "Runge-Kutta de quarta ordem é geralmente superior ao de segunda ordem" é verdadeira, mas mais enquanto afirmação a respeito dos problemas que as pessoas resolvem do que uma afirmação estritamente matemática.

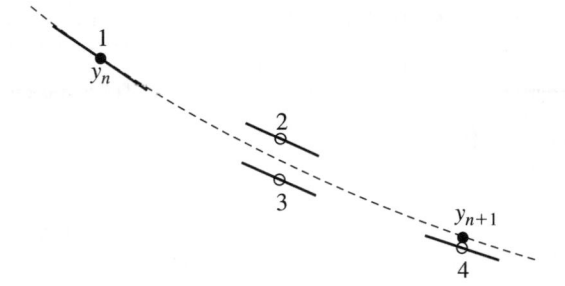

**Figura 17.1.3** Método de Runge-Kutta de quarta ordem. Em cada passo a derivada é avaliada quatro vezes: uma vez no ponto inicial, duas vezes em pontos intermediários tentativos e uma vez num ponto final tentativo. A partir destas derivadas o valor final da função (mostrado aqui como um ponto cheio) é calculado (veja texto para detalhes).

Para muitos usos científicos, o Runge-Kutta de quarta ordem não é apenas a primeira palavra em integradores de EDOs, mas também a última. Na verdade, você consegue ir muito longe neste velho cavalo de batalha, especialmente se você combiná-lo com um algoritmo de tamanho de passo adaptativo. Não se esqueça porém que a última viagem do velho cavalo de batalha pode acabar levando-o ao abrigo dos pobres: métodos mais novos de Runge-Kutta são *muito* mais eficientes, e métodos de Bulirsch-Stoer ou de preditores-corretores podem ser ainda mais eficientes para problemas onde uma alta precisão é necessária. Estes métodos são cavalos de corrida velocíssimos. Runge-Kutta serve para arar a terra. Contudo, até mesmo cavalos velhos ficam mais espertos com ferraduras novas. No §17.2 apresentaremos uma implementação moderna de um método de Runge-Kutta que é bastante competitivo desde que uma alta acurácia não seja uma necessidade. Uma excelente discussão das armadilhas ao se construir um bom código de Runge-Kutta é feita em [3].

Aqui está a rotina `rk4` para executar um passo Runge-Kutta clássico em um conjunto de $n$ equações diferenciais. Esta rotina é completamente separada das várias rotinas *stepper* introduzidas na seção prévia e dadas no restante do capítulo. Ela é pensada apenas para as aplicações mais triviais. Você fornece os valores das variáveis independentes e obtém novas variáveis que foram deslocadas por um passo de tamanho $h$ (que pode ser positivo ou negativo). Você notará que a rotina requer que você não apenas forneça as funções `derivs` para calcular o lado direito, mas também os valores das derivadas no ponto inicial. Por que não deixar a rotina chamar `derivs` para este valor inicial? A resposta se tornará clara apenas na próxima seção, mas em resumo é isso: este *call* talvez não seja o único com estas condições iniciais. Talvez você tenha tomado um passo prévio com um tamanho excessivamente grande, e este é a sua substituição. Se este for o caso, você não vai querer chamar `derivs` desnecessariamente no início. Observe que a rotina que segue tem, portanto, apenas três *calls* para `derivs`.

```
void rk4(VecDoub_I &y, VecDoub_I &dydx, const Doub x, const Doub h,
    VecDoub_O &yout, void derivs(const Doub, VecDoub_I &, VecDoub_O &))
```
rk4.h

Dados os valores das variáveis y[0..n-1] e suas derivadas dydx[0..n-1] conhecidas em x, usa o método de Runge-Kutta de quarta ordem para avançar a solução por um intervalo h e retorna as variáveis incrementadas em yout[0..n-1]. O usuário fornece a rotina derivs(x,y, dydx), que retorna as derivadas dydx em x.
```
{
    Int n=y.size();
    VecDoub dym(n),dyt(n),yt(n);
    Doub hh=h*0.5;
    Doub h6=h/6.0;
    Doub xh=x+hh;
```

```
        for (Int i=0;i<n;i++) yt[i]=y[i]+hh*dydx[i];        Primeiro passo.
        derivs(xh,yt,dyt);                                   Segundo passo.
        for (Int i=0;i<n;i++) yt[i]=y[i]+hh*dyt[i];
        derivs(xh,yt,dym);                                   Terceiro passo.
        for (Int i=0;i<n;i++) {
            yt[i]=y[i]+h*dym[i];
            dym[i] += dyt[i];
        }
        derivs(x+h,yt,dyt);                                  Quarto passo.
        for (Int i=0;i<n;i++)                                Acumula incrementos com pesos
            yout[i]=y[i]+h6*(dydx[i]+dyt[i]+2.0*dym[i]);       próprios.
    }
```

O método de Runge-Kutta trata cada passo numa sequência de passos de modo idêntico. O comportamento prévio de uma solução não é usado na propagação, algo matematicamente apropriado, pois qualquer ponto ao longo da trajetória de uma equação diferencial ordinária pode servir como ponto inicial. O fato de que todos os passos são tratados identicamente também torna fácil a incorporação do Runge-Kutta em esquemas de "drivers" relativamente simples.

### REFERÊNCIAS CITADAS E LEITURA COMPLEMENTAR

Abramowitz, M., and Stegun, I.A. 1964, *Handbook of Mathematical Functions* (Washington: National Bureau of Standards); reprinted 1968 (New York: Dover); online at http://www.nr.com/aands, §25.5.[1]

Gear, C.W. 1971, *Numerical Initial Value Problems in Ordinary Differential Equations* (Englewood Cliffs, NJ: Prentice-Hall), Chapter 2.[2]

Shampine, L.F., and Watts, H.A. 1977, "The Art of Writing a Runge-Kutta Code, Part I," in *Mathematical Software III,* J.R. Rice, ed. (New York: Academic Press), pp. 257-275; 1979, "The Art of Writing a Runge-Kutta Code. II," *Applied Mathematics and Computation,* vol. 5, pp. 93–121 .[3]

## 17.2 Controle adaptativo de tamanho de passo para o Runge-Kutta

Um bom integrador de EDO deveria ser capaz de manter um certo controle adaptativo sobre seu próprio progresso, fazendo mudanças frequentes no tamanho do passo. Geralmente o objetivo deste controle adaptativo de tamanho de passo é conseguir, com um mínimo de esforço computacional, uma solução cuja acurácia tenha escolhido previamente. Vários passos pequenos deveriam ir tateando o terreno mais perigoso, ao passo que longas passadas deveriam acelerar o processo em regiões do campo suaves e pouco interessantes. O ganho de eficiência com isso não é simples 10% ou um fator de dois, mas pode muitas vezes chegar a fatores de dezenas, centenas ou mais. Muitas vezes a acurácia não é imposta diretamente à solução, mas a alguma outra quantidade conservada que possa ser monitorada.

A implementação do controle adaptativo requer que o rotina de realização de passos dê informação a respeito de sua performance e, mais importante ainda, uma estimativa de seu erro de truncamento. Nesta seção aprenderemos como tal informação pode ser obtida. Obviamente, este processo irá se adicionar ao *overhead* de cálculo computacional, mas este investimento geralmente retorna altos dividendos.

Com um Runge-Kutta de quarta ordem, a técnica até hoje mais direta é a *duplicação do passo* (*step doubling,* veja, por exemplo, [1]). Fazemos cada passo duas vezes: uma vez como passo completo e em seguida, de modo independente, como dois meios-passos (veja Figura 17.2.1). Quanto *overhead* representa isto em termos do número de estimativas do lado direito da equação?

Cada um dos três passos separados de Runge-Kutta no processo requer 4 avaliações, mas as sequências simples e dupla compartilham o mesmo ponto de partida, de modo que o total é 11. Isto não deve ser comparado a 4, mas a 8 (os dois meios-passos), uma vez que – deixando de lado o controle de tamanho de passo – estamos conseguindo com isso a acurácia do tamanho de passo menor (metade). O *overhead* é portanto um fator de 1,375. Por que isto nos convenceu a adotar este procedimento?

Denotemos por $y(x+2h)$ a solução exata para um avanço de $x$ a $x+2h$ e as duas soluções aproximadas por $y_1$ (um passo $2h$) e $y_2$ (dois passos, cada um de tamanho $h$). Uma vez que o método básico é de quarta ordem, a solução verdadeira e as duas aproximações numéricas estão relacionadas pelas equações

$$y(x + 2h) = y_1 + (2h)^5 \phi + O(h^6) + \ldots$$
$$y(x + 2h) = y_2 + 2(h^5)\phi + O(h^6) + \ldots \tag{17.2.1}$$

onde, até ordem $h^5$, o valor de $\phi$ permanece constante durante o passo (uma expansão em série de Taylor nos ensina que $\phi$ é um número cuja ordem de magnitude é $y^{(5)}(x)/5!$). A primeira expressão em (17.2.1) envolve $(2h)^5$, pois o tamanho de passo é $2h$, enquanto que a segunda expressão envolve $(2h^5)$, uma vez que o erro em cada passo é $h^5 \phi$. A diferença entre as duas estimativas numéricas é um indicativo conveniente do erro de truncamento,

$$\Delta \equiv y_2 - y_1 \tag{17.2.2}$$

Nossos esforços estarão voltados justamente para manter o grau de precisão desta diferença dentro de um limite desejado, nem muito grande, nem muito pequeno. Faremos isto ajustando $h$.

Você também poderá ter percebido que, se ignorarmos termos de ordem $h^6$ ou mais altos, podemos resolver as duas equações em (17.2.1) a fim de melhorar a estimativa numérica da solução verdadeira $y(x+2h)$, a saber,

$$y(x + 2h) = y_2 + \frac{\Delta}{15} + O(h^6) \tag{17.2.3}$$

Esta estimativa é precisa até *quinta ordem*, uma ordem mais alta que os passos de Runge-Kutta originais (novamente a extrapolação de Richardson!). Contudo, não dá para ter as duas coisas ao mesmo tempo: (17.2.3) pode ter precisão até a ordem cinco, mas não temos como monitorar *seu* erro de truncamento. Ordem mais alta nem sempre implica acurácia mais alta! O uso de (17.2.3) raramente causa danos, mas não temos como saber diretamente se ela está nos fazendo algum bem. Deveríamos portanto usar $\Delta$ com estimativa de erro e encarar qualquer ganho extra de acurácia a partir de (17.2.3) como um "brinde". Na literatura técnica, o uso de um procedimento tipo (17.2.3) é chamado de "extrapolação local".

Dobrar o passo foi ultrapassado por um algoritmo de ajuste de tamanho de passo mais eficiente, baseado nas *fórmulas de Runge-Kutta aninhadas*, inventadas originalmente por Merson e popularizadas em um método introduzido por Fehlberg. Um fato interessante a respeito das fórmulas de Runge-Kutta é que para ordem $M$ maior que quatro, mais que $M$ avaliações de função se fazem necessárias. Isto explica a popularidade do método clássico de ordem quatro: parece que ele dá o maior retorno pelo menor custo. Fehlberg no entanto descobriu um método de ordem cinco onde são necessárias seis avaliações e no qual outra combinação das seis funções resulta num método de quarta ordem. A diferença entre as duas estimativas de $y(x+h)$ pode então ser usada como uma estimativa para o erro de truncamento e para o ajuste do tamanho do passo. Desde a descoberta original de Fehlberg, muitas outras fórmulas de Runge-Kutta aninhadas foram descobertas.

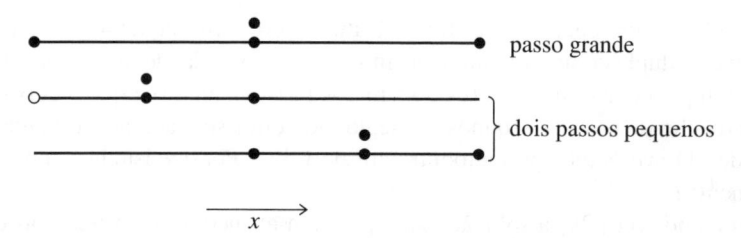

**Figura 17.2.1** Duplicação de passo como meio de controle adaptativo do tamanho do passo em um Runge-Kutta de quarta ordem. Círculos onde as derivadas são calculadas são representados cheios. O círculo vazado representa a mesma derivada do círculo cheio imediatamente acima dele, de modo que o número total de avaliações é 11 para cada dois passos. Comparar a acurácia do passo grande com os dois passos pequenos fornece um critério para ajuste do tamanho do próximo passo, ou para a rejeição do passo atual como sendo impreciso.

Um comentário à parte: a questão mais geral sobre quantas avaliações de função são necessárias para um Runge-Kutta de uma dada ordem ainda é uma questão em aberto. Ordem 5 requer 6 avaliações, ordem 6 requer 7, ordem 7 requer 9 e ordem 8 requer 11 avaliações. É sabido que para ordem $M \geq 8$, pelo menos $M+3$ avaliações são necessárias. A ordem mais alta até hoje construída explicitamente foi 10, com 17 avaliações. O cálculo dos coeficientes destes métodos de ordem mais alta é muito complicado.

Passaremos a maior parte do tempo desta seção construindo um Runge-Kutta de ordem 5 eficiente, codificado na rotina `StepperDopr5`. Isto nos permitirá explorar os vários tópicos que devem ser tratados quando se trabalha com qualquer esquema de Runge-Kutta. Contudo, no final das contas, você só deve usar esta rotina para problemas que tenham uma exigência baixa de acurácia ($\lesssim 10^{-3}$) ou problemas triviais. Use o Runge-Kutta mais eficiente, de ordem mais alta, dado em `StepperDopr853` ou o Bulirsch-Stoer `StepperBS`.

A forma geral do Runge-Kutta de ordem cinco é

$$k_1 = hf(x_n, y_n)$$
$$k_2 = hf(x_n + c_2 h, y_n + a_{21} k_1)$$
$$\cdots$$
$$k_6 = hf(x_n + c_6 h, y_n + a_{61} k_1 + \cdots + a_{65} k_5)$$
$$y_{n+1} = y_n + b_1 k_1 + b_2 k_2 + b_3 k_3 + b_4 k_4 + b_5 k_5 + b_6 k_6 + O(h^6)$$

(17.2.4)

A fórmula de quarta ordem aninhada é

$$y_{n+1}^* = y_n + b_1^* k_1 + b_2^* k_2 + b_3^* k_3 + b_4^* k_4 + b_5^* k_5 + b_6^* k_6 + O(h^5) \qquad (17.2.5)$$

e a estimativa de erro é

$$\Delta \equiv y_{n+1} - y_{n+1}^* = \sum_{i=1}^{6} (b_i - b_i^*) k_i \qquad (17.2.6)$$

Os valores particulares das várias constantes que preferimos são aqueles que podem ser encontrados em Dormand e Prince [2] e são apresentados na tabela na próxima página. Estes autores apresentam um método mais eficiente que os valores originais de Fehlberg, com melhores propriedades de erro.

Dissemos que o método de Dormand-Prince requer seis avaliações de função por passo, embora a tabela a seguir mostre sete e as somas nas equações (17.2.5) e (17.2.6) devessem ir, na verdade, até $i = 7$. O que está acontecendo? A ideia é usar o próprio $y_{n+1}$ para fazer o sétimo estágio. Uma vez que $f(x_n + h, y_{n+1})$ tem que ser avaliado de qualquer maneira ao se iniciar o próximo

| Coeficientes 5(4) de Dormand-Prince para método de Runge-Kutta embutido ||||||||| |
|---|---|---|---|---|---|---|---|---|
| $i$ | $c_i$ | | | $a_{ij}$ | | | $b_i$ | $b_i^*$ |
| 1 | | | | | | | $\frac{35}{384}$ | $\frac{5179}{57600}$ |
| 2 | $\frac{1}{5}$ | $\frac{1}{5}$ | | | | | 0 | 0 |
| 3 | $\frac{3}{10}$ | $\frac{3}{40}$ | $\frac{9}{40}$ | | | | $\frac{500}{1113}$ | $\frac{7571}{16695}$ |
| 4 | $\frac{4}{5}$ | $\frac{44}{45}$ | $-\frac{56}{15}$ | $\frac{32}{9}$ | | | $\frac{125}{192}$ | $\frac{393}{640}$ |
| 5 | $\frac{8}{9}$ | $\frac{19372}{6561}$ | $-\frac{25360}{2187}$ | $\frac{64448}{6561}$ | $-\frac{212}{729}$ | | $-\frac{2187}{6784}$ | $-\frac{92097}{339200}$ |
| 6 | 1 | $\frac{9017}{3168}$ | $-\frac{355}{33}$ | $\frac{46732}{5247}$ | $\frac{49}{176}$ | $-\frac{5103}{18656}$ | $\frac{11}{84}$ | $\frac{187}{2100}$ |
| 7 | 1 | $\frac{35}{384}$ | 0 | $\frac{500}{1113}$ | $\frac{125}{192}$ | $-\frac{2187}{6784}$ | $\frac{11}{84}$ | 0 | $\frac{1}{40}$ |
| $j=$ | | 1 | 2 | 3 | 4 | 5 | 6 | |

passo, isto não representa custo adicional (a menos que o passo seja rejeitado porque o erro é muito grande). Este truque é chamado FSAL (*first-same-as-last*, primeiro-igual-ao-último). Você pode verificar na tabela de coeficientes que aqueles da última linha são os mesmos que da coluna $b_i$.

Agora que sabemos, ao menos aproximadamente, o quanto é nosso erro, temos que considerar a questão de como mantê-lo dentro de limites desejados. Impomos

$$|\Delta| = |y_{n+1} - y_{n+1}^*| \leq \texttt{scale} \qquad (17.2.7)$$

onde

$$\texttt{scale} = \texttt{atol} + |y|\texttt{rtol} \qquad (17.2.8)$$

Nesta expressão, atol é a tolerância do erro absoluto e rtol é a do erro relativo (um detalhe prático: em um código, você usa ($|y_n|$, $|y_n+1|$) para $|y|$ na fórmula acima caso um deles seja próximo de zero).

Nossa notação esconde o fato de que $\Delta$ é na verdade um vetor de acurácias desejadas, $\Delta_i$, uma para cada equação do conjunto de EDOs. Na prática, o que se faz é tomar a norma do vetor $\Delta$. Embora pegar a maior componente seja algo que pode ser feito (ou seja, reescalonar o tamanho de passo de acordo com as necessidades da equação que "se deu pior"), faremos uso da norma euclidiana usual. Também, embora atol e rtol possam ser diferentes para cada componente de $y$, nós os tomaremos como sendo constantes. Definimos então

$$\texttt{err} = \sqrt{\frac{1}{N}\sum_{i=0}^{N-1}\left(\frac{\Delta_i}{\texttt{scale}_i}\right)^2} \qquad (17.2.9)$$

e aceitamos o passo se $\texttt{err} \leq 1$. Caso contrário, nós o rejeitamos.

Qual é a relação entre o erro escalonado err e $h$? De acordo com (17.2.4) – (17.2.5), $\Delta$ escalona como $h^5$, e portanto err também. Assim, se tomarmos um passo $h_1$, produzindo um erro $\texttt{err}_1$, o passo $h_0$ que *teria produzido* outro valor $\texttt{err}_0$ pode ser rapidamente estimado como sendo

$$h_0 = h_1 \left|\frac{\texttt{err}_0}{\texttt{err}_1}\right|^{1/5} \qquad (17.2.10)$$

Denotemos por $\texttt{err}_0$ o erro desejado, que vale *1* em uma integração eficiente. Então a equação (17.2.10) é usada de duas maneiras: se $\texttt{err}_1$ for maior que *1* em magnitude, a equação nos diz em quanto diminuir o tamanho do passo *quando tentamos novamente o passo presente (que falhou)*. Por outro lado, se err$_1$ for menor que *1*, a equação nos diz em quanto podemos aumentar o tamanho *do passo seguinte* de maneira segura. Extrapolação local significa que usamos o valor de quinta ordem de $y_{n+1}$, embora a estimativa de erro na verdade se aplique ao valor de quarta ordem $y^*_{n+1}$.

Como é que relacionamos a quantidade err com uma receita pouco rigorosa do tipo "obtenha uma solução que seja boa em uma parte em $10^6$"? Esta é uma questão sutil e depende do tipo exato de aplicação para a qual você está empregando o método. Você pode estar lidando com um conjunto de equações cujas variáveis dependentes diferem enormemente umas das outras em magnitude. Neste caso, você provavelmente vai querer usar erros fracionários, atol = 0, rtol = $\epsilon$, onde $\epsilon$ é um número do tipo $10^{-6}$ ou um valor qualquer. Por outro lado, você pode ter um comportamento oscilatório que passa por zero mas é limitado em sua amplitude por alguns valores máximos. Neste caso, provavelmente você vai querer fixar atol = rtol = $\epsilon$. Esta última escolha normalmente é a mais segura e deveria ser sua primeira opção.

Aqui vai mais um detalhe técnico. Os critérios de erro até agora mencionados são locais, na medida em que eles limitam o erro de cada passo individualmente. Dependendo da aplicação, você pode se sentir excepcionalmente sensível com relação ao acúmulo "global" de erro, do início ao fim da integração e, no pior dos casos possíveis, quando se presume que todos os erros têm o mesmo sinal e portanto se adicionam. Neste caso, quanto menor o tamho do passo *h*, *maior* será o número de passos entre os valores inicial e final de *x*. Neste caso talvez você queira ajustar scale para que ele seja proporcional a *h*, tipicamente algo do tipo

$$\text{scale} = \epsilon h \times \text{dydx[i]} \tag{17.2.11}$$

Isto força uma acurácia fracionária $\epsilon$ não sobre os valores de *y*, mas (o que é muito mais forte) sobre os *incrementos* a estes valores em cada passo. Mas olhe agora novamente para (17.2.10): o expoente 1/5 não é mais correto. Quando o tamanho de passo é reduzido de um passo muito grande, o novo valor previsto $h_1$ não satisfará a acurácia desejada quando scale for também alterado para este novo valor $h_1$. No lugar de 1/5, temos que escalonar com o expoente 1/4 para que as coisas funcionem.

O controle de erro que tenta restringir o erro global ajustando o fator de escala como sendo proporcional a *h* é chamado de "erro por unidade de passo", contrariamente ao método original de "erro por passo". Por princípio, controlar o erro global tentando controlar o local é muito difícil. O erro global em qualquer ponto do processo é a soma dos erros globais até o início do último passo mais o erro local daquele passo. O caráter cumulativo do erro global significa que ele depende de coisas que nem sempre podem ser controladas, tais como propriedades de estabilidade da equação diferencial. Assim, recomendamos para a maioria dos casos o método mais direto de "erro por passo". Se você quiser estimar o erro global de sua solução, você terá que integrar novamente com uma tolerância reduzida e usar a mudança na solução como estimativa do erro global. Isto funciona *se* o controlador de tamanho de passo produz erros aproximadamente iguais à tolerância, o que nem sempre é garantido.

Uma vez que nossas estimativas de erro não são exatas, mas apenas precisas até a ordem dominante de *h*, é aconselhável introduzirmos um fator de segurança *S* que seja uns poucos pontos percentuais menor que a unidade. A equação (17.2.10) (com err$_0$ = 1 e os subscritos 1 $\to$ *n* e 0 $\to$ *n* + 1) é assim substituída por

$$h_{n+1} = S h_n \left( \frac{1}{\text{err}_n} \right)^{1/5} \tag{17.2.12}$$

Além disso, a experiência mostra que não é sábio deixar que o tamanho de passo aumente ou diminua muito rapidamente e não permitir sequer que ele varie caso o passo anterior tenha sido rejeitado. Em `StepperDopr5`, o tamanho do passo não pode ser aumentado por mais que um fator de 10 nem diminuído por mais do que um fator de 5 em cada passo.

### 17.2.1 Controle PI de tamanho de passo

Uma situação na qual o controlador de tamanho de passo descrito acima apresenta dificuldades é quando o tamanho é limitado pelas propriedades de estabilidade do método de integração e não pela acurácia dos passos individuais (veremos mais a este respeito no §17.5 quando tratarmos de equações diferenciais *stiff*). O tamanho do passo aumenta lentamente à medida que passos sucessivos são aceitos, até que o método se torna instável. O controlador reage ao aumento repentino no erro cortando drasticamente o tamanho do passo, e o ciclo se repete. Problemas similares podem ocorrer quando a solução da equação diferencial entra em uma região de comportamento drasticamente diferente da região prévia. Uma longa sequência de passos alternadamente aceitos e rejeitados segue. Dado que passos rejeitados são caros, vale a pena melhorar o controle de tamanho de passo.

A maneira mais eficiente de fazer isso parece ser usar ideias da *teoria de controle*. A rotina de integração e a equação diferencial desempenham o papel do *processo*, análogo a uma indústria química fabricando um produto. O tamanho $h$ do passo é o *input*, e a estimativa de erro `err` é o *output* (a solução numérica também o é, mas ela não é usada para controlar o tamanho do passo). O *controlador* é o algoritmo de controle de tamanho de passo. Ele tenta manter o erro dentro da tolerância prescrita variando o tamanho de $h$. Deduzir um controlador melhorado a partir das ideias da teoria de controle é algo além do escopo deste livro, razão pela qual introduziremos apenas alguns conceitos básicos e indicamos a literatura para deduções e explicações mais completas [6-8].

O controlador de passo padrão (17.2.12), quando expresso na linguagem de teoria de controle, é conhecido como um *controlador de integração* (*integrating controller*), tendo $\log h$ como variável discreta de controle. Isto significa que a variável de controle é obtida por "integração" do sinal de erro de controle. É bem conhecido na teoria de controle que um controle mais estável pode ser atingido introduzindo-se um termo adicional *proporcional* ao erro de controle. Isto recebe o nome de controlador PI, onde P vem de feedback *proporcional* e I de feedback *integral*. No lugar de (17.2.12), o algoritmo assume uma forma mais simples,

$$h_{n+1} = S h_n \text{err}_n^{-\alpha} \text{err}_{n-1}^{\beta} \qquad (17.2.13)$$

$\alpha$ e $\beta$ deveriam escalonar tipicamente como $1/k$, onde $k$ é o expoente de $h$ em `err` ($k=5$ para um método de ordem cinco). Tomar $\alpha = 1/k$, $\beta = 0$ nos dá de volta o controlador clássico (17.2.12). Um valor de $\beta$ diferente de zero melhora a estabilidade às custas da perda de alguma eficiência nas partes "fáceis" da solução. Um bom meio-termo [6] é fazer

$$\beta \approx 0{,}4/k, \qquad \alpha \approx 0{,}7/k = 1/k - 0{,}75\beta \qquad (17.2.14)$$

### 17.2.2 Output denso

Controle adaptativo de tamanho de passo significa que o algoritmo, à medida que avança, produz valores de $y$ para valores de $x$ que ele mesmo escolhe. E se você quiser saídas em valores de $x$ que você especifica? A opção mais simples é simplesmente integrar a partir de um ponto de *output* desejado para o próximo ponto. Mas caso você especifique uma grande quantidade de pontos, este processo se torna ineficiente, pois o código tem que fazer os passos baseados nos pontos onde você quer que o *output* saia, ao invés de usar os tamanhos de passo "naturais" que ele teria escolhido. Métodos de ordens mais altas gostam de dar longas passadas quando as soluções são suaves, de maneira que neste caso o problema é particularmente grave.

A solução para esse problema é achar um método de *interpolação* que use a informação produzida durante o processo de integração e que seja de uma ordem comparável à ordem do método, de modo a preservar integralmente a acurácia da solução. Isto recebe o nome de método de *output denso*.

Por exemplo, qualquer método dispõe de $y$ e $dy/dx = f$ no início e final de um passo. Estas quatro quantidades especificam um polinômio de interpolação de grau três:

$$y(x_n+\theta h) = (1-\theta)y_n+\theta y_{n+1}+\theta(\theta-1)[(1-2\theta)(y_{n+1}-y_n)+(\theta-1)hf_n+\theta h f_{n+1}] \qquad (17.2.15)$$

onde $0 \leq \theta \leq 1$. Avaliar este polinômio para qualquer $y$ no intervalo nos dá um valor de $y$ que é preciso até ordem 3, como você mesmo pode verificar fazendo uma expansão em série de Taylor na variável $h$ (a equação 17.2.15 é um exemplo de uma *interpolação de Hermite*, que utiliza tanto valores da função como das derivadas).

Estamos no entanto interessados em métodos de integração de ordem mais alta que três, sendo que assim precisamos de fórmulas para *output* denso de ordem mais alta. A abordagem geral para Runge-Kutta é encarar os coeficientes $b_i$ em (17.2.4) como sendo polinômios em $\theta$ e não constantes. Isto permite definir uma solução contínua,

$$y(x_n + \theta h) = y_n + b_1(\theta)k_1 + b_2(\theta)k_2 + b_3(\theta)k_3 + b_4(\theta)k_4 + b_5(\theta)k_5 + b_6(\theta)k_6 \qquad (17.2.16)$$

e impomos que os polinômios $b_i(\theta)$ aproximem a solução verdadeira na ordem desejada. A equação (17.2.15) é um caso especial da equação acima.

O método de quinta ordem de Dormand-Prince permite *outputs* densos de quarta ordem sem qualquer cálculo adicional. Isto normalmente é suficiente: o número de passos para chegar a um ponto típico escalona como $1/h$, de modo que o erro global naquele ponto é tipicamente $O(h^5)$ (quarta ordem) (o output denso de quinta ordem que é necessário, por exemplo, para se obter acurácia completa nos $y'(x_n + \theta h)$, acaba necessitando de duas avaliações extras de função por passo). StepperDopr5 contém uma opção de output denso baseada nas fórmulas de [3] como simplificadas em [4].

Outputs densos simplificam problemas para os quais você não sabe de antemão até onde integrar. Você quer localizar a posição $x_c$ onde algum tipo de condição é satisfeita. Exemplos disto incluem a integração de equações para estrutura estelar a partir do centro da estrela até que a pressão chegue a zero na superfície, ou o estudo de ciclos limite quando se integra até que a solução chegue a uma seção de Poincaré pela primeira vez. Escreve a condição para se achar o zero de uma função:

$$g(x, y_i(x)) = 0 \qquad (17.2.17)$$

Monitore $g$ na saída da rotina. Quando $g$ trocar de sinal entre dois passos, use a rotina de output denso para fornecer valores de função para sua rotina favorita que acha zeros de função, tal como o método da bissecção ou método de Newton.

### 17.2.3 Implementação

Aqui vai a implementação do método Dormand-Prince de quinta ordem:

```
template <class D>                                              stepperdopr5.h
struct StepperDopr5 : StepperBase {
```
Passo de Runge-Kutta quinta ordem de Dormand-Prince com monitoramento de erro de truncamento local para garantir acurácia e ajuste de tamanho de passo.
```
    typedef D Dtype;                    Disponibiliza o tipo de derivs para odeint.
    VecDoub k2,k3,k4,k5,k6;
    VecDoub rcont1,rcont2,rcont3,rcont4,rcont5;
    VecDoub dydxnew;
    StepperDopr5(VecDoub_IO &yy, VecDoub_IO &dydxx, Doub &xx,
        const Doub atoll, const Doub rtoll, bool dens);
    void step(const Doub htry,D &derivs);
    void dy(const Doub h,D &derivs);
    void prepare_dense(const Doub h,D &derivs);
    Doub dense_out(const Int i, const Doub x, const Doub h);
    Doub error();
    struct Controller {
        Doub hnext,errold;
        bool reject;
        Controller();
        bool success(const Doub err, Doub &h);
    };
    Controller con;
};
```

O construtor simplesmente chama a classe base de instrutor e inicializa variáveis:
```
template <class D>                                              stepperdopr5.h
StepperDopr5<D>::StepperDopr5(VecDoub_IO &yy,VecDoub_IO &dydxx,Doub &xx,
    const Doub atoll,const Doub rtoll,bool dens) :
    StepperBase(yy,dydxx,xx,atoll,rtoll,dens), k2(n),k3(n),k4(n),k5(n),k6(n),
    rcont1(n),rcont2(n),rcont3(n),rcont4(n),rcont5(n),dydxnew(n) {
```
Input para o construtor são as variáveis dependentes y[0..n-1] e sua derivada dydx [0..n-1] no valor inicial da variável independente x. Também são fornecidos como input: tolerâncias absolutal e relativa atol e rtol, e a variável booleana dense, que é true se *output* denso for exigido.
```
    EPS=numeric_limits<Doub>::epsilon();
}
```

O método step é o verdadeiro stepper. Ele tenta um passo, chama o controlador para decidir se aceita o passo ou tenta novamente com um passo menor, e fixa os coeficientes caso seja necessário output denso entre $x$ e $x+h$.

```
template <class D>                                              stepperdopr5.h
void StepperDopr5<D>::step(const Doub htry,D &derivs) {
```
Tenta um passo de tamanho htry. Na saída, y e x são substituídos por seus novos valores, hdid é o passo que realmente foi feito, e hnext é a estimativa para o próximo.
```
    Doub h=htry;                        Fixa tamanho de passo (stepsize) no valor tentativo
    for (;;) {                              inicial.
        dy(h,derivs);                   Faz um passo.
        Doub err=error();               Avalia acurácia.
        if (con.success(err,h)) break;  Passo rejeitado. Tente novamente com h menor, ajus-
        if (abs(h) <= abs(x)*EPS)           tado pelo controlador.
            throw("stepsize underflow in StepperDopr5");
    }
    if (dense)                          Passo bem-sucedido. Calcule coeficientes para output
        prepare_dense(h,derivs);            denso.
    dydx=dydxnew;                       Reutilize última avaliação de derivada no passo se-
    y=yout;                                 guinte.
    xold=x;                             Usado para output denso.
    x += (hdid=h);
    hnext=con.hnext;
}
```

A rotina algorítmica dy realiza os seis passos mais o sétimo passo FSAL, e calcula $y_n + 1$ e o erro $\Delta$.

stepperdopr5.h
```
template <class D>
void StepperDopr5<D>::dy(const Doub h,D &derivs) {
```
Dados os valores de n variáveis y[0..n-1] e suas derivadas dydx[0..n-1], conhecidas em x, usa o Runge-Kutta de Dormand-Prince de quinta ordem para avançar a solução pelo intervalo de tamanho h e armazena as variáveis incrementadas em yout[0..n-1]. Também armazena uma estimativa do erro de truncamento local em yerr usando um método de quarta ordem embutido.
```
    static const Doub c2=0.2,c3=0.3,c4=0.8,c5=8.0/9.0,a21=0.2,a31=3.0/40.0,
    a32=9.0/40.0,a41=44.0/45.0,a42=-56.0/15.0,a43=32.0/9.0,a51=19372.0/6561.0,
    a52=-25360.0/2187.0,a53=64448.0/6561.0,a54=-212.0/729.0,a61=9017.0/3168.0,
    a62=-355.0/33.0,a63=46732.0/5247.0,a64=49.0/176.0,a65=-5103.0/18656.0,
    a71=35.0/384.0,a73=500.0/1113.0,a74=125.0/192.0,a75=-2187.0/6784.0,
    a76=11.0/84.0,e1=71.0/57600.0,e3=-71.0/16695.0,e4=71.0/1920.0,
    e5=-17253.0/339200.0,e6=22.0/525.0,e7=-1.0/40.0;
    VecDoub ytemp(n);
    Int i;
    for (i=0;i<n;i++)                        Primeiro passo.
        ytemp[i]=y[i]+h*a21*dydx[i];
    derivs(x+c2*h,ytemp,k2);                 Segundo passo.
    for (i=0;i<n;i++)
        ytemp[i]=y[i]+h*(a31*dydx[i]+a32*k2[i]);
    derivs(x+c3*h,ytemp,k3);                 Terceiro passo.
    for (i=0;i<n;i++)
        ytemp[i]=y[i]+h*(a41*dydx[i]+a42*k2[i]+a43*k3[i]);
    derivs(x+c4*h,ytemp,k4);                 Quarto passo.
    for (i=0;i<n;i++)
        ytemp[i]=y[i]+h*(a51*dydx[i]+a52*k2[i]+a53*k3[i]+a54*k4[i]);
    derivs(x+c5*h,ytemp,k5);                 Quinto passo.
    for (i=0;i<n;i++)
        ytemp[i]=y[i]+h*(a61*dydx[i]+a62*k2[i]+a63*k3[i]+a64*k4[i]+a65*k5[i]);
    Doub xph=x+h;
    derivs(xph,ytemp,k6);                    Sexto passo.
    for (i=0;i<n;i++)                        Acumula incrementos com pesos próprios.
        yout[i]=y[i]+h*(a71*dydx[i]+a73*k3[i]+a74*k4[i]+a75*k5[i]+a76*k6[i]);
    derivs(xph,yout,dydxnew);                Será também a primeira avaliação para próximo passo.
    for (i=0;i<n;i++) {
    Estima erros como diferenças entre métodos de quarta e quinta ordem.
        yerr[i]=h*(e1*dydx[i]+e3*k3[i]+e4*k4[i]+e5*k5[i]+e6*k6[i]+e7*dydxnew[i]);
    }
}
```

A rotina prepare_dense usa os coeficientes de [4] para fixar as quantidades de saída densas. Nossa codificação do output denso é baseada muito proximamente no código Fortran DOPRI5 de [5].

stepperdopr5.h
```
template <class D>
void StepperDopr5<D>::prepare_dense(const Doub h,D &derivs) {
```
Armazena coeficientes de polinômio de interpolação para output denso em rcont1...rcont5.
```
    VecDoub ytemp(n);
    static const Doub d1=-12715105075.0/11282082432.0,
    d3=87487479700.0/32700410799.0, d4=-10690763975.0/1880347072.0,
    d5=701980252875.0/199316789632.0, d6=-1453857185.0/822651844.0,
    d7=69997945.0/29380423.0;
    for (Int i=0;i<n;i++) {
        rcont1[i]=y[i];
        Doub ydiff=yout[i]-y[i];
        rcont2[i]=ydiff;
        Doub bspl=h*dydx[i]-ydiff;
        rcont3[i]=bspl;
        rcont4[i]=ydiff-h*dydxnew[i]-bspl;
```

```
            rcont5[i]=h*(d1*dydx[i]+d3*k3[i]+d4*k4[i]+d5*k5[i]+d6*k6[i]+
                d7*dydxnew[i]);
    }
}
```

A próxima rotina, `dense_out`, usa os coeficientes armazenados pela rotina anterior para avaliar a solução em um ponto arbitrário.

```
template <class D>                                                     stepperdopr5.h
Doub StepperDopr5<D>::dense_out(const Int i,const Doub x,const Doub h) {
```
Avalia polinômio interpolador para y[i] na posição x, onde xold $\leq$ x $\leq$ xold + h.
```
    Doub s=(x-xold)/h;
    Doub s1=1.0-s;
    return rcont1[i]+s*(rcont2[i]+s1*(rcont3[i]+s*(rcont4[i]+s1*rcont5[i])));
}
```

A rotina `error` converte $\Delta$ em uma quantidade reescalonada `err`.

```
template <class D>                                                     stepperdopr5.h
Doub StepperDopr5<D>::error() {
```
Usa yerr para calcular norma de estimativa de erro escalonada. Um valor menor que um significa que o passo foi bem-sucedido.
```
    Doub err=0.0,sk;
    for (Int i=0;i<n;i++) {
        sk=atol+rtol*MAX(abs(y[i]),abs(yout[i]));
        err += SQR(yerr[i]/sk);
    }
    return sqrt(err/n);
}
```

Finalmente, o `controller` testa se err $\leq$ 1 e ajusta o tamanho do passo. O ajuste *default* é beta=0 (sem controle PI). Fixe beta em 0,04 ou 0,08 para ativar controle PI.

```
template <class D>                                                     stepperdopr5.h
StepperDopr5<D>::Controller::Controller() : reject(false), errold(1.0e-4) {}
```
Controlador de tamanho de passo para método Dormand-Prince de quinta ordem.
```
template <class D>
bool StepperDopr5<D>::Controller::success(const Doub err,Doub &h) {
```
Devolve true se err $\leq$ 1, false caso contrário. Se passo bem-sucedido, fixa hnext como o tamanho de passo ótimo estimado para próximo passo. Se passo falhou, reduz h apropriadamente para tentar novamente.
```
    static const Doub beta=0.0,alpha=0.2-beta*0.75,safe=0.9,minscale=0.2,
        maxscale=10.0;
```
Fixa beta num valor diferente de zero para controle PI. beta = 0.04–0.08 é um bom default.
```
    Doub scale;
    if (err <= 1.0) {                       Passo bem-sucedido. Calcula hnext.
        if (err == 0.0)
            scale=maxscale;
        else {                              Controle PI se beta diferente de zero.
            scale=safe*pow(err,-alpha)*pow(errold,beta);   Garante minscale $\leq$ hnext/h $\leq$
            if (scale<minscale) scale=minscale;                    maxscale.
            if (scale>maxscale) scale=maxscale;
        }
        if (reject)                         Não deixa aumentar passo se o último foi rejeitado.
            hnext=h*MIN(scale,1.0);
        else
            hnext=h*scale;
        errold=MAX(err,1.0e-4);             Bookkeeping para próximo call.
        reject=false;
        return true;
    } else {                                Erro de truncamento muito grande, reduz tamanho
                                            do passo.
```

```
            scale=MAX(safe*pow(err,-alpha),minscale);
            h *= scale;
            reject=true;
            return false;
        }
    }
```

Um aviso: não seja muito ousado ao especificar `atol` e `rtol`. A punição para ganância em demasia é interessante e digna do *Mikado* de Gilbert e Sullivan*: a rotina pode sempre atingir um erro *zero* aparente fazendo o passo tão pequeno que quantidades de ordem $hy'$ somam-se a quantidades de ordem $y$ como se estas fossem zero. A rotina continua, feliz, realizando um número infinito de passos infinitesimais sem mudar um dedinho sequer das variáveis dependentes (em um supercomputador, você se previne desta perda catastrófica de tempo alocado sinalizando a presença de passos pequenos fora do normal ou da invariância do vetor de variáveis dependentes passo após passo. Num *desktop*, você evita isso não parando muito tempo para almoçar enquanto o programa roda).

### 17.2.4 Dopr853 – um método de oitava ordem

Uma vez que você tenha entendido a implementação do `StepperDopr5` acima, então você já dispõe de um *framework* para essencialmente qualquer método Runge-Kutta. Para trabalhos práticos sugerimos que você use o método a seguir, `StepperDopr853`. Novamente trata-se de um método de Dormand-Prince embutido, mas desta vez de ordem oito e que usa 12 avaliações de função. A versão original usava, para estimativa de erro, um método embutido de sexta ordem. Contudo, resulta que esta estimativa de erro não é robusta em certas circunstâncias, pois o último ponto de avaliação acaba por não ser usado no cálculo do erro. Deste modo, Hairer, Nörsett e Wanner [5] construíram métodos de terceira e quinta ordem que utilizam este último ponto. Neste caso, o erro é estimado como sendo

$$\text{err} = \text{err}_5 \frac{\text{err}_5}{\sqrt{(\text{err}_3)^2 + 0,01(\text{err}_5)^2}} \qquad (17.2.18)$$

A maior parte do tempo, $\text{err}_5 \ll \text{err}_3$, de modo que $\text{err} = O(h^8)$. Se a estimativa falhar de modo que ou $\text{err}_3$ se torna pequeno, ou $\text{err}_5$ fica grande, então `err` ainda assim servirá como uma base razoável para o controle de tamanho de passo. Este método funcionou bem na prática e é a razão do "853" no nome do método.

Para um método de ordem 8 gostaríamos de ter um *output* denso de ordem 7. Resulta daí que são necessárias mais três avaliações de função. Nossa codificação do *output* denso segue de perto a implementação em Fortran de [5]. Uma vez que o código é algo longo, mas basicamente similar ao `StepperDopr5`, apresentamos o `StepperDopr853` na forma de uma Webnote [9].

**REFERÊNCIAS CITADAS E LEITURA COMPLEMENTAR**

Gear, C.W. 1971, *Numerical Initial Value Problems in Ordinary Differential Equations* (Englewood Cliffs, NJ: Prentice-Hall).[1]

Dormand, J.R, and Prince, P.J. 1980, "A Family of Embedded Runge-Kutta Formulae," *Journal of Computational and Applied Mathematics,* vol. 6, pp. 19–26.[2]

---

*N. de T.: Os autores se referem a uma das mais famosas óperas vitorianas do libretista W. S. Gilbert (1836–1911) e do compositor Arthur Sullivan (1842-1900), caracterizada por seu humor e desfile de absurdos.

Shampine, L.F., and Watts, H.A. 1977, "The Art of Writing a Runge-Kutta Code, Part I," in *Mathematical Software III*, J.R. Rice, ed. (New York: Academic Press), pp. 257–275; 1979, "The Art of Writing a Runge-Kutta Code. II," *Applied Mathematics and Computation*, vol. 5, pp. 93–121.

Forsythe, G.E., Malcolm, M.A., and Moler, C.B. 1977, *Computer Methods for Mathematical Computations* (Englewood Cliffs, NJ: Prentice-Hall).

Dormand, J.R, and Prince, P.J. 1986, "Runge-Kutta Triples," *Computers and Mathematics with Applications*, vol. 12A, pp. 1007-1017.[3]

Shampine, L.F. 1986, "Some Practical Runge-Kutta Formulas," *Mathematics of Computation*, vol. 46, pp. 135–150.[4]

Hairer, E., Nørsett, S.P., and Wanner, G. 1993, *Solving Ordinary Differential Equations I. Nonstiff Problems*, 2nd ed. (New York: Springer). Fortran codes at http://www.unige.ch/~hairer/software.html.[5]

Gustafsson, K. 1991, "Control Theoretic Techniques for Stepsize Selection in Explicit Runge-Kutta Methods," *ACM Transactions on Mathematical Software*, vol. 17, pp. 533–554.[6]

Hairer, E., Nørsett, S.P., and Wanner, G. 1996, *Solving Ordinary Differential Equations II. Stiff and Differential-Algebraic Problems*, 2nd ed. (New York: Springer), p. 28.[7]

Söderlind, G. 2003, "Digital Filters in Adaptive Time-stepping," *ACM Transactions on Mathematical Software*, vol. 29, pp. 1–26.[8]

Numerical Recipes Software 2007, "Routine Implementing an Eighth-order Runge-Kutta Method," *Numerical Recipes Webnote No. 20*, at http://www.nr.com/webnotes?20 [9]

## 17.3 Extrapolação de Richardson e método de Bulirsch-Stoer

As técnicas desta seção se aplicam a equações diferenciais que contém funções suaves. Com apenas três advertências, acreditamos que o método de Bulirsch-Stoer aqui discutido é o meio mais conhecido para se obter soluções de equações diferenciais de alta acurácia com um mínimo de esforço computacional. As advertências são as seguintes:

- Se você tem um problema que não é suave, por exemplo, uma equação diferencial cujo lado direito envolve uma função que para ser avaliada precisa de consulta a uma tabela e interpolação, então retorne ao Runge-Kutta com escolha de tamanho de passo adaptativo. Este último método faz um ótimo trabalho procurando o caminho em um terreno descontínuo e acidentado. Ele também é uma escolha excelente de um método simples e barato para soluções de conjunto de equações com baixa acurácia.
- As técnicas apresentadas nesta seção não são particularmente boas para equações diferenciais que apresentem singularidades *dentro* do intervalo de integração. Uma solução regular precisa ir tateando muito cuidadosamente por estes pontos. Um Runge-Kutta com passo adaptativo muitas vezes consegue isso. De um modo mais geral, há técnicas especiais disponíveis para este tipo de problema, além do nosso escopo aqui mas comentadas no §18.6.
- *Pode* haver poucos problemas que são ao mesmo tempo suaves mas têm um lado direito que são muito custosos de se avaliar. Neste caso, os métodos preditores-corretores, discutidos no §17.6, são as opções de preferência.

Os métodos desta seção envolvem três ideias-chave. O primeiro é o *método de Richardson da aproximação retardada (deferred) ao limite*, por nós já encontrado no §4.3 a respeito da integração de Romberg. A ideia é considerar a resposta final de um cálculo numérico com sendo ela própria uma função analítica (mesmo que complicada) de um parâmetro de ajuste como, por exemplo, o tamanho $h$ do passo. Esta função analítica pode ser analisada calculando-se seu valor para vários valores de $h$, *nenhum* deles necessariamente pequeno o suficiente para produzir a acu-

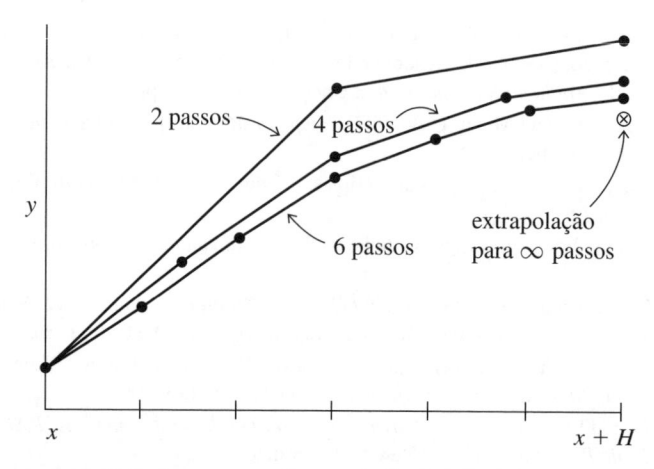

**Figura 17.3.1** A extrapolação de Richardson como usada no método de Bulirsch-Stoer. Um grande intervalo $H$ é gerado por diferentes sequências de passos cada vez menores. Os resultados são extrapolados para uma resposta que supostamente corresponde a subpassos infinitamente pequenos. No método de Bulirsch-Stoer, as integrações são feitas pelo método do ponto médio modificado, e a técnica de extrapolação é a polinomial.

rácia que queremos. Quando descobrimos o suficiente a respeito da função, nós a *ajustamos* por alguma forma analítica e então a *avaliamos* naquele ponto místico e resplandecente $h = 0$ (veja Figura 17.3.1). A extrapolação de Richardson é um método para se transformar palha em ouro! (Chumbo em ouro para os alquimistas de plantão.)

A segunda ideia tem a ver com o o tipo de função de ajuste usada. Bulirsch e Stoer foram os primeiros a reconhecer o poder da *extrapolação por funções racionais* em aplicações do tipo Richardson. A força do método está em romper os grilhões das séries de potências e seu raio de convergência limitado, até somente a distância até o primeiro polo no plano complexo. Ajustes por funções racionais podem continuar sendo boas aproximações para funções analíticas mesmo depois que os vários termos em potências de $h$ tenham todos magnitudes comparáveis. Em outras palavras, $h$ pode ser tão grande a ponto de tornar a noção de "ordem" do método algo sem sentido – e ainda assim o método pode funcionar de maneira esplêndida. Entretanto, a experiência mais recente sugere que para problemas suaves uma extrapolação polinomial direta é pouco mais eficiente que a extrapolação por funções racionais (isso nos diz mais a respeito dos problemas para os quais são usadas do que sobre os métodos propriamente ditos). De qualquer maneira, adotaremos a extrapolação polinomial como *default*. Neste ponto talvez você queira rever o §3.2, onde extrapolação por funções polinomiais já foi discutida.

A terceira ideia é usar um método de integração cuja função erro é estritamente par, permitindo assim que a aproximação por funções racionais ou polinomiais seja em termos da variável $h^2$ ao invés de apenas $h$. Discutiremos mais esta ideia na próxima subseção, quando falarmos no método do ponto médio modificado.

Junte estas ideias e você tem o *método de Bulirsch-Stoer* [1]. Um único passo Bulirsch-Stoer nos leva de $x$ a $x + H$, onde se supõe que $H$ seja uma distância relativamente grande – em nada infinitesimal. Um passo único é um grande pulo que consiste em muitos (por exemplo, de dúzias até centenas) subpassos do método do ponto médio modificado, que então são extrapolados para passo de tamanho zero.

### 17.3.1 O método modificado do ponto médio

O *método modificado do ponto médio* avança um vetor de variáveis dependentes $y(x)$ de um ponto $x$ a um ponto $x + H$ por meio de uma sequência de subpassos de tamanho $h$

$$h = H/n \tag{17.3.1}$$

Em princípio, poderíamos usar o método modificado por si só, como integrador de EDO. Na prática, sua aplicação mais importante se dá como parte do método mais poderoso de Bulirsch-Stoer.

O número de avaliações do lado direito da equação requeridas pelo método modificado do ponto médio é $n+1$. As fórmulas do método são:

$$\begin{aligned} z_0 &\equiv y(x) \\ z_1 &= z_0 + hf(x, z_0) \\ z_{m+1} &= z_{m-1} + 2hf(x + mh, z_m) \quad \text{para} \quad m = 1, 2, \ldots, n-1 \\ y(x + H) &\approx y_n \equiv \tfrac{1}{2}[z_n + z_{n-1} + hf(x + H, z_n)] \end{aligned} \tag{17.3.2}$$

Nestas equações, $z$'s são aproximações intermediárias que avançam em passos de $h$, enquanto $y_n$ é a aproximação final de $y(x+H)$. O método consiste basicamente numa "diferença centrada" ou método do "ponto médio" (compare à equação 17.1.2), exceto nos pontos inicial e final. Estes dão o atributivo "modificado" ao método.

O método modificado é um método de segunda ordem igual a (17.2.1), mas com a vantagem de requerer (assintoticamente, para $n$ grande) apenas uma avaliação de derivada por passo $h$ ao invés das duas que o método de Runge-Kutta de segunda ordem requer.

A utilidade do método para a técnica de Bulirsch-Stoer (§17.3) vem de um resultado "profundo" acerca das equações (17.3.2) devido a Gragg. Acontece que o erro em (17.3.2), expresso em série de potências em $h$, o tamanho do passo, contém apenas potências *pares* de $h$,

$$y_n - y(x + H) = \sum_{i=1}^{\infty} \alpha_i h^{2i} \tag{17.3.3}$$

onde $H$ é mantido constante mas $h$ varia com $n$ em (17.3.1). A importância das potências pares é que se usarmos os truques usuais de combinar passos para eliminar termos de erro de ordem mais alta, podemos ganhar duas ordens por vez!

Por exemplo, suponha que $n$ seja par e denote por $y_{n/2}$ o resultado que se obtém aplicando-se (17.3.1) e (17.3.2) com metade dos passos, $n \to n/2$. Então a estimativa

$$y(x + H) \approx \frac{4y_n - y_{n/2}}{3} \tag{17.3.4}$$

é acurada até *ordem quatro*, do mesmo modo que o Runge-Kutta de ordem 4, mas requer o cálculo de apenas 1,5 derivadas por passo $h$, ao invés das quatro que o Runge-Kutta requer. Não fique porém muito ansioso para implementar (17.3.4), pois em pouco estaremos conseguindo coisa ainda melhor.

Agora seria um bom momento para dar uma olhada na rotina `qsimp` do §4.2 e especialmente comparar a equação (4.2.4) com a equação (17.3.4) acima. Você verá que a transição no Capítulo 4 para a ideia da extrapolação de Richardson, aninhada na integração de Romberg do §4.3, é exatamente análoga à transição ao passarmos desta seção para a próxima.

Uma rotina que implementa o método modificado do ponto médio será dada como parte da implementação de `StepperBS`, na função membro `dy`.

## 17.3.2 O método de Bulirsch-Stoer

Considere a tentativa de atravessar o intervalo $H$ usando o método modificado do ponto médio com valores crescentes de $n$, o número de subpassos. Bulirsch e Stoer propuseram, originalmente, a sequência

$$n = 2, 4, 6, 8, 12, 16, 24, 32, 48, 64, 96, \ldots, [n_j = 2n_{j-2}], \ldots \qquad (17.3.5)$$

Trabalhos mais recentes de Deuflhard [2,3] sugerem que a sequência

$$n = 2, 4, 6, 8, 10, 12, 14, \ldots, [n_j = 2(j + 1)], \ldots \qquad (17.3.6)$$

é mais eficiente. Para cada passo, não sabemos de antemão até onde essa sequência irá. Depois que cada $n$ sucessivo é tentado, uma extrapolação polinomial é feita. Ela nos dá tanto os valores extrapolados quanto as estimativas de erro. Se estes não forem satisfatórios, vamos para valores de $n$ mais altos. Se forem, vamos para o passo seguinte e começamos tudo de novo, com $n = 2$.

Obviamente deve haver um limite superior, além do qual concluímos que há algum obstáculo no nosso caminho dentro do intervalo $H$, de modo que devemos diminuir $H$ ao invés de subdividi-lo em pedaços menores. Além disso, uma perda de precisão surge se escolhermos uma subdivisão muito pequena. Na implementação abaixo, o número máximo de $n$'s a serem tentados é chamado de KMAXX. Normalmente o fazemos igual a $8$; o oitavo valor da sequência (17.3.6) é $16$, de modo que este é o maior número de subdivisões de $H$ por nós permitido.

Nós forçamos controle de erro como no método de Runge-Kutta por meio do monitoramento de consistência interna e adaptação do tamanho de passo para satisfazer um limite prescrito no erro de truncamento local. Cada resultado novo da sequência de integrações modificadas de ponto médio permite que uma tabela como na equação (3.2.2) seja estendida por um conjunto adicional de diagonais. Escreva a tabela como uma matriz triangular inferior:

$$\begin{array}{llll} T_{00} & & & \\ T_{10} & T_{11} & & \\ T_{20} & T_{21} & T_{22} & \\ \ldots & \ldots & \ldots & \ldots \end{array} \qquad (17.3.7)$$

Aqui $T_{k0} = y_k$, onde $y_k$ é $y(x_n + H)$, calculado com um tamanho de passo $h_k = H/n_k$. O algoritmo de Neville, equação (3.2.3), com $T$ no lugar de $P$, $x_i = h_i^2$, e $x = 0$, pode ser escrito como

$$T_{k,j+1} = T_{kj} + \frac{T_{kj} - T_{k-1,j}}{(n_k/n_{k-j})^2 - 1} \qquad j = 0, 1, \ldots, k - 1 \qquad (17.3.8)$$

Cada tamanho de passo $h_i$ novo inicia uma nova linha na tabela, e a extrapolação polinomial preenche o resto da linha. Cada novo elemento na tabela origina-se nos dois elementos mais próximos na coluna anterior. Elementos na mesma coluna têm a mesma ordem, e $T_{kk}$, o último elemento em cada linha, é a aproximação de ordem mais alta com aquele tamanho de passo. A diferença entre os últimos dois elementos em uma linha é tomado como sendo uma estimativa (conservadora) de erro. Como usar esta estimativa para ajustar o tamanho do passo? Uma boa estratégia foi proposta por Deuflhard [2,3]. Usaremos uma versão modificada [4], descrita a seguir.

## 17.3.3 Algoritmo de controle de tamanho de passo para Bulirsch-Stoer

Os elementos na tabela são na verdade vetores que correspondem ao vetor $y$ de variáveis dependentes. Assim, defina

$$\text{err}_k = \|T_{kk} - T_{k,k-1}\| \qquad (17.3.9)$$

onde a norma é a mesma norma escalonada usada na equação (17.2.9). O controle de erro é imposto com o requerimento $\text{err}_k \leq 1$.

Agora, $T_{kk}$ é de ordem $2k + 2$ e $T_{k,k-1}$ é de ordem $2k$, que é portanto da mesma ordem que $\text{err}_k$. Em outras palavras,

$$\text{err}_k \sim H^{2k+1} \tag{17.3.10}$$

Então, uma estimativa simples do novo tamanho de passo $H_k$ para se obter a convergência numa coluna fixa $k$ seria (conforme equação 17.2.12)

$$H_k = HS_1 \left( \frac{S_2}{\text{err}_k} \right)^{1/(2k+1)} \tag{17.3.11}$$

onde $S_1$ e $S_2$ são fatores de segurança menores que um.

Em qual coluna $k$ deveríamos tentar obter convergência? Vamos comparar o trabalho exigido para diferentes $k$'s. Suponha que $A_k$ é o trabalho necessário para se obter a linha $k$ da tabela de extrapolação. Suponha ainda que o trabalho é dominado pelo custo de se avaliar as funções que definem os lados direitos das equações diferenciais. Para $n_k$ subdivisões em $H$, o número de avaliações de função pode ser obtido por recorrência

$$\begin{aligned} A_0 &= n_0 + 1 \\ A_{k+1} &= A_k + n_{k+1} \end{aligned} \tag{17.3.12}$$

O trabalho por unidade de passo para se obter a coluna $k$ é portanto

$$W_k = \frac{A_k}{H_k} \tag{17.3.13}$$

O índice de coluna ótimo é aquele que minimiza $W_k$. A estratégia é fixar um alvo $k$ para o passo seguinte e então escolher o tamanho de passo a partir de (17.3.11) para tentar chegar à convergência (ou seja, $\text{err}_k \leq 1$) para aquele valor de $k$ no próximo passo.

Na prática, você calcula a tabela de extrapolação (17.3.7) linha por linha, mas testa apenas a convergência dentro de uma *janela de ordem* entre $k-1$ e $k+1$. O raciocínio para a janela de ordem é que se a convergência parece ocorrer antes da coluna $k-1$, geralmente é algo espúrio, que resultou de alguma estimativa de erro fortuitamente pequena na extrapolação. Por outro lado, se você tiver que ir além de $k+1$ para obter convergência, seu modelo local do comportamento de convergência é obviamente ruim e você precisa diminuir o tamanho do passo e restabelecê-lo.

Aqui vão os passos:

- Teste para convergência na coluna $k-1$: se $\text{err}_{k-1} \leq 1$, aceite $T_{k-1,k-1}$. Fixe o novo alvo em

$$k_{\text{new}} = \begin{cases} k-2 & \text{se } W_{k-2} < 0,8\,W_{k-1} \text{ (diminuição de ordem)} \\ k & \text{se } W_{k-1} < 0,9\,W_{k-2} \text{ (aumento de ordem)} \\ k-1 & \text{caso contrário} \end{cases} \tag{17.3.14}$$

Fixe o tamanho de passo correspondente como sendo

$$H_{\text{new}} = \begin{cases} H_{k_{\text{new}}} & \text{se } k_{\text{new}} = k-1 \text{ ou } k-2 \\ H_{k-1} \dfrac{A_k}{A_{k-1}} & \text{se } k_{\text{new}} = k \end{cases} \tag{17.3.15}$$

A ideia por trás desta última equação é que você não pode fazer $H_{\text{new}} = H_k$, uma vez que você está parando a integração na linha $k-1$, e portanto você não fazer $H_k$. Contudo, uma vez que $k$ é supostamente ótimo, $W_k \approx W_{k-1}$, o que resulta na última fórmula para $H_{\text{new}}$.

- Se $\text{err}_{k-1} > 1$, confira se você deve esperar convergência na linha $k+1$, estimando o que $\text{err}_{k+1}$ seria. Supondo que nos encontramos no regime assintótico, podemos mostrar que

$$\text{err}_k \approx \left(\frac{n_0}{n_k}\right)^2 \text{err}_{k-1} \tag{17.3.16}$$

e portanto que $\text{err}_{k+1}$ será maior que um se, aproximadamente,

$$\text{err}_{k-1} > \left(\frac{n_k}{n_0}\right)^2 \left(\frac{n_{k+1}}{n_0}\right)^2 \tag{17.3.17}$$

Se esta condição for satisfeita, rejeite o passo e reinicie com $k_{\text{new}}$ e $H_{\text{new}}$, escolhidos de acordo com (17.3.14) e (17.3.15).

- Se (17.3.17) não for satisfeita, calcule a próxima linha da tabela (isto é, para o valor alvo de $k$) e verifique se a convergência é obtida para a coluna $k$. Então, se $\text{err}_k \leq 1$, aceite o passo e continue com

$$k_{\text{new}} = \begin{cases} k-1 & \text{se } W_{k-1} < 0,8 W_k \text{ (diminuição de ordem)} \\ k+1 & \text{se } W_k < 0,9 W_{k-1} \text{ (aumento de ordem)} \\ k & \text{caso contrário} \end{cases} \tag{17.3.18}$$

Ajuste o temanho de passo correspondente

$$H_{\text{new}} = \begin{cases} H_{k_{\text{new}}} & \text{se } k_{\text{new}} = k \text{ ou } k-1 \\ H_k \dfrac{A_{k+1}}{A_k} & \text{se } k_{\text{new}} = k+1 \end{cases} \tag{17.3.19}$$

- Se $\text{err}_k > 1$, confira se você pode esperar convergência na próxima linha. De modo análogo a (17.3.17), verifique se

$$\text{err}_k > \left(\frac{n_{k+1}}{n_0}\right)^2 \tag{17.3.20}$$

Se esta condição for satisfeita, rejeite o passo e reinicie com $k_{\text{new}}$ e $H_{\text{new}}$ escolhidos segundo (17.3.18) e (17.3.19).

- Se (17.3.17) não for satisfeita, calcule a linha $k+1$ da tabela. Se $\text{err}_{k+1} \leq 1$, aceite o passo. Ajuste o novo alvo segundo a receita:

$$\begin{aligned} &k_{\text{new}} = k \\ &\text{se } W_{k-1} < 0,8 W_k \quad k_{\text{new}} = k-1 \text{ (diminuição de ordem)} \\ &\text{se } W_{k+1} < 0,9 W_{k_{\text{new}}} \quad k_{\text{new}} = k+1 \text{ (aumento de ordem)} \end{aligned} \tag{17.3.21}$$

O passo é ajustado como em (17.3.19)

- Se $\text{err}_{k+1} > 1$, rejeite o passo. Reinicie com $k_{\text{new}}$ e $H_{\text{new}}$ segundo (17.3.18) e (17.3.19).

Dois importantes refinamentos desta estratégia são:

- Depois de cada passo rejeitado, a ordem e tamanho de passo não podem aumentar.
- Não se deve permitir que $H_{\text{new}}$ calculado da equação (16.4.5) mude muito rapidamente em um passo. Ele é restrito por

$$\frac{F}{S_4} \leq \frac{H_{\text{new}}}{H} \leq \frac{1}{F} \qquad F \equiv S_3^{1/(2k+1)} \tag{17.3.22}$$

Os valores *default* dos parâmetros são $S_3 = 0,02$, $S_4 = 4$.

Para o primeiro passo, o alvo $k$ é estimado grosseiramente a partir da precisão exigida, mas o passo é aceito se o erro for menor o suficiente para qualquer $k$ menor. Para o último passo, o tamanho do passo é diminuído até ficar igual ao comprimento do intervalo de integração restante, e portanto um aumento similar na janela de ordem é permitido.

### 17.3.4 Output denso

O passo básico $H$ de Bulirsch-Stoer é tipicamente muito maior que nos métodos de Runge-Kutta em função das altas ordens invocadas, de maneira que a opção de output denso é ainda mais importante neste caso. Nossa implementação uma vez mais é baseada muito proximamente na codificação em [4], que é baseada por sua vez em [5].

Resulta que um algoritmo de output denso só é possível para certas sequências de tamanho de passo, por exemplo, aumentando sempre de quatro em quatro:

$$n = 2, 6, 10, 14, 18, 22, 26, 30, \ldots \qquad (17.3.23)$$

A ideia é fazer uma interpolação de Hermite usando os valores da função e sua derivada no início e no final do passo. Estes são acrescidos com valores da função e derivadas no ponto médio, obtidos pela extrapolação de valores salvos durante a integração.

O erro na interpolação de Hermite deve ser monitorado. Se for muito grande, o passo é rejeitado e o tamanho do mesmo é reduzido de acordo. A estimativa de erro da interpolação também é usada se necessário para limitar o tamanho do próximo passo depois de um passo bem-sucedido.

### 17.3.5 Implementação

O uso do `StepperBS` é exatamente igual ao uso das rotinas Runge-Kutta. Por exemplo, para resolver o problema ao final do §17.2, tudo é exatamente igual com exceção que a linha

```
Odeint<StepperDopr5<rhs_van> > ode(ystart,x1,x2,atol,rtol,h1,hmin,out,d);
```

deve ser substituída por

```
Odeint<StepperBS<rhs_van> > ode(ystart,x1,x2,atol,rtol,h1,hmin,out,d);
```

O objeto `StepperBS` implementa um passo Bulirsch-Stoer. Algumas de suas funções são declaradas `virtual` porque o algoritmo `StepperStoerm` será implementado com uma classe dela derivada na próxima seção, e estas funções serão escritas por cima. Da mesma maneira que `StepperDopr5`, a classe é moldada na classe functor que define as derivadas do lado direito.

```
template <class D>                                                  stepperbs.h
struct StepperBS : StepperBase {
Passo Bulirsch-Stoer para monitorar erro de truncamento local para garantir acurácia e ajustar tamanho
do passo.
    typedef D Dtype;              Disponibiliza para odeint o type das derivs.
    static const Int KMAXX=8,IMAXX=KMAXX+1;
    KMAXX é o número máximo de linhas usadas na extrapolação.
    Int k_targ;                   Número de linha ótima para convergência.
    VecInt nseq;                  Sequência de tamanho de passos.
    VecInt cost;                  $A_k$.
    MatDoub table;                Tabelas de extrapolação.
    VecDoub dydxnew;
    Int mu;
    MatDoub coeff;                Coeficientes usados na tabela de extrapolação.
    VecDoub errfac;               Usados para calcular erro de interpolação denso.
    MatDoub ysave;                ysave e fsave armazenam valores e derivadas a serem usa-
    MatDoub fsave;                    dos para output denso.
```

```
VecInt ipoint;                    Monitora onde valores são armazenados em fsave.
VecDoub dens;                     Armazena quantidades para polinômio de interpolação denso.
StepperBS(VecDoub_IO &yy, VecDoub_IO &dydxx, Doub &xx, const Doub atol,
    const Doub rtol, bool dens);
void step(const Doub htry,D &derivs);
virtual void dy(VecDoub_I &y, const Doub htot, const Int k, VecDoub_O &yend,
    Int &ipt, D &derivs);
void polyextr(const Int k, MatDoub_IO &table, VecDoub_IO &last);
virtual void prepare_dense(const Doub h,VecDoub_I &dydxnew, VecDoub_I &ysav,
    VecDoub_I &scale, const Int k, Doub &error);
virtual Doub dense_out(const Int i,const Doub x,const Doub h);
virtual void dense_interp(const Int n, VecDoub_IO &y, const Int imit);
};
```

Implementações detalhadas das funções membros são dadas na forma de Webnote [6].

### REFERÊNCIAS CITADAS E LEITURA COMPLEMENTAR

Stoer, J., and Bulirsch, R. 2002, *Introduction to Numerical Analysis,* 3rd ed. (New York: Springer), §7.2.14.[1]

Gear, C.W. 1971, *Numerical Initial Value Problems in Ordinary Differential Equations* (Englewood Cliffs, NJ: Prentice-Hall), §6.1.4 and §6.2.

Deuflhard, P. 1983, "Order and Stepsize Control in Extrapolation Methods," *Numerische Mathematik,* vol. 41, pp. 399–422.[2]

Deuflhard, P. 1985, "Recent Progress in Extrapolation Methods for Ordinary Differential Equations," *SIAM Review,* vol. 27, pp. 505–535.[3]

Hairer, E., Nørsett, S.P., and Wanner, G. 1993, *Solving Ordinary Differential Equations I. Nonstiff Problems,* 2nd ed. (New York: Springer). Fortran codes at http://www.unige.ch/~hairer/software. html.[4]

Hairer, E., and Ostermann, A. 1990, "Dense Output for Extrapolation Methods," *Numerische Mathematik,* vol. 58, pp. 419–439.[5]

Numerical Recipes Software 2007, "StepperBS Implementations," *Numerical Recipes Webnote No. 21,* at http://www.nr.com/webnotes?21 [6]

## 17.4 Equações conservativas de segunda ordem

Geralmente, quando você tem um sistema de EDOs de ordem mais alta para resolver, a melhor coisa a fazer é reformulá-las como um sistema de equações de primeira ordem, como discutido no §17.0. Há uma classe particular de equações que aparecem com bastante frequência em aplicações e onde você pode ganhar eficiência por um fator de dois, discretizando as equações diretamente. As equações são sistemas de segunda ordem onde a derivada não aparece do lado direito:

$$y'' = f(x,y), \qquad y(x_0) = y_0, \qquad y'(x_0) = z_0 \qquad (17.4.1)$$

Como é usual, $y$ pode denotar um vetor de valores.

A *regra de Stoermer* data de 1907 e é um método popular de discretização para estas equações. Tomando $h = H/m$, temos

$$
\begin{aligned}
y_1 &= y_0 + h[z_0 + \tfrac{1}{2}hf(x_0, y_0)] \\
y_{k+1} - 2y_k + y_{k-1} &= h^2 f(x_0 + kh, y_k), \qquad k = 1, \ldots, m-1 \\
z_m &= (y_m - y_{m-1})/h + \tfrac{1}{2}hf(x_0 + H, y_m)
\end{aligned}
\qquad (17.4.2)
$$

Aqui $z_m$ é $y'(x_0 + H)$. Henrici mostrou como reescrever as equações (17.4.2) para reduzir erros de arredondamento por meio das quantidades $\Delta_k \equiv y_{k+1} - y_k$. Comece por

$$\Delta_0 = h[z_0 + \tfrac{1}{2}hf(x_0, y_0)]$$
$$y_1 = y_0 + \Delta_0 \tag{17.4.3}$$

Então, para $k = 1, \ldots, m - 1$, faça

$$\Delta_k = \Delta_{k-1} + h^2 f(x_0 + kh, y_k)$$
$$y_{k+1} = y_k + \Delta_k \tag{17.4.4}$$

Finalmente, calcule a derivada a partir de

$$z_m = \Delta_{m-1}/h + \tfrac{1}{2}hf(x_0 + H, y_m) \tag{17.4.5}$$

Foi novamente Gragg quem observou que as séries de erros para as equações (17.4.3) – (17.4.5) contêm somente potências pares de $h$, e portanto o método é um candidato lógico para extrapolação à la Bulirsch-Stoer.

Aqui está a rotina `StepperStoerm`:

```
template <class D>                                                  stepperstoerm.h
struct StepperStoerm : StepperBS<D> {
Regra de Stoermer para integrar y" = f(x,y) para um sistema de equações.
    using StepperBS<D>::x; using StepperBS<D>::xold; using StepperBS<D>::y;
    using StepperBS<D>::dydx; using StepperBS<D>::dense; using StepperBS<D>::n;
    using StepperBS<D>::KMAXX; using StepperBS<D>::IMAXX; using StepperBS<D>::nseq;
    using StepperBS<D>::cost; using StepperBS<D>::mu; using StepperBS<D>::errfac;
    using StepperBS<D>::ysave; using StepperBS<D>::fsave;
    using StepperBS<D>::dens; using StepperBS<D>::neqn;
    MatDoub ysavep;
    StepperStoerm(VecDoub_IO &yy, VecDoub_IO &dydxx, Doub &xx,
        const Doub atol, const Doub rtol, bool dens);
    void dy(VecDoub_I &y, const Doub htot, const Int k, VecDoub_O &yend,
        Int &ipt,D &derivs);
    void prepare_dense(const Doub h,VecDoub_I &dydxnew, VecDoub_I &ysav,
        VecDoub_I &scale, const Int k, Doub &error);
    Doub dense_out(const Int i,const Doub x,const Doub h);
    void dense_interp(const Int n, VecDoub_IO &y, const Int imit);
};
```

Uma vez que a classe base `StepperBS` é moldada na classe `derivs`, a classe derivada `StepperStoerm` não herda automaticamente as variáveis membros. Esta é a razão das declarações `using`.

Observe que a fim de reutilizar o código `StepperBS` e fazer de `StepperStoerm` uma classe derivada, os arrays y e `dydx` têm comprimento $2n$ para um sistema de $n$ equações de segunda ordem. Os valores de $y$ são armazenados nos primeiros $n$ elementos de y, enquanto as derivadas são armazenadas nos segundos $n$ elementos. O lado direito de $f$ é armazenado nos primeiros $n$ elementos de `dydx`, que portanto contém deste modo $y''$. Os restantes $n$ elementos não são utilizados.

O construtor tem que definir os custos $A_k$ porque há metade do número de avaliações de função por passo, se comparado ao método do ponto médio:

```
template <class D>                                                  stepperstoerm.h
StepperStoerm<D>::StepperStoerm(VecDoub_IO &yy, VecDoub_IO &dydxx, Doub &xx,
    const Doub atoll,const Doub rtoll, bool dens)
    : StepperBS<D>(yy,dydxx,xx,atoll,rtoll,dens),ysavep(IMAXX,n/2) {
```
Construtor. No input, `y[0..n-1]` contém $y$ nos seus n/2 primeiros elementos e $y'$ em seus n/2 segundos elementos, todos calculados em x. O vetor `dydx[0..n-1]` contém a função $f$ do lado direito (também calculada em x) em seus primeiros n/2 elementos. Os segundos n/2 elementos não são referenciados. Como input entram também as tolerâncias absoluta e relativa, `atol` e `rtol`, e a variável booleana `dense`, que tem valor `true` se output denso for requerido.

```
            neqn=n/2;                              Número de equações.
            cost[0]=nseq[0]/2+1;                   Redefine custo: metade das avaliações de funções se
            for (Int k=0;k<KMAXX;k++)                  comparada a Bulirsch-Stoer.
                cost[k+1]=cost[k]+nseq[k+1]/2;
            for (Int i=0; i<2*IMAXX+1; i++) {      Coeficientes para erro de interpolação também são di-
                Int ip7=i+7;                           ferentes.
                Doub fac=1.5/ip7;
                errfac[i]=fac*fac*fac;
                Doub e = 0.5*sqrt(Doub(i+1)/ip7);
                for (Int j=0; j<=i; j++) {
                    errfac[i] *= e/(j+1);
                }
            }
        }
```

Aqui está a rotina que implementa a regra de Stoermer:

```
stepperstoerm.h    template <class D>
            void StepperStoerm<D>::dy(VecDoub_I &y, const Doub htot, const Int k,
                VecDoub_O &yend, Int &ipt, D &derivs) {
```

Passo Stoermer. Input: $y$, $H$ e $k$. O output é retornado em yend[0..2n-1]. O contador ipt controla o armazenamento dos lados direitos nas posições corretas para o uso em output denso.

```
            VecDoub ytemp(n);
            Int nstep=nseq[k];
            Doub h=htot/nstep;                     Tamanho de passo.
            Doub h2=2.0*h;
            for (Int i=0;i<neqn;i++) {             Primeiro passo.
                ytemp[i]=y[i];
                Int ni=neqn+i;
                ytemp[ni]=y[ni]+h*dydx[i];
            }
            Doub xnew=x;
            Int nstp2=nstep/2;
            for (Int nn=1;nn<=nstp2;nn++) {        Passo geral.
                if (dense && nn == (nstp2+1)/2) {
                    for (Int i=0;i<neqn;i++) {
                        ysavep[k][i]=ytemp[neqn+i];
                        ysave[k][i]=ytemp[i]+h*ytemp[neqn+i];
                    }
                }
                for (Int i=0;i<neqn;i++)
                    ytemp[i] += h2*ytemp[neqn+i];
                xnew += h2;
                derivs(xnew,ytemp,yend);           Armazena derivadas temporiamente em yend.
                if (dense && abs(nn-(nstp2+1)/2) < k+1) {
                    ipt++;
                    for (Int i=0;i<neqn;i++)
                        fsave[ipt][i]=yend[i];
                }
                if (nn != nstp2) {
                    for (Int i=0;i<neqn;i++)
                        ytemp[neqn+i] += h2*yend[i];
                }
            }
            for (Int i=0;i<neqn;i++) {             Último passo.
                Int ni=neqn+i;
                yend[ni]=ytemp[ni]+h*yend[i];
                yend[i]=ytemp[i];
            }
        }
```

**REFERÊNCIAS CITADAS E LEITURA COMPLEMENTAR**

Deuflhard, P. 1985, "Recent Progress in Extrapolation Methods for Ordinary Differential Equations," *SIAM Review*, vol. 27, pp. 505-535.

Hairer, E., Nørsett, S.P., and Wanner, G. 1993, *Solving Ordinary Differential Equations I. Nonstiff Problems*, 2nd ed. (New York: Springer). Fortran codes at http://www.unige.ch/~hairer/software.html.

Numerical Recipes Software 2007, "Dense Output for Stoermer's Rule," *Numerical Recipes Webnote No. 22*, at http://www.nr.com/webnotes?22 [1]

## 17.5 Conjuntos de equações stiff

Tão logo tenhamos de lidar com mais de uma equação diferencial de primeira ordem, o surgimento de um conjuntos de equações *stiff* se torna uma possibilidade. A *stiffness* geralmente ocorre em problemas onde há duas ou mais diferentes escalas nas variáveis independentes com as quais as dependentes variam. Por exemplo, considere o seguinte conjunto de equações [1]:

$$u' = 998u + 1998v$$
$$v' = -999u - 1999v \tag{17.5.1}$$

com condições de contorno

$$u(0) = 1 \quad v(0) = 0 \tag{17.5.2}$$

Por meio da transformação

$$u = 2y - z \quad v = -y + z \tag{17.5.3}$$

achamos a solução

$$u = 2e^{-x} - e^{-1000x}$$
$$v = -e^{-x} + e^{-1000x} \tag{17.5.4}$$

Se integrássemos o sistema (17.5.1) utilizando qualquer um dos métodos apresentados até o momento neste capítulo, a presença do termo $e^{-1000x}$ requereria um passo de tamanho $h \ll 1/1000$ para que o método fosse estável (a razão para tal é apresentada abaixo). Isto é válido embora o termo $e^{-1000x}$ seja completamente desprezível na determinação dos valores de $u$ e $v$ tão logo nos afastemos da origem (vide Figura 17.5.1).

Esta é a doença genérica das equações *stiff*: somos forçados a acompanhar a variação da solução na menor escala de comprimento a fim de manter a estabilidade da integração, mesmo que a acurácia exigida permita um passo de tamanho muito maior.

Para ver como podemos curar este problema, considere uma única equação:

$$y' = -cy \tag{17.5.5}$$

onde $c > 0$ é uma constante. O algoritmo de Euler explícito (ou *avançado [forward]*) para se integrar uma equação com passo de tamanho $h$ é

$$y_{n+1} = y_n + hy'_n = (1 - ch)y_n \tag{17.5.6}$$

O método é chamado de *explícito* porque o novo valor $y_{n+1}$ é dado explicitamente em termos do antigo valor $y_n$. Obviamente o método é instável para $h > 2/c$, pois neste caso $|y_n| \to \infty$ quando $n \to \infty$, embora a solução de (17.5.5) seja limitada (*bounded*).

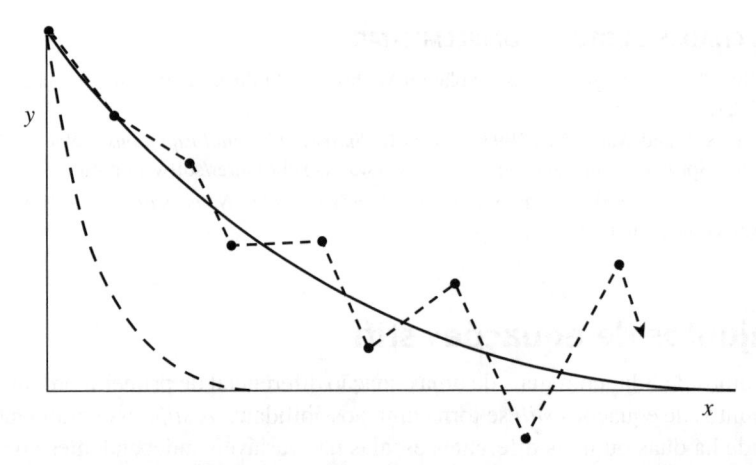

**Figura 17.5.1** Exemplo de uma instabilidade encontrada na integração de uma equação *stiff* (esquemático). Supõe-se neste exemplo que a equação tenha duas soluções, representadas por uma linha sólida e uma tracejada. Embora as condições iniciais sejam tais a produzir a solução representada pela linha sólida, a estabilidade da integração (aqui representada pela sequência de segmentos tracejados) é determinada pela solução tracejada que varia mais rapidamente, mesmo depois que esta solução tenha ido efetivamente para zero. A cura se dá por métodos de integração implícitos.

A cura mais simples é recorrer à discretização *implícita*, onde o lado direito é calculado na *nova* posição y. Neste caso obtemos o algoritmo de Euler *retardado* (*backward*):

$$y_{n+1} = y_n + h y'_{n+1} \tag{17.5.7}$$

ou

$$y_{n+1} = \frac{y_n}{1 + ch} \tag{17.5.8}$$

O método é absolutamente estável: mesmo quando $h \to \infty$, $y_{n+1} \to 0$, que é de fato a solução correta da equação diferencial. Se pensarmos em $x$ como representando a variável tempo, então o método implícito converge para a verdadeira solução de equilíbrio (isto é, a solução para tempos posteriores) para passos de tamanho grande. Esta bela característica dos métodos implícitos só é válida para sistemas lineares, mas mesmo nos casos mais gerais o método implícito apresenta uma estabilidade melhor. É claro que se usamos passos de tamanho grande temos que abrir mão da *acurácia* ao acompanhar a evolução em direção ao equilíbrio, mas mantemos a *estabilidade*.

Estas considerações podem ser facilmente generalizadas para conjuntos de equações lineares a coeficientes constantes:

$$\mathbf{y}' = -\mathbf{C} \cdot \mathbf{y} \tag{17.5.9}$$

Considere primeiro o caso usual onde a matriz **C** pode ser diagonalizada por uma transformação de similaridade (conforme equação 11.0.11)

$$\mathbf{T} \cdot \mathbf{C} \cdot \mathbf{T}^{-1} = \text{diag}(\lambda_0 \ldots \lambda_{N-1}) \tag{17.5.10}$$

onde $\lambda_i$ são os autovalores de **C**. Se definirmos o vetor **z** (x) por $\mathbf{z} = \mathbf{T}^{-1} \cdot \mathbf{y}(x)$, então a equação (17.5.9) se torna

$$\mathbf{z}' = -\text{diag}(\lambda_0 \ldots \lambda_{N-1}) \cdot \mathbf{z} \tag{17.5.11}$$

A expressão acima é um conjunto de $N$ equações independentes para as componentes de **z** cuja solução é

$$\mathbf{z} = \text{diag}(e^{-\lambda_0 x} \ldots e^{-\lambda_{N-1} x}) \cdot \mathbf{z}_0 \tag{17.5.12}$$

A solução da equação original é

$$\mathbf{y} = \mathbf{T} \cdot \text{diag}(e^{-\lambda_0 x} \ldots e^{-\lambda_{N-1} x}) \cdot \mathbf{T}^{-1} \cdot \mathbf{y}_0 \qquad (17.5.13)$$

Estamos interessados em soluções *estáveis*, ou seja, aquelas que decaem à medida que $x \to \infty$ (isto pode ser colocado de maneira mais rigorosa considerando-se a *estabilidade de Lyapunov*, a ideia de que se $\mathbf{y}_0$ for pequeno, então $\mathbf{y}$ será pequeno para todo $x > 0$). Da equação (17.5.13) podemos ver que o critério para soluções estáveis é

$$\text{Re}\, \lambda_i > 0 \qquad i = 0, \ldots, N-1 \qquad (17.5.14)$$

E o que ocorre caso a matriz $\mathbf{C}$ na equação (17.5.9) não possa ser diagonalizada? Neste caso, ela sempre pode ser transformada na chamada forma canônica de Jordan, que é o mais "próximo" que conseguimos chegar de uma forma diagonal. Usando-se esta forma, pode-se mostrar que (17.5.14) continua sendo o critério de estabilidade [2].

Considere agora a resolução da equação (17.5.9) por discretização explícita, como em (17.5.6):

$$\mathbf{y}_{n+1} = (1 - \mathbf{C}h) \cdot \mathbf{y}_n \qquad (17.5.15)$$

e portanto

$$\mathbf{y}_n = (1 - \mathbf{C}h)^n \cdot \mathbf{y}_0 \qquad (17.5.16)$$

Se $\mathbf{C}$ puder ser diagonalizada, então possui um conjunto completo de autovetores ($\boldsymbol{\xi}_i$) que podem ser usados como base para expandir $\mathbf{y}_0$:

$$\mathbf{y}_0 = \sum_{i=0}^{N-1} \alpha_i \boldsymbol{\xi}_i \qquad (17.5.17)$$

Substituindo esta expressão na equação (17.5.16), obtemos

$$\mathbf{y}_n = \sum_{i=0}^{N-1} \alpha_i (1 - h\lambda_i)^n \boldsymbol{\xi}_i \qquad (17.5.18)$$

Se a equação diferencial original for estável, impomos que o esquema de discretização seja estável no sentido de que ele deve ter soluções limitadas, isto é, $\mathbf{y}_n$ deve ser limitado quando $n \to \infty$. Da equação (17.5.18) podemos ver que a estabilidade deste esquema requer

$$|1 - h\lambda_i| < 1 \qquad i = 0, \ldots, N-1 \qquad (17.5.19)$$

Se todos os $\lambda_i$ forem reais, então, uma vez que são positivos para que a equação diferencial seja estável, o critério de estabilidade para o esquema de discretização é

$$h < \frac{2}{\lambda_{\max}} \qquad (17.5.20)$$

onde $\lambda_{\max}$ é o maior autovalor de $\mathbf{C}$.

Como sempre, se $\mathbf{C}$ não puder ser diagonalizada e portanto não possuir um conjunto completo de autovetores, então usando a forma canônica de Jordan podemos chegar ao mesmo resultado.

Considere agora a discretização implícita, que dá

$$\mathbf{y}_{n+1} = \mathbf{y}_n + h\mathbf{y}'_{n+1} \qquad (17.5.21)$$

ou

$$\mathbf{y}_{n+1} = (\mathbf{1} + \mathbf{C}h)^{-1} \cdot \mathbf{y}_n \tag{17.5.22}$$

O critério (17.5.19) se torna

$$|1 + h\lambda_i|^{-1} < 1 \qquad i = 0, \ldots, N - 1 \tag{17.5.23}$$

que é satisfeito para todo $h$ – o método é estável para todos os tamanhos de passo. A penalidade que temos que pagar por esta estabilidade é que temos que, para cada passo do processo, inverter uma matriz.

Infelizmente nem todas as equações são lineares com coeficientes constantes! Para o sistema

$$\mathbf{y}' = \mathbf{f}(\mathbf{y}) \tag{17.5.24}$$

a discretização implícita leva a

$$\mathbf{y}_{n+1} = \mathbf{y}_n + h\mathbf{f}(\mathbf{y}_{n+1}) \tag{17.5.25}$$

Geralmente isto representa um conjunto horrível de equações não lineares que tem que ser resolvido iterativamente em cada passo. Suponha que tentemos linearizar estas equações, como no método de Newton:

$$\mathbf{y}_{n+1} = \mathbf{y}_n + h\left[\mathbf{f}(\mathbf{y}_n) + \frac{\partial \mathbf{f}}{\partial \mathbf{y}}\bigg|_{\mathbf{y}_n} \cdot (\mathbf{y}_{n+1} - \mathbf{y}_n)\right] \tag{17.5.26}$$

Nesta expressão, $\partial \mathbf{f}/\partial \mathbf{y}$ é a matriz de derivadas parciais do lado direito (a matriz Jacobiana). Reescreva a equação (17.5.26) na forma

$$\mathbf{y}_{n+1} = \mathbf{y}_n + h\left[\mathbf{1} - h\frac{\partial \mathbf{f}}{\partial \mathbf{y}}\right]^{-1} \cdot \mathbf{f}(\mathbf{y}_n) \tag{17.5.27}$$

Se $h$ não for muito grande, apenas uma iteração do método de Newton pode ser precisa o suficiente para resolver (17.5.25) usando (17.5.27). Em outras palavras, a cada passo temos que inverter a matriz

$$\mathbf{1} - h\frac{\partial \mathbf{f}}{\partial \mathbf{y}} \tag{17.5.28}$$

para determinar $\mathbf{y}_{n+1}$. Resolver problemas utilizando métodos implícitos via linearização é chamado método "semi-implícito", de modo que a equação (17.5.27) é chamada de *método semi-implícito de Euler*. Ele não tem a garantia de ser estável, mas normalmente o é, pois o comportamento é localmente similar ao caso da matriz $\mathbf{C}$ constante discutido acima.

Até agora só lidamos com métodos implícitos que são precisos até primeira ordem. Embora eles sejam muito robustos, a maior parte dos problemas se beneficia de métodos de ordem mais alta. Há três importantes classes de métodos de ordem mais alta para sistemas *stiff*:

- Generalizações do método de Runge-Kutta. Estes consistem em métodos implícitos, nos quais equações não lineares são resolvidas por iteração de Newton a cada passo do processo, bem como métodos semi-implícitos para resolver equações lineares análogas a (17.5.27). Estes métodos semi-implícitos são comumente chamados de métodos de Rosenbrock. A primeira implementação boa destas ideias devemos a Kaps e Rentrop, de modo que estes métodos também são conhecidos como métodos de Kaps-Rentrop.
- Generalizações do método de Bulirsch-Stoer, que extrapolam uma sequência semi-implícita de integrações para o limite de passo de tamanho zero.
- Métodos preditores-corretores, a maior parte dos quais são descendentes do método de diferenciação retardada de Gear.

Forneceremos aqui implementações dos métodos de Rosenbrock e de extrapolação. Um exemplo de um bom Runge-Kutta implícito é o código em Fortran RADAU [3], enquanto vários códigos preditores-corretores em Fortran para sistemas *stiff* (LSODE, DEBDF, VODE e MEBDF) podem ser encontrados em Netlib [5].

Um ponto importante: *é absolutamente crucial escalonar apropriadamente as suas variáveis quando você for integrar seus problemas stiff usando o ajuste automático de tamanho de passo*. Do mesmo modo que em suas rotinas que não são *stiff*, você terá que fornecer tolerâncias absoluta e relativa, atol e rtol, respectivamente. Em problemas *stiff*, há geralmente trechos onde a solução decai muito rapidamente e que você não tem interesse em acompanhar quando tornam-se pequenos. Portanto, você quase nunca deve integrar com um critério de erro relativo puro tomando atol=0. Uma boa escolha default é atol = rtol, ou às vezes algumas ordens de magnitude menor.

Uma última advertência: resolver problemas *stiff* pode muitas vezes levar a uma perda catastrófica de precisão. Precisão dupla é na maior parte das vezes uma obrigação, não uma opção.

### 17.5.1 Métodos de Rosenbrock

Estes métodos têm a vantagem de serem relativamente fáceis de entender e implementar. Para acurácias moderadas (tolerâncias da ordem de $10^{-4}-10^{-5}$) e sistemas de tamanho moderado ($N \lesssim 10$), eles competem com algoritmos mais complicados. Para casos onde há mais rigor quanto aos parâmetros, os métodos de Rosenbrock continuam sendo confiáveis, tornando-se neste caso apenas menos eficientes que seus competidores, como o método semi-implícito da extrapolação (veja abaixo).

Um método de Rosenbrock procura uma solução da forma

$$\mathbf{y}(x_0 + h) = \mathbf{y}_0 + \sum_{i=1}^{s} b_i \mathbf{k}_i \qquad (17.5.29)$$

onde as correções $\mathbf{k}_i$ são encontradas via a solução de $s$ equações lineares que generalizam a estrutura de (17.5.27):

$$(\mathbf{1} - \gamma h \mathbf{f}') \cdot \mathbf{k}_i = h\mathbf{f}\left(\mathbf{y}_0 + \sum_{j=1}^{i-1} \alpha_{ij} \mathbf{k}_j\right) + h\mathbf{f}' \cdot \sum_{j=1}^{i-1} \gamma_{ij} \mathbf{k}_j, \qquad i = 1,\ldots,s \qquad (17.5.30)$$

Nesta expressão denotamos a matriz Jacobiana por $\mathbf{f}'$. Os coeficientes $\gamma$, $b_i$, $\alpha_{ij}$ e $\gamma_{ij}$ são constantes fixas, independentes do problema. Se $\gamma = \gamma_{ij} = 0$, recuperamos o esquema Runge-Kutta. As equações (17.5.30) podem ser resolvidas sucessivamente para $\mathbf{k}_1$, $\mathbf{k}_2$, ....

Para minimizar o número de multiplicações matriz-vetor do lado direito de (17.5.30), reescrevemos as equações em termos das grandezas

$$\mathbf{g}_i = \sum_{j=1}^{i-1} \gamma_{ij} \mathbf{k}_j + \gamma \mathbf{k}_i \qquad (17.5.31)$$

As equações passam então a ter a forma (para quatro etapas, a título de exemplo)

$(1/\gamma h - \mathbf{f}') \cdot \mathbf{g}_1 = \mathbf{f}(\mathbf{y}_0)$

$(1/\gamma h - \mathbf{f}') \cdot \mathbf{g}_2 = \mathbf{f}(\mathbf{y}_0 + a_{21}\mathbf{g}_1) + c_{21}\mathbf{g}_1/h$

$(1/\gamma h - \mathbf{f}') \cdot \mathbf{g}_3 = \mathbf{f}(\mathbf{y}_0 + a_{31}\mathbf{g}_1 + a_{32}\mathbf{g}_2) + (c_{31}\mathbf{g}_1 + c_{32}\mathbf{g}_2)/h$

$(1/\gamma h - \mathbf{f}') \cdot \mathbf{g}_4 = \mathbf{f}(\mathbf{y}_0 + a_{41}\mathbf{g}_1 + a_{42}\mathbf{g}_2 + a_{43}\mathbf{g}_3) + (c_{41}\mathbf{g}_1 + c_{42}\mathbf{g}_2 + c_{43}\mathbf{g}_3)/h$

$$(17.5.32)$$

Aqui $a_{ij}$ e $c_{ij}$ podem ser expressos em termos de $\alpha_{ij}$ e $\gamma_{ij}$.

Observe que sistemas onde o lado direito $\mathbf{f}(\mathbf{y}, x)$ depende explicitamente de $x$ podem ser tratados adicionando-se $x$ à lista de variáveis dependentes, de modo que o sistema a ser resolvido é

$$\begin{pmatrix} \mathbf{y} \\ x \end{pmatrix}' = \begin{pmatrix} \mathbf{f} \\ 1 \end{pmatrix} \qquad (17.5.33)$$

Na rotina apresentada abaixo, fizemos esta substituição explicitamente para você, de modo que as rotinas podem tratar de equações cujo lado direito tem a forma $\mathbf{f}(\mathbf{y},x)$ sem que você tenha qualquer trabalho adicional para tanto.

Crucial para o sucesso do esquema de integração *stiff* é o algoritmo de ajuste automático de tamanho de passo. Kaps e Rentrop [6] descobriram um método embutido de Runge-Kutta-Fehlberg, como descrito no §17.2: duas estimativas do tipo (17.5.29) são calculadas, o $\mathbf{y}$ "verdadeiro" e uma estimativa de ordem mais baixa $\hat{\mathbf{y}}$ com diferentes coeficientes $\hat{b}_i$, $i = 1, ..., \hat{s}$, onde $\hat{s} < s$ mas os $\mathbf{k}_i$ são os mesmos. A diferença entre $\mathbf{y}$ e $\hat{\mathbf{y}}$ leva a uma estimativa do erro local de truncamento, que pode ser usado assim para o controle do tamanho do passo. Kaps e Rentrop mostraram que o menor valor de $s$ para o qual o embutimento ainda é possível é $s = 4$, $\hat{s} = 3$, o que leva a um método de ordem quatro. Com uma escolha apropriada de parâmetros, apenas três avaliações de função se tornam necessárias para os quatro estágios de cada passo.

Em anos mais recentes, Kaps-Rentrop perdeu seu lugar para os chamados *stiffly-stable* methods (métodos *rigidamente estáveis*), cuja implementação apresentamos aqui na forma da rotina StepperRoss (Rosenbrock stiffly stable), baseada no código Fortran RODAS [3]. Este método também é de quarta ordem, com um método embutido de controle de passo de terceira ordem. Embora tenha seis estágios com seis avaliações de função, o aumento de estabilidade o torna significativamente mais eficiente que o método de Kaps-Rentrop. Além disso, ele tem uma propriedade de *output* denso que é simples.

Do mesmo modo que as rotinas *stepper* anteriores deste capítulo, você tem que fornecer um functor derivs, o lado direito da rotina. Na estrutura você também tem que fornecer uma função chamada jacobian, que retorna $\mathbf{f}'$ e $\partial \mathbf{f}/\partial x$ como funções de $x$ e $\mathbf{y}$. Se $x$ não aparece explicitamente do lado direito da equação, então dfdx será igual a zero. Usualmente a matriz jacobiana estará disponível na forma de derivadas analíticas do lado direito de $\mathbf{f}$. Se este não for o caso, sua rotina terá que calculá-la por diferenciação numérica com os incrementos $\Delta \mathbf{y}$ apropriados. Daremos um exemplo de uma derivada completa e estrutura jacobiana ao final desta subseção.

A classe StepperRoss utiliza um conjunto de constantes, que são obtidas derivando-se a classe de uma classe Ross_constants. Estas última está listada na Webnote [4]. Aqui está a declaração de StepperRoss:

stepperross.h
```
template <class D>
struct StepperRoss : StepperBase, Ross_constants {
```
Passo Rosenbrock de quarta ordem rigidamente estável para se integrar EDOs *stiff*, com monitoramento de erro local de truncamento para ajuste do tamanho do passo.

```
    typedef D Dtype;                        Torna o tipo de derivs disponível para odeint.
    MatDoub dfdy;                           f'
    VecDoub dfdx;                           ∂f/∂x
    VecDoub k1,k2,k3,k4,k5,k6;
    VecDoub cont1,cont2,cont3,cont4;
    MatDoub a;
    StepperRoss(VecDoub_IO &yy, VecDoub_IO &dydxx, Doub &xx, const Doub atoll,
        const Doub rtoll, bool dens);
    void step(const Doub htry,D &derivs);
    void dy(const Doub h,D &derivs);
    void prepare_dense(const Doub h,VecDoub_I &dydxnew);
    Doub dense_out(const Int i, const Doub x, const Doub h);
```

```
      Doub error();
      struct Controller {
         Doub hnext;
         bool reject;
         bool first_step;                    first_step, errold e hold são usadas pelo corretor
         Doub errold;                        preditivo.
         Doub hold;
         Controller()
         bool success(Doub err, Doub &h);
      };
      Controller con;
};
```

A implementação lhe parecerá familiar se você tiver visto StepperDopr5, a rotina Runge-Kutta explícita. Observe que, na rotina do algoritmo de StepperRoss, as equações lineares (17.5.32) são resolvidas calculando-se primeiramente a decomposição $LU$ da matriz $1/\gamma h - \mathbf{f}'$ com a rotina LUdcmp. Então, os seis $\mathbf{g}_i$ são encontrados por substituição reversa dos seis diferentes lados direitos, usando para tanto a rotina solve em LUdcmp. Portanto, cada passo da integração requer uma chamada para jacobian e seis para derivs (uma chamada fora de dy e cinco dentro). O cálculo da matriz jacobiana é aproximadamente equivalente a $N$ cálculos do lado direito de $\mathbf{f}$ (embora muitas vezes possa ser menos que isso, especialmente se semelhanças entre códigos puder ser aplicada). Assim, este esquema envolve aproximadamente $N + 6$ avaliações de funções por passo. Observe que se $N$ for grande e a Jacobiana for esparsa, você deve substituir a decomposição $LU$ por um procedimento apropriado para matrizes esparsas.

```
template <class D>                                                                  stepperross.h
StepperRoss<D>::StepperRoss(VecDoub_IO &yy, VecDoub_IO &dydxx, Doub &xx,
   const Doub atoll,const Doub rtoll, bool dens) :
      StepperBase(yy,dydxx,xx,atoll,rtoll,dens),dfdy(n,n),dfdx(n),k1(n),k2(n),
      k3(n),k4(n),k5(n),k6(n),cont1(n),cont2(n),cont3(n),cont4(n),a(n,n) {
```
O input para o construtor são a variável dependente y[0..n-1] e sua derivada dydx[0..n-1] calculada no valor inicial da variável independente x. Também entram como input: as tolerâncias absoluta e relativa, atol e rtol, e a variável booleana dense, que assume o valor true se output denso for requerido.
```
      EPS=numeric_limits<Doub>::epsilon();
}
template <class D>
void StepperRoss<D>::step(const Doub htry,D &derivs) {
```
Tenta um passo de tamanho htry. Na saída, y e x são substituídos por seus novos valores, hdid é o tamanho do passo efetivamente usado, e hnext é a estimativa do próximo passo.
```
      VecDoub dydxnew(n);
      Doub h=htry;                              Fixa stepsize no valor inicial tentativo.
      derivs.jacobian(x,y,dfdx,dfdy);           Calcula a Jacobiana e ∂f/∂x.
      for (;;) {
         dy(h,derivs);                          Faz um passo.
         Doub err=error();                      Avalia acurácia.
         if (con.success(err,h)) break;         Passo rejeitado. Tenta novamente com h reduzido
         if (abs(h) <= abs(x)*EPS)                 pelo controlador.
            throw("stepsize underflow in StepperRoss");
      }
      derivs(x+h,yout,dydxnew);                 Passo bem-sucedido.
      if (dense)                                Calcula coeficientes para output denso.
         prepare_dense(h,dydxnew);
      dydx=dydxnew;                             Reutiliza último cálculo de derivada para próximo
      y=yout;                                      passo.
      xold=x;                                   Utilizado no caso de output denso.
      x += (hdid=h);
      hnext=con.hnext;
}
template<class D>
void StepperRoss<D>::dy(const Doub h,D &derivs) {
```

Dados os valores das n variáveis y[0..n-1] e suas derivadas dydx[0..n-1], conhecidas em x, usa o método de Rosenbrock de quarta ordem, rigidamente estável, para avançar a solução por um intervalo h e armazenar as variáveis incrementadas em yout[0..n-1]. Também armazena uma estimativa do erro local de truncamento em yerr usando um método embutido de terceira ordem.

```
    VecDoub ytemp(n),dydxnew(n);
    Int i;
    for (i=0;i<n;i++) {                         Fixa a matriz 1/γh − f′.
        for (Int j=0;j<n;j++) a[i][j] = -dfdy[i][j];
        a[i][i] += 1.0/(gam*h);
    }
    LUdcmp alu(a);                              Decomposição LU da matriz.
    for (i=0;i<n;i++)                           Fixa lado direito para g₁.
        ytemp[i]=dydx[i]+h*d1*dfdx[i];
    alu.solve(ytemp,k1);                        Acha as soluções g₁.
    for (i=0;i<n;i++)                           Calcula valores intermediários de y.
        ytemp[i]=y[i]+a21*k1[i];
    derivs(x+c2*h,ytemp,dydxnew);               Calcula dydx nos valores intermediários.
    for (i=0;i<n;i++)                           Fixa lado direito para g₂.
        ytemp[i]=dydxnew[i]+h*d2*dfdx[i]+c21*k1[i]/h;
    alu.solve(ytemp,k2);                        Acha as soluções g₂.
    for (i=0;i<n;i++)                           Calcula valores intermediários de y.
        ytemp[i]=y[i]+a31*k1[i]+a32*k2[i];
    derivs(x+c3*h,ytemp,dydxnew);               Calcula dydx nos valores intermediários.
    for (i=0;i<n;i++)                           Fixa lado direito para g₃.
        ytemp[i]=dydxnew[i]+h*d3*dfdx[i]+(c31*k1[i]+c32*k2[i])/h;
    alu.solve(ytemp,k3);                        Acha as soluções g₃.
    for (i=0;i<n;i++)                           Calcula valores intermediários de y.
        ytemp[i]=y[i]+a41*k1[i]+a42*k2[i]+a43*k3[i];
    derivs(x+c4*h,ytemp,dydxnew);               Calcula dydx nos valores intermediários.
    for (i=0;i<n;i++)                           Fixa lado direito para g₄.
        ytemp[i]=dydxnew[i]+h*d4*dfdx[i]+(c41*k1[i]+c42*k2[i]+c43*k3[i])/h;
    alu.solve(ytemp,k4);                        Acha as soluções g₄.
    for (i=0;i<n;i++)                           Calcula valores intermediários de y.
        ytemp[i]=y[i]+a51*k1[i]+a52*k2[i]+a53*k3[i]+a54*k4[i];
    Doub xph=x+h;
    derivs(xph,ytemp,dydxnew);                  Calcula dydx nos valores intermediários.
    for (i=0;i<n;i++)                           Fixa lado direito para g₅.
        k6[i]=dydxnew[i]+(c51*k1[i]+c52*k2[i]+c53*k3[i]+c54*k4[i])/h;
    alu.solve(k6,k5);                           Acha as soluções g₅.
    for (i=0;i<n;i++)                           Calcula a solução aninhada.
        ytemp[i] += k5[i];
    derivs(xph,ytemp,dydxnew);                  Último cálculo de derivada.
    for (i=0;i<n;i++)                           Calcula solução e erro.
        k6[i]=dydxnew[i]+(c61*k1[i]+c62*k2[i]+c63*k3[i]+c64*k4[i]+c65*k5[i])/h;
    alu.solve(k6,yerr);
    for (i=0;i<n;i++)
        yout[i]=ytemp[i]+yerr[i];
}
template <class D>
void StepperRoss<D>::prepare_dense(const Doub h,VecDoub_I &dydxnew) {
```

Armazena coeficientes do polinômio de interpolação para output denso em cont1 ... cont4.

```
    for (Int i=0;i<n;i++) {
        cont1[i]=y[i];
        cont2[i]=yout[i];
        cont3[i]=d21*k1[i]+d22*k2[i]+d23*k3[i]+d24*k4[i]+d25*k5[i];
        cont4[i]=d31*k1[i]+d32*k2[i]+d33*k3[i]+d34*k4[i]+d35*k5[i];
    }
}
template <class D>
Doub StepperRoss<D>::dense_out(const Int i,const Doub x,const Doub h) {
```

Armazena coeficientes de polinômio de interpolação para y[i] na posição x, onde xold ≤ x ≤ xold + h.

```
    Doub s=(x-xold)/h;
    Doub s1=1.0-s;
```

```
        return cont1[i]*s1+s*(cont2[i]+s1*(cont3[i]+s*cont4[i]));
}
template <class D>
Doub StepperRoss<D>::error() {
```
Usa yerr para calcular normal da estimativa de erro escalonada. Um valor menor que um significa que o processo foi bem-sucedido.
```
    Doub err=0.0,sk;
    for (Int i=0;i<n;i++) {
        sk=atol+rtol*MAX(abs(y[i]),abs(yout[i]));
        err += SQR(yerr[i]/sk);
    }
    return sqrt(err/n);
}
```

O controle do tamanho do passo depende do fato de que

$$\begin{aligned} \mathbf{y}_{\text{exato}} &= \mathbf{y} + O(h^5) \\ \mathbf{y}_{\text{exato}} &= \hat{\mathbf{y}} + O(h^4) \end{aligned}$$
(17.5.34)

Portanto

$$|\mathbf{y} - \hat{\mathbf{y}}| = O(h^4)$$
(17.5.35)

Reportando-nos novamente aos passos que nos levaram da equação (17.2.4) para a equação (17.2.12), podemos ver que o novo passo deve ser escolhido como na equação (17.2.12), mas com o expoente *1/5* substituído agora por *1/4*. Além disto, a experiência mostra que é mais sábio evitar uma mudança muito grande no *stepsize* durante um passo, pois caso contrário provavelmente teremos que desfazer a mudança no passo posterior. Adotamos 0,2 e 6 como sendo o decréscimo e acréscimo máximos permitidos para *h* em um passo.

Os métodos de integração de equações *stiff* não sofrem das limitações de estabilidade que nos levaram ao controlador PI do §17.2.1. Contudo, este tipo de problema geralmente requer um rápido decréscimo no tamanho do passo, mesmo que ele tenha sido bem-sucedido no passo anterior. Às vezes também a ordem efetiva do método pode ser mais baixa que a previsão simples por série de Taylor. Gustafsson [7] propôs um *controlador preditivo* que faz um bom serviço quando se trata de lidar com este tipo de problema. A fórmula resultante é

$$h_{n+1} = Sh_n \left(\frac{1}{\text{err}_n}\right)^{1/4} \frac{h_n}{h_{n-1}} \left(\frac{\text{err}_{n-1}}{\text{err}_n}\right)^{1/4}$$
(17.5.36)

Ele só é usado quando o passo foi aceito.

```
template <class D>                                                           stepperross.h
StepperRoss<D>::Controller::Controller() : reject(false), first_step(true) {}
```
Controlador de tamanho de passo para método Rosenbrock de quarta ordem.
```
template <class D>
bool StepperRoss<D>::Controller::success(Doub err, Doub &h) {
```
Retorna true se err $\leq$ 1, caso contrário retorna false. Se passo foi bem-sucedido, fixa hnext no stepsize ótimo estimado para o próximo passo. Se passo foi mal-sucedido, reduz h de maneira apropriada para outra tentativa.
```
    static const Doub safe=0.9,fac1=5.0,fac2=1.0/6.0;
    Doub fac=MAX(fac2,MIN(fac1,pow(err,0.25)/safe));
    Doub hnew=h/fac;                    Garante que 1/fac1 ≤ hnew /h ≤ 1/fac2.
    if (err <= 1.0) {                   Passo bem-sucedido.
        if (!first_step) {              Controle preditivo.
            Doub facpred=(hold/h)*pow(err*err/errold,0.25)/safe;
            facpred=MAX(fac2,MIN(fac1,facpred));
            fac=MAX(fac,facpred);
```

```
            hnew=h/fac;
        }
        first_step=false;
        hold=h;
        errold=MAX(0.01,err);
        if (reject)                             Não permite incremento de passo se o último foi rejeitado.
            hnew=(h >= 0.0 ? MIN(hnew,h) : MAX(hnew,h));
        hnext=hnew;
        reject=false;
        return true;
    } else {                                    Erro de truncamento muito grande, reduz stepsize.
        h=hnew;
        reject=true;
        return false;
    }
}
```

Como exemplo de como `StepperRoss` pode ser usada, podemos resolver o sistema

$$y'_0 = -0{,}013y_0 - 1000y_0y_2$$
$$y'_1 = -2500y_1y_2 \qquad (17.5.37)$$
$$y'_2 = -0{,}013y_0 - 1000y_0y_2 - 2500y_1y_2$$

com condições iniciais

$$y_0(0) = 1, \qquad y_1(0) = 1, \qquad y_2(0) = 0 \qquad (17.5.38)$$

(este é o problema D4 em [8]). Integramos o sistema usando `Odeint` até $x = 50$ com um tamanho inicial de passo $h = 2{,}9 \times 10^{-4}$. Fixamos `atol = rtol = ` $10^{-5}$. A rotina para o lado direito deste problema é dada abaixo. Embora a razão entre a maior e a menor constante de decaimento para este problema seja da ordem de $10^6$, a rotina `StepperRoss` consegue integrar este conjunto de equações em apenas 11 passos, utilizando para tanto 67 avaliações de função. Já a rotina Runge-Kutta explícita `StepperDopr5` requer quase 60 mil passos e mais que 400 mil avaliações!

```
struct rhs {
    void operator() (const Doub x, VecDoub_I &y, VecDoub_O &dydx) {
        dydx[0] = -0.013*y[0]-1000.0*y[0]*y[2];
        dydx[1] = -2500.0*y[1]*y[2];
        dydx[2] = -0.013*y[0]-1000.0*y[0]*y[2]-2500.0*y[1]*y[2];
    }
    void jacobian(const Doub x, VecDoub_I &y, VecDoub_O &dfdx,
        MatDoub_O &dfdy) {
        Int n=y.size();
        for (Int i=0;i<n;i++) dfdx[i]=0.0;
        dfdy[0][0] = -0.013-1000.0*y[2];
        dfdy[0][1] = 0.0;
        dfdy[0][2] = -1000.0*y[0];
        dfdy[1][0] = 0.0;
        dfdy[1][1] = -2500.0*y[2];
        dfdy[1][2] = -2500.0*y[1];
        dfdy[2][0] = -0.013-1000.0*y[2];
        dfdy[2][1] = -2500.0*y[2];
        dfdy[2][2] = -1000.0*y[0]-2500.0*y[1];
    }
};
```

## 17.5.2 Método de extrapolação semi-implícito

O método de Bulirsch-Stoer, que discretiza a equação diferencial usando a regra do ponto médio modificada, não funciona em problemas *stiff*. Durante muitos anos, rotinas bem-sucedidas de extrapolação para equações *stiff* baseavam-se em um algoritmo devido a Bader e Deuflhard [9]. Este algoritmo usa uma versão semi-implícita do método do ponto médio que tem uma série para para o erro.

Não demorou muito, contudo, para que Deuflhard [10] investigasse uma versão semi-implícita do método de Euler, a equação (17.5.27). Esta não possui uma série para o erro que seja par. Mesmo assim, resulta que, para altas precisões, o uso deste método como base para um esquema de extrapolação é ainda mais eficiente que o uso da regra do ponto médio semi-implícita (uma ideia teórica do porquê deste comportamento foi apresentada no §VI.5 de [3]). Uma vez que StepperRoss é geralmente satisfatório para precisão baixa, este método é um bom auxiliar daquele. Nós o apresentamos como StepperSie (*"semi-implicit Euler"*).

A equação básica do método é a equação (17.5.27), reescrita na forma

$$\left[1/h - \frac{\partial \mathbf{f}}{\partial \mathbf{y}}\right] \cdot (\mathbf{y}_{n+1} - \mathbf{y}_n) = \mathbf{f}(\mathbf{y}_n) \qquad (17.5.39)$$

Uma sequência de passos de tamanho $h_i = H/n_i$ é usada nesta equação para avançar a solução por uma distância $H$. As equações lineares são resolvidas via decomposição $LU$. A extrapolação polinomial é empregada como no método de Bulirsch-Stoer original, exceto que na equação (17.3.8) a razão entre tamanhos de passo não é elevada ao quadrado, pois a série para o erro não é par.

Em vez de fazer a substituição (17.5.33) na fórmula acima, é levemente melhor adicionar uma única iteração simplificada de Newton do passo de Euler totalmente implícito (17.5.25):

$$\mathbf{y}_{n+1} = \mathbf{y}_n + h\mathbf{f}(x_{n+1}, \mathbf{y}_{n+1}) \longrightarrow \left[1 - h\frac{\partial \mathbf{f}}{\partial \mathbf{y}}\right] \cdot (\mathbf{y}_{n+1} - \mathbf{y}_n) = h\mathbf{f}(x_{n+1}, \mathbf{y}_n) \qquad (17.5.40)$$

Isto custa uma avaliação extra de função mas evita o cálculo de $\partial \mathbf{f}/\partial x$. No código, deixamos $\partial \mathbf{f}/\partial x$ como argumento da função jacobian por questão de compatibilidade com StepperRoss, mas ela não é usada.

Uma outra diferença em relação a StepperRoss é que a Jacobiana não precisa ser exata. Seu papel principal é garantir estabilidade, não acurácia. Assim, o código tem um teste que verifica quando a Jacobiana precisa ser recalculada.

As diferenças incluem:

- A sequência de tamanhos de passo default é

$$n = 2, 3, 4, 6, 8, 12, 16, 24, 32, 48, 64, \ldots, [n_j = 2n_{j-2}], \ldots \qquad (17.5.41)$$

- O trabalho por unidade de passo agora inclui o custo do cálculo da Jacobiana, bem como das funções. Por default, contamos uma avaliação de Jacobiana como equivalente a cinco avaliações de função, mas ela pode ser tão grande quanto $N$, o número de equações. O trabalho por unidade de passo também inclui o custo da decomposição $LU$ e a substituição reversa, cada uma delas equivalente, por default, a uma avaliação de função.
- Várias verificações de estabilidade são incluídas. Se o erro estimado $\text{err}_k$ começar a aumentar com $k$ durante um passo, o passo é reiniciado com um tamanho de passo reduzido pela metade. Similarmente, um teste de estabilidade é feito para $k = 0, 1$ durante o passo de Euler, e o passo é rejeitado se não passar no teste. Você poderia adicionar um teste para falha da decomposição $LU$ e reduzir analogamente o tamanho do passo caso isso ocorra.

A rotina, baseada na rotina Fortran SEULEX [3], segue adiante.

### 17.5.3 Implementação do método de extrapolação semi-implícita

A rotina `StepperSie` é excelente para problemas *stiff*, em pé de competição com as melhores rotinas do tipo Gear. `StepperRoss` costuma ser melhor em questão de tempo de execução para valores moderados de $N$ e $\epsilon \lesssim 10^{-5}$. A implementação detalhada pode ser encontrada na Webnote [11].

**REFERÊNCIAS CITADAS E LEITURA COMPLEMENTAR**

Gear, C.W. 1971, *Numerical Initial Value Problems in Ordinary Differential Equations* (Englewood Cliffs, NJ: Prentice-Hall).[1]

Hairer, E., Nørsett, S.P., and Wanner, G. 1993, *Solving Ordinary Differential Equations I. Nonstiff Problems*, 2nd ed. (New York: Springer). Fortran codes at http://www.unige.ch/~hairer/software.html.[2]

Hairer, E., Nørsett, S.P., and Wanner, G. 1996, *Solving Ordinary Differential Equations II. Stiff and Differential-Algebraic Problems*, 2nd ed. (New York: Springer).[3]

Numerical Recipes Software 2007, "Constants for Stiffly Stable Rosenbrock Method," *Numerical Recipes Webnote No. 23*, at http://www.nr.com/webnotes?23 [4]

Netlib: http://www.netlib.org/.[5]

Kaps, P., and Rentrop, P. 1979, "Generalized Runge-Kutta Methods of Order Four with Stepsize Control for Stiff Ordinary Differential Equations," *Numerische Mathematik*, vol. 33, pp. 55–68.[6]

Gustafsson, K. 1994, "Control Theoretic Techniques for Stepsize Selection in Implicit Runge-Kutta Methods," *ACM Transactions on Mathematical Software*, vol. 20, pp. 496–517.[7]

Enright, W.H., and Pryce, J.D. 1987, "Two FORTRAN Packages for Assessing Initial Value Methods," *ACM Transactions on Mathematical Software*, vol. 13, pp. 1–27.[8]

Bader, G., and Deuflhard, P. 1983, "A Semi-Implicit Mid-Point Rule for Stiff Systems of Ordinary Differential Equations," *Numerische Mathematik*, vol. 41, pp. 373–398.[9]

Deuflhard, P. 1985, "Recent Progress in Extrapolation Methods for Ordinary Differential Equations," *SIAM Review*, vol. 27, pp. 505–535.[10]

Numerical Recipes Software 2007, "StepperSie Implementation," *Numerical Recipes Webnote No. 24*, at http://www.nr.com/webnotes?24 [11]

Deuflhard, P. 1983, "Order and Stepsize Control in Extrapolation Methods," *Numerische Mathematik*, vol. 41, pp. 399–422.

Enright, W.H., Hull, T.E., and Lindberg, B. 1975, "Comparing Numerical Methods for Stiff Systems of ODE'S," *BIT*, vol. 15, pp. 10–48.

Wanner, G. 1988, in *Numerical Analysis 1987*, Pitman Research Notes in Mathematics, vol. 170, D.F. Griffiths and G.A. Watson, eds. (Harlow, Essex, UK: Longman Scientific and Technical).

Stoer, J., and Bulirsch, R. 2002, *Introduction to Numerical Analysis*, 3rd ed. (New York: Springer).

## 17.6 Métodos preditores-corretores multivalores e multipassos

Os termos "multipasso" e "multivalor" descrevem duas maneiras diferentes de se implementar aquilo que é essencialmente a mesma técnica de integração de EDOs. O método preditor-corretor é uma subcategoria particular destes métodos – na verdade, o mais amplamente usado. Deste modo, o nome preditor-corretor é geralmente usado de maneira livre para descrever todos estes métodos.

Suspeitamos que métodos preditores-corretores já tiveram seus dias de glória, e que hoje não são os métodos preferidos para a maioria dos problemas de EDOs. Para aplicações de alta precisão, ou aquelas onde a avaliação do lado direito é custosa, o método de Bulirsch-Stoer predomina. Para conveniência ou precisão moderada, quem predomina é o Runge-Kutta de passos adaptativos. Acreditamos que os métodos preditores-corretores foram espremidos entre estes dois. Há possivelmente apenas uma exceção: soluções de alta precisão de equações muito suaves cujo lado direito é muito complicado, como descreveremos a seguir.

No entanto, estes métodos tiveram uma longa história. Livros-texto estão cheios de informações a seu respeito, e há no mercado muitos programas padrão para EDOs baseados em métodos preditores-corretores. Muitos bons pesquisadores têm muita experiência com estes métodos, e eles não veem motivo para mudar tão rapidamente de hábito. Não é de todo uma má ideia se familiarizar com os princípios envolvidos, até mesmo com o tipo de detalhes de *bookkeeping* que é a maldição que acompanha estes métodos. Caso contrário, a surpresa é garantida caso você alguma vez tenha que consertar um problema em uma rotina preditora-corretora.

Consideremos primeiro a abordagem multipassos. Pense em quão diferente integrar uma EDO é de achar a integral de uma função: neste último caso, o integrando tem uma dependência conhecida na variável independente $x$ e pode ser avaliado à vontade. Numa EDO, o "integrando" é o lado direito, que depende não só de $x$ mas da variável dependente $y$. Portanto, para avançar a solução $y' = f(x, y)$ de $x_n$ até $x$, nós temos

$$y(x) = y_n + \int_{x_n}^{x} f(x', y)\,dx' \qquad (17.6.1)$$

Em um método de passo único como Runge-Kutta ou Bulirsch-Stoer, o valor $y_{n+1}$ em $x_{n+1}$ depende somente de $y_n$. Num método multipassos, aproximamos $f(x,y)$ por um polinômio que passa por *vários* pontos prévios $x_n, x_{n-1}, \ldots$ e possivelmente também por $x_{n+1}$. O resultado obtido ao se avaliar (17.6.1) em $x = x_{n+1}$ tem, portanto, a forma

$$y_{n+1} = y_n + h(\beta_0 y'_{n+1} + \beta_1 y'_n + \beta_2 y'_{n-1} + \beta_3 y'_{n-2} + \cdots) \qquad (17.6.2)$$

onde $y'_n$ denota $f(x_n, y_n)$ e assim por diante. Se $\beta_0 = 0$, o método é explícito; caso contrário, implícito. A ordem do método depende de quantos passos prévios usamos para obter cada novo valor de $y$.

Considere como podemos resolver uma formula implícita do tipo (17.6.2) para $y_{n+1}$. Dois métodos se candidatam: *iteração funcional* e o *método de Newton*. No primeiro, pegamos um chute inicial para $y_{n+1}$ e o introduzimos no lado direito de (17.6.2) para obter um novo valor de $y_{n+1}$. Pegamos esse novo valor, o colocamos do lado direito e continuamos iterando. Mas como obter um chute inicial para $y_{n+1}$? Fácil! Simplesmente use alguma fórmula explícita que tenha a mesma forma que (17.6.2). Este passo é chamado de *passo preditor*. Neste passo estamos essencialmente extrapolando por ajuste polinomial a derivada dos pontos prévios ao novo ponto $x_{n+1}$ e então integrando (17.6.1), *à la* Simpson, de $x_n$ até $x_{n+1}$. O passo subsequente de integração tipo Simpson, usando o valor de $y_{n+1}$ do passo preditor para *interpolar* a derivada, é chamado de *passo corretor*. A diferença entre a função prevista e a corrigida nos dá informação a respeito do erro de truncamento local que pode ser usado para controlar a acurácia e ajustar o tamanho do passo.

Se um passo corretor é bom, muitos não seria melhores? Por que não usar cada corretor como um preditor melhorado e iterar até a convergência a cada passo do processo? Resposta: mesmo que você dispusesse de um preditor *perfeito*, o passo seria ainda assim preciso somente até uma ordem finita do corretor. O termo de erro, incurável, é da mesma ordem que aquele que sua iteração supostamente cura, de modo que, na melhor das hipóteses, você estará mudando o coeficiente na frente do termo de erro por uma pequena fração. Uma melhora tão dúbia com certeza não compensa o esforço. Este esforço extra deveria ser gasto em coisa melhor: diminuir o tamanho do passo.

Como descrito até agora, você pode achar que seria bom ou necessário prever vários intervalos antes de cada passo, e então usar todos estes intervalos, com vários pesos, em um passo corretor do tipo Simpson. Isto não é uma boa ideia. A extrapolação é a parte menos estável de todo o processo, e é desejável minimizar seu efeito. Portanto, os passos de integração de um método preditor-corretor se sobrepõem, cada um deles envolvendo vários intervalos de tamanho de passo $h$, mas estendendo apenas um destes intervalos para mais longe do que os passos prévios. Somente este intervalo estendido é extrapolado a cada passo preditor.

Dos métodos preditores-corretores, os mais populares são provavelmente os esquemas de Adams-Bashforth-Moulton, que têm boas propriedades de estabilidade. A parte de Adams-Bashforth é o preditor. Por exemplo, o caso de ordem três é

preditor: $$y_{n+1} = y_n + \frac{h}{12}(23y'_n - 16y'_{n-1} + 5y'_{n-2}) + O(h^4) \quad (17.6.3)$$

Aqui, a informação no ponto $x_n$ atual, junto aos dois pontos anteriores $x_{n-1}$ e $x_{n-2}$ (supostos igualmente espaçados), é usada para prever o valor de $y_{n+1}$ no próximo ponto $x_{n+1}$. A parte de Adams-Moulton é a parte corretora. No caso de ordem três, ela é

corretor: $$y_{n+1} = y_n + \frac{h}{12}(5y'_{n+1} + 8y'_n - y'_{n-1}) + O(h^4) \quad (17.6.4)$$

Sem o valor tentativo de $y_{n+1}$ do passo preditor para ser inserido no lado direito da equação, o corretor seria uma terrível equação implícita para $y_{n+1}$ (apesar dos nomes, na verdade todas estas fórmulas são provenientes de Adams).

Há na verdade três processos separados acontecendo em um método preditor-corretor: o passo preditor, por nós chamado de P; a avaliação da derivada $y'_{n+1}$ a partir do último valor de $y$, por nós denominado E; e o passo corretor, que chamaremos de C. Segundo esta notação, iteragir $m$ vezes com o corretor (uma prática que denunciamos anteriormente) seria descrito por P(EC)$^m$. Há também a opção de se terminar com um passo C ou E. A lenda é que um E final é superior, de modo que a estratégia usualmente recomendada é PECE.

Observe que o método PC com um número fixo de iterações (digamos, uma) é um método explícito. Quando fixamos de antemão o número de iterações, o valor final de $y_{n+1}$ pode ser escrito como uma função complicada de grandezas conhecidas. Assim, métodos de iteração PC fixos perdem as robustas propriedades de estabilidade dos métodos implícitos e *só deveriam ser usadas para problemas que não são stiff*.

Para problemas *stiff somos obrigados* a usar um método implícito se quisermos evitar tamanhos de passo muito pequenos (nem todos os métodos implícitos são bons para problemas stiff, mas por sorte alguns bons tais como as fórmulas de Gear são conhecidos). Parece que temos então duas opções para resolver equações implícitas: iteração funcional até convergência ou iteração de Newton. Contudo, resulta que, para problemas *stiff*, a iteração funcional nem mesmo converge a menos que usemos passos de tamanho diminuto, não importando quão próximas estão nossas previsões! Assim, a iteração de Newton é normalmente parte essencial do método de resolução multipassos *stiff*. Para convergência, o tamanho do passo não importa muito no método de Newton, desde que a previsão seja precisa o suficiente.

Métodos multipassos, como descritos por nós até o momento, padecem de duas sérias dificuldades quando se tenta implementá-los:

- Uma vez que as fórmulas requerem resultados de passos igualmente espaçados, se torna difícil ajustar o tamanho do passo.
- Inicializar e parar apresenta dificuldades. Para inicializar, precisamos dos valores iniciais mais vários passos prévios para ajustar a engrenagem. Parar é um problema, pois passos iguais têm pouca chance de aterrissarem no ponto final desejado.

Implementações antigas de métodos PC traziam várias maneiras desajeitadas de lidar com estes problemas. Por exemplo, eles podem usar um Runge-Kutta para inicializar e parar. Mudar o tamanho do passo requer um *bookkeeping* considerável se quisermos aplicar algum procedimento de interpolação. Felizmente, ambas as desvantagens desaparecem quando usamos a abordagem multivalores.

Para métodos multivalores (também chamados de métodos Nordsieck), o dados básicos disponíveis para o integrador são os poucos primeiros termos de uma expansão em série de Taylor da solução no ponto corrente $x_n$. O objetivo é avançar a solução e obter os coeficientes no próximo ponto $x_{n+1}$. Isto é o contrário dos métodos de multipassos, onde os dados são os valores da solução em $x_n, x_{n-1}, \ldots$. Ilustraremos esta ideia considerando um método de quatro valores, para o qual os dados básicos são

$$\mathbf{y}_n \equiv \begin{pmatrix} y_n \\ hy'_n \\ (h^2/2)y''_n \\ (h^3/6)y'''_n \end{pmatrix} \tag{17.6.5}$$

Também convenciona-se escalonar as derivadas com as potências de $h = x_{n+1} - x_n$, como mostrado acima. Observe que usamos a notação vetorial $\mathbf{y}$ para denotar a solução e suas primeiras derivadas num ponto, e não para indicar que estamos resolvendo um sistema de equações com muitas componentes de $y$.

Em termos dos dados em (17.6.5), podemos aproximar o valor da solução $y$ para algum ponto $x$ como

$$y(x) = y_n + (x - x_n)y'_n + \frac{(x - x_n)^2}{2} y''_n + \frac{(x - x_n)^3}{6} y'''_n \tag{17.6.6}$$

Coloque $x = x_{n+1}$ na equação (17.6.6) para obter uma aproximação de $y_{n+1}$. Derive a expressão e faça $x = x_{n+1}$ para obter uma aproximação para $y'_{n+1}$, e similarmente para $y''_{n+1}$ e $y'''_{n+1}$. Chame a aproximação resultante de $\tilde{\mathbf{y}}_{n+1}$, onde o til serve para nos lembrar que tudo o que fizemos até agora foi uma extrapolação polinomial da solução e de suas derivadas. Não usamos a equação diferencial ainda. Você pode facilmente verificar que

$$\tilde{\mathbf{y}}_{n+1} = \mathbf{B} \cdot \mathbf{y}_n \tag{17.6.7}$$

onde a matriz $\mathbf{B}$ é dada por

$$\mathbf{B} = \begin{pmatrix} 1 & 1 & 1 & 1 \\ 0 & 1 & 2 & 3 \\ 0 & 0 & 1 & 3 \\ 0 & 0 & 0 & 1 \end{pmatrix} \tag{17.6.8}$$

Escrevemos agora a verdadeira aproximação para $\mathbf{y}_{n+1}$ que usaremos, adicionando a $\tilde{\mathbf{y}}_{n+1}$ uma correção:

$$\mathbf{y}_{n+1} = \tilde{\mathbf{y}}_{n+1} + \alpha \mathbf{r} \tag{17.6.9}$$

Nesta expressão, $\mathbf{r}$ será um vetor fixo de números, da mesma maneira que $\mathbf{B}$ é uma matriz fixa. Fixamos $\alpha$ exigindo que a equação diferencial

$$y'_{n+1} = f(x_{n+1}, y_{n+1}) \tag{17.6.10}$$

seja satisfeita. A segunda das equações em (17.6.9) é

$$hy'_{n+1} = h\tilde{y}'_{n+1} + \alpha r_1 \tag{17.6.11}$$

e isto será consistente com (17.6.10) se

$$r_1 = 1, \qquad \alpha = hf(x_{n+1}, y_{n+1}) - h\tilde{y}'_{n+1} \tag{17.6.12}$$

Os valores de $r_0$, $r_2$ e $r_3$ são de livre escolha para o inventor de um dado método de quatro valores. Escolhas diferentes resultam em diferentes ordens do método (isto é, em que ordem de $h$ a expressão final 17.6.9 na verdade se aproxima da solução) e diferentes propriedades de estabilidade.

Um resultado interessante e que não é óbvio de se concluir a partir de nossa presentação é que os métodos multipassos e multivalores são totalmente equivalentes. Em outras palavras, um valor de $y_{n+1}$ obtido pelo método de multivalores para um dado **B** e **r** é exatamente o mesmo que o obtido pelo método multipassos para um dado $\beta$ na equação (17.6.2). Por exemplo, a fórmula (17.6.3) de Adams-Bashforth corresponde ao método de quatro valores com $r_0 = 0$, $r_2 = 3/4$ e $r_3 = 1/6$. O método é explícito, pois $r_0 = 0$. O método de Adams-Moulton (17.6.4) corresponde ao método implícito de quatro valores com $r_0 = 5/12$, $r_2 = 3/4$ e $r_3 = 1/6$. Métodos de multivalores implícitos são resolvidos da mesma maneira que métodos de multipassos implícitos: ou por meio de uma abordagem preditor-corretor, usando um método explícito para o preditor, ou usando a iteração de Newton para sistemas *stiff*.

Por que então passar por todo o trabalho de introduzir um método totalmente novo que no final das contas é equivalente a um método que você já conhecia? O motivo é que métodos de multivalores solucionam facilmente as duas dificuldades mencionadas acima quando tentamos realmente implementar métodos de multipassos.

Considere primeiro a questão do ajuste do tamanho de passo. Para mudar o tamanho de $h$ para $h'$ em algum ponto $x_n$, simplesmente multiplique as componentes de $y_n$ em (17.6.5) pelas potências apropriadas de $h'/h$ e você estará pronto para continuar até $x_n + h'$.

Métodos multivalores também permitem que mudemos facilmente a ordem do método: basta mudar **r**. A estratégia usual para isto é primeiro determinar o novo tamanho de passo com a ordem corrente a partir da estimativa de erro. Então verifique qual tamanho de passo seria previsto usando uma ordem mais alta e uma mais baixa que a atual. Escolha aquela que lhe permita dar o maior passo na próxima vez. Ser capaz de mudar a ordem também permite que se ache uma solução simples para o problema da inicialização: comece simplesmente com um método de primeira ordem e deixe a ordem aumentar automaticamente até o nível apropriado.

Para exigência de acurácia moderada, a escolha mais eficiente é quase sempre uma rotina Runge-Kutta como `StepperDopr853`. Para acurácia alta, `StepperBS` é robusta e eficiente. Para funções bastante suaves, um método PC de ordem variável pode invocar ordens bastante altas. Se o lado direito da equação é relativamente complicado, de modo que o custo de avaliá-lo supera o custo de manter um *bookkeeping*, então os melhores pacotes PC são melhores que Bulirsch-Stoer neste tipo de problema. Como você podem bem imaginar, contudo, um método de passo e ordem variável como este não é fácil de ser programado. Se você suspeita que seu problema seja adequado a este tratamento, recomendamos usar um pacote PC pronto. Para mais detalhes consulte [1-3].

Nossa previsão é que, à medida que métodos de extrapolação tais como Bulirsch-Stoer continuem a ganhar sofisticação, eles acabarão superando os métodos PC em *todas* as aplicações. De bom grado, porém, nos retrataremos.

### REFERÊNCIAS CITADAS E LEITURA COMPLEMENTAR

Gear, C.W. 1971, *Numerical Initial Value Problems in Ordinary Differential Equations* (Englewood Cliffs, NJ: Prentice-Hall), Chapter 9.[1]

Shampine, L.F., and Gordon, M.K. 1975, *Computer Solution of Ordinary Differential Equations. The Initial Value Problem*. (San Francisco: W.H Freeman).[2]

Hairer, E., Nørsett, S.P., and Wanner, G. 1993, *Solving Ordinary Differential Equations I. Nonstiff Problems*, 2nd ed. (New York: Springer).[3]

Acton, F.S. 1970, *Numerical Methods That Work*; 1990, corrected edition (Washington, DC: Mathematical Association of America), Chapter 5.

Kahaner, D., Moler, C., and Nash, S. 1989, *Numerical Methods and Software* (Englewood Cliffs, NJ: Prentice-Hall), Chapter 8.

Stoer, J., and Bulirsch, R. 2002, *Introduction to Numerical Analysis*, 3rd ed. (New York: Springer), Chapter 7.

## 17.7 Simulação estocástica de redes de reações químicas

Estamos tão acostumados a pensar em reações químicas (ou nucleares) como processos que implicam conjuntos de equações diferenciais contínuas que precisamos de um certo esforço de imaginação para nos lembrarmos de sua natureza discreta, atômica, subjacente. Para ilustrar com um exemplo, todos aprendemos a traduzir um conjunto de reações do tipo

$$A + X \xrightarrow{k_0} 2X$$
$$X + Y \xrightarrow{k_1} 2Y$$
$$Y \xrightarrow{k_2} B \qquad (17.7.1)$$

em um conjunto de equações diferenciais (chamadas de *rate equations*) que regem as concentrações de cada espécie,

$$\frac{d[A]}{dt} = -k_0[A][X] \equiv -a_0$$
$$\frac{d[X]}{dt} = k_0[A][X] - k_1[X][Y] \equiv a_0 - a_1$$
$$\frac{d[Y]}{dt} = k_1[X][Y] - k_2[Y] \equiv a_1 - a_2$$
$$\frac{d[B]}{dt} = k_2[Y] \equiv a_2 \qquad (17.7.2)$$

onde $a_0$, $a_1$ e $a_2$ são respectivamente as taxas (*rates*) das três reações na equação (17.7.1).

Cada vez mais em aplicações na biologia, nos vemos contudo face a face com situações em que o número real de moléculas reagentes é tão pequeno que efeitos discretos e flutuações se tornam importantes. Nestes casos, temos que substituir concentrações contínuas como $[X]$ e $[Y]$ pelo real número de espécies moleculares. A equação (17.7.2) se torna sem sentido neste caso. O que nos cabe fazer é simular diretamente as equações (17.7.1), associando às ocorrências de cada reação uma sequência de tempos gerados estocasticamente e as correspondentes mudanças no número de espécies. Esta tarefa é conhecida como simulação estocástica, do trabalho original de Gillespie [1]. A simulação estocástica é uma técnica elegante e incrivelmente simples. Como muitas ferramentas poderosas, ela pode ser bem ou mal empregada, como discutiremos a seguir.

Antes de entrarmos em detalhes, é útil formalizarmos alguns aspectos acerca da estrutura das equações (17.7.1) e (17.7.2). Em geral, temos $M$ reações ocorrendo entre $N$ espécies. Cada reação $j = 0, ..., M - 1$, tem uma taxa instantânea denominada $a_j$. No caso discreto, $1/a_j$ é o tempo médio até a próxima ocorrência da reação $j$, se nenhuma outra reação ocorrer antes. Um ponto importante é que cada uma das taxas $j$ depende somente do número de espécies do lado esquerdo da reação $j$, ou seja, dos *reagentes*. Defina uma *matriz de reagentes* $\lambda_{ij}$ por meio de

$$\lambda_{ij} = \begin{cases} 1 & \text{se a espécie } S_i \text{ entra na reação } j \\ 0 & \text{caso contrário} \end{cases} \qquad (17.7.3)$$

Do lado da saída (*produtos*), cada conjunto de reações $j$ é caracterizado por uma matriz de mudança de estado $v_{ij}$, cuja componente $i, j$ é a mudança líquida (*net*) no número de espécies $S_i$ devido a uma ocorrência da reação $j$ (a $j$-ésima coluna da matriz é comumente chamada de *vetor de mudança de estado* da reação $j$). Em termos destas quantidades, as equações de estado convencionais como (17.7.2) podem ser escritas em geral como

$$\frac{d[S_i]}{dt} = \sum_{j=0}^{M-1} v_{ij}\, a_j(\{[S_k]\}), \quad k \text{ s.t. } \lambda_{kj} \neq 0, \quad i = 0, \ldots, N-1 \qquad (17.7.4)$$

Mas voltemos ao caso discreto: se num dado instante de tempo conhecemos todos os $S_i$'s, podemos calcular todas as taxas $a_j$. Uma vez que as taxas são aditivas, a taxa total com a qual *alguma* coisa vai acontecer é

$$a_{\text{tot}} = \sum_{j=0}^{M-1} a_j \qquad (17.7.5)$$

Além disso, uma vez que se assume que o sistema não tem "memória" (exceto os $S_j$'s) e foi "bem misturado", a distribuição de probabilidade dos tempos para a próxima ocorrência de *alguma* reação $j$ deve ser exponencial (como no decaimento radioativo). Além do mais, dado que *alguma* reação ocorre, é fácil dizer qual é a distribuição de probabilidade de *qual* reação: será a reação $j$ com probabilidade $a_j/a_{\text{tot}}$.

Conceitualmente isto é tudo o que há para se dizer a respeito de simulação estocástica. O resto são apenas detalhes de implementação, incluindo aí alguns truques para acelerar os cálculos. Os passos do chamado *método direto* são:

- De todos os $S_i$'s, calcula todos os $a_j$'s e $a_{\text{tot}}$.
- Sorteie um número aleatório $U_1$, uniforme em [0,1], e calcule o tempo $\tau$ até a próxima reação por meio de

$$\tau = \frac{1}{a_{\text{tot}}} \log\left(\frac{1}{U_1}\right) \qquad (17.7.6)$$

(Isto gera a distribuição exponencial, conforme §7.3)
- Sorteie um segundo número aleatório $U_2$ em [0,1] e ache o menor $k$ tal que

$$\sum_{j=0}^{k} a_j > a_{\text{tot}} U_2 \qquad (17.7.7)$$

Um valor $k$ será então escolhido com probabilidade $a_k/a_{\text{tot}}$.
- Incremente o tempo $t$ em $\tau$.
- Faça um update de cada $S_i$ adicionando o valor $v_{ik}$.
- Volte ao passo 1.

### 17.7.1 Acelerando o método direto

Podemos acelerar o método direto primeiro identificando todos os passos que são (ingenuamente) de $O(M)$ ou $O(N)$ e achando maneiras de torná-los $O(1)$ (ou talvez $\log$). Segundo, fazendo à mão com que o loop interno do programa seja executado o mais rapidamente possível. A segunda tarefa é muito importante e pode melhorar ou derrubar a performance de um código de simulação estocástica; mas, infelizmente, ela depende da máquina, do compilador e do problema, estando portanto fora do escopo do nosso livro.

Quanto à primeira tarefa, chamamos inicialmente a atenção para o fato de que redes de reação reais, de qualquer tamanho, quase sempre possuem matrizes de reagentes e de mudança de estado muito esparsas: reações envolvem geralmente somente um ou dois reagentes e produzem no máximo uns poucos produtos. Portanto, é importante usar algum tipo de estrutura de matriz esparsa para representar as matrizes que ocorrem. Quando, por exemplo, armazenamos $v_{ij}$ esparsamente, o passo de update é reduzido de $O(N)$ para $O(1)$.

Em seguida, notamos que a maioria dos $a_j$'s não variam depois que cada reação tenha ocorrido. Por exemplo, depois de uma reação $k$, os únicos $a_j$'s que precisam ser recalculados são aqueles cujos reagentes (*entradas*) mudaram por uma valor não zero na $k$-ésima coluna da matriz $v_{jk}$. Uma maneira de formalizar isto é por meio de um *grafo de dependência* ou *matriz de dependência G*, cuja componente $G_{jk}$ é diferente de zero somente se a reação $k$ muda uma espécie que serve de input para a reação $j$. Com uns poucos segundos de raciocínio, você descobrirá que a matriz $G$ pode ser obtida por meio da multiplicação lógica de matrizes entre $\lambda^T$ e $v$, a saber,

$$G_{ij} = \bigcup_k \lambda_{ki} \cap v_{kj} \tag{17.7.8}$$

onde $\cup$ denota OU lógico, $\cap$ denota o E lógico, e a convenção C de "verdadeiro se e somente se diferente de zero" (*true iff nonzero*) é pressuposta. Agora, depois de cada reação $j$, só fazemos um update dos $a_i$'s indicados pela $j$-ésima coluna de $G_{ij}$. Obviamente também devemos armazenar $G$ em formato esparso.

Finalmente, fica a questão de como acelerar a escolha de qual reação deve sofrer um *update*, equação (17.7.7), que no pior dos casos é $O(M)$. Aqui há duas escolas de pensamento. A por nós implementada abaixo, seguindo o conselho de [3], aproveita o fato de que em muitas, se não na maioria das aplicações reais, um número pequeno de reações ($\ll M$) domina as taxas de reação. Se rearranjarmos a ordem dos $a_j$'s na equação (17.7.7), com estes termos dominantes primeiro, então leva, em média, apenas $O(1)$ testes para se selecionar a próxima reação. Em [3] sugere-se fazer alguns *runs* preliminares para descobrir quais reações dominam. Preferimos a alternativa mais transparente, implementada abaixo, de simplesmente deixar reações mais frequentes irem surgindo adaptativamente numa lista de prioridades.

A outra escola de pensamento, chamada de *método da próxima reação* [2], é discutida separadamente adiante. Ela inteligentemente muda $O(M)$ para algo do tipo $O(\log M)$, mesmo nos casos menos favoráveis. Contudo, o número de operações no loop interno do programa é significativamente maior que para o método direto (otimizado, como descrito acima). Qual dos métodos é mais veloz depende muito provavelmente do problema e da implementação.

Para o caso-teste modesto ilustrado acima, ou seja, o conjunto de três equações (17.7.1), a maior parte das otimizações ilustradas no código seguinte são desnecessárias, e provavelmente contraproducentes. Contudo, o objetivo é ilustrar como seria um código para problemas maiores.

```
struct Stochsim {                                           stochsim.h
Objeto para simulação estocástica de um conjunto de reações químicas.
    VecDoub s;                          Vetor de número de espécies.
    VecDoub a;                          Vetor de taxas.
    MatDoub instate, outstate;
    NRvector<NRsparseCol> outchg, depend;   Matrizes esparsas v_ij e G_ij.
    VecInt pr;                          Lista de prioridades.
    Doub t, asum;
    Ran ran;
    typedef Doub(Stochsim::*rateptr)();
    rateptr *dispatch;                  C++ obscuro usado para criar um vetor dispatch
                                        de ponteiros de funções para as funções de
                                        taxa.
    // begin user section
Substitua esta seção, usando o template do exemplo (17.7.1) mostrado aqui, pelos detalhes particulares
da sua rede de reações. Se você tiver um grande número de reações, você talvez queira gerar as matrizes
instate e outstate externamente, e passá-las como globals (ou lê-las aqui).
    static const Int mm=3;              Fixa número de reações.
    static const Int nn=4;              Fixa número de espécies.
```

```
    Doub k0,k1,k2;                                  Declara quaisquer taxas necessárias.
    Doub rate0() {return k0*s[0]*s[1];}             Suas funções taxa entram aqui.
    Doub rate1() {return k1*s[1]*s[2];}
    Doub rate2() {return k2*s[2];}
    void describereactions () {
    Você fornece uma função com este nome que fixa quaisquer constantes que você tenha definido e fixa as
    matrizes instate e outstate para descrever suas reações.
        k0 = 0.01;
        k1 = .1;
        k2 = 1.;
        Doub indat[] = {                            A matriz de reagentes $\lambda_{ij}$.
            1.,0.,0.,
            1.,1.,0.,
            0.,1.,1.,
            0.,0.,0.
        };
        instate = MatDoub(nn,mm,indat);
        Doub outdat[] = {                           A matriz de mudança estado $v_{ij}$.
            -1.,0.,0.,
            1.,-1.,0.,
            0.,1.,-1.,
            0.,0.,1.
        };
        outstate = MatDoub(nn,mm,outdat);
        dispatch[0] = &Stochsim::rate0;             Você também tem que apontar as entradas da
        dispatch[1] = &Stochsim::rate1;             tabela de dispatch para as funções de taxa
        dispatch[2] = &Stochsim::rate2;             corretas.
    }
    // end user section

    Stochsim(VecDoub &sinit, Int seed=1)
    Construtor. Entra com número inicial de espécies e uma semente aleatória opcional.
    : s(sinit), a(mm,0.), outchg(mm), depend(mm), pr(mm), t(0.),
    asum(0.), ran(seed), dispatch(new rateptr[mm]) {
        Int i,j,k,d;
        describereactions();
        sparmatfill(outchg,outstate);
        MatDoub dep(mm,mm);
        for (i=0;i<mm;i++) for (j=0;j<mm;j++) {     Multiplicação lógica de matrizes calcula matriz de
            d = 0;                                  dependência.
            for (k=0;k<nn;k++) d = d || (instate[k][i] && outstate[k][j]);
            dep[i][j] = d;
        }
        sparmatfill(depend,dep);
        for (i=0;i<mm;i++) {                        Calcula todas as taxas iniciais.
            pr[i] = i;
            a[i] = (this->*dispatch[i])();
            asum += a[i];
        }
    }
    ~Stochsim() {delete [] dispatch;}

    Doub step() {
    Faz um passo estocástico único (uma reação) e retorna o novo tempo.
        Int i,n,m,k=0;
        Doub tau,atarg,sum,anew;
        if (asum == 0.) {t *= 2.; return t;}        Raro: todas as reações pararam exatamente, então
        tau = -log(ran.doub())/asum;                dobre o tempo até que o usuário perceba!
        atarg = ran.doub()*asum;
        sum = a[pr[0]];
        while (sum < atarg) sum += a[pr[++k]];      Equação (17.7.7).
        m = pr[k];
        if (k > 0) SWAP(pr[k],pr[k-1]);             Move reação para cima na lista de prioridades.
        if (k == mm-1) asum = sum;                  Update livre de asum fixa arredondamento acumulado.
```

```
            n = outchg[m].nvals;
            for (i=0;i<n;i++) {                    Aplica vetor de mudança de estado.
                k = outchg[m].row_ind[i];
                s[k] += outchg[m].val[i];
            }
            n = depend[m].nvals;
            for (i=0;i<n;i++) {                    Recalcula taxas requeridas pela matriz de
                k = depend[m].row_ind[i];                    dependência.
                anew = (this->*dispatch[k])();
                asum += (anew - a[k]);
                a[k] = anew;
            }
            if (t*asum < 0.1)                      Raro: taxas indo em direção a zero.
                for (asum=0.,i=0;i<mm;i++) asum += a[i];   Melhor recalcular asum.
            return (t += tau);
        }
    };
```

Observe que Stochsim usa uma sintaxe C++ misteriosa ("*array of pointers to member functions*") em conexão com o identificador `dispatch`. A ideia subjacente é simples e importante: queremos pular diretamente para as funções de taxa fornecidas pelo usuário, como indicadas por um índice inteiro. Há várias maneiras de codificar isto, mas o que você *não* quer é ter uma longa cadeia de testes `if` que seriam $O(M)$ ao invés de $O(1)$ (talvez devêssemos acreditar que o comando `switch` do C é sempre implementado de maneira correta pelos compiladores como sendo uma tabela rápida de *dispatch*, mas não acreditamos).

A utility que constrói a matriz esparsa a partir de uma cheia é esta (conforme §2.7):

```
void sparmatfill(NRvector<NRsparseCol> &sparmat, MatDoub &fullmat) {         stochsim.h
Utility que enche uma matriz esparsa a partir de uma matriz cheia. Vide §2.7.
    Int n,m,nz,nn=fullmat.nrows(),mm=fullmat.ncols();
    if (sparmat.size() != mm) throw("bad sizes");
    for (m=0;m<mm;m++) {
        for (nz=n=0;n<nn;n++) if (fullmat[n][m]) nz++;
        sparmat[m].resize(nn,nz);
        for (nz=n=0;n<nn;n++) if (fullmat[n][m]) {
            sparmat[m].row_ind[nz] = n;
            sparmat[m].val[nz++] = fullmat[n][m];
        }
    }
}
```

Uma observação para nossa cultura: o sistema (17.7.1) não é simplesmente uma rede antiga qualquer de reações químicas, mas na verdade é uma forma da equação de *Lotka-Volterra*, descoberta independentemente por Alfred J. Lotka e Vito Volterra em 1925-1926. Na verdade, originalmente ela não é nem mesmo uma rede de reações químicas, mas um conjunto de relações entre presa e predador. A primeira equação diz, grosseiramente falando, que os coelhos (X) comem grama (A) para produzir mais coelhos. A segunda diz que as raposas (Y) comem os coelhos (X) para produzir mais raposas. A terceira diz que as raposas não vivem para sempre (por algum motivo, coelhos vivem sim para sempre neste modelo, a menos que eles sejam comidos por raposas).

A Figura 17.7.1 ilustra um exemplo da evolução deste sistema, começando com $A = 150$, $X = Y = 10$ e $B = 0$. Observam-se dois ciclos de crescimento de população de presas, seguidos do crescimento dos predadores e então de um colapso das duas populações. Depois do segundo ciclo, por uma flutuação, a população de predadores vai a zero, o ponto a partir do qual ela não mais pode se recuperar. Ao final da evolução, a população de presas está começando a se recuperar, mas o final da história não é feliz, pois o que ocorre agora é que o suprimento de comida está

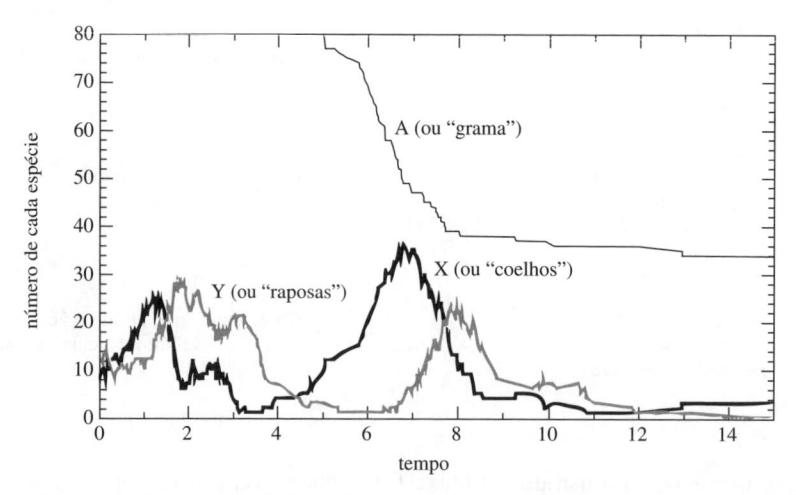

**Figura 17.7.1** Evolução da rede de reações (17.7.1). Esta rede evolui segundo as equações de Lotka-Volterra, desenvolvida originalmente como um modelo de interações presa-predador. Efeitos estocásticos são importantes: com diferentes sementes aleatórias, diferentes histórias ocorrem.

acabando. O mundo das simulações estocásticas é cruel. Efeitos estocásticos são genuinamente dominantes neste exemplo. Exatamente as mesmas equações e condições iniciais, mas com uma semente diferente, resultam em evoluções completamente diferentes.

### 17.7.2 O método da próxima reação

O método da próxima reação [2] começa calculando não um único tempo de reação, equação (17.7.6), mas sim um tempo de reação para cada reação $j$ separadamente,

$$\tau_j = \frac{1}{a_j} \log\left(\frac{1}{U_j}\right) \tag{17.7.9}$$

onde os $U_j$'s são desvios aleatórios independentes e uniformemente distribuídos entre [0,1]. Todos estes tempos são armazenados em uma pilha (*heap*, vide §8.3), de modo que o menor valor pode ser facilmente acessado no topo da pilha (chame-o de $k$). Os seguintes passos são agora executados repetidamente:

- Faça a reação $k$ e um *update* dos $S_i$'s afetados (usando a matriz $v_{ik}$). Incremente o tempo $t$ por $\tau_k$.
- Calcule um próximo tempo para a reação $k$ (usando a equação 17.7.9 e adicionando $t$) e armazene-o na pilha.
- Para cada reação $j$ afetada (como determina uma entrada diferente de zero em $G_{jk}$), corrija seu próximo tempo armazenado segundo a fórmula

$$\tau_j \leftarrow \frac{a_{j,\text{velho}}}{a_{j,\text{novo}}}(\tau_j - t) + t \tag{17.7.10}$$

Isto é chamado de *reutilização do tempo* (*time reuse*). Realmente, o desvio aleatório $U_j$ que originalmente gerou $\tau_j$ reutilizado, mas ele corrige a previsão de tempo para um mudança de função em $a_j$ em um passo intermediário. Parece malandragem, bem o sabemos, mas do ponto de vista de probabilidade é perfeitamente correto.

- Coloque a pilha novamente em ordem subindo ou descendo elementos, como for necessário. É aqui que a complexidade do loop interno aumenta, até no máximo $O(\log M)$.

Não há dúvida de que se pode construir redes de reações para as quais o método do próximo tempo é consideravelmente mais rápido que o método direto otimizado. Contudo, redes dominadas por um pequeno número de reações rápidas são tão comuns na prática que esta vantagem na performance não deveria ser tomada como um fato *a priori* [3].

### 17.7.3 Conselho prático

Nunca use um método estocástico de simulação – ou algo que passe perto – a menos que seu problema seja genuinamente estocástico. No lugar, use as equações determinísticas de taxa de reação (17.7.4) com um bom programa de resolução de equações *stiff*, como `StepperSie` do §17.5. Tais programas não são limitados pela taxa da reação mais rápida, e são, frequentemente, ordens de magnitude mais rápidos que métodos estocásticos (temos informações fidedignas de que um número inimaginável de horas de CPU são desperdiçadas por pesquisadores mal-informados que pensam que o método estocástico de simulação é pau para toda obra quando se trata de redes de reações).

Apenas para mostrar o quanto isto é fácil, aqui está como você resolveria um problema de Lotka-Volterra (17.7.2) integrando as equações diretamente. Primeiro codifique o lado direito de **f** e a Jacobiana do lado direito da estrutura [o elemento *(i, j)* da Jacobiana é $\partial f_i / \partial y_j$].

```
struct rhs {
    Doub k0,k1,k2;
    rhs(Doub kk0, Doub kk1, Doub kk2) : k0(kk0),k1(kk1),k2(kk2) {}
    void operator() (const Doub x, VecDoub_I &y, VecDoub_O &dydx) {
        dydx[0]= -k0*y[0]*y[1];
        dydx[1]= k0*y[0]*y[1]-k1*y[1]*y[2];
        dydx[2]= k1*y[1]*y[2]-k2*y[2];
        dydx[3]= k2*y[2];
    }
    void jacobian(const Doub x, VecDoub_I &y, VecDoub_O &dfdx,
            MatDoub_O &dfdy) {
        Int n=y.size();
        for (Int i=0;i<n;i++) dfdx[i]=0.0;
        dfdy[0][0] = -k0*y[1];
        dfdy[0][1] = -k0*y[0];
        dfdy[0][2] = 0.0;
        dfdy[0][3] = 0.0;
        dfdy[1][0] = k0*y[1];
        dfdy[1][1] = k0*y[0]-k1*y[2];
        dfdy[1][2] = -k1*y[1];
        dfdy[1][3] = 0.0;
        dfdy[2][0] = 0.0;
        dfdy[2][1] = k1*y[2];
        dfdy[2][2] = k1*y[1]-k2;
        dfdy[2][3] = 0.0;
        dfdy[3][0] = 0.0;
        dfdy[3][1] = 0.0;
        dfdy[3][2] = k2;
        dfdy[3][3] = 0.0;
    }
};
```

Em seguida, ajuste os parâmetros para Odeint, por exemplo

```
const Int n=4;
Doub rtol=1.0e-7,atol=1.0e-4*rtol,h1=1.0e-6,hmin=0.0,x1=0.0,x2=15.0;
VecDoub ystart(n);
ystart[0]=150.0;
ystart[1]=10.0;
ystart[2]=10.0;
ystart[3]=0.0;
Output out(100);                    Saída em 100 pontos uniformes.
rhs d(0.01,0.1,1.0);                Declara d como objeto rhs.
Odeint<StepperSIE<rhs> > ode(ystart,x1,x2,atol,rtol,h1,hmin,out,d);
ode.integrate();
```

Observe como os valores de $k_0$, $k_1$ e $k_2$ são passados como argumentos na call do construtor que declara d. Estes valores particulares não tornam o sistema de equações particularmente *stiff*, de modo que você pode utilizar o integrador padrão. Contudo, isso não se aplica em geral para problemas da vida real.

A saída, igualmente espaçada, pode ser impressa com o seguinte comando:

```
for (Int i=0;i<out.count;i++)
    cout << out.xsave[i] << " " << out.ysave[0][i] << " " <<
        out.ysave[1][i] << " " << out.ysave[2][i] << endl;
```

Se as reações mais rápidas de sua rede não são estocásticas, mas há algumas reações mais lentas para as quais efeitos estocásticos são importantes, então dê uma olhada nos chamados métodos híbridos (por exemplo, [4]).

### REFERÊNCIAS CITADAS E LEITURA COMPLEMENTAR

Gillespie, D.T. 1976, "A General Method for Numerically Simulating the Stochastic Time Evolution of Coupled Chemical Reactions," *Journal of Computational Physics*, vol. 11, pp. 403–434.[1]

Gibson, M.A., and Bruck, J. 2000, "Efficient Exact Stochastic Simulation of Chemical Systems with Many Species and Many Channels," *Journal of Physical Chemistry A*, vol. 104, pp. 1876–1889.[2]

Cao, Y, Li, H., and Petzold, L. 2004, "Efficient Formulation of the Stochastic Simulation Algorithm for Chemically Reacting Systems," *Journal of Chemical Physics*, vol. 121, pp. 4059–4067.[3]

Sails, H., and Kaznessis, Y. 2005, "Accurate Hybrid Stochastic Simulation of a System of Coupled Chemical or Biochemical Reactions," *Journal of Chemical Physics*, vol. 122, art. 054103.[4]

# Problemas de Contorno de Dois Pontos

CAPÍTULO 18

## 18.0 Introdução

Quando impomos que equações diferenciais satisfaçam condições de contorno para mais de um valor das variáveis independentes, o problema daí resultante é chamado de *problema de contorno de dois pontos*. Como a terminologia claramente indica, o caso mais comum é, de longe, aquele para o qual as condições de contorno devem ser satisfeitas em dois pontos – usualmente o pontos inicial e final de integração. No entanto, a expressão "problemas de valor de contorno de dois pontos" é usada de maneira um tanto imprecisa para designar também casos mais complicados, como, por exemplo, aqueles onde algumas condições de contorno são especificadas nos pontos extremos, outras, em pontos interiores (normalmente singulares).

A diferença crucial entre problemas de valores iniciais (Capítulo 17) e problemas de contorno de dois pontos (este capítulo) é que no primeiro caso podemos começar com uma solução aceitável no início (valores iniciais) e irmos adiante integrando numericamente até o final (valores finais), ao passo que no caso presente, para começar, as condições de contorno no ponto inicial não determinam uma solução única, e uma escolha "aleatória" entre as soluções que satisfazem estas condições iniciais de contorno (incompletas) muito certamente *não* satisfazem as condições de contorno nos outros pontos especificados.

O fato de que geralmente é necessário usar iteração para juntar estas condições de contorno espacialmente espalhadas em uma única solução global da equação diferencial é algo que não deveria surpreendê-lo. Por este motivo, problemas de contorno de dois pontos requerem um esforço consideravelmente maior para serem solucionados que os problemas de valores iniciais. Você tem que integrar suas equações diferenciais no intervalo de interesse ou realizar um procedimento de "relaxamento" análogo (veja adiante), no mínimo várias vezes, e eventualmente um grande número de vezes. Somente no caso especial de equações diferenciais lineares você pode dizer, de antemão, quantas iterações deste tipo serão necessárias.

O problema de contorno de dois pontos "padrão" tem a seguinte forma: queremos achar a solução de um conjunto de $N$ equações diferenciais ordinárias de primeira ordem acopladas, que satisfaçam $n_1$ condições de contorno no ponto inicial $x_1$ e um conjunto de $n_2 = N - n_1$ condições de contorno restantes no ponto final $x_2$ (lembre-se que equações diferenciais de ordem mais alta que a primeira podem ser escritas como conjuntos de equações de primeira ordem acopladas, conforme §17.0).

As equações diferenciais são

$$\frac{dy_i(x)}{dx} = g_i(x, y_0, y_1, \ldots, y_{N-1}) \qquad i = 0, 1, \ldots, N-1 \qquad (18.0.1)$$

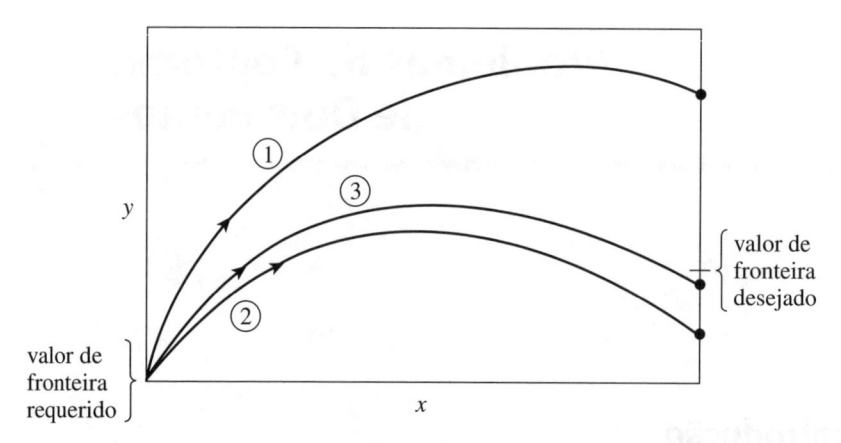

**Figura 18.0.1** *Shooting method* (esquemático). Integrações teste que satisfazem as condições de contorno em uma extremidade são "lançadas". As discrepâncias entre as condições de contorno desejadas na outra extremidade são usadas para ajustar as condições iniciais, até que as condições de contorno em ambas as extremidades sejam satisfeitas.

Em $x_1$, a solução deve satisfazer

$$B_{1j}(x_1, y_0, y_1, \ldots, y_{N-1}) = 0 \qquad j = 0, \ldots, n_1 - 1 \qquad (18.0.2)$$

ao passo que em $x_2$ ela deve satisfazer

$$B_{2k}(x_2, y_0, y_1, \ldots, y_{N-1}) = 0 \qquad k = 0, \ldots, n_2 - 1 \qquad (18.0.3)$$

Há duas classes distintas de métodos numéricos para solucionar problemas de contorno de dois pontos. No *shooting method* (§18.1), escolhemos valores para todas as variáveis dependentes em uma fronteira. Estes valores devem ser consistentes com todas as condições de contorno para *aquela particular* fronteira, sendo no entanto escolhidos de modo a depender de parâmetros livres cujas valores iniciais estimamos "aleatoriamente". Integramos então as EDOs pelo método dos valores iniciais, chegando até a outra fronteira (e/ou a quaisquer pontos interiores com condições de contorno especificadas). Geralmente encontramos discrepâncias com os valores de contorno ali pretendidos. O que temos em mãos agora é um problema multidimensional de localização de raízes, como tratado nos §9.6 e §9.7: determinar o ajuste de parâmetros no ponto inicial que zera as discrepâncias no(s) outro(s) ponto(s) de fronteira. Se igualarmos a integração da equação diferencial com o acompanhamento da trajetória de uma bala do momento em que ela sai da arma até o alvo, então a escolha de condições iniciais seria o equivalente a mirar (veja Figura 18.0.1). O *shooting method* é uma abordagem sistemática de se dar tiros para "estimar o alcance" melhorando nossa "mira" sistematicamente.

Como variante deste método (§18.2), podemos estimar parâmetros livres desconhecidos em ambas as extremidades do domínio, integrar as equações até um ponto médio e tentar ajustar os parâmetros estimados de modo que as soluções juntem-se "suavemente" no ponto de encontro. Em todos as variantes do shooting method, as soluções tentativas satisfazem as equações diferenciais "exatamente" (ou tão exatamente quanto nos preocuparmos em fazê-las pela integração numérica), mas as soluções teste só irão satisfazer as condições de contorno exigidas ao final das iterações.

*Métodos de relaxação* usam uma abordagem diferente. As equações diferenciais são substituídas por equações a diferenças finitas sobre uma malha de pontos que cobre o domínio de

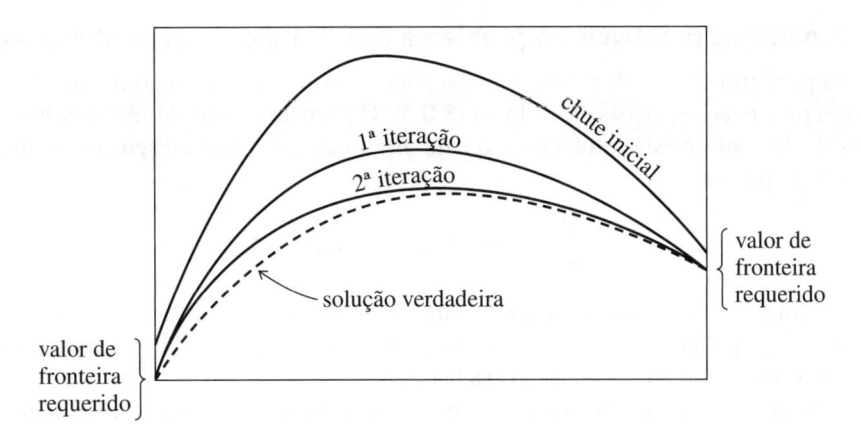

**Figura 18.0.2** Método da relaxação (esquemático). Uma tentativa inicial que satisfaça aproximadamente a equação diferencial e condições de contorno é utilizada. Um processo iterativo ajusta a função de modo a aproximá-la da solução verdadeira.

integração. Uma solução teste consiste em valores para as variáveis dependentes em cada ponto da malha que *não* satisfaçam as equações a diferenças finitas e nem mesmo as condições de contorno, necessariamente. A iteração, agora chamada de *relaxação*, consiste em ir ajustando todos os valores na malha sucessivamente de modo a fazer com que concordem o mais proximamente com as equações a diferenças finitas e, simultaneamente, as condições de contorno (veja Figura 18.0.2). Por exemplo, se o problema envolve três equações acopladas e uma malha de 100 pontos, devemos estimar e melhorar 300 variáveis que representam a solução.

Com toda esta quantidade de ajuste, você pode estar se perguntando, surpreso, se a relaxação é, afinal, eficaz para alguma coisa, mas (para os problemas corretos) ela realmente é! A relaxação funciona melhor que o *shooting* quando as condições de contorno são particularmente sensíveis ou sutis, ou nas situações que envolvam relações algébricas complicadas que não podem ser facilmente solucionadas de forma fechada. Ela também funciona melhor quando a solução é suave e não oscila fortemente. Tais oscilações exigiriam muitos pontos de malha para uma representação precisa. O número e a posição dos pontos requeridos podem não ser conhecidos *a priori*. Nestes casos, dá-se usualmente preferência ao *shooting method*, pois suas integrações de tamanho de passo variáveis se ajustam naturalmente às peculiaridades da solução.

Métodos de relaxação são normalmente preferidos quando as ODEs têm soluções espúrias que, mesmo que não apareçam na solução final satisfazendo todas as condições de contorno, ainda assim podem produzir estrago nas integrações de valores iniciais que o *shooting* requer. O caso típico é aquele de tentar manter uma exponencial que decai na presença de exponenciais que crescem.

Bons chutes iniciais são o segredo da eficiência dos método de relaxação. Em muitos casos temos que solucionar um problema muitas vezes, cada vez usando um valor levemente diferente de parâmetro. Nestes casos, a solução prévia é um bom chute inicial quando o parâmetro é mudado e a relaxação funciona bem.

Até que você tenha adquirido experiência o suficiente para fazer os próprios julgamentos acerca dos dois métodos, talvez seja melhor seguir o conselho dos autores, notórios bons atiradores: sempre atiramos primeiro, e só então relaxamos.

## 18.0.1 Problemas redutíveis ao problema com condições de contorno padrão

Há duas importantes classes de problemas que podem ser reduzidas aos problemas de contorno padrão descritos pelas equações (18.0.1) – (18.0.3). O primeiro é o *problema de autovalores de equações diferenciais*. Nestes problemas, o lado direito de um sistema de equações diferenciais depende de um parâmetro $\lambda$,

$$\frac{dy_i(x)}{dx} = g_i(x, y_0, \ldots, y_{N-1}, \lambda) \tag{18.0.4}$$

e há $N + 1$ condições de contorno a serem satisfeitas no lugar de apenas $N$. O problema é sobredeterminado, e em geral não existe solução para valores arbitrários de $\lambda$. Para certos valores especiais de $\lambda$, os autovalores, a equação (18.0.4) tem solução.

Podemos reduzir este problema ao caso padrão introduzindo uma nova variável dependente

$$y_N \equiv \lambda \tag{18.0.5}$$

e uma outra equação diferencial

$$\frac{dy_N}{dx} = 0 \tag{18.0.6}$$

Um exemplo deste truque é apresentado no §18.4.

O outro caso que pode ser escrito na forma padrão é o do problema de contorno livre. Neste tipo de problema, apenas uma abscissa de fronteira $x_1$ é especificada, enquanto a outra $x_2$ deve ser determinada de modo que o sistema (18.0.1) tenha uma solução que satisfaça um total de $N + 1$ condições de contorno. Neste caso, adicionamos novamente uma variável dependente extra constante

$$y_N \equiv x_2 - x_1 \tag{18.0.7}$$

$$\frac{dy_N}{dx} = 0 \tag{18.0.8}$$

Definimos também uma nova variável *independente t* tomando

$$x - x_1 \equiv t y_N, \quad 0 \leq t \leq 1 \tag{18.0.9}$$

O sistema de $N + 1$ equações diferenciais para $dy_i/dt$ se encontra agora na forma padrão, com $t$ variando entre os conhecidos limites de 0 e 1.

**REFERÊNCIAS CITADAS E LEITURA COMPLEMENTAR**

Keller, H.B. 1968, *Numerical Methods for Two-Point Boundary-Value Problems*; reprinted 1991 (New York: Dover).

Kippenhan, R., Weigert, A., and Hofmeister, E. 1968, in *Methods in Computational Physics*, vol. 7 (New York: Academic Press), pp. 129ff.

Eggleton, P.P. 1971, "The Evolution of Low Mass Stars," *Monthly Notices of the Royal Astronomical Society*, vol. 151, pp. 351–364.

London, R.A., and Flannery, B.P. 1982, "Hydrodynamics of X-Ray Induced Stellar Winds," *Astrophysical Journal*, vol. 258, pp. 260–269.

Stoer, J., and Bulirsch, R. 2002, *Introduction to Numerical Analysis*, 3rd ed. (New York: Springer), §7.3 – §7.4.

## 18.1 O método shooting

Nesta seção discutiremos o *shooting* "puro", onde a integração vai de $x_1$ a $x_2$, e tentamos satisfazer as condições de contorno no final da integração. Na próxima seção discutiremos o shooting para um ponto de ajuste intermediário, onde a solução das equações e condições de contorno é achada dando-se "tiros" a partir de ambas as pontas do intervalo e tentando-se satisfazer condições de continuidade em algum ponto intermediário.

Nossa implementação do shooting implementa de maneira exata um Newton-Raphson (§9.7) multidimensional e convergente globalmente. Ele procura zerar $n_2$ funções de $n_2$ variáveis. As funções são obtidas integrando-se $N$ equações diferenciais de $x_1$ a $x_2$. Vejamos como funciona.

No ponto inicial $x_1$ há $N$ valores iniciais $y_i$ a serem especificados, porém sujeitos a $n_1$ condições. Há portanto $n_2 = N - n_1$ valores iniciais de livre escolha. Imaginemos que estes valores livres formam as componentes de um vetor $V$ que vive em um espaço vetorial de dimensão $n_2$. Então você, o usuário, sabedor da forma funcional das condições de contorno (18.0.2), pode escrever a função ou functor que gera um conjunto completo de $N$ valores iniciais $y$, que satisfazem as condições de contorno, a partir de um valor arbitrário de vetor $V$ em que não há quaisquer restrições sobre os $n_2$ valores das componentes. Em outras palavras, a equação (18.0.2) converte-se na receita

$$y_i(x_1) = y_i(x_1; V_0, \ldots, V_{n_2-1}) \qquad i = 0, \ldots, N-1 \qquad (18.1.1)$$

Na rotina Shoot, abaixo, a função ou functor que implementa (18.1.1) será chamada de load, mas você pode passá-la como um argumento para a rotina com o nome que bem entender.

Observe que as componentes de $V$ podem ser exatamente os valores de algumas componentes "livres" de $y$, as outras componentes de $y$ sendo determinadas pelas condições de contorno. Ou, alternativamente, as componentes de $V$ podem parametrizar as soluções que satisfaçam as condições de contorno iniciais de alguma maneira conveniente. Condições de contorno normalmente introduzem relações algébricas entre os $y_i$'s, no lugar de valores específicos para cada um deles. Usar algum conjunto auxiliar de parâmetros normalmente torna mais fácil "resolver" as relações de contorno para um conjunto consistente de $y_i$'s. Não faz diferença alguma que caminho você toma, desde que o espaço vetorial de $V$'s gere (via 18.1.1) todos os possíveis vetores iniciais $y$.

Dado um $V$ particular, um $y$ ($x_1$) particular é gerado. Ele pode ser transformado em um $y$ ($x_2$) pela integração das EDOs até $x_2$ como um problema de valor inicial (por exemplo, usando Odeint do Cap. 17). Agora, em $x_2$, definamos um vetor de discrepância $F$, também de dimensão $n_2$, cujas componentes medem o quão longe estamos de satisfazer as $n_2$ condições de contorno em $x_2$ (18.0.3). O mais simples de tudo é usar os lados direitos de (18.0.3),

$$F_k = B_{2k}(x_2, y) \qquad k = 0, \ldots, n_2 - 1 \qquad (18.1.2)$$

Como no caso de $V$, contudo, você pode usar qualquer outra parametrização conveniente desde que seu espaço de $F$'s gere o espaço de possíveis discrepâncias em relação às condições de contorno desejadas, com todas as componentes de $F$ iguais a zero se e somente se as condições de contorno forem satisfeitas em $x_2$. Abaixo, você deverá fornecer uma função ou functor escrito pelo usuário que use (18.0.3) para converter um $N$-vetor com valores finais $y$ ($x_2$) em um $n_2$-vetor de discrepâncias $F$. Dentro de Shoot, esta função é chamada de score.

Agora, no que diz respeito a Newton-Raphson, estamos quase prontos. Queremos achar um valor de vetor $V$ que zere o valor do vetor $F$. Fazemos isto chamando o método de Newton globalmente convergente implementado na rotina `newt` do §9.7. Lembre-se que o coração do método de Newton envolve a solução de um conjunto de $n_2$ equações lineares

$$\mathbf{J} \cdot \delta \mathbf{V} = -\mathbf{F} \qquad (18.1.3)$$

e então a adição da correção de volta,

$$\mathbf{V}^{novo} = \mathbf{V}^{velho} + \delta \mathbf{V} \qquad (18.1.4)$$

Em (18.1.3), a matriz Jacobiana $\mathbf{J}$ tem componentes dadas por

$$J_{ij} = \frac{\partial F_i}{\partial V_j} \qquad (18.1.5)$$

Não é factível calcular estas derivadas parciais analiticamente. Elas requerem, em vez disso, a integração em separado de $N$ EDOs, seguida da avaliação de

$$\frac{\partial F_i}{\partial V_j} \approx \frac{F_i(V_0, \ldots, V_j + \Delta V_j, \ldots) - F_i(V_0, \ldots, V_j, \ldots)}{\Delta V_j} \qquad (18.1.6)$$

Isto é feito automaticamente para você no functor `NRfdjac` que vem junto com `newt`. O único input em `newt` que você precisa dar é a rotina `vecfunc` que calcula $F$ pela integração das EDOs. Aqui está a rotina apropriada, um functor chamado `Shoot`, que deve ser fornecido como o verdadeiro argumento em `newt`:

shoot.h
```
template <class L, class R, class S>
struct Shoot {
```
Functor para uso com `newt` para achar solução de problema de valor de contorno de dois pontos utilizando o método de shooting.
```
    Int nvar;              Número de EDOs acopladas.
    Doub x1,x2;            Começa pelos pontos nas extremidades.
    L &load;               Pontos inicial e final.
    R &d;                  Fornece valores iniciais de v[0..n2-1] para as EDOs.
    S &score;              Fornece informações sobre derivadas ao integrador de EDOs.
    Doub atol,rtol;        Retorna as n2 funções que devem ser zero para assim satisfazer à
    Doub h1,hmin;            condição de contorno em x2.
    VecDoub y;
    Shoot(Int nvarr, Doub xx1, Doub xx2, L &loadd, R &dd, S &scoree) :
        nvar(nvarr), x1(xx1), x2(xx2), load(loadd), d(dd),
        score(scoree), atol(1.0e-14), rtol(atol), hmin(0.0), y(nvar) {}
```
Rotina para uso com `newt` para achar solução do problema de contorno de dois pontos para um número nvar de EDOs acopladas, usando shooting de x1 a x2. Valores iniciais para as nvar EDOs em x1 são gerados a partir dos n2 coeficientes de entrada v[0..n2-1], usando a rotina `load` fornecida pelo usuário.
```
    VecDoub operator() (VecDoub_I &v) {
```
Este é o functor usado por `newt`. Ele integra as EDOs até x2 usando um método de Runge-Kutta de oitava ordem com tolerâncias absoluta e relativa atol e rtol, passo inicial h1 e passo mínimo hmin. Em x2, chama a rotina `score` fornecida pelo usuário e retorna as n2 funções que devem ser zero. `newt` utiliza um método de Newton globalmente convergente para ajustar os valores de v até que as funções retornadas sejam de fato iguais a zero.
```
        h1=(x2-x1)/100.0;
        y=load(x1,v);
        Output out;            Odeint não gera saída.
        Odeint<StepperDopr853<R> > integ(y,x1,x2,atol,rtol,h1,hmin,out,d);
        integ.integrate();
        return score(x2,y);
    }
};
```

Note que `Shoot` é pré-formatada em `load`, o lado direito das rotinas `Odeint` e `score`. Na prática, quase sempre você vai querer escrevê-las como functors e não funções. Isto faz da troca de informação sobre os vários parâmetros do problema uma tarefa mais simples – simplesmente passe-os aos contrutores como sendo parâmetros.

Para alguns problemas, o tamanho inicial de passo $\Delta V$ pode depender sensivelmente das condições iniciais. É simples alterar `load` para que ela calcule um tamanho de passo `h1` sugerido como um variável membro, enviando-o primeiro para `Shoot` e então para `NRfdjac` quando o objeto `Shoot` for passado a `newt`.

Um ciclo completo do shooting requer deste modo $n_2+1$ integrações das N EDOs acopladas: uma integração para avaliar a discrepância momentânea e $n2$ para as derivadas parciais. Cada novo ciclo requer uma nova rodada de $n_2+1$ integrações. Isto ilustra o enorme esforço adicional que a solução de problemas de contorno de dois pontos involve, quando comparada a problemas de valor inicial.

Se as equações diferenciais forem lineares, então apenas um ciclo completo se faz necessário, uma vez que (18.1.3) – (18.1.4) deveriam nos levar diretamente à solução. Uma segunda rodada pode ser útil, contudo, para enxugar alguns (nunca todos) erros de arredondamento.

Na maneira como ela foi dada aqui, `Shoot` usa o método de Runge-Kutta de oitava ordem do § 17.2 altamente eficiente a fim de integrar as EDOs, mas qualquer um dos outros métodos do Capítulo 17 poderia ser usado.

Você, o usuário, deve suprir `Shoot` com o seguinte: (i) uma função ou functor `load(x1,v)` que retorna o n-vetor `y[0..n-1]` (que satisfaça obviamente as condições de contorno), dados as variáveis de especificação livre `v[0..n2-1]` no ponto inicial `x1`; (ii) uma função ou functor `score(x2,y)` que retorna o vetor discrepância `f[0..n2-1]` da condição de contorno do ponto final, dado o vetor `y[0..n-1]` no ponto final `x2`; (iii) um vetor inicial `v[0..n2-1]`; (iv) uma função ou functor, chamada de `d` na rotina, para a integração da EDO; e outros parâmetros óbvios, como descrito da linha de comando inicial mostrada acima.

No §18.4 fornecemos um exemplo de programa que ilustra o uso de `Shoot`.

### REFERÊNCIAS CITADAS E LEITURA COMPLEMENTAR

Acton, F.S. 1970, *Numerical Methods That Work*; 1990, corrected edition (Washington, DC: Mathematical Association of America).

Keller, H.B. 1968, *Numerical Methods for Two-Point Boundary-Value Problems*; reprinted 1991 (New York: Dover).

## 18.2 Shooting em direção a um ponto de ajuste

O shooting descrito no §18.1 assume tacitamente que os "tiros" são capazes de atravessar todo o domínio de integração, mesmo nos primeiros estágios de convergência para a solução correta. Em alguns casos pode ocorrer que, com condições iniciais bastante erradas, a solução inicial nem mesmo consiga ir de $x_1$ a $x_2$ sem encontrar algum resultado catastrófico, incalculável, pelo caminho. Por exemplo, o argumento de uma raiz quadrada pode ser negativo, fazendo com que o código colapse. Um shooting simples ficaria impedido.

Um caso diferente mas relacionado é quando os pontos finais são ambos pontos singulares de um conjunto de EDOs. Frequentemente são necessários métodos especiais para se integrar próximo a pontos singulares, por exemplo, expansões assintóticas analíticas. Neste caso é factível se integrar na direção para *longe* do ponto singular, usando um método especial para passar pelo primeiro pedacinho e então lendo valores "iniciais" para continuar a integração numérica. Contudo, normalmente é impraticável integrar *em direção* a um ponto singular. Normalmente a condição de contorno que desejamos é uma solução regular num ponto singular, mas integrar para uma singularidade é garantia de que a solução encontrada será também singular, e por definição aumenta à medida que vamos integrando para dentro da singularidade. Qualquer pequena imprecisão numérica incluirá uma mistura espúria da solução "errada", que cresce e engole a solução desejada.

A solução dos problemas acima mencionados é o *shooting em direção a um ponto de ajuste* (*shooting to a fitting point*). Ao invés de integrar de $x_1$ a $x_2$, integramos primeiro de $x_1$ até um ponto $x_f$ que se encontra *entre* $x_1$ e $x_2$. Depois integramos (na direção contrária) de $x_2$ até $x_f$.

Se (como antes) o número de condições de contorno em $x_1$ é $n_1$, e o número de condições em $x_2$ é $n_2$, então haverá $n_2$ valores iniciais em $x_1$ de livre escolha e $n_1$ em $x_2$ (se isto o deixa confuso, consulte o §18.1). Podemos assim definir um $n_2$-vetor $\mathbf{V}^{(1)}$ de parâmetros iniciais em $x_1$ e uma prescrição load1 (x1, v1) para mapear $\mathbf{V}^{(1)}$ em um $\mathbf{y}$ que satisfaça as condições de contorno em $x_1$:

$$y_i(x_1) = y_i(x_1; V_0^{(1)}, \ldots, V_{n_2-1}^{(1)}) \qquad i = 0, \ldots, N - 1 \tag{18.2.1}$$

Da mesma maneira podemos definir um $n_1$-vetor $\mathbf{V}^{(2)}$ de parâmetros iniciais em $x_2$ e uma prescrição load2 (x2, v2) para mapear $\mathbf{V}^{(2)}$ em um $\mathbf{y}$ que satisfaça as condições de contorno em $x_2$:

$$y_i(x_2) = y_i(x_2; V_0^{(2)}, \ldots, V_{n_1-1}^{(2)}) \qquad i = 0, \ldots, N - 1 \tag{18.2.2}$$

Temos assim um total de $N$ parâmetros de ajuste livre na combinação de $\mathbf{V}^{(1)}$ e $\mathbf{V}^{(2)}$. As $N$ condições que devem ser satisfeitas são que haja concordância entre as $N$ componentes de $\mathbf{y}$ no ponto $x_f$ obtidas quando se integra vindo de um lado e do outro,

$$y_i(x_f; \mathbf{V}^{(1)}) = y_i(x_f; \mathbf{V}^{(2)}) \qquad i = 0, \ldots, N - 1 \tag{18.2.3}$$

Em algumas aplicações, as $N$ condições de concordância (*matching conditions*) podem ser melhor descritas (fisicamente, matematicamente ou numericamente) usando-se $N$ diferentes funções $F_i$, $i = 0 \ldots N - 1$, cada uma delas com uma possível dependência nas $N$ componentes $y_i$. Nestes casos, a equação (18.2.3) é substituída por

$$F_i[\mathbf{y}(x_f; \mathbf{V}^{(1)})] = F_i[\mathbf{y}(x_f; \mathbf{V}^{(2)})] \qquad i = 0, \ldots, N - 1 \tag{18.2.4}$$

No programa abaixo, uma função ou functor fornecida pelo usuário e chamada score (xf, y) na rotina tem a função de mapear um $N$-vetor $\mathbf{y}$ de entrada em um $N$-vetor $\mathbf{F}$ de saída. Na maioria dos casos você simplesmente pode usar o mapeamento identificador $\mathbf{F} = \mathbf{y}$.

O método do shooting para um ponto de ajuste faz uso do mesmo Newton-Raphson globalmente convergente do §18.1. Comparando minuciosamente com a rotina Shoot da seção prévia, você não terá dificuldade de entender a rotina Shootf a seguir. A principal diferença em uso está no fato de que você tem que fornecer tanto load1 quanto load2. Também, ao chamar o programa você tem que fornecer os chutes iniciais v1[0..n2-1] e v2 [0..n1-1]. Novamente, um programa modelo que ilustra o método é apresentado no §18.4.

```
template <class L1, class L2, class R, class S>                                shootf.h
struct Shootf {
```
Functor para uso com newt para resolver um problema de contorno de dois pontos usando o método de shooting para um ponto de ajuste.
```
    Int nvar,n2;                    nvar é o número de EDOs acopladas.
    Doub x1,x2,xf;                  Pontos inicial, final e de ajuste.
    L1 &load1;                      load1 e load2 fornecem valores iniciais para as EDOs.
    L2 &load2;
    R &d;                           Fornece informação sobre derivadas para integrador de EDOs.
    S &score;                       Calcula a discrepância (mismatch) das soluções no ponto de ajus-
    Doub atol,rtol;                 te.
    Doub h1,hmin;
    VecDoub y,f1,f2;
    Shootf(Int nvarr, Int nn2,  Doub xx1, Doub xx2, Doub xxf, L1 &loadd1,
        L2 &loadd2, R &dd, S &scoree) : nvar(nvarr), n2(nn2), x1(xx1),
        x2(xx2), xf(xxf), load1(loadd1), load2(loadd2), d(dd),
        score(scoree), atol(1.0e-14), rtol(atol), hmin(0.0), y(nvar),
        f1(nvar), f2(nvar) {}
```
Rotina usada com newt para resolver problema de valores de contorno de dois pontos para nvar EDOs acopladas, usando o método do shooting de x1 e x2 a um ponto de ajuste xf. Valores iniciais para as nvar EDOs em x1 são gerados dos n2 coeficientes v1 e das rotina load1, fornecida pelo usuário. Do mesmo modo, os valores inicias em x2 a partir dos n1=nvar-n2 coeficientes v2 usando load2. Os coeficientes v1 e v2 devem ser armazenados em um simples array v[0..nvar-1] no programa principal, com v1 em v[0..n2-1] e v2 em v[n2..nvar-1].
```
    VecDoub operator() (VecDoub_I &v) {
```
Este é o functor usado por newt. Ele integra as EDOs até xf usando um Runge-Kutta de oitava ordem, com tolerâncias absoluta e relativa atol e rtol, tamanho de passo inicial h1 e tamanho mínimo hmin. Em xf ele chama a rotina score suprida pelo usuário para calcular as nvar funções f1 e f2 que devem coincidir em xf. As diferenças são retornadas na saída. newt usa um método de Newton de convergência global para ajustar os valores de v até que as diferenças sejam zero. Uma função ou functor d suprida pelo usuário fornece informações sobre as derivadas para o integrador de EDOs (veja Capítulo 17).
```
        VecDoub v2(nvar-n2,&v[n2]);
        h1=(x2-x1)/100.0;
        y=load1(x1,v);                  Caminho de x1 a xf com melhores valores de teste v1.
        Output out;                     Odeint não gera saída.
        Odeint<StepperDopr853<R> > integ1(y,x1,xf,atol,rtol,h1,hmin,out,d);
        integ1.integrate();
        f1=score(xf,y);
        y=load2(x2,v2);                 Caminho de x2 a xf com melhores valores de teste v2.
        Odeint<StepperDopr853<R> > integ2(y,x2,xf,atol,rtol,h1,hmin,out,d);
        integ2.integrate();
        f2=score(xf,y);
        for (Int i=0;i<nvar;i++) f1[i] -= f2[i];
        return f1;
    }
};
```
Há problemas de contorno onde até mesmo o shooting para pontos de ajuste não funciona – o intervalo de integração tem que ser particionado por vários pontos de ajuste e a solução tem que coincidir em cada um destes pontos. Para mais detalhes, consulte [1].

### REFERÊNCIAS CITADAS E LEITURA COMPLEMENTAR

Acton, F.S. 1970, *Numerical Methods That Work*; 1990, corrected edition (Washington, DC: Mathematical Association of America).

Keller, H.B. 1968, *Numerical Methods for Two-Point Boundary-Value Problems*; reprinted 1991 (New York: Dover).

Stoer, J., and Bulirsch, R. 2002, *Introduction to Numerical Analysis*, 3rd ed. (New York: Springer), §7.3.5 – §7.3.6.[1]

## 18.3 Métodos de relaxação

Nos *métodos de relaxação* substituímos as EDOs por *equações a diferenças finitas* (EDFs) sobre uma rede ou malha de pontos que cobre o domínio de interesse. Como exemplo típico, poderíamos substituir uma equação geral de primeira ordem

$$\frac{dy}{dx} = g(x, y) \tag{18.3.1}$$

por uma equação algébrica relacionando os valores da função em dois pontos, $k$ e $k - 1$:

$$y_k - y_{k-1} - (x_k - x_{k-1}) g\left[\tfrac{1}{2}(x_k + x_{k-1}), \tfrac{1}{2}(y_k + y_{k-1})\right] = 0 \tag{18.3.2}$$

A forma da EDF em (18.3.2) ilustra a ideia, mas não unicamente: há várias maneiras de transformar EDOs em EDFs. Quando o problema envolve $N$ EDOs acopladas de primeira ordem, representadas por EDFs sobre uma malha de $M$ pontos, a solução consiste em valores para as $N$ funções dependentes em cada um dos $M$ pontos da malha, ou seja, um total de $N \times M$ variáveis. O método da relaxação determina a solução começando por uma tentativa e melhorando-a iterativamente. À medida que a iteração melhora a solução, diz-se que o resultado *relaxa* para a solução verdadeira.

Embora vários esquemas de iteração sejam possíveis, para a maioria dos problemas nosso velho método de plantão, o Newton multidimensional, funciona bem. O método cria uma equação matricial que precisa ser resolvida, mas a matriz tem uma forma "bloco-diagonal" que nos permite invertê-la de maneira muito mais econômica, tanto em tempo quanto em espaço de memória, do que seria possível para uma matriz geral de tamanho $(MN) \times (MN)$. Uma vez que $MN$ pode facilmente ser alguns milhares ou mais, este fato é crucial para a implementabilidade do método.

Nossa implementação acopla no máximo pares de pontos, como na equação (18.3.2). Mais pontos podem ser acoplados, mas daí o método se torna mais complexo. Forneceremos informações de fundo o suficiente para que você possa escrever um esquema mais geral caso tenha a paciência para tanto.

Desenvolvamos um conjunto geral de equações algébricas que representem EDOs em termos de EDFs. A EDO do problema é exatamente idêntica àquela expressa nas equações (18.0.1) – (18.0.3), onde temos $N$ equações de primeira ordem acopladas que satisfazem $n_1$ condições de contorno num extremo do intervalo e $n_2 = N - n_1$ no outro extremo. Primeiro definimos uma rede ou malha por um conjunto de $k = 0, 1, ..., M - 1$ pontos nos quais fornecemos os valores das variáveis independentes $x_k$. Em particular, $x_0$ é a fronteira inicial e $x_{M-1}$ a final. Usamos a notação $\mathbf{y}_k$ para designar todo o conjunto de variáveis dependentes $y_0, y_1, ..., y_{N-1}$ no ponto $x_k$. Em um ponto arbitrário $k$ no meio da malha, aproximamos o conjunto de $N$ EDOs de primeira ordem acopladas por relações algébricas da forma

$$0 = \mathbf{E}_k \equiv \mathbf{y}_k - \mathbf{y}_{k-1} - (x_k - x_{k-1})\mathbf{g}_k(x_k, x_{k-1}, \mathbf{y}_k, \mathbf{y}_{k-1}), \quad k = 1, 2, ..., M - 1 \tag{18.3.3}$$

A notação significa que $\mathbf{g}_k$ pode ser calculado usando-se a informação de ambos os pontos $k$ e $k - 1$. As EDFs indexadas por $\mathbf{E}_k$ nos fornecem $N$ equações que acoplam $2N$ variáveis nos pontos $k$ e $k - 1$. Há $M - 1$ pontos, $k = 1, 2, ..., M - 1$, nos quais as equações a diferenças finitas da forma (18.3.3) se aplicam. Portanto, as EDFs fornecem um total de $(M - 1) N$ equações para $MN$ incógnitas. As $N$ equações restantes vêm das condições de contorno.

Na primeira fronteira temos

$$0 = \mathbf{E}_0 \equiv \mathbf{B}(x_0, \mathbf{y}_0) \tag{18.3.4}$$

enquanto que na segunda temos

$$0 = \mathbf{E}_M \equiv \mathbf{C}(x_{M-1}, \mathbf{y}_{M-1}) \tag{18.3.5}$$

Os vetores $\mathbf{E}_0$ e $\mathbf{B}$ têm somente $n_1$ componentes diferentes de zero, correspondentes às $n_1$ condições de contorno em $x_0$. Resulta que é útil tomar estas componentes diferentes de zero como sendo as *últimas* $n_1$ componentes. Em outras palavras, $\mathbf{E}_{j,0} \neq 0$ somente para $j = n_2, n_2 + 1, ..., N - 1$. Na outra fronteira, apenas os primeiros $n_2$ componentes de $\mathbf{E}_M$ e $\mathbf{C}$ são diferentes de zero: $E_{j,M} \neq 0$ somente para $j = 0, 1, ..., n_2 - 1$.

A "solução" do problema de FDEs em (18.3.3) – (18.3.5) consiste em um conjunto de variáveis $y_{j,k}$, os valores das $N$ variáveis $y_j$ nos $M$ pontos $x_k$. O algoritmo descrito abaixo requer um chute inicial para os $y_{j,k}$. Daí determinamos os incrementos $\Delta y_{j,k}$ tais que $y_{j,k} + \Delta y_{j,k}$ seja uma aproximação melhorada da solução.

As equações para os incrementos são desenvolvidas expandindo-se as EDFs em série de Taylor em primeira ordem em função das pequenas mudanças $\Delta \mathbf{y}_k$. Em um ponto interior, $k = 1, 2, ..., M - 1$, isto dá

$$\mathbf{E}_k(\mathbf{y}_k + \Delta \mathbf{y}_k, \mathbf{y}_{k-1} + \Delta \mathbf{y}_{k-1}) \approx \mathbf{E}_k(\mathbf{y}_k, \mathbf{y}_{k-1}) + \sum_{n=0}^{N-1} \frac{\partial \mathbf{E}_k}{\partial y_{n,k-1}} \Delta y_{n,k-1} + \sum_{n=0}^{N-1} \frac{\partial \mathbf{E}_k}{\partial y_{n,k}} \Delta y_{n,k}$$

(18.3.6)

Para uma solução, queremos que o novo valor de $\mathbf{E}$ $(\mathbf{y} + \Delta \mathbf{y})$ seja zero, de forma que o conjunto geral de equações em um ponto interior possa ser escrito em forma matricial como

$$\sum_{n=0}^{N-1} S_{j,n} \Delta y_{n,k-1} + \sum_{n=N}^{2N-1} S_{j,n} \Delta y_{n-N,k} = -E_{j,k}, \quad j = 0, 1, ..., N - 1$$

(18.3.7)

onde

$$S_{j,n} = \frac{\partial E_{j,k}}{\partial y_{n,k-1}}, \quad S_{j,n+N} = \frac{\partial E_{j,k}}{\partial y_{n,k}}, \quad n = 0, 1, ..., N - 1$$

(18.3.8)

A grandeza $S_{j,n}$ é uma matriz $N \times 2N$ em cada ponto $k$. Cada ponto interior fornece assim um bloco de $N$ equações que acoplam $2N$ correções às soluções nos pontos $k$, $k - 1$.

Analogamente, as relações algébricas nas fronteiras podem ser expandidas em primeira ordem em série de Taylor para os incrementos que melhoram a solução. Uma vez que $\mathbf{E}_0$ depende somente de $\mathbf{y}_0$, encontramos na primeira fronteira

$$\sum_{n=0}^{N-1} S_{j,n} \Delta y_{n,0} = -E_{j,0}, \quad j = n_2, n_2 + 1, ..., N - 1$$

(18.3.9)

onde

$$S_{j,n} = \frac{\partial E_{j,0}}{\partial y_{n,0}}, \quad n = 0, 1, ..., N - 1$$

(18.3.10)

Na segunda fronteira,

$$\sum_{n=0}^{N-1} S_{j,n} \Delta y_{n,M-1} = -E_{j,M}, \quad j = 0, 1, ..., n_2 - 1$$

(18.3.11)

onde

$$S_{j,n} = \frac{\partial E_{j,M}}{\partial y_{n,M-1}}, \quad n = 0, 1, ..., N - 1$$

(18.3.12)

```
X X X X X                                          V B
X X X X X                                          V B
X X X X X                                          V B
X X X X X X X X X X                                V B
X X X X X X X X X X                                V B
X X X X X X X X X X                                V B
X X X X X X X X X X                                V B
X X X X X X X X X X                                V B
          X X X X X X X X X X                      V B
          X X X X X X X X X X                      V B
          X X X X X X X X X X                      V B
          X X X X X X X X X X                      V B
          X X X X X X X X X X                      V B
                    X X X X X X X X X X            V B
                    X X X X X X X X X X            V B
                    X X X X X X X X X X            V B
                    X X X X X X X X X X            V B
                    X X X X X X X X X X            V B
                              X X X X X            V B
                              X X X X X            V B
```

**Figura 18.3.1** Estrutura da matriz de um conjunto de equações a diferenças finitas (EDFs) lineares com condições de contorno impostas em ambas as extremidades do intervalo. Aqui X representa um coeficiente das EDFs, V representa uma componente do vetor-solução desconhecido, e B representa uma componente do lado direito da equação, que é conhecido. Espaços vazios representam zeros. Esta equação matricial deve ser resolvida por uma forma especial de eliminação Gaussiana (veja texto para mais detalhes).

Temos assim nas equações (18.3.7) – (18.3.12) um conjunto de equações lineares a serem resolvidas para as correções $\Delta \mathbf{y}$, iterando-as até que estas sejam pequenas o suficiente. Estas equações têm uma estrutura especial, uma vez que cada $S_{j,n}$ acopla somente os pontos $k$ e $k-1$. A Figura 18.3.1 ilustra uma estrutura típica da equação matricial completa no caso de cinco variáveis e quatro pontos de malha, com três condições de contorno na primeira fronteira e duas na segunda. O bloco de tamanho $3 \times 5$ com entradas diferentes de zero no canto superior esquerdo da matriz vem das condições de contorno $S_{j,n}$ no ponto $k=0$. Os três próximos blocos de tamanho $5 \times 10$ são os $S_{j,n}$ nos pontos interiores, acoplando as variáveis nos pontos da malha (2,1), (3,2) e (4,3). Finalmente temos um bloco que corresponde à segunda condição de contorno.

Podemos resolver as equações (18.3.7) – (18.3.12) para os incrementos $\Delta \mathbf{y}$ por meio de uma eliminação Gaussiana que aproveite a estrutura especial da matriz com o objetivo de minimizar o número de operações e que minimize o armazenamento da matriz empacotando os elementos em uma estrutura especial de blocos (talvez você queira rever o Capítulo 2, em especial o §2.2, caso você não esteja familiarizado com os passos envolvidos em uma eliminação Gaussiana). Lembre-se que a eliminação Gaussiana consiste na manipulação das equações por operações elementares tais como dividir linhas de coeficientes por um fator comum a fim de fazer aparecer a unidade nas diagonais, e adicionar múltiplos apropriados de outras linhas para criar zeros abaixo da diagonal. Aqui aproveitamos a estrutura de bloco para fazer um pouco mais de redução que numa eliminação Gaussiana pura, de modo que o armazenamento de coeficientes seja mínimo. A Figura 18.3.2 mostra a forma que queremos atingir por eliminação, imediatamente antes do passo de substituição reversa. Somente um pequeno subconjunto dos elementos da matriz reduzida $MN \times MN$ precisa ser armazenado à medida que a eliminação vai progredindo. Uma vez que os elementos de matriz chegam no estágio ilustrado na Figura 18.3.2, a solução é rapidamente obtida por uma substituição reversa.

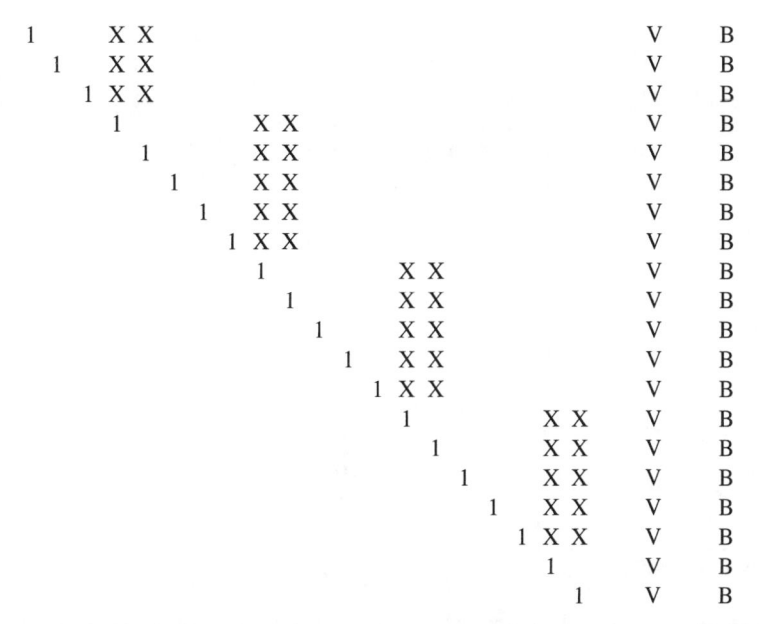

```
1   X X                                    V  B
  1   X X                                  V  B
    1 X X                                  V  B
      1     X X                            V  B
        1   X X                            V  B
          1 X X                            V  B
            1 X X                          V  B
              1 X X                        V  B
                1     X X                  V  B
                  1   X X                  V  B
                    1 X X                  V  B
                      1 X X                V  B
                        1 X X              V  B
                          1     X X        V  B
                            1   X X        V  B
                              1 X X        V  B
                                1 X X      V  B
                                  1 X X    V  B
                                      1    V  B
                                        1  V  B
```

**Figura 18.3.2** Estrutura alvo da eliminação Gaussiana. Uma vez que a matriz da Figura 18.3.1 tenha sido reduzida a esta forma, a solução segue imediatamente por substituição reversa.

```
(a)  D D D A A         V   A
     D D D A A         V   A
     D D D A A         V   A

(b)  1 0 0 S S         V   S
     0 1 0 S S         V   S
     0 0 1 S S         V   S
```

**Figura 18.3.3** Processo de redução para o primeiro bloco (canto superior esquerdo) da matriz da Figura 18.3.1. (a) Forma original do bloco, (b) forma final (veja texto para explicação).

    Além do mais, todo o procedimento, exceto o passo de substituição reversa, atua em um só bloco da matriz por vez. O procedimento contém quatro tipos de operações: (1) redução parcial a zero de certos elementos de um bloco usando resultados do passo prévio; (2) eliminação da estrutura quadrada do bloco de elementos remanescentes tal que a seção quadrada contenha a unidade na diagonal e zero fora da diagonal; (3) armazenamento dos elementos restantes diferentes de zero para uso em passos posteriores; e (4) substituição reversa. Ilustramos os passos esquematicamente por meio de figuras.

    Considere o bloco de equações como descrevendo correções disponíveis a partir das condições de contorno iniciais. Temos $n_1$ equações para $N$ correções desconhecidas. Queremos transformar o primeiro bloco de modo que seu quadrado de tamanho $n_1 \times n_1$ do lado esquerdo se torne a unidade na diagonal e zero fora dela. A Figura 18.3.3 mostra as formas original e final do primeiro bloco da matriz. Na figura, designamos elementos da matriz sujeitos a diagonalização por "D", e elementos que serão alterados por "A". No bloco final, elementos armazenados são denotados por "S". Chegamos do início ao final selecionando por vez $n_1$ elementos "pivô" entre as primeiras $n_1$ colunas, normalizando a linha pivô de modo que o elemento pivô se torne unitário, seguido da adição de múltiplos apropriados desta linha às linhas restantes, de modo que estas fiquem com zeros na coluna do pivô. Nesta forma final, o bloco reduzido expressa valores para as correções das primeiras $n_1$ variáveis no ponto $0$ da malha em termos dos valores das $n_2$ correções des-

(a)  1 0 0 S S                    V S
     0 1 0 S S                    V S
     0 0 1 S S                    V S
     Z Z Z D D D D D A A          V A
     Z Z Z D D D D D A A          V A
     Z Z Z D D D D D A A          V A
     Z Z Z D D D D D A A          V A
     Z Z Z D D D D D A A          V A

(b)  1 0 0 S S                    V S
     0 1 0 S S                    V S
     0 0 1 S S                    V S
     0 0 0 1 0 0 0 0 S S          V S
     0 0 0 0 1 0 0 0 S S          V S
     0 0 0 0 0 1 0 0 S S          V S
     0 0 0 0 0 0 1 0 S S          V S
     0 0 0 0 0 0 0 1 S S          V S

**Figura 18.3.4** Processo de redução dos blocos intermediários da matriz da Figura 18.3.1. (a) Forma original e (b) forma final (veja texto para explanação).

conhecidas no ponto $0$, ou seja, agora conhecemos o que os primeiros $n_1$ elementos são em termos dos $n_2$ elementos restantes. Guardamos apenas os conjunto final de $n_2$ colunas diferentes de zero do bloco inicial, mais a coluna para o lado direito alterado da equação matricial.

Devemos enfatizar aqui um importante detalhe do método. Para aproveitar o armazenamento reduzido que a operação por blocos nos permite, é essencial que o ordenamento de colunas na matriz s de derivadas seja tal que elementos pivô possam ser encontrados entre as primeiras $n_1$ linhas da matriz. Isto significa que as $n_1$ condições de contorno no primeiro ponto devem depender somente dos primeiros j=0, 1,..., $n_1$−1 variáveis dependentes, y[j][0]. Se este não for o caso, então a subseção quadrada de tamanho $n_1 \times n_1$ original do primeiro bloco parecerá ser singular, e o método não funcionará. Alternativamente, teríamos que permitir a busca de elementos pivô para envolver todas as $N$ colunas do bloco, e isto requereria a troca de colunas e muito mais *bookkeeping*. O código apresenta um método simples de reordenar as variáveis, isto é, as colunas da matriz s, de modo que isto pode ser facilmente feito. Fim do detalhe importante.

Considere em seguida o bloco de $N$ equações que representam as EDFs que descrevem a relação entre as $2N$ correções nos pontos $1$ e $0$. Os elementos deste bloco, junto com os resultados do passo anterior, são ilustrados na Figura 18.3.4. Observe que, pela adição de múltiplos apropriados de linhas do primeiro bloco, podemos reduzir a zero as primeiras colunas do bloco (denotadas por "Z") e, para fazer isto, precisaremos alterar somente as colunas de $n_1$ até $N-1$ e o termo vetorial do lado direito. Das colunas remanescentes podemos diagonalizar uma subseção quadrada de $N \times N$ elementos, indexada por "D" na figura. No processo, acabamos alterando o conjunto final de $n_2$ colunas, denotadas por "A" na figura. A segunda metade da figura mostra o bloco quando terminamos de operar sobre ele, com os $n_2 \times N$ elementos armazenados denotados pela letra "S".

A Figura 18.3.5 mostra o bloco final de $n_2$ EDFs que relacionam as $N$ correções para as variáveis no ponto da malha $M-1$, junto com o resultado da redução do bloco anterior. Mais uma vez usamos os resultados anteriores para zerar as primeiras $n_1$ colunas do bloco. Agora, quando diagonalizamos a seção quadrada remanescente, achamos ouro: obtemos os valores das $n_2$ correções finais no ponto $M-1$ da malha.

Com o bloco final reduzido, a matriz tem a forma desejada ilustrada previamente na Figura 18.3.2, e a matriz está pronta para a substituição reversa. Começando pela linha de baixo e indo em direção ao topo,

(a)  0 0 0 1 0 0 0 0 S S    V  S
     0 0 0 0 1 0 0 0 S S    V  S
     0 0 0 0 0 1 0 0 S S    V  S
     0 0 0 0 0 0 1 0 S S    V  S
     0 0 0 0 0 0 0 1 S S    V  S
                 Z Z Z D D  V  A
                 Z Z Z D D  V  A

(b)  0 0 0 1 0 0 0 0 S S    V  S
     0 0 0 0 1 0 0 0 S S    V  S
     0 0 0 0 0 1 0 0 S S    V  S
     0 0 0 0 0 0 1 0 S S    V  S
     0 0 0 0 0 0 0 1 S S    V  S
                     0 0 0 1 0  V  S
                     0 0 0 0 1  V  S

**Figura 18.3.5** Processo de redução para o último bloco (canto inferior direito) da matriz da Figura 18.3.1. (a) Forma original e (b) forma final (veja texto para explanação).

em cada estágio podemos simplesmente determinar uma correção desconhecida em termos de grandezas conhecidas.

O objeto Solvde organiza os passos descritos acima. Os procedimentos principais do algoritmo são feitos por funções chamadas internamente por Solvde. A função red elimina colunas principais da matriz s usando resultados de blocos prévios. pinvs diagonaliza a subseção quadrada de s e guarda os coeficientes não reduzidos. bksub faz a substituição reversa. O usuário de Solvde deve entender os argumentos de chamada, como descritos abaixo, e providenciar um objeto Difeq, chamado por Solvde, com um método smatrix qe avalia a matriz s para cada bloco.

A maior parte dos argumentos na chamada do construtor ao Solvde já foram descritos, mas alguns precisam ser discutidos. Na entrada, y[j][k] contém os chutes iniciais para as soluções, com *j* indexando as variáveis dependentes no ponto *k* da malha. O problema envolve ne EDFs que geram os pontos k=0,..., m-1, e nb condições de contorno se aplicam ao primeiro ponto k=0. O array indexv[j] estabelece a correspondência entre colunas da matriz s; as equações (18.3.8), (18.3.10) e (18.3.12); e as variáveis dependentes. Como descrito acima, é essencial que as nb condições de contorno em k=0 envolvam as variáveis dependentes referenciadas pelas primeiras nb colunas da matriz s. Portanto, colunas j da matriz s podem ser ordenadas pelo usuário em Difeq para fazer referência às derivadas com respeito às variáveis dependentes indexv[j].

A função tenta apenas itmax ciclos de correção antes de retornar, mesmo que a solução não tenha convergido. Os parâmetros conv, slowc e scalv dizem respeito à convergência. Cada inversão da matriz produz correções para as ne variáveis em m pontos da malha. Queremos que elas se tornem desprezivelmente pequenas à medida que a iteração procede, mas precisamos definir uma escala para o tamanho das correções. Esta "norma" de erro é muito específica de cada problema, de modo que o usuário talvez queira reescrever esta parte do código da maneira que lhe for mais apropriada. No programa abaixo, calculamos um valor para a média da correção err somando os valores absolutos de todas as correções, ponderadas por um fator de escala apropriado para cada tipo de variável:

$$\text{err} = \frac{1}{\text{m} \times \text{ne}} \sum_{k=0}^{m-1} \sum_{j=0}^{ne-1} \frac{|\Delta Y[j][k]|}{\text{scalv}[j]} \qquad (18.3.13)$$

Quando err ≤ conv, o método convergiu. Observe que é tarefa do usuário fornecer um array scalv que mede o tamanho típico de cada variável.

Obviamente, se err for muito grande, significa que estamos longe da solução, e talvez seja uma má ideia acreditar que as correções geradas por uma série de Taylor de primeira ordem sejam precisas. O número slowc controla a aplicação de correções. Após cada iteração nós fornecemos somente uma fração das correções encontradas pela inversão de matriz:

$$Y[\text{j}][\text{k}] \to Y[\text{j}][\text{k}] + \frac{\text{slowc}}{\max(\text{slowc},\text{err})} \Delta Y[\text{j}][\text{k}] \qquad (18.3.14)$$

Portanto, quando err > slowc, somente uma fração das correções é usada, mas quando err $\leq$ slowc, a correção inteira é aplicada.

Como já mencionado, o construtor inicializa o array y[0..ne-1][0..m-1] em Solvde com uma solução tentativa. Internamente, arrays de área de trabalho c[0..ne-1][0..ne-nb][0..m], s[0..ne-1][0..2*ne] são alocadas. O array c é o arrasa-quarteirões: ele armazena os elementos não reduzidos da matriz construída para o passo de substituição reversa. Se hover m pontos de malha, então haverá m + 1 blocos, cada um deles requerendo ne linhas e ne-nb+1 colunas. Embora grande, isto ainda é pequeno comparado com (ne $\times$ m)$^2$ elementos necessários para a matriz inteira caso não tivéssemos a dividido em blocos.

Descrevemos agora o funcionamento do objeto Difeq fornecido pelo usuário. O construtor pode ser usado para passar do seu programa principal informações específicas do problema. O objeto deve conter um método smatrix com a seguinte declaração:

```
void smatrix(const Int k, const Int k1, const Int k2, const Int jsf,
    const Int is1, const Int isf, VecInt_I &indexv, MatDoub_O &s,
    MatDoub_I &y);
```

Como mostra a declaração, a única informação passada de Difeq para Solvde é a matriz de derivadas s[0..ne-1][0..2*ne]; todos os outros argumentos são entradas de smatrix e não deveriam ser alterados. k indica o ponto atual na malha, ou número do bloco. k1 e k2 indexam o primeiro e último pontos da malha. Se k=k1 ou k > k2, o bloco envolve as condições de contorno nos pontos inicial e final; caso contrário, o bloco atua nas EDFs acoplando variáveis nos pontos k-1 e k.

A convenção para se armazenar informação no array s[i][j] segue aquela usada nas equações (18.3.8), (18.3.10) e (18.3.12): linhas i indexam equações e colunas j referem-se a derivadas com relação às variáveis dependentes na solução. Lembre-se que cada equação dependerá das ne variáveis dependentes em um ou dois pontos. Portanto, j varia de 0 a ne-1 ou 2*ne-1. O ordenamento de colunas para variáveis dependentes em cada ponto deve concordar com a lista fornecida por indexv[j]. Portanto, para um bloco que não esteja na fronteira, a primeira coluna multiplica $\Delta Y$(1-indexv[0],k-1), e a coluna ne multiplica $\Delta Y$(1=indexv[0],k). Os parâmetros is1, isf dão o número de *linhas* iniciais e finais que precisam ser preenchidas na matriz s deste bloco. jsf indexa a coluna na qual as equações de diferenças $E_{j,k}$ das equações (18.3.3) – (18.3.5) são armazenadas. Portanto, -s[i][jsf] é o vetor do lado direito da matriz. O motivo do sinal negativo é que smatrix fornece a verdadeira equação de diferença, $E_{j,k}$, e não o seu negativo. Observa que Solvde fornece um valor para jsf tal que a equação de diferença é colocada na coluna da matriz s *imediatamente após* todas as derivadas. Portanto, smatrix espera encontrar os valores inseridos em s[i][j] para linhas is1 $\leq$ i $\leq$ isf e 0 $\leq$ j $\leq$ jsf.

Finalmente, as grandezas s[0..nsi-1][0..nsj-1] e y[0..nyj-1][0..nyk-1] fornecem a smatrix armazenamento para s e os valores das variáveis de solução y para esta iteração. Um exemplo de como usar esta rotina é dado na próxima seção.

A implementação detalhada do código para Solvde é dada numa Webnote [1], sendo muitas de suas ideias provenientes da Eggleton [2].

### 18.3.1 Conjuntos de equações diferenciais "algebricamente difíceis"

Métodos de relaxação permitem que você aproveite uma oportunidade inicial que, embora não óbvia, pode acelerar alguns cálculos enormemente. Não é necessário que o conjunto de variáveis $y_{j,k}$ corresponda exatamente às variáveis dependentes da equação diferencial original. Elas podem estar relacionadas àquelas variáveis por meio de equações algébricas. Obviamente é necessário somente que as variáveis da solução nos permitam *calcular* as funções $y$, $g$, **B** e **C** que são usadas para se construir EDFs a partir de EDOs. Em alguns problemas, $g$ depende de funções de $y$ que são conhecidas apenas implicitamente, de modo que soluções iterativas são necessárias para calcular funções nas EDOs. Geralmente pode-se dispensar este problema "interno" não linear definindo-se um novo conjunto de variáveis a partir dos quais tanto $y$ quanto $g$ e as condições de contorno possam ser obtidas diretamente. Um exemplo típico ocorre em problemas de Física onde as equações requerem a solução de uma equação de estado complexa que poderia ser expressa de maneira mais conveniente usando-se variáveis outras que não as variáveis dependentes originais na EDO. Embora esta abordagem seja análoga a se fazer uma mudança *analítica* de variáveis diretamente nas EDOs originais, tal transformação analítica pode ser proibitivamente complicada. A mudança de variáveis no método de relaxação é simples e não requer manipulações analíticas.

#### REFERÊNCIAS CITADAS E LEITURA COMPLEMENTAR

Numerical Recipes Software 2007, "Solvde Implementation," *Numerical Recipes Webnote No. 25*, at http://www.nr.com/webnotes?25 [1]

Eggleton, P.P. 1971, "The Evolution of Low Mass Stars," *Monthly Notices of the Royal Astronomical Society*, vol. 151, pp. 351–364.[2]

Keller, H.B. 1968, *Numerical Methods for Two-Point Boundary-Value Problems*; reprinted 1991 (New York: Dover).

Kippenhan, R., Weigert, A., and Hofmeister, E. 1968, in *Methods in Computational Physics*, vol. 7 (New York: Academic Press), pp. 129ff.

## 18.4 Um exemplo trabalhado: harmônicos esferoidais

A melhor maneira para se entender os algoritmos da seção prévia é vendo-os empregados na solução de um problema real. Como exemplo escolhemos o cálculos dos harmônicos esferoidais (o nome mais comum é funções de ângulos esferoidais, mas preferimos o lembrete explícito do parentesco com os harmônicos esféricos). Mostraremos como encontrá-los primeiro pelo método da relaxação (§18.3) e depois pelo método do shooting (§18.1) e do shooting para um ponto de ajuste (§18.2).

Harmônicos esferoidais surgem tipicamente quando certas equações diferenciais parciais são resolvidas por separação de variáveis em coordenadas esferoidais. Eles satisfazem a seguinte equação diferencial no intervalo $-1 \leq x \leq 1$:

$$\frac{d}{dx}\left[(1-x^2)\frac{dS}{dx}\right] + \left(\lambda - c^2 x^2 - \frac{m^2}{1-x^2}\right)S = 0 \qquad (18.4.1)$$

Nesta expressão, $m$ é um inteiro, $c$ é o parâmetro de "oblaticidade" e $\lambda$ é o autovalor. Apesar da notação, $c^2$ pode ser positivo ou negativo. Para $c^2 > 0$, as funções são chamadas de "prolatas", ao passo que se $c^2 < 0$, elas são chamadas de "oblatas". A equação tem pontos singulares em $x = \pm 1$ e deve ser resolvida sujeita às condições de contorno de que a solução seja regular em $x = \pm 1$. Somente para certos valores de $\lambda$, os autovalores, isto é possível.

Se considerarmos o caso esférico, onde $c = 0$, reconhecemos (18.4.1) como a equação diferencial para as funções de Legendre $P_n^m(x)$. Neste caso, os autovalores são $\lambda_{mn} = n(n+1)$, $n = m, m+1, \ldots$. O inteiro $n$ indexa autovalores sucessivos para $m$ fixo: quando $n = m$, temos o menor autovalor, e a autofunção correspondente não apresenta nós no intervalo $-1 < x < 1$; quando $n = m + 1$, temos o próximo autovalor e a autofunção correspondente tem um nó no intervalo $(-1, 1)$, e assim por diante.

Uma situação análoga é válida para o caso geral $c^2 \neq 0$. Escrevemos os autovalores de (18.4.1) como $\lambda_{mn}(c)$ e as autofunções como $S_{mn}(x; c)$. Para um $m$ fixo, $n = m, m + 1, \ldots$ indexa os sucessivos autovalores.

O cálculo de $\lambda_{mn}(c)$ e $S_{mn}(x; c)$ tem sido, tradicionalmente, bastante difícil. Relações de recorrência complicadas, expansões em séries de potências, etc. podem ser encontradas em [1-3]. Computação barata torna o cálculo via solução direta da equação diferencial razoavelmente factível.

O primeiro passo é investigar o comportamento da solução próximo dos pontos singulares $x = \pm 1$. Substituindo uma expansão em série de potências da forma

$$S = (1 \pm x)^\alpha \sum_{k=0}^{\infty} a_k (1 \pm x)^k \tag{18.4.2}$$

na equação (18.4.1), achamos que a solução regular tem $\alpha = m/2$ (sem perda de generalidade, podemos tomar $m \geq 0$, uma vez que $m \to -m$ é uma simetria da equação). Obtemos uma equação que é numericamente mais tratável se extrairmos (*factor out*) este comportamento. Tomamos assim

$$S = (1 - x^2)^{m/2} y \tag{18.4.3}$$

Achamos a partir de (18.4.1) que $y$ satisfaz a equação

$$(1 - x^2)\frac{d^2 y}{dx^2} - 2(m+1)x\frac{dy}{dx} + (\mu - c^2 x^2)y = 0 \tag{18.4.4}$$

onde

$$\mu \equiv \lambda - m(m+1) \tag{18.4.5}$$

Ambas as equações (18.4.1) e (18.4.4) são invariantes pela substituição $x \to -x$. Portanto, as funções $S$ e $y$ também devem ser invariantes, exceto possivelmente por um fator de escala global (uma vez que as equações são lineares, uma solução multiplicada por uma constante ainda é solução). Uma vez que as soluções serão normalizadas, o fator de escala só pode ser $\pm 1$. Se $n - m$ for ímpar, há um número ímpar de zeros no intervalo $(-1, 1)$. Devemos, portanto, escolher a solução antissimétrica $y(-x) = -y(x)$, que possui um zero em $x = 0$. Por outro lado, se $n - m$ for par, temos que ter a solução simétrica. Portanto

$$y_{mn}(-x) = (-1)^{n-m} y_{mn}(x) \tag{18.4.6}$$

e similarmente para $S_{mn}$.

As condições de contorno sobre (18.4.4) requerem que $y$ seja regular em $x = \pm 1$. Em outras palavras, próximo aos pontos terminais, a solução tem a forma

$$y = a_0 + a_1(1 - x^2) + a_2(1 - x^2)^2 + \cdots \tag{18.4.7}$$

Substituindo esta expansão na equação (18.4.4) e fazendo $x \to 1$, obtemos

$$a_1 = -\frac{\mu - c^2}{4(m+1)} a_0 \tag{18.4.8}$$

Equivalentemente,

$$y'(1) = \frac{\mu - c^2}{2(m+1)} y(1) \qquad (18.4.9)$$

Uma equação similar é válida em $x = -1$, com um sinal de menos do lado direito. A solução irregular apresenta uma relação diferente entre a função e a derivada nos pontos terminais.

Em vez de integrar a equação de $-1$ até $1$, podemos explorar a simetria (18.4.6) para integrar de 0 a 1. A condição de contorno em $x = 0$ é

$$\begin{aligned} y(0) = 0, & \quad n - m \text{ ímpar} \\ y'(0) = 0, & \quad n - m \text{ par} \end{aligned} \qquad (18.4.10)$$

Uma terceira condição de contorno vem do fato de que qualquer múltiplo constante da solução $y$ também é solução. Podemos assim *normalizar* a solução. Adotamos a normalização segundo a qual a função $S_{mn}$ tem o mesmo comportamento limite que $P_n^m$ em $x = 1$

$$\lim_{x \to 1}(1 - x^2)^{-m/2} S_{mn}(x; c) = \lim_{x \to 1}(1 - x^2)^{-m/2} P_n^m(x) \qquad (18.4.11)$$

Várias convenções de normalização da literatura estão tabuladas em Flammer [1].

Impor três condições de contorno para uma equação de segunda ordem transforma (18.4.4) em um problema para o autovalor $\lambda$ ou, equivalentemente, $\mu$. Nós a escrevemos na forma padrão, fazendo

$$y_0 = y \qquad (18.4.12)$$
$$y_1 = y' \qquad (18.4.13)$$
$$y_2 = \mu \qquad (18.4.14)$$

Então

$$y_0' = y_1 \qquad (18.4.15)$$
$$y_1' = \frac{1}{1 - x^2}\left[2x(m+1)y_1 - (y_2 - c^2 x^2)y_0\right] \qquad (18.4.16)$$
$$y_2' = 0 \qquad (18.4.17)$$

Nesta notação, a condição de contorno em $x = 0$ é

$$\begin{aligned} y_0 = 0, & \quad n - m \text{ ímpar} \\ y_1 = 0, & \quad n - m \text{ par} \end{aligned} \qquad (18.4.18)$$

Em $x = 1$ temos duas condições:

$$y_1 = \frac{y_2 - c^2}{2(m+1)} y_0 \qquad (18.4.19)$$

$$y_0 = \lim_{x \to 1}(1 - x^2)^{-m/2} P_n^m(x) = \frac{(-1)^m (n+m)!}{2^m m!(n-m)!} \equiv \gamma \qquad (18.4.20)$$

Estamos agora prontos para exemplificar o uso do método das seções prévias neste problema.

## 18.4.1 Relaxação

Se quisermos apenas uns poucos valores isolados de $\lambda$ ou $S$, shooting é provavelmente o método mais rápido. Contudo, se quisermos valores para uma grande sequência de valores de $c$, a relaxação é melhor. A relaxação premia um bom chute inicial com uma convergência rápida, e a solução prévia deve ser um bom chute inicial se $c$ mudar apenas levemente.

Por simplicidade, escolhemos uma malha uniforme no intervalo $0 \leq x \leq 1$. Para um total de $M$ pontos de malha, temos

$$h = \frac{1}{M-1} \tag{18.4.21}$$

$$x_k = kh, \quad k = 0, 1, \ldots, M-1 \tag{18.4.22}$$

Em pontos interiores $k = 1, 2, \ldots, M-1$, a equação (18.4.15) nos dá

$$E_{0,k} = y_{0,k} - y_{0,k-1} - \frac{h}{2}(y_{1,k} + y_{1,k-1}) \tag{18.4.23}$$

A equação (18.4.16) dá

$$E_{1,k} = y_{1,k} - y_{1,k-1} - \beta_k$$
$$\times \left[ \frac{(x_k + x_{k-1})(m+1)(y_{1,k} + y_{1,k-1})}{2} - \alpha_k \frac{(y_{0,k} + y_{0,k-1})}{2} \right] \tag{18.4.24}$$

onde

$$\alpha_k = \frac{y_{2,k} + y_{2,k-1}}{2} - \frac{c^2(x_k + x_{k-1})^2}{4} \tag{18.4.25}$$

$$\beta_k = \frac{h}{1 - \frac{1}{4}(x_k + x_{k-1})^2} \tag{18.4.26}$$

Finalmente, a equação (18.4.17) dá

$$E_{2,k} = y_{2,k} - y_{2,k-1} \tag{18.4.27}$$

Agora, lembre-se que a matriz de derivadas parciais $S_{i,j}$ da equação (18.3.8) é definida de tal modo que $i$ indexa a equação e $j$, a variável. No nosso caso, $j$ vai de 0 até 2 para $y_j$ em $k-1$ e de 3 a 5 para $y_j$ em $k$. Portanto, a equação (18.4.23) dá

$$S_{0,0} = -1, \quad S_{0,1} = -\frac{h}{2}, \quad S_{0,2} = 0$$

$$S_{0,3} = 1, \quad S_{0,4} = -\frac{h}{2}, \quad S_{0,5} = 0 \tag{18.4.28}$$

Do mesmo modo, a equação (18.4.24) dá

$$S_{1,0} = \alpha_k \beta_k / 2, \qquad S_{1,1} = -1 - \beta_k(x_k + x_{k-1})(m+1)/2,$$
$$S_{1,2} = \beta_k(y_{0,k} + y_{0,k-1})/4, \qquad S_{1,3} = S_{1,0},$$
$$S_{1,4} = 2 + S_{1,1}, \qquad S_{1,5} = S_{1,2} \tag{18.4.29}$$

ao passo que de (18.4.27) achamos

$$S_{2,0} = 0, \quad S_{2,1} = 0, \quad S_{2,2} = -1$$
$$S_{2,3} = 0, \quad S_{2,4} = 0, \quad S_{2,5} = 1 \tag{18.4.30}$$

Em $x = 0$ temos as condições de contorno

$$E_{2,0} = \begin{cases} y_{0,0}, & n-m \text{ ímpar} \\ y_{1,0}, & n-m \text{ par} \end{cases} \tag{18.4.31}$$

Lembre-se da convenção adotada em `Solvde` de que, para uma condição de contorno em $k = 0$, somente $S_{2,j}$ pode ser diferente de zero. Também, $j$ assume os valores de 3 a 5, uma vez que as condições de contorno envolvem somente $y_k$ e não $y_{k-1}$. Disto segue que os únicos valores de $S_{2,j}$ diferentes de zero em $x = 0$ são

$$S_{2,3} = 1, \qquad n - m \text{ ímpar}$$
$$S_{2,4} = 1, \qquad n - m \text{ par} \qquad (18.4.32)$$

Em $x = 1$ temos

$$E_{0,M} = y_{1,M-1} - \frac{y_{2,M-1} - c^2}{2(m+1)} y_{0,M-1} \qquad (18.4.33)$$

$$E_{1,M} = y_{0,M-1} - \gamma \qquad (18.4.34)$$

Portanto

$$S_{0,3} = -\frac{y_{2,M-1} - c^2}{2(m+1)}, \qquad S_{0,4} = 1, \qquad S_{0,5} = -\frac{y_{0,M-1}}{2(m+1)} \qquad (18.4.35)$$

$$S_{1,3} = 1, \qquad S_{1,4} = 0, \qquad S_{1,5} = 0 \qquad (18.4.36)$$

Abaixo segue um exemplo de programa que implementa o algoritmo acima. Precisamos de um programa principal, `sfroid`, que chama a rotina `Solvde`, e devemos suprir o objeto `Difeq` que deve ser passado para `Solvde`. Por simplicidade, escolhemos uma malha igualmente espaçada de m = 41 pontos, isto é, $h = 0,025$. Como veremos, isto dá uma boa precisão para os autovalores até valores moderados de $n - m$.

Uma vez que as condições de contorno em $x = 0$ não envolvem $y_0$ se $n - m$ for par, temos que usar a propriedade `indexv` de `Solvde`. Lembre-se que o valor de `indexv[j]` descreve em qual coluna de `s[i][j]` a variável `y[j]` foi colocada. Se $n - m$ é par, precisamos trocar as colunas de $y_0$ e $y_1$ de modo que não haja um elemento pivô igual a zero em `s[i][j]`.

O programa pede os valores de $m$ e $n$. Ele então calcula um chute inicial para $y$ baseado na função de Legendre $P_n^m$. Depois, pede $c^2$, resolve para achar $y$, pede $c^2$, resolve para $y$ usando os valores prévios como chute inicial, e assim por diante.

sfroid.h
```
Int main_sfroid(void)
Programa amostra que usa Solvde. Calcula autovalores dos harmônicos esferoidais S_{mn}(x;c) para m ≥ 0 e
n ≥ m. No programa, m é mm, c² é c2, e γ da equação (18.4.20) é anorm.
{
    const Int M=40,MM=4;
    const Int NE=3,NB=1,NYJ=NE,NYK=M+1;
    Int mm=3,n=5,mpt=M+1;
    VecInt indexv(NE);
    VecDoub x(M+1),scalv(NE);
    MatDoub y(NYJ,NYK);
    Int itmax=100;
    Doub c2[]={16.0,20.0,-16.0,-20.0};
    Doub conv=1.0e-14,slowc=1.0,h=1.0/M;
    if ((n+mm & 1) != 0) {                     Não é necessário fazer troca.
        indexv[0]=0;
        indexv[1]=1;
        indexv[2]=2;
    } else {                                    Troca y_0 e y_1.
        indexv[0]=1;
        indexv[1]=0;
        indexv[2]=2;
    }
```

```
                Doub anorm=1.0;                              Calcula γ.
                if (mm != 0) {
                    Doub q1=n;
                    for (Int i=1;i<=mm;i++) anorm = -0.5*anorm*(n+i)*(q1--/i);
                }
                for (Int k=0;k<M;k++) {                      Chute inicial.
                    x[k]=k*h;
                    Doub fac1=1.0-x[k]*x[k];
                    Doub fac2=exp((-mm/2.0)*log(fac1));
                    y[0][k]=plgndr(n,mm,x[k])*fac2;          $P_n^m$ do §6.7.
                    Doub deriv = -((n-mm+1)*plgndr(n+1,mm,x[k])- Derivada de $P_n^m$ a partir de uma relação
                        (n+1)*x[k]*plgndr(n,mm,x[k]))/fac1;  de recorrência.
                    y[1][k]=mm*x[k]*y[0][k]/fac1+deriv*fac2;
                    y[2][k]=n*(n+1)-mm*(mm+1);
                }                                            Chute inicial em $x=1$ feito separada-
                x[M]=1.0;                                    mente.
                y[0][M]=anorm;
                y[2][M]=n*(n+1)-mm*(mm+1);
                y[1][M]=y[2][M]*y[0][M]/(2.0*(mm+1.0));
                scalv[0]=abs(anorm);                         Ajusta *scaling*.
                scalv[1]=(y[1][M] > scalv[0] ? y[1][M] : scalv[0]);
                scalv[2]=(y[2][M] > 1.0 ? y[2][M] : 1.0);
                for (Int j=0;j<MM;j++) {
                    Difeq difeq(mm,n,mpt,h,c2[j],anorm,x);   Ajusta objeto Difeq.
                    Solvde solvde(itmax,conv,slowc,scalv,indexv,NB,y,difeq);
                    cout << endl << " m = " << setw(3) << mm;
                    cout << "  n = " << setw(3) << n << "  c**2 = ";
                    cout << fixed << setprecision(3) << setw(7) << c2[j];
                    cout << " lamda = " << setprecision(6) << (y[2][0]+mm*(mm+1));
                    cout << endl;                            Retorna para outro valor de $c^2$.
                }
                return 0;
            }
```

difeq.h
```
            struct Difeq {
            Fornece matriz para Solvde.
                const Int &mm,&n,&mpt;                       Estas variáveis são definidas em sfroid.
                const Doub &h,&c2,&anorm;
                const VecDoub &x;
                Difeq(const Int &mmm, const Int &nn, const Int &mptt, const Doub &hh,
                    const Doub &cc2, const Doub &anormm, VecDoub_I &xx) : mm(mmm),
                    n(nn), mpt(mptt), h(hh), c2(cc2), anorm(anormm), x(xx) {}

                void smatrix(const Int k, const Int k1, const Int k2, const Int jsf,
                    const Int is1, const Int isf, VecInt_I &indexv, MatDoub_O &s,
                    MatDoub_I &y)
                Retorna matriz s para solvde.
                {
                    Doub temp,temp1,temp2;

                    if (k == k1) {                           Condições de contorno para primeiro ponto.
                        if ((n+mm & 1) != 0) {
                            s[2][3+indexv[0]]=1.0;           Equação (18.4.32).
                            s[2][3+indexv[1]]=0.0;
                            s[2][3+indexv[2]]=0.0;
                            s[2][jsf]=y[0][0];               Equação (18.4.31).
                        } else {
                            s[2][3+indexv[0]]=0.0;           Equação (18.4.32).
                            s[2][3+indexv[1]]=1.0;
                            s[2][3+indexv[2]]=0.0;
                            s[2][jsf]=y[1][0];               Equação (18.4.31).
                        }
                    } else if (k > k2-1) {                   Condições de contorno no último ponto.
```

```
                s[0][3+indexv[0]] = -(y[2][mpt-1]-c2)/(2.0*(mm+1.0));          (18.4.35).
                s[0][3+indexv[1]]=1.0;
                s[0][3+indexv[2]] = -y[0][mpt-1]/(2.0*(mm+1.0));
                s[0][jsf]=y[1][mpt-1]-(y[2][mpt-1]-c2)*y[0][mpt-1]/             (18.4.33).
                    (2.0*(mm+1.0));
                s[1][3+indexv[0]]=1.0;                      Equação (18.4.36).
                s[1][3+indexv[1]]=0.0;
                s[1][3+indexv[2]]=0.0;
                s[1][jsf]=y[0][mpt-1]-anorm;                Equação (18.4.34).
            } else {                                        Ponto interior.
                s[0][indexv[0]] = -1.0;                     Equação (18.4.28).
                s[0][indexv[1]] = -0.5*h;
                s[0][indexv[2]]=0.0;
                s[0][3+indexv[0]]=1.0;
                s[0][3+indexv[1]] = -0.5*h;
                s[0][3+indexv[2]]=0.0;
                temp1=x[k]+x[k-1];
                temp=h/(1.0-temp1*temp1*0.25);
                temp2=0.5*(y[2][k]+y[2][k-1])-c2*0.25*temp1*temp1;
                s[1][indexv[0]]=temp*temp2*0.5;             Equação (18.4.29).
                s[1][indexv[1]] = -1.0-0.5*temp*(mm+1.0)*temp1;
                s[1][indexv[2]]=0.25*temp*(y[0][k]+y[0][k-1]);
                s[1][3+indexv[0]]=s[1][indexv[0]];
                s[1][3+indexv[1]]=2.0+s[1][indexv[1]];
                s[1][3+indexv[2]]=s[1][indexv[2]];
                s[2][indexv[0]]=0.0;                        Equação (18.4.30).
                s[2][indexv[1]]=0.0;
                s[2][indexv[2]] = -1.0;
                s[2][3+indexv[0]]=0.0;
                s[2][3+indexv[1]]=0.0;
                s[2][3+indexv[2]]=1.0;
                s[0][jsf]=y[0][k]-y[0][k-1]-0.5*h*(y[1][k]+y[1][k-1]);           (18.4.23).
                s[1][jsf]=y[1][k]-y[1][k-1]-temp*((x[k]+x[k-1])                  (18.4.24).
                    *0.5*(mm+1.0)*(y[1][k]+y[1][k-1])-temp2
                    *0.5*(y[0][k]+y[0][k-1]));
                s[2][jsf]=y[2][k]-y[2][k-1];                Equação (18.4.27).
            }
        }
    };
```

Você pode rodar o programa e checá-lo comparando com os valores de $\lambda_{mn}(c)$ dados na tabela na parte de trás do livro de Flammer [1] ou com a Tabela 21.1 de Abramowitz e Stegun [2]. Normalmente ele converge em aproximadamente três iterações. A tabela abaixo ilustra algumas comparações.

| Saídas selecionadas de sfroid | | | | |
|---|---|---|---|---|
| $m$ | $n$ | $c^2$ | $\lambda_{exato}$ | $\lambda_{sfroid}$ |
| 2 | 2 | 0,1 | 6,01427 | 6,01427 |
|   |   | 1,0 | 6,14095 | 6,14095 |
|   |   | 4,0 | 6,54250 | 6,54253 |
| 2 | 5 | 1,0 | 30,4361 | 30,4372 |
|   |   | 16,0 | 36,9963 | 37,0135 |
| 4 | 11 | −1,0 | 131,560 | 131,554 |

## 18.4.2 Shooting

Para resolver o mesmo problema por meio do método *shooting* (§18.1), fornecemos um functor Rhs que implementa as equações (18.4.15) – (18.4.17). Integraremos as equações no intervalo − 1 ≤ $x$ ≤ 0. Fornecemos um functor Load, que fixa o autovalor $y_2$ na sua melhor estimativa atual, v[0]. Ele também fixa os valores das condições de contorno $y_0$ e $y_1$ usando as equações (18.4.20) e (18.4.19) (com um sinal de menos correspondendo a $x = -1$). Observe que a condição de contorno é na verdade aplicada a uma distância dx da fronteira com o intuito de evitar ter que calcular $y'_1$ exatamente naquele ponto. O functor Score vem da equação (18.4.18).

sphoot.h
```
struct Rhs {
Calcula derivadas para Odeint.
    Int m;
    Doub c2;
    Rhs(Int mm, Doub cc2) : m(mm), c2(cc2) {}
    Construtor recebe parâmetros do programa principal.
    void operator() (const Doub x, VecDoub_I &y, VecDoub_O &dydx)
    {
        dydx[0]=y[1];
        dydx[1]=(2.0*x*(m+1.0)*y[1]-(y[2]-c2*x*x)*y[0])/(1.0-x*x);
        dydx[2]=0.0;
    }
};

struct Load {
Fornece valores iniciais para integração em $x = -1 + dx$.
    Int n,m;
    Doub gmma,c2,dx;
    VecDoub y;
    Load(Int nn, Int mm, Doub gmmaa, Doub cc2, Doub dxx) : n(nn), m(mm),
        gmma(gmmaa), c2(cc2), dx(dxx), y(3) {}
    Construtor recebe parâmetros do programa principal.
    VecDoub operator() (const Doub x1, VecDoub_I &v)
    {
        Doub y1 = ((n-m & 1) != 0 ? -gmma : gmma);
        y[2]=v[0];
        y[1] = -(y[2]-c2)*y1/(2*(m+1));
        y[0]=y1+y[1]*dx;
        return y;
    }
};

struct Score {
Calcula o tanto pelo qual a condição de contorno em $x = 0$ é violada.
    Int n,m;
    VecDoub f;
    Score(Int nn, Int mm) : n(nn), m(mm), f(1) {}
    Construtor recebe parâmetros do programa principal.
    VecDoub operator() (const Doub xf, VecDoub_I &y)
    {
        f[0]=((n-m & 1) != 0 ? y[0] : y[1]);
        return f;
    }
};

Int main_sphoot(void) {
```
Programa amostra usando Shoot. Calcula autovalores de harmônicos esferoidais $S_{mn}(x; c)$ para $m \geq 0$ e $n \geq m$. Observe como o functor vecfunc para newt é provido por Shoot (§18.1).

```
        const Int N2=1,MM=3;
        Bool check;
        VecDoub v(N2);
        Int j,m=3,n=5;
        Doub c2[]={1.5,-1.5,0.0};
        Int nvar=3;                             Número de equações.
        Doub dx=1.0e-8;                         Evita cálculo de derivadas exatamente em $x = -1$.
        for (j=0;j<MM;j++) {
            Doub gmma=1.0;                      Calcula $\gamma$ da equação (18.4.20).
            Doub q1=n;
            for (Int i=1;i<=m;i++) gmma *= -0.5*(n+i)*(q1--/i);
            v[0]=n*(n+1)-m*(m+1)+c2[j]/2.0;     Chute inicial para autovalor.
            Doub x1= -1.0+dx;                   Fixa intervalo de integração.
            Doub x2=0.0;
            Load load(n,m,gmma,c2[j],dx);       Fixa objetos Load, Rhs e Score...
            Rhs d(m,c2[j]);
            Score score(n,m);                   ... usa-os para fixar objeto Shoot...
            Shoot<Load,Rhs,Score> shoot(nvar,x1,x2,load,d,score);
            newt(v,check,shoot);                ... e o usa para achar o v que zera o vetor f em Score.
            if (check) {
                cout << "shoot failed; bad initial guess" << endl;
            } else {
                cout << "      " << "mu(m,n)" << endl;
                cout << fixed << setprecision(6);
                cout << setw(12) << v[0] << endl;
            }
        }
        return 0;
    }
```

### 18.4.3 Shooting para um ponto de ajuste

Para variar um pouco, ilustraremos Shootf do §18.2 integrando sobre todo o intervalo de $-1 + dx \leq x \leq 1 - dx$, com o ponto de ajuste escolhido em $x = 0$. A rotina Rhsfpt é idêntica à Rhs de Shoot, uma vez que estamos integrando a mesma equação. Porém, agora há duas rotinas de *load*. O functor Load1 para $x = -1$ é essencialmente igual ao Load acima. Em $x = 1$, Load2 fixa o valor da função $y_0$ e o autovalor $y_2$ nos valores da melhor estimativa feita até o momento, v2[0] e v2[1], respectivamente. Se você sensatamente fizer seu chute inicial de autovalor o mesmo nos dois intervalos, então v1[0] se manterá igual a v2[1] durante a iteração. O functor Score calcula o grau de discrepância das três funções no ponto de ajuste.

spfhpt.h
```
    struct Rhsfpt {
        Int m;
        Doub c2;
        Rhsfpt(Int mm, Doub cc2) : m(mm), c2(cc2) {}
        void operator() (const Doub x, VecDoub_I &y, VecDoub_O &dydx)
        {
            dydx[0]=y[1];
            dydx[1]=(2.0*x*(m+1.0)*y[1]-(y[2]-c2*x*x)*y[0])/(1.0-x*x);
            dydx[2]=0.0;
        }
    };

    struct Load1 {
    Fornece valores inciais para integração em $x = -1 + dx$.
        Int n,m;
        Doub gmma,c2,dx;
        VecDoub y;
        Load1(Int nn, Int mm, Doub gmmaa, Doub cc2, Doub dxx) : n(nn), m(mm),
            gmma(gmmaa), c2(cc2), dx(dxx), y(3) {}
```

```cpp
        VecDoub operator() (const Doub x1, VecDoub_I &v1)
        {
            Doub y1 = ((n-m & 1) != 0 ? -gmma : gmma);
            y[2]=v1[0];
            y[1] = -(y[2]-c2)*y1/(2*(m+1));
            y[0]=y1+y[1]*dx;
            return y;
        }
};

struct Load2 {
```
Fornece valores inciais para integração em $x = 1 - dx$.
```cpp
    Int m;
    Doub c2;
    VecDoub y;
    Load2(Int mm, Doub cc2) : m(mm), c2(cc2), y(3) {}
    VecDoub operator() (const Doub x2, VecDoub_I &v2)
    {
        y[2]=v2[1];
        y[0]=v2[0];
        y[1]=(y[2]-c2)*y[0]/(2*(m+1));
        return y;
    }
};

struct Score {
```
Calcula a discrepância entre soluções no ponto de ajuste $x = 0$.
```cpp
    VecDoub f;
    Score() : f(3) {}
    VecDoub operator() (const Doub xf, VecDoub_I &y)
    {
        for (Int i=0;i<3;i++) f[i]=y[i];
        return f;
    }
};

Int main_sphfpt(void) {
```
Programa amostra usando Shootf. Calcula autovalores de harmônicos esferoidais $S_{mn}(x; c)$ para $m \geq 0$ e $n \geq m$. Observe como o functor vecfunc para newt é provido por Shootf (§18.2). A rotina Rhsfpt é a mesma que Rhs de sphoot.
```cpp
    const Int N1=2,N2=1,NTOT=N1+N2,MM=3;
    Bool check;
    VecDoub v(NTOT);
    Int j,m=3,n=5,n2=N2;
    Doub c2[]={1.5,-1.5,0.0};
    Int nvar=NTOT;                          Número de equações.
    Doub dx=1.0e-8;                         Evita cálculo de derivadas exatamente em $x = \pm 1$.
    for (j=0;j<MM;j++) {
        Doub gmma=1.0;                      Calcula $\gamma$ da equação (18.4.20).
        Doub q1=n;
        for (Int i=1;i<=m;i++) gmma *= -0.5*(n+i)*(q1--/i);
        v[0]=n*(n+1)-m*(m+1)+c2[j]/2.0; Chute inicial para autovalor e valor da função.
        v[2]=v[0];
        v[1]=gmma*(1.0-(v[2]-c2[j])*dx/(2*(m+1)));
        Doub x1= -1.0+dx;                   Fixa intervalo de integração.
        Doub x2=1.0-dx;
        Doub xf=0.0;                        Ponto de ajuste.
        Load1 load1(n,m,gmma,c2[j],dx); Fixa objetos Load1, Load2, Rhsfpt e Score...
        Load2 load2(m,c2[j]);
        Rhsfpt d(m,c2[j]);
        Score score;
        Shootf<Load1,Load2,Rhsfpt,Score> shootf(nvar,n2,x1,x2,xf,load1,
            load2,d,score);              ... usa-os para fixar objeto Shootf...
```

```
            newt(v,check,shootf);           ... e o usa para achar o v que zera o vetor f em Score.
            if (check) {
                cout << "shootf failed; bad initial guess" << endl;
            } else {
                cout << "    " << "mu(m,n)" << endl;
                cout << fixed << setprecision(6);
                cout << setw(12) << v[0] << endl;
            }
        }
        return 0;
    }
```

#### REFERÊNCIAS CITADAS E LEITURA COMPLEMENTAR

Flammer, C. 1957, *Spheroidal Wave Functions* (Stanford, CA: Stanford University Press); reprinted 2005 (New York: Dover).[1]

Abramowitz, M., and Stegun, I.A. 1964, *Handbook of Mathematical Functions* (Washington: National Bureau of Standards); reprinted 1968 (New York: Dover); online at http://www.nr.com/aands, §21.[2]

Morse, P.M., and Feshbach, H. 1953, *Methods of Theoretical Physics*, Part II (New York: McGraw-Hill), pp. 1502ff.[3]

## 18.5 Alocação automática de pontos de malha

Em problemas de relaxação, você tem que escolher valores para as variáveis independentes nos pontos da malha. Isto é chamado de *alocação* da rede ou malha. O procedimento usual é tomar um conjunto plausível de valores e, se ele funcionar, ficar satisfeito com isto. Se não funcionar, aumentar o número de pontos geralmente sana o problema.

Se soubermos de antemão onde nossas soluções variarão rapidamente, podemos colocar mais pontos da malha aí e menos em outros locais. Alternativamente, podemos resolver o problema primeiro em uma rede uniforme e então examinar a solução para ver onde deveríamos adicionar mais pontos. Repetimos a solução então com malha melhorada. O objeto do exercício é alocar pontos de maneira a representar a solução acuradamente.

Também é possível automatizar a alocação de pontos da malha, de modo que ela passe a ser feita "dinamicamente" durante o processo de relaxação. Esta técnica poderosa não apenas melhora a acurácia do método de relaxação, mas também (como veremos na próxima seção) permite lidar com singularidades internas de uma maneira elegante. Aqui aprenderemos como fazer a alocação automática.

Queremos focar nossa atenção na variável independente $x$ e considerar duas alternativas de reparametrização da mesma. A primeira será por nós chamada de $q$; esta é simplesmente a coordenada correspondente aos próprios pontos da malha, de modo que $q = 0$ em $k = 0$ e $q = 1$ em $k = 1$ e assim por diante. Entre quaisquer dois pontos da malha temos $\Delta q = 1$. Na mudança da variável independente na EDO de $x$ para $q$,

$$\frac{d\mathbf{y}}{dx} = \mathbf{g} \qquad (18.5.1)$$

se torna

$$\frac{d\mathbf{y}}{dq} = \mathbf{g}\frac{dx}{dq} \qquad (18.5.2)$$

Em termos de $q$, a equação (18.5.2) pode ser escrita como uma EDF da forma

$$\mathbf{y}_k - \mathbf{y}_{k-1} - \frac{1}{2}\left[\left(\mathbf{g}\frac{dx}{dq}\right)_k + \left(\mathbf{g}\frac{dx}{dq}\right)_{k-1}\right] = 0 \qquad (18.5.3)$$

ou alguma versão relacionada. Observe que $dx/dq$ deveria acompanhar **g**. A transformação entre $x$ e $q$ depende somente da jacobiana $dx/dq$. Sua recíproca $dq/dx$ é proporcional à densidade de pontos.

Agora, dada a função $\mathbf{y}(x)$ ou sua aproximação no estágio atual da relaxação, é de se supor que tivéssemos alguma ideia de como queremos especificar a densidade de pontos da malha. Por exemplo, poderíamos querer que $dq/dx$ fosse grande nos locais onde **y** variasse rapidamente, ou próximo às fronteiras, ou ambas as coisas. Na verdade, poderíamos provavelmente criar uma fórmula para que $dq/dx$ fosse proporcional a algo que gostaríamos. O problema é que não sabemos qual é a constante de proporcionalidade. Quer dizer, a fórmula por nós inventada não teria a integral correta sobre o intervalo inteiro de $x$ de modo a fazer $q$ variar entre $0$ e $M-1$ como manda sua definição. Para resolver este problema, introduzimos uma segunda parametrização $Q(q)$, onde $Q$ é uma nova variável independente. Toma-se a relação entre $Q$ e $q$ como sendo *linear*, de modo que a fórmula de espaçamento da malha para $dQ/dx$ difira somente em sua constante de proporcionalidade desconhecida. Uma relação linear implica

$$\frac{d^2Q}{dq^2} = 0 \qquad (18.5.4)$$

ou, expresso na forma usual como equações de primeira ordem acopladas,

$$\frac{dQ(x)}{dq} = \psi \qquad \frac{d\psi}{dq} = 0 \qquad (18.5.5)$$

onde $\psi$ é uma nova variável intermediária. Adicionamos estas duas equações ao conjunto de EDOs que está sendo resolvido.

Completando a receita, adicionamos uma terceira EDO que é simplesmente a função densidade de malha por nós desejada, a saber,

$$\phi(x) = \frac{dQ}{dx} = \frac{dQ}{dq}\frac{dq}{dx} \qquad (18.5.6)$$

onde $\phi(x)$ é por nós escolhida. Esta equação, escrita em termos da nova variável de malha, tem a forma

$$\frac{dx}{dq} = \frac{\psi}{\phi(x)} \qquad (18.5.7)$$

Observe que $\phi(x)$ deveria ser escolhida de forma a ser positiva-definida, de modo que a densidade de pontos da malha seja positiva em todo o lugar. Caso contrário, (18.5.7) pode ter um zero no denominador.

Para usar um espaçamento de malha automático, você adiciona as três EDOs (18.5.5) e (18.5.7) ao seu conjunto de equações, isto é, ao array y[j][k]. Agora $x$ se tornou uma variável dependente! $Q$ e $\psi$ também se tornam variáveis dependentes novas. Normalmente, calcular $\phi$ requer um pouco de trabalho extra, uma vez que ele será decomposto a partir de pedaços dos $g$'s que já existem de qualquer maneira. O procedimento automático permite que se investigue rapidamente como os resultados numéricos podem ser afetados pelas várias estratégias de espaçamento de malha (um caso especial ocorre se a função $Q$ de espaçamento de malha desejada puder ser encontrada analiticamente, isto é, $dQ/dx$ é diretamente integrável. Neste caso, você só precisa adicionar duas equações: aquelas em 18.5.5 e duas novas variáveis, $x$ e $\psi$).

Como exemplo de uma estratégia típica para implementar este esquema, considere um sistema com uma variável dependente $y(x)$. Poderíamos fixar

$$dQ = \frac{dx}{\Delta} + \frac{|d\ln y|}{\delta} \qquad (18.5.8)$$

ou

$$\phi(x) = \frac{dQ}{dx} = \frac{1}{\Delta} + \left|\frac{dy/dx}{y\delta}\right| \qquad (18.5.9)$$

onde $\Delta$ e $\delta$ são constantes por nós escolhidas. O primeiro termo daria um espaçamento uniforme em $x$ se apenas ele estivesse presente. O segundo termo força o uso de um maior número de pontos de malha onde $y$ varia rapidamente. As constantes atuam fazendo qualquer mudança logarítmica em $y$ por uma quantidade $\delta$ tão "atraente" para um ponto da malha quanto uma mudança em $x$ por um valor $\Delta$. Você ajusta as constantes a gosto. Outras estratégias são possíveis, tal como espaçamento logarítmico em $x$, onde $dx$ no primeiro termo é substituído por $d \ln x$.

**REFERÊNCIAS CITADAS E LEITURA COMPLEMENTAR**

Eggleton, P.P. 1971, "The Evolution of Low Mass Stars," *Monthly Notices of the Royal Astronomical Society*, vol. 151, pp. 351–364.

Kippenhan, R., Weigert, A., and Hofmeister, E. 1968, in *Methods in Computational Physics*, vol. 7 (New York: Academic Press), pp. 129ff.

## 18.6 Lidando com condições de contorno internas ou pontos singulares

Singularidades podem ocorrer no interior de problemas de contorno de dois pontos. Normalmente, existe um ponto $x_s$ no qual a derivada deve ser calculada via uma expressão da forma

$$S(x_s) = \frac{N(x_s, \mathbf{y})}{D(x_s, \mathbf{y})} \qquad (18.6.1)$$

onde o denominador $D(x_s, \mathbf{y}) = 0$. Em problemas físicos com respostas finitas, pontos singulares geralmente vêm acompanhados da sua própria cura: no local onde $D \to 0$, a solução física $\mathbf{y}$ deve ser tal que faça $N \to 0$ simultaneamente, de maneira que a razão entre as duas tenha um valor que faça sentido. Esta restrição sobre a solução $\mathbf{y}$ é normalmente chamada de *condição de regularidade*. A condição de que $D(x_s, \mathbf{y})$ satisfaça alguma restrição especial em $x_s$ é totalmente análoga a uma condição de contorno extra, uma relação algébrica entre as variáveis dependentes que deve ser satisfeita no ponto.

Discutimos uma situação similar anteriormente, no §18.2, quando descrevemos o "método do ponto de ajuste" para lidar com a tarefa de integração de equações de comportamento singular nas fronteiras. Nestes problemas você não é capaz de integrar de um lado até o outro do domínio de integração. Contudo, as EDOs têm derivadas bem-comportadas e soluções na vizinhança da singularidade, de modo que é prontamente possível integrar para longe do ponto. Tanto o método da relaxação quanto o método do shooting para um ponto de ajuste lidam com estes problemas facilmente. Também nestes problemas a presença de comportamento singular serviu para isolar alguns valores de fronteiras especiais que tinham que ser satisfeitos para resolver as equações.

A diferença aqui é que agora estamos preocupados com singularidades que surgem em pontos intermediários, onde a localização do ponto singular depende da solução, e portanto não são conhecidas *a priori*. Consequentemente, somos confrontados com uma tarefa circular: a singularidade nos impede de achar uma solução numérica, mas precisamos desta solução para localizar a singularidade. Tais singularidades também estão associadas com a seleção de um valor especial de alguma variável que permite à solução satisfazer a condição de regularidade no ponto singular. Portanto, singularidades internas assumem o aspecto de condições de contorno internas.

Uma maneira de lidar com singularidades internas é tratar o problema como sendo um de fronteiras livres, como discutido ao final do § 18.0. Suponha, como simples exemplo, que consideremos a equação

$$\frac{dy}{dx} = \frac{N(x,y)}{D(x,y)} \tag{18.6.2}$$

onde $N$ e $D$ devem passar por zero em algum ponto desconhecido $x_s$. Adicionamos a equação

$$z \equiv x_s - x_1 \qquad \frac{dz}{dx} = 0 \tag{18.6.3}$$

onde $x_s$ é a posição desconhecida da singularidade, e mudamos a variável independente para $t$, fixando

$$x - x_1 = tz, \qquad 0 \le t \le 1 \tag{18.6.4}$$

As condições de contorno em $t = 1$ se tornam

$$N(x,y) = 0, \qquad D(x,y) = 0 \tag{18.6.5}$$

O uso de uma malha adaptativa, como discutido na seção prévia, é outra maneira de superar as dificuldades de uma singularidade interna. Para o problema (18.6.2), adicionamos as equações de espaçamento da malha

$$\frac{dQ}{dq} = \psi \tag{18.6.6}$$

$$\frac{d\psi}{dq} = 0 \tag{18.6.7}$$

com uma simples função de espaçamento de malha que mapeia $x$ uniformemente em $q$, onde $q$ vai de $0$ a $M - 1$, com $M$ sendo o número de pontos da malha:

$$Q(x) = x - x_1, \qquad \frac{dQ}{dx} = 1 \tag{18.6.8}$$

Tendo adicionado três equações diferenciais de primeira ordem, precisamos adicionar também suas correspondentes condições de contorno. Se não houvesse singularidade, estas poderiam ser simplesmente

$$\text{em } q = 0 : \qquad x = x_1, \quad Q = 0 \tag{18.6.9}$$

$$\text{em } q = M - 1 : \quad x = x_2 \tag{18.6.10}$$

e um total de $N$ valores de $y_i$ especificados em $q = 0$. Neste caso, o problema é essencialmente um problema de valor inicial com todas as condições de fronteira especificadas em $x_1$, e a função de espaçamento de malha é supérflua.

Contudo, no caso atual em mãos, impomos as condições

$$\text{em } q = 0 : \qquad x = x_1, \qquad Q = 0 \tag{18.6.11}$$

$$\text{em } q = M - 1 : \quad N(x,y) = 0, \quad D(x,y) = 0 \tag{18.6.12}$$

e $N - 1$ valores de $y_i$ em $q = 0$. O $y_i$ "que falta" tem que ser ajustado, em outras palavras, de modo a fazer a solução passar pelo ponto singular de modo regular (zero sobre zero), e não de modo irregular (valor finito sobre zero). Observe também que as condições de contorno não impõem diretamente um valor sobre $x_2$, que se torna um parâmetro ajustável que o código varia na tentativa de satisfazer as condições de regularidade.

Neste exemplo, a singularidade ocorreu na fronteira, e a complicação surgiu porque a posição da fronteira era desconhecida. Em outros problemas podemos querer continuar integrando além da singularidade interna. Para o exemplo dado acima, poderíamos simplesmente integrar a EDO até o ponto singular e então, como se fosse um problema separado, recomeçar a integração do ponto singular até onde quiséssemos ir. Contudo, em outros casos, a singularidade ocorre internamente, mas não determina o problema completamente: ainda há condições de contorno a serem satisfeitas em outros pontos da malha. Estes casos não apresentam, em princípio, dificuldades, mas requerem algumas adaptações do código de relaxação dado no §18.3. Na realidade, tudo o que você tem que fazer é adicionar um bloco "especial" de equações no ponto de malha onde a fronteira interna ocorre, e fazer o *bookkeeping* apropriado.

A Figura 18.6.1 ilustra um exemplo concreto onde o problema todo contém cinco equações com duas condições de contorno no primeiro ponto, uma condição "interna" e duas finais. A figura mostra a estrutura da equação matricial total ao longo da diagonal na vizinhança do bloco especial. No meio do domínio, blocos envolvem tipicamente cinco equações (linhas) para dez incógnitas (colunas). Para cada bloco antes do bloco especial, as condições de contorno iniciais fornecem informação o suficiente para zerar as primeiras duas colunas do bloco. As cinco EDFs eliminam mais cinco colunas, e as três colunas finais necessitam ser armazenadas para o passo de substituição reversa (como descrito no §18.3). Para lidar com a condição

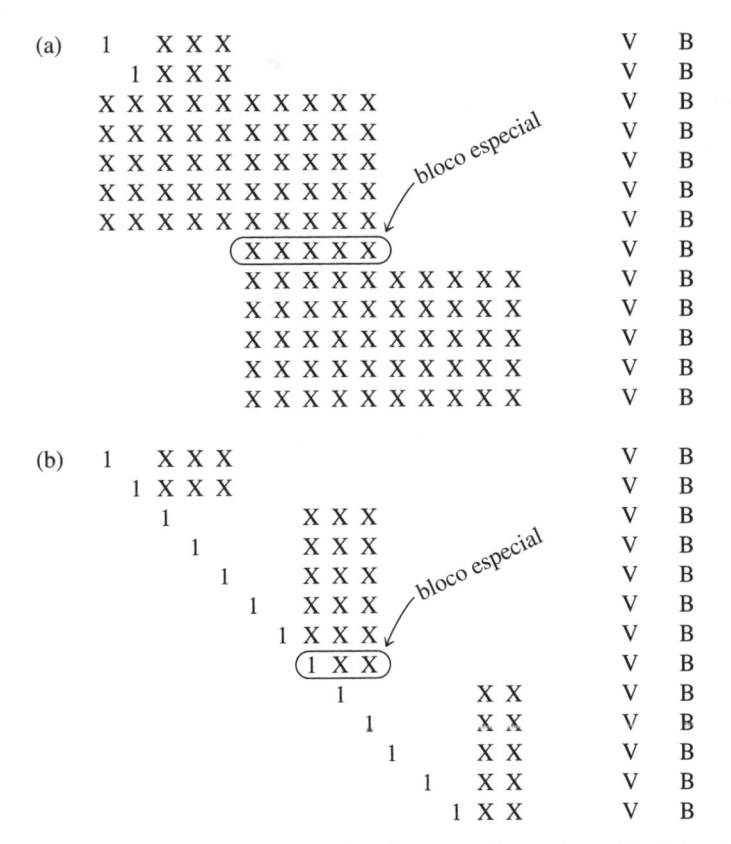

**Figura 18.6.1** Estrutura de matriz de EDF com uma condição de contorno interna. A condição interna introduz um bloco especial. (a) Forma original, compare com a Figura 8.3.1; (b) forma final, compare com a Figura 18.3.2.

extra, quebramos o ciclo normal e adicionamos um bloco especial com apenas uma equação: a condição de contorno interna. Isto efetivamente reduz o armazenamento necessário de coeficientes não reduzidos em uma coluna para o resto da malha, e nos permite reduzir a zero as primeiras três colunas dos blocos subsequentes. As funções red, pinvs e bksub podem facilmente lidar com estes casos com um mínimo de recodificação, mas cada problema é um caso especial, e você terá que fazer as modificações necessárias conforme o caso.

## REFERÊNCIAS CITADAS E LEITURA COMPLEMENTAR

London, R.A., and Flannery, B.P. 1982, "Hydrodynamics of X-Ray Induced Stellar Winds," *Astrophysical Journal*, vol. 258, pp. 260–269.

# Equações Integrais e Teoria Inversa

**CAPÍTULO 19**

## 19.0 Introdução

Muitas pessoas, mesmo quando numericamente bem informadas, imaginam que métodos numéricos de solução de equações integrais devam ser um tópico extremamente misterioso uma vez que, até recentemente, o assunto quase nunca era discutido em livros-texto de análise numérica. Na verdade há um vasta e e crescente literatura a respeito de soluções numéricas de equações integrais, incluindo aí várias boas monografias [1-3]. Um dos motivos para o grande volume desta atividade é que há muitos diferentes tipos de equações, cada uma delas com muitas e diferentes possíveis armadilhas; em muitos casos, vários algoritmos diferentes foram propostos para lidar com um único caso.

Há uma correspondência íntima entre equações integrais lineares, que especificam relações integrais e lineares entre funções em um espaço de funções infinito-dimensional, e as velhas e boas equações lineares, que especificam relações entre vetores em um espaço vetorial de dimensão finita. Dado que esta correspondência se encontra no coração da maioria dos algoritmos computacionais, vale a pena torná-la explícita ao recordarmos a maneira como as equações integrais são classificadas.

As *equações de Freedholm* envolvem integrais definidas com limites superior e inferior fixos. Uma *equação de Freedholm inomogênea do primeiro tipo* tem a forma

$$g(t) = \int_a^b K(t,s) f(s)\, ds \tag{19.0.1}$$

Nesta expressão, $f(t)$ é uma função desconhecida que queremos determinar, ao passo que $g(t)$ é conhecida como o "lado direito da equação" (em equações integrais, por alguma razão obscura, o familiar "lado direito" é escrito do lado esquerdo!). A função de duas variáveis, $K(t, s)$, é chamada de *núcleo* (*kernel*). A equação (19.0.1) é análoga à equação matricial

$$\mathbf{K} \cdot \mathbf{f} = \mathbf{g} \tag{19.0.2}$$

cuja solução é $\mathbf{f} = \mathbf{K}^{-1} \cdot \mathbf{g}$, onde $\mathbf{K}^{-1}$ é a matriz inversa. Da mesma forma que a equação (19.0.2), a equação (19.0.1) tem uma solução única sempre que $g$ for diferente de zero (o caso homogêneo $g = 0$ quase sempre é inútil) e $K$ for inversível. Contudo, como veremos posteriormente, esta última condição é mais frequentemente a exceção, e não a regra.

O análogo do problema de autovalores de dimensão finita

$$(\mathbf{K} - \sigma \mathbf{1}) \cdot \mathbf{f} = \mathbf{g} \tag{19.0.3}$$

é chamado de *equação de Fredholm do segundo tipo* e é normalmente escrito na forma

$$f(t) = \lambda \int_a^b K(t,s) f(s) \, ds + g(t) \tag{19.0.4}$$

Novamente, as convenções quanto à notação não correspondem exatamente ao uso: $\lambda$ na equação (19.0.4) é $1/\sigma$ em (19.0.3), ao passo que **g** corresponde a $-g/\lambda$. Se $g$ (ou **g**) for igual a zero, então diz-se que a equação é *homogênea*. Se o núcleo $K(t, s)$ é limitado, então, do mesmo modo que a equação (19.0.3), a equação (19.0.4) tem a propriedade de que sua versão homogênea tem soluções para no máximo um conjunto infinito denumerável $\lambda = \lambda_n$, $n = 1, 2, \ldots$, os *autovalores*. As soluções correspondentes $f_n(t)$ são as *autofunções*. Os autovalores são reais se o núcleo for simétrico.

No caso *inomogêneo* de um $g$ (ou **g**) diferente de zero, as equações (19.0.3) e (19.0.4) têm solução *exceto* quando $\lambda$ (ou $\sigma$) for um autovalor – pois neste caso o operador integral (ou matriz) é singular. Em equações integrais, esta dicotomia é chamada de *alternativa de Fredholm*.

Equações de Fredholm do primeiro tipo são, com frequência, extremamente mal-condicionadas. A aplicação do núcleo em uma função é geralmente uma operação de suavização, e portanto a solução, que requer a inversão do operador, se torna extremamente sensível a pequenas mudanças ou erros na entrada de dados. A suavização normalmente implica a perda de informação, não havendo maneira de recuperá-la em uma operação inversa. Métodos especializados foram desenvolvidos para tais equações, que são frequentemente chamadas de *problemas inversos*. Em geral, um método deve aumentar a quantidade de informação dada com algum conhecimento *a priori* acerca da natureza da solução. Esse conhecimento prévio é então usado, de uma maneira ou outra, para restabelecer informação perdida. Faremos uma introdução a tais técnicas no §19.4.

Equações de Fredholm do segundo tipo inomogêneas são com muito menos frequência mal-condicionadas. A equação (19.0.4) pode ser reescrita como

$$\int_a^b [K(t,s) - \sigma \delta(t-s)] f(s) \, ds = -\sigma g(t) \tag{19.0.5}$$

onde $\delta(t - s)$ é uma função delta de Dirac (nesta expressão, mudamos de $\lambda$ para $\sigma$ por questões de clareza). Se $\sigma$ for grande o suficiente em magnitude, então a equação (19.0.5) é, na verdade, diagonalmente dominante, e portanto bem-condicionada. Apenas quando $\sigma$ for pequeno voltamos ao caso mal-condicionado.

Do mesmo modo, as equações de Fredholm do segundo tipo homogêneas não são especialmente mal-colocadas. Se $K$ for um operador de suavização, então ele mapeará muitos dos $f$'s em zero, ou em um valor próximo de zero; haverá portanto um grande número de autovalores degenerados ou quase degenerados em torno de $\sigma = (\lambda \to \infty)$, mas isto não acarretará dificuldade computacional particular. De fato, pode-se mostrar que a magnitude de $\sigma$ necessária para resgatar a equação inomogênea (19.0.5) de um destino mal-condicionado é muito *menor* que aquela necessária para dominância diagonal. Uma vez que $\sigma$ desloca todos os autovalores, é suficiente que ele seja grande o bastante para deslocar a multidão de autovalores próximos de zero de um operador de suavização para valores longes de zero, de modo que o operador resultante se torna inversível (exceto, obviamente, nos autovalores discretos).

As *equações de Volterra* são um caso especial de equações de Fredholm onde $K(t,s) = 0$ para $s > t$. Cortando fora a parte desnecessária da integração, as equações de Volterra podem ser escritas de uma forma onde o limite superior de integração é independente da variável $t$. A *equação de Volterra do primeiro tipo*,

$$g(t) = \int_a^t K(t,s) f(s) \, ds \qquad (19.0.6)$$

tem a versão matricial análoga (escrita agora explicitamente em termos das componentes)

$$\sum_{j=0}^k K_{kj} f_j = g_k \qquad (19.0.7)$$

Comparando esta equação com a expressão (19.0.2), podemos ver que a equação de Volterra corresponde a uma matriz **K** que é triangular inferior (isto é, esquerda), com os elementos acima da diagonal iguais a zero. Como já visto no Capítulo 2, tais equações matriciais são resolvidas de modo trivial por substituição avançada. Assim, as técnicas para se resolver equações de Volterra são também diretas. Quando os experimentos não são dominados por ruídos, as equações de Volterra do primeiro tipo tendem a *não* ser mal-condicionadas; o limite superior da integral introduz um passo abrupto que convenientemente estraga qualquer propriedade de suavização do núcleo.

A equação de Volterra do segundo tipo tem a forma

$$f(t) = \int_a^t K(t,s) f(s) \, ds + g(t) \qquad (19.0.8)$$

cujo análogo matricial é a equação

$$(\mathbf{K} - \mathbf{1}) \cdot \mathbf{f} = \mathbf{g} \qquad (19.0.9)$$

onde **K** é uma matriz triangular inferior. A razão do não aparecimento de um $\lambda$ nestas equações é que (i) no caso inomogêneo ($g$ não zero), ele pode ser absorvido em $K$, enquanto que (ii) no caso homogêneo ($g = 0$) há um teorema que afirma que equações de Volterra do segundo tipo com núcleos limitados não têm autovalores cujas autofunções sejam quadrado-integráveis.

Particularizamos nossas definições para o caso de equações integrais lineares. Em uma versão não linear de (19.0.1) ou (19.0.6), no lugar de $K(t,s) f(s)$ o integrando seria $K(t, s, f(s))$. Uma versão não linear de (19.0.4) ou (19.0.8) teria um integrando $K(t, s, f(t), f(s))$. Equações de Fredholm não lineares são consideravelmente mais complicadas que suas correspondentes lineares. Felizmente, na prática elas não aparecem com tanta frequência quanto as equações lineares, razão pela qual as ignoraremos completamente neste capítulo. Contrariamente, a solução de equações de Volterra não lineares envolve apenas uma leve modificação no algoritmo para equações lineares, como veremos brevemente.

Quase todos os métodos para resolver equações integrais numericamente fazem uso das *regras de quadratura*, frequentemente as quadraturas gaussianas. Esta seria uma boa oportunidade para você dar uma olhada e revisar o §4.6, especialmente o material mais avançado mais para o final daquela seção.

Nas seções seguintes, discutiremos primeiro as equações de Fredholm do segundo tipo com núcleos suaves (§19.1). Regras não triviais de quadratura entram na discussão, mas estaremos lidando com sistemas de equações bem-condicionadas. Retornamos então para equações de Volterra (§19.2) e descobriremos que métodos diretos e simples são geralmente satisfatórios para estas equações.

No §19.3 discutiremos como proceder no caso de núcleos singulares, focando principalmente as equações de Fredholm (do primeiro e segundo tipos). As singularidades exigem o uso de regras de quadratura especiais, mas elas são também, muitas vezes, uma benção disfarçada, uma vez que elas podem estragar a suavização do núcleo e tornar os problemas bem-condicionados.

Em §19.4 – §19.7 encaramos o assunto de problemas inversos. A Seção 19.4 é uma introdução a este vasto assunto.

Deveríamos aqui chamar a atenção para o fato de que transformadas de *wavelets*, já discutidas no §13.10, são aplicáveis não apenas à compressão de dados e processamento de sinais, mas podem também ser usadas para transformar algumas classes de equações integrais em problemas lineares esparsos que admitem solução rápida. Você talvez queira revisar o §13.10 como parte da leitura deste capítulo.

Com relação a alguns assuntos tais como equações íntegro-diferenciais, devemos simplesmente dizer que estão além do nosso escopo. Para uma revisão de métodos aplicados a equações íntegro-diferenciais, consulte Brunner [4].

Não é necessário dizer que este curto capítulo toca apenas superficialmente alguns poucos dos métodos mais básicos envolvidos neste assunto complicado.

#### REFERÊNCIAS CITADAS E LEITURA COMPLEMENTAR

Delves, L.M., and Mohamed, J.L. 1985, *Computational Methods for Integral Equations* (Cambridge, UK: Cambridge University Press).[1]

Linz, P. 1985, *Analytical and Numerical Methods for Volterra Equations* (Philadelphia: S.I.A.M.).[2]

Atkinson, K.E. 1976, *A Survey of Numerical Methods for the Solution of Fredholm Integral Equations of the Second Kind* (Philadelphia: S.I.A.M.).[3]

Brunner, H. 1988, in *Numerical Analysis 1987,* Pitman Research Notes in Mathematics vol. 170, D.F. Griffiths and G.A. Watson, eds. (Harlow, Essex, UK: Longman Scientific and Technical), pp. 18–38.[4]

Smithies, F. 1958, *Integral Equations* (Cambridge, UK: Cambridge University Press). Kanwal, R.P. 1971, *Linear Integral Equations* (New York: Academic Press).

Green, C.D. 1969, *Integral Equation Methods* (New York: Barnes & Noble).

## 19.1 Equações de Fredholm do segundo tipo

Queremos achar uma solução numérica para $f(t)$ na equação

$$f(t) = \lambda \int_a^b K(t,s) f(s)\, ds + g(t) \tag{19.1.1}$$

O método, muito básico, por nós aqui descrito chama-se *método de Nystrom*. Ele requer a escolha de alguma *regra de quadratura* aproximada:

$$\int_a^b y(s)\, ds = \sum_{j=0}^{N-1} w_j\, y(s_j) \tag{19.1.2}$$

Nesta expressão, o conjunto $\{w_j\}$ são os pesos da regra de quadratura, ao passo que os $N$ pontos $\{s_j\}$ são as abscissas.

Que regra de quadratura deveríamos usar? Certamente é possível resolver equações integrais com regras de quadratura de baixa ordem, como a regra trapezoidal estendida ou a regra de Simpson. Veremos, contudo, que o método de solução envolve $O(N^3)$ operações e, portanto, os métodos mais eficientes tendem a usar regras de quadratura de ordem alta para manter $N$ tão pequeno quanto possível. Para problemas suaves, não singulares, nada é melhor que a quadratura gaussiana (por exemplo, a quadratura de Gauss-Legendre, §4.6. Para núcleos não suaves ou singulares, vide §19.3).

Delves e Mohamed [1] investigaram métodos mais complicados que o de Nystrom. Para equações de Fredholm do segundo tipo diretas, eles concluíram que "o campeão inconteste deste concurso foi a rotina de Nystrom... com a regra de Gauss-Legendre de $N$ pontos. Esta rotina é extremamente simples... Tais resultados bastam para encher de lágrimas os olhos de uma analista numérico".

Se aplicarmos a regra de quadratura (19.1.2) à equação (19.1.1), obtemos

$$f(t) = \lambda \sum_{j=0}^{N-1} w_j K(t, s_j) f(s_j) + g(t) \qquad (19.1.3)$$

Calcule a equação (19.1.3) nos pontos de quadratura:

$$f(t_i) = \lambda \sum_{j=0}^{N-1} w_j K(t_i, s_j) f(s_j) + g(t_i) \qquad (19.1.4)$$

Seja $f_i$ o vetor $f(t_i)$, $g_i$ o vetor $g(t_i)$, $K_{ij}$ a matriz $K(t_i, s_j)$ e defina

$$\widetilde{K}_{ij} = K_{ij} w_j \qquad (19.1.5)$$

Então, em notação matricial, a equação (19.1.4) se torna

$$(\mathbf{1} - \lambda \widetilde{\mathbf{K}}) \cdot \mathbf{f} = \mathbf{g} \qquad (19.1.6)$$

Esta equação representa um conjunto de $N$ equações algébricas lineares em $N$ incógnitas que pode ser resolvido por técnicas de decomposição triangular padrão (§2.3) – é aí que entra a contagem de $O(N^3)$ operações. A solução é normalmente bem-condicionada, a menos que $\lambda$ seja muito próximo de um autovalor.

Uma vez obtida a solução nos pontos $\{t_i\}$ de quadratura, como obter a solução em outro ponto $t$? Você *não deve* usar simplesmente uma interpolação polinomial, pois isto destrói toda a acurácia pela qual você trabalhou tanto para conseguir. A observação fundamental de Nystrom é que você deveria usar a equação (19.1.3) como uma fórmula interpolante, mantendo a acurácia da solução.

Nossa rotina para resolver equações de Fredholm lineares do segundo tipo é codificada no objeto Fred2. O construtor monta a equação (19.1.6) e então a resolve por decomposição *LU* usando LUdcmp. A quadratura de Gauss-Legendre é implementada obtendo-se primeiro os pesos e abscissas com uma chamada para gauleg. A rotina Fred2 requer que você forneça uma função externa ou functor que retorne $g(t)$ e outra que retorne $\lambda K_{ij}$. Ela então calcula a solução $f$ nos pontos de quadratura na variável membro f. Ela também armazena os pontos de quadratura e pesos. Estes são então usados pela função membro fredin para executar a interpolação de Nystrom da equação (19.1.3) e retornar o valor de $f$ em qualquer ponto do intervalo $[a, b]$.

Para garantir que o modo de usar está claro, aqui vai a rotina de chamadas no caso em que você codificou as rotinas externas como funções:

```
Doub g(const Doub t) { ... }
Doub ak(const Doub t, const Doub s) { ... }
  ...
Fred2<Doub (Doub), Doub (Doub,Doub)> fred2(a,b,n,g,ak);
Doub ans=fred2.fredin(x);
```

Se as rotinas externas forem, digamos, os functores `Gfunc` e `Kernel`, então as declarações são

```
Gfunc g;                              Isto pode ter argumentos, se você assim desejar.
Kernel ak;
Fred2<Gfunc, Kernel> fred2(a,b,n,g,ak);
```

Aqui está a rotina:

fred2.h
```
template <class G, class K>
struct Fred2 {
```
Resolve uma equação linear de Fredholm do segundo tipo.
```
    const Doub a,b;
    const Int n;
    G &g;
    K &ak;
    VecDoub t,f,w;
    Fred2(const Doub aa, const Doub bb, const Int nn, G &gg, K &akk) :
        a(aa), b(bb), n(nn), g(gg), ak(akk), t(n), f(n), w(n)
```
As grandezas a e b são fornecidas na entrada e representam os limites de integração. A grandeza n é o número de pontos para se usar na quadratura gaussiana. g e ak são funções ou functors fornecidos pelo usuário que retornam, respectivamente, $g(t)$ e $\lambda K(t, s)$. O construtor calcula os arrays t[0..n-1] e f[0..n-1] contendo as abscissas $t_i$ da quadratura gaussiana e a solução $f$ nestas abscissas. Também calculado é o array w[0..n-1] de pesos gaussianos para serem usados com a rotina de interpolação de Nystrom fredin.
```
    {
        MatDoub omk(n,n);
        gauleg(a,b,t,w);                  Substitui galeg por outra rotina se não estiver usando qua-
        for (Int i=0;i<n;i++) {              dratura de Gauss-Legendre.
            for (Int j=0;j<n;j++)         Forma $1-\lambda \widetilde{\mathbf{K}}$
                omk[i][j]=Doub(i == j)-ak(t[i],t[j])*w[j];
            f[i]=g(t[i]);
        }
        LUdcmp alu(omk);                  Soluciona equações lineares.
        alu.solve(f,f);
    }

    Doub fredin(const Doub x)
```
Dados os arrays t[0..n-1] e w[0..n-1] contendo as abscissas e pesos da quadratura gaussiana, e dado o array de solução f[0..n-1], esta função retorna o valor de $f$ em x usando a fórmula de interpolação de Nystrom.
```
    {
        Doub sum=0.0;
        for (Int i=0;i<n;i++) sum += ak(x,t[i])*w[i]*f[i];
        return g(x)+sum;
    }
};
```

Uma desvantagem do método baseado em quadratura gaussiana é que não há uma maneira simples de se obter uma estimativa do erro no resultado. O melhor método prático é aumentar $N$ em, digamos, 50% e tratar a diferença entre as duas estimativa como uma estimativas conservadora do erro no resultado obtido para um valor maior de $N$.

Voltemo-nos agora para soluções da equação homogênea. Se fizermos $\lambda = 1/\sigma$ e $g = 0$, então a equação (19.1.6) se torna uma equação de autovalores padrão.

$$\tilde{\mathbf{K}} \cdot \mathbf{f} = \sigma \mathbf{f} \qquad (19.1.7)$$

que pode ser resolvida com qualquer rotina para autovalores de matriz conveniente (veja o Capítulo 11). Observe que se nosso problema tivesse um núcleo simétrico, então a matriz K seria simétrica. Porém, como os pesos $w_j$ não são iguais para a maioria da regras de quadratura, a matriz $\tilde{\mathbf{K}}$(equação 19.1.5) não é simétrica. O problema de autovalores de uma matriz é muito mais fácil no caso de matrizes simétricas, e portanto deveríamos tentar recuperar a simetria quando possível. Se os pesos forem positivos (e eles o são para a quadratura gaussiana), podemos definir a matriz diagonal $\mathbf{D} = \mathrm{diag}(w_j)$ e sua raiz quadrada $\mathbf{D}^{1/2} = \mathrm{diag}(\sqrt{w_j})$. Neste caso, a equação (19.1.7) se torna

$$\mathbf{K} \cdot \mathbf{D} \cdot \mathbf{f} = \sigma \mathbf{f}$$

Multiplicando por $\mathbf{D}^{1/2}$, obtemos

$$\left( \mathbf{D}^{1/2} \cdot \mathbf{K} \cdot \mathbf{D}^{1/2} \right) \cdot \mathbf{h} = \sigma \mathbf{h} \qquad (19.1.8)$$

onde $\mathbf{h} = \mathbf{D}^{1/2} \cdot \mathbf{f}$. A equação (19.1.8) se encontra agora na forma de um problema de autovalores simétrico.

A solução das equações (19.1.7) ou (19.1.8) terá em geral $N$ autovalores, onde $N$ é o número de pontos de quadratura usados. Para núcleos de quadrado integrável, estas serão boas aproximações dos $N$ autovalores mais baixos da equação integral. Núcleos de *rank finito* (também chamados de núcleos *degenerados* ou *separáveis*) têm apenas um número finito de autovalores diferentes de zero (possivelmente nenhum). Você pode diagnosticar esta situação por um aglomerado de autovalores $\sigma$ que são zero dentro da precisão da máquina. O número de autovalores diferentes de zero permanecerá constante à medida que você aumentar $N$ para melhorar a acurácia dos mesmos. Um certo cuidado é necessário aqui: um núcleo não degenerado pode ter um número infinito de autovalores que têm um ponto de acumulação em $\sigma = 0$. Você distingue os dois casos pelo comportamento da solução à medida que aumenta $N$. Se você suspeitar que tem um núcleo degenerado, você provavelmente será capaz de resolver o problema por técnicas analíticas descritas em todos os livros-texto.

### REFERÊNCIAS CITADAS E LEITURA COMPLEMENTAR

Delves, L.M., and Mohamed, J.L. 1985, *Computational Methods for Integral Equations* (Cambridge, UK: Cambridge University Press).[1]

Atkinson, K.E. 1976, *A Survey of Numerical Methods for the Solution of Fredholm Integral Equations of the Second Kind* (Philadelphia: S.I.A.M.).

## 19.2 Equações de Volterra

Vamos nos voltar agora para as equações de Volterra, das quais nosso protótipo será a equação de Volterra do segundo tipo,

$$f(t) = \int_a^t K(t,s) f(s)\, ds + g(t) \qquad (19.2.1)$$

Grande parte dos algoritmos para equações de Volterra partem de $t = a$, construindo a solução à medida que avançam. Neste sentido, eles lembram não apenas a substituição avançada (como discutido no §19.0), mas também problemas de valores iniciais em equações diferenciais ordinárias. Na verdade, muitos algoritmos para EDOs têm seus correspondentes para equações de Volterra.

A maneira mais simples de proceder é resolver a equação em uma malha com espaçamento uniforme:

$$t_i = a + ih, \quad i = 0, 1, \ldots, N, \qquad h \equiv \frac{b-a}{N} \qquad (19.2.2)$$

Para fazer isto, devemos primeiro escolher uma regra de quadratura. Para uma malha uniforme, o esquema mais simples é a regra trapezoidal, a equação (4.1.11):

$$\int_a^{t_i} K(t_i, s) f(s) \, ds = h \left( \tfrac{1}{2} K_{i0} f_0 + \sum_{j=1}^{i-1} K_{ij} f_j + \tfrac{1}{2} K_{ii} f_i \right) \qquad (19.2.3)$$

O método trapezoidal para a equação (19.2.1) é

$$f_0 = g_0$$

$$(1 - \tfrac{1}{2} h K_{ii}) f_i = h \left( \tfrac{1}{2} K_{i0} f_0 + \sum_{j=1}^{i-1} K_{ij} f_j \right) + g_i, \qquad i = 1, \ldots, N \qquad (19.2.4)$$

(Para uma equação de Volterra do primeiro tipo, o primeiro 1 à esquerda não apareceria e $g$ teria o sinal oposto, com mudanças simples correspondentes no resto da discussão.)

A equação (19.2.4) é uma prescrição explícita que produz uma solução em $O(N^2)$ operações. Diferentemente das equações de Fredholm, não é necessário resolver um sistema de equações lineares. As equações de Volterra portanto envolvem, geralmente, menos trabalho que as correspondentes equações de Fredholm, as quais, como vimos, envolvem a inversão de sistemas lineares muitas vezes grandes.

A eficiência da solução de equações de Volterra é por vezes contrabalançada pelo fato de que *sistemas* destas equações ocorrem mais comumente na prática. Se interpretarmos a equação (19.2.1) como uma equação *vetorial* para um vetor de $m$ funções $f(t)$, então o núcleo $K(t, s)$ é uma matriz de dimensão $m \times m$. A equação (19.2.4) deve então ser entendida também como uma equação vetorial. Para cada $i$, temos que resolver um conjunto $m \times m$ de equações algébricas lineares por eliminação Gaussiana.

A rotina voltra abaixo implementa este algoritmo. Você deve fornecer uma função externa ou functor que retorna a $k$-ésima função do vetor $g(t)$ no ponto $t$, e outra que retorna o elemento ($k$, $l$) da matriz $K(t, s)$ em ($t$, $s$). A rotina voltra retorna então o vetor $f(t)$ nos pontos $t_i$ regularmente espaçados.

voltra.h
```
template <class G, class K>
void voltra(const Doub t0, const Doub h, G &g, K &ak, VecDoub_O &t, MatDoub_O &f)
```
Soluciona um conjunto de m equações de Volterra do segundo tipo usando a regra trapezoidal estendida. Na entrada, t0 é o ponto incial da integração e h é o tamanho do passo. g(k,t) é uma função ou um functor fornecido pelo usuário que retorna $g_k(t)$, ao passo que ak (k, l, t, s) é outra função ou functor fornecido pelo usuário que retorna o elemento ($k$, $l$) da matriz $K(t, s)$. A solução é retornada em f[0..m-1][0..n-1] com as abscissas correspondentes em t [0..n-1], onde n-1 é o número de passos a serem feitos. O valor de m é determinado pela dimensão da linha da matriz de solução f.
```
{
    Int m=f.nrows();
    Int n=f.ncols();
    VecDoub b(m);
    MatDoub a(m,m);
    t[0]=t0;
    for (Int k=0;k<m;k++) f[k][0]=g(k,t[0]);    Inicializa.
    for (Int i=1;i<n;i++) {                      Realiza um passo h.
```

```
        t[i]=t[i-1]+h;
        for (Int k=0;k<m;k++) {
            Doub sum=g(k,t[i]);                    Acumula lado direito da equação linear em
            for (Int l=0;l<m;l++) {                                sum.
                sum += 0.5*h*ak(k,l,t[i],t[0])*f[l][0];
                for (Int j=1;j<i;j++)
                    sum += h*ak(k,l,t[i],t[j])*f[l][j];
                if (k == l)                         Lado esquerdo vai na matriz a.
                    a[k][l]=1.0-0.5*h*ak(k,l,t[i],t[i]);
                else
                    a[k][l] = -0.5*h*ak(k,l,t[i],t[i]);
            }
            b[k]=sum;
        }
        LUdcmp alu(a);                              Resolve equações lineares.
        alu.solve(b,b);
        for (Int k=0;k<m;k++) f[k][i]=b[k];
    }
}
```

Para equações de Volterra não lineares, a equação (19.4.2) continua válida com o produto $K_{ii}$ $f_i$ substituído por $K_{ii}(f_i)$, e similarmente para os outros produtos de $K$'s e $f$'s. Portanto, para cada $i$ resolvemos uma equação não linear em $f_i$ com um lado direito conhecido. O método de Newton (§9.4 ou §9.6) com um chute inicial de $f_{i-1}$ geralmente funciona muito bem, desde que o tamanho do passo não seja muito grande.

Métodos de ordem mais alta para resolver equações de Volterra, em nossa opinião, não são tão importantes quanto para equações de Fredholm, uma vez que equações de Volterra são relativamente fáceis de serem resolvidas. Há, contudo, uma extensa literatura sobre o assunto. Muitas dificuldades aparecem: primeiro, qualquer método que atinge ordens mais altas operando em vários pontos de quadratura simultaneamente necessita de um método especial para ser inicializado, quando valores nos poucos primeiros pontos ainda são desconhecidos.

Segundo, regras de quadratura estáveis podem dar origem a instabilidades não esperadas em equações integrais. Por exemplo, suponha que tentemos substituir a regra do trapezoide no algoritmo acima pela regra de Simpson. A regra de Simpson integra naturalmente em um intervalo de $2h$, de modo que obtemos facilmente os valores da função em pontos pares da malha. Para os ímpares, poderíamos tentar anexar um painel da regra do trapezoide. Mas em qual ponto final da integração deveríamos colá-lo? Poderíamos dar um passo da regra do trapezoide seguido de toda a regra de Simpson, ou a regra de Simpson combinada com uma trapezoidal ao final. Surpreendentemente, o esquema posterior é instável, enquanto que o anterior é bom!

Uma abordagem simples que pode ser usada para o método trapezoidal dado acima é a extrapolação de Richardson: calcule a solução com passos de tamanho $h$ e $h/2$. Então, assumindo que o erro escalona como $h^2$, calcule

$$f_E = \frac{4f(h/2) - f(h)}{3} \qquad (19.2.5)$$

Este procedimento pode ser repetido como na integração de Romberg.

O consenso geral é que o melhor entre os métodos de ordem mais alta é o *método bloco a bloco* (vide [1]). Outro tópico importante é o uso de métodos de tamanho de passo variável, que são muito mais eficientes se $K$ e $f$ apresentarem características de não suavidade. Estes métodos são um tanto mais complicados que seus correspondentes em equações diferenciais; para uma discussão, sugerimos a leitura de [1,2].

Você também deveria procurar singularidades no integrando. Se você achá-las, vá para o §19.3 para ideias adicionais.

## REFERÊNCIAS CITADAS E LEITURA COMPLEMENTAR

Linz, P. 1985, *Analytical and Numerical Methods for Volterra Equations* (Philadelphia: S.I.A.M.).[1]
Delves, L.M., and Mohamed, J.L. 1985, *Computational Methods for Integral Equations* (Cambridge, UK: Cambridge University Press).[2]

## 19.3 Equações integrais com núcleos singulares

Muitas equações integrais apresentam singularidades no núcleo, na solução ou em ambos. Um método de quadratura simples apresentará uma convergência ruim em $N$ se tais singularidades forem ignoradas. Há, muitas vezes, uma certa arte em como estas singularidades podem ser melhor tratadas.

Começamos com alguma sugestões diretas:

1. Singularidades integráveis podem ser frequentemente removidas por uma mudança de variáveis. Por exemplo, um comportamento singular $K(t, s) \sim s^{1/2}$ ou $s^{-1/2}$ próximo de $s = 0$ pode ser removido pela transformação $z = s^{1/2}$. Observe que estamos assumindo que o comportamento singular está restrito a $K$, ao passo que a quadratura na verdade envolve o produto $K(t, s)f(s)$, e é este produto que precisa ser "consertado". Seria ideal você deduzir a natureza singular do produto antes de tentar achar uma solução numérica, tomando a atitute apropriada. Comumente, contudo, um núcleo singular *não gera* uma solução singular $f(t)$ (o núcleo $K(t, s) = \delta(t - s)$ altamente singular é simplesmente o operador identidade, por exemplo).

2. Se $K(t, s)$ puder ser fatorado como $w(s)\overline{K}(t, s)$, onde $w(s)$ é singular e $\overline{K}(t, s)$ é suave, então uma quadratura gaussiana tendo $w(s)$ como função peso funcionará bem. Mesmo que a fatorização seja apenas aproximada, a convergência, com frequência, melhora dramaticamente. Tudo que lhe resta fazer é substituir gauleg da rotina fred2 por outra rotina de quadratura. A Seção 4.6 explica como construir tais quadraturas; ou você pode encontrar abscissas e pesos tabulados na referências padrão [1,2]. Você obviamente deve fornecer $\overline{K}$ no lugar de $K$.

   Este método é um caso especial do *método do produto de Nystrom* [3,4], onde se fatora um termo singular $p(t, s)$ dependente tanto de $t$ quanto de $s$ de $K$ e se constroem pesos apropriados para sua quadratura gaussiana. O cálculos no caso geral são bastante enrolados, pois os pesos dependem dos valores $\{t_i\}$ escolhidos, bem como da forma de $p(t, s)$.

   Nós preferimos implementar o método do produto de Nystrom em uma malha uniforme, com um esquema de quadratura que generaliza a regra estendida de 3/8 de Simpson (equação 4.1.5) para funções peso arbitrárias. Discutimos isto na subseção abaixo.

3. Fórmulas de quadratura especiais são também úteis quando o núcleo não é estritamente singular, mas "quase". Um exemplo é quando o núcleo é concentrado próximo de $t = s$ numa escala muito menor que a escala na qual a solução $f(t)$ varia. Neste caso, a fórmula de quadratura pode ser baseada aproximando-se localmente $f(s)$ por um polinômio ou spline enquanto se calcula os poucos primeiros *momentos* do núcleo $K(t, s)$ nos pontos de tabulação $t_i$. Num esquema deste tipo, a largura estreita do núcleo se torna um trunfo no lugar de um perigo: a quadratura se torna exata à medida que o largura do núcleo vai a zero.

4. Um intervalo infinito de integração também é uma forma de instabilidade. Truncar este intervalo em um valor finito mas grande só deveria ser empregado como último recurso. Se o núcleo vai rapidamente a zero, então uma quadratura de Gauss-Laguerre [$w \sim \exp(-\alpha s)$] ou Gauss-Hermite [$w \sim \exp(-s^2)$] deveriam funcionar bem. Funções com caudas longas geralmente sucumbem diantes da transformação

$$s = \frac{2\alpha}{z+1} - \alpha \tag{19.3.1}$$

que mapeia $0 < s < \infty$ em $1 > z > -1$ de tal modo que a integração de Gauss-Legendre possa ser usada. Nesta expressão, $\alpha > 0$ é uma contante que você ajusta para melhorar a convergência.

5. Uma situação comum na prática é quando $K(t, s)$ é singular ao longo da diagonal $t = s$. Neste caso, o método de Nystrom falha completamente, pois o núcleo é calculado em $(t_i, s_i)$. A *subtração da singularidade* é um possível remédio:

$$\int_a^b K(t,s)f(s)\,ds = \int_a^b K(t,s)[f(s) - f(t)]\,ds + \int_a^b K(t,s)f(t)\,ds \qquad (19.3.2)$$
$$= \int_a^b K(t,s)[f(s) - f(t)]\,ds + r(t)f(t)$$

onde $r(t) = \int_a^b K(t, s)\,ds$ é calculado numérica ou analiticamente. Se o primeiro termo do lado direito for agora regular, podemos usar o método de Nystrom. Ao invés da equação (19.1.4), obtemos

$$f_i = \lambda \sum_{\substack{j=0 \\ j \neq i}}^{N-1} w_j K_{ij}[f_j - f_i] + \lambda r_i f_i + g_i \qquad (19.3.3)$$

Algumas vezes, o processo de subtração deve ser repetido antes que o núcleo seja completamente regularizado. Vide [3] para mais detalhes (e continue lendo para aprender sobre um jeito diferente e, acreditamos, melhor de lidar com singularidades diagonais).

### 19.3.1 Quadratura em uma malha uniforme com peso arbitrário

Em geral é possível achar regras de quadratura linear de $n$ pontos que aproximam a integral de uma função $f(x)$, vezes uma função peso arbitrária $w(x)$, sobre um intervalo arbitrário $(a, b)$ de integração, como sendo a soma dos pesos vezes $n$ valores igualmente espaçados da função $f(x)$, digamos, em $x = kh, (k + 1), \ldots, (k + n - 1)h$. O esquema geral para se deduzir tais regras de quadratura é escrever as $n$ equações lineares que devem ser satisfeitas se a regra de quadratura tiver que ser exata para as $n$ funções $f(x) = \text{const}, x, x^2, \ldots, x^{n-1}$, e então resolver estas equações para achar os coeficientes. Isto pode ser feito analiticamente, de uma vez por todas, se os momentos das funções pesos no intervalo de integração

$$W_n \equiv \frac{1}{h^n} \int_a^b x^n w(x)\,dx \qquad (19.3.4)$$

são tidos como conhecidos. Nesta expressão, o pré-fator $h^{-n}$ é escolhido de modo a fazer $W_n$ escalonar como $h$ se (como no caso usual) $b - a$ for proporcional a $h$.

Seguindo esta receita para o caso de quatro pontos, chegamos ao resultado

$$\int_a^b w(x)f(x)\,dx =$$
$$\tfrac{1}{6} f(kh)\big[(k+1)(k+2)(k+3)W_0 - (3k^2 + 12k + 11)W_1 + 3(k+2)W_2 - W_3\big]$$
$$+ \tfrac{1}{2} f([k+1]h)\big[-k(k+2)(k+3)W_0 + (3k^2 + 10k + 6)W_1 - (3k+5)W_2 + W_3\big]$$
$$+ \tfrac{1}{2} f([k+2]h)\big[k(k+1)(k+3)W_0 - (3k^2 + 8k + 3)W_1 + (3k+4)W_2 - W_3\big]$$
$$+ \tfrac{1}{6} f([k+3]h)\big[-k(k+1)(k+2)W_0 + (3k^2 + 6k + 2)W_1 - 3(k+1)W_2 + W_3\big]$$

$$(19.3.5)$$

Enquanto os termos entre chaves parecem, superficialmente, escalonar como $k^2$, há normalmente um cancelamento tanto em $O(k^2)$ quanto em $O(k)$.

A equação (19.3.5) pode ser particularizada para várias escolhas de $(a, b)$. A escolha óbvia é $a = kh$, $b = (k + 3)h$, em cujo caso obtemos uma regra de quadratura de quatro pontos que generaliza a regra de 3/8 de Simpson (equação 4.1.5). De fato, podemos recuperar este caso especial fazendo $w(x) = 1$, em cujo caso (19.3.4) se torna

$$W_n = \frac{h}{n+1}[(k+3)^{n+1} - k^{n+1}] \tag{19.3.6}$$

Os quatro termos entre chaves na equação (19.3.5) se tornam cada um independentes de $k$, e (19.3.5) se torna de fato

$$\int_{kh}^{(k+3)h} f(x)dx = \frac{3h}{8}f(kh) + \frac{9h}{8}f([k+1]h) + \frac{9h}{8}f([k+2]h) + \frac{3h}{8}f([k+3]h) \tag{19.3.7}$$

De volta ao caso de um $w(x)$ geral, algumas outras escolhas de $a$ e $b$ são também úteis. Por exemplo, talvez queiramos escolher $(a, b)$ como sendo $([k + 1]h, [k + 3]h)$ ou $([k + 2]h, [k +3]h)$, permitindo assim encerrar uma regra estendida cujo número de intervalos não é múltiplo de três, sem perder com isso acurácia: a integral vai ser estimada usando-se os quatro valores $f(kh), \ldots, f([k+3]h)$. Ainda mais útil é escolher $(a, b)$ como sendo $([k + 1]h, [k + 2]h)$ e então usar quatro pontos para integrar um único intervalo centrado. Estes pesos, quando costurados uns aos outros formando uma fórmula estendida, produzem um esquema de quadratura que tem coeficientes suaves, isto é, sem a alternância 2, 4, 2, 4, 2 típica de Simpson (na realidade, esta foi a técnica por nós usada para deduzir a equação 4.1.14, que talvez agora você queira reexaminar).

Todas as regras são da mesma ordem que a regra estendida de Simpson, isto é, exatas para um $f(x)$ que seja um polinômio cúbico. Regras de ordem mais baixa, se as desejarmos, podem ser obtidas de maneira similar. A fórmula de três pontos é

$$\begin{aligned}\int_a^b w(x)f(x)dx &= \tfrac{1}{2}f(kh)[(k+1)(k+2)W_0 - (2k+3)W_1 + W_2] \\ &+ f([k+1]h)[-k(k+2)W_0 + 2(k+1)W_1 - W_2] \\ &+ \tfrac{1}{2}f([k+2]h)[k(k+1)W_0 - (2k+1)W_1 + W_2]\end{aligned} \tag{19.3.8}$$

Aqui o caso especial simples é tomar $w(x) = 1$ de modo que

$$W_n = \frac{h}{n+1}[(k+2)^{n+1} - k^{n+1}] \tag{19.3.9}$$

Então a equação (19.3.8) se torna a regra de Simpson,

$$\int_{kh}^{(k+2)h} f(x)dx = \frac{h}{3}f(kh) + \frac{4h}{3}f([k+1]h) + \frac{h}{3}f([k+2]h) \tag{19.3.10}$$

Para funções peso $w(x)$ não constantes, contudo, a equação (19.3.8) gera regras que são de uma ordem mais baixa que Simpson, uma vez que elas não podem aproveitar o benefício da simetria extra do caso constante.

A fórmula de dois pontos é simplesmente

$$\int_{kh}^{(k+1)h} w(x)f(x)dx = f(kh)[(k+1)W_0 - W_1] + f([k+1]h)[-kW_0 + W_1] \tag{19.3.11}$$

Aqui está a rotina Wwghts que usa as fórmulas acima para calcular uma quadratura estendida de $N$ pontos para o intervalo $(a, b) = (0, [N - 1]h)$. As entradas para Wwghts são um objeto fornecido pelo usuário e chamado de quad na rotina. Este objeto deve conter uma função kermom, que é chamada para calcular os primeiros quatro momentos de $w(x)$ na forma de *integrais indefinidas*, a saber,

$$F_m(y) \equiv \int^y s^m w(s)ds \qquad m = 0, 1, 2, 3 \qquad (19.3.12)$$

(o limite inferior é arbitrário e pode ser escolhido por conveniência). Uma nota de precaução: quando chamada para $N < 4$, Wwghts devolve uma regra de ordem mais baixa que Simpson; você deve estruturar seu problema para evitar isto).

fred_singular.h

```
template <class Q>
struct Wwghts {
```
Constrói os pesos para uma quadratura de n pontos em intervalos iguais de 0 a (n−1)h de uma função $f(x)$ multiplicada por uma função peso $w(x)$ arbitrária (possivelmente singular). Os momentos (integrais indefinidas) $F_n(y)$ de $w(x)$ são fornecidos por uma função kermom especificada pelo usuário no objeto quad.
```
    Doub h;
    Int n;
    Q &quad;
    VecDoub wghts;
    Wwghts(Doub hh, Int nn, Q &q) : h(hh), n(nn), quad(q), wghts(n) {}
```
Argumentos do construtor são h, n e o objeto quad fornecido pelo usuário.
```
    VecDoub weights()
```
Esta função retorna os pesos em wghts [0..n-1].
```
    {
        Int k;
        Doub fac;
        Doub hi=1.0/h;
        for (Int j=0;j<n;j++)              Zera todos os pesos de modo que podemos somar
            wghts[j]=0.0;                   a eles.
        if (n >= 4) {                      Usa ordem mais alta disponível.
            VecDoub wold(4),wnew(4),w(4);
            wold=quad.kermom(0.0);         Avalia integrais indefinidas no extremo inferior.
            Doub b=0.0;                    Para outro problema, você pode mudar este limi-
            for (Int j=0;j<n-3;j++) {      te inferior.
                Doub c=j;                   Isto é chamado de k na equação (19.3.5).
                Doub a=b;                   Fixa limites superior e inferior para este passo.
                b=a+h;
                if (j == n-4) b=(n-1)*h;    Último intervalo: vá até o fim.
                wnew=quad.kermom(b);
                for (fac=1.0,k=0;k<4;k++,fac*=hi)    Equação (19.3.4).
                    w[k]=(wnew[k]-wold[k])*fac;
                wghts[j]   += (((c+1.0)*(c+2.0)*(c+3.0)*w[0]    Equação (19.3.5).
                    -(11.0+c*(12.0+c*3.0))*w[1]+3.0*(c+2.0)*w[2]-w[3])/6.0);
                wghts[j+1] += ((-c*(c+2.0)*(c+3.0)*w[0]
                    +(6.0+c*(10.0+c*3.0))*w[1]-(3.0*c+5.0)*w[2]+w[3])*0.5);
                wghts[j+2] += ((c*(c+1.0)*(c+3.0)*w[0]
                    -(3.0+c*(8.0+c*3.0))*w[1]+(3.0*c+4.0)*w[2]-w[3])*0.5);
                wghts[j+3] += ((-c*(c+1.0)*(c+2.0)*w[0]
                    +(2.0+c*(6.0+c*3.0))*w[1]-3.0*(c+1.0)*w[2]+w[3])/6.0);
                for (k=0;k<4;k++) wold[k]=wnew[k];   Redefine limites inferiores para os
            }                                          momentos.
        } else if (n == 3) {               Casos de ordem mais baixa; não recomendado.
            VecDoub wold(3),wnew(3),w(3);
            wold=quad.kermom(0.0);
            wnew=quad.kermom(h+h);
            w[0]=wnew[0]-wold[0];
            w[1]=hi*(wnew[1]-wold[1]);
            w[2]=hi*hi*(wnew[2]-wold[2]);
            wghts[0]=w[0]-1.5*w[1]+0.5*w[2];
```

```
            wghts[1]=2.0*w[1]-w[2];
            wghts[2]=0.5*(w[2]-w[1]);
        } else if (n == 2) {
            VecDoub wold(2),wnew(2),w(2);
            wold=quad.kermom(0.0);
            wnew=quad.kermom(h);
            wghts[0]=wnew[0]-wold[0]-(wghts[1]=hi*(wnew[1]-wold[1]));
        }
        return wghts;
    }
};
```

Daremos agora um exemplo de como aplicar Wwghts a uma equação integral singular.

### 19.3.2 Exemplo resolvido: um núcleo diagonalmente singular

Como exemplo particular, considere a equação integral

$$f(x) + \int_0^\pi K(x,y) f(y) dy = \operatorname{sen} x \tag{19.3.13}$$

com o capcioso núcleo (arbitrariamente escolhido)

$$K(x,y) = \cos x \cos y \times \begin{cases} -\ln(x-y) & y < x \\ \sqrt{y-x} & y \geq x \end{cases} \tag{19.3.14}$$

que tem uma singularidade logarítmica à esquerda da diagonal combinada com uma descontinuidade do tipo raiz quadrada do lado direito.

O primeiro passo é fazer (analiticamente, neste caso) as integrais de momento requeridas sobre a parte singular do núcleo, segundo a equação (19.3.12). Uma vez que estas integrais são feitas para um valor fixo de $x$, podemos usar $x$ como limite inferior. Para qualquer valor especificado de $y$, as integrais indefinidas requeridas são então ou

$$F_m(y;x) = \int_x^y s^m (s-x)^{1/2} ds = \int_0^{y-x} (x+t)^m t^{1/2} dt \qquad \text{se } y > x \tag{19.3.15}$$

ou

$$F_m(y;x) = -\int_x^y s^m \ln(x-s) ds = \int_0^{x-y} (x-t)^m \ln t \, dt \qquad \text{se } y < x \tag{19.3.16}$$

(onde uma mudança de variáveis foi feita na segunda igualdade em cada um dos casos). Depois de resolver estas integrais analiticamente (por exemplo, por meio de um pacote de integração simbólica), nós colocamos as fórmulas resultantes na função kermom na rotina seguinte, Quad_matrix. Observe que w($j+1$) retorna $F_j(y;x)$. O construtor de Quad_matrix chama Wwghts para obter os pesos de quadratura e então montar a matriz de quadratura.

fred_singular.h
```
struct Quad_matrix {
    Constrói em a[0..n-1][0..n-1] a matriz de quadratura para um exemplo da equação de Fredholm
    de segundo tipo.
    Int n;
    Doub x;                         Comunica-se com kermom.
    Quad_matrix(MatDoub_O &a) : n(a.nrows())
```
O construtor obtém os pesos de quadratura que integram a parte singular do núcleo via chamadas para Wwghts. Ele então soma os pesos com a parte não singular do núcleo para assim obter a matriz de quadratura.
```
    {
        const Doub PI=3.14159263589793238;
        VecDoub wt(n);
        Doub h=PI/(n-1);
```

```
        Wwghts<Quad_matrix> w(h,n,*this);
        for (Int j=0;j<n;j++) {
            x=j*h;                          Fixa x para kermom.
            wt=w.weights();
            Doub cx=cos(x);                 Parte do núcleo não singular.
            for (Int k=0;k<n;k++)           Junta todas as partes do núcleo.
                a[j][k]=wt[k]*cx*cos(k*h);
            ++a[j][j];                      Para equações do segundo tipo, há uma parte diagonal inde-
        }                                   pendente de h.
    }
    VecDoub kermom(const Doub y)
```

Retorna w[0..m-1], os primeiros m momentos (integrais indefinidas) de uma linha da parte singular do núcleo (neste exemplo, m é fixado externamente em 4). A variável de entrada, y, indexa a column (coluna), enquanto a variável membro x é a row (linha). Podemos tomar x como sendo o limite inferior de integração. Assim, retornamos os momentos integrais ou puros à esquerda, ou puros à direita da diagonal.

```
    {
        Doub d,df,clog,x2,x3,x4,y2;
        VecDoub w(4);
        if (y >= x) {
            d=y-x;
            df=2.0*sqrt(d)*d;
            w[0]=df/3.0;
            w[1]=df*(x/3.0+d/5.0);
            w[2]=df*((x/3.0 + 0.4*d)*x + d*d/7.0);
            w[3]=df*(((x/3.0 + 0.6*d)*x + 3.0*d*d/7.0)*x+d*d*d/9.0);
        } else {
            x3=(x2=x*x)*x;
            x4=x2*x2;
            y2=y*y;
            d=x-y;
            w[0]=d*((clog=log(d))-1.0);
            w[1] = -0.25*(3.0*x+y-2.0*clog*(x+y))*d;
            w[2]=(-11.0*x3+y*(6.0*x2+y*(3.0*x+2.0*y))
                +6.0*clog*(x3-y*y2))/18.0;
            w[3]=(-25.0*x4+y*(12.0*x3+y*(6.0*x2+y*
                (4.0*x+3.0*y)))+12.0*clog*(x4-(y2*y2)))/48.0;
        }
        return w;
    }
};
```

Finalmente, resolvemos o sistema linear para qualquer lado direito particular, neste caso, sin $x$.

`Int main_fredex(void)`                                                          fred_singular.h

Este programa-exemplo mostra como resolver uma equação de Fredholm do segundo tipo usando o método do produto de Nystrom e uma regra de quadratura especialmente construída para um núcleo singular e particular.

```
{                                       Aqui o tamanho da malha é especificado.
    const Int N=40;
    const Doub PI=3.141592653589793238;
    VecDoub g(N);
    MatDoub a(N,N);
    Quad_matrix qmx(a);                 Constrói a matriz de quadratura; toda a ação ocorre aqui.
    LUdcmp alu(a);                      Decompõe a matriz.
    for (Int j=0;j<N;j++)               Constrói o lado direito, no caso aqui sin x.
        g[j]=sin(j*PI/(N-1));
    alu.solve(g,g);                     Substituição reversa.
    for (Int j=0;j<N;j++) {             Escreve a solução.
        Doub x=j*PI/(N-1);
        cout << fixed << setprecision(2) << setw(6) << (j+1);
        cout << setprecision(6) << setw(13) << x << setw(13) << g[j] << endl;
    }
    return 0;
}
```

Com $N = 40$, este programa tem uma acurácia em nível de aproximadamente $10^{-5}$. A acurácia aumenta com $N^4$ (como deveria ser no caso de nosso esquema de quadratura da ordem de Simpson), não obstante o núcleo altamente singular. A Figura 19.3.1 mostra a solução obtida, mostrando também o gráfico para soluções usando valores menores de $N$, que são eles próprios, como se pode ver, notadamente fiéis. Observe que a solução é suave, embora o núcleo seja singular, algo comum de ocorrer.

### REFERÊNCIAS CITADAS E LEITURA COMPLEMENTAR

Abramowitz, M., and Stegun, I.A. 1964, *Handbook of Mathematical Functions* (Washington: National Bureau of Standards); reprinted 1968 (New York: Dover); online at http://www.nr.com/aands.[1]

Stroud, A.H., and Secrest, D. 1966, *Gaussian Quadrature Formulas* (Englewood Cliffs, NJ: Prentice-Hall).[2]

Delves, L.M., and Mohamed, J.L. 1985, Computational Methods for Integral Equations (Cambridge, UK: Cambridge University Press).[3]

Atkinson, K.E. 1976, A Survey of Numerical Methods for the Solution of Fredholm Integral Equations of the Second Kind (Philadelphia: S.I.A.M.).[4]

## 19.4 Problemas inversos e uso de informação *a priori*

As discussões que faremos posteriormente se tornarão mais fáceis com a menção a duas questões matemáticas. Suponha que **u** seja um vetor "desconhecido" que queremos determinar através de algum princípio de minimização. Seja $\mathcal{A}[\mathbf{u}] > 0$ e $\mathcal{B}[\mathbf{u}] > 0$ dois funcionais positivos de **u**, de tal modo que possamos tentar determinar **u** ou

$$\text{minimizando:} \quad \mathcal{A}[\mathbf{u}] \quad \text{ou} \quad \text{minimizando:} \quad \mathcal{B}[\mathbf{u}] \quad (19.4.1)$$

(obviamente, de um modo geral, os dois darão diferentes respostas para **u**). Como outra possibilidade, suponhamos agora que queremos minimizar $\mathcal{A}[\mathbf{u}]$ sujeito ao *vínculo* de que $\mathcal{B}[\mathbf{u}]$ tenha um valor particular, digamos, $b$. O método de multiplicadores de Lagrange nos dá a variação

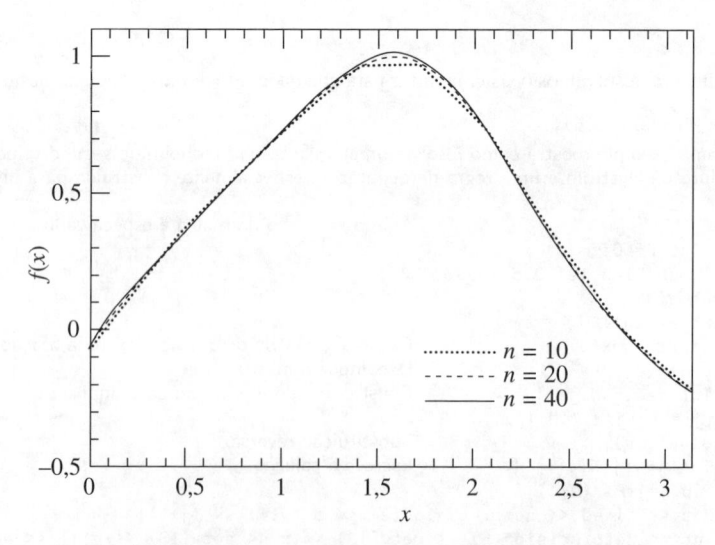

**Figura 19.3.1** Solução do exemplo de equação integral (19.3.14) com malhas de tamanhos $N = 10$, 20 e 40. Os valores de soluções tabuladas foram conectados por linhas retas; na prática, se interpolaria uma solução para $N$ pequeno mais suavemente.

$$\frac{\delta}{\delta \mathbf{u}} \{\mathcal{A}[\mathbf{u}] + \lambda_1(\mathcal{B}[\mathbf{u}] - b)\} = \frac{\delta}{\delta \mathbf{u}} (\mathcal{A}[\mathbf{u}] + \lambda_1 \mathcal{B}[\mathbf{u}]) = 0 \qquad (19.4.2)$$

onde $\lambda_1$ é um multiplicador de Lagrange. Observe que $b$ não aparece na segunda igualdade, uma vez que ele não depende de **u**.

Suponha agora que mudemos de ideia e decidamos minimizar $\mathcal{B}[\mathbf{u}]$ sujeito à condição de que $\mathcal{A}[\mathbf{u}]$ tenha um valor particular, $a$. No lugar da equação (19.4.2), teremos

$$\frac{\delta}{\delta \mathbf{u}} \{\mathcal{B}[\mathbf{u}] + \lambda_2(\mathcal{A}[\mathbf{u}] - a)\} = \frac{\delta}{\delta \mathbf{u}} (\mathcal{B}[\mathbf{u}] + \lambda_2 \mathcal{A}[\mathbf{u}]) = 0 \qquad (19.4.3)$$

onde o multiplicador de Lagrange é agora $\lambda_2$. Multiplicando (19.4.3) pela constante $1/\lambda_2$ e identificando $1/\lambda_2$ com $\lambda_1$, podemos ver que as variações reais são exatamente as mesmas nos dois casos. Ambos reproduzirão o mesma família de soluções como função de um parâmetro, digamos, $\mathbf{u}(\lambda_1)$. À medida que $\lambda_1$ varia de 0 a $\infty$, a solução $\mathbf{u}(\lambda_1)$ varia ao longo da chamada *curva de troca (trade-off)* entre o problema de minimização de $\mathcal{A}$ e o problema de minimização de $\mathcal{B}$. Qualquer solução ao longo desta curva pode muito bem ser entendida como (i) a minimização de $\mathcal{A}$ para algum valor fixo de $\mathcal{B}$, ou (ii) a minimização de $\mathcal{B}$ para algum valor fixo de $\mathcal{A}$, ou (iii) a minimização ponderada da soma $\mathcal{A} + \lambda_1 \mathcal{B}$.

O segundo ponto preliminar diz respeito a principios de minimização *degenerados*. No exemplo acima, suponha agora que $\mathcal{A}[\mathbf{u}]$ tenha a forma particular

$$\mathcal{A}[\mathbf{u}] = |\mathbf{A} \cdot \mathbf{u} - \mathbf{c}|^2 \qquad (19.4.4)$$

para alguma matriz **A** e vetor **c**. Se **A** tiver menos linhas que colunas, ou se **A** for quadrada mas degenerada (tem um espaço nulo não trivial; veja §2.6, especialmente a Figura 2.6.1), então a minimização de $\mathcal{A}[\mathbf{u}]$ *não* dará uma solução única para **u** (para entender o porquê, revise o §15.4 e observe que, para uma "matriz projetada" **A** com menos linha que colunas, a matriz $\mathbf{A}^T \cdot \mathbf{A}$ nas equações normais 15.4.10 é degenerada). *Contudo*, se adicionarmos qualquer múltiplo de $\lambda$ vezes uma forma quadrática não degenerada $\mathcal{B}[\mathbf{u}]$, por exemplo $\mathbf{u} \cdot \mathbf{H} \cdot \mathbf{u}$ onde **H** é uma matriz positiva-definida, então a minimização de $\mathcal{A}[\mathbf{u}] + \lambda \mathcal{B}[\mathbf{u}]$ *levará* a uma solução única para **u** (a soma de duas formas quadráticas é uma forma quadrática, com a segunda parte garantindo a não degenerescência).

Podemos combinar estes dois pontos para obter a seguinte conclusão: quando um princípio de minimização quadrático é combinado com um vínculo quadrático, e ambos são positivos, somente *um* dos dois precisa ser não degenerado para que o problema todo seja bem-posto. Estamos agora equipados para encarar o assunto de problemas inversos.

### 19.4.1 O problema inverso com regularização de ordem zero

Suponha que $u(x)$ designe alguma incógnita ou um processo físico subjacente* que pretendemos determinar através de um conjunto de $N$ medidas $c_i$, $i = 0, 1, \ldots, N - 1$. A relação entre $u(x)$ e os $c_i$'s é que cada $c_i$ mensura um aspecto (esperamos que distintos) de $u(x)$ por meio de um núcleo de resposta linear próprio $r_i$ e erro de medida próprio $n_i$. Em outras palavras,

$$c_i \equiv s_i + n_i = \int r_i(x) u(x) dx + n_i \qquad (19.4.5)$$

(compare esta equação a 13.3.1 e 13.3.2). Dentro da hipótese da linearidade, esta formulação é bastante geral. Os $c_i$'s podem aproximar valores de $u(x)$ em certos pontos $x_i$, em cujo caso $r_i(x)$

---

*N. de T.: No texto original, os autores explicam sua preferência pela letra $u$, uma vez que esta pode representar tanto a palavra "incógnita" (*unknown*) quanto "subjacente" (*underlying*).

teria a forma de um resposta instrumental mais ou menos estreita, centrada em torno de $x = x_i$. Ou os $c_i$'s talvez "vivam" em um espaço de funções totalmente diferente de $u(x)$, medindo, por exemplo, diferentes componentes de Fourier desta.

Dados os $c_i$'s, os $r_i(x)$'s e talvez alguma informação a respeito dos erros $n_i$ tal como sua matriz de covariância,

$$S_{ij} \equiv \text{Covar}[n_i, n_j] \tag{19.4.6}$$

o *problema inverso* consiste na pegunta: como acharmos um bom estimador estatístico de $u(x)$, que chamaremos aqui de $\hat{u}(x)$?

Deveria ser óbvio o fato de que este problema é mal-posto. Afinal, como podemos reconstruir toda uma função $\hat{u}(x)$ a partir de apenas um número finito de valores discretos $c_i$? Ainda assim, formal ou informalmente, fazemos isto o tempo toda na ciência. Rotineiramente medimos "pontos em número suficiente" e então "passamos uma curva por eles". Ao fazer isto, estamos fazendo também algumas pressuposições, ou a respeito da função $u(x)$ subjacente, ou a respeito da natureza das funções-resposta $r_i(x)$, ou ambos. Nosso objetivo agora é formalizar estas suposições e estender nossas habilidades para casos onde as medidas e a função subjacente vivem em espaços funcionais bastante diversos (como podemos "desenhar uma curva" através de um espalhamento de coeficientes de Fourier?).

Não podemos realmente querer cada ponto $x$ da função $\hat{u}(x)$. Mas o que queremos é um grande número $M$ de pontos discretos, $x_\mu$, $\mu = 0, 1, \ldots, M - 1$, onde $M$ é suficientemente grande e os $x_\mu$'s têm um espaçamento suficientemente regular, de modo que nem $u(x)$ nem $r_i(x)$ variem muito entre qualquer um dos $x_\mu$ e $x_{\mu+1}$ (daqui para frente usaremos letras gregas como $\mu$ para denotar valores no espaço do processo subjacene, e letras latinas como $i$ para valores de observáveis imediatos). Para um conjunto de $x_\mu$'s tão denso, podemos substituir a equação (19.4.5) por uma quadratura do tipo

$$c_i = \sum_\mu R_{i\mu} u(x_\mu) + n_i \tag{19.4.7}$$

onde a matriz **R** de dimensão $N \times M$ tem componentes

$$R_{i\mu} \equiv r_i(x_\mu)(x_{\mu+1} - x_{\mu-1})/2 \tag{19.4.8}$$

(ou qualquer outra quadratura simples – dificilmente a escolha tem alguma relevância). Tomaremos (19.4.5) e (19.4.7) como sendo equivalentes para fins práticos.

Como resolver um conjunto de equações como (19.4.7) para as incógnitas $u(x_\mu)$'s? Aqui está uma maneira ruim, mas que contém uma semente de algumas ideias corretas: construa uma medida $\chi^2$ de quão bem um modelo $u(x)$ concorda com os dados experimentais,

$$\begin{aligned}\chi^2 &= \sum_{i=0}^{N-1} \sum_{j=0}^{N-1} \left[ c_i - \sum_{\mu=0}^{M-1} R_{i\mu} u(x_\mu) \right] S_{ij}^{-1} \left[ c_j - \sum_{\mu=0}^{M-1} R_{j\mu} u(x_\mu) \right] \\ &\approx \sum_{i=0}^{N-1} \left[ \frac{c_i - \sum_{\mu=0}^{M-1} R_{i\mu} u(x_\mu)}{\sigma_i} \right]^2 \end{aligned} \tag{19.4.9}$$

(compare à equação 15.6.1). Nesta expressão, $\mathbf{S}^{-1}$ é a inversa da matriz de covariância, e a igualdade aproximada é válida se você puder desprezar ao covariâncias fora da diagonal, com $\sigma_i \equiv (\text{Covar}[i,i])^{1/2}$.

Você pode agora usar o método da decomposição do valor singular (*singular value decomposition, SVD*) do §15.4 para achar o vetor **u** que minimiza a equação (19.4.9). Não tente usar o método de equações normais: uma vez que $M$ é maior que $N$, elas serão singulares, como já discutido. O processo SVD irá certamente achar um grande número de valores singulares zero, indicativos de uma solução altamente não única. Entre a infinidade de soluções degeneradas [a maioria delas malcomportadas, com $u(x_\mu)$'s arbitrariamente grandes], o SVD selecionará aquela entre elas, chame-a de $\hat{\mathbf{u}}$, com a menor norma $|\hat{\mathbf{u}}|$ dentre todas no sentido de

$$\sum_\mu [\hat{u}(x_\mu)]^2 \quad \text{um mínimo} \tag{19.4.10}$$

(observe a Figura 2.6.1). Esta solução é chamada de *solução principal*. Ela é o caso limite da chamada *regularização de ordem zero*, que corresponde a minimizar a soma dos dois funcionais positivos

$$\hat{\mathbf{u}} \text{ minimiza:} \quad \chi^2[\mathbf{u}] + \lambda(\mathbf{u} \cdot \mathbf{u}) \tag{19.4.11}$$

no limite de $\lambda$ pequeno. Aprenderemos abaixo como fazer tais minimizações, bem como aquelas mais gerais, como o uso *ad hoc* do SVD.

O que ocorre se determinarmos $\hat{\mathbf{u}}$ pela equação (19.4.11) com um valor não infinitesimal de $\lambda$? Primeiro, observe que se $M \gg N$ (muito mais incógnitas que equações), então $\mathbf{u}$ terá liberdade suficiente para tornar $\chi^2$ (equação 19.4.9) irrealisticamente pequeno, quando não zero. Na linguagem do §15.1, o número de graus de liberdade $\nu = N - M$, que é aproximadamente igual ao valor esperado de $\chi^2$ quando $\nu$ é grande, está sendo empurrado para zero (e, o que não faz sentido, para além disso). Porém, sabemos que para a *verdadeira* função subjacente, que não tem parâmetros de ajuste, o número de graus de liberdade e o valor esperado de $\chi^2$ deveriam ser aproximadamente $\nu \approx N$.

Ao aumentarmos $\lambda$, empurramos a solução para longe da minimização de $\chi^2$ em favor da minimização de $\hat{\mathbf{u}} \cdot \hat{\mathbf{u}}$. Da discussão preliminar acima, podemos encarar isto como sendo a minimização de $\hat{\mathbf{u}} \cdot \hat{\mathbf{u}}$ sujeita ao *vínculo* de que $\chi^2$ assuma algum valor constante não zero. Na realidade, uma escolha popular é achar o valor de $\lambda$ que reproduza $\chi^2 = N$, isto é, obter tanta regularização extra quanto um valor plausível de $\chi^2$ exija. O $\hat{u}(x)$ daí resultante é chamado de *solução do problema inverso com regularização de ordem zero*.

O valor de $N$ é na verdade subordinado a qualquer valor retirado de uma distribuição gaussiana com média $N$ e desvio padrão $(2N)^{1/2}$ (a distribuição de $\chi^2$ assintótica). É plausível também tentar dois valores de $\lambda$, um que dê $\chi^2 = N + (2N)^{1/2}$ e outro que dê $N - (2N)^{1/2}$.

A regularização de ordem-zero, embora superada por métodos melhores, ilustra a maior parte das ideias básicas usadas na teoria de problemas inversos. Em geral, há dois funcionais positivos, $\mathcal{A}$ e $\mathcal{B}$. O primeiro, $\mathcal{A}$, mede algo como a concordância do modelo com os dados (por exemplo, $\chi^2$) ou muitas vezes uma quantidade relacionada como a "precisão"* do mapeamento entre a solução e a função subjacente. Quando o próprio $\mathcal{A}$ tem que ser minimizado, a concordância ou precisão se torna muito boa (com frequência impossivelmente boa), mas a solução se torna instável, oscilando fortemente, ou, sob outros aspectos, irreal, refletindo o fato de que $\mathcal{A}$ sozinho normalmente define um problema de minimização altamente degenerado.

É aí que $\mathcal{B}$ entra na estória. Ele mede algo como a "suavidade" da solução desejada, ou às vezes uma quantidade relacionada que parametriza a estabilidade da solução com relação à variações nos dados, ou por vezes uma grandeza que reflita os julgamentos *a priori* acerca da possibilidade de uma solução. $\mathcal{B}$ é chamado de *funcional estabilizador* ou *operador de regularização*. De

---

*N. de T.: No original em inglês, *sharpness*.

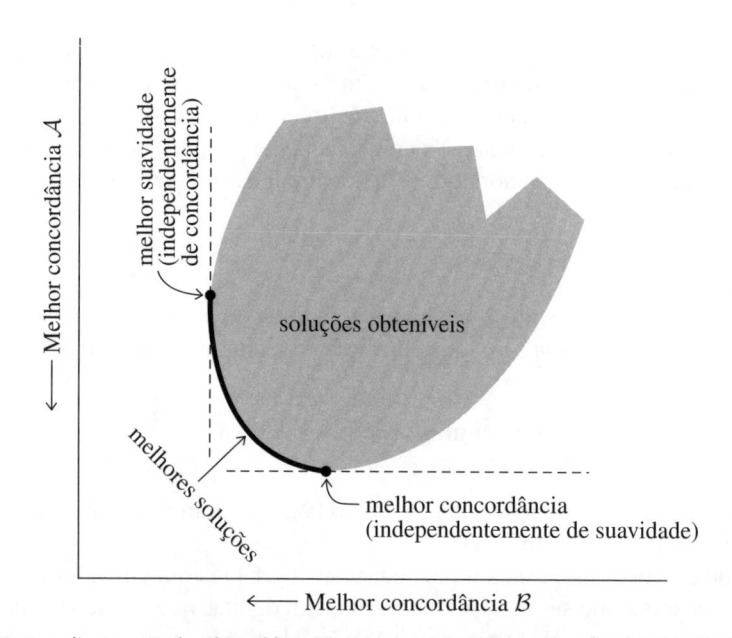

**Figura 19.4.1** Quase todos os métodos de problemas inversos envolvem uma troca (*trade-off*) entre duas otimizações: concordância entre dados e solução, ou "precisão" (*sharpness*) do mapeamento entre a solução verdadeira e a estimada (aqui denotada por $\mathcal{A}$), e suavidade ou estabilidade da solução (aqui denotada por $\mathcal{B}$). Entre todas as possíveis soluções, aqui mostradas esquematicamente como a região hachurada, aquelas sobre as fronteiras que conectam o mínimo sem vínculo de $\mathcal{A}$ e o mínimo sem vínculo de $\mathcal{B}$ são as "melhores" soluções, no sentido de que qualquer outra solução é dominada por no mínimo uma solução sobre a curva.

qualquer modo, minimizar $\mathcal{B}$ por si próprio supostamente resulta em uma solução que é "suave", ou "estável" ou "provável" – e isto não tem nada a ver com os dados medidos.

A ideia central única na teoria inversa é a receita

$$\text{minimize:} \quad \mathcal{A} + \lambda \mathcal{B} \tag{19.4.12}$$

para vários valores de $0 < \lambda < \infty$ ao longo da chamada curva de troca (*trade-off curve*) (veja Figura 19.4.1) e então ficar com o "melhor" valor de $\lambda$ por um ou outro critério, indo do relativamente objetivo (por exemplo, fazendo $\chi^2 = N$) ao inteiramente subjetivo. Métodos de sucesso, muitos dos quais iremos agora descrever, diferem pelas suas escolhas de $\mathcal{A}$ e $\mathcal{B}$, pelo fato da prescrição (19.4.12) produzir equações lineares ou não lineares, pelo método que recomendam na hora de escolher $\lambda$ e pela sua praticidade para problemas bidimensionais de computação intensiva, como processamento de imagens.

A equação (19.4.12) tem uma interpretação bayesiana natural que nos dá um *insight* adicional. Conhecidos os dados **c** e as medidas **u**, podemos usar a lei de Bayes (15.0.1) para escrever

$$P(\mathbf{u}|\mathbf{c}, I) \propto P(\mathbf{c}|\mathbf{u}, I) P(\mathbf{u}|I) \tag{19.4.13}$$

onde $P(\mathbf{u}|I)$ é o prior bayesiano em **u** antes de vermos qualquer dado, dada qualquer informação $I$ de fundo. Frequentemente, é útil escrevermos o lado direito como o produto de duas exponenciais, isto é,

$$P(\mathbf{c}|\mathbf{u}, I) \equiv e^{-\mathcal{A}(\mathbf{c},\mathbf{u})}, \qquad P(\mathbf{u}|I) \equiv e^{-\lambda \mathcal{B}(\mathbf{u})} \tag{19.4.14}$$

Por exemplo, se os erros nas medidas estão distribuídos segundo uma gaussiana multivariada, a equação (19.4.9) implica

$$\mathcal{A} = \tfrac{1}{2}\chi^2(\mathbf{c}, \mathbf{u}) \tag{19.4.15}$$

ao passo que um prior bayesiano que expresse a crença de que **u** não deveria apresentar amplitudes de oscilação grandes e irregulares pode ser capturado pelo prior gaussiano multivariado

$$\mathcal{B} = \lambda(\mathbf{u} \cdot \mathbf{u}) \tag{19.4.16}$$

Maximizar $P(\mathbf{u}|\mathbf{c}, I)$ para achar o $\hat{\mathbf{u}}$ mais provável não é exatamente equivalente à equação (19.4.11). A constante $\lambda$ é agora meramente uma parametrização conveniente para a estreiteza do prior gaussiano. Ela atua como parâmetro de troca (*trade-off*), exatamente do modo descrito acima. Nas seções subsequentes aprenderemos como criar *priors de suavidade* mais sofisticados. Em vários casos, estes serão formas quadráticas positivas-definidas em **u**. No §19.7 encontraremos um prior que não é exatamente gaussiano, mas antes baseado no conceito de *entropia*.

Dentro do arcabouço bayesiano, você pode conseguir mais do que simplesmente achar o $\hat{\mathbf{u}}$ modelo mais provável. Por exemplo, você pode usar Monte Carlo de cadeia de Markov (§15.8) para fazer uma amostragem a partir da distribuição de **u**'s, conhecidos os dados observacionais.

#### REFERÊNCIAS CITADAS E LEITURA COMPLEMENTAR

Craig, I.J.D., and Brown, J.C. 1986, *Inverse Problems in Astronomy* (Bristol, UK: Adam Hilger).
Twomey, S. 1977, *Introduction to the Mathematics of Inversion in Remote Sensing and Indirect Measurements* (Amsterdam: Elsevier).
Tikhonov, A.N., and Arsenin, V.Y. 1977, *Solutions of Ill-Posed Problems* (New York: Wiley).
Tikhonov, A.N., and Goncharsky, A.V. (eds.) 1987, *Ill-Posed Problems in the Natural Sciences* (Moscow: MIR).
Parker, R.L. 1977, "Understanding Inverse Theory," *Annual Review of Earth and Planetary Science*, vol. 5, pp. 35–64.
Frieden, B.R. 1975, in *Picture Processing and Digital Filtering*, T.S. Huang, ed. (New York: Springer).
Tarantola, A. 1995, *Inverse Problem Theory and Methods for Model Parameter Estimation* (Philadelphia: S.I.A.M.). Also available at http://www.ipgp.jussieu.fr/~tarantola/Files/Professional/SIAM.
Baumeister, J. 1987, *Stable Solution of Inverse Problems* (Braunschweig, Germany: Friedr. Vieweg) [mathematically oriented].
Titterington, D.M. 1985, "General Structure of Regularization Procedures in Image Reconstruction," *Astronomy and Astrophysics*, vol. 144, pp. 381–387.
Jeffrey, W., and Rosner, R. 1986, "On Strategies for Inverting Remote Sensing Data," *Astrophysical Journal*, vol. 310, pp. 463–472.

## 19.5 Métodos de regularização linear

O que chamamos de *regularização linear* é também chamado de *método de Phillips-Twomey* [1,2], *método da inversão linear* [3], *método de regularização restrito* [4] e *regularização de Tikhonov-Miller* [5 – 7] (ele provavelmente tem outros nomes também, uma vez que é claramente uma boa ideia). Em sua forma mais simples, o método é uma generalização imediata da regularização de ordem zero (equação 19.4.11, acima). Como antes, o funcional $\mathcal{A}$ é tomado como sendo o desvio $\chi^2$, equação (19.4.9), mas o funcional $\mathcal{B}$ é substituído por medidas de suavidade mais sofisticadas que vêm de derivadas primeiras ou de ordem mais alta.

Por exemplo, suponha que sua crença *a priori* é que um $u(x)$ crível não é muito diferente de uma constante. Então, um funcional razoável para se minimizar é

$$\mathcal{B} \propto \int [\hat{u}'(x)]^2 dx \propto \sum_{\mu=0}^{M-2} [\hat{u}_\mu - \hat{u}_{\mu+1}]^2 \qquad (19.5.1)$$

uma vez que ele é não negativo e igual a zero somente quando $\hat{u}(x)$ for constante. Aqui $\hat{u}_\mu \equiv \hat{u}(x_\mu)$, e a segunda igualdade (proporcionalidade) parte do pressuposto de que os $x_\mu$'s estão uniformemente espaçados. Podemos escrever a segunda forma de $\mathcal{B}$ como

$$\mathcal{B} = |\mathbf{B} \cdot \hat{\mathbf{u}}|^2 = \hat{\mathbf{u}} \cdot (\mathbf{B}^T \cdot \mathbf{B}) \cdot \hat{\mathbf{u}} \equiv \hat{\mathbf{u}} \cdot \mathbf{H} \cdot \hat{\mathbf{u}} \qquad (19.5.2)$$

onde $\hat{\mathbf{u}}$ é um vetor de componentes $\hat{u}_\mu$, $\mu = 0, \ldots, M-1$; $\mathbf{B}$, de dimensão $(M-1) \times M$, é a matriz de primeira diferença

$$\mathbf{B} = \begin{pmatrix} -1 & 1 & 0 & 0 & 0 & 0 & 0 & \cdots & 0 \\ 0 & -1 & 1 & 0 & 0 & 0 & 0 & \cdots & 0 \\ \vdots & & & & \ddots & & & & \vdots \\ 0 & \cdots & 0 & 0 & 0 & 0 & -1 & 1 & 0 \\ 0 & \cdots & 0 & 0 & 0 & 0 & 0 & -1 & 1 \end{pmatrix} \qquad (19.5.3)$$

e $\mathbf{H}$ é a matriz $M \times M$

$$\mathbf{H} = \mathbf{B}^T \cdot \mathbf{B} = \begin{pmatrix} 1 & -1 & 0 & 0 & 0 & 0 & 0 & \cdots & 0 \\ -1 & 2 & -1 & 0 & 0 & 0 & 0 & \cdots & 0 \\ 0 & -1 & 2 & -1 & 0 & 0 & 0 & \cdots & 0 \\ \vdots & & & & \ddots & & & & \vdots \\ 0 & \cdots & 0 & 0 & 0 & -1 & 2 & -1 & 0 \\ 0 & \cdots & 0 & 0 & 0 & 0 & -1 & 2 & -1 \\ 0 & \cdots & 0 & 0 & 0 & 0 & 0 & -1 & 1 \end{pmatrix} \qquad (19.5.4)$$

Observe que $\mathbf{B}$ tem uma linha a menos que o número de colunas. Segue que $\mathbf{H}$, simétrico, é degenerado; ele tem exatamente um autovalor zero que corresponde ao *valor* de uma função constante, qualquer uma das quais torna $\mathcal{B}$ exatamente zero.

Se, como no §15.4, nós escrevermos

$$A_{i\mu} \equiv R_{i\mu}/\sigma_i \qquad b_i \equiv c_i/\sigma_i \qquad (19.5.5)$$

então, usando a equação (19.4.9), o princípio de minimização (19.4.12) é

$$\text{minimize:} \quad \mathcal{A} + \lambda \mathcal{B} = |\mathbf{A} \cdot \hat{\mathbf{u}} - \mathbf{b}|^2 + \lambda \hat{\mathbf{u}} \cdot \mathbf{H} \cdot \hat{\mathbf{u}} \qquad (19.5.6)$$

Isto pode ser imediatamente reduzido a um conjunto linear de *equações normais*, tal como no §15.4: as componentes $\hat{u}_\mu$ da solução satisfazem o conjunto de $M$ equações em $M$ incógnitas,

$$\sum_\rho \left[ \left( \sum_i A_{i\mu} A_{i\rho} \right) + \lambda H_{\mu\rho} \right] \hat{u}_\rho = \sum_i A_{i\mu} b_i \qquad \mu = 0, 1, \ldots, M-1 \qquad (19.5.7)$$

ou, em notação vetorial,

$$(\mathbf{A}^T \cdot \mathbf{A} + \lambda \mathbf{H}) \cdot \hat{\mathbf{u}} = \mathbf{A}^T \cdot \mathbf{b} \qquad (19.5.8)$$

As equações (19.5.7) ou (19.5.8) podem ser resolvidas pelas técnicas padrão do Capítulo 2, por exemplo, a decomposição *LU*. Os avisos usuais acerca das equações normais serem mal-condicionadas não se aplicam aqui, uma vez que o único propósito do termo $\lambda$ é curar justamente isto. Observe contudo que o termo $\lambda$ *em si* é mal-condicionado, uma vez que ele não seleciona um valor constante preferido. Você espera que pelo menos *isso* seus dados sejam capazes de fazer!

Embora a inversão da matriz $(\mathbf{A}^T \cdot \mathbf{A} + \lambda \mathbf{H})$ não seja a melhor maneira para se achar $\hat{\mathbf{u}}$, façamos uma digressão escrevendo a solução da equação (19.5.8) esquematicamente como

$$\hat{\mathbf{u}} = \left( \frac{1}{\mathbf{A}^T \cdot \mathbf{A} + \lambda \mathbf{H}} \cdot \mathbf{A}^T \cdot \mathbf{A} \right) \mathbf{A}^{-1} \cdot \mathbf{b} \qquad \text{(esquemático somente!)} \qquad (19.5.9)$$

onde a matriz identidade na forma $\mathbf{A} \cdot \mathbf{A}^{-1}$ foi inserida. Isto é esquemático não apenas pelo fato da inversa da matriz ser escrita floreadamente como um denominador, mas também porque, em geral, a matriz inversa $\mathbf{A}^{-1}$ não existe. Contudo, é esclarecedor comparar a equação (19.5.9) à equação (13.3.6) para a filtragem ótima ou de Wiener, ou à equação (13.6.6) para predição linear geral (os conceitos do §15.9 também estão relacionados). Pode-se ver que $\mathbf{A}^T \cdot \mathbf{A}$ faz o papel de $S^2$, a potência do sinal ou autocorrelação, ao passo que $\lambda \mathbf{H}$ faz o papel de $N^2$, a potência do ruído ou autocorrelação. O termo entre parênteses na equação (19.5.9) é algo como um filtro ótimo, cujo efeito é passar a inversa $\mathbf{A}^{-1} \cdot \mathbf{b}$ mal-condicionada sem modificá-la quando $\mathbf{A}^T \cdot \mathbf{A}$ for suficientemente grande, mas suprimi-la quando $\mathbf{A}^T \cdot \mathbf{A}$ for pequeno.

As escolhas acima de **B** e **H** são apenas a mais simples de uma sequência óbvia de derivadas. Se sua crença *a priori* é que uma função *linear* seria uma boa aproximação para $u(x)$, então minimize

$$\mathcal{B} \propto \int [\hat{u}''(x)]^2 dx \propto \sum_{\mu=0}^{M-3} [-\hat{u}_\mu + 2\hat{u}_{\mu+1} - \hat{u}_{\mu+2}]^2 \qquad (19.5.10)$$

o que implica

$$\mathbf{B} = \begin{pmatrix} -1 & 2 & -1 & 0 & 0 & 0 & 0 & \cdots & 0 \\ 0 & -1 & 2 & -1 & 0 & 0 & 0 & \cdots & 0 \\ \vdots & & & & \ddots & & & & \vdots \\ 0 & \cdots & 0 & 0 & 0 & -1 & 2 & -1 & 0 \\ 0 & \cdots & 0 & 0 & 0 & 0 & -1 & 2 & -1 \end{pmatrix} \qquad (19.5.11)$$

e

$$\mathbf{H} = \mathbf{B}^T \cdot \mathbf{B} = \begin{pmatrix} 1 & -2 & 1 & 0 & 0 & 0 & 0 & \cdots & 0 \\ -2 & 5 & -4 & 1 & 0 & 0 & 0 & \cdots & 0 \\ 1 & -4 & 6 & -4 & 1 & 0 & 0 & \cdots & 0 \\ 0 & 1 & -4 & 6 & -4 & 1 & 0 & \cdots & 0 \\ \vdots & & & & \ddots & & & & \vdots \\ 0 & \cdots & 0 & 1 & -4 & 6 & -4 & 1 & 0 \\ 0 & \cdots & 0 & 0 & 1 & -4 & 6 & -4 & 1 \\ 0 & \cdots & 0 & 0 & 0 & 1 & -4 & 5 & -2 \\ 0 & \cdots & 0 & 0 & 0 & 0 & 1 & -2 & 1 \end{pmatrix} \qquad (19.5.12)$$

Este **H** tem dois autovalores zero, correspondendo aos dois parâmetros indeterminados de uma função linear.

Se sua crença *a priori* é que uma função quadrática seria preferível, então minimize

$$\mathcal{B} \propto \int [\hat{u}'''(x)]^2 dx \propto \sum_{\mu=0}^{M-4} [-\hat{u}_\mu + 3\hat{u}_{\mu+1} - 3\hat{u}_{\mu+2} + \hat{u}_{\mu+3}]^2 \qquad (19.5.13)$$

com

$$\mathbf{B} = \begin{pmatrix} -1 & 3 & -3 & 1 & 0 & 0 & 0 & \cdots & 0 \\ 0 & -1 & 3 & -3 & 1 & 0 & 0 & \cdots & 0 \\ \vdots & & & & \ddots & & & & \vdots \\ 0 & \cdots & 0 & 0 & -1 & 3 & -3 & 1 & 0 \\ 0 & \cdots & 0 & 0 & 0 & -1 & 3 & -3 & 1 \end{pmatrix} \qquad (19.5.14)$$

e agora

$$\mathbf{H} = \begin{pmatrix} 1 & -3 & 3 & -1 & 0 & 0 & 0 & 0 & 0 & \cdots & 0 \\ -3 & 10 & -12 & 6 & -1 & 0 & 0 & 0 & 0 & \cdots & 0 \\ 3 & -12 & 19 & -15 & 6 & -1 & 0 & 0 & 0 & \cdots & 0 \\ -1 & 6 & -15 & 20 & -15 & 6 & -1 & 0 & 0 & \cdots & 0 \\ 0 & -1 & 6 & -15 & 20 & -15 & 6 & -1 & 0 & \cdots & 0 \\ \vdots & & & & & \ddots & & & & & \vdots \\ 0 & \cdots & 0 & -1 & 6 & -15 & 20 & -15 & 6 & -1 & 0 \\ 0 & \cdots & 0 & 0 & -1 & 6 & -15 & 20 & -15 & 6 & -1 \\ 0 & \cdots & 0 & 0 & 0 & -1 & 6 & -15 & 19 & -12 & 3 \\ 0 & \cdots & 0 & 0 & 0 & 0 & -1 & 6 & -12 & 10 & -3 \\ 0 & \cdots & 0 & 0 & 0 & 0 & 0 & -1 & 3 & -3 & 1 \end{pmatrix}$$

(19.5.15)

(deixaremos os cálculos das cúbicas e acima para os leitores compulsivos).

Observe que você pode regularizar com "proximidade a uma equação diferencial", se assim o desejar. Simplesmente tome **B** como sendo uma soma apropriada de operadores a diferenças finitas (os coeficientes podem depender de $x$) e calcule $\mathbf{H} = \mathbf{B}^T \cdot \mathbf{B}$. Você não precisa saber os valores de suas condições de contorno, uma vez que **B** pode ter menos linhas que colunas, como acima: a esperança é que seus dados os determinarão. Se você conhece algumas condições de contorno, é claro que você pode incorporá-las em **B** também.

Com todos os sinais de proporcionalidade acima, você talvez tenha perdido o fio da meada quanto a qual verdadeiro valor de λ deveria ser tentado primeiro. Um truque simples, para ao menos "chegar ao mapa", é tentar primeiro

$$\lambda = \text{Tr}(\mathbf{A}^T \cdot \mathbf{A})/\text{Tr}(\mathbf{H}) \qquad (19.5.16)$$

onde Tr é o traço da matriz (soma das componentes diagonais). Esta escolha tenderá a fazer as duas partes da minimização ter pesos comparáveis, e você poderá ajustar a partir daí.

No que tange ao valor "correto" de λ, um critério objetivo, caso você conheça seus erros $\sigma_i$ com acurária razoável, é fazer $\chi^2$ (isto é, $|\mathbf{A} \cdot \hat{\mathbf{u}} - \mathbf{b}|^2$) igual a $N$, o número de medidas. Chamamos a atenção acima acerca das duas escolhas gêmeas aceitáveis $N \pm (2N)^{1/2}$. Um critério subjetivo é pegar qualquer valor que você goste no intervalo $0 < \lambda < \infty$, dependendo de seu grau de crença na evidência *a priori* e *a posteriori* (sim, as pessoas realmente fazem isso). O problema em ser um bayesiano de verdade nesta altura do campeonato é que raramente, se é que isso alguma vez acontecerá, sua compreensão de um prior será tão completa a ponto de dar um valor firme e objetivo de $\lambda$, e, como por nós indicado no §15.1.1, métodos puramente bayesianos para julgar a qualidade do ajuste praticamente não existem.

### 19.5.1 Problemas bidimensionais e métodos iterativos

Até agora nossa notação tem sido indicativa de um problema unidimensional: achar $\hat{u}(x)$ ou $\hat{u}_\mu = \hat{u}(x_\mu)$. Contudo, toda a discussão pode ser facilmente generalizada para o problema de se estimar um conjunto bidimensional de incógnitas $\hat{u}_{\mu k}$, $\mu = 0, \ldots, M - 1$, que corresponda, digamos, à intensidade de pixels de uma imagem medida. Neste caso, a equação (19.5.8) ainda é a que queremos resolver.

Em processamento de imagens, é usual ter o número de pixels de entrada de uma imagem medida "crua" ou "suja" igual ao número de pixels "limpos" na imagem de saída processada, de modo que as matrizes **R** e **A** (equação 19.5.5) são quadradas e de tamanho $MK \times MK$. **A** é, nos casos típicos, muito grande para que possa ser representada por uma matriz inteira, mas frequentemente ou é (i) esparsa, com coeficientes desfocando um pixel subjacente $(i, j)$ somente nas medidas ($i \pm$ um pouco, $j \pm$ um pouco), ou (ii) é invariante por translação, de modo que $A_{(i,j)\,(\mu,\nu)} = (A(i - \mu, j - \nu)$. Ambas as situações levam a problemas tratáveis.

No caso da invariância translacional, a transformada de Fourier rápida (FFT) é o método de escolha óbvio. A relação linear geral entre a função subjacente e os valores medidos (19.4.7) se torna agora uma equação do tipo convolução discreta (13.1.1). Se **k** denota um vetor de onda bidimensional, então a FFT bidimensional nos faz ficar indo e voltando entre os pares de transformadas

$$A(i - \mu, j - \nu) \iff \tilde{\mathbf{A}}(\mathbf{k}) \qquad b_{(i,j)} \iff \tilde{b}(\mathbf{k}) \qquad \hat{u}_{(i,j)} \iff \tilde{u}(\mathbf{k}) \qquad (19.5.17)$$

Necessitamos também de um operador **B** de suavização ou regularização e do $\mathbf{H} = \mathbf{B}^T \cdot \mathbf{B}$ dele deduzido. Uma escolha popular para **B** é a aproximação de cinco pontos de diferenças finitas para o operador Laplaciano, isto é, a diferença entre o valor de cada ponto e a média de seus quatro vizinhos cartesianos. No espaço de Fourier, esta escolha implica

$$\tilde{B}(\mathbf{k}) \propto \operatorname{sen}^2(\pi k_1/M) \operatorname{sen}^2(\pi k_2/K)$$
$$\tilde{H}(\mathbf{k}) \propto \operatorname{sen}^4(\pi k_1/M) \operatorname{sen}^4(\pi k_2/K) \qquad (19.5.18)$$

No espaço de Fourier, a equação (19.5.7) é meramente algébrica, com solução

$$\tilde{u}(\mathbf{k}) = \frac{\tilde{A}^*(\mathbf{k})\tilde{b}(\mathbf{k})}{|\tilde{A}(\mathbf{k})|^2 + \lambda \tilde{H}(\mathbf{k})} \qquad (19.5.19)$$

onde o asterisco denota conjugação complexa. Você pode usar as rotinas de FFT do §12.6 para dados reais.

Voltemo-nos agora para o caso onde **A** não é invariante por translação. Não há agora uma esperança de solucionar diretamente (19.5.8), uma vez que a matriz é simplesmente muito grande. Precisamos de algum tipo de esquema iterativo.

Uma maneira seria usar todo o maquinário do método do gradiente conjugado do §10.8 para achar o mínimo de $\mathcal{A} + \lambda\mathcal{B}$, equação (19.5.6). Dentre os vários métodos do Capítulo 10, o gradiente conjugado é a melhor e única escolha, pois (i) não requer o armazenamento de uma matriz hessiana, que no caso presente seria inviável, e (ii) explora informações sobre o gradiente, o que podemos rapidamente calcular: o gradiente da equação (19.5.6) é

$$\nabla(\mathcal{A} + \lambda\mathcal{B}) = 2[(\mathbf{A}^T \cdot \mathbf{A} + \lambda\mathbf{H}) \cdot \hat{\mathbf{u}} - \mathbf{A}^T \cdot \mathbf{b}] \quad (19.5.20)$$

(conforme 19.5.8). O cálculo tanto da função quanto de seu gradiente devem obviamente aproveitar a esparsidade de **A**, por exemplo, usando os métodos `ax` e `atx` no objeto `NRsparseMat` no §2.7.5. Discutiremos a técnica do gradiente conjugado mais aprofundadamente no §19.7, dentro do contexto do método (não linear) de entropia máxima. Algumas das discussões lá feitas se aplicam também aqui.

Não obstante o método do gradiente conjugado, a aplicação do pouco sofisiticado método do declive máximo (*steepest descent*) (veja §10.8) pode às vezes produzir bons resultados, particularmente quando combinado com projeções sobre conjuntos convexos (veja abaixo). Se chamarmos de $\hat{\mathbf{u}}^{(k)}$ a solução após $k$ iterações, então após $k + 1$ iterações teremos

$$\hat{\mathbf{u}}^{(k+1)} = [1 - \epsilon(\mathbf{A}^T \cdot \mathbf{A} + \lambda\mathbf{H})] \cdot \hat{\mathbf{u}}^{(k)} + \epsilon\mathbf{A}^T \cdot \mathbf{b} \quad (19.5.21)$$

Nesta expressão, $\epsilon$ é uma parâmetro que diz o quanto devemos andar na direção descendente do gradiente. O método converge quando $\epsilon$ for pequeno o suficiente, em particular quando ele satisfizer

$$0 < \epsilon < \frac{2}{\text{max autovalor}\,(\mathbf{A}^T \cdot \mathbf{A} + \lambda\mathbf{H})} \quad (19.5.22)$$

Há esquemas complicados para se achar valores ótimos ou sequências para $\epsilon$, vide [7]; ou podemos adotar uma abordagem experimental, calculando (19.5.6) para termos certeza de que passos ladeira abaixo estão sendo realmente dados.

Naqueles problemas de processamento de imagens onde a medida final de sucesso é algo subjetivo (por exemplo, "quão boa é a foto?"), a iteração (19.5.21) produz algumas vezes imagens significativamente melhores antes de que a convergência tenha sido atingida. Isto provavelmente explica muito do seu uso, embora sua convergência matemática seja extremamente lenta. De fato, (19.5.21) pode ser usada quando $\mathbf{H} = 0$, em cujo caso a solução não é em nada regularizada e a convergência plena seria um desastre! Este é o chamado *método de Van Cittert* e tem suas origens nos anos 1930. Um número de iterações da ordem de $10^3$ não é incomum [7].

### 19.5.2 Vínculos determinísticos: projeções sobre conjuntos convexos

Um possível conjunto de funções subjacentes (ou imagens) $\{\hat{\mathbf{u}}\}$ é dito *convexo* se, para quaisquer dois elementos do conjunto $\hat{\mathbf{u}}_a$ e $\hat{\mathbf{u}}_b$, todas as combinações linearmente interpoladas

$$(1 - \eta)\hat{\mathbf{u}}_a + \eta\hat{\mathbf{u}}_b \qquad 0 \le \eta \le 1 \quad (19.5.23)$$

também pertencem ao conjunto. Muitos *vínculos determinísticos* que se pode querer impor sobre a solução $\hat{\mathbf{u}}$ de um problema inverso na verdade definem conjuntos convexos, por exemplo:

- positividade.
- suporte compacto (isto é, valor zero fora de uma certa região).
- limites conhecidos (isto é, $u_L(x) \le \hat{u}(x) \le u_U(x)$ para funções especificadas $u_L$ e $u_U$).

(Neste último caso, os limites podem estar relacionados a uma estimativa inicial e suas barras de erro, por exemplo, $\hat{u}_0(x) \pm \gamma\sigma(x)$, onde $\gamma$ é de ordem 1 ou 2.) Observe que estes vínculos e outros similares podem ser ou no espaço da imagem, ou no espaço de Fourier, ou (de fato) no espaço determinado por qualquer combinação linear de $\hat{\mathbf{u}}$.

Se $C_i$ é um conjunto convexo, então $\mathcal{P}_i$ é chamado de *operador de projeção não expansivo* sobre aquele conjunto se (i) $\mathcal{P}_i$ deixa invariável qualquer $\hat{\mathbf{u}}$ já em $C_i$, e (ii) $\mathcal{P}_i$ mapeia qualquer $\hat{\mathbf{u}}$ fora de $C_i$ no elemento *mais próximo* em $C_i$, no sentido de que

$$|\mathcal{P}_i\hat{\mathbf{u}} - \hat{\mathbf{u}}| \leq |\hat{\mathbf{u}}_a - \hat{\mathbf{u}}| \quad \text{para todo } \hat{\mathbf{u}}_a \text{ em } C_i \qquad (19.5.24)$$

Não obstante esta definição soe como algo complicado, os exemplos são bastante simples: uma projeção não expansiva sobre o conjunto de todos os $\hat{\mathbf{u}}$'s positivos é "faça todas as componentes negativas de $\hat{\mathbf{u}}$ iguais a zero". Uma projeção não expansiva sobre o conjunto de $\hat{u}(x)$'s limitado por $\hat{u}(x) \leq u_U(x)$ é "iguale todos os valores menores que o limite inferior a este, e faça todos os valores maiores que o limite superior iguais *àquele* limite". Uma projeção não expansiva sobre funções com suporte compacto é "zere os valores fora da região do suporte".

A utilidade destas definições é o seguinte teorema digno de nota: seja $C$ a interseção de $m$ conjuntos convexos $C_1, C_2, \ldots, C_m$. Então a iteração

$$\hat{\mathbf{u}}^{(k+1)} = (\mathcal{P}_1 \mathcal{P}_2 \cdots \mathcal{P}_m)\hat{\mathbf{u}}^{(k)} \qquad (19.5.25)$$

convergirá para $C$ para qualquer ponto inicial quando $k \to \infty$. Também, se $C$ for vazio (não há interseção), a iteração não terá um ponto limite. A aplicação deste teorema é chamada de *método das projeções sobre conjuntos complexos*, ou às vezes POCS (*method of projections onto convex sets*) [7].

Uma generalização do teorema POCS é que os $\mathcal{P}_i$'s podem ser substituídos por um conjunto de $\mathcal{T}_i$'s,

$$\mathcal{T}_i \equiv \mathbf{1} + \beta_i(\mathcal{P}_i - \mathbf{1}) \qquad 0 < \beta_i < 2 \qquad (19.5.26)$$

Um conjunto de $\beta_i$'s bem-escolhidos pode acelerar a convergência para o conjunto de interseção $C$.

Alguns problemas inversos podem ser completamente solucionados apenas usando-se a iteração (19.5.25)! Por exemplo, um problema que surge tanto em processamento de imagens na astronomia como em difração de raios X é o de recuperar uma imagem sendo conhecido apenas o *módulo* da sua transformada de Fourier (equivalente ao seu espectro de potências ou autocorrelação), mas não a *fase*. Aqui podemos utilizar dois conjuntos convexos: o conjunto de todas as imagens positivas e o conjunto de todas as imagens com intensidade zero fora de uma região especificada. Um terceiro, o conjunto de todas as imagens cuja transformada de Fourier tem o módulo especificado dentro de limites de erro especificados, não é convexo: ele é um anel no plano complexo para cada componente de Fourier (é claro que FFTs são usadas para entrar e sair do espaço de Fourier cada vez que o vínculo de Fourier é imposto). A iteração POCS (19.5.25) que circula pelos três conjuntos, impondo cada um dos vínculos por vez, não tem (pelo teorema POCS) a convergência garantida; ela pode ficar presa em *armadilhas* [8]. Ela frequentemente funciona, no entanto.

A aplicação específica de POCS aos vínculos (não necessariamente todos convexos) alternadamente nos domínios espacial e de Fourier é conhecida como o algoritmo de *Gerchberg-Saxton* [9]. Embora não expansivo e com frequência convergente nas aplicações práticas, ele não converge em todos os casos [8,10]. No problema de recuperação da fase há pouco mencionado, o algoritmo geralmente fica preso em armadilhas para grande número de iterações.

Depois de até $10^4$ ou $10^5$ iterações, repentinamente, melhoras drásticas podem ocorrer. Em princípio, algumas armadilhas podem ser permanentes, exigindo a intervenção de procedimentos de "descolamento" (vide [8,11]). A unicidade da solução também não é bem entendida, embora para imagens bidimensionais de complexidade razoável acredite-se que ela é única. O uso de conjuntos não convexos em uma iteração do tipo de (19.5.25) é chamado de *método das projeções generalizadas*.

Vínculos determinísticos podem ser incorporados nos métodos iterativos de regularização linear via operadores de projeção. Em particular, rearranjando um pouco os termos, podemos escrever a iteração (19.5.21) como

$$\hat{\mathbf{u}}^{(k+1)} = (\mathbf{1} - \epsilon \lambda \mathbf{H}) \cdot \hat{\mathbf{u}}^{(k)} + \epsilon \mathbf{A}^T \cdot (\mathbf{b} - \mathbf{A} \cdot \hat{\mathbf{u}}^{(k)}) \qquad (19.5.27)$$

Se a iteração for modificada pela inserção de operadores de projeção a cada passo

$$\hat{\mathbf{u}}^{(k+1)} = (\mathcal{P}_1 \mathcal{P}_2 \cdots \mathcal{P}_m)[(\mathbf{1} - \epsilon \lambda \mathbf{H}) \cdot \hat{\mathbf{u}}^{(k)} + \epsilon \mathbf{A}^T \cdot (\mathbf{b} - \mathbf{A} \cdot \hat{\mathbf{u}}^{(k)})] \qquad (19.5.28)$$

(ou, ao invés dos $\mathcal{P}_i$'s, pelos operadores $\mathcal{T}_i$ da equação 19.5.26), pode-se mostrar que a condição de convergência (19.5.22) permanece inalterada, e a iteração convergirá para minimizar o funcional quadrático (19.5.6) sujeito aos vínculos determinísticos não lineares pretendidos. Consulte [7] para referências a iterações mais sofisticas e de convergência mais rápida que seguem esta linha.

### REFERÊNCIAS CITADAS E LEITURA COMPLEMENTAR

Phillips, D.L. 1962, "A Technique for the Numerical Solution of Certain Integral Equations of the First Kind," *Journal of the Association for Computing Machinery*, vol. 9, pp. 84–97.[1]

Twomey, S. 1963, "On the Numerical Solution of Fredholm Integral Equations of the First Kind by the Inversion of the Linear System Produced by Quadrature," *Journal of the Association for Computing Machinery*, vol. 10, pp. 97–101.[2]

Twomey, S. 1977, *Introduction to the Mathematics of Inversion in Remote Sensing and Indirect Measurements* (Amsterdam: Elsevier).[3]

Craig, I.J.D., and Brown, J.C. 1986, *Inverse Problems in Astronomy* (Bristol, UK: Adam Hilger).[4]

Tikhonov, A.N., and Arsenin, V.Y. 1977, *Solutions of Ill-Posed Problems* (New York: Wiley).[5]

Tikhonov, A.N., and Goncharsky, A.V. (eds.) 1987, *Ill-Posed Problems in the Natural Sciences* (Moscow: MIR).

Miller, K. 1970, "Least Squares Methods for Ill-Posed Problems with a Prescribed Bound," *SIAM Journal on Mathematical Analysis*, vol. 1, pp. 52–74.[6]

Schafer, R.W., Mersereau, R.M., and Richards, M.A. 1981, "Constrained Iterative Restoration Algorithm," *Proceedings of the IEEE*, vol. 69, pp. 432–450.

Biemond, J., Lagendijk, R.L., and Mersereau, R.M. 1990, "Iterative Methods for Image Deblurring," *Proceedings of the IEEE*, vol. 78, pp. 856–883.[7]

Sezan, M.I. 1992, "An Overview of Convex Projections Theory and Its Application to Image Recovery Problems," *Ultramicroscopy*, vol. 40, pp. 55–67.[8]

Gerchberg, R.W., and Saxton, W.O. 1972, "A Practical Algorithm for the Determination of Phase from Image and Diffraction Plane Pictures," *Optik*, vol. 35, pp. 237–246.[9]

Fienup, J.R. 1982, "Phase Retrieval Algorithms: A Comparison," *Applied Optics*, vol. 15, pp. 2758–2769.[10]

Fienup, J.R., and Wackerman, C.C. 1986, "Phase-Retrieval Stagnation Problems and Solutions," *Journal of the Optical Society of America A*, vol. 3, pp. 1897–1907.[11]

## 19.6 O método de Backus-Gilbert

O *método de Backus-Gilbert* [1,2], também conhecido como o método *da média otimamente localizada* (*optimally localized average*, *OLA*), difere de outros métodos de regularização quanto à natureza de seus funcionais $\mathcal{A}$ e $\mathcal{B}$. Para $\mathcal{B}$, o método procura maximizar a *estabilidade* da solução $\hat{u}(x)$ em vez de, antes de tudo, sua suavidade. Ou seja,

$$\mathcal{B} \equiv \text{Var}[\hat{u}(x)] \tag{19.6.1}$$

é usado como medida de quanto a solução $\hat{u}(x)$ varia à medida que os dados variam dentro de seus erros experimentais. Observe que esta variância não é o desvio esperado de $\hat{u}(x)$ do verdadeiro $u(x)$ – os vínculos sobre ela serão dados por $\mathcal{A}$ – mas sim uma medida do espalhamento esperado entre estimativas de $\hat{u}(x)$ de experimento a experimento, caso este fosse repetido muitas vezes.

Para $\mathcal{A}$, o método de Backus-Gilbert olha para a relação entre a solução $\hat{u}(x)$ e a função verdadeira $u(x)$ e tenta fazer uma mapeamento entre elas tão próximo da identidade quanto possível, no limite de dados livres de erros. O método é linear, de modo que a relação entre $\hat{u}(x)$ e $u(x)$ pode ser escrita como

$$\hat{u}(x) = \int \hat{\delta}(x, x')u(x')dx' \tag{19.6.2}$$

para alguma *função de resolução* ou *averaging kernel* $\hat{\delta}(x, x')$. O método de Backus-Gilbert tenta minimizar a largura do *espalhamento (spread)* de $\hat{\delta}$ (isto é, maximizar o poder de resolução). Escolhe-se $\mathcal{A}$ com sendo alguma medida positiva do espalhamento.

Embora a filosofia de Backus-Gilbert seja bastante diferente daquela de Phillips-Twomey e de métodos relacionados, na prática a diferença entre os métodos é menor do que se pode supor. Uma solução *estável* é quase que inevitavelmente fadada a ser *suave*: as oscilações instáveis, irregulares que surgem de uma solução não regularizada são sempre altamente sensíveis a pequenas mudanças nos dados. Do mesmo modo, fazer $\hat{u}(x)$ próximo de $u(x)$ inevitavelmente fará com que dados livres de erro concordem com o modelo. Portanto, $\mathcal{A}$ e $\mathcal{B}$ desempenham papéis muito análogos aos papéis correspondentes que desempenhavam na duas seções anteriores.

A vantagem principal da formulação de Backus-Gilbert é que ela proporciona um bom controle justamente sobre aquelas propriedades que procura medir, a saber, a estabilidade e o poder de resolução. Além do mais, neste método a escolha de $\lambda$ (que desempenha aqui seu papel usual de compromisso entre $\mathcal{A}$ e $\mathcal{B}$) é convencionalmente feita, ou pelo menos facilmente feita, *antes* de que quaisquer dados reais tenham sido processados. O desconforto em se fazer uma escolha de $\lambda$ *post hoc*, e portanto com uma tendência subjetiva em potencial, é deste modo removido. O Backus-Gilbert é frequentemente recomendado como o método de preferência para se projetar e prever a performance de experimentos que requeiram inversão de dados.

Vejamos como tudo isto funciona. Começando pela equação (19.4.5),

$$c_i \equiv s_i + n_i = \int r_i(x)u(x)dx + n_i \tag{19.6.3}$$

e introduzindo por construção a linearidade já do começo, procuramos um conjunto de *núcleos de resposta inversa* (*inverse response kernels*) $q_i(x)$ tais que

$$\hat{u}(x) = \sum_i q_i(x)c_i \tag{19.6.4}$$

seja o estimador desejado de $u(x)$. Convém definir as integrais dos núcleos de resposta para cada dado,

$$R_i \equiv \int r_i(x)dx \tag{19.6.5}$$

Substituindo (19.6.4) em (19.6.3), e comparando com (19.6.2), podemos ver que

$$\hat{\delta}(x,x') = \sum_i q_i(x)r_i(x') \tag{19.6.6}$$

Podemos exigir que este *averaging kernel* tenha área unitária para todo $x$, dando assim

$$1 = \int \hat{\delta}(x,x')dx' = \sum_i q_i(x) \int r_i(x')dx' = \sum_i q_i(x)R_i \equiv \mathbf{q}(x) \cdot \mathbf{R} \tag{19.6.7}$$

onde $\mathbf{q}(x)$ e $\mathbf{R}$ são vetores de tamanho $N$, o número de medidas.

A propagação padrão de erros, junto com a equação (19.6.1), dá

$$\mathcal{B} = \text{Var}[\hat{u}(x)] = \sum_i \sum_j q_i(x)S_{ij}q_j(x) = \mathbf{q}(x) \cdot \mathbf{S} \cdot \mathbf{q}(x) \tag{19.6.8}$$

onde $S_{ij}$ é a matriz de covariância (equação 19.4.6). Se pudermos desprezar covariâncias não diagonais (como, por exemplo, quando os erros nos $c_i$'s são independentes), então $S_{ij} = \delta_{ij}\sigma_j^2$ é diagonal.

Precisamos agora definir uma medida da largura ou espalhamento de $\hat{\delta}(x,x')$ para cada valor de $x$. Embora haja muitas escolhas possíveis, Backus e Gilbert escolheram o segundo momento de seu quadrado. Esta medida se torna o funcional $\mathcal{A}$,

$$\mathcal{A} \equiv w(x) = \int (x'-x)^2[\hat{\delta}(x,x')]^2 dx'$$

$$= \sum_i \sum_j q_i(x)W_{ij}(x)q_j(x) \equiv \mathbf{q}(x) \cdot \mathbf{W}(x) \cdot \mathbf{q}(x) \tag{19.6.9}$$

onde usamos a equação (19.6.6) e definimos uma matriz de espalhamento (*spread matrix*)* $\mathbf{W}$ via

$$W_{ij}(x) \equiv \int (x'-x)^2 r_i(x')r_j(x')dx' \tag{19.6.10}$$

As funções $q_i(x)$ são agora determinadas pelo princípio da minimização

$$\text{minimize:} \quad \mathcal{A} + \lambda \mathcal{B} = \mathbf{q}(x) \cdot \left[\mathbf{W}(x) + \lambda \mathbf{S}\right] \cdot \mathbf{q}(x) \tag{19.6.11}$$

sujeito ao vínculo (19.6.7) de que $\mathbf{q}(x) \cdot \mathbf{R} = 1$.

A solução da equação (19.6.11) é

$$\mathbf{q}(x) = \frac{[\mathbf{W}(x) + \lambda \mathbf{S}]^{-1} \cdot \mathbf{R}}{\mathbf{R} \cdot [\mathbf{W}(x) + \lambda \mathbf{S}]^{-1} \cdot \mathbf{R}} \tag{19.6.12}$$

(A referência [4] traz uma demonstração acessível.) Para um particular conjunto de dados $\mathbf{c}$ (conjunto das medidas $c_i$), a solução $\hat{u}(x)$ é

$$\hat{u}(x) = \frac{\mathbf{c} \cdot [\mathbf{W}(x) + \lambda \mathbf{S}]^{-1} \cdot \mathbf{R}}{\mathbf{R} \cdot [\mathbf{W}(x) + \lambda \mathbf{S}]^{-1} \cdot \mathbf{R}} \tag{19.6.13}$$

---

*N. de T.: Decidiu-se aqui por traduzir *spread matrix* por "matriz de espalhamento". Este termo não deve ser confundido com a *scattering matrix* (*S-matrix*) dos físicos.

(Não deixe esta notação induzi-lo a erro em tentar inverter a matriz inteira $\mathbf{W}(x) + \lambda \mathbf{S}$. Você só tem que resolver o sistema linear $(\mathbf{W}(x) + \lambda \mathbf{S}) \cdot \mathbf{y} = \mathbf{R}$ para achar o vetor $\mathbf{y}$, substituindo então $\mathbf{y}$ tanto nos numeradores quanto nos denominadores de 19.6.12 e 19.6.13.)

As equações (19.6.12) e (19.6.13) têm uma característica completamente diferente das soluções linearmente regularizadas de (19.5.7) e (19.5.8). Os vetores e matrizes em (19.6.12) têm todos tamanho $N$, o número de medidas. Não há discretização da variável $x$ subjacente, de modo que $M$ não desempenha qualquer papel. Resolve-se um conjunto diferente de $N \times N$ equações lineares para cada valor desejado de $x$. Contrariamente, em (19.5.8) resolve-se um conjunto linear de $M \times M$, mas apenas uma vez. Em geral, o esforço computacional de se resolver sistemas lineares repetidamente torna o método de Backus-Gilbert inapropriado para problemas que não os unidimensionais.

Como se escolhe o $\lambda$ no esquema de Backus-Gilbert? Como já dito, você pode (e em alguns casos *deveria*) fazer a escolha *antes* de ver os dados reais. Para um dado valor-teste de $\lambda$ e para uma sequência de $x$'s, use a equação (19.6.12) para calcular $\mathbf{q}(x)$. Então use (19.6.6) para plotar as funções de resolução $\hat{\delta}(x, x')$ como função de $x'$. Estes gráficos exibirão a amplitude com as quais diferentes valores subjacentes de $x'$ contribuem para o ponto $\hat{u}(x)$ de sua estimativa. Para o mesmo valor de $\lambda$, plote também a função $\sqrt{\text{Var}[\hat{u}(x)]}$ usando (19.6.8) (para tanto, você precisará de uma estimativa de matriz de covariância de medidas).

A medida que você mudar $\lambda$, você verá muito explicitamente o *trade-off* entre resolução e estabilidade. Pegue o valor que melhor responde à suas necessidades. Nas equações (19.6.12) e (19.6.13), você pode até escolher um $\lambda$ que seja função de $x$, $\lambda = \lambda(x)$, caso assim o deseje (este é um dos benefícios de se resolver um conjunto separado de equações para cada $x$). Para o valor ou valores escolhidos de $\lambda$, você agora terá um entendimento quantitativo de seu procedimento de solução inversa. Isto pode vir a ser de inestimável valor se – assim que você estiver processando dados reais – você precisar julgar se uma dada característica, um pico ou um salto, por exemplo, é genuína e/ou tem resolução verdadeira. O método de Backus-Gilbert é particularmente bem-sucedido entre geofísicos, que o utilizam para obter informação a respeito da estrutura da Terra (por exemplo, variação da densidade com profundidade) a partir de dados de tempo de propagação sísmica.

### REFERÊNCIAS CITADAS E LEITURA COMPLEMENTAR

Backus, G.E., and Gilbert, F. 1968, "The Resolving Power of Gross Earth Data," *Geophysical Journal of the Royal Astronomical Society*, vol. 16, pp. 169–205.[1]

Backus, G.E., and Gilbert, F. 1970, "Uniqueness in the Inversion of Inaccurate Gross Earth Data," *Philosophical Transactions of the Royal Society of London A*, vol. 266, pp. 123–192.[2]

Parker, R.L. 1977, "Understanding Inverse Theory," *Annual Review of Earth and Planetary Sci-ence*, vol. 5, pp. 35–64.[3]

Loredo, T.J., and Epstein, R.I. 1989, "Analyzing Gamma-Ray Burst Spectral Data," *Astrophysical Journal*, vol. 336, pp. 896–919.[4]

## 19.7 Recuperação de imagem por entropia máxima

Precisamos primeiro comentar de passagem que a conexão entre métodos inversos de entropia máxima, aqui descritos, e estimativa espectral de entropia máxima, discutida no §13.7, é bastante distante. Para questões de aplicação, as duas técnicas, embora chamadas de *método da entropia máxima* ou *MEM*, não são relacionadas. Por outro lado, o que discutimos aqui tem uma conexão íntima com a discussão de entropia no §14.7.

A entropia de um sistema físico em algum estado macroscópico, normalmente denotada por S, é o logaritmo do número de configurações microscopicamente distintas que produzem os mesmos observáveis macroscópicos (isto é, consistente com o estado macroscópico observado). Na verdade, veremos que é de certo modo útil denotar com $H \equiv -S$ o *negativo* da entropia, também chamado de *negentropia* (uma notação que remonta a Boltzmann). Em situações onde há motivos para se acreditar que as probabilidades a priori das configurações *microscópicas* são todas iguais (situações estas chamadas de ergódicas), o prior bayesiano $P(\mathbf{u}|I)$ para um estado *macroscópico* com entropia S é proporcional a $exp(S)$ ou $exp(-H)$.

MEM faz uso deste conceito para atribuir uma probabilidade *a priori* para qualquer função **u** subjacente dada. Esta ideia bastante geral é aplicável a muito mais do que apenas a recuperação de imagem [1,2]. Porém, por uma questão de clareza, consideraremos somente este tipo de aplicação. Suponha [3 – 5] que a medida da luminância de cada pixel de uma imagem é quantizado em valores inteiros (de alguma unidade). Seja

$$U = \sum_{\mu=0}^{M-1} u_\mu \tag{19.7.1}$$

o número total de quanta de luminância na imagem toda. Podemos então basear nosso "prior" na noção de que cada quantum de luminância tem uma probabilidade igual *a priori* de se encontrar em qualquer pixel (consulte [6] para uma justificativa mais abstrata desta ideia). O número de maneiras de se obter uma particular configuração **u** é

$$\frac{U!}{u_0! u_1! \cdots u_{M-1}!} \propto \exp\left[-\sum_\mu u_\mu \ln(u_\mu/U) + \tfrac{1}{2}\left(\ln U - \sum_\mu \ln u_\mu\right)\right] \tag{19.7.2}$$

O lado esquerdo acima pode ser entendido como o número de ordenamentos distintos de todos os quanta de luminância, dividido pelos números de reordenamentos equivalentes dentro de cada pixel, ao passo que o lado direito vem da aproximação de Stirling para a função fatorial. Tomando o negativo do logaritmo e desprezando termos de ordem $\log U$ na presença de termos de ordem U, obtemos a negentropia

$$H(\mathbf{u}) = \sum_{\mu=0}^{M-1} u_\mu \ln(u_\mu/U) \tag{19.7.3}$$

Como discutido para as equações (19.4.13) – (19.4.15), procuramos agora maximizar

$$P(\mathbf{u}|\mathbf{c}, I) \propto \exp\left[-\tfrac{1}{2}\chi^2\right] \exp[-H(\mathbf{u})] \tag{19.7.4}$$

ou, equivalentemente,

$$\text{minimize:} \quad -\ln[P(\mathbf{u}|\mathbf{c}, I)] = \tfrac{1}{2}\chi^2[\mathbf{u}] + H(\mathbf{u}) = \tfrac{1}{2}\chi^2[\mathbf{u}] + \sum_{\mu=0}^{M-1} u_\mu \ln(u_\mu/U) \tag{19.7.5}$$

Isto deve lhe trazer à mente a equação (19.4.11) ou (19.5.6), ou na verdade nossos princípios de minimização prévios segundo a ideia de $\mathcal{A}+\lambda\mathcal{B}$, onde $\lambda\mathcal{B} = H(\mathbf{u})$ é um operador de regularização.

Onde está λ? Precisamos introduzi-lo exatamente pelo mesmo motivo apresentado na discussão após (19.4.11): inversões degeneradas são propensas a atingir valores de $\chi^2$ impossivelmente pequenos. Precisamos de um parâmetros que traga $\chi^2$ de volta a seu intervalo estatístico estreito $N \pm (2N)^{1/2}$ como esperado. A discussão no início do §19.4 mostrou que não faz diferença a qual termo ligamos o λ. Por consistência na notação, absorvemos um fator de 2 em λ e o colocamos no termo da entropia (outra forma de entender a necessidade de um fator λ indeterminado é observar que ele é necessário se quisermos que nosso princípio de minimização seja invariante por mudanças da unidade na qual **u** é quantizado, por exemplo, se um conversor análogo-digital de 8 bits é substituído por um de 12 bits). Podemos agora também colocar os "chapéus" de volta para indicar que este é o procedimento para se obter o estimador estatístico por nós escolhido:

$$\hat{\mathbf{u}} \text{ minimiza:} \quad \mathcal{A} + \lambda \mathcal{B} = \chi^2[\mathbf{u}] + \lambda H(\mathbf{u}) = \chi^2[\mathbf{u}] + \lambda \sum_{\mu=0}^{M-1} u_\mu \ln(u_\mu) \qquad (19.7.6)$$

(Formalmente podemos adicionar um segundo multiplicador de Lagrange para forçar a intensidade total $U$ a ser uma constante.)

Não é difícil ver que a negentropia, $H(\mathbf{u})$, é na verdade um operador de regularização similar a $\mathbf{u} \cdot \mathbf{u}$ (equação 19.4.11) ou $\mathbf{u} \cdot \mathbf{H} \cdot \mathbf{u}$ (equação 19.5.6). As seguintes entre as suas propriedades são dignas de nota:

1. Quando $U$ é mantido constante, $H(\mathbf{u})$ é minimizado quando $\hat{u}_\mu = U/M$ constante, de modo que ela suaviza no sentido de tentar chegar a uma solução constante, similar à equação (19.5.4). O fato de que a solução constante é um mínimo segue do fato da derivada segunda de $u \ln u$ ser positiva.
2. Diferente da equação (19.5.4), porém, é o fato de que $H(\hat{\mathbf{u}})$ é local, no sentido de que ele não diferencia pixels vizinhos. Ele simplesmente soma alguma função $f$, no presente caso

$$f(u) = u \ln u \qquad (19.7.7)$$

    sobre todos os pixels: ele é invariante, na verdade, por um *scrambling* completo de pixels em uma imagem. Esta forma implica que $H(\mathbf{u})$ não é seriamente aumentado devido à ocorrência de um pequeno número de pixels muito brilhantes (fontes pontuais) embutidos em um *background* suave de baixa intensidade.
3. $H(\mathbf{u})$ tem uma inclinação infinita quando qualquer pixel vai a zero. Isto o faz forçar positividade da imagem, sem a necessidade de vínculos determinísticos adicionais.
4. A maior diferença entre $H(\mathbf{u})$ e outros operadores de regularização com os quais nos deparamos é que $H(\mathbf{u})$ não é um funcional quadrático de **u**, de modo que as equações obtidas ao se variar a equação (19.7.6) *são não lineares*. Este fato por si só merece uma discussão adicional

Equações não lineares são mais difíceis de resolver que as lineares. Para processamento de imagem, contudo, o grande número de equações geralmente pede um procedimento de solução iterativo, mesmo quando as equações são lineares, de modo que o efeito prático da não linearidade é de certo modo mitigado. A seguir, faremos um resumo de alguns métodos usados com sucesso em problemas inversos MEM.

Para alguns problemas, notavelmente o problema da radioastronomia de recuperação de imagens de um conjunto incompleto de coeficientes de Fourier, a performance superior da inversão MEM pode ser, em parte, explicada pela não linearidade de $H(\mathbf{u})$. Uma maneira de ver isso [3] é considerar o limite de medidas perfeitas $\sigma_i \to 0$. Neste caso, o termo $\chi^2$ no princípio de minimização (19.7.6) é substituído por um conjunto de vínculos, cada um com seu próprio multiplicador de Lagrange, requerendo a concordância entre modelo e dados; isto é,

$$\hat{\mathbf{u}} \text{ minimiza:} \quad \sum_j \lambda_j \left[ c_j - \sum_\mu R_{j\mu} u_\mu \right] + H(\mathbf{u}) \quad (19.7.8)$$

(conforme equação 19.4.7). Igualar a derivada formal com respeito a $u_\mu$ a zero dá

$$\frac{\partial H}{\partial u_\mu} = f'(u_\mu) = \sum_j \lambda_j R_{j\mu} \quad (19.7.9)$$

ou, definindo uma função $G$ como a função inversa de $f'$,

$$u_\mu = G\left( \sum_j \lambda_j R_{j\mu} \right) \quad (19.7.10)$$

A solução é meramente formal, uma vez que os $\lambda_j$'s têm que ser encontrados exigindo-se que a equação (19.7.10) satisfaz todos os vínculos embutidos na equação (19.7.8). Contudo, a equação (19.7.10) mostra que o fato crucial de que se $G$ for linear, então a solução $\hat{\mathbf{u}}$ contém *somente* uma combinação linear de funções-base $R_{j\mu}$ que correspondem a medidas reais $j$. Isto é o equivalente a igualar os $c_j$'s não medidos a zero. Observe que a solução principal obtida da equação (19.4.11) é de fato linear em $G$.

No problema da reconstrução da imagem de Fourier incompleta, o $R_{j\mu}$ típico tem a forma $exp(-2\pi i \mathbf{k}_j \cdot \mathbf{x}_\mu)$, onde $\mathbf{x}_\mu$ é um vetor bidimensional no espaço de imagem e $\mathbf{k}_\mu$ é um vetor de onda bidimensional. Se uma imagem contiver fontes pontuais intensas, então o efeito de se igualar alguns $c_j$'s a zero é o de produzir pequenas ondulações (*sidelobe ripples*) por todo o plano da imagem. Estas ondulações podem mascarar quaisquer características reais, estendidas, de baixa intensidade da imagem que se encontrem entre as fontes pontuais. Se, porém, a inclinação de $G$ é menor para pequenos valores de seu argumento e maior para maiores, então pequenas ondulações nas partes de baixa intensidade da imagem são relativamente suprimidas, ao passo que fontes pontuais intensas ficarão relativamente mais nítidas ("super-resolução"). Este comportamento da inclinação de $G$ é equivalente a impor $f'''(u) < 0$. Para $f(u) = u \ln u$, temos na verdade $f'''(u) = -1/u^2 < 0$.

Numa linguagem mais pictórica, a não linearidade age "criando" valores não zero dos $c_i$'s não medidos, de modo a suprimir as pequenas ondulações de baixa intensidade e aguçar as fontes pontuais.

### 19.7.1 A MEM seria algo realmente mágico?

Quão único é o funcional negentropia (19.7.3)? Lembre-se que a equação é baseada na hipótese de que os elementos de luminância são distribuídos, *a priori*, uniformemente por sobre os pixels. Se no lugar disto tivéssemos em mente outra imagem *a priori* preferida, uma com intensidade de pixels $m_\mu$, então é fácil mostrar que a negentropia se torna

$$H(\mathbf{u}) = \sum_{\mu=0}^{M-1} u_\mu \ln(u_\mu / m_\mu) + \text{constante} \quad (19.7.11)$$

(podemos desprezar a constante). Todo o resto da discussão permanece válido.

Do ponto de vista dos fundamentos, e não obstante as afirmações contrárias dos fanáticos [5], não há na realidade nada de universal com relação à forma funcional $f(u) = u \ln u$. Em algumas outras situações físicas (por exemplo, a entropia de um campo magnético no limite de muitos fótons por modo, como na radioastronomia), o funcional da negentropia é na realidade $f(u) = -\ln u$ (vide [3] para outros exemplos). Em geral, a questão "entropia do quê?" não tem uma resposta única para cada situação particular (consulte a referência [7] para ver uma tentativa de se articular um princípio mais geral que se reduz a um ou outro funcional da entropia sob condições apropriadas).

As quatro propriedades numeradas no sumário acima mais o sinal desejado para a não linearidade, $f'''(u) < 0$, são todas satisfeitas tanto para a função $f(u) = -\ln u$ quanto para a função $f(u) = u \ln u$. De fato, estas propriedades são compartilhadas por uma função não linear tão simples quanto $f(u) = -\sqrt{u}$, o que não pode ser minimamente justificado do ponto de vista da teoria de informação (não tem logaritmos!). As reconstruções MEM de imagens-teste utilizando qualquer uma destas formas da entropia são praticamente indistinguíveis [3].

Em função de toda a evidência disponível, o MEM parece ser nada além do que uma versão não linear útil do esquema de regularização geral $\mathcal{A} + \lambda \mathcal{B}$ que consideramos até o momento em diferentes formas. Suas peculiaridades se tornam poderosas quando aplicadas à reconstrução de imagens a partir de dados de Fourier incompletos nas quais se espera que haja dominância de fontes pontuais muito brilhantes, mas que também contenham fontes estendidas de baixa intensidade, mas interessantes. Para imagens com alguma outra característica, não há motivos para supor que os métodos MEM irão geralmente ser superiores a outros esquemas de regularização, quer sejam os conhecidos, quer os ainda não inventados.

### 19.7.2 Algoritmos para MEM

O objetivo é encontrar o vetor $\hat{\mathbf{u}}$ que minimiza $\mathcal{A} + \lambda \mathcal{B}$ onde, na notação das equações (19.5.5), (19.5.6) e (19.5.7),

$$\mathcal{A} = |\mathbf{b} - \mathbf{A} \cdot \mathbf{u}|^2 \qquad \mathcal{B} = \sum_\mu f(u_\mu) \qquad (19.7.12)$$

Em comparação com um problema de minimização "geral", a nossa vantagem aqui é que podemos calcular os gradientes e as matrizes de segundas derivadas parciais (matrizes hessianas) explicitamente,

$$\nabla \mathcal{A} = 2(\mathbf{A}^T \cdot \mathbf{A} \cdot \mathbf{u} - \mathbf{A}^T \cdot \mathbf{b}) \qquad \frac{\partial^2 \mathcal{A}}{\partial u_\mu \partial u_\rho} = [2\mathbf{A}^T \cdot \mathbf{A}]_{\mu\rho}$$

$$[\nabla \mathcal{B}]_\mu = f'(u_\mu) \qquad \frac{\partial^2 \mathcal{B}}{\partial u_\mu \partial u_\rho} = \delta_{\mu\rho} f''(u_\mu) \qquad (19.7.13)$$

É importante notar que apesar da matriz das segundas derivadas parciais de $\mathcal{A}$'s não pode ser armazenada (seu tamanho é o quadrado do número de pixels), ela pode ser aplicada a qualquer vetor primeiro aplicando-se $\mathbf{A}$, e depois $\mathbf{A}^T$. No caso da reconstrução a partir de dados de Fourier incompletos, ou no caso da convolução com uma função de espalhamento de ponto invariante por translação, estas aplicações envolvem, tipicamente, várias FFTs. Do mesmo modo, o cálculo do gradiente $\nabla \mathcal{A}$ envolverá FFTs na aplicação de $\mathbf{A}$ e $\mathbf{A}^T$.

Embora algum sucesso tenha sido alcançado com o emprego do método do gradiente conjugado clássico, normalmente se observa que a não linearidade em $f(u) = u \ln u$ causa problemas. Os passos tentados que produzem um **u** com até mesmo um único valor negativo devem ser podados em magnitude, muitas vezes com tal severidade que a velocidade da solução se torna um engatinhar. O problema por trás disso é que o método do gradiente conjugado desenvolve sua informação a respeito da inversa da matriz hessiana um bit por vez, enquanto muda sua localização no espaço de busca. Quando uma função não linear for bastante diferente de uma forma quadrática pura, a informação antiga se torna obsoleta antes que possa ser aproveitada.

Skilling e colaboradores [4,5,8,9] desenvolveram um esquema complicado, mas altamente bem-sucedido, no qual um mínimo é repetidamente procurado não ao longo de uma única direção de busca, mas em um espaço de baixa dimensão (tipicamente três), gerado por vetores que são recalculados cada vez que se atinge um ponto. Os vetores de base do subespaço são escolhidos de modo a evitar direções que conduzem a valores negativos. Uma das escolhas de maior sucesso é o espaço tridimensional gerado pelos vetores cujas componentes são dadas por

$$e_\mu^{(1)} = u_\mu [\nabla \mathcal{A}]_\mu$$
$$e_\mu^{(2)} = u_\mu [\nabla \mathcal{B}]_\mu \qquad (19.7.14)$$
$$e_\mu^{(3)} = \frac{u_\mu \sum_\rho (\partial^2 \mathcal{A}/\partial u_\mu \partial u_\rho) u_\rho [\nabla \mathcal{B}]_\rho}{\sqrt{\sum_\rho u_\rho ([\nabla \mathcal{B}]_\rho)^2}} - \frac{u_\mu \sum_\rho (\partial^2 \mathcal{A}/\partial u_\mu \partial u_\rho) u_\rho [\nabla \mathcal{A}]_\rho}{\sqrt{\sum_\rho u_\rho ([\nabla \mathcal{A}]_\rho)^2}}$$

(nestas equações, não há soma sobre o índice $\mu$). A forma de $\mathbf{e}^{(3)}$ pode ser justificada até certo ponto se encararmos os produtos escalares como ocorrendo em uma espaço de métrica $g_{\mu\nu} = \delta_{\mu\nu}/u_\mu$, escolhida de modo a fazer valores zero "muito longe"; vide [4].

Dentro do subespaço tridimensional, o gradiente de três componentes e a hessiana de nove são calculados via projeção a partir de um espaço maior, e o mínimo no subespaço é estimado resolvendo-se (trivialmente) três equações lineares simultâneas, como no §10.9, equação (10.9.4). O tamanho do passo $\Delta \mathbf{u}$ deve ser limitado segundo a desigualdade

$$\sum_\mu (\Delta u_\mu)^2 / u_\mu < (0,1 \text{ para } 0,5) U \qquad (19.7.15)$$

Uma vez que as direções dos gradientes $\nabla \mathcal{A}$ e $\nabla \mathcal{B}$ são disponíveis separadamente, é possível combinar a busca mínima com um ajuste simultâneo de $\lambda$ de modo a satisfazer no final o vínculo desejado. Há uma série de truques posteriores que podem ser empregados.

Uma abordagem menos geral, mas que na prática é igualmente satisfatória, provem de Cornwell e Evans [10]. Nela, observando que a Hessiana de $\mathcal{B}$'s (segunda derivada parcial) é diagonal, a pergunta que se faz é se há uma aproximação diagonal útil à Hessiana de $\mathcal{A}$'s, a saber, $2\mathbf{A}^T \cdot \mathbf{A}$. Se denotarmos por $\Lambda_\mu$ as componentes diagonais de tal aproximação, então um passo útil em $\mathbf{u}$ seria

$$\Delta u_\mu = -\frac{1}{\Lambda_\mu + \lambda f''(u_\mu)} (\nabla \mathcal{A} + \lambda \nabla \mathcal{B}) \qquad (19.7.16)$$

(novamente, compare com 10.9.4). Até mais extremo: podemos procurar uma aproximação com elementos diagonais constantes, $\Lambda_\mu = \Lambda$, de modo que

$$\Delta u_\mu = -\frac{1}{\Lambda + \lambda f''(u_\mu)} (\nabla \mathcal{A} + \lambda \nabla \mathcal{B}) \qquad (19.7.17)$$

Uma vez que $\mathbf{A}^T \cdot \mathbf{A}$ tem algo da natureza de uma função de espalhamento de ponto duplamente convoluída, e uma vez que em casos reais se dispõe de uma função de espalhamento de ponto com um pico central aguçado, até mesmo a mais extrema das aproximações produz bons frutos. Começa-se por uma estimativa grosseira de $\Lambda$ obtida a partir dos $A_{i\mu}$'s, por exemplo,

$$\Lambda \sim \left\langle \sum_i [A_{i\mu}]^2 \right\rangle \qquad (19.7.18)$$

Um valor preciso não é importante, uma vez que na prática $\Lambda$ é adaptativamente ajustável: se $\Lambda$ for muito grande, então os passos da equação (19.7.17) serão muito pequenos (isto é, passos grandes na mesma direção produzirão uma decréscimo ainda maior em $\mathcal{A} + \lambda\mathcal{B}$). Se $\Lambda$ for muito pequeno, então os passos tentados aterrissarão em uma região não factível (valores negativos de $u_\mu$) ou resultarão em um aumento de $\mathcal{A} + \lambda\mathcal{B}$. Há uma similaridade óbvia entre o ajuste de $\Lambda$ aqui discutido e o método de Levenberg-Marquardt do §15.5. Isto não deveria ser motivo de surpresa, uma vez que MEM é proximamente relacionado ao problema do ajuste não linear por mínimos quadrados. A referência [10] discute também como o valor de $\Lambda + \lambda f''(u_\mu)$ pode ser usado para ajustar o multiplicador de Lagrange $\lambda$ de modo a convergir para o valor desejado de $\chi^2$.

Todos os algoritmos práticos de MEM requerem, como se pôde observar, da ordem de 30 a 50 iterações até a convergência. Do ponto de vista de fundamentos, este comportamento de convergência não é compreendido.

### 19.7.3 Entropia máxima "histórica" *versus* "Bayesiana"

Várias generalizações da técnica básica de recuperação de imagens por entropia máxima são classificadas sob a rubrica "Bayesiana" para distingui-las dos métodos "históricos" prévios. Consulte [11] para detalhes e referências (nosso ponto de vista, obviamente, é que todos os métodos são aproximadamente igualmente Bayesianos, como já discutido no §19.4).

- Priors melhores: já observamos que o funcional da entropia (equação 19.7.7) é invariante sob um scrambling de todos os pixels e não comporta a noção de suavidade. O assim chamado modelo da "função de correlação intrínseca" (*intrinsic correlation function model, ICF*) (referência [11], onde é chamado de "New MaxEnt") é similar ao funcional da entropia o suficiente para permitir algoritmos similares, mas torna os valores dos pixels vizinhos correlacionados, impondo suavidade.
- Melhor estimativa de $\lambda$: escolhemos $\lambda$ acima de modo a trazer $\chi^2$ para dentro do intervalo estatístico estreito de $N \pm (2N)^{1/2}$. Porém, isto na realidade sobre-estima $\chi^2$, uma vez que um certo número efetivo $\gamma$ de parâmetros está sendo "ajustado" ao se fazer a reconstrução. Uma abordagem Bayesiana leva a uma estimativa autoconsistente para este $\gamma$ e uma escolha objetivamente melhor de $\lambda$.

#### REFERÊNCIAS CITADAS E LEITURA COMPLEMENTAR

Gzyl, H. 1995, *The Method of Maximum Entropy* (Singapore: World Scientific).[1] Wu, N. 1997, *The Maximum Entropy Method* (Berlin: Springer).[2]

Narayan, R., and Nityananda, R. 1986, "Maximum Entropy Image Restoration in Astronomy," *Annual Review of Astronomy and Astrophysics,* vol. 24, pp. 127–170.[3]

Skilling, J., and Bryan, R.K. 1984, "Maximum Entropy Image Reconstruction: General Algorithm," *Monthly Notices of the Royal Astronomical Society,* vol. 211, pp. 111–124.[4]

Burch, S.F., Gull, S.F., and Skilling, J. 1983, "Image Restoration by a Powerful Maximum Entropy Method," *Computer Vision, Graphics and Image Processing,* vol. 23, pp. 113–128.[5]

Skilling, J. 1989, in *Maximum Entropy and Bayesian Methods,* J. Skilling, ed. (Boston: Kluwer).[6]

Frieden, B.R. 1983, "Unified Theory for Estimating Frequency-of-Occurrence Laws and Optical Objects," *Journal of the Optical Society of America,* vol. 73, pp. 927–938.[7]

Skilling, J., and Gull, S.F. 1985, in *Maximum-Entropy and Bayesian Methods in Inverse Prob-lems,* C.R. Smith and W.T. Grandy, Jr., eds. (Dordrecht: Reidel).[8]

Skilling, J. 1986, in *Maximum Entropy and Bayesian Methods in Applied Statistics,* J.H. Justice, ed. (Cambridge, UK: Cambridge University Press).[9]

Cornwell, T.J., and Evans, K.F. 1985, "A Simple Maximum Entropy Deconvolution Algorithm," *Astronomy and Astrophysics,* vol. 143, pp. 77–83.[10]

Gull, S.F. 1989, in *Maximum Entropy and Bayesian Methods,* J. Skilling, ed. (Boston: Kluwer).[11]

# CAPÍTULO 20

# Equações Diferenciais Parciais

## 20.0 Introdução

O tratamento numérico de equações diferencias parciais (EDPs) é, por si só, um vasto assunto. EDPs estão no âmago de muitas, se não de todas, as análises computacionais ou simulações de sistemas físicos contínuos, tais como fluidos, campos eletromagnéticos, o corpo humano e assim por diante. O intuito deste capítulo é dar a mais breve e útil introdução possível ao tema. Idealmente, deveria haver um segundo volume inteiro deste livro tratando apenas de equações diferenciais parciais (as referências [1-4] são, obviamente, alternativas disponíveis).

Os matemáticos gostam de classificar as equações diferenciais parciais que ocorrem tipicamente em aplicações em três categorias: *hiperbólicas*, *parabólicas* e *elípticas*, classificação esta baseada em suas curvas *características*, ou curvas de propagação de informação. O protótipo de equação do tipo hiperbólico é a equação de *onda* unidimensional

$$\frac{\partial^2 u}{\partial t^2} = v^2 \frac{\partial^2 u}{\partial x^2} \qquad (20.0.1)$$

onde $v$ = constante é a velocidade de propagação da onda. O protótipo de uma equação parabólica é a equação de *difusão*

$$\frac{\partial u}{\partial t} = \frac{\partial}{\partial x}\left(D \frac{\partial u}{\partial x}\right) \qquad (20.0.2)$$

onde $D$ é o coeficiente de difusão. O protótipo da equação elíptica é a equação de *Poisson*

$$\frac{\partial^2 u}{\partial x^2} + \frac{\partial^2 u}{\partial y^2} = \rho(x, y) \qquad (20.0.3)$$

onde o termo de fonte $\rho$ é dado. Se este termo for igual a zero, a equação é conhecida como *equação de Laplace*.

Do ponto de vista computacional, a classificação das equações nestes três tipos canônicos não tem muito sentido – ou pelo menos não é tão importante quanto outras distinções mais essenciais. As equações (20.0.1) e (20.0.2) definem ambas problemas de *valor incial* ou de *Cauchy*: se for dada informação sobre $u$ para algum tempo inicial $t_0$ e para todo $x$ (incluindo talvez informação sobre a derivada temporal), então as equações descrevem como $u(x, t)$ se propaga avante no tempo. Em outras palavras, (20.0.1) e (20.0.2) descrevem evolução temporal. O objetivo do código numérico é acompanhar esta evolução temporal com algum grau de acurácia desejada.

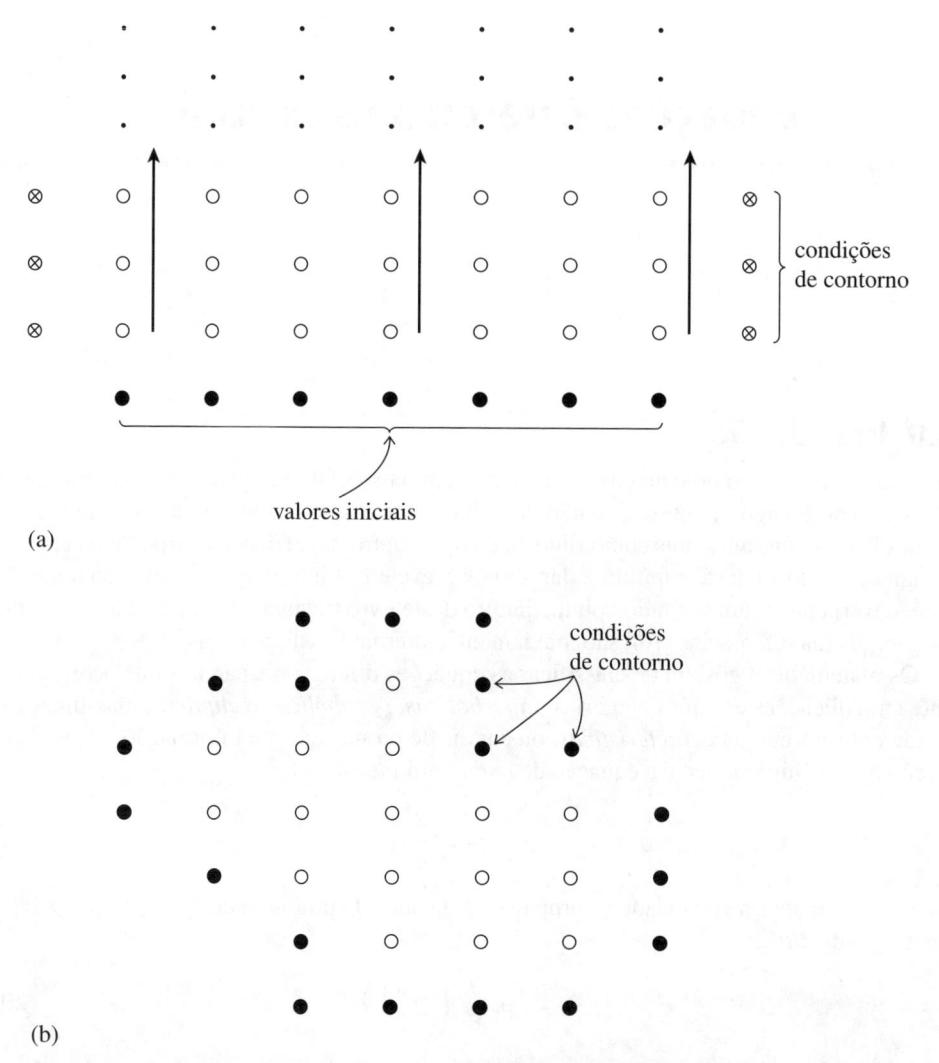

**Figura 20.0.1** Problema do valor inicial (a) e da condição de contorno (b) são contrastados. Em (a), valores iniciais são dados para uma "fatia de tempo" (*time slice*) e se procura avançar a solução no tempo, calculando sucessivas linhas de círculos vazados na direção apontada pela setas. Condições de contorno se encontram nas extremidades esquerda e direita de cada linha (⊗) e devem também ser fornecidas, mas somente para uma linha por vez. Somente uma, ou algumas linhas precisam ser mantidas na memória. Em (b), problemas de contorno são especificados nas fronteiras da malha, e um processo iterativo é usado para se achar os valores dos pontos internos (círculos vazados). Todos os pontos da malha devem ser guardados na memória.

Contrariamente, a equação (20.0.3) nos leva a procurar uma única função "estática" $u(x, y)$ que satisfaz a equação dentro de uma região $(x, y)$ de interesse e que – e isto deve ser especificado – tenha um comportamento desejado nas fronteiras da região de interesse. Estes problemas são chamados de problemas de valores de contorno (ou de fronteira, vide Figura 20.0.1). Geralmente não é possível simplesmente "integrar a partir da fronteira" de modo estável da mesma maneira que um problema de valor inicial pode ser "integrado para frente no tempo". Portanto, o objetivo de um código numérico é de alguma maneira convergir para a solução correta em todos os pontos simultaneamente.

Esta, então, é a classificação mais importante do ponto de vista computacional: o problema em questão é do tipo *valor inicial* (evolução temporal)? Ou seria um problema de *condições de contorno* (solução estática)? A Figura 20.0.1 enfatiza esta distinção. Observe que, embora a terminologia em itálico seja padrão, a terminologia entre parênteses é uma descrição bem melhor da dicotomia sob o ponto de vista computacional. A subclassificação de problemas de valores iniciais em tipos parabólico e hiperbólico é muito menos importante, pois (i) muitos problemas reais são do tipo misto e (ii) como veremos, problemas hiperbólicos acabam tendo pedaços parabólicos misturados a eles quando se discutem esquemas computacionais práticos.

### 20.0.1 Problemas de valores iniciais

Um problema de valor inicial é definido pelas respostas às seguintes questões:

- Quais são as variáveis dependentes a serem propagadas para frente no tempo?
- Qual é a equação de evolução para cada variável? Geralmente as equações de evolução serão todas acopladas entre si, com mais de uma variável dependente aparecendo do lado direito de cada equação.
- Qual é a maior ordem da derivada temporal que ocorre na equação de evolução de cada variável? Se possível, esta derivada deveria ser colocada sozinha do lado esquerdo da equação. Não apenas o valor da variável, mas também de todas as suas derivadas temporais – até a de mais alta ordem – devem ser especificadas para assim se definir a evolução.
- Quais equações especiais (condições de contorno) governam a evolução temporal dos pontos da fronteira da região espacial de interesse? Exemplos: *condições de Dirichlet* especificam valores de pontos da fronteira como função do tempo; *condições de Neumann* especificam os valores dos gradientes normais na fronteira; *condições de contorno de ondas saindo* (*outgoing waves*) são exatamente o que diz o nome.

As Seções 20.1 – 20.3 deste capítulo tratam do problema de valor inicial de diversas formas. Não é nossa pretensão apresentar um tratamento completo do problema, mas apenas passar, por meio de alguns exemplos de modelos cuidadosamente escolhidos, uma certa quantidade de informação que pode ser generalizada. Estes exemplos ilustrarão um ponto importante: a principal preocupação *computacional* do usuário deverá ser a da *estabilidade* do algoritmo. Muitos algoritmos para problemas de valores inciais que aparentemente são razoáveis simplesmente não funcionam – são numericamente instáveis.

### 20.0.2 Problemas de contorno

As perguntas que definem os problemas de valores de contorno (ou fronteira) são:

- Quais são as variáveis?
- Quais equações são satisfeitas no interior da região de interesse?
- Quais equações são satisfeitas por pontos na fronteira da região de interesse? (Aqui, condições de Dirichlet ou de Neumann são possíveis escolhas para equações elípticas de segunda ordem, mas condições de contorno mais complicadas podem também ser encontradas.)

Diferentemente de problemas de valores iniciais, a estabilidade é algo relativamente fácil de se conseguir em problemas de contorno. Portanto, a *eficiência* dos algoritmos, tanto em carga computacional quanto em memória exigida, é que se torna a preocupação principal.

Uma vez que todas as condições em um problema de valores de contorno devem ser satisfeitas "simultaneamente", estes problemas todos se reduzem, ao menos conceitualmente, à solução de um grande número de equações algébricas simultâneas. Quando estas equações são não lineares, elas geralmente são resolvidas por linearização e iteração; portanto, sem muita perda de generalidade, podemos encarar o problema como sendo a solução de um conjunto grande e especial de equações lineares.

Como exemplo, ao qual nos referiremos nos §20.4 – §20.6 como nosso "problema modelo", consideremos a solução da equação (20.0.3) pelo *método das diferenças finitas*. Representamos a função $u(x,y)$ pelos seus valores no conjunto de pontos discretos

$$x_j = x_0 + j\Delta, \qquad j = 0, 1, ..., J$$
$$y_l = y_0 + l\Delta, \qquad l = 0, 1, ..., L \qquad (20.0.4)$$

onde $\Delta$ é o espaçamento da rede. Daqui para frente, escreveremos $u_{j,l}$ para $u(x_j, y_l)$ e $\rho_{j,l}$ para $\rho(x_j, y_l)$. Substituímos a equação (20.0.3) por uma representação de diferenças finitas (vide Figura 20.0.2),

$$\frac{u_{j+1,l} - 2u_{j,l} + u_{j-1,l}}{\Delta^2} + \frac{u_{j,l+1} - 2u_{j,l} + u_{j,l-1}}{\Delta^2} = \rho_{j,l} \qquad (20.0.5)$$

ou, o que é equivalente,

$$u_{j+1,l} + u_{j-1,l} + u_{j,l+1} + u_{j,l-1} - 4u_{j,l} = \Delta^2 \rho_{j,l} \qquad (20.0.6)$$

Para escrever este sistema de equações lineares em forma matricial, precisamos fazer de $u$ um vetor. Numeremos as duas dimensões dos pontos da malha em uma única sequência unidimensional, definindo

$$i \equiv j(L+1) + l \qquad \text{para} \qquad j = 0, 1, ..., J, \qquad l = 0, 1, ..., L \qquad (20.0.7)$$

Em outras palavras, $i$ aumenta mais rapidamente ao longo das colunas que representam valores de $y$. A equação (20.0.6) se torna assim

$$u_{i+L+1} + u_{i-(L+1)} + u_{i+1} + u_{i-1} - 4u_i = \Delta^2 \rho_i \qquad (20.0.8)$$

Esta equação é válida somente nos pontos interiores $j = 1, 2, ..., J-1; l = 1, 2, ..., L-1$.

Os pontos onde

$$\begin{aligned} j &= 0 & [\text{isto é}, i &= 0, ..., L] \\ j &= J & [\text{isto é}, i &= J(L+1), ..., J(L+1) + L] \\ l &= 0 & [\text{isto é}, i &= 0, L+1, ..., J(L+1)] \\ l &= L & [\text{isto é}, i &= L, L+1+L, ..., J(L+1) + L] \end{aligned} \qquad (20.0.9)$$

são pontos da fronteira onde $u$ ou sua derivada foram especificados. Se empurrarmos toda esta informação "conhecida" para o lado direito da equação (20.0.8), então a equação assume a forma

$$\mathbf{A} \cdot \mathbf{u} = \mathbf{b} \qquad (20.0.10)$$

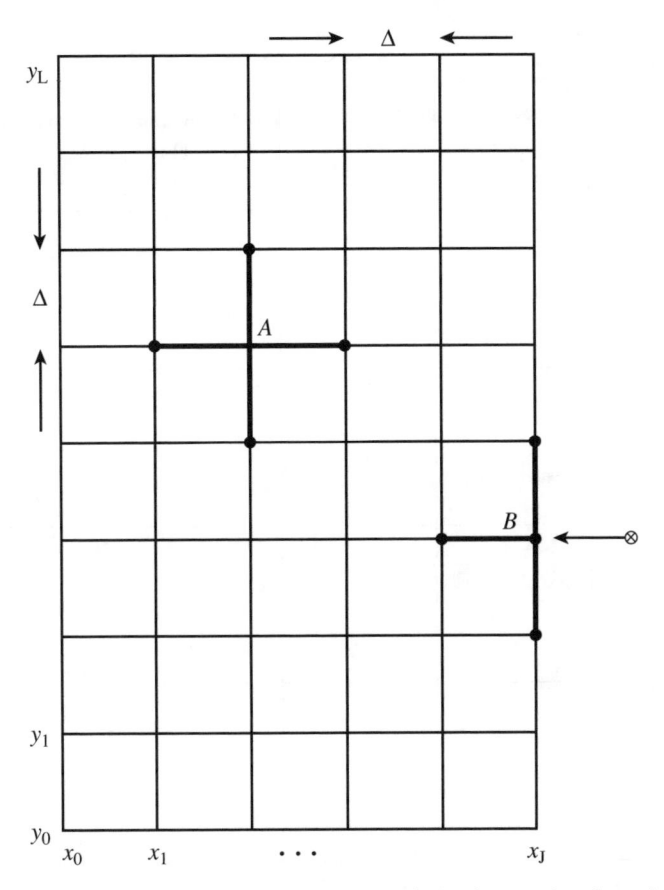

**Figura 20.0.2** Representação de diferenças finitas de uma equação elíptica de segunda ordem sobre uma rede bidimensional. As segundas derivadas no ponto A são calculadas usando-se os pontos com os quais A está conectado, como ilustra a figura. As segundas derivadas em B são calculadas usando-se os pontos a ele conectados e também a informação da fronteira "do lado direito", mostrada aqui esquematicamente como ⊗.

onde **A** tem a forma ilustrada na Figura 20.0.3. A matriz **A** é chamada de "tridiagonal com margens" (*tridiagonal with fringes*). Uma equação geral linear de segunda ordem elíptica

$$a(x,y)\frac{\partial^2 u}{\partial x^2} + b(x,y)\frac{\partial u}{\partial x} + c(x,y)\frac{\partial^2 u}{\partial y^2} + d(x,y)\frac{\partial u}{\partial y}$$
$$+ e(x,y)\frac{\partial^2 u}{\partial x \partial y} + f(x,y)u = g(x,y) \quad (20.0.11)$$

levará a uma matriz de estrutura similar, mas onde os elementos diferentes de zero não serão constantes.

Em uma classificação grosseira, há três diferentes abordagens para resolver a equação (20.0.10), nem todas aplicáveis neste caso: métodos de relaxação, métodos "rápidos" (por exemplo, métodos de Fourier) e métodos matriciais diretos.

Métodos de relaxação fazem uso imediato da estrutura da matriz esparsa **A**. Esta matriz é dividida em duas partes,

$$\mathbf{A} = \mathbf{E} - \mathbf{F} \quad (20.0.12)$$

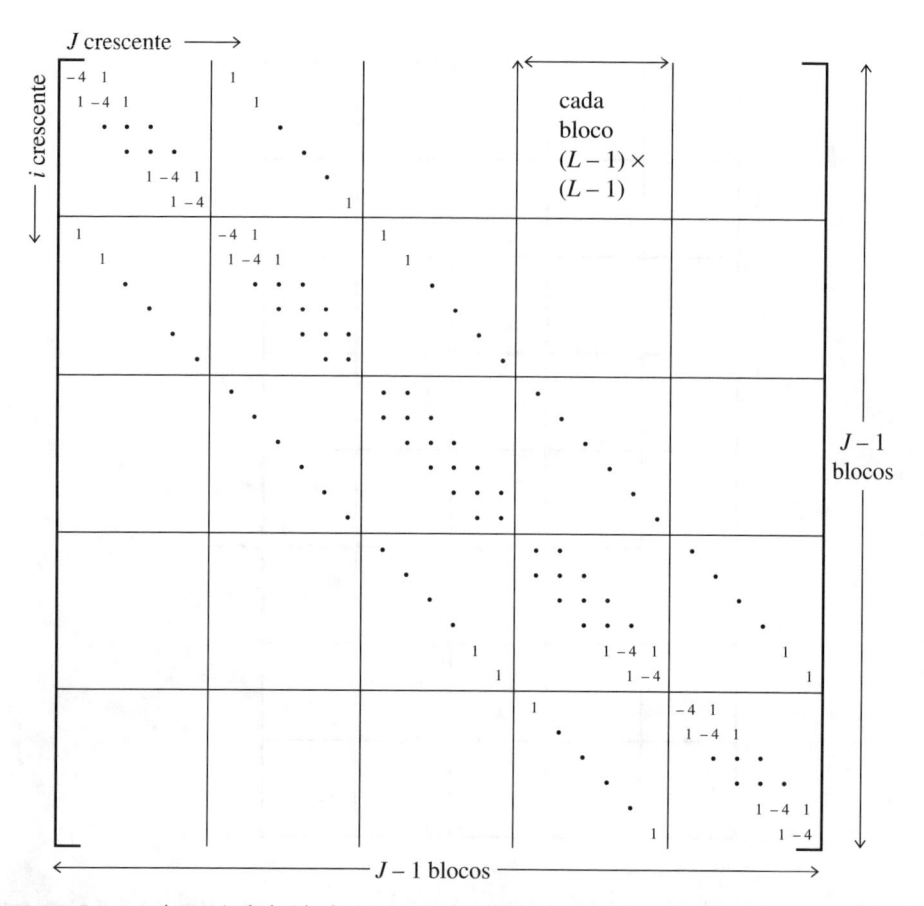

**Figura 20.0.3** Estrutura da matriz deduzida de uma equação elíptica de segunda ordem (neste caso, equação 20.0.6). Todos os elementos não mostrados são iguais a zero. A matriz tem blocos diagonais que são eles mesmos tridiagonais, e blocos sobre e subdiagonais que são diagonais. Esta forma é chamada de "tridiagonal com margens". Uma matriz de tal forma esparsa nunca seria armazenada em sua forma completa como ilustrada aqui.

onde $\mathbf{E}$ é facilmente invertida e $\mathbf{F}$ é o resto. Então (20.0.10) se torna

$$\mathbf{E} \cdot \mathbf{u} = \mathbf{F} \cdot \mathbf{u} + \mathbf{b} \qquad (20.0.13)$$

O método da relaxação envolve a escolha de um chute inicial $\mathbf{u}^{(0)}$ e a resolução por iterações sucessivas para $\mathbf{u}^{(r)}$ a partir de

$$\mathbf{E} \cdot \mathbf{u}^{(r)} = \mathbf{F} \cdot \mathbf{u}^{(r-1)} + \mathbf{b} \qquad (20.0.14)$$

Uma vez que $\mathbf{E}$ foi escolhida para ser de inversão fácil, cada iteração é rápida. Discutiremos métodos de relaxação com algum detalhe nos §20.5 e §20.6

Os chamados métodos rápidos [5] se aplicam apenas a uma classe especial de equações: aquelas com coeficientes constantes ou, de modo mais geral, aquelas que são separáveis nas coordenadas escolhidas. Além disso, as fronteiras devem coincidir com as linhas das coordenadas. Esta classe especial de equações aparece com frequência na vida prática. Deixaremos uma discussão mais detalhada das mesmas para o §20.4. Observe porém que os métodos de relaxação de multirredes (*multigrid relaxation methods*) discutidos no §20.6 podem ser mais velozes que os métodos "rápidos".

Métodos matriciais tentam resolver a equação

$$A \cdot x = b \qquad (20.0.15)$$

diretamente. O grau de praticidade deste procedimento depende fortemente da estrutura exata da matriz $A$ para o problema em questão. Portanto, no momento nossa discussão não pode ir além de algumas notas e referências.

A esparsidade da matriz *tem* que ser a mola propulsora. Caso contrário, o problema matricial se torna proibitivamente grande. Por exemplo, um problema com uma malha espacial de $1000 \times 1000$ envolveria $10^6 \, u_{j,l}$'s, desconhecidos, o que implica uma matriz $A$ de dimensão $10^6 \times 10^6$ que contém $10^{12}$ elementos. Um método de solução não esparsa de ordem $O(N^3)$ requereria $O(10^{18})$ operações.

Como discutido no final do §2.7, se $A$ for simétrica e positiva-definida (como é o caso normalmente em problemas elípticos), o algoritmo do gradiente conjugado pode ser usado. Na prática, erros de arredondamento normalmente estragam a eficiência do algoritmo quando aplicado a solução de equações a diferenças finitas. Contudo, ele é útil quando incorporado a métodos que primeiro reescrevem as equações de modo que $A$ seja transformada em uma $A'$ que seja próxima da matriz identidade. A superfície quadrática definida pelas equações tem quase sempre contornos esféricos, e o algoritmo do gradiente conjugado funciona muito bem. No §2.7, na rotina linbcg, fez-se uso de um *pré-condicionador* análogo para problemas não positivo-definidos junto ao método mais geral do gradiente biconjugado. Há uma vastíssima literatura no assunto geral de métodos iterativos para solução de equações esparsas que tipicamente aparecem na solução de EDPs. Bons começos são [6-8].

Uma outra classe de métodos matriciais é a abordagem analisa-fatoriza-opera (*analyze-factorize-operate*) descrita em §2.7.

De um modo geral, podemos dizer que quando você tem memória suficiente para implementar estes métodos – não tanto quanto os $10^{12}$ acima, mas usualmente muito mais do que o exigido pelos métodos de relaxação – então você deveria considerar a hipótese de utilizá-los. Somente métodos de relaxação em multirredes (§20.6) são páreo para os melhores métodos matriciais. Para redes maior que, digamos, $1000 \times 1000$, contudo, tem-se observado que em geral apenas métodos de relaxação, ou métodos "rápidos" quando aplicáveis, são possíveis.

### 20.0.3 Há mais coisas na vida do que simplesmente diferenças finitas

Além de diferenças finitas, há outros métodos para se resolver EDPs. Os mais importantes são os métodos de elementos finitos, Monte Carlo, métodos espectrais e métodos variacionais. Infelizmente, mal seremos capazes de fazer jus ao método de diferenças finitas neste capítulo, e apresentaremos apenas uma breve introdução aos métodos espectrais no §20.7. Não seremos capazes de discutir os outros métodos neste livro. Os métodos dos elementos finitos [9-11] são comumente os preferidos por aqueles que trabalham na área de mecânica de sólidos e engenharia de estruturas: estes métodos permitem uma considerável liberdade em colocar elementos computacionais a seu bel prazer, o que é importante em se tratando de geometrias altamente irregulares.

**REFERÊNCIAS CITADAS E LEITURA COMPLEMENTAR**

Ames, W.F. 1992, *Numerical Methods for Partial Differential Equations*, 3rd ed. (New York: Academic Press).[1]

Richtmyer, R.D., and Morton, K.W. 1967, *Difference Methods for Initial Value Problems*, 2nd ed. (New York: Wiley-lnterscience); republished 1994 (Melbourne, FL: Krieger).[2]

Roache, P.J. 1998, *Computational Fluid Dynamics*, revised edition (Albuquerque: Hermosa).[3]

Thomas, J.W. 1995, *Numerical Partial Differential Equations: Finite Difference Methods* (New York: Springer).[4]

Dorr, F.W. 1970, "The Direct Solution of the Discrete Poisson Equation on a Rectangle," *SIAM Review*, vol. 12, pp. 248–263.[5]

Saad, Y. 2003, *Iterative Methods for Sparse Linear Systems,* 2nd ed. (Philadelphia: S.I.A.M.).[6]

Barrett, R., et al. 1993, *Templates for the Solution of Linear Systems: Building Blocks for Iterative Methods* (Philadelphia: S.I.A.M.).[7]

Greenbaum, A. 1997, *Iterative Methods for Solving Linear Systems* (Philadelphia: S.I.A.M.).[8]

Reddy, J.N. 2005, *An Introduction to the Finite Element Method,* 3rd ed. (New York: McGraw-Hill).[9]

Smith, I.M., and Griffiths, V. 2004, *Programming the Finite Element Method* (New York: Wiley).[10]

Zienkiewicz, O.C., Taylor, R.L., and Zhu, J.Z. 2005, *The Finite Element Method: Its Basis and Fundamentals,* 6th ed. (Oxford, UK: Elsevier Butterworth-Heinemann).[11]

## 20.1 Problemas de valores iniciais com fluxo conservado

Uma grande classe de EDPs de valores iniciais (evolução temporal) em uma dimensão espacial pode ser colocada na forma de uma equação de conservação de fluxo:

$$\frac{\partial \mathbf{u}}{\partial t} = -\frac{\partial \mathbf{F}(\mathbf{u})}{\partial x} \qquad (20.1.1)$$

onde $\mathbf{u}$ e $\mathbf{F}$ são vetores e (em alguns casos) $\mathbf{F}$ pode depender não somente de $\mathbf{u}$, mas também das derivadas espaciais de $\mathbf{u}$. O vetor $\mathbf{F}$ é chamado de *fluxo conservado*.

Por exemplo, uma equação hiperbólica prototípica, a equação de onda unidimensional com velocidade de propagação $v$ constante,

$$\frac{\partial^2 u}{\partial t^2} = v^2 \frac{\partial^2 u}{\partial x^2} \qquad (20.1.2)$$

pode ser reescrita como um conjunto de duas equações de primeira ordem:

$$\begin{aligned}\frac{\partial r}{\partial t} &= v\frac{\partial s}{\partial x} \\ \frac{\partial s}{\partial t} &= v\frac{\partial r}{\partial x}\end{aligned} \qquad (20.1.3)$$

onde

$$\begin{aligned}r &\equiv v\frac{\partial u}{\partial x} \\ s &\equiv \frac{\partial u}{\partial t}\end{aligned} \qquad (20.1.4)$$

Neste caso, $r$ e $s$ se tornam as duas componentes de $\mathbf{u}$, e o fluxo é dado pela relação matricial linear

$$\mathbf{F}(\mathbf{u}) = \begin{pmatrix} 0 & -v \\ -v & 0 \end{pmatrix} \cdot \mathbf{u} \qquad (20.1.5)$$

(O leitor físico talvez reconheça as equações 20.1.3 como os análogos das equações de Maxwell para a propagação de ondas eletromagnéticas em uma dimensão.)

Consideraremos nesta seção um exemplo prototípico de uma equação geral de fluxo conservado (20.1.1), a saber, a equação para o escalar $u$,

$$\frac{\partial u}{\partial t} = -v\frac{\partial u}{\partial x} \qquad (20.1.6)$$

com $v$ constante. Como é sabido analiticamente, a solução geral desta equação é uma onda se propagando na direção do eixo $x$ positivo,

$$u = f(x - vt) \qquad (20.1.7)$$

onde $f$ é uma função arbitrária. Contudo, as estratégias numéricas que desenvolveremos serão igualmente aplicáveis a equações mais gerais representadas por (20.1.1). Em alguns contextos, a equação (20.1.6) é chamada de uma equação *advectiva*, pois a grandeza $u$ é transporta pelo "escoar de um fluido" com velocidade $v$.

Como é que obtemos a diferença finita da equação (20.1.6) (ou, analogamente, da equação 20.1.1)? A abordagem direta é escolher pontos igualmente espaçados tanto ao longo do eixo $t$ quando do eixo $x$. Temos assim

$$\begin{aligned} x_j &= x_0 + j\Delta x, & j &= 0, 1, \ldots, J \\ t_n &= t_0 + n\Delta t, & n &= 0, 1, \ldots, N \end{aligned} \qquad (20.1.8)$$

Seja $u_j^n$ a representação de $u(t_n, x_j)$. Temos várias maneiras de representar o termo na derivada temporal. A maneira óbivia é fazer

$$\left.\frac{\partial u}{\partial t}\right|_{j,n} = \frac{u_j^{n+1} - u_j^n}{\Delta t} + O(\Delta t) \qquad (20.1.9)$$

Isto é chamado de diferenciação finita *avançada de Euler* (conforme equação 17.1.1). Ao passo que o Euler avançado é preciso apenas na primeira ordem em $\Delta t$, ele tem a vantagem de que é possível calcular grandezas no passo temporal $n + 1$ em termos somente das grandezas conhecidas no passo $n$. Para a derivada espacial, podemos usar a representação de segunda ordem ainda usando somente quantidades conhecidas no passo $n$:

$$\left.\frac{\partial u}{\partial x}\right|_{j,n} = \frac{u_{j+1}^n - u_{j-1}^n}{2\Delta x} + O(\Delta x^2) \qquad (20.1.10)$$

A aproximação de diferenças finitas da equação (20.1.6) que daí resulta é chamada de representação FTCS (*forward time centered space*),

$$\frac{u_j^{n+1} - u_j^n}{\Delta t} = -v\left(\frac{u_{j+1}^n - u_{j-1}^n}{2\Delta x}\right) \qquad (20.1.11)$$

que pode ser facilmente reordenada para se torna uma fórmula para $u_j^{n+1}$ em termos das outras grandezas. O esquema FTCS é ilustrado na Figura 20.1.1. É um belo exemplo de um algoritmo que é fácil de deduzir, ocupa pouco espaço na memória e é executado rapidamente. Uma pena que não funcione! (Veja abaixo.)

A representação FTCS é um esquema *explícito*. Isto significa que $u_j^{n+1}$ para cada $j$ pode ser calculado explicitamente a partir das grandezas já conhecidas. Futuramente encontraremos métodos *implícitos*, que requerem que resolvamos equações implícitas que acoplam os $u_j^{n+1}$ para vários valores de $j$ (método explícitos e implícitos para equações diferenciais ordinárias foram discutidos no

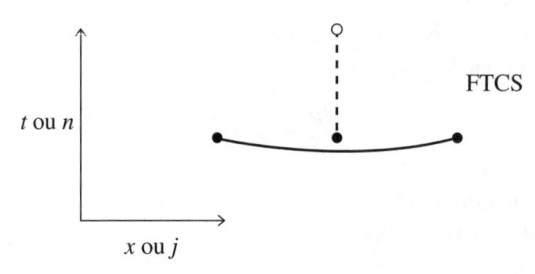

**Figura 20.1.1** Representação do esquema de diferenciação finita *forward time centered space* (FTCS). Nesta e nas figuras subsequentes, o círculo vazado é o novo ponto no qual se pretende achar a solução: círculos cheios são pontos onde valores conhecidos das funções são usados para se calcular um novo ponto; a linha sólida conecta pontos que são usados para se calcular as derivadas espaciais; a linha pontilhada conecta pontos que são usados para se calcular as derivadas temporais. O esquema FTSC é, em geral, instável para problemas hiperbólicos e normalmente não pode ser usado.

§17.5). O algoritmo FTCS é também um exemplo de um esquema de único nível (*single-level*), uma vez que apenas valores no nível do tempo $n$ têm que ser armazenados para o cálculo no nível $n + 1$.

### 20.1.1 Análise de estabilidade de von Neumann

Infelizmente, a equação (20.1.11) é de utilidade limitada. Trata-se de um método *instável*, que pode ser usando somente (e quando muito) para estudar ondas durante uma pequena fração do período de oscilação. Para achar métodos alternativos de aplicabilidade mais geral, introduzimos a *análise de von Neumann da estabilidade*.

A análide de von Neumann é local: imagine que os coeficientes das equações a diferenças finitas variam tão lentamente que possam ser considerados constantes no espaço e no tempo. Neste caso, as soluções independentes ou *modos normais* das equações são todos da forma

$$u_j^n = \xi^n e^{ikj\Delta x} \qquad (20.1.12)$$

onde $k$ é um número de onda espacial real (que pode assumir qualquer valor) e $\xi = \xi(k)$ é um número complexo que depende de $k$. O ponto-chave é que a dependência temporal de um único modo normal é nada mais que a sucessão de potências inteiras de $\xi$. Portanto, as equações a diferenças finitas são instáveis (têm modos que crescem exponencialmente) se $|\xi(k)| > 1$ para *algum* valor de $k$. O número $\xi$ é chamado de fator de amplificação do dado número de onda $k$.

Para determinar $\xi(k)$, simplesmente substitua (20.1.12) de volta em (20.1.11). Divida por $\xi^n$ para obter

$$\xi(k) = 1 - i\frac{v\Delta t}{\Delta x}\text{sen } k\Delta x \qquad (20.1.13)$$

cujo módulo é $>1$ para *todo* $k$; portanto, o esquema FTCS é incondicionalmente instável.

Se a velocidade $v$ fosse uma função de $x$ e $t$, então escreveríamos $v_j^n$ na equação (20.1.11). Na análise de estabilidade de von Neumann, ainda trataríamos $v$ como se fosse uma constante, segundo a ideia de que, para um $v$ que varia lentamente, a análise é local. De fato, mesmo no caso de um $v$ estritamente constante, a análise de von Neumann não lida rigorosamente com os efeitos das bordas em $j = 0$ e $j = N$.

No caso mais geral, se o lado direito da equação não fosse linear em $u$, então a análise de von Neumann linearizaria $u$ fazendo $u = u_0 + \delta u$ e expandindo em primeira ordem em $\delta u$. Supondo que as grandezas $u_0$ já satisfazem a equação a diferenças finitas exatamente, a análise procuraria modos normais instáveis de $\delta u$.

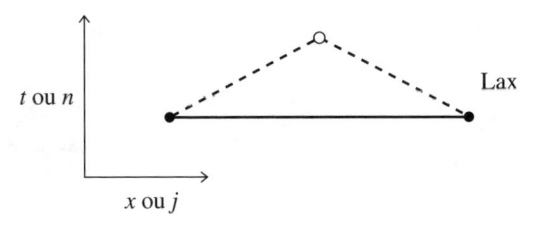

**Figura 20.1.2** Representação do esquema de diferenciação finita de Lax, como na figura anterior. O critério de estabilidade deste esquema é a condição de Courant.

Apesar de sua falta de rigor, o método de von Neumann geralmente produz respostas válidas e é muito mais simples de se aplicar que outros métodos mais cuidadosos. Assim, nós o adotamos exclusivamente (veja por exemplo [1]) para uma discussão de outros métodos de análise de estabilidade.

### 20.1.2 O método de Lax

A instabilidade do método FTCS pode ser curada por uma simples mudança sugerida por Lax. Substitui-se o termo $u_j^n$ na derivada temporal por seu valor médio (Figura 20.1.2):

$$u_j^n \to \tfrac{1}{2}\left(u_{j+1}^n + u_{j-1}^n\right) \tag{20.1.14}$$

Isto transforma (20.1.11) em

$$u_j^{n+1} = \frac{1}{2}\left(u_{j+1}^n + u_{j-1}^n\right) - \frac{v\Delta t}{2\Delta x}\left(u_{j+1}^n - u_{j-1}^n\right) \tag{20.1.15}$$

Substituindo a equação (20.1.12), achamos o fator de amplificação

$$\xi = \cos k\Delta x - i\frac{v\Delta t}{\Delta x}\operatorname{sen} k\Delta x \tag{20.1.16}$$

A condição de estabilidade $|\xi|^2 \leq 1$ leva à condição

$$\frac{|v|\Delta t}{\Delta x} \leq 1 \tag{20.1.17}$$

Este é o famoso critério de estabilidade de Courant-Friedrichs-Lewy, comumente chamado apenas de *condição de Courant*. Intuitivamente, a condição de estabilidade pode ser entendida do seguinte modo (Figura 20.1.3): a grandeza $u_j^{n+1}$ na equação (20.1.15) é calculada a partir das informações nos pontos $j - 1$ e $j + 1$ no tempo $n$. Em outras palavras, $x_{j-1}$ e $x_{j+1}$ são as fronteiras da região espacial que têm permissão para passar informações para $u_j^{n+1}$. Agora, lembre-se que, na equação de onda contínua, a informação se propaga com uma velocidade máxima $v$. Se o ponto $u_j^{n+1}$ está fora da região hachurada na Figura 20.1.3, então ele requer informação de pontos mais distantes que aqueles permitidos pelo esquema de diferenças finitas. Falta de informação cria instabilidade. Portanto, $\Delta t$ não pode ter um valor muito grande.*

---

*Na verdade, esta representação simples funciona apenas para equações hiperbólicas cuja ordem da diferença finita não é maior que a ordem da EDP. Em geral, a análise de estabilidade determina os autovalores de uma matriz. Estes autovalores correspondem às velocidades características do esquema de diferenciação finita. A estabilidade requer que todas estas velocidades sejam maior ou iguais às velocidades características da EDP.

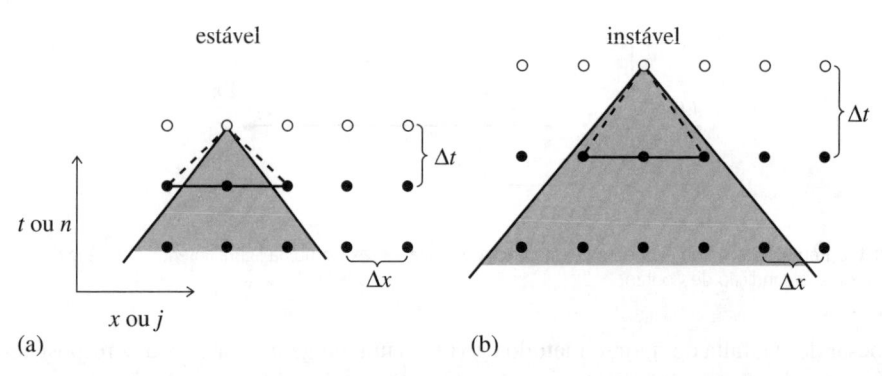

**Figura 20.1.3** Condição de Courant para a estabilidade do esquema de diferenciação finita. A solução do problema hiperbólico depende da informação dentro de um domínio de dependência do passado, aqui mostrado hachurado. O esquema de diferenciação finita (20.1.15) tem seu próprio domínio de dependência determinado pela escolha dos pontos em uma fatia de tempo (na figura, os pontos cheios conectados), cujos valores são usados para se determinar um novo ponto (na figura, conectado por linhas tracejadas). Um esquema de diferenciação finita é estável segundo Courant se o domínio de dependência de diferenciação é maior que aquele da EDP, como em (a), e instável se a relação for o inverso, como em (b). Para esquemas de diferenciação finita mais complicados, o domínio de dependência pode não ser determinado simplesmente pelos pontos mais exteriores.

O resultado surpreendente de que a simples substituição (20.1.14) estabiliza o esquema FTCS é nosso primeiro encontro com o fato de que fazer a diferenciação finita de uma EDP é tanto uma arte quanto uma ciência. Para tentar desmistificar a arte um pouco, comparemos os esquemas FTCS e de Lax reescrevendo a equação (20.1.15) de modo que ela tenha a forma da equação (20.1.11) com um termo de resto:

$$\frac{u_j^{n+1} - u_j^n}{\Delta t} = -v\left(\frac{u_{j+1}^n - u_{j-1}^n}{2\Delta x}\right) + \frac{1}{2}\left(\frac{u_{j+1}^n - 2u_j^n + u_{j-1}^n}{\Delta t}\right) \qquad (20.1.18)$$

Mas isto é exatamente a representação FTCS da equação

$$\frac{\partial u}{\partial t} = -v\frac{\partial u}{\partial x} + \frac{(\Delta x)^2}{2\Delta t}\nabla^2 u \qquad (20.1.19)$$

onde $\nabla^2 = \partial^2/x\partial^2$ em uma dimensão. O que fizemos foi, na verdade, adicionar um termo de difusão à equação ou, se você se lembra da forma da equação de Navier-Stokes pra um fluido viscoso, adicionamos um termo dissipativo. Por isso, o esquema de Lax é chamado de *dissipação numérica* ou *viscosidade numérica*. Podemos ver isto também no fator de amplificação. A menos que $|v|\Delta t$ seja exatamente igual a $\Delta x$, $|\xi| < 1$ e a amplitude da onda decai espuriamente.

Um decréscimo espúrio não é tão ruim quanto um acréscimo espúrio? Não. As escalas que pretendemos estudar acuradamente são aquelas que encompassam muitos pontos da rede, de modo que elas tenham $k\Delta x \ll 1$ (o número de onda espacial $k$ é definido pela equação 20.1.12). Para estas escalas, pode-se ver que o fator de amplificação é bastante próximo de um, tanto no esquema estável quanto no instável. Ambos são portanto igualmente precisos. Para o esquema instável, contudo, escalas curtas com $k\Delta x \sim 1$, *nas quais não estamos interessados*, explodirão e cobrirão a parte interessante da solução. É muito melhor ter um esquema estável no qual estes pequenos comprimentos de onda desapareçam inocuamente. Ambos os esquemas são imprecisos para estes comprimentos de onda curtos, mas a inacurácia é de um tipo tolerável quando o esquema é estável.

Quando a variável independente **u** é um vetor, a análise de von Neumann é levemente mais complicada. Por exemplo, podemos considerar a equação (20.1.3), reescrita na forma

$$\frac{\partial}{\partial t}\begin{bmatrix} r \\ s \end{bmatrix} = \frac{\partial}{\partial x}\begin{bmatrix} vs \\ vr \end{bmatrix} \tag{20.1.20}$$

O método de Lax para esta equação é

$$r_j^{n+1} = \frac{1}{2}(r_{j+1}^n + r_{j-1}^n) + \frac{v\Delta t}{2\Delta x}(s_{j+1}^n - s_{j-1}^n)$$
$$s_j^{n+1} = \frac{1}{2}(s_{j+1}^n + s_{j-1}^n) + \frac{v\Delta t}{2\Delta x}(r_{j+1}^n - r_{j-1}^n) \tag{20.1.21}$$

A análise de estabilidade de von Neumann procede agora supondo que o modo normal tem a seguinte forma (vetorial):

$$\begin{bmatrix} r_j^n \\ s_j^n \end{bmatrix} = \xi^n e^{ikj\Delta x}\begin{bmatrix} r^0 \\ s^0 \end{bmatrix} \tag{20.1.22}$$

Aqui o vetor do lado direito é um autovetor constante (tanto no espaço quanto no tempo), e $\xi$ é um número complexo como antes. Substituindo (20.1.22) em (20.1.21) e dividindo pela potência $\xi^n$, obtemos a equação vetorial homogênea

$$\begin{bmatrix} (\cos k\Delta x) - \xi & i\frac{v\Delta t}{\Delta x}\operatorname{sen} k\Delta x \\ i\frac{v\Delta t}{\Delta x}\operatorname{sen} k\Delta x & (\cos k\Delta x) - \xi \end{bmatrix} \cdot \begin{bmatrix} r^0 \\ s^0 \end{bmatrix} = \begin{bmatrix} 0 \\ 0 \end{bmatrix} \tag{20.1.23}$$

Esta equação só admite solução se o determinante da matriz à esquerda for zero, uma condição que, como podemos facilmente mostrar, leva às duas raízes $\xi$,

$$\xi = \cos k\Delta x \pm i\frac{v\Delta t}{\Delta x}\operatorname{sen} k\Delta x \tag{20.1.24}$$

A condição de estabilidade é que ambas as raízes satisfaçam $|\xi| \leq 1$. Isto mais uma vez nada mais é que a condição de Courant (20.1.17).

### 20.1.3 Outros tipos de erro

Até agora estivemos preocupados com o *erro de amplitude* devido a sua íntima conexão com a estabilidade ou falta dela do esquema de diferenciação finita. Outros tipos de erro são relevantes quando mudamos nosso preocupação para questões de acurácia e não instabilidade.

Esquemas de diferenças finitas para equações hiperbólicas podem apresentar dispersão, ou *erros de fase*. Por exemplo, a equaçao (20.1.16) pode ser escrita como

$$\xi = e^{-ik\Delta x} + i\left(1 - \frac{v\Delta t}{\Delta x}\right)\operatorname{sen} k\Delta x \tag{20.1.25}$$

Um pacote de onda inicial arbitrário é uma superposição de modos com diferentes $k$'s. A cada passo temporal, os modos são multiplicados por diferentes fatores de fase (20.1.25), dependendo do valor de seu $k$. Se $\Delta t = \Delta x/v$, então a solução exata para cada modo de um pacote de onda $f(x - vt)$ é obtida se cada modo for multiplicado por $\exp(-ik\Delta x)$. Para este valor de $\Delta t$, a equação

(20.1.25) mostra que a solução a diferenças finitas reproduz o resultado analítico exato. Contudo, se $v\Delta t/\Delta x$ não é exatamente 1, as relações de fase entre os modos podem se tornar irremediavelmente deturpadas e o pacote de onda se dispersa. Note em (20.1.25) que a dispersão se torna grande tão logo o comprimento de onda se torna comparável ao espaçamento de rede $\Delta x$.

Um terceiro tipo de erro é aquele associado a equações hiperbólicas não lineares e em função disto é chamado muitas vezes de *instabilidade não linear*. Por exemplo, um pedaço da equação de Euler ou Navier-Stokes para um fluido tem a seguinte aparência:

$$\frac{\partial v}{\partial t} = -v\frac{\partial v}{\partial x} + \ldots \qquad (20.1.26)$$

O termo não linear em $v$ pode causar a transferência de energia no espaço de Fourier de comprimentos de onda grandes para comprimentos de onda pequenos. Isto resulta num perfil de onda que vai se afilando até que aparece um perfil vertical ou "choque". Uma vez que a análise de von Neumann sugere que a estabilidade pode depender de $k\Delta x$, um esquema que era estável para perfis baixos pode se tornar instável para perfis pronunciados. Este tipo de dificuldade surge num esquema de diferenciação finita onde a cascata no espaço de Fourier é bloqueada no menor comprimento de onda possível na rede, ou seja, em $k \sim 1/\Delta x$. Se a energia simplesmente se acumula nestes modos, ela eventualmente cobre a energia nos comprimentos de onda longos de interesse.

Instabilidade não linear e formação de choque podem ser até certo ponto controladas por viscosidade numérica, como aquela discutida em conexão com a equação (20.1.18) acima. Em alguns problemas de fluidos, contudo, a formação de uma onda de choque não é simplesmente uma incomodação, mas um comportamento físico real do fluido cujo estudo detalhado é o objetivo. Então, a viscosidade numérica por si só pode não ser adequada ou suficientemente controlável. Este é um assunto complicado que discutiremos mais detalhadamente na subseção sobre dinâmica de fluidos, adiante.

Para equações de onda, erros de propagação (amplitude ou fase) são normalmente mais preocupantes. Para equações advectivas, por outro lado, *erros de transporte* são normalmente causa de grande preocupação. No esquema de Lax, equação (20.1.15), uma perturbação na quantidade advectada $u$ no ponto $j$ da malha se propaga para os pontos $j + 1$ e $j - 1$ no passo seguinte. Na realidade, contudo, se a velocidade $v$ for positiva, então somente o ponto $j + 1$ deveria ser afetado.

A maneira mais simples de "melhor" modelar propriedades de transporte é usar o *método upwind* de diferenciação finita (vide Figura 20.1.4):

$$\frac{u_j^{n+1} - u_j^n}{\Delta t} = -v_j^n \begin{cases} \dfrac{u_j^n - u_{j-1}^n}{\Delta x}, & v_j^n > 0 \\ \dfrac{u_{j+1}^n - u_j^n}{\Delta x}, & v_j^n < 0 \end{cases} \qquad (20.1.27)$$

Observe que este esquema é preciso apenas em primeira ordem, e não em segunda, nos cálculos das derivadas espaciais. Então, como ele pode ser "melhor"? A resposta é uma que incomoda os matemáticos: o objetivo de simulação numérica não é sempre a "acurácia" no sentido matemático estrito, mas às vezes "fidelidade" para com a física subjacente, no sentido de mais livre e mais pragmático. Em tais contextos, alguns tipos de erros são muito mais toleráveis que outros. O método *upwind* geralmente adiciona fidelidade a problemas onde variáveis advectadas são passíveis de mudanças repentinas de estado, por exemplo, ao passarem por frentes de choque ou outras descontinuidades. Você terá de deixar que a natureza específica do seu problema sirva de guia.

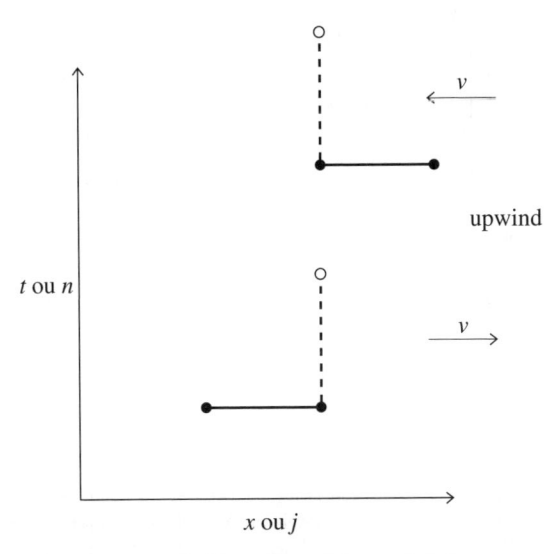

**Figura 20.1.4** Representação dos esquemas de diferenciação finita *upwind*. O esquema superior é estável quando a constante de advecção *v* é negativa, como mostrado. O esquema inferior é estável quando a constante *v* de advecção é positiva, como mostrado. A condição de Courante deve, obviamente, ser satisfeita.

Para o esquema (20.1.27), o fator de amplificação (para $v$ constante) é

$$\xi = 1 - \left|\frac{v\Delta t}{\Delta x}\right|(1 - \cos k\Delta x) - i\frac{v\Delta t}{\Delta x}\operatorname{sen} k\Delta x \quad (20.1.28)$$

$$|\xi|^2 = 1 - 2\left|\frac{v\Delta t}{\Delta x}\right|\left(1 - \left|\frac{v\Delta t}{\Delta x}\right|\right)(1 - \cos k\Delta x) \quad (20.1.29)$$

Portanto o critério de estabilidade $|\xi|^2 \leq 1$ é (de novo) simplesmente a condição de Courant (20.1.17).

Há várias maneiras de se melhorar a acurácia do método *upwind* de primeira ordem. Na equação contínua, o material originalmente a uma distância $v\Delta t$ chega num determinado ponto depois de um tempo $\Delta t$. No método de primeira ordem, o material sempre chega vindo de uma distância $\Delta x$. Se $v\Delta t \ll \Delta x$ (para garantir acurácia), isto pode causar um grande erro. Uma maneira de se reduzir este erro é interpolar $u$ entre $j - 1$ e $j$ antes de transportá-lo. Isto gera um método efetivo de segunda ordem. Vários esquemas *upwind* de segunda ordem são discutidos e comparados em [2,3].

## 20.1.4 Acurácia em segunda ordem no tempo

Quando estivermos usando um método que tem acurácia em primeira ordem no tempo, mas em segunda no espaço, geralmente temos que tomar $v\Delta t$ significativamente menor que $\Delta x$ para atingir a acurácia desejada, digamos, pelo menos por um fator de 5. Portanto, a condição de Courant não é na verdade um fator limitante quando estes métodos são aplicados. Há, contudo, esquemas que são segunda ordem tanto no espaço quanto no tempo, e eles podem frequentemente ser empurrados até seu limite de estabilidade com tempos de computação correspondentemente menores.

Por exemplo, o método *staggered leapfrog*\* para a equação de conservação (20.1.1) é definido do seguinte modo (Figura 20.1.5): usando os valores de $u^n$ no tempo $t^n$, calcule os fluxos $F_j^n$.

---

\*N. de T.: *Leapfrog* é o conhecido jogo infantil de pular sela (pular carniça). Uma tradução literal para *staggered leapfrog* seria "saltar alternadamente". O termo se torna mais claro pela descrição do método que segue.

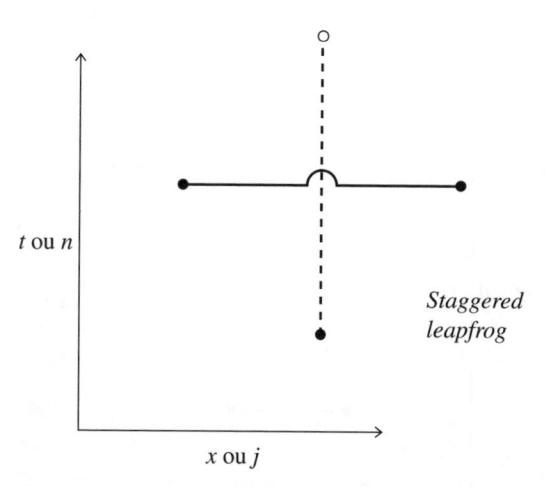

**Figura 20.1.5** Representação do esquema de diferenciação finita *staggered leapfrog*. Note que a informação das duas fatias temporais prévias é usada para se obter o ponto desejado. O esquema tem acurácia de segunda ordem no tempo e no espaço.

Em seguida, calcule novos valores de $u^{n+1}$ usando o valores centrados no tempo (*time-centered values*) destes fluxos:

$$u_j^{n+1} - u_j^{n-1} = -\frac{\Delta t}{\Delta x}(F_{j+1}^n - F_{j-1}^n) \qquad (20.1.30)$$

O nome vem do fato de que os níveis temporais no termo da derivada temporal "pulam" por sobre os níveis temporais no termo da derivada espacial. O método requer que $u^{n-1}$ e $u^n$ sejam armazenados para se calcular $u^{n+1}$.

Para nosso modelo simples, equação (20.1.6), o *staggered leapfrog* tem a forma

$$u_j^{n+1} - u_j^{n-1} = -\frac{v\Delta t}{\Delta x}(u_{j+1}^n - u_{j-1}^n) \qquad (20.1.31)$$

A análise de estabilidade de von Neumann dá agora uma equação quadrática para $\xi$, ao invés de uma linear devido à ocorrência de três potências consecutivas de $\xi$ quando a forma (20.1.12) para um modo normal é substituída na equação (20.1.31),

$$\xi^2 - 1 = -2i\xi \frac{v\Delta t}{\Delta x} \text{sen } k\Delta x \qquad (20.1.32)$$

cuja solução é

$$\xi = -i\frac{v\Delta t}{\Delta x} \text{sen } k\Delta x \pm \sqrt{1 - \left(\frac{v\Delta t}{\Delta x} \text{sen } k\Delta x\right)^2} \qquad (20.1.33)$$

Portanto a condição de Courant é mais uma vez a condição que garante a estabilidade. De fato, $|\xi|^2 = 1$ na equação (20.1.33) para qualquer $v\Delta t \leq \Delta x$. Esta é a grande vantagem do método do *staggered leapfrog*: não há dissipação na amplitude.

A diferenciação finita de equações do tipo (20.1.20) pelo *staggered leapfrog* é mais transparente se as variáveis são centradas em pontos do meio da rede apropriados:

$$r_{j+1/2}^n \equiv v \left.\frac{\partial u}{\partial x}\right|_{j+1/2}^n = v\frac{u_{j+1}^n - u_j^n}{\Delta x}$$
$$s_j^{n+1/2} \equiv \left.\frac{\partial u}{\partial t}\right|_j^{n+1/2} = \frac{u_j^{n+1} - u_j^n}{\Delta t} \quad (20.1.34)$$

Isto é puramente uma conveniência de notação: podemos pensar na malha sobre a qual $r$ e $s$ estão definidas como tendo uma tessitura duas vezes mais fina que aquela sobre a qual a variável original $u$ está definida. A diferenciação *leapfrog* da equação (20.1.20) é

$$\frac{r_{j+1/2}^{n+1} - r_{j+1/2}^n}{\Delta t} = \frac{s_{j+1}^{n+1/2} - s_j^{n+1/2}}{\Delta x}$$
$$\frac{s_j^{n+1/2} - s_j^{n-1/2}}{\Delta t} = v\frac{r_{j+1/2}^n - r_{j-1/2}^n}{\Delta x} \quad (20.1.35)$$

Se você substituir a equação (20.1.22) na equação (20.1.35), você encontrará que, mais uma vez, a condição de Courant é a condição para estabilidade e não há dissipação na amplitude quando ela for satisfeita.

Se substituirmos a equação (20.1.34) na (20.1.35), veremos que esta última é equivalente a

$$\frac{u_j^{n+1} - 2u_j^n + u_j^{n-1}}{(\Delta t)^2} = v^2 \frac{u_{j+1}^n - 2u_j^n + u_{j-1}^n}{(\Delta x)^2} \quad (20.1.36)$$

Esta é simplesmente a diferenciação finita de segunda ordem "usual" da equação de onda (20.1.2). Podemos ver que é um esquema de dois níveis, exigindo tanto $u^n$ quanto $u^{n-1}$ para a obtenção de $u^{n+1}$. Na equação (20.1.35), isto aparece no fato de que tanto $s^{n-1/2}$ quanto $r^n$ são necessários para se obter a solução avançada.

Para equações mais complicadas que nosso simples modelo, em especial para equações não lineares, o método *leapfrog* normalmente se torna instável quando os gradientes se tornam muito grandes. A instabilidade está relacionada ao fato de que os pontos pares e ímpares da malha são completamente desacoplados, como os quadrados negros e brancos de um tabuleiro de xadrez, como mostra a Figura 20.1.6. A instabilidade de deslocamento da malha (*mesh drifting instability*) é sanada acoplando-se as duas submalhas por um termo de viscosidade numérica, por exemplo, adicionando-se ao lado direito da equação (20.1.31) uma pequeno coeficiente ($\ll 1$) vezes $u_{j+1}^n - 2u_j^n + u_{j-1}^n$. Para mais detalhes sobre a estabilização de esquemas de diferenciação finita pela adição de dissipação numérica, veja, por exemplo, [4,5].

O esquema de *Lax-Wendroff de dois passos* é um método de segunda ordem no tempo que evita grandes dissipações numéricas e o deslocamento da malha. Definem-se valores intermediários $u_{j+1/2}$ nos meios-tempos $t_{n+1/2}$ e nos meios-pontos da malha $x_{j+1/2}$. Estes são calculados segundo o esquema de Lax:

$$u_{j+1/2}^{n+1/2} = \frac{1}{2}(u_{j+1}^n + u_j^n) - \frac{\Delta t}{\Delta x}(F_{j+1}^n - F_j^n) \quad (20.1.37)$$

Com estas variáveis, se calculam os fluxos $F_{j+1/2}^{n+1/2}$. Então, os valores atualizados $u_j^{n+1}$ são calculados pela expressão apropriadamente centrada

$$u_j^{n+1} = u_j^n - \frac{\Delta t}{\Delta x}\left(F_{j+1/2}^{n+1/2} - F_{j-1/2}^{n+1/2}\right) \quad (20.1.38)$$

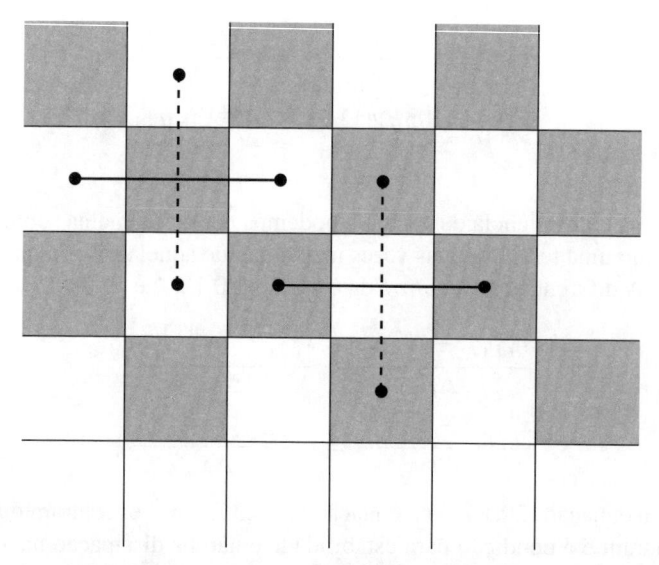

**Figura 20.1.6** Origem da instabilidade de deslocamento (*drift*) da malha no esquema do *staggered leapfrog*. Se imaginarmos que os pontos da malha estão localizados nos quadrados de um tabuleiro de xadrez, então os quadrados brancos se acoplam entre si mesmos, do mesmo modo que os pretos, não havendo acoplamento entre quadrados brancos e pretos. O conserto consiste na introdução de um pequeno termo difusivo de acoplamento de malhas.

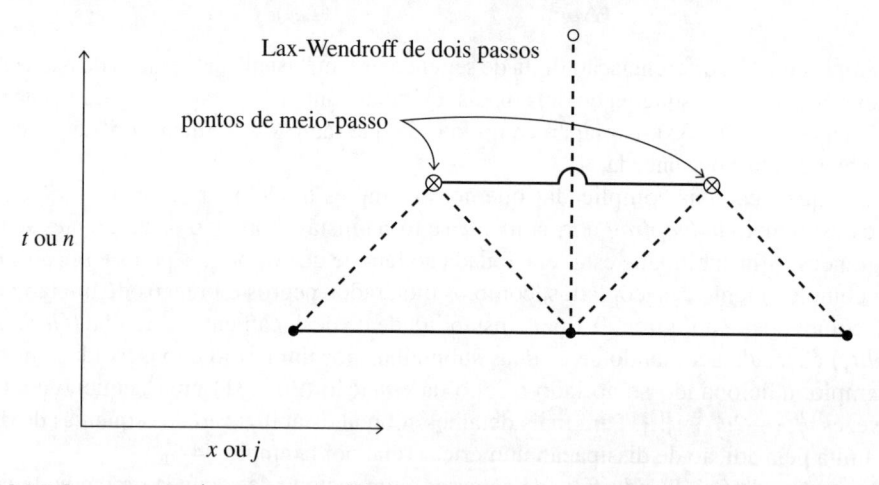

**Figura 20.1.7** Representação do esquema de diferenciação finita de Lax-Wendroff de dois passos. Dois pontos de meio-passo (⊗) são calculados pelo método de Lax. Estes, mais um dos pontos originais, produzem um novo ponto por meio do *staggered leapfrog*. Pontos de meio-passo são usados temporariamente e não requerem alocação de memória sobre a malha. Este esquema tem acurária de segunda ordem tanto no tempo quanto no espaço.

Os valores provisórios de $u_{j+1/2}^{n+1/2}$ são agora jogados fora (vide Figura 20.1.7).

Investiguemos agora a estabilidade deste método para nossa equação modelo advectiva, onde $F = vu$. Substituindo (20.1.37) em (20.1.38), obtemos

$$u_j^{n+1} = u_j^n - \alpha \left[ \tfrac{1}{2}(u_{j+1}^n + u_j^n) - \tfrac{1}{2}\alpha(u_{j+1}^n - u_j^n) \right. \\ \left. - \tfrac{1}{2}(u_j^n + u_{j-1}^n) + \tfrac{1}{2}\alpha(u_j^n - u_{j-1}^n) \right]$$

(20.1.39)

onde

$$\alpha \equiv \frac{v\Delta t}{\Delta x} \qquad (20.1.40)$$

Então

$$\xi = 1 - i\alpha \operatorname{sen} k\Delta x - \alpha^2(1 - \cos k\Delta x) \qquad (20.1.41)$$

de modo que

$$|\xi|^2 = 1 - \alpha^2(1 - \alpha^2)(1 - \cos k\Delta x)^2 \qquad (20.1.42)$$

O critério de estabilidadde $|\xi|^2 \leq 1$ é portanto $\alpha^2 \leq 1$, ou $v\Delta t \leq \Delta x$ como sempre. Incidentalmente, você não deve pensar que a condição Courant é a única condição de estabilidade que surge em EDPs. Elas aparecem a toda hora em função da simplicidade da forma dos exemplos que estamos tomando como modelos. O método de análise é, contudo, geral.

Exceto quando $\alpha = 1$, $|\xi|^2 < 1$ em (20.1.42), alguma dissipação de amplitude ocorre. O efeito é relativamente pequeno, contudo, para comprimentos de onda grandes comparados ao tamanho $\Delta x$ da malha. Se expandirmos (20.1.42) para valores pequenos de $k\Delta x$, obtemos

$$|\xi|^2 = 1 - \alpha^2(1 - \alpha^2)\frac{(k\Delta x)^4}{4} + \cdots \qquad (20.1.43)$$

O desvio da unidade ocorre somente na quarta ordem de $k$. Isto deveria ser contrastado com a equação (20.1.16) do método de Lax, que mostra que

$$|\xi|^2 = 1 - (1 - \alpha^2)(k\Delta x)^2 + \cdots \qquad (20.1.44)$$

para $k\Delta x$ pequeno.

Resumindo, nossa recomendação para problemas de valores iniciais que podem ser escritos na forma de fluxos conservados, e especialmente problemas relacionados a equações de onda, é usar o método do *staggered leapfrog* sempre que possível. Nós tivemos mais sucesso com ele do que com o Lax-Wendroff de dois passos. Para problemas mais sensíveis a erros de transporte, a diferenciação finita *upwind* ou um dos seus refinamentos deveria ser levado em conta.

### 20.1.5 Dinâmica de fluidos com choques

Como aludido por nós anteriormente, o tratamento de problemas de mecânica de fluidos com choques tornou-se um assunto complicado e sofisticado. Tudo o que podemos tentar fazer aqui é guiá-lo por alguns pontos iniciais e pela literatura.

Há basicamente três importantes métodos gerais para lidar com ondas de choque. O método mais antigo e simples, inventado por von Neumann e Richtmyer, é adicionar *viscosidade artificial* às equações, modelando a maneira pela qual a Natureza usa a viscosidade real para suavizar descontinuidades. Um bom começo para tentar este método é o esquema de diferenciação finita do §12.11 de [1]. Este esquema é excelente para praticamente todos os problemas em uma dimensão espacial.

O segundo método combina esquemas de diferenciação de ordem mais alta que são acurados para fluxos suaves com um esquema de ordem mais baixa que seja muito dissipativo e possa suavizar os choques. Normalmente, vários esquemas *upwind* são combinados usando-se pesos escolhidos de modo a zerar os esquemas de ordem baixa, a menos que gradientes íngremes estejam presentes, e também são escolhidos de modo a forçar várias condições de "monoticidade" que impedem o surgimento de oscilações não físicas na solução numérica. As referência [2,3,6] são bons locais por onde começar com estes métodos.

O terceiro, e potencialmente o mais poderoso, é a abordagem de Godunov. Aqui abre-se mão da simples linearização inerente ao método de diferenciação finita baseado em séries de Taylor e inclui-se a não linearidade das equações explicitamente. Há uma solução analítica para a evolução de dois estados uniformes de um fluido separados por uma descontinuidade, o problema do choque de Riemann. A ideia de Godunov é aproximar o fluido por um grande número de células de estados uniformes e juntá-las usando a solução de Riemann. Têm surgido muitas generalizações da abordagem de Godunov, que são hoje chamadas de métodos de captura de choque de alta resolução (*high resolution shock capturing methods*). O mais influente dos algoritmos deste tipo é provavelmente o método PPM [7]. Discussões gerais de métodos de captura de choque de alta resolução e outros algoritmos modernos são apresentadas em [8-10].

### REFERÊNCIAS CITADAS E LEITURA COMPLEMENTAR

Ames, W.F. 1992, *Numerical Methods for Partial Differential Equations*, 3rd ed. (New York: Academic Press), Chapter 4.

Richtmyer, R.D., and Morton, K.W. 1967, *Difference Methods for Initial Value Problems,* 2nd ed. (New York: Wiley-Interscience); republished 1994 (Melbourne, FL: Krieger).[1]

Centrella, J., and Wilson, J.R. 1984, "Planar Numerical Cosmology II: The Difference Equations and Numerical Tests," *Astrophysical Journal Supplement*, vol. 54, pp. 229–249, Appendix B.[2]

Hawley, J.F., Smarr, L.L., and Wilson, J.R. 1984, "A Numerical Study of Black Hole Accretion: II. Finite Differencing and Code Calibration," *Astrophysical Journal Supplement*, vol. 55, pp. 211–246, §2c.[3]

Kreiss, H.-O., and Busenhart, H. U. 2001, *Time-Dependent Partial Differential Equations and Their Numerical Solution* (Basel: Birkhäuser), pp. 49.[4]

Gustafsson, B., Kreiss, H.-O., and Oliger, J. 1995, *Time Dependent Problems and Difference Methods* (New York: Wiley), Ch. 2.[5]

Harten, A., Lax, P.D., and Van Leer, B. 1983, "On Upstream Differencing and Godunov-Type Schemes for Hyperbolic Conservation Laws," *SIAM Review*, vol. 25, pp. 36–61 .[6]

Woodward, P., and Colella, P. 1984, "The Piecewise Parabolic Method (PPM) for Gasdynamical Simulations," *Journal of Computational Physics*, vol. 54, pp. 174–201; *op. cit.*, vol. 54, pp. 115–173.[7]

LeVeque, R.J. 2002, *Finite Volume Methods for Hyperbolic Problems* (Cambridge, UK: Cambridge University Press).[8]

LeVeque, R.J. 1992, *Numerical Methods for Conservation Laws, 2nd* ed. (Basel: Birkhäuser).[9]

Toro, E.F. 1997, *Riemann Solvers and Numerical Methods for Fluid Dynamics* (Berlin: Springer).[10]

## 20.2 Problemas difusivos de valores iniciais

Lembre-se do modelo de equação parabólica, a equação de difusão em uma dimensão espacial,

$$\frac{\partial u}{\partial t} = \frac{\partial}{\partial x}\left(D\frac{\partial u}{\partial x}\right) \tag{20.2.1}$$

onde $D$ é o coeficiente de difusão. Na verdade, esta equação é do tipo de fluxo conservado considerado na seção anterior, com

$$F = -D\frac{\partial u}{\partial x} \tag{20.2.2}$$

o fluxo na direção $x$. Supomos daqui em diante que $D \geq 0$, caso contrário a equação (20.2.1) apresenta soluções física instáveis: uma pequena perturbação pode evoluir e tornar-se cada vez mais concentrada ao invés de se dispersar (não cometa o erro de tentar achar um esquema estável de diferenciação finita para um problema cujas EDPs subjacentes são elas próprias instáveis!).

Embora (20.2.1) tenha a forma já considerada, é útil considerá-la como um modelo em si. A forma particular do fluxo (20.2.2) e suas generalizações diretas ocorrem com certa frequência na prática. Além do mais, vimos que uma viscosidade numérica ou viscosidade artificial pode introduzir porções difusivas no lado direito de (20.2.1) em muitas outras situações.

Considere primeiro o cado de $D$ constante. Neste caso, a equação

$$\frac{\partial u}{\partial t} = D \frac{\partial^2 u}{\partial x^2} \qquad (20.2.3)$$

pode ser escrita em termos de diferenças finitas de maneira óbvia:

$$\frac{u_j^{n+1} - u_j^n}{\Delta t} = D \left[ \frac{u_{j+1}^n - 2u_j^n + u_{j-1}^n}{(\Delta x)^2} \right] \qquad (20.2.4)$$

Este é novamente o esquema FTCS, exceto pela derivada segunda do lado direito que foi discretizada. Mas isto muda completamente a história! O FTSC era instável para a equação hiperbólica; agora porém, um cálculo rápido mostra que o fator de amplificação da equação (20.2.4) é

$$\xi = 1 - \frac{4D\Delta t}{(\Delta x)^2} \operatorname{sen}^2 \left( \frac{k\Delta x}{2} \right) \qquad (20.2.5)$$

A condição de que $|\xi| \leq 1$ leva ao critério de estabilidade

$$\frac{2D\Delta t}{(\Delta x)^2} \leq 1 \qquad (20.2.6)$$

A interpretação física da condição (20.2.6) é que o tamanho máximo de passo permitido, a menos de um fator numérico, é o tempo de difusão por meio de uma célula de largura $\Delta x$.

De modo mais geral, o tempo de difusão $\tau$ através de uma região do espaço de tamanho $\lambda$ é da ordem

$$\tau \sim \frac{\lambda^2}{D} \qquad (20.2.7)$$

Geralmente, estamos interessados em modelar de modo preciso a evolução das propriedades do sistema com escalas espaciais $\lambda \gg \Delta x$. Se tivermos a limitação (20.2.6) para o tamanho do passo, teremos que evoluir por meio de uma ordem de $\lambda^2/(\Delta x)^2$ passos antes que as coisas comecem a acontecer na escala de interesse. Este número de passos é normalmente proibitivo. Precisamos assim achar uma maneira estável de fazer um número de passos comparável a, ou talvez – pela acurácia – algo menor que a escala de tempo de (20.2.7).

Este objetivo levanta de imediato uma questão "filosófica". É claro que os passos grandes que propomos fazer são terrivelmente imprecisos para as pequenas escalas que não nos interessam. Queremos que estas escalas se comportem de modo estável, "inócuo", e talvez não muito insensato fisicamente falando. Queremos introduzir este comportamento inócuo no nosso esquema de diferenciação finita. Como ele deveria ser então?

Há duas respostas diferentes, cada qual com suas vantagens e desvantagens. A primeira resposta é buscar um esquema de diferenciação que leva comportamentos de pequena escala para suas formas de *equilíbrio*, por exemplo, satisfazendo a equação (20.2.3) com o lado esquerdo igual a zero. Esta resposta é geralmente a que faz mais sentido do ponto de vista físico mas, como veremos oportunamente, ela conduz a um esquema de diferenciação finita ("totalmente implícito") que tem apenas acurácia em *primeira ordem* no tempo para as escalas que nos interessam. A segunda resposta é deixar que as características de pequena escala *mantenham* sua amplitude inicial, de modo que a evolução de propriedades de interesse em escalas maiores se dê numa espécie de *background* de coisas menores "congelado" (embora flutuante). Esta resposta leva a um esquema diferente (Crank-Nicolson) que tem acurácia em *segunda ordem* no tempo. Contudo, à medida que nos aproximamos do final do cálculo de uma evolução, podemos querer mudar para passos de um tipo diferente, para fazer com que estas coisas em pequena escala atinjam o equilíbrio. Vejamos agora de onde vêm estes diferentes esquemas de diferenciação.

Considere a discretização da equação (20.2.3)

$$\frac{u_j^{n+1} - u_j^n}{\Delta t} = D \left[ \frac{u_{j+1}^{n+1} - 2u_j^{n+1} + u_{j-1}^{n+1}}{(\Delta x)^2} \right] \quad (20.2.8)$$

Este é precisamente o esquema FTCS (20.2.4), exceto pelo fato de que as derivadas espaciais do lado direito são calculadas no passo $n+1$. Esquemas com esta propriedade são chamados de *totalmente implícitos* ou de *tempo reverso* (*backward time*), em contraposição ao FTCS (que é chamado de *totalmente explícito*). Para resolver a equação (20.2.8) temos que resolver um conjunto de equações lineares simultâneas para cada passo de tempo para achar $u_j^{n+1}$. Felizmente, este problema é simples, pois o sistema é tridiagonal: simplesmente agrupe os termos na equação (20.2.8) de modo apropriado:

$$-\alpha u_{j-1}^{n+1} + (1 + 2\alpha)u_j^{n+1} - \alpha u_{j+1}^{n+1} = u_j^n, \quad j = 1, 2...J - 1 \quad (20.2.9)$$

onde

$$\alpha \equiv \frac{D\Delta t}{(\Delta x)^2} \quad (20.2.10)$$

Acrescida das condições de contorno de Dirichlet ou von Neumann em $j = 0$ e $j = J$, a equação (20.2.9) é claramente um sistema tridiagonal, que pode ser facilmente resolvido para cada passo temporal por meio do método do §2.4.

Qual é o comportamento de (20.0.8) para passos de tempo muito grandes? Podemos ver a resposta mais claramente em (20.2.9), no limite $\alpha \to \infty$ ($\Delta t \to \infty$). Dividindo por $\alpha$, vemos que as equações de diferenças são simplesmente a equação de equilíbrio expressa na forma de diferença finita

$$\frac{\partial^2 u}{\partial x^2} = 0 \quad (20.2.11)$$

E quanto à estabilidade? O fator de amplificação para a equação (20.2.8) é

$$\xi = \frac{1}{1 + 4\alpha \operatorname{sen}^2\left(\frac{k\Delta x}{2}\right)} \quad (20.2.12)$$

Claramente, $|\xi| < 1$ para qualquer tamanho $\Delta t$ de passo. O esquema é incondicionalmente estável. Os detalhes da evolução em pequenas escalas a partir das condições iniciais são obviamente inacurados para $\Delta t$ grandes. Mas, como anunciado, a solução correta de equilíbrio é obtida. Esta é a propriedade característica dos métodos implícitos.

Aqui, por outro lado, está a maneira pela qual se chega à segunda das nossas questões filosóficas postadas acima, combinar a estabilidade de um método implícito com a acurácia de um método que seja segunda ordem tanto no tempo quanto no espaço: simplesmente faça a média dos esquemas FTCS implícito e explícito:

$$\frac{u_j^{n+1} - u_j^n}{\Delta t} = \frac{D}{2} \left[ \frac{(u_{j+1}^{n+1} - 2u_j^{n+1} + u_{j-1}^{n+1}) + (u_{j+1}^n - 2u_j^n + u_{j-1}^n)}{(\Delta x)^2} \right] \quad (20.2.13)$$

Aqui, tanto o lado esquerdo quanto o direito estão centrados em $n+\frac{1}{2}$, de modo que é preciso até segunda ordem, como anunciado. O fator de amplificação é

$$\xi = \frac{1 - 2\alpha \operatorname{sen}^2 \left( \frac{k\Delta x}{2} \right)}{1 + 2\alpha \operatorname{sen}^2 \left( \frac{k\Delta x}{2} \right)} \quad (20.2.14)$$

e, portanto, o método é estável para qualquer $\Delta t$. Este esquema é chamado de esquema de Crank-Nicolson e é o método por nós recomendado para qualquer problema simples de difusão (talvez acrescido de alguns passos totalmente implícitos no final, vide Figura 20.2.1).

Voltamo-nos agora para generalizações da equação de difusão simples (20.2.3). Suponha inicialmente que o coeficiente $D$ não seja constante, digamos, $D = D(x)$. Podemos adotar aqui uma de duas estratégias: primeiro, podemos fazer uma mudança de variáveis analítica

$$y = \int \frac{dx}{D(x)} \quad (20.2.15)$$

Então

$$\frac{\partial u}{\partial t} = \frac{\partial}{\partial x} D(x) \frac{\partial u}{\partial x} \quad (20.2.16)$$

se torna

$$\frac{\partial u}{\partial t} = \frac{1}{D(y)} \frac{\partial^2 u}{\partial y^2} \quad (20.2.17)$$

e calculamos $D$ no $y_j$ apropriado. Heuristicamente, o critério de estabilidade (20.2.6) em um esquema explícito se torna

$$\Delta t \leq \min_j \left[ \frac{(\Delta y)^2}{2 D_j^{-1}} \right] \quad (20.2.18)$$

Note que um espaçamento constante $\Delta y$ em $y$ não implica um espaçamento constante em $x$.

Um método alternativo que não requer formas analiticamente tratáveis para $D$ é simplesmente fazer a diferenciação da equação (20.2.16) como ela se encontra, centrando tudo de maneira apropriada. Assim, o método FTCS se torna

$$\frac{u_j^{n+1} - u_j^n}{\Delta t} = \frac{D_{j+1/2}(u_{j+1}^n - u_j^n) - D_{j-1/2}(u_j^n - u_{j-1}^n)}{(\Delta x)^2} \quad (20.2.19)$$

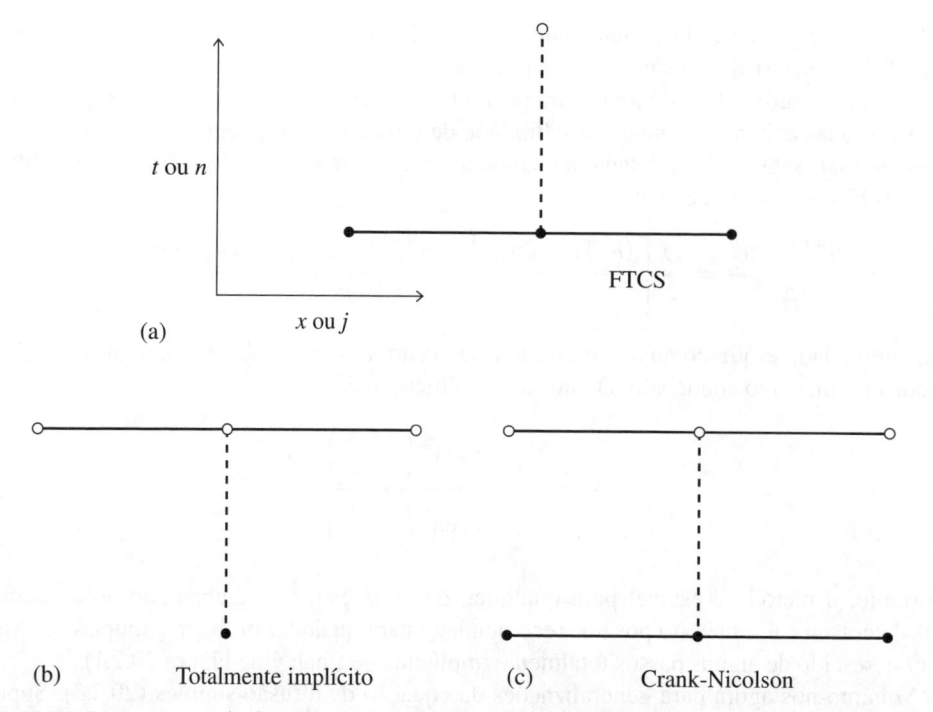

**Figura 20.2.1** Três esquemas de discretização de problemas difusivos (mostrados como na Figura 20.1.2). (a) FTCS (*Forward Time Centered Space*) é preciso em primeira ordem, mas estável apenas para tamanhos de passo suficientemente pequenos. (b) Totalmente implícito é estável para passos arbitrariamente grandes, mas ainda é preciso apenas até primeira ordem. (c) Crank-Nicolson é preciso até segunda ordem e normalmente estável para passos grandes.

onde
$$D_{j+1/2} \equiv D(x_{j+1/2}) \qquad (20.2.20)$$
e o critério heurístico de estabilidade é
$$\Delta t \leq \min_j \left[ \frac{(\Delta x)^2}{2D_{j+1/2}} \right] \qquad (20.2.21)$$

O método de Crank-Nicolson pode ser generalizado de modo similar.

A segunda complicação que podemos considerar é um problema de difusão não linear, por exemplo, um no qual $D = D(u)$. Esquemas explícitos podem ser generalizados de maneira óbvia. Por exemplo, na equação (20.2.19) escreva

$$D_{j+1/2} = \tfrac{1}{2}\left[D(u_{j+1}^n) + D(u_j^n)\right] \qquad (20.2.22)$$

Esquemas implícitos não são fáceis. A substituição (20.2.22) com $n \to n+1$ faz com que obtenhamos um sistema horrível de equações não lineares acopladas que devem ser resolvidas a cada passo. Frequentemente há um caminho mais fácil: se a forma de $D(u)$ nos permitir integrar

$$dz = D(u)du \qquad (20.2.23)$$

analiticamente para obter $z(u)$, então o lado direito de (20.2.1) se torna $\partial^2 z/\partial x^2$, que diferenciamos implicitamente como

$$\frac{z_{j+1}^{n+1} - 2z_j^{n+1} + z_{j-1}^{n+1}}{(\Delta x)^2} \tag{20.2.24}$$

Agora linearize cada termo do lado direito da equação acima, por exemplo,

$$\begin{aligned} z_j^{n+1} \equiv z(u_j^{n+1}) &= z(u_j^n) + (u_j^{n+1} - u_j^n) \left.\frac{\partial z}{\partial u}\right|_{j,n} \\ &= z(u_j^n) + (u_j^{n+1} - u_j^n) D(u_j^n) \end{aligned} \tag{20.2.25}$$

Isto reduz o problema novamente a uma forma tridiagonal e, na prática, usualmente mantém as vantagens da estabilidade da diferenciação finita totalmente implícita.

## 21.2.1 A equação de Schrödinger

Algumas vezes pode ocorrer que o problema físico que estamos resolvendo imponha restrições sobre o esquema de diferenciação que ainda não foram por nós consideradas. Por exemplo, considere a equação de Schrödinger dependente do tempo da mecânica quântica. Ela é basicamente uma equação parabólica que rege a evolução de uma grandeza complexa $\psi$. A equação do espalhamento de uma pacote de onda por um potencial unidimensional $V(x)$ tem a forma

$$i\frac{\partial \psi}{\partial t} = -\frac{\partial^2 \psi}{\partial x^2} + V(x)\psi \tag{20.2.26}$$

(escolhemos aqui as unidades de tal modo que a constante de Planck $\hbar = 1$ e a massa da partícula $m = 1/2$). Nos é dado o pacote de onda inicial, $\psi(x, t = 0)$, junto com as condições de contorno $\psi \to 0$ em $x \to \pm\infty$. Suponha que nos contentemos com uma precisão em primeira ordem no tempo mas queiramos usar, por questões de estabilidade, um esquema implícito. Uma simples generalização de (20.2.8) leva a

$$i\left[\frac{\psi_j^{n+1} - \psi_j^n}{\Delta t}\right] = -\left[\frac{\psi_{j+1}^{n+1} - 2\psi_j^{n+1} + \psi_{j-1}^{n+1}}{(\Delta x)^2}\right] + V_j \psi_j^{n+1} \tag{20.2.27}$$

para a qual

$$\xi = \frac{1}{1 + i\left[\frac{4\Delta t}{(\Delta x)^2}\text{sen}^2\left(\frac{k\Delta x}{2}\right) + V_j \Delta t\right]} \tag{20.2.28}$$

Isto é incondicionalmente estável, mas, infelizmente, não é *unitário*. O problema físico subjacente requer que a probabilidade total de se achar a partícula em algum lugar seja sempre igual a *1*. Isto é representado formalmente pela garantia de que o módulo da norma de $\psi$ ao quadrado permanece igual a 1:

$$\int_{-\infty}^{\infty} |\psi|^2 dx = 1 \tag{20.2.29}$$

A função de onda inicial $\psi(x, 0)$ é normalizada de modo a satisfazer (20.2.29). A equação de Schrödinger garante então que esta condição seja satisfeita para todos os tempos posteriores.

Escrevamos a equação (20.2.26) como

$$i\frac{\partial \psi}{\partial t} = H\psi \tag{20.2.30}$$

onde o operador $H$ é

$$H = -\frac{\partial^2}{\partial x^2} + V(x) \qquad (20.2.31)$$

A solução formal da equação (20.2.30) é

$$\psi(x,t) = e^{-iHt}\psi(x,0) \qquad (20.2.32)$$

onde a exponencial do operador é definida pela sua expansão em série de potências.

O esquema explícito instável FTCS aproxima (20.2.32) por

$$\psi_j^{n+1} = (1 - iH\Delta t)\psi_j^n \qquad (20.2.33)$$

onde $H$ é representado por uma aproximação centrada de diferença finita em $x$. O esquema implícito estável (20.2.27) é, por sua vez,

$$\psi_j^{n+1} = (1 + iH\Delta t)^{-1}\psi_j^n \qquad (20.2.34)$$

Ambos são precisos em primeira ordem no tempo, como podemos verificar expandindo a equação (20.2.32). Contudo, nem o operador (20.2.33), nem o (20.2.34) são unitários.

A maneira correta de fazer a diferença finita da equação de Schrödinger [1,2] é utilizando a *forma de Cayley* para a representação de diferença finita de $e^{-iHt}$, que tem acurácia de segunda ordem e é unitária:

$$e^{-iHt} \simeq \frac{1 - \frac{1}{2}iH\Delta t}{1 + \frac{1}{2}iH\Delta t} \qquad (20.2.35)$$

Em outras palavras,

$$\left(1 + \tfrac{1}{2}iH\Delta t\right)\psi_j^{n+1} = \left(1 - \tfrac{1}{2}iH\Delta t\right)\psi_j^n \qquad (20.2.36)$$

Ao substituirmos $H$ por sua aproximação de diferença finita em $x$, ficamos com um sistema tridiagonal complexo para resolver. O método é estável, unitário e acurado até segunda ordem no tempo e no espaço. Na verdade, ele nada mais é que o método de Crank-Nicolson mais uma vez!

**REFERÊNCIAS CITADAS E LEITURA COMPLEMENTAR**

Thomas, J.W. 1995, *Numerical Partial Differential Equations: Finite Difference Methods* (New York: Springer).

Ames, W.F. 1992, *Numerical Methods for Partial Differential Equations*, 3rd ed. (New York: Academic Press), Chapter 2.

Goldberg, A., Schey, H.M., and Schwartz, J.L. 1967, "Computer-Generated Motion Pictures of One-Dimensional Quantum-Mechanical Transmission and Reflection Phenomena," *American Journal of Physics*, vol. 35, pp. 177–186.[1]

Galbraith, I., Ching, Y.S., and Abraham, E. 1984, "Two-Dimensional Time-Dependent Quantum-Mechanical Scattering Event," *American Journal of Physics*, vol. 52, pp. 60–68.[2]

## 20.3 Problemas de valores iniciais multidimensionais

Os métodos descritos nos §20.1 e §20.2 para problemas em $1 + 1$ dimensões (uma dimensão espacial e uma temporal) podem ser facilmente generalizados para $N + 1$ dimensões. Porém, o poder computacional necessário para resolver as equações resultantes cresce muito rapidamente à medida que o número de dimensões aumenta. Se você resolveu um problema unidimensional com uma malha espacial de 100 pontos, resolver um problema numa malha bidimensional de 100 × 100 requer *pelo menos* 100 vezes mais carga computacional. Geralmente você tem que se dar por satisfeito com uma resolução espacial muito modesta em problemas multidimensonais.

Permita-nos oferecer alguns poucos conselhos a respeito do desenvolvimento e teste de códigos para EDPs multidimensionais: você deveria primeiro sempre rodar seus programas em redes *muito pequenas*, como 8 × 8, mesmo que a acurácia resultante seja tão ruim a ponto de tornar a resposta imprestável. Depois que você tirar os *bugs* do problema e ele for demonstravelmente estável, *aí então* você pode aumentar a rede para um tamanho razoável e começar a olhar os resultados. Já ouvimos o protesto de alguém que afirmou "meu programa seria instável para uma rede grosseira, mas a instabilidade sumirá numa rede maior". Isto é uma besteira da pior espécie, evidenciando uma total confusão entre acurácia e estabilidade. Novas instabilidades realmente aparecem às vezes em redes *maiores*, mas velhas instabilidades *nunca* desaparecem (pelo menos de acordo com nossa experiência).

Forçados a viver com redes de tamanhos modestos, algumas pessoas recomendam ir para métodos de ordem mais alta na tentativa de melhorar a acurácia. Isto pode ser altamente perigoso. A menos que a solução que você procura seja sabidamente suave, e o método que você está usando seja extremamente estável, não recomendamos nada acima de segunda ordem no tempo (para conjuntos de equações de primeira ordem). Para diferenciação finita no espaço, recomendamos a ordem das EDPs subjacentes, permitindo, quem sabe, diferenciação espacial em segunda ordem para EDPs de primeira no espaço. Quando você aumenta a ordem do método de diferenças finitas para além da ordem das EDPs originais, você introduz soluções espúrias às equações a diferenças finitas. Isto não cria qualquer problema se elas todas decaem de maneira exponencial; caso contrário, você verá o mundo vir abaixo!

### 20.3.1 Método de Lax para equações com fluxo conservado

Como exemplo, mostraremos como generalizar o método de Lax (20.1.15) para duas dimensões para o caso da equação de conservação

$$\frac{\partial u}{\partial t} = -\nabla \cdot \mathbf{F} = -\left(\frac{\partial F_x}{\partial x} + \frac{\partial F_y}{\partial y}\right) \tag{20.3.1}$$

Use uma malha espacial com

$$\begin{aligned} x_j &= x_0 + j\Delta \\ y_l &= y_0 + l\Delta \end{aligned} \tag{20.3.2}$$

Escolhemos $\Delta x = \Delta y \equiv \Delta$ por simplicidade. Então o esquema de Lax é

$$\begin{aligned} u_{j,l}^{n+1} = &\frac{1}{4}(u_{j+1,l}^n + u_{j-1,l}^n + u_{j,l+1}^n + u_{j,l-1}^n) \\ &- \frac{\Delta t}{2\Delta}(F_{j+1,l}^n - F_{j-1,l}^n + F_{j,l+1}^n - F_{j,l-1}^n) \end{aligned} \tag{20.3.3}$$

Observe que, enquanto notação abreviada, $F_{j+1}$ e $F_{j-1}$ referem-se a $F_x$, enquanto $F_{l+1}$ e $F_{l-1}$ referem-se a $F_y$.

Apliquemos agora uma análise de estabilidade para a equação advectiva modelo (análogo da 20.1.6) com

$$F_x = v_x u, \qquad F_y = v_y u \qquad (20.3.4)$$

Este procedimento requer um modo normal com duas dimensões espaciais, mas ainda com uma dependência simples de potências de $\xi$ no tempo:

$$u_{j,l}^n = \xi^n e^{ik_x j\Delta} e^{ik_y l\Delta} \qquad (20.3.5)$$

Substituindo esta expressão na equação (20.3.3), encontramos

$$\xi = \tfrac{1}{2}(\cos k_x \Delta + \cos k_y \Delta) - i\alpha_x \operatorname{sen} k_x \Delta - i\alpha_y \operatorname{sen} k_y \Delta \qquad (20.3.6)$$

onde

$$\alpha_x = \frac{v_x \Delta t}{\Delta}, \qquad \alpha_y = \frac{v_y \Delta t}{\Delta} \qquad (20.3.7)$$

A expressão para $|\xi|^2$ pode ser reexpressa na forma

$$|\xi|^2 = 1 - (\operatorname{sen}^2 k_x \Delta + \operatorname{sen}^2 k_y \Delta)\left[\tfrac{1}{2} - (\alpha_x^2 + \alpha_y^2)\right] \\ - \tfrac{1}{4}(\cos k_x \Delta - \cos k_y \Delta)^2 - (\alpha_y \operatorname{sen} k_x \Delta - \alpha_x \operatorname{sen} k_y \Delta)^2 \qquad (20.3.8)$$

Os últimos dois termos da expressão são negativos, e portanto a condição de estabilidade $|\xi|^2 \leq 1$ se torna

$$\tfrac{1}{2} - (\alpha_x^2 + \alpha_y^2) \geq 0 \qquad (20.3.9)$$

ou

$$\Delta t \leq \frac{\Delta}{\sqrt{2}(v_x^2 + v_y^2)^{1/2}} \qquad (20.3.10)$$

Este é um exemplo de um resultado mais geral para as condições de Courant $N$-dimensionais: se $|v|$ é a velocidade de propagação máxima no problema, então

$$\Delta t \leq \frac{\Delta}{\sqrt{N}|v|} \qquad (20.3.11)$$

é a condição de Courant.

### 20.3.2 Equação de difusão multidimensional

Consideremos a equação de difusão em duas dimensões,

$$\frac{\partial u}{\partial t} = D\left(\frac{\partial^2 u}{\partial x^2} + \frac{\partial^2 u}{\partial y^2}\right) \qquad (20.3.12)$$

Um método explícito como o FTCS pode ser generalizado a partir do caso unidimensional de maneira óbvia. Contudo, vimos que problemas difusivos são, geralmente, melhor tratados implicitamente. Suponha que tentemos implementar o esquema de Crank-Nicolson em duas dimensões. Isto nos daria

$$u_{j,l}^{n+1} = u_{j,l}^n + \tfrac{1}{2}\alpha\left(\delta_x^2 u_{j,l}^{n+1} + \delta_x^2 u_{j,l}^n + \delta_y^2 u_{j,l}^{n+1} + \delta_y^2 u_{j,l}^n\right) \qquad (20.3.13)$$

Nesta expressão,

$$\alpha \equiv \frac{D\Delta t}{\Delta^2} \qquad \Delta \equiv \Delta x = \Delta y \qquad (20.3.14)$$

$$\delta_x^2 u_{j,l}^n \equiv u_{j+1,l}^n - 2u_{j,l}^n + u_{j-1,l}^n \qquad (20.3.15)$$

e de modo similar para $\delta_y^2 u_{j,l}^n$. Este é, certamente, um esquema viável. O problema surge quando tentamos resolver as equações lineares acopladas, pois o sistema não é mais tridiagonal, embora a matriz ainda continue esparsa. Uma possibilidade é usar uma técnica apropriada para matrizes esparsas (veja §2.7 e §20.0).

Geralmente preferimos uma maneira ligeiramente diferente de generalizar o algoritmo de Crank-Nicolson. Ele ainda continua preciso até segunda ordem no tempo e no espaço e é incondicionalmente estável, mas as equações são mais fáceis de se resolver do que (20.3.13). Chamado de *método implícito de direção alternante* (*ADI, alternating-direction implicit method*), ele incorpora o poderoso conceito de *operator splitting* ou *time splitting*, sobre o qual falaremos mais adiante. Neste caso, a ideia é dividir cada passo temporal em dois passos de tamanho $\Delta t/2$. Em cada subpasso, uma dimensão diferente é tratada implicitamente:

$$\begin{aligned} u_{j,l}^{n+1/2} &= u_{j,l}^n + \tfrac{1}{2}\alpha \left( \delta_x^2 u_{j,l}^{n+1/2} + \delta_y^2 u_{j,l}^n \right) \\ u_{j,l}^{n+1} &= u_{j,l}^{n+1/2} + \tfrac{1}{2}\alpha \left( \delta_x^2 u_{j,l}^{n+1/2} + \delta_y^2 u_{j,l}^{n+1} \right) \end{aligned} \qquad (20.3.16)$$

A vantagem deste método é que cada subpasso requer que se resolva somente um simples sistema tridiagonal.

### 20.3.3 Discussão geral de métodos de *operator splitting*

A ideia básica do *operator splitting*, também chamado de *time splitting* ou *método dos passos fracionários*, é a seguinte: suponha que você tenha uma equação de valor inicial da forma

$$\frac{\partial u}{\partial t} = \mathcal{L}u \qquad (20.3.17)$$

onde $\mathcal{L}$ é algum operador. Ao passo que $\mathcal{L}$ não necessariamente é linear, suponhamos que ele possa ser escrito ao menos com uma soma de $m$ pedaços lineares, que atuam aditivamente sobre $u$

$$\mathcal{L}u = \mathcal{L}_1 u + \mathcal{L}_2 u + \cdots + \mathcal{L}_m u \qquad (20.3.18)$$

Finalmente, suponha que para *cada* pedaço você já conheça um esquema de diferenciação finita para fazer uma atualização da variável $u$ do passo $n$ para o passo $n + 1$, válido caso este pedaço do operador fosse o *único* do lado direito da equação. Escreveremos estas atualizações de maneira simbólica como

$$\begin{aligned} u^{n+1} &= \mathcal{U}_1(u^n, \Delta t) \\ u^{n+1} &= \mathcal{U}_2(u^n, \Delta t) \\ &\cdots \\ u^{n+1} &= \mathcal{U}_m(u^n, \Delta t) \end{aligned} \qquad (20.3.19)$$

Agora, uma forma de *operator splitting* seria ir de $n$ a $n+1$ via o seguinte esquema de atualização:

$$u^{n+(1/m)} = \mathcal{U}_1(u^n, \Delta t)$$
$$u^{n+(2/m)} = \mathcal{U}_2(u^{n+(1/m)}, \Delta t)$$
$$\dots \qquad (20.3.20)$$
$$u^{n+1} = \mathcal{U}_m(u^{n+(m-1)/m}, \Delta t)$$

Por exemplo, uma equação de difusão advectiva, tal como

$$\frac{\partial u}{\partial t} = -v\frac{\partial u}{\partial x} + D\frac{\partial^2 u}{\partial x^2} \qquad (20.3.21)$$

poderia, com bastante proveito, usar um esquema explícito para o termo advectivo combinado com um Crank-Nicolson ou outro esquema implícito para o termo difusivo.

O método ADI, equação (20.3.16), é um exemplo de um *operator splitting* com uma leve diferença. Reinterpretemos (20.3.19) com tendo um significado diferente: deixemos que $\mathcal{U}_1$ denote agora um método de atualização que inclui, algebricamente, *todos* os pedaços do operador total $\mathcal{L}$, mas que queiramos *estável* apenas a parte $\mathcal{L}_1$; igualmente para $\mathcal{U}_2, \dots \mathcal{U}_m$. Então o método para se ir de $u^n$ a $u^{n+1}$ é

$$u^{n+1/m} = \mathcal{U}_1(u^n, \Delta t/m)$$
$$u^{n+2/m} = \mathcal{U}_2(u^{n+1/m}, \Delta t/m)$$
$$\dots \qquad (20.3.22)$$
$$u^{n+1} = \mathcal{U}_m(u^{n+(m-1)/m}, \Delta t/m)$$

O passo temporal para cada passo fracionário em (20.3.22) é agora apenas $1/m$ do passo temporal completo, pois cada operação parcial atua com todos os termos do operador original.

A equação (20.3.22) é normalmente estável enquanto esquema de diferenciação do operador $\mathcal{L}$, embora não sempre. Na verdade, como regra simples, geralmente basta que tenhamos $\mathcal{U}_i$'s estáveis apenas para as partes do operador que contenham um maior número de derivadas espaciais – os outros $\mathcal{U}_i$'s podem ser instáveis – para tornar o esquema todo estável!

É neste ponto da discussão que voltaremos nossa atenção de problemas de valores iniciais para problemas de contorno. Este assunto nos ocupará por quase todo o restante do capítulo.

**REFERÊNCIAS CITADAS E LEITURA COMPLEMENTAR**

Thomas, J.W. 1995, *Numerical Partial Differential Equations: Finite Difference Methods* (New York: Springer).
Ames, W.F. 1992, *Numerical Methods for Partial Differential Equations*, 3rd ed. (New York: Academic Press).

## 20.4 Métodos de Fourier e de redução cíclica para problemas de contorno

Como já discutido no §20.0, a maioria dos problemas de contorno (equações elípticas, por exemplo) reduz-se ao problema de solução de grandes sistemas lineares esparsos da forma

$$\mathbf{A} \cdot \mathbf{u} = \mathbf{b} \qquad (20.4.1)$$

uma única vez, para equações de contorno lineares, ou iterativamente, para problemas não lineares.

Duas técnicas importantes levam a uma solução "rápida" da equação (20.4.1) quando a matriz esparsa é de um tipo que ocorre com uma certa frequência. O *método da transformada de Fourier* é diretamente aplicável quando as equações têm coeficientes que são constantes no espaço. O método da *redução cíclica* é de um certo modo mais geral: sua aplicabilidade está relacionada à questão das equações serem ou não separáveis (no sentido de "separação de variáveis"). Ambos os métodos requerem que as fronteiras coincidam com as linhas das coordenadas. Finalmente, para alguns problemas, há uma combinação poderosa destes dois métodos chamada *FACR* (*Fourier analysis and cyclic reduction*). Discutiremos os métodos um de cada vez, tomando a representação por diferenças finitas (20.0.6) como modelo. De um modo geral, os métodos desta seção, quando aplicáveis, são mais rápidos que os métodos simples de relaxação discutidos em §20.5, mas não são necessariamente mais rápidos que os métodos multirredes mais complicados discutidos no §20.6.

### 20.4.1 Método da transformada de Fourier

A transformada de Fourier inversa discreta, em $x$ e $y$, é da forma

$$u_{jl} = \frac{1}{JL} \sum_{m=0}^{J-1} \sum_{n=0}^{L-1} \hat{u}_{mn} e^{-2\pi i jm/J} e^{-2\pi i ln/L} \qquad (20.4.2)$$

Isto pode ser calculado usando-se a FFT em cada dimensão independentemente, ou de uma única vez usando a rotina `fourn` do §12.5 ou a `rlft3` do §12.6. De modo similar,

$$\rho_{jl} = \frac{1}{JL} \sum_{m=0}^{J-1} \sum_{n=0}^{L-1} \hat{\rho}_{mn} e^{-2\pi i jm/J} e^{-2\pi i ln/L} \qquad (20.4.3)$$

Se substituirmos as expressões (20.4.2) e (20.4.3) no nosso problema modelo (20.0.6), acharemos

$$\hat{u}_{mn} \left( e^{2\pi i m/J} + e^{-2\pi i m/J} + e^{2\pi i n/L} + e^{-2\pi i n/L} - 4 \right) = \hat{\rho}_{mn} \Delta^2 \qquad (20.4.4)$$

ou

$$\hat{u}_{mn} = \frac{\hat{\rho}_{mn} \Delta^2}{2 \left( \cos \frac{2\pi m}{J} + \cos \frac{2\pi n}{L} - 2 \right)} \qquad (20.4.5)$$

Portanto, a estratégia para resolver a equação (20.0.6) por técnicas de FFT é:

- Calcule $\hat{\rho}_{mn}$ como uma transformada de Fourier

$$\hat{\rho}_{mn} = \sum_{j=0}^{J-1} \sum_{l=0}^{L-1} \rho_{jl} \, e^{2\pi i mj/J} e^{2\pi i nl/L} \qquad (20.4.6)$$

- Calcule $\hat{u}_{mn}$ da equação (20.4.5)
- Calcule $u_{jl}$ via transformada inversa de Fourier (20.4.2)

Esse procedimento é válido para condições periódicas de contorno. Em outras palavras, a solução satisfaz

$$u_{jl} = u_{j+J,l} = u_{j,l+L} \qquad (20.4.7)$$

Considere em seguida uma condição de contorno de Dirichlet $u = 0$ na fronteira retangular. No lugar da expansão (20.4.2), precisamos agora de uma expansão em ondas senoidais:

$$u_{jl} = \frac{2}{J}\frac{2}{L} \sum_{m=1}^{J-1} \sum_{n=1}^{L-1} \hat{u}_{mn} \operatorname{sen}\frac{\pi j m}{J} \operatorname{sen}\frac{\pi l n}{L} \qquad (20.4.8)$$

Isto satisfaz as condições de contorno que dizem que $u = 0$ em $j = 0, J$ e em $l = 0, L$. Se substituirmos esta expressão e a análoga para $\rho_{jl}$ na equação (20.0.6), descobrimos que o procedimento de resolução é paralelo àquele usado para condições periódicas:

- Calcule $\hat{\rho}_{mn}$ como uma transformada de senos

$$\hat{\rho}_{mn} = \sum_{j=1}^{J-1} \sum_{l=1}^{L-1} \rho_{jl} \operatorname{sen}\frac{\pi j m}{J} \operatorname{sen}\frac{\pi l n}{L} \qquad (20.4.9)$$

(Um algoritmo de transformação de senos rápido foi dado no §12.3.)
- Calcule $\hat{u}_{mn}$ da expressão análoga à equação (20.4.5),

$$\hat{u}_{mn} = \frac{\Delta^2 \hat{\rho}_{mn}}{2\left(\cos\dfrac{\pi m}{J} + \cos\dfrac{\pi n}{L} - 2\right)} \qquad (20.4.10)$$

- Calcule $u_{jl}$ via transformada seno inversa (20.4.8).

Se tivermos condições de contorno inomogêneas, por exemplo, $u = 0$ por sobre toda a fronteira menos na fronteira $x = J\Delta$, onde $u = f(y)$, temos que adicionar à solução acima uma solução $u^H$ da equação homogênea

$$\frac{\partial^2 u}{\partial x^2} + \frac{\partial^2 u}{\partial y^2} = 0 \qquad (20.4.11)$$

que satisfaça as condições de contorno especificadas. No caso contínuo, isto seria uma expressão do tipo

$$u^H = \sum_n A_n \operatorname{senh}\frac{n\pi x}{L\Delta} \operatorname{sen}\frac{n\pi y}{L\Delta} \qquad (20.4.12)$$

onde $A_n$ teria que ser achado impondo-se que $u = f(y)$ em $x = J\Delta$. No caso discreto, temos

$$u_{jl}^H = \frac{2}{L} \sum_{n=1}^{L-1} A_n \operatorname{senh}\frac{\pi n j}{L} \operatorname{sen}\frac{\pi n l}{L} \qquad (20.4.13)$$

Se $f(y = l\Delta) \equiv f_l$, então obtemos $A_n$ a partir da fórmula inversa

$$A_n = \frac{1}{\operatorname{senh}(\pi n J/L)} \sum_{l=1}^{L-1} f_l \operatorname{sen}\frac{\pi n l}{L} \qquad (20.4.14)$$

A solução completa do problema é

$$u = u_{jl} + u_{jl}^H \qquad (20.4.15)$$

Adicionando-se termos apropriados da forma (20.4.12), podemos lidar com termos inomogêneos sobre qualquer superfície de fronteira.

Um procedimento muito mais simples para lidar com termos inomogêneos é perceber que sempre que termos de fronteira surgem no lado esquerdo de (20.0.6), eles podem ser colocados do lado direito uma vez que são conhecidos. O termo fonte efetivo é portanto $\rho_{jl}$ mais a contribuição dos termos de fronteira. Para implementar esta ideia formalmente, escreva a solução na forma

$$u = u' + u^B \qquad (20.4.16)$$

onde $u' = 0$ sobre a fronteira, ao passo que $u^B$ é nulo em todo lugar *exceto* na fronteira. Lá ele tem o valor de fronteira dado. No exemplo acima, os únicos valores de $u^B$ diferentes de zero seriam

$$u_{J,l}^B = f_l \qquad (20.4.17)$$

A equação modelo (20.0.3) se torna

$$\nabla^2 u' = -\nabla^2 u^B + \rho \qquad (20.4.18)$$

ou, em forma de diferenças finitas,

$$\begin{aligned}u'_{j+1,l} + u'_{j-1,l} + u'_{j,l+1} + u'_{j,l-1} - 4u'_{j,l} = \\ -(u^B_{j+1,l} + u^B_{j-1,l} + u^B_{j,l+1} + u^B_{j,l-1} - 4u^B_{j,l}) + \Delta^2 \rho_{j,l}\end{aligned} \qquad (20.4.19)$$

Todos os termos $u^B$ na equação (20.4.19) desaparecem exceto quando a equação é calculada em $j = J - 1$, onde

$$u'_{J,l} + u'_{J-2,l} + u'_{J-1,l+1} + u'_{J-1,l-1} - 4u'_{J-1,l} = -f_l + \Delta^2 \rho_{J-1,l} \qquad (20.4.20)$$

Portanto, o problema agora é equivalente ao caso de condições de contorno zero, exceto que uma linha do termo de fonte é modificada pela substituição

$$\Delta^2 \rho_{J-1,l} \to \Delta^2 \rho_{J-1,l} - f_l \qquad (20.4.21)$$

O caso das condições de contorno (ou fronteira) de Neumann $\nabla u = 0$ é tratado via a expansão em cossenos (12.4.11):

$$u_{jl} = \frac{2}{J}\frac{2}{L} \sum_{m=0}^{J}{}'' \sum_{n=0}^{L}{}'' \hat{u}_{mn} \cos \frac{\pi jm}{J} \cos \frac{\pi ln}{L} \qquad (20.4.22)$$

Nesta expressão, a notação de duas aspas significa que os termos para $m = 0$ e $m = J$ devem ser multiplicados por $\frac{1}{2}$, o mesmo valendo para $n = 0$ e $n = L$. Termos inomogêneos $\nabla u = g$ podem novamente ser incluídos adicionando-se uma solução apropriada da equação homogênea ou, o que é mais simples, passando-se os termos de fronteira para o lado direito da equação. Por exemplo, a condição

$$\frac{\partial u}{\partial x} = g(y) \quad \text{em} \quad x = 0 \qquad (20.4.23)$$

se torna

$$\frac{u_{1,l} - u_{-1,l}}{2\Delta} = g_l \qquad (20.4.24)$$

onde $g_l \equiv g(y = l\Delta)$. Mais uma vez escrevemos a solução na forma (20.4.16), onde agora $\nabla u' = 0$ sobre a fronteira. Desta vez $\nabla u^B$ assume o valor prescrito na fronteira, mas $u^B$ se anula em todos os lugares exceto imediatamente *do lado de fora* da fronteira. Então, a equação (20.4.24) nos dá

$$u^B_{-1,l} = -2\Delta g_l \tag{20.4.25}$$

Todos os termos $u^B$ na equação (20.4.19) se anulam exceto quando $j = 0$:

$$u'_{1,l} + u'_{-1,l} + u'_{0,l+1} + u'_{0,l-1} - 4u'_{0,l} = 2\Delta g_l + \Delta^2 \rho_{0,l} \tag{20.4.26}$$

Portanto $u'$ é a solução de um problema de gradiente zero, com o termo fonte modificado pela substituição

$$\Delta^2 \rho_{0,l} \to \Delta^2 \rho_{0,l} + 2\Delta g_l \tag{20.4.27}$$

Algumas vezes as condições de contorno de Neumann são tratadas por meio do uso de uma malha alternada (*staggered grid*), com os $u$'s definidos na metade do caminho entre fronteiras de regiões, de modo que as primeiras derivadas estejam assim centradas nos pontos da malha. Você pode resolver este tipo de problema usando técnicas similares àquelas descritas acima se para tanto você usar a forma alternativa da transformada de cossenos, equação (12.4.17).

### 20.4.2 Redução cíclica

Os métodos de FFT só funcionam, evidentemente, quando a EDP original tem coeficientes constantes e quando as fronteiras coincidem com as linhas das coordenadas. Um algoritmo alternativo, que pode ser usado para equações um pouco mais gerais, recebe o nome de redução cíclica (*CR, cyclic reduction*).

Ilustraremos a redução cíclica na equação

$$\frac{\partial^2 u}{\partial x^2} + \frac{\partial^2 u}{\partial y^2} + b(y)\frac{\partial u}{\partial y} + c(y)u = g(x,y) \tag{20.4.28}$$

Esta forma de equação aparece muito frequentemente, na prática, a partir das equações de Helmholtz ou Poisson em coordenadas polares, cilíndricas ou esféricas. Equações separáveis mais gerais são tratadas em [1].

A forma da equação (20.4.28) em termos de diferenças finitas pode ser escrita como um conjunto de equações vetoriais

$$\mathbf{u}_{j-1} + \mathbf{T} \cdot \mathbf{u}_j + \mathbf{u}_{j+1} = \mathbf{g}_j \Delta^2 \tag{20.4.29}$$

onde o índice $j$ vem da diferenciação finita na direção $x$, enquanto o procedimento na direção $y$ (antes denotado pelo índice $l$) foi deixado na forma de vetor. A matrix $\mathbf{T}$ tem a forma

$$\mathbf{T} = \mathbf{B} - 2\mathbf{1} \tag{20.4.30}$$

onde o termo $2\mathbf{1}$ vem da diferença finita em $x$, e a matriz $\mathbf{B}$, daquela em $y$. A matriz $\mathbf{B}$, e consequentemente $\mathbf{T}$, é tridiagonal com coeficientes que variam.

O método CR é deduzido escrevendo-se três equações sucessivas como (20.4.29):

$$\begin{aligned}\mathbf{u}_{j-2} + \mathbf{T} \cdot \mathbf{u}_{j-1} + \mathbf{u}_j &= \mathbf{g}_{j-1}\Delta^2 \\ \mathbf{u}_{j-1} + \mathbf{T} \cdot \mathbf{u}_j + \mathbf{u}_{j+1} &= \mathbf{g}_j\Delta^2 \\ \mathbf{u}_j + \mathbf{T} \cdot \mathbf{u}_{j+1} + \mathbf{u}_{j+2} &= \mathbf{g}_{j+1}\Delta^2\end{aligned} \tag{20.4.31}$$

Se multiplicarmos matricialmente a equação do meio por $-\mathbf{T}$ e então adicionarmos as três equações, obtemos

$$\mathbf{u}_{j-2} + \mathbf{T}^{(1)} \cdot \mathbf{u}_j + \mathbf{u}_{j+2} = \mathbf{g}_j^{(1)} \Delta^2 \qquad (20.4.32)$$

Esta é uma equação que tem a mesma forma que (20.4.29), com

$$\mathbf{T}^{(1)} = 2\mathbf{1} - \mathbf{T}^2$$
$$\mathbf{g}_j^{(1)} = \Delta^2(\mathbf{g}_{j-1} - \mathbf{T} \cdot \mathbf{g}_j + \mathbf{g}_{j+1}) \qquad (20.4.33)$$

Depois de um nível de CR, reduzimos o número de equações por um fator de dois. Dado que as equações resultantes têm a mesma forma que a equação original, podemos repetir o processo. Se tomarmos o número de pontos da malha como sendo uma potência de 2, por uma questão de simplicidade, acabamos finalmente com uma única equação para a linha central de variáveis

$$\mathbf{T}^{(f)} \cdot \mathbf{u}_{J/2} = \Delta^2 \mathbf{g}_{J/2}^{(f)} - \mathbf{u}_0 - \mathbf{u}_J \qquad (20.4.34)$$

Nesta expressão, movemos $\mathbf{u}_0$ e $\mathbf{u}_J$ para o lado direito, pois eles são valores de fronteira conhecidos. A equação (20.4.34) pode ser resolvida para $\mathbf{u}_{J/2}$ por meio de um algoritmo tridiagonal padrão. As duas equações no nível $f-1$ envolvem $\mathbf{u}_{J/4}$ e $\mathbf{u}_{3J/4}$. A equação para $\mathbf{u}_{J/4}$ envolve $\mathbf{u}_0$ e $\mathbf{u}_{J/2}$, ambos conhecidos, e pode ser portanto resolvida utilizando-se a rotina tridiagonal. Um resultado análogo é válido para cada estágio do processo, de modo que no final terminamos resolvendo $J-1$ sistemas tridiagonais.

Na prática, as equações (20.4.33) podem ser reescritas para se evitar instabilidades numéricas. Para estes e outros detalhes práticos, consulte [2].

### 20.4.3 O método FACR

A *melhor* maneira de resolver equações da forma (20.4.28), incluindo aí o problema do coeficiente constante (20.0.3), é uma combinação de análise de Fourier com redução cíclica, conhecida como método FACR [3-6]. Se, no $r$-ésimo estágio do CR, fizermos uma análise de Fourier das equações da forma (20.4.32) ao longo do eixo $y$, isto é, com respeito ao índice vetorial suprimido, acabaremos com um sistema tridiagonal na direção $x$ para cada modo de Fourier $y$:

$$\hat{u}_{j-2^r}^k + \lambda_k^{(r)} \hat{u}_j^k + \hat{u}_{j+2^r}^k = \Delta^2 g_j^{(r)k} \qquad (20.4.35)$$

Nesta expressão $\lambda_k^{(r)}$ é o autovalor de $\mathbf{T}^{(r)}$ que corresponde ao $k$-ésimo modo de Fourier. Para a equação (20.0.3), podemos ver da equação (20.4.5) que $\lambda_k^{(r)}$ envolverá termos como $(2\pi k/L) - 2$ elevados a uma potência. Resolva os sistemas tridiagonais para $\hat{u}_j^k$ nos níveis $j = 2^r, 2 \times 2^r, 4 \times 2^r$, ..., $J - 2^r$. Faça uma síntese de Fourier para obter os valores $y$ sobre estas linhas $x$. Então preencha as linhas $x$ intermediárias como no algoritmo CR original.

O truque é escolher o número de níveis de CR de modo a minimizar o número total de operações aritméticas. Pode-se mostrar que, para o caso típico uma malha de $128 \times 128$, o nível ótimo é $r = 2$; assintoticamente, $r \to \log_2(\log_2 J)$.

Uma estimativa grosseira dos tempos envolvidos nestes algoritmos quando aplicados à equação (20.0.3) é a seguinte: o método FFT (tanto em $x$ quanto em $y$) e o método CR são aproximadamente comparáveis. FACR com $r = 0$ (isto é, FFT em uma dimensão e a solução de equações tridiagonais pelos algoritmos usuais na outra dimensão) dá aproximadamente um fator 2 em ganho de velocidade. O FACR ótimo com $r = 2$ dá um ganho adicional de velocidade por um fator 2 novamente.

**REFERÊNCIAS CITADAS E LEITURA COMPLEMENTAR**

Swartzrauber, P.M. 1977, "The Methods of Cyclic Reduction, Fourier Analysis and the FACR Algorithm for the Discrete Solution of Poisson's Equation on a Rectangle," *SIAM Review*, vol. 19, pp. 490–501 .[1]

Buzbee, B.L, Golub, G.H., and Nielson, C.W. 1970, "On Direct Methods for Solving Poisson's Equation," *SIAM Journal on Numerical Analysis,* vol. 7, pp. 627–656; see also *op. cit.* vol. 11, pp. 753–763.[2]

Hockney, R.W. 1965, "A Fast Direct Solution of Poisson's Equation Using Fourier Analysis," *Journal of the Association for Computing Machinery,* vol. 12, pp. 95–113.[3]

Hockney, R.W. 1970, "The Potential Calculation and Some Applications," *Methods of Computational Physics*, vol. 9 (New York: Academic Press), pp. 135–211 .[4]

Hockney, R.W., and Eastwood, J.W. 1981, *Computer Simulation Using Particles* (New York: McGraw-Hill), Chapter 6.[5]

Temperton, C. 1980, "On the FACR Algorithm for the Discrete Poisson Equation," *Journal of Computational Physics,* vol. 34, pp. 314–329.[6]

## 20.5 Métodos de relaxação para problemas de contorno

Como mencionamos no §20.0, métodos de relaxação envolvem quebrar a matriz esparsa que surge no processo de diferenciação finita e fazer iterações até que a solução seja encontrada.

Há outra maneira de pensar a respeito de métodos de relaxação que é de certo modo mais física. Imagine que queiramos resolver a equação elíptica

$$\mathcal{L}u = \rho \qquad (20.5.1)$$

onde $\mathcal{L}$ representa algum operador elíptico e $\rho$ é o termo da fonte. Reescreva esta expressão como uma equação de difusão

$$\frac{\partial u}{\partial t} = \mathcal{L}u - \rho \qquad (20.5.2)$$

Uma distribuição inicial $u$ *relaxa* para uma solução de equilíbrio em $t \to \infty$. Todas as derivadas temporais deste equilíbrio são nulas, sendo portanto a solução da equação elíptica original (20.5.1). Vemos assim que todo o maquinário do §20.2 para equações difusivas de valores iniciais pode ser empregado para se achar a solução de problemas de contorno com métdos de relaxação.

Apliquemos esta ideia ao nosso problema modelo, a equação (20.0.3). A equação de difusão é

$$\frac{\partial u}{\partial t} = \frac{\partial^2 u}{\partial x^2} + \frac{\partial^2 u}{\partial y^2} - \rho \qquad (20.5.3)$$

Se usarmos o esquema de diferenciação finita FTCS (conforme equação 20.2.4), obtemos

$$u_{j,l}^{n+1} = u_{j,l}^n + \frac{\Delta t}{\Delta^2}\left(u_{j+1,l}^n + u_{j-1,l}^n + u_{j,l+1}^n + u_{j,l-1}^n - 4u_{j,l}^n\right) - \rho_{j,l}\Delta t \qquad (20.5.4)$$

Lembre-se de (20.2.6) que o FTCS é estável em uma dimensão espacial somente quando $\Delta t/\Delta^2 \leq \frac{1}{2}$. Em duas dimensões essa condição é $\Delta t/\Delta^2 \leq \frac{1}{4}$. Suponha que tentemos usar o maior tamanho possível de passo e fixemos $\Delta t = \Delta^2/4$. Neste caso, a equação (20.5.4) se torna

$$u_{j,l}^{n+1} = \frac{1}{4}\left(u_{j+1,l}^n + u_{j-1,l}^n + u_{j,l+1}^n + u_{j,l-1}^n\right) - \frac{\Delta^2}{4}\rho_{j,l} \quad (20.5.5)$$

Portanto, o algoritmo consiste em usar a média de $u$ calculada nos quatro pontos vizinhos mais próximos sobre a malha (mais a contribuição da fonte). Este procedimento é então iterado até a convergência.

Este método é na verdade clássico, com origens que remontam ao século retrasado, e é conhecido por *método de Jacobi* (ele não deve ser confundido com o método de Jacobi para autovalores). Este método não é prático, pois ele converge muito lentamente. Contudo, ele é a base a partir da qual podemos entender os métodos modernos, que são sempre a ele comparados.

Outro método clássico é o método de *Gauss-Seidel*, que resulta ser importante em métodos de multirredes (§20.6). Neste método fazemos uso de valores atualizados de $u$ no lado direito de (20.5.5) tão logo os tenhamos disponíveis. Em outras palavras, a média é calculada "no local" ao invés de ser "copiada" de um passo anterior para um posterior. Se estamos indo ao longo das linhas, aumentando $j$ e mantendo $l$ fixo, temos

$$u_{j,l}^{n+1} = \frac{1}{4}\left(u_{j+1,l}^n + u_{j-1,l}^{n+1} + u_{j,l+1}^n + u_{j,l-1}^{n+1}\right) - \frac{\Delta^2}{4}\rho_{j,l} \quad (20.5.6)$$

Este método também converge lentamente e, quando usado sozinho, só tem interesse teórico. No entanto, seria instrutivo o analisarmos um pouco.

Olhemos para os métodos de Jacobi e Gauss-Seidel tem termos do conceito de *splitting* de matrizes. Mudemos de notação, chamando **u** de "**x**", em acordo com a notação matricial padrão. Para resolver

$$\mathbf{A} \cdot \mathbf{x} = \mathbf{b} \quad (20.5.7)$$

podemos considerar a quebra de **A** como

$$\mathbf{A} = \mathbf{L} + \mathbf{D} + \mathbf{U} \quad (20.5.8)$$

onde **D** é a parte diagonal de **A**, **L** é a triangular inferior (*Lower*) de **A** com zeros na diagonal, e **U** é a triangular superior (*Upper*) de **A** com zeros na diagonal.

No método de Jacobi escrevemos o $r$-ésimo passo da iteração como

$$\mathbf{D} \cdot \mathbf{x}^{(r)} = -(\mathbf{L} + \mathbf{U}) \cdot \mathbf{x}^{(r-1)} + \mathbf{b} \quad (20.5.9)$$

Para nosso problema modelo (20.5.5), **D** é simplesmente a matriz identidade. O método de Jacobi converge para matrizes **A** que são "diagonalmente dominantes", em um sentido que podemos tornar matematicamente preciso. Para matrizes que surgem de esquemas de diferenciação finita, esta condição é normalmente satisfeita.

Qual é a taxa de convergência do método de Jacobi? Uma análise detalhada está além do nosso escopo, mas aqui vai um gostinho: a matriz $-\mathbf{D}^{-1} \cdot (\mathbf{L} + \mathbf{U})$ é a *matriz de iteração* que, a menos de um termo aditivo, mapeia um conjunto de **x**'s no próximo. A matriz de iteração tem autovalores, cada um dos quais reflete o fator pelo qual a amplitude de um particular modo normal que tenha um residual indesejado é suprimida durante a iteração. Evidentemente, estes fatores têm que ter módulos $< 1$ se quisermos que a relaxação funcione! A taxa de convergência do método é fixada pela taxa de autovalor de decaimento mais lento, isto é, o fator com o maior módulo. O módulo deste maior fator, que se encontra portanto entre 0 e 1, é chamado de *raio espectral* do operador de relaxação e é denotado por $\rho_s$.

O número de iterações $r$ necessárias para reduzir o erro total por um fator de $10^{-p}$ é estimado via

$$r \approx \frac{p \ln 10}{(-\ln \rho_s)} \quad (20.5.10)$$

Em geral, o raio espectral $\rho_s$ atinge assintoticamente o valor 1 à medida que o tamanho $J$ da malha aumenta, de modo que um número maior de iterações se faz necessário. Para qualquer equação, geometria de malha e *condições de contorno* dadas, o raio espectral pode, em princípio, ser calculado analiticamente. Por exemplo, para a equação (20.5.5) em uma malha $J \times J$ com condições de Dirichlet sobre os quatro lados, a fórmula assintótica para $J$ grande se torna

$$\rho_s \simeq 1 - \frac{\pi^2}{2J^2} \quad (20.5.11)$$

O número $r$ de iterações necessárias para reduzir o erro por um fator de $10^{-p}$ é, portanto,

$$r \simeq \frac{2pJ^2 \ln 10}{\pi^2} \simeq \frac{1}{2}pJ^2 \quad (20.5.12)$$

Em outras palavras, o número de iterações é proporcional ao número de pontos da malha, $J^2$. Uma vez que problemas $100 \times 100$ e ainda maiores são algo comum, é evidente que o método de Jacobi só tem interesse teórico.

O método de Gauss-Seidel, equação (20.5.6), corresponde à decomposição matricial

$$(\mathbf{L} + \mathbf{D}) \cdot \mathbf{x}^{(r)} = -\mathbf{U} \cdot \mathbf{x}^{(r-1)} + \mathbf{b} \quad (20.5.13)$$

O fato de que $\mathbf{L}$ está do lado esquerdo da equação vem da atualização feita no local, como você mesmo pode facilmente verificar escrevendo (20.5.13) em componentes. É possível mostrar [1 – 3] que o raio espectral é apenas o quadrado do raio espectral do método de Jacobi. Para nosso problema modelo, portanto,

$$\rho_s \simeq 1 - \frac{\pi^2}{J^2} \quad (20.5.14)$$

$$r \simeq \frac{pJ^2 \ln 10}{\pi^2} \simeq \frac{1}{4}pJ^2 \quad (20.5.15)$$

A melhora no número de iterações por um fator de dois em relação ao método de Jacobi ainda faz com que o método não seja prático.

### 20.5.1 Sobrerrelaxação sucessiva

Conseguimos um algoritmo melhor – um que era o padrão usado até os anos 1970 – se fizermos uma *sobrecorreção* ao valor de $\mathbf{x}^{(r)}$ no $r$-ésimo estágio de iteração Gauss-Seidel, antecipando assim futuras correções. Resolva (20.5.13) determinando $\mathbf{x}^{(r)}$, some e subtraia $\mathbf{x}^{(r-1)}$ do lado direito e escreva deste modo o método de Gauss-Seidel como sendo

$$\mathbf{x}^{(r)} = \mathbf{x}^{(r-1)} - (\mathbf{L} + \mathbf{D})^{-1} \cdot [(\mathbf{L} + \mathbf{D} + \mathbf{U}) \cdot \mathbf{x}^{(r-1)} - \mathbf{b}] \quad (20.5.16)$$

O termo entre chaves quadradas é simplesmente o vetor residual $\xi^{(r-1)}$, portanto

$$\mathbf{x}^{(r)} = \mathbf{x}^{(r-1)} - (\mathbf{L} + \mathbf{D})^{-1} \cdot \xi^{(r-1)} \qquad (20.5.17)$$

Agora *sobrecorrija*, definindo

$$\mathbf{x}^{(r)} = \mathbf{x}^{(r-1)} - \omega(\mathbf{L} + \mathbf{D})^{-1} \cdot \xi^{(r-1)} \qquad (20.5.18)$$

O $\omega$ nesta expressão é chamado de *parâmetro de sobrerrelaxação*, e o método é chamado de *sobrerrelaxação sucessiva* (*SOR, successive overrelaxation*).

Pode-se demonstrar os seguintes teoremas [1-3]:

- O método converge somente quando $0 < \omega < 2$. Se $0 < \omega < 1$, falamos de *subrrelaxação*.
- Sob certas restrições matemáticas, geralmente satisfeitas por matrizes que surgem em processos de diferenciação finita, somente uma sobrerrelaxação ($1 < \omega < 2$) pode resultar em convergência mais rápida que o método de Gauss-Seidel.
- Se $\rho_{\text{Jacobi}}$ é o raio espectral da iteração de Jacobi (de modo que então seu quadrado é o raio espectral da iteração de Gauss-Seidel), então o escolha *ótima* de $\omega$ é dada por

$$\omega = \frac{2}{1 + \sqrt{1 - \rho_{\text{Jacobi}}^2}} \qquad (20.5.19)$$

- Para esta escolha ótima, o raio espectral do SOR é

$$\rho_{\text{SOR}} = \left(\frac{\rho_{\text{Jacobi}}}{1 + \sqrt{1 - \rho_{\text{Jacobi}}^2}}\right)^2 \qquad (20.5.20)$$

Como exemplo de aplicação dos resultados acima, considere nosso problema modelo para o qual $\rho_{\text{Jacobi}}$ é dado pela equação (20.5.11). Então as equações (20.5.19) e (20.5.20) dão

$$\omega \simeq \frac{2}{1 + \pi/J} \qquad (20.5.21)$$

$$\rho_{\text{SOR}} \simeq 1 - \frac{2\pi}{J} \qquad \text{para } J \text{ grande} \qquad (20.5.22)$$

Para o número de iterações necessárias para reduzir o erro inicial por um fator de $10^{-p}$, a equação (20.5.10) nos dá

$$r \simeq \frac{pJ \ln 10}{2\pi} \simeq \frac{1}{3} pJ \qquad (20.5.23)$$

Comparando este resultado com a equação (20.5.12) ou (20.5.15), podemos ver que o SOR ótimo requer da ordem de $J$ iterações, em contraposição aos de ordem $J^2$. Uma vez que $J$ é tipicamente da ordem de 100 ou mais, este fato faz uma diferença enorme! A equação (20.5.23) nos leva a uma fórmula mnemônica de que, para termos uma acurácia de *três* dígitos ($p = 3$), o número de iterações necessárias é igual ao número de pontos da malha em um de seus lados. Para uma acurácia de 6 dígitos, precisamos de duas vezes mais iterações.

Como escolhemos $\omega$ de um problema para o qual a resposta não é conhecida analiticamente? É este justamente o ponto fraco do método SOR! Suas vantagens só se fazem presentes numa janela relativamente estreita em torno do valor correto de $\omega$. É melhor fazer $\omega$ levemente maior, no lugar de levemente menor, mas melhor mesmo é usar o valor correto.

Uma maneira de escolher $\omega$ é mapear seu problema de maneira aproximada em outro problema, substituindo os coeficientes na equação por valores médios. Observe, contudo, que o problema conhecido tem que ter o mesmo tamanho de malha e condições de contorno do problema de verdade. Para efeitos de referência, mostramos o valor de $\rho_{\text{Jacobi}}$ para nosso problema modelo em um rede retangular de $J \times L$, permitindo a possibilidade de que $\Delta x \neq \Delta y$:

$$\rho_{\text{Jacobi}} = \frac{\cos \frac{\pi}{J} + \left(\frac{\Delta x}{\Delta y}\right)^2 \cos \frac{\pi}{L}}{1 + \left(\frac{\Delta x}{\Delta y}\right)^2} \qquad (20.5.24)$$

A equação (20.5.24) é válida para condições de contorno homogêneas de Dirichlet ou Neumann. Para condições periódicas de contorno, substitua $\pi \rightarrow 2\pi$.

Uma segunda maneira que é particularmente útil se você planeja resolver várias equações elípticas similares, cada vez com coeficientes levemente diferentes, é determinar o valor ótimo de $\omega$ empiricamente na primeira equação e então usar este valor para as equações restantes. Na literatura há descrições de vários esquemas automatizados para fazer isto e para "procurar" os melhores valores de $\omega$.

Ao passo que a notação matricial introduzida anteriormente é útil para análises teóricas, para a implementação prática do algoritmo SOR precisamos de fórmulas explícitas. Considere uma equação elíptica de segunda ordem geral, em $x$ e $y$, já na forma de diferenças finitas sobre um quadrado, como na nossa equação modelo. Correspondendo a cada linha da matriz **A** há uma equação da forma

$$a_{j,l} u_{j+1,l} + b_{j,l} u_{j-1,l} + c_{j,l} u_{j,l+1} + d_{j,l} u_{j,l-1} + e_{j,l} u_{j,l} = f_{j,l} \qquad (20.5.25)$$

Para nossa equação modelo, temos $a = b = c = d = 1$, $e = -4$. A grandeza $f$ é proporcional ao termo da fonte. O procedimento iterativo é definido resolvendo-se (20.5.25) para $u_{j,l}$:

$$u_{j,l}^* = \frac{1}{e_{j,l}} \left( f_{j,l} - a_{j,l} u_{j+1,l} - b_{j,l} u_{j-1,l} - c_{j,l} u_{j,l+1} - d_{j,l} u_{j,l-1} \right) \qquad (20.5.26)$$

Então $u_{j,l}^{\text{new}}$ é uma média ponderada,

$$u_{j,l}^{\text{new}} = \omega u_{j,l}^* + (1-\omega) u_{j,l}^{\text{old}} \qquad (20.5.27)$$

Nós a calculamos da seguinte forma: o resíduo a cada estágio é

$$\xi_{j,l} = a_{j,l} u_{j+1,l} + b_{j,l} u_{j-1,l} + c_{j,l} u_{j,l+1} + d_{j,l} u_{j,l-1} + e_{j,l} u_{j,l} - f_{j,l} \qquad (20.5.28)$$

e o algoritmo SOR (20.5.18) ou (20.5.27) é

$$u_{j,l}^{\text{new}} = u_{j,l}^{\text{old}} - \omega \frac{\xi_{j,l}}{e_{j,l}} \qquad (20.5.29)$$

Esta formulação é facílima de programar, e a norma do vetor residual $\xi_{j,l}$ pode ser usada como critério para parar a iteração.

Um outra questão prática diz respeito à ordem segundo a qual os pontos da rede são processados. A estratégia óbvia é simplesmente proceder em ordem descendente pelas linhas (ou colunas). Alternativamente, suponha que dividamos a malha em submalhas "pares" e "ímpares", como os quadrados brancos e pretos de um tabuleiro de xadrez. Então a equação (20.5.26) mostra que os pontos ímpares dependem somente dos valores pares da malha, e vice-versa. Consequentemente, podemos fazer uma meia-varredura, digamos, atualizando os pontos ímpares, e então outra meia-varredura atualizando os pares com os novos valores dos ímpares. Para a versão do SOR implementada abaixo, adotaremos um ordenamento ímpar-par.

O último ponto prático é que, na prática, a taxa assintótica de convergência no SOR não é atingida até uma ordem de $J$ iterações. O erro geralmente cresce por um fator de 20 antes que a convergência surja. Uma modificação trivial da SOR resolve este problema. Ela é baseada na observação de que enquanto $\omega$ é o parâmetro de relaxação *assintótica* ótimo, ele não necessariamente é uma boa escolha inicial. No SOR com *aceleração de Chebyshev*, usa-se o ordenamento ímpar-par e muda-se $\omega$ em cada meia-varredura segundo a receita abaixo:

$$\omega^{(0)} = 1$$
$$\omega^{(1/2)} = 1/(1 - \rho_{\text{Jacobi}}^2/2)$$
$$\omega^{(n+1/2)} = 1/(1 - \rho_{\text{Jacobi}}^2 \omega^{(n)}/4), \qquad n = 1/2, 1, \ldots, \infty \qquad (20.5.30)$$
$$\omega^{(\infty)} \to \omega_{\text{ótimo}}$$

A beleza da aceleração de Chebyshev é que a norma do erro sempre diminui a cada iteração (esta é a norma do erro verdadeiro em $u_{j,l}$. A norma do residual $\xi_{j,l}$ não precisa decair monotonicamente). Ao passo que a taxa assintótica de convergência é a mesma que no SOR comum, nunca haverá uma desculpa para não se usar a aceleração de Chebyshev para diminuir o número de iterações necessárias.

Apresentamos aqui uma rotina para SOR com aceleração de Chebyshev.

```
void sor(MatDoub_I &a, MatDoub_I &b, MatDoub_I &c, MatDoub_I &d, MatDoub_I &e,     sor.h
    MatDoub_I &f, MatDoub_IO &u, const Doub rjac)
```
Solução da equação (20.5.25) por sobrerrelaxação sucessiva com aceleração de Chebyshev. Os coeficientes da equação, dados como input, são a, b, c, d, e e f, cada um dimensionado ao tamanho da malha [0..jmax-1][0..jmax-1]. u é, na entrada, o chute inicial para a solução, normalmente igual a zero, e na saída retorna o valor final. rjac, na entrada, é o raio espectral da iteração de Jacobi, ou uma estimativa deste.

```
{
    const Int MAXITS=1000;
    const Doub EPS=1.0e-13;
    Doub anormf=0.0,omega=1.0;
    Int jmax=a.nrows();
    for (Int j=1;j<jmax-1;j++)
```
Calcula norma inicial do residual e termina iterações quando norma for reduzida por um fator EPS.
```
        for (Int l=1;l<jmax-1;l++)
            anormf += abs(f[j][l]);                Supõe u inicial como sendo zero.
    for (Int n=0;n<MAXITS;n++) {
        Doub anorm=0.0;
        Int jsw=1;
        for (Int ipass=0;ipass<2;ipass++) {         Ordenamento ímpar-par.
            Int lsw=jsw;
            for (Int j=1;j<jmax-1;j++) {
                for (Int l=lsw;l<jmax-1;l+=2) {
                    Doub resid=a[j][l]*u[j+1][l]+b[j][l]*u[j-1][l]
                        +c[j][l]*u[j][l+1]+d[j][l]*u[j][l-1]
                        +e[j][l]*u[j][l]-f[j][l];
```

```
                anorm += abs(resid);
                u[j][l] -= omega*resid/e[j][l];
            }
            lsw=3-lsw;
        }
        jsw=3-jsw;
        omega=(n == 0 && ipass == 0 ? 1.0/(1.0-0.5*rjac*rjac) :
            1.0/(1.0-0.25*rjac*rjac*omega));
    }
    if (anorm < EPS*anormf) return;
}
throw("MAXITS exceeded");
}
```

A principal vantagem do SOR é que ele é fácil de programar. Sua principal desvantagem é que o método ainda é muito ineficiente para problemas grandes.

### 20.5.2 Método ADI (*alternating-direction implicit method*)

O método ADI do §20.3 para equações de difusão pode ser transformado em um método de relaxação para equações elípticas [1-4]. No §20.3, discutimos o ADI como sendo um método para resolver a equação de transmissão de calor dependente do tempo

$$\frac{\partial u}{\partial t} = \nabla^2 u - \rho \tag{20.5.31}$$

Tomando $t \to \infty$, obtém-se também um método iterativo para resolver equações elípticas

$$\nabla^2 u = \rho \tag{20.5.32}$$

Em qualquer um dos casos, a separação do operador é da forma

$$\mathcal{L} = \mathcal{L}_x + \mathcal{L}_y \tag{20.5.33}$$

onde $\mathcal{L}_x$ representa o diferenciação finita em $x$, e $\mathcal{L}_y$ aquela em $y$.

Por exemplo, em nosso modelo (20.0.6) com $\Delta x = \Delta y = \Delta$, temos

$$\begin{aligned}\mathcal{L}_x u &= 2u_{j,l} - u_{j+1,l} - u_{j-1,l} \\ \mathcal{L}_y u &= 2u_{j,l} - u_{j,l+1} - u_{j,l-1}\end{aligned} \tag{20.5.34}$$

Operadores mais complicados podem ser separados de maneira similar, mas há aí uma certa arte envolvida. Uma má escolha pode levar a um algoritmo que não converge. Usualmente o que se tenta é fazer um *splitting* baseado na natureza física do problema. Sabemos que, para o nosso problema modelo, o transiente inicial vai embora e fazemos o *splitting* em $x$ e $y$ para imitar a difusão em cada uma das dimensões.

Uma vez escolhido o splitting, fazemos a diferenciação implícita em dois meios-passos da equação (20.5.31) dependente do tempo:

$$\begin{aligned}\frac{u^{n+1/2} - u^n}{\Delta t/2} &= -\frac{\mathcal{L}_x u^{n+1/2} + \mathcal{L}_y u^n}{\Delta^2} - \rho \\ \frac{u^{n+1} - u^{n+1/2}}{\Delta t/2} &= -\frac{\mathcal{L}_x u^{n+1/2} + \mathcal{L}_y u^{n+1}}{\Delta^2} - \rho\end{aligned} \tag{20.5.35}$$

(confira equação 20.3.16). Não escrevemos aqui os índices espaciais $(i, j)$. Em notação matricial, as equações (20.5.35) são

$$(\mathbf{L}_x + r\mathbf{1}) \cdot \mathbf{u}^{n+1/2} = (r\mathbf{1} - \mathbf{L}_y) \cdot \mathbf{u}^n - \Delta^2 \rho \tag{20.5.36}$$

$$(\mathbf{L}_y + r\mathbf{1}) \cdot \mathbf{u}^{n+1} = (r\mathbf{1} - \mathbf{L}_x) \cdot \mathbf{u}^{n+1/2} - \Delta^2 \rho \tag{20.5.37}$$

onde

$$r \equiv \frac{2\Delta^2}{\Delta t} \tag{20.5.38}$$

As matrizes do lado esquerdo das equações (20.5.36) e (20.5.37) são tridiagonais (e usualmente positivas definidas), de modo que as equações podem ser resolvidas pelo algoritmo tridiagonal padrão. Dado $\mathbf{u}^n$, resolve-se (20.5.36) para determinar $\mathbf{u}^{n+\frac{1}{2}}$, substitui-se o valor no lado direito de (20.5.37) e então resolve-se para $\mathbf{u}^{n+1}$. A questão crucial é como escolher o parâmetro de iteração $r$, o análogo da escolha de um passo temporal em um problema de valores iniciais.

Como sempre, o objetivo é minimizar o raio espectral da matriz de iteração. Embora uma discussão detalhada esteja além do nosso escopo, resulta que, para uma escolha ótima de $r$, o método ADI apresenta a mesma taxa de convergência que o SOR. Os passos individuais de iteração no ADI são muito mais complicados que no SOR, o que faz o ADI parecer inferior. Isto é verdadeiro se escolhermos o mesmo parâmetro $r$ para cada passo de iteração. Contudo, é possível escolher um $r$ *diferente* para cada passo. Se isto for feito de modo otimizado, então o ADI é geralmente mais eficiente que o SOR. Nós o encaminhamos a literatura [1-4] para mais detalhes.

A razão pela qual não apresentamos aqui uma implementação completa do ADI é que, na maioria das aplicações, o método foi ultrapassado por métodos de multirredes, descritos na próxima seção. Nosso conselho é usar o SOR para problemas triviais (por exemplo, $30 \times 30$) ou para resolver um problema grande uma única vez, onde a facilidade de programação tem peso maior que o gasto de tempo computacional. Ocasionalmente, os métodos para matrizes esparsas do §2.7 são úteis para se resolver um conjunto de equações diferenciais diretamente. Para soluções em escala de problemas elípticos grandes, contudo, a escolha hoje recai quase sempre sobre os métodos de multirredes.

**REFERÊNCIAS CITADAS E LEITURA COMPLEMENTAR**

Hockney, R.W., and Eastwood, J.W. 1981, *Computer Simulation Using Particles* (New York: McGraw-Hill), Chapter 6.

Young, D.M. 1971, *Iterative Solution of Large Linear Systems* (New York: Academic Press); reprinted 2003 (New York: Dover).[1]

Stoer, J., and Bulirsch, R. 2002, *Introduction to Numerical Analysis*, 3rd ed. (New York: Springer), §8.3–§8.6.[2]

Varga, R.S. 2000, *Matrix Iterative Analysis*, 2nd ed. (New York: Springer).[3]

Spanier, J. 1967, in *Mathematical Methods for Digital Computers, Volume 2* (New York: Wiley), Chapter 11.[4]

## 20.6 Métodos de multirredes (*multigrid*) para problemas de contorno

Métodos de multirredes práticos foram introduzidos pela primeira vez nos anos 1970 por Brandt [1,2]. Estes métodos conseguem resolver EDPs elípticas discretizadas sobre $N$ pontos da malha em $O(N)$ operações. Os esquemas de resolução elípticos diretos "rápidos" no §20.4 resolvem tipos especiais de equações elípticas em $O$ $(N \log N)$ operações. Os coeficientes numéricos nestas estimativas são tais que métodos multirredes são comparáveis, em velocidade de execução, aos métodos rápidos. Ao contrário destes últimos, porém, métodos multirredes conseguem resolver equações elípticas gerais a coefientes variáveis com praticamente nenhuma perda em eficiência. Até mesmo sistemas não lineares podem ser resolvidos com velocidade comparável.

Infelizmente, não existe um único algoritmo multirrede que resolva todos os problema elípticos. Existe sim uma técnica multirrede que propicia o arcabouço para resolver este tipo de problema. Você tem que ajustar as várias componentes do algoritmo dentro deste arcabouço para solucionar o seu problema específico. Podemos aqui dar apenas uma breve introdução ao assunto. Em particular, nós lhe daremos duas amostras de rotinas multirredes, uma linear e outra não. Seguindo estes protótipos e pesquisando as referências [3-6], por exemplo, você será capaz de desenvolver rotinas para resolver os seus próprios problemas.

Há duas abordagens distintas, mas relacionadas, de como usar técnicas multirredes. A primeira, chamada de *técnica de multirredes*, é uma maneira de acelerar a convergência de um método de relaxação tradicional, por você definido sobre uma rede de granularidade (*fineness*) pré-especificada. Neste caso, você tem que definir seu problema (por exemplo, avaliar seus termos de fonte) somente neste rede. Outras redes não tão finas, definidas pelo método, podem ser vistas como auxiliares computacionais temporárias.

A segunda abordagem chamada (talvez confusamente) de *método multirrede completo* (*FMG, full multigrid*) exige que você seja capaz de definir seu problema sobre redes de diferentes tamanhos (geralmente pela discretização de uma EDP subjacente em conjuntos de diferentes tamanhos de equações a diferenças finitas). Nesta abordagem, o método acha soluções sucessivas em redes cada vez mais finas. Você pode parar a solução ou numa granularidade pré-especificada, ou monitorando o erro de truncamento devido à discretização, parando apenas quando ele se tornar toleravelmente pequeno.

Nesta seção discutiremos primeiramente o método de multirredes e então utilizaremos os conceitos desenvolvidos para introduzir o método FMG. Este último é o algoritmo que implementamos nos programas que acompanham.

### 20.6.1 Do one-grid através do two-grid até o multigrid

A ideia-chave do método de multirredes pode ser entendida considerando-se o caso mais simples de um método de 2-grid. Suponha que estejamos tentando resolver o problema elíptico linear

$$\mathcal{L}u = f \qquad (20.6.1)$$

onde $\mathcal{L}$ é algum operador elíptico e $f$ é o termo representando a fonte. Discretizemos a equação (20.6.1) sobre uma rede uniforme de tamanho de malha $h$. Escrevamos o conjunto resultante de equações algébricas lineares como

$$\mathcal{L}_h u_h = f_h \qquad (20.6.2)$$

Seja $\tilde{u}_h$ alguma solução aproximada da equação (20.6.2). Usaremos o símbolo $u_h$ para denotar a solução exata da equação a diferenças finitas (20.6.2). Então o *erro* em $\tilde{u}_h$ ou a *correção* é

$$v_h = u_h - \tilde{u}_h \qquad (20.6.3)$$

O *resídual* ou *defeito* é

$$d_h = \mathcal{L}_h \tilde{u}_h - f_h \qquad (20.6.4)$$

(Cuidado: alguns autores definem o residual como sendo o negativo do defeito, e não há consenso a respeito do que a equação 20.6.4 define.) Uma vez que $\mathcal{L}_h$ é linear, o erro deve satisfazer

$$\mathcal{L}_h v_h = -d_h \tag{20.6.5}$$

Neste ponto temos que fazer uma aproximação de $\mathcal{L}_h$ a fim de achar $v_h$. Os métodos clássicos de iteração, tais como Jacobi ou Gauss-Seidel, fazem isso determinando, a cada estágio, uma solução aproximada da equação

$$\hat{\mathcal{L}}_h \hat{v}_h = -d_h \tag{20.6.6}$$

onde $\hat{\mathcal{L}}_h$ é um operador mais "simples" que $\mathcal{L}_h$. Por exemplo, $\hat{\mathcal{L}}_h$ é a parte diagonal de $\mathcal{L}_h$ para a iteração de Jacobi ou a triangular inferior para a iteração de Gauss-Seidel. A aproximação subsequente é gerada por

$$\tilde{u}_h^{\text{novo}} = \tilde{u}_h + \hat{v}_h \tag{20.6.7}$$

Considere agora, como alternativa, um tipo de aproximação completamente diferente para $\mathcal{L}_h$, uma na qual nós "engrossamos" ao invés de "simplificar"*. Isto é, fazemos algum tipo de aproximação apropriada $\mathcal{L}_H$ de $\mathcal{L}_h$ em uma rede mais grossa, com tamanho de malha $H$ (sempre adotaremos $H = 2\,h$, embora outras escolhas sejam possíveis). A equação residual (20.6.5) é agora aproximada por

$$\mathcal{L}_H v_H = -d_H \tag{20.6.8}$$

Uma vez que $\mathcal{L}_H$ tem dimensão menor, esta equação será mais fácil de se resolver do que (20.6.5). Para definir o defeito $d_H$ em uma rede de malha mais grossa, nós precisamos de um *operador de restrição* $\mathcal{R}$ que restringe $d_h$ à rede mais grossa:

$$d_H = \mathcal{R} d_h \tag{20.6.9}$$

Este operador é também chamado de *operador fino-ao-grosso (fine-to-coarse operator)* ou *operador de interpolação*. Uma vez que tivermos disponível uma solução $\tilde{v}_H$ da equação (20.6.8), precisaremos de um *operador de prolongação* $\mathcal{P}$ que prolonga, ou interpola, a correção para a malha mais fina.

$$\tilde{v}_h = \mathcal{P} \tilde{v}_H \tag{20.6.10}$$

O operador de prolongação é também chamado de *operador grosso-ao-fino (coarse-to-fine operator)* ou *operador de interpolação*. Tanto $\mathcal{R}$ quanto $\mathcal{P}$ são escolhidos de modo a serem operadores lineares. Finalmente, a aproximação $\tilde{u}_h$ pode ser atualizada:

$$\tilde{u}_h^{\text{novo}} = \tilde{u}_h + \tilde{v}_h \tag{20.6.11}$$

Um passo do esquema de correção de malha grossa (*coarse-grid correction scheme*) é, portanto:

### Correção de Malha Grossa

- Calcule o defeito na malha fina usando (20.6.4).
- Restrinja o defeito por meio de (20.6.9).
- Resolva (20.6.8) exatamente na malha grossa para obter correção.
- Interpole a correção para a malha fina via (20.6.10).
- Calcule a próxima aproximação via (20.6.11).

---

*N. de T.: No original em inglês, *we coarsify rather than simplify*.

Comparemos as vantagens e desvantagens da relaxação e do esquema de correção de malha grossa. Considere o erro $v_h$ expandido em série de Fourier discreta. Chame as componentes na metade inferior do espectro de frequências de *componentes suaves* e aquelas de alta frequência de *componentes não suaves*. Vimos que a relaxação fica lentamente convergente no limite $h \to 0$, isto é, quando há um grande número de pontos na malha. A razão para tanto é que a cada iteração as componentes suaves são reduzidas em amplitude apenas levemente. Contudo, muitos métodos de relaxação reduzem a amplitude das componentes não suaves por fatores grandes a cada iteração: eles são bons *operadores de suavização*.

Para a iteração de 2-grid, pelo contrário, componentes do erro com comprimentos de onda $\lesssim 2H$ não são nem mesmo representáveis em uma malha grossa, não podendo ser reduzidas a zero sobre ela. Mas são exatamente estas componentes de alta frequência que podem ser reduzidas por relaxação em uma malha fina! Isto leva a uma combinação das ideias da relaxação e correção de malha grossa:

*Iteração de 2-grid*

- Pré-suavização: calcule $\bar{u}_h$ aplicando $\nu_1 \geq 0$ passos do método de relaxação em $\tilde{u}_h$.
- Correção de malha grossa: como acima, usando $\bar{u}_h$ para obter $\bar{u}_h^{novo}$.
- Pós-suavização: calcule $\tilde{u}_h^{novo}$ aplicando $\nu_2 \geq 0$ passos do método de relaxação em $\bar{u}_h^{novo}$.

É apenas um curto passo do método de *2-grid* acima para um método de *multigrid*. No lugar de resolver exatamente a equação de defeito de malha grossa (20.6.8), podemos obter uma solução aproximada dela introduzindo uma malha ainda mais grossa e utilizando posteriormente um método de iteração de *2-grid*. Se o fator de convergência deste método for pequeno o suficiente, precisaremos apenas de alguns poucos passos desta iteração para obter uma solução aproximada boa o suficiente. Denotemos o número de tais iterações por $\gamma$. Obviamente podemos aplicar esta ideia recursivamente na direção da malha mais grossa possível. Nesta, a solução pode ser facilmente encontrada, por exemplo, usando-se uma inversão matricial direta ou iterando o esquema de relaxação até a convergência.

Uma iteração de um método de multirredes, da mais fina para a mais grossa e de volta à mais fina outra vez, é chamada de *ciclo*. A estrutura exata de um ciclo depende de $\gamma$, o número de iterações de *2-grid* a cada passo intermediário. O caso $\gamma = 1$ é chamado de ciclo-V (*V-cycle*), enquanto $\gamma = 2$ é chamado de ciclo-W (*W-cycle*, vide Figura 20.6.1). Estes são os casos mais importantes na prática.

Observe que uma vez que mais de duas malhas estão envolvidas, os passos pré-suavização depois do primeiro na malha mais fina requerem uma aproximação inicial para o erro $v$. Este deveria ser tomado como sendo zero.

## 20.6.2 Operadores de suavização, restrição e prolongamento

O método de suavização mais popular e aquele que você deveria tentar primeiro é Gauss-Seidel, uma vez que ele normalmente leva a uma boa taxa de convergência. Se ordenarmos os pontos da malha de 0 a $N-1$, então o esquema de Gauss-Seidel se torna

$$u_i = -\Big(\sum_{\substack{j=0 \\ j \neq i}}^{N-1} L_{ij} u_j - f_i\Big) \frac{1}{L_{ii}} \qquad i = 0, \ldots, N-1 \qquad (20.6.12)$$

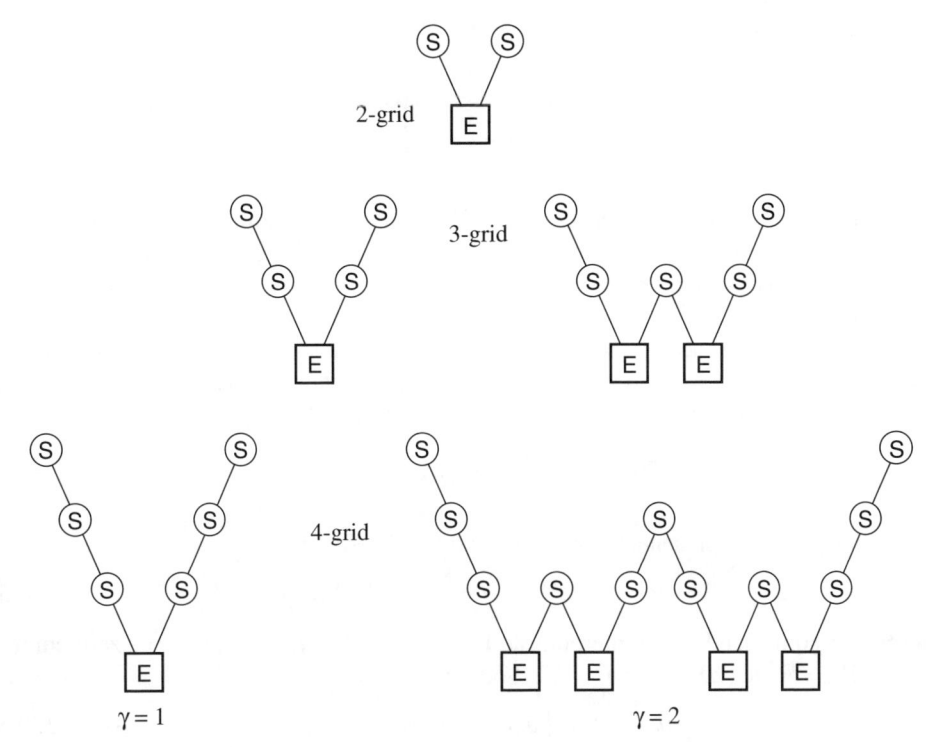

**Figura 20.6.1** Estrutura dos ciclos multirredes. S denota suavização, ao passo que E denota solução exata na malha mais grossa. Cada linha descendente \ denota restrição ($\mathcal{R}$) e cada linha ascendente / denota prolongamento ($\mathcal{P}$). A malha mais fina está no nível mais alto de cada diagrama. Para os *V-cycles* ($\gamma = 1$) o passo E é substituído por uma iteração de *2-grid* cada vez que o número de níveis da malha é aumentado por um. Para os *W-cycles* ($\gamma = 2$) cada passo E é substituído por duas iterações de *2-grid*.

onde novos valores de $u$ são usados no lado direito à medida que vão se tornando disponíveis. A forma exata do método de Gauss-Seidel depende do ordenamento escolhido para os pontos da malha. Para equações elípticas de segunda ordem típicas, como nosso modelo (20.0.3), ou sua forma finita (20.0.8), é normalmente melhor usar um ordenamento preto-branco, fazendo uma varredura pela malha e atualizando os pontos "pares" (como os quadrados brancos do tabuleiro) e depois uma varredura e atualização dos pontos "ímpares" (quadrados pretos). Quando as grandezas estiverem mais fortemente acopladas ao longo de uma dimensão do que da outra, dever-se-ia fazer a relaxação de toda uma linha ao longo daquela dimensão simultaneamente. A relaxação de linha para acoplamentos de vizinhos próximos envolve a solução de um sistema tridiagonal, sendo portanto ainda eficiente. Relaxar linhas ímpares e pares em passagens sucessivas é chamado de relaxação em zebra, sendo normalmente preferido à simples relaxação por linha.

Observe que o SOR *não* deveria ser usado como operador de suavização. A sobrerrelaxação destrói a suavização de altas frequências que é crucial para o método de multirredes.

Uma notação sucinta para os operadores de prolongamento e relaxação é dada pelo seu *símbolo*. O símbolo de $\mathcal{P}$ é encontrando considerando-se $v_H$ como sendo igual a 1 em algum ponto $(x,y)$ da malha e zero em todos os outros lugares, e perguntando-se quais são os valores de $\mathcal{P}v_H$. O operador de prolongamento mais popular é a interpolação bilinear simples. Ele reproduz valores diferentes de zero nos nove pontos $(x, y)$, $(x + h, y)$, ..., $(x - h, y - h)$, onde os valores são $1, \frac{1}{2}, ..., \frac{1}{4}$.

Seu símbolo é, portanto,

$$\begin{bmatrix} \frac{1}{4} & \frac{1}{2} & \frac{1}{4} \\ \frac{1}{2} & 1 & \frac{1}{2} \\ \frac{1}{4} & \frac{1}{2} & \frac{1}{4} \end{bmatrix} \qquad (20.6.13)$$

O símbolo de $\mathcal{R}$ é definido considerando-se $v_h$ como sendo definido em todo lugar de uma malha fina e fazendo-se a pergunta sobre qual seria $\mathcal{R}v_h$ em $(x, y)$ como combinação linear destes valores. A escolha mais simples possível para $\mathcal{R}$ é uma *injeção direta*, o que significa simplesmente preencher cada ponto da malha grossa com o valor correspondente da malha fina. Seu símbolo é "[1]". Contudo, com esta escolha algumas dificuldades podem surgir na prática. Resulta que uma escolha segura de $\mathcal{R}$ é fazer dele o operador adjunto de $\mathcal{P}$. Para definir o adjunto, defina o produto escalar de duas funções de malha $u_h$ e $v_h$ para redes de tamanho de espaçamento $h$ como sendo

$$\langle u_h | v_h \rangle_h \equiv h^2 \sum_{x,y} u_h(x, y) v_h(x, y) \qquad (20.6.14)$$

Então, o adjunto de $\mathcal{P}$, representando pela notação $\mathcal{P}^\dagger$, é definido via

$$\langle u_H | \mathcal{P}^\dagger v_h \rangle_H = \langle \mathcal{P} u_H | v_h \rangle_h \qquad (20.6.15)$$

Agora tome $\mathcal{P}$ como sendo uma interpolação linear e escolha $u_H = 1$ em $(x,y)$ e zero em todo o resto. Faça $\mathcal{P}^\dagger = \mathcal{R}$ em (20.6.15) e $H = 2h$. Você encontrará

$$(\mathcal{R}v_h)_{(x,y)} = \tfrac{1}{4} v_h(x, y) + \tfrac{1}{8} v_h(x + h, y) + \tfrac{1}{16} v_h(x + h, y + h) + \cdots \qquad (20.6.16)$$

de modo que o símbolo de $\mathcal{R}$ é

$$\begin{bmatrix} \frac{1}{16} & \frac{1}{8} & \frac{1}{16} \\ \frac{1}{8} & \frac{1}{4} & \frac{1}{8} \\ \frac{1}{16} & \frac{1}{8} & \frac{1}{16} \end{bmatrix} \qquad (20.6.17)$$

Observe a regra simples: o símbolo de $\mathcal{R}$ é $\frac{1}{4}$ da transposta da matriz que define o símbolo $\mathcal{P}$ da equação (20.6.13). Esta regra é geral e vale sempre que $\mathcal{R} = \mathcal{P}^\dagger$ e $H = 2h$.

A escolha particular de $\mathcal{R}$ em (20.6.17) é chamada de *pesagem completa*. Uma escolha também popular para $\mathcal{R}$ é a *meia pesagem*, "a meio caminho" da pesagem completa e da injeção direta. Seu símbolo é

$$\begin{bmatrix} 0 & \frac{1}{8} & 0 \\ \frac{1}{8} & \frac{1}{2} & \frac{1}{8} \\ 0 & \frac{1}{8} & 0 \end{bmatrix} \qquad (20.6.18)$$

Uma notação similar pode ser usada para descrever o operador diferença $\mathcal{L}_h$. Por exemplo, a diferenciação padrão do problema modelo, a equação (20.0.6), é representada pela *estrela de diferença de cinco pontos* (*five-point difference star*)

$$\mathcal{L}_h = \frac{1}{h^2} \begin{bmatrix} 0 & 1 & 0 \\ 1 & -4 & 1 \\ 0 & 1 & 0 \end{bmatrix} \qquad (20.6.19)$$

Se você se vê diante de um novo problema e não tem certeza sobre quais escolhas de $\mathcal{P}$ e $\mathcal{R}$ funcionarão direito, aqui vai uma regra segura: suponha que $m_p$ seja a ordem da interpolação $\mathcal{P}$

(isto é, ela interpola polinômios de grau $m_{p-1}$ de maneira exata). Suponha que $m_r$ seja a ordem de $\mathcal{R}$, e que este seja o adjunto de algum $\mathcal{P}$ (não necessariamente daquele que você pretende usar). Então, se $m$ for a ordem do operador diferencial $\mathcal{L}_H$, a desigualdade $m_p + m_r > m$ deve ser satisfeita. Por exemplo, a interpolação bilinear e sua adjunta para a equação de Poisson com pesagem completa satisfaz $m_p + m_r = 4 > m = 2$.

É claro que os operadores $\mathcal{P}$ e $\mathcal{R}$ devem enforçar as condições de contorno de seu problema. A maneira mais fácil de fazer isso é reescrever a equação a diferenças finitas para que ela tenha condições de contorno homogêneas, modificando o termo de fonte se necessário (conforme §20.4). Impor condições de contorno homogêneas simplesmente requer que o operador $\mathcal{P}$ produza zeros nos pontos de fronteira apropriados. O $\mathcal{R}$ correspondente é então calculado via $\mathcal{R} = \mathcal{P}^\dagger$.

### 20.6.3 Algoritmo multirredes completo

Até agora descrevemos multirredes como um método iterativo, onde se começa com um chute inicial na malha mais fina possível e em seguida executa-se tantos ciclos (*V-cycles*, *W-cycles*) quanto necessários até se obter a convergência. Esta é a maneira mais simples de se usar multirredes. Simplesmente aplique o número necessário de ciclos até que algum critério de convergência apropriado seja satisfeito. Porém, a eficiência pode ser melhorada por meio do uso do *método de multirredes completo* (FMG, *full multigrid method*), também conhecido como *iteração aninhada* (*nested iteration*).

Ao invés de começar com uma aproximação arbitrária na mais fina das malhas (por exemplo, $u_h = 0$), a primeira aproximação é obtida pela interpolação de uma solução de malha grossa:

$$u_h = \mathcal{P} u_H \tag{20.6.20}$$

A solução de malha grossa em si é encontrada por meio de um processo FMG similar a partir de malhas ainda mais grossas. No nível mais grosso, você parte da solução exata. Ao invés de prosseguir como na Figura 20.6.1, então, o FMG chega à sua solução por uma série de "N's" cada vez maiores, cada um dos maiores testando malhas cada vez mais finas (vide Figura 20.6.2)

Observe que $\mathcal{P}$ em (20.6.20) não necessariamente tem que ser o mesmo $\mathcal{P}$ usado nos ciclos multirredes. Ele deveria ser pelo menos da mesma ordem que a discretização $\mathcal{L}_h$, mas muitas vezes um operador de ordem mais alta leva a uma maior eficiência.

O que se observa é que geralmente você precisa de um ou no máximo dois ciclos multirrede em cada nível antes de descer para a próxima malha mais fina. Embora haja um guia teórico a respeito do número de ciclos necessários (por exemplo, [3]), você pode facilmente determiná-lo de modo empírico. Fixe o nível mais fino e estude os valores das soluções à medida que você aumenta o número de ciclos por nível. O valor assintótico da solução é a solução exata das equações a diferenças finitas. A diferença entre esta solução exata e a solução para um número pequeno de ciclos é o erro de iteração. Fixe agora o número de ciclos em um valor alto e varie o número de níveis, isto é, o menor valor de $h$ a ser usado. Desta maneira você pode estimar o erro de truncamento para um dado $h$. No seu código final, não há razão para usar mais ciclos do que o número necessário para baixar o erro de iteração para até o tamanho do erro de truncamento.

A iteração multirrede simples (ciclo) necessita do lado direito $f$ somente no nível mais fino, mas o FMG necessita $f$ em todos os níveis. Se as condições de contorno são homogêneas, você pode usar $f_H = \mathcal{R} f_h$. Esta receita nem sempre é segura para condições de contorno inomogêneas, em cujo caso é melhor discretizar $f$ em cada uma das malhas grossas.

Observe que o algoritmo FMG gera a solução em todos os níveis, podendo assim ser combinado com técnicas como a extrapolação de Richardson.

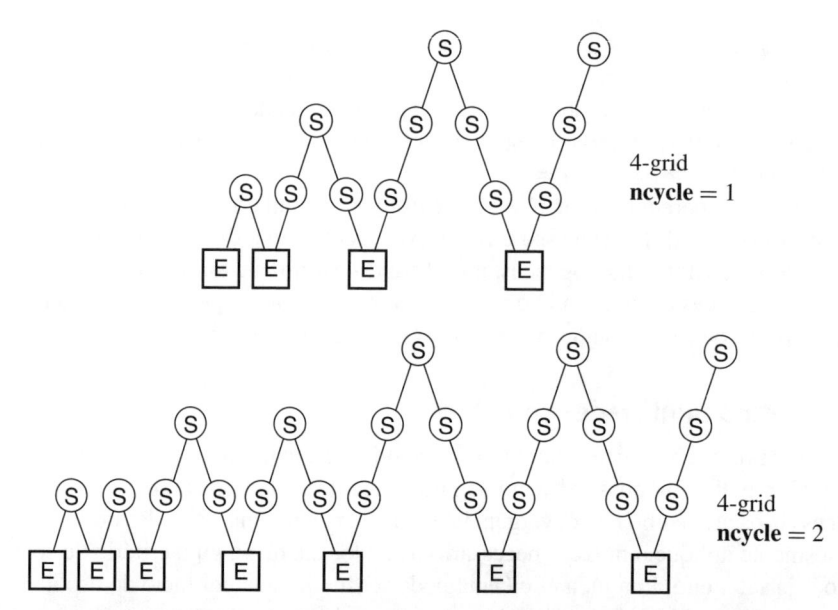

**Figura 20.6.2** Estrutura de ciclos do método de multirredes completo (FMG) (notação como na Figura 20.6.1). Este método começa por uma malha mais grossa, interpola, refinando em seguida (pelos "V's") a solução em malhas cada vez mais finas.

Damos agora a rotina `Mglin` que implementa o método multirredes completo para uma equação linear, o problema modelo (20.0.6). Ela utiliza o Gauss-Seidel preto-branco como operador de suavização, a interpolação bilinear para $\mathcal{P}$, e meia-pesagem para $\mathcal{R}$. Para alterar a rotina de modo que ela possa lidar com outro problema linear, tudo o que lhe resta fazer é modificar as funções `relax`, `resid` e `slvsml` apropriadamente. Uma característica da rotina é a alocação dinâmica do armazenamento de variáveis definidas nas várias malhas.

mglin.h
```
struct Mglin {
```
Algoritmo multigrid completo para solução de equação elíptica linear, neste caso o problema modelo (20.0.6) em um domínio quadrado de lado 1, de modo que $\Delta = 1/(n - 1)$.
```
    Int n,ng;
    MatDoub *uj,*uj1;
    NRvector<NRmatrix<Doub> *> rho;     Vetor de ponteiros para ρ em cada nível.

    Mglin(MatDoub_IO &u, const Int ncycle) : n(u.nrows()), ng(0)
```
Na entrada u[0..n-1][0..n-1] contém o lado direito de ρ, enquanto que na saída ele devolve a solução. A dimensão de n deve ter a forma $2^j + 1$ para algum inteiro j (j é na verdade o número de níveis de malha usados na solução e chamado abaixo de ng). ncycle é o número de V-cycles usados em cada nível.
```
    {
        Int nn=n;
        while (nn >>= 1) ng++;
        if ((n-1) != (1 << ng))
            throw("n-1 must be a power of 2 in mglin.");
        nn=n;
        Int ngrid=ng-1;
        rho.resize(ng);
        rho[ngrid] = new MatDoub(nn,nn);      Aloca memória para lado direito sobre malha ng − 1,
        *rho[ngrid]=u;                         e preenche-o com a entrada do lado direito.
        while (nn > 3) {                       Similarmente, aloca memória e preenche lado direito
            nn=nn/2+1;                         sobre todas as malhas grossas por meio da restri-
            rho[--ngrid]=new MatDoub(nn,nn);   ção de malhas mais finas.
            rstrct(*rho[ngrid],*rho[ngrid+1]);
        }
    }
```

```
    nn=3;
    uj=new MatDoub(nn,nn);
    slvsml(*uj,*rho[0]);               Solução inicial na mais grossa malha.
    for (Int j=1;j<ng;j++) {           Loop de iteração embutido.
        nn=2*nn-1;
        uj1=uj;
        uj=new MatDoub(nn,nn);
        interp(*uj,*uj1);              Interpola da malha j-1 para a próxima mais fina.
        delete uj1;
        for (Int jcycle=0;jcycle<ncycle;jcycle++)    Loop de V-cycle.
            mg(j,*uj,*rho[j]);
    }
    u = *uj;                           Retorna solução em u.
}

~Mglin()
Destrutor deleta memória.
{
    if (uj != NULL) delete uj;
    for (Int j=0;j<ng;j++)
        if (rho[j] != NULL) delete rho[j];
}

void interp(MatDoub_O &uf, MatDoub_I &uc)
```
Prolongamento grosso-para-fino por meio de interpolação linear. Se nf for a dimensão da malha fina, a solução da malha grossa é fornecida na entrada como uc[0..nc-1][0..nc-1], onde nc = nf/2 + 1. A solução na malha fina é devolvida em uf[0..nf-1][0..nf-1].
```
{
    Int nf=uf.nrows();
    Int nc=nf/2+1;
    for (Int jc=0;jc<nc;jc++)          Faz elementos que são cópias.
        for (Int ic=0;ic<nc;ic++) uf[2*ic][2*jc]=uc[ic][jc];
    for (Int jf=0;jf<nf;jf+=2)         Faz colunas renumeradas com índices par, interpolando
        for (Int iif=1;iif<nf-1;iif+=2) verticalmente
            uf[iif][jf]=0.5*(uf[iif+1][jf]+uf[iif-1][jf]);
    for (Int jf=1;jf<nf-1;jf+=2)
        for (Int iif=0;iif<nf;iif++)   Faz colunas indexadas por número ímpar, interpolando
            uf[iif][jf]=0.5*(uf[iif][jf+1]+uf[iif][jf-1]);  horizontalmente
}

void addint(MatDoub_O &uf, MatDoub_I &uc, MatDoub_O &res)
```
Faz interpolação grosso-para-fino e adiciona resultado a vf. Se nf é a dimensão da malha fina, a solução da malha grossa entra como uc[0..nc-1][0..nc-1] onde nc = nf/2 + 1. A solução fina é retornada em uf[0..nf-1][0..nf-1]. res[0..nf-1][0..nf-1] é usado para armazenagem temporária.
```
{
    Int nf=uf.nrows();
    interp(res,uc);
    for (Int j=0;j<nf;j++)
        for (Int i=0;i<nf;i++)
            uf[i][j] += res[i][j];
}

void slvsml(MatDoub_O &u, MatDoub_I &rhs)
```
Solução do problema modelo na malha mais grossa, com $h = \frac{1}{2}$. O lado direito entra no programa em rhs[0..2][0..2] e a solução é devolvida em u[0..2][0..2].
```
{
    Doub h=0.5;
    for (Int i=0;i<3;i++)
        for (Int j=0;j<3;j++)
            u[i][j]=0.0;
```

```
        u[1][1] = -h*h*rhs[1][1]/4.0;
}

void relax(MatDoub_IO &u, MatDoub_I &rhs)
```
Relaxação de Gauss-Seidel preto-branco para problema modelo. Atualiza valor corrente da solução u[0..n-1][0..n-1] usando a função do lado direito rhs[0..n-1][0..n-1].
```
{
    Int n=u.nrows();
    Doub h=1.0/(n-1);
    Doub h2=h*h;
    for (Int ipass=0,jsw=1;ipass<2;ipass++,jsw=3-jsw) {      Varreduras preto e branco.
        for (Int j=1,isw=jsw;j<n-1;j++,isw=3-isw)
            for (Int i=isw;i<n-1;i+=2)                       Fórmula de Gauss-Seidel.
                u[i][j]=0.25*(u[i+1][j]+u[i-1][j]+u[i][j+1]
                    +u[i][j-1]-h2*rhs[i][j]);
    }
}

void resid(MatDoub_O &res, MatDoub_I &u, MatDoub_I &rhs)
```
Retorna *minus*, o residual para o problema modelo. Grandezas na entrada: u[0..n-1][0..n-1] e rhs[0..n-1][0..n-1], ao passo que na saída temos res[0..n-1][0..n-1].
```
{
    Int n=u.nrows();
    Doub h=1.0/(n-1);
    Doub h2i=1.0/(h*h);
    for (Int j=1;j<n-1;j++)                                  Pontos interiores.
        for (Int i=1;i<n-1;i++)
            res[i][j] = -h2i*(u[i+1][j]+u[i-1][j]+u[i][j+1]
                +u[i][j-1]-4.0*u[i][j])+rhs[i][j];
    for (Int i=0;i<n;i++)                                    Pontos na fronteira.
        res[i][0]=res[i][n-1]=res[0][i]=res[n-1][i]=0.0;
}

void rstrct(MatDoub_O &uc, MatDoub_I &uf)
```
Restrição de meia-pesagem. Se nc for a dimensão da malha grossa, a solução de malha fina entra em uf[0..2*nc-2][0..2*nc-2]. A solução de molha grossa obtida por restrição é retornada em uc[0..nc-1][0..nc-1].
```
{
    Int nc=uc.nrows();
    Int ncc=2*nc-2;
    for (Int jf=2,jc=1;jc<nc-1;jc++,jf+=2) {                 Pontos interiores.
        for (Int iif=2,ic=1;ic<nc-1;ic++,iif+=2) {
            uc[ic][jc]=0.5*uf[iif][jf]+0.125*(uf[iif+1][jf]+uf[iif-1][jf]
                +uf[iif][jf+1]+uf[iif][jf-1]);
        }
    }
    for (Int jc=0,ic=0;ic<nc;ic++,jc+=2) {                   Pontos na fronteira.
        uc[ic][0]=uf[jc][0];
        uc[ic][nc-1]=uf[jc][ncc];
    }
    for (Int jc=0,ic=0;ic<nc;ic++,jc+=2) {
        uc[0][ic]=uf[0][jc];
        uc[nc-1][ic]=uf[ncc][jc];
    }
}

void mg(Int j, MatDoub_IO &u, MatDoub_I &rhs)
```
Iteração multirrede recursiva. Na entrada, j é o nível corrente, u é o valor corrente da solução e rhs é o lado direito. Na saída u contém a solução melhorada no nível corrente.
```
{
    const Int NPRE=1,NPOST=1;             Número de varreduras de relaxação antes e depois que a
    Int nf=u.nrows();                     correção de malha grossa é calculada.
    Int nc=(nf+1)/2;
```

```
        if (j == 0)                    Fundo de V: acha solução na mais grossa malha.
            slvsml(u,rhs);
        else {                          Descida do V.
            MatDoub res(nc,nc),v(nc,nc,0.0),temp(nf,nf);
            v é zero para chute inicial em cada relaxação.
            for (Int jpre=0;jpre<NPRE;jpre++)
                relax(u,rhs);           Pré-suavização.
            resid(temp,u,rhs);
            rstrct(res,temp);           Restrição do residual é o próximo lado direito.
            mg(j-1,v,res);              Call recursivo para correção de malha grossa.
            addint(u,v,temp);           Subida de V.
            for (Int jpost=0;jpost<NPOST;jpost++)
                relax(u,rhs);           Pós-suavização.
        }
    }
};
```

A rotina `Mglin` foi escrita objetivando clareza e não eficiência máxima, sendo deste modo fácil de se modificar. Algumas mudanças simples acelerarão o tempo de execução:

- O defeito $d_h$ vai identicamente a zero em todos os pontos pretos da rede depois de um passo preto-branco de Gauss-Seidel. Portanto, $d_H = \mathcal{R}d_h$ para meia-pesagem reduz-se simplesmente a copiar metade do defeito da malha fina para o ponto correspondente da malha grossa. As chamadas para `resid` seguidas de `rstrct` na primeira parte do V-cycle podem ser substituídas por uma rotina que faz loops apenas sobre a malha grossa, preenchendo-a com metade do defeito.
- De modo similar, a quantidade $\tilde{u}_h^{novo} = \tilde{u}_h + \mathcal{P}\tilde{v}_H$ não precisa ser calculada nos pontos brancos da rede, uma vez que eles serão imediatamente redefinidos no passo subsequente de Gauss-Seidel. Isso significa que o loop de `aDint` precisa ser feito apenas sobre os pontos pretos.
- Você pode acelerar `relax` de diferentes maneiras. Primeiro, você pode ter uma forma especial quando o chute inicial é zero. Segundo, é possível economizar uma adição na fórmula de Gauss-Seidel reescrevendo-a com variáveis intermediárias.
- Para problemas típicos, `Mglin` com `ncycle = 1` retornará uma solução com o erro de iteração maior que o de truncamento para um dado tamanho de $h$. Para baixá-lo até o valor do erro de truncamento, você tem que fixar `ncycle = 2` ou, o que é mais barato, `NPRE = 2`. Uma maneira mais eficiente é usar um $\mathcal{P}$ de ordem mais alta em (20.6.20) no lugar da interpolação usada no V-cycle.

A implementação de todos os procedimentos acima resulta, tipicamente, numa melhoria do tempo de execução por um fator de dois e certamente vale a pena num código de trabalho.

### 20.6.4 Multirrede não linear: o algoritmo FAS

Vamos focar agora na solução da equação elíptica não linear, que pode ser escrita de maneira simbólica como

$$\mathcal{L}(u) = 0 \tag{20.6.21}$$

Qualquer termo de fonte explícito foi colocado do lado esquerdo da equação. Suponhamos que a equação (20.6.21) foi adequadamente discretizada

$$\mathcal{L}_h(u_h) = 0 \tag{20.6.22}$$

Veremos a seguir que no algoritmo multirredes teremos que considerar equações onde um lado direito diferente de zero é gerado durante o processo de resolução do problema:

$$\mathcal{L}_h(u_h) = f_h \tag{20.6.23}$$

Uma maneira de se resolver problemas não lineares com multirredes é usar o método de Newton, que produz equações lineares para o termo de correção a cada passo de iteração. Podemos então usar o multirredes linear para resolver estas equações. A grande força da ideia de multirredes contudo é o fato de que o método pode ser aplicado *diretamente* a problemas não lineares. O que precisamos é simplesmente de uma relaxação *não linear* adequada para a suavização dos erros, acrescida de um procedimento para aproximação de correções em malhas mais grossas. Esta abordagem direta é o algoritmo de armazenamento de aproximação completa de Brandt (*FAS, full approximation storage*). Não é necessário resolver qualquer equação não linear, com exceção talvez na mais grossa das malhas.

Para desenvolver o algoritmo não linear, suponha que dispomos de um procedimento de relaxação que seja capaz de suavizar o vetor residual como por nós feito no caso linear. Podemos então procurar uma correção suave $v_h$ para resolver (20.6.23):

$$\mathcal{L}_h(\tilde{u}_h + v_h) = f_h \qquad (20.6.24)$$

Para encontrar $v_h$, observe que

$$\mathcal{L}_h(\tilde{u}_h + v_h) - \mathcal{L}_h(\tilde{u}_h) = f_h - \mathcal{L}_h(\tilde{u}_h)$$
$$= -d_h \qquad (20.6.25)$$

O lado direito é suave após umas poucas varreduras de relaxação não lineares. Podemos então transferir o lado esquerdo para uma malha mais grossa:

$$\mathcal{L}_H(u_H) - \mathcal{L}_H(\mathcal{R}\tilde{u}_h) = -\mathcal{R}d_h \qquad (20.6.26)$$

isto é, resolvemos

$$\mathcal{L}_H(u_H) = \mathcal{L}_H(\mathcal{R}\tilde{u}_h) - \mathcal{R}d_h \qquad (20.6.27)$$

na malha mais grossa (é assim que o lado direito diferente de zero aparece). Suponha que a solução aproximada seja $\tilde{u}_H$. Então, a correção na malha grossa é

$$\tilde{v}_H = \tilde{u}_H - \mathcal{R}\tilde{u}_h \qquad (20.6.28)$$

e

$$\tilde{u}_h^{novo} = \tilde{u}_h + \mathcal{P}(\tilde{u}_H - \mathcal{R}\tilde{u}_h) \qquad (20.6.29)$$

Observe que $\mathcal{P}\mathcal{R} \neq 1$ de um modo geral, e portanto $\tilde{u}_h^{novo} \neq \mathcal{P}\tilde{u}_H$. Este é o ponto-chave: na equação (20.6.29), o erro de interpolação vem somente da correção, não da solução completa $\tilde{u}_H$.

A equação (20.6.27) nos mostra que estamos resolvendo o problema para achar a aproximação completa de $u_H$, não apenas o erro, como no algoritmo linear. Esta é a origem do nome FAS.

O algoritmo FAS de multirredes é, portanto, muito similar ao algoritmo de multirredes linear. A única diferença é que tanto o defeito $d_h$ quanto a aproximação relaxada $u_h$ têm que ser ambos restritos à malha grossa, onde agora é a equação (20.6.27) que é resolvida pela chamada recursiva do algoritmo. Contudo, ao invés de implementar o algoritmo deste modo, nós primeiro descreveremos o assim chamado *ponto de vista dual*, que conduz a uma poderosa maneira alternativa de encarar a ideia de multirredes.

O ponto de vista dual considera o *erro local de truncamento*, definido por

$$\tau \equiv \mathcal{L}_h(u) - f_h \qquad (20.6.30)$$

onde $u$ é exatamente a solução da equação contínua original. Se reescrevermos a expressão acima como

$$\mathcal{L}_h(u) = f_h + \tau \qquad (20.6.31)$$

podemos ver que $\tau$ pode ser visto como a correção de $f_h$, de modo que a solução da equação na malha fina será a solução exata.

Considere agora o *erro de truncamento relativo* $\tau_h$, definido sobre a malha $H$ relativamente à malha $h$:

$$\tau_h \equiv \mathcal{L}_H(\mathcal{R}u_h) - \mathcal{R}\mathcal{L}_h(u_h) \tag{20.6.32}$$

Uma vez que $\mathcal{L}_h(u_h) = f_h$, isto pode ser reescrito como

$$\mathcal{L}_H(u_H) = f_H + \tau_h \tag{20.6.33}$$

Em outras palavras, podemos pensar em $\tau_h$ como sendo a correção de $f_H$ que torna a solução na malha grossa igual àquela da malha fina. Obviamente não temos como calcular $\tau_h$, mas temos sim uma aproximação para ele se usarmos $\tilde{u}_H$ na equação (20.6.32):

$$\tau_h \simeq \tilde{\tau}_h \equiv \mathcal{L}_H(\mathcal{R}\tilde{u}_h) - \mathcal{R}\mathcal{L}_h(\tilde{u}_h) \tag{20.6.34}$$

Substituindo $\tau_h$ por $\tilde{\tau}_h$ na equação (20.6.33), obtemos

$$\mathcal{L}_H(u_H) = \mathcal{L}_H(\mathcal{R}\tilde{u}_h) - \mathcal{R}d_h \tag{20.6.35}$$

que é simplesmente a equação na malha grossa (20.6.27)!

Portanto vemos que há dois pontos de vista complementares para a relação entre malhas de granularidade grossa e fina:

- Malhas grossas são usadas para acelerar a convergências das componentes suaves dos residuais das malhas finas.
- Malhas finas são usadas para se calcular termos de correção das equações de malhas grossas, resultando em acurácia de malhas finas para malhas de granularidade mais grossa.

Um benefício deste novo ponto de vista é que ele nos permite deduzir um critério natural de parada para a iteração de multirredes. Normalmente este critério seria

$$\|d_h\| \leq \epsilon \tag{20.6.36}$$

e a questão é como escolher $\epsilon$. Claramente, não há benefício algum em continuar iterando além do ponto no qual o erro remanescente é dominado pelo erro $\tau$ de truncamento local. A grandeza computável é $\tilde{\tau}_h$. Qual é a relação entre $\tau$ e $\tilde{\tau}_h$? Para o caso típico de um esquema de diferenciação finita de acurácia em segunda ordem,

$$\tau = \mathcal{L}_h(u) - \mathcal{L}_h(u_h) = h^2\tau_2(x,y) + \cdots \tag{20.6.37}$$

Assuma que a solução satisfaça $u_h = u + h^2 u_2(x,y) + \cdots$. Então, assumindo que $\mathcal{R}$ é de uma ordem alta o suficiente para que possamos negligenciar seu efeito, a equação (20.6.32) nos dá

$$\begin{aligned}\tau_h &\simeq \mathcal{L}_H(u + h^2 u_2) - \mathcal{L}_h(u + h^2 u_2) \\ &= \mathcal{L}_H(u) - \mathcal{L}_h(u) + h^2[\mathcal{L}'_H(u_2) - \mathcal{L}'_h(u_2)] + \cdots \\ &= (H^2 - h^2)\tau_2 + O(h^4)\end{aligned} \tag{20.6.38}$$

Para o caso usual $H = 2h$, temos portanto

$$\tau \simeq \tfrac{1}{3}\tau_h \simeq \tfrac{1}{3}\tilde{\tau}_h \tag{20.6.39}$$

O critério de parada é portanto a equação (20.6.36) com

$$\epsilon = \alpha \|\tilde{\tau}_h\|, \qquad \alpha \sim \tfrac{1}{3} \tag{20.6.40}$$

Resta uma tarefa antes de implementarmos nosso algoritmo de multirredes não linear: a escolha de um esquema de relaxação não linear. Mais uma vez, nossa primeira escolha seria provavelmente o Gauss-Seidel não linear. Se a equação discretizada (20.6.23) for escrita com algum tipo de escolha com relação ao ordenamento na forma

$$L_i(u_0, \ldots, u_{N-1}) = f_i, \qquad i = 0, \ldots, N-1 \tag{20.6.41}$$

então o esquema de Gauss-Seidel não linear acha a solução de

$$L_i(u_0,\ldots,u_{i-1},u_i^{novo},u_{i+1},\ldots,u_{N-1}) = f_i \qquad (20.6.42)$$

para $u_i^{novo}$. Como sempre, $u$'s novos substituem $u$'s velhos tão logo tenham sido calculados. Frequentemente a equação (20.6.42) é linear em $u_i^{novo}$, uma vez que os termos não lineares são discretizados através de seus vizinhos. Se este não for o caso, substituímos a equação (20.6.42) por um passo de uma iteração de Newton:

$$u_i^{novo} = u_i^{velho} - \frac{L_i(u_i^{velho}) - f_i}{\partial L_i(u_i^{velho})/\partial u_i} \qquad (20.6.43)$$

Por exemplo, considere a equação não linear simples

$$\nabla^2 u + u^2 = \rho \qquad (20.6.44)$$

Em notação bidimensional, temos

$$\mathcal{L}(u_{i,j}) = (u_{i+1,j} + u_{i-1,j} + u_{i,j+1} + u_{i,j-1} - 4u_{i,j})/h^2 + u_{i,j}^2 - \rho_{i,j} = 0 \qquad (20.6.45)$$

Uma vez que

$$\frac{\partial \mathcal{L}}{\partial u_{i,j}} = -4/h^2 + 2u_{i,j} \qquad (20.6.46)$$

a iteração Gauss-Seidel de Newton é

$$u_{i,j}^{novo} = u_{i,j} - \frac{\mathcal{L}(u_{i,j})}{-4/h^2 + 2u_{i,j}} \qquad (20.6.47)$$

Aqui está a rotina `Mgfas` para resolver a equação (20.6.44) usando o algoritmo de multirredes completo e o esquema FAS. A restrição e prolongamento são feitos como em `Mglin`. Incluímos o teste de convergência baseado na equação (20.6.40). Uma solução multirredes bem-sucedida para um problema deveria ter como objetivo satisfazer esta condição com o número máximo de V-cycles, `maxcyc`, igual a 1 ou 2. A rotina `Mgfas` utiliza as mesmas funções `interp` e `rstrct` de `Mglin`.

mgfas.h
```
struct Mgfas {
Algoritmo multirredes completo para solução FAS de equação elíptica não linear, no caso aqui a equação
(20.6.44) em um domínio quadrado de lado 1, de modo que h = 1/(n - 1).
    Int n,ng;
    MatDoub *uj,*uj1;
    NRvector<NRmatrix<Doub> *> rho;         Vetor de ponteiros para ρ em cada nível.

    Mgfas(MatDoub_IO &u, const Int maxcyc) : n(u.nrows()), ng(0)
    Na entrada u[0..n-1][0..n-1] contém o lado direito de ρ, enquanto que na saída ele devolve a
    solução. A dimensão de n deve ter a forma 2^j + 1 para algum inteiro j (j é na verdade o número de
    níveis de malha usados na solução e chamado abaixo de ng). maxcyc é o número máximo de V-cycles
    a serem usados em cada nível.
    {
        Int nn=n;
        while (nn >>= 1) ng++;
        if ((n-1) != (1 << ng))
            throw("n-1 must be a power of 2 in mgfas.");
        nn=n;
        Int ngrid=ng-1;
        rho.resize(ng);
        rho[ngrid]=new MatDoub(nn,nn);       Aloca memória para lado direito sobre malha ng - 1,
        *rho[ngrid]=u;                         e preenche-o com a entrada do lado direito.
        while (nn > 3) {                     Similarmente, aloca memória e preenche lado direito
                                               por meio de restrição em todas as malhas grossas.
```

```
            nn=nn/2+1;
            rho[--ngrid]=new MatDoub(nn,nn);
            rstrct(*rho[ngrid],*rho[ngrid+1]);
        }
        nn=3;
        uj=new MatDoub(nn,nn);
        slvsm2(*uj,*rho[0]);                Solução inicial na mais grossa malha.
        for (Int j=1;j<ng;j++) {            Loop de iteração embutido.
            nn=2*nn-1;
            uj1=uj;
            uj=new MatDoub(nn,nn);
            MatDoub temp(nn,nn);
            interp(*uj,*uj1);               Interpola da malha j-1 para a próxima mais fina.
            delete uj1;
            for (Int jcycle=0;jcycle<maxcyc;jcycle++) {   Loop de V-cycle.
                Doub trerr=1.0;             Lado direito é mudo (dummy).
                mg(j,*uj,temp,rho,trerr);
                lop(temp,*uj);              Forma residual $\|d_h\|$.
                matsub(temp,*rho[j],temp);
                Doub res=anorm2(temp);
                if (res < trerr) break;     Não há necessidade de mais V-cycles se residual é peque-
            }                                  no o bastante.
        }
        u = *uj;                            Retorna solução em u.
}

~Mgfas()
Destrutor deleta memória.
{
    if (uj != NULL) delete uj;
    for (Int j=0;j<ng;j++)
        if (rho[j] != NULL) delete rho[j];
}

void matadd(MatDoub_I &a, MatDoub_I &b, MatDoub_O &c)
Adição matricial: adiciona a[0..n-1][0..n-1] a b[0..n-1][0..n-1] e retorna resultado em
c[0..n-1][0..n-1].
{
    Int n=a.nrows();
    for (Int j=0;j<n;j++)
        for (Int i=0;i<n;i++)
            c[i][j]=a[i][j]+b[i][j];
}

void matsub(MatDoub_I &a, MatDoub_I &b, MatDoub_O &c)
Subtração de matrizes: subtrai b[0..n-1][0..n-1] de a[0..n-1][0..n-1] e retorna resultado em
c[0..n-1][0..n-1].
{
    Int n=a.nrows();
    for (Int j=0;j<n;j++)
        for (Int i=0;i<n;i++)
            c[i][j]=a[i][j]-b[i][j];
}

void slvsm2(MatDoub_O &u, MatDoub_I &rhs)
```
Solução da equação (20.6.44) na malha mais grossa onde $h = \frac{1}{2}$. O lado direito entra no programa em
rhs[0..2][0..2] e a solução é devolvida em u[0..2][0..2].
```
{
    Doub h=0.5;
    for (Int i=0;i<3;i++)
        for (Int j=0;j<3;j++)
            u[i][j]=0.0;
    Doub fact=2.0/(h*h);
```

```
        Doub disc=sqrt(fact*fact+rhs[1][1]);
        u[1][1]= -rhs[1][1]/(fact+disc);
}

void relax2(MatDoub_IO &u, MatDoub_I &rhs)
Relaxação de Gauss-Seidel preto-branco para equação (20.6.44). Atualiza valor corrente da solução
u[0..n-1][0..n-1] usando a função do lado direito rhs[0..n-1][0..n-1].
{
    Int n=u.nrows();
    Int jsw=1;
    Doub h=1.0/(n-1);
    Doub h2i=1.0/(h*h);
    Doub foh2 = -4.0*h2i;
    for (Int ipass=0;ipass<2;ipass++,jsw=3-jsw) {    Varreduras preto e branco.
        Int isw=jsw;
        for (Int j=1;j<n-1;j++,isw=3-isw) {
            for (Int i=isw;i<n-1;i+=2) {
                Doub res=h2i*(u[i+1][j]+u[i-1][j]+u[i][j+1]+u[i][j-1]-
                    4.0*u[i][j])+u[i][j]*u[i][j]-rhs[i][j];
                u[i][j] -= res/(foh2+2.0*u[i][j]);    Fórmula Newton Gauss-Seidel.
            }
        }
    }
}

void rstrct(MatDoub_O &uc, MatDoub_I &uf)
Restrição de meia-pesagem. Se nc for a dimensão da malha grossa, a solução de malha fina en-
tra em uf[0..2*nc-2][0..2*nc-2]. A solução de malha grossa obtida por restrição é retornada em
uc[0..nc-1][0..nc-1].
{
    Int nc=uc.nrows();
    Int ncc=2*nc-2;
    for (Int jf=2,jc=1;jc<nc-1;jc++,jf+=2) {    Pontos interiores.
        for (Int iif=2,ic=1;ic<nc-1;ic++,iif+=2) {
            uc[ic][jc]=0.5*uf[iif][jf]+0.125*(uf[iif+1][jf]+uf[iif-1][jf]
                +uf[iif][jf+1]+uf[iif][jf-1]);
        }
    }
    for (Int jc=0,ic=0;ic<nc;ic++,jc+=2) {    Pontos na fronteira.
        uc[ic][0]=uf[jc][0];
        uc[ic][nc-1]=uf[jc][ncc];
    }
    for (Int jc=0,ic=0;ic<nc;ic++,jc+=2) {
        uc[0][ic]=uf[0][jc];
        uc[nc-1][ic]=uf[ncc][jc];
    }
}

void lop(MatDoub_O &out, MatDoub_I &u)
Dado u[0..n-1][0..n-1] retorna $\mathcal{L}_h(\tilde{u}_h)$ para equação (20.6.44) em out[0..n-1][0..n-1], ao passo
que na saída temos res[0..n-1][0..n-1].
{
    Int n=u.nrows();
    Doub h=1.0/(n-1);
    Doub h2i=1.0/(h*h);
    for (Int j=1;j<n-1;j++)                     Pontos interiores.
        for (Int i=1;i<n-1;i++)
            out[i][j]=h2i*(u[i+1][j]+u[i-1][j]+u[i][j+1]+u[i][j-1]-
                4.0*u[i][j])+u[i][j]*u[i][j];
    for (Int i=0;i<n;i++)                        Pontos na fronteira.
        out[i][0]=out[i][n-1]=out[0][i]=out[n-1][i]=0.0;
}

void interp(MatDoub_O &uf, MatDoub_I &uc)
```

Prolongamento grosso-para-fino por interpolação bilinear. Se nf for a dimensão da malha fina, a solução da malha grossa é fornecida na entrada como uc[0..nc-1][0..nc-1], onde nc = nf/2 + 1. A solução na malha fina é devolvida em uf[0..nf-1][0..nf-1].
{
    Int nf=uf.nrows();
    Int nc=nf/2+1;
    for (Int jc=0;jc<nc;jc++)                        Faça elementos que são cópias.
        for (Int ic=0;ic<nc;ic++) uf[2*ic][2*jc]=uc[ic][jc];
    for (Int jf=0;jf<nf;jf+=2)                       Faça colunas pares, interpolando verticalmente.
        for (Int iif=1;iif<nf-1;iif+=2)
            uf[iif][jf]=0.5*(uf[iif+1][jf]+uf[iif-1][jf]);
    for (Int jf=1;jf<nf-1;jf+=2)                     Faça colunas ímpares, interpolando horizontalmente.
{
    Int nf=uf.nrows();
    Int nc=nf/2+1;
    for (Int jc=0;jc<nc;jc++)
        for (Int ic=0;ic<nc;ic++) uf[2*ic][2*jc]=uc[ic][jc];
    for (Int jf=0;jf<nf;jf+=2)
        for (Int iif=1;iif<nf-1;iif+=2)
            uf[iif][jf]=0.5*(uf[iif+1][jf]+uf[iif-1][jf]);
    for (Int jf=1;jf<nf-1;jf+=2)
        for (Int iif=0;iif<nf;iif++)
            uf[iif][jf]=0.5*(uf[iif][jf+1]+uf[iif][jf-1]);
}

Doub anorm2(MatDoub_I &a)
Retorna a norma euclidiana da matrix a[0..n-1][0..n-1].
{
    Doub sum=0.0;
    Int n=a.nrows();
    for (Int j=0;j<n;j++)
        for (Int i=0;i<n;i++)
            sum += a[i][j]*a[i][j];
    return sqrt(sum)/n;
}

void mg(const Int j, MatDoub_IO &u, MatDoub_I &rhs,
    NRvector<NRmatrix<Doub> *> &rho, Doub &trerr)
Iteração multirrede recursiva. Na entrada, j é o nível corrente, u é o valor corrente da solução e rhs é o lado direito. Para a primeira chamada em um dado nível, o lado direito é zero, e o argumento rhs é mudo (*dummy*). Isto é sinalizado pela entrada trerr positiva. Chamadas recursivas subsequentes fornecem um valor de rhs diferente de zero na equação (20.6.33). Isto é sinalizado pela entrada trerr negativa. rho é o vetor de ponteiros para $\rho$ em cada nível. Na saída u contém a solução melhorada no nível corrente. Quando a primeira chamada em um dado nível é feita, o erro de truncamento relativo é retornado em trerr.
{
    const Int NPRE=1,NPOST=1;
    Número de varreduras de relaxação antes e depois que a correção de malha grossa é calculada.
    const Doub ALPHA=0.33;               Relaciona o erro de truncamento estimado à norma do
    Doub dum=-1.0;                       residual.
    Int nf=u.nrows();
    Int nc=(nf+1)/2;
    MatDoub temp(nf,nf);
    if (j == 0) {                        Fundo de V: acha solução na mais grossa malha.
        matadd(rhs,*rho[j],temp);
        slvsm2(u,temp);
    } else {                             Descida do V.
        MatDoub v(nc,nc),ut(nc,nc),tau(nc,nc),tempc(nc,nc);
        for (Int jpre=0;jpre<NPRE;jpre++) {    Pré-suavização.
            if (trerr < 0.0) {
                matadd(rhs,*rho[j],temp);
                relax2(u,temp);
            }
            else

```
            relax2(u,*rho[j]);
    }
    rstrct(ut,u);                                  $\mathcal{R}\tilde{u}_h$.
    v=ut;                                          Faz uma cópia em v.
    lop(tau,ut);                                   $\mathcal{L}_H(\mathcal{R}\tilde{u}_h)$ armazenado temporariamente em $\bar{\tau}_h$.
    lop(temp,u);                                   $\mathcal{L}_h(\tilde{u}_h)$.
    if (trerr < 0.0)                               $\mathcal{L}_h(\tilde{u}_h) - f_h$.
        matsub(temp,rhs,temp);
    rstrct(tempc,temp);                            $\mathcal{R}\mathcal{L}_h(\tilde{u}_h) - f_H$.
    matsub(tau,tempc,tau);                         $\bar{\tau}_h + f_H = \mathcal{L}_H(\mathcal{R}\tilde{u}_h) - \mathcal{R}\mathcal{L}_h(\tilde{u}_h) + f_H$.
    if (trerr > 0.0)
        trerr=ALPHA*anorm2(tau);                   Estima erro de truncamento.
    mg(j-1,v,tau,rho,dum);                         Call recursivo para correção de malha grossa.
    matsub(v,ut,tempc);                            Subida de V, forma $\tilde{u}_h^{novo} = \tilde{u}_h + \mathcal{P}(\tilde{u}_H - \mathcal{R}\tilde{u}_h)$.
    interp(temp,tempc);
    matadd(u,temp,u);
    for (Int jpost=0;jpost<NPOST;jpost++) {        Pós-suavização.
        if (trerr < 0.0) {
            matadd(rhs,*rho[j],temp);
            relax2(u,temp);
        }
        else
            relax2(u,*rho[j]);
    }
    }
}
};
```

### REFERÊNCIAS CITADAS E LEITURA COMPLEMENTAR

Brandt, A. 1977, "Multilevel Adaptive Solutions to Boundary-Value Problems," *Mathematics of Computation*, vol. 31, pp. 333–390.[1]

Brandt, A. 1982, in *Multigrid Methods*, W. Hackbusch and U. Trottenberg, eds. (Springer Lecture Notes in Mathematics No. 960) (New York: Springer).[2]

Hackbusch, W. 1985, *Multi-Grid Methods and Applications* (New York: Springer).[3]

Stuben, K., and Trottenberg, U. 1982, in *Multigrid Methods,* W. Hackbusch and U. Trottenberg, eds. (Springer Lecture Notes in Mathematics No. 960) (New York: Springer), pp. 1–176.[4]

Briggs, W.L., Henson, V.E., and McCormick, S. 2000, *A Multigrid Tutorial* (Cambridge, UK: Cambridge University Press).[5]

Trottenberg, U., Oosterlee, C.W., and Schuller, A. 2001, *Multigrid* (Cambridge, MA: Academic Press).[6]

McCormick, S., and Rude, U., eds. 2006, "Multigrid Computing," special issue of *Computing in Science and Engineering,* vol. 8, No. 6 (November/December), pp. 10–62.

Hackbusch, W., and Trottenberg, U. (eds.) 1991, *Multigrid Methods III* (Basel: Birkhäuser).

Wesseling, P. 1992, *An Introduction to Multigrid Methods* (New York: Wiley); corrected reprint 2004 (Philadelphia: R.T. Edwards).

## 20.7 Métodos espectrais

Métodos espectrais são poderosas ferramentas de resolução de EDPs. Quando podem ser empregados, são os métodos preferidos caso você necessite de alta resolução espacial em multidimensões. Para um código de diferenças finitas acurado até segunda ordem em três dimensões, o aumento da resolução por um fator de 2 em cada dimensão requer oito vezes mais pontos de malha, e melhora o erro, tipicamente, por um fator de 4. Em um código espectral, um aumento similar na resolução produz uma melhora por um fator de $10^6$. Até mesmo para problemas unidimensionais, os métodos espectrais lhe deixarão estupefato pela sua potência e eficiência.

Os métodos espectrais funcionam bem para funções suaves. Descontinuidades como choques são algo ruim – nem mesmo tente aplicar métodos espectrais nestes casos. Até mesmo descontinuidades suaves (tal como a descontinuidade em alguma derivada de ordem mais alta da solução) podem arruinar a convergência destes métodos (na realidade, conseguir fazer com que métodos espectrais funcionem com descontinuidades e choques é uma área ativa de pesquisa; vide [1] para uma introdução ao assunto).

A diferença fundamental entre métodos de diferenças finitas e métodos espectrais é que nos primeiros você aproxima a *equação* que está tentando resolver, ao passo que nos segundos você faz uma aproximação da *solução* que está tentando encontrar. Enquanto as diferenças finitas substituem a equação contínua por uma equação sobre pontos de uma malha, o método espectral expressa a solução na forma de uma expansão em um conjunto de funções bases truncada:

$$f(x) \simeq f_N(x) = \sum_{n=0}^{N} a_n \phi_n(x) \qquad (20.7.1)$$

Diferentes escolhas de funções de base e métodos para se calcular os $a_n$ dão sabores diferentes de métodos espectrais.

### 20.7.1 Exemplo

Ilustraremos a ideia dos métodos espectrais com um exemplo. Considere a equação de onda unilateral (equação advectiva) em uma dimensão:

$$\frac{\partial u}{\partial t} = \frac{\partial u}{\partial x} \qquad (20.7.2)$$

com condições periódicas de contorno em $[0, 2\pi]$ e condição inicial

$$u(t = 0, x) = f(x) \qquad (20.7.3)$$

Você pode obter a solução espectral analítica por meio de uma expansão de $u$ em série de Fourier,

$$u(t, x) = \sum_{n=-\infty}^{\infty} a_n(t) e^{inx} \qquad (20.7.4)$$

Substituir esta expansão na equação (20.7.2) resulta em

$$\frac{da_n}{dt} = in a_n \qquad (20.7.5)$$

cuja solução é

$$a_n(t) = a_n(0) e^{int} \qquad (20.7.6)$$

Os $a_n(0)$ são obtidos da condição inicial: expanda

$$f(x) = \sum_{n=-\infty}^{\infty} f_n e^{inx} \qquad (20.7.7)$$

de onde você pode ver que

$$a_n(0) = f_n \qquad (20.7.8)$$

Por exemplo, suponha que

$$f(x) = \operatorname{sen}(\pi \cos x) \qquad (20.7.9)$$

que dá como solução analítica

$$u(t, x) = \operatorname{sen}[\pi \cos(x + t)] \qquad (20.7.10)$$

Os coeficientes espectrais na solução (20.7.4) são

$$a_n(0) = \frac{1}{2\pi} \int_0^{2\pi} \mathrm{sen}(\pi \cos x) e^{-inx} dx$$
$$= (-1)^{(n-1)/2} J_n(\pi), \quad n \text{ ímpar} \tag{20.7.11}$$

Em uma versão numérica deste método espectral, truncaríamos a expansão em $n = N$. O quão bem $u_N(t, x)$ se aproxima da solução exata? Uma maneira de medir é o erro quadrático médio,

$$L_2 = \left[ \frac{1}{2\pi} \int_0^{2\pi} |u(t,x) - u_N(t,x)|^2 dx \right]^{1/2}$$
$$= \left[ \frac{1}{2\pi} \int_0^{2\pi} \left| \sum_{|n|>N} a_n(0) e^{inx} e^{int} \right|^2 dx \right]^{1/2}$$
$$= \left[ \sum_{|n|>N} |a_n(0)|^2 \right]^{1/2} \tag{20.7.12}$$

Agora, $J_n(\pi)$ vai a zero exponencialmente quando $n \to \infty$, de modo que o erro decresce *exponencialmente* com $N$ para qualquer $t \geq 0$. Esta é a propriedade fundamental de qualquer bom método espectral, da qual você sempre deveria correr atrás. Contrariamente, um método de diferenças finitas de segunda ordem tem um erro que escalona como $1/N^2$.

Esta convergência exponencial de métodos espectrais surge quando já se acharam as propriedades principais da solução. No exemplo acima, as funções de Bessel vão rapidamente a zero quando $n \gtrsim \pi$, o que corresponde a ter aproximadamente $\pi$ funções de base por comprimento de onda. Pode-se mostrar que esta é uma propriedade geral de métodos espectrais [2]. Diferentemente, métodos de diferenças finitas acurados até segunda ordem necessitam de aproximadamente 20 pontos por comprimento de onda para uma acurácia de 1% [2]. Além do mais, uma vez que a solução é delimitada, a acurácia melhora muito mais rapidamente com métodos espectrais.

Há três propriedades das funções $e^{inx}$ que são cruciais para esta solução espectral analítica, que é simplesmente a técnica de separação de variáveis:

1. Elas formam um conjunto completo de funções de base.
2. Cada uma das funções de base satisfaz por si só as condições de contorno.
3. Elas são autofunções do operador do problema, $d/dx$.

Como veremos, apenas a propriedade 1 é fundamental para os métodos espectrais numéricos. Métodos espectrais não são limitados a séries de Fourier – pode-se optar entre uma ampla escolha de funções-base.

### 20.7.2 Escolha das funções de base

Você não pode simplesmente usar a série de Fourier como função de base para todos os problemas – esta dependerá das condições de contorno. Aqui vai uma receita que dará conta de 99% dos casos que você encontrará pela frente:

- Se a solução é periódica, use série de Fourier.
- Se a solução não é periódica e o domínio é um quadrado ou cubo, ou pode ser mapeado sobre uma região retangular por uma simples transformação de coordenadas, use os polinômios de Chebyshev para cada uma das dimensões.

- Se o domínio é esférico, use harmônicos esféricos para os ângulos. Na direção radial, use polinômios de Chebyshev para uma casca esférica. Para uma esfera que inclui a origem, use as funções de base radiais de [8]. Estas incorporam o comportamento analítico correto na origem e são muito melhores que as outras escolhas. Elas também podem ser usadas para domínios cilíndricos. Se o domínio for infinito, consulte [9,10,4].

Expansões baseadas em polinômios de Chebyshev ou Legendre apresentam a propriedade de que sua taxa de convergência é determinada pela suavidade da solução somente, e não pelas condições de contorno por elas satisfeitas. Expansões em série de Fourier, ao contrário, exigem para convergência rápida não só condições periódicas, mas também suavidade (estas propriedades são demonstradas, por exemplo, em [2]. O ponto-chave é que as funções de base cuja taxa de convergência é independente das condições de contorno são soluções de equações de Sturm-Liouville singulares). É justamente esta independência nos detalhes das condições de fronteira que torna funções de base como os polinômios de Chebyshev algo "mágico". Outra razão para a popularidade dos polimônios de Chebyshev é que eles são na verdade apenas funções trigonométricas cujo argumento $\theta$ foi mapeado por $x = \cos \theta$:

$$T_n(x) = \cos(n\theta), \qquad x = \cos \theta \qquad (20.7.13)$$

Portanto, uma expansão em polinômios de Chebyshev pode ser avaliada eficientemente pelo FFT. Além disso, as derivadas de uma expansão deste tipo podem também ser calculadas via técnicas de FFT, como discutido abaixo.

Para domínios esféricos, harmônicos esféricos são produtos de funções de Legendre em cos $\theta$ e séries de Fourier em $\phi$. De novo obtém-se convergência exponencial para funções suaves.

### 20.7.3 Calculando os coeficientes da expansão

Como calcular os $a_n$? Há três maneiras básicas, que podem ser comparadas considerando-se o residual quando a expansão (20.7.1) é substituída na equação que você está tentando resolver:

1. *O método tau*. Nele, impomos que o $a_n$ seja calculado de modo que as condições de contorno sejam satisfeitas e que o residual seja ortogonal a tantas funções de base quanto possível.
2. *O método de Galerkin*. Neste caso, você combina as funções de base em um novo conjunto, cada um dos quais satisfaz as condições de contorno. Faça então o residual ortogonal a tantas das novas funções de base quanto possível (isto é essencialmente aquilo que você faz quando você separa variáveis para resolver uma EDP, como fizemos no caso da equação 20.7.2. Normalmente você começa com funções de base que já satisfaçam as condições de contorno individualmente).
3. *Colocação ou método pseudoespectral*. Como no método tau, requer que condições de contorno sejam satisfeitas, mas faz o residual *zero* sobre um conjunto de pontos apropriadamente escolhidos.

Como veremos, o método pseudoespectral possui uma interpretação alternativa que o torna de fácil emprego. Sendo assim, discutiremos apenas este método, deixando os outros para as referências.

A grande vantagem do método pseudoespectral é que ele é fácil de ser implementado para problemas não lineares. Em vez de trabalhar com coeficientes espectrais, como nos outros dois métodos, você trabalha com os valores da solução em pontos especiais da malha associados às funções da base (tipicamente, os pontos de quadratura gaussiana). Estes são chamados de *pontos de colocação*. Normalmente dizemos que estamos trabalhando com a solução no *espaço físico*, em oposição ao *espaço espectral*.

Um método pseudoespectral é o metodo *interpolante*: pense na representação

$$y(x) = \sum_{n=0}^{N} a_n \phi_n(x) \qquad (20.7.14)$$

como sendo um polinômio que interpola a solução. Exija que este polinômio interpolante seja exatamente igual à solução nos $N + 1$ pontos de colocação. Se fizermos as coisas corretamente, então quando $N \to \infty$, os erros entre os pontos tendem a zero exponencialmente rápido.

### 20.7.4 Métodos espectrais e quadratura gaussiana

Lembre-se da fórmula da quadratura gaussiana (§4.6.1):

$$\int_a^b y(x)w(x)\,dx \approx \sum_{i=0}^{N} w_i\, y(x_i) \qquad (20.7.15)$$

Nesta expressão, $w(x)$ é a chamada *função peso* que, tipicamente, compensa algum comportamento singular do integrando, fazendo de $y(x)$ uma função suave. Esta fórmula é deduzida escolhendo-se os $2N + 2$ pesos e as abscissas, $w_i$ e $x_i$, e exigindo-se que a fórmula seja exata para os polinômios $1, x, x^2, \ldots, x^{2N+1}$ [não se deixe confundir pela notação: não há relação direta entre $w_i$ e $w(x)$]. Como mostrado no §4.6, a quadratura gaussiana está relacionada aos polinômios ortogonais $\phi_n(x)$ com a função peso dada:

$$\langle \phi_n | \phi_m \rangle \equiv \int_a^b \phi_n(x)\phi_m(x)w(x)\,dx = \delta_{mn} \qquad (20.7.16)$$

As abscissas $x_i$ vêm a ser as $N + 1$ raízes de $\phi_{N+1}(x)$, e os pesos $w_i$ são dados pela equação (4.6.9).

Podemos usar a quadratura gaussiana para definir o produto interno discreto de duas funções:

$$\langle f | g \rangle_G \equiv \sum_{i=0}^{N} w_i\, f(x_i)g(x_i) \qquad (20.7.17)$$

onde o subscrito G é a abreviação de gaussiana.

Uma propriedade importante da quadratura gaussiana é a relação de ortogonalidade discreta

$$\langle \phi_n | \phi_m \rangle_G = \delta_{mn}, \qquad m + n \leq 2N + 1 \qquad (20.7.18)$$

Demonstração: a equação (20.7.18) é a versão de quadratura gaussiana da equação (20.7.16). Por hipótese, o integrando $\phi_n(x)\phi_m(x)$ da equação (20.7.16) é um polinômio de grau $m + n \leq 2N + 1$. Mas a quadratura gaussiana é feita de modo a integrar polinômios de grau $\leq 2N + 1$ de maneira exata. QED.

Agora, suponha que aproximemos $y(x)$ por um polinômio interpolante pseudoespectral

$$P_N(x) = \sum_{n=0}^{N} \bar{a}_n \phi_n(x) \qquad (20.7.19)$$

onde os pontos de colocação são escolhidos de modo a serem os pontos de quadratura gaussiana:

$$P_N(x_i) = y(x_i), \qquad i = 0, 1, \ldots, N \qquad (20.7.20)$$

Sempre é possível fazer isto, uma vez que o polinômio interpolante que passa pelos $N + 1$ pontos é um polinômio de grau $N$, e as funções até $\phi_N(x)$ são a base de tais polinômios. O talvez inesperado resultado é que os coeficientes $\{\bar{a}_n\}$ da expansão (20.7.19) são dados *exatamente* pela quadradura gaussiana

$$\bar{a}_n = \langle y|\phi_n\rangle_G \qquad (20.7.21)$$

Para ver isto, tome o produto interno discreto de ambos os lados da equação (20.7.19) com $\phi_m$:

$$\langle P_N|\phi_m\rangle_G = \sum_{n=0}^{N} \bar{a}_n \langle \phi_n|\phi_m\rangle_G \qquad (20.7.22)$$

Se usarmos a relação de ortogonalidade discreta (20.7.18), o lado direito dá $\bar{a}_m$. Do lado esquerdo, podemos substituir $P_N(x_i)$ na quadratura gaussiana por $y(x_i)$, uma vez que $P_N$ é o polinômio interpolante. Portanto, o resultado segue.

Agora vem o ponto-chave. A expansão espectral de $y(x)$ de fato é

$$y(x) = \sum_{n=0}^{\infty} a_n \phi_n(x) \qquad (20.7.23)$$

onde os coeficientes espectrais *exatos* são

$$a_n = \langle y|\phi_n\rangle = \int_a^b y(x)\phi_n(x)w(x)\,dx \qquad (20.7.24)$$

Os coeficientes de expansão pseudoespectrais são os coeficientes de expansão exatos de $P_N(x)$, o polinômio interpolante (20.7.19). A relação entre os coeficientes espectrais exatos e os coeficientes da expansão pseudoespectral segue da equação (20.7.21):

$$\bar{a}_n = \langle y|\phi_n\rangle_G$$
$$= \sum_{m=0}^{\infty} a_m \langle \phi_m|\phi_n\rangle_G \quad \text{(usando a equação 20.7.23)}$$
$$= \sum_{m=0}^{N} a_m \langle \phi_m|\phi_n\rangle_G + \sum_{m>N} a_m \langle \phi_m|\phi_n\rangle_G$$
$$= a_n + \sum_{m>N} a_m \langle \phi_m|\phi_n\rangle_G \qquad (20.7.25)$$

Portanto, uma vez que para $N$ grande os coeficientes espectrais exatos dão uma aproximação exponencialmente boa para $y(x)$, o mesmo ocorre para os coeficientes pseudoespectrais. A propósito, esta é a razão do nome método pseudoespectral: usamos coeficientes que não são os verdadeiros coeficientes espectrais, mas uns que sejam muito próximos deles. De agora em diante não nos preocuparemos em distinguir os dois conjuntos de coeficientes: simplesmente escreveremos $a_n$ tanto para $a_n$ quanto para $\bar{a}_n$.

Os pontos de colocação de quadratura gaussiana, as raízes de $\phi_{N+1}(x)$, se encontram dentro do intervalor $(a, b)$, longe dos pontos terminais. Há outra versão da quadratura gaussiana que inclui estes pontos terminais do intervalo. Ela é chamada de quadratura de Gauss-Lobatto, e os pontos de colocação são os pontos de Gauss-Lobatto (§4.6.4). Estes pontos são tão eficientes quanto os pontos gaussianos comuns e são mais convenientes quando temos que impor condições de contorno nos pontos terminais.

> Como rápida digressão, você deve estar tendo a falsa impressão de que a única vantagem da integração gaussiana em relação à integração com pontos igualmente espaçados é que o grau de exatidão é $2N + 1$ ao invés de $N$, o máximo que você pode conseguir com apenas $N + 1$ pesos à sua disposição. Na verdade,

porém, a principal vantagem da integração gaussiana é que ela converge exponencialmente com N para funções suaves. Você pode ver isto explicitamente a partir das fórmulas acima, colocando $m = 0$ na equação (20.7.21):

$$\bar{a}_0 = \phi_0 \sum_{i=0}^{N} w_i\, y(x_i) \tag{20.7.26}$$

onde $\phi_0$ é uma constante. Isto no entanto converge exponencialmente para a expressão dada pela equação (20.7.24):

$$a_0 = \phi_0 \int_a^b y(x)w(x)\, dx \tag{20.7.27}$$

como afirmado.

Como a série de Fourier se encaixa nesta discussão? Afinal, os pontos de colocação são igualmente espaçados (geralmente $x_j = 2\pi j/N, j = 0, ..., N-1$). Mas na verdade estes não são os pontos de colocação corretos se pensarmos na série de Fourier como um interpolação de $y(x)$ por um polinômio *trigonométrico*. A quadratura gaussiana correspondente (usando os pontos igualmente espaçados) é a regra do ponto médio e a quadratura de Gauss-Lobatto, que inclui os pontos finais, é a regra do trapezoide. Os livros-texto dizem que a regra do ponto médio e a trapezoidal são métodos de ordem baixa. Isto é válido para funções arbitrárias. Mas se você aplicá-las a funções *periódicas* (§5.8.1), ou funções que vão rapidamente a zero quando o argumento vai a infinito (§4.5 e §13.11), elas são na verdade exponencialmente convergentes, como qualquer método de quadratura gaussiana que faz jus ao nome deve ser.

### 20.7.5 Funções cardinais

Você pode escrever *qualquer* fórmula de interpolação polinomial de uma função $f(x)$ como

$$P_N(x) = \sum_{i=0}^{N} f(x_i) C_i(x) \tag{20.7.28}$$

onde os $C_i(x)$ são chamados de *funções cardinais*. Estes são polinômios de grau $N$ que satisfazem

$$C_i(x_j) = \delta_{ij} \tag{20.7.29}$$

isto é, $C_i(x)$ é igual a 1 no $i$-ésimo ponto de colocação e igual a 0 em todos os outros.

Uma representação explícita das funções cardinais vem da fórmula para a interpolação de Lagrange (vide equação 3.2.1)

$$C_i(x) = \prod_{\substack{j=0 \\ j \neq i}}^{N} \frac{x - x_j}{x_i - x_j} \tag{20.7.30}$$

Se você substituir isto na equação (20.7.28), o resultado é simplesmente a fórmula de interpolação de Lagrange. Cada escolha de funções de base implica uma escolha correspondente de pontos $x_j$ de colocação, e portanto, pela equação (20.7.30), uma escolha correspondente de funções cardinais.

Há outras maneira equivalentes de escrever $C_i(x)$. Por exemplo, se $\phi_n(x)$ for um conjunto de polinômios ortogonais e os pontos de colocação forem os zeros de $\phi_{N+1}(x)$ (pontos de quadratura gaussiana), então $C_i(x)$ é quase $\phi_{N+1}(x)$, exceto pelo fato de que $\phi_{N+1}(x)$ é identicamente nulo em *todos* os pontos da malha. Uma vez que, perto de $x = x_i$,

$$\phi_{N+1}(x) = \phi_{N+1}(x_i) + (x - x_i)\phi'_{N+1}(x_i) + \cdots \quad (20.7.31)$$

obtemos a função cardinal fatorando o zero em $x = x_i$:

$$C_i(x) = \frac{\phi_{N+1}(x)}{(x - x_i)\phi'_{N+1}(x_i)} \quad (20.7.32)$$

Na prática você não é obrigado a saber nenhuma das fórmulas como as equações (20.7.30) ou (20.7.32). Os livros nas referências trazem as fórmulas dos $C_i(x)$ para todas as funções base padrão, caso você esteja curioso. O que você precisa são as derivadas das funções cardinais, as *matrizes de diferenciação* (veja adiante).

> Você talvez se sinta nervoso a respeito do uso de interpolação polinomial de ordem muito alta para representar sua solução, especialmente se você alguma vez já se deparou com o *fenômeno de Runge*: se os pontos da malha são *igualmente espaçados*, então o erro em $P_N(x)$ pode tender a infinito quando $N \to \infty$. O que acontece é que os erros aparecem próximos aos pontos terminais do intervalo – no meio tudo está em ordem. O conserto consiste em fazer os pontos mais concentrados à medida que nos aproximamos dos extremos do intervalo, que é exatamente o que a escolha dos pontos gaussianos faz. Esta é a mesma razão pela qual a aproximação de Chebyshev geralmente funciona quando a aproximação polinomial não funciona, como discutido no §5.8.1.

### 20.7.6 Representação espectral *versus* ponto de malha

Contrastemos a representação da solução de

$$\mathcal{L}y = f \quad (20.7.33)$$

no espaço espectral e no espaço físico. Por questão de simplicidade, assuma que $\mathcal{L}$ é um operador linear.

**Espaço espectral**

$$y(x) = \sum_{n=0}^{N} a_n \phi_n(x)$$

$$\sum_{n=0}^{N} a_n \mathcal{L}\phi_n(x) = f(x)$$

**Espaço físico**

$$y(x) = \sum_{j=0}^{N} y_j C_j(x)$$

$$\sum_{j=0}^{N} y_j \mathcal{L} C_j(x) = f(x)$$

Imponha como pontos de colocação somente:

$$\sum_{n=0}^{N} a_n \mathcal{L}\phi_n(x_j) = f(x_j) \qquad \sum_{j=0}^{N} y_j \mathcal{L} C_j(x_i) = f(x_i)$$

isto é, $La = f$ onde $L_{jn} = \mathcal{L}\phi_n(x_j)$   isto é, $L^{(c)}y = f$ onde $L_{ij}^{(c)} = \mathcal{L}C_j(x_i)$

As duas representações estão relacionados do seguinte modo: para ir de valores de pontos na malha para coeficientes espectrais, você projeta $y(x)$ na direção de cada uma das funções da base:

$$a_i = \langle \phi_i \mid y \rangle$$
$$= \sum_j w_j \phi_i(x_j) y_j \quad \text{(fazendo a integral por quadratura gaussiana)} \quad (20.7.34)$$

Isto é
$$\mathbf{a} = \mathbf{M} \cdot \mathbf{y}, \quad \text{onde} \quad M_{ij} = \phi_i(x_j) w_j \quad (20.7.35)$$

Portanto, a relação $\mathbf{L} \cdot \mathbf{a} = \mathbf{f}$ no espaço espectral se torna $\mathbf{L} \cdot \mathbf{M} \cdot \mathbf{y} = \mathbf{f}$. Mas no espaço físico $\mathbf{L}^{(c)} \cdot \mathbf{y} = \mathbf{f}$, portanto

$$\mathbf{L}^{(c)} = \mathbf{L} \cdot \mathbf{M} \quad (20.7.36)$$

com inversa
$$\mathbf{L} = \mathbf{L}^{(c)} \cdot \mathbf{M}^{-1} \quad (20.7.37)$$

Observe também que a equação (20.7.35) implica
$$\mathbf{y} = \mathbf{M}^{-1} \cdot \mathbf{a} \quad (20.7.38)$$

Uma vez que $y = \Sigma\, a_n \phi_n$, vemos que $\mathbf{M}^{-1}$ é a matriz que soma as séries espectrais para obter assim os valores nos pontos da malha, isto é,

$$M_{ij}^{-1} = \phi_j(x_i) \quad (20.7.39)$$

Você pode checar que todas estas relações são consistentes:

$$(\mathbf{M} \cdot \mathbf{M}^{-1})_{ij} = \sum_k M_{ik} M_{kj}^{-1}$$
$$= \sum_k [\phi_i(x_k) w_k][\phi_j(x_k)]$$
$$= \langle \phi_i \mid \phi_j \rangle_G$$
$$= \delta_{ij} \quad \text{(por ortogonalidade discreta)} \quad (20.7.40)$$

Na prática, as transformações (20.7.35) e (20.7.38) são comumente feitas com FFTs para funções de base de Fourier ou Chebyshev quando $N$ é grande. Para programas simples, simplesmente faça a multiplicação de matrizes.

### 20.7.7 Matrizes de diferenciação

Vimos acima que o ingrediente-chave do método pseudoespectral é formar

$$L_{ij}^{(c)} = \mathcal{L} C_j(x_i) \quad (20.7.41)$$

o que envolve tomar os derivadas das funções cardinais nos pontos de colocação. Considere a primeira derivada $\partial_x$. Você então precisa da matriz

$$D_{ij}^{(1)} = \partial_x C_j(x_i) \quad (20.7.42)$$

Esta grandeza pode ser calculada antes e armazenada. Então, para calcular o vetor das primeiras derivadas nos pontos da malha, simplesmente faça a multiplicação matricial:

$$\frac{\partial y}{\partial x} \longleftrightarrow \sum_{j=0}^{N} D_{ij}^{(1)} y_j \quad (20.7.43)$$

Analogamente, pode-se definir a matriz $D_{ij}^{(2)}$ de segundas derivadas, e assim por diante.

A multiplicação de matrizes na equação (20.7.43) requer $O(N^2)$ operações. Para funções de base de Fourier $e^{ikx}$, pode-se calcular a derivada alternativamente do seguinte modo:

$$y \xrightarrow{\text{FFT}} a$$
$$a \longrightarrow ika$$
$$ika \xrightarrow{\text{inverse FFT}} y'$$

Para funções de base de Chebyshev, há uma simples relação de recorrência de $O(N)$ no passo intermediário para obter os coeficientes para a derivada a partir dos coeficientes para a função (vide equação 5.9.2). Portanto, o procedimento é de $O(N \log N)$. Contudo ele é tipicamente mais rápido que a multiplicação matricial de $O(N^2)$ somente se $N \gtrsim 16 - 128$, dependendo do computador. Portanto use simplesmente a multiplicação matricial para programas simples.

Vale a pena chamar a atenção para o fato de que a ideia de usar relações de recorrência para avaliar operadores no espaço espectral é muito mais geral que o simples exemplo de derivadas de funções de Chebyshev. Ela é importante para códigos de trabalho eficientes quando os operadores consistem em derivadas vezes potências simples das coordenadas. Consulte as referências para mais detalhes.

### 20.7.8 Calculando matrizes de diferenciação

Há várias opções para se calcular matrizes de diferenciação:

1. Deduza as fórmula diferenciando a representação polinomial de Lagrange (20.7.30).
2. Diferencie a representação de funções de base (20.7.32).
3. Consulte as fórmulas explícitas que foram deduzidas para as várias funções de base, por exemplo, o Capítulo 2 de [3].
4. Use a rotina dada abaixo, baseada em uma rotina de [6]. Este algoritmo calcula qualquer ordem de matriz de diferenciação dados apenas os pontos de colocação $\{x_i\}$.

Obviamente a última escolha é a mais fácil. Contudo, ela tem a desvantagem em potencial que, para trabalhos de alta precisão, o erro de arredondamento pode ser maior que o necessário. Se isto for um problema, consulte [7].

```
void weights(const Doub z, VecDoub_I &x, MatDoub_O &c)                    weights.h
```
Calcula as matrizes de diferenciação para colocação pseudoespectral. Na entrada são fornecidos z, o local onde as matrizes devem ser calculadas, e x[0..n], o conjunto de n+1 pontos da malha. Na saída, c[0..n][0..m] contém os pesos nos pontos da malha x[0..n] para derivadas de ordem 0..m. O elemento c[j][k] contém o peso a ser aplicado aos valores das funções em x[j] quando a k-ésima derivada for aproximada pelo conjunto de n+1 pontos de colocação x. Observe que os elementos da zero-ésima matriz de derivadas são retornados em c[0..n][0]. Estes são simplesmente os valores das funções cardinais, isto é, os pesos para interpolação.
```
{
    Int n=c.nrows()-1;
    Int m=c.ncols()-1;
    Doub c1=1.0;
    Doub c4=x[0]-z;
    for (Int k=0;k<=m;k++)
        for (Int j=0;j<=n;j++)
            c[j][k]=0.0;
    c[0][0]=1.0;
    for (Int i=1;i<=n;i++) {
        Int mn=MIN(i,m);
```

```
        Doub c2=1.0;
        Doub c5=c4;
        c4=x[i]-z;
        for (Int j=0;j<i;j++) {
            Doub c3=x[i]-x[j];
            c2=c2*c3;
            if (j == i-1) {
                for (Int k=mn;k>0;k--)
                    c[i][k]=c1*(k*c[i-1][k-1]-c5*c[i-1][k])/c2;
                c[i][0]=-c1*c5*c[i-1][0]/c2;
            }
            for (Int k=mn;k>0;k--)
                c[j][k]=(c4*c[j][k]-k*c[j][k-1])/c3;
            c[j][0]=c4*c[j][0]/c3;
        }
        c1=c2;
    }
}
```

Um uso típico da rotina `weights` para calcular matrizes de derivadas de primeira e segunda ordem é o seguinte:

```
VecDoub x(n);
MatDoub c(n,3),d1(n,n),d2(n,n);
for (j=0;j<n;j++)
    x[j]= ...
for (i=0;i<n;i++) {
    weights(x[i],x,c);
    for (j=0;j<n;j++) {
        d1[i][j]=c[j][1];
        d2[i][j]=c[j][2];
    }
}
```

### 20.7.9 Um comentário sobre interpolação

Frequentemente você deseja avaliar a solução em pontas que não são os pontos de colocação. Isto requer uma interpolação. A fim de preservar a acurácia espectral total, você quer usar toda a informação presente na solução. Contudo, não é necessário transformar a solução para o espaço espectral e então calcular a representação (20.7.1) no ponto desejado, por exemplo, pelo método de Clenshaw. Use simplesmente a fórmula (20.7.28) de interpolação. Uma maneira simples de fazer isto é usar a rotina acima, que devolverá os pesos de interpolação $C_i(x_k)$ para qualquer conjunto de pontos alvo $x_k$ quando m, a segunda dimensão de c no código, for igual a zero. Portanto, interpolar para um conjunto de pontos pode novamente ser feito por multiplicação matricial.

### 20.7.10 Colocação pseudoespectral enquanto método de diferenças finitas

Considere aproximação de diferenças finitas para $d/dx$ no centro de uma malha igualmente espaçada, por exemplo

$$hf'(x) = -\tfrac{1}{2}f(x-h) + \tfrac{1}{2}f(x+h) + O(h^2)$$
$$= \tfrac{1}{12}f(x-2h) - \tfrac{2}{3}f(x-h) + \tfrac{2}{3}f(x+h) - \tfrac{1}{12}f(x+2h) + O(h^4)$$
$$= \ldots$$

(20.7.44)

Para diferenças centradas como esta, o limite dos pesos quando $N \to \infty$ (coeficientes de $f$) é finito. Mas para aproximações unilaterais, ou parcialmente unilaterais, os pesos divergem [5]. Uma vez que se tem que usar tais aproximações próximo dos pontos finais da malha, não é de se surpreender que aproximações de diferenças finitas de alta ordem apresentam erros maiores próximo às fronteiras.

Mas suponha que os pontos da malha não sejam igualmente espaçados. Em particular, suponha que eles estejam mais próximos perto dos pontos terminais, como os pontos de quadratura gaussiana. Neste caso, a aproximação de diferenças finitas converge quando $N \to \infty$.

O método pseudoespectral dá a derivada exata do polinômio interpolante que passa pelos dados e pelos $N + 1$ pontos da malha. Você obteria o mesmo resultado com um método de diferenças finitas que usasse *todos* os $N + 1$ pontos da malha. Isto vem da unicidade do polinômio interpolante, um polinômio de grau $N$ que passa por todos os $N + 1$ pontos.

Sob este ponto de vista, pense em um método pseudoespectral como sendo uma maneira de se achar aproximações numéricas de ordem mais alta para derivadas de pontos da malha. Então, tal como o método de diferenças finitas, satisfaça a equação que você quer resolver nos pontos da malha.

### 20.7.11 Coeficientes variáveis e não linearidades

Suponha que você tem um termo do tipo *sinh(x) y (x)* na sua equação. Não há necessidade de expandir *sinh (x)* em funções da base – simplesmente multiplique *sinh (x)* por *y* em cada ponto de colocação. Do mesmo modo, termos do tipo $y^2$ são calculados diretamente usando-se os valores nos pontos de colocação. Esta é a grande vantagem em relação aos métodos tau e de Galerkin – lidar com não linearidades no espaço físico é bem mais fácil do que no espaço espectral.

### 20.7.12 Um exemplo trabalhado

Aqui está um exemplo unidimensional simples, tirado do Apêndice B de [5]. Considere a equação

$$y'' + y' - 2y + 2 = 0, \qquad -1 \leq x \leq 1, \tag{20.7.45}$$

$$y(-1) = y(1) = 0 \tag{20.7.46}$$

A solução exata é

$$y(x) = 1 - \frac{e^x \operatorname{senh} 2 + e^{-2x} \operatorname{senh} 1}{\operatorname{senh} 3} \tag{20.7.47}$$

Façamos uma expansão em polinômios de Chebyshev com $N = 4$:

$$y = \sum_{n=0}^{4} a_n T_n(x) \tag{20.7.48}$$

Escolha os pontos de colocação como sendo

$$x_i = -\cos \frac{i\pi}{4}, \qquad i = 0, \ldots, 4 \tag{20.7.49}$$

Estes são os pontos de Gauss-Lobatto associados aos polinômios de Chebyshev, isto é, eles incluem os pontos terminais. Sempre incluímos os pontos terminais quando queremos impor condições de contorno de Dirichlet, isto é, valores de funções nas fronteiras. Usando um dos métodos para achar matrizes de diferenciação, obtemos

$$[D^{(1)}y]_i = \begin{bmatrix} -\frac{11}{2} & 4+2\sqrt{2} & -2 & 4-2\sqrt{2} & -\frac{1}{2} \\ -1-\frac{1}{2}\sqrt{2} & \frac{1}{2}\sqrt{2} & \sqrt{2} & -\frac{1}{2}\sqrt{2} & 1-\frac{1}{2}\sqrt{2} \\ \frac{1}{2} & -\sqrt{2} & 0 & \sqrt{2} & -\frac{1}{2} \\ -1+\frac{1}{2}\sqrt{2} & \frac{1}{2}\sqrt{2} & -\sqrt{2} & -\frac{1}{2}\sqrt{2} & 1+\frac{1}{2}\sqrt{2} \\ \frac{1}{2} & -4+2\sqrt{2} & 2 & -4-2\sqrt{2} & \frac{11}{2} \end{bmatrix} \begin{bmatrix} y_0 \\ y_1 \\ y_2 \\ y_3 \\ y_4 \end{bmatrix}$$

(20.7.50)

e

$$[D^{(2)}y]_i = \begin{bmatrix} 17 & -20-6\sqrt{2} & 18 & -20+6\sqrt{2} & 5 \\ 5+3\sqrt{2} & -14 & 6 & -2 & 5-3\sqrt{2} \\ -1 & 4 & -6 & 4 & -1 \\ 5-3\sqrt{2} & -2 & 6 & -14 & 5+3\sqrt{2} \\ 5 & -20+6\sqrt{2} & 18 & -20-6\sqrt{2} & 17 \end{bmatrix} \begin{bmatrix} y_0 \\ y_1 \\ y_2 \\ y_3 \\ y_4 \end{bmatrix}$$ (20.7.51)

A exigência de que a equação diferencial seja obedecida nos pontos de colocação $x_k$ interiores, $k = 1, 2, 3$, usa as três linhas do meio destas matrizes. Impor as condições de contorno $y_0 = y_4 = 0$ significa que não precisamos da primeira e da última colunas. Assim, a equação (20.7.45) se torna

$$\begin{bmatrix} -16+\frac{1}{2}\sqrt{2} & 6+\sqrt{2} & -2-\frac{1}{2}\sqrt{2} \\ 4-\sqrt{2} & -8 & 4+\sqrt{2} \\ -2+\frac{1}{2}\sqrt{2} & 6-\sqrt{2} & -16-\frac{1}{2}\sqrt{2} \end{bmatrix} \begin{bmatrix} y_1 \\ y_2 \\ y_3 \end{bmatrix} = \begin{bmatrix} -2 \\ -2 \\ -2 \end{bmatrix}$$ (20.7.52)

com a solução

$$\begin{bmatrix} y_1 \\ y_2 \\ y_3 \end{bmatrix} = \begin{bmatrix} \frac{101}{350} + \frac{13}{350}\sqrt{2} \\ \frac{13}{25} \\ \frac{101}{350} - \frac{13}{350}\sqrt{2} \end{bmatrix}$$ (20.7.53)

A solução exata (20.7.47) dá, por exemplo, $y(x = 0) = 0{,}52065$, comparado com $y_z = 0{,}52000$. Nada mal para cinco pontos de malha! A questão, contudo, é que o erro é de aproximadamente $10^{-16}$ para $N = 16$. Com um esquema de diferenças finitas de segunda ordem, o erro diminuiria somente por um fator de 10 ou algo assim para este aumento em $N$.

### 20.7.13 Métodos espectrais multidimensionais

Para um problema dependente do tempo, a abordagem mais simples é o *método das linhas*. Expanda a solução como

$$y(t, x) = \sum_j C_j(x) y_j(t)$$ (20.7.54)

onde agora os coeficientes $y_j$ são funções do tempo. Então

$$\left.\frac{\partial y}{\partial t}\right|_i = \dot{y}_i, \quad \left.\frac{\partial y}{\partial x}\right|_i = \sum_j D^{(1)}_{ij} y_j, \quad \text{etc.}$$ (20.7.55)

Você obtém um sistema de EDOs em $t$ para os $y_j$, que você pode resolver segundo o procedimento padrão. Runge-Kutta é um bom começo.

Problemas com duas ou três dimensões espaciais são usualmente tratados fazendo-se expansões em cada uma das dimensões separadamente:

$$u(x, y, z) = \sum_{ijk} u_{ijk} C_i(x) C_j(y) C_k(z) \tag{20.7.56}$$

Equações elípticas levam a equações algébricas simultâneas para os coeficientes que são resolvidos, tipicamente, com métodos iterativos em função do grande número de variáveis. Para ver um exemplo, consulte [11] e as referências à literatura.

### REFERÊNCIAS CITADAS E LEITURA COMPLEMENTAR

Hesthaven, J., Gottlieb, S., and Gottlieb, D. 2007, *Spectral Methods for Time-Dependent Problems* (New York: Cambridge University Press), Chapter 9.[1]

Gottlieb, D., and Orszag, S.A. 1977, *Numerical Analysis of Spectral Methods: Theory and Applications* (Philadelphia: S.I.A.M.).[2] [Um clássico, e de certa forma ainda útil.]

Canuto, C., Hussaini, M.Y., Quarteroni, A., and Zang, T.A. 1988, *Spectral Methods in Fluid Dynamics* (Berlin: Springer).[3] [Referência padrão para aplicações dinâmicas fluidas mas aplicável a outras áreas.]

Boyd, J.P. 2001, *Chebyshev and Fourier Spectral Methods*, 2nd ed. (New York: Dover Publications). Available at http://www-personal.engin.umich.edu/òjpboyd.[4] [O melhor livro individual: completo e não muito formal.]

Fornberg, B. 1996, *A Practical Guide to Pseudospectral Methods* (New York: Cambridge University Press).[5] [Bom para começar, mas não para problemas de grande escala.]

Fornberg, B. 1998, "Calculation of Weights in Finite Difference Formulas," *SIAM Review* vol. 40, pp. 685–691.[6]

Baltensperger, R., and Trummer, M.R. 2003, "Spectral Differencing with a Twist," *SIAM Journal on Scientific Computing*, vol. 24, pp. 1465–1487.[7]

Matsushima, T., and Marcus, P.S. 1995, "A Spectral Method for Polar Coordinates," *Journal of Computational Physics* vol. 120, pp. 365–374.[8]

Matsushima, T., and Marcus, P.S. 1997, "A Spectral Method for Unbounded Domains," *Journal of Computational Physics* vol. 137, pp. 321–345.[9]

Rawitscher, G.H. 1991, "Accuracy Analysis of a Bessel Spectral Function Method for the Solution of Scattering Equations," *Journal of Computational Physics* vol. 94, pp. 81–101 .[10]

Pfeiffer, H.P., Kidder, L.E., Scheel, M.A., and Teukolsky, S.A. 2003, "A Multidomain Spectral Method for Solving Elliptic Equations," *Computer Physics Communications*, vol. 152, pp. 253–273.[11]

Bjørhus, M. 1995, "The ODE Formulation of Hyperbolic PDEs Discretized by the Spectral Collocation Method," *SIAM Journal on Scientific Computing*, vol. 16, pp. 542–557. [Descreve m bom algoritmo para equações hiperbólicas.]

CAPÍTULO

# 21 Geometria Computacional

## 21.0 Introdução

Se apostássemos que mais ciclos computacionais são gastos com fórmulas de geometria computacional do que a soma de todos os outros usos de um computador, ganharíamos a aposta facilmente. Não estamos incluindo nisto apenas a CPU do próprio computador, é claro, mas também as outras CPUs muito mais poderosas que estão escondidas no cartão gráfico do computador e em todos os aparelhos de TV de alta definição e entretenimento de vídeo mundo afora.

De fato, a geometria computacional e as áreas mais abrangentes de visão computacional e computação grafica, das quais ela faz parte, tornaram-se áreas-chave da ciência da computação, sustentando uma enorme base industrial de aplicações, empregando cientistas da computação e programadores em todos os níveis profissionais. É impossível fazer jus a este colosso em um só capítulo. No entanto, há um número de técnicas elementares que devem obrigatoriamente fazer parte do repertório de qualquer cientista da computação ativo na área.

Neste capítulo construiremos um corpo de métodos que são suficientes para se fazer triangulações de Delaunay em duas dimensões e usá-las para interpolar funções de duas variáveis numa malha irregular, além de outras aplicações. Ao buscarmos este objetivo (e outros um pouco além), nos permitiremos um desvio para outros tópicos interessantes e normalmente úteis, tais como:

- estrutura de árvores de dados para conjuntos de pontos;
- problemas de vizinhos próximos (*nearest-neighbors*);
- muito sobre retas, triângulos e polígonos;
- esferas *n*-dimensionais e matrizes de rotação;
- Voronoi e tudo o mais;
- envoltórias convexas (*convex hulls*);
- *spanning trees*\* mínimas;
- achar objetos que se interceptam

entre outras coisas.

Dentro de um espírito de absoluta franqueza, devemos dizer que nossa abordagem para alguns dos tópicos mais interessantes da lista acima será restrita ao caso bidimensional, mesmo quando o caso tridimensional possa ser igualmente relevante na ciência da computação. A razão é simples: espaço nas páginas deste livro. Algoritmos em três dimensões geralmente são mais complexos, possuem um maior número de casos particulares a serem tratados e geralmente resultam

---

\*N. de T.: O termo *spanning tree* pode ser traduzido por árvore de extensão ou dispersão. Uma vez que nenhum dos termos traduz de maneira apropriada o adjetivo *spanning*, resolvemos manter ao longo do texto a forma original.

em códigos muito longos para que os possamos incluir. Nos esforçamos em condensar, dentro de um tamanho apropriado de capítulo, códigos bidimensionais que funcionem e sejam razoavelmente eficientes. Você será capaz de usá-los em problemas bidimensionais ou poderá explorá-los para entender como funcionam antes de procurar soluções tridimensionais nas referências.

Uma revelação adicional diz respeito ao uso que fazemos da aritmética de ponto flutuante e ao tratamento por nós dispensado para casos especiais de igualdade "exata". Dado que números de ponto flutuante e sua aritmética não são exatos, normalmente não faz sentido, do ponto de vista computacional, realizar testes de igualdade exatos. Contudo, historicamente, os geômetras sempre fizeram a distinção entre, por exemplo, o fato de um ponto se encontrar "dentro", "na aresta" ou no "vértice" de um triângulo. Isso acabou gerando uma certa esquizofrenia na área. Por um lado (especialmente antes de 1990), especialistas da área labutaram para desenvolver algoritmos usando aritmética exata (inteira) de modo que as distinções tradicionais pudessem ser elegantemente preservadas. Por outro lado (particularmente depois de 1990, quando operações rápidas de ponto flutuante passaram a estar disponíveis em processadores gráficos dedicados), muitos destes detalhes finos deixaram de ser necessários, e um certo descuido em nível de "epsilon de máquina" passou a ser tolerado em favor da rapidez de processamento. Neste capítulo nos posicionamos, sem remorso, ao lado do time dos descuidados. Nos casos limite, nossos códigos produzem resultados razóaveis, mas não necessariamente aqueles que você pode achar que quer. *Caveat emptor*\*.

Um objetivo menos específico do capítulo é proporcionar um "sabor" da área de geometria computacional, um sabor que combina de maneira deliciosa partes de Euclides (perdão!) com elementos de matemática e ciência da computação moderna.

Algumas boas referências gerais estão listadas abaixo.

### REFERÊNCIAS CITADAS E LEITURA COMPLEMENTAR

de Berg, M., van Kreveld, M., Overmars, M., and Schwarzkopf, O. 2000, *Computational Geometry: Algorithms and Applications,* 2nd revised ed. (Berlin: Springer). [Texto popular, especialmente forte em referências à literatura publicada.]

O'Rourke, J. 1998, *Computational Geometry in C,* 2nd ed. (Cambridge, UK: Cambridge University Press). [Bem-escrito, com explicações claras e código C.]

Preparata, F.P. and Shamos, M.I. 1991, *Computational Geometry: An Introduction* (Berlin: Springer).

Schneider, P.J. and Eberly, D.H. 2003, *Geometric Tools for Computer Graphics* (San Francisco: Morgan Kaufmann). [Enorme compêndio de fórmulas e código.]

Bowyer, A. and Woodwark, J. 1983, *A Programmer's Geometry (London:* Butterworths). [Clássico maravilhoso, especialmente para aqueles que ficam nostálgicos ao verem Fortran impresso em caixa alta.]

Glassner, A.S., ed. 1990, *Graphics Gems* (San Diego: Academic Press). [Série de livros cheios de truques do ofício algorítmicos.]

Arvo, J., ed. 1991, *Graphics Gems II* (San Diego: Academic Press).

Kirk, D., ed. 1992, *Graphics Gems III*(Cambridge, MA: Academic Press).

Heckbert, P.S., ed. 1994, *Graphics Gems IV* (Cambridge, MA: Academic Press).

Euclid, ca. 300BC, *Euclid's Elements;* reprinted 2002 (Santa Fe, NM: Green Lion Press).

---

\*N. de T.: No original, em latim. Significa basicamente "o comprador esteja avisado".

## 21.1 Pontos e caixas

Um ponto **p** em um espaço $D$-dimensional é dado por suas $D$ coordenadas cartesianas, $(x_0, x_1, \ldots, x_{D-1})$). Geralmente nos ocuparemos somente com os casos $D = 2$ (pontos no plano) e $D = 3$ (pontos no 3-espaço). O conceito, no entanto, é mais geral.

A representação em código segue somente este paradigma. Ao evitar nomes especiais para coordenadas individuais – como $x$, $y$, $z$ – preservamos a habilidade de pularmos facilmente para coordenadas em $D$ dimensões.

pointbox.h
```
template<Int DIM> struct Point {
    Estrutura simples para se representar um ponto em DIM dimensões.
    Doub x[DIM];                                As coordenadas.
    Point(const Point &p) {                     Construtor cópia.
        for (Int i=0; i<DIM; i++) x[i] = p.x[i];
    }
    Point& operator= (const Point &p) {
        for (Int i=0; i<DIM; i++) x[i] = p.x[i];
        return *this;
    }
    bool operator== (const Point &p) const {    Operador de endereçamento.
        for (Int i=0; i<DIM; i++) if (x[i] != p.x[i]) return false;
        return true;
    }
    Point(Doub x0 = 0.0, Doub x1 = 0.0, Doub x2 = 0.0) {
        x[0] = x0;                              Construtor por valores de coordenadas. Argumentos
        if (DIM > 1) x[1] = x1;                 além do número requerido não são usados e po-
        if (DIM > 2) x[2] = x2;                 dem ser omitidos.
        if (DIM > 3) throw("Point not implemented for DIM > 3");
    }
};
```

No interesse de um código conciso, o construtor acima pode passar por alguns argumentos default iguais a zero. Você pode limpar isto facilmente, se assim o desejar.

Se tivermos dois pontos **p** e **q**, podemos calcular sua distância $d$,

$$d = |\mathbf{p} - \mathbf{q}| = \left[ \sum_{i=0}^{D-1} (p_i - q_i)^2 \right]^{1/2} \tag{21.1.1}$$

onde $p_i$ e $q_i$ são agora as respectivas coordenadas cartesianas de cada ponto.

Em código, temos:

pointbox.h
```
template<Int DIM> Doub dist(const Point<DIM> &p, const Point<DIM> &q) {
    Retorna a distância entre dois pontos em DIM dimensões.
    Doub dd = 0.0;
    for (Int j=0; j<DIM; j++) dd += SQR(q.x[j]-p.x[j]);
    return sqrt(dd);
}
```

Note que dist não é um membro da classe Point, mas sim uma função independente cujos argumentos são Points. Nós sobrecarregaremos dist com outros tipos de argumentos, que têm o significado de outros tipos de distância entre objetos.

### 21.1.1 Caixas

Por *caixa* nós queremos dizer um retângulo (para $D = 2$) ou um paralelepípedo retangular (para $D = 3$, em outras palavras, um "tijolo") que esteja alinhado com os eixos de coordenadas. Caixas são interessantes porque elas podem tessalonizar (ou seja, particionar) o espaço $D$-dimensional, além do que elas podem conter outros objetos. De fato, todo objeto extenso e finito tem uma *bounding box*, que é a menor caixa que o contém. Uma maneira de representar uma caixa é por pontos em dois cantos especiais, diagonalmente opostos. O primeiro ponto ("baixo") tem valores de coordenadas que são os mínimos na superfície da caixa; o segundo ponto ("alto") tem valores que coordenadas que são os máximos. Todos os outros cantos da caixa, e isto deveria ser óbvio, têm valores de coordenadas que são, dimensão a dimensão, ou o valor do "baixo", ou o valor do "alto"; e todas estas permutações são cantos, $2^D$ no total.

O código abaixo segue esta descrição:

```
template<Int DIM> struct Box {                                           pointbox.h
Estrutura para se representar uma caixa cartesiana em DIM dimensões.
    Point<DIM> lo, hi;          Cantos diagonalmente opostos (min de todas as coordenadas e max
    Box() {}                    de todas as coordenadas) são armazenados com dois pontos.
    Box(const Point<DIM> &mylo, const Point<DIM> &myhi) : lo(mylo), hi(myhi) {}
};
```

Observe que um construtor cópia e um operador endereçamento não são necessários, uma vez que por default os dois `Points` serão copiados e endereçados apropriadamente (uma conveniência desta representação).

Um ponto pode estar fora, dentro de uma caixa ou – em princípio – na sua superfície. Como mencionado no §21.0, representamos todas as coordenadas como números (aproximados) de ponto flutuante e não como números (exatos) inteiros, de modo que não é nada prudente depender de qualquer igualdade exata entre valores de coordenadas ou distâncias. Seremos cuidadosos, portanto, em não depositar muita crença na ideia da superfícies exata de uma caixa; usualmente consideraremos a superfície (caso valha alguma igualdade exata) como sendo parte do interior da caixa.

Se um ponto estiver fora da caixa, então definiremos sua distância da caixa como sendo a distância ao ponto mais próximo na superfície (ou dentro) da caixa. Um rápido olhar pela Figura 21.1.1 mostra que esta distância é a soma pitagórica (ou seja, a raiz quadrada da soma dos quadrados) das distâncias do ponto até algum dos hiperplanos – mas não de todos – que delimitam a caixa. A regra é que quando um ponto tem uma coordenada maior que o correspondente máximo da caixa, ou menor que o correspondente mínimo, então "aquela" coordenada contribui para a soma. Quando um ponto tem uma coordenada entre o *max* e o *min* da caixa, então ele *não* contribui para a soma, uma vez que (ao longo daquela coordenada) a reta mais curta pode ser perpendicular ao hiperplano. Quando um ponto estiver dentro, ou sobre a superfície da caixa, definimos a distância até a caixa como sendo zero.

Estas definições de distância estão incorporadas no código abaixo.

```
template<Int DIM> Doub dist(const Box<DIM> &b, const Point<DIM> &p) {     pointbox.h
Se um ponto p estiver fora da caixa b, a distância até o ponto mais próximo de b é retornada. Se p estiver
dentro de b ou sobre sua superfície, o valor retornado é zero.
    Doub dd = 0;
    for (Int i=0; i<DIM; i++) {
        if (p.x[i]<b.lo.x[i]) dd += SQR(p.x[i]-b.lo.x[i]);
        if (p.x[i]>b.hi.x[i]) dd += SQR(p.x[i]-b.hi.x[i]);
    }
    return sqrt(dd);
}
```

Frequentemente queremos saber se um ponto está dentro ou fora de uma caixa. A rotina `dist` acima pode ser usada para este fim. Um valor positivo significa fora, zero significa dentro. Se dentro-*versus*-fora, e não a distância, é *tudo* o que você quer saber, então um certo

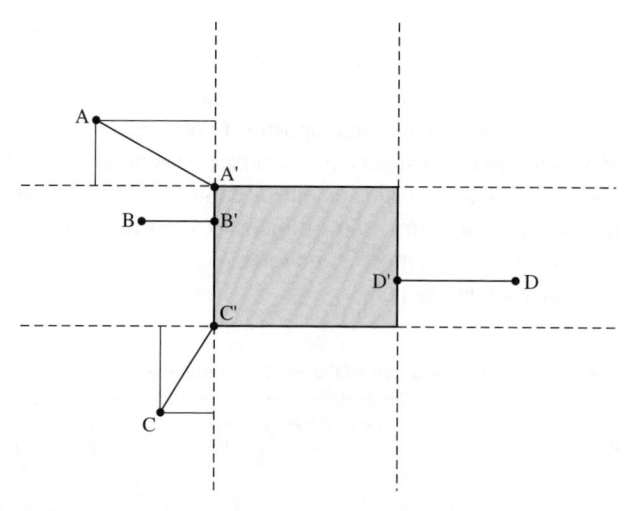

**Figura 21.1.1** Distância de um ponto a uma caixa D-dimensional. A fórmula geral (assim como as linhas AA' e CC') é a soma pitagórica de D distâncias ao plano que inclui o lado mais próximo da caixa. Mas quando o ponto está entre dois planos paralelos deste tipo (como, por exemplo, BB' e DD'), então a coordenada correspondente é omitida da soma.

*streamlining*\* é possível: substitua dd por uma variável booleana, substitua OR's lógicos no lugar das adições e, claro, omita a raiz quadrada. A lógica permanece, caso contrário, a mesma.

### 21.1.2 Nós para árvores binárias de caixas

Na próxima seção, construiremos uma *árvore binária* de caixas aninhadas (*nested*), de tal modo que cada caixa será subdividida em e conectada a duas caixas-filhas. Cada caixa na árvore conterá também uma lista de pontos que se encontram dentro da caixa. Apresentamos aqui uma estrutura para fazer isto, derivada da estrutura Box, mas que contém variáveis adicionais que podem apontar para uma caixa-mãe, para as duas caixas-filhas e para os índices superior e inferior em uma lista de pontos (designando assim o intervalo de pontos dentro da caixa). O construtor simplesmente define todos os valores explicitamente.

kdtree.h
```
template<Int DIM> struct Boxnode : Box<DIM> {
    Nó em uma árvore binária de caixas contendo pontos. Vide texto para detalhes.
    Int mom, dau1, dau2, ptlo, pthi;
    Boxnode() {}
    Boxnode(Point<DIM> mylo, Point<DIM> myhi, Int mymom, Int myd1,
        Int myd2, Int myptlo, Int mypthi) :
        Box<DIM>(mylo, myhi), mom(mymom), dau1(myd1), dau2(myd2),
        ptlo(myptlo), pthi(mypthi) {}
};
```

## 21.2 Árvores KD e localização do vizinho mais próximo

Há muito tempo o termo "árvore kd" (ou "árvore k-D") designava a abreviação para " árvore *k*-dimensional". Contudo, o termo passou a designar um tipo de estrutura de árvore muito específico

---

\*N. de T.: *Streamlining*, de *streamline*, é um termo originário da aerodinâmica e significa projetar um objeto para que ofereça a menor resistência ao fluido através do qual se desloca. Neste contexto, significa melhorar a performance, otimizar.

e útil para se particionar pontos, particularmente num número reduzido de dimensões, como 2 ou 3. Uma árvore KD que contém $N$ pontos pode ser construída em tempo $O(N \log N)$ e espaço $O(N)$. Uma vez construída, a árvore KD facilita operações tais como achar o vizinho mais próximo de um ponto em um tempo $O(N \log)$, ou todos os vizinhos próximos em um tempo $O(N \log N)$. Árvores KD foram descritas pela primeira vez por Bentley em 1975 [8]. Vejamos como elas funcionam.

Comece com uma caixa muito grande, uma que facilmente contenha todos os possíveis pontos de interesse. Você não será punido se escolher uma caixa-raiz (*root box*) gigantesca; portanto, coordenadas de $\pm 10^{99}$ são plenamente aceitáveis. Gere agora uma lista de $N$ pontos (de interesse para sua aplicação) que estejam dentro da caixa-raiz. Os princípios que definem uma árvore KD são:

- Caixas são particionadas sucessivamente em duas caixas-filhas.
- Cada partição é feita ao longo do eixo de uma coordenada.
- As coordenadas são usadas ciclicamente em partições sucessivas.
- Ao fazer a partição, a posição do "corte" é escolhida de modo a deixar um igual número de pontos dos dois lados (ou que difiram por 1, caso o número de pontos seja ímpar).

Com estes princípios, há algumas escolhas arbitrárias a serem feitas no desenho da rotina. Na implementação apresentada abaixo, o "corte" da partição passa exatamente por um dos pontos (isto é, compartilha uma de suas coordenadas). Isto permite evitar um pouco de *bookkeeping* extra que as outras escolhas acarretam. Também, terminamos uma árvore quando o nó da caixa (*box node*) contém ou um, ou dois pontos, evitando assim a partição adicional de caixas de 2 pontos em duas caixas de um ponto. Esta é a escolha natural, pois a estrutura Boxnode já tem ponteiros para dois pontos (ptlo e pthi), e isto reduz o número de caixas armazenadas em até 50%.

Com estes princípios e as regras de desenho em mente, você poderá decodificar a Figura 21.2.1, que mostra uma árvore KD bidimensional com 1000 pontos (com uma certa dose de licença artística, a caixa-raiz da figura foi encolhida para conter exatamente estes pontos, ao invés de ter sido continuada até infinito).

Interessante é o fato de que, dado $N$, o número de pontos, é possível dar uma fórmula exata pra o número de caixas geradas por nossas regras de partição de árvores KD (isto torna a alocação de memória para a árvore algo direto). Se $N_B(N)$ é o número de caixas necessárias para $N$ pontos, então duas relações de recorrência óbvias descrevem o que acontece no particionamento inicial de $2n$ pontos em $n$ mais $n$, ou de $2n-1$ pontos em $n$ mais $n-1$:

$$N_B(2n) = 2N_B(n) + 1$$
$$N_B(2n-1) = N_B(n) + N_B(n-1) + 1 \quad (21.2.1)$$

O +1 em ambas as fórmulas refere-se à caixa-mãe adicional que "cola as duas árvores-filhas parciais uma na outra" em cada estágio do processo. A solução destas relações de recorrência é

$$N_B(N) = \min(M - 1, \, 2N - \tfrac{1}{2}M - 1) \quad (21.2.2)$$

onde $M$ é a menor potência de 2 maior ou igual a $N$, isto é,

$$M = 2^{\lceil \log_2 N \rceil} \quad (21.2.3)$$

(Você pode verificar este resultado por indução, deduzindo as várias possibilidades da função min. Ou, o que é muito mais divertido, você pode escrever um programa para verificar esta solução numericamente para, digamos, $N < 10^9$.)

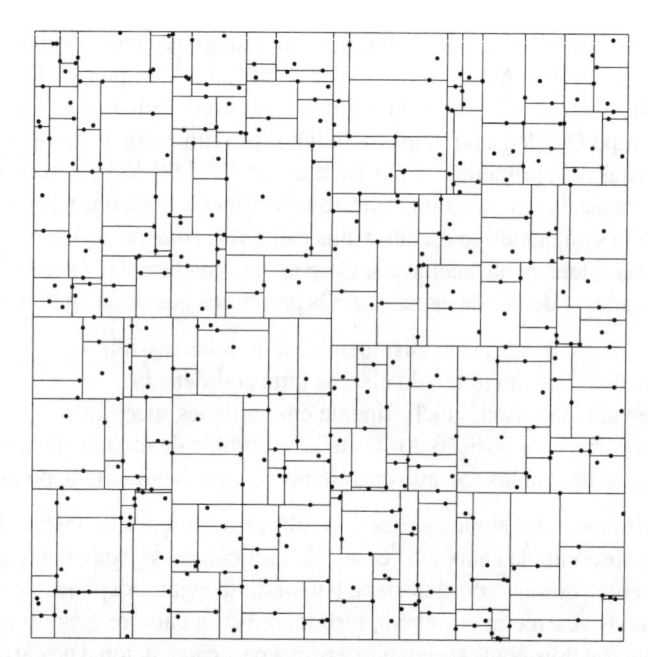

**Figura 21.2.1** Árvore KD construída a partir de 1000 pontos no plano. A primeira subdivisão pode ser vista como a linha vertical contínua de cima a baixo, aproximadamente na metade da figura. As próximas subdivisões são linhas horizontais, estendendo-se por metade da figura. As subdivisões alternam-se entre linhas horizontais e verticais e partições em números (aproximadamente) iguais de pontos em cada estágio do processo. A árvore termina quando há ou um, ou dois pontos em uma caixa (um dos quais se encontra, usualmente, na fronteira da caixa).

## 21.2.1 Implementação da árvore KD

Implementamos a árvore KD como uma estrutura que é construída a partir de um vetor de `Points` e inclui métodos que contêm as principais aplicações que iremos discutir abaixo, principalmente vários tipos de problemas de vizinhos mais próximos.

kdtree.h
```
template<Int DIM> struct KDtree {
    Estrutura para implementação de uma árvore KD.
        static const Doub BIG;              Tamanho da caixa-raiz, valor definido abaixo.
        Int nboxes, npts;                    Número de caixas, número de pontos.
        vector< Point<DIM> > &ptss;          Referência ao vetor de pontos na árvore KD.
        Boxnode<DIM> *boxes;                 O array de Boxnodes que formam a árvore.
        VecInt ptindx, rptindx;              Índice de pontos (vide texto) e índice reverso.
        Doub *coords;                        Coordenadas dos pontos rearranjadas contiguamente.
        KDtree(vector< Point<DIM> > &pts);    Construtor.
        ~KDtree() {delete [] boxes;}
    Próximo, funções de utilidade para serem usadas após a construção da árvore. Vide abaixo.
        Doub disti(Int jpt, Int kpt);
        Int locate(Point<DIM> pt);
        Int locate(Int jpt);
    Próximo, aplicações que utilizam a árvore KD. Vide texto.
        Int nearest(Int jpt);
        Int nearest(Point<DIM> pt);
        void nnearest(Int jpt, Int *nn, Doub *dn, Int n);
        static void sift_down(Doub *heap, Int *ndx, Int nn);    Usada por nnearest.
        Int locatenear(Point<DIM> pt, Doub r, Int *list, Int nmax);
};

template<Int DIM> const Doub KDtree<DIM>::BIG(1.0e99);
```

Observe que a estrutura `Kdtree` mantém uma referência ao vetor de `Points` que a criou. Isto é usado em algumas das aplicações e implica que o usuário não deve modificar o vetor de pontos enquanto a árvore KD deduzida estiver sendo utilizada. O array `coords` é uma representação interna do vetor de pontos que é usado durante a construção da árvore KD, sendo então retornado imediatamente ao *pool* de memória.

O que torna a construção de uma árvore KD algo tão rápido é a existência de algoritmos velozes de partição, de ordem $O(N)$ no tempo, que não apenas acham o valor médio em um array de $N$ valores, mas também movem todos os valores menores para um lado do array e todos os valores maiores para o outro lado. Já encontramos um algoritmo assim no §8.5, na rotina `select`. Aqui precisamos de uma leve variante, `selecti`, que particiona um array de inteiros não em função dos seus valores, mas usando-os para indexar um array separado de valores que permaneceram inalterados. Uma vez que pretendemos particionar subsegmentos de arrays, passamos todas as referências aos arrays via endereço.

```
Int selecti(const Int k, Int *indx, Int n, Doub *arr)                          kdtree.h
Permuta indx[0..n-1] para fazer arr[indx[0..k-1]] ≤ arr[[indx[k]]] ≤ arr[indx[k+1..n-1]].
O array arr não é modificado. Veja comentários na rotina select.
{
    Int i,ia,ir,j,l,mid;
    Doub a;

    l=0;
    ir=n-1;
    for (;;) {
        if (ir <= l+1) {
            if (ir == l+1 && arr[indx[ir]] < arr[indx[l]])
                SWAP(indx[l],indx[ir]);
            return indx[k];
        } else {
            mid=(l+ir) >> 1;
            SWAP(indx[mid],indx[l+1]);
            if (arr[indx[l]] > arr[indx[ir]]) SWAP(indx[l],indx[ir]);
            if (arr[indx[l+1]] > arr[indx[ir]]) SWAP(indx[l+1],indx[ir]);
            if (arr[indx[l]] > arr[indx[l+1]]) SWAP(indx[l],indx[l+1]);
            i=l+1;
            j=ir;
            ia = indx[l+1];
            a=arr[ia];
            for (;;) {
                do i++; while (arr[indx[i]] < a);
                do j--; while (arr[indx[j]] > a);
                if (j < i) break;
                SWAP(indx[i],indx[j]);
            }
            indx[l+1]=indx[j];
            indx[j]=ia;
            if (j >= k) ir=j-1;
            if (j <= k) l=i;
        }
    }
}
```

A estratégia básica para se construir árvores KD é a seguinte: construa um array de inteiros que indexam os $N$ pontos (`ptindx`, abaixo). Em seguida, copie todas as coordenadas dos pontos em um array (`coords`) no qual todas as coordenadas $x_0$ são contíguas, seguidas por todas as coordenadas $x_1$, e assim por diante até esgotar todas as dimensões. Agora use `selecti` para particionar (e rearranjar) os índices dos pontos segundo o valor da sua coordenada $x_0$, com metade dos pontos de cada lado da partição. Estas duas metades, vistas agora como arrrays separados, contêm os pontos das duas novas caixas-filhas. Agora, particione cada uma delas no meio pelo valor da sua coordenada $x_1$. E assim por diante, recursivamente, passando por todas as coordenadas ciclicamente.

A recursão é tão simples que é fácil codificá-la como uma simples "lista de tarefas pendentes", evitando assim o excesso de *calls* de funções recursivas. Uma tarefa pendente (*pending task*) consiste em um índice apontando para uma caixa pronta para mais um particionamento (uma mãe grávida, digamos assim) e um valor que lembra qual dimensão é a próxima a ser particionada. Uma vez que a árvore é construída "primeiro na profundidade", a lista de tarefas nunca cresce mais que o *log* do número total de caixas. Toda nova filha nasce com um ponteiro para sua mãe, e ponteiros para seus elementos inicial e final no array de índices de pontos ptindx. Embora estes elementos venham a ser geralmente permutados em particionamentos subsequentes, nenhum jamais será movido para fora do intervalo especificado quando uma caixa-filha é criada pela primeira vez. É por isso que todo o processo pode ser feito em um único array de índice de ponto, com todas as caixas simplesmente apontando para algum subintervalo do array.

Com isto, deve ser fácil entender o construtor KDtree, abaixo:

kdtree.h
```
template<Int DIM> KDtree<DIM>::KDtree(vector< Point<DIM> > &pts) :
ptss(pts), npts(pts.size()), ptindx(npts), rptindx(npts) {
```
Constrói uma árvore KD a partir de um vetor de pontos.
```
    Int ntmp,m,k,kk,j,nowtask,jbox,np,tmom,tdim,ptlo,pthi;
    Int *hp;                                     Pilha suficiente para 2^50 pontos!
    Doub *cp;                                    Inicializa o índice de pontos.
    Int taskmom[50], taskdim[50];
    for (k=0; k<npts; k++) ptindx[k] = k;
```
Calcula o número de caixas e aloca memória para elas.
```
    m = 1;
    for (ntmp = npts; ntmp; ntmp >>= 1) {
        m <<= 1;
    }
    nboxes = 2*npts - (m >> 1);
    if (m < nboxes) nboxes = m;
    nboxes--;
    boxes = new Boxnode<DIM>[nboxes];
```
Copia as coordenadas dos pontos em um array contíguo.
```
    coords = new Doub[DIM*npts];
    for (j=0, kk=0; j<DIM; j++, kk += npts) {
        for (k=0; k<npts; k++) coords[kk+k] = pts[k].x[j];
    }
```
Inicializa a caixa-raiz e a coloca na lista de tarefas (*task list*) para subdivisão.
```
    Point<DIM> lo(-BIG,-BIG,-BIG), hi(BIG,BIG,BIG);          Sintaxe OK também para 2-D.
    boxes[0] = Boxnode<DIM>(lo, hi, 0, 0, 0, npts-1);
    jbox = 0;
    taskmom[1] = 0;                              Qual caixa.
    taskdim[1] = 0;                              Qual dimensão.
    nowtask = 1;
    while (nowtask) {                            Loop principal sobre tarefas pendentes.
        tmom = taskmom[nowtask];
        tdim = taskdim[nowtask--];
        ptlo = boxes[tmom].ptlo;
        pthi = boxes[tmom].pthi;
        hp = &ptindx[ptlo];                      Pontos para final esquerdo da subdivisão.
        cp = &coords[tdim*npts];                 Pontos para lista de coordenadas dim atual.
        np = pthi - ptlo + 1;                    Número de pontos na subdivisão.
        kk = (np-1)/2;                           Índice do último ponto à esquerda (ponto da fronteira).
        (void) selecti(kk,hp,np,cp);             Aqui é feito todo o trabalho.
```
Agora crie filhas e empurre-as para a lista de tarefas caso elas necessitem de subdivisões adicionais.

```
            hi = boxes[tmom].hi;
            lo = boxes[tmom].lo;
            hi.x[tdim] = lo.x[tdim] = coords[tdim*npts + hp[kk]];
            boxes[++jbox] = Boxnode<DIM>(boxes[tmom].lo,hi,tmom,0,0,ptlo,ptlo+kk);
            boxes[++jbox] = Boxnode<DIM>(lo,boxes[tmom].hi,tmom,0,0,ptlo+kk+1,pthi);
            boxes[tmom].dau1 = jbox-1;
            boxes[tmom].dau2 = jbox;
            if (kk > 1) {
                taskmom[++nowtask] = jbox-1;
                taskdim[nowtask] = (tdim+1) % DIM;
            }
            if (np - kk > 3) {
                taskmom[++nowtask] = jbox;
                taskdim[nowtask] = (tdim+1) % DIM;
            }
    }
    for (j=0; j<npts; j++) rptindx[ptindx[j]] = j;    Cria índice reverso.
    delete [] coords;                                  Não há mais necessidade deles.
}
```

Há um pequeno número de funções de utilidade que são fáceis de se fornecer. Embora geralmente prefiramos nossas funções distâncias (`dist`) autônomas (*freestanding*), é útil termos uma rotina membro `Kdtree` que devolve a distância entre dois pontos em uma árvore KD, refenciada pela sua posição em número inteiro no vetor de pontos subjacentes.

```
    template<Int DIM> Doub KDtree<DIM>::disti(Int jpt, Int kpt) {                    kdtree.h
    Retorna a distância entre dois pontos na árvore KD, dados seus índices no array de pontos, mas retorna
    um valor alto se os pontos forem idênticos.
        if (jpt == kpt) return BIG;
        else return dist(ptss[jpt], ptss[kpt]);
    }
```

Há uma razão especial para retornar `BIG` quando dois pontos forem idênticos: mais tarde, quando estivermos procurando o vizinho mais próximo de um ponto, não queremos que a resposta seja invariavelmente "o próprio ponto"!

Uma outra função simples pega um `Point` arbitrário como argumento e retorna o índice da caixa que o contém unicamente. Nesta função podemos pela primeira vez ver um exemplo de como se faz a passagem por uma árvore hierarquicamente, começando pela caixa-raiz e escolhendo, em cada passo, apenas uma das duas filhas. Também, se mantivermos em vista qual dimensão será a próxima a ser particionada (`jdim`, abaixo), só precisamos checar uma das coordenadas do ponto a cada passo. Evidentemente, todo o processo é da ordem $O(\log N)$ no tempo, uma vez que só pode existir esta quantidade de níveis em cada árvore.

```
    template<Int DIM> Int KDtree<DIM>::locate(Point<DIM> pt) {                       kdtree.h
    Dado um ponto arbitrário pt, retorna o índice da kdtree na qual ele se encontra.
        Int nb,d1,jdim;
        nb = jdim = 0;                         Começa com a caixa-raiz.
        while (boxes[nb].dau1) {               Desce o máximo possível na árvore.
            d1 = boxes[nb].dau1;
            if (pt.x[jdim] <= boxes[d1].hi.x[jdim]) nb=d1;
            else nb=boxes[nb].dau2;
            jdim = ++jdim % DIM;               Incrementa a dimensão ciclicamente.
        }
        return nb;
    }
```

A `Box` de fato pode ser obtida do número inteiro retornado pela rotina, digamos, *j*, ao se referenciar `boxes[j]` em `KDtree`, uma vez que `Boxnode` é uma classe derivada de `Box`.

Uma função utilidade muito similar retorna o índice da caixa que contém um dos pontos usados na construção de KDtree. Esta caixa não é necessariamente idêntica à caixa que a rotina acima retornaria devido à possibilidade de múltiplos vínculos entre valores de coordenadas. Neste caso, alguns pontos conectados podem estar localizados em um lado da partição mediana e outros, do outro lado.

kdree.h
```
template<Int DIM> Int KDtree<DIM>::locate(Int jpt) {
    Dado o índice de um ponto em uma kdtree, retorna o índice da caixa na qual ele se encontra.
    Int nb,d1,jh;                    O índice reverso diz onde o ponto se encontra no índice
    jh = rptindx[jpt];               de pontos.
    nb = 0;
    while (boxes[nb].dau1) {
        d1 = boxes[nb].dau1;
        if (jh <= boxes[d1].pthi) nb=d1;
        else nb = boxes[nb].dau2;
    }
    return nb;
}
```

## 21.2.2 Aplicações de árvores KD

A maior parte das aplicações de árvores KD faz uso de propriedades de localidade de suas caixas aninhadas. Podemos ver isto melhor em alguns exemplos.

Suponha que queiramos saber qual entre os $N$ pontos em uma árvore KD é o mais próximo de um ponto arbitrário **p** (não necessariamente um dos pontos da árvore). Sem a árvore, este é um cálculo que requer $O(N)$ operações, uma vez que temos que comparar **p** com os candidatos um a um. Contudo, se já investimos as $O(N \log N)$ operações necessárias para se construir a árvore, podemos então proceder da seguinte forma. Primeiro, encontre a caixa na qual **p** se encontra, e ache o ponto mais próximo na árvore que se encontra dentro daquela caixa. Isto requer $O(\log N)$ operações, como acabamos de ver. O ponto achado pode na verdade ser o vizinho mais próximo (mas ainda não o sabemos), mas em todo o caso sua distância é agora um limite superior para quão longe o verdadeiro vizinho mais próximo pode estar.

Segundo, atravesse a árvore por meio de uma recursão "profundidade primeiro" (exatamente do mesmo modo que fizemos quando construímos a árvore). À medida que encontramos novas caixas, conferimos para ver se ela poderia possivelmente conter um ponto mais próximo que aquele que já achamos. Uma vez que começamos por um ponto que já está bastante próximo (na mesma caixa que **p**), a maioria das caixas é descartada neste passo. Quando uma caixa é descartada, *não precisamos* abrir suas caixas-filhas, de modo que todo um ramo de árvores é "podado". Na média, somente algo como $O(\log N)$ caixas são realmente abertas, de modo que o trabalho total necessário para se achar o ponto mais perto é da ordem $O(\log N)$.

Se estivermos realmente interessados em um único ponto **p**, então o método "lento", de ordem $O(N)$, teria sido mais veloz. Mas se tivermos que repetir a operação para muitos pontos $\mathbf{p}_i$ diferentes, comparando-os aos mesmos $N$ pontos na árvore cada vez, então chamar a rotina seguinte para cada um dos $\mathbf{p}_i$ representa um grande ganho.

kdree.h
```
template<Int DIM> Int KDtree<DIM>::nearest(Point<DIM> pt) {
    Dada uma localização arbitrária pt, retorna o índice do ponto mais próximo na árvore KD.
    Int i,k,nrst,ntask;              Pilha de caixas esperando para serem abertas.
    Int task[50];
    Doub dnrst = BIG, d;
    Primeiro passo, achamos na mesma caixa de pt o ponto da kdtree mais próximo.
    k = locate(pt);                  Em qual caixa se encontra pt?
    for (i=boxes[k].ptlo; i<=boxes[k].pthi; i++) {    Ache o mais próximo.
        d = dist(ptss[ptindx[i]],pt);
```

```
            if (d < dnrst) {
                nrst = ptindx[i];
                dnrst = d;
            }
        }
        Segundo passo, atravessamos a árvore, abrindo somente caixas possivelmente melhores.
        task[1] = 0;
        ntask = 1;
        while (ntask) {
            k = task[ntask--];
            if (dist(boxes[k],pt) < dnrst) {           Distância ao ponto mais próximo na caixa.
                if (boxes[k].dau1) {                    Se não for um nodo final, coloque na lista de
                    task[++ntask] = boxes[k].dau1;     tarefas.
                    task[++ntask] = boxes[k].dau2;
                } else {                                Cheque o 1 ou os 2 pontos na caixa.
                    for (i=boxes[k].ptlo; i<=boxes[k].pthi; i++) {
                        d = dist(ptss[ptindx[i]],pt);
                        if (d < dnrst) {
                            nrst = ptindx[i];
                            dnrst = d;
                        }
                    }
                }
            }
        }
        return nrst;
    }
```

E se quisermos saber qual é o ponto mais próximo não de um ponto arbitrário, mas de um dos pontos armazenados na árvore KD? Para isto a rotina acima não serve. Se mandarmos para ela um ponto da árvore, ela nos retornará a resposta óbvia de que o vizinho mais próximo de um ponto é ele próprio! Precisamos modificar a rotina de modo que ela use `disti` da KDtree, que definiu a auto-distância de um ponto como sendo um número grande, ao invés de pequeno.

Uma propriedade adicional útil é achar não apenas um único vizinho mais próximo, mas $n$ vizinhos para algum valor específico $n < N - 1$. O truque aqui é evitar tornar o algoritmo de ordem $O(n \log N)$, que é o que aconteceria se, para cada ponto candidato, nós o comparássemos aos $n$ melhores pontos até então. Uma boa maneira de proceder é com uma estrutura *heap*, como descrita no § 8.3 e usada (com objetivos muito similares) na rotina `hepsel` no §8.5. A carga de trabalho cresce então como $O(\log n \log N)$.

A rotina a seguir é codificada para que não perca quase nada de sua eficiência no caso $n = 1$ (ache um único vizinho mais próximo) enquanto usa uma estrutura *heap* no caso $n > 1$.

```
    template<Int DIM> void KDtree<DIM>::nnearest(Int jpt, Int *nn, Doub *dn, Int n)      kdtree.h
    Dado um índice jpt de um ponto em uma kdtree, retorna a lista nn[0..n-1] dos índices dos n pontos
    mais próximos de j na árvore, e uma lista dd[0..n-1] de suas distâncias.
    {
        Int i,k,ntask,kp;
        Int task[50];                                       Pilha de caixas a serem abertas.
        Doub d;
        if (n > npts-1) throw("too many neighbors requested");
        for (i=0; i<n; i++) dn[i] = BIG;
        Ache menor caixa-mãe com pontos suficientes para inicializar a heap.
        kp = boxes[locate(jpt)].mom;
        while (boxes[kp].pthi - boxes[kp].ptlo < n) kp = boxes[kp].mom;
        Examine os pontos e salve os n mais próximos.
        for (i=boxes[kp].ptlo; i<=boxes[kp].pthi; i++) {
            if (jpt == ptindx[i]) continue;
            d = disti(ptindx[i],jpt);
```

```
            if (d < dn[0]) {
                dn[0] = d;
                nn[0] = ptindx[i];
                if (n>1) sift_down(dn,nn,n);   Preserva a estrutura heap.
            }
        }
        Agora atravessamos a árvore abrindo apenas as melhores caixas.
        task[1] = 0;
        ntask = 1;
        while (ntask) {
            k = task[ntask--];
            if (k == kp) continue;                    Não refaça a caixa usada para inicializar.
            if (dist(boxes[k],ptss[jpt]) < dn[0]) {
                if (boxes[k].dau1) {                  Se não for um nodo final, coloque na lista de tarefas.
                    task[++ntask] = boxes[k].dau1;
                    task[++ntask] = boxes[k].dau2;
                } else {                              Cheque o ponto ou os dois na caixa.
                    for (i=boxes[k].ptlo; i<=boxes[k].pthi; i++) {
                        d = disti(ptindx[i],jpt);
                        if (d < dn[0]) {
                            dn[0] = d;
                            nn[0] = ptindx[i];
                            if (n>1) sift_down(dn,nn,n);   Mantenha a heap.
                        }
                    }
                }
            }
        }
        return;
    }
```

A próxima rotina é usada pela rotina acima para o processo *sift-down* na *heap*, e é diferente do `sift_down` usado por `hpsort` (§8.3) apenas na sua interface, especialmente escrita para a aplicação presente, e pelo fato de que ela rearranja dois arrays simultaneamente: as distâncias (formando um *heap*) e os pontos correspondentes.

kdtree.h
```
    template<Int DIM> void KDtree<DIM>::sift_down(Doub *heap, Int *ndx, Int nn) {
        Fixa heap[0..nn-1], cujos primeiros elementos (somente) pode estar preenchidos de maneira errada. Faz
        uma permutação correspondente em ndx[0..nn-1]. O algoritmo é idêntico àquele usado por sift_down
        em hpsort.
        Int n = nn - 1;
        Int j,jold,ia;
        Doub a;
        a = heap[0];
        ia = ndx[0];
        jold = 0;
        j = 1;
        while (j <= n) {
            if (j < n && heap[j] < heap[j+1]) j++;
            if (a >= heap[j]) break;
            heap[jold] = heap[j];
            ndx[jold] = ndx[j];
            jold = j;
            j = 2*j + 1;
        }
        heap[jold] = a;
        ndx[jold] = ia;
    }
```

Como exemplo ilustrativo final, aqui está como achar todos os pontos em uma árvore KD que se encontram dentro de um círculo de raio *r* cujo centro é uma posição arbitrária **p**.

```
template<Int DIM>                                                              kdtree.h
Int KDtree<DIM>::locatenear(Point<DIM> pt, Doub r, Int *list, Int nmax) {
```
Dado um ponto pt e um raio r, retorna o valor nret tal que list[0..nret-1] é a lista de todos os pontos da kdtree dentro de um círculo de raio r centrado em pt, até um número máximo de pontos nmax especificado pelo usuário.
```
    Int k,i,nb,nbold,nret,ntask,jdim,d1,d2;
    Int task[50];
    nb = jdim = nret = 0;
    if (r < 0.0) throw("radius must be nonnegative");
```
Acha a menor caixa que contém a esfera de raio r.
```
    while (boxes[nb].dau1) {
        nbold = nb;
        d1 = boxes[nb].dau1;
        d2 = boxes[nb].dau2;
```
Necessário apenas checar a dimensão que divide as filhas.
```
        if (pt.x[jdim] + r <= boxes[d1].hi.x[jdim]) nb = d1;
        else if (pt.x[jdim] - r >= boxes[d2].lo.x[jdim]) nb = d2;
        jdim = ++jdim % DIM;
        if (nb == nbold) break;              Nenhuma das filhas engloba a esfera.
    }
```
Agora atravessa a árvore abaixo da caixa inicial somente quando necessário.
```
    task[1] = nb;
    ntask = 1;
    while (ntask) {
        k = task[ntask--];
        if (dist(boxes[k],pt) > r) continue;    Caixa e esfera são disjuntas.
        if (boxes[k].dau1) {                    Expanda a caixa ainda mais, quando possível.
            task[++ntask] = boxes[k].dau1;
            task[++ntask] = boxes[k].dau2;
        } else {                                Caso contrário, processe pontos na caixa.
            for (i=boxes[k].ptlo; i<=boxes[k].pthi; i++) {
                if (dist(ptss[ptindx[i]],pt) <= r && nret < nmax)
                    list[nret++] = ptindx[i];
                if (nret == nmax) return nmax;  Não há espaço suficiente.
            }
        }
    }
    return nret;
}
```

Você deve estar imaginando o motivo pelo qual a rotina acima também não usa a estrutura de árvore para achar casos onde a caixa se encontra inteiramente dentro da "esfera" de raio $r$, situação na qual ela não poderia adicionar os pontos da caixa à lista de saída sem para isto ter que continuar abrindo suas filhas. A melhora é por um fator potencial de $O(\log n)$, onde $n$ é o número típico de vizinhos devolvidos pela rotina. A rotina resultante é um pouco longa para que a incluamos aqui, contudo. Um bom exercício é você tentar escrever esta modificação no código por sua própria conta. Você verá que é mais difícil checar se uma caixa se encontra dentro de uma esfera do que o contrário: você precisa checar todos os $2^D$ cantos da caixa, não apenas os cantos "inferior" e "superior" diametralmente opostos.

## REFERÊNCIAS CITADAS E LEITURA COMPLEMENTAR

Bentley, J.L. 1975, "Multidimensional Binary Search Trees Used for Associative Searching," *Communications of the ACM*, vol. 18, pp. 509-517.

de Berg, M., van Kreveld, M., Overmars, M., and Schwarzkopf, O. 2000, *Computational Geometry: Algorithms and Applications, 2nd* revised ed. (Berlin: Springer), §5.2.

Samet, H. 1990, *The Design and Analysis of Spatial Data Structures* (Reading, MA: Addison-Wesley).

## 21.3 Triângulos em duas e três dimensões

Nunca desde o tempo de Euclides o simples triângulo tinha atraído tanto a atenção quanto atrai hoje na computação gráfica. Triângulos e *triangulação* (ou seja, a decomposição ou aproximação de objetos geométricos complicados usando apenas triângulos) se encontram no coração de praticamente todas as imagens geradas por computadores.

Três pontos, chame-os de **a**, **b** e **c**, definem um triângulo. Estes pontos são seus *vértices*. Se os pontos estiverem no plano, o triângulo se encontra no plano bidimensional. Se os pontos tiverem uma dimensionalidade mais alta, então o triângulo flutua no correspondente espaço $D$-dimensional (mais comumente, $D = 3$). Por agora, consideremos apenas o primeiro caso, $D = 2$, de modo que **a** tenha coordenadas $(a_0, a_1)$, o mesmo ocorrendo com **b** e **c**.

**Área.** A área $\mathcal{A}(\mathbf{abc})$ do triângulo $\triangle \mathbf{abc}$ pode ser escrita em um número de formas equivalentes, incluindo

$$2\mathcal{A}(\mathbf{abc}) = \begin{vmatrix} a_0 & a_1 & 1 \\ b_0 & b_1 & 1 \\ c_0 & c_1 & 1 \end{vmatrix}$$

$$= (\mathbf{b} - \mathbf{a}) \times (\mathbf{c} - \mathbf{a}) = (b_0 - a_0)(c_1 - a_1) - (b_1 - a_1)(c_0 - a_0)$$
$$= (\mathbf{c} - \mathbf{b}) \times (\mathbf{a} - \mathbf{b}) = (c_0 - b_0)(a_1 - b_1) - (c_1 - b_1)(a_0 - b_0)$$
$$= (\mathbf{a} - \mathbf{c}) \times (\mathbf{b} - \mathbf{c}) = (a_0 - c_0)(b_1 - c_1) - (a_1 - c_1)(b_0 - c_0) \quad (21.3.1)$$

Nesta expressão, $\times$ denota o produto vetorial entre vetores, definido em duas dimensões simplesmente por*

$$\mathbf{A} \times \mathbf{B} = A_0 B_1 - B_1 A_0 \quad \text{(somente em duas dimensões)} \quad (21.3.2)$$

No texto adiante, quando considerarmos triângulos em três dimensões, são os produtos vetoriais na equação (21.3.1) que nos darão uma fórmula generalizada para a área. Aproveitemos a oportunidade para lembrar também que as fórmulas para a área são lineares, separadamente, em cada uma das seis coordenadas $a_0, a_1, b_0, b_1, c_0$ e $c_1$.

A equacao (21.3.1) pode dar valor positivo, zero ou negativo: a área carrega um sinal. Por convenção (incorporada na equação 21.3.1), a área é positiva se uma travessia percorrendo o triângulo de **a** para **b** para **c** for no sentido anti-horário (AH), e negativa se no sentido horário (H). A área é zero se e somente se os três pontos são colineares, em cujo caso o triângulo é degenerado (nas fórmulas a seguir, geralmente consideraremos o caso não degenerado).

O valor absoluto $|\mathcal{A}|$ é a "área" (sem sinal) do triângulo no sentido geométrico convencional. Ela também pode ser calculada diretamente a partir dos comprimentos dos lados $d_{ab}$, $d_{bc}$ e $d_{ca}$ da seguinte maneira:

$$|\mathcal{A}| = \sqrt{s(s - d_{ab})(s - d_{bc})(s - d_{ca})} \quad (21.3.3)$$

onde $s$ é a metade do perímetro

$$s \equiv \tfrac{1}{2}(d_{ab} + d_{bc} + d_{ca}) \quad (21.3.4)$$

(É preciso dizer que você calcula os comprimentos das arestas tomando a diferença das coordenadas e então aplicando o teorema de Pitágoras?)

---

*N. de T.: Também chamado de produto externo.

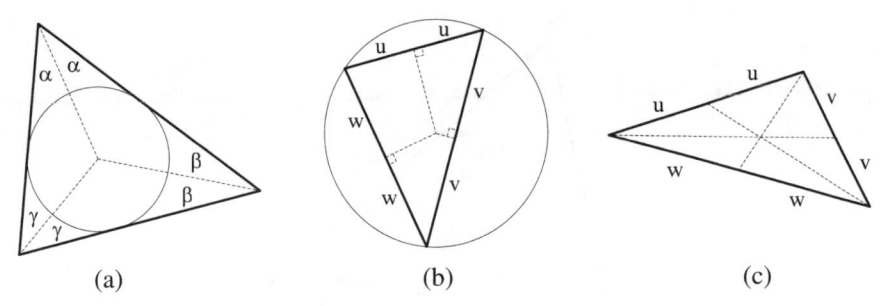

**Figura 21.3.1** Três tipos de centros de triângulos. (a) Círculo e centro inscritos (*incircle, incenter*); bissetores dos ângulos dos vértices se interceptam no centro inscrito. (b) Circuncírculo e circuncentro (*circumcircle, circumcenter*); bissetores perpendiculares das arestas interceptam-se no circuncentro. (c) centroide; linhas do centro das arestas até os vértices opostos interceptam-se no centroide.

**Círculos relacionados.** Todo triângulo não degenerado tem um *círculo inscrito* ou *incírculo*, que é o maior círculo que pode ser desenhado dentro do triângulo. O incírculo é tangente aos três lados do triângulo. Linhas a partir de seu centro, o *incentro*, até cada um dos vértices bisseccionam o ângulo daquele vértice (vide Figura 21.3.1). Se o ponto **q**, com coordenadas $(q_0, q_1)$, for o incentro, então sua localização será dada por

$$q_i = \frac{1}{2s}(d_{bc}a_i + d_{ca}b_i + d_{ab}c_i) \qquad (i = 0,1) \tag{21.3.5}$$

ao passo que o raio é dado por

$$r_{\text{in}} = \left( \frac{(s - d_{ab})(s - d_{bc})(s - d_{ca})}{s} \right)^{1/2} \tag{21.3.6}$$

Todo triângulo não degenerado também tem um *círculo circunscrito*, ou *circuncírculo*, que é o único círculo que passa por todos os vértices do triângulo. Suponha que **Q** seja o *circuncentro* com coordenadas $(Q_0, Q_1)$. Sejam $[ba]_0$ e $[ba]_1$ as diferenças de coordenadas $b_0 - a_0$ e $b_1 - a_1$, respectivamente. Defina $[ca]_0$ e $[ca]_1$ de modo similar. Então, em forma de um determinante 2 x 2, temos

$$\begin{aligned} Q_0 &= a_0 + \frac{1}{2} \begin{vmatrix} ([ba]_0)^2 + ([ba]_1)^2 & [ba]_1 \\ ([ca]_0)^2 + ([ca]_1)^2 & [ca]_1 \end{vmatrix} \Bigg/ \begin{vmatrix} [ba]_0 & [ba]_1 \\ [ca]_0 & [ca]_1 \end{vmatrix} \\ Q_1 &= a_1 + \frac{1}{2} \begin{vmatrix} [ba]_0 & ([ba]_0)^2 + ([ba]_1)^2 \\ [ca]_0 & ([ca]_0)^2 + ([ca]_1)^2 \end{vmatrix} \Bigg/ \begin{vmatrix} [ba]_0 & [ba]_1 \\ [ca]_0 & [ca]_1 \end{vmatrix} \end{aligned} \tag{21.3.7}$$

O circuncentro é, por definição, o ponto que se encontra à mesma distância de todos os três vértices. Portanto, o raio do circuncírculo é

$$r_{\text{circun}} = \sqrt{(Q_0 - a_0)^2 + (Q_1 - a_1)^2} \tag{21.3.8}$$

onde $Q_0$ e $Q_1$ são dados acima (obviamente, você pode salvar os resultados semifinais na equação 21.3.7 para este cálculo, antes de adicionar $a_0$ ou $a_1$).

Futuramente, no §21.6, calcularemos vários circuncírculos. Usamos a seguinte definição simples de uma estrutura `Circle`, e uma rotina `circumcircle()` que implementa diretamente as equações (21.3.7) e (21.3.8).

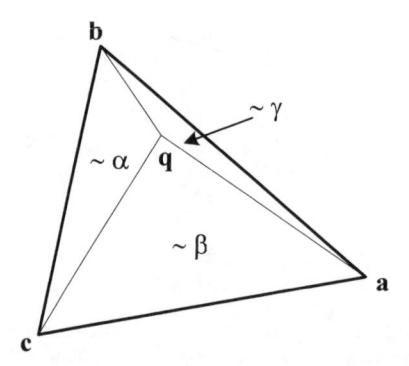

**Figura 21.3.2** Qualquer ponto **q** no plano pode ser expresso como uma combinação linear dos três vértices de um triângulo. Os coeficientes $(\alpha, \beta, \gamma)$, denominados coordenadas baricêntricas, quando somados dão 1 e são proporcionais às áreas $\triangle$**qbc**, $\triangle$**qca** e $\triangle$**qab**, respectivamente.

circumcircle.h
```
struct Circle {
        Point<2> center;
        Doub radius;
        Circle(const Point<2> &cen, Doub rad) : center(cen), radius(rad) {}
};

Circle circumcircle(Point<2> a, Point<2> b, Point<2> c) {
        Doub a0,a1,c0,c1,det,asq,csq,ctr0,ctr1,rad2;
        a0 = a.x[0] - b.x[0]; a1 = a.x[1] - b.x[1];
        c0 = c.x[0] - b.x[0]; c1 = c.x[1] - b.x[1];
        det = a0*c1 - c0*a1;
        if (det == 0.0) throw("no circle thru colinear points");
        det = 0.5/det;
        asq = a0*a0 + a1*a1;
        csq = c0*c0 + c1*c1;
        ctr0 = det*(asq*c1 - csq*a1);
        ctr1 = det*(csq*a0 - asq*c0);
        rad2 = ctr0*ctr0 + ctr1*ctr1;
        return Circle(Point<2>(ctr0 + b.x[0], ctr1 + b.x[1]), sqrt(rad2));
}
```

**Centroide e coordenadas baricêntricas.** O centroide é distinto tanto do incentro quanto do circuncentro de um triângulo, e é também conhecido por centro de gravidade **M**. Este ponto localiza-se na intersecção das linhas desenhadas a partir de cada vértice até o ponto médio da aresta oposta. Suas coordenadas são simplesmente as médias das coordenadas dos vértices,

$$M_i = \tfrac{1}{3}(a_i + b_i + c_i) \qquad (i = 0, 1) \tag{21.3.9}$$

O centroide também é o ponto **M** onde as áreas $\mathcal{A}(\mathbf{abM})$, $\mathcal{A}(\mathbf{bcM})$ e $\mathcal{A}(\mathbf{caM})$ são idênticas. No § 21.7 usaremos uma malha triangular para interpolar uma função. A importância do centroide é que ele é o ponto onde uma função interpolada linearmente tem o valor que é a média dos valores da função nos três vértices.

Na realidade, generalizando a ideia do centroide, qualquer ponto **q** no plano pode ser escrito como a combinação linear de três vértices **a**, **b c**, com coeficientes cuja soma é igual à unidade. Estes coeficientes são chamados de *coordenadas baricêntricas* de **q** e podem ser expressos intuitivamente em termos das fórmulas das áreas de triângulos (vide Figura 21.3.2). As equações são

$$\mathbf{q} = \alpha\mathbf{a} + \beta\mathbf{b} + \gamma\mathbf{c}$$
$$\alpha = \mathcal{A}(\mathbf{bcq})/\mathcal{A}(\mathbf{abc})$$
$$\beta = \mathcal{A}(\mathbf{caq})/\mathcal{A}(\mathbf{abc}) \quad (21.3.10)$$
$$\gamma = \mathcal{A}(\mathbf{abq})/\mathcal{A}(\mathbf{abc})$$

que, por construção,

$$\alpha + \beta + \gamma = 1 \quad (21.3.11)$$

A primeira linha na equação (21.3.10) é assim equivalente a

$$\mathbf{q} = \mathbf{c} + \alpha(\mathbf{a} - \mathbf{c}) + \beta(\mathbf{b} - \mathbf{c}) \quad (21.3.12)$$

Esta pode ser vista como a equação de uma transformação de coordenadas, a saber, uma que transforma das coordenadas ($\alpha$, $\beta$) para as coordenadas ($q_0$, $q_1$). Evidentemente, como se trata de uma equação linear, sua inversa – as fórmulas para $\alpha$ e $\beta$ na equação (21.3.10) – também devem ser lineares. Mas isto já sabíamos, pois comentamos a respeito do fato de que as fórmulas de área (21.3.1) são lineares em todas suas coordenadas, portanto lineares em $q_0$ e $q_1$ em particular. A generalização das coordenadas baricêntricas para triângulos em três ou mais dimensões pode ser útil, como veremos abaixo.

Observe que $\alpha$, $\beta$ ou $\gamma$ tendem a 1 à medida que o ponto $\mathbf{q}$ se aproxima de $\mathbf{a}$, $\mathbf{b}$ ou $\mathbf{c}$, respectivamente; e que ao longo de qualquer aresta do triângulo (digamos, $\overline{ab}$), o coeficiente do vértice oposto (neste caso, $\beta$) desaparece. O ponto $\mathbf{q}$ se encontra dentro do triângulo $\triangle\mathbf{abc}$ se e somente se $\alpha$, $\beta$ e $\gamma$ forem todos positivos. De fato, esta é uma boa maneira para se testar a "internidade" (*insidedness*) de um ponto em um triângulo (você obviamente pode omitir o cálculo da área do denominador nesta aplicação).

Coordenadas baricêntricas também são úteis se você quiser pegar um ponto $\mathbf{q}$ distribuído aleatoriamente de maneira uniforme dentro de $\triangle\mathbf{abc}$ : primeiro escolha um $\alpha$ e $\beta$ distribuídos uniformemente no intervalo (0,1). Depois, se $\alpha + \beta > 1$, modifique-os ambos por meio de $\alpha \leftarrow 1 - \alpha$ e $\beta \leftarrow 1 - \beta$. Finalmente, aplique a equação (21.3.12). A ideia é que a primeira escolha de $\alpha$ e $\beta$ é aleatória no paralelogramo gerado pelos dois lados do triângulo; então, se ele estiver do lado errado da diagonal, o movemos para o lado correto por reflexão.

### 21.3.1 Triângulos em três dimensões

Nosso triângulo favorito ainda é definido pelos três pontos $\mathbf{a}$, $\mathbf{b}$ e $\mathbf{c}$, mas agora estes pontos vivem em um espaço tridimensional, com coordenadas (por exemplo, para $\mathbf{a}$) ($a_0$, $a_1$, $a_2$). A generalização da área com sinal $\mathcal{A}$ (equação 21.3.1) agora é um vetor área $\vec{\mathcal{A}}$ cuja direção é normal ao plano do triângulo e cujo comprimento é a área do mesmo. A maneira mais simples de escrevê-lo é usando o produto vetorial, cuja definição em três dimensões é

$$\mathbf{A} \times \mathbf{B} = \begin{vmatrix} \hat{\mathbf{e}}_0 & \hat{\mathbf{e}}_1 & \hat{\mathbf{e}}_2 \\ A_0 & A_1 & A_2 \\ B_0 & B_1 & B_2 \end{vmatrix}$$
$$= (A_1 B_2 - A_2 B_1)\hat{\mathbf{e}}_0 + (A_2 B_0 - A_0 B_2)\hat{\mathbf{e}}_1 + (A_0 B_1 - A_1 B_0)\hat{\mathbf{e}}_2 \quad (21.3.13)$$

onde $\hat{\mathbf{e}}_0$, $\hat{\mathbf{e}}_1$ e $\hat{\mathbf{e}}_2$ são os vetores unitários (1, 0, 0), (0, 1, 0) e (0, 0, 1), respectivamente. Então, temos assim (conforme equação 21.3.1)

$$2\vec{\mathcal{A}}(\mathbf{abc}) = (\mathbf{b}-\mathbf{a}) \times (\mathbf{c}-\mathbf{a})$$
$$= (\mathbf{c}-\mathbf{b}) \times (\mathbf{a}-\mathbf{b}) \qquad (21.3.14)$$
$$= (\mathbf{a}-\mathbf{c}) \times (\mathbf{b}-\mathbf{c})$$

Para calcular a área escalar positiva $\mathcal{A} \equiv \vec{\mathcal{A}}$, você aplica a usual raiz quadrada da soma dos quadrados das três componentes de $\vec{\mathcal{A}}$; ou você pode, no lugar disso, usar a equação (21.3.3), com $d_{ab} = |\mathbf{a}-\mathbf{b}|$, etc.

**Plano definido por um triângulo.** Um ponto **q** se encontra sobre um plano definido por $\triangle \mathbf{abc}$ se e somente se o volume do tetraedro **abcq** for zero. O volume do tetraedro, em geral, é dado por

$$6\mathcal{V} = \begin{vmatrix} a_0 & a_1 & a_2 & 1 \\ b_0 & b_1 & b_2 & 1 \\ c_0 & c_1 & c_2 & 1 \\ q_0 & q_1 & q_2 & 1 \end{vmatrix} \qquad (21.3.15)$$
$$= (\mathbf{b}-\mathbf{a}) \cdot [(\mathbf{c}-\mathbf{a}) \times (\mathbf{q}-\mathbf{a})]$$
$$= (\mathbf{c}-\mathbf{a}) \cdot [(\mathbf{q}-\mathbf{a}) \times (\mathbf{b}-\mathbf{a})]$$
$$= (\mathbf{q}-\mathbf{a}) \cdot [(\mathbf{b}-\mathbf{a}) \times (\mathbf{c}-\mathbf{a})]$$

onde "·" significa o produto escalar (ou interno). Você pode também permutar **a**, **b** e **c** ciclicamente na equação acima se quiser obter um número aparentemente infinito de variações da mesma fórmula!

O volume $\mathcal{V}$ tem sinal e é positivo se $\triangle \mathbf{abc}$ é anti-horário quando visto de fora (do lado longe de **q**), isto é, a regra da mão direita dá uma normal que aponta para fora.

A última forma na equação (21.3.15) é particularmente bela, pois igualá-la a zero resulta na equação que afirma que qualquer ponto **q** no plano definido por $\triangle \mathbf{abc}$ deve satisfazer:

$$\mathbf{q} \cdot \mathbf{N} = D \qquad (21.3.16)$$

com

$$\begin{aligned} \mathbf{N} &= (\mathbf{b}-\mathbf{a}) \times (\mathbf{c}-\mathbf{a}) \quad \text{(ou permutação cíclica de } \mathbf{a}, \mathbf{b}, \mathbf{c}) \\ D &= \mathbf{a} \cdot \mathbf{N} \quad \text{(ou, de outra maneira)} \quad = \mathbf{b} \cdot \mathbf{N} = \mathbf{c} \cdot \mathbf{N} \end{aligned} \qquad (21.3.17)$$

Podemos também dividir a equação (21.3.16) por $|\mathbf{N}|$, em cujo caso o vetor à esquerda será $\hat{\mathbf{N}} = \mathbf{N}/|\mathbf{N}|$, o vetor unitário normal ao plano, e $\hat{D} = D/|\mathbf{N}|$ será a distância do plano à origem.

Com o mesmo instrumental podemos prontamente projetar qualquer ponto **p** em um novo ponto **b'** que se encontra no plano de $\triangle \mathbf{abc}$:

$$\mathbf{p} \longrightarrow \mathbf{p}' = \mathbf{p} + \frac{[(\mathbf{a}-\mathbf{p}) \cdot \mathbf{N}]\mathbf{N}}{|\mathbf{N}|^2} \qquad (21.3.18)$$

com **N** definido acima. No lugar de **a** nesta fórmula, você pode colocar **b**, **c** ou qualquer outro ponto do plano.

Podemos projetar um triângulo no plano definido por outro triângulo, projetando seus três pontos um a um (esta é uma operação muito comum quando se quer reproduzir um modelo tridimensional triangulado no "plano de câmera" bidimensional da tela de seu computador).

**Coordenadas baricêntricas.** Coordenadas baricêntricas são válidas em três dimensões para pontos **q** no plano do triângulo, e a equação (21.3.10), em particular, ainda é válida. Para calcular $(\alpha, \beta)$ pode-se, em princípio, calcular os vários $\mathcal{A}$'s de (21.3.14), mas um cálculo equivalente, porém mais simples, é

$$\alpha = \frac{\mathbf{b}'^2(\mathbf{a}' \cdot \mathbf{q}') - (\mathbf{a}' \cdot \mathbf{b}')(\mathbf{b}' \cdot \mathbf{q}')}{\mathbf{a}'^2 \mathbf{b}'^2 - (\mathbf{a}' \cdot \mathbf{b}')^2}$$

$$\beta = \frac{\mathbf{a}'^2(\mathbf{b}' \cdot \mathbf{q}') - (\mathbf{a}' \cdot \mathbf{b}')(\mathbf{a}' \cdot \mathbf{q}')}{\mathbf{a}'^2 \mathbf{b}'^2 - (\mathbf{a}' \cdot \mathbf{b}')^2}$$
(21.3.19)

(calcula denominadores idênticos uma única vez), onde

$$\mathbf{a}' \equiv \mathbf{a} - \mathbf{c}, \qquad \mathbf{b}' \equiv \mathbf{b} - \mathbf{c}, \qquad \mathbf{q}' \equiv \mathbf{q} - \mathbf{c} \qquad (21.3.20)$$

A propósito, se **q** não estiver no plano de $\triangle \mathbf{abc}$, você ainda pode usar a equação (21.3.19). Neste caso, voce obtém as coordenadas $(\alpha, \beta)$ do ponto projetado sobre o plano. Observe além do mais o que ocorre no caso especial em que $\triangle \mathbf{abc}$ é um triângulo retângulo, com vértice reto **c** e com lados $\overline{ac}$ e $\overline{bc}$ de comprimento unitário, isto é, $d_{ac} = d_{bc} = 1$. Neste caso, as transformações de coordenadas, em ambas as direções, são simplesmente

$$\mathbf{q} = \mathbf{c} + \alpha(\mathbf{a} - \mathbf{c}) + \beta(\mathbf{b} - \mathbf{c})$$
$$[\alpha, \beta] = [(\mathbf{a} - \mathbf{c}) \cdot (\mathbf{q} - \mathbf{c}), (\mathbf{b} - \mathbf{c}) \cdot (\mathbf{q} - \mathbf{c})]$$
(21.3.21)

Em outras palavras, projetamos sobre um sistema de coordenadas ortonormal no plano por meio de uma simples troca de origem (para **c**) e produtos escalares com os dois "eixos" $\mathbf{a} - \mathbf{c}$ e $\mathbf{b} - \mathbf{c}$.

Frequentemente, coordenadas baricêntricas são as coordenadas escolhidas para operações em um plano em três dimensões que é (ou pode ser) especificado por um triângulo. Um exemplo trivial é que podemos testar se um ponto projetado $\mathbf{p}'$ está fora ou dentro de $\triangle \mathbf{abc}$ utilizando a equação (21.3.19) (ou, se aplicável, 21.3.21) para obtermos $\alpha$ e $\beta$ e então checar se $\alpha, \beta$ e $\gamma = 1 - \alpha - \beta$ são todos positivos.

**Ângulo entre dois triângulos.** O ângulo diédrico entre dois triângulos (com uma aresta comum, digamos) é o mesmo que o ângulo entre os dois vetores normais dos dois triângulos. Os vetores normais são dados pela fórmula da área vetorial (21.3.14). O ângulo pode ser melhor calculado usando-se a equação (21.4.13) da próxima seção.

### REFERÊNCIAS CITADAS E LEITURA COMPLEMENTAR

Bowyer, A. and Woodwark, J. 1983, *A Programmer's Geometry (London:* Butterworths), Chapter 4.

Schneider, P.J. and Eberly, D.H. 2003, *Geometric Tools for Computer Graphics* (San Francisco: Morgan Kaufmann), §3.5 and Appendix C.

López-López, F.J. 1992, "Triangles Revisited," in *Graphics Gems III,* Kirk, D., ed. (Cambridge, MA: Academic Press).

Glassner, A.S. 1990, "Useful 3D Geometry," in *Graphics Gems,* Glassner, A.S., ed. (San Diego: Academic Press).

## 21.4 Retas, segmentos e polígonos

Uma reta é definida por quaisquer dois pontos pelos quais ela passa. Chame-os de **a** e **b**. Da mesma maneira que no §21.1, os pontos podem ser bidimensionais se o domínio de interesse for o plano, ou tridimensionais (ou mais) se a linha estiver aninhada em um espaço de dimensão maior. Por enquanto, considere apenas o caso bidimensional.

Parametricamente falando, qualquer ponto **c** que se encontra sobre a linha definida por **a** e **b** deve ser um combinação linear destes dois pontos. Uma maneira de escrever isto é por meio de

$$\mathbf{c} = \mathbf{a} + s(\mathbf{b} - \mathbf{a}) \qquad (-\infty < s < \infty) \qquad (21.4.1)$$

onde $s$ é um parâmetro sobre a linha. A normalização é escolhida de forma a fazer $s = 0$ em **a** e $s = 1$ em **b**. A porção da reta entre **a** e **b** tem como valor de parâmetro $0 \leq s \leq 1$ e representa um *segmento de reta*, denotado por $\overline{\mathbf{ab}}$. A reta toda é denotada por $\overleftrightarrow{\mathbf{ab}}$.

A maneira mais fácil de garantir que todos os pontos **c** na reta $\overleftrightarrow{\mathbf{ab}}$ satisfaçam a equação é tomar o produto vetorial da equação (21.4.1) com $(\mathbf{b} - \mathbf{a})$ do lado direito. Usando o fato que o produto vetorial de qualquer vetor consigo mesmo é zero, obtemos

$$\mathbf{c} \times (\mathbf{b} - \mathbf{a}) = \mathbf{a} \times \mathbf{b} \qquad (21.4.2)$$

ou, escrevendo cada componente por extenso,

$$c_0(b_1 - a_1) - c_1(b_0 - a_0) = a_0 b_1 - a_1 b_0 \qquad (21.4.3)$$

o que é, na realidade, uma relação linear entre as coordenadas $c_0$ e $c_1$. Embora seja tentador dividir esta equação por $b_0 - a_0$ para obter uma equação naquela velha forma conhecida do colégio "$y = mx + b$", dever-se-ia resistir à tentação, pois, da maneira como está escrita, a equação (21.4.3) permanence válida para o caso de uma reta vertical, quando $b_0 - a_0 = 0$.

**Intersecção de duas retas.** No plano, duas retas $\overleftrightarrow{\mathbf{ab}}$ e $\overleftrightarrow{\mathbf{xy}}$ quase sempre se interceptam. Podemos determinar o ponto onde elas se cruzam igualando as formas paramétricas das duas retas

$$\mathbf{a} + s(\mathbf{b} - \mathbf{a}) = \mathbf{x} - t(\mathbf{y} - \mathbf{x}) \qquad (21.4.4)$$

resolvendo então as duas equações (componentes 0 e 1) para as duas incógnitas $s$ e $t$. O resultado é

$$s = \frac{(\mathbf{x} - \mathbf{y}) \times (\mathbf{a} - \mathbf{x})}{(\mathbf{b} - \mathbf{a}) \times (\mathbf{x} - \mathbf{y})} = \frac{(x_0 - y_0)(a_1 - x_1) - (x_1 - y_1)(a_0 - x_0)}{(b_0 - a_0)(x_1 - y_1) - (b_1 - a_1)(x_0 - y_0)}$$

$$t = \frac{(\mathbf{a} - \mathbf{x}) \times (\mathbf{b} - \mathbf{a})}{(\mathbf{b} - \mathbf{a}) \times (\mathbf{x} - \mathbf{y})} = \frac{(a_0 - x_0)(b_1 - a_1) - (a_1 - x_1)(b_0 - a_0)}{(b_0 - a_0)(x_1 - y_1) - (b_1 - a_1)(x_0 - y_0)} \qquad (21.4.5)$$

Obviamente, o caso especial de paralelas sem intersecção é indicado pelo desaparecimento dos denominadores.

Todos estes produtos diretos podem fazer-lhe pensar que a equação (21.4.5) tem uma interpretação geométrica. Realmente, ela tem. Na Figura 21.4.1, as retas se interceptam no ponto **o**. O segmento $\overline{\mathbf{xo}}$ é simplesmente $\overline{\mathbf{xy}}$ escalonado por $t$, ao passo que $\overline{\mathbf{ao}}$ é, de forma similar, $\overline{\mathbf{ab}}$ escalonado por $s$. A área $\triangle \mathbf{oxa}$ é dada portanto por (conforme equação 21.3.1)

$$2\mathcal{A}(\mathbf{oxa}) = st \ (\mathbf{x} - \mathbf{y}) \times (\mathbf{a} - \mathbf{b}) \qquad (21.4.6)$$

Devido à relação linear entre a área e a altura de um triângulo (mantendo-se a base fixa), temos também que

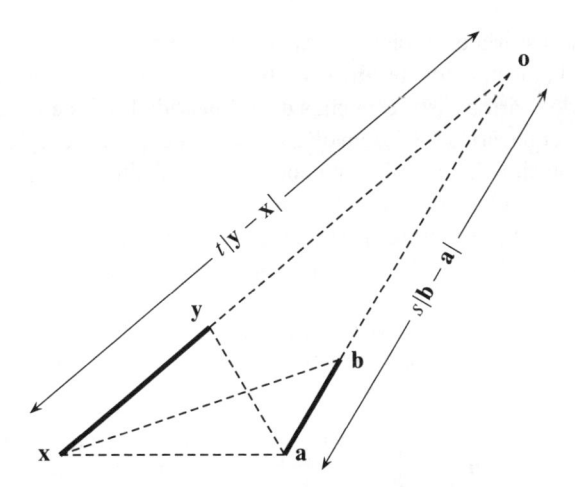

**Figura 21.4.1** Construção geométrica que dá o ponto de intersecção de duas retas em termos das razões das áreas dos triângulos. Veja texto para detalhes.

$$\mathcal{A}(\mathbf{oxa})/\mathcal{A}(\mathbf{yxa}) = t \qquad \mathcal{A}(\mathbf{oxa})/\mathcal{A}(\mathbf{bxa}) = s \qquad (21.4.7)$$

A equação (21.4.5) segue imediatamente destas relações e da equação (21.3.1).

**Distância de ponto a reta.** Qual é a distância perpendicular $d$ de um ponto arbitrário $\mathbf{q}$ à reta $\overleftrightarrow{\mathbf{ab}}$ que passa pelos pontos $\mathbf{a}$ e $\mathbf{b}$? É evidente que $d$ é a altura de $\triangle \mathbf{abq}$ quando sua base é o segmento $\overline{\mathbf{ab}}$. Portanto, da fórmula dos livros escolares "base vezes altura dividido por dois",

$$d = \frac{2\mathcal{A}(\mathbf{abq})}{|\mathbf{a} - \mathbf{b}|} = \frac{(q_0 - b_0)(a_1 - b_1) - (q_1 - b_1)(a_0 - b_0)}{\sqrt{(a_0 - b_0)^2 + (a_1 - b_1)^2}} \qquad (21.4.8)$$

Observe que $d$ carrega um sinal, sendo este positivo se ele estiver à esquerda da linha direcionada de $\mathbf{a}$ para $\mathbf{b}$, e negativo se estiver à direita, sendo este assunto também uma boa ponte para nosso próximo tópico.

## 21.4.1 Intersecções de retas e relações tipo "à esquerda de" (*"left-of" relations*)

Você pode usar a equação (21.4.5) para testar se dois segmentos $\overline{\mathbf{ab}}$ e $\overline{\mathbf{xy}}$ se interseccionam: calcule $s$ e $t$ e então confira se ambos estão no intervalo $(0, 1)$ (para manter a discussão sucinta, não falaremos muito aqui ou na sequência a respeito dos vários casos degenerados onde $s$ ou $t$ ou ambos são exatamente iguais a 0 ou 1. Estes casos são de fácil tratamento caso sua aplicação necessite deles).

Uma abordagem relacionada mas levemente diferente é usar o fato de que as fórmulas para as áreas do triângulo dadas na equação (21.3.1) carregam um sinal. Isto significa que temos

$$\mathcal{A}(\mathbf{abc}) > 0 \iff \begin{bmatrix} \mathbf{c} \text{ está à } \textit{esquerda} \text{ da linha } \overleftrightarrow{\mathbf{ab}} \\ \text{quando ela é percorrida na} \\ \text{direção de } \mathbf{a} \text{ a } \mathbf{b} \end{bmatrix} \qquad (21.4.9)$$

como afirmações equivalentes, ao passo que $\mathcal{A}(\mathbf{abq}) < 0$ implica que $\mathbf{c}$ se encontra à direita da mesma linha. Referimo-nos a qualquer uma das afirmações em (21.4.9) como uma *relação à esquerda de*.

Uma condição necessária e suficiente para que dois segmentos $\overline{ab}$ e $\overline{xy}$ se interseccionem é que **x** e **y** estejam em lados opostos de $\overleftrightarrow{ab}$, *e* **a** e **b** estejam em lados opostos de $\overleftrightarrow{xy}$ (novamente omitimos discussões dos vários casos especiais de colinearidade). Este teste, usando as fórmulas da área do triângulo na equação (21.3.1), envolve o cálculo de quatro relações *left-of*, cada uma um produto vetorial computacional, que é algo um pouco mais trabalhoso do que o cálculo de *s* e *t* (que compartilham um denominador). Contudo, muitas vezes você pode usar os mesmos produtos vetoriais, uma vez já calculados, em outras partes do seu cálculo. Assim, é normalmente uma loteria saber se você deve usar o métodos "*s, t*" ou o método "*left-of*" – você deveria considerar os dois.

**Tabela 21.4** Relação entre os dois segmentos de reta classificados pelo sinal das áreas de vários triângulos. Reporte-se à Figura 21.4.2 para uma ilustração de cada caso

| Fig. | △abx | △aby | △xya | △xyb | Intersecção | Envoltória |
|---|---|---|---|---|---|---|
| 1 | − | + | + | − | $\overline{ab} \times \overline{xy}$ | □axby |
| 2 | + | − | − | + | $\overline{ab} \times \overline{xy}$ | □aybx |
| 3 | + | − | − | − | $\overrightarrow{ab} \times \overline{xy}$ | △ayx |
| 4 | − | + | − | − | $\overrightarrow{ba} \times \overline{xy}$ | △byx |
| 5 | + | − | + | + | $\overrightarrow{ba} \times \overline{xy}$ | △bxy |
| 6 | − | + | + | + | $\overrightarrow{ab} \times \overline{xy}$ | △axy |
| 7 | − | − | − | + | $\overrightarrow{yx} \times \overline{ab}$ | △yba |
| 8 | − | − | + | − | $\overrightarrow{xy} \times \overline{ab}$ | △xba |
| 9 | + | + | − | + | $\overrightarrow{xy} \times \overline{ab}$ | △xab |
| 10 | + | + | + | − | $\overrightarrow{yx} \times \overline{ab}$ | △yab |
| 11 | − | − | − | − | externo | □ayxb |
| 12 | + | + | − | − | externo | □abxy |
| 13 | + | + | + | + | externo | □abxy |
| 14 | − | − | + | + | externo | □axyb |
|  | − | + | − | + | Impossível | |
|  | + | − | + | − | Impossível | |

A Tabela 21.4.1 enumera os *16* casos que você obtém se calcular todos os quatro possíveis testes "*left-of*" para os dois segmentos (na verdade, só 14 são geometricamente possíveis!). Na tabela, cada possibilidade é classificada de acordo com o fato de segmentos se interseccionarem (intersecção representada por um ×, que não deve ser confundida com o produto vetorial), se a extensão unidirecional de um segmento (um *raio*) intercepta o outro segmento, ou (por último) se uma intersecção comum de retas ocorre em um ponto externo aos dois segmentos. Também é mostrado em cada caso o *envoltória* externo dos dois segmentos (o menor triângulo ou quadrilátero que envolve ambos os segmentos) e como ele é percorrido em ordem horária. A Figura 21.4.2 mostra um exemplo de cada uma destas possibilidades.

Você pode usar a tabela para achar combinações que testam circunstâncias específicas.

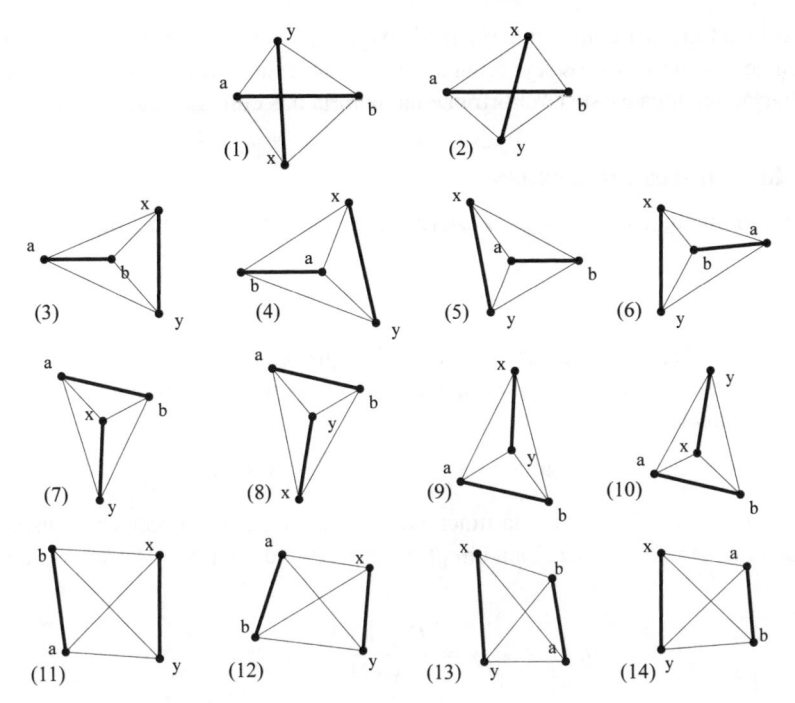

**Figura 21.4.2** Dois segmentos de reta, *ab* e *xy*, definem quatro triângulos ($\triangle abx$, $\triangle aby$, $\triangle xya$ e $\triangle xyb$), cada um dos quais podendo ter área positiva ou negativa. Das 16 combinações de sinais, 14 (aqui mostradas) corerspondem a possíveis relações de intersecção entre segmentos de reta e suas extensões na forma de raios.

Por exemplo, se você tiver de testar se um raio $\overrightarrow{\mathbf{ab}}$ intersecciona um segmento $\overline{\mathbf{xy}}$ (incluindo a possibilidade deles se interseccionarem), você examina as linhas 1, 2, 3 e 6 na tabela e toma um teste que envolva apenas três relações tipo à *esquerda de*:

$$\mathcal{A}(\mathbf{abx})\mathcal{A}(\mathbf{aby}) < 0 \quad \text{e} \quad \mathcal{A}(\mathbf{aby})\mathcal{A}(\mathbf{xya}) > 0 \quad (21.4.10)$$

Obviamente há testes equivalentes que usam *s* e *t* para estes exemplo (com *s* e *t* dados como na equação 21.4.4) $s > 0$ e $0 < t < 1$.

**Ângulo entre dois vetores.** Suponha que **U** e **V** sejam vetores diferença ao longo de cada uma das duas retas e $\theta$ seja o ângulo entre elas (medido de **U** para **V**). Na notação prévia, $\mathbf{U} = \mathbf{y} - \mathbf{x}$ e $\mathbf{V} = \mathbf{b} - \mathbf{a}$. A álgebra vetorial elementar nos diz que

$$\begin{aligned} \mathbf{U} \cdot \mathbf{V} &= U_0 V_0 + U_1 V_1 = |\mathbf{U}||\mathbf{V}|\cos(\theta) \\ \mathbf{U} \times \mathbf{V} &= U_0 V_1 - U_1 V_0 = |\mathbf{U}||\mathbf{V}|\text{sen}(\theta) \end{aligned} \quad (21.4.11)$$

Muitas pessoas tentam determinar $\theta$ usando uma das duas equações acima, calculando então as normas dos vetores e então tomando um cosseno ou seno inverso. Erro crasso! Não apenas temos as ambiguidades dos quadrantes nas funções trigonométricas inversas, como também há ângulos próximos aos extremos na parte achatada das funções seno e cosseno onde você pode perder até metade dos dígitos significativos da sua resposta. Sem falar na necessidade de calcular as raízes quadradas das normas! A melhor abordagem é

$$\theta = \texttt{atan2}(\mathbf{U} \times \mathbf{V}, \mathbf{U} \cdot \mathbf{V}) = \texttt{atan2}(U_0 V_1 - U_1 V_0, U_0 V_0 + U_1 V_1) \quad (21.4.12)$$

onde atan2() é a função arcotangente sensível ao quadrante em C ou C++. A função permite que qualquer um de seus argumentos seja igual a zero, devolvendo o valor no intervalo entre $-\pi/2$ e $\pi/2$ (uma função idêntica existe em Fortran e na maioria das outras linguagens de programação).

### 21.4.2 Retas em três dimensões

A generalização imediata da equação (21.4.12) ao espaço tridimensional dá o ângulo entre dois 3-vetores

$$\theta = \texttt{atan2}(|\mathbf{U} \times \mathbf{V}|, \mathbf{U} \cdot \mathbf{V}) \qquad (21.4.13)$$

Observe a presença do módulo do produto vetorial, o que requer o cálculo de uma raiz quadrada.

Por razões de brevidade, podemos apenas falar um pouco mais sobre retas no espaço tridimensional. A parametrização

$$\mathbf{c} = \mathbf{a} + s\,\mathbf{v} \qquad (-\infty < s < \infty) \qquad (21.4.14)$$

(equação 21.4.1 com $\mathbf{v} \equiv \mathbf{b} - \mathbf{a}$) ainda funciona, com $\mathbf{a}$, $\mathbf{v}$ e $\mathbf{c}$ agora pontos no 3-espaço. O parâmetro $s$ para o qual a reta intersecciona um plano especificado por $\mathbf{N}$ e $D$ (vide equação 21.3.16) é dado por

$$s = \frac{D - \mathbf{a} \cdot \mathbf{N}}{\mathbf{v} \cdot \mathbf{N}} \qquad (21.4.15)$$

com o denominador igual a zero se a reta for paralela ao plano.

O ponto de maior proximidade da reta a um ponto $\mathbf{q}$ ocorre quando

$$s = \frac{(\mathbf{q} - \mathbf{a}) \cdot \mathbf{v}}{|\mathbf{v}|^2} \qquad (21.4.16)$$

Você também poderá usar isso para ver se uma reta intercepta uma esfera no 3-espaço: calcule o ponto na reta mais próximo ao centro da esfera, e então confira se a distância é menor que o raio da esfera (ou compare os quadrados das distâncias para evitar ter que fazer a raiz quadrada).

Duas retas, chame-as de $\mathbf{a} + s\,\mathbf{v}$ e $\mathbf{x} + t\,\mathbf{u}$, não compartilharão, em geral, um ponto comum: pelo contrário, elas serão assimétricas (*skew*) uma em relação a outra. Contudo, seus pontos de maior proximidade pode ser calculados como [2]

$$s = \frac{\det\{(\mathbf{a} - \mathbf{x}), \mathbf{u}, \mathbf{u} \times \mathbf{v}\}}{|\mathbf{u} \times \mathbf{v}|^2} \qquad t = \frac{\det\{(\mathbf{a} - \mathbf{x}), \mathbf{v}, \mathbf{u} \times \mathbf{v}\}}{|\mathbf{u} \times \mathbf{v}|^2} \qquad (21.4.17)$$

onde $det$ é um determinante $3 \times 3$ cujas colunas são os 3-vetores indicados. O denominador vai a zero se as retas forem paralelas. Se você realmente tiver que procurar uma intersecção de verdade, coloque estes valores de $s$ e $t$ nas formas paramétricas para cada reta e verifique se as distâncias entre dois pontos assim obtida é menor que uma dada tolerância de arredondamento.

Uma operação comum em computação gráfica é testar se uma reta intercepta um triângulo em três dimensões. Para fazer isto com os métodos já discutidos, use a equação (21.3.17) para obter $\mathbf{N}$ e $D$ para o plano do triângulo. Então use as equações (21.4.14) e (21.4.15) para obter a intersecção da linha com este plano. Finalmente, use a equação (21.3.19) para obter as coordenadas baricêntricas $\alpha$ e $\beta$ da intersecção. Se $\alpha$, $\beta$ e $\gamma \equiv 1 - \alpha - \beta$ forem todos positivos, então a intersecção se dá dentro do triângulo. Veja [4,1] para diversas maneiras de como racionalizar este procedimento.

(a) (b) (c)

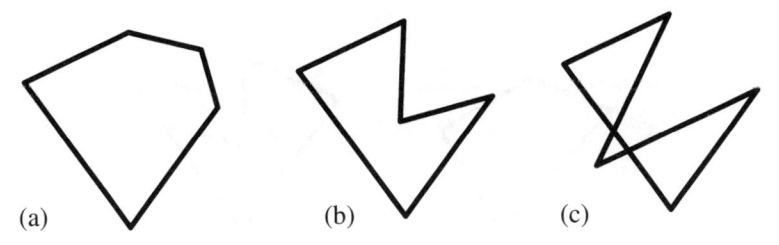

**Figura 21.4.3** Polígonos são classificados como simples se eles não tiverem lados que se interceptam, como em (a) e (b). Caso contrário, são chamados complexos, como em (c). Polígonos simples são ou convexos (a), ou côncavos (b).

### 21.4.3 Polígonos

Definimos um *polígono* com um vetor de $N$ pontos (*vértices*), numerados de 0 a $N - 1$, e os $N$ segmentos de reta direcionados que os conectam em ordem cíclica, ou seja, de 0 a 1, de 1 a 2, ... $N - 2$ a $N - 1$ e (importante!) $N - 1$ a 0 (em algumas das fórmulas abaixo adotaremos a convenção de que o vértice $N$ é identificado com o vértice 0).

Consideramos que dois polígonos são iguais se diferirem apenas pela renumeração cíclica dos pontos, tal que todos seus segmentos sejam os mesmos. Contudo, se revertermos a ordem com que percorremos os pontos, consideramos o polígono que daí resulta como sendo diferente (por exemplo, o sinal da área mudará). Se a fronteira de uma região não puder ser percorrida por um vetor cíclico único (por exemplo, a região entre um quadrado externo e um triângulo circunscrito), nós não o chamamos de polígono; outras convenções são obviamente possíveis.

Com a definição dada, é conveninte classificar um polígono como sendo ou *simples*, o que quer dizer que nenhum de seus $N$ segmentos se cruzam, ou *complexo*, se houver uma ou mais intersecções. Classificamos polígonos simples de acordo com o fato de serem convexos ou côncavos. Um polígono convexo pode ser definido ou (i) quando todos os $N(N-1)/2$ segmentos de reta que conectam dois vértices se encontram no seu interior (ou sobre sua fronteira), ou (ii) quando todos os seus ângulos externos têm o mesmo sinal (zeros são permitidos). Quando pegamos qualquer uma das duas propriedades como definição, a outra se torna um teorema. A Figura 21.4.3 mostra exemplos dos três tipos de polígonos.

Para polígonos simples, a soma dos ângulos exteriores é sempre $\pm 2\pi$. Ou seja, você gira exatamente o mesmo tanto que um círculo ao contornar o polígono. Se ele for côncavo, o sinal dos ângulos exteriores deve ser levado em conta durante a soma. Isto é representado na Figura 21.4.4. O sinal de $2\pi$ é positivo para uma volta no sentido anti-horário (AH), negativo para sentido horário (H).

Polígonos complexos (ou seja, que se autointerseccionam) também podem ter ângulos exteriores cuja soma é $2\pi$, como o polígono da Figura 21.4.3(c), de modo que ângulos externos não nos dão, em geral, uma maneira mágica de se achar intersecções. Contudo, um pouco de mágica existe: se os ângulos exteriores de um polígono têm todos o mesmo sinal (ou zero) *e caso* sua soma seja $\pm 2\pi$, então o polígono é simples e convexo. Isso nos proporciona uma maneira muito rápida de testar para o caso simples e convexo, mas não diferencia entre polígonos côncavos simples e complexos. Para fazer isso é necessária uma checagem detalhada das arestas que se interceptam (que implementaremos no código abaixo).

**Winding number (número de voltas ou rotações).** Se você estiver sentado sobre um ponto **p** de um plano e observar alguém contornar um polígono, então ele terá dado um certo número inteiro de voltas em torno de *você* (com a convenção usual de sinal, AH contando como positivo). Este é o *winding number de um polígono em relação ao ponto*. Para polígonos simples, o *winding*

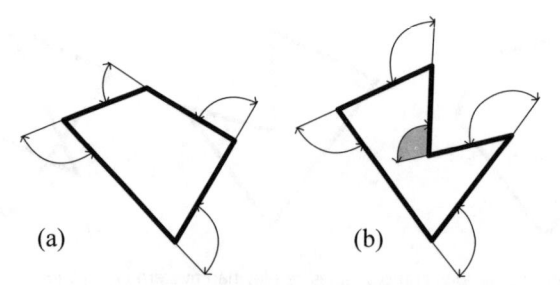

**Figura 21.4.4** Os ângulos exteriores de polígonos simples somam um círculo completo. (a) Se o polígono é convexo, todos os ângulos têm o mesmo sinal (b) Se o polígono é côncavo, um ou mais ângulos (no exemplo, o ângulo sombreado) têm sinal oposto.

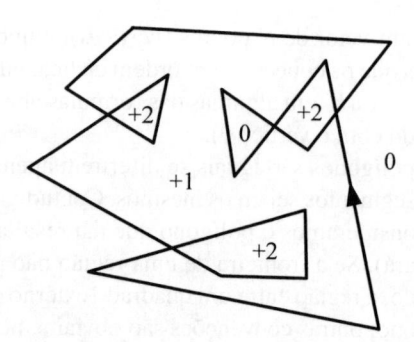

**Figura 21.4.5** Polígono complexo com diferentes *winding numbers* (indicados por números inteiros) em torno de pontos em diferentes regiões. O *winding number* total do polígono (soma dos ângulos exteriores dividido por $2\pi$) é 3, um valor que não aparece em qualquer das regiões. Note que regiões internas podem ter *winding number* igual a 0.

*number* é 1 para pontos dentro de um polígono AH, −1 para pontos dentro de um polígono H e 0 para pontos externos. A Figura 21.4.5 mostra um caso complicado. Note que as regiões interiores de um polígono complexo podem ter um *winding number* 0, de modo que esta informação sozinha acerca do *winding number* de um ponto não determina se ele está dentro ou fora de um polinômio complexo. Observe também que a soma dos ângulos externos de um polígono, dividido por $2\pi$, não é necessariamente o *winding number* do polígono em questão em relação a qualquer ponto no plano.

Sem dúvida a *pior* maneira de se calcular o *winding number* de um polígono em relação a um ponto **q** é adicionar os $N$ ângulos incrementais entre **q** e os vértices consecutivos $\mathbf{p}_i$ do polígono, isto é,

$$\text{W.N.}(\mathbf{q}) = \frac{1}{2\pi} \sum_{i=0}^{N-1} \angle(\mathbf{p}_{i+1}\mathbf{q}\mathbf{p}_i) \tag{21.4.18}$$

(com a convenção usual $\mathbf{p}_N \equiv \mathbf{p}_0$). Mesmo usando o truque na equação (21.4.12) para obter os ângulos, há uma quantidade enorme de cálculo desnecessário nesta abordagem.

Ao invés disto, podemos observar que se um polígono dá $M$ voltas em torno de **q**, então suas arestas devem cruzar qualquer raio partindo de **q** até o infinito um total exato de $M$ vezes, onde cruzamentos de raios no sentido AH são contados como sendo positivos, e H como negativos. Em particular, se tomarmos o raio como sendo aquele horizontal à direita de **q**, podemos imediatamente rejeitar arestas que não cruzam a linha horizontal que contém **q**, procurando então o cruzamento (e seu sinal) com um simples teste "*left-of*" [5]. Estas ideias estão incorporados na rotina seguinte.

```
Int polywind(const vector< Point<2> > &vt, const Point<2> &pt) {                polygon.h
Retorna o winding number de um polígono (especificado por um vetor de pontos de vértice vt) em torno
de um ponto arbitrário pt.
    Int i,np, wind = 0;
    Doub d0,d1,p0,p1,pt0,pt1;
    np = vt.size();
    pt0 = pt.x[0];
    pt1 = pt.x[1];
    p0 = vt[np-1].x[0];            Salve último vértice como "prévio" ao primeiro.
    p1 = vt[np-1].x[1];
    for (i=0; i<np; i++) {         Loop sobre arestas.
        d0 = vt[i].x[0];
        d1 = vt[i].x[1];
        if (p1 <= pt1) {
            if (d1 > pt1 &&                Upward-crossing edge. pt está à sua esquerda?
                (p0-pt0)*(d1-pt1)-(p1-pt1)*(d0-pt0) > 0) wind++;
        }
        else {
            if (d1 <= pt1 &&               Downward-crossing edge. pt está à sua direita?
                (p0-pt0)*(d1-pt1)-(p1-pt1)*(d0-pt0) < 0) wind--;
        }
        p0=d0;                             Vértice atual se torna o prévio.
        p1=d1;
    }
    return wind;
}
```

Existe uma maneira igualmente eficiente de achar o *winding number* total de um polígono $\mathbf{p}_i$ ($i = 0, ..., N - 1$), ou seja, a soma de seus ângulos exteriores dividido por $2\pi$? Sim. Considere o polígono derivado cujos vértices $\mathbf{q}_i$ são dados pelos vetores-diferença

$$\mathbf{q}_i = \mathbf{p}_{i+1} - \mathbf{p}_i \qquad (i = 0, \ldots, N - 1) \qquad (21.4.19)$$

Então o *winding number* deste polígono derivado *em torno da origem* é simplesmente o *winding number* total do polinômio original (faça um desenho se este resultado não lhe parecer óbvio à primeira vista). A rotina `polywind()` pode ser usada para este cálculo.

**Ponto dentro de um polígono.** Como você pode saber se um ponto arbitrário **q** se encontra dentro ou fora de um polígono [5]? Imaginemos primeiramente que seu polígono é sabidamente simples. Para polígonos simples, duas abordagens comumente usadas são o "método do *winding number*" e o "método do teorema da curva de Jordan". Contudo, quando estes dois são implementados de maneira eficiente, eles se tornam virtualmente idênticos!

O método do *winding number* é simplesmente calcular o *winding number* do polígono em torno de um ponto (por exemplo, usando a rotina `polywind()`, acima). Se a resposta for ±1, então o ponto se encontra dentro do polígono. Caso seja 0, o ponto se encontra fora. Qualquer outra resposta significa que o polígono não era simples, como fora suposto.

O método do teorema da curva de Jordan parte da observação de que qualquer raio de um ponto até o infinito intercepta o polígono um número ímpar de vezes se o ponto estiver dentro, e par se ele estiver fora [veja Figura 21.4.6(a)]. Se implementássemos isto no código, seria quase idêntico ao código em `polywind`, exceto por um detalhe: ao invés de incrementar ou diminuir um contador para cada cruzamento de raio (dependendo do sentido do cruzamento), nós sempre o incrementaríamos. Então, no final, nós conferiríamos o contador para ver se ele é par ou ímpar.

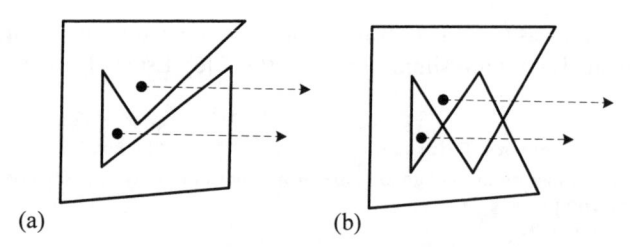

**Figura 21.4.6** Estaria um ponto dentro do polígono? (a) Para um polígono simples, tanto o winding number quando o teorema da curva de Jordan podem ser usados (número par ou ímpar de cruzamentos de um raio). (b) Para polígonos complexos, não há um teste simples.

Mas se polywind, da maneira como está escrita, retornar um valor 0, ela *obrigatoriamente* encontrou o mesmo número de incrementos e decrementos, e portanto um número par de cruzamentos. E se ela retornar ±1 (os únicos outros valores possíveis para um polígono simples), ela deve ter encontrado, similarmente, um número ímpar. Deste modo os dois métodos são realmente iguais.

E se o polígono não for simples? Como ilustrado na Figura 21.4.6(b), você se encontra neste caso em águas profundas. Tanto o método do *winding number* quanto o do teorema da curva de Jordan diriam que o ponto superior na figura está dentro do polígono complexo ali representado, o que parece intuitivamente correto. Contudo, ambos os métodos dirão que o ponto inferior está *fora* do polígono. O resultado porém é tão contraintuitivo a ponto de ser inútil na maioria das aplicações práticas. Geralmente é melhor evitar a ideia de "insideness"* quando lidamos com polígonos complexos.

**Classificação de polígonos.** Estamos agora em condições de combinar várias das ideias já introduzidas em uma função que classifica qualquer polinômio como sendo ou simples, ou complexo, e (caso seja simples) se ele é convexo ou côncavo, além do fato de ser AH (*winding number* total igual a 1) ou H (*winding number* total igual a −1).

polygon.h
```
Int ispolysimple(const vector< Point<2> > &vt) {
    Classifica um polígono especificado por um vetor de vértices vt. Retorna 0 se polígono é complexo (tem
    arestas que se interseccionam). Retorna ±1 se for simples e convexo. Retorna ±2 se for simples e côncavo.
    O sinal do valor retornado indica se o polígono é AH (+1) ou H (−1).
        Int i,ii,j,jj,np,schg=0,wind=0;                 Inicializa mudança de sinal e winding number.
        Doub p0,p1,d0,d1,pp0,pp1,dd0,dd1,t,tp,t1,t2,crs,crsp=0.0;
        np = vt.size();
        p0 = vt[0].x[0]-vt[np-1].x[0];
        p1 = vt[0].x[1]-vt[np-1].x[1];
        for (i=0,ii=1; i<np; i++,ii++) {                Loop sobre arestas.
            if (ii == np) ii = 0;
            d0 = vt[ii].x[0]-vt[i].x[0];
            d1 = vt[ii].x[1]-vt[i].x[1];
            crs = p0*d1-p1*d0;                          Produto vetorial neste vértice.
            if (crs*crsp < 0) schg = 1;                 Mudança de sinal (ou seja, concavidade) encontrada.
            if (p1 <= 0.0) {                            Lógica de winding number como em polywind.
                if (d1 > 0.0 && crs > 0.0) wind++;
            } else {
                if (d1 <= 0.0 && crs < 0.0) wind--;
            }
            p0=d0;
            p1=d1;
            if (crs != 0.0) crsp = crs;                 Salva produto vetorial prévio só se ele tiver um sinal!
        }
```

---

*N. de T.: Termo para o qual não existe correspondente na nossa língua. Uma tradução aproximada seria "a propriedade de estar dentro".

```
        if (abs(wind) != 1) return 0;           Já pode concluir polígono é complexo.
        if (schg == 0) return (wind>0? 1 : -1);   Polígono é simples e convexo.
```
Droga! Já usamos todos os truques rápidos possíveis e agora temos que checar todos os pares de arestas em busca de intersecções.
```
        for (i=0,ii=1; i<np; i++,ii++) {
            if (ii == np) ii=0;
            d0 = vt[ii].x[0];
            d1 = vt[ii].x[1];
            p0 = vt[i].x[0];
            p1 = vt[i].x[1];
            tp = 0.0;
            for (j=i+1,jj=i+2; j<np; j++,jj++) {
                if (jj == np) {if (i==0) break; jj=0;}
                dd0 = vt[jj].x[0];
                dd1 = vt[jj].x[1];
                t = (dd0-d0)*(p1-d1) - (dd1-d1)*(p0-d0);
                if (t*tp <= 0.0 && j>i+1) {       Primeiro loop é apenas para calcular valor inicial
                    pp0 = vt[j].x[0];              tp, portanto teste em j.
                    pp1 = vt[j].x[1];
                    t1 = (p0-dd0)*(pp1-dd1) - (p1-dd1)*(pp0-dd0);
                    t2 = (d0-dd0)*(pp1-dd1) - (d1-dd1)*(pp0-dd0);
                    if (t1*t2 <= 0.0) return 0;    Achou uma intersecção, portanto pronto.
                }
                tp = t;
            }
        }
        return (wind>0? 2 : -2);                  Não achou intersecção, então simples e côncavo.
    }
```

Quando `ispolysimple` acha que os indicadores rápidos não são suficientes e que é preciso conferir todos os pares de arestas em busca de intersecções, ela o faz pelo método óbvio $O(N^2)$ de dois loops aninhados. Para $N$ pequeno, digamos, menor que 10, isto é provavelmente tão rápido quanto qualquer outra estratégia. Contudo, se você estiver lidando com números grandes de polígonos com valores de $N$ grandes, você vai querer substituir o método por um que tenha um melhor escalonamento em $N$. Uma maneira de fazer isso, usando o código do §21.8, seria definir uma classe de segmentos com o método `collides()`, e então armazenar os segmentos um por vez em uma árvore QO, verificando se há colisões em cada passo do processo (não se esqueça que colisões entre arestas adjacentes de polinômios simples são permitidas no vértice em comum).

**Área de polígonos.** Voltemo-nos agora à *área* de um polígono como nosso próximo tópico. A área (com sinal) de um polígono é a soma das áreas de cada uma de suas regiões ponderadas pelo *winding number* da região. Para polígonos simples, a área é assim aquilo que você esperaria encontrar geometricamente, exceto pelo fato de que o sinal seria negativo se o polígono fosse percorrido no sentido H ao invés de AH (já vimos isto no caso especial de triângulos). Para um polígono complexo como aquele mostrado na Figura 21.4.5, a resposta é menos intuitiva (e normalmente menos útil), uma vez que algumas regiões, tais como a região interna de *winding number* 0, não entram no cômputo, enquanto outras entram (neste caso) duas vezes.

A grande vantagem desta definição de área, porém, é que ela dá uma expressão simples para área que se aplica tanto a polígonos simples quanto complexos. Sejam $x_i$ e $y_i$, respectivamente, as coordenadas 0 e 1 dos vértices $\mathbf{p}_i$ do polígono, e seja $\mathcal{A}$ sua área. Então, em três formas equivalentes,

$$2\mathcal{A} = \sum_{i=0}^{N-1} x_i y_{i+1} - x_{i+1} y_i$$

$$= \sum_{i=0}^{N-1} (x_{i+1} + x_i)(y_{i+1} - y_i)$$

$$= \sum_{i=0}^{N-1} x_i(y_{i+1} - y_{i-1}) \tag{21.4.20}$$

O cálculo de qualquer uma destas formas custa apenas um loop sobre as arestas do polígono (estas fórmulas vêm desde Meister em 1769 e Gauss em 1795).

Embora não seja nossa intenção aqui deduzir a equação (21.4.20) detalhadamente, a forma do meio tem uma interpretação intuitiva. Ela soma as áreas dos trapezoides, cada um com dois pontos $y_i$ e $y_{i+1}$ no eixo $y$ ($x=0$) e com os outros dois pontos iguais aos pontos no polígono nestes valores de $y$. Ao contornar o polígono, trapezoides de área negativa são subtraídos dos de área positiva de modo a sobrar apenas a área dentro.

É interessante observar que há fórmulas muito similares para as coordenadas $x$ e $y$ do centroide ou centro de massa de um polígono arbitrário [3],

$$\bar{x} = \frac{1}{6} \sum_{i=0}^{N-1} (x_{i+1} + x_i)(x_i y_{i+1} - x_{i+1} y_i)$$

$$\bar{y} = \frac{1}{6} \sum_{i=0}^{N-1} (y_{i+1} + y_i)(x_i y_{i+1} - x_{i+1} y_i) \tag{21.4.21}$$

Observe as subexpressões comuns à equação (21.4.20), sendo portanto eficiente calcular a área e posição do centroide concomitantemente.

Finalmente, algumas curiosidades sobre polígonos para sua edificação e entretenimento:

- Se dois polígonos simples tiverem a mesma área, então o primeiro pode ser cortado em um número finito de pedaços poligonais que podem ser remontados no formato do segundo. Isto é conhecido como o teorema de Bolyai-Gerwien (a versão correspondente para poliedros em três dimensões, o "terceiro problema de Hilbert", foi demonstrado ser falso em 1900 por Dehn).
- O polígono regular de $N$ lados pode ser construído usando-se apenas régua e compasso se na fatorização de $N$ aparecerem somente os fatores primos 2, 3, 5, 17, 257 e 65537 (os valores ímpares são os conhecidos *primos de Fermat*), com cada fator ímpar aparecendo apenas uma vez. Não se sabe se outros $N$-gonos podem ser também construídos, mas, se sim, então seu valor de $N$ deve conter um fator pelo menos tão grande quanto $2^{2^{33}} + 1$. O produto dos primos de Fermat conhecidos, que é obrigatoriamente o maior polígono conhecido que pode ser construído com um número ímpar de lados, é $2^{32} - 1 = 4294967295$, um número muito conhecido dos aficionados em computadores por ser o maior inteiro positivo de 32 bits. Vai saber...

**REFERÊNCIAS CITADAS E LEITURA COMPLEMENTAR**

Bowyer, A. and Woodwark, J. 1983, *A Programmer's Geometry (London:* Butterworths).

Schneider, P.J. and Eberly, D.H. 2003, *Geometric Tools for Computer Graphics* (San Francisco: Morgan Kaufmann), §11.1.2[1] de Berg, M., van Kreveld, M., Overmars, M., and Schwarzkopf, O. 2000, *Computational Geometry: Algorithms and Applications,* 2nd revised ed. (Berlin: Springer), Chapter 2.

O'Rourke, J. 1998, *Computational Geometry in C,* 2nd ed. (Cambridge, UK: Cambridge University Press), §7.4.

Goldman, R. 1990, "Intersection of Two Lines in Three-Space," in *Graphics Gems,* Glassner, A.S., ed. (San Diego: Academic Press).[2]

Bashein, G. and Detmer, P.R. 1994, "Centroid of a Polygon," in *Graphics Gems IV,* Heckbert, P.S., ed. (Cambridge, MA: Academic Press).[3]

Sunday, D. 2007+, at http://softsurfer.com/algorithm_archive.htm.[4]

Haines, E. 1994, "Point in Polygon Strategies," in *Graphics Gems IV,* Heckbert, P.S., ed. (Cambridge, MA: Academic Press).[5]

Wikipedia 2007+, "Polygon," at http: //en.wikipedia. org.

## 21.5 Esferas e rotações

A superfície da Terra é chamada pelos topólogos de uma 2-esfera, mas de uma 3-esfera pelos geômetras; portanto, o termo $n$-esfera não é claro. Diremos "esfera em $n$ dimensões" com o intuito de evitar ambiguidades (para a Terra, $n = 3$). *Esfera* refere-se à superfície, *bola* ao volume interior.

Uma esfera de raio $r$ em $n$ dimensões e centro na origem é o locus de pontos para os quais

$$x_0^2 + \cdots + x_{n-1}^2 = r^2 \qquad (21.5.1)$$

Pontos sobre a esfera de $n$ dimensões podem ser especificados dando-se $n-1$ coordenadas angulares, grosseiramente falando, os análogos de latitude e longitude em três dimensões,

$$\begin{aligned} x_0 &= r \cos \psi_0 \\ x_1 &= r \operatorname{sen}\psi_0 \cos \psi_1 \\ &\cdots \\ x_{n-2} &= r \operatorname{sen}\psi_0 \operatorname{sen}\psi_1 \cdots \cos \psi_{n-2} \\ x_{n-1} &= r \operatorname{sen}\psi_0 \operatorname{sen}\psi_1 \cdots \operatorname{sen}\psi_{n-2} \end{aligned} \qquad (21.5.2)$$

Todos os ângulos com exceção do último variam no intervalo

$$0 \le \psi_i \le \pi, \qquad i = 0, \ldots, n-3 \qquad (21.5.3)$$

isto é, são "tipo-latitude". O último ângulo é "tipo-longitude",

$$0 \le \psi_{n-2} \le 2\pi \qquad (21.5.4)$$

A área da superfície $S_n$ da esfera em $n$ dimensões tem uma regra simples de recorrência,

$$\begin{aligned} S_1 &= 2 & \text{(dois pontos)} \\ S_2 &= 2\pi r & \text{(circunferência do círculo)} \\ S_n &= \frac{2\pi r^2}{n-2} S_{n-2}, & n > 2 \end{aligned} \qquad (21.5.5)$$

O volume $V_n$ da bola $n$-dimensional é igual a $r/n$ vezes a área da esfera em $n$ dimensões que a envolve, e também tem uma regra simples de recorrência,

$$V_1 = 2r \qquad \text{(comprimento de uma linha)}$$
$$V_2 = \pi r^2 \qquad \text{(área de um círculo)}$$
$$\ldots$$

$$V_n = \frac{r}{n} S_n = \frac{2\pi r^2}{n} V_{n-2} \tag{21.5.6}$$

Fórmulas fechadas requerem o emprego da função gama,

$$S_n = \frac{2\pi^{n/2}}{\Gamma(\frac{1}{2}n)} r^{n-1}$$
$$V_n = \frac{2\pi^{n/2}}{n\Gamma(\frac{1}{2}n)} r^n \tag{21.5.7}$$

À medida que $n$ se torna grande, a razão entre o volume da bola e do (hiper)cubo circunscrito se torna rapidamente pequena,

$$\frac{V_n}{2^n} \to 0, \qquad n \to \infty \tag{21.5.8}$$

## 21.5.1 Escolhendo um ponto aleatório na esfera

Você não consegue pegar um ponto aleatório sobre a esfera em $n$ dimensões simplesmente escolhendo valores normalmente distribuídos para os $n - 1$ ângulos da equação (21.5.2), da mesma maneira que você não consegue um ponto aleatório sobre a superfície da Terra simplesmente atirando dardos num mapa de Mercator (ou qualquer outra projeção que não respeita área).

Um método geral, elegante, é o de gerar $n$ desvios normais (gaussianos) de média zero, independentes, distribuídos identicamente, digamos $y_0, \ldots, y_{n-1}$ (veja §7.3), e então calcular um ponto **x** sobre a esfera unitária em $n$ dimensões por meio de

$$\mathbf{x} = \frac{\mathbf{y}}{|\mathbf{y}|} \tag{21.5.9}$$

ou, em outras palavras

$$x_i = y_i \Big/ \sqrt{\sum_{j=0}^{n-1} y_j^2} \tag{21.5.10}$$

Isto funciona porque a distribuição gaussiana em $n$ dimensões com simetria esférica se fatora de maneira trivial em um produto de gaussianas unidimensionais independentes. Se você quer um ponto aleatório interno ao $n$-volume, gere mais um desvio $u$ aleatório *uniformemente* distribuído entre [0,1], calculando em seguida as coordenadas do ponto segundo

$$x_i = u^{1/n} y_i \Big/ \sqrt{\sum_{j=0}^{n-1} y_j^2} \tag{21.5.11}$$

Você pode obviamente escalonar posteriormente para qualquer raio de esfera.

Existem métodos especiais mais velozes para esferas em duas, três ou quatro dimensões. Para duas dimensões, o círculo, escolha $u_0$ e $u_1$ uniformes em [-1,1], rejeitando escolhas para as quais $u_0^2 + u_1^2 > 1$. Isto produz um ponto aleatório dentro do círculo unitário. Agora, escalone segundo a maneira óbvia para obter um ponto no círculo

$$x_0 = \frac{u_0}{\sqrt{u_0^2 + u_1^2}}, \qquad x_1 = \frac{u_1}{\sqrt{u_0^2 + u_1^2}} \qquad (21.5.12)$$

(já discutimos este método no §7.3, quando estudamos desvios de Cauchy).

Um método mais veloz para três dimensões, que também faz uso de dois desvios aleatórios, foi introduzido por Marsalgia [1]. Pegue um ponto *dentro* do círculo unitário $(u_0, u_1)$ como feito acima. Então um ponto aleatório na esfera em três dimensões é dado por

$$x_0 = 2u_0\sqrt{1 - u_0^2 - u_1^2}$$
$$x_1 = 2u_1\sqrt{1 - u_0^2 - u_1^2}$$
$$x_2 = 1 - 2(u_0^2 + u_1^2) \qquad (21.5.13)$$

Para a esfera em quatro dimensões, pegue dois pontos independentes *dentro* do círculo unitário, $(u_0, u_1)$ e $(u_2, u_3)$, como no exemplo acima. Então um ponto aleatório sobre a esfera quadridimensional é [1]

$$x_0 = u_0$$
$$x_1 = u_1$$
$$x_2 = u_2\sqrt{\frac{1 - u_0^2 - u_1^2}{u_2^2 + u_3^2}} \qquad (21.5.14)$$
$$x_3 = u_3\sqrt{\frac{1 - u_0^2 - u_1^2}{u_2^2 + u_3^2}}$$

Infelizmente, não se conhece uma generalização para dimensões mais altas.

## 21.5.2 Escolhendo uma matriz de rotação aleatória

Não confunda isto com escolher um ponto na esfera. Uma matriz de rotação **M** em $n$ dimensões é uma matriz ortogonal $n \times n$. Para uma *rotação própria*, **M** deve ter determinante 1. A outra possibilidade, um determinante igual a $-1$, representa uma *rotação imprópria*, isto é, que pode ser decomposta numa rotação própria seguida de uma reflexão. A matriz de rotação **M** mapeia qualquer ponto **x** em um novo ponto **x**′ por meio de

$$\mathbf{x}' = \mathbf{M} \cdot \mathbf{x} \qquad (21.5.15)$$

Um método geral para se escolher uma matriz de rotação aleatória normal é preencher uma matriz $n \times n$ **G** com valores de desvios normais (gaussianos), independentes, distribuídos de maneira idêntica e de média zero. Então, use QRdcmp no §2.10 para construir as decomposições $QR$, ou seja, $\mathbf{G} = \mathbf{Q} \cdot \mathbf{R}$. Exceto pela possibilidade de que ela possa ter o sinal de determinante errado, a matriz **Q** é uma matriz de rotação aleatória distribuída normalmente. O método empregado em QRdcm é aplicar $n - 1$ transformações de Householder, cada uma das quais é uma reflexão com determinante $-1$. Assim, para obter um determinante igual a 1, não fazemos nada a **Q** se $n$ for ímpar; se $n$ for par, simplesmente trocamos quaisquer pares de linhas em **Q**, obtendo assim a resposta final.

Para valores de $n$ grandes, o trabalho de decomposição escalona como $O(n^3)$, o que pode ser pesado. Para métodos mais velozes, porém mais complicados, veja [2,3].

Para duas e três dimensões há métodos especiais mais velozes. Uma matriz de rotação aleatória bidimensional tem componentes que são os senos e cossenos de um ângulo aleatório $\theta$ entre $[0,2\pi]$,

$$\begin{pmatrix} \cos\theta & \operatorname{sen}\theta \\ -\operatorname{sen}\theta & \cos\theta \end{pmatrix} \tag{21.5.16}$$

Obtemos as componentes sem os calls de funções trigonométricas através do uso de (21.5.12) para achar um ponto aleatório no círculo unitário e então tomando $\cos\theta = x_0$ e $\operatorname{sen}\theta = x_1$.

No caso tridimensional, um método veloz é usar a equação (21.5.14) para gerar um ponto aleatório na esfera em quatro dimensões, e então construir a matriz $3 \times 3$ ortogonal,

$$\begin{bmatrix} 1 - 2(x_1^2 + x_2^2) & 2(x_0 x_1 - x_3 x_2) & 2(x_0 x_2 + x_3 x_1) \\ 2(x_0 x_1 + x_3 x_2) & 1 - 2(x_0^2 + x_2^2) & 2(x_1 x_2 - x_3 x_0) \\ 2(x_0 x_2 - x_3 x_1) & 2(x_1 x_2 + x_3 x_0) & 1 - 2(x_0^2 + x_1^2) \end{bmatrix} \tag{21.5.7}$$

que será, entre todas as rotações, uniformemente aleatória [4,5].

**REFERÊNCIAS CITADAS E LEITURA COMPLEMENTAR**

Marsaglia, G. 1972, "Choosing a Point from the Surface of a Sphere," *Annals of Mathematical Statistics*, vol. 43, pp. 645-646.[1]

Genz, A. 2000, "Methods for Generating Random Orthogonal Matrices," in *Monte Carlo and Quasi-Monte Carlo Methods*, Proceedings of the Third International Conference on Monte Carlo and Quasi-Monte Carlo Methods in Scientific Computing (MCQMC98) (Berlin: Springer).[2]

Anderson, T.W., Olkin, I., and Underhill, L.G. 1987, "Generation of Random Orthogonal Matrices," *SIAM Journal on Scientific and Statistical Computing*, vol. 8, pp. 625-629.[3]

Shoemake, K. 1985, "Animating Rotation with Quaternion Curves," *Computer Graphics*, Proceedings of SIGGRAPH 1985, vol. 19, pp. 245-254.[4]

Shoemake, K. 1992, "Uniform Random Rotations," in *Graphics Gems III*, Kirk, D., ed. (Cambridge, MA: Academic Press), pp. 124-132.[5]

## 21.6 Triangulação e triangulação de Delaunay

Podemos definir informalmente uma *triangulação* de um conjunto de $N$ pontos no plano da seguinte maneira: conecte os pontos dados por segmentos de reta, tantos quanto consiga, sem que dois deles se cruzem. Quando você não puder mais conectar, então você tem uma triangulação. Obviamente há muitas triangulações para um dado conjunto de pontos. A Figura 21.6.1 ilustra três triangulações para um dado conjunto de pontos. Há duas "aleatórias", onde a definição informal foi seguida, em grande medida, literalmente. A terceira é um tipo especial de triangulação chamada triangulação de Delaunay. De uma maneira que tornaremos mais precisa abaixo, ela é a triangulação cujos triângulos melhor evitam ângulos pequenos e arestas grandes.

Todas as triangulações de um dado conjunto de pontos têm a mesma fronteira externa, chamada de *envoltória convexa* (*convex hull*) do conjunto de pontos. Falando novamente de modo in-

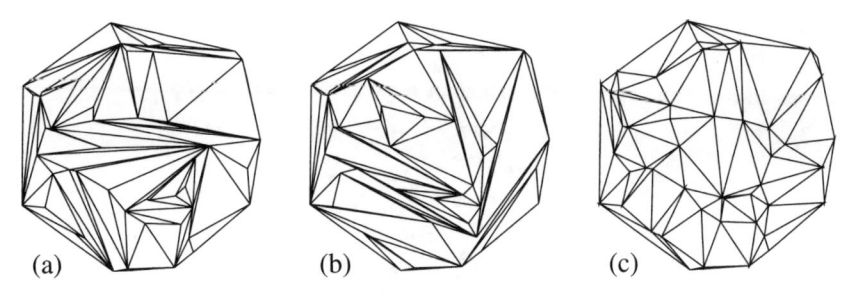

**Figura 21.6.1** Três triangulações com os mesmos 50 pontos aleatórios: (a) e (b) são triangulações (aleatórias) "ruins", ao passo que (c) é uma triangulação (de Delaunay) "boa". O número de linhas e triângulos é o mesmo em cada um dos casos.

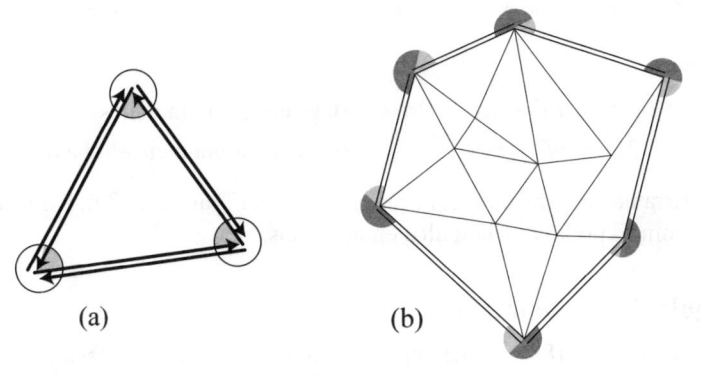

**Figura 21.6.2** Como contar linhas e triângulos em uma triangulação. (a) Cada triângulo "gasta" ½ de um ponto e 3/2 de uma linha. (b) Os *n* pontos do envoltória convexa gastam *n*/2+1 pontos e *n*/2 linhas.

formal, isto deveria ser algo evidente pela própria definição da triangulação: um segmento de reta (aresta) na fronteira externa convexa não pode interferir com qualquer verdadeira ou potencial aresta interior, e ela será assim sempre adicionada antes que a regra de parada seja alcançada. O número de pontos *n* (e também as arestas) no envoltória convexa é no mínimo três, e pode ser tão grande quanto *N*, por exemplo, se todos os pontos se encontram sobre um círculo (aqui e abaixo, desconsideraremos casos degenerados do tipo "todos os pontos se encontram sobre uma reta").

Talvez seja surpreendente que todas as triangulações de um dado conjunto de pontos tenha o mesmo número de linhas (*L*) e triângulos (*T*), dados explicitamente pelas relações

$$L = 3N - n - 3$$
$$T = 2N - n - 2 \tag{21.6.1}$$

A prova, dada por Gauss, é muito simples se você consultar a Figura 21.6.2. Uma vez que a soma dos ângulos internos de um triângulo é $\pi$ radianos, cada triângulo "gasta" metade do valor do ângulo de um ponto. É conveniente imaginar cada linha como sendo duas meias-linhas, representando os dois possíveis sentidos de travessia em triângulos no sentido horário. Assim, cada triângulo gasta três meias-linhas. Devemos separadamente levar em conta os vértices no envoltória convexa da seguinte maneira: cada ponto gasta até $\pi$ radianos sozinho (ângulos hachurados na figura), mais (soma dos ângulos exteriores em cor clara) $2\pi$ radianos adicionais quando se contorna o envoltória convexa. Estas considerações nos dão as relações

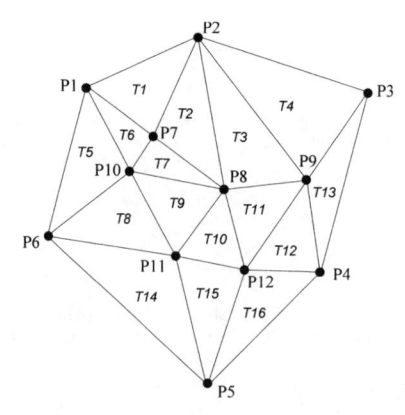

**Figura 21.6.3** Exemplo de uma triangulação com $N = 12$, $n = 6$, $T = 16$ e $L = 27$, valores que satisfazem a equação (21.6.1).

$$2\pi N = \pi T + \pi n + 2\pi \quad \text{(leva em conta radianos)}$$
$$2L = 3T + n \quad \text{(leva em conta meias-linhas)} \quad (21.6.2)$$

que podem ser rearranjadas para dar a equação (21.6.1). A Figura 21.6.3 mostra a triangulação da Figura 21.6.2(b) com os pontos e triângulos enumerados.

### 21.6.1 Triangulação de Delaunay

Boris Nikolaevitch Delone (1890-1980), um matemático russo também festejado como alpinista, publicou pela primeira vez as ideias por trás da triangulação de Delaunay em 1934. Uma vez que o artigo foi escrito em francês, seu nome foi transliterado de modo a ser (aproximadamente) pronunciado corretamente por falantes do francês.

Triangulações de Delaunay têm um número de propriedades extraordinárias e podem ser definidas de várias maneiras abstratas. Contudo, tomaremos como definição uma propriedade bastante concreta, como ilustrada na Figura 21.6.4. Considere todas as triangulações nas quais quatro pontos, $A$, $B$, $C$ e $D$, são os vértices de dois triângulos de costas um para o outro. Então pode-se obter uma triangulação diferente apagando-se a aresta comum ($BD$ na figura) e substituindo-a pela outra diagonal do quadrilátero ($AC$ na figura). A triangulação de Delaunay é definida como sendo aquela que sempre escolhe a diagonal que produz *o maior ângulo mínimo* para os seis ângulos interiores dos dois triângulos. A aresta $BD$ mostrada na figura é assim *ilegal* para a triangulação de Delaunay, ao passo que $AC$ é chamada de *legal*. A mudança de uma triangulação de uma aresta ilegal para uma legal é chamada de *flip de aresta* (*edge flip*). Sempre que dois triângulos tiverem um lado em comum, exatamente uma só configuração, não modificada ou flipada de aresta, é legal (a menos que os quatro pontos se encontrem sobre um círculo, em cujo caso ambas são legais).

Esta propriedade de "maior ângulo mínimo" é geometricamente equivalente a outras afirmações a respeito dos pontos $A$, $B$, $C$ e $D$. Uma destas afirmações é que o circuncírculo de um triângulo ilegal, como $ABD$ ou $BCD$ na parte (a) da figura, sempre contém outro ponto, $C$ ou $A$, respectivamente. Para um triângulo legal, como ilustrado na parte (b) da figura, este nunca é o caso. Pode-se usar este fato como ponto de partida para provar o seguinte teorema:

- O circuncírculo de qualquer triângulo em uma triangulação de Delaunay não contém qualquer outro vértice.

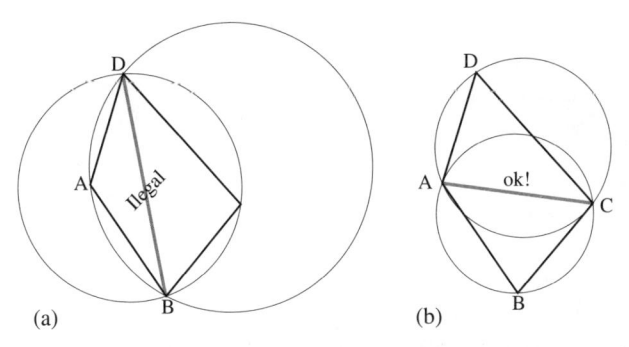

**Figura 21.6.4** Uma triangulação de Delaunay pode ser definida como aquela na qual dois triângulos encostados um no outro têm um ângulo mínimo maior que teriam se sua aresta comum fosse flipada para a outra diagonal. Equivalentemente, qualquer circuncírculo de triângulo não contém quaisquer outros vértices. O chamado *edge-flip* converte (a) em (b) na figura.

Embora a propriedade do maior ângulo mínimo tenha sido definida localmente, para um quadrilátero de cada vez, pode-se mostrar que ela implica uma incrível propriedade global:

- Entre todas as triangulações de um conjunto de pontos, a de Delaunay tem os maiores ângulos mínimos, definidos ordenando-se todos os ângulos dos menores até os maiores e comparando-os lexicograficamente aos ângulos de quaisquer outras triangulações.

Comparar lexicograficamente significa: primeiro compare o menor ângulo; se houver um ganhador, pare. Se houver um empate, compare o segundo menor. E assim por diante.

Outro teorema é o seguinte:

- Dois vértices são conectados por uma aresta de Delaunay se e somente se há algum círculo que os contém e não contém mais nenhum outro vértice.

Se os pontos em um conjunto têm posições genéricas, ou seja, não há três que sejam colineares e não há quatro que se encontrem sobre o mesmo círculo, então uma triangulação de Delaunay existe e é única; qualquer método para construí-la reproduzirá um conjunto idêntico de triângulos.

Você deve estar se perguntando se a triangulação de Delaunay é também uma de *peso mínimo*, definida como sendo a triangulação com o menor valor total de comprimentos de arestas. A resposta é, em geral, não. Ao passo que triangulações de peso mínimo podem ser úteis em aplicações, não se sabe nem ao menos se elas podem ser construídas em tempo que cresça mais lentamente que exponencial em $N$. A construção de Delaunay, por outro lado, é rápida, de ordem $O(N \log N)$. Assim, na prática, Delaunay é o que temos!

Então, como construirmos uma triangulação de Delaunay? Conceitualmente, podemos começar com qualquer triangulação e então eliminar arestas ilegais, flipando arestas, enquanto for possível. Isto deve terminar em uma triangulação de Delaunay após um número finito de flips, pois (i) cada flip muda e aumenta a ordem lexicográfica na lista de ângulos e (ii) há apenas um número finito de possíveis triangulações. Embora, como afirmado, este não seja um algoritmo eficiente, ele pode ser rapidamente transformado em um, o chamado *algoritmo incremental aleatorizado* (*randomized incremental algorithm*) [1].

Este algoritmo, que implementaremos a seguir, é "incremental" na medida em que adiciona pontos à triangulação um por vez, mantendo uma triangulação de Delaunay a cada passo. Ele é "aleatorizado" porque os pontos adicionados são números aleatórios. Resulta que a aleatorização (quase) garante um tempo esperado de $O(N \log N)$ para o algoritmo [sem aleatorização, poder-se-ia encontrar casos patológicos com tempo de processamento $O(N^2)$].

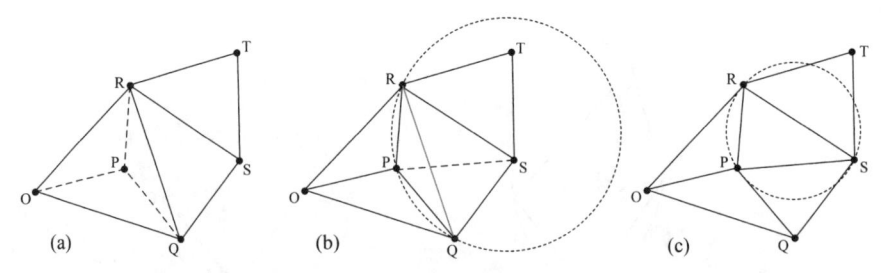

**Figura 21.6.5** Passos de inserção de um novo ponto na triangulação de Delaunay. (a) Conecte o novo ponto P aos vértices do triângulo envolvente. (b) Confira triângulo envolvente em busca de arestas ilegais (aqui, substitua QR por PS). Cheque recursivamente quaisquer novos triângulos criados que tenham P como vértice (aqui, RS é legal, e portanto paramos).

A Figura 21.6.5 mostra o procedimento de se adicionar um novo ponto $P$ que fica dentro de um triângulo já existente. Primeiro conecte-o aos vértices do triângulo envolvente. Isto gera três novos triângulos (excluímos o caso especial no qual $P$ está exatamente sobre uma reta que já existe. Mais detalhes sobre isto abaixo). Depois, cheque se as arestas opostas a $P$ nos três novos triângulos são legais ou ilegais. Se ilegais, *flipe* as arestas. Cada *flip* de aresta cria dois novos triângulos com $P$ como um dos vértices, e (portanto) com duas arestas opostas a $P$ que agora também precisam ser checadas quanto à legalidade. Assim, o processo é recursivo, mas nunca se afasta de $P$. Este é o ponto-chave: as únicas arestas que podem ser feitas ilegais inserindo-se um ponto $P$ são arestas opostas a $P$ em triângulos que incluem $P$. A prova de que o algoritmo é $O(N \log N)$ usa este fato, limitando assim por meio de relações como aquelas da equação (21.6.1) o número médio de triângulos para os quais $P$ pode ser um vértice (para detalhes da prova, consulte [2]).

Uma vez que até o momento nós apenas vimos como adicionar um ponto $P$ que cai dentro da triangulação, como podemos começar? Uma maneira fácil é adicionar três pontos "fictícios" ao conjunto de pontos, formando um triângulo inicial muito grande que englobará todos os pontos "reais" posteriormente adicionados. Então, ao final de tudo, os pontos fictícios e as arestas que os conectam são removidos. Rigorosamente falando, os pontos fictícios devem ser tratados como se estivessem no infinito (exigindo assim uma lógica especial no código quando são feitas referências a eles). Se sua distância é meramente finita, a triangulação construída pode não ser "exatamente" Delaunay. Por exemplo, sua fronteira externa (envoltória convexa) pode em alguns casos pouco usuais tornar-se levemente côncava, com ângulos pequenos negativos da ordem do diâmetro do conjunto de dados "reais" dividido pela distância aos pontos "fictícios".

Isto é o suficiente de informação geral. Vamos agora aos detalhes.

### 21.6.2 Detalhes de implementação

Uma vez que a maioria dos leitores pula uma seção com este título, é um bom lugar para confessarmos uma série de truques sujos na nossa implementação de Delaunay, cujo objetivo é manter o código e sua explicação num tamanho factível. Se você precisa de um código de Delaunay à prova de bala, sem estes truques, uma procura pela Web resultará em vários códigos abertos. Nosso código é curto e rápido, e bom para aquilo a que se propõe; mas ele é aproximativo com respeito a dois pontos: primeiro, nós não tomamos o triângulo limite inicial no infinito (como hipocritamente aconselhamos acima). Ele fica a uma distância de aproximadamente `bigscale` (um parâmetro ajustável, valor default 1000), medido em unidades do tamanho da bounding-box do conjunto de pontos. Segundo, não levamos em conta o caso especial, mencionado acima, no qual o ponto a ser adicionado cai sobre uma aresta existente (ou o faz dentro de uma tolerância de arredondamento). Para posições de pontos gerais, isso "nunca" deveria acontecer; na vida real, porém, isto "sempre" acontece, pois usuários adoram tentar exemplos teste com pontos segundo um padrão regular! Quando detectamos este problema, aleatoriamente alteramos a localização do ponto conflitante por uma pequena fração fuzz (outro parâmetro ajustável, default $10^{-6}$) das dimensões da bounding box.

Um detalhe de implementação muito importante, ainda não discutido, é como descobrir em qual triângulo já existente se encontra o novo ponto. Conceitualmente, podemos jogar os triângulos numa árvore QO (§21.8), mas isto não resultaria no comportamento $O(N \log N)$ desejado para o nosso algoritmo. Uma solução melhor, já bem estabelecida na literatura, é manter a estrutura de árvore de descendentes de qualquer triângulo dado que já existiu na construção. Isto é, começando com o enorme triângulo "raiz", sempre que um triângulo é subdividido em três novos triângulos, ajustamos ponteiros para suas três filhas. E, quando dois triângulos são perdidos por um flip de aresta, e dois novos são criados, fazemos dos novos triângulos filhas de *ambos* os triângulos perdidos (embora cada triângulo perdido contenha apenas uma parte de cada um dos novos). Com este esquema, um triângulo tem duas ou três filhas no máximo, de modo que podemos facilmente reservar espaço para os ponteiros explicitamente (isto é, não são necessárias listas conectadas expandíveis).

Com esta estrutura, é muito rápido localizar um ponto dentro de uma triangulação existente: comece em cada triângulo raiz, e escolha recursivamente a filha que contém o ponto, qualquer que seja ela. Quando você atingir um nó terminal na árvore, você terá achado um triângulo da triangulação corrente que contém o ponto. Precisamos assim de uma estrutura para um "elemento de triângulo" ou Triel:

```
struct Triel {                                                          delaunay.h
Estrutura para um elemento em uma árvore de descendência de triângulos, cada um deles tendo no máximo três filhas.
    Point<2> *pts;                  Ponteiros para o array de pontos.
    Int p[3];                       Os três vértices do triângulo, sempre em ordem AH.
    Int d[3];                       Ponteiros para até três filhas.
    Int stat;                       Não zero se este elemento estiver "vivo".
    void setme(Int a, Int b, Int c, Point<2> *ptss) {
    Fixa os dados em Triel.
        pts = ptss;
        p[0] = a; p[1] = b; p[2] = c;
        d[0] = d[1] = d[2] = -1;    O valor −1 significa sem filhas.
        stat = 1;                   Criado como "vivo".
    }
    Int contains(Point<2> point) {
    Retorna 1 se point está no triângulo, 0 se no perímetro, −1 se fora (triângulo AH assumido).
        Doub d;
        Int i,j,ztest = 0;
        for (i=0; i<3; i++) {
            j = (i+1) %3;
            d = (pts[p[j]].x[0]-pts[p[i]].x[0])*(point.x[1]-pts[p[i]].x[1]) -
                (pts[p[j]].x[1]-pts[p[i]].x[1])*(point.x[0]-pts[p[i]].x[0]);
            if (d < 0.0) return -1;
            if (d == 0.0) ztest = 1;
        }
        return (ztest? 0 : 1);
    }
};
```

Criamos um array de Triels grande o suficiente no começo, e usamos inteiros para apontar para os elementos do array. Omitimos qualquer construtor explícito ou operadores de endereçamento em Triel, uma vez que estes não são necessários aos nossos propósitos aqui. Mas certifique-se de adicioná-los se você usar Triel de alguma outra maneira.

Precisaremos de uma maneira de fazer outras duas checagens rápidas: (1) dado um ponto e uma aresta oposta num triângulo, ache o quarto ponto no quadrilátero, isto é, o ponto (se houver) do outro lado da aresta dada. (2) Dados três pontos, ache o índice de seu triângulo (se é que existe) em um array de elementos

Triel. Nossa estratégia é usar memórias *hash* (chamadas respectivamente de linehash e trihash) para estas duas funções. Em particular, sempre que criarmos um triângulo (sempre AH) com vértices *A*, *B*, *C*, armazenamos um índice apontando para cada ponto segundo uma chave especialmente construída,

$$\text{linehash}(h(B) - h(C)) \leftarrow A \quad \text{(et cyc.)} \quad (21.6.3)$$

onde a função *h* é uma função hash de 64-bits e "et cyc" significa faça o mesmo para as outras duas permutações cíclicas de *A*, *B*, *C*. O truque aqui é que, se em algum momento quisermos achar o ponto do outro lado da aresta *BC*, nós simplesmente procuramos uma chave $h(C) - h(B)$ (o "negativo" da chave na equação 21.6.3) na tabela hash. O truque similar para armazenar e recuperar Triels é, ao criarmos um Triel na posição *j* no array de armazenamento, tomamos

$$\text{trihash}(h(A) \,\char`\^\, h(B) \,\char`\^\, h(C)) \leftarrow j \quad (21.6.4)$$

onde ^ é a operação XOR. Uma vez que esta chave é simétrica em *A*, *B*, *C*, podemos achar um triângulo se conhecemos seus vértices em qualquer ordem.

Uma vez que estamos calculando chaves *hash* "na mão", podemos sinalizar as duas memórias hash para que usem um *hash* nulo (portanto rápido) próprio. Isto, acrescido de uma utilidade para se determinar se um ponto está dentro do circuncírculo dos três outros pontos, é dado nos dois fragmentos de código a seguir:

delaunay.h
```
Doub incircle(Point<2> d, Point<2> a, Point<2> b, Point<2> c) {
```
Retorna valor positivo, zero ou negativo se ponto d estiver respectivamente dentro, sobre, ou fora do círculo pelos pontos a, b e c.
```
    Circle cc = circumcircle(a,b,c);        Rotina definida em §21.3
    Doub radd = SQR(d.x[0]-cc.center.x[0]) + SQR(d.x[1]-cc.center.x[1]);
    return (SQR(cc.radius) - radd);
}

struct Nullhash {
```
Função hash nula. Usa uma chave (suposta já ter sido hashed) como seu próprio hash.
```
    Nullhash(Int nn) {}
    inline Ullong fn(const void *key) const { return *((Ullong *)key); }
};
```

Estas são todas as preliminares que necessitamos antes de declarar a estrutura Delaunay.

delaunay.h
```
struct Delaunay {
```
Estrutura para construir triangulação de Delaunay para um dado conjunto de pontos.
```
    Int npts,ntri,ntree,ntreemax,opt;    Número de pontos, triângulos, elementos na lista
    Doub delx,dely;                       Triel, e máximo da mesma.
    vector< Point<2> > pts;               Tamanho da bounding box.
    vector<Triel> thelist;                A lista de elementos Triel.
    Hash<Ullong,Int,Nullhash> *linehash;  Cria memória hash com função hash nula.
    Hash<Ullong,Int,Nullhash> *trihash;
    Int *perm;
    Delaunay(vector<Point<2> > &pvec, Int options = 0);
```
Constrói triangulação de Delaunay a partir de um vetor de pontos. A variável options é usada por alguma aplicações.
```
    Ranhash hashfn;                       A função hash pura.
    Doub interpolate(const Point<2> &p, const vector<Doub> &fnvals,
        Doub defaultval=0.0);
```
As quatro próximas funções são explicadas detalhadamente abaixo.
```
    void insertapoint(Int r);
    Int whichcontainspt(const Point<2> &p, Int strict = 0);
```

```
        Int storetriangle(Int a, Int b, Int c);
        void erasetriangle(Int a, Int b, Int c, Int d0, Int d1, Int d2);
        static Uint jran;                         Contador de números aleatórios.
        static const Doub fuzz, bigscale;
};
const Doub Delaunay::fuzz    = 1.0e-6;            Ajuste se quiser. Vide texto.
const Doub Delaunay::bigscale = 1000.0;           Ajuste se quiser. Vide texto.
Uint Delaunay::jran = 14921620;
```

A variável jran é usada em conjunção com a função *hash* como um gerador de números aleatórios conveniente. A função interpolate() é para a aplicação de interpolação de uma função numa malha irregular, a ser discutida no §21.7. Todo o resto se tornará mais claro à medida que formos avançando.

A ação começa com o construtor. Calculamos uma *bounding box* para o conjunto de pontos, construimos e armazenamos a "gigantesca" árvore raiz envolvendo os pontos, criamos uma permutação aleatória para a ordem segundo a qual os pontos serão adicionados, e então (para o trabalho real) chamamos a função insertapoint() para cada ponto, um por vez. Depois disto só há um pouco de faxina a ser feita.

```
Delaunay::Delaunay(vector< Point<2> > &pvec, Int options) :       delaunay.h
    npts(pvec.size()), ntri(0), ntree(0), ntreemax(10*npts+1000),
    opt(options), pts(npts+3), thelist(ntreemax) {
Constrói triangulação de Delaunay a partir de um vetor de pontos pvec. Se bit 0 em options é diferente
de zero, memórias hash usadas na construção são deletadas (algumas aplicações podem querer usá-las, e
colocarão options igual a 1).
    Int j;
    Doub xl,xh,yl,yh;
    linehash = new Hash<Ullong,Int,Nullhash>(6*npts+12,6*npts+12);
    trihash  = new Hash<Ullong,Int,Nullhash>(2*npts+6,2*npts+6);
    perm = new Int[npts];           Permutação para aleatorização da ordem do ponto.
    xl = xh = pvec[0].x[0];         Copia pontos para armazenagem local e calcula sua
    yl = yh = pvec[0].x[1];         bounding box.
    for (j=0; j<npts; j++) {
        pts[j] = pvec[j];
        perm[j] = j;
        if (pvec[j].x[0] < xl) xl = pvec[j].x[0];
        if (pvec[j].x[0] > xh) xh = pvec[j].x[0];
        if (pvec[j].x[1] < yl) yl = pvec[j].x[1];
        if (pvec[j].x[1] > yh) yh = pvec[j].x[1];
    }
    delx = xh - xl;                 Armazena dimensões de bounding box, então constrói os
    dely = yh - yl;                 três pontos fictícios e os grava.
    pts[npts]   = Point<2>(0.5*(xl + xh), yh + bigscale*dely);
    pts[npts+1] = Point<2>(xl - 0.5*bigscale*delx,yl - 0.5*bigscale*dely);
    pts[npts+2] = Point<2>(xh + 0.5*bigscale*delx,yl - 0.5*bigscale*dely);
    storetriangle(npts,npts+1,npts+2);
    Cria uma permutação aleatória.
    for (j=npts; j>0; j--) SWAP(perm[j-1],perm[hashfn.int64(jran++) % j]);
    for (j=0; j<npts; j++) insertapoint(perm[j]);
    for (j=0; j<ntree; j++) {       Deleta a gigantesca árvore raiz e todos suas arestas
        if (thelist[j].stat > 0) {  conectoras.
            if (thelist[j].p[0] >= npts || thelist[j].p[1] >= npts ||
                thelist[j].p[2] >= npts) {    Toda a ação está aqui!
                thelist[j].stat = -1;
                ntri--;
            }
        }
    }
    if (!(opt & 1)) {               Limpa, a menos que bit option diga que não.
```

```
            delete [] perm;
            delete trihash;
            delete linehash;
        }
    }
```

As entranhas do algoritmo, como descritas previamente, se encontram em `insertapoint()`. Primeiro, localizamos o triângulo que contém o novo ponto (uma falha aqui só pode significar que o ponto está sobre uma linha existente, em cujo caso damos uma mexidinha na localização do ponto, como confessamos acima, e tentamos novamente). Armazenamos três novos triângulos e jogamos fora o velho. Então, localizamos e arrumamos qualquer aresta ilegal, fazendo a recursão por uma simples pilha *LIFO* (*last-in-first-out*, último-a-entrar-primeiro-a-sair) de arestas a serem checadas.

delaunay.h
```
void Delaunay::insertapoint(Int r) {
```
Adiciona o ponto com índice r incrementalmente à triangulação de Delaunay.
```
    Int i,j,k,l,s,tno,ntask,d0,d1,d2;
    Ullong key;
    Int tasks[50], taski[50], taskj[50];      Empilha (3 vértices) para legalizar arestas.
    for (j=0; j<3; j++) {                     Acha triângulo contendo ponto. Mexa se estiver
        tno = whichcontainspt(pts[r],1);          na borda.
        if (tno >= 0) break;                  O resultado desejado: ponto está OK.
        pts[r].x[0] += fuzz * delx * (hashfn.doub(jran++)-0.5);
        pts[r].x[1] += fuzz * dely * (hashfn.doub(jran++)-0.5);
    }
    if (j == 3) throw("points degenerate even after fuzzing");
    ntask = 0;
    i = thelist[tno].p[0]; j = thelist[tno].p[1]; k = thelist[tno].p[2];
```
A próxima linha é relevante somente se o bit indicado em opt for definido. Esta propriedade é usada pela aplicação do envoltória convexa e faz com que todos os pontos já sabidamente no interior do envoltória sejam omitidos da triangulação, poupando tempo (mas fazendo uma triangulação incompleta).
```
    if (opt & 2 && i < npts && j < npts && k < npts) return;
    d0 =storetriangle(r,i,j);                 Cria três triângulos e os enfileira para testes de
    tasks[++ntask] = r; taski[ntask] = i; taskj[ntask] = j;   legalidade de aresta.
    d1 = storetriangle(r,j,k);
    tasks[++ntask] = r; taski[ntask] = j; taskj[ntask] = k;
    d2 = storetriangle(r,k,i);
    tasks[++ntask] = r; taski[ntask] = k; taskj[ntask] = i;
    erasetriangle(i,j,k,d0,d1,d2);            Apaga triângulo antigo.
    while (ntask) {                           Legaliza arestas recursivamente.
        s=tasks[ntask]; i=taski[ntask]; j=taskj[ntask--];
        key = hashfn.int64(j) - hashfn.int64(i);  Procura quarto ponto.
        if ( ! linehash->get(key,l) ) continue;   Caso de nenhum triângulo do outro lado.
        if (incircle(pts[l],pts[j],pts[s],pts[i]) > 0.0){  Precisa legalizar?
            d0 = storetriangle(s,l,j);
            d1 = storetriangle(s,i,l);         Cria dois novos triângulos
            erasetriangle(s,i,j,d0,d1,-1);     e apaga antigos.
            erasetriangle(l,j,i,d0,d1,-1);
            key = hashfn.int64(i)-hashfn.int64(j);   Apaga linha em ambos os sentidos.
            linehash->erase(key);
            key = 0 - key;                     Sem sinal, portanto menos binário.
            linehash->erase(key);
```
Duas novas arestas precisam agora ser checadas.
```
            tasks[++ntask] = s; taski[ntask] = l; taskj[ntask] = j;
            tasks[++ntask] = s; taski[ntask] = i; taskj[ntask] = l;
        }
    }
}
```

As únicas partes restantes são as funções de utilidade para se achar triângulos que contém um ponto e para armazenar e apagar triângulos. Quando "apagamos" um triângulo, apenas o marcamos como inativo na triangulação corrente, e colocamos suas filhas na árvore de descendência, como já discutimos.

```
Int Delaunay::whichcontainspt(const Point<2> &p, Int strict) {                    delaunay.h
```
Dado ponto p, retorna índice em thelist do triângulo na triangulação que o contém, ou retorna −1 no caso de falha. Se strict for não zero, requer contingenciamento estrito; caso contrário, permite que o ponto esteja sobre uma aresta.
```
    Int i,j,k=0;
    while (thelist[k].stat <= 0) {           Desce pela árvore até encontrar um triângulo "vivo".
        for (i=0; i<3; i++) {                Confira para achar as três filhas.
            if ((j = thelist[k].d[i]) < 0) continue;     Filha não existe.
            if (strict) {
                if (thelist[j].contains(p) > 0) break;
            } else {                         Sim, desça por este ramo.
                if (thelist[j].contains(p) >= 0) break;
            }
        }
        if (i == 3) return -1;               Nenhuma filha contém o ponto.
        k = j;                               Define nova mãe.
    }
    return k;                                Return normal.
}

void Delaunay::erasetriangle(Int a, Int b, Int c, Int d0, Int d1, Int d2) {
```
Apaga triângulo abc em trihash e desativa-o em thelist após definir suas filhas.
```
    Ullong key;
    Int j;
    key = hashfn.int64(a) ^ hashfn.int64(b) ^ hashfn.int64(c);
    if (trihash->get(key,j) == 0) throw("nonexistent triangle");
    trihash->erase(key);
    thelist[j].d[0] = d0; thelist[j].d[1] = d1; thelist[j].d[2] = d2;
    thelist[j].stat = 0;
    ntri--;
}

Int Delaunay::storetriangle(Int a, Int b, Int c) {
```
Armazena um triângulo com vértices a, b, c em trihash. Armazena os pontos em linehash sob chaves para lados opostos. Adiciona a thelist, retornando seu índice ali.
```
    Ullong key;
    thelist[ntree].setme(a,b,c,&pts[0]);
    key = hashfn.int64(a) ^ hashfn.int64(b) ^ hashfn.int64(c);
    trihash->set(key,ntree);
    key = hashfn.int64(b)-hashfn.int64(c);
    linehash->set(key,a);
    key = hashfn.int64(c)-hashfn.int64(a);
    linehash->set(key,b);
    key = hashfn.int64(a)-hashfn.int64(b);
    linehash->set(key,c);
    if (++ntree == ntroomax) throw("thelist is sized too small");
    ntri++;
    return (ntree-1);
}
```

Você deve estar imaginando como obter uma resposta *a partir da* estrutura do nosso Delaunay. Não fornecemos uma função para tanto, pois isto depende muito do que você quer fazer com a resposta. A ideia, porém, é que você simplesmente faça um *loop* pela thelist[j] para $0 \leq j <$ nlist. Cada elemento é um Triel. Se o valor de save é $\leq 0$, ignore-o e continue. Se for 1, então o elemento representa um triângulo na triangulação de Delaunay final. Deveria haver ntri destes

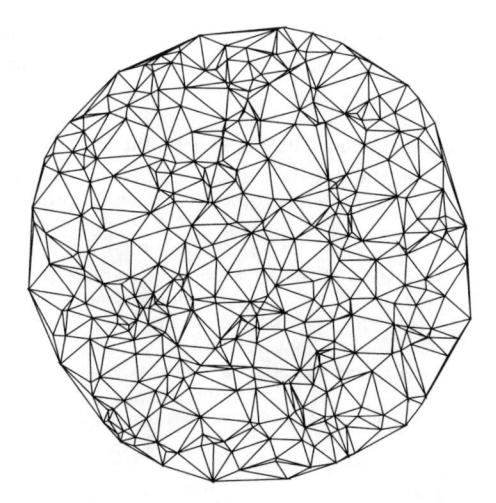

**Figura 21.6.6** Triangulação de Delaunay de 300 pontos aleatoriamente escolhidos dentro de um círculo, calculada segundo as rotinas desta seção.

elementos no total. O array de elementos p[] tem inteiros que apontam para os três pontos do triângulo em seu vetor de pontos. Vários rotinas da próxima seção mineram a estrutura de Delaunay atrás de pontos, arestas ou triângulos e podem ser usadas como exemplos de templates.

A Figura 21.6.6 mostra uma amostra de saída de uma triangulação de Delaunay de 300 pontos.

### REFERÊNCIAS CITADAS E LEITURA COMPLEMENTAR

Guibas, L.J., Knuth, D.E., and Sharir, M. 1992, "Randomized Incremental Construction of De-launay and Voronoi Diagrams," *Algorithmica*, vol. 7, pp. 381-413.[1]

Lischinski, D. 1994, "Incremental Delaunay Triangulation," in *Graphics Gems IV*, Heckbert, P.S., ed. (Cambridge, MA: Academic Press). [Demonstra o uso de estrutura de dados conectados em vez do uso de memória hash.]

de Berg, M., van Kreveld, M., Overmars, M., and Schwarzkopf, O. 2000, *Computational Geometry: Algorithms and Applications*, 2nd revised ed. (Berlin: Springer), Chapter 9.[2]

O'Rourke, J. 1998, *Computational Geometry in C*, 2nd ed. (Cambridge, UK: Cambridge University Press), §5.3.

## 21.7 Aplicações da triangulação de Delaunay

Ao emergir do emaranhado de detalhes necessários para implementar a triangulação de Delaunay, estamos agora prontos para fazer uso dela em várias aplicações importantes. Nesta seção partimos do pressuposto de que você tenha um vetor de pontos (digamos, vecp) e que tenha invocado o código do §21.6 para construir a estrutura de Delaunay. Isto usualmente significa escrever apenas uma linha de código,

```
Delaunay mygrip(vecp);
```

Então, o que vem a seguir?

## 21.7.1 Interpolação bidimensional sobre uma malha irregular

Este é provavelmente o algoritmo mais solicitado que estava faltando nas duas edições prévias deste livro. A estrutura básica é muito simples. A você é dado um conjunto de $N$ pontos no plano. Você triangula o conjunto usando uma "boa" triangulação, isto é, uma que favoreça arestas curtas e ângulos grandes – em outras palavras, Delaunay. Você avalia a função de interesse em cada um dos pontos, e armazena os valores em um vetor (na mesma ordem do vetor de pontos, obviamente).

Agora fica fácil interpolar a função em um novo ponto **p** que se encontra dentro da triangulação, isto é, mais especificamente, dentro do envoltória convexa de seu conjunto de pontos. Primeiro, localize o triângulo no qual o ponto se encontra. Isto só custa $O(\log N)$ operações se você utilizar o método whichcontainspt() da estrutura Delaunay. Então, faça uma interporlação linear entre os três valores da função nos três vértices do triângulo. A interpolação linear é univocamente definida, pois três pontos definem um plano em três dimensões univocamente (imaginando que sua função seja plotada na terceira dimensão acima do plano sobre o qual se encontra **p**).

Do ponto de vista de construção, a interpolação linear é feita mais facilmente usando-se as coordenadas baricêntricas definidas pela equação (21.3.10), que por sua vez reduz-se ao uso da fórmula da área do triângulo três vezes (equação 21.3.1). Cada coordenada baritrópica, quando normalizada apropriadamente, é exatamente igual ao peso de seu vértice correspondente.

Estas ideias são implementadas na seguinte função:

```
Doub Delaunay::interpolate(const Point<2> &p,                              delaunay.h
const vector<Doub> &fnvals, Doub defaultval) {
Interpolação de uma função em rede triangular. Dado um ponto arbitrário p e um vetor de valores de
função fnvals nos pontos que foram usados para construir a estrutura de Delaunay, retorna os valores da
função interpolados linearmente no triângulo no qual p se encontra. Se p estiver fora do triângulo, retorna
defaultval em vez disso.
    Int n,i,j,k;
    Doub wgts[3];
    Int ipts[3];
    Doub sum, ans = 0.0;
    n = whichcontainspt(p);            Localiza o ponto na triangulação.
    if (n < 0) return defaultval;      Ponto fora do envoltória convexa.
    for (i=0; i<3; i++) ipts[i] = thelist[n].p[i];
    for (i=0,j=1,k=2; i<3; i++,j++,k++) {    Calcula as coordenadas baricêntricas, proporcio-
        if (j == 3) j=0;                     nais aos pesos.
        if (k == 3) k=0;
        wgts[k]=(pts[ipts[j]].x[0]-pts[ipts[i]].x[0])*(p.x[1]-pts[ipts[i]].x[1])
            - (pts[ipts[j]].x[1]-pts[ipts[i]].x[1])*(p.x[0]-pts[ipts[i]].x[0]);
    }
    sum = wgts[0] + wgts[1] + wgts[2];       Normalização dos pesos.
    if (sum == 0) throw("degenerate triangle");
    for (i=0; i<3; i++) ans += wgts[i]*fnvals[ipts[i]]/sum;    Interpolação linear.
    return ans;
}
```

Não se esqueça que você não deve esperar uma alta acurácia da interpolação linear. A função interpolada é linear por partes (*piecewise*), e contínua dentro do envoltória convexa, mas tem derivadas descontínuas na direção perpendicular aos lados do triângulo. Sobre estes, ela interpola entre dois valores de função nas extremidades de cada aresta. Você necessita de *muitos* triângulos para conseguir uma representação razoável de qualquer função que tenha uma estrutura bastante detalhada.

## 21.7.2 Diagramas de Voronoi

Em torno de 1907, o matemático ucraniano Georgy Feodosevitch Voronoi atacou um problema que havia sido discutido previamente por Dirichlet em 1850: dados $N$ pontos, ou sítios, no plano, cada sítio **p** define uma região que é mais próxima de **p** do que de qualquer um dos outros $N - 1$ sítios. Esta região é chamada de *região de Voronoi* de **p**. Quais são suas propriedades e como podemos construí-las?

Se você imaginar que todos os habitantes de uma cidade fazem compras no supermercado mais próximo ("como voa o corvo"*), então as regiões de Voronoi mapeiam os distritos servidos por cada supermercado. Se você também imaginar que fogo é ateado simultaneamente em diferentes pontos de uma floresta e que os focos se espalham circularmente a uma velocidade fixa, então as regiões de Voronoi são as áreas queimadas por cada um dos diferentes focos de incêndio.

A Figura 21.7.1, um exemplo de um *diagrama de Voronoi*, mostra as regiões de Voronoi em torno de 40 sítios escolhidos aleatoriamente no plano. Sim, as fronteiras das regiões de Voronoi são polígonos, embora possivelmente abertos e se estendendo a infinito. É óbvio, de fato, que a fronteira da região de Voronoi de um sítio **p** deve consistir em segmentos de reta, cada um dos quais se encontrando sobre o bissector perpendicular da linha conectando **p** a algum outro sítio, digamos, **q**$_i$. Isto porque o bissector perpendicular é o locus dos pontos equidistantes entre **p** e **q**$_i$. Então a pergunta correta no fundo é, para um dado **p**, quais são os **q**$_i$'s que contribuem para segmentos de fronteira? Há uma maneira rápida de calcular suas intersecções (os *vértices* do diagrama de Voronoi)?

Espantosamente, estas questão podem ser respondidas inteiramente por meio da triangulação de Delaunay dos sítios de Voronoi (de fato, muitos textos começam pelo diagrama de Voronoi como sendo mais fundamental, e então consideram a triangulação de Delaunay como uma aplicação. Achamos mais fácil fazer o contrário).

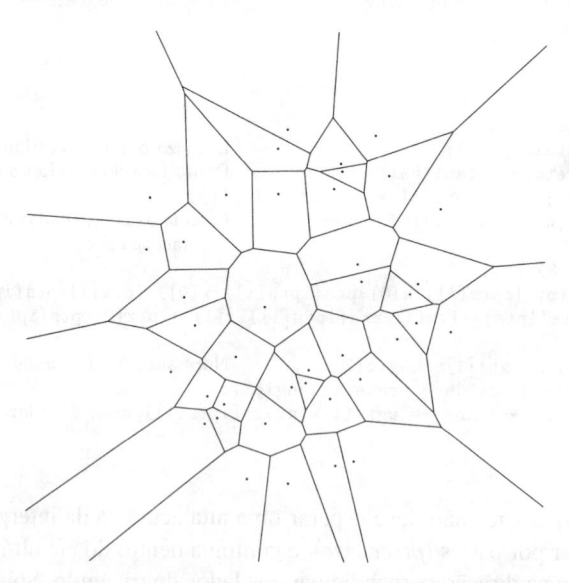

**Figura 21.7.1** Diagrama de Voronoi de 40 sítios aleatórios. Cada sítio tem uma região de Voronoi, a área mais próxima a ele do que a qualquer outro sítio. As fronteiras das regiões de Voronoi são segmentos de reta que se encontram sobre os bissectores perpendiculares entre pares de sítios.

---

*N. de T.: Tradução livre da expressão em inglês "as the crow flies", usada na linguagem coloquial para indicar a menor distância entre dois pontos.

Alguns fatos são:

- Cada aresta na fronteira da região de Voronoi de um sítio **p** se encontra sobre o bissector perpendicular de uma aresta de Delaunay que conecta-se a **p**.
- De fato, cada aresta de Delaunay corresponde a exatamente uma aresta de Voronoi, e vice-versa.
- Os vértices do diagrama de Voronoi são exatamente os circuncentros dos triângulos de Delaunay.
- O diagrama de Voronoi e a triangulação de Delaunay são *gráficos duais* (mas não se preocupe se você não sabe o que isto significa).

A Figura 21.7.2 ilustra as ideias-chave da demonstração dos dois primeiros fatos acima. Nos já sabemos que as fronteiras são constituídas por *alguns* segmentos bissectores perpendiculares. O que precisamos mostrar é que (i) cada uma das arestas de Delaunay de um ponto *contribui* com um segmento e (ii) retas desenhadas a partir daquele ponto para qualquer outro sítio *não contribuem* com quaisquer segmentos.

A parte (a) da figura mostra uma pedaço da triangulação de Delaunay em torno do sítio $O$. Os bissectores perpendiculares de $OA$ e $OC$ encontram-se no ponto $X$, que é portanto o centro do círculo que contém $A$, $O$ e $C$. A questão é se a aresta de Delaunay $OB$ pode ser "bloqueada" pelas duas outras arestas. Agora, $B$ deve se encontrar dentro do circuncírculo que acabamos de mencionar, caso contrário a aresta $OB$ seria uma aresta ilegal quando construíssemos a triangulação de Delaunay. Mas isto significa que o bissector perpendicular de $OB$, denominado $UV$, deve "cortar fora o canto" em $X$. Portanto, ele contribui com um segmento para a fronteira.

A parte (b) da figura mostra um triângulo de Delaunay $OAB$ cujos lados $OA$ e $OB$ contribuem com segmentos de bissectores perpendiculares à fronteira de Voronoi em torno do ponto $O$. O ponto $P$ é outro sítio. Ele pode de alguma maneira ir se esgueirando próximo o suficiente para contribuir com um segmento de seu próprio bissector, entre os outros dois? Evidentemente não: sabemos que o circuncírculo de qualquer triângulo de Delaunay não contém quaisquer outros sítios. Uma vez que $P$ deve estar fora do circuncírculo, seu bissector $UV$ não pode cortar o canto em $X$.

O fato de que vértices de Voronoi são circuncentros de triângulos de Delaunay é uma consequência imediata da discussão prévia (vide Figura 21.7.3). Os circuncentros são os pontos onde os bissectores perpendiculares das arestas se encontram. Uma vez que cada aresta de Delaunay contribui com um segmento, cada um destes circuncentros deve ser um vértice. Observe porém que não é todo triângulo de Delaunay que contém seu próprio circuncentro (como $OCD$ na figura), de

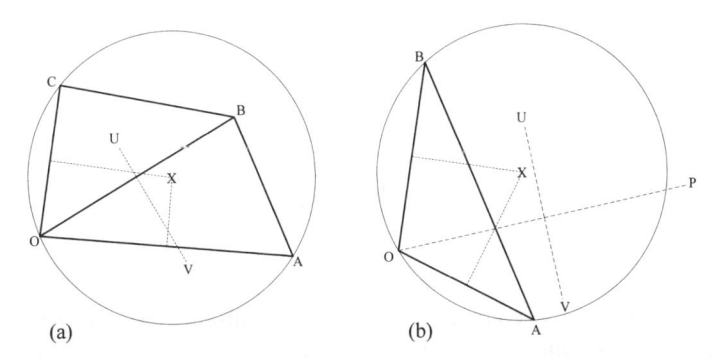

**Figura 21.7.2** Ideias-chave da demonstração de que cada aresta de Delaunay contribui com exatamente uma aresta de Voronoi sobre seu bissector perpendicular. (a) Delaunay requer que $B$ esteja dentro do círculo $AOC$, portanto seu bissector deve cortar o canto dentro de $X$. (b) Delaunay requer que qualquer outro sítio $P$ fora do círculo $AOB$, portanto seu bissector, não possa cortar o canto dentro de $X$.

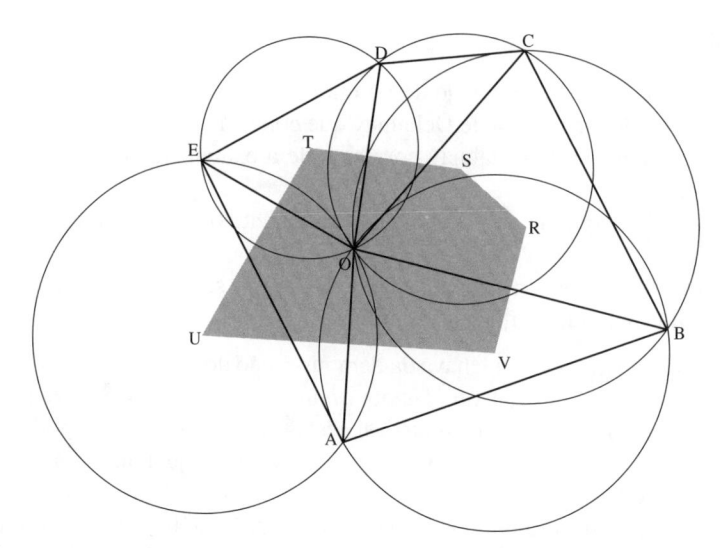

**Figura 21.7.3** Os circuncentros dos triângulos de Delaunay em torno do ponto O são os vértices das regiões de Voronoi de O (sombreados na figura), pois os bissectores perpendiculares das arestas de Delaunay se encontram nestes circuncentros. Observe que uma aresta de Voronoi não precisa na verdade interceptar a aresta de Delaunay à qual está associada, como no exemplo SR e OC.

modo que um segmento na fronteira de uma região de Voronoi não precisa interseccionar de fato a aresta de Delaunay à qual está associado (como *RS* e *OC* na figura).

Podemos contar o número de arestas e vértices em um diagrama de Voronoi com *N* sítios (*n* dos quais se encontram sobre o envoltória convexa) simplesmente levando em conta que seu dual é a triangulação de Delaunay e usando a equação (21.6.1). O número de arestas de Voronoi é portanto *L* naquela equação, enquanto o de vértices é *T*. O número de regiões de Voronoi é, por definição, *N*. As regiões de Voronoi não limitadas são exatamente aquelas cujos pontos se encontram no envoltória convexa dos sítios, havendo portanto *n* destes. Resulta que (algo não imediatamente óbvio) a média do número de lados de uma região de Voronoi (feita a média sobre todos os sítios) não passa de seis.

Voltando à implementação do código, é conveniente ter uma estrutura para manter arestas de Voronoi, e também suas associações com os sítios que eles circundam (na forma de um ponteiro inteiro para uma lista de sítios).

voronoi.h
```
struct Voredge {
    Estrutura para uma aresta em um diagrama de Voronoi, contendo dois de seus pontos finais e um ponteiro
    inteiro para o sítio do qual é a fronteira.
        Point<2> p[2];
        Int nearpt;
        Voredge() {}
        Voredge(Point<2> pa, Point<2> pb, Int np) : nearpt(np) {
            p[0] = pa; p[1] = pb;
        }
};
```

Definir a estrutura `Voronoi` como classe derivada da estrutura `Delaunay` é agora algo direto de se fazer. O construtor cria uma triangulação de Delaunay dos sítios, e então faz em loop sobre estes. Para cada um, ele primeiro acha qualquer triângulo que tem o sítio como vértice, e então percorre circularmente o caminho em torno do sítio, navegando no sentido anti-horário de um triângulo até o próximo por meio da procura de sua aresta comum na memória hash `linehash`.

Cada circuncentro de triângulo é um vértice de Voronoi, e uma aresta de Voronoi é armazenada para cada dois circuncentros consecutivos à medida que o sítio é circum-navegado.

voronoi.h
```
struct Voronoi : Delaunay {
```
Estrutura para criar um diagrama de Voronoi, derivada da estrutura Delaunay.
```
    Int nseg;                              Número de arestas no diagrama.
    VecInt trindx;                         Indexará triângulos.
    vector<Voredge> segs;                  Será array de todos segmentos.
    Voronoi(vector< Point<2> > pvec);      Constrói diagrama de Voronoi a partir de array de
};                                                                       pontos.

Voronoi::Voronoi(vector< Point<2> > pvec) :
    Delaunay(pvec,1), nseg(0), trindx(npts), segs(6*npts+12) {
```
Construtor Voronoi para diagrama de um vetor de sítios pvec. Bit "1" mandado para o construtor Delaunay diz para este não deletar linehash.
```
    Int i,j,k,p,jfirst;
    Ullong key;
    Triel tt;
    Point<2> cc, ccp;                      Cria uma tabela de modo que, dado um ponto, pode-
    for (j=0; j<ntree; j++) {              mos achar um triângulo tendo este ponto como
        if (thelist[j].stat <= 0) continue;   vértice.
        tt = thelist[j];
        for (k=0; k<3; k++) trindx[tt.p[k]] = j;
    }                                      Agora faz loop sobre sítios.
    for (p=0; p<npts; p++) {
        tt = thelist[trindx[p]];
        if (tt.p[0] == p) {i = tt.p[1]; j = tt.p[2];}
        else if (tt.p[1] == p) {i = tt.p[2]; j = tt.p[0];}   Obtém vértices em ordem ca-
        else if (tt.p[2] == p) {i = tt.p[0]; j = tt.p[1];}   nônica.
        else throw("triangle should contain p");
        jfirst = j;                        Salva vértice inicial e seu circuncírculo.
        ccp = circumcircle(pts[p],pts[i],pts[j]).center;
        while (1) {          Circum-navega em sentido AH, acha circuncentros e armazena
            key = hashfn.int64(i) - hashfn.int64(p);         segmentos.
            if ( ! linehash->get(key,k) ) throw("Delaunay is incomplete");
            cc = circumcircle(pts[p],pts[k],pts[i]).center;
            segs[nseg++] = Voredge(ccp,cc,p);
            if (k == jfirst) break;        Circum-navegação completa. Saída normal.
            ccp = cc;
            j=i;
            i=k;
        }
    }
}
```

O resultado do construto Voronoi se encontra disponível fazendo-se um loop pelo array segs de 0 a nseg-1. Cada elemento do array é um Voredge que armazena os pontos finais e também o número do sítio ao qual ele está associado. Observe que cada segmento aparece duas vezes na lista, em sentidos opostos, uma vez que ele é alternadamente associado aos sítios dos seus dois lados.

> Se você ler nossa confissão a respeito de truques sujos da seção anterior, você não vai querer esquecer que polígonos de Voronoi "abertos" são na verdade fechados por segmentos que se encontram a uma distância da ordem de bigscale vezes o tamanho da *bounding box* dos sítios. Estes segmentos são incluídos em segs mas aparecem apenas uma vez, uma vez que não há sítio do outro lado deles.

### 21.7.3 Outras aplicações

**Vizinhos próximos novamente**. Um segmento de reta que conecta um ponto a seu vizinho mais próximo dentro de um conjunto de pontos será uma aresta da triangulação de Delaunay do conjunto. Demonstração informal: o vizinho mais próximo obviamente deve contribuir com uma fronteira para o diagrama de Voronoi. Prova formal (usando o teorema mencionado acima): o círculo cujo diâmetro conecta um ponto a seu vizinho mais próximo não pode conter quaisquer outros pontos (pois estes estariam mais próximos que o vizinho mais próximo), de maneira que o diâmetro tem que ser uma aresta de Delaunay.

Uma vez que podemos realizar a triangulação de Delaunay em tempo da ordem $O(N \log N)$, segue que podemos usá-la para achar todos os vizinhos mais próximos de um conjunto de $N$ pontos em tempo $O(N \log N)$. O processo é o seguinte: (i) construa `Delaunay`. (ii) Para cada ponto, circum-navegue-o (vimos como fazer isso na nossa implementação de `Voronoi` acima). (iii) Escolha a menor das arestas com o ponto numa extremidade.

**Envoltória convexa.** Algumas vezes, para outras aplicações, é necessário conhecer o envoltória convexa de um conjunto de pontos no plano. Embora pareça um desperdício fazer toda a triangulação de Delaunay apenas para obter o envoltória convexa, fazê-lo efetivamente não é um método de todo ruim. Uma melhor eficiência pode ser alcançada ignorando-se, durante a triangulação, pontos que são encontrados como já estando dentro de triângulos interiores. Para ordenar as arestas na ordem de um polígono AH, criamos uma tabela `nextpt` de arestas de destino à medida que procedemos, concatenando-as (*chaining throught it*) depois a fim de obter os vértices do envoltória convexa na ordem apropriada.

delaunay.h
```
struct Convexhull : Delaunay {
```
Estrutura para construir o envoltória convexa de um conjunto de pontos no plano. Após a construção, nhull é o número de pontos na envoltória, e hullpoints[0..nhull-1] são inteiros apontando para os pontos no vetor pvec que estão na envoltória, em ordem AH.
```
    Int nhull;
    Int *hullpts;
    Convexhull(vector< Point<2> > pvec);          Constrói a partir de um vetor de pontos.
};

Convexhull::Convexhull(vector< Point<2> > pvec) : Delaunay(pvec,2), nhull(0) {
```
Construtor de envoltória convexa de um vetor de pontos pvec. Bit "2" enviado ao construtor Delaunay diz para ignorar pontos interiores sempre que puder, para ganho de velocidade.
```
    Int i,j,k,pstart;
    vector<Int> nextpt(npts);
    for (j=0; j<ntree; j++) {                     Triângulos com stat=-1 podem conter seg-
        if (thelist[j].stat != -1) continue;      mentos da envoltória.
        for (i=0,k=1; i<3; i++,k++) {             Precisa de dois pontos válidos para qualificar.
            if (k == 3) k=0;
            if (thelist[j].p[i] < npts && thelist[j].p[k] < npts) break;
        }
        if (i==3) continue;                       Caso em que falhou qualificação.
        ++nhull;                                  Sim! Coloca sua outra ponta na tabela de verificação (lookup
        nextpt[(pstart = thelist[j].p[k])] = thelist[j].p[i];   table), e salva seu valor caso
    }                                                          seja o último encontrado.
    if (nhull == 0) throw("no hull segments found");
    hullpts = new Int[nhull];                     Agora sabemos quantos, pode alocar.
    j=0;                                          Uma cadeia pela tabela de verificação, come-
    i = hullpts[j++] = pstart;                    çando por pstart, dá a resposta.
    while ((i=nextpt[i]) != pstart) hullpts[j++] = i;
}
```

**Problema do maior círculo vazio.** O maior círculo vazio cujo centro se encontra (estritamente) dentro da envoltória convexa de um conjunto de pontos tem seu centro num vértice de Voronoi. Assim, você pode encontrá-lo fazendo um loop pelos vértices, calculando o raio do maior círculo centrado em cada um deles e tomando o valor máximo. Melhor ainda, faça um loop pelos triângulos de Delaunay, calcule o circuncentro de cada um deles e pegue aquele com o maior circunraio (uma vez que circuncentros de Delaunay são os vértices de Voronoi). Imagine você mesmo tentando achar a melhor localização para um restaurante de *fast-food* dentro dos limites (convexos) do município, uma que melhor evite todos os outros restaurantes de *fast-food*.

**Evitando obstáculos.** Se você quer navegar por um plano, mantendo-se o mais afastado possível de um conjunto de pontos, seu caminho será ao longo das arestas de um diagrama de Voronoi. Pense em si mesmo como o piloto de um caça tentando evitar radares inimigos.

**Spanning tree mínima.** A *spanning tree mínima* (chamada, às vezes, de *spanning tree mínima euclidiana*) é o conjunto de segmentos de reta de menor comprimento total que conecta $N$ pontos (veja, por exemplo, a Figura 21.7.4). Pense nisto como sendo um mapa das autoestradas nas quais você gastará menos para visitar $N$ cidades. Topologicamente isto é uma árvore (isto é, ela não tem loops), pois se tivesse loops, você poderia economizar dinheiro deletando um dos segmentos de loop.

O teorema importante é o seguinte: a *spanning tree* mínima é um subconjunto das arestas de Delaunay. Você pode pensar que isto não ajuda muito, pois não lhe diz *qual* subconjunto. Felizmente, há um algoritmo rápido, o *algoritmo de Kruskal*, para fazer isso. A ideia é ordenar todas as arestas de Delaunay por tamanho, e então adicioná-las uma por vez a uma árvore que cresce, da menor até a maior.

Sua árvore começará crescendo em múltiplas componentes desconectadas, mas após você ter adicionado exatamente $N - 1$ segmentos, ela será uma peça inteira e a resposta procurada. Há apenas um problema: à medida que você adiciona segmentos, você não pode adicionar um segmento se ambas extremidades já se encontram na mesma componente (caso contrário, formaria um loop). Então você tem que manter uma relação de "classe de equivalência" para cada vértice, fazendo-o equivalente a todos os outros vértices na sua componente conectada. Nós já sabemos como fazer isso de modo eficiente, como na rotina `eclass` no §8.6. No código abaixo, há uma lógica similar ao se ligar ponteiros para "mães" únicas representativas. Faça isso corretamente, e o método é $O(N \log N)$.

O algoritmo de Kruskal também é chamado de *algoritmo guloso* (*greedy algorithm*), uma vez que pega, sem mais nem menos, somente a melhor aresta em cada passo. É raro que um algoritmo guloso produza o ótimo global verdadeiro; mas o presente caso é a situação de sorte na qual ele consegue fazer isto.

```
struct Minspantree : Delaunay {                                    delaunay.h
```
Estrutura para construir a spanning tree mínima de um conjunto de pontos no plano. Após a construção, nspan é o número de segmentos (sempre = npts−1), e minsega[0..nspan-1] e minsegb[0..nspan-1] contêm inteiros ponteiros para os pontos do vetor pvec que são as duas extremidades do segmento.

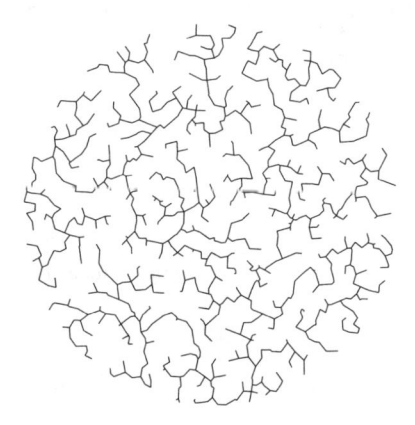

**Figura 21.7.4** Spanning tree mínima para 1001 pontos aleatórios dentro de um círculo. A árvore é composta de 1000 segmentos que conectam todos os pontos com um comprimento total mínimo e é um subconjunto da triangulação de Delaunay dos mesmos pontos.

```
        Int nspan;                              Aloca arrays para a saída.
        VecInt minsega, minsegb;
        Minspantree(vector< Point<2> > pvec);
    };

    Minspantree::Minspantree(vector< Point<2> > pvec) :
        Delaunay(pvec,0), nspan(npts-1), minsega(nspan), minsegb(nspan) {
    Construtor para a spanning tree mínima de um vetor de pontos pvec. O construtor Delaunay providencia
    a triangulação. Precisamos apenas achar o subconjunto de arestas correto.
        Int i,j,k,jj,kk,m,tmp,nline,n = 0;
        Triel tt;
        nline = ntri + npts -1;                 Número de arestas na triangulação.
        VecInt sega(nline);                     Aloca espaço de trabalho para duas extremidades da
        VecInt segb(nline);                     aresta, comprimento de aresta, e índice sobre o qual
        VecDoub segd(nline);                    ordenaremos. Também a árvore "mãe" para classe de
        VecInt mo(npts);                        equivalência.
        for (j=0; j<ntree; j++) {               Acha todas as arestas na triangulação, armazena-as junto
            if (thelist[j].stat == 0) continue;   com seu comprimento.
            tt = thelist[j];
            for (i=0,k=1; i<3; i++,k++) {
                if (k==3) k=0;
                if (tt.p[i] > tt.p[k]) continue;   Garante que tomemos cada aresta uma única vez.
                if (tt.p[i] >= npts || tt.p[k] >= npts) continue;  Nenhuma aresta se conectan-
                sega[n] = tt.p[i];                                  do com pontos fictícios.
                segb[n] = tt.p[k];
                segd[n] = dist(pts[sega[n]],pts[segb[n]]);
                n++;
            }
        }
        Indexx idx(segd);                       Ordena as arestas criando um array index.
        for (j=0; j<npts; j++) mo[j] = j;       Inicializa árvore de relação de equivalência.
        n = -1;
        for (i=0; i<nspan; i++) {               Adiciona exatamente nspan segmentos.
            for (;;) {                          Loop para o mais curto segmento válido n.
                jj = j = idx.el(sega,++n);
                kk = k = idx.el(segb,n);
                while (mo[jj] != jj) jj = mo[jj];   Segue cada extremidade até seu ancestral
                while (mo[kk] != kk) kk = mo[kk];   mais alto.
                if (jj != kk) {                 O segmento é válido somente se conecta diferentes ances-
                    minsega[i] = j;             trais mais altos.
                    minsegb[i] = k;
                    m = mo[jj] = kk;            Agora, equaciona os ancestrais mais altos, e refaz nossos
                    jj = j;                     passos apontando todos os nós encontrados até o nó
                    while (mo[jj] != m) {       mais alto, necessário para a rapidez do algoritmo.
                        tmp = mo[jj];
                        mo[jj] = m;
                        jj = tmp;
                    }
                    kk = k;
                    while (mo[kk] != m) {
                        tmp = mo[kk];
                        mo[kk] = m;
                        kk = tmp;
                    }
                    break;                      Um segmento foi adicionado com sucesso.
                }
            }
        }
    }
```

### REFERÊNCIAS CITADAS E LEITURA COMPLEMENTAR

de Berg, M., van Kreveld, M., Overmars, M., and Schwarzkopf, O. 2000, *Computational Geometry: Algorithms and Applications,* 2nd revised ed. (Berlin: Springer), Chapters 7 and 11.

O'Rourke, J. 1998, *Computational Geometry in C,* 2nd ed. (Cambridge, UK: Cambridge University Press), Chapters.

## 21.8 Quadtrees e octrees: armazenando objetos geométricos

Há outro tipo de árvore caixa diferente de uma árvore KD, usualmente chamada de *quadtree* em duas dimensões e *octree* em três dimensões. Sim, nós sabemos que a grafia correta deveria ser "*octtree*" e não "*octree*", mas o uso da segunda forma se tornou padrão. Vamos nos referir a *quadtrees* e *octrees* genericamente como árvores "QO", evitando assim controvérsias linguísticas.

Árvores QO começam com caixas de tamanho finito, usualmente quadradas ou cúbicas, ao invés da quase infinita caixa usada em árvores KD. Uma árvore QO não subdivide cada caixa uma dimensão por vez (como uma árvore KD faz), mas sim *todas* as dimensões de uma só vez. Assim, um quadrado é subdividido em quatro quadrados-filhos, um cubo em oito cubos-filhos – uma ninhada e tanto! As coordenadas das subdivisões são tomadas de modo a bisseccionar exatamente a caixa-mãe em cada uma de suas dimensões, de modo que todas as caixas em um determinado nível da árvore são congruentes, diferindo da caixa original por um fator de potência de dois. A Figura 21.8.1 ilustra o caso em duas dimensões.

Árvores QO fornecem assim um tipo de esquema de endereçamento para os espaços bi e tridimensional. Do mesmo modo, elas podem ser usadas para armazenar ou recuperar objetos geométricos de tamanho finito que caibam nas caixas da árvore em um ou outro nível, para se testar possíveis intersecções destes objetos, relações de proximidade, etc. A ideia geral (embora possa haver variações) é armazenar cada objeto na menor caixa que o contém completamente ou, no caso de objetos de tamanho zero como pontos, na caixa apropriada do mais profundo nível da árvore que tivermos paciência de implementar. Assim, ao fazer um teste de colisão ou proximidade, atravessamos apenas aquelas partes da árvore que são relevantes, de maneira muito semelhante ao que fizemos nas aplicações de árvores KD.

Embora ilustremos apenas as aplicações mais elementares, árvores QO se encontram comumente no cerne de algoritmos mais complicados, por exemplo [1-3]:

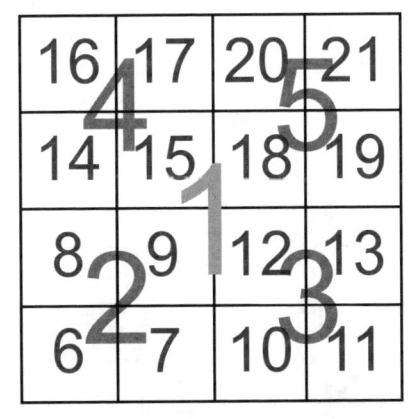

**Figura 21.8.1** Em uma quadtree, o quadrado inicial 1 é primeiramente subdividido nos quadrados 2, 3, 4 e 5. No próximo nível de subdivisão, 2 é subdividido em 6, 7, 8 e 9; 3 em 10, 11, 12 e 13, e assim por diante.

- Remoção de polígono escondido no plano visual (quais polígonos projetados interceptam um pixel no campo visual?).
- Cálculos rápidos de gravitação ou cálculos de interação coulombiana de N corpos (armazena objetos fictícios em várias escalas, as quais varrem os momentos de dipolo da coleção de massas puntuais que as contém) [4,5,6].
- Geração de malhas (escolha a escala de uma malha local que combine com a escala da árvore QO na qual obstáculos ou fronteiras estão armazenados; o conceito de uma árvore QO *balanceada* é frequentemente usado).
- Compressão de imagem (armazena partes da imagem que variam lentamente na forma de objetos bem alto na árvore, podando filhas desnecessárias).

Uma das principais fraquezas das árvores QO tem origem na sua regularidade geométrica. Se um objeto de tamanho finito que está sendo armazenado em uma árvore QO se encontra sobre a fronteira entre duas caixas com tamanho próximo ao seu, então ele não pode ser armazenado em nenhuma das duas. Ao invés disto, ele acaba sendo armazenado na caixa maior – às vezes muito maior – na qual ele caiba. Se $N$ objetos "pequenos" são armazenados, então o número daqueles que ficam sobre as fronteiras das caixas em mais alto nível escalonam, em duas dimensões, como $N^{1/2}$, ou, em três dimensões, como $N^{2/3}$. Estes objetos acabarão assim armazenados em poucas caixas no topo da árvore e participarão de quase todas as operações que procuram colisões ou proximidade. Logo, as árvores QO normalmente podem afetar a economia de tempo que transforma um algoritmo ingênuo de ordem $N$ em um de ordem $N^{1/2}$ (no caso bidimensional); mas apenas raramente, ou com métodos especiais, eles conseguem atingir o Nirvana do $\log N$ ou escalonamento constante. Ainda assim, a raiz quadrada (ou cúbica, em três dimensões) de um número grande pode ser um fator grande, e vale o esforço de se poupar tempo. Então, é interessante saber algo sobre árvores QO.

A mesma regularidade geométrica destas árvores permite que elas sejam implementadas, ao menos opcionalmente, na forma de uma estrutura *hash* eficiente onde a maioria das caixas de uma árvore, se vazias, não requerem espaço de armazenamento. Apresentaremos uma implementação disto aqui, tanto pelas suas vantagens intrínsecas como também pelo fato de ser algo relativamente conciso de se codificar, se usarmos as classes `Hash` e `Mhash` do §7.6.

As observações fundamentais podem ser lidas diretamente da Figura 21.8.2, que ilustra uma árvore QO desenhada na forma de árvore. As caixas são numeradas como na Figura 21.8.1, começando pela caixa 1 na raiz da árvore. Com este esquema de numeração, há relações numéricas simples entre caixas-mãe e suas filhas. Isto nos permite navegar pela árvore – para cima, para baixo, para os lados – sem a necessidade de quaisquer ponteiros armazenados. Em particular, se $k \geq 1$ representa o número de uma caixa, as seguintes relações são válidas em $D$ (para nós, duas ou três) dimensões:

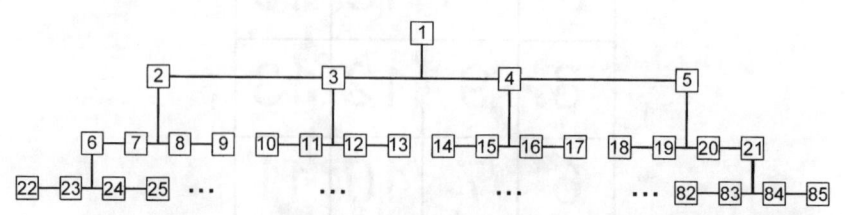

**Figura 21.8.2** Quadtree na forma de árvore. Devido à sua regularidade, as relações de uma quadtree podem ser descritas numericamente. Por exemplo, a mãe da caixa $n$ é a parte inteira de $n/4$. A filha esquerda da caixa $n$ é $4n-2$.

$$\text{mãe}(k) = \lfloor (k + 2^D - 2)/2^D \rfloor$$
$$\text{filha mais à esquerda}(k) = 2^D k - 2^D + 2$$
$$\text{filha mais à direita}(k) = 2^D k + 1 \tag{21.8.1}$$
$$\text{número total de caixas no nível } p = [(2^D)^p - 1]/(2^D - 1)$$

Observe que o inteiro dividido por $2^D$ que a notação $\lfloor \ \rfloor$ implica pode ser implementado simplesmente com um deslocamento de *D bits* para a direita. Você deve comparar as fórmulas em (21.8.1) com a Figura 21.8.2 para ter certeza de que entendeu como elas funcionam. Os "níveis" da árvore são numerados, começando por $p=1$ para uma (única) caixa. Observe que a mãe da caixa 1 resulta em 0, indicando que ela não tem mãe; isto é conveniente para se testar quando sair de um loop sobre ascendência.

Antes de entrarmos em detalhes de implementação para a classe implementadora `Qotree`, precisamos discutir os pré-requisitos para um classe de objetos geométricos a serem armazenados na árvore. `Qotree` será transformada em *template* por um tipo de parâmetro `elT` representando aqueles objetos. Para armazenar um objeto `myel` do tipo `elT`, você tem que garantir que providenciará `myel.isinbox()` cujo argumento é `Box`, e que retorna 1 se `myel` estiver em `Box` e 0 caso contrário. De modo similar, para deletar um objeto você tem que fornecer um operador `==` para decidir (por comparação) qual é o objeto a ser deletado. Estes dois métodos são tudo que `Qotree` necessita para si própria. Contudo, em muitas aplicações de `Qotree` (incluindo algumas que ilustraremos posteriormente nesta seção) ela necessita de um dos ou ambos os métodos `myel.contains()` e `myel.collides()`. O primeiro retorna se `myel` contém um dado ponto, e o segundo, se `myel` colide com outro elemento do tipo `elT`.

Aqui está um exemplo de classe simples, representando um círculo (quando `DIM` for igual a 2) ou esfera (`DIM` igual a 3), que tem estes métodos, podendo portanto ser armazenado e processado junto com `Qotree`:

```
template<Int DIM> struct Sphcirc {                                          sphcirc.h
Objeto círculo (DIM=2) ou esfera (DIM=3), com métodos apropriados para o uso com Qotree.
    Point<DIM> center;
    Doub radius;
    Sphcirc() {}                            Construtor default é necessário para fazer arrays.
    Sphcirc(const Point<DIM> &mycenter, Doub myradius)   Constrói por centro explícito e raio.
        : center(mycenter), radius(myradius) {}
    bool operator== (const Sphcirc &s) const {          Teste se idêntico.
        return (radius == s.radius && center == s.center);
    }
    Int isinbox(const Box<DIM> &box) {      O círculo/esfera está dentro da caixa?
        for (Int i=0; i<DIM; i++) {
            if ((center.x[i] - radius < box.lo.x[i]) ||
                (center.x[i] + radius > box.hi.x[i])) return 0;
        }
        return 1;
    }
    Int contains(const Point<DIM> &point) {   O ponto dado está dentro do círculo/esfera?
        if (dist(point,center) > radius) return 0;
        else return 1;
    }
    Int collides(const Sphcirc<DIM> &circ) { Ele colide com outro círculo/esfera?
        if (dist(circ.center,center) > circ.radius+radius) return 0;
        else return 1;
    }
};
```

## 21.8.1 Uma implementação hash da árvore QO

Implementaremos uma árvore QO usando duas memórias *hash*. Primeiro há uma memória multimapa Mhash (chamada elhash) cujas chaves são números de caixas e cujos elementos armazenados são objetos geométricos que podem estar armazenados na árvore QO, possivelmente com muitos objetos em uma única caixa. Segundo, há uma memoria *hash* de valor único (*single-valued*, chamada de pophash) que associa um inteiro com toda caixa que ou (i) contém um ou mais elementos (é "povoada"), ou (ii) é um ancestral de uma caixa povoada. Neste inteiro, o bit 0 (bit menos significativo) é usado para indicar se uma caixa é povoada, ao passo que os bits 1...$2^D$ (isto é, 1...4 ou 1...8) são usados para indicar se as filhas (se é que há alguma) são elas mesmas povoadas ou ancestrais de uma caixa povoada. Em outras palavras, pophash, quando combinada com as relações da equação (21.8.1), substitui a estrutura completa de ponteiros duplamente conectados que poderiam implementar a árvore de modo mais conveniente.

O número máximo de níveis $p_{max}$ que podemos representar é limitado somente pelo valor máximo que pode ser representado por um tipo inteiro que armazena a caixa de número $k$. Usando inteiros com sinal de comprimento de 32 bits, 16 níveis são possíveis em duas dimensões, uma vez que $(4^{16} - 1)/3 < 2^{31} - 1$ (confira equação 21.8.1) Em três dimensões, 11 níveis podem ser representados, uma vez que $(8^{11} - 1)/7 < 2^{31} - 1$. Frequentemente não há necessidade para tanta resolução ($\sim 10^9$ caixas), por isso fixaremos um valor menor de $p_{max}$, o que representa uma boa ideia, pois o tempo necessário para atravessar um ramo da árvore da raiz às folhas (um "átomo" que aparece frequentemente em outros procedimentos) escalona linearmente com $p_{max}$.

qotree.h
```
template<class elT, Int DIM> struct Qotree {
```
Quadtree (DIM=2) ou octree (DIM=3) para armazenar objetos geométricos do tipo elT.
```
    static const Int PMAX = 32/DIM;           Grosseiramente, quantos níveis cabem em 32 bits.
    static const Int QO = (1 << DIM);         Isto é, 4 para quad, 8 para oct.
    static const Int QL = (QO - 2);           Offset constante para filha mais à esquerda.
    Int maxd;
    Doub blo[DIM];
    Doub bscale[DIM];
    Mhash<Int,elT,Hashfn1> elhash;            Contém elementos armazenados, hashed por # da caixa.
    Hash<Int,Int,Hashfn1> pophash;            Contém informações sobre população de nós.
    Qotree(Int nh, Int nv, Int maxdep);       O construtor. Vide abaixo.
    void setouterbox(Point<DIM> lo, Point<DIM> hi); Fixa escala e posição.
    Box<DIM> qobox(Int k);                    Retorna caixa cujo número é k.
    Int qowhichbox(elT tobj);                 Retorna menor caixa que contenha tobj.
    Int qostore(elT tobj);                    Armazena um objeto elT na Qotree.
    Int qoerase(elT tobj);                    Apaga um objeto elT na Qotree.
    Int qoget(Int k, elT *list, Int nmax);    Recupera todos os objetos na caixa k.
    Int qodump(Int *k, elT *list, Int nmax);  Recupera todos os objetos.
    Int qocontainspt(Point<DIM> pt, elT *list, Int nmax);  Vide abaixo.
    Int qocollides(elT qt, elT *list, Int nmax);           Vide abaixo.
};

template<class elT, Int DIM>
Qotree<elT,DIM>::Qotree(Int nh, Int nv, Int maxdep) :
    elhash(nh, nv), maxd(maxdep), pophash(maxd*nh, maxd*nv) {
```
Construtor para uma quad (DIM=2) ou octree (DIM=3) que pode armazenar um número máximo nv de elementos do tipo elT, usando tabelas hash de comprimento nh (tipicamente $\approx$ nv). maxdep é o número de níveis a ser representado.
```
    if (maxd > PMAX) throw("maxdep too large in Qotree");
    setouterbox(Point<DIM>(0.0,0.0,0.0),Point<DIM>(1.0,1.0,1.0));  Escala default.
}

template<class elT, Int DIM>
void Qotree<elT,DIM>::setouterbox(Point<DIM> lo, Point<DIM> hi) {
```

Fixa escala da Qotree para uma caixa externa definida pelos pontos lo e hi. Deve ser chamada antes que quaisquer elementos sejam armazenados na árvore.
```
    for (Int j=0; j<DIM; j++) {
        blo[j] = lo.x[j];
        bscale[j] = hi.x[j] - lo.x[j];
    }
}
```

Você normalmente chamará setouterbox() imediatamente após invocar o construtor qotree para criar uma árvore QO. Caso contrário, você obtém a caixa default com um canto na origem e tamanho unitário em cada dimensão.

Precisamos de duas rotinas utilitárias imediatamente. A primeira toma o número de uma caixa (por exemplo, como na Figura 21.8.1) e retorna a caixa verdadeira (na forma de Box<DIM>). A segunda pega um objeto do tipo a ser armazenado em uma árvore (elT) e retorna o número da menor caixa que o contém. Ela faz isso começando pelo topo da árvore, tentando cada uma das filhas e movendo-se cada vez mais profundamente na árvore só quando um bloqueamento (*containment*) for encontrado.

qotree.h
```
template<class elT, Int DIM>
Box<DIM> Qotree<elT,DIM>::qobox(Int k) {
Retorna a caixa indexada por k.
    Int j, kb;
    Point<DIM> plo, phi;
    Doub offset[DIM];
    Doub del = 1.0;
    for (j=0; j<DIM; j++) offset[j] = 0.0;
    while (k > 1) {                        Subindo pelos ancestrais até chegar à raiz.
        kb = (k + QL) % QO;                Qual filha é k? Adicione seu offset.
        for (j=0; j<DIM; j++) { if (kb & (1 << j)) offset[j] += del; }
        k = (k + QL) >> DIM;               Substitua k por sua mãe,
        del *= 2.0;                        onde offsets terão o dobro de tamanho.
    }
    for (j=0; j<DIM; j++) {                Ao final, escalone os offsets pelo del final para torná-los
        plo.x[j] = blo[j] + bscale[j]*offset[j]/del;   metricamente corretos.
        phi.x[j] = blo[j] + bscale[j]*(offset[j]+1.0)/del;
    }
    return Box<DIM>(plo,phi);              Constrói a caixa e a retorna.
}
```

```
template<class elT, Int DIM>
Int Qotree<elT,DIM>::qowhichbox(elT tobj) {
Retorna o número da menor caixa que contem um elemento tobj, sem se importar se tobj já está armazenado na árvore.
    Int p,k,kl,kr,ks=1;                    Resposta é 1 a menos que caixa menor seja encontrada.
    for (p=2; p<=maxd; p++) {              Desce pelos níveis.
        kl = QO * ks - QL;                 Filha mais à esquerda.
        kr = kl + QO -1;                   Filha mais à direita.
        for (k=kl; k<=kr; k++) {           Alguma das filhas contém tobj?
            if (tobj.isinbox(qobox(k)))  { ks = k; break; }
        }
        if (k > kr) break;                 Não, portanto descontinue descida aqui.
    }
    return ks;
}
```

Estamos agora em posição de armazenar elementos em uma árvore, ou apagar elementos previamente armazenados. Com qowhichbox(), acima, e os métodos que fazem parte de Mhash, armazenar e apagar é algo trivial. Mais cheio de truques para codificar é criar ou apagar em pophash o rastro de "farelos" que conecta a caixa a seus ancestrais. Quando apagamos, precisamos garantir que não apagaremos a trilha para quaisquer elementos remanescentes na mesma caixa ou para elementos em caixas descendentes.

qotree.h
```
template<class elT, Int DIM>
Int Qotree<elT,DIM>::qostore(elT tobj){
    Armazena o elemento tobj em Qotree, e retorna o número da caixa no qual ele está armazenado.
    Int k,ks,kks,km;
    ks = kks = qowhichbox(tobj);
    elhash.store(ks, tobj);             Armazena o elemento em elhash
    pophash[ks] |= 1;                   e marque sua caixa como estando povoada.
    while (ks > 1){                     Agora deixe o rastro de farelos até a mãe-raiz.
        km = (ks + QL) >> DIM;          Mãe de ks.
        k = ks - (Q0*km - QL);          Qual filha de km é ks.
        ks = km;                        Agora fixe o bit da filha na mãe.
        pophash[ks] |= (1 << (k+1));
    }
    return kks;
}
```

```
template<class elT, Int DIM>
Int Qotree<elT,DIM>::qoerase(elT tobj) {
    Apaga o elemento tobj, retornando o número da caixa no qual estava armazenado, ou 0, se o elemento
    não foi encontrado na Qotree. Observe a lógica muito similar a qostore.
    Int k,ks,kks,km;
    Int *ppop;
    ks = kks = qowhichbox(tobj);        Ache a caixa.
    if (elhash.erase(ks, tobj) == 0) return 0;  Não tá lá!
    if (elhash.count(ks)) return kks;   Irmãs ainda na mesma caixa, assim terminamos.
    ppop = &pophash[ks];                Precisamos agora deletar quaisquer farelos desnecessários.
    *ppop &= ~((Uint)1);                Desmarque o bit pop.
    while (ks > 1) {                    Subindo pelos ancestrais...
        if (*ppop) break;               Caixa está povoada ou tem filhas, portanto feito.
        pophash.erase(ks);              Delete entrada de pophash desnecessária (zero)
        km = (ks + QL) >> DIM;          Mãe de ks.
        k = ks - (Q0*km - QL);          Qual filha de km é ks.
        ks = km;
        ppop = &pophash[ks];
        *ppop &= ~((Uint)(1 << (k+1))); Tire o bit da filha na mãe.
    }
    return kks;
}
```

Finalmente, precisamos de métodos para recuperar elementos previamente armazenados, ou aqueles em uma dada caixa (pelo número), ou então todos os elementos em uma árvore. No primeiro caso, Mhash faz todo o serviço. No último, contudo, precisamos providenciar o maquinário para uma busca recursiva na árvore, uma vez que em cada estágio podemos encontrar uma caixa com filhas multiplamente povoadas. Observe que a rotina de chamada é responsável por suprir armazenagem (na forma de um array list[]) do resultado e declarar o número máximo nmax de elementos que ela está preparada para receber.

qotree.h
```
template<class elT, Int DIM>
Int Qotree<elT,DIM>::qoget(Int k, elT *list, Int nmax) {
    Recupera todos os elementos (ou até nmax se este for menor) que estão armazenados em uma caixa k de
    Qotree. Os elementos são copiados em uma list[0..nlist-1] e o valor de nlist (≤ nmax) é retornado.
    Int ks, pop, nlist;
    ks = k;
    nlist = 0;
    pophash.get(ks,pop);
    if ((pop & 1) && elhash.getinit(ks)) {
```

```
                while (nlist < nmax && elhash.getnext(list[nlist])) {nlist++;}
            }
            return nlist;
        }

        template<class elT, Int DIM>
        Int Qotree<elT,DIM>::qodump(Int *klist, elT *list, Int nmax) {
```
Recupera todos os elementos (ou até nmax se este for menor) que estão armazenados em qualquer lugar de Qotree, junto com o número de suas caixas correspondentes. Os elementos são copiados em list[0..nlist-1] e o valor nlist ($\leq$ nmax) é retornado. Os números das caixas são copiados em klist[0..nlist-1].
```
            Int nlist, ntask, ks, pop, k;          Pilha de números de caixas pendentes à medida que
            Int tasklist[200];                     atravessamos a árvore recursivamente.
            nlist = 0;
            ntask = 1;
            tasklist[1] = 1;
            while (ntask) {                        Enquanto a tarefa durar...
                ks = tasklist[ntask--];
                if (pophash.get(ks,pop) == 0) continue;   Caixa vazia e sem filhas.
                if ((pop & 1) && elhash.getinit(ks)) {   Caixa é povoada, assim escrevemos saída com
                    while (nlist < nmax && elhash.getnext(list[nlist])) {   seu conteúdo.
                        klist[nlist] = ks;
                        nlist++;
                    }
                }
                if (nlist == nmax) break;          Sem espaço para mais saída!
                k = QO*ks - QL;                    Filha mais à esquerda.
                while (pop >>= 1) {                Loop sobre bits da filha em pop.
                    if (pop & 1) tasklist[++ntask] = k;   Filha existe. Adiciona à lista de tarefas.
                    k++;                           Próxima filha.
                }
            }
            return nlist;
        }
```

As funções adicionais declaradas em Qotree dizem respeito a aplicações, que discutiremos a seguir.

### 21.8.2 Aplicações elementares de árvores QO

Dois importantes tijolos para aplicações de árvores QO são, primeiramente, uma rotina que retorne uma lista de todos os elementos elT armazenados que intersectam (isto é, contêm) um ponto especificado; segundo, uma rotina que retorna uma lista similar de elementos elT armazenados que intersectam (colidem) com um elemento elT especificado.

Um elemento que intersecta um ponto será evidentemente armazenado em uma caixa que é uma ancestral da caixa na qual o ponto se encontra, ou na mesma caixa do ponto. Apenas uma passagem no sentido descendente pelos níveis da árvore é necessária para se encontrar todos os elementos deste tipo.

```
                                                                                    qotree.h
        template<class elT, Int DIM>
        Int Qotree<elT,DIM>::qocontainspt(Point<DIM>pt, elT *list, Int nmax) {
```
Recupera todos os elementos (ou até nmax, se este for menor) em uma Qotree que contém um ponto pt. Os elementos são copiados numa lista list[0..nlist-1] e o valor nlist ($\leq$ nmax) é retornado.
```
            Int j,k,ks,pop,nlist;
            Doub bblo[DIM], bbscale[DIM];
            for (j=0; j<DIM; j++) { bblo[j] = blo[j]; bbscale[j] = bscale[j]; }
            nlist = 0;
            ks = 1;                                Começa pelo topo da árvore.
            while (pophash.get(ks,pop)) {          Desce enquanto algo for encontrado lá.
```

```
            if (pop & 1) {                     A caixa é povoada, portanto averiguamos os elemen-
                elhash.getinit(ks);                     tos nela contidos,
                while (nlist < nmax && elhash.getnext(list[nlist])) {
                    if (list[nlist].contains(pt)) {nlist++;}  retornando qualquer um que conte-
                }                                                       nha pt.
            }
            if ((pop >>= 1) == 0) break;       A caixa não tem filhas, assim terminamos.
            for (k=0, j=0; j<DIM; j++) {       Calcula k, a única filha que contém pt.
                bbscale[j] *= 0.5;
                if (pt.x[j] > bblo[j] + bbscale[j]) {
                    k += (1 << j);
                    bblo[j] += bbscale[j];
                }
            }
            if (((pop >> k) & 1) == 0) break;  Tal filha não existe na árvore.
            ks = Q0 * ks - QL + k;             Filha existe e é o proximo nó a ser averiguado.
        }
        return nlist;
    }
```

Quanto um elemento *A* se intersecciona com outro *B*, ou *A* e *B* estão na mesma caixa, ou *A* está na caixa ancestral de *B* ou *B* está na caixa ancestral de *A*. Evidentemente, para um *A* fixo, podemos achar todos os *B*'s intersectantes fazendo uma procura pela caixa de *A*, seus ancestrais e descendentes. A última tarefa requer uma pilha de lista de tarefas, como vimos anteriormente (por exemplo, em qodump).

qotree.h
```
template<class elT, Int DIM>
Int Qotree<elT,DIM>::qocollides(elT qt, elT *list, Int nmax) {
    Recupera todos os elementos (ou até nmax, se este for menor) em uma Qotree que colidem com um
    elemento qt (que não necessariamente precisa estar na árvore). Os elementos são copiados numa lista
    list[0..nlist-1] e o valor nlist (≤ nmax) é retornado.
    Int k,ks,kks,pop,nlist,ntask;
    Int tasklist[200];                  Pilha de números de caixa pendentes.
    nlist = 0;
    kks = ks = qowhichbox(qt);          kks salva a caixa inicial.
    ntask = 0;
    while (ks > 0) {                    Coloca a caixa inicial e todos seus ancestrais numa lista
        tasklist[++ntask] = ks;             de tarefas.
        ks = (ks + QL) >> DIM;          Vá para a mãe.
    }
    while (ntask) {
        ks = tasklist[ntask--];
        if (pophash.get(ks,pop) == 0) continue; Caixa vazia e sem filhas.
        if (pop & 1) {                  A caixa é povoada, portanto averiguamos os elementos
            elhash.getinit(ks);                 nela contidos,
            while (nlist < nmax && elhash.getnext(list[nlist])) {
                if (list[nlist].collides(qt)) {nlist++;}   retornando qualquer que colida
            }                                                       com qt.
        }                               Recorrência apenas para descendentes, não ancestrais!
        if (ks >= kks) {                Filha mais à esquerda.
            k = Q0*ks - QL;
            while (pop >>= 1) {         Filha existe. Adicione à lista de tarefas.
                if (pop & 1)
                    tasklist[++ntask] = ks;
                k++;                    Próxima filha.
            }
        }
    }
    return nlist;
}
```

Como exemplo de uma aplicação simples de uma árvore QO, replicaremos a funcionalidade da `KDtree::locatenear` (§21.2) com uma rotina que acha todos os pontos armazenados dentro de um raio $r$ especificado a partir de um ponto-teste. Fazendo uso da classe `Sphcirc`, pontos são representados como círculos ou esferas de raio zero, o ponto-teste como um círculo/esfera de raio $r$, e usamos `qocollides` para detectar colisões.

Implementamos esta aplicação na forma de uma estrutura, `Nearpoints`, cujo construtor cria uma árvore QO a partir de um vetor de pontos, e cuja função membro `locatenear` pode ser chamada para detectar todos os pontos armazenados dentro de um raio especificado medido a partir de qualquer ponto especificado.

```
template <int DIM> struct Nearpoints {                                           qotree.h
```
Objeto para se construir uma árvore QO que contenha um conjunto de pontos, e para repetidamente inquirir quais pontos armazenados se encontram dentro de um raio especificado a partir de um novo ponto especificado.
```
    Int npts;
    Qotree<Sphcirc<DIM>,DIM> thetree;
    Sphcirc<DIM> *sphlist;
    Nearpoints(const vector< Point<DIM> > &pvec)
        : npts(pvec.size()), thetree(npts,npts,32/DIM) {
```
Construtor. Cria árvore QO de um vetor de pontos pvec.
```
        Int j,k;
        sphlist = new Sphcirc<DIM>[npts];
        Point<DIM> lo = pvec[0], hi = pvec[0];   Acha bounding box para os pontos.
        for (j=1; j<npts; j++) for (k=0; k<DIM; k++) {
            if (pvec[j].x[k] < lo.x[k]) lo.x[k] = pvec[j].x[k];
            if (pvec[j].x[k] > hi.x[k]) hi.x[k] = pvec[j].x[k];
        }
        for (k=0; k<DIM; k++) {             Expande-o em 10%, de modo que todos os
            lo.x[k] -= 0.1*(hi.x[k]-lo.x[k]);      pontos são interiores.
            hi.x[k] += 0.1*(hi.x[k]-lo.x[k]);
        }
        thetree.setouterbox(lo,hi);     Fixa a caixa externa da árvore e armazena todos os pontos.
        for (j=0; j<npts; j++) thetree.qostore(Sphcirc<DIM>(pvec[j],0.0));
    }
    ~Nearpoints() { delete [] sphlist; }
    Int locatenear(Point<DIM> pt, Doub r, Point<DIM> *list, Int nmax) {
```
Uma vez construída a árvore, esta função pode ser chamada repetidamente com pontos pt que variam e raios r. Ela retorna n, o número de pontos armazenados dentro de um raio r de pt (mas não maior que nmax), e copia estes pontos para list[0..n-1].
```
        Int j,n;
        n = thetree.qocollides(Sphcirc<DIM>(pt,r),sphlist,nmax);
        for (j=0; j<n; j++) list[j] = sphlist[j].center;
        return n;
    }
};
```

Na prática a rotina acima é bem mais lenta que `KDtree::locatenear` para este tipo de aplicação, pois à medida que descemos pela árvore há uma grande quantidade de *overhead* envolvendo a cópia de elementos `Point` e `Sphcirc` e o cálculo de `Boxes`. Contrariamente, `KDtree` é enxuta e difícil, uma vez que só armazena pontos e, na nossa implementação, os copia internamente para uma armazenagem rápida de coordenadas.

Porém, diferentemente da árvore KD, a técnica aqui ilustrada pode ser generalizada para situações muito mais complicadas. Por exemplo, ao invés de se tratarem de simples pontos, os objetos armazenados poderiam ser área de recepção de estações de rádio FM em uma dada frequência, e queremos saber onde ocorrem colisões com novas estações propostas. A função `collides()` entre duas áreas de transmissão pode envolver um longo cálculo que leva em conta suas potências, a topografia detalhada da região e assim por diante. Neste caso, o overhead da árvore QO pode muito bem ser negligenciável na medida em que procuramos minimizar o número de chamadas de `collides()`.

Como segundo exemplo de aplicação, considere um disco de Petri quadrado sobre o qual pousam esporos, em posições aleatória, um por vez. Cada um destes esporos cresce rapidamente, formando colônias circulares que tocam colônias vizinhas existentes (ou as bordas do prato), e então param (não nos pergunte o porquê. Trata-se apenas de um exemplo). Qual é a aparência do disco depois de $N$ esporos terem aterrisado?

Ao invés de dar o código detalhadamente, uma descrição simples basta: os objetos armazenados na árvore QO são círculos. Fazendo um loop sobre o número de esporos, pegamos aleatoriamente uma posição para cada, um por vez. Se o método de árvore QO `qocontainspt()` indica que o local se encontra dentro de uma colônia já armazenada, prossiga para o próximo esporo. Caso contrário, comece por um raio de teste pequeno e o aumente (dobrando-o, por exemplo) até que `qotreecollides()` indique uma primeira colisão. Ajuste agora o raio de teste para que seja o mínimo das distâncias aos elementos que colisionam, adicione a colônia à árvore e prossiga para o próximo esporo.

A Figura 21.8.3 ilustra um exemplo de uma configuração resultante, depois que 1000 colônias cresceram (outros 3592 esporos aterrissaram dentro de colônias já existentes e morreram imediatamente).

### REFERÊNCIAS CITADAS E LEITURA COMPLEMENTAR

de Berg, M., van Kreveld, M., Overmars, M., and Schwarzkopf, O. 2000, *Computational Geometry: Algorithms and Applications*, 2nd revised ed. (Berlin: Springer), Chapter 14.[1]

Samet, H. 1990, *The Design and Analysis of Spatial Data Structures* (Reading, MA: Addison-Wesley).[2]

Samet, H. 1990, *Applications of Spatial Data Structures: Computer Graphics, Image Processing, and GIS* (Reading, MA: Addison-Wesley).[3]

Pfalzner, S. and Gibbon, P. 1996, *Many-Body Tree Methods in Physics* (Cambridge, UK: Cambridge University Press).[4]

Greengard, L, and Wandzura, S., eds. 1998, "Fast Multipole Methods," special issue of *IEEE Computational Science and Engineering*, vol. 5, no. 3 (July-September), pp. 16-56.[5]

Gumerov, N.A., and Duraiswami, R. 2004, *Fast Multipole Methods for the Helmholtz Equation in Three Dimensions* (Amsterdam: Elsevier).[6]

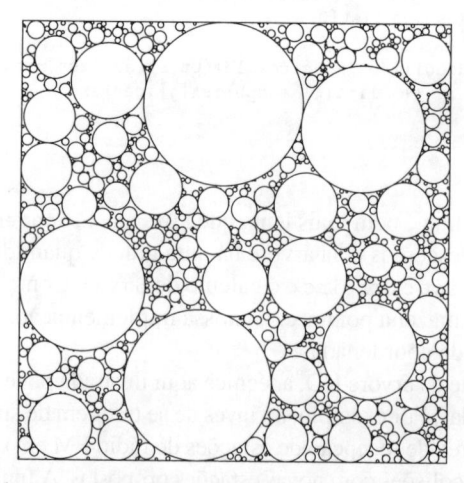

**Figura 21.8.3** Esporos pousam aleatoriamente num prato quadrado (!) de Petri, e crescem colônias que mal tocam a mais próxima colônia pré-existente, ou a borda do prato. Uma árvore QO pode ser usada para verificar as colisões. Na ilustração, 1000 colônias cresceram até seu valor máximo.

CAPÍTULO

# Algoritmos Menos Numéricos 22

## 22.0 Introdução

Você pode parar a leitura agora, pois terminou o *Métodos Numéricos Aplicados* enquanto tal. Este capítulo final é um conjunto idiossincrático de "receitas *menos* numéricas" que, por um motivo ou outro, decidimos incluir entre as capas de um livro cuja orientação é *mais* numérica. Autores de textos de ciência da computação, pudemos observar, gostam de incluir como presente um assunto numérico (geralmente um bastante monótono – quadratura, por exemplo). Descobrimos que não estamos livres da tendência inversa.

A seleção de assuntos feita por nós não é totalmente arbitrária. No §9.0 prometemos dar uma rotina para fazer gráficos que fosse simples. Outro tópico prometido, códigos de Gray, já foi usado na construção de sequências quase aleatórias (§7.8) e necessita aqui apenas de algumas explicações adicionais. Dois outros tópicos, acerca do diagnóstico de parâmetros de ponto-flutuante de um computador e de precisão numérica arbitrária, nos dão um insight adicional sobre o maquinário por trás da hipótese casual de que computadores são úteis quando se quer fazer coisas com números reais (em contraposição a inteiros ou caracteres). O último destes tópicos também expõe um uso muito diferente para a transformada de Fourier rápida do Capítulo 12.

Os outros três tópicos (somas de verificação [*checksums*], codificação de Huffmann e codificação aritmética) envolvem diferentes aspectos da codificação, compressão e validação de dados. Este material tem por objetivo ser um pouco menos abstrato, e também um pouco mais prático, do que a discussão acerca de codificação no §16.2, em que a usamos para ilustrar aspectos estatísticos da estimativa de um estado. Se você estiver lidando com uma grande quantidade de dados (até mesmo numéricos), então um pouco de familiaridade com estes assuntos poderá ser ser útil. No §13.6, por exemplo, nos deparamos com um bom emprego da codificação de Huffman.

Mas, mais uma vez, você não precisa ler este capítulo (e se tiver que aprender sobre quadraturas, aprenda-o nos Capítulos 4 e 17, e não em um livro-texto de ciência da computação!).

## 22.1 Fazendo gráficos simples

Sim, todos nós temos nossos pacotes gráficos e de plotagem preferidos, e nossa maneira preferida de gerar gráficos diretamente a partir de programas C++. Mas espere: os seus programas estão gerando grandes arquivos de texto com números, de modo que você simplesmente os lê em programas de plotagem ou pacotes gráficos separados? Se sim, você poderá se beneficiar com a discussão desta seção.

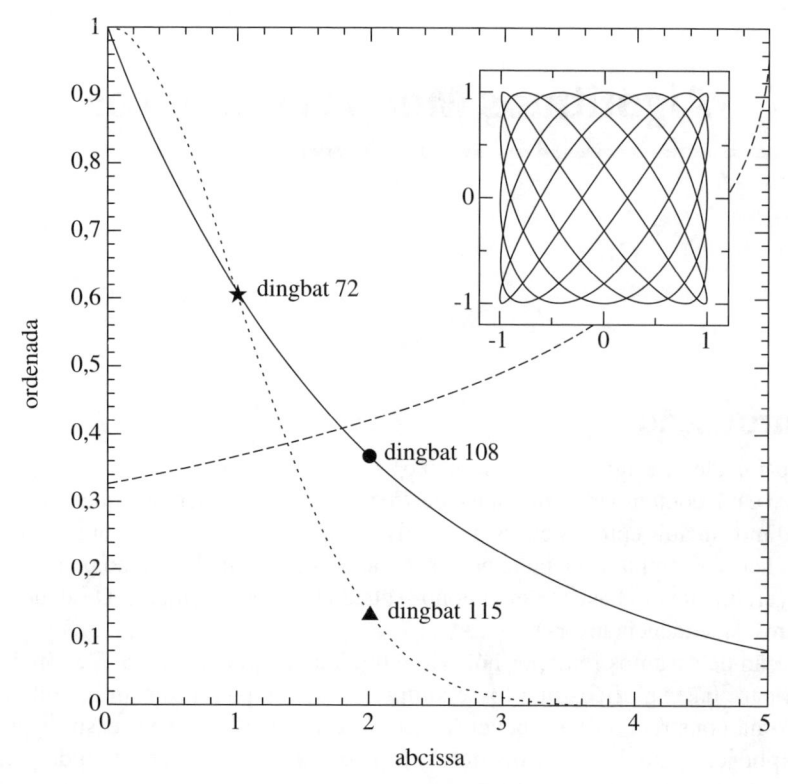

**Figura 22.1.1** Gráfico simples gerado pelo uso dos objetos `Pspage` e `Psplot`, que são wrappers para geração de PostScript.

Achamos útil ter em mãos um par de objetos C++ curtos, implementados em código fonte simples, que geram gráficos simples (por "simples" entendemos "como a maioria das figuras deste livro"). Então somos capazes de fazer gráficos de qualquer ponto de nosso programa, como auxílio em um processo de *debugging* ou como resultado final. Tão importante quanto isto, podemos introduzir modificações no código fonte de plotagem a nosso bel-prazer, adicionando propriedades ou modificando a aparência do gráfico.

Uma maneira de atingir estes objetivos é por meio de um "*wrapper*" C++ que faz nada mais, nada menos que simplesmente escrever um arquivo PostScript válido [1], que pode ser visto ou impresso usando-se um visualizador de PostScript tal como o Ghostscript/GSview [2], um software livre. Na verdade, o visualizador pode ser prontamente chamado por um método dentro do objeto wrapper, de modo que o gráfico simplesmente aparece por si só na tela à sua frente.

Um exemplo tornará isto mais claro: a Figura 22.1.1 mostra um gráfico simples que tem um par de eixos $x$, $y$ escalonados, algumas linhas e pontos de tipos variáveis e algumas legendas em forma de texto. Aqui está o código que gera esta figura:

```
psplotexample.h  void psplot_example() {
    Rotina para criar a Figura 22.1.1.
        VecDoub x1(500),x2(500),y1(500),y2(500),y3(500),y4(500);
        for (Int i=0;i<500;i++) {              Gera alguns dados.
```

```
        x1[i] = 5.*i/499.;
        y1[i] = exp(-0.5*x1[i]);
        y2[i] = exp(-0.5*SQR(x1[i]));
        y3[i] = exp(-0.5*sqrt(5.-x1[i]));
        x2[i] = cos(0.062957*i);
        y4[i] = sin(0.088141*i);
    }

    PSpage pg("d:\\nr3\\newchap20\\myplot.ps");       Gera uma página.
    PSplot plot1(pg,100.,500.,100.,500.);             Gera um gráfico na página. Posição é espe-
    plot1.setlimits(0.,5.,0.,1.);                       cificada em pt (72 pt = 1 pol., ou 28 pt
    plot1.frame();                                      = 1 cm).
    plot1.autoscales();
    plot1.xlabel("abscissa");
    plot1.ylabel("ordinate");
    plot1.lineplot(x1,y1);
    plot1.setdash("2 4");
    plot1.lineplot(x1,y2);
    plot1.setdash("6 2 4 2");
    plot1.lineplot(x1,y3);
    plot1.setdash("");                                Desloca o traço.
    plot1.pointsymbol(1.,exp(-0.5),72,16.);
    plot1.pointsymbol(2.,exp(-1.),108,12.);
    plot1.pointsymbol(2.,exp(-2.),115,12.);
    plot1.label("dingbat 72",1.1,exp(-0.5));
    plot1.label("dingbat 108",2.1,exp(-1.));
    plot1.label("dingbat 115",2.1,exp(-2.));

    PSplot plot2(pg,325.,475.,325.,475.);             Gera um segundo gráfico.
    plot2.clear();                                    Apaga o que se encontra sob ele.
    plot2.setlimits(-1.2,1.2,-1.2,1.2);
    plot2.frame();
    plot2.scales(1.,0.5,1.,0.5);
    plot2.lineplot(x2,y4);

    pg.close();
    pg.display();                                     Cria uma janela pop-up mostrando o arquivo
}                                                       do gráfico.
```

A ideia geral é que um objeto `PSpage` (pg, no exemplo acima) representa uma folha inteira de papel, uma janela ou uma tela. Ele pode conter um ou mais objetos `PSplot`. No exemplo acima temos dois, `plot1` e `plot2`. Objetos `PSplot` podem estar separados na página ou um sobre o outro. Cada um deles tem seu próprio eixo de coordenadas $x$ e $y$, cada um tem suas próprias legendas nos eixos coordenados, e assim por diante. Sem mais explicações do que estas, você deveria conseguir achar, no programa acima, qual linha corresponde a cada uma das características da figura. A última linha faz o gráfico aparece como pop-up na sua tela.

Símbolos para pontos são referenciados pelo número de seu caractere na fonte Zapf Dingbats, que já vem embutida em PostScript. Se você quiser ver todos os possíveis símbolos, uma procura na Web por "LaTeX Postscript Dingbats" trará várias tabelas como resultado; ou simplesmente escreva um programa para fazer um gráfico de todos eles (dica: há símbolos possivelmente úteis de 33 a 126, e de 161 a 254).

Uma Webnote [3] traz o código fonte completo para os objetos `PSpage` e `PSplot`, que tem apenas algo em torno de 150 linhas. No processo de elaboração deste livro, nossa versão pessoal do código se estendia até aproximadamente 450 linhas, que é uma ou duas ordens de magnitude menor que pacotes padrão disponíveis em códigos fonte abertos, GNUPLOT, por exemplo [4]. É uma questão de um *trade-off* entre capacidade (a deles, muito maior) e facilidade em modificar o código fonte (você é quem decide).

Se você optar por seguir este caminho, logo sentirá vontade de aprender mais sobre PostScript enquanto linguagem. Uma boa referência é [5].

**REFERÊNCIAS CITADAS E LEITURA COMPLEMENTAR**

Adobe Systems, Inc. 1999, *PostScript Language Reference,* 3rd ed. (Reading, MA: Addison-Wesley).[1]
Ghostscript and GSview 2007+, at http://www.cs.wisc.edu/~ghost/.[2]
Numerical Recipes Software 2007, "Code for PSpage and PSplot," *Numerical Recipes Webnote No. 26,* at http://www.nr.com/webnotes?26 [3]
GNUPLOT 2007+, at http://www.gnuplot.info.[4]
McGilton, H., and Campione, M. 1992, *PostScript by Example* (Reading, MA: Addison-Wesley).[5]

## 22.2 Diagnosticando parâmetros de máquina

Uma ilusão conveniente é que a aritmética de ponto flutuante de um computador é "precisa o suficiente". Se você acredita nesta ficção, então a análise numérica se torna um assunto muito limpo: erros de arredondamento desaparecem e muitos algoritmos finitos são exatos. Somente o erro de truncamento manuseável (§1.1) se coloca no caminho entre você e o cálculo perfeito. Soa algo ingênuo, não?

Sim, é ingênuo. Não obstante, adotamos esta ficção através de quase todo o livro. Seria impraticável dar uma boa resposta de como o erro de arredondamento se propaga ou como pode ser limitado para cada um dos algoritmos por nós discutidos. Na realidade, seria impossível: uma análise rigorosa de muitos algoritmos práticos nunca foi feita, por nós ou por qualquer outra pessoa.

Quase todos os processadores atuais trazem em comum a mesma representação de dados em ponto-flutuante, a saber, aquela especificada no padrão IEEE 754-1985 [1], e portanto os mesmos pontos fortes e fracos no que diz respeito aos erros de arredondamento. Mas isto nem sempre foi assim! A história da computação está repleta de máquinas com representações de ponto-flutuante estranhas para os padrões modernos. Muitos dos primeiros computadores tinham palavras de 36 bits, tipicamente particionadas em um bit de sinal, 8 bits para expoente e 27 bits para a mantissa. A influente série IBM 7090/7094 era deste tipo. As lendárias máquinas CDC 6600 e 7600, projetadas por Seymour Cray, tinham palavras de 60 bits (sinal, expoente de 11 bits, mantissa de 48). Um design particularmente incomum era do IBM STRETCH, cujos 64 bits era alocados em um bit de *flag* de expoente (*exponent flag bit*), 10 bits de expoente, um para sinal de expoente, uma mantissa de 48, seu sinal e 3 bits de *flag*. O bit de *flag* de expoente era usado para indicar overflow ou underflow, enquanto os outros bits de *flag* podiam ser usados para sinalizar ... qualquer coisa! Portanto, sejamos gratos pelo IEEE 754.

Do mesmo modo, quase toda a computação numérica hoje é feita em precisão dupla, isto é, em palavras de 64 bits, o que o C++ denota por `double` e nós aqui, por `Doub`. Isto também nem sempre foi assim, e ocorreu (assunto para discussão) em computação numérica devido à disponibilidade de memória ter aumentado muito mais rapidamente que o apetite por ela. Muitos programadores nascidos antes de 1960 ainda sentem um pequeno arrepio quando digitam `double` no lugar de `float`. Na verdade, a maior parte das rotinas neste livro funcionaria simplesmente bem, para a grande maioria das aplicações, se rodassem simplesmente com precisão `float`. Na grande parte dos casos, o uso de `double` simplesmente serve para reforçar o crença errônea na "ilusão conveniente" mencionada acima.

Ainda assim, uma vez ou outra, você terá que conhecer as verdadeiras limitações da aritmética de ponto-flutuante de sua máquina – ainda mais quando o seu tratamento do erro de arredondamento de ponto-flutuante for intuitivo, experimental ou informal. Isto certamente se aplicará se você um dia se deparar com um processador com hardware não padrão (isto é, que não siga a norma da IEEE). Tais processadores ainda existem, embora geralmente escondidos em aparelhos embarcados de aplicação especial.

Se você tiver sorte, as chamadas dos métodos na classe de biblioteca padrão C++ `numeric_limits` lhe dirá o que você precisa saber. É uma boa ideia se familiarizar com esta classe, incluindo aí algumas das coisas esotéricas ali presentes, como `round_style` e `has_denorm` [2].

Uma abordagem mais experimental é usar métodos que foram desenvolvidos para pôr às claras parâmetros de máquina nos maus tempos de antes dos padrões [3,4], especialmente parâmetros que supunham-se ser transparentes para o usuário (comum). O objeto `Machar`, listado completamente em uma Webnote [5], traz uma implementação de alguns destes métodos. As quantidades determinadas são:

- `ibeta` é a raiz na qual os números são representados, quase sempre 2, mas historicamente às vezes 16 ou mesmo 10.
- `it` é o número de dígitos do `ibeta`-base na mantissa $M$ de ponto-flutuante.
- `machep` é o expoente da menor potência (a mais negativa) de `ibeta` que, adicionado a 1,0, dá algo diferente de 1,0.
- `eps` é o número em ponto-flutuante $ibeta^{machep}$, informalmente chamado de "precisão de ponto-flutuante".
- `negep` é o expoente da menor potência de `ibeta` que, subtraída de 1,0, dá algo diferente de 1,0.
- `epsneg` é $ibeta^{machep}$, uma outra maneira de definir precisão de ponto-flutuante. Não raramente, `epsneg` é 0,5 vezes `eps`; ocasionalmente, `epsneg` e `eps` são iguais.
- `iexp` é o número de bits no expoente (incluindo seu sinal ou bias).
- `minexp` é a menor potência (a mais negativa) de `ibeta` consistente com a inexistência de zeros dianteiros na mantissa (*leading zeros*).
- `xmin` é o número em ponto-flutuante $ibeta^{machep}$, geralmente o menor (em magnitude) valor flutuante utilizável.
- `maxexp` é a menor potência (positiva) de `ibeta` que causa *overflow*.
- `xmax` é $(1 - epsneg) \times ibeta^{maxexp}$, geralmente o maior (em magnitude) valor em ponto-flutuante utilizável.
- `irnd` retorna um código no intervalo 0 ... 5, informando que tipo de arredondamento é feito adicionalmente e como se lida com underflow. Veja abaixo.
- `ngrd` é número de "dígitos de guarda" (*guard digits*) usados quando do truncamento do produto de duas mantissas para ajustar a representação.

O parâmetro `irnd` requer alguma explicação adicional. No padrão IEEE, padrões de bits correspondem a números exatos, "representáveis". O método específico para se arredondar uma soma é adicionar dois números representáveis "exatamente", e então arredondar a soma para o número representável mais próximo. Se a soma estiver na metade do caminho entre dois números representáveis, ela deve ser arredondada para aquele que for par (bit de ordem mais baixa igual a zero). O mesmo comportamento deve ser seguido para todas as outras operações aritméticas, isto é, elas deveriam ser feitas de um modo como se a precisão fosse infinita, e então arredondadas para o número representável mais próximo.

Se `irnd` devolve 2 ou 5, então seu processar obecede a esta norma. Se ele retorna 1 ou 4, então ela está fazendo algum tipo de arredondamento, mas não o padrão IEEE. Se ele retorna 0 ou 3, então está truncando o resultado e não o arredondando – o que não é desejável.

| Amostra de resultados do objeto `Machar` | | | |
|---|---|---|---|
| | Processador compatível com IEEE | | Histórico |
| precisão | `float` | `double` | DEC-VAX |
| `ibeta` | 2 | 2 | 2 |
| `it` | 24 | 53 | 24 |
| `machep` | $-23$ | $-52$ | $-24$ |
| `eps` | $1{,}19 \times 10^{-7}$ | $2{,}22 \times 10^{-16}$ | $5{,}96 \times 10^{-8}$ |
| `negep` | $-24$ | $-53$ | $-24$ |
| `epsneg` | $5{,}96 \times 10^{-8}$ | $1{,}11 \times 10^{-16}$ | $5{,}96 \times 10^{-8}$ |
| `iexp` | 8 | 11 | 8 |
| `minexp` | $-126$ | $-1022$ | $-128$ |
| `xmin` | $1{,}18 \times 10^{-38}$ | $2{,}23 \times 10^{-308}$ | $2{,}94 \times 10^{-39}$ |
| `maxexp` | 128 | 1024 | 127 |
| `xmax` | $3{,}40 \times 10^{38}$ | $1{,}79 \times 10^{308}$ | $1{,}70 \times 10^{38}$ |
| `irnd` | 5 | 5 | 1 |
| `ngrd` | 0 | 0 | 0 |

Outro assunto tratado por `irnd` concerne o *underflow*. Se um valor flutuante é menor que `xmin`, muitos computadores igualam seu valor a zero. Valores de `irnd` = 0, 1 ou 2 indicam este comportamento. O padrão IEEE especifica um tipo mais gracioso de *underflow*: à medida que um valor se torna menor que `xmin`, seu expoente é congelado no menor valor permitido enquanto sua mantissa é diminuída, adquirindo zeros dianteiros (*leading zeros*) e perdendo assim precisão "graciosamente". Isto é indicado por `irnd` = 3, 4 ou 5.

Algumas vezes resultados podem depender do compilador. Por exemplo, alguns compiladores fazem o *underflow* de valores intermediários de maneira pouco graciosa, dando `irnd` = 2 no lugar de 5.

Chame o método `report` em `Machar` para ver uma comparação entre seus resultados e aqueles retornados por `numeric_limits`. Alguns dos valores devolvidos por `Machar` para processadores que seguem o padrão IEEE são apresentados na tabela acima e comparados com um antecessor histórico, o DEC-VAX. Este processador, tal como seu antecessor PDP-11, usava uma representação bit 1 "fantasma" na frente da mantissa. Você pode ver que com isso se conseguia um eps menor para o mesmo tamanho de palavra, mas não se conseguia um underflow gracioso, uma vez que não havia números não normalizados.

**REFERÊNCIAS CITADAS E LEITURA COMPLEMENTAR**

*IEEE Standard for Binary Floating-Point Numbers*, ANSI/IEEE Std 754–1985 (New York: IEEE, *1985*).[1]
Josuttis, N.M. 1999, *The C++ Standard Library: A Tutorial and Reference* (Boston: Addison-Wesley), §4.3.[2]
Cody, W.J. 1988, "MACHAR: A Subroutine to Dynamically Determine Machine Parameters," *ACM Transactions on Mathematical Software*, vol. 14, pp. 303–311.[3]

Malcolm, M.A. 1972, "Algorithms to Reveal Properties of Floating-point Arithmetic," *Communications of the ACM*, vol. 15, pp. 949–951.[4]

Numerical Recipes Software 2007, "Code for Machar," *Numerical Recipes Webnote No. 27*, at http://www.nr.com/webnotes?27 [5]

Goldberg, D. 1991, "What Every Computer Scientist Should Know About Floating-Point Arithmetic," *ACM Computing Surveys*, vol. 23, pp. 5–48.

## 22.3 Códigos de Gray

Um código de Gray é uma função $G(i)$ dos inteiros $i$ que, para cada inteiro $N \geq 0$, é um a um para $0 \leq i \leq 2^N - 1$ e apresenta a seguinte propriedade notável: as representações binárias de $G(i)$ e $G(i+1)$ diferem em *exatamente um bit*. Um exemplo de um código de Gray (na verdade, o mais comumente usado) é a sequência 0000, 0001, 0011, 0010, 0110, 0111, 0101, 0100, 1101, 1111, 1110, 1011, 1001, e 1000, para $i = 0, \ldots, 15$. O algoritmo para se gerar este código é simplesmente formar o exclusive-or (XOR) de pares de bits para $i$ e $i/2$ (parte inteira). Pense em como você carrega dígitos quando você adiciona binários e você entenderá o porquê disto funcionar*. Você também verá que $G(i)$ e $G(i+1)$ diferem na posição do bit zero mais à direita de $i$ (prefixando um zero anterior se necessário).

O nome se escreve "Gray" e não "gray": os códigos tem esse nome devido a Frank Gray, que primeiro patenteou a ideia em codificadores cilíndrico (*shaft encoders*)**. Um codificador cilíndrico é uma roda com faixas concêntricas codificadas, cada uma das quais é "lida" por um sensor óptico ou uma escova condutora. A ideia é gerar um código binário que descreva o ângulo da roda. A maneira óbvia, mas incorreta, de se construir um codificador cilíndrico é ter uma faixa (digamos, a mais interna) presente em metade da roda, mas ausente na outra metade; a próxima faixa se encontra nos quadrantes 1 e 3; a próxima, nos octantes 1, 3, 5 e 7, e assim por diante. Os sensores ópticos ou elétricos leem então juntos um código binário diretamente para a posição da roda.

A razão pela qual este método é ruim é que não há maneira de garantir que todas as escovas farão ou interromperão o contato de modo *exatamente* simultâneo à medida que a roda gira. Ao se ir da posição 7 (0111) para 8 (1000), pode-se acabar passando espuriamente e de modo transiente por 6 (0110), 14 (1110) e 10 (1010), à medida que as diferentes escovas fazem ou interrompem o contato. O uso de um código de Gray na codificação das faixas garante que não haja estado transiente entre 7 (0100 na sequência acima) e 8 (1100).

É claro que precisamos então de circuitos, ou algoritmos, para traduzir $G(i)$ em $i$. A Figura 22.3.1 (b) ilustra como isto pode ser feito por uma cascata de portas lógicas XOR. A ideia é que cada bit de saída deveria ser o XOR de todos os bits de entrada mais significativos. Para fazer os $N$ bits da inversão do código de Gray, são necessários $N-1$ passos (ou *gate delays*) no circuito (não obstante, em circuitos isto é tipicamente bastante rápido). Em um registro com operações binárias *word-wide*, não temos que fazer $N$ operações consecutivas, mas apenas $\ln_2 N$. O truque é usar a associatividade do XOR e agrupar as operações hierarquicamente. Isto envolve o deslocamento sequencial para direita por 1, 2, 4, 8, ... bits até que o comprimento da palavra seja exaurido. Aqui está um pedaço de código para fazer tanto $G(i)$ quando sua inversa:

---

*N. de T.: Os autores se referem aqui ao conhecido algoritmo, quando somamos números, de levar toda a dezena (ou centena, etc). para a próxima coluna caso a soma dos números em uma dada coluna supere 10 (ou 100, etc.).

**N. de T.: Este comentário é voltado aos leitores de fala inglesa, pois o nome próprio *Gray* muitas vezes pode ser confundido com a palavra *gray* (a cor cinza).

(a)

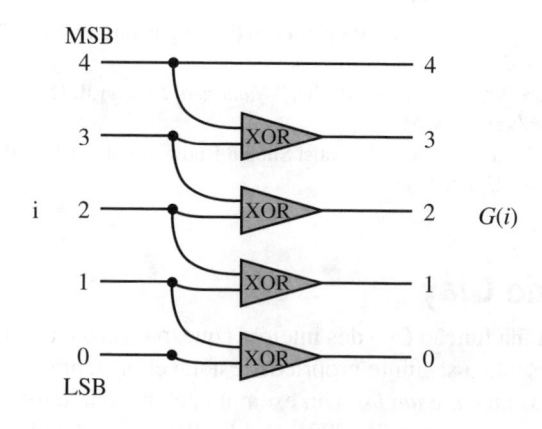

(b)

**Figura 22.3.1** Operações de um único bit para cálculo do código de Gray **G(i)** a partir de *i* (a), ou a inversa (b). LSB e MSB indicam os bits menos e mais significantes (*least and most significant bits*), respectivamente. XOR denota o OR exclusivo.

igray.h
```
struct Gray {
    Métodos para o código de Gray e sua inversa.

    Uint gray(const Uint n) {return n ^ (n >> 1);}
    Retorna o código de Gray de um inteiro n. Este é o caminho fácil!

    Uint invgray(const Uint n) {
    Retorna o inverso do código de Gray.
        Int ish=1;
        Uint ans=n,idiv;
        for (;;) {                  Em estágios hierárquicos, começando pelo shift à direita por
            ans ^= (idiv=ans >> ish);  1 bit, faz com que cada bit passe por um XOR com
            if (idiv <= 1 || ish == 16) return ans;  todos os bits mais significantes.
            ish <<= 1;              Dobra a quantidade de shifts no próximo ciclo.
        }
    }
};
```

Em trabalhos numéricos, códigos de Gray são úteis quando você tem uma tarefa a cumprir que depende intimamente dos bits de *i*, fazendo um loop por muitos valores de *i*. Então, se houver economia em repetir a tarefa para valores que diferem somente em um bit, faz sentido fazer as coisas na ordem do código de Gray ao invés de fazê-las na ordem consecutiva. Vimos um exemplo disso no §7.8, para a geração de sequências quase aleatórias.

**REFERÊNCIAS CITADAS E LEITURA COMPLEMENTAR**

Horowitz, P., and Hill, W. 1989, *The Art of Electronics,* 2nd ed. (New York: Cambridge University Press), §8.02.

Knuth, D.E. 2005, *Generating All Tuples and Permutations,* fascicle 2 of vol. 4 of *The Art of Computer Programming* (Upper Saddle River, NJ: Addison-Wesley), §7.2.1.1.

## 22.4 Redundância cíclica e outras somas de verificação

Há redes (*networks*) em todo seu redor: não apenas "a" internet com seus protocolos IP e TCP, mas também redes *embarcadas* que movem bits para lá e para cá dentro de um aparelho ou entre aparelhos proximamente acoplados. Exemplos disto são a rede *SMBus* que comunica informações para gerenciar a potência (*power management*) entre baterias inteligentes e os aparelhos que elas suprem, ou a rede *Bluetooth* que conecta telefones celulares aos acessórios próximos. Não ficaríamos muito surpresos se de repente achássemos uma rede dentro de nosso relógio de pulso ou escova de dentes elétrica!

Diferentes redes têm diferentes protocolos, mas a prática padrão da engenharia é empacotar a informação crua em pacotes com número fixo ou variável de bits. O comprimento dos pacotes se encontra tipicamente no intervalo entre umas poucas dezenas a alguns poucos milhares de bits. Um comprimento menor implicaria um overhead por pacote proporcionalmente grande, enquanto um maior imporia demandas excessivas no tamanho dos buffers, no evitar colisões, etc.

Quando enviamos um pacote de A a B, gostaríamos de saber se ele chegou sem erro. A maneira mais simples de garantia é adicionar um "bit de paridade", escolhido de modo a fazer o número total de bits 1 (versus bits 0) ser sempre par ("*even parity*") ou sempre ímpar ("*odd parity*"). Qualquer erro *de um único bit* em um pacote será assim detectado. Quando os erros são suficientemente raros, ou suas consequências suficientemente pequenas, o uso de paridade é suficiente para detecção de erro. Por exemplo, o conjunto de caracteres ASCII foi originalmente projetado para caracteres de 7 bits, com um oitavo bit de paridade.

Uma vez que o bit de paridade tem dois possíveis valores (0 ou 1), ele tem, na média, somente 50% de chance de detectar um pacote errôneo com múltiplos bits incorretos. Isso não é nem proximamente bom para a maioria das aplicações. A maioria dos protocolos de comunicação [1] usa uma generalização multibit do bit de paridade chamada de "verificação da redundância cíclica" ou CRC (*cyclic redundancy check*). Frequentemente, a CRC tem 16 bits (2 bytes) de comprimento. Então as chances de que um conjunto aleatório de erros passe sem ser detectado são de 1 em $2^{16} = 65536$.

Agora entra a matemática: é fácil achar CRCs de $M$-bits que têm a propriedade de detectar *todos* os erros que ocorrem em $M$ ou um número menor de bits *consecutivos*, para qualquer comprimento de mensagem (demonstraremos isto abaixo). Uma vez que o ruído em canais de comunicação tende a "pipocar", com sequências curtas de bits adjacentes sendo corrompidas, esta propriedade de consecutividade de bits é algo altamente desejável. Além do mais, para pacotes com um *payload* de tamanho fixo (ou limitado) de $N$ bits, pode-se encontrar CRCs que detectam toda ocorrência de $D$ ou um número menor de erros em *qualquer lugar* da *payload*. Obviamente, o jogo consiste em achar a CRC que maximiza $D$. O valor $D + 1$ é a *distância de Hamming* da CRC para aquele valor de $N$ usando a *soma de verificação* (*checksum*) (confira §16.2).

| Polinômios de CRC de 16 bits Úteis (segundo [3]) | | | |
|---|---|---|---|
| $j$ | Nome | Polinômio | Melhor $N$ (bits) |
| 0 | | 0x755B $= (x^3+x^2+1)^*(x^6+x^5+x^2+x+1)^*(x^7+x^3+1)^*$ | 242–2048+ |
| 1 | | 0xA7D3 $= (x^3+x^2+1)^*(x^6+x^5+x^2+x+1)^*(x^7+x^6+x^5+x^4+1)^*$ | 256–2048+ |
| 2 | ANSI-16 | 0x8005 $= (x+1)(x^{15}+x+1)^*$ | 242–2048+ |
| 3 | CCITT-16 | 0x1021 $= (x+1)(x^{15}+x^{14}+x^{13}+x^{12}+x^4+x^3+x^2+x+1)^*$ | 242–2048+ |
| 4 | | 0x5935 $= (x^{16}+x^{14}+x^{12}+x^{11}+x^8+x^5+x^4+x^2+1)$ | 136–241 |
| 5 | | 0x90D9 $= (x+1)(x^{15}+x^{11}+x^{10}+x^9+x^8+x^7+x^5+x^4+x^2+x+1)$ | 20–135 |
| 6 | IEC-16 | 0x5B93 $= (x+1)(x+1)(x^7+x^6+x^3+x+1)^*(x^7+x^6+x^5+x^4+x^3+x^2+1)^*$ | 20–112 |
| 7 | | 0x2D17 $= (x^2+x+1)^*(x^{14}+x^{13}+x^9+x^7+x^5+x^4+1)$ | 16–19 |
| *denota fator primitivo | | | |

O design de CRCs é algo que se encontra no domínio de experts de software de comunicação e designers de hardware em nível de chip – pessoas que têm bits debaixo da pele. Uma leve familiaridade com alguns dos conceitos envolvidos pode ser útil, contudo, tanto pelo fato de que a matemática envolvida tem conexões com outras aplicações (por exemplo, geradores de números aleatórios, conforme §7.1 e §7.5) e porque talvez você realmente queira adicionar um par de bytes de soma de verificação para os seus próprios registros de dados em algum tipo de aplicação onde você esteja mexendo com ou movendo grande quantidade de dados.

Algumas CRCs podem ser usadas para comprimir dados à medida que estes estão sendo gravados. Se registros idênticos aparecem com frequência, pode-se manter separados na memória os CRCs de registros encontrados previamente. Um novo registro será arquivo inteiro se seu CRC for diferente, caso contrário somente um ponteiro para um registro anterior precisa ser arquivado. Nesta aplicação pode-se usar 8 bits de CRC para que as chances de se descartar por engano um registro de dados diferentes seja toleravelmente pequena; ou, se registros anteriores puderem ser acessados aleatoriamente, uma comparação completa pode ser feita para decidir se os registros com CRCs idênticas são de fato idênticos.

Discutamos agora brevemente a teoria de CRCs. Depois disso apresentaremos uma implementação que gera CRCs de 16 bits conhecidas por serem particularmente boas, ou que pelo menos estão consagradas como padrão (e resulta que isto não é o mesmo!).

A matemática por trás das CRCs são os "polinômios sobre os inteiros módulo 2". Qualquer mensagem binária pode ser vista como um polinômio com coeficientes 0 e 1. Por exemplo, a mensagem "1100001101" seria o polinômio $x^9 + x^8 + x^3 + x^2 + 1$. Uma vez que 0 e 1 são os únicos inteiros módulo 2, uma potência de $x$ no polinômio ou está presente (1), ou ausente (0).

Uma CRC de $M$-bits de comprimento é baseada num polinômio de grau $M$, chamado de gerador polinomial. Dado o gerador polinomial de $G$ (que pode ser escrito em forma polinomial ou como um *string* de bits, por exemplo, 10001000000100001 para $x^{16} + x^{12} + x^5 + 1$), aqui está como calcular a CRC para uma sequência de bits $S$: primeiro, multiplique $S$ por $x^M$, isto é, adicione $M$ bits zero a ele. Segundo, divida $G$ em $Sx^M$ por divisão longa. Lembre-se que as subtrações na divisão longa são feitas módulo 2, de modo que nunca "vai" nada: a subtração módulo 2 é o mesmo que o OR-exclusivo lógico (XOR). Terceiro, ignore o quociente que você obteve. Quarto, quando você finalmente chegar no resto, ele é seu CRC; denote-o por $C$. $C$ será um polinômio de grau $M - 1$ ou menor, caso contrário você não teria terminado a divisão longa. Portanto, na forma de string de bits, ele possui $M$ bits, o que pode incluir zeros dianteiros ($C$ pode ser até mesmo todo ele formado de zeros, vide abaixo).

Se você seguir esses passos em um exemplo, verá que a maior parte do que se escreve na tabela da divisão longa é supérflua. Você na verdade só está deslocando para a esquerda bits sequenciais de $S$, a partir da direita, em um registro de $M$ bits. Toda vez que um bit 1 é deslocado para fora do extremo esquerdo deste registro, você mata o registro via um XOR com os $M$ bits de ordem mais baixa de $G$ (isto é, todos os bits de $G$ exceto o seu 1 dianteiro). Quando um bit 0 é deslocado pra fora do extremo esquerdo do registro, você não faz isso. Quando o último bit que era originalmente parte de $S$ é deslocado para fora, o que sobra é o CRC.

Você certamente reconhecerá de imediato a eficiência deste procedimento se implementado em hardware. Ele requer apenas um registro de shifts com uns poucos XOR fisicamente conectados nele. É deste modo que CRCs são calculados em aparelhos de comunicação, ocupando uma minúscula parte de um chip. Em nível de software, a implementação não é tão elegante, uma vez que *bit-shifting* em geral não é muito eficiente. Portanto, o que comumente se faz (como na nossa implementação abaixo) é usar rotinas que seguem tabelas que pré-calculam o resultado de um monte de *shifts* e XORs, digamos, para cada um dos 256 possíveis inputs de 8 bits [2].

Todo polinômio gerador de grau $M$ com um termo $x^0$ diferente de zero produz um CRC que detecta *todas* as possíveis combinações de erros em qualquer *frame* de $M$ bits consecutivos (um caso especial é que ele detecta qualquer erro de um único bit em uma mensagem de comprimento arbitrário $N$). Para entender como isto funciona, suponha que duas mensagens, $S$ e $T$, difiram somente por um *frame* de $M$ bits. Então suas CRCs diferirão em uma quantidade que é o resto da divisão de $G$ por $(S - T)x^M \equiv R$. Agora $R$ tem a forma de zeros dianteiros (que podem ser ignorados) seguidos de alguns 1's em um *frame* de $M$ bits, seguidos de zeros (que são apenas fatores multiplicativos de $x$): $R = x^n F$, onde $F$ é um polinômio de grau no máximo $M - 1$ e $n > 0$. Uma vez que $G$ tem um termo $x^0$ diferente de zero, ele não é divisível por $x$. Assim, $G$ não pode dividir $R$. Portanto $S$ e $T$ devem ter CRCs diferentes.

E os erros de 2 bits, não necessariamente em um *frame* de tamanho $M$? Isto nos leva aos *polinômios primitivos*: um polinômio sobre os inteiros módulo 2 pode ser irredutível, o que significa não ser fatorizável. Os polinômios primitivos são um subconjunto dos polinômios irredutíveis. Eles geram sequências de comprimento máximo quando usados em registros de shifts, como descrito no §7.5. O polinômio $x^2 + 1$ não é irredutível, pois $x^2 + 1 = (x + 1)(x + 1)$, logo ele também não é primitivo. O polinômio $x^4 + x^3 + x^2 + x + 1$ é irredutível, mas não primitivo. O polinômio $x^4 + x + 1$ é tanto irredutível quanto primitivo.

Polinômios primitivos são interessantes aqui porque eles têm uma ordem muito alta. Não confunda *ordem* com *grau*. A ordem $e$ de um polinômio é o menor inteiro $e$ tal que o polinômio divide $x^e + 1$ (divisão módulo 2). Ocorre que polinômios primitivos têm a maior ordem $e$ para o seu grau dado $n$, ordem esta que vale

$$e = 2^n - 1 \qquad (22.4.1)$$

(Na verdade, esta é a razão pela qual seus registros de shifts têm comprimento máximo.) Se duas mensagens diferem por exatamente 2 bits, separados por $k$ bits, então sua diferença é $x^k + 1$ vezes algumas potências de $x$ à direita. Se o gerador $G$ contém um fator primitivo de ordem $e$, então $G$ não poderá de modo algum dividir esta diferença, ao menos enquanto $k < e$.

Portanto, um fator primitivo de grau $n$ garante a detecção de erros de 2 bits para espaçamentos de até $2^n - 1$. Esta é a razão pela qual os geradores são normalmente escolhidos de modo a serem polinômios primitivos de grau $M$. Alternativamente, o gerador pode ser escolhido como sendo um polinômio primitivo vezes $(1 + x)$, que detecta erros de paridade para todas as mensagens de tamanho $N$ enquanto o alcance das detecções de 2 bits é reduzido apenas por um fator de 2.

Alguns polinômios CRC "padrão" não foram escolhidos por critérios que não esse, em alguns casos com o critério adicional de que eles deveriam ter apenas um número pequeno de termos (isso já foi um dia importante no design de hardware). Por exemplo, a CCITT (*Comité Consultatif International Télégraphique et Téléphonique*) ungiu $x^{16} + x^{12} + x^5 + 1$ como "CCITT-16": ele é o produto entre $x + 1$ e um polinômio primitivo. O polinômio ANSI-16 (veja tabela na página 1194) também tem esta característica.

Da mesma maneira para escolhas que não de 16 bits: "CRC-12" é $(x + 1)(x^{11} + x^2 + 1)$, sendo que o último fator é primitivo. O CRC de 32 bits mais comum, o "CRC-32", usado no padrão ethernet (IEEE 802.3) e em outros lugares, é $x^{32} + x^{26} + x^{23} + x^{22} + x^{16} + x^{12} + x^{11} + x^{10} + x^8 + x^7 + x^5 + x^4 + x^2 + x + 1$, um polinômio primitivo.

Agora aqui vai algo relativamente novo nesta área antiga [3]: para geradores $G$ cuidadosamente escolhidos, todos os erros de 2 bits em um pacote com tamanho de *payload* igual a $N$ podem ser detectados *mesmo que* $e < N$. Isto ocorre porque o argumento anterior era suficiente, mas não necessário: um $G$ sabiamente escolhido pode falhar ao tentar dividir $x^k - 1$ por outras razões que não por ter um fator primitivo de ordem grande. Esta ideia abre o espaço de design para a procura, essencialmente por métodos de força bruta, de geradores que tenham $D > 2$, ou seja, que sejam capazes de achar não apenas todos os erros de dois bits, mas todos os de três, quatro, etc. até um certo valor limite que depende de $N$ e $M$. Vários destes "novos" geradores são apresentados na tabela na página 1194, que é baseada em [3] (consulte para detalhes), acompanhados dos valores recomendados de $N$. Um gerador que seja bom para $N$ grande não necessariamente é bom para $N$ pequeno e vice-versa, portanto é melhor você se ater aos valores recomendados. Os valores hexadecimais na tabela dão representações binárias dos polinômios, com a convenção de que cada um deve ser antecedido por um 1 dianteiro (o termo $x^{16}$).

Na maioria dos protocolos, um bloco de dados transmitidos consiste em alguns $N$ bits de dados, seguidos diretamente por $M$ bits de seu CRC (ou do resultado do XOR do CRC com uma constante; vide abaixo). Há duas maneiras de validar um bloco na ponta receptora. A mais óbvia é aquela em que o receptor pode calcular o CRC dos bits dos dados e então compará-lo aos bits do CRC transmitido. Menos óbvio, mas mais elegante, o receptor pode simplesmente calcular o CRC do bloco inteiro com $N + M$ bits e verificar que um resultado de zero é obtido. Demonstração: o bloco total é o polinômio $Sx^M + C$ (dados movidos para a esquerda para abrir espaço para os bits CRC). A definição de $C$ é que $Sx^m = QG + C$, onde $Q$ é o coeficiente jogado fora. Mas então $Sx^M + C = QG + C + C = QG$ (lembre-se: módulo 2), que é um múltiplo perfeito de $G$. Ele continua múltiplo de $G$ quando multiplicado por um $x^M$ adicional na ponta receptora, portanto tem um CRC zero. q.e.d.

Um par de pequenas variações no procedimento básico precisa ser mencionado [1]: primeiro, quando o CRC é calculado, o registro de $M$ bits não precisa ser inicializado em zero. Inicializá-lo com algum outro valor de $M$ bits (todos 1, por exemplo) tem o efeito de prefaciar todos os blocos com uma mensagem fantasma que teria como seu resto o valor de inicialização. É vantajoso fazer isto, uma vez que o CRC descrito até o momento não consegue de outro modo detectar a adição ou remoção de qualquer número de bits zero iniciais (perda de um bit inicial ou inserção de bits zero são "*clocking errors*" comuns) Segundo, pode-se adicionar (XOR) qualquer constante $K$ de $M$ bits ao CRC antes de ele ser transmitido. A constante pode ser removida por XOR na ponta receptora ou, caso contrário, ela apenas muda o CRC esperado para todo o bloco por um valor conhecido, a saber, o resto da divisão de $G$ em $Kx^M$. A constante $K$ frequentemente é "todo bits", mudando a CRC no seu complemento. Isto tem a vantagem de detectar outro tipo de erro que o CRC de outro modo não encontraria: o apagamento de um bit 1 inicial na mensagem com a inserção espúria de um bit 1 no final do bloco.

O objeto Icrc a seguir implementa o cálculo de CRCs de 16 bits para os geradores listados na tabela. O construtor fixa qual gerador será usado, e também se o registro inicial deveria ser todo bits (o default) ou zero. Icrc é levemente baseada na função em [2]. Aqui está como entender seu funcionamento: primeiro olhe para a função icrc1. Ela é usada somente pelo construtor para inicializar uma tabela de comprimento 256, incorporando um caractere em um registro CRC de 16 bits. O único truque usado é que os bits de um caractere são submetidos a um XOR nos bits mais significativos do registro, todos os oito juntos, ao invés de serem alimentados no bit menos significativo, um bit por vez, na hora do registro do shift. Isto funciona porque o XOR é associativo e comutativo – podemos alimentar bits de caracteres a *qualquer* momento antes que eles determinem se vão apagar com o gerador polinomial.

Agora dê uma olhada nos métodos crc e concat. Volte a imaginar os bits de um caractere sendo deslocados para o registro do CRC a partir do final menos significativo. A observação crucial é que enquanto 8 bits estão sendo deslocados para a ponta mais de baixo do registro, todo o apagamento de geradores está sendo determinado pelos bits já na ponta mais alta. Uma vez que XOR é comutativo e associativo, tudo o que precisamos é de uma tabela dos resultados de todo este apagamento, para cada uma das 256 possíveis configurações de bits altos. Podemos então brincar de alcançar um caractere e fazer XOR para um resultado da tabela. Mas esta foi exatamente a tabela contruída por icrc1. As referências [2,4,5] fornecem mais detalhes em cálculos de CRC baseados em tabelas.

```
struct Icrc {                                                          icrc.h
Objeto para calcular somas de verificação de redundância cíclica de 16 bits.

    Uint jcrc,jfill,poly;
    static Uint icrctb[256];

    Icrc(const Int jpoly, const Bool fill=true) : jfill(fill ? 255 : 0) {
    Construtor. Escolhe um entre 8 geradores (vide tabela) segundo valor de jpoly. Inicializa registro
    CRC para todo bits se fill for true; caso contrário, zero.
        Int j;
        Uint okpolys[8] = {0x755B,0xA7D3,0x8005,0x1021,0x5935,0x90D9,0x5B93,0x2D17};
        Gerador de polimônios, ver tabela.
        poly = okpolys[jpoly & 7];
        for (j=0;j<256;j++) {
            icrctb[j]=icrc1(j << 8,0);          Tabela de CRCs de todos caracteres.
        }
        jcrc = (jfill | (jfill << 8));
    }
```

```
Uint crc(const string &bufptr) {
```
Inicializa registro CRC, calcula e retorna o CRC de 16 bits para o string bufptr.
```
    jcrc = (jfill | (jfill << 8));
    return concat(bufptr);
}

Uint concat(const string &bufptr) {
```
Sem reinicializar o registro CRC, calcula e retorna o CRC de 16 bits para o string bufptr. Na realidade, isso anexa bufptr a strings prévios desde o último call de crc e retorna o CRC total.
```
    Uint j,cword=jcrc,len=bufptr.size();
    for (j=0;j<len;j++) {          Loop sobre os caracteres no string.
        cword=icrctb[Uchar(bufptr[j]) ^ hibyte(cword)] ^ (lobyte(cword) << 8);
    }
    return jcrc = cword;
}

Uint icrc1(const Uint jcrc, const Uchar onech) {
```
Dado um resto até o momento, retorna o novo CRC depois que um caractere é adicionado. Usado por Icrc para inicializar sua tabela.
```
    Int i;
    Uint ans=(jcrc ^ onech << 8);
    for (i=0;i<8;i++) {                Aqui é onde 8 shifts de 1 bit são feitos, junto com alguns
        if (ans & 0x8000) ans = (ans <<= 1) ^ poly;   XORs com o gerador polino-
        else ans <<= 1;                                mial.
        ans &= 0xffff;
    }
    return ans;
}

inline Uchar lobyte(const unsigned short x) {
    return (Uchar)(x & 0xff); }
inline Uchar hibyte(const unsigned short x) {
    return (Uchar)((x >> 8) & 0xff); }
};
Uint Icrc::icrctb[256];
```

O que fazer se você precisar de mais que 16 bits de soma de verificação? Para um CRC de 32 bits de verdade, você terá que reescrever as rotinas apresentadas para que funcionem com um polinômio gerador maior. Por exemplo, $x^{32} + x^7 + x^5 + x^3 + x^2 + x + 1$ é primitivo módulo 2 e tem bits diferentes de zero, não dianteiros, apenas no seu byte menos significativo (o que leva a alguma simplificação). A ideia de consultar a tabela somente para o byte mais significativo do registro CRC continua funcionando sem necessidade de mudança.

Se você não se importa com a propriedade de $M$ bits consecutivos da soma de verificação, aí então é mais fácil simplesmente instanciar mais que uma cópia de Icrc, cada uma com um gerador diferente (primeiro argumento no construtor). Isto produz verificações estatísticas independentes.

## 22.4.1 Outros tipos de somas de verificação

Bem diferentes da CRC são as várias técnicas usadas para apensar um "dígito de verificação" decimal a números manuseados por seres humanos (ou seja, digitados em um computador). Dígitos de verificação precisam ser prova contra os tipos de erros altamente estruturados que humanos tendem a cometer, tal como transpor dígitos consecutivos. Wagner e Putter [6] fazem uma interessante introdução ao assunto, incluindo alguns algoritmos específicos.

Somas de verificação são hoje de uso amplo, havendo as razoáveis e as nem tanto. O ISBN de 10 dígitos (*International Standard Book Number*) que você encontra na maioria dos livros, incluindo este, usa a equação de verificação

$$10d_1 + 9d_2 + 8d_3 + \cdots + 2d_9 + d_{10} = 0 \quad (\text{mod } 11) \tag{22.4.2}$$

onde $d_{10}$ é o dígito de verificação do lado direito. O caractere "X" é usada para representar uma valor de dígito de verificação de 10. Outro esquema popular é a chamada "verificação IBM" (*IBM check*) geralmente usada em números de contas bancárias (incluindo, por exemplo, o MasterCard). Neste caso, a equação é

$$2\#d_1 + d_2 + 2\#d_3 + d_4 + \cdots = 0 \quad (\text{mod } 10) \tag{22.4.3}$$

ond 2#*d* significa "multiplique *d* por 2 e adicione os dígitos decimais resultantes". Bancos nos Estados Unidos codificam cheques com um número de processamento de nove dígitos cuja equação de verificação é

$$3a_1 + 7a_2 + a_3 + 3a_4 + 7a_5 + a_6 + 3a_7 + 7a_8 + a_9 = 0 \quad (\text{mod } 10) \tag{22.4.4}$$

O familiar *Universal Product Code* (UPC) de 12 dígitos é impresso tanto em representação decimal quanto em um código de barras sinônimo. Os dígitos são divididos em "categorias" de um dígito, 5 dígitos do produtor, cinco de identificação do produto, e um de soma de verificação. A equação é

$$3a_1 + a_2 + 3a_3 + a_4 + 3a_5 + \cdots + 3a_{11} + a_{12} = 0 \quad (\text{mod } 10) \tag{22.4.5}$$

O código de barras colocado em muitos envelopes dos correios americanos é decodificado removendo-se as barras marcadoras altas únicas nos finais do código e quebrando-se as barras remanescentes em seis ou dez grupos de cinco. Em cada grupo, as cinco barras (da esquerda para a direita) significam os valores 7, 4, 2, 1 e 0. Exatamente duas delas serão altas. Sua soma é o dígito representado, exceto que zero é representado por 7 + 4. O código postal ZIP* de cinco ou nove dígitos é seguido de um dígito de verificação cuja equação é

$$\sum d_i = 0 \quad (\text{mod } 10) \tag{22.4.6}$$

Nenhum destes esquemas está próximo de ser ótimo. Um esquema elegante, devido a Verhoeff, é descrito em [6]. A ideia subjacente é usar o grupo diédrico $D_5$ de dez elementos, que corresponde às simetrias do pentágono, ao invés de usar o grupo cíclico dos inteiros módulo 10. A equação de verificação é:

$$a_1 * f(a_2) * f^2(a_3) * \cdots * f^{n-1}(a_n) = 0 \tag{22.4.7}$$

onde $*$ é a multiplicação (não comutativa) no $D_5$ e $f^i$ denota a *i*-ésima iteração de uma certa permutação fixa. O método de Verhoeff encontra *todos* os erros de um bit em um string e *todas* as transposições adjacentes, achando também aproximadamente 95% dos erros pares ($aa \to bb$), transposições de salto ($acb \to bca$) e erros gêmeos de salto ($aca \to bcb$). Aqui está a implementação:

```
Bool decchk(string str, char &ch) {                                    decchk.h
    Cálculo ou verificação do dígito de verificação decimal. Retorna em ch um dígito de verificação para incluir
    a string[0..n-1] para armazenar em string [n]. Neste modo, ignora o valor booleano retornado. Se o
    string[0..n-1] já termina com um dígito de verificação (string[n-1]), retorna o valor de função true
```

---

*N. de T.: ZIP (*Zoning Improvement Plan*) é o equivalente americano ao CEP brasileiro.

se dígito de verificação for válido; caso contrário, false. Neste modo, ignora o valor retornado de ch. Note que string e ch contêm caracteres ASCII correspondentes aos dígitos 0 – 9, e *não* valores de bytes neste intervalo. Outros caracteres ASCII são permitidos em string e são ignorados ao se calcular o dígito de verificação.

```
    char c;
    Int j,k=0,m=0,n=str.length();
    static Int ip[10][8]={{0,1,5,8,9,4,2,7},{1,5,8,9,4,2,7,0},
        {2,7,0,1,5,8,9,4},{3,6,3,6,3,6,3,6},{4,2,7,0,1,5,8,9},
        {5,8,9,4,2,7,0,1},{6,3,6,3,6,3,6,3},{7,0,1,5,8,9,4,2},
        {8,9,4,2,7,0,1,5},{9,4,2,7,0,1,5,8}};
    static Int ij[10][10]={{0,1,2,3,4,5,6,7,8,9},{1,2,3,4,0,6,7,8,9,5},
        {2,3,4,0,1,7,8,9,5,6},{3,4,0,1,2,8,9,5,6,7},{4,0,1,2,3,9,5,6,7,8},
        {5,9,8,7,6,0,4,3,2,1},{6,5,9,8,7,1,0,4,3,2},{7,6,5,9,8,2,1,0,4,3},
        {8,7,6,5,9,3,2,1,0,4},{9,8,7,6,5,4,3,2,1,0}};
        Multiplicação de grupo e permutação de tabelas.
    for (j=0;j<n;j++) {              Procura caracteres sucessivos.
        c=str[j];
        if (c >= 48 && c <= 57)       Ignora tudo exceto dígitos.
            k=ij[k][ip[(c+2) % 10][7 & m++]];
    }
    for (j=0;j<10;j++)                Acha qual dígito apensado verificará apropriadamente.
        if (ij[k][ip[j][m & 7]] == 0) break;
    ch=char(j+48);                    Converte para ASCII.
    return k==0;
}
```

### REFERÊNCIAS CITADAS E LEITURA COMPLEMENTAR

Saadawi, T.N., and Ammar, M.H. 1994, *Fundamentals of Telecommunication Networks* (New York: Wiley).[1]

LeVan, J. 1987, "A Fast CRC," *Byte,* vol. 12, pp. 339–341 (November).[2]

Koopman, P., and Chakravarty, T. 2004, "Cyclic Redundancy Code (CRC) Polynomial Selection for Embedded Networks," in *International Conference on Dependable Systems and Networks (DSN-2004)* (IEEE Computer Society).[3]

Sarwate, D.V. 1988, "Computation of Cyclic Redundancy Checks via Table Look-Up," *Communications of the ACM,* vol. 31, pp. 1008–1013.[4]

Griffiths, G., and Stones, G.C. 1987, "The Tea-Leaf Reader Algorithm: An Efficient Implementation of CRC-16 and CRC-32," *Communications of the ACM,* vol. 30, pp. 617–620.[5]

Wagner, N.R., and Putter, P.S. 1989, "Error Detecting Decimal Digits" *Communications of the ACM,* vol. 32, pp. 106–110.[6]

## 22.5 Codificação de Huffman e compressão de dados

Um algoritmo de compressão de dados sem perda pega um string de símbolos (tipicamente caracteres ASCII ou bytes) e o traduz *reversivelmente* em outro string, um que seja, *em média,* de menor comprimento. As palavras "em média" são cruciais: é óbvio que nenhum algoritmo que seja reversível será capaz de encurtar todos os strings – simplesmente não há um número de strings curtos disponível para estar em correspondência unívoca com strings mais longas. Algoritmos de compressão só são possíveis quando, pelo lado da entrada, alguns strings ou alguns símbolos são mais comuns que outros. Estes podem ser codificados em um número menor de bits do que strings ou símbolos raros, dando assim um real ganho médio. Já quantificamos esta ideia com o conceito de *entropia* no §14.7.

Existem várias técnicas de compressão, bastante diferentes, que correspondem a diferentes maneiras de detectar e usar desvios da equiprobabilidade em strings de input. Nesta seção e na próxima, consideraremos somente *códigos de comprimento variável* com inputs de *palavra definida.* Nestes, o input é fatiado em unidades fixas, por exemplo, caracteres ASCII, enquanto os outputs correspondentes vêm em pedaços de tamanho variável. O mais simples destes métodos é a codificação de Huffman [1], discutida nesta seção. Outro exemplo, *compressão aritmética*, será discutido no §22.6.

No extremo oposto ao de códigos de palavra definida e comprimento variável se encontram os esquemas que dividem o *input* em unidades de comprimento variável (palavras ou frases de texto em inglês, por exemplo) e então os transmitem, geralmente com um código de saída de tamanho fixo. O código mais usado deste tipo geral é o código de Ziv-Lempel [2]. As referências [3-5] trazem uma amostra de outras técnicas de compressão com referências à literatura mais ampla.

A ideia por trás da codificação de Huffman é simplesmente usar padrões menores de bits para caracteres mais comuns. Suponhamos que o alfabeto de entrada tenha $N_{ch}$ caracteres, e que estes ocorrem no string de entrada com as respectivas probabilidades $p_i$, $i = 1, \ldots, N_{ch}$, de modo que $\sum p_i = 1$. Como vimos no §14.7, strings que consistem de sequências aleatórias independentes destes caracteres (uma hipótese conservadora mas nem sempre realista) requerem, em média, pelo menos

$$H = -\sum p_i \log_2 p_i \quad (22.5.1)$$

bits por caractere, onde $H$ é a entropia da distribuição de probabilidade. Além do mais, existem esquemas de codificação que aproximam-se arbitrariamente perto do limite. Para o caso de caracteres equiprováveis, com todos os $p_i = 1/N_{ch}$, é fácil ver que $H = \log_2 N_{ch}$, o que corresponde ao caso de nenhuma compressão. Qualquer outro conjunto de $p_i$'s dá uma entropia menor, permitindo que se consiga uma compressão útil.

Observe que o limite de (22.5.1) seria atingido se pudéssemos codificar o caractere $i$ com um código de comprimento $L_i = -\log_2 p_i$ *bits*: a equação (22.5.1) seria então a média $\sum p_i L_i$. O problema com um esquema deste tipo é que $-\log_2 p_i$ não é geralmente um número inteiro. Como podemos codificar a letra "Q" em 5,32 bits? Para isto a codificação de Huffman tenta algo diferente, ao efetivamente aproximar todas as probabilidades $p_i$ por potências inteiras de 1/2, de modo que todos os $L_i$'s sejam assim inteiros. Se todos os $p_i$'s tiverem de fato esta forma, um código de Huffmann realmente atinge o limite de entropia $H$.

A construção de tal código é melhor ilustrada com um exemplo. Imagine uma linguagem, vogalês com o alfabeto A, E, I, O, U de $N_{ch} = 5$ caracteres, que ocorrem com as respectivas probabilidades de 0,12, 0,42, 0,09, 0,30 e 0,07. Então, a construção de um código de Huffman para o vogalês é feita na tabela da próxima página.

Aqui está como ela funciona, procedendo em sequência por $N_{ch}$ estágios, representados pelas colunas da tabela. O primeiro começa com $N_{ch}$ nós, um para cada letra do alfabeto, que contêm as respectivas frequências relativas. Em cada estágio, as duas menores probabilidades são encontradas, somadas para fazer um novo nó e então tiradas da lista de nós ativos (um "bloco" corresponde a um estágio onde um nó é descartado). Todos os nós ativos (incluindo o novo composto) são então carregados para o próximo estágio (coluna). Na tabela, os nomes dados aos novos modos (por exemplo, AUI) são irrelevantes. No exemplo mostrado, acontece que (depois do estágio 1) os dois menores nós são sempre um nó original e um composto; isto não precisa ser verdadeiro em geral: as duas menores probabilidades podem ser ambas nós originais ou ambas compostas, ou uma de cada. No último estágio, todos os nós terão sido coletados em um grande composto de probabilidade 1.

Agora, para ver o código, você redesenha os dados da tabela na forma de uma árvore (Figura 22.5.1). Como a figura ilustra, cada nó da árvore corresponde a um nó (linha) na tabela, indicado pelo inteiro à sua esquerda e o valor de probabilidade à sua direita. Os assim chamados nós terminais são mostrados como círculos; eles são caracteres alfabéticos únicos. Os ramos da árvores são

| Nó | Estágio | 1 | 2 | 3 | 4 | 5 |
|---|---|---|---|---|---|---|
| 1 | A: | 0,12 | 0,12 ■ | | | |
| 2 | E: | 0,42 | 0,42 | 0,42 | 0,42 ■ | |
| 3 | I: | 0,09 ■ | | | | |
| 4 | O: | 0,30 | 0,30 | 0,30 ■ | | |
| 5 | U: | 0,07 ■ | | | | |
| 6 | | UI: | 0,16 ■ | | | |
| 7 | | | AUI: | 0,28 ■ | | |
| 8 | | | | AUIO: | 0,58 ■ | |
| 9 | | | | | EAUIO: | 1,00 |

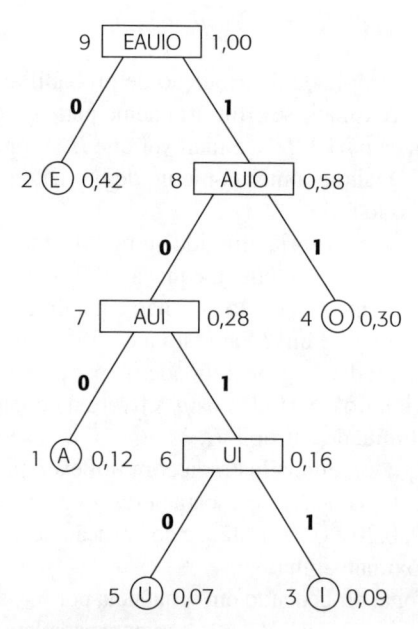

**Figura 22.5.1** Código de Huffmann para a linguagem fictícia vogalês, em forma de árvore. Uma letra (A, E, I, O ou U) é codificada e descodificada atravessando-se a árvore a partir do topo para baixo; o código é a sequência de 0's e 1's nos ramos. O valor à direita de cada nó é a probabilidade. Do lado esquerdo temos o número do nó na tabela.

marcados com 0 ou 1. O código para um caractere é a sequência de zeros e uns que levam até ele, de cima para baixo. Por exemplo, E é simplesmente 0, enquanto U é 1010.

Qualquer string de zeros e uns pode ser agora decodificado em uma sequência alfabética. Considere por exemplo o string 1011111010. Começando pelo topo da árvore, descemos por 1011 até I, o primeiro caracter. Uma vez que chegamos a um nó terminal, fazemos um reset voltando ao topo da árvore, descendo em seguida por 11 até O. Finalmente, 1010 dá U. O string é então decodificado como sendo IOU*.

---

*N. de T.: Os autores aqui provavelmente optaram pelo string IOU pois este é idêntico, em pronúncia, à frase "*I owe you*", ou seja, "eu te devo". Em inglês, uma IOU é uma nota promissória.

Estas ideias estão incorporados no objeto `Huffcode` a seguir. O construtor permite que você especifique $N_{ch}$, bem como uma tabela de comprimento $N_{ch}$ de frequência-de-ocorrência com valores inteiros, dizendo quão frequentemente cada caractere aparece em um grande corpo de texto. Estes inteiros são, obviamente, proporcionais aos $p_i$'s. A razão para usar inteiros é que deste modo quaisquer dois computadores produzirão exatamente o mesmo código para os mesmos dados de entrada. Isto pode não ser verdade se usarmos valores de ponto-flutuante. O construtor utiliza uma estrutura de pilha (vide §8.3) por motivo de eficiência. Para uma descrição mais detalhada, consulte Sedgewick [6].

Uma vez que você tenha criado uma instância de `Huffcode`, você codifica uma mensagem chamando `codeone` para cada caractere de mensagem a seu turno. Isto faz com que bits sejam escritos em um array de bytes `code` que você fornece como argumento. Não há estado salvo dependente de mensagem, de modo que você pode interlaçar diferentes mensagens caso haja algum motivo para fazer isso.

Decodificar uma mensagem codificada por Huffman é levemente mais complicado. A árvore de codificação deve ser atravessada de cima para baixo, usando um número variável de bits. Isto é feito pelo método `decodeone`.

Não existe um marcador do tipo "fim da mensagem" (EOM, *end of message*) em códigos de Huffman – a menos que você forneça um. Chamadas sucessivas do `decodeone` ficarão alegremente decodificando bits em caracteres até que seu hardware ache uma leitura ilegal de memória! Isto porque cada caminho da árvore (conforme Figura 22.5.1) termina em um caractere válido. Na prática, aumenta-se $N_{ch}$ em 1 e dá-se ao caractere extra uma frequência de ocorrência igual a 1 (versus valores muito grandes para outros caracteres). O novo caractere se torna o marcador EOM. Similarmente, pode-se adicionar outro caracter extra para outras sinalizações "fora-da-fita". Se estes ocorrerem raramente, o excesso na mensagem é desprezível.

huffcode.h

```
struct Huffcode {
Objeto para codificação e decodificação de Huffman.
    Int nch,nodemax,mq;
    Int ilong,nlong;
    VecInt ncod,left,right;
    VecUint icod;
    Uint setbit[32];

    Huffcode(const Int nnch, VecInt_I &nfreq)
    : nch(nnch), mq(2*nch-1), icod(mq), ncod(mq), left(mq), right(mq) {
    Construtor. Dada a tabela de frequência de ocorrência nfreq[0..nnch-1] para nnhc caracteres, constrói o código de Huffman. Também fixa ilong e nlong como o número do caractere que produzir o mais longo símbolo de código, e o comprimento deste símbolo.
        Int ibit,j,node,k,n,nused;
        VecInt index(mq), nprob(mq), up(mq);
        for (j=0;j<32;j++) setbit[j] = 1 << j;
        for (nused=0,j=0;j<nch;j++) {
            nprob[j]=nfreq[j];
            icod[j]=ncod[j]=0;
            if (nfreq[j] != 0) index[nused++]=j;
        }
        for (j=nused-1;j>=0;j--)         Ordena nprob em um estrutura de pilha em index.
            heep(index,nprob,nused,j);
        k=nch;
        while (nused > 1) {               Combina nós de pilha, refazendo a pilha a cada está-
            node=index[0];                gio.
            index[0]=index[(nused--)-1];
            heep(index,nprob,nused,0);
            nprob[k]=nprob[index[0]]+nprob[node];
```

```
            left[k]=node;                         Armazena filhas à esquerda e à direita de um nó.
            right[k++]=index[0];
            up[index[0]] = -Int(k);              Indica se um nó é filha esquerda ou direita de seu pai.
            index[0]=k-1;
            up[node]=k;
            heep(index,nprob,nused,0);
        }
        up[(nodemax=k)-1]=0;
        for (j=0;j<nch;j++) {                    Faz o código de Huffman a partir da árvore.
            if (nprob[j] != 0) {
                for (n=0,ibit=0,node=up[j];node;node=up[node-1],ibit++) {
                    if (node < 0) {
                        n |= setbit[ibit];
                        node = -node;
                    }
                }
                icod[j]=n;
                ncod[j]=ibit;
            }
        }
        nlong=0;
        for (j=0;j<nch;j++) {
            if (ncod[j] > nlong) {
                nlong=ncod[j];
                ilong=j;
            }
        }
        if (nlong > numeric_limits<Uint>::digits)
            throw("Code too long in Huffcode. See text.");
    }

    void codeone(const Int ich, char *code, Int &nb) {
```
Codifica via Huffman um único caractere ich (no intervalo 0..nch-1), escreve o resultado no array de bytes code começando pelo bit nb (cujo menor valor válido é zero) e incrementando nb ao primeiro bit não usado. Esta rotina é chamada repetidamente para codificar caracteres consecutivos em uma mensagem. O usuário é responsável por monitorar para que o valor de nb não passe o comprimento de code.
```
        Int m,n,nc;
        if (ich >= nch) throw("bad ich (out of range) in Huffcode");
        if (ncod[ich]==0) throw("bad ich (zero prob) in Huffcode");
        for (n=ncod[ich]-1;n >= 0;n--,++nb) {    Loop sobre os bits armazenados no código
            nc=nb >> 3;                          Huffman para ich.
            m=nb & 7;
            if (m == 0) code[nc]=0;              Fixa bits apropriados em code.
            if ((icod[ich] & setbit[n]) != 0) code[nc] |= setbit[m];
        }
    }

    Int decodeone(char *code, Int &nb) {
```
Começando pelo número de bit nb e array de bytes code, decodifica um único caractere (devolvido como ich no intervalo 0..nch-1) e incrementa nb apropriadamente. Chamadas repetidas, começando por nb = 0, retornarão caracteres sucessivos em uma mensagem comprimida. O usuário é responsável por detectar a EOM a partir do conteúdo da mensagem.
```
        Int nc;
        Int node=nodemax-1;
        for (;;) {                               Ajusta nó para o topo da árvore de decodificação e faz
            nc=nb >> 3;                          loop até caractere válido ser obtido.
            node=((code[nc] & setbit[7 & nb++]) != 0 ?
                right[node] : left[node]);
                  Ramo esquerdo ou direito na árvore, dependendo de seu valor.
            if (node < nch) return node;         Se atingirmos um nó terminal, temos um caractere com-
        }                                        pleto e podemos dar um return.
    }
```

```
    void heep(VecInt_IO &index, VecInt_IO &nprob, const Int n, const Int m) {
    Usado pelo construtor para manter estrutura de pilha no array index[0..m-1].
        Int i=m,j,k;
        k=index[i];
        while (i < (n >> 1)) {
            if ((j = 2*i+1) < n-1
                && nprob[index[j]] > nprob[index[j+1]]) j++;
            if (nprob[k] <= nprob[index[j]]) break;
            index[i]=index[j];
            i=j;
        }
        index[i]=k;
    }
};
```

Huffcode requer que o código mais longo para um único caractere caiba dentro do tamanho de inteiro de sua máquina (tipicamente 32 bits) e lhe dirá se isto for violado. Se isto acontecer, você terá que aumentar o valor da frequência-de-ocorrência dos caracteres mais raros. Isto praticamente não afetará sua compressão.

É uma característica e não um *bug* da Huffcode que ela permita-lhe especificar alguns caracteres como tendo frequência zero de ocorrência, omitindo-os então completamente do código. Isto pode ser muito útil quando, por exemplo, você queira comprimir um arquivo que consiste apenas de caracteres ASCII 0 − 9, +, - e ".", como, por exemplo, pode ocorrer num arquivo de valores numéricos. Mas então não tente codificar um dos caracteres omitidos!

### 22.5.1 Codificação de run-length

Para a compressão de streams de bits altamente correlacionados (por exemplo, os valores pretos e brancos ao longo das linhas escaneadas de um fac-símile), a compressão de Huffman é frequentemente combinada com *codificação de run-length*: ao invés de enviar cada bit, o stream de entrada é convertido em uma série de inteiros que indicam quantos bits consecutivos têm o mesmo valor. Estes inteiros são então comprimidos por Huffman. O padrão Group 3 CCITT de fac-símile funciona deste modo, com um código de Huffmann fixo, imutável e otimizado para um conjunto de oito documentos padrão [7].

#### REFERÊNCIAS CITADAS E LEITURA COMPLEMENTAR

Hamming, R.W. 1980, *Coding and Information Theory* (Englewood Cliffs, NJ: Prentice-Hall).
Huffman, D.A. 1952, "A Method for the Construction of Minimum-Redundancy Codes," *Proceedings of the Institute of Radio Engineers,* vol. 40, pp. 1098–1101.[1]
Ziv, J., and Lempel, A. 1978, "Compression of Individual Sequences via Variable-Rate Coding," *IEEE Transactions on Information Theory,* vol. IT-24, pp. 530–536.[2]
Sayood, K. 2005, *Introduction to Data Compression,* 3rd ed. (San Francisco: Morgan Kaufmann).[3]
Salomon, D. 2004, *Data Compression: The Complete Reference,* 3rd ed. (New York: Springer).[4]
Wayner, P. 1999, *Compression Algorithms for Real Programmers* (San Francisco: Morgan Kaufmann).[5]
Sedgewick, R. 1998, *Algorithms in C,* 3rd ed. (Reading, MA: Addison-Wesley), Chapter 22.[6]
Hunter, R., and Robinson, A.H. 1980, "International Digital Facsimile Coding Standard," *Proceedings of the IEEE,* vol. 68, pp. 854–867.[7]

## 22.6 Codificação aritmética

Vimos na seção anterior, bem como no §14.7, que um esquema de codificação perfeito seria usar $L_i = -\log_2 p_i$ bits para codificar o caractere $i$ (no intervalor $1 \leq i \leq N_{ch}$), quando $p_i$ for sua probabilidade de ocorrência e os caracteres ocorrem aleatoriamente de maneira independente. O método de Huffman fornece uma maneira de arredondar os $L_i$'s para valores inteiros próximos e construir um código com estes comprimentos. A *codificação aritmética* [1] que agora discutiremos na verdade consegue codificar caracteres usando um número não inteiro de bits! Ela também nos proporciona uma maneira conveniente de criar uma saída de dados não na forma de um stream de bits, mas como um stream de símbolos em qualquer raiz desejada. Esta última propriedade é particularmente útil se quisermos, por exemplo, converter dados de bytes (raiz 256) para caracteres ASCII que possam ser impressos (raiz 94), ou para sequências alfanuméricas independentes do caso particular que contenham somente A-Z e 0-9 (raiz 36).

Em codificação aritmética, uma mensagem de entrada de qualquer comprimento é representada com um número real $R$ no intervalo $0 \leq R < 1$. Quanto maior a mensagem, maior é a precisão requerida de $R$. Isto pode ser melhor ilustrado por meio de um exemplo. Retornemos assim à linguage fictícia vogalês da seção anterior. Lembre-se que esta língua tem um alfabeto de cinco caracteres (A, E, I, O, U), com probabilidades de ocorrência 0,12, 0,42, 0,09, 0,30 e 0,07, respectivamente. A Figura 22.6.1 mostra como a mensagem começando por "IOU" é codificada: o intervalo [0, 1) é dividido em segmentos que correspondem aos 5 caracteres alfabéticos; o comprimento de um segmento é a $p_i$ correspondente. Podemos ver que o primeiro caractere da mensagem, "I", limita o intervalo de $R$ entre $0,37 \leq R < 0,46$. Este intervalo é agora subdividido em cinco subintervalos, novamente de comprimentos proporcionais aos $p_i$'s. O segundo caractere da mensagem, "O", limita o intervalo de $R$ em $0,3763 \leq R < 0,4033$. O "U" limita ainda mais para o intervalo $0,37630 \leq R < 0,37819$. Qualquer valor de $R$ neste intervalo pode ser mandado como codificação de "IOU". Em particular, uma fração binária ,011000001 está dentro deste intervalo, de modo que então "IOU" pode ser mandado em 9 bits (a codificação de Huffman precisou de 10 bits para este exemplo; vide §22.5).

Claro que existe o problema de saber quando parar a codificação. A fração ,011000001 representa não apenas "IOU" mas "IOU...", onde os três pontos representam um string infinito de caracteres sucessores. Tivemos um problema semelhante no método de Huffman, mas lá nós ao menos parávamos quando saíamos do extremo final do buffer de input. Aqui, o número real ,011000001 na verdade não representa uma mensagem infinita! A codificação aritmética portanto *sempre* deve assumir a existência de um caractere especial $N_{ch}$ + primeiro, o EOM (*end of message*), que ocorre uma única vez ao final do input. Uma vez que EOM tem uma baixa probabilidade de ocorrência, alocamos a ele somente um pedaço ínfimo na linha de números.

No exemplo acima, demos $R$ como fração binária. Poderíamos muito bem tê-lo dado como saída em qualquer outra raiz, por exemplo, base 94 ou base 36, a que for mais conveniente para a armazenagem antecipada ou canal de comunicação.

Você deve estar se perguntando como é que se lida com a precisão aparentemente incrível que é necessária para $R$ em uma mensagem longa. A resposta é que $R$ nunca é representado inteiro e de uma única vez. Em qualquer estágio temos limites inferiores e superiores para $R$ representados com um número finito de dígitos na raiz de saída. Quando os dígitos dos limites superior e inferior se tornam idênticos, podemos movê-los à esquerda para fora e pôr no lugar novos dígitos na ponta final de significância baixa. O objeto a seguir tem um parâmetro NWK para o número de dígitos de trabalho que devem ser mantidos. Ele dever ser grande o suficiente para tornar as chances de um degenerescência acidental desprezivelmente pequena (o objeto sinaliza caso uma degenerescência venha a ocorrer). Uma vez que o processo de descarte de dígitos velhos e de trazer

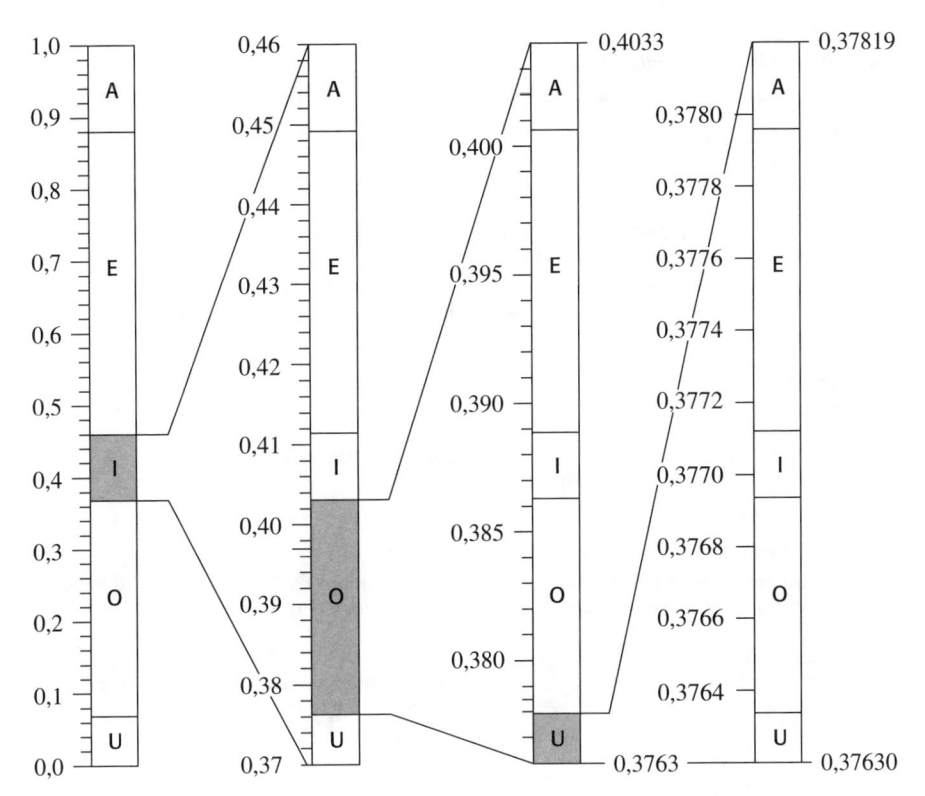

**Figura 22.6.1** Codificação aritmética da mensagem "IOU..." na linguagem fictícia vogalês. Caracteres sucessivos produzem subdivisões sucessivas mais finas do intervalo inicial entre 0 e 1. O valor final pode ser escrito na saída como dígitos de uma fração em qualquer raiz desejada. Observe como o subintervalo alocado a um caractere é proporcional à sua probabilidade de ocorrência.

novos dígitos para o processo é feito de maneira idêntica durante a codificação e decodificação, tudo permanece sincronizado.

No objeto `Arithcode` apresentado adiante, o construtor possui argumentos para especificar o número de caracteres e uma tabela de frequência-de-ocorrência com inteiros (como em `Huffcode`), mais um argumento que permite a você especificar uma raiz de saída para o código. Uma vez que há um estado que é salvo entre a codificação de caracteres sucessivos (os limites superior e inferior para $R$, por exemplo), você deve chamar `messageinit` antes da codificação ou decodificação do primeiro caractere de uma nova mensagem, e não entrelaçar a codificação de diferentes mensagens em uma única aplicação de `Arithcode`. Se você quiser fazer isso, crie mais de uma instância.

Chamadas sucessivas de `codeone` para cada caractere de entrada codifica a mensagem. Uma chamada final com o caractere `nch` (isto é, uma maior que o conjunto de caracteres por você especificado) adiciona o marcador EOM e é mandatório. Depois da chamada final, `lcd` será fixado no número de bytes na mensagem codificada (isto é, apontará para a primeira posição não usada em `code`). Similarmente, a rotina `decodeone` retorna por sua vez caracteres sucessivos da mensagem decodificada, com `nch` retornado com indicação do EOM.

Diferentemente do objeto `Huffcode`, `Arithcode` não tem um comando para omitir do código caracteres de mensagem específicos. Portanto, ele também recusa-se a acreditar em valores iguais a zero na tabela `nfreq`; um 0 é tratado como se fosse um 1. Se você gosta de viver perigosamente, usando um código levemente mais eficiente, você pode alterar isto no construtor.

arithcode.h

```cpp
struct Arithcode {
    Objeto para codificação aritmética.
    Int nch,nrad,ncum;
    Uint jdif,nc,minint;
    VecUint ilob,iupb;
    VecInt ncumfq;
    static const Int NWK=20;                Número de dígitos de trabalho.

    Arithcode(VecInt_I &nfreq, const Int nnch, const Int nnrad)
    : nch(nnch), nrad(nnrad), ilob(NWK), iupb(NWK), ncumfq(nch+2) {
    Construtor. Dada a tabela com frequência de ocorrência nfreq[0..ncnch-1] para nnch caracteres,
    constrói o código de Huffman cuja saída é a raiz nnrad (que deve ser ≤ 256).

        Int j;
        if (nrad > 256) throw("output radix must be <= 256 in Arithcode");
        minint=numeric_limits<Uint>::max()/nrad;
        ncumfq[0]=0;
        for (j=1;j<=nch;j++) ncumfq[j]=ncumfq[j-1]+MAX(nfreq[j-1],1);
        ncum=ncumfq[nch+1]=ncumfq[nch]+1;
    }

    void messageinit() {
    Limpa estado que foi salvo para uma nova mensagem (tanto codificação quanto decodificação). Isto
    é mandatório antes de se codificar ou decodificar o primeiro caractere.
        Int j;
        jdif=nrad-1;
        for (j=NWK-1;j>=0;j--) {        Inicializa número suficiente de dígitos dos limites su-
            iupb[j]=nrad-1;             perior e inferior.
            ilob[j]=0;
            nc=j;
            if (jdif > minint) return;  Inicialização completa.
            jdif=(jdif+1)*nrad-1;
        }
        throw("NWK too small in arcode.");
    }

    void codeone(const Int ich, char *code, Int &lcd) {
    Codifica um único caractere ich no intervalo 0..nch-1 no array de bytes code, começando pela po-
    sição code[lcd] e (se necessário) incrementando lcd para que, no return, ele aponte para o primeiro
    byte não utilizado no código. Uma chamada final com ich=nch codifica o "fim da mensagem" EOM.
    Valores de bytes escritos no código estarão no intervalo 0..nrad − 1.
        if (ich > nch) throw("bad ich in Arithcode");    Verifica validade de caractere de
        advance(ich,code,lcd,1);                         input.
    }

    Int decodeone(char *code, Int &lcd) {
    Decodifica e retorna um único caractere da mensagem, usando código que começa na posição
    code[lcd], e (se necessário) incrementa lcd de modo apropriado. Chamadas sucessivas retornam
    caracteres sucessivos da mensagem. O valor retornado de nch indica fim da mensagem (chamadas
    subsequentes retornarão lixo).
        Int ich;
        Uint j,ihi,ja,m;
        ja=(Uchar) code[lcd]-ilob[nc];
        for (j=nc+1;j<NWK;j++) {
            ja *= nrad;
            ja += Uchar(code[lcd+j-nc])-ilob[j];
        }
        ihi=nch+1;
        ich=0;
        while (ihi-ich > 1) {        Se decodificando, localiza o caractere ich por bissecção.
```

```
            m=(ich+ihi)>>1;
            if (ja >= multdiv(jdif,ncumfq[m],ncum)) ich=m;
            else ihi=m;
        }
        if (ich != nch) advance(ich,code,lcd,-1);
        return ich;
    }

    void advance(const Int ich, char *code, Int &lcd, const Int isign) {
    Usado internamente. Operações comuns a codificação e decodificação. Converte caractere ich para
    um novo subintervalo [ilob,iupb].
        Uint j,k,jh,jl;
        jh=multdiv(jdif,ncumfq[ich+1],ncum);
        jl=multdiv(jdif,ncumfq[ich],ncum);
        jdif=jh-jl;
        arrsum(ilob,iupb,jh,NWK,nrad,nc);
        arrsum(ilob,ilob,jl,NWK,nrad,nc);
        for (j=nc;j<NWK;j++) {                  Quantos leading digits para saída (se codificando)
            if (ich != nch && iupb[j] != ilob[j]) break;    ou pula?
            if (isign > 0) code[lcd] = ilob[j];
            lcd++;
        }
        if (j+1 > NWK) return;                  Acabou a mensagem. Alguém se esqueceu de codifi-
        nc=j;                                   car um ncd terminal?
        for(j=0;jdif<minint;j++)                Quantos dígitos deslocar?
            jdif *= nrad;
        if (j > nc) throw("NWK too small in arcode.");
        if (j != 0) {                           Desloque-os.
            for (k=nc;k<NWK;k++) {
                iupb[k-j]=iupb[k];
                ilob[k-j]=ilob[k];
            }
        }
        nc -= j;
        for (k=NWK-j;k<NWK;k++) iupb[k]=ilob[k]=0;
        return;                                 Return normal.
    }

    inline Uint multdiv(const Uint j, const Uint k, const Uint m) {
    Calcula (k*j)/m evitando overflow com uso de inteiros de double-length.
        return Uint((Ullong(j)*Ullong(k)/Ullong(m)));
    }

    void arrsum(VecUint_I &iin, VecUint_O &iout, Uint ja,
    const Int nwk, const Uint nrad, const Uint nc) {
    Adiciona o inteiro ja ao inteiro de múltipla precisão iin[nc..nwk-1] da raiz nrad. Devolve o resul-
    tado em iout[nc..nwk-1].
        Uint karry=0,j,jtmp;
        for (j=nwk-1;j>nc;j--) {
            jtmp=ja;
            ja /= nrad;
            iout[j]=iin[j]+(jtmp-ja*nrad)+karry;
            if (iout[j] >= nrad) {
                iout[j] -= nrad;
                karry=1;
            } else karry=0;
        }
        iout[nc]=iin[nc]+ja+karry;
    }
};
```

Algumas notas adicionais: quando, digamos, um intervalo de tamanho `jdif` tiver que ser particionado em algum `ntot` nas proporções de algum n, precisamos então calcular `(n*jdif)/ntot`. Com aritmética inteira usual, o numerador provavelmente terá um overflow; e, infelizmente, uma expressão do tipo `jdif/(ntot/n)` não é equivalente. Precisamos portanto usar inteiros de double-length, `Ullong`, usualmente 64 bits, apenas para esta operação.

A variável `minint`, ajustada internamente, que é igual ao número mínimo permitido de passos discretos entre os limites superior e inferior, determina quando novos dígitos de baixa significância são adicionados. `minint` deve ser grande o suficiente para ter resolução de todos os caracteres de entrada. Isto é, precisamos ter $p_i \times$ `minint` $> 1$ para todo $i$. Um valor de $100N_{ch}$, ou $1,1/\min p_i$, o que for maior, é geralmente adequado. Contudo, por segurança, a rotina torna `minint` tão grande quanto possível, com o produto `minint*nradd` pouco menor que o overflow. Isto acaba resultando em uma certa ineficiência no tempo e no fato de que alguns caracteres desnecessários são produzidos na saída, ao final da mensagem. Você pode diminuir `minint` se gosta de viver no limite.

Se a mudança da raiz e não a compressão é seu objetivo primário (por exemplo, converter um arquivo arbitrário em caracteres que possam ser impressos), então você obviamente tem a liberdade de fixar todas as componentes de `nfreq` iguais a, digamos, 1.

Ao passo que a raiz de saída é limitada a 256 (de modo que os valores caibam em um byte), o alfabeto de entrada $N_{ch}$ = `nch` pode ser menor, igual ou maior que 256.

**REFERÊNCIAS CITADAS E LEITURA COMPLEMENTAR**

Sayood, K. 2005, *Introduction to Data Compression*, 3rd ed. (San Francisco: Morgan Kaufmann).
Salomon, D. 2004, *Data Compression: The Complete Reference*, 3rd ed. (New York: Springer).
Wayner, P. 1999, *Compression Algorithms for Real Programmers* (San Francisco: Morgan Kaufmann).
Witten, I.H., Neal, R.M., and Cleary, J.G. 1987, "Arithmetic Coding for Data Compression," *Communications of the ACM,* vol. 30, pp. 520–540.[1]

## 22.7 Aritmética em precisão arbitrária

Vamos calcular o número $\pi$ com umas duas mil casas decimais. Ao fazer isto, aprenderemos alguns fatos acerca de aritmética de precisão múltipla em computadores e encontraremos um uso um tanto pouco usual da transformada rápida de Fourier (FFT). Desenvolveremos também um conjunto de rotinas que você poderá usar para outros cálculos em qualquer nível desejado de precisão aritmética.

Para começar, precisamos de um algoritmo analítico para $\pi$. Algoritmos úteis são quadraticamente convergentes, isto é, dobram o número de dígitos significativos a cada iteração. Os algoritmos quadraticamente convergentes para o cálculo de $\pi$ são baseados no método AGM (*arithmetic geometric mean*, *média geométrica aritmética*), que também tem aplicação no cálculo de integrais elípticas (conforme §6.12) e na implementação avançada do método ADI para equações diferenciais parciais elípticas (§20.5). Borwein e Borwein [1] tratam deste assunto, que está além do nosso escopo. Um dos algoritmos para $\pi$ começa com as inicializações

$$\begin{aligned} X_0 &= \sqrt{2} \\ \pi_0 &= 2 + \sqrt{2} \\ Y_0 &= \sqrt[4]{2} \end{aligned} \quad (22.7.1)$$

e então, para $i = 0, 1,...$, repete a iteração

$$X_{i+1} = \frac{1}{2}\left(\sqrt{X_i} + \frac{1}{\sqrt{X_i}}\right)$$

$$\pi_{i+1} = \pi_i \left(\frac{X_{i+1} + 1}{Y_i + 1}\right) \quad (22.7.2)$$

$$Y_{i+1} = \frac{Y_i\sqrt{X_{i+1}} + \frac{1}{\sqrt{X_{i+1}}}}{Y_i + 1}$$

O valor de $\pi$ surge como o limite $\pi_\infty$.

Agora a questão sobre como fazer aritmética a precisão arbitrária: em uma linguagem de alto nível como C++, uma escolha natural é escolher a raiz (base) 256, de modo que arrays de caracteres possam ser diretamente interpretados como strings de dígitos. Bem no final de nosso cálculo, vamos querer converter nossa resposta para a raiz 10, mas isto é essencialmente um enfeite para o benefício dos ouvidos humanos, acostumados à familiar ladainha "três vírgula quatorze quinze nove...". Para qualquer cálculo que não seja tão frívolo, provavelmente nunca abandonaríamos a base 256 (ou as desta trivialmente atingíveis bases hexadecimal, octal ou binária).

Adotaremos a convenção de armazenar string de dígitos em um ordenamento "humano", ou seja, com o primeiro dígito armazenado em um array como sendo o mais significativo e o último armazenado, o menos. A convenção oposta seria também possível, obviamente. "Restos a serem levados", onde precisamos particionar um número maior que 255 em um byte de ordem mais baixa e um byte a ser carregado a uma ordem mais alta, representa uma chateação menor de programação e é resolvida, nas rotinas abaixo, pelo uso das funções lobyte e hibyte. Nossa convenção usual será a de assumir que os strings de dígitos representam números em ponto-flutuante com o ponto da raiz caindo depois do primeiro dígito. Quando uma operação resulta em um número que requer mais dígitos em frente do ponto decimal, é da responsabilidade do usuário deslocar os dígitos para a direita e traçar quaisquer fatores que excedam 256 que este procedimento possa acarretar.

É fácil nesta altura do campeonato, segundo Knuth [2], escrever uma rotina para as operações aritméticas "rápidas": adição curta (adicionar um único byte a um string), adição, subtração, multiplicação curta (multiplicar um string por um único byte), divisão curta, negação de ones-complement, e um par de operações de utilidade, copiar e mover strings para a esquerda. Estas operações são implementadas no objeto MParith, abaixo. As rotinas adicionais que são declaradas, mas não definidas, são discutidas abaixo.

```
struct MParith {                                                mparith.h
```
Operações aritméticas de precisão múltipla feitas sobre strings de caracteres, interpretadas como números na base 256 com o ponto da raiz após o primeiro dígito. Implementações para as operações mais simples são listadas abaixo.

```
    void mpadd(VecUchar_O &w, VecUchar_I &u, VecUchar_I &v) {
```
Adiciona números u e v sem sinal na base 256, produzindo o resultado sem sinal w. Para atingir a acurácia máxima disponível, o array w deve ser mais longo, por um elemento, que o mais curto dos dois arrays u e v.

```
        Int j,n=u.size(),m=v.size(),p=w.size();
        Int n_min=MIN(n,m),p_min=MIN(n_min,p-1);
        Uint ireg=0;
        for (j=p_min-1;j>=0;j--) {
            ireg=u[j]+v[j]+hibyte(ireg);
            w[j+1]=lobyte(ireg);
        }
        w[0]=hibyte(ireg);
        if (p > p_min+1)
```

```
        for (j=p_min+1;j<p;j++) w[j]=0;
}

void mpsub(Int &is, VecUchar_O &w, VecUchar_I &u, VecUchar_I &v) {
```
Subtrai o número v de u sem sinal na base 256, produzindo o resultado sem sinal w. Se resultado for negativo (*wraps around*), is é devolvido como −1; caso contrário, como 0. Para atingir a acurácia máxima disponível, o array w deve ser tão longo quanto o mais curto dos dois arrays u e v.
```
        Int j,n=u.size(),m=v.size(),p=w.size();
        Int n_min=MIN(n,m),p_min=MIN(n_min,p-1);
        Uint ireg=256;
        for (j=p_min-1;j>=0;j--) {
            ireg=255+u[j]-v[j]+hibyte(ireg);
            w[j]=lobyte(ireg);
        }
        is=hibyte(ireg)-1;
        if (p > p_min)
            for (j=p_min;j<p;j++) w[j]=0;
}

void mpsad(VecUchar_O &w, VecUchar_I &u, const Int iv) {
```
Adição curta: o inteiro iv (no intervalo $0 \leq iv \leq 255$) é adicionado à posição de raiz menos significativa do número u sem sinal na base 256, produzindo o resultado sem sinal w. Para garantir que o resultado não requeira dois dígitos antes do ponto da raiz, pode-se primeiro fazer um right-shift no operando u de tal modo que o primeiro dígito seja 0, e seguir os múltiplos de 256 separadamente.
```
        Int j,n=u.size(),p=w.size();
        Uint ireg=256*iv;
        for (j=n-1;j>=0;j--) {
            ireg=u[j]+hibyte(ireg);
            if (j+1 < p) w[j+1]=lobyte(ireg);
        }
        w[0]=hibyte(ireg);
        for (j=n+1;j<p;j++) w[j]=0;
}

void mpsmu(VecUchar_O &w, VecUchar_I &u, const Int iv) {
```
Multiplicação curta: o número u sem sinal na base 256 é multiplicado pelo inteiro iv (no intervalo $0 \leq iv \leq 255$), produzindo resultado w. Para garantir que o resultado não requeira dois dígitos antes do ponto da raiz, pode-se primeiro fazer um right-shift no operando u de tal modo que o primeiro dígito seja 0, e seguir os múltiplos de 256 separadamente.
```
        Int j,n=u.size(),p=w.size();
        Uint ireg=0;
        for (j=n-1;j>=0;j--) {
            ireg=u[j]*iv+hibyte(ireg);
            if (j < p-1) w[j+1]=lobyte(ireg);
        }
        w[0]=hibyte(ireg);
        for (j=n+1;j<p;j++) w[j]=0;
}

void mpsdv(VecUchar_O &w, VecUchar_I &u, const Int iv, Int &ir) {
```
Divisão curta: o número u sem sinal na base 256 é dividido pelo inteiro iv (no intervalo $0 \leq iv \leq 255$), produzindo um quociente w e um resto ir (onde $0 \leq ir \leq 255$). Para atingir a acurácia máxima disponível, o array w deve ser tão longo quanto o array u.
```
        Int i,j,n=u.size(),p=w.size(),p_min=MIN(n,p);
        ir=0;
        for (j=0;j<p_min;j++) {
            i=256*ir+u[j];
            w[j]=Uchar(i/iv);
            ir=i % iv;
        }
        if (p > p_min)
            for (j=p_min;j<p;j++) w[j]=0;
}
```

```
void mpneg(VecUchar_IO &u) {
```
Negação de complemento-um do número u sem sinal na base 256.
```
    Int j,n=u.size();
    Uint ireg=256;
    for (j=n-1;j>=0;j--) {
        ireg=255-u[j]+hibyte(ireg);
        u[j]=lobyte(ireg);
    }
}

void mpmov(VecUchar_O &u, VecUchar_I &v) {
```
Move o número v sem sinal na base 256 em u. Para obter acurácia máxima, o array v deve ser tão longo quanto u.
```
    Int j,n=u.size(),m=v.size(),n_min=MIN(n,m);
    for (j=0;j<n_min;j++) u[j]=v[j];
    if (n > n_min)
        for(j=n_min;j<n-1;j++) u[j]=0;
}

void mplsh(VecUchar_IO &u) {
```
Faz left-shift de dígitos do número u sem sinal na base 256. O elemento final do array é fixado em 0.
```
    Int j,n=u.size();
    for (j=0;j<n-1;j++) u[j]=u[j+1];
    u[n-1]=0;
}

Uchar lobyte(Uint x) {return (x & 0xff);}
Uchar hibyte(Uint x) {return ((x >> 8) & 0xff);}
```
Os métodos abaixo, mais complicados, são discutidos e implementados abaixo.
```
void mpmul(VecUchar_O &w, VecUchar_I &u, VecUchar_I &v);
void mpinv(VecUchar_O &u, VecUchar_I &v);
void mpdiv(VecUchar_O &q, VecUchar_O &r, VecUchar_I &u, VecUchar_I &v);
void mpsqrt(VecUchar_O &w, VecUchar_O &u, VecUchar_I &v);
void mp2dfr(VecUchar_IO &a, string &s);
string mppi(const Int np);
};
```

A multiplicação plena de dois strings de dígitos, se feita pelo tradicional método manual, não é uma operação rápida: ao se multiplicar dois strings de comprimento $N$, o multiplicando passaria por uma multiplicação curta com cada um dos bytes do multiplicador, exigindo um total de $O(N^2)$ operações. Veremos contudo que *todas* as operações aritméticas com números de comprimento $N$ podem na verdade ser feitas em $O(N \times \log N \times \log \log N)$ operações.

O truque é perceber que a multiplicação é essencialmente uma *convolução* (§13.1) dos dígitos do multiplicando e do multiplicado, seguida de algum tipo de operação de carregamento. Considere por exemplo as duas maneiras de se escrever o cálculo $456 \times 789$:

```
         456                    4   5   6
      ×  789                 ×  7   8   9
         ———                    ——————————
        4104                   36  45  54
        3648               32  40  48
       3192            28  35  42
       ——————          ——————————————————
      359784          28  67  118 93  54
                      3    5   9   7   8   4
```

A tabela da esquerda mostra o método convencional de multiplicação, na qual três multiplicações curtas separadas do multiplicando inteiro (por 9, 8 e 7) são adicionadas para se obter o resultado final. A tabela da direita ilustra um método diferente (às vezes ensinado para aritmética de cabeça), onde os produtos cruzados de um só dígito são calculados (por exemplo, $8 \times 6 = 48$) e então adicionados em colunas para se obter um resultado carregado incompletamente (neste caso, a lista 28, 67, 118, 93 e 54). O passo final é uma passagem única da direita para a esquerda, gravando o único dígito menos significativo e carregando o dígito ou dígitos mais altos para o total à esquerda (por exemplo, $93 + 5 = 98$, grava 8, carrega 9).

Você pode ver imediatamente que as somas de colunas no método à direita são componentes da convolução de strings de dígitos, por exemplo, $118 = 4 \times 9 + 5 \times 8 + 6 \times 7$. No §13.1 aprendemos como calcular a convolução de dois vetores usando a transformada de Fourier rápida (FFT): cada vetor é transformado, as duas transformadas complexas são multiplicadas, e sobre o resultado é feita uma FFT inversa. Uma vez que as transformadas são feitas com aritmética de ponto-flutuante, precisamos de precisão suficiente para que o valor inteiro exato de cada componente do resultado seja discernível na presença de erros de arredondamento. Deveríamos, portanto, permitir um número (conservativo) de bits de algumas vezes $\log_2(\log_2 N)$ para arredondamento na FFT. Um número de comprimento $N$ na raiz 256 pode gerar componentes de convulação tão grandes quanto a ordem $(256)^2 N$, requerendo assim $16 + \log_2 N$ bits de precisão para um armazenamento exato. Se it for o número de bits na mantissa flutuante (confira §22.2), obtemos a condição

$$16 + \log_2 N + \text{algumas vezes} \times \log_2 \log_2 N < \texttt{it} \tag{22.7.3}$$

Podemos ver que a precisão, digamos com it $= 24$, é inadequada para qualquer valor $N$ digno de interesse, ao passo que precisão dupla, digamos com it $= 53$, permite que $N$ seja maior que $10^6$, correspondendo a alguns milhoes de dígitos decimais. O uso de Doub nas rotinas realft (§12.3) e four1 (§12.2) é portanto uma necessidade, e não uma mera conveniência, para esta aplicação.

mparith.h
```
void MParith::mpmul(VecUchar_O &w, VecUchar_I &u, VecUchar_I &v) {
    Usa transformada de Fourier rápida para multiplicar inteiros u[0..n-1] e v[0..m-1] sem sinal de base
    256, dando como resultado w[0..n+m-1].
    const Doub RX=256.0;
    Int j,nn=1,n=u.size(),m=v.size(),p=w.size(),n_max=MAX(m,n);
    Doub cy,t;
    while (nn < n_max) nn <<= 1;    Acha menor potência de 2 utilizável para a transformada.
    nn <<= 1;
    VecDoub a(nn,0.0),b(nn,0.0);
    for (j=0;j<n;j++) a[j]=u[j];    Move U e V para arrays flutuantes de dupla precisão.
    for (j=0;j<m;j++) b[j]=v[j];
    realft(a,1);                    Faz convolução: primeiro as duas transformadas de Fourier.
    realft(b,1);
    b[0] *= a[0];                   Então multiplica os resultados complexos (partes real e ima-
    b[1] *= a[1];                        ginária).
    for (j=2;j<nn;j+=2) {
        b[j]=(t=b[j])*a[j]-b[j+1]*a[j+1];
        b[j+1]=t*a[j+1]+b[j+1]*a[j];
    }
    realft(b,-1);                   Faz então transformada inversa.
    cy=0.0;                         Faz uma passagem final para fazer todos os carregamentos.
    for (j=nn-1;j>=0;j--) {
        t=b[j]/(nn >> 1)+cy+0.5;    O 0,5 permite erros de arredondamento.
        cy=Uint(t/RX);
        b[j]=t-cy*RX;
    }
    if (cy >= RX) throw("cannot happen in mpmul");
    for (j=0;j<p;j++) w[j]=0;
    w[0]=Uchar(cy);                 Copia resposta no output.
    for (j=1;j<MIN(n+m,p);j++) w[j]=Uchar(b[j-1]);
}
```

Sendo a multiplicação assim uma operação "rápida", a divisão é feita de maneira ótima multiplicando-se o dividendo pelo recíproco do divisor. O recíproco de um valor $V$ é calculado por iteração da regra de Newton

$$U_{i+1} = U_i(2 - VU_i) \qquad (22.7.4)$$

o que resulta em uma convergência quadrática de $U_\infty$ para $1/V$, como você pode facilmente provar (muitos supercomputadores históricos, e alguns processadores de arquitetura RISC mais recentes, efetivamente usam esta iteração para realizar divisões). Podemos agora entender de onde vem a contagem $N \log N \log \log N$ de operações: $N \log N$ é a transformada de Fourier, com a iteração para convergir a regra de Newton dando um fator adicional de $\log \log N$.

```
void MParith::mpinv(VecUchar_O &u, VecUchar_I &v) {                              mparith.h
String de caracteres v[0..m-1] é interpretado como um número de raiz 256 com o ponto após o v[0]
(não zero); u[0..n-1] é ajustado até o dígito mais significativo com sendo seu recíproco, com o ponto
da raiz depois de u[0].
    const Int MF=4;
    const Doub BI=1.0/256.0;
    Int i,j,n=u.size(),m=v.size(),mm=MIN(MF,m);
    Doub fu,fv=Doub(v[mm-1]);
    VecUchar s(n+m),r(2*n+m);
    for (j=mm-2;j>=0;j--) {              Usa aritmética de ponto flutuante usual para obter apro-
        fv *= BI;                        ximação inicial.
        fv += v[j];
    }
    fu=1.0/fv;
    for (j=0;j<n;j++) {
        i=Int(fu);
        u[j]=Uchar(i);
        fu=256.0*(fu-i);
    }
    for (;;) {                           Itera regra de Newton até convergir.
        mpmul(s,u,v);                    Constrói $2 - UV$ em $S$.
        mplsh(s);
        mpneg(s);
        s[0] += Uchar(2);                Multiplica $SU$ em $U$.
        mpmul(r,s,u);
        mplsh(r);
        mpmov(u,r);
        for (j=1;j<n-1;j++)              Se parte fracionária de $S$ é diferente de zero, ele não con-
            if (s[j] != 0) break;        vergiu para 1.
        if (j==n-1) return;
    }
}
```

A divisão agora segue como um simples corolário, fazendo-se necessário apenas calcular o recíproco com acurácia suficiente para se obter um quociente e resto exatos.

```
void MParith::mpdiv(VecUchar_O &q, VecUchar_O &r, VecUchar_I &u, VecUchar_I &v) {   mparith.h
Divide inteiro u[0..n-1] por v[0..m-1] sem sinal de base 256 (é necessário que m ≤ n), dando o quocien-
te q[0..n-m] e o resto r[0..m-1].
    const Int MACC=1;
    Int i,is,mm,n=u.size(),m=v.size(),p=r.size(),n_min=MIN(m,p);
    if (m > n) throw("Divisor longer than dividend in mpdiv");
    mm=m+MACC;
    VecUchar s(mm),rr(mm),ss(mm+1),qq(n-m+1),t(n);
    mpinv(s,v);                          Faz $S = 1/V$.
    mpmul(rr,s,u);                       Faz $Q = SU$.
    mpsad(ss,rr,1);
```

```
            mplsh(ss);
            mplsh(ss);
            mpmov(qq,ss);
            mpmov(q,qq);
            mpmul(t,qq,v);                      Multiplica e subtrai para obter o resto.
            mplsh(t);
            mpsub(is,t,u,t);
            if (is != 0) throw("MACC too small in mpdiv");
            for (i=0;i<n_min;i++) r[i]=t[i+n-m];
            if (p>m) for (i=m;i<p;i++) r[i]=0;
        }
```

Raízes quadradas são calculadas pela regra de Newton de modo muito semelhante à divisão. Se

$$U_{i+1} = \tfrac{1}{2} U_i (3 - V U_i^2) \tag{22.7.5}$$

então $U_\infty$ converge quadraticamente para $1/\sqrt{V}$. Uma multiplicação final por $V$ produz $\sqrt{V}$.

mparith.h
```
void MParith::mpsqrt(VecUchar_O &w, VecUchar_O &u, VecUchar_I &v) {
```
String de caracteres v[0..m-1] é interpretado como um número de raiz 256 com o ponto após o v[0]; w[0..n-1] é fixado como sendo sua raiz quadrada (ponto depois de w[0]) e u[0..n-1] fica sendo o recíproco daquele (ponto da raiz depois de u[0]). w e u não precisam ser distintos, em cujo caso ambos são tomados como sendo a raiz quadrada.
```
    const Int MF=3;
    const Doub BI=1.0/256.0;
    Int i,ir,j,n=u.size(),m=v.size(),mm=MIN(m,MF);
    VecUchar r(2*n),x(n+m),s(2*n+m),t(3*n+m);
    Doub fu,fv=Doub(v[mm-1]);
    for (j=mm-2;j>=0;j--) {                Usa aritmética de ponto flutuante usual para obter aproxima-
        fv *= BI;                          ção inicial.
        fv += v[j];
    }
    fu=1.0/sqrt(fv);
    for (j=0;j<n;j++) {
        i=Int(fu);
        u[j]=Uchar(i);
        fu=256.0*(fu-i);
    }
    for (;;) {                             Itera regra de Newton até convergir.
        mpmul(r,u,u);                      Constrói S = (3 − VU²)/2.
        mplsh(r);
        mpmul(s,r,v);
        mplsh(s);
        mpneg(s);
        s[0] += Uchar(3);
        mpsdv(s,s,2,ir);
        for (j=1;j<n-1;j++) {              Se parte fracionária de S é diferente de zero, ele não convergiu
            if (s[j] != 0) {               para 1.
                mpmul(t,s,u);              Multiplica U por SU.
                mplsh(t);
                mpmov(u,t);
                break;
            }
        }
        if (j<n-1) continue;
        mpmul(x,u,v);                      Obtém raiz quadrada da recíproca e retorna.
        mplsh(x);
        mpmov(w,x);
        return;
    }
}
```

Já havíamos mencionado que a conversão de raiz (base) para decimal é uma operação meramente cosmética que normalmente deveria ser omitida. A maneira mais simples de converter uma fração em um decimal é multiplicá-la repetidamente por 10, pegando (e subtraindo) a parte inteira resultante. Contudo isto requer $O(N^2)$ operações, uma vez que cada dígito decimal liberado necessita de $O(N)$ operações. É possível fazer a conversão como uma operação rápida usando a estratégia "divida e conquiste", na qual a fração é multiplicada (rápido) por uma grande potência de 10, grande o suficiente para mover aproximadamente metade dos dígitos desejados para a esquerda do ponto decimal. As partes inteira e fracionária são então processadas independentemente, cada uma subdividida ainda mais. Se nosso objetivo fosse alguns bilhões de dígitos de $\pi$, ao invés de alguns milhares, teríamos que implementar este esquema. Para os objetivos presentes, a rotina preguiçosa a seguir é adequada:

```
void MParith::mp2dfr(VecUchar_IO &a, string &s)                          mparith.h
```
Converte uma fração a[0..n-1] em base 256 (ponto antes de a[0]) em uma fração decimal representada como um string ASCII s[0..m-1], onde m é o valor retornado. O array de entrada a[0..n-1] é destruído.
NOTA: Por simplicidade, esta rotina implementa um algoritmo lento ($\propto N^2$). Há algoritmos mais rápidos ($\propto N \ln N$), mais complicados para conversão entre bases.
```
{
    const Uint IAZ=48;
    char buffer[4];
    Int j,m;

    Int n=a.size();
    m=Int(2.408*n);
    sprintf(buffer,"%d",a[0]);
    s=buffer;
    s += '.';
    mplsh(a);
    for (j=0;j<m;j++) {
        mpsmu(a,a,10);
        s += a[0]+IAZ;
        mplsh(a);
    }
}
```

Finalmente então chegamos a uma rotina que implementa as equações (22.7.1) e (22.7.2):

```
string MParith::mppi(const Int np) {                                     mparith.h
```
Demonstra rotinas de precisão múltipla por meio do cálculo e impressão nos np primeiros bytes de $\pi$.
```
    const Uint IAOFF=48,MACC=2;
    Int ir,j,n=np+MACC;
    Uchar mm;
    string s;
    VecUchar x(n),y(n),sx(n),sxi(n),z(n),t(n),pi(n),ss(2*n),tt(2*n);
    t[0]=2;                             Faz T = 2.
    for (j=1;j<n;j++) t[j]=0;
    mpsqrt(x,x,t);                      Faz $X_0 = \sqrt{2}$.
    mpadd(pi,t,x);                      Faz $\pi_0 = 2 + \sqrt{2}$.
    mplsh(pi);
    mpsqrt(sx,sxi,x);                   Faz $Y_0 = 2^{1/4}$.
    mpmov(y,sx);
    for (;;) {
        mpadd(z,sx,sxi);                Faz $X_{i+1} = (X_i^{1/2} + X_i^{-1/2})/2$.
        mplsh(z);
        mpsdv(x,z,2,ir);
        mpsqrt(sx,sxi,x);               Forma o valor temporário $T = Y_i X_{i+1}^{1/2} + X_{i+1}^{-1/2}$.
        mpmul(tt,y,sx);
        mplsh(tt);
```

```
                mpadd(tt,tt,sxi);
                mplsh(tt);
                x[0]++;                              Incremente $X_{i+1}$ e $Y_i$ em 1.
                y[0]++;
                mpinv(ss,y);                         Faz $Y_{i+1} = T/(Y_i + 1)$.
                mpmul(y,tt,ss);
                mplsh(y);
                mpmul(tt,x,ss);                      Forma o valor temporário $T = (X_{i+1} + 1)/(Y_i + 1)$.
                mplsh(tt);
                mpmul(ss,pi,tt);                     Faz $\pi_{i+1} = T\pi_i$.
                mplsh(ss);
                mpmov(pi,ss);
                mm=tt[0]-1;                          Se $T = 1$, então convergimos.
                for (j=1;j < n-1;j++)
                    if (tt[j] != mm) break;
                if (j == n-1) {
                    mp2dfr(pi,s);
```
Converte para decimal para imprimir. NOTA: A rotina de conversão, para esta demonstração apenas, é um algoritmo lento ($\propto N^2$). Há algoritmos rápidos ($\propto N \ln N$), mais complicados, para conversão de base.
```
                    s.erase(Int(2.408*np),s.length());
                    return s;
                }
            }
        }
```

A Figura 22.7.1 dá o resultado calculado com n = 1000. Como exercício, você talvez aprecie comparar os primeiros cem dígitos do número com os primeiros 12 termos da célebre identidade de Ramanujan [3]

$$\frac{1}{\pi} = \frac{\sqrt{8}}{9801} \sum_{n=0}^{\infty} \frac{(4n)!\,(1103 + 26390n)}{(n!\,396^n)^4} \tag{22.7.6}$$

usando as rotinas acima. Você também pode usar as rotinas para verificar que $2^{512} + 1$ não é primo, mas tem como fatores 2,424,833 e 7,455,602,825,647,884.208,337,395,736,200,454,918, 783,366,342,657 (que são na realidade primos; o fator primo remanescente é aproximadamente $7,416 \times 10^{98}$) [4].

**REFERÊNCIAS CITADAS E LEITURA COMPLEMENTAR**

Borwein, J.M., and Borwein, P.B. 1987, *Pi and the AGM: A Study in Analytic Number Theory and Computational Complexity* (New York: Wiley).[1]

Knuth, D.E. 1997, *Seminumerical Algorithms*, 3rd ed., vol. 2 of *The Art of Computer Programming* (Reading, MA: Addison-Wesley), §4.3.[2]

Ramanujan, S. 1927, *Collected Papers of Srinivasa Ramanujan*, G.H. Hardy, P.V. Seshu Aiyar, and B.M. Wilson, eds. (Cambridge, UK: Cambridge University Press), pp. 23–39.[3]

Kolata, G. 1990, June 20, "Biggest Division a Giant Leap in Math," *The New York Times*.[4]

Kronsjö, L. 1987, *Algorithms: Their Complexity and Efficiency*, 2nd ed. (New York: Wiley).

3,1415926535897932384626433832795028841971693993751058209749445923078164062
8620899862803482534211706798214808651328230664709384460955058223172535940812
8481117450284102701938521105559644622948954930381964428810975665933446128475
6482337867831652712019091456485669234603486104543266482133936072602491412737
2458700660631558817488152092096282925409171536436789259036001133053054882046
6521384146951941511609433057270365759591953092186117381932611793105118548074
4623799627495673518857527248912279381830119491298336733624406566430860213949
4639522473719070217986094370277053921717629317675238467481846766940513200056
8127145263560827785771342757789609173637178721468440901224953430146549585371
0507922796892589235420199561121290219608640344181598136297747713099605187072
1134999999837297804995105973173281609631859502445945534690830264252230825334
4685035261931188171010003137838752886587533208381420617177669147303598253490
4287554687311595628638823537875937519577818577805321712268066130019278766111
9590921642019893809525720106548586327886593615338182796823030195203530185296
8995773622599413891249721775283479131515574852724245415069595082953311686172
7855889075098381754637464939319255060400927701671139009848824012858361603563
7076601047101819429555961989467678374494482553797747268471040475346462080466
8425906949129331367702898915210475216205696660240580381501935112533824300355
8764024749647326391419927260426992279678235478163600934172164121992458631503
0286182975557067498385054945885869269956909272107975093029553211653449872027
5596023648066549911988183479775356636980742654252786255181841754672890977772
7938000816470600161452491921732172147723501414419735685481613611573525521334
7574184946843852332390739414333454776241686251898356948556209921922218427255
0254256887671790494601653466804988627232791786085784338382796797668145410095
3883786360950680064225125205117392984896084128488626945604241965285022210661
1863067442782620391949450471237137869609563643719172874677646575739624138908
6583264599581339047802759009946576407895126946839835259570982582262052248940
7726719478268482601476990902640136394437455305068203496252451749399651431429
8091906592509372216964615157098583874105978859597729754989301617539284681382
6868386894277415599185592524595395943104997252468084598727364469584865383673
6222626099124608051243884390451244136549762780797715691435997700129616089441
6948685558484063534220722258284886481584560285
</pre>

**Figura 22.7.1** Os primeiros 2398 dígitos decimais de $\pi$, calculado usando-se as rotinas desta seção.

# Índice

Abordagem retardada para o limite de Richardson 186, 189, 251, 924, 935, 945, 946, 1019, 1097
Abstração parcial 44–45
Aceleração de Chebyshev em sobrerrelaxação sucessiva (SOR) 1089
Ações, finanças 349
Acurácia 28–32
  CPU diferente da memória 250
  em contraste com fidelidade 1062, 1071
  executável em minimização 514, 518, 524
  executável na localização de raízes 469
  vs. estabilidade 931, 955, 956, 1060, 1075
Acurácia de máquina 30–31, 1188
Adição
  precisão múltipla 1211
  teorema, integrais elípticas 330
Administração de direitos 25
AGM (média geométrica aritmética) 1210
Agrupamento *ver* Clustering
Agulha, olho da (minimização) 524
Ajuste 797–862
  congelando parâmetros em 815, 848
  de características espectrais acentuadas 704–705
  degeneração dos parâmetros 821
  erros não normais 805, 836–837, 842–848
  estimação de máxima verossimilhança 801, 842
  exponencial, uma 821
  filtro de Kalman 848
  funções de uma base 812
  Gaussianas, uma soma de 829
  importância do $\Delta\chi^2$ 840
  kriging 860–862
  limites de confiança de parâmetros ajustados 831–841
  linear geral pelo método de mínimos quadrados 812–822
  matriz de covariância nem sempre significativa 798, 836–837
  método de Levenberg-Marquardt 825–830, 1047
  métodos robustos 842–848
  mínimos quadrados 800–804
  modelos não lineares, métodos avançados 830
  modelos não lineares 823–830
  Monte Carlo com cadeia de Markov 848–859
  multidimensional 822, 860–862
  níveis de confiança associado aos valores do qui-quadrado 836–840
  níveis de confiança da decomposição em valores singulares (SVD) 840, 841
  pela aproximação de Chebyshev 254
  pela aproximação de Chebyshev racional 267–271
  polinomial 114–115, 149, 261, 263, 792, 812, 821
  polinômios de Legendre 821
  (prováveis) erros padrões nos parâmetros ajustados 805, 806, 810, 811, 814, 818, 819, 831–841
  problemas não lineares que são lineares 821
  qui-quadrado 802–804
  regressão linear 804–809
  reta, erros em ambas coordenadas 809–811
  reta 804–809, 846–848
  simulação Monte Carlo 764, 803, 831–835
  teste K-S, cautela em relação a 764
  *ver também* Erro; Ajuste por mínimos quadrados; Estimativa de verossimilhança máxima; Estimação robusta
Ajuste da reta 804–809
  erros em ambas as coordenadas 809–811
  estimação robusta 846–848
Ajuste por mínimos quadrados 800–822
  análise espectral 708–710
  aproximação de Chebyshev racional 269
  caso linear geral 812–822
  componentes de Fourier 708–710
  decomposição em valores singulares (SVD) 59, 85–95, 269, 817
  degenerescências em 818, 819, 821
  desviado por "outliers" 802
  equações normais 792, 813–817, 1032
  equações normais frequentemente singular 817, 821
  erros padrão (prováveis) nos parâmetros ajustados 818
  estimador de máxima verossimilhança 801
  filtragem ótima (Wiener) 671
  filtro Savitzky-Golay como 792
  importância do $\Delta\chi^2$ 840
  método de Levenberg-Marquardt 825–830, 1047
  método para suavização de dados 792

método $QR$ em 125–126, 815
multidimensional 822
não linear, métodos avançados 830
não linear 507, 823–830, 1047
parâmetros de congelamento em 815, 848
periodograma Lomb 708–710
pesado 801
relação com a correlaçãao linear 769, 807
*ver também* Ajuste
Aleatório
  bits 400–406
  bytes 372
  caminhada, multiplicativa 349
  caminhada 30–31
  descorrelacionando variáveis 399
  matriz de rotação 1155, 1156
  ponto no triângulo 1139
  ponto sobre a esfera 1154, 1155
  ponto sobre o círculo 1156
  variáveis angulares 384
Algoritmo "two-pass" corrigido 748
Algoritmo aproximativo para armazenagem completa (FAZ) 1101–1109
Algoritmo Bahl-Cocke-Jelinek-Raviv
  algoritimo forward-backward 891
Algoritmo BFGS *ver*
  Algoritmo de Broyden-Fletcher-Goldfarb-Shanno
Algoritmo da diferença de quociente 226
Algoritmo de Bellman-Dijkstra-Viterbi 577, 874, 877–878
Algoritmo de Box Muller para desvios normais 384
Algoritmo de Broyden-Fletcher-Goldfarb-Shanno 510–511, 542–546
Algoritmo de Crout 69, 79
Algoritmo de Davidon-Fletcher-Powell 510–511, 542, 543
Algoritmo de decodificação de Berlekamp-Massey 876–877
Algoritmo de duas passagens para a variância 748
Algoritmo de Fletcher-Powell *ver* Algoritmo de Davidon-Fletcher-Powell
Algoritmo de Fletcher-Reeves 509–510, 536–540
Algoritmo de Gerchenberg-Saxton 1037
Algoritmo de Golub-Welsch, para quadratura gaussiana 208
Algoritmo de Interpolação de Aitken 138
Algoritmo de Lehmer-Shur 491
Algoritmo de Levenberg-marquardt 507, 825–830, 1047
  implementação avançada 830
Algoritmo de Metropolis 571, 573, 849
Algoritmo de Metropolis-Hastings 572, 850, 851
  amostragem de Gibbs como caso especial 851
Algoritmo de Miller 241, 298
Algoritmo de Needleman-Wunsch 580
Algoritmo de Neville 138, 145, 186, 251

Algoritmo de Polak-Ribiere 509–510, 538
Algoritmo de Remes
  algoritmo de troca 690–691
  para função racional minimax 269
Algoritmo de Schrage 364
Algoritmo de Shell (classificação de Shell) 441–444
Algoritmo de Singleton para FFT 658–660
Algoritmo de Smith-Waterman 583
Algoritmo de Verhoeff para somas de verificação (checksums) 1199
Algoritmo DFP *ver* Algoritmo de Davidon-Fletcher-Powell
Algoritmo discriminante de Fisher 916
Algoritmo EM (maximização da espectativa) 866–868
  para modelo escondido de Markov 890
  passo de expectativa (E-passo) 866–867
  passo de maximização (M-passo) 866–867
  relação com a reestimação de Baum-Welch 890
Algoritmo épsilon ($\varepsilon$) 232
Algoritmo FFT Cooley-Tukey 637
Algoritmo FFT de Sande-Tukey 637
Algoritmo LP de Burg 698–699
Algoritmo min-sum
  decodificação de Viterbi 891
  programação dinâmica 577
Algoritmo MRRR (representações múltiplas relativamente robustas) 610, 620
Algoritmo piramidal 725–727
Algoritmo progressivo-retrogrado
  algoritmo Bahl-Cocke-Jelinek-Raviv 891
  como um algoritmo de soma-produto 891
  comparado a decodificação de Viterbi 891
  modelo de Markov escondido 885, 886, 888–891
  propagação de crença 891
  renormalização 886
Algoritmo RSS 436–438
Algoritmo soma-produto 891
Algoritmo VEGAS para Monte Carlo 434–437
Algoritmos, less-numerical 1185–1218
Algoritmos Bayesianos
  decodificação de Viterbi 892
  modelo escondido de Markov 892
Algoritmos calendário 22, 23, 26, 27
Algoritmos de transformada de Fourier de Winograd 637
Algoritmos genéticos 864
Algoritmos velozes de Strassen para matrizes 127–128
Algoritimo Cornwell-Evans 1046
Aliasing 627, 707–708
  *ver também* Transformada de Fourier
Alinhamento de strings por DP 580–583
Alta ordem com a mesma alta acurácia 132, 176, 258, 509–510, 521, 932, 935, 967–968
Alternativa de Fredholm 1012
AMD (grau mínimo aproximado) 565, 569
Amoeba 524
  *ver também* Simplex, método de Nelder e Mead

Amostrador de Gibbs 851, 852
  recomendado para distribuições discretas 852
Amostragem (Nyquist) crítica 626, 628, 674
Amostragem (sampling)
  de uma distribuição 849
  estratificado 432–435
  estratificado recursivo 436–439
  hipercubo ou quadrado latino 429, 430
  importância 431, 432, 434–435
  irregular 707–708, 795
  Monte Carlo de cadeia de Markov 849
Amostragem por importância, em Monte Carlo 431, 432, 434–435, 859–861
Análise de componente principal (PCA) 916
Análise de cruzamento de tabelas (crosstabulation) 766
  ver também Tabela de contingência
Análise de Fourier e redução cíclica (FACR) 1079, 1083
Análise de von Neumman para estabilidade de EDPs 1058, 1059, 1061, 1064, 1070, 1071
Análise espectral veja Transformada de Fourier; Periodograma
Análise Harmônica ver Transformada de Fourier
Analiticidade 266
Ângulo diedral $D_5$ 1199
Ângulo entre vetores 1145, 1146
Ângulo exterior, de polígonos 1147
ANSI-16 1196
Aposta 779–782, 784, 785
  justa 779, 780, 782, 784, 785
  proporcional 782, 784
Aposta na pista de corrida 781, 784
Apple MAC OS X 25
Aprendizagem de máquina (machine learning) 864
  máquina de vetor de suporte 907–922
  não supervisionado 866, 892
  supervisionado 907
Aprendizagem não supervisionada 866, 892
Aproximação de Chebyshev 115–116, 176, 252–259
  ajuste polinomial derivado de 261, 263, 268
  algoritmo de troca (exchange) de Remes para filtro 690–691
  coeficientes para 254
  constratado com aproximação de Padé 265
  derivada da função aproximada 252, 259–261
  economia de séries 263–265
  fórmula de recorrência de Clenshaw 256
  função ímpar 257
  função par 257
  função racional 267–271
  funções gamma 305–306
  integral da função aproximada 259–261
  para função erro 284
  quadratura de Clenshaw-Curtis 261
  transformada cosseno rápida e 646
Aproximação de funções 130
  aproximante de Padé 145, 232, 265–267

  por funções racionais 267–271
  por polinômios de Chebyshev 254, 646
  por wavelets 734–736, 1014
  ver também Ajuste
Aproximação de Stirling 276, 1042
Aproximação retardada para o limite de Richardson ver Abordagem retardada para o limite de Richardson
  veja também Equações diferenciais, método de Bulirsch-Stoer
Área
  esfera em n-dimensões 1153
  polígono 1151
  triângulo 1136
Aritmética
  arredondamento 1189, 1190
  padrão IEEE 1189, 1190
  ponto flutuante 1188
  precisão arbitrária 1185, 1210–1218
  64 bits 361
Aritmética complexa 245, 246
  acesso ao vetor como se complexo 634, 641
  equações cúbicas 248, 249
  equações lineares 75
  equações quadráticas 247
  tipo `Complex` 45–46
  vacância no contorno de integração 272–273
Aritmética de precisão múltipla 1210–1218
Armazenagem
  matriz diagonal por bandas 78
  matrizes esparsas 102–107
arquivo `nr3.h` 23, 24, 37–38, 48–50, 54–56
Array
  classes para array 44–49
  função `assign` 47
  função `resize` para array 47
  função `size` para array 47
  offset um 56
  offset zero 56
  subarray centrado de array 135
  tri-dimensional 56
Array de deslocamento (offset) zero 56
Array de deslocamento unitário (unit-offset) 56
Array tridimensional 56
Árvore
  de caixas como estrutura de dados 1126
  estrutura de dados 1122
  expansão mínima (minimum spanning) 1122, 1172–1173
  KD veja Árvore KD
  quadtree ou octree veja Árvore QO
Árvore, filogenética 892–896
  aditiva 895
  agrupamento aglomerativo 898–906
  busca sobre topologias 906
  comprimento do ramo 894
  enraizada vs. não enraizada 895

pacotes de software 898
parcimônia máxima 906
transformação da distância corrigida 897
ultramétrica 895
UPGMA 901
verossimilhança máxima 906
WPGMA 901
Árvore família 461
Árvore KD 1126–1135
   construção de 1127–1131
   número de caixas em 1127
Árvore QO 1174–1184
   aplicações de 1181–1184
   objetos que se interseccionam 1175–1176
   uso de hash na implementação 1176–1177
Árvore ultramétrica 895
`assign` 47
Assimetria (skewness) de uma distribuição 747, 749
Atributo INTENT (Fortran) 46
Autocorrelação
   em predição linear 695–697
   teorema de Wiener-Khinchin 623, 704–705
   uso de FFT 669, 670
Autossistemas 584–620
   algoritmo MRRR 610, 620
   autoproblema generalizado 589, 590
   autovalores 584
   autovalores a esquerda 586
   autovalores degenerados 584, 586
   autovalores deslocados 584, 606, 617
   autovalores mal-condicionados 612, 613
   autovalores múltiplos 620
   autovalores pela direita 586
   cálculo de poucos autovetores ou autovalores 589, 619
   completeza 585, 612, 619, 620
   contagem de operações da iteração inversa 619, 620
   contagem de operações da redução de Householder 603
   contagem de operações da redução para a forma de Hessenberg 615
   contagem de operações do balanceamento 613
   contagem de operações do método de Jacobi 594, 595
   contagem de operações do método $QL$ 606, 609
   contagem de operações do método QR para matrizes de Hessenberg 617
   critério de parada 619, 620
   deflação 606
   descolamentos implícitos 607–610
   e equações integrais 1012, 1017
   iteração inversa 589, 605, 610, 618–620
   limites nos autovalores 84
   lista de tarefas 589
   matriz balanceada 613, 615
   matriz de Hessenberg 588, 606, 611–616, 619
   matriz de transição do modelo de Markov 882, 883
   matriz Hessiana 611
   matriz não simétrica 611–616
   matriz simétrica real 208, 597, 598, 603, 1017
   matriz tridiagonal 588, 597, 598, 604–610, 619
   matrizes especiais 589
   método da divisão e conquista 610
   método de eliminação 588, 615
   método de fatorização 588
   método $QL$ 605–607, 611
   método $QR$ 87, 588, 592, 605–607
   método $QR$ para matrizes de Hessenberg 617
   não linear 589, 590
   ortogonalidade 585
   polinômio característico 584, 604
   raízes de polinômio e 490
   redução a forma de Hessenberg 615, 616
   redução de Givens 599–604
   redução rápida de Givens 599
   relação com decomposição a valores singulares (SVD-singular value decomposition) 590, 591
   rotinas enlatadas 588
   tranformação de Jacobi 588, 591–597, 599, 611, 620
   transformação de Givens 608
   transformação de Householder 588, 599–605, 608, 611, 615
   transformação de similaridade sob invariância 587
Autovalor e autovetor, definido 584
Autovalores e autovetores à direita 585, 586
Autovalores e localização de raízes de polinômios 490
Autovalores ou autovetores pela esquerda 585, 586
Avaliação de funções *ver* Função

Bacia de convergência 482, 484
Backtracking 543
   em métodos quase-Newton 499–505
Balanceamento 613, 615
Base de raiz pra aritmética de ponto flutuante 613, 1189, 1211, 1217
Base ortonormal, construção 94, 125–126
Bayesiano
   a priori 781, 799, 801, 1030
   abordagem Bayesiana a problemas inversos 1030, 1047
   carência métodos de goodness-of-fit Bayesianos 803, 1035
   constante de normalização 803
   contrastado com frequentista 798
   estimação Bayesiana de parâmetros por MCMC 798, 848–859
   parâmetro de estimação 801, 802
   razão de vantagem 781, 803
   um ponto de vista Bayesiano sobre ajuste linear 811
   *versus* método histórico da máxima entropia 1047
Bias (vício)
   do expoente 28
   remoção da tendenciosidade na predição linear 165, 699–701
Biblioteca científica GNU 23
Biblioteca de classe 22
Biconjugacidade 108–109
Bidimensional *veja* Multidimensional

Biespectro 625
Big-endian 29–30
Biortogonalidade 108–109
Bissecção 135, 481
    comparado ao confinamento mínimo 513
    localização de raiz 466, 468–470, 475, 513, 605
Bit 28, 778–780, 784, 785
    fantasma 29–30
    pop count 36
    reverso na transformada rápida de Fourier (FFT) 631, 659–660
Bit de sinal em formato de ponto flutuante 28
Bit paridade 1193
"Bit-twiddling hacks" 36
Biweight de Tukey 845
BLAST(software) 583
BLAT(software) 583
Bluetooth 1193
Bool 45–46
"Bounds checking" (verificação de limites) 55
    em `vector` por `at` 55
Bracketing (confinamento)
    de mínimo de função 466, 510–517, 524
    de raízes 464, 466–468, 475, 476, 485, 486, 491, 513
Break na interação 35
B-spline 168
Buble sort 441
Bugs, como reportar 25
Burlirsch-Stoer
    algoritmo para interpolação de função racional 145
    método, controle do tamanho do passo 948–951, 953
    método, implementação 951
    método, output denso 951
    método 271–272, 338, 924, 925, 933, 945–953, 966–967
    para equações de segunda ordem 953
Burn-in 850, 857–859
Busca
    com valores correlacionados 135
    em uma tabela ordenada 134–138
    seleção 452–460
Busca da seção áurea 464, 509–510, 517
Busca na reta *ver* Minimização, ao longo de um raio
Butterfly 380–382, 631
Byte 28

C# (linguagem de programação) 21, 32
C++
    armazenagem contígua para vetor 47
    bilblioteca padrão 30–31, 44–45
    classe de erro 50
    classe `valarray` 45–46
    classe `vector` 44–45
    conversões definidas pelo usuário 51
    diretiva inline 49
    escopo, temporário 40–42
    este livro não é um livro texto em 22
    estruturas de controle 34, 35
    função virtual 53
    operador associatividade 32
    operador de precedência 32
    overloading (sobrecarga) 48
    padrão ANSI/ISO 25
    porque C++ é usado neste livro 21
    sentença `const` 51, 52
    sintaxe da família C 32–38
    templates 37–38, 42–43, 46, 53, 54, 440, 442
    `throw` 50
    tipos 45–46
    tipos usados neste livro 24
    `try` e `catch` 50
Cadeia de Markov 849
Caixa 1124–1126
    árvore de, como estrutura de dados 1126
    teste para ponto interior 1125
Calendário Gregoriano 26
Calibração 802
Campo, em registro de dados 449
Características de equações diferenciais parciais 1049–1051
Carpe diem (aproveite o dia) 854
Cartas, sortear uma mão de 441–443
`catch` 50
CCITT(Comitê Consultatif International Telégraphique et Teléphonique) 1196, 1205
CCITT-16 1196
CDF *ver* Função, distribuição acumulada
Centrado no espaço e progressivo no tempo *ver* FTCS
Centro de massa 419, 420, 1138, 1152
Centroide *ver* Centro de massa
Char 45–46
Chaves usadas na classificação 449
Checksum (soma de verificação) 1185, 1193–1200
    redundância cíclica (CRC) 1193–1198
Ciclo, em método multigrid 1094
Ciclo limite
    método de Laguerre 487
    modelo de Markov 882
Circulante 723–724
Círculo
    inscrito ou circunscrito 1137
    maior vazio 1172–1173
    ponto aleatório em 1156
CLAPACK 588
Classe 37–45
    base abastrata (ABC) 44–45, 53, 54, 107, 134, 726–727, 898
    classe base 43–44
    classe erro 50
    derivada 43–44
    herança 43–45
    por template 42–43, 53, 54
    `publico` vs `privado` 37–38
    relacionamento é-um 43–44

sufixo `_I`, `_O`, `_IO` 46, 52
vetor 44–49
virtual pura 54
*ver também* Objeto
classe `valarray` 45–46
Classes de equivalência 440, 460–462
Classificação 440–462
   autovetores 596
   comparada à seleção 452
   contagem de operações 441–444
   Heapsort 441–447, 454
   inserção direta 441, 444, 596
   método de Shell 441–444
   precaução contra bolha 441
   Quicksort 441–447, 450, 454
   tabela de índice 440, 447, 449–452
   tabela de ordem (rank) 440, 452
Classificação 864–922
   máquina de vetor de suporte 907–922
   métodos de Kernel 913, 916
Clock, programa para rotina de temporização 375
CLP (pacote para programação linear) 557
Clustering
   aglomerativo 897–906
   hierárquico 892–906
   "k-means"(k-médias) 872–874
   "neighbor-joining"(NJ) (ajuntamento de vizinhos) 897, 902–906
Codificação
   aritmética 779, 1185, 1206–1210
   código de comprimento variável 1201
   compressão 778, 780
   de verificação de soma (ckecksum) 1193–1200
   decodificação de uma mensagem Huffman-codificada 1203
   Huffman 736–738, 1200–1205
   de run-length 1205
   Ziv-Lempel 1201
   *ver também* Código de Huffman
Codificador de Shaft 1191
Código de barras do serviço postal americano 1199
Código de comprimento variável 1201
Código de Gray 425, 1185, 1191–1193
Código de Huffman 701–702, 736–738, 1185, 1200–1206
Código de Reed-Solomon 876–877, 879
   algoritmo de Berlekamp-Massey 876–877
   decodificação de síndrome 876–877
Código preditor linear (LPC) 700–703
Código-fonte, como obter este livro 23
Código
   "codeword" (palavra código) 875–876
   corretores de bits errados 879
   de correção de erro 875–879
   de Hamming 876–877
   decodificação de difícil decisão (hard-decision decoding) 877–878

   decodificação de fácil decisão (soft-decision decoding) 877–878
   decodificação de síndrome 876–877
   decodificação de Viterbi 878
   distância de Hamming 875–876, 1193
   em blocos binários 875–876
   Golay 876–877
   linear 875–876
   perfeito 876–877
   treliça 877–878, 880
   treliça mínima 877–878
   turbo 879
Códigos de barra, registrador de soma para 1199
Códigos de correção de erros 875–879
   algoritmo de decodificação Berlekamp-Massey 876–877
   código de bloco binário
   código de Hamming 876–877
   código Golay 876–877
   código perfeito 876–877
   códigos lineares 875–876
   códigos turbo 879
   corrigindo erros em bits 879
   decodificação de decisão difícil 877–878
   decodificação de decisão fácil 877–878
   decodificação de Viterbi 878, 879
   decodificação usando síndrome 876–877
   distância de Hamming 875–876, 1193
   líder do coset 876–877
   matriz de verificação de paridade 875–876
   palavra código 875–876
   Reed-Solomon 876–877, 879
   síndrome 876–877
   treliça 877–878, 880
   treliça mínima 877–878
Códigos turbo 879
Coeficiente de contingência C 767, 768
Coeficiente de correlação (linear) 769–772
Coeficiente de incerteza 785
Coeficiente de Spearman da ordem do rank 773–775, 843
Coeficientes
   binomial 277–278
   para quadratura Gaussiana, função peso não clássica 209–211, 1019–1020
   para quadratura Gaussiana 199, 200
Coeficientes LP *veja* Predição linear
Coeficientes wavelet de Daubechies 723–732, 738–739
Colunas totais 767, 783
Comitê Consultatif International Télégraphique et Téléphonique (CCITT) 1196, 1205
Comparação aleatória de bits paralelos 394
Compilador
   testado 25
   verificação via construtores 56
Compilador GNU C++ 25
Complementaridade da função erro *ver* Função erro

Compressão de dados 736–739, 1185, 1200–1210
  codificação aritmética 1206–1210
  código de Huffman 736–738, 1200–1206
  código preditivo linear (LPC) 700–703
  lossless ( compressão sem perda) 1200
  transformada cosseno 646
Compressão de Ziv-Lempel 1201
Comprimento de palavra (wordlength) 28, 32
Computação gráfica 1122
Condição de Courant 1059, 1061, 1063–1065, 1067
  multidimensional 1076
Condição de monotonicidade, em diferenciação finita upwind 1067
Condição regulatória 1007–1008
Condições de contorno
  equações diferenciais parciais 641, 1050, 1078–1083
  no método multigrid 1097
  para equações diferenciais 924
  para harmônicos esféricos 996–998
  problemas de valor contorno a dois pontos 924, 979–1010
  problemas de valor inicial 924
Condições de contorno de Dirichlet 1051, 1070, 1080, 1086, 1088
Condições de contorno de Neumann 1051, 1070, 1081, 1082, 1088
Condições de contorno de ondas saindo 1051
Condições KKT(Karush-Kuhn-Tucker) 560, 563, 910, 913
Condições periódicas de contorno 1080, 1088
Conjunto de caracteres ASCII 1193, 1200, 1206
Conjuntos convexos, uso em problemas inversos 1036–1038
`Const`
  corretude 46, 51, 52
  para proteger dados 52
  protege o envoltório, não os conteúdos 51, 52
Constante de Euler 287, 590, 320
Constante de Planck 1073
Constelação na decodificação de Viterbi 879
Construtor 38, 47
Contador Geiger 360
Contagem de operações
  avaliação de função de Bessel 298
  avaliação polinomial 128–129, 223
  balanceamento 613
  coeficientes do polinômio interpolador 150
  decomposição de Cholesky 120–121
  decomposição LU 69, 74
  decomposição QR 123–126
  diagnose de modelo de Markov 882
  eliminação de Gauss-Jordan 67
  eliminação gaussiana 67
  interpolação 131
  interpolação por spline cúbica 142
  inversão de matriz 128–129
  iteração inversa 619, 620

matriz de Toeplitz 112–113
matriz de Vandermonde 112–113
melhoria iterativa 83
método da bissecção 469
método da entropia máxima 705–706
método multirredes 1092
método QL 606, 609
método QR para matrizes de Hessenberg 617
minimização multidimensional 536
multiplicação 1213, 1215
multiplicação complexa 128–129
multiplicação de matriz 127–128
ordenamento 441–444
polinômio de avaliação 223
redução de Givens 599
redução de Householder 603
redução para a forma de Hessenberg 615
reestimação de Baum-Welch de modelo de Markov oculto 889
seleção por particionamento 454
tau de Kendall 776
transformação de Jacobi 594, 595
transformada rápida de Fourier (FFT) 630, 631
Contagem de população de bits 36
Contagens, pequenos números de 758, 759
Container, STL 442
Containers da Standart Template Library (STL) 442
Contas de banco, registrador de soma para 1199
Contorno 216, 549, 979
Contornos zero 495
Controle PI de tamanho de passo 939
Controle preditivo de tamanho de passo 1055
Convergência
  acelerada, de séries 197, 231–238
  autovalores acelerado por shifting (deslocamento) 606
  bacia de 482, 484
  critério para 469, 514, 524, 619, 620, 826, 993–994
  da busca da seção dourada 515, 516
  de algoritmo para $\pi$ 1210
  do método de Levenberg-Marquardt 826
  do método de Ridders 473
  do método $QL$ 605, 606
  exponencial 194–198, 200, 258, 259, 1108–1121
  hiperlinear (série) 231
  linear (série) 231
  linear 469, 516
  logarítmica (série) 231
  modelo de Markov 882
  quadrática 84, 473, 480, 532, 533, 543, 1210
  raio espectral e 1086, 1091
  relação de recorrência 242–243
  seção dourada 470, 521
  série vs. fração continuada 226
  taxa 469, 475, 478, 480
Conversão de raiz 1206, 1210, 1217
Conversões, definida pelo usuário 51
Conversor analógico-digital 1043, 1191

Convolução
  aritmética de precisão múltipla 1213
  de conjuntos de dados grandes 667, 668
  de funções 623, 637, 638, 652
  denotada por asterisco 623
  e interpolação polinomial 149
  método do overlap-add 668
  método do overlap-save 667
  multiplicação como 1213
  necessidade por filtro ótimo 666
  problema wraparound (retorno automático) 664
  relação a trasformada wavelet 723–725
  resposta finita do impulso (FIR) 663, 664
  teorema, discreto 663, 664
  teorema 623, 662, 677
  tratamento de efeitos finais 664
  uso da FFT 662–668
Coordenadas angulares na $n$-esfera 1153
Coordenadas baricêntricas 1139, 1141
Coordenadas esféricas 1153
Correção, no método multigrid 1092
Correção coarse-grid (grade grosseira) 1093
Correlação estatística 745, 765
  coeficiente "rank-order" de Spearman 773–775
  coeficiente de correlação linear 769–772, 807
  coeficiente de incerteza 785
  entre parâmetros em um fit 806, 817
  linear relacionada a ajuste por mínimos quadrados 769, 807
  não paramétrica ou estatística de ordem 772–778
  soma das diferenças quadradas das ordens 773
  tau de Kendall 773, 775–778
Correlação linear (estatística) 769–772
Corte de ramificação, para função hipergeométrica 271–274
Coset leader 876–877
Covariância
  *a priori* 848
  da decomposição em valores singulares (SVD) 841
  em ajuste linear 806
  em método mínimos quadrados linear geral 814, 815, 818
  em modelos não lineares 826
  matriz, de erros 1028, 1040
  matriz, decomposição de Cholesky 121–122
  matriz, e equações normais 814
  matriz, é inversa da matriz Hessiana 826
  matriz, quando ela é significativa 836–838
  relação ao qui-quadrado 836–840
Cray, Seymour 1188
CRC (Verificação de redundância cíclica) 1193–1198
CRC-12 1196
Critério de estabilidade Courant-Friedrichs-Lewy *ver* Condição de Courant
Critério de Markovitz 556

Critério de parada
  método multirredes 1103
  na localização de raízes de polinômios 488
Critério de parada de Adams 488
Cross $\otimes$ (denota o produto cruzado externo de matrizes) 98
Curso da dimensionalidade 577, 915
Curtose 747, 749
Curva de Bezier 168
Curva de trade-off 1027–1028, 1041

D.C. (corrente contínua) 623
Dados
  ajuste 797–862
  amostrados desigualmente ou irregularmente 159–174, 707–708, 713–714, 795
  contínuos vs. discretizados 755
  entropia 778–785, 1201
  experimentos (ensaios) em 744
  fraudulento 804
  Glitches (falhas curtas) em 801
  iid (independente e identicamente distribuído) 833
  linearmente separável 908
  modelagem 797–862
  pontos ausentes nos dados 170–174
  suavização 745, 790–796
  testes estatísticos 744–796
  uso de CRCs na manipulação 1194
  windowing 676, 688–689
  *ver também* Testes estatísticos
Dados que faltam 170–174, 707–708
  em modelos ocultos de Markov 888
DAUB20 729–731
DAUB4 723–726, 729–731, 734–735, 738–739
DAUB6 725–726
Decaimento radioativo 382–383
Decodificação
  algoritmo de Berlekamp-Massey para código de Reed-Solomon 876–877
  algoritmo de Viterbi 878
  códigos de Reed-Solomon 879
  códigos turbo 879
  de Viterbi, comparado ao modelo de Markov escondido 891, 892
  decisão difícil *vs*. decisão fácil 879
  decodificação de decisão fácil 876–877
  difícil decisão 877–878
  grafo direcionado 577, 874
  máxima verossimilhança 878
Decodificação de Viterbi 874–879
  com probabilidade de transição arbitrária 891
  com reestimativa de parâmetro 891
  como algoritmo min-sum 891
  comparada ao algoritmo forward-backward 891
  comparada ao modelo oculto de Markov 891, 892

constelação 879
definida por estado 883
grafo direcionado 874
natureza bayesiana da 892
transição 874
treinamento 891
Decodificação por decisão suave 875–879
    algoritmo de Viterbi 878
    correção de erro 879
    treliça mínima 877–878, 880
Decodificação síndrome
    código de Golay 876–877
    código de Hamming 876–877
    código de Reed-Solomon 876–877
    código perfeito 876–877
    códigos de correção de erro 876–877
    coset leader 876–877
Decomposição *ver* Decomposição de Cholesky;
    Decomposição LU; decomposição QR; Decomposição
    do valor singular (SVD)
Decomposição de Cholesky 120–123, 546, 589
    decomposição esparsa 565, 569
    descorrelacionando variáveis aleatórias 399
    distribuição Gaussiana multivariada 871, 872
    e estrutura de covariância 398, 399
    operação contagem 120–121
    pivoteamento 121–122
    solução de equações normais 564, 814, 815
Decomposição do valor singular (SVD), 59, 85–95
    aproximação de matrizes 94, 95
    base para espaço nulo e intervalo 88
    de matriz quadrada 89, 93
    e aproximação racional de Chebyshev 269
    e mínimos quadrados 83, 90, 93, 269, 815, 817
    equações em número maior que o de variáveis 93, 94
    equações em número menor que o de variáveis 93
    matriz de covariância 841
    na minimização 533
    níveis de confiança da 840, 841
    para problemas inversos 1028
    relação com autodecomposição 590, 591
    uso para base ortonormal 94, 125–126
    uso para matrizes mal condicionadas 91, 93, 584
Decomposição LU 68–75, 82, 85, 91, 95, 128–129, 496, 555, 814, 960
    algoritmo de Crout 69, 79
    atualização de Bartels-Golub 556
    contagem de operação 69, 74
    equações complexas 75
    equilíbrio estável do modelo de Markov 883
    fill-in, minimização 556
    matriz diagonal por banda 79
    para $A1 \langle B$ 73
    para aproximantes de Padé 265

para conjuntos de equações não lineares 496, 507
para equações integrais 1015
para inversa de matriz 74
para iteração inversa de autovetores 619
para matriz de Toeplitz 118–119
para problemas inversos 1033
pivotagem 70, 556
pivotagem parcial de limiar 556
solução de equações lineares algébricas 74
solução de equações normais 814
substituição reversa repetida 74, 80
Decomposição QR 122–127, 504–505, 507
    atualização 125–127, 504–505
    contagem de operações 123–124
    e mínimos quadrados 815
    pivotagem 123–124
    substituição reversa 123–124
    uso para bases ortonormais 94, 125–126
    uso para rotação aleatória 1155
    *veja também* Autossistemas
Deconvolução 666–668, 671
    *ver também* Convolução: Transformada rápida de
    Fourier (FFT); Transformada de Fourier
Defeito, no método multigrid 1092
Deflação
    da matriz 606
    dos polinômios 485–487, 492
Deflação inversa 485, 486
Deflação progressiva 485, 486
Degenerescência
    equações algébricas lineares 93, 817
    Kernel 1017
    princípio de mimização 1027–1028
Delone, B.N., *ver* Triangularização de Delaunay
Densidade de potência espectral bilateral 624
Densidade espectral
    densidade de potência espectral (PSD) 623, 624, 673
    densidade de potência espectral por unidade de tempo 624
    estimação de densidade espectral pelo MEM 703–707
    periodograma 703, 705–706
    PSD bilateral 624
    PSD unilateral 623
    *veja também* Espectro de potência
Densidade espectral de potência *veja* Transformada de
    Fourier; Densidade espectral
Dependência linear
    construindo base ortonormal 94, 125–126
    das direções no espaço $N$-dimensional 532
    em equações algébricas lineares 58
Dependências, programa 24
Derivadas
    aproximação pela expansão sinc 198
    computação filtros Savitzky-Golay 252, 793

computação numérica 249–252, 501, 793, 960, 983–984, 1002
computação via aproximação de Chebyshev 252, 259–261
de polinômio 222
matriz de primeira parcial *ver* Determinante Jacobiano
matriz de segunda parcial *ver* Matriz Hessiana
uso em otimização 520–523
Derivadas numéricas 198, 249–252, 793
DES *ver* Padrão de encriptação de dados
Descorrelacionando variáveis aleatórias 399
Design de experimentos 430
Deslocamento de autovalores 584, 606, 617
Desvio absoluto médio de uma distribuição 747, 844
  relacionado à mediana 846
Desvio médio da distribuição 747
Desvio padrão
  da diferença das somas ao quadrado dos ranks 774
  de uma distribuição 746, 747
  do coeficiente de correlação linear 770
  do $z$ de Fisher 771
Desvios aleatórios 360–406
  ângulos 384
  binomial 394–397
  de Rayleigh 385
  distribuição beta 391
  distribuição qui-quadrado 391
  distribuição de Cauchy 387
  distribuição F 391
  distribuição gama 389
  distribuição t de Student 391
  espremer 388
  exponencial 382–383
  funções trigonométricas 384
  gaussiana 361, 384, 385, 388, 397, 708–710, 1029
  gaussiana multivariada 398, 399
  intervalo inteiro 363
  logística 383–384
  mais rápido 397
  normal 361, 384, 385, 388, 397, 708–710
  Poisson 392–394, 708–710
  sequências quase aleatórias 423–430, 1185, 1193
  some de 12 uniforme 397
  uniforme 361–377
Desvios de t de Student 343, 344
Determinante 59, 74, 75
Determinante Jacobiano 384, 1005–1006
Devex 556
Dia Juliano 23, 26
Diagrama de Voronoi 1122, 1167–1172
  e triangulação de Delaunay 1168–1169
  evitando obstáculos 1172–1173
Diferença de somas ao quadrado dos ranks 773
Diferenciação de Euler progressiva (para frente) 1057
Diferenciação de matriz 1116
  rotina para 1117

Diferenciação explícita 1057
Diferenciação implícita 1058
  para equação de difusão 1070
  para equações stiff 956, 957, 968–969
Diferenciação upwind 1062, 1067
Dígito de verificação (decimal) (check digit) 1198
Dígitos de guarda 1189
Dimensionalidade, maldição de 577, 915
Dimensões (unidades) 825
Dimininuindo a ordem do incremento 442–443
Dingbats, Zapf 1187
Direção de descendência 499, 505, 543
Direção do maior decrescimento 533
Direções conjugadas 530, 532, 533, 537
Direções não interferentes *veja* Direções conjugadas
Direções principais 530, 533
Diretiva `inline` 49
Discretização do erro 193
Discriminante 247, 593
Dispersão 1061
DISPO *ver* Filtros de Savitzky-Golay
Dissipação numérica 1060
Distância de Hamming 897
  códigos corretores de erros 875–876, 1193
Distância de Kullback-Leilbler 780–782
  simetrizada 781
Distribuição Beta de probabilidade 353, 354
  desvios 391
  gama como caso limite 353
Distribuição binormal 770, 837–838
Distribuição condicional completa 851
Distribuição de erro exponencial bilateral 844
Distribuição de probabilidade de Boltzmann 571
Distribuição de probabilidade de Cauchy 342, 343
  desvios de 387
  *ver também* Distribuição de probabilidade Lorentziana
Distribuição de probabilidade de Student 343, 344
  Cauchy enquanto caso especial 343
  normal enquanto caso limite 343
Distribuição de probabilidade exponencial 346, 347, 708–710
  desvio de 382–383
  relação com processo de Poisson 389, 853
Distribuição de probabilidade Gamma 351, 352
  como caso limite da função beta 353
  desvios de 389
  regra de soma para desvios 390
  relação com processo de Poisson 853
Distribuição de probabilidade Kolmogorov-Smirnov 354–356
Distribuição de probabilidade logística 344–346
  desvios de 383–384
Distribuição de probabilidade lognormal 348, 349, 851
Distribuição de probabilidade Lorentziana 844
Distribuição de probabilidades de Weibull 347, 348
Distribuição de proposta 850–852, 859
Distribuição exponencial dupla de erros 844

Distribuição Gaussiana (normal) 361, 800, 802, 1029
  bi-dimensional (binormal) 770
  caudas comparada a Poisson 802
  curtose de 747, 748
  decomposição de Cholesky 871, 872
  desvios de 384, 385, 388, 708–710
  multivariada 837–838, 866
  semi-invariantes de 749
  soma de 12 uniformes 397
  teorema central do limite 801
  variância da assimetria de 747
  ver também Distribuição normal (Gaussiana)
Distribuição leptocúrtica 747
Distribuição lorentziana 342
Distribuição mesocúrtica 747
Distribuição normal (Gaussiana) 340, 341, 361, 800, 802, 829, 1029
  bidimensional (binormal) 770
  caudas comparadas a Poisson 802
  curtose da 747, 748
  desvios da 384, 385, 388, 397, 708–710
  multivariada 398, 399, 837–838, 866–867, 871, 872, 1031, 1154, 1155
  semi-invariantes da 749
  soma de 12 uniforme 397
  teorema do limite central 801
  variância da assimetria da 747
  veja também Distribuição Gaussiana (normal)
Distribuição platicúrtica 747
Distribuições estatísticas 340–359
  beta 353, 354
  binomial 358, 359
  Cauchy 342, 343
  chi-quadrado 350, 351
  condicional completa 851
  densidade, mudança de variáveis na 382–383
  distribuição F 352, 353
  exponencial 346, 347
  gama 351, 352
  Kolmogorov-Smirnov 354–356
  logística 344–346
  lognormal 348, 349
  lorentziana 342
  normal 340, 341
  Poisson 356–358
  Student 343, 344
  Weibull 347, 348
Divisão
  complexa 246
  de polinômios 224, 485, 492
  inteiro vs. flutuante 28
  múltipla precisão 1215
Divisão (splitting) do tempo 1077, 1078, 1090
Divisão sintética 115–116, 222, 263, 485, 492
Dominância diagonal 77, 826, 1012, 1085
Domínio de integração 216
Domínio frequência 621

Domínio temporal 621
Doub 45–46
DP ver Programação dinâmica
dpss (discrete prolate spheroidal sequence – sequência discreta esferoidal estendida na direção dos pólos) 683–689
DWT ver Transformada de wavelets

Economia de séries de potências 263–265
EDO veja Interpolação, equações diferenciais ordinárias
EDPs veja Equações diferenciais parciais
Efeito pepita (nugget) 862
  diferente de erro de medida 862
EISPACK 588
Elemento pivotante 63, 66, 67, 991–992
Eliminação de Gauss-Jordan 61–66, 95
  contagem de operações 67, 74
  necessidades de memória 64
  solução de equações normais 814
Eliminação Gaussiana 66–68, 85, 91
  contagem de operações 67
  equações integrais 1017–1018
  na redução para a forma de Hessenberg 615
  preenchimento 79, 96, 556
  solução de relaxação dos problemas de valor de contorno 990–991, 1008–1010
Elipse de erro, como esboçar 841, 871
Elipse na estimação do limite de confiança 835–836, 838, 839
Encriptação 378
Engenharia de software 22
Entropia 778–785, 1031, 1201
  condicional 782–785
  de dados 1042
  regra da cadeia 783
  relativa 780
Entropia relativa 780
EOM (fim da mensagem) 1203, 1206
Equação advectiva 1057
Equação bi-harmônica 173
Equação de Euler (fluxo de fluido) 1062
Equação de difusão 1049, 1068–1074, 1084
  diferenciação implícita 1070
  método de Crank-Nicolson 1070, 1074–1077
  multidimensional 1076, 1077
  progressiva no tempo e centrada no espaço (FTCS) 1069, 1071, 1084
Equação de Helmholtz 1082
Equação de Laplace 312–313, 1049
  ver também Equação de Poisson
Equação de Navier-Stokes 1060
Equação de onda 312–313, 1049, 1056
Equação de Poisson 652, 1049, 1082
Equação de Schrödinger 1073, 1074
Equação diferencial parcial parabólica 1049, 1068
Equação do balanceamento detalhado 849–851

Equações quadrática 30–31, 247–249
Equações algébricas lineares 57–129
   banda-diagonal 78–81
   cíclica tridiagonal 99, 100
   complexa 75
   computar **A**-1 〈 **B** 73
   decomposição de Cholesky 120–123, 398, 399, 546, 564, 589, 815
   decomposição em valor singular (SVD) 85–95, 269, 817, 1028
   decomposição $LU$ 68–75, 265, 504–505, 507, 555, 960, 1015, 1033
   decomposição $QR$ 122–127, 504–505, 507, 815
   e equações integrais 1011, 1015
   eliminação de Gauss-Jordan 61–66
   eliminação de linha *vs.* de coluna 65–66
   eliminação Gaussiana 66, 68
   esparso 59, 78, 95–113, 555, 565, 569, 961, 1036
   fórmula de Sherman-Morrison 96–99, 114–115, 555
   fórmula Woodbury 100, 101, 114–115
   matriz de Hilbert 114–115
   melhoria iterativa 81–85, 265, 569
   método de Hotelling 84, 739–740
   método de Shultz 84, 739–740
   método do gradiente conjugado 107–113, 739–740
   método gradiente biconjugado 108–109
   métodos diretos 60, 96
   métodos iterativos 60, 107–113
   não singular 58, 59
   particionado 101
   singular 58, 89, 93, 269, 817
   sistemas grandes de 58, 59
   sobredeterminado 59, 269, 817, 1029
   solução paralela 77
   solução por mínimos quadrados 85, 90, 93, 269, 817
   solução wavelet 738–740, 1014
   sumário de tarefas 59, 60
   Toeplitz 112–113, 116–120, 265
   Vandermonde 116–120, 150
   *ver também* Autossistemas
Equações cúbicas 247–249, 482
Equações de diferença finita (FDEs) 987–988, 994–995, 1005–1006
   acurácia de 1110–1111
   arte, não ciência 1060
   centrado no espaço e professivo no tempo (FTCS) 1057, 1069, 1074, 1084
   condição de Courant (multidimensional) 1076
   derivadas numéricas 249
   diferenciação upwind (em direção contrária) 1062, 1067
   em métodos de relaxação 987–988
   equações diferenciais parciais 1052
   esquema implícito 1070
   esquemas explícitos vs. implícitos 1058
   Euler progressivo 1057
   instabilidade nas alterações de uma malha 1065
   método Crank-Nicolson 1070, 1074, 1076, 1077
   método do salto escalonado 1063, 1064
   método implícito de direção alternante 1077, 1078, 1090, 1091
   método Lax (multidimensional) 1075, 1076
   método Lax 1059–1061, 1067
   método Lax-Wendroff a dois passos 1065
   modos normais de 1058, 1059
   operador unitário para forma de Cayley 1074
   relação com métodos espectrais 1118
   *ver também* Equações diferenciais parciais
Equações de Fredholm 1011
   alternativa de Fredholm 1012
   com singularidades, exemplo trabalhado 1024–1026
   com singularidades 1019–1026
   estimativa de erro na solução 1016
   homogêneo, segundo tipo 1016
   homogêneo vs. não homogêneo 1012
   kernel 1011
   kernel simétrico 1017
   mal-condicionado 1012
   método de Nystrom 1014–1017, 1019–1020
   não linear 1012–1013
   primeiro tipo 1011
   problemas de autovalores 1012, 1017
   problemas inversos 1012, 1026–1031
   segundo tipo 1012–1017
   subtração da singularidade 1021
   *ver também* Problemas inversos
Equações de Maxwell 1057
Equações de Volterra 1012–1013
   analogia com EDOs 1017–1018
   controle de tamanho de passo adaptativo 1019–1020
   do primeiro tipo 1012–1013, 1017–1018
   do segundo tipo 1012–1013, 1017–1020
   método bloco a bloco 1019
   não lineares 1012–1013, 1019
   quadratura instável 1019
Equações diferenciais 923–978
   acurácia vs. estabilidade 931, 955
   comparação de métodos 924, 925, 966–967, 970–971, 980–981
   condições de contorno 924, 979, 985–986, 1001–1002
   condições de contorno interna 1007–1010
   conjuntos algebricamente difíceis 994–995
   conservativas 952, 954
   controle adaptativo do tamanho do passo 925, 934–945, 948–951, 953, 963, 965–971
   controle do tamanho do passo 925, 934–944, 948, 953, 962, 965–966, 968–971
   de segunda ordem 952, 954
   diferenciação implícita 956, 957, 968–969
   diferenciamento semi-implícito 958
   duplicação do passo 934

efeitos de discretização 970–978
equivalência entre os métodos de passo múltiplo e métodos multivalorados 969–970
erro global vs. local 938
escalamento do tamanho do passo para acurácia requerida 937, 938
esquemas de Adams-Bashforth-Moulton 967–968
extrapolação local 935
integral de caminho para avaliação de função 271–274, 338
integrando para um ponto desconhecido 940
interpolação pelo lado direito 135
método Bader-Deufhard por insidência 964–965
método de Bulirsch-Stoer 271–272, 338, 924, 925, 933, 945–952, 966–967
método de Bulirsch-Stoer para equações conservativas 952, 954
método de Euler 924, 931, 955
método de Euler progressivo 955
método de Euler retrogrado 956
método de Euler semi-implícito 958, 964–965
método de extrapolação semi-implícito 958, 959, 964–966
método de relaxação, exemplo de 995–1002
método de relaxação 980–981, 987–995
método de Runge-Kutta, alta ordem 931–934, 936
método de Runge-Kutta 924, 931–945, 958, 966–967, 1121
método de Runge-Kutta embutido 935, 960
método do ponto médio modificado 946, 947
método Kaps-Rendrop para stiff 958
método Nordsieck 968–969
método shooting, exemplo 995–996, 1001–1006
método shooting 980, 983–985
métodos de passos múltiplos 924, 966–971
métodos implícitos de alta ordem 958
métodos multivalorados 966–971
métodos preditor-corretor 924, 933, 958, 966–971
métodos Rosenbrock para stiff 958–965
métodos stiff comparados 965–966
ordem do método 931, 946
output denso 928, 939, 951
pontos internos singulares 1007–1010
pontos singulares 945, 985–986, 1007–1010
problema com condições de contorno livres 981–982, 1007–1008
problema do autovalor 981–982, 997–998, 1001–1006
problemas de valor inicial 924
r.h.s independente de $x$ 956, 958
redução a conjuntos de primeira ordem 923, 980
regra de Stoermer 952
regra do ponto médio semi-implícito 964–965
resolvendo com expansões sinc 198
similaridade com as equações integrais de Volterra 1017–1018
simulação estocástica 970–978

stiff 925, 955–966
tamanho do passo, perigo de ser muito pequeno 944
*ver também* Equações diferenciais parciais; Problemas de valores de ponteira de dois pontos
Equações diferenciais parciais 1049–1121
aceleração de Chebyshev 1089
acurácia de segunda ordem 1063–1067, 1070
análise de estabilidade de von Neumann 123–124, 1059, 1061, 1064, 1070, 1071
análise de Fourier e redução cíclica (FACR) 1078–1083
características 1049–1051
choque 1062, 1067, 1068
classificação de 1049–1055
comparação de métodos velozes 1083
condição de contorno de onda saindo 1051
condição de Courant (multidimensional) 1076
condição de Courant 1059, 1061, 1063–1065, 1067
condições de contorno de Dirichlet 1051, 1070, 1080, 1086, 1088
condições de contorno de Neumann 1051, 1070, 1081, 1082, 1088
condições de contorno/fronteira inomogêneas 1080
condições de contorno/fronteira periódicas 1080, 1088
condições de fronteira/contorno 1050
decomposição (splitting) de operadores 1053, 1077, 1078, 1090
diferenciação finita avançada de Euler 1057
diferenciação finita explícita vs. implícita 1058
diferenciação implícita 1070
dissipação numérica ou viscosidade 1060
equação advectiva 1057
equação de difusão 1049, 1068–1074, 1076, 1077
equação de difusão não linear 1072
equação de Helmholtz 1082
equação de Laplace 1049
equação de onda 1049, 1056
equação de Poisson 1049, 1082
equação de Schrödinger 1073, 1074
erros, tipos de 1061–1063
estabilidade vs. acurácia 1060
estabilidade vs. eficiência 1052
fator de amplificação 1058, 1063
forma de Cayley 1074
instabilidade de arrasto de malha 1065
instabilidade não linear 1062
malhas alternadas (staggered) 646, 1082
matrizes esparsas de 96
método da redução cíclica (CR) 1079, 1082, 1083
método das diferenças finitas 1052
método de Cranck-Nicolson 1070, 1072, 1074, 1076, 1077
método de diferenciação upwind 1062, 1067
método de elementos finitos 1055
método de Gauss-Seidel (relaxação) 1085, 1086, 1093, 1103

método de Godunov 1068
método de Jacobi (relaxação) 1085, 1086, 1093
método de Lax (multidimensional) 1075, 1076
método de Lax 1059–1061, 1067, 1075, 1076
método de Lax-Wendroff de dois passos 1062, 1067
método de multirredes 1054, 1091–1109
método do gradiente biconjugado 1062, 1067
método do gradiente conjugado 1055
método do staggered leapfrog 1063, 1064
método FACR 1083
método implícito da direção alternante (ADI) 1077, 1078, 1090, 1091
método parabólico por partes (PPM) 1068
métodos de Monte Carlo 1055
métodos de ordem mais alta, cuidados com 1075
métodos de relaxação 1053, 1084–1091
métodos espectrais 259, 1055, 1108–1121
métodos matriciais 1053, 1055
métodos variacionais 1055
métodos velozes (de Fourier) 641, 1054, 1079
pacote analise/fatorize/opera 1055
parabólica 1049, 1068
problema de Cauchy 1049
problemas de valores de fronteira/contorno 1050–1055, 1078–1083
problemas de valores iniciais, recomendações a respeito de 1067
problemas de valores iniciais 1049, 1051
problemas de valores iniciais com fluxo conservado 1056–1068
problemas multidimensionais de valores iniciais 1074–1078
raio espectral 1086, 1091
separação (splitting) do tempo 1077, 1078, 1090
sobrerrelaxação sucessiva (SOR) 1086–1091, 1095
tempo avançado espaço centrado (FTCS) 1057, 1069, 1074, 1084
tipos de erros 1061–1063
viscosidade artificial 1062, 1067
*veja também* Equações diferenciais parciais elípticas: equações de diferença finita (FDEs)
Equações diferenciais parciais elípticas 1049
análise de Fourier e redução cíclica (FACR-Fourier analysis and cyclic reduction) 1078–1083
comparação de métodos rápidos 125–126
condições de contorno 1051
método de Gauss-Seidel 1085, 1086, 1093, 1103
método de Jacobi 1085, 1086, 1093
método de relaxação 1053, 1084–1091
método do gradiente biconjugado 1055
método do gradiente conjugado 1055
método implícito da direção alternante (ADI-alternating-direction implicit method) 1090, 1091, 1210
método multigrid 1055, 1091–1109
método rápido (Fourier) 1054, 1079–1082
métodos espectrais 1121

métodos matriciais 1053, 1055
pacote analise/fatorize/opere 1055
redução cíclica 1079, 1082, 1083
sobre-relaxação sucessiva (SOR-sucessive over-relaxation) 1086–1091, 1095
Equações diferenciais parciais hiperbólicas 1049
equação advectiva 1057
problemas de valor inicial de fluxo-conservativo 1056–1068
Equações integrais mal-condicionadas 1012
Equações íntegro-diferenciais 1014
Equações inteiras 1011–1048
alternativa de Fredholm 1012
com singularidades, exemplo trabalhado 1024–1026
com singularidades 1019–1026
controle de tamanho do passo adaptativo 1019–1020
correspondência com equações algébricas lineares 1011
estimativa de erro na solução 1016
Fredholm 1011, 1014–1017
homogênea, segundo tipo 1016
kernel 1011
kernel degenrado 1017
kernel simétrico 1017
mal-condicionada 1012
método bloco por bloco 1019
método de Nystrom 1014–1017, 1019–1020
método Nystrom produto 1019–1020
não linear 1012–1013, 1019
problemas de autovalores 1012, 1017
problemas inversos 1012, 1026–1031
quadratura instável 1019
range infinito 1019–1020
resolvendo com expansõe sinc 198
subtração da singularidade 1021
Volterra 1012–1013, 1017–1020
Wavelets 1014
*ver também* Problemas inversos
Equações lineares *ver* Equações diferenciais; Equações algébricas lineares
Equações lineares esparsas 59, 95–113, 555, 565, 569, 961
armazenagem indexada 102–107
atualização de Bartels-Golub 556
diagonal por banda 78
em prolemas inversos 1036
equações diferenciais parciais 1053
fill-in, minimização do 79, 96, 556, 565
método da relaxação para prolemas de valores de fronteira 987–988
método do gradiente biconjugado 108–109, 739–740
método do residual mínimo 109–110
padrões nomeados 96, 1053
transformada de wavelets 723–724, 739–740
*veja também* Matriz
Equações lineares homogêneas 89
Equações matriciais *veja* Equações algébricas lineares

Equações não lineares
  achando as raízes de 463–507
  em problemas inversos MEM 1043
  equações integrais 1012–1013, 1019
  método de multirredes para EDPs elípticas 1102
Equações normais (ajuste) 60, 792, 813–817, 1027–1028, 1032
Equações normais (método do ponto interior) 105, 564
Equações quadráticas 30–31, 247–249
Equações stiff 925, 955–966
  escalonamento de variáveis 959
  método da extrapolação semi-implícita 958, 959
  método de Euler semi-implícito 964–965
  método de Kaps-Rentrop 958
  método de Rosenbrock 958–965
  método preditor-corretor 958
  métodos comparados 965–966
  regra do ponto médio semi-implícita 964–965
Equilíbrio, físico 849
Ergódico, modelo de Markov 882
Erro 28–32
  arredondamento *ver* Erro de arredondamento
  de clocking 1197
  discretização 193
  distribuição exponencial dupla 844
  distribuição Lorentziana 844
  em método multigrid 1092
  interpolação 133
  não normal 803, 836–837, 842–848
  poda 193
  séries, vantagem de uma par 185, 947
  sistemático vs. estatístico 802
  truncamento 31–32, 193, 249, 521, 934, 935, 1188
  truncamento local 1102, 1103
  truncamento relativo 1102
  variedades de, em PDEs 1061–1063
  verificação de somas por prevenção 1197
Erro de amplitude 1061
Erro de arredondamento 30–32, 1188, 1189
  ajuste por mínimos quadrados 807, 815
  ajuste de reta 807
  aspectos de hardware 1189
  autossistemas 593, 594, 603, 605, 607, 612, 615
  bracketing um mínimo 521
  codificação preditiva linear (LPC) 701–702
  derivadas numéricas 249
  equações algébricas lineares 58, 61, 63, 81, 92, 115–116
  magnificação de 30–32, 81
  mais gracioso 1190
  método da entropia máxima (MEM) 705–706
  método de Levenberg-Marquardt 826
  método do gradiente conjugado 1055
  minimização multidimensional 542, 546
  mínimos quadrados linear geral 816, 819
  padrão IEEE 1190
  raízes múltiplas 485

redução à forma de Hessenberg 615
redução de Householder 602, 603
regra do trapezoide estendida 185
relações de recorrência 240
séries 227, 230
variância 748
Erro de fase 1061
Erro de poda (trimming) 193
Erro de transporte 1062
Erro de truncamento 31–32, 193, 521, 934, 935, 1188
  decaindo exponencialmente 258
  em derivadas numéricas 249
  no método multirredes 1102
Erro estatístico 802
Erros de medida 797
Erros gêmeos 1199
Erros na transposição de obstáculos 1199
Erros padrão (prováveis) 751, 98, 807, 810, 811, 814, 818, 831–841
Escada social da corporação 448
Escalamento afim 564
Escolha de Hobson 727–728
Escopo, temporário 40–42
Esfera 1122, 1153–1155
  2–vs. 3–esfera 1153
  achar todos os pontos dentro de uma 1134
  área da superfície em n dimensões 1153
  coordenadas angulares 1153
  intersecção com a reta 1146
  ponto aleatório sobre 1154, 1155
  volume em n dimensões 1154
Espaço nulo 59, 87–90, 92, 584, 1027–1028
Espectro de frequência *ver* Transformada rápida de Fourier (FFT)
Espectro de potência 676
  amplitude da soma ao quadrado 674
  amplitude quadrada integrada no tempo 674
  amplitude quadrática média 674
  convenções acerca de normalização 673, 674
  densidade espectral de potência 673
  estimação via FFT 673–689
  fator de mérito para janelas de dados 679
  janela de Bartlett 678
  janela de Hamming 679
  janela de Hann 678
  janela de Parzen 678
  janela de Welch 679
  janela quadrada 677
  métodos multitaper 683–689
  periodograma 674–678
  PSD 673
  redução de variância na estimativa espectral 677, 683
  segmentos de dados sobrepostos 681–683
  tapers de Slepian 683–689
  vazamento 676, 677, 679, 683–687
  windowing de dados 676–681

Estabilidade 28–32
  análise de von Neumann para EDPs 1058, 1059, 1061, 1064, 1070, 1071
  condição de Courant 1059, 1061, 1063, 1067, 1076
  da deflação polinomial 485, 486
  da diferenciação implícita 956, 1071
  da eliminação de Gauss-Jordan 61, 63
  da recorrência de Clenshaw 243–244
  de relações de recorrência 240, 242–244, 295, 298, 302, 314
  deslocamento de malha em EDPs 1065
  do modelo de Markov 882, 883
  e equações diferenciais stiff 956
  em solução por quadraturas da equação de Volterra 1019
  equação de difusão 1070, 1071
  equações diferenciais parciais 1051, 1058
  não linear 1062
  *veja também* Acurácia
Estabilidade de Liapunov 957
Estágio, treliça 881
Estatística de Anderson-Darling 763
Estatística de Kuiper 763
Estatística descritiva 744–796
  *ver também* Testes estatísticos
Estatística não paramétrica 772–778
Estatística Phi 768
Estatísticas de ordem mais alta 625
Estatísticas de alta ordem 625
Estatísticas $Y^2$ e $Z^2$ de Lucy 759
Estimação de espectro de potência 703–707
Estimação de Gauss-Markov 164
Estimação de parâmetros *ver* Ajuste; Estimativa de verossimilhança máxima
Estimação do quantil incremental 456
  mudanças com o tempo 459
Estimação robusta 747, 802, 842–848
  biweight de Tuckey 845
  correlação não paramétrica 772–778
  desvio absoluto médio 747
  desvio médio 747
  erros exponenciais duplos 844
  erros lorentzianos 844
  filtragem de Kalman 848
  seno de Andrew 845
  uso de covariâncias a priori 848
  *veja também* Testes estatísticos
Estimativa de espectro de potência *veja* Transformada de Fourier; Densidade espectral
Estimativa de quantil sequencial 456
  variação no tempo 459
Estimativa de verossimilhança máxima (estimativas M) 836–837, 842
  como calcular 845, 846
  definida 801
  desvio absoluto médio 844, 846

  relação com mínimos quadrados 801
  teste do qui-quadrado 836–837
Estimativa L 842
Estimativas M 842
  como calcular 845, 846
  local 843–845
  *veja também* Estimativa de verossimilhança máxima
Estimativas-R 842
Estrela diferença de 5 pontos 1096
Estrutura `if` 34
  "warning" sobre "nesting"(aninhamento de subrotinas em uma subrotina) 34
Estruturas de controle e escopo 41–42
Euclides 1122–1123
Expansão sinc 198
Expoente em formado de ponto flutuante 28, 1189
Extirpolação (assim chamada) 713–714
Extrapolação 130–174
  equações diferenciais 924
  função racional 946
  integração Romberg 186
  local 935, 938
  método da máxima entropia como tipo de 705–706
  Método de Bulirsch-Stoer 946, 948
  polinomial 946, 948, 967–968
  por predição linear 695–703
  relação com a interpolação 130
  *ver também* Interpolação
Extremização *ver* Minimização
Extremo local 508, 572

FACR *ver* Análise de Fourier e redução cíclica
Falsa posição 470, 473, 475
FAS (algoritmo aproximativo para armazenagem completa) 1101–1109
FASTA (software) 583
Fator de amplificação 1058, 1060, 1063, 1070, 1071
Fatores de atenuação 722
Fatorial
  avaliação de 230
  relação com a função gamma 276
  representabilidade 276–277
  rotina para 276–277
  rotina para log 277–278
Fax (facsimile) Grupo 3 padrão 1205
FDP (função densidade de probabilidade) *veja* Distribuições estatísticas
Fenômeno de Runge 1115
FFT *ver* Transformada rápida de Fourier (FFT)
--FILE--(ANSI C macro) 50
Filtragem de Wiener 666, 670–673, 695, 696, 791
  comparado à regularizão 1033
Filtragem digital *ver* Filtro
Filtragem ótima (Wiener) 666, 670–673, 695, 696, 791
  comparada à regularização 1033

Filtro 688–694
  algoritmo de troca de Remes 690–691
  causal 689–690, 791, 794
  de espelho de quadratura 724–725, 731–732
  de passa baixa 688–790
  digital 688–694
  DISPO 791
  domínio tempo 688–694
  estabilidade de 691–693
  Kalman 848
  linear 689–694
  método da transformação bilinear 691–692, 694
  modos homogêneos de 691–692
  não causal 689–690
  não recursivo 689–690
  ótimo (Wiener) 666, 670–673, 695, 696, 791
  pela transformada rápida de Fourier (FFT) 658, 670, 688–694
  polinômio característico 691–692
  realizável 689–693
  recursivo 689–694, 703
  resposta finita do impulso (FIR) 663, 664, 689–691
  resposta finita do impulso (IIR) 689–694, 703
  Savitsky-Golay 252, 790–796
  suavização de dados 790
Filtro de corte 688–689, 693
Filtro IIR(resposta infinita do impulso – infinite impulse response) 689–694, 703
Filtro Kalman 848
Filtro passa alta 688–689
Filtro passa banda 688–689, 691–692
  wavelets 724–725
Filtros de mínimos quadrados *ver* Filtros de Savitzky-Golay
Filtros de Savitzky-Golay
  para derivadas numéricas 252, 793
  para suavização de dados 790–796
FIR (resposta finita do impulso) filtro 689–691
FMG(full multigrid method – método multigrid completo) 1092, 1097–1101
Formato de Harwell-Boeing 103
Formato em ponto fixo 28
Formato em ponto flutuante 28–32, 1188–1190
  cuidados em derivadas numéricas 249, 250
  em geometria computacional 1122–1123
  habilitando exceções 55, 596
  história 1188
  IEEE 29–31, 54, 1189
  little-vs. big-endian 29–30
  NaN 54, 55
Formato em ponto flutuante IEEE 29–31, 54, 276–277
Formatos dos números 28–32, 1188–1190
Fórmula da reflexão para função Gama 276
Fórmula de Black-Scholes 349
Fórmula de Kelly 782
Fórmula de Lagrande para interpolação polinomial 114–115, 138, 713–714, 717–718, 1113–1114, 1117

Fórmula de recorrência de Clenshaw 239, 242–244
  estabilidade 243–244
  por polinômios de Chebyshev 256
Fórmula de Sherman-Morrison 96–99, 114–115, 504–505, 555
Fórmula de Woodbury 100, 101, 114–115
Fórmula do somatório de Euler-McLaurin 184, 187
Fórmula log-sum exponencial 868
Fórmulas de Newton-Cotes 178, 199
  abertas 178, 179
Fórmulas de Viète para raízes cúbicas 248
Fortran 21
  atributo INTENT 46
Fourier e aplicações espectrais 621, 661–743
Fração continuada 226–229
  aproximação por funções racionais 227, 280
  avaliação 226–229
  avaliação junto com a condição de normalização 308–309
  critério de convergência 228
  e relação de recorrência 242–243
  exponencial integral 287
  função beta incompleta 290
  função gamma incompleta 280
  função tangente 226
  funções de Bessel 303, 304, 308–309
  integrais seno e cosseno 321
  integral de Fresnel 318
  método de Lentz 227, 280
  método de Lenz modificado 228
  método de Steed 227
  para tipografia 226
  partes par e ímpar 228, 280, 287, 318, 321
  raio das funções de Bessel 307–308
  recorrência para avaliação 227, 228
  teorema de Pincherle 242–243
  transformação de equivalência 228
Framework a quatro passos, para FFT 636
Framework de seis passos para FFT 636
Frequência de Nyquist 626, 628, 653, 674, 676, 707–710, 716–717
Frequentista, contrastado com Bayesiana 798
FSAL (primeiro o mesmo como último) 937
FTCS (centrado no espaço e progressivo no tempo) 1057, 1069, 1074
  estabilidade de 1058, 1069, 1085
Fuga (vazamento) na estimação do espectro de potência 676, 677, 679, 683–687
Função
  aproximação 130, 253–259
  autocorrelação de 623
  avaliação de 221–274
  avaliação por integral de contorno 271–274, 338
  complexa 271
  convolução de 623, 638
  cortes de ramificação 271–274
  de Airy 273–274, 303, 309–312

de Bessel 239, 273–274, 294,-312–313
de Bessel esféricas 303
de Bessel modificada, ordem fracionária 307–310
de Bessel modificada 299–303
de correlação *ver* Função de correlação
de onda de Coulomb 273–274, 303
digamma 287
distribuição acumulada (cdf) 340–359, 456
distribuição acumulada inversa 340–359
erro *ver* Função erro
estatística 340–359
exponencial integral 239, 286–289, 321
fatorial 276–277
função erro 279
functor 41–44, 465, 480, 929
gamma *ver* Função gamma
harmônicos esféricos 312–317
harmônicos esferoidais 995–1006
hiperbólica inversa 247, 330
hipergeométrica *ver* Função hipergeométrica
integração sobre um contorno para a avaliar 271–274
integrais elípticas 329–336, 1210
integral de Dawson 322, 324, 740–741
integral de Fermi-Dirac 198
integral de Fresnel 317–320
inversa de $x\log(x)$ 327–329, 355
inversa trigonométrica 330
Jacobiana elíptica 329, 336, 337
largura de banda (bandwidth) limitada 626
log fatorial 277–278
logarítmica *ver* Função logarítmica
minimização 508–583
objeto 41–42
patológico 131, 466
polinômio de Legendre 239, 313–314, 821
polinômio de Legendre associado 313–314, 995–996
probabilidade 340–359
probabilidade de Kolmogorov-Smirnov 761, 787
de probabilidade qui-quadrado *ver* Função de probabilidade qui-quadrado
representações de 621
rotina para esboçar uma 465
seno e cosseno integrais 317, 320–322
sn,dn,cn 336, 337
utilidade 37–38
via template 37–38, 42–43, 46
virtual 53
Weber 273–274
Função Beta 276–279
Função Beta incompleta 290–293
para F-teste 754
para t de Student 753
rotina para 293
Função cosseno, recorrência 239
Função de comparação para método de rejeição 386

Função de correlação 623, 638
autocorrelação 623, 670, 695–697
e transformadas de Fourier 623, 638
teorema 623, 669
teorema de Wiener-Khinchin 623, 704–705
tratamento de efeitos finais 669
três pontos 625
usando FFT 669, 670
Função de mérito 757
em mínimos quadrados lineares gerais 812
modelos não lineares 823
para ajuste de reta, erros em ambas as coordenadas 809
para ajuste de reta 805, 846
para problemas inversos 1029
Função de probabilidade binomial 277–278, 358, 359
desvios da 394–397
momentos da 759
Poisson como um caso limite 358
Função de probabilidade de Poisson 356–358, 410
caudas comparadas à gaussiana 802
como caso limite da binomial 358
desvios da 392–394, 708–710
momentos da 749, 758
semi-invariantes da 749
Função de probabilidade qui-quadrado 350, 351, 756, 802, 803, 1028
como fronteira da região de confiança 836–837
desvios de 391
Função de resposta ao impulso 662–664, 670, 689–690
Função delta de Dirac 723–724, 1012
Função distribuição de probabilidade $F$ 352, 353, desvios 391
Função erro 279, 284–286, 741–742
aproximação de Chebyshev 284
aproximação via teorema da amostragem 741–743
complexa 322
inverso 284
relação com a função gamma incompleta 284
relação com a integral de Dawson 322
relação com integrais de Fresnel 318
rotina para 284
significância da correlação 770
soma de quadrados das diferenças de ranks 774
transformação $z$ de Fisher 771
Função figura de mérito 797
Função gamma 276–277
complexa 276–277
e área da esfera 1154
Função gamma incompleta 279–283
desvios de 389
inversa 283
para qui-quadrado 756, 803
Função hiperbólica inversa 247, 330
Função hipergeométrica 271–272, 338–340
rotina para 338, 339
confluente 273–274, 307–308

Função janela 681
  Bartlett 678
  Hamming 679
  Hann 678
  Parzen 678
  quadrada 677
  Slepian 683
  topo plano 679, 680
  Welch 679
Função logarítmica 330
  função barreira 561–562
  inversa de $x \log (x)$ 327–329, 355
Função objetivo 547, 549, 551
Função penalidade 561–562
Função racional 130, 221–225, 265, 268, 691–692
  aproximação de Chebyshev 267–271
  aproximação para frações continuadas 227, 280
  aproximação para funções de Bessel 295
  avaliação de 224, 225
  como estimativa do espectro de potência 703
  diagonal 145
  extrapolação no método de Bulirsch-Stoer 946
  filtro resposta ou recursivo 691–692
  interpolação e extrapolação usando a 130, 144–148, 265, 267–271, 946
  minimax 268, 269
Função resolução, no método Backus-Gilbert 1039
Função resposta 662–664, 670
Função seno
  avaliada a partir de tan($\theta$/2) 239
  recorrência 239
  série 230
Função tangente, fração continuada 226
Função trigonométrica inversa 330
Função utilidade MAX 747
Função utilidade MIN 37–38
Função utilidade SIGN 37–38
Função Zeta de Riemman 231
Funcional de estabilização 1029
Funções base em mínimos quadrados lineares gerais 812
Funções cardinais 1113–1114, 1116
Funções de base radiais 159–164
  gaussiana 162
  multiquádrica 161–162
  multiquádrica inversa 161–162
  normalizadas 160
  spline thin-plate 162
  Wendland 162
Funções de Bessel 294–313
  algoritmo de Miller 241, 298
  complexas 273–274
  esféricas 303, 311–313
  forma assintótica 294, 299, 304
  fórmula de normalização 241
  fórmulas de reflexão 306
  fórmulas de reflexão funções modificadas 309–310

fração continuada 303, 304, 307–309
modificadas, fórmula de normalização 302, 308–309
modificadas, ordem fracionária 307–310
modificadas, rotinas para 300
modificadas 299–303
ordem fracionária 294, 303–313
ponto crítico 303
relação de recorrência 239, 294, 295, 298, 301, 303–306
rotinas para 296, 306
rotinas para funções modificadas 309–310
séries para 230, 294
séries para $K_\nu$, 308–309
séries para $Y_\nu$, 304–306
Wronskiano 303, 304, 307–308
Funções de Slepian 683–689
Funções de Weber 273–274
Funções elípticas Jacobianas 329, 336, 337
Funções hiperbólicas, fórmulas explícitas para inversa 247
Funções lógicas bitwise 1195
  teste se inteiro é potência de 2 36, 632
  truque para próxima potência de 2 36, 381–382
Funções ortonormais 201, 312–313
Funções stiff 131, 521
Funções utilidade 37–38
Funções-mãe 723–724
Functor 41–44, 222, 224, 257, 259–260, 465, 480, 681, 929, 960, 964–965
FWHM(full width at half maximum – largura total na metade do máximo) 680

g++ 25
Gap de dualidade 559
Gaussiana
  multivariada 398, 399, 866–867, 871, 872, 1031, 1154, 1155
  Teorema de Hardy nas transformadas de Fourier 740–741
  ver também Distribuição Gaussiana (normal)
Geofísica, uso do método de Backus-Gilbert 1041
Geometria computacional, aritmética em ponto flutuante 1122–1123
Geração de malha 1175–1176
Gerador congruente linear multiplicativo (MLCG) 361, 364, 368, 369
Gerador de Fibonacci intervalado 374
Gerador de números aleatórios
  algoritmo de Box-Muller 384
  bits aleatórios 400–406
  byte aleatório 372
  congruente linear 361, 363, 368
  Fibonacci atrasada 374
  fornecido pelo sistema 362
  função hash 372
  geradores combinados 363, 365–372
  herança 43–44
  limitado a 32 bits 375–377

mais alta qualidade 362, 371
método da rejeição 385–388
método da transformação 382–385
método do recozimento simulado (simulated annealing) 572, 573
método razão-dos-uniformes 387–391
método subtrativo 374
método xorshift 365
métodos recomendados 365–372
MLCG 361, 364, 368, 369
múltipla com método do vai-um (MWC) 367
não aleatoriedade do bits de ordem mais baixa 364
números se encontram em planos 364
padrão de encriptação de dados 378–382
para distribuição de probabilidade de valor inteiro 392
para função hash 407
para uso diário 371
polinômios primitivos módulo 2 402
ponto flutuante 374
pseudo DES 378
registrador de mudança linear de feedback (LSFR) 366, 400–406
relação sucessora 370, 372
sequências quase aleatórias 423, 430, 1185, 1193
teste Diehard 365
teste espectral 364
testes NIST-STS 365
timings 375
truque para funções trigonométricas 384, 387
uniforme 361–377
uso do Quicksort 444
Ghostscript 1186
Gilbert e Sullivan 944
Glassman, A. J. 249
Globalmente convergente
   localização de raiz 495, 498–507, 983, 983–984, 986–987
   minimização 542–546
GLPK (pacote de programação linear) 557
GMRES (método generalizado de resíduos mínimos) 109–110
Gnuplot 1187
Goodness-of-fit (qualidade do ajuste) 797, 803, 806, 807, 811, 837–838
   sem bons métodos Bayesianos 803, 1035
Grade (grid) quadrada 152
Gráficos, função "plotting" 465, 1185–1188
Grafo direcionado
   decodificação de Viterbi 874
   estágios e estados 577, 874
   matriz de transição 880
   modelo de Markov 880
   probabilidade de transição 880
   treliça 880
Grafo ou matriz de dependência 973

Gram-Schmidt
   ortogonalização 125–126, 585, 586, 610, 619
   SVD como alternativa para 94
Graus de liberdade 756, 757, 802, 803, 837–839
Greenbaum, A. 110–111
Grid irregular, interpolação em 159–169, 1166–1168
Gridding 170–174
Grupo, diedral 1199

Harmônicos esféricos 1153
   funções de base para o método espectral 1110–1111
   ortogonalidade 312–313
   recorrência estável para 314
   rotina para 314
   tabela de 313–314
   transformada rápida 315, 317
   *veja também* Polinômios associados de Legendre
Harmônicos esferoidais 995–1006
   condições de contorno 996–998
   normalização 997–998
   rotinas para 999–1002
Hash
   chave 407
   de array inteiro 378–381–382
   estratégia de colisão 407, 410
   exemplos 416
   função 372, 407–410
   memória 412–417
   memória multimap 414–417
   tabela 406–412
Heap (estrutura de dado) 447, 455, 976, 1203
Heapsort 441, 447–449, 455
Herança 43–45
   exemplos de neste livro 43–44
Hertz (unidade de frequência) 621
Hipótese nula 744
Hipótese zero 744
Histograma, bins de tamanho variável 459
HOPDM (software) 569
Hull, convexo 1122, 1157, 1171–1172

-I 46, 52, 56
IBM
   checksum (soma de verificação) 1199
   gerador ruim de números aleatórios 364
   valor da base para aritmética em ponto flutuante 613
Identação dos blocos 34
Identidade de Ramanujan para $\pi$ 1218
Idiomas 36
Implementação de FFT de Brenner 632, 649
Implícita
   pivoteamento 64
   shifts no método $QL$ 607–610
   teorema da função 463
IMSL 23, 60, 96, 487, 491, 589
Inclusão de arquivos "Include" 23, 24

Incremento do gerador congruencial linear 363
Inferência 864–922
Informação
   lado 784, 785
   mútua 782–785
   teoria 778–785
   privilegiada 784, 785
Injeção direta 1096
Inserção direta 441, 444, 596
Instabilidade de deslocamento de malha 1065
Instabilidade não linear 1062
Instabilidade *ver* Estabilidade
Instanciação 38, 39
Int,_ _int32,_ _ int64 45–46
Integração adaptativa 925, 934–945, 952, 954, 959, 970–971, 1019–1020
   controle do tamanho de passo PI 939
   controle preditivo do tamanho do passo 963
   Monte Carlo 430–439
   *ver também* Quadratura, adaptativa
Integração com tamanho de passo variável 175, 187, 925, 948, 952–954, 962, 965–971
Integração de funções 175–220
   aproximação de Chebyshev 259–261
   Gauss-Hermite 205
   Gauss-Jacobi 206
   Gauss-Legendre 203
   integração sobre um contorno 271–274
   integrais cosseno 320
   integrais de Fourier, range infinito 722–723
   integrais de Fourier 715–723
   integrais de Fresnel 317
   integrais que são integrais elípticas 329
   integrais seno 320
   Ranges infinitos 196–198
   *ver também* Quadratura
Integração de Gauss-Chebyshev 200, 203, 207, 646
Integração de Gauss-Hermite 203, 1019–1020
   abscissas e pesos 205
   normalização 205
Integração de Gauss-Jacobi 203
   abcissas e pesos 206
Integração de Gauss-Laguerre 202, 1019–1020
Integração de Gauss-Legendre 203, 213
   *ver também* Integração gaussiana
Integração de Romberg 176, 186, 189, 251, 947, 1019
Integração gaussiana 179, 199–213, 258, 316, 1019–1020, 1022, 1111–1114
   algoritmo Golub-Welsch para pesos e abscissas 208
   cálculo de abscissas e pesos 202–208
   convergência exponencial de 200, 1113–1114
   de relação de recorrência conhecida 208, 209
   e polinômios ortogonais 201, 1112
   estimativa de erro na solução 1016
   extensões de 211–213, 1113–1114
   função peso $\log x$ 210–211

   função peso não clássica 209–211, 1019–1020
   funções peso 199–201, 1019–1020
   nodos pré-designados 211
   para equações integrais 1012–1013, 1015
   para função beta incompleta 291
   para função gamma incompleta 280, 282
   relação de ortogonalidade discreta 1112
Integração numérica *ver* Quadratura
Integrais de Cauchy de valor principal 198
Integrais de Fourier
   correções terminais 717–718
   fatores de atenuação 722
   integração da cauda por partes 722–723
   uso da transformada rápida de Fourier (FFT) 715–723
Integrais de Fresnel 317–320
   forma assintótica 318
   fração continuada 318
   rotina para 319
   séries 318
Integrais do valor principal 198
Integrais elípticas 329–336, 1210
   forma simétrica 329, 330
   formas de Carlson e algoritmos 330–336
   Legendre 329, 334, 335
   rotinas para 331–335
   teorema da adição 330
   teorema da duplicação 331
   valor principal de Cauchy 331
   Weierstrass 330
Integrais impróprias 187, 192
Integrais iteradas 216, 217
Integral cosseno 317, 320–322
   fração continuada 321
   rotina para 321
   série 321
Integral de caminho, para avaliação de função 271–274, 338
Integral de Dawson 322, 324, 740–741
   aproximação para 323
   rotina para 323
Integral de Fermi-Dirac 198
Integral elíptica completa *ver* Integrais elípticas
Integral elíptica de Legendre *ver* Integrais elípticas
Integral exponencial 286–289
   expansão assintótica 289
   fração continuada 287
   relação com a função gamma incompleta 287
   relação com cosseno integral 321
   relação de recorrência 239
   rotina para $Ei(x)$ 289
   rotina para $En(x)$ 288
   série 287
Integral seno *veja* Integral cosseno
Interpolação 130–174
   algoritmo de Aitken 138
   algoritmo de Neville 138, 251, 948

aproximação de Chebyshev racional 267–271
baricêntrica racional 133, 147, 148
bicúbica 156–158
bi-harmônica 173
bilinear 153, 154
coeficientes do polinômio 131, 149–151, 261, 263, 713–714
curva aberta vs. fechada 168
dados espalhados 159–174
de curva 159, 167
de Hermite 940
de Laplace/Poisson 170–174
equações diferenciais ordinárias e 133
estimativas de erro para 131
evite na análise de Fourier 707–708
função racional 130, 133, 144–148, 265, 295, 946
funções base radial 159–164
funções base radial normalizadas 160
funções com polos 144
grid, em um 152–155
grid irregular 159–169, 1122, 1166–1168
kriging 164–167
método de Shepard 160
método multigrid, em 1095–1097
método pseudoespectral e 1112
mínima curvatura 173
multidimensional 133, 152–155, 159–174
multiquadrática inversa 162
multiquádrica 161–162
Nystrom 1015
operação contragem para 131
operador 1093
ordem de 132
oscilações do polinômio 132, 149, 509–510, 521
para computar integrais de Fourier 717–718
para output de equações diferenciais 940
parabólica, para localização do mínimo 517–520
polinomial *ver* Interpolação polinomial
prudência na alta ordem 132, 133
quadrática inversa 475, 517
reversa (extirpolação) 713–714
spline 131, 140–144, 155
trigonométrica 130
*ver também* Ajuste
Interpolação de Shepard 160
Interpolação polinomial 130, 138–140
algoritmo de Aitken 138
algoritmo de Neville 138, 145, 186, 251, 948
coeficientes para 149–151
fenômeno de Runge 1115
filtros de suavização 792
fórmula de Lagrange 114–115, 138, 1113–1114, 1117
multidimensional 152–155
no método de Bulirsch-Stoer 948
no método do preditor-corretor 967–968
patalogia ao se determinar coeficientes para 150
*veja também* Interpolação

Intersecção, 1122
árvore QO usada para encontrar 1175–1176
linha e esfera 1146
linha e triângulo 1146
linhas 1142
segmentos de reta 1143
Intervalo 87, 88, 90
Inversa da matriz aproximada 83
Inversa de Moore-Penrose 90
_IO 46, 52, 56
IQ agente (quantil incremental) 456
Irredutibilidade do modelo de Markov 882
ISBN (International Standard Book Number), verificação de soma 1198
Iteração 34
funcional 967–968
na localização de raízes 464
para equações algébricas lineares 60
para melhorar solução de equações algébricas lineares 81–85, 265
requerido para problemas a valores de contorno a dois pontos 979–981
Iteração aninhadas 1097
Iteração Do-while 35
Iteração `for` 34
iteração `while` 34
Iteração inversa *ver* Autossistemas
equilíbrio estável do modelo de Markov 883

Janela de Barlett 678
Janela de Hamming 679
Janela de Hann
correção de erro 879
decodificação 877–878
Janela de Parzen 678
Janela de Welch 679
Janela quadrada 677
Java 21, 32
Jogos de azar 779–782, 784, 785

Kernel 1011
degenerado 1017
rank finito 1017
resposta inversa 1039
separável 1017
simétrica 1017
singular 1019–1020
tomando a média, no método de Backus-Gilbert 1039
Kriging 159
ajuste não é o mesmo que interpolação 862
ajuste por 860–862
é processo de regressão Gaussiana 861
efeito "pepita"(pedaço) 862
interpolação por 164–167
predição linear e 696, 700–701

"Lag" (invervalo temporal) 623, 669, 690–691
LAPACK 60, 588
Largura do vazamento 679, 680
Las Vegas 768
Latitude/longitude em $n$-dimensões 1153
LCG *ver* gerador de números aleatórios, congruente linear
Ldexp 227, 299, 303
LDL 565, 569
Ldoub 45–46
Lei de Murphy 530
Lema de Danielson-Lanczos 630, 631, 659–660
Lema de Laczos 630, 631
Lepage, P. 434–435
Linguagem de programação C 21
   \_\_FILE\_\_ e \_\_LINE\_\_ macros 50
   idiomas 36
   sintaxe 32–38
Limbo 478
Limites de confiança
   da decomposição em valor singular (SVD) 840,
   e qui-quadrado 835–836
   método bootstrap 833–835
   nos parâmetros estimados do modelo 831–841
   por simulação Monte Carlo 831–835
   região de confiança, intervalo de confiança 834–836
   \_\_LINE\_\_ ( macro ANSI C) 50
Linha
   degenerescência 58
   operação sobre linha de matriz 62, 65–66
   totais 767, 783
Linhas espectrais, como suavizá-las 791
LINPACK 60, 588
Little-endian 29–30, 54
Llong 45–46
Localização de raízes 201, 202, 463–507
   algoritmo de Lehmer-Schur 491
   bissecção 466, 468–470, 475, 481, 513, 605, 846
   bracketing de raízes 464, 466–468, 475, 476, 485, 486, 491
   casos patológicos 466, 478, 485, 495
   comparada à minimização multidimensional 497, 498
   critério de parada para polinômios 488
   critérios de convergência 469, 496
   deflação de polinômios 485, 492
   em uma dimensão 463
   funções complexas analíticas 487
   implementação avançada do método de Newton 507
   jacobiana singular na regra de Newton 507
   método da secante 470, 475, 487, 521
   Método de Bairstow 487, 492
   método de Brent 464, 470, 474–476, 480, 810,
   método de Broyden 495, 504–507
   método de Halley 283, 284, 291, 355, 484
   método de Jenkins-Traub 491
   método de Laguerre 465, 66–490
   método de Muller 487, 494
   método de Ridder 464, 470, 473–475
   método matricial 490, 491
   métodos de autovalores 490, 491
   multidimensional 463, 480
   no método da relaxação 987–988
   no método do shooting 980, 983
   no plano complexo 273–274
   polimento de raízes 480, 486, 491–494
   polinômios 465, 484–494, 584
   posição falsa 470, 473, 475
   procedimento de Maehly 486, 493
   raiz dupla 464
   raízes múltiplas 464
   regra de Newton 202, 249, 464, 465, 477–483, 485, 487, 491–498, 560, 605, 968–969, 983, 987–988, 1019, 1102, 1104, 1215, 1216
   regra de Newton segura 481
   sem derivadas 477
   supressão zero 494
   usando derivadas 477
   use de busca mínima 464
   *veja também* Raízes
Localização de raízes *veja* Bracketing
long long int 45–46
Loop de fase fixa 848
Loops 34
lp\_solve 556–557
LPC (código de predição linear) 700–703
Lua cheia 27
Lucifer (algoritmo de encriptação) 378
LUSOL 556

Macintosh, *veja* Apple MAC OS X
Mãe Natureza 831, 833
Mágica
   em aproximação de Padé 266, 267
   em recuperação de imagem MEM 1044, 1045
Mantissa em formato de ponto flutuante 28–31, 1189
Maple (software) 23
Máquina de vetor suporte 907–922
   dados linearmente separáveis 908
   exemplos de núcleos 915
   formulação dual 910–913
   margem 908
   pacote SVMlight 917
   parâmetro de regularização 912, 917
   truque do núcleo 913–916
   variante de Mangasarian-Musicant 917–922
Marés 698–699
Marginais 767, 783, 849
Matdoub, MatInt, etc. 46
Mathematica (software) 21, 23
Mathematical Center (Amsterdam) 475
Matlab 21, 23
Matriz 57, 58
   aproximação de 94, 95, 738–739
   armazenagem indexada de 102–107

atualização (updating) 125–127, 505
aumentada por coluna 62, 63
autoadjunta 585, 586
base ortonormal 94, 125–126
bidiagonal 87
bloco-diagonal 96, 987–988, 990–991
bloco-triangular 96
bloco-tridiagonal 96
classe para 44–49
com bandas 60, 589
complexa 75
conjugada hermitiana 585
de curvatura 824
de derivadas *veja* Matriz Hessiana; Determinante jacobiano
de design (ajuste) 792, 812, 1027–1028
de distância 893
de espalhamento 1040
de Hessenberg 125–126, 588, 606, 611–617, 619
de Hessenberg superior 615
de Hilbert 114–115
de iteração 1085
de iteração para a inversa 83–85, 739–740
de responsabilidade 866
de rotação 1122, 1155, 1156
de Toeplitz *ver* matriz de Toeplitz
decomposição de Cholesky 120–123, 398, 399, 546, 564, 589, 815
decomposição do valor singular 59, 85–95, 1028
decomposição QR 122–127, 504–505, 507, 815
defectiva 585, 612, 619, 620
determinante da 59, 74, 75
diagonal por banda 76–81, 96
diagonal por banda hierarquicamente 739–740
diagonalização 587
diferenças finitas para equações diferenciais parciais 1052
e equações integrais 1011, 1015
espaço nulo 59, 87–90, 92, 584, 1027–1028
esparsa 59, 95–113, 555, 565, 569, 738–739, 961, 987–988, 990–991, 1036
esquemas de armazenamento em C++ 58
formas especiais 60
Hermitiana 585, 589, 611
Hessiana *veja* Matriz Hessiana
identidade 59
índices de linha e coluna 58
inversa 50, 61, 67, 74, 96, 98, 101, 102, 126–129, 586
inversa aproximada 83
inversa de Moore-Penrose 90
inversa multiplica por uma matriz 73
inversa pelo método de Hotelling 84, 739–740
inversa pelo método de Schultz 84, 739–740
Jacobiana 496, 498, 501, 504–507, 561, 959, 960
limitada (bordered) 96
mal-condicionada 89, 91, 150, 151

multiplicação denotada por ponto 57
multiplicação lógica 973
norma 84
normal 585, 586
nulidade 87, 88
número de condição 89, 109–110
operações de linha vs. coluna 65–66
operações elementares de coluna e linha 62, 63
ordem de otimização da multiplicação 579, 580
ortogonal 123–124, 585, 600, 726–727, 1155
particionamento para determinante 102
particionamento para inversa 101, 102
polinômio característico 584, 604
por banda cíclica 96
positiva-definida 60, 120–121, 564, 815
produto externo denotado por $\otimes$ 98, 544
pseudoinversa 90, 93
range 87, 88
rank 87
residual 83
rotação de Jacobi 594
simétrica 60, 120–121, 584, 586, 589, 592, 597–604, 1017
singular 89, 91, 93, 584
splitting no método de relaxação 1085
sufixo _I, _O, _IO, 46, 52, 56
teorema da nulidade do rank 88
transformação de Jacobi 588, 591–597, 599
transformação de similaridade 587, 588, 591, 613, 615
transformação ortogonal 587, 599, 605
transposta de esparsa 105
triangular 588
triangular inferior 68, 120–121, 1023
triangular por banda 96
triangular superior 68, 123–124
tridiagonal *ver* Matriz tridiagonal
unitária 585
Vandermonde 112–117, 150
*veja também* Autossistemas; NRMatrix
Matriz banda diagonal 76, 78–81
armazenamento 78
decomposição LU 79
multiplicação por um fator 78
retrossubstituição 80
hierarquicamente 739–740
Matriz de Jacobi, para quadraturas Gaussianas 208
Matriz de Toeplitz 112–113, 116–120, 265
algoritmos novos, velozes 119–120
decomposição LU 118–119
não simétrico 116–119
Matriz de transição
autovalores e autovetores 882, 883
grafo direcionado 880
modelo de Markov 880
Matriz de Vandermonde 112–117, 150
Matriz de verificação de paridade 875–876

Matriz Hessiana 504–505, 531, 538, 542, 543, 823–825, 1036, 1045, 1046
  derivadas segunda em 824, 825
  é inversa da matriz de covariância 826
Matriz tridiagonal 76–81, 208, 588, 619
  autovalores 597, 598, 604–610, 686–687
  cíclica 99, 100
  com margens 1053
  da divisão (splitting) de operadores 1091
  da spline cúbica 142
  na redução cíclica 1082, 1083
  no método implícito de direções alternantes (ADI) 1091
  redução de matriz simétrica à 597–604
  solução paralela 77
  *veja também* Matriz
Matterhorn 747
Maximização *veja* Minimização
MCMC *veja* Monte Carlo de cadeia de Markov
Mecânica quântica, Princípio da Incerteza 740–741
Média de janela deslizante 791
Média de três em Quicksort 444
Média otimamente localizada (OLA) 1039–1041
Média(s)
  de uma distribuição 746, 747, 749
  diferenças estatísticas entre duas 750–754
Mediana 440
  calculando a 453
  de uma distribuição 746, 749, 750
  enquanto *L-estimate* 842
  estimação incremental 456
  papel em ajuste robusto de reta 846
  por seleção 846
  variação temporal 459
Medidas de associação 745, 765, 782–785
Meia ponderação 1096
MEM *veja* método da entropia máxima (MEM)
Memória, usando abrangência para administrá-la 40–41
Mensagem 778
Método ADI (direção implícita alternada): do inglês: "alternating direction implicit" 1077, 1078, 1090, 1091, 1210
Método bloco por bloco 1019
Método CR *ver* Redução cíclica (CR)
Método da classe de equivalência de Eardley 461
Método da curvatura mínima 173
Método da direção implícita alternada (ADI) 1077, 1078, 1090, 1091, 1210
Método da divisão e conquista 610
Método da entropia máxima (MEM) 703–707, 1031
  algoritmo de Cornwell-Evans 1046
  algoritmos para restauração de imagens 1045
  bayesiano 1047
  contagem de operações 705–706
  demistificado 1044, 1045

histórico vs. bayesiano 1047
  modelo da função de correlação intrínseca (ICF) 1047
  para problemas inversos 1041–1047
  restauração de imagens 1041–1047
  *veja também* Predição linear
Método da inversão linear sob vínculos 1031
Método da máxima entropia histórica 1047
Método da média Aritmética-geométrica (AGM) 1210
Método da métrica variável 509–510, 542–546
  comparado ao método do gradiente conjugado 542
Método da próxima reação 976
Método da razão-dos-uniformes para gerador de números aleatórios 387–391
Método da rejeição para gerador de números aleatórios 385–388
Método da relaxação
  alocação automática de pontos da malha 1005–1008
  cálculo de harmônicos esferoidais 995–1002
  condições de fronteira interna 1007–1010
  equações diferenciais parciais elípticas 1053, 1084–1091
  exemplo 995–1002
  método de Gauss-Seidel 1085, 1086, 1093. 1103
  método de Jacobi 1085, 1086, 1093
  para conjuntos algebricamente difíceis 994–995
  para equações diferenciais 980–981, 987–995
  pontos singulares internos 1007–1010
  sobrerrelaxação sucessiva (SOR) 1086–1091, 1095
  *veja também* Método a multirredes
Método da secante 464, 470, 475, 487, 521
  método de Broyden 504–507
  método de Broyden multidimensional 495, 504–507
Método de Adams-Bashford-Moulton 967–968
Método de Backus-Gilbert 1039–1041
Método de Bader-Deuflhard 964–965
Método de Bairstow 487, 492
Método de barreira 561–562
Método de Borwein e Borwein para $\pi$ 1210
Método de Brent
  localização de raiz 464, 470, 474–477, 480, 810
  minimização, usando derivada 509–510, 520, 521
  minimização 509–510, 517–520, 809
Método de Broyden 495, 504–507
  Jabiano singular 507
Método de Clusterização K-means 872–874
Método de contorno para matriz Toeplitz 116–117
Método de Crank-Nicolson 1070, 1074, 1076, 1077
Método de Euler para equações diferenciais 924, 931, 955
Método de Euler semi-implícito 958, 964–965
Método de extrapolação semi-implícito 958, 959, 964–966
  comparado ao método de Rosenbrock 965–966
  controle de tamanho de passo 965–966
Método de Filon 722

Método de Gauss-Seidel (relaxação) 1085–1087, 1093
  não linear 1103
Método de Gear (stiff EDOs) 958, 965–966
Método de Godunov 1068
Método de Halley 283, 284, 291, 355, 484
Método de Hotelling para matriz inversa 84, 739–740
Método de inversão linear, restrito 1031
Método de Jacobi (relaxação) 1085, 1086, 1093
Método de Jacobi cíclico 594
Método de Jenkins-Traub 491
Método de Laguerre 465, 487–490
  convergência 487
Método de Lanczos para função gamma 276
Método de Lax 1059–1061, 1067, 1075, 1076
  multidimensional 1075, 1076
Método de Lax-Wendroff 1065
Método de Lax-Wendroff de dois passos 1065
Método de Lentz para fração continuada 227, 280
Método de Lenz modificado, para frações continuadas 228
Método de Levinson 116–117
Método de linhas 1120
Método de Marquardt (ajuste por mínimos quadrados) 825–830, 1047
Método de Muller 487, 494
Método de multirredes 1055, 1091–1109
  acelerando o algoritmo FMG 1101
  algoritmo de armazenamento de aproximação completa (FAS) 1101–1109
  ciclo 1094
  ciclo-V (*V-cycle*) 1094
  ciclo-W (*W-cycle*) 1094
  condições de fronteira 1097
  contagem de operações 1092
  correção de malha grossa 1093
  critério de parada 1103
  equações não lineares 1102
  erro local de truncamento 1102, 1103
  erro relativo de truncamento 1102
  escolha de operadores 1096
  evitar SOR 1095
  importância de operador adjunto 1096
  injeção direta 1096
  meia-pesagem 1096
  método de multirredes completo (FMG) 1092, 1097–1101
  natureza recursiva 1094
  operador de injeção 1093
  operador de interpolação 1093
  operador de prolongação 1093
  operador de restrição 1093
  operador fino-ao-grosso 1093
  operador grosso-ao-fino 1093
  ordenamento par-ímpar 1095, 1098
  pesagem completa 1096
  ponto de vista dual 1102
  regra de Newton 1102, 1104

  relaxação de Gauss-Seidel 1094
  relaxação de linha 1095
  relaxação em zebra 1095
  relaxação enquanto operador de suavização 1094
  relaxação não linear de Gauss-Seidel 1103
  símbolo de operador 1095, 1096
  usa da extrapolação de Richardson 1097
Método de Newton-Raphson, *veja* Regra de Newton
Método de Nordsieck 968–969
Método de Nystrom 1014–1017, 1019–1020
  versão de produto 1019–1020
Método de Phillips-Twomey 1031
Método de regularização 1031
Método de Ridder
  para derivadas numéricas 251
  para localizaçao de raízes 463, 470, 473–475
Método de Rosenbrock 958–965
  comparado com a extrapolação semi-implícita 965–966
  controle de tamanho de passo 962
Método de Runge-Kutta 924, 925, 931–934, 959, 966–967, 1121
  controle de tamanho de passo 934–944
  embutidos 935, 960
  FSAL (first-same-as-last) 937
  implementação 940–944
  número de avaliações de funções 936
  ordem mais alta 931–934, 936, 944
  output denso 939
  parâmetros de Dormand-Prince 936, 944
Método de Schultz para inversa de matriz 84, 739–740
Método de simulated annealing 508, 508–509, 570–576
  analogia termodinâmica 571
  avaliação 575, 576
  para variáveis contínuas 571, 573–575
  problema do caixeiro viajante 572, 573
  "schedule" 572, 573
Método de Steed
  frações continuadas 227
  funções de Bessel 303, 307–308
Método de Van Cittert 1036
Método de Van Wijngaarden-Dekker-Brent *veja* Método de Brent
Método direto *ver* Periodograma
Método do agrupamento de vizinhos (NJ) 897, 902–906
Método do Bootstrap 833–835
Método do declive máximo (steepest descent) 537
  em problemas inversos 1036
Método do gradiente biconjugado
  equações diferenciais parciais elípticas 1055
  para sistemas esparso 108–109, 739–740
  precondicionamento 109–110, 1055
Método do gradiente biconjugado pré-condicionado (PBCG) 109–110
Método do gradiente conjugado
  biconjugado 108–109
  comparado ao método da variável métrica 542

e wavelets 739–740
equações diferenciais parciais elípticas 1055
método do resíduo mínimo 109–110
para minimização 509–510, 536–541, 1036, 1045
para sistema esparso 107–113, 739–740
precondicionador 109–111
Método do periodograma de Lomb para análise espectral 707–710
algoritmo veloz 712–716
Método do ponto interior 105, 557–570
*ver também* Programação linear
Método do ponto médio *veja* Método modificado do ponto médio
regra do ponto médio semi-implícita
Método do produto de Nystrom 1019–1020
Método do resíduo mínimo, para sistemas esparsos 109–110
Método do shooting
cálculo com harmônicos esferoidais 1003
exemplo 995–996, 1001–1006
para casos difíceis 985–986
para equações diferenciais 980, 983–985, 995–996, 1001–1006
ponto de ajuste interior 985–986
Método do staggered leapfrog 1063, 1064
Método dos multipolos, rápido 160, 1175–1176
Método generalizado do mínimo resíduo (GMRES) 109–110
Método Gillespie 971
Método Kaps-Rentrop 958
Método leapfrog 1063, 1064
Método modificado do ponto médio 946, 947
Método multigrid completo (FMG) 1092, 1097–1101
Método parabólico por partes (piecewise, PPM) 1068
Método PECE 968–969
Método pseudoespectral *veja* Métodos espectrais
Método simplex Downhill *ver* Simplex, método de Nelder e Mead
Método simplex *veja* Programação linear
Método subtrativo para gerador de números aleatórios 374
Métodos "Hook step" 507
Métodos da sobreposição-adiciona e sobreposição-salva 667, 668
Métodos de clustering baseado em caracteres 893
Métodos de conjuntos de direções para minimização 509–510, 530–535
Métodos de minimização quase-Newton 509–510, 542–546
Métodos de Newton completo, mínimos quadrados não lineares 830
Métodos de passo dogleg 507
Métodos de perturbação para inversao de matrizez 96–99
Métodos diretos para equações algébricas lineares 60
Métodos do passo fracionário 1077
Métodos dos elementos finitos 152, 1055

Métodos espectrais 259, 1055, 1108–1121
como métodos de diferenças finitas 1118
contrastada com diferenças finitas 1108–1111
convergência exponencial dos 1110–1111
e discontinuidades 1108–1109
e quadratura gaussiana 1112–1114
eficiência dos 1108–1109
equações a coeficientes variáveis 1119
equações multidimensionais 1120
equações não lineares
escolha das funções de base 1110–1111
exemplo analítico 1109
exemplo resolvido 1119, 1120
funções cardinais 1113–1116
interpolação de soluções 1118
matriz de diferenciação 1116
método da colocação 1111
método das linhas 1120
método de Galerkin 1111
método tau 1111
pseudoespectral 1112–1113
representação de ponto da malha 1115
Métodos multipassos e multivalores (EDOs) 924, 966–971
*veja também* Equações Diferenciais; Métodos preditores-corretores
Métodos multitaper 683–687
Métodos PC *veja* Métodos preditores-corretores
Métodos preditores-corretores 924, 933, 958, 966–971
com número fixo de iterações 968–969
comparado a outros métodos 966–967, 970–971
controle de tamanho de passo 967–971
esquemas de Adams-Bashforth-Moulton 967–968
falácia de correção múltipla 967–968
início e fim 968–969
iteração funcional vs. regra de Newton 968–969
método de Nordsieck 968–969
métodos de ordem adaptativa 970–971
multivalor comparado a multipasso 969–971
Métodos rápidos multipolos 160, 1175–1176
Métodos variacionais, equações diferenciais parciais 1055
Métodos Kernel de classificação 864, 913, 916
Microsoft
mau manuseio de NaN 55
tipos inteiros (integer) 46
Visual C++ 25
Windows 25
Mikado ou a cidade de Titipu 944
Minimax
função racional 268, 269
polinomial 255, 268
Minimização 508–583
achando os parâmetros de melhor ajuste 797
achando raízes e 497, 498
algoritmo de Broyden-Fletcher-Goldfarb-Shanno 510–511, 542–546

algoritmo de Davidon-Fletcher-Power 510–511, 542, 543
algoritmo de Fletcher-Reeves 509–510, 536–540
algoritmo de Polak-Ribiere 509–510, 538
ao longo de um raio 108–109, 499, 509–510, 528–530, 532, 533, 540–542, 545, 561
bracketing de um mínimo 510–517, 524
combinatorial 570
condições KKT 560, 563
critério de terminação 514, 524
degenerado 1027–1028
do comprimento do caminho 573–583
em ajuste de modelo não linear 823
escalonamento de variáveis 544
escolha de métodos 508–511
funcional 1026–1028
global 508, 573–575, 798
linear 547
método de Brent 509–510, 517–521, 809
método de Powell 509–510, 523, 530–535
método do conjunto de direções 509–510, 530–535
método do declive máximo (*steepest descent*) 537, 1036
método do gradiente conjugado 509–510, 536–541, 1036, 1045
método simplex downhill 509–510, 523–528, 573, 845
métodos de linha 528–530
métodos de métrica variável 509–510, 542–546
métodos de quase-Newton 498, 509–510, 542–546
multidimensional 523–546
multidimensional globalmente convergente 542–546
procura pela seção dourada 513–517
qui-quadrado 802–804, 823
recozimento (annealing), método do 508–509, 570–576
taxa de convergência 516, 532
usando derivadas 509–510, 520–523
uso para achar raízes duplas 464
uso para sistemas lineares esparsos 107, 109–110
via busca em subespaços menores 1046
*veja também* programação linear
MINPACK 830
Modelagem de dados *veja* Ajuste
Modelo autoregressivo (AR) *ver* Método da entropia máxima (MEM)
Modelo da função de correlação intrínseca (ICF) 1047
Modelo da média móvel (MA) 703
Modelo de Cavender-Felsenstein 897
Modelo de Markov 880–882
　aperiódico 882
　ciclo limite 883
　convergência 882
　decomposição LU 883
　diagnóstico 882, 883
　distância filogenética correlacionada para 897
　distribuição de equilíbrio 881
　enquanto ensemble 881
　equilíbrios instáveis 882, 883
　equilíbrios múltiplos 883
　ergódico 882
　evolução temporal 881
　grafo direcionado 880
　iteração inversa 883
　matriz de transição 880
　probabilidade de transição 880
　vetor de população 881
Modelo de Markov escondido 880–892
　algoritmo de expectativa-maximização 890
　algoritmo progressivo-retrogrado 885, 886, 888–891
　comparado ao algoritmo de Viterbi 891, 892
　conhece estados intermediários 888
　convergência da re-estimação de Baum-Welch 890
　dados ausentes 888
　decodificação treliça 888
　estado escondido 883
　estimativa progressiva 884
　estimativa retrograda 885
　natureza Bayesiana de 892
　observações 883
　probabilidade posterior Bayesiana 884, 885, 888
　reconhecimento de fala 890
　re-estimação Bayesiana 888–890
　reestimação das probabilidades de transição 889
　re-estimação de Baum-Welch 889–891
　reestimação do símbolo da matriz de probabilidade 889
　renormalização 886
　sequenciamento de genes 884
　símbolos 883
　variações 888
Modelo de mistura Gaussiana 866–872
Modelo ICF(função de correlação intrínseca) 1047
Modelos "todos polos" ou "todos zeros" 703–705
　*ver também* Método da entropia máxima (MEM); Periodograma
Modo de uma distribuição 746, 749, 750
Modos, homogêneos, de filtros recursivos 691–692
Modulação codificada de treliça 879
Módulo de gerador congruente linear 363
Momentos
　de uma distribuição 745–750
　e fórmulas de quadratura 1021
　filtro que preserva 792
　problema de 114–115
　problema modificado de 210–211
　semi-invariantes 749
Momentos modificados 210–211
Monte Carlo 217, 361, 417–439
　adaptativo 430–439
　amostragem estratificada 432–437
　amostragem por importância 431, 432, 434–435, 859–861
　comparação de métodos de amostragem 432–435

e estatística de Kolmorogov-Sinai 764, 786, 788
equações diferenciais parciais 1055
integração, algoritmo VEGAS 434–437
integração, recursiva 436–437
integração, usando sequência de Sobol 428, 429
integração 176, 217, 417–423, 430–439
integração comparada à MCMC 849
método de bootstrap 833–835
rápido 833–835
recursivo 430–439
sequências quase-aleatórias em 423–430
significância do periodograma de Lomb 708–710
simulação de dados 803, 831–837
Monte Carlo de Cadeia de Markov 572, 798, 848–861
   algoritmo de Metropolis-Hastings 850, 851
   amostragem de Gibbs 851, 852
   cauterização (burn-in) 850, 857–859
   comparado à integração de Monte Carlo 849
   comportamento ergódico 849
   computação paralela 859
   constante de normalização 849, 852, 859–861
   converge para valores de amostra, não de população 858
   diagnóstico de convergência 859
   direções correlacionadas 855
   distribuição de proposta 850–852, 859
   distribuições condicionais completas 851
   e problemas inversos 1031
   equação de balanço detalhado 849, 851
   gerador de propostas 854
   incertezas nos parâmetros 857
   média ergódica 858
   melhor tamanho de passo 856
   mistura rápida 850, 855
   modelos de dimensão variável 859
   parâmetros do modelo de ajuste 849
   passos lognormais 851
   ponto candidato 851
   probabilidade de aceitação 851, 856
   tempo de correlação 858
Mote de Hamming 464
Mudança de variável
   em distribuição de probabilidade 382–383
   em integração 190–192, 1019–1020
   em integração Monte Carlo 421
Multidimensional
   achando raízes 463–507, 980, 983–984, 986–988
   ajuste (fitting) 822, 860–862
   busca usando sequência quase-aleatória 424
   dados, uso de bins 765
   distribuição normal (gaussiana) 837–838
   equações diferenciais parciais 1074–1078, 1108–1109, 1120
   integração de Monte-Carlo 417–423, 430
   integrais 176, 216–219, 418, 430
   interpolação 152–155, 159–174
   método da secante 495, 504–505

minimização 523–546
níveis de confiança de ajuste 834–838, 840
problemas de valores iniciais 1074–1078
teste de Kolmogorov-Smirnov 786–790
transformada de Fourier, dados reais 652–658
transformada de Fourier 648–651
transformada de wavelet 735–738
Multiplicação
   complexa 245
   precisão múltipla 1213
Multiplicador de Lagrange 782, 784, 1026–1027
Multiplicador de um gerador congruente linear 363
Multiplicar com o "vai um" (carregamento) (MWC) 367
Multiquádrica inversa 162

NAG 23, 60, 96, 589
Namespace, porque não NR 56
NaN (not-a-number) 54, 55
   como fixar e testar 54
   isnan 55
   quieto vs. sinalização 55
Nat 779, 780, 784, 785
Negação, precisão múltipla 1211
Negentropia 1042–1044
Netlib 23
Neutrino 786
NIST-STS, para testes de números aleatórios 365
Nível de confiança 834–836, 838–840
Nível de lobo lateral 679
NL2SOL 830
Norma, de matriz 84
Normal multivariada
   desvios 398, 399
   distribuição 837–838, 871, 872
Normalização
   constante de normalização 849, 852, 859–861
   da representação de ponto-flutuante 29–30
   das funções de Bessel 241
   das funções de Bessel modificadas 302
   de funções 201, 997–998
Not a Number *veja* NaN
NP-completo 572
NRMatrix 46, 48, 49
   checagem de limites 55
   instrumentalizando 56
   métodos em 47
Núcleo separável 1017
Nulidade 87, 88
numeric_limits 30–31, 54
Número de Bernoulli 184
Número de condição 89, 109–110, 815, 817
Números aleatórios *veja* Monte Carlo; Desvios aleatórios
Números de direção, sequência de Sobol 424
Números pseudoaleatórios 360–406

_0 46, 52, 56
Objeto 37–45
   construtor 38, 47
   definição 38
   destruição 40–42
   esconde estrutura interna 37–38
   evitar copiar grande 56
   funções relacionadas a agrupamento 38
   functor 41–44
   herança 43–45
   instanciação (exemplificação) 38, 39
   padronizando uma interface 39
   retornando valores múltiplos via 39
   salvando estado interno 40–41
   struct vs. class 37–38
   usos simples de 38–41
   várias instâncias (exemplos) de 40–41
   veja também Classe
Objetos de primeira classe 317
Octave (software) 23
Octree veja Árvore QO
Onda de choque 1062, 1067, 1068
OOP veja Programação orientada a objeto
Operações na coluna de uma matriz 63, 65–66
Operador
   divisão (splitting) 1053, 1077, 1078, 1090
   precedência em C++ 32
Operador "fino para grosso" 1093
Operador adjunto 1096
Operador de projeção não expansivo 1037
Operador de prolongação 1093
Operador de regularização 1029
Operador de restrição 1093
Operador diferença 232
Operador diferença progressivo (ou para frente) 232
Operador grosso-para-fino 1093
Operador injeção 1093
Operador integral, aproximação wavelet de 738–739, 1014
Ordenamento par-ímpar
   em sobrerelaxação sucessiva (SOR) 1089
   na relaxação de Gauss-Seidel 1095, 1098
Ordenamento vermelho-preto veja Ordenamento par-ímpar
Ortonormalidade 86, 88, 90, 201, 600
Otimização veja Minimização
Otimização discreta 557, 570
Otimização global 508, 508–509, 570–576, 798
   dificuldade de 827
   variáveis contínuas 573–575
Otimização linear 547
Otimização linear sob vínculos ver Programação linear
Otimização sob vínculos 508
Outlier 747, 802, 803, 805, 842, 845
   veja também Estimação robusta
Output denso, para equações diferenciais 928, 939, 951
Overflow 1189
   em aritmética complexa 245, 246

Pacote analisa/fatoriza/opera 96, 1055
Pacote para matrizes esparsas de Yale 96
Padrão ANSI/ISO C++ 25
Padrão de difração de raio x, processamento de 1037
Padrão de encriptação de dados (DES) 378–382
Padrão JPEG-2000 735–736
Parâmetro de oblaticidade 995–996
Parâmetro de sobrerrelaxação 1087
   escolha do 1087–1089
Parâmetros de melhor ajuste 797, 805, 809, 846–848
   ver também Ajuste
Parâmetros Dormand-Prince 936, 944
Parâmetros na função de ajuste 800–804, 831–841
Parcimônia, máximo 906
Parênteses, aborrecimento 32
Paridade ímpar 1193
Partes pares e ímpares, de fração continuada 228, 280, 287
Pascal (linguagem) 21
Passo
   dobrando 182, 194, 197, 934
   triplicando 188, 189
PAUP (software) 898
PBCG (método do gradiente biconjugado pré-condicionado) 109–110, 1055
PCx (software) 569
Pegadinhas, particularmente ruins 55, 222, 970–971, 981–982, 1122–1123
Pentágono, simetrias do 1199
Percentil 340, 440, 456
Perda no processo 679
Período do gerador congruente linear 363
Periodograma 674–678, 703, 705–706
   normalizado de Lomb 707–710, 712
   variância do 676, 677
Peso da mistura 866–867
Pesos para quadratura gaussiana 199, 200, 1019–1020
   função peso não clássica 209–211, 1019–1020
PHYLIP (software) 898
$\pi$, cálculo de 1210
Pitagoreanos 515
Pivotagem 61, 63–66, 80, 96, 98, 121–122
   completo 63
   critério de Markowitz 556
   e decomposição QR 123–126
   implícito 64, 71
   limiar parcial 556
   na decomposição LU 70
   na redução à forma de Hessenberg 615
   no método da relaxação 991–992
   para sistemas tridiagonais 77
   parcial 63, 65–66, 70, 556
Pixel 652, 737–739, 1035, 1042
Plano, definido por triângulo 1140
Plano complexo
   estrutura fractal para regra de Newton 483

integração de contorno para avaliação de função 271–274, 338
polos em 144, 230, 271–272, 276, 691–692, 704–705, 946
Plotagem de funções 465, 1185–1188
POCS (projeção sobre conjuntos convexos) 1037
Polígono 1122, 1147–1152
    anti-horário *vs.* horário (CCW vs. CW) 1147
    área 1151
    centroide de 1152
    construtível por compasso/esquadro 1152
    convexo vs. Côncavo 1147
    pentágono, simetrias do 1199
    remoção do escondido 1175–1176
    rotina para classificação 1150
    simples vs. complexo 1147, 1150
    soma de ângulos exteriores 1147
    teorema da curva de Jordan 1149
    teorema de Bolyai-Gerwien 1152
    teste para verificar se há ponto dentro 1149
    winding number 1147–1149
Polimento de raízes 480, 486, 491–494
Polinômio característico
    da relação de recorrência 241
    de sistema tridiagonal 686–687
    filtro digital 691–692
    matriz com um especificado 490
    predição linear 698
    sistemas de autovalores e autovetores (eigensystems) 584, 604, 686–687
Polinômios 221–225
    ajuste (fitting) 114–115, 149, 261, 263, 792, 812, 821
    aproximação a partir de coeficientes de Chebyshev 261, 263
    avaliação de 221, 222
    avaliação de derivadas 222
    avaliação paralela 225
    característico *ver* Polinômio característico
    contagem de operações para 223
    critério de parada na busca de raízes 488
    de Chebyshev *ver* Polinômios de Chebyshev
    deflação 485–487, 492
    derivadas de 222
    deslocamento de 263
    divisão 115–116, 224, 485, 492
    extrapolação na integração de Rombert 186
    extrapolação no método de Bulirsch-Stoer 946, 948
    gerador para CRC 1195
    irredutível módulo 2 402
    mal-condicionado 484
    manipulações algébricas 223
    métodos matriciais para raízes 490
    minimax 255, 268
    módulo 2 401, 1194
    mônico 201
    multiplicação 223, 224

ordem, distinto de grau 1195
ortonormal *ver* Polinômios ortonormais
primitivo módulo 2 402–406, 426
raízes do 247–249, 484–494
Polinômios associados de Legendre 995–996
    relação para polinômios de Legendre 313–314
    relações de recorrência para polinômios associados de Legrendre 314
Polinômios de Chebyshev 203, 207, 253–259
    fórmula para $xk$ em termos de 253
    fórmulas explícitas para 253
    funções base para métodos espectrais 1110–1111
    ortonormalidade contínua 253
    ortonormalidade discreta 253
Polinômios de Legendre 203, 313–314
    ajuste de dados para 821
    funções base para métodos espectrais 1111
    relação de recorrência 239
    *ver também* Polinômios associados de Legendre; Harmônicos esféricos
Polinômios ortonormais
    Chebyshev 203, 207, 253
    construção para pesos arbitrários 209–211
    e quadratura gaussiana 201, 1112
    função peso log x 210–211
    Hermite 203
    Jacobi 203
    Laguerre 203
    Legendre 203
    na integração de Gauss-Hermite 205
    pesos gaussianos da recorrência 208, 209
Polos *veja* Plano complexo, polos em
Ponderação total 1096
Ponderagem, completa *vs.* metade em multirredes
Ponto
    denotando multiplicação de matriz 57
    denotando somas nas colunas ou linhas 783
Ponto 1124–1126
    aleatório no triângulo 1139
    aleatório sobre a esfera 1154, 1155
    distância à reta 1143
    distância entre dois pontos 1124
    ponto mais próximo da reta ao ponto 1146
    projeção no plano 1140
    teste para verificar se dentro de caixa 1125
    teste para verificar se dentro de polígono 1149
Ponto de vista dual, no método multgrid 1102
PostScript 1186
Potência (em um sinal) 623
Potência de 22
    próxima mais alta 36, 381–382
    teste para ver se inteiro é 36, 632
Potencial eletromagnético 652
Potencial gravitacional 652
PPM (método parabólico por partes) 1068
Precedência de operadores, em C++ 32

Precisão
  múltipla 1210–1218
  ponto flutuante 1189
Precisão estendida, uso na melhoria iterativa 82
Pré-condicionamento, em métodos do gradiente
  conjugado 1055
Preços do mercado de ações 349
Predição linear 695–703
  coeficientes 695–703
  comparado com regularização 1033
  contrastado com a extrapolação polinomial 697–699
  estabilidade 698
  kriging e 164
  multidimensional 860–862
  polinômio característico 698
  processo Gaussiano de regressão 861
  relação com filtragem ótima 695, 696
  removendo o viés em 165, 699–701
Preenchimento, equações lineares esparsas 79, 96, 556,
  565
Prêmio de $1000 revogado 362
Princípio da incerteza 740–741
Princípio de Peter 448
Princípio Pigeonhole 407
Probabilidade de transição
  grafo direcionado 880
  modelo de Markov 880
Probabilidade prior 781, 799, 864–865, 1030,
  suavidade 1031
Probabilidade *veja* Gerador de números aleatórios;
  Testes estatísticos; Distribuições estatísticas
Problema de autovalores de equações diferenciais 981–
  982, 997–998, 1001–1006
Problema de Cauchy para equações diferenciais parciais
  1049
Problema do caixeiro viajante 570, 572, 573
Problema do choque de Riemann 1068
Problema dual 559, 910
Problema NP-Completo 572
Problemas de autovalores generalizados 589, 590
Problemas de valor de contorno 1051
  ver *também* Equações diferenciais; Equações
  diferenciais parciais elípticas; problemas de valores
  de fronteira de dois pontos
Problemas de valores iniciais 924, 1049, 1051
  ver *também* Equações diferenciais
Problemas de valores iniciais com fluxo conservado
  1056–1068
Problemas de valores de fronteira de dois pontos 924,
  979–1010
  alocação automática de pontos da malha 1005–1008
  casos difíceis 985–986
  condição de regularidade 1007–1008
  condições de contorno (fronteira) 979, 985–986,
  1001–1002
  condições de contorno (fronteira) interna 1007–1010
  linear não requer iteração 985

  método da relaxação 980–981, 987–995
  método do shooting, exemplo 1001–1006
  método do shooting 980, 983–985, 995–996, 1001–1006
  pontos finais singulares 985–986, 996–997, 1002
  pontos na rede (malha) 980–981, 987–988, 1005–1008
  pontos singulares interiores 1007–1010
  problema de autovalores para equações diferenciais
  981–982, 997–998, 1001–1006
  problema de fronteiras livres 981–982, 1007–1008
  problemas redutíveis à forma padrão 981–982
  shooting múltiplo 987–988
  shooting para um ponto de ajuste 985–986
  veja *também* Equações diferenciais parciais elípticas
Problemas inversos 1012, 1026–1031
  abordagem Bayesiana 1030, 1047
  algoritmo Gerchberg-Saxton 1037
  coeficientes incompletos de Fourier 1043, 1045
  curva trade-off 1027–1028, 1041
  e equações integrais 1012
  em geofísica 1041
  funcional de estabilização 1029
  ideia central 1030
  inversão de dados 1039
  média otimizadamente localizada 1039–1041
  MEM desmistificada 1044, 1045
  método da inversão linear restrita 1031
  método da máxima entropia (MEM) 1041–1047
  método de Backus-Gilbert 1039–1041
  método de Phillips-Twomey 1031
  método de Van Cittert 1036
  operador regularizante 1029
  regularização 1027–1031
  regularização bidimensional 1035, 1036
  regularização de Tikhonov-Miller 1032
  regularização linear 1031, 1038
  restrições determinísticas 1036–1038
  solução principal 1029
  uso da minimização pelo gradiente conjugado 1036,
  1045
  uso da transformada de Fourier 1035, 1037
  uso dos conjuntos convexos 1036–1038
Problemas não lineares de autovalores 589, 590
Procedimento de Maehly 486, 493
Processamento de imagem 652, 1035
  arvore QO e 1175–1176
  como um problema inverso 1035
  do módulo da transformada de Fourier 1037
  método da máxima entropia (MEM) 1041–1047
  transformada cosseno 646
  transformada rápida de Fourier (FFT) 652, 658, 1035
  transformada wavelet 736–739
Processo de Poisson 382–383, 389, 853, 854
Processo delta quadrado de Aitken 232, 234
Processo Gaussiano para regressão 164, 860–862
Produto direto *ver* Produto externo de matrizes
Produto externo de matrizes (denotado por ⊗) 98, 544
Produtos da reação 971

Programa(s)
   dependências 24
   enquanto caixas-pretas 87, 245, 464, 528
   tipografia de 34
   validação 25
Programação dinâmica 576–583
   algoritmo de Bellman-Dijkstra-Viterbi 577, 874
   grafo direcionado 577, 874
Programação em paralelo
   avaliação polinomial 225
   duplicação recursiva 243–244
   FFT 635
   redução cíclica 244
   relações de recorrência 243–244
   sistema tridiagonal 77
Programação inteira 557
Programação linear 508–509, 547–570
   algaritmo dual 556
   álgebra linear esparsa 555, 565, 569
   algoritmo primal 556
   base degenerada 554
   cíclico 555
   complementaridade estrita 560
   condição de complementaridade 560
   condições KKT 560, 563
   custo reduzido 552
   Devex 556
   eficiência 558, 561–562
   equações ampliadas 564, 569
   equações normais 105, 564, 569
   escalonamento de variáveis 556, 567
   escalonameto afim 564
   estagnação (stalling) 555
   exemplo resolvido 551–554
   forma padrão 550, 551, 559
   frases um e dois 551
   fronteira 549
   função objetiva não limitada 553, 559
   função objetivo 547, 549, 551
   função objetivo auxiliar 551
   gap de dualidade 559
   medida de dualidade 561–562
   método barreira 561–562
   método de passo curto 561–562
   método de passo longo 561–562
   método de ponto interior 105, 508 509, 557–570
   método de ponto interior dual 563
   método de ponto interior primal 563
   método de ponto interior primal-dual 563
   método do preditor-corretor 568
   método elipsoide 558
   método infactível 558
   método simplex 508–509, 523, 547–557, 569
   métodos de path-following 561–562
   "multiple pricing" 556
   o teorema de Goldman-Tucker 560
   parâmetro de centragem 561–562

   precificação de margem mais íngrime (steepest edge pricing) 556
   problema dual 559, 560
   problema primal 559
   restrições de desigualdade 547, 549, 559
   restrições de igualdade 547, 549
   simplex vs. ponto-interior 569
   solução primal-dual 560
   teorema da dualidade forte 560
   teorema da dualidade fraca 559
   teorema da relaxação complementar 560
   teorema fundamental 549
   teste da razão mínima 553
   trajeto central 561
   variáveis artificiais 551, 552
   variáveis básicas 550, 552
   variáveis de excesso (surplus) 550
   variáveis estruturais 551
   variáveis folga (slack) 550, 552, 556, 559, 568
   variáveis limitadas 556, 567
   variáveis livres 559
   variáveis lógicas 551, 559
   variáveis não básicas 550, 552
   variáveis zero 551
   vértice do simplex 549, 552
   vetor básico factível 549, 550, 553
   vetor básico factível dual 559
   vetor factível 547, 559
   vetor factível ótimo 547, 549, 553
   vínculos 547, 551
Programação não linear 557
Programação orientada a objeto (OOP) 37–44
Projeção sobre conjuntos convexos (POCS) 1036–1038
   generalizações 1038
Propriedade Ergódica 849
Propriedades RST (reflexiva, simétrica, transitiva) 461
Protocolos de comunicação 1193
PSD (densidade espectral de potência) *veja*
   Transformada de Fourier; Densidade espectral; Espectro de potência
Pseudoinversa 90

Quadrado latino no hipercubo 429, 430
Quadrática
   convergência 84, 330, 473, 480, 532, 533, 543, 1210
   equações 30–31, 247–249, 515, 593
   interpolação 475, 487
   programação 557, 908–910
Quadratura
   adaptativa 175, 187, 214–216, 261, 1019–1020
   ajuste de Chebyshev 176, 259–261
   de Clenshaw-Curtis 176, 261, 645, 646
   de Gauss-Chebyshev 203, 207, 646
   de Gauss-Hermite 203, 1019–1020
   de Gauss-Jacobi 213
   de Gauss-Kronrod 212, 215
   de Gauss-Laguerre 202, 1019–1020

de Gauss-Legendre 203, 213, 1015, 1021
de Gauss-Lobatto 211, 212, 215, 261, 645, 1113–1114
de Gauss-Radau 211
e ciência da computação 1185
estimativa de erro na solução 1016
fórmula estendida de ordem $1/N3$ 180
fórmulas abertas 177–182, 187
fórmulas abertas de Newton-Cotes 178, 179
fórmulas clássicas para 176–182
fórmulas fechadas 177–180
fórmulas semi-abertas 180–182
função oscilatória 237
função peso arbitrária 201–211, 1019–1020
função peso $\log x$ 210–211
functors e 42–43
integração de Romberg 176, 186, 189, 251, 947, 1019
integração gaussiana, função peso não clássica 209–211, 1019–1020
integração gaussiana 179, 199–213, 258, 316, 1012–1013, 1015, 1019–1020, 1111, 1113–1114
integrais de Fourier, intervalo infinito 722–723
integrais de Fourier 715–723
intervalos infinitos 196–198
Monte Carlo 176, 217, 417–423, 430
mudança de variáveis em 190–192, 1019–1020
multidimensional 176, 216–219
para equações integrais 1012–1013, 1017–1018
para integrais impróprias 187–192, 1019–1026
regra DE 194
regra de Bode 178
regra de Simpson 178, 185, 189, 722, 1015, 1019, 1022
regra de Simpson estendida 180
regra de Simpson estendida alternativa 180
regra do ponto-médio estendida 181, 187
regra do trapezoide 178, 180, 182, 186, 193, 195, 198, 718–719, 722, 1014, 1017–1018
regra do trapezoide estendida 179, 182
regra IMT 193
regra TANH 193
regra três-oitavos de Simpson 178, 1019–1020, 1022
regras estendidas 179–182, 186, 1017–1020, 1022
relacionada à equações diferenciais 175
relacionada à métodos preditores-corretores 967–968
remoção de singularidade, exemplo resolvido 1024–1026
remoção de singularidade 190, 191, 193, 1019–1020
splines cúbicas 176
transformação de variáveis 192–198
usando FFTs 176
valores principais de Cauchy 198
*veja também* Integração de funções
Quadtree *veja* Árvore QO
Quantil
  estimativa 456
  valores 340, 440

variável no tempo 459
Quartet puzzling 906
Quicksort 441, 442–447, 450, 454
Qui-por-olho (chy-by-eye) 798

R (linguagem de programação) 23
r de Pearson 769
Raio de verossimilhança 759, 781
Raio espectral 1086, 1091
Raiz dupla 464
Raiz quadrada
  complexa 1040
  precisão múltipla 1216
Raízes
  equações cúbicas 248
  equações não lineares 463–507
  equações quadráticas 247
  múltiplas 464, 487
  polinômios 465, 485, 584
  polinômios de Chebyshev 253
  quadrado, precisão múltipla 1216
  reflexão no círculo unitário 698
  *veja também* Localização de raízes
RANDU, rotina de má fama 364
Rank (classificação) 440, 449–452
Rank (estatística) 772–778, 842
  coeficiente de correlação de Spearman 773–775
  diferenças das somas ao quadrado do 773
  tau de Kendall 775–778
Rank (matriz) 87
  núcleo de rank finito 1017
Raphson, Joseph 477
*Rate equations* 971, 972
Razão áurea (seção áurea) 31–32, 470, 515, 521
Razão de chance 781
RBF *veja* Funções de base radiais
Reações, químicas ou nucleares 970–978
  produtos da reação 971
Realizável (causal) 689–693
Rearranjo *veja* Classificação
Recíproco, precisão múltipla 1215
Recorrência (wraparound)
  objeto para acessar vetor 634
  ordem para espectro de armazenagem 632, 649, 653
  problema em convolução 303, 304, 307–308
Recursivo
  amostragem estratificada 436–439
  duplicação (método paralelo) 243–244
  integração de Monte Carlo 430–439
  método multirrede 1094
Redes (networks) 1193
Redes Bayesianas 864–865
  estimativas posteriores 864–865
  nodos 864
  pais do nodo 864–865
  probabilidades *a priori* 864–865

Redes de crença 864
  algoritmo forward-backward 891
Redes de reações químicas 970–978
Redes de troca de pacotes 1193
Redes embutidas 1193
Redes neurais 864, 907
Redução cíclica (CR) 244, 1079, 1082, 1083
Redução da variância na integração de Monte Carlo 422, 430
Redução de Givens 599–604, 608
  contagem de operações 599
  rápida 599
Reestimação Bayesiana
  modelo escondido de Markov 888–890
Reestimação de Baum-Welch
  modelo de Markov escondido 889–891
  relação a expectativa de maximação 890
Referências (explicacão) 26
Região de confiabilidade do modelo 507, 830
Região fractal 483
Registrador de deslocamento de resposta linear (LFSR) 366, 400–406
  regra de atualização (update) 400
  vetor estado 400
Registro, em arquivo de dados 449
Regra alternativa estendida de Simpson 180
Regra da TANH 193
  intervalo infinito 196
Regra DE 194
  implementação 195
  range infinito 196
Regra de Bode 178
Regra de Newton 202, 249, 464, 465, 477–483, 485, 487, 491, 605
  com backtracking 499–505
  cuidado no uso de derivadas numéricas 480
  domínio de convergência fractal 483
  em multidimensões 493–497, 983–984, 986–988
  em multirredes não lineares 1102, 1104
  equação de Volterra não linear 1019
  escalonamento de variáveis 505
  estendida por Halley 484
  jacobiana singular 507
  multidimensional globalmente convergente 495, 498–507, 983–984, 986–987
  para matriz inversa 84, 739 740
  para o método do ponto interior 560
  para raiz quadrada de um número 1216
  para recíproco de um número 1215
  primeiramente publicada por Raphson 477
  resolvendo EDOs stiff 967–969
  segura 481
Regra de Simpson 176, 178, 180, 185, 189, 722, 1015, 1019–1022
Regra de Stoermer 952
Regra de três oitavos de Simpson 178, 1019–1020, 1022

Regra do ponto médio estendido 177, 181, 187
Regra do ponto médio semi-implícita 964–965
Regra do trapezoide 178, 180, 182, 186, 193, 195, 198, 718–719, 722, 1014, 1017–1018
Regra IMT (Iri,Moriguti, Takasawa) 193
Regra trapezoidal estendida 177, 179, 182, 187, 1017–1018
  erro de arredondamento 185
Regressão linear 804–811
  *veja também* Ajuste
Regula falsi (posição falsa) 470
Regularização
  bidimensional 1035, 1036
  comparada à filtragem ótima 1033
  critério objetivo 1034
  curva de trade-off 1030
  de ordem zero 1027–1031
  de problemas inversos 1027–1031
  de Tikhonov-Miller 1032
  linear 1031–1038
  máquinas de vetor suporte 917
  método de inversão linear restrito 1031
  método de Phillips-Twomey 1031
  não linear 1043
  *veja também* Problemas inversos
Relação de recorrência 239–244
  Bulirsch-Stoer 145
  coeficientes binomiais 277–278
  convergência 242–243
  de Neville 138, 251
  e frações continuadas 242–243
  estabilidade da 32, 240, 242–244, 295, 298, 302, 314
  estimação de fração continuada 227, 228
  estimação em paralelo 243–244
  fórmula de recorrência de Clenshaw 242–244
  função cosseno 239, 631
  função de Bessel 239, 294, 295, 298, 303–306
  função de Bessel modificada 301
  função Gama 276
  função seno 239, 631
  funções trigonométricas 709–710
  gerador de números aleatórios 363
  harmônicos esferoidais 314
  integrais exponenciais 239
  interpolação de função racional 145
  interpolação polinomial 138, 139, 251
  média dourada 31–32
  modelo de Markov oculto 885
  peso da quadratura gaussiana 203
  polinômio característico de matriz diagonal 604, 686–687
  polinômios de Legendre 239
  polinômios de Legendre associados 314
  polinômios ortonormais 201
  sequência de funções trigonométricas 239
  solução dominante 240

solução mínima vs. dominante 240
teorema de Perron 241
teorema de Pincherle 242–243
Relação pré-requesita 43–44
Relação sucessor, geradores aleatórios 370
Relacionamento é-um 43–44
Relaxação zebra 1095
Representação de base 28, 1189
Representação de Cayley de exp($-iHt$) 1074
Residual 83, 90, 108–109
 no método multirredes 1092
resize 47
Resposta de finita do impulso (FIR) 663, 664
Restrições de desigualdade 547, 549, 559
Restrições de igualdade 547, 549
Restrições lineares 547, 551
Reta 1122, 1142–1146
 desvio 1146
 distância do ponto a 1143
 em 3 dimensões 1146
 equação satisfeita por 1142
 intersecção com esfera 1146
 intersecção com triângulo 1146
 intersecção entre duas 1142
 maior aproximação de duas 1146
 maior aproximação de um ponto 1146
 relações "left-of" 1143
 segmentos 1143–1145
Retrossubstituição 67, 69, 73, 76, 123–124
 de valor de fronteira 990–991
 direta para computar $\mathbf{A}^{-1} \langle \mathbf{B}$ 73
 em equações complexas 75
 em matriz banda diagonal 80
 na solução de relaxação dos problemas
Reuso do tempo 976
Rio Mississippi 573, 576
Rotação plana *veja* Redução de Givens; Transformação de Jacobi (ou rotação)
Ruído
 ajustando dados que contêm 794. 797
 efeito no método da maximização da entropia 705–706
 largura de banda equivalente 679
 modelo, para filtragem ótima 672
 pipocando 1193
Rybicki, G.B. 116–117, 150, 203, 323, 655, 712, 740–741

ScaLAPACK 60
Scallop loss 679
Scilab (software) 23
Segunda fórmula da soma de Euler-Maclaurin 187
Seleção 440, 452–460
 algoritmo heap 455
 busca $m$ maiores elementos 455
 contagem de operações 454, 460
 estimativa do quantil incremental 456
 maior ou menor 455

 no lugar 453, 460
 para mediana 846
 passagem única (single-pass) 453
 por troca de partição 454
 uso para achar mediana 750
Seleção in-place 460
Semente para gerador de números aleatórios 363
Semi-invariantes de uma distribuição 749
Seno de Andrew 845
Sentença contínua 35
Sentinela, no Quicksort 444–445, 454
Separação de variáveis 312–313
Sequência, alinhamento de via DP 580–583
Sequência de DNA 580–583, 893, 908
Sequência de Niederreiter 424
Sequência de Sturmian 604
Sequência esferoidal discreta estendida na direção dos polos 683, 688–689
Sequência Faure 424
Sequência quase aleatória de Halton 424
Sequência quase-aleatória 423–430, 438–439, 1185, 1193
 de Halton 424
 de Sobol 424–426
 para integração de Monte Carlo 428, 433–434, 438–439
 *veja também* Gerador de números aleatórios
Sequência quase-aleatória de Sobol 424–426
Sequenciamento de genes
 algoritmos de alinhamento 580–583
 modelo de Markov escondido 890
Série de Fourier como funções base para métodos espectrais 1110–1111
Série de Laurent 703–705
Série de potências 221–225, 229–238, 266
 aproximante de Padé de 265–267
 economização de 263, 264
Série de Taylor 249, 477, 531, 924, 935, 968–969, 988–989, 993–994
Série geométrica 231, 234
Séries 229–238
 acelerando a convergência de 197, 231–238
 algoritmo 232
 algoritmo de van Wijngaarden 237
 alternadas 231, 236
 assintótica 230, 236, 289
 convergência hiperlinear 231
 convergência linear 231
 convergência logarítmica 231
 divergentes 230, 231, 236
 economização 263–265
 erro de arredondamento em 227
 função Beta incompleta 290
 Função de Bessel $K_v$ 308–309
 Função de Bessel $Y_v$ 304, 305–306
 função Gama incompleta 279
 função seno 230

função Zeta de Riemann 231
Funções de Bessel 230, 294
geométrica 231, 234
hipergeométrica 271–272, 338
integrais seno e cosseno 321
integral de Fresnel 318
integral exponencial 287, 289
Laurent 703–705
relação com frações continuadas 226
Taylor 477, 531, 924, 935, 988–989, 993–994
transformação de 231, 232
transformação de Euler 231, 232
transformação de Levin 234
Serviço Postal (EUA), código de barras 1199
Set bits, contagem 36
Sexta a 13º 27
Significância (estatística)
  bicaudal 754
  no teste bidimensional K-S 787, 788
  pico no periodograma de Lomb 708–710
  uni vs. bilateral 771
Símbolo, de operador 1095, 1096
Simplex
  definido 523
  método de Nelder e Mead 509–510, 523–528, 573, 845
  método em programação linear 509–510, 523, 547–557, 569
  uso em recozimento simulado 573
Simulação estocástica 970–978
  quando não usar 977
Simulação veja Monte Carlo
Sinal, limitado na largura de banda 718–719
Sinal Chirp 694
Sinalização fora-da-fita 1203
Singularidade, subtração de 1021
Singularidades
  de funções hipergeométricas 271–273, 338
  em equações integrais, exemplo resolvido 1024–1026
  em equações integrais 1019–1026
  em integrandos 187, 193, 215, 1019–1020
  remoção na integração numérica 190, 191, 193, 1019–1020
Sistema tridiagonal cíclico 99, 100
Sistemas complexos de equações lineares 75
Size 47
SMBus 1193
Sobrecorreção 1086, 1087
Sobrerrelaxação sucessiva (SOR) 1086–1091
  aceleração de Chebyshev 1089
  escolha do parâmetro se sobrerrelaxação 1087–1089
  ruim no método de multirredes 1095
Software de parcimônia TNT 906
Solução dominantes da relação de recorrência 240
Solução mínima da relação de recorrência 240, 241
Solução principal, do problema inverso 1029
Soma de Verificação (Checksum) MasterCard 1199

Soma de verificação (checksum) para UPC 1199
Somas veja Séries
Spanning tree mínima 1172–1173
Spline 131
  bidimensional (bi-cúbica) 155
  contagem de operações 142
  cúbica 140–144
  de thin-plate 162
  interpolar 168
  natural 142
  resulta em sistema tridiagonal 142
Squeeze, para calcular desvios aleatórios 388
Standart Template Library (STL) 442
Stieltjes, procedimento de 209
Strings, alinhamento por DP 580–583
struct veja Classe; Objeto
Suavização
  de dados 149, 790–796
  em métodos de multirredes 1094
  operador em equação integral 1012
Subrrelaxação 1087
Subtração, precisão múltipla 1211
Superfície convexa 1122, 1157, 1171–1172
Supernova 1987A 786
SVD veja Decomposição do Valor Singular (SVD)
SVM veja Máquina de vetor suporte
SWAP função utilidade 37–38

Tabela (interpolação) 138, 145
Tabela de contingência 765–769, 777, 782, 783
  estatísticas baseadas na entropia 782–785
  estatísticas baseadas no qui-quadrado 766, 769
Tabela de índices 440, 447, 449–452
Tau de Kendall 773, 775–778
Taxa de duplicação 780
Taxa de e-folding 800
Templates (C++) 37–38, 42–43, 46, 440, 442
Tempo de ascenção/queda 680
Tendência central, medidas de 745
Teorema da amostragem 198, 259, 626, 674
  para aproximação numérica 740–743
Teorema da convolução discreta 663, 664
Teorema da curva de Jordan 1149
Teorema de Bayes 798, 801, 849
Teorema de Bolyai-Gerwien 1152
Teorema de duplicação, integrais elípticas 331
Teorema de Goldman-Tucker 560
Teorema de Parseval 623, 624, 675
  forma discreta 629
Teorema de Perron 241
Teorema de Pincherle 242–243
Teorema de Pitágoras 1136
Teorema de Wiener-Kinchin 623, 696, 704–705
Teorema do limite central 801
Teorema do rank-nulidade 88
Teorema do valor intermediário 466
Teorema do valor médio 171

Teorema dos eixos paralelos 433–434
Teoria de informação sob a visão do Bookie (agenciador de apostas) 782
Terceiro problema de Hilbert 1152
Termodinâmica e recozimento simulado (simulated annealing) 571
Teste da cauda (tail test) 744
Teste de Kolmogorov-Smirnov 755, 760–762, 843
    bi-dimensional 786–790
    estabilizado 763
    ponderado 763
    variantes 762, 786
Teste de Wilcoxon 842
Teste Diehard, para números aleatórios 365
teste do p-value 744
Teste espectral para gerador de números aleatórios 364
Teste $F$ para diferenças de variâncias 752, 754
Teste qui-quadrado 755–758
    ajuste por mínimos quadrados 802–804
    amostras de tamanhos diferentes 757
    de Neyman modificado 759
    e estimação do limite de confiança 836–837
    e teste do raio de verossimilhança 759
    graus de liberdade 756, 757
    modelos não lineares 823
    números pequenos de contagens 758, 759
    para ajuste de reta 805
    para ajuste linear, erros em ambas coordenadas 809
    para dados discretizados 755–758
    para dois conjuntos de dados de dados discretizados 759
    para dois conjuntos de dados discretizados 756
    para problemas inverso 1028
    para tabela de contingência 766–769
    qualidade do ajuste (goodness-of-fit) 804
    quão $\chi^2$ é significante 840
    qui-por-olho (chy-by-eye) 798
    teste gamma-qui-quadrado 759
Teste t de Student
    coeficiente de ordem de rank de Spearman 773
    para correlação 770
    para diferença de médias (amostras parelhadas) 753
    para diferença de médias (variâncias diferentes) 752
    para diferença de médias 751–754
    para diferença de ranks 774
Testes estatísticos 744–796
    Anderson-Darling 763
    assimetria (skewness) 747, 749
    bidimensional 786–790
    coeficiente C de contingência 767, 768
    coeficiente de correlação linear 769–772
    coeficiente de rank-ordem de Spearman 773–775, 843
    correlação 745
    correlação de rank 772–778
    correlação não paramétrica 772–782
    curtose 747, 749
    deslocamento vs. espalhamento 763

desvio absoluto médio 747
desvio médio 747
desvio padrão 746, 747
diferença de distribuições 754–764
diferença de médias 751
diferença de somas ao quadrado de ranks 773
diferença de variâncias 752, 754
estatística de Kuiper 763
estatística phi 768
Kolmogorov-Smirnov 755, 760–762, 786, 843
L-estimates 842
média 745–747, 749, 750
mediana 746, 749, 750, 842
medidas de associação 745, 765, 783
medidas de tendência central 745–750
medidas entrópicas de associação 782–785
M-estimates 842
método do bootstrap 833–835
modo 746, 749, 750
momentos 745–750
paradigma geral 744
pequenos números de contagens 758, 759
qui-quadrado 755–758, 766–769
r de Pearson 769
R-estimates 842
robustez vs. significância 751, 765
robusto 747, 773, 842–848
semi-invariantes 749
significância, uni vs. bilateral 754, 771
significância 751
sinais periódicos 708–710
t de Student, amostras parelhadas 753
t de Student, coeficiente de rank-ordem de Spearman 773
t de Student, para correlação 770
t de Student, variâncias desiguais 752
t de Student 751–754, 770
tabelas de contingência 765–769, 777, 782
tau de Kendall 773, 775–778
teste da cauda (tail test) 744
teste do p-value 744
teste F 752, 754
transformação z de Fisher 770
trimédia de Tukey 842
V de Cramer 767, 768
variância 745, 746, 748, 749, 753
Wilcoxon 842
$Y2$ e $Z2$ de Lucy 759
*veja também* Erro; Estimação robusta
throw statement 50
Timing, rotina C para 375
Tipos de dados 28
Tópicos avançados (explanação) 26
Toro 420–422
Transformação de similaridade 587, 588, 591, 613, 615
Transformação, método para gerador de números aleatórios 382–385

Transformação ascendente, integrais elípticas 330
Transformação de distância corrigida 897
Transformação de equivalência 228
Transformação de Euler 231, 232
Transformação de Gauss 330
Transformação de Householder 87, 588, 599–605, 607, 608, 611, 615
   na decomposição QR 123–124
   operação de contagem 603
Transformação de Jacobi (ou rotação) 125–126, 588, 591–597, 599, 611, 620
   descorrelacionando variáveis aleatórias 400
Transformação de Landen 330
Transformação de Levin 234
Transformação descendente, integrais elípticas 330
Transformação ortogonal 587, 599, 605, 722–723
Transformação $z$ de Fisher 770
Transformada cosseno ver Transformada rápida de Fourier (FFT): Transformada de Fourier
Transformada de Fourier 130, 621–661
   aliasing 627, 707–708
   amostragem crítica 626, 674, 676
   amostragem desigual, algoritmo rápido 712–716
   aproximação da integral de Dawson 323
   autocorrelação 623
   contrastada com transformada wavelet 722–724, 734–735
   convolução 623, 637, 638, 652, 662–668, 1214
   correlação 623, 638, 669, 670
   dados ausentes, algoritmo rápido 712–716
   dados ausentes 707–708
   dados desigualmente amostrados 707–716
   decomposição em blocos 635
   definição 621
   densidade do espectro de potência (PSD-power spectral density) 623, 624
   escalamento(scaling) de 622
   estimação do espectro de potência pelo método da máxima entropia 703–707
   estimação do espectro de potência por FFT 673–689
   filtragem ótima (Wiener) 670–673, 695, 696
   frequência de Nyquist 626, 628, 653, 674, 676, 707–708
   função Gaussiana 740–742
   funções da base comparada 642
   inversa da transformada discreta de Fourier 629
   método para equações diferenciais parciais 1079–1082
   processamento de imagem 1035, 1037
   propriedades de 622
   range infinito 722–723
   significância de um pico em 708–710
   simetrias de 622
   taxa de amostragem 626
   teorema da amostragem 626, 674, 676, 740–743
   teorema de Parseval 623, 624, 629, 675
   teorema de Wiener-Khinchin 623, 696, 704–705

transformada cosseno, segunda forma 646, 1082
transformada cosseno 261, 645–648, 1081
transformada discreta de Fourier (DFT) 253, 256, 626–629
transformada seno 641–644, 1080
wavelets e 730–732
*ver também* Transformada rápida de Fourier (FFT); Densidade espectral
Transformada de wavelets (onduletas) 722–740
   algoritmo piramidal 725–727
   aparência das wavelets 729–731
   coeficiente da função-mãe 726–727
   coeficiente de filtro de wavelet 723–724, 726–727
   coeficientes de filtros de wavelet de Daubechies 723–732, 738–739
   comparado à transformada de Fourier 722–724, 734–735
   condição de aproximação de ordem $p$ 724–725
   de operador linear 738–739
   DWT (transformada de wavelet discreta) 725–731
   e domínio de Fourier 730–732
   eliminando recorrência (wraparound) 726–727, 732–733
   filtro de espelho de quadratura 723–724, 726–727
   filtros 731–733
   funções-mãe 723–724
   herança 43–44
   informação de detalhe 724–726
   informação suave 724–726
   inversa 726–727
   JPEG-2000 735–736
   multidimensional 735–738
   não suavidade de wavelets 730–731
   no intervalo 732–733
   para equações integrais 1014
   processamento de imagens 736–739
   solução rápida de equações lineares 738–740
   transformada de wavelet discreta (DWT) 725–731
   truncamento 734–736
   valores de coeficientes 726–728
   wavelet de Lemarie 731–732
   wavelets 723–724, 729–731
Transformada discreta de Fourier (DFT) 626–629
   aproximação para transformada contínua 628, 629
   *ver também* Transformada rápida de Fourier (FFT)
Transformada rápida de Fourier (FFT) 629–637, 661, 1185
   algoritmo de Cooley-Tukey 637
   algoritmo de decimação na frequência 637
   algoritmo de decimação no tempo 636
   algoritmo de memória local 659–660
   algoritmo de Sande-Tukey 637
   algoritmo de Singleton 658–660
   algoritmos alternativos 636, 637
   algoritmos relacionados 636, 637
   algoritmos Winograd 637
   aplicações 661–743

aproximação para transformada contínua 629
aritmética de múltipla precisão 1210
armazenagem externa 658–660
autocorrelação discreta 670
bit reverso 631, 659–660
butterfly 380–382, 631
conjuntos de dados grandes 658–660
conjuntos de dados que não uma potência de 2 637
contagem de operações 630, 631
convolução 637, 652, 662–668, 1214
convolução de grandes conjuntos de dados 667, 668
correções de ponto terminal 717–718
correlação 669, 670
de dados reais em 2D e 3D 652–658
de duas funções reais simultaneamente 638
de duas funções reais simultaneamente 638, 639
de funções reais 638–648, 652–658
de uma única função real 639–641
decomposição em blocos 635
equações diferenciais parciais 1054, 1079–1082
estimação do espectro de potência 673–689
figuras de mérito para dados Windows 679
filtragem (de Wiener) ótima 670–673, 695, 696
filtragem 688–694
filtro FIR 689–691
filtro IIR 689–694
framework 4 passos 636
framework seis passos 636
frequência dupla 713–714
fuga 676, 677
história 630
integrais de Fourier, range infinito 722–723
integrais de Fourier 715–723
inversa da transformada seno 644
janelamento de dados 676–689
lema de Danielson-Lanczos 630, 631, 659–660
máquina de memória virtual 659–660
métodos espectrais 1111
multidimensional 648–651
multiplicação em múltipla precisão 1214
ordem da armazenagem em 632
para quadratura 176
para transformadas harmônicas esféricas 316
paralelo 635
peridiocidade de 629
periodograma 674–677, 703, 705–706
periodograma Lomb e 712
processamento de imagem 1035, 1037
quadratura de Clenshaw-Curtis 261
rotina bare 632
suavização de dados 790, 791
teorema da convolução discreta 663, 664
teorema da correlação discreta 669
transformada cosseno, segunda forma 646, 1082
transformada cosseno 261, 645–648, 1081
transformada seno 641–644, 1080
transformadas em teoria de números 637

transformadas zoom 636
tratamento de efeitos terminais na convolução 664
tratamento de efeitos terminais na correlação 669
truque de Tukey para duplicação da frequência 713–714
usando diferenciação de matriz 1117
usando integrais 176
uso na suavização de dados 790, 791
*ver também* Transformada discreta de Fourier (DFT); Transformada de Fourier; Densidade espectral
Transformada rápida de Legendre 315, 317
Transformada Seno *veja* Tranformada rápida de Fourier (FFT); Transformada de Fourier
Transformada Z 691–692, 703
Transformadas de teoria de números 637
Transformadas de zoom 636
Transposta de matriz esparsa 105
Tratamento de erros em programas 22, 50, 51, 55
Tratamento de exceções em programas 22, 50, 51, 55
Trava-língua 452
Treliça 877–878, 880
   estágio 881
   grafo direcionado 880
   verossimilhança máxima 878
Treliça mínima 877–878
Triangulação
   aplicações de 1166–1175
   construção incremental 1159
   definição 1156
   e interpolação 152
   hashing e 1161–1162
   número de linhas e triângulos em 1157
   peso mínimo 1159
   propriedade do maior ângulo mínimo 1159
   usando interpolação 1166–1167
Triangularização de Delaunay 1122, 1156–1175
   aplicações de 1166–1175
   árvore de espalhamento mínimo 1172–1173
   construções incrementais 1159
   propriedade do maior ângulo mínimo 1159
   sem peso mínimo 1159
   usando interpolação 1166–1167
Triângulo 1122, 1136–1141
   ângulo entre dois 1141
   área do 1136
   centroide ou baricentro 1138
   círculo circunscrito (circuncírculo) 1137
   círculo inscrito (incírculo) 1137
   em 3 dimensões 1139
   intersecção com a reta 1146
   plano definido por 1140
   ponto aleatório no 1139
Trigonométrica
   funções, relação de recorrência 239, 709–710
   funções, $\tan(\theta/2)$ enquanto mínima 239
   interpolação 130
   solução de equação cúbica 248

Trimédia de Tuckey 842
Troca de partição 444, 454
Truques da festa 126–127, 223
try 50

Uchar 45–46
Uint 45–46
Ullong 45–46
Underflow, em aritmética IEEE 29–30, 1190
Unitária (função) 1073, 1074
Unitária (matriz) *veja* Matriz
Universal Product Code (UPC) 1199
Update de Bartels-Golub 556
UPGMA 879

V de Cramer 767, 768
Vale, longo ou estreito 524, 530, 533, 537, 571, 573
Validação dos procedimentos numéricos neste livro 25
Valor não normalizado 29–30
Valor quartil 440
Variância(s)
    algoritmo de duas passagens para calcular 748
    de distribuição 745, 746, 749, 752–754
    de um pool de amostras 751
    diferença estatística entre duas 750–754
    redução da (no Monte Carlo) 422, 430
    *veja também* Covariância
Variante de Antonov-Saleev da sequência de Sobol 424–426, 428, 429
Variáveis slack 550, 559, 912
Variável contínua (estatística) 765
Variável de razão (estatística) 765
Variável intervalar (estatística) 765
Variável nominal (estatística) 765
Variável ordinal (estatística) 765
Variograma 165, 861
    vários modelos para 861
V-cycle 1094
Vecdoub, VecInt, etc. 46
Verificação de redundância cíclica (CRC) 1193–1198
Verossimilhança máxima
    comparada com probabilidade 878
    decodificação de treliça 878
Vetor
    ângulo entre dois 1145, 1146
    armazenagem contígua para 47
    classe C++ vector 44–45
    classe para 44–49
    de matrizes 56
    sufixo _I, _O, _IO 46, 52, 56
    *veja também* Array
Vetor de mudança de estado 971
Vetor factível ótimo 547, 549
Vetor população 881
Vetor viável 547, 559
    base vetorial 549
Vínculos
    determinístico 1036
    linear 547, 551
Vínculos de não negatividade 547, 548
    função barreira 561–562
Vínculos de positividade 547, 548
Vinte perguntas 779, 782, 785
Visão computacional 1122
Viscosidade
    artificial 1062, 1067
    numérica 1060, 1067
Vizinho mais próximo 1122, 1126–1135, 1171–1172
    conexão de arestas de Delaunay 1171–1172
    todos os pontos dentro de um raio especificado 1134
Vogalês (Vowellisch, exemplo de codificação) 1201, 1206

Wavelet de Lemarie 731–732
Wavelets *veja* Transformada de wavelets
W-Cycle 1094
Winding number 1147–1149
WPGMA 901
Wronskiano, de funções de Bessel 303, 304, 307–308

Zapf Dingbats 1187
Zelotes 1045
ZooAnimal (exemplo OOP) 43–44

IMPRESSÃO:

**Pallotti**
GRÁFICA EDITORA
IMAGEM DE QUALIDADE

Santa Maria - RS - Fone/Fax: (55) 3220.4500
www.pallotti.com.br